A GUIDE TO THE EMISSION COEFFICIENT OF THE SECOND NATIONAL CENSUS OF POLLUTION SOURCES

第二次全国污染源普查产排污系数手册

|工业源 · 第五册|

生态环境部第二次全国污染源普查工作办公室─编

中国环境出版集团 • 北京

第二次全国污染源普查资料

编纂委员会

主任委员

孙金龙　黄润秋

副主任委员

库热西·买合苏提　翟　青　赵英民　刘　华　庄国泰　张　波

委　　员

田为勇　刘长根　徐必久　别　涛　叶　民　邹首民　崔书红
柯　昶　刘炳江　李　高　苏克敬　邱启文　郭承站　汤　搏
江　光　刘志全　柏仇勇　曹立平　郭　敬　刘友宾　宋铁栋
王志斌　洪亚雄　赵群英

第二次全国污染源普查资料

编写人员

主　编

赵英民

副主编

洪亚雄　刘舒生　景立新

编　委（按姓氏笔画排序）

王　强　王夏娇　王赫婧　毛玉如　邢　瑜　朱　琦　刘晨峰
李雪迎　杨庆榜　吴　琼　汪志锋　汪震宇　沈　忱　张　震
陈敏敏　周潇云　郑国峰　赵学涛　柳王荣　谢明辉

国务院第二次全国污染源普查领导小组人员名单

国发〔2016〕59号文，2016年10月20日

组　长

张高丽　国务院副总理

副组长

陈吉宁　环境保护部部长
宁吉喆　国家统计局局长
丁向阳　国务院副秘书长

成　员

郭卫民　国务院新闻办副主任
张　勇　国家发展改革委副主任
辛国斌　工业和信息化部副部长
黄　明　公安部副部长
刘　昆　财政部副部长
汪　民　国土资源部副部长
翟　青　环境保护部副部长
倪　虹　住房城乡建设部副部长
戴东昌　交通运输部副部长
陆桂华　水利部副部长
张桃林　农业部副部长
孙瑞标　税务总局副局长
刘玉亭　工商总局副局长
田世宏　质检总局党组成员、国家标准委主任
钱毅平　中央军委后勤保障部副部长

*领导小组办公室主任由环境保护部副部长翟青兼任

国务院第二次全国污染源普查领导小组人员名单

国办函〔2018〕74号文，2018年11月5日

组　长

韩　正　国务院副总理

副组长

丁学东　国务院副秘书长
李干杰　生态环境部部长
宁吉喆　统计局局长

成　员

郭卫民　中央宣传部部务会议成员、新闻办副主任
张　勇　发展改革委副主任
辛国斌　工业和信息化部副部长
杜航伟　公安部副部长
刘　伟　财政部副部长
王春峰　自然资源部党组成员
赵英民　生态环境部副部长
倪　虹　住房城乡建设部副部长
戴东昌　交通运输部副部长
魏山忠　水利部副部长
张桃林　农业农村部副部长
孙瑞标　税务总局副局长
马正其　市场监管总局副局长
钱毅平　中央军委后勤保障部副部长

* 领导小组办公室设在生态环境部，办公室主任由生态环境部副部长赵英民兼任

第二次全国污染源普查

工作办公室人员

主　任　洪亚雄

副主任　刘舒生　景立新

综合（农业）组　毛玉如　汪志锋　赵兴征　刘晨峰　王夏娇　柳王荣　沈　忱　周潇云　罗建波

督办组　谢明辉　李雪迎

技术组　赵学涛　朱　琦　王　强　张　震　陈敏敏　王赫婧　郑国峰　吴　琼　邢　瑜

宣传组　汪震宇　杨庆榜

此外，于飞、张山岭、王振刚、崔积山、王利强、范育鹏、孙嘉绩、王俊能、谷萍同志也参加了普查工作。

序 言

掌握生态环境保护底数 助力打赢污染防治攻坚战

第二次全国污染源普查是中国特色社会主义进入新时代的一次重大国情调查，是在决胜全面建成小康社会关键阶段、坚决打赢打好污染防治攻坚战的大背景下实施的一项系统工程，是为全面摸清建设“美丽中国”生态环境底数、加快补齐生态环境短板采取的一项重大举措。在以习近平同志为核心的党中央坚强领导下，按照国务院和国务院第二次全国污染源普查领导小组的部署，各地区、各部门和各级普查机构深入贯彻习近平新时代中国特色社会主义思想和习近平生态文明思想，精心组织、奋力作为，广大普查人员无私奉献、辛勤付出，广大普查对象积极支持、大力配合，第二次全国污染源普查取得重大成果，达到了“治污先治本、治本先清源”的目的，为依法治污、科学治污、精准治污和制定决策规划提供了真实可靠的数据基础，集中反映了十年来中国经济社会健康稳步发展和生态环境保护不断深化优化的新成就，昭示着生态文明建设迈向高质量发展的新图景。

一、第二次全国污染源普查高质量完成

第二次全国污染源普查对象为中华人民共和国境内有污染源的单位和个体经营户，范围包括：工业污染源，农业污染源，生活污染源，集中式污染治理设施，移动源及其他产生、排放污染物的设施。普查标准时点为 2017 年 12 月 31 日，时期资料为 2017 年度。这次污染源普查历时 3 年时间，经过前期准备、全面调查和总结发布三个阶段，对全国 357.97 万个产业活动单位和个体经营户进行入户调查和产排污核算工作，摸清了全国各类污染源数量、结构和分布情况，掌握了各类污染物产生、排放和处理情况，建立了重点污染源档案和污染源信息数据库，高标准、高质量完成了既定的目标任务。这次污染源普查的主要特点有：

党中央、国务院高度重视，凝聚工作合力。张高丽、韩正副总理先后担任国务院第二次全国污染源普查领导小组组长，领导小组办公室设在生态环境部。按照“全国统一领导、部门分工协作、地方分级负责、各方共同参与”的原则，县以上各级政府和相关部门组建了普查机构。各级生态环境部门重视普查工作中党的建设，着力打造一支生态环境保护铁军，做到组织到位、人员到位、措施到位、经费到位，为普查顺利实施提供了有力保障。全国（不含港、澳、台）共成立普查机构 9321 个，投入普查经费 90 亿元，动员 50 万人参与，确保了普查顺利实施。

科学设计，普查方案执行有力。依据相关法律法规，加强顶层设计，制定《第二次全国污染源普查方案》，提高普查的科学性和规范性。坚持目标引领、问题导向，经过 12 个省（区、市）普查综合试点、10 个省（区、市）普查专项试点检验，完善涵盖工业源 41 个行业大类的污染源产排污核算方法体系。采取“地毯式”全面清查和全面入户调查相结合的方式，了解掌握“污染源在哪里、排什么、如何排和排多少”四个关键问题，全面摸清生态环境底数。31 个省（区、市）和新疆生产建设兵团以“钉钉子”精神推进污染源普查工作“全国一盘棋”。

运用现代信息技术，推动实践创新。积极推进政务信息大数据共享应用，有效减轻调查对象负担和普查成本。共有 17 个部门作为国务院第二次全国污染源普查领导小组成员单位和联络员单位参与普查，累计提供行政记录和业务资料近 1 亿条，通过比对、合并形成普查清查底册和污染源基本单位名录。首次运用全国环保云资源，建立完善联网直报系统。全面采用电子化手段进行普查小区划分和空间信息采集，使用手持移动终端（PDA）采集和传输数据，提高普查效率。

聚焦数据质量，强化全过程控制。严格“真实、准确、全面”要求，建立细化的数据质量标准，完善数据质量溯源机制，严格普查质量管理和工作纪律。组建普查专家咨询和技术支持团队，开展分类指导和专项督办，引入 4692 个第三方机构参与普查工作，发挥公众监督作用，推动普查公正透明。国务院第二次全国污染源普查领导小组办公室先后对普查各个阶段组织开展工作督导，对全国 31 个省（区、市）和新疆生产建设兵团普查调研指导全覆盖、质量核查全覆盖，确保普查数据质量。

广泛开展宣传培训，营造良好社会氛围。加强普查新闻宣传矩阵平台建设，采取通俗易懂、喜闻乐见的形式，推进普查宣传进基层、进乡镇、进社区、进企业，推广工作中的好经验好方法，营造全社会关注、支持和参与普查的舆论氛围。创新培训方式，统一培训与分级培训相结合，现场培训与网络远程培训相结合，理论传授与案例讲解相结合，由国家负责省级和试点地区、省级负责地市和区县，全方位提高各级普查人员工作能力和技术水平。专题为新疆、西藏等西部地区培训普查业务骨干，深化对口

援疆、援藏、援青工作。总的看，第二次全国污染源普查为生态环境保护做了一次高质量“体检”，获得了极其宝贵的海量数据，为加强生态文明建设、推动经济社会高质量发展、推进生态环境领域国家治理体系和治理能力现代化提供了丰富详实的数据支撑。

二、十年来我国生态环境保护取得重大成就

对比第二次全国污染源普查与第一次全国污染源普查结果，可以发现，十年来特别是党的十八大以来，我国在经济规模、结构调整、产业升级、创新动力、区域协调、环境治理等方面呈现诸多积极变化，高质量发展迈出了稳健步伐，生态文明建设取得积极成效，生态环境质量显著改善。

十年来，我国经济社会发展状况以及生态环境保护领域重大改革措施取得重大成果。从十年间两次普查的变化来看：2017 年，化学需氧量、二氧化硫、氮氧化物等污染物排放量较 2007 年分别下降 46%、72%、34%。工业企业废水处理、脱硫和除尘等设施数量，分别是 2007 年的 2.35 倍、3.27 倍和 5.02 倍。城镇污水处理厂数量增加 5.4 倍，设计处理能力增加 1.7 倍，实际污水处理量增加 3 倍；城镇生活污水化学需氧量去除率由 2007 年的 28% 提高至 2017 年的 67%。生活垃圾处置厂数量增加 86%，其中垃圾焚烧厂数量增加 303%，焚烧处理量增加 577%，焚烧处理量比例由 8% 提高到 27%。危险废物集中利用处置厂数量增加 8.22 倍，设计处理能力增加 4279 万吨 / 年，提高 10.4 倍，集中处置利用量增加 1467 万吨，提高 12.5 倍。这些变化充分体现了生态文明建设战略实施的成就。

十年来，我国经济结构优化升级、协调发展取得新进展。我国正处在转变发展方式、优化经济结构、转换增长动能的攻关期。两次普查数据相比，十年间，工业结构持续改善，制造业转型升级表现突出。工业源普查对象涵盖国民经济行业分类 41 个工业大类行业产业活动单位，数量由 157.55 万个增加到 247.74 万个，增加 90.19 万个，增幅达 57.24%。重点行业生产规模集中，造纸制浆、皮革鞣制、铜铅锌冶炼、炼铁炼钢、水泥制造、炼焦行业的普查对象数量分别减少 24%、36%、51%、50%、37% 和 62%，产品产量分别增加 61%、7%、89%、50%、71% 和 30%。农业源普查对象中，畜禽规模程度明显提高，养殖结构得到优化，生猪规模养殖场（500 头及以上）养殖量占比由 22% 上升为 41%。同时，生猪规模养殖场采用干清粪方式养殖量占比从 55% 提高到 81%。这些深刻反映了我国经济结构的重大变化，表明重点行业产业集中度提高，产业优化升级、淘汰落后产能、严格环境准入等结构调整政策取得积极成效。重点行

业产业结构调整既获得了规模效益和经济效益，同时取得了好的环境成效。

十年来，我国工业企业节能减排成效显著。两次普查相比，在工业源方面，废气、废水污染治理快速发展，治理水平大幅提升。2017 年废水治理设施套数比 2007 年提高了 135.47%，废水治理能力提高了 26.88%。脱硫设施数和除尘设施数分别提高了 226.88%、401.72%。十年间，总量控制重点关注行业排放量占比明显下降，化学需氧量、氨氮、二氧化硫、氮氧化物等四项主要污染物排放量分别下降 83.89%、77.56%、75.05%、45.65%。电力、热力生产和供应业二氧化硫、氮氧化物，造纸和纸制品业化学需氧量分别下降 86.54%、76.93%、84.44%。铜铅锌冶炼行业二氧化硫减少 78%。炼铁炼钢行业二氧化硫减少 54%。水泥制造行业氮氧化物减少 23%。表明全国各领域生态环境基础设施建设的均等化水平提升，污染治理能力大幅提高，污染治理效果显著。

另外，普查结果也显示当前生态环境保护工作仍然存在薄弱环节，全国污染物排放量总体处于较高水平。第二次全国污染源普查数据为下一步精准施策、科学治污奠定了坚实基础。

三、贯彻落实新发展理念　推动生态环境质量持续改善

习近平总书记强调，小康全面不全面，生态环境很关键。普查结果显示，在党中央、国务院的坚强领导下，经济高质量发展和生态环境高水平保护协同推动，依法治污、科学治污、精准治污方向不变、力度不减，扎实推进蓝天、碧水、净土保卫战，污染防治攻坚战取得关键进展，生态环境质量持续明显改善。从普查数据中也发现，当前污染防治攻坚战面临的困难、问题和挑战还很大，形势仍然严峻，不容乐观。我们既要看到发展的有利条件，也要清醒认识到内外挑战相互交织、生态文明建设“三期叠加”影响持续深化、经济下行压力加大的复杂形势。要以习近平新时代中国特色社会主义思想为指导，紧紧围绕统筹推进“五位一体”总体布局和协调推进“四个全面”战略布局，紧密围绕污染防治攻坚战阶段性目标任务，持续改善生态环境质量，构建生态环境治理体系，为推动生态环境根本好转、建设生态文明和美丽中国、开启全面建设社会主义现代化国家新征程奠定坚实基础。

深入贯彻落实新发展理念。深入贯彻落实习近平生态文明思想，增强各方面践行新发展理念的思想自觉、政治自觉、行动自觉。充分发挥生态环境保护的引导、优化和促进作用，支持服务重大国家战略实施。落实生态环境监管服务、推动经济高质量发展、支持服务民营企业绿色发展各项举措，继续推进“放管服”改革，主动加强环境治理服务，推动环保产业发展。

坚定不移推进污染治理。用好第二次全国污染源普查成果，推进数据开放共享，以改善生态环境质量为核心，制定国民经济和社会发展“十四五”规划和重大发展战略。全面完成《打赢蓝天保卫战三年行动计划》目标任务，狠抓重点区域秋冬季大气污染综合治理攻坚，积极稳妥推进北方地区清洁取暖，持续整治“散乱污”企业，深入推进柴油货车污染治理，继续实施重污染天气应急减排按企业环保绩效分级管控。深入实施《水污染防治行动计划》，巩固饮用水水源地环境整治成效，持续开展城市黑臭水体整治，加强入海入河排污口治理，推进农村环境综合整治。全面实施《土壤污染防治行动计划》，推进农用地污染综合整治，强化建设用地土壤污染风险管控和修复，组织开展危险废物专项排查整治，深入推进“无废城市”建设试点，基本实现固体废物零进口。

加强生态系统保护和修复。协调推进生态保护红线评估优化和勘界定标。对各地排查违法违规挤占生态空间、破坏自然遗迹等行为情况进行检查。持续开展“绿盾”自然保护地强化监督。全力推动《生物多样性公约》第十五次缔约方大会圆满成功。开展国家生态文明建设示范市县和“绿水青山就是金山银山”实践创新基地评选工作。

着力构建生态环境治理体系。推动落实关于构建现代环境治理体系的指导意见、中央和国家机关有关部门生态环境保护责任清单。基本建立生态环境保护综合行政执法体制。构建以排污许可制为核心的固定污染源监管制度体系。健全生态环境监测和评价制度、生态环境损害赔偿制度。夯实生态环境科技支撑。强化生态环境保护宣传引导。加强国际交流和履约能力建设。妥善应对突发环境事件。

加强生态环境保护督察帮扶指导。持续开展中央生态环境保护督察。持续开展蓝天保卫战重点区域强化监督定点帮扶，聚焦污染防治攻坚战其他重点领域，开展统筹强化监督工作。精准分析影响生态环境质量的突出问题，分流域区域、分行业企业对症下药，实施精细化管理。充分发挥国家生态环境科技成果转化综合平台作用，切实提高环境治理措施的系统性、针对性、有效性。坚持依法行政、依法推进，规范自由裁量权，严格禁止“一刀切”，避免处置措施简单粗暴。

充分发挥党建引领作用。牢固树立“抓好党建是本职、不抓党建是失职、抓不好党建是渎职”的管党治党意识，始终把党的政治建设摆在首位，巩固深化“不忘初心、牢记使命”主题教育成果，着力解决形式主义突出问题，严格落实中央八项规定及其实施细则精神，进一步发挥巡视利剑作用，一体推进不敢腐、不能腐、不想腐，营造风清气正的政治生态，加快打造生态环境保护铁军。

编制说明

污染源普查是重大国情调查，工业源是第二次全国污染源普查五类普查对象之一。为贯彻《国务院关于开展第二次全国污染源普查的通知》和《国务院办公厅关于印发第二次全国污染源普查方案的通知》的精神和要求，中国环境科学研究院受生态环境部第二次全国污染源普查工作办公室委托，承担了第二次全国污染源普查工业污染源产排污核算项目，组织编写了《第二次全国污染源普查产排污系数手册——工业源》（以下简称手册）。

本手册框架设计、产排污核算体系与方法说明执笔人员主要有白璐、张玥、乔琦、刘景洋、谢明辉、李雪迎、周潇云、赵若楠、许文、贾岩等，白璐统稿，乔琦负责审校。

第一章节　适用范围

对本手册涵盖的工业行业及适用范围进行介绍。执笔人员包括周潇云、赵若楠等。

第二章节　主要术语与解释

对本手册所涉及的名词术语进行详细介绍。执笔人员包括李雪迎、刘丹丹、孙园园等。

第三章节　系数制定

对本手册系数制定方法、过程进行介绍。执笔人员包括白璐、乔琦、张玥、刘景洋等。

第四章节　污染物产生量和排放量核算

对利用本手册给出的系数开展污染物产生量及排放量核算的方法进行详细介绍。执笔人员包括乔琦、白璐、张玥等。

第五章节　系数手册使用方法

对本手册的使用方法及注意事项进行详细介绍。编制人员包括张玥、许文、谢明辉等。

为配合第二次全国污染源普查，在第一次全国污染源普查《产排污系数手册》基础上，本手册新增了挥发性有机物指标，对收录的全部行业的产排污系数进行了更新，并在核算方法上进行了完善和优化。

值此手册付印之际，向参加本项工作的所有单位和个人表示衷心的感谢。

一、适用范围

我国工业行业类别众多、工艺水平多样、生产规模不一、污染因子各异、产排节点繁杂。本手册根据《国民经济行业分类》(GB/T 4754—2017)，给出了国民经济 41 个工业大类行业主要生产过程产生和排放的废水污染物、废气污染物及固体废物的产排量核算方法及系数；同时给出了具有类似工业生产活动特征的，涉及农业产品初级加工的 0514、0539 小类行业污染物产排污量的核算方法和系数。

综上，本手册涵盖的工业行业包括：06 煤炭开采和洗选业，07 石油和天然气开采业，08 黑色金属矿采选业，09 有色金属矿采选业，10 非金属矿采选业，11 开采专业及辅助性活动，12 其他采矿业，13 农副食品加工业，14 食品制造业，15 酒、饮料和精制茶制造业，16 烟草制品业，17 纺织业，18 纺织服装，19 皮革、毛皮、羽毛及其制品和制鞋业、服饰业，20 木材加工

和木、竹、藤、棕、草制品业，21 家具制造业，22 造纸和纸制品业，23 印刷和记录媒介复制业，24 文教、工美、体育和娱乐用品制造业，25 石油、煤炭及其他燃料加工业，26 化学原料和化学制品制造业，27 医药制造业，28 化学纤维制造业，29 橡胶和塑料制品业，30 非金属矿物制品业，31 黑色金属冶炼和压延加工业，32 有色金属冶炼和压延加工业，33 金属制品业，34 通用设备制造业，35 专用设备制造业，36 汽车制造业，37 铁路、船舶、航空航天和其他运输设备制造业，38 电气机械和器材制造业，39 计算机、通信和其他电子设备制造业，40 仪器仪表制造业，41 其他制造业，42 废弃资源综合利用业，43 金属制品、机械和设备修理业，44 电力、热力生产和供应业，45 燃气生产和供应业，46 水的生产和供应业以及 05 农、林、牧、渔专业及辅助性活动中的 0514 农产品初加工活动、0539 其他畜牧专业及辅助性活动两个小类行业。

因污染物产排量过低或涉核等原因，部分行业未给出核算方法及系数，涉及的行业具体见表 1。

表 1　未进行核算方法研究的行业

序号	行业代码	行业名称
1	1522	瓶装饮用水
2	2530	核燃料加工
3	4120	核辐射加工
4	4413	水力发电
5	4414	核力发电
6	4415	风力发电
7	4416	太阳能发电
8	4419	其他电力生产
9	4420	电力供应

二、主要术语与释义

1．实测法

指利用污染源企业实地监测数据，如在线监控（监测）系统数据、监督性监测数据、企业自行监测数据等，进行产排污量核算的方法。

2．产污系数法

利用不同产排污影响因素条件下行业单位产品（原料）污染物产生量，以及行业末端治理技术处理效率、运行率进行排污量核算的方法。

3．物料衡算法

通过对生产过程中的物料投入、消耗、产出情况定量分析获得产排污量的方法。

4．类比调查法

通过选择与目标污染源相似的污染源进行类比调查与监测，以取得相似的产、排污数据的方法。

5．原辅材料及主要成分

原辅材料是指生产过程中所需要的原材料和辅助用料的总称。原材料是指经过加工制造生

产某一产品时所用到的材料，辅料是指对产品生产起辅助作用的材料。主要成分是指组成原辅材料的各个物质里面起主要作用的某一种物质。

6．工序

工序是指一个（或一组）工人在一个工作地（如一台机床）对一个（或若干个）劳动对象连续完成的各项生产活动的总和。工序是组成生产过程的最小单元，若干个工序组成一个工段。

7．工段

工段是若干生产工序的组合，若干工段构成一个完整生产工艺。工段一般指工厂的某一个车间，或将车间内根据工艺和管理要求进一步划分，如铸工车间分为熔化工段和造型工段。单独的工段应有独立从事生产运行的对应企业。

8．流程型行业

指工业生产中通过以批量或连续的方式对原材料采用物理或化学方法使其增值的生产方式。典型的流程工业行业如医药制造业，石油、煤炭及其他燃料加工业，食品制造业，电力、热力生产和供应业，黑色金属冶炼和压延加工业等。

9．离散型行业

指工业生产中将不同的零部件装配组合成产品，主要发生物料物理性质（形状、组合）变化的生产方式。典型的离散型行业有家具制造业，汽车制造业，计算机、通信和其他电子设备制造业，电气机械和器材制造业，专用设备制造业等行业。

10．正常工况

指企业工况稳定、生产达到设计能力75%以上的生产状况。

11．影响因素组合

指对污染物产生与排放有显著性影响的因素组合（例如产品、原材料、生产工艺和生产规模、治理技术等）。

12．治理技术平均去除率

指某一污染物在经过治理设施前、后的质量差值与处理前的质量比值，以百分数表示。

13．污染治理设施实际运行率

指可量化污染治理设施运行情况的数值或量度，通常指污染治理设施正常运行状态的比率。可采用治理设施运行时间、运行消耗电量、运行消耗物料等参数及相关函数表征。

三、系数制定

1．系数制定的原则

为保障系数能够满足不同生产活动和方式的核算需求，同时又能真实反映污染源的产排污水平，按照《第二次全国污染源普查工业污染源产排污量核算技术指南》《第二次全国污染源普查工业污染源产污系数制定（不含VOCs）技术指南》《第二次全国污染源普查工业污染源挥发性有机物制定技术指南》等技术规范的要求，由生态环境部直属科研院所，联合高校、研究院所、行业研究单位等技术力量，共同制定和编制完成本手册。

2．本手册系数制定的基本过程

①依据工业行业特征，对已有工业污染源产排污系数进行梳理和评估；从重点行业环境影响分析、优先序分析、污染物指标选取等三个方面，进行工业行业产排污核算重点环节的识别

筛选；按照工业生产过程的物质流动特点，将工业行业划分为流程型行业及离散型行业两大类，充分考虑企业实际生产与工艺流程之间关系多样且复杂的情况，进行主要产排污工段的划分；识别不同工段污染物产生和排放的主要影响因素（例如产品、原料、工艺、规模和治理技术等）；确立各行业“长流程工艺可拆分为若干核算环节，若干短流程核算环节可组合为长流程工艺”的核算框架，包括产污系数影响因素组合及污染治理技术、治理设施运行率核算公式等。

②在建立核算框架体系的基础上编制调查方案，采用分层抽样与随机抽样相结合的方式，综合考虑产业布局、产品、工艺代表性等因素，选取不同系数组合内的样本企业开展实测、历史数据收集，针对部分行业不具备监测条件的污染物采用模型或实验模拟等方式获取数据，各类样本数据超过十万个。其中，挥发性有机物按照主要产生来源分为不同源项，分别制定相应系数。

③通过数据获取和处理，初步得到产污系数和治理技术平均去除效率之后，再随机抽取典型企业对系数结果进行验证。针对普查试填报和填报过程中各地方反馈、提出的核算问题进行梳理和分析，持续对系数进行优化、修订和补充，最终完成各工业行业的系数制定。

系数制定过程中，数据质量控制覆盖各个阶段，包括核算环节与样本选取、数据获取、实地监测、数据加工处理、系数表达、误差分析和系数验证等环节，数据质量控制要求在相关技术指南等文件中已明确提出。

此外，为进一步规范不同行业数据收集和核算的一致性，系数制定过程中采用了统一的样本企业调查表，并开发了“工业污染源产排污核算系数数据动态管理系统”。将企业调查表调查的信息全部导入系统，通过系统设定的逻辑关系和数据校验条件对数据进行审核，提升数据质量。该系统还建立了样本企业数据与系数的对应关系，实现了系数可溯源至样本企业。

四、污染物产生量和排放量核算

本手册综合考虑数据可得性、可更新性及与企业实际排污水平的相符性，采用排放量=产生量−去除量=产生量×（1−去除效率×运行率）的核算技术路线。其中，去除量不仅考虑了污染治理技术的平均去除效率，还考虑到同一种治理技术在同一行业不同企业内的处理效果、运行状态的差异，也即用污染治理设施实际运行率对去除量进行修正。

本手册通用的产生量和排放量核算方法如下：

根据产品、原料、生产过程中产排污的主导生产工艺、源项、企业规模、末端治理技术、污染治理设施运行情况等匹配相应的产污系数与排放量核算依据，结合本企业当年的实际活动水平数据核算污染物产生量与排放量。

某企业某产品在某工艺（工段、源项）、规模、原材料条件下某一污染物的产生量与排放量的核算方法如下：

（1）污染物产生量：

$$G_{产i} = P_{产i} \times M_i$$

式中，$G_{产i}$——工段 i 某污染物的产生量；

$P_{产i}$——工段 i 某污染物对应的产污系数；

M_i——工段 i 的原料用量或产品产量。

（2）污染物去除量：

$$R_{减i}=G_{产i}\times\eta_T\times k_T$$

式中，$R_{减i}$——工段 i 某污染物的去除量；

η_T——工段 i 某污染物采用的末端治理技术的平均去除效率；

k_T——工段 i 某污染物采用的末端治理设施实际运行率。

（3）污染物排放量：

同一企业某污染物全年的污染物产生/排放总量为该企业同年实际生产的全部工艺（工段、源项）、产品、原料、规模污染物产生/排放量之和。

$$E_{排}=G_{产}-R_{减}=\sum(G_{产i}-R_{减i})=\sum\left[P_{产}\times M_i(1-\eta_T\times k_T)\right]$$

行业具体的核算方法见本手册各小类行业详解。

五、系数手册使用方法

本手册力求简单、清楚，易于使用，制定时充分考虑了全国的平均水平，使用本手册计算得出的产排污量可能会与单个调查企业的情况有一定出入。各章节中均有相关行业系数的使用方法及计算案例。

本手册通用使用方法如下：

1．确定行业：确定需要查找的小类行业代码和行业名称，以国民经济行业分类（GB 4754—2017）中行业代码和行业名称为准，根据本手册目录，找到相关行业。

2．查找产污系数：根据工段、产品、原料、生产过程中产污的主导生产工艺、企业规模等级等一系列关键因素组合，逐级查找并确定所对应的某一个污染物的产污系数及其单位。

3．查找末端治理技术去除率：在已查询到的产污系数下，继续查找对应的末端治理技术，确定该末端治理技术的去除效率。

4．计算治理设施运行率（k）：根据上述查询到的产污系数组合信息和末端治理技术，确定该组合中末端治理技术对应的污染治理设施实际运行率 k 的计算公式，收集公式中指标相关数据计算 k 值。

5．产排污量计算：根据查找到的产污系数、末端治理技术去除率和运行率，细读手册中的核算方法和注意事项，计算污染物产生量、排放量。

本书编写人员

总体组

中国环境科学研究院

乔　琦

白　璐　刘景洋　张　玥　贾　岩　李雪迎　孙晓明　赵若楠　谢明辉　杨　奕　智　静

毕莹莹　许　文　常　胜　孟立红　阮久莉　解　蕾　董　莉　沈　忱　杨庆榜

05　农、林、牧、渔专业及辅助性活动

0514 农产品初加工活动（凝标胶、全乳胶、毛茶、蚕茧（烤茧）、染色花）

中国环境科学研究院

智　静　孟立红

云南省生态环境工程评估中心

易玉敏　祝家能　蓝　平　钱怡婷　肖　娴　徐　松

06　煤炭开采与洗选业

中国煤炭加工利用协会

谭　杰　颜丙磊　杜振宝　杨方亮　程子曌　杨　芊　郑剑平　赵猛猛　张绍强　马　剑

中国矿业大学（北京）

于　妍　王建兵

科邦检测集团有限公司

陈　贺

07 石油和天然气开采业

中国石油大学（华东）

赵朝成　赵东风　卢　磊　路　帅　刘其友　李　石　王永强　崔　帅

中国石油集团安全环保技术研究院有限公司

唐智和　张　芳　闫志坤　马　琳　许德刚　王晓峰　马文猛　徐远智　林姣　曾　玉

青岛欧赛斯环境与安全技术有限责任公司

孙　慧　张　清　王　歌

青岛中石大环境与安全技术中心有限公司

欧阳振宇

08　黑色金属矿采选业

中冶建筑研究总院有限公司

吴双九　王　浩　李　娜　邓　佳　崔　焱　何　松

中冶节能环保有限责任公司

魏有权　刘晓刚　刘　爽　王　卓

北京科技大学

王化军　邹安华

09　有色金属矿采选业

09 行业（不包括 0912 铅锌矿采选）

湖南有色金属研究院有限责任公司（原湖南有色金属研究院）

陈　伟　万文玉　欧阳坤　王　兵　万　斯　彭新平　曹柏林　李　倩　袁翠玉　朱安玲

中国矿业大学（北京）

章丽萍　何绪文　夏　瑜　张春晖　徐　恒　李　超　吴胜念　马项阳　薛静雯

矿冶科技集团有限公司

刘　芳　鞠丽萍　楚敬龙　苗　雨

中南大学

张晨阳　陈　攀　孙　伟　何建勇　吴江求

0912 铅锌矿采选产污系数及排放量核算方法

生态环境部环境工程评估中心

李　飒　易爱华　金　珂　李时蓓　王庆改　郭远杰　王亚娥

河南豫光金铅集团有限责任公司

卢　笛　童成业　纪昌磊

10　非金属矿采选业、1190 其他开采专业及辅助性活动、1200 其他采矿业

中材地质工程勘查研究院有限公司

崔文龙　李艳兵　闵建锋　隋国舜　张　杰　王　晟　张春燕　肖童超　刘金婷　申　思

11　开采专业及辅助性活动

111　煤炭开采和洗选专业及辅助性活动

中国煤炭加工利用协会

谭　杰　颜丙磊　杜振宝　杨方亮　程子曌　杨　芊　郑剑平　赵猛猛　张绍强　马　剑

中国矿业大学（北京）

于　妍　王建兵　高　昊　郑然峰

科邦检测集团有限公司

陈　贺

112　石油和天然气开采专业及辅助性活动

中国石油大学（华东）

赵朝成　赵东凤　卢　磊　路　帅　刘其友　李　石　崔　帅

中国石油集团安全环保技术研究院有限公司

唐智和　张　芳　闫志坤　马　琳　许德刚　王晓峰　马文猛　徐远智　林　姣　曾　玉

青岛欧赛斯环境与安全技术有限责任公司

孙　慧　张　清　王　歌

青岛中石大环境与安全技术中心有限公司

欧阳振宇

119　其他开采专业及辅助性活动

中材地质工程勘查研究院有限公司

崔文龙　李艳兵　闵建锋　隋国舜　张　杰　王　晟　张春燕　肖童超　刘金婷　申　思

13 农副食品加工业

131 谷物磨制

国家粮食和物资储备局科学研究院

王　峻　孙长坡　汪丽萍　王楠希

中国食品发酵工业研究院有限公司

薛　洁　张凤杰

中检集团理化检测有限公司

俞梁敏　王铁楠　晏立衡　何可薪

132 饲料加工

中国食品发酵工业研究院有限公司

薛　洁　张彦青　张凤杰　张晓蒙　金玮鋆

北京工商大学

廖永红

中检集团理化检测有限公司

俞梁敏　李光明　王铁楠　秦　勤

133 植物油加工　139 其他农副食品加工行业

中国食品发酵工业研究院有限公司

薛　洁　张凤杰　金玮鋆　张晓蒙　于佳俊　石　俊

中检集团理化检测有限公司

俞梁敏　王晓琴　何　飞　张　勇

135　屠宰及肉类加工

北京工商大学

冯旭东　李双阳　张艳萍　展　俟

中国肉类协会

王绪茂　刘　蕾　高　观

中轻食品工业管理中心

于学军　李　洋

博慧检测技术（北京）有限公司

马　娟

136　水产品加工

北京工商大学

叶　宏　展　侠　冯旭东　张艳萍　朱秋锋　李双阳　汪　萍

中轻食品工业管理中心

于学军　李　洋

博慧检测技术（北京）有限公司

韩　芳

137　蔬菜、菌类、水果和坚果加工

北京工商大学

朱秋锋　张艳萍　冯旭东　展　侠　李双阳　汪　萍

中轻食品工业管理中心

于学军　李　洋

博慧检测技术（北京）有限公司

杨　帆

1340　制糖业

中国环境科学研究院

孙晓明　刘景洋　常胜　毕莹莹　董　莉　颜秉斐　贾　岩　许　文　胡官墨

华北理工大学

张耀宗　刘仁义　庞博　杜明辉　杨　永　张　宁　王　勇　高群丽　王　昊　刘　晓

中国糖业协会

闫卫民　李国有　柳　嘉　郎玺慧　胡志江　钟金传　卢　平

14　食品制造业

141 焙烤食品制造　142 糖果、巧克力及蜜饯制造　143 方便食品制造

中国食品发酵工业研究院有限公司

周志桥　林　静　李雅丽　刘一郎　桑若杰

144 乳制品制造　145　罐头食品制造

中国食品发酵工业研究院有限公司

王晓龙　郭新光　东思源　吴　刚　曹梦思

146 调味品、发酵制品制造

中轻食品工业管理中心

于学军　李　洋　王　鸿　高　鹏　杨晓明　冯志合　李建军　胡修玉

北京工商大学

廖永红　殷娴　徐春明　冯旭东　胡传芹　赵　睿　王　晖　何天盈　张　鹏　钱清清

149 其他食品制造

中国食品发酵工业研究院有限公司

周志桥　林　静　李雅丽　刘一郎　桑若杰

中轻食品工业管理中心

于学军　李　洋　王　鸿　高　鹏　杨晓明　冯志合　李建军　胡修玉

北京工商大学

廖永红　殷　娴　徐春明　张艳萍　冯旭东　胡传芹　王　晖　何天盈　王　雨　向　罗

15 酒、饮料和精制茶制造业

151　酒的制造

北京工商大学

廖永红　王凤寰　徐春明　殷　娴　冯旭东　王　晖　李明祥　孙　博　蒲　叶　王　藤

1512　白酒制造行业

中国环境科学研究院

王之晖　袁　震　王文君　戴建坤

中国食品发酵工业研究院有限公司

薛　洁　张凤杰　张晓蒙　金玮鋆　于佳俊　王旭亮

152　饮料制造行业

轻工业环境保护研究所

吕竹明　蒋　彬　吕泽瑜　孙　慧　陈　晨　高　山　薛鹏丽　钱　堃

153　精制茶制造行业

安徽农业大学

徐　燕　刘政权　孙明慧　解千金　蔡吓强

16 烟草制品行业

中国检验认证集团湖南有限公司

刘向荣　李拥军　李光胜　张　苗

湖南省生态环境事务中心（原湖南省环境保护厅环境工程评估中心）

李　庄　陈　林

长沙环境保护职业技术学院

孙　蕾　刘维平　陈喜红　杨　冰

17　纺织业

东华大学

李　方　沈忱思　程谦励　王　洪　马春燕　黄满红　谢学辉　黄礼超　徐晨烨

中国印染行业协会

林　琳　刘添涛

清华大学

石　磊

中环清科（嘉兴）环境技术研究院有限公司

王晨光　戎　宇　周　婷

18　纺织服装、服饰业

东华大学

李　方　丁雪梅　沈忱思　陈　刚

中国印染行业协会

张怀东

中环清科（嘉兴）环境技术研究院有限公司

戴争博　康　颖

北京服装学院

龚　龑

19　皮革、毛皮、羽毛及其制品和制鞋业

191　皮革鞣制加工行业

中国环境科学研究院

刘菁钧　郭亚静　周长波　沈　忱　赵志远

海宁市皮革行业协会

龚慧红　杜　瑜　钱梦霞　赵　颖

中国皮革制鞋研究院有限公司

张健康　高忠柏　刘显奎　赵晓东

四川大学

但卫华　程海明　但年华　何有节

佛山市弘禹环保科技有限公司

徐建国　陈晓屏　梁仁铸　李功毅

192 皮革制品制造、193 毛皮鞣制及制品加工、194 羽毛（绒）加工及制品制造、195 制鞋业

中国皮革制鞋研究院有限公司

丁志文　庞晓燕　陈国栋　刘　娜　费　锐　李松竹　郭　松　李晓星　刘海腾　李鹏宇

20 木材加工和木、竹、藤、棕、草制品行业

北京林业大学

王毅力　伦小秀　李俊仪　樊晓阳　王　震　高诗卉　母　军　张　扬　韩季峰　刘　博

北京市环境保护科学研究院

邵　霞　李宗泽

北京联合智业科技集团股份有限公司

李　英　解丽华

21 家具制造业

北京林业大学

王毅力　伦小秀　刘晨阳　张达鑫　伊松林　郭亚杰　李小林　樊　冲　何政斌　李小勇

北京市环境保护科学研究院

邵　霞　李宗泽

北京联合智业科技集团股份有限公司

李　英　解丽华

22　造纸和纸制品业

生态环境部环境工程评估中心

郭二民　董晓东　袁彦婷　马德彭　何　皓　周　鹏　肖文帅　李　峰

轻工业环境保护研究所

程言君　王　洁　张　亮　贾学桦　肖小健　侯雅楠

中国制浆造纸研究院有限公司

孙　波　苏振华　范述捷　文　飚　杨　彬

中晟华远（北京）环境科技有限公司

刘一男　梁　栎　喻秀芳

23　印刷和记录媒介复制业

中日友好环境保护中心

张小丹　顾江源　李　洋　郭　怡　刘　娟　徐　艳

中国印刷技术协会

李永林　沈　翔

中检集团南方电子产品测试（深圳）股份有限公司

邓春涛　赖风韵

24　文教、工美、体育和娱乐用品制造业

241 文教办公用品制造

温州大学

王兆伦　潘明初　柯　强　李　军

242 乐器制造

北京工商大学

姚小龙　董黎明

243 工艺美术及礼仪用品制造

北京工商大学

祁光霞　董黎明

244 体育用品制造

中国文教体育用品协会

易晓俐　谢满华

245 玩具制造

中国文教体育用品协会

易晓俐　冯春华

北京工商大学

董黎明

246 游艺器材及娱乐用品制造

中国文教体育用品协会

易晓俐　谢满华

25 石油、煤炭及其他燃料加工业

中国化工信息中心有限公司

张　华　梅　婷　王　迪　胡美玲　王佳星　赵　丽

华测检测认证集团北京有限公司

文唤成　李　娜

2511 原油加工及石油制品制造行业

环境工程评估中心

牛　皓　冉丽君　刘　燕　王赫婧　庄思源　牟滨子　王卫红　黄敏超　张嘉妮

中国石油大学（华东）

赵朝成　赵东风　卢　磊　路　帅　刘其友　李　石　崔　帅

青岛欧赛斯环境与安全技术有限责任公司

孙　慧　张　清　王　歌

青岛中石大环境与安全技术中心有限公司

欧阳振宇

252　煤炭加工

生态环境部环境工程评估中心

吕　巍　郭　森　滕　巍　刘志学　蔡志丹　朱肖曼　孙磊磊　庄思源　李　军　牟滨子

中国石油大学（华东）

赵朝成　赵东风　卢　磊　路　帅　刘其友　李　石　崔　帅

青岛欧赛斯环境与安全技术有限责任公司

孙　慧　张　清　王　歌

青岛中石大环境与安全技术中心有限公司

欧阳振宇

26 化学原料和化学制品制造业

261　基础化学原料制造

中国氮肥工业协会

王立庆　苏建英　孙绍华　韩跃明　董广达　窦进良

中国硫酸工业协会

李　崇　廖康程

中国氯碱工业协会

张文雷　张　鑫　范红波

中国无机盐工业协会

问立宁　王佩琳　焦　阳

沈阳沈化院测试技术有限公司

侯松嵋　蔡磊明　陈自强　于恒渊　吕　双　郭　静　杨国军　蒋亚辉　高　姗　毕　涛

沈阳化工研究院有限公司

胥维昌　龙　飞　程　迪　邹　军　王景国　沈日炯

262 肥料制造

中国氮肥工业协会

顾宗勤　曹占高　王亚楠　高　力　吴军华

中国磷复肥工业协会

修学峰　王　臣　白海丹　崔荣政　张　飞

中国无机盐工业协会

牛仁杰　武　娜

深圳准诺检测有限公司

李关侠　彭佳娜

263 农药制造行业

生态环境部南京环境科学研究所

王　娜　苑文凯　郭欣妍　施玛丽　孔德洋　何　健

中国农药工业协会

范东升　曹承宇

江苏环保产业技术研究院股份公司

魏　进　徐　瑾

264　涂料、油墨、颜料及类似产品制造

四川省生态环境科学研究院

叶　宏　钱　骏　陈军辉　姜　涛　徐晨曦　王　波

四川有色冶金研究院有限公司

伍建军　殷志刚　杨宇翔　陈佳蓓

四川大学

梁　斌　朱英明

265　合成材料制造

四川大学

梁　斌　吴可荆　朱英明

四川省生态环境科学研究院

叶　宏　钱　骏　陈军辉　李英杰

四川有色冶金研究院有限公司

伍建军　殷志刚　常丽娟

266　专用化学产品制造

四川有色冶金研究院有限公司

伍建军　殷志刚　常丽娟

四川省生态环境科学研究院

叶　宏　钱　骏　陈军辉　姜　涛　杨怡阁　罗昭培

四川大学

梁　斌　刘颖颖　吴可荆　朱英明

267 炸药、火工及焰火产品制造

中国爆破器材行业协会

李　琳　王　亚　熊学飞　胡宝刚

268 日用化学产品制造行业

中国日用化学研究院有限公司［国家洗涤用品质量监督检验中心（太原）］

姚晨之　段平梅　李晓辉　公培龙　王　杰　成晓静　郑养珍

中检集团理化检测有限公司

俞梁敏　王铁楠　何可薪

27　医药制造业

271　化学药品原药制造、272　化学药品制剂制造、275　兽用药品制造、276　生物药品制造、277　卫生材料及医药用品制造、278　药用辅料及包装材料制造

北京泷涛环境科技有限公司

杨　阳　张银平　王东钰　王　静　宁艳英　程宪伟

河北科技大学

郭　斌　任爱玲　关亚楠　杜　昭　段二红

中国化学制药工业协会

张道新　苏日嘎琪琪格　沈云鹏　赵秀梅

河北省生态环境科学研究院

倪爽英　赵卫凤

博慧检测技术（北京）有限公司

马　娟

273　中药饮片加工行业

河北科技大学

杜　昭　郭　斌　俞　磊　杨宇轩　刘　倩

北京医药协会

周玉兰　李晓星

中国化学制药工业协会

张道新

北京市环境科学保护研究院

李树琰　李宗泽

274 中成药生产行业

河北科技大学

杜　昭　俞　磊　任爱玲　刘振冲　张美然

北京医药协会

李晓星　杨爱民

中国化学制药工业协会

王红昌　路　伟

北京市环境科学保护研究院

李国昊

28　化学纤维制造业

中国化学纤维工业协会

王玉萍　吕佳滨　李增俊　万　雷　刘　青　李伯鸣　张凌清　邓　军

东华大学

王华平　陈向玲　李　戎　邵正丽　柯佑福　陈　烨　吉　鹏　刘　娜

上海纺织节能环保中心

李　健　徐　薇　陈　斐　金平良　周　俊　俞建辉　袁哲军

江苏盛虹纺织品检测中心有限公司

周　强　高国洪　赵学谦

29 橡胶和塑料制品业

291 橡胶制品业

中国橡胶工业协会

朱　红　董文敏　雷昌纯　高　波

292 塑料制品业

北京工商大学

张彩丽　董黎明　祁光霞　翁云宣　刘岩峰　查　金

30　非金属矿物制品业

301 水泥、石灰和石膏制造业

中国环境科学研究院

刘　宇　王红梅　龙红艳　张　辰　田　刚　孟宪栋　张艳平　晁榕珠

中国非金属矿工业协会

张作伦　郭　佳　王文利　江伟华　唐靖炎

中国石灰协会

孙　强　尹保明

303　砖瓦、石材等建筑材料制造行业

中国环境科学研究院

王　凡　王红梅　张　辰　龙红艳　陈　宇　谭玉玲

中国建筑材料工业规划研究院

苏桂军　孟宪策

中国砖瓦工业协会

周　炫

中国石材协会

邓惠青

中国建筑防水协会

尚华胜

中国绝热节能材料协会

韩继先

中国建筑材料联合会

曹元辉

304　玻璃制造行业

中国环境科学研究院

王洪昌　崔宇韬　朱金伟　谭玉玲　张辰　束　韫　陈　宇　黄家玉　张艳平　田　刚

302 石膏、水泥制品及类似制品制造、305　玻璃制品制造、306　玻璃纤维和玻璃纤维增强塑料制品制造、307 陶瓷制品制造、308 耐火材料制品制造、309　石墨及其他非金属矿物制品制造

中材地质工程勘查研究院有限公司

崔文龙　王　晟　闵建锋　隋国舜　肖童超　张　燕　张春燕　李艳兵　崔光辉　陈明聪

31 黑色金属冶炼和压延加工行业

3110 炼铁

四川省生态环境科学研究院

叶　宏　钱　骏　陈军辉　孙　蜀　熊文朋　梅林德　陈　东　李　媛　汪　汀

3120 炼钢

四川省生态环境科学研究院

叶　宏　钱　骏　陈军辉　孙　蜀　梅林德　陈　东　熊文朋　李　媛　汪　汀

3130 钢压延加工

四川省生态环境科学研究院

叶　宏　钱　骏　陈军辉　孙　蜀　陈　东　梅林德　熊文朋　李　媛　汪　汀

3140 铁合金冶炼（不包含电解锰）

四川省有色冶金研究院有限公司

殷志刚　吴事浪　卢　勇

3140　电解锰生产

中国环境科学研究院

但智钢　史菲菲　袁　殷　方　琳　王辉锋　解　蕾　朱云峰　郭双祯　孙　伟

32　有色金属冶炼和压延加工业

32 行业（不包括 3211 铜冶炼和 3212 铅锌冶炼）

湖南有色金属研究院有限责任公司（原湖南有色金属研究院）

陈　伟　万文玉　欧阳坤　王　兵　万　斯　曹柏林　周　睿　游　萍　张　著　李　婕
胡　亮　张志强

中国矿业大学（北京）

章丽萍　何绪文　夏　瑜　戴　瑾　宋学京　张　鑫　张　楠　崔炎炎　魏含宇

矿冶科技集团有限公司

陈　谦　陈玉福　杨晓松

江西理工大学

李晓波　李　栋　余　文　邱仙辉　邱廷省

3211 铜冶炼业

中国环境科学研究院

李艳萍　杨　奕　张　昕　赵若楠　张青玲　郭玺云

矿冶科技集团有限公司

范书凯　陈　谦　李　莉　初　征

3212 铅锌冶炼行业

生态环境部环境工程评估中心

李　飒　易爱华　金　珂　李时蓓　丁　峰　陈陆霞　李旭健

河南豫光金铅集团有限责任公司

卢　笛　童成业　纪昌磊

33 金属制品业，34 通用设备制造业，35 专用设备制造业，36 汽车制造业，37 铁路、船舶、航空航天和其他运输设备制造业，431 金属制品修理业，432 通用设备修理业，433 专用设备修理业，434 铁路、船舶、航空航天等运输设备修理业（不包括电镀工艺）

中机生产力促进中心

吴进军　赵　蔷　陈晓辉　朱宇宏　李晶莹　焦　炬　刘　云　舒　豪　曹林锋　刘树生

机械工业第四设计研究院有限公司

李　辉　李　韧　石燕燕　郭可可　张松安　郭振远　刘宗耀　马　琳　王献平　王达菲

交通运输部天津水运工程科学研究院

杜　伟　康仲飞　吴培森　刘磊磊　孙　磊　郭　旭　田　腾　顾　明　赵大地　李国一

中冶建筑研究总院有限公司

吴双九　王　浩　刘珂屹　李　娜　邓　佳　崔　焱　李建佳　张利芝　王文孝

3360　电镀行业（不含电子元器件和线路板）

生态环境部华南环境科学研究所

贺　框　胡小英　张明杨　黄凯华　杜建伟　温　勇

南京华创环境技术研究院有限公司

刘福强　梁　英　李　杰

重庆市固体废物管理中心

刘嘉烈　张曼丽

中国科学院生态环境研究中心

赵　旭

38 电气机械和器材制造行业（不包括 3825 光伏设备及元器件制造、384 电池制造），39 计算机、通信和其他电子设备制造行业，40 仪器仪表制造行业，435 电气设备修理行业，436 仪器仪表修理行业，439 其他机械和设备修理行业

工业和信息化部电子第五研究所

黄秋鑫　孙秀敏　陈　琼　丑天姝　熊松松　方植彬　张德平　武泽华　刘晓纯　苏健梅

张　键　朱亚茹

中检集团南方测试股份有限公司

司菲斐　尚晓晨　吴楚芸　邓春涛　潘智勇　徐　鹏　马　萍　刘雅如　杜翠婷　曾声渠

田春燕　许智鑫

3825 光伏设备及元器件制造

中国环境科学研究院

李雪迎　白　璐　孟立红　谢明辉

中国科学院电工研究所

李海玲　吕　芳

384　电池制造行业

中国电子节能技术协会

黄建忠　王　超　张旻昱　杨清雨

骆驼集团股份有限公司

谢云清　邓国强　张　坤　丁佰胜　鲁　砜

超威电源有限公司

周　红　黄思淼　钦　力　沈　星　朱军军　陈　幸　周　丽　王新华

北京亿华通科技股份有限公司

于　民　周　斌　袁　殿　陈庆妍

北京新奥环标理化分析测试中心

田小青　戚小京　姜玉婷　张保华

41 其他制造业（不包括 412 核辐射加工）

北京工商大学

董黎明　祁光霞

42 废弃资源综合利用行业

中国环境科学研究院

刘景洋　毕莹莹　董　莉　孙晓明　郭玉文　阮久莉　贾　岩　许　文

中国物资再生协会

刘　强　张艳会

44 电力、热力生产和供应业

4411 火力发电、4412 热电联产行业

生态环境部环境工程评估中心

莫　华　吴家玉　帅　伟　汪晓江

国电环境保护研究院有限公司

胡　耘　张　明　朱法华

浙江大学

高　翔　郑成航　周　灿

国电南京电力试验研究有限公司

周道斌　段玖祥　张文杰

4417　生物质能发电行业

中国环境科学研究院

谢雪松　王　健　罗　宏　吕连宏　王斯一

4430 热力生产和供应

中国环境科学研究院

薛志钢　杜谨宏　续　鹏　任岩军　曹喜乐　马京华

浙江大学

高　翔　郑成航　张涌新　周志颖　翁卫国　吴卫红　刘少俊　姚龙超　周　灿　张　悠

北京市环境保护科学研究院

宋光武　罗志云　闫　静　赵亚笛　武彤冉

北京市劳动保护科学研究所

左朋莱　岳　涛　王晨龙　张晓曦　王　堃　梁全明　童亚莉　高佳佳　佟　莉　丁永华

北京师范大学

田贺忠　白孝轩　毋波波　刘姝涵　骆丽宁　刘　伟　林淑闵　赵　爽

45 燃气生产与供应业

生态环境部环境工程评估中心

吕　巍　梁　睿　孙南翔　梁　准　关　雎

46 水的生产和供应业

4610 自来水生产与供应行业

中国环境科学研究院

孟凡生　薛　浩　张铃松　叶匡旻　王海燕　周岳溪　马溢阳　宋海燕　程佩瑄　张道萍

463　海水淡化处理

交通运输部天津水运工程科学研究院

周　斌　张传国　王志勇　赵大地

天科院环境科技发展（天津）有限公司

李国一　李长东　初江涛　王　斌　李　鑫

469　其他水的处理利用与分配行业

交通运输部天津水运工程科学研究院

周　斌　张传国　王志勇　赵大地

天科院环境科技发展（天津）有限公司

李国一　李长东　初江涛　王　斌　李　鑫

目录

13 农副食品加工业

14 食品制造业

15 酒、饮料和精制茶制造

第二册

16 烟草制品业

17 纺织业

18 纺织服装、服饰业

19 皮革、毛皮、羽毛及其制品和制鞋业

20 木材加工和木、竹、藤、棕、草制品业

21 家具制造业

22 造纸和纸制品业

23 印刷和记录媒介复制业

24 文教、工美、体育和娱乐用品制造业

25 石油、煤炭及其他燃料加工业

第三册

26 化学原料和化学制品制造业

27 医药制造业

第四册

28 化学纤维制造业

29 橡胶和塑料制造业

30 非金属矿物制品业

31 黑色金属冶炼和压延加工业

3218 碳化硅冶炼业

1 适用范围

本手册仅用于《国民经济行业分类》（GB/T 4754—2017）中 3218 碳化硅冶炼行业使用系数法核算工业污染物产生量和排放量的工业企业。

利用本手册进行产排污核算得出的污染物产生量与排放量仅代表了特定行业、工艺、产品、原料在正常工况下污染物产生与排放的一般规律。

本行业废气指标包括工业废气量、颗粒物、二氧化硫、氮氧化物；固废指标为一般工业固废。

2 注意事项

2.1 企业有多种生产工艺或生产多类产品产排污量核算

污染物产生量与产品产量有关，根据不同核算环节计算产污量后，再根据企业末端治理设施和运行情况计算各污染物的排放量。

企业某污染物指标的产生量、排放量为各核算环节产生量、排放量之和。

2.2 采用多种治理设施组合处理企业的排污量核算

在排污量计算选择末端治理技术时，若没有对应的组合治理技术，以主要治理技术为准。

2.3 系数表中未涉及的产污系数及污染治理效率

金属硅生产企业产排污量参照 3140 铁合金冶炼行业中工业硅相关产污系数进行核算。

2.4 其他需要说明的问题

碳化硅生产过程无工艺废水产生，故本系数手册未给出废水污染物产污系数。

由于不同企业工业废气量差异较大，本手册所提供的工业废气量系数仅供参考。

为体现相同产污水平条件下，采用相同环保治理设施的不同企业对同一污染物去除效果的差异，引入末端治理设施实际运行率（k）对污染治理技术的实际去除率进行修正。k 值反映的是污染治理设施运行的状态，越稳定运行，k 值越高；在取值上，若定义连续稳定运行的理想状态为 1，则 k 取值在 0～1 之间。

本手册给出本行业的 k 计算公式仅供参考，使用时，可根据 k 值定义，选取更适合企业实际情况的表达方式。

3 污染物排放量核算方法

3.1 计算污染物产生量

（1）根据产品、原料、污染物 产生的主导生产工艺、企业规模（生产产能）这一组合查找和确定所对应的某一污染物的产污系数。

（2）根据该污染物的产污系数计量单位——单位产品产量，获取企业实际产品产量。

例如，某组合内颗粒物的产污系数单位为千克/吨-产品，则计算产生量时需要获取企业实际产品产量。

（3）污染物产生量按以下公式进行计算：

污染物产生量=污染物对应的产污系数×产品产量

$$G_{产i} = P_{产i} \times M_i$$

式中，$G_{产i}$——工段 i 某污染物的产生量；

$P_{产i}$——工段 i 某污染物对应的产污系数；

M_i——工段 i 的产品产量。

3.2 计算污染物去除量

（1）根据企业对某一污染物所采用的治理技术查找和选择相应的治理技术平均去除效率。

（2）根据所填报的污染治理设施实际运行率参数及其计算公式得出该企业某一污染物的治理设施实际运行率（k 值）。

（3）污染物去除量按以下公式进行计算：

污染物去除量=污染物产生量×污染物去除率

=污染物产生量×治理技术平均去除效率×治理设施实际运行率

$$R_{减i} = G_{产i} \times \eta_T \times k_T$$

式中，$R_{减i}$——工段 i 某污染物的去除量；

η_T——工段 i 某污染物采用的末端治理技术的平均去除效率；

k_T——工段 i 某污染物采用的末端治理设施的实际运行率。

3.3 计算污染物排放量

污染物排放量=污染物产生量–污染物去除量

=污染物对应的产污系数×产品产量–污染物产生量×治理技术平均去除效率×治理设施实际运行率

3.4 计算企业污染物排放量

同一企业某污染物全年的产生（排放）总量为该企业同年实际生产的全部工段、产品、原料、规模污染物产生（排放）量之和。

$$E_{排} = G_{产} - R_{减} = \sum(G_{产i} - R_{减i})$$
$$= \sum[P_{产i} \times M_i(1 - \eta_T \times k_T)]$$

4 污染物排放量核算案例

如某碳化硅冶炼厂，采用石英砂生产碳化硅，采用电阻炉法生产工艺，2017 年产量为 10500 吨。以颗粒物为例说明排放量计算过程。

该企业基本信息如表 1 所示。

表 1 某碳化硅冶炼企业基本信息

产品及产量	名称	产量
	碳化硅	10500 吨
污染治理技术	布袋除尘法	
实际运行率参数	污水治理设施运行时间	7200 小时
	企业正常生产时间	7200 小时

4.1 颗粒物产生量计算

（1）查找产污系数及其计量单位

根据企业基本信息，查找本手册中主要产品为碳化硅，主要原料为石英砂，主要工艺为电阻炉法，生产规模为所有规模。该组合颗粒物的产污系数为 102.87，单位为千克/吨-产品。

（2）获取企业产品产量

该企业实际情况为：主要产品碳化硅 2017 年产量为 10500 吨。

（3）计算颗粒物产生量

由于查询到的组合中颗粒物产污系数的单位为千克/吨-产品，因此在核算产生量时采用产品产量。

颗粒物产生量=颗粒物产污系数×产品（碳化硅）产量

=102.87 千克/吨-产品×10500 吨-产品÷1000

=1080.14 吨

4.2 颗粒物去除量计算

（1）查找治理技术平均去除效率

该企业颗粒物治理技术采用布袋除尘法，查询相应组合内该法的平均去除效率为 99%。

（2）计算污染治理设施实际运行率

根据产污系数组合查询结果，该组合中颗粒物对应的污染治理设施实际运行率为

k=废气治理设施运行时间/企业正常生产时间=7200 小时/7200 小时=1

（3）计算颗粒物去除量

颗粒物去除量=颗粒物产生量×治理技术平均去除效率×治理设施实际运行率

=1080.14 吨×99%×1

=1069.34 吨

4.3 颗粒物排放量计算

颗粒物排放量=颗粒物产生量–颗粒物去除量=1080.14 吨–1069.34 吨=10.8 吨

5 系数表

3218 碳化硅冶炼行业系数表

工段名称	产品名称	原料名称	工艺名称	规模等级	污染物类别	污染物指标	系数单位	产污系数	末端治理技术	末端治理技术平均去除效率/%	参考 k 值计算公式[1]
—	碳化硅	石英砂	电阻炉法	所有规模	废气	工业废气量	标米^3/吨-产品	31938	—	0	k=废气治理设施运行时间（小时/年）/企业正常生产时间（小时/年）
						颗粒物	千克/吨-产品	102.87	湿法除尘	60	
									袋式除尘	99	
									静电除尘	98	
						氮氧化物	千克/吨-产品	0.93	—	0	
						二氧化硫	千克/吨-产品	4.38	氨法	95	
									石灰/石膏法	89	
									石灰石/石膏法	85	
									有机胺吸附	99	
									活性炭（焦）法	95	
					固废	一般工业固废	吨/吨-产品	0.20	贮存/综合利用	—	—

[1] 该公式仅供参考，使用时，可根据 k 值定义，选取更适合企业实际情况的表达方式。

3219 其他常用有色金属冶炼业

1 适用范围

本手册仅用于《国民经济行业分类》（GB/T 4754—2017）中 3219 其他常用有色金属冶炼行业使用系数法核算工业污染物产生量和排放量的工业企业。

利用本手册进行产污核算得出的污染物产生量与排放量仅代表了特定行业、工艺、产品、原料在正常工况下污染物产生与排放的一般规律。

本行业废水指标包括工业废水量、化学需氧量、氨氮、总氮、镉、铅、砷、铬、汞；废气指标包括工业废气量、颗粒物、二氧化硫、氮氧化物、氯气、氯化氢；固废指标包括一般工业固废、危险废物。

2 注意事项

2.1 企业有多种生产工艺或生产多类产品产排污量核算

污染物产生量与产品产量有关，根据不同核算环节计算产污量后，再根据企业末端治理设施和运行情况计算各污染物的排放量。

企业某污染物指标的产生量、排放量为各核算环节产生量、排放量之和。

在企业实际排放量计算过程中，如果存在废水回用的情况，需要在利用产排污核算公式的基础上扣除废水回用的部分。公式如下：

实际排放量=计算排放量×（1–废水回用率）

2.2 采用多种治理设施组合处理企业的排污量核算

在排污量计算选择末端治理技术时，若没有对应的组合治理技术，以主要治理技术为准。

2.3 系数表中未涉及的产污系数及污染治理效率

因“海绵钛-四氯化钛-镁还原-所有规模”组合无工艺废水和有组织废气产生，本手册未给出该组合污染物产污系数。若企业有镁电解工序，废气、废水指标可参考 3317 镁冶炼行业镁电解工段的系数手册。

2.4 其他需要说明的问题

由于不同企业工业废气量、废水量差异较大，本手册所提供的工业废气量、废水量系数仅供参考。

制定本手册时已充分考虑全国的平均水平，使用本手册计算得出的产污量可能与具体调查企业有一定出入，但总体符合全行业水平。

企业采用多种末端治理技术联合处理时，取组合工艺去除效率。

本手册中“金属镉-含镉冶炼中间产物-湿法+火法精炼-所有规模”组合产生工艺废水返回锌电解工序，无废水外排。

如企业同时生产不同金属产品，应按相应金属产品的产污系数，分别计算污染物的产生量、排放量，各金属产品生产过程产出、排放的污染物量之和为该企业产生及排放的污染物总量。

当生产工艺产生的固废或者危险废物又返回本生产工艺，则不计入固废或危险废物产生量，若用于其他金属生产线，则计入。

本手册中“高纯铋-含铋物料-火法粗炼+火法精炼-所有规模”组合无工艺废水产生。

本手册中“汞-废触媒-湿法+蒸馏法-所有规模”组合工艺废水车间内循环利用不外排，不进行核算。

本手册中汞矿石炼汞的两个四同组合产污系数沿用了“一污普”的相关产污系数。

为体现相同产污水平条件下，采用相同环保治理设施的不同企业对同一污染物去除效果的差异，引入末端治理设施实际运行率（k）对污染治理技术的实际去除率进行修正。k 值反映的是污染治理设施运行的状态，越稳定运行，k 值越高；在取值上，若定义连续稳定运行的理想状态为 1，则 k 取值在 0～1 之间。

本手册给出本行业的 k 计算公式仅供参考，使用时，可根据 k 值定义，选取更适合企业实际情况的表达方式。

3 污染物排放量核算方法

针对企业实际生产情况，本行业在系数制定过程中将企业全生产流程划分或拆分为若干工段（核算环节），在核算企业污染物产排量时，可灵活选择本企业对应的工段进行核算。

3.1 计算工段污染物产生量

（1）根据产品、原料、污染物产生的主导生产工艺、企业规模（生产产能）这一组合查找和确定所对应的某一污染物的产污系数。

（2）根据该污染物的产污系数计量单位——单位产品产量，获取企业实际产品产量。

例如，某组合内 COD 的产污系数单位为千克/吨-产品，则计算产生量时需要获取企业实际产品产量。

（3）污染物产生量按以下公式进行计算：

污染物产生量=污染物对应的产污系数×产品产量

$$G_{产i} = P_{产i} \times M_i$$

式中，$G_{产i}$——工段 i 某污染物的产生量；

$P_{产i}$——工段 i 某污染物对应的产污系数；

M_i——工段 i 的产品产量。

3.2 计算工段污染物去除量

（1）根据企业对某一污染物所采用的治理技术查找和选择相应的治理技术平均去除效率。

（2）根据所填报的污染治理设施实际运行率参数及其计算公式得出该企业某一污染物的治理设

施实际运行率（k 值）。

（3）污染物去除量按以下公式进行计算：

污染物去除量=污染物产生量×污染物去除率=污染物产生量×治理技术平均去除效率×治理设施实际运行率

$$R_{减i}=G_{产i}\times\eta_T\times k_T$$

式中，$R_{减i}$——工段 i 某污染物的去除量；

η_T——工段 i 某污染物采用的末端治理技术的平均去除效率；

k_T——工段 i 某污染物采用的末端治理设施的实际运行率。

3.3 计算工段污染物排放量

污染物排放量=污染物产生量–污染物去除量

=污染物对应的产污系数×产品产量–污染物产生量×治理技术平均去除效率×治理设施实际运行率

3.4 计算企业污染物排放量

同一企业某污染物全年的产生（排放）总量为该企业同年实际生产的全部工段、产品、原料、规模污染物产生（排放）量之和。

$$E_{排}=G_{产}-R_{减}=\sum(G_{产i}-R_{减i})$$
$$=\sum\left[P_{产i}\times M_i(1-\eta_T\times k_T)\right]$$

若企业有废水回用，则废水污染物排放量计算：

$$E_{排}=(G_{产}-R_{减})\times(1-C_{回用})$$

式中，$C_{回用}$——废水回用率。

4 污染物排放量核算案例

某铋冶炼企业主要从事高纯铋的生产，涉及的废水、废气污染物主要为化学需氧量、氨氮、总氮、镉、铅、砷、氮氧化物、颗粒物、二氧化硫。

该企业基本信息如表 1 所示。

表 1 某铋冶炼企业基本信息

原料名称	含铋物料（氧化铋渣）
产品名称	高纯铋
年产量	390 吨
工艺名称	湿法富集+火法粗炼+火法精炼
废气污染物治理设施	袋式除尘+碱喷淋
废水治理设施运行时间	7220 小时
企业正常生产时间	7220 小时

下面以废气中颗粒物为例，说明该企业颗粒物排放量的计算方法，主要分为以下三个步骤。

4.1 颗粒物产生量计算

（1）查找产污系数及其计量单位

根据企业基本信息，查找本手册中主要产品为高纯铋，主要原料为含铋物料（氧化铋渣），主要工艺为“湿法富集+火法粗炼+火法精炼”，生产规模为所有规模。该组合颗粒物的产污系数为254.02，单位为千克/吨-产品。

（2）获取企业产品产量

该企业实际情况为：该工段主要产品高纯铋2017年产量为390吨。

（3）计算颗粒物产生量

由于查询到的组合中颗粒物产污系数的单位为千克/吨-产品，因此在核算颗粒物产生量时需获取产品产量。

颗粒物产生量=颗粒物产污系数×产品（高纯铋）产量

=254.02千克/吨-产品×390吨-产品/1000=99.07吨

4.2 颗粒物去除量计算

（1）查找治理技术平均去除效率

该企业颗粒物治理技术采用“袋式除尘+碱喷淋处理”的工艺，查询相应组合内该处理工艺的平均去除效率为99.2%。

（2）计算污染治理设施实际运行率

根据产污系数组合查询结果，该组合中“袋式除尘+碱喷淋法”对应的污染治理设施实际运行率为

k=污水治理设施运行时间/企业正常生产时间=7200小时/7200小时=1

（3）计算颗粒物去除量

颗粒物去除量=污染物产生量×治理技术平均去除效率×治理设施实际运行率

=99.07吨×99.2%×1

=98.28吨

4.3 颗粒物排放量计算

颗粒物排放量=污染物产生量−污染物去除量=99.07吨−98.28吨=0.79吨

5 系数表

3219 其他常用有色金属冶炼行业系数表

工段名称	产品名称	原料名称	工艺名称	规模等级	污染物类别	污染物指标	系数单位	产污系数	末端治理技术	末端治理技术平均去除效率/%	参考 k 值计算公式[1]
—	高纯铋	含铋物料[①]	湿法富集+火法粗炼+火法精炼	所有规模	废水	工业废水量	吨/吨-产品	23.81	—	—	k=污水治理设施运行时间（小时/年）/企业正常生产时间（小时/年）
						化学需氧量	克/吨-产品	2264.99	化学沉淀法	40	
									化学混凝法	70	
									化学沉淀法+化学混凝	82	
						氨氮	克/吨-产品	177.47	化学沉淀法	10	
									化学混凝法	20	
									化学沉淀法+化学混凝	28	
						总氮	克/吨-产品	324.14	化学沉淀法	10	
									化学混凝法	20	
									化学沉淀法+化学混凝	28	
						镉	克/吨-产品	116.64	化学沉淀法	85	
									化学混凝法	90	
									化学沉淀法+化学混凝	98	
						铅	克/吨-产品	650.12	同镉		
						砷	克/吨-产品	1982.85			
					废气	工业废气量	标米 ^{3}/吨-产品	281949	—	—	k=废气治理设施运行时间（小时/年）/企业正常生产时间（小时/年）
						氮氧化物	千克/吨-产品	10.42	—	—	
						二氧化硫	千克/吨-产品	82.86	其他（碱液喷淋）	90	
									双碱法	90	
						颗粒物	千克/吨-产品	254.02	袋式除尘	99	
									喷淋塔	90	
									袋式除尘+喷淋塔	99.2	
					固废	危险废物	吨/吨-产品	4.40	综合利用	—	—

注：①含铋物料包括铅阳极泥、氧化铋渣、铋精矿等。

[1] 该公式仅供参考，使用时，可根据 k 值定义，选取更适合企业实际情况的表达方式。

3219 其他常用有色金属冶炼行业系数表（续表 1）

工段名称	产品名称	原料名称	工艺名称	规模等级	污染物类别	污染物指标	系数单位	产污系数	末端治理技术	末端治理技术平均去除效率/%	参考 k 值计算公式
—	高纯铋	含铋物料[①]	火法粗炼+火法精炼	所有规模	废气	工业废气量	标米^3/吨-产品	166825			k=废气治理设施运行时间（小时/年）/企业正常生产时间（小时/年）
						氮氧化物	千克/吨-产品	8.50	—	—	
						二氧化硫	千克/吨-产品	143.42	其他（碱液喷淋）	90	
									双碱法	90	
						颗粒物	千克/吨-产品	240.55	袋式除尘	99	
									喷淋塔	90	
									袋式除尘+喷淋塔	99.2	
					固废	一般工业固废	吨/吨-产品	0.037	贮存/综合利用	—	—
						危险废物	吨/吨-产品	0.96	综合利用	—	—

注：①含铋物料包括铅阳极泥、氧化铋渣、铋精矿等。

3219 其他常用有色金属冶炼行业系数表（续表 2）

工段名称	产品名称	原料名称	工艺名称	规模等级	污染物类别	污染物指标	系数单位	产污系数	末端治理技术	末端治理技术平均去除效率/%	参考 k 值计算公式
—	四氯化钛	富钛料[①]	沸腾氯化	所有规模	废水	工业废水量	吨/吨-产品	10.92	—	—	k=污水治理设施运行时间（小时/年）/企业正常生产时间（小时/年）
						化学需氧量	克/吨-产品	1173.63	化学沉淀法	40	
						氨氮	克/吨-产品	78.11	化学沉淀法	10	
						总氮	克/吨-产品	154.66	化学沉淀法	10	
						铬	克/吨-产品	57.88	化学沉淀法	75	
					废气	工业废气量	标米^3/吨-产品	1531	—	—	k=废气治理设施运行时间（小时/年）/企业正常生产时间（小时/年）
						氮氧化物	千克/吨-产品	0.15	—	—	
						二氧化硫	千克/吨-产品	1.72	其他（碱液喷淋）	90	
						颗粒物	千克/吨-产品	5.61	喷淋塔	90	
						氯气	千克/吨-产品	0.40	一级淋洗吸收+二级碱液喷淋	85.0	
						氯化氢	千克/吨-产品	2.18	二级淋洗吸收+二级碱液喷淋	95.0	
					固废	一般工业固废	吨/吨-产品	0.31	贮存/综合利用	—	—

注：①富钛料包括高钛渣、金红石等。

3219 其他常用有色金属冶炼行业系数表（续表 3）

工段名称	产品名称	原料名称	工艺名称	规模等级	污染物类别	污染物指标	系数单位	产污系数	末端治理技术	末端治理技术平均去除效率/%	参考 k 值计算公式
—	四氯化钛	富钛料[①]	熔盐氯化	所有规模	废水	工业废水量	吨/吨-产品	11.90	—	—	k=污水治理设施运行时间（小时/年）/企业正常生产时间（小时/年）
						化学需氧量	克/吨-产品	1401.87	化学沉淀法	40	
						氨氮	克/吨-产品	87.98	化学沉淀法	10	
						总氮	克/吨-产品	160.87	化学沉淀法	10	
						铬	克/吨-产品	62.22	化学沉淀法	75	
					废气	工业废气量	标米 ^{3}/吨-产品	1102	—	—	k=废气治理设施运行时间（小时/年）/企业正常生产时间（小时/年）
						氮氧化物	千克/吨-产品	0.11	—	—	
						二氧化硫	千克/吨-产品	1.46	其他（碱液喷淋）	90	
						颗粒物	千克/吨-产品	2.93	喷淋塔	90	
						氯气	千克/吨-产品	0.35	二级淋洗吸收+二级碱液喷淋	85.0	
						氯化氢	千克/吨-产品	2.09	二级淋洗吸收+二级碱液喷淋	95.0	
					固废	一般工业固废	吨/吨-产品	0.38	贮存/综合利用	—	—

注：①富钛料包括高钛渣、金红石等。

3219 其他常用有色金属冶炼行业系数表（续表 4）

工段名称	产品名称	原料名称	工艺名称	规模等级	污染物类别	污染物指标	系数单位	产污系数	末端治理技术	末端治理技术平均去除效率/%	参考 k 值计算公式
—	金属镉	含镉冶炼中间产物	湿法+火法精炼	所有规模	废水	工业废水量	吨/吨-产品	34.39	其他（返锌电解）	—	k=污水治理设施运行时间（小时/年）/企业正常生产时间（小时/年）
						化学需氧量	克/吨-产品	2564.99	—	—	
						氨氮	克/吨-产品	248.06	—	—	
						总氮	克/吨-产品	305.49	—	—	
						镉	克/吨-产品	7932.47	—	—	
						铅	克/吨-产品	24.07	—	—	
						砷	克/吨-产品	1020.10	—	—	
					废气	工业废气量	标米 ^{3}/吨-产品	60472	—	—	k=废气治理设施运行时间（小时/年）/企业正常生产时间（小时/年）
						氮氧化物	千克/吨-产品	1.73	—	—	
						二氧化硫	千克/吨-产品	8.62	其他（碱液喷淋）	90	
						颗粒物	千克/吨-产品	25.55	袋式除尘	99	
									喷淋塔	90	
									袋式除尘+喷淋塔	99.2	
						镉	千克/吨-产品	295.02	袋式除尘	99	
									喷淋塔	90	
									袋式除尘+喷淋塔	99.2	
					固废	危险废物	吨/吨-产品	4.16	综合利用	—	—

3219 其他常用有色金属冶炼行业系数表（续表 5）

工段名称	产品名称	原料名称	工艺名称	规模等级	污染物类别	污染物指标	系数单位	产污系数	末端治理技术	末端治理技术平均去除效率/%	参考 k 值计算公式
汞生产	汞	汞矿石	流态化焙烧法	所有规模	废水	工业废水量	吨/吨-产品	5.02	—	—	k=污水治理设施运行时间（小时/年）/企业正常生产时间（小时/年）
						镉	克/吨-产品	1.663	化学沉淀	98	
						铅	克/吨-产品	4.664	化学沉淀	98	
						砷	克/吨-产品	6.945	化学沉淀	98	
						汞	克/吨-产品	21.95	化学沉淀	99	
					废气	工业废气量	万标米 ^{3}/吨-产品	120.8	—	—	k=废气治理设施运行时间（小时/年）/企业正常生产时间（小时/年）
						二氧化硫	千克/吨-产品	1108	石灰石膏法	90	
						颗粒物	千克/吨-产品	3858	袋式除尘	98	
					固废	危险废物（HW29）	吨/吨-产品	126	安全处置	—	—
		汞精矿	蒸馏法	所有规模	废水	工业废水量	吨/吨-产品	2.632	—	—	k=污水治理设施运行时间（小时/年）/企业正常生产时间（小时/年）
						镉	克/吨-产品	2.895	化学沉淀	98	
						铅	克/吨-产品	14.79	化学沉淀	98	
						砷	克/吨-产品	4.763	化学沉淀	98	
						汞	克/吨-产品	2.158	化学沉淀	99	
					废气	工业废气量	标米 ^{3}/吨-产品	1895	—	—	k=废气治理设施运行时间（小时/年）/企业正常生产时间（小时/年）
						二氧化硫	千克/吨-产品	24.06	石灰石/石膏法	90	
						颗粒物	千克/吨-产品	14.49	袋式除尘	98	
					固废	危险废物（HW29）	吨/吨-产品	6.22	安全处置	—	—
—	汞	废触媒	湿法+蒸馏法	所有规模	废气	工业废气量	标米 ^{3}/吨-产品	212345	—	—	k=废气治理设施运行时间（小时/年）/企业正常生产时间（小时/年）
					固废	危险废物（HW29）	吨/吨-产品	59.51	综合利用	—	—

3221 金冶炼业

1 适用范围

本手册仅用于《国民经济行业分类》（GB/T 4754—2017）中 3221 金冶炼行业使用系数法核算工业污染物产生量和排放量的工业企业。

利用本手册进行产排污核算得出的污染物产生量与排放量仅代表了特定行业、工艺、产品、原料在正常工况下污染物产生与排放的一般规律。

本行业废水指标包括工业废水量、化学需氧量、氰化物等；废气指标包括工业废气量、颗粒物、二氧化硫、氮氧化物等。

2 注意事项

2.1 企业有多种生产工艺或生产多类产品产排污量核算

本手册适用于以金精矿、金矿石、阳极泥、高含金物料为原料的提炼黄金的生产活动，涵盖了氰化冶炼、金精炼环节。

结合行业特点，设置组合如下：氧化焙烧-氰化、生物氧化-氰化、直接氰化、堆浸、全泥氰化、单独金精炼、阳极泥提金、循环焙烧-硫脲提金，各企业可针对自己的实际情况选取对应组合使用系数。

金精炼产排污量核算：污染物产生量与产品产量有关，根据手册中金精炼环节产污系数计算产污量后，再根据企业末端治理设施和运行情况计算各污染物的排放量。

除金精炼外的产排污量核算：污染物产生量与原料用量有关，先根据不同核算环节计算产污量后，再根据企业末端治理设施和运行情况计算各污染物的排放量。

企业某污染物指标的产生总量、排放总量为各核算环节产生量、排放量之和。

在企业实际排放量计算过程中，如果存在废水回用的情况，需要在利用产排污核算公式的基础上扣除废水回用的部分。公式如下：

实际排放量=计算排放量×（1–废水回用率）

2.2 采用多种治理设施组合处理企业的排污量核算

在排污量计算选择末端治理技术时，若没有对应的组合治理技术，以主要治理技术为准。

2.3 系数表中未涉及的产污系数及污染治理效率

以阳极泥为原料提炼金、银或稀贵金属产品的企业，可参照对应行业的系数进行核算，注意避免重复统计。

若某些企业采用的末端治理技术在系数手册中没有对应的，则选择处理原理或处理效率最相近的治理技术。

2.4 其他需要说明的问题

由于不同企业工业废气量、废水量差异较大，本手册所提供的工业废气量、废水量系数仅供参考。

为体现相同产污水平条件下，采用相同环保治理设施的不同企业对同一污染物去除效果的差异，引入末端治理设施实际运行率（k）对污染治理技术的实际去除率进行修正。k 值反映的是污染治理设施运行的状态，越稳定运行，k 值越高；在取值上，若定义连续稳定运行的理想状态为 1，则 k 取值在 0～1 之间。

本手册给出本行业的 k 计算公式仅供参考，使用时，可根据 k 值定义，选取更适合企业实际情况的表达方式。

3 污染物排放量核算方法

针对企业实际生产情况，本行业在系数制定过程中将企业全生产流程划分或拆分为若干工段（核算环节），在核算企业污染物产排量时，可灵活选择本企业对应的工段进行核算。

3.1 计算工段污染物产生量

（1）根据产品、原料、污染物产生的主导生产工艺、企业规模这一组合查找和确定所对应的某一污染物的产污系数。

（2）根据该污染物的产污系数计量单位——单位产品产量或单位原料用量，获取企业实际产品产量或原料用量。

例如，某组合内化学需氧量的产污系数单位为千克/吨-产品，则计算产生量时需要获取企业产品产量；如果产污系数单位为千克/千克-原料，则计算产生量时需要获取企业原料用量。

（3）污染物产生量按以下公式进行计算：

污染物产生量=污染物对应的产污系数×产品产量（原料用量）

$$G_{产i} = P_{产i} \times M_i$$

式中，$G_{产i}$——工段 i 某污染物的产生量；

$P_{产i}$——工段 i 某污染物对应的产污系数；

M_i——工段 i 的产品产量（原料用量）。

3.2 计算工段污染物去除量

（1）根据企业对某一污染物所采用的治理技术查找和选择相应的治理技术平均去除效率。

（2）根据所填报的污染治理设施实际运行率参数及其计算公式得出该企业某一污染物的治理设施实际运行率（k 值）。

（3）污染物去除量按以下公式进行计算：

污染物去除量=污染物产生量×污染物去除率

=污染物产生量×治理技术平均去除效率×治理设施实际运行率

$$R_{减i} = G_{产i} \times \eta_T \times \mathrm{k_T}$$

式中，$R_{减i}$——工段 i 某污染物的去除量；

η_T——工段 i 某污染物采用的末端治理技术的平均去除效率；

k_T——工段 i 某污染物采用的末端治理设施的实际运行率。

3.3 计算工段污染物排放量

污染物排放量=污染物产生量–污染物去除量

=污染物对应的产污系数×产品产量（原料用量）–污染物产生量×治理技术平均去除效率×治理设施实际运行率

3.4 计算企业污染物排放量

同一企业某污染物全年的产生（排放）总量为该企业同年实际生产的全部工段、产品、原料、规模污染物产生（排放）量之和。

$$
\begin{aligned}
E_{排} &= G_{产} - R_{减} = \sum(G_{产i} - R_{减i}) \\
&= \sum\left[P_{产i} \times M_i(1 - \eta_T \times k_T)\right]
\end{aligned}
$$

4 污染物排放量核算案例

某黄金冶炼企业，以金精矿为原料提炼黄金，采用“氰化-金精炼”工艺，该企业涉及的主要产排污工段为氰化和精炼两个工段。其中氰化工段主要污染物为废水污染物：化学需氧量、氨氮、氰化物、铅、砷，精炼工段主要污染物为废气污染物：颗粒物、氮氧化物、二氧化硫。

该企业基本信息如表 1 所示。

表 1 某黄金冶炼企业基本信息

项目	工段 1：氰化		工段 2：精炼	
	名称	数量	名称	数量
产品及产量	金泥	—	金锭	26 吨/年
原料及用量	金精矿	490000 吨/年	金泥	—
工艺名称	直接氰化		精炼	
污染治理设施	含氰废水采用“电化学+亚硫酸钠破氰”，其他生产废水采用“电化学+物理化学法		布袋除尘、高浓度酸雾净化塔喷淋	
废水回用率	90%		—	
实际运行率参数	污水治理设施运行时间	7920 小时	废气治理设施运行时间	1600 小时
	企业正常生产时间	7920 小时	企业正常生产时间	1600 小时

4.1 工段 1 的排放量计算

（1）废水污染物产生量计算

①查找产污系数及其计量单位

根据企业基本信息，查找本手册中主要产品为金泥，主要原料为金精矿，主要工艺为氰化，生产规模为所有规模。该组合废水污染物的产污系数见表 2。

表 2　组合对应的废水污染物产污系数

污染物指标	系数单位	产污系数
工业废水量	吨/吨-原料	6.85
化学需氧量	千克/吨-原料	2.16
氨氮	千克/吨-原料	0.030
氰化物	千克/吨-原料	0.38
铅	克/吨-原料	0.16
砷	克/吨-原料	0.090

②获取企业原料耗量

该企业实际情况为：该工段主要原料金精矿 2017 年耗量为 490000 吨。

③计算废水污染物的产生量

工业废水产生量=6.85 吨/吨-原料×490000 吨-原料/10000＝335.65 万吨

化学需氧量产生量=2.16 千克/吨-原料×490000 吨-原料/1000=1058.4 吨

氨氮产生量=0.030 千克/吨-原料×490000 吨-原料/1000=14.7 吨

氰化物产生量=0.38 千克/吨-原料×490000 吨-原料/1000=186.2 吨

铅产生量=0.16 克/吨-原料×490000 吨-原料/1000000=0.078 吨

砷产生量=0.090 克/吨-原料×490000 吨-原料/1000000=0.044 吨

（2）废水污染物排放量计算

①查找治理技术平均去除效率

根据该工艺组合对应的主要污染物治理措施，查询对应污染物的平均去除效率见表 3。

表 3　组合对应的废水污染物治理措施去除效率

污染物指标	末端治理设施去除效率/%
化学需氧量	90
氨氮	90
氰化物	99.5
铅	90
砷	90

②计算污染治理设施实际运行率

根据产污系数组合查询结果，该组合废水污染治理设施实际运行率为

k=污水治理设施运行时间/企业正常生产时间=7920 小时/7920 小时=1

③计算废水污染物的排放量

根据末端治理技术去除效率、治理设施运行率、回水率（全厂废水回用率 90%）计算废水污染物的排放量。

工业废水排放量=废水产生量×（1–废水回用率）=335.65 万吨×（1–90%）=33.565 万吨

化学需氧量排放量=化学需氧量产生量×（1–末端治理设施运行率×末端治理技术去除效率）×

（1–废水回用率）=1058.4 吨×（1–90%×1）×（1–90%）=10.6 吨

氨氮排放量=氨氮产生量×（1–末端治理设施运行率×末端治理技术去除效率）×（1–废水回用率）

=14.7 吨×（1–90%×1）×（1–90%）=0.147 吨

氰化物排放量=氰化物产生量×（1–末端治理设施运行率×末端治理技术去除效率）×（1–废水回用率）

=186.2 吨×（1–99.5%×1）×（1–90%）=0.093 吨

铅排放量=铅产生量×（1–末端治理设施运行率×末端治理技术去除效率）×（1–废水回用率）

=0.078 吨×（1–90%×1）×（1–90%）=0.00078 吨

砷排放量=砷产生量×（1–末端治理设施运行率×末端治理技术去除效率）×（1–废水回用率）

=0.044 吨×（1–90%×1）×（1–90%）=0.00044 吨

4.2 工段 2 的排放量计算

（1）废气污染物产生量计算

①查找产污系数及其计量单位

根据企业基本信息，查找本手册中主要产品为金锭，主要原料为高含金物料（金泥），主要工艺为精炼，生产规模为所有规模。该组合废气污染物的产污系数见表 4。

表 4 组合对应的废气污染物产污系数

污染物指标	系数单位	产污系数
工业废气量	标米 ^{3}/千克-产品	1968
颗粒物	千克/千克-产品	0.26
氮氧化物	千克/千克-产品	0.55
二氧化硫	千克/千克-产品	0.39

②获取企业产品产量

该企业实际情况为：该工段主要产品金锭 2017 年产量为 26000 千克。

③计算废气污染物产生量

工业废气产生量=1968 标米 ^{3}/千克-产品×26000 千克-产品/10000＝5116.8 万米 ^{3}

颗粒物产生量=0.26 千克/千克-产品×26000 千克-产品/1000= 6.76 吨

氮氧化物产生量=0.55 千克/千克-产品×26000 千克-产品/1000=14.3 吨

二氧化硫产生量=0.39 千克/千克-产品×26000 千克-产品/1000=10.14 吨

（2）废气污染物排放量计算

①查找治理技术平均去除效率

根据该工艺组合对应的主要污染物治理措施，查询对应污染物的平均去除效率见表 5。

表 5 组合对应的废气污染物治理措施去除效率

污染物指标	末端治理技术平均去除效率/%
颗粒物	99
氮氧化物	90
二氧化硫	90

②计算污染治理设施实际运行率

该组合废气污染治理设施实际运行率为

k=废气治理设施运行时间/企业正常生产时间=1600 小时/1600 小时=1

③计算废气污染物的排放量

根据末端治理技术去除效率、治理设施运行率计算废气污染物的排放量。

工业废气排放量=工业废气产生量=5116.8 万米^3

颗粒物排放量=颗粒物产生量×（1–末端治理设施运行率×末端治理技术去除效率）

=6.76 吨×（1–99%×1）= 0.0676 吨

氮氧化物排放量=氮氧化物产生量×（1–末端治理设施运行率×末端治理技术去除效率）

=14.3 吨×（1–90%×1）= 1.43 吨

二氧化硫排放量=二氧化硫产生量×（1–末端治理设施运行率×末端治理技术去除效率）

=10.14 吨×（1–90%×1）= 1.014 吨

4.3 全厂污染物总排放量计算

工段 1 和工段 2 的污染物排放总量之和，即为全厂污染物排放总量。

5 系数表

3221 金冶炼行业系数表

工段名称	产品名称	原料名称	工艺名称	规模等级	污染物类别	污染物指标	系数单位	产污系数	末端治理技术	末端治理技术平均去除效率/%	参考 k 值计算公式[1]
预处理-氰化	金泥或载金炭	金精矿	氧化焙烧-氰化	所有规模	废水	工业废水量	吨/吨-原料	1.96	—	—	—
						化学需氧量	千克/吨-原料	0.26	物理化学处理	70	k=废水治理设施正常运行时间（小时/年）/企业正常生产时间（小时/年）
						氨氮	千克/吨-原料	0.0022	物理化学处理	10	
						氰化物	千克/吨-原料	0.031	化学混凝法	97	
						镉	克/吨-原料	0.36	物理化学处理	95	
						铅	克/吨-原料	0.50	物理化学处理	95	
						砷	克/吨-原料	0.0060	物理化学处理	95	
						汞	克/吨-原料	0.00020	物理化学处理	95	
					废气	工业废气量	标米^3/吨-原料	2797	—	—	k=废气治理设施正常运行时间（小时/年）/企业正常生产时间（小时/年）
						颗粒物	千克/吨-原料	3.91	袋式除尘+静电除尘+湿式除尘	99	
						二氧化硫	千克/吨-原料	2.28	双氧水、碱液吸收	90	
						氮氧化物	千克/吨-原料	1.51	双氧水、碱液吸收	85	

[1] 该公式仅供参考，使用时，可根据 k 值定义，选取更适合企业实际情况的表达方式。

3221 金冶炼行业系数表（续表 1）

工段名称	产品名称	原料名称	工艺名称	规模等级	污染物类别	污染物指标	系数单位	产污系数	末端治理技术	末端治理技术平均去除效率/%	参考 k 值计算公式
预处理-氰化	金泥或载金炭	金精矿	生物氧化-氰化	所有规模	废水	工业废水量	吨/吨-原料	12	—	—	—
						化学需氧量	千克/吨-原料	8.40	物理化学法+沉降分离	90	k=废水治理设施正常运行时间（小时/年）/企业正常生产时间（小时/年）
						氨氮	千克/吨-原料	0.72	物理化学法+沉降分离	90	
						氰化物	千克/吨-原料	0.0030	物理化学法+沉降分离	95	
						镉	克/吨-原料	0.24	物理化学法+沉降分离	70	
						铅	克/吨-原料	2.64	物理化学法+沉降分离	70	
						砷	克/吨-原料	3.99	物理化学法+沉降分离	70	
氰化	金泥或载金炭	金精矿	直接氰化	所有规模	废水	工业废水量	吨/吨-原料	6.85	—	—	—
						化学需氧量	千克/吨-原料	2.16	电化学+物理化学+生化法	90	k=废水治理设施正常运行时间（小时/年）/企业正常生产时间（小时/年）
						氨氮	千克/吨-原料	0.030	生化法	90	
						氰化物	千克/吨-原料	0.38	电化学+物理化学	99.5	
						铅	克/吨-原料	0.16	电化学+物理化学	90	
						砷	克/吨-原料	0.090	电化学+物理化学	90	
	金泥或载金炭	金矿石	堆浸	所有规模	废水	工业废水量	吨/吨-原料	0.51	—	—	—
						化学需氧量	千克/吨-原料	0.93	物理化学法	95	k=废水治理设施正常运行时间（小时/年）/企业正常生产时间（小时/年）
						氰化物	千克/吨-原料	0.0042	化学混凝法	99	
						铅	克/吨-原料	2.40	物理化学法	95	
						砷	克/吨-原料	0.44	物理化学法	95	
	金泥或载金炭	金矿石	全泥氰化	所有规模	废水	工业废水量	吨/吨-原料	0.40	—	—	—
						化学需氧量	千克/吨-原料	0.74	物理化学法	50	k=废水治理设施正常运行时间（小时/年）/企业正常生产时间（小时/年）
						氰化物	千克/吨-原料	0.46	化学混凝法	99	
						铅	克/吨-原料	0.016	物理化学法	95	
						砷	克/吨-原料	0.016	物理化学法	95	
精炼	金	高含金物料①	金精炼	所有规模	废气	工业废气量	标米 ^{3}/千克-产品	1968	—	—	k=废气治理设施正常运行时间（小时/年）/企业正常生产时间（小时/年）
						颗粒物	千克/千克-产品	0.26	布袋除尘	99	
						二氧化硫	千克/千克-产品	0.39	碱吸收	90	
						氮氧化物	千克/千克-产品	0.55	酸吸收+碱吸收	90	

注：①高含金物料包括载金炭、金泥和合质金等。

3221 金冶炼行业系数表（续表 2）

工段名称	产品名称	原料名称	工艺名称	规模等级	污染物类别	污染物指标	系数单位	产污系数	末端治理技术	末端治理技术平均去除效率/%	参考 k 值计算公式
—	金	阳极泥	阳极泥提金（火法+湿法）	所有规模	废气	工业废气量	标米^3/吨-原料	61339	—	—	k=废气治理设施正常运行时间（小时/年）/企业正常生产时间（小时/年）
						颗粒物	千克/吨-原料	85.87	布袋除尘、文丘里+电除雾	99	
						二氧化硫	千克/吨-原料	98.13	碱吸收	90	
						氮氧化物	千克/吨-原料	7.05	碱吸收	30	
	金泥或载金炭	金精矿	循环焙烧+硫脲浸金	所有规模	废水	工业废水量	吨/吨-原料	2	—	—	k=废水治理设施正常运行时间（小时/年）/企业正常生产时间（小时/年）
						化学需氧量	千克/吨-原料	0.13	中和法	30	
						镉	克/吨-原料	0.40	中和法	30	
						铅	克/吨-原料	1.80	中和法	30	
						砷	克/吨-原料	1.14	中和法	30	
						汞	克/吨-原料	0.0014	中和法	30	
					废气	工业废气量	标米^3/吨-原料	17653	—	—	k=废气治理设施正常运行时间（小时/年）/企业正常生产时间（小时/年）
						颗粒物	千克/吨-原料	26.48	沉降室+旋风除尘器+袋式除尘	99	
						二氧化硫	千克/吨-原料	21.18	双氧水+三级喘动塔石灰乳洗涤	95	
						氮氧化物	千克/吨-原料	1.33	—	—	

3222 银冶炼业

1 适用范围

本手册仅用于《国民经济行业分类》（GB/T 4754—2017）中 3222 银冶炼行业使用系数法核算工业污染物产生量和排放量的工业企业。

利用本手册进行产排污核算得出的污染物产生量与排放量仅代表了特定行业、工艺、产品、原料在正常工况下污染物产生与排放的一般规律。

本行业废水指标包括工业废水量、化学需氧量、氨氮、总氮、镉、铅、砷、石油类；废气指标包括工业废气量、氮氧化物、二氧化硫、颗粒物；固废指标包括危险废物。

2 注意事项

2.1 企业有多种生产工艺或生产多类产品产排污量核算

污染物产生量与产品产量有关，根据不同核算环节计算产污量后，再根据企业末端治理设施和运行情况计算各污染物的排放量。

企业某污染物指标的产生量、排放量为各核算环节产生量、排放量之和。

在企业实际排放量计算过程中，如果存在废水回用的情况，需要在利用产排污核算公式的基础上扣除废水回用的部分。公式如下：

实际排放量=计算排放量×（1–废水回用率）

2.2 采用多种治理设施组合处理企业的排污量核算

在排污量计算选择末端治理技术时，若没有对应的组合治理技术，以主要治理技术为准。

2.3 系数表中未涉及的产污系数及污染治理效率

再生银生产过程产污系数可参考《42 废弃资源和废旧材料回收加工业系数手册》。

2.4 其他需要说明的问题

由于不同企业工业废气量、废水量差异较大，本手册所提供的工业废气量、废水量系数仅供参考。

本手册所提供的工业废水量已包含脱铜、脱硒工艺过程的废水产生量，不可重复计算。

如企业同时生产其他贵金属产品，应按相应金属产品的产污系数分别计算污染物的产生量与排放量，各金属产品生产过程产生、排放的污染物量之和为该企业产生及排放的污染物总量。

为体现相同产污水平条件下，采用相同环保治理设施的不同企业对同一污染物去除效果的差异，引入末端治理设施实际运行率（k）对污染治理技术的实际去除率进行修正。k 值反映的是污染治理

设施运行的状态，越稳定运行，k 值越高；在取值上，若定义连续稳定运行的理想状态为 1，则 k 取值在 0～1 之间。

本手册给出本行业的 k 计算公式仅供参考，使用时，可根据 k 值定义，选取更适合企业实际情况的表达方式。

3 污染物排放量核算方法

3.1 计算污染物产生量

（1）根据产品、原料、污染物产生的主导生产工艺、企业规模（生产产能）这一组合查找和确定所对应的某一污染物的产污系数。

（2）根据该污染物的产污系数计量单位——单位产品产量，获取企业实际产品产量。

例如，某组合内化学需氧量的产污系数单位为千克/吨-产品，则计算产生量时需要获取企业实际产品产量。

（3）污染物产生量按以下公式进行计算：

污染物产生量=污染物对应的产污系数×产品产量

$$G_{产i} = P_{产i} \times M_i$$

式中，$G_{产i}$——工段 i 某污染物的产生量；

$P_{产i}$——工段 i 某污染物对应的产污系数；

M_i——工段 i 的产品产量。

3.2 计算污染物去除量

（1）根据企业对某一污染物所采用的治理技术查找和选择相应的治理技术平均去除效率。

（2）根据所填报的污染治理设施实际运行率参数及其计算公式得出该企业某一污染物的治理设施实际运行率（k 值）。

（3）污染物去除量按以下公式进行计算：

污染物去除量=污染物产生量×污染物去除率

=污染物产生量×治理技术平均去除效率×治理设施实际运行率

$$R_{减i} = G_{产i} \times \eta_T \times k_T$$

式中，$R_{减i}$——工段 i 某污染物的去除量；

η_T——工段 i 某污染物采用的末端治理技术的平均去除效率；

k_T——工段 i 某污染物采用的末端治理设施的实际运行率。

3.3 计算污染物排放量

污染物排放量=污染物产生量–污染物去除量

3.4 计算企业污染物排放量

同一企业某污染物全年的产生（排放）总量为该企业同年实际生产的全部工段、产品、原料、规模污染物产生（排放）量之和。

$$
\begin{aligned}
E_{排} &= G_{产} - R_{减} = \sum(G_{产i} - R_{减i}) \\
&= \sum\left[P_{产i} \times M_i(1-\eta_T \times k_T)\right]
\end{aligned}
$$

4 污染物排放量核算案例

某银冶炼企业主要从事电银的生产。该企业采用选冶联合法，涉及的主要污染指标为工业废水量、化学需氧量、氨氮、总氮、镉、铅、砷、工业废气量、氮氧化物、二氧化硫、颗粒物。废水以铅为例，废气以颗粒物为例说明排放量计算过程。

该企业基本信息如表 1 所示。

表 1 某银冶炼企业基本信息

	名称	数量
产品及年产量	电银	500 吨
原料及年用量	阳极泥	6364 吨
工艺名称	选冶联合	
规模（产能）	520 吨	
废水污染治理设施	化学混凝法	
废气污染治理设施	二级动力波+湿式除雾	
实际运行参数	废水治理设施年正常运行时间	7200 小时
	废气治理设施年正常运行时间	7200 小时
	企业年正常运行时间	7200 小时
企业废水回用率	80%	

4.1 废水核算案例

（1）铅产生量计算

①查找产污系数及其计量单位

根据企业基本信息，查找本手册中主要产品为电银，主要原料为阳极泥，主要工艺为选冶联合法，生产规模为所有规模。该组合废水中铅的产污系数为 1069.14，单位为克/吨-产品。

②获取企业产品产量

该企业实际情况为：主要产品电银 2017 年产量为 500 吨。

③计算铅产生量

由于查询到的组合中铅产污系数的单位为克/吨-产品，因此在核算产生量时需获取产品产量。

铅产生量=铅产污系数×产品（电银）产量

=1069.14 克/吨-产品×500 吨-产品÷1000=534.57 千克

（2）铅去除量计算

①查找治理技术平均去除效率

该企业铅治理技术采用化学混凝法工艺，查询相应组合内化学混凝法工艺的平均去除效率为95%。

②计算污染治理设施实际运行率

根据产污系数组合查询结果，该组合中化学混凝法工艺对应的污染治理设施实际运行率为

k=废水治理设施正常运行时间/企业正常生产时间=7200 小时/7200 小时=1

③计算铅去除量。

铅去除量=污染物产生量×治理技术平均去除效率×治理设施实际运行率=534.57 千克×95.0%×1=507.84 千克

（3）铅排放量计算

①获取企业废水回用率

该企业废水回用率为 80%。

②计算铅排放量

铅计算排放量=污染物产生量–污染物去除量

=534.57 千克–507.84 千克=26.73 千克

铅实际排放量=计算排放量×（1–废水回用率）

=26.73 千克×（1–80%）=5.35 千克

4.2 废气核算案例

（1）颗粒物产生量计算

①查找产污系数及其计量单位

根据企业基本信息，查找本手册中主要产品为电银，主要原料为阳极泥，主要工艺为选冶联合法，生产规模为所有规模。该组合颗粒物的产污系数为 479.91，单位为千克/吨-产品。

②获取企业产品产量

该企业实际情况为：主要产品电银 2017 年产量为 500 吨。

③计算颗粒物产生量

由于查询到的组合中颗粒物产污系数的单位为千克/吨-产品，因此在核算产生量时需获取产品产量。

颗粒物产生量=颗粒物产污系数×产品（电银）产量

=479.91 千克/吨-产品×500 吨-产品=239955.00 千克

（2）颗粒物去除量计算

①查找治理技术平均去除效率

该企业颗粒物治理技术采用“二级动力波+湿式除雾组合”工艺，查询相应组合内颗粒物的平均去除效率为 99.5%。

②计算污染治理设施实际运行率

根据产污系数组合查询结果，该组合中“二级动力波+湿式除雾”组合工艺对应的污染治理设施实际运行率为

k=废气治理设施运行时间/企业正常生产时间=7200 小时/7200 小时=1

③计算颗粒物去除量

颗粒物去除量=污染物产生量×治理技术平均去除效率×治理设施实际运行率=239955.00 千克×99.5%×1=238755.23 千克

（3）颗粒物排放量计算

污染物年排放量=污染物产生量–污染物去除量

颗粒物排放量=239955.00 千克–238755.23 千克=1199.78 千克

5 系数表

3222 银冶炼行业系数表

工段名称	产品名称	原料名称	工艺名称	规模等级	污染物类别	污染物指标	系数单位	产污系数	末端治理技术	末端治理技术平均去除效率/%	参考 k 值计算公式[1]
—	电银	阳极泥	蒸硒+湿法分银+电解	所有规模	废水	工业废水量	吨/吨-产品	162.48	—	—	k=废水治理设施运行时间（小时/年）/企业正常生产时间（小时/年）
						化学需氧量	克/吨-产品	4933.51	化学沉淀法	40	
									化学混凝法	70	
						氨氮	克/吨-产品	845.45	化学沉淀法	10	
									化学混凝法	20	
						总氮	克/吨-产品	1669.24	化学沉淀法	10	
									化学混凝法	20	
						镉	克/吨-产品	85.57	化学沉淀法	85	
									化学混凝法	95	
						铅	克/吨-产品	1505.94	化学沉淀法	85	
									化学混凝法	95	
						砷	克/吨-产品	926.69	化学沉淀法	85	
									化学混凝法	95	
						石油类	克/吨-产品	737.67	化学沉淀法	50	
									化学混凝法	75	
					废气	工业废气量	标米^3/吨-产品	117940	—	—	k=废气治理设施正常运行时间（小时/年）/企业正常生产时间（小时/年）
						氮氧化物	千克/吨-产品	3.57	—	—	
						二氧化硫	千克/吨-产品	37.20	其他（碱喷淋）	90	
									双碱法	90	
									石灰/石膏法	85	
									石灰石/石膏法	80	
						颗粒物	千克/吨-产品	2.27	湿法除尘（喷淋塔）	90	
									静电除尘（湿式除雾）	95	
					固废	危险废物	吨/吨-产品	5.24	综合回收	—	

[1] 该公式仅供参考，使用时，可根据 k 值定义，选取更适合企业实际情况的表达方式。

3222 银冶炼行业系数表（续表 1）

工段名称	产品名称	原料名称	工艺名称	规模等级	污染物类别	污染物指标	系数单位	产污系数	末端治理技术	末端治理技术平均去除效率/%	参考 k 值计算公式
—	电银	阳极泥	火法熔炼+电解	所有规模	废气	工业废气量	标米^3/吨-产品	742513	—	—	k=废气治理设施运行时间（小时/年）/企业正常生产时间（小时/年）
						氮氧化物	千克/吨-产品	59.41	—	—	
						二氧化硫	千克/吨-产品	144.01	其他（碱喷淋）	90	
									双碱法	90	
									石灰/石膏法	85	
									石灰石/石膏法	80	
						颗粒物	千克/吨-产品	2373.09	袋式除尘	99	
									湿法除尘（喷淋塔）	90	
									静电除尘（湿式除雾）	95	
					固废	危险废物	吨/吨-产品	8.21	—	—	—

3222 银冶炼行业系数表（续表 2）

工段名称	产品名称	原料名称	工艺名称	规模等级	污染物类别	污染物指标	系数单位	产污系数	末端治理技术	末端治理技术平均去除效率/%	参考 k 值计算公式
—	电银	阳极泥	湿法预处理+火法熔炼+电解	所有规模	废水	工业废水量	吨/吨-产品	100.07	—	—	k=污水治理设施运行时间（小时/年）/企业正常生产时间（小时/年）
						化学需氧量	克/吨-产品	3912.61	化学沉淀法	40	
									化学混凝法	70	
						氨氮	克/吨-产品	678.79	化学沉淀法	10	
									化学混凝法	20	
						总氮	克/吨-产品	1323.88	化学沉淀法	10	
									化学混凝法	20	
						镉	克/吨-产品	48.50	化学沉淀法	85	
									化学混凝法	95	
						铅	克/吨-产品	674.45	化学沉淀法	85	
									化学混凝法	95	
						砷	克/吨-产品	583.39	化学沉淀法	85	
									化学混凝法	95	
					废气	工业废气量	标米 ^{3}/吨-产品	180147	—	—	k=废气治理设施运行时间（小时/年）/企业正常生产时间（小时/年）
						氮氧化物	千克/吨-产品	10.98	—	—	
						二氧化硫	千克/吨-产品	285.45	其他（碱喷淋）	90	
									双碱法	90	
									石灰/石膏法	85	
									石灰石/石膏法	80	
						颗粒物	千克/吨-产品	1594.85	湿法除尘（喷淋塔）	90	
									湿法除尘（文丘里）	90	
									静电除尘（湿式除雾）	95	
									湿法除尘（动力波）	99	
									组合除尘（文丘里+湿式除雾+喷淋塔）	99.5	
									组合除尘（二级动力波+湿式除雾）	99.5	
					固废	危险废物	吨/吨-产品	5.76	—	—	—

3222 银冶炼行业系数表（续表 3）

工段名称	产品名称	原料名称	工艺名称	规模等级	污染物类别	污染物指标	系数单位	产污系数	末端治理技术	末端治理技术平均去除效率/%	参考 k 值计算公式
—	电银	阳极泥	选冶联合法	所有规模	废水	工业废水量	吨/吨-产品	116.93	—	—	k=污水治理设施运行时间（小时/年）/企业正常生产时间（小时/年）
						化学需氧量	克/吨-产品	3359.83	化学沉淀法	40	
									化学混凝法	70	
						氨氮	克/吨-产品	760.06	化学沉淀法	10	
									化学混凝法	20	
						总氮	克/吨-产品	1383.30	化学沉淀法	10	
									化学混凝法	20	
						镉	克/吨-产品	51.84	化学沉淀法	85	
									化学混凝法	95	
						铅	克/吨-产品	1069.14	化学沉淀法	85	
									化学混凝法	95	
						砷	克/吨-产品	937.01	化学沉淀法	85	
									化学混凝法	95	
					废气	工业废气量	标米 ^{3}/吨-产品	121426	—	—	k=废气治理设施运行时间（小时/年）/企业正常生产时间（小时/年）
						氮氧化物	千克/吨-产品	3.15	—	—	
						二氧化硫	千克/吨-产品	40.10	其他（碱喷淋）	90	
									双碱法	90	
									石灰/石膏法	85	
									石灰石/石膏法	80	
						颗粒物	千克/吨-产品	479.91	湿法除尘（喷淋塔）	90	
									湿法除尘（动力波）	99	
									静电除尘（湿式除雾）	95	
									组合除尘（二级动力波+湿式除雾）	99.5	
					固废	危险废物	吨/吨-产品	5.16	—	—	—

3229 其他贵金属冶炼（铂钯）业

1 适用范围

本手册仅用于《国民经济行业分类》（GB/T 4754—2017）中 3229 其他贵金属冶炼（铂钯）行业使用系数法核算工业污染物产生量和排放量的工业企业。

利用本手册进行产排污核算得出的污染物产生量与排放量仅代表了特定行业、工艺、产品、原料在正常工况下污染物产生与排放的一般规律。

本行业废水指标包括工业废水量、化学需氧量、氨氮、总氮、汞、镉、铅、砷、铬；废气指标包括工业废气量、颗粒物、氮氧化物、二氧化硫；固废指标包括一般工业固体废物、危险废物。

2 注意事项

2.1 企业有多种生产工艺或生产多类产品产排污量核算

污染物产生量与产品产量有关，根据不同核算环节计算产污量后，再根据企业末端治理设施和运行情况计算各污染物的排放量。

企业某污染物指标的产生量、排放量为各核算环节产生量、排放量之和。

在企业实际排放量计算过程中，如果存在废水回用的情况，需要在利用产排污核算公式的基础上扣除废水回用的部分。公式如下：

实际排放量=计算排放量×（1–废水回用率）

2.2 采用多种治理设施组合处理企业的排污量核算

在排污量计算选择末端治理技术时，若没有对应的组合治理技术，以主要治理技术为准。

2.3 其他需要说明的问题

由于不同企业工业废气量、废水量差异较大，本手册所提供的工业废气量、废水量系数仅供参考。

为体现相同产污水平条件下，采用相同环保治理设施的不同企业对同一污染物去除效果的差异，引入末端治理设施实际运行率（k）对污染治理技术的实际去除率进行修正。k 值反映的是污染治理设施运行的状态，越稳定运行，k 值越高；在取值上，若定义连续稳定运行的理想状态为 1，则 k 取值在 0～1 之间。

本手册给出本行业的 k 计算公式仅供参考，使用时，可根据 k 值定义，选取更适合企业实际情况的表达方式。

3 污染物排放量核算方法

3.1 计算污染物产生量

（1）根据产品、原料、污染物产生的主导生产工艺、企业规模（生产产能）这一个组合查找和确定所对应的某一污染物的产污系数。

（2）根据该污染物的产污系数计量单位——单位产品产量，获取企业实际产品产量。

例如，某组合内化学需氧量的产污系数单位为千克/吨-产品，则计算产生量时需要获取企业实际产品产量。

（3）污染物产生量按以下公式进行计算：

污染物产生量=污染物对应的产污系数×产品产量

$$G_{产i} = P_{产i} \times M_i$$

式中，$G_{产i}$——工段 i 某污染物的产生量；

$P_{产i}$——工段 i 某污染物对应的产污系数；

M_i——工段 i 的产品产量。

3.2 计算污染物去除量

（1）根据企业对某一污染物所采用的治理技术查找和选择相应的治理技术平均去除效率。

（2）根据所填报的污染治理设施实际运行率参数及其计算公式得出该企业某一污染物的治理设施实际运行率（k 值）。

（3）污染物去除量按以下公式进行计算：

污染物去除量=污染物产生量×污染物去除率 =污染物产生量×

治理技术平均去除效率×治理设施实际运行率

$$R_{减i} = G_{产i} \times \eta_T \times k_T$$

式中，$R_{减i}$——工段 i 某污染物的去除量；

η_T——工段 i 某污染物采用的末端治理技术的平均去除效率；

k_T——工段 i 某污染物采用的末端治理设施的实际运行率。

3.3 计算污染物排放量

污染物排放量=污染物产生量–污染物去除量

=污染物对应的产污系数×产品产量–污染物产生量×

治理技术平均去除效率×治理设施实际运行率

3.4 计算企业污染物排放量

同一企业某污染物全年的产生（排放）总量为该企业同年实际生产的全部工段、产品、原料、规模污染物产生（排放）量之和。

$$E_{排} = G_{产} - R_{减} = \sum(G_{产i} - R_{减i})$$
$$= \sum\left[P_{产i} \times M_i(1 - \eta_T \times k_T)\right]$$

若企业有废水回用，则污染物排放量计算：

$$E_{排} = (G_{产} - R_{减}) \times (1 - C_{回用})$$

式中，$C_{回用}$——废水回用率。

4 污染物排放量核算案例

某铂钯冶炼厂，采用废催化剂-溶解载体法生产工艺，产品为金属铂钯，2017 年产量 10.8 吨；在该工艺下产生的主要污染物为化学需氧量、氨氮、汞、镉、铅、砷、铬、颗粒物、二氧化硫、氮氧化物。以化学需氧量为例说明排放量计算过程。

该企业基本信息如表 1 所示。

表 1 某铂钯冶炼企业基本信息

原料名称	载体催化剂
产品名称	金属铂钯
年产量	10.8 吨
工艺名称	溶解载体法
污染治理设施	化学混凝法
废水回用率	100%
废水治理设施运行时间	7920 小时
企业正常生产时间	7920 小时

4.1 化学需氧量产生量计算

（1）查找产污系数及其计量单位

根据企业基本信息，查找本手册中主要产品为金属铂钯，主要原料为载体催化剂，主要工艺为溶解载体法，生产规模为所有规模。该组合化学需氧量的产污系数为 2026.12，单位为千克/吨-产品。

（2）获取企业产品产量

该企业实际情况为：金属铂钯 2017 年产量为 10.8 吨。

（3）计算化学需氧量产生量

由于查询到的组合中化学需氧量产污系数的单位为千克/吨-产品，因此在核算化学需氧量产生量时需获取产品产量。

化学需氧量产生量=化学需氧量产污系数×产品（金属铂钯）产量

=2026.12 千克/吨-产品×10.8 吨-产品=21882.096 千克

4.2 化学需氧量去除量计算

（1）查找治理技术平均去除效率

该企业化学需氧量治理技术采用化学混凝法，查询相应组合内化学混凝法的平均去除效率为 70%。

（2）计算污染治理设施实际运行率

根据产污系数组合查询结果，该组合中化学需氧量对应的污染治理设施实际运行率为

k=废水治理设施运行时间/企业年正常生产时间=7920 小时/7920 小时=1

（3）计算化学需氧量去除量

化学需氧量去除量=污染物产生量×治理技术平均去除效率×治理设施实际运行率=21882.096 千克×70%×1=15317.467 千克

4.3 化学需氧量排放量计算

企业废水回用率为 100%，则化学需氧量排放量计算：

化学需氧量排放量=（污染物产生量–污染物去除量）×（1–废水回用率）=（21882.096 千克–15317.467 千克）×（1–100%）=0 千克

5 系数表

3229 其他贵金属冶炼（铂钯）行业系数表

工段名称	产品名称	原料名称	工艺名称	规模等级	污染物类别	污染物指标	系数单位	产污系数	末端治理技术	末端治理技术平均去除效率/%	参考 k 值计算公式[1]
—	金属铂钯	载体催化剂	溶解载体法	所有规模	废水	工业废水量	吨/吨-产品	4577.6	—	—	k=废水治理设施运行时间（小时/年）/企业正常生产时间（小时/年）
						化学需氧量	千克/吨-产品	2026.12	化学混凝法	70	
									沉淀分离	30	
									膜分离	99	
						氨氮	千克/吨-产品	298.49	化学混凝法	20	
									沉淀分离	10	
									中和法+化学混凝法+沉淀分离+膜分离	80	
						总氮	千克/吨-产品	596.98	化学混凝法	20	
									沉淀分离	10	
									中和法+化学混凝法+沉淀分离+膜分离	80	
						汞	克/吨-产品	1870.24×10^{-3}	化学混凝法	88	
									化学沉淀	80	
									离子交换	99	
									膜分离	99	
						镉	克/吨-产品	163.00	化学混凝法	88	
									化学沉淀	80	
									离子交换	99	
									膜分离	99	

[1] 该公式仅供参考，使用时，可根据 k 值定义，选取更适合企业实际情况的表达方式。

3229 其他贵金属冶炼（铂钯）行业系数表（续表 1）

工段名称	产品名称	原料名称	工艺名称	规模等级	污染物类别	污染物指标	系数单位	产污系数	末端治理技术	末端治理技术平均去除效率/%	参考 k 值计算公式
—	金属铂钯	载体催化剂	溶解载体法	所有规模	废水	铅	克/吨-产品	1181.10	化学混凝法	88	k=废水治理设施运行时间（小时/年）/企业正常生产时间（小时/年）
									化学沉淀	80	
									离子交换	99	
									膜分离	99	
						铬	克/吨-产品	64.56	化学混凝法	88	
									化学沉淀	80	
									离子交换	99	
									膜分离	99	
						砷	克/吨-产品	98.14	化学混凝法	88	
									化学沉淀	80	
									离子交换	99	
									膜分离	99	
					废气	工业废气量	标米 ^{3}/吨-产品	2830000	—	—	k=废气治理设施运行时间（小时/年）/企业正常生产时间（小时/年）
						颗粒物	千克/吨-产品	1620.97	湿法除尘（动力波）	99	
									袋式除尘	98	
									旋风除尘	50	
									静电除尘	99.5	
						二氧化硫	千克/吨-产品	403.87	氨法	95	
									石灰/石膏法	90	
									石灰石/石膏法	85	
									活性炭（焦）法	95	
						氮氧化物	千克/吨-产品	286.23	—	—	—
					固废	一般工业固废	吨/吨-产品	2.04	贮存/综合利用	—	—
						危险废物	吨/吨-产品	18.76	安全处置/综合利用/贮存	—	—

3229 其他贵金属冶炼（铂钯）行业系数表（续表 2）

工段名称	产品名称	原料名称	工艺名称	规模等级	污染物类别	污染物指标	系数单位	产污系数	末端治理技术	末端治理技术平均去除效率/%	参考 k 值计算公式
—	金属铂钯	电子废料	湿法处理	所有规模	废水	工业废水量	吨/吨-产品	4763.2	—	—	k=废水治理设施运行时间（小时/年）/企业正常生产时间（小时/年）
						化学需氧量	千克/吨-产品	2215.06	化学混凝法	70	
									沉淀分离	30	
									膜分离	99	
						氨氮	千克/吨-产品	410.26	化学混凝法	20	
									沉淀分离	10	
									中和法+化学混凝法+沉淀分离+膜分离	80	
						总氮	千克/吨-产品	820.52	化学混凝法	20	
									沉淀分离	10	
									中和法+化学混凝法+沉淀分离+膜分离	80	
						汞	克/吨-产品	1292.37×10^{-3}	化学混凝法	88	
									化学沉淀	80	
									离子交换	99	
									膜分离	99	
						镉	克/吨-产品	116.23	化学混凝法	88	
									化学沉淀	80	
									离子交换	99	
									膜分离	99	
						铅	克/吨-产品	828.17	化学混凝法	88	
									化学沉淀	80	
									离子交换	99	
									膜分离	99	

3229 其他贵金属冶炼（铂钯）行业系数表（续表 3）

工段名称	产品名称	原料名称	工艺名称	规模等级	污染物类别	污染物指标	系数单位	产污系数	末端治理技术	末端治理技术平均去除效率/%	参考 k 值计算公式
—	金属铂钯	电子废料	湿法处理	所有规模	废水	铬	克/吨-产品	74.61	化学混凝法	88	k=废水治理设施运行时间（小时/年）/企业正常生产时间（小时/年）
									化学沉淀	80	
									离子交换	99	
									膜分离	99	
						砷	克/吨-产品	87.36	化学混凝法	88	
									化学沉淀	80	
									离子交换	99	
									膜分离	99	
					废气	工业废气量	标米 ^{3}/吨-产品	5730000	—	—	k=废气治理设施运行时间（小时/年）/企业正常生产时间（小时/年）
						颗粒物	千克/吨-产品	1797.21	湿法除尘（动力波）	99	
									袋式除尘	98	
									旋风除尘	50	
									静电除尘	99.5	
						二氧化硫	千克/吨-产品	433.57	氨法	95	
									石灰/石膏法	90	
									石灰石/石膏法	85	
									活性炭（焦）法	95	
						氮氧化物	千克/吨-产品	286.43	—	—	—
					固废	一般工业固废	吨/吨-产品	2.54	贮存/综合利用	—	—
						危险废物	吨/吨-产品	18.12	安全处置/综合利用/贮存	—	—

3231 钨钼冶炼业

1 适用范围

本手册仅用于《国民经济行业分类》（GB/T 4754—2017）中 3231 钨钼冶炼行业使用系数法核算工业污染物产生量和排放量的工业企业。

利用本手册进行产排污核算得出的污染物产生量与排放量仅代表了特定行业、工艺、产品、原料在正常工况下污染物产生与排放的一般规律。

本行业废水指标包括工业废水量、化学需氧量、氨氮、总氮、汞、镉、铅、砷；废气指标包括工业废气量、颗粒物、二氧化硫、氮氧化物、氨、硫化氢；固废指标包括一般工业固废、危险废物。

2 注意事项

2.1 企业有多种生产工艺或生产多类产品产排污量核算

污染物产生量与产品产量有关，根据不同核算环节计算产污量后，再根据企业末端治理设施和运行情况计算各污染物的排放量。

企业某污染物指标的产生量、排放量为各核算环节产生量、排放量之和。

在企业实际排放量计算过程中，如果存在废水回用的情况，需要在利用产排污核算公式的基础上扣除废水回用的部分。公式如下：

实际排放量=计算排放量×（1–废水回用率）

2.2 采用多种治理设施组合处理企业的排污量核算

在排污量计算选择末端治理技术时，若没有对应的组合治理技术，以主要治理技术为准。

2.3 系数表中未涉及的产污系数及污染治理效率

本手册已基本涵盖各种原料、冶炼方法及规模的钨钼冶炼产品。对污染源普查中可能遇到的使用罕见或特殊冶炼方法和生产线，可以按照钨钼金属盐产品和其他钨钼产品的分类，对含钨金属盐产品参照仲钨酸铵产品的产污系数，对含钼金属盐产品参照钼酸铵产品的产污系数；对含钨钼的金属氧化物、金属粉和粉末冶金产品，分别参照钨粉和氧化钼的产污系数。

2.4 其他需要说明的问题

由于不同企业工业废气量、废水量差异较大，本手册所提供的工业废气量、废水量系数仅供参考。

制定本手册时已充分考虑全国的平均水平，使用本手册计算得出的产排污量可能与具体调查企业有一定出入，但总体符合全行业水平。

“钨粉-仲钨酸铵-煅烧+还原-所有规模”无工艺废水和固体废物产生。“硬质合金-钨粉-压制+烧结-所有规模”无工艺废水产生。

当同一企业既有钨钼冶炼行业的产品又有其他冶炼行业的产品时，本手册的产污系数只针对钨钼冶炼行业的生产线使用，其他行业的产污系数请参见该行业的产污系数使用手册。废水集中处理时，其末端治理技术仍适用于本手册。

钨钼冶炼企业的产品较多，分为钨系列和钼系列，属于钨冶金产品系列的有仲钨酸铵、三氧化钨、钨粉、碳化钨、硬质合金共 5 种；属于钼冶金产品系列的有氧化钼、钼酸铵共 2 种，合计共 7 种。

钨粉和硬质合金生产使用的循环水和车间清洁用水未纳入废水产污系数的计算。

以钼精矿为原料，采用回转窑氧化焙烧法生产氧化钼的生产企业，其烟气有制酸的，也有不制酸的，分别给出了产污系数。

为体现相同产污水平条件下，采用相同环保治理设施的不同企业对同一污染物去除效果的差异，引入末端治理设施实际运行率（k）对污染治理技术的实际去除率进行修正。k 值反映的是污染治理设施运行的状态，越稳定运行，k 值越高；在取值上，若定义连续稳定运行的理想状态为 1，则 k 取值在 0～1 之间。

本手册给出本行业的 k 计算公式仅供参考，使用时，可根据 k 值定义，选取更适合企业实际情况的表达方式。

3 污染物排放量核算方法

针对企业实际生产情况，本行业在系数制定过程中将企业全生产流程划分或拆分为若干工段（核算环节），在核算企业污染物产排量时，可灵活选择本企业对应的工段进行核算。

3.1 计算工段污染物产生量

（1）根据产品、原料、污染物产生的主导生产工艺、企业规模（生产产能）这一组合查找和确定所对应的某一污染物的产污系数。

（2）根据该污染物的产污系数计量单位——单位产品产量，获取企业实际产品产量。

例如，某组合内化学需氧量的产污系数单位为千克/吨-产品，则计算产生量时需要调用企业实际产品产量。

（3）污染物产生量按以下公式进行计算：

污染物产生量=污染物对应的产污系数×产品产量

$$G_{产i} = P_{产i} \times M_i$$

式中，$G_{产i}$——工段 i 某污染物的产生量；

$P_{产i}$——工段 i 某污染物对应的产污系数；

M_i——工段 i 的产品产量。

3.2 计算工段污染物去除量

（1）根据企业对某一污染物所采用的治理技术查找和选择相应的治理技术平均去除效率。

（2）根据所填报的污染治理设施实际运行率参数及其计算公式得出该企业某一污染物的治理设施实际运行率（k 值）。

（3）污染物去除量按以下公式进行计算：

污染物去除量=污染物产生量×污染物去除率

=污染物产生量×治理技术平均去除效率×治理设施实际运行率

$$R_{减i}=G_{产i}\times\eta_T\times k_T$$

式中，$R_{减i}$——工段 i 某污染物的去除量；

η_T——工段 i 某污染物采用的末端治理技术的平均去除效率；

k_T——工段 i 某污染物采用的末端治理设施的实际运行率。

3.3 计算工段污染物排放量

污染物排放量=污染物产生量–污染物去除量

3.4 计算企业污染物排放量

同一企业某污染物全年的产生（排放）总量为该企业同年实际生产的全部工艺（工段）、产品、原料、规模污染物产生（排放）量之和。

$$\begin{aligned}E_{排}&=G_{产}-R_{减}=\sum(G_{产i}-R_{减i})\\&=\sum\left[P_{产i}\times M_i(1-\eta_T\times k_T)\right]\end{aligned}$$

4 污染物排放量核算案例

某钨冶炼企业主要从事仲钨酸铵的生产。该企业涉及的主要产排污工段为仲钨酸铵生产。主要废水污染物为化学需氧量、氨氮、总氮、镉、铅、砷。以化学需氧量为例说明排放量计算过程。

该企业基本信息如表 1 所示。

表 1 某钨冶炼企业基本信息

	核算环节：仲钨酸铵生产	
	名称	数量
产品及产量	仲钨酸铵	7000 吨/年
原料及用量	钨精矿	9750 吨/年
工艺名称	碱压煮+离子交换	—
规模（产能）	10000 吨/年	
污染治理设施	加氧化剂	
实际运行率参数	污水治理设施运行时间	5040 小时
	企业正常生产时间	5040 小时

4.1 化学需氧量产生量计算

（1）查找产污系数及其计量单位

根据企业基本信息，查找本手册中主要产品为仲钨酸铵，主要原料为钨精矿，主要工艺为碱压煮+离子交换，生产规模为所有规模。该组合化学需氧量的产污系数为 1.28×10^4，单位为克/吨-产品。

（2）获取企业产品产量

该企业实际填报情况为：该工段主要产品仲钨酸铵 2017 年产量为 7000 吨。

（3）计算化学需氧量产生量

由于查询到的组合中化学需氧量产污系数的单位为克/吨-产品，因此在核算产生量时需获取产品产量。

化学需氧量产生量=化学需氧量产污系数×产品（仲钨酸铵）产量

=1.28×10000 克/吨-产品×7000 吨-产品÷1000=89600 千克

4.2 化学需氧量去除量计算

（1）查找治理技术平均去除效率

该企业化学需氧量治理技术采用加氧化剂处理的工艺，查询相应组合内加氧化剂处理工艺的平均去除效率为 90%。

（2）计算污染治理设施实际运行率

根据产污系数组合查询结果，该组合中氧化法对应的污染治理设施实际运行率为

k=污水治理设施运行时间/企业正常生产时间=5040 小时/5040 小时=1

（3）计算化学需氧量去除量

化学需氧量去除量=污染物产生量×治理技术平均去除效率×治理设施实际运行率=89600 千克×90%×1=80640 千克

4.3 化学需氧量排放量计算

化学需氧量排放量=污染物产生量–污染物去除量=89600 千克–80640 千克=8960 千克

5 系数表

3231 钨钼冶炼行业系数表

工段名称	产品名称	原料名称	工艺名称	规模等级	污染物类别	污染物指标	系数单位	产污系数	末端治理技术	末端治理技术平均去除效率/%	参考 k 值计算公式[1]
仲钨酸铵生产	仲钨酸铵	钨精矿	碱压煮+离子交换法	所有规模	废水	工业废水量	吨/吨-产品	38.81	化学处理法	—	k=废水治理设施运行时间（小时/年）/企业正常生产时间（小时/年）
						化学需氧量	克/吨-产品	1.28×10^4	化学混凝法	70	
									化学沉淀法	40	
									沉淀分离	30	
									其他（加氧化剂）	90	
						氨氮	克/吨-产品	2907.70	化学混凝法	20	
									沉淀分离	10	
									吹脱	80	
									汽提	90	
									其他（加氨氮去除剂）	88	
						总氮	克/吨-产品	3846.81	化学混凝法	20	
									沉淀分离	10	
									吹脱	80	
									汽提	90	
									其他（加氨氮去除剂）	88	
						镉	克/吨-产品	12.86	化学混凝法	88	
									化学沉淀法	85	
									沉淀分离	35	
						铅	克/吨-产品	31.64	化学混凝法	92	
									化学沉淀法	90	
									沉淀分离	35	
						砷	克/吨-产品	15.79	化学混凝法	90	
									化学沉淀法	88	
									沉淀分离	35	
					废气	工业废气量	标米^3/吨-产品	5189	—	—	k=废气治理设施正常运行时间（小时/年）/企业正常生产时间（小时/年）
						氨	千克/吨-产品	39.79	冷凝+淋洗	94	
					固废	一般工业固废	吨/吨-产品	0.087	综合利用	—	
						危险废物	吨/吨-产品	0.68	贮存	—	

[1] 该公式仅供参考，使用时，可根据 k 值定义，选取更适合企业实际情况的表达方式。

3231 钨钼冶炼行业系数表（续表 1）

工段名称	产品名称	原料名称	工艺名称	规模等级	污染物类别	污染物指标	系数单位	产污系数	末端治理技术	末端治理技术平均去除效率/%	参考 k 值计算公式
仲钨酸铵生产	仲钨酸铵	钨精矿	碱压煮+萃取法	所有规模	废水	工业废水量	吨/吨-产品	20.5	—	—	k=废水治理设施运行时间（小时/年）/企业正常生产时间（小时/年）
						化学需氧量	克/吨-产品	4.43×10^3	化学混凝法	70	
									化学沉淀法	40	
									沉淀分离	30	
									其他（加化学需氧量去除剂）	80	
						氨氮	克/吨-产品	1723.59	化学混凝法	20	
									沉淀分离	10	
									吹脱	80	
									汽提	90	
									其他（加氨氮去除剂）	88	
						总氮	克/吨-产品	1979.93	化学混凝法	20	
									沉淀分离	10	
									吹脱	80	
									汽提	90	
									其他（加氨氮去除剂）	88	
						镉	克/吨-产品	3.45	化学混凝法	88	
									化学沉淀法	85	
									沉淀分离	35	
						铅	克/吨-产品	15.1	化学混凝法	92	
									化学沉淀法	90	
									沉淀分离	35	
						砷	克/吨-产品	10.75	化学混凝法	90	
									化学沉淀法	88	
									沉淀分离	35	
					废气	工业废气量	标米^3/吨-产品	23720	—	—	k=废气治理设施正常运行时间（小时/年）/企业正常生产时间（小时/年）
						氨	千克/吨-产品	215.82	冷凝+两级吸收	95	
						硫化氢	千克/吨-产品	7.59	两级氨水吸收	98	
					固废	一般工业固废	吨/吨-产品	0.36	综合利用	—	—
						危险废物	吨/吨-产品	0.65	贮存	—	—

3231 钨钼冶炼行业系数表（续表 2）

工段名称	产品名称	原料名称	工艺名称	规模等级	污染物类别	污染物指标	系数单位	产污系数	末端治理技术	末端治理技术平均去除效率/%	参考 k 值计算公式
钨粉生产	钨粉	仲钨酸铵	煅烧还原法	所有规模	废气	工业废气量	标米³/吨-产品	985	—	—	k=废气治理设施正常运行时间（小时/年）/企业正常生产时间（小时/年）
						颗粒物	千克/吨-产品	10.1	冷凝+淋洗	99.5	
						氨	千克/吨-产品	171.2	冷凝+淋洗	96	
硬质合金生产	硬质合金	钨粉	压制+烧结法	所有规模	废气	工业废气量	标米³/吨-产品	4118.4	—	—	
					固废	一般工业固废	吨/吨-产品	0.74×10^{-2}	综合利用	—	—
						危险废物	吨/吨-产品	0.96×10^{-2}	委外处置	—	—
氧化钼生产	氧化钼	钼精矿	回转窑氧化焙烧法（制酸）	所有规模	废水	工业废水量	吨/吨-产品	1.71	—	—	k=废水治理设施运行时间（小时/年）/企业正常生产时间（小时/年）
						化学需氧量	克/吨-产品	185.26	化学混凝法	70	
									化学沉淀法	40	
									沉淀分离	30	
									其他（加氧化剂）	90	
						氨氮	克/吨-产品	0.14	化学混凝法	20	
									沉淀分离	10	
						总氮	克/吨-产品	0.18	化学混凝法	20	
									沉淀分离	10	
						汞	克/吨-产品	0.11	化学混凝法	90	
									化学沉淀法	89	
									沉淀分离	35	

3231 钨钼冶炼行业系数表（续表 3）

工段名称	产品名称	原料名称	工艺名称	规模等级	污染物类别	污染物指标	系数单位	产污系数	末端治理技术	末端治理技术平均去除效率/%	参考 k 值计算公式
氧化钼生产	氧化钼	钼精矿	回转窑氧化焙烧法（制酸）	所有规模	废水	镉	克/吨-产品	0.26	化学混凝法	92	k=废水治理设施运行时间（小时/年）/企业正常生产时间（小时/年）
									化学沉淀法	91	
									沉淀分离	35	
						铅	克/吨-产品	1.64	化学混凝法	92	
									化学沉淀法	91	
									沉淀分离	35	
						砷	克/吨-产品	1.21	化学混凝法	92	
									化学沉淀法	90	
									沉淀分离	35	
					废气	工业废气量	标米^3/吨-产品	7827	—	—	k=废气治理设施正常运行时间（小时/年）/企业正常生产时间（小时/年）
						二氧化硫	千克/吨-产品	5.32	碱喷淋	90	
									双碱法	88	
									多级碱喷淋（制酸）	96	
									多级碱喷淋（未制酸）	99.3	
						氮氧化物	千克/吨-产品	0.35	—	—	
						颗粒物	千克/吨-产品	0.28	旋风除尘	50	
									布袋除尘	98	
									喷淋塔（制酸）	30	
									旋风+布袋+喷淋塔（未制酸）	99	
									旋风+多级喷淋塔（未制酸）	95	
					固废	一般工业固废	吨/吨-产品	2.81×10^{-2}	0.78	贮存/综合利用	—
						危险废物	吨/吨-产品	5.13×10^{-5}	—	委外处置	—

3231 钨钼冶炼行业系数表（续表 4）

工段名称	产品名称	原料名称	工艺名称	规模等级	污染物类别	污染物指标	系数单位	产污系数	末端治理技术	末端治理技术平均去除效率/%	参考 k 值计算公式
氧化钼生产	氧化钼	钼精矿	回转窑氧化焙烧法（未制酸）	所有规模	废气	工业废气量	标米^3/吨-产品	26133	—	—	k=废气治理设施正常运行时间（小时/年）/企业正常生产时间（小时/年）
						二氧化硫	千克/吨-产品	834.15	碱喷淋	90	
									双碱法	88	
									多级碱喷淋（制酸）	96	
									多级碱喷淋（未制酸）	99.3	
						氮氧化物	千克/吨-产品	0.38	—	—	
						颗粒物	千克/吨-产品	31.06	旋风除尘	50	
									布袋除尘	98	
									喷淋塔（制酸）	30	
									旋风+布袋+喷淋塔（未制酸）	99	
									旋风+多级喷淋塔（未制酸）	95	

3231 钨钼冶炼行业系数表（续表 5）

工段名称	产品名称	原料名称	工艺名称	规模等级	污染物类别	污染物指标	系数单位	产污系数	末端治理技术	末端治理技术平均去除效率/%	参考 k 值计算公式
氧化钼生产	氧化钼	钼精矿	多膛炉氧化焙烧法	所有规模	废水	工业废水量	吨/吨-产品	1.78	—	—	k=废水治理设施运行时间（小时/年）/企业正常生产时间（小时/年）
						化学需氧量	克/吨-产品	208.94	化学混凝法	70	
									化学沉淀法	40	
									沉淀分离	30	
									其他（加氧化剂）	90	
						氨氮	克/吨-产品	0.15	化学混凝法	20	
									沉淀分离	10	
						总氮	克/吨-产品	0.20	化学混凝法	20	
									沉淀分离	10	
						汞	克/吨-产品	0.12	化学混凝法	90	
									化学沉淀法	88	
									沉淀分离	35	
						镉	克/吨-产品	0.31	化学混凝法	92	
									化学沉淀法	90	
									沉淀分离	35	
						铅	克/吨-产品	1.73	化学混凝法	92	
									化学沉淀法	91	
									沉淀分离	35	
						砷	克/吨-产品	1.22	化学混凝法	90	
									化学沉淀法	88	
									沉淀分离	35	
					废气	工业废气量	标米^3/吨-产品	11652	—	—	k=废气治理设施正常运行时间（小时/年）/企业正常生产时间（小时/年）
						二氧化硫	千克/吨-产品	5.44	碱喷淋	90	
									多级碱喷淋	95	
									其他（有机胺吸收）	99	
						氮氧化物	千克/吨-产品	0.37	—	—	
						颗粒物	千克/吨-产品	0.30	喷淋塔	30	
					固废	一般工业固废	吨/吨-产品	2.98×10^{-2}	贮存/综合利用	—	—
						危险废物	吨/吨-产品	5.42×10^{-5}	委外处置	—	—

3231 钨钼冶炼行业系数表（续表 6）

工段名称	产品名称	原料名称	工艺名称	规模等级	污染物类别	污染物指标	系数单位	产污系数	末端治理技术	末端治理技术平均去除效率/%	参考 k 值计算公式
钼酸铵生产	钼酸铵	氧化钼	氨浸+净化+酸沉/蒸发结晶法	所有规模	废水	工业废水量	吨/吨-产品	6.24	—	—	k=废水治理设施运行时间（小时/年）/企业正常生产时间（小时/年）
						化学需氧量	克/吨-产品	1485.29	化学混凝法	70	
									化学沉淀法	40	
									沉淀分离	30	
									其他（加氧化剂）	90	
						氨氮	克/吨-产品	2319.47	化学混凝法	20	
									沉淀分离	10	
									吹脱	80	
									汽提	94	
						总氮	克/吨-产品	2598.01	化学混凝法	20	
									沉淀分离	10	
									吹脱	80	
									汽提	94	
						汞	克/吨-产品	1.02	化学混凝法	92	
									化学沉淀法	90	
									沉淀分离	35	
						镉	克/吨-产品	1.27	化学混凝法	92	
									化学沉淀法	91	
									沉淀分离	35	
						铅	克/吨-产品	12.48	化学混凝法	92	
									化学沉淀法	91	
									沉淀分离	35	
						砷	克/吨-产品	11.42	化学混凝法	92	
									化学沉淀法	90	
									沉淀分离	35	
					废气	工业废气量	标米^3/吨-产品	6796	—	—	k=废气治理设施正常运行时间（小时/年）/企业正常生产时间（小时/年）
						氨	千克/吨-产品	2.55	喷淋塔	90	
									多级喷淋塔	96	
						氮氧化物	千克/吨-产品	0.31	—	—	
						颗粒物	千克/吨-产品	0.59	喷淋塔	90	
					固废	一般工业固废	吨/吨-产品	0.19	贮存/综合利用	—	—

3232 稀土金属冶炼业

1 适用范围

本手册仅用于《国民经济行业分类》（GB/T 4754—2017）中 3232 稀土金属冶炼行业使用系数法核算工业污染物产生量和排放量的工业企业。

利用本手册进行产排污核算得出的污染物产生量与排放量仅代表了特定行业、工艺、产品、原料在正常工况下污染物产生与排放的一般规律。

本行业废水指标包括工业废水量、化学需氧量、氨氮、总氮、铅、总磷；废气指标包括工业废气量、颗粒物、二氧化硫；固废指标包括一般工业固体废物和危险废物。

2 注意事项

2.1 企业有多种生产工艺或生产多类产品产排污量核算

污染物产生量与产品产量有关，根据不同核算环节计算产污量后，再根据企业末端治理设和运行情况计算各污染物的排放量。

企业某污染物指标的产生量、排放量为各核算环节产生量、排放量之和。

在企业实际排放量计算过程中，如果存在废水回用的情况，需要在利用产排污核算公式的基础上扣除废水回用的部分。公式如下：

实际排放量=计算排放量×（1–废水回用率）

2.2 采用多种治理设施组合处理企业的排污量核算

在排污量计算选择末端治理技术时，若没有对应的组合治理技术，以主要治理技术为准。

2.3 其他需要说明的问题

由于不同企业工业废气量、废水量差异较大，本手册所提供的工业废气量、废水量系数仅供参考。

为体现相同产污水平条件下，采用相同环保治理设施的不同企业对同一污染物去除效果的差异，引入末端治理设施实际运行率（k）对污染治理技术的实际去除率进行修正。k 值反映的是污染治理设施运行的状态，越稳定运行，k 值越高；在取值上，若定义连续稳定运行的理想状态为 1，则 k 取值在 0～1 之间。

本手册给出本行业的 k 计算公式仅供参考，使用时，可根据 k 值定义，选取更适合企业实际情况的表达方式。

本手册稀土金属冶炼过程中废水产污系数适用的产污节点为综合废水处理站进口。

3 污染物排放量核算方法

3.1 计算污染物产生量

（1）根据产品、原料、污染物产生的主导生产工艺、企业规模（生产产能）这一组合查找和确定所对应的某一污染物的产污系数。

（2）根据该污染物的产污系数计量单位——单位产品产量，获取企业实际产品产量。

例如，某组合内化学需氧量的产污系数单位为千克/吨-产品，则计算产生量时需要获取企业实际产品产量。

（3）污染物产生量按以下公式进行计算：

污染物产生量=污染物对应的产污系数×产品产量

$$G_{产i} = P_{产i} \times M_i$$

式中，$G_{产i}$——工段 i 某污染物的产生量；

$P_{产i}$——工段 i 某污染物对应的产污系数；

M_i——工段 i 的产品产量。

3.2 计算工段污染物去除量

（1）根据企业对某一污染物所采用的治理技术查找和选择相应的治理技术平均去除效率。

（2）根据所填报的污染治理设施实际运行率参数及其计算公式得出该企业某一污染物的治理设施实际运行率（k 值）。

（3）污染物去除量按以下公式进行计算：

污染物去除量=污染物产生量×污染物去除率

=污染物产生量×治理技术平均去除效率×治理设施实际运行率

$$R_{减i} = G_{产i} \times \eta_T \times k_T$$

式中，$R_{减i}$——工段 i 某污染物的去除量；

η_T——工段 i 某污染物采用的末端治理技术的平均去除效率；

k_T——工段 i 某污染物采用的末端治理设施的实际运行率。

3.3 计算工段污染物排放量

污染物排放量=污染物产生量–污染物去除量

=污染物对应的产污系数×产品产量–污染物产生量×治理技术平均去除效率×治理设施实际运行率

3.4 计算企业污染物排放量

同一企业某污染物全年的产生（排放）总量为该企业同年实际生产的全部工段、产品、原料、规模污染物产生（排放）量之和。

$$E_{排} = G_{产} - R_{减} = \sum(G_{产i} - R_{减i})$$
$$= \sum\left[P_{产i} \times M_i(1 - \eta_T \times k_T)\right]$$

4 污染物排放量核算案例

4.1 废水核算案例

某稀土冶炼企业，以南方离子型稀土精矿为主要原料，采用“盐酸溶解+P507/环烷酸（非氨皂）萃取分离”工艺，生产单一稀土氧化物。主要废水污染物为化学需氧量、氨氮、总氮、铅、总磷。

该企业基本信息如表 1 所示。

表 1 某稀土冶炼企业主要信息

	名称	数量
产品及产量	单一稀土氧化物	2000 吨
原料及用量	南方离子型稀土精矿	4000 吨
工艺名称	盐酸溶解+P507/环烷酸（非氨皂）萃取分离	
污染治理设施	化学沉淀法	
废水回用率	80%	
实际运行率参数	废水治理设施运行时间	7200 小时
	企业正常生产时间	7200 小时

下面以废水中化学需氧量为例，说明该企业化学需氧量排放量的计算方法，主要分为以下三个步骤。

（1）化学需氧量产生量计算

该企业使用“盐酸溶解+P507/环烷酸（非氨皂）萃取分离”工艺，以南方离子型稀土精矿为原料，产品为单一稀土氧化物。经查表《3232 稀土金属冶炼行业系数表》，其对应影响因素组合的化学需氧量的产污系数为 34.2 千克/吨-产品。

企业单一稀土氧化物年产量为 2000 吨，可计算化学需氧量产生量：

$$G_{产} = P_{产} \times M = 34.2\ 千克/吨\text{-}产品 \times 2000\ 吨\text{-}产品 \div 1000 = 68.4吨$$

（2）化学需氧量去除量计算

企业废水末端污染治理技术采用化学沉淀法，其平均治理效率查《3232 稀土金属冶炼行业系数表》为 94%，即 η =94%。

企业废水末端污染治理设施实际运行效率为

$$k = t / T = 7200小时 / 7200小时 = 1$$

化学需氧量去除量为

$$R_{减} = G_{产} \times \eta_T \times k_T$$
$$= 68.4吨 \times 94\% \times 1$$
$$= 64.296吨$$

（3）化学需氧量排放量计算

企业废水回用率为 80%，则化学需氧量排放量为

$$E_{排} = G_{产} - R_{减} \times 1 - C_{回用}$$
$$= (68.4吨 - 64.296吨) \times (1 - 80\%)$$
$$= 0.8208吨$$

4.2 废气核算案例

某企业从事稀土冶炼生产，以稀土氧化物为主要原料，采用熔盐电解工艺生产单一稀土金属及合金，涉及的废气污染物主要为颗粒物。该企业基本信息如表 2 所示。

表 2　某稀土冶炼企业主要信息

	名称	数量
产品及产量	单一稀土金属及合金	1000 吨
原料及用量	稀土氧化物	2000 吨
工艺名称	熔盐电解	
污染治理设施	袋式除尘	
实际运行率参数	废气治理设施运行时间	7200 小时
	企业正常生产时间	7200 小时

下面以废气中颗粒物为例，说明该企业颗粒物排放量的计算方法，主要分为以下三个步骤。

（1）颗粒物产生量计算

该企业采用熔盐电解工艺，主要原料为稀土氧化物，产品为稀土金属及合金，经查表《3232 稀土金属冶炼行业系数表》，其对应影响因素组合的颗粒物产污系数为 14.5 千克/吨-产品。

企业年生产稀土金属及合金 1000 吨，可计算出颗粒物年产生量：

$$G_{产} = P_{产} \times M$$
$$= 14.5千克/吨\text{-}产品 \times 1000吨\text{-}产品/1000$$
$$= 14.5吨$$

（2）颗粒物去除量计算

企业废气末端污染治理技术采用布袋除尘技术，其平均治理效率查表《3232 稀土金属冶炼行业系数表》为 98%，即 η =98%。

企业废气末端污染治理设施实际运行效率为

$$k = t / T = 7200小时 / 7200小时=1$$

颗粒物去除量为

$$R_{减} = G_{产} \times \eta_T \times k_T$$
$$= 14.5吨 \times 98\% \times 1$$
$$= 14.21吨$$

（3）颗粒物排放量计算

$$E_{排} = G_{产} - R_{减}$$
$$= 14.5吨 - 14.21吨$$
$$= 0.29吨$$

5 系数表

3232 稀土金属冶炼行业系数表

工段名称	产品名称	原料名称	工艺名称	规模等级	污染物类别	污染物指标	系数单位	产污系数	末端治理技术	末端治理技术平均去除效率/%	参考 k 值计算公式[1]
—	单一稀土氧化物/单一稀土碳酸盐/单一稀土氯化物	包头混合型稀土精矿	硫酸焙烧+萃取转型+萃取分离	所有规模	废水	工业废水量	吨/吨-产品	44.3	—	—	k=污水治理设施运行时间（小时/年）/企业正常生产时间（小时/年）
						化学需氧量	千克/吨-产品	37.2	化学沉淀法	94	
						氨氮	千克/吨-产品	142	蒸发结晶法	99.6	
						总氮	千克/吨-产品	148	蒸发结晶法	99.6	
						铅	克/吨-产品	51.1	化学沉淀法	87	
						总磷	千克/吨-产品	0.442	化学沉淀法	93	
					废气	工业废气量	标米^3/吨-产品	52340	—	—	k=废气治理设施运行时间（小时/年）/企业正常生产时间（小时/年）
						颗粒物	千克/吨-产品	44.2	袋式除尘	98	
						二氧化硫	千克/吨-产品	122	石灰石/石膏法	90	
									氨法	94	
									双碱法	94	
					固废	一般工业固废	吨/吨-产品	0.541	贮存/综合利用	—	—
						危险废物	吨/吨-产品	1.254	安全处置	—	—

[1] 该公式仅供参考，使用时，可根据 k 值定义，选取更适合企业实际情况的表达方式。

3232 稀土金属冶炼行业系数表（续表 1）

工段名称	产品名称	原料名称	工艺名称	规模等级	污染物类别	污染物指标	系数单位	产污系数	末端治理技术	末端治理技术平均去除效率/%	参考 k 值计算公式
—	单一稀土氧化物/单一稀土碳酸盐/单一稀土氯化物	氟碳铈稀土精矿	氧化焙烧+盐酸浸出+萃取分离	所有规模	废水	工业废水量	吨/吨-产品	36.5	—	—	k=污水治理设施运行时间（小时/年）/企业正常生产时间（小时/年）
						化学需氧量	千克/吨-产品	30.8	化学沉淀法	94	
						氨氮	千克/吨-产品	102	蒸发结晶法	99.6	
						总氮	千克/吨-产品	106	蒸发结晶法	99.6	
						铅	克/吨-产品	27.0	化学沉淀法	87	
						总磷	千克/吨-产品	0.183	化学沉淀法	89	
					废气	工业废气量	标米 ^{3}/吨-产品	49800	—	—	k=废气治理设施运行时间（小时/年）/企业正常生产时间（小时/年）
						颗粒物	千克/吨-产品	105	袋式除尘	98	
						二氧化硫	千克/吨-产品	5.95	直排	0	
					固废	一般工业固体废物	吨/吨-产品	0.281	贮存/综合利用	—	—
						危险废物	吨/吨-产品	0.366	安全处置	—	—
		南方离子型稀土精矿	盐酸溶解+P507/环烷酸（非氨皂）萃取分离	所有规模	废水	工业废水量	吨/吨-产品	36.8①	—	—	k=污水治理设施运行时间（小时/年）/企业正常生产时间（小时/年）
						化学需氧量	千克/吨-产品	34.2	化学沉淀法	94	
						氨氮	千克/吨-产品	0.125	直排	0	
						总氮	千克/吨-产品	0.130	直排	0	
						铅	克/吨-产品	44.3	化学沉淀法	87	
						总磷	千克/吨-产品	0.154	化学沉淀法	85	
					固废	一般工业固废	吨/吨-产品	0.112	贮存/综合利用	—	—

注：①该系数为生产 1～4 种纯度为 99%以上的稀土产品的数值，生产 5～9 种纯度为 99%以上的稀土产品时，产污系数为表中数值的 1.5 倍；生产 10 种以上纯度为 99%以上的稀土产品时，产污系数为表中数值的 2 倍。

3232 稀土金属冶炼行业系数表（续表 2）

工段名称	产品名称	原料名称	工艺名称	规模等级	污染物类别	污染物指标	系数单位	产污系数	末端治理技术	末端治理技术平均去除效率/%	参考 k 值计算公式
—	单一稀土氧化物/单一稀土碳酸盐/单一稀土氯化物	南方离子型稀土精矿	盐酸溶解+P507/环烷酸（氨皂）萃取分离	所有规模	废水	工业废水量	吨/吨-产品	48.6①	—	—	k=污水治理设施运行时间（小时/年）/企业正常生产时间（小时/年）
						化学需氧量	千克/吨-产品	75.6	化学沉淀法	96	
						氨氮	千克/吨-产品	168	蒸发结晶法	99.6	
						总氮	千克/吨-产品	176	蒸发结晶法	99.6	
						铅	克/吨-产品	37.2	化学沉淀法	87	
						总磷	千克/吨-产品	0.164	化学沉淀法	85	
					固废	一般工业固废	吨/吨-产品	0.114	贮存/综合利用	—	—
	稀土金属及合金	稀土氧化物	熔盐电解	所有规模	废气	工业废气量	标米^3/吨-产品	23400	—	—	k=废气治理设施运行时间（小时/年）/企业正常生产时间（小时/年）
						颗粒物	千克/吨-产品	14.5	袋式除尘	98	
					固废	一般工业固废	吨/吨-产品	0.0058	贮存/综合利用	—	—

注：①该系数为生产 1～4 种纯度为 99%以上的稀土产品的数值，生产 5～9 种纯度为 99%以上的稀土产品时，产污系数为表中数值的 1.5 倍；生产 10 种以上纯度为 99%以上的稀土产品时，产污系数为表中数值的 2 倍。

3239 其他稀有金属冶炼（钽铌）业

1 适用范围

本手册仅用于《国民经济行业分类》（GB/T 4754—2017）中 3239 其他稀有金属冶炼（钽铌）行业使用系数法核算工业污染物产生量和排放量的工业企业。

利用本手册进行产排污核算得出的污染物产生量与排放量仅代表了特定行业、工艺、产品、原料在正常工况下污染物产生与排放的一般规律。

本行业废水指标包括工业废水量、化学需氧量、氨氮、总氮；废气指标包括工业废气量、颗粒物、氨气；固废指标包括一般工业固体废物和危险废物。

2 注意事项

2.1 企业有多种生产工艺或生产多类产品产排污量核算

污染物产生量与产品产量有关，根据不同核算环节计算产污量后，再根据企业末端治理设施和运行情况计算各污染物的排放量。

企业某污染物指标的产生量、排放量为各核算环节产生量、排放量之和。

在企业实际排放量计算过程中，如果存在废水回用的情况，需要在利用产排污核算公式的基础上扣除废水回用的部分。公式如下：

实际排放量=计算排放量×（1–废水回用率）

2.2 采用多种治理设施组合处理企业的排污量核算

在排污量计算选择末端治理技术时，若没有对应的组合治理技术，以主要治理技术为准。

2.3 其他需要说明的问题

（1）本手册仅给出工业废水量、化学需氧量、氨氮、总氮、工业废气量、颗粒物、氨气、一般工业固体废物和危险废物等污染物有组织排放的产污系数，不涉及无组织排放。

（2）本手册其他稀有金属冶炼（钽铌）过程中废水产污系数适用的产污节点为综合废水处理站进口。

（3）本手册所提供的工业废气量、废水量产污系数仅供校核参考，不作为企业填报依据。

3 污染物排放量核算方法

3.1 计算工段污染物产生量

（1）根据产品、原料、污染物产生的主导生产工艺、企业规模（生产产能）这一组合查找和确定所对应的某一污染物的产污系数。

（2）根据该污染物的产污系数计量单位——单位产品产量，获取企业实际产品产量。

例如，某组合内化学需氧量的产污系数单位为千克/吨-产品，则计算产生量时需要获取企业实际产品产量。

（3）污染物产生量按以下公式进行计算：

污染物产生量=污染物对应的产污系数×产品产量

$$G_{产i}=P_{产i}\times M_i$$

式中，$G_{产i}$——工段 i 某污染物的产生量；

$P_{产i}$——工段 i 某污染物对应的产污系数；

M_i——工段 i 的产品产量。

3.2 计算工段污染物去除量

（1）根据企业对某一污染物所采用的治理技术查找和选择相应的治理技术平均去除效率。

（2）根据所填报的污染治理设施实际运行率参数及其计算公式得出该企业某一污染物的治理设施实际运行率（k 值）。

（3）污染物去除量按以下公式进行计算：

污染物去除量=污染物产生量×污染物去除率

=污染物产生量×治理技术平均去除效率×治理设施实际运行率

$$R_{减i}=G_{产i}\times\eta_T\times k_T$$

式中，$R_{减i}$——工段 i 某污染物的去除量；

η_T——工段 i 某污染物采用的末端治理技术的平均去除效率；

k_T——工段 i 某污染物采用的末端治理设施的实际运行率。

3.3 计算工段污染物排放量

污染物排放量=污染物产生量–污染物去除量

=污染物对应的产污系数×产品产量–污染物产生量×治理技术平均去除效率×治理设施实际运行率

3.4 计算企业污染物排放量

同一企业某污染物全年的产生（排放）总量为该企业同年实际生产的全部工段、产品、原料、规模污染物产生（排放）量之和。

$$
\begin{aligned}
E_{排} &= G_{产} - R_{减} = \sum (G_{产i} - R_{减i}) \\
&= \sum \left[P_{产i} \times M_i (1 - \eta_T \times k_T) \right]
\end{aligned}
$$

4 污染物排放量核算案例

4.1 废水核算案例

某企业从事钽铌冶炼生产，以钽铌精矿为主要原料，采用“氢氟酸分解+萃取分离”工艺，生产氧化钽、氧化铌、氟钽酸钾。涉及的废水污染物主要为化学需氧量、氨氮和总氮。该企业基本信息如表 1 所示

表 1 某钽铌冶炼企业主要信息

	名称	数量
产品及产量	氧化钽、氧化铌、氟钽酸钾	500 吨
原料及用量	钽铌精矿	1000 吨
工艺名称	氢氟酸分解+萃取分离	
污染治理设施	化学沉淀法	
废水回用率	85%	
实际运行率参数	废水治理设施运行时间	7200 小时
	企业正常生产时间	7200 小时

下面以废水中化学需氧量为例，说明该企业化学需氧量排放量的计算方法，主要分为以下三个步骤。

（1）化学需氧量产生量计算

该企业使用“氢氟酸分解+萃取分离”工艺，以钽铌精矿为原料，产品氧化钽、氧化铌、氟钽酸钾。经查表《3239 其他稀有金属冶炼（钽铌）行业系数表》，其对应影响因素组合的化学需氧量的产污系数为 33.1 千克/吨-产品。

企业氧化钽、氧化铌、氟钽酸钾产量为 500 吨，可计算化学需氧量产生量：

$$
\begin{aligned}
G_{产} &= P_{产} \times M \\
&= 33.1\text{千克}/\text{吨-产品} \times 500\text{吨-产品}/1000 \\
&= 16.55\text{吨}
\end{aligned}
$$

（2）化学需氧量去除量计算

企业废水末端污染治理技术采用“化学沉淀法”，其平均治理效率查《3239 其他稀有金属冶炼（钽铌）行业系数表》为 85%，即 η =98%。

企业废水末端污染治理设施实际运行效率为

$$
k = t / T = 7200\text{小时} / 7200\text{小时} = 1
$$

化学需氧量去除量为

$$\begin{aligned}R_{减} &= G_{产} \times \eta_T \times k_T \\ &= 16.55 \times 85\% \times 1 \\ &= 14.068吨\end{aligned}$$

（3）化学需氧量排放量计算

企业废水回用率为 85%，则化学需氧量排放量为

$$\begin{aligned}E_{排} &= (G_{产} - R_{减}) \times (1 - C_{回用}) \\ &= (16.55吨 - 14.068吨) \times (1 - 85\%) \\ &= 0.3723吨\end{aligned}$$

4.2 废气核算案例

某企业从事钽铌冶炼生产，以钽铌精矿为主要原料，采用“氢氟酸分解+萃取分离”工艺，生产氧化钽、氧化铌、氟钽酸钾。涉及的废气污染物主要为颗粒物。该企业基本信息如表 2 所示。

表 2　某钽铌冶炼企业主要信息

	名称	数量
产品及产量	氧化钽、氧化铌、氟钽酸钾	500 吨
原料及用量	钽铌精矿	1000 吨
工艺名称	氢氟酸分解+萃取分离	
污染治理设施	袋式除尘	
实际运行率参数	废气治理设施运行时间	7200 小时
	企业正常生产时间	7200 小时

下面以废气中颗粒物为例，说明该企业颗粒物排放量的计算方法，主要分为以下三个步骤。

（1）颗粒物产生量计算

该企业使用“氢氟酸分解+萃取分离”工艺，以钽铌精矿为原料，产品氧化钽、氧化铌、氟钽酸钾。经查表《3239 其他稀有金属冶炼（钽铌）行业系数表》，其对应影响因素组合的颗粒物的产污系数为 176 千克/吨-产品。

企业年生产氧化钽、氧化铌、氟钽酸钾 500 吨，可计算出颗粒物年产生量为

$$\begin{aligned}G_{产} &= P_{产} \times M \\ &= 176千克/吨\text{-}产品 \times 500吨\text{-}产品 \div 1000 \\ &= 88吨\end{aligned}$$

（2）颗粒物去除量计算

企业废气末端污染治理技术采用布袋除尘法，其平均治理效率查表《3239 其他稀有金属冶炼（钽铌）行业系数表》为 99%，即 η =99%。

企业废气末端污染治理设施实际运行效率为

$$k = t / T = 7200小时 / 7200小时=1$$

颗粒物去除量为

$$
\begin{aligned}
R_{减} &= G_{产} \times \eta_T \times k_T \\
&= 88吨 \times 99\% \times 1 \\
&= 87.12吨
\end{aligned}
$$

（3）颗粒物排放量计算

$$
\begin{aligned}
E_{排} &= G_{产} - R_{减} \\
&= 88吨 - 87.12吨 \\
&= 0.88吨
\end{aligned}
$$

5 系数表

3239 其他稀有金属冶炼（钽铌）行业系数表

工段名称	产品名称	原料名称	工艺名称	规模等级	污染物类别	污染物指标	系数单位	产污系数	末端治理技术	末端治理技术平均去除效率/%	参考 k 值计算公式[1]
—	氧化钽/氧化铌/氟钽酸钾	钽铌精矿	氢氟酸分解-萃取分离	所有规模	废水	工业废水量	吨/吨-产品	165	—	—	k=污水治理设施运行时间（小时/年）/企业正常生产时间（小时/年）
						化学需氧量	千克/吨-产品	33.1	化学沉淀法	85	
						氨氮	千克/吨-产品	663	其他（吹脱法）+离子交换	99.8	
						总氮	千克/吨-产品	690	其他（吹脱法）+离子交换	99.8	
					废气	工业废气量	标米^3/吨-产品	618000	—	—	k=废气治理设施运行时间（小时/年）/企业正常生产时间（小时/年）
						颗粒物	千克/吨-产品	176	袋式除尘	99	
						氨	千克/吨-产品	517	冷凝+喷淋塔	98	
					固废	一般工业固废	吨/吨-产品	0.815	贮存/综合利用	—	—
						危险废物	吨/吨-产品	0.0516	贮存	—	—
	钽粉	氟钽酸钾	钠还原法	所有规模	废水	工业废水量	吨/吨-产品	67.4	—	—	k=污水治理设施运行时间（小时/年）/企业正常生产时间（小时/年）
						化学需氧量	千克/吨-产品	11.3	化学沉淀法	85	
						氨氮	千克/吨-产品	16.7	其他（吹脱法）+离子交换	98	
						总氮	千克/吨-产品	17.5	其他（吹脱法）+离子交换	98	
	铌粉	五氧化二铌	碳还原法	所有规模	废气	工业废气量	标米^3/吨-产品	328000	—	—	k=废气治理设施运行时间（小时/年）/企业正常生产时间（小时/年）
						颗粒物	千克/吨-产品	97.2	袋式除尘	99	

[1] 该公式仅供参考，使用时，可根据 k 值定义，选取更适合企业实际情况的表达方式。

3240 有色金属合金制造业

1 适用范围

本手册仅用于《国民经济行业分类》(GB/T 4754—2017)中 3240 有色金属合金制造行业使用系数法核算工业污染物产生量和排放量的工业企业。

利用本手册进行产排污核算得出的污染物产生量与排放量仅代表了特定行业、工艺、产品、原料在正常工况下污染物产生与排放的一般规律。

本行业废水指标包括工业废水量、化学需氧量、铜、锌、镍、铝、锡、铅、锑;废气指标包括工业废气量、颗粒物、氮氧化物;固废指标包括一般工业固体废物、危险废物。

2 注意事项

2.1 企业有多种生产工艺或生产多类产品产排污量核算

污染物产生量与产品用量有关,根据不同核算环节计算产污量后,再根据企业末端治理设施和运行情况计算各污染物的排放量。

企业某污染物指标的产生量、排放量为各核算环节产生量、排放量之和。

在企业实际排放量计算过程中,如果存在废水回用的情况,需要在利用产排污核算公式的基础上扣除废水回用的部分。公式如下:

实际排放量=计算排放量×(1−废水回用率)

2.2 采用多种治理设施组合处理企业的排污量核算

在排污量计算选择末端治理技术时,若没有对应的组合治理技术,以主要治理技术为准。

2.3 其他需要说明的问题

由于不同企业工业废气量、废水量差异较大,本手册所提供的工业废气量、废水量系数仅供参考。

为体现相同产污水平条件下,采用相同环保治理设施的不同企业对同一污染物去除效果的差异,引入末端治理设施实际运行率(k)对污染治理技术的实际去除率进行修正。k 值反映的是污染治理设施运行的状态,越稳定运行,k 值越高;在取值上,若定义连续稳定运行的理想状态为 1,则 k 取值在 0～1 之间。

本手册给出本行业的 k 计算公式仅供参考,使用时,可根据 k 值定义,选取更适合企业实际情况的表达方式。

3　污染物排放量核算方法

3.1　计算工段污染物产生量

（1）根据产品、原料、污染物产生的主导生产工艺、企业规模（生产产能）这一组合查找和确定所对应的某一污染物的产污系数。

（2）根据该污染物的产污系数计量单位——单位产品产量，获取企业实际产品产量。

例如，某组合内化学需氧量的产污系数单位为克/吨-产品，则计算产生量时需要获取企业实际产品产量。

（3）污染物产生量按以下公式进行计算：

污染物产生量=污染物对应的产污系数×产品产量

$$G_{产i} = P_{产i} \times M_i$$

式中，$G_{产i}$——工段 i 某污染物的产生量；

$P_{产i}$——工段 i 某污染物对应的产污系数；

M_i——工段 i 的产品产量。

3.2　计算工段污染物去除量

（1）根据企业对某一污染物所采用的治理技术查找和选择相应的治理技术平均去除效率。

（2）根据所填报的污染治理设施实际运行率参数及其计算公式得出该企业某一污染物的治理设施实际运行率（k 值）。

（3）污染物去除量按以下公式进行计算：

污染物去除量=污染物产生量×污染物去除率

=污染物产生量×治理技术平均去除效率×治理设施实际运行率

$$R_{减i} = G_{产i} \times \eta_T \times k_T$$

式中，$R_{减i}$——工段 i 某污染物的去除量；

η_T——工段 i 某污染物采用的末端治理技术的平均去除效率；

k_T——工段 i 某污染物采用的末端治理设施的实际运行率。

3.3　计算工段污染物排放量

污染物排放量=污染物产生量–污染物去除量

=污染物对应的产污系数×产品产量–污染物产生量×治理技术平均去除效率×治理设施实际运行率

3.4　计算企业污染物排放量

同一企业某污染物全年的产生（排放）总量为该企业同年实际生产的全部工段、产品、原料、规模污染物产生（排放）量之和。

$$E_{排} = G_{产} - R_{减} = \sum(G_{产i} - R_{减i})$$
$$= \sum\left[P_{产i} \times M_i(1-\eta_T \times k_T)\right]$$

若企业有废水回用，则污染物排放量计算：

$$E_{排} = (G_{产} - R_{减}) \times (1 - C_{回用})$$

式中，$C_{回用}$——废水回用率。

4 污染物排放量核算案例

某铜锡合金厂主要从事铜锡合金的生产。该企业涉及的主要污染指标为工业废水量、化学需氧量、铜、锡、工业废气量、颗粒物、氮氧化物、一般工业固体废物、危险废物。以化学需氧量为例说明排放量计算过程。

该企业基本信息如表 1 所示。

表 1 某铜锡合金制造企业基本信息

原料名称	电解铜、精锡
产品名称	铜锡合金
年产量	16250 吨
工艺名称	电炉
污染治理设施	化学混凝法
废水回用率	95%
废水治理设施运行时间	7920 小时
企业正常生产时间	7920 小时

4.1 化学需氧量产生量计算

（1）查找产污系数及其计量单位

根据企业基本信息，查找本手册中主要产品为铜锡合金，主要原料为电解铜和精锡，主要工艺为电炉，生产规模为所有规模。该组合化学需氧量的产污系数为 203.52，单位为克/吨-产品。

（2）获取企业产品产量

该企业实际情况为：主要产品铜锡合金 2017 年产量为 16250 吨。

（3）计算化学需氧量产生量

由于查询到的组合中化学需氧量产生量产污系数的单位为克/吨-产品，因此在核算化学需氧量产生量时需获取产品产量。

化学需氧量产生量=化学需氧量产污系数×产品（铜锡合金）产量

=203.52 克/吨-产品×16250 吨-产品÷1000=3307.2 千克

4.2 化学需氧量去除量计算

（1）查找治理技术平均去除效率

该企业化学需氧量治理技术采用化学混凝法工艺，查询相应组合内该工艺的平均去除效率为 70%。

（2）计算污染治理设施实际运行率

根据产污系数组合查询结果，该组合中化学需氧量对应的污染治理设施实际运行率为

k=废水治理设施运行时间/企业正常生产时间

=7920 小时/7920 小时=1

（3）计算化学需氧量去除量

化学需氧量去除量=污染物产生量×治理技术平均去除效率×治理设施实际运行率=3307.2 千克×70%×1=2315.04 千克

4.3 化学需氧量排放量计算

企业废水回用率 95%，则化学需氧量排放量计算：

化学需氧量排放量=（污染物产生量–污染物去除量）×（1–废水回用率）

=（3307.2 千克–2315.04 千克）×（1–95%）

=49.61 千克

5 系数表

3240 有色金属合金制造行业系数表

工段名称	产品名称	原料名称	工艺名称	规模等级	污染物类别	污染物指标	系数单位	产污系数	末端治理技术	末端治理技术平均去除效率/%	参考 k 值计算公式[1]
—	铜锡合金	电解铜+精锡	电炉	所有规模	废水	工业废水量	吨/吨-产品	2.12	—	—	k=废水治理设施运行时间（小时/年）/企业正常生产时间（小时/年）
						化学需氧量	克/吨-产品	203.52	化学混凝法	70	
									沉淀分离	30	
									膜分离	99	
						铜	克/吨-产品	0.11	化学混凝法	88	
									化学沉淀	80	
									离子交换	99	
									膜分离	99	
						锡	克/吨-产品	21.00×10^{-3}	化学混凝法	88	
									化学沉淀	80	
									离子交换	99	
									膜分离	99	
					废气	工业废气量	标米^3/吨-产品	3545	—	—	k=废气治理设施运行时间（小时/年）/企业正常生产时间（小时/年）
						颗粒物	千克/吨-产品	3.18	湿法除尘（动力波）	99	
									袋式除尘	98	
									旋风除尘	50	
									静电除尘	99.5	
						氮氧化物	千克/吨-产品	0.15	—	—	—
					固废	一般工业固废	吨/吨-产品	2.60×10^{-3}	贮存/综合利用	—	—
						危险废物	吨/吨-产品	1.40×10^{-3}	安全处置/综合利用/贮存	—	—

[1] 该公式仅供参考，使用时，可根据 k 值定义，选取更适合企业实际情况的表达方式。

3240 有色金属合金制造行业系数表（续表 1）

工段名称	产品名称	原料名称	工艺名称	规模等级	污染物类别	污染物指标	系数单位	产污系数	末端治理技术	末端治理技术平均去除效率/%	参考 k 值计算公式
—	铜锡合金	电解铜+精锡	反射炉	所有规模	废水	工业废水量	吨/吨-产品	3.19	—	—	k=废水治理设施运行时间（小时/年）/企业正常生产时间（小时/年）
						化学需氧量	克/吨-产品	210.56	化学混凝法	70	
									沉淀分离	30	
									膜分离	99	
						铜	克/吨-产品	0.12	化学混凝法	88	
									化学沉淀	80	
									离子交换	99	
									膜分离	99	
						锡	克/吨-产品	21.00×10^{-3}	化学混凝法	88	
									化学沉淀	80	
									离子交换	99	
									膜分离	99	
					废气	工业废气量	标米^3/吨-产品	7200	—	—	k=废气治理设施运行时间（小时/年）/企业正常生产时间（小时/年）
						颗粒物	千克/吨-产品	4.85	湿法除尘（动力波）	99	
									袋式除尘	98	
									旋风除尘	50	
									静电除尘	99.5	
						氮氧化物	千克/吨-产品	0.18	—	—	—
					固废	一般工业固废	吨/吨-产品	2.60×10^{-3}	贮存/综合利用	—	—
						危险废物	吨/吨-产品	1.80×10^{-3}	安全处置/综合利用/贮存	—	—

3240 有色金属合金制造行业系数表（续表 2）

工段名称	产品名称	原料名称	工艺名称	规模等级	污染物类别	污染物指标	系数单位	产污系数	末端治理技术	末端治理技术平均去除效率/%	参考 k 值计算公式
—	铜锌合金	电解铜+锌锭	电炉	所有规模	废水	工业废水量	吨/吨-产品	2.53	—	—	k=废水治理设施运行时间（小时/年）/企业正常生产时间（小时/年）
						化学需氧量	克/吨-产品	245.41	化学混凝法	70	
									沉淀分离	30	
									膜分离	99	
						铜	克/吨-产品	0.13	化学混凝法	88	
									化学沉淀	80	
									离子交换	99	
									膜分离	99	
						锌	克/吨-产品	25.00×10^{-3}	化学混凝法	88	
									化学沉淀	80	
									离子交换	99	
									膜分离	99	
					废气	工业废气量	标米^3/吨-产品	3580	—	—	k=废气治理设施运行时间（小时/年）/企业正常生产时间（小时/年）
						颗粒物	千克/吨-产品	3.58	湿法除尘（动力波）	99	
									袋式除尘	98	
									旋风除尘	50	
									静电除尘	99.5	
						氮氧化物	千克/吨-产品	0.16	—	—	—
					固废	一般工业固废	吨/吨-产品	6.30×10^{-3}	贮存/综合利用	—	—
						危险废物	吨/吨-产品	1.30×10^{-3}	安全处置/综合利用/贮存	—	—

3240 有色金属合金制造行业系数表（续表 3）

工段名称	产品名称	原料名称	工艺名称	规模等级	污染物类别	污染物指标	系数单位	产污系数	末端治理技术	末端治理技术平均去除效率/%	参考 k 值计算公式
—	铜锌合金	电解铜+锌锭	反射炉	所有规模	废水	工业废水量	吨/吨-产品	3.19	—	—	k=废水治理设施运行时间（小时/年）/企业正常生产时间（小时/年）
						化学需氧量	克/吨-产品	245.41	化学混凝法	70	
									沉淀分离	30	
									膜分离	99	
						铜	克/吨-产品	0.13	化学混凝法	88	
									化学沉淀	80	
									离子交换	99	
									膜分离	99	
						锌	克/吨-产品	25.00×10^{-3}	化学混凝法	88	
									化学沉淀	80	
									离子交换	99	
									膜分离	99	
					废气	工业废气量	标米^3/吨-产品	7500	—	—	k=废气治理设施运行时间（小时/年）/企业正常生产时间（小时/年）
						颗粒物	千克/吨-产品	5.11	湿法除尘（动力波）	99	
									袋式除尘	98	
									旋风除尘	50	
									静电除尘	99.5	
						氮氧化物	千克/吨-产品	0.16	—	—	—
					固废	一般工业固废	吨/吨-产品	2.30×10^{-3}	贮存/综合利用	—	—
						危险废物	吨/吨-产品	1.50×10^{-3}	安全处置/综合利用/贮存	—	—

3240 有色金属合金制造行业系数表（续表 4）

工段名称	产品名称	原料名称	工艺名称	规模等级	污染物类别	污染物指标	系数单位	产污系数	末端治理技术	末端治理技术平均去除效率/%	参考 k 值计算公式
—	铜锌合金	废杂铜+锌锭	反射炉	所有规模	废水	工业废水量	吨/吨-产品	3.58	—	—	k=废水治理设施运行时间（小时/年）/企业正常生产时间（小时/年）
						化学需氧量	克/吨-产品	263.16	化学混凝法	70	
									沉淀分离	30	
									膜分离	99	
						铜	克/吨-产品	0.13	化学混凝法	88	
									化学沉淀	80	
									离子交换	99	
									膜分离	99	
						锌	克/吨-产品	26.00×10^{-3}	化学混凝法	88	
									化学沉淀	80	
									离子交换	99	
									膜分离	99	
					废气	工业废气量	标米^3/吨-产品	8950	—	—	k=废气治理设施运行时间（小时/年）/企业正常生产时间（小时/年）
						颗粒物	千克/吨-产品	5.24	湿法除尘（动力波）	99	
									袋式除尘	98	
									旋风除尘	50	
									静电除尘	99.5	
						氮氧化物	千克/吨-产品	0.18	—	—	—
					固废	一般工业固废	吨/吨-产品	2.80×10^{-3}	贮存/综合利用	—	—
						危险废物	吨/吨-产品	2.00×10^{-3}	安全处置/综合利用/贮存	—	—

3240 有色金属合金制造行业系数表（续表 5）

工段名称	产品名称	原料名称	工艺名称	规模等级	污染物类别	污染物指标	系数单位	产污系数	末端治理技术	末端治理技术平均去除效率/%	参考 *k* 值计算公式
—	铜镍合金	电解铜+电解镍	电炉	所有规模	废水	工业废水量	吨/吨-产品	2.83	—	—	*k*=废水治理设施运行时间（小时/年）/企业正常生产时间（小时/年）
						化学需氧量	克/吨-产品	260.36	化学混凝法	70	
									沉淀分离	30	
									膜分离	99	
						铜	克/吨-产品	0.14	化学混凝法	88	
									化学沉淀	80	
									离子交换	99	
									膜分离	99	
						镍	克/吨-产品	0.028	化学混凝法	88	
									化学沉淀	80	
									离子交换	99	
									膜分离	99	
					废气	工业废气量	标米 ^{3}/吨-产品	3890	—	—	*k*=废气治理设施运行时间（小时/年）/企业正常生产时间（小时/年）
						颗粒物	千克/吨-产品	3.77	湿法除尘（动力波）	99	
									袋式除尘	98	
									旋风除尘	50	
									静电除尘	99.5	
						氮氧化物	千克/吨-产品	0.15	—	—	—
					固废	一般工业固废	吨/吨-产品	5.80×10^{-3}	贮存/综合利用	—	—
						危险废物	吨/吨-产品	1.30×10^{-3}	安全处置/综合利用/贮存	—	—

3240 有色金属合金制造行业系数表（续表 6）

工段名称	产品名称	原料名称	工艺名称	规模等级	污染物类别	污染物指标	系数单位	产污系数	末端治理技术	末端治理技术平均去除效率/%	参考 k 值计算公式
—	铜镍合金	废杂铜+电解镍	电炉	所有规模	废水	工业废水量	吨/吨-产品	2.96	—	—	k=废水治理设施运行时间（小时/年）/企业正常生产时间（小时/年）
						化学需氧量	克/吨-产品	224.88	化学混凝法	70	
									沉淀分离	30	
									膜分离	99	
						铜	克/吨-产品	0.18	化学混凝法	88	
									化学沉淀	80	
									离子交换	99	
									膜分离	99	
						镍	克/吨-产品	29.00×10^{-3}	化学混凝法	88	
									化学沉淀	80	
									离子交换	99	
									膜分离	99	
					废气	工业废气量	标米^3/吨-产品	4030	—	—	k=废气治理设施运行时间（小时/年）/企业正常生产时间（小时/年）
						颗粒物	千克/吨-产品	5.13	湿法除尘（动力波）	99	
									袋式除尘	98	
									旋风除尘	50	
									静电除尘	99.5	
						氮氧化物	千克/吨-产品	0.18	—	—	—
					固废	一般工业固废	吨/吨-产品	3.10×10^{-3}	贮存/综合利用	—	—
						危险废物	吨/吨-产品	1.40×10^{-3}	安全处置/综合利用/贮存	—	—

3240 有色金属合金制造行业系数表（续表 7）

工段名称	产品名称	原料名称	工艺名称	规模等级	污染物类别	污染物指标	系数单位	产污系数	末端治理技术	末端治理技术平均去除效率/%	参考 k 值计算公式
—	铝硅合金	结晶硅+铝锭	圆形炉	所有规模	废水	工业废水量	吨/吨-产品	2.45	—	—	k=废水治理设施运行时间（小时/年）/企业正常生产时间（小时/年）
						化学需氧量	克/吨-产品	215.27	化学混凝法	70	
									沉淀分离	30	
									膜分离	99	
						铝	克/吨-产品	21.00×10^{-3}	化学混凝法	88	
									化学沉淀	80	
									离子交换	99	
									膜分离	99	
					废气	工业废气量	标米^3/吨-产品	6200	—	—	k=废气治理设施运行时间（小时/年）/企业正常生产时间（小时/年）
						颗粒物	千克/吨-产品	4.82	湿法除尘（动力波）	99	
									袋式除尘	98	
									旋风除尘	50	
									静电除尘	99.5	
						氮氧化物	千克/吨-产品	0.19	—	—	—
					固废	一般工业固废	吨/吨-产品	2.30×10^{-3}	贮存/综合利用	—	—
						危险废物	吨/吨-产品	1.20×10^{-3}	安全处置/综合利用/贮存	—	—

3240 有色金属合金制造行业系数表（续表 8）

工段名称	产品名称	原料名称	工艺名称	规模等级	污染物类别	污染物指标	系数单位	产污系数	末端治理技术	末端治理技术平均去除效率/%	参考 k 值计算公式
—	铝硅合金	结晶硅+铝锭	反射炉	所有规模	废水	工业废水量	吨/吨-产品	2.55	—	—	k=废水治理设施运行时间（小时/年）/企业正常生产时间（小时/年）
						化学需氧量	克/吨-产品	215.27	化学混凝法	70	
									沉淀分离	30	
									膜分离	99	
						铝	克/吨-产品	21.00×10^{-3}	化学混凝法	88	
									化学沉淀	80	
									离子交换	99	
									膜分离	99	
					废气	工业废气量	标米^3/吨-产品	8300	—	—	k=废气治理设施运行时间（小时/年）/企业正常生产时间（小时/年）
						颗粒物	千克/吨-产品	5.78	湿法除尘（动力波）	99	
									袋式除尘	98	
									旋风除尘	50	
									静电除尘	99.5	
						氮氧化物	千克/吨-产品	0.19	—	—	—
					固废	一般工业固废	吨/吨-产品	3.30×10^{-3}	贮存/综合利用	—	—
						危险废物	吨/吨-产品	1.20×10^{-3}	安全处置/综合利用/贮存	—	—

3240 有色金属合金制造行业系数表（续表 9）

工段名称	产品名称	原料名称	工艺名称	规模等级	污染物类别	污染物指标	系数单位	产污系数	末端治理技术	末端治理技术平均去除效率/%	参考 k 值计算公式
—	铝硅合金	结晶硅+铝锭	电炉	所有规模	废水	工业废水量	吨/吨-产品	2.09	—	—	k=废水治理设施运行时间（小时/年）/企业正常生产时间（小时/年）
						化学需氧量	克/吨-产品	215.27	化学混凝法	70	
									沉淀分离	30	
									膜分离	99	
						铝	克/吨-产品	21.00×10^{-3}	化学混凝法	88	
									化学沉淀	80	
									离子交换	99	
									膜分离	99	
					废气	工业废气量	标米^3/吨-产品	3100	—	—	k=废气治理设施运行时间（小时/年）/企业正常生产时间（小时/年）
						颗粒物	千克/吨-产品	3.74	湿法除尘（动力波）	99	
									袋式除尘	98	
									旋风除尘	50	
									静电除尘	99.5	
						氮氧化物	千克/吨-产品	0.15	—	—	—
					固废	一般工业固废	吨/吨-产品	3.50×10^{-3}	贮存/综合利用	—	—
						危险废物	吨/吨-产品	1.20×10^{-3}	安全处置/综合利用/贮存	—	—

3240 有色金属合金制造行业系数表（续表 10）

工段名称	产品名称	原料名称	工艺名称	规模等级	污染物类别	污染物指标	系数单位	产污系数	末端治理技术	末端治理技术平均去除效率/%	参考 k 值计算公式
—	铝硅合金	结晶硅+废杂铝	电炉	所有规模	废水	工业废水量	吨/吨-产品	2.11	—	—	k=废水治理设施运行时间（小时/年）/企业正常生产时间（小时/年）
						化学需氧量	克/吨-产品	284.85	化学混凝法	70	
									沉淀分离	30	
									膜分离	99	
						铝	克/吨-产品	0.04	化学混凝法	88	
									化学沉淀	80	
									离子交换	99	
									膜分离	99	
					废气	工业废气量	标米^3/吨-产品	3400	—	—	k=废气治理设施运行时间（小时/年）/企业正常生产时间（小时/年）
						颗粒物	千克/吨-产品	24.19	湿法除尘（动力波）	99	
									袋式除尘	98	
									旋风除尘	50	
									静电除尘	99.5	
						氮氧化物	千克/吨-产品	0.22	—	—	—
					固废	一般工业固废	吨/吨-产品	0.01	贮存/综合利用	—	—
						危险废物	吨/吨-产品	1.70×10^{-3}	安全处置/综合利用/贮存	—	—

3240 有色金属合金制造行业系数表（续表 11）

工段名称	产品名称	原料名称	工艺名称	规模等级	污染物类别	污染物指标	系数单位	产污系数	末端治理技术	末端治理技术平均去除效率/%	参考 k 值计算公式
—	铝镁合金	金属镁+铝锭	圆形炉	所有规模	废水	工业废水量	吨/吨-产品	1.22	—	—	k=废水治理设施运行时间（小时/年）/企业正常生产时间（小时/年）
						化学需氧量	克/吨-产品	204.50	化学混凝法	70	
									沉淀分离	30	
									膜分离	99	
						铝	克/吨-产品	0.12	化学混凝法	88	
									化学沉淀	80	
									离子交换	99	
									膜分离	99	
					废气	工业废气量	标米 ^{3}/吨-产品	7180	—	—	k=废气治理设施运行时间（小时/年）/企业正常生产时间（小时/年）
						颗粒物	千克/吨-产品	5.87	湿法除尘（动力波）	99	
									袋式除尘	98	
									旋风除尘	50	
									静电除尘	99.5	
						氮氧化物	千克/吨-产品	0.17	—	—	—
					固废	一般工业固废	吨/吨-产品	2.90×10^{-3}	贮存/综合利用	—	—
						危险废物	吨/吨-产品	1.30×10^{-3}	安全处置/综合利用/贮存	—	—

3240 有色金属合金制造行业系数表（续表 12）

工段名称	产品名称	原料名称	工艺名称	规模等级	污染物类别	污染物指标	系数单位	产污系数	末端治理技术	末端治理技术平均去除效率/%	参考 k 值计算公式
—	铝镁合金	金属镁+铝锭	反射炉	所有规模	废水	工业废水量	吨/吨-产品	1.48	—	—	k=废水治理设施运行时间（小时/年）/企业正常生产时间（小时/年）
						化学需氧量	克/吨-产品	204.50	化学混凝法	70	
									沉淀分离	30	
									膜分离	99	
						铝	克/吨-产品	0.12	化学混凝法	88	
									化学沉淀	80	
									离子交换	99	
									膜分离	99	
					废气	工业废气量	标米 ^{3}/吨-产品	8250	—	—	k=废气治理设施运行时间（小时/年）/企业正常生产时间（小时/年）
						颗粒物	千克/吨-产品	6.67	湿法除尘（动力波）	99	
									袋式除尘	98	
									旋风除尘	50	
									静电除尘	99.5	
						氮氧化物	千克/吨-产品	0.21	—	—	—
					固废	一般工业固废	吨/吨-产品	2.90×10^{-3}	贮存/综合利用	—	—
						危险废物	吨/吨-产品	1.30×10^{-3}	安全处置/综合利用/贮存	—	—

3240 有色金属合金制造行业系数表（续表 13）

工段名称	产品名称	原料名称	工艺名称	规模等级	污染物类别	污染物指标	系数单位	产污系数	末端治理技术	末端治理技术平均去除效率/%	参考 k 值计算公式
—	铝镁合金	金属镁+废杂铝	反射炉	所有规模	废水	工业废水量	吨/吨-产品	2.97	—	—	k=废水治理设施运行时间（小时/年）/企业正常生产时间（小时/年）
						化学需氧量	克/吨-产品	224.03	化学混凝法	70	
									沉淀分离	30	
									膜分离	99	
						铝	克/吨-产品	0.12	化学混凝法	88	
									化学沉淀	80	
									离子交换	99	
									膜分离	99	
					废气	工业废气量	标米 ^{3}/吨-产品	8430	—	—	k=废气治理设施运行时间（小时/年）/企业正常生产时间（小时/年）
						颗粒物	千克/吨-产品	26.07	湿法除尘（动力波）	99	
									袋式除尘	98	
									旋风除尘	50	
									静电除尘	99.5	
						氮氧化物	千克/吨-产品	0.21	—	—	—
					固废	一般工业固废	吨/吨-产品	29.00×10^{-3}	贮存/综合利用	—	—
						危险废物	吨/吨-产品	1.30×10^{-3}	安全处置/综合利用/贮存	—	—

3240 有色金属合金制造行业系数表（续表 14）

工段名称	产品名称	原料名称	工艺名称	规模等级	污染物类别	污染物指标	系数单位	产污系数	末端治理技术	末端治理技术平均去除效率/%	参考 k 值计算公式
—	铝镁合金	金属镁+废杂铝	电炉	所有规模	废水	工业废水量	吨/吨-产品	2.97	—	—	k=废水治理设施运行时间（小时/年）/企业正常生产时间（小时/年）
						化学需氧量	克/吨-产品	214.50	化学混凝法	70	
									沉淀分离	30	
									膜分离	99	
						铝	克/吨-产品	0.12	化学混凝法	88	
									化学沉淀	80	
									离子交换	99	
									膜分离	99	
					废气	工业废气量	标米^3/吨-产品	4120	—	—	k=废气治理设施运行时间（小时/年）/企业正常生产时间（小时/年）
						颗粒物	千克/吨-产品	20.07	湿法除尘（动力波）	99	
									袋式除尘	98	
									旋风除尘	50	
									静电除尘	99.5	
						氮氧化物	千克/吨-产品	0.21	—	—	—
					固废	一般工业固废	吨/吨-产品	4.90×10^{-3}	贮存/综合利用	—	—
						危险废物	吨/吨-产品	1.30×10^{-3}	安全处置/综合利用/贮存	—	—

3240 有色金属合金制造行业系数表（续表 15）

工段名称	产品名称	原料名称	工艺名称	规模等级	污染物类别	污染物指标	系数单位	产污系数	末端治理技术	末端治理技术平均去除效率/%	参考 k 值计算公式
—	锡铅合金	精锡+精铅	电炉	所有规模	废水	工业废水量	吨/吨-产品	1.43	—	—	k=废水治理设施运行时间（小时/年）/企业正常生产时间（小时/年）
						化学需氧量	克/吨-产品	193.05	化学混凝法	70	
									沉淀分离	30	
									膜分离	99	
						锡	克/吨-产品	72.00×10^{-3}	化学混凝法	88	
									化学沉淀	80	
									离子交换	99	
									膜分离	99	
						铅	克/吨-产品	14.00×10^{-3}	化学混凝法	88	
									化学沉淀	80	
									离子交换	99	
									膜分离	99	
					废气	工业废气量	标米^3/吨-产品	1760	—	—	k=废气治理设施运行时间（小时/年）/企业正常生产时间（小时/年）
						颗粒物	千克/吨-产品	4.16	湿法除尘（动力波）	99	
									袋式除尘	98	
									旋风除尘	50	
									静电除尘	99.5	
						氮氧化物	千克/吨-产品	0.15	—	—	—
					固废	一般工业固废	吨/吨-产品	6.90×10^{-3}	贮存/综合利用	—	—
						危险废物	吨/吨-产品	1.30×10^{-3}	安全处置/综合利用/贮存	—	—

3240 有色金属合金制造行业系数表（续表 16）

工段名称	产品名称	原料名称	工艺名称	规模等级	污染物类别	污染物指标	系数单位	产污系数	末端治理技术	末端治理技术平均去除效率/%	参考 k 值计算公式
—	锡锑合金	粗锡+金属锑	电炉	所有规模	废水	工业废水量	吨/吨-产品	2.43	—	—	k=废水治理设施运行时间（小时/年）/企业正常生产时间（小时/年）
						化学需氧量	克/吨-产品	223.56	化学混凝法	70	
									沉淀分离	30	
									膜分离	99	
						锡	克/吨-产品	0.12	化学混凝法	88	
									化学沉淀	80	
									离子交换	99	
									膜分离	99	
						锑	克/吨-产品	24.00×10^{-3}	化学混凝法	88	
									化学沉淀	80	
									离子交换	99	
									膜分离	99	
					废气	工业废气量	标米^3/吨-产品	2510	—	—	k=废气治理设施运行时间（小时/年）/企业正常生产时间（小时/年）
						颗粒物	千克/吨-产品	6.85	湿法除尘（动力波）	99	
									袋式除尘	98	
									旋风除尘	50	
									静电除尘	99.5	
						氮氧化物	千克/吨-产品	0.19	—	—	—
					固废	一般工业固废	吨/吨-产品	7.30×10^{-3}	贮存/综合利用	—	—
						危险废物	吨/吨-产品	2.10×10^{-3}	安全处置/综合利用/贮存	—	—

3240 有色金属合金制造行业系数表（续表 17）

工段名称	产品名称	原料名称	工艺名称	规模等级	污染物类别	污染物指标	系数单位	产污系数	末端治理技术	末端治理技术平均去除效率/%	参考 k 值计算公式
—	锡锑合金	精锡+金属锑	电炉	所有规模	废水	工业废水量	吨/吨-产品	2.24	—	—	k=废水治理设施运行时间（小时/年）/企业正常生产时间（小时/年）
						化学需氧量	克/吨-产品	206.08	化学混凝法	70	
									沉淀分离	30	
									膜分离	99	
						锡	克/吨-产品	0.11	化学混凝法	88	
									化学沉淀	80	
									离子交换	99	
									膜分离	99	
						锑	克/吨-产品	22.00×10^{-3}	化学混凝法	88	
									化学沉淀	80	
									离子交换	99	
									膜分离	99	
					废气	工业废气量	标米^3/吨-产品	2411	—	—	k=废气治理设施运行时间（小时/年）/企业正常生产时间（小时/年）
						颗粒物	千克/吨-产品	3.85	湿法除尘（动力波）	99	
									袋式除尘	98	
									旋风除尘	50	
									静电除尘	99.5	
						氮氧化物	千克/吨-产品	0.16	—	—	—
					固废	一般工业固废	吨/吨-产品	4.90×10^{-3}	贮存/综合利用	—	—
						危险废物	吨/吨-产品	1.10×10^{-3}	安全处置/综合利用/贮存	—	—

3240 有色金属合金制造行业系数表（续表 18）

工段名称	产品名称	原料名称	工艺名称	规模等级	污染物类别	污染物指标	系数单位	产污系数	末端治理技术	末端治理技术平均去除效率/%	参考 k 值计算公式
—	铅锑合金	金属锑+铅锭	反射炉	所有规模	废水	工业废水量	吨/吨-产品	3.44	—	—	k=废水治理设施运行时间（小时/年）/企业正常生产时间（小时/年）
						化学需氧量	克/吨-产品	225.80	化学混凝法	70	
									沉淀分离	30	
									膜分离	99	
						铅	克/吨-产品	3.12	化学混凝法	88	
									化学沉淀	80	
									离子交换	99	
									膜分离	99	
						锑	克/吨-产品	23.00×10^{-3}	化学混凝法	88	
									化学沉淀	80	
									离子交换	99	
									膜分离	99	
					废气	工业废气量	标米^3/吨-产品	5710	—	—	k=废气治理设施运行时间（小时/年）/企业正常生产时间（小时/年）
						颗粒物	千克/吨-产品	3.02	湿法除尘（动力波）	99	
									袋式除尘	98	
									旋风除尘	50	
									静电除尘	99.5	
						氮氧化物	千克/吨-产品	0.15	—	—	—
					固废	一般工业固废	吨/吨-产品	2.50×10^{-3}	贮存/综合利用	—	—
						危险废物	吨/吨-产品	1.20×10^{-3}	安全处置/综合利用/贮存	—	—

3240 有色金属合金制造行业系数表（续表 19）

工段名称	产品名称	原料名称	工艺名称	规模等级	污染物类别	污染物指标	系数单位	产污系数	末端治理技术	末端治理技术平均去除效率/%	参考 k 值计算公式
—	铅锑合金	废杂铅+金属锑	反射炉	所有规模	废水	工业废水量	吨/吨-产品	3.50	—	—	k=废水治理设施运行时间（小时/年）/企业正常生产时间（小时/年）
						化学需氧量	克/吨-产品	230.12	化学混凝法	70	
									沉淀分离	30	
									膜分离	99	
						铅	克/吨-产品	3.12	化学混凝法	88	
									化学沉淀	80	
									离子交换	99	
									膜分离	99	
						锑	克/吨-产品	23.00×10^{-3}	化学混凝法	88	
									化学沉淀	80	
									离子交换	99	
									膜分离	99	
					废气	工业废气量	标米^3/吨-产品	7850	—	—	k=废气治理设施运行时间（小时/年）/企业正常生产时间（小时/年）
						颗粒物	千克/吨-产品	5.65	湿法除尘（动力波）	99	
									袋式除尘	98	
									旋风除尘	50	
									静电除尘	99.5	
						氮氧化物	千克/吨-产品	0.21	—	—	—
					固废	一般工业固废	吨/吨-产品	2.50×10^{-3}	贮存/综合利用	—	—
						危险废物	吨/吨-产品	1.20×10^{-3}	安全处置/综合利用/贮存	—	—

3240 有色金属合金制造行业系数表（续表 20）

工段名称	产品名称	原料名称	工艺名称	规模等级	污染物类别	污染物指标	系数单位	产污系数	末端治理技术	末端治理技术平均去除效率/%	参考 *k* 值计算公式
—	铅锑合金	废杂铅+金属锑	电炉	所有规模	废水	工业废水量	吨/吨-产品	2.34	—	—	*k*=废水治理设施运行时间（小时/年）/企业正常生产时间（小时/年）
						化学需氧量	克/吨-产品	215.28	化学混凝法	70	
									沉淀分离	30	
									膜分离	99	
						铅	克/吨-产品	3.12	化学混凝法	88	
									化学沉淀	80	
									离子交换	99	
									膜分离	99	
						锑	克/吨-产品	23.00×10^{-3}	化学混凝法	88	
									化学沉淀	80	
									离子交换	99	
									膜分离	99	
					废气	工业废气量	标米 ^{3}/吨-产品	2520	—	—	*k*=废气治理设施运行时间（小时/年）/企业正常生产时间（小时/年）
						颗粒物	千克/吨-产品	5.65	湿法除尘（动力波）	99	
									袋式除尘	98	
									旋风除尘	50	
									静电除尘	99.5	
						氮氧化物	千克/吨-产品	0.21	—	—	—
					固废	一般工业固废	吨/吨-产品	2.50×10^{-3}	贮存/综合利用	—	—
						危险废物	吨/吨-产品	1.20×10^{-3}	安全处置/综合利用/贮存	—	—

3240 有色金属合金制造行业系数表（续表 21）

工段名称	产品名称	原料名称	工艺名称	规模等级	污染物类别	污染物指标	系数单位	产污系数	末端治理技术	末端治理技术平均去除效率/%	参考 k 值计算公式
—	铅锡合金	废杂铅+精锡	电炉	所有规模	废水	工业废水量	吨/吨-产品	2.58	—	—	k=废水治理设施运行时间（小时/年）/企业正常生产时间（小时/年）
						化学需氧量	克/吨-产品	309.60	化学混凝法	70	
									沉淀分离	30	
									膜分离	99	
						铅	克/吨-产品	0.13	化学混凝法	88	
									化学沉淀	80	
									离子交换	99	
									膜分离	99	
						锡	克/吨-产品	26.00×10^{-3}	化学混凝法	88	
									化学沉淀	80	
									离子交换	99	
									膜分离	99	
					废气	工业废气量	标米^3/吨-产品	2424	—	—	k=废气治理设施运行时间（小时/年）/企业正常生产时间（小时/年）
						颗粒物	千克/吨-产品	6.53	湿法除尘（动力波）	99	
									袋式除尘	98	
									旋风除尘	50	
									静电除尘	99.5	
						氮氧化物	千克/吨-产品	0.18	—	—	—
					固废	一般工业固废	吨/吨-产品	6.50×10^{-3}	贮存/综合利用	—	—
						危险废物	吨/吨-产品	1.40×10^{-3}	安全处置/综合利用/贮存	—	—

3240 有色金属合金制造行业系数表（续表 22）

工段名称	产品名称	原料名称	工艺名称	规模等级	污染物类别	污染物指标	系数单位	产污系数	末端治理技术	末端治理技术平均去除效率/%	参考 k 值计算公式
—	锌铝合金	锌锭+铝锭	电炉	所有规模	废水	工业废水量	吨/吨-产品	3.16	—	—	k=废水治理设施运行时间（小时/年）/企业正常生产时间（小时/年）
						化学需氧量	克/吨-产品	290.72	化学混凝法	70	
									沉淀分离	30	
									膜分离	99	
						锌	克/吨-产品	32.00×10^{-3}	化学混凝法	88	
									化学沉淀	80	
									离子交换	99	
									膜分离	99	
						铝	克/吨-产品	0.16	化学混凝法	88	
									化学沉淀	80	
									离子交换	99	
									膜分离	99	
					废气	工业废气量	标米^3/吨-产品	2356	—	—	k=废气治理设施运行时间（小时/年）/企业正常生产时间（小时/年）
						颗粒物	千克/吨-产品	4.68	湿法除尘（动力波）	99	
									袋式除尘	98	
									旋风除尘	50	
									静电除尘	99.5	
						氮氧化物	千克/吨-产品	0.16	—	—	—
					固废	一般工业固废	吨/吨-产品	2.40×10^{-3}	贮存/综合利用	—	—
						危险废物	吨/吨-产品	0.90×10^{-3}	安全处置/综合利用/贮存	—	—

3240 有色金属合金制造行业系数表（续表 23）

工段名称	产品名称	原料名称	工艺名称	规模等级	污染物类别	污染物指标	系数单位	产污系数	末端治理技术	末端治理技术平均去除效率/%	参考 k 值计算公式
—	锌铝合金	锌锭+铝锭	反射炉	所有规模	废水	工业废水量	吨/吨-产品	3.86	—	—	k=废水治理设施运行时间（小时/年）/企业正常生产时间（小时/年）
						化学需氧量	克/吨-产品	295.07	化学混凝法	70	
									沉淀分离	30	
									膜分离	99	
						锌	克/吨-产品	32.00×10^{-3}	化学混凝法	88	
									化学沉淀	80	
									离子交换	99	
									膜分离	99	
						铝	克/吨-产品	0.16	化学混凝法	88	
									化学沉淀	80	
									离子交换	99	
									膜分离	99	
					废气	工业废气量	标米^3/吨-产品	7550	—	—	
						颗粒物	千克/吨-产品	4.28	湿法除尘（动力波）	99	k=废气治理设施运行时间（小时/年）/企业正常生产时间（小时/年）
									袋式除尘	98	
									旋风除尘	50	
									静电除尘	99.5	
						氮氧化物	千克/吨-产品	0.16	—	—	—
					固废	一般工业固废	吨/吨-产品	2.40×10^{-3}	贮存/综合利用	—	—
						危险废物	吨/吨-产品	0.90×10^{-3}	安全处置/综合利用/贮存	—	—

3251 铜压延加工业

1 适用范围

本手册仅用于《国民经济行业分类》(GB/T 4754—2017)中 3251 铜压延加工行业使用系数法核算工业污染物产生量和排放量的工业企业。

利用本手册进行产排污核算得出的污染物产生量与排放量仅代表了特定行业、工艺、产品、原料在正常工况下污染物产生与排放的一般规律。

本行业废水指标包括工业废水量、化学需氧量、石油类；废气指标包括工业废气量、颗粒物、二氧化硫、氮氧化物；固体废物指标包括一般工业固体废物、危险废物。

2 注意事项

2.1 企业有多种生产工艺或生产多类产品产排污量核算

污染物产生量与产品产量有关，根据不同核算环节计算产污量后，再根据企业末端治理设施运行情况计算各污染物的排放量。

企业某污染物指标的产生量、排放量为各核算环节产生量、排放量之和。

在企业实际排放量计算过程中，如果存在废水回用的情况，需要在利用产排污核算公式的基础上扣除废水回用的部分。公式如下：

实际排放量=计算排放量×（1–废水回用率）

2.2 采用多种治理设施组合处理企业的排污量核算

在排污量计算选择末端治理技术时，若没有对应的组合治理技术，以主要治理技术为准。

2.3 其他需要说明的问题

由于不同企业工业废气量、废水量差异较大，本手册所提供的工业废气量、废水量系数仅供参考。

为体现相同产污水平条件下，采用相同环保治理设施的不同企业对同一污染物去除效果的差异，引入末端治理设施实际运行率（k）对污染治理技术的实际去除率进行修正。k 值反映的是污染治理设施运行的状态，越稳定运行，k 值越高；在取值上，若定义连续稳定运行的理想状态为 1，则 k 取值在 0～1 之间。

本手册给出本行业的 k 计算公式仅供参考，使用时，可根据 k 值定义，选取更适合企业实际情况的表达方式。

3 污染物排放量核算方法

3.1 计算污染物产生量

（1）根据产品、原料、污染物产生的主导生产工艺、企业规模（生产产能）这一组合查找和确定所对应的某一污染物的产污系数。

（2）根据该污染物的产污系数计量单位——单位产品产量，获取企业实际产品产量。

例如，某组合内化学需氧量的产污系数单位为克/吨-产品，则计算产生量时需要获取企业实际产品产量。

（3）污染物产生量按以下公式进行计算：

污染物产生量=污染物对应的产污系数×产品产量

$$G_{产i} = P_{产i} \times M_i$$

式中，$G_{产i}$——工段 i 某污染物的产生量；

$P_{产i}$——工段 i 某污染物对应的产污系数；

M_i——工段 i 的产品产量。

3.2 计算污染物去除量

（1）根据企业对某一污染物所采用的治理技术查找和选择相应的治理技术平均去除效率。

（2）根据所填报的污染治理设施实际运行率参数及其计算公式得出该企业某一污染物的治理设施实际运行率（k 值）。

（3）污染物去除量按以下公式进行计算：

污染物去除量=污染物产生量×污染物去除率 =污染物产生量×治理技术平均去除效率×治理设施实际运行率

$$R_{减i} = G_{产i} \times \eta_T \times k_T$$

式中，$R_{减i}$——工段 i 某污染物的去除量；

η_T——工段 i 某污染物采用的末端治理技术的平均去除效率；

k_T——工段 i 某污染物采用的末端治理设施的实际运行率。

3.3 计算污染物排放量

污染物排放量=污染物产生量–污染物去除量

=污染物对应的产污系数×产品产量–污染物产生量×治理技术平均去除效率×治理设施实际运行率

3.4 计算企业污染物排放量

同一企业某污染物全年的产生（排放）总量为该企业同年实际生产的全部工段、产品、原料、规模污染物产生（排放）量之和。

污染物排放量=污染物产生量–污染物去除量

$$E_{排}=G_{产}-R_{减}=\sum(G_{产i}-R_{减i})$$
$$=\sum\left[P_{产i}\times M_i(1-\eta_T\times k_T)\right]$$

若企业有废水回用，则污染物排放量为

$$E_{排}=(G_{产}-R_{减})\times(1-C_{回用})$$

式中，$C_{回用}$——废水回用率。

4 污染物排放量核算案例

某铜压延加工企业主要从事铜管材的生产。该企业涉及的主要污染指标为工业废水量、化学需氧量、石油类、工业废气量、颗粒物、二氧化硫、氮氧化物、一般工业固体废物、危险废物，以化学需氧量为例说明排放量计算过程。

该企业基本信息如表 1 所示。

表 1 某铜压延加工企业基本信息

原料名称	电解铜/铜合金
产品名称	铜管材
年产量	17600 吨
工艺名称	熔铸+热轧+挤压/冷拔
污染治理设施	化学混凝法
废水回用率	90%
废水治理设施运行时间	7920 小时
企业正常生产时间	7920 小时

4.1 化学需氧量产生量计算

（1）查找产污系数及其计量单位

根据企业基本信息，查找本手册中主要产品为铜管材，主要原料为电解铜/铜合金，主要工艺为“熔铸+热轧+挤压/冷拔”，生产规模为所有规模。该组合化学需氧量的产污系数为 374.16，单位为克/吨-产品。

（2）获取企业产品产量

该企业实际情况为：铜管材产量为 17600 吨/年。

（3）计算化学需氧量产生量

由于查询到的组合中化学需氧量产污系数的单位为克/吨-产品，因此在核算化学需氧量产生量时需获取产品产量。

化学需氧量产生量=化学需氧量产污系数×产品（铜管材）产量

=374.16 克/吨-产品×17600 吨-产品÷1000=6585.22 千克

4.2 化学需氧量去除量计算

（1）查找治理技术平均去除效率

该企业化学需氧量治理技术采用化学混凝法，查询相应组合内化学混凝法的平均去除效率为70%。

（2）计算污染治理设施实际运行率

根据产污系数组合查询结果，该组合中化学需氧量法对应的污染治理设施实际运行率为

k=废水治理设施运行时间/企业年正常生产时间

=7920 小时/7920 小时=1

（3）计算化学需氧量去除量

化学需氧量去除量=污染物产生量×治理技术平均去除效率×治理设施实际运行率

=6585.22 千克×70%×1=4609.65 千克

4.3 化学需氧量排放量计算

企业废水回用率为 90%，则化学需氧量排放量为

化学需氧量排放量=（污染物产生量–污染物去除量）×（1–废水回用率）

=（6585.22 千克–4609.65 千克）×（1–90%）

=197.56 千克

5 系数表

3251 铜压延加工行业系数表

工段名称	产品名称	原料名称	工艺名称	规模等级	污染物类别	污染物指标	系数单位	产污系数	末端治理技术	末端治理技术平均去除效率/%	参考 k 值计算公式[1]
—	铜板材	电解铜/铜合金	熔铸+热轧+冷轧	所有规模	废水	工业废水量	吨/吨-产品	23.62	—	—	k=废水治理设施运行时间（小时/年）/企业正常生产时间（小时/年）
						化学需氧量	克/吨-产品	340.60	化学混凝法	70	
									沉淀分离	30	
						石油类	克/吨-产品	94.38	化学混凝法	75	
					废气	工业废气量	标米 ^{3}/吨-产品	4261	—	—	k=废气治理设施正常运行时间（小时/年）/企业正常生产时间（小时/年）
						颗粒物	千克/吨-产品	4.26	湿法除尘（动力波）	99	
									袋式除尘	98	
									旋风除尘	50	
									静电除尘	99.5	
						二氧化硫	千克/吨-产品	0.12	—	—	—
						氮氧化物	千克/吨-产品	0.21	—	—	—
					固废	一般工业固废	吨/吨-产品	4.50×10^{-3}	贮存/综合利用	—	—
						危险废物	吨/吨-产品	2.90×10^{-3}	安全处置/综合利用/贮存	—	—

[1] 该公式仅供参考，使用时，可根据 k 值定义，选取更适合企业实际情况的表达方式。

3251 铜压延加工行业系数表（续表 1）

工段名称	产品名称	原料名称	工艺名称	规模等级	污染物类别	污染物指标	系数单位	产污系数	末端治理技术	末端治理技术平均去除效率/%	参考 k 值计算公式
—	铜带材	电解铜/铜合金	熔铸+连轧	所有规模	废水	工业废水量	吨/吨-产品	22.41	—	—	k=废水治理设施运行时间（小时/年）/企业正常生产时间（小时/年）
						化学需氧量	克/吨-产品	307.09	化学混凝法	70	
									沉淀分离	30	
						石油类	克/吨-产品	89.15	化学混凝法	75	
					废气	工业废气量	标米 ^{3}/吨-产品	4471	—	—	k=废气治理设施正常运行时间（小时/年）/企业正常生产时间（小时/年））
						颗粒物	千克/吨-产品	4.09	湿法除尘（动力波）	99	
									袋式除尘	98	
									旋风除尘	50	
									静电除尘	99.5	
						二氧化硫	千克/吨-产品	0.12	—	—	—
						氮氧化物	千克/吨-产品	0.20	—	—	—
					固废	一般工业固废	吨/吨-产品	4.40×10^{-3}	贮存/综合利用	—	—
						危险废物	吨/吨-产品	3.10×10^{-3}	安全处置/综合利用/贮存	—	—

3251 铜压延加工行业系数表（续表 2）

工段名称	产品名称	原料名称	工艺名称	规模等级	污染物类别	污染物指标	系数单位	产污系数	末端治理技术	末端治理技术平均去除效率/%	参考 k 值计算公式
—	铜管材	电解铜/铜合金	熔铸+热轧+挤压/冷拔	所有规模	废水	工业废水量	吨/吨-产品	21.36	—	—	k=废水治理设施运行时间（小时/年）/企业正常生产时间（小时/年）
						化学需氧量	克/吨-产品	374.16	化学混凝法	70	
									沉淀分离	30	
						石油类	克/吨-产品	106.87	化学混凝法	75	
					废气	工业废气量	标米^3/吨-产品	4084	—	—	k=废气治理设施正常运行时间（小时/年）/企业正常生产时间（小时/年））
						颗粒物	千克/吨-产品	4.15	湿法除尘（动力波）	99	
									袋式除尘	98	
									旋风除尘	50	
									静电除尘	99.5	
						二氧化硫	千克/吨-产品	0.12	—	—	—
						氮氧化物	千克/吨-产品	0.20	—	—	—
					固废	一般工业固废	吨/吨-产品	4.70×10^{-3}	贮存/综合利用	—	—
						危险废物	吨/吨-产品	3.70×10^{-3}	安全处置/综合利用/贮存	—	—

3251 铜压延加工行业系数表（续表 3）

工段名称	产品名称	原料名称	工艺名称	规模等级	污染物类别	污染物指标	系数单位	产污系数	末端治理技术	末端治理技术平均去除效率/%	参考 k 值计算公式
—	铜管材	废杂铜	熔铸+热轧+挤压/冷拔	所有规模	废水	工业废水量	吨/吨-产品	26.33	—	—	k=废水治理设施运行时间（小时/年）/企业正常生产时间（小时/年）
						化学需氧量	克/吨-产品	415.14	化学混凝法	70	
									沉淀分离	30	
						石油类	克/吨-产品	106.02	化学混凝法	75	
					废气	工业废气量	标米^3/吨-产品	3795	—	—	k=废气治理设施正常运行时间（小时/年）/企业正常生产时间（小时/年））
						颗粒物	千克/吨-产品	4.22	湿法除尘（动力波）	99	
									袋式除尘	98	
									旋风除尘	50	
									静电除尘	99.5	
						二氧化硫	千克/吨-产品	0.12	—	—	—
						氮氧化物	千克/吨-产品	0.21	—	—	—
					固废	一般工业固废	吨/吨-产品	4.60×10^{-3}	贮存/综合利用	—	—
						危险废物	吨/吨-产品	2.50×10^{-3}	安全处置/综合利用/贮存	—	—

3251 铜压延加工行业系数表（续表 4）

工段名称	产品名称	原料名称	工艺名称	规模等级	污染物类别	污染物指标	系数单位	产污系数	末端治理技术	末端治理技术平均去除效率/%	参考 *k* 值计算公式
—	铜盘条	电解铜/铜合金	熔铸+开坯+轧制	所有规模	废水	工业废水量	吨/吨-产品	25.12	—	—	*k*=废水治理设施运行时间（小时/年）/企业正常生产时间（小时/年）
						化学需氧量	克/吨-产品	297.63	化学混凝法	70	
									沉淀分离	30	
						石油类	克/吨-产品	93.38	化学混凝法	75	
					废气	工业废气量	标米 ^{3}/吨-产品	3945	—	—	*k*=废气治理设施正常运行时间（小时/年）/企业正常生产时间（小时/年））
						颗粒物	千克/吨-产品	3.98	湿法除尘（动力波）	99	
									袋式除尘	98	
									旋风除尘	50	
									静电除尘	99.5	
						二氧化硫	千克/吨-产品	0.10	—	—	—
						氮氧化物	千克/吨-产品	0.20	—	—	—
					固废	一般工业固废	吨/吨-产品	4.20×10^{-3}	贮存/综合利用	—	—
						危险废物	吨/吨-产品	2.10×10^{-3}	安全处置/综合利用/贮存	—	—

3251 铜压延加工行业系数表（续表 5）

工段名称	产品名称	原料名称	工艺名称	规模等级	污染物类别	污染物指标	系数单位	产污系数	末端治理技术	末端治理技术平均去除效率/%	参考 k 值计算公式
—	铜线材	电解铜/铜合金	连铸连轧	所有规模	废水	工业废水量	吨/吨-产品	25.38	—	—	k=废水治理设施运行时间（小时/年）/企业正常生产时间（小时/年）
						化学需氧量	克/吨-产品	318.31	化学混凝法	70	
									沉淀分离	30	
						石油类	克/吨-产品	111.44	化学混凝法	75	
					废气	工业废气量	标米 ^{3}/吨-产品	3360	—	—	k=废气治理设施正常运行时间（小时/年）/企业正常生产时间（小时/年）
						颗粒物	千克/吨-产品	3.36	湿法除尘（动力波）	99	
									袋式除尘	98	
									旋风除尘	50	
									静电除尘	99.5	
						二氧化硫	千克/吨-产品	0.12	—	—	—
						氮氧化物	千克/吨-产品	0.19	—	—	—
					固废	一般工业固废	吨/吨-产品	4.20×10^{-3}	贮存/综合利用	—	—
						危险废物	吨/吨-产品	2.10×10^{-3}	安全处置/综合利用/贮存	—	—

3251 铜压延加工行业系数表（续表 6）

工段名称	产品名称	原料名称	工艺名称	规模等级	污染物类别	污染物指标	系数单位	产污系数	末端治理技术	末端治理技术平均去除效率/%	参考 k 值计算公式
—	铜箔	电解铜/铜合金	熔铸+开坯+冷轧	所有规模	废水	工业废水量	吨/吨-产品	40.00	—	—	k=废水治理设施运行时间（小时/年）/企业正常生产时间（小时/年）
						化学需氧量	克/吨-产品	520.00	化学混凝法	70	
									沉淀分离	30	
						石油类	克/吨-产品	156.00	化学混凝法	75	
					废气	工业废气量	标米 ^{3}/吨-产品	3612	—	—	k=废气治理设施正常运行时间（小时/年）/企业正常生产时间（小时/年））
						颗粒物	千克/吨-产品	3.85	湿法除尘（动力波）	99	
									袋式除尘	98	
									旋风除尘	50	
									静电除尘	99.5	
						二氧化硫	千克/吨-产品	0.12	—	—	—
						氮氧化物	千克/吨-产品	0.20	—	—	—
					固废	一般工业固废	吨/吨-产品	4.00×10^{-3}	贮存/综合利用	—	—
						危险废物	吨/吨-产品	1.30×10^{-3}	安全处置/综合利用/贮存	—	—

3252 铝压延加工业

1 适用范围

本手册仅用于《国民经济行业分类》（GB/T 4754—2017）中3252铝压延加工行业使用系数法核算工业污染物产生量和排放量的工业企业。

利用本手册进行产排污核算得出的污染物产生量与排放量仅代表了特定行业、工艺、产品、原料在正常工况下污染物产生与排放的一般规律。

本行业废水指标包括工业废水量、化学需氧量、石油类；废气指标包括工业废气量、颗粒物；固废指标包括一般工业固体废物、危险废物。

2 注意事项

2.1 企业有多种生产工艺或生产多类产品产排污量核算

污染物产生量与产品产量有关，根据不同核算环节计算产污量后，再根据企业末端治理设施和运行情况计算各污染物的排放量。

企业某污染物指标的产生量、排放量为各工段产生量、排放量之和。

在企业实际排放量计算过程中，如果存在废水回用的情况，需要在利用产排污核算公式的基础上扣除废水回用的部分。公式如下：

实际排放量=计算排放量×（1−废水回用率）

2.2 采用多种治理设施组合处理企业的排污量核算

在排污量计算选择末端治理技术时，若没有对应的组合管理技术，以主要治理技术为准。

企业采用多种末端治理技术联合处理时，取组合工艺去除效率。

2.3 系数表中未涉及的产污系数及污染治理效率

系数表中未涉及产品和工艺的产污系数，根据形状和主要产污工艺环节，找到对应的产污系数。

2.4 其他需要说明的问题

由于不同企业工业废气量、废水量差异较大，本手册所提供的工业废气量、废水量系数仅供参考。

为体现相同产污水平条件下，采用相同环保治理设施的不同企业对同一污染物去除效果的差异，引入末端治理设施实际运行率（k）对污染治理技术的实际去除率进行修正。k 值反映的是污染治理设施运行的状态，越稳定运行，k 值越高；在取值上，若定义连续稳定运行的理想状态为1，则 k 取值在 0～1 之间。

本手册给出本行业的 k 计算公式仅供参考，使用时，可根据 k 值定义，选取更适合企业实际情况的表达方式。

3　污染物排放量核算方法

3.1　计算污染物产生量

（1）根据产品、原料、污染物产生的主导生产工艺、企业规模（生产产能）这一组合查找和确定所对应的某一污染物的产污系数。

（2）根据该污染物的产污系数计量单位——单位产品产量，获取企业实际产品产量。

例如，某组合内化学需氧量的产污系数单位为千克/吨-产品，则计算产生量时需要获取企业实际产品产量。

（3）污染物产生量按以下公式进行计算：

污染物产生量=污染物对应的产污系数×产品产量

$$G_{产i} = P_{产i} \times M_i$$

式中，$G_{产i}$——工段 i 某污染物的产生量；

$P_{产i}$——工段 i 某污染物对应的产污系数；

M_i——工段 i 的产品产量。

3.2　计算工段污染物去除量

（1）根据企业对某一污染物所采用的治理技术查找和选择相应的治理技术平均去除效率。

（2）根据所填报的污染治理设施实际运行率参数及其计算公式得出该企业某一污染物的治理设施实际运行率（k 值）。

（3）污染物去除量按以下公式进行计算：

污染物去除量=污染物产生量×污染物去除率

=污染物产生量×治理技术平均去除效率×治理设施实际运行率

$$R_{减i} = G_{产i} \times \eta_T \times k_T$$

式中，$R_{减i}$——工段 i 某污染物的去除量；

η_T——工段 i 某污染物采用的末端治理技术的平均去除效率；

k_T——工段 i 某污染物采用的末端治理设施的实际运行率。

3.3　计算工段污染物排放量

污染物排放量=污染物产生量–污染物去除量

=污染物对应的产污系数×产品产量–污染物产生量×治理技术平均去除效率×治理设施实际运行率

3.4　计算企业污染物排放量

同一企业某污染物全年的产生（排放）总量为该企业同年实际生产的全部工段、产品、原料、规模污染物产生（排放）量之和。

$$E_{排} = G_{产} - R_{减} = \sum (G_{产i} - R_{减i})$$
$$= \sum \left[P_{产i} \times M_i (1 - \eta_T \times k_T) \right]$$

若企业有废水回用，则废水污染物排放量为

$$E_{排} = (G_{产} - R_{减}) \times (1 - C_{回用})$$

式中，$C_{回用}$——废水回用率。

4　污染物排放量核算案例

某铝压延企业，以铝合金锭为原料，采用“熔铸+挤压生产”工艺，产品铝型材，其主要污染物为化学需氧量、石油类、颗粒物，企业废水回用率为 90%。分别以颗粒物和化学需氧量为例说明废气和废水排放量计算过程。

该企业基本信息如表 1 所示。

表 1　某铝压延加工企业基本信息

	名称	数量
产品及产量	铝型材	31427 吨/年
原料及用量	铝合金锭	—
工艺名称	熔铸+挤压	
规模（产能）	50000 吨/年	
颗粒物污染治理设施	袋式除尘	
化学需氧量污染治理设施	化学混凝法	
废水回用率	90%	
实际运行率参数	废气治理设施运行时间	3600 小时
	废水治理设施运行时间	3600 小时
	企业正常生产时间	3600 小时

4.1　废气核算案例

下面以废气中颗粒物为例，说明该企业颗粒物排放量的计算方法，主要分为以下三个步骤：

（1）颗粒物产生量计算

①查找产污系数及其计量单位

根据企业基本信息，查找本手册中主要产品为铝型材，主要原料为铝合金锭，主要工艺为“熔铸+挤压”，生产规模为年产量 5 万吨。该组合颗粒物的产污系数为 2.97，单位为千克/吨-产品。

②获取企业产品产量

该企业实际情况为：该核算环节主要产品铝型材 2017 年产量为 31427 吨。

③计算颗粒物产生量

由于查询到的组合中颗粒物的产污系数单位为千克/吨-产品，因此在核算产生量时需获取产品产量。

颗粒物产生量=颗粒物产污系数×产品（铝型材）产量

=31427 吨-产品×2.97 千克/吨-产品=93.34 吨

（2）颗粒物去除量计算

①查找治理技术平均去除效率

该企业颗粒物治理技术采用袋式除尘法，查询其去除效率为 98%。

②计算污染治理设施实际运行率

根据产污系数组合查询结果，该组合中颗粒物对应的污染治理设施实际运行率为

k=废气治理设施运行时间/企业正常生产时间=3600 小时/3600 小时=1

③计算颗粒物去除量

颗粒物的去除量=污染物产生量×治理技术平均去除效率×治理设施实际运行率

=93.34 吨×98%×1=91.47 吨

（3）颗粒物排放量计算

颗粒物排放量=污染物产生量–污染物去除量

=93.34 吨–91.47 吨

=1.87 吨

4.2 废水核算案例

下面以废水中化学需氧量为例，说明该企业化学需氧量排放量的计算方法。

（1）化学需氧量产生量计算

①查找产污系数及其计量单位

根据企业基本信息，查找本手册中主要产品为铝型材，主要原料为铝合金锭，主要工艺为“熔铸+挤压”，生产规模为年产量 5 万吨。该组合化学需氧量的产污系数为 279，单位为克/吨-产品。

②获取企业产品产量

该企业实际情况为：该工段主要产品铝型材 2017 年产量为 31427 吨。

③计算化学需氧量的产生量

由于查询到的组合中化学需氧量的产污系数单位为千克/吨-产品，因此在核算产生量时采用产品产量。

$$
\begin{aligned}
G_{产} &= P_{产} \times M \\
&= 279\text{克/吨-产品} \times 31427\text{吨-产品} \div 1000000 \\
&= 8.768\text{吨}
\end{aligned}
$$

（2）化学需氧量去除量计算

企业废水末端污染治理措施采用“化学混凝法”，其平均治理效率查表为 75%，即 η =75%。企业废水末端污染治理设施实际运行效率为

$$k = t / T = 3600\text{小时} / 3600\text{小时}=1$$

化学需氧量去除量为

$$\begin{aligned}R_{减} &= G_{产} \times \eta \times k \\ &= 8.768吨 \times 75\% \times 1 \\ &= 6.576吨\end{aligned}$$

（3）化学需氧量排放量计算

企业废水回用率为 90%，则化学需氧量排放量为

$$\begin{aligned}E_{排} &= (G_{产} - R_{减}) \times (1 - C_{回用}) \\ &= (8.768吨 - 6.576吨) \times (1 - 90\%) \\ &= 0.210吨\end{aligned}$$

5 系数表

3252 铝压延加工行业系数表

工段名称	产品名称	原料名称	工艺名称	规模等级	污染物类别	污染物指标	系数单位	产污系数	末端治理技术	末端治理技术平均去除效率/%	参考 k 值计算公式[1]
—	铝板带①	电解铝/铝合金锭	熔铸+热轧	所有规模	废水	工业废水量	吨/吨-产品	14.30	—	—	k=污水治理设施运行时间（小时/年）/企业正常生产时间（小时/年）
						化学需氧量	克/吨-产品	242	化学混凝	75	
						石油类	克/吨-产品	89	化学混凝	75	
					废气	工业废气量	标米^3/吨-产品	2613	—	—	k=废气治理设施运行时间（小时/年）/企业正常生产时间（小时/年）
						颗粒物	千克/吨-产品	3.31	袋式除尘	98	
					固废	一般工业固废	吨/吨-产品	0.15	综合利用	—	—
						危险废物	吨/吨-产品	0.0052	安全处置	—	—

注：①对于铝板产品，表中所列系数对应于厚板的产污系数，中板乘以 1.1，薄板乘以 1.2。

3252 铝压延加工行业系数表（续表 1）

工段名称	产品名称	原料名称	工艺名称	规模等级	污染物类别	污染物指标	系数单位	产污系数	末端治理技术	末端治理技术平均去除效率/%	参考 k 值计算公式
—	铝型材	电解铝/铝合金锭	熔铸+挤压	所有规模	废水	工业废水量	吨/吨-产品	22.10	—	—	k=污水治理设施运行时间（小时/年）/企业正常生产时间（小时/年）
						化学需氧量	克/吨-产品	279	化学混凝	75	
						石油类	克/吨-产品	72	化学混凝	75	
					废气	工业废气量	标米^3/吨-产品	2620	—	—	k=废气治理设施运行时间（小时/年）/企业正常生产时间（小时/年）
						颗粒物	千克/吨-产品	2.97	袋式除尘	98	
					固废	一般工业固废	吨/吨-产品	0.18	综合利用	—	—
						危险废物	吨/吨-产品	0.0054	安全处置	—	—

[1] 该公式仅供参考，使用时，可根据 k 值定义，选取更适合企业实际情况的表达方式。

3252 铝压延加工行业系数表（续表 2）

工段名称	产品名称	原料名称	工艺名称	规模等级	污染物类别	污染物指标	系数单位	产污系数	末端治理技术	末端治理技术平均去除效率/%	参考 k 值计算公式
—	铝管材	电解铝/铝合金锭	熔铸+热轧+冷拔	所有规模	废水	工业废水量	吨/吨-产品	22.700	—	—	k=污水治理设施运行时间（小时/年）/企业正常生产时间（小时/年）
						化学需氧量	克/吨-产品	280	化学混凝法	75	
						石油类	克/吨-产品	79	化学混凝法	75	
					废气	工业废气量	标米^3/吨-产品	3014	—	—	k=废气治理设施运行时间（小时/年）/企业正常生产时间（小时/年）
						颗粒物	千克/吨-产品	3.36	袋式除尘	98	
					固废	一般工业固废	吨/吨-产品	0.21	综合利用	—	—
						危险废物	吨/吨-产品	0.0057	安全处置	—	—
	铝盘条	电解铝	熔铸+热轧	所有规模	废水	工业废水量	吨/吨-产品	15.90	—	—	k=污水治理设施运行时间（小时/年）/企业正常生产时间（小时/年）
						化学需氧量	克/吨-产品	277	化学混凝法	75	
						石油类	克/吨-产品	74	化学混凝法	75	
					废气	工业废气量	标米^3/吨-产品	3452	—	—	k=废气治理设施运行时间（小时/年）/企业正常生产时间（小时/年）
						颗粒物	千克/吨-产品	3.39	袋式除尘	98	
					固废	一般工业固废	吨/吨-产品	0.162	综合利用	—	—
						危险废物	吨/吨-产品	0.005	安全处置	—	—

3252 铝压延加工行业系数表（续表 3）

工段名称	产品名称	原料名称	工艺名称	规模等级	污染物类别	污染物指标	系数单位	产污系数	末端治理技术	末端治理技术平均去除效率/%	参考 k 值计算公式
—	铝线材	电解铝/铝合金锭	熔铸+开坯+冷拔	所有规模	废水	工业废水量	吨/吨-产品	19.20	—	—	k=污水治理设施运行时间（小时/年）/企业正常生产时间（小时/年）
						化学需氧量	克/吨-产品	302	化学混凝法	75	
						石油类	克/吨-产品	78.60	化学混凝法	75	
					废气	工业废气量	标米 ^{3}/吨-产品	3820	—	—	k=废气治理设施运行时间（小时/年）/企业正常生产时间（小时/年）
						颗粒物	千克/吨-产品	3.700	袋式除尘	98	
					固废	一般工业固废	吨/吨-产品	0.191	综合利用	—	k=污水治理设施运行时间（小时/年）/企业正常生产时间（小时/年）
						危险废物	吨/吨-产品	0.0062	安全处置	—	—
	铝箔材	电解铝/铝合金锭	熔铸+热轧+冷轧	所有规模	废水	工业废水量	吨/吨-产品	29.40	—	—	k=污水治理设施运行时间（小时/年）/企业正常生产时间（小时/年）
						化学需氧量	克/吨-产品	428	化学混凝法	75	
						石油类	克/吨-产品	105	化学混凝法	75	
					废气	工业废气量	标米 ^{3}/吨-产品	3300	—	—	k=废气治理设施运行时间（小时/年）/企业正常生产时间（小时/年）
						颗粒物	千克/吨-产品	4.200	袋式除尘	98	
					固废	一般工业固废	吨/吨-产品	0.213	综合利用	—	—
						危险废物	吨/吨-产品	0.0064	安全处置	—	—

3253 贵金属压延加工业

1 适用范围

本手册仅用于《国民经济行业分类》（GB/T 4754—2017）中 3253 贵金属压延加工行业使用系数法核算工业污染物产生量和排放量的工业企业。

利用本手册进行产排污核算得出的污染物产生量与排放量仅代表了特定行业、工艺、产品、原料在正常工况下污染物产生与排放的一般规律。

本行业废水指标包括废水量、化学需氧量、石油类。

2 注意事项

2.1 企业有多种生产工艺或生产多类产品产排污量核算

污染物产生量与产品产量有关，根据不同核算环节计算产污量后，再根据企业末端治理设施和运行情况计算各污染物的排放量。

2.2 采用多种治理设施组合处理企业的排污量核算

在排污量计算选择末端治理技术时，若没有对应的组合管理技术，以主要治理技术为准。

2.3 系数表中未涉及的产污系数及污染治理效率

参考 3253 贵金属压延加工的系数手册。

2.4 其他需要说明的问题

本手册所提供的工业废水量系数仅供校核参考，不作为企业填报依据。

为体现相同产污水平条件下，采用相同环保治理设施的不同企业对同一污染物去除效果的差异，引入末端治理设施实际运行率（k）对污染治理技术的实际去除率进行修正。k 值反映的是污染治理设施运行的状态，越稳定运行，k 值越高；在取值上，若定义连续稳定运行的理想状态为 1，则 k 取值在 0～1 之间。

本手册给出本行业的 k 计算公式仅供参考，使用时，可根据 k 值定义，选取更适合企业实际情况的表达方式。

3 污染物排放量核算方法

3.1 计算工段污染物产生量

（1）根据产品、原料、生产过程中产污的主导生产工艺、企业规模（生产产能）这一组合查找和确定所对应的某一污染物的产污系数。

（2）根据该污染物的产污系数计量单位——单位产品产量，获取企业实际产品产量。

（3）污染物产生量按以下公式进行计算：

污染物产生量=污染物对应的产污系数×产品产量

$$G_{产i} = P_{产i} \times M_i$$

式中，$G_{产i}$——工段 i 某污染物的产生量；

$P_{产i}$——工段某 i 污染物对应的产污系数；

M_i——工段 i 的产品产量。

3.2 计算工段污染物去除量

（1）根据企业对某一污染物所采用的治理技术查找和选择相应的治理技术平均去除效率。

（2）根据所填报的污染治理设施实际运行率参数及其计算公式得出该企业某一污染物的治理设施实际运行率（k 值）。

（3）污染物去除量按以下公式进行计算：

污染物去除量=污染物产生量×污染物去除率

=污染物产生量×治理技术平均去除效率×治理设施实际运行率

$$R_{减i} = G_{产i} \times \eta_T \times k_T$$

式中，$R_{减i}$——工段 i 某污染物的去除量；

η_T——工段 i 某污染物采用的末端治理技术的平均去除效率；

k_T——工段 i 某污染物采用的末端治理设施的实际运行率。

3.3 计算工段污染物排放量

污染物排放量=污染物产生量–污染物去除量

=污染物对应的产污系数×产品产量–污染物产生量×治理技术平均去除效率×治理设施实际运行率

3.4 计算企业污染物排放量

同一企业某污染物全年的产生（排放）总量为该企业同年实际生产的全部工艺（工段）、产品、原料、规模污染物产生（排放）量之和。

$$E_{排} = G_{产} - R_{减} = \sum(G_{产i} - R_{减i})$$
$$= \sum\left[P_{产i} \times M_i(1 - \eta_T \times k_T)\right]$$

在企业实际排放量计算过程中，如果存在废水回用的情况，需要在利用产排污核算公式的基础上扣除废水回用的部分。公式如下。

废水污染物实际排放量=计算排放量×（1–废水回用率）

4 污染物排放量核算案例

某贵金属压延加工企业主要从事金带材的生产。该企业涉及的主主要污染物为工业废水量、化学需氧量、石油类，以化学需氧量为例说明排放量计算过程。

该企业基本信息如表 1 所示。

表 1 某贵金属压延加工企业基本信息

	核算环节：金带材	
	名称	数量
产品及产量	金带材	10 吨/年
原料及用量	金金属锭	—
工艺名称	开坯+冷轧	—
规模（产能）	10 吨/年	
污染治理设施	隔油+物理沉淀	
实际运行率参数	污水治理设施运行时间	3000 小时
	企业正常生产时间	3000 小时

4.1 化学需氧量产生量计算

（1）查找产污系数及其计量单位

根据企业基本信息，查找本手册中主要产品为金带材，主要原料为金金属锭，主要工艺为“开坯+冷轧”，生产规模为所有规模。该组合化学需氧量的产污系数为 0.438，单位为克/千克-产品。

（2）获取企业产品产量

该企业实际情况为：该工段主要产品金带材 2017 年产量为 10 吨。

（3）计算化学需氧量产生量

由于查询到的组合中化学需氧量产污系数的单位为克/千克-产品，因此在核算产生量时需获取产品产量。

化学需氧量产生量=化学需氧量产污系数×产品（金带材）产量

=0.438 克/千克-产品×10000 千克-产品×1000=4380 克

4.2 化学需氧量去除量计算

（1）查找治理技术平均去除效率

该企业化学需氧量治理技术采用“隔油+物理沉淀”工艺，查询相应组合内该工艺的平均去除效率为 61%。

（2）计算污染治理设施实际运行率

根据产污系数组合查询结果，该组合中化学需氧量对应的污染治理设施实际运行率为

k=污水治理设施运行时间/正常生产时间

=3000 小时/3000 小时=1

（3）计算化学需氧量去除量

化学需氧量去除量=污染物产生量×治理技术平均去除效率×治理设施实际运行率

=4380 克×61%×1=2671.8 克

4.3 化学需氧量排放量计算

企业废水回用率为 65%，则化学需氧量排放量为

$$
\begin{aligned}
E_{排} &= (G_{产} - R_{减}) \times (1 - C_{回用}) \\
&= (4380\text{克} - 2671.8\text{克}) \times (1 - 65\%) \\
&= 597.87\text{克}
\end{aligned}
$$

5 系数表

3253 贵金属压延加工行业系数表

工段名称	产品名称	原料名称	工艺名称	规模等级	污染物类别	污染物指标	系数单位	产污系数	末端治理技术	末端治理技术平均去除效率/%	参考 k 值计算公式[1]
—	金带材	金金属锭	开坯+冷轧	所有规模	废水	工业废水量	吨/千克-产品	0.245	隔油+物理沉淀	—	—
						化学需氧量	克/千克-产品	0.438	隔油+物理沉淀	61	k=污水治理设施运行时间（小时/年）/企业正常生产时间（小时/年）
						石油类	克/千克-产品	0.0150	隔油+物理沉淀	65	
	金丝材	金金属锭	开坯+冷拔	所有规模	废水	工业废水量	吨/千克-产品	0.395	隔油+物理沉淀	—	—
						化学需氧量	克/千克-产品	0.666	隔油+物理沉淀	62	k=污水治理设施运行时间（小时/年）/企业正常生产时间（小时/年）
						石油类	克/千克-产品	0.0237	隔油+物理沉淀	72	
	金箔材	金金属锭	开坯+冷轧+叠轧	所有规模	废水	工业废水量	吨/千克-产品	0.406	隔油+物理沉淀	—	—
						化学需氧量	克/千克-产品	0.910	隔油+物理沉淀	60	k=污水治理设施运行时间（小时/年）/企业正常生产时间（小时/年）
						石油类	克/千克-产品	0.0273	隔油+物理沉淀	74	
	铂带材	铂金属锭	开坯+冷轧	所有规模	废水	工业废水量	吨/千克-产品	0.396	隔油+物理沉淀	—	—
						化学需氧量	克/千克-产品	0.521	隔油+物理沉淀	60	k=污水治理设施运行时间（小时/年）/企业正常生产时间（小时/年）
						石油类	克/千克-产品	0.0152	隔油+物理沉淀	77	

[1] 该公式仅供参考，使用时，可根据 k 值定义，选取更适合企业实际情况的表达方式。

3253 贵金属压延加工行业系数表（续表 1）

工段名称	产品名称	原料名称	工艺名称	规模等级	污染物类别	污染物指标	系数单位	产污系数	末端治理技术	末端治理技术平均去除效率/%	参考 *k* 值计算公式
—	铂丝材	铂金属锭	热轧开坯+冷拔	所有规模	废水	工业废水量	吨/千克-产品	0.462	隔油+物理沉淀	—	—
						化学需氧量	克/千克-产品	0.930	隔油+物理沉淀	67	*k*=污水治理设施运行时间（小时/年）/企业正常生产时间（小时/年）
						石油类	克/千克-产品	0.0371	隔油+物理沉淀	60	
	银板材	银金属锭	热轧开坯+冷轧	所有规模	废水	工业废水量	吨/千克-产品	0.264	隔油+物理沉淀	—	—
						化学需氧量	克/千克-产品	0.462	隔油+物理沉淀	59	*k*=污水治理设施运行时间（小时/年）/企业正常生产时间（小时/年）
						石油类	克/千克-产品	0.0144	隔油+物理沉淀	74	
	银带材	银金属锭	热轧开坯+冷轧	所有规模	废水	工业废水量	吨/千克-产品	0.282	隔油+物理沉淀	—	—
						化学需氧量	克/千克-产品	0.520	隔油+物理沉淀	59	*k*=污水治理设施运行时间（小时/年）/企业正常生产时间（小时/年）
						石油类	克/千克-产品	0.0182	隔油+物理沉淀	74	
	银丝材	银金属锭	热轧开坯+冷轧	所有规模	废水	工业废水量	吨/千克-产品	0.325	隔油+物理沉淀	—	—
						化学需氧量	克/千克-产品	0.534	隔油+物理沉淀	58	*k*=污水治理设施运行时间（小时/年）/企业正常生产时间（小时/年）
						石油类	克/千克-产品	0.0188	隔油+物理沉淀	74	
	银箔材	银金属锭	热轧开坯+冷拔	所有规模	废水	工业废水量	吨/千克-产品	0.430	隔油+物理沉淀	—	—
						化学需氧量	克/千克-产品	0.609	隔油+物理沉淀	60	*k*=污水治理设施运行时间（小时/年）/企业正常生产时间（小时/年）
						石油类	克/千克-产品	0.0207	隔油+物理沉淀	73	

注：贵金属压延加工属于小型金属压延加工，独立企业的工业废水排入城市污水管网，联合企业的工业废水排入工业废水处理系统，均不单独处理。

3254 稀有稀土金属压延加工业

1　适用范围

本手册仅用于《国民经济行业分类》（GB/T 4754—2017）中 3254 稀有稀土金属压延加工行业使用系数法核算工业污染物产生量和排放量的工业企业。

利用本手册进行产排污核算得出的污染物产生量与排放量仅代表了特定行业、工艺、产品、原料在正常工况下污染物产生与排放的一般规律。

本行业废水指标包括工业废水量、化学需氧量；废气指标包括工业废气量、颗粒物；固废指标包括一般工业固废、危险废物。

2　注意事项

2.1　企业有多种生产工艺或生产多类产品产排污量核算

污染物产生量与产品产量有关，根据不同核算环节计算产污量后，再根据企业末端治理设施和运行情况计算各污染物的排放量。

企业某污染物指标的产生量、排放量为各核算环节产生量、排放量之和。

在企业实际排放量计算过程中，如果存在废水回用的情况，需要在利用产排污核算公式的基础上扣除废水回用的部分。公式如下：

实际排放量=计算排放量×（1–废水回用率）

2.2　采用多种治理设施组合处理企业的排污量核算

在排污量计算选择末端治理技术时，若没有对应的组合治理技术，以主要治理技术为准。

2.3　其他需要说明的问题

（1）生产线的生产排水经过处理或未经处理后全部回用时，该情况下排污量为 0。当对应的生产线的排水经过处理或未经处理后部分回用率时，该情况下排污量=产污量×（1–末端治理技术运行效率×k）×（1–废水回用率）计算。

（2）企业采用多种末端治理技术联合处理时，取组合工艺去除效率。

（3）本手册所提供的工业废气量、废水量系数仅供校核参考，不作为企业填报依据。

（4）为体现相同产污水平条件下，采用相同环保治理设施的不同企业对同一污染物去除效果的差异，引入末端治理设施实际运行率（k）对污染治理技术的实际去除率进行修正。k 值反映的是污染治理设施运行的状态，越稳定运行，k 值越高；在取值上，若定义连续稳定运行的理想状态为 1，则 k 取值在 0～1 之间。

本手册给出本行业的 k 计算公式仅供参考，使用时，可根据 k 值定义，选取更适合企业实际情况的表达方式。

3 污染物排放量核算方法

3.1 计算污染物产生量

（1）根据产品、原料、生产过程中产污的主导生产工艺、企业规模（生产产能）这一个组合查找和确定所对应的某一个污染物的产污系数。

（2）根据该污染物的产污系数计量单位——单位产品产量，获取企业实际产品产量。

例如，某组合内化学需氧量的产污系数单位为千克/吨-产品，则计算产生量时需要调用企业实际产品产量。

（3）污染物产生量按以下公式进行计算：

污染物产生量=污染物对应的产污系数×产品产量

$$G_{产i} = P_{产i} \times M_i$$

式中，$G_{产i}$——工段 i 某污染物的产生量；

$P_{产i}$——工段 i 某污染物对应的产污系数；

M_i——工段 i 的产品产量。

3.2 计算污染物去除量

（1）根据企业对某一污染物所采用的治理技术查找和选择相应的治理技术平均去除效率。

（2）根据所填报的污染治理设施实际运行率参数及其计算公式得出该企业某一污染物的治理设施实际运行率（k 值）。

（3）污染物去除量按以下公式进行计算：

污染物去除量=污染物产生量×污染物去除率 =污染物产生量×治理技术平均去除效率×治理设施实际运行率

$$R_{减i} = G_{产i} \times \eta_T \times k_T$$

式中，$R_{减i}$——工段 i 某污染物的去除量；

η_T——工段 i 某污染物采用的末端治理技术的平均去除效率；

k_T——工段 i 某污染物采用的末端治理设施的实际运行率。

3.3 计算污染物排放量

污染物排放量=污染物产生量–污染物去除量

=污染物对应的产污系数×产品产量–污染物产生量×治理技术平均去除效率×治理设施实际运行率

3.4 计算企业污染物排放量

同一企业某污染物全年的产生（排放）总量为该企业同年实际生产的全部工艺（核算环节）、产品、原料、规模污染物产生（排放）量之和。

$$
\begin{aligned}
E_{排} &= G_{产} - R_{减} = \sum(G_{产i} - R_{减i}) \\
&= \sum\left[P_{产i} \times M_i(1-\eta_T \times k_T)\right]
\end{aligned}
$$

4 污染物排放量核算案例

某钨压延加工企业，以氧化钨为原料，主要工艺为“还原+烧结+熔炼+热轧”，产品为钨条，主要污染物为化学需氧量、颗粒物和一般工业固废，其中废水回用率为 90%。以化学需氧量为例说明排放量计算过程。

该企业基本信息如表 1 所示。

表 1　某钨压延加工企业基本信息

	名称	数量
产品及产量	钨条	210 吨/年
原料及用量	氧化钨	—
工艺名称	还原+烧结+熔炼+热轧	—
规模（产能）	300 吨/年	
污染治理设施	物理沉淀	
实际运行率参数	废水治理设施运行时间	7200 小时
	企业正常生产时间	7200 小时

4.1 化学需氧量产生量计算

（1）查找产污系数及其计量单位

根据企业基本信息，查找本手册中主要产品为钨条，主要原料为氧化钨，主要工艺为“还原+烧结+熔炼+热轧”，生产规模为年产量 300 吨。该组合化学需氧量的产污系数为 12.79，单位为千克/吨-产品。

（2）获取企业产品产量

该企业实际情况为：该工段主要产品钨条 2017 年产量为 210 吨。

（3）计算化学需氧量的产生量

由于查询到的组合中化学需氧量产污系数的单位为千克/吨-产品，因此在核算产生量时需获取产品产量。

化学需氧量产生量计算：

$$
\begin{aligned}
G_{产} &= P_{产} \times M \\
&= 210吨\text{-}产品 \times 12.79千克/吨\text{-}产品 = 2.686吨
\end{aligned}
$$

4.2 化学需氧量去除量计算

（1）查找治理技术平均去除效率

该企业化学需氧量治理技术采用物理沉淀法，查询相应组合内该工艺的去除效率为 70%。

（2）计算污染治理设施实际运行率

根据产污系数组合查询结果，该组合中化学需氧量对应的污染治理设施实际运行率为

k=废水治理设施运行时间/企业正常生产时间=7200 小时/7200 小时=1

（3）计算化学需氧量去除量

化学需氧量去除量为

$$
\begin{aligned}
R_{减} &= G_{产} \times \eta \times k \\
&= 2.686吨 \times 70\% \times 1 \\
&= 1.880吨
\end{aligned}
$$

4.3 化学需氧量排放量计算

企业废水回用率为 90%，则化学需氧量排放量为

$$
\begin{aligned}
E_{排} &= (G_{产} - R_{减}) \times (1 - C_{回用}) \\
&= (2.686吨 - 1.880吨) \times (1 - 90\%) = 0.080吨
\end{aligned}
$$

5 系数表

3254 稀有稀土金属压延加工行业系数表

工段名称	产品名称	原料名称	工艺名称	规模等级	污染物类别	污染物指标	系数单位	产污系数	末端治理技术	末端治理技术平均去除效率/%	参考 k 值计算公式[1]
—	钨丝	氧化钨	还原+烧结+熔炼+热轧+拔丝	所有规模	废水	工业废水量	吨/吨-产品	302	—	—	k=污水治理设施运行时间（小时/年）/企业正常生产时间（小时/年）
						化学需氧量	千克/吨-产品	22.10	物理沉淀	70	
					废气	工业废气量	标米^3/吨-产品	8614	—	—	k=废气治理设施运行时间（小时/年）/企业正常生产时间（小时/年）
						颗粒物	千克/吨-产品	3.64	过滤式除尘+单筒旋风除尘	98	
					固废	一般工业固废	吨/吨-产品	$1.5×10^{-3}$	综合利用	—	—
	钨条	氧化钨	还原+烧结+熔炼+热轧	所有规模	废水	工业废水量	吨/吨-产品	164	—	—	k=污水治理设施运行时间（小时/年）/企业正常生产时间（小时/年）
						化学需氧量	千克/吨-产品	12.79	物理沉淀	70	
					废气	工业废气量	标米^3/吨-产品	5972	—	—	k=废气治理设施运行时间（小时/年）/企业正常生产时间（小时/年）
						颗粒物	千克/吨-产品	3.36	过滤式除尘+单筒旋风除尘	98	
					固废	一般工业固废	吨/吨-产品	$1.2×10^{-3}$	综合利用	—	—

[1] 该公式仅供参考，使用时，可根据 k 值定义，选取更适合企业实际情况的表达方式。

3254 稀有稀土金属压延加工行业系数表（续表 1）

工段名称	产品名称	原料名称	工艺名称	规模等级	污染物类别	污染物指标	系数单位	产污系数	末端治理技术	末端治理技术平均去除效率/%	参考 k 值计算公式
—	钨杆	氧化钨	还原+烧结+熔炼+热轧	所有规模	废水	工业废水量	吨/吨-产品	154	—	—	k=污水治理设施运行时间（小时/年）/企业正常生产时间（小时/年）
						化学需氧量	千克/吨-产品	14.10	物理沉淀	70	
					废气	工业废气量	标米^3/吨-产品	4896	—	—	k=废气治理设施运行时间（小时/年）/企业正常生产时间（小时/年）
						颗粒物	千克/吨-产品	2.81	多管旋风除尘+单筒旋风除尘	97	
					固废	一般工业固废	吨/吨-产品	1.0×10^{-3}	综合利用	—	—
	钼条	氧化钼	还原+烧结+熔炼+热轧	所有规模	废水	工业废水量	吨/吨-产品	231	—	—	k=污水治理设施运行时间（小时/年）/企业正常生产时间（小时/年）
						化学需氧量	千克/吨-产品	16.30	物理沉淀	60	
					废气	工业废气量	标米^3/吨-产品	4380	—	—	k=废气治理设施运行时间（小时/年）/企业正常生产时间（小时/年）
						颗粒物	千克/吨-产品	3.42	过滤式除尘+单筒旋风除尘	98	
					固废	一般工业固废	吨/吨-产品	1.08×10^{-3}	综合利用	—	—
	钼棒	氧化钼	还原烧结	所有规模	废水	工业废水量	吨/吨-产品	219	—	—	k=污水治理设施运行时间（小时/年）/企业正常生产时间（小时/年）
						化学需氧量	千克/吨-产品	14.22	物理沉淀	60	
					废气	工业废气量	标米^3/吨-产品	4226	—	—	k=废气治理设施运行时间（小时/年）/企业正常生产时间（小时/年）
						颗粒物	千克/吨-产品	2.98	过滤式除尘+单筒旋风除尘	98	
					固废	一般工业固废	吨/吨-产品	0.95×10^{-3}	综合利用	—	—

3254 稀有稀土金属压延加工行业系数表（续表 2）

工段名称	产品名称	原料名称	工艺名称	规模等级	污染物类别	污染物指标	系数单位	产污系数	末端治理技术	末端治理技术平均去除效率/%	参考 *k* 值计算公式
—	钼丝	金属钼粉	烧结+熔炼+热轧+拉拔	所有规模	废水	工业废水量	吨/吨-产品	269	—	—	*k*=污水治理设施运行时间（小时/年）/企业正常生产时间（小时/年）
						化学需氧量	千克/吨-产品	20.22	物理沉淀	60	
					废气	工业废气量	标米 ^{3}/吨-产品	6350	—	—	*k*=废气治理设施运行时间（小时/年）/企业正常生产时间（小时/年）
						颗粒物	千克/吨-产品	4.78	过滤式除尘+单筒旋风除尘	98	
					固废	一般工业固废	吨/吨-产品	1.6×10^{-3}	综合利用	—	—
	钛板	海绵钛	熔铸+真空熔炼+锻造+热轧	所有规模	废水	工业废水量	吨/吨-产品	88.70	—	—	*k*=污水治理设施运行时间（小时/年）/企业正常生产时间（小时/年）
						化学需氧量	千克/吨-产品	16.75	物理沉淀	60	
					废气	工业废气量	标米 ^{3}/吨-产品	63400	—	—	*k*=废气治理设施运行时间（小时/年）/企业正常生产时间（小时/年）
						颗粒物	千克/吨-产品	7.10	过滤式除尘+单筒旋风除尘	98	
					固废	一般工业固废	吨/吨-产品	3.42×10^{-3}	综合利用	—	—
						危险废物	吨/吨-产品	2.46×10^{-3}	安全处置	—	—
	钛管材	海绵钛	熔铸+真空熔炼+锻造+热轧+挤压	所有规模	废水	工业废水量	吨/吨-产品	66.40	—	—	*k*=污水治理设施运行时间（小时/年）/企业正常生产时间（小时/年）
						化学需氧量	千克/吨-产品	11.80	化学混凝法	75	
					废气	工业废气量	标米 ^{3}/吨-产品	44300	—	—	*k*=废气治理设施运行时间（小时/年）/企业正常生产时间（小时/年）
						颗粒物	千克/吨-产品	6.43	过滤式除尘+单筒旋风除尘	98	
					固废	一般工业固废	吨/吨-产品	2.46×10^{-3}	综合利用	—	—
						危险废物	吨/吨-产品	1.58×10^{-3}	安全处置	—	—

3254 稀有稀土金属压延加工行业系数表（续表 3）

工段名称	产品名称	原料名称	工艺名称	规模等级	污染物类别	污染物指标	系数单位	产污系数	末端治理技术	末端治理技术平均去除效率/%	参考 k 值计算公式
—	钛型材	海绵钛	熔铸+真空熔炼+锻造+热轧+挤压	所有规模	废水	工业废水量	吨/吨-产品	67.2	—	—	k=污水治理设施运行时间（小时/年）/企业正常生产时间（小时/年）
						化学需氧量	千克/吨-产品	20.22	化学混凝法	75	
					废气	工业废气量	标米 ^{3}/吨-产品	44600	—	—	k=废气治理设施运行时间（小时/年）/企业正常生产时间（小时/年）
						颗粒物	千克/吨-产品	4.78	过滤式除尘+单筒旋风除尘	98	
					固废	一般工业固废	吨/吨-产品	2.41×10^{-3}	综合利用	—	—
						危险废物	吨/吨-产品	1.68×10^{-3}	安全处置	—	—
	钛丝材	海绵钛	熔铸+真空熔炼+热轧+拉拔	所有规模	废水	工业废水量	吨/吨-产品	82.10	—	—	k=污水治理设施运行时间（小时/年）/企业正常生产时间（小时/年）
						化学需氧量	千克/吨-产品	32.80	化学混凝法	75	
					废气	工业废气量	标米 ^{3}/吨-产品	42100	—	—	k=废气治理设施运行时间（小时/年）/企业正常生产时间（小时/年）
						颗粒物	千克/吨-产品	7.02	过滤式除尘+单筒旋风除尘	98	
					固废	一般工业固废	吨/吨-产品	3.04×10^{-3}	综合利用	—	—
						危险废物	吨/吨-产品	2.64×10^{-3}	安全处置	—	—
	钽板	金属钽粉	电子束精炼+真空压延	所有规模	废水	工业废水量	吨/千克-产品	84.60	—	—	k=污水治理设施运行时间（小时/年）/企业正常生产时间（小时/年）
						化学需氧量	千克/吨-产品	1.19	化学混凝法	75	
					废气	工业废气量	标米 ^{3}/千克-产品	826	—	—	k=废气治理设施运行时间（小时/年）/企业正常生产时间（小时/年）
						颗粒物	千克/吨-产品	4.65	过滤式除尘+单筒旋风除尘	98	
					固废	一般工业固废	吨/吨-产品	1.38×10^{-3}	综合利用	—	—

3259 其他有色金属压延加工（镍锡）业

1 适用范围

本手册仅用于《国民经济行业分类》（GB/T 4754—2017）中 3259 其他有色金属压延加工（镍锡）行业使用系数法核算工业污染物产生量和排放量的工业企业。

利用本手册进行产排污核算得出的污染物产生量与排放量仅代表了特定行业、工艺、产品、原料在正常工况下污染物产生与排放的一般规律。

本行业废水指标包括工业废水量、化学需氧量、石油类；废气指标包括工业废气量、颗粒物、氮氧化物；固废指标包括一般工业固废、危险废物。

2 注意事项

2.1 企业有多种生产工艺或生产多类产品产排污量核算

污染物产生量与产品产量有关，根据不同核算环节计算产污量后，再根据企业末端治理设施和运行情况计算各污染物的排放量。

企业某污染物指标的产生量、排放量为各核算环节产生量、排放量之和。

在企业实际排放量计算过程中，如果存在废水回用的情况，需要在利用产排污核算公式的基础上扣除废水回用的部分。公式如下：

实际排放量=计算排放量×（1−废水回用率）

2.2 采用多种治理设施组合处理企业的排污量核算

在排污量计算选择末端治理技术时，若没有对应的组合治理技术，以主要治理技术为准。

2.3 其他需要说明的问题

由于不同企业工业废气量、废水量差异较大，本手册所提供的工业废气量、废水量系数仅供参考。

为体现相同产污水平条件下，采用相同环保治理设施的不同企业对同一污染物去除效果的差异，引入末端治理设施实际运行率（k）对污染治理技术的实际去除率进行修正。k 值反映的是污染治理设施运行的状态，越稳定运行，k 值越高；在取值上，若定义连续稳定运行的理想状态为 1，则 k 取值在 0～1 之间。

本手册给出本行业的 k 计算公式仅供参考，使用时，可根据 k 值定义，选取更适合企业实际情况的表达方式。

3　污染物排放量核算方法

3.1　计算工段污染物产生量

（1）根据产品、原料、污染物产生的主导生产工艺、企业规模（生产产能）这一组合查找和确定所对应的某一污染物的产污系数。

（2）根据该污染物的产污系数计量单位——单位产品产量，获取企业实际产品产量。

例如，某组合内化学需氧量的产污系数单位为克/吨-产品，则计算产生量时需要获取企业实际产品产量。

（3）污染物产生量按以下公式进行计算：

污染物产生量=污染物对应的产污系数×产品产量

$$G_{产i} = P_{产i} \times M_i$$

式中，$G_{产i}$——工段 i 某污染物的产生量；

$P_{产i}$——工段 i 某污染物对应的产污系数；

M_i——工段 i 的产品产量。

3.2　计算工段污染物去除量

（1）根据企业对某一污染物所采用的治理技术查找和选择相应的治理技术平均去除效率。

（2）根据所填报的污染治理设施实际运行率参数及其计算公式得出该企业某一污染物的治理设施实际运行率（k 值）。

（3）污染物去除量按以下公式进行计算：

污染物去除量=污染物产生量×污染物去除率

=污染物产生量×治理技术平均去除效率×治理设施实际运行率

$$R_{减i} = G_{产i} \times \eta_T \times k_T$$

式中，$R_{减i}$——工段 i 某污染物的去除量；

η_T——工段 i 某污染物采用的末端治理技术的平均去除效率；

k_T——工段 i 某污染物采用的末端治理设施的实际运行率。

3.3　计算污染物排放量

污染物排放量=污染物产生量−污染物去除量

=污染物对应的产污系数×产品产量−污染物产生量×治理技术平均去除效率×治理设施实际运行率

3.4　计算企业污染物排放量

同一企业某污染物全年的产生（排放）总量为该企业同年实际生产的全部工段、产品、原料、规模污染物产生（排放）量之和。

$$E_{排}=G_{产}-R_{减}=\sum(G_{产i}-R_{减i})$$
$$=\sum\left[P_{产i}\times M_i(1-\eta_T\times k_T)\right]$$

若企业有废水回用，则污染物实际排放量计算公式为：

$$E_{排}=(G_{产}-R_{减})\times(1-C_{回用})$$

式中，$C_{回用}$——废水回用率。

4 污染物排放量核算案例

某有色金属压延加工企业主要从事锡板材的生产。该企业涉及的主要污染物为工业废水量、化学需氧量、石油类、工业废气量、颗粒物、氮氧化物、一般工业固废和危险废物，以化学需氧量为例说明排放量计算过程。

该企业基本信息如表 1 所示。

表 1 某锡板材压延加工企业基本信息

原料名称	锡锭
产品名称	锡板材
年产量	22000 吨
工艺名称	开坯+热轧
污染治理设施	化学混凝法
废水回用率	95%
废水治理设施运行时间	5760 小时
企业正常生产时间	5760 小时

4.1 化学需氧量产生量计算

（1）查找产污系数及其计量单位

根据企业基本信息，查找本手册中主要产品为锡板材，主要原料为锡锭，主要工艺为“开坯+热轧”，生产规模为所有规模。该组合化学需氧量的产污系数为 250.94，单位为克/吨-产品。

（2）获取企业产品产量

企业实际情况为：锡板材年产量为 22000 吨。

（3）计算化学需氧量产生量

由于查询到的组合中化学需氧量产生量产污系数的单位为克/吨-产品，因此在核算化学需氧量产生量时需获取产品产量。

化学需氧量产生量=化学需氧量产污系数×产品（锡板材）产量

=250.94 克/吨-产品×22000 吨-产品÷1000=5520.68 千克

4.2 化学需氧量去除量计算

（1）查找治理技术平均去除效率

该企业化学需氧量治理技术采用化学混凝法，查询相应组合内化学该法的平均去除效率为 70%。

（2）计算污染治理设施实际运行率

根据产污系数组合查询结果，该组合中化学需氧量对应的污染治理设施实际运行率为

k=废水治理设施运行时间/企业正常生产时间

=5760 小时/5760 小时=1

（3）计算化学需氧量去除量

化学需氧量去除量=污染物产生量×治理技术平均去除效率×治理设施实际运行率

=5520.68 千克×70%×1=3864.48 千克

4.3 化学需氧量排放量计算

企业废水回用率为 95%，则化学需氧量排放量为

化学需氧量排放量=（污染物产生量–污染物去除量）×（1–废水回用率）

=（5520.68 千克–3864.48 千克）×（1–95%）

= 82.81 千克

5 系数表

3259 其他有色金属压延加工（镍锡）行业系数表

工段名称	产品名称	原料名称	工艺名称	规模等级	污染物类别	污染物指标	系数单位	产污系数	末端治理技术	末端治理技术平均去除效率/%	参考 k 值计算公式[1]
—	镍型材	电镍	熔铸+开坯+热轧+挤轧	所有规模	废水	工业废水量	吨/吨-产品	25.35	—	—	k=废水治理设施运行时间（小时/年）/企业正常生产时间（小时/年）
						化学需氧量	克/吨-产品	344.95	化学混凝法	70	
									沉淀分离	30	
						石油类	克/吨-产品	100.23	化学混凝法	75	
					废气	工业废气量	标米^3/吨-产品	3994	—	—	k=废气治理设施运行时间（小时/年）/企业正常生产时间（小时/年）
						颗粒物	千克/吨-产品	3.39	湿法除尘（动力波）	99	
									袋式除尘	98	
									旋风除尘	50	
									静电除尘	99.5	
						氮氧化物	千克/吨-产品	0.22	—	—	—
					固废	一般工业固废	吨/吨-产品	1.60×10^{-3}	贮存/综合利用	—	—
						危险废物	吨/吨-产品	1.20×10^{-3}	安全处置/综合利用/贮存	—	—

[1] 该公式仅供参考，使用时，可根据 k 值定义，选取更适合企业实际情况的表达方式。

3259 其他有色金属压延加工（镍锡）行业系数表（续表 1）

工段名称	产品名称	原料名称	工艺名称	规模等级	污染物类别	污染物指标	系数单位	产污系数	末端治理技术	末端治理技术平均去除效率/%	参考 k 值计算公式
—	镍板材	电镍	熔铸+开坯+热轧	所有规模	废水	工业废水量	吨/吨-产品	25.29	—	—	k=废水治理设施运行时间（小时/年）/企业正常生产时间（小时/年）
						化学需氧量	克/吨-产品	316.55	化学混凝法	70	
									沉淀分离	30	
						石油类	克/吨-产品	92.73	化学混凝法	75	
					废气	工业废气量	标米^3/吨-产品	3801	—	—	k=废气治理设施运行时间（小时/年）/企业正常生产时间（小时/年）
						颗粒物	千克/吨-产品	3.51	湿法除尘（动力波）	99	
									袋式除尘	98	
									旋风除尘	50	
									静电除尘	99.5	
						氮氧化物	千克/吨-产品	0.18	—	—	—
					固废	一般工业固废	吨/吨-产品	1.90×10^{-3}	贮存/综合利用	—	—
						危险废物	吨/吨-产品	1.20×10^{-3}	安全处置/综合利用/贮存	—	—
	锡条材	锡锭	开坯+热轧	所有规模	废水	工业废水量	吨/吨-产品	15.88	—	—	k=废水治理设施运行时间（小时/年）/企业正常生产时间（小时/年）
						化学需氧量	克/吨-产品	258.45	化学混凝法	70	
									沉淀分离	30	
						石油类	克/吨-产品	76.85	化学混凝法	75	
					废气	工业废气量	标米^3/吨-产品	2208	—	—	k=废气治理设施运行时间（小时/年）/企业正常生产时间（小时/年）
						颗粒物	千克/吨-产品	3.07	湿法除尘（动力波）	99	
									袋式除尘	98	
									旋风除尘	50	
									静电除尘	99.5	
						氮氧化物	千克/吨-产品	0.18	—	—	—
					固废	一般工业固废	吨/吨-产品	2.70×10^{-3}	贮存/综合利用	—	—
						危险废物	吨/吨-产品	1.20×10^{-3}	安全处置/综合利用/贮存	—	—

3259 其他有色金属压延加工（镍锡）行业系数表（续表 2）

工段名称	产品名称	原料名称	工艺名称	规模等级	污染物类别	污染物指标	系数单位	产污系数	末端治理技术	末端治理技术平均去除效率/%	参考 k 值计算公式
—	锡板材	锡锭	开坯+热轧	所有规模	废水	工业废水量	吨/吨-产品	17.82	—	—	k=废水治理设施运行时间（小时/年）/企业正常生产时间（小时/年）
						化学需氧量	克/吨-产品	250.94	化学混凝法	70	
									沉淀分离	30	
						石油类	克/吨-产品	71.12	化学混凝法	75	
					废气	工业废气量	标米 ^{3}/吨-产品	2965	—	—	k=废气治理设施运行时间（小时/年）/企业正常生产时间（小时/年）
						颗粒物	千克/吨-产品	2.95	湿法除尘（动力波）	99	
									袋式除尘	98	
									旋风除尘	50	
									静电除尘	99.5	
						氮氧化物	千克/吨-产品	0.16	—	—	—
					固废	一般工业固废	吨/吨-产品	2.40×10^{-3}	贮存/综合利用	—	—
						危险废物	吨/吨-产品	1.20×10^{-3}	安全处置/综合利用/贮存	—	—

33～37
431～434

金属制品业，通用设备制造业，专用设备制造业，汽车制造业，铁路、船舶、航空航天和其他运输设备制造业，金属制品修理业，通用设备修理业，专用设备修理业，铁路、船舶、航空航天等运输设备修理业（不包括电镀工艺）

33 金属制品业，34 通用设备制造业，35 专用设备制造业，36 汽车制造业，37 铁路、船舶、航空航天和其他运输设备制造业，431 金属制品修理业，432 通用设备修理业，433 专用设备修理业，434 铁路、船舶、航空航天等运输设备修理业（不包括电镀工艺）

1 适用范围

本手册仅用于《国民经济行业分类》（GB/T 4754—2017）中 33 金属制品业，34 通用设备制造业，35 专用设备制造业，36 汽车制造业，37 铁路、船舶、航空航天和其他运输设备制造业，431 金属制品修理业，432 通用设备修理业，433 专用设备修理业，434 铁路、船舶、航空航天等运输设备修理业（不包括电镀工艺）（以下简称机械行业）使用系数法核算工业污染物产生量和排放量的工业企业。

利用本手册进行产排污核算得出的污染物产生量与排放量仅代表了特定行业、工艺、产品、原料在正常工况下污染物产生与排放的一般规律。

本行业废水指标包括化学需氧量、石油类、氰化物、总磷、总氮；废气指标包括二氧化硫、氮氧化物、颗粒物、挥发性有机物、氨。

2 注意事项

2.1 企业有多种生产工艺或生产多类产品产排污量核算

参照“表 1　机械行业产排污核算对应情况表”，其中“产污系数单位相关”选择 1 的污染物产生量与产品产量有关，根据不同核算环节计算产污量后，再根据企业末端治理设施和运行情况计算各污染物的排放量。“产污系数单位相关”选择 2、3 的污染物产生量与原辅材料用量或燃料用量有关，根据不同核算环节计算产污量后，再根据企业末端治理设施和运行情况计算各污染物的排放量。

企业某污染物指标的产生量、排放量为各核算环节产生量、排放量之和。

在企业实际排放量计算过程中，如果存在废水回用的情况，需要在利用产排污核算公式的基础上扣除废水回用的部分。公式如下：

实际排放量=计算排放量×（1–废水回用率）

表 1　机械行业产排污核算对应情况表

工段	工艺	污染物类别	污染物指标	产污系数单位相关	1. 产品产量	2. 原辅材料用量	3. 燃料用量
铸造	砂处理（粘土砂）	废气	工业废气量	1			
			颗粒物	1			
	砂处理（树脂砂）	废气	工业废气量	1			
			颗粒物	1			
	砂处理（熔模）	废气	工业废气量	1			
			颗粒物	1			
	砂处理（干砂：消失模/V 法）	废气	工业废气量	1			
			颗粒物	1			
	熔炼（冲天炉）	废气	工业废气量	1			
			颗粒物	1			
			二氧化硫	2			
			氮氧化物	1			
	熔炼（电弧炉/LF 炉/VOD 炉）	废气	工业废气量	1			
			颗粒物	1			
	熔炼（感应电炉/电阻炉及其他）-黑色金属	废气	工业废气量	1			
			颗粒物	1			
	熔炼（感应电炉/电阻炉及其他）-有色金属	废气	工业废气量	1			
			颗粒物	1			
	熔炼（燃气炉）	废气	工业废气量	1			
			颗粒物	1			

表 1　机械行业产排污核算对应情况表（续表 1）

工段	工艺	污染物类别	污染物指标	产污系数单位相关	1. 产品产量	2. 原辅材料用量	3. 燃料用量
铸造	制芯（热芯盒：覆膜砂）	废气	工业废气量	1			
			颗粒物	1			
			挥发性有机物	1			
	制芯（冷芯盒：三乙胺）	废气	工业废气量	1			
			颗粒物	1			
			挥发性有机物	1			
	制芯（树脂砂制芯：呋喃、酚醛）	废气	工业废气量	1			
			颗粒物	1			
	造型/浇注（粘土砂）	废气	工业废气量	1			
			颗粒物	1			
			挥发性有机物	1			
	造型/浇注（树脂砂）	废气	工业废气量	1			
			颗粒物	1			
			挥发性有机物	1			
	造型/浇注（消失模/实型）	废气	工业废气量	1			
			颗粒物	1			
			挥发性有机物	1			
	造型/浇注（V 法）	废气	工业废气量	1			
			颗粒物	1			
			挥发性有机物	1			
	造型/浇注（离心）	废气	工业废气量	1			
			颗粒物	1			
	造型/浇注（有色压铸）	废气	工业废气量	1			
			颗粒物	1			
			挥发性有机物	1			

表1 机械行业产排污核算对应情况表（续表2）

工段	工艺	污染物类别	污染物指标	产污系数单位相关	1. 产品产量	2. 原辅材料用量	3. 燃料用量
铸造	造型/浇注（熔模）	废气	工业废气量	1			
			颗粒物	1			
			挥发性有机物	1			
	造型/浇注（壳型）	废气	工业废气量	1			
			颗粒物	1			
			挥发性有机物	1			
	造型/浇注（重力、低压：限金属型，石膏/陶瓷型/石墨型等）	废气	工业废气量	1			
			颗粒物	1			
锻造	锻坯加热	废气	二氧化硫	3			
			颗粒物	3			
			氮氧化物	3			
			工业废气量	3			
粉末冶金	混粉成形	废气	颗粒物	2			
			工业废气量	2			
	烧结	废气	颗粒物	2			
			工业废气量	2			
下料	氧/可燃气切割	废气	工业废气量	2			
			颗粒物	2			
	等离子切割	废气	工业废气量	2			
			颗粒物	2			
	锯床、砂轮切割机切割	废气	工业废气量	2			
			颗粒物	2			

表 1　机械行业产排污核算对应情况表（续表 3）

工段	工艺	污染物类别	污染物指标	产污系数单位相关	1. 产品产量	2. 原辅材料用量	3. 燃料用量
冲压	开卷剪切、冲压、模具清洗	废水	工业废水量	1			
			化学需氧量	1			
			石油类	1			
干式预处理	抛丸、喷砂、打磨、滚筒	废气	工业废气量	2			
			颗粒物	2			
湿式预处理	酸洗	废水	工业废水量	1			
			化学需氧量	1			
	脱脂	废水	工业废水量	2			
			化学需氧量	2			
			总磷	2			
			石油类	2			
机械加工	车床加工、铣床加工、刨床加工、磨床加工、镗床加工、钳床加工、钻床加工、加工中心加工、数控中心加工	废水	工业废水量	2			
			化学需氧量	2			
			石油类	2			
		废气	工业废气量	2			
			挥发性有机物	2			
	加工件清洗	废水	工业废水量	2			
			化学需氧量	2			
			石油类	2			
树脂纤维加工	注塑成型、吹塑成型、搪塑成型	废气	工业废气量	2			
			挥发性有机物	2			
	发泡成型	废气	工业废气量	2			
			挥发性有机物	2			
	糊制成型、拉挤成型、缠绕成型、模压成型、编织成型	废气	工业废气量	2			
			挥发性有机物	2			

表 1　机械行业产排污核算对应情况表（续表 4）

工段	工艺	污染物类别	污染物指标	产污系数单位相关	1. 产品产量	2. 原辅材料用量	3. 燃料用量
焊接	手工电弧焊（焊条）	废气	工业废气量	2			
			颗粒物	2			
	二氧化碳保护焊、埋弧焊、氩弧焊（药芯焊丝）	废气	工业废气量	2			
			颗粒物	2			
	二氧化碳保护焊、埋弧焊、氩弧焊（实芯焊丝）	废气	工业废气量	2			
			颗粒物	2			
粘接	涂胶及涂胶后固化	废气	工业废气量	2			
			挥发性有机物	2			
转化膜处理	表调	废水	工业废水量	2			
			化学需氧量	2			
			总磷	2			
	磷化	废水	工业废水量	2			
			化学需氧量	2			
			总磷	2			
			总氮	2			
	锆化、硅烷化、陶化	废水	工业废水量	2			
			化学需氧量	2			
			总氮	2			
热处理	整体热处理（正火/退火）	废气	二氧化硫	3			
			颗粒物	3			
			氮氧化物	3			
			工业废气量	3			

表 1　机械行业产排污核算对应情况表（续表 5）

工段	工艺	污染物类别	污染物指标	产污系数单位相关	1. 产品产量	2. 原辅材料用量	3. 燃料用量
热处理	整体热处理（淬火/回火）	废气	工业废气量	1			
			挥发性有机物	2			
			颗粒物	2			
	盐浴氮碳共渗/盐浴氮碳共渗+氧化处理	废气	工业废气量	1			
			氨	1			
		废水	工业废水量	1			
			化学需氧量	1			
			氰化物	1			
	气体渗氮/渗碳/碳氮共渗	废气	工业废气量	1			
			氨	1			
			挥发性有机物	1			
	清洗	废水	工业废水量	1			
			化学需氧量	1			
			石油类	1			
装配	淋雨试验	废水	工业废水量	1			
			化学需氧量	1			
涂装	喷胶、喷胶后烘干	废气	工业废气量	2			
			挥发性有机物	2			
	溶剂擦拭	废气	工业废气量	2			
			挥发性有机物	2			
	涂腻子、腻子打磨	废气	工业废气量	2			
			颗粒物	2			
	腻子烘干	废气	工业废气量	2			
			挥发性有机物	2			

表 1　机械行业产排污核算对应情况表（续表 6）

工段	工艺	污染物类别	污染物指标	产污系数单位相关	1. 产品产量	2. 原辅材料用量	3. 燃料用量
涂装	电泳底漆	废水	工业废水量	2			
			化学需氧量	2			
		废气	工业废气量	2			
			挥发性有机物	2			
	电泳底漆烘干	废气	工业废气量	2			
			挥发性有机物	2			
	浸底漆	废气	工业废气量	2			
			挥发性有机物	2			
	浸底漆烘干	废气	工业废气量	2			
			挥发性有机物	2			
	喷漆（水性中面涂+油性罩光漆）	废水	工业废水量	2			
			化学需氧量	2			
		废气	工业废气量	2			
			挥发性有机物	2			
	喷漆后烘干（水性中面涂+油性罩光漆）	废气	工业废气量	2			
			挥发性有机物	2			
	喷漆（水性漆）	废水	工业废水量	2			
			化学需氧量	2			
		废气	工业废气量	2			
			挥发性有机物	2			
	喷漆后烘干（水性漆）	废气	工业废气量	2			
			挥发性有机物	2			
	喷漆（高固体份涂料）	废水	工业废水量	2			
			化学需氧量	2			

表 1　机械行业产排污核算对应情况表（续表 7）

工段	工艺	污染物类别	污染物指标	产污系数单位相关	1. 产品产量	2. 原辅材料用量	3. 燃料用量
涂装	喷漆（高固体份涂料）	废气	工业废气量	2			
			挥发性有机物	2			
	喷漆后烘干（高固体份涂料）	废气	工业废气量	2			
			挥发性有机物	2			
	喷漆（油性漆）	废水	工业废水量	2			
			化学需氧量	2			
		废气	工业废气量	2			
			挥发性有机物	2			
	喷漆后烘干（油性漆）	废气	工业废气量	2			
			挥发性有机物	2			
	喷塑	废气	工业废气量	2			
			颗粒物	2			
	喷塑后烘干	废气	工业废气量	2			
			挥发性有机物	2			
	柴油/天然气及其他工业炉窑	废气	工业废气量	3			
			颗粒物	3			
			二氧化硫	3			
			氮氧化物	3			
检测试验	柴油发动机热试	废气	工业废气量	1			
			颗粒物	1			
			挥发性有机物	1			
			氮氧化物	1			

表 1　机械行业产排污核算对应情况表（续表 8）

工段	工艺	污染物类别	污染物指标	产污系数单位相关	1. 产品产量	2. 原辅材料用量	3. 燃料用量
热浸锌	酸洗、水洗	废水	工业废水量	1			
			化学需氧量	1			
	助镀、浸锌	废气	工业废气量	1			
			氨	2			
			颗粒物	1			
修理	拆除、清洗、安装、检测试验	废水	工业废水量	1			
			化学需氧量	1			
			石油类	1			
	拆除、清洗、焊条焊接（手工电弧焊）、安装、检测试验	废气	工业废气量	2			
			颗粒物	2			
	拆除、清洗、药芯焊丝焊接（二氧化碳保护焊、埋弧焊、氩弧焊）、安装、检测试验	废气	工业废气量	2			
			颗粒物	2			
	拆除、清洗、实芯焊丝焊接（二氧化碳保护焊、埋弧焊、氩弧焊）、安装、检测试验	废气	工业废气量	2			
			颗粒物	2			

2.2 采用多种治理设施组合处理企业的排污量核算

在排污量计算选择末端治理技术时，若没有对应的组合治理技术，以主要治理技术为准。

2.3 系数表中未涉及的产污系数及污染治理效率

机械行业生产过程中：

（1）锅炉设备参照热力生产和供应行业相关工段的系数手册。

（2）电镀设备参照机械行业电镀工段的系数手册。

2.4 其他需要说明的问题

由于不同企业工业废气量、废水量差异较大，本手册所提供的工业废气量、废水量系数仅供参考。

为体现相同产污水平条件下，采用相同环保治理设施的不同企业对同一污染物去除效果的差异，引入末端治理设施实际运行率（k）对污染治理技术的实际去除率进行修正。k 值反映的是污染治理设施运行的状态，越稳定运行，k 值越高；在取值上，若定义连续稳定运行的理想状态为 1，则 k 取值在 0～1 之间。

本手册给出本行业的 k 计算公式仅供参考，使用时，可根据 k 值定义，选取更适合企业实际情况的表达方式。

3 污染物排放量核算方法

针对企业实际生产情况，本行业在系数制定过程中将企业全生产流程划分或拆分为若干工段（核算环节），在核算企业污染物产排量时，可灵活选择本企业对应的工段进行核算。

3.1 计算工段污染物产生量

（1）根据产品、原料、污染物产生的主导生产工艺、企业规模（生产产能）这一组合查找和确定所对应的某一污染物的产污系数。

（2）根据该污染物的产污系数计量单位——单位产品产量或单位原料用量，获取企业实际产品产量或原料用量。

例如，某组合内化学需氧量的产污系数单位为千克/吨-产品，则计算产生量时需要获取企业实际产品产量；如果产污系数单位为千克/吨-原料，则计算产生量时需要获取企业原料实际消耗量。

（3）污染物产生量按以下公式进行计算：

污染物产生量=污染物对应的产污系数×产品产量（原辅材料用量/燃料用量）

$$G_{产i} = P_{产i} \times M_i$$

式中，$G_{产i}$——工段 i 某污染物的产生量；

$P_{产i}$——工段 i 某污染物对应的产污系数；

M_i——工段 i 的产品产量（原辅材料用量/燃料用量）。

3.2 计算工段污染物去除量

（1）根据企业对某一污染物所采用的治理技术查找和选择相应的治理技术平均去除效率。

（2）根据所填报的污染治理设施实际运行率参数及其计算公式得出该企业某一污染物的治理设施实际运行率（k 值）。

（3）污染物去除量按以下公式进行计算：

污染物去除量=污染物产生量×污染物去除率

=污染物产生量×治理技术平均去除效率×治理设施实际运行率

$$R_{减i} = G_{产i} \times \eta_T \times k_T$$

式中，$R_{减i}$——工段 i 某污染物的去除量；

η_T——工段 i 某污染物采用的末端治理技术的平均去除效率；

k_T——工段 i 某污染物采用的末端治理设施的实际运行率。

3.3 计算工段污染物排放量

污染物排放量=污染物产生量–污染物去除量

=污染物对应的产污系数×产品产量（原辅材料用量/燃料用量）–

污染物产生量×治理技术平均去除效率×治理设施实际运行率

3.4 计算企业污染物排放量

同一企业某污染物全年的产生（排放）总量为该企业同年实际生产的全部工段、产品、原料、规模污染物产生（排放）量之和。

$$E_{排} = G_{产} - R_{减} = \sum (G_{产i} - R_{减i})$$
$$= \sum \left[P_{产i} \times M_i (1 - \eta_T \times k_T) \right]$$

4 污染物排放量核算案例

某商用车企业，位于某市生产基地，具备重卡 3 万辆/年、车桥 15 万根/年、柴油发动机 5 万台/年的生产能力。其主要原辅料用量见表 2。

表 2 案例重卡和车桥原辅料及能源用量表

类别	序号	原料名称	消耗量/（吨/年）	备注
重卡生产	1	钢板	35814	冲压工段，冲压件产量 25069.8 吨/年
	2	各类焊丝	24	焊接工段
	3	焊缝密封胶、PVC 胶	273	涂装工段
	4	脱脂剂	185	预处理工段
	5	磷化剂	214	转化膜工段
	6	表调剂	25	转化膜工段
	7	电泳底漆	307.5	涂装工段
	8	车身中涂漆（油性）	120	涂装工段
	9	面漆（油性）	150	涂装工段
	10	各种稀释剂	40.5	涂装工段
	11	天然气	206.6 万米^3/年	涂装工段

类别	序号	原料名称	消耗量/（吨/年）	备注
保险杠生产	1	聚丙烯树脂	862	树脂纤维加工
	2	丙酮清洗溶剂	5	涂装工段
	3	中涂漆（油性）	38	涂装工段
	4	面漆（油性）	78	涂装工段
	5	稀释剂	29	涂装工段
	6	天然气	20.2 万米^3/年	涂装工段
车桥生产	1	钢板	46686	下料工段
	2	各类焊丝	84	焊接工段
	3	面漆（油性）	174	涂装工段
	4	各种稀释剂	26.1	涂装工段
	5	热处理淬火油	12	热处理工段
	6	天然气	22.8 万米^3/年	热处理工段、涂装工段
柴油发动机生产	1	铸件产品产量	26624	铸造工段
	1.1	主要原料：生铁、废钢	31000	
	1.2	原砂、再生砂	3200	
	1.3	树脂	320	
	2	锻件	6656	外购
	3	面漆（油性）	42	涂装工段
	4	稀释剂	8	涂装工段
	5	切削液	120	机械加工工段
	6	清洗液	80	机械加工工段
	7	天然气	12 万米^3/年	热处理工段、涂装工段

本核算示例以废气中颗粒物、挥发性有机物以及废水中化学需氧量为例，说明该企业颗粒物、挥发性有机物、化学需氧量排放量的计算方法。

根据企业基本信息，查找本手册中对应的产污系数组合，以该组合中颗粒物、挥发性有机物、化学需氧量指标为例说明计算过程。

4.1 颗粒物

（1）颗粒物产生量计算

①查找产污系数及其计量单位

铸造工段：产品为铸件，主要工艺为“粘土砂造型+热芯盒+中频炉熔炼”。该组合的产污系数单位为千克/吨-产品。

下料工段：产品为板材，主要工艺为等离子切割。产污系数单位为千克/吨-原料。

预处理工段：产品为干式预处理工件，主要工艺为抛丸。产污系数单位为千克/吨-原料。

焊接工段：产品为焊接件，主要工艺为二氧化碳保护焊。产污系数单位为千克/吨-原料。

热处理、涂装工段：燃天然气废气中含颗粒物。产污系数单位为千克/米^3-原料。

检测试验工段：主要工艺为柴油发动机热试。产污系数单位为千克/台-产品。

热处理（淬火）：主要工艺为淬火。产污系数单位为千克/吨-原料。

②获取企业产品产量与原辅料用量

该企业 2017 年产品产量与原辅料用量统计如下：

铸造工段：铸件产量 26624 吨。

下料工段：下料钢板量 46686 吨。

预处理工段：抛丸清理铸件量 26624 吨，车桥钢板抛丸量约 20000 吨。

焊接工段：重卡焊丝耗量 24 吨，车桥焊丝耗量 84 吨。

热处理、涂装工段：天然气耗量合计 261.6 万米^3。

检测试验工段：柴油发动机热试量 50000 台。

热处理（淬火）：热处理淬火油用量 12 吨

③计算颗粒物产生量

分工段核算产生量。

铸造工段：颗粒物产生量=粘土砂造型/浇注工艺颗粒物产污系数×铸件产量+热芯盒工艺颗粒物产污系数×铸件产量+中频炉熔炼工艺颗粒物产污系数×铸件产量=（1.97 千克/吨-产品×26624 吨-产品+0.330 千克/吨-产品×26624 吨-产品+0.479 千克/吨-产品×26624 吨-产品）÷1000=74.0 吨。

下料工段：颗粒物产生量=等离子切割工艺颗粒物产污系数×下料钢板量=1.10 千克/吨-原料×46686 吨-原料÷1000=51.4 吨。

预处理工段：颗粒物产生量=抛丸工艺颗粒物产污系数×抛丸工件量=2.19 千克/吨-原料×46686 吨-原料÷1000=102.2 吨。

焊接工段：颗粒物产生量=焊接工艺颗粒物产污系数×焊丝耗量=9.19 千克/吨-原料×108 吨-原料÷1000=0.993 吨。

热处理、涂装工段：颗粒物产生量=天然气颗粒物产污系数×天然气耗量=0.000286 千克/米^3-原料×2616000 米^3-原料÷1000=0.748 吨。

检测试验工段：颗粒物产生量=柴油发动机热试颗粒物产污系数×柴油发动机热试量=0.0167 千克/台-产品×50000 台-产品÷1000=0.835 吨。

热处理（淬火）工段：颗粒物产量=热处理（淬火）颗粒物产污系数×热处理淬火油用量=200 千克/吨-淬火油×12 吨-淬火油÷1000=2.40 吨

合计产生量：

74.0 吨+51.4 吨+102.2 吨+0.993 吨+0.748 吨+0.835 吨+2.40 吨=233 吨

（2）颗粒物去除量计算

①查找治理技术平均去除效率

铸造、下料、预处理、焊接工段颗粒物治理技术采用袋式除尘，查询袋式除尘的平均去除效率为 95%。

热处理、涂装工段天然气颗粒物和柴油发动机热试颗粒物无治理措施，去除效率为 0。

热处理（淬火）工段颗粒物治理技术采用油雾净化器，查询油雾净化器的平均去除效率为 90%。

②计算污染治理设施实际运行率

根据产污系数组合查询结果，该组合中颗粒物袋式除尘法对应的污染治理设施实际运行参数分别为除尘设备耗电量、除尘设备额定功率、除尘设备运行时间。

根据查询结果，该组合中颗粒物袋式除尘法和油雾净化器对应的污染治理设施实际运行率为：

袋式除尘：k=除尘设备年耗电量/（除尘设备额定功率×除尘设备年运行时间）；

油雾净化器：k=工艺废气净化装置年耗电量/（工艺废气净化装置额定功率×工艺废气净化装置年运行时间）；经计算，k=0.95。

③计算颗粒物去除量

颗粒物去除量=（74.0+51.4+102.2+0.993）吨×95%×0.95+2.40 吨×90%×0.95=208 吨

（3）颗粒物排放量计算

颗粒物排放量=233 吨–208 吨=25 吨

4.2 挥发性有机物

（1）挥发性有机物产生量计算

①查找产污系数及其计量单位

铸造工段：产品为铸件，主要工艺为粘土砂造型+热芯盒+中频炉熔炼。该组合的产污系数为单位为千克/吨-产品。

机械加工工段：产品为湿式加工工件，主要工艺为加工中心加工。产污系数单位为千克/吨-原料。

树脂纤维加工工段：产品为注塑件，主要工艺为注塑。产污系数单位为千克/吨-原料。

热处理工段：产品为热处理件，主要工艺为淬火。产污系数单位为千克/吨-原料。

涂装工段：密封胶、底胶工序包括喷胶、喷胶后烘干工艺，产污系数单位为千克/吨-原料；溶剂擦拭工序，产污系数单位为千克/吨-原料；电泳底漆工序包括电泳底漆、电泳底漆烘干工艺，产污系数单位为千克/吨-原料；喷漆工序包括喷漆、烘干工艺，产污系数单位为千克/吨-原料。

检测试验工段：主要工艺为柴油发动机热试。产污系数单位为千克/台-产品。

②获取企业产品产量与原辅料用量

该企业 2017 年产品产量与原辅料用量统计如下：

铸造工段：铸件产量 26624 吨。

机械加工工段：切削液耗量 120 吨。

树脂纤维加工工段：树脂材料耗量 862 吨。

涂装工段：密封胶、底胶耗量 273 吨；清洗溶剂耗量 5 吨；电泳底漆耗量 307.5 吨；重卡、保险杠、车桥、发动机油漆（含稀释剂）耗量合计 705.6 吨。

检测试验工段：柴油发动机热试量 50000 台。

热处理（淬火）：热处理淬火油用量 12 吨。

③计算挥发性有机物产生量

分工段核算产生量。

铸造工段：挥发性有机物产生量=热芯盒工艺挥发性有机物产污系数×铸件产量+造型/浇注（粘土砂）工艺挥发性有机物产污系数×铸件产量=（0.0500 千克/吨-产品×26624 吨-产品+0.213 千克/吨-产品×26624 吨-产品）÷1000=7.00 吨。

机械加工工段：挥发性有机物产生量=湿式机加工工艺挥发性有机物产污系数×切削液耗量=5.64 千克/吨-原料×120 吨-原料÷1000=0.677 吨。

树脂纤维加工工段：挥发性有机物产生量=注塑工艺挥发性有机物产污系数×树脂材料耗量=1.20 千克/吨-原料×862 吨/年÷1000=1.03 吨/年。

热处理工段：挥发性有机物产生量=淬火工艺挥发性有机物产污系数×淬火油用量=0.0100 千克/吨-淬火油×12 吨-淬火油÷1000=0.000120 吨。

涂装工段：

密封胶、底胶工序挥发性有机物产生量=喷胶、喷胶后烘干工艺挥发性有机物产污系数×胶耗量=60.0 千克/吨-原料×273 吨-原料÷1000=16.4 吨；

溶剂擦拭工序挥发性有机物产生量=溶剂擦拭工艺挥发性有机物产污系数×溶剂耗量=1000 千克/吨-原料×5 吨-原料÷1000=5.00 吨；

电泳底漆工序挥发性有机物产生量=电泳底漆工艺挥发性有机物产污系数×电泳底漆耗量=7.50 千克/吨-原料×307.5 吨-原料÷1000=2.31 吨；

电泳底漆烘干工序挥发性有机物产生量=电泳底漆烘干工艺挥发性有机物产污系数×电泳底漆耗量=42.5 千克/吨-原料×307.5 吨-原料÷1000=13.1 吨；

喷漆工序挥发性有机物产生量=喷漆工艺挥发性有机物产污系数×漆耗量=486 千克/吨-原料×705.6 吨-原料÷1000=342 吨；

喷漆后烘干工序挥发性有机物产生量=喷漆后烘干工艺挥发性有机物产污系数×漆耗量=121 千克/吨-原料×705.6 吨-原料÷1000=85.3 吨；

检测试验工段：挥发性有机物产生量=柴油发动机热试产污系数×柴油发动机热试量=0.250 千克/台-产品×50000 台-产品÷1000=12.5 吨。

合计产生量：

7.00 吨+0.677 吨+1.03 吨+0.000120 吨+16.4 吨+5.00 吨+2.31 吨+13.1 吨+342 吨+85.3 吨+12.5 吨= 485.3 吨。

（2）挥发性有机物去除量计算

①查找治理技术平均去除效率

铸造、机械加工挥发性有机物、树脂纤维加工、热处理、涂装工段溶剂擦拭、电泳底漆、喷漆工序挥发性有机物治理技术采用吸附法，查询活性炭吸附的平均去除效率为 18%。

涂装工段喷胶、喷胶后烘干工艺、电泳底漆烘干工艺、喷漆后烘干工艺挥发性有机物治理技术采用热力焚烧法，查询热力焚烧法的平均去除效率为 85%。

柴油发动机热试挥发性有机物无治理措施，去除效率为 0。

②计算污染治理设施实际运行率

根据产污系数组合查询结果，该组合中挥发性有机物对应的污染治理设施实际运行参数分别为工艺废气净化装置耗电量、工艺废气净化装置额定功率、工艺废气净化装置运行时间。

根据查询结果，该组合中挥发性有机物对应的污染治理设施实际运行率为

k=工艺废气净化装置年耗电量/（工艺废气净化装置额定功率×工艺废气净化装置年运行时间），活性炭吸附、热力焚烧法的 *k* 值经计算，*k* 值分别为 0.8、0.95。

③计算挥发性有机物去除量

挥发性有机物去除量=（7.00+1.03+5.00+2.31+342+0.000120+0.677）吨×18%×0.8+（16.4+13.1+85.3）吨×85%×0.95=144.2 吨

（3）挥发性有机物排放量计算

挥发性有机物排放量=484.4 吨−144.2 吨=340.2 吨

4.3 化学需氧量

（1）化学需氧量产生量计算

①查找产污系数及其计量单位

冲压工段：产品为冲压件，主要工艺为模具清洗。产污系数单位为千克/吨-产品。

预处理工段：脱脂工序产品为湿式预处理件，主要工艺为脱脂。产污系数单位为千克/吨-原料。

机械加工工段：机加工工序加工中心湿式加工产污系数单位为千克/吨-原料；清洗工序清洗剂清洗产污系数单位为千克/吨-原料。

转化膜工段：表调工序产污系数单位为千克/吨-原料。磷化工序产污系数单位为千克/吨-原料。

装配工段：淋雨试验产污系数单位为千克/辆-产品。

涂装工段：电泳底漆工序产污系数单位为千克/吨-原料；喷漆工序产污系数单位为千克/吨-原料。

②获取企业产品产量与原辅料用量

该企业 2017 年产品产量与原辅料用量统计如下：

冲压工段：冲压件产量 25069.8 吨。

预处理工段：脱脂剂耗量 185 吨。

机械加工工段：切削液耗量 120 吨；清洗液耗量 80 吨。

转化膜工段：表调剂耗量 25 吨；磷化剂耗量 214 吨。

装配工段：整车产量 30000 辆。

涂装工段：电泳底漆耗量 307.5 吨；重卡、保险杠、车桥、发动机油漆（含稀释剂）耗量合计 705.6 吨。

③计算化学需氧量产生量

分工段核算产生量。

冲压工段：化学需氧量产生量=模具清洗废水化学需氧量产污系数×冲压件产量=0.355 千克/吨-产品×25069.8 吨-产品÷1000=8.90 吨。

预处理工段：化学需氧量产生量=脱脂废水化学需氧量产污系数×脱脂剂耗量=714 千克/吨-原料×185 吨-原料÷1000=132 吨。

机械加工工段：湿式加工工序化学需氧量产生量=机加工废水化学需氧量产污系数×切削液耗量=546 千克/吨-原料×120 吨-原料÷1000=65.5 吨/年；清洗废水化学需氧量产污系数×清洗液耗量=58.5 千克/吨-原料×80 吨-原料÷1000=4.68 吨。

转化膜工段：表调工序化学需氧量产生量=表调工序化学需氧量产污系数×表调剂耗量=30.3 千克/吨-原料×25 吨-原料÷1000=0.756 吨；磷化工序化学需氧量产生量=磷化工序化学需氧量产污系数×磷化剂耗量=101 千克/吨-原料×214 吨-原料÷1000=21.6 吨。

装配工段：淋雨试验废水化学需氧量产生量=淋雨试验废水化学需氧量产污系数×整车产量=0.00204 千克/辆-产品×30000 辆-产品÷1000=0.0612 吨。

涂装工段：电泳废水化学需氧量产生量=电泳工序废水化学需氧量产污系数×电泳底漆耗量=225 千克/吨-原料×307.5 吨-原料÷1000=69.2 吨；喷漆废水化学需氧量产生量=喷漆废水化学需氧量产污系数×油漆耗量=78.9 千克/吨-原料×705.6 吨-原料÷1000=55.7 吨。

合计产生量：

8.90 吨+132 吨+65.5 吨+4.68 吨+0.756 吨+21.6 吨+0.0612 吨+69.2 吨+55.7 吨=358 吨

（2）化学需氧量去除量计算

①查找治理技术平均去除效率

冲压工段、预处理工段、转化膜工段、装配工段、涂装工段废水采用“化学混凝法+厌氧水解类+生物接触氧化法”组合技术，化学需氧量平均去除效率均为 88%。

机械加工工段废水采用“膜分离+厌氧水解类+生物接触氧化法”组合技术，化学需氧量平均去除效率均为 98%。

②计算污染治理设施实际运行率

根据产污系数组合查询结果，该组合中化学需氧量对应的污染治理设施实际运行参数分别为污水治理设施运行时间、企业正常生产时间。

根据查询结果，该组合中化学需氧量对应的两种污染治理设施实际运行率均为

k=污水治理设施运行时间/正常生产时间，经计算，*k*=0.95。

③计算化学需氧量去除量

机加工废水化学需氧量去除量=（65.5 吨+4.68 吨）×98%×0.95=65.3 吨

其他各种废水化学需氧量去除量=（8.90 吨+132 吨+0.756 吨+21.6 吨+0.0612 吨+69.2 吨+55.7 吨）×88%×0.95=241 吨

化学需氧量合计去除量=65.3 吨+241 吨=306 吨

（3）化学需氧量排放量计算

化学需氧量排放量=358 吨−306 吨=52 吨

5 系数表

33 金属制品业，34 通用设备制造业，35 专用设备制造业，36 汽车制造业，37 铁路、船舶、航空航天和其他运输设备制造业，431 金属制品修理业，432 通用设备修理业，433 专用设备修理业，434 铁路、船舶、航空航天等运输设备修理业（不包括电镀工艺）系数表

01 铸造

工段名称	产品名称	原料名称	工艺名称	规模等级	污染物类别	污染物指标	系数单位	产污系数	末端治理技术	末端治理技术平均去除效率/%	参考 k 值计算公式[1]
铸造	铸件	原砂、再生砂、水、膨润土、煤粉、其他辅助材料	砂处理（粘土砂）	所有规模	废气	工业废气量	标米^3/吨-产品	44162	—	—	—
						颗粒物	千克/吨-产品	17.2	文丘里	85	k=除尘设备年耗电量（千瓦·时）/［除尘设备额定功率（千瓦）×除尘设备年运行时间（小时）］
									板式	95	
									管式	95	
									直排	0	
									喷淋塔/冲击水浴	85	
									单筒（多筒并联）旋风	60	
									多管旋风	70	
									袋式除尘	95	
		原砂、再生砂、树脂、硬化剂	砂处理（树脂砂）	所有规模	废气	工业废气量	标米^3/吨-产品	56428	—	—	—
						颗粒物	千克/吨-产品	16.0	文丘里	85	k=除尘设备年耗电量（千瓦·时）/［除尘设备额定功率（千瓦）×除尘设备年运行时间（小时）］
									板式	95	
									管式	95	
									直排	0	
									喷淋塔/冲击水浴	85	
									单筒（多筒并联）旋风	60	
									多管旋风	70	
									袋式除尘	95	

[1] 该公式仅供参考，使用时，可根据 k 值定义，选取更适合企业实际情况的表达方式。

工段名称	产品名称	原料名称	工艺名称	规模等级	污染物类别	污染物指标	系数单位	产污系数	末端治理技术	末端治理技术平均去除效率/%	参考 k 值计算公式
铸造	铸件	水玻璃、硅溶胶、原砂、再生砂、硬化剂	砂处理（熔模）	所有规模	废气	工业废气量	标米 ^{3}/吨-产品	15347	—	—	—
						颗粒物	千克/吨-产品	3.48	文丘里	85	k=除尘设备年耗电量（千瓦·时）/［除尘设备额定功率（千瓦）×除尘设备年运行时间（小时）］
									板式	95	
									管式	95	
									直排	0	
									喷淋塔/冲击水浴	85	
									单筒（多筒并联）旋风	60	
									多管旋风	70	
									袋式除尘	95	
		原砂	砂处理（干砂：消失模/V 法）	所有规模	废气	工业废气量	标米 ^{3}/吨-产品	29685	—	—	—
						颗粒物	千克/吨-产品	7.90	文丘里	85	k=除尘设备年耗电量（千瓦·时）/［除尘设备额定功率（千瓦）×除尘设备年运行时间（小时）］
									板式	95	
									管式	95	
									直排	0	
									喷淋塔/冲击水浴	85	
									单筒（多筒并联）旋风	60	
									多管旋风	70	
									袋式除尘	95	
		废钢、铁合金、中间合金锭、焦炭	熔炼（冲天炉）	所有规模	废气	工业废气量	标米 ^{3}/吨-产品	19284	—	—	—
						颗粒物	千克/吨-产品	3.78	文丘里	85	k=除尘设备年耗电量（千瓦·时）/［除尘设备额定功率（千瓦）×除尘设备年运行时间（小时）］
									板式	95	
									管式	95	
									直排	0	
									喷淋塔/冲击水浴	85	
									单筒（多筒并联）旋风	60	
									多管旋风	70	
									袋式除尘	95	

工段名称	产品名称	原料名称	工艺名称	规模等级	污染物类别	污染物指标	系数单位	产污系数	末端治理技术	末端治理技术平均去除效率/%	参考 k 值计算公式
铸造	铸件	废钢、铁合金、中间合金锭、焦炭	熔炼（冲天炉）	所有规模	废气	二氧化硫	千克/吨-焦炭	6.00S[①]	双碱法	80	k=工艺废气净化装置年耗电量（千瓦·时）/［工艺废气净化装置额定功率（千瓦）×工艺废气净化装置年运行时间（小时）］
									直排	0	
									石灰/石膏法	80	
									石灰石/石膏法	80	
						氮氧化物	千克/吨-产品	0.196	选择性非催化还原法（SNCR）	50	
									直排	0	
									选择性催化还原法（SCR）	80	
		废钢、中间合金锭、石灰石	熔炼（电弧炉/LF 炉/VOD 炉）	所有规模	废气	工业废气量	标米 ^{3}/吨-产品	14372	—	—	—
						颗粒物	千克/吨-产品	4.67	文丘里	85	k=除尘设备年耗电量（千瓦·时）/［除尘设备额定功率（千瓦）×除尘设备年运行时间（小时）］
									板式	95	
									管式	95	
									直排	0	
									喷淋塔/冲击水浴	85	
									单筒（多筒并联）旋风	60	
									多管旋风	70	
									袋式除尘	95	
		生铁、废钢、铁合金、中间合金锭、石灰石、增碳剂、电解铜	熔炼（感应电炉/电阻炉及其他）	所有规模	废气	工业废气量	标米 ^{3}/吨-产品	7483	—	—	—
						颗粒物	千克/吨-产品	0.479	文丘里	85	k=除尘设备年耗电量（千瓦·时）/［除尘设备额定功率（千瓦）×除尘设备年运行时间（小时）］
									板式	95	
									管式	95	
									直排	0	
									喷淋塔/冲击水浴	85	
									单筒（多筒并联）旋风	60	
									多管旋风	70	
									袋式除尘	95	

工段名称	产品名称	原料名称	工艺名称	规模等级	污染物类别	污染物指标	系数单位	产污系数	末端治理技术	末端治理技术平均去除效率/%	参考 k 值计算公式
铸造	铸件	铝合金锭、镁合金锭、铜合金锭、锌合金锭、铝锭、铜锭、镁锭、锌锭、中间合金锭、其他金属材料、精炼剂、变质剂	熔炼（感应电炉/电阻炉及其他）	所有规模	废气	工业废气量	标米 ^{3}/吨-产品	21951	—	—	—
						颗粒物	千克/吨-产品	0.525	文丘里	85	k=除尘设备年耗电量（千瓦·时）/［除尘设备额定功率（千瓦）×除尘设备年运行时间（小时）］
									板式	95	
									管式	95	
									直排	0	
									喷淋塔/冲击水浴	85	
									单筒（多筒并联）旋风	60	
									多管旋风	70	
									袋式除尘	95	
		铝合金、镁合金、铜合金、锌合金、铝锭、铜锭、镁锭、中间合金锭、其他金属材料、天然气、煤气、精炼剂、变质剂	熔炼（燃气炉）	所有规模	废气	工业废气量	标米 ^{3}/吨-产品	11883	—	—	—
						颗粒物	千克/吨-产品	0.943	文丘里	85	k=除尘设备年耗电量（千瓦·时）/［除尘设备额定功率（千瓦）×除尘设备年运行时间（小时）］
									板式	95	
									管式	95	
									直排	0	
									喷淋塔/冲击水浴	85	
									单筒（多筒并联）旋风	60	
									多管旋风	70	
									袋式除尘	95	
		覆膜砂、天然气	制芯（热芯盒：覆膜砂）	所有规模	废气	工业废气量	标米 ^{3}/吨-产品	3615	—	—	—
						颗粒物	千克/吨-产品	0.330	文丘里	85	k=除尘设备年耗电量（千瓦·时）/［除尘设备额定功率（千瓦）×除尘设备年运行时间（小时）］
									板式	95	
									管式	95	
									直排	0	
									喷淋塔/冲击水浴	85	
									单筒（多筒并联）旋风	60	
									多管旋风	70	
									袋式除尘	95	

工段名称	产品名称	原料名称	工艺名称	规模等级	污染物类别	污染物指标	系数单位	产污系数	末端治理技术	末端治理技术平均去除效率/%	参考 k 值计算公式
铸造	铸件	覆膜砂、天然气	制芯（热芯盒：覆膜砂）	所有规模	废气	挥发性有机物	千克/吨-产品	0.0500	光催化	9	k=工艺废气净化装置年耗电量（千瓦·时）/[工艺废气净化装置额定功率（千瓦）×工艺废气净化装置年运行时间（小时）]
									催化燃烧法	85	
									直接燃烧法	85	
									热力燃烧法	85	
									蓄热式热力燃烧法	85	
									吸附/催化燃烧法	77	
									光解	9	
									直排	0	
									其他（吸附法）	18	
									吸附/热力燃烧法	77	
									蓄热式催化燃烧法	85	
		原砂、冷芯盒树脂、三乙胺	制芯（冷芯盒：三乙胺）	所有规模	废气	工业废气量	标米 ^{3}/吨-产品	4354	—	—	—
						颗粒物	千克/吨-产品	0.218	文丘里	85	k=除尘设备年耗电量（千瓦·时）/[除尘设备额定功率（千瓦）×除尘设备年运行时间（小时）]
									板式	95	
									管式	95	
									直排	0	
									喷淋塔/冲击水浴	85	
									单筒（多筒并联）旋风	60	
									多管旋风	70	
									袋式除尘	95	
						挥发性有机物	千克/吨-产品	0.0783	光催化	9	k=工艺废气净化装置年耗电量（千瓦·时）/[工艺废气净化装置额定功率（千瓦）×工艺废气净化装置年运行时间（小时）]
									催化燃烧法	85	
									直接燃烧法	85	
									热力燃烧法	85	
									蓄热式热力燃烧法	85	
									吸附/催化燃烧法	77	
									光解	9	
									直排	0	
									其他（吸附法）	18	
									吸附/热力燃烧法	77	
									蓄热式催化燃烧法	85	

工段名称	产品名称	原料名称	工艺名称	规模等级	污染物类别	污染物指标	系数单位	产污系数	末端治理技术	末端治理技术平均去除效率/%	参考k值计算公式
铸造	铸件	树脂、原砂、再生砂、硬化剂	制芯（树脂砂制芯：呋喃、酚醛）	所有规模	废气	工业废气量	标米^3/吨-产品	739	—	—	—
						颗粒物	千克/吨-产品	0.154	文丘里	85	k=除尘设备年耗电量（千瓦·时）/［除尘设备额定功率（千瓦）×除尘设备年运行时间（小时）］
									板式	95	
									管式	95	
									直排	0	
									喷淋塔/冲击水浴	85	
									单筒（多筒并联）旋风	60	
									多管旋风	70	
									袋式除尘	95	
		原砂、再生砂、水、膨润土、煤粉、其他辅助材料、涂料、脱模剂	造型/浇注（粘土砂）	所有规模	废气	工业废气量	标米^3/吨-产品	3649	—	—	—
						颗粒物	千克/吨-产品	1.97	文丘里	85	k=除尘设备年耗电量（千瓦·时）/［除尘设备额定功率（千瓦）×除尘设备年运行时间（小时）］
									板式	95	
									管式	95	
									直排	0	
									喷淋塔/冲击水浴	85	
									单筒（多筒并联）旋风	60	
									多管旋风	70	
									袋式除尘	95	
						挥发性有机物	千克/吨-产品	0.213	光催化	9	k=工艺废气净化装置年耗电量（千瓦·时）/［工艺废气净化装置额定功率（千瓦）×工艺废气净化装置年运行时间（小时）］
									催化燃烧法	85	
									直接燃烧法	85	
									热力燃烧法	85	
									蓄热式热力燃烧法	85	
									吸附/催化燃烧法	77	
									光解	9	
									直排	0	
									其他（吸附法）	18	
									吸附/热力燃烧法	77	
									蓄热式催化燃烧法	85	

工段名称	产品名称	原料名称	工艺名称	规模等级	污染物类别	污染物指标	系数单位	产污系数	末端治理技术	末端治理技术平均去除效率/%	参考 k 值计算公式
铸造	铸件	原砂、再生砂、树脂、硬化剂、涂料、脱模剂	造型/浇注（树脂砂）	所有规模	废气	工业废气量	标米 ^{3}/吨-产品	26899	—	—	—
						颗粒物	千克/吨-产品	1.03	文丘里	85	k=除尘设备年耗电量（千瓦·时）/［除尘设备额定功率（千瓦）×除尘设备年运行时间（小时）］
									板式	95	
									管式	95	
									直排	0	
									喷淋塔/冲击水浴	85	
									单筒（多筒并联）旋风	60	
									多管旋风	70	
									袋式除尘	95	
						挥发性有机物	千克/吨-产品	0.495	光催化	9	k=工艺废气净化装置年耗电量（千瓦·时）/［工艺废气净化装置额定功率（千瓦）×工艺废气净化装置年运行时间（小时）］
									催化燃烧法	85	
									直接燃烧法	85	
									热力燃烧法	85	
									蓄热式热力燃烧法	85	
									吸附/催化燃烧法	77	
									光解	9	
									直排	0	
									其他（吸附法）	18	
									吸附/热力燃烧法	77	
									蓄热式催化燃烧法	85	
		原砂、再生砂、树脂、硬化剂、涂料、白模	造型/浇注（消失模/实型）	所有规模	废气	工业废气量	标米 ^{3}/吨-产品	1103	—	—	—
						颗粒物	千克/吨-产品	0.967	文丘里	85	k=除尘设备年耗电量（千瓦·时）/［除尘设备额定功率（千瓦）×除尘设备年运行时间（小时）］
									板式	95	
									管式	95	
									直排	0	
									喷淋塔/冲击水浴	85	
									单筒（多筒并联）旋风	60	
									多管旋风	70	
									袋式除尘	95	

工段名称	产品名称	原料名称	工艺名称	规模等级	污染物类别	污染物指标	系数单位	产污系数	末端治理技术	末端治理技术平均去除效率/%	参考k值计算公式
铸造	铸件	原砂、再生砂、树脂、硬化剂、涂料、白模	造型/浇注（消失模/实型）	所有规模	废气	挥发性有机物	千克/吨-产品	0.453	光催化	9	k=工艺废气净化装置年耗电量（千瓦·时）/[工艺废气净化装置额定功率（千瓦）×工艺废气净化装置年运行时间（小时）]
									催化燃烧法	85	
									直接燃烧法	85	
									热力燃烧法	85	
									蓄热式热力燃烧法	85	
									吸附/催化燃烧法	77	
									光解	9	
									直排	0	
									其他（吸附法）	18	
									吸附/热力燃烧法	77	
									蓄热式催化燃烧法	85	
		原砂、再生砂、塑料薄膜、涂料	造型/浇注（V法）	所有规模	废气	工业废气量	标米^3/吨-产品	10843	—	—	—
						颗粒物	千克/吨-产品	0.566	文丘里	85	k=除尘设备年耗电量（千瓦·时）/[除尘设备额定功率（千瓦）×除尘设备年运行时间（小时）]
									板式	95	
									管式	95	
									直排	0	
									喷淋塔/冲击水浴	85	
									单筒（多筒并联）旋风	60	
									多管旋风	70	
									袋式除尘	95	
						挥发性有机物	千克/吨-产品	0.0867	光催化	9	k=工艺废气净化装置年耗电量（千瓦·时）/[工艺废气净化装置额定功率（千瓦）×工艺废气净化装置年运行时间（小时）]
									催化燃烧法	85	
									直接燃烧法	85	
									热力燃烧法	85	
									蓄热式热力燃烧法	85	
									吸附/催化燃烧法	77	
									光解	9	
									直排	0	
									其他（吸附法）	18	
									吸附/热力燃烧法	77	
									蓄热式催化燃烧法	85	

工段名称	产品名称	原料名称	工艺名称	规模等级	污染物类别	污染物指标	系数单位	产污系数	末端治理技术	末端治理技术平均去除效率/%	参考k值计算公式
铸造	铸件	冷芯、涂料	造型/浇注（离心）	所有规模	废气	工业废气量	标米^{3}/吨-产品	7167	—	—	—
						颗粒物	千克/吨-产品	0.193	文丘里	85	k=除尘设备年耗电量（千瓦·时）/［除尘设备额定功率（千瓦）×除尘设备年运行时间（小时）］
									板式	95	
									管式	95	
									直排	0	
									喷淋塔/冲击水浴	85	
									单筒（多筒并联）旋风	60	
									多管旋风	70	
									袋式除尘	95	
		涂料	造型/浇注（有色压铸）	所有规模	废气	工业废气量	标米^{3}/吨-产品	21785	—	—	—
						颗粒物	千克/吨-产品	1.99	文丘里	85	k=除尘设备年耗电量（千瓦·时）/［除尘设备额定功率（千瓦）×除尘设备年运行时间（小时）］
									板式	95	
									管式	95	
									直排	0	
									喷淋塔/冲击水浴	85	
									单筒（多筒并联）旋风	60	
									多管旋风	70	
									袋式除尘	95	
						挥发性有机物	千克/吨-产品	0.120	光催化	9	k=工艺废气净化装置年耗电量（千瓦·时）/［工艺废气净化装置额定功率（千瓦）×工艺废气净化装置年运行时间（小时）］
									催化燃烧法	85	
									直接燃烧法	85	
									热力燃烧法	85	
									蓄热式热力燃烧法	85	
									吸附/催化燃烧法	77	
									光解	9	
									直排	0	
									其他（吸附法）	18	
									吸附/热力燃烧法	77	
									蓄热式催化燃烧法	85	

工段名称	产品名称	原料名称	工艺名称	规模等级	污染物类别	污染物指标	系数单位	产污系数	末端治理技术	末端治理技术平均去除效率/%	参考 k 值计算公式
铸造	铸件	模料、水玻璃、硅溶胶、原砂、再生砂、硬化剂、其他辅助材料	造型/浇注（熔模）	所有规模	废气	工业废气量	标米 ^{3}/吨-产品	4331	—	—	—
						颗粒物	千克/吨-产品	0.560	文丘里	85	k=除尘设备年耗电量（千瓦·时）/［除尘设备额定功率（千瓦）×除尘设备年运行时间（小时）］
									板式	95	
									管式	95	
									直排	0	
									喷淋塔/冲击水浴	85	
									单筒（多筒并联）旋风	60	
									多管旋风	70	
									袋式除尘	95	
						挥发性有机物	千克/吨-产品	0.333	光催化	9	k=工艺废气净化装置年耗电量（千瓦·时）/［工艺废气净化装置额定功率（千瓦）×工艺废气净化装置年运行时间（小时）］
									催化燃烧法	85	
									直接燃烧法	85	
									热力燃烧法	85	
									蓄热式热力燃烧法	85	
									吸附/催化燃烧法	77	
									光解	9	
									直排	0	
									其他（吸附法）	18	
									吸附/热力燃烧法	77	
									蓄热式催化燃烧法	85	
		覆膜砂、涂料	造型/浇注（壳型）	所有规模	废气	工业废气量	标米 ^{3}/吨-产品	6250	—	—	—
						颗粒物	千克/吨-产品	0.367	文丘里	85	k=除尘设备年耗电量（千瓦·时）/［除尘设备额定功率（千瓦）×除尘设备年运行时间（小时）］
									板式	95	
									管式	95	
									直排	0	
									喷淋塔/冲击水浴	85	
									单筒（多筒并联）旋风	60	
									多管旋风	70	
									袋式除尘	95	

工段名称	产品名称	原料名称	工艺名称	规模等级	污染物类别	污染物指标	系数单位	产污系数	末端治理技术	末端治理技术平均去除效率/%	参考 k 值计算公式
铸造	铸件	覆膜砂、涂料	造型/浇注（壳型）	所有规模	废气	挥发性有机物	千克/吨-产品	0.250	光催化	9	k=工艺废气净化装置年耗电量（千瓦·时）/［工艺废气净化装置额定功率（千瓦）×工艺废气净化装置年运行时间（小时）］
									催化燃烧法	85	
									直接燃烧法	85	
									热力燃烧法	85	
									蓄热式热力燃烧法	85	
									吸附/催化燃烧法	77	
									光解	9	
									直排	0	
									其他（吸附法）	18	
									吸附/热力燃烧法	77	
									蓄热式催化燃烧法	85	
		金属液等、脱模剂	造型/浇注（重力、低压：限金属型，石膏/陶瓷型/石墨型等）	所有规模	废气	工业废气量	标米 ^{3}/吨-产品	6000	—	—	—
						颗粒物	千克/吨-产品	0.247	文丘里	85	k=除尘设备年耗电量（千瓦·时）/［除尘设备额定功率（千瓦）×除尘设备年运行时间（小时）］
									板式	95	
									管式	95	
									直排	0	
									喷淋塔/冲击水浴	85	
									单筒（多筒并联）旋风	60	
									多管旋风	70	
									袋式除尘	95	

注：① S——铸造核算环节焦炭中收到基硫分。如含硫 0.8%，则 S=0.8，取值范围 0～100。

工段名称	产品名称	原料名称	工艺名称	规模等级	污染物类别	污染物指标	系数单位	产污系数	末端治理技术	末端治理技术平均去除效率/%	参考 k 值计算公式[1]
锻造	锻件	天然气	锻坯加热	所有规模	废气	二氧化硫	千克/米^3-原料	0.000002S	石灰石/石膏法	80	k=工艺废气净化装置年耗电量（千瓦·时）/［工艺废气净化装置额定功率（千瓦）×工艺废气净化装置年运行时间（小时）］
									石灰/石膏法	80	
									直排	0	
									双碱法	80	
						颗粒物	千克/米^3-原料	0.000286	直排	0	k=除尘设备年耗电量（千瓦·时）/［除尘设备额定功率（千瓦）×除尘设备年运行时间（小时）］
									袋式除尘	95	
									多管旋风	70	
									单筒（多筒并联）旋风	60	
						氮氧化物	千克/米^3-原料	0.00187	选择性非催化还原法（SNCR）	50	k=工艺废气净化装置年耗电量（千瓦·时）/［工艺废气净化装置额定功率（千瓦）×工艺废气净化装置年运行时间（小时）］
									选择性催化还原法（SCR）	80	
									低氮燃烧法	50	
									直排	0	
									烟气循环燃烧	50	
									氧化/吸收法	50	
						工业废气量	标米^3/米^3-原料	13.6	—	—	—

注：①如有其他燃料使用，可直接类比涂装核算环节工业炉窑。
②S——收到基硫分（取值范围 0～100，燃料为气体时，取值范围≥0）。

[1] 该公式仅供参考，使用时，可根据 k 值定义，选取更适合企业实际情况的表达方式。

工段名称	产品名称	原料名称	工艺名称	规模等级	污染物类别	污染物指标	系数单位	产污系数	末端治理技术	末端治理技术平均去除效率/%	参考 k 值计算公式[1]
粉末冶金	粉末冶金件	粉末	混粉成形	所有规模	废气	颗粒物	千克/吨-原料	0.192	多管旋风	70	k=除尘设备年耗电量（千瓦·时）/[除尘设备额定功率（千瓦）×除尘设备年运行时间（小时）]
									板式	95	
									管式	95	
									直排	0	
									喷淋塔/冲击水浴	85	
									单筒（多筒并联）旋风	60	
									袋式除尘	95	
						工业废气量	标米 ^{3}/吨-原料	3000	—	—	—
		粉末	烧结	所有规模	废气	颗粒物	千克/吨-原料	0.0130	袋式除尘	95	k=除尘设备年耗电量（千瓦·时）/[除尘设备额定功率（千瓦）×除尘设备年运行时间（小时）]
									板式	95	
									管式	95	
									直排	0	
									喷淋塔/冲击水浴	85	
									单筒（多筒并联）旋风	60	
									多管旋风	70	
						工业废气量	标米 ^{3}/吨-原料	2000	—	—	—

[1] 该公式仅供参考，使用时，可根据 k 值定义，选取更适合企业实际情况的表达方式。

04 下料

工段名称	产品名称	原料名称	工艺名称	规模等级	污染物类别	污染物指标	系数单位	产污系数	末端治理技术	末端治理技术平均去除效率/%	参考 k 值计算公式[1]
下料	下料件	钢板、铝板、铝合金板、其他金属材料	氧/可燃气切割	所有规模	废气	工业废气量	标米^3/吨-原料	4635	—	—	—
						颗粒物	千克/吨-原料	1.50	单筒（多筒并联）旋风	60	k=除尘设备年耗电量（千瓦·时）/[除尘设备额定功率（千瓦）×除尘设备年运行时间（小时）]
									板式	95	
									管式	95	
									直排	0	
									喷淋塔/冲击水浴	85	
									多管旋风	70	
									袋式除尘	95	
		钢板、铝板、铝合金板、其他金属材料	等离子切割	所有规模	废气	工业废气量	标米^3/吨-原料	4635	—	—	—
						颗粒物	千克/吨-原料	1.10	单筒（多筒并联）旋风	60	k=除尘设备年耗电量（千瓦·时）/[除尘设备额定功率（千瓦）×除尘设备年运行时间（小时）]
									板式	95	
									管式	95	
									直排	0	
									喷淋塔/冲击水浴	85	
									多管旋风	70	
									袋式除尘	95	
		钢板、铝板、铝合金板、其他金属材料、玻璃纤维、其他非金属材料	锯床、砂轮切割机切割	所有规模	废气	工业废气量	标米^3/吨-原料	4635	—	—	—
						颗粒物	千克/吨-原料	5.30	单筒（多筒并联）旋风	60	k=除尘设备年耗电量（千瓦·时）/[除尘设备额定功率（千瓦）×除尘设备年运行时间（小时）]
									板式	95	
									管式	95	
									直排	0	
									喷淋塔/冲击水浴	85	
									多管旋风	70	
									袋式除尘	95	

[1] 该公式仅供参考，使用时，可根据 k 值定义，选取更适合企业实际情况的表达方式。

工段名称	产品名称	原料名称	工艺名称	规模等级	污染物类别	污染物指标	系数单位	产污系数	末端治理技术	末端治理技术平均去除效率/%	参考 k 值计算公式[1]
冲压	冲压件	钢材（含板材、构件等）、铝材（含板材、构件等）、铝合金（含板材、构件等）	开卷剪切、冲压、模具清洗	所有规模	废水	工业废水量	吨/吨-产品	0.0197	—	—	—
						化学需氧量	千克/吨-产品	0.355	直排	0	k=污水治理设施运行时间（小时/年）/企业正常生产时间（小时/年）
									物理处理法	30	
									过滤分离	30	
									膜分离	90	
									物理化学处理法	40	
									化学混凝法	40	
									好氧生物处理法	70	
									SBR 类	70	
									MBR 类	70	
									生物接触氧化法	70	
									厌氧生物处理法	35	
									厌氧水解类	35	
									膜分离+ SBR 类	97	
									膜分离+MBR 类	97	
									膜分离+生物接触氧化法	97	
									化学混凝法+上浮分离	50	
									化学混凝法+SBR 类	82	
									化学混凝法+MBR 类	82	
									化学混凝法+生物接触氧化法	82	
									厌氧水解类+SBR 类	80	
									厌氧水解类+MBR 类	80	
									厌氧水解类+生物接触氧化法	80	
									膜分离+厌氧水解类+SBR 类	98	
									膜分离+厌氧水解类+MBR 类	98	
									膜分离+厌氧水解类+生物接触氧化法	98	
									化学混凝法+厌氧水解类+SBR 类	88	
									化学混凝法+厌氧水解类+MBR 类	88	
									化学混凝法+厌氧水解类+生物接触氧化法	88	

[1] 该公式仅供参考，使用时，可根据 k 值定义，选取更适合企业实际情况的表达方式。

工段名称	产品名称	原料名称	工艺名称	规模等级	污染物类别	污染物指标	系数单位	产污系数	末端治理技术	末端治理技术平均去除效率/%	参考 k 值计算公式
冲压	冲压件	钢材（含板材、构件等）、铝材（含板材、构件等）、铝合金（含板材、构件等）	开卷剪切、冲压、模具清洗	所有规模	废水	石油类	千克/吨-产品	0.0632	直排	0	k=污水治理设施运行时间（小时/年）/企业正常生产时间（小时/年）
									物理处理法	30	
									过滤分离	30	
									膜分离	90	
									上浮处理	40	
									物理化学处理法	50	
									化学混凝法	50	
									好氧生物处理法	70	
									SBR 类	70	
									MBR 类	70	
									生物接触氧化法	70	
									厌氧生物处理法	35	
									厌氧水解类	35	
									膜分离+SBR 类	97	
									膜分离+MBR 类	97	
									膜分离+生物接触氧化法	97	
									化学混凝法+上浮分离	70	
									化学混凝法+SBR 类	85	
									化学混凝法+MBR 类	85	
									化学混凝法+生物接触氧化法	85	
									膜分离+厌氧水解类+SBR 类	98	
									膜分离+厌氧水解类+MBR 类	98	
									膜分离+厌氧水解类+生物接触氧化法	98	
									化学混凝法+厌氧水解类+SBR 类	90	
									化学混凝法+厌氧水解类+MBR 类	90	
									化学混凝法+厌氧水解类+生物接触氧化法	90	
									厌氧水解类+SBR 类	80	
									厌氧水解类+MBR 类	80	
									厌氧水解类+生物接触氧化法	80	

工段名称	产品名称	原料名称	工艺名称	规模等级	污染物类别	污染物指标	系数单位	产污系数	末端治理技术	末端治理技术平均去除效率/%	参考 k 值计算公式[1]
预处理	干式预处理件	钢材（含板材、构件等）、铝材（含板材、构件等）、铝合金（含板材、构件等）、铁材、其他金属材料	抛丸、喷砂、打磨、滚筒	所有规模	废气	工业废气量	标米^3/吨-原料	8500	—	—	—
						颗粒物	千克/吨-原料	2.19	单筒（多筒并联）旋风	60	k=除尘设备年耗电量（千瓦·时）/［除尘设备额定功率（千瓦）×除尘设备年运行时间（小时）］
									板式	95	
									管式	95	
									直排	0	
									喷淋塔/冲击水浴	85	
									袋式除尘	95	
									多管旋风	70	
预处理	湿式预处理件	盐酸	酸洗	所有规模	废水	工业废水量	吨/吨-产品	0.0100	—	—	—
						化学需氧量	千克/吨-产品	0.0160	直排	0	k=污水治理设施运行时间（小时/年）/企业正常生产时间（小时/年）
									物理处理法	30	
									过滤分离	30	
									膜分离	90	
									物理化学处理法	40	
									化学混凝法	40	
									好氧生物处理法	70	
									SBR 类	70	
									MBR 类	70	
									生物接触氧化法	70	
									厌氧生物处理法	35	
									厌氧水解类	35	
									膜分离+ SBR 类	97	
									膜分离+MBR 类	97	
									膜分离+生物接触氧化法	97	
									化学混凝法+上浮分离	50	

[1] 该公式仅供参考，使用时，可根据 k 值定义，选取更适合企业实际情况的表达方式。

工段名称	产品名称	原料名称	工艺名称	规模等级	污染物类别	污染物指标	系数单位	产污系数	末端治理技术	末端治理技术平均去除效率/%	参考 k 值计算公式
预处理	湿式预处理件	盐酸	酸洗	所有规模	废水	化学需氧量	千克/吨-产品	0.0160	化学混凝法+SBR 类	82	k=污水治理设施运行时间（小时/年）/企业正常生产时间（小时/年）
									化学混凝法+MBR 类	82	
									化学混凝法+生物接触氧化法	82	
									厌氧水解类+SBR 类	80	
									厌氧水解类+MBR 类	80	
									厌氧水解类+生物接触氧化法	80	
									膜分离+厌氧水解类+SBR 类	98	
									膜分离+厌氧水解类+MBR 类	98	
									膜分离+厌氧水解类+生物接触氧化法	98	
									化学混凝法+厌氧水解类+SBR 类	88	
									化学混凝法+厌氧水解类+MBR 类	88	
									化学混凝法+厌氧水解类+生物接触氧化法	88	
	湿式预处理件	脱脂剂	脱脂	所有规模	废水	工业废水量	吨/吨-原料	289	—	—	—
						化学需氧量	千克/吨-原料	714	直排	0	k=污水治理设施运行时间（小时/年）/企业正常生产时间（小时/年）
									物理处理法	30	
									过滤分离	30	
									膜分离	90	
									物理化学处理法	40	
									化学混凝法	40	
									好氧生物处理法	70	
									SBR 类	70	
									MBR 类	70	
									生物接触氧化法	70	
									厌氧生物处理法	35	
									厌氧水解类	35	
									膜分离+ SBR 类	97	
									膜分离+MBR 类	97	
									膜分离+生物接触氧化法	97	
									化学混凝法+上浮分离	50	

工段名称	产品名称	原料名称	工艺名称	规模等级	污染物类别	污染物指标	系数单位	产污系数	末端治理技术	末端治理技术平均去除效率/%	参考 *k* 值计算公式
预处理	湿式预处理件	脱脂剂	脱脂	所有规模	废水	化学需氧量	千克/吨-原料	714	化学混凝法+SBR 类	82	*k*=污水治理设施运行时间（小时/年）/企业正常生产时间（小时/年）
									化学混凝法+MBR 类	82	
									化学混凝法+生物接触氧化法	82	
									厌氧水解类+SBR 类	80	
									厌氧水解类+MBR 类	80	
									厌氧水解类+生物接触氧化法	80	
									膜分离+厌氧水解类+SBR 类	98	
									膜分离+厌氧水解类+MBR 类	98	
									膜分离+厌氧水解类+生物接触氧化法	98	
									化学混凝法+厌氧水解类+SBR 类	88	
									化学混凝法+厌氧水解类+MBR 类	88	
									化学混凝法+厌氧水解类+生物接触氧化法	88	
						总磷	千克/吨-原料	5.10	直排	0	
									物理化学处理法	85	
									化学混凝法	85	
									好氧生物处理法	40	
									SBR 类	40	
									MBR 类	40	
									生物接触氧化法	40	
									化学混凝法+上浮分离	85	
									化学混凝法+SBR 类	91	
									化学混凝法+MBR 类	91	
									化学混凝法+生物接触氧化法	91	
						石油类	千克/吨-原料	51.0	直排	0	
									物理处理法	30	
									过滤分离	30	
									膜分离	90	
									上浮处理	40	
									物理化学处理法	50	

工段名称	产品名称	原料名称	工艺名称	规模等级	污染物类别	污染物指标	系数单位	产污系数	末端治理技术	末端治理技术平均去除效率/%	参考 k 值计算公式
预处理	湿式预处理件	脱脂剂	脱脂	所有规模	废水	石油类	千克/吨-原料	51.0	化学混凝法	50	k=污水治理设施运行时间（小时/年）/企业正常生产时间（小时/年）
									好氧生物处理法	70	
									SBR 类	70	
									MBR 类	70	
									生物接触氧化法	70	
									厌氧生物处理法	35	
									厌氧水解类	35	
									膜分离+SBR 类	97	
									膜分离+MBR 类	97	
									膜分离+生物接触氧化法	97	
									化学混凝法+上浮分离	70	
									化学混凝法+SBR 类	85	
									化学混凝法+MBR 类	85	
									化学混凝法+生物接触氧化法	85	
									厌氧水解类+SBR 类	80	
									厌氧水解类+MBR 类	80	
									厌氧水解类+生物接触氧化法	80	
									膜分离+厌氧水解类+SBR 类	98	
									膜分离+厌氧水解类+MBR 类	98	
									膜分离+厌氧水解类+生物接触氧化法	98	
									化学混凝法+厌氧水解类+SBR 类	90	
									化学混凝法+厌氧水解类+MBR 类	90	
									化学混凝法+厌氧水解类+生物接触氧化法	90	

工段名称	产品名称	原料名称	工艺名称	规模等级	污染物类别	污染物指标	系数单位	产污系数	末端治理技术	末端治理技术平均去除效率/%	参考 k 值计算公式[1]
机械加工	湿式机加工件	切削液	车床加工、铣床加工、刨床加工、磨床加工、镗床加工、钳床加工、钻床加工、加工中心加工、数控中心加工	所有规模	废水	工业废水量	吨/吨-原料	7.80	—	—	—
						化学需氧量	千克/吨-原料	546	直排	0	k=污水治理设施运行时间（小时/年）/企业正常生产时间（小时/年）
									物理处理法	30	
									过滤分离	30	
									膜分离	90	
									物理化学处理法	40	
									化学混凝法	40	
									好氧生物处理法	70	
									SBR 类	70	
									MBR 类	70	
									生物接触氧化法	70	
									厌氧生物处理法	35	
									厌氧水解类	35	
									膜分离+SBR 类	97	
									膜分离+MBR 类	97	
									膜分离+生物接触氧化法	97	
									化学混凝法+上浮分离	50	
									化学混凝法+SBR 类	82	
									化学混凝法+MBR 类	82	
									化学混凝法+生物接触氧化法	82	
									厌氧水解类+SBR 类	80	
									厌氧水解类+MBR 类	80	
									厌氧水解类+生物接触氧化法	80	
									膜分离+厌氧水解类+SBR 类	98	
									膜分离+厌氧水解类+MBR 类	98	
									膜分离+厌氧水解类+生物接触氧化法	98	
									化学混凝法+厌氧水解类+SBR 类	88	
									化学混凝法+厌氧水解类+MBR 类	88	
									化学混凝法+厌氧水解类+生物接触氧化法	88	

[1] 该公式仅供参考，使用时，可根据 k 值定义，选取更适合企业实际情况的表达方式。

工段名称	产品名称	原料名称	工艺名称	规模等级	污染物类别	污染物指标	系数单位	产污系数	末端治理技术	末端治理技术平均去除效率/%	参考 k 值计算公式
机械加工	湿式机加工件	切削液	车床加工、铣床加工、刨床加工、磨床加工、镗床加工、钳床加工、钻床加工、加工中心加工、数控中心加工	所有规模	废水	石油类	千克/吨-原料	39.0	直排	0	k=污水治理设施运行时间（小时/年）/企业正常生产时间（小时/年）
									物理处理法	30	
									过滤分离	30	
									膜分离	90	
									上浮处理	40	
									物理化学处理法	50	
									化学混凝法	50	
									好氧生物处理法	70	
									SBR 类	70	
									MBR 类	70	
									生物接触氧化法	70	
									厌氧生物处理法	35	
									厌氧水解类	35	
									膜分离+SBR 类	97	
									膜分离+MBR 类	97	
									膜分离+生物接触氧化法	97	
									化学混凝法+上浮分离	70	
									化学混凝法+SBR 类	85	
									化学混凝法+MBR 类	85	
									化学混凝法+生物接触氧化法	85	
									厌氧水解类+SBR 类	80	
									厌氧水解类+MBR 类	80	
									厌氧水解类+生物接触氧化法	80	
									膜分离+厌氧水解类+SBR 类	98	
									膜分离+厌氧水解类+MBR 类	98	
									膜分离+厌氧水解类+生物接触氧化法	98	
									化学混凝法+厌氧水解类+SBR 类	90	
									化学混凝法+厌氧水解类+MBR 类	90	
									化学混凝法+厌氧水解类+生物接触氧化法	90	

工段名称	产品名称	原料名称	工艺名称	规模等级	污染物类别	污染物指标	系数单位	产污系数	末端治理技术	末端治理技术平均去除效率/%	参考k值计算公式
机械加工	湿式机加工件	切削液	车床加工、铣床加工、刨床加工、磨床加工、镗床加工、钳床加工、钻床加工、加工中心加工、数控中心加工	所有规模	废水	工业废气量	标米^3/吨-原料	3175256	—	—	—
						挥发性有机物	千克/吨-原料	5.64	光催化	9	k=工艺废气净化装置年耗电量（千瓦·时）/［工艺废气净化装置额定功率（千瓦）×工艺废气净化装置年运行时间（小时）］
									低温等离子体	9	
									催化燃烧法	85	
									直接燃烧法	85	
									热力燃烧法	85	
									蓄热式热力燃烧法	85	
									吸附/催化燃烧法	77	
									光解	9	
									直排	0	
									其他（吸附法）	18	
									吸附/热力燃烧法	77	
									蓄热式催化燃烧法	85	
									光催化	9	
									低温等离子体	9	
机械加工	清洗件	清洗液	加工件清洗	所有规模	废水	工业废水量	吨/吨-原料	9.75	—	—	—
						化学需氧量	千克/吨-原料	58.5	直排	0	k=污水治理设施运行时间（小时/年）/企业正常生产时间（小时/年）
									物理处理法	30	
									过滤分离	30	
									膜分离	90	
									物理化学处理法	40	
									化学混凝法	40	
									好氧生物处理法	70	
									SBR 类	70	
									MBR 类	70	
									生物接触氧化法	70	
									厌氧生物处理法	35	

工段名称	产品名称	原料名称	工艺名称	规模等级	污染物类别	污染物指标	系数单位	产污系数	末端治理技术	末端治理技术平均去除效率/%	参考 k 值计算公式
机械加工	清洗件	清洗液	加工件清洗	所有规模	废水	化学需氧量	千克/吨-原料	58.5	厌氧水解类	35	k=污水治理设施运行时间（小时/年）/企业正常生产时间（小时/年）
									膜分离+ SBR 类	97	
									膜分离+MBR 类	97	
									膜分离+生物接触氧化法	97	
									化学混凝法+上浮分离	50	
									化学混凝法+SBR 类	82	
									化学混凝法+MBR 类	82	
									化学混凝法+生物接触氧化法	82	
									厌氧水解类+SBR 类	80	
									厌氧水解类+MBR 类	80	
									厌氧水解类+生物接触氧化法	80	
									膜分离+厌氧水解类+SBR 类	98	
									膜分离+厌氧水解类+MBR 类	98	
									膜分离+厌氧水解类+生物接触氧化法	98	
									化学混凝法+厌氧水解类+SBR 类	88	
									化学混凝法+厌氧水解类+MBR 类	88	
									化学混凝法+厌氧水解类+生物接触氧化法	88	
						石油类	千克/吨-原料	19.5	直排	0	k=污水治理设施运行时间（小时/年）/企业正常生产时间（小时/年）
									物理处理法	30	
									过滤分离	30	
									膜分离	90	
									上浮处理	40	
									物理化学处理法	50	
									化学混凝法	50	
									好氧生物处理法	70	
									SBR 类	70	
									MBR 类	70	

工段名称	产品名称	原料名称	工艺名称	规模等级	污染物类别	污染物指标	系数单位	产污系数	末端治理技术	末端治理技术平均去除效率/%	参考 k 值计算公式
机械加工	清洗件	清洗液	加工件清洗	所有规模	废水	石油类	千克/吨-原料	19.5	生物接触氧化法	70	k=污水治理设施运行时间（小时/年）/企业正常生产时间（小时/年）
									厌氧生物处理法	35	
									厌氧水解类	35	
									膜分离+SBR 类	97	
									膜分离+MBR 类	97	
									膜分离+生物接触氧化法	97	
									化学混凝法+上浮分离	70	
									化学混凝法+SBR 类	85	
									化学混凝法+MBR 类	85	
									化学混凝法+生物接触氧化法	85	
									厌氧水解类+SBR 类	80	
									厌氧水解类+MBR 类	80	
									厌氧水解类+生物接触氧化法	80	
									膜分离+厌氧水解类+SBR 类	98	
									膜分离+厌氧水解类+MBR 类	98	
									膜分离+厌氧水解类+生物接触氧化法	98	
									化学混凝法+厌氧水解类+SBR 类	90	
									化学混凝法+厌氧水解类+MBR 类	90	
									化学混凝法+厌氧水解类+生物接触氧化法	90	

工段名称	产品名称	原料名称	工艺名称	规模等级	污染物类别	污染物指标	系数单位	产污系数	末端治理技术	末端治理技术平均去除效率/%	参考 k 值计算公式[1]
树脂纤维加工	注塑件、吹塑件、搪塑件、纤维材料	树脂材料或塑料（ABS 材料）、树脂材料或塑料（PE 材料）、树脂材料或塑料（PVC 材料）、树脂材料或塑料（PP 材料）、其他非金属材料、粘结剂	注塑成型、吹塑成型、搪塑成型	所有规模	废气	工业废气量	标米³/吨-原料	37262	—	—	—
						挥发性有机物	千克/吨-原料	1.20	直排	0	k=工艺废气净化装置年耗电量（千瓦·时）/[工艺废气净化装置额定功率（千瓦）×工艺废气净化装置年运行时间（小时）]
									直接燃烧法	85	
									热力燃烧法	85	
									吸附/热力燃烧法	77	
									蓄热式热力燃烧法	85	
									催化燃烧法	85	
									吸附/催化燃烧法	77	
									蓄热式催化燃烧法	85	
									低温等离子体	9	
									光解	9	
									光催化	9	
									其他（吸附法）	18	
	发泡件	发泡剂	发泡成型	所有规模	废气	工业废气量	标米³/吨-原料	43037	—	—	—
						挥发性有机物	千克/吨-原料	5.37	直排	0	k=工艺废气净化装置年耗电量（千瓦·时）/[工艺废气净化装置额定功率（千瓦）×工艺废气净化装置年运行时间（小时）]
									直接燃烧法	85	
									热力燃烧法	85	
									吸附/热力燃烧法	77	
									蓄热式热力燃烧法	85	
									催化燃烧法	85	
									吸附/催化燃烧法	77	
									蓄热式催化燃烧法	85	
									低温等离子体	9	
									光解	9	
									光催化	9	
									其他（吸附法）	18	

[1] 该公式仅供参考，使用时，可根据 k 值定义，选取更适合企业实际情况的表达方式。

工段名称	产品名称	原料名称	工艺名称	规模等级	污染物类别	污染物指标	系数单位	产污系数	末端治理技术	末端治理技术平均去除效率/%	参考 k 值计算公式
树脂纤维加工	糊制成型件、拉挤成型件、缠绕成型件、模压成型件、编织成型件	粘结剂	糊制成型、拉挤成型、缠绕成型、模压成型、编织成型	所有规模	废气	工业废气量	标米^3/吨-原料	435429	—	—	—
						挥发性有机物	千克/吨-原料	60.0	直排	0	k=工艺废气净化装置年耗电量（千瓦·时）/[工艺废气净化装置额定功率（千瓦）×工艺废气净化装置年运行时间（小时）]
									直接燃烧法	85	
									热力燃烧法	85	
									吸附/热力燃烧法	77	
									蓄热式热力燃烧法	85	
									催化燃烧法	85	
									吸附/催化燃烧法	77	
									蓄热式催化燃烧法	85	
									低温等离子体	9	
									光解	9	
									光催化	9	
									其他（吸附法）	18	

工段名称	产品名称	原料名称	工艺名称	规模等级	污染物类别	污染物指标	系数单位	产污系数	末端治理技术	末端治理技术平均去除效率/%	参考 k 值计算公式[1]
焊接	焊接件	结构钢焊条（JXXX）、钼和铬钼耐热钢焊条（RXXX）、不锈钢焊条（G/AXXX）、堆焊焊条（DXXX）、低温钢焊条（WXXX）、铸铁焊条（ZXXX）、镍和镍合金焊条（NiXXX）、铜和铜合金焊条（TXXX）、铝和铝合金焊条（LXXX）、特殊用途焊条（TSXXX）	手工电弧焊	所有规模	废气	工业废气量	标米³/吨-原料	2130193	—	—	—
						颗粒物	千克/吨-原料	20.2	多管旋风	70	k=除尘设备年耗电量（千瓦·时）/[除尘设备额定功率（千瓦）×除尘设备年运行时间（小时）]
									板式	95	
									管式	95	
									直排	0	
									喷淋塔/冲击水浴	85	
									其他（移动式烟尘净化器）	95	
									单筒（多筒并联）旋风	60	
									袋式除尘	95	
		药芯焊丝	二氧化碳保护焊、埋弧焊、氩弧焊	所有规模	废气	工业废气量	标米³/吨-原料	2130193	—	—	—
						颗粒物	千克/吨-原料	20.5	多管旋风	70	k=除尘设备年耗电量（千瓦·时）/[除尘设备额定功率（千瓦）×除尘设备年运行时间（小时）]
									板式	95	
									管式	95	
									直排	0	
									喷淋塔/冲击水浴	85	
									其他（移动式烟尘净化器）	95	
									单筒（多筒并联）旋风	60	
									袋式除尘	95	
		实芯焊丝	二氧化碳保护焊、埋弧焊、氩弧焊	所有规模	废气	工业废气量	标米³/吨-原料	2130193	—	—	—
						颗粒物	千克/吨-原料	9.19	多管旋风	70	k=除尘设备年耗电量（千瓦·时）/[除尘设备额定功率（千瓦）×除尘设备年运行时间（小时）]
									板式	95	
									管式	95	
									直排	0	
									喷淋塔/冲击水浴	85	
									其他（移动式烟尘净化器）	95	
									单筒（多筒并联）旋风	60	
									袋式除尘	95	

[1] 该公式仅供参考，使用时，可根据 k 值定义，选取更适合企业实际情况的表达方式。

10 粘接

工段名称	产品名称	原料名称	工艺名称	规模等级	污染物类别	污染物指标	系数单位	产污系数	末端治理技术	末端治理技术平均去除效率/%	参考 k 值计算公式[1]
粘接	粘结工件	粘结剂	涂胶及涂胶后固化	所有规模	废气	工业废气量	标米^3/吨-原料	435429	—	—	—
						挥发性有机物	千克/吨-原料	60.0	直排	0	k=工艺废气净化装置年耗电量（千瓦·时）/［工艺废气净化装置额定功率（千瓦）×工艺废气净化装置年运行时间（小时）］
									直接燃烧法	85	
									热力燃烧法	85	
									吸附/热力燃烧法	77	
									蓄热式热力燃烧法	85	
									催化燃烧法	85	
									吸附/催化燃烧法	77	
									蓄热式催化燃烧法	85	
									低温等离子体	9	
									光解	9	
									光催化	9	
									其他（吸附法）	18	

[1] 该公式仅供参考，使用时，可根据 k 值定义，选取更适合企业实际情况的表达方式。

11 转化膜处理

工段名称	产品名称	原料名称	工艺名称	规模等级	污染物类别	污染物指标	系数单位	产污系数	末端治理技术	末端治理技术平均去除效率/%	参考 k 值计算公式[1]
转化膜处理	表调工件	表调剂	表调	所有规模	废水	工业废水量	吨/吨-原料	62.2	—	—	—
						化学需氧量	千克/吨-原料	30.3	直排	0	k=污水治理设施运行时间（小时/年）/企业正常生产时间（小时/年）
									物理处理法	30	
									过滤分离	30	
									膜分离	90	
									物理化学处理法	40	
									化学混凝法	40	
									好氧生物处理法	70	
									SBR 类	70	
									MBR 类	70	
									生物接触氧化法	70	
									厌氧生物处理法	35	
									厌氧水解类	35	
									膜分离+ SBR 类	97	
									膜分离+MBR 类	97	
									膜分离+生物接触氧化法	97	
									化学混凝法+上浮分离	50	
									化学混凝法+SBR 类	82	
									化学混凝法+MBR 类	82	
									化学混凝法+生物接触氧化法	82	
									厌氧水解类+SBR 类	80	
									厌氧水解类+MBR 类	80	
									厌氧水解类+生物接触氧化法	80	
									膜分离+厌氧水解类+SBR 类	98	
									膜分离+厌氧水解类+MBR 类	98	
									膜分离+厌氧水解类+生物接触氧化法	98	
									化学混凝法+厌氧水解类+SBR 类	88	
									化学混凝法+厌氧水解类+MBR 类	88	
									化学混凝法+厌氧水解类+生物接触氧化法	88	

[1] 该公式仅供参考，使用时，可根据 k 值定义，选取更适合企业实际情况的表达方式。

工段名称	产品名称	原料名称	工艺名称	规模等级	污染物类别	污染物指标	系数单位	产污系数	末端治理技术	末端治理技术平均去除效率/%	参考 k 值计算公式
转化膜处理	表调工件	表调剂	表调	所有规模	废水	总磷	千克/吨-原料	20.2	直排	0	k=污水治理设施运行时间（小时/年）/企业正常生产时间（小时/年）
									物理化学处理法	85	
									化学混凝法	85	
									好氧生物处理法	40	
									SBR 类	40	
									MBR 类	40	
									生物接触氧化法	40	
									化学混凝法+SBR 类	91	
									化学混凝法+MBR 类	91	
									化学混凝法+生物接触氧化法	91	
	磷化工件	磷化剂	磷化	所有规模	废水	工业废水量	吨/吨-原料	200	—	—	—
						化学需氧量	千克/吨-原料	101	直排	0	k=污水治理设施运行时间（小时/年）/企业正常生产时间（小时/年）
									物理处理法	30	
									过滤分离	30	
									膜分离	90	
									物理化学处理法	40	
									化学混凝法	40	
									好氧生物处理法	70	
									SBR 类	70	
									MBR 类	70	
									生物接触氧化法	70	
									厌氧生物处理法	35	
									厌氧水解类	35	
									膜分离+ SBR 类	97	
									膜分离+MBR 类	97	
									膜分离+生物接触氧化法	97	
									化学混凝法+上浮分离	50	

工段名称	产品名称	原料名称	工艺名称	规模等级	污染物类别	污染物指标	系数单位	产污系数	末端治理技术	末端治理技术平均去除效率/%	参考 *k* 值计算公式
转化膜处理	磷化工件	磷化剂	磷化	所有规模	废水	化学需氧量	千克/吨-原料	101	化学混凝法+SBR 类	82	*k*=污水治理设施运行时间（小时/年）/企业正常生产时间（小时/年）
									化学混凝法+MBR 类	82	
									化学混凝法+生物接触氧化法	82	
									厌氧水解类+SBR 类	80	
									厌氧水解类+MBR 类	80	
									厌氧水解类+生物接触氧化法	80	
									膜分离+厌氧水解类+SBR 类	98	
									膜分离+厌氧水解类+MBR 类	98	
									膜分离+厌氧水解类+生物接触氧化法	98	
									化学混凝法+厌氧水解类+SBR 类	88	
									化学混凝法+厌氧水解类+MBR 类	88	
									化学混凝法+厌氧水解类+生物接触氧化法	88	
						总磷	千克/吨-原料	80.8	直排	0	
									物理化学处理法	85	
									化学混凝法	85	
									好氧生物处理法	40	
									SBR 类	40	
									MBR 类	40	
									生物接触氧化法	40	
									化学混凝法+SBR 类	91	
									化学混凝法+MBR 类	91	
									化学混凝法+生物接触氧化法	91	
						总氮	千克/吨-原料	10.1	直排	0	
									SBR 类	70	
									MBR 类	70	
									厌氧水解类+生物接触氧化法	70	

工段名称	产品名称	原料名称	工艺名称	规模等级	污染物类别	污染物指标	系数单位	产污系数	末端治理技术	末端治理技术平均去除效率/%	参考 k 值计算公式
转化膜处理	锆化工件、硅烷化工件、陶化工件	锆化剂、硅烷处理剂、陶化剂	锆化、硅烷化、陶化	所有规模	废水	工业废水量	吨/吨-原料	310	—	—	—
						化学需氧量	千克/吨-原料	30.3	直排	0	k=污水治理设施运行时间（小时/年）/企业正常生产时间（小时/年）
									物理处理法	30	
									过滤分离	30	
									膜分离	90	
									物理化学处理法	40	
									化学混凝法	40	
									好氧生物处理法	70	
									SBR 类	70	
									MBR 类	70	
									生物接触氧化法	70	
									厌氧生物处理法	35	
									厌氧水解类	35	
									膜分离+ SBR 类	97	
									膜分离+MBR 类	97	
									膜分离+生物接触氧化法	97	
									化学混凝法+上浮分离	50	
									化学混凝法+SBR 类	82	
									化学混凝法+MBR 类	82	
									化学混凝法+生物接触氧化法	82	
									厌氧水解类+SBR 类	80	
									厌氧水解类+MBR 类	80	
									厌氧水解类+生物接触氧化法	80	
									膜分离+厌氧水解类+SBR 类	98	
									膜分离+厌氧水解类+MBR 类	98	
									膜分离+厌氧水解类+生物接触氧化法	98	
									化学混凝法+厌氧水解类+SBR 类	88	
									化学混凝法+厌氧水解类+MBR 类	88	
									化学混凝法+厌氧水解类+生物接触氧化法	88	
						总氮	千克/吨-原料	3.54	直排	0	
									SBR 类	70	
									MBR 类	70	
									厌氧水解类+生物接触氧化法	70	

12 热处理

工段名称	产品名称	原料名称	工艺名称	规模等级	污染物类别	污染物指标	系数单位	产污系数	末端治理技术	末端治理技术平均去除效率/%	参考 k 值计算公式[1]
热处理	热处理件	天然气	整体热处理（正火/退火）	所有规模	废气	工业废气量	标米 ^{3}/米 ^{3}-原料	13.6	—	—	—
						二氧化硫	千克/米 ^{3}-原料	0.000002S	石灰/石膏法	80	k=工艺废气净化装置年耗电量（千瓦·时）/［工艺废气净化装置额定功率（千瓦）×工艺废气净化装置年运行时间（小时）］
									石灰石/石膏法	80	
									直排	0	
									双碱法	80	
						颗粒物	千克/米 ^{3}-原料	0.000286	单筒（多筒并联）旋风	60	k=除尘设备年耗电量（千瓦·时）/［除尘设备额定功率（千瓦）×除尘设备年运行时间（小时）］
									袋式除尘	95	
									直排	0	
									多管旋风	70	
						氮氧化物	千克/米 ^{3}-原料	0.00187	选择性非催化还原法（SNCR）	50	k=工艺废气净化装置年耗电量（千瓦·时）/［工艺废气净化装置额定功率（千瓦）×工艺废气净化装置年运行时间（小时）］
									烟气循环燃烧	50	
									低氮燃烧法	50	
									氧化/吸收法	50	
									直排	0	
									选择性催化还原法（SCR）	80	
		淬火油	整体热处理（淬火/回火）	所有规模	废气	工业废气量	标米 ^{3}/吨-产品	100	—	—	—
						挥发性有机物	千克/吨-原料	0.0100	直排	0	k=工艺废气净化装置年耗电量（千瓦·时）/［工艺废气净化装置额定功率（千瓦）×工艺废气净化装置年运行时间（小时）］
									光解	9	
									光催化	9	
									其他（吸附法）	18	
						颗粒物	千克/吨-原料	200	直排	0	
									油雾净化器	90	

[1] 该公式仅供参考，使用时，可根据 k 值定义，选取更适合企业实际情况的表达方式。

工段名称	产品名称	原料名称	工艺名称	规模等级	污染物类别	污染物指标	系数单位	产污系数	末端治理技术	末端治理技术平均去除效率/%	参考 k 值计算公式
热处理	热处理件	结构材料：金属工件；工艺材料：盐浴氮碳共渗介质	盐浴氮碳共渗/盐浴氮碳共渗+氧化处理	所有规模	废气	工业废气量	标米^3/吨-产品	500	—	—	—
						氨	千克/吨-产品	0.265	直排	0	k=工艺废气净化装置年耗电量（千瓦·时）/［工艺废气净化装置额定功率（千瓦）×工艺废气净化装置年运行时间（小时）］
									直接燃烧法	95	
									热力燃烧法	95	
					废水	工业废水量	吨/吨-产品	1.52	—	—	—
						化学需氧量	千克/吨-产品	0.00240	直排	0	k=污水治理设施运行时间（小时/年）/企业正常生产时间（小时/年）
									物理处理法	30	
									过滤分离	30	
									膜分离	90	
									物理化学处理法	40	
									化学混凝法	40	
									好氧生物处理法	70	
									SBR 类	70	
									MBR 类	70	
									生物接触氧化法	70	
									厌氧生物处理法	35	
									厌氧水解类	35	
									膜分离+ SBR 类	97	
									膜分离+MBR 类	97	
									膜分离+生物接触氧化法	97	
									化学混凝法+上浮分离	50	
									化学混凝法+SBR 类	82	
									化学混凝法+MBR 类	82	
									化学混凝法+生物接触氧化法	82	
									厌氧水解类+SBR 类	80	
									厌氧水解类+MBR 类	80	

工段名称	产品名称	原料名称	工艺名称	规模等级	污染物类别	污染物指标	系数单位	产污系数	末端治理技术	末端治理技术平均去除效率/%	参考 k 值计算公式
热处理	热处理件	结构材料：金属工件；工艺材料：盐浴氮碳共渗介质	盐浴氮碳共渗/盐浴氮碳共渗+氧化处理	所有规模	废水	化学需氧量	千克/吨-产品	0.00240	厌氧水解类+生物接触氧化法	80	k=污水治理设施运行时间（小时/年）/企业正常生产时间（小时/年）
									膜分离+厌氧水解类+SBR 类	98	
									膜分离+厌氧水解类+MBR 类	98	
									膜分离+厌氧水解类+生物接触氧化法	98	
									化学混凝法+厌氧水解类+SBR 类	88	
									化学混凝法+厌氧水解类+MBR 类	88	
									化学混凝法+厌氧水解类+生物接触氧化法	88	
						氰化物	千克/吨-产品	0.000951	氧化还原法	95	
									直排	0	
		结构材料：金属工件、工艺材料：气体渗碳、渗氮、碳氮共渗介质	气体渗氮/渗碳/碳氮共渗	所有规模	废气	工业废气量	标米 ^{3}/吨-产品	500	—	—	—
						氨	千克/吨-产品	2.10	直排	0	k=工艺废气净化装置年耗电量（千瓦·时）/［工艺废气净化装置额定功率（千瓦）×工艺废气净化装置年运行时间（小时）］
									直接燃烧法	95	
									热力燃烧法	95	
						挥发性有机物	千克/吨-产品	0.0100	热力燃烧法	85	
									吸附/热力燃烧法	77	
									低温等离子体	9	
									蓄热式催化燃烧法	85	
									光催化	9	
									直接燃烧法	85	
									吸附/催化燃烧法	77	
									其他（吸附法）	18	
									直排	0	
									催化燃烧法	85	
									蓄热式热力燃烧法	85	
									光解	9	

工段名称	产品名称	原料名称	工艺名称	规模等级	污染物类别	污染物指标	系数单位	产污系数	末端治理技术	末端治理技术平均去除效率/%	参考 k 值计算公式
热处理	热处理件	结构材料：热处理件，工艺材料：清洗剂	清洗	所有规模	废水	工业废水量	吨/吨-产品	1.00	—	—	—
						化学需氧量	千克/吨-产品	0.00240	直排	0	k=污水治理设施运行时间（小时/年）/企业正常生产时间（小时/年）
									物理处理法	30	
									过滤分离	30	
									膜分离	90	
									物理化学处理法	40	
									化学混凝法	40	
									好氧生物处理法	70	
									SBR 类	70	
									MBR 类	70	
									生物接触氧化法	70	
									厌氧生物处理法	35	
									厌氧水解类	35	
									膜分离+ SBR 类	97	
									膜分离+MBR 类	97	
									膜分离+生物接触氧化法	97	
									化学混凝法+上浮分离	50	
									化学混凝法+SBR 类	82	
									化学混凝法+MBR 类	82	
									化学混凝法+生物接触氧化法	82	
									厌氧水解类+SBR 类	80	
									厌氧水解类+MBR 类	80	
									厌氧水解类+生物接触氧化法	80	
									膜分离+厌氧水解类+SBR 类	98	
									膜分离+厌氧水解类+MBR 类	98	
									膜分离+厌氧水解类+生物接触氧化法	98	
									化学混凝法+厌氧水解类+SBR 类	88	
									化学混凝法+厌氧水解类+MBR 类	88	
									化学混凝法+厌氧水解类+生物接触氧化法	88	

工段名称	产品名称	原料名称	工艺名称	规模等级	污染物类别	污染物指标	系数单位	产污系数	末端治理技术	末端治理技术平均去除效率/%	参考 k 值计算公式
热处理	热处理件	结构材料：热处理件，工艺材料：清洗剂	清洗	所有规模	废水	石油类	千克/吨-产品	0.257	直排	0	k=污水治理设施运行时间（小时/年）/企业正常生产时间（小时/年）
									物理处理法	30	
									过滤分离	30	
									膜分离	90	
									上浮处理	40	
									物理化学处理法	50	
									化学混凝法	50	
									好氧生物处理法	70	
									SBR 类	70	
									MBR 类	70	
									生物接触氧化法	70	
									厌氧生物处理法	35	
									厌氧水解类	35	
									膜分离+SBR 类	97	
									膜分离+MBR 类	97	
									膜分离+生物接触氧化法	97	
									化学混凝法+上浮分离	70	
									化学混凝法+SBR 类	85	
									化学混凝法+MBR 类	85	
									化学混凝法+生物接触氧化法	85	
									膜分离+厌氧水解类+SBR 类	98	
									膜分离+厌氧水解类+MBR 类	98	
									膜分离+厌氧水解类+生物接触氧化法	98	
									化学混凝法+厌氧水解类+SBR 类	90	
									化学混凝法+厌氧水解类+MBR 类	90	
									化学混凝法+厌氧水解类+生物接触氧化法	90	
									厌氧水解类+SBR 类	80	
									厌氧水解类+MBR 类	80	
									厌氧水解类+生物接触氧化法	80	

注：①热处理（正火/退火）工艺如有其他燃料使用，可类比涂装核算环节工业炉窑。

②S——收到基硫分（取值范围 0～100，燃料为气体时，取值范围≥0）。

13 装配

工段名称	产品名称	原料名称	工艺名称	规模等级	污染物类别	污染物指标	系数单位	产污系数	末端治理技术	末端治理技术平均去除效率/%	参考 k 值计算公式[1]
装配	整车	新鲜水、整车	淋雨试验	所有规模	废水	工业废水量	吨/辆-产品	0.0340	—	—	—
						化学需氧量	千克/辆-产品	0.00204	直排	0	k=污水治理设施运行时间（小时/年）/企业正常生产时间（小时/年）
									物理处理法	30	
									过滤分离	30	
									膜分离	90	
									物理化学处理法	40	
									化学混凝法	40	
									好氧生物处理法	70	
									SBR 类	70	
									MBR 类	70	
									生物接触氧化法	70	
									厌氧生物处理法	35	
									厌氧水解类	35	
									膜分离+ SBR 类	97	
									膜分离+MBR 类	97	
									膜分离+生物接触氧化法	97	
									化学混凝法+上浮分离	50	
									化学混凝法+SBR 类	82	
									化学混凝法+MBR 类	82	
									化学混凝法+生物接触氧化法	82	
									厌氧水解类+SBR 类	80	
									厌氧水解类+MBR 类	80	
									厌氧水解类+生物接触氧化法	80	
									膜分离+厌氧水解类+SBR 类	98	
									膜分离+厌氧水解类+MBR 类	98	
									膜分离+厌氧水解类+生物接触氧化法	98	
									化学混凝法+厌氧水解类+SBR 类	88	
									化学混凝法+厌氧水解类+MBR 类	88	
									化学混凝法+厌氧水解类+生物接触氧化法	88	

[1] 该公式仅供参考，使用时，可根据 k 值定义，选取更适合企业实际情况的表达方式。

14 涂装

工段名称	产品名称	原料名称	工艺名称	规模等级	污染物类别	污染物指标	系数单位	产污系数	末端治理技术	末端治理技术平均去除效率/%	参考 k 值计算公式[1]
涂装	涂装件	密封胶、底胶	喷胶、喷胶后烘干	所有规模	废气	工业废气量	标米^3/吨-原料	51250	—	—	—
						挥发性有机物	千克/吨-原料	60.0	直排	0	k=工艺废气净化装置年耗电量（千瓦·时）/[工艺废气净化装置额定功率（千瓦）×工艺废气净化装置年运行时间（小时）]
									直接燃烧法	85	
									热力燃烧法	85	
									吸附/热力燃烧法	77	
									蓄热式热力燃烧法	85	
									催化燃烧法	85	
									吸附/催化燃烧法	77	
									蓄热式催化燃烧法	85	
									低温等离子体	9	
									光解	9	
									光催化	9	
									其他（吸附法）	18	
		清洗溶剂	溶剂擦拭	所有规模	废气	工业废气量	标米^3/吨-原料	99000	—	—	—
						挥发性有机物	千克/吨-原料	1000	直排	0	k=工艺废气净化装置年耗电量（千瓦·时）/[工艺废气净化装置额定功率（千瓦）×工艺废气净化装置年运行时间（小时）]
									直接燃烧法	85	
									热力燃烧法	85	
									吸附/热力燃烧法	77	
									蓄热式热力燃烧法	85	
									催化燃烧法	85	
									吸附/催化燃烧法	77	
									蓄热式催化燃烧法	85	
									低温等离子体	9	
									光解	9	
									光催化	9	
									其他（吸附法）	18	

[1] 该公式仅供参考，使用时，可根据 k 值定义，选取更适合企业实际情况的表达方式。

工段名称	产品名称	原料名称	工艺名称	规模等级	污染物类别	污染物指标	系数单位	产污系数	末端治理技术	末端治理技术平均去除效率/%	参考 k 值计算公式
涂装	涂装件	腻子类	涂腻子、腻子打磨	所有规模	废气	工业废气量	标米 ^{3}/吨-原料	1233235	—	—	—
						颗粒物	千克/吨-原料	166	直排	0	k=除尘设备年耗电量（千瓦·时）/［除尘设备额定功率（千瓦）×除尘设备年运行时间（小时）］
									袋式除尘	95	
									板式	95	
									管式	95	
									文丘里	85	
									喷淋塔/冲击水浴	85	
									单筒（多筒并联）旋风	60	
									多管旋风	70	
			腻子烘干	所有规模	废气	工业废气量	标米 ^{3}/吨-原料	231585	—	—	—
						挥发性有机物	千克/吨-原料	20.0	直排	0	k=工艺废气净化装置年耗电量（千瓦·时）/［工艺废气净化装置额定功率（千瓦）×工艺废气净化装置年运行时间（小时）］
									直接燃烧法	85	
									热力燃烧法	85	
									吸附/热力燃烧法	77	
									蓄热式热力燃烧法	85	
									催化燃烧法	85	
									吸附/催化燃烧法	77	
									蓄热式催化燃烧法	85	
									低温等离子体	9	
									光解	9	
									光催化	9	
									其他（吸附法）	18	

工段名称	产品名称	原料名称	工艺名称	规模等级	污染物类别	污染物指标	系数单位	产污系数	末端治理技术	末端治理技术平均去除效率/%	参考 *k* 值计算公式
涂装	涂装件	电泳底漆	电泳底漆	所有规模	废水	工业废水量	吨/吨-原料	65.7	—	—	—
						化学需氧量	千克/吨-原料	225	直排	0	*k*=污水治理设施运行时间（小时/年）/企业正常生产时间（小时/年）
									物理处理法	30	
									过滤分离	30	
									膜分离	90	
									物理化学处理法	40	
									化学混凝法	40	
									好氧生物处理法	70	
									SBR 类	70	
									MBR 类	70	
									生物接触氧化法	70	
									厌氧生物处理法	35	
									厌氧水解类	35	
									膜分离+ SBR 类	97	
									膜分离+MBR 类	97	
									膜分离+生物接触氧化法	97	
									化学混凝法+上浮分离	50	
									化学混凝法+SBR 类	82	
									化学混凝法+MBR 类	82	
									化学混凝法+生物接触氧化法	82	
									厌氧水解类+SBR 类	80	
									厌氧水解类+MBR 类	80	
									厌氧水解类+生物接触氧化法	80	
									膜分离+厌氧水解类+SBR 类	98	
									膜分离+厌氧水解类+MBR 类	98	
									膜分离+厌氧水解类+生物接触氧化法	98	
									化学混凝法+厌氧水解类+SBR 类	88	
									化学混凝法+厌氧水解类+MBR 类	88	
									化学混凝法+厌氧水解类+生物接触氧化法	88	

工段名称	产品名称	原料名称	工艺名称	规模等级	污染物类别	污染物指标	系数单位	产污系数	末端治理技术	末端治理技术平均去除效率/%	参考 k 值计算公式
涂装	涂装件	电泳底漆	电泳底漆	所有规模	废气	工业废气量	标米^3/吨-原料	197328	—	—	—
						挥发性有机物	千克/吨-原料	7.50	直排	0	k=工艺废气净化装置年耗电量（千瓦·时）/[工艺废气净化装置额定功率（千瓦）×工艺废气净化装置年运行时间（小时）]
									直接燃烧法	85	
									热力燃烧法	85	
									吸附/热力燃烧法	77	
									蓄热式热力燃烧法	85	
									催化燃烧法	85	
									吸附/催化燃烧法	77	
									蓄热式催化燃烧法	85	
									低温等离子体	9	
									光解	9	
									光催化	9	
									其他（吸附法）	18	
			电泳底漆烘干	所有规模	废气	工业废气量	标米^3/吨-原料	185106	—	—	—
						挥发性有机物	千克/吨-原料	42.5	直排	0	k=工艺废气净化装置年耗电量（千瓦·时）/[工艺废气净化装置额定功率（千瓦）×工艺废气净化装置年运行时间（小时）]
									直接燃烧法	85	
									热力燃烧法	85	
									吸附/热力燃烧法	77	
									蓄热式热力燃烧法	85	
									催化燃烧法	85	
									吸附/催化燃烧法	77	
									蓄热式催化燃烧法	85	
									低温等离子体	9	
									光解	9	
									光催化	9	
									其他（吸附法）	18	

工段名称	产品名称	原料名称	工艺名称	规模等级	污染物类别	污染物指标	系数单位	产污系数	末端治理技术	末端治理技术平均去除效率/%	参考 k 值计算公式
涂装	涂装件	底漆	浸底漆	所有规模	废气	工业废气量	标米^3/吨-原料	197328	—	—	—
						挥发性有机物	千克/吨-原料	212	直排	0	k=工艺废气净化装置年耗电量（千瓦·时）/[工艺废气净化装置额定功率（千瓦）×工艺废气净化装置年运行时间（小时）]
									直接燃烧法	85	
									热力燃烧法	85	
									吸附/热力燃烧法	77	
									蓄热式热力燃烧法	85	
									催化燃烧法	85	
									吸附/催化燃烧法	77	
									蓄热式催化燃烧法	85	
									低温等离子体	9	
									光解	9	
									光催化	9	
									其他（吸附法）	18	
			浸底漆烘干	所有规模	废气	工业废气量	标米^3/吨-原料	197328	—	—	—
						挥发性有机物	千克/吨-原料	395	直排	0	k=工艺废气净化装置年耗电量（千瓦·时）/[工艺废气净化装置额定功率（千瓦）×工艺废气净化装置年运行时间（小时）]
									直接燃烧法	85	
									热力燃烧法	85	
									吸附/热力燃烧法	77	
									蓄热式热力燃烧法	85	
									催化燃烧法	85	
									吸附/催化燃烧法	77	
									蓄热式催化燃烧法	85	
									低温等离子体	9	
									光解	9	
									光催化	9	
									其他（吸附法）	18	

工段名称	产品名称	原料名称	工艺名称	规模等级	污染物类别	污染物指标	系数单位	产污系数	末端治理技术	末端治理技术平均去除效率/%	参考 k 值计算公式
涂装	涂装件	底漆、中涂漆、面漆、罩光漆、彩条漆、稀释剂	喷漆（水性中面涂+油性罩光漆）	所有规模	废水	工业废水量	吨/吨-原料	7.89	—	—	—
						化学需氧量	千克/吨-原料	78.9	直排	0	k=污水治理设施运行时间（小时/年）/企业正常生产时间（小时/年）
									物理处理法	30	
									过滤分离	30	
									膜分离	90	
									物理化学处理法	40	
									化学混凝法	40	
									好氧生物处理法	70	
									SBR 类	70	
									MBR 类	70	
									生物接触氧化法	70	
									厌氧生物处理法	35	
									厌氧水解类	35	
									膜分离+ SBR 类	97	
									膜分离+MBR 类	97	
									膜分离+生物接触氧化法	97	
									化学混凝法+上浮分离	50	
									化学混凝法+SBR 类	82	
									化学混凝法+MBR 类	82	
									化学混凝法+生物接触氧化法	82	
									厌氧水解类+SBR 类	80	
									厌氧水解类+MBR 类	80	
									厌氧水解类+生物接触氧化法	80	
									膜分离+厌氧水解类+SBR 类	98	
									膜分离+厌氧水解类+MBR 类	98	
									膜分离+厌氧水解类+生物接触氧化法	98	
									化学混凝法+厌氧水解类+SBR 类	88	
									化学混凝法+厌氧水解类+MBR 类	88	
									化学混凝法+厌氧水解类+生物接触氧化法	88	

工段名称	产品名称	原料名称	工艺名称	规模等级	污染物类别	污染物指标	系数单位	产污系数	末端治理技术	末端治理技术平均去除效率/%	参考 k 值计算公式
涂装	涂装件	底漆、中涂漆、面漆、罩光漆、彩条漆、稀释剂	喷漆（水性中面涂+油性罩光漆）	所有规模	废气	工业废气量	标米^3/吨-原料	5612499	—	—	—
						挥发性有机物	千克/吨-原料	230	直排	0	k=工艺废气净化装置年耗电量（千瓦·时）/[工艺废气净化装置额定功率（千瓦）×工艺废气净化装置年运行时间（小时）]
									直接燃烧法	85	
									热力燃烧法	85	
									吸附/热力燃烧法	77	
									蓄热式热力燃烧法	85	
									催化燃烧法	85	
									吸附/催化燃烧法	77	
									蓄热式催化燃烧法	85	
									低温等离子体	9	
									光解	9	
									光催化	9	
									其他（吸附法）	18	
			喷漆后烘干（水性中面涂+油性罩光漆）	所有规模	废气	工业废气量	标米^3/吨-原料	108126	—	—	—
						挥发性有机物	千克/吨-原料	40.5	直排	0	k=工艺废气净化装置年耗电量（千瓦·时）/[工艺废气净化装置额定功率（千瓦）×工艺废气净化装置年运行时间（小时）]
									直接燃烧法	85	
									热力燃烧法	85	
									吸附/热力燃烧法	77	
									蓄热式热力燃烧法	85	
									催化燃烧法	85	
									吸附/催化燃烧法	77	
									蓄热式催化燃烧法	85	
									低温等离子体	9	
									光解	9	
									光催化	9	
									其他（吸附法）	18	

工段名称	产品名称	原料名称	工艺名称	规模等级	污染物类别	污染物指标	系数单位	产污系数	末端治理技术	末端治理技术平均去除效率/%	参考 k 值计算公式
涂装	涂装件	底漆、中涂漆、面漆、罩光漆、彩条漆、稀释剂	喷漆（水性漆）	所有规模	废水	工业废水量	吨/吨-原料	7.89	—	—	—
						化学需氧量	千克/吨-原料	78.9	直排	0	k=污水治理设施运行时间（小时/年）/企业正常生产时间（小时/年）
									物理处理法	30	
									过滤分离	30	
									膜分离	90	
									物理化学处理法	40	
									化学混凝法	40	
									好氧生物处理法	70	
									SBR 类	70	
									MBR 类	70	
									生物接触氧化法	70	
									厌氧生物处理法	35	
									厌氧水解类	35	
									膜分离+ SBR 类	97	
									膜分离+MBR 类	97	
									膜分离+生物接触氧化法	97	
									化学混凝法+上浮分离	50	
									化学混凝法+SBR 类	82	
									化学混凝法+MBR 类	82	
									化学混凝法+生物接触氧化法	82	
									厌氧水解类+SBR 类	80	
									厌氧水解类+MBR 类	80	
									厌氧水解类+生物接触氧化法	80	
									膜分离+厌氧水解类+SBR 类	98	
									膜分离+厌氧水解类+MBR 类	98	
									膜分离+厌氧水解类+生物接触氧化法	98	
									化学混凝法+厌氧水解类+SBR 类	88	
									化学混凝法+厌氧水解类+MBR 类	88	
									化学混凝法+厌氧水解类+生物接触氧化法	88	

工段名称	产品名称	原料名称	工艺名称	规模等级	污染物类别	污染物指标	系数单位	产污系数	末端治理技术	末端治理技术平均去除效率/%	参考 k 值计算公式
涂装	涂装件	底漆、中涂漆、面漆、罩光漆、彩条漆、稀释剂	喷漆（水性漆）	所有规模	废气	工业废气量	标米 ^{3}/吨-原料	5612499	—	—	—
						挥发性有机物	千克/吨-原料	135	直排	0	k=工艺废气净化装置年耗电量（千瓦·时）/[工艺废气净化装置额定功率（千瓦）×工艺废气净化装置年运行时间（小时）]
									直接燃烧法	85	
									热力燃烧法	85	
									吸附/热力燃烧法	77	
									蓄热式热力燃烧法	85	
									催化燃烧法	85	
									吸附/催化燃烧法	77	
									蓄热式催化燃烧法	85	
									低温等离子体	9	
									光解	9	
									光催化	9	
									其他（吸附法）	18	
			喷漆后烘干（水性漆）	所有规模	废气	工业废气量	标米 ^{3}/吨-原料	108126	—	—	—
						挥发性有机物	千克/吨-原料	15	直排	0	k=工艺废气净化装置年耗电量（千瓦·时）/[工艺废气净化装置额定功率（千瓦）×工艺废气净化装置年运行时间（小时）]
									直接燃烧法	85	
									热力燃烧法	85	
									吸附/热力燃烧法	77	
									蓄热式热力燃烧法	85	
									催化燃烧法	85	
									吸附/催化燃烧法	77	
									蓄热式催化燃烧法	85	
									低温等离子体	9	
									光解	9	
									光催化	9	
									其他（吸附法）	18	

工段名称	产品名称	原料名称	工艺名称	规模等级	污染物类别	污染物指标	系数单位	产污系数	末端治理技术	末端治理技术平均去除效率/%	参考 k 值计算公式
涂装	涂装件	底漆、中涂漆、面漆、罩光漆、彩条漆、稀释剂	喷漆（高固体份涂料）	所有规模	废水	工业废水量	吨/吨-原料	7.89	—	—	—
						化学需氧量	千克/吨-原料	78.9	直排	0	k=污水治理设施运行时间（小时/年）/企业正常生产时间（小时/年）
									物理处理法	30	
									过滤分离	30	
									膜分离	90	
									物理化学处理法	40	
									化学混凝法	40	
									好氧生物处理法	70	
									SBR 类	70	
									MBR 类	70	
									生物接触氧化法	70	
									厌氧生物处理法	35	
									厌氧水解类	35	
									膜分离+ SBR 类	97	
									膜分离+MBR 类	97	
									膜分离+生物接触氧化法	97	
									化学混凝法+上浮分离	50	
									化学混凝法+SBR 类	82	
									化学混凝法+MBR 类	82	
									化学混凝法+生物接触氧化法	82	
									厌氧水解类+SBR 类	80	
									厌氧水解类+MBR 类	80	
									厌氧水解类+生物接触氧化法	80	
									膜分离+厌氧水解类+SBR 类	98	
									膜分离+厌氧水解类+MBR 类	98	
									膜分离+厌氧水解类+生物接触氧化法	98	
									化学混凝法+厌氧水解类+SBR 类	88	
									化学混凝法+厌氧水解类+MBR 类	88	
									化学混凝法+厌氧水解类+生物接触氧化法	88	

工段名称	产品名称	原料名称	工艺名称	规模等级	污染物类别	污染物指标	系数单位	产污系数	末端治理技术	末端治理技术平均去除效率/%	参考 k 值计算公式
涂装	涂装件	底漆、中涂漆、面漆、罩光漆、彩条漆、稀释剂	喷漆（高固体份涂料）	所有规模	废气	工业废气量	标米 ^{3}/吨-原料	5612499	—	—	—
						挥发性有机物	千克/吨-原料	289	直排	0	k=工艺废气净化装置年耗电量（千瓦·时）/[工艺废气净化装置额定功率（千瓦）×工艺废气净化装置年运行时间（小时）]
									直接燃烧法	85	
									热力燃烧法	85	
									吸附/热力燃烧法	77	
									蓄热式热力燃烧法	85	
									催化燃烧法	85	
									吸附/催化燃烧法	77	
									蓄热式催化燃烧法	85	
									低温等离子体	9	
									光解	9	
									光催化	9	
									其他（吸附法）	18	
			喷漆后烘干（高固体份涂料）	所有规模	废气	工业废气量	标米 ^{3}/吨-原料	108126	—	—	—
						挥发性有机物	千克/吨-原料	72.2	直排	0	k=工艺废气净化装置年耗电量（千瓦·时）/[工艺废气净化装置额定功率（千瓦）×工艺废气净化装置年运行时间（小时）]
									直接燃烧法	85	
									热力燃烧法	85	
									吸附/热力燃烧法	77	
									蓄热式热力燃烧法	85	
									催化燃烧法	85	
									吸附/催化燃烧法	77	
									蓄热式催化燃烧法	85	
									低温等离子体	9	
									光解	9	
									光催化	9	
									其他（吸附法）	18	

工段名称	产品名称	原料名称	工艺名称	规模等级	污染物类别	污染物指标	系数单位	产污系数	末端治理技术	末端治理技术平均去除效率/%	参考 *k* 值计算公式
涂装	涂装件	底漆、中涂漆、面漆、罩光漆、彩条漆、稀释剂	喷漆（油性漆）	所有规模	废水	工业废水量	吨/吨-原料	7.89	—	—	—
						化学需氧量	千克/吨-原料	78.9	直排	0	*k*=污水治理设施运行时间（小时/年）/企业正常生产时间（小时/年）
									物理处理法	30	
									过滤分离	30	
									膜分离	90	
									物理化学处理法	40	
									化学混凝法	40	
									好氧生物处理法	70	
									SBR 类	70	
									MBR 类	70	
									生物接触氧化法	70	
									厌氧生物处理法	35	
									厌氧水解类	35	
									膜分离+ SBR 类	97	
									膜分离+MBR 类	97	
									膜分离+生物接触氧化法	97	
									化学混凝法+上浮分离	50	
									化学混凝法+SBR 类	82	
									化学混凝法+MBR 类	82	
									化学混凝法+生物接触氧化法	82	
									厌氧水解类+SBR 类	80	
									厌氧水解类+MBR 类	80	
									厌氧水解类+生物接触氧化法	80	
									膜分离+厌氧水解类+SBR 类	98	
									膜分离+厌氧水解类+MBR 类	98	
									膜分离+厌氧水解类+生物接触氧化法	98	
									化学混凝法+厌氧水解类+SBR 类	88	
									化学混凝法+厌氧水解类+MBR 类	88	
									化学混凝法+厌氧水解类+生物接触氧化法	88	

工段名称	产品名称	原料名称	工艺名称	规模等级	污染物类别	污染物指标	系数单位	产污系数	末端治理技术	末端治理技术平均去除效率/%	参考 k 值计算公式
涂装	涂装件	底漆、中涂漆、面漆、罩光漆、彩条漆、稀释剂	喷漆（油性漆）	所有规模	废气	工业废气量	标米^3/吨-原料	5612499	—	—	—
						挥发性有机物	千克/吨-原料	486	直排	0	k=工艺废气净化装置年耗电量（千瓦·时）/[工艺废气净化装置额定功率（千瓦）×工艺废气净化装置年运行时间（小时）]
									直接燃烧法	85	
									热力燃烧法	85	
									吸附/热力燃烧法	77	
									蓄热式热力燃烧法	85	
									催化燃烧法	85	
									吸附/催化燃烧法	77	
									蓄热式催化燃烧法	85	
									低温等离子体	9	
									光解	9	
									光催化	9	
									其他（吸附法）	18	
			喷漆后烘干（油性漆）	所有规模	废气	工业废气量	标米^3/吨-原料	108126	—	—	—
						挥发性有机物	千克/吨-原料	121	直排	0	k=工艺废气净化装置年耗电量（千瓦·时）/[工艺废气净化装置额定功率（千瓦）×工艺废气净化装置年运行时间（小时）]
									直接燃烧法	85	
									热力燃烧法	85	
									吸附/热力燃烧法	77	
									蓄热式热力燃烧法	85	
									催化燃烧法	85	
									吸附/催化燃烧法	77	
									蓄热式催化燃烧法	85	
									低温等离子体	9	
									光解	9	
									光催化	9	
									其他（吸附法）	18	

工段名称	产品名称	原料名称	工艺名称	规模等级	污染物类别	污染物指标	系数单位	产污系数	末端治理技术	末端治理技术平均去除效率/%	参考 k 值计算公式
涂装	涂装件	粉末涂料	喷塑	所有规模	废气	工业废气量	标米^3/吨-原料	53200	—	—	—
						颗粒物	千克/吨-原料	300	直排	0	k=除尘设备年耗电量（千瓦·时）/［除尘设备额定功率（千瓦）×除尘设备年运行时间（小时）］
									袋式除尘	95	
									板式	95	
									管式	95	
									文丘里	85	
									喷淋塔/冲击水浴	85	
									单筒（多筒并联）旋风	60	
									多管旋风	70	
			喷塑后烘干	所有规模	废气	工业废气量	标米^3/吨-原料	37262	—	—	—
						挥发性有机物	千克/吨-原料	1.20	直排	0	k=工艺废气净化装置年耗电量（千瓦·时）/［工艺废气净化装置额定功率（千瓦）×工艺废气净化装置年运行时间（小时）］
									直接燃烧法	85	
									热力燃烧法	85	
									吸附/热力燃烧法	77	
									蓄热式热力燃烧法	85	
									催化燃烧法	85	
									吸附/催化燃烧法	77	
									蓄热式催化燃烧法	85	
									低温等离子体	9	
									光解	9	
									光催化	9	
									其他（吸附法）	18	

工段名称	产品名称	原料名称	工艺名称	规模等级	污染物类别	污染物指标	系数单位	产污系数	末端治理技术	末端治理技术平均去除效率/%	参考 k 值计算公式
涂装	涂装件	柴油	柴油工业炉窑	所有规模	废气	工业废气量	标米 ^{3}/吨-原料	17804	—	—	—
						颗粒物	千克/吨-原料	3.28	直排	0	k=除尘设备年耗电量（千瓦·时）/［除尘设备额定功率（千瓦）×除尘设备年运行时间（小时）］
									袋式除尘	95	
									板式	95	
									管式	95	
									文丘里	85	
									喷淋塔/冲击水浴	85	
									单筒（多筒并联）旋风	60	
									多管旋风	70	
						二氧化硫	千克/吨-原料	19S	直排	0	k=工艺废气净化装置年耗电量（千瓦·时）/［工艺废气净化装置额定功率（千瓦）×工艺废气净化装置年运行时间（小时）］
									石灰/石膏法	80	
									石灰石/石膏法	80	
									双碱法	80	
						氮氧化物	千克/吨-原料	3.67	直排	0	
									烟气循环燃烧	50	
									低氮燃烧法	50	
									选择性非催化还原法（SNCR）	50	
									选择性催化还原法（SCR）	80	
									氧化/吸收法	50	
		天然气	天然气工业炉窑	所有规模	废气	工业废气量	标米 ^{3}/米 ^{3}-原料	13.6	—	—	—
						颗粒物	千克/米 ^{3}-原料	0.000286	直排	0	—
						二氧化硫	千克/米 ^{3}-原料	0.000002S	直排	0	—
						氮氧化物	千克/米 ^{3} 原料	0.00187	直排	0	k=工艺废气净化装置年耗电量（千瓦·时）/［工艺废气净化装置额定功率（千瓦）×工艺废气净化装置年运行时间（小时）］
									烟气循环燃烧	50	
									低氮燃烧法	50	
									选择性非催化还原法（SNCR）	50	
									选择性催化还原法（SCR）	80	
									氧化/吸收法	50	

工段名称	产品名称	原料名称	工艺名称	规模等级	污染物类别	污染物指标	系数单位	产污系数	末端治理技术	末端治理技术平均去除效率/%	参考 k 值计算公式
涂装	涂装件	煤	燃煤工业炉窑	所有规模	废气	工业废气量	标米^3/吨-原料	10290	—	—	—
						颗粒物	千克/吨-原料	1.25A	直排	0	k=除尘设备年耗电量（千瓦·时）/［除尘设备额定功率（千瓦）×除尘设备年运行时间（小时）］
									袋式除尘	95	
									板式	95	
									管式	95	
									文丘里	85	
									喷淋塔/冲击水浴	85	
									单筒（多筒并联）旋风	60	
									多管旋风	70	
						二氧化硫	千克/吨-原料	16S	直排	0	k=工艺废气净化装置年耗电量（千瓦·时）/［工艺废气净化装置额定功率（千瓦）×工艺废气净化装置年运行时间（小时）］
									石灰/石膏法	80	
									石灰石/石膏法	80	
									双碱法	80	
						氮氧化物	千克/吨-原料	2.94	直排	0	
									烟气循环燃烧	50	
									低氮燃烧法	50	
									选择性非催化还原法（SNCR）	50	
									选择性催化还原法（SCR）	80	
									氧化/吸收法	50	

工段名称	产品名称	原料名称	工艺名称	规模等级	污染物类别	污染物指标	系数单位	产污系数	末端治理技术	末端治理技术平均去除效率/%	参考 k 值计算公式
涂装	涂装件	生物质	生物质工业炉窑	所有规模	废气	工业废气量	标米^3/吨-原料	6240	—	—	—
						颗粒物	千克/吨-原料	37.6	直排	0	k=除尘设备年耗电量（千瓦·时）/［除尘设备额定功率（千瓦）×除尘设备年运行时间（小时）］
									袋式除尘	95	
									板式	95	
									管式	95	
									文丘里	85	
									喷淋塔/冲击水浴	85	
									单筒（多筒并联）旋风	60	
									多管旋风	70	
						二氧化硫	千克/吨-原料	17S	直排	0	k=工艺废气净化装置年耗电量（千瓦·时）/［工艺废气净化装置额定功率（千瓦）×工艺废气净化装置年运行时间（小时）］
									石灰/石膏法	80	
									石灰石/石膏法	80	
									双碱法	80	
						氮氧化物	千克/吨-原料	1.02	直排	0	
									烟气循环燃烧	50	
									低氮燃烧法	50	
									选择性非催化还原法（SNCR）	50	
									选择性催化还原法（SCR）	80	
									氧化/吸收法	50	

工段名称	产品名称	原料名称	工艺名称	规模等级	污染物类别	污染物指标	系数单位	产污系数	末端治理技术	末端治理技术平均去除效率/%	参考 k 值计算公式
涂装	涂装件	液化石油气	液化石油气工业炉窑	所有规模	废气	工业废气量	标米^3/米^3-原料	33.4	—	—	—
						颗粒物	千克/米^3-原料	0.000220	直排	0	k=除尘设备年耗电量（千瓦·时）/［除尘设备额定功率（千瓦）×除尘设备年运行时间（小时）］
									袋式除尘	95	
									板式	95	
									管式	95	
									文丘里	85	
									喷淋塔/冲击水浴	85	
									单筒（多筒并联）旋风	60	
									多管旋风	70	
						二氧化硫	千克/米^3-原料	0.000002S	直排	0	k=工艺废气净化装置年耗电量（千瓦·时）/［工艺废气净化装置额定功率（千瓦）×工艺废气净化装置年运行时间（小时）］
									石灰/石膏法	80	
									石灰石/石膏法	80	
									双碱法	80	
						氮氧化物	千克/米^3-原料	0.00596	直排	0	
									烟气循环燃烧	50	
									低氮燃烧法	50	
									选择性非催化还原法（SNCR）	50	
									选择性催化还原法（SCR）	80	
									氧化/吸收法	50	

注：①S——收到基硫分（取值范围 0～100，燃料为气体时，取值范围≥0）。

②A——收到基灰分（取值范围 0～100）。

工段名称	产品名称	原料名称	工艺名称	规模等级	污染物类别	污染物指标	系数单位	产污系数	末端治理技术	末端治理技术平均去除效率/%	参考 k 值计算公式[1]
检测试验	柴油发动机	柴油	柴油发动机热试	所有规模	废气	工业废气量	标米^3/台-产品	1667	—	—	—
						颗粒物	千克/台-产品	0.0167	直排	0	k=除尘设备年耗电量（千瓦·时）/［除尘设备额定功率（千瓦）×除尘设备年运行时间（小时）］
									袋式除尘	95	
									板式	95	
									管式	95	
									文丘里	85	
									喷淋塔/冲击水浴	85	
									单筒（多筒并联）旋风	60	
									多管旋风	70	
						挥发性有机物	千克/台-产品	0.250	直排	0	k=工艺废气净化装置年耗电量（千瓦·时）/［工艺废气净化装置额定功率（千瓦）×工艺废气净化装置年运行时间（小时）］
									直接燃烧法	85	
									热力燃烧法	85	
									吸附/热力燃烧法	77	
									蓄热式热力燃烧法	85	
									催化燃烧法	85	
									吸附/催化燃烧法	77	
									蓄热式催化燃烧法	85	
									低温等离子体	9	
									光解	9	
									光催化	9	
									其他（吸附法）	18	
						氮氧化物	千克/台-产品	1.00	直排	0	
									烟气循环燃烧	50	
									低氮燃烧法	50	
									选择性非催化还原法（SNCR）	50	
									选择性催化还原法（SCR）	80	
									氧化/吸收法	50	

[1] 该公式仅供参考，使用时，可根据 k 值定义，选取更适合企业实际情况的表达方式。

16 热浸锌

工段名称	产品名称	原料名称	工艺名称	规模等级	污染物类别	污染物指标	系数单位	产污系数	末端治理技术	末端治理技术平均去除效率/%	参考 k 值计算公式[1]
热浸锌	热浸锌件	氯化铵	酸洗、水洗	所有规模	废水	工业废水量	吨/吨-产品	0.0100	—	—	—
						化学需氧量	千克/吨-产品	0.0160	直排	0	k=污水治理设施运行时间（小时/年）/企业正常生产时间（小时/年）
									物理处理法	30	
									过滤分离	30	
									膜分离	90	
									物理化学处理法	40	
									化学混凝法	40	
									好氧生物处理法	70	
									SBR 类	70	
									MBR 类	70	
									生物接触氧化法	70	
									厌氧生物处理法	35	
									厌氧水解类	35	
									膜分离+ SBR 类	97	
									膜分离+MBR 类	97	
									膜分离+生物接触氧化法	97	
									化学混凝法+上浮分离	50	
									化学混凝法+SBR 类	82	
									化学混凝法+MBR 类	82	
									化学混凝法+生物接触氧化法	82	
									厌氧水解类+SBR 类	80	
									厌氧水解类+MBR 类	80	
									厌氧水解类+生物接触氧化法	80	
									膜分离+厌氧水解类+SBR 类	98	
									膜分离+厌氧水解类+MBR 类	98	

[1] 该公式仅供参考，使用时，可根据 k 值定义，选取更适合企业实际情况的表达方式。

工段名称	产品名称	原料名称	工艺名称	规模等级	污染物类别	污染物指标	系数单位	产污系数	末端治理技术	末端治理技术平均去除效率/%	参考 k 值计算公式
热浸锌	热浸锌件	氯化铵	酸洗、水洗	所有规模	废水	化学需氧量	千克/吨-产品	0.0160	膜分离+厌氧水解类+生物接触氧化法	98	k=污水治理设施运行时间（小时/年）/企业正常生产时间（小时/年）
									化学混凝法+厌氧水解类+SBR 类	88	
									化学混凝法+厌氧水解类+MBR 类	88	
									化学混凝法+厌氧水解类+生物接触氧化法	88	
			助镀、浸锌	所有规模	废气	工业废气量	标米 ^{3}/吨-产品	8229	—	—	—
						氨	千克/吨-原料	316	直排	0	k=工艺废气净化装置年耗电量（千瓦·时）/[工艺废气净化装置额定功率（千瓦）×工艺废气净化装置年运行时间（小时）]
									其他（氨气的吸附法）	90	
						颗粒物	千克/吨-产品	0.330	文丘里	85	k=除尘设备年耗电量（千瓦·时）/[除尘设备额定功率（千瓦）×除尘设备年运行时间（小时）]
									板式	95	
									管式	95	
									直排	0	
									喷淋塔/冲击水浴	85	
									单筒（多筒并联）旋风	60	
									多管旋风	70	
									袋式除尘	95	

工段名称	产品名称	原料名称	工艺名称	规模等级	污染物类别	污染物指标	系数单位	产污系数	末端治理技术	末端治理技术平均去除效率/%	参考 k 值计算公式[1]
修理焊接	金属制品修理件，通用设备修理件，专用设备修理件、焊接件	更换备件、钢材（含板材、构件等）、铝材（含板材、构件等）、铝合金（含板材、构件等）	拆除、清洗、安装、检测试验	所有规模	废水	工业废水量	吨/吨-产品	0.020	—	—	—
						化学需氧量	千克/吨-产品	0.36	直排	0	k=污水治理设施运行时间（小时/年）/企业正常生产时间（小时/年）
									物理处理法	30	
									过滤分离	30	
									膜分离	90	
									物理化学处理法	40	
									化学混凝法	40	
									好氧生物处理法	70	
									SBR 类	70	
									MBR 类	70	
									生物接触氧化法	70	
									厌氧生物处理法	35	
									厌氧水解类	35	
									膜分离+ SBR 类	97	
									膜分离+MBR 类	97	
									膜分离+生物接触氧化法	97	
									化学混凝法+上浮分离	50	
									化学混凝法+SBR 类	82	
									化学混凝法+MBR 类	82	
									化学混凝法+生物接触氧化法	82	
									厌氧水解类+SBR 类	80	
									厌氧水解类+MBR 类	80	
									厌氧水解类+生物接触氧化法	80	
									膜分离+厌氧水解类+SBR 类	98	
									膜分离+厌氧水解类+MBR 类	98	
									膜分离+厌氧水解类+生物接触氧化法	98	
									化学混凝法+厌氧水解类+SBR 类	88	
									化学混凝法+厌氧水解类+MBR 类	88	
									化学混凝法+厌氧水解类+生物接触氧化法	88	

[1] 该公式仅供参考，使用时，可根据 k 值定义，选取更适合企业实际情况的表达方式。

工段名称	产品名称	原料名称	工艺名称	规模等级	污染物类别	污染物指标	系数单位	产污系数	末端治理技术	末端治理技术平均去除效率/%	参考 *k* 值计算公式
修理焊接	金属制品修理件，通用设备修理件，专用设备修理件、焊接件	更换备件、钢材（含板材、构件等）、铝材（含板材、构件等）、铝合金（含板材、构件等）	拆除、清洗、安装、检测试验	所有规模	废水	石油类	千克/吨-产品	0.063	直排	0	*k*=污水治理设施运行时间（小时/年）/企业正常生产时间（小时/年）
									物理处理法	30	
									过滤分离	30	
									膜分离	90	
									上浮处理	40	
									物理化学处理法	50	
									化学混凝法	50	
									好氧生物处理法	70	
									SBR 类	70	
									MBR 类	70	
									生物接触氧化法	70	
									厌氧生物处理法	35	
									厌氧水解类	35	
									膜分离+SBR 类	97	
									膜分离+MBR 类	97	
									膜分离+生物接触氧化法	97	
									化学混凝法+上浮分离	70	
									化学混凝法+SBR 类	85	
									化学混凝法+MBR 类	85	
									化学混凝法+生物接触氧化法	85	
									膜分离+厌氧水解类+SBR 类	98	
									膜分离+厌氧水解类+MBR 类	98	
									膜分离+厌氧水解类+生物接触氧化法	98	
									化学混凝法+厌氧水解类+SBR 类	90	
									化学混凝法+厌氧水解类+MBR 类	90	
									化学混凝法+厌氧水解类+生物接触氧化法	90	
									厌氧水解类+SBR 类	80	
									厌氧水解类+MBR 类	80	
									厌氧水解类+生物接触氧化法	80	

工段名称	产品名称	原料名称	工艺名称	规模等级	污染物类别	污染物指标	系数单位	产污系数	末端治理技术	末端治理技术平均去除效率/%	参考k值计算公式
修理焊接	金属制品修理件，通用设备修理件，专用设备修理件、焊接件	结构钢焊条（JXXX）、钼和铬钼耐热钢焊条（RXXX）、不锈钢焊条（G/AXXX）、堆焊焊条（DXXX）、低温钢焊条（WXXX）、铸铁焊条（ZXXX）、镍和镍合金焊条（NiXXX）、铜和铜合金焊条（TXXX）、铝和铝合金焊条（LXXX）、特殊用途焊条（TSXXX）	拆除、清洗、焊条焊接（手工电弧焊）、安装、检测试验	所有规模	废气	工业废气量	标米^3/吨-原料	2130193	—	—	—
						颗粒物	千克/吨-原料	20.2	多管旋风	70	k=除尘设备年耗电量（千瓦·时）/［除尘设备额定功率（千瓦）×除尘设备年运行时间（小时）］
									板式	95	
									管式	95	
									直排	0	
									喷淋塔/冲击水浴	85	
									其他（移动式烟尘净化器）	95	
									单筒（多筒并联）旋风	60	
									袋式除尘	95	
		药芯焊丝	拆除、清洗、药芯焊丝焊接（二氧化碳保护焊、埋弧焊、氩弧焊）、安装、检测试验	所有规模	废气	工业废气量	标米^3/吨-原料	2130193	—	—	—
						颗粒物	千克/吨-原料	20.5	多管旋风	70	k=除尘设备年耗电量（千瓦·时）/［除尘设备额定功率（千瓦）×除尘设备年运行时间（小时）］
									板式	95	
									管式	95	
									直排	0	
									喷淋塔/冲击水浴	85	
									其他（移动式烟尘净化器）	95	
									单筒（多筒并联）旋风	60	
									袋式除尘	95	
		实芯焊丝	拆除、清洗、实芯焊丝焊接（二氧化碳保护焊、埋弧焊、氩弧焊）、安装、检测试验	所有规模	废气	工业废气量	标米^3/吨-原料	2130193	—	—	—
						颗粒物	千克/吨-原料	9.19	多管旋风	70	k=除尘设备年耗电量（千瓦·时）/［除尘设备额定功率（千瓦）×除尘设备年运行时间（小时）］
									板式	95	
									管式	95	
									直排	0	
									喷淋塔/冲击水浴	85	
									其他（移动式烟尘净化器）	95	
									单筒（多筒并联）旋风	60	
									袋式除尘	95	

一般工业固体废物和危险废物产污系数核算表

注：由于不同企业一般工业固体废物和危险废物产生量差异较大，本手册所提供的一般工业固体废物和危险废物系数仅供参考。

33 金属制品业

中类代码（三位）	小类代码（四位）	类别名称	固体废物类别	产生系数	系数单位	危险废物类别	产生系数	系数单位
331	3311	金属结构制造	一般工业废物（废边角料、废包装物）等	6.17	千克/吨-产品	HW12 危险废物（染料、涂料废物）等	0.495	千克/吨-产品
	3312	金属门窗制造	一般工业废物（废边角料、废包装物）等	13.6	千克/吨-产品	HW17 危险废物（表面处理废物）等	3.22	千克/吨-产品
332	3321	切削工具制造	一般工业废物（废边角料、废包装物）等	14.6	千克/吨-产品	HW17 危险废物（表面处理废物）等	1.64	千克/吨-产品
	3322	手工具制造	一般工业废物（废边角料、废包装物）等	17.4	千克/吨-产品	HW09 危险废物（废乳化液）、HW12 危险废物（染料、涂料废物）等	1.38	千克/台-产品
	3323	农用及园林用金属工具制造	一般工业废物（废边角料、废包装物）等	13.72	千克/吨-产品	HW08 危险废物（废矿物油）、HW12 危险废物（染料、涂料废物）等	0.44	千克/台-产品
	3324	刀剪及类似日用金属工具制造	一般工业废物（废边角料、废包装物）等	51	千克/吨-产品	HW34 危险废物（废酸）等	0.581	千克/吨-产品
	3329	其他金属工具制造	一般工业废物（废边角料、废包装物）等	13.72	千克/吨-产品	HW34 危险废物（废酸）等	1.05	千克/吨-产品
333	3331	集装箱制造	一般工业废物（废边角料、废包装物）等	34.8	千克/吨-产品	HW12 危险废物（染料、涂料废物）等	5.79	千克/吨-产品
	3332	金属压力容器制造	一般工业废物（废边角料、废包装物）等	34.8	千克/吨-产品	HW12 危险废物（染料、涂料废物）等	1.50	千克/吨-产品
	3333	金属包装容器及材料	一般工业废物（废边角料、废包装物）等	34.8	千克/吨-产品	HW12 危险废物（染料、涂料废物）等	2.91	千克/吨-产品
334	3340	金属丝绳及其制品制造	一般工业废物（废边角料、废包装物，废丝头）等	24.2	千克/吨-产品	HW17 危险废物（表面处理废物）等	1.88	千克/吨-产品

中类代码（三位）	小类代码（四位）	类别名称	固体废物类别	产生系数	系数单位	危险废物类别	产生系数	系数单位
335	3351	建筑、家具用金属配件制造	一般工业废物（废边角料、废包装物）等	52.7	千克/吨-产品	HW36 危险废物（石棉废物）等	2.3	千克/吨-产品
	3352	建筑装饰及水暖管道零件制造	一般工业废物（废边角料、废包装物）等	55.4	千克/吨-产品	HW36 危险废物（石棉废物）等	1.38	千克/吨-产品
	3353	安全、消防用金属制品制造	一般工业废物（废边角料、废包装物）等	34.3	千克/吨-产品	HW36 危险废物（石棉废物）等	2.70	千克/吨-产品
	3359	其他建筑、安全用金属制品制造	一般工业废物（废边角料、废包装物）等	46.5	千克/吨-产品	HW36 危险废物（石棉废物）等	0.993	千克/吨-产品
336	3360 金属表面处理及热处理加工	整体热处理件	一般工业废物（废边角料、废包装物）等	2.35	千克/吨-产品	HW08 危险废物（废矿物油）等	1.3	千克/吨-产品
		普通盐浴热处理件	一般工业废物（废边角料、废包装物）等	2.35	千克/吨-产品	HW47 危险废物（含钡废物）、HW08 危险废物（废矿物油）等	8.89	千克/吨-产品
		盐浴化学热处理件	一般工业废物（废边角料、废包装物）等	2.35	千克/吨-产品	HW07 热处理含氰废物等	0.5	千克/吨-产品
337	3371	生产专用搪瓷制品制造	一般工业废物（废边角料、废包装物）等	40.2	千克/台-产品	HW09 危险废物（废乳化液）、HW12 危险废物（染料、涂料废物）等	15.4	千克/台-产品
	3372	建筑装饰搪瓷制品制造	一般工业废物（废边角料、废包装物）等	53.2	千克/台-产品	HW09 危险废物（废乳化液）、HW13 危险废物（染料、涂料废物）等	31.7	千克/台-产品
	3373	搪瓷卫生洁具制造	一般工业废物（废边角料、废包装物）等	66.0	千克/台-产品	HW09 危险废物（废乳化液）、HW14 危险废物（染料、涂料废物）等	32.7	千克/台-产品
	3379	搪瓷日用品及其他搪瓷制品制造	一般工业废物（废边角料、废包装物）等	40.3	千克/台-产品	HW09 危险废物（废乳化液）、HW15 危险废物（染料、涂料废物）等	42.9	千克/台-产品

中类代码（三位）	小类代码（四位）	类别名称	固体废物类别	产生系数	系数单位	危险废物类别	产生系数	系数单位
338	3381	金属制厨房用器具制造	一般工业废物（废边角料、废包装物）等	4.28	千克/吨-产品	HW08 危险废物（废矿物油）等	1.30	千克/吨-产品
	3382	金属制餐具和器皿制造	一般工业废物（废边角料、废包装物）等	10.5	千克/吨-产品	HW08 危险废物（废矿物油）等	2.35	千克/吨-产品
	3383	金属制卫生器具制造	一般工业废物（废边角料、废包装物）等	4.25	千克/吨-产品	HW08 危险废物（废矿物油）等	1.30	千克/吨-产品
	3389	其他金属制日用品制造	一般工业废物（废边角料、废包装物）等	4.63	千克/吨-产品	HW08 危险废物（废矿物油）等	1.65	千克/吨-产品
339	3391	黑色金属铸造	一般工业废物（废边角料、废包装物）等	300	千克/吨-产品	HW08 危险废物（废矿物油、HW09 危险废物（废乳化液）、HW12 危险废物（染料、涂料废物）等	2.5	千克/吨-产品
	3392	有色金属铸造	一般工业废物（废边角料、废包装物）等	15	千克/吨-产品		1	千克/吨-产品
	3393 锻件及粉末冶金制品制造	锻件	一般工业废物（焊渣、废金属下脚料、氧化铁皮）等	420	千克/吨-产品	HW34 危险废物（废酸）等	0.03	千克/吨-产品
		冲压件	一般工业废物（废边角料、废包装物）等	300	千克/吨-产品	HW08 危险废物（废矿物油）、HW09 危险废物（废乳化液）等	2.45	千克/吨-产品
		粉末冶金件	一般工业废物（废边角料、废包装物）等	19.9	千克/吨-产品	HW08 危险废物（废矿物油）等	1.20	千克/吨-产品
	3394	交通及公共管理用金属标牌制造	一般工业废物（废边角料、废包装物）等	18.7	千克/吨-产品	HW34 危险废物（废酸）等	0.525	千克/吨-产品
	3399	其他未列明金属制品制造	一般工业废物（废边角料、废包装物）等	19.92	千克/吨-产品	HW34 危险废物（废酸）等	2.03	千克/吨-产品

34 通用设备制造业

中类代码（三位）	小类代码（四位）	类别名称	固体废物类别	产生系数	系数单位	危险废物类别	产生系数	系数单位
341	3411	锅炉及辅助设备制造	一般工业废物（废边角料、废包装物）等	64.5	千克/吨-结构材料	HW12 危险废物（染料、涂料废物）等	1.52	千克/吨-结构材料
	3412	内燃机及配件制造	一般工业废物（废边角料、废包装物）等	79.5	千克/吨-结构材料	HW08 危险废物（废矿物油）、HW12 危险废物（染料、涂料废物）等	5.22	千克/吨-结构材料
	3413	汽轮机及辅机制造	一般工业废物（废边角料、废包装物）等	94.5	千克/吨-结构材料	HW08 危险废物（废矿物油）、HW12 危险废物（染料、涂料废物）等	4.53	千克/吨-结构材料
	3414	水轮机及辅机制造	—	类比 3413 汽轮机及辅机制造	—	—	类比 3413 汽轮机及辅机制造	—
	3415	风能原动设备制造	一般工业废物（废边角料、废包装物）等	7.42	千克/吨-结构材料	HW08 危险废物（废矿物油）、HW12 危险废物（染料、涂料废物）等	0.18	千克/吨-结构材料
	3419	其他原动设备制造	—	类比 3415 风能原动设备制造	—	—	类比 3415 风能原动设备制造	—
342	3421 金属切削机床制造	重型机床及超重型机床（30 吨及以上）	一般工业废物（废边角料、废包装物）等	1000	千克/台-产品	HW08 危险废物（废矿物油）、HW12 危险废物（染料、涂料废物）等	97.0	千克/台-产品
		大型机床（10～30 吨）	一般工业废物（废边角料、废包装物）等	129	千克/台-产品		32.3	千克/台-产品
		中小型机床（0.5～10 吨）	一般工业废物（废边角料、废包装物）等	52.1	千克/台-产品		3.41	千克/台-产品
		小型台式机床（0.5 吨以下）					1.28	千克/台-产品
	3422 金属成形机床制造	大型机床（30 吨及以上）	一般工业废物（废边角料、废包装物）等	1000	千克/台-产品	HW09 危险废物（废乳化液）、HW12 危险废物（染料、涂料废物）等	68.2	千克/台-产品
		大中型机床（15～30 吨）	一般工业废物（废边角料、废包装物）等	129	千克/台-产品		30.7	千克/台-产品
		中小型机床（15 吨以下）	一般工业废物（废边角料、废包装物）等	39.9	千克/台-产品		8.89	千克/台-产品

中类代码（三位）	小类代码（四位）	类别名称	固体废物类别	产生系数	系数单位	危险废物类别	产生系数	系数单位
342	3423	铸造机械制造	一般工业废物（废边角料、废包装物）等	500	千克/台-产品	HW09 危险废物（废乳化液）、HW12 危险废物（染料、涂料废物）等	11.3	千克/台-产品
	3424 金属切割及焊接设备制造	金属焊接设备	一般工业废物（废边角料、废包装物）等	39.2	千克/台-产品	HW09 危险废物（废乳化液）、HW12 危险废物（染料、涂料废物）等	0.47	千克/台-产品
		金属切割设备	一般工业废物（废边角料、废包装物）等				0.69	千克/台-产品
	3425	机床功能部件及附件制造	一般工业废物（废边角料、废包装物）等	3.33	千克/台套-产品	HW08 危险废物（废矿物油）、HW12 危险废物（染料、涂料废物）等	1.28	千克/台套-产品
	3429	其他金属加工机械制造	—	类比 3421 金属切削机床制造及 3422 金属成型机床制造	—	—	类比 3421 金属切削机床制造及 3422 金属成型机床制造	—
343	3431	轻小型起重设备制造	一般工业废物（废边角料、废包装物）等	4.87	千克/台-产品	HW08 危险废物（废矿物油）、HW12 危险废物（染料、涂料废物）等	0.14	千克/台-产品
	3432	生产专用起重机制造	一般工业废物（废边角料、废包装物）等	283	千克/台-产品	HW08 危险废物（废矿物油）、HW12 危险废物（染料、涂料废物）等	9.78	千克/台-产品
	3433	生产专用车辆制造	一般工业废物（废边角料、废包装物）等	8.51	千克/台-产品	HW09 危险废物（废乳化液）、HW12 危险废物（染料、涂料废物）等	0.70	千克/台-产品
	3434	连续搬运设备制造	一般工业废物（废边角料、废包装物）等	153	千克/台-产品	HW09 危险废物（废乳化液）、HW12 危险废物（染料、涂料废物）等	4.10	千克/台-产品
	3435	电梯、自动扶梯及升降机制造	一般工业废物（废边角料、废包装物）等	128	千克/台-产品	HW08 危险废物（废矿物油）、HW12 危险废物（染料、涂料废物）等	0.423	千克/台-产品
	3436	客运索道制造	一般工业废物（废边角料、废包装物）等	128	千克/台-产品	HW08 危险废物（废矿物油）、HW12 危险废物（染料、涂料废物）等	0.423	千克/台-产品

中类代码（三位）	小类代码（四位）	类别名称	固体废物类别	产生系数	系数单位	危险废物类别	产生系数	系数单位
343	3437	机械式停车设备制造	一般工业废物（废边角料、废包装物）等	27.1	千克/台-产品	HW09 危险废物（废乳化液）、HW12 危险废物（染料、涂料废物）等	7.51	千克/台-产品
	3439	其他物料搬运设备制造	—	类比 3434 连续搬运设备制造	—	—	类比 3434 连续搬运设备制造	—
344	3441 泵及真空设备制造	泵	一般工业废物（废边角料、废包装物）等	54.8	千克/吨-结构材料	HW09 危险废物（废乳化液）、HW12 危险废物（染料、涂料废物）等	2.20	千克/吨-结构材料
		真空设备	一般工业废物（废边角料、废包装物）等	30.3	千克/吨-结构材料		0.82	千克/吨-结构材料
	3442	气体压缩机械制造	一般工业废物（废边角料、废包装物）等	35.9	千克/台-产品	HW08 危险废物（废矿物油）、HW09 废磨削泥、HW49 其他有害包装、HW49 废油漆桶、HW49 废漆渣（绝缘漆）、HW09 废乳化液等	1.15	千克/台-产品
	3443	阀门和旋塞制造	一般工业废物（废边角料、废包装物）等	18.7	千克/吨-产品	HW09 危险废物（废乳化液）、HW12 危险废物（染料、涂料废物）等	6.75	千克/吨-产品
	3444	液压动力机械及元件制造	一般工业废物（废边角料、废包装物）等	30	千克/吨-产品	HW09 危险废物（废乳化液）、HW12 危险废物（染料、涂料废物）等	6.75	千克/吨-产品
	3445	液力动力机械及元件制造	一般工业废物（废边角料、废包装物）等	30	千克/吨-产品	HW09 危险废物（废乳化液）、HW12 危险废物（染料、涂料废物）等	6.75	千克/吨-产品
	3446	气压动力机械及元件制造	一般工业废物（废边角料、废包装物）等	20	千克/吨-产品	HW09 危险废物（废乳化液）、HW12 危险废物（染料、涂料废物）等	6.75	千克/吨-产品
345	3451	滚动轴承制造	一般工业废物（废边角料、废包装物）等	420	千克/吨-产品	HW08 危险废物（废矿物油）、HW09 危险废物（废乳化液）等	94.3	千克/吨-产品
	3452	滑动轴承制造	一般工业废物（废边角料、废包装物）等	300	千克/吨-产品	HW08 危险废物（废矿物油）、HW09 危险废物（废乳化液）等	94.3	千克/吨-产品
	3453	齿轮及齿轮减、变速箱制造	—	类比 367 汽车零配件及配件制造（车桥部件）及 3393 锻件及粉末冶金制品制造	—	—	类比 367 汽车零配件及配件制造（车桥部件）及 3393 锻件及粉末冶金制品制造	—

中类代码（三位）	小类代码（四位）	类别名称	固体废物类别	产生系数	系数单位	危险废物类别	产生系数	系数单位
345	3459	其他传动部件制造	一般工业废物（金属件废品、金属屑、带钢）等	205	千克/吨-产品	HW08 危险废物（废矿物油）、HW09 危险废物（废乳化液）等	13.3	千克/吨-产品
346	3461	烘炉、熔炉及电炉制造	一般工业废物（废边角料、废包装物）等	150	千克/台-产品	—	类比 3423 铸造机械制造	千克/台-产品
	3462	风机、风扇制造	一般工业废物（废边角料、废包装物）等	143	千克/吨-产品	HW08 危险废物（废矿物油）、HW12 危险废物（染料、涂料废物）等	3.31	千克/吨-产品
	3463	气体、液体分离及纯净设备制造	一般工业废物（废边角料、废包装物）等	25.0	千克/吨-结构材料	HW08 危险废物（废矿物油）等	4.46	千克/吨-结构材料
	3464	制冷、空调设备制造	一般工业废物（废边角料、废包装物）等	12	千克/台-产品	HW08 危险废物（废矿物油）、HW12 危险废物（染料、涂料废物）等	3.2	千克/台-产品
	3465	风动和电动工具制造	一般工业废物（废边角料、废包装物）等	6.95	千克/台-产品	HW09 危险废物（废乳化液）、HW12 危险废物（染料、涂料废物）等	0.45（风动）	千克/台-产品
							0.3（电动）	千克/台-产品
	3466	喷枪及类似器具制造	—	类比 3465 风动和电动工具制造	—	—	类比 3465 风动和电动工具制造	—
	3467	包装专用设备制造	一般工业废物（废边角料、废包装物）等	29.3	千克/台-产品	HW08 危险废物（废矿物油）、HW12 危险废物（染料、涂料废物）等	3.25	千克/台-产品
347	3471	电影机械制造	一般工业废物（废边角料、废包装物）等	5	千克/台-产品	HW08 危险废物（废矿物油）、HW12 危险废物（染料、涂料废物）等	2	千克/台-产品
	3472	幻灯及投影设备制造	—	类比 3471 电影机械制造	—	—	类比 3471 电影机械制造	—
	3473	照相机及器材制造	—	类比 3471 电影机械制造	—	—	类比 3471 电影机械制造	—
	3474	复印和胶印设备制造	一般工业废物（废边角料、废包装物）等	11.4	千克/台-产品	HW08 危险废物（废矿物油）、HW12 危险废物（染料、涂料废物）等	5	千克/台-产品
	3475	计算器及货币专用设备制造	—	类比 3471 电影机械制造	—	—	类比 3471 电影机械制造	—
	3479	其他文化、办公用机械制造	—	类比 3471 电影机械制造	—	—	类比 3471 电影机械制造	—

中类代码（三位）	小类代码（四位）	类别名称	固体废物类别	产生系数	系数单位	危险废物类别	产生系数	系数单位
348	3481	金属密封件制造	一般工业废物（废边角料、废包装物）等	12.5	千克/吨-产品	HW08 危险废物（废矿物油）、HW09 危险废物（废乳化液）等	1.00	千克/吨-产品
	3482	紧固件制造	一般工业废物（废边角料、废包装物）等	49.7	千克/吨-产品	HW17 危险废物（表面处理废物）、HW09 危险废物（废乳化液）等	5.04	千克/吨-产品
	3483	弹簧制造	一般工业废物（废边角料、废包装物）等	25.7	千克/吨-产品	HW08 危险废物（废矿物油）、HW12 危险废物（染料、涂料废物）等	1.50	千克/吨-产品
	3484	机械零部件加工	—	类比 367 汽车零部件及配件制造	—	—	类比 367 汽车零部件及配件制造	—
	3489	其他通用零部件制造	—	类比 3481 金属密封件制造、3482 紧固件制造、3483 弹簧制造	—	—	类比 3481 金属密封件制造、3482 紧固件制造、3483 弹簧制造	—
349	3491	工业机器人制造	—	类比 3467 包装专用设备制造	—	—	类比 3467 包装专用设备制造	—
	3492	特殊作业机器人制造	—	类比 3467 包装专用设备制造	—	—	类比 3467 包装专用设备制造	—
	3493	增材制造装备制造	一般工业废物（废边角料、废包装物）等	33.5	千克/台-产品	HW08 危险废物（废矿物油）、HW12 危险废物（染料、涂料废物）等	0.370	千克/台-产品
	3499	其他未列明通用设备制造	减速机：一般工业废物（铁屑、边角料）等其他见类比产品	研光机类比 3421 金属切削机床制造（小型机床）滚筒类比 3311 金属结构制造；减速机：26.35 千克/吨-产品	—	减速机：HW08（废油）HW49（废活性炭和废油漆桶）等其他见类比产品	研光机类比 3421 金属切削机床制造（小型机床）滚筒类比 3311 金属结构制造减速机：0.57 千克/吨-产品	—

35 专用设备制造业

中类代码（三位）	小类代码（四位）	类别名称	固体废物类别	产生系数	系数单位	危险废物类别	产生系数	系数单位
351	3511	矿山机械制造	一般工业废物（废边角料、废包装物）等	353	千克/台-产品	HW08 危险废物（废矿物油）、HW09 危险废物（废乳化液）、HW12 危险废物（染料、涂料废物）等	11.3	千克/台-产品
	3512	石油钻采专用设备制造	—	石油钻井设备、开采专用设备零件、石油钻探：类比 3511 矿山机械制造；采油设备：类比 343 物料搬运设备制造相关系数	—	—	石油钻井设备、开采专用设备零件、石油钻探：类比 3511 矿山机械制造；采油设备：类比 343 物料搬运设备制造相关系数	—
	3513	深海石油钻探设备制造	—	类比 3511 矿山机械制造	—	—	类比 3511 矿山机械制造	—
	3514	建筑工程用机械制造	—	类比 343 物料搬运设备制造相关系数	—	—	类比 343 物料搬运设备制造相关系数	—
	3515	建筑材料生产专用机械制造	—	类比 3511 矿山机械制造	—	—	类比 3511 矿山机械制造	—
	3516	冶金专用设备制造	—	类比 3511 矿山机械制造	—	—	类比 3511 矿山机械制造	—
	3517	隧道施工专用机械制造	—	类比 3511 矿山机械制造	—	—	类比 3511 矿山机械制造	—
352	3521	炼油、化工生产专用设备制造	—	160	千克/台-产品	—	10	千克/台-产品
	3522	橡胶加工专用设备制造	—	类比 3422 金属成形机床制造	—	—	类比 3422 金属成形机床制造	—
	3523	塑料加工专用设备制造	—	类比 3422 金属成形机床制造	—	—	类比 3422 金属成形机床制造	—
	3524	木竹材加工机械制造	—	类比 3421 金属切削机床制造（小型）	—	—	类比3421 金属切削机床制造（小型）	—

中类代码（三位）	小类代码（四位）	类别名称	固体废物类别	产生系数	系数单位	危险废物类别	产生系数	系数单位
352	3525	模具制造	一般工业废物（废边角料、废包装物）等	25	千克/吨-产品	HW08 危险废物（废矿物油）、HW09 危险废物（废乳化液）、HW12 危险废物（染料、涂料废物）等	3	千克/吨-产品
	3529	其他非金属加工专用设备制造	—	类比 3422 金属成形机床制造	—	—	类比 3422 金属成形机床制造	—
353	3531	食品、酒、饮料及茶生产专用设备制造	一般工业废物（废边角料、废包装物）等	109	千克/台-产品	HW08 危险废物（废矿物油）、HW09 危险废物（废乳化液）等	19.4	千克/台-产品
	3532	农副食品加工专用设备制造	—	类比 3531 食品、酒、饮料及茶生产专用设备制造	—	—	类比 3531 食品、酒、饮料及茶生产专用设备制造	—
	3533	烟草生产专用设备制造	—	类比 3467 包装专用设备制造	—	—	类比 3467 包装专用设备制造	—
	3534	饲料生产专用设备制造	—	类比 3531 食品、酒、饮料及茶生产专用设备制造	—	—	类比 3531 食品、酒、饮料及茶生产专用设备制造	—
354	3541	制浆和造纸专用设备制造	一般工业废物（废边角料、废包装物）等	92.2	千克/台-产品	HW08 危险废物（废矿物油）、HW09 危险废物（废乳化液）、HW12 危险废物（染料、涂料废物）等	0.917	千克/台-产品
	3542	印刷专用设备制造	一般工业废物（废边角料、废包装物）等	256	千克/台-产品	HW08 危险废物（废矿物油）、HW09 危险废物（废乳化液）、HW12 危险废物（染料、涂料废物）等	17.6	千克/台-产品
	3543	日用化工专用设备制造	一般工业废物（废边角料、废包装物）等	83.5	千克/台-产品	HW08 危险废物（废矿物油）、HW09 危险废物（废乳化液）、HW12 危险废物（染料、涂料废物）等	0.993	千克/台-产品
	3544	制药专用设备制造	—	类比 3421 金属切削机床制造（小型）	—	—	类比 3421 金属切削机床制造（小型）	—
	3545	照明器具生产专用设备制造	—	类比 3422 金属成形机床制造	—	—	类比 3422 金属成形机床制造	—
	3546	玻璃、陶瓷和搪瓷制品生产专用设备制造	—	类比 3422 金属成形机床制造	—	—	类比 3422 金属成形机床制造	—
	3549	其他日用品生产专用设备制造	—	类比 3421 金属切削机床制造（小型）	—	—	类比 3421 金属切削机床制造（小型）	—

中类代码（三位）	小类代码（四位）	类别名称	固体废物类别	产生系数	系数单位	危险废物类别	产生系数	系数单位
355	3551	纺织专用设备制造	一般工业废物（废边角料、废包装物）等	17.1	千克/吨-产品	HW08 危险废物（废矿物油）、HW09 危险废物（废乳化液）、HW12 危险废物（染料、涂料废物）等	1.54	千克/吨-产品
	3552	皮革、毛皮及其制品加工专用设备制造	一般工业废物（废边角料、废包装物）等	6.68	千克/台-产品	HW08 危险废物（废矿物油、废砂轮灰）、HW09 危险废物（废乳化液）、HW13 危险废物（水性漆渣）、HW17 危险废物（污泥）等	0.308	千克/台-产品
	3553	缝制机械制造	一般工业废物（废边角料、废包装物）等	6.68	千克/台-产品	HW08 危险废物（废矿物油、废砂轮灰）、HW09 危险废物（废乳化液）、HW13 危险废物（水性漆渣）、HW17 危险废物（污泥）等	0.308	千克/台-产品
	3554	洗涤机械制造	一般工业废物（废边角料、废包装物）等	6.68	千克/台-产品	HW08 危险废物（废矿物油、废砂轮灰）、HW09 危险废物（废乳化液）、HW13 危险废物（水性漆渣）、HW17 危险废物（污泥）等	0.308	千克/台-产品
356	3561	电工机械专用设备制造	一般工业废物（废边角料、废包装物）等	44.7	千克/台-产品	HW08 危险废物（废矿物油）、HW09 危险废物（废乳化液）、HW12 危险废物（染料、涂料废物）等	1.58	千克/台-产品
	3562	半导体器件专用设备制造	一般工业废物（废边角料、废包装物）等	83.7	千克/台-产品	HW08 危险废物（废矿物油）、HW09 危险废物（废乳化液）、HW12 危险废物（染料、涂料废物）等	0.75	千克/台-产品
	3563	电子元器件与机电组件设备制造	一般工业废物（废边角料、废包装物）等	53.4	千克/台-产品	HW08 危险废物（废矿物油）、HW09 危险废物（废乳化液）、HW12 危险废物（染料、涂料废物）等	1.25	千克/台-产品
	3564	其他电子专用设备制造	—	类比 3561 电工机械专用设备制造、3562 半导体器件专用设备制造、3563 电子元器件与机电组件设备制造相关系数	—	—	类比 3561 电工机械专用设备制造、3562 半导体器件专用设备制造、3563 电子元器件与机电组件设备制造相关系数	—

中类代码（三位）	小类代码（四位）	类别名称	固体废物类别	产生系数	系数单位	危险废物类别	产生系数	系数单位
357	3571	拖拉机制造	—	大型拖拉机类比3611中性载货汽车；中小型拖拉机类比3611轻型载货汽车	—	—	大型拖拉机类比3611中性载货汽车；中小型拖拉机类比3611轻型载货汽车	—
	3572	机械化农业及园艺机具制造	—	类比3571拖拉机制造（小型）	—	—	类比3571拖拉机制造（小型）	—
	3573	营林及木竹采伐机械制造	—	类比3571拖拉机制造（小型）	—	—	类比3571拖拉机制造（小型）	—
	3574	畜牧机械制造	一般工业废物（废边角料、废包装物）等	100	千克/台-产品	HW08危险废物（废矿物油）、HW09危险废物（废乳化液）、HW12危险废物（染料、涂料废物）等	1.78	千克/台-产品
	3575	渔业机械制造	—	鱼货起卸设备和捕捞机械，类比343物料搬运设备制造相关系数	—	—	鱼货起卸设备和捕捞机械，类比343物料搬运设备制造相关系数	—
	3576	农林牧渔机械配件制造	—	类比367汽车零部件及配件制造	—	—	类比367汽车零部件及配件制造	—
	3577	棉花加工机械制造	—	类比3467包装专用设备制造	—	—	类比3467包装专用设备制造	—
	3579	其他农、林、牧、渔业机械制造	一般工业废物（废边角料、废包装物）等	100	千克/台-产品	HW08危险废物（废矿物油）、HW09危险废物（废乳化液）、HW12危险废物（染料、涂料废物）等	1.78	千克/台-产品
358	3581	医疗诊断、监护及治疗设备制造	一般工业废物（废边角料、废包装物）等	5	千克/台-产品	HW08危险废物（废矿物油）、HW09危险废物（废乳化液）、HW12危险废物（染料、涂料废物）等	1.504	千克/台-产品
	3582	口腔科用设备及器具制造	—	类比3581医疗诊断、监护及治疗设备制造	—	—	类比3581医疗诊断、监护及治疗设备制造	—
	3583	医疗实验室及医用消毒设备和器具制造	—	类比3581医疗诊断、监护及治疗设备制造	—	—	类比3581医疗诊断、监护及治疗设备制造	—

中类代码（三位）	小类代码（四位）	类别名称	固体废物类别	产生系数	系数单位	危险废物类别	产生系数	系数单位
358	3584	医疗、外科及兽医用器械制造	—	类比3451滚动轴承制造	—	—	类比3451滚动轴承制造	—
	3585	机械治疗及病房护理设备制造	—	类比3581医疗诊断、监护及治疗设备制造	—	—	类比3581医疗诊断、监护及治疗设备制造	—
	3586	康复辅具制造	—	类比3451滚动轴承制造	—	—	类比3451滚动轴承制造	—
	3587	眼镜制造	一般工业废物（废边角料、废包装物）等	25	千克/万副-产品	HW08危险废物（废矿物油）、HW09危险废物（废乳化液）、HW12危险废物（染料、涂料废物）等	10	千克/万副-产品
	3589	其他医疗设备及器械制造	—	类比3581医疗诊断、监护及治疗设备制造	—	—	类比3581医疗诊断、监护及治疗设备制造	—
359	3591	环境保护专用设备制造	一般工业废物（废边角料、废包装物）等	41.6	千克/吨-产品	HW08危险废物（废矿物油）、HW09危险废物（废乳化液）、HW12危险废物（染料、涂料废物）等	1.48	千克/吨-产品
	3592	地质勘查专用设备制造	一般工业废物（废边角料、废包装物）等	34.6	千克/吨-产品	HW08危险废物（废矿物油）、HW09危险废物（废乳化液）、HW12危险废物（染料、涂料废物）等	3.33	千克/吨-产品
	3593	邮政专用机械及器材制造	—	类比3467包装专用设备制造	—	—	类比3467包装专用设备制造	—
	3594	商业、饮食、服务专用设备制造	—	类比3381金属制厨房用器具制造	—	—	类比3381金属制厨房用器具制造	—
	3595	社会公共安全设备及器材制造	—	类比3466喷枪及类似器具制造	—	—	类比3466喷枪及类似器具制造	—
	3596	交通安全、管制及类似专用设备制造	—	类比3424 金属切割及焊接设备制造	—	—	类比3424 金属切割及焊接设备制造	—
	3597	水资源专用机械制造	—	类比3572机械化农业及园艺机具制造	—	—	类比3572机械化农业及园艺机具制造	
	3599	其他专用设备制造	—	类比35专用设备制造业相关系数	—	—	类比35专用设备制造业相关系数	—

36 汽车制造业

中类代码（三位）	小类代码（四位）	类别名称	固体废物类别	产生系数	系数单位	危险废物类别	产生系数	系数单位
361	3611 汽柴油车整车制造、3612 新能源车整车制造	乘用车	一般工业废物（废边角料、废包装物）	154.2	千克/辆-产品	HW06（废溶剂）、HW08（废油）、HW12（污泥、漆渣等）、HW17（转化膜处理废渣）、HW49（废活性炭和废化工原料桶）等	8.798	千克/辆-产品
		客车	一般工业废物（废边角料、废包装物）	861.5	千克/辆-产品	HW06（废溶剂）、HW08（废油）、HW12（污泥、漆渣等）、HW17（转化膜处理废渣）、HW49（废活性炭和废化工原料桶）等	29.69	千克/辆-产品
		重型载货汽车（L≥6米，T（总质量，以下同）≥12 吨）	一般工业废物（废边角料、废包装物）	588.9	千克/辆-产品	HW06（废溶剂）、HW08（废油）、HW12（污泥、漆渣等）、HW17（转化膜处理废渣）、HW49（废活性炭和废化工原料桶）等	23.15	千克/辆-产品
		中型载货汽车（L≥6米，4.5 吨≤T＜12 吨）	一般工业废物（废边角料、废包装物）	461.3	千克/辆-产品	HW06（废溶剂）、HW08（废油）、HW12（污泥、漆渣等）、HW17（转化膜处理废渣）、HW49（废活性炭和废化工原料桶）等	12.76	千克/辆-产品
		轻型载货汽车（L＜6米，T＜4.5 吨）	一般工业废物（废边角料、废包装物）	396.3	千克/辆-产品	HW06（废溶剂）、HW08（废油）、HW12（污泥、漆渣等）、HW17（转化膜处理废渣）、HW49（废活性炭和废化工原料桶）等	9.142	千克/辆-产品
362	3620 汽车用发动机制造	汽油发动机	一般工业废物（废边角料、废包装物）	10.24	千克/台-产品	HW08（废油、污泥等）、HW49（废活性炭和废化工原料桶）等	3.004	千克/台-产品
		柴油发动机	一般工业废物（废边角料、废包装物）	64.22	千克/台-产品	HW06（废溶剂）、HW08（废油）、HW12（污泥、漆渣等）、HW17（转化膜处理废渣）、HW49（废活性炭和废化工原料桶）等	5.551	千克/台-产品
363	3630	改装汽车制造	一般工业废物（废边角料、废包装物）	744.2	千克/辆-产品	HW06（废溶剂）、HW08（废油）、HW12（污泥、漆渣等）、HW49（废活性炭和废化工原料桶）等	18.44	千克/辆-产品

中类代码（三位）	小类代码（四位）	类别名称	固体废物类别	产生系数	系数单位	危险废物类别	产生系数	系数单位
364	3640	低速载货汽车制造（以柴油机为动力，车速≤50千米/小时，T≤2.5吨，长度L≤4.6米，宽度B≤1.6米，高度H≤2米，具有3个车轮的货车）	一般工业废物（废边角料、废包装物）	140.5	千克/辆-产品	HW06（废溶剂）、HW08（废油）、HW12（污泥、漆渣等）、HW17（转化膜处理废渣）、HW49（废活性炭和废化工原料桶）等	6.32	千克/辆-产品
365	3650	电车制造	一般工业废物（废边角料、废包装物）	861.5	千克/辆-产品	HW06（废溶剂）、HW08（废油）、HW12（污泥、漆渣等）、HW49（废活性炭和废化工原料桶）等	29.69	千克/辆-产品
366	3660汽车车身、挂车制造	车身	一般工业废物（废边角料、废包装物）	136.7	千克/台-产品	HW06（废溶剂）、HW08（废油）、HW12（污泥、漆渣等）、HW17（转化膜处理废渣）、HW49（废活性炭和废化工原料桶）等	6.126	千克/台-产品
		挂车	一般工业废物（废边角料、废包装物）	97.69	千克/台-产品	HW06（废溶剂）、HW08（废油）、HW12（污泥、漆渣等）、HW17（转化膜处理废渣）、HW49（废活性炭和废化工原料桶）等	4.392	千克/台-产品
367	3670汽车零部件及配件制造	车架及底盘零件	一般工业废物（废边角料、废包装物）	375	千克/台-产品	HW06（废溶剂）、HW08（废油）、HW12（污泥、漆渣等）、HW17（转化膜处理废渣）、HW49（废活性炭和废化工原料桶）等	4.578	千克/台-产品
		车桥部件	一般工业废物（废边角料、废包装物）	53.62	千克/根产品	HW08（废油）、HW12（污泥、漆渣等）、HW49（废活性炭和废化工原料桶）等	9.908	千克/根-产品
		机械加工件	一般工业废物（废边角料、废包装物）	250	千克/吨-产品	HW08（废油、污泥等）、HW49（废活性炭和废化工原料桶）等	3.462	千克/吨-产品
		非金属件	一般工业废物（废边角料、废包装物）	105.3	千克/吨-产品	HW08（废油）、HW49（废活性炭）等	19.48	千克/吨-产品

37 铁路、船舶、航空航天和其他运输设备制造业

中类代码（三位）	小类代码（四位）	类别名称	固体废物类别	产生系数	系数单位	危险废物类别	产生系数	系数单位
371		铁路运输设备制造						
	3711	高铁车组制造	一般工业废物(废边角料、废铁屑)	0.12	吨/辆-产品	HW09 危险废物（废乳化液）、HW12 危险废物（染料、涂料废物）等	129	千克/辆-产品
	3712	铁路机车车辆制造	一般工业废物(废边角料、废铁屑)	0.12	吨/辆-产品	HW09 危险废物（废乳化液）、HW12 危险废物（染料、涂料废物）等	72.61	千克/辆-产品
	3713	窄轨机车车辆制造	一般工业废物(废边角料、废铁屑)	0.12	吨/辆-产品	HW09 危险废物（废乳化液）、HW12 危险废物（染料、涂料废物）等	72.61	千克/辆-产品
	3714	高铁设备-配件制造	一般工业废物(废边角料、废铁屑)	0.15	千克/件-产品	HW09 危险废物（废乳化液）、HW12 危险废物（染料、涂料废物）等	1.669	千克/吨-原料
	3715	铁路机车车辆配件制造	一般工业废物(废边角料、废铁屑)	0.14	千克/件-产品	HW09 危险废物（废乳化液）、HW12 危险废物（染料、涂料废物）等	1.669	千克/吨-原料
	3716	铁路专用设备及器材-配件制造	一般工业废物(废边角料、废铁屑)	0.15	千克/件-产品	HW09 危险废物（废乳化液）、HW12 危险废物（染料、涂料废物）等	1.669	千克/吨-原料
	3719	其他铁路运输设备制造	一般工业废物(废边角料、废铁屑)	0.12	吨/辆-产品	HW09 危险废物（废乳化液）、HW12 危险废物（染料、涂料废物）等	1.669	千克/吨-原料
372	3720	城市轨道交通设备制造	一般工业废物(废边角料、废铁屑)	0.12	吨/辆-产品	HW09 危险废物（废乳化液）、HW12 危险废物（染料、涂料废物）等	72.61	千克/辆-产品
373		船舶及相关装置制造						
	3731	金属船舶制造	一般工业废物(废边角料、废铁屑)	1.45	千克/吨-产品	HW09 危险废物（废乳化液）、HW12 危险废物（染料、涂料废物）等	0.5	千克/吨-产品
	3732	非金属船舶制造	一般工业废物（废边角料）	0.0064	吨/艘-产品	HW49 危险废物(不饱和树脂物料桶、废弃活性炭）等	0.042	吨/艘-产品
	3733	娱乐船和运动船制造	一般工业废物（废边角料）	0.0064	吨/艘-产品	HW49 危险废物(不饱和树脂物料桶、废弃活性炭）等	0.042	吨/艘-产品
	3734	船用配套设备制造	一般工业废物(废边角料、废铁屑)	14	千克/吨-产品	HW09 危险废物（废乳化液）、HW12 危险废物（染料、涂料废物）等	0.853	千克/件-产品
	3735	船舶改装	一般工业废物(废边角料、废铁屑)	14	千克/吨-产品	HW08 危险废物（废矿物油）、HW12 危险废物（染料、涂料废物）等	0.297	千克/吨-产品
	3736	船舶拆除	一般工业废物(废边角料、废铁屑)	14	千克/吨-产品	HW36 危险废物（石棉废物）等	2	千克/吨-产品
	3737	海洋工程装备制造	一般工业废物(废边角料、废铁屑)	14	千克/吨-产品	HW36 危险废物（石棉废物）等液	0.22	千克/吨-产品
	3739	航标器材及其他相关装置制造	一般工业废物(废边角料、废铁屑)	14	千克/吨-产品	HW36 危险废物（石棉废物）等液	0.22	千克/吨-产品

中类代码（三位）	小类代码（四位）	类别名称	固体废物类别	产生系数	系数单位	危险废物类别	产生系数	系数单位
374	航空-航天器及设备制造							
	3741	飞机制造	一般工业废物(废边角料、废铁屑)	92.7	千克/架-产品	废机油，废切削液、废活性炭、废漆渣、废油漆桶	34	千克/架-产品
	3742	航天器及运载火箭制造	一般工业废物(废边角料、废铁屑)	92.7	千克/架-产品	废机油，废切削液、废活性炭、废漆渣、废油漆桶	0.38	千克/架产品
	3743	航天相关设备制造	一般工业废物(废边角料、废铁屑)	25	千克/件-产品	废机油，废切削液、废活性炭、废漆渣、废油漆桶	0.38	千克/件-产品
	3744	航空相关设备制造	一般工业废物(废边角料、废铁屑)	0.8	千克/件-产品	废机油，废切削液、废活性炭、废漆渣、废油漆桶	0.38	千克/件-产品
	3749	其他航空航天器制造	一般工业废物(废边角料、废铁屑)	0.8	千克/件-产品	废机油，废切削液、废活性炭、废漆渣、废油漆桶	0.38	千克/件-产品
375	摩托车制造							
	3751	摩托车整车制造	一般工业废物（边角下料等）	0.52	千克/辆-产品	HW12 危险废物（染料、涂料废物）等	2	千克/辆-产品
	3752	摩托车零部件及配件制造	一般工业废物（边角下料等）	0.0116	千克/件-产品	HW08 危险废物（废矿物油）、HW09 危险废物（废乳化液）等	2.745	千克/吨-原料
376	自行车和残疾人座车制造							
	3761	自行车制造	一般工业废物（边角下料等）	1.53	千克/辆-产品	HW08 危险废物（废矿物油）、HW12 危险废物（染料、涂料废物）等	0.059	千克/辆-产品
	3762	残疾人座车制造	一般工业废物（边角下料等）	1.53	千克/辆-产品	HW08 危险废物（废矿物油）、HW12 危险废物（染料、涂料废物）等	0.059	千克/辆-产品
377	3770	助动车制造	一般工业废物（边角下料等）	1.53	千克/辆-产品	HW08 危险废物（废矿物油）、HW12 危险废物（染料、涂料废物）等	0.059	千克/辆-产品
378	3780	非公路休闲车及零配件制造	一般工业废物（边角下料等）	1.53	千克/辆-产品	HW08 危险废物（废矿物油）、HW09 危险废物（废乳化液）等	5.5	千克/吨-原料
379	潜水救捞及其他未列明运输设备制造							
	3791	潜水装备制造	一般工业废物(废边角料、废铁屑)	14	千克/吨-产品	HW36 危险废物（石棉废物）等液	0.22	千克/吨-产品
	3792	水下救捞装备制造	一般工业废物(废边角料、废铁屑)	14	千克/吨-产品	HW36 危险废物（石棉废物）等液	0.22	千克/吨-产品
	3799	其他未列明运输设备制造	一般工业废物(废边角料、废铁屑)	14	千克/吨-产品	HW36 危险废物（石棉废物）等液	0.22	千克/吨-产品

43 金属制品、机械和设备修理业

中类代码（三位）	小类代码（四位）	类别名称	固体废物类别	产生系数	系数单位	危险废物类别	产生系数	系数单位
431	4310	金属制品修理	一般工业废物（废边角料、废铁屑）	0.49	千克/吨-产品	HW06 废有机溶剂、HW08 危险废物（废矿物油）、HW12 危险废物（染料、涂料废物）等	1.39	千克/吨-产品
432	4320	通用设备修理	一般工业废物（废边角料、废铁屑）	31.6	千克/吨-产品	HW08 危险废物（废矿物油、切削液）等	0.63	千克/吨-产品
433	4330	专用设备修理	一般工业废物（废边角料、废铁屑）	31.6	千克/吨-产品	HW08 危险废物（废矿物油、切削液）等	0.63	千克/吨-产品
434	铁路、船舶、航空航天等运输设备修理							
	4341	铁路运输设备修理	一般工业废物（废边角料、废铁屑）	14	千克/吨-产品	HW08 危险废物（废矿物油）、HW12 危险废物（染料、涂料废物）等	0.22	千克/吨-产品
	4342	船舶修理	一般工业废物（废边角料、废铁屑）	14	千克/吨-产品	HW08 危险废物（废矿物油）、HW12 危险废物（染料、涂料废物）等	0.22	千克/吨-产品
	4343	航空航天器修理	一般工业废物（废边角料、废铁屑）	14	千克/吨-产品	HW08 危险废物（废矿物油）、HW12 危险废物（染料、涂料废物）等	0.22	千克/吨-产品
	4349	其他运输设备修理	一般工业废物（废边角料、废铁屑）	14	千克/吨-产品	HW08 危险废物（废矿物油）、HW12 危险废物（染料、涂料废物）等	0.22	千克/吨-产品

3360 电镀业（不含电子元器件和线路板）

1 适用范围

本手册仅用于《国民经济行业分类》（GB/T 4754—2017）中3360电镀行业（不含电子元器件和线路板）使用系数法核算工业污染物产生量和排放量的工业企业。

利用本手册进行产排污核算得出的污染物产生量与排放量仅代表了特定行业、工艺、产品、原料在正常工况下污染物产生与排放的一般规律。

本行业废水指标包括工业废水量、化学需氧量、氨氮、总氮、总磷、石油类、总氰化物、总铬、六价铬、总锌、总镍、总铜、总银、总镉、总铅；废气指标包括工业废气量、铬。

2 注意事项

2.1 企业有多种生产工艺或生产多类产品产排污量核算

污染物产生量与产品产量有关，根据不同核算环节计算产污量后，再根据企业末端治理设施和运行情况计算各污染物的排放量。

工业废气量与生产时间有关，根据企业的生产时间计算废气产生量。

企业某污染物指标的产生量、排放量为各核算环节产生量、排放量之和。

在企业实际排放量计算过程中，如果存在废水回用的情况，需要在利用产排污核算公式的基础上扣除废水回用的部分，公式如下：

$$实际排放量=计算排放量\times(1-废水回用率)$$

2.2 采用组合治理技术企业的排污量核算

在排污量计算选择末端治理技术时，若没有对应的组合治理技术，以主要治理技术为准。

2.3 其他需要说明的问题

由于不同企业工业废气量、废水量差异较大，本手册所提供的工业废气量、废水量系数仅供参考。

为体现相同产污水平条件下，采用相同环保治理设施的不同企业对同一污染物去除效果的差异，引入末端治理设施实际运行率（k）对污染治理设施的实际去除率进行修正。k 值反映的是污染治理设施运行的状态，越稳定运行，k 值越高；在取值上，若定义连续稳定运行的理想状态为1，则 k 取值在0～1之间。

本手册给出本行业的 k 值计算公式仅供参考，使用时，可根据 k 值定义，选取更适合企业实际情况的表达方式。

3 污染物产排量核算方法

针对企业实际生产情况，在系数制定过程中将企业全生产流程划分或拆分为若干工艺（核算环节），在核算企业污染物产排量时，可灵活选择本企业对应的工艺进行核算。

3.1 计算工艺污染物产生量

（1）根据产品、原料、污染物产生的主导生产工艺、企业规模这一组合查找和确定所对应的某一污染物的产污系数。

（2）根据该污染物的产污系数计量单位——单位产品产量或生产时间，获取企业实际产品产量或生产时间。

（3）污染物产生量按以下公式进行计算：

污染物产生量=污染物对应的产污系数×产品产量（或生产时间）

$$G_{产i} = P_{产i} \times M_i$$

式中，$G_{产i}$——工艺 i 某污染物的产生量；

$P_{产i}$——工艺 i 某污染物对应的产污系数；

M_i——工艺 i 的产品产量（生产时间）。

3.2 计算工艺污染物去除量

（1）根据企业对某一污染物所采用的治理技术查找并选择相应的治理技术平均去除效率。

（2）根据所填报的污染治理设施实际运行率参数及其计算公式得出该企业某一污染物的治理设施实际运行率（k 值）。

（3）污染物去除量按以下公式进行计算：

污染物去除量=污染物产生量×污染物去除率 =污染物产生量×治理技术平均去除效率×治理设施实际运行率

$$R_{减i} = G_{产i} \times \eta_T \times k_T$$

式中，$R_{减i}$——工艺 i 某污染物的去除量；

η_T——工艺 i 某污染物采用的末端治理技术的平均去除效率；

k_T——工艺 i 某污染物采用的末端治理设施的实际运行率。

3.3 计算企业污染物排放量

同一企业某污染物全年的产生（排放）总量为该企业同年实际生产的全部工艺污染物产生（排放）量之和。

$$E_{排} = G_{产} - R_{减} = \sum (G_{产i} - R_{减i})$$
$$= \sum \left[P_{产i} \times M_i (1 - \eta_T \times k_T) \right]$$

式中，$E_{排}$——企业某污染物的排放量；

$G_{产}$——企业某污染物的产生量；

$R_{减}$——企业某污染物的去除量。

4 污染物产排量核算案例

某电镀企业主要产污工艺为除油（挂镀）、浸蚀（挂镀）、镀铬（挂镀）。以总铬为例，说明排放量计算过程。

该企业基本信息如表 1 所示。

表 1　某电镀企业基本信息

	名称	产量
产品及产量	电镀产品	266000 米 ^{2}
污染治理设施	化学混凝法	
实际运行参数	废水治理设施运行时间	3000 小时
	企业正常生产时间	2800 小时

4.1 总铬产生量计算

（1）查找产污系数及其计量单位

根据企业基本信息，查找本手册中主要产品为电镀产品（不含电子元器件和线路板），工艺为镀铬（挂镀），生产规模为所有规模。该组合总铬的产污系数为 5.48，单位为克/米 ^{2}-产品。

（2）获取企业产品产量

该企业实际情况为：该工艺 2017 年产排产量为 266000 米 ^{2}。

（3）计算总铬产生量

由于查询到的组合中，总铬的产污系数单位为克/米 ^{2}-产品，因此在核算产生量时采用产品产量。

总铬产生量=总铬产污系数×产品产量=5.48 克/米 ^{2}-产品×266000 米 ^{2}-产品=1457680 克

4.2 总铬去除量计算

（1）查找治理技术平均去除效率

该企业总铬治理技术采用化学混凝法，查询相应组合内化学混凝法的平均去除效率为 99.9%。

（2）计算污染治理设施实际运行率

根据产污系数组合查询结果，该组合中总铬对应的污染治理设施实际运行率为

k=废水治理设施运行时间/正常生产时间=3000 小时/2800 小时=1（k 值＞1 时按 1 计算）

（3）计算总铬去除量

总铬去除量=1457680 克×99.9%×1=1456222 克

4.3 总铬排放量计算

总铬排放量=1457680 克−1456222 克= 1458 克

5 系数表

3360 电镀行业（不含电子元器件和线路板）系数表

工段名称	产品名称	原料名称	工艺名称	规模等级	污染物类别	污染物指标	系数单位	产污系数	末端治理技术	末端治理技术平均去除效率/%	参考 k 值计算公式[1]
前处理	电镀产品（电子元器件、线路板除外）	除油剂、其他	除油（挂镀）	所有规模	废水	工业废水量	千克/米 ^{2}-产品	15.18	—	—	—
						化学需氧量	克/米 ^{2}-产品	4.37	化学混凝法	85	k=废水治理设施运行时间（小时/年）/企业正常生产时间（小时/年）
									化学混凝+生物法	86	
						氨氮	克/米 ^{2}-产品	0.19	化学混凝法	88	
									化学混凝+生物法	93	
						石油类	克/米 ^{2}-产品	0.15	化学混凝法	97	
									化学混凝+生物法	98	
						总氮	克/米 ^{2}-产品	0.44	化学混凝法	87	
									化学混凝+生物法	93	
						总磷	克/米 ^{2}-产品	0.16	化学混凝法	96	
									化学混凝+生物法	98	
					废气	工业废气量	标米 ^{3}/小时-生产时间	7000	—	—	—
		除油剂、其他	除油（滚镀）	所有规模	废水	工业废水量	千克/米 ^{2}-产品	23.15	—	—	—
						化学需氧量	克/米 ^{2}-产品	6.32	化学混凝法	85	k=废水治理设施运行时间（小时/年）/企业正常生产时间（小时/年）
									化学混凝+好氧生物法	86	
						氨氮	克/米 ^{2}-产品	0.27	化学混凝法	88	
									化学混凝+生物法	93	
						石油类	克/米 ^{2}-产品	0.10	化学混凝法	97	
									化学混凝+生物法	98	
						总氮	克/米 ^{2}-产品	0.67	化学混凝法	87	
									化学混凝+生物法	93	
						总磷	克/米 ^{2}-产品	0.19	化学混凝法	96	
									化学混凝+生物法	98	
					废气	工业废气量	标米 ^{3}/小时-生产时间	7000	—	—	—

[1] 该公式仅供参考，使用时，可根据 k 值定义，选取更适合企业实际情况的表达方式。

3360 电镀行业（不含电子元器件和线路板）系数表（续表 1）

工段名称	产品名称	原料名称	工艺名称	规模等级	污染物类别	污染物指标	系数单位	产污系数	末端治理技术	末端治理技术平均去除效率/%	参考 k 值计算公式
前处理	电镀产品（电子元器件、线路板除外）	盐酸、硫酸、硝酸、其他	浸蚀（挂镀）	所有规模	废水	工业废水量	千克/米 ^{2}-产品	13.30	—	—	—
						总氮	克/米 ^{2}-产品	0.10	化学混凝法	87	k=废水治理设施运行时间（小时/年）/企业正常生产时间（小时/年）
									化学混凝+生物法	93	
					废气	工业废气量	标米 ^{3}/小时-生产时间	7000	—	—	—
		盐酸、硫酸、硝酸、其他	浸蚀（滚镀）	所有规模	废水	工业废水量	千克/米 ^{2}-产品	17.40	—	—	—
						总氮	克/米 ^{2}-产品	0.16	化学混凝法	87	k=废水治理设施运行时间（小时/年）/企业正常生产时间（小时/年）
									化学混凝+生物法	93	
					废气	工业废气量	标米 ^{3}/小时-生产时间	7000	—	—	—
		铬酐、重铬酸钾、其他	铬酸粗化（挂镀）	所有规模	废水	工业废水量	千克/米 ^{2}-产品	20.70	—	—	—
						总铬	克/米 ^{2}-产品	5.32	化学混凝法	99.9	k=废水治理设施运行时间（小时/年）/企业正常生产时间（小时/年）
						六价铬	克/米 ^{2}-产品	4.17	氧化还原法	99.9	
					废气	工业废气量	标米 ^{3}/小时-生产时间	7000	—	—	—
						铬	克/米 ^{2}-产品	0.002	喷淋塔	93	k=废气治理设施运行时间（小时/年）/企业正常生产时间（小时/年）
		铬酐、重铬酸钾、其他	铬酸粗化（滚镀）	所有规模	废水	工业废水量	千克/米 ^{2}-产品	27.70	—	—	—
						总铬	克/米 ^{2}-产品	15.43	化学混凝法	99.9	k=废水治理设施运行时间（小时/年）/企业正常生产时间（小时/年）
						六价铬	克/米 ^{2}-产品	12.09	氧化还原法	99.9	
					废气	工业废气量	标米 ^{3}/小时-生产时间	7000	—	—	—
						铬	克/米 ^{2}-产品	0.002	喷淋塔	93	k=废气治理设施运行时间（小时/年）/企业正常生产时间（小时/年）
电镀		锌、其他	镀锌（挂镀）	所有规模	废水	工业废水量	千克/米 ^{2}-产品	14.75	—	—	—
						总锌	克/米 ^{2}-产品	2.82	化学混凝法	99	
						化学需氧量	克/米 ^{2}-产品	0.52	化学混凝法	85	k=废水治理设施运行时间（小时/年）/企业正常生产时间（小时/年）
									化学混凝+生物法	86	
						氨氮	克/米 ^{2}-产品	0.064	化学混凝法	88	
									化学混凝+生物法	93	

3360 电镀行业（不含电子元器件和线路板）系数表（续表 2）

工段名称	产品名称	原料名称	工艺名称	规模等级	污染物类别	污染物指标	系数单位	产污系数	末端治理技术	末端治理技术平均去除效率/%	参考 k 值计算公式
电镀	电镀产品（电子元器件、线路板除外）	锌、其他	镀锌（挂镀）	所有规模	废水	总氮	克/米^2-产品	0.28	化学混凝法	87	k=废水治理设施运行时间（小时/年）/企业正常生产时间（小时/年）
									化学混凝+生物法	93	
						总磷	克/米^2-产品	0.014	化学混凝法	96	
									化学混凝+生物法	98	
					废气	工业废气量	标米^3/小时-生产时间	7000	—	—	—
		锌、其他	镀锌（滚镀）	所有规模	废水	工业废水量	千克/米^2-产品	18.11	—	—	—
						总锌	克/米^2-产品	6.29	化学混凝法	99	k=废水治理设施运行时间（小时/年）/企业正常生产时间（小时/年）
						化学需氧量	克/米^2-产品	2.48	化学混凝法	85	
									化学混凝+生物法	86	
						氨氮	克/米^2-产品	0.085	化学混凝法	88	
									化学混凝+生物法	93	
						总氮	克/米^2-产品	0.71	化学混凝法	87	
									化学混凝+生物法	93	
						总磷	克/米^2-产品	0.040	化学混凝法	96	
									化学混凝+生物法	98	
					废气	工业废气量	标米^3/小时-生产时间	7000	—	—	—
		氰化物、铜	氰化镀铜（挂镀）	所有规模	废水	工业废水量	千克/米^2-产品	14.51	—	—	—
						总氰化物	克/米^2-产品	0.42	氧化还原法	99.9	k=废水治理设施运行时间（小时/年）/企业正常生产时间（小时/年）
						总铜	克/米^2-产品	2.28	化学混凝法	99	
						化学需氧量	克/米^2-产品	6.31	化学混凝法	85	
									化学混凝+生物法	86	
						氨氮	克/米^2-产品	0.010	化学混凝法	88	
									化学混凝+生物法	93	
						总氮	克/米^2-产品	0.26	化学混凝法	87	
									化学混凝+生物法	93	
						总磷	克/米^2-产品	0.052	化学混凝法	96	
									化学混凝+生物法	98	
					废气	工业废气量	标米^3/小时-生产时间	7000	—	—	—

3360 电镀行业（不含电子元器件和线路板）系数表（续表 3）

工段名称	产品名称	原料名称	工艺名称	规模等级	污染物类别	污染物指标	系数单位	产污系数	末端治理技术	末端治理技术平均去除效率/%	参考 k 值计算公式
电镀	电镀产品（电子元器件、线路板除外）	氰化物、铜	氰化镀铜（滚镀）	所有规模	废水	工业废水量	千克/米 ^{2}-产品	19.40	—	—	—
						总氰化物	克/米 ^{2}-产品	1.22	氧化还原法	99.9	k=废水治理设施运行时间（小时/年）/企业正常生产时间（小时/年）
						总铜	克/米 ^{2}-产品	6.61	化学混凝法	99	
						化学需氧量	克/米 ^{2}-产品	18.29	化学混凝法	85	
									化学混凝+生物法	86	
						氨氮	克/米 ^{2}-产品	0.029	化学混凝法	88	
									化学混凝+生物法	93	
						总氮	克/米 ^{2}-产品	0.74	化学混凝法	87	
									化学混凝+生物法	93	
						总磷	克/米 ^{2}-产品	0.15	化学混凝法	96	
									化学混凝+生物法	98	
					废气	工业废气量	标米 ^{3}/小时-生产时间	7000	—	—	—
		铜、其他	无氰电镀铜（挂镀）	所有规模	废水	工业废水量	千克/米 ^{2}-产品	14.60	—	—	—
						总铜	克/米 ^{2}-产品	2.54	化学混凝法	99	k=废水治理设施运行时间（小时/年）/企业正常生产时间（小时/年）
						化学需氧量	克/米 ^{2}-产品	0.39	化学混凝法	85	
									化学混凝+生物法	86	
						氨氮	克/米 ^{2}-产品	0.027	化学混凝法	88	
									化学混凝+生物法	93	
						总氮	克/米 ^{2}-产品	0.13	化学混凝法	87	
									化学混凝+生物法	93	
						总磷	克/米 ^{2}-产品	0.21	化学混凝法	96	
									化学混凝+生物法	98	
					废气	工业废气量	标米 ^{3}/小时-生产时间	7000	—	—	—

3360 电镀行业（不含电子元器件和线路板）系数表（续表 4）

工段名称	产品名称	原料名称	工艺名称	规模等级	污染物类别	污染物指标	系数单位	产污系数	末端治理技术	末端治理技术平均去除效率/%	参考 k 值计算公式
电镀	电镀产品（电子元器件、线路板除外）	铜、其他	无氰电镀铜（滚镀）	所有规模	废水	工业废水量	千克/米 ^{2}-产品	19.60	—	—	—
						总铜	克/米 ^{2}-产品	7.37	化学混凝法	99	k=废水治理设施运行时间（小时/年）/企业正常生产时间（小时/年）
						化学需氧量	克/米 ^{2}-产品	1.14	化学混凝法	85	
									化学混凝+生物法	86	
						氨氮	克/米 ^{2}-产品	0.078	化学混凝法	88	
									化学混凝+生物法	93	
						总氮	克/米 ^{2}-产品	0.37	化学混凝法	87	
									化学混凝+生物法	93	
						总磷	克/米 ^{2}-产品	0.60	化学混凝法	96	
									化学混凝+生物法	98	
					废气	工业废气量	标米 ^{3}/小时-生产时间	7000	—	—	—
		铜、其他	化学镀铜（挂镀）	所有规模	废水	工业废水量	千克/米 ^{2}-产品	14.60	—	—	—
						总铜	克/米 ^{2}-产品	2.54	化学混凝法	99	k=废水治理设施运行时间（小时/年）/企业正常生产时间（小时/年）
						化学需氧量	克/米 ^{2}-产品	0.39	化学混凝法	85	
									化学混凝+生物法	86	
						氨氮	克/米 ^{2}-产品	0.027	化学混凝法	88	
									化学混凝+生物法	93	
						总氮	克/米 ^{2}-产品	0.13	化学混凝法	87	
									化学混凝+生物法	93	
						总磷	克/米 ^{2}-产品	0.21	化学混凝法	96	
									化学混凝+生物法	98	
					废气	工业废气量	标米 ^{3}/小时-生产时间	7000	—	—	—

3360 电镀行业（不含电子元器件和线路板）系数表（续表 5）

工段名称	产品名称	原料名称	工艺名称	规模等级	污染物类别	污染物指标	系数单位	产污系数	末端治理技术	末端治理技术平均去除效率/%	参考 k 值计算公式
电镀	电镀产品（电子元器件、线路板除外）	铜、其他	化学镀铜（滚镀）	所有规模	废水	工业废水量	千克/米 ^{2}-产品	19.60	—	—	—
						总铜	克/米 ^{2}-产品	7.37	化学混凝法	99	k=废水治理设施运行时间（小时/年）/企业正常生产时间（小时/年）
						化学需氧量	克/米 ^{2}-产品	1.14	化学混凝法	85	
									化学混凝+生物法	86	
						氨氮	克/米 ^{2}-产品	0.078	化学混凝法	88	
									化学混凝+生物法	93	
						总氮	克/米 ^{2}-产品	0.37	化学混凝法	87	
									化学混凝+生物法	93	
						总磷	克/米 ^{2}-产品	0.60	化学混凝法	96	
									化学混凝+生物法	98	
					废气	工业废气量	标米 ^{3}/小时-生产时间	7000	—	—	—
		镍、其他	电镀镍（挂镀）	所有规模	废水	工业废水量	千克/米 ^{2}-产品	10.48	—	—	—
						总镍	克/米 ^{2}-产品	3.15	化学混凝法	99	
						化学需氧量	克/米 ^{2}-产品	0.69	化学混凝法	85	k=废水治理设施运行时间（小时/年）/企业正常生产时间（小时/年）
									化学混凝+生物法	86	
						氨氮	克/米 ^{2}-产品	0.007	化学混凝法	88	
									化学混凝+生物法	93	
						总氮	克/米 ^{2}-产品	0.11	化学混凝法	87	
									化学混凝+生物法	93	
						总磷	克/米 ^{2}-产品	0.024	化学混凝法	96	
									化学混凝+生物法	98	
					废气	工业废气量	标米 ^{3}/小时-生产时间	7000	—	—	—

3360 电镀行业（不含电子元器件和线路板）系数表（续表 6）

工段名称	产品名称	原料名称	工艺名称	规模等级	污染物类别	污染物指标	系数单位	产污系数	末端治理技术	末端治理技术平均去除效率/%	参考 k 值计算公式
电镀	电镀产品（电子元器件、线路板除外）	镍、其他	电镀镍（滚镀）	所有规模	废水	工业废水量	千克/米 ^{2}-产品	13.90	—	—	—
						总镍	克/米 ^{2}-产品	9.13	化学混凝法	99	k=废水治理设施运行时间（小时/年）/企业正常生产时间（小时/年）
						化学需氧量	克/米 ^{2}-产品	1.99	化学混凝法	85	
									化学混凝+生物法	86	
						氨氮	克/米 ^{2}-产品	0.020	化学混凝法	88	
									化学混凝+生物法	93	
						总氮	克/米 ^{2}-产品	0.31	化学混凝法	87	
									化学混凝+生物法	93	
						总磷	克/米 ^{2}-产品	0.070	化学混凝法	96	
									化学混凝+生物法	98	
					废气	工业废气量	标米 ^{3}/小时-生产时间	7000	—	—	—
		镍、其他	化学镀镍（挂镀）	所有规模	废水	工业废水量	千克/米 ^{2}-产品	12.33	—	—	—
						总镍	克/米 ^{2}-产品	0.37	化学混凝法	99	k=废水治理设施运行时间（小时/年）/企业正常生产时间（小时/年）
						化学需氧量	克/米 ^{2}-产品	2.23	化学混凝法	85	
									化学混凝+生物法	86	
						氨氮	克/米 ^{2}-产品	1.51	化学混凝法	88	
									化学混凝+生物法	93	
						总氮	克/米 ^{2}-产品	1.61	化学混凝法	87	
									化学混凝+生物法	93	
						总磷	克/米 ^{2}-产品	1.16	化学混凝法	96	
									化学混凝+生物法	98	
					废气	工业废气量	标米 ^{3}/小时-生产时间	7000	—	—	—

3360 电镀行业（不含电子元器件和线路板）系数表（续表 7）

工段名称	产品名称	原料名称	工艺名称	规模等级	污染物类别	污染物指标	系数单位	产污系数	末端治理技术	末端治理技术平均去除效率/%	参考 k 值计算公式
电镀	电镀产品（电子元器件、线路板除外）	镍、其他	化学镀镍（滚镀）	所有规模	废水	工业废水量	千克/米 ^{2}-产品	16.50	—	—	—
						总镍	克/米 ^{2}-产品	1.08	化学混凝法	99	k=废水治理设施运行时间（小时/年）/企业正常生产时间（小时/年）
						化学需氧量	克/米 ^{2}-产品	6.47	化学混凝法	85	
									化学混凝+生物法	86	
						氨氮	克/米 ^{2}-产品	4.38	化学混凝法	88	
									化学混凝+生物法	93	
						总氮	克/米 ^{2}-产品	4.67	化学混凝法	87	
									化学混凝+生物法	93	
						总磷	克/米 ^{2}-产品	3.36	化学混凝法	96	
									化学混凝+生物法	98	
					废气	工业废气量	标米 ^{3}/小时-生产时间	7000	—	—	—
		铬酐、其他	镀铬（挂镀）	所有规模	废水	工业废水量	千克/米 ^{2}-产品	20.13	—	—	—
						总铬	克/米 ^{2}-产品	5.48	化学混凝法	99.9	k=废水治理设施运行时间（小时/年）/企业正常生产时间（小时/年）
						六价铬	克/米 ^{2}-产品	4.79	氧化还原法	99.9	
					废气	工业废气量	标米 ^{3}/小时-生产时间	7000	—	—	—
						铬	克/米 ^{2}-产品	0.06	喷淋塔	93	k=废气治理设施运行时间（小时/年）/企业正常生产时间（小时/年）
		铬酐、其他	镀铬（滚镀）	所有规模	废水	工业废水量	千克/米 ^{2}-产品	26.90	—	—	—
						总铬	克/米 ^{2}-产品	15.89	化学混凝法	99.9	k=废水治理设施运行时间（小时/年）/企业正常生产时间（小时/年）
						六价铬	克/米 ^{2}-产品	13.89	氧化还原法	99.9	
					废气	工业废气量	标米 ^{3}/小时-生产时间	7000	—	—	—
						铬	克/米 ^{2}-产品	0.06	喷淋塔	93	k=废气治理设施运行时间（小时/年）/企业正常生产时间（小时/年）

3360 电镀行业（不含电子元器件和线路板）系数表（续表 8）

工段名称	产品名称	原料名称	工艺名称	规模等级	污染物类别	污染物指标	系数单位	产污系数	末端治理技术	末端治理技术平均去除效率/%	参考 k 值计算公式
电镀	电镀产品（电子元器件、线路板除外）	锡、其他	电镀锡（挂镀）	所有规模	废水	工业废水量	千克/米 ^{2}-产品	8.17	—	—	—
						化学需氧量	克/米 ^{2}-产品	0.82	化学混凝法	85	k=废水治理设施运行时间（小时/年）/企业正常生产时间（小时/年）
									化学混凝+生物法	86	
						氨氮	克/米 ^{2}-产品	0.011	化学混凝法	88	
									化学混凝+生物法	93	
						总氮	克/米 ^{2}-产品	0.057	化学混凝法	87	
									化学混凝+生物法	93	
						总磷	克/米 ^{2}-产品	0.001	化学混凝法	96	
									化学混凝+生物法	98	
					废气	工业废气量	标米 ^{3}/小时-生产时间	7000	—	—	—
		锡、其他	电镀锡（滚镀）	所有规模	废水	工业废水量	千克/米 ^{2}-产品	10.90	—	—	—
						化学需氧量	克/米 ^{2}-产品	2.38	化学混凝法	85	k=废水治理设施运行时间（小时/年）/企业正常生产时间（小时/年）
									化学混凝+生物法	86	
						氨氮	克/米 ^{2}-产品	0.032	化学混凝法	88	
									化学混凝+生物法	93	
						总氮	克/米 ^{2}-产品	0.17	化学混凝法	87	
									化学混凝+生物法	93	
						总磷	克/米 ^{2}-产品	0.003	化学混凝法	96	
									化学混凝+生物法	98	
					废气	工业废气量	标米 ^{3}/小时-生产时间	7000	—	—	—
		锡、其他	化学镀锡（挂镀）	所有规模	废水	工业废水量	千克/米 ^{2}-产品	8.17	—	—	—
						化学需氧量	克/米 ^{2}-产品	0.82	化学混凝法	85	k=废水治理设施运行时间（小时/年）/企业正常生产时间（小时/年）
									化学混凝+生物法	86	
						氨氮	克/米 ^{2}-产品	0.011	化学混凝法	88	
									化学混凝+生物法	93	
						总氮	克/米 ^{2}-产品	0.057	化学混凝法	87	
									化学混凝+生物法	93	
						总磷	克/米 ^{2}-产品	0.001	化学混凝法	96	
									化学混凝+生物法	98	
					废气	工业废气量	标米 ^{3}/小时-生产时间	7000	—	—	—

3360 电镀行业（不含电子元器件和线路板）系数表（续表 9）

工段名称	产品名称	原料名称	工艺名称	规模等级	污染物类别	污染物指标	系数单位	产污系数	末端治理技术	末端治理技术平均去除效率/%	参考 k 值计算公式
电镀	电镀产品（电子元器件、线路板除外）	锡、其他	化学镀锡（滚镀）	所有规模	废水	工业废水量	千克/米^2-产品	10.90	—	—	—
						化学需氧量	克/米^2-产品	2.38	化学混凝法	85	k=废水治理设施运行时间（小时/年）/企业正常生产时间（小时/年）
									化学混凝+生物法	86	
						氨氮	克/米^2-产品	0.032	化学混凝法	88	
									化学混凝+生物法	93	
						总氮	克/米^2-产品	0.17	化学混凝法	87	
									化学混凝+生物法	93	
						总磷	克/米^2-产品	0.003	化学混凝法	96	
									化学混凝+生物法	98	
					废气	工业废气量	标米^3/小时-生产时间	7000	—	—	—
		氰化物、银	电镀银（挂镀）	所有规模	废水	工业废水量	千克/米^2-产品	8.88	—	—	—
						总氰化物	克/米^2-产品	2.34	氧化还原法	99.9	k=废水治理设施运行时间（小时/年）/企业正常生产时间（小时/年）
						总银	克/米^2-产品	1.35	化学混凝法	99	
						化学需氧量	克/米^2-产品	4.50	化学混凝法	85	
									化学混凝+生物法	86	
						氨氮	克/米^2-产品	0.001	化学混凝法	88	
									化学混凝+生物法	93	
						总氮	克/米^2-产品	1.20	化学混凝法	87	
									化学混凝+生物法	93	
						总磷	克/米^2-产品	0.008	化学混凝法	96	
									化学混凝+生物法	98	
					废气	工业废气量	标米^3/小时-生产时间	7000	—	—	—

3360 电镀行业（不含电子元器件和线路板）系数表（续表 10）

工段名称	产品名称	原料名称	工艺名称	规模等级	污染物类别	污染物指标	系数单位	产污系数	末端治理技术	末端治理技术平均去除效率/%	参考 k 值计算公式
电镀	电镀产品（电子元器件、线路板除外）	氰化物、银	电镀银（滚镀）	所有规模	废水	工业废水量	千克/米^2-产品	11.90	—	—	—
						总氰化物	克/米^2-产品	6.79	氧化还原法	99.9	k=废水治理设施运行时间（小时/年）/企业正常生产时间（小时/年）
						总银	克/米^2-产品	3.92	化学混凝法	99	
						化学需氧量	克/米^2-产品	13.05	化学混凝法	85	
									化学混凝+生物法	86	
						氨氮	克/米^2-产品	0.003	化学混凝法	88	
									化学混凝+生物法	93	
						总氮	克/米^2-产品	3.60	化学混凝法	87	
									化学混凝+生物法	93	
						总磷	克/米^2-产品	0.023	化学混凝法	96	
									化学混凝+生物法	98	
					废气	工业废气量	标米^3/小时-生产时间	7000	—	—	—
		银、其他	化学镀银（挂镀）	所有规模	废水	工业废水量	千克/米^2-产品	8.88	—	—	—
						总银	克/米^2-产品	1.35	化学混凝法	99	k=废水治理设施运行时间（小时/年）/企业正常生产时间（小时/年）
						化学需氧量	克/米^2-产品	4.50	化学混凝法	85	
									化学混凝+生物法	86	
						氨氮	克/米^2-产品	0.001	化学混凝法	88	
									化学混凝+生物法	93	
						总氮	克/米^2-产品	1.20	化学混凝法	87	
									化学混凝+生物法	93	
						总磷	克/米^2-产品	0.008	化学混凝法	96	
									化学混凝+生物法	98	
					废气	工业废气量	标米^3/小时-生产时间	7000	—	—	—

3360 电镀行业（不含电子元器件和线路板）系数表（续表 11）

工段名称	产品名称	原料名称	工艺名称	规模等级	污染物类别	污染物指标	系数单位	产污系数	末端治理技术	末端治理技术平均去除效率/%	参考 k 值计算公式
电镀	电镀产品（电子元器件、线路板除外）	银、其他	化学镀银（滚镀）	所有规模	废水	工业废水量	千克/米 ^{2}-产品	11.90	—	—	—
						总银	克/米 ^{2}-产品	3.92	化学混凝法	99	k=废水治理设施运行时间（小时/年）/企业正常生产时间（小时/年）
						化学需氧量	克/米 ^{2}-产品	13.05	化学混凝法	85	
									化学混凝+生物法	86	
						氨氮	克/米 ^{2}-产品	0.003	化学混凝法	88	
									化学混凝+生物法	93	
						总氮	克/米 ^{2}-产品	3.60	化学混凝法	87	
									化学混凝+生物法	93	
						总磷	克/米 ^{2}-产品	0.023	化学混凝法	96	
									化学混凝+生物法	98	
					废气	工业废气量	标米 ^{3}/小时-生产时间	7000	—	—	—
		氰化物、金	镀金（挂镀）	所有规模	废水	工业废水量	千克/米 ^{2}-产品	7.16	—	—	—
						总氰化物	克/米 ^{2}-产品	0.021	氧化还原法	99.9	k=废水治理设施运行时间（小时/年）/企业正常生产时间（小时/年）
						化学需氧量	克/米 ^{2}-产品	0.56	化学混凝法	85	
									化学混凝+生物法	86	
						氨氮	克/米 ^{2}-产品	0.002	化学混凝法	88	
									化学混凝+生物法	93	
						总氮	克/米 ^{2}-产品	0.021	化学混凝法	87	
									化学混凝+生物法	93	
						总磷	克/米 ^{2}-产品	0.047	化学混凝法	96	
									化学混凝+生物法	98	
					废气	工业废气量	标米 ^{3}/小时-生产时间	7000	—	—	—

3360 电镀行业（不含电子元器件和线路板）系数表（续表 12）

工段名称	产品名称	原料名称	工艺名称	规模等级	污染物类别	污染物指标	系数单位	产污系数	末端治理技术	末端治理技术平均去除效率/%	参考 k 值计算公式
电镀	电镀产品（电子元器件、线路板除外）	氰化物、金	镀金（滚镀）	所有规模	废水	工业废水量	千克/米^2-产品	9.60	—	—	—
						总氰化物	克/米^2-产品	0.061	氧化还原法	99.9	k=废水治理设施运行时间（小时/年）/企业正常生产时间（小时/年）
						化学需氧量	克/米^2-产品	1.62	化学混凝法	85	
									化学混凝+生物法	86	
						氨氮	克/米^2-产品	0.006	化学混凝法	88	
									化学混凝+生物法	93	
						总氮	克/米^2-产品	0.61	化学混凝法	87	
									化学混凝+生物法	93	
						总磷	克/米^2-产品	0.14	化学混凝法	96	
									化学混凝+生物法	98	
					废气	工业废气量	标米^3/小时-生产时间	7000	—	—	—
		钯、其他	电镀钯（挂镀）	所有规模	废水	工业废水量	千克/米^2-产品	9.80	—	—	—
						化学需氧量	克/米^2-产品	0.74	化学混凝法	85	k=废水治理设施运行时间（小时/年）/企业正常生产时间（小时/年）
									化学混凝+生物法	86	
						氨氮	克/米^2-产品	0.022	化学混凝法	88	
									化学混凝+生物法	93	
						总氮	克/米^2-产品	0.17	化学混凝法	87	
									化学混凝+生物法	93	
						总磷	克/米^2-产品	0.001	化学混凝法	96	
									化学混凝+生物法	98	
					废气	工业废气量	标米^3/小时-生产时间	7000	—	—	—
		钯、其他	电镀钯（滚镀）	所有规模	废水	工业废水量	千克/米^2-产品	13.10	—	—	—
						化学需氧量	克/米^2-产品	2.14	化学混凝法	85	k=废水治理设施运行时间（小时/年）/企业正常生产时间（小时/年）
									化学混凝+生物法	86	
						氨氮	克/米^2-产品	0.066	化学混凝法	88	
									化学混凝+生物法	93	
						总氮	克/米^2-产品	0.48	化学混凝法	87	
									化学混凝+生物法	93	
						总磷	克/米^2-产品	0.003	化学混凝法	96	
									化学混凝+生物法	98	
					废气	工业废气量	标米^3/小时-生产时间	7000	—	—	—

3360 电镀行业（不含电子元器件和线路板）系数表（续表 13）

工段名称	产品名称	原料名称	工艺名称	规模等级	污染物类别	污染物指标	系数单位	产污系数	末端治理技术	末端治理技术平均去除效率/%	参考 *k* 值计算公式
电镀	电镀产品（电子元器件、线路板除外）	钯、其他	化学镀钯（挂镀）	所有规模	废水	工业废水量	千克/米 ^{2}-产品	9.80	—	—	—
						化学需氧量	克/米 ^{2}-产品	0.74	化学混凝法	85	*k*=废水治理设施运行时间（小时/年）/企业正常生产时间（小时/年）
									化学混凝+生物法	86	
						氨氮	克/米 ^{2}-产品	0.022	化学混凝法	88	
									化学混凝+生物法	93	
						总氮	克/米 ^{2}-产品	0.17	化学混凝法	87	
									化学混凝+生物法	93	
						总磷	克/米 ^{2}-产品	0.001	化学混凝法	96	
									化学混凝+生物法	98	
					废气	工业废气量	标米 ^{3}/小时-生产时间	7000	—	—	—
		钯、其他	化学镀钯（滚镀）	所有规模	废水	工业废水量	千克/米 ^{2}-产品	13.10	—	—	—
						化学需氧量	克/米 ^{2}-产品	2.14	化学混凝法	85	*k*=废水治理设施运行时间（小时/年）/企业正常生产时间（小时/年）
									化学混凝+生物法	86	
						氨氮	克/米 ^{2}-产品	0.066	化学混凝法	88	
									化学混凝+生物法	93	
						总氮	克/米 ^{2}-产品	0.48	化学混凝法	87	
									化学混凝+生物法	93	
						总磷	克/米 ^{2}-产品	0.003	化学混凝法	96	
									化学混凝+生物法	98	
					废气	工业废气量	标米 ^{3}/小时-生产时间	7000	—	—	—
		铂、其他	镀铂（挂镀）	所有规模	废水	工业废水量	千克/米 ^{2}-产品	9.80	—	—	—
						化学需氧量	克/米 ^{2}-产品	0.74	化学混凝法	85	*k*=废水治理设施运行时间（小时/年）/企业正常生产时间（小时/年）
									化学混凝+生物法	86	
						氨氮	克/米 ^{2}-产品	0.022	化学混凝法	88	
									化学混凝+生物法	93	
						总氮	克/米 ^{2}-产品	0.17	化学混凝法	87	
									化学混凝+生物法	93	
						总磷	克/米 ^{2}-产品	0.001	化学混凝法	96	
									化学混凝+生物法	98	
					废气	工业废气量	标米 ^{3}/小时-生产时间	7000	—	—	—

3360 电镀行业（不含电子元器件和线路板）系数表（续表 14）

工段名称	产品名称	原料名称	工艺名称	规模等级	污染物类别	污染物指标	系数单位	产污系数	末端治理技术	末端治理技术平均去除效率/%	参考 k 值计算公式
电镀	电镀产品（电子元器件、线路板除外）	铂、其他	镀铂（滚镀）	所有规模	废水	工业废水量	千克/米^2-产品	13.10	—	—	—
						化学需氧量	克/米^2-产品	2.14	化学混凝法	85	k=废水治理设施运行时间（小时/年）/企业正常生产时间（小时/年）
									化学混凝+生物法	86	
						氨氮	克/米^2-产品	0.066	化学混凝法	88	
									化学混凝+生物法	93	
						总氮	克/米^2-产品	0.48	化学混凝法	87	
									化学混凝+生物法	93	
						总磷	克/米^2-产品	0.003	化学混凝法	96	
									化学混凝+生物法	98	
					废气	工业废气量	标米^3/小时-生产时间	7000	—	—	—
		铑、其他	镀铑（挂镀）	所有规模	废水	工业废水量	千克/米^2-产品	9.80	—	—	—
						化学需氧量	克/米^2-产品	0.74	化学混凝法	85	k=废水治理设施运行时间（小时/年）/企业正常生产时间（小时/年）
									化学混凝+生物法	86	
						氨氮	克/米^2-产品	0.022	化学混凝法	88	
									化学混凝+生物法	93	
						总氮	克/米^2-产品	0.17	化学混凝法	87	
									化学混凝+生物法	93	
						总磷	克/米^2-产品	0.001	化学混凝法	96	
									化学混凝+生物法	98	
					废气	工业废气量	标米^3/小时-生产时间	7000	—	—	—
		铑、其他	镀铑（滚镀）	所有规模	废水	工业废水量	千克/米^2-产品	13.10	—	—	—
						化学需氧量	克/米^2-产品	2.14	化学混凝法	85	k=废水治理设施运行时间（小时/年）/企业正常生产时间（小时/年）
									化学混凝+生物法	86	
						氨氮	克/米^2-产品	0.066	化学混凝法	88	
									化学混凝+生物法	93	
						总氮	克/米^2-产品	0.48	化学混凝法	87	
									化学混凝+生物法	93	
						总磷	克/米^2-产品	0.003	化学混凝法	96	
									化学混凝+生物法	98	
					废气	工业废气量	标米^3/小时-生产时间	7000	—	—	—

3360 电镀行业（不含电子元器件和线路板）系数表（续表 15）

工段名称	产品名称	原料名称	工艺名称	规模等级	污染物类别	污染物指标	系数单位	产污系数	末端治理技术	末端治理技术平均去除效率/%	参考 k 值计算公式
电镀	电镀产品（电子元器件、线路板除外）	钴、其他	镀钴（挂镀）	所有规模	废水	工业废水量	千克/米 ^{2}-产品	9.80	—	—	—
						化学需氧量	克/米 ^{2}-产品	0.74	化学混凝法	85	k=废水治理设施运行时间（小时/年）/企业正常生产时间（小时/年）
									化学混凝+生物法	86	
						氨氮	克/米 ^{2}-产品	0.022	化学混凝法	88	
									化学混凝+生物法	93	
						总氮	克/米 ^{2}-产品	0.17	化学混凝法	87	
									化学混凝+生物法	93	
						总磷	克/米 ^{2}-产品	0.001	化学混凝法	96	
									化学混凝+生物法	98	
					废气	工业废气量	标米 ^{3}/小时-生产时间	7000	—	—	—
		钴、其他	镀钴（滚镀）	所有规模	废水	工业废水量	千克/米 ^{2}-产品	13.10	—	—	—
						化学需氧量	克/米 ^{2}-产品	2.14	化学混凝法	85	k=废水治理设施运行时间（小时/年）/企业正常生产时间（小时/年）
									化学混凝+生物法	86	
						氨氮	克/米 ^{2}-产品	0.066	化学混凝法	88	
									化学混凝+生物法	93	
						总氮	克/米 ^{2}-产品	0.48	化学混凝法	87	
									化学混凝+生物法	93	
						总磷	克/米 ^{2}-产品	0.003	化学混凝法	96	
									化学混凝+生物法	98	
					废气	工业废气量	标米 ^{3}/小时-生产时间	7000	—	—	—
		铟、其他	镀铟（挂镀）	所有规模	废水	工业废水量	千克/米 ^{2}-产品	9.80	—	—	—
						化学需氧量	克/米 ^{2}-产品	0.74	化学混凝法	85	k=废水治理设施运行时间（小时/年）/企业正常生产时间（小时/年）
									化学混凝+生物法	86	
						氨氮	克/米 ^{2}-产品	0.022	化学混凝法	88	
									化学混凝+生物法	93	
						总氮	克/米 ^{2}-产品	0.17	化学混凝法	87	
									化学混凝+生物法	93	
						总磷	克/米 ^{2}-产品	0.001	化学混凝法	96	
									化学混凝+生物法	98	
					废气	工业废气量	标米 ^{3}/小时-生产时间	7000	—	—	—

3360 电镀行业（不含电子元器件和线路板）系数表（续表 16）

工段名称	产品名称	原料名称	工艺名称	规模等级	污染物类别	污染物指标	系数单位	产污系数	末端治理技术	末端治理技术平均去除效率/%	参考 k 值计算公式
电镀	电镀产品（电子元器件、线路板除外）	铟、其他	镀铟（滚镀）	所有规模	废水	工业废水量	千克/米 ^{2}-产品	13.10	—	—	—
						化学需氧量	克/米 ^{2}-产品	2.14	化学混凝法	85	k=废水治理设施运行时间（小时/年）/企业正常生产时间（小时/年）
									化学混凝+生物法	86	
						氨氮	克/米 ^{2}-产品	0.066	化学混凝法	88	
									化学混凝+生物法	93	
						总氮	克/米 ^{2}-产品	0.48	化学混凝法	87	
									化学混凝+生物法	93	
						总磷	克/米 ^{2}-产品	0.003	化学混凝法	96	
									化学混凝+生物法	98	
					废气	工业废气量	标米 ^{3}/小时-生产时间	7000	—	—	—
		镉、其他	镀镉（挂镀）	所有规模	废水	工业废水量	千克/米 ^{2}-产品	14.75	—	—	—
						总镉	克/米 ^{2}-产品	2.82	化学混凝法	99.9	k=废水治理设施运行时间（小时/年）/企业正常生产时间（小时/年）
						化学需氧量	克/米 ^{2}-产品	0.52	化学混凝法	85	
									化学混凝+生物法	86	
						氨氮	克/米 ^{2}-产品	0.064	化学混凝法	88	
									化学混凝+生物法	93	
						总氮	克/米 ^{2}-产品	0.28	化学混凝法	87	
									化学混凝+生物法	93	
						总磷	克/米 ^{2}-产品	0.014	化学混凝法	96	
									化学混凝+生物法	98	
					废气	工业废气量	标米 ^{3}/小时-生产时间	7000	—	—	—
		镉、其他	镀镉（滚镀）	所有规模	废水	工业废水量	千克/米 ^{2}-产品	18.11	—	—	—
						总镉	克/米 ^{2}-产品	6.29	化学混凝法	99.9	k=废水治理设施运行时间（小时/年）/企业正常生产时间（小时/年）
						化学需氧量	克/米 ^{2}-产品	2.48	化学混凝法	85	
									化学混凝+生物法	86	
						氨氮	克/米 ^{2}-产品	0.085	化学混凝法	88	
									化学混凝+生物法	93	
						总氮	克/米 ^{2}-产品	0.71	化学混凝法	87	
									化学混凝+生物法	93	
						总磷	克/米 ^{2}-产品	0.040	化学混凝法	96	
									化学混凝+生物法	98	
					废气	工业废气量	标米 ^{3}/小时-生产时间	7000	—	—	—

3360 电镀行业（不含电子元器件和线路板）系数表（续表 17）

工段名称	产品名称	原料名称	工艺名称	规模等级	污染物类别	污染物指标	系数单位	产污系数	末端治理技术	末端治理技术平均去除效率/%	参考 k 值计算公式
电镀	电镀产品（电子元器件、线路板除外）	铅、其他	镀铅（挂镀）	所有规模	废水	工业废水量	千克/米 ^{2}-产品	14.75	—	—	—
						总铅	克/米 ^{2}-产品	2.82	化学混凝法	99.9	k=废水治理设施运行时间（小时/年）/企业正常生产时间（小时/年）
						化学需氧量	克/米 ^{2}-产品	0.52	化学混凝法	85	
									化学混凝+生物法	86	
						氨氮	克/米 ^{2}-产品	0.064	化学混凝法	88	
									化学混凝+生物法	93	
						总氮	克/米 ^{2}-产品	0.28	化学混凝法	87	
									化学混凝+生物法	93	
						总磷	克/米 ^{2}-产品	0.014	化学混凝法	96	
									化学混凝+生物法	98	
					废气	工业废气量	标米 ^{3}/小时-生产时间	7000	—	—	—
		铅、其他	镀铅（滚镀）	所有规模	废水	工业废水量	千克/米 ^{2}-产品	18.11	—	—	—
						总铅	克/米 ^{2}-产品	6.29	化学混凝法	99.9	k=废水治理设施运行时间（小时/年）/企业正常生产时间（小时/年）
						化学需氧量	克/米 ^{2}-产品	2.48	化学混凝法	85	
									化学混凝+生物法	86	
						氨氮	克/米 ^{2}-产品	0.085	化学混凝法	88	
									化学混凝+生物法	93	
						总氮	克/米 ^{2}-产品	0.71	化学混凝法	87	
									化学混凝+生物法	93	
						总磷	克/米 ^{2}-产品	0.040	化学混凝法	96	
									化学混凝+生物法	98	
					废气	工业废气量	标米 ^{3}/小时-生产时间	7000	—	—	—

3360 电镀行业（不含电子元器件和线路板）系数表（续表 18）

工段名称	产品名称	原料名称	工艺名称	规模等级	污染物类别	污染物指标	系数单位	产污系数	末端治理技术	末端治理技术平均去除效率/%	参考 k 值计算公式
后处理	电镀产品（电子元器件、线路板除外）	铬酐、其他	钝化（挂镀）	所有规模	废水	工业废水量	千克/米 ^{2}-产品	10.30	—	—	—
						总铬	克/米 ^{2}-产品	0.11	化学混凝法	99.9	k=废水治理设施运行时间（小时/年）/企业正常生产时间（小时/年）
						六价铬	克/米 ^{2}-产品	0.033	氧化还原法	99.9	
					废气	工业废气量	标米 ^{3}/小时-生产时间	7000	—	—	—
						铬	克/米 ^{2}-产品	0.002	喷淋塔	93	k=废气治理设施运行时间（小时/年）/企业正常生产时间（小时/年）
		铬酐、其他	钝化（滚镀）	所有规模	废水	工业废水量	千克/米 ^{2}-产品	11.90	—	—	—
						总铬	克/米 ^{2}-产品	0.54	化学混凝法	99.9	k=废水治理设施运行时间（小时/年）/企业正常生产时间（小时/年）
						六价铬	克/米 ^{2}-产品	0.17	氧化还原法	99.9	
					废气	工业废气量	标米 ^{3}/小时-生产时间	7000	—	—	—
						铬	克/米 ^{2}-产品	0.002	喷淋塔	93	k=废气治理设施运行时间（小时/年）/企业正常生产时间（小时/年）
		无铬钝化剂	无铬钝化（挂镀）	所有规模	废水	工业废水量	千克/米 ^{2}-产品	14.30	—	—	—
						化学需氧量	克/米 ^{2}-产品	0.14	化学混凝法	85	k=废水治理设施运行时间（小时/年）/企业正常生产时间（小时/年）
									化学混凝+生物法	86	
						氨氮	克/米 ^{2}-产品	0.011	化学混凝法	88	
									化学混凝+生物法	93	
						总氮	克/米 ^{2}-产品	0.057	化学混凝法	87	
									化学混凝+生物法	93	
						总磷	克/米 ^{2}-产品	0.081	化学混凝法	96	
									化学混凝+生物法	98	
					废气	工业废气量	标米 ^{3}/小时-生产时间	7000	—	—	—

3360 电镀行业（不含电子元器件和线路板）系数表（续表 19）

<table>
<tr><th>工段名称</th><th>产品名称</th><th>原料名称</th><th>工艺名称</th><th>规模等级</th><th>污染物类别</th><th>污染物指标</th><th>系数单位</th><th>产污系数</th><th>末端治理技术</th><th>末端治理技术平均去除效率/%</th><th>参考 k 值计算公式</th></tr>
<tr><td rowspan="25">后处理</td><td rowspan="25">电镀产品（电子元器件、线路板除外）</td><td rowspan="10">无铬钝化剂</td><td rowspan="10">无铬钝化（滚镀）</td><td rowspan="10">所有规模</td><td rowspan="9">废水</td><td>工业废水量</td><td>千克/米²-产品</td><td>19.20</td><td>—</td><td>—</td><td>—</td></tr>
<tr><td rowspan="2">化学需氧量</td><td rowspan="2">克/米²-产品</td><td rowspan="2">0.39</td><td>化学混凝法</td><td>85</td><td rowspan="8">k=废水治理设施运行时间（小时/年）/企业正常生产时间（小时/年）</td></tr>
<tr><td>化学混凝+生物法</td><td>86</td></tr>
<tr><td rowspan="2">氨氮</td><td rowspan="2">克/米²-产品</td><td rowspan="2">0.030</td><td>化学混凝法</td><td>88</td></tr>
<tr><td>化学混凝+生物法</td><td>93</td></tr>
<tr><td rowspan="2">总氮</td><td rowspan="2">克/米²-产品</td><td rowspan="2">0.16</td><td>化学混凝法</td><td>87</td></tr>
<tr><td>化学混凝+生物法</td><td>93</td></tr>
<tr><td rowspan="2">总磷</td><td rowspan="2">克/米²-产品</td><td rowspan="2">0.24</td><td>化学混凝法</td><td>96</td></tr>
<tr><td>化学混凝+生物法</td><td>98</td></tr>
<tr><td>废气</td><td>工业废气量</td><td>标米³/小时-生产时间</td><td>7000</td><td>—</td><td>—</td><td>—</td></tr>
<tr><td rowspan="7">硫酸、硝酸、其他</td><td rowspan="7">退镀（挂镀）</td><td rowspan="7">所有规模</td><td rowspan="6">废水</td><td>工业废水量</td><td>千克/米²-产品</td><td>13.20</td><td>—</td><td>—</td><td>—</td></tr>
<tr><td rowspan="2">总氮</td><td rowspan="2">克/米²-产品</td><td rowspan="2">0.10</td><td>化学混凝法</td><td>87</td><td rowspan="4">k=废水治理设施运行时间（小时/年）/企业正常生产时间（小时/年）</td></tr>
<tr><td>化学混凝+生物法</td><td>93</td></tr>
<tr><td rowspan="2">总磷</td><td rowspan="2">克/米²-产品</td><td rowspan="2">0.01</td><td>化学混凝法</td><td>96</td></tr>
<tr><td>化学混凝+生物法</td><td>98</td></tr>
<tr><td>废气</td><td>工业废气量</td><td>标米³/小时-生产时间</td><td>7000</td><td>—</td><td>—</td><td>—</td></tr>
<tr><td rowspan="7">硫酸、硝酸、其他</td><td rowspan="7">退镀（滚镀）</td><td rowspan="7">所有规模</td><td rowspan="6">废水</td><td>工业废水量</td><td>千克/米²-产品</td><td>17.10</td><td>—</td><td>—</td><td>—</td></tr>
<tr><td rowspan="2">总氮</td><td rowspan="2">克/米²-产品</td><td rowspan="2">0.16</td><td>化学混凝法</td><td>87</td><td rowspan="4">k=废水治理设施运行时间（小时/年）/企业正常生产时间（小时/年）</td></tr>
<tr><td>化学混凝+生物法</td><td>93</td></tr>
<tr><td rowspan="2">总磷</td><td rowspan="2">克/米²-产品</td><td rowspan="2">0.018</td><td>化学混凝法</td><td>96</td></tr>
<tr><td>化学混凝+生物法</td><td>98</td></tr>
<tr><td>废气</td><td>工业废气量</td><td>标米³/小时-生产时间</td><td>7000</td><td>—</td><td>—</td><td>—</td></tr>
</table>

3360 电镀行业（不含电子元器件和线路板）系数表（续表 20）

工段名称	产品名称	原料名称	工艺名称	规模等级	污染物类别	污染物指标	系数单位	产污系数	末端治理技术	末端治理技术平均去除效率/%	参考 k 值计算公式
发蓝	发蓝产品	氢氧化钠、亚硝酸钠、其他	高温发蓝（挂镀）	所有规模	废水	工业废水量	千克/米 ^{2}-产品	10.10	—	—	—
						化学需氧量	克/米 ^{2}-产品	0.10	化学混凝法	85	k=废水治理设施运行时间（小时/年）/企业正常生产时间（小时/年）
									化学混凝+生物法	86	
						总氮	克/米 ^{2}-产品	0.060	化学混凝法	87	
									化学混凝+生物法	93	
						总磷	克/米 ^{2}-产品	0.007	化学混凝法	96	
									化学混凝+生物法	98	
					废气	工业废气量	标米 ^{3}/小时-生产时间	7000	—	—	—
		氢氧化钠、亚硝酸钠、其他	高温发蓝（滚镀）	所有规模	废水	工业废水量	千克/米 ^{2}-产品	13.60	—	—	—
						化学需氧量	克/米 ^{2}-产品	0.30	化学混凝法	85	k=废水治理设施运行时间（小时/年）/企业正常生产时间（小时/年）
									化学混凝+生物法	86	
						总氮	克/米 ^{2}-产品	0.19	化学混凝法	87	
									化学混凝+生物法	93	
						总磷	克/米 ^{2}-产品	0.021	化学混凝法	96	
									化学混凝+生物法	98	
					废气	工业废气量	标米 ^{3}/小时-生产时间	7000	—	—	—
		常温发蓝剂、硫酸铜、其他	常温发蓝（挂镀）	所有规模	废水	工业废水量	千克/米 ^{2}-产品	10.10	—	—	—
						化学需氧量	克/米 ^{2}-产品	0.10	化学混凝法	85	k=废水治理设施运行时间（小时/年）/企业正常生产时间（小时/年）
									化学混凝+生物法	86	
						总氮	克/米 ^{2}-产品	0.060	化学混凝法	87	
									化学混凝+生物法	93	
						总磷	克/米 ^{2}-产品	0.007	化学混凝法	96	
									化学混凝+生物法	98	
					废气	工业废气量	标米 ^{3}/小时-生产时间	7000	—	—	—

3360 电镀行业（不含电子元器件和线路板）系数表（续表 21）

工段名称	产品名称	原料名称	工艺名称	规模等级	污染物类别	污染物指标	系数单位	产污系数	末端治理技术	末端治理技术平均去除效率/%	参考 k 值计算公式
发蓝	发蓝产品	常温发蓝剂、硫酸铜、其他	常温发蓝（滚镀）	所有规模	废水	工业废水量	千克/米 ^{2}-产品	13.60	—	—	—
						化学需氧量	克/米 ^{2}-产品	0.30	化学混凝法	85	k=废水治理设施运行时间（小时/年）/企业正常生产时间（小时/年）
									化学混凝+生物法	86	
						总氮	克/米 ^{2}-产品	0.19	化学混凝法	87	
									化学混凝+生物法	93	
						总磷	克/米 ^{2}-产品	0.021	化学混凝法	96	
									化学混凝+生物法	98	
					废气	工业废气量	标米 ^{3}/小时-生产时间	7000	—	—	—
阳极氧化	阳极氧化产品	铬酐、其他	铬酸阳极氧化（挂镀）	所有规模	废水	工业废水量	千克/米 ^{2}-产品	14.35	—	—	—
						总铬	克/米 ^{2}-产品	0.11	化学混凝法	99.9	k=废水治理设施运行时间（小时/年）/企业正常生产时间（小时/年）
						六价铬	克/米 ^{2}-产品	0.033	氧化还原法	99.9	
						化学需氧量	克/米 ^{2}-产品	0.14	化学混凝法	85	
									化学混凝+生物法	86	
						总氮	克/米 ^{2}-产品	0.057	化学混凝法	87	
									化学混凝+生物法	93	
						总磷	克/米 ^{2}-产品	0.081	化学混凝法	96	
									化学混凝+生物法	98	
					废气	工业废气量	标米 ^{3}/小时-生产时间	7000	—	—	—
						铬	克/米 ^{2}-产品	0.002	喷淋塔	93	k=废气治理设施运行时间（小时/年）/企业正常生产时间（小时/年）
		铬酐、其他	铬酸阳极氧化（滚镀）	所有规模	废水	工业废水量	千克/米 ^{2}-产品	19.20	—	—	—
						总铬	克/米 ^{2}-产品	0.54	化学混凝法	99.9	k=废水治理设施运行时间（小时/年）/企业正常生产时间（小时/年）
						六价铬	克/米 ^{2}-产品	0.17	氧化还原法	99.9	
						化学需氧量	克/米 ^{2}-产品	0.39	化学混凝法	85	
									化学混凝+生物法	86	

3360 电镀行业（不含电子元器件和线路板）系数表（续表 22）

工段名称	产品名称	原料名称	工艺名称	规模等级	污染物类别	污染物指标	系数单位	产污系数	末端治理技术	末端治理技术平均去除效率/%	参考 k 值计算公式
阳极氧化	阳极氧化产品	铬酐、其他	铬酸阳极氧化（滚镀）	所有规模	废水	总氮	克/米 ^{2}-产品	0.16	化学混凝法	87	
									化学混凝+生物法	93	
						总磷	克/米 ^{2}-产品	0.24	化学混凝法	96	
									化学混凝+生物法	98	
					废气	工业废气量	标米 ^{3}/小时-生产时间	7000	—	—	—
						铬	克/米 ^{2}-产品	0.002	喷淋塔	93	k=废气治理设施运行时间（小时/年）/企业正常生产时间（小时/年）
		硫酸、其他	其他阳极氧化（挂镀）	所有规模	废水	工业废水量	千克/米 ^{2}-产品	14.35	—	—	—
						化学需氧量	克/米 ^{2}-产品	0.14	化学混凝法	85	k=废水治理设施运行时间（小时/年）/企业正常生产时间（小时/年）
									化学混凝+生物法	86	
						总氮	克/米 ^{2}-产品	0.057	化学混凝法	87	
									化学混凝+生物法	93	
						总磷	克/米 ^{2}-产品	0.081	化学混凝法	96	
									化学混凝+生物法	98	
					废气	工业废气量	标米 ^{3}/小时-生产时间	7000	—	—	—
		硫酸、其他	其他阳极氧化（滚镀）	所有规模	废水	工业废水量	千克/米 ^{2}-产品	19.20	—	—	—
						化学需氧量	克/米 ^{2}-产品	0.39	化学混凝法	85	k=废水治理设施运行时间（小时/年）/企业正常生产时间（小时/年）
									化学混凝+生物法	86	
						总氮	克/米 ^{2}-产品	0.16	化学混凝法	87	
									化学混凝+生物法	93	
						总磷	克/米 ^{2}-产品	0.24	化学混凝法	96	
									化学混凝+生物法	98	
					废气	工业废气量	标米 ^{3}/小时-生产时间	7000	—	—	—

3360 电镀行业（不含电子元器件和线路板）系数表（续表 23）

产品	工段	污染物指标	系数单位	产污系数
电镀产品（不含电子元器件和线路板）	镀锌生产线	危险废物	千克/米^2-产品	0.003
	镀铬生产线	危险废物	千克/米^2-产品	0.005
	其他电镀生产线	危险废物	千克/米^2-产品	0.002
	阳极氧化生产线	危险废物	千克/米^2-产品	0.012
	发蓝生产线	危险废物	千克/米^2-产品	0.024
	污水处理设施	危险废物（污泥）	千克/吨-废水	6.30

38、39、40、435、436、439

电气机械和器材制造业，计算机、通信和其他电子设备制造业，仪器仪表制造业，电气设备修理业，仪器仪表修理业，其他机械和设备修理业

38 电气机械和器材制造业（不包括 3825 光伏设备及元器件制造、384 电池制造），39 计算机、通信和其他电子设备制造业，40 仪器仪表制造业，435 电气设备修理业，436 仪器仪表修理业，439 其他机械和设备修理业

1 适用范围

本手册仅适用于《国民经济行业分类》（GB/T 4754—2017）中 38 电气机械和器材制造行业（不包括 3825 光伏设备及元器件制造、384 电池制造）、39 计算机、通信和其他电子设备制造行业、40 仪器仪表制造行业、435 电气设备修理行业、436 仪器仪表修理行业、439 其他机械和设备修理行业（具体小类行业清单见附件 1）的工业企业使用系数法核算工业污染物的产生量和排放量。

利用本手册进行产排污核算得出的污染物产生量与排放量仅反映了特定行业、工艺、产品、原料在正常工况下污染物产生与排放的一般规律。

38 行业（除 3825、384 行业外）废水指标包括化学需氧量、氨氮、总磷、总氮、石油类、氰化物、镉、铅、铬、砷；废气指标包括颗粒物、挥发性有机物（以 TVOC 表征）、氨。

39 行业废水指标包括化学需氧量、氨氮、总磷、总氮、石油类、氰化物、镉、铅、铬、砷、铜；废气指标包括颗粒物、挥发性有机物（以 TVOC 表征）、氨。

40 行业废水指标包括化学需氧量、氨氮、总磷、总氮、石油类、镉、铅、铬、砷；废气指标包括颗粒物、挥发性有机物（以 TVOC 表征）。

435、436、439 行业废气指标包括颗粒物、挥发性有机物（以 TVOC 表征）。

2 注意事项

本手册按产污类型和排污方式分别提供《废水及废气工段系数表》（见第 5.1 节）、《固体废物系数表》（见第 5.2 节）、《污染处理技术及效率表》（见第 5.3 节）。《废水及废气工段系数表》用于核算行业企业相关产污工段废水、废气的产污量，《固体废物系数表》用于核算规定行业企业相关产污工段的固体废物产生量，《污染处理技术及效率表》用于核算行业企业废水、废气的排污量。

2.1 系数表使用说明

《废水及废气工段系数表》包含的工段适用于 38 行业（除 3825、384）、39 行业、40 行业以及 435、436、439 行业中的绝大部分小类行业，部分工段只适用于个别小类行业（详见表中备注）。各小类行业企业的产污工段有所不同，可能包含的工段详见表 1。由于行业生产工艺复杂，在污染物

产排污量核算时应以企业实际存在的产污工段为准，表 1 仅供参考。行业企业使用《废水及废气工段系数表》核算污染物产排污量时，首先应根据《国民经济行业分类》（GB/T 4754—2017）明确企业所属小类行业，然后参考表 1 初步筛选企业生产过程中可能涉及的产污工段，再结合企业实际生产工艺（工序）确定全部的产污工段，最后进行相应的产排污量核算（见第 3 章）。

表 1　本系数手册各小类行业可能包含的产污工段

行业类别	工段名称
3811	机械加工、清洗、焊接、涂漆、除锈、表面处理、除油、塑料成型、树脂浇注（含固化）
3812	机械加工、清洗、焊接、涂漆、除锈、表面处理、除油、塑料成型、树脂浇注（含固化）
3813	机械加工、清洗、焊接、涂漆、除锈、表面处理、除油、塑料成型、树脂浇注（含固化）
3819	机械加工、清洗、焊接、涂漆、除锈、表面处理、除油、塑料成型、树脂浇注（含固化）
3821	清洗、机械加工、除油、涂漆、表面处理、焊接、粘接（含固化）、灌封、树脂浇注（含固化）、塑料成型
3822	清洗、机械加工、涂漆、表面处理、焊接、灌封、烧结、喷金、树脂浇注（含固化）、塑料成型、浸渍（含水清洗）
3823	清洗、机械加工、涂漆、表面处理、焊接、烧结、树脂浇注（含固化）、塑料成型
3824	清洗、机械加工、除油、涂漆、表面处理、焊接、蚀刻、印刷、烧结、塑料成型、树脂浇注（含固化）
3829	清洗、机械加工、除油、涂漆、表面处理、焊接、蚀刻、印刷、塑料成型、粘接（含固化）、灌封、喷金、树脂浇注（含固化）、烧结
3831	塑料成型、焊接、印刷
3832	涂覆（含固化）、焊接、塑料成型、印刷
3833	涂覆（含固化）、焊接、塑料成型、印刷
3834	塑料成型、粘接（含固化）、机械加工、烧结、硫化、树脂浇注（含固化）
3839	清洗、机械加工、除油、涂漆、表面处理、贴膜/压膜/显影、蚀刻、印刷、焊接、塑料成型、烧结
3851	清洗、除油、陶化、塑料成型、焊接、烧结、机械加工、涂漆、蚀刻、烷化、印刷
3852	清洗、除油、陶化、塑料成型、焊接、烧结、机械加工、涂漆、蚀刻、烷化、印刷
3853	清洗、除油、陶化、塑料成型、焊接、烧结、机械加工、涂漆、蚀刻、烷化、印刷
3854	清洗、除油、陶化、塑料成型、焊接、烧结、机械加工、涂漆、蚀刻、烷化、印刷
3855	清洗、除油、陶化、塑料成型、焊接、烧结、机械加工、涂漆、蚀刻、烷化、印刷
3856	清洗、除油、陶化、塑料成型、焊接、烧结、机械加工、涂漆、蚀刻、烷化、印刷
3857	清洗、机械加工、除油、涂漆、贴膜/压膜/显影、蚀刻、印刷、塑料成型、焊接、烧结、烷化、陶化
3859	清洗、除油、陶化、塑料成型、焊接、烧结、机械加工、涂漆、蚀刻、烷化、印刷
3861	清洗、机械加工、除油、涂漆、印刷、塑料成型、焊接、烧结、陶化、蚀刻、烷化
3862	清洗、机械加工、除油、涂漆、印刷、塑料成型、焊接、烧结、陶化、蚀刻、烷化
3869	清洗、机械加工、除油、涂漆、印刷、塑料成型、焊接、烧结、陶化、蚀刻、烷化
3871	清洗、机械加工、除油、涂漆、贴膜/压膜/显影、蚀刻、印刷、塑料成型、焊接、烧结、涂粉（含固化）
3872	清洗、机械加工、除油、涂漆、贴膜/压膜/显影、蚀刻、印刷、塑料成型、焊接、烧结、涂粉（含固化）
3873	清洗、机械加工、除油、涂漆、贴膜/压膜/显影、蚀刻、印刷、塑料成型、焊接、烧结、涂粉（含固化）
3874	清洗、机械加工、除油、涂漆、贴膜/压膜/显影、蚀刻、印刷、塑料成型、焊接、烧结、涂粉（含固化）
3879	清洗、机械加工、除油、涂漆、贴膜/压膜/显影、蚀刻、印刷、塑料成型、焊接、烧结、涂粉（含固化）
3891	清洗、机械加工、除油、涂漆、贴膜/压膜/显影、蚀刻、印刷、塑料成型、焊接、烧结、树脂浇注（含固化）
3899	清洗、机械加工、除油、涂漆、贴膜/压膜/显影、蚀刻、印刷、塑料成型、焊接、烧结、树脂浇注（含固化）

行业类别	工段名称
3911	焊接、清洗
3912	焊接、机械加工、塑料成型、表面处理、涂漆、除油、除锈
3913	焊接、清洗
3914	焊接、清洗
3915	焊接、清洗
3919	焊接、清洗
3921	焊接、清洗
3922	焊接、清洗
3931	焊接、清洗
3932	焊接、清洗
3933	机械加工、塑料成型、清洗、焊接、表面处理、除油、涂漆、除锈
3934	机械加工、塑料成型、清洗、焊接、表面处理、除油、涂漆、除锈
3939	焊接、清洗
3940	焊接、清洗、塑料成型、除油、涂漆
3951	焊接、清洗
3952	机械加工、塑料成型、清洗、焊接、除油、涂漆
3953	机械加工、塑料成型、清洗、焊接、除油、涂漆
3961	机械加工、塑料成型、清洗、焊接、除油、涂漆、除锈
3962	机械加工、塑料成型、清洗、焊接、除油、涂漆、除锈
3963	机械加工、塑料成型、清洗、焊接、除油、涂漆、除锈
3964	机械加工、塑料成型、清洗、焊接、除油、涂漆、除锈
3969	机械加工、塑料成型、清洗、焊接、除油、涂漆、除锈
3971	清洗、机械加工、除油、涂漆、蚀刻、印刷、焊接、表面处理、烧结
3972	焊接、清洗、机械加工、除油、涂漆、蚀刻、印刷、塑料成型、表面处理、烧结
3973	清洗、机械加工、除油、涂漆、蚀刻、印刷、塑料成型、贴膜/压膜/显影、去膜（脱膜）、表面处理、烧结
3974	焊接、清洗、机械加工、除油、涂漆、蚀刻、印刷、塑料成型、表面处理、涂覆（含固化）、灌封、烧结
3975	焊接、清洗、机械加工、塑料成型、表面处理、涂漆、除油、蚀刻、印刷、烧结
3976	焊接、清洗、机械加工、塑料成型、表面处理、涂漆、除油、蚀刻、印刷、烧结
3979	焊接、清洗、机械加工、塑料成型、表面处理、涂漆、除油、蚀刻、印刷、烧结
3981	焊接、清洗、机械加工、塑料成型、表面处理、涂漆、除油、蚀刻、印刷、涂覆（含固化）
3982	清洗、机械加工、棕化（氧化）、去膜（脱膜）、喷锡、退锡、除油、蚀刻、印刷、贴膜/压膜/显影、表面处理、涂漆
3983	清洗、机械加工、表面处理、蚀刻、涂漆、印刷、除油、塑料成型、焊接
3984	清洗、机械加工、表面处理、蚀刻、涂漆、印刷、除油、焊接、塑料成型
3985	机械加工、蚀刻、清洗、浸渍干燥、层压成型、表面处理、印刷、喷涂、烧结
3989	焊接、清洗、机械加工、除油、涂漆、表面处理、蚀刻、印刷、塑料成型
3990	焊接、清洗、机械加工、除油、涂漆、塑料成型
4011	机械加工、塑料成型、除油、涂漆、清洗、焊接
4012	机械加工、塑料成型、除油、涂漆、清洗、焊接
4013	机械加工、塑料成型、除油、涂漆、清洗、焊接
4014	机械加工、塑料成型、除油、涂漆、清洗、焊接

行业类别	工段名称
4015	机械加工、塑料成型、除油、涂漆、清洗、焊接
4016	机械加工、塑料成型、除油、涂漆、清洗、焊接
4019	机械加工、塑料成型、除油、涂漆、清洗、焊接
4021	机械加工、塑料成型、除油、涂漆、清洗、焊接
4022	机械加工、塑料成型、除油、涂漆、清洗、焊接
4023	机械加工、塑料成型、除油、涂漆、清洗、焊接
4024	机械加工、塑料成型、除油、涂漆、清洗、焊接
4025	机械加工、塑料成型、除油、涂漆、清洗、焊接
4026	机械加工、塑料成型、除油、涂漆、清洗、焊接
4027	机械加工、塑料成型、除油、涂漆、清洗、焊接
4028	机械加工、塑料成型、除油、涂漆、清洗、焊接
4029	机械加工、塑料成型、除油、涂漆、清洗、焊接
4030	机械加工、塑料成型、除油、涂漆、清洗、焊接
4040	机械加工、塑料成型、除油、涂漆、清洗、焊接
4050	机械加工、塑料成型、除油、涂漆、清洗、焊接
4090	机械加工、塑料成型、除油、涂漆、清洗、焊接
4350	机械加工、塑料成型、除油、涂漆、清洗、焊接
4360	机械加工、塑料成型、除油、涂漆、清洗、焊接
4390	机械加工、塑料成型、除油、涂漆、清洗、焊接

2.2 核算工段说明

本手册编制过程中已考虑了本行业的重点产污工段，并对部分工段的产污进行合并研究，当系数表中未能查询到污染源企业的“产污工段”时，可能原因包括：一是该“工段”在本手册的考虑范围之外（如机械焊接），若该“工段”确实产污且必须核算，则需要通过与其他行业类比或通过其他核算方法取得其产排污量，如该“工段”不产污，则不需要核算；二是与其他产污工段合并统计（如水洗、烘烤或固化与上一工段合并），可以不再单独进行产排污量核算。

本手册中的焊接专指与“电”功能有关的焊接，如焊锡等。当生产工序为“波峰焊”“回流焊”“点焊”“贴片”“机械手工焊”等，均将其归为焊接工段。

本手册行业企业生产过程中，涉及与“电”功能无直接关系的机械焊接（如电焊、电弧焊）、机械拉丝、机械成型、熔炼、铸锭、压铸等时，参考 3311 等金属制品业机械加工进行产排污核算。

本手册行业企业生产过程中，涉及燃料燃烧产污时，参考 4430 热力生产和供应行业（即锅炉）进行产排污核算。

本手册行业企业生产过程中，涉及与“电”功能无直接关系的电镀、化学镀等表面处理工段（如机箱电镀）时，参考 3360 金属表面处理及热处理加工行业进行产排污核算。

本手册行业企业生产过程中，涉及与“电”功能无直接关系的涂漆等表面涂装工艺时，参考机械行业、涂装行业等进行产排污核算。

本手册行业企业生产过程中，涉及玻璃的切割、打孔、裁切等机械加工参考机械行业相关的机械加工工艺。

组装、装配等原则上不产生废水和废气，不需要核算。如有产污需要考虑是否涉及焊接、机械加工等，并按照拆分后工段进行核算。

企业对于同一种生产线或车间的原料无法明确分辨，只能提供总原料使用量时，同一企业中同类产污组合（如电镀铜产污组合）可进行合并核算。

《废水及废气工段系数表》中工业废水量以吨/吨-产品、吨/米^2-产品和吨/千件-产品为单位，工业废气量以标米^3/千件-产品、标米^3/件-产品、标米^3/米^2-产品、标米^3/吨-产品和标米^3/千米-产品为单位，特定单位的系数原则上仅适用于特定行业。

关于本手册行业特殊工段的实用性说明，参见附件 3 行业特殊工段适用性说明。

2.3 核算原料说明

《废水及废气工段系数表》中的原料是为了核算产污量而选定的，不一定包括工段使用的全部原辅材料，核算时需根据原料名称和系数单位，使用与手册规定“原料”相符的原辅材料使用量进行计算。

2.4 核算产品说明

本手册行业企业产品应按照《国民经济行业分类》（GB/T 4574—2017）及其分类注释中的规定，确定该产品所属小类行业后使用本手册进行相关产排污量核算。各小类行业主要产品参见附件 2 各小类行业的一般产品清单。

2.5 去除效率使用说明

根据行业主要的污染治理技术，本手册提供了一套行业通用的去除效率，核算时根据企业实际使用的末端治理技术及设施，选择合适的去除效率及运行效率进行计算。若企业没有末端治理设施，属于直排，则排污量核算时末端治理设施去除效率为 0。

若企业的末端治理技术末包含在手册中，可根据该处理技术的工作原理选择手册中对应的污染治理技术进行类比核算。例如涉及旋风除尘时，参考袋式除尘进行核算；涉及静电除尘时，参考喷淋塔/冲击水浴进行核算；废水治理技术中，将 AB 法、MBR 法、SBR 法、活性污泥法等方法全部统一为生物化学法；将络合沉淀、综合沉淀、混凝沉淀等全部统一为化学沉淀法。当企业存在贵金属回收设施时，回收设施视为污染处理设备。

在选择末端治理技术进行排污量计算过程中，若企业存在多种末端治理技术时，则以目标污染物的主要治理技术为准，如重金属末端治理技术以化学沉淀法为主，化学需氧量则以生物化学法为主；也可以根据多种末端治理技术对污染物处理的贡献情况，计算组合污染去除效率，如挥发性有机物治理串联了光催化和吸附技术，且确认实际治理均有明显效果时，组合污染去除效率为光催化和吸附的累积。

末端治理设施实际运行率（k 值）体现了相同产污水平条件下，采用相同污染治理设施的不同企业对同一污染物去除效果的差异。

若企业排污量核算时无法取得合理的污染处理设施运行参数值，则 k 值按 1 计，去除效率参考行业平均去除效率。根据本手册 3.2 节中工段污染物去除量的计算公式，当“治理技术平均去除效率×治理设施实际运行率”计算结果在“行业去除效率范围”（见第 5.3 节）之外时，“治理技术平均去除效率×治理设施实际运行率”结果宜选择“行业去除效率范围”中的最大值或最小值，或选择

“平均去除效率”（此时 k 值视为 1）。

本手册《污染处理技术及效率表》中“行业去除效率范围”“平均去除效率”“标准量”是根据调研企业情况取得的，在一定程度上代表了该行业污染处理水平的基本现状，使用时可根据企业的实际状况进行选择使用。行业 k 值计算公式仅供参考，使用时可根据 k 值定义及作用，选取更适合企业实际情况的表达方式。

2.6 其他需要说明的问题

（1）废水产生量、废气产生量、固体废物产生量与设施设备、工艺、原辅材料使用量、管理水平等有关，影响因素复杂，各企业实际的产生量差异大，本手册主要给出以产品产量为基础的系数，仅供参考。

（2）化学需氧量、氨氮、总磷、总氮、石油类、氰化物、镉、铅、铬、砷、铜、颗粒物、挥发性有机物、氨等污染物产生量与原料用量相关性较高，根据不同核算环节的原料用量计算产污量后，再根据企业末端治理设施和运行情况计算各污染物的排污量。

（3）企业某污染物指标的产生量、排放量为各核算环节产生量、排放量之和。

（4）电子电气企业中可能存在研发实验或生产试验过程，由于该过程本质上不属于生产制造业，只是因生产制造需要而出现在生产企业中，该类过程不在本手册范围内，如果需要核算其产排污情况，则需要参考该研发实验或生产试验过程相似的行业核算方法。

（5）电子电气企业生产的产品在出厂前，可能进行一定比例的产品调试检验过程，期间可能因产品的运行使用产生一定量与产品生产过程不相关的污染并排放进入环境中，如燃油发电机组的调试检验产生的二氧化硫、氮氧化物等废气。该类产排污过程未列入本手册范围内，其产排污核算则需要根据产品使用特点，参照电子电气产品相关应用行业的产排污核算方法，如发电厂产排污核算方法。

（6）电子电气企业存在少量使用燃料能量的生产过程，如锅炉、窑炉等，该类产排污过程未列入本手册范围内，其产排污核算则需要根据燃料的类型，如天然气、石油、生物质等，参照锅炉等行业产排污核算方法进行核算。

（7）废水中氰化物、总磷、铜、铅、镉、铬、砷等为特定工艺污染物，仅在污染源企业中的原辅材料或原辅材料主要成分中含氰、磷、铜、铅、镉、铬、砷等时，才需要进行产排污核算；废气中氨为特定工艺污染物，仅在氨污染源企业中原辅材料或原辅材料主要成分中含氨时，才需要进行产排污核算。本手册在编制时已考虑了以上的特定工艺情况，当遇到未在考虑范围内的特定产生以上污染物的工艺时，可类比相似工艺进行核算，如手册中仅提供了“含氰”的电镀金镀液，当遇到“不含氰”的电镀金镀液的特殊情况时，可参考电镀金镀液（含氰）对除“氰化物”以外的指标进行核算。

（8）受客观因素限制，本手册对行业中的一些非重点产污情况不能全面考虑，存在一定的不确定因素，包括产品类型繁多、原辅材料成分复杂多变、工艺技术类型杂乱、个别监测条件受限、模拟条件有限、企业环境管理水平差异等，可能影响产排污核算结果。

3 污染物排放量核算方法

针对企业实际生产情况，本行业在产污系数制定过程中，根据产污情况将企业全生产流程划分或拆分为若干工段（核算环节），在核算企业污染物产排量时，可灵活选择本企业对应的工段进行核算。

3.1 计算工段污染物产生量

（1）根据产污工段、产品、原料、污染物产生的主导生产工艺、企业规模等级（生产产能）这一组合，在《废水及废气工段系数表》中查找和确定所对应的某一污染物的产污系数。

（2）根据该污染物的产污系数计量单位——单位产品产量或单位原料用量，获取企业实际产品产量或原料用量。

例如，某组合内化学需氧量的产污系数单位为克/千台-产品，则计算其产生量时需要获取企业实际产品产量；再如铜产污系数单位为克/千克-原料，则计算其产生量时需要获取企业原料实际用耗量。

（3）污染物产生量按以下计算公式进行计算：

污染物产生量=污染物对应的产污系数×产品产量（原料用量）

$$G_{产i} = P_{产i} \times M_i$$

式中，$G_{产i}$——工段 i 某污染物的产生量；

$P_{产i}$——工段 i 某污染物对应的产污系数；

M_i——工段 i 的产品产量（原料用量）。

3.2 计算工段污染物去除量

（1）根据企业对某一污染物所采用的治理技术，在《污染处理技术及效率表》查找和选择相应的治理技术平均去除效率。

（2）根据污染治理设施实际运行参数及《污染处理技术及效率表》中的计算公式得出该企业某一污染物的治理设施实际运行率（k 值）。

（3）污染物去除量按以下公式进行计算：

污染物去除量=污染物产生量×污染物去除效率=污染物产生量×治理技术平均去除效率×治理设施实际运行率

$$R_{减i} = G_{产i} \times \eta_{Ti} \times k_{Ti}$$

式中，$R_{减i}$——工段 i 某污染物的去除量；

η_{Ti}——工段 i 某污染物采用的末端治理技术的平均去除效率；

k_{Ti}——工段 i 某污染物采用的末端治理设施的实际运行率。

注：当“治理技术平均去除效率×治理设施实际运行率”计算结果在“行业去除效率范围”之外时（见第 5.3 节），“治理技术平均去除效率×治理设施实际运行率”结果宜选择“行业去除效率范围”中的最大值或最小值，或选择“平均去除效率”（此时 k 值视为 1）。

3.3 计算工段污染物排放量

污染物排放量=污染物产生量−污染物去除量

=污染物对应的产污系数×产品产量（原料用量）−污染物产生量×治理技术平均去除效率×治理设施实际运行率

3.4 计算企业污染物排放量

同一企业某污染物全年的排放总量为该企业同年实际生产全过程的全部核算环节（工段）污染物排放量的总和。

$$E_{排} = G_{产} - R_{减} = \sum(G_{产i} - R_{减i}) \\ = \sum[P_{产i} \times M_i(1-\eta_{Ti} \times k_{Ti})]$$

式中，$E_{排}$——企业某污染物排放量。

在企业实际排放量计算过程中，如果存在废水回用的情况，需要在利用产排污核算公式的基础上扣除废水回用的部分。公式如下：

实际排放量=计算排放量×（1－废水回用率）

4 污染物排放量核算案例

某印制线路板生产企业，行业类别为 3982，产污工段包括机械加工、贴膜/压膜/显影、表面处理、喷锡、退锡、涂覆、清洗、去膜（退膜）、蚀刻、印刷、棕化。主要污染物指标包括化学需氧量、氨氮、总磷、总氮、氰化物、铬、铜、颗粒物、挥发性有机物，其中铜是重点产污指标，以下以铜为例说明该企业污染物排放量计算过程。

4.1 铜产污工段及核算技术参数确认

根据企业基本信息，查找《废水及废气工段系数表》及《污染处理技术及效率表》，逐一匹配工段、工艺、原辅材料、污染指标、污染处理技术等，确认该企业产生铜污染物的工段包括蚀刻、表面处理（电镀）、表面处理（化学镀），污染治理设施为化学沉淀法。核算所需的企业基本信息如表2所示，所需的技术参数如表3所示。

表2 某印制线路板生产企业铜产排污核算工段基本信息

核算环节		1	2	3
工段		蚀刻	表面处理	表面处理
规模等级（年产量）		330666 米^2		
原辅材料	名称	酸性蚀刻液	化学镀铜镀液	电镀铜镀液
	年使用量/千克	33464	863021	183786
工艺名称		蚀刻	化学镀	电镀
污染治理设施		化学沉淀法		
平均去除效率		98.73%		
实际运行参数	名称	沉淀剂年消耗量		
	数值	234 千克		

表3 产污系数法核算技术参数

核算环节	1	2	3
工段	蚀刻	表面处理	表面处理
规模等级（年产量）	所有规模		

原辅材料	名称	酸性蚀刻液	化学镀铜镀液	电镀铜镀液
工艺名称		蚀刻	化学镀	电镀
产污系数单位		克/千克-原料	克/千克-原料	克/千克-原料
产污系数		15.54	12.26	33.72
污染治理设施		化学沉淀法		
实际运行率参数	名称	沉淀剂年消耗量		
	标准量	246 千克		
k 值计算公式		沉淀剂年消耗量（数值）/标准量		

4.2 核算环节 1 计算

（1）铜产生量计算

①查找产污系数及其计量单位

查阅《废水及废气工段系数表》，工段为蚀刻，原辅材料为酸性蚀刻液，工艺为蚀刻，规模等级为所有规模。该组合铜的产污系数为 15.54，单位为克/千克-蚀刻液，核算时采用原辅材料使用量进行。

②获取企业原辅材料用量

根据表 2 可知，该企业酸性蚀刻液 2017 年使用量为 33464 千克。

③计算铜产生量

铜产生量=铜产污系数×酸性蚀刻液 2017 年使用量

=15.54 克/千克-蚀刻液×33464 千克-蚀刻液

= 520030.56 克

（2）铜去除量计算

①查找治理技术平均去除效率

通过查阅《行业污染处理技术及效率表》，行业铜的化学沉淀法处理技术平均去除效率为 98.73%。

②计算污染治理设施实际运行率

通过查阅《行业污染处理技术及效率表》，行业铜的化学沉淀法处理技术标准量为 246 千克，实际运行率 k 计算如下：

k=沉淀剂年消耗量/标准量

=234 千克/246 千克

=0.95

③计算铜去除量

铜去除量=污染物产生量×污染物去除效率

=520030.56 克×98.73%×0.95

=487754.86 克

（3）铜排放量计算

铜排放量=污染物产生量－污染物去除量

=520030.56 克－487754.86 克

=32275.70 克

4.3 核算环节 2 计算

（1）铜产生量计算

①查找产污系数及其计量单位

通过查阅《废水及废气工段系数表》，工段为表面处理，原辅材料为化学镀铜镀液，工艺为化学镀，规模等级为所有规模。该组合铜的产污系数为 12.26，单位为克/千克-镀液，核算时采用原辅材料使用量进行。

②获取企业原辅材料用量

根据表 2 可知，该企业化学镀铜镀液 2017 年使用量为 863021 千克。

③计算铜产生量

铜产生量=铜产污系数×化学镀铜镀液 2017 年使用量

=12.26 克/千克-镀液×863021 千克-镀液

= 10580637.5 克

（2）铜去除量计算

①查找治理技术平均去除效率

通过查阅《行业污染处理技术及效率表》，行业铜的化学沉淀法处理技术平均去除效率为 98.73%。

②计算污染治理设施实际运行率

通过查阅《行业污染处理技术及效率表》，行业铜的化学沉淀法处理技术标准量为 246 千克，实际运行率计算如下：

k=沉淀剂年消耗量/标准量

=234 千克/246 千克

=0.95

③计算铜去除量

铜去除量=污染物产生量×污染物去除效率

=10580637.5 克×98.73%×0.95

=9923950.23 克

（3）铜排放量计算

铜排放量=污染物产生量 – 污染物去除量

=10580637.5 克 – 9923950.23 克

=656687.27 克

4.4 核算环节 3 计算

（1）铜产生量计算

①查找产污系数及其计量单位

查阅《废水及废气工段系数表》，工段为表面处理，原辅材料为电镀铜镀液，工艺为电镀，规模等级为所有规模。该组合铜的产污系数为 33.72，单位为克/千克-镀液，核算时采用原辅材料使用量进行。

②获取企业原辅材料用量

根据表 2 可知，该企业电镀铜镀液 2017 年使用量为 183786 千克。

③计算铜产生量

铜产生量=铜产污系数×电镀铜镀液 2017 年使用量

=33.72 克/千克-镀液×183786 千克-镀液

= 6197263.92 克

（2）铜去除量计算

①查找治理技术平均去除效率

通过查阅《行业污染处理技术及效率表》，行业铜的化学沉淀法处理技术平均去除效率为 98.73%。

②计算污染治理设施实际运行率

通过查阅《行业污染处理技术及效率表》，行业铜的化学沉淀法处理技术标准量为 246 千克，实际运行率计算如下：

k=沉淀剂年消耗量/标准量

=234 千克/246 千克

=0.95

③计算铜去除量

铜去除量=污染物产生量×污染物去除效率

=6197263.92 克×98.73%×0.95

=5812630.73 克

（3）铜排放量计算

铜排放量=污染物产生量－污染物去除量

=6197263.92 克－5812630.73 克

=384633.19 克

4.5 企业铜总排放量计算

铜总排放量=核算环节 1 铜排放量＋核算环节 2 铜排放量＋核算环节 3 铜排放量

=32275.70 克+ 656687.27 克＋384633.19 克

=1073596.16 克

5 系数表及污染治理效率表

5.1 废水及废气工段系数表[1]

塑料成型工段系数表

工段名称	原料名称	工艺名称	规模等级	污染物类别	污染物指标	系数单位	产污系数	备注
塑料成型	ABS	压塑、挤塑、注塑、吸塑等	所有	废气	工业废气量	标米^3/千件-产品	5.108×10^{2}	—
					挥发性有机物	克/千克-原料	6.160×10^{-1}	
	BMC				工业废气量	标米^3/千件-产品	5.108×10^{2}	
					挥发性有机物	克/千克-原料	1.538×10^{-2}	
	PBT				工业废气量	标米^3/千件-产品	5.108×10^{2}	
					挥发性有机物	克/千克-原料	2.080×10^{-1}	
	PC				工业废气量	标米^3/千件-产品	5.108×10^{2}	
					挥发性有机物	克/千克-原料	3.306×10^{-2}	
	PE				工业废气量	标米^3/千件-产品	5.108×10^{2}	
					挥发性有机物	克/千克-原料	1.551×10^{-2}	
	POM				工业废气量	标米^3/千件-产品	5.108×10^{2}	
					挥发性有机物	克/千克-原料	1.218×10^{-1}	

[1] 不同企业的工业废气量、废水量差异较大，本系数表提供的工业废气量、废水量系数仅供参考。

塑料成型工段系数表（续表 1）

工段名称	原料名称	工艺名称	规模等级	污染物类别	污染物指标	系数单位	产污系数	备注
塑料成型	PP	压塑、挤塑、注塑、吸塑等	所有	废气	工业废气量	标米^3/千件-产品	5.108×10^{2}	—
					挥发性有机物	克/千克-原料	2.166×10^{-1}	
	PPA				工业废气量	标米^3/千件-产品	5.108×10^{2}	
					挥发性有机物	克/千克-原料	3.760×10^{-3}	
	PPO				工业废气量	标米^3/千件-产品	5.108×10^{2}	
					挥发性有机物	克/千克-原料	2.130×10^{-1}	
	PVC				工业废气量	标米^3/千件-产品	5.108×10^{2}	
					挥发性有机物	克/千克-原料	3.725×10^{-1}	
	环氧树脂				工业废气量	标米^3/千件-产品	5.108×10^{2}	
					挥发性有机物	克/千克-原料	3.203×10^{-2}	
	其他塑料				工业废气量	标米^3/千件-产品	5.108×10^{2}	
					挥发性有机物	克/千克-原料	1.837×10^{-1}	

焊接工段系数表

工段名称	原料名称	工艺名称	规模等级	污染物类别	污染物指标	系数单位	产污系数	备注
焊接	含铅焊料（锡膏等，含助焊剂）	回流焊	所有	废气	工业废气量	标米^3/千件-产品	2.544×10^{4}	—
					颗粒物	克/千克-焊料	2.772×10^{-1}	
					挥发性有机物	克/千克-焊料	2.521×10^{1}	
	含铅焊料（锡丝等，含助焊剂）	手工焊			工业废气量	标米^3/千件-产品	4.191×10^{2}	
					颗粒物	克/千克-焊料	3.044×10^{-1}	
					挥发性有机物	克/千克-焊料	6.924×10^{0}	
	含铅焊料（锡条、锡块等，不含助焊剂）	波峰焊	所有	废气	工业废气量	标米^3/千件-产品	5.866×10^{4}	
					颗粒物	克/千克-焊料	3.114×10^{-1}	
	无铅焊料（锡膏等，含助焊剂）	回流焊			工业废气量	标米^3/千件-产品	2.544×10^{4}	
					颗粒物	克/千克-焊料	3.638×10^{-1}	
					挥发性有机物	克/千克-焊料	2.761×10^{1}	

焊接工段系数表（续表 1）

工段名称	原料名称	工艺名称	规模等级	污染物类别	污染物指标	系数单位	产污系数	备注
焊接	无铅焊料（锡丝等，含助焊剂）	手工焊	所有	废气	工业废气量	标米 ^{3}/千件-产品	4.191×10^{2}	—
					颗粒物	克/千克-焊料	4.023×10^{-1}	
					挥发性有机物	克/千克-焊料	6.211×10^{0}	
	无铅焊料（锡条、锡块等，不含助焊剂）	波峰焊			工业废气量	标米 ^{3}/千件-产品	5.866×10^{4}	
					颗粒物	克/千克-焊料	4.134×10^{-1}	
	助焊剂（无机酸、有机酸、天然松香、人造松香等）	波峰焊	所有	废气	工业废气量	标米 ^{3}/千件-产品	5.866×10^{4}	
					挥发性有机物	克/千克-助焊剂	2.584×10^{2}	

贴膜/压膜/显影工段系数表

工段名称	原料名称	工艺名称	规模等级	污染物类别	污染物指标	系数单位	产污系数	备注
贴膜/压膜/显影	显影剂（无机）	贴膜/压膜/显影	所有	废水	工业废水量	吨/米 ^{2}-产品	1.783×10^{-2}	—
					化学需氧量	克/千克-显影剂	1.065×10^{1}	
					氨氮	克/千克-显影剂	1.573×10^{-1}	
					石油类	克/千克-显影剂	2.030×10^{-2}	
					总磷	克/千克-显影剂	1.010×10^{-2}	
					总氮	克/千克-显影剂	5.479×10^{-1}	
					工业废水量	吨/米 ^{2}-产品	3.268×10^{-2}	适用于 3982 行业
					化学需氧量	克/千克-显影剂	6.769×10^{0}	
					氨氮	克/千克-显影剂	5.571×10^{-2}	
					总磷	克/千克-显影剂	3.594×10^{-3}	
					总氮	克/千克-显影剂	1.797×10^{-1}	
					石油类	克/千克-显影剂	7.188×10^{-3}	
					铜	克/千克-显影剂	1.4735×10^{-2}	

印刷工段系数表

工段名称	原料名称	工艺名称	规模等级	污染物类别	污染物指标	系数单位	产污系数	备注
印刷	溶剂型油墨	印刷（含丝印）	所有	废气	工业废气量	标米^3/千件-产品	3.455×10^4	—
					挥发性有机物	克/千克-油墨	2.861×10^2	
	水性油墨				工业废气量	标米^3/千件-产品	2.517×10^3	
					挥发性有机物	克/千克-油墨	7.475×10^1	
	溶剂型油墨				工业废气量	标米^3/米^2-产品	3.847×10^3	适用于3982行业
					挥发性有机物	克/千克-油墨	3.354×10^2	
	水性油墨				工业废气量	标米^3/米^2-产品	3.219×10^2	
					挥发性有机物	克/千克-油墨	8.800×10^1	
	溶剂型油墨	喷码			工业废气量	标米^3/千米-产品	3.455×10^4	—
					挥发性有机物	克/千克-油墨	5.286×10^1	
	水性油墨				工业废气量	标米^3/千米-产品	2.517×10^3	
					挥发性有机物	克/千克-油墨	6.653×10^0	

喷金工段系数表

工段名称	原料名称	工艺名称	规模等级	污染物类别	污染物指标	系数单位	产污系数	备注
喷金	金属焊料	喷金	所有	废气	工业废气量	标米^3/千件-产品	1.684×10^5	—
					颗粒物	克/千克-焊料	1.095×10^2	

喷涂工段系数表

工段名称	原料名称	工艺名称	规模等级	污染物类别	污染物指标	系数单位	产污系数	备注
喷涂	环氧树脂漆	喷涂	所有	废气	工业废气量	标米^3/吨-产品	1.407×10^4	—
					颗粒物	克/千克-漆	3.784×10^{-1}	
					挥发性有机物	克/千克-漆	4.519×10^0	

饨刻工段系数表

工段名称	原料名称	工艺名称	规模等级	污染物类别	污染物指标	系数单位	产污系数	备注
蚀刻	碱性蚀刻液	蚀刻	所有	废水	工业废水量	吨/千件-产品	8.383×10^{-2}	—
					化学需氧量	克/千克-蚀刻液	8.213×10^{-1}	
					氨氮	克/千克-蚀刻液	5.632×10^{-1}	
					总磷	克/千克-蚀刻液	7.820×10^{-4}	
					总氮	克/千克-蚀刻液	2.101×10^{1}	
					石油类	克/千克-蚀刻液	4.185×10^{-2}	
					铜	克/千克-蚀刻液	9.450×10^{-1}	适用于 3982 行业
				废气	工业废气量	标米^3/千件-产品	7.057×10^{4}	—
					氨	克/千克-原料	1.645×10^{0}	
	酸性蚀刻液	蚀刻	所有	废水	工业废水量	吨/千件-产品	6.824×10^{-2}	—
					化学需氧量	克/千克-蚀刻液	1.388×10^{0}	
					氨氮	克/千克-蚀刻液	5.899×10^{-1}	
					总磷	克/千克-蚀刻液	6.734×10^{-3}	
					总氮	克/千克-蚀刻液	1.755×10^{0}	
					石油类	克/千克-蚀刻液	1.969×10^{-2}	
					镉	克/千克-蚀刻液	4.174×10^{-5}	
					铅	克/千克-蚀刻液	1.206×10^{-1}	
					铬	克/千克-蚀刻液	3.574×10^{-4}	
					铜	克/千克-蚀刻液	1.554×10^{1}	适用于 3982 行业

烧结工段系数表

工段名称	原料名称	工艺名称	规模等级	污染物类别	污染物指标	系数单位	产污系数	备注
烧结	陶瓷、云母、玻璃、氧化锆、单晶硅片、多晶硅片等和钕铁硼、永磁铁氧体、钐钴、铝镍钴等	烧结	所有	废气	工业废气量	标米³/千件-产品	1.064×10^{4}	—
	陶瓷、云母、玻璃、氧化锆、单晶硅片、多晶硅片等和钕铁硼、永磁铁氧体、钐钴、铝镍钴等				颗粒物	克/千克-原料	5.785×10^{-1}	
	粘结剂				挥发性有机物	克/千克-粘结剂	1.332×10^{2}	

去膜（脱膜）工段系数表

工段名称	原料名称	工艺名称	规模等级	污染物类别	污染物指标	系数单位	产污系数	备注
去膜（脱膜）	去膜剂（脱膜剂）	去膜（脱膜）	所有	废水	工业废水量	吨/米²-产品	2.112×10^{-2}	—
					化学需氧量	克/千克-脱膜剂	5.302×10^{1}	
					氨氮	克/千克-脱膜剂	5.408×10^{0}	
					总磷	克/千克-脱膜剂	1.060×10^{-1}	
					总氮	克/千克-脱膜剂	2.941×10^{1}	
					石油类	克/千克-脱膜剂	6.892×10^{0}	
					铜	克/千克-脱膜剂	2.524×10^{0}	适用于 3982 行业

层压成型工段系数表

工段名称	原料名称	工艺名称	规模等级	污染物类别	污染物指标	系数单位	产污系数	备注
层压成型	半固化片、铜箔	层压成型	所有	废气	工业废气量	标米³/米²-产品	7.124×10^{1}	—
					颗粒物	克/米²-原料	6.489×10^{0}	
					挥发性有机物	克/米²-原料	4.196×10^{0}	

机械加工工段系数表

工段名称	原料名称	工艺名称	规模等级	污染物类别	污染物指标	系数单位	产污系数	备注
机械加工	覆铜板	切割、打孔	所有	废气	工业废气量	标米^3/米^2-产品	7.124×10^{1}	适用于3982行业
					颗粒物	克/米^2-原料	6.489×10^{0}	
	聚合物材料				工业废气量	标米^3/米^2-产品	7.124×10^{1}	
					颗粒物	克/千克-原料	4.351×10^{-1}	
	钕铁硼、永磁铁氧体、钐钴、铝镍钴等	粉碎、制粉			工业废气量	标米^3/吨-产品	1.201×10^{2}	—
					颗粒物	克/千克-原料	3.675×10^{-2}	
	研磨液	抛光		废水	工业废水量	吨/吨-产品	1.003×10^{0}	
					化学需氧量	克/千克-原料	1.039×10^{2}	
					氨氮	克/千克-原料	7.337×10^{-1}	
					总磷	克/千克-原料	1.411×10^{-1}	
					总氮	克/千克-原料	2.762×10^{0}	
					石油类	克/千克-原料	3.742×10^{0}	
					砷	克/千克-原料	6.169×10^{-2}	
	切割液、研磨液	切片、研磨			工业废水量	吨/吨-产品	3.531×10^{0}	
					化学需氧量	克/千克-原料	2.092×10^{2}	
					氨氮	克/千克-原料	4.456×10^{-1}	
					总磷	克/千克-原料	7.804×10^{-2}	
					总氮	克/千克-原料	2.267×10^{0}	
					石油类	克/千克-原料	3.540×10^{0}	
					砷	克/千克-原料	4.466×10^{-2}	
	磁性材料、半导体材料、木材料	切割、打孔		废气	工业废气量	标米^3/件-产品	7.124×10^{1}	
					颗粒物	克/千克-原料	3.596×10^{-1}	
	金属材料				工业废气量	标米^3/件-产品	7.124×10^{1}	
					颗粒物	克/千克-原料	2.841×10^{-1}	
	聚合物材料				工业废气量	标米^3/件-产品	7.124×10^{1}	
					颗粒物	克/千克-原料	4.351×10^{-1}	

除锈工段系数表

工段名称	原料名称	工艺名称	规模等级	污染物类别	污染物指标	系数单位	产污系数	备注
除锈	砂料、含锈金属材料	喷砂除锈	所有	废气	工业废气量	标米^3/千件-产品	7.124×10^{1}	—
					颗粒物	克/千克-金属材料	4.870×10^{0}	
	抛丸、含锈金属材料	抛丸除锈			工业废气量	标米^3/千件-产品	7.124×10^{1}	
					颗粒物	克/千克-金属材料	4.870×10^{0}	
	酸性除锈剂	化学除锈、水清洗		废水	工业废水量	吨/千件-产品	7.870×10^{-4}	
					化学需氧量	克/千克-除锈剂	1.424×10^{1}	
					氨氮	克/千克-除锈剂	4.423×10^{-1}	
					总磷	克/千克-除锈剂	3.408×10^{-1}	
					总氮	克/千克-除锈剂	3.056×10^{0}	
					石油类	克/千克-除锈剂	1.049×10^{-1}	
					铬	克/千克-除锈剂	8.280×10^{-3}	
					砷	克/千克-除锈剂	7.871×10^{-2}	
					镉	克/千克-除锈剂	1.574×10^{-3}	
					铅	克/千克-除锈剂	1.575×10^{-2}	
	中性除锈剂	除锈、水清洗			工业废水量	吨/千件-产品	7.870×10^{-4}	
					化学需氧量	克/千克-除锈剂	1.250×10^{0}	
					氨氮	克/千克-除锈剂	1.889×10^{-2}	
					总磷	克/千克-除锈剂	2.114×10^{0}	
					总氮	克/千克-除锈剂	4.381×10^{-1}	
					石油类	克/千克-除锈剂	2.874×10^{-1}	

灌封工段系数表

工段名称	原料名称	工艺名称	规模等级	污染物类别	污染物指标	系数单位	产污系数	备注
灌封	环氧树脂	真空灌封	所有	废气	工业废气量	标米^3/千件-产品	2.125×10^5	—
					挥发性有机物	克/千克-原料	3.826×10^1	

树脂浇注（含固化）工段系数表

工段名称	原料名称	工艺名称	规模等级	污染物类别	污染物指标	系数单位	产污系数	备注
树脂浇注（含固化）	环氧树脂	树脂浇注	所有	废气	工业废气量	标米^3/千件-产品	6.341×10^2	—
					挥发性有机物	克/千克-原料	1.322×10^1	

涂粉（含固化）工段系数表

工段名称	原料名称	工艺名称	规模等级	污染物类别	污染物指标	系数单位	产污系数	备注
涂粉（含固化）	电子粉/荧光粉、粘结剂、有机稀释剂	喷涂/浸涂/压涂/吸涂/电泳	所有	废气	工业废气量	标米^3/千件-产品	1.201×10^2	—
					颗粒物	克/千克-原料	6.118×10^0	

粘接（含固化）工段系数表

工段名称	原料名称	工艺名称	规模等级	污染物类别	污染物指标	系数单位	产污系数	备注
粘接（含固化）	胶粘剂	粘接、固化	所有	废气	工业废气量	标米^3/千件-产品	8.399×10^2	—
					挥发性有机物	克/千克-胶	5.780×10^2	

涂覆（含固化）工段系数表

工段名称	原料名称	工艺名称	规模等级	污染物类别	污染物指标	系数单位	产污系数	备注
涂覆（含固化）	水基型光刻胶	涂覆	所有	废气	工业废气量	标米³/千件-产品	8.399×10^{2}	—
					挥发性有机物	克/千克-原料	8.124×10^{1}	
	溶剂型光刻胶				工业废气量	标米³/千件-产品	8.399×10^{2}	
					挥发性有机物	克/千克-原料	4.531×10^{2}	
	丙烯酸树脂、氟塑料、硅橡胶、聚酰亚胺	涂覆、热固化、紫外固化			工业废气量	标米³/千米-产品	5.108×10^{2}	
					挥发性有机物	克/千克-原料	1.837×10^{-1}	
	聚酰胺	涂覆、热固化、紫外固化			工业废气量	标米³/千米-产品	5.108×10^{2}	
					挥发性有机物	克/千克-原料	7.192×10^{-2}	
	聚丙烯	涂覆、热固化、紫外固化			工业废气量	标米³/千米-产品	5.108×10^{2}	
					挥发性有机物	克/千克-原料	2.166×10^{-1}	
	混合溶剂	涂覆			工业废气量	标米³/千件-产品	4.191×10^{0}	
					挥发性有机物	克/千克-原料	2.337×10^{2}	

陶化工段系数表

工段名称	原料名称	工艺名称	规模等级	污染物类别	污染物指标	系数单位	产污系数	备注
陶化	陶化液	陶化	所有	废水	工业废水量	吨/千件-产品	1.029×10^{0}	—
					化学需氧量	克/千克-陶化液	1.738×10^{1}	
					氨氮	克/千克-陶化液	5.196×10^{-3}	
					总磷	克/千克-陶化液	6.183×10^{-2}	
					总氮	克/千克-陶化液	1.938×10^{0}	
					石油类	克/千克-陶化液	4.724×10^{-2}	
					镉	克/千克-陶化液	6.680×10^{-4}	
					铅	克/千克-陶化液	2.892×10^{-5}	
					铬	克/千克-陶化液	2.083×10^{-4}	
					砷	克/千克-陶化液	1.556×10^{-3}	

烷化工段系数表

工段名称	原料名称	工艺名称	规模名称	污染物类别	污染物指标	系数单位	产污系数	备注
烷化	烷化剂	烷化	所有	废水	工业废水量	吨/千件-产品	7.500×10^{0}	—
					化学需氧量	克/千克-烷化剂	1.708×10^{1}	
					氨氮	克/千克-烷化剂	6.196×10^{-2}	
					总磷	克/千克-烷化剂	1.259×10^{-2}	
					总氮	克/千克-烷化剂	4.111×10^{-1}	
					石油类	克/千克-烷化剂	2.328×10^{-2}	
					镉	克/千克-烷化剂	6.360×10^{-5}	
					铅	克/千克-烷化剂	6.563×10^{-5}	
					铬	克/千克-烷化剂	2.936×10^{-4}	
					砷	克/千克-烷化剂	2.078×10^{-4}	

涂漆工段系数表

工段名称	原料名称	工艺名称	规模等级	污染物类别	污染物指标	系数单位	产污系数	备注
涂漆	溶剂型油漆	浸漆（含固化）/刷漆（含固化）/湿法喷涂（含固化）	所有	废气	工业废气量	标米^3/千件-产品	3.483×10^{3}	—
					挥发性有机物	克/千克-油漆	2.270×10^{2}	
	水基型油漆				工业废气量	标米^3/千件-产品	9.619×10^{4}	
					挥发性有机物	克/千克-油漆	4.069×10^{1}	
	塑粉、热固性粉末等	干法喷涂（含固化）			工业废气量	标米^3/千件-产品	1.974×10^{4}	适用于 38 行业（除 3825、384）
					颗粒物	克/千克-原料	2.026×10^{0}	
					挥发性有机物	克/千克-原料	1.831×10^{0}	
	塑粉、热固性粉末等	干法喷涂（含固化）	所有	废气	工业废气量	标米^3/千件-产品	1.407×10^{4}	适用于 39、40 行业
					颗粒物	克/千克-油漆	2.026×10^{0}	
					挥发性有机物	克/千克-油漆	4.519×10^{0}	
	溶剂型三防漆	喷涂（含固化）/刷涂（含固化）/浸涂（含固化）/淋涂（含固化）			工业废气量	标米^3/米^2-产品	3.483×10^{3}	适用于 3982 行业
					挥发性有机物	克/千克-三防漆	2.270×10^{2}	
	UV 固化三防漆、聚氨酯三防漆、有机硅三防漆	喷涂（含固化）/刷涂（含固化）/浸涂（含固化）/淋涂（含固化）	所有	废气	工业废气量	标米^3/米^2	9.619×10^{2}	适用于 3982 行业
					挥发性有机物	克/千克-三防漆	4.069×10^{1}	

清洗工段系数表

工段名称	原料名称	工艺名称	规模等级	污染物类别	污染物指标	系数单位	产污系数	备注
清洗	碱（氢氧化钠等）	碱洗	所有	废水	工业废水量	吨/千件-产品	1.003×10^{0}	—
					化学需氧量	克/千克-清洗剂	1.835×10^{2}	
					氨氮	克/千克-清洗剂	1.476×10^{0}	
					总磷	克/千克-清洗剂	3.510×10^{0}	
					总氮	克/千克-清洗剂	9.019×10^{0}	
					石油类	克/千克-清洗剂	2.031×10^{1}	
	乙醇	有机溶剂清洗		废气	工业废气量	标米^{3}/千件-产品	7.057×10^{4}	
					挥发性有机物	克/千克-清洗剂	3.109×10^{2}	
	丙酮				工业废气量	标米^{3}/千件-产品	7.057×10^{4}	
					挥发性有机物	克/千克-清洗剂	5.718×10^{2}	
	异丙醇				工业废气量	标米^{3}/千件-产品	7.057×10^{4}	
					挥发性有机物	克/千克-清洗剂	3.167×10^{2}	
	三氯甲烷				工业废气量	标米^{3}/千件-产品	7.057×10^{4}	
					挥发性有机物	克/千克-清洗剂	4.243×10^{2}	
	其他有机溶剂				工业废气量	标米^{3}/千件-产品	7.057×10^{4}	
					挥发性有机物	克/千克-清洗剂	4.059×10^{2}	
	有机溶剂基清洗剂	有机溶剂基清洗	所有	废水	工业废水量	吨/千件-产品	8.227×10^{-1}	适用于 38 行业（除 3825、384）
					化学需氧量	克/千克-清洗剂	2.281×10^{2}	
					氨氮	克/千克-清洗剂	1.225×10^{1}	
					总氮	克/千克-清洗剂	2.269×10^{1}	
					总磷	克/千克-清洗剂	4.246×10^{0}	
					石油类	克/千克-清洗剂	1.033×10^{1}	
				废气	工业废气量	标米^{3}/千件-产品	7.057×10^{4}	
					挥发性有机物	克/千克-清洗剂	1.224×10^{2}	

清洗工段系数表（续表 1）

工段名称	原料名称	工艺名称	规模等级	污染物类别	污染物指标	系数单位	产污系数	备注
清洗	有机溶剂基清洗剂	有机溶剂基清洗	所有	废水	工业废水量	吨/千件-产品	8.228×10^{-1}	适用于 39、40 行业
					化学需氧量	克/千克-清洗剂	2.606×10^{2}	
					氨氮	克/千克-清洗剂	1.235×10^{1}	
					总磷	克/千克-清洗剂	4.147×10^{0}	
					总氮	克/千克-清洗剂	2.247×10^{1}	
					石油类	克/千克-清洗剂	1.162×10^{1}	
				废气	工业废气量	标米 ^{3}/千件-产品	7.057×10^{4}	
					挥发性有机物	克/千克-清洗剂	1.219×10^{2}	
	酸（盐酸、硫酸、硝酸等）	酸洗	所有	废水	工业废水量	吨/千件-产品	3.074×10^{-1}	—
					化学需氧量	克/千克-清洗剂	1.424×10^{1}	
					氨氮	克/千克-清洗剂	4.423×10^{-1}	
					总磷	克/千克-清洗剂	3.408×10^{-1}	
					总氮	克/千克-清洗剂	3.056×10^{0}	
					石油类	克/千克-清洗剂	1.049×10^{-1}	
					铬	克/千克-清洗剂	8.280×10^{-3}	
					砷	克/千克-清洗剂	7.871×10^{-2}	
					镉	克/千克-清洗剂	1.574×10^{-3}	
					铅	克/千克-清洗剂	1.575×10^{-2}	

清洗工段系数表（续表 2）

工段名称	原料名称	工艺名称	规模等级	污染物类别	污染物指标	系数单位	产污系数	备注
清洗	酸（盐酸、硫酸、硝酸等）	酸洗	所有	废水	工业废水量	吨/米^2-产品	4.270×10^{-1}	适用于 3982 行业
					化学需氧量	克/千克-清洗剂	4.718×10^{1}	
					氨氮	克/千克-清洗剂	7.789×10^{-1}	
					总磷	克/千克-清洗剂	3.146×10^{-2}	
					总氮	克/千克-清洗剂	2.721×10^{0}	
					石油类	克/千克-清洗剂	2.868×10^{-1}	
					铜	克/千克-清洗剂	1.695×10^{-2}	
	水基型清洗剂	水基型清洗剂清洗	所有	废水	工业废水量	吨/千件-产品	7.744×10^{0}	—
					化学需氧量	克/千克-清洗剂	2.100×10^{2}	
					氨氮	克/千克-清洗剂	1.077×10^{0}	
					总磷	克/千克-清洗剂	4.962×10^{0}	
					总氮	克/千克-清洗剂	3.605×10^{0}	
				废气	工业废气量	标米^3/千件-产品	7.057×10^{4}	
					挥发性有机物	克/千克-清洗剂	9.846×10^{-2}	

除油工段系数表

工段名称	原料名称	工艺名称	规模等级	污染物类别	污染物指标	系数单位	产污系数	备注
除油	水基型除油剂	除油-水清洗	所有	废水	工业废水量	吨/千件-产品	1.422×10^{0}	—
					化学需氧量	克/千克-除油剂	3.501×10^{0}	
					氨氮	克/千克-除油剂	1.388×10^{-2}	
					总磷	克/千克-除油剂	2.728×10^{-2}	
					总氮	克/千克-除油剂	4.910×10^{-2}	
					石油类	克/千克-除油剂	1.759×10^{-1}	
	溶剂型除油剂	除油-水清洗	所有	废水	工业废水量	吨/千件-产品	8.227×10^{-1}	适用于 38 行业（除 3825、384）
					化学需氧量	克/千克-除油剂	2.281×10^{2}	
					氨氮	克/千克-除油剂	1.225×10^{1}	
					总磷	克/千克-除油剂	4.246×10^{0}	
					总氮	克/千克-除油剂	2.269×10^{1}	
					石油类	克/千克-除油剂	1.033×10^{1}	
				废气	工业废气量	标米^3/千件-产品	7.057×10^{4}	
					挥发性有机物	克/千克-除油剂	1.224×10^{2}	
				废水	工业废水量	吨/千件-产品	8.228×10^{-1}	适用于 39、40 行业
					化学需氧量	克/千克-除油剂	2.606×10^{2}	
					氨氮	克/千克-除油剂	1.235×10^{1}	
					总磷	克/千克-除油剂	4.147×10^{0}	
					总氮	克/千克-除油剂	2.247×10^{1}	
					石油类	克/千克-除油剂	1.162×10^{1}	
				废气	工业废气量	标米^3/千件-产品	7.057×10^{4}	
					挥发性有机物	克/千克-除油剂	1.219×10^{2}	

棕化（氧化）工段系数表

工段名称	原料名称	工艺名称	规模等级	污染物类别	污染物指标	系数单位	产污系数	备注
棕化（氧化）	棕化药水	棕化（氧化）	所有	废水	工业废水量	吨/米^2-产品	2.641×10^{-1}	—
					化学需氧量	克/千克-棕化药水	2.528×10^{2}	
					氨氮	克/千克-棕化药水	1.151×10^{1}	
					总磷	克/千克-棕化药水	3.792×10^{-1}	
					总氮	克/千克-棕化药水	4.540×10^{1}	
					石油类	克/千克-棕化药水	5.412×10^{0}	
					铅	克/千克-棕化药水	3.648×10^{0}	
					铜	克/千克-棕化药水	7.632×10^{1}	

配料（混合）工段系数表

工段名称	原料名称	工艺名称	规模等级	污染物类别	污染物指标	系数单位	产污系数	备注
配料（混合）	磁粉、丙酮、耦联剂、粘结剂、环氧树脂	配料（混合）	所有	废气	工业废气量	标米^3/吨-产品	1.201×10^{2}	—
					颗粒物	克/千克-原料	6.118×10^{0}	

退锡工段系数表

工段名称	原料名称	工艺名称	规模等级	污染物类别	污染物指标	系数单位	产污系数	备注
退锡	退锡水	退锡	所有	废水	工业废水量	吨/米^2-产品	1.767×10^{-1}	—
					化学需氧量	克/千克-退锡水	1.905×10^{0}	
					氨氮	克/千克-退锡水	1.147×10^{-1}	
					总磷	克/千克-退锡水	1.078×10^{-3}	
					总氮	克/千克-退锡水	1.269×10^{-1}	
					石油类	克/千克-退锡水	1.797×10^{-3}	
					铅	克/千克-退锡水	4.529×10^{-3}	

浸渍干燥工段系数表

工段名称	原料名称	工艺名称	规模等级	污染物类别	污染物指标	系数单位	产污系数	备注
浸渍干燥	树脂胶液、复合溶剂	浸渍干燥	所有	废气	工业废气量	标米^3/吨-产品	3.483×10^{3}	—
					挥发性有机物	克/千克-原料	8.306×10^{-1}	

硫化工段系数表

工段名称	原料名称	工艺名称	规模等级	污染物类别	污染物指标	系数单位	产污系数	备注
硫化	硫化剂、促进剂、抗焦剂、高温防老化剂、熟橡胶	硫化	所有	废气	工业废气量	标米^3/千件-产品	1.780×10^{3}	—
					挥发性有机物	克/千克-原料	1.438×10^{1}	

浸渍（含水清洗）工段系数表

工段名称	原料名称	工艺名称	规模等级	污染物类别	污染物指标	系数单位	产污系数	备注
浸渍（含水清洗）	绝缘油	浸渍-热水清洗	所有	废水	工业废水量	吨/千件-产品	6.792×10^{-2}	—
					化学需氧量	克/千克-原料	9.654×10^{-2}	
					氨氮	克/千克-原料	1.735×10^{-3}	
					总磷	克/千克-原料	7.000×10^{-5}	
					石油类	克/千克-原料	1.381×10^{-3}	
					总氮	克/千克-原料	5.808×10^{-3}	

表面处理工段系数表

工段名称	原料名称	工艺名称	规模等级	污染物类别	污染物指标	系数单位	产污系数	备注
表面处理	电镀镍镀液（不含氰）	电镀	所有	废水	工业废水量	吨/千件-产品	4.185×10^{-3}	—
					化学需氧量	克/千克-镀液	4.509×10^{2}	
					氨氮	克/千克-镀液	2.822×10^{1}	
					总磷	克/千克-镀液	1.640×10^{0}	
					总氮	克/千克-镀液	1.916×10^{2}	
					石油类	克/千克-镀液	3.537×10^{0}	
	电镀铜镀液（含氰）				工业废水量	吨/千件-产品	1.443×10^{4}	
					化学需氧量	克/千克-镀液	7.648×10^{1}	
					氨氮	克/千克-镀液	2.267×10^{0}	
					总磷	克/千克-镀液	2.133×10^{0}	
					总氮	克/千克-镀液	1.852×10^{1}	
					石油类	克/千克-镀液	2.683×10^{-1}	
					氰化物	克/千克-镀液	2.146×10^{-2}	

表面处理工段系数表（续表 1）

工段名称	原料名称	工艺名称	规模等级	污染物类别	污染物指标	系数单位	产污系数	备注
表面处理	电镀锡镀液（不含氰）	电镀	所有	废水	工业废水量	吨/千件-产品	2.486×10^{-3}	—
					化学需氧量	克/千克-镀液	2.871×10^{2}	
					氨氮	克/千克-镀液	6.277×10^{1}	
					总磷	克/千克-镀液	1.782×10^{0}	
					总氮	克/千克-镀液	3.291×10^{2}	
					石油类	克/千克-镀液	7.612×10^{0}	
	电镀金镀液（含氰）				工业废水量	吨/米^2-产品	5.842×10^{-1}	
					总磷	克/千克-镀液	1.134×10^{2}	
					氰化物	克/千克-镀液	1.570×10^{2}	
					镉	克/千克-镀液	5.968×10^{-1}	
					铅	克/千克-镀液	8.952×10^{0}	
	电镀铜镀液（不含氰）	电镀	所有	废水	工业废水量	吨/米^2-产品	2.774×10^{-1}	
					化学需氧量	克/千克-镀液	1.492×10^{1}	
					氨氮	克/千克-镀液	6.900×10^{1}	
					总磷	克/千克-镀液	3.108×10^{-1}	
					总氮	克/千克-镀液	2.310×10^{2}	
					石油类	克/千克-镀液	1.741×10^{-1}	
					镉	克/千克-镀液	8.160×10^{-2}	
					铅	克/千克-镀液	1.039×10^{0}	
					铬	克/千克-镀液	2.362×10^{-2}	
					砷	克/千克-镀液	3.108×10^{-2}	
					铜	克/千克-镀液	3.372×10^{1}	适用于 3982 行业

表面处理工段系数表（续表 2）

工段名称	原料名称	工艺名称	规模等级	污染物类别	污染物指标	系数单位	产污系数	备注
表面处理	化学镀金镀液（含氰）	化学镀	所有	废水	工业废水量	吨/米^2-产品	1.573×10^{-2}	—
					化学需氧量	克/千克-镀液	1.071×10^{-1}	
					氰化物	克/千克-镀液	9.571×10^{0}	
	化学镀镍镀液（不含氰）				工业废水量	吨/米^2-产品	2.212×10^{-2}	
					化学需氧量	克/千克-镀液	9.823×10^{1}	
	化学镀铜镀液（不含氰）				工业废水量	吨/米^2-产品	7.417×10^{-2}	
					化学需氧量	克/千克-镀液	2.049×10^{1}	
					氨氮	克/千克-镀液	3.241×10^{0}	
					总磷	克/千克-镀液	2.608×10^{-2}	
					总氮	克/千克-镀液	1.085×10^{1}	
					石油类	克/千克-镀液	1.490×10^{-2}	
					镉	克/千克-镀液	3.730×10^{-4}	
					铅	克/千克-镀液	6.705×10^{-3}	
					铬	克/千克-镀液	1.043×10^{-2}	
					砷	克/千克-镀液	1.863×10^{-2}	
					铜	克/千克-镀液	1.226×10^{1}	适用于 3982 行业

5.2 固体废物系数表[1]

固体废物系数表

行业类别	工段名称	产品名称	原料名称	工艺名称	规模等级	固体废物类别	固体废物种类	系数单位	产生系数
3821	树脂浇注（含固化）	变压器、整流器、电感器、逆变器	环氧树脂	树脂浇注	所有	危险废物	HW13 有机树脂类废物	克/千克-原料	8.3×10^{1}
3822	生产全过程	电力电容器、电容器成套装置、电容器零件	—	分切-卷绕-点焊-装配-电容测量-卷边-浸渍-清洗-密封	所有	一般固体废物	其他固废	克/千件-产品	2.1×10^{1}
3823	机械加工	高压配电开关控制设备，低压配电开关控制设备，专用低压电器，电力控制或配电用配电板、盘、控制台、控制柜及其底座	金属材料	冲压	所有	一般固体废物	普通金属固废	克/千克-原料	6.5×10^{2}
3824	清洗	电力半导体器件（整流管、晶闸管、电力晶体管、电力场效应器件、场控双极性复合器件、静电感应器件、电力半导体模块）、电力集成电路、电子设备机电元件、继电器、继电保护及自动化装置	有机溶剂	有机溶剂清洗	所有	危险废物	HW06 废有机溶剂	克/千克-原料	2.8×10^{1}
	生产全过程		硅胶	硅胶充填	所有	危险废物	HW13 有机树脂类废物	克/千克-原料	2.1×10^{1}
3834	机械加工	电气绝缘子、电工塑料、绝缘薄膜、绝缘胶、橡胶绝缘制品	聚合物材料	修边	所有	一般固体废物	其他固废	克/千克-原料	3.5×10^{1}

[1] 不同企业的固体废物产生量差异较大，本系数表提供的固体废物产生系数仅供参考。

固体废物系数表（续表 1）

行业类别	工段名称	产品名称	原料名称	工艺名称	规模等级	固体废物类别	固体废物种类	系数单位	产生系数
3857	机械加工	蒸发器、冷凝器、温控器、传感器、磁控管、加热管、压缩机	金属材料	开料	所有	一般固体废物	普通金属固废	克/千克-原料	1.6×10^{1}
	生产全过程		—	开料-冲压打磨-表面清洗（表面处理）-喷砂	所有	危险废物	HW17 表面处理废物	克/千件-产品	5.7×10^{1}
	生产全过程		—		所有	一般固体废物	污泥	克/千件-产品	8.0×10^{1}
	生产全过程		—	弯管-排焊-组焊-水洗-预脱脂-除油水洗-陶化水洗-电泳水洗-烘干固化-喷粉-烘干固化	所有	一般固体废物	污泥	克/千件-产品	2.0×10^{4}
	生产全过程		—		所有	一般固体废物	其他固废	克/千件-产品	1.2×10^{4}
3859	生产全过程	其他家用电力器具	—	来料-脱粉-酸洗磷化清洗-烘干-喷粉-固化	所有	一般固体废物	污泥	克/千件-产品	6.3×10^{3}
3861	机械加工	家用燃气灶、家用燃气热水器、家用燃气取暖器	金属材料	冲压	所有	一般固体废物	普通金属固废	克/千克-原料	3.3×10^{1}
	涂漆		油漆	湿法喷涂	所有	危险废物	HW12 废油漆渣	克/千件-产品	4.2×10^{3}
	生产全过程		—	开料-五金加工-陶化-喷涂-脱脂-酸洗钝化-搪瓷-发泡	所有	一般固体废物	污泥	克/千件-产品	6.5×10^{3}
	生产全过程		—	弯管-水洗-烘干-焊接-喷粉固化-除油清洗-丝印	所有	一般固体废物	污泥	克/千件-产品	2.4×10^{3}

固体废物系数表（续表 2）

行业类别	工段名称	产品名称	原料名称	工艺名称	规模等级	固体废物类别	固体废物种类	系数单位	产生系数
3871	机械加工	白炽灯、气体放电灯、半导体光源	金属材料	切割	所有	一般固体废物	普通金属固废	克/千件-产品	8.4×10^{0}
3972	生产全过程	半导体二极管、三极管、半导体开关器件、特种元器件及传感器、敏感器件、半导体晶闸管、半导体器件专用零件	—	机械加工-表面处理-封装	所有	危险废物	HW31 含铅废物	克/千件-产品	4.2×10^{0}
			—		所有	一般固体废物	普通金属固废	克/千件-产品	2.3×10^{1}
3973	显影	半导体集成电路、膜集成电路	显影剂	显影	所有	危险废物	HW13 有机树脂类废物	克/千件-产品	9.6×10^{2}
	清洗		酸（盐酸、硫酸、硝酸等）	酸洗	所有	危险废物	HW34 废酸	克/千件-产品	5.0×10^{5}
	生产全过程		—	电镀-显影-清洗-涂漆	所有	危险废物	HW06 废有机溶剂与含有机溶剂废物	克/千件-产品	2.0×10^{3}
3973	生产全过程	半导体集成电路、膜集成电路	—	电镀-显影-清洗-涂漆	所有	一般固体废物	污泥	克/千件-产品	1.0×10^{6}
3974		薄膜晶体管液晶显示器件、场发射显示器件、真空荧光显示器件、有机发光二极管显示器件、等离子显示器件、发光二极管显示器件、曲面显示器件、柔性显示器件	—	涂覆-固化-蚀刻-显影-退膜	所有	危险废物	HW08 废矿物油	克/千件-产品	2.4×10^{3}
			—	涂覆-固化-焊接-印刷-机械加工-清洗	所有	危险废物	HW12 废油漆渣	克/千件-产品	1.2×10^{1}
			—	涂覆-固化-焊接-印刷-机械加工-清洗	所有	危险废物	HW13 有机树脂类废物	克/千件-产品	2.5×10^{4}

固体废物系数表（续表3）

行业类别	工段名称	产品名称	原料名称	工艺名称	规模等级	固体废物类别	固体废物种类	系数单位	产生系数
3974	生产全过程	薄膜晶体管液晶显示器件、场发射显示器件、真空荧光显示器件、有机发光二极管显示器件、等离子显示器件、发光二极管显示器件、曲面显示器件、柔性显示器件	—	涂覆-显影-有机溶剂清洗	所有	危险废物	HW16 感光材料废物	克/千件-产品	9.4×10^{1}
			—	涂覆-固化-蚀刻-显影-退膜	所有	危险废物	HW22 含铜废物	克/千件-产品	2.4×10^{4}
			—	涂覆-固化-焊接-印刷-机械加工-清洗	所有	危险废物	HW29 含汞废物	克/千件-产品	5.3×10^{1}
			—	涂覆-固化-蚀刻-显影-退膜	所有	危险废物	HW34 废酸	克/千件-产品	7.9×10^{3}
			—	涂覆-有机溶剂清洗	所有	危险废物	HW06 废有机溶剂	克/千件-产品	2.0×10^{6}
		薄膜晶体管液晶显示器件、场发射显示器件、真空荧光显示器件、有机发光二极管显示器件、等离子显示器件、发光二极管显示器件、曲面显示器件、柔性显示器件	—	涂覆-固化-蚀刻-显影-退膜	所有	危险废物	HW49 其他废物	克/千件-产品	2.3×10^{5}
			—	涂覆-固化-焊接-印刷-机械加工-清洗	所有	一般固体废物	普通金属固废	克/千件-产品	4.8×10^{3}
			—		所有	一般固体废物	普通塑料固废	克/千件-产品	7.2×10^{4}
			—	涂覆-固化-显影-蚀刻-去膜	所有	一般固体废物	其他固废	克/千件-产品	3.3×10^{5}
			—		所有	一般固体废物	污泥	克/千件-产品	9.5×10^{5}
3975	灌封	发光二极管（LED）、有机发光二极管（OLED）	环氧树脂	灌封	所有	危险废物	HW13 有机树脂类废物	克/千件-产品	2.5×10^{1}

固体废物系数表（续表 4）

行业类别	工段名称	产品名称	原料名称	工艺名称	规模等级	固体废物类别	固体废物种类	系数单位	产生系数
3979	生产全过程	其他电子器件	—	排胶-烧结	所有	一般固体废物	污泥	克/千件-产品	6.0×10^{1}
3981	生产全过程	电解电容器、无机介质电容器、有机介质电容器（非片式）、片式电容器、线绕电阻器、非线绕电阻器、线绕电位器、非线绕电位器、特种电阻器、特种电位器、片式电阻器、片式电位器、片式电感器、接插件、继电器	—	卷绕-含浸-除油-套管	所有	一般固体废物	普通金属固废	克/千件-产品	1.5×10^{5}
	机械加工		聚合物材料	切割	所有	一般固体废物	普通塑料固废	克/千件-产品	9.9×10^{0}
3982	生产全过程	刚性印制电路板、挠性印制电路板、刚挠结合印制电路板、IC 载板、金属基板、嵌入式印制板、微波单双面印制板、微波多层印制板	—	切割-显影-蚀刻-曝光-贴膜-电镀	所有	危险废物	HW22 含铜废物	克/米 ^{2}-产品	7.1×10^{3}
	生产全过程		—		所有	危险废物	HW33 无机氰化物废物	克/米 ^{2}-产品	5.2×10^{1}
	生产全过程		—		所有	危险废物	HW16 感光材料废物	克/米 ^{2}-产品	2.1×10^{1}
	生产全过程		—		所有	一般固体废物	污泥	克/米 ^{2}-产品	2.9×10^{4}
	生产全过程		—		所有	危险废物	HW34 废酸	克/米 ^{2}-产品	1.3×10^{3}
	生产全过程		—		所有	危险废物	HW12 染料、涂料废物	克/米 ^{2}-产品	1.5×10^{1}
	生产全过程		—		所有	危险废物	HW13 有机树脂类废物	克/米 ^{2}-产品	1.7×10^{2}

固体废物系数表（续表 5）

行业类别	工段名称	产品名称	原料名称	工艺名称	规模等级	固体废物类别	固体废物种类	系数单位	产生系数
3982	生产全过程	刚性印制电路板、挠性印制电路板、刚挠结合印制电路板、IC 载板、金属基板、嵌入式印制板、微波单双面印制板、微波多层印制板	—	切割-显影-蚀刻-曝光-贴膜-电镀	所有	危险废物	HW35 废碱	克/米 ^{2}-产品	3.2×10^2
	机械加工		金属材料	钻孔/冲孔	所有	一般固体废物	普通金属固废	克/米 ^{2}-产品	1.2×10^3
	生产全过程		—	切割-显影-蚀刻-曝光-贴膜-电镀	所有	危险废物	H17 表面处理废物	克/米 ^{2}-产品	5.9×10^3
			—		所有	危险废物	HW49 其他废物	克/米 ^{2}-产品	1.3×10^2
			—		所有	一般固体废物	普通塑料固废	克/米 ^{2}-产品	9.9×10^2
			—		所有	危险废物	HW32 无机氟化物废物	克/米 ^{2}-产品	4.0×10^0
	生产全过程	刚性印制电路板、挠性印制电路板、刚挠结合印制电路板、IC 载板、金属基板、嵌入式印制板、微波单双面印制板、微波多层印制板	—	切割-显影-蚀刻-曝光-贴膜-电镀	所有	危险废物	HW08 废矿物油	克/米 ^{2}-产品	1.5×10^{-1}
	退锡		退锡水	退锡	所有	危险废物	HW17 表面处理废物	克/米 ^{2}-产品	9.3×10^1
3983	机械加工	热敏电阻器、压敏电阻器、光敏电阻器、力敏元件、磁敏元件、气敏元件、湿敏元件	聚合物材料	切割	所有	一般固体废物	其他固废	克/千件-产品	1.2×10^2
	机械加工		金属材料	切割	所有	一般固体废物	普通金属固废	克/千件-产品	3.4×10^1
3985	配料（混合）	半导体材料	磁粉	配料（混合）	所有	一般固体废物	普通金属固废	克/吨-产品	7.9×10^4

固体废物系数表（续表 6）

行业类别	工段名称	产品名称	原料名称	工艺名称	规模等级	固体废物类别	固体废物种类	系数单位	产生系数
3985	生产全过程	半导体材料	—	蚀刻-抛光-清洗-焊接-烧结-裁切	所有	一般固体废物	污泥	克/吨-产品	1.2×10^5
	清洗	半导体材料	酸	酸洗	所有	危险废物	HW34 废酸	克/吨-产品	3.1×10^5
	机械加工	半导体材料	聚合物材料	切割	所有	一般固体废物	普通塑料固废	克/吨-产品	1.4×10^3
	机械加工	半导体材料	聚合物材料	切割	所有	一般固体废物	其他固废	克/吨-产品	4.7×10^4
3989	机械加工	其他电子元件	聚合物材料	切割	所有	一般固体废物	普通塑料固废	克/千件-产品	4.7×10^5
	塑料成型	其他电子元件	聚合物材料	注塑	所有	一般固体废物	普通塑料固废	克/千件-产品	6.9×10^6
4014	机械加工	液体比重计及类似漂浮仪器等	金属材料	切割	所有	一般固体废物	普通金属固废	克/千件-产品	5.0×10^4
4040	机械加工	放大镜、光学门眼（门镜）、光学计量仪器、物理光学仪器、光学测试仪器、红外仪器等其他光学仪器机器配件、光学显微镜、激光器、其他显微镜、其他用途的照相机等	玻璃	切割	所有	一般固体废物	其他固废	克/千件-产品	2.4×10^3
	机械加工		金属材料	切割	所有	一般固体废物	普通金属固废	克/千件-产品	1.3×10^3
	塑料成型		聚合物材料	注塑	所有	一般固体废物	普通塑料固废	克/千件-产品	2.4×10^3
	机械加工		研磨液	研磨	所有	危险废物	HW08 废矿物油	克/千件-产品	1.6×10^4
	清洗		有机溶剂	清洗	所有	危险废物	HW06 废有机溶剂	克/千件-产品	2.9×10^3
	生产全过程		—	生产全过程	所有	一般固体废物	污泥	克/千件-产品	5.8×10^4
	生产全过程		—	生产全过程	所有	危险废物	HW49 其他废物	克/千件-产品	4.6×10^4

5.3 污染处理技术及效率表

38 电气机械和器材制造行业（不包括 3825 光伏设备及元器件制造、384 电池制造），39 计算机、通信和其他电子设备制造行业，40 仪器仪表制造行业，435 电气设备修理行业，436 仪器仪表修理行业，439 其他机械和设备修理行业污染处理技术及效率表[1]

污染物类别	污染物指标	末端治理技术	行业去除效率范围/%	平均处理效率/%	运行参数		实际运行率（k）计算公式[2]
					参数名称（单位）	标准量	
废水	化学需氧量	化学沉淀法	21～96	68	沉淀剂年消耗量（千克）	36502	沉淀剂年消耗量（千克）/标准量（千克）
		生物化学法	40～92	82	设备年耗电量（千瓦·时）	37612	设备年耗电量（千瓦·时）/标准量（千瓦·时）
	石油类	化学沉淀法	22～97	75	沉淀剂年消耗量（千克）	22554	沉淀剂年消耗量（千克）/标准量（千克）
		生物化学法	33～96	72	设备年耗电量（千瓦·时）	25023	设备年耗电量（千瓦·时）/标准量（千瓦·时）
	总磷	化学沉淀法	22～97	80	沉淀剂年消耗量（千克）	24954	沉淀剂年消耗量（千克）/标准量（千克）
		生物化学法	42～95	69	设备年耗电量（千瓦·时）	38640	设备年耗电量（千瓦·时）/标准量（千瓦·时）
	氨氮	化学沉淀法	21～97	73	沉淀剂年消耗量（千克）	25796	沉淀剂年消耗量（千克）/标准量（千克）
		生物化学法	26～96	68	设备年耗电量（千瓦·时）	10742	设备年耗电量（千瓦·时）/标准量（千瓦·时）
	总氮	化学沉淀法	22～60	37	沉淀剂年消耗量（千克）	15210	沉淀剂年消耗量（千克）/标准量（千克）
		生物化学法	23～66	58	设备年耗电量（千瓦·时）	84579	设备年耗电量（千瓦·时）/标准量（千瓦·时）
	铬	化学沉淀法	25～99.9	95	沉淀剂年消耗量（千克）	182	沉淀剂年消耗量（千克）/标准量（千克）
	铜	化学沉淀法	24～99.9	99	沉淀剂年消耗量（千克）	246	沉淀剂年消耗量（千克）/标准量（千克）
	镉	化学沉淀法	44～99.6	99	沉淀剂年消耗量（千克）	421	沉淀剂年消耗量（千克）/标准量（千克）
	铅	化学沉淀法	24～99.9	97	沉淀剂年消耗量（千克）	478	沉淀剂年消耗量（千克）/标准量（千克）
	砷	化学沉淀法	32～99.7	82	沉淀剂年消耗量（千克）	365	沉淀剂年消耗量（千克）/标准量（千克）
	氰化物	氧化还原法	20～96	90	氧化还原剂年消耗量（千克）	3745	氧化还原剂年消耗量（千克）/标准量（千克）
废气	颗粒物	袋式除尘	15～51	46	设备年耗电量（千瓦·时）	1640	设备年耗电量（千瓦·时）/标准量（千瓦·时）
		喷淋塔/冲击水浴	30～51	48	设备年耗电量（千瓦·时）	7197	设备年耗电量（千瓦·时）/标准量（千瓦·时）

[1] 平均处理效率、运行参数、标准量、k 值的使用说明见第 2 章及第 4 章。

[2] 该公式仅供参考，使用时可根据 k 值定义，选择更适合企业实际情况的计算方法。

污染处理技术及效率表（续表 1）

污染物类别	污染物指标	末端治理技术	行业去除效率范围/%	平均处理效率/%	运行参数		实际运行率（k）计算公式
					参数名称（单位）	标准量	
废气	挥发性有机物	喷淋塔/冲击水浴	11～45	32	设备年耗电量（千瓦·时）	9624	设备年耗电量（千瓦·时）/标准量（千瓦·时）
		低温等离子体	11～48	38	设备年耗电量（千瓦·时）	8668	设备年耗电量（千瓦·时）/标准量（千瓦·时）
		光催化	11～41	39	设备年耗电量（千瓦·时）	3935	设备年耗电量（千瓦·时）/标准量（千瓦·时）
		其他（吸附法）	10～46	29	吸附剂年消耗量（千克）	2203	吸附剂年消耗量（千克）/标准量（千克）
		催化燃烧法	19～33	27	设备年耗电量（千瓦·时）	4490	设备年耗电量（千瓦·时）/标准量（千瓦·时）
	氨	喷淋塔/冲击水浴	12～50	46	设备年耗电量（千瓦·时）	1061	设备年耗电量（千瓦·时）/标准量（千瓦·时）

附件 1　本系数手册的国民经济行业小类

本系数手册的国民经济行业小类

序号	国民经济行业小类（编号+名称）	序号	国民经济行业小类（编号+名称）
1	3811 发电机及发电机组制造	23	3861 燃气及类似能源家用器具制造
2	3812 电动机制造	24	3862 太阳能器具制造
3	3813 微特电机及组件制造	25	3869 其他非电力家用器具制造
4	3819 其他电机制造	26	3871 电光源制造
5	3821 变压器、整流器和电感器制造	27	3872 照明灯具制造
6	3822 电容器及其配套设备制造	28	3873 舞台及场地用灯制造
7	3823 配电开关控制设备制造	29	3874 智能照明器具制造
8	3824 电力电子元器件制造	30	3879 灯用电器附件及其他照明器具制造
9	3829 其他输配电及控制设备制造	31	3891 电气信号设备装置制造
10	3831 电线、电缆制造	32	3899 其他未列明电气机械及器材制造
11	3832 光纤制造	33	3911 计算机整机制造
12	3833 光缆制造	34	3912 计算机零部件制造
13	3834 绝缘制品制造	35	3913 计算机外围设备制造
14	3839 其他电工器材制造	36	3914 工业控制计算机及系统制造
15	3851 家用制冷电器具制造	37	3915 信息安全设备制造
16	3852 家用空气调节器制造	38	3919 其他计算机制造
17	3853 家用通风电器具制造	39	3921 通信系统设备制造
18	3854 家用厨房电器具制造	40	3922 通信终端设备制造
19	3855 家用清洁卫生电器具制造	41	3931 广播电视节目制作及发射设备制造
20	3856 家用美容、保健电器具制造	42	3932 广播电视接收设备制造
21	3857 家用电力器具专用配件制造	43	3933 广播电视专用配件制造
22	3859 其他家用电力器具制造	44	3934 专业音响设备制造

序号	国民经济行业小类（编号+名称）	序号	国民经济行业小类（编号+名称）
45	3939 应用电视设备及其他广播电视设备制造	69	4011 工业自动控制系统装置制造
46	3940 雷达及配套设备制造	70	4012 电工仪器仪表制造
47	3951 电视机制造	71	4013 绘图、计算及测量仪器制造
48	3952 音响设备制造	72	4014 实验分析仪器制造
49	3953 影视录放设备制造	73	4015 试验机制造
50	3961 可穿戴智能设备制造	74	4016 供应用仪器仪表制造
51	3962 智能车载设备制造	75	4019 其他通用仪器制造
52	3963 智能无人飞行器制造	76	4021 环境监测专用仪器仪表制造
53	3964 服务消费机器人制造	77	4022 运输设备及生产用计数仪表制造
54	3969 其他智能消费设备制造	78	4023 导航、测绘、气象及海洋专用仪器制造
55	3971 电子真空器件制造	79	4024 农林牧渔专用仪器仪表制造
56	3972 半导体分立器件制造	80	4025 地址勘探和地震专用仪器制造
57	3973 集成电路制造	81	4026 教学专用仪器制造
58	3974 显示器件制造	82	4027 核子及核辐射测量仪器制造
59	3975 半导体照明器件制造	83	4028 电子测量仪器装备制造
60	3976 光电子器件制造	84	4029 其他专用仪器制造
61	3979 其他电子器件制造	85	4030 钟表与计时仪器制造
62	3981 电阻电容电感元件制造	86	4040 光学仪器制造
63	3982 电子电路制造	87	4050 衡器制造
64	3983 敏感元件及传感器制造	88	4090 其他仪器仪表制造业
65	3984 电声器件及零件制造	89	4350 电气设备修理
66	3985 电子专用材料制造	90	4360 仪器仪表修理
67	3989 其他电子元件制造	91	4390 其他机械和设备修理业
68	3990 其他电子设备制造	—	—

附件2　各小类行业的一般产品清单

各小类行业的一般产品清单

行业类别	产品名称
3811	汽轮发电机、水轮发电机、柴油发电机、汽油发电机、风力发电机、汽油机组、柴油机组、燃煤机组、水力机组、燃气机组
3812	无刷直流电动机、有刷直流电动机、电磁直流电动机、永磁直流电动机、单项交流点击、三相交流电机
3813	控制微电机、驱动微电机、专用微电机
3819	其他电机
3821	变压器、整流器、电感器、逆变器
3822	电力电容器、电容器成套装置、电容器零件
3823	高压配电开关控制设备（高压断路器、六氟化硫组合电器、真空断路器、六氟化硫开关、高压开关柜、高压负荷开关、柱上开关、高压自动重合器、高压自动分断器、接地开关、隔离开关、防爆开关、高压组合电器、避雷器、电压限制器、电流抑制器、高压防爆配电装置）、低压配电开关控制设备（低压防爆开关柜、电子设备开关、低压防爆转换开关、断路器、接线盒及接线端子、插座和插头等配电电器、低压电路控制电器、防爆低压电器）、专用低压电器（船用低压电器、化工防腐用低压电器、热带型和高原型低压电器等）、电力控制或配电用配电板、盘、控制台、控制柜及其底座
3824	电力半导体器件（整流管、晶闸管、电力晶体管、电力场效应器件、场控双极性复合器件、静电感应器件、电力半导体模块）、电力集成电路、电子设备机电元件、继电器、继电保护及自动化装置
3829	电器辅件、配电或控制设备的零件
3831	安装线缆、射频线缆、综合电缆、通信及电子网络用电缆、电子元器件引线
3832	光纤
3833	光缆
3834	电气绝缘子、电工塑料、绝缘薄膜、绝缘胶、橡胶绝缘制品
3839	线性电源、开关电源、应急电源、高压电源、插座、插头、其他电工器材
3851	家用冰箱、冷柜、冷饮机、制冰机
3852	家用空调、冷热风器、空气去湿气、加湿器、空气净化器、家用电热取暖器
3853	电风扇、吊扇、换气扇
3854	电热蒸煮器具、电热烘烤器、电热水和饮料加热器具、电热煎炒器、家用电灶、家用食品加工电器具、家用厨房电清洁器具等
3855	洗衣机、干衣机、吸尘器、扫地机器人、家用电熨烫器具
3856	电动牙刷、电动剃须刀、电吹风、电夹板、卷发器、超声波洁面仪、空气负离子发生器、电动洗脚盆、按摩仪
3857	蒸发器、冷凝器、温控器、传感器、磁控管、加热管、压缩机
3859	其他家用电力器具

行业类别	产品名称
3861	家用燃气灶、家用燃气热水器、家用燃气取暖器
3862	太阳灶、太阳能热水器、太阳能照明产品等
3869	其他非电力家用器具
3871	白炽灯、气体放电灯、半导体光源
3872	民用灯具、建筑灯具、装饰灯具、工矿灯具、农业灯具、医疗灯具、文艺灯具、各种发光标志
3873	舞台灯光、场地照明灯
3874	智能照明灯、智能照明控制器、智能照明节电器
3879	灯用电器附件、自供能源手提式电灯、电光源配套用灯座
3891	交通运输车辆专用照明灯具，出租车、救护车、警车、救火车等使用的警灯或指示灯，特殊场所专用照明装置，防盗报警器或类似装置，火灾报警设备及类似装置，报警传输系统，电器信号设备等
3899	其他电气机械及器材
3911	超级计算机、中型电子计算机、小型电子计算机、微型电子计算机、台式微型计算机、便携式计算机
3912	内存、中央处理器、硬盘、电源、显示器、板卡（主板、显卡、网卡、声卡等）
3913	网络控制设备、网络接口和适配器、网络连接设备、网络检测设备、存储设备及部件、输入设备及装置、输出设备及装置、磁卡机、光盘存储器、阅读机、数据转录及处理机械、打印机零件、附件
3914	系统形式大型机、系统形式中型机、系统形式小型机、系统形式微型机、工业控制计算机、其他系统形式自动数据处理设备
3915	客户端、服务器端
3919	其他计算机
3921	通信传输设备、通信交换设备
3922	通信发射机、通信接收机、微波通信设备、卫星地面站设备、散射通信设备、通用无线电通信设备、光通信设备、载波通信系统设备、通信传输设备零件、移动通信设备、移动通信终端设备、移动通信设备零件
3931	音频节目制作及播控设备、视听节目制作及播控设备、广播发射设备、电视发射设备、卫星电视发射及差转设备、有线电视网络传输设备
3932	电视接收设备、广播接收设备、卫星广播电视接收设备、有线电视接收设备、专业录音和录像及重放设备、录像及重放像设备
3933	音频电子放大器、拾音器、磁头、传音器（话筒）及其支架、麦克风、扬声器、头戴受话机、耳塞机、组合式成套话筒/扬声器、专业用天线、天线发生器、天线转子、混合器、分配器、分支器、其他零配件
3934	调音台、采访机、延时器、音箱、录音棚、效果器、换色器、同声传译系统、录音设备、专业话筒
3939	应用电视设备、其他广播电视设备、应用电视设备器材
3940	传声器（麦克风）、无线话筒发射器、无线话筒接受器、耳机、音频扩大器、电气扩音机组
3951	阴极射线管显示器（CRT）、液晶显示器（LCD）、等离子显示器（PDP）、数字光处理显示器（DLP）、发光二极管显示器（OLED）
3952	调音台、播放器、音箱、功率放大器、录音设备、话筒、音频处理器
3953	录像机、摄像机、激光视盘机、零部件

行业类别	产品名称
3961	智能手环、智能手表、智能眼镜、智能头盔、智能头带、智能服装、智能鞋
3962	智能车载雷达、智能车载导航、智能车载传感器、智能车载卫星定位
3963	娱乐用智能无人机、科普用智能无人机
3964	家务机器人、餐饮用机器人、宾馆用机器人、销售用机器人、娱乐机器人、助老助残机器人、医疗机器人、清洁机器人
3969	其他智能消费设备
3971	电子管、微波管、电子束管、充气管（离子管）、特种真空电子器件、显像管配件
3972	半导体二极管、三极管、半导体开关器件、特种元器件及传感器、敏感器件、半导体晶闸管、半导体器件专用零件
3973	半导体集成电路、膜集成电路
3974	薄膜晶体管液晶显示器件、场发射显示器件、真空荧光显示器件、有机发光二极管显示器件、等离子显示器件、发光二极管显示器件、曲面显示器件、柔性显示器件
3975	发光二极管（LED）、有机发光二极管（OLED）
3976	光电导探测器、结型光电探测器、光电阴极与光电倍增管、微光像增强器、摄像管、CCD 和 COMS 成像器件、致冷型红外成像器件、微测辐射热计红外成像器件、热释电探测器和成像器件、紫外探测与成像器件、X 射线探测与成像器件
3979	其他电子器件
3981	电解电容器、无机介质电容器、有机介质电容器（非片式）、片式电容器、线绕电阻器、非线绕电阻器、线绕电位器、非线绕电位器、特种电阻器、特种电位器、片式电阻器、片式电位器、片式电感器接插件、继电器
3982	刚性印制电路板、挠性印制电路板、刚挠结合印制电路板、IC 载板、金属基板、嵌入式印制板、微波单双面印制板、微波多层印制板
3983	热敏电阻器、压敏电阻器、光敏电阻器、力敏元件、磁敏元件、气敏元件、湿敏元件
3984	扬声器、送受话器、耳机、音箱
3985	半导体材料、覆铜板、铜箔材料、磁性材料（钕铁硼、永磁铁氧体、钐钴、铝镍钴等）
3989	其他电子元件
3990	其他电子设备
4011	电动单元组合仪表、工业控制用计算机系统、基地式仪表执行器、集中控制装置、气动单元组合仪表、数控系统、显示仪表、控制（调节）仪表系统、智能控制系统、自动化成套控制装置系统、自动化控制系统配件
4012	电能仪表及自动化计费管理系统、实验室及便携式直接作用模拟值电表、交直流电测量仪器、扩大量程装置、通用自动测试系统及配套仪器、电工仪器仪表用零件
4013	绘图机、制图台（桌）、绘图板、绘图用具、单件绘图仪器、成套绘图仪器等、量具、量仪、机械量仪表、手用测量仪器
4014	液体比重计及类似漂浮仪器，温度仪表，高温计，气压计，湿度计及干湿球湿度计，流量仪表，压力仪表，物位仪表，测量或检验粘度、孔隙率、膨胀率、表面张力或类似性能的仪器及装置，测量或检查热量，音量或光量用仪器及装置，精密天平，分析天平，专用天平，电化学分析仪器，热血测量仪器，光谱仪器及其他光学分析仪器，物理或化学分析用仪器，动力、转矩测量仪器，试验箱和气候环境实验设备、生物、医学样品制备设备，真空检测仪器，土工测试仪器，实验室高压釜，分析仪器辅助装置

行业类别	产品名称
4015	金属材料试验机釜，结构试验机，非金属材料试验机，摩擦磨损、润滑与工艺试验机，力与变形检测仪，平衡机，振动台，冲击台，碰撞台，硬度计，无损检测仪器，包装件试验机，结构试验机，汽车实验设备，橡胶制品检测机械
4016	水表、煤气表、电用表、恒温器、恒压器、液压或气压自动调节或控制仪器及装置、对通用仪器、仪表的修理
4019	其他未列明的通用仪器仪表和仪表元器件的制造
4021	水污染检测仪器、空气污染检测仪器、噪声与振动检测仪器、放射性和电磁波监测仪器
4022	转数计、速度测量仪表及加速度计、生产产量计数器、出租车计价器、里程记录器、汽车电脑报站器、计步器、频闪观测仪及类似计量仪表、速度指示器及转速计、闪光仪等
4023	导航、制导仪器仪表，大地测量仪器，水道测量仪器，气象仪器，海洋仪器，水文仪器，航测仪器，天文仪器等专用仪器，无线电导航设备，导航、制导仪器仪表，大地测量仪器，水道测量仪器，气象仪器，海洋仪器，水文仪器，航测仪器，天文仪器等专用仪器，无线电导航设备，无线电遥控，遥测，遥感设备
4024	农业专用仪器、林业专用仪器、牧业专用仪器、渔业专用仪器
4025	电法仪器、磁法仪器、井中物探测仪、核物探测仪、化探测仪、钻井测井仪、泥浆分析仪器、岩矿物理性质测量仪及配套辅件、测震仪器、人工地震仪器、地形变观测仪、推断解释和数据处理仪、摄影测量仪器及专用附件、矿井安全仪器、大坝观测仪器
4026	教学用数学专用仪器、教学用演示计量仪器、教学用原子物理、近代物理仪器、教学用生物、生理教学仪器、电教仪器及数学用计算机示教仪器、展览用仪器
4027	通用核仪器，核反应堆用记录、检测、报警仪器，环境及个人防护用核辐射剂量检测报警仪器，放射性物体加工计量仪器设备，辐射防护用核仪器，核辐射加工用仪器，核化工生产用仪器，辐射无损检测、探伤仪器设备，核辐射探头、核辐射探测仪
4028	频率测量仪器，示波器、电子元器件参数测量仪器，脉冲测量仪器，扫描、频谱波形分析仪器，微波测量仪器等通信（含网络）测量仪器，超低频测量仪器、声学测量仪器，干扰场强测量仪，记录显示仪，信号源、功率计、电子专用可靠性能与例行试验设备
4029	其他专用仪器
4030	钟、表、钟表机芯，装有钟表机芯或同步电动机的定时器，时间记录装置，钟表用步进电机，线路板，石英谐振器，钟表零配件
4040	放大镜，光学门眼（门镜），光学计量仪器，物理光学仪器，光学测试仪器，红外仪器等其他光学仪器机器配件，光学显微镜，激光器，其他显微镜，其他用途的照相机、电影摄影机、放映机，幻灯机、投影仪及器材的制造，望远镜及其配件，未单独包覆的光导纤维和光导纤维束，液晶显示器，装配或未装配的棱镜、透镜、反射镜、滤色镜、偏光原件等光学元件
4050	工业用衡器地上衡、地中衡、轨道衡、料斗衡、掉秤、皮带秤、分类秤、特种秤、其他工业用衡器，商业用衡器商业用案秤、商业用台秤、称重系统，家用秤、其他衡器，衡器用砝码秤砣、称重显示控制器、称重传感器、应变计、其他衡器零配件
4090	其他仪器仪表
4350	各类整机
4360	各类整机
4390	各类整机

附件3　行业特殊工段实用性说明

行业特殊工段实用性说明

本手册涉及的行业较多，行业原辅材料、产品及生产工艺复杂多变，行业习惯用语、俗语较多，不同行业间存在同一类生产工艺，或同一生产工艺在不同行业间的名称可能不同。为了方便系数的应用，系数在制定时综合行业特点，对某些原辅材料、产品及生产工艺进行了分类、归类；此外，为了区别本手册行业与其他手册行业的系数应用，给出了一些行业间系数引用的特例说明，仅供参考。

（1）当不同工段用到同一种原料且产污方式和污染物相同，但该原料在这些工段中的使用量无法单独计量、且只有总使用量时，可采取以下方法：1）选择该原料使用量最大的一种工段进行产排污核算，其他工段的核算中该原料使用量不再参与计算；2）使用这些工段产污系数的（权重）平均值进行核算。例如某印制电路板生产企业使用的硫酸既用于线路板的酸洗工段，又用于线路板的电镀工段，但只能获取硫酸的企业总使用量，则在核算酸洗工段时可以使用硫酸总量进行产排污量核算，而电镀工段核算同类污染物时的硫酸使用量不再参与产污量的核算。

（2）本手册仅考虑了行业中常见的原辅材料及其主要成分。在进行原辅材料选择时，应该优先选择与工艺相匹配的原辅材料，以定位选择到最合适的产污系数。部分原辅材料是通过几种单一组分的材料或试剂按比例配制而成，因此当原辅材料统计出现某一材料或试剂时可将其作为主要成分对应的归类到具体的原辅材料中，例如电镀铜镀液可能包含硫酸铜、铜球、硫酸等原料，根据实际配制情况计算镀液的量；棕化药水包含硫酸钠、双氧水等；显影剂包含碳酸钠等；磁性材料包含氧化锌、四氧化三锰等。

（3）生产工序为“编带”“裁切”“层压”“成型”“冲板”“冲压”“打磨”“抛光”“磨板”“开料”“卷绕”“切割”“修边”“压合”“钻孔/冲孔”“铣板”“研磨”“攻丝”“数控车床加工”“数控CNC加工”“锯床”“微型抛光”等时，若仅产生废气、颗粒物，则参考使用本手册的“机械加工”工段核算；若涉及废水产生，参考3311行业“机械加工”工段核算。

（4）生产工序为“注塑”“挤塑”“塑封”“流延”“封装”“成缆”“护套”等时，参考使用本手册的“塑料成型”工段核算。其他存在高温条件下的聚合物材料加工生产工段也要参考使用本手册的“塑料成型”工段。

（5）生产工序为“沉镍金”“电镀”（个别行业称之为沉积）、“电镀铜”“电镀锡”“化学沉铜”“化学镍金”等时，参考使用本手册的“表面处理”工段核算。

（6）生产工序为“一次涂覆”“二次涂覆”“涂电子浆料”“涂银浆”等时，参考使用本手册的“涂覆（含固化）”工段核算。

（7）生产工序为“喷涂”“喷漆”“喷粉”“喷塑”“涂布”等时，参考使用本手册的“涂漆”工段核算，根据具体工艺原理选择“湿法喷涂”工艺或者“干法喷涂”工艺核算。

（8）生产工序“刷锡膏”“刷锡浆”“印锡膏”参考使用本手册的“回流焊”核算。

（9）生产工序“刷锡”“印锡”参考使用本手册的“手工焊”核算。

（10）生产工序“搪锡”“沾锡”“焊锡”“浸锡”等工艺参考使用本手册的“波峰焊”工艺核算。

（11）生产工序“贴片”“点焊”参考使用本手册的“手工焊”工艺核算。

（12）生产工序“钎焊”“氩弧焊”“二氧化碳保护焊”“埋弧焊”“电弧焊”等参考 3311 行业“焊接”工段核算。

（13）生产工序“拉丝”“拉伸”参考 3311 行业“机械加工”工段，实际产生的污染物以本行业企业实际核算，若无废水产生可不核算。

（15）生产工序“点胶”“粘结”等工艺参考使用本手册的“粘接（含固化）”核算。

（16）生产工序“注胶”“灌胶”工艺参考使用本手册的“灌封”工段核算。

（17）生产工序“热处理”核算环节参考 3311 行业“热处理”工段进行核算。

（18）生产工序“熔炼”“熔化铸锭”“铸片”“压铸”参考 3311 行业“铸造”工段进行核算。

（19）机械加工有些企业使用了水等清洗或者切割液等可参考 3311 行业“机械加工”工段的废水核算工艺如冲压、车床加工等工艺计算。

（20）生产工序“去胶”参考使用本手册的“有机溶剂基清洗”工艺核算。

（21）玻璃生产工序“烧台”“烧结”工艺参考 3049 行业日用玻璃制品制造行业烧结类工艺核算。

（22）生产工序“刻槽”根据使用的原辅材料和产品，参考使用本手册的“蚀刻”“机械加工”等工段核算。

（23）生产工序“喷锡”参考使用本手册的“波峰焊”工艺核算。

（24）生产工序“标志”“印刷”“文字印刷”参考使用本手册的“印刷”工段核算。

（25）3982 行业生产工序“阻焊剂（如绿油等）涂覆”“湿膜涂覆”参考“印刷”-“溶剂型油墨”核算。

3825 光伏设备与元器件制造业

1　适用范围

本手册仅用于《国民经济行业分类》（GB/T 4754—2017）中 3825 光伏设备与元器件制造行业使用系数法核算工业污染物产生量和排放量的工业企业。

利用本手册进行产排污核算得出的污染物产生量与排放量仅代表了特定行业、工艺、产品、原料在正常工况下污染物产生与排放的一般规律。

本行业废水指标包括化学需氧量、氨氮、总氮、总磷；废气指标包括颗粒物、氮氧化物、氨、挥发性有机物、铅。

2　注意事项

2.1　企业有多种生产工艺或生产多类产品产排污量核算

废水中化学需氧量、氨氮、总氮、总磷，除组件生产外其他工段废气中颗粒物、氮氧化物、氨、挥发性有机物：污染物产生量与产品产量有关；组件生产工段废气中颗粒物、挥发性有机物、铅：污染物产生量与原料用料有关；根据不同核算环节计算产污量后，再根据企业末端治理设施和运行情况计算各污染物的排放量。

企业某污染物指标的产生量、排放量为各核算环节产生量、排放量之和。

在企业实际排放量计算过程中，如果存在废水回用的情况，需要在利用产排污核算公式的基础上扣除废水回用的部分。公式如下：

实际排放量=计算排放量×（1–废水回用率）

2.2　采用多种治理设施组合处理企业的排污量核算

在排污量计算选择末端治理技术时，若没有对应的组合治理技术，以主要治理技术为准。

2.3　系数表中未涉及的产污系数及污染治理效率

光伏设备及元器件制造业中，逆变器等设备生产参照机械行业相关工段的系数手册。

2.4　其他需要说明的问题

由于不同企业工业废气量、废水量差异较大，本手册所提供的工业废气量、废水量系数仅供参考。

为体现相同产污水平条件下，采用相同环保治理设施的不同企业对同一污染物去除效果的差异，引入末端治理设施实际运行率（k）对污染治理技术的实际去除率进行修正。k 值反映的是污染治理

设施运行的状态，越稳定运行，k 值越高；在取值上，若定义连续稳定运行的理想状态为 1，则 k 取值在 0～1 之间。

本手册给出本行业的 k 计算公式仅供参考，使用时，可根据 k 值定义，选取更适合企业实际情况的表达方式。

3 污染物排放量核算方法

针对企业实际生产情况，本行业在系数制定过程中将企业全生产流程划分或拆分为若干工段（核算环节），在核算企业污染物产排量时，可灵活选择本企业对应的工段进行核算。

3.1 计算工段污染物产生量

（1）根据产品、原料、污染物产生的主导生产工艺、企业规模（生产产能）这一组合查找和确定所对应的某一污染物的产污系数。

（2）根据该污染物的产污系数计量单位——单位产品产量或单位原料用量，获取企业实际产品产量或原料用量。

例如，某组合内化学需氧量的产污系数单位为千克/吨-产品，则计算产生量时需要获取企业实际产品产量；如果产污系数单位为千克/吨-原料，则计算产生量时需要获取企业原料实际消耗量。

（3）污染物产生量按以下公式进行计算：

污染物产生量=污染物对应的产污系数×产品产量（原料用量）

$$G_{产i} = P_{产i} \times M_i$$

式中，$G_{产i}$——工段 i 某污染物的产生量；

$P_{产i}$——工段 i 某污染物对应的产污系数；

M_i——工段 i 的产品产量（原料用量）。

3.2 计算工段污染物去除量

（1）根据企业对某一污染物所采用的治理技术查找和选择相应的治理技术平均去除效率。

（2）根据所填报的污染治理设施实际运行率参数及其计算公式得出该企业某一污染物的治理设施实际运行率（k 值）。

（3）污染物去除量按以下公式进行计算：

污染物去除量=污染物产生量×污染物去除率 =污染物产生量×治理技术平均去除效率×治理设施实际运行率

$$R_{减i} = G_{产i} \times \eta_T \times k_T$$

式中，$R_{减i}$——工段 i 某污染物的去除量；

η_T——工段 i 某污染物采用的末端治理技术的平均去除效率；

k_T——工段 i 某污染物采用的末端治理设施的实际运行率。

3.3 计算工段污染物排放量

污染物排放量=污染物产生量–污染物去除量

=污染物对应的产污系数×产品产量（原料用量）–污染物产生量×治理技术平均去除效率×治理设施实际运行率

3.4 计算企业污染物排放量

同一企业某污染物全年的产生（排放）总量为该企业同年实际生产的全部工段、产品、原料、规模污染物产生（排放）量之和。

$$
\begin{aligned}
E_{排} &= G_{产} - R_{减} = \sum(G_{产i} - R_{减i}) \\
&= \sum\left[P_{产i} \times M_i(1-\eta_T \times k_T)\right]
\end{aligned}
$$

4 污染物排放量核算案例

某光伏企业主要从事单晶硅电池片、组件的生产。该企业涉及的主要产排污工段为电池片和组件两个工段。其中电池片工段主要污染物为化学需氧量、氨氮、氟化物、总磷、总氮、氮氧化物、氨、挥发性有机物，组件工段主要污染物为化学需氧量、颗粒物、铅、挥发性有机物。以化学需氧量为例说明排放量计算过程。

该企业基本信息如表 1 所示。

表 1　某光伏企业基本信息

	核算环节 1：电池片		核算环节 2：组件	
	名称	数量	名称	数量
产品及产量	单晶电池片	2725 兆瓦	电池组件	3760 兆瓦
原料及用量	单晶硅片	54470 万片	单晶电池片	3800 兆瓦
工艺名称	碱制绒+湿法刻蚀	—	焊接层压装框	—
规模（产能）	2756 兆瓦		3992 兆瓦	
污染治理设施	A/O 工艺		A/O 工艺	
实际运行率参数	污水治理设施运行时间	16000 小时	污水治理设施运行时间	14800 小时
	企业正常生产时间	16704 小时	正常生产时间	14784 小时

4.1 工段 1 的排放量计算

（1）化学需氧量产生量计算

①查找产污系数及其计量单位

根据企业基本信息，查找本手册中主要产品为单晶电池片，主要原料为单晶硅片，主要工艺为“碱制绒+湿法刻蚀”，生产规模为所有规模。该组合化学需氧量的产污系数为 41.46，单位为千克/兆瓦-产品。

②获取企业产品产量

该企业实际情况为：该工段主要产品单晶电池片 2017 年产量为 2725 兆瓦。

③计算化学需氧量产生量

由于查询到的组合中，化学需氧量产污系数的单位为千克/兆瓦-产品，因此在核算化学需氧量产生量时需使用产品产量。

化学需氧量产生量=化学需氧量产污系数×产品（单晶电池片）产量

=41.46 千克/兆瓦-产品×2725 兆瓦-产品=112978.5 千克

（2）化学需氧量去除量计算

①查找治理技术平均去除效率

该企业化学需氧量治理技术采用 A/O 工艺，查询相应组合内 A/O 工艺的平均去除效率为 89%。

②计算污染治理设施实际运行率

根据产污系数组合查询结果，该组合中化学需氧量对应的污染治理设施实际运行率为

k=污水治理设施运行时间/正常生产时间=16000 小时/16704 小时=0.957

③计算化学需氧量去除量

化学需氧量去除量=112978.5 千克×89%×0.957=96616.4 千克

（3）化学需氧量排放量计算

化学需氧量排放量=112978.5 千克−96616.4 千克=16362.1 千克

4.2 工段 2 的排放量计算

（1）化学需氧量产生量计算

①查找产污系数及其计量单位

根据企业基本信息，查找本手册中主要产品为电池组件，主要原料为单晶电池片，主要工艺为焊接层压装框，生产规模为所有规模。该组合化学需氧量的产污系数为 0.06，单位为千克/兆瓦-产品。

②获取企业产品产量

该企业实际情况为：该工段主要产品单晶电池片 2017 年产量为 3760 兆瓦。

③计算化学需氧量产生量

由于查询到的组合中，化学需氧量产污系数的单位为千克/兆瓦-产品，因此在核算产生量时需使用产品产量。

化学需氧量产生量=化学需氧量产污系数×产品（单晶电池片）产量

=0.06 千克/兆瓦-产品×3760 兆瓦-产品=225.6 千克

（2）化学需氧量去除量计算

①查找治理技术平均去除效率

该企业化学需氧量治理技术采用 A/O 工艺，查询相应组合内 A/O 工艺的平均去除效率为 90%。

②计算污染治理设施实际运行率

根据产污系数组合查询结果，该组合中化学需氧量对应的污染治理设施实际运行率为

k=污水治理设施运行时间/企业正常生产时间=14800 小时/14784 小时=1.001=1（大于 1 取值 1）

③计算化学需氧量去除量

化学需氧量去除量=225.6 千克×90%×1=203.04 千克

（3）化学需氧量排放量计算

化学需氧量排放量=225.6 千克−203.04 千克=22.56 千克

4.3 化学需氧量总排放量计算

化学需氧量总排放量=工段 1 排放量+工段 2 排放量

=16362.1 千克+22.56 千克=16384.66 千克

5 系数表

3825 光伏设备与元器件制造行业系数表

工段名称	产品名称	原料名称	工艺名称	规模等级	污染物类别	污染物指标	系数单位	产污系数	末端治理技术	末端治理技术平均去除效率/%	参考 k 值计算公式[1]
高纯多晶硅生产	高纯多晶硅	冶金级硅	改良西门子法	所有规模	废水	化学需氧量	千克/吨-产品	37.44	化学混凝法	56	k=污水治理设施运行时间（小时/年）/企业正常生产时间（小时/年）
						氨氮	千克/吨-产品	0.013	A/O 工艺	81	
						总氮	千克/吨-产品	0.15	A/O 工艺	60	
						工业废水量	吨/吨-产品	239.84	—	—	—
					废气	颗粒物	千克/吨-产品	8.46	旋风+布袋除尘	96	k=除尘设备年耗电量（千瓦·时）/［除尘设备额定功率（千瓦）×除尘设备年运行时间（小时）］
						氮氧化物	千克/吨-产品	5.12	喷淋塔	83	k=工艺废气净化装置耗电量（千瓦·时/年）/［工艺废气净化装置额定功率（千瓦）×工艺废气净化装置运行时间（小时/年）］
						工业废气量	标米^3/吨-产品	33516	—	—	—

[1] 该公式仅供参考，使用时，可根据 k 值定义，选取更适合企业实际情况的表达方式。

3825 光伏设备与元器件制造行业系数表（续表 1）

工段名称	产品名称	原料名称	工艺名称	规模等级	污染物类别	污染物指标	系数单位	产污系数	末端治理技术	末端治理技术平均去除效率/%	参考 k 值计算公式
硅片生产（硅料清洗）	洁净高纯多晶硅原料	高纯多晶硅	酸洗	所有规模	废气	颗粒物	千克/吨-产品	0.274	袋式除尘	99	k=除尘设备年耗电量（千瓦·时）/［除尘设备额定功率（千瓦）×除尘设备年运行时间（小时）］
						氮氧化物	千克/吨-产品	15.5	喷淋塔	86	k=工艺废气净化装置耗电量（千瓦·时/年）/［工艺废气净化装置额定功率（千瓦）×工艺废气净化装置运行时间（小时/年）］
						工业废气量	标米^3/吨-产品	75007	—	—	—
						工业废水量	吨/吨-产品	25.5	—	—	—
			碱洗		废气	颗粒物	千克/吨-产品	0.118	袋式除尘	99	k=除尘设备年耗电量（千瓦·时）/除尘设备额定功率（千瓦）×除尘设备年运行时间（小时）］
						工业废气量	标米^3/吨-产品	393	—	—	—
硅片生产（硅片制备）	单晶硅片	洁净高纯多晶硅原料	拉棒+多线切割+清洗	所有规模	废水	化学需氧量	千克/万片-产品	20.83	厌氧水解+耗氧生物处理法	86	k=污水治理设施运行时间（小时/年）/企业正常生产时间（小时/年）
						工业废水量	吨/万片-产品	41.40	—	—	—
	多晶硅片		铸锭+多线切割+清洗		废水	化学需氧量	千克/万片-产品	86.5	厌氧水解+耗氧生物处理法	87	k=污水治理设施运行时间（小时/年）/企业正常生产时间（小时/年）
						工业废水量	吨/万片-产品	41.4	—	—	—

3825 光伏设备与元器件制造行业系数表（续表 2）

工段名称	产品名称	原料名称	工艺名称	规模等级	污染物类别	污染物指标	系数单位	产污系数	末端治理技术	末端治理技术平均去除效率/%	参考 k 值计算公式
电池片生产	单晶电池片	单晶硅片	碱制绒+湿法刻蚀	所有规模	废水	化学需氧量	千克/兆瓦-产品	41.5	A/O 工艺	77	k=污水治理设施运行时间（小时/年）/企业正常生产时间（小时/年）
						氨氮	千克/兆瓦-产品	6.21	A/O 工艺	91	
									生物膜法	96	
						总磷	千克/兆瓦-产品	1.23	化学混凝法	93	
									A/O 工艺	97	
									生物膜法	99	
						总氮	千克/兆瓦-产品	125	A/O 工艺	90	
									生物膜法	95	
						工业废水量	吨/兆瓦-产品	308	—	—	—
					废气	氮氧化物	千克/兆瓦-产品	1138	喷淋塔	95	k=工艺废气净化装置年耗电量（千瓦·时）/［工艺废气净化装置额定功率（千瓦）×工艺废气净化装置年运行时间（小时）］
						氨	千克/兆瓦-产品	263	喷淋塔	97	
						挥发性有机物	千克/兆瓦-产品	135	喷淋塔	95	
									喷淋塔+其他（活性炭吸附）	—	
						工业废气量	标米 ^{3}/兆瓦-产品	2.12×10^6	—	—	—
	多晶电池片	多晶硅片	酸制绒+湿法刻蚀（含黑硅制绒）	所有规模	废水	氨氮	千克/兆瓦-产品	120	A/O 工艺	92	k=污水治理设施运行时间（小时/年）/企业正常生产时间（小时/年）
									生物膜法	95	
						总磷	千克/兆瓦-产品	9.00	化学混凝法	96	
									A/O 工艺	95	
									生物膜法	98	
						总氮	千克/兆瓦-产品	264	A/O 工艺	95	
									生物膜法	97	
						工业废水量	吨/兆瓦-产品	770	—	—	—
					废气	氮氧化物	千克/兆瓦-产品	383	喷淋塔	92	k=除尘设备年耗电量（千瓦·时）/［除尘设备额定功率（千瓦）×除尘设备年运行时间（小时）］
						氨	千克/兆瓦-产品	34.3	喷淋塔	93	
						工业废气量	标米 ^{3}/兆瓦-产品	1.79×10^6	—	—	—

3825 光伏设备与元器件制造行业系数表（续表 3）

工段名称	产品名称	原料名称	工艺名称	规模等级	污染物类别	污染物指标	系数单位	产污系数	末端治理技术	末端治理技术平均去除效率/%	参考 k 值计算公式
组件生产	电池组件	单晶电池片/多晶电池片	焊接层压装框	所有规模	废水	化学需氧量	千克/兆瓦-产品	0.06	化学混凝法	52	k=污水治理设施运行时间（小时/年）/企业正常生产时间（小时/年）
									A/O 工艺	78	
						工业废水量	吨/兆瓦-产品	0.80	—	—	—
		含铅焊料+助焊剂			废气	颗粒物	克/千克-焊料	0.30	袋式除尘	86	k=除尘设备年耗电量（千瓦·时）/［除尘设备额定功率（千瓦）×除尘设备年运行时间（小时）］
									喷淋塔	89	
						挥发性有机物	克/千克-焊料	6.92	催化燃烧法	53	k=设备年耗电量（千瓦·时）/8868（千瓦·时）
									低温等离子体	73	k=设备年耗电量（千瓦·时）/8868（千瓦·时）
									光催化	76	k=设备年耗电量（千瓦·时）/3935（千瓦·时）
									其他（吸附法）	57	k=设备年耗电量（千瓦·时）/2203（千瓦·时）
						铅	克/千克-焊料	0.59×10^{-4}	袋式除尘	86	k=除尘设备年耗电量（千瓦·时）/［除尘设备额定功率（千瓦）×除尘设备年运行时间（小时）］
		不含铅焊料+助焊剂			废气	颗粒物	克/千克-焊料	0.40	袋式除尘	86	k=除尘设备年耗电量（千瓦·时）/［除尘设备额定功率（千瓦）×除尘设备年运行时间（小时）］
						挥发性有机物	克/千克-焊料	6.21	催化燃烧法	53	k=设备年耗电量（千瓦·时）/4490（千瓦·时）
									低温等离子体	73	k=设备年耗电量（千瓦·时）/8868（千瓦·时）
									光催化	76	k=设备年耗电量（千瓦·时）/3935（千瓦·时）
									其他（吸附法）	57	k=设备年耗电量（千瓦·时）/2203（千瓦·时）
		含铅焊料，无助焊剂			废气	颗粒物	克/千克-焊料	0.31	袋式除尘	86	k=除尘设备年耗电量（千瓦·时）/［除尘设备额定功率（千瓦）×除尘设备年运行时间（小时）］
									喷淋塔	89	
						铅	克/千克-焊料	0.61×10^{-4}	袋式除尘	86	
		不含铅焊料，无助焊剂			废气	颗粒物	克/千克-焊料	0.41	袋式除尘	86	
									喷淋塔	89	

384 电池制造业

1 适用范围

本手册仅用于《国民经济行业分类》（GB/T 4754—2017）中 3841 锂离子电池制造行业、3842 氢镍电池制造行业、3843 铅蓄电池制造行业、3844 锌锰电池制造行业、3849 其他电池制造行业使用系数法核算工业污染物产生量和排放量的工业企业。

利用本手册进行产排污核算得出的污染物产生量与排放量仅代表了特定行业、工艺、产品、原料在正常工况下污染物产生与排放的一般规律。

锂离子电池制造行业废水指标包括工业废水量、化学需氧量、钴；废气指标包括工业废气量、挥发性有机物（气态 N-甲基吡咯烷酮）。

氢镍电池制造行业废水指标包括工业废水量、化学需氧量、镍；废气指标包括工业废气量。

铅蓄电池制造行业废水指标包括工业废水量、化学需氧量、铅；废气指标包括工业废气量、硫酸雾。

锌锰电池制造行业废水指标包括工业废水量、化学需氧量、锌、锰、汞；废气指标包括工业废气量、颗粒物。

其他电池制造行业废水指标包括工业废水量、化学需氧量、镉；废气指标包括工业废气量、挥发性有机物（气态 N-甲基吡咯烷酮）。

2 注意事项

2.1 企业有多种生产工艺或生产多类产品产排污量核算

污染物产生量与产品产量有关，根据不同核算环节计算产污量后，再根据企业末端治理设施和运行情况计算各污染物的排放量。

企业某污染物指标的产生量、排放量为各核算环节产生量、排放量之和。

在企业实际排放量计算过程中，如果存在废水回用的情况，需要在利用产排污核算公式的基础上扣除废水回用的部分。公式如下：

实际排放量=计算排放量×（1–废水回用率）

2.2 采用多种治理设施组合处理企业的排污量核算

在排污量计算选择末端治理技术时，若没有对应的组合治理技术，以主要治理技术为准。

2.3 系数表中未涉及的产污系数及污染治理效率

（1）氧化银原电池可采用扣式碱性锌锰电池的产污系数。

（2）圆柱形锌空气电池可采用纸板锌锰电池产污系数；扣式锌空气电池可采用扣式碱性锌锰电池的产污系数。

（3）其他二氧化锰电池（包括碱性锌锰电池和叠层电池等）可采用锌锰纸板电池的产污系数，其中碱性锌锰电池已实现无汞化，汞的产生量和排放量视为零。

（4）各类无汞二氧化锰原电池的产污系数除汞的产生量和排放量为零外，其他污染物按对应产品的产污系数计算。

（5）工业铅蓄电池组装可参照动力铅蓄电池组装产污系数计算。

2.4 其他需要说明的问题

（1）《2017 年国民经济行业分类与代码》中，电池品种多达数十种，我国电池行业实际批量生产的产品只有十多种，同时，由于行业分类中的电池产品是按用途分类的，很多电池所用原材料、制造工艺均相同。根据行业的特点，本手册对同类电池进行了归类：

系数表中的“启动型铅蓄电池”系指用于“启动活塞发动机的汽车用铅酸蓄电池”和“摩托车用铅蓄电池”。

系数表中的“动力铅蓄电池”系指“电动自行车用铅蓄电池”和“其他电动车用铅蓄电池”。

系数表中的“工业铅蓄电池”系指“铁路客车用铅蓄电池”“牵引型铅蓄电池”“航标用铅蓄电池”及备用电源用铅蓄电池等其他用途的各种铅蓄电池。

（2）制定本手册时已充分考虑全国电池行业的实际平均水平，使用本手册计算得出的产排污量可能与单个企业有一定出入，但总体符合全行业水平。由于电池行业相同产品的污染治理设施和技术大同小异，如存在与系数表中不同的末端治理技术，产污系数仍按手册中给定的末端治理技术的产污系数计算。

系数表中的去除率是指企业治理技术平均去除效率。

（3）系数表中可能未涉及的工艺或生产规模的产污系数：

对于工业型铅蓄电池组装企业，普查时可参照系数表中相应规模的动力型铅蓄电池组装企业的产污系数核算；

对于锂原电池烧结式企业，普查时可参照系数表中锂原电池扣式企业的产污系数核算。

（4）电池产量的统计及单位的换算：

本系数表中的电池产量单位统一采用国家统计局规定的统计单位。

锂离子电池、氢镍电池、铅蓄电池产量按照容量进行统计，其中锂离子电池、氢镍电池容量单位为千瓦·时（kW·h）；铅蓄电池容量单位为千伏安时（kVA·h）。电池容量计算按照如下公式：

千瓦·时=电池额定电压（伏）×电池或电池组额定容量（安时）×电池或电池组产量（只）÷1000

铅蓄电池产量统计单位采用万只（组）时，与系数表单位不一致，可以参照以下方法换算：

万千伏安时=电池或电池组额定电压（伏）×电池或电池组额定容量（安时）×电池或电池组产量（万只或万组）÷1000

示例：

某铅蓄电池生产企业 2017 年共生产 12 伏 10 安时电池 300 万组、6 伏 17 安时电池 120 万组，该两种电池为同一产品的两种规格，则该企业的电池产量为

$$(12\times10\times300+6\times17\times120)\div1000=48.24\text{（万千伏安时）}$$

圆柱形镉镍电池的产量按统计部门规定统计；大容量的方形镉镍电池，企业通常按千伏安时统计，国家对其产量的折算也未作统一规定，参照圆柱形电池产量的统计方法，其产量按单只容量为1.3安时的SC型电池折算为只数。

示例：

某镉镍电池生产企业2007年采用烧结式工艺生产40安时方形镉镍电池250万只、20安时方形镉镍电池400万只，则该企业镉镍电池的产量为

$$40 \div 1.3 \times 250 + 20 \div 1.3 \times 400 = 13846.1538\text{（万只）}$$

锌锰电池、镉镍电池、锂原电池产量单位按照万只统计。其中，原电池产量按电池行业的常规统计方法统计，折合为R20电池计算；扣式碱性锌锰电池产量统计不分型号大小。

（5）由于不同企业工业废气量、废水量差异较大，本手册所提供的工业废气量、废水量系数仅供参考。为体现相同产污水平条件下，采用相同环保治理设施的不同企业对同一污染物去除效果的差异，引入末端治理设施实际运行率（k）对污染治理技术的实际去除率进行修正。k值反映的是污染治理设施运行的状态，越稳定运行，k值越高；在取值上，若定义连续稳定运行的理想状态为1，则k取值在0～1之间。

本手册给出本行业的k计算公式仅供参考，使用时，可根据k值定义，选取更适合企业实际情况的表达方式。

3 污染物排放量核算方法

3.1 计算污染物产生量

（1）根据产品、原料、污染物产生的主导生产工艺、企业规模（生产产能）这一组合查找和确定所对应的某一污染物的产污系数。

（2）根据该污染物的产污系数计量单位——单位产品产量，获取企业实际产品产量。

例如，某组合内化学需氧量的产污系数单位为千克/吨-产品，则计算产生量时需要获取企业实际产品产量。

（3）污染物产生量按以下公式进行计算：

污染物产生量=污染物对应的产污系数×产品产量

$$G_{产i} = P_{产i} \times M_i$$

式中，$G_{产i}$——工段i某污染物的产生量；

$P_{产i}$——工段i某污染物对应的产污系数；

M_i——工段i的产品产量。

3.2 计算污染物去除量

（1）根据企业对某一污染物所采用的治理技术查找和选择相应的治理技术平均去除效率。

（2）根据所填报的污染治理设施实际运行率参数及其计算公式得出该企业某一污染物的治理设施实际运行率（k值）。

（3）污染物去除量按以下公式进行计算：

污染物去除量=污染物产生量×污染物去除率 =污染物产生量× 治理技术平均去除效率× 治理设施实际运行率

$$R_{减i}=G_{产i}\times\eta_T\times k_T$$

式中，$R_{减i}$——工段 i 某污染物的去除量；

η_T——工段 i 某污染物采用的末端治理技术的平均去除效率；

k_T——工段 i 某污染物采用的末端治理设施的实际运行率。

3.3 计算污染物排放量

污染物排放量=污染物产生量–污染物去除量

=污染物对应的产污系数× 产品产量–污染物产生量× 治理技术平均去除效率× 治理设施实际运行率

3.4 计算企业污染物排放量

同一企业某污染物全年的产生（排放）总量为该企业同年实际生产的全部工段、产品、原料、规模污染物产生（排放）量之和。

$$E_{排}=G_{产}-R_{减}=\sum(G_{产i}-R_{减i})$$
$$=\sum\left[P_{产i}\times M_i(1-\eta_T\times k_T)\right]$$

4 企业排放量计算

企业通过产污系数及实际产量计算污染物产生量，再根据相应的末端治理技术选择去除率，结合 k 值计算公式计算企业的排放量。

示例：

某企业主要从事动力铅蓄电池。该企业以电极材料（铅）、98%硫酸、PVC 塑料或玻璃纤维为主要原料，工艺为极板制造+组装，年产量（生产规模）2500000 千伏安时。该企业废气的污染治理技术采用滤筒高效除尘法、喷淋法，涉及的废气污染物主要为硫酸雾。

本核算示例以废气中硫酸雾为例，说明该企业硫酸雾排放量的计算方法。

4.1 硫酸雾产生量计算

（1）查找产污系数及其计量单位

主要产品为动力铅蓄电池，主要原料为电极材料（铅）、98%硫酸、PVC 塑料或玻璃纤维，主要工艺为极板制造+组装，生产规模为年产量 2500000 千伏安时。该组合硫酸雾的产污系数为 26.3，单位为克/千伏安时-产品。

（2）获取企业产品产量与原料用量

实际填报情况：该企业主要产品动力铅蓄电池 2017 年产量为 2500000 千伏安时，主要原料电极材料（铅）2017 年消耗量为 67467 吨、98%硫酸 2017 年消耗量为 10892 吨、PVC 塑料或玻璃纤维

2017年消耗量为1538.9吨。

（3）计算硫酸雾产生量

由于查询到的组合中，硫酸雾产污系数的单位为克/千伏安时-产品，因此在核算产生量时采用产品产量。

硫酸雾产生量=硫酸雾产污系数×产品（动力铅蓄电池）产量

=26.3克/千伏安时-产品×2500000千伏安时-产品=65750000克

4.2 硫酸雾去除量计算

（1）查找治理技术平均去除效率

该企业硫酸雾治理技术采用喷淋法，查询喷淋法的平均去除效率为95%①。

（2）计算污染治理设施实际运行率

根据产污系数组合查询结果，该组合中硫酸雾喷淋法对应的污染治理设施实际运行参数②分别为除尘设备年耗电量、除尘设备额定功率、除尘设备年运行时间。

根据查询结果，该组合中硫酸雾喷淋法对应的污染治理设施实际运行率计算公式③为

k=除尘设备年耗电量/（除尘设备额定功率×除尘设备年运行时间）

获取企业实际填报情况如下：该企业2017年除尘设备年耗电量594400千瓦·时，除尘设备耗额定功率827千瓦，除尘设备年运行时间7200小时，则该企业的喷淋法设备实际运行率为

k=594400千瓦·时/（827千瓦×7200小时）=0.9983

（3）计算硫酸雾去除量

硫酸雾去除量=65750000克×95%×0.9983=62356313.75克

4.3 硫酸雾排放量计算

硫酸雾排放量=65750000克−62356313.75克=3393686.25克

① 该数值仅为示例用的假设值。

② 某组合中污染物指标对应的污染治理技术、污染治理设施实际运行率参数可通过“二污普填报助手”查询获得。

③ 某组合中污染物指标对应的末端治理设施运行率计算公式可通过“二污普填报助手”查询获得。该核算案例中 k 的计算公式仅为参考，依据实际查询情况计算、填报。

5 系数表

3841 锂离子电池制造行业系数表

工段名称	产品名称	原料名称	工艺名称	规模等级	污染物类别	污染物指标	系数单位	产污系数	末端治理技术	末端治理技术平均去除效率/%	参考 k 值计算公式[1]
—	锂离子电池极片	正极材料、负极材料、铜箔、铝箔	涂布	所有规模	废水	工业废水量	米^3/吨-产品	1.43	—	—	—
						化学需氧量	克/吨-产品	2.30×10^2	中和法、其他（化学凝絮沉淀）	85	k=废水处理设备正常运转时间（小时/年）/企业正常生产时间（小时/年）
						钴	克/吨-产品	6.18	中和法、其他（化学凝絮沉淀）	98	
					废气	工业废气量	标米^3/吨-产品	1.53×10^4	—	—	—
						挥发性有机物	克/吨-产品	1.67×10^5	冷凝法	99.5	k=废气处理设备年耗电量（千瓦·时）/[废气处理设备额定功率（千瓦）×废气处理设备年运行时间（小时）]
					固废	含杂质 NMP	克/吨-产品	1.67×10^5	—	—	—
						其他固废	克/吨-产品	4.31×10^5	—	—	—
	锂离子电池单体	磷酸铁锂	圆柱	所有规模	废水	工业废水量	米^3/千瓦·时-产品	5.00×10^{-3}	—	—	—
						化学需氧量	克/千瓦·时-产品	1.13	中和法、其他（化学凝絮沉淀）	85	k=废水处理设备正常运转时间（小时/年）/企业正常生产时间（小时/年）
					废气	工业废气量	标米^3/千瓦·时-产品	21.0	—	—	—
						挥发性有机物	克/千瓦·时-产品	1.89×10^2	冷凝法	99.5	k=废气处理设备年耗电量（千瓦·时）/[废气处理设备额定功率（千瓦）×废气处理设备年运行时间（小时）]
					固废	含杂质 NMP	克/千瓦·时-产品	187.5	—	—	—
						其他固废	克/千瓦·时-产品	2.09×10^3	—	—	—
						废电池	克/千瓦·时-产品	1.75×10^2	—	—	—

[1] 该公式仅供参考，使用时，可根据 k 值定义，选取更适合企业实际情况的表达方式。

3841 锂离子电池制造行业系数表（续表 1）

工段名称	产品名称	原料名称	工艺名称	规模等级	污染物类别	污染物指标	系数单位	产污系数	末端治理技术	末端治理技术平均去除效率/%	参考 k 值计算公式
—	锂离子电池单体	磷酸铁锂	方形	所有规模	废水	工业废水量	米^3/千瓦·时-产品	7.50×10^{-3}	—	—	—
						化学需氧量	克/千瓦·时-产品	1.11	中和法、其他(化学凝絮沉淀）	85	k=废水处理设备正常运转时间（小时/年）/企业正常生产时间（小时/年）
					废气	工业废气量	标米^3/千瓦·时-产品	67.1	—	—	—
						挥发性有机物	克/千瓦·时-产品	7.35×10^{2}	冷凝法	99.5	k=废气处理设备年耗电量（千瓦·时）/[废气处理设备额定功率（千瓦）×废气处理设备年运行时间（小时）]
					固废	含杂质 NMP	克/千瓦·时-产品	7.34×10^{2}	—	—	—
						其他固废	克/千瓦·时-产品	2.33×10^{3}	—	—	—
						废电池	克/千瓦·时-产品	2.91×10^{2}	—	—	—
			软包	所有规模	废水	工业废水量	米^3/千瓦·时-产品	7.00×10^{-3}	—	—	—
						化学需氧量	克/千瓦·时-产品	7.79	中和法、其他(化学凝絮沉淀）	95	k=废水处理设备正常运转时间（小时/年）/企业正常生产时间（小时/年）
					废气	工业废气量	标米^3/千瓦·时-产品	81.7	—	—	—
						挥发性有机物	克/千瓦·时-产品	7.35×10^{2}	冷凝法	99	k=废气处理设备年耗电量（千瓦·时）/[废气处理设备额定功率（千瓦）×废气处理设备年运行时间（小时）]
					固废	含杂质 NMP	克/千瓦·时-产品	7.34×10^{2}	—	—	—
						其他固废	克/千瓦·时-产品	2.33×10^{3}	—	—	—
						废电池	克/千瓦·时-产品	2.91×10^{2}	—	—	—

3841 锂离子电池制造行业系数表（续表 2）

工段名称	产品名称	原料名称	工艺名称	规模等级	污染物类别	污染物指标	系数单位	产污系数	末端治理技术	末端治理技术平均去除效率/%	参考 k 值计算公式
—	锂离子电池单体	钴酸锂及多元正极材料	圆柱	所有规模	废水	工业废水量	米³/千瓦·时-产品	5.00×10^{-3}	—	—	—
						化学需氧量	克/千瓦·时-产品	1.22	中和法、其他(化学凝絮沉淀)	99	k=废水处理设备正常运转时间（小时/年）/企业正常生产时间（小时/年）
						钴	克/千瓦·时-产品	0.107	中和法、其他(化学凝絮沉淀)	99.5	
					废气	工业废气量	标米³/千瓦·时-产品	85.7	—	—	—
						挥发性有机物	克/千瓦·时-产品	9.61×10^{2}	冷凝法	99.5	k=废气处理设备年耗电量（千瓦·时）/[废气处理设备额定功率（千瓦）×废气处理设备年运行时间（小时）]
					固废	含杂质 NMP	克/千瓦·时-产品	961.12	—	—	—
						其他固废	克/千瓦·时-产品	2.49×10^{3}	—	—	—
						废电池	克/千瓦·时-产品	1.80×10^{3}	—	—	—
			方形	所有规模	废水	工业废水量	标米³/千瓦·时-产品	7.50×10^{-3}	—	—	—
						化学需氧量	克/千瓦·时-产品	9.27	中和法、其他(化学凝絮沉淀)	95	k=废水处理设备正常运转时间（小时/年）/企业正常生产时间（小时/年）
						钴	克/千瓦·时-产品	3.02×10^{-2}	中和法、其他(化学凝絮沉淀)	99.5	
					废气	工业废气量	标米³/千瓦·时-产品	78.2	—	—	—
						挥发性有机物	克/千瓦·时-产品	7.92×10^{2}	冷凝法	99.5	k=废气处理设备年耗电量（千瓦·时）/[废气处理设备额定功率（千瓦）×废气处理设备年运行时间（小时）]

3841 锂离子电池制造行业系数表（续表 3）

工段名称	产品名称	原料名称	工艺名称	规模等级	污染物类别	污染物指标	系数单位	产污系数	末端治理技术	末端治理技术平均去除效率/%	参考 k 值计算公式
—	锂离子电池单体	钴酸锂及多元正极材料	方形	所有规模	固废	含杂质 NMP	克/千瓦·时-产品	784.44	—	—	—
						其他固废	克/千瓦·时-产品	2.44×10^{3}	—	—	—
						废电池	克/千瓦·时-产品	3.23×10^{3}	—	—	—
			软包	所有规模	废水	工业废水量	米^{3}/千瓦·时-产品	7.00×10^{-3}	—	—	—
						化学需氧量	克/千瓦·时-产品	7.79	中和法、其他（化学凝絮沉淀）	95	k=废水处理设备正常运转时间（小时/年）/企业正常生产时间（小时/年）
						钴	克/千瓦·时-产品	6.00×10^{-2}	中和法、其他（化学凝絮沉淀）	99.5	
					废气	工业废气量	标米^{3}/千瓦·时-产品	92.2	—	—	—
						挥发性有机物	克/千瓦·时-产品	7.92×10^{2}	冷凝法	99.5	k=废气处理设备年耗电量（千瓦·时）/[废气处理设备额定功率（千瓦）×废气处理设备年运行时间（小时）]
					固废	含杂质 NMP	克/千瓦·时-产品	779.44	—	—	—
						其他固废	克/千瓦·时-产品	1.97×10^{3}	—	—	—
						废电池	克/千瓦·时-产品	2.00×10^{2}	—	—	—

3841 锂离子电池制造行业系数表（续表 4）

工段名称	产品名称	原料名称	工艺名称	规模等级	污染物类别	污染物指标	系数单位	产污系数	末端治理技术	末端治理技术平均去除效率/%	参考 *k* 值计算公式
—	锂离子电池单体	其他	圆柱	所有规模	废水	工业废水量	米^3/千瓦·时-产品	5.00×10^{-3}	—	—	—
						化学需氧量	克/千瓦·时-产品	1.70	中和法、其他（化学凝絮沉淀）	85	*k*=废水处理设备正常运转时间（小时/年）/企业正常生产时间（小时/年）
					废气	工业废气量	标米^3/千瓦·时-产品	21.0	—	—	—
						挥发性有机物	克/千瓦·时-产品	1.89×10^{2}	冷凝法	99.5	*k*=废气处理设备年耗电量（千瓦·时）/[废气处理设备额定功率（千瓦）×废气处理设备年运行时间（小时）]
					固废	含杂质 NMP	克/千瓦·时-产品	187.5	—	—	—
						其他固废	克/千瓦·时-产品	2.09×10^{3}	—	—	—
						废电池	克/千瓦·时-产品	1.72×10^{2}	—	—	—
			方形	所有规模	废水	工业废水量	米^3/千瓦·时-产品	7.50×10^{-3}	—	—	—
						化学需氧量	克/千瓦·时-产品	1.11	中和法、其他（化学凝絮沉淀）	85	*k*=废水处理设备正常运转时间（小时/年）/企业正常生产时间（小时/年）
					废气	工业废气量	标米^3/千瓦·时-产品	81.7	—	—	—
						挥发性有机物	克/千瓦·时-产品	7.35×10^{2}	冷凝法	99.5	*k*=废气处理设备年耗电量（千瓦·时）/[废气处理设备额定功率（千瓦）×废气处理设备年运行时间（小时）]
					固废	含杂质 NMP	克/千瓦·时-产品	734.16	—	—	—
						其他固废	克/千瓦·时-产品	2.40×10^{3}	—	—	—
						废电池	克/千瓦·时-产品	3.22×10^{2}	—	—	—

3841 锂离子电池制造行业系数表（续表 5）

工段名称	产品名称	原料名称	工艺名称	规模等级	污染物类别	污染物指标	系数单位	产污系数	末端治理技术	末端治理技术平均去除效率/%	参考 k 值计算公式
—	锂离子电池单体	其他	软包	所有规模	废水	工业废水量	米^3/千瓦·时-产品	7.00×10^{-3}	—	—	—
						化学需氧量	克/千瓦·时-产品	7.79	中和法、其他（化学凝絮沉淀）	95	k=废水处理设备正常运转时间（小时/年）/企业正常生产时间（小时/年）
					废气	工业废气量	标米^3/千瓦·时-产品	81.7	—	—	—
						挥发性有机物	克/千瓦·时-产品	7.35×10^2	冷凝法	99.5	k=废气处理设备年耗电量（千瓦·时）/［废气处理设备额定功率（千瓦）×废气处理设备年运行时间（小时）］
					固废	含杂质 NMP	克/千瓦·时-产品	734.16	—	—	—
						其他固废	克/千瓦·时-产品	1.78×10^3	—	—	—
						废电池	克/千瓦·时-产品	1.99×10^2	—	—	—
	锂离子电池包	锂离子电池单体	组装	所有规模	固废	其他固废	克/千瓦·时-产品	1.24×10^3	—	—	—
						废电池	克/千瓦·时-产品	15	—	—	—

3842 氢镍电池制造行业系数表

工段名称	产品名称	原料名称	工艺名称	规模等级	污染物类别	污染物指标	系数单位	产污系数	末端治理技术	末端治理技术平均去除效率/%	参考 k 值计算公式[1]
—	氢镍电池	储氢合金、氢氧化亚镍、氢氧化钾	泡沫镍式	所有规模	废水	工业废水量	米^3/千瓦·时-产品	1.10×10^{-2}	—	—	—
						化学需氧量	克/千瓦·时-产品	0.216	化学沉淀法+中和法	50	k=废水处理设备正常运转时间（小时/年）/企业正常生产时间（小时/年）
						总镍	克/千瓦·时-产品	0.21×10^{-4}	化学沉淀法+中和法	40	
					废气	工业废气量	标米^3/千瓦·时-产品	55.0	—	—	—
						镍及其化合物	克/千瓦·时-产品	5.93	布袋除尘	99	k=废气处理设备年耗电量（千瓦·时）/［废气处理设备额定功率（千瓦）×废气处理设备年运行时间（小时）］
					固废	废电池	克/千瓦·时-产品	1.95×10^{2}	—	—	—
						HW46 含镍污泥	克/千瓦·时-产品	5.35	—	—	—
						HW46 含镍尘渣	克/千瓦·时-产品	1.63×10^{2}	—	—	—
						其他固废	克/千瓦·时-产品	62	—	—	—
	氢镍电池包	氢镍电池单体	组装	所有规模	固废	其他固废	克/千瓦·时-产品	1.24×10^{3}	—	—	—
						废电池	克/千瓦·时-产品	15	—	—	—

[1] 该公式仅供参考，使用时，可根据 k 值定义，选取更适合企业实际情况的表达方式。

3843 铅蓄电池制造行业系数表

工段名称	产品名称	原料名称	工艺名称	规模等级	污染物类别	污染物指标	系数单位	产污系数	末端治理技术	末端治理技术平均去除效率/%	参考 k 值计算公式[1]
—	起动型铅蓄电池	铅、硫酸玻璃纤维（或 PVC）	内化成极板制造+组装	≥50 万千伏安时	废水	工业废水量	米^3/千伏安时-产品	7.10×10^{-2}	—	—	—
						化学需氧量	克/千伏安时-产品	7.20	中和法、其他（化学凝絮沉淀法）	60	k=废水处理设备正常运转时间（小时/年）/企业正常生产时间（小时/年）
									膜分离	60	
						铅	克/千伏安时-产品	0.221	中和法、其他（化学凝絮沉淀法）	90	
									膜分离	90	
					废气	工业废气量	标米^3/千伏安时-产品	4.39×10^{2}	—	—	—
						硫酸雾	克/千伏安时-产品	8.83	喷淋塔/水冲击浴	98	k=废气处理设备年耗电量（千瓦·时）/［废气处理设备额定功率（千瓦）×废气处理设备年运行时间（小时）］
					危险废物	废电池	千克/千伏安时-产品	9.58×10^{-4}	—	—	—
						WH31 含铅淤泥	千克/千伏安时-产品	1.10×10^{-2}	—	—	—
						WH31 含铅尘渣	千克/千伏安时-产品	9.50×10^{-2}	—	—	—

[1] 该公式仅供参考，使用时，可根据 k 值定义，选取更适合企业实际情况的表达方式。

3843 铅蓄电池制造行业系数表（续表 1）

工段名称	产品名称	原料名称	工艺名称	规模等级	污染物类别	污染物指标	系数单位	产污系数	末端治理技术	末端治理技术平均去除效率/%	参考 k 值计算公式
—	启动型铅蓄电池	铅、硫酸玻璃纤维（或 PVC）	内化成极板制造+组装	<50 万千伏安时	废水	工业废水量	米^3/千伏安时-产品	8.50×10^{-2}	—	—	—
						化学需氧量	克/千伏安时-产品	8.64	中和法、其他（化学凝絮沉淀法）	60	k=废水处理设备正常运转时间（小时/年）/企业正常生产时间（小时/年）
									膜分离	60	
						铅	克/千伏安时-产品	0.265	中和法、其他（化学凝絮沉淀法）	90	
									膜分离	90	
					废气	工业废气量	标米^3/千伏安时-产品	5.27×10^{2}	—	—	—
						硫酸雾	克/千伏安时-产品	10.06	喷淋塔/水冲击浴	98	k=废气处理设备年耗电量（千瓦·时）/[废气处理设备额定功率（千瓦）×废气处理设备年运行时间（小时）]
					危险废物	废电池	千克/千伏安时-产品	1.15×10^{-3}	—	—	—
						WH31 含铅淤泥	千克/千伏安时-产品	1.32×10^{-2}	—	—	—
						WH31 含铅尘渣	千克/千伏安时-产品	11.4×10^{-2}	—	—	—

3843 铅蓄电池制造行业系数表（续表 2）

工段名称	产品名称	原料名称	工艺名称	规模等级	污染物类别	污染物指标	系数单位	产污系数	末端治理技术	末端治理技术平均去除效率/%	参考 *k* 值计算公式
—	启动型铅蓄电池	铅、硫酸玻璃纤维（或 PVC）	内化成+组装	≥50 万千伏安时	废水	工业废水量	米^3/千伏安时-产品	1.07×10^{-2}	—	—	—
						化学需氧量	克/千伏安时-产品	1.08	中和法、其他（化学凝絮沉淀法）	60	*k*=废水处理设备正常运转时间（小时/年）/企业正常生产时间（小时/年）
									膜分离	60	
						铅	克/千伏安时-产品	3.32×10^{-2}	中和法、其他（化学凝絮沉淀法）	90	
									膜分离	90	
					废气	工业废气量	标米^3/千伏安时-产品	1.98×10^{2}	—	—	—
					危险废物	硫酸雾	克/千伏安时-产品	8.38	喷淋塔/水冲击浴	98	*k*=废气处理设备年耗电量（千瓦·时）/［废气处理设备额定功率（千瓦）×废气处理设备年运行时间（小时）］
						废电池	千克/千伏安时-产品	9.58×10^{-4}	—	—	—
						WH31 含铅淤泥	千克/千伏安时-产品	1.65×10^{-3}	—	—	—
						WH31 含铅尘渣	千克/千伏安时-产品	1.42×10^{-2}	—	—	—

3843 铅蓄电池制造行业系数表（续表 3）

工段名称	产品名称	原料名称	工艺名称	规模等级	污染物类别	污染物指标	系数单位	产污系数	末端治理技术	末端治理技术平均去除效率/%	参考 k 值计算公式
—	启动型铅蓄电池	铅、硫酸玻璃纤维（或 PVC）	内化成+组装	<50 万千伏安时	废水	工业废水量	米^3/千伏安时-产品	1.28×10^{-2}	—	—	—
						化学需氧量	克/千伏安时-产品	1.30	中和法、其他（化学凝絮沉淀法）	60	k=废水处理设备正常运转时间（小时/年）/企业正常生产时间（小时/年）
									膜分离	60	
						铅	克/千伏安时-产品	2.51	中和法、其他（化学凝絮沉淀法）	90	
									膜分离	90	
					废气	工业废气量	标米^3/千伏安时-产品	2.37×10^{2}	—	—	—
					危险废物	硫酸雾	克/千伏安时-产品	10.06	喷淋塔/水冲击浴	98	k=废气处理设备年耗电量（千瓦·时）/[废气处理设备额定功率（千瓦）×废气处理设备年运行时间（小时）]
						废电池	千克/千伏安时-产品	1.15×10^{-3}	—	—	—
						WH31 含铅淤泥	千克/千伏安时-产品	1.98×10^{-3}	—	—	—
						WH31 含铅尘渣	千克/千伏安时-产品	1.71×10^{-2}	—	—	—

3843 铅蓄电池制造行业系数表（续表 4）

工段名称	产品名称	原料名称	工艺名称	规模等级	污染物类别	污染物指标	系数单位	产污系数	末端治理技术	末端治理技术平均去除效率/%	参考 k 值计算公式
—	启动型铅蓄电池	铅、硫酸玻璃纤维（或 PVC）	汽车用外化成极板制造+组装	所有规模	废水	工业废水量	米 ^{3}/千伏安时-产品	0.117	—	—	—
						化学需氧量	克/千伏安时-产品	8.08	中和法、其他（化学凝絮沉淀法）	60	k=废水处理设备正常运转时间（小时/年）/企业正常生产时间（小时/年）
									膜分离	60	
						铅	克/千伏安时-产品	0.196	中和法、其他（化学凝絮沉淀法）	90	
									膜分离	90	
					废气	工业废气量	标米 ^{3}/千伏安时-产品	5.38×10^{2}	—	—	—
						硫酸雾	克/千伏安时-产品	11.21	喷淋塔/水冲击浴	98	k=废气处理设备年耗电量（千瓦·时）/［废气处理设备额定功率（千瓦）×废气处理设备年运行时间（小时）］
					危险废物	废电池	千克/千伏安时-产品	4.6×10^{-3}	—	—	—
						WH31 含铅淤泥	千克/千伏安时-产品	0.676	—	—	—
						WH31 含铅尘渣	千克/千伏安时-产品	0.112	—	—	—

3843 铅蓄电池制造行业系数表（续表 5）

工段名称	产品名称	原料名称	工艺名称	规模等级	污染物类别	污染物指标	系数单位	产污系数	末端治理技术	末端治理技术平均去除效率/%	参考 k 值计算公式
—	启动型铅蓄电池	铅、硫酸玻璃纤维（或 PVC）	外化成极板制造	所有规模	废水	工业废水量	米^3/千伏安时-产品	6.80×10^{-2}	—	—	—
						化学需氧量	克/千伏安时-产品	3.14	中和法、其他（化学凝絮沉淀法）	60	k=废水处理设备正常运转时间（小时/年）/企业正常生产时间（小时/年）
									膜分离	60	
						铅	克/千伏安时-产品	0.103	中和法、其他（化学凝絮沉淀法）	90	
									膜分离	90	
					废气	工业废气量	标米^3/千伏安时-产品	1.96×10^{2}	—	—	—
						硫酸雾	克/千伏安时-产品	20.1	喷淋塔/水冲击浴	98	k=废气处理设备年耗电量（千瓦·时）/[废气处理设备额定功率（千瓦）×废气处理设备年运行时间（小时）]
					危险废物	废电池	千克/千伏安时-产品	4.62×10^{-3}	—	—	—
						WH31 含铅淤泥	千克/千伏安时-产品	5.60×10^{-2}	—	—	—
						WH31 含铅尘渣	千克/千伏安时-产品	0.157	—	—	—

3843 铅蓄电池制造行业系数表（续表 6）

工段名称	产品名称	原料名称	工艺名称	规模等级	污染物类别	污染物指标	系数单位	产污系数	末端治理技术	末端治理技术平均去除效率/%	参考 k 值计算公式
—	工业型铅蓄电池	铅、硫酸玻璃纤维（或 PVC）	极板制造+组装	≥50 万千伏安时	废水	工业废水量	米 ^{3}/千伏安时-产品	0.120	—	—	—
						化学需氧量	克/千伏安时-产品	0.900	中和法、其他（化学凝絮沉淀法）	60	k=废水处理设备正常运转时间（小时/年）/企业正常生产时间（小时/年）
									膜分离	60	
						铅	克/千伏安时-产品	0.450	中和法、其他（化学凝絮沉淀法）	90	
									膜分离	90	
					废气	工业废气量	标米 ^{3}/千伏安时-产品	5.33×10^2	—	—	—
						硫酸雾	克/千伏安时-产品	3.0	喷淋塔/水冲击浴	98	k=废气处理设备年耗电量（千瓦·时）/［废气处理设备额定功率（千瓦）×废气处理设备年运行时间（小时）］
					危险废物	废电池	千克/千伏安时-产品	0.072	—	—	—
						WH31 含铅淤泥	千克/千伏安时-产品	0.12	—	—	—
						WH31 含铅尘渣	千克/千伏安时-产品	0.26	—	—	—

3843 铅蓄电池制造行业系数表（续表 7）

工段名称	产品名称	原料名称	工艺名称	规模等级	污染物类别	污染物指标	系数单位	产污系数	末端治理技术	末端治理技术平均去除效率/%	参考 *k* 值计算公式
—	工业型铅蓄电池	铅、硫酸玻璃纤维（或 PVC）	极板制造+组装	<50 万千伏安时	废水	工业废水量	米 ^{3}/千伏安时-产品	0.144	—	—	—
						化学需氧量	克/千伏安时-产品	1.08	中和法、其他（化学凝絮沉淀法）	60	*k*=废水处理设备正常运转时间（小时/年）/企业正常生产时间（小时/年）
									膜分离	60	
						铅	克/千伏安时-产品	0.540	中和法、其他（化学凝絮沉淀法）	90	
									膜分离	90	
					废气	工业废气量	标米 ^{3}/千伏安时-产品	6.40×10^2	—	—	—
						硫酸雾	克/千伏安时-产品	3.6	喷淋塔/水冲击浴	98	*k*=废气处理设备年耗电量（千瓦·时）/[废气处理设备额定功率（千瓦）×废气处理设备年运行时间（小时）]
					危险废物	废电池	千克/千伏安时-产品	8.64×10^{-2}	—	—	—
						WH31 含铅淤泥	千克/千伏安时-产品	0.144	—	—	—
						WH31 含铅尘渣	千克/千伏安时-产品	0.312	—	—	—

3843 铅蓄电池制造行业系数表（续表 8）

工段名称	产品名称	原料名称	工艺名称	规模等级	污染物类别	污染物指标	系数单位	产污系数	末端治理技术	末端治理技术平均去除效率/%	参考 *k* 值计算公式
—	动力型铅蓄电池	铅、硫酸玻璃纤维（或 PVC）	极板制造+组装	≥50 万千伏安时	废水	工业废水量	米^3/千伏安时-产品	5.40×10^{-2}	—	—	—
						化学需氧量	克/千伏安时-产品	1.24	中和法、其他（化学凝絮沉淀法）	50	*k*=废水处理设备正常运转时间（小时/年）/企业正常生产时间（小时/年）
									膜分离	50	
						铅	克/千伏安时-产品	0.220	中和法、其他（化学凝絮沉淀法）	90	
									膜分离	90	
					废气	工业废气量	标米^3/千伏安时-产品	9.40×10^{2}	—	—	—
						硫酸雾	克/千伏安时-产品	6.88	喷淋塔/水冲击浴	98	*k*=废气处理设备年耗电量（千瓦·时）/［废气处理设备额定功率（千瓦）×废气处理设备年运行时间（小时）］
					危险废物	废电池	千克/千伏安时-产品	2.10×10^{-2}	—	—	—
						WH31 含铅淤泥	千克/千伏安时-产品	0.613	—	—	—
						WH31 含铅尘渣	千克/千伏安时-产品	0.849	—	—	—

3843 铅蓄电池制造行业系数表（续表 9）

工段名称	产品名称	原料名称	工艺名称	规模等级	污染物类别	污染物指标	系数单位	产污系数	末端治理技术	末端治理技术平均去除效率/%	参考 k 值计算公式
—	动力型铅蓄电池	铅、硫酸玻璃纤维（或 PVC）	极板制造+组装	<50 万千伏安时	废水	工业废水量	米^3/千伏安时-产品	6.48×10^{-2}	—	—	—
						化学需氧量	克/千伏安时-产品	1.70	中和法、其他（化学凝絮沉淀法）	50	k=废水处理设备正常运转时间（小时/年）/企业正常生产时间（小时/年）
									膜分离	50	
						铅	克/千伏安时-产品	0.252	中和法、其他（化学凝絮沉淀法）	90	
									膜分离	90	
					废气	工业废气量	标米^3/千伏安时-产品	1.13×10^{3}	—	—	—
					危险废物	硫酸雾	克/千伏安时-产品	8.26	喷淋塔/水冲击浴	98	k=废气处理设备年耗电量（千瓦·时）/［废气处理设备额定功率（千瓦）×废气处理设备年运行时间（小时）］
						废电池	千克/千伏安时-产品	2.52×10^{-2}	—	—	—
						WH31 含铅淤泥	千克/千伏安时-产品	0.738	—	—	—
						WH31 含铅尘渣	千克/千伏安时-产品	1.02	—	—	—

3843 铅蓄电池制造行业系数表（续表 10）

工段名称	产品名称	原料名称	工艺名称	规模等级	污染物类别	污染物指标	系数单位	产污系数	末端治理技术	末端治理技术平均去除效率/%	参考 k 值计算公式
—	动力型铅蓄电池	铅、硫酸玻璃纤维（或 PVC）	组装	≥50 万千伏安时	废水	工业废水量	米 ^{3}/千伏安时-产品	2.20×10^{-2}	—	—	—
						化学需氧量	克/千伏安时-产品	0.275	中和法、其他（化学凝絮沉淀法）	50	k=废水处理设备正常运转时间（小时/年）/企业正常生产时间（小时/年）
									膜分离	50	
						铅	克/千伏安时-产品	8.00×10^{-3}	中和法、其他（化学凝絮沉淀法）	90	
									膜分离	90	
					废气	工业废气量	标米 ^{3}/千伏安时-产品	2.75×10^{2}	—	—	—
					危险废物	硫酸雾	克/千伏安时-产品	2.15	喷淋塔/水冲击浴	98	k=废气处理设备年耗电量（千瓦·时）/［废气处理设备额定功率（千瓦）×废气处理设备年运行时间（小时）］
						废电池	千克/千伏安时-产品	0.21	—	—	—
						WH31 含铅淤泥	千克/千伏安时-产品	0.4×10^{-2}	—	—	—
						WH31 含铅尘渣	千克/千伏安时-产品	1.8×10^{-2}	—	—	—

3843 铅蓄电池制造行业系数表（续表 11）

工段名称	产品名称	原料名称	工艺名称	规模等级	污染物类别	污染物指标	系数单位	产污系数	末端治理技术	末端治理技术平均去除效率/%	参考 k 值计算公式
—	动力型铅蓄电池	铅、硫酸玻璃纤维（或 PVC）	组装	<50 万千伏安时	废水	工业废水量	米^3/千伏安时-产品	2.64×10^{-2}	—	—	—
						化学需氧量	克/千伏安时-产品	0.329	中和法、其他（化学凝絮沉淀法）	50	k=废水处理设备正常运转时间（小时/年）/企业正常生产时间（小时/年）
									膜分离	50	
						铅	克/千伏安时-产品	9.60×10^{-3}	中和法、其他（化学凝絮沉淀法）	90	
									膜分离	90	
					废气	工业废气量	标米^3/千伏安时-产品	3.30×10^{2}	—	—	—
						硫酸雾	克/千伏安时-产品	2.58	喷淋塔/水冲击浴	98	k=废气处理设备年耗电量（千瓦·时）/［废气处理设备额定功率（千瓦）×废气处理设备年运行时间（小时）］
					危险废物	废电池	千克/千伏安时-产品	0.252	—	—	—
						WH31 含铅淤泥	千克/千伏安时-产品	0.48×10^{-2}	—	—	—
						WH31 含铅尘渣	千克/千伏安时-产品	2.16×10^{-2}	—	—	—

3844 锌锰电池制造行业系数表

工段名称	产品名称	原料名称	工艺名称	规模等级	污染物类别	污染物指标	系数单位	产污系数	末端治理技术	末端治理技术平均去除效率/%	参考 k 值计算公式[1]
—	锌锰电池	锌、锰粉、氯化铵	糊式	所有规模	废水	工业废水量	米³/万只-产品	9.16×10^{-2}	—	—	—
						化学需氧量	克/万只-产品	2.08	化学沉淀法+中和法	60	k=废水处理设备正常运转时间（小时/年）/企业正常生产时间（小时/年）
						锌	克/万只-产品	0.121	化学沉淀法+中和法	95	
						锰	克/万只-产品	0.06	化学沉淀法+中和法	95	
					废气	工业废气量	标米³/万只-产品	7.35×10^{2}	—	—	—
					一般固废	其他固废	克/万只-产品	250	—	—	—
					危险废物	沥青烟	克/万只-产品	625	布袋除尘	99	k=废气处理设备年耗电量（千瓦·时）/[废气处理设备额定功率（千瓦）×废气处理设备年运行时间（小时）]
						废电池	克/万只-产品	87.1	—	—	—
		锌、锰粉、氯化铵、含汞材料	糊式（低汞）	所有规模	废水	工业废水量	米³/万只-产品	9.16×10^{-2}	—	—	—
						化学需氧量	克/万只-产品	2.08	化学沉淀法+中和法	60	k=废水处理设备正常运转时间（小时/年）/企业正常生产时间（小时/年）
						锌	克/万只-产品	0.121	化学沉淀法+中和法	95	
						锰	克/万只-产品	0.06	化学沉淀法+中和法	95	
						汞	毫克/万只-产品	0.437	化学沉淀法+中和法	95	
					废气	工业废气量	标米³/万只-产品	7.35×10^{2}	—	—	—
					一般固废	其他固废	克/万只-产品	250	—	—	—
					危险废物	沥青烟	克/万只-产品	625	布袋除尘	99	k=废气处理设备年耗电量（千瓦·时）/[废气处理设备额定功率（千瓦）×废气处理设备年运行时间（小时）]
						废电池	克/万只-产品	87.1	—	—	—
						含汞淤泥	克/万只-产品	1.792	—	—	—

[1] 该公式仅供参考，使用时，可根据 k 值定义，选取更适合企业实际情况的表达方式。

3844 锌锰电池制造行业系数表（续表 1）

工段名称	产品名称	原料名称	工艺名称	规模等级	污染物类别	污染物指标	系数单位	产污系数	末端治理技术	末端治理技术平均去除效率/%	参考 k 值计算公式
—	锌锰电池	锌、锰粉、氯化铵	纸板	所有规模	废水	工业废水量	米 ^{3}/万只-产品	6.25×10^{-2}	—	—	—
						化学需氧量	克/万只-产品	1.25	化学沉淀法+中和法	60	k=废水处理设备正常运转时间（小时/年）/企业正常生产时间（小时/年）
						锌	克/万只-产品	8.30×10^{-2}	化学沉淀法+中和法	95	
						锰	克/万只-产品	4.01×10^{-2}	化学沉淀法+中和法	95	
					废气	工业废气量	标米 ^{3}/万只-产品	9.82×10^{2}	—	—	—
						颗粒物	克/万只-产品	5.50×10^{2}	袋式除尘	95	k=废气处理设备年耗电量（千瓦·时）/[废气处理设备额定功率（千瓦）×废气处理设备年运行时间（小时）]
					固废	一般固废	克/万只-产品	320	—	—	—
						废电池	克/万只-产品	32	—	—	—
		锌、锰粉、氯化铵、含汞材料	纸板（低汞）	所有规模	废水	工业废水量	米 ^{3}/万只-产品	6.25×10^{2}	—	—	—
						化学需氧量	克/万只-产品	1.25	化学沉淀法+中和法	60	k=废水处理设备正常运转时间（小时/年）/企业正常生产时间（小时/年）
						锌	克/万只-产品	8.30×10^{-2}	化学沉淀法+中和法	95	
						锰	克/万只-产品	4.01×10^{-2}	化学沉淀法+中和法	95	
						汞	毫克/万只-产品	0.156	化学沉淀法+中和法	95	
					废气	工业废气量	标米 ^{3}/万只-产品	9.82×10^{2}	—	—	—
						颗粒物	克/万只-产品	5.50×10^{2}	袋式除尘	95	k=废气处理设备年耗电量（千瓦·时）/[废气处理设备额定功率（千瓦）×废气处理设备年运行时间（小时）]
					固废	一般固废	克/万只-产品	320	—	—	—
					危险废物	废电池	克/万只-产品	32	—	—	—
						含汞淤泥	克/万只-产品	1.33	—	—	—

3844 锌锰电池制造行业系数表（续表 2）

工段名称	产品名称	原料名称	工艺名称	规模等级	污染物类别	污染物指标	系数单位	产污系数	末端治理技术	末端治理技术平均去除效率/%	参考 k 值计算公式
—	碱性锌锰电池	锌、锰粉、氯化铵	碱性	所有规模	废水	工业废水量	米^3/万只-产品	7.50×10^{-2}	—	—	—
						化学需氧量	克/万只-产品	3.85	化学沉淀法+中和法	60	k=废水处理设备正常运转时间（小时/年）/企业正常生产时间（小时/年）
						锌	克/万只-产品	9.96×10^{-2}	化学沉淀法+中和法	95	
						锰	克/万只-产品	4.92×10^{-2}	化学沉淀法+中和法	95	
					废气	工业废气量	标米^3/万只-产品	3.36×10^{2}	—	—	—
						颗粒物	克/万只-产品	1.83×10^{2}	袋式除尘	95	k=废气处理设备年耗电量（千瓦·时）/［废气处理设备额定功率（千瓦）×废气处理设备年运行时间（小时）］
					固废	其他固废	克/万只-产品	280	—	—	—
					危险废物	废电池	克/万只-产品	2.62	—	—	—
		锌粉、电解锰、钢带	扣式	所有规模	废水	工业废水量	米^3/万只-产品	7.50×10^{-2}	—	—	—
						化学需氧量	克/万只-产品	3.85	化学沉淀法+中和法	60	k=废水处理设备正常运转时间（小时/年）/企业正常生产时间（小时/年）
						锌	克/万只-产品	9.96×10^{-2}	化学沉淀法+中和法	95	
						锰	克/万只-产品	4.92×10^{-2}	化学沉淀法+中和法	95	
					废气	工业废气量	标米^3/万只-产品	2.01×10^{2}	—	—	—
						颗粒物	克/万只-产品	1.10×10^{2}	袋式除尘	95	k=废气处理设备年耗电量（千瓦·时）/［废气处理设备额定功率（千瓦）×废气处理设备年运行时间（小时）］
					固废	其他固废	克/万只-产品	89	—	—	—
					危险废物	废电池	克/万只-产品	2.62	—	—	—
		含汞锌粉、电解锰、钢带	扣式（低汞）	所有规模	废水	工业废水量	米^3/万只-产品	7.50×10^{-2}	—	—	—
						化学需氧量	克/万只-产品	3.85	化学沉淀法+中和法	60	k=废水处理设备正常运转时间（小时/年）/企业正常生产时间（小时/年）
						锌	克/万只-产品	9.96×10^{-2}	化学沉淀法+中和法	95	
						锰	克/万只-产品	4.92×10^{-2}	化学沉淀法+中和法	95	
						汞	毫克/万只-产品	0.163	化学沉淀法+中和法	95	
					废气	工业废气量	标米^3/万只-产品	2.01×10^{2}	—	—	—
						颗粒物	克/万只-产品	1.10×10^{2}	袋式除尘	95	k=废气处理设备年耗电量（千瓦·时）/［废气处理设备额定功率（千瓦）×废气处理设备年运行时间（小时）］
					固废	其他固废	克/万只-产品	89	—	—	—
					危险废物	废电池	克/万只-产品	2.62	—	—	—

3849 其他电池制造行业系数表

工段名称	产品名称	原料名称	工艺名称	规模等级	污染物类别	污染物指标	系数单位	产污系数	末端治理技术	末端治理技术平均去除效率/%	参考 k 值计算公式[1]
—	镉镍电池	镉或氧化镉、氢氧化钾、氢氧化亚镍、硝酸镍	烧结式	所有规模	废水	工业废水量	米^3/万只-产品	0.280	—	—	—
						化学需氧量	克/万只-产品	5.41	化学沉淀法+中和法	50	k=废水处理设备正常运转时间（小时/年）/企业正常生产时间（小时/年）
						镉	克/万只-产品	9.20×10^{-2}	化学沉淀法+中和法	95	
					废气	工业废气量	标米^3/万只-产品	1.35×10^{3}	—	—	—
					危险废物	WH26、WH46（含镉、镍污泥）	千克/万只-产品	10.19	—	—	—
						WH26、WH46（含镉、镍尘渣）	千克/万只-产品	4.51	—	—	—
						废电池	千克/万只-产品	3.69	—	—	—
	镉镍电池	氧化镉、氢氧化钾、泡沫镍	泡沫镍式	>1 亿只	废水	工业废水量	米^3/万只-产品	0.245	—	—	—
						化学需氧量	克/万只-产品	23.1	化学沉淀法+中和法	50	k=废水处理设备正常运转时间（小时/年）/企业正常生产时间（小时/年）
						镉	克/万只-产品	8.10×10^{-2}	化学沉淀法+中和法	95	
					废气	工业废气量	标米^3/万只-产品	1.35×10^{3}	—	—	—
					危险废物	WH26、WH46（含镉、镍污泥）	千克/万只-产品	4.03	—	—	—
						WH26、WH46（含镉、镍尘渣）	千克/万只-产品	7.25	—	—	—
						废电池	千克/万只-产品	3.52	—	—	—
				≤1 亿只	废水	工业废水量	米^3/万只-产品	0.268	—	—	—
						化学需氧量	克/万只-产品	26.3	化学沉淀法+中和法	50	k=废水处理设备正常运转时间（小时/年）/企业正常生产时间（小时/年）
						镉	克/万只-产品	8.40×10^{-2}	化学沉淀法+中和法	95	
					废气	工业废气量	标米^3/万只-产品	1.35×10^{3}	—	—	—
					危险废物	WH26、WH46（含镉、镍污泥）	千克/万只-产品	13.83	—	—	—
						WH26、WH46（含镉、镍尘渣）	千克/万只-产品	8.75	—	—	—
						废电池	千克/万只-产品	7.82	—	—	—

[1] 该公式仅供参考，使用时，可根据 k 值定义，选取更适合企业实际情况的表达方式。

3849 其他电池制造行业系数表（续表 1）

工段名称	产品名称	原料名称	工艺名称	规模等级	污染物类别	污染物指标	系数单位	产污系数	末端治理技术	末端治理技术平均去除效率/%	参考 k 值计算公式
—	锂原电池	锂、二氧化锰、乙炔黑、电解液、石墨	扣式	所有规模	废水	工业废水量	米^3/万只-产品	5.00×10^{-3}	—	—	—
						化学需氧量	克/万只-产品	0.900	其他（隔油+生化+气浮+沉淀）	75	k=废水处理设备正常运转时间（小时/年）/企业正常生产时间（小时/年）
						锰	克/万只-产品	0.1	其他（隔油+生化+气浮+沉淀）	75	
					废气	工业废气量	标米^3/万只-产品	2.01×10^{2}	—	—	—
						颗粒物	克/万只-产品	1.10×10^{2}	袋式除尘	95	k=废气处理设备年耗电量（千瓦·时）/［废气处理设备额定功率（千瓦）×废气处理设备年运行时间（小时）］
						挥发性有机物	克/万只-产品	3.60	—	—	—

41

其他制造业

41 其他制造业

1 适用范围

本手册仅用于《国民经济行业分类》（GB/T 4754—2017）中 4111 鬃毛加工、制刷及清扫工具制造行业，4119 其他日用杂品制造行业，4190 其他未列明制造行业使用系数法核算工业污染物产生量和排放量的工业企业。

利用本手册进行产排污核算得出的污染物产生量与排放量仅代表了特定行业、工艺、产品、原料在正常工况下污染物产生与排放的一般规律。

本行业废水指标包括工业废水量、化学需氧量、氨氮、总氮、总磷；废气指标包括工业废气量、挥发性有机物、颗粒物。

2 注意事项

2.1 企业有多种生产工艺或生产多类产品产排污量核算

污染物产生量与原料用量或产品产量有关，根据不同核算环节计算产污量后，再根据企业末端治理设施和运行情况计算各污染物的排放量。

企业某污染物指标的产生量、排放量为各核算环节产生量、排放量之和。

在企业实际排放量计算过程中，如果存在废水回用的情况，需要在利用产排污核算公式的基础上扣除废水回用的部分。公式如下：

实际排放量=计算排放量×（1–废水回用率）

2.2 采用多种治理设施组合处理企业的排污量核算

在排污量计算选择末端治理技术时，若没有对应的组合治理技术，以主要治理技术为准。

2.3 系数表中未涉及的产污系数及污染治理效率

其他制造业的生产过程中，如果包含注（挤）塑工艺，废气指标可参考 2927 日用塑料制品制造行业注（挤）塑工段的系数手册，其中的产品质量需以注塑件产品质量或树脂原料用量核算。

其他制造业的生产过程中，如果包含喷漆/刷漆工艺，废气指标可参考 2433 漆器工艺品制造行业喷漆/刷漆工段的系数手册。

其他制造业的生产过程中，如果包含灌胶/胶粘工艺，废气指标可参考 2437 地毯、挂毯制造行业胶粘（常温）工段的系数手册。

其他制造业的生产过程中，如果包含发泡工艺，废气指标可参考 2924 泡沫塑料行业发泡工段的系数手册。

其他制造业的生产过程中，如果包含印刷工艺，废气指标可参考 2452 塑胶玩具制造行业印刷工段的系数手册。

其他制造业的生产过程中，如果包含焊接/打磨工艺，废气指标可参考 2443 健身器材制造行业焊接/打磨工段的系数手册。

其他制造业的生产过程中，如果包含浸泡/印染/漂洗工艺，废水指标可参考 2437 地毯、挂毯制造行业印染工段的系数手册。

其他制造业的生产过程中，使用亚克力等有机高分子材料为原料，通过切割-雕刻-抛光工艺生产的，下料、切割、雕刻、抛光工段建议使用 34 通用设备制造行业工段为下料，产品为下料件，原料为钢板、铝板、铝合金板、其他金属材料、玻璃纤维、其他非金属材料，工艺为锯床、砂轮切割机切割，规模为所有规模的系数。

2.4 其他需要说明的问题

由于不同企业工业废气量、废水量差异较大，本手册所提供的工业废气量、废水量系数仅供参考。

为体现相同产污水平条件下，采用相同环保治理设施的不同企业对同一污染物去除效果的差异，引入末端治理设施实际运行率（k）对污染治理技术的实际去除率进行修正。k 值反映的是污染治理设施运行的状态，越稳定运行，k 值越高；在取值上，若定义连续稳定运行的理想状态为 1，则 k 取值在 0～1 之间。

本手册给出本行业的 k 计算公式仅供参考，使用时，可根据 k 值定义，选取更适合企业实际情况的表达方式。

3 污染物排放量核算方法

针对企业实际生产情况，本行业在系数制定过程中将企业全生产流程划分或拆分为若干工段（核算环节），在核算企业污染物产排量时，可灵活选择本企业对应的工段进行核算。

3.1 计算工段污染物产生量

（1）根据产品、原料、污染物产生的主导生产工艺、企业规模（生产产能）这一组合查找和确定所对应的某一污染物的产污系数。

（2）根据该污染物的产污系数计量单位——单位产品产量或单位原料用量，获取企业实际产品产量或原料用量。

例如，某组合内化学需氧量的产污系数单位为千克/吨-产品，则计算产生量时需要获取企业实际产品产量；如果产污系数单位为千克/吨-原料，则计算产生量时需要获取企业原料实际消耗量。

（3）污染物产生量按以下公式进行计算：

污染物产生量=污染物对应的产污系数×产品产量（原料用量）

$$G_{产i} = P_{产i} \times M_i$$

式中，$G_{产i}$——工段 i 某污染物的产生量；

$P_{产i}$——工段 i 某污染物对应的产污系数；

M_i——工段 i 的产品产量（原料用量）。

3.2 计算工段污染物去除量

（1）根据企业对某一污染物所采用的治理技术查找和选择相应的治理技术平均去除效率。

（2）根据所填报的污染治理设施实际运行率参数及其计算公式得出该企业某一污染物的治理设施实际运行率（k 值）。

（3）污染物去除量按以下公式进行计算：

污染物去除量=污染物产生量×污染物去除率=污染物产生量×治理技术平均去除效率×治理设施实际运行率

$$R_{减i} = G_{产i} \times \eta_T \times k_T$$

式中，$R_{减i}$——工段 i 某污染物的去除量；

η_T——工段 i 某污染物采用的末端治理技术的平均去除效率；

k_T——工段 i 某污染物采用的末端治理设施的实际运行率。

3.3 计算工段污染物排放量

污染物排放量=污染物产生量–污染物去除量

=污染物对应的产污系数×产品产量（原料用量）–污染物产生量×治理技术平均去除效率×治理设施实际运行率

3.4 计算企业污染物排放量

同一企业某污染物全年的产生（排放）总量为该企业同年实际生产的全部工段、产品、原料、规模污染物产生（排放）量之和。

$$E_{排} = G_{产} - R_{减} = \sum(G_{产i} - R_{减i})$$
$$= \sum\left[P_{产i} \times M_i(1 - \eta_T \times k_T)\right]$$

4 污染物排放量核算案例

某鬃毛刷用猪鬃生产企业，以猪鬃为原料，通过打毛-水洗-水煮-搓鬃生产鬃毛刷用猪鬃。该企业涉及的主要产排污工段为鬃毛制备。该工段主要污染物为化学需氧量、氨氮、总磷、总氮。

该企业基本信息如表 1 所示。

表 1 某猪鬃企业基本信息

	工段：猪鬃	
	名称	数量
产品及产量	猪鬃	27 吨
原料及用量	猪鬃	30 吨
工艺名称	打毛-水洗-水煮-搓鬃	—
规模（产能）	30 吨	
污染治理设施	好氧生物处理法	
实际运行率参数	废水治理设施运行时间	2000 小时
	正常生产时间	2000 小时

4.1 化学需氧量产生量计算

（1）查找产污系数及其计量单位

根据企业基本信息，查找本手册中主要产品为鬃毛刷及鬃毛，主要原料为猪鬃，主要工艺为打毛-水洗-水煮-搓鬃，生产规模为所有规模。该组合化学需氧量的产污系数为 1.93，单位为千克/吨-原料。

（2）获取企业原料用量

该企业实际情况为：该工段主要原料猪鬃 2017 年用量为 30 吨。

（3）计算化学需氧量产生量

由于查询到的组合中，化学需氧量产污系数的单位为千克/吨-原料，因此在核算产生量时需获取原料用量。

化学需氧量产生量=化学需氧量产污系数×原料用量=1.93 千克/吨×30 吨=57.9 千克

4.2 化学需氧量去除量计算

（1）查找治理技术平均去除效率

该企业化学需氧量治理技术采用好氧生物处理法，查询相应组合内好氧生物处理工艺的平均去除效率为 85%。

（2）计算污染治理设施实际运行率

根据产污系数组合查询结果，该组合中化学需氧量对应的污染治理设施实际运行率为

k=废水治理设施运行时间/企业正常生产时间

=2000 小时/2000 小时=1

（3）计算化学需氧量去除量

化学需氧量去除量=57.9 千克×85%×1=49.22 千克

4.3 化学需氧量排放量计算

化学需氧量排放量=57.9 千克−49.22 千克=8.68 千克

5 系数表

4111 鬃毛加工、制刷及清扫工具制造行业系数表

工段名称	产品名称	原料名称	工艺名称	规模等级	污染物类别	污染物指标	系数单位	产污系数	末端治理技术	末端治理技术平均去除效率/%	参考 k 值计算公式[1]
鬃毛制备	猪鬃制漆刷及类似刷，猪鬃	猪鬃	打毛-水洗-水煮-搓鬃	所有规模	废水	工业废水量	吨/吨-原料	8.30	—	—	—
						化学需氧量	千克/吨-原料	1.93	好氧生物处理法	85	k=废水治理设施运行时间（小时/年）/企业正常生产时间（小时/年）
						氨氮	千克/吨-原料	1.92×10^{-1}	好氧生物处理法	70	
						总氮	千克/吨-原料	5.67×10^{-1}	好氧生物处理法	50	
						总磷	千克/吨-原料	4.60×10^{-2}	好氧生物处理法	45	
					固废	—	千克/吨-产品	39	—	—	—

4119 其他日用杂品制造行业系数表

工段名称	产品名称	原料名称	工艺名称	规模等级	污染物类别	污染物指标	系数单位	产污系数	末端治理技术	末端治理技术平均去除效率/%②	参考 k 值计算公式[1]
—	树脂纽扣①	树脂油、促进剂、固化剂、稀释剂、颜料等	浇板、浇棒、冲坯、切片、制扣、抛光	所有规模	废水	工业废水量	吨/吨-产品	37.40	—	—	—
						化学需氧量	千克/吨-产品	68.39	厌氧生物处理法+好氧生物处理法+物理化学法	94	k=废水治理设施运行时间（小时/年）/企业正常生产时间（小时/年）
									厌氧生物处理法+好氧生物处理法	94	
						氨氮	千克/吨-产品	2.56×10^{-1}	厌氧生物处理法+好氧生物处理法+物理化学法	95	
									厌氧生物处理法+好氧生物处理法	60	
						总氮	千克/吨-产品	3.94×10^{-1}	厌氧生物处理法+好氧生物处理法+物理化学法	95	
									厌氧生物处理法+好氧生物处理法	60	
					废气	工业废气量	标米^3/吨-产品	6.91×10^{5}	—	—	—
						挥发性有机物	千克/吨-产品	12.83	活性炭吸附	21	k=废气治理设施运行时间（小时/年）/废气产污工段正常生产时间（小时/年）
									低温等离子体	17	
									光催化	12	
									光解	12	

注：① 该产品产污系数由浙江省制订提供。
② 已考虑行业废气平均收集效率。

[1] 该公式仅供参考，使用时，可根据 k 值定义，选取更适合企业实际情况的表达方式。

42

废弃资源综合利用业

42 废弃资源综合利用业

4210 金属废料和碎屑加工处理业

1 适用范围

本手册仅用于《国民经济行业分类》（GB/T 4754—2017）中 4210 金属废料和碎屑加工处理行业使用系数法核算工业污染物产生量和排放量的工业企业。

利用本手册进行产排污核算得出的污染物产生量与排放量仅代表了特定行业、工艺、产品、原料在正常工况下污染物产生与排放的一般规律。

本行业废水指标包括化学需氧量、氨氮、总氮、总磷、石油类、汞、镉、铅、铬、砷；废气指标为颗粒物。

2 注意事项

2.1 企业有多种生产工艺或生产多类产品产排污量核算

矿渣/钢渣/水渣/炉渣/铁矿渣采用“破碎+筛分”工艺时，颗粒物：污染物产生量与产品产量有关。其他原料加工处理时，化学需氧量、氨氮、总氮、总磷、石油类、汞、镉、铅、铬、砷、颗粒物：污染物产生量与原料用量有关。根据不同核算环节计算产污量后，再根据企业末端治理设施和运行情况计算各污染物的排放量。

企业某污染物指标的产生量、排放量为各核算环节产生量、排放量之和，某核算环节污染物指标产生量、排放量为该核算环节中各工序污染物产生量、排放量之和。

在企业实际排放量计算过程中，如果存在废水回用的情况，需要在利用产排污核算公式的基础上扣除废水回用的部分。公式如下：

实际排放量=计算排放量×（1–废水回用率）

2.2 采用多种治理设施组合处理企业的排污量核算

在排污量计算选择末端治理技术时，若没有对应的组合治理技术，以主要治理技术为准。

2.3 其他需要说明的问题

由于不同企业工业废气量、废水量差异较大，本手册所提供的工业废气量、废水量系数仅供参考。

为体现相同产污水平条件下，采用相同环保治理设施的不同企业对同一污染物去除效果的差异，

引入末端治理设施实际运行率（k）对污染治理技术的实际去除率进行修正。k 值反映的是污染治理设施运行的状态，越稳定运行，k 值越高；在取值上，若定义连续稳定运行的理想状态为 1，则 k 取值在 0～1 之间。

本手册给出本行业的 k 计算公式仅供参考，使用时，可根据 k 值定义，选取更适合企业实际情况的表达方式。

3　污染物排放量核算方法

针对企业实际生产情况，本行业在系数制定过程中将企业全生产流程划分或拆分为若干工段（核算环节），每个工段包含若干工序（生产单元），在核算企业污染物产排量时，可灵活选择本企业对应的工段进行核算。

3.1　计算工段污染物产生量

（1）根据原料、产品、污染物产生的主导生产工艺、企业规模（生产产能）这一组合查找和确定所对应的某一污染物的产污系数。

（2）根据该污染物的产污系数计量单位——单位产品产量或单位原料用量，获取企业实际产品产量或原料用量。

例如，某组合内化学需氧量的产污系数单位为千克/吨-产品，则计算产生量时需要获取企业实际产品产量；如果产污系数单位为千克/吨-原料，则计算产生量时需要获取企业原料实际消耗量。

（3）污染物产生量按以下公式进行计算：

污染物产生量=污染物对应的产污系数×产品产量（原料用量）

$$G_{产i} = P_{产i} \times M_i$$

式中，$G_{产i}$——工段 i 某污染物的产生量；

$P_{产i}$——工段 i 某污染物对应的产污系数；

M_i——工段 i 的产品产量（原料用量）。

3.2　计算工段污染物去除量

（1）根据企业对某一污染物所采用的治理技术查找和选择相应的治理技术平均去除效率。

（2）根据所填报的污染治理设施实际运行率参数及其计算公式得出该企业某一污染物的治理设施实际运行率（k 值）。

（3）污染物去除量按以下公式进行计算：

污染物去除量=污染物产生量×污染物去除率 =污染物产生量×治理技术平均去除效率×治理设施实际运行率

$$R_{减i} = G_{产i} \times \eta_T \times k_T$$

式中，$R_{减i}$——工段 i 某污染物的去除量；

η_T——工段 i 某污染物采用的末端治理技术的平均去除效率；

k_T——工段 i 某污染物采用的末端治理设施的实际运行率。

3.3 计算工段污染物排放量

污染物排放量=污染物产生量–污染物去除量

=污染物对应的产污系数×产品产量（原料用量）–污染物产生量×治理技术平均去除效率×治理设施实际运行率

3.4 计算企业污染物排放量

同一企业某污染物全年的产生（排放）总量为该企业同年实际生产的全部工段、产品、原料、规模污染物产生（排放）量之和。

$$\begin{aligned} E_{排} &= G_{产} - R_{减} = \sum(G_{产i} - R_{减i}) \\ &= \sum\left[P_{产i} \times M_i(1-\eta_T \times k_T)\right] \end{aligned}$$

4 污染物排放量核算案例

某企业主要从事废钢铁加工处理。该企业涉及的主要产排污工段含剪切和破碎两个工序。其中，剪切主要污染物为颗粒物（无组织）；破碎主要污染物为颗粒物。以颗粒物为例说明排放量计算过程。

该企业基本信息如表 1 所示。

表 1 某废钢铁加工处理企业基本信息

<table>
<tr><td rowspan="2"></td><td colspan="4">核算环节：—</td></tr>
<tr><td colspan="2">名称</td><td colspan="2">数量</td></tr>
<tr><td>产品及产量</td><td colspan="2">钢铁废碎料</td><td colspan="2">450000 吨</td></tr>
<tr><td>原料及用量</td><td colspan="2">废钢铁</td><td colspan="2">498200 吨</td></tr>
<tr><td>工序</td><td colspan="2">1</td><td colspan="2">2</td></tr>
<tr><td>工艺名称</td><td colspan="2">剪切</td><td colspan="2">破碎</td></tr>
<tr><td>规模（产能）</td><td colspan="2">498200 吨</td><td colspan="2">498200 吨</td></tr>
<tr><td>污染治理设施</td><td colspan="2">无</td><td colspan="2">旋风+布袋</td></tr>
<tr><td rowspan="2">实际运行率参数</td><td>无</td><td>—</td><td>废气治理设施运行时间</td><td>5000 小时</td></tr>
<tr><td>无</td><td>—</td><td>正常生产时间</td><td>5400 小时</td></tr>
</table>

4.1 第 1 工序的排放量计算

（1）颗粒物产生量计算

①查找产污系数及其计量单位

根据企业基本信息，查找本手册中主要产品为钢铁废碎料，主要原料为废钢铁，主要工艺为剪切，生产规模为所有规模。该组合颗粒物（无组织）的产污系数为 7.2，单位为克/吨-原料。

②获取企业原料用量

该企业实际情况为：该工序主要原料废钢铁 2017 年用量为 498200 吨。

③计算颗粒物产生量

由于查询到的组合中颗粒物产污系数的单位为克/吨-原料，因此在核算颗粒物产生量时采用原料用量。

颗粒物产生量=颗粒物产污系数×原料（废钢铁）用量

=7.2 克/吨-原料 ×498200 吨-原料=3587040 克

（2）颗粒物去除量计算

①查找治理技术平均去除效率

剪切产生的颗粒物为无组织排放，查询相应组合去除率为 0。

②计算颗粒物去除量

颗粒物去除量=0 克

（3）颗粒物排放量计算

颗粒物排放量=3587040 克

4.2 第 2 工序排放量的计算

（1）颗粒物产生量计算

①查找产污系数及其计量单位

根据企业基本信息，查找本手册中主要产品为钢铁废碎料，主要原料为废钢铁，主要工艺为破碎，生产规模为所有规模。该组合颗粒物的产污系数为 360，单位为克/吨-原料。

②获取企业原料用量

该企业实际情况为：该工序主要原料废钢铁 2017 年用量为 498200 吨。

③计算颗粒物产生量

由于查询到的组合中，颗粒物产污系数的单位为克/吨-原料，因此在核算产生量时采用原料用量。

颗粒物产生量=颗粒物产污系数×原料（废钢铁）用量

=360 克/吨-原料×498200 吨-原料=179352000 克

（2）颗粒物去除量计算

①查找治理技术平均去除效率

由于该企业颗粒物治理技术采用“旋风+布袋”工艺，查询相应组合内该工艺的平均去除效率为 99%。

②计算污染治理设施实际运行率

根据产污系数组合查询结果，该组合中颗粒物对应的污染治理设施实际运行率为

k=废气治理设施运行时间/企业正常生产时间

=5000 小时/5400 小时=0.926

③计算颗粒物去除量

颗粒物去除量=179352000 克×99%×0.926=164419152.48 克

（3）颗粒物排放量计算

颗粒物排放量=179352000 克−164419152.48 克=14932847.52 克

4.3 颗粒物总排放量计算

颗粒物总排放量=第 1 工序排放量+第 2 工序排放量

=3587040 克+14932847.52 克=18519887.52 克

5 系数表

4210 金属废料和碎屑加工处理行业系数表

工段名称	原料名称	产品名称	工艺名称	规模等级	污染物类别	污染物指标	系数单位	产污系数	末端治理技术	末端治理技术平均去除效率/%	参考 k 值计算公式[1]
—	废钢铁	钢铁废碎料	剪切	所有规模	废气	颗粒物（无组织）	克/吨-原料	7.2	—	—	—
			切割	所有规模	废气	颗粒物（无组织）	克/吨-原料	1.0	—	—	—
			破碎	所有规模	废气	工业废气量	标米^3/吨-原料	2000	—	—	—
						颗粒物	克/吨-原料	360	袋式除尘	95	k=废气治理设施运行时间（小时/年）/企业正常生产时间（小时/年）
									旋风+布袋	99	
					固废①	一般固体废物	千克/吨-原料	100	—	—	—
		钢砂/钢丸	破碎	所有规模	废气	工业废气量	标米^3/吨-原料	2000	—	—	—
						颗粒物	克/吨-原料	360	袋式除尘	95	k=废气治理设施运行时间（小时/年）/企业正常生产时间（小时/年）
									旋风+布袋	99	
					固废	一般固体废物	千克/吨-原料	100	—	—	—
			筛选	所有规模	废气	工业废气量	标米^3/吨-原料	2100	—	—	—
						颗粒物	克/吨-原料	252	袋式除尘	95	k=废气治理设施运行时间（小时/年）/企业正常生产时间（小时/年）
									旋风+布袋	99	
	矿渣/钢渣/水渣/炉渣/铁矿渣	矿渣（粉）/钢渣（微粉）/铁粉/水渣	破碎+筛分	所有规模	废气	工业废气量	标米^3/吨-产品	541	—	—	—
						颗粒物	克/吨-产品	660	袋式除尘	95	k=废气治理设施运行时间（小时/年）/企业正常生产时间（小时/年）
									文丘里	90	
									单筒（多筒并联）旋风	80	

注：①处理过程中产生的不可再利用或需要处置的废物。

[1] 该公式仅供参考，使用时，可根据 k 值定义，选取更适合企业实际情况的表达方式。

4210 金属废料和碎屑加工处理行业系数表（续表 1）

工段名称	原料名称	产品名称	工艺名称	规模等级	污染物类别	污染物指标	系数单位	产污系数	末端治理技术	末端治理技术平均去除效率/%	参考 k 值计算公式
—	报废船舶	钢铁废碎料	拆解+切割	所有规模	废水	工业废水量	吨/吨-原料	0.03	—	—	—
						化学需氧量	克/吨-原料	6.4	物理处理法+化学处理法	70	k=废水治理设施运行时间（小时/年）/企业正常生产时间（小时/年）
						石油类	克/吨-原料	0.5		95	
					废气	颗粒物（无组织）	克/吨-原料	0.8	—	—	—
					固废	一般固体废物	千克/吨-原料	0.1	—	—	—
						危险废物	千克/吨-原料	0.17	—	—	—
	废电线	废塑料、废有色金属	破碎+水选	所有规模	废水	工业废水量	吨/吨-原料	5.5	—	—	—
						化学需氧量	克/吨-原料	850	物理处理法+好氧生物处理	90	k=废水治理设施运行时间（小时/年）/企业正常生产时间（小时/年）
						石油类	克/吨-原料	8.2	物理处理法+好氧生物处理	40	
						镉	毫克/吨-原料	9.6	—	—	—
						铅	毫克/吨-原料	990			
						铬	毫克/吨-原料	18.2			
						砷	毫克/吨-原料	49.1			
					固废	一般固体废物	千克/吨-原料	3.1	—	—	—
			破碎+风选	所有规模	废气	工业废气量	标米 ^{3}/吨-原料	1250	—	—	—
						颗粒物	克/吨-原料	247	袋式除尘	95	k=废气治理设施运行时间（小时/年）/企业正常生产时间（小时/年）
					固废	一般固体废物	千克/吨-原料	3.1	—	—	—
	废电缆	废塑料、废有色金属	剥皮	所有规模	废气	颗粒物（无组织）	克/吨-原料	3.0	—	—	—
					固废	一般固体废物	千克/吨-原料	3.1	—	—	—
	废五金电器和电机	钢铁废碎料、废有色金属	拆解	所有	固废	一般固体废物	千克/吨-原料	7.5	—	—	—
						危险废物	千克/吨-原料	0.06	—	—	—

4210 金属废料和碎屑加工处理行业系数表（续表 2）

工段名称	原料名称	产品名称	工艺名称	规模等级	污染物类别	污染物指标	系数单位	产污系数	末端治理技术	末端治理技术平均去除效率/%	参考 k 值计算公式
—	废铅酸电池	废塑料、含铅再生原料	拆解+分选	所有规模	废水	工业废水量	吨/吨-原料	0.05	—	—	—
						化学需氧量	克/吨-原料	4.1	化学沉淀法+物理处理法	60	k=废水治理设施运行时间（小时/年）/企业正常生产时间（小时/年）
						氨氮	克/吨-原料	0.03		10	
						总氮	克/吨-原料	0.05		10	
						铅	毫克/吨-原料	0.5		50	
					固废	危险废物	千克/吨-原料	100.3	—	—	—
	废锂离子动锂电池	废有色金属、含有色金属的再生原料	拆解	所有	固废	一般固体废物	千克/吨-原料	1.4	—	—	—
						危险废物	千克/吨-原料	200	—	—	—
	大型货车	废钢铁、废电池、废有色金属、废塑料、废玻璃、废轮胎、废纤维	切割	所有规模	废气	颗粒物（无组织）	克/吨-原料	0.4	—	—	—
			拆解	所有	固废	一般固体废物	千克/吨-原料	28.5	—	—	—
						危险废物	千克/吨-原料	0.7	—	—	—
	大型客车	废钢铁、废电池、废有色金属、废塑料、废玻璃、废轮胎、废纤维	切割	所有规模	废气	颗粒物（无组织）	克/吨-原料	0.4	—	—	—
			拆解	所有	固废	一般固体废物	千克/吨-原料	12.3	—	—	—
						危险废物	千克/吨-原料	0.7	—	—	—
	小型轿车	废电池、废有色金属、废塑料、废玻璃、废轮胎、废纤维	拆解	所有	固废	一般固体废物	千克/吨-原料	21.8	—	—	—
						危险废物	千克/吨-原料	1.0	—	—	—
	纯电动乘用车	废电池、废有色金属、废塑料、废玻璃、废轮胎、废纤维	拆解	所有	固废	一般固体废物	千克/吨-原料	50.5	—	—	—
						危险废物	千克/吨-原料	0.2	—	—	—
	纯电动两轮、三轮车	废电池、废有色金属、废塑料、废玻璃、废轮胎、废纤维	拆解	所有	固废	一般固体废物	千克/吨-原料	5.2	—	—	—
						危险废物	千克/吨-原料	0.06	—	—	—
	废 CRT 电视机	废塑料、废玻璃、钢铁废碎料、废线路板、废有色金属	切割+拆解	所有规模	废气	工业废气量	标米^3/吨-原料	22100	—	—	—
						颗粒物	克/吨-原料	3500	袋式除尘	95	k=废气治理设施运行时间（小时/年）/企业正常生产时间（小时/年）
					固废	一般固体废物	千克/吨-原料	170	—	—	—
						危险废物	千克/吨-原料	223.8	—	—	—

4210 金属废料和碎屑加工处理行业系数表（续表 3）

工段名称	原料名称	产品名称	工艺名称	规模等级	污染物类别	污染物指标	系数单位	产污系数	末端治理技术	末端治理技术平均去除效率/%	参考 k 值计算公式
—	废液晶显示器及平板类产品	废塑料、废玻璃、钢铁废碎料、废线路板、废有色金属	拆解	所有规模	废气	颗粒物（无组织）	克/吨-原料	16.8	—	—	—
					固废	一般固体废物	千克/吨-原料	4.6	—	—	—
						危险废物	千克/吨-原料	22.6	—	—	—
	废空调	钢铁废碎料、废塑料、废有色金属、废线路板	冷媒抽取+拆解	所有规模	废气	颗粒物（无组织）	克/吨-原料	16.8	—	—	—
					固废	一般固体废物	千克/吨-原料	3.2	—	—	—
						危险废物	千克/吨-原料	8.6	—	—	—
	废洗衣机	废塑料、钢铁废碎料、废有色金属	拆解	所有规模	废气	颗粒物（无组织）	克/吨-原料	16.8	—	—	—
					固废	一般固体废物	千克/吨-原料	37.1	—	—	—
	废电冰箱	钢铁废碎料、废塑料、废玻璃、废线路板	冷媒抽取+拆解+破碎	所有规模	废气	工业废气量	标米 ^{3}/吨-原料	7460	—	—	—
						颗粒物	克/吨-原料	1112	袋式除尘	95	k=废气治理设施运行时间（小时/年）/企业正常生产时间（小时/年）
									旋风+布袋	99	
					固废	一般固体废物	千克/吨-原料	200.5	—	—	—
						危险废物	千克/吨-原料	2.3	—	—	—
	废手机	废塑料、废线路板	拆解	所有规模	废气	颗粒物（无组织）	克/吨-原料	10.8	—	—	—
					固废	一般固体废物	千克/吨-原料	1.4	—	—	—
	小型消费类电器电子产品	废塑料、废线路板	拆解	所有规模	废气	颗粒物（无组织）	克/吨-原料	13.4	—	—	—
					固废	一般固体废物	千克/吨-原料	114.3	—	—	—
	废线路板	含贵金属废碎料	破碎	所有规模	废气	工业废气量	标米 ^{3}/吨-原料	2859	—	—	—
						颗粒物	克/吨-原料	849	旋风+布袋	99	k=废气治理设施运行时间（小时/年）/企业正常生产时间（小时/年）
					固废	一般固体废物	千克/吨-原料	1.2	—	—	—

4210 金属废料和碎屑加工处理行业系数表（续表 4）

工段名称	原料名称	产品名称	工艺名称	规模等级	污染物类别	污染物指标	系数单位	产污系数	末端治理技术	末端治理技术平均去除效率/%	参考 k 值计算公式
—	含金废液	再生金、含金再生原料	化学提取	所有规模	废水	工业废水量	吨/吨-原料	0.7	—	—	—
						化学需氧量	克/吨-原料	1023	厌氧生物处理法+好氧生物处理法	99	k=废水治理设施运行时间（小时/年）/企业正常生产时间（小时/年）
						氨氮	克/吨-原料	0.07		20	
						总氮	克/吨-原料	0.1		25	
						汞	毫克/吨-原料	0.07	物理化学处理法	10	k=废水治理设施运行时间（小时/年）/企业正常生产时间（小时/年）
						镉	毫克/吨-原料	0.3		30	
						铅	毫克/吨-原料	65.7		50	
						铬	毫克/吨-原料	1101		90	
						砷	毫克/吨-原料	1.5		30	
	含银废液	再生银、含银再生原料	化学提取	所有规模	废水	工业废水量	吨/吨-原料	0.26	—	—	—
						化学需氧量	克/吨-原料	508	厌氧生物处理法+好氧生物处理法	94	k=废水治理设施运行时间（小时/年）/企业正常生产时间（小时/年）
	含铜废液	再生铜、含铜再生原料	化学提取	所有规模	废水	工业废水量	吨/吨-原料	1.2	—	—	—
						化学需氧量	克/吨-原料	144	好氧生物处理法+厌氧生物处理法	65	—
						氨氮	克/吨-原料	4.7		60	k=废水治理设施运行时间（小时/年）/企业正常生产时间（小时/年）
						总氮	克/吨-原料	7.5		65	
						镉	毫克/吨-原料	1.2	物理化学处理法	10	
						铅	毫克/吨-原料	2.8		10	
						铬	毫克/吨-原料	21.1		50	
						砷	毫克/吨-原料	2.6		10	

4220 非金属废料和碎屑加工处理业

1 适用范围

本手册仅用于《国民经济行业分类》（GB/T 4754—2017）中 4220 非金属废料和碎屑加工处理行业使用系数法核算工业污染物产生量和排放量的工业企业。

利用本手册进行产排污核算得出的污染物产生量与排放量仅代表了特定行业、工艺、产品、原料在正常工况下污染物产生与排放的一般规律。

本行业废水指标包括化学需氧量、氨氮、总氮、总磷、石油类；废气指标包括颗粒物、二氧化硫、氮氧化物、挥发性有机物。

2 注意事项

2.1 企业有多种生产工艺或生产多类产品产排污量核算

木材边角料采用破碎工艺时，颗粒物：污染物产生量与产品产量有关。其他原料加工处理时，化学需氧量、氨氮、总氮、总磷、石油类、颗粒物、二氧化硫、氮氧化物、挥发性有机物：污染物产生量与原料用量有关。根据不同核算环节计算产污量后，再根据企业末端治理设施和运行情况计算各污染物的排放量。

企业某污染物指标的产生量、排放量为各核算环节产生量、排放量之和，某核算环节污染物指标的产生量、排放量为该核算环节中各工序污染物产生量、排放量之和。

挥发性有机污染物的末端治理技术的去除效率已考虑了捕集效率，计算挥发性有机污染物排放量时无须再计算捕集效率。

在企业实际排放量计算过程中，如果存在废水回用的情况，需要在利用产排污核算公式的基础上扣除废水回用的部分。公式如下：

实际排放量=计算排放量×（1–废水回用率）

2.2 采用多种治理设施组合处理企业的排污量核算

在排污量计算选择末端治理技术时，若没有对应的组合治理技术，以主要治理技术为准。

2.3 其他需要说明的问题

由于不同企业工业废气量、废水量差异较大，本手册所提供的工业废气量、废水量系数仅供参考。

为体现相同产污水平条件下，采用相同环保治理设施的不同企业对同一污染物去除效果的差异，引入末端治理设施实际运行率（k）对污染治理技术的实际去除率进行修正。k 值反映的是污染治理设施运行的状态，越稳定运行，k 值越高；在取值上，若定义连续稳定运行的理想状态为 1，则 k 取

值在 0～1 之间。

本手册给出本行业的 k 计算公式仅供参考，使用时，可根据 k 值定义，选取更适合企业实际情况的表达方式。

3 污染物排放量核算方法

针对企业实际生产情况，本行业在系数制定过程中将企业全生产流程划分或拆分为若干工段（核算环节），每个工段包含若干工序（生产单元），在核算企业污染物产排量时，可灵活选择本企业对应的工段进行核算。

3.1 计算工段污染物产生量

（1）根据原料、产品、污染物产生的主导生产工艺、企业规模（生产产能）这一组合查找和确定所对应的某一污染物的产污系数。

（2）根据该污染物的产污系数计量单位——单位产品产量或单位原料用量，获取企业实际产品产量或原料用量。

例如，某组合内化学需氧量的产污系数单位为千克/吨-产品，则计算产生量时需要获取企业实际产品产量；如果产污系数单位为千克/吨-原料，则计算产生量时需要获取企业原料实际消耗量。

（3）污染物产生量按以下公式进行计算：

污染物产生量=污染物对应的产污系数×产品产量（原料用量）

$$G_{产i} = P_{产i} \times M_i$$

式中，$G_{产i}$——工段 i 某污染物的产生量；

$P_{产i}$——工段 i 某污染物对应的产污系数；

M_i——工段 i 的产品产量（原料用量）。

3.2 计算工段污染物去除量

（1）根据企业对某一污染物所采用的治理技术查找和选择相应的治理技术平均去除效率。

（2）根据所填报的污染治理设施实际运行率参数及其计算公式得出该企业某一污染物的治理设施实际运行率（k 值）。

（3）污染物去除量按以下公式进行计算：

污染物去除量=污染物产生量×污染物去除率 =污染物产生量×治理技术平均去除效率×治理设施实际运行率

$$R_{减i} = G_{产i} \times \eta_T \times k_T$$

式中，$R_{减i}$——工段 i 某污染物的去除量；

η_T——工段 i 某污染物采用的末端治理技术的平均去除效率；

k_T——工段 i 某污染物采用的末端治理设施的实际运行率。

3.3 计算工段污染物排放量

污染物排放量=污染物产生量–污染物去除量

=污染物对应的产污系数×产品产量（原料用量）–污染物产生量×治理技术平均去除效率×治理设施实际运行率

3.4 计算企业污染物排放量

同一企业某污染物全年的产生（排放）总量为该企业同年实际生产的全部工段、产品、原料、规模污染物产生（排放）量之和。

$$E_{排} = G_{产} - R_{减} = \sum (G_{产i} - R_{减i})$$
$$= \sum \left[P_{产i} \times M_i (1 - \eta_T \times k_T) \right]$$

4 污染物排放量核算案例

某企业主要从事废 PET 加工处理。该企业涉及的主要产排污工段含干法破碎和清洗两个工序，年生产规模约 5000 万吨。其中，干法破碎主要污染物为颗粒物；清洗主要污染物为化学需氧量、氨氮、总氮、总磷、石油类，废水污染治理技术为“物理处理法+好氧生物处理法”。以化学需氧量为例说明排放量的计算过程。

4.1 化学需氧量产生量计算

（1）查找产污系数及其计量单位

根据企业基本信息，查找本手册主要产品为 PET 片料，主要原料为废 PET，主要工艺为清洗或“湿法破碎+清洗”，生产规模为所有规模。该组合化学需氧量的产污系数为 2650，单位为克/吨-原料。

（2）获取企业生产原料用量

该企业实际情况为：该工序主要原料废 PET 2017 年用量为 65360 吨。

（3）计算化学需氧量产生量

由于查询到的组合中，化学需氧量产污系数的单位为克/吨-原料，因此在核算化学需氧量产生量时采用原料用量。

化学需氧量产生量=化学需氧量产污系数×原料（废 PET）用量

=2650 克/吨-原料×65360 吨-原料=173204000 克

4.2 化学需氧量去除量计算

（1）查找治理技术平均去除效率

该企业化学需氧量治理技术采用“物理处理法+好氧生物处理法”，查询相应组合内该工艺的平均去除效率为 90%。

（2）计算污染治理设施实际运行率

根据产污系数组合查询结果，该组合中化学需氧量对应的污染治理设施实际运行率为

k=污水治理设备运行时间/企业正常生产时间=4900 小时/5400 小时=0.907

（3）计算化学需氧量去除量

化学需氧量去除量=173204000 克×90%×0.907=141386425.2 克

4.3 化学需氧量排放量计算

化学需氧量排放量=173204000 克−141386425.2 克=31817574.8 克

5 系数表

4220 非金属废料和碎屑加工处理行业系数表

工段名称	原料名称	产品名称	工艺名称	规模等级	污染物类别	污染物指标	系数单位	产污系数	末端治理技术	末端治理技术平均去除效率/%	参考 k 值计算公式[1]
—	废 PET	PET 片料	干法破碎	所有规模	废气	工业废气量	标米 ^{3}/吨-原料	2500	—	—	—
						颗粒物	克/吨-原料	375	袋式除尘	95	k=废气治理设施运行时间（小时/年）/企业正常生产时间（小时/年）
									喷淋塔	75	
					固废①	一般固体废物	千克/吨-原料	30	—	—	—
			清洗或湿法破碎+清洗	所有规模	废水	工业废水量	吨/吨-原料	2.6	—	—	—
						化学需氧量	克/吨-原料	2650	物理处理法+好氧生物处理法	90	k=废水治理设施运行时间（小时/年）/企业正常生产时间（小时/年）
						氨氮	克/吨-原料	10.5		80	
						总氮	克/吨-原料	35.4		50	
						石油类	克/吨-原料	10		55	
						总磷	克/吨-原料	1.3		40	
					固废	一般固体废物	千克/吨-原料	30	—	—	—
	废 PVC	再生塑料粒子	干法破碎	所有规模	废气	工业废气量	标米 ^{3}/吨-原料	2500	—	—	—
						颗粒物	克/吨-原料	450	喷淋塔	75	k=废气治理设施运行时间（小时/年）/企业正常生产时间（小时/年）
									袋式除尘	95	
					固废	一般固体废物	千克/吨-原料	50	—	—	—
			清洗或湿法破碎+清洗	所有规模	废水	工业废水量	吨/吨-原料	1.0	—	—	—
						化学需氧量	克/吨-原料	231	物理处理法+好氧生物处理法	90	k=废水治理设施运行时间（小时/年）/企业正常生产时间（小时/年）
						氨氮	克/吨-原料	23.2		80	
						总氮	克/吨-原料	35.0		50	
						石油类	克/吨-原料	35.2		55	
						总磷	克/吨-原料	1.1		40	
					固废	一般固体废物	千克/吨-原料	18.3	—	—	—

注：①处理过程中产生的不可利用或需要处置的废物。

[1] 该公式仅供参考，使用时，可根据 k 值定义，选取更适合企业实际情况的表达方式。

4220 非金属废料和碎屑加工处理行业系数表（续表 1）

工段名称	原料名称	产品名称	工艺名称	规模等级	污染物类别	污染物指标	系数单位	产污系数	末端治理技术	末端治理技术平均去除效率/%	参考 k 值计算公式
—	废 PVC	再生塑料粒子	挤出造粒	所有规模	废气	工业废气量	标米 ^{3}/吨-原料	4000	—	—	—
						挥发性有机物	克/吨-原料	850	活性炭吸附	55	k=废气治理设施运行时间（小时/年）/企业正常生产时间（小时/年）
									光催化	40	
									光解	40	
									低温等离子体	50	
									多级催化+油水分离	80	
									生物膜吸收+除雾+活性炭吸附	80	
					固废	一般固体废物	千克/吨-原料	11.9	—	—	—
	废 PE/PP	再生塑料粒子	干法破碎	所有规模	废气	工业废气量	标米 ^{3}/吨-原料	2500	—	—	—
						颗粒物	克/吨-原料	375	喷淋塔	75	k=废气治理设施运行时间（小时/年）/企业正常生产时间（小时/年）
									袋式除尘	95	
					固废	一般固体废物	千克/吨-原料	50	—	—	—
			清洗或湿法破碎+清洗	所有规模	废水	工业废水量	吨/吨-原料	1.0	—	—	—
						化学需氧量	克/吨-原料	420	物理处理法+好氧生物处理法	90	k=废水治理设施运行时间（小时/年）/企业正常生产时间（小时/年）
						氨氮	克/吨-原料	21.2		80	
						总氮	克/吨-原料	32.5		50	
						石油类	克/吨-原料	18.5		55	
						总磷	克/吨-原料	1.2		40	
					固废	一般固体废物	千克/吨-原料	8.3	—	—	—
			挤出造粒	所有规模	废气	工业废气量	标米 ^{3}/吨-原料	4000	—	—	—
						挥发性有机物	克/吨-原料	350	活性炭吸附	55	k=废气治理设施运行时间（小时/年）/企业正常生产时间（小时/年）
									光催化	40	
									光解	40	
									低温等离子体	50	
									多级催化+油水分离	80	
									生物膜吸收+除雾+活性炭吸附	80	
					固废	一般固体废物	千克/吨-原料	11.9	—	—	—

4220 非金属废料和碎屑加工处理行业系数表（续表 2）

工段名称	原料名称	产品名称	工艺名称	规模等级	污染物类别	污染物指标	系数单位	产污系数	末端治理技术	末端治理技术平均去除效率/%	参考 k 值计算公式
—	废 PS/ABS	再生塑料粒子	干法破碎	所有规模	废气	工业废气量	标米 ^{3}/吨-原料	2500	—	—	—
						颗粒物	克/吨-原料	425	喷淋塔	75	k=废气治理设施运行时间（小时/年）/企业正常生产时间（小时/年）
									袋式除尘	95	
					固废	一般固体废物	千克/吨-原料	50	—	—	—
			清洗或湿法破碎+清洗	所有规模	废水	工业废水量	吨/吨-原料	1.0	—	—	—
						化学需氧量	克/吨-原料	202	物理处理法+好氧生物处理法	90	k=废水治理设施运行时间（小时/年）/企业正常生产时间（小时/年）
						氨氮	克/吨-原料	15.8		80	
						总氮	克/吨-原料	23.5		50	
						石油类	克/吨-原料	12.4		55	
						总磷	克/吨-原料	0.9		40	
					固废	一般固体废物	千克/吨-原料	8.3	—	—	—
			挤出造粒	所有规模	废气	工业废气量	标米 ^{3}/吨-原料	4000	—	—	—
						挥发性有机物	克/吨-原料	957	活性炭吸附	55	k=废气治理设施运行时间（小时/年）/企业正常生产时间（小时/年）
									光催化	40	
									光解	40	
									低温等离子体	50	
									多级催化+油水分离	80	
									生物膜吸收+除雾+活性炭吸附	80	
					固废	一般固体废物	千克/吨-原料	11.9	—	—	—
	塑料薄膜	再生塑料粒子	干法破碎	所有规模	废气	工业废气量	标米 ^{3}/吨-原料	2500	—	—	—
						颗粒物	克/吨-原料	475	袋式除尘	95	k=废气治理设施运行时间（小时/年）/企业正常生产时间（小时/年）
									喷淋塔	75	
					固废	一般固体废物	千克/吨-原料	30	—	—	—

4220 非金属废料和碎屑加工处理行业系数表（续表 3）

工段名称	原料名称	产品名称	工艺名称	规模等级	污染物类别	污染物指标	系数单位	产污系数	末端治理技术	末端治理技术平均去除效率/%	参考 k 值计算公式
—	塑料薄膜	再生塑料粒子	清洗或湿法破碎+清洗	所有规模	废水	工业废水量	吨/吨-原料	5.5	—	—	—
						化学需氧量	克/吨-原料	520	物理处理法+好氧生物处理法	90	k=废水治理设施运行时间（小时/年）/企业正常生产时间（小时/年）
						氨氮	克/吨-原料	18.5		80	
						总氮	克/吨-原料	40.2		50	
						石油类	克/吨-原料	25.4		55	
						总磷	克/吨-原料	1.8		40	
					固废	一般固体废物	千克/吨-原料	91.3	—	—	—
			挤出造粒	所有规模	废气	工业废气量	标米 ^{3}/吨-原料	5000	—	—	—
						挥发性有机物	克/吨-原料	205	活性炭吸附	55	k=废气治理设施运行时间（小时/年）/企业正常生产时间（小时/年）
									光催化	40	
									光解	40	
									低温等离子体	50	
									多级催化+油水分离	80	
									生物膜吸收+除雾+活性炭吸附	80	
					固废	一般固体废物	千克/吨-原料	11.9	—	—	—
	纸塑铝复合材料	纸浆、铝、塑料	破碎+筛选+分离	所有规模	废气	工业废气量	标米 ^{3}/吨-原料	2500	—	—	—
						颗粒物	克/吨-原料	490	喷淋塔	75	k=废气治理设施运行时间（小时/年）/企业正常生产时间（小时/年）
					废水	工业废水量	吨/吨-原料	42.1	—	—	—
						化学需氧量	克/吨-原料	38926	厌氧生物处理法+好氧生物处理法	98	k=废水治理设施运行时间（小时/年）/企业正常生产时间（小时/年）
					固废	一般固体废物	千克/吨-原料	37.1	—	—	—

4220 非金属废料和碎屑加工处理行业系数表（续表 4）

工段名称	原料名称	产品名称	工艺名称	规模等级	污染物类别	污染物指标	系数单位	产污系数	末端治理技术	末端治理技术平均去除效率/%	参考 k 值计算公式
—	废玻璃	玻璃废碎料	破碎+分选+水洗	所有规模	废气	工业废气量	标米 ^{3}/吨-原料	1050	—	—	—
						颗粒物	克/吨-原料	225	旋风+布袋	99	k=废气治理设施运行时间（小时/年）/企业正常生产时间（小时/年）
					废水	工业废水量	吨/吨-原料	0.02	—	—	—
						化学需氧量	克/吨-原料	2.3	物理化学处理法	83	k=废水治理设施运行时间（小时/年）/企业正常生产时间（小时/年）
						氨氮	克/吨-原料	5.5		28	
						总氮	克/吨-原料	10.4		25	
						总磷	克/吨-原料	0.5		10	
					固废	一般固体废物	千克/吨-原料	0.3	—	—	—
			破碎+分选+无水清洗	所有规模	废气	工业废气量	标米 ^{3}/吨-原料	3273	—	—	—
						颗粒物	克/吨-原料	2618	旋风+布袋	99	k=废气治理设施运行时间（小时/年）/企业正常生产时间（小时/年）
					固废	一般固体废物	千克/吨-原料	1.4	—	—	—
	废轮胎	橡胶粉	破胶+筛选	所有规模	废气	工业废气量	标米 ^{3}/吨-原料	2160	—	—	—
						颗粒物	克/吨-原料	194	袋式除尘	95	k=废气治理设施运行时间（小时/年）/企业正常生产时间（小时/年）
									喷淋塔	75	
					固废	一般固体废物	千克/吨-原料	1.0	—	—	—
	废轮胎/橡胶粉	热解油、热解气、炭黑	热裂解	所有规模	废气	工业废气量	标米 ^{3}/吨-原料	3600	—	—	—
						颗粒物	克/吨-原料	355	袋式除尘	95	k=废气治理设施运行时间（小时/年）/企业正常生产时间（小时/年）
						二氧化硫	克/吨-原料	1100	双碱法	60	
						氮氧化物	克/吨-原料	263	—	—	—
									活性炭（焦）法	50	k=废气治理设施运行时间（小时/年）/企业正常生产时间（小时/年）
									选择性催化还原法（SCR）	70	
						挥发性有机物	克/吨-原料	348	活性炭吸附	55	k=废气治理设施运行时间（小时/年）/企业正常生产时间（小时/年）
									光催化	40	
									光解	40	
									低温等离子体	50	
									多级催化+油水分离	80	
									生物膜吸收+除雾+活性炭吸附	80	
					固废	一般固体废物	千克/吨-原料	1.3	—	—	—
						危险废物	千克/吨-原料	1.6	—	—	—

4220 非金属废料和碎屑加工处理行业系数表（续表 5）

工段名称	原料名称	产品名称	工艺名称	规模等级	污染物类别	污染物指标	系数单位	产污系数	末端治理技术	末端治理技术平均去除效率/%	参考 k 值计算公式
—	废矿物油	再生油	预处理+蒸馏+精制	所有规模	废气	工业废气量	标米^3/吨-原料	2400	—	—	—
						挥发性有机物	克/吨-原料	275	活性炭吸附	55	k=废气治理设施运行时间（小时/年）/企业正常生产时间（小时/年）
									光催化	40	
									低温等离子体	50	
									热力燃烧法	70	
									多级催化+油水分离	80	
					废水	工业废水量	吨/吨-原料	0.03	—	—	—
						化学需氧量	克/吨-原料	2250	厌氧生物处理法+好氧生物处理法	99	k=废水治理设施运行时间（小时/年）/企业正常生产时间（小时/年）
						氨氮	克/吨-原料	70.2		95	
						总氮	克/吨-原料	90.1		95	
						石油类	克/吨-原料	234		90	
					固废	危险废物	千克/吨-原料	12	—	—	—
	废布/废纺织品	碎布料	破碎	所有规模	废气	工业废气量	标米^3/吨-原料	2500	—	—	—
						颗粒物	克/吨-原料	375	袋式除尘	95	k=废气治理设施运行时间（小时/年）/企业正常生产时间（小时/年）
									喷淋塔	75	
					固废	一般固体废物	千克/吨-原料	30	—	—	—
	木材边角料	木屑	破碎	所有规模	废气	工业废气量	标米^3/米^3-产品	600	—	—	—
						颗粒物	克/米^3-产品	243	—	—	—
									袋式除尘	90	k=废气治理设施运行时间（小时/年）/企业正常生产时间（小时/年）
									单筒（多筒并联）旋风	80	—

44

电力、热力、燃气及水生产和供应业

4411 火力发电、4412 热电联产业

1 适用范围

本手册仅用于《国民经济行业分类》（GB/T 4754—2017）中代码、类别为“4411 火力发电”“4412 热电联产”的工业企业使用系数法核算工业污染物产生量和排放量。其他行业自备火电厂（车间）使用产污系数法核算工业污染物产生量和排放量可参照使用本手册。

利用本手册进行产排污核算得出的污染物产生量与排放量仅代表了特定行业的工艺、产品、原料在正常工况下污染物产生与排放的一般规律。

本行业废水指标包括工业废水量、化学需氧量和氨氮；废气指标包括工业废气量、颗粒物、二氧化硫和氮氧化物；固废指标包括炉渣、粉煤灰、脱硫副产物、废脱硝催化剂、废矿物油和废离子交换树脂。

除污染物指标外，产污系数及污染治理技术效率表中的表头共包含 9 项信息，指如下内容：

（1）产品名称：指电能（4411 行业）或电能+热能（4412 行业）。

（2）原料名称：指生产过程中使用的燃料，包括煤炭、煤矸石、油页岩、天然气、高炉煤气、焦炉煤气、燃油和石油焦。

（3）工艺名称：指燃烧燃料的设备，分为煤粉锅炉、循环流化床锅炉、层燃炉、燃气轮机（以下简称燃机）、燃气或燃油锅炉等。层燃炉包括链条炉和炉排炉等。

（4）规模等级：指单台生产设备的装机规模。燃煤机组按单台机组装机容量划分为 9 档；当以煤矸石（油页岩）、各类燃气、燃油和石油焦等为燃料发电时，规模等级为“所有规模”。

（5）系数单位：指污染物产生量（吨或千克或克或毫克或米 ^{3} 或标米 ^{3}）、排放量（吨或千克或克或毫克或标米 ^{3}）与原料消耗量（吨或米 ^{3}）的比值单位，表述为“吨/吨-原料”或“千克/吨-原料”或“克/吨-原料”或“米 ^{3}/吨-原料”或“毫克/米 ^{3}-原料”。收到基灰分（A_{ar}）、收到基含硫量（S_{ar}）和干燥无灰基挥发分（V_{daf}）以质量-质量比值（固态燃料，单位为%）或质量-体积比值（气态燃料，单位为毫克/米 ^{3}）表示。

标米 ^{3} 指气体在标准状态（温度为 273.15 开尔文，压强为 101325 帕）下的体积单位。

（6）产污系数：指在正常生产条件下，消耗单位燃料的污染物产生量。

（7）末端治理技术名称：指治理某种污染物所应用的污染治理技术名称。

（8）末端治理技术效率：指在典型工况生产条件下，某种末端治理技术对相应污染物的去除比例，以百分比表示。

（9）末端治理设施实际运行率及计算公式：指某种末端治理设施实际投运情况的时间比例及其计算公式。

2 注意事项

2.1 关于产排污量核算

工业废水量、化学需氧量、氨氮、工业废气量、颗粒物、二氧化硫和氮氧化物根据产品、原料、工艺、规模确定产污系数、计算产污量后，再根据企业末端治理设施和运行情况计算各污染物的排放量。

脱硫副产物和废脱硝催化剂：根据产品、原料、工艺、规模和末端治理设施类型确定产污系数、计算固废产生量。

粉煤灰、炉渣、废矿物油和废离子交换树脂：根据产品、原料、工艺、规模确定产污系数、计算固废产生量。

电厂内存在多台机组的，应对各机组的产污量、排污量分别进行统计；电厂内存在多炉配单机（母管制）或多炉配多机（母管制）时，应分别统计各锅炉或燃机的产污量、排污量。

2.2 关于末端治理技术选择

在排污量计算选择末端治理技术时，若没有对应的组合治理技术，以实际技术组合为准。

2.3 其他需要说明的问题

2.3.1 原料

（1）在本手册中，原料均指燃料。

（2）在同一工艺（如煤粉锅炉、燃机等）燃用多种燃料时，按照各类燃料使用量分别核算污染物产生量、排放量后再累加计算。

（3）当燃煤矸石机组所用锅炉不是循环流化床锅炉时，采用燃料为煤炭类的“同产品、同原料、同工艺、同规模”条件下的产污系数和末端治理技术效率。

2.3.2 规模

在电厂锅炉额定出力小于670蒸吨/小时情况下，按公式“0.303×（锅炉额定出力）（单位：蒸吨/小时）– 11.348”估算对应的规模等级（单位：兆瓦），670蒸吨/小时及以上机组容量按照实际装机规模等级（单位：兆瓦）确定。例如：620蒸吨/小时锅炉，按公式估算其装机规模等级，0.303×620–11.348≈177（兆瓦），属于150～249兆瓦等级。

2.3.3 末端治理技术效率

（1）除尘

去除效率为与收到基灰分、收到基含硫量相关的函数。燃料为煤炭，灰分 10%≤A_{ar}≤40%、收到基含硫量 0.3%≤S_{ar}≤3%时直接以百分数的分子部分（即不含百分号的数值）代入计算；燃料为煤矸石/油页岩，收到基含硫量 0.5%≤S_{ar}≤8%时直接以百分数的分子部分（即不含百分号的数值）代入计算；燃料为石油焦，收到基含硫量 3%≤S_{ar}≤10%时直接以百分数的分子部分（即不含百分号的数值）代入计算。收到基灰分、收到基含硫量低于下限值时按下限值计算，高于上限值时按上限值计算。

（2）脱硫

去除效率为与收到基含硫量相关的函数。式中，石灰石/石膏法、石灰/石膏法、氨法、钠碱法、双碱法、湿法脱硫除尘一体化措施在收到基含硫量 0.3%≤S_{ar}≤3%时直接以百分数的分子部分（即不含百分号的数值）代入计算；电石渣法、烟气循环流化床法、氧化镁法在收到基含硫量 0.3%≤S_{ar}≤2.5%时直接以百分数的分子部分（即不含百分号的数值）代入计算；海水脱硫法在收到基含硫量不超过 1%时直接以百分数的分子部分（即不含百分号的数值）代入计算；收到基含硫量低于下限值时以下限值代入计算，高于上限值时以上限值代入计算。

2.3.4 多种去除效率

颗粒物、二氧化硫和氮氧化物末端治理技术分为一般末端治理技术和高效末端治理技术，并分别提供相应的去除效率，式中：

高效颗粒物末端治理技术：《火电厂污染防治可行技术指南》（HJ 2301—2017）推荐的高效电源供电、低温电除尘、超净电袋、高效袋式除尘、湿法脱硫协同、湿式电除尘等超低排放技术。

高效二氧化硫末端治理技术：《火电厂污染防治可行技术指南》（HJ 2301—2017）推荐的空塔提效、单塔双 pH 分区等超低排放技术。

高效氮氧化物末端治理技术：《火电厂污染防治可行技术指南》（HJ 2301—2017）推荐的高效低氮燃烧技术、增设脱硝催化剂层数等超低排放技术。

2.3.5 其他

由于不同企业工业废气量、废水量和固废产生量差异较大，本手册所提供的工业废气量、废水量、固废量相关系数仅供参考。

为体现相同产污水平条件下，采用相同环保治理技术的不同企业对同一污染物去除效果的差异，引入末端治理设施实际运行率（k）对污染治理技术的实际去除率进行修正。k 值反映的是污染治理设施运行的状态，越稳定运行，k 值越高；在取值上，若定义连续稳定运行的理想状态为 1，则 k 值取值在 0～1 之间。

本手册给出本行业的 k 值计算公式仅供参考，使用时，可根据 k 值定义，选取更适合企业实际情况的表达方式。

3 污染物排放量核算方法

3.1 计算污染物产生量

（1）根据原料（燃料）、污染物产生的主导生产工艺、企业规模（生产产能）这一组合查找和确定所对应的某一污染物的产污系数。

（2）火力发电及热电联产行业需获取企业实际原料（燃料）用量核算污染物产生量。

（3）污染物产生量按以下公式进行计算：

污染物产生量=污染物对应的产污系数×原料（燃料）用量

$$G_{产i} = P_{产i} \times M_i$$

式中，$G_{产i}$——工段 i 某污染物的产生量；

$P_{产i}$——工段 i 某污染物对应的产污系数；

M_i——工段 i 实际原料（燃料）用量。

3.2 计算污染物去除量

（1）根据企业对某一污染物所采用的治理技术查找和选择相应的治理技术去除效率。

（2）根据污染治理设施实际运行率参数及其计算公式得出该企业某一污染物的治理设施实际运行率（k 值）。

（3）污染物去除量按以下公式进行计算：

污染物去除量=污染物产生量×污染物去除率=污染物产生量×治理技术去除效率×治理设施实际运行率

$$R_{减i} = G_{产i} \times \eta_T \times k_T$$

式中，$R_{减i}$——工段 i 某污染物的去除量；

η_T——工段 i 某污染物采用的末端治理技术的去除效率；

k_T——工段 i 某污染物采用的末端治理设施的实际运行率。

3.3 计算污染物排放量

污染物排放量=污染物产生量–污染物去除量

=污染物对应的产污系数×燃料用量–污染物产生量× 治理技术平均去除效率×治理设施实际运行率

$$E_{排} = G_{产} - R_{减} = P_{产i} \times M_i(1 - \eta_T \times k_T)$$

式中，$E_{排}$——某污染物的排放量。

3.4 计算企业污染物排放量

同一企业某污染物全年的排放总量为该企业多台机组污染物排放量之和。

$$E_{总} = \sum E_{排} = \sum (G_{产} - R_{减})$$

式中，$E_{总}$——同一企业某污染物的排放总量。

4 污染物排放量核算案例

4.1 废气污染物（以二氧化硫为例）

某燃煤电厂主要从事电力生产供应，采用 2×630 兆瓦煤粉锅炉，以烟煤和褐煤为主要燃料，年发电量约 15 亿千瓦·时。该企业的烟气污染治理技术采用“低氮燃烧+SCR 脱硝”、静电除尘、石灰石/石膏法脱硫及湿式电除尘，涉及的废气污染物主要为氮氧化物、二氧化硫和颗粒物。本核算以废气中二氧化硫为例，分别说明该企业二氧化硫产生量和排放量的计算方法。该电厂二氧化硫去除措施采用改善 pH 分区技术，满足《火电厂污染防治可行技术指南》（HJ 2301—2017）相关要求，该企业基本信息如表 1 所示。

表 1　某电厂二氧化硫产排核算基本信息

项目	核算参数	
	名称	数量
原料及用量	煤炭	2097112 吨
工艺名称	煤粉锅炉	—
规模（产能）	630 兆瓦（1913 蒸吨/小时）	
二氧化硫污染治理技术	高效石灰石/石膏法	
实际运行率参数	脱硫治理设施运行时间	6783 小时
	企业正常生产时间	6783 小时

（1）二氧化硫产生量计算

①确定产污系数及其计量单位

第一步，判断燃料类型，如煤炭。

第二步，判断工艺，如煤粉锅炉。

第三步，判断规模，670 蒸吨/小时以上机组容量按照实际装机规模等级（单位：兆瓦）确定，如本案例机组装机 630 兆瓦（1913 蒸吨/小时）属于 450～749 兆瓦等级。

第四步，根据产品、原料、工艺、规模判断结果（电能-煤炭-煤粉锅炉—450～749 兆瓦等级），结合收到基含硫量（如 0.65%）在本手册产污系数表中选择相应的产污系数核算公式，计算二氧化硫产污系数，如：

二氧化硫产污系数= $17.04S_{ar} = 17.04\times0.65 = 11.076$（千克/吨-原料）

②确定燃料消耗量

结合生产情况确定原料/燃料用量，如 2097112 吨。

③计算二氧化硫产生量

二氧化硫产生量=原料/燃料用量×相应的二氧化硫产污系数（千克/吨），如：

二氧化硫产生量= 2097112 吨-原料×11.076 千克/吨-原料=23227612 千克

（2）二氧化硫去除量计算

①确定末端治理技术效率

根据产品、原料、工艺、规模判断结果，按照污染物处理工艺名称（如高效石灰石/石膏法），在产污系数表中选择相应的去除效率核算公式，结合收到基含硫量（如 0.65%），计算脱硫效率值。

当收到基含硫量小于 0.3%时，按 0.3 代入公式计算；当收到基含硫量大于 3%时，按 3 代入公式计算；否则，按照系数表确定，如：

$$脱硫效率= 0.2S_{ar}+99 = 0.2\times0.65+99 = 99.13（\%）$$

②确定污染治理设施实际运行率

确定脱硫设施年实际运行时间和机组年实际运行时间，如 6783 小时、6783 小时。

二氧化硫治理设施实际运行率为

k=脱硫设施年实际运行时间/机组年实际运行时间=6783 小时/6783 小时=1

③计算二氧化硫去除量

二氧化硫去除量（千克）=污染物产生量（千克）×相应的脱硫效率（%）×脱硫设施实际运行率，如：

二氧化硫去除量=23227612×99.13%×1=23025532（千克）

（3）二氧化硫排放量计算

二氧化硫排放量（千克）=二氧化硫产生量（千克）－ 二氧化硫去除量（千克），如：

二氧化硫排放量=23227612 –23025532= 202080（千克）

4.2 废水污染物（以化学需氧量为例）

某燃煤电厂主要从事电力生产供应，采用 2×180 兆瓦循环流化床锅炉（620 蒸吨/小时），以烟煤为主要燃料，年发电量约 20 亿千瓦·时。该企业的废水治理技术采用“其他（物理处理法+化学处理法）”，工业废水经处理后部分重复利用、部分外排，涉及的废水污染物主要为化学需氧量和氨氮。本核算以废水中化学需氧量为例，说明该企业化学需氧量排放量的计算方法。

该企业基本信息如表 2 所示。

表 2　某电厂化学需氧量产排量核算基本信息

项目	核算参数	
	名称	数量
原料及用量	煤炭	1005100 吨
工艺名称	循环流化床锅炉	—
规模（产能）	180 兆瓦（620 蒸吨/小时）	
废水污染治理技术	物理处理法+化学处理法	
实际运行率参数	废水总排放口事故排放时间	0 小时
	企业正常生产时间	7000 小时

（1）化学需氧量产生量计算

①确定产污系数及其计量单位

第一步，判断燃料类型，如煤炭。

第二步，判断工艺，如循环流化床锅炉。

第三步，判断规模，在锅炉额定出力小于 670 蒸吨/小时情况下，按“0.303×（锅炉额定出力）（单位：蒸吨/小时）－ 11.348”公式估算对应的规模等级（单位：兆瓦）。670 蒸吨/小时以上机组容量按照实际装机规模等级（单位：兆瓦）确定，如本案例锅炉为 620 蒸吨/小时，则应按公式核算其装机等级，0.303×620–11.348=177（兆瓦），属于 150～249 兆瓦等级。

第四步，根据产品、原料、工艺、规模判断结果（电能—煤炭—循环流化床锅炉—150～249 兆瓦等级），选择相应的产污系数核算公式，如对应的 COD 产污系数为 65.83 克/吨-原料。

②确定燃料消耗量

结合生产情况确定原料/燃料用量，如燃料消耗量为 1005100 吨。

③计算化学需氧量产生量

化学需氧量产生量（克）=（原料/燃料用量）（吨）×（污染物产污系数）（克/吨），如：

化学需氧量=1005100×65.83=66165733（克）

（2）化学需氧量去除量计算

①确定末端治理技术效率

在本手册产污系数对应的去除效率表中选择相应的去除效率，如去除效率为 51.93%。

②确定污染治理设施实际运行率

确定废水总排放口年事故排放时间和机组年实际运行时间，如废水总排放口年事故排放时间为0，机组年实际运行时间为 7000 小时。

废水治理设施实际运行率为

k =（机组年实际运行时间–废水总排放口年事故排放时间）/机组年实际运行时间

=（7000–0）小时/7000 小时=1

③计算化学需氧量去除量

化学需氧量去除量（克） =污染物产生量（克）× 相应的去除效率×废水治理设施实际运行率

化学需氧量去除量=66165733×51.93%×1=34359865（克）

（3）化学需氧量排放量计算

化学需氧量排放量=污染物产生量–污染物去除量，如：

化学需氧量排放量=66165730–34359865=31805868（克）

5 系数表

4411 火力发电、4412 热电联产行业废气、废水污染物系数表

工段名称	产品名称	原料名称	工艺名称	规模等级	污染物类别	污染物指标	系数单位	产污系数	末端治理技术	末端治理技术平均去除效率/%	参考 k 值计算公式[1]
—	电能/电能+热能	煤炭	煤粉锅炉	≥750 兆瓦	废水	工业废水量	吨/吨-原料	0.19	其他（重复利用）	100	—
									—	0	
						化学需氧量	克/吨-原料	26.75	其他（物理处理法+化学处理法）	100	k=［机组实际运行时间（小时/年）–废水总排口事故排放时间（小时/年）］/机组实际运行时间（小时/年）
						氨氮	克/吨-原料	5.49	其他（物理处理法+化学处理法）	100	k=［机组实际运行时间（小时/年）–废水总排口事故排放时间（小时/年）］/机组实际运行时间（小时/年）
					废气	工业废气量	标米 ^{3}/吨-原料	8271.00	其他（直排）	—	—
						颗粒物	千克/吨-原料	$9.23A_{ar}+8.76$	高效静电除尘+其他（湿法脱硫协同）①	$0.00056A_{ar}+99.972$	k=除尘设施实际运行时间（小时/年）/机组实际运行时间（小时/年）
									高效电袋组合+其他（湿法脱硫协同）①	$0.00052A_{ar}+99.974$	
									高效袋式除尘+其他（湿法脱硫协同）①	$0.00048A_{ar}+99.976$	
									高效静电除尘+其他（湿式电除尘）①	$0.00028A_{ar}+99.986$	
									高效电袋组合+其他（湿式电除尘）①	$0.00026A_{ar}+99.987$	
									高效袋式除尘+其他（湿式电除尘）①	$0.00024A_{ar}+99.988$	

[1] 该公式仅供参考，使用时，可根据 k 值定义，选取更适合企业实际情况的表达方式。

4411 火力发电、4412 热电联产行业废气、废水污染物系数表（续表 1）

工段名称	产品名称	原料名称	工艺名称	规模等级	污染物类别	污染物指标	系数单位	产污系数	末端治理技术	末端治理技术平均去除效率/%	参考 k 值计算公式
—	电能/电能+热能	煤炭	煤粉锅炉	≥750 兆瓦	废气	颗粒物	千克/吨-原料	$9.23A_{ar}+8.76$	高效静电除尘+其他（湿法脱硫协同）+其他（湿式电除尘）①	$0.000112A_{ar}+99.9944$	k=除尘设施实际运行时间（小时/年）/机组实际运行时间（小时/年）
									高效电袋组合+其他（湿法脱硫协同）+其他（湿式电除尘）①	$0.000104A_{ar}+99.9948$	
									高效袋式除尘+其他（湿法脱硫协同）+其他（湿式电除尘）①	$0.000096A_{ar}+99.9952$	
									静电除尘+其他（湿法脱硫协同）	$0.00168A_{ar}+99.916$	
									电袋组合+其他（湿法脱硫协同）	$0.00156A_{ar}+99.922$	
									袋式除尘+其他（湿法脱硫协同）	$0.00144A_{ar}+99.928$	
									静电除尘+其他（湿式电除尘）	$0.00084A_{ar}+99.958$	
									电袋组合+其他（湿式电除尘）	$0.00078A_{ar}+99.961$	
									袋式除尘+其他（湿式电除尘）	$0.00072A_{ar}+99.964$	
									静电除尘+其他（湿法脱硫协同）+其他（湿式电除尘）	$0.000336A_{ar}+99.983$	
									电袋组合+其他（湿法脱硫协同）+其他（湿式电除尘）	$0.000312A_{ar}+99.984$	
									袋式除尘+其他（湿法脱硫协同）+其他（湿式电除尘）	$0.000036A_{ar}+99.986$	

4411 火力发电、4412 热电联产行业废气、废水污染物系数表（续表 2）

工段名称	产品名称	原料名称	工艺名称	规模等级	污染物类别	污染物指标	系数单位	产污系数	末端治理技术	末端治理技术平均去除效率/%	参考 k 值计算公式
—	电能/电能+热能	煤炭	煤粉锅炉	≥750 兆瓦	废气	二氧化硫	千克/吨-原料	$17.2S_{ar}+0.04$	高效石灰石/石膏法[②]	$0.2S_{ar}+99$	k=脱硫设施实际运行时间（小时/年）/机组实际运行时间（小时/年）
									高效石灰/石膏法[②]	$0.2S_{ar}+99$	
									高效海水脱硫法[②]	$0.6S_{ar}+98$	
									石灰石/石膏法	$0.5714S_{ar}+97.14$	
									石灰/石膏法	$0.5714S_{ar}+97.14$	
									海水脱硫法	$1.7143S_{ar}+94.29$	
						氮氧化物（低氮燃烧法，20%＜煤炭干燥无灰基挥发分≤37%）	千克/吨-原料	2.30	高效选择性催化还原法（SCR）[③]	83.00	k=脱硝设施实际运行时间（小时/年）/机组实际运行时间（小时/年）
									选择性催化还原法（SCR）	75.00	
						氮氧化物（低氮燃烧法，煤炭干燥无灰基挥发分＞37%）	千克/吨-原料	1.78	高效选择性催化还原法（SCR）[③]	83.00	
									选择性催化还原法（SCR）	75.00	
			煤粉锅炉或循环流化床锅炉	450～749 兆瓦	废水	工业废水量	吨/吨-原料	0.24	其他（重复利用）	100	—
									—	0	
						化学需氧量	克/吨-原料	34.08	其他（物理处理法+化学处理法）	100	k=［机组实际运行时间（小时/年）−废水总排口事故排放时间（小时/年）］/机组实际运行时间（小时/年）
						氨氮	克/吨-原料	2.65	其他（物理处理法+化学处理法）	100	

4411 火力发电、4412 热电联产行业废气、废水污染物系数表（续表 3）

工段名称	产品名称	原料名称	工艺名称	规模等级	污染物类别	污染物指标	系数单位	产污系数	末端治理技术	末端治理技术平均去除效率/%	参考 k 值计算公式
—	电能/电能+热能	煤炭	煤粉锅炉或循环流化床锅炉	450～749兆瓦	废气	工业废气量	标米^3/吨-原料	10150.00	其他（直排）	—	—
		煤炭	煤粉锅炉	450～749兆瓦	废气	颗粒物	千克/吨-原料	$9.2A_{ar}+9.33$	高效静电除尘+其他（湿法脱硫协同）①	$0.00056A_{ar}+99.972$	k=除尘设施实际运行时间（小时/年）/机组实际运行时间（小时/年）
									高效电袋组合+其他（湿法脱硫协同）①	$0.00052A_{ar}+99.974$	
									高效袋式除尘+其他（湿法脱硫协同）①	$0.00048A_{ar}+99.976$	
									高效静电除尘+其他（湿式电除尘）①	$0.00028A_{ar}+99.986$	
									高效电袋组合+其他（湿式电除尘）①	$0.00026A_{ar}+99.987$	
									高效袋式除尘+其他（湿式电除尘）①	$0.00024A_{ar}+99.988$	
									高效静电除尘+其他（湿法脱硫协同）+其他（湿式电除尘）①	$0.000112A_{ar}+99.9944$	
									高效电袋组合+其他（湿法脱硫协同）+其他（湿式电除尘）①	$0.000104A_{ar}+99.9948$	
									高效袋式除尘+其他（湿法脱硫协同）+其他（湿式电除尘）①	$0.000096A_{ar}+99.9952$	
									静电除尘+其他（湿法脱硫协同）	$0.00168A_{ar}+99.916$	
									电袋组合+其他（湿法脱硫协同）	$0.00156A_{ar}+99.922$	
									袋式除尘+其他（湿法脱硫协同）	$0.00144A_{ar}+99.928$	

4411 火力发电、4412 热电联产行业废气、废水污染物系数表（续表 4）

工段名称	产品名称	原料名称	工艺名称	规模等级	污染物类别	污染物指标	系数单位	产污系数	末端治理技术	末端治理技术平均去除效率/%	参考 k 值计算公式
—	电能/电能+热能	煤炭	煤粉锅炉	450～749兆瓦	废气	颗粒物	千克/吨-原料	$9.2A_{ar}+9.33$	静电除尘+其他（湿式电除尘）	$0.00084A_{ar}+99.958$	k=除尘设施实际运行时间（小时/年）/机组实际运行时间（小时/年）
									电袋组合+其他（湿式电除尘）	$0.00078A_{ar}+99.961$	
									袋式除尘+其他（湿式电除尘）	$0.00072A_{ar}+99.964$	
									静电除尘+其他（湿法脱硫协同）+其他（湿式电除尘）	$0.000336A_{ar}+99.983$	
									电袋组合+其他（湿法脱硫协同）+其他（湿式电除尘）	$0.000312A_{ar}+99.984$	
									袋式除尘+其他（湿法脱硫协同）+其他（湿式电除尘）	$0.000036A_{ar}+99.986$	
						二氧化硫	千克/吨-原料	$17.04S_{ar}$	高效石灰石/石膏法②	$0.2S_{ar}+99$	k=脱硫设施实际运行时间（小时/年）/机组实际运行时间（小时/年）
									高效石灰/石膏法②	$0.2S_{ar}+99$	
									高效海水脱硫法②	$0.6S_{ar}+98$	
									其他（高效电石渣法）②	$0.8S_{ar}+97.8$	
									石灰石/石膏法	$0.5714S_{ar}+97.14$	
									石灰/石膏法	$0.5714S_{ar}+97.14$	
									海水脱硫法	$1.7143S_{ar}+94.29$	
									其他（电石渣法）	$2.2857S_{ar}+93.71$	
						氮氧化物（低氮燃烧法，煤炭干燥无灰基挥发分≤10%）	千克/吨-原料	10.10	高效选择性催化还原法（SCR）③	90.00	k=脱硝设施实际运行时间（小时/年）/机组实际运行时间（小时/年）
						氮氧化物（低氮燃烧法，10%＜煤炭干燥无灰基挥发分≤20%）	千克/吨-原料	5.73	高效选择性催化还原法（SCR）③	87.50	
									选择性催化还原法（SCR）	75.00	

4411 火力发电、4412 热电联产行业废气、废水污染物系数表（续表 5）

工段名称	产品名称	原料名称	工艺名称	规模等级	污染物类别	污染物指标	系数单位	产污系数	末端治理技术	末端治理技术平均去除效率/%	参考 k 值计算公式
—	电能/电能+热能	煤炭	煤粉锅炉	450～749兆瓦	废气	氮氧化物（低氮燃烧法，20%＜煤炭干燥无灰基挥发分≤37%）	千克/吨-原料	2.86	高效选择性催化还原法（SCR）③	83.00	k=脱硝设施实际运行时间（小时/年）/机组实际运行时间（小时/年）
									选择性催化还原法（SCR）	75.00	
						氮氧化物（低氮燃烧法，煤炭干燥无灰基挥发分＞37%）	千克/吨-原料	2.17	高效选择性催化还原法（SCR）③	80.00	
									选择性催化还原法（SCR）	75.00	
						氮氧化物（低氮燃烧法-SNCR，煤炭干燥无灰基挥发分≤10%）	千克/吨-原料	6.06	高效选择性催化还原法（SCR）③	87.50	
									选择性催化还原法（SCR）	75.00	
						氮氧化物（低氮燃烧法-SNCR，10%＜煤炭干燥无灰基挥发分≤20%）	千克/吨-原料	3.91	高效选择性催化还原法（SCR）③	86.00	
									选择性催化还原法（SCR）	75.00	
						氮氧化物（低氮燃烧法-SNCR，20%＜煤炭干燥无灰基挥发分≤37%）	千克/吨-原料	2.54	高效选择性催化还原法（SCR）③	80.00	
									选择性催化还原法（SCR）	65.00	
						氮氧化物（低氮燃烧法-SNCR，煤炭干燥无灰基挥发分＞37%）	千克/吨-原料	2.03	高效选择性催化还原法（SCR）③	75.00	
									选择性催化还原法（SCR）	65.00	

4411 火力发电、4412 热电联产行业废气、废水污染物系数表（续表 6）

工段名称	产品名称	原料名称	工艺名称	规模等级	污染物类别	污染物指标	系数单位	产污系数	末端治理技术	末端治理技术平均去除效率/%	参考 k 值计算公式
—	电能/电能+热能	煤炭	循环流化床锅炉	450～749 兆瓦	废气	颗粒物	千克/吨-原料	$5A_{ar}+26.98S_{ar}+7$	高效电袋组合[①]	$0.0015A_{ar}+0.009S_{ar}+99.9$	k=除尘设施实际运行时间（小时/年）/机组实际运行时间（小时/年）
									电袋组合	$0.0045A_{ar}+0.027S_{ar}+99.7$	
						二氧化硫（炉内脱硫）	千克/吨-原料	$0.56S_{ar}$	—	—	—
						氮氧化物（10%＜煤炭干燥无灰基挥发分≤20%）	千克/吨-原料	1.52	其他（直排）	—	—
						氮氧化物（20%＜煤炭干燥无灰基挥发分≤37%）	千克/吨-原料	1.52	其他（直排）	—	—
			煤粉锅炉或循环流化床锅炉	250～449 兆瓦	废水	工业废水量	吨/吨-原料	0.46	其他（重复利用）	100	—
									—	0	
						化学需氧量	克/吨-原料	49.29	其他（物理处理法+化学处理法）	46.82	k=［机组实际运行时间（小时/年）−废水总排口事故排放时间（小时/年）］/机组实际运行时间（小时/年）
						氨氮	克/吨-原料	9.08	其他（物理处理法+化学处理法）	73.59	
					废气	工业废气量	标米 ^{3}/吨-原料	9713.00	其他（直排）	—	—

4411 火力发电、4412 热电联产行业废气、废水污染物系数表（续表 7）

工段名称	产品名称	原料名称	工艺名称	规模等级	污染物类别	污染物指标	系数单位	产污系数	末端治理技术	末端治理技术平均去除效率/%	参考 k 值计算公式
—	电能/电能+热能	煤炭	煤粉锅炉	250～449兆瓦	废气	颗粒物	千克/吨-原料	$9.21A_{ar}+11.13$	高效静电除尘①	$0.0015A_{ar}+99.922$	k=除尘设施实际运行时间（小时/年）/机组实际运行时间（小时/年）
									高效电袋组合①	$0.0015A_{ar}+99.928$	
									高效袋式除尘①	$0.0014A_{ar}+99.933$	
									高效静电除尘+其他（湿法脱硫协同）①	$0.0006A_{ar}+99.9688$	
									高效电袋组合+其他（湿法脱硫协同）①	$0.0006A_{ar}+99.9712$	
									高效袋式除尘+其他（湿法脱硫协同）①	$0.00056A_{ar}+99.9732$	
									高效静电除尘+其他（湿式电除尘）①	$0.0003A_{ar}+99.9844$	
									高效电袋组合+其他（湿式电除尘）①	$0.0003A_{ar}+99.9856$	
									高效袋式除尘+其他（湿式电除尘）①	$0.00028A_{ar}+99.9866$	
									高效静电除尘+其他（湿法脱硫协同）+其他（湿式电除尘）①	$0.00012A_{ar}+99.9938$	
									高效电袋组合+其他（湿法脱硫协同）+其他（湿式电除尘）①	$0.00012A_{ar}+99.9942$	
									高效袋式除尘+其他（湿法脱硫协同）+其他（湿式电除尘）①	$0.000112A_{ar}+99.9946$	

4411 火力发电、4412 热电联产行业废气、废水污染物系数表（续表 8）

工段名称	产品名称	原料名称	工艺名称	规模等级	污染物类别	污染物指标	系数单位	产污系数	末端治理技术	末端治理技术平均去除效率/%	参考 k 值计算公式
—	电能/电能+热能	煤炭	煤粉锅炉	250～449兆瓦	废气	颗粒物	千克/吨-原料	$9.21A_{ar}+11.13$	静电除尘	$0.0045A_{ar}+99.77$	
									电袋组合	$0.0045A_{ar}+99.78$	
									袋式除尘	$0.0042A_{ar}+99.8$	
									静电除尘+其他（湿法脱硫协同）	$0.0018A_{ar}+99.906$	
									电袋组合+其他（湿法脱硫协同）	$0.0018A_{ar}+99.914$	
									袋式除尘+其他（湿法脱硫协同）	$0.00168A_{ar}+99.92$	
									静电除尘+其他（湿式电除尘）	$0.0009A_{ar}+99.953$	
									电袋组合+其他（湿式电除尘）	$0.0009A_{ar}+99.957$	
									袋式除尘+其他（湿式电除尘）	$0.00084A_{ar}+99.96$	
									静电除尘+其他（湿法脱硫协同）+其他（湿式电除尘）	$0.00036A_{ar}+99.981$	
									电袋组合+其他（湿法脱硫协同）+其他（湿式电除尘）	$0.00036A_{ar}+99.983$	
									袋式除尘+其他（湿法脱硫协同）+其他（湿式电除尘）	$0.000336A_{ar}+99.984$	
						二氧化硫	千克/吨-原料	$16.98S_{ar}$	高效石灰石/石膏法[②]	$0.45S_{ar}+98.4$	k=脱硫设施实际运行时间（小时/年）/机组实际运行时间（小时/年）
									高效石灰/石膏法[②]	$0.45S_{ar}+98.4$	
									高效海水脱硫法[②]	$0.6S_{ar}+97.8$	
									高效氧化镁法[②]	$0.5S_{ar}+98.2$	
									高效烟气循环流化床法[②]	$0.95S_{ar}+97.5$	
									其他（高效电石渣法）[②]	$0.75S_{ar}+97.8$	
									石灰石/石膏法	$1.2857S_{ar}+95.43$	

4411 火力发电、4412 热电联产行业废气、废水污染物系数表（续表 9）

工段名称	产品名称	原料名称	工艺名称	规模等级	污染物类别	污染物指标	系数单位	产污系数	末端治理技术	末端治理技术平均去除效率/%	参考 k 值计算公式
—	电能/电能+热能	煤炭	煤粉锅炉	250～449兆瓦	废气	二氧化硫	千克/吨-原料	$16.98S_{ar}$	石灰/石膏法	$1.2857S_{ar}+95.43$	
									海水脱硫法	$1.7143S_{ar}+93.71$	
									双碱法	$1.7143S_{ar}+94.29$	
									氧化镁法	$1.4286S_{ar}+94.86$	
									烟气循环流化床法	$2.7143S_{ar}+92.86$	
									其他（电石渣法）	$2.1429S_{ar}+93.71$	
									其他（钠碱法）	$1.8571S_{ar}+94.29$	
						氮氧化物（低氮燃烧法，煤炭干燥无灰基挥发分≤10%）	千克/吨-原料	8.01	高效选择性催化还原法（SCR）③	87.50	k=脱硝设施实际运行时间（小时/年）/机组实际运行时间（小时/年）
						氮氧化物（低氮燃烧法，10%＜煤炭干燥无灰基挥发分≤20%）	千克/吨-原料	5.97	高效选择性催化还原法（SCR）③	87.50	
									选择性催化还原法（SCR）	83.00	
						氮氧化物（低氮燃烧法，20%＜煤炭干燥无灰基挥发分≤37%）	千克/吨-原料	3.25	高效选择性催化还原法（SCR）③	85.00	
									选择性催化还原法（SCR）	72.00	
						氮氧化物（低氮燃烧法，煤炭干燥无灰基挥发分＞37%）	千克/吨-原料	2.80	高效选择性催化还原法（SCR）③	83.00	
									选择性催化还原法（SCR）	70.00	
						氮氧化物（低氮燃烧法-SNCR，煤炭干燥无灰基挥发分≤10%）	千克/吨-原料	4.50	选择性催化还原法（SCR）	78.00	

4411 火力发电、4412 热电联产行业废气、废水污染物系数表（续表 10）

工段名称	产品名称	原料名称	工艺名称	规模等级	污染物类别	污染物指标	系数单位	产污系数	末端治理技术	末端治理技术平均去除效率/%	参考 k 值计算公式
—	电能/电能+热能	煤炭	煤粉锅炉	250～449 兆瓦	废气	氮氧化物（低氮燃烧法-SNCR，10%＜煤炭干燥无灰基挥发分≤20%）	千克/吨-原料	3.60	高效选择性催化还原法（SCR）[3]	85.00	k=脱硝设施实际运行时间（小时/年）/机组实际运行时间（小时/年）
									选择性催化还原法（SCR）	72.00	
						氮氧化物（低氮燃烧法-SNCR，20%＜煤炭干燥无灰基挥发分≤37%）	千克/吨-原料	2.41	高效选择性催化还原法（SCR）[3]	80.00	
									选择性催化还原法（SCR）	70.00	
						氮氧化物（低氮燃烧法-SNCR，煤炭干燥无灰基挥发分＞37%）	千克/吨-原料	1.68	高效选择性催化还原法（SCR）[3]	72.00	
									选择性催化还原法（SCR）	65.00	
						颗粒物	千克/吨-原料	$6.31A_{ar}+7.54+61.94S_{ar}$	高效静电除尘[1]	$0.001A_{ar}+0.009S_{ar}+99.927$	k=除尘设施实际运行时间（小时/年）/机组实际运行时间（小时/年）
									高效电袋组合[1]	$0.001A_{ar}+0.0086S_{ar}+99.93$	
									高效袋式除尘[1]	$0.001A_{ar}+0.0082S_{ar}+99.935$	
									高效静电除尘+其他（湿法脱硫协同）[1]	$0.0004A_{ar}+0.0036S_{ar}+99.9708$	
									高效电袋组合+其他（湿法脱硫协同）[1]	$0.0004A_{ar}+0.00344S_{ar}+99.972$	
									高效袋式除尘+其他（湿法脱硫协同）[1]	$0.0004A_{ar}+0.00328S_{ar}+99.974$	
									高效静电除尘+其他（湿式电除尘）[1]	$0.0002A_{ar}+0.0018S_{ar}+99.9854$	

4411 火力发电、4412 热电联产行业废气、废水污染物系数表（续表 11）

工段名称	产品名称	原料名称	工艺名称	规模等级	污染物类别	污染物指标	系数单位	产污系数	末端治理技术	末端治理技术平均去除效率/%	参考 k 值计算公式
—	电能/电能+热能	煤炭	循环流化床锅炉	250～449兆瓦	废气	颗粒物	千克/吨-原料	$6.31A_{ar}+7.54+61.94S_{ar}$	高效电袋组合+其他（湿式电除尘）①	$0.0002A_{ar}+0.00172S_{ar}+99.986$	
									高效袋式除尘+其他（湿式电除尘）①	$0.0002A_{ar}+0.00164S_{ar}+99.987$	
									高效静电除尘+其他（湿法脱硫协同）+其他（湿式电除尘）①	$0.00008A_{ar}+0.00072S_{ar}+99.9942$	
									高效电袋组合+其他（湿法脱硫协同）+其他（湿式电除尘）①	$0.00008A_{ar}+0.000688S_{ar}+99.9944$	
									高效袋式除尘+其他（湿法脱硫协同）+其他（湿式电除尘）①	$0.00008A_{ar}+0.000656S_{ar}+99.9948$	
									静电除尘	$0.003A_{ar}+0.027S_{ar}+99.78$	
									电袋组合	$0.003A_{ar}+0.0258S_{ar}+99.79$	
									袋式除尘	$0.003A_{ar}+0.0246S_{ar}+99.81$	
									静电除尘+其他（湿法脱硫协同）	$0.0012A_{ar}+0.0108S_{ar}+99.912$	
									电袋组合+其他（湿法脱硫协同）	$0.0012A_{ar}+0.01032S_{ar}+99.916$	
									袋式除尘+其他（湿法脱硫协同）	$0.0012A_{ar}+0.00984S_{ar}+99.922$	
									静电除尘+其他（湿式电除尘）	$0.0006A_{ar}+0.0054S_{ar}+99.956$	
									电袋组合+其他（湿式电除尘）	$0.0006A_{ar}+0.00516S_{ar}+99.958$	
									袋式除尘+其他（湿式电除尘）	$0.0006A_{ar}+0.00492S_{ar}+99.961$	
									静电除尘+其他（湿法脱硫协同）+其他（湿式电除尘）	$0.00024A_{ar}+0.00216S_{ar}+99.983$	

4411 火力发电、4412 热电联产行业废气、废水污染物系数表（续表 12）

工段名称	产品名称	原料名称	工艺名称	规模等级	污染物类别	污染物指标	系数单位	产污系数	末端治理技术	末端治理技术平均去除效率/%	参考 k 值计算公式
—	电能/电能+热能	煤炭	循环流化床锅炉	250～449兆瓦	废气	颗粒物	千克/吨-原料	$6.31A_{ar}+7.54+61.94S_{ar}$	电袋组合+其他（湿法脱硫协同）+其他（湿式电除尘）	$0.00024A_{ar}+0.00206S_{ar}+99.983$	
									袋式除尘+其他（湿法脱硫协同）+其他（湿式电除尘）	$0.00024A_{ar}+0.00197S_{ar}+99.984$	
						二氧化硫		$2.55S_{ar}$	高效石灰石/石膏法[②]	$0.45S_{ar}+97$	k=脱硫设施实际运行时间（小时/年）/机组实际运行时间（小时/年）
									高效石灰/石膏法[②]	$0.45S_{ar}+97$	
									高效海水脱硫法[②]	$0.2S_{ar}+95$	
									高效烟气循环流化床法[②]	$0.75S_{ar}+96$	
									石灰石/石膏法	$1.6714S_{ar}+88.86$	
									石灰/石膏法	$1.6714S_{ar}+88.86$	
									海水脱硫法	$0.7429S_{ar}+81.43$	
									烟气循环流化床法	$2.7857S_{ar}+85.14$	
						氮氧化物（煤炭干燥无灰基挥发分≤10%）		2.04	其他（直排）	—	—
									高效选择性催化还原法（SCR）[③]	78.00	k=脱硝设施实际运行时间（小时/年）/机组实际运行时间（小时/年）
									选择性催化还原法（SCR）	65.00	
						氮氧化物（10%＜煤炭干燥无灰基挥发分≤20%）		2.04	其他（直排）	—	—
									高效选择性催化还原法（SCR）[③]	78.00	k=脱硝设施实际运行时间（小时/年）/机组实际运行时间（小时/年）
									选择性催化还原法（SCR）	65.00	
						氮氧化物（20%＜煤炭干燥无灰基挥发分≤37%）		2.43	其他（直排）	—	—
									高效选择性催化还原法（SCR）[③]	80.00	k=脱硝设施实际运行时间（小时/年）/机组实际运行时间（小时/年）
									选择性催化还原法（SCR）	65.00	
						氮氧化物（煤炭干燥无灰基挥发分＞37%）		2.43	其他（直排）	—	—
									高效选择性催化还原法（SCR）[③]	80.00	k=脱硝设施实际运行时间（小时/年）/机组实际运行时间（小时/年）
									选择性催化还原法（SCR）	65.00	

4411 火力发电、4412 热电联产行业废气、废水污染物系数表（续表 13）

工段名称	产品名称	原料名称	工艺名称	规模等级	污染物类别	污染物指标	系数单位	产污系数	末端治理技术	末端治理技术平均去除效率/%	参考 k 值计算公式
—	电能/电能+热能	煤炭	循环流化床锅炉	250～449 兆瓦	废气	氮氧化物（SNCR，煤炭干燥无灰基挥发分≤10%）	千克/吨-原料	0.68	其他（直排）	—	—
									高效选择性催化还原法（SCR）[③]	65.00	k=脱硝设施实际运行时间（小时/年）/机组实际运行时间（小时/年）
									选择性催化还原法（SCR）	65.00	
						氮氧化物（SNCR，10%＜煤炭干燥无灰基挥发分≤20%）	千克/吨-原料	0.68	其他（直排）	—	—
									高效选择性催化还原法（SCR）[③]	65.00	k=脱硝设施实际运行时间（小时/年）/机组实际运行时间（小时/年）
									选择性催化还原法（SCR）	65.00	
						氮氧化物（SNCR，20%＜煤炭干燥无灰基挥发分≤37%）	千克/吨-原料	0.97	其他（直排）	—	—
									高效选择性催化还原法（SCR）[③]	65.00	k=脱硝设施实际运行时间（小时/年）/机组实际运行时间（小时/年）
									选择性催化还原法（SCR）	65.00	
						氮氧化物（SNCR，煤炭干燥无灰基挥发分＞37%）	千克/吨-原料	0.97	其他（直排）	—	—
									高效选择性催化还原法（SCR）[③]	65.00	k=脱硝设施实际运行时间（小时/年）/机组实际运行时间（小时/年）
									选择性催化还原法（SCR）	65.00	
		煤炭	煤粉锅炉或循环流化床锅炉	150～249 兆瓦	废水	工业废水量	吨/吨-原料	0.65	其他（重复利用）	100	—
									—	0	
						化学需氧量	克/吨-原料	65.83	其他（物理处理法+化学处理法）	51.93	k=［机组实际运行时间（小时/年）–废水总排口事故排放时间（小时/年）］/机组实际运行时间（小时/年）
						氨氮	克/吨-原料	13.90	其他（物理处理法+化学处理法）	77.01	

4411 火力发电、4412 热电联产行业废气、废水污染物系数表（续表 14）

工段名称	产品名称	原料名称	工艺名称	规模等级	污染物类别	污染物指标	系数单位	产污系数	末端治理技术	末端治理技术平均去除效率/%	参考 k 值计算公式
—	电能/电能+热能	煤炭	煤粉锅炉或循环流化床锅炉	150～249兆瓦	废气	工业废气量	标米^3/吨-原料	9305.00	其他（直排）	—	—
		煤炭	煤粉锅炉	150～249兆瓦	废气	颗粒物	千克/吨-原料	$9.33A_{ar}+7.77$	高效静电除尘①	$0.0015A_{ar}+99.922$	k=除尘设施实际运行时间（小时/年）/机组实际运行时间（小时/年）
									高效电袋组合①	$0.0015A_{ar}+99.928$	
									高效袋式除尘①	$0.0014A_{ar}+99.933$	
									高效静电除尘+其他（湿法脱硫协同）①	$0.0006A_{ar}+99.9688$	
									高效电袋组合+其他（湿法脱硫协同）①	$0.0006A_{ar}+99.9712$	
									高效袋式除尘+其他（湿法脱硫协同）①	$0.00056A_{ar}+99.9732$	
									高效静电除尘+其他（湿式电除尘）①	$0.0003A_{ar}+99.9844$	
									高效电袋组合+其他（湿式电除尘）①	$0.0003A_{ar}+99.9856$	
									高效袋式除尘+其他（湿式电除尘）①	$0.00028A_{ar}+99.9866$	
									高效静电除尘+其他（湿法脱硫协同）+其他（湿式电除尘）①	$0.00012A_{ar}+99.9938$	
									高效电袋组合+其他（湿法脱硫协同）+其他（湿式电除尘）①	$0.00012A_{ar}+99.9942$	
									高效袋式除尘+其他（湿法脱硫协同）+其他（湿式电除尘）①	$0.000112A_{ar}+99.9946$	
									静电除尘	$0.0045A_{ar}+99.77$	

4411 火力发电、4412 热电联产行业废气、废水污染物系数表（续表 15）

工段名称	产品名称	原料名称	工艺名称	规模等级	污染物类别	污染物指标	系数单位	产污系数	末端治理技术	末端治理技术平均去除效率/%	参考 k 值计算公式
—	电能/电能+热能	煤炭	煤粉锅炉	150～249 兆瓦	废气	颗粒物	千克/吨-原料	$9.33A_{ar}+7.77$	电袋组合	$0.0045A_{ar}+99.78$	
									袋式除尘	$0.0042A_{ar}+99.8$	
									静电除尘+其他（湿法脱硫协同）	$0.0018A_{ar}+99.906$	
									电袋组合+其他（湿法脱硫协同）	$0.0018A_{ar}+99.914$	
									袋式除尘+其他（湿法脱硫协同）	$0.00168A_{ar}+99.92$	
									静电除尘+其他（湿式电除尘）	$0.0009A_{ar}+99.953$	
									电袋组合+其他（湿式电除尘）	$0.0009A_{ar}+99.957$	
									袋式除尘+其他（湿式电除尘）	$0.00084A_{ar}+99.96$	
									静电除尘+其他（湿法脱硫协同）+其他（湿式电除尘）	$0.00036A_{ar}+99.981$	
									电袋组合+其他（湿法脱硫协同）+其他（湿式电除尘）	$0.00036A_{ar}+99.983$	
									袋式除尘+其他（湿法脱硫协同）+其他（湿式电除尘）	$0.000336A_{ar}+99.984$	
						二氧化硫	千克/吨-原料	$16.96S_{ar}$	高效石灰石/石膏法②	$0.45S_{ar}+98.4$	k=脱硫设施实际运行时间（小时/年）/机组实际运行时间（小时/年）
									高效石灰/石膏法②	$0.45S_{ar}+98.4$	
									高效海水脱硫法②	$0.6S_{ar}+97.8$	
									高效氨法②	$0.3S_{ar}+98.6$	
									高效氧化镁法②	$0.5S_{ar}+98.2$	
									高效烟气循环流化床法②	$0.95S_{ar}+97.5$	
									其他（高效电石渣法）②	$0.75S_{ar}+97.8$	
									石灰石/石膏法	$1.2857S_{ar}+95.43$	
									石灰/石膏法	$1.2857S_{ar}+95.43$	

4411 火力发电、4412 热电联产行业废气、废水污染物系数表（续表 16）

工段名称	产品名称	原料名称	工艺名称	规模等级	污染物类别	污染物指标	系数单位	产污系数	末端治理技术	末端治理技术平均去除效率/%	参考 k 值计算公式
—	电能/电能+热能	煤炭	煤粉锅炉	150～249兆瓦	废气	二氧化硫	千克/吨-原料	$16.96S_{ar}$	海水脱硫法	$1.7143S_{ar}+93.71$	
									氨法	$0.8571S_{ar}+96$	
									氧化镁法	$1.4286S_{ar}+94.86$	
									双碱法	$1.8571S_{ar}+94.29$	
									烟气循环流化床法	$2.7143S_{ar}+92.86$	
									其他（电石渣法）	$2.1429S_{ar}+93.71$	
									其他（钠碱法）	$1.8571S_{ar}+94.29$	
						氮氧化物（低氮燃烧法，煤炭干燥无灰基挥发分≤10%）		7.68	选择性催化还原法（SCR）	87.50	k=脱硝设施实际运行时间（小时/年）/机组实际运行时间（小时/年）
						氮氧化物（低氮燃烧法，10%＜煤炭干燥无灰基挥发分≤20%）		5.60	高效选择性催化还原法（SCR）[③]	87.50	
									选择性催化还原法（SCR）	83.00	
						氮氧化物（低氮燃烧法，20%＜煤炭干燥无灰基挥发分≤37%）		3.64	高效选择性催化还原法（SCR）[③]	87.50	
									选择性催化还原法（SCR）	75.00	
						氮氧化物（低氮燃烧法，煤炭干燥无灰基挥发分＞37%）		2.98	高效选择性催化还原法（SCR）[③]	85.00	
									选择性催化还原法（SCR）	75.00	
						氮氧化物（低氮燃烧法-SNCR，煤炭干燥无灰基挥发分≤10%）		4.61	其他（直排）	—	—
									高效选择性催化还原法（SCR）[③]	87.5	k=脱硝设施实际运行时间（小时/年）/机组实际运行时间（小时/年）
									选择性催化还原法（SCR）	80.00	

4411 火力发电、4412 热电联产行业废气、废水污染物系数表（续表 17）

工段名称	产品名称	原料名称	工艺名称	规模等级	污染物类别	污染物指标	系数单位	产污系数	末端治理技术	末端治理技术平均去除效率/%	参考 k 值计算公式
—	电能/电能+热能	煤炭	煤粉锅炉	150～249兆瓦	废气	氮氧化物（低氮燃烧法-SNCR，10%＜煤炭干燥无灰基挥发分≤20%）	千克/吨-原料	3.97	其他（直排）	—	—
									高效选择性催化还原法（SCR）[3]	87.50	k=脱硝设施实际运行时间（小时/年）/机组实际运行时间（小时/年）
									选择性催化还原法（SCR）	80.00	
						氮氧化物（低氮燃烧法-SNCR，20%＜煤炭干燥无灰基挥发分≤37%）	千克/吨-原料	2.25	其他（直排）	—	—
									高效选择性催化还原法（SCR）[3]	80.00	k=脱硝设施实际运行时间（小时/年）/机组实际运行时间（小时/年）
									选择性催化还原法（SCR）	70.00	
						氮氧化物（低氮燃烧法-SNCR，煤炭干燥无灰基挥发分＞37%）	千克/吨-原料	1.97	其他（直排）	—	—
									高效选择性催化还原法（SCR）[3]	72.00	k=脱硝设施实际运行时间（小时/年）/机组实际运行时间（小时/年）
									选择性催化还原法（SCR）	65.00	
			循环流化床锅炉	150～249兆瓦	废气	颗粒物	千克/吨-原料	$6.24A_{ar}+7.57+61.94S_{ar}$	高效静电除尘[1]	$0.001A_{ar}+0.009S_{ar}+99.927$	k=除尘设施实际运行时间（小时/年）/机组实际运行时间（小时/年）
									高效电袋组合[1]	$0.001A_{ar}+0.0086S_{ar}+99.93$	
									高效袋式除尘[1]	$0.001A_{ar}+0.0082S_{ar}+99.935$	
									高效静电除尘+其他（湿法脱硫协同）[1]	$0.0004A_{ar}+0.0036S_{ar}+99.9708$	
									高效电袋组合+其他（湿法脱硫协同）[1]	$0.0004A_{ar}+0.00344S_{ar}+99.972$	
									高效袋式除尘+其他（湿法脱硫协同）[1]	$0.0004A_{ar}+0.00328S_{ar}+99.974$	
									高效静电除尘+其他（湿式电除尘）[1]	$0.0002A_{ar}+0.0018S_{ar}+99.9854$	

4411 火力发电、4412 热电联产行业废气、废水污染物系数表（续表 18）

工段名称	产品名称	原料名称	工艺名称	规模等级	污染物类别	污染物指标	系数单位	产污系数	末端治理技术	末端治理技术平均去除效率/%	参考 k 值计算公式
—	电能/电能+热能	煤炭	循环流化床锅炉	150～249 兆瓦	废气	颗粒物	千克/吨-原料	$6.24A_{ar}+7.57+61.94S_{ar}$	高效电袋组合+其他（湿式电除尘）[1]	$0.0002A_{ar}+0.00172S_{ar}+99.986$	k=除尘设施实际运行时间（小时/年）/机组实际运行时间（小时/年）
									高效袋式除尘+其他（湿式电除尘）[1]	$0.0002A_{ar}+0.00164S_{ar}+99.987$	
									高效静电除尘+其他（湿法脱硫协同）+其他（湿式电除尘）[1]	$0.00008A_{ar}+0.00072S_{ar}+99.9942$	
									高效电袋组合+其他（湿法脱硫协同）+其他（湿式电除尘）[1]	$0.00008A_{ar}+0.000688S_{ar}+99.9944$	
									高效袋式除尘+其他（湿法脱硫协同）+其他（湿式电除尘）[1]	$0.00008A_{ar}+0.000656S_{ar}+99.9948$	
									静电除尘	$0.003A_{ar}+0.027S_{ar}+99.78$	
									电袋组合	$0.003A_{ar}+0.0258S_{ar}+99.79$	
									袋式除尘	$0.003A_{ar}+0.0246S_{ar}+99.81$	
									静电除尘+其他（湿法脱硫协同）	$0.0012A_{ar}+0.0108S_{ar}+99.912$	
									电袋组合+其他（湿法脱硫协同）	$0.0012A_{ar}+0.01032S_{ar}+99.916$	
									袋式除尘+其他（湿法脱硫协同）	$0.0012A_{ar}+0.00984S_{ar}+99.922$	
									静电除尘+其他（湿式电除尘）	$0.0006A_{ar}+0.0054S_{ar}+99.956$	
									电袋组合+其他（湿式电除尘）	$0.0006A_{ar}+0.00516S_{ar}+99.958$	
									袋式除尘+其他（湿式电除尘）	$0.0006A_{ar}+0.00492S_{ar}+99.961$	

4411 火力发电、4412 热电联产行业废气、废水污染物系数表（续表 19）

工段名称	产品名称	原料名称	工艺名称	规模等级	污染物类别	污染物指标	系数单位	产污系数	末端治理技术	末端治理技术平均去除效率/%	参考 k 值计算公式
—	电能/电能+热能	煤炭	循环流化床锅炉	150～249兆瓦	废气	颗粒物	千克/吨-原料	$6.24A_{ar}+7.57+61.94S_{ar}$	静电除尘+其他（湿法脱硫协同）+其他（湿式电除尘）	$0.00024A_{ar}+0.00216S_{ar}+99.983$	k=除尘设施实际运行时间（小时/年）/机组实际运行时间（小时/年）
									电袋组合+其他（湿法脱硫协同）+其他（湿式电除尘）	$0.00024A_{ar}+0.00206S_{ar}+99.983$	
									袋式除尘+其他（湿法脱硫协同）+其他（湿式电除尘）	$0.00024A_{ar}+0.00197S_{ar}+99.984$	
						二氧化硫	千克/吨-原料	$5.09S_{ar}$	高效石灰石/石膏法②	$0.45S_{ar}+97$	k=脱硫设施实际运行时间（小时/年）/机组实际运行时间（小时/年）
									高效石灰/石膏法②	$0.45S_{ar}+97$	
									高效氨法②	$0.4S_{ar}+96.6$	
									高效氧化镁法②	$0.5S_{ar}+96.4$	
									高效烟气循环流化床法②	$0.75S_{ar}+96$	
									其他（高效电石渣法）②	$0.7S_{ar}+96$	
									石灰石/石膏法	$1.6714S_{ar}+88.86$	
									石灰/石膏法	$1.6714S_{ar}+88.86$	
									氨法	$1.4857S_{ar}+87.37$	
									双碱法	$2.4143S_{ar}+85.14$	
									氧化镁法	$1.8571S_{ar}+86.63$	
									烟气循环流化床法	$2.7857S_{ar}+85.14$	
									其他（电石渣法）	$2.6S_{ar}+85.14$	
									其他（钠碱法）	$2.4143S_{ar}+85.14$	
						氮氧化物（煤炭干燥无灰基挥发分≤10%）	千克/吨-原料	1.86	其他（直排）	—	—
									高效选择性催化还原法（SCR）③	78.00	k=脱硝设施实际运行时间（小时/年）/机组实际运行时间（小时/年）
									选择性催化还原法（SCR）	65.00	
						氮氧化物（10%＜煤炭干燥无灰基挥发分≤20%）	千克/吨-原料	1.86	其他（直排）	—	—
									高效选择性催化还原法（SCR）③	78.00	k=脱硝设施实际运行时间（小时/年）/机组实际运行时间（小时/年）
									选择性催化还原法（SCR）	65.00	

4411 火力发电、4412 热电联产行业废气、废水污染物系数表（续表 20）

工段名称	产品名称	原料名称	工艺名称	规模等级	污染物类别	污染物指标	系数单位	产污系数	末端治理技术	末端治理技术平均去除效率/%	参考 k 值计算公式
—	电能/电能+热能	煤炭	循环流化床锅炉	150～249兆瓦	废气	氮氧化物（20%＜煤炭干燥无灰基挥发分≤37%）	千克/吨-原料	2.32	其他（直排）	—	—
									高效选择性催化还原法（SCR）[③]	80.00	k=脱硝设施实际运行时间（小时/年）/机组实际运行时间（小时/年）
									选择性催化还原法（SCR）	65.00	
						氮氧化物（煤炭干燥无灰基挥发分＞37%）		2.32	其他（直排）	—	—
									高效选择性催化还原法（SCR）[③]	80.00	k=脱硝设施实际运行时间（小时/年）/机组实际运行时间（小时/年）
									选择性催化还原法（SCR）	65.00	
						氮氧化物（SNCR，煤炭干燥无灰基挥发分≤10%）		0.93	其他（直排）	—	—
									高效选择性催化还原法（SCR）[③]	65.00	k=脱硝设施实际运行时间（小时/年）/机组实际运行时间（小时/年）
									选择性催化还原法（SCR）	50.00	
						氮氧化物（SNCR，10%＜煤炭干燥无灰基挥发分≤20%）		0.93	其他（直排）	—	—
									高效选择性催化还原法（SCR）[③]	65.00	k=脱硝设施实际运行时间（小时/年）/机组实际运行时间（小时/年）
									选择性催化还原法（SCR）	50.00	
						氮氧化物（SNCR，20%＜煤炭干燥无灰基挥发分≤37%）		1.16	其他（直排）	—	—
									高效选择性催化还原法（SCR）[③]	65.00	k=脱硝设施实际运行时间（小时/年）/机组实际运行时间（小时/年）
									选择性催化还原法（SCR）	50.00	
						氮氧化物（SNCR，煤炭干燥无灰基挥发分＞37%）		1.16	其他（直排）	—	—
									高效选择性催化还原法（SCR）[③]	65.00	k=脱硝设施实际运行时间（小时/年）/机组实际运行时间（小时/年）
									选择性催化还原法（SCR）	50.00	

4411 火力发电、4412 热电联产行业废气、废水污染物系数表（续表 21）

工段名称	产品名称	原料名称	工艺名称	规模等级	污染物类别	污染物指标	系数单位	产污系数	末端治理技术	末端治理技术平均去除效率/%	参考 k 值计算公式
—	电能/电能+热能	煤炭	煤粉锅炉或循环流化床锅炉	75～149 兆瓦	废水	工业废水量	吨/吨-原料	1.32	其他（重复利用）	100	—
									—	0	
						化学需氧量	克/吨-原料	161.01	其他（物理处理法+化学处理法）	76.11	k=［机组实际运行时间（小时/年）−废水总排口事故排放时间（小时/年）］/机组实际运行时间（小时/年）
						氨氮	克/吨-原料	36.50	其他（物理处理法+化学处理法）	90.03	k=［机组实际运行时间（小时/年）−废水总排口事故排放时间（小时/年）］/机组实际运行时间（小时/年）
					废气	工业废气量	标米^3/吨-原料	8178.00	其他（直排）	—	—
		煤炭	煤粉锅炉			颗粒物	千克/吨-原料	$9.31A_{ar}+9.18$	高效静电除尘①	$0.0015A_{ar}+99.922$	k=除尘设施实际运行时间（小时/年）/机组实际运行时间（小时/年）
									高效电袋组合①	$0.0015A_{ar}+99.928$	
									高效袋式除尘①	$0.0014A_{ar}+99.933$	
									高效静电除尘+其他（湿法脱硫协同）①	$0.0006A_{ar}+99.9688$	
									高效电袋组合+其他（湿法脱硫协同）①	$0.0006A_{ar}+99.9712$	
									高效袋式除尘+其他（湿法脱硫协同）①	$0.00056A_{ar}+99.9732$	
									高效静电除尘+其他（湿式电除尘）①	$0.0003A_{ar}+99.9844$	
									高效电袋组合+其他（湿式电除尘）①	$0.0003A_{ar}+99.9856$	
									高效袋式除尘+其他（湿式电除尘）①	$0.00028A_{ar}+99.9866$	

4411 火力发电、4412 热电联产行业废气、废水污染物系数表（续表 22）

工段名称	产品名称	原料名称	工艺名称	规模等级	污染物类别	污染物指标	系数单位	产污系数	末端治理技术	末端治理技术平均去除效率/%	参考 k 值计算公式
—	电能/电能+热能	煤炭	煤粉锅炉	75～149兆瓦	废气	颗粒物	千克/吨-原料	$9.31A_{ar}+9.18$	高效静电除尘+其他（湿法脱硫协同）+其他（湿式电除尘）①	$0.00012A_{ar}+99.9938$	k=除尘设施实际运行时间（小时/年）/机组实际运行时间（小时/年）
									高效电袋组合+其他（湿法脱硫协同）+其他（湿式电除尘）①	$0.00012A_{ar}+99.9942$	
									高效袋式除尘+其他（湿法脱硫协同）+其他（湿式电除尘）①	$0.000112A_{ar}+99.9946$	
									静电除尘	$0.0045A_{ar}+99.77$	
									电袋组合	$0.0045A_{ar}+99.78$	
									袋式除尘	$0.0042A_{ar}+99.8$	
									静电除尘+其他（湿法脱硫协同）	$0.0018A_{ar}+99.906$	
									电袋组合+其他（湿法脱硫协同）	$0.0018A_{ar}+99.914$	
									袋式除尘+其他（湿法脱硫协同）	$0.00168A_{ar}+99.92$	
									静电除尘+其他（湿式电除尘）	$0.0009A_{ar}+99.953$	
									电袋组合+其他（湿式电除尘）	$0.0009A_{ar}+99.957$	
									袋式除尘+其他（湿式电除尘）	$0.00084A_{ar}+99.96$	
									静电除尘+其他（湿法脱硫协同）+其他（湿式电除尘）	$0.00036A_{ar}+99.981$	
									电袋组合+其他（湿法脱硫协同）+其他（湿式电除尘）	$0.00036A_{ar}+99.983$	
									袋式除尘+其他（湿法脱硫协同）+其他（湿式电除尘）	$0.000336A_{ar}+99.984$	

4411 火力发电、4412 热电联产行业废气、废水污染物系数表（续表 23）

工段名称	产品名称	原料名称	工艺名称	规模等级	污染物类别	污染物指标	系数单位	产污系数	末端治理技术	末端治理技术平均去除效率/%	参考 k 值计算公式
—	电能/电能+热能	煤炭	煤粉锅炉	75～149 兆瓦	废气	二氧化硫	千克/吨-原料	16.94S_{ar}	高效石灰石/石膏法[②]	0.45S_{ar}+98.4	k=脱硫设施实际运行时间（小时/年）/机组实际运行时间（小时/年）
									高效石灰/石膏法[②]	0.45S_{ar}+98.4	
									高效海水脱硫法[②]	0.6S_{ar}+97.8	
									高效氨法[②]	0.3S_{ar}+98.6	
									高效氧化镁法[②]	0.5S_{ar}+98.2	
									高效烟气循环流化床法[②]	0.95S_{ar}+97.5	
									其他（高效电石渣法）[②]	0.75S_{ar}+97.8	
									石灰石/石膏法	1.2857S_{ar}+95.43	
									石灰/石膏法	1.2857S_{ar}+95.43	
									海水脱硫法	1.7143S_{ar}+93.71	
									氨法	0.8571S_{ar}+96	
									氧化镁法	1.4286S_{ar}+94.86	
									双碱法	1.8571S_{ar}+94.29	
									烟气循环流化床法	2.7143S_{ar}+92.86	
									其他（电石渣法）	2.1429S_{ar}+93.71	
									其他（钠碱法）	1.8571S_{ar}+94.29	
						氮氧化物（低氮燃烧法，煤炭干燥无灰基挥发分≤10%）	千克/吨-原料	7.39	其他（直排）	—	—
									选择性催化还原法（SCR）	87.5	k=脱硝设施实际运行时间（小时/年）/机组实际运行时间（小时/年）
						氮氧化物（低氮燃烧法，10%<煤炭干燥无灰基挥发分≤20%）	千克/吨-原料	5.01	其他（直排）	—	—
									高效选择性催化还原法（SCR）[③]	86.00	k=脱硝设施实际运行时间（小时/年）/机组实际运行时间（小时/年）
									选择性催化还原法（SCR）	75.00	
						氮氧化物（低氮燃烧法，20%<煤炭干燥无灰基挥发分≤37%）	千克/吨-原料	4.47	其他（直排）	—	—
									高效选择性催化还原法（SCR）[③]	85.00	k=脱硝设施实际运行时间（小时/年）/机组实际运行时间（小时/年）
									选择性催化还原法（SCR）	75.00	

4411 火力发电、4412 热电联产行业废气、废水污染物系数表（续表 24）

工段名称	产品名称	原料名称	工艺名称	规模等级	污染物类别	污染物指标	系数单位	产污系数	末端治理技术	末端治理技术平均去除效率/%	参考 k 值计算公式
—	电能/电能+热能	煤炭	煤粉锅炉	75～149兆瓦	废气	氮氧化物（低氮燃烧法，煤炭干燥无灰基挥发分＞37%）	千克/吨-原料	2.39	其他（直排）	—	—
									高效选择性催化还原法（SCR）[③]	83.00	k=脱硝设施实际运行时间（小时/年）/机组实际运行时间（小时/年）
									选择性催化还原法（SCR）	75.00	
						氮氧化物（低氮燃烧法-SNCR，煤炭干燥无灰基挥发分≤10%）	千克/吨-原料	4.06	其他（直排）	—	—
									高效选择性催化还原法（SCR）[③]	85.00	k=脱硝设施实际运行时间（小时/年）/机组实际运行时间（小时/年）
									选择性催化还原法（SCR）	87.50	
						氮氧化物（低氮燃烧法-SNCR，10%＜煤炭干燥无灰基挥发分≤20%）	千克/吨-原料	3.01	其他（直排）	—	—
									高效选择性催化还原法（SCR）[③]	85.00	k=脱硝设施实际运行时间（小时/年）/机组实际运行时间（小时/年）
									选择性催化还原法（SCR）	75.00	
						氮氧化物（低氮燃烧法-SNCR，20%＜煤炭干燥无灰基挥发分≤37%）	千克/吨-原料	2.68	其他（直排）	—	—
									高效选择性催化还原法（SCR）[③]	83.00	k=脱硝设施实际运行时间（小时/年）/机组实际运行时间（小时/年）
									选择性催化还原法（SCR）	75.00	
						氮氧化物（低氮燃烧法-SNCR，煤炭干燥无灰基挥发分＞37%）	千克/吨-原料	1.70	其他（直排）	—	—
									高效选择性催化还原法（SCR）[③]	75.00	k=脱硝设施实际运行时间（小时/年）/机组实际运行时间（小时/年）
									选择性催化还原法（SCR）	65.00	

4411 火力发电、4412 热电联产行业废气、废水污染物系数表（续表 25）

工段名称	产品名称	原料名称	工艺名称	规模等级	污染物类别	污染物指标	系数单位	产污系数	末端治理技术	末端治理技术平均去除效率/%	参考 k 值计算公式
—	电能/电能+热能	煤炭	循环流化床锅炉	75～149兆瓦	废气	颗粒物	千克/吨-原料	$6.31A_{ar}+61.94S_{ar}+7.27$	高效静电除尘①	$0.001A_{ar}+0.009S_{ar}+99.927$	k=除尘设施实际运行时间（小时/年）/机组实际运行时间（小时/年）
									高效电袋组合①	$0.001A_{ar}+0.0086S_{ar}+99.93$	
									高效袋式除尘①	$0.001A_{ar}+0.0082S_{ar}+99.935$	
									高效静电除尘+其他（湿法脱硫协同）①	$0.0004A_{ar}+0.0036S_{ar}+99.9708$	
									高效电袋组合+其他（湿法脱硫协同）①	$0.0004A_{ar}+0.00344S_{ar}+99.972$	
									高效袋式除尘+其他（湿法脱硫协同）①	$0.0004A_{ar}+0.00328S_{ar}+99.974$	
									高效静电除尘+其他（湿式电除尘）①	$0.0002A_{ar}+0.0018S_{ar}+99.9854$	
									高效电袋组合+其他（湿式电除尘）①	$0.0002A_{ar}+0.00172S_{ar}+99.986$	
									高效袋式除尘+其他（湿式电除尘）①	$0.0002A_{ar}+0.00164S_{ar}+99.987$	
									高效静电除尘+其他（湿法脱硫协同）+其他（湿式电除尘）①	$0.00008A_{ar}+0.00072S_{ar}+99.9942$	
									高效电袋组合+其他（湿法脱硫协同）+其他（湿式电除尘）①	$0.00008A_{ar}+0.000688S_{ar}+99.9944$	
									高效袋式除尘+其他（湿法脱硫协同）+其他（湿式电除尘）①	$0.00008A_{ar}+0.000656S_{ar}+99.9948$	
									静电除尘	$0.003A_{ar}+0.027S_{ar}+99.78$	
									电袋组合	$0.003A_{ar}+0.0258S_{ar}+99.79$	
									袋式除尘	$0.003A_{ar}+0.0246S_{ar}+99.81$	
									静电除尘+其他（湿法脱硫协同）	$0.0012A_{ar}+0.0108S_{ar}+99.912$	

4411 火力发电、4412 热电联产行业废气、废水污染物系数表（续表 26）

工段名称	产品名称	原料名称	工艺名称	规模等级	污染物类别	污染物指标	系数单位	产污系数	末端治理技术	末端治理技术平均去除效率/%	参考 k 值计算公式
—	电能/电能+热能	煤炭	循环流化床锅炉	75～149兆瓦	废气	颗粒物	千克/吨-原料	$6.31A_{ar}+61.94S_{ar}+7.27$	电袋组合+其他（湿法脱硫协同）	$0.0012A_{ar}+0.01032S_{ar}+99.916$	k=除尘设施实际运行时间（小时/年）/机组实际运行时间（小时/年）
									袋式除尘+其他（湿法脱硫协同）	$0.0012A_{ar}+0.00984S_{ar}+99.922$	
									静电除尘+其他（湿式电除尘）	$0.0006A_{ar}+0.0054S_{ar}+99.956$	
									电袋组合+其他（湿式电除尘）	$0.0006A_{ar}+0.00516S_{ar}+99.958$	
									袋式除尘+其他（湿式电除尘）	$0.0006A_{ar}+0.00492S_{ar}+99.961$	
									静电除尘+其他（湿法脱硫协同）+其他（湿式电除尘）	$0.00024A_{ar}+0.00216S_{ar}+99.983$	
									电袋组合+其他（湿法脱硫协同）+其他（湿式电除尘）	$0.00024A_{ar}+0.00206S_{ar}+99.983$	
									袋式除尘+其他（湿法脱硫协同）+其他（湿式电除尘）	$0.00024A_{ar}+0.00197S_{ar}+99.984$	
						二氧化硫	千克/吨-原料	$5.08S_{ar}$	高效石灰石/石膏法②	$0.45S_{ar}+97$	k=脱硫设施实际运行时间（小时/年）/机组实际运行时间（小时/年）
									高效石灰/石膏法②	$0.45S_{ar}+97$	
									高效氨法②	$0.4S_{ar}+96.6$	
									高效氧化镁法②	$0.5S_{ar}+96.4$	
									高效烟气循环流化床法②	$0.75S_{ar}+96$	
									其他（高效电石渣法）②	$0.7S_{ar}+96$	
									石灰石/石膏法	$1.6714S_{ar}+88.86$	
									石灰/石膏法	$1.6714S_{ar}+88.86$	
									氨法	$1.4857S_{ar}+87.37$	
									双碱法	$2.4143S_{ar}+85.14$	
									氧化镁法	$1.8571S_{ar}+86.63$	
									烟气循环流化床法	$2.7857S_{ar}+85.14$	
									其他（电石渣法）	$2.6S_{ar}+85.14$	
									其他（钠碱法）	$2.4143S_{ar}+85.14$	

4411 火力发电、4412 热电联产行业废气、废水污染物系数表（续表 27）

工段名称	产品名称	原料名称	工艺名称	规模等级	污染物类别	污染物指标	系数单位	产污系数	末端治理技术	末端治理技术平均去除效率/%	参考 k 值计算公式
—	电能/电能+热能	煤炭	循环流化床锅炉	75～149 兆瓦	废气	氮氧化物（煤炭干燥无灰基挥发分≤10%）	千克/吨-原料	1.64	其他（直排）	—	—
									高效选择性催化还原法（SCR）[③]	78.00	k=脱硝设施实际运行时间（小时/年）/机组实际运行时间（小时/年）
									选择性催化还原法（SCR）	65.00	
						氮氧化物（10%<煤炭干燥无灰基挥发分≤20%）	千克/吨-原料	1.64	其他（直排）	—	—
									高效选择性催化还原法（SCR）[③]	78.00	k=脱硝设施实际运行时间（小时/年）/机组实际运行时间（小时/年）
									选择性催化还原法（SCR）	65.00	
						氮氧化物（20%<煤炭干燥无灰基挥发分≤37%）	千克/吨-原料	2.05	其他（直排）	—	—
									高效选择性催化还原法（SCR）[③]	78.00	k=脱硝设施实际运行时间（小时/年）/机组实际运行时间（小时/年）
									选择性催化还原法（SCR）	65.00	
						氮氧化物（煤炭干燥无灰基挥发分>37%）	千克/吨-原料	2.05	其他（直排）	—	—
									高效选择性催化还原法（SCR）[③]	78.00	k=脱硝设施实际运行时间（小时/年）/机组实际运行时间（小时/年）
									选择性催化还原法（SCR）	65.00	
						氮氧化物（SNCR，煤炭干燥无灰基挥发分≤10%）	千克/吨-原料	0.82	其他（直排）	—	—
									高效选择性催化还原法（SCR）[③]	65.00	k=脱硝设施实际运行时间（小时/年）/机组实际运行时间（小时/年）
									选择性催化还原法（SCR）	50.00	
						氮氧化物（SNCR，10%<煤炭干燥无灰基挥发分≤20%）	千克/吨-原料	0.82	其他（直排）	—	—
									高效选择性催化还原法（SCR）[③]	65.00	k=脱硝设施实际运行时间（小时/年）/机组实际运行时间（小时/年）
									选择性催化还原法（SCR）	50.00	
						氮氧化物（SNCR，20%<煤炭干燥无灰基挥发分≤37%）	千克/吨-原料	1.01	其他（直排）	—	—
									高效选择性催化还原法（SCR）[③]	70.00	k=脱硝设施实际运行时间（小时/年）/机组实际运行时间（小时/年）
									选择性催化还原法（SCR）	50.00	

4411 火力发电、4412 热电联产行业废气、废水污染物系数表（续表 28）

工段名称	产品名称	原料名称	工艺名称	规模等级	污染物类别	污染物指标	系数单位	产污系数	末端治理技术	末端治理技术平均去除效率/%	参考 k 值计算公式
—	电能/电能+热能	煤炭	循环流化床锅炉	75～149兆瓦	废气	氮氧化物（SNCR，煤炭干燥无灰基挥发分＞37%）	千克/吨-原料	1.01	其他（直排）	—	—
									高效选择性催化还原法（SCR）[3]	70.00	k=脱硝设施实际运行时间（小时/年）/机组实际运行时间（小时/年）
									选择性催化还原法（SCR）	50.00	
			煤粉锅炉或循环流化床锅炉	35～74兆瓦	废水	工业废水量	吨/吨-原料	0.76	其他（重复利用）	100	—
									—	0	
						化学需氧量	克/吨-原料	75.55	其他（物理处理法+化学处理法）	58.64	k=［机组实际运行时间（小时/年）–废水总排口事故排放时间（小时/年）］/机组实际运行时间（小时/年）
						氨氮	克/吨-原料	15.55	其他（物理处理法+化学处理法）	78.84	k=［机组实际运行时间（小时/年）–废水总排口事故排放时间（小时/年）］/机组实际运行时间（小时/年）
					废气	工业废气量	标米^3/吨-原料	7558.00	其他（直排）	—	—
			煤粉锅炉			颗粒物	千克/吨-原料	$9.36A_{ar}+10.44$	高效静电除尘[1]	$0.0017A_{ar}+99.918$	k=除尘设施实际运行时间（小时/年）/机组实际运行时间（小时/年）
									高效电袋组合[1]	$0.0016A_{ar}+99.928$	
									高效袋式除尘[1]	$0.0015A_{ar}+99.93$	
									高效静电除尘+其他（湿法脱硫协同）[1]	$0.00068A_{ar}+99.9672$	
									高效电袋组合+其他（湿法脱硫协同）[1]	$0.00064A_{ar}+99.9712$	
									高效袋式除尘+其他（湿法脱硫协同）[1]	$0.0006A_{ar}+99.972$	
									高效静电除尘+其他（湿式电除尘）[1]	$0.00034A_{ar}+99.9836$	
									高效电袋组合+其他（湿式电除尘）[1]	$0.00032A_{ar}+99.9856$	

4411 火力发电、4412 热电联产行业废气、废水污染物系数表（续表 29）

工段名称	产品名称	原料名称	工艺名称	规模等级	污染物类别	污染物指标	系数单位	产污系数	末端治理技术	末端治理技术平均去除效率/%	参考 k 值计算公式
—	电能/电能+热能	煤炭	煤粉锅炉	35～74兆瓦	废气	颗粒物	千克/吨-原料	$9.36A_{ar}+10.44$	高效袋式除尘+其他（湿式电除尘）[①]	$0.0003A_{ar}+99.986$	k=除尘设施实际运行时间（小时/年）/机组实际运行时间（小时/年）
									高效静电除尘+其他（湿法脱硫协同）+其他（湿式电除尘）[①]	$0.000136A_{ar}+99.9934$	
									高效电袋组合+其他（湿法脱硫协同）+其他（湿式电除尘）[①]	$0.000128A_{ar}+99.9942$	
									高效袋式除尘+其他（湿法脱硫协同）+其他（湿式电除尘）[①]	$0.00012A_{ar}+99.9944$	
									静电除尘	$0.0051A_{ar}+99.75$	
									电袋组合	$0.0048A_{ar}+99.78$	
									袋式除尘	$0.0045A_{ar}+99.79$	
									静电除尘+其他（湿法脱硫协同）	$0.00204A_{ar}+99.902$	
									电袋组合+其他（湿法脱硫协同）	$0.00192A_{ar}+99.914$	
									袋式除尘+其他（湿法脱硫协同）	$0.0018A_{ar}+99.916$	
									静电除尘+其他（湿式电除尘）	$0.00102A_{ar}+99.951$	
									电袋组合+其他（湿式电除尘）	$0.00096A_{ar}+99.957$	
									袋式除尘+其他（湿式电除尘）	$0.0009A_{ar}+99.958$	
									静电除尘+其他（湿法脱硫协同）+其他（湿式电除尘）	$0.000408A_{ar}+99.98$	
									电袋组合+其他（湿法脱硫协同）+其他（湿式电除尘）	$0.000384A_{ar}+99.983$	
									袋式除尘+其他（湿法脱硫协同）+其他（湿式电除尘）	$0.00036A_{ar}+99.983$	

4411 火力发电、4412 热电联产行业废气、废水污染物系数表（续表 30）

工段名称	产品名称	原料名称	工艺名称	规模等级	污染物类别	污染物指标	系数单位	产污系数	末端治理技术	末端治理技术平均去除效率/%	参考 k 值计算公式
—	电能/电能+热能	煤炭	煤粉锅炉	35～74兆瓦	废气	二氧化硫	千克/吨-原料	$16.78S_{ar}$	高效石灰石/石膏法②	$0.5S_{ar}+98.3$	k=脱硫设施实际运行时间（小时/年）/机组实际运行时间（小时/年）
									高效石灰/石膏法②	$0.5S_{ar}+98.3$	
									高效海水脱硫法②	$0.6S_{ar}+97.8$	
									高效氨法②	$0.3S_{ar}+98.6$	
									高效氧化镁法②	$0.5S_{ar}+98.2$	
									高效烟气循环流化床法②	$0.95S_{ar}+97.5$	
									其他（高效电石渣法）②	$0.75S_{ar}+97.8$	
									石灰石/石膏法	$1.4286S_{ar}+95.14$	
									石灰/石膏法	$1.4286S_{ar}+95.14$	
									海水脱硫法	$1.7143S_{ar}+93.71$	
									氨法	$0.8571S_{ar}+96$	
									氧化镁法	$1.4286S_{ar}+94.86$	
									双碱法	$1.8571S_{ar}+94.29$	
									烟气循环流化床法	$2.7143S_{ar}+92.86$	
									其他（电石渣法）	$2.1429S_{ar}+93.71$	
									其他（钠碱法）	$1.8571S_{ar}+94.29$	
						氮氧化物（低氮燃烧法，10%＜煤炭干燥无灰基挥发分≤20%）	千克/吨-原料	4.53	其他（直排）	—	—
									高效选择性催化还原法（SCR）③	87.50	k=脱硝设施实际运行时间（小时/年）/机组实际运行时间（小时/年）
									选择性催化还原法（SCR）	83.00	
						氮氧化物（低氮燃烧法，20%＜煤炭干燥无灰基挥发分≤37%）	千克/吨-原料	3.20	其他（直排）	—	—
									高效选择性催化还原法（SCR）③	85.00	k=脱硝设施实际运行时间（小时/年）/机组实际运行时间（小时/年）
									选择性催化还原法（SCR）	75.00	
						氮氧化物（低氮燃烧法，煤炭干燥无灰基挥发分＞37%）	千克/吨-原料	3.04	其他（直排）	—	—
									高效选择性催化还原法（SCR）③	83.00	k=脱硝设施实际运行时间（小时/年）/机组实际运行时间（小时/年）
									选择性催化还原法（SCR）	75.00	

4411 火力发电、4412 热电联产行业废气、废水污染物系数表（续表 31）

工段名称	产品名称	原料名称	工艺名称	规模等级	污染物类别	污染物指标	系数单位	产污系数	末端治理技术	末端治理技术平均去除效率/%	参考 k 值计算公式
—	电能/电能+热能	煤炭	煤粉锅炉	35～74兆瓦	废气	氮氧化物（低氮燃烧法-SNCR，10%＜煤炭干燥无灰基挥发分≤20%）	千克/吨-原料	2.78	其他（直排）	—	—
									高效选择性催化还原法（SCR）③	85.00	k=脱硝设施实际运行时间（小时/年）/机组实际运行时间（小时/年）
									选择性催化还原法（SCR）	75.00	
						氮氧化物（低氮燃烧法-SNCR，20%＜煤炭干燥无灰基挥发分≤37%）	千克/吨-原料	2.26	其他（直排）	—	—
									高效选择性催化还原法（SCR）③	81.00	k=脱硝设施实际运行时间（小时/年）/机组实际运行时间（小时/年）
									选择性催化还原法（SCR）	70.00	
						氮氧化物（低氮燃烧法-SNCR，煤炭干燥无灰基挥发分＞37%）	千克/吨-原料	1.98	其他（直排）	—	—
									高效选择性催化还原法（SCR）③	80.00	k=脱硝设施实际运行时间（小时/年）/机组实际运行时间（小时/年）
									选择性催化还原法（SCR）	70.00	
			循环流化床锅炉	35～74兆瓦	废气	颗粒物	千克/吨-原料	$6.24A_{ar}+7.24+61.94S_{ar}$	高效静电除尘①	$0.001A_{ar}+0.009S_{ar}+99.923$	k=除尘设施实际运行时间（小时/年）/机组实际运行时间（小时/年）
									高效电袋组合①	$0.001A_{ar}+0.0084S_{ar}+99.928$	
									高效袋式除尘①	$0.001A_{ar}+0.008S_{ar}+99.93$	
									高效静电除尘+其他（湿法脱硫协同）①	$0.0004A_{ar}+0.0036S_{ar}+99.9692$	
									高效电袋组合+其他（湿法脱硫协同）①	$0.0004A_{ar}+0.00336S_{ar}+99.9712$	
									高效袋式除尘+其他（湿法脱硫协同）①	$0.0004A_{ar}+0.0032S_{ar}+99.972$	
									高效静电除尘+其他（湿式电除尘）①	$0.0002A_{ar}+0.0018S_{ar}+99.9846$	
									高效电袋组合+其他（湿式电除尘）①	$0.0002A_{ar}+0.00168S_{ar}+99.9856$	
									高效袋式除尘+其他（湿式电除尘）①	$0.0002A_{ar}+0.0016S_{ar}+99.986$	

4411 火力发电、4412 热电联产行业废气、废水污染物系数表（续表 32）

工段名称	产品名称	原料名称	工艺名称	规模等级	污染物类别	污染物指标	系数单位	产污系数	末端治理技术	末端治理技术平均去除效率/%	参考 k 值计算公式
—	电能/电能+热能	煤炭	循环流化床锅炉	35～74兆瓦	废气	颗粒物	千克/吨-原料	$6.24A_{ar}+7.24+61.94S_{ar}$	高效静电除尘+其他（湿法脱硫协同）+其他（湿式电除尘）①	$0.00008A_{ar}+0.00072S_{ar}+99.9938$	k=除尘设施实际运行时间（小时/年）/机组实际运行时间（小时/年）
									高效电袋组合+其他（湿法脱硫协同）+其他（湿式电除尘）①	$0.00008A_{ar}+0.000672S_{ar}+99.9942$	
									高效袋式除尘+其他（湿法脱硫协同）+其他（湿式电除尘）①	$0.00008A_{ar}+0.00064S_{ar}+99.9944$	
									静电除尘	$0.003A_{ar}+0.027S_{ar}+99.77$	
									电袋组合	$0.003A_{ar}+0.0252S_{ar}+99.78$	
									袋式除尘	$0.003A_{ar}+0.024S_{ar}+99.79$	
									静电除尘+其他（湿法脱硫协同）	$0.0012A_{ar}+0.0108S_{ar}+99.908$	
									电袋组合+其他（湿法脱硫协同）	$0.0012A_{ar}+0.01008S_{ar}+99.914$	
									袋式除尘+其他（湿法脱硫协同）	$0.0012A_{ar}+0.0096S_{ar}+99.916$	
									静电除尘+其他（湿式电除尘）	$0.0006A_{ar}+0.0054S_{ar}+99.954$	
									电袋组合+其他（湿式电除尘）	$0.0006A_{ar}+0.00504S_{ar}+99.957$	
									袋式除尘+其他（湿式电除尘）	$0.0006A_{ar}+0.0048S_{ar}+99.958$	
									静电除尘+其他（湿法脱硫协同）+其他（湿式电除尘）	$0.00024A_{ar}+0.00216S_{ar}+99.981$	
									电袋组合+其他（湿法脱硫协同）+其他（湿式电除尘）	$0.00024A_{ar}+0.00202S_{ar}+99.983$	
									袋式除尘+其他（湿法脱硫协同）+其他（湿式电除尘）	$0.00024A_{ar}+0.00192S_{ar}+99.983$	

4411 火力发电、4412 热电联产行业废气、废水污染物系数表（续表 33）

工段名称	产品名称	原料名称	工艺名称	规模等级	污染物类别	污染物指标	系数单位	产污系数	末端治理技术	末端治理技术平均去除效率/%	参考 k 值计算公式
—	电能/电能+热能	煤炭	循环流化床锅炉	35～74兆瓦	废气	二氧化硫	千克/吨-原料	$5.87S_{ar}$	高效石灰石/石膏法[②]	$0.5S_{ar}+97$	k=脱硫设施实际运行时间（小时/年）/机组实际运行时间（小时/年）
									高效石灰/石膏法[②]	$0.5S_{ar}+97$	
									高效氨法[②]	$0.4S_{ar}+97.3$	
									高效氧化镁法[②]	$0.65S_{ar}+96.6$	
									高效烟气循环流化床法[②]	$0.85S_{ar}+96$	
									其他（高效电石渣法）[②]	$0.85S_{ar}+96$	
									石灰石/石膏法	$1.8571S_{ar}+88.86$	
									石灰/石膏法	$1.8571S_{ar}+88.86$	
									氨法	$1.4857S_{ar}+89.97$	
									双碱法	$2.4143S_{ar}+87$	
									氧化镁法	$2.4143S_{ar}+87.37$	
									烟气循环流化床法	$3.1571S_{ar}+85.14$	
									其他（电石渣法）	$3.1571S_{ar}+85.14$	
									其他（钠碱法）	$2.4143S_{ar}+87$	
						氮氧化物（煤炭干燥无灰基挥发分≤10%）	千克/吨-原料	2.11	其他（直排）	—	—
									高效选择性催化还原法（SCR）[③]	78.00	k=脱硝设施实际运行时间（小时/年）/机组实际运行时间（小时/年）
									选择性催化还原法（SCR）	65.00	
						氮氧化物（10%＜煤炭干燥无灰基挥发分≤20%）	千克/吨-原料	2.11	其他（直排）	—	—
									高效选择性催化还原法（SCR）[③]	78.00	k=脱硝设施实际运行时间（小时/年）/机组实际运行时间（小时/年）
									选择性催化还原法（SCR）	65.00	
						氮氧化物（20%＜煤炭干燥无灰基挥发分≤37%）	千克/吨-原料	2.26	其他（直排）	—	—
									高效选择性催化还原法（SCR）[③]	78.00	k=脱硝设施实际运行时间（小时/年）/机组实际运行时间（小时/年）
									选择性催化还原法（SCR）	65.00	
						氮氧化物（煤炭干燥无灰基挥发分＞37%）	千克/吨-原料	2.26	其他（直排）	—	—
									高效选择性催化还原法（SCR）[③]	78.00	k=脱硝设施实际运行时间（小时/年）/机组实际运行时间（小时/年）
									选择性催化还原法（SCR）	65.00	

4411 火力发电、4412 热电联产行业废气、废水污染物系数表（续表 34）

工段名称	产品名称	原料名称	工艺名称	规模等级	污染物类别	污染物指标	系数单位	产污系数	末端治理技术	末端治理技术平均去除效率/%	参考 k 值计算公式
—	电能/电能+热能	煤炭	循环流化床锅炉	35～74兆瓦	废气	氮氧化物（SNCR，煤炭干燥无灰基挥发分≤10%）	千克/吨-原料	1.05	其他（直排）	—	—
									高效选择性催化还原法（SCR）[③]	70.00	k=脱硝设施实际运行时间（小时/年）/机组实际运行时间（小时/年）
									选择性催化还原法（SCR）	50.00	
						氮氧化物（SNCR，10%<煤炭干燥无灰基挥发分≤20%）	千克/吨-原料	1.05	其他（直排）	—	—
									高效选择性催化还原法（SCR）[③]	70.00	k=脱硝设施实际运行时间（小时/年）/机组实际运行时间（小时/年）
									选择性催化还原法（SCR）	50.00	
						氮氧化物（SNCR，20%<煤炭干燥无灰基挥发分≤37%）	千克/吨-原料	1.13	其他（直排）	—	—
									高效选择性催化还原法（SCR）[③]	70.00	k=脱硝设施实际运行时间（小时/年）/机组实际运行时间（小时/年）
									选择性催化还原法（SCR）	50.00	
						氮氧化物（SNCR，煤炭干燥无灰基挥发分>37%）	千克/吨-原料	1.13	其他（直排）	—	—
									高效选择性催化还原法（SCR）[③]	70.00	k=脱硝设施实际运行时间（小时/年）/机组实际运行时间（小时/年）
									选择性催化还原法（SCR）	50.00	
			煤粉锅炉或循环流化床锅炉	20～34兆瓦	废水	工业废水量	吨/吨-原料	1.67	其他（重复利用）	100	—
									—	0	
						化学需氧量	克/吨-原料	150.39	其他（物理处理法+化学处理法）	53.98	k=［机组实际运行时间（小时/年）–废水总排口事故排放时间（小时/年）］/机组实际运行时间（小时/年）
						氨氮	克/吨-原料	32.06	其他（物理处理法+化学处理法）	79.34	

4411 火力发电、4412 热电联产行业废气、废水污染物系数表（续表 35）

工段名称	产品名称	原料名称	工艺名称	规模等级	污染物类别	污染物指标	系数单位	产污系数	末端治理技术	末端治理技术平均去除效率/%	参考 k 值计算公式
—	电能/电能+热能	煤炭	煤粉锅炉或循环流化床锅炉	20～34兆瓦	废气	工业废气量	标米^3/吨-原料	7729.00	其他（直排）	—	—
			煤粉锅炉	20～34兆瓦	废气	颗粒物	千克/吨-原料	$9.16A_{ar}+0.45$	高效静电除尘①	$0.0017A_{ar}+99.918$	k=除尘设施实际运行时间（小时/年）/机组实际运行时间（小时/年）
									高效电袋组合①	$0.0016A_{ar}+99.928$	
									高效袋式除尘①	$0.0015A_{ar}+99.93$	
									高效静电除尘+其他（湿法脱硫协同）①	$0.00068A_{ar}+99.9672$	
									高效电袋组合+其他（湿法脱硫协同）①	$0.00064A_{ar}+99.9712$	
									高效袋式除尘+其他（湿法脱硫协同）①	$0.0006A_{ar}+99.972$	
									高效静电除尘+其他（湿式电除尘）①	$0.00034A_{ar}+99.9836$	
									高效电袋组合+其他（湿式电除尘）①	$0.00032A_{ar}+99.9856$	
									高效袋式除尘+其他（湿式电除尘）①	$0.0003A_{ar}+99.986$	
									高效静电除尘+其他（湿法脱硫协同）+其他（湿式电除尘）①	$0.000136A_{ar}+99.9934$	
									高效电袋组合+其他（湿法脱硫协同）+其他（湿式电除尘）①	$0.000128A_{ar}+99.9942$	
									高效袋式除尘+其他（湿法脱硫协同）+其他（湿式电除尘）①	$0.00012A_{ar}+99.9944$	
									静电除尘	$0.0051A_{ar}+99.75$	
									电袋组合	$0.0048A_{ar}+99.78$	
									袋式除尘	$0.0045A_{ar}+99.79$	
									静电除尘+其他（湿法脱硫协同）	$0.00204A_{ar}+99.902$	

4411 火力发电、4412 热电联产行业废气、废水污染物系数表（续表 36）

工段名称	产品名称	原料名称	工艺名称	规模等级	污染物类别	污染物指标	系数单位	产污系数	末端治理技术	末端治理技术平均去除效率/%	参考 k 值计算公式
—	电能/电能+热能	煤炭	煤粉锅炉	20～34兆瓦	废气	颗粒物	千克/吨-原料	$9.16A_{ar}+0.45$	电袋组合+其他（湿法脱硫协同）	$0.00192A_{ar}+99.914$	k=除尘设施实际运行时间（小时/年）/机组实际运行时间（小时/年）
									袋式除尘+其他（湿法脱硫协同）	$0.0018A_{ar}+99.916$	
									静电除尘+其他（湿式电除尘）	$0.00102A_{ar}+99.951$	
									电袋组合+其他（湿式电除尘）	$0.00096A_{ar}+99.957$	
									袋式除尘+其他（湿式电除尘）	$0.0009A_{ar}+99.958$	
									静电除尘+其他（湿法脱硫协同）+其他（湿式电除尘）	$0.000408A_{ar}+99.98$	
									电袋组合+其他（湿法脱硫协同）+其他（湿式电除尘）	$0.000384A_{ar}+99.983$	
									袋式除尘+其他（湿法脱硫协同）+其他（湿式电除尘）	$0.00036A_{ar}+99.983$	
						二氧化硫	千克/吨-原料	$16.64S_{ar}+0.24$	高效石灰石/石膏法②	$0.5S_{ar}+98.3$	k=脱硫设施实际运行时间（小时/年）/机组实际运行时间（小时/年）
									高效石灰/石膏法②	$0.5S_{ar}+98.3$	
									高效氨法②	$0.3S_{ar}+98.6$	
									高效氧化镁法②	$0.5S_{ar}+98.2$	
									高效烟气循环流化床法②	$0.95S_{ar}+97.5$	
									其他（高效电石渣法）②	$0.75S_{ar}+97.8$	
									石灰石/石膏法	$1.4286S_{ar}+95.14$	
									石灰/石膏法	$1.4286S_{ar}+95.14$	
									氨法	$0.8571S_{ar}+96$	
									氧化镁法	$1.4286S_{ar}+94.86$	
									双碱法	$1.8571S_{ar}+94.29$	
									烟气循环流化床法	$2.7143S_{ar}+92.86$	
									其他（电石渣法）	$2.1429S_{ar}+93.71$	
									其他（钠碱法）	$1.8571S_{ar}+94.29$	

4411 火力发电、4412 热电联产行业废气、废水污染物系数表（续表 37）

工段名称	产品名称	原料名称	工艺名称	规模等级	污染物类别	污染物指标	系数单位	产污系数	末端治理技术	末端治理技术平均去除效率/%	参考 k 值计算公式
—	电能/电能+热能	煤炭	煤粉锅炉	20～34兆瓦	废气	氮氧化物（低氮燃烧法，10%＜煤炭干燥无灰基挥发分≤20%）	千克/吨-原料	4.20	其他（直排）	—	—
									高效选择性催化还原法（SCR）③	86.00	k=脱硝设施实际运行时间（小时/年）/机组实际运行时间（小时/年）
									选择性催化还原法（SCR）	75.00	
						氮氧化物（低氮燃烧法，20%＜煤炭干燥无灰基挥发分≤37%）	千克/吨-原料	3.09	其他（直排）	—	—
									高效选择性催化还原法（SCR）③	85.00	k=脱硝设施实际运行时间（小时/年）/机组实际运行时间（小时/年）
									选择性催化还原法（SCR）	75.00	
						氮氧化物（低氮燃烧法，煤炭干燥无灰基挥发分＞37%）	千克/吨-原料	2.47	其他（直排）	—	—
									高效选择性催化还原法（SCR）③	83.00	k=脱硝设施实际运行时间（小时/年）/机组实际运行时间（小时/年）
									选择性催化还原法（SCR）	75.00	
						氮氧化物（低氮燃烧法-SNCR，10%＜煤炭干燥无灰基挥发分≤20%）	千克/吨-原料	2.40	其他（直排）	—	—
									高效选择性催化还原法（SCR）③	83.00	k=脱硝设施实际运行时间（小时/年）/机组实际运行时间（小时/年）
									选择性催化还原法（SCR）	70.00	
						氮氧化物（低氮燃烧法-SNCR，20%＜煤炭干燥无灰基挥发分≤37%）	千克/吨-原料	2.24	其他（直排）	—	—
									高效选择性催化还原法（SCR）③	82.00	k=脱硝设施实际运行时间（小时/年）/机组实际运行时间（小时/年）
									选择性催化还原法（SCR）	70.00	
						氮氧化物（低氮燃烧法-SNCR，煤炭干燥无灰基挥发分＞37%）	千克/吨-原料	1.99	其他（直排）	—	—
									高效选择性催化还原法（SCR）③	80.00	k=脱硝设施实际运行时间（小时/年）/机组实际运行时间（小时/年）
									选择性催化还原法（SCR）	70.00	

4411 火力发电、4412 热电联产行业废气、废水污染物系数表（续表 38）

工段名称	产品名称	原料名称	工艺名称	规模等级	污染物类别	污染物指标	系数单位	产污系数	末端治理技术	末端治理技术平均去除效率/%	参考 k 值计算公式
—	电能/电能+热能	煤炭	循环流化床锅炉	20～34兆瓦	废气	颗粒物	千克/吨-原料	$6.3A_{ar}+7.79+61.94S_{ar}$	高效静电除尘①	$0.001A_{ar}+0.009S_{ar}+99.923$	k=除尘设施实际运行时间（小时/年）/机组实际运行时间（小时/年）
									高效电袋组合①	$0.001A_{ar}+0.0084S_{ar}+99.928$	
									高效袋式除尘①	$0.001A_{ar}+0.008S_{ar}+99.93$	
									高效静电除尘+其他（湿法脱硫协同）①	$0.0004A_{ar}+0.0036S_{ar}+99.9692$	
									高效电袋组合+其他（湿法脱硫协同）①	$0.0004A_{ar}+0.00336S_{ar}+99.9712$	
									高效袋式除尘+其他（湿法脱硫协同）①	$0.0004A_{ar}+0.0032S_{ar}+99.972$	
									高效静电除尘+其他（湿式电除尘）①	$0.0002A_{ar}+0.0018S_{ar}+99.9846$	
									高效电袋组合+其他（湿式电除尘）①	$0.0002A_{ar}+0.00168S_{ar}+99.9856$	
									高效袋式除尘+其他（湿式电除尘）①	$0.0002A_{ar}+0.0016S_{ar}+99.986$	
									高效静电除尘+其他（湿法脱硫协同）+其他（湿式电除尘）①	$0.00008A_{ar}+0.00072S_{ar}+99.9938$	
									高效电袋组合+其他（湿法脱硫协同）+其他（湿式电除尘）①	$0.00008A_{ar}+0.000672S_{ar}+99.9942$	

4411 火力发电、4412 热电联产行业废气、废水污染物系数表（续表 39）

工段名称	产品名称	原料名称	工艺名称	规模等级	污染物类别	污染物指标	系数单位	产污系数	末端治理技术	末端治理技术平均去除效率/%	参考 k 值计算公式
—	电能/电能+热能	煤炭	循环流化床锅炉	20～34兆瓦	废气	颗粒物	千克/吨-原料	$6.3A_{ar}+7.79+61.94S_{ar}$	高效袋式除尘+其他（湿法脱硫协同）+其他（湿式电除尘）①	$0.00008A_{ar}+0.00064S_{ar}+99.9944$	k=除尘设施实际运行时间（小时/年）/机组实际运行时间（小时/年）
									静电除尘	$0.003A_{ar}+0.027S_{ar}+99.77$	
									电袋组合	$0.003A_{ar}+0.0252S_{ar}+99.78$	
									袋式除尘	$0.003A_{ar}+0.024S_{ar}+99.79$	
									静电除尘+其他（湿法脱硫协同）	$0.0012A_{ar}+0.0108S_{ar}+99.908$	
									电袋组合+其他（湿法脱硫协同）	$0.0012A_{ar}+0.01008S_{ar}+99.914$	
									袋式除尘+其他（湿法脱硫协同）	$0.0012A_{ar}+0.0096S_{ar}+99.916$	
									静电除尘+其他（湿式电除尘）	$0.0006A_{ar}+0.0054S_{ar}+99.954$	
									电袋组合+其他（湿式电除尘）	$0.0006A_{ar}+0.00504S_{ar}+99.957$	
									袋式除尘+其他（湿式电除尘）	$0.0006A_{ar}+0.0048S_{ar}+99.958$	
									静电除尘+其他（湿法脱硫协同）+其他（湿式电除尘）	$0.00024A_{ar}+0.00216S_{ar}+99.981$	
									电袋组合+其他（湿法脱硫协同）+其他（湿式电除尘）	$0.00024A_{ar}+0.00202S_{ar}+99.983$	
									袋式除尘+其他（湿法脱硫协同）+其他（湿式电除尘）	$0.00024A_{ar}+0.00192S_{ar}+99.983$	

4411 火力发电、4412 热电联产行业废气、废水污染物系数表（续表 40）

工段名称	产品名称	原料名称	工艺名称	规模等级	污染物类别	污染物指标	系数单位	产污系数	末端治理技术	末端治理技术平均去除效率/%	参考 k 值计算公式
—	电能/电能+热能	煤炭	循环流化床锅炉	20～34兆瓦	废气	二氧化硫	千克/吨-原料	$5.83S_{ar}+0.083$	高效石灰石/石膏法[②]	$0.5S_{ar}+97$	k=脱硫设施实际运行时间（小时/年）/机组实际运行时间（小时/年）
									高效石灰/石膏法[②]	$0.5S_{ar}+97$	
									高效氨法[②]	$0.4S_{ar}+97.3$	
									高效氧化镁法[②]	$0.65S_{ar}+96.6$	
									高效烟气循环流化床法[②]	$0.85S_{ar}+96$	
									其他（高效电石渣法）[②]	$0.85S_{ar}+96$	
									石灰石/石膏法	$1.8571S_{ar}+88.86$	
									石灰/石膏法	$1.8571S_{ar}+88.86$	
									氨法	$1.4857S_{ar}+89.97$	
									双碱法	$2.4143S_{ar}+87$	
									氧化镁法	$2.4143S_{ar}+87.37$	
									烟气循环流化床法	$3.1571S_{ar}+85.14$	
									其他（电石渣法）	$3.1571S_{ar}+85.14$	
									其他（钠碱法）	$2.4143S_{ar}+87$	
						氮氧化物（煤炭干燥无灰基挥发分≤10%）	千克/吨-原料	2.16	其他（直排）	—	—
									高效选择性催化还原法（SCR）[③]	78.00	k=脱硝设施实际运行时间（小时/年）/机组实际运行时间（小时/年）
									选择性催化还原法（SCR）	65.00	
						氮氧化物（10%＜煤炭干燥无灰基挥发分≤20%）	千克/吨-原料	2.16	其他（直排）	—	—
									高效选择性催化还原法（SCR）[③]	78.00	k=脱硝设施实际运行时间（小时/年）/机组实际运行时间（小时/年）
									选择性催化还原法（SCR）	65.00	
						氮氧化物（20%＜煤炭干燥无灰基挥发分≤37%）	千克/吨-原料	2.39	其他（直排）	—	—
									高效选择性催化还原法（SCR）[③]	78.00	k=脱硝设施实际运行时间（小时/年）/机组实际运行时间（小时/年）
									选择性催化还原法（SCR）	65.00	
						氮氧化物（煤炭干燥无灰基挥发分＞37%）	千克/吨-原料	2.39	其他（直排）	—	—
									高效选择性催化还原法（SCR）[③]	78.00	k=脱硝设施实际运行时间（小时/年）/机组实际运行时间（小时/年）
									选择性催化还原法（SCR）	65.00	

4411 火力发电、4412 热电联产行业废气、废水污染物系数表（续表 41）

工段名称	产品名称	原料名称	工艺名称	规模等级	污染物类别	污染物指标	系数单位	产污系数	末端治理技术	末端治理技术平均去除效率/%	参考 k 值计算公式
—	电能/电能+热能	煤炭	循环流化床锅炉	20～34 兆瓦	废气	氮氧化物（SNCR，煤炭干燥无灰基挥发分≤10%）	千克/吨-原料	1.08	其他（直排）	—	—
									高效选择性催化还原法（SCR）[③]	70.00	k=脱硝设施实际运行时间（小时/年）/机组实际运行时间（小时/年）
									选择性催化还原法（SCR）	50.00	
						氮氧化物（SNCR，10%＜煤炭干燥无灰基挥发分≤20%）	千克/吨-原料	1.08	其他（直排）	—	—
									高效选择性催化还原法（SCR）[③]	70.00	k=脱硝设施实际运行时间（小时/年）/机组实际运行时间（小时/年）
									选择性催化还原法（SCR）	50.00	
						氮氧化物（SNCR，20%＜煤炭干燥无灰基挥发分≤37%）	千克/吨-原料	1.20	其他（直排）	—	—
									高效选择性催化还原法（SCR）[③]	70.00	k=脱硝设施实际运行时间（小时/年）/机组实际运行时间（小时/年）
									选择性催化还原法（SCR）	50.00	
						氮氧化物（SNCR，煤炭干燥无灰基挥发分＞37%）	千克/吨-原料	1.20	其他（直排）	—	—
									高效选择性催化还原法（SCR）[③]	70.00	k=脱硝设施实际运行时间（小时/年）/机组实际运行时间（小时/年）
									选择性催化还原法（SCR）	50.00	
			煤粉锅炉或循环流化床锅炉或层燃炉	9～19 兆瓦	废水	工业废水量	吨/吨-原料	0.56	其他（重复利用）	100	—
									—	0	
						化学需氧量	克/吨-原料	66.38	其他（物理处理法+化学处理法）	48.60	k=［机组实际运行时间（小时/年）−废水总排口事故排放时间（小时/年）］/机组实际运行时间（小时/年）
						氨氮	克/吨-原料	12.77	其他（物理处理法+化学处理法）	76.88	

4411 火力发电、4412 热电联产行业废气、废水污染物系数表（续表 42）

工段名称	产品名称	原料名称	工艺名称	规模等级	污染物类别	污染物指标	系数单位	产污系数	末端治理技术	末端治理技术平均去除效率/%	参考 k 值计算公式
—	电能/电能+热能	煤炭	煤粉锅炉或循环流化床锅炉或层燃炉	9～19 兆瓦	废气	工业废气量	标米 ^{3}/吨-原料	7958.00	其他（直排）	—	—
			煤粉锅炉	9～19 兆瓦	废气	颗粒物	千克/吨-原料	$9.18A_{ar}+7.56$	高效静电除尘①	$0.0017A_{ar}+99.918$	k=除尘设施实际运行时间（小时/年）/机组实际运行时间（小时/年）
									高效电袋组合①	$0.0016A_{ar}+99.928$	
									高效袋式除尘①	$0.0015A_{ar}+99.93$	
									高效静电除尘+其他（湿法脱硫协同）①	$0.00068A_{ar}+99.9672$	
									高效电袋组合+其他（湿法脱硫协同）①	$0.00064A_{ar}+99.9712$	
									高效袋式除尘+其他（湿法脱硫协同）①	$0.0006A_{ar}+99.972$	
									高效静电除尘+其他（湿式电除尘）①	$0.00034A_{ar}+99.9836$	
									高效电袋组合+其他（湿式电除尘）①	$0.00032A_{ar}+99.9856$	
									高效袋式除尘+其他（湿式电除尘）①	$0.0003A_{ar}+99.986$	
									高效静电除尘+其他（湿法脱硫协同）+其他（湿式电除尘）①	$0.000136A_{ar}+99.9934$	
									高效电袋组合+其他（湿法脱硫协同）+其他（湿式电除尘）①	$0.000128A_{ar}+99.9942$	

4411 火力发电、4412 热电联产行业废气、废水污染物系数表（续表 43）

工段名称	产品名称	原料名称	工艺名称	规模等级	污染物类别	污染物指标	系数单位	产污系数	末端治理技术	末端治理技术平均去除效率/%	参考 k 值计算公式
—	电能/电能+热能	煤炭	煤粉锅炉	9～19 兆瓦	废气	颗粒物	千克/吨-原料	$9.18A_{ar}+7.56$	高效袋式除尘+其他（湿法脱硫协同）+其他（湿式电除尘）[①]	$0.00012A_{ar}+99.9944$	k=除尘设施实际运行时间（小时/年）/机组实际运行时间（小时/年）
									静电除尘	$0.0051A_{ar}+99.75$	
									电袋组合	$0.0048A_{ar}+99.78$	
									袋式除尘	$0.0045A_{ar}+99.79$	
									静电除尘+其他（湿法脱硫协同）	$0.00204A_{ar}+99.902$	
									电袋组合+其他（湿法脱硫协同）	$0.00192A_{ar}+99.914$	
									袋式除尘+其他（湿法脱硫协同）	$0.0018A_{ar}+99.916$	
									静电除尘+其他（湿式电除尘）	$0.00102A_{ar}+99.951$	
									电袋组合+其他（湿式电除尘）	$0.00096A_{ar}+99.957$	
									袋式除尘+其他（湿式电除尘）	$0.0009A_{ar}+99.958$	
									静电除尘+其他（湿法脱硫协同）+其他（湿式电除尘）	$0.000408A_{ar}+99.98$	
									电袋组合+其他（湿法脱硫协同）+其他（湿式电除尘）	$0.000384A_{ar}+99.983$	
									袋式除尘+其他（湿法脱硫协同）+其他（湿式电除尘）	$0.00036A_{ar}+99.983$	

4411 火力发电、4412 热电联产行业废气、废水污染物系数表（续表 44）

工段名称	产品名称	原料名称	工艺名称	规模等级	污染物类别	污染物指标	系数单位	产污系数	末端治理技术	末端治理技术平均去除效率/%	参考 k 值计算公式
—	电能/电能+热能	煤炭	煤粉锅炉	9～19 兆瓦	废气	二氧化硫	千克/吨-原料	$16.5S_{ar}$	高效石灰石/石膏法②	$0.5S_{ar}+98.3$	k=脱硫设施实际运行时间（小时/年）/机组实际运行时间（小时/年）
									高效石灰/石膏法②	$0.5S_{ar}+98.3$	
									高效氨法②	$0.3S_{ar}+98.6$	
									高效氧化镁法②	$0.5S_{ar}+98.2$	
									高效烟气循环流化床法②	$0.95S_{ar}+97.5$	
									其他（高效电石渣法）②	$0.75S_{ar}+97.8$	
									石灰石/石膏法	$1.4286S_{ar}+95.14$	
									石灰/石膏法	$1.4286S_{ar}+95.14$	
									氨法	$0.8571S_{ar}+96$	
									氧化镁法	$1.4286S_{ar}+94.86$	
									双碱法	$1.8571S_{ar}+94.29$	
									烟气循环流化床法	$2.7143S_{ar}+92.86$	
									其他（电石渣法）	$2.1429S_{ar}+93.71$	
									其他（钠碱法）	$1.8571S_{ar}+94.29$	
						氮氧化物（低氮燃烧法，10%＜煤炭干燥无灰基挥发分≤20%）		3.58	其他（直排）	—	—
									高效选择性催化还原法（SCR）③	86.00	k=脱硝设施实际运行时间（小时/年）/机组实际运行时间（小时/年）
									选择性催化还原法（SCR）	75.00	
						氮氧化物（低氮燃烧法，20%＜煤炭干燥无灰基挥发分≤37%）		2.57	其他（直排）	—	—
									高效选择性催化还原法（SCR）③	83.00	k=脱硝设施实际运行时间（小时/年）/机组实际运行时间（小时/年）
									选择性催化还原法（SCR）	70.00	
						氮氧化物（低氮燃烧法，煤炭干燥无灰基挥发分＞37%）		2.47	其他（直排）	—	—
									高效选择性催化还原法（SCR）③	81.00	k=脱硝设施实际运行时间（小时/年）/机组实际运行时间（小时/年）
									选择性催化还原法（SCR）	70.00	
						氮氧化物（低氮燃烧法-SNCR，10%＜煤炭干燥无灰基挥发分≤20%）		2.20	其他（直排）	—	—
									高效选择性催化还原法（SCR）③	82.00	k=脱硝设施实际运行时间（小时/年）/机组实际运行时间（小时/年）
									选择性催化还原法（SCR）	70.00	

4411 火力发电、4412 热电联产行业废气、废水污染物系数表（续表 45）

工段名称	产品名称	原料名称	工艺名称	规模等级	污染物类别	污染物指标	系数单位	产污系数	末端治理技术	末端治理技术平均去除效率/%	参考 k 值计算公式
—	电能/电能+热能	煤炭	煤粉锅炉	9～19 兆瓦	废气	氮氧化物（低氮燃烧法-SNCR，20%＜煤炭干燥无灰基挥发分≤37%）	千克/吨-原料	1.67	其他（直排）	—	—
									高效选择性催化还原法（SCR）[3]	75.00	k=脱硝设施实际运行时间（小时/年）/机组实际运行时间（小时/年）
									选择性催化还原法（SCR）	65.00	
						氮氧化物（低氮燃烧法-SNCR，煤炭干燥无灰基挥发分＞37%）		1.60	其他（直排）	—	—
									高效选择性催化还原法（SCR）[3]	75.00	k=脱硝设施实际运行时间（小时/年）/机组实际运行时间（小时/年）
									选择性催化还原法（SCR）	65.00	
			循环流化床锅炉	9～19 兆瓦	废气	颗粒物		$6.3A_{ar}+8.97+61.94S_{ar}$	高效静电除尘[1]	$0.001A_{ar}+0.009S_{ar}+99.923$	k=除尘设施实际运行时间（小时/年）/机组实际运行时间（小时/年）
									高效电袋组合[1]	$0.001A_{ar}+0.0084S_{ar}+99.928$	
									高效袋式除尘[1]	$0.001A_{ar}+0.008S_{ar}+99.93$	
									高效静电除尘+其他（湿法脱硫协同）[1]	$0.0004A_{ar}+0.0036S_{ar}+99.9692$	
									高效电袋组合+其他（湿法脱硫协同）[1]	$0.0004A_{ar}+0.00336S_{ar}+99.9712$	
									高效袋式除尘+其他（湿法脱硫协同）[1]	$0.0004A_{ar}+0.0032S_{ar}+99.972$	
									高效静电除尘+其他（湿式电除尘）[1]	$0.0002A_{ar}+0.0018S_{ar}+99.9846$	
									高效电袋组合+其他（湿式电除尘）[1]	$0.0002A_{ar}+0.00168S_{ar}+99.9856$	
									高效袋式除尘+其他（湿式电除尘）[1]	$0.0002A_{ar}+0.0016S_{ar}+99.986$	

4411 火力发电、4412 热电联产行业废气、废水污染物系数表（续表 46）

工段名称	产品名称	原料名称	工艺名称	规模等级	污染物类别	污染物指标	系数单位	产污系数	末端治理技术	末端治理技术平均去除效率/%	参考 k 值计算公式
—	电能/电能+热能	煤炭	循环流化床锅炉	9～19 兆瓦	废气	颗粒物	千克/吨-原料	$6.3A_{ar}+8.97+61.94S_{ar}$	高效静电除尘+其他（湿法脱硫协同）+其他（湿式电除尘）①	$0.00008A_{ar}+0.00072S_{ar}+99.9938$	k=除尘设施实际运行时间（小时/年）/机组实际运行时间（小时/年）
									高效电袋组合+其他（湿法脱硫协同）+其他（湿式电除尘）①	$0.00008A_{ar}+0.000672S_{ar}+99.9942$	
									高效袋式除尘+其他（湿法脱硫协同）+其他（湿式电除尘）①	$0.00008A_{ar}+0.00064S_{ar}+99.9944$	
									静电除尘	$0.003A_{ar}+0.027S_{ar}+99.77$	
									电袋组合	$0.003A_{ar}+0.0252S_{ar}+99.78$	
									袋式除尘	$0.003A_{ar}+0.024S_{ar}+99.79$	
									静电除尘+其他（湿法脱硫协同）	$0.0012A_{ar}+0.0108S_{ar}+99.908$	
									电袋组合+其他（湿法脱硫协同）	$0.0012A_{ar}+0.01008S_{ar}+99.914$	
									袋式除尘+其他（湿法脱硫协同）	$0.0012A_{ar}+0.0096S_{ar}+99.916$	
									静电除尘+其他（湿式电除尘）	$0.0006A_{ar}+0.0054S_{ar}+99.954$	
									电袋组合+其他（湿式电除尘）	$0.0006A_{ar}+0.00504S_{ar}+99.957$	
									袋式除尘+其他（湿式电除尘）	$0.0006A_{ar}+0.0048S_{ar}+99.958$	
									静电除尘+其他（湿法脱硫协同）+其他（湿式电除尘）	$0.00024A_{ar}+0.00216S_{ar}+99.981$	
									电袋组合+其他（湿法脱硫协同）+其他（湿式电除尘）	$0.00024A_{ar}+0.00202S_{ar}+99.983$	
									袋式除尘+其他（湿法脱硫协同）+其他（湿式电除尘）	$0.00024A_{ar}+0.00192S_{ar}+99.983$	

4411 火力发电、4412 热电联产行业废气、废水污染物系数表（续表 47）

工段名称	产品名称	原料名称	工艺名称	规模等级	污染物类别	污染物指标	系数单位	产污系数	末端治理技术	末端治理技术平均去除效率/%	参考 k 值计算公式
—	电能/电能+热能	煤炭	循环流化床锅炉	9～19 兆瓦	废气	二氧化硫	千克/吨-原料	$5.77S_{ar}$	高效石灰石/石膏法②	$0.5S_{ar}+97$	k=脱硫设施实际运行时间（小时/年）/机组实际运行时间（小时/年）
									高效石灰/石膏法②	$0.5S_{ar}+97$	
									高效氨法②	$0.4S_{ar}+97.3$	
									高效氧化镁法②	$0.65S_{ar}+96.6$	
									高效烟气循环流化床法②	$0.85S_{ar}+96$	
									其他（高效电石渣法）②	$0.85S_{ar}+96$	
									石灰石/石膏法	$1.8571S_{ar}+88.86$	
									石灰/石膏法	$1.8571S_{ar}+88.86$	
									氨法	$1.48579S_{ar}+89.97$	
									双碱法	$2.4143S_{ar}+87$	
									氧化镁法	$2.4143S_{ar}+87.37$	
									烟气循环流化床法	$3.1571S_{ar}+85.14$	
									其他（电石渣法）	$3.1571S_{ar}+85.14$	
									其他（钠碱法）	$2.4143S_{ar}+87$	
						氮氧化物（煤炭干燥无灰基挥发分≤10%）	千克/吨-原料	2.29	其他（直排）	—	—
									高效选择性催化还原法（SCR）③	78.00	k=脱硝设施实际运行时间（小时/年）/机组实际运行时间（小时/年）
									选择性催化还原法（SCR）	65.00	
						氮氧化物（10%＜煤炭干燥无灰基挥发分≤20%）	千克/吨-原料	2.29	其他（直排）	—	—
									高效选择性催化还原法（SCR）③	78.00	k=脱硝设施实际运行时间（小时/年）/机组实际运行时间（小时/年）
									选择性催化还原法（SCR）	65.00	
						氮氧化物（20%＜煤炭干燥无灰基挥发分≤37%）	千克/吨-原料	2.39	其他（直排）	—	—
									高效选择性催化还原法（SCR）③	78.00	k=脱硝设施实际运行时间（小时/年）/机组实际运行时间（小时/年）
									选择性催化还原法（SCR）	65.00	
						氮氧化物（煤炭干燥无灰基挥发分＞37%）	千克/吨-原料	2.39	其他（直排）	—	—
									高效选择性催化还原法（SCR）③	78.00	k=脱硝设施实际运行时间（小时/年）/机组实际运行时间（小时/年）
									选择性催化还原法（SCR）	65.00	

4411 火力发电、4412 热电联产行业废气、废水污染物系数表（续表 48）

工段名称	产品名称	原料名称	工艺名称	规模等级	污染物类别	污染物指标	系数单位	产污系数	末端治理技术	末端治理技术平均去除效率/%	参考 k 值计算公式
—	电能/电能+热能	煤炭	循环流化床锅炉	9～19 兆瓦	废气	氮氧化物（SNCR，煤炭干燥无灰基挥发分≤10%）	千克/吨-原料	1.15	其他（直排）	—	—
									高效选择性催化还原法（SCR）[③]	70.00	k=脱硝设施实际运行时间（小时/年）/机组实际运行时间（小时/年）
									选择性催化还原法（SCR）	50.00	
						氮氧化物（SNCR，10%<煤炭干燥无灰基挥发分≤20%）		1.15	其他（直排）	—	—
									高效选择性催化还原法（SCR）[③]	70.00	k=脱硝设施实际运行时间（小时/年）/机组实际运行时间（小时/年）
									选择性催化还原法（SCR）	50.00	
						氮氧化物（SNCR，20%<煤炭干燥无灰基挥发分≤37%）		1.20	其他（直排）	—	—
									高效选择性催化还原法（SCR）[③]	70.00	k=脱硝设施实际运行时间（小时/年）/机组实际运行时间（小时/年）
									选择性催化还原法（SCR）	50.00	
						氮氧化物（SNCR，煤炭干燥无灰基挥发分>37%）		1.20	其他（直排）	—	—
									高效选择性催化还原法（SCR）[③]	70.00	k=脱硝设施实际运行时间（小时/年）/机组实际运行时间（小时/年）
									选择性催化还原法（SCR）	50.00	
			层燃炉	9～19 兆瓦	废气	颗粒物（烟煤）		$1.60A_{ar}$	高效静电除尘[①]	$0.0098A_{ar}+99.55$	k=除尘设施实际运行时间（小时/年）/机组实际运行时间（小时/年）
									高效电袋组合[①]	$0.0093A_{ar}+99.6$	
									高效袋式除尘[①]	$0.0088A_{ar}+99.62$	
									高效静电除尘+其他（湿法脱硫协同）[①]	$0.00392A_{ar}+99.82$	
									高效电袋组合+其他（湿法脱硫协同）[①]	$0.00372A_{ar}+99.84$	
									高效袋式除尘+其他（湿法脱硫协同）[①]	$0.00352A_{ar}+99.848$	

4411 火力发电、4412 热电联产行业废气、废水污染物系数表（续表 49）

工段名称	产品名称	原料名称	工艺名称	规模等级	污染物类别	污染物指标	系数单位	产污系数	末端治理技术	末端治理技术平均去除效率/%	参考 k 值计算公式
—	电能/电能+热能	煤炭	层燃炉	9～19 兆瓦	废气	颗粒物（烟煤）	千克/吨-原料	$1.60A_{ar}$	高效静电除尘+其他（湿式电除尘）①	$0.00196A_{ar}+99.91$	k=除尘设施实际运行时间（小时/年）/机组实际运行时间（小时/年）
									高效电袋组合+其他（湿式电除尘）①	$0.00186A_{ar}+99.92$	
									高效袋式除尘+其他（湿式电除尘）①	$0.00176A_{ar}+99.924$	
									高效静电除尘+其他（湿法脱硫协同）+其他（湿式电除尘）①	$0.000784A_{ar}+99.964$	
									高效电袋组合+其他（湿法脱硫协同）+其他（湿式电除尘）①	$0.000744A_{ar}+99.968$	
									高效袋式除尘+其他（湿法脱硫协同）+其他（湿式电除尘）①	$0.000704A_{ar}+99.9696$	
									静电除尘	$0.0294A_{ar}+98.65$	
									电袋组合	$0.0279A_{ar}+98.8$	
									袋式除尘	$0.0264A_{ar}+98.86$	
									静电除尘+其他（湿法脱硫协同）	$0.01176A_{ar}+99.46$	
									电袋组合+其他（湿法脱硫协同）	$0.01116A_{ar}+99.52$	
									袋式除尘+其他（湿法脱硫协同）	$0.01056A_{ar}+99.544$	
									静电除尘+其他（湿式电除尘）	$0.00588A_{ar}+99.73$	
									电袋组合+其他（湿式电除尘）	$0.00558A_{ar}+99.76$	
									袋式除尘+其他（湿式电除尘）	$0.00528A_{ar}+99.772$	

4411 火力发电、4412 热电联产行业废气、废水污染物系数表（续表 50）

工段名称	产品名称	原料名称	工艺名称	规模等级	污染物类别	污染物指标	系数单位	产污系数	末端治理技术	末端治理技术平均去除效率/%	参考 k 值计算公式
—	电能/电能+热能	煤炭	层燃炉	9～19 兆瓦	废气	颗粒物（烟煤）	千克/吨-原料	$1.60A_{ar}$	静电除尘+其他（湿法脱硫协同）+其他（湿式电除尘）	$0.002352A_{ar}$+99.892	k=除尘设施实际运行时间（小时/年）/机组实际运行时间（小时/年）
									电袋组合+其他（湿法脱硫协同）+其他（湿式电除尘）	$0.002232A_{ar}$+99.904	
									袋式除尘+其他（湿法脱硫协同）+其他（湿式电除尘）	$0.002112A_{ar}$+99.909	
						颗粒物（无烟煤）	千克/吨-原料	$1.856A_{ar}$	高效静电除尘①	$0.0098A_{ar}$+99.55	
									高效电袋组合①	$0.0093A_{ar}$+99.6	
									高效袋式除尘①	$0.0088A_{ar}$+99.62	
									高效静电除尘+其他（湿法脱硫协同）①	$0.00392A_{ar}$+99.82	
									高效电袋组合+其他（湿法脱硫协同）①	$0.00372A_{ar}$+99.84	
									高效袋式除尘+其他（湿法脱硫协同）①	$0.00352A_{ar}$+99.848	
									高效静电除尘+其他（湿式电除尘）①	$0.00196A_{ar}$+99.91	
									高效电袋组合+其他（湿式电除尘）①	$0.00186A_{ar}$+99.92	
									高效袋式除尘+其他（湿式电除尘）①	$0.00176A_{ar}$+99.924	
									高效静电除尘+其他（湿法脱硫协同）+其他（湿式电除尘）①	$0.000784A_{ar}$+99.964	
									高效电袋组合+其他（湿法脱硫协同）+其他（湿式电除尘）①	$0.000744A_{ar}$+99.968	

4411 火力发电、4412 热电联产行业废气、废水污染物系数表（续表 51）

工段名称	产品名称	原料名称	工艺名称	规模等级	污染物类别	污染物指标	系数单位	产污系数	末端治理技术	末端治理技术平均去除效率/%	参考 k 值计算公式
—	电能/电能+热能	煤炭	层燃炉	9～19 兆瓦	废气	颗粒物（无烟煤）	千克/吨-原料	$1.856A_{ar}$	高效袋式除尘+其他（湿法脱硫协同）+其他（湿式电除尘）[①]	$0.000704A_{ar}+99.9696$	k=除尘设施实际运行时间（小时/年）/机组实际运行时间（小时/年）
									静电除尘	$0.0294A_{ar}+98.65$	
									电袋组合	$0.0279A_{ar}+98.8$	
									袋式除尘	$0.0264A_{ar}+98.86$	
									静电除尘+其他（湿法脱硫协同）	$0.01176A_{ar}+99.46$	
									电袋组合+其他（湿法脱硫协同）	$0.01116A_{ar}+99.52$	
									袋式除尘+其他（湿法脱硫协同）	$0.01056A_{ar}+99.544$	
									静电除尘+其他（湿式电除尘）	$0.00588A_{ar}+99.73$	
									电袋组合+其他（湿式电除尘）	$0.00558A_{ar}+99.76$	
									袋式除尘+其他（湿式电除尘）	$0.00528A_{ar}+99.772$	
									静电除尘+其他（湿法脱硫协同）+其他（湿式电除尘）	$0.002352A_{ar}+99.892$	
									电袋组合+其他（湿法脱硫协同）+其他（湿式电除尘）	$0.002232A_{ar}+99.904$	
									袋式除尘+其他（湿法脱硫协同）+其他（湿式电除尘）	$0.002112A_{ar}+99.909$	

4411 火力发电、4412 热电联产行业废气、废水污染物系数表（续表 52）

工段名称	产品名称	原料名称	工艺名称	规模等级	污染物类别	污染物指标	系数单位	产污系数	末端治理技术	末端治理技术平均去除效率/%	参考 k 值计算公式
—	电能/电能+热能	煤炭	层燃炉	9～19 兆瓦	废气	颗粒物（褐煤）	千克/吨-原料	$1.60A_{ar}$	高效静电除尘①	$0.0098A_{ar}$+99.55	k=除尘设施实际运行时间（小时/年）/机组实际运行时间（小时/年）
									高效电袋组合①	$0.0093A_{ar}$+99.6	
									高效袋式除尘①	$0.0088A_{ar}$+99.62	
									高效静电除尘+其他（湿法脱硫协同）①	$0.00392A_{ar}$+99.82	
									高效电袋组合+其他（湿法脱硫协同）①	$0.00372A_{ar}$+99.84	
									高效袋式除尘+其他（湿法脱硫协同）①	$0.00352A_{ar}$+99.848	
									高效静电除尘+其他（湿式电除尘）①	$0.00196A_{ar}$+99.91	
									高效电袋组合+其他（湿式电除尘）①	$0.00186A_{ar}$+99.92	
									高效袋式除尘+其他（湿式电除尘）①	$0.00176A_{ar}$+99.924	
									高效静电除尘+其他（湿法脱硫协同）+其他（湿式电除尘）①	$0.000784A_{ar}$+99.964	
									高效电袋组合+其他（湿法脱硫协同）+其他（湿式电除尘）①	$0.000744A_{ar}$+99.968	
									高效袋式除尘+其他（湿法脱硫协同）+其他（湿式电除尘）①	$0.000704A_{ar}$+99.9696	
									静电除尘	$0.0294A_{ar}$+98.65	
									电袋组合	$0.0279A_{ar}$+98.8	
									袋式除尘	$0.0264A_{ar}$+98.86	
									静电除尘+其他（湿法脱硫协同）	$0.01176A_{ar}$+99.46	
									电袋组合+其他（湿法脱硫协同）	$0.01116A_{ar}$+99.52	

4411 火力发电、4412 热电联产行业废气、废水污染物系数表（续表 53）

工段名称	产品名称	原料名称	工艺名称	规模等级	污染物类别	污染物指标	系数单位	产污系数	末端治理技术	末端治理技术平均去除效率/%	参考 k 值计算公式
—	电能/电能+热能	煤炭	层燃炉	9～19 兆瓦	废气	颗粒物（褐煤）	千克/吨-原料	$1.60A_{ar}$	袋式除尘+其他（湿法脱硫协同）	$0.01056A_{ar}+99.544$	k=除尘设施实际运行时间（小时/年）/机组实际运行时间（小时/年）
									静电除尘+其他（湿式电除尘）	$0.00588A_{ar}+99.73$	
									电袋组合+其他（湿式电除尘）	$0.00558A_{ar}+99.76$	
									袋式除尘+其他（湿式电除尘）	$0.00528A_{ar}+99.772$	
									静电除尘+其他（湿法脱硫协同）+其他（湿式电除尘）	$0.002352A_{ar}+99.892$	
									电袋组合+其他（湿法脱硫协同）+其他（湿式电除尘）	$0.002232A_{ar}+99.904$	
									袋式除尘+其他（湿法脱硫协同）+其他（湿式电除尘）	$0.002112A_{ar}+99.909$	
						二氧化硫（无炉内脱硫）	千克/吨-原料	$15.95S_{ar}$	高效石灰石/石膏法②	$0.5S_{ar}+98.2$	k=脱硫设施实际运行时间（小时/年）/机组实际运行时间（小时/年）
									高效石灰/石膏法②	$0.5S_{ar}+98.2$	
									高效氨法②	$0.5S_{ar}+98.2$	
									高效氧化镁法②	$0.5S_{ar}+98.2$	
									高效烟气循环流化床法②	$0.95S_{ar}+97.5$	
									其他（高效电石渣法）②	$0.6S_{ar}+98$	
									石灰石/石膏法	$1.4286S_{ar}+94.86$	
									石灰/石膏法	$1.4286S_{ar}+94.86$	
									氨法	$1.4286S_{ar}+94.86$	
									双碱法	$1.7143S_{ar}+94.29$	
									氧化镁法	$1.4286S_{ar}+94.86$	
									烟气循环流化床法	$2.7143S_{ar}+92.86$	
									其他（电石渣法）	$1.7143S_{ar}+94.29$	
									其他（钠碱法）	$1.7143S_{ar}+94.29$	
									其他（湿法脱硫除尘一体化）	$1.4286S_{ar}+94.86$	

4411 火力发电、4412 热电联产行业废气、废水污染物系数表（续表 54）

工段名称	产品名称	原料名称	工艺名称	规模等级	污染物类别	污染物指标	系数单位	产污系数	末端治理技术	末端治理技术平均去除效率/%	参考 k 值计算公式
—	电能/电能+热能	煤炭	层燃炉	9～19 兆瓦	废气	二氧化硫（有炉内脱硫）	千克/吨-原料	$11.2S_{ar}$	高效石灰石/石膏法[②]	$0.5S_{ar}+97.8$	k=脱硫设施实际运行时间（小时/年）/机组实际运行时间（小时/年）
									高效石灰/石膏法[②]	$0.5S_{ar}+97.8$	
									高效氨法[②]	$0.5S_{ar}+97.8$	
									高效氧化镁法[②]	$0.5S_{ar}+97.8$	
									高效烟气循环流化床法[②]	$0.95S_{ar}+97$	
									其他（高效电石渣法）[②]	$0.6S_{ar}+97.6$	
									石灰石/石膏法	$1.4286S_{ar}+93.71$	
									石灰/石膏法	$1.4286S_{ar}+93.71$	
									氨法	$1.4286S_{ar}+93.71$	
									双碱法	$1.7143S_{ar}+93.14$	
									氧化镁法	$1.4286S_{ar}+93.71$	
									烟气循环流化床法	$2.7143S_{ar}+91.43$	
									其他（电石渣法）	$1.7143S_{ar}+93.14$	
									其他（钠碱法）	$1.7143S_{ar}+93.14$	
									其他（湿法脱硫除尘一体化）	$1.4286S_{ar}+93.71$	
						氮氧化物（10%＜煤炭干燥无灰基挥发分≤20%）		3.98	其他（直排）	—	—
									高效选择性催化还原法（SCR）[③]	85.00	k=脱硝设施实际运行时间（小时/年）/机组实际运行时间（小时/年）
									选择性催化还原法（SCR）	75.00	
						氮氧化物（20%＜煤炭干燥无灰基挥发分≤37%）		3.19	其他（直排）	—	—
									高效选择性催化还原法（SCR）[③]	83.00	k=脱硝设施实际运行时间（小时/年）/机组实际运行时间（小时/年）
									选择性催化还原法（SCR）	72.00	
						氮氧化物（煤炭干燥无灰基挥发分＞37%）		2.39	其他（直排）	—	—
									高效选择性催化还原法（SCR）[③]	80.00	k=脱硝设施实际运行时间（小时/年）/机组实际运行时间（小时/年）
									选择性催化还原法（SCR）	70.00	

4411 火力发电、4412 热电联产行业废气、废水污染物系数表（续表 55）

工段名称	产品名称	原料名称	工艺名称	规模等级	污染物类别	污染物指标	系数单位	产污系数	末端治理技术	末端治理技术平均去除效率/%	参考 k 值计算公式
—	电能/电能+热能	煤炭	层燃炉	9～19 兆瓦	废气	氮氧化物（SNCR，10%＜煤炭干燥无灰基挥发分≤20%）	千克/吨-原料	2.78	其他（直排）	—	—
									高效选择性催化还原法（SCR）③	83.00	k=脱硝设施实际运行时间（小时/年）/机组实际运行时间（小时/年）
									选择性催化还原法（SCR）	72.00	
						氮氧化物（SNCR，20%＜煤炭干燥无灰基挥发分≤37%）	千克/吨-原料	1.60	其他（直排）	—	—
									高效选择性催化还原法（SCR）③	75.00	k=脱硝设施实际运行时间（小时/年）/机组实际运行时间（小时/年）
									选择性催化还原法（SCR）	65.00	
						氮氧化物（SNCR，煤炭干燥无灰基挥发分＞37%）	千克/吨-原料	1.44	其他（直排）	—	—
									高效选择性催化还原法（SCR）③	75.00	k=脱硝设施实际运行时间（小时/年）/机组实际运行时间（小时/年）
									选择性催化还原法（SCR）	65.00	
			全部类型锅炉（锅外水处理）	≤8 兆瓦	废水	工业废水量	吨/吨-原料	1.38	其他（重复利用）	100	—
									—	0	
						化学需氧量	克/吨-原料	124.48	其他（物理处理法+化学处理法）	55.12	k=［机组实际运行时间（小时/年）−废水总排口事故排放时间（小时/年）］/机组实际运行时间（小时/年）
						氨氮	克/吨-原料	27.56	其他（物理处理法+化学处理法）	80.37	
			层燃炉	≤8 兆瓦	废气	工业废气量（烟煤）	标米^3/吨-原料	10290.00	其他（直排）	—	—

4411 火力发电、4412 热电联产行业废气、废水污染物系数表（续表 56）

工段名称	产品名称	原料名称	工艺名称	规模等级	污染物类别	污染物指标	系数单位	产污系数	末端治理技术	末端治理技术平均去除效率/%	参考 k 值计算公式
—	电能/电能+热能	煤炭	层燃炉	≤8 兆瓦	废气	工业废气量（无烟煤）	标米 ^{3}/吨-原料	10197.00	其他（直排）	—	—
						工业废气量（褐煤）	标米 ^{3}/吨-原料	5915.00	其他（直排）		
			煤粉锅炉	≤8 兆瓦	废气	工业废气量（烟煤）	标米 ^{3}/吨-原料	9186.00	其他（直排）		
						工业废气量（褐煤）	标米 ^{3}/吨-原料	5915.00	其他（直排）		
			循环流化床锅炉	≤8 兆瓦	废气	工业废气量（烟煤）	标米 ^{3}/吨-原料	9415.00	其他（直排）		
						工业废气量（无烟煤）	标米 ^{3}/吨-原料	11034.00	其他（直排）		
			煤粉锅炉	≤8 兆瓦	废气	颗粒物（烟煤）	千克/吨-原料	$8.93A_{ar}$	高效静电除尘①	$0.0017A_{ar}+99.918$	k=除尘设施实际运行时间（小时/年）/机组实际运行时间（小时/年）
									高效电袋组合①	$0.0016A_{ar}+99.928$	
									高效袋式除尘①	$0.0015A_{ar}+99.93$	
									高效静电除尘+其他（湿法脱硫协同）①	$0.00068A_{ar}+99.9672$	
									高效电袋组合+其他（湿法脱硫协同）①	$0.00064A_{ar}+99.9712$	
									高效袋式除尘+其他（湿法脱硫协同）①	$0.0006A_{ar}+99.972$	
									高效静电除尘+其他（湿式电除尘）①	$0.00034A_{ar}+99.9836$	
									高效电袋组合+其他（湿式电除尘）①	$0.00032A_{ar}+99.9856$	
									高效袋式除尘+其他（湿式电除尘）①	$0.0003A_{ar}+99.986$	

4411 火力发电、4412 热电联产行业废气、废水污染物系数表（续表 57）

工段名称	产品名称	原料名称	工艺名称	规模等级	污染物类别	污染物指标	系数单位	产污系数	末端治理技术	末端治理技术平均去除效率/%	参考 k 值计算公式
—	电能/电能+热能	煤炭	煤粉锅炉	≤8 兆瓦	废气	颗粒物（烟煤）	千克/吨-原料	$8.93A_{ar}$	高效静电除尘+其他（湿法脱硫协同）+其他（湿式电除尘）①	$0.000136A_{ar}$+99.9934	k=除尘设施实际运行时间（小时/年）/机组实际运行时间（小时/年）
									高效电袋组合+其他（湿法脱硫协同）+其他（湿式电除尘）①	$0.000128A_{ar}$+99.9942	
									高效袋式除尘+其他（湿法脱硫协同）+其他（湿式电除尘）①	$0.00012A_{ar}$+99.9944	
									静电除尘	$0.0085A_{ar}$+99.59	
									电袋组合	$0.008A_{ar}$+99.64	
									袋式除尘	$0.0075A_{ar}$+99.65	
									静电除尘+其他（湿法脱硫协同）	$0.0034A_{ar}$+99.836	
									电袋组合+其他（湿法脱硫协同）	$0.0032A_{ar}$+99.856	
									袋式除尘+其他（湿法脱硫协同）	$0.003A_{ar}$+99.860	
									静电除尘+其他（湿式电除尘）	$0.0017A_{ar}$+99.918	
									电袋组合+其他（湿式电除尘）	$0.0016A_{ar}$+99.928	
									袋式除尘+其他（湿式电除尘）	$0.0015A_{ar}$+99.930	
									静电除尘+其他（湿法脱硫协同）+其他（湿式电除尘）	$0.00068A_{ar}$+99.967	
									电袋组合+其他（湿法脱硫协同）+其他（湿式电除尘）	$0.00064A_{ar}$+99.971	
									袋式除尘+其他（湿法脱硫协同）+其他（湿式电除尘）	$0.0006A_{ar}$+99.972	

4411 火力发电、4412 热电联产行业废气、废水污染物系数表（续表 58）

工段名称	产品名称	原料名称	工艺名称	规模等级	污染物类别	污染物指标	系数单位	产污系数	末端治理技术	末端治理技术平均去除效率/%	参考 k 值计算公式
—	电能/电能+热能	煤炭	煤粉锅炉	≤8 兆瓦	废气	颗粒物（褐煤）	千克/吨-原料	$8.93A_{ar}$	高效静电除尘①	$0.0017A_{ar}+99.918$	k=除尘设施实际运行时间（小时/年）/机组实际运行时间（小时/年）
									高效电袋组合①	$0.0016A_{ar}+99.928$	
									高效袋式除尘①	$0.0015A_{ar}+99.93$	
									静电除尘	$0.0085A_{ar}+99.59$	
									电袋组合	$0.008A_{ar}+99.64$	
									袋式除尘	$0.0075A_{ar}+99.65$	
						二氧化硫（烟煤）	千克/吨-原料	$17S_{ar}$	高效石灰石/石膏法②	$0.5S_{ar}+98.3$	k=脱硫设施实际运行时间（小时/年）/机组实际运行时间（小时/年）
									高效石灰/石膏法②	$0.5S_{ar}+98.3$	
									高效海水脱硫法②	$0.6S_{ar}+97.8$	
									高效氨法②	$0.3S_{ar}+98.6$	
									高效氧化镁法②	$0.5S_{ar}+98.2$	
									高效烟气循环流化床法②	$0.95S_{ar}+97.5$	
									其他（高效电石渣法）②	$0.75S_{ar}+97.8$	
									石灰石/石膏法	$4.2857S_{ar}+85.43$	
									石灰/石膏法	$4.2857S_{ar}+85.43$	
									海水脱硫法	$5.1429S_{ar}+81.14$	
									氨法	$2.5714S_{ar}+88.00$	
									双碱法	$5.5714S_{ar}+82.86$	
									氧化镁法	$4.2857S_{ar}+84.57$	
									烟气循环流化床法	$8.1429S_{ar}+78.57$	
									其他（电石渣法）	$6.4286S_{ar}+81.14$	
									其他（钠碱法）	$5.5714S_{ar}+82.86$	

4411 火力发电、4412 热电联产行业废气、废水污染物系数表（续表 59）

工段名称	产品名称	原料名称	工艺名称	规模等级	污染物类别	污染物指标	系数单位	产污系数	末端治理技术	末端治理技术平均去除效率/%	参考 k 值计算公式
—	电能/电能+热能	煤炭	煤粉锅炉	≤8 兆瓦	废气	二氧化硫（褐煤，无炉内脱硫）	千克/吨-原料	$17S_{ar}$	高效石灰石/石膏法[②]	$0.5S_{ar}+98.3$	k=脱硫设施实际运行时间（小时/年）/机组实际运行时间（小时/年）
									高效石灰/石膏法[②]	$0.5S_{ar}+98.3$	
									高效海水脱硫法[②]	$0.6S_{ar}+97.8$	
									高效氨法[②]	$0.3S_{ar}+98.6$	
									高效氧化镁法[②]	$0.5S_{ar}+98.2$	
									高效烟气循环流化床法[②]	$0.95S_{ar}+97.5$	
									其他（高效电石渣法）[②]	$0.75S_{ar}+97.8$	
									石灰石/石膏法	$4.2857S_{ar}+85.43$	
									石灰/石膏法	$4.2857S_{ar}+85.43$	
									海水脱硫法	$5.1429S_{ar}+81.14$	
									氨法	$2.5714S_{ar}+88.00$	
									氧化镁法	$4.2857S_{ar}+84.57$	
									双碱法	$5.5714S_{ar}+82.86$	
									烟气循环流化床法	$8.1429S_{ar}+78.57$	
									其他（电石渣法）	$6.4286S_{ar}+81.14$	
									其他（钠碱法）	$5.5714S_{ar}+82.86$	
						二氧化硫（褐煤，有炉内脱硫）	千克/吨-原料	$11.9S_{ar}$	高效石灰石/石膏法[②]	$0.5S_{ar}+98$	
									高效石灰/石膏法[②]	$0.5S_{ar}+98$	
									高效海水脱硫法[②]	$0.6S_{ar}+97.3$	
									高效氨法[②]	$0.3S_{ar}+98.4$	
									高效氧化镁法[②]	$0.45S_{ar}+98$	
									高效烟气循环流化床法[②]	$0.95S_{ar}+97.2$	
									其他（高效电石渣法）[②]	$0.75S_{ar}+97.5$	
									石灰石/石膏法	$4.2857S_{ar}+82.86$	
									石灰/石膏法	$4.2857S_{ar}+82.86$	
									海水脱硫法	$5.1429S_{ar}+76.86$	
									氨法	$2.5714S_{ar}+86.29$	
									双碱法	$5.5714S_{ar}+79.43$	
									氧化镁法	$3.8571S_{ar}+82.86$	
									烟气循环流化床法	$8.1429S_{ar}+76.0$	
									其他（电石渣法）	$6.4286S_{ar}+78.57$	
									其他（钠碱法）	$5.5714S_{ar}+79.43$	

4411 火力发电、4412 热电联产行业废气、废水污染物系数表（续表 60）

工段名称	产品名称	原料名称	工艺名称	规模等级	污染物类别	污染物指标	系数单位	产污系数	末端治理技术	末端治理技术平均去除效率/%	参考 k 值计算公式
—	电能/电能+热能	煤炭	煤粉锅炉	≤8 兆瓦	废气	氮氧化物（低氮燃烧法，20%＜煤炭干燥无灰基挥发分≤37%）	千克/吨-原料	3.68	其他（直排）	—	—
									高效选择性催化还原法（SCR）[③]	80.00	k=脱硝设施实际运行时间（小时/年）/机组实际运行时间（小时/年）
									选择性催化还原法（SCR）	75.00	
						氮氧化物（低氮燃烧法-SNCR，20%＜煤炭干燥无灰基挥发分≤37%）	千克/吨-原料	2.21	其他（直排）	—	—
									高效选择性催化还原法（SCR）[③]	78.00	k=脱硝设施实际运行时间（小时/年）/机组实际运行时间（小时/年）
									选择性催化还原法（SCR）	70.00	
						氮氧化物（低氮燃烧法，煤炭干燥无灰基挥发分＞37%）	千克/吨-原料	2.36	其他（直排）	—	—
									高效选择性催化还原法（SCR）[③]	80.00	k=脱硝设施实际运行时间（小时/年）/机组实际运行时间（小时/年）
									选择性催化还原法（SCR）	75.00	
						氮氧化物（低氮燃烧法-SNCR，煤炭干燥无灰基挥发分＞37%）	千克/吨-原料	1.45	其他（直排）	—	—
									高效选择性催化还原法（SCR）[③]	75.00	k=脱硝设施实际运行时间（小时/年）/机组实际运行时间（小时/年）
									选择性催化还原法（SCR）	70.00	
			循环流化床锅炉			颗粒物（烟煤）	千克/吨-原料	$5.19A_{ar}$	高效静电除尘[①]	$0.003A_{ar}+99.85$	k=除尘设施实际运行时间（小时/年）/机组实际运行时间（小时/年）
									高效电袋组合[①]	$0.0029A_{ar}+99.87$	
									高效袋式除尘[①]	$0.0027A_{ar}+99.88$	
									高效静电除尘+其他（湿法脱硫协同）[①]	$0.0012A_{ar}+99.954$	
									高效电袋组合+其他（湿法脱硫协同）[①]	$0.00116A_{ar}+99.948$	
									高效袋式除尘+其他（湿法脱硫协同）[①]	$0.00108A_{ar}+99.952$	

4411 火力发电、4412 热电联产行业废气、废水污染物系数表（续表 61）

工段名称	产品名称	原料名称	工艺名称	规模等级	污染物类别	污染物指标	系数单位	产污系数	末端治理技术	末端治理技术平均去除效率/%	参考 k 值计算公式
—	电能/电能+热能	煤炭	循环流化床锅炉	≤8 兆瓦	废气	颗粒物（烟煤）	千克/吨-原料	$5.19A_{ar}$	高效静电除尘+其他（湿式电除尘）①	$0.0006A_{ar}+99.97$	k=除尘设施实际运行时间（小时/年）/机组实际运行时间（小时/年）
									高效电袋组合+其他（湿式电除尘）①	$0.00058A_{ar}+99.974$	
									高效袋式除尘+其他（湿式电除尘）①	$0.00054A_{ar}+99.976$	
									高效静电除尘+其他（湿法脱硫协同）+其他（湿式电除尘）①	$0.00024A_{ar}+99.988$	
									高效电袋组合+其他（湿法脱硫协同）+其他（湿式电除尘）①	$0.000232A_{ar}+99.9896$	
									高效袋式除尘+其他（湿法脱硫协同）+其他（湿式电除尘）①	$0.000216A_{ar}+99.9904$	
									静电除尘	$0.015A_{ar}+99.25$	
									电袋组合	$0.0145A_{ar}+99.35$	
									袋式除尘	$0.0135A_{ar}+99.40$	
									静电除尘+其他（湿法脱硫协同）	$0.006A_{ar}+99.77$	
									电袋组合+其他（湿法脱硫协同）	$0.0058A_{ar}+99.74$	
									袋式除尘+其他（湿法脱硫协同）	$0.0054A_{ar}+99.76$	
									静电除尘+其他（湿式电除尘）	$0.003A_{ar}+99.85$	
									电袋组合+其他（湿式电除尘）	$0.0029A_{ar}+99.87$	
									袋式除尘+其他（湿式电除尘）	$0.0027A_{ar}+99.88$	

4411 火力发电、4412 热电联产行业废气、废水污染物系数表（续表 62）

工段名称	产品名称	原料名称	工艺名称	规模等级	污染物类别	污染物指标	系数单位	产污系数	末端治理技术	末端治理技术平均去除效率/%	参考 k 值计算公式
—	电能/电能+热能	煤炭	循环流化床锅炉	≤8 兆瓦	废气	颗粒物（烟煤）	千克/吨-原料	$5.19A_{ar}$	静电除尘+其他（湿法脱硫协同）+其他（湿式电除尘）	$0.0012A_{ar}+99.94$	k=除尘设施实际运行时间（小时/年）/机组实际运行时间（小时/年）
									电袋组合+其他（湿法脱硫协同）+其他（湿式电除尘）	$0.00116A_{ar}+99.948$	
									袋式除尘+其他（湿法脱硫协同）+其他（湿式电除尘）	$0.00108A_{ar}+99.952$	
						颗粒物（无烟煤）	千克/吨-原料	$4.63A_{ar}$	高效静电除尘①	$0.003A_{ar}+99.85$	
									高效电袋组合①	$0.0029A_{ar}+99.87$	
									高效袋式除尘①	$0.0027A_{ar}+99.88$	
									静电除尘	$0.015A_{ar}+99.25$	
									电袋组合	$0.0145A_{ar}+99.35$	
									袋式除尘	$0.0135A_{ar}+99.40$	
						颗粒物（褐煤）	千克/吨-原料	$4.63A_{ar}$	高效静电除尘①	$0.003A_{ar}+99.85$	
									高效电袋组合①	$0.0029A_{ar}+99.87$	
									高效袋式除尘①	$0.0027A_{ar}+99.88$	
									静电除尘	$0.015A_{ar}+99.25$	
									电袋组合	$0.0145A_{ar}+99.35$	
									袋式除尘	$0.0135A_{ar}+99.40$	
						二氧化硫（烟煤，无脱硫剂）	千克/吨-原料	$15S_{ar}$	高效石灰石/石膏法②	$0.5S_{ar}+98.2$	k=脱硫设施实际运行时间（小时/年）/机组实际运行时间（小时/年）
									高效石灰/石膏法②	$0.5S_{ar}+98.2$	
									高效氨法②	$0.5S_{ar}+98.2$	
									高效氧化镁法②	$0.5S_{ar}+98.2$	
									高效烟气循环流化床法②	$0.95S_{ar}+97.5$	
									其他（高效电石渣法）②	$0.6S_{ar}+98$	
									石灰石/石膏法	$4.2857S_{ar}+84.57$	
									石灰/石膏法	$4.2857S_{ar}+84.57$	
									氨法	$4.2857S_{ar}+84.57$	
									双碱法	$5.1429S_{ar}+82.86$	
									氧化镁法	$4.2857S_{ar}+84.57$	
									烟气循环流化床法	$8.1429S_{ar}+78.57$	
									其他（电石渣法）	$5.1429S_{ar}+82.86$	
									其他（钠碱法）	$5.1429S_{ar}+82.86$	
									其他（湿法脱硫除尘一体化）	$4.2857S_{ar}+84.57$	

4411 火力发电、4412 热电联产行业废气、废水污染物系数表（续表 63）

工段名称	产品名称	原料名称	工艺名称	规模等级	污染物类别	污染物指标	系数单位	产污系数	末端治理技术	末端治理技术平均去除效率/%	参考 k 值计算公式
—	电能/电能+热能	煤炭	循环流化床锅炉	≤8 兆瓦	废气	二氧化硫（烟煤，有脱硫剂）	千克/吨-原料	$4.5S_{ar}$	高效石灰石/石膏法②	$0.5S_{ar}+96.5$	k=脱硫设施实际运行时间（小时/年）/机组实际运行时间（小时/年）
									高效石灰/石膏法②	$0.5S_{ar}+96.5$	
									高效氨法②	$0.5S_{ar}+96.5$	
									高效氧化镁法②	$0.5S_{ar}+96.5$	
									高效烟气循环流化床法②	$0.75S_{ar}+96$	
									其他（高效电石渣法）②	$0.6S_{ar}+96$	
									石灰石/石膏法	$4.2857S_{ar}+70.0$	
									石灰/石膏法	$4.2857S_{ar}+70.0$	
									氨法	$4.2857S_{ar}+70.0$	
									双碱法	$5.5714S_{ar}+70.00$	
									氧化镁法	$4.2857S_{ar}+70.00$	
									烟气循环流化床法	$6.0000S_{ar}+65.71$	
									其他（电石渣法）	$5.1429S_{ar}+65.71$	
									其他（钠碱法）	$5.5714S_{ar}+70.00$	
									其他（湿法脱硫除尘一体化）	$4.2857S_{ar}+70.00$	
						二氧化硫（无烟煤，无脱硫剂）	千克/吨-原料	$15S_{ar}$	高效石灰石/石膏法②	$0.5S_{ar}+98.2$	
									高效石灰/石膏法②	$0.5S_{ar}+98.2$	
									高效氨法②	$0.5S_{ar}+98.2$	
									高效氧化镁法②	$0.5S_{ar}+98.2$	
									高效烟气循环流化床法②	$0.95S_{ar}+97.5$	
									其他（高效电石渣法）②	$0.6S_{ar}+98$	
									石灰石/石膏法	$4.2857S_{ar}+84.57$	
									石灰/石膏法	$4.2857S_{ar}+84.57$	
									氨法	$4.2857S_{ar}+84.57$	
									双碱法	$5.1429S_{ar}+82.86$	
									氧化镁法	$4.2857S_{ar}+84.57$	
									烟气循环流化床法	$8.1429S_{ar}+78.57$	
									其他（电石渣法）	$5.1429S_{ar}+82.86$	
									其他（钠碱法）	$5.1429S_{ar}+82.86$	
									其他（湿法脱硫除尘一体化）	$4.2857S_{ar}+84.57$	

4411 火力发电、4412 热电联产行业废气、废水污染物系数表（续表 64）

工段名称	产品名称	原料名称	工艺名称	规模等级	污染物类别	污染物指标	系数单位	产污系数	末端治理技术	末端治理技术平均去除效率/%	参考 k 值计算公式
—	电能/电能+热能	煤炭	循环流化床锅炉	≤8 兆瓦	废气	二氧化硫（无烟煤，有脱硫剂）	千克/吨-原料	$4.5S_{ar}$	高效石灰石/石膏法[②]	$0.5S_{ar}+96.5$	k=脱硫设施实际运行时间（小时/年）/机组实际运行时间（小时/年）
									高效石灰/石膏法[②]	$0.5S_{ar}+96.5$	
									高效氨法[②]	$0.5S_{ar}+96.5$	
									高效氧化镁法[②]	$0.5S_{ar}+96.5$	
									高效烟气循环流化床法[②]	$0.75S_{ar}+96$	
									其他（高效电石渣法）[②]	$0.6S_{ar}+96$	
									石灰石/石膏法	$4.2857S_{ar}+70.0$	
									石灰/石膏法	$4.2857S_{ar}+70.0$	
									氨法	$4.2857S_{ar}+70.0$	
									双碱法	$5.5714S_{ar}+70.00$	
									氧化镁法	$4.2857S_{ar}+70.00$	
									烟气循环流化床法	$6.0000S_{ar}+65.71$	
									其他（电石渣法）	$5.1429S_{ar}+65.71$	
									其他（钠碱法）	$5.5714S_{ar}+70.00$	
									其他（湿法脱硫除尘一体化）	$4.2857S_{ar}+70.00$	
						氮氧化物（煤炭干燥无灰基挥发分≤10%）	千克/吨-原料	3.31	其他（直排）	—	—
									高效选择性催化还原法（SCR）[③]	80.00	k=脱硝设施实际运行时间（小时/年）/机组实际运行时间（小时/年）
									选择性催化还原法（SCR）	70.00	
						氮氧化物（10%＜煤炭干燥无灰基挥发分≤20%）	千克/吨-原料	2.82	其他（直排）	—	—
									高效选择性催化还原法（SCR）[③]	80.00	k=脱硝设施实际运行时间（小时/年）/机组实际运行时间（小时/年）
									选择性催化还原法（SCR）	70.00	
						氮氧化物（20%＜煤炭干燥无灰基挥发分≤37%）	千克/吨-原料	3.29	其他（直排）	—	—
									高效选择性催化还原法（SCR）[③]	75.00	k=脱硝设施实际运行时间（小时/年）/机组实际运行时间（小时/年）
									选择性催化还原法（SCR）	72.00	

4411 火力发电、4412 热电联产行业废气、废水污染物系数表（续表 65）

工段名称	产品名称	原料名称	工艺名称	规模等级	污染物类别	污染物指标	系数单位	产污系数	末端治理技术	末端治理技术平均去除效率/%	参考 k 值计算公式
—	电能/电能+热能	煤炭	循环流化床锅炉	≤8 兆瓦	废气	氮氧化物（SNCR，煤炭干燥无灰基挥发分≤10%）	千克/吨-原料	1.11	其他（直排）	—	—
									高效选择性催化还原法（SCR）③	65.00	k=脱硝设施实际运行时间（小时/年）/机组实际运行时间（小时/年）
									选择性催化还原法（SCR）	50.00	
						氮氧化物（SNCR，10%<煤炭干燥无灰基挥发分≤20%）	千克/吨-原料	0.95	其他（直排）	—	—
									高效选择性催化还原法（SCR）③	65.00	k=脱硝设施实际运行时间（小时/年）/机组实际运行时间（小时/年）
									选择性催化还原法（SCR）	50.00	
						氮氧化物（SNCR，20%<煤炭干燥无灰基挥发分≤37%）	千克/吨-原料	0.95	其他（直排）	—	—
									高效选择性催化还原法（SCR）③	65.00	k=脱硝设施实际运行时间（小时/年）/机组实际运行时间（小时/年）
									选择性催化还原法（SCR）	50.00	
			层燃炉	≤8 兆瓦	废气	颗粒物（烟煤）	千克/吨-原料	$1.25A_{ar}$	高效静电除尘①	$0.0098A_{ar}+99.55$	k=除尘设施实际运行时间（小时/年）/机组实际运行时间（小时/年）
									高效电袋组合①	$0.0093A_{ar}+99.6$	
									高效袋式除尘①	$0.0088A_{ar}+99.62$	
									高效静电除尘+其他（湿法脱硫协同）①	$0.00392A_{ar}+99.82$	
									高效电袋组合+其他（湿法脱硫协同）①	$0.00372A_{ar}+99.84$	
									高效袋式除尘+其他（湿法脱硫协同）①	$0.00352A_{ar}+99.848$	
									高效静电除尘+其他（湿式电除尘）①	$0.00196A_{ar}+99.91$	
									高效电袋组合+其他（湿式电除尘）①	$0.00186A_{ar}+99.92$	
									高效袋式除尘+其他（湿式电除尘）①	$0.00176A_{ar}+99.924$	

4411 火力发电、4412 热电联产行业废气、废水污染物系数表（续表 66）

工段名称	产品名称	原料名称	工艺名称	规模等级	污染物类别	污染物指标	系数单位	产污系数	末端治理技术	末端治理技术平均去除效率/%	参考 k 值计算公式
—	电能/电能+热能	煤炭	层燃炉	≤8 兆瓦	废气	颗粒物（烟煤）	千克/吨-原料	$1.25A_{ar}$	高效静电除尘+其他（湿法脱硫协同）+其他（湿式电除尘）①	$0.000784A_{ar}+99.964$	k=除尘设施实际运行时间（小时/年）/机组实际运行时间（小时/年）
									高效电袋组合+其他（湿法脱硫协同）+其他（湿式电除尘）①	$0.000744A_{ar}+99.968$	
									高效袋式除尘+其他（湿法脱硫协同）+其他（湿式电除尘）①	$0.000704A_{ar}+99.9696$	
									静电除尘	$0.049A_{ar}+97.75$	
									电袋组合	$0.0465A_{ar}+98.0$	
									袋式除尘	$0.044A_{ar}+98.1$	
									静电除尘+其他（湿法脱硫协同）	$0.0196A_{ar}+99.10$	
									电袋组合+其他（湿法脱硫协同）	$0.0186A_{ar}+99.20$	
									袋式除尘+其他（湿法脱硫协同）	$0.0176A_{ar}+99.24$	
									静电除尘+其他（湿式电除尘）	$0.0098A_{ar}+99.55$	
									电袋组合+其他（湿式电除尘）	$0.0093A_{ar}+99.60$	
									袋式除尘+其他（湿式电除尘）	$0.0088A_{ar}+99.62$	
									静电除尘+其他（湿法脱硫协同）+其他（湿式电除尘）	$0.00392A_{ar}+99.82$	
									电袋组合+其他（湿法脱硫协同）+其他（湿式电除尘）	$0.00372A_{ar}+99.84$	
									袋式除尘+其他（湿法脱硫协同）+其他（湿式电除尘）	$0.00352A_{ar}+99.848$	

4411 火力发电、4412 热电联产行业废气、废水污染物系数表（续表 67）

工段名称	产品名称	原料名称	工艺名称	规模等级	污染物类别	污染物指标	系数单位	产污系数	末端治理技术	末端治理技术平均去除效率/%	参考 k 值计算公式
—	电能/电能+热能	煤炭	层燃炉	≤8 兆瓦	废气	颗粒物（无烟煤）	千克/吨-原料	$1.84A_{ar}$	高效静电除尘[①]	$0.0098A_{ar}+99.55$	k=除尘设施实际运行时间（小时/年）/机组实际运行时间（小时/年）
									高效电袋组合[①]	$0.0093A_{ar}+99.6$	
									高效袋式除尘[①]	$0.0088A_{ar}+99.62$	
									静电除尘	$0.049A_{ar}+97.75$	
									电袋组合	$0.0465A_{ar}+98.0$	
									袋式除尘	$0.044A_{ar}+98.1$	
						颗粒物（褐煤）	千克/吨-原料	$1.25A_{ar}$	高效静电除尘[①]	$0.0098A_{ar}+99.55$	
									高效电袋组合[①]	$0.0093A_{ar}+99.6$	
									高效袋式除尘[①]	$0.0088A_{ar}+99.62$	
									静电除尘	$0.049A_{ar}+97.75$	
									电袋组合	$0.0465A_{ar}+98.0$	
									袋式除尘	$0.044A_{ar}+98.1$	
						二氧化硫（烟煤，无炉内脱硫）	千克/吨-原料	$16S_{ar}$	高效石灰石/石膏法[②]	$0.5S_{ar}+98.2$	k=脱硫设施实际运行时间（小时/年）/机组实际运行时间（小时/年）
									高效石灰/石膏法[②]	$0.5S_{ar}+98.2$	
									高效氨法[②]	$0.5S_{ar}+98.2$	
									高效氧化镁法[②]	$0.5S_{ar}+98.2$	
									高效烟气循环流化床法[②]	$0.95S_{ar}+97.5$	
									其他（高效电石渣法）[②]	$0.6S_{ar}+98$	
									石灰石/石膏法	$4.2857S_{ar}+84.57$	
									石灰/石膏法	$4.2857S_{ar}+84.57$	
									氨法	$4.2857S_{ar}+84.57$	
									双碱法	$5.1429S_{ar}+82.86$	
									氧化镁法	$4.2857S_{ar}+84.57$	
									烟气循环流化床法	$8.1429S_{ar}+78.57$	
									其他（电石渣法）	$5.1429S_{ar}+82.86$	
									其他（钠碱法）	$5.1429S_{ar}+82.86$	
									其他（湿法脱硫除尘一体化）	$4.2857S_{ar}+84.57$	

4411 火力发电、4412 热电联产行业废气、废水污染物系数表（续表 68）

工段名称	产品名称	原料名称	工艺名称	规模等级	污染物类别	污染物指标	系数单位	产污系数	末端治理技术	末端治理技术平均去除效率/%	参考 k 值计算公式
—	电能/电能+热能	煤炭	层燃炉	≤8 兆瓦	废气	二氧化硫（烟煤，炉内脱硫）	千克/吨-原料	$11.2S_{ar}$	高效石灰石/石膏法[②]	$0.5S_{ar}+97.8$	k=脱硫设施实际运行时间（小时/年）/机组实际运行时间（小时/年）
									高效石灰/石膏法[②]	$0.5S_{ar}+97.8$	
									高效氨法[②]	$0.5S_{ar}+97.8$	
									高效氧化镁法[②]	$0.5S_{ar}+97.8$	
									高效烟气循环流化床法[②]	$0.95S_{ar}+97$	
									其他（高效电石渣法）[②]	$0.6S_{ar}+97.6$	
									石灰石/石膏法	$4.2857S_{ar}+81.14$	
									石灰/石膏法	$4.2857S_{ar}+81.14$	
									氨法	$4.2857S_{ar}+81.14$	
									双碱法	$5.1429S_{ar}+79.43$	
									氧化镁法	$4.2857S_{ar}+81.14$	
									烟气循环流化床法	$8.1429S_{ar}+74.29$	
									其他（电石渣法）	$5.1429S_{ar}+79.43$	
									其他（钠碱法）	$5.1429S_{ar}+79.43$	
									其他（湿法脱硫除尘一体化）	$4.2857S_{ar}+81.14$	
						二氧化硫（无烟煤，无炉内脱硫）	千克/吨-原料	$16S_{ar}$	高效石灰石/石膏法[②]	$0.5S_{ar}+98.2$	
									高效石灰/石膏法[②]	$0.5S_{ar}+98.2$	
									高效氨法[②]	$0.5S_{ar}+98.2$	
									高效氧化镁法[②]	$0.5S_{ar}+98.2$	
									高效烟气循环流化床法[②]	$0.95S_{ar}+97.5$	
									其他（高效电石渣法）[②]	$0.6S_{ar}+98$	
									石灰石/石膏法	$4.2857S_{ar}+84.57$	
									石灰/石膏法	$4.2857S_{ar}+84.57$	
									氨法	$4.2857S_{ar}+84.57$	
									双碱法	$5.1429S_{ar}+82.86$	
									氧化镁法	$4.2857S_{ar}+84.57$	
									烟气循环流化床法	$8.1429S_{ar}+78.57$	
									其他（电石渣法）	$5.1429S_{ar}+82.86$	
									其他（钠碱法）	$5.1429S_{ar}+82.86$	
									其他（湿法脱硫除尘一体化）	$4.2857S_{ar}+84.57$	

4411 火力发电、4412 热电联产行业废气、废水污染物系数表（续表 69）

工段名称	产品名称	原料名称	工艺名称	规模等级	污染物类别	污染物指标	系数单位	产污系数	末端治理技术	末端治理技术平均去除效率/%	参考 k 值计算公式
—	电能/电能+热能	煤炭	层燃炉	≤8 兆瓦	废气	二氧化硫（无烟煤，炉内脱硫）	千克/吨-原料	$11.2S_{ar}$	高效石灰石/石膏法[②]	$0.5S_{ar}+97.8$	k=脱硫设施实际运行时间（小时/年）/机组实际运行时间（小时/年）
									高效石灰/石膏法[②]	$0.5S_{ar}+97.8$	
									高效氨法[②]	$0.5S_{ar}+97.8$	
									高效氧化镁法[②]	$0.5S_{ar}+97.8$	
									高效烟气循环流化床法[②]	$0.95S_{ar}+97$	
									其他（高效电石渣法）[②]	$0.6S_{ar}+97.6$	
									石灰石/石膏法	$4.2857S_{ar}+81.14$	
									石灰/石膏法	$4.2857S_{ar}+81.14$	
									氨法	$4.2857S_{ar}+81.14$	
									双碱法	$5.1429S_{ar}+79.43$	
									氧化镁法	$4.2857S_{ar}+81.14$	
									烟气循环流化床法	$8.1429S_{ar}+74.29$	
									其他（电石渣法）	$5.1429S_{ar}+79.43$	
									其他（钠碱法）	$5.1429S_{ar}+79.43$	
									其他（湿法脱硫除尘一体化）	$4.2857S_{ar}+81.14$	
						二氧化硫（褐煤，无炉内脱硫）	千克/吨-原料	$15S_{ar}$	高效石灰石/石膏法[②]	$0.5S_{ar}+98.2$	
									高效石灰/石膏法[②]	$0.5S_{ar}+98.2$	
									高效氨法[②]	$0.5S_{ar}+98.2$	
									高效氧化镁法[②]	$0.5S_{ar}+98.2$	
									高效烟气循环流化床法[②]	$0.95S_{ar}+97.5$	
									其他（高效电石渣法）[②]	$0.6S_{ar}+98$	
									石灰石/石膏法	$4.2857S_{ar}+84.57$	
									石灰/石膏法	$4.2857S_{ar}+84.57$	
									氨法	$4.2857S_{ar}+84.57$	
									双碱法	$5.1429S_{ar}+82.86$	
									氧化镁法	$4.2857S_{ar}+84.57$	
									烟气循环流化床法	$8.1429S_{ar}+78.57$	
									其他（电石渣法）	$5.1429S_{ar}+82.86$	
									其他（钠碱法）	$5.1429S_{ar}+82.86$	
									其他（湿法脱硫除尘一体化）	$4.2857S_{ar}+84.57$	

4411 火力发电、4412 热电联产行业废气、废水污染物系数表（续表 70）

工段名称	产品名称	原料名称	工艺名称	规模等级	污染物类别	污染物指标	系数单位	产污系数	末端治理技术	末端治理技术平均去除效率/%	参考 k 值计算公式
—	电能/电能+热能	煤炭	层燃炉	≤8 兆瓦	废气	二氧化硫（褐煤，炉内脱硫）	千克/吨-原料	$10.5S_{ar}$	高效石灰石/石膏法[②]	$0.5S_{ar}$+97.8	k=脱硫设施实际运行时间（小时/年）/机组实际运行时间（小时/年）
									高效石灰/石膏法[②]	$0.5S_{ar}$+97.8	
									高效氨法[②]	$0.5S_{ar}$+97.8	
									高效氧化镁法[②]	$0.5S_{ar}$+97.8	
									高效烟气循环流化床法[②]	$0.95S_{ar}$+97	
									其他（高效电石渣法）[②]	$0.6S_{ar}$+97.6	
									石灰石/石膏法	$4.2857S_{ar}$+81.14	
									石灰/石膏法	$4.2857S_{ar}$+81.14	
									氨法	$4.2857S_{ar}$+81.14	
									双碱法	$5.1429S_{ar}$+79.43	
									氧化镁法	$4.2857S_{ar}$+81.14	
									烟气循环流化床法	$8.1429S_{ar}$+74.29	
									其他（电石渣法）	$5.1429S_{ar}$+79.43	
									其他（钠碱法）	$5.1429S_{ar}$+79.43	
									其他（湿法脱硫除尘一体化）	$4.2857S_{ar}$+81.14	
						氮氧化物（煤炭干燥无灰基挥发分≤10%）	千克/吨-原料	3.06	其他（直排）	—	—
									高效选择性催化还原法（SCR）[③]	80.00	k=脱硝设施实际运行时间（小时/年）/机组实际运行时间（小时/年）
									选择性催化还原法（SCR）	75.00	
						氮氧化物（10%＜煤炭干燥无灰基挥发分≤20%）	千克/吨-原料	3.06	其他（直排）	—	—
									高效选择性催化还原法（SCR）[③]	80.00	
									选择性催化还原法（SCR）	75.00	
						氮氧化物（20%＜煤炭干燥无灰基挥发分≤37%）	千克/吨-原料	3.09	其他（直排）	—	—
									高效选择性催化还原法（SCR）[③]	80.00	k=脱硝设施实际运行时间（小时/年）/机组实际运行时间（小时/年）
									选择性催化还原法（SCR）	75.00	

4411 火力发电、4412 热电联产行业废气、废水污染物系数表（续表 71）

工段名称	产品名称	原料名称	工艺名称	规模等级	污染物类别	污染物指标	系数单位	产污系数	末端治理技术	末端治理技术平均去除效率/%	参考 k 值计算公式
—	电能/电能+热能	煤炭	层燃炉	≤8 兆瓦	废气	氮氧化物（煤炭干燥无灰基挥发分＞37%）	千克/吨-原料	1.75	其他（直排）	—	—
									高效选择性催化还原法（SCR）③	80.00	k=脱硝设施实际运行时间（小时/年）/机组实际运行时间（小时/年）
									选择性催化还原法（SCR）	75.00	
						氮氧化物（SNCR，煤炭干燥无灰基挥发分≤10%）	千克/吨-原料	1.83	其他（直排）	—	—
									高效选择性催化还原法（SCR）③	72.00	k=脱硝设施实际运行时间（小时/年）/机组实际运行时间（小时/年）
									选择性催化还原法（SCR）	65.00	
						氮氧化物（SNCR，10%＜煤炭干燥无灰基挥发分≤20%）	千克/吨-原料	1.83	其他（直排）	—	—
									高效选择性催化还原法（SCR）③	72.00	k=脱硝设施实际运行时间（小时/年）/机组实际运行时间（小时/年）
									选择性催化还原法（SCR）	65.00	
						氮氧化物（SNCR，20%＜煤炭干燥无灰基挥发分≤37%）	千克/吨-原料	1.52	其他（直排）	—	—
									高效选择性催化还原法（SCR）③	70.00	k=脱硝设施实际运行时间（小时/年）/机组实际运行时间（小时/年）
									选择性催化还原法（SCR）	65.00	
						氮氧化物（SNCR，煤炭干燥无灰基挥发分＞37%）	千克/吨-原料	0.89	其他（直排）	—	—
									高效选择性催化还原法（SCR）③	70.00	k=脱硝设施实际运行时间（小时/年）/机组实际运行时间（小时/年）
									选择性催化还原法（SCR）	65.00	
		煤矸石/油页岩	循环流化床锅炉	所有规模	废水	工业废水量	吨/吨-原料	0.54	其他（重复利用）	100	—
									—	0	

4411 火力发电、4412 热电联产行业废气、废水污染物系数表（续表 72）

工段名称	产品名称	原料名称	工艺名称	规模等级	污染物类别	污染物指标	系数单位	产污系数	末端治理技术	末端治理技术平均去除效率/%	参考 k 值计算公式
—	电能/电能+热能	煤矸石/油页岩	循环流化床锅炉	所有规模	废水	化学需氧量	克/吨-原料	64.30	其他（物理处理法+化学处理法）	63.76	k=［机组实际运行时间（小时/年）–废水总排口事故排放时间（小时/年）］/机组实际运行时间（小时/年）
						氨氮	克/吨-原料	12.13	其他（物理处理法+化学处理法）	79.54	
					废气	工业废气量	标米^3/吨-原料	4806.00	其他（直排）	—	—
						颗粒物（无炉内脱硫）	千克/吨-原料	238.60	高效静电除尘①	99.97	k=除尘设施实际运行时间（小时/年）/机组实际运行时间（小时/年）
									高效电袋组合①	99.97	
									高效袋式除尘①	99.97	
									高效静电除尘+其他（湿法脱硫协同）①	99.99	
									高效电袋组合+其他（湿法脱硫协同）①	99.99	
									高效袋式除尘+其他（湿法脱硫协同）①	99.99	
									高效静电除尘+其他（湿式电除尘）①	99.99	
									高效电袋组合+其他（湿式电除尘）①	99.99	
									高效袋式除尘+其他（湿式电除尘）①	99.99	

4411 火力发电、4412 热电联产行业废气、废水污染物系数表（续表 73）

工段名称	产品名称	原料名称	工艺名称	规模等级	污染物类别	污染物指标	系数单位	产污系数	末端治理技术	末端治理技术平均去除效率/%	参考 k 值计算公式
—	电能/电能+热能	煤矸石/油页岩	循环流化床锅炉	所有规模	废气	颗粒物（无炉内脱硫）	千克/吨-原料	238.60	高效静电除尘+其他（湿法脱硫协同）+其他（湿式电除尘）[①]	99.99	k=除尘设施实际运行时间（小时/年）/机组实际运行时间（小时/年）
									高效电袋组合+其他（湿法脱硫协同）+其他（湿式电除尘）[①]	99.99	
									高效袋式除尘+其他（湿法脱硫协同）+其他（湿式电除尘）[①]	99.99	
									静电除尘	99.91	
									电袋组合	99.91	
									袋式除尘	99.91	
									静电除尘+其他（湿法脱硫协同）	99.96	
									电袋组合+其他（湿法脱硫协同）	99.96	
									袋式除尘+其他（湿法脱硫协同）	99.96	
									静电除尘+其他（湿式电除尘）	99.98	
									电袋组合+其他（湿式电除尘）	99.98	
									袋式除尘+其他（湿式电除尘）	99.98	
									静电除尘+其他（湿法脱硫协同）+其他（湿式电除尘）	99.99	
									电袋组合+其他（湿法脱硫协同）+其他（湿式电除尘）	99.99	
									袋式除尘+其他（湿法脱硫协同）+其他（湿式电除尘）	99.99	

4411 火力发电、4412 热电联产行业废气、废水污染物系数表（续表 74）

工段名称	产品名称	原料名称	工艺名称	规模等级	污染物类别	污染物指标	系数单位	产污系数	末端治理技术	末端治理技术平均去除效率/%	参考 k 值计算公式
—	电能/电能+热能	煤矸石/油页岩	循环流化床锅炉	所有规模	废气	颗粒物（炉内脱硫）	千克/吨-原料	238.6+61.94S_{ar}	高效静电除尘①	0.0028S_{ar}+99.975	k=除尘设施实际运行时间（小时/年）/机组实际运行时间（小时/年）
									高效电袋组合①	0.003S_{ar}+99.975	
									高效袋式除尘①	0.0024S_{ar}+99.98	
									高效静电除尘+其他（湿法脱硫协同）①	0.00112S_{ar}+99.99	
									高效电袋组合+其他（湿法脱硫协同）①	0.0012S_{ar}+99.99	
									高效袋式除尘+其他（湿法脱硫协同）①	0.00096S_{ar}+99.992	
									高效静电除尘+其他（湿式电除尘）①	0.00056S_{ar}+99.995	
									高效电袋组合+其他（湿式电除尘）①	0.0006S_{ar}+99.995	
									高效袋式除尘+其他（湿式电除尘）①	0.00048S_{ar}+99.996	
									高效静电除尘+其他（湿法脱硫协同）+其他（湿式电除尘）①	0.000224S_{ar}+99.998	
									高效电袋组合+其他（湿法脱硫协同）+其他（湿式电除尘）①	0.00024S_{ar}+99.998	
									高效袋式除尘+其他（湿法脱硫协同）+其他（湿式电除尘）①	0.000192S_{ar}+99.9984	
									静电除尘	0.0084S_{ar}+99.93	
									电袋组合	0.009S_{ar}+99.93	
									袋式除尘	0.0072S_{ar}+99.94	
									静电除尘+其他（湿法脱硫协同）	0.00336S_{ar}+99.97	

4411 火力发电、4412 热电联产行业废气、废水污染物系数表（续表 75）

工段名称	产品名称	原料名称	工艺名称	规模等级	污染物类别	污染物指标	系数单位	产污系数	末端治理技术	末端治理技术平均去除效率/%	参考 k 值计算公式
—	电能/电能+热能	煤矸石/油页岩	循环流化床锅炉	所有规模	废气	颗粒物（炉内脱硫）	千克/吨-原料	238.6+61.94S_{ar}	电袋组合+其他（湿法脱硫协同）	0.0036S_{ar}+99.97	k=除尘设施实际运行时间（小时/年）/机组实际运行时间（小时/年）
									袋式除尘+其他（湿法脱硫协同）	0.00288S_{ar}+99.976	
									静电除尘+其他（湿式电除尘）	0.00168S_{ar}+99.985	
									电袋组合+其他（湿式电除尘）	0.0018S_{ar}+99.985	
									袋式除尘+其他（湿式电除尘）	0.00144S_{ar}+99.988	
									静电除尘+其他（湿法脱硫协同）+其他（湿式电除尘）	0.000672S_{ar}+99.994	
									电袋组合+其他（湿法脱硫协同）+其他（湿式电除尘）	0.00072S_{ar}+99.994	
									袋式除尘+其他（湿法脱硫协同）+其他（湿式电除尘）	0.000576S_{ar}+99.995	
						二氧化硫（无炉内脱硫）	千克/吨-原料	9.47	高效石灰石/石膏法[②]	98.30	k=脱硫设施实际运行时间（小时/年）/机组实际运行时间（小时/年）
									高效石灰/石膏法[②]	98.30	
									高效氨法[②]	98.30	
									高效氧化镁法[②]	98.30	
									高效烟气循环流化床法[②]	98.30	
									其他（高效电石渣法）[②]	98.30	
									石灰石/石膏法	93.69	
									石灰/石膏法	93.69	
									氨法	93.69	
									双碱法	93.69	
									氧化镁法	93.69	
									烟气循环流化床法	93.69	
									其他（电石渣法）	93.69	
									其他（钠碱法）	93.69	
									其他（湿法脱硫除尘一体化）	93.69	

4411 火力发电、4412 热电联产行业废气、废水污染物系数表（续表 76）

工段名称	产品名称	原料名称	工艺名称	规模等级	污染物类别	污染物指标	系数单位	产污系数	末端治理技术	末端治理技术平均去除效率/%	参考 k 值计算公式
—	电能/电能+热能	煤矸石/油页岩	循环流化床锅炉	所有规模	废气	二氧化硫（炉内脱硫）	千克/吨-原料	2.84	高效石灰石/石膏法[②]	94.50	k=脱硫设施实际运行时间（小时/年）/机组实际运行时间（小时/年）
									高效石灰/石膏法[②]	94.50	
									高效氨法[②]	94.50	
									高效氧化镁法[②]	94.50	
									高效烟气循环流化床法[②]	94.50	
									其他（高效电石渣法）[②]	94.50	
									石灰石/石膏法	79.57	
									石灰/石膏法	79.57	
									氨法	79.57	
									双碱法	79.57	
									氧化镁法	79.57	
									烟气循环流化床法	79.57	
									其他（电石渣法）	79.57	
									其他（钠碱法）	79.57	
									其他（湿法脱硫除尘一体化）	79.57	
						氮氧化物	千克/吨-原料	0.95	其他（直排）	—	—
									高效选择性催化还原法（SCR）[③]	75.00	k=脱硝设施实际运行时间（小时/年）/机组实际运行时间（小时/年）
									选择性催化还原法（SCR）	65.00	
						氮氧化物（SNCR）	千克/吨-原料	0.48	其他（直排）	—	—
									高效选择性催化还原法（SCR）[③]	65.00	k=脱硝设施实际运行时间（小时/年）/机组实际运行时间（小时/年）
									选择性催化还原法（SCR）	50.00	

4411 火力发电、4412 热电联产行业废气、废水污染物系数表（续表 77）

工段名称	产品名称	原料名称	工艺名称	规模等级	污染物类别	污染物指标	系数单位	产污系数	末端治理技术	末端治理技术平均去除效率/%	参考 k 值计算公式
—	电能/电能+热能	天然气（高炉、焦炉煤气）注：共用系数	锅炉/燃机	所有规模	废水	工业废水量	千克/米 ^{3}-原料	0.86	其他（重复利用）	100	—
									—	0	
						化学需氧量	毫克/米 ^{3}-原料	34.28	—	0	
						氨氮	毫克/米 ^{3}-原料	1.89	—	0	
					废气	汞及其化合物	毫克/米 ^{3}-原料	$0.000995M_{Hgar}$	其他（直排）	—	
		天然气	锅炉	所有规模	废气	工业废气量	标米 ^{3}/米 ^{3}-原料	12.42	其他（直排）	—	—
			燃机	所有规模	废气	工业废气量	标米 ^{3}/米 ^{3}-原料	24.55	其他（直排）	—	—
			锅炉/燃机	所有规模	废气	颗粒物	毫克/米 ^{3}-原料	103.90	其他（直排）	—	—
			锅炉/燃机	所有规模	废气	二氧化硫	毫克/米 ^{3}-原料	$2S_{ar}$	其他（直排）	—	—
			锅炉	所有规模	废气	氮氧化物（低氮燃烧法）	克/米 ^{3}-原料	0.86	其他（直排）	—	—
									选择性催化还原法（SCR）	70.00	k=脱硝设施实际运行时间（小时/年）/机组实际运行时间（小时/年）
			燃机	所有规模	废气	氮氧化物（低氮燃烧法）	克/米 ^{3}-原料	1.27	其他（直排）	—	—
									选择性催化还原法（SCR）	65.00	k=脱硝设施实际运行时间（小时/年）/机组实际运行时间（小时/年）
		高炉煤气	锅炉	所有规模	废气	工业废气量	标米 ^{3}/米 ^{3}-原料	3.86	其他（直排）	—	—
			燃机	所有规模	废气	工业废气量	标米 ^{3}/米 ^{3}-原料	9.33	其他（直排）	—	—
			锅炉	所有规模	废气	颗粒物	毫克/米 ^{3}-原料	103.90	其他（直排）	—	—
						二氧化硫	毫克/米 ^{3}-原料	$2S_{ar}$	其他（直排）	—	—
						氮氧化物（低氮燃烧法）	克/米 ^{3}-原料	0.86	其他（直排）	—	—
									选择性催化还原法（SCR）	65.00	k=脱硝设施实际运行时间（小时/年）/机组实际运行时间（小时/年）

4411 火力发电、4412 热电联产行业废气、废水污染物系数表（续表 78）

工段名称	产品名称	原料名称	工艺名称	规模等级	污染物类别	污染物指标	系数单位	产污系数	末端治理技术	末端治理技术平均去除效率/%	参考 k 值计算公式
—	电能/电能+热能	焦炉煤气	锅炉	所有规模	废气	工业废气量	标米 ^{3}/米 ^{3}-原料	5.69	其他（直排）	—	—
			燃机	所有规模	废气	工业废气量	标米 ^{3}/米 ^{3}-原料	14.67	其他（直排）	—	—
			锅炉	所有规模	废气	颗粒物	毫克/米 ^{3}-原料	103.90	其他（直排）	—	—
			锅炉	所有规模	废气	二氧化硫	毫克/米 ^{3}-原料	$2S_{ar}$	其他（直排）	—	—
			锅炉	所有规模	废气	氮氧化物（低氮燃烧法）	克/米 ^{3}-原料	1.69	其他（直排）	—	—
									选择性催化还原法（SCR）	80	k=脱硝设施实际运行时间（小时/年）/机组实际运行时间（小时/年）
		燃油	锅炉/燃机	所有规模	废水	工业废水量	吨/吨-原料	0.74	其他（重复利用）	100	—
									—	0	
						化学需氧量	克/吨-原料	254.58	其他（物理处理法+化学处理法）	92.29	k=［机组实际运行时间（小时/年）–废水总排口事故排放时间（小时/年）］/机组实际运行时间（小时/年）
						氨氮	克/吨-原料	5.70	其他（物理处理法+化学处理法）	72.00	
			锅炉/燃机	所有规模	废气	工业废气量	标米 ^{3}/吨-原料	11152.00	其他（直排）	—	—

4411 火力发电、4412 热电联产行业废气、废水污染物系数表（续表 79）

工段名称	产品名称	原料名称	工艺名称	规模等级	污染物类别	污染物指标	系数单位	产污系数	末端治理技术	末端治理技术平均去除效率/%	参考 k 值计算公式
—	电能/电能+热能	燃油	锅炉/燃机	所有规模	废气	颗粒物	千克/吨-原料	0.25	高效静电除尘①	65.00	k=除尘设施实际运行时间（小时/年）/机组实际运行时间（小时/年）
									高效电袋组合①	65.00	
									高效袋式除尘①	65.00	
									高效静电除尘+其他（湿法脱硫协同）①	86.00	
									高效电袋组合+其他（湿法脱硫协同）①	86.00	
									高效袋式除尘+其他（湿法脱硫协同）①	86.00	
									高效静电除尘+其他（湿式电除尘）①	93.00	
									高效电袋组合+其他（湿式电除尘）①	93.00	
									高效袋式除尘+其他（湿式电除尘）①	93.00	
									高效静电除尘+其他（湿法脱硫协同）+其他（湿式电除尘）①	97.20	
									高效电袋组合+其他（湿法脱硫协同）+其他（湿式电除尘）①	97.20	
									高效袋式除尘+其他（湿法脱硫协同）+其他（湿式电除尘）①	97.20	

4411 火力发电、4412 热电联产行业废气、废水污染物系数表（续表 80）

工段名称	产品名称	原料名称	工艺名称	规模等级	污染物类别	污染物指标	系数单位	产污系数	末端治理技术	末端治理技术平均去除效率/%	参考 k 值计算公式
—	电能/电能+热能	燃油	锅炉/燃机	所有规模	废气	二氧化硫	千克/吨-原料	4.21	高效石灰石/石膏法[②]	95.00	k=脱硫设施实际运行时间（小时/年）/机组实际运行时间（小时/年）
									高效石灰/石膏法[②]	95.00	
									高效海水脱硫法[②]	95.00	
									高效氨法[②]	95.00	
									高效氧化镁法[②]	95.00	
									高效烟气循环流化床法[②]	95.00	
									其他（高效电石渣法）[②]	95.00	
									石灰石/石膏法	85.80	
									石灰/石膏法	85.80	
									海水脱硫法	85.80	
									氨法	85.80	
									双碱法	85.80	
									氧化镁法	85.80	
									烟气循环流化床法	85.80	
									其他（电石渣法）	85.80	
									其他（钠碱法）	85.80	
									其他（湿法脱硫除尘一体化）	85.80	
						氮氧化物（低氮燃烧法）	千克/吨-原料	3.41	其他（直排）	—	—
									选择性催化还原法（SCR）	70.00	k=脱硝设施实际运行时间（小时/年）/机组实际运行时间（小时/年）
						汞及其化合物	千克/吨-原料	$0.000995M_{Hgar}$	其他（直排）	—	—
		石油焦	循环流化床锅炉	所有规模	废水	工业废水量	吨/吨-原料	0.61	其他（重复利用）	100	—
									—	0	

4411 火力发电、4412 热电联产行业废气、废水污染物系数表（续表 81）

工段名称	产品名称	原料名称	工艺名称	规模等级	污染物类别	污染物指标	系数单位	产污系数	末端治理技术	末端治理技术平均去除效率/%	参考 k 值计算公式
—	电能/电能+热能	石油焦	循环流化床锅炉	所有规模	废水	化学需氧量	克/吨-原料	157.23	其他（物理处理法+化学处理法）	78.35	k=［机组实际运行时间（小时/年）−废水总排口事故排放时间（小时/年）］/机组实际运行时间（小时/年）
						氨氮	克/吨-原料	40.58	其他（物理处理法+化学处理法）	91.43	
					废气	工业废气量	标米 ^{3}/吨-原料	11665.00	其他（直排）	—	—
						颗粒物	千克/吨-原料	$5+52.08S_{ar}$	高效静电除尘[①]	$0.0068S_{ar}+99.92$	k=除尘设施实际运行时间（小时/年）/机组实际运行时间（小时/年）
									高效电袋组合[①]	$0.0063S_{ar}+99.925$	
									高效袋式除尘[①]	$0.0063S_{ar}+99.925$	
									高效静电除尘+其他（湿法脱硫协同）[①]	$0.00272S_{ar}+99.968$	
									高效电袋组合+其他（湿法脱硫协同）[①]	$0.00252S_{ar}+99.968$	
									高效袋式除尘+其他（湿法脱硫协同）[①]	$0.00252S_{ar}+99.968$	
									高效静电除尘+其他（湿式电除尘）[①]	$0.00136S_{ar}+99.984$	
									高效电袋组合+其他（湿式电除尘）[①]	$0.00126S_{ar}+99.984$	
									高效袋式除尘+其他（湿式电除尘）[①]	$0.00126S_{ar}+99.984$	

4411 火力发电、4412 热电联产行业废气、废水污染物系数表（续表 82）

工段名称	产品名称	原料名称	工艺名称	规模等级	污染物类别	污染物指标	系数单位	产污系数	末端治理技术	末端治理技术平均去除效率/%	参考 k 值计算公式
—	电能/电能+热能	石油焦	循环流化床锅炉	所有规模	废气	颗粒物	千克/吨-原料	$5+52.08S_{ar}$	高效静电除尘+其他（湿法脱硫协同）+其他（湿式电除尘）①	$0.000544S_{ar}+99.9936$	k=除尘设施实际运行时间（小时/年）/机组实际运行时间（小时/年）
									高效电袋组合+其他（湿法脱硫协同）+其他（湿式电除尘）①	$0.000504S_{ar}+99.9936$	
									高效袋式除尘+其他（湿法脱硫协同）+其他（湿式电除尘）①	$0.000504S_{ar}+99.9936$	
									电袋组合	$0.0189S_{ar}+99.76$	
									静电除尘	$0.0204S_{ar}+99.76$	
									袋式除尘	$0.0189S_{ar}+99.76$	
									静电除尘+其他（湿法脱硫协同）	$0.00816S_{ar}+99.904$	
									电袋组合+其他（湿法脱硫协同）	$0.00756S_{ar}+99.904$	
									袋式除尘+其他（湿法脱硫协同）	$0.00756S_{ar}+99.904$	
									静电除尘+其他（湿式电除尘）	$0.00408S_{ar}+99.952$	
									电袋组合+其他（湿式电除尘）	$0.00378S_{ar}+99.952$	
									袋式除尘+其他（湿式电除尘）	$0.00378S_{ar}+99.952$	
									静电除尘+其他（湿法脱硫协同）+其他（湿式电除尘）	$0.001632S_{ar}+99.981$	
									电袋组合+其他（湿法脱硫协同）+其他（湿式电除尘）	$0.001512S_{ar}+99.981$	
									袋式除尘+其他（湿法脱硫协同）+其他（湿式电除尘）	$0.001512S_{ar}+99.981$	

4411 火力发电、4412 热电联产行业废气、废水污染物系数表（续表 83）

工段名称	产品名称	原料名称	工艺名称	规模等级	污染物类别	污染物指标	系数单位	产污系数	末端治理技术	末端治理技术平均去除效率/%	参考 k 值计算公式
—	电能/电能+热能	石油焦	循环流化床锅炉	所有规模	废气	二氧化硫	千克/吨-原料	$3.8S_{ar}$	高效石灰石/石膏法[2]	$0.2S_{ar}+97.7$	k=脱硫设施实际运行时间（小时/年）/机组实际运行时间（小时/年）
									高效石灰/石膏法[2]	$0.2S_{ar}+97.7$	
									高效烟气循环流化床法[2]	$0.2S_{ar}+97.7$	
									石灰石/石膏法	$0.7429S_{ar}+91.46$	
									石灰/石膏法	$0.7429S_{ar}+91.46$	
									双碱法	$0.7429S_{ar}+91.46$	
									烟气循环流化床法	$0.7429S_{ar}+91.46$	
									其他（湿法脱硫除尘一体化）	$0.7429S_{ar}+91.46$	
						氮氧化物	千克/吨-原料	2.65	其他（直排）	—	—
									选择性催化还原法（SCR）	60.00	k=脱硝设施实际运行时间（小时/年）/机组实际运行时间（小时/年）
						氮氧化物（SNCR）	千克/吨-原料	1.06	其他（直排）	—	—
									选择性催化还原法（SCR）	50.00	k=脱硝设施实际运行时间（小时/年）/机组实际运行时间（小时/年）

注：① 高效颗粒物末端治理技术：《火电厂污染防治可行技术指南》（HJ 2301—2017）推荐的高效电源供电、低低温电除尘、超净电袋、高效袋式除尘、湿法脱硫协同、湿式电除尘等超低排放技术。
② 高效二氧化硫末端治理技术：《火电厂污染防治可行技术指南》（HJ 2301—2017）推荐的空塔提效、单塔双 pH 分区等超低排放技术。
③ 高效氮氧化物末端治理技术：《火电厂污染防治可行技术指南》（HJ 2301—2017）推荐的高效低氮燃烧技术、增设脱硝催化剂层数等超低排放技术。

4411 火力发电、4412 热电联产行业炉渣产污系数表

核算环节	产品名称	原料名称	工艺名称	规模等级	污染物类别	系数单位	产污系数
—	电能/电能+热能	煤炭	煤粉锅炉	≥750 兆瓦	固废	千克/吨-原料	$0.71A_{ar}+0.63$
			煤粉锅炉	450～749 兆瓦	固废	千克/吨-原料	$0.72A_{ar}+0.62$
			循环流化床锅炉	450～749 兆瓦	固废	千克/吨-原料	$3.25A_{ar}+2.46+32.29S_{ar}$
			煤粉锅炉	250～449 兆瓦	固废	千克/吨-原料	$0.715A_{ar}+0.61$
			循环流化床锅炉	250～449 兆瓦	固废	千克/吨-原料	$3.43A_{ar}+2.42+32.29S_{ar}$
			煤粉锅炉	150～249 兆瓦	固废	千克/吨-原料	$0.712A_{ar}+0.407$
			循环流化床锅炉	150～249 兆瓦	固废	千克/吨-原料	$3.21A_{ar}+2.63+32.29S_{ar}$
			煤粉锅炉	75～149 兆瓦	固废	千克/吨-原料	$1.08A_{ar}+1.02$
			循环流化床锅炉	75～149 兆瓦	固废	千克/吨-原料	$3.28A_{ar}+2.44+32.29S_{ar}$
			煤粉锅炉	35～74 兆瓦	固废	千克/吨-原料	$1.09A_{ar}+1.16$
			循环流化床锅炉	35～74 兆瓦	固废	千克/吨-原料	$3.32A_{ar}+2.38+32.29S_{ar}$
			煤粉锅炉	20～34 兆瓦	固废	千克/吨-原料	$1.02A_{ar}+0.052$
			循环流化床锅炉	20～34 兆瓦	固废	千克/吨-原料	$3.34A_{ar}+2.68+32.29S_{ar}$
			煤粉锅炉	9～19 兆瓦	固废	千克/吨-原料	$1.62A_{ar}+1.34$
			循环流化床锅炉	9～19 兆瓦	固废	千克/吨-原料	$3.58A_{ar}+3.47+32.29S_{ar}$
			层燃炉	9～19 兆瓦	固废	千克/吨-原料	$8.45A_{ar}$
			煤粉锅炉	≤8 兆瓦	固废	千克/吨-原料	$1.05A_{ar}$
			循环流化床锅炉	≤8 兆瓦	固废	千克/吨-原料	$5.25A_{ar}$
			层燃炉	≤8 兆瓦	固废	千克/吨-原料	$9.24A_{ar}$
		煤矸石	循环流化床锅炉	所有规模	固废	千克/吨-原料	180.3
		燃油	锅炉/燃机	所有规模	固废	千克/吨-原料	0.16
		石油焦	循环流化床锅炉	所有规模	固废	千克/吨-原料	$2.5+26.04S_{ar}$

4411 火力发电、4412 热电联产行业粉煤灰产污系数表

核算环节	产品名称	原料名称	工艺名称	规模等级	污染物类别	污染物指标	系数单位	产污系数
—	电能/电能+热能	煤炭	煤粉锅炉	≥750 兆瓦	固废	粉煤灰	千克/吨-原料	$9.22A_{ar}+8.75$
			煤粉锅炉	450～749 兆瓦	固废	粉煤灰	千克/吨-原料	$9.19A_{ar}+9.32$
			循环流化床锅炉	450～749 兆瓦	固废	粉煤灰	千克/吨-原料	$5.99A_{ar}+61.88S_{ar}+6.99$
			煤粉锅炉	250～449 兆瓦	固废	粉煤灰	千克/吨-原料	$9.20A_{ar}+11.12$
			循环流化床锅炉	250～449 兆瓦	固废	粉煤灰	千克/吨-原料	$6.31A_{ar}+61.90S_{ar}+7.53$
			煤粉锅炉	150～249 兆瓦	固废	粉煤灰	千克/吨-原料	$9.32A_{ar}+7.76$
			循环流化床锅炉	150～249 兆瓦	固废	粉煤灰	千克/吨-原料	$6.24A_{ar}+61.90S_{ar}+7.56$
			煤粉锅炉	75～149 兆瓦	固废	粉煤灰	千克/吨-原料	$9.30A_{ar}+9.17$
			循环流化床锅炉	75～149 兆瓦	固废	粉煤灰	千克/吨-原料	$6.31A_{ar}+61.90S_{ar}+7.26$
			煤粉锅炉	35～74 兆瓦	固废	粉煤灰	千克/吨-原料	$9.35A_{ar}+10.43$
			循环流化床锅炉	35～74 兆瓦	固废	粉煤灰	千克/吨-原料	$6.24A_{ar}+61.89S_{ar}+7.23$
			煤粉锅炉	20～34 兆瓦	固废	粉煤灰	千克/吨-原料	$9.15A_{ar}+0.45$
			循环流化床锅炉	20～34 兆瓦	固废	粉煤灰	千克/吨-原料	$6.30A_{ar}+61.89S_{ar}+7.78$
			煤粉锅炉	9～19 兆瓦	固废	粉煤灰	千克/吨-原料	$9.17A_{ar}+7.55$
			循环流化床锅炉	9～19 兆瓦	固废	粉煤灰	千克/吨-原料	$6.30A_{ar}+61.89S_{ar}+8.96$
			层燃炉	9～19 兆瓦	固废	粉煤灰（烟煤）	千克/吨-原料	$1.59A_{ar}$
			层燃炉	9～19 兆瓦	固废	粉煤灰（无烟煤）	千克/吨-原料	$1.84A_{ar}$
			层燃炉	9～19 兆瓦	固废	粉煤灰（褐煤）	千克/吨-原料	$1.59A_{ar}$
			煤粉锅炉	≤8 兆瓦	固废	粉煤灰（烟煤）	千克/吨-原料	$8.92A_{ar}$
			煤粉锅炉	≤8 兆瓦	固废	粉煤灰（无烟煤）	千克/吨-原料	$8.92A_{ar}$
			煤粉锅炉	≤8 兆瓦	固废	粉煤灰（褐煤）	千克/吨-原料	$8.92A_{ar}$
			循环流化床锅炉	≤8 兆瓦	固废	粉煤灰（烟煤）	千克/吨-原料	$5.18A_{ar}$
			循环流化床锅炉	≤8 兆瓦	固废	粉煤灰（无烟煤）	千克/吨-原料	$4.62A_{ar}$
			循环流化床锅炉	≤8 兆瓦	固废	粉煤灰（褐煤）	千克/吨-原料	$4.62A_{ar}$
			层燃炉	≤8 兆瓦	固废	粉煤灰（烟煤）	千克/吨-原料	$1.24A_{ar}$
			层燃炉	≤8 兆瓦	固废	粉煤灰（无烟煤）	千克/吨-原料	$1.83A_{ar}$
			层燃炉	≤8 兆瓦	固废	粉煤灰（褐煤）	千克/吨-原料	$1.24A_{ar}$
		煤矸石/油页岩	循环流化床锅炉	所有规模	固废	粉煤灰（无炉内脱硫）	千克/吨-原料	$238.53A_{ar}$
						粉煤灰（炉内脱硫）	千克/吨-原料	$61.93S_{ar}+238.54$
		石油焦	循环流化床锅炉	所有规模	固废	粉煤灰	千克/吨-原料	$52.04S_{ar}+5.00$

4411 火力发电、4412 热电联产行业脱硫副产物产污系数表

核算环节	产品名称	原料名称	工艺名称	规模等级	污染物类别	污染物指标	系数单位	末端治理技术	产污系数
—	电能/电能+热能	煤炭	煤粉锅炉	≥750 兆瓦	固废	脱硫副产物	千克/吨-原料	石灰石/石膏法	$0.33S_{ar}^2+55.44S_{ar}+0.129$
								石灰/石膏法	$0.33S_{ar}^2+55.44S_{ar}+0.129$
				450～749 兆瓦	固废	脱硫副产物	千克/吨-原料	石灰石/石膏法	$0.32S_{ar}^2+54.92S_{ar}$
								石灰/石膏法	$0.32S_{ar}^2+54.93S_{ar}$
								其他（电石渣法）	$0.97S_{ar}^2+53.31S_{ar}$
				250～449 兆瓦	固废	脱硫副产物	千克/吨-原料	石灰石/石膏法	$0.72S_{ar}^2+53.76S_{ar}$
								石灰/石膏法	$0.72S_{ar}^2+53.76S_{ar}$
								双碱法	$0.97S_{ar}^2+53.12S_{ar}$
								烟气循环流化床法	$0.96S_{ar}^2+32.85S_{ar}$
								其他（电石渣法）	$1.21S_{ar}^2+52.79S_{ar}$
			循环流化床锅炉	250～449 兆瓦	固废	脱硫副产物	千克/吨-原料	石灰石/石膏法	$0.14S_{ar}^2+7.52S_{ar}$
								石灰/石膏法	$0.14S_{ar}^2+7.52S_{ar}$
								烟气循环流化床法	$0.15S_{ar}^2+4.52S_{ar}$
			煤粉锅炉	150～249 兆瓦	固废	脱硫副产物	千克/吨-原料	石灰石/石膏法	$0.72S_{ar}^2+53.7S_{ar}$
								石灰/石膏法	$0.72S_{ar}^2+53.7S_{ar}$
								氨法	$0.58S_{ar}^2+65.05S_{ar}$
								双碱法	$1.05S_{ar}^2+53.06S_{ar}$
								烟气循环流化床法	$0.96S_{ar}^2+32.81S_{ar}$
								其他（电石渣法）	$1.21S_{ar}^2+52.73S_{ar}$
			循环流化床锅炉	150～249 兆瓦	固废	脱硫副产物	千克/吨-原料	石灰石/石膏法	$0.28S_{ar}^2+15.01S_{ar}$
								石灰/石膏法	$0.28S_{ar}^2+15.01S_{ar}$
								氨法	$0.3S_{ar}^2+17.77S_{ar}$
								双碱法	$0.41S_{ar}^2+14.38S_{ar}$
								烟气循环流化床法	$0.3S_{ar}^2+9.03S_{ar}$
								其他（电石渣法）	$0.44S_{ar}^2+14.38S_{ar}$

4411 火力发电、4412 热电联产行业脱硫副产物产污系数表（续表 1）

核算环节	产品名称	原料名称	工艺名称	规模等级	污染物类别	污染物指标	系数单位	末端治理技术	产污系数
—	电能/电能+热能	煤炭	煤粉锅炉	75～149 兆瓦	固废	脱硫副产物	千克/吨-原料	石灰石/石膏法	$0.72S_{ar}^2+53.64S_{ar}$
								石灰/石膏法	$0.72S_{ar}^2+53.64S_{ar}$
								氨法	$0.58S_{ar}^2+64.97S_{ar}$
								双碱法	$1.04S_{ar}^2+53S_{ar}$
								烟气循环流化床法	$0.96S_{ar}^2+32.77S_{ar}$
								其他（电石渣法）	$1.2S_{ar}^2+52.67S_{ar}$
			循环流化床锅炉	75～149 兆瓦	固废	脱硫副产物	千克/吨-原料	石灰石/石膏法	$0.28S_{ar}^2+14.98S_{ar}$
								石灰/石膏法	$0.28S_{ar}^2+14.98S_{ar}$
								氨法	$0.3S_{ar}^2+17.73S_{ar}$
								双碱法	$0.41S_{ar}^2+14.35S_{ar}$
								烟气循环流化床法	$0.3S_{ar}^2+9.01S_{ar}$
								其他（电石渣法）	$0.44S_{ar}^2+14.35S_{ar}$
			煤粉锅炉	35～74 兆瓦	固废	脱硫副产物	千克/吨-原料	石灰石/石膏法	$0.8S_{ar}^2+52.97S_{ar}$
								石灰/石膏法	$0.8S_{ar}^2+52.97S_{ar}$
								氨法	$0.58S_{ar}^2+64.36S_{ar}$
								双碱法	$1.03S_{ar}^2+52.5S_{ar}$
								烟气循环流化床法	$0.95S_{ar}^2+32.46S_{ar}$
								其他（电石渣法）	$1.19S_{ar}^2+52.17S_{ar}$
			循环流化床锅炉	35～74 兆瓦	固废	脱硫副产物	千克/吨-原料	石灰石/石膏法	$0.36S_{ar}^2+17.31S_{ar}$
								石灰/石膏法	$0.36S_{ar}^2+17.31S_{ar}$
								氨法	$0.35S_{ar}^2+21.1S_{ar}$
								双碱法	$0.47S_{ar}^2+16.94S_{ar}$
								烟气循环流化床法	$0.39S_{ar}^2+10.41S_{ar}$
								其他（电石渣法）	$0.62S_{ar}^2+16.58S_{ar}$

4411 火力发电、4412 热电联产行业脱硫副产物产污系数表（续表 2）

核算环节	产品名称	原料名称	工艺名称	规模等级	污染物类别	污染物指标	系数单位	末端治理技术	产污系数
—	电能/电能+热能	煤炭	煤粉锅炉	20～34 兆瓦	固废	脱硫副产物	千克/吨-原料	石灰石/石膏法	$0.79S_{ar}^2+52.54S_{ar}+0.758$
								石灰/石膏法	$0.79S_{ar}^2+52.54S_{ar}+0.758$
								氨法	$0.57S_{ar}^2+63.83S_{ar}+0.921$
								双碱法	$1.03S_{ar}^2+52.07S_{ar}+0.751$
								烟气循环流化床法	$0.94S_{ar}^2+32.21S_{ar}+0.464$
								其他（电石渣法）	$1.18S_{ar}^2+51.75S_{ar}+0.746$
			循环流化床锅炉	20～34 兆瓦	固废	脱硫副产物	千克/吨-原料	石灰石/石膏法	$0.36S_{ar}^2+17.19S_{ar}+0.245$
								石灰/石膏法	$0.36S_{ar}^2+17.19S_{ar}+0.245$
								氨法	$0.35S_{ar}^2+20.96S_{ar}+0.298$
								双碱法	$0.47S_{ar}^2+16.84S_{ar}+0.24$
								烟气循环流化床法	$0.38S_{ar}^2+10.35S_{ar}+0.147$
								其他（电石渣法）	$0.61S_{ar}^2+16.48S_{ar}+0.234$
			煤粉锅炉	9～19 兆瓦	固废	脱硫副产物	千克/吨-原料	石灰石/石膏法	$0.78S_{ar}^2+52.09S_{ar}$
								石灰/石膏法	$0.78S_{ar}^2+52.09S_{ar}$
								氨法	$0.57S_{ar}^2+63.29S_{ar}$
								双碱法	$1.02S_{ar}^2+51.62S_{ar}$
								烟气循环流化床法	$0.93S_{ar}^2+31.92S_{ar}$
								其他（电石渣法）	$1.17S_{ar}^2+51.3S_{ar}$
			循环流化床锅炉	9～19 兆瓦	固废	脱硫副产物	千克/吨-原料	石灰石/石膏法	$0.36S_{ar}^2+17.01S_{ar}$
								石灰/石膏法	$0.36S_{ar}^2+17.01S_{ar}$
								氨法	$0.34S_{ar}^2+20.74S_{ar}$
								双碱法	$0.46S_{ar}^2+16.66S_{ar}$
								烟气循环流化床法	$0.38S_{ar}^2+10.24S_{ar}$
								其他（电石渣法）	$0.6S_{ar}^2+16.3S_{ar}$

4411 火力发电、4412 热电联产行业脱硫副产物产污系数表（续表 3）

核算环节	产品名称	原料名称	工艺名称	规模等级	污染物类别	污染物指标	系数单位	末端治理技术	产污系数
—	电能/电能+热能	煤炭	层燃炉	9～19 兆瓦	固废	脱硫副产物（无炉内脱硫）	千克/吨-原料	石灰石/石膏法	$0.76S_{ar}^2+50.2S_{ar}$
								石灰/石膏法	$0.76S_{ar}^2+50.2S_{ar}$
								氨法	$0.91S_{ar}^2+60.45S_{ar}$
								双碱法	$0.91S_{ar}^2+49.9S_{ar}$
								烟气循环流化床法	$0.9S_{ar}^2+30.86S_{ar}$
								其他（电石渣法）	$0.91S_{ar}^2+49.9S_{ar}$
						脱硫副产物（有炉内脱硫）	千克/吨-原料	石灰石/石膏法	$0.53S_{ar}^2+34.82S_{ar}$
								石灰/石膏法	$0.53S_{ar}^2+34.82S_{ar}$
								氨法	$0.64S_{ar}^2+41.93S_{ar}$
								双碱法	$0.64S_{ar}^2+34.61S_{ar}$
								烟气循环流化床法	$0.63S_{ar}^2+21.33S_{ar}$
								其他（电石渣法）	$0.64S_{ar}^2+34.61S_{ar}$
			煤粉锅炉	≤8 兆瓦	固废	脱硫副产物（烟煤）	千克/吨-原料	石灰石/石膏法	$2.42S_{ar}^2+48.19S_{ar}$
								石灰/石膏法	$2.42S_{ar}^2+48.19S_{ar}$
								氨法	$1.75S_{ar}^2+59.77S_{ar}$
								双碱法	$3.14S_{ar}^2+46.74S_{ar}$
								烟气循环流化床法	$2.88S_{ar}^2+27.83S_{ar}$
								其他（电石渣法）	$3.63S_{ar}^2+45.77S_{ar}$
						脱硫副产物（褐煤，无炉内脱硫）	千克/吨-原料	石灰石/石膏法	$2.42S_{ar}^2+48.19S_{ar}$
								石灰/石膏法	$2.42S_{ar}^2+48.19S_{ar}$
								氨法	$1.75S_{ar}^2+59.77S_{ar}$
								双碱法	$3.14S_{ar}^2+46.74S_{ar}$
								烟气循环流化床法	$2.88S_{ar}^2+27.83S_{ar}$
								其他（电石渣法）	$3.63S_{ar}^2+45.77S_{ar}$

4411 火力发电、4412 热电联产行业脱硫副产物产污系数表（续表 4）

核算环节	产品名称	原料名称	工艺名称	规模等级	污染物类别	污染物指标	系数单位	末端治理技术	产污系数
—	电能/电能+热能	煤炭	煤粉锅炉	≤8 兆瓦	固废	脱硫副产物（褐煤，有炉内脱硫）	千克/吨-原料	石灰石/石膏法	$1.69S_{ar}^2+32.72S_{ar}$
								石灰/石膏法	$1.69S_{ar}^2+32.72S_{ar}$
								氨法	$1.22S_{ar}^2+41.03S_{ar}$
								双碱法	$2.2S_{ar}^2+31.36S_{ar}$
								烟气循环流化床法	$2.02S_{ar}^2+18.84S_{ar}$
								其他（电石渣法）	$2.54S_{ar}^2+31.02S_{ar}$
			循环流化床锅炉	≤8 兆瓦	固废	脱硫副产物（烟煤，无脱硫剂）	千克/吨-原料	石灰石/石膏法	$2.13S_{ar}^2+42.09S_{ar}$
								石灰/石膏法	$2.13S_{ar}^2+42.09S_{ar}$
								氨法	$2.57S_{ar}^2+50.68S_{ar}$
								双碱法	$2.56S_{ar}^2+41.24S_{ar}$
								烟气循环流化床法	$2.55S_{ar}^2+24.55S_{ar}$
								其他（电石渣法）	$2.56S_{ar}^2+41.24S_{ar}$
						脱硫副产物（烟煤，有脱硫剂）	千克/吨-原料	石灰石/石膏法	$0.64S_{ar}^2+10.45S_{ar}$
								石灰/石膏法	$0.64S_{ar}^2+10.45S_{ar}$
								氨法	$0.77S_{ar}^2+12.59S_{ar}$
								双碱法	$0.83S_{ar}^2+10.45S_{ar}$
								烟气循环流化床法	$0.56S_{ar}^2+6.16S_{ar}$
								其他（电石渣法）	$0.77S_{ar}^2+9.81S_{ar}$
						脱硫副产物（无烟煤，无脱硫剂）	千克/吨-原料	石灰石/石膏法	$2.13S_{ar}^2+42.09S_{ar}$
								石灰/石膏法	$2.13S_{ar}^2+42.09S_{ar}$
								氨法	$2.57S_{ar}^2+50.68S_{ar}$
								双碱法	$2.56S_{ar}^2+41.24S_{ar}$
								烟气循环流化床法	$2.55S_{ar}^2+24.55S_{ar}$
								其他（电石渣法）	$2.56S_{ar}^2+41.24S_{ar}$
						脱硫副产物（无烟煤，有脱硫剂）	千克/吨-原料	石灰石/石膏法	$0.64S_{ar}^2+10.45S_{ar}$
								石灰/石膏法	$0.64S_{ar}^2+10.45S_{ar}$
								氨法	$0.77S_{ar}^2+12.59S_{ar}$
								双碱法	$0.83S_{ar}^2+10.45S_{ar}$
								烟气循环流化床法	$0.56S_{ar}^2+6.16S_{ar}$
								其他（电石渣法）	$0.77S_{ar}^2+9.81S_{ar}$

4411 火力发电、4412 热电联产行业脱硫副产物产污系数表（续表 5）

核算环节	产品名称	原料名称	工艺名称	规模等级	污染物类别	污染物指标	系数单位	末端治理技术	产污系数
—	电能/电能+热能	煤炭	层燃炉	≤8 兆瓦	固废	脱硫副产物（烟煤，无炉内脱硫）	千克/吨-原料	石灰石/石膏法	$2.28S_{ar}^2+44.9S_{ar}$
								石灰/石膏法	$2.28S_{ar}^2+44.9S_{ar}$
								氨法	$2.74S_{ar}^2+54.06S_{ar}$
								双碱法	$2.73S_{ar}^2+43.99S_{ar}$
								烟气循环流化床法	$2.71S_{ar}^2+26.19S_{ar}$
								其他（电石渣法）	$2.73S_{ar}^2+43.99S_{ar}$
						脱硫副产物（烟煤，炉内脱硫）	千克/吨-原料	石灰石/石膏法	$1.59S_{ar}^2+30.15S_{ar}$
								石灰/石膏法	$1.59S_{ar}^2+30.15S_{ar}$
								氨法	$1.92S_{ar}^2+36.31S_{ar}$
								双碱法	$1.91S_{ar}^2+29.52S_{ar}$
								烟气循环流化床法	$1.9S_{ar}^2+17.33S_{ar}$
								其他（电石渣法）	$1.91S_{ar}^2+29.52S_{ar}$
						脱硫副产物（无烟煤，无炉内脱硫）	千克/吨-原料	石灰石/石膏法	$2.28S_{ar}^2+44.9S_{ar}$
								石灰/石膏法	$2.28S_{ar}^2+44.9S_{ar}$
								氨法	$2.74S_{ar}^2+54.06S_{ar}$
								双碱法	$2.73S_{ar}^2+43.99S_{ar}$
								烟气循环流化床法	$2.71S_{ar}^2+26.19S_{ar}$
								其他（电石渣法）	$2.73S_{ar}^2+43.99S_{ar}$
						脱硫副产物（无烟煤，炉内脱硫）	千克/吨-原料	石灰石/石膏法	$1.59S_{ar}^2+30.15S_{ar}$
								石灰/石膏法	$1.59S_{ar}^2+30.15S_{ar}$
								氨法	$1.92S_{ar}^2+36.31S_{ar}$
								双碱法	$1.91S_{ar}^2+29.52S_{ar}$
								烟气循环流化床法	$1.9S_{ar}^2+17.33S_{ar}$
								其他（电石渣法）	$1.91S_{ar}^2+29.52S_{ar}$
						脱硫副产物（褐煤，无炉内脱硫）	千克/吨-原料	石灰石/石膏法	$2.13S_{ar}^2+42.09S_{ar}$
								石灰/石膏法	$2.13S_{ar}^2+42.09S_{ar}$
								氨法	$2.57S_{ar}^2+50.68S_{ar}$
								双碱法	$2.56S_{ar}^2+41.24S_{ar}$
								烟气循环流化床法	$2.55S_{ar}^2+24.55S_{ar}$
								其他（电石渣法）	$2.56S_{ar}^2+41.24S_{ar}$

4411 火力发电、4412 热电联产行业脱硫副产物产污系数表（续表 6）

核算环节	产品名称	原料名称	工艺名称	规模等级	污染物类别	污染物指标	系数单位	末端治理技术	产污系数
—	电能/电能+热能	煤炭	层燃炉	≤8 兆瓦	固废	脱硫副产物（褐煤，炉内脱硫）	千克/吨-原料	石灰石/石膏法	$1.49S_{ar}^2+28.27S_{ar}$
								石灰/石膏法	$1.49S_{ar}^2+28.27S_{ar}$
								氨法	$1.8S_{ar}^2+34.04S_{ar}$
								双碱法	$1.79S_{ar}^2+27.67S_{ar}$
								烟气循环流化床法	$1.78S_{ar}^2+16.25S_{ar}$
								其他（电石渣法）	$1.79S_{ar}^2+27.67S_{ar}$
		煤矸石/油页岩	循环流化床锅炉	所有规模	固废	脱硫副产物（无炉内脱硫）	千克/吨-原料	石灰石/石膏法	29.44
								石灰/石膏法	29.44
								氨法	35.45
								双碱法	29.44
								烟气循环流化床法	18.48
								其他（电石渣法）	29.44
						脱硫副产物（炉内脱硫）	千克/吨-原料	石灰石/石膏法	7.50
								石灰/石膏法	7.50
								氨法	9.03
								双碱法	7.50
								烟气循环流化床法	4.71
								其他（电石渣法）	7.50
		燃油	锅炉/燃机	所有规模	固废	脱硫副产物	千克/吨-原料	石灰石/石膏法	11.99
								石灰/石膏法	11.99
								氨法	14.43
								双碱法	11.99
								烟气循环流化床法	7.53
								其他（电石渣法）	11.99
		石油焦	循环流化床锅炉	所有规模	固废	脱硫副产物	千克/吨-原料	石灰石/石膏法	$0.09S_{ar}^2+11.53S_{ar}$
								石灰/石膏法	$0.09S_{ar}^2+11.53S_{ar}$
								双碱法	$0.09S_{ar}^2+11.53S_{ar}$
								烟气循环流化床法	$0.06S_{ar}^2+7.24S_{ar}$

4411 火力发电、4412 热电联产行业 SCR 废脱硝催化剂产污系数表

核算环节	产品名称	原料名称	工艺名称	规模等级	污染物类别	污染物指标	系数单位	产污系数
—	电能/电能+热能	煤炭	煤粉锅炉	≥450 兆瓦	固废	废脱硝催化剂（煤炭干燥无灰基挥发分≤10%）	米 ^{3}/吨-原料	0.00014
						废脱硝催化剂（10%<煤炭干燥无灰基挥发分≤20%）	米 ^{3}/吨-原料	0.00013
						废脱硝催化剂（20%<煤炭干燥无灰基挥发分≤37%）	米 ^{3}/吨-原料	0.00011
						废脱硝催化剂（煤炭干燥无灰基挥发分>37%）	米 ^{3}/吨-原料	0.00010
						废脱硝催化剂（SNCR，煤炭干燥无灰基挥发分≤10%）	米 ^{3}/吨-原料	0.00011
						废脱硝催化剂（SNCR，10%<煤炭干燥无灰基挥发分≤20%）	米 ^{3}/吨-原料	0.00010
						废脱硝催化剂（SNCR，20%<煤炭干燥无灰基挥发分≤37%）	米 ^{3}/吨-原料	0.00008
						废脱硝催化剂（SNCR，煤炭干燥无灰基挥发分>37%）	米 ^{3}/吨-原料	0.00007
				75～449 兆瓦	固废	废脱硝催化剂（煤炭干燥无灰基挥发分≤10%）	米 ^{3}/吨-原料	0.00013
						废脱硝催化剂（10%<煤炭干燥无灰基挥发分≤20%）	米 ^{3}/吨-原料	0.00012
						废脱硝催化剂（20%<煤炭干燥无灰基挥发分≤37%）	米 ^{3}/吨-原料	0.00010
						废脱硝催化剂（煤炭干燥无灰基挥发分>37%）	米 ^{3}/吨-原料	0.00009
						废脱硝催化剂（SNCR，煤炭干燥无灰基挥发分≤10%）	米 ^{3}/吨-原料	0.00010
						废脱硝催化剂（SNCR，10%<煤炭干燥无灰基挥发分≤20%）	米 ^{3}/吨-原料	0.00009
						废脱硝催化剂（SNCR，20%<煤炭干燥无灰基挥发分≤37%）	米 ^{3}/吨-原料	0.00008
						废脱硝催化剂（SNCR，煤炭干燥无灰基挥发分>37%）	米 ^{3}/吨-原料	0.00007
			循环流化床锅炉	75～449 兆瓦	固废	废脱硝催化剂（煤炭干燥无灰基挥发分≤10%）	米 ^{3}/吨-原料	0.00008
						废脱硝催化剂（10%<煤炭干燥无灰基挥发分≤20%）	米 ^{3}/吨-原料	0.00008
						废脱硝催化剂（20%<煤炭干燥无灰基挥发分≤37%）	米 ^{3}/吨-原料	0.00009
						废脱硝催化剂（煤炭干燥无灰基挥发分>37%）	米 ^{3}/吨-原料	0.00009
						废脱硝催化剂（SNCR，煤炭干燥无灰基挥发分≤10%）	米 ^{3}/吨-原料	0.00004
						废脱硝催化剂（SNCR，10%<煤炭干燥无灰基挥发分≤20%）	米 ^{3}/吨-原料	0.00004
						废脱硝催化剂（SNCR，20%<煤炭干燥无灰基挥发分≤37%）	米 ^{3}/吨-原料	0.00005
						废脱硝催化剂（SNCR，煤炭干燥无灰基挥发分>37%）	米 ^{3}/吨-原料	0.00005

4411 火力发电、4412 热电联产行业 SCR 废脱硝催化剂产污系数表（续表 1）

核算环节	产品名称	原料名称	工艺名称	规模等级	污染物类别	污染物指标	系数单位	产污系数
—	电能/电能+热能	煤炭	煤粉锅炉	9～74 兆瓦	固废	废脱硝催化剂（10%＜煤炭干燥无灰基挥发分≤20%）	米 ^{3}/吨-原料	0.00010
						废脱硝催化剂（20%＜煤炭干燥无灰基挥发分≤37%）	米 ^{3}/吨-原料	0.00008
						废脱硝催化剂（煤炭干燥无灰基挥发分＞37%）	米 ^{3}/吨-原料	0.00008
						废脱硝催化剂（SNCR，10%＜煤炭干燥无灰基挥发分≤20%）	米 ^{3}/吨-原料	0.00008
						废脱硝催化剂（SNCR，20%＜煤炭干燥无灰基挥发分≤37%）	米 ^{3}/吨-原料	0.00007
						废脱硝催化剂（SNCR，煤炭干燥无灰基挥发分＞37%）	米 ^{3}/吨-原料	0.00006
			循环流化床锅炉	9～74 兆瓦	固废	废脱硝催化剂（煤炭干燥无灰基挥发分≤10%）	米 ^{3}/吨-原料	0.00007
						废脱硝催化剂（10%＜煤炭干燥无灰基挥发分≤20%）	米 ^{3}/吨-原料	0.00007
						废脱硝催化剂（20%＜煤炭干燥无灰基挥发分≤37%）	米 ^{3}/吨-原料	0.00007
						废脱硝催化剂（煤炭干燥无灰基挥发分＞37%）	米 ^{3}/吨-原料	0.00007
						废脱硝催化剂（SNCR，煤炭干燥无灰基挥发分≤10%）	米 ^{3}/吨-原料	0.00003
						废脱硝催化剂（SNCR，10%＜煤炭干燥无灰基挥发分≤20%）	米 ^{3}/吨-原料	0.00003
						废脱硝催化剂（SNCR，20%＜煤炭干燥无灰基挥发分≤37%）	米 ^{3}/吨-原料	0.00003
						废脱硝催化剂（SNCR，煤炭干燥无灰基挥发分＞37%）	米 ^{3}/吨-原料	0.00003
			层燃炉	9～19 兆瓦	固废	废脱硝催化剂（10%＜煤炭干燥无灰基挥发分≤20%）	米 ^{3}/吨-原料	0.00009
						废脱硝催化剂（20%＜煤炭干燥无灰基挥发分≤37%）	米 ^{3}/吨-原料	0.00009
						废脱硝催化剂（煤炭干燥无灰基挥发分＞37%）	米 ^{3}/吨-原料	0.00008
						废脱硝催化剂（SNCR，10%＜煤炭干燥无灰基挥发分≤20%）	米 ^{3}/吨-原料	0.00007
						废脱硝催化剂（SNCR，20%＜煤炭干燥无灰基挥发分≤37%）	米 ^{3}/吨-原料	0.00006
						废脱硝催化剂（SNCR，煤炭干燥无灰基挥发分＞37%）	米 ^{3}/吨-原料	0.00005
			煤粉锅炉	≤8 兆瓦	固废	废脱硝催化剂（20%＜煤炭干燥无灰基挥发分≤37%）	米 ^{3}/吨-原料	0.00013
						废脱硝催化剂（SNCR，20%＜煤炭干燥无灰基挥发分≤37%）	米 ^{3}/吨-原料	0.00010
						废脱硝催化剂（煤炭干燥无灰基挥发分＞37%）	米 ^{3}/吨-原料	0.00012
						废脱硝催化剂（SNCR，煤炭干燥无灰基挥发分＞37%）	米 ^{3}/吨-原料	0.00009

4411 火力发电、4412 热电联产行业 SCR 废脱硝催化剂产污系数表（续表 2）

核算环节	产品名称	原料名称	工艺名称	规模等级	污染物类别	污染物指标	系数单位	产污系数
—	电能/电能+热能	煤炭	循环流化床锅炉	≤8 兆瓦	固废	废脱硝催化剂（煤炭干燥无灰基挥发分≤10%）	米 ^{3}/吨-原料	0.00010
						废脱硝催化剂（10%＜煤炭干燥无灰基挥发分≤20%）	米 ^{3}/吨-原料	0.00010
						废脱硝催化剂（20%＜煤炭干燥无灰基挥发分≤37%）	米 ^{3}/吨-原料	0.00011
						废脱硝催化剂（SNCR，煤炭干燥无灰基挥发分≤10%）	米 ^{3}/吨-原料	0.00005
						废脱硝催化剂（SNCR，10%＜煤炭干燥无灰基挥发分≤20%）	米 ^{3}/吨-原料	0.00005
						废脱硝催化剂（SNCR，20%＜煤炭干燥无灰基挥发分≤37%）	米 ^{3}/吨-原料	0.00005
			层燃炉	≤8 兆瓦	固废	废脱硝催化剂（煤炭干燥无灰基挥发分≤10%）	米 ^{3}/吨-原料	0.00012
						废脱硝催化剂（10%＜煤炭干燥无灰基挥发分≤20%）	米 ^{3}/吨-原料	0.00012
						废脱硝催化剂（20%＜煤炭干燥无灰基挥发分≤37%）	米 ^{3}/吨-原料	0.00012
						废脱硝催化剂（煤炭干燥无灰基挥发分＞37%）	米 ^{3}/吨-原料	0.00010
						废脱硝催化剂（SNCR，煤炭干燥无灰基挥发分≤10%）	米 ^{3}/吨-原料	0.00009
						废脱硝催化剂（SNCR，10%＜煤炭干燥无灰基挥发分≤20%）	米 ^{3}/吨-原料	0.00009
						废脱硝催化剂（SNCR，20%＜煤炭干燥无灰基挥发分≤37%）	米 ^{3}/吨-原料	0.00008
						废脱硝催化剂（SNCR，煤炭干燥无灰基挥发分＞37%）	米 ^{3}/吨-原料	0.00007
		煤矸石/油页岩	循环流化床锅炉	所有规模	固废	废脱硝催化剂	米 ^{3}/吨-原料	0.00004
						废脱硝催化剂（SNCR）	米 ^{3}/吨-原料	0.00002
		天然气	锅炉	所有规模	固废	废脱硝催化剂	米 ^{3}/米 ^{3}-原料	0.0000001
			燃机	所有规模	固废	废脱硝催化剂	米 ^{3}/米 ^{3}-原料	0.0000001
		焦炉煤气	锅炉	所有规模	固废	废脱硝催化剂	米 ^{3}/米 ^{3}-原料	0.00000004
		高炉煤气	锅炉	所有规模	固废	废脱硝催化剂	米 ^{3}/米 ^{3}-原料	0.00000002
		燃油	锅炉/燃机	所有规模	固废	废脱硝催化剂	米 ^{3}/吨-原料	0.00011
		石油焦	循环流化床锅炉	所有规模	固废	废脱硝催化剂	米 ^{3}/吨-原料	0.00010

注：括号内的内容表示是否采用 SNCR 脱硝、燃用煤炭的干燥无灰基挥发分。

4411 火力发电、4412 热电联产行业废矿物油、废离子交换树脂产污系数表

核算环节	产品名称	原料名称	工艺名称	规模等级	污染物类别	污染物指标	系数单位	产污系数
—	电能/电能+热能	煤炭/煤矸石/油页岩/燃油/石油焦	煤粉锅炉/循环流化床锅炉/层燃炉	所有规模	固废	废矿物油	克/吨-原料	9.5
		天然气（高炉、焦炉煤气）	锅炉/燃机	所有规模	固废	废矿物油	毫克/米^3-原料	2
		煤炭/煤矸石/油页岩/燃油/石油焦	煤粉锅炉/循环流化床锅炉/层燃炉	所有规模	固废	废离子交换树脂	克/吨-原料	6
		天然气（高炉、焦炉煤气）	锅炉/燃机	所有规模	固废	废离子交换树脂	毫克/米^3-原料	1

4417 生物质能发电业

1 适用范围

本手册仅用于《国民经济行业分类》（GB/T 4754—2017）中 4417 生物质能发电行业使用系数法核算工业污染物产生量和排放量的工业企业。

利用本手册进行产排污核算得出的污染物产生量与排放量仅代表了特定行业、工艺、产品、原料在正常工况下污染物产生与排放的一般规律。

本行业废气指标包括二氧化硫、氮氧化物、颗粒物；固废指标包括一般工业固废。

2 注意事项

2.1 企业有多种生产工艺或生产多类产品产排污量核算

污染物产生量与原料消耗量有关，根据不同核算环节计算产污量后，再根据企业末端治理设施和运行情况计算排放量。

企业某污染物指标的产生量、排放量为各核算环节产生量、排放量之和。

2.2 采用多种治理设施组合处理企业的排污量核算

在排污量计算选择末端治理技术时，若没有对应的组合治理技术，以主要治理技术为准。

2.3 系数表中未涉及的产污系数及污染治理效率

如果组合中缺少某种污染物指标的产污系数或污染治理效率，首先确定该指标是否在本次普查范围之内，若在范围之内则可参照本小类行业中其他组合制定的该指标的产污系数或污染治理效率；其次，如果本小类行业中也无该指标的产污系数，则参照“44 电力、热力生产和供应业”大类行业中该指标的产污系数。

2.4 其他需要说明的问题

（1）本手册只需考虑企业的原料消耗量，力求简单、清楚，易于使用。

（2）制定本手册时已充分考虑全国的平均水平，使用本手册计算得出的产排污量可能与企业有一定出入。

（3）企业没有末端治理设施或未运行末端治理设施时，其产污量与排污量相等。

为体现相同产污水平条件下，采用相同环保治理设施的不同企业对同一污染物去除效果的差异，引入末端治理设施实际运行率（k）对污染治理技术的实际去除率进行修正。k 值反映的是污染治理设施运行的状态，越稳定运行，k 值越高；在取值上，若定义连续稳定运行的理想状态为 1，则 k 取

值在 0～1 之间。

本手册给出本行业的 k 计算公式仅供参考，使用时，可根据 k 值定义，选取更适合企业实际情况的表达方式。

3　污染物排放量核算方法

3.1　计算污染物产生量

（1）查找生物质能发电行业在《国民经济行业分类》（GB/T 4754—2017）中所属的行业类别及代码。查询结果：生物质能发电 4417。

（2）根据产品、原料、污染物产生的主导生产工艺、企业规模（生产产能）这一组合查找和确定所对应的某一污染物的产污系数。

（3）根据该污染物的产污系数计量单位——单位原料用量，获取企业实际原料用量。如某组合内二氧化硫的产污系数单位为吨/万吨-原料，则计算产生量时需要企业的实际年度原料消耗量。

（4）污染物产生量按以下公式进行计算：

污染物产生量=污染物对应的产污系数×原料用量

$$G_{产i} = P_{产i} \times M_i$$

式中，$G_{产i}$——工段 i 某污染物的产生量；

$P_{产i}$——工段 i 某污染物对应的产污系数；

M_i——工段 i 实际原料（燃料）用量。

3.2　计算污染物去除量

（1）根据企业对某一个污染物所采用的治理技术查找和选择相应的治理技术平均去除效率。

（2）根据所填报的污染治理设施实际运行率参数及其计算公式得出该企业某一污染物的治理设施实际运行率（k 值）。生物质能发电行业的 k 值按照下式进行计算：

$$k = t/T$$

式中，t——污染物治理设施的实际投运时间；

T——生物质能发电机组实际运行时间。

如果计算结果 $k \geqslant 1$，k 值取 1；若无相关治理设施，则 k=0。

（3）污染物去除量按以下公式进行计算：

污染物去除量=污染物产生量×污染物去除率 =污染物产生量×治理技术平均去除效率×治理设施实际运行率

$$R_{减i} = G_{产i} \times \eta_T \times k_T$$

式中，$R_{减i}$——工段 i 某污染物的去除量；

η_T——工段 i 某污染物采用的末端治理技术的去除效率；

k_T——工段 i 某污染物采用的末端治理设施的实际运行率。

3.3 计算污染物排放量

污染物排放量=污染物产生量–污染物去除量

=污染物对应的产污系数×原料用量–污染物产生量×治理技术平均去除效率×治理设施实际运行率

$$E_{排} = G_{产} - R_{减} = P_{产i} \times M(1 - \eta_T \times k_T)$$

式中，$E_{排}$——工段 i 某污染物的排放量。

3.4 计算企业污染物排放量

同一企业某污染物全年的产生（排放）总量为该企业同年实际生产的全部工艺（核算环节）、产品、原料、规模的污染物产生（排放）量之和。

$$E_{总} = \sum E_{排} = \sum (G_{产} - R_{减})$$

式中，$E_{总}$——同一企业某污染物的排放总量。

4 污染物排放量核算案例

某生物质能发电企业发电过程中产生的主要污染物为二氧化硫、氮氧化物、颗粒物。以氮氧化物为例说明排放量计算过程。

该企业基本信息如表 1 所示。

表 1 某生物质能发电企业主要信息

	名称		数量
产品及产量	电能		4.2 亿千瓦·时
燃料及用量	农林生物质（秸秆、枝丫材、林下草灌植物）		30 万吨
工艺名称	2×130 吨/小时高温高压水冷振动炉排锅炉		—
规模（产能）	2×30 MW		
污染治理设施	选择性非催化还原法（SNCR）+催化还原法（SCR）进行脱硝		
实际运行率参数	脱硝设施运行时间		7000 小时
	企业正常生产时间		7000 小时

4.1 氮氧化物产生量计算

（1）查找产污系数及其计量单位

根据企业主要信息，查找《4417 生物质能发电行业产污系数表》中主要产品为电能，主要原料为农林生物质，主要工艺为炉排锅炉，生产规模为所有规模。该组合氮氧化物的产污系数为 9.54，单位为吨/万吨-原料。

（2）获取企业原料年消耗量

实际填报情况：农林生物质原料，年消耗量为 30 万吨。

（3）计算氮氧化物产生量

由于查询到的组合中，氮氧化物产污系数的单位为吨/万吨-原料，因此在核算产生量时采用原料用量。

氮氧化物产生量=氮氧化物产污系数×原料用量=9.54 吨/万吨-原料×30 万吨-原料=286.2 吨

4.2 氮氧化物去除量计算

（1）查找治理技术平均去除效率

该企业氮氧化物治理技术采用“选择性非催化还原法（SNCR）+催化还原法（SCR）”进行脱硝，查询相应组合内该工艺的平均去除效率为 72%。

（2）计算污染治理设施实际运行率

根据产污系数组合查询结果，该组合中氮氧化物对应的污染治理设施实际运行率为

k=脱硝设施运行时间/企业正常生产时间=7000 小时/7000 小时=1

（3）计算氮氧化物去除量

氮氧化物去除量=286.2 吨×72%×1=206.1 吨

4.3 氮氧化物排放量计算

氮氧化物排放量=286.2 吨−206.1 吨=80.1 吨

5 系数表

4417 生物质能发电行业系数表

工段名称	产品名称	原料名称	工艺名称	规模等级	污染物类别	污染物指标	系数单位	产污系数	末端治理技术	末端治理技术平均去除效率/%	参考 k 值计算公式[1]
—	电能	农林生物质	炉排锅炉	所有规模	废气	二氧化硫	吨/万吨-原料	11.0	炉内喷钙	70	k=治理设施运行时间（小时/年）/生物质能发电机组实际运行时间（小时/年）
									石灰石/石膏法	80	
									氨法	50	
									烟气循环流化床法	86	
						氮氧化物	吨/万吨-原料	9.54	低氮燃烧法	20	
									选择性非催化还原法（SNCR）	51	
									选择性催化还原法（SCR）	85	
									SNCR+SCR	72	
						颗粒物	吨/万吨-原料	326	旋风除尘法	70	
									袋式除尘法	99.7	
									旋风除尘法+袋式除尘法	99.8	
					固废	一般工业固废	吨/万吨-原料	1743.5	回收利用	—	
			循环流化床锅炉	所有规模	废气	二氧化硫	吨/万吨-原料	8.07	炉内喷钙	70	
									石灰石/石膏法	80	
									氨法	50	
									烟气循环流化床法	86	
						氮氧化物	吨/万吨-原料	7.27	低氮燃烧法	20	
									选择性非催化还原法（SNCR）	51	
									选择性催化还原法（SCR）	85	
									SNCR+SCR	72	
						颗粒物	吨/万吨-原料	427	旋风除尘法	70	
									袋式除尘法	99.7	
									旋风除尘法+袋式除尘法	99.8	
					固废	一般工业固废	吨/万吨-原料	1069.1	回收利用	—	

[1] 该公式仅供参考，使用时，可根据 k 值定义，选取更适合企业实际情况的表达方式。

4417 生物质能发电行业系数表（续表 1）

工段名称	产品名称	原料名称	工艺名称	规模等级	污染物类别	污染物指标	系数单位	产污系数	末端治理技术	末端治理技术平均去除效率/%	参考 *k* 值计算公式
—	电能	沼气	内燃机	所有规模	废气	二氧化硫	千克/米^3-原料	8.36×10^{-5}	直接排放	—	—
						氮氧化物	千克/米^3-原料	2.74×10^{-3}	选择性催化还原法（SCR）	85	*k*=治理设施运行时间（小时/年）/生物质能发电机组实际运行时间（小时/年）
									直接排放	—	—
						颗粒物	千克/米^3-原料	5.75×10^{-5}	直接排放	—	—

4430 热力生产和供应业

1 适用范围

本手册仅用于第二次全国污染源普查，《国民经济行业分类》（GB/T 4754—2017）中 4430 热力生产和供应行业（工业锅炉）使用产污系数法核算工业污染物产生量和排放量的普查对象。

利用本手册进行产排污核算得出的污染物产生量与排放量仅代表了特定行业的工艺、产品、原料在正常工况下污染物产生与排放量的一般规律。

本行业废水指标包括废水产生量、化学需氧量；废气指标包括颗粒物、二氧化硫、氮氧化物、汞及其化合物、砷、镉、铬、铅；固体废物指标包括工业固体废物（粉煤灰）、工业固体废物（炉渣）、工业固体废物（脱硫石膏）。

2 注意事项

2.1 企业有多种生产工艺或生产多类产品产排污量核算

污染物产生量与燃料使用量有关，根据不同核算环节计算产污量后，再根据企业末端治理设施和运行情况计算各污染物的排放量。

企业某污染物指标的产生量、排放量为各核算环节产生量、排放量之和。

在企业实际排放量计算过程中，如果存在废水回用的情况，需要在利用产排污核算公式的基础上扣除废水回用的部分。公式如下：

实际排放量=计算排放量×（1–废水回用率）

2.2 采用多种治理设施组合处理企业的排污量核算

在排污量计算选择末端治理技术时，若没有对应的组合治理技术，以主要治理技术为准。

2.3 其他需要说明的问题

本手册所提供的工业废水量、化学需氧量、工业废气量、工业固体废物产生量仅供参考，不作为企业填报依据。

本手册未明确给出系数时，抛煤机炉、（自动/手动）链条炉、水煤浆炉参考层燃炉的相关系数。

3 污染物排放量核算方法

3.1 计算工段污染物产生量

（1）根据产品、原料、生产过程中产污的主导生产工艺、企业规模（企业生产产能）这一个组合查找和确定所对应的某一个污染物的产污系数。

（2）根据该污染物的产污系数计量单位——单位原料用量，调用企业实际原料用量。

例如某组合内 COD 的产污系数单位为千克/吨-原料，则计算产生量时需要调用企业原料实际消耗量。

（3）污染物产生量按以下公式进行计算：

污染物产生量=污染物对应的产污系数×原料用量

$$G_{产i}=P_{产}\times M_i$$

式中，$G_{产i}$——工段 i 某污染物的产生量；

$P_{产}$——工段 i 某污染物对应的产污系数；

M_i——工段 i 的原料用量。

3.2 计算工段污染物去除量

（1）根据企业对某一个污染物所采用的治理技术查找和选择相应的治理技术平均去除效率。

（2）根据所填报的污染治理设施实际运行率参数及其计算公式得出该企业某一污染物的治理设施实际运行率（k 值）。

（3）污染物去除量按以下公式进行计算：

污染物去除量=污染物产生量×污染物去除率 =污染物产生量×治理技术平均去除效率×治理设施实际运行率

$$R_{减i}=G_{产i}\times\eta_T\times k_T$$

式中，$R_{减i}$——工段 i 某污染物的去除量；

η_T——工段 i 某污染物采用的末端治理技术平均去除效率；

k_T——工段 i 某污染物采用的末端治理设施实际运行率。

3.3 计算工段污染物排放量

污染物排放量=污染物产生量–污染物去除量

=污染物对应的产污系数×原料用量–污染物产生量×治理技术平均去除效率×治理设施实际运行率

3.4 计算企业污染物排放量

同一企业某污染物全年的产生（排放）总量为该企业同年实际生产的全部工艺（核算环节）、产品、原料、规模污染物产生（排放）量之和。

$$E_{排}=G_{产}-R_{减}=\sum(G_{产i}-R_{减i})=\sum[P_{产}\times M_i(1-\eta_T\times k_T)]$$

4 污染物排放量核算案例

某热力生产企业主要从事蒸汽的生产。该企业涉及的主要产排污工段为工业锅炉燃烧环节，主要污染物为：颗粒物、二氧化硫、氮氧化物。以颗粒物为例说明排放量计算过程。

该企业基本信息如下：

表 1 某热力生产企业主要信息

类型	核算锅炉所属地区：河北省	
	名称	数量
产品及产量	蒸汽	232062 吨
原料种类、用量及成分	一般烟煤	30168 吨
	燃料含硫量	1.2%
	燃料灰分	26%
工艺	其他层燃炉	—
规模（产能）	35 蒸吨/小时	
污染治理设施	袋式除尘技术，石灰石/石灰-石膏湿法脱硫，未脱硝	
实际运行率参数	除尘设施运行时间	6000 小时
	脱硫设施运行时间	5800 小时
	锅炉运行时间	6704 小时

4.1 污染物排放量计算

（1）颗粒物产生量计算

①查找产污系数及其计量单位。

根据企业信息，调用《4430 工业锅炉（热力供应）行业产污系数表》中产品名称为蒸汽，原料名称为一般烟煤，工艺名称为其他层燃炉，规模等级为 35 蒸吨/小时，组合中颗粒物的产污系数为 1.25A，单位为千克/吨-燃料。其中 A 代表企业填报的燃料收到基灰分，单位%。

②获取企业原料使用量及燃料基本信息

实际填报情况显示，该锅炉 2017 年消费一般烟煤 30168 吨。企业填报燃料收到基灰分 26（%）。

③计算颗粒物产生量

由于查询到的组合中，颗粒物产污系数的单位为千克/吨-燃料，因此在核算产生量时采用原料用量。

颗粒物产生量=颗粒物产污系数×原料用量×系数中的参数

=1.25×26 千克/吨-原料×30168 吨-原料

=980460 千克

（2）颗粒物去除量计算

①查找治理技术平均去除效率

该企业颗粒物治理技术采用袋式除尘，该组合内袋式除尘技术的平均去除效率为 99.6%。

②计算污染治理设施实际运行率

根据产污系数组合查询结果，该组合中袋式除尘技术对应的污染治理设施实际运行率为：

k=除尘设施年运行小时数/锅炉年运行小时数=6000/6704=0.89499

③计算颗粒物去除量

颗粒物去除量=980460 千克×0.89499×0.996=873991.9 千克

（3）颗粒物排放量计算

颗粒物排放量=980460 千克−873991.9 千克=106468.1 千克

4.2 特殊污染物（重金属）计算案例-以镉（Cd）为例

（1）镉（Cd）产生量计算

①查找镉产污系数及其计量单位

主要产品为蒸汽/热水/其他，主要工艺为其他层燃炉，所有容量组合中镉的产污系数为 0.4253 $C_{M,S}$［$C_{M,S}$指省份 S 不同类型燃煤 M 中重金属镉的平均浓度（克/吨）］，单位为克/吨-燃料。

②获取企业原料中镉含量

实际填报情况：该企业主要燃料为烟煤，河北省烟煤中重金属镉含量平均浓度参考值为 0.25 克/吨。

③计算镉产生量

由于查询到的组合中，镉的产污系数的单位为克/吨-燃料，因此在核算产生量时采用原料用量。

镉产生量=镉产污系数×燃料消费量=0.4253×0.25 克/吨-原料×30168 吨-原料=3207.6126 克

（2）镉（Cd）排放量计算

①查找治理技术平均去除效率

重金属的污染物控制以协同控制为主，需要同时考虑除尘设施及脱硫设施对重金属的协同控制效率，该企业治理技术采用袋式除尘技术和石灰石/石灰-石膏湿法脱硫，查询平均去除效率分别为 97.63%和 80.5%。

②计算污染治理设施实际运行率

根据产污系数组合查询结果，该组合中颗粒物袋式除尘技术对应的污染治理设施实际运行参数分别为：除尘设备运行时间 6000 小时/年、锅炉运行时间 6704 小时/年。根据查询结果，该组合中颗粒物袋式除尘技术对应的污染治理设施实际运行率为：

$$K_{尘}=除尘设施年运行小时数/锅炉年运行小时数$$

$$K_{尘}= 6000/6704=0.89499$$

根据产污系数组合查询结果，该组合中石灰石/石灰-石膏湿法对应的污染治理设施实际运行参数分别为：脱硫设备运行时间 5800 小时/年、锅炉运行时间 6704 小时/年。

根据查询结果，该组石灰石/石灰-石膏湿法对应的污染治理设施实际运行率为：

$$K_{硫}=脱硫设施年运行小时数/锅炉年运行小时数$$

$$K_{硫}= 5800/6704=0.86516$$

③计算镉去除量

镉去除量=镉产生量×除尘措施镉协同去除效率/100×$K_{尘}$+镉产生量×（1−除尘设备镉协同去除效率/100×$K_{尘}$）×脱硫设备镉协同去除效率/100×$K_{硫}$=3207.6126 克×97.63/100×0.89499+3207.6126 克×（1−97.63/100×0.89499）×80.5/100×0.86516=3084.7161 克

④计算镉排放量

镉排放量=镉产生量-镉去除量=3207.6126−3084.7161=122.89655 克

5 系数表

4430 热力生产和供应行业产污系数表-燃煤工业锅炉

产品名称	原料名称	工艺名称	规模等级	污染物指标	系数单位	产污系数	末端治理技术	末端治理技术平均去除效率/%	参考 k 值计算公式[1]
蒸汽/热水/其他	烟煤	层燃炉	所有规模	工业废气量	标米^3/吨-原料	10290	—	—	—
				二氧化硫	千克/吨-原料	16S①（无炉内脱硫）	—	0	—
							湿法除尘法②	15.0	k=脱硫设施运行时间（小时/年）/锅炉运行时间（小时/年）
							石灰石/石灰-石膏湿法	92.5	
							氧化镁法	92.5	
							钠碱法	92.5	
							氨法	92.5	
							双碱法	81.5	
							烟气循环流化床法	85.0	
							喷雾干燥法	70.0	
						12.8S（炉内脱硫③）	—	0	—
							石灰石/石灰-石膏湿法	92.5	k=脱硫设施运行时间（小时/年）/锅炉运行时间（小时/年）
							氧化镁法	92.5	
							钠碱法	92.5	
							氨法	92.5	
							双碱法	81.5	
							烟气循环流化床法	85.0	
							喷雾干燥法	70.0	

[1] 该公式仅供参考，使用时，可根据 k 值定义，选取更适合企业实际情况的表达方式。

4430 热力生产和供应行业产污系数表-燃煤工业锅炉（续表 1）

产品名称	原料名称	工艺名称	规模等级	污染物指标	系数单位	产污系数	末端治理技术	末端治理技术平均去除效率/%	参考 k 值计算公式
蒸汽/热水/其他	烟煤	层燃炉	所有规模	颗粒物	千克/吨-原料	1.25 A[①]	—	0	—
							单筒旋风除尘法	60.0	k=除尘设施运行时间（小时/年）/锅炉运行时间（小时/年）
							多管旋风除尘法	70.0	
							湿法除尘法[④]	87.0	
							湿式除尘脱硫[④]	87.0	
							袋式除尘技术	99.6	
							干式电除尘技术	97.0	
							电袋复合除尘技术[⑤]	99.8	
							湿式电除尘	70.0	
				氮氧化物	千克/吨-原料	2.94	—	0	—
							SNCR	30.0	k=脱硝设施运行时间（小时/年）/锅炉运行时间（小时/年）
							SCR	80.0	
							SNCR-SCR 联合	80.0	
		抛煤机炉	所有规模	工业废气量	标米^3/吨-原料	9097	—	—	—
				二氧化硫	千克/吨-原料	16S（无炉内脱硫）	—	0	—
							湿法除尘法	15.0	k=脱硫设施运行时间（小时/年）/锅炉运行时间（小时/年）
							石灰石/石灰-石膏湿法	92.5	
							氧化镁法	92.5	
							钠碱法	92.5	
							双碱法	81.5	
						12.8S（炉内脱硫）	—	0	—
							石灰石/石灰-石膏湿法	92.5	k=脱硫设施运行时间（小时/年）/锅炉运行时间（小时/年）
							氧化镁法	92.5	
							钠碱法	92.5	
							双碱法	81.5	
				颗粒物	千克/吨-原料	3.84A	—	0	—
							湿法除尘法	87.0	k=除尘设施运行时间（小时/年）/锅炉运行时间（小时/年）
							湿式除尘脱硫	87.0	
							袋式除尘技术	99.6	
							干式电除尘技术	97.0	
				氮氧化物	千克/吨-原料	3.11	—	0	—
							SNCR	30.0	k=脱硝设施运行时间（小时/年）/锅炉运行时间（小时/年）
							SCR	80.0	
							SNCR-SCR 联合	80.0	

4430 热力生产和供应行业产污系数表-燃煤工业锅炉（续表 2）

产品名称	原料名称	工艺名称	规模等级	污染物指标	系数单位	产污系数	末端治理技术	末端治理技术平均去除效率/%	参考 k 值计算公式
蒸汽/热水/其他	烟煤	循环流化床炉	所有规模	工业废气量	标米 ^{3}/吨-原料	9416	—	—	—
				二氧化硫	千克/吨-原料	15S（无脱硫剂）	—	0	—
							湿法除尘法	15.0	k=脱硫设施运行时间（小时/年）/锅炉运行时间（小时/年）
							石灰石/石灰-石膏湿法	92.5	
							氧化镁法	92.5	
							钠碱法	92.5	
							氨法	92.5	
							双碱法	81.5	
							烟气循环流化床法	85.0	
							喷雾干燥法	70.0	
						4.5S（添加脱硫剂[6]）	—	0	—
							石灰石/石灰-石膏湿法	92.5	k=脱硫设施运行时间（小时/年）/锅炉运行时间（小时/年）
							氧化镁法	92.5	
							钠碱法	92.5	
							氨法	92.5	
							双碱法	81.5	
							烟气循环流化床法	85.0	
							喷雾干燥法	70.0	
				颗粒物	千克/吨-原料	5.19A	—	0	—
							机械+湿法除尘法[7]	92.0	k=除尘设施运行时间（小时/年）/锅炉运行时间（小时/年）
							机械+湿式除尘脱硫[7]	92.0	
							袋式除尘技术	99.6	
							干式电除尘技术	97.0	
							电袋复合除尘技术	99.8	
							湿式电除尘	70.0	
				氮氧化物	千克/吨-原料	2.7	—	0	—
							SNCR	50.0	k=脱硝设施运行时间（小时/年）/锅炉运行时间（小时/年）
							SCR	80.0	
							SNCR-SCR 联合	80.0	

4430 热力生产和供应行业产污系数表-燃煤工业锅炉（续表 3）

产品名称	原料名称	工艺名称	规模等级	污染物指标	系数单位	产污系数	末端治理技术	末端治理技术平均去除效率/%	参考 k 值计算公式
蒸汽/热水/其他	烟煤	煤粉炉	所有规模	工业废气量	标米^3/吨-原料	9187	—	—	—
				二氧化硫	千克/吨-原料	17S（无炉内脱硫）	—	0	—
							湿法除尘法	15.0	k=脱硫设施运行时间（小时/年）/锅炉运行时间（小时/年）
							石灰石/石灰-石膏湿法	92.5	
							氧化镁法	92.5	
							钠碱法	92.5	
							氨法	92.5	
							双碱法	81.5	
							烟气循环流化床法	85.0	
							喷雾干燥法	70.0	
						13.6S（炉内脱硫）	—	0	—
							石灰石/石灰-石膏湿法	92.5	k=脱硫设施运行时间（小时/年）/锅炉运行时间（小时/年）
							氧化镁法	92.5	
							钠碱法	92.5	
							氨法	92.5	
							双碱法	81.5	
							烟气循环流化床法	85.0	
							喷雾干燥法	70.0	
				颗粒物	千克/吨-原料	8.93A	—	0	—
							机械+湿法除尘法	92.0	k=除尘设施运行时间（小时/年）/锅炉运行时间（小时/年）
							机械+湿式除尘脱硫	92.0	
							袋式除尘技术	99.6	
							干式电除尘技术	97.0	
							电袋复合除尘技术	99.8	
							湿式电除尘	70.0	
				氮氧化物	千克/吨-原料	4.72（无低氮燃烧）	—	0	—
							SNCR	30.0	k=脱硝设施运行时间（小时/年）/锅炉运行时间（小时/年）
							SCR	80.0	
							SNCR-SCR 联合	80.0	
						3.78（低氮燃烧）	—	0	—
							SNCR	30.0	k=脱硝设施运行时间（小时/年）/锅炉运行时间（小时/年）
							SCR	80.0	
							SNCR-SCR 联合	80.0	

4430 热力生产和供应行业产污系数表-燃煤工业锅炉（续表 4）

产品名称	原料名称	工艺名称	规模等级	污染物指标	系数单位	产污系数	末端治理技术	末端治理技术平均去除效率/%	参考 k 值计算公式
蒸汽/热水/其他	烟煤	水煤浆炉	所有规模	工业废气量	标米 ^{3}/吨-原料	9187	—	—	—
				二氧化硫	千克/吨-原料	17S	—	0	—
							湿法除尘法	15.0	k=脱硫设施运行时间（小时/年）/锅炉运行时间（小时/年）
							石灰石/石灰-石膏湿法	92.5	
							氧化镁法	92.5	
							钠碱法	92.5	
							氨法	92.5	
							双碱法	81.5	
							烟气循环流化床法	85.0	
							喷雾干燥法	70.0	
				颗粒物	千克/吨-原料	8.93A	—	0	—
							机械+湿法除尘法	92.0	k=除尘设施运行时间（小时/年）/锅炉运行时间（小时/年）
							机械+湿式除尘脱硫	92.0	
							袋式除尘技术	99.6	
							干式电除尘技术	97.0	
							电袋复合除尘技术	99.8	
							湿式电除尘	70.0	
				氮氧化物	千克/吨-原料	2.72（无低氮燃烧）	—	0	—
							SNCR	30.0	k=脱硝设施运行时间（小时/年）/锅炉运行时间（小时/年）
							SCR	80.0	
							SNCR-SCR 联合	80.0	
						2.18（低氮燃烧）	—	0	—
							SNCR	30.0	k=脱硝设施运行时间（小时/年）/锅炉运行时间（小时/年）
							SCR	80.0	
							SNCR-SCR 联合	80.0	

4430 热力生产和供应行业产污系数表-燃煤工业锅炉（续表 5）

产品名称	原料名称	工艺名称	规模等级	污染物指标	系数单位	产污系数	末端治理技术	末端治理技术平均去除效率/%	参考 k 值计算公式
蒸汽/热水/其他	褐煤	层燃炉	所有规模	工业废气量	标米^3/吨-原料	5915	—	—	—
				二氧化硫	千克/吨-原料	15S（无炉内脱硫）	—	0	—
							湿法除尘法	15.0	k=脱硫设施运行时间（小时/年）/锅炉运行时间（小时/年）
							石灰石/石灰-石膏湿法	92.5	
							氧化镁法	92.5	
							钠碱法	92.5	
							氨法	92.5	
							双碱法	81.5	
							烟气循环流化床法	85.0	
							喷雾干燥法	70.0	
						12S（炉内脱硫）	—	0	—
							石灰石/石灰-石膏湿法	92.5	k=脱硫设施运行时间（小时/年）/锅炉运行时间（小时/年）
							氧化镁法	92.5	
							钠碱法	92.5	
							氨法	92.5	
							双碱法	92.5	
							烟气循环流化床法	85.0	
							喷雾干燥法	70.0	
				颗粒物	千克/吨-原料	1.25A	—	0	—
							单筒旋风除尘法	60.0	k=除尘设施运行时间（小时/年）/锅炉运行时间（小时/年）
							多管旋风除尘法	70.0	
							湿法除尘法	87.0	
							湿式除尘脱硫	87.0	
							袋式除尘技术	99.6	
							干式电除尘技术	97.0	
							电袋复合除尘技术	99.8	
				氮氧化物	千克/吨-原料	2.94	—	0	—
							SNCR	30.0	k=脱硝设施运行时间（小时/年）/锅炉运行时间（小时/年）
							SCR	80.0	
							SNCR-SCR 联合	80.0	

4430 热力生产和供应行业产污系数表-燃煤工业锅炉（续表 6）

产品名称	原料名称	工艺名称	规模等级	污染物指标	系数单位	产污系数	末端治理技术	末端治理技术平均去除效率/%	参考 k 值计算公式
蒸汽/热水/其他	褐煤	抛煤机炉	所有规模	工业废气量	标米 ^{3}/吨-原料	5915	—	—	—
				二氧化硫	千克/吨-原料	15S（无炉内脱硫）	—	0	—
							湿法除尘法	15.0	k=脱硫设施运行时间（小时/年）/锅炉运行时间（小时/年）
							石灰石/石灰-石膏湿法	92.5	
							氧化镁法	92.5	
							钠碱法	92.5	
							氨法	92.5	
							双碱法	81.5	
						12S（炉内脱硫）	—	0	—
							石灰石/石灰-石膏湿法	92.5	k=脱硫设施运行时间（小时/年）/锅炉运行时间（小时/年）
							氧化镁法	92.5	
							钠碱法	92.5	
							氨法	92.5	
							双碱法	81.5	
				颗粒物	千克/吨-原料	3.84A	—	0	—
							湿法除尘法	87.0	k=除尘设施运行时间（小时/年）/锅炉运行时间（小时/年）
							湿式除尘脱硫	87.0	
							袋式除尘技术	99.6	
							干式电除尘技术	97.0	
				氮氧化物	千克/吨-原料	3.11	—	0	—
							SNCR	30.0	k=脱硝设施运行时间（小时/年）/锅炉运行时间（小时/年）
							SCR	80.0	
							SNCR-SCR 联合	80.0	

4430 热力生产和供应行业产污系数表-燃煤工业锅炉（续表 7）

产品名称	原料名称	工艺名称	规模等级	污染物指标	系数单位	产污系数	末端治理技术	末端治理技术平均去除效率/%	参考 k 值计算公式
蒸汽/热水/其他	褐煤	循环流化床炉	所有规模	工业废气量	标米^3/吨-原料	5915	—	—	—
				二氧化硫	千克/吨-原料	15S（无脱硫剂）	湿法除尘法	15.0	k=脱硫设施运行时间（小时/年）/锅炉运行时间（小时/年）
							石灰石/石灰-石膏湿法	92.5	
							氧化镁法	92.5	
							钠碱法	92.5	
							氨法	92.5	
							双碱法	81.5	
							烟气循环流化床法	85.0	
							喷雾干燥法	70.0	
						4.5S（添加脱硫剂）	—	0	—
							石灰石/石灰-石膏湿法	92.5	k=脱硫设施运行时间（小时/年）/锅炉运行时间（小时/年）
							氧化镁法	92.5	
							钠碱法	92.5	
							氨法	92.5	
							双碱法	81.5	
							烟气循环流化床法	85.0	
							喷雾干燥法	70.0	
				颗粒物	千克/吨-原料	4.63A	—	0	—
							袋式除尘技术	99.6	k=除尘设施运行时间（小时/年）/锅炉运行时间（小时/年）
							干式电除尘技术	97.0	
							电袋复合除尘技术	99.8	
							湿式电除尘技术	70.0	
				氮氧化物	千克/吨-原料	2.7	—	0	—
							SNCR	50.0	k=脱硝设施运行时间（小时/年）/锅炉运行时间（小时/年）
							SCR	80.0	
							SNCR-SCR 联合	80.0	

4430 热力生产和供应行业产污系数表-燃煤工业锅炉（续表 8）

产品名称	原料名称	工艺名称	规模等级	污染物指标	系数单位	产污系数	末端治理技术	末端治理技术平均去除效率/%	参考 k 值计算公式
蒸汽/热水/其他	褐煤	煤粉炉	所有规模	工业废气量	标米 ^{3}/吨-原料	5915	—	—	—
				二氧化硫	千克/吨-原料	17S（无炉内脱硫）	—	0	—
							湿法除尘法	15.0	k=脱硫设施运行时间（小时/年）/锅炉运行时间（小时/年）
							石灰石/石灰-石膏湿法	92.5	
							氧化镁法	92.5	
							钠碱法	92.5	
							氨法	92.5	
							双碱法	81.5	
						13.6S（炉内脱硫）	—	0	—
							石灰石/石灰-石膏湿法	92.5	k=脱硫设施运行时间（小时/年）/锅炉运行时间（小时/年）
							氧化镁法	92.5	
							钠碱法	92.5	
							氨法	92.5	
							双碱法	92.5	
				颗粒物	千克/吨-原料	8.93A	—	0	—
							机械+湿法除尘法	92.0	k=除尘设施运行时间（小时/年）/锅炉运行时间（小时/年）
							机械+湿式除尘脱硫	92.0	
							袋式除尘技术	99.6	
							干式电除尘技术	97.0	
							电袋复合除尘技术	99.8	
				氮氧化物	千克/吨-原料	4.72	—	0	—

4430 热力生产和供应行业产污系数表-燃煤工业锅炉（续表 9）

产品名称	原料名称	工艺名称	规模等级	污染物指标	系数单位	产污系数	末端治理技术	末端治理技术平均去除效率/%	参考 k 值计算公式
蒸汽/热水/其他	无烟煤	层燃炉	所有规模	工业废气量	标米 ^{3}/吨-原料	10197	—	—	—
				二氧化硫	千克/吨-原料	16S（无炉内脱硫）	—	0	—
							湿法除尘法	15.0	k=脱硫设施运行时间（小时/年）/锅炉运行时间（小时/年）
							石灰石/石灰-石膏湿法	92.5	
							氧化镁法	92.5	
							钠碱法	92.5	
							氨法	92.5	
							双碱法	81.5	
						12.8S（炉内脱硫）	—	0	—
							石灰石/石灰-石膏湿法	92.5	k=脱硫设施运行时间（小时/年）/锅炉运行时间（小时/年）
							氧化镁法	92.5	
							钠碱法	92.5	
							氨法	92.5	
							双碱法	81.5	
				颗粒物	千克/吨-原料	1.8A	—	0	—
							单筒旋风除尘法	60.0	k=除尘设施运行时间（小时/年）/锅炉运行时间（小时/年）
							多管旋风除尘法	70.0	
							湿法除尘法	87.0	
							湿式除尘脱硫	87.0	
							袋式除尘技术	99.6	
							干式电除尘技术	97.0	
							电袋复合除尘技术	99.8	
				氮氧化物	千克/吨-原料	2.7	—	0	—

4430 热力生产和供应行业产污系数表-燃煤工业锅炉（续表 10）

产品名称	原料名称	工艺名称	规模等级	污染物指标	系数单位	产污系数	末端治理技术	末端治理技术平均去除效率/%	参考 k 值计算公式
蒸汽/热水/其他	无烟煤	循环流化床炉	所有规模	工业废气量	标米^3/吨-原料	11034	—	—	—
				二氧化硫	千克/吨-原料	15S（无脱硫剂）	—	0	—
							湿法除尘法	15.0	k=脱硫设施运行时间（小时/年）/锅炉运行时间（小时/年）
							石灰石/石灰-石膏湿法	92.5	
							氧化镁法	92.5	
							钠碱法	92.5	
							氨法	92.5	
							双碱法	81.5	
						4.5S（添加脱硫剂）	—	0	—
							石灰石/石灰-石膏湿法	92.5	k=脱硫设施运行时间（小时/年）/锅炉运行时间（小时/年）
							氧化镁法	92.5	
							钠碱法	92.5	
							氨法	92.5	
							双碱法	81.5	
				颗粒物	千克/吨-原料	4.63A	—	0	—
							机械+湿法除尘法	92.0	k=除尘设施运行时间（小时/年）/锅炉运行时间（小时/年）
							机械+湿式除尘脱硫	92.0	
							袋式除尘技术	99.6	
							干式电除尘技术	97.0	
							电袋复合除尘技术	99.8	
				氮氧化物	千克/吨-原料	1.82	—	0	—

4430 热力生产和供应行业产污系数表-燃煤工业锅炉（续表 11）

产品名称	原料名称	工艺名称	规模等级	污染物指标	系数单位	产污系数	末端治理技术	末端治理技术平均去除效率/%	参考 k 值计算公式
蒸汽/热水/其他	型煤	层燃炉	所有规模	工业废气量	标米 ^{3}/吨-原料	8000	—	—	—
				二氧化硫	千克/吨-原料	14S（无固硫剂）	—	0	—
							湿法除尘法	15.0	k=脱硫设施运行时间（小时/年）/锅炉运行时间（小时/年）
							石灰石/石灰-石膏湿法	92.5	
							氧化镁法	92.5	
							钠碱法	92.5	
							氨法	92.5	
							双碱法	81.5	
						7S（添加固硫剂[8]）	—	0	—
							石灰石/石灰-石膏湿法	92.5	k=脱硫设施运行时间（小时/年）/锅炉运行时间（小时/年）
							氧化镁法	92.5	
							钠碱法	92.5	
							氨法	92.5	
							双碱法	81.5	
				颗粒物	千克/吨-原料	0.01A	—	0	—
				氮氧化物	千克/吨-原料	0.5	—	0	—

注：1. 产污系数表中二氧化硫的产污系数是以含硫量（S%）的形式表示的，其中含硫量（S%）是指燃煤收到基硫分含量，以质量百分数的形式表示。如燃料中含硫量（S%）为 3%，则 S=3。颗粒物的产污系数是以含灰量（A%）的形式表示的，其中含灰量（A%）是指燃煤收到基灰分含量，以质量百分数的形式表示。如燃料中灰分含量为 15%，则 A＝15；

2. 湿法除尘法：是使含尘烟气与水密切接触，利用水滴和尘粒的惯性碰撞及其他作用捕集尘粒。常用的冲击浴式除尘器、管式水膜除尘器、离心水膜、立式及卧式旋风水膜除尘器（含文丘里水膜除尘器等。因为二氧化硫在水中有一定的溶解度，所以湿法除尘法对排放烟气中的二氧化硫有一定的去除效果；

3. 炉内脱硫：主要包括炉内喷钙脱硫法；

4. 湿法除尘法/湿式除尘脱硫：是指单独使用湿法除尘法或单独使用湿式除尘脱硫的情况，这两种技术的除尘效率基本相同；

5. 电袋复合除尘：是指干式电除尘技术与袋式除尘的组合；

6. 添加脱硫剂：是指向循环流化床炉内加入一定比例的脱硫剂，在炉内燃料燃烧过程中达到脱硫效果的措施；

7. 机械+湿法除尘法/湿式除尘脱硫：是指先经过单筒旋风除尘器、多管旋风除尘器等机械类除尘器除尘后再经过湿法除尘或湿式除尘脱硫；

8. 添加固硫剂：是指在型煤制作过程中添加固硫剂，其主要成分是碱金属和碱土金属的氧化物、氢氧化物、盐类及其复合物；

9. 燃烧方式为沸腾炉的锅炉，参照循环流化床锅炉选用系数；

10. 工业锅炉产污系数中的燃煤量不需要折算为标准煤；

11. 低氮燃烧包括烟气循环燃烧、分级燃烧、低氮燃烧器等类型；

12. 型煤包括煤球及蜂窝煤。半焦、绿焦、洁净焦、兰炭等其他煤制品可以参考型煤系数。

4430 工业锅炉（热力生产和供应行业）产污系数表-燃气工业锅炉

产品名称	原料名称	工艺名称	规模等级	污染物指标	系数单位	产污系数	末端治理技术	末端治理技术平均去除效率/%	参考 k 值计算公式[1]
蒸汽/热水/其他	天然气①	室燃炉	所有规模	工业废气量	标米^3/万米^3-原料	107753	—	—	—
				二氧化硫	千克/万米^3-原料	0.02S[4]		0	—
				氮氧化物	千克/万米^3-原料	15.87（低氮燃烧-国内一般）③		0	—
				氮氧化物	千克/万米^3-原料	6.97（低氮燃烧-国内领先）③			
				氮氧化物	千克/万米^3-原料	3.03（低氮燃烧-国际领先）③			
	液化石油气	室燃炉	所有规模	工业废气量	标米^3/吨-原料	13237	—	—	—
				二氧化硫	千克/吨-原料	0.00092S		0	—
				氮氧化物	千克/吨-原料	2.75		0	—
	焦炉煤气	室燃炉	所有规模	工业废气量	标米^3/万米^3-原料	48793	—	—	—
				二氧化硫	千克/万米^3-原料	0.02S		0	—
				氮氧化物	千克/万米^3-原料	16.94		0	—
	高炉煤气	室燃炉	所有规模	工业废气量	标米^3/万米^3-原料	16087	—	—	—
				二氧化硫	千克/万米^3-原料	0.02S		0	—
				氮氧化物	千克/万米^3-原料	0.86		0	—
	转炉、高炉混合煤气②	室燃炉	所有规模	工业废气量	标米^3/万米^3-原料	18047	—	—	—
				二氧化硫	千克/万米^3-原料	0.02S		0	—
				氮氧化物	千克/万米^3-原料	0.64		0	—
	液化天然气	室燃炉	所有规模	工业废气量	标米^3/吨-原料	15657	—	—	—
				二氧化硫	千克/吨-原料	0.0029S		0	—
				氮氧化物	千克/吨-原料	2.31		0	—

注：①炼厂干气参考天然气的系数；

②转炉煤气多与高炉煤气混烧，此处为转炉煤气与高炉煤气混烧排放的一般水平；

③低氮燃烧-国际领先技术的天然气锅炉设计 NO_x 排放控制要求一般小于 60 毫克/米^3（@3.5%O_2）；低氮燃烧-国内领先技术的天然气锅炉设计 NO_x 排放控制要求一般介于 60 毫克/米^3（@3.5%O_2）～100 毫克/米^3（@3.5%O_2）；低氮燃烧-国内一般技术的天然气锅炉设计 NO_x 排放控制要求一般介于 100 毫克/米^3（@3.5%O_2）～200 毫克/米^3（@3.5%O_2）；

④产污系数表中气体燃料的二氧化硫的产污系数是以含硫量（S）的形式表示的，其中含硫量（S）是指气体燃料中的硫含量，单位为毫克/米^3。如燃料中含硫量（S）为 200 毫克/米^3，则 S=200。

[1] 该公式仅供参考，使用时，可根据 k 值定义，选取更适合企业实际情况的表达方式。

4430 工业锅炉（热力生产和供应行业）产污系数表-燃油工业锅炉

产品名称	原料名称	工艺名称	规模等级	污染物指标	系数单位	产污系数	末端治理技术	末端治理技术平均去除效率/%	参考 *k* 值计算公式
蒸汽/热水/其他	柴油	室燃炉	所有规模	工业废气量	标米^3/吨-原料	17804	—	0	—
				二氧化硫	千克/吨-原料	19S[①]	—	0	—
							湿式除尘脱硫	15.0	*k*=脱硫设施年运行小时数（小时/年）/锅炉年运行小时数（小时/年）
							石灰石/石灰-石膏湿法	70.0	
							氧化镁法	70.0	
							钠碱法	70.0	
							氨法	70.0	
							双碱法	70.0	
				颗粒物	千克/吨-原料	0.26	—	0	—
							湿法除尘法	87.0	*k*=除尘设施运行小时数（小时/年）/锅炉运行小时数（小时/年）
							袋式除尘技术	99.6	
				氮氧化物	千克/吨-原料	3.03	—	0	—
							选择性催化还原法（SCR）	70.0	*k*=脱硝设施年运行小时数/锅炉年运行小时数
	汽油	室燃炉	所有规模	工业废气量	标米^3/吨-原料	17804	—	—	—
				二氧化硫	千克/吨-原料	19S[①]	—	0	—
							湿式除尘脱硫	15.0	*k*=脱硫设施年运行小时数（小时/年）/锅炉年运行小时数（小时/年）
							石灰石/石灰-石膏湿法	70.0	
							氧化镁法	70.0	
							钠碱法	70.0	
							氨法	70.0	
							双碱法	70.0	

4430 工业锅炉（热力生产和供应行业）产污系数表-燃油工业锅炉（续表 1）

产品名称	原料名称	工艺名称	规模等级	污染物指标	系数单位	产污系数	末端治理技术	末端治理技术平均去除效率/%	参考 k 值计算公式
蒸汽/热水/其他	汽油	室燃炉	所有规模	颗粒物	千克/吨-原料	0.26	—	0	—
							湿法除尘法	87.0	k=除尘设施运行小时数（小时/年）/锅炉运行小时数（小时/年）
							袋式除尘技术	99.6	
				氮氧化物	千克/吨-原料	3.03	—	0	—
							选择性催化还原法（SCR）	70.0	k=脱硝设施年运行小时数/锅炉年运行小时数
	煤油	室燃炉	所有规模	工业废气量	标米^3/吨-原料	17804	—	—	—
				二氧化硫	千克/吨-原料	19S[①]	—	0	—
							湿式除尘脱硫	15.0	k=脱硫设施年运行小时数（小时/年）/锅炉年运行小时数（小时/年）
							石灰石/石灰-石膏湿法	70.0	
							氧化镁法	70.0	
							钠碱法	70.0	
							氨法	70.0	
							双碱法	70.0	
				颗粒物	千克/吨-原料	0.26	—	0	—
							湿法除尘法	87.0	k=除尘设施运行小时数（小时/年）/锅炉运行小时数（小时/年）
							袋式除尘技术	99.6	
				氮氧化物	千克/吨-原料	3.03	—	0	—
							选择性催化还原法（SCR）	70.0	k=脱硝设施年运行小时数/锅炉年运行小时数

4430 工业锅炉（热力生产和供应行业）产污系数表-燃油工业锅炉（续表 2）

产品名称	原料名称	工艺名称	规模等级	污染物指标	系数单位	产污系数	末端治理技术	末端治理技术平均去除效率/%	参考 k 值计算公式
蒸汽/热水/其他	重油	室燃炉	所有规模	工业废气量	标米 ^{3}/吨-原料	15367	—	0	—
				二氧化硫	千克/吨-原料	19S①	—	0	—
							湿式除尘脱硫	15.0	k=脱硫设施年运行小时数（小时/年）/锅炉年运行小时数（小时/年）
							石灰石/石灰-石膏湿法	70.0	
							氧化镁法	70.0	
							钠碱法	70.0	
							氨法	70.0	
							双碱法	70.0	
				颗粒物	千克/吨-原料	3.28	—	0	—
							湿法除尘法	87.0	k=除尘设施运行小时数（小时/年）/锅炉运行小时数（小时/年）
							袋式除尘技术	99.6	
				氮氧化物	千克/吨-原料	3.6	—	0	—
							选择性催化还原法（SCR）	67.0	k=脱硝设施年运行小时数/锅炉年运行小时数
	醇基燃料	室燃炉	所有规模	工业废气量	标米 ^{3}/吨-原料	5453	—	—	—
				二氧化硫	千克/吨-原料	20S	—	0	—
				颗粒物	千克/吨-原料	0.26	—	0	—
				氮氧化物	千克/吨-原料	0.59	—	0	—

注：1.产污系数表中二氧化硫的产污系数是以含硫量（S%）的形式表示的，其中含硫量（S%）是指燃油收到基硫分含量，以质量百分数的形式表示。例如燃料中含硫量（S%）为 0.1%，则 S=0.1；

2. 湿法除尘法：是使含尘烟气与水密切接触，利用水滴和尘粒的惯性碰撞及其他作用捕集尘粒。常用的冲击浴式除尘器、管式水膜除尘器、离心水膜、立式及卧式旋风水膜除尘器（含文丘里水膜除尘器等。因为二氧化硫在水中有一定的溶解度，所以湿法除尘法对排放烟气中的二氧化硫有一定的去除效果；

3. 湿法除尘法/湿式除尘脱硫：是指单独使用湿法除尘法或单独使用湿式除尘脱硫的情况，这两种技术的除尘效率基本相同。

4430 工业锅炉（热力生产和供应行业）产污系数表-生物质工业锅炉

产品名称	原料名称	工艺名称	规模等级	污染物指标	系数单位	产污系数	末端治理技术	末端治理技术平均去除效率/%	参考 k 值计算公式
蒸汽/热水/其他	生物质燃料	层燃炉	所有规模	工业废气量	标米^3/吨-原料	6240	—	0	—
				二氧化硫	千克/吨-原料	17S[①]	—	0	—
				颗粒物	千克/吨-原料	0.5	—	0	—
							单筒旋风除尘法	60.0	k=除尘设施运行小时数（小时/年）/锅炉运行小时数（小时/年）
							多管旋风除尘法	70.0	
							湿法除尘法	87.0	
							干式电除尘技术	97.0	
							袋式除尘技术	99.7	
							电袋复合除尘技术	99.7	
				氮氧化物	千克/吨-原料	1.02	—	0	k=脱硝设施年运行小时数/锅炉年运行小时数
							低氮燃烧	30	
							低氮燃烧+选择性非催化还原法（SNCR）	45.4	
							低氮燃烧+选择性催化还原法（SCR）	79.0	
							选择性非催化还原法（SNCR）	22.0	
							选择性催化还原法（SCR）	70.0	

4430 工业锅炉（热力生产和供应行业）产污系数表-生物质工业锅炉（续表 1）

蒸汽/热水/其他	生物质燃料	层燃炉-生物质散烧	所有规模	工业废气量	标米^3/吨-原料	6240	—	0	—
				二氧化硫	千克/吨-原料	17S①	—	0	—
				颗粒物	千克/吨-原料	37.6	—	0	—
							单筒旋风除尘法	36.0	*k*=除尘设施运行小时数（小时/年）/锅炉运行小时数（小时/年）
							多管旋风除尘法	52.0	
							湿法除尘法	80.0	
							干式电除尘技术	83.0	
							袋式除尘技术	98.4	
							电袋复合除尘技术	99.7	
				氮氧化物	千克/吨-原料	1.02	—	0	—
							低氮燃烧	30.0	*k*=脱硝设施年运行小时数/锅炉年运行小时数
							低氮燃烧+选择性非催化还原法（SNCR）	45.4	
							低氮燃烧+选择性催化还原法（SCR）	79.0	
							选择性非催化还原法（SNCR）	22.0	
							选择性催化还原法（SCR）	70.0	

注：1.二氧化硫的产污系数是以含硫量（S%）的形式表示的，其中含硫量（S%）是指生物质收到基硫分含量，以质量百分数的形式表示。例如生物质中含硫量（S%）为 0.1%，则 S=0.1。

2. 湿法除尘法：是使含尘烟气与水密切接触，利用水滴和尘粒的惯性碰撞及其他作用捕集尘粒。常用的冲击浴式除尘器、管式水膜除尘器、离心水膜、立式及卧式旋风水膜除尘器（含文丘里水膜除尘器等。因为二氧化硫在水中有一定的溶解度，所以湿法除尘法对排放烟气中的二氧化硫有一定的去除效果；

3. 湿法除尘法/湿式除尘脱硫：是指单独使用湿法除尘法或单独使用湿式除尘脱硫的情况，这两种技术的除尘效率基本相同；

4. 电袋复合除尘：是指干式电除尘技术法与袋式除尘的组合。

4430 工业锅炉（热力生产和供应行业）重金属产污系数表-燃煤工业锅炉

产品名称	原料名称	工艺名称	规模等级	污染物指标	系数单位	产污系数[1]	末端治理技术	去除效率/%	参考 *k* 值计算公式
蒸汽/热水/其他	烟煤/无烟煤/褐煤/型煤	煤粉炉	所有规模	汞及其化合物（Hg）	克/吨-原料	$0.9942C_{M,S}$	—	0	—
							干式电除尘技术	33.2	*k*=除尘设施运行小时数（小时/年）/锅炉运行小时数（小时/年）
							袋式除尘技术	67.9	
							电袋复合除尘技术	67.9	
							湿法除尘法	15.2	
							旋风除尘（单筒（多筒并联）、多管旋风）	6.0	
							脱硝措施	—	—
							石灰石/石灰-石膏湿法	57.2	*k*=脱硫设施年运行小时数（小时/年）/锅炉年运行小时数（小时/年）
							氧化镁法	57.2	
							双碱法	57.2	
							氨法	57.2	
							烟气循环流化床法	57.2	
							喷雾干燥法	57.2	
				砷（As）	克/吨-原料	$0.9846\ C_{M,S}$	—	0	—
							干式电除尘技术	86.2	*k*=除尘设施运行小时数（小时/年）/锅炉运行小时数（小时/年）
							袋式除尘技术	99.0	
							电袋复合除尘技术	99.0	
							湿法除尘法	96.3	
							旋风除尘（单筒（多筒并联）、多管旋风）	43.0	
							脱硝措施	—	—
							石灰石/石灰-石膏湿法	80.4	*k*=脱硫设施年运行小时数（小时/年）/锅炉年运行小时数（小时/年）
							氧化镁法	80.4	
							双碱法	80.4	
							氨法	80.4	
							烟气循环流化床法	80.4	
							喷雾干燥法	80.4	

4430 工业锅炉（热力生产和供应行业）重金属产污系数表-燃煤工业锅炉（续表 1）

产品名称	原料名称	工艺名称	规模等级	污染物指标	系数单位	产污系数[1]	末端治理技术	去除效率/%	参考 k 值计算公式
蒸汽/热水/其他	烟煤/无烟煤/褐煤/型煤	煤粉炉	所有规模	镉（Cd）	克/吨-原料	0.9493 $C_{M,S}$	—	0	—
							干式电除尘技术	96.5	k=除尘设施运行小时数（小时/年）/锅炉运行小时数（小时/年）
							袋式除尘技术	97.6	
							电袋复合除尘技术	97.6	
							湿法除尘法	75.0	
							旋风除尘（单筒（多筒并联）、多管旋风）	22.9	
							脱硝措施	—	—
							石灰石/石灰-石膏湿法	80.5	k=脱硫设施年运行小时数（小时/年）/锅炉年运行小时数（小时/年）
							氧化镁法	80.5	
							双碱法	80.5	
							氨法	80.5	
							烟气循环流化床法	80.5	
							喷雾干燥法	80.5	
				铬（Cr）	克/吨-原料	0.8450 $C_{M,S}$	—	0	—
							干式电除尘技术	98.5	k=除尘设施运行小时数（小时/年）/锅炉运行小时数（小时/年）
							袋式除尘技术	95.1	
							电袋复合除尘技术	95.1	
							湿法除尘法	48.1	
							旋风除尘（单筒（多筒并联）、多管旋风）	30.0	
							脱硝措施	—	—
							石灰石/石灰-石膏湿法	86.0	k=脱硫设施年运行小时数（小时/年）/锅炉年运行小时数（小时/年）
							氧化镁法	86.0	
							双碱法	86.0	
							氨法	86.0	
							烟气循环流化床法	86.0	
							喷雾干燥法	86.0	

4430 工业锅炉（热力生产和供应行业）重金属产污系数表-燃煤工业锅炉（续表 2）

产品名称	原料名称	工艺名称	规模等级	污染物指标	系数单位	产污系数[1]	末端治理技术	去除效率/%	参考 k 值计算公式
蒸汽/热水/其他	烟煤/无烟煤/褐煤/型煤	煤粉炉	所有规模	铅（Pb）	克/吨-原料	0.9625 $C_{M,S}$	—	0	—
							干式电除尘技术	97.2	k=除尘设施运行小时数（小时/年）/锅炉运行小时数（小时/年）
							袋式除尘技术	99.0	
							电袋复合除尘技术	99.0	
							湿法除尘法	70.1	
							旋风除尘（单筒（多筒并联）、多管旋风）	12.1	
							脱硝措施	—	—
							石灰石/石灰-石膏湿法	78.4	k=脱硫设施年运行小时数（小时/年）/锅炉年运行小时数（小时/年）
							氧化镁法	78.4	
							双碱法	78.4	
							氨法	78.4	
							烟气循环流化床法	78.4	
							喷雾干燥法	78.4	
		层燃炉	所有规模	汞及其化合物（Hg）	克/吨-原料	0.8315 $C_{M,S}$	—	0	—
							干式电除尘技术	33.2	k=除尘设施运行小时数（小时/年）/锅炉运行小时数（小时/年）
							袋式除尘技术	67.9	
							电袋复合除尘技术	67.9	
							湿法除尘法	15.2	
							旋风除尘（单筒（多筒并联）、多管旋风）	6.0	
							脱硝措施	—	—
							石灰石/石灰-石膏湿法	57.2	k=脱硫设施年运行小时数（小时/年）/锅炉年运行小时数（小时/年）
							氧化镁法	57.2	
							双碱法	57.2	
							氨法	57.2	
							烟气循环流化床法	57.2	
							喷雾干燥法	57.2	

4430 工业锅炉（热力生产和供应行业）重金属产污系数表-燃煤工业锅炉（续表 3）

产品名称	原料名称	工艺名称	规模等级	污染物指标	系数单位	产污系数[1]	末端治理技术	去除效率/%	参考 *k* 值计算公式
蒸汽/热水/其他	烟煤/无烟煤/褐煤/型煤	层燃炉	所有规模	砷（As）	克/吨-原料	0.7718 $C_{M,S}$	—	0	—
							干式电除尘技术	86.2	*k*=除尘设施运行小时数（小时/年）/锅炉运行小时数（小时/年）
							袋式除尘技术	99.0	
							电袋复合除尘技术	99.0	
							湿法除尘法	96.3	
							旋风除尘（单筒（多筒并联）、多管旋风）	43.0	
							脱硝措施	—	—
							石灰石/石灰-石膏湿法	80.4	*k*=脱硫设施年运行小时数（小时/年）/锅炉年运行小时数（小时/年）
							氧化镁法	80.4	
							双碱法	80.4	
							氨法	80.4	
							烟气循环流化床法	80.4	
							喷雾干燥法	80.4	
				镉（Cd）	克/吨-原料	0.4253 $C_{M,S}$	—	0	—
							干式电除尘技术	96.5	*k*=除尘设施运行小时数（小时/年）/锅炉运行小时数（小时/年）
							袋式除尘技术	97.6	
							电袋复合除尘技术	97.6	
							湿法除尘法	75.0	
							旋风除尘（单筒（多筒并联）、多管旋风）	22.9	
							脱硝措施	—	—
							石灰石/石灰-石膏湿法	80.5	*k*=脱硫设施年运行小时数（小时/年）/锅炉年运行小时数（小时/年）
							氧化镁法	80.5	
							双碱法	80.5	
							氨法	80.5	
							烟气循环流化床法	80.5	
							喷雾干燥法	80.5	

4430 工业锅炉（热力生产和供应行业）重金属产污系数表-燃煤工业锅炉（续表 4）

产品名称	原料名称	工艺名称	规模等级	污染物指标	系数单位	产污系数[1]	末端治理技术	去除效率/%	参考 k 值计算公式
蒸汽/热水/其他	烟煤/无烟煤/褐煤/型煤	层燃炉	所有规模	铬（Cr）	克/吨-原料	0.2674 $C_{M,S}$	—	0	—
							干式电除尘技术	98.5	k=除尘设施运行小时数（小时/年）/锅炉运行小时数（小时/年）
							袋式除尘技术	95.1	
							电袋复合除尘技术	95.1	
							湿法除尘法	48.1	
							旋风除尘（单筒（多筒并联）、多管旋风）	30.0	
							脱硝措施	—	—
							石灰石/石灰-石膏湿法	86.0	k=脱硫设施年运行小时数（小时/年）/锅炉年运行小时数（小时/年）
							氧化镁法	86.0	
							双碱法	86.0	
							氨法	86.0	
							烟气循环流化床法	86.0	
							喷雾干燥法	86.0	
				铅（Pb）	克/吨-原料	0.4010 $C_{M,S}$	—	0	—
							干式电除尘技术	97.2	k=除尘设施运行小时数（小时/年）/锅炉运行小时数（小时/年）
							袋式除尘技术	99.0	
							电袋复合除尘技术	99.0	
							湿法除尘法	70.1	
							旋风除尘（单筒（多筒并联）、多管旋风）	12.1	
							脱硝措施	—	—
							石灰石/石灰-石膏湿法	78.4	k=脱硫设施年运行小时数（小时/年）/锅炉年运行小时数（小时/年）
							氧化镁法	78.4	
							双碱法	78.4	
							氨法	78.4	
							烟气循环流化床法	78.4	
							喷雾干燥法	78.4	

4430 工业锅炉（热力生产和供应行业）重金属产污系数表-燃煤工业锅炉（续表 5）

产品名称	原料名称	工艺名称	规模等级	污染物指标	系数单位	产污系数[1]	末端治理技术	去除效率/%	参考 *k* 值计算公式
蒸汽/热水/其他	烟煤/无烟煤/褐煤/型煤	循环流化床炉	所有规模	汞及其化合物（Hg）	克/吨-原料	0.9892 $C_{M,S}$	—	0	—
							干式电除尘技术	33.2	*k*=除尘设施运行小时数（小时/年）/锅炉运行小时数（小时/年）
							袋式除尘技术	67.9	
							电袋复合除尘技术	67.9	
							湿法除尘法	15.2	
							旋风除尘（单筒（多筒并联）、多管旋风）	6.0	
							脱硝措施	—	—
							石灰石/石灰-石膏湿法	57.2	*k*=脱硫设施年运行小时数（小时/年）/锅炉年运行小时数（小时/年）
							氧化镁法	57.2	
							双碱法	57.2	
							氨法	57.2	
							烟气循环流化床法	57.2	
							喷雾干燥法	57.2	
				砷（As）	克/吨-原料	0.7560 $C_{M,S}$	—	0	—
							干式电除尘技术	86.2	*k*=除尘设施运行小时数（小时/年）/锅炉运行小时数（小时/年）
							袋式除尘技术	99.0	
							电袋复合除尘技术	99.0	
							湿法除尘法	96.3	
							旋风除尘（单筒（多筒并联）、多管旋风）	43.0	
							脱硝措施	—	—
							石灰石/石灰-石膏湿法	80.4	*k*=脱硫设施年运行小时数（小时/年）/锅炉年运行小时数（小时/年）
							氧化镁法	80.4	
							双碱法	80.4	
							氨法	80.4	
							烟气循环流化床法	80.4	
							喷雾干燥法	80.4	

4430 工业锅炉（热力生产和供应行业）重金属产污系数表-燃煤工业锅炉（续表 6）

产品名称	原料名称	工艺名称	规模等级	污染物指标	系数单位	产污系数[1]	末端治理技术	去除效率/%	参考 k 值计算公式
蒸汽/热水/其他	烟煤/无烟煤/褐煤/型煤	循环流化床炉	所有规模	镉（Cd）	克/吨-原料	0.9150 $C_{M,S}$	—	0	—
							干式电除尘技术	96.5	k=除尘设施运行小时数（小时/年）/锅炉运行小时数（小时/年）
							袋式除尘	97.6	
							电袋复合除尘技术	97.6	
							湿法除尘法	75.0	
							旋风除尘（单筒（多筒并联）、多管旋风）	22.9	
							脱硝措施	—	—
							石灰石/石灰-石膏湿法	80.5	k=脱硫设施年运行小时数（小时/年）/锅炉年运行小时数（小时/年）
							氧化镁法	80.5	
							双碱法	80.5	
							氨法	80.5	
							烟气循环流化床法	80.5	
							喷雾干燥法	80.5	
				铬（Cr）	克/吨-原料	0.8133 $C_{M,S}$	—	0	—
							干式电除尘技术	98.5	k=除尘设施运行小时数（小时/年）/锅炉运行小时数（小时/年）
							袋式除尘技术	95.1	
							电袋复合除尘技术	95.1	
							湿法除尘法	48.1	
							旋风除尘（单筒（多筒并联）、多管旋风）	30.0	
							脱硝措施	—	—
							石灰石/石灰-石膏湿法	86.0	k=脱硫设施年运行小时数（小时/年）/锅炉年运行小时数（小时/年）
							氧化镁法	86.0	
							双碱法	86.0	
							氨法	86.0	
							烟气循环流化床法	86.0	
							喷雾干燥法	86.0	

4430 工业锅炉（热力生产和供应行业）重金属产污系数表-燃煤工业锅炉（续表 7）

产品名称	原料名称	工艺名称	规模等级	污染物指标	系数单位	产污系数[1]	末端治理技术	去除效率/%	参考 k 值计算公式
蒸汽/热水/其他	烟煤/无烟煤/褐煤/型煤	循环流化床炉	所有规模	铅（Pb）	克/吨-原料	0.7733 $C_{M,S}$	—	0	—
							干式电除尘技术	97.2	k=除尘设施运行小时数（小时/年）/锅炉运行小时数（小时/年）
							袋式除尘技术	99.0	
							电袋复合除尘技术	99.0	
							湿法除尘法	70.1	
							旋风除尘（单筒（多筒并联）、多管旋风）	12.1	
							脱硝措施	—	—
							石灰石/石灰-石膏湿法	78.4	k=脱硫设施年运行小时数（小时/年）/锅炉年运行小时数（小时/年）
							氧化镁法	78.4	
							双碱法	78.4	
							氨法	78.4	
							烟气循环流化床法	78.4	
							喷雾干燥法	78.4	

注：1. 产物系数中 $C_{M,S}$ 表示：全国不同省份 S 不同原料类型燃煤 M 中重金属（Hg、As、Cd、Cr、Pb）的平均浓度（克/吨），详见附表 1 及附表 2。

附表 1 中国不同省份消费烟煤/褐煤/无烟煤中 Hg、As、Cd、Cr、Pb 的平均浓度

单位：克/吨

省份	Hg	As	Cd	Cr	Pb
安徽	0.40	2.94	0.16	30.37	13.82
北京	0.17	4.02	0.66	23.39	26.74
重庆	0.32	5.74	1.19	28.44	29.91
福建	0.12	4.48	0.29	18.53	15.23
甘肃	0.23	3.74	0.08	21.31	7.48
广东	0.14	4.04	0.53	18.67	19.20
广西	0.14	6.31	0.22	44.78	14.04
贵州	0.39	6.69	0.79	28.60	23.86
海南	0.09	2.07	0.40	11.64	14.16
河北	0.19	5.17	0.25	20.71	27.45
黑龙江	0.16	4.39	0.12	14.97	23.76
河南	0.19	2.64	0.59	24.61	19.47
湖北	0.21	3.85	0.70	31.65	33.40
湖南	0.14	8.10	0.66	31.66	25.46
内蒙古	0.21	5.57	0.11	12.97	25.54
江苏	0.25	4.13	0.44	24.72	26.28
江西	0.18	5.25	0.61	33.52	22.91
吉林	0.28	7.77	0.15	18.10	26.86
辽宁	0.18	5.42	0.16	20.25	21.94
宁夏	0.21	3.67	1.06	11.88	15.44
青海	0.24	2.89	0.26	26.46	11.44
陕西	0.21	3.85	0.78	30.63	33.16
山东	0.19	5.05	0.37	18.26	22.77
上海	0.28	4.92	0.20	17.07	24.01
山西	0.16	3.76	0.70	20.74	24.81
四川	0.29	5.45	1.74	34.39	29.64
天津	0.17	3.98	0.69	22.39	26.52
新疆	0.06	3.00	0.12	7.88	2.93
云南	0.36	8.73	0.80	71.66	41.73
浙江	0.20	4.05	0.60	24.73	27.76

注：表中重金属（Hg、As、Cd、Cr、Pb）的平均浓度（克/吨）为无燃煤实测数据时的缺省参考值。

附表 2　中国不同省份消费型煤中 Hg、As、Cd、Cr、Pb 的平均浓度

单位：克/吨

省份	Hg	As	Cd	Cr	Pb
安徽	0.45	3.26	0.17	33.69	15.33
北京	0.09	2.03	0.44	11.17	16.99
重庆	0.41	7.51	1.55	37.21	39.13
福建	0.23	4.83	0.59	27.26	23.92
甘肃	0.23	4.83	0.59	27.26	23.92
广东	0.23	4.83	0.59	27.26	23.92
广西	0.16	7.45	0.25	48.51	16.07
贵州	0.38	6.58	0.78	28.17	23.50
海南	0.16	2.21	0.50	20.65	16.33
河北	0.23	4.83	0.59	27.26	23.92
黑龙江	0.17	4.76	0.23	19.09	25.30
河南	0.23	4.83	0.59	27.26	23.92
湖北	0.23	4.83	0.59	27.26	23.92
湖南	0.23	4.83	0.59	27.26	23.92
内蒙古	0.23	4.83	0.59	27.26	23.92
江苏	0.28	7.88	0.15	18.34	27.22
江西	0.23	4.83	0.59	27.26	23.92
吉林	0.16	4.50	0.65	27.44	23.48
辽宁	0.16	4.71	0.16	17.14	21.40
宁夏	0.23	4.83	0.59	27.26	23.92
青海	0.23	4.83	0.59	27.26	23.92
陕西	0.27	5.01	1.68	31.35	28.29
山东	0.14	3.57	0.32	12.36	19.15
上海	0.23	4.83	0.59	27.26	23.92
山西	0.19	3.41	0.69	27.16	29.41
四川	0.13	3.08	0.58	17.00	20.43
天津	0.23	4.83	0.59	27.26	23.92
新疆	0.23	4.83	0.59	27.26	23.92
云南	0.34	8.29	0.76	68.05	39.62
浙江	0.15	3.08	0.46	18.84	21.15

注：表中重金属（Hg、As、Cd、Cr、Pb）的平均浓度（克/吨）为无燃煤实测数据时的缺省参考值。

4430 工业锅炉（热力生产和供应行业）产污系数表-工业废水量和“化学需氧量①”

产品名称	原料名称	工艺名称	规模等级	污染物指标	系数单位	产污系数	末端治理技术	末端治理技术平均去除效率/%	参考 k 值计算方法[1]
蒸汽/热水/其他	一般烟煤/无烟煤/褐煤/型煤及其他煤制品	全部类型锅炉（锅内水处理②）	所有规模	工业废水量	吨/吨-原料	0.44（锅炉排污水）	物理+化学法+综合利用	100	k=［锅炉运行时间（小时/年）−废水处理设施的故障时间（小时/年）］/锅炉运行时间（小时/年）
							物理+化学法	0	
				化学需氧量	克/吨-原料	70	物理+化学法+综合利用	100	
							物理+化学法	71.43	
		全部类型锅炉（锅外水处理③）	所有规模	工业废水量	吨/吨-原料	0.605（锅炉排污水+软化处理废水）	物理+化学法+综合利用	100	
							物理+化学法	0	
				化学需氧量	克/吨-原料	90	物理+化学法+综合利用	100	
							物理+化学法	66.67	
	汽油/柴油/煤油/原油/醇基燃料	全部类型锅炉（锅内水处理）	所有规模	工业废水量	吨/吨-原料	0.968（锅炉排污水）	物理+化学法+综合利用	100	
							物理+化学法	0	
				化学需氧量	克/吨-原料	190	物理+化学法+综合利用	100	
							物理+化学法	57.9	
		全部类型锅炉（锅外水处理）	所有规模	工业废水量	吨/吨-原料	1.33（锅炉排污水+软化处理废水）	物理+化学法+综合利用	100	
							物理+化学法	0	
			所有规模	化学需氧量	克/吨-原料	270	物理+化学法+综合利用	100	
							物理+化学法	59.26	
	天然气/高炉煤气/转炉煤气/焦炉煤气/炼厂干气	全部类型锅炉（锅内水处理）	所有规模	工业废水量	吨/万米 ^{3}-原料	9.86（锅炉排污水）	物理+化学法+综合利用	100	
							物理+化学法	0	
				化学需氧量	克/万米 ^{3}-原料	790	物理+化学法+综合利用	100	
							物理+化学法	59.49	
		全部类型锅炉（锅外水处理）	所有规模	工业废水量	吨/万米 ^{3}-原料	13.56（锅炉排污水+软化处理废水）	物理+化学法+综合利用	100	
							物理+化学法	0	
				化学需氧量	克/万米 ^{3}-原料	1080	物理+化学法+综合利用	100	
							物理+化学法	60.19	

[1] 该公式仅供参考，使用时，可根据 k 值定义，选取更适合企业实际情况的表达方式。

4430 工业锅炉（热力生产和供应行业）产污系数表-工业废水量和“化学需氧量①”（续表 1）

产品名称	原料名称	工艺名称	规模等级	污染物指标	系数单位	产污系数	末端治理技术	末端治理技术平均去除效率/%	参考 k 值计算方法
蒸汽/热水/其他	液化石油气	全部类型锅炉（锅内水处理）	所有规模	工业废水量	吨/吨-原料	0.45（锅炉排污水）	物理+化学法+综合利用	100	k=［锅炉运行时间（小时/年）–废水处理设施的故障时间（小时/年）］/锅炉运行时间（小时/年）
							物理+化学法	0	
				化学需氧量	克/吨-原料	36.34	物理+化学法+综合利用	100	
							物理+化学法	59.49	
		全部类型锅炉（锅外水处理）	所有规模	工业废水量	吨/吨-原料	0.62（锅炉排污水+软化处理废水）	物理+化学法+综合利用	100	
							物理+化学法	0	
				化学需氧量	克/吨-原料	49.68	物理+化学法+综合利用	100	
							物理+化学法	60.19	
	液化天然气	全部类型锅炉（锅内水处理）	所有规模	工业废水量	吨/万米^3-原料	1.43（锅炉排污水）	物理+化学法+综合利用	100	
							物理+化学法	0	
				化学需氧量	克/万米^3-原料	114.79	物理+化学法+综合利用	100	
							物理+化学法	59.49	
		全部类型锅炉（锅外水处理）	所有规模	工业废水量	吨/万米^3-原料	1.97（锅炉排污水+软化处理废水）	物理+化学法+综合利用	100	
							物理+化学法	0	
				化学需氧量	克/万米^3-原料	156.92	物理+化学法+综合利用	100	
							物理+化学法	60.19	
	生物质燃料	全部类型锅炉（锅内水处理）	所有规模	工业废水量	吨/吨-原料	0.259（锅炉排污水）	物理+化学法+综合利用	100	
							物理+化学法	0	
				化学需氧量	克/吨-原料	20	物理+化学法+综合利用	100	
							物理+化学法	50	
		全部类型锅炉（锅外水处理）	所有规模	工业废水量	吨/吨-原料	0.356（锅炉排污水+软化处理废水）	物理+化学法+综合利用	100	
							物理+化学法	0	
				化学需氧量	克/吨-原料	30	物理+化学法+综合利用	100	
							物理+化学法	66.67	

注：①只经过物理方法处理的情形按直排计，排污系数等于产污系数。

②锅内水处理：是指通过向锅炉内投入一定数量的软水剂，使锅炉给水中的结垢物质转变成泥垢，然后通过锅炉排污将沉渣排出锅炉，从而达到减缓或防止水垢结生的目的。锅内水处理只有锅炉排污水产生；

③锅外水处理：又称为锅外化学水处理，是指对进入锅炉之前的给水预先进行的各种预处理及软化、除碱或除盐等处理（主要是包括沉淀软化和水的离子交换软化），使水质达到各种类型锅炉的要求，是锅炉水质处理的主要方式。在锅外水处理过程中，会产生软化处理废水，同时锅炉运行过程中同样会产生锅炉排污水。因此对于锅外水处理的情况应同时考虑锅炉排污水和软化处理废水；表中锅外水处理系数包含锅炉排污水和软化处理废水两部分；

4430 工业锅炉（热力生产和供应行业）产污系数表-工业固体废物

产品名称	原料名称	工艺名称	规模等级	污染物指标	系数单位	产污系数	末端治理技术	末端治理技术平均去除效率/%	参考 k 值计算方法[1]
蒸汽/热水/其他	烟煤	层燃炉	所有规模	工业固体废物（粉煤灰）	千克（干基）/吨-原料	0.75A（单筒旋风除尘法）	—	—	—
						0.875A（多管旋风除尘法）	—	—	
						1.245A（袋式除尘技术）	—	—	
						1.213A（干式电除尘技术）	—	—	
						1.248A（电袋复合除尘技术）	—	—	
				工业固体废物（炉渣）	千克（干基）/吨-原料	9.24A	—	—	
				工业固体废物（脱硫石膏）	千克（干基）/吨-原料	46.957S（石灰石/石灰-石膏湿法）	—	—	
		室燃炉	所有规模	工业固体废物（粉煤灰）	千克（干基）/吨-原料	8.894A（袋式除尘技术）	—	—	
						8.662A（干式电除尘技术）	—	—	
						8.912A（电袋复合除尘技术）	—	—	
				工业固体废物（炉渣）	千克（干基）/吨-原料	1.05A	—	—	
				工业固体废物（脱硫石膏）	千克（干基）/吨-原料	53.586S（石灰石/石灰-石膏湿法）	—	—	
		抛煤机炉	所有规模	工业固体废物（粉煤灰）	千克（干基）/吨-原料	3.825A（袋式除尘技术）	—	—	
						3.725A（干式电除尘技术）	—	—	
				工业固体废物（炉渣）	千克（干基）/吨-原料	7.35A	—	—	
				工业固体废物（脱硫石膏）	千克（干基）/吨-原料	46.957S（石灰石/石灰-石膏湿法）	—	—	
		循环流化床炉	所有规模	工业固体废物（粉煤灰）	千克（干基）/吨-原料	5.169A（袋式除尘技术）	—	—	
						5.034A（干式电除尘技术）	—	—	
						5.18A（电袋复合除尘技术）	—	—	
				工业固体废物（炉渣）	千克（干基）/吨-原料	5.25A	—	—	
				工业固体废物（脱硫石膏）	千克（干基）/吨-原料	44.194S（石灰石/石灰-石膏湿法）	—	—	
	褐煤	层燃炉	所有规模	工业固体废物（粉煤灰）	千克（干基）/吨-原料	0.75A（单筒旋风除尘法）	—	—	
						0.875A（多管旋风除尘法）	—	—	
						1.245A（袋式除尘技术）	—	—	
						1.213A（干式电除尘技术）	—	—	
						1.248A（电袋复合除尘技术）	—	—	
				工业固体废物（炉渣）	千克（干基）/吨-原料	9.24A	—	—	
				工业固体废物（脱硫石膏）	千克（干基）/吨-原料	49.565S（石灰石/石灰-石膏湿法）	—	—	

[1] 该公式仅供参考，使用时，可根据 k 值定义，选取更适合企业实际情况的表达方式。

4430 工业锅炉（热力生产和供应行业）产污系数表-工业固体废物（续表 1）

产品名称	原料名称	工艺名称	规模等级	污染物指标	系数单位	产污系数	末端治理技术	末端治理技术平均去除效率/%	参考 k 值计算方法
蒸汽/热水/其他	褐煤	室燃炉	所有规模	工业固体废物（粉煤灰）	千克（干基）/吨-原料	8.894A（袋式除尘技术）	—	—	—
						8.662A（干式电除尘技术）	—	—	
						8.912A（电袋复合除尘技术）	—	—	
				工业固体废物（炉渣）	千克（干基）/吨-原料	1.05A	—	—	
				工业固体废物（脱硫石膏）	千克（干基）/吨-原料	54.138S（石灰石/石灰-石膏湿法）	—	—	
		抛煤机炉	所有规模	工业固体废物（粉煤灰）	千克（干基）/吨-原料	3.825A（袋式除尘技术）	—	—	
						3.725A（干式电除尘技术）	—	—	
				工业固体废物（炉渣）	千克（干基）/吨-原料	7.35A	—	—	
				工业固体废物（脱硫石膏）	千克（干基）/吨-原料	49.565S（石灰石/石灰-石膏湿法）	—	—	
		循环流化床炉	所有规模	工业固体废物（粉煤灰）	千克（干基）/吨-原料	4.611A（袋式除尘技术）	—	—	
						4.491A（干式电除尘技术）	—	—	
						4.621A（电袋复合除尘技术）	—	—	
				工业固体废物（炉渣）	千克（干基）/吨-原料	5.25A	—	—	
				工业固体废物（脱硫石膏）	千克（干基）/吨-原料	46.65S（石灰石/石灰-石膏湿法）	—	—	
	无烟煤	层燃炉	所有规模	工业固体废物（粉煤灰）	千克（干基）/吨-原料	1.08A（单筒旋风除尘法）	—	—	
						1.26A（多管旋风除尘法）	—	—	
						1.793A（袋式除尘技术）	—	—	
						1.746A（干式电除尘技术）	—	—	
						1.796A（电袋复合除尘技术）	—	—	
				工业固体废物（炉渣）	千克（干基）/吨-原料	9.24A	—	—	
				工业固体废物（脱硫石膏）	千克（干基）/吨-原料	44.348S（石灰石/石灰-石膏湿法）	—	—	
		循环流化床炉	所有规模	工业固体废物（粉煤灰）	千克（干基）/吨-原料	4.611A（袋式除尘技术）	—	—	
						4.491A（干式电除尘技术）	—	—	
						4.621A（电袋复合除尘技术）	—	—	
				工业固体废物（炉渣）	千克（干基）/吨-原料	5.25A	—	—	
				工业固体废物（脱硫石膏）	千克（干基）/吨-原料	41.739S（石灰石/石灰-石膏湿法）	—	—	

注：1. 产污系数表中二氧化硫的产污系数是以含硫量（$S\%$）的形式表示的，其中含硫量（$S\%$）是指燃料收到基硫分含量，以质量百分数的形式表示。例如燃料中含硫量（$S\%$）为 3%，则 S=3。颗粒物的产污系数是以含灰量（$A\%$）的形式表示的，其中含灰量（$A\%$）是指燃料收到基灰分含量，以质量百分数的形式表示。如燃料中灰分含量为 15%，则 A＝15。

2. 工业锅炉废气脱硝催化剂的产生量根据催化剂的使用量和使用寿命确定。

45

燃气生产与供应业

45 燃气生产与供应业

1 适用范围

本手册仅用于《国民经济行业分类》（GB/T 4754—2017）中 4513 煤气生产与供应业、4520 生物质燃气生产与供应业使用系数法核算工业污染物产生量和排放量的工业企业。

利用本手册进行产排污核算得出的污染物产生量与排放量仅代表了特定行业、工艺、产品、原料在正常工况下污染物产生与排放的一般规律。

4513 煤气生产与供应业的废水指标包括化学需氧量、氨氮、石油类、挥发酚、氰化物；废气指标包括颗粒物、二氧化硫、氮氧化物、挥发性有机物。

4520 生物质燃气生产与供应业废水指标包括化学需氧量、氨氮、石油类、挥发酚、氰化物；废气指标包括颗粒物、二氧化硫、氮氧化物、硫化氢、氨。

2 注意事项

2.1 企业有多种生产工艺或生产多类产品产排污量核算

化学需氧量、氨氮、石油类、挥发酚、氰化物、颗粒物、二氧化硫、氮氧化物、挥发性有机物：污染物产生量与产品产量有关，根据不同核算环节计算产污量后，再根据企业末端治理设施和运行情况计算各污染物的排放量。

颗粒物、硫化氢、氨：污染物产生量与原料用量有关，根据不同核算环节计算产污量后，再根据企业末端治理设施和运行情况计算各污染物的排放量。

企业某污染物指标的产生量、排放量为各核算环节产生量、排放量之和。

在企业实际排放量计算过程中，如果存在废水回用的情况，需要在利用产排污核算公式的基础上扣除废水回用的部分。公式如下：

实际排放量=计算排放量×（1–废水回用率）

2.2 采用多种治理设施组合处理企业的排污量核算

在排污量计算选择末端治理技术时，若没有对应的组合治理技术，以主要治理技术为准。

2.3 其他需要说明的问题

由于不同企业工业废气量、废水量差异较大，本手册所提供的工业废气量、废水量系数仅供参考。

为体现相同产污水平条件下，采用相同环保治理设施的不同企业对同一污染物去除效果的差异，引入末端治理设施实际运行率（k）对污染治理技术的实际去除率进行修正。k 值反映的是污染治理

设施运行的状态，运行越稳定，*k* 值越高；在取值上，若定义连续稳定运行的理想状态为 1，则 *k* 取值于 0～1 之间。

本手册给出本行业的 *k* 计算公式仅供参考，使用时，可根据 *k* 值定义，选取更适合企业实际情况的表达方式。

沼气或生物天然气生产企业采用不同生物质混合进料时，需查询原料进料工段中针对不同生物质原料的产污系数以进行计算，核算过程可参考案例二。

本手册所提供的工业废水量、工业废气量系数仅供校核参考，不作为企业填报依据。

3　污染物排放量核算方法

针对企业实际生产情况，本行业在系数制定过程中将企业全生产流程划分或拆分为若干工段（核算环节），在核算企业污染物产排量时，可灵活选择本企业对应的工段进行核算。

3.1　计算工段污染物产生量

（1）根据产品、原料、污染物产生的主导生产工艺、企业规模（生产产能）这一组合查找和确定所对应的某一污染物的产污系数。

（2）根据该污染物的产污系数计量单位——单位产品产量或单位原料用量，获取企业实际产品产量或原料用量。

例如，某组合内化学需氧量的产污系数单位为千克/吨-产品，则计算产生量时需要获取企业实际产品产量；如果产污系数单位为千克/吨-原料，则计算产生量时需要获取企业原料实际消耗量。

（3）污染物产生量按以下公式进行计算：

污染物产生量=污染物对应的产污系数×产品产量（原料用量）

$$G_{产i} = P_{产i} \times M_i$$

式中，$G_{产i}$——工段 *i* 某污染物的产生量；

$P_{产i}$——工段 *i* 某污染物对应的产污系数；

M_i——工段 *i* 的产品产量（原料用量）。

3.2　计算工段污染物去除量

（1）根据企业对某一污染物所采用的治理技术查找和选择相应的治理技术平均去除效率。

（2）根据所填报的污染治理设施实际运行率参数及其计算公式得出该企业某一污染物的治理设施实际运行率（*k* 值）。

（3）污染物去除量按以下公式进行计算：

污染物去除量=污染物产生量×污染物去除率 =污染物产生量×治理技术平均去除效率×治理设施实际运行率

$$R_{减i} = G_{产i} \times \eta_T \times k_T$$

式中，$R_{减i}$——工段 *i* 某污染物的去除量；

η_T——工段 *i* 某污染物采用的末端治理技术的平均去除效率；

k_T——工段 *i* 某污染物采用的末端治理设施的实际运行率。

3.3 计算工段污染物排放量

污染物排放量=污染物产生量–污染物去除量

=污染物对应的产污系数×产品产量（原料用量）–污染物产生量×治理技术平均去除效率×治理设施实际运行率

3.4 计算企业污染物排放量

同一企业某污染物全年的产生（排放）总量为该企业同年实际生产的全部工段、产品、原料、规模污染物产生（排放）量之和。

$$
\begin{aligned}
E_{排} &= G_{产} - R_{减} = \sum(G_{产i} - R_{减i}) \\
&= \sum\left[P_{产i} \times M_i(1-\eta_T \times k_T)\right]
\end{aligned}
$$

4 污染物排放量核算案例

4.1 案例 1

某企业主要从事煤气生产，该企业以煤炭为主要原料，生产工艺采用煤炭干馏，煤气年产量（生产规模）47000 万米^3。该企业废水的污染治理技术采用“预处理+A^2/O+混凝沉淀”，涉及的废水污染物主要为化学需氧量、氨氮、石油类、挥发酚、氰化物。

本核算示例以废水中化学需氧量为例，说明该企业化学需氧量排放量的计算方法。

（1）化学需氧量产生量计算

①查找产污系数及其计量单位

主要产品为煤制气，主要原料为煤炭，主要工艺为煤炭干馏，生产规模为全部规模。该组合中化学需氧量的产污系数为 22.77①，单位为千克/万米^3-产品。

②获取企业产品产量与原料用量

实际填报情况：该企业主要产品煤气 2017 年产量为 47000 万米^3，主要原料煤炭 2017 年消耗量为 140 万吨。

③计算化学需氧量产生量

由于查询到的组合中化学需氧量产污系数的单位为千克/万米^3-产品，因此在核算产生量时采用产品产量。

化学需氧量产生量=化学需氧量产污系数×产品（煤气）产量

=22.77 千克/万米^3-产品×47000 万米^3-产品=1070190 千克

① 该数值仅为示例用的假设值。

（2）化学需氧量排放量计算

①查找治理技术平均去除效率

该企业化学需氧量治理技术为“预处理+A^2/O+混凝沉淀”，查询该技术的平均去除效率为 92.66%[①]。

②计算污染治理设施实际运行率

根据产污系数组合查询结果，该组合中化学需氧量“预处理+A^2/O+混凝沉淀法”对应的污染治理设施实际运行参数分别为：废水处理设施 DCS 年运行时间、正常生产时间。

根据查询结果，该组合中化学需氧量“预处理+A^2/O+混凝沉淀法”对应的污染治理设施实际运行率为

$$k=\text{废水处理设施 DCS 年运行时间}/\text{正常生产时间}$$

获取企业实际填报情况如下：该企业 2017 年废水处理设施 DCS 年运行时间为 365 天，正常生产时间为 365 天。

③利用污染物排放量计算公式进行计算

化学需氧量排放量=化学需氧量产污系数×产品产量×（1–治理技术平均去除效率×治理设施实际运行率）=22.77 千克/万米^3×47000 万米^3×（1–92.66%×365/365）=78551.95 千克

4.2 案例 2

某企业主要从事生物天然气生产，该企业以粪便和秸秆为主要原料，生产工艺采用“厌氧发酵+沼气提纯”，生物天然气年产量（生产规模）390 万米^3，原料年消耗量包括粪便 50000 吨，秸秆 30000 吨。

本案例通过核算企业在原料进料工段的污染物，说明该企业在混合入料方式下的排放量计算方法。

（1）污染物产生量计算

①查找产污系数及其计量单位

主要产品为生物天然气，主要原料为生物质（粪便和秸秆混合进料），主要工艺为“厌氧发酵+沼气提纯”，生产规模为全部规模。

②获取企业产品产量与原料用量

该企业实际情况为：主要产品生物天然气 2017 年产量为 390 万米^3，主要原料生物质 2017 年消耗量包括粪便 50000 吨，秸秆 30000 吨。

③计算污染物产生量

在原料进料工段中，秸秆破碎产生颗粒物，粪便进料产生硫化氢和氨。查询到的组合中颗粒物、硫化氢、氨产污系数的单位均为千克/吨-原料，因此在核算产生量时采用原料消耗量。

秸秆破碎的颗粒物产生量=颗粒物产污系数×原料消耗量=0.6 千克/吨-原料×30000 吨-原料= 18000 千克

粪便进料的硫化氢产生量=硫化氢产污系数×原料消耗量=0.002 千克/吨-原料×50000 吨-原料= 100 千克

粪便进料的氨产生量=氨产污系数×原料消耗量=0.0085 千克/吨-原料×50000 吨-原料=425 千克

① 该数值仅为示例用的假设值。

（2）污染物排放量计算

①查找治理技术平均去除效率

该企业颗粒物治理技术为袋式除尘，查询该技术的平均去除效率为 97%[①]。

硫化氢治理技术为生物过滤法，查询该技术平均去除效率为 67.30%[②]。

氨治理技术为生物过滤法，查询该技术平均去除效率为 49.49%[③]。

②计算污染治理设施实际运行率

根据产污系数组合查询结果，该组合中颗粒物袋式除尘工艺对应的污染治理设施实际运行参数分别为除尘设备耗电量、除尘设备额定功率、除尘设备运行时间。

污染治理设施实际运行率计算公式为

k=除尘设备耗电量/（除尘设备额定功率×除尘设备运行时间）

硫化氢和氨生物过滤设施对应的污染治理设施实际运行参数分别为工艺废气净化装置耗电量、工艺废气净化装置额定功率、工艺废气净化装置运行时间。

污染治理设施实际运行率计算公式为

k=工艺废气净化装置耗电量/（工艺废气净化装置额定功率×工艺废气净化装置运行时间）

获取企业实际填报情况如下：该企业 2017 年除尘设备耗电量为 470 万千瓦·时，除尘设备额定功率为 950 千瓦，除尘设备运行时间为 5000 小时。

生物过滤设施耗电量为 520 万千瓦·时，设备额定功率为 750 千瓦，除尘设备运行时间为 7000 小时。

③利用污染物排放量计算公式进行计算

该企业在原料进料工段中，污染物排放量如下。

颗粒物排放量=颗粒物产污系数×原料消耗量×（1–治理技术平均去除效率×治理设施实际运行率）

= 0.6 千克/吨×30000 吨×［1–97%×4700000÷（950×5000）］=723.79 千克

硫化氢排放量=硫化氢产污系数×原料消耗量×（1–治理技术平均去除效率×治理设施实际运行率）

= 0.002 千克/吨×50000 吨×［1–67.30%×5200000÷（750×7000）］=33.34 千克

氨排放量=氨产污系数×原料消耗量×（1–治理技术平均去除效率×治理设施实际运行率）

= 0.0085 千克/吨×50000 吨×［1–49.49%×5200000÷（750×7000）］=216.67 千克

① 该数值仅为示例用的假设值。

② 该数值仅为示例用的假设值。

③ 该数值仅为示例用的假设值。

5 系数表

4513 煤气生产与供应业系数表

工段名称	产品名称	原料名称	工艺名称	规模等级	污染物类别	污染物指标	系数单位	产污系数	末端治理技术	末端治理技术平均去除效率/%	参考 k 值计算公式[1]
备煤	煤制气	煤炭	煤炭干馏	所有规模	废气	工业废气量	标米^3/万米^3-产品	1930	直排	—	—
						颗粒物	千克/万米^3-产品	4.04	直排	—	—
									袋式除尘	97	k=除尘设备年耗电量（千瓦·时）/［除尘设备额定功率（千瓦）×除尘设备年运行时间（小时）］
干馏					废气	工业废气量	标米^3/万米^3-产品	70500	直排	—	—
						颗粒物	千克/万米^3-产品	436	直排	—	—
									袋式除尘	97	k=除尘设备年耗电量（千瓦·时）/［除尘设备额定功率（千瓦）×除尘设备年运行时间（小时）］

[1] 该公式仅供参考，使用时，可根据 k 值定义，选取更适合企业实际情况的表达方式。

4513 煤气生产与供应业系数表（续表 1）

工段名称	产品名称	原料名称	工艺名称	规模等级	污染物类别	污染物指标	系数单位	产污系数	末端治理技术	末端治理技术平均去除效率/%	参考 k 值计算公式
干馏	煤制气	煤炭	煤炭干馏	所有规模	废气	二氧化硫	千克/万米^3-产品	25.4	直排	—	—
									石灰石/石膏法	92	k=工艺废气净化装置年耗电量（千瓦·时）/［工艺废气净化装置额定功率（千瓦）×工艺废气净化装置年运行时间（小时）］
									石灰/石膏法	92	
									氨法	91	
									双碱法	84	
						氮氧化物	千克/万米^3-产品	47.4	直排	—	—
									选择性催化还原法（SCR）	85	k=工艺废气净化装置年耗电量（千瓦·时）/［工艺废气净化装置额定功率（千瓦）×工艺废气净化装置年运行时间（小时）］
						挥发性有机物	千克/万米^3-产品	1.28	直排	—	—
煤气净化	煤制气	煤炭	煤炭干馏	所有规模	废水	工业废水量	吨/万米^3-产品	8.72	好氧生物处理法+物理化学处理法（混凝沉淀）	—	—
						化学需氧量	千克/万米^3-产品	22.8	好氧生物处理法+物理化学处理法（混凝沉淀）	93	k=废水处理设施 DCS 年运行时间（小时）/正常生产时间（小时）
						氨氮	克/万米^3-产品	1160	好氧生物处理法+物理化学处理法（混凝沉淀）	97	
						石油类	克/万米^3-产品	48.3	好氧生物处理法+物理化学处理法（混凝沉淀）	93	
						挥发酚	克/万米^3-产品	77.0	好氧生物处理法+物理化学处理法（混凝沉淀）	96	
						氰化物	克/万米^3-产品	5.32	好氧生物处理法+物理化学处理法（混凝沉淀）	90	

4520 生物质燃气生产与供应业系数表

工段名称	产品名称	原料名称	工艺名称	规模等级	污染物类别	污染物指标	系数单位	产污系数	末端治理技术	末端治理技术平均去除效率/%	参考 k 值计算公式[1]
原料进料	沼气	生物质	厌氧发酵	所有规模	废气	工业废气量	万标米^3/万米^3-产品	181000	—	—	—
						颗粒物	千克/吨-原料	0.6①	袋式除尘	97	k=除尘设备年耗电量（千瓦·时）/［除尘设备额定功率（千瓦）×除尘设备年运行时间（小时）］
						硫化氢	千克/吨-原料	0.002②	生物过滤法	67	k=工艺废气净化装置年耗电量（千瓦·时）/［工艺废气净化装置额定功率（千瓦）×工艺废气净化装置年运行时间（小时）］
						氨	千克/吨-原料	0.0085③	生物过滤法	50	
厌氧发酵增温锅炉	沼气	生物质	厌氧发酵	所有规模	废气	工业废气量	万标米^3/万米^3-产品	13400	—	—	—
						颗粒物	千克/万米^3-产品	0.17	—	—	—
						二氧化硫	千克/万米^3-产品	0.40	—	—	—
						氮氧化物	千克/万米^3-产品	0.15	—	—	—
原料进料	生物天然气	生物质	厌氧发酵+沼气提纯	所有规模	废气	工业废气量	万标米^3/万米^3-产品	301000	—	—	—
						颗粒物	千克/吨-原料	0.6①	袋式除尘	97	k=除尘设备年耗电量（千瓦·时）/［除尘设备额定功率（千瓦）×除尘设备年运行时间（小时）］
						硫化氢	千克/吨-原料	0.002②	生物过滤法	67	k=工艺废气净化装置年耗电量（千瓦·时）/［工艺废气净化装置额定功率（千瓦）×工艺废气净化装置年运行时间（小时）］
						氨	千克/吨-原料	0.0085③	生物过滤法	50	

[1] 该公式仅供参考，使用时，可根据 k 值定义，选取更适合企业实际情况的表达方式。

4520 生物质燃气生产与供应业系数表（续表 1）

工段名称	产品名称	原料名称	工艺名称	规模等级	污染物类别	污染物指标	系数单位	产污系数	末端治理技术	末端治理技术平均去除效率/%	参考 k 值计算公式
厌氧发酵增温锅炉	生物天然气	生物质	厌氧发酵+沼气提纯	所有规模	废气	工业废气量	万标米^3/万米^3-产品	20000	直排	—	—
						颗粒物	千克/万米^3-产品	0.17	直排	—	—
						二氧化硫	千克/万米^3-产品	0.00038	直排	—	—
						氮氧化物	千克/万米^3-产品	0.031	直排	—	—
原料破碎	生物质热解气	生物质	热解气化	所有规模	废气	工业废气量	万标米^3/万米^3-产品	1590	—	—	—
						颗粒物	千克/万米^3-产品	5.56	袋式除尘	97	k=除尘设备年耗电量（千瓦·时）/［除尘设备额定功率（千瓦）×除尘设备年运行时间(小时)］
燃气净化					废水	工业废水量	吨/万米^3-产品	1.14	—	—	—
						化学需氧量	千克/万米^3-产品	46.9	物理处理法+好氧生物处理法+物理化学处理法	92	k=废水处理设施DCS年运行时间（小时）/企业正常生产时间（小时）
燃气净化	生物质热解气	生物质	热解气化	所有规模		氨氮	克/万米^3-产品	1590	物理处理法+好氧生物处理法+物理化学处理法	89	k=废水处理设施DCS年运行时间（小时）/企业正常生产时间（小时）
						石油类	克/万米^3-产品	82.9	物理处理法+好氧生物处理法+物理化学处理法	93	
						挥发酚	克/万米^3-产品	2.31	物理处理法+好氧生物处理法+物理化学处理法	96	
						氰化物	克/万米^3-产品	3.13	物理处理法+好氧生物处理法+物理化学处理法	90	

注：①为采用秸秆作为原料生产沼气或生物天然气，在破碎工段的产污系数；②、③为采用粪便作为原料生产沼气或生物天然气，在进料工段的产污系数。

46

水的生产和供应业

4610 自来水生产和供应业

1 适用范围

本手册仅用于《国民经济行业分类》（GB/T 4754—2017）中 4610 自来水生产和供应行业使用系数法核算工业污染物产生量和排放量的工业企业。

利用本手册进行产排污核算得出的污染物产生量与排放量仅代表了特定行业、工艺、产品、原料在正常工况下污染物产生与排放的一般规律。

本行业废水指标包括工业废水量、化学需氧量、氨氮、总氮、总磷。

2 注意事项

2.1 多种生产工艺或规模并存企业的污染物产排污量核算

某些自来水厂（企业内自备自来水厂）包含多种给水工艺或规模时，对其含有的各个工艺或多种规模的产、排污量分别进行核算统计，然后对所有工艺或多种规模的产、排污量核算统计数据进行累加，即为该自来水厂（企业内自备自来水厂）全部的产、排污量。

在企业实际排放量计算过程中，如果存在废水回用的情况，需要在利用产排污核算公式的基础上扣除废水回用的部分。公式如下：

实际排放量=计算排放量×（1–废水回用率）

2.2 系数表中未涉及的产污系数及污染治理效率

当企业采用地下水生产自来水采用“采水+消毒工艺”时，没有外排废水。因此当自来水生产采用消毒工艺时，其工业废水量（泥水量）、化学需氧量等污染物指标的产污系数均按 0 进行计算。

规模≤5 万吨/日企业，如果沉淀分离处理的，可参考同水源同工艺规模（5～30）万吨/日企业的污染治理效率。

对于微污染水体，采用常规工艺+臭氧、活性炭深度处理工艺，在制定产污系数时考虑了影响因素。

除铁、除锰、除氟工艺应用于本底值高的水体，本次不予考虑。

2.3 其他需要说明的问题

（1）自来水的生产和供应业，其产品都是自来水，其水源按类型划分有河流水、湖泊水和水库水等，同时地理位置不同时，水源水质存在一些差异。在征求行业专家意见的基础上，将水源划分为地表水和地下水两类，结合地区差异，本手册采用加权平均值的方法计算得到产污系数。

（2）根据全国河流水源地和湖库水源地水质对比，两种地表水类型的高锰酸盐指数、化学需氧量、氨氮、总氮平均值相比较不超过 20%，不再区分河流和湖库两种类型。

（3）制定本手册时已充分考虑全国的平均水平，使用本手册计算得出的产排污量可能与单个调查企业有一定出入，但总体符合全行业水平。

（4）由于不同企业工业废气量、废水量差异较大，本手册所提供的工业废气量、废水量系数仅供参考。

为体现相同产污水平条件下，采用相同环保治理设施的不同企业对同一污染物去除效果的差异，引入末端治理设施实际运行率（k）对污染治理技术的实际去除率进行修正。k 值反映的是污染治理设施运行的状态，越稳定运行，k 值越高；在取值上，若定义连续稳定运行的理想状态为 1，则 k 取值在 0～1 之间。

本手册给出本行业的 k 计算公式仅供参考，使用时，可根据 k 值定义，选取更适合企业实际情况的表达方式。

3　污染物排放量核算方法

3.1　计算污染物产生量

（1）根据产品、原料、污染物产生的主导生产工艺、企业规模（生产产能）这一组合查找和确定所对应的某一污染物的产污系数。

（2）根据该污染物的产污系数计量单位——单位产品产量，获取企业实际产品产量。

例如，某组合内化学需氧量的产污系数单位为克/吨-产品，则计算产生量时需要获取企业实际产品产量。

（3）污染物产生量按以下公式进行计算：

污染物产生量=污染物对应的产污系数×产品产量

$$G_{产i} = P_{产i} \times M_i$$

式中，$G_{产i}$——工段 i 某污染物的产生量；

$P_{产i}$——工段 i 某污染物对应的产污系数；

M_i——工段 i 产品产量。

3.2　计算污染物去除量

（1）根据企业对某一污染物所采用的治理技术查找和选择相应的治理技术平均去除效率。

（2）根据所填报的污染治理设施实际运行率参数及其计算公式得出该企业某一污染物的治理设施实际运行率（k 值）。

（3）污染物去除量按以下公式进行计算：

污染物去除量=污染物产生量×污染物去除率 =污染物产生量×治理技术平均去除效率×治理设施实际运行率

$$R_{减i} = G_{产i} \times \eta_T \times k_T$$

式中，$R_{减i}$——工段 i 某污染物的去除量；

η_T——工段 i 某污染物采用的末端治理技术的平均去除效率；

k_T——工段 i 某污染物采用的末端治理设施的实际运行率。

3.3 计算污染物排放量

污染物排放量=污染物产生量−污染物去除量

=污染物对应的产污系数×产品产量−污染物产生量×治理技术平均去除效率×治理设施实际运行率

3.4 计算企业污染物排放量

同一企业某污染物全年的产生（排放）总量为该企业同年实际生产的全部工段、产品、原料、规模污染物产生（排放）量之和。

$$E_{排} = G_{产} - R_{减} = \sum (G_{产i} - R_{减i})$$
$$= \sum \left[P_{产i} \times M_i (1 - \eta_T \times k_T) \right]$$

4 污染物排放量核算案例

某企业主要从事自来水生产，该企业以地表水为主要原料，生产工艺采用“混凝+沉淀+过滤+消毒”工艺，设计生产规模 10 万吨/天。该企业废水的污染治理技术采用沉淀分离，涉及的废水污染物主要为废水产生量、化学需氧量、氨氮、总氮、总磷。

本核算示例以废水中氨氮为例，说明该企业氨氮日均排放量的计算方法。

4.1 氨氮产生量计算

（1）查找产污系数及其计量单位

根据企业基本信息，查找本手册中主要产品为自来水，主要原料为地表水，主要工艺为“混凝+沉淀+过滤+消毒”，生产规模为 5 万～30 万吨/日。该组合中氨氮的产污系数为 0.029，单位为克/吨-产品。

（2）获取企业产品产量

实际填报情况：该企业主要产品自来水 2017 年产量为 8 万吨/天。

（3）计算氨氮产生量

由于查询到的组合中氨氮产污系数的单位为克/吨-产品，因此在核算产生量时采用产品产量。

氨氮产生量=氨氮产污系数×产品（自来水）产量

=0.029 克/吨-产品×80000 吨-产品=2320 克/天

4.2 氨氮去除量计算

（1）查找治理技术平均去除效率

由于该企业废水治理技术采用沉淀分离，查询沉淀分离的平均去除效率为 30%。

（2）计算污染治理设施实际运行率

根据产污系数组合查询结果，该组合中氨氮沉淀分离法对应的污染治理设施实际运行参数分别为处理设施正常运行天数（天）、企业正常运转天数（天）。

根据查询结果，该组合中氨氮沉淀分离对应的污染治理设施实际运行率为

$$k=\text{处理设施正常运行天数（天）/企业正常运转天数（天）}$$

该企业实际情况为：2017 年处理设施正常运行天数 300 天，企业正常运转天数 365 天。

则，该企业的沉淀分离设备实际运行率为

$$k=300\text{ 天}/365\text{ 天}=0.82$$

（3）计算氨氮去除量

$$\text{氨氮去除量}=2320\text{ 克/天}\times30\%\times0.82=570.72\text{ 克/天}$$

4.3 氨氮排放量计算

$$\text{氨氮排放量}=2320\text{ 克/天}-570.72\text{ 克/天}=1749.28\text{ 克/天}$$

5 系数表

4610 自来水生产和供应行业系数表

工段名称	产品名称	原料名称	工艺名称	规模等级	污染物类别	污染物指标	系数单位	产污系数	末端治理技术	末端治理技术平均去除效率/%	参考 *k* 值计算公式[1]
—	自来水	地表水	混凝沉淀（或澄清）过滤消毒工艺	≥30 万吨/日	废水	废水量	吨/吨-产品	3.04×10^{-2}	—	0	—
									沉淀分离	2	*k*=废水治理设施运行时间（小时/年）/企业正常生产时间（小时/年）
									膜分离	92	
						化学需氧量	克/吨-产品	1.10	—	0	—
									沉淀分离	50	*k*=废水治理设施运行时间（小时/年）/企业正常生产时间（小时/年）
									膜分离	40	
						氨氮	克/吨-产品	2.53×10^{-2}	沉淀分离	30	
									—	0	—
									膜分离	30	*k*=废水治理设施运行时间（小时/年）/企业正常生产时间（小时/年）
						总氮	克/吨-产品	0.300	沉淀分离	60	
									—	0	—
									膜分离	40	*k*=废水治理设施运行时间（小时/年）/企业正常生产时间（小时/年）
						总磷	克/吨-产品	1.97×10^{-2}	—	0	—
									沉淀分离	95	*k*=废水治理设施运行时间（小时/年）/企业正常生产时间（小时/年）
									膜分离	90	
						污泥	克/吨-产品	1.1×10^{2}	—	—	—

[1] 该公式仅供参考，使用时，可根据 *k* 值定义，选取更适合企业实际情况的表达方式。

4610 自来水生产和供应行业系数表（续表 1）

工段名称	产品名称	原料名称	工艺名称	规模等级	污染物类别	污染物指标	系数单位	产污系数	末端治理技术	末端治理技术平均去除效率/%	参考 k 值计算公式
—	自来水	地表水	混凝沉淀（或澄清）过滤消毒工艺	（5～30）万吨/日	废水	废水量	吨/吨-产品	4.36×10^{-2}	—	0	—
									沉淀分离	2	k=废水治理设施运行时间（小时/年）/企业正常生产时间（小时/年）
									膜分离	92	
						化学需氧量	克/吨-产品	1.12	沉淀分离	40	
									—	0	—
									膜分离	40	k=废水治理设施运行时间（小时/年）/企业正常生产时间（小时/年）
						氨氮	克/吨-产品	2.88×10^{-2}	—	0	—
									沉淀分离	30	k=废水治理设施运行时间（小时/年）/企业正常生产时间（小时/年）
									膜分离	30	
						总氮	克/吨-产品	0.381	沉淀分离	60	
									—	0	—
									膜分离	40	k=废水治理设施运行时间（小时/年）/企业正常生产时间（小时/年）
						总磷	克/吨-产品	2.34×10^{-2}	沉淀分离	95	
									—	0	—
									膜分离	90	k=废水治理设施运行时间（小时/年）/企业正常生产时间（小时/年）
						污泥	克/吨-产品	1.18×10^{2}	—	—	—

4610 自来水生产和供应行业系数表（续表 2）

工段名称	产品名称	原料名称	工艺名称	规模等级	污染物类别	污染物指标	系数单位	产污系数	末端治理技术	末端治理技术平均去除效率/%	参考 k 值计算公式
—	自来水	地表水	混凝沉淀（或澄清）过滤消毒工艺	≤5 万吨/日	废水	工业废水量	吨/吨-产品	6.16×10^{-2}	—	0	—
						化学需氧量	克/吨-产品	1.13	—	0	—
						氨氮	克/吨-产品	2.91×10^{-2}	—	0	—
						总氮	克/吨-产品	0.383	—	0	—
						总磷	克/吨-产品	2.25×10^{-2}	—	0	—
			气浮（或沉淀）过滤消毒工艺	≥30 万吨/日	废水	工业废水量	吨/吨-产品	3.90×10^{-2}	—	0	—
									沉淀分离	2	k=废水治理设施运行时间（小时/年）/企业正常生产时间（小时/年）
						化学需氧量	克/吨-产品	1.20	沉淀分离	75	
									—	0	—
						氨氮	克/吨-产品	3.50×10^{-2}	—	0	—
									沉淀分离	30	k=废水治理设施运行时间（小时/年）/企业正常生产时间（小时/年）
						总氮	克/吨-产品	0.380	沉淀分离	60	
									—	0	—
						总磷	克/吨-产品	2.00×10^{-2}	—	0	—
									沉淀分离	95	k=废水治理设施运行时间（小时/年）/企业正常生产时间（小时/年）
						污泥	克/吨-产品	5.02	—	—	—

4610 自来水生产和供应行业系数表（续表 3）

工段名称	产品名称	原料名称	工艺名称	规模等级	污染物类别	污染物指标	系数单位	产污系数	末端治理技术	末端治理技术平均去除效率/%	参考 k 值计算公式
—	自来水	地表水	气浮（或沉淀）过滤消毒工艺	（5～30）万吨/日	废水	工业废水量	吨/吨-产品	3.90×10^{-2}	沉淀分离	2	k=废水治理设施运行时间（小时/年）/企业正常生产时间（小时/年）
									—	0	—
						化学需氧量	克/吨-产品	1.20	—	0	—
									沉淀分离	75	k=废水治理设施运行时间（小时/年）/企业正常生产时间（小时/年）
						氨氮	克/吨-产品	3.50×10^{-2}	沉淀分离	30	
									—	0	—
						总氮	克/吨-产品	0.380	—	0	—
									沉淀分离	60	k=废水治理设施运行时间（小时/年）/企业正常生产时间（小时/年）
						总磷	克/吨-产品	2.00×10^{-2}	—	0	—
									沉淀分离	95	k=废水治理设施运行时间（小时/年）/企业正常生产时间（小时/年）
				≤5 万吨/日	废水	工业废水量	吨/吨-产品	4.20×10^{-2}	—	0	—
						化学需氧量	克/吨-产品	1.21	—	0	—
						氨氮	克/吨-产品	3.90×10^{-2}	—	0	—
						总氮	克/吨-产品	0.381	—	0	—
						总磷	克/吨-产品	2.40×10^{-2}	—	0	—

4610 自来水生产和供应行业系数表（续表 4）

工段名称	产品名称	原料名称	工艺名称	规模等级	污染物类别	污染物指标	系数单位	产污系数	末端治理技术	末端治理技术平均去除效率/%	参考 k 值计算公式
—	自来水	地下水	曝气沉淀过滤消毒工艺	＞5 万吨/日	废水	工业废水量	吨/吨-产品	1.58×10^{-2}	—	0	—
									沉淀分离	2	k=废水治理设施运行时间（小时/年）/企业正常生产时间（小时/年）
						化学需氧量	克/吨-产品	0.300	—	0	—
									沉淀分离	50	k=废水治理设施运行时间（小时/年）/企业正常生产时间（小时/年）
						氨氮	克/吨-产品	8.01×10^{-3}	—	0	—
									沉淀分离	30	k=废水治理设施运行时间（小时/年）/企业正常生产时间（小时/年）
						总氮	克/吨-产品	4.01×10^{-2}	—	0	—
									沉淀分离	60	k=废水治理设施运行时间（小时/年）/企业正常生产时间（小时/年）
						总磷	克/吨-产品	6.71×10^{-3}	沉淀分离	95	
									—	0	—
				≤5 万吨/日	废水	工业废水量	吨/吨-产品	1.74×10^{-2}	—	0	—
						化学需氧量	克/吨-产品	0.330	—	0	—
						氨氮	克/吨-产品	8.66×10^{-3}	—	0	—
						总氮	克/吨-产品	4.48×10^{-2}	—	0	—
						总磷	克/吨-产品	7.50×10^{-3}	—	0	—

463 海水淡化处理、469 其他水的处理利用与分配业

1 适用范围

本手册仅用于《国民经济行业分类》（GB/T 4754—2017）中 463 海水淡化处理、469 其他水的处理利用与分配行业使用系数法核算工业污染物产生量和排放量的工业企业。

利用本手册进行产排污核算得出的污染物产生量与排放量仅代表了特定行业、工艺、产品、原料在正常工况下污染物产生与排放的一般规律。

463 海水淡化处理行业废水指标包括工业废水量、总磷、总氮；无废气指标。

469 其他水的处理利用与分配行业废水指标包括工业废水量、化学需氧量；无废气指标。

2 注意事项

2.1 企业有多种生产工艺或生产多类产品产排污量核算

工业废水量、化学需氧量、总磷、总氮与产品产量有关，根据不同核算环节计算产污量后，再根据企业末端治理设施和运行情况计算各污染物的排放量。

企业某污染物指标的产生量、排放量为各核算环节产生量、排放量之和。

在企业实际排放量计算过程中，如果存在废水回用的情况，需要在利用产排污核算公式的基础上扣除废水回用的部分。公式如下：

实际排放量=计算排放量×（1–废水回用率）

2.2 其他需要说明的问题

由于不同企业工业废水量差异较大，本手册所提供的废水量系数仅供参考。

为体现相同产污水平条件下，采用相同环保治理设施的不同企业对同一污染物去除效果的差异，引入末端治理设施实际运行率（k）对污染治理技术的实际去除率进行修正。k 值反映的是污染治理设施运行的状态，越稳定运行，k 值越高；在取值上，若定义连续稳定运行的理想状态为 1，则 k 取值在 0～1 之间。

本手册给出本行业的 k 计算公式仅供参考，使用时，可根据 k 值定义，选取更适合企业实际情况的表达方式。

3 污染物排放量核算方法

3.1 计算污染物产生量

（1）根据产品、原料、污染物产生的主导生产工艺、企业规模（生产产能）这一组合查找和确定所对应的某一污染物的产污系数。

（2）根据该污染物的产污系数计量单位——单位产品产量，获取企业实际产品产量。

例如，某组合内总磷的产污系数单位为克/吨-产品，则计算产生量时需要获取企业实际产品产量。

（3）污染物产生量按以下公式进行计算：

污染物产生量=污染物对应的产污系数×产品产量

$$G_{产i} = P_{产i} \times M_i$$

式中，$G_{产i}$——工段 i 某污染物的产生量；

$P_{产i}$——工段 i 某污染物对应的产污系数；

M_i——工段 i 的产品产量。

3.2 计算污染物去除量

（1）根据企业对某一污染物所采用的治理技术查找和选择相应的治理技术平均去除效率。

（2）根据所填报的污染治理设施实际运行率参数及其计算公式得出该企业某一污染物的治理设施实际运行率（k 值）。

（3）污染物去除量按以下公式进行计算：

污染物去除量=污染物产生量×污染物去除率 =污染物产生量×治理技术平均去除效率×治理设施实际运行率

$$R_{减i} = G_{产i} \times \eta_T \times k_T$$

式中，$R_{减i}$——工段 i 某污染物的去除量；

η_T——工段 i 某污染物采用的末端治理技术的平均去除效率；

k_T——工段 i 某污染物采用的末端治理设施的实际运行率。

3.3 计算污染物排放量

污染物排放量=污染物产生量–污染物去除量

=污染物对应的产污系数×产品产量–污染物产生量×治理技术平均去除效率×治理设施实际运行率

3.4 计算企业污染物排放量

同一企业某污染物全年的产生（排放）总量为该企业同年实际生产的全部工段、产品、原料、规模污染物产生（排放）量之和。

$$E_{排} = G_{产} - R_{减} = \sum (G_{产i} - R_{减i})$$
$$= \sum \left[P_{产i} \times M_i (1 - \eta_T \times k_T) \right]$$

4 污染物排放量核算案例

某海水淡化企业，以海水为原料，工艺为反渗透工艺，产能为100000吨/天，浓排水采用专用管线直接排放入海，涉及的污染物包括工业废水量、总磷、总氮。

该企业基本信息如表1所示。

表1 某海水淡化企业基本信息

项目	名称	数量
产品及产量	淡水	20860215吨
原料及用量	海水	79345200吨
工艺名称	反渗透	—
规模（产能）	30000000吨	
污染治理设施	直排入海	
实际运行率参数	污水治理设施运行时间	—
	企业正常生产时间	—

具体计算方法如下：

（1）根据企业基本信息，主要产品为淡水，原料为海水，生产工艺为反渗透法（RO），生产规模为所有规模。该组合中产污系数见表2，末端治理技术为直排。

表2 海水淡化业产污系数表（摘录）

工段	产品名称	原料名称	工艺名称	规模等级	污染物类别	污染物指标	系数单位	产污系数	末端治理技术
—	淡化水	海水	反渗透	所有规模	废水	工业废水量	吨/吨-产品	2.72	直排
						总磷	克/吨-产品	0.187	直排
						总氮	克/吨-产品	3.10	直排

（2）获取企业产品产量

该企业实际情况为：主要产品淡水2017年产量为20860215吨。

（3）计算污染物的产生量

核算产生量时采用产品产量。

污染物产生量=污染物产污系数×产品（淡水）产量

各污染物产生量分别为

工业废水量产生量=2.72吨/吨-产品×20860215吨-产品=56739784.8吨

废水中总氮产生量=3.10克/吨-产品×20860215吨-产品×10^{-6}=64.7吨

废水中总磷产生量=0.187克/吨-产品×20860215吨-产品×10^{-6}=3.9吨

确定海水淡化所产生的污染物的排放量。

由于该海水淡化企业浓排水直接排海，未设置末端治理设施，故污染物排放量=污染物产生量。

工业废水量产生量=工业废水量产生量=56718925吨

总氮排放量=总氮产生量=64.7吨

总磷排放量=总磷产生量=3.9吨

5 系数表

463 海水淡化处理行业系数表

工段名称	产品名称	原料名称	工艺名称	规模等级	污染物类别	污染物指标	系数单位	产污系数	末端治理技术	末端治理技术平均去除效率/%	参考 *k* 值计算公式[1]
—	淡水	海水	低温多效蒸馏（MED）	所有规模	废水	工业废水量	吨/吨-产品	2.66	直排	0	—
						总磷	克/吨-产品	0.210	直排	0	
						总氮	克/吨-产品	1.78	直排	0	
			反渗透法（RO）	所有规模	废水	工业废水量	吨/吨-产品	2.72	直排	0	
						总磷	克/吨-产品	0.187	直排	0	
						总氮	克/吨-产品	3.10	直排	0	

469 其他水的处理、利用与分配业系数表

工段名称	产品名称	原料名称	工艺名称	规模等级	污染物类别	污染物指标	系数单位	产污系数	末端治理技术	末端治理技术平均去除效率/%	参考 *k* 值计算公式[1]
—	淡水	微咸水	过滤膜分离消毒工艺	≥2000 吨/日	废水	工业废水量	吨/吨-产品	0.230	直排	0	—
						化学需氧量	克/吨-产品	10.5	直排	0	
				1000～2000 吨/日	废水	工业废水量	吨/吨-产品	0.227	直排	0	
						化学需氧量	克/吨-产品	10.6	直排	0	
				100～1000 吨/日	废水	工业废水量	吨/吨-产品	0.245	直排	0	
						化学需氧量	克/吨-产品	10.7	直排	0	
				≤100 吨/日	废水	工业废水量	吨/吨-产品	0.271	直排	0	
						化学需氧量	克/吨-产品	10.8	直排	0	

[1] 该公式仅供参考，使用时，可根据 *k* 值定义，选取更适合企业实际情况的表达方式。

后　记

《第二次全国污染源普查成果系列丛书》（以下简称《丛书》）是污染源普查工作成果的具体体现。这一成果是在国务院第二次全国污染源普查领导小组统一领导和部署、地方各级人民政府全力支持下，全国生态环境、农业农村、统计及有关部门普查工作人员和几十万普查员、普查指导员，历经三年多时间，不懈努力、辛勤劳动获得的。及时整理相关材料、全面总结实践经验、编辑出版这些成果资料，使政府有关部门、广大人民群众、科研人员及社会各界了解污染源普查情况、开发利用普查成果，是十分必要且非常有意义的一件大事。

在《丛书》编纂指导委员会指导下，《丛书》主要由第二次全国污染源普查工作办公室的同志编纂完成，技术支持单位研究人员和地方普查工作人员参与了部分内容的编写。在编纂过程中，得到了生态环境部领导、相关司局的关心和支持。中国环境出版集团许多同志不辞辛苦，作了大量编辑工作。中图地理信息有限公司参与了《第二次全国污染源普查图集》的制作。在此一并表示由衷的感谢！

从第二次全国污染源普查启动至《丛书》出版，历时 4 年多时间，相关数据、资料整理过程中会有不尽如人意之处，希望读者谅解指正。

主编

2021 年 6 月

A GUIDE TO THE EMISSION COEFFICIENT OF THE SECOND NATIONAL CENSUS OF POLLUTION SOURCES

第二次
全国污染源普查产排污系数手册

|工业源 · 第四册|

生态环境部第二次全国污染源普查工作办公室—编

中国环境出版集团 • 北京

第二次全国污染源普查资料

编纂委员会

主任委员

孙金龙　黄润秋

副主任委员

库热西·买合苏提　翟　青　赵英民　刘　华　庄国泰　张　波

委　　员

田为勇　刘长根　徐必久　别　涛　叶　民　邹首民　崔书红
柯　昶　刘炳江　李　高　苏克敬　邱启文　郭承站　汤　搏
江　光　刘志全　柏仇勇　曹立平　郭　敬　刘友宾　宋铁栋
王志斌　洪亚雄　赵群英

第二次全国污染源普查资料

编写人员

主　编

赵英民

副主编

洪亚雄　刘舒生　景立新

编　委（按姓氏笔画排序）

王　强　王夏娇　王赫婧　毛玉如　邢　瑜　朱　琦　刘晨峰
李雪迎　杨庆榜　吴　琼　汪志锋　汪震宇　沈　忱　张　震
陈敏敏　周潇云　郑国峰　赵学涛　柳王荣　谢明辉

国务院第二次全国污染源普查领导小组人员名单

国发〔2016〕59号文，2016年10月20日

组　长

张高丽　国务院副总理

副组长

陈吉宁　环境保护部部长
宁吉喆　国家统计局局长
丁向阳　国务院副秘书长

成　员

郭卫民　国务院新闻办副主任
张　勇　国家发展改革委副主任
辛国斌　工业和信息化部副部长
黄　明　公安部副部长
刘　昆　财政部副部长
汪　民　国土资源部副部长
翟　青　环境保护部副部长
倪　虹　住房城乡建设部副部长
戴东昌　交通运输部副部长
陆桂华　水利部副部长
张桃林　农业部副部长
孙瑞标　税务总局副局长
刘玉亭　工商总局副局长
田世宏　质检总局党组成员、国家标准委主任
钱毅平　中央军委后勤保障部副部长

* 领导小组办公室主任由环境保护部副部长翟青兼任

国务院第二次全国污染源普查领导小组人员名单

国办函〔2018〕74号文，2018年11月5日

组　长

韩　正　国务院副总理

副组长

丁学东　国务院副秘书长
李干杰　生态环境部部长
宁吉喆　统计局局长

成　员

郭卫民　中央宣传部部务会议成员、新闻办副主任
张　勇　发展改革委副主任
辛国斌　工业和信息化部副部长
杜航伟　公安部副部长
刘　伟　财政部副部长
王春峰　自然资源部党组成员
赵英民　生态环境部副部长
倪　虹　住房城乡建设部副部长
戴东昌　交通运输部副部长
魏山忠　水利部副部长
张桃林　农业农村部副部长
孙瑞标　税务总局副局长
马正其　市场监管总局副局长
钱毅平　中央军委后勤保障部副部长

*领导小组办公室设在生态环境部，办公室主任由生态环境部副部长赵英民兼任

第二次全国污染源普查

工作办公室人员

主　任　洪亚雄

副主任　刘舒生　景立新

综合（农业）组　毛玉如　汪志锋　赵兴征　刘晨峰　王夏娇
柳王荣　沈　忱　周潇云　罗建波

督办组　谢明辉　李雪迎

技术组　赵学涛　朱　琦　王　强　张　震　陈敏敏　王赫婧
郑国峰　吴　琼　邢　瑜

宣传组　汪震宇　杨庆榜

此外，于飞、张山岭、王振刚、崔积山、王利强、范育鹏、孙嘉绩、王俊能、谷萍同志也参加了普查工作。

序 言

掌握生态环境保护底数
助力打赢污染防治攻坚战

第二次全国污染源普查是中国特色社会主义进入新时代的一次重大国情调查，是在决胜全面建成小康社会关键阶段、坚决打赢打好污染防治攻坚战的大背景下实施的一项系统工程，是为全面摸清建设“美丽中国”生态环境底数、加快补齐生态环境短板采取的一项重大举措。在以习近平同志为核心的党中央坚强领导下，按照国务院和国务院第二次全国污染源普查领导小组的部署，各地区、各部门和各级普查机构深入贯彻习近平新时代中国特色社会主义思想和习近平生态文明思想，精心组织、奋力作为，广大普查人员无私奉献、辛勤付出，广大普查对象积极支持、大力配合，第二次全国污染源普查取得重大成果，达到了“治污先治本、治本先清源”的目的，为依法治污、科学治污、精准治污和制定决策规划提供了真实可靠的数据基础，集中反映了十年来中国经济社会健康稳步发展和生态环境保护不断深化优化的新成就，昭示着生态文明建设迈向高质量发展的新图景。

一、第二次全国污染源普查高质量完成

第二次全国污染源普查对象为中华人民共和国境内有污染源的单位和个体经营户，范围包括：工业污染源，农业污染源，生活污染源，集中式污染治理设施，移动源及其他产生、排放污染物的设施。普查标准时点为 2017 年 12 月 31 日，时期资料为 2017 年度。这次污染源普查历时 3 年时间，经过前期准备、全面调查和总结发布三个阶段，对全国 357.97 万个产业活动单位和个体经营户进行入户调查和产排污核算工作，摸清了全国各类污染源数量、结构和分布情况，掌握了各类污染物产生、排放和处理情况，建立了重点污染源档案和污染源信息数据库，高标准、高质量完成了既定的目标任务。这次污染源普查的主要特点有：

党中央、国务院高度重视，凝聚工作合力。张高丽、韩正副总理先后担任国务院第二次全国污染源普查领导小组组长，领导小组办公室设在生态环境部。按照“全国统一领导、部门分工协作、地方分级负责、各方共同参与”的原则，县以上各级政府和相关部门组建了普查机构。各级生态环境部门重视普查工作中党的建设，着力打造一支生态环境保护铁军，做到组织到位、人员到位、措施到位、经费到位，为普查顺利实施提供了有力保障。全国（不含港、澳、台）共成立普查机构 9321 个，投入普查经费 90 亿元，动员 50 万人参与，确保了普查顺利实施。

科学设计，普查方案执行有力。依据相关法律法规，加强顶层设计，制定《第二次全国污染源普查方案》，提高普查的科学性和规范性。坚持目标引领、问题导向，经过 12 个省（区、市）普查综合试点、10 个省（区、市）普查专项试点检验，完善涵盖工业源 41 个行业大类的污染源产排污核算方法体系。采取“地毯式”全面清查和全面入户调查相结合的方式，了解掌握“污染源在哪里、排什么、如何排和排多少”四个关键问题，全面摸清生态环境底数。31 个省（区、市）和新疆生产建设兵团以“钉钉子”精神推进污染源普查工作“全国一盘棋”。

运用现代信息技术，推动实践创新。积极推进政务信息大数据共享应用，有效减轻调查对象负担和普查成本。共有 17 个部门作为国务院第二次全国污染源普查领导小组成员单位和联络员单位参与普查，累计提供行政记录和业务资料近 1 亿条，通过比对、合并形成普查清查底册和污染源基本单位名录。首次运用全国环保云资源，建立完善联网直报系统。全面采用电子化手段进行普查小区划分和空间信息采集，使用手持移动终端（PDA）采集和传输数据，提高普查效率。

聚焦数据质量，强化全过程控制。严格“真实、准确、全面”要求，建立细化的数据质量标准，完善数据质量溯源机制，严格普查质量管理和工作纪律。组建普查专家咨询和技术支持团队，开展分类指导和专项督办，引入 4692 个第三方机构参与普查工作，发挥公众监督作用，推动普查公正透明。国务院第二次全国污染源普查领导小组办公室先后对普查各个阶段组织开展工作督导，对全国 31 个省（区、市）和新疆生产建设兵团普查调研指导全覆盖、质量核查全覆盖，确保普查数据质量。

广泛开展宣传培训，营造良好社会氛围。加强普查新闻宣传矩阵平台建设，采取通俗易懂、喜闻乐见的形式，推进普查宣传进基层、进乡镇、进社区、进企业，推广工作中的好经验好方法，营造全社会关注、支持和参与普查的舆论氛围。创新培训方式，统一培训与分级培训相结合，现场培训与网络远程培训相结合，理论传授与案例讲解相结合，由国家负责省级和试点地区、省级负责地市和区县，全方位提高各级普查人员工作能力和技术水平。专题为新疆、西藏等西部地区培训普查业务骨干，深化对口

援疆、援藏、援青工作。总的看，第二次全国污染源普查为生态环境保护做了一次高质量“体检”，获得了极其宝贵的海量数据，为加强生态文明建设、推动经济社会高质量发展、推进生态环境领域国家治理体系和治理能力现代化提供了丰富详实的数据支撑。

二、十年来我国生态环境保护取得重大成就

对比第二次全国污染源普查与第一次全国污染源普查结果，可以发现，十年来特别是党的十八大以来，我国在经济规模、结构调整、产业升级、创新动力、区域协调、环境治理等方面呈现诸多积极变化，高质量发展迈出了稳健步伐，生态文明建设取得积极成效，生态环境质量显著改善。

十年来，我国经济社会发展状况以及生态环境保护领域重大改革措施取得重大成果。从十年间两次普查的变化来看：2017 年，化学需氧量、二氧化硫、氮氧化物等污染物排放量较 2007 年分别下降 46%、72%、34%。工业企业废水处理、脱硫和除尘等设施数量，分别是 2007 年的 2.35 倍、3.27 倍和 5.02 倍。城镇污水处理厂数量增加 5.4 倍，设计处理能力增加 1.7 倍，实际污水处理量增加 3 倍；城镇生活污水化学需氧量去除率由 2007 年的 28% 提高至 2017 年的 67%。生活垃圾处置厂数量增加 86%，其中垃圾焚烧厂数量增加 303%，焚烧处理量增加 577%，焚烧处理量比例由 8% 提高到 27%。危险废物集中利用处置厂数量增加 8.22 倍，设计处理能力增加 4279 万吨 / 年，提高 10.4 倍，集中处置利用量增加 1467 万吨，提高 12.5 倍。这些变化充分体现了生态文明建设战略实施的成就。

十年来，我国经济结构优化升级、协调发展取得新进展。我国正处在转变发展方式、优化经济结构、转换增长动能的攻关期。两次普查数据相比，十年间，工业结构持续改善，制造业转型升级表现突出。工业源普查对象涵盖国民经济行业分类 41 个工业大类行业产业活动单位，数量由 157.55 万个增加到 247.74 万个，增加 90.19 万个，增幅达 57.24%。重点行业生产规模集中，造纸制浆、皮革鞣制、铜铅锌冶炼、炼铁炼钢、水泥制造、炼焦行业的普查对象数量分别减少 24%、36%、51%、50%、37% 和 62%，产品产量分别增加 61%、7%、89%、50%、71% 和 30%。农业源普查对象中，畜禽规模程度明显提高，养殖结构得到优化，生猪规模养殖场（500 头及以上）养殖量占比由 22% 上升为 41%。同时，生猪规模养殖场采用干清粪方式养殖量占比从 55% 提高到 81%。这些深刻反映了我国经济结构的重大变化，表明重点行业产业集中度提高，产业优化升级、淘汰落后产能、严格环境准入等结构调整政策取得积极成效。重点行

业产业结构调整既获得了规模效益和经济效益，同时取得了好的环境成效。

十年来，我国工业企业节能减排成效显著。两次普查相比，在工业源方面，废气、废水污染治理快速发展，治理水平大幅提升。2017 年废水治理设施套数比 2007 年提高了 135.47%，废水治理能力提高了 26.88%。脱硫设施数和除尘设施数分别提高了 226.88%、401.72%。十年间，总量控制重点关注行业排放量占比明显下降，化学需氧量、氨氮、二氧化硫、氮氧化物等四项主要污染物排放量分别下降 83.89%、77.56%、75.05%、45.65%。电力、热力生产和供应业二氧化硫、氮氧化物，造纸和纸制品业化学需氧量分别下降 86.54%、76.93%、84.44%。铜铅锌冶炼行业二氧化硫减少 78%。炼铁炼钢行业二氧化硫减少 54%。水泥制造行业氮氧化物减少 23%。表明全国各领域生态环境基础设施建设的均等化水平提升，污染治理能力大幅提高，污染治理效果显著。

另外，普查结果也显示当前生态环境保护工作仍然存在薄弱环节，全国污染物排放量总体处于较高水平。第二次全国污染源普查数据为下一步精准施策、科学治污奠定了坚实基础。

三、贯彻落实新发展理念　推动生态环境质量持续改善

习近平总书记强调，小康全面不全面，生态环境很关键。普查结果显示，在党中央、国务院的坚强领导下，经济高质量发展和生态环境高水平保护协同推动，依法治污、科学治污、精准治污方向不变、力度不减，扎实推进蓝天、碧水、净土保卫战，污染防治攻坚战取得关键进展，生态环境质量持续明显改善。从普查数据中也发现，当前污染防治攻坚战面临的困难、问题和挑战还很大，形势仍然严峻，不容乐观。我们既要看到发展的有利条件，也要清醒认识到内外挑战相互交织、生态文明建设“三期叠加”影响持续深化、经济下行压力加大的复杂形势。要以习近平新时代中国特色社会主义思想为指导，紧紧围绕统筹推进“五位一体”总体布局和协调推进“四个全面”战略布局，紧密围绕污染防治攻坚战阶段性目标任务，持续改善生态环境质量，构建生态环境治理体系，为推动生态环境根本好转、建设生态文明和美丽中国、开启全面建设社会主义现代化国家新征程奠定坚实基础。

深入贯彻落实新发展理念。深入贯彻落实习近平生态文明思想，增强各方面践行新发展理念的思想自觉、政治自觉、行动自觉。充分发挥生态环境保护的引导、优化和促进作用，支持服务重大国家战略实施。落实生态环境监管服务、推动经济高质量发展、支持服务民营企业绿色发展各项举措，继续推进“放管服”改革，主动加强环境治理服务，推动环保产业发展。

坚定不移推进污染治理。用好第二次全国污染源普查成果，推进数据开放共享，以改善生态环境质量为核心，制定国民经济和社会发展“十四五”规划和重大发展战略。全面完成《打赢蓝天保卫战三年行动计划》目标任务，狠抓重点区域秋冬季大气污染综合治理攻坚，积极稳妥推进北方地区清洁取暖，持续整治“散乱污”企业，深入推进柴油货车污染治理，继续实施重污染天气应急减排按企业环保绩效分级管控。深入实施《水污染防治行动计划》，巩固饮用水水源地环境整治成效，持续开展城市黑臭水体整治，加强入海入河排污口治理，推进农村环境综合整治。全面实施《土壤污染防治行动计划》，推进农用地污染综合整治，强化建设用地土壤污染风险管控和修复，组织开展危险废物专项排查整治，深入推进“无废城市”建设试点，基本实现固体废物零进口。

加强生态系统保护和修复。协调推进生态保护红线评估优化和勘界定标。对各地排查违法违规挤占生态空间、破坏自然遗迹等行为情况进行检查。持续开展“绿盾”自然保护地强化监督。全力推动《生物多样性公约》第十五次缔约方大会圆满成功。开展国家生态文明建设示范市县和“绿水青山就是金山银山”实践创新基地评选工作。

着力构建生态环境治理体系。推动落实关于构建现代环境治理体系的指导意见、中央和国家机关有关部门生态环境保护责任清单。基本建立生态环境保护综合行政执法体制。构建以排污许可制为核心的固定污染源监管制度体系。健全生态环境监测和评价制度、生态环境损害赔偿制度。夯实生态环境科技支撑。强化生态环境保护宣传引导。加强国际交流和履约能力建设。妥善应对突发环境事件。

加强生态环境保护督察帮扶指导。持续开展中央生态环境保护督察。持续开展蓝天保卫战重点区域强化监督定点帮扶，聚焦污染防治攻坚战其他重点领域，开展统筹强化监督工作。精准分析影响生态环境质量的突出问题，分流域区域、分行业企业对症下药，实施精细化管理。充分发挥国家生态环境科技成果转化综合平台作用，切实提高环境治理措施的系统性、针对性、有效性。坚持依法行政、依法推进，规范自由裁量权，严格禁止“一刀切”，避免处置措施简单粗暴。

充分发挥党建引领作用。牢固树立“抓好党建是本职、不抓党建是失职、抓不好党建是渎职”的管党治党意识，始终把党的政治建设摆在首位，巩固深化“不忘初心、牢记使命”主题教育成果，着力解决形式主义突出问题，严格落实中央八项规定及其实施细则精神，进一步发挥巡视利剑作用，一体推进不敢腐、不能腐、不想腐，营造风清气正的政治生态，加快打造生态环境保护铁军。

编制说明

污染源普查是重大国情调查，工业源是第二次全国污染源普查五类普查对象之一。为贯彻《国务院关于开展第二次全国污染源普查的通知》和《国务院办公厅关于印发第二次全国污染源普查方案的通知》的精神和要求，中国环境科学研究院受生态环境部第二次全国污染源普查工作办公室委托，承担了第二次全国污染源普查工业污染源产排污核算项目，组织编写了《第二次全国污染源普查产排污系数手册——工业源》(以下简称手册)。

本手册框架设计、产排污核算体系与方法说明执笔人员主要有白璐、张玥、乔琦、刘景洋、谢明辉、李雪迎、周潇云、赵若楠、许文、贾岩等，白璐统稿，乔琦负责审校。

第一章节　适用范围

对本手册涵盖的工业行业及适用范围进行介绍。执笔人员包括周潇云、赵若楠等。

第二章节　主要术语与解释

对本手册所涉及的名词术语进行详细介绍。执笔人员包括李雪迎、刘丹丹、孙园园等。

第三章节　系数制定

对本手册系数制定方法、过程进行介绍。执笔人员包括白璐、乔琦、张玥、刘景洋等。

第四章节　污染物产生量和排放量核算

对利用本手册给出的系数开展污染物产生量及排放量核算的方法进行详细介绍。执笔人员包括乔琦、白璐、张玥等。

第五章节　系数手册使用方法

对本手册的使用方法及注意事项进行详细介绍。编制人员包括张玥、许文、谢明辉等。

为配合第二次全国污染源普查，在第一次全国污染源普查《产排污系数手册》基础上，本手册新增了挥发性有机物指标，对收录的全部行业的产排污系数进行了更新，并在核算方法上进行了完善和优化。

值此手册付印之际，向参加本项工作的所有单位和个人表示衷心的感谢。

一、适用范围

我国工业行业类别众多、工艺水平多样、生产规模不一、污染因子各异、产排节点繁杂。本手册根据《国民经济行业分类》(GB/T 4754—2017)，给出了国民经济 41 个工业大类行业主要生产过程产生和排放的废水污染物、废气污染物及固体废物的产排量核算方法及系数；同时给出了具有类似工业生产活动特征的，涉及农业产品初级加工的 0514、0539 小类行业污染物产排污量的核算方法和系数。

综上，本手册涵盖的工业行业包括：06 煤炭开采和洗选业，07 石油和天然气开采业，08 黑色金属矿采选业，09 有色金属矿采选业，10 非金属矿采选业，11 开采专业及辅助性活动，12 其他采矿业，13 农副食品加工业，14 食品制造业，15 酒、饮料和精制茶制造业，16 烟草制品业，17 纺织业，18 纺织服装，19 皮革、毛皮、羽毛及其制品和制鞋业、服饰业，20 木材加工

和木、竹、藤、棕、草制品业，21 家具制造业，22 造纸和纸制品业，23 印刷和记录媒介复制业，24 文教、工美、体育和娱乐用品制造业，25 石油、煤炭及其他燃料加工业，26 化学原料和化学制品制造业，27 医药制造业，28 化学纤维制造业，29 橡胶和塑料制品业，30 非金属矿物制品业，31 黑色金属冶炼和压延加工业，32 有色金属冶炼和压延加工业，33 金属制品业，34 通用设备制造业，35 专用设备制造业，36 汽车制造业，37 铁路、船舶、航空航天和其他运输设备制造业，38 电气机械和器材制造业，39 计算机、通信和其他电子设备制造业，40 仪器仪表制造业，41 其他制造业，42 废弃资源综合利用业，43 金属制品、机械和设备修理业，44 电力、热力生产和供应业，45 燃气生产和供应业，46 水的生产和供应业以及 05 农、林、牧、渔专业及辅助性活动中的 0514 农产品初加工活动、0539 其他畜牧专业及辅助性活动两个小类行业。

因污染物产排量过低或涉核等原因，部分行业未给出核算方法及系数，涉及的行业具体见表 1。

表 1　未进行核算方法研究的行业

序号	行业代码	行业名称
1	1522	瓶装饮用水
2	2530	核燃料加工
3	4120	核辐射加工
4	4413	水力发电
5	4414	核力发电
6	4415	风力发电
7	4416	太阳能发电
8	4419	其他电力生产
9	4420	电力供应

二、主要术语与释义

1．实测法

指利用污染源企业实地监测数据，如在线监控（监测）系统数据、监督性监测数据、企业自行监测数据等，进行产排污量核算的方法。

2．产污系数法

利用不同产排污影响因素条件下行业单位产品（原料）污染物产生量，以及行业末端治理技术处理效率、运行率进行排污量核算的方法。

3．物料衡算法

通过对生产过程中的物料投入、消耗、产出情况定量分析获得产排污量的方法。

4．类比调查法

通过选择与目标污染源相似的污染源进行类比调查与监测，以取得相似的产、排污数据的方法。

5．原辅材料及主要成分

原辅材料是指生产过程中所需要的原材料和辅助用料的总称。原材料是指经过加工制造生

产某一产品时所用到的材料，辅料是指对产品生产起辅助作用的材料。主要成分是指组成原辅材料的各个物质里面起主要作用的某一种物质。

6．工序

工序是指一个（或一组）工人在一个工作地（如一台机床）对一个（或若干个）劳动对象连续完成的各项生产活动的总和。工序是组成生产过程的最小单元，若干个工序组成一个工段。

7．工段

工段是若干生产工序的组合，若干工段构成一个完整生产工艺。工段一般指工厂的某一个车间，或将车间内根据工艺和管理要求进一步划分，如铸工车间分为熔化工段和造型工段。单独的工段应有独立从事生产运行的对应企业。

8．流程型行业

指工业生产中通过以批量或连续的方式对原材料采用物理或化学方法使其增值的生产方式。典型的流程工业行业如医药制造业，石油、煤炭及其他燃料加工业，食品制造业，电力、热力生产和供应业，黑色金属冶炼和压延加工业等。

9．离散型行业

指工业生产中将不同的零部件装配组合成产品，主要发生物料物理性质（形状、组合）变化的生产方式。典型的离散型行业有家具制造业，汽车制造业，计算机、通信和其他电子设备制造业，电气机械和器材制造业，专用设备制造业等行业。

10．正常工况

指企业工况稳定、生产达到设计能力75%以上的生产状况。

11．影响因素组合

指对污染物产生与排放有显著性影响的因素组合（例如产品、原材料、生产工艺和生产规模、治理技术等）。

12．治理技术平均去除率

指某一污染物在经过治理设施前、后的质量差值与处理前的质量比值，以百分数表示。

13．污染治理设施实际运行率

指可量化污染治理设施运行情况的数值或量度，通常指污染治理设施正常运行状态的比率。可采用治理设施运行时间、运行消耗电量、运行消耗物料等参数及相关函数表征。

三、系数制定

1．系数制定的原则

为保障系数能够满足不同生产活动和方式的核算需求，同时又能真实反映污染源的产排污水平，按照《第二次全国污染源普查工业污染源产排污量核算技术指南》《第二次全国污染源普查工业污染源产污系数制定（不含VOCs）技术指南》《第二次全国污染源普查工业污染源挥发性有机物制定技术指南》等技术规范的要求，由生态环境部直属科研院所，联合高校、研究院所、行业研究单位等技术力量，共同制定和编制完成本手册。

2．本手册系数制定的基本过程

①依据工业行业特征，对已有工业污染源产排污系数进行梳理和评估；从重点行业环境影响分析、优先序分析、污染物指标选取等三个方面，进行工业行业产排污核算重点环节的识别

筛选；按照工业生产过程的物质流动特点，将工业行业划分为流程型行业及离散型行业两大类，充分考虑企业实际生产与工艺流程之间关系多样且复杂的情况，进行主要产排污工段的划分；识别不同工段污染物产生和排放的主要影响因素（例如产品、原料、工艺、规模和治理技术等）；确立各行业“长流程工艺可拆分为若干核算环节，若干短流程核算环节可组合为长流程工艺”的核算框架，包括产污系数影响因素组合及污染治理技术、治理设施运行率核算公式等。

②在建立核算框架体系的基础上编制调查方案，采用分层抽样与随机抽样相结合的方式，综合考虑产业布局、产品、工艺代表性等因素，选取不同系数组合内的样本企业开展实测、历史数据收集，针对部分行业不具备监测条件的污染物采用模型或实验模拟等方式获取数据，各类样本数据超过十万个。其中，挥发性有机物按照主要产生来源分为不同源项，分别制定相应系数。

③通过数据获取和处理，初步得到产污系数和治理技术平均去除效率之后，再随机抽取典型企业对系数结果进行验证。针对普查试填报和填报过程中各地方反馈、提出的核算问题进行梳理和分析，持续对系数进行优化、修订和补充，最终完成各工业行业的系数制定。

系数制定过程中，数据质量控制覆盖各个阶段，包括核算环节与样本选取、数据获取、实地监测、数据加工处理、系数表达、误差分析和系数验证等环节，数据质量控制要求在相关技术指南等文件中已明确提出。

此外，为进一步规范不同行业数据收集和核算的一致性，系数制定过程中采用了统一的样本企业调查表，并开发了“工业污染源产排污核算系数数据动态管理系统”。将企业调查表调查的信息全部导入系统，通过系统设定的逻辑关系和数据校验条件对数据进行审核，提升数据质量。该系统还建立了样本企业数据与系数的对应关系，实现了系数可溯源至样本企业。

四、污染物产生量和排放量核算

本手册综合考虑数据可得性、可更新性及与企业实际排污水平的相符性，采用排放量=产生量−去除量=产生量×（1−去除效率×运行率）的核算技术路线。其中，去除量不仅考虑了污染治理技术的平均去除效率，还考虑到同一种治理技术在同一行业不同企业内的处理效果、运行状态的差异，也即用污染治理设施实际运行率对去除量进行修正。

本手册通用的产生量和排放量核算方法如下：

根据产品、原料、生产过程中产排污的主导生产工艺、源项、企业规模、末端治理技术、污染治理设施运行情况等匹配相应的产污系数与排放量核算依据，结合本企业当年的实际活动水平数据核算污染物产生量与排放量。

某企业某产品在某工艺（工段、源项）、规模、原材料条件下某一污染物的产生量与排放量的核算方法如下：

（1）污染物产生量：

$$G_{产i} = P_{产i} \times M_i$$

式中，$G_{产i}$——工段 i 某污染物的产生量；

$P_{产i}$——工段 i 某污染物对应的产污系数；

M_i——工段 i 的原料用量或产品产量。

（2）污染物去除量：

$$R_{减i} = G_{产i} \times \eta_T \times k_T$$

式中，$R_{减i}$——工段 i 某污染物的去除量；

η_T——工段 i 某污染物采用的末端治理技术的平均去除效率；

k_T——工段 i 某污染物采用的末端治理设施实际运行率。

（3）污染物排放量：

同一企业某污染物全年的污染物产生/排放总量为该企业同年实际生产的全部工艺（工段、源项）、产品、原料、规模污染物产生/排放量之和。

$$E_{排} = G_{产} - R_{减} = \sum (G_{产i} - R_{减i}) = \sum \left[P_{产} \times M_i (1 - \eta_T \times k_T) \right]$$

行业具体的核算方法见本手册各小类行业详解。

五、系数手册使用方法

本手册力求简单、清楚，易于使用，制定时充分考虑了全国的平均水平，使用本手册计算得出的产排污量可能会与单个调查企业的情况有一定出入。各章节中均有相关行业系数的使用方法及计算案例。

本手册通用使用方法如下：

1．确定行业：确定需要查找的小类行业代码和行业名称，以国民经济行业分类（GB 4754—2017）中行业代码和行业名称为准，根据本手册目录，找到相关行业。

2．查找产污系数：根据工段、产品、原料、生产过程中产污的主导生产工艺、企业规模等级等一系列关键因素组合，逐级查找并确定所对应的某一个污染物的产污系数及其单位。

3．查找末端治理技术去除率：在已查询到的产污系数下，继续查找对应的末端治理技术，确定该末端治理技术的去除效率。

4．计算治理设施运行率（k）：根据上述查询到的产污系数组合信息和末端治理技术，确定该组合中末端治理技术对应的污染治理设施实际运行率 k 的计算公式，收集公式中指标相关数据计算 k 值。

5．产排污量计算：根据查找到的产污系数、末端治理技术去除率和运行率，细读手册中的核算方法和注意事项，计算污染物产生量、排放量。

本书编写人员

总体组

中国环境科学研究院

乔　琦

白　璐　刘景洋　张　玥　贾　岩　李雪迎　孙晓明　赵若楠　谢明辉　杨　奕　智　静

毕莹莹　许　文　常　胜　孟立红　阮久莉　解　蕾　董　莉　沈　忱　杨庆榜

05　农、林、牧、渔专业及辅助性活动

0514 农产品初加工活动（凝标胶、全乳胶、毛茶、蚕茧（烤茧）、染色花）

中国环境科学研究院

智　静　孟立红

云南省生态环境工程评估中心

易玉敏　祝家能　蓝　平　钱怡婷　肖　娴　徐　松

06　煤炭开采与洗选业

中国煤炭加工利用协会

谭　杰　颜丙磊　杜振宝　杨方亮　程子曌　杨　芊　郑剑平　赵猛猛　张绍强　马　剑

中国矿业大学（北京）

于　妍　王建兵

科邦检测集团有限公司

陈　贺

07 石油和天然气开采业

中国石油大学（华东）

赵朝成　赵东风　卢　磊　路　帅　刘其友　李　石　王永强　崔　帅

中国石油集团安全环保技术研究院有限公司

唐智和　张　芳　闫志坤　马　琳　许德刚　王晓峰　马文猛　徐远智　林姣　曾　玉

青岛欧赛斯环境与安全技术有限责任公司

孙　慧　张　清　王　歌

青岛中石大环境与安全技术中心有限公司

欧阳振宇

08　黑色金属矿采选业

中冶建筑研究总院有限公司

吴双九　王　浩　李　娜　邓　佳　崔　焱　何　松

中冶节能环保有限责任公司

魏有权　刘晓刚　刘　爽　王　卓

北京科技大学

王化军　邹安华

09　有色金属矿采选业

09 行业（不包括 0912 铅锌矿采选）

湖南有色金属研究院有限责任公司（原湖南有色金属研究院）

陈　伟　万文玉　欧阳坤　王　兵　万　斯　彭新平　曹柏林　李　倩　袁翠玉　朱安玲

中国矿业大学（北京）

章丽萍　何绪文　夏　瑜　张春晖　徐　恒　李　超　吴胜念　马项阳　薛静雯

矿冶科技集团有限公司

刘　芳　鞠丽萍　楚敬龙　苗　雨

中南大学

张晨阳　陈　攀　孙　伟　何建勇　吴江求

0912 铅锌矿采选产污系数及排放量核算方法

生态环境部环境工程评估中心

李　飒　易爱华　金　珂　李时蓓　王庆改　郭远杰　王亚娥

河南豫光金铅集团有限责任公司

卢　笛　童成业　纪昌磊

10　非金属矿采选业、1190 其他开采专业及辅助性活动、1200 其他采矿业

中材地质工程勘查研究院有限公司

崔文龙　李艳兵　闵建锋　隋国舜　张　杰　王　晟　张春燕　肖童超　刘金婷　申　思

11　开采专业及辅助性活动

111　煤炭开采和洗选专业及辅助性活动

中国煤炭加工利用协会

谭　杰　颜丙磊　杜振宝　杨方亮　程子曌　杨　芊　郑剑平　赵猛猛　张绍强　马　剑

中国矿业大学（北京）

于　妍　王建兵　高　昊　郑然峰

科邦检测集团有限公司

陈　贺

112　石油和天然气开采专业及辅助性活动

中国石油大学（华东）

赵朝成　赵东风　卢　磊　路　帅　刘其友　李　石　崔　帅

中国石油集团安全环保技术研究院有限公司

唐智和　张　芳　闫志坤　马　琳　许德刚　王晓峰　马文猛　徐远智　林　姣　曾　玉

青岛欧赛斯环境与安全技术有限责任公司

孙　慧　张　清　王　歌

青岛中石大环境与安全技术中心有限公司

欧阳振宇

119　其他开采专业及辅助性活动

中材地质工程勘查研究院有限公司

崔文龙　李艳兵　闵建锋　隋国舜　张　杰　王　晟　张春燕　肖童超　刘金婷　申　思

13 农副食品加工业

131 谷物磨制

国家粮食和物资储备局科学研究院

王　峻　孙长坡　汪丽萍　王楠希

中国食品发酵工业研究院有限公司

薛　洁　张凤杰

中检集团理化检测有限公司

俞梁敏　王铁楠　晏立衡　何可薪

132 饲料加工

中国食品发酵工业研究院有限公司

薛　洁　张彦青　张凤杰　张晓蒙　金玮鋆

北京工商大学

廖永红

中检集团理化检测有限公司

俞梁敏　李光明　王铁楠　秦　勤

133 植物油加工　139 其他农副食品加工行业

中国食品发酵工业研究院有限公司

薛　洁　张凤杰　金玮鋆　张晓蒙　于佳俊　石　俊

中检集团理化检测有限公司

俞梁敏　王晓琴　何　飞　张　勇

135　屠宰及肉类加工

北京工商大学

冯旭东　李双阳　张艳萍　展　侠

中国肉类协会

王绪茂　刘　蕾　高　观

中轻食品工业管理中心

于学军　李　洋

博慧检测技术（北京）有限公司

马　娟

136　水产品加工

北京工商大学

叶　宏　展　侠　冯旭东　张艳萍　朱秋锋　李双阳　汪　萍

中轻食品工业管理中心

于学军　李　洋

博慧检测技术（北京）有限公司

韩　芳

137　蔬菜、菌类、水果和坚果加工

北京工商大学

朱秋锋　张艳萍　冯旭东　展　侠　李双阳　汪　萍

中轻食品工业管理中心

于学军　李　洋

博慧检测技术（北京）有限公司

杨　帆

1340　制糖业

中国环境科学研究院

孙晓明　刘景洋　常胜　毕莹莹　董　莉　颜秉斐　贾　岩　许　文　胡官墨

华北理工大学

张耀宗　刘仁义　庞博　杜明辉　杨　永　张　宁　王　勇　高群丽　王　昊　刘　晓

中国糖业协会

闫卫民　李国有　柳　嘉　郎玺慧　胡志江　钟金传　卢　平

14　食品制造业

141 焙烤食品制造　142 糖果、巧克力及蜜饯制造　143 方便食品制造

中国食品发酵工业研究院有限公司

周志桥　林　静　李雅丽　刘一郎　桑若杰

144 乳制品制造　145　罐头食品制造

中国食品发酵工业研究院有限公司

王晓龙　郭新光　东思源　吴　刚　曹梦思

146 调味品、发酵制品制造

中轻食品工业管理中心

于学军　李　洋　王　鸿　高　鹏　杨晓明　冯志合　李建军　胡修玉

北京工商大学

廖永红　殷娴　徐春明　冯旭东　胡传芹　赵　睿　王　晖　何天盈　张　鹏　钱清清

149 其他食品制造

中国食品发酵工业研究院有限公司

周志桥　林　静　李雅丽　刘一郎　桑若杰

中轻食品工业管理中心

于学军　李　洋　王　鸿　高　鹏　杨晓明　冯志合　李建军　胡修玉

北京工商大学

廖永红　殷　娴　徐春明　张艳萍　冯旭东　胡传芹　王　晖　何天盈　王　雨　向　罗

15 酒、饮料和精制茶制造业

151　酒的制造

北京工商大学

廖永红　王凤寰　徐春明　殷　娴　冯旭东　王　晖　李明祥　孙　博　蒲　叶　王　藤

1512　白酒制造行业

中国环境科学研究院

王之晖　袁　震　王文君　戴建坤

中国食品发酵工业研究院有限公司

薛　洁　张凤杰　张晓蒙　金玮鋆　于佳俊　王旭亮

152　饮料制造行业

轻工业环境保护研究所

吕竹明　蒋　彬　吕泽瑜　孙　慧　陈　晨　高　山　薛鹏丽　钱　堃

153　精制茶制造行业

安徽农业大学

徐　燕　刘政权　孙明慧　解千金　蔡吓强

16 烟草制品行业

中国检验认证集团湖南有限公司

刘向荣　李拥军　李光胜　张　苗

湖南省生态环境事务中心（原湖南省环境保护厅环境工程评估中心）

李　庄　陈　林

长沙环境保护职业技术学院

孙　蕾　刘维平　陈喜红　杨　冰

17　纺织业

东华大学

李　方　沈忱思　程谦勋　王　洪　马春燕　黄满红　谢学辉　黄礼超　徐晨烨

中国印染行业协会

林　琳　刘添涛

清华大学

石　磊

中环清科（嘉兴）环境技术研究院有限公司

王晨光　戎　宇　周　婷

18 纺织服装、服饰业

东华大学

李　方　丁雪梅　沈忱思　陈　刚

中国印染行业协会

张怀东

中环清科（嘉兴）环境技术研究院有限公司

戴争博　康　颖

北京服装学院

龚　龑

19 皮革、毛皮、羽毛及其制品和制鞋业

191　皮革鞣制加工行业

中国环境科学研究院

刘菁钧　郭亚静　周长波　沈　忱　赵志远

海宁市皮革行业协会

龚慧红　杜　瑜　钱梦霞　赵　颖

中国皮革制鞋研究院有限公司

张健康　高忠柏　刘显奎　赵晓东

四川大学

但卫华　程海明　但年华　何有节

佛山市弘禹环保科技有限公司

徐建国　陈晓屏　梁仁铸　李功毅

192 皮革制品制造、193 毛皮鞣制及制品加工、194 羽毛（绒）加工及制品制造、195 制鞋业

中国皮革制鞋研究院有限公司

丁志文　庞晓燕　陈国栋　刘　娜　费　锐　李松竹　郭　松　李晓星　刘海腾　李鹏宇

20 木材加工和木、竹、藤、棕、草制品行业

北京林业大学

王毅力　伦小秀　李俊仪　樊晓阳　王　震　高诗卉　母　军　张　扬　韩季峰　刘　博

北京市环境保护科学研究院

邵　霞　李宗泽

北京联合智业科技集团股份有限公司

李　英　解丽华

21 家具制造业

北京林业大学

王毅力　伦小秀　刘晨阳　张达鑫　伊松林　郭亚杰　李小林　樊　冲　何政斌　李小勇

北京市环境保护科学研究院

邵　霞　李宗泽

北京联合智业科技集团股份有限公司

李　英　解丽华

22　造纸和纸制品业

生态环境部环境工程评估中心

郭二民　董晓东　袁彦婷　马德彭　何　皓　周　鹏　肖文帅　李　峰

轻工业环境保护研究所

程言君　王　洁　张　亮　贾学桦　肖小健　侯雅楠

中国制浆造纸研究院有限公司

孙　波　苏振华　范述捷　文　飚　杨　彬

中晟华远（北京）环境科技有限公司

刘一男　梁　枨　喻秀芳

23　印刷和记录媒介复制业

中日友好环境保护中心

张小丹　顾江源　李　洋　郭　怡　刘　娟　徐　艳

中国印刷技术协会

李永林　沈　翔

中检集团南方电子产品测试（深圳）股份有限公司

邓春涛　赖风韵

24　文教、工美、体育和娱乐用品制造业

241 文教办公用品制造

温州大学

王兆伦　潘明初　柯　强　李　军

242 乐器制造

北京工商大学

姚小龙　董黎明

243 工艺美术及礼仪用品制造

北京工商大学

祁光霞　董黎明

244 体育用品制造

中国文教体育用品协会

易晓俐　谢满华

245 玩具制造

中国文教体育用品协会

易晓俐　冯春华

北京工商大学

董黎明

246 游艺器材及娱乐用品制造

中国文教体育用品协会

易晓俐　谢满华

25 石油、煤炭及其他燃料加工业

中国化工信息中心有限公司

张　华　梅　婷　王　迪　胡美玲　王佳星　赵　丽

华测检测认证集团北京有限公司

文唤成　李　娜

2511 原油加工及石油制品制造行业

环境工程评估中心

牛　皓　冉丽君　刘　燕　王赫婧　庄思源　牟滨子　王卫红　黄敏超　张嘉妮

中国石油大学（华东）

赵朝成　赵东风　卢　磊　路　帅　刘其友　李　石　崔　帅

青岛欧赛斯环境与安全技术有限责任公司

孙　慧　张　清　王　歌

青岛中石大环境与安全技术中心有限公司

欧阳振宇

252　煤炭加工

生态环境部环境工程评估中心

吕　巍　郭　森　滕　巍　刘志学　蔡志丹　朱肖曼　孙磊磊　庄思源　李　军　牟滨子

中国石油大学（华东）

赵朝成　赵东风　卢　磊　路　帅　刘其友　李　石　崔　帅

青岛欧赛斯环境与安全技术有限责任公司

孙　慧　张　清　王　歌

青岛中石大环境与安全技术中心有限公司

欧阳振宇

26 化学原料和化学制品制造业

261　基础化学原料制造

中国氮肥工业协会

王立庆　苏建英　孙绍华　韩跃明　董广达　窦进良

中国硫酸工业协会

李　崇　廖康程

中国氯碱工业协会

张文雷　张　鑫　范红波

中国无机盐工业协会

问立宁　王佩琳　焦　阳

沈阳沈化院测试技术有限公司

侯松嵋　蔡磊明　陈自强　于恒渊　吕　双　郭　静　杨国军　蒋亚辉　高　姗　毕　涛

沈阳化工研究院有限公司

胥维昌　龙　飞　程　迪　邹　军　王景国　沈日炯

262 肥料制造

中国氮肥工业协会

顾宗勤　曹占高　王亚楠　高　力　吴军华

中国磷复肥工业协会

修学峰　王　臣　白海丹　崔荣政　张　飞

中国无机盐工业协会

牛仁杰　武　娜

深圳准诺检测有限公司

李关侠　彭佳娜

263 农药制造行业

生态环境部南京环境科学研究所

王　娜　苑文凯　郭欣妍　施玛丽　孔德洋　何　健

中国农药工业协会

范东升　曹承宇

江苏环保产业技术研究院股份公司

魏　进　徐　瑾

264　涂料、油墨、颜料及类似产品制造

四川省生态环境科学研究院

叶　宏　钱　骏　陈军辉　姜　涛　徐晨曦　王　波

四川有色冶金研究院有限公司

伍建军　殷志刚　杨宇翔　陈佳蓓

四川大学

梁　斌　朱英明

265　合成材料制造

四川大学

梁　斌　吴可荆　朱英明

四川省生态环境科学研究院

叶　宏　钱　骏　陈军辉　李英杰

四川有色冶金研究院有限公司

伍建军　殷志刚　常丽娟

266　专用化学产品制造

四川有色冶金研究院有限公司

伍建军　殷志刚　常丽娟

四川省生态环境科学研究院

叶　宏　钱　骏　陈军辉　姜　涛　杨怡阁　罗昭培

四川大学

梁　斌　刘颖颖　吴可荆　朱英明

267 炸药、火工及焰火产品制造

中国爆破器材行业协会

李　琳　王　亚　熊学飞　胡宝刚

268 日用化学产品制造行业

中国日用化学研究院有限公司　[国家洗涤用品质量监督检验中心（太原）]

姚晨之　段平梅　李晓辉　公培龙　王　杰　成晓静　郑养珍

中检集团理化检测有限公司

俞梁敏　王铁楠　何可薪

27　医药制造业

271　化学药品原药制造、272　化学药品制剂制造、275　兽用药品制造、276　生物药品制造、277　卫生材料及医药用品制造、278　药用辅料及包装材料制造

北京泷涛环境科技有限公司

杨　阳　张银平　王东钰　王　静　宁艳英　程宪伟

河北科技大学

郭　斌　任爱玲　关亚楠　杜　昭　段二红

中国化学制药工业协会

张道新　苏日嘎琪琪格　沈云鹏　赵秀梅

河北省生态环境科学研究院

倪爽英　赵卫凤

博慧检测技术（北京）有限公司

马　娟

273　中药饮片加工行业

河北科技大学

杜　昭　郭　斌　俞　磊　杨宇轩　刘　倩

北京医药协会

周玉兰　李晓星

中国化学制药工业协会

张道新

北京市环境科学保护研究院

李树琰　李宗泽

274 中成药生产行业

河北科技大学

杜　昭　俞　磊　任爱玲　刘振冲　张美然

北京医药协会

李晓星　杨爱民

中国化学制药工业协会

王红昌　路　伟

北京市环境科学保护研究院

李国昊

28　化学纤维制造业

中国化学纤维工业协会

王玉萍　吕佳滨　李增俊　万　雷　刘　青　李伯鸣　张凌清　邓　军

东华大学

王华平　陈向玲　李　戎　邵正丽　柯佑福　陈　烨　吉　鹏　刘　娜

上海纺织节能环保中心

李　健　徐　薇　陈　斐　金平良　周　俊　俞建辉　袁哲军

江苏盛虹纺织品检测中心有限公司

周　强　高国洪　赵学谦

29 橡胶和塑料制品业

291 橡胶制品业

中国橡胶工业协会

朱　红　董文敏　雷昌纯　高　波

292 塑料制品业

北京工商大学

张彩丽　董黎明　祁光霞　翁云宣　刘岩峰　查　金

30　非金属矿物制品业

301 水泥、石灰和石膏制造业

中国环境科学研究院

刘　宇　王红梅　龙红艳　张　辰　田　刚　孟宪栋　张艳平　晁榕珠

中国非金属矿工业协会

张作伦　郭　佳　王文利　江伟华　唐靖炎

中国石灰协会

孙　强　尹保明

303　砖瓦、石材等建筑材料制造行业

中国环境科学研究院

王　凡　王红梅　张　辰　龙红艳　陈　宇　谭玉玲

中国建筑材料工业规划研究院

苏桂军　孟宪策

中国砖瓦工业协会

周　炫

中国石材协会

邓惠青

中国建筑防水协会

尚华胜

中国绝热节能材料协会

韩继先

中国建筑材料联合会

曹元辉

304　玻璃制造行业

中国环境科学研究院

王洪昌　崔宇韬　朱金伟　谭玉玲　张辰　束　韫　陈　宇　黄家玉　张艳平　田　刚

302 石膏、水泥制品及类似制品制造、305　玻璃制品制造、306　玻璃纤维和玻璃纤维增强塑料制品制造、307 陶瓷制品制造、308 耐火材料制品制造、309　石墨及其他非金属矿物制品制造

中材地质工程勘查研究院有限公司

崔文龙　王　晟　闵建锋　隋国舜　肖童超　张　燕　张春燕　李艳兵　崔光辉　陈明聪

31 黑色金属冶炼和压延加工行业

3110 炼铁

四川省生态环境科学研究院

叶　宏　钱　骏　陈军辉　孙　蜀　熊文朋　梅林德　陈　东　李　媛　汪　汀

3120 炼钢

四川省生态环境科学研究院

叶　宏　钱　骏　陈军辉　孙　蜀　梅林德　陈　东　熊文朋　李　媛　汪　汀

3130 钢压延加工

四川省生态环境科学研究院

叶　宏　钱　骏　陈军辉　孙　蜀　陈　东　梅林德　熊文朋　李　媛　汪　汀

3140 铁合金冶炼（不包含电解锰）

四川省有色冶金研究院有限公司

殷志刚　吴事浪　卢　勇

3140　电解锰生产

中国环境科学研究院

但智钢　史菲菲　袁　殷　方　琳　王辉锋　解　蕾　朱云峰　郭双祯　孙　伟

32 有色金属冶炼和压延加工业

32行业（不包括3211铜冶炼和3212铅锌冶炼）

湖南有色金属研究院有限责任公司（原湖南有色金属研究院）

陈　伟　万文玉　欧阳坤　王　兵　万　斯　曹柏林　周　睿　游　萍　张　著　李　婕
胡　亮　张志强

中国矿业大学（北京）

章丽萍　何绪文　夏　瑜　戴　瑾　宋学京　张　鑫　张　楠　崔炎炎　魏含宇

矿冶科技集团有限公司

陈　谦　陈玉福　杨晓松

江西理工大学

李晓波　李　栋　余　文　邱仙辉　邱廷省

3211铜冶炼业

中国环境科学研究院

李艳萍　杨　奕　张　昕　赵若楠　张青玲　郭玺云

矿冶科技集团有限公司

范书凯　陈　谦　李　莉　初　征

3212铅锌冶炼行业

生态环境部环境工程评估中心

李　飒　易爱华　金　珂　李时蓓　丁　峰　陈陆霞　李旭健

河南豫光金铅集团有限责任公司

卢　笛　童成业　纪昌磊

33金属制品业，34通用设备制造业，35专用设备制造业，36汽车制造业，37铁路、船舶、航空航天和其他运输设备制造业，431金属制品修理业，432通用设备修理业，433专用设备修理业，434铁路、船舶、航空航天等运输设备修理业（不包括电镀工艺）

中机生产力促进中心

吴进军　赵　蔷　陈晓辉　朱宇宏　李晶莹　焦　炬　刘　云　舒　豪　曹林锋　刘树生

机械工业第四设计研究院有限公司

李　辉　李　韧　石燕燕　郭可可　张松安　郭振远　刘宗耀　马　琳　王献平　王达菲

交通运输部天津水运工程科学研究院

杜　伟　康仲飞　吴培森　刘磊磊　孙　磊　郭　旭　田　腾　顾　明　赵大地　李国一

中冶建筑研究总院有限公司

吴双九　王　浩　刘珂屹　李　娜　邓　佳　崔　焱　李建佳　张利芝　王文孝

3360　电镀行业（不含电子元器件和线路板）

生态环境部华南环境科学研究所

贺　框　胡小英　张明杨　黄凯华　杜建伟　温　勇

南京华创环境技术研究院有限公司

刘福强　梁　英　李　杰

重庆市固体废物管理中心

刘嘉烈　张曼丽

中国科学院生态环境研究中心

赵　旭

38 电气机械和器材制造行业（不包括 3825 光伏设备及元器件制造、384 电池制造），39 计算机、通信和其他电子设备制造行业，40 仪器仪表制造行业，435 电气设备修理行业，436 仪器仪表修理行业，439 其他机械和设备修理行业

工业和信息化部电子第五研究所

黄秋鑫　孙秀敏　陈　琼　丑天姝　熊松松　方植彬　张德平　武泽华　刘晓纯　苏健梅
张　键　朱亚茹

中检集团南方测试股份有限公司

司菲斐　尚晓晨　吴楚芸　邓春涛　潘智勇　徐　鹏　马　萍　刘雅如　杜翠婷　曾声渠
田春燕　许智鑫

3825 光伏设备及元器件制造

中国环境科学研究院

李雪迎　白　璐　孟立红　谢明辉

中国科学院电工研究所

李海玲　吕　芳

384　电池制造行业

中国电子节能技术协会

黄建忠　王　超　张旻昱　杨清雨

骆驼集团股份有限公司

谢云清　邓国强　张　坤　丁佰胜　鲁　矾

超威电源有限公司

周　红　黄思淼　钦　力　沈　星　朱军军　陈　幸　周　丽　王新华

北京亿华通科技股份有限公司

于　民　周　斌　袁　殿　陈庆妍

北京新奥环标理化分析测试中心

田小青　戚小京　姜玉婷　张保华

41 其他制造业（不包括 412 核辐射加工）

北京工商大学

董黎明　祁光霞

42 废弃资源综合利用行业

中国环境科学研究院

刘景洋　毕莹莹　董　莉　孙晓明　郭玉文　阮久莉　贾　岩　许　文

中国物资再生协会

刘　强　张艳会

44 电力、热力生产和供应业

4411 火力发电、4412 热电联产行业

生态环境部环境工程评估中心

莫　华　吴家玉　帅　伟　汪晓江

国电环境保护研究院有限公司

胡　耘　张　明　朱法华

浙江大学

高　翔　郑成航　周　灿

国电南京电力试验研究有限公司

周道斌　段玖祥　张文杰

4417　生物质能发电行业

中国环境科学研究院

谢雪松　王　健　罗　宏　吕连宏　王斯一

4430 热力生产和供应

中国环境科学研究院

薛志钢　杜谨宏　续　鹏　任岩军　曹喜乐　马京华

浙江大学

高　翔　郑成航　张涌新　周志颖　翁卫国　吴卫红　刘少俊　姚龙超　周　灿　张　悠

北京市环境保护科学研究院

宋光武　罗志云　闫　静　赵亚笛　武彤冉

北京市劳动保护科学研究所

左朋莱　岳　涛　王晨龙　张晓曦　王　堃　梁全明　童亚莉　高佳佳　佟　莉　丁永华

北京师范大学

田贺忠　白孝轩　毋波波　刘姝涵　骆丽宁　刘　伟　林淑闵　赵　爽

45 燃气生产与供应业

生态环境部环境工程评估中心

吕　巍　梁　睿　孙南翔　梁　准　关　睢

46 水的生产和供应业

4610 自来水生产与供应行业

中国环境科学研究院

孟凡生　薛　浩　张铃松　叶匡旻　王海燕　周岳溪　马溢阳　宋海燕　程佩瑄　张道萍

463　海水淡化处理

交通运输部天津水运工程科学研究院

周　斌　张传国　王志勇　赵大地

天科院环境科技发展（天津）有限公司

李国一　李长东　初江涛　王　斌　李　鑫

469　其他水的处理利用与分配行业

交通运输部天津水运工程科学研究院

周　斌　张传国　王志勇　赵大地

天科院环境科技发展（天津）有限公司

李国一　李长东　初江涛　王　斌　李　鑫

目录

13 农副食品加工业

14 食品制造业

15 酒、饮料和精制茶制造

第二册

16 烟草制品业

17 纺织业

27 医药制造业

第四册

28 化学纤维制造业

29 橡胶和塑料制造业

30 非金属矿物制品业

31 黑色金属冶炼和压延加工业

28

化学纤维制造业

2811 化纤浆粕制造业

1 适用范围

本手册仅用于《国民经济行业分类》（GB/T 4754—2017）中 2811 化纤浆粕制造行业使用产污系数法核算工业污染物产生量和排放量的工业企业。

利用本手册进行产排污核算得出的污染物产生量与排放量仅代表了特定行业、工艺、产品、原料在正常工况下污染物产生与排放的一般规律。

本行业废水指标包括化学需氧量、氨氮、总磷、总氮、石油类。废气指标无。

2 注意事项

2.1 企业多种生产工艺或生产多类产品产排污量核算

污染物产生量与产品产量有关，根据不同核算环节计算产污量后，再根据企业末端治理设施和运行情况计算各污染物的排放量。

企业某污染物指标的产生量、排放量为各核算环节产生量、排放量之和。

在企业实际排放量计算过程中，如果存在废水回用的情况，需要在利用产排污核算公式的基础上扣除废水回用的部分。公式如下：

实际排放量=计算排放量×（1–废水回用率）

2.2 采用多种治理设施组合处理企业的排污量核算

在排污量计算选择末端治理技术时，若没有对应的组合治理技术，以主要治理技术为准。

2.3 系数表中未涉及的产污系数及污染治理效率

本手册中系数主要涉及棉浆粕的生产，不涉及麻浆粕、竹浆粕生产，若调查时涉及木浆粕生产的企业可参考棉浆粕的污染物产污系数和污染治理效率进行核算。对可能遇到的特殊产品、特殊生产工艺、特殊末端处理工艺，可咨询当地行业组织、专家、其他企业技术人员，选取近似的产污系数代替。

2.4 其他需要说明的问题

（1）在本手册制定过程中，通过对相关企业实测和历史数据的统计，制定出适合国内典型生产工艺、符合国内平均水平的产污系数和末端治理设施去除效率、运行效率。使用本手册计算排污量时与单个企业的实际情况可能有差异，但总体上符合行业水平。

（2）由于化纤浆粕制造企业特点，生产规模往往取决于设备套数，因此多数情况下产污系数与规模大小关系不大，而与产品种类、生产工艺、设备的先进性和企业管理水平有关。

（3）由于不同企业工业废气量、废水量差异较大，本手册所提供的工业废气量、废水量系数仅供参考。

为体现相同产污水平条件下，采用相同环保治理设施的不同企业对同一污染物去除效果的差异，引入末端治理设施实际运行率（*k*）对污染治理技术的实际去除率进行修正。*k* 值反映的是污染治理设施运行的状态，越稳定运行，*k* 值越高；在取值上，若定义连续稳定运行的理想状态为 1，则 *k* 取值在 0～1 之间。

本手册给出本行业的 *k* 计算公式仅供参考，使用时，可根据 *k* 值定义，选取更适合企业实际情况的表达方式。

（4）关于系数表格各栏目的说明。

①“产品名称”：指化纤浆粕制造企业在报告期内生产的，并符合产品质量要求的化纤浆粕。

②“原料名称”：指化纤浆粕制造企业在报告期内使用的主要原料，本手册包括棉短绒。

③“工艺名称”：指对应化纤浆粕制造企业生产、加工产品采用的主要生产方法的名称。

④“规模等级”：指产污系数核算所对应的生产规模等级，由于化纤浆粕制造行业企业其规模对产污系数无明显影响，因此本手册不计生产规模的影响。

⑤“污染物指标”：主要包括废水污染物和废气污染物。

⑥“系数单位”：为产污系数计量单位，工业废水量表述为“吨/吨-产品”，废水污染物表述为“克/吨-产品”；工业废气量表述为标准状态（273.15 开尔文，101.325 千帕）下“米 ^{3}/吨-产品”，废气污染物表述为“克/吨-产品”。

⑦“产污系数”：是指每生产单位质量产品所产生的污染物的质量。

⑧“末端治理技术”：针对化纤浆粕制造行业内的污染物所采用的处理方法的名称。其中废水末端治理技术中，企业通过污水治理设施治理后，纳入市政或园区管网的，一般选用物理化学法+厌氧生物处理法+好氧生物处理法；直接排放河道的一般选用物理化学法+厌氧生物处理法+好氧生物处理法+物理化学法。废气末端治理技术中，采用静电除油、活性炭吸附等方法的选用吸附+蒸汽解析；采用喷淋、冷凝等方法的选用吸收+分流；采用燃烧等氧化方法的选用直接燃烧法。手册中只涉及常用的末端处理技术，当被调查企业的末端处理方法不在系数表单中，可咨询当地行业组织、环保专家或企业技术人员，在系数表单中选取近似的废水处理方法代替。

⑨“末端治理技术平均去除效率”：指在典型末端治理工艺的条件下，生产单位产品所产生的污染物经污染治理设施的削减比例。

⑩“末端治理设施运行系数（*k* 值）”：指末端治理设施在正常运行周期内的主要实际运行参数与设计运行参数的比例。

3　污染物排放量核算方法

3.1　计算污染物产生量

（1）根据产品、原料、污染物产生的主导生产工艺、企业规模（生产产能）这一组合查找和确定所对应的某一个污染物的产污系数。

（2）根据该污染物的产污系数计量单位——单位产品产量，获取企业实际产品产量。

例如，某组合内化学需氧量的产污系数单位为克/吨-产品，则计算产生量时需要获取企业实际产

品产量。

（3）污染物产生量按以下公式进行计算：

污染物产生量=污染物对应的产污系数×产品产量

$$G_{产i}=P_{产i}\times M_i$$

式中，$G_{产i}$——工段 i 某污染物的产生量；

$P_{产i}$——工段 i 某污染物对应的产污系数；

M_i——工段 i 的产品产量。

3.2 计算污染物去除量

（1）根据企业对某一污染物所采用的治理技术查找和选择相应的治理技术平均去除效率。

（2）根据所填报的污染治理设施实际运行率参数及其计算公式得出该企业某一污染物的治理设施实际运行率（k 值）。

（3）污染物去除量按以下公式进行计算：

污染物去除量=污染物产生量×污染物去除率 =污染物产生量×治理技术平均去除效率×治理设施实际运行率

$$R_{减i}=G_{产i}\times\eta_T\times k_T$$

式中，$R_{减i}$——工段 i 某污染物的去除量；

η_T——工段 i 某污染物采用的末端治理技术的平均去除效率；

k_T——工段 i 某污染物采用的末端治理设施的实际运行率。

3.3 计算污染物排放量

污染物排放量=污染物产生量−污染物去除量

=污染物对应的产污系数×产品产量−污染物产生量×治理技术平均去除效率×治理设施实际运行率

3.4 计算企业污染物排放量

同一企业某污染物全年的产生（排放）总量为该企业同年实际生产的全部产品、原料、规模污染物产生（排放）量之和。

$$\begin{aligned}E_{排}&=G_{产}-R_{减}=\sum(G_{产i}-R_{减i})\\&=\sum\left[P_{产i}\times M_i(1-\eta_T\times k_T)\right]\end{aligned}$$

4 污染物排放量核算案例

某企业主要从事化纤浆粕的生产。该企业主要原料为棉短绒，生产工艺采用预浸-蒸煮-水洗-漂白-抄浆，年产量（生产规模）66054 吨。该企业废水的污染治理技术采用“物理化学法+厌氧生物处理法+好氧生物处理法”，涉及的废水污染物主要为化学需氧量、氨氮、总氮、总磷、石油类。以化学需氧量为例说明排放量计算过程。

该企业基本信息如表 1 所示。

表 1　某化纤企业基本信息

	核算环节：全厂	
	名称	数量
产品及产量	化纤浆粕	66054 吨
原料及用量	棉短绒	81880 吨
工艺名称	预浸-蒸煮-水洗-漂白-抄浆	
规模（产能）	80000 吨	
污染治理设施	物理化学法+厌氧生物处理法+好氧生物处理法	
实际运行率参数	污水治理设施运行时间	8760 小时
	正常生产时间	8760 小时

4.1　化学需氧量产生量计算

（1）查找产污系数及其计量单位

根据企业基本信息，查找本手册中主要产品为化纤浆粕，主要原料为棉短绒，主要工艺为预浸-蒸煮-水洗-漂白-抄浆，生产规模为所有规模。该组合化学需氧量的产污系数为 9.50×10^4，单位为克/吨-产品。

（2）获取企业产品产量与原料用量

该企业实际情况为：主要产品化纤浆粕 2017 年产量为 66054 吨，主要原料棉短线 2017 年消耗量为 81880 吨。

（3）计算化学需氧量产生量

由于查询到的组合中，化学需氧量产污系数的单位为克/吨-产品，因此在核算化学需氧产生量时需获取产品产量。

化学需氧量产生量=化学需氧量产污系数×产品（化纤浆粕）产量

=（9.50×10^4 克/吨-产品×66054 吨-产品）÷1000000=6275.13 吨

4.2　化学需氧量去除量计算

（1）查找治理技术平均去除效率

该企业化学需氧量治理技术采用“物理化学法+厌氧生物处理法+好氧生物处理法”工艺，查询相应组合内该工艺的平均去除效率为 90%。

（2）计算污染治理设施实际运行率

根据产污系数组合查询结果，该组合中化学需氧量法对应的污染治理设施实际运行率为

k=污水治理设施运行时间/企业正常生产时间=8760 小时/8760 小时=1

（3）计算化学需氧量去除量

化学需氧量去除量=6275.13 吨×90%×1=5647.62 吨

4.3　化学需氧量排放量计算

化学需氧量排放量=6275.13 吨−5647.62 吨=627.51 吨

5 系数表

2811 化纤浆粕制造行业系数表

工段名称	产品名称	原料名称	工艺名称	规模等级	污染物类别	污染物指标	系数单位	产污系数	末端治理技术	末端治理技术平均去除效率/%	参考 k 值计算公式[1]
—	化纤浆粕	棉短绒	预浸-蒸煮-水洗-漂白-抄浆	所有规模	废水	工业废水量	吨/吨-产品	50	—	—	—
						化学需氧量	克/吨-产品	9.50×10^4	物理化学法+厌氧生物处理法+好氧生物处理法	90	k=污水治理设施运行时间（小时/年）/企业正常生产时间（小时/年）
									物理化学法+厌氧生物处理法+好氧生物处理法+物理化学法	97	
						氨氮	克/吨-产品	738	物理化学法+厌氧生物处理法+好氧生物处理法	76	
									物理化学法+厌氧生物处理法+好氧生物处理法+物理化学法	78	
						总磷	克/吨-产品	97.40	物理化学法+厌氧生物处理法+好氧生物处理法	82	
									物理化学法+厌氧生物处理法+好氧生物处理法+物理化学法	90	

[1] 该公式仅供参考，使用时，可根据 k 值定义，选取更适合企业实际情况的表达方式。

2811 化纤浆粕制造行业系数表（续表 1）

工段名称	产品名称	原料名称	工艺名称	规模等级	污染物类别	污染物指标	系数单位	产污系数	末端治理技术	末端治理技术平均去除效率/%	参考 k 值计算公式
—	化纤浆粕	棉短绒	预浸-蒸煮-水洗-漂白-抄浆	所有规模	废水	总氮	克/吨-产品	1870	物理化学法+厌氧生物处理法+好氧生物处理法	85	k=污水治理设施运行时间（小时/年）/企业正常生产时间（小时/年）
									物理化学法+厌氧生物处理法+好氧生物处理法+物理化学法	90	
						石油类	克/吨-产品	71	物理化学法+厌氧生物处理法+好氧生物处理法	65	
									物理化学法+厌氧生物处理法+好氧生物处理法+物理化学法	85	
					固废	一般工业固废	千克/吨-产品	111.11	—		
						危险废物	千克/吨-产品	0.21	—		

2812 人造纤维（纤维素纤维）制造业

1 适用范围

本手册仅用于《国民经济行业分类》（GB/T 4754—2017）中 2812 人造纤维（纤维素纤维）制造行业使用系数法核算工业污染物产生量和排放量的工业企业。

利用本手册进行产排污核算得出的污染物产生量与排放量仅代表了特定行业、工艺、产品、原料在正常工况下污染物产生与排放量的一般规律。

本行业废水指标包括化学需氧量、氨氮、总磷、总氮、石油类、锌；废气指标包括二硫化碳、硫化氢。

2 注意事项

2.1 企业有多种生产工艺或生产多类产品产排污量核算

污染物产生量与产品产量有关，根据不同核算环节计算产污量后，再根据企业末端治理设施和运行情况计算各污染物的排放量。

企业某污染物指标的产生量、排放量为各核算环节产生量、排放量之和。

在企业实际排放量计算过程中，如果存在废水回用的情况，需要在利用产排污核算公式的基础上扣除废水回用的部分。公式如下：

实际排放量=计算排放量×（1−废水回用率）

2.2 采用多种治理设施组合处理企业的排污量核算

在排污量计算选择末端治理技术时，若没有对应的组合治理技术，以主要治理技术为准。

2.3 系数表中未涉及的产污系数及污染治理效率

本手册中系数主要涉及利用化纤浆粕生产纤维素纤维，利用醋片生产醋酸纤维，如果采用其他工艺，废水、废气指标可参考本系数手册。对可能遇到的特殊产品、特殊生产工艺、特殊末端处理工艺，可咨询当地行业组织、专家、其他企业技术人员，选取近似的产污系数代替。

2.4 其他需要说明的问题

（1）在本手册制定过程中，通过对相关企业实测和历史数据的统计，制定出适合国内典型生产工艺、符合国内平均水平的产污系数和末端治理设施去除效率、运行效率。使用本手册计算排污量时与单个企业的实际情况可能有差异，但总体上符合行业水平。

（2）由于人造纤维（纤维素纤维）制造企业特点，其规模往往取决于生产设备套数，因此多数情况下产污系数与规模大小关系不大，而与产品种类、生产工艺、设备的先进性和企业管理水平有关。

（3）由于不同企业工业废气量、废水量差异较大，本手册所提供的工业废气量、废水量系数仅供参考。

为体现相同产污水平条件下，采用相同环保治理设施的不同企业对同一污染物去除效果的差异，引入末端治理设施实际运行率（k）对污染治理技术的实际去除率进行修正。k 值反映的是污染治理设施运行的状态，越稳定运行，k 值越高；在取值上，若定义连续稳定运行的理想状态为 1，则 k 取值在 0～1 之间。

本手册给出本行业的 k 计算公式仅供参考，使用时，可根据 k 值定义，选取更适合企业实际情况的表达方式。

（4）关于系数表格各栏目的说明。

①“产品名称”：指人造纤维（纤维素纤维）生产企业在报告期内生产的，并符合产品质量要求的纤维素纤维长丝、纤维素纤维短纤、醋酸纤维丝束。

②“原料名称”：指人造纤维（纤维素纤维）制造企业在报告期内使用的主要原料。本手册包括化纤浆粕、醋片。

③“工艺名称”：指对应人造纤维（纤维素纤维）制造企业生产、加工产品采用的主要生产方法的名称。

④“规模等级”：指产污系数核算所对应的生产规模等级，由于人造纤维（纤维素纤维）制造行业企业其规模对产污系数无明显影响，因此本手册不计生产规模的影响。

⑤“污染物指标”：主要包括废水污染物和废气污染物。

⑥“系数单位”：为产污系数计量单位，工业废水量表述为“吨/吨-产品”，废水污染物表述为“克/吨-产品”；工业废气量表述为标准状态（273.15 开尔文，101.325 千帕）下“米^3/吨-产品”，废气污染物表述为“克/吨-产品”。

⑦“产污系数”：是指每生产单位质量产品所产生的污染物的质量。

⑧“末端治理技术”：针对人造纤维（纤维素纤维）制造行业内的污染物所采用的处理方法的名称。其中废水末端治理技术中，企业通过污水治理设施治理后，纳入市政或园区管网的，一般选用物理化学法+厌氧生物处理法+好氧生物处理法；直接排放河道的一般选用物理化学法+厌氧生物处理法+好氧生物处理法+物理化学法；废气末端治理技术中，采用静电除油、活性炭吸附等方法的，选用吸附+蒸汽解析；采用喷淋、冷凝等方法的选用吸收+分流；采用燃烧等氧化方法的选用直接燃烧法。手册中只涉及常用的末端处理技术，当被调查企业的末端处理方法不在系数表单中，可咨询当地行业组织、环保专家或企业技术人员，在系数表单中选取近似的废水处理方法代替。

⑨“末端治理技术平均去除效率”：指在典型末端治理工艺的条件下，生产单位产品所产生的污染物量经污染治理设施的削减比例。

⑩“末端治理设施运行系数（k 值）”：指在典型末端治理设施在正常运行周期内的主要实际运行参数与设计运行参数的比例。

3 污染物排放量核算方法

3.1 计算工段污染物产生量

（1）根据产品、原料、污染物产生的主导生产工艺、企业规模（生产产能）这一组合查找和确定所对应的某一个污染物的产污系数。

（2）根据该污染物的产污系数计量单位——单位产品产量，获取企业实际产品产量。

例如，某组合内化学需氧量的产污系数单位为克/吨-产品，则计算产生量时需要获取企业实际产品产量。

（3）污染物产生量按以下公式进行计算：

污染物产生量=污染物对应的产污系数×产品产量

$$G_{产i} = P_{产i} \times M_i$$

式中，$G_{产i}$——工段 i 某污染物的产生量；

$P_{产i}$——工段 i 某污染物对应的产污系数；

M_i——工段 i 的产品产量。

3.2 计算污染物去除量

（1）根据企业对某一污染物所采用的治理技术查找和选择相应的治理技术平均去除效率。

（2）根据所填报的污染治理设施实际运行率参数及其计算公式得出该企业某一污染物的治理设施实际运行率（k 值）。

（3）污染物去除量按以下公式进行计算：

污染物去除量=污染物产生量×污染物去除率 =污染物产生量×治理技术平均去除效率×治理设施实际运行率

$$R_{减i} = G_{产i} \times \eta_T \times k_T$$

式中，$R_{减i}$——工段 i 某污染物的去除量；

η_T——工段 i 某污染物采用的末端治理技术的平均去除效率；

k_T——工段 i 某污染物采用的末端治理设施的实际运行率。

3.3 计算污染物排放量

污染物排放量=污染物产生量–污染物去除量

=污染物对应的产污系数×产品产量–污染物产生量×治理技术平均去除效率×治理设施实际运行率

3.4 计算企业污染物排放量

同一企业某污染物全年的产生（排放）总量为该企业同年实际生产的全部产品、原料、规模污染物产生（排放）量之和。

$$
\begin{aligned}
E_{排} &= G_{产} - R_{减} = \sum(G_{产i} - R_{减i}) \\
&= \sum\left[P_{产i} \times M_i (1 - \eta_T \times k_T)\right]
\end{aligned}
$$

4 污染物排放量核算案例

某企业主要从事纤维素纤维的生产。该企业主要原料为化纤浆粕，生产工艺为碱化-老化-黄化-溶解-过滤-纺丝-水洗-烘干，年产量（生产规模）14751 吨。该企业废水的污染治理技术采用“物理化学法+厌氧生物处理法+好氧生物处理法”，涉及的废水污染物主要为化学需氧量、氨氮、总氮、总磷、石油类、锌。以化学需氧量为例说明排放量计算过程。

该企业基本信息如表 1 所示。

表 1 某化纤企业基本信息

	核算环节：全厂	
	名称	数量
产品及产量	纤维素纤维长丝	14751 吨
原料及用量	化纤浆粕	21446.3 吨
工艺名称	碱化-老化-黄化-溶解-过滤-纺丝-水洗-烘干	
规模（产能）	18000 吨	
污染治理设施	物理化学法+厌氧生物处理法+好氧生物处理法	
实际运行率参数	污水治理设施运行时间	8760 小时
	企业正常生产时间	8760 小时

4.1 化学需氧量产生量计算

（1）查找产污系数及其计量单位

根据企业基本信息，查找本手册中主要产品为纤维素纤维长丝，主要原料为化纤浆粕，主要工艺为碱化-老化-黄化-溶解-过滤-纺丝-水洗-烘干，生产规模为所有规模。该组合化学需氧量的产污系数为 4.81×10^4，单位为克/吨-产品。

（2）获取企业产品产量与原料用量

该企业实际情况为：主要产品纤维素纤维长丝 2017 年产量 14751 吨，主要原料化纤浆粕 2017 年消耗量为 21446.3 吨。

（3）计算化学需氧量产生量

由于查询到的组合中，化学需氧量产污系数的单位为克/吨-产品，因此在核算产生量时需获取产品产量。

化学需氧量产生量=化学需氧量产污系数×产品（纤维素纤维长丝）产量

=（4.81×10^4 克/吨-产品×14751 吨-产品）÷1000000=709.52 吨

4.2 化学需氧量去除量计算

（1）查找治理技术平均去除效率

该企业化学需氧量治理技术采用“物理化学法+厌氧生物处理法+好氧生物处理法”，查询相应组合内该工艺的平均去除效率为 90%。

（2）计算污染治理设施实际运行率

根据产污系数组合查询结果，该组合中化学需氧量对应的污染治理设施实际运行率（k）为

k=污水治理设施运行时间/企业正常生产时间

=8760 小时/8760 小时=1

（3）计算化学需氧量去除量

化学需氧量去除量=709.52 吨×90%×1=638.57 吨

4.3 化学需氧量排放量计算

化学需氧量排放量=709.52 吨−638.57 吨=70.95 吨

5 系数表

2812 人造纤维（纤维素纤维）制造行业系数表

工段名称	产品名称	原料名称	工艺名称	规模等级	污染物类别	污染物指标	系数单位	产污系数	末端治理技术	末端治理技术平均去除效率/%	参考 k 值计算公式[1]
—	纤维素纤维长丝	化纤浆粕	碱化-老化-黄化-溶解-过滤—纺丝—水洗-烘干	所有规模	废水	工业废水量	吨/吨-产品	209	—	—	—
						化学需氧量	克/吨-产品	4.81×10^4	物理化学法+厌氧生物处理法+好氧生物处理法	90	k=污水治理设施运行时间（小时/年）/企业正常生产时间（小时/年）
									物理化学法+厌氧生物处理法+好氧生物处理法+物理化学法	97	
						氨氮	克/吨-产品	5975	物理化学法+厌氧生物处理法+好氧生物处理法	76	
									物理化学法+厌氧生物处理法+好氧生物处理法+物理化学法	78	
						总磷	克/吨-产品	36.30	物理化学法+厌氧生物处理法+好氧生物处理法	82	
									物理化学法+厌氧生物处理法+好氧生物处理法+物理化学法	90	
						总氮	克/吨-产品	6587	物理化学法+厌氧生物处理法+好氧生物处理法	85	
									物理化学法+厌氧生物处理法+好氧生物处理法+物理化学法	90	

[1] 该公式仅供参考，使用时，可根据 k 值定义，选取更适合企业实际情况的表达方式。

2812 人造纤维（纤维素纤维）制造行业系数表（续表 1）

工段名称	产品名称	原料名称	工艺名称	规模等级	污染物类别	污染物指标	系数单位	产污系数	末端治理技术	末端治理技术平均去除效率/%	参考 k 值计算公式
—	纤维素纤维长丝	化纤浆粕	碱化-老化-黄化-溶解-过滤-纺丝-水洗-烘干	所有规模	废水	石油类	克/吨-产品	156	物理化学法+厌氧生物处理法+好氧生物处理法	65	k=污水治理设施运行时间（小时/年）/企业正常生产时间（小时/年）
									物理化学法+厌氧生物处理法+好氧生物处理法+物理化学法	85	
						锌	克/吨-产品	34.56	物理化学法+厌氧生物处理法+好氧生物处理法	65	k=污水治理设施运行时间（小时/年）/企业正常生产时间（小时/年）
									物理化学法+厌氧生物处理法+好氧生物处理法+物理化学法	85	
					废气	工业废气量	标米^3/吨-产品	310000	—	—	—
						二硫化碳	克/吨-产品	7998	吸收+分流	93	k=废气治理设施运行时间（小时/年）/企业正常生产时间（小时/年）
						硫化氢	克/吨-产品	1643	吸收+分流	96	
					固废	一般工业固废	千克/吨-产品	29.91	—		
						危险废物	千克/吨-产品	0.33			

2812 人造纤维（纤维素纤维）制造行业系数表（续表 2）

工段名称	产品名称	原料名称	工艺名称	规模等级	污染物类别	污染物指标	系数单位	产污系数	末端治理技术	末端治理技术平均去除效率/%	参考 k 值计算公式
—	纤维素纤维短纤	化纤浆粕	碱化-老化-黄化-溶解-过滤-纺丝拉伸-集束-切断-淋洗-烘干	所有规模	废水	工业废水量	吨/吨-产品	50.80	—	—	—
						化学需氧量	克/吨-产品	3.82×10^4	物理化学法+厌氧生物处理法+好氧生物处理法	90	k=污水治理设施运行时间（小时/年）/企业正常生产时间（小时/年）
									物理化学法+厌氧生物处理法+好氧生物处理法+物理化学法	97	
						氨氮	克/吨-产品	361	物理化学法+厌氧生物处理法+好氧生物处理法	76	
									物理化学法+厌氧生物处理法+好氧生物处理法+物理化学法	78	
						总磷	克/吨-产品	10.20	物理化学法+厌氧生物处理法+好氧生物处理法	82	
									物理化学法+厌氧生物处理法+好氧生物处理法+物理化学法	90	
						总氮	克/吨-产品	495	物理化学法+厌氧生物处理法+好氧生物处理法	85	
									物理化学法+厌氧生物处理法+好氧生物处理法+物理化学法	90	
						石油类	克/吨-产品	33.50	物理化学法+厌氧生物处理法+好氧生物处理法	65	
									物理化学法+厌氧生物处理法+好氧生物处理法+物理化学法	85	
					废气	工业废气量	标米^3/吨-产品	28351.58	—	—	—
						二硫化碳	克/吨-产品	49582.12	吸收+分流	93	k=废气治理设施运行时间（小时/年）/企业正常生产时间（小时/年）
						硫化氢	克/吨-产品	3553.37	吸收+分流	96	
					固废	一般工业固废	千克/吨-产品	4.74	—		
						危险废物	千克/吨-产品	0.04	—		

2812 人造纤维（纤维素纤维）制造行业系数表（续表 3）

工段名称	产品名称	原料名称	工艺名称	规模等级	污染物类别	污染物指标	系数单位	产污系数	末端治理技术	末端治理技术平均去除效率/%	参考 k 值计算公式
—	醋酸纤维丝束	醋片、丙酮、烧碱	溶解-过滤-纺丝-卷曲-干燥-摆丝-打包	所有规模	废水	工业废水量	吨/吨-产品	20.80	—	—	—
						化学需氧量	克/吨-产品	1.66×10^4	物理化学法+厌氧生物处理法+好氧生物处理法	90	k=污水治理设施运行时间（小时/年）/企业正常生产时间（小时/年）
									物理化学法+厌氧生物处理法+好氧生物处理法+物理化学法	97	
						氨氮	克/吨-产品	294.50	物理化学法+厌氧生物处理法+好氧生物处理法	76	
									物理化学法+厌氧生物处理法+好氧生物处理法+物理化学法	78	
						总磷	克/吨-产品	238.20	物理化学法+厌氧生物处理法+好氧生物处理法	82	
									物理化学法+厌氧生物处理法+好氧生物处理法+物理化学法	90	
					废气	工业废气量	标米 ^{3}/吨-产品	726.30	—	—	—
						挥发性有机物	克/吨-产品	217.90	吸收+分流	93	k=废气治理设施运行时间（小时/年）/企业正常生产时间（小时/年）
					固废	一般工业固废	千克/吨-产品	4.40	—		
						危险废物	千克/吨-产品	6.10	—		

2821 锦纶纤维制造业

1 适用范围

本手册仅用于《国民经济行业分类》（GB/T 4754—2017）中 2821 锦纶纤维制造行业使用系数法核算工业污染物产生量和排放量的工业企业。

利用本手册进行产排污核算得出的污染物产生量与排放量仅代表了特定行业、工艺、产品、原料在正常工况下污染物产生与排放的一般规律。

本行业废水指标包括化学需氧量、氨氮、总磷、总氮、石油类；废气指标为挥发性有机物。

2 注意事项

2.1 企业有多种生产工艺或生产多类产品产排污量核算

污染物产生量与产品产量有关，根据不同核算环节计算产污量后，再根据企业末端治理设施和运行情况计算各污染物的排放量。

企业某污染物指标的产生量、排放量为各核算环节产生量、排放量之和。

在企业实际排放量计算过程中，如果存在废水回用的情况，需要在利用产排污核算公式的基础上扣除废水回用的部分。公式如下：

实际排放量=计算排放量×（1–废水回用率）

2.2 采用多种治理设施组合处理企业的排污量核算

在排污量计算选择末端治理技术时，若没有对应的组合治理技术，以主要治理技术为准。

2.3 系数表中未涉及的产污系数及污染治理效率

本手册已涵盖锦纶纤维制造行业原料、各种工艺及规模生产的锦纶 6 民用长丝、锦纶 6 工业丝、锦纶 66 民用长丝、锦纶 66 工业丝产品。对可能遇到的特殊产品、特殊生产工艺、特殊末端处理工艺，可咨询当地行业组织、专家、其他企业技术人员，选取近似的产污系数代替。

2.4 其他需要说明的问题

（1）在本手册制定过程中，通过对相关企业实测和历史数据的统计，制定出适合国内典型生产工艺、符合国内平均水平的产污系数和末端治理设施去除效率、运行效率。使用本手册计算排污量时与单个企业的实际情况可能有差异，但总体上符合行业水平。

（2）由于锦纶纤维制造企业特点，其规模往往取决于生产设备套数，因此多数情况下产污系数与规模大小关系不大，而与产品种类、生产工艺、设备的先进性和企业管理水平有关。

（3）本手册的产污系数是指生产单位生产锦纶纤维所产生的污染物量，不涉及锦纶切片生产。

（4）考虑锦纶 FDY 和 DTY 产品挥发性有机物产生情况，在实际应用过程中要进行相应调整，挥发性有机物产污系数分别按锦纶民用丝挥发性有机物产污系数的 3 倍和 5 倍计算。

（5）由于不同企业工业废气量、废水量差异较大，本手册所提供的工业废气量、废水量系数仅供参考。

为体现相同产污水平条件下，采用相同环保治理设施的不同企业对同一污染物去除效果的差异，引入末端治理设施实际运行率（k）对污染治理技术的实际去除率进行修正。k 值反映的是污染治理设施运行的状态，越稳定运行，k 值越高；在取值上，若定义连续稳定运行的理想状态为 1，则 k 取值在 0～1 之间。

本手册给出本行业的 k 计算公式仅供参考，使用时，可根据 k 值定义，选取更适合企业实际情况的表达方式。

（6）关于系数表格各栏目的说明。

①“产品名称”：指锦纶纤维制造企业在报告期内生产的，并符合产品质量要求的实物名称，包括锦纶 6 民用长丝、锦纶 6 工业丝、锦纶 66 民用长丝、锦纶 66 工业丝。

②“原料名称”：指锦纶纤维制造企业在报告期内使用的主要原料。本手册包括锦纶 6 切片、锦纶 66 切片。

③“工艺名称”：指对应锦纶纤维制造企业生产、加工产品采用的主要生产方法的名称。

④“规模等级”：指产污系数核算所对应的生产规模等级，由于锦纶纤维制造行业企业其规模对产污系数无明显影响，因此本手册不计生产规模的影响。

⑤“污染物指标”：主要包括废水污染物和废气污染物。

⑥“系数单位”：为产污系数计量单位，工业废水量表述为“吨/吨-产品”，废水污染物表述为“克/吨-产品”；工业废气量表述为标准状态（273.15 开尔文，101.325 千帕）下“标米^3/吨-产品”，废气污染物表述为“克/吨-产品”；一般工业固体废物、危险工业固体废物表述为“千克/吨-产品”。

⑦“产污系数”：是指每生产单位质量产品所产生的污染物的质量。

⑧“末端治理技术名称”：针对锦纶纤维制造行业内的污染物所采用的处理方法的名称。其中废水末端治理技术中，企业通过污水治理设施治理后，纳入市政或园区管网的，一般选用物理化学法+厌氧生物处理法+好氧生物处理法；直接排放河道的一般选用物理化学法+厌氧生物处理法+好氧生物处理法+物理化学法；废气末端治理技术中，采用静电除油、活性炭吸附等方法的，选用吸附+蒸汽解析；采用喷淋、冷凝等方法的选用吸收+分流；采用燃烧等氧化方法的选用直接燃烧法。手册中只涉及常用的末端处理技术，当被调查企业的末端处理方法不在系数表单中，可咨询当地行业组织、环保专家或企业技术人员，在系数表单中选取近似的废水处理方法代替。

⑨“末端治理技术平均去除效率”：指在典型末端治理工艺的条件下，生产单位产品所产生的污染物经污染治理的削减比例。

⑩“末端治理设施运行系数（k 值）”：指末端治理设施在正常运行周期内的主要实际运行参数与设计运行参数的比例。

3 污染物排放量核算方法

3.1 计算工段污染物产生量

（1）根据产品、原料、污染物产生的主导生产工艺、企业规模（生产产能）这一组合查找和确定所对应的某一污染物的产污系数。

（2）根据该污染物的产污系数计量单位——单位产品产量，获取企业实际产品产量。

例如，某组合内化学需氧量的产污系数单位为克/吨-产品，则计算产生量时需要获取企业实际产品产量。

（3）污染物产生量按以下公式进行计算：

污染物产生量=污染物对应的产污系数×产品产量

$$G_{产i} = P_{产i} \times M_i$$

式中，$G_{产i}$——工段 i 某污染物的产生量；

$P_{产i}$——工段 i 某污染物对应的产污系数；

M_i——工段 i 的产品产量。

3.2 计算污染物去除量

（1）根据企业对某一污染物所采用的治理技术查找和选择相应的治理技术平均去除效率。

（2）根据所填报的污染治理设施实际运行率参数及其计算公式得出该企业某一污染物的治理设施实际运行率（k 值）。

（3）污染物去除量按以下公式进行计算：

污染物去除量=污染物产生量×污染物去除率 =污染物产生量×治理技术平均去除效率×治理设施实际运行率

$$R_{减i} = G_{产i} \times \eta_T \times k_T$$

式中，$R_{减i}$——工段 i 某污染物的去除量；

η_T——工段 i 某污染物采用的末端治理技术的平均去除效率；

k_T——工段 i 某污染物采用的末端治理设施的实际运行率。

3.3 计算污染物排放量

污染物排放量=污染物产生量–污染物去除量

=污染物对应的产污系数×产品产量–污染物产生量×治理技术平均去除效率×治理设施实际运行率

3.4 计算企业污染物排放量

同一企业某污染物全年的产生（排放）总量为该企业同年实际生产的全部工艺、产品、原料、规模污染物产生（排放）量之和。

$$
\begin{aligned}
E_{排} &= G_{产} - R_{减} = \sum(G_{产i} - R_{减i}) \\
&= \sum\left[P_{产i} \times M_i(1-\eta_T \times k_T)\right]
\end{aligned}
$$

4 污染物排放量核算案例

某企业主要从事锦纶 6 民用长丝生产。该企业主要原料为锦纶 6 切片，生产工艺采用切片-干燥-熔融-纺丝-牵伸-卷绕，年产量（生产规模）15000 吨。该企业废水的污染治理技术采用“物理化学法+厌氧生物处理法+好氧生物处理法”，涉及的废水污染物主要为化学需氧量、氨氮、总磷、总氮和石油类。以化学需氧量为例说明排放量计算过程。

该企业基本信息如表 1 所示。

表 1　某化纤企业基本信息

	核算环节：全厂	
	名称	数量
产品及产量	锦纶 6 民用长丝	15000 吨
原料及用量	锦纶 6 切片	15010 吨
工艺名称	切片-干燥-熔融-纺丝-牵伸-卷绕	
规模（产能）	20000 吨	
污染治理设施	物理化学法+厌氧生物处理法+好氧生物处理法	
实际运行率参数	污水治理设施运行时间	8640 小时
	企业正常生产时间	8640 小时

4.1　化学需氧量产生量计算

（1）查找产污系数及其计量单位

根据企业基本信息，查找本手册中主要产品为锦纶 6 民用长丝，主要原料为锦纶 6 切片，主要工艺为切片-干燥-熔融-纺丝-牵伸-卷绕，生产规模为所有规模。该组合化学需氧量的产污系数为 1295，单位为克/吨-产品。

（2）获取企业产品产量与原料用量

该企业实际情况为：主要产品锦纶民用长丝 2017 年产量为 15000 吨，主要原料 2017 年消耗量为 15010 吨。

（3）计算化学需氧量产生量

由于查询到的组合中，化学需氧量产污系数的单位为克/吨-产品，因此在核算化学需氧量产生量时需获取产品产量。

化学需氧量产生量=化学需氧量产污系数×产品（锦纶民用长丝）产量

=（1295 克/吨-产品×15000 吨-产品）÷1000000=19.43 吨

4.2 化学需氧量去除量计算

（1）查找治理技术平均去除效率

该企业化学需氧量治理技术采用“物理化学法+厌氧生物处理法+好氧生物处理法”工艺，查询相应组合内该工艺的平均去除效率为90%。

（2）计算污染治理设施实际运行率

根据产污系数组合查询结果，该组合中化学需氧量法对应的污染治理设施实际运行率为

k=污水治理设施运行时间/企业正常生产时间

=8640 小时/8640 小时=1

（3）计算化学需氧量去除量

化学需氧量去除量=19.43 吨×90%×1=17.48 吨

4.3 化学需氧量排放量计算

化学需氧量排放量=19.43 吨−17.48 吨=1.95 吨

5 系数表

2821 锦纶纤维制造行业系数表

工段名称	产品名称	原料名称	工艺名称	规模等级	污染物类别	污染物指标	系数单位	产污系数	末端治理技术	末端治理技术平均去除效率/%	参考 k 值计算公式[1]
—	锦纶 6 民用长丝	锦纶 6 切片	切片-干燥-熔融-纺丝-牵伸-卷绕	所有规模	废水	工业废水量	吨/吨-产品	0.78	—	—	—
						化学需氧量	克/吨-产品	1295	物理化学法+厌氧生物处理法+好氧生物处理法	90	k=污水治理设施运行时间（小时/年）/企业正常生产时间（小时/年）
									物理化学法+厌氧生物处理法+好氧生物处理法+物理化学法	97	
						氨氮	克/吨-产品	15.50	物理化学法+厌氧生物处理法+好氧生物处理法	76	
									物理化学法+厌氧生物处理法+好氧生物处理法+物理化学法	78	
						总磷	克/吨-产品	2.17	物理化学法+厌氧生物处理法+好氧生物处理法	82	
									物理化学法+厌氧生物处理法+好氧生物处理法+物理化学法	90	
						总氮	克/吨-产品	21.50	物理化学法+厌氧生物处理法+好氧生物处理法	85	
									物理化学法+厌氧生物处理法+好氧生物处理法+物理化学法	90	
						石油类	克/吨-产品	1.76	物理化学法+厌氧生物处理法+好氧生物处理法	65	
									物理化学法+厌氧生物处理法+好氧生物处理法+物理化学法	85	
					废气	工业废气量	标米 ^{3}/吨-产品	4.03×10^4	—	—	—
						挥发性有机物	克/吨-产品	233	吸附+蒸汽解析	62	k=废气治理设施运行时间（小时/年）/企业正常生产时间（小时/年）
									吸收+分流	32	
									直接燃烧	62	
					固废	一般工业固废	千克/吨-产品	16.72	—	—	—
						危险废物	千克/吨-产品	0.03	—	—	—

[1] 该公式仅供参考，使用时，可根据 k 值定义，选取更适合企业实际情况的表达方式。

2821 锦纶纤维制造行业系数表（续表 1）

工段名称	产品名称	原料名称	工艺名称	规模等级	污染物类别	污染物指标	系数单位	产污系数	末端治理技术	末端治理技术平均去除效率/%	参考 k 值计算公式
—	锦纶 6 工业丝	锦纶 6 切片	切片-干燥-熔融-纺丝-多级牵伸-卷绕	所有规模	废水	工业废水量	吨/吨-产品	1.49	—	—	—
						化学需氧量	克/吨-产品	1959	物理化学法+厌氧生物处理法+好氧生物处理法	90	k=污水治理设施运行时间（小时/年）/企业正常生产时间（小时/年）
									物理化学法+厌氧生物处理法+好氧生物处理法+物理化学法	97	
						氨氮	克/吨-产品	38.50	物理化学法+厌氧生物处理法+好氧生物处理法	76	
									物理化学法+厌氧生物处理法+好氧生物处理法+物理化学法	78	
						总磷	克/吨-产品	11.30	物理化学法+厌氧生物处理法+好氧生物处理法	82	
									物理化学法+厌氧生物处理法+好氧生物处理法+物理化学法	90	
						总氮	克/吨-产品	66.70	物理化学法+厌氧生物处理法+好氧生物处理法	85	
									物理化学法+厌氧生物处理法+好氧生物处理法+物理化学法	90	
						石油类	克/吨-产品	6.30	物理化学法+厌氧生物处理法+好氧生物处理法	65	
									物理化学法+厌氧生物处理法+好氧生物处理法+物理化学法	85	
					废气	工业废气量	标米 ^{3}/吨-产品	4.12×10^4	—	—	—
						挥发性有机物	克/吨-产品	56.16	吸附+蒸汽解析	62	k=废气治理设施运行时间（小时/年）/企业正常生产时间（小时/年）
									吸收+分流	32	
									直接燃烧	62	
					固废	一般工业固废	千克/吨-产品	8.00	—	—	—
						危险废物	千克/吨-产品	3.46	—	—	—

2821 锦纶纤维制造行业系数表（续表 2）

工段名称	产品名称	原料名称	工艺名称	规模等级	污染物类别	污染物指标	系数单位	产污系数	末端治理技术	末端治理技术平均去除效率/%	参考 k 值计算公式
—	锦纶 6FDY	锦纶 6 切片	切片-干燥-熔融-纺丝-牵伸-卷绕	所有规模	废水	工业废水量	吨/吨-产品	0.78	—	—	—
						化学需氧量	克/吨-产品	1295	物理化学法+厌氧生物处理法+好氧生物处理法	90	k=污水治理设施运行时间（小时/年）/企业正常生产时间（小时/年）
									物理化学法+厌氧生物处理法+好氧生物处理法+物理化学法	97	
						氨氮	克/吨-产品	15.50	物理化学法+厌氧生物处理法+好氧生物处理法	76	
									物理化学法+厌氧生物处理法+好氧生物处理法+物理化学法	78	
						总磷	克/吨-产品	2.17	物理化学法+厌氧生物处理法+好氧生物处理法	82	
									物理化学法+厌氧生物处理法+好氧生物处理法+物理化学法	90	
						总氮	克/吨-产品	21.50	物理化学法+厌氧生物处理法+好氧生物处理法	85	
									物理化学法+厌氧生物处理法+好氧生物处理法+物理化学法	90	
						石油类	克/吨-产品	1.76	物理化学法+厌氧生物处理法+好氧生物处理法	65	
									物理化学法+厌氧生物处理法+好氧生物处理法+物理化学法	85	
					废气	工业废气量	标米^3/吨-产品	4.03×10^4	—	—	—
						挥发性有机物	克/吨-产品	699	吸附+蒸汽解析	62	k=废气治理设施运行时间（小时/年）/企业正常生产时间（小时/年）
									吸收+分流	32	
									直接燃烧	62	
					固废	一般工业固废	千克/吨-产品	8.00	—	—	—
						危险废物	千克/吨-产品	3.46	—	—	—

2821 锦纶纤维制造行业系数表（续表 3）

工段名称	产品名称	原料名称	工艺名称	规模等级	污染物类别	污染物指标	系数单位	产污系数	末端治理技术	末端治理技术平均去除效率/%	参考 k 值计算公式
—	锦纶 6DTY	锦纶 6POY	牵伸-加捻-卷绕	所有规模	废气	工业废气量	标米 ^{3}/吨-产品	4.03×10^4	—	—	—
						挥发性有机物	克/吨-产品	1165	吸附+蒸汽解析	62	k=废气治理设施运行时间（小时/年）/企业正常生产时间（小时/年）
									吸收+分流	32	
									直接燃烧	62	
—	锦纶 66 民用长丝	锦纶 66 切片	切片-干燥-熔融-纺丝-牵伸-卷绕	所有规模	废水	工业废水量	吨/吨-产品	1.18	—	—	—
						化学需氧量	克/吨-产品	1943	物理化学法+厌氧生物处理法+好氧生物处理法	90	k=污水治理设施运行时间（小时/年）/企业正常生产时间（小时/年）
									物理化学法+厌氧生物处理法+好氧生物处理法+物理化学法	97	
						氨氮	克/吨-产品	23.30	物理化学法+厌氧生物处理法+好氧生物处理法	76	
									物理化学法+厌氧生物处理法+好氧生物处理法+物理化学法	78	
						总磷	克/吨-产品	3.25	物理化学法+厌氧生物处理法+好氧生物处理法	82	
									物理化学法+厌氧生物处理法+好氧生物处理法+物理化学法	90	
						总氮	克/吨-产品	32.30	物理化学法+厌氧生物处理法+好氧生物处理法	85	
									物理化学法+厌氧生物处理法+好氧生物处理法+物理化学法	90	
						石油类	克/吨-产品	2.64	物理化学法+厌氧生物处理法+好氧生物处理法	65	
									物理化学法+厌氧生物处理法+好氧生物处理法+物理化学法	85	
					废气	工业废气量	标米 ^{3}/吨-产品	4.03×10^4	—	—	—
						挥发性有机物	克/吨-产品	241	吸附+蒸汽解析	62	k=废气治理设施运行时间（小时/年）/企业正常生产时间（小时/年）
									吸收+分流	32	
									直接燃烧法	62	
					固废	一般工业固废	千克/吨-产品	16.72	—	—	—
						危险废物	千克/吨-产品	0.03	—	—	—

2821 锦纶纤维制造行业系数表（续表 4）

工段名称	产品名称	原料名称	工艺名称	规模等级	污染物类别	污染物指标	系数单位	产污系数	末端治理技术	末端治理技术平均去除效率/%	参考 k 值计算公式
—	锦纶66FDY	锦纶 66 切片	切片-干燥-熔融-纺丝-牵伸-卷绕卷绕-干燥-熔融-纺丝-牵伸-卷绕	所有规模	废水	工业废水量	吨/吨-产品	1.18	—	—	—
						化学需氧量	克/吨-产品	1943	物理化学法+厌氧生物处理法+好氧生物处理法	90	k=污水治理设施运行时间（小时/年）/企业正常生产时间（小时/年）
									物理化学法+厌氧生物处理法+好氧生物处理法+物理化学法	97	
						氨氮	克/吨-产品	23.30	物理化学法+厌氧生物处理法+好氧生物处理法	76	
									物理化学法+厌氧生物处理法+好氧生物处理法+物理化学法	78	
						总磷	克/吨-产品	3.25	物理化学法+厌氧生物处理法+好氧生物处理法	82	
									物理化学法+厌氧生物处理法+好氧生物处理法+物理化学法	90	
						总氮	克/吨-产品	32.30	物理化学法+厌氧生物处理法+好氧生物处理法	85	
									物理化学法+厌氧生物处理法+好氧生物处理法+物理化学法	90	
						石油类	克/吨-产品	2.64	物理化学法+厌氧生物处理法+好氧生物处理法	65	
									物理化学法+厌氧生物处理法+好氧生物处理法+物理化学法	85	
					废气	工业废气量	标米^3/吨-产品	4.03×10^4	—	—	—
						挥发性有机物	克/吨-产品	723	吸附+蒸汽解析	62	k=废气治理设施运行时间（小时/年）/企业正常生产时间（小时/年）
									吸收+分流	32	
									直接燃烧法	62	
					固废	一般工业固废	千克/吨-产品	16.72	—	—	—
						危险废物	千克/吨-产品	0.03	—	—	—

2821 锦纶纤维制造行业系数表（续表 5）

工段名称	产品名称	原料名称	工艺名称	规模等级	污染物类别	污染物指标	系数单位	产污系数	末端治理技术	末端治理技术平均去除效率/%	参考 k 值计算公式
—	锦纶66DTY	锦纶66POY	牵伸-加捻-卷绕	所有规模	废气	工业废气量	标米³/吨-产品	4.03×10^4	—	—	—
					废气	挥发性有机物	克/吨-产品	1205	吸附+蒸汽解析	62	=废气治理设施运行时间（小时/年）/企业正常生产时间（小时/年）
									吸收+分流	32	
									直接燃烧法	62	
—	锦纶 66 工业丝	锦纶 66 切片	切片-干燥-熔融-纺丝-多级牵伸-卷绕	所有规模	废水	工业废水量	吨/吨-产品	2.23	—	—	—
						化学需氧量	克/吨-产品	2938	物理化学法+厌氧生物处理法+好氧生物处理法	90	k=污水治理设施运行时间（小时/年）/企业正常生产时间（小时/年）
									物理化学法+厌氧生物处理法+好氧生物处理法+物理化学法	97	
						氨氮	克/吨-产品	57.80	物理化学法+厌氧生物处理法+好氧生物处理法	76	k=污水治理设施运行时间（小时/年）/企业正常生产时间（小时/年）
									物理化学法+厌氧生物处理法+好氧生物处理法+物理化学法	78	
						总磷	克/吨-产品	16.90	物理化学法+厌氧生物处理法+好氧生物处理法	82	k=污水治理设施运行时间（小时/年）/企业正常生产时间（小时/年）
									物理化学法+厌氧生物处理法+好氧生物处理法+物理化学法	90	
						总氮	克/吨-产品	100	物理化学法+厌氧生物处理法+好氧生物处理法	85	k=污水治理设施运行时间（小时/年）/企业正常生产时间（小时/年）
									物理化学法+厌氧生物处理法+好氧生物处理法+物理化学法	90	
						石油类	克/吨-产品	9.45	物理化学法+厌氧生物处理法+好氧生物处理法	65	k=污水治理设施运行时间（小时/年）/企业正常生产时间（小时/年）
									物理化学法+厌氧生物处理法+好氧生物处理法+物理化学法	85	
					废气	工业废气量	标米³/吨-产品	4.12×10^4	—	—	—
						挥发性有机物	克/吨-产品	56.17	吸附+蒸汽解析	62	k=废气治理设施运行时间（小时/年）/企业正常生产时间（小时/年）
									吸收+分流	32	
									直接燃烧法	62	
					固废	一般工业固废	千克/吨-产品	8.00	—	—	—
						危险废物	千克/吨-产品	3.46	—	—	—

2822 涤纶纤维制造业

1 适用范围

本手册仅用于《国民经济行业分类》(GB/T 4754—2017)中 2822 涤纶纤维制造行业使用系数法核算工业污染物产生量和排放量的工业企业。

利用本手册进行产排污核算得出的污染物产生量与排放量仅代表了特定行业、工艺、产品、原料在正常工况下污染物产生与排放的一般规律。

本行业废水指标包括化学需氧量、氨氮、总磷、总氮、石油类、锑;废气指标包括挥发性有机物。

2 注意事项

2.1 企业有多种生产工艺或生产多类产品产排污核算

污染物产生量与产品产量有关,根据不同核算环节计算产污量后,再根据企业末端治理设施和运行情况计算各污染物的排放量。

企业某污染物指标的产生量、排放量为各核算环节产生量、排放量之和。

在企业实际排放量计算过程中,如果存在废水回用的情况,需要在利用产排污核算公式的基础上扣除废水回用的部分。公式如下:

实际排放量=计算排放量×(1–废水回用率)

2.2 采用多种治理设施组合处理企业的排污量核算

在排污量计算选择末端治理技术时,若没有对应的组合治理技术,以主要治理技术为准。

2.3 系数表中未涉及的产污系数及污染治理效率

本手册已涵盖涤纶纤维制造行业原料、各种工艺及规模生产的涤纶长丝、涤纶短纤、再生涤纶长丝、再生涤纶短纤。对可能遇到的特殊产品、特殊生产工艺、特殊末端处理工艺,可咨询当地行业组织、专家、其他企业技术人员,选取近似的产污系数代替。

2.4 其他需要说明的问题

(1)近年来,由于再生涤纶行业的兴起与发展,首次将再生涤纶纤维纳入本手册。

(2)本手册的制定过程中,通过对相关企业实测和历史数据的统计,制定出适合国内典型生产工艺、符合国内平均水平的产污系数和末端治理设施去除效率、运行效率。使用本手册计算排污量时与单个企业的实际情况可能有差异,但总体上符合行业水平。

(3)由于涤纶纤维制造企业特点,其规模往往取决于生产设备套数,因此多数情况下产污系数与规模大小关系不大，而与产品种类、生产工艺、设备的先进性和企业管理水平有关。

（4）由于不同企业工业废气量、废水量差异较大，本手册所提供的工业废气量、废水量系数仅供参考。

为体现相同产污水平条件下，采用相同环保治理设施的不同企业对同一污染物去除效果的差异，引入末端治理设施实际运行率（k）对污染治理技术的实际去除率进行修正。k 值反映的是污染治理设施运行的状态，越稳定运行，k 值越高；在取值上，若定义连续稳定运行的理想状态为 1，则 k 取值在 0～1 之间。

本手册给出本行业的 k 计算公式仅供参考，使用时，可根据 k 值定义，选取更适合企业实际情况的表达方式。

（5）本手册的产污系数适用于涤纶常规产品，差别化［指有别于普通常规性能的化学纤维，即通过采用化学或物理等手段后，其结构、形态等特性发生改变，从而具有了某种或多种特殊性能的化学纤维。已大量使用的差别化纤维品种主要有异形纤维、变形纤维（卷曲纤维）、复合纤维、细旦与超细旦纤维、粗旦纤维、超短纤维、高收缩纤维、无染纤维、易染纤维、仿真与超仿真纤维、全消光纤维、半消光纤维、竹节丝等］，功能性涤纶产品的修正产污系数按常规产品产污系数的 1.2 倍计算（修正产污系数=产污系数×1.2）。此外，考虑涤纶 FDY 和 DTY 产品挥发性有机物产生情况，在实际应用过程中要进行相应调整，挥发性有机物产污系数分别按常规产品挥发性有机物产污系数的 3 倍和 5 倍计算。

（6）涤纶工业长丝产污系数参照涤纶长丝产污系数。

（7）再生涤纶纤维的原料为废旧聚酯瓶片，由于其来源和洁净度不同，在进行干燥纺丝之前是否对废旧聚酯瓶片进行清洗对产污系数影响较大，本系数是针对聚酯瓶片进行清洗的情况。若企业对聚酯瓶片未进行清洗，工业废水量、化学需氧量的产污系数需使用修正后产污系数进行核算，修正产污系数=产污系数×0.05。

（8）关于系数表格各栏目的说明：

①“产品名称”：指涤纶纤维制造企业在报告期内生产的，并符合产品质量要求的实物名称，包括涤纶长丝、涤纶短纤、再生涤纶长丝、再生涤纶短纤。

②“原料名称”：指涤纶纤维制造企业在报告期内使用的主要原料。本手册包括对苯二甲酸、乙二醇、聚酯切片、废旧聚酯瓶片。

③“工艺名称”：指对应涤纶纤维制造企业生产、加工产品采用的主要生产方法的名称。

④“规模等级”：指产污系数核算所对应的生产规模等级，由于涤纶纤维制造行业企业其规模对产污系数无明显的影响，因此本手册不计生产规模的影响。

⑤“污染物指标”：主要包括废水污染物和废气污染物。

⑥“系数单位”：为产污系数计量单位，工业废水量表述为“吨/吨-产品”，废水污染物表述为“克/吨-产品”；工业废气量表述为标准状态（273.15 开尔文，101.325 千帕）下“米^3/吨-产品”，废气污染物表述为“克/吨-产品”。

⑦“产污系数”：是指每生产单位质量产品产生的污染物的质量。

⑧“末端治理技术名称”：针对涤纶纤维制造行业内的污染物所采用的处理方法的名称。其中废水末端治理技术中，企业通过污水治理设施治理后，纳入市政或园区管网的，一般选用物理化学法+厌氧生物处理法+好氧生物处理法；直接排放河道的一般选用物理化学法+厌氧生物处理法+好氧生

物处理法+物理化学法。废气末端治理技术中，采用静电除油、活性炭吸附等方法的，选用吸附+蒸汽解析；采用喷淋、冷凝等方法的选用吸收+分流；采用燃烧等氧化方法的选用直接燃烧法。手册中只涉及常用的末端处理技术，当被调查企业的末端处理方法不在系数表单中，可咨询当地行业组织、环保专家或企业技术人员，在系数表单中选取近似的废水处理方法代替。

⑨“末端治理技术平均去除效率”：指在典型末端治理工艺的条件下，生产单位产品所产生的污染物经污染治理设施的削减比例。

⑩“末端治理设施运行系数（k 值）”：指末端治理设施在正常运行周期内的主要实际运行参数与设计运行参数的比例。

3 污染物排放量核算方法

3.1 计算污染物产生量

（1）根据产品、原料、污染物产生的主导生产工艺、企业规模（生产产能）这一组合查找和确定所对应的某一污染物的产污系数。

（2）根据该污染物的产污系数计量单位——单位产品产量，获取企业实际产品产量。

例如，某组合内化学需氧量的产污系数单位为克/吨-产品，则计算产生量时需要获取企业实际产品产量。

（3）污染物产生量按以下公式进行计算：

污染物产生量=污染物对应的产污系数×产品产量

$$G_{产i} = P_{产i} \times M_i$$

式中，$G_{产i}$——工段 i 某污染物的产生量；

$P_{产i}$——工段 i 某污染物对应的产污系数；

M_i——工段 i 的产品产量。

3.2 计算污染物去除量

（1）根据企业对某一污染物所采用的治理技术查找和选择相应的治理技术平均去除效率。

（2）根据所填报的污染治理设施实际运行率参数及其计算公式得出该企业某一污染物的治理设施实际运行率（k 值）。

（3）污染物去除量按以下公式进行计算：

污染物去除量=污染物产生量×污染物去除率 =污染物产生量×治理技术平均去除效率×治理设施实际运行率

$$R_{减i} = G_{产i} \times \eta_T \times k_T$$

式中，$R_{减i}$——工段 i 某污染物的去除量；

η_T——工段 i 某污染物采用的末端治理技术的平均去除效率；

k_T——工段 i 某污染物采用的末端治理设施的实际运行率。

3.3 计算污染物排放量

污染物排放量=污染物产生量–污染物去除量

=污染物对应的产污系数×产品产量–污染物产生量×治理技术平均去除效率×治理设施实际运行率

3.4 计算企业污染物排放量

同一企业某污染物全年的产生（排放）总量为该企业同年实际生产的全部产品、原料、规模污染物产生（排放）量之和。

$$E_{排} = G_{产} - R_{减} = \sum(G_{产i} - R_{减i})$$
$$= \sum\left[P_{产i} \times M_i(1-\eta_T \times k_T)\right]$$

4 污染物排放量核算案例

某企业主要从事涤纶纤维长丝生产，该企业主要原料为对苯二甲酸、乙二醇，生产工艺采用熔体直纺（熔体-过滤-纺丝-卷绕），年产量（生产规模）477100 吨。该企业废水的污染治理技术采用物理化学法+厌氧生物处理法+好氧生物处理法，涉及的废水污染物主要为化学需氧量、氨氮、总磷、总氮、石油类、锑。以化学需氧量为例说明排放量计算过程。

该企业基本信息如表 1 所示。

表 1 某化纤企业基本信息

	核算环节：全厂	
	名称	数量
产品及产量	涤纶长丝	477100 吨
原料及用量	对苯二甲酸、乙二醇	568700 吨
工艺名称	熔体直纺（熔体-过滤-纺丝-卷绕）	
规模（产能）	500000 吨	
污染治理设施	物理化学法+厌氧生物处理法+好氧生物处理法	
实际运行率参数	污水治理设施运行时间	8640 小时
	企业正常生产时间	8640 小时

4.1 化学需氧量产生量计算

（1）查找产污系数及其计量单位

根据企业基本信息，查找本手册中主要产品为涤纶长丝，主要原料为对苯二甲酸、乙二醇，主要工艺为熔体直纺（熔体-过滤-纺丝-卷绕），生产规模为所有规模。该组合化学需氧量的产污系数为 1525，单位为克/吨-产品。

（2）获取企业产品产量与原料用量

该企业实际情况：主要产品涤纶长丝 2017 年产量为 477100 吨，主要原料 2017 年消耗量为 568700 吨。

（3）计算化学需氧量产生量

由于查询到的组合中化学需氧量产污系数的单位为克/吨-产品，因此在核算化学需氧量产生量时需获取产品产量。

化学需氧量产生量=化学需氧量产污系数×产品（涤纶长丝）产量

=（1525 克/吨-产品×477100 吨-产品）÷1000000=727.57 吨

4.2 化学需氧量去除量计算

（1）查找治理技术平均去除效率

该企业化学需氧量治理技术采用“物理化学法+厌氧生物处理法+好氧生物处理法”，查询相应组合内该工艺的平均去除效率为 95%。

（2）计算污染治理设施实际运行率

根据产污系数组合查询结果，该组合中化学需氧量法对应的污染治理设施实际运行率为

k=污水治理设施运行时间/企业正常生产时间=8640 小时/8640 小时=1

（3）计算化学需氧量去除量

化学需氧量去除量=727.57×95%×1=691.19 吨

4.3 化学需氧量排放量计算

化学需氧量排放量=727.57 吨−691.19 吨=36.38 吨

5 系数表

2822 涤纶纤维制造行业系数表

工段名称	产品名称	原料名称	工艺名称	规模等级	污染物类别	污染物指标	系数单位	产污系数	末端治理技术	末端治理技术平均去除效率/%	参考 k 值计算公式[1]
—	涤纶长丝	对苯二甲酸、乙二醇	熔体直纺（熔体-过滤-纺丝-卷绕）	所有规模	废水	工业废水量	吨/吨-产品	1.70	—	—	—
						化学需氧量	克/吨-产品	1525	物理化学法+厌氧生物处理法+好氧生物处理法	95	k=污水治理设施运行时间（小时/年）/企业正常生产时间（小时/年）
									物理化学法+厌氧生物处理法+好氧生物处理法+物理化学法	97	
						氨氮	克/吨-产品	5.79	物理化学法+厌氧生物处理法+好氧生物处理法	76	
									物理化学法+厌氧生物处理法+好氧生物处理法+物理化学法	78	
						总磷	克/吨-产品	0.79	物理化学法+厌氧生物处理法+好氧生物处理法	82	
									物理化学法+厌氧生物处理法+好氧生物处理法+物理化学法	90	
						总氮	克/吨-产品	8.71	物理化学法+厌氧生物处理法+好氧生物处理法	85	
									物理化学法+厌氧生物处理法+好氧生物处理法+物理化学法	90	
						石油类	克/吨-产品	0.27	物理化学法+厌氧生物处理法+好氧生物处理法	65	
									物理化学法+厌氧生物处理法+好氧生物处理法+物理化学法	85	
						锑	克/吨-产品	1.34	物理化学法+厌氧生物处理法+好氧生物处理法	65	
									物理化学法+厌氧生物处理法+好氧生物处理法+物理化学法	85	
					废气	工业废气量	标米 ^{3}/吨-产品	4831	—	—	—
						挥发性有机物	克/吨-产品	82.21	吸附+蒸汽解析	62	k=废气治理设施运行时间（小时/年）/企业正常生产时间（小时/年）
									吸收+分流	32	
									直接燃烧法	62	
					固废	一般工业固废	千克/吨-产品	10.00	—		
						危险废物	千克/吨-产品	0.39	—		

[1] 该公式仅供参考，使用时，可根据 k 值定义，选取更适合企业实际情况的表达方式。

2822 涤纶纤维制造行业系数表（续表 1）

工段名称	产品名称	原料名称	工艺名称	规模等级	污染物类别	污染物指标	系数单位	产污系数	末端治理技术	末端治理技术平均去除效率/%	参考 k 值计算公式
—	涤纶长丝	聚酯切片	切片纺（切片-干燥-熔融-纺丝-卷绕）	所有规模	废水	工业废水量	吨/吨-产品	1.20	—	—	—
						化学需氧量	克/吨-产品	1032	物理化学法+厌氧生物处理法+好氧生物处理法	95	k=污水治理设施运行时间（小时/年）/企业正常生产时间（小时/年）
									物理化学法+厌氧生物处理法+好氧生物处理法+物理化学法	97	
						氨氮	克/吨-产品	6.48	物理化学法+厌氧生物处理法+好氧生物处理法	76	
									物理化学法+厌氧生物处理法+好氧生物处理法+物理化学法	78	
						总磷	克/吨-产品	2.01	物理化学法+厌氧生物处理法+好氧生物处理法	82	
									物理化学法+厌氧生物处理法+好氧生物处理法+物理化学法	90	
						总氮	克/吨-产品	15.8	物理化学法+厌氧生物处理法+好氧生物处理法	85	
									物理化学法+厌氧生物处理法+好氧生物处理法+物理化学法	90	
						石油类	克/吨-产品	6.25	物理化学法+厌氧生物处理法+好氧生物处理法	65	
									物理化学法+厌氧生物处理法+好氧生物处理法+物理化学法	85	
						锑	克/吨-产品	0.09	物理化学法+厌氧生物处理法+好氧生物处理法	65	
									物理化学法+厌氧生物处理法+好氧生物处理法+物理化学法	85	
					废气	工业废气量	标米^3/吨-产品	5567	—		—
						挥发性有机物	克/吨-产品	8.35	吸附+蒸汽解析	62	k=废气治理设施运行时间（小时/年）/企业正常生产时间（小时/年）
									吸收+分流	32	
									直接燃烧法	62	
					固废	一般工业固废	千克/吨-产品	5.08	—		
						危险废物	千克/吨-产品	0.05	—		

2822 涤纶纤维制造行业系数表（续表 2）

工段名称	产品名称	原料名称	工艺名称	规模等级	污染物类别	污染物指标	系数单位	产污系数	末端治理技术	末端治理技术平均去除效率/%	参考 k 值计算公式
—	涤纶短纤	对苯二甲酸、乙二醇	熔体直纺（熔体-过滤-纺丝-集束-牵伸-卷曲-定型-切断）	所有规模	废水	工业废水量	吨/吨-产品	2.10	—	—	—
						化学需氧量	克/吨-产品	1952	物理化学法+厌氧生物处理法+好氧生物处理法	95	k=污水治理设施运行时间（小时/年）/企业正常生产时间（小时/年）
									物理化学法+厌氧生物处理法+好氧生物处理法+物理化学法	97	
						氨氮	克/吨-产品	13.00	物理化学法+厌氧生物处理法+好氧生物处理法	76	
									物理化学法+厌氧生物处理法+好氧生物处理法+物理化学法	78	
						总磷	克/吨-产品	1.53	物理化学法+厌氧生物处理法+好氧生物处理法	82	
									物理化学法+厌氧生物处理法+好氧生物处理法+物理化学法	90	
						总氮	克/吨-产品	14.10	物理化学法+厌氧生物处理法+好氧生物处理法	85	
									物理化学法+厌氧生物处理法+好氧生物处理法+物理化学法	90	
						石油类	克/吨-产品	4.33	物理化学法+厌氧生物处理法+好氧生物处理法	65	
									物理化学法+厌氧生物处理法+好氧生物处理法+物理化学法	85	
						锑	克/吨-产品	0.50	物理化学法+厌氧生物处理法+好氧生物处理法	65	
									物理化学法+厌氧生物处理法+好氧生物处理法+物理化学法	85	
					废气	工业废气量	标米 ^{3}/吨-产品	3925	—	—	—
						挥发性有机物	克/吨-产品	65.8	吸附+蒸汽解析	62	k=废气治理设施运行时间（小时/年）/企业正常生产时间（小时/年）
									吸收+分流	32	
									直接燃烧	62	
					固废	一般工业固废	千克/吨-产品	5.90	—		
						危险废物	千克/吨-产品	0.39	—		

2822 涤纶纤维制造行业系数表（续表 3）

工段名称	产品名称	原料名称	工艺名称	规模等级	污染物类别	污染物指标	系数单位	产污系数	末端治理技术	末端治理技术平均去除效率/%	参考 k 值计算公式
—	涤纶短纤	聚酯切片	切片-干燥-熔融-纺丝-集束-牵伸-卷曲-定型-切断	所有规模	废水	工业废水量	吨/吨-产品	1.50	—	—	—
						化学需氧量	克/吨-产品	1720	物理化学法+厌氧生物处理法+好氧生物处理法	95	k=污水治理设施运行时间（小时/年）/企业正常生产时间（小时/年）
									物理化学法+厌氧生物处理法+好氧生物处理法+物理化学法	97	
						氨氮	克/吨-产品	4.05	物理化学法+厌氧生物处理法+好氧生物处理法	76	
									物理化学法+厌氧生物处理法+好氧生物处理法+物理化学法	78	
						总磷	克/吨-产品	1.26	物理化学法+厌氧生物处理法+好氧生物处理法	82	
									物理化学法+厌氧生物处理法+好氧生物处理法+物理化学法	90	
						总氮	克/吨-产品	9.86	物理化学法+厌氧生物处理法+好氧生物处理法	85	
									物理化学法+厌氧生物处理法+好氧生物处理法+物理化学法	90	
						石油类	克/吨-产品	3.91	物理化学法+厌氧生物处理法+好氧生物处理法	65	
									物理化学法+厌氧生物处理法+好氧生物处理法+物理化学法	85	
						锑	克/吨-产品	0.06	物理化学法+厌氧生物处理法+好氧生物处理法	65	
									物理化学法+厌氧生物处理法+好氧生物处理法+物理化学法	85	
					废气	工业废气量	标米 ^{3}/吨-产品	1.75×10^4	—	—	—
						挥发性有机物	克/吨-产品	41.78	吸附+蒸汽解析	62	k=废气治理设施运行时间（小时/年）/企业正常生产时间（小时/年）
									吸收+分流	32	
									直接燃烧	62	
					固废	一般工业固废	千克/吨-产品	5.08	—		
						危险废物	千克/吨-产品	0.05	—		

2822 涤纶纤维制造行业系数表（续表 4）

工段名称	产品名称	原料名称	工艺名称	规模等级	污染物类别	污染物指标	系数单位	产污系数	末端治理技术	末端治理技术平均去除效率/%	参考 k 值计算公式
—	涤纶FDY	对苯二甲酸、乙二醇	熔体直纺（熔体-过滤-纺丝-卷绕）	所有规模	废水	工业废水量	吨/吨-产品	1.70	—	—	—
						化学需氧量	克/吨-产品	1525	物理化学法+厌氧生物处理法+好氧生物处理法	95	k=污水治理设施运行时间（小时/年）/企业正常生产时间（小时/年）
									物理化学法+厌氧生物处理法+好氧生物处理法+物理化学法	97	
						氨氮	克/吨-产品	5.79	物理化学法+厌氧生物处理法+好氧生物处理法	76	
									物理化学法+厌氧生物处理法+好氧生物处理法+物理化学法	78	
						总磷	克/吨-产品	0.79	物理化学法+厌氧生物处理法+好氧生物处理法	82	
									物理化学法+厌氧生物处理法+好氧生物处理法+物理化学法	90	
						总氮	克/吨-产品	8.71	物理化学法+厌氧生物处理法+好氧生物处理法	85	
									物理化学法+厌氧生物处理法+好氧生物处理法+物理化学法	90	
						石油类	克/吨-产品	0.27	物理化学法+厌氧生物处理法+好氧生物处理法	65	
									物理化学法+厌氧生物处理法+好氧生物处理法+物理化学法	85	
						锑	克/吨-产品	0.20	物理化学法+厌氧生物处理法+好氧生物处理法	65	
									物理化学法+厌氧生物处理法+好氧生物处理法+物理化学法	85	
					废气	工业废气量	标米^3/吨-产品	4831	—	—	—
						挥发性有机物	克/吨-产品	246.63	吸附+蒸汽解析	62	k=废气治理设施运行时间（小时/年）/企业正常生产时间（小时/年）
									吸收+分流	32	
									直接燃烧	62	
					固废	一般工业固废	千克/吨-产品	10.00	—		
						危险废物	千克/吨-产品	0.39	—		

2822 涤纶纤维制造行业系数表（续表 5）

工段名称	产品名称	原料名称	工艺名称	规模等级	污染物类别	污染物指标	系数单位	产污系数	末端治理技术	末端治理技术平均去除效率/%	参考 *k* 值计算公式
—	涤纶FDY	聚酯切片	切片纺（切片-干燥-熔融-纺丝-卷绕）	所有规模	废水	工业废水量	吨/吨-产品	1.20	—	—	—
						化学需氧量	克/吨-产品	1032	物理化学法+厌氧生物处理法+好氧生物处理法	95	*k*=污水治理设施运行时间（小时/年）/企业正常生产时间（小时/年）
									物理化学法+厌氧生物处理法+好氧生物处理法+物理化学法	97	
						氨氮	克/吨-产品	6.48	物理化学法+厌氧生物处理法+好氧生物处理法	76	
									物理化学法+厌氧生物处理法+好氧生物处理法+物理化学法	78	
						总磷	克/吨-产品	2.01	物理化学法+厌氧生物处理法+好氧生物处理法	82	
									物理化学法+厌氧生物处理法+好氧生物处理法+物理化学法	90	
						总氮	克/吨-产品	15.80	物理化学法+厌氧生物处理法+好氧生物处理法	85	
									物理化学法+厌氧生物处理法+好氧生物处理法+物理化学法	90	
						石油类	克/吨-产品	6.25	物理化学法+厌氧生物处理法+好氧生物处理法	65	
									物理化学法+厌氧生物处理法+好氧生物处理法+物理化学法	85	
						锑	克/吨-产品	0.09	物理化学法+厌氧生物处理法+好氧生物处理法	65	
									物理化学法+厌氧生物处理法+好氧生物处理法+物理化学法	85	
					废气	工业废气量	标米 ^{3}/吨-产品	5566	—	—	—
						挥发性有机物	克/吨-产品	25.05	吸附+蒸汽解析	62	*k*=废气治理设施运行时间（小时/年）/企业正常生产时间（小时/年）
									吸收+分流	32	
									直接燃烧	62	
					固废	一般工业固废	千克/吨-产品	5.08	—		
						危险废物	千克/吨-产品	0.05	—		

2822 涤纶纤维制造行业系数表（续表 6）

工段名称	产品名称	原料名称	工艺名称	规模等级	污染物类别	污染物指标	系数单位	产污系数	末端治理技术	末端治理技术平均去除效率/%	参考 k 值计算公式
—	涤纶DTY	涤纶POY	牵伸-加捻-卷绕	所有规模	废气	挥发性有机物	克/吨-产品	411.05	吸附+蒸汽解析	62	k=废气治理设施运行时间（小时/年）/企业正常生产时间（小时/年）
									吸收+分流	32	
									直接燃烧	62	
—	再生涤纶长丝	废旧聚酯瓶片	清洗-干燥-熔融-过滤-纺丝-卷绕	所有规模	废水	工业废水量	吨/吨-产品	8.91	—	—	—
						化学需氧量	克/吨-产品	3.17×10^4	物理化学法+厌氧生物处理法+好氧生物处理法	95	k=污水治理设施运行时间（小时/年）/企业正常生产时间（小时/年）
									物理化学法+厌氧生物处理法+好氧生物处理法+物理化学法	97	
						氨氮	克/吨-产品	176	物理化学法+厌氧生物处理法+好氧生物处理法	76	
									物理化学法+厌氧生物处理法+好氧生物处理法+物理化学法	78	
						总磷	克/吨-产品	19.10	物理化学法+厌氧生物处理法+好氧生物处理法	82	
									物理化学法+厌氧生物处理法+好氧生物处理法+物理化学法	90	
						总氮	克/吨-产品	266	物理化学法+厌氧生物处理法+好氧生物处理法	85	
									物理化学法+厌氧生物处理法+好氧生物处理法+物理化学法	90	
						石油类	克/吨-产品	8.10	物理化学法+厌氧生物处理法+好氧生物处理法	65	
									物理化学法+厌氧生物处理法+好氧生物处理法+物理化学法	85	
						锑	克/吨-产品	1.34	物理化学法+厌氧生物处理法+好氧生物处理法	65	
									物理化学法+厌氧生物处理法+好氧生物处理法+物理化学法	85	
					废气	工业废气量	标米^3/吨-产品	3726	—	—	—
						挥发性有机物	克/吨-产品	21.07	吸附+蒸汽解析	62	k=废气治理设施运行时间（小时/年）/企业正常生产时间（小时/年）
									吸收+分流	32	
									直接燃烧	62	
					固废	一般工业固废	千克/吨-产品	16.39	—		
						危险废物	千克/吨-产品	0.04	—		

2822 涤纶纤维制造行业系数表（续表 7）

工段名称	产品名称	原料名称	工艺名称	规模等级	污染物类别	污染物指标	系数单位	产污系数	末端治理技术	末端治理技术平均去除效率/%	参考 k 值计算公式
—	再生涤纶长丝	废旧聚酯瓶片	干燥-熔融-过滤-纺丝-卷绕	所有规模	废水	工业废水量	吨/吨-产品	4.46	—	—	—
						化学需氧量	克/吨-产品	1.58×10^4	物理化学法+厌氧生物处理法+好氧生物处理法	95	k=污水治理设施运行时间（小时/年）/企业正常生产时间（小时/年）
									物理化学法+厌氧生物处理法+好氧生物处理法+物理化学法	97	
						氨氮	克/吨-产品	88.30	物理化学法+厌氧生物处理法+好氧生物处理法	76	
									物理化学法+厌氧生物处理法+好氧生物处理法+物理化学法	78	
						总磷	克/吨-产品	9.53	物理化学法+厌氧生物处理法+好氧生物处理法	82	
									物理化学法+厌氧生物处理法+好氧生物处理法+物理化学法	90	
						总氮	克/吨-产品	133	物理化学法+厌氧生物处理法+好氧生物处理法	85	
									物理化学法+厌氧生物处理法+好氧生物处理法+物理化学法	90	
						石油类	克/吨-产品	4.05	物理化学法+厌氧生物处理法+好氧生物处理法	65	
									物理化学法+厌氧生物处理法+好氧生物处理法+物理化学法	85	
						锑	克/吨-产品	0.67	物理化学法+厌氧生物处理法+好氧生物处理法	65	
									物理化学法+厌氧生物处理法+好氧生物处理法+物理化学法	85	
					废气	工业废气量	标米^3/吨-产品	3726	—	—	—
						挥发性有机物	克/吨-产品	21.07	吸附+蒸汽解析	62	k=废气治理设施运行时间（小时/年）/企业正常生产时间（小时/年）
									吸收+分流	32	
									直接燃烧	62	
					固废	一般工业固废	千克/吨-产品	16.39	—		
						危险废物	千克/吨-产品	0.04	—		

2822 涤纶纤维制造行业系数表（续表 8）

工段名称	产品名称	原料名称	工艺名称	规模等级	污染物类别	污染物指标	系数单位	产污系数	末端治理技术	末端治理技术平均去除效率/%	参考 k 值计算公式
—	再生涤纶短纤	废旧聚酯瓶片	清洗-干燥-熔融-过滤-纺丝-集束-牵伸-卷曲-定型-切断	所有规模	废水	工业废水量	克/吨-产品	10.70	—	—	—
						化学需氧量	克/吨-产品	3.31×10^4	物理化学法+厌氧生物处理法+好氧生物处理法	95	k=污水治理设施运行时间（小时/年）/企业正常生产时间（小时/年）
									物理化学法+厌氧生物处理法+好氧生物处理法+物理化学法	97	
						氨氮	克/吨-产品	54.20	物理化学法+厌氧生物处理法+好氧生物处理法	76	
									物理化学法+厌氧生物处理法+好氧生物处理法+物理化学法	78	
						总磷	克/吨-产品	2.54	物理化学法+厌氧生物处理法+好氧生物处理法	82	
									物理化学法+厌氧生物处理法+好氧生物处理法+物理化学法	90	
						总氮	克/吨-产品	98.30	物理化学法+厌氧生物处理法+好氧生物处理法	85	
									物理化学法+厌氧生物处理法+好氧生物处理法+物理化学法	90	
						石油类	克/吨-产品	64.50	物理化学法+厌氧生物处理法+好氧生物处理法	65	
									物理化学法+厌氧生物处理法+好氧生物处理法+物理化学法	85	
						锑	克/吨-产品	0.08	物理化学法+厌氧生物处理法+好氧生物处理法	65	
									物理化学法+厌氧生物处理法+好氧生物处理法+物理化学法	85	
					废气	工业废气量	标米^3/吨-产品	7523.89	—	—	—
						挥发性有机物	克/吨-产品	42.28	吸附+蒸汽解析	62	k=废气治理设施运行时间（小时/年）/企业正常生产时间（小时/年）
									吸收+分流	32	
									直接燃烧	62	
					固废	一般工业固废	千克/吨-产品	5.87	—		
						危险废物	千克/吨-产品	0.04	—		

2822 涤纶纤维制造行业系数表（续表 9）

工段名称	产品名称	原料名称	工艺名称	规模等级	污染物类别	污染物指标	系数单位	产污系数	末端治理技术	末端治理技术平均去除效率/%	参考 k 值计算公式
—	再生涤纶短纤	废旧聚酯瓶片	干燥-熔融-过滤-纺丝-集束-牵伸-卷曲-定型-切断	所有规模	废水	工业废水量	克/吨-产品	5.35	—	—	—
						化学需氧量	克/吨-产品	1.66×10^4	物理化学法+厌氧生物处理法+好氧生物处理法	95	k=污水治理设施运行时间（小时/年）/企业正常生产时间（小时/年）
									物理化学法+厌氧生物处理法+好氧生物处理法+物理化学法	97	
						氨氮	克/吨-产品	27.10	物理化学法+厌氧生物处理法+好氧生物处理法	76	
									物理化学法+厌氧生物处理法+好氧生物处理法+物理化学法	78	
						总磷	克/吨-产品	1.27	物理化学法+厌氧生物处理法+好氧生物处理法	82	
									物理化学法+厌氧生物处理法+好氧生物处理法+物理化学法	90	
						总氮	克/吨-产品	49.1	物理化学法+厌氧生物处理法+好氧生物处理法	85	
									物理化学法+厌氧生物处理法+好氧生物处理法+物理化学法	90	
						石油类	克/吨-产品	32.3	物理化学法+厌氧生物处理法+好氧生物处理法	65	
									物理化学法+厌氧生物处理法+好氧生物处理法+物理化学法	85	
						锑	克/吨-产品	0.04	物理化学法+厌氧生物处理法+好氧生物处理法	65	
									物理化学法+厌氧生物处理法+好氧生物处理法+物理化学法	85	
					废气	工业废气量	标米 ^{3}/吨-产品	7523.89	—	—	—
						挥发性有机物	克/吨-产品	42.28	吸附+蒸汽解析	62	k=废气治理设施运行时间（小时/年）/企业正常生产时间（小时/年）
					固废	一般工业固废	千克/吨-产品	5.87	—		
						危险废物	千克/吨-产品	0.04	—		

2823 腈纶纤维制造业

1 适用范围

本手册仅用于《国民经济行业分类》（GB/T 4754—2017）中 2823 腈纶纤维制造行业使用系数法核算工业污染物产生量和排放量的工业企业。

利用本手册进行产排污核算得出的污染物产生量与排放量仅代表了特定行业、工艺、产品、原料在正常工况下污染物产生与排放的一般规律。

本行业废水指标包括化学需氧量、氨氮、总磷、总氮、石油类；废气指标包括挥发性有机物。

2 注意事项

2.1 企业有多种生产工艺或生产多类产品产排污量核算

污染物产生量与产品产量有关，根据不同核算环节计算产污量后，再根据企业末端治理设施和运行情况计算各污染物的排放量。

企业某污染物指标的产生量、排放量为各核算环节产生量、排放量之和。

在企业实际排放量计算过程中，如果存在废水回用的情况，需要在利用产排污核算公式的基础上扣除废水回用的部分。公式如下：

$$实际排放量=计算排放量\times（1-废水回用率）$$

2.2 采用多种治理设施组合处理企业的排污量核算

在排污量计算选择末端治理技术时，若没有对应的组合治理技术，以主要治理技术为准。

2.3 系数表中未涉及的产污系数及污染治理效率

本手册中系数主要涉及腈纶短纤的生产，主要生产工艺为 DMAc 湿法二步法、NaSCN 湿法一步法、NaSCN 湿法二步法，如果采用其他工艺或生产腈纶长丝，废水、废气指标可参考本系数手册进行修正。对可能遇到的特殊产品、特殊生产工艺、特殊末端处理工艺，可咨询当地行业组织、专家、其他企业技术人员，选取近似的产污系数代替。

2.4 其他需要说明的问题

（1）本手册的制定过程中，通过对相关企业实测和历史数据的统计，制定出适合国内典型生产工艺、符合国内平均水平的产污系数和末端治理设施去除效率、运行效率。使用本手册计算排污量时与单个企业的实际情况可能有差异，但总体上符合行业水平。

（2）由于腈纶纤维制造企业特点，其规模往往取决于生产设备套数，因此多数情况下产污系数与规模大小关系不大，而与产品种类、生产工艺、设备的先进性和企业管理水平有关。

（3）由于不同企业工业废气量、废水量差异较大，本手册所提供的工业废气量、废水量系数仅供参考。

为体现相同产污水平条件下，采用相同环保治理设施的不同企业对同一污染物去除效果的差异，引入末端治理设施实际运行率（k）对污染治理技术的实际去除率进行修正。k 值反映的是污染治理设施运行的状态，越稳定运行，k 值越高；在取值上，若定义连续稳定运行的理想状态为 1，则 k 取值在 0～1 之间。

本手册给出本行业的 k 计算公式仅供参考，使用时，可根据 k 值定义，选取更适合企业实际情况的表达方式。

（4）关于系数表格各栏目的说明：

①“产品名称”：指腈纶纤维制造企业在报告期内生产的，并符合产品质量要求的腈纶短纤。

②“原料名称”：指腈纶纤维制造企业在报告期内使用的主要原料。本手册包括丙烯腈。

③“工艺名称”：指对应腈纶纤维制造企业生产、加工产品采用的主要生产方法的名称，本手册包括 DMAc 湿法二步法、NaSCN 湿法一步法、NaSCN 湿法二步法。

④“规模等级”：指产污系数核算所对应的生产规模等级，由于腈纶纤维制造行业企业其规模对产污系数无明显的影响，因此本手册不计生产规模的影响。

⑤“污染物指标”：主要包括废水污染物和废气污染物。

⑥“系数单位”：为产污系数计量单位，工业废水量表述为“吨/吨-产品”，废水污染物表述为“克/吨-产品”；工业废气量表述为标准状态（273.15 开尔文，101.325 千帕）下“米 ^{3}/吨-产品”，废气污染物表述为“克/吨-产品”。

⑦“产污系数”：是指每生产单位重量产品产生污染物的质量。

⑧“末端治理技术名称”：针对腈纶纤维制造行业内的污染物所采用的处理方法的名称。其中废水末端治理技术中，企业通过污水治理设施治理后，纳入市政或园区管网的，一般选用物理化学法+厌氧生物处理法+好氧生物处理法；直接排放河道的一般选用物理化学法+厌氧生物处理法+好氧生物处理法+物理化学法。废气末端治理技术中，采用静电除油、活性炭吸附等方法的，选用吸附+蒸汽解析；采用喷淋、冷凝等方法的选用吸收+分流；采用燃烧等氧化方法的选用直接燃烧法。手册中只涉及常用的末端处理技术，当被调查企业的末端处理方法不在系数表单中，可咨询当地行业组织、环保专家或企业技术人员，在系数表单中选取近似的废水处理方法代替。

⑨“末端治理技术平均去除效率”：指在典型末端治理工艺的条件下，生产单位产品所产生的污染物经污染治理设施的削减比例。

⑩“末端治理设施运行系数（k 值）”：指末端治理设施在正常运行周期内的主要实际运行参数与设计运行参数的比例。

3　污染物排放量核算方法

3.1　计算污染物产生量

（1）根据产品、原料、污染物产生的主导生产工艺、企业规模（生产产能）这一个组合查找和确定所对应的某一污染物的产污系数。

（2）根据该污染物的产污系数计量单位——单位产品产量，获取企业实际产品产量。

例如，某组合内化学需氧量的产污系数单位为克/吨-产品，则计算产生量时需要获取企业实际产品产量。

（3）污染物产生量按以下公式进行计算：

污染物产生量=污染物对应的产污系数×产品产量

$$G_{产i} = P_{产i} \times M_i$$

式中，$G_{产i}$——工段 i 某污染物的产生量；

$P_{产i}$——工段 i 某污染物对应的产污系数；

M_i——工段 i 的产品产量。

3.2 计算污染物去除量

（1）根据企业对某一污染物所采用的治理技术查找和选择相应的治理技术平均去除效率。

（2）根据所填报的污染治理设施实际运行率参数及其计算公式得出该企业某一污染物的治理设施实际运行率（k 值）。

（3）污染物去除量按以下公式进行计算：

污染物去除量=污染物产生量×污染物去除率 =污染物产生量×治理技术平均去除效率×治理设施实际运行率

$$R_{减i} = G_{产i} \times \eta_T \times k_T$$

式中，$R_{减i}$——工段 i 某污染物的去除量；

η_T——工段 i 某污染物采用的末端治理技术的平均去除效率；

k_T——工段 i 某污染物采用的末端治理设施的实际运行率。

3.3 计算污染物排放量

污染物排放量=污染物产生量–污染物去除量

=污染物对应的产污系数×产品产量–污染物产生量×治理技术平均去除效率×治理设施实际运行率

3.4 计算企业污染物排放量

同一企业某污染物全年的产生（排放）总量为该企业同年实际生产的全部工艺、产品、原料、规模污染物产生（排放）量之和。

$$\begin{aligned} E_{排} &= G_{产} - R_{减} = \sum(G_{产i} - R_{减i}) \\ &= \sum\left[P_{产i} \times M_i(1 - \eta_T \times k_T)\right] \end{aligned}$$

4 污染物排放量核算案例

某企业主要从事腈纶短纤的生产，该企业主要原料为丙烯腈，生产工艺采用 DMAc 湿法二步法，年产量（生产规模）130000 吨。该企业废水的污染治理技术采用“物理化学法+厌氧生物处理法+好氧生物处理法”，涉及的废水污染物主要为化学需氧量、氨氮、总氮、总磷、石油类。以化学需氧量为例说明排放量计算过程。

该企业基本信息如表 1 所示。

表 1 某化纤企业基本信息

	核算环节：全厂	
	名称	数量
产品及产量	腈纶短纤	130000 吨
原料及用量	丙烯腈	91603 吨
	醋酸乙烯	7412 吨
工艺名称	DMAc 湿法二步法	
规模（产能）	150000 吨	
污染治理设施	物理化学法+厌氧生物处理法+好氧生物处理法	
实际运行率参数	污水治理设施运行时间	8760 小时
	企业正常生产时间	8760 小时

4.1 化学需氧量产生量计算

（1）查找产污系数及其计量单位

根据企业基本信息，查找本手册中主要产品为腈纶短纤，主要原料为丙烯腈，主要工艺为 DMAc 湿法二步法，生产规模为所有规模。该组合化学需氧量的产污系数为 9793，单位为克/吨-产品。

（2）获取企业产品产量与原料用量

该企业实际情况为：主要产品腈纶短纤 2017 年产量为 130000 吨，主要原料 2017 年消耗量为 91603 吨。

（3）计算化学需氧量产生量

由于查询到的组合中化学需氧量产污系数的单位为克/吨-产品，因此在核算化学需氧量产生量时需获取产品产量。

化学需氧量产生量=化学需氧量产污系数×产品（腈纶短纤）产量

=（9793 克/吨-产品×130000 吨-产品）÷1000000

=1273.09 吨

4.2 化学需氧量去除量计算

（1）查找治理技术平均去除效率

该企业化学需氧量治理技术采用“物理化学法+厌氧生物处理法+好氧生物处理法”工艺，查询相应组合内该工艺的平均去除效率为 90%。

（2）计算污染治理设施实际运行率

根据产污系数组合查询结果，该组合中化学需氧量法对应的污染治理设施实际运行率为

k=污水治理设施运行时间/企业正常生产时间=8760 小时/8760 小时=1

（3）计算化学需氧量去除量

化学需氧量去除量=1273.09 吨×90%×1=1145.78 吨

4.3 化学需氧量排放量计算

化学需氧量排放量=1273.09 吨−1145.78 吨=127.31 吨

5 系数表

2823 腈纶纤维制造行业系数表

工段名称	产品名称	原料名称	工艺名称	规模等级	污染物类别	污染物指标	系数单位	产污系数	末端治理技术	末端治理技术平均去除效率/%	参考 k 值计算公式[1]
—	腈纶短纤	丙烯腈	DMAc湿法二步法	所有规模	废水	工业废水量	吨/吨-产品	12.44	—	—	—
						化学需氧量	克/吨-产品	9793	物理化学法+厌氧生物处理法+好氧生物处理法	90	k=污水治理设施运行时间（小时/年）/企业正常生产时间（小时/年）
									物理化学法+厌氧生物处理法+好氧生物处理法+物理化学法	97	
						氨氮	克/吨-产品	1307	物理化学法+厌氧生物处理法+好氧生物处理法	85	
									物理化学法+厌氧生物处理法+好氧生物处理法+物理化学法	93	
						总磷	克/吨-产品	4.97	物理化学法+厌氧生物处理法+好氧生物处理法	82	
									物理化学法+厌氧生物处理法+好氧生物处理法+物理化学法	90	
						总氮	克/吨-产品	1705	物理化学法+厌氧生物处理法+好氧生物处理法	85	
									物理化学法+厌氧生物处理法+好氧生物处理法+物理化学法	90	
						石油类	克/吨-产品	19.90	物理化学法+厌氧生物处理法+好氧生物处理法	65	
									物理化学法+厌氧生物处理法+好氧生物处理法+物理化学法	85	
					废气	工业废气量	标米^3/吨-产品	1.13×10^4	—	—	—
						挥发性有机物	克/吨-产品	192	吸附+蒸汽解析	62	k=废气治理设施运行时间（小时/年）/企业正常生产时间（小时/年）
									吸收+分流	32	
									直接燃烧	62	
					固废	一般工业固废	千克/吨-产品	16.78	—		
						危险固废	千克/吨-产品	0.50	—		

[1] 该公式仅供参考，使用时，可根据 k 值定义，选取更适合企业实际情况的表达方式。

2823 腈纶纤维制造行业系数表（续表 1）

工段名称	产品名称	原料名称	工艺名称	规模等级	污染物类别	污染物指标	系数单位	产污系数	末端治理技术	末端治理技术平均去除效率/%	参考 k 值计算公式
—	腈纶短纤	丙烯腈	NaSCN湿法一步法	所有规模	废水	工业废水量	吨/吨-产品	24.05	—	—	—
						化学需氧量	克/吨-产品	2.28×10^4	物理化学法+厌氧生物处理法+好氧生物处理法	90	k=污水治理设施运行时间（小时/年）/企业正常生产时间（小时/年）
									物理化学法+厌氧生物处理法+好氧生物处理法+物理化学法	97	
						氨氮	克/吨-产品	1441	物理化学法+厌氧生物处理法+好氧生物处理法	85	
									物理化学法+厌氧生物处理法+好氧生物处理法+物理化学法	93	
						总磷	克/吨-产品	1.68	物理化学法+厌氧生物处理法+好氧生物处理法	82	
									物理化学法+厌氧生物处理法+好氧生物处理法+物理化学法	90	
						总氮	克/吨-产品	2001	物理化学法+厌氧生物处理法+好氧生物处理法	85	
									物理化学法+厌氧生物处理法+好氧生物处理法+物理化学法	90	
						石油类	克/吨-产品	5.53	物理化学法+厌氧生物处理法+好氧生物处理法	65	
									物理化学法+厌氧生物处理法+好氧生物处理法+物理化学法	85	
					废气	工业废气量	标米 ^{3}/吨-产品	1.13×10^4	—	—	—
						挥发性有机物	克/吨-产品	205	吸附+蒸汽解析	62	k=废气治理设施运行时间（小时/年）/企业正常生产时间（小时/年）
									吸收+分流	32	
									直接燃烧	62	
					固废	一般工业固废	千克/吨-产品	1.40	—		
						危险废物	千克/吨-产品	0.10	—		

2823 腈纶纤维制造行业系数表（续表 2）

工段名称	产品名称	原料名称	工艺名称	规模等级	污染物类别	污染物指标	系数单位	产污系数	末端治理技术	末端治理技术平均去除效率/%	参考 k 值计算公式
—	腈纶短纤	丙烯腈	NaSCN湿法二步法	所有规模	废水	工业废水量	吨/吨-产品	21.65	—	—	—
						化学需氧量	克/吨-产品	3.41×10^4	物理化学法+厌氧生物处理法+好氧生物处理法	90	k=污水治理设施运行时间（小时/年）/企业正常生产时间（小时/年）
									物理化学法+厌氧生物处理法+好氧生物处理法+物理化学法	97	
						氨氮	克/吨-产品	2161	物理化学法+厌氧生物处理法+好氧生物处理法	85	
									物理化学法+厌氧生物处理法+好氧生物处理法+物理化学法	93	
						总磷	克/吨-产品	2.53	物理化学法+厌氧生物处理法+好氧生物处理法	82	
									物理化学法+厌氧生物处理法+好氧生物处理法+物理化学法	90	
						总氮	克/吨-产品	3002	物理化学法+厌氧生物处理法+好氧生物处理法	85	
									物理化学法+厌氧生物处理法+好氧生物处理法+物理化学法	90	
						石油类	克/吨-产品	8.30	物理化学法+厌氧生物处理法+好氧生物处理法	65	
									物理化学法+厌氧生物处理法+好氧生物处理法+物理化学法	85	
					废气	工业废气量	标米^3/吨-产品	1.13×10^4	—	—	—
						挥发性有机物	克/吨-产品	216	吸附+蒸汽解析	62	k=废气治理设施运行时间（小时/年）/企业正常生产时间（小时/年）
					固废	一般工业固废	千克/吨-产品	2.80	—		
						危险废物	千克/吨-产品	0.10	—		

2824 维纶纤维制造业

1 适用范围

本手册仅用于《国民经济行业分类》（GB/T 4754—2017）中 2824 维纶纤维制造行业使用系数法核算工业污染物产生量和排放量的工业企业。

利用本手册进行产排污核算得出的污染物产生量与排放量仅代表了特定行业、工艺、产品、原料在正常工况下污染物产生与排放的一般规律。

本行业废水指标包括工业废水量、化学需氧量、氨氮、总磷、总氮和石油类；废气指标包括工业废气量、挥发性有机物。

2 注意事项

2.1 企业有多种生产工艺或生产多类产品产排污量核算

污染物产生量与产品产量有关，根据不同核算环节计算产污量后，再根据企业末端治理设施和运行情况计算各污染物的排放量。

企业某污染物指标的产生量、排放量为各核算环节产生量、排放量之和。

在企业实际排放量计算过程中，如果存在废水回用的情况，需要在利用产排污核算公式的基础上扣除废水回用的部分。公式如下：

实际排放量=计算排放量×（1–废水回用率）

2.2 采用多种治理设施组合处理企业的排污量核算

在排污量计算选择末端治理技术时，若没有对应的组合治理技术，以主要治理技术为准。

2.3 系数表中未涉及的产污系数及污染治理效率

对可能遇到特殊产品、特殊生产工艺、特殊末端处理工艺，可咨询当地行业组织、环保专家、其他企业技术人员，选取近似的组合产污系数代替。

2.4 其他需要说明的问题

由于不同企业工业废气量、废水量差异较大，本手册所提供的工业废气量、废水量系数仅供参考。

为体现相同产污水平条件下，采用相同环保治理设施的不同企业对同一污染物去除效果的差异，引入末端治理设施实际运行率（k）对污染治理技术的实际去除率进行修正。k 值反映的是污染治理设施运行的状态，越稳定运行，k 值越高；在取值上，若定义连续稳定运行的理想状态为 1，则 k 取值在 0～1 之间。

本手册给出本行业的 k 计算公式仅供参考，使用时，可根据 k 值定义，选取更适合企业实际情况的表达方式。

（1）本手册的制定过程中，通过对相关企业实测和历史数据的统计，制定出适合国内典型生产工艺、符合国内平均水平的产污系数和末端治理设施去除效率、运行效率。使用本手册计算排污量时与单个企业的实际情况可能有差异，但总体上符合行业水平。

（2）由于维纶纤维制造企业特点，其规模往往取决于生产设备套数，因此多数情况下产污系数与规模大小关系不大，而与产品种类、生产工艺、设备的先进性和企业管理水平有关。

（3）本手册所提供的工业废水量、工业废气量系数仅供校核参考，不作为企业填报依据。

（4）关于系数表格各栏目的说明：

①“产品名称”：指维纶纤维制造企业在报告期内生产的，并符合产品质量要求的聚乙烯醇水溶性纤维、聚乙烯醇高强高模纤维。

②“原料名称”：指维纶纤维制造企业在报告期内使用的主要原料。本手册包括聚乙烯醇。

③“工艺名称”：指对应维纶纤维制造企业生产、加工产品采用的主要生产方法的名称。

④“规模等级”：指产污系数核算所对应的生产规模等级，由于维纶纤维制造行业企业的规模对产污系数无明显影响，因此本手册不计生产规模的影响。

⑤“污染物指标”：主要包括废水污染物和废气污染物。

⑥“系数单位”：为产污系数计量单位，工业废水量表述为“吨/吨-产品”，废水污染物表述为“克/吨-产品”；工业废气量表述为标准状态（273.15 开尔文，101.325 千帕）下“米 ^{3}/吨-产品”，废气污染物表述为“克/吨-产品”。

⑦“产污系数”：是指每生产单位重量产品产生污染物的质量。

⑧“末端治理技术名称”：针对维纶纤维制造行业内的污染物所采用的处理方法的名称。其中废水末端治理技术中，企业通过污水治理设施治理后，纳入市政或园区管网的，选用物理化学法+厌氧生物处理法+好氧生物处理法；直接排放河道的一般选用物理化学法+厌氧生物处理法+好氧生物处理法+物理化学法。废气末端治理技术中，采用静电除油、活性炭吸附等方法的，选用吸附+蒸汽解析；采用喷淋、冷凝等方法的选用吸收+分流；采用燃烧等氧化方法的选用直接燃烧法。手册中只涉及常用的末端处理技术，当被调查企业的末端处理方法不在系数表单中，可咨询当地行业组织、环保专家或企业技术人员，在系数表单中选取近似的废水处理方法代替。

⑨“末端治理技术平均去除效率”：指在典型末端治理工艺的条件下，生产单位产品所产生的污染物经污染治理设施的削减比例。

⑩“末端治理设施运行系数（k 值）”：指末端治理设施在正常运行周期内的主要实际运行参数与设计运行参数的比例。

3 污染物排放量核算方法

3.1 计算工段污染物产生量

（1）根据产品、原料、污染物产生的主导生产工艺、企业规模（生产产能）这一个组合查找和确定所对应的某一污染物的产污系数。

（2）根据该污染物的产污系数计量单位——单位产品产量，获取企业实际产品产量。

例如，某组合内化学需氧量的产污系数单位为克/吨-产品，则计算产生量时需要获取企业实际产品产量。

（3）污染物产生量按以下公式进行计算：

污染物产生量=污染物对应的产污系数×产品产量

$$G_{产i} = P_{产i} \times M_i$$

式中，$G_{产i}$——工段 i 某污染物的产生量；

$P_{产i}$——工段 i 某污染物对应的产污系数；

M_i——工段 i 的产品产量。

3.2 计算污染物去除量

（1）根据企业对某一污染物所采用的治理技术查找和选择相应的治理技术平均去除效率。

（2）根据所填报的污染治理设施实际运行率参数及其计算公式得出该企业某一污染物的治理设施实际运行率（k 值）。

（3）污染物去除量按以下公式进行计算：

污染物去除量=污染物产生量×污染物去除率 =污染物产生量×治理技术平均去除效率×治理设施实际运行率

$$R_{减i} = G_{产i} \times \eta_T \times k_T$$

式中，$R_{减i}$——工段 i 某污染物的去除量；

η_T——工段 i 某污染物采用的末端治理技术的平均去除效率；

k_T——工段 i 某污染物采用的末端治理设施的实际运行率。

3.3 计算污染物排放量

污染物排放量=污染物产生量–污染物去除量

=污染物对应的产污系数×产品产量–污染物产生量×治理技术平均去除效率×治理设施实际运行率

3.4 计算企业污染物排放量

同一企业某污染物全年的产生（排放）总量为该企业同年实际生产的全部工艺、产品、原料、规模污染物产生（排放）量之和。

$$\begin{aligned} E_{排} &= G_{产} - R_{减} = \sum(G_{产i} - R_{减i}) \\ &= \sum\left[P_{产i} \times M_i(1-\eta_T \times k_T)\right] \end{aligned}$$

4 污染物排放量核算案例

某企业主要从事聚乙烯醇水溶性纤维生产，该企业以聚乙烯醇为主要原料，生产工艺采用原液制备-纺丝-热处理-后处理，年产量（生产规模）18600 吨。该企业废水的污染治理技术采用“物理化学法+厌氧生物处理法+好氧生物处理法”，涉及的废水污染物主要为工业废水量、化学需氧量、氨氮、总磷、总氮和石油类。

本核算示例以废水中化学需氧量为例，说明该企业化学需氧量排放量的计算方法。

4.1 化学需氧量产生量计算

（1）查找产污系数及其计量单位

根据企业基本信息，查找本手册中主要产品为聚乙烯醇水溶性纤维，主要原料为聚乙烯醇，主要工艺为原液制备-纺丝-热处理-后处理，生产规模为所有规模。该组合化学需氧量的产污系数为 3.91×10^4，单位为克/吨-产品。

该企业的基本信息如表 1 所示。

表 1 某化纤企业基本信息

	核算环节：全厂	
	名称	数量
产品及产量	聚乙烯醇水溶性纤维	18600 吨
原料及用量	聚乙烯醇、油剂耗量、芒硝	21600 吨
工艺名称	原液制备-纺丝-热处理-后处理	
规模（产能）	20000 吨	
污染治理设施	物理化学法+厌氧生物处理法+好氧生物处理法	
实际运行率参数	污水治理设施运行时间	8640 小时
	企业正常生产时间	8640 小时

（2）获取企业产品产量与原料用量

该企业实际情况为：主要聚乙烯醇水溶性纤维 2017 年产量为 18600 吨，主要原料 2017 年消耗量为 21600 吨。

（3）计算化学需氧量产生量

由于查询到的组合中化学需氧量产污系数的单位为克/吨-产品，因此在核算产生量时需获取产品产量。

化学需氧量产生量=化学需氧量产污系数×产品（维纶纤维）产量

=（3.91×10^4 克/吨-产品×18600 吨-产品）÷1000000

=727.26 吨

4.2 化学需氧量去除量计算

（1）查找治理技术平均去除效率

该企业化学需氧量治理技术采用“物理化学法+厌氧生物处理法+好氧生物处理法”，查询相应组合内该工艺的平均去除效率为 90%。

（2）计算污染治理设施实际运行率

根据产污系数组合查询结果，该组合中化学需氧量法对应的污染治理设施实际运行率为

k=污水治理设施运行时间/企业正常生产时间=8640 小时/8640 小时=1

（3）计算化学需氧量去除量

化学需氧量去除量=727.26 吨×90%×1=654.53 吨

4.3 化学需氧量排放量计算

化学需氧量排放量=727.26 吨−654.53 吨=72.73 吨

5 系数表

2824 维纶纤维制造行业系数表

工段名称	产品名称	原料名称	工艺名称	规模等级	污染物类别	污染物指标	系数单位	产污系数	末端治理技术	末端治理技术平均去除效率/%	参考 k 值计算公式[1]
—	聚乙烯醇水溶性纤维	聚乙烯醇	原液制备-纺丝-热处理-后处理	所有规模	废水	工业废水量	吨/吨-产品	28.55	—	—	—
						化学需氧量	克/吨-产品	3.91×10^4	物理化学法+厌氧生物处理法+好氧生物处理法	90	k=污水治理设施运行时间（小时/年）/企业正常生产时间（小时/年）
									物理化学法+厌氧生物处理法+好氧生物处理法+物理化学法	97	
						氨氮	克/吨-产品	49.70	物理化学法+厌氧生物处理法+好氧生物处理法	76	
									物理化学法+厌氧生物处理法+好氧生物处理法+物理化学法	78	
						总磷	克/吨-产品	51.40	物理化学法+厌氧生物处理法+好氧生物处理法	82	
									物理化学法+厌氧生物处理法+好氧生物处理法+物理化学法	90	
						总氮	克/吨-产品	93.40	物理化学法+厌氧生物处理法+好氧生物处理法	85	
									物理化学法+厌氧生物处理法+好氧生物处理法+物理化学法	90	
						石油类	克/吨-产品	157	物理化学法+厌氧生物处理法+好氧生物处理法	65	
									物理化学法+厌氧生物处理法+好氧生物处理法+物理化学法	85	
					废气	工业废气量	标米 ^{3}/吨-产品	2355	—	—	—
						挥发性有机物	克/吨-产品	20.07	吸附+蒸汽解析	62	k=废气治理设施运行时间（小时）/企业正常生产时间（小时）
									吸收+分流	32	
									直接燃烧	62	
					固废	一般工业固废	千克/吨-产品	9.96	—		
						危险废物	千克/吨-产品	0.060	—		

[1] 该公式仅供参考，使用时，可根据 k 值定义，选取更适合企业实际情况的表达方式。

2824 维纶纤维制造行业系数表（续表 1）

工段名称	产品名称	原料名称	工艺名称	规模等级	污染物类别	污染物指标	系数单位	产污系数	末端治理技术	末端治理技术平均去除效率/%	参考 k 值计算公式
—	聚乙烯醇高强高模纤维	聚乙烯醇	原液制备-纺丝-水洗-热处理-后处理	所有规模	废水	工业废水量	吨/吨-产品	55.20	—	—	—
						化学需氧量	克/吨-产品	6.48×10^{4}	物理化学法+厌氧生物处理法+好氧生物处理法	90	k=污水治理设施运行时间（小时/年）/企业正常生产时间（小时/年）
									物理化学法+厌氧生物处理法+好氧生物处理法+物理化学法	97	
						氨氮	克/吨-产品	1635	物理化学法+厌氧生物处理法+好氧生物处理法	76	
									物理化学法+厌氧生物处理法+好氧生物处理法+物理化学法	78	
						总磷	克/吨-产品	0.49	物理化学法+厌氧生物处理法+好氧生物处理法	82	
									物理化学法+厌氧生物处理法+好氧生物处理法+物理化学法	90	
						总氮	克/吨-产品	1966	物理化学法+厌氧生物处理法+好氧生物处理法	85	
									物理化学法+厌氧生物处理法+好氧生物处理法+物理化学法	90	
						石油类	克/吨-产品	30.80	物理化学法+厌氧生物处理法+好氧生物处理法	65	
									物理化学法+厌氧生物处理法+好氧生物处理法+物理化学法	85	
					废气	工业废气量	标米 ^{3}/吨-产品	6.05×10^{4}	—	—	
						挥发性有机物	克/吨-产品	90.06	吸附+蒸汽解析	62	k=废气治理设施运行时间（小时）/企业正常生产时间（小时）
									吸收+分流	32	
									直接燃烧	62	
					固废	一般工业固废	千克/吨-产品	10.00	—		
						危险废物	千克/吨-产品	2.03	—		

2825 丙纶纤维制造业

1 适用范围

本手册仅用于《国民经济行业分类》（GB/T 4754—2017）中 2825 丙纶纤维制造行业使用系数法核算工业污染物产生量和排放量的工业企业。

利用本手册进行产排污核算得出的污染物产生量与排放量仅代表了特定行业、工艺、产品、原料在正常工况下污染物产生与排放的一般规律。

本行业废水指标包括化学需氧量、氨氮、总氮、总磷、石油类；废气指标包括挥发性有机物。

2 注意事项

2.1 企业有多种生产工艺或生产多类产品产排污量核算

污染物产生量与产品产量有关，根据不同核算环节计算产污量后，再根据企业末端治理设施和运行情况计算各污染物的排放量。

企业某污染物指标的产生量、排放量为各核算环节产生量、排放量之和。

在企业实际排放量计算过程中，如果存在废水回用的情况，需要在利用产排污核算公式的基础上扣除废水回用的部分。公式如下：

实际排放量=计算排放量×（1–废水回用率）

2.2 采用多种治理设施组合处理企业的排污量核算

在排污量计算选择末端治理技术时，若没有对应的组合治理技术，以主要治理技术为准。

2.3 系数表中未涉及的产污系数及污染治理效率

对可能遇到的特殊产品、特殊生产工艺、特殊末端处理工艺，可咨询当地行业组织、环保专家、其他企业技术人员，选取近似的组合产污系数代替。

2.4 其他需要说明的问题

（1）本手册的制定过程中，通过对相关企业实测和历史数据的统计，制定出适合国内典型生产工艺、符合国内平均水平的产污系数和末端治理设施去除效率、运行效率。使用本手册计算排污量时与单个企业的实际情况可能有差异，但总体上符合行业水平。

（2）由于丙纶纤维制造企业特点，其规模往往取决于生产设备套数，因此多数情况下产污系数与规模大小关系不大，而与产品种类、生产工艺、设备的先进性和企业管理水平有关。

（3）由于不同企业工业废气量、废水量差异较大，本手册所提供的工业废气量、废水量系数仅

供参考。

为体现相同产污水平条件下，采用相同环保治理设施的不同企业对同一污染物去除效果的差异，引入末端治理设施实际运行率（*k*）对污染治理技术的实际去除率进行修正。*k* 值反映的是污染治理设施运行的状态，越稳定运行，*k* 值越高；在取值上，若定义连续稳定运行的理想状态为 1，则 *k* 取值在 0～1 之间。

本手册给出本行业的 *k* 计算公式仅供参考，使用时，可根据 *k* 值定义，选取更适合企业实际情况的表达方式。

（4）关于系数表格各栏目的说明：

①“产品名称”：指丙纶纤维制造企业在报告期内生产的，并符合产品质量要求的丙纶纤维。

②“原料名称”：指丙纶纤维制造企业在报告期内使用的主要原料。本手册包括聚丙烯（切片或粉料）。

③“工艺名称”：指对应丙纶纤维制造企业生产、加工产品采用的主要生产方法的名称。

④“规模等级”：指产污系数核算所对应的生产规模等级，由于丙纶纤维制造行业企业规模对产污系数无明显影响，因此本手册不计生产规模的影响。

⑤“污染物指标”：主要包括废水污染物和废气污染物。

⑥“系数单位”：为产污系数计量单位，工业废水量表述为“吨/吨-产品”，废水污染物表述为“克/吨-产品”；工业废气量表述为标准状态（273.15 开尔文，101.325 千帕）下“米 ^{3}/吨-产品”，废气污染物表述为“克/吨-产品”。

⑦“产污系数”：是指每生产单位重量产品产生污染物的质量。

⑧“末端治理技术名称”：针对丙纶纤维制造行业内的污染物所采用的处理方法的名称。其中废水末端治理技术中，企业通过污水治理设施治理后，纳入市政或园区管网的，一般选用物理化学法+厌氧生物处理法+好氧生物处理法；直接排放河道的一般选用物理化学法+厌氧生物处理法+好氧生物处理法+物理化学法。废气末端治理技术中，采用静电除油、活性炭吸附等方法的，选用吸附+蒸汽解析；采用喷淋、冷凝等方法的选用吸收+分流；采用燃烧等氧化方法的选用直接燃烧法。手册中只涉及常用的末端处理技术，当被调查企业的末端处理方法不在系数表单中，可咨询当地行业组织、环保专家或企业技术人员，在系数表单中选取近似的废水处理方法代替。

⑨“末端治理技术平均去除效率”：指在典型末端治理工艺的条件下，生产单位产品所产生的污染物经污染治理设施的削减比例。

⑩“末端治理设施运行系数（*k* 值）”：指末端治理设施在正常运行周期内的主要实际运行参数与设计运行参数的比例。

3 污染物排放量核算方法

3.1 计算污染物产生量

（1）根据产品、原料、污染物产生的主导生产工艺、企业规模（生产产能）这一组合查找和确定所对应的某一污染物的产污系数。

（2）根据该污染物的产污系数计量单位——单位产品产量，获取企业实际产品产量。

例如，某组合内化学需氧量的产污系数单位为克/吨-产品，则计算产生量时需要获取企业实际产品产量。

（3）污染物产生量按以下公式进行计算：

污染物产生量=污染物对应的产污系数×产品产量

$$G_{产i} = P_{产i} \times M_i$$

式中，$G_{产i}$——工段 i 某污染物的产生量；

$P_{产i}$——工段 i 某污染物对应的产污系数；

M_i——工段 i 的产品产量。

3.2 计算污染物去除量

（1）根据企业对某一污染物所采用的治理技术查找和选择相应的治理技术平均去除效率。

（2）根据所填报的污染治理设施实际运行率参数及其计算公式得出该企业某一污染物的治理设施实际运行率（k 值）。

（3）污染物去除量按以下公式进行计算：

污染物去除量=污染物产生量×污染物去除率 =污染物产生量×治理技术平均去除效率×治理设施实际运行率

$$R_{减i} = G_{产i} \times \eta_T \times k_T$$

式中，$R_{减i}$——工段 i 某污染物的去除量；

η_T——工段 i 某污染物采用的末端治理技术的平均去除效率；

k_T——工段 i 某污染物采用的末端治理设施的实际运行率。

3.3 计算污染物排放量

污染物排放量=污染物产生量–污染物去除量

=污染物对应的产污系数×产品产量–污染物产生量×治理技术平均去除效率×治理设施实际运行率

3.4 计算企业污染物排放量

同一企业某污染物全年的产生（排放）总量为该企业同年实际生产的全部工艺、产品、原料、规模污染物产生（排放）量之和。

$$\begin{aligned} E_{排} &= G_{产} - R_{减} = \sum(G_{产i} - R_{减i}) \\ &= \sum\left[P_{产i} \times M_i(1 - \eta_T \times k_T)\right] \end{aligned}$$

4 污染物排放量核算案例

某企业主要从事丙纶短纤维生产。该企业以为主要原料为聚丙烯，生产工艺采用切片-熔融-纺丝-集束-牵伸-卷曲-定型-切断，年产量（生产规模）36688 吨。该企业废水的污染治理技术采用“物理化学法+厌氧生物处理法+好氧生物处理法”，涉及的废水污染物主要为化学需氧量、氨氮、总氮、总磷、石油类。以化学需氧量为例说明排放量计算过程。

该企业基本信息如表 1 所示。

表 1　某化纤企业基本信息

	核算环节 1：全厂		
	名称		数量
产品及产量	丙纶短纤		36688 吨
原料及用量	聚丙烯		36870 吨
工艺名称	切片-熔融-纺丝-集束-牵伸-卷曲-定型-切断		
规模（产能）	36700 吨		
污染治理设施	物理化学法+厌氧生物处理法+好氧生物处理法		
实际运行率参数	污水治理设施运行时间		7920 小时
	企业正常生产时间		7920 小时

4.1　化学需氧量产生量计算

（1）查找产污系数及其计量单位

根据企业基本信息，查找本手册中主要产品为丙纶短纤，主要原料为聚丙烯，主要工艺为切片-熔融-纺丝-集束-牵伸-卷曲-定型-切断，生产规模为所有规模。该组合化学需氧量的产污系数为 95.9，单位为克/吨-产品。

（2）获取企业产品产量与原料用量

该企业实际情况为：主要产品丙纶短纤 2017 年产量为 36688 吨，主要原料 2017 年消耗量为 36870 吨。

（3）计算化学需氧量产生量

由于查询到的组合中化学需氧量产污系数的单位为克/吨-产品，因此在核算化学需氧量产生量时需获取产品产量。

化学需氧量产生量=化学需氧量产污系数×产品（丙纶短纤）产量

=（95.9 克/吨-产品×36688 吨-产品）÷1000000

=3.52 吨

4.2　化学需氧量去除量计算

（1）查找治理技术平均去除效率

该企业化学需氧量治理技术采用“物理化学法+厌氧生物处理法+好氧生物处理法”工艺，查询相应组合内该工艺的平均去除效率为 90%。

（2）计算污染治理设施实际运行率

根据产污系数组合查询结果，该组合中化学需氧量法对应的污染治理设施实际运行率为

k=污水治理设施运行时间/企业正常生产时间=7920 小时/7920 小时=1

（3）计算化学需氧量去除量

化学需氧量去除量=3.52 吨×90%×1=3.17 吨

4.3　化学需氧量排放量计算

化学需氧量排放量=3.52 吨−3.17 吨=0.35 吨

5 系数表

2825 丙纶纤维制造行业系数表

工段名称	产品名称	原料名称	工艺名称	规模等级	污染物类别	污染物指标	系数单位	产污系数	末端治理技术	末端治理技术平均去除效率/%	参考 k 值计算公式[1]
—	丙纶长丝	聚丙烯	切片-熔融-纺丝-卷绕	所有规模	废气	工业废气量	标米^3/吨-产品	9460	—	—	—
						挥发性有机物	克/吨-产品	180	吸附+蒸汽解析	62	k=污水治理设施运行时间（小时/年）/企业正常生产时间（小时/年）
									吸收+分流	32	
									直接燃烧	62	
					固废	一般工业固废	千克/吨-产品	3.12	—		
						危险废物	千克/吨-产品	0.0020	—		
—	丙纶短纤	聚丙烯	切片-熔融-纺丝-集束-牵伸-卷曲-定型-切断	所有规模	废水	工业废水量	吨/吨-产品	0.080	—	—	—
						化学需氧量	克/吨-产品	95.90	物理化学法+厌氧生物处理法+好氧生物处理法	90	k=污水治理设施运行时间（小时/年）/企业正常生产时间（小时/年）
									物理化学法+厌氧生物处理法+好氧生物处理法+物理化学法	97	
						氨氮	克/吨-产品	0.37	物理化学法+厌氧生物处理法+好氧生物处理法	76	k=污水治理设施运行时间（小时/年）/企业正常生产时间（小时/年）
									物理化学法+厌氧生物处理法+好氧生物处理法+物理化学法	78	

[1] 该公式仅供参考，使用时，可根据 k 值定义，选取更适合企业实际情况的表达方式。

2825 丙纶纤维制造行业系数表（续表 1）

工段名称	产品名称	原料名称	工艺名称	规模等级	污染物类别	污染物指标	系数单位	产污系数	末端治理技术	末端治理技术平均去除效率/%	参考 *k* 值计算公式
—	丙纶短纤	聚丙烯	切片-熔融-纺丝-集束-牵伸-卷曲-定型-切断	所有规模	废水	总磷	克/吨-产品	0.28	物理化学法+厌氧生物处理法+好氧生物处理法	82	*k*=污水治理设施运行时间（小时/年）/企业正常生产时间（小时/年）
									物理化学法+厌氧生物处理法+好氧生物处理法+物理化学法	90	
						总氮	克/吨-产品	0.44	物理化学法+厌氧生物处理法+好氧生物处理法	85	
									物理化学法+厌氧生物处理法+好氧生物处理法+物理化学法	90	
						石油类	克/吨-产品	0.13	物理化学法+厌氧生物处理法+好氧生物处理法	65	
									物理化学法+厌氧生物处理法+好氧生物处理法+物理化学法	85	
					废气	工业废气量	标米 ^{3}/吨-产品	4582	—	—	—
						挥发性有机物	克/吨-产品	139	吸附+蒸汽解析	62	*k*=废气治理设施运行时间（小时/年）/企业正常生产时间（小时/年）
									吸收+分流	32	
									直接燃烧	62	
					固废	一般工业固废	千克/吨-产品	0.89	—		
						危险废物	千克/吨-产品	0.020	—		

2826 氨纶纤维制造业

1 适用范围

本手册仅用于《国民经济行业分类》（GB/T 4754—2017）中 2826 氨纶纤维制造行业使用系数法核算工业污染物产生量和排放量的工业企业。

利用本手册进行产排污核算得出的污染物产生量与排放量仅代表了特定行业、工艺、产品、原料在正常工况下污染物产生与排放的一般规律。

本行业废水指标包括化学需氧量、氨氮、总氮、总磷、石油类；废气指标包括挥发性有机物。

2 注意事项

2.1 企业有多种生产工艺或生产多类产品产排污量核算

污染物产生量与产品产量有关，根据不同核算环节计算产污量后，再根据企业末端治理设施和运行情况计算各污染物的排放量。

企业某污染物指标的产生量、排放量为各核算环节产生量、排放量之和。

在企业实际排放量计算过程中，如果存在废水回用的情况，需要在利用产排污核算公式的基础上扣除废水回用的部分。公式如下：

实际排放量=计算排放量×（1–废水回用率）

2.2 采用多种治理设施组合处理企业的排污量核算

在排污量计算选择末端治理技术时，若没有对应的组合治理技术，以主要治理技术为准。

2.3 系数表中未涉及的产污系数及污染治理效率

对可能遇到的特殊产品、特殊生产工艺、特殊末端处理工艺，可咨询当地行业组织、环保专家、其他企业技术人员，选取近似的组合产污系数代替。

2.4 其他需要说明的问题

（1）本手册的制定过程中，通过对相关企业实测和历史数据的统计，制定出适合国内典型生产工艺、符合国内平均水平的产污系数和末端治理设施去除效率、运行效率。使用本手册计算排污量时与单个企业的实际情况可能有差异，但总体上符合行业水平。本手册的产污系数核算仅对应于采用干法氨纶生产工艺的企业。

（2）由于氨纶纤维制造企业特点，其规模往往取决于生产设备套数，因此多数情况下产污系数与规模大小关系不大，而与产品种类、生产工艺、设备的先进性和企业管理水平有关。

（3）由于不同企业工业废气量、废水量差异较大，本手册提供的工业废气量、废水量系数仅供参考。

为体现相同产污水平条件下，采用相同环保治理设施的不同企业对同一污染物去除效果的差异，引入末端治理设施实际运行率（k）对污染治理技术的实际去除率进行修正。k 值反映的是污染治理设施运行的状态，越稳定运行，k 值越高；在取值上，若定义连续稳定运行的理想状态为 1，则 k 取值在 0～1 之间。

本手册给出本行业的 k 计算公式仅供参考，使用时，可根据 k 值定义，选取更适合企业实际情况的表达方式。

（4）关于系数表格各栏目的说明：

①“产品名称”：指氨纶纤维制造企业在报告期内生产的，并符合产品质量要求的氨纶纤维。

②“原料名称”：指氨纶纤维制造企业在报告期内使用的主要原料。本手册包括二苯基甲烷二异氰酸酯（MDI）和聚四亚甲基醚二醇（PTMEG）。

③“工艺名称”：指对应氨纶纤维制造企业生产、加工产品采用的主要生产方法的名称。

④“规模等级”：指产污系数核算所对应的生产规模等级，由于氨纶纤维制造行业企业规模对产污系数无明显的影响，因此本手册不计生产规模的影响。

⑤“污染物指标”：主要包括废水污染物和废气污染物。

⑥“单位”：为产污系数计量单位，工业废水量表述为“吨/吨-产品”，废水污染物表述为“克/吨-产品”；工业废气量表述为标准状态（273.15 开尔文，101.325 千帕）下“米 ^{3}/吨-产品”，废气污染物表述为“克/吨-产品”。

⑦“产污系数”：是指每生产单位重量产品产生污染物的质量。

⑧“末端治理技术名称”：针对氨纶纤维制造行业内的污染物所采用的处理方法的名称。其中废水末端治理技术中，企业通过污水治理设施治理后，纳入市政或园区管网的，一般选用物理化学法+厌氧生物处理法+好氧生物处理法；直接排放河道的一般选用物理化学法+厌氧生物处理法+好氧生物处理法+物理化学法。废气末端治理技术中，采用静电除油、活性炭吸附等方法的，选用吸附+蒸汽解析；采用喷淋、冷凝等方法的选用吸收+分流；采用燃烧等氧化方法的选用直接燃烧法。手册中只涉及常用的末端处理技术，当被调查企业的末端处理方法不在系数表单中，可咨询当地行业组织、环保专家或企业技术人员，在系数表单中选取近似的废水处理方法代替。

⑨“末端治理技术平均去除效率”：指在典型末端治理工艺的条件下，生产单位产品所产生的污染物经污染治理设施的削减比例。

⑩“末端治理设施运行系数（k 值）”：指末端治理设施在正常运行周期内的主要实际运行参数与设计运行参数的比例。

3 污染物排放量核算方法

3.1 计算污染物产生量

（1）根据产品、原料、污染物产生的主导生产工艺、企业规模（生产产能）这一组合查找和确定所对应的某一污染物的产污系数。

（2）根据该污染物的产污系数计量单位——单位产品产量，获取企业实际产品产量。

例如，某组合内化学需氧量的产污系数单位为克/吨-产品，则计算产生量时需要获取企业实际产品产量。

（3）污染物产生量按以下公式进行计算：

污染物产生量=污染物对应的产污系数×产品产量

$$G_{产i} = P_{产i} \times M_i$$

式中，$G_{产i}$——工段 i 某污染物的产生量；

$P_{产i}$——工段 i 某污染物对应的产污系数；

M_i——工段 i 的产品产量。

3.2 计算污染物去除量

（1）根据企业对某一污染物所采用的治理技术查找和选择相应的治理技术平均去除效率。

（2）根据所填报的污染治理设施实际运行率参数及其计算公式得出该企业某一污染物的治理设施实际运行率（k 值）。

（3）污染物去除量按以下公式进行计算：

污染物去除量=污染物产生量×污染物去除率 =污染物产生量×治理技术平均去除效率×治理设施实际运行率

$$R_{减i} = G_{产i} \times \eta_T \times k_T$$

式中，$R_{减i}$——工段 i 某污染物的去除量；

η_T——工段 i 某污染物采用的末端治理技术的平均去除效率；

k_T——工段 i 某污染物采用的末端治理设施的实际运行率。

3.3 计算污染物排放量

污染物排放量=污染物产生量–污染物去除量

=污染物对应的产污系数×产品产量–污染物产生量×治理技术平均去除效率×治理设施实际运行率

3.4 计算企业污染物排放量

同一企业某污染物全年的产生（排放）总量为该企业同年实际生产的全部产品、原料、规模污染物产生（排放）量之和。

$$E_{排} = G_{产} - R_{减} = \sum(G_{产i} - R_{减i})$$
$$= \sum\left[P_{产i} \times M_i(1 - \eta_T \times k_T)\right]$$

4 污染物排放量核算案例

某企业主要从事氨纶生产，该企业主要原料为二苯基甲烷二异氰酸酯（MDI）、聚四亚甲基醚二醇（PTMEG），生产工艺采用聚合-纺丝-卷绕，年产量（生产规模）23000 吨。该企业废水的污染治理技术采用“物理化学法+厌氧生物处理法+好氧生物处理法”，涉及的废水污染物主要为氨氮、总氮、总磷、石油类。以化学需氧量为例说明排放量的计算方法。

该企业基本信息如表 1 所示。

表 1　某化纤企业主要信息

	核算环节：全厂	
	名称	数量
产品及产量	氨纶	23000 吨
原料及用量	二苯基甲烷二异氰酸酯（MDI）、聚四亚甲基醚二醇（PTMEG）	24300 吨
工艺	干法纺丝（聚合-纺丝-卷绕）	
规模（产能）	23000 吨	
污染治理设施	物理化学法+厌氧生物处理法+好氧生物处理法	
实际运行率参数	污水治理设施运行时间	8760 小时
	企业正常生产时间	8760 小时

4.1　化学需氧量产生量计算

（1）查找产污系数及其计量单位

根据企业基本信息，查找本手册中主要产品为氨纶，主要原料为二苯基甲烷二异氰酸酯（MDI）、聚四亚甲基醚二醇（PTMEG），主要工艺为聚合-纺丝-卷绕，生产规模为所有规模。该组合化学需氧量的产污系数为 2.49×10^4，单位为克/吨-产品。

（2）获取企业产品产量与原料用量

该企业实际情况为：主要产品氨纶 2017 年产量为 2.30 万吨，主要原料 2017 年消耗量为 2.43 万吨。

（3）计算化学需氧量产生量

由于查询到的组合中化学需氧量产污系数的单位为克/吨-产品，因此在核算化学需氧量产生量时需获取产品产量。

化学需氧量产生量=化学需氧量产污系数×产品（氨纶）产量

=（2.49×10^4 克/吨-产品×23000 吨-产品）÷1000000

=572.70 吨

4.2　化学需氧量去除量计算

（1）查找治理技术平均去除效率

该企业化学需氧量治理技术采用“物理化学法+厌氧生物处理法+好氧生物处理法”工艺，查询相应组合内该工艺的平均去除效率为 90%。

（2）计算污染治理设施实际运行率

根据产污系数组合查询结果，该组合中化学需氧量法对应的污染治理设施实际运行率为

k=污水治理设施运行时间/企业正常生产时间=8760 小时/8760 小时=1

（3）计算化学需氧量去除量

化学需氧量去除量=572.70 吨×90%×1=515.43 吨

4.3 化学需氧量排放量计算

化学需氧量排放量=572.70 吨−515.43 吨=57.27 吨

5 系数表

2826 氨纶纤维制造行业系数表

工段名称	产品名称	原料名称	工艺名称	规模等级	污染物类别	污染物指标	系数单位	产污系数	末端治理技术	末端治理技术平均去除效率/%	参考 k 值计算公式[1]
—	氨纶	二苯基甲烷二异氰酸酯（MDI）、聚四亚甲基醚二醇（PTMEG）	聚合-纺丝-卷绕	所有规模	废水	工业废水量	吨/吨-产品	10.41	—	—	—
						化学需氧量	克/吨-产品	2.49×10^4	物理化学法+厌氧生物处理法+好氧生物处理法	90	k=污水治理设施运行时间（小时/年）/企业正常生产时间（小时/年）
									物理化学法+厌氧生物处理法+好氧生物处理法+物理化学法	97	
						氨氮	克/吨-产品	900	物理化学法+厌氧生物处理法+好氧生物处理法	85	
									物理化学法+厌氧生物处理法+好氧生物处理法+物理化学法	93	
						总磷	克/吨-产品	22.50	物理化学法+厌氧生物处理法+好氧生物处理法	82	
									物理化学法+厌氧生物处理法+好氧生物处理法+物理化学法	90	

[1] 该公式仅供参考，使用时，可根据 k 值定义，选取更适合企业实际情况的表达方式。

2826 氨纶纤维制造行业系数表（续表 1）

工段名称	产品名称	原料名称	工艺名称	规模等级	污染物类别	污染物指标	系数单位	产污系数	末端治理技术	末端治理技术平均去除效率/%	参考 k 值计算公式
—	氨纶	二苯基甲烷二异氰酸酯（MDI）、聚四亚甲基醚二醇（PTMEG）	聚合-纺丝-卷绕	所有规模	废水	总氮	克/吨-产品	1823	物理化学法+厌氧生物处理法+好氧生物处理法	85	k=污水治理设施运行时间（小时/年）/企业正常生产时间（小时/年）
									物理化学法+厌氧生物处理法+好氧生物处理法+物理化学法	90	
						石油类	克/吨-产品	1.90	物理化学法+厌氧生物处理法+好氧生物处理法	65	
									物理化学法+厌氧生物处理法+好氧生物处理法+物理化学法	85	
					废气	工业废气量	标米 ^{3}/吨-产品	4575	—	—	—
						挥发性有机物	克/吨-产品	192	吸附+蒸汽解析	62	k=废气治理设施运行时间（小时/年）/企业正常生产时间（小时/年）
									吸收+分流	32	
									直接燃烧	62	
					固废	一般工业固废	千克/吨-产品	13.04	—		
						危险废物	千克/吨-产品	16	—		

2829 其他合成纤维制造业

1 适用范围

本手册仅用于《国民经济行业分类》（GB/T 4754—2017）中 2829 其他合成纤维制造行业使用系数法核算工业污染物产生量和排放量的工业企业。

利用本手册进行产排污核算得出的污染物产生量与排放量仅代表了特定行业、工艺、产品、原料在正常工况下污染物产生与排放的一般规律。

本行业废水指标包括化学需氧量、氨氮、总磷、总氮、石油类；废气指标包括挥发性有机物。

2 注意事项

2.1 企业有多种生产工艺或生产多类产品产排污量核算

污染物产生量与产品产量有关，根据不同核算环节计算产污量后，再根据企业末端治理设施和运行情况计算各污染物的排放量。

企业某污染物指标的产生量、排放量为各核算环节产生量、排放量之和。

在企业实际排放量计算过程中，如果存在废水回用的情况，需要在利用产排污核算公式的基础上扣除废水回用的部分。公式如下：

实际排放量=计算排放量×（1−废水回用率）

2.2 采用多种治理设施组合处理企业的排污量核算

在排污量计算选择末端治理技术时，若没有对应的组合治理技术，以主要治理技术为准。

2.3 系数表中未涉及的产污系数及污染治理效率

本手册中系数主要涉及聚丙烯腈基碳纤维、间位芳纶、对位芳纶、超高分子量聚乙烯纤维、聚酰亚胺纤维的生产。对可能遇到的其他高性能纤维、特殊产品、特殊生产工艺、特殊末端处理工艺，可咨询当地行业组织、环保专家、其他企业技术人员，选取近似的组合产污系数代替。

2.4 其他需要说明的问题

（1）本手册的制定过程中，通过对相关企业实测和历史数据的统计，制定出适合国内典型生产工艺、符合国内平均水平的产污系数和末端治理设施去除效率、运行效率。使用本手册计算排污量时与单个企业的实际情况可能有差异，但总体上符合行业水平。

（2）由于其他合成纤维制造企业特点，其规模往往取决于生产设备套数，因此多数情况下产污系数与规模大小关系不大，而与产品种类、生产工艺、设备的先进性和企业管理水平有关。

（3）由于不同企业工业废气量、废水量差异较大，本手册提供的工业废气量、废水量系数仅供参考。

为体现相同产污水平条件下，采用相同环保治理设施的不同企业对同一污染物去除效果的差异，引入末端治理设施实际运行率（k）对污染治理技术的实际去除率进行修正。k 值反映的是污染治理设施运行的状态，越稳定运行，k 值越高；在取值上，若定义连续稳定运行的理想状态为 1，则 k 取值在 0～1 之间。

本手册给出本行业的 k 计算公式仅供参考，使用时，可根据 k 值定义，选取更适合企业实际情况的表达方式。

（4）本手册中的聚丙烯腈基碳纤维产污系数包括聚丙烯腈基碳纤维原丝生产和碳化，若企业无原丝生产工序，则仅需参照废气产污系数计算。

（5）关于系数表格各栏目的说明：

①“产品名称”：指化学纤维制造企业在报告期内生产的，并符合产品质量要求的聚丙烯腈基碳纤维、间位芳纶、对位芳纶、超高分子量聚乙烯纤维、聚酰亚胺纤维。

②“原料名称”：指其他合成纤维制造企业在报告期内使用的主要原料。考虑聚丙烯腈基碳纤维行业实际情况和生产工艺特殊性，本手册中的原料和生产工艺自碳化工序开始。

③“工艺名称”：指对应其他合成纤维制造企业生产、加工产品采用的主要生产方法的名称。

④“规模等级”：指产污系数核算所对应的生产规模等级，由于其他合成纤维制造行业企业规模对产污系数无明显影响，因此本手册不计生产规模的影响。

⑤“污染物指标”：主要包括废水污染物和废气污染物。

⑥“系数单位”：为产污系数计量单位，工业废水量表述为“吨/吨-产品”，废水污染物表述为“克/吨-产品”；工业废气量表述为标准状态（273.15 开尔文，101.325 千帕）下“米^3/吨-产品”，废气污染物表述为“克/吨-产品”。

⑦“产污系数”：是指每生产单位重量产品产生污染物的质量。

⑧“末端治理技术名称”：针对其他合成纤维制造行业内的污染物所采用的处理方法的名称。其中废水末端治理技术中，企业通过污水治理设施治理后，纳入市政或园区管网的，一般选用物理化学法+厌氧生物处理法+好氧生物处理法；直接排放河道的一般选用物理化学法+厌氧生物处理法+好氧生物处理法+物理化学法。废气末端治理技术中，采用静电除油、活性炭吸附等方法的，选用吸附+蒸汽解析；采用喷淋、冷凝等方法的选用吸收+分流；采用燃烧等氧化方法的选用直接燃烧法。手册中只涉及常用的末端处理技术，当被调查企业的末端处理方法不在系数表单中，可咨询当地行业组织、环保专家或企业技术人员，在系数表单中选取近似的废水处理方法代替。

⑨“末端治理技术平均去除效率”：指在典型末端治理工艺的条件下，生产单位产品所产生的污染物经污染治理设施的削减比例。

⑩“末端治理设施运行系数（k 值）”：指末端治理设施在正常运行周期内的主要实际运行参数与设计运行参数的比例。

3 污染物排放量核算方法

3.1 计算污染物产生量

（1）根据产品、原料、污染物产生的主导生产工艺、企业规模（生产产能）这一组合查找和确定所对应的某一污染物的产污系数。

（2）根据该污染物的产污系数计量单位——单位产品产量，获取企业实际产品产量。

例如，某组合内化学需氧量的产污系数单位为克/吨-产品，则计算产生量时需要获取企业实际产品产量。

（3）污染物产生量按以下公式进行计算。

污染物产生量=污染物对应的产污系数×产品产量

$$G_{产i} = P_{产i} \times M_i$$

式中，$G_{产i}$——工段 i 某污染物的产生量；

$P_{产i}$——工段 i 某污染物对应的产污系数；

M_i——工段 i 的产品产量。

3.2 计算污染物去除量

（1）根据企业对某一污染物所采用的治理技术查找和选择相应的治理技术平均去除效率。

（2）根据所填报的污染治理设施实际运行率参数及其计算公式得出该企业某一污染物的治理设施实际运行率（k 值）。

（3）污染物产生量按以下公式进行计算：

污染物去除量=污染物产生量×污染物去除率 =污染物产生量×治理技术平均去除效率×治理设施实际运行率

$$R_{减i} = G_{产i} \times \eta_T \times k_T$$

式中，$R_{减i}$——工段 i 某污染物的去除量；

η_T——工段 i 某污染物采用的末端治理技术的平均去除效率；

k_T——工段 i 某污染物采用的末端治理设施的实际运行率。

3.3 计算污染物排放量

污染物排放量=污染物产生量–污染物去除量

=污染物对应的产污系数×产品产量–污染物产生量×治理技术平均去除效率×治理设施实际运行率

3.4 计算企业污染物排放量

同一企业某污染物全年的产生（排放）总量为该企业同年实际生产的全部产品、原料、规模污染物产生（排放）量之和。

$$E_{排} = G_{产} - R_{减} = \sum(G_{产i} - R_{减i})$$
$$= \sum\left[P_{产i} \times M_i(1-\eta_T \times k_T)\right]$$

4 污染物排放量核算案例

某企业主要从事间位芳纶的生产，该企业主要原料为间苯二甲酰氯、间苯二胺，生产工艺采用聚合-纺丝-凝固浴-牵伸-切断-打包，年产量（生产规模）6000 吨。该企业废水的污染治理技术采用物理化学法+厌氧生物处理法+好氧生物处理法，涉及的废水污染物主要为工业废水量、化学需氧量、氨氮、总氮、总磷、石油类。以化学需氧量为例说明排放量计算过程。

该企业基本信息如表 1 所示。

表 1 某化纤企业主要信息

	核算环节：全厂	
	名称	数量
产品及产量	间位芳纶	6000 吨
原料及用量	间苯二甲酰氯	3763.6 吨
	间苯二胺	2009.3 吨
工艺名称	聚合-纺丝-凝固浴-牵伸-切断-打包	
规模（产能）	7000 吨	
污染治理设施	物理化学法+厌氧生物处理法+好氧生物处理法	
实际运行率参数	污水治理设施运行时间	8760 小时
	企业正常生产时间	8760 小时

4.1 化学需氧量产生量计算

（1）查找产污系数及其计量单位

根据企业基本信息，查找本手册中主要产品间位芳纶，主要原料为间苯二甲酰氯、间苯二胺，主要工艺为聚合-纺丝-凝固浴-牵伸-切断-打包，生产规模为所有规模。该组合化学需氧量的产污系数为 1.40×10^5，单位为克/吨-产品。

（2）获取企业产品产量与原料用量

该企业实际填报为：主要产品间位芳纶 2017 年产量为 6000 吨，主要原料 2017 年消耗量为 5772.9 吨。

（3）计算化学需氧量产生量

由于查询到的组合中化学需氧量产污系数的单位为克/吨-产品，因此在核算化学需氧量产生量时需获取产品产量。

化学需氧量产生量=化学需氧量产污系数×产品（间位芳纶）产量

=（1.40×10^5 克/吨-产品×6000 吨-产品）÷1000000

=840.00 吨

4.2 化学需氧量去除量计算

（1）查找治理技术平均去除效率

该企业化学需氧量治理技术采用“物理化学法+厌氧生物处理法+好氧生物处理法”工艺，查询相应组合内该工艺的平均去除效率为 90%。

（2）计算污染治理设施实际运行率

根据产污系数组合查询结果，该组合中化学需氧量对应的污染治理设施实际运行率为

$$k=\text{污水治理设施运行时间/企业正常生产时间}=8760\ \text{小时}/8760\ \text{小时}=1$$

（3）计算化学需氧量去除量

$$\text{化学需氧量去除量}=840.00\ \text{吨}\times 90\%\times 1=756.00\ \text{吨}$$

4.3 化学需氧量排放量计算

$$\text{化学需氧量排放量}=840.00\ \text{吨}-756.00\ \text{吨}=84.00\ \text{吨}$$

5 系数表

2829 其他合成纤维制造行业系数表

工段名称	产品名称	原料名称	工艺名称	规模等级	污染物类别	污染物指标	系数单位	产污系数	末端治理技术	末端治理技术平均去除效率/%	参考 k 值计算公式[1]
—	聚丙烯腈基碳纤维	聚丙烯腈基碳纤维原丝	原丝-预氧化-碳化-表面处理-上浆-卷绕	所有规模	废水	工业废水量	吨/吨-产品	30.17	—	—	—
						化学需氧量	克/吨-产品	1.16×10^4	物理化学处理法+好氧生物处理法+厌氧生物处理法	90	k=污水治理设施运行时间（小时/年）/企业正常生产时间（小时/年）
									物理化学处理法+好氧生物处理法+厌氧生物处理法+物理化学处理法	97	
						氨氮	克/吨-产品	1900	物理化学处理法+好氧生物处理法+厌氧生物处理法	85	
									物理化学处理法+好氧生物处理法+厌氧生物处理法+物理化学处理法	93	
						总磷	克/吨-产品	36.40	物理化学处理法+好氧生物处理法+厌氧生物处理法	82	
									物理化学处理法+好氧生物处理法+厌氧生物处理法+物理化学处理法	90	
						总氮	克/吨-产品	2161	物理化学处理法+好氧生物处理法+厌氧生物处理法	85	
									物理化学处理法+好氧生物处理法+厌氧生物处理法+物理化学处理法	90	
						石油类	克/吨-产品	23.0	物理化学处理法+好氧生物处理法+厌氧生物处理法	65	
									物理化学处理法+好氧生物处理法+厌氧生物处理法+物理化学处理法	85	
					废气	工业废气量	标米^3/吨-产品	2.57×10^5	—	—	—
						挥发性有机物	克/吨-产品	2299	吸附+蒸汽解析	62	k=废气治理设施运行时间（小时/年）/企业正常生产时间（小时/年）
									吸收+分流	32	
									直接燃烧	62	
					固废	一般工业固废	千克/吨-产品	36.12	—		
						危险废物	千克/吨-产品	76.56	—		

[1] 该公式仅供参考，使用时，可根据 k 值定义，选取更适合企业实际情况的表达方式。

2829 其他合成纤维制造行业系数表（续表 1）

工段名称	产品名称	原料名称	工艺名称	规模等级	污染物类别	污染物指标	系数单位	产污系数	末端治理技术	末端治理技术平均去除效率/%	参考 k 值计算公式
—	间位芳纶	间苯二甲酰氯、间苯二胺	聚合-纺丝-凝固浴-牵伸-切断-打包	所有规模	废水	工业废水量	吨/吨-产品	61.00	—	—	—
						化学需氧量	克/吨-产品	1.40×10^5	物理化学处理法+好氧生物处理法+厌氧生物处理法	90	k=污水治理设施运行时间（小时/年）/企业正常生产时间（小时/年）
									物理化学处理法+好氧生物处理法+厌氧生物处理法+物理化学处理法	97	
						氨氮	克/吨-产品	2117	物理化学处理法+好氧生物处理法+厌氧生物处理法	76	
									物理化学处理法+好氧生物处理法+厌氧生物处理法+物理化学处理法	78	
						总磷	克/吨-产品	12.2	物理化学处理法+好氧生物处理法+厌氧生物处理法	82	
									物理化学处理法+好氧生物处理法+厌氧生物处理法+物理化学处理法	90	
						总氮	克/吨-产品	6466	物理化学处理法+好氧生物处理法+厌氧生物处理法	85	
									物理化学处理法+好氧生物处理法+厌氧生物处理法+物理化学处理法	90	
						石油类	克/吨-产品	62.20	物理化学处理法+好氧生物处理法+厌氧生物处理法	65	
									物理化学处理法+好氧生物处理法+厌氧生物处理法+物理化学处理法	85	
					废气	工业废气量	标米^3/吨-产品	4.59×10^5	—	—	—
						挥发性有机物	克/吨-产品	720	吸附+蒸汽解析	62	k=废气治理设施运行时间（小时/年）/企业正常生产时间（小时/年）
									吸收+分流	32	
									直接燃烧	62	
					固废	一般工业固废	千克/吨-产品	19.70	—		
						危险废物	千克/吨-产品	4.85	—		

2829 其他合成纤维制造行业系数表（续表 2）

工段名称	产品名称	原料名称	工艺名称	规模等级	污染物类别	污染物指标	系数单位	产污系数	末端治理技术	末端治理技术平均去除效率/%	参考 k 值计算公式
—	对位芳纶	对苯二胺、对苯二甲酰氯	聚合-纺丝-牵伸-卷绕	所有规模	废水	工业废水量	吨/吨-产品	382	—	—	—
						化学需氧量	克/吨-产品	1.13×10^5	物理化学处理法+好氧生物处理法+厌氧生物处理法	90	k=污水治理设施运行时间（小时/年）/企业正常生产时间（小时/年）
									物理化学处理法+好氧生物处理法+厌氧生物处理法+物理化学处理法	97	
						氨氮	克/吨-产品	81.30	物理化学处理法+好氧生物处理法+厌氧生物处理法	76	
									物理化学处理法+好氧生物处理法+厌氧生物处理法+物理化学处理法	78	
						总磷	克/吨-产品	23.20	物理化学处理法+好氧生物处理法+厌氧生物处理法	82	
									物理化学处理法+好氧生物处理法+厌氧生物处理法+物理化学处理法	90	
						总氮	克/吨-产品	1733	物理化学处理法+好氧生物处理法+厌氧生物处理法	85	
									物理化学处理法+好氧生物处理法+厌氧生物处理法+物理化学处理法	90	
						石油类	克/吨-产品	20.30	物理化学处理法+好氧生物处理法+厌氧生物处理法	65	
									物理化学处理法+好氧生物处理法+厌氧生物处理法+物理化学处理法	85	
					废气	工业废气量	标米^3/吨-产品	208849.52	—	—	—
						氯化氢	克/吨-产品	2.29	吸收+分流	14	k=废气治理设施运行时间（小时/年）/企业正常生产时间（小时/年）
						挥发性有机物	克/吨-产品	113.34	吸收+分流	45	
					固废	一般工业固废	千克/吨-产品	19.05	—		
						危险废物	千克/吨-产品	76.19	—		

2829 其他合成纤维制造行业系数表（续表 3）

工段名称	产品名称	原料名称	工艺名称	规模等级	污染物类别	污染物指标	系数单位	产污系数	末端治理技术	末端治理技术平均去除效率/%	参考 k 值计算公式
—	超高分子量聚乙烯纤维	超高分子量聚乙烯纤维树脂	干法：聚合-纺丝-牵伸-卷绕	所有规模	废气	工业废气量	标米^3/吨-产品	4.80×10^5	—	—	—
						挥发性有机物	克/吨-产品	6.18×10^4	吸附+蒸汽解析	62	k=污水治理设施运行时间（小时/年）/企业正常生产时间（小时/年）
									吸收+分流	32	
									直接燃烧	62	
					固废	一般工业固废	千克/吨-产品	15.38	—		
						危险废物	千克/吨-产品	0.01	—		
			湿法：聚合-纺丝-凝固-牵伸-卷绕	所有规模	废水	工业废水量	吨/吨-产品	51.89	—	—	—
						化学需氧量	克/吨-产品	8.50×10^4	物理化学处理法+好氧生物处理法+厌氧生物处理法	90	k=污水治理设施运行时间（小时/年）/企业正常生产时间（小时/年）
									物理化学处理法+好氧生物处理法+厌氧生物处理法+物理化学处理法	97	
						氨氮	克/吨-产品	307	物理化学处理法+好氧生物处理法+厌氧生物处理法	76	
									物理化学处理法+好氧生物处理法+厌氧生物处理法+物理化学处理法	78	
						总磷	克/吨-产品	396	物理化学处理法+好氧生物处理法+厌氧生物处理法	82	
									物理化学处理法+好氧生物处理法+厌氧生物处理法+物理化学处理法	90	
						总氮	克/吨-产品	647	物理化学处理法+好氧生物处理法+厌氧生物处理法	85	
									物理化学处理法+好氧生物处理法+厌氧生物处理法+物理化学处理法	90	
						石油类	克/吨-产品	831	物理化学处理法+好氧生物处理法+厌氧生物处理法	65	
									物理化学处理法+好氧生物处理法+厌氧生物处理法+物理化学处理法	85	

2829 其他合成纤维制造行业系数表（续表 4）

工段名称	产品名称	原料名称	工艺名称	规模等级	污染物类别	污染物指标	系数单位	产污系数	末端治理技术	末端治理技术平均去除效率/%	参考 *k* 值计算公式
—	超高分子量聚乙烯纤维	超高分子量聚乙烯纤维树脂	湿法：聚合-纺丝-凝固-牵伸-卷绕	所有规模	废气	工业废气量	标米 ^{3}/吨-产品	9.89×10^5	—	—	—
						挥发性有机物	克/吨-产品	9.23×10^5	吸附+蒸汽解析	90	*k*=废气治理设施运行时间（小时/年）/企业正常生产时间（小时/年）
					固废	一般工业固废	千克/吨-产品	20.25	—		
						危险废物	千克/吨-产品	16.32	—		
—	聚酰亚胺纤维	ODA（4,4-二氨基二苯醚）、PMDA（均苯四甲酸二酐）	干法：聚合-纺丝-卷绕-环化-牵伸-卷绕	所有规模	废水	工业废水量	吨/吨-产品	25.71	—	—	—
						化学需氧量	克/吨-产品	4680	物理化学处理法+好氧生物处理法+厌氧生物处理法	90	*k*=污水治理设施运行时间（小时/年）/企业正常生产时间（小时/年）
									物理化学处理法+好氧生物处理法+厌氧生物处理法+物理化学处理法	97	
						氨氮	克/吨-产品	1224	物理化学处理法+好氧生物处理法+厌氧生物处理法	85	
									物理化学处理法+好氧生物处理法+厌氧生物处理法+物理化学处理法	93	
						总磷	克/吨-产品	19.70	物理化学处理法+好氧生物处理法+厌氧生物处理法	82	
									物理化学处理法+好氧生物处理法+厌氧生物处理法+物理化学处理法	90	
						总氮	克/吨-产品	2273	物理化学处理法+好氧生物处理法+厌氧生物处理法	85	
									物理化学处理法+好氧生物处理法+厌氧生物处理法+物理化学处理法	90	
						石油类	克/吨-产品	2.83	物理化学处理法+好氧生物处理法+厌氧生物处理法	65	
									物理化学处理法+好氧生物处理法+厌氧生物处理法+物理化学处理法	85	
					废气	工业废气量	标米 ^{3}/吨-产品	1.16×10^5	—	—	—
						挥发性有机物	克/吨-产品	1387	吸附+蒸汽解析	62	*k*=废气治理设施运行时间（小时/年）/企业正常生产时间（小时/年）
									吸收+分流	32	
									直接燃烧	62	
					固废	一般工业固废	千克/吨-产品	16.00	—		
						危险废物	千克/吨-产品	109.29	—		

2829 其他合成纤维制造行业系数表（续表 5）

工段名称	产品名称	原料名称	工艺名称	规模等级	污染物类别	污染物指标	系数单位	产污系数	末端治理技术	末端治理技术平均去除效率/%	参考 *k* 值计算公式
—	聚酰亚胺纤维	ODA（4,4-二氨基二苯醚）、PMDA（均苯四甲酸二酐）	湿法：聚合-纺丝-凝固-环化-牵伸-卷绕	所有规模	废水	工业废水量	吨/吨-产品	44.21	—		
						化学需氧量	克/吨-产品	2.16×10^4	物理化学处理法+好氧生物处理法+厌氧生物处理法	90	*k*=污水治理设施运行时间（小时/年）/企业正常生产时间（小时/年）
									物理化学处理法+好氧生物处理法+厌氧生物处理法+物理化学处理法	97	
						氨氮	克/吨-产品	990	物理化学处理法+好氧生物处理法+厌氧生物处理法	85	
									物理化学处理法+好氧生物处理法+厌氧生物处理法+物理化学处理法	93	
						总磷	克/吨-产品	192	物理化学处理法+好氧生物处理法+厌氧生物处理法	82	
									物理化学处理法+好氧生物处理法+厌氧生物处理法+物理化学处理法	90	
						总氮	克/吨-产品	1078	物理化学处理法+好氧生物处理法+厌氧生物处理法	85	
									物理化学处理法+好氧生物处理法+厌氧生物处理法+物理化学处理法	90	
						石油类	克/吨-产品	262	物理化学处理法+好氧生物处理法+厌氧生物处理法	65	
									物理化学处理法+好氧生物处理法+厌氧生物处理法+物理化学处理法	85	
					废气	工业废气量	标米^3/吨-产品	3.05×10^5	—	—	—
						挥发性有机物	克/吨-产品	1.03×10^4	吸附+蒸汽解析	62	*k*=废气治理设施运行时间（小时/年）/企业正常生产时间（小时/年）
									吸收+分流	32	
									直接燃烧	62	
					固废	一般工业固废	千克/吨-产品	50.00	—		
						危险废物	千克/吨-产品	58.33	—		

2831 生物基纤维制造业

1 适用范围

本手册仅用于《国民经济行业分类》（GB/T 4754—2017）中 2831 生物基纤维制造行业使用系数法核算工业污染物产生量和排放量的工业企业。

利用本手册进行产排污核算得出的污染物产生量与排放量仅代表了特定行业、工艺、产品、原料在正常工况下污染物产生与排放的一般规律。

本行业废水指标包括化学需氧量、氨氮、总氮、总磷、石油类；废气指标包括挥发性有机物。

2 注意事项

2.1 企业有多种生产工艺或生产多类产品产排污量核算

污染物产生量与产品产量有关，根据不同核算环节计算产污量后，再根据企业末端治理设施和运行情况计算各污染物的排放量。

企业某污染物指标的产生量、排放量为各核算环节产生量、排放量之和。

在企业实际排放量计算过程中，如果存在废水回用的情况，需要在利用产排污核算公式的基础上扣除废水回用的部分。公式如下：

$$实际排放量=计算排放量\times（1-废水回用率）$$

2.2 采用多种治理设施组合处理企业的排污量核算

在排污量计算选择末端治理技术时，若没有对应的组合治理技术，以主要治理技术为准。

2.3 系数表中未涉及的产污系数及污染治理效率

对可能遇到的特殊产品、特殊生产工艺、特殊末端处理工艺，可咨询当地行业组织、环保专家、其他企业技术人员，选取近似的组合产污系数代替。

2.4 其他需要说明的问题

（1）由于生物基化学纤维产品种类多，生产工艺技术不同，生产过程企业采用不同的污染物排放方式、排放纳管要求和污染物处理工艺，使各企业之间的单位产品产污量、末端治理设施去除效率、运行效率差别较大。本手册的制定过程中，通过对相关企业实测和历史数据的统计，制定出适合国内典型生产工艺、符合国内平均水平的产污系数和末端治理设施去除效率、运行效率。使用本手册计算排污量时与单个企业的实际情况可能有差异，但总体上符合行业水平。

（2）由于生物基化学纤维制造企业特点，其规模往往取决于生产设备套数，因此多数情况下产污系数与规模大小关系不大，而与产品种类、生产工艺、设备的先进性和企业管理水平有关。

（3）新溶剂法纤维素纤维的生产，采用环保型 NMMO 溶剂，与传统粘胶工艺相比省去了碱化-老化-黄化过程，使得废水、废气及固废的产生量明显减少。

（4）聚对苯二甲酸丙二醇酯纤维、聚乳酸纤维采用切片熔融纺丝，废气的产生主要是生产过程中的油剂挥发，企业收集方式不同，废气的产污计算采用了实测和物料衡算方法。

（5）由于不同企业工业废气量、废水量差异较大，本手册提供的工业废气量、废水量系数仅供参考。

为体现相同产污水平条件下，采用相同环保治理设施的不同企业对同一污染物去除效果的差异，引入末端治理设施实际运行率（k）对污染治理技术的实际去除率进行修正。k 值反映的是污染治理设施运行的状态，越稳定运行，k 值越高；在取值上，若定义连续稳定运行的理想状态为 1，则 k 取值在 0～1 之间。

本手册给出本行业的 k 计算公式仅供参考，使用时，可根据 k 值定义，选取更适合企业实际情况的表达方式。

（6）关于系数表格各栏目的说明：

①“产品名称”：指化学纤维制造企业在报告期内生产的，并符合产品质量要求的新溶剂法纤维素纤维、聚对苯二甲酸丙二醇酯纤维、聚乳酸长丝。

②“原料名称”：指生物基化学纤维制造企业在报告期内使用的主要原料。本手册包括化纤浆粕、聚对苯二甲酸丙二醇酯切片、聚乳酸切片。

③“工艺名称”：指对应生物基化学纤维制造企业生产、加工产品采用的主要生产方法的名称。

④“规模等级”：指产污系数核算所对应的生产规模等级，由于生物基化学纤维制造行业企业规模对产污系数无明显影响，因此本手册不计生产规模的影响。

⑤“污染物指标”：主要包括废水污染物和废气污染物。

⑥“系数单位”：为产污系数计量单位，工业废水量表述为“吨/吨-产品”，废水污染物表述为“克/吨-产品”；工业废气量表述为标准状态（273.15 开尔文，101.325 千帕）下“米^3/吨-产品”，废气污染物表述为“克/吨-产品”。

⑦“产污系数”：是指每生产单位重量产品产生污染物的质量。

⑧“末端治理技术名称”：针对生物基化学纤维制造行业内的污染物所采用的处理方法的名称。其中废水末端治理技术中，企业通过污水治理设施治理后，纳入市政或园区管网的，一般选用物理化学法+厌氧生物处理法+好氧生物处理法；直接排放河道的一般选用物理化学法+厌氧生物处理法+好氧生物处理法+物理化学法。废气末端治理技术中，采用静电除油、活性炭吸附等方法的，选用吸附+蒸汽解析；采用喷淋、冷凝等方法的选用吸收+分流；采用燃烧等氧化方法的选用直接燃烧法。手册中只涉及常用的末端处理技术，当被调查企业的末端处理方法不在系数表单中，可咨询当地行业组织、环保专家或企业技术人员，在系数表单中选取近似的废水处理方法代替。

⑨“末端治理设施平均去除效率”：指在典型末端治理工艺的条件下，生产单位产品所产生的污染物经污染治理设施的削减比例。

⑩“末端治理设施运行系数（k 值）”：指末端治理设施在正常运行周期内的主要实际运行参数与设计运行参数的比例。

3 污染物排放量核算方法

3.1 计算污染物产生量

（1）根据产品、原料、污染物产生的主导生产工艺、企业规模（生产产能）这一组合查找和确定所对应的某一污染物的产污系数。

（2）根据该污染物的产污系数计量单位——单位产品产量，获取企业实际产品产量。

例如，某组合内化学需氧量的产污系数单位为克/吨-产品，则计算产生量时需要获取企业实际产品产量。

（3）污染物产生量按以下公式进行计算：

污染物产生量=污染物对应的产污系数×产品产量

$$G_{产i} = P_{产i} \times M_i$$

式中，$G_{产i}$——工段 i 某污染物的产生量；

$P_{产i}$——工段 i 某污染物对应的产污系数；

M_i——工段 i 的产品产量。

3.2 计算污染物去除量

（1）根据企业对某一污染物所采用的治理技术查找和选择相应的治理技术平均去除效率。

（2）根据所填报的污染治理设施实际运行率参数及其计算公式得出该企业某一污染物的治理设施实际运行率（k 值）。

（3）污染物去除量按以下公式进行计算：

污染物去除量=污染物产生量×污染物去除率 =污染物产生量×治理技术平均去除效率×治理设施实际运行率

$$R_{减i} = G_{产i} \times \eta_T \times k_T$$

式中，$R_{减i}$——工段 i 某污染物的去除量；

η_T——工段 i 某污染物采用的末端治理技术的平均去除效率；

k_T——工段 i 某污染物采用的末端治理设施的实际运行率。

3.3 计算污染物排放量

污染物排放量=污染物产生量–污染物去除量

=污染物对应的产污系数×产品产量–污染物产生量×治理技术平均去除效率×治理设施实际运行率

3.4 计算企业污染物排放量

同一企业某污染物全年的产生（排放）总量为该企业同年实际生产的全部产品、原料、规模污染物产生（排放）量之和。

$$E_{排} = G_{产} - R_{减} = \sum (G_{产i} - R_{减i})$$
$$= \sum \left[P_{产i} \times M_i (1 - \eta_T \times k_T) \right]$$

4 污染物排放量核算案例

某企业主要从事聚对苯二甲酸丙二醇酯（PTT）纤维生产，该企业主要原料为聚对苯二甲酸丙二醇酯切片，生产工艺采用切片-熔融-纺丝-牵伸-卷绕，年产量（生产规模）7150 吨。该企业废水的污染治理技术采用物理化学法+厌氧生物处理法+好氧生物处理法，涉及的废水污染物主要为化学需氧量、氨氮、总氮、总磷、石油类。以化学需氧量为例说明排放量计算过程。

该企业基本信息如表 1 所示。

表 1 某化纤企业主要信息

	核算环节：全厂	
	名称	数量
产品及产量	聚对苯二甲酸丙二醇酯纤维	7150 吨
原料及用量	聚对苯二甲酸丙二醇酯纤维切片	7472 吨
工艺名称	切片-熔融-纺丝-牵伸-卷绕	
规模（产能）	10000 吨	
污染治理设施	物理化学法+厌氧生物处理法+好氧生物处理法	
实际运行率参数	污水治理设施运行时间	8256 小时
	企业正常生产时间	8256 小时

4.1 化学需氧量产生量计算

（1）查找产污系数及其计量单位

根据企业基本信息，查找本手册中主要产品为聚对苯二甲酸丙二醇酯纤维，主要原料为聚对苯二甲酸丙二醇酯纤维切片，主要工艺为切片-熔融-纺丝-牵伸-卷绕，生产规模为所有规模。该组合化学需氧量的产污系数为 1233，单位为克/吨-产品。

（2）获取企业产品产量与原料用量

该企业实际情况为：主要产品聚对苯二甲酸丙二醇酯纤维 2017 年产量为 7150 吨，主要原料 2017 年消耗量为 7472 吨。

（3）计算化学需氧量产生量

由于查询到的组合中化学需氧量产污系数的单位为克/吨-产品，因此在核算化学需氧量产生量时需获取产品产量。

化学需氧量产生量=化学需氧量产污系数×产品（聚对苯二甲酸丙二醇酯纤维）产量

=（1233 克/吨-产品×7150 吨-产品）÷1000000

=8.81 吨

4.2 化学需氧量去除量计算

（1）查找治理技术平均去除效率

该企业化学需氧量治理技术采用“物理化学法+厌氧生物处理法+好氧生物处理法”工艺，查询相应组合内该工艺的平均去除效率为90%。

（2）计算污染治理设施实际运行率。

根据产污系数组合查询结果，该组合中化学需氧量对应的污染治理设施实际运行率为

k=污水治理设施运行时间/企业正常生产时间=8256 小时/8256 小时=1

（3）计算化学需氧量去除量

化学需氧量去除量=8.81 吨×90%×1=7.93 吨

4.3 化学需氧量排放量计算

化学需氧量排放量=8.81 吨−7.93 吨=0.88 吨

5 系数表

2831 生物基纤维制造行业系数表

工段名称	产品名称	原料名称	工艺名称	规模等级	污染物类别	污染物指标	系数单位	产污系数	末端治理技术	末端治理技术平均去除效率/%	参考 k 值计算公式[1]
—	聚对苯二甲酸丙二醇酯纤维	聚对苯二甲酸丙二醇酯纤维切片	切片-熔融-纺丝-牵伸-卷绕	所有规模	废水	工业废水量	吨/吨-产品	0.96	—	—	—
						化学需氧量	克/吨-产品	1233	物理化学法+厌氧生物处理法+好氧生物处理法	90	k=污水治理设施运行时间（小时/年）/企业正常生产时间（小时/年）
									物理化学法+厌氧生物处理法+好氧生物处理法+物理化学法	97	
						氨氮	克/吨-产品	15.60	物理化学法+厌氧生物处理法+好氧生物处理法	76	
									物理化学法+厌氧生物处理法+好氧生物处理法+物理化学法	78	
						总磷	克/吨-产品	1.38	物理化学法+厌氧生物处理法+好氧生物处理法	82	
									物理化学法+厌氧生物处理法+好氧生物处理法+物理化学法	90	

[1] 该公式仅供参考，使用时，可根据 k 值定义，选取更适合企业实际情况的表达方式。

2831 生物基纤维制造行业系数表（续表 1）

工段名称	产品名称	原料名称	工艺名称	规模等级	污染物类别	污染物指标	系数单位	产污系数	末端治理技术	末端治理技术平均去除效率/%	参考 *k* 值计算公式
—	聚对苯二甲酸丙二醇酯纤维	聚对苯二甲酸丙二醇酯纤维切片	切片-熔融-纺丝-牵伸-卷绕	所有规模	废水	总氮	克/吨-产品	16.90	物理化学法+厌氧生物处理法+好氧生物处理法	85	*k*=污水治理设施运行时间（小时/年）/企业正常生产时间（小时/年）
									物理化学法+厌氧生物处理法+好氧生物处理法+物理化学法	90	
						石油类	克/吨-产品	2.43	物理化学法+厌氧生物处理法+好氧生物处理法	65	
									物理化学法+厌氧生物处理法+好氧生物处理法+物理化学法	85	
					废气	工业废气量	标米^3/吨-产品	9243.30	—	—	—
						挥发性有机物	克/吨-产品	122.90	吸附+蒸汽解析	62	*k*=废气治理设施运行时间（小时/年）/企业正常生产时间（小时/年）
									吸收+分流	32	
									直接燃烧	62	
					固废	一般工业固废	千克/吨-产品	16.78	—		
						危险废物	千克/吨-产品	0.01	—		
—	聚乳酸长丝	聚乳酸切片	切片-熔融-纺丝-牵伸-卷绕	所有规模	废气	工业废气量	标米^3/吨-产品	1.04×10^4	—	—	—
						挥发性有机物	克/吨-产品	198	吸附+蒸汽解析	62	*k*=废气治理设施运行时间（小时/年）/企业正常生产时间（小时/年）
									吸收+分流	32	
									直接燃烧	62	
					固废	一般工业固废	千克/吨-产品	50.00	—		
						危险废物	千克/吨-产品	0.01	—		

2831 生物基纤维制造行业系数表（续表 2）

工段名称	产品名称	原料名称	工艺名称	规模等级	污染物类别	污染物指标	系数单位	产污系数	末端治理技术	末端治理技术平均去除效率/%	参考 k 值计算公式
—	新溶剂法纤维素纤维	化纤浆粕	溶解-过滤-纺丝-水洗-烘干-卷曲-切断	所有规模	废水	工业废水量	吨/吨-产品	22.00	—	—	—
						化学需氧量	克/吨-产品	1.98×10^4	物理化学法+厌氧生物处理法+好氧生物处理法	90	k=污水治理设施运行时间（小时/年）/企业正常生产时间（小时/年）
									物理化学法+厌氧生物处理法+好氧生物处理法+物理化学法	97	
						氨氮	克/吨-产品	120	物理化学法+厌氧生物处理法+好氧生物处理法	76	
									物理化学法+厌氧生物处理法+好氧生物处理法+物理化学法	78	
						总磷	克/吨-产品	50.20	物理化学法+厌氧生物处理法+好氧生物处理法	82	
									物理化学法+厌氧生物处理法+好氧生物处理法+物理化学法	90	
						总氮	克/吨-产品	1338	物理化学法+厌氧生物处理法+好氧生物处理法	85	
									物理化学法+厌氧生物处理法+好氧生物处理法+物理化学法	90	
						石油类	克/吨-产品	7.48	物理化学法+厌氧生物处理法+好氧生物处理法	65	
									物理化学法+厌氧生物处理法+好氧生物处理法+物理化学法	85	
					废气	工业废气量	标米^3/吨-产品	1.68×10^4	—	—	—
						挥发性有机物	克/吨-产品	181	吸附+蒸汽解析	62	k=废气治理设施运行时间（小时/年）/企业正常生产时间（小时/年）
									吸收+分流	32	
									直接燃烧	62	
					固废	一般工业固废	千克/吨-产品	3.0	—		
						危险废物	千克/吨-产品	0.4	—		

2832 生物基、淀粉基新材料制造业

1 适用范围

本手册仅用于《国民经济行业分类》（GB/T 4754—2017）中 2832 生物基、淀粉基新材料制造行业使用系数法核算工业污染物产生量和排放量的工业企业。

利用本手册进行产排污核算得出的污染物产生量与排放量仅代表了特定行业、工艺、产品、原料在正常工况下污染物产生与排放的一般规律。

本行业废水指标包括化学需氧量。废气指标无。

2 注意事项

2.1 企业有多种生产工艺或生产多类产品产排污量核算

污染物产生量与产品产量有关，根据不同核算环节计算产污量后，再根据企业末端治理设施和运行情况计算各污染物的排放量。

企业某污染物指标的产生量、排放量为各核算环节产生量、排放量之和。

在企业实际排放量计算过程中，如果存在废水回用的情况，需要在利用产排污核算公式的基础上扣除废水回用的部分。公式如下：

实际排放量=计算排放量×（1–废水回用率）

2.2 采用多种治理设施组合处理企业的排污量核算

在排污量计算选择末端治理技术时，若没有对应的组合治理技术，以主要治理技术为准。

2.3 其他需要说明的问题

（1）由于生物基、淀粉基类新材料产品种类多，生产工艺技术不同，生产过程企业采用不同的污染物排放方式、排放纳管要求和污染物处理工艺，使各企业之间的单位产品产污量、末端治理设施去除效率、运行效率差别较大。本手册的制定过程中，通过对相关企业实测和历史数据的统计，制定出适合国内典型生产工艺、符合国内平均水平的产污系数和末端治理设施去除效率、运行效率。使用本手册计算排污量时与单个企业的实际情况可能有差异，但总体上符合行业水平。

（2）由于生物基、淀粉基类新材料制造企业特点，其规模往往取决于生产设备套数，因此多数情况下产污系数与规模大小关系不大，而与产品种类、生产工艺、设备的先进性和企业管理水平有关。

（3）由于不同企业工业废气量、废水量差异较大，本手册提供的工业废气量、废水量系数仅供参考。

为体现相同产污水平条件下，采用相同环保治理设施的不同企业对同一污染物去除效果的差异，

引入末端治理设施实际运行率（k）对污染治理技术的实际去除率进行修正。k 值反映的是污染治理设施运行的状态，越稳定运行，k 值越高；在取值上，若定义连续稳定运行的理想状态为 1，则 k 取值在 0～1 之间。

本手册给出本行业的 k 计算公式仅供参考，使用时，可根据 k 值定义，选取更适合企业实际情况的表达方式。

3 污染物排放量核算方法

3.1 计算污染物产生量

（1）根据产品、原料、污染物产生的主导生产工艺、企业规模（生产产能）这一组合查找和确定所对应的某一污染物的产污系数。

（2）根据该污染物的产污系数计量单位——单位产品产量，获取企业实际产品产量。

例如，某组合内化学需氧量的产污系数单位为克/吨-产品，则计算产生量时需要获取企业实际产品产量。

（3）污染物产生量按以下公式进行计算：

污染物产生量=污染物对应的产污系数×产品产量

$$G_{产i} = P_{产i} \times M_i$$

式中，$G_{产i}$——工段 i 某污染物的产生量；

$P_{产i}$——工段 i 某污染物对应的产污系数；

M_i——工段 i 的产品产量。

3.2 计算污染物去除量

（1）根据企业对某一污染物所采用的治理技术查找和选择相应的治理技术平均去除效率。

（2）根据所填报的污染治理设施实际运行率参数及其计算公式得出该企业某一污染物的治理设施实际运行率（k 值）。

（3）污染物产生量按以下公式进行计算：

污染物去除量=污染物产生量×污染物去除率 =污染物产生量×治理技术平均去除效率×治理设施实际运行率

$$R_{减i} = G_{产i} \times \eta_T \times k_T$$

式中，$R_{减i}$——工段 i 某污染物的去除量；

η_T——工段 i 某污染物采用的末端治理技术的平均去除效率；

k_T——工段 i 某污染物采用的末端治理设施的实际运行率。

3.3 计算污染物排放量

污染物排放量=污染物产生量−污染物去除量

=污染物对应的产污系数×产品产量−污染物产生量×治理技术平均去除效率×治理设施实际运行率

3.4 计算企业污染物排放量

同一企业某污染物全年的产生（排放）总量为该企业同年实际生产的全部产品、原料、规模污染物产生（排放）量之和。

$$E_{排} = G_{产} - R_{减} = \sum(G_{产i} - R_{减i})$$
$$= \sum\left[P_{产i} \times M_i(1 - \eta_T \times k_T)\right]$$

4 污染物排放量核算案例

某企业主要从事聚乳酸生产。该企业以为主要原料为淀粉，生产工艺采用糖化-发酵-聚合，年产量（生产规模）10000 吨。该企业废水的污染治理技术采用“物理化学法+厌氧生物处理法+好氧生物处理法”，涉及的废水污染物主要为化学需氧量。以化学需氧量为例说明排放量计算过程。

该企业基本信息如表 1 所示。

表 1　企业主要信息

	核算环节：全厂	
	名称	数量
产品及产量	聚乳酸	10000 吨
原料及用量	淀粉	18200 吨
工艺名称	糖化-发酵-聚合	
规模（产能）	10000 吨	
污染治理设施	物理化学法+厌氧生物处理法+好氧生物处理法	
实际运行率参数	污水治理设施运行时间	7200 小时
	企业正常生产时间	7200 小时

4.1 化学需氧量产生量计算

（1）查找产污系数及其计量单位

根据企业基本信息，查找本手册中主要产品为聚乳酸，主要原料为淀粉，主要工艺为糖化-发酵-聚合，生产规模为所有规模。该组合化学需氧量的产污系数为 72.0，单位为克/吨-产品。

（2）获取企业产品产量

该企业实际情况为：主要产品聚乳酸 2017 年产量为 10000 吨，主要原料 2017 年消耗量为 18200 万吨。

（3）计算化学需氧量产生量

由于查询到的组合中化学需氧量产污系数的单位为克/吨-产品，因此在核算化学需氧量产生量时需获取产品产量。

化学需氧量产生量=化学需氧量产污系数×产品（聚乳酸）产量

=（72.0 克/吨-产品×10000 吨-产品）÷1000000

=0.72 吨

4.2 化学需氧量去除量计算

（1）查找治理技术平均去除效率

该企业化学需氧量治理技术采用“物理化学法+厌氧生物处理法+好氧生物处理法”工艺，查询相应组合内该工艺的平均去除效率为 90%。

（2）计算污染治理设施实际运行率

根据产污系数组合查询结果，该组合中化学需氧量对应的污染治理设施实际运行率为

k=污水治理设施运行时间/企业正常生产时间=7200 小时/7200 小时=1

（3）计算化学需氧量去除量

化学需氧量去除量=0.72 吨×90%×1=0.65 吨

4.3 化学需氧量排放量计算

化学需氧量排放量=0.72 吨−0.65 吨=0.07 吨

5 系数表

2832 生物基、淀粉基新材料制造行业系数表

工段名称	产品名称	原料名称	工艺名称	规模等级	污染物类别	污染物指标	系数单位	产污系数	末端治理技术	末端治理技术平均去除效率/%	参考 k 值计算公式[1]
—	聚乳酸	淀粉	糖化-发酵-聚合	所有规模	废水	工业废水量	吨/吨-产品	0.40	—	0	—
						化学需氧量	克/吨-产品	72	物理化学法+厌氧生物处理法+好氧生物处理法	90	k=污水治理设施运行时间（小时/年）/企业正常生产时间（小时/年）
									物理化学法+厌氧生物处理法+好氧生物处理法+物理化学法	97	

[1] 该公式仅供参考，使用时，可根据 k 值定义，选取更适合企业实际情况的表达方式。

29

橡胶和塑料制品业

291 橡胶制品业

1 适用范围

本手册仅用于《国民经济行业分类》（GB/T 4754—2017）中 2911 轮胎制造行业，2912 橡胶板、管、带制造行业，2913 橡胶零件制造行业，2914 再生橡胶制造行业，2915 日用及医用橡胶制品制造行业，2916 运动场地用塑胶制造行业和 2919 其他橡胶制品制造行业，使用系数法核算工业污染物产生量和排放量的工业企业。

利用本手册进行产污核算得出的污染物产生量与排放量仅代表了特定行业、工艺、产品、原料在正常工况下污染物产生与排放的一般规律。

本行业废水指标包括工业废水量、化学需氧量、氨氮、总氮、总磷、石油类；废气指标包括工业废气量、颗粒物和挥发性有机物，2915 日用及医用橡胶制品制造行业中，废气指标还包括氨。

2 注意事项

2.1 企业有多种生产工艺或生产多类产品产排污量核算

2914 再生橡胶制造行业的废水及废气指标：污染物产生量与产品产量有关，根据不同核算环节计算产污量后，再根据企业末端治理设施和运行情况计算各污染物的排放量。

2911 轮胎制造行业包含翻新轮胎，翻新轮胎的工艺包括胎面胶的混炼、挤出和最终轮胎的硫化，产污系数单位以原材料计，具体以所用胎面胶重的一半计。

2912 橡胶板、管、带制造行业，2913 橡胶零件制造行业，2915 日用及医用橡胶制品制造行业，2916 运动场地用塑胶制造行业和 2919 其他橡胶制品制造行业：污染物产生量与原料用量有关，根据不同核算环节计算产污量后，再根据企业末端治理设施和运行情况计算各污染物的排放量。其中，2916 运动场地用塑胶制造行业产污系数仅适合运动场地用塑胶材料的制造，后续施工属于 4892 体育场地设施工程施工的范畴。企业某污染物产生量、排放量为各核算环节产生量、排放量之和。

在企业实际排放量计算过程中，如果存在废水回用的情况，需要在利用产排污核算公式的基础上扣除废水回用的部分。公式如下：

实际排放量=计算排放量×（1–废水回用率）

2.2 采用多种治理设施组合处理企业的排污量核算

在排污量计算选择末端治理技术时，若没有对应的组合治理技术，以主要治理技术为准。

2.3 系数表中未涉及的产污系数及污染治理效率

橡胶制品业行业中有胶浆制备或喷涂、涂胶装置的，可以根据溶剂用量按照物料衡算的方法进行产污系数的核算。

2.4 其他需要说明的问题

由于不同企业工业废气量、废水量差异较大，本手册所提供的工业废气量、废水量系数仅供参考。

为体现相同产污水平条件下，采用相同环保治理设施的不同企业对同一污染物去除效果的差异，引入末端治理设施实际运行率（k）对污染治理技术的实际去除率进行修正。k 值反映的是污染治理设施运行的状态，越稳定运行，k 值越高；在取值上，若定义连续稳定运行的理想状态为 1，则 k 取值在 0～1 之间。

本手册给出本行业的 k 计算公式仅供参考，使用时，可根据 k 值定义，选取更适合企业实际情况的表达方式。

3 污染物排放量核算方法

针对企业实际生产情况，本行业在产污系数制定过程中将企业全生产流程划分或拆分为若干工段（核算环节），在核算企业污染物产排量时，可灵活选择本企业对应的工段进行核算。

3.1 计算工段污染物产生量

（1）根据产品、原料、污染物产生的主导生产工艺、企业规模（企业生产产能）这一组合查找和确定所对应的某一个污染物的产污系数。

（2）根据该污染物的产污系数计量单位——单位产品产量或原料用量，获取企业实际产品产量或原料用量。

例如，某组合内化学需氧量的产污系数单位为千克/吨-产品，则计算产生量时需要获取企业实际产品产量；如果产污系数单位为千克/吨-原料，则计算产生量时需要获取企业原料实际消耗量。

（3）污染物产生量按以下公式进行计算：

污染物产生量=污染物对应的产污系数×产品产量（原料用量）

$$G_{产_i} = P_{产_i} \times M_i$$

式中，$G_{产_i}$——工段 i 某污染物的产生量；

$P_{产_i}$——工段 i 某污染物对应的产污系数；

M_i——工段 i 的产品产量（原料用量）。

3.2 计算工段污染物去除量

（1）根据企业对某一污染物所采用的治理技术查找和选择相应的治理技术平均去除效率。

（2）根据所填报的污染治理设施实际运行率参数及其计算公式得出该企业某一污染物的治理设施实际运行率（k 值）。

（3）污染物去除量按以下公式进行计算：

污染物去除量=污染物产生量×污染物去除率

=污染物产生量×治理技术平均去除效率×治理设施实际运行率

$$R_{减i} = G_{产i} \times \eta_T \times k_T$$

式中，$R_{减i}$——工段 i 某污染物的去除量；

η_T——工段 i 某污染物采用的末端治理技术的平均去除效率；

k_T——工段 i 某污染物采用的末端治理设施的实际运行率。

3.3 计算工段污染物排放量

污染物排放量=污染物产生量–污染物去除量

=污染物对应的产污系数×产品产量（原料用量）–污染物产生量×治理技术平均去除效率×治理设施实际运行率

3.4 计算企业污染物排放量

同一企业某污染物全年的产生（排放）总量为该企业同年实际生产的全部工段、产品、原料、规模污染物产生（排放）量之和。

$$\begin{aligned} E_{排} &= G_{产} - R_{减} = \sum(G_{产i} - R_{减i}) \\ &= \sum\left[P_{产i} \times M_i(1-\eta_T \times k_T)\right] \end{aligned}$$

4 污染物排放量核算案例

某轮胎企业主要从事半钢轮胎和全钢轮胎的生产。该企业的主要污染物为化学需氧量、氨氮、总氮、总磷、石油类、颗粒物和挥发性有机物。以挥发性有机物为例说明排放量的计算过程。

该企业基本信息如表 1 所示。

表 1　某轮胎企业基本信息

	工段 1：半钢轮胎		工段 2：全钢轮胎	
	名称	数量	名称	数量
产品及产量	半钢轮胎	400 万条	全钢轮胎	300 万条
原料及用量	天然橡胶，合成橡胶及再生橡胶	15000	天然橡胶，合成橡胶及再生橡胶	35000
工艺名称	混炼-硫化	—	混炼-硫化	—
规模（产能）	400 万条		300 万条	
挥发性有机物污染治理设施	低温等离子体		低温等离子体	
实际运行率参数	废气治理设施运行时间	7920 小时	废气治理设施运行时间	7920 小时
	废气产污工段正常生产时间	7920 小时	废气产污工段正常生产时间	7920 小时

4.1 工段1的排放量计算

（1）挥发性有机物产生量计算

①查找产污系数及其计量单位

根据企业基本信息，查找本手册中主要产品为轮胎，主要原料为天然橡胶、合成橡胶、再生橡胶，主要工艺为混炼-硫化，生产规模为所有规模。该组合挥发性有机物的产污系数为3.27，单位为千克/吨-三胶原料。

②获取企业原料用量

该企业实际情况为：该工段三胶原料（天然橡胶、合成橡胶、再生橡胶）的用量为15000吨。

③计算挥发性有机物产生量

由于查询到的组合中，挥发性有机物产污系数的单位为千克/吨-三胶原料，因此在核算产生量时需获取原料用量。

挥发性有机物产生量=挥发性有机物产污系数×原料（三胶）用量

=3.27千克/吨-三胶原料×15000吨-三胶原料

=49050千克

（2）挥发性有机物去除量计算

①查找治理技术平均去除效率

该企业挥发性有机物治理技术采用低温等离子体，查询相应组合内该工艺的处理效率为50%。

②计算污染治理设施实际运行率

根据产污系数组合查询结果，该组合中挥发性有机物对应的污染治理设施实际运行率为

k=废气治理设施运行时间/废气产污工段正常生产时间=7920小时/7920小时=1

③计算挥发性有机物去除量

挥发性有机物去除量=49050千克×50%×1=24525千克

（3）挥发性有机物排放量计算

挥发性有机物排放量=49050千克−24525千克=24525千克

4.2 工段2的排放量计算

（1）挥发性有机物产生量计算

①查找产污系数及其计量单位

根据企业基本信息，查找本手册中主要产品为轮胎，主要原料为天然橡胶、合成橡胶、再生橡胶，主要工艺为混炼-硫化，生产规模为所有规模。该组合挥发性有机物的产污系数为3.27，单位为千克/吨-三胶原料。

②获取企业原料用量

该企业实际情况为：该工段三胶原料（天然橡胶、合成橡胶、再生橡胶）的用量为35000吨。

③计算挥发性有机物产生量

由于查询到的组合中挥发性有机物产污系数的单位为千克/吨-三胶原料，因此在核算产生量时需获取原料用量。

挥发性有机物产生量=挥发性有机物产污系数×原料（三胶）用量

=3.27 千克/吨-三胶原料×35000 吨-三胶原料

=114450 千克

（2）挥发性有机物去除量计算

①查找治理技术平均去除效率

由于该企业挥发性有机物治理技术采用低温等离子体，查询相应组合内该工艺的处理效率为 50%。

②计算污染治理设施实际运行率

根据产污系数组合查询结果，该组合中挥发性有机物对应的污染治理设施实际运行率为

k=废气治理设施运行时间/废气产污工段正常生产时间=7920 小时/7920 小时=1

③计算挥发性有机物去除量

挥发性有机物去除量=114450 千克×50%×1=57225 千克

（3）挥发性有机物排放量计算

挥发性有机物排放量=114450 千克−57225 千克=57225 千克

4.3 挥发性有机物排放量计算

挥发性有机物排放量=工段 1 排放量+工段 2 排放量

=24525 千克+57225 千克=81750 千克

5 系数表

2911 轮胎制造行业系数表

工段名称	产品名称	原料名称	工艺名称	规模等级	污染物类别	污染物指标	系数单位	产污系数	末端治理技术	末端治理技术平均去除处理效率/%	参考 k 值计算公式[1]
—	轮胎①	天然橡胶、合成橡胶、再生橡胶	混炼-硫化	所有规模	废水	工业废水量	吨/吨-三胶原料	2.37	—	—	—
						化学需氧量	千克/吨-三胶原料	2.57×10^{-1}	物理处理方法+化学处理方法	65	k=废水治理设施运行时间（小时/年）/企业正常生产时间（小时/年）
						氨氮	千克/吨-三胶原料	6.00×10^{-3}	物理处理方法+化学处理方法	85	
						总氮	千克/吨-三胶原料	2.30×10^{-2}	物理处理方法+化学处理方法	45	
						总磷	千克/吨-三胶原料	1.00×10^{-3}	物理处理方法+化学处理方法	60	
						石油类	千克/吨-三胶原料	9.00×10^{-3}	物理处理方法+化学处理方法	80	
					废气	工业废气量	标米^3/吨-三胶原料	7.40×10^{4}	—	—	—
						颗粒物	千克/吨-三胶原料	5.04	袋式除尘	96	k=废气治理设施运行时间（小时/年）/废气产污工段正常生产时间（小时/年）
						挥发性有机物②	千克/吨-三胶原料	3.27	低温等离子体	50	
									光催化+低温等离子体	60	
									蓄热式热力燃烧法	80	
									光催化	50	
					固废	一般固废	千克/吨-三胶原料	5.00	—	—	—
						危险废物	千克/吨-三胶原料	2.00	—	—	—

注：①含翻新轮胎，其中产污系数单位中的吨-三胶原料，折算到翻新轮胎行业，以所用胎面胶重的一半计。
②以非甲烷总烃计。

[1] 该公式仅供参考，使用时，可根据 k 值定义，选取更适合企业实际情况的表达方式。

2912 橡胶板、管、带制造行业系数表

工段名称	产品名称	原料名称	工艺名称	规模等级	污染物类别	污染物指标	系数单位	产污系数	末端治理技术	末端治理技术平均去除效率/%	参考 k 值计算公式[1]
—	橡胶板、管、带	天然橡胶，合成橡胶，再生橡胶	混炼-硫化	所有规模	废水	工业废水量	吨/吨-三胶原料	2.37	—	—	—
						化学需氧量	千克/吨-三胶原料	2.57×10^{-1}	物理处理方法+化学处理方法	65	k=废水治理设施运行时间（小时/年）/企业正常生产时间（小时/年）
						氨氮	千克/吨-三胶原料	6.00×10^{-3}	物理处理方法+化学处理方法	85	
						总氮	千克/吨-三胶原料	2.30×10^{-2}	物理处理方法+化学处理方法	45	
						总磷	千克/吨-三胶原料	1.00×10^{-3}	物理处理方法+化学处理方法	60	
						石油类	克/吨-三胶原料	9.00×10^{-3}	物理处理方法+化学处理方法	80	
					废气	工业废气量	标米^3/吨-三胶原料	7.40×10^{4}	—	—	—
						颗粒物	千克/吨-三胶原料	10.10	袋式除尘	96	k=废气治理设施运行时间（小时/年）/废气产污工段正常生产时间（小时/年）
						挥发性有机物①	千克/吨-三胶原料	4.90	低温等离子体	50	
									光催化+低温等离子体	60	
									活性炭吸附	50	
									光催化	50	
									蓄热式热力燃烧法	80	
					固废	一般固废	千克/吨-三胶原料	5.00	—	—	—
						危险废物	千克/吨-三胶原料	2.00	—	—	—

注：①以非甲烷总烃计。

[1] 该公式仅供参考，使用时，可根据 k 值定义，选取更适合企业实际情况的表达方式。

2913 橡胶零件制造行业系数表

工段名称	产品名称	原料名称	工艺名称	规模等级	污染物类别	污染物指标	系数单位	产污系数	末端治理技术	末端治理技术平均去除效率/%	参考 k 值计算公式[1]
—	橡胶零件	天然橡胶、合成橡胶、再生橡胶	混炼-硫化	所有规模	废水	工业废水量	吨/吨-三胶原料	2.37	—	—	—
						化学需氧量	千克/吨-三胶原料	2.57×10^{-1}	物理处理方法+化学处理方法	65	k=废水治理设施运行时间（小时/年）/企业正常生产时间（小时/年）
						氨氮	千克/吨-三胶原料	6.00×10^{-3}	物理处理方法+化学处理方法	85	
						总氮	千克/吨-三胶原料	2.30×10^{-2}	物理处理方法+化学处理方法	45	
						总磷	千克/吨-三胶原料	1.00×10^{-3}	物理处理方法+化学处理方法	60	
						石油类	千克/吨-三胶原料	9.00×10^{-3}	物理处理方法+化学处理方法	80	
					废气	工业废气量	标米^3/吨-三胶原料	7.40×10^{4}	—	—	—
						颗粒物	千克/吨-三胶原料	12.6	袋式除尘	96	k=废气治理设施运行时间（小时/年）/废气产污工段正常生产时间（小时/年）
						挥发性有机物①	千克/吨-三胶原料	3.27	低温等离子体	50	
									光催化	50	
									光催化+低温等离子体	60	
									活性炭吸附	50	
									蓄热式热力燃烧法	80	
					固废	一般固废	千克/吨-三胶原料	5.00	—	—	—
						危险废物	千克/吨-三胶原料	2.00	—	—	—

注：①以非甲烷总烃计。

[1] 该公式仅供参考，使用时，可根据 k 值定义，选取更适合企业实际情况的表达方式。

2914 再生橡胶制造行业系数表

工段名称	产品名称	原料名称	工艺名称	规模等级	污染物类别	污染物指标	系数单位	产污系数	末端治理技术	末端治理技术平均去除效率/%	参考 k 值计算公式[1]
—	再生橡胶	胶粉、废轮胎	磨粉-动态脱硫-精炼	所有规模	废气	工业废气量	标米 ^{3}/吨-产品	1.30×10^5	—	—	—
						颗粒物	千克/吨-产品	4.27	袋式除尘	96	k=废气治理设施运行时间（小时/年）/废气产污工段正常生产时间（小时/年）
						挥发性有机物①	千克/吨-产品	2.76	光催化+低温等离子体	60	
									吸附/催化燃烧法	70	
									热力燃烧+喷淋	80	
					固废	危险废物	千克/吨-产品	1.00	—	—	—
			磨粉-常压连续脱硫-精炼	所有规模	废气	工业废气量	标米 ^{3}/吨-产品	2.20×10^4	—	—	—
						颗粒物	千克/吨-产品	3.48	袋式除尘	96	k=废气治理设施运行时间（小时/年）/废气产污工段正常生产时间（小时/年）
						挥发性有机物①	千克/吨-产品	1.33	光催化+低温等离子体	60	
									吸附/催化燃烧法	70	
									热力燃烧+喷淋	80	
					固废	危险废物	千克/吨-产品	1.00	—	—	—

注：①以非甲烷总烃计。

[1] 该公式仅供参考，使用时，可根据 k 值定义，选取更适合企业实际情况的表达方式。

2915 日用及医用橡胶制品制造行业系数表

工段名称	产品名称	原料名称	工艺名称	规模等级	污染物类别	污染物指标	系数单位	产污系数	末端治理技术	末端治理技术平均去除效率/%	参考 k 值计算公式[1]
—	日用及医用橡胶制品	天然橡胶胶乳、合成橡胶胶乳	乳胶配料-浸胶-烘干-脱模-硫化	所有规模	废水	工业废水量	吨/吨-胶乳原料	87.00	—	—	—
						化学需氧量	千克/吨-胶乳原料	49.00	物理化学方法+生物处理方法	70	k=废水治理设施运行时间（小时/年）/企业正常生产时间（小时/年）
						氨氮	千克/吨-胶乳原料	8.50×10^{-1}	物理化学方法+生物处理方法	50	
						总磷	千克/吨-胶乳原料	5.48×10^{-1}	物理化学方法+生物处理方法	60	
						总氮	千克/吨-胶乳原料	2.06	物理化学方法+生物处理方法	25	
						石油类	千克/吨-胶乳原料	1.22	物理化学方法+生物处理方法	90	
					废气	工业废气量	标米^3/吨-胶乳原料	4.40×10^{4}	—	—	—
						颗粒物	千克/吨-胶乳原料	4.01	袋式除尘	96	k=废气治理设施运行时间（小时/年）/废气产污工段正常生产时间（小时/年）
						氨	千克/吨-胶乳原料	2.59	水喷淋	60	
						挥发性有机物①	千克/吨-胶乳原料	1.32	光催化	50	
									活性炭吸附	50	
					固废	一般固废	千克/吨-胶乳原料	6.00	—	—	—
						危险废物	千克/吨-胶乳原料	1.00	—	—	—

注：①以非甲烷总烃计。

[1] 该公式仅供参考，使用时，可根据 k 值定义，选取更适合企业实际情况的表达方式。

2916 运动场地用塑胶制造行业系数表

工段名称	产品名称	原料名称	工艺名称	规模等级	污染物类别	污染物指标	系数单位	产污系数	末端治理技术	末端治理技术平均去除效率/%	参考 k 值计算公式[1]
—	运动场地用塑胶制造产品	天然橡胶、合成橡胶、再生橡胶	混炼-硫化	所有规模	废水	工业废水量	吨/吨-三胶原料	2.37	—	—	—
						化学需氧量	千克/吨-三胶原料	2.57×10^{-1}	物理处理方法+化学处理方法+好氧生物处理方法	95	k=废水治理设施运行时间（小时/年）/企业正常生产时间（小时/年）
									物理处理方法+化学处理方法	65	
						氨氮	千克/吨-三胶原料	6.00×10^{-3}	物理处理方法+化学处理方法+好氧生物处理方法	90	
									物理处理方法+化学处理方法	85	
						总氮	千克/吨-三胶原料	2.30×10^{-2}	物理处理方法+化学处理方法+好氧生物处理方法	90	
									物理处理方法+化学处理方法	45	
						总磷	千克/吨-三胶原料	1.00×10^{-3}	物理处理方法+化学处理方法+好氧生物处理方法	95	
									物理处理方法+化学处理方法	60	
						石油类	千克/吨-三胶原料	9.00×10^{-3}	物理处理方法+化学处理方法	80	
									物理处理方法+化学处理方法+好氧生物处理方法	90	
					废气	工业废气量	标米^3/吨-三胶原料	7.40×10^{4}	—	—	—
						颗粒物	千克/吨-三胶原料	12.60	袋式除尘	96	k=废气治理设施运行时间（小时/年）/废气产污工段正常生产时间（小时/年）
						挥发性有机物①	千克/吨-三胶原料	3.27	低温等离子体	50	
									光催化+低温等离子体	60	
									冷凝法	50	
									活性炭吸附	50	
									光催化	50	
									蓄热式热力燃烧法	80	
					固废	一般固废	千克/吨-三胶原料	5.00	—	—	—
						危险废物	千克/吨-三胶原料	2.00	—	—	—

注：①以非甲烷总烃计。

[1] 该公式仅供参考，使用时，可根据 k 值定义，选取更适合企业实际情况的表达方式。

2919 其他橡胶制品制造行业系数表

工段名称	产品名称	原料名称	工艺名称	规模等级	污染物类别	污染物指标	系数单位	产污系数	末端治理技术	末端治理技术平均去除效率/%	参考 k 值计算公式[1]
—	其他橡胶制品	天然橡胶、合成橡胶、再生橡胶	混炼-硫化	所有规模	废水	工业废水量	吨/吨-三胶原料	2.37	—	—	—
						化学需氧量	千克/吨-三胶原料	2.57×10^{-1}	物理处理方法+化学处理方法	65	k=废水治理设施运行时间（小时/年）/企业正常生产时间（小时/年）
						氨氮	千克/吨-三胶原料	6.00×10^{-3}	物理处理方法+化学处理方法	85	
						总氮	千克/吨-三胶原料	2.30×10^{-2}	物理处理方法+化学处理方法	45	
						总磷	千克/吨-三胶原料	1.00×10^{-3}	物理处理方法+化学处理方法	60	
						石油类	千克/吨-三胶原料	9.00×10^{-3}	物理处理方法+化学处理方法	80	
					废气	工业废气量	标米^3/吨-三胶原料	7.40×10^{4}	—	—	—
						颗粒物	千克/吨-三胶原料	12.60	袋式除尘	96	k=废气治理设施运行时间（小时/年）/废气产污工段正常生产时间（小时/年）
						挥发性有机物①	千克/吨-三胶原料	3.27	低温等离子体	50	
									光催化	50	
									光催化+低温等离子体	60	
									活性炭吸附	50	
									蓄热式热力燃烧法	80	
					固废	一般固废	千克/吨-三胶原料	5.00	—	—	—
						危险废物	千克/吨-三胶原料	2.00	—	—	—

注：①以非甲烷总烃计。

[1] 该公式仅供参考，使用时，可根据 k 值定义，选取更适合企业实际情况的表达方式。

292 塑料制品业

1 适用范围

本手册仅用于《国民经济行业分类》（GB/T 4754—2017）中 2921 塑料薄膜制造，2922 塑料板、管、型材制造，2923 塑料丝、绳及编织品制造，2924 泡沫塑料制造，2925 塑料人造革、合成革制造，2926 塑料包装箱及容器制造，2927 日用塑料制品制造，2928 人造草坪制造，2929 塑料零件及其他塑料制品制造行业使用产污系数法核算工业污染物产生量和排放量的工业企业。

利用本手册进行产排污核算得出的污染物产生量与排放量仅代表了特定行业、工艺、产品、原料在正常工况下污染物产生与排放的一般规律。

本行业废气指标包括工业废气量、颗粒物、挥发性有机物；废水指标包括工业废水量、化学需氧量、氨氮、总氮、总磷。

2 注意事项

2.1 企业有多种生产工艺或生产多类产品的产排污量核算

污染物产生量与产品产量有关，根据不同核算环节计算产污量后，再根据企业末端治理设施和运行情况计算各污染物的排放量。

在企业实际排放量计算过程中，如果存在废水回用的情况，需要在利用产排污核算公式的基础上扣除废水回用的部分。公式如下：

实际排放量=计算排放量×（1–废水回用率）

企业某污染物指标的产生量、排放量为各核算环节产生量、排放量之和。

当同一企业生产多种产品时，应分别核算统计。如有聚氯乙烯人造革和聚氨酯合成革，需分别根据不同产品核算统计。

2.2 采用多种治理设施组合处理企业的排污量核算

在排污量计算选择末端治理技术时，若没有对应的组合治理技术，以主要治理技术为准。

2.3 系数表中未涉及的产污系数及污染治理效率

292 塑料制品的生产过程中，如果包含印刷工艺，废气指标可参考 2319 塑料包装印刷行业印刷工段的产污系数。

292 塑料制品的生产过程中，如果包含胶粘工艺，废气指标可参考 2437 地毯/挂毯行业胶粘工段的产污系数。

292 塑料制品的生产过程中，如果包含热固性塑料的浇注工艺，废气指标可参考 2926 塑料包装箱及容器制造行业注塑工段的产污系数。

2924 泡沫塑料生产过程的发泡剂一般可分为物理发泡剂和化学发泡剂两大类。化学发泡剂一般为偶氮二甲酰胺、偶氮异丁腈和无机盐类。由于化学发泡剂在分解过程中主要释放二氧化碳、水、氮气等，无挥发性有机物产生。因此，本系数手册主要适用于采用物理发泡剂的企业。对于采用化学发泡剂的企业，加热挤出工段的产污系数可参照 2922 塑料板、管、型材制造行业挤出工段的产污系数。

2925 塑料人造革、合成革制造中聚氨酯合成革的成型工艺可分为普通干湿法合成革、无溶剂合成革和水性聚氨酯合成革。由于无溶剂和水性聚氨酯的制备过程基本不涉及产污环节，因此，合成革的主要产污工艺针对普通干湿法。其他未涉及产污系数表中工艺的合成革与人造革生产，可不考虑产排污量核算。

2928 人造草坪的生产工艺可以分为注塑人造草坪和编织人造草坪两类。注塑人造草坪是采用注塑工艺生产而成的，将塑料颗粒在模具中一次挤压成型。本产污系数表适用于注塑成型的人造草坪。生产过程存在注塑工段的产污系数参照 2926 塑料包装箱及容器制造的废气产污系数。

编织人造草坪以仿草叶状的合成纤维为主要原料，将其植入机织的基布，并在背面涂上起固定作用的涂层，背面涂胶固定是主要产污工段。编织人造草坪背胶固定工艺产污系数参考 2437 地毯挂毯制造行业背胶/胶粘工段的产污系数。

生产过程存在塑料零件切割工艺，其产生的颗粒物产污核算可参考 34 通用设备制造行业，核算环节为下料，产品为下料件，原料为钢板、铝板、铝合金板、其他金属材料、玻璃纤维、其他非金属材料，工艺为锯床、砂轮切割机切割，规模为所有规模的系数。

2.4 其他需要说明的问题

由于不同企业工业废气量、废水量差异较大，本手册所提供的工业废气量、废水量系数仅供参考。

为体现相同产污水平条件下，采用相同环保治理设施的不同企业对同一污染物去除效果的差异，引入末端治理设施实际运行率（k）对污染治理技术的实际去除率进行修正。k 值反映的是污染治理设施运行的状态，越稳定运行，k 值越高；在取值上，若定义连续稳定运行的理想状态为 1，则 k 取值在 0～1 之间。

本手册给出本行业的 k 计算公式仅供参考，使用时，可根据 k 值定义，选取更适合企业实际情况的表达方式。

当调查企业的产品质量无法进行统计时，可以基于塑料加工的原料用量通过物料衡算估算产品质量。

系数表中的末端治理设施处理效率已考虑了目前塑料行业的废气平均收集效率。

当调查企业末端治理设施与系数表中不同时，请选取系数表中相近末端治理技术的处理效率进行计算。

其他行业参考本手册时，应以进行相应塑料加工的产品质量计，不包括其他组件的质量；或根据塑料制品所用的树脂及助剂原料量通过物料衡算估算塑料制品的产品质量；对于生产过程原料损失量较少的工段，可以直接以塑料制品所用的树脂及助剂原料量代替产品产量进行产污量核算。

塑料制品制造中如果存在塑料容器的熔融、拼接等工段，其挥发性有机物的产污量核算需确定熔融的塑料量作为产品量，再参照塑料薄膜挤塑工艺的系数手册。

本手册力求简单、清楚，制定时充分考虑了全国的平均水平，使用本手册计算得出的产排污量可能会与单个企业的情况有一定出入。其他按小类行业需要说明的问题如下：

（1）2921 塑料薄膜制造

①由于塑料薄膜种类繁多，生产方法多种多样，此产污系数仅针对主要产污工段，即存在加热熔融形式进行薄膜生产的工段。热固性塑料薄膜和多层共挤复合膜生产过程的废气排放也可以采用此产污系数。

②对于行业中存在采用有机溶剂浇注成型的薄膜，则以使用的有机溶剂量（产品产量）确定挥发性有机物产污系数。

③其他未涉及热熔成型和有机溶剂浇注成型的薄膜，可不考虑产排污量核算。

（2）2922 塑料板、管、型材制造

①由于塑料板、管、型材种类繁多，生产方法多为挤出成型，此产污系数仅针对挤塑工段和以加热熔融形式进行塑料板、管、型材生产的工段。热固性塑料模塑得到板、片的废气排放也可以采用此产污系数。

②以废旧塑料为原料制造塑料板、管、型材的企业，产污工段主要包括废旧塑料的造粒及加热挤出工段，其中废旧塑料造粒工段的废气和废水系数参照 4220 非金属废料和碎屑加工处理行业，板、管、型材挤出工段的废气系数采用 2922 行业。

（3）2923 塑料丝、绳及编织品制造

塑料丝、绳及编织品的主要产污工段为熔融挤出工段，对于包含印刷工段的塑料丝、绳及编织品企业，则应考虑印刷工段产生的废气。

（4）2925 塑料人造革、合成革制造

①聚氯乙烯人造革生产工艺过程不产生废水，工艺废气主要考虑挥发性有机物。静电回收装置是 PVC 人造革生产工艺中的组成部分，因此颗粒物的产生系数可不考虑。

②超细纤维聚氨酯合成革企业如生产超纤无纺布，其生产属于纺织行业，产污系数参照 1781 非织造布制造的废气产污系数。

③本手册的 PU 合成革干法和湿法工艺中，具有回收二甲基甲酰胺（DMF）的精馏装置，且回收精馏装置作为 PU 合成革生产工艺的组成部分，精馏塔分离的水相部分（俗称塔顶水）为全回收。

④以万米作为产品计量单位的企业，其产品面积按照产品万米数×1.37 米计。

⑤仅进行干法合成革生产的企业，其废气产污系数为本手册产污系数×0.8。

⑥合成革生产废水产生来源主要包括精馏塔顶水、冷却水、洗涤水，其中的磷含量很低，实际废水的生化处理需补充磷，因此本手册不再给出废水总磷的处理效率。

（5）2926 塑料包装箱及容器制造

由于塑料包装箱及容器品种类繁多，生产方法多种多样，此产污系数仅针对主要产污工段，即存在加热熔融形式进行制品生产的工段。热固性塑料包装制品生产过程的废气排放也可以采用此产污系数。

（6）2927 日用塑料制品制造

由于日用塑料制品种类繁多，生产方法多种多样，此产污系数仅针对主要产污工段，即存在对树脂进行加热熔融，采用胶粘剂进行复合或在制品表面进行印刷的工段。

（7）2929 塑料零件及其他塑料制品制造

①由于塑料零件及其他塑料制品种类繁多，生产方法多种多样，此产污系数仅针对主要产污工段，即存在对树脂进行加热熔融，采用胶粘剂进行复合或在制品表面进行印刷的工段。

②按照《2017 国民经济行业分类注释》，生物降解塑料和回收再生料造粒不属于本行业，应分别参考 2832 行业和 4220 行业。但造粒之后使用粒料做成制品参照本系数手册。

3 污染物排放量核算方法

3.1 计算工段污染物产生量

（1）根据产品、原料、污染物产生的主导生产工艺、企业规模（生产产能）这一组合查找和确定所对应的某一污染物的产污系数。

（2）根据该污染物的产污系数计量单位——单位产品产量，获取企业实际产品产量。

例如，某组合内化学需氧量的产污系数单位为千克/吨-产品，则计算产生量时需要获取企业实际产品产量。

（3）污染物产生量按以下公式进行计算：

污染物产生量=污染物对应的产污系数×产品产量

$$G_{产i} = P_{产i} \times M_i$$

式中，$G_{产i}$——工段 i 某污染物的产生量；

$P_{产i}$——工段 i 某污染物对应的产污系数；

M_i——工段 i 的产品产量。

3.2 计算工段污染物去除量

（1）根据企业对某一污染物所采用的治理技术查找和选择相应的治理技术平均去除效率。

（2）根据所填报的污染治理设施实际运行率参数及其计算公式得出该企业某一污染物的治理设施实际运行率（k 值）。

（3）污染物去除量按以下公式进行计算：

污染物去除量=污染物产生量×污染物去除率 =污染物产生量×治理技术平均去除效率×治理设施实际运行率

$$R_{减i} = G_{产i} \times \eta_T \times k_T$$

式中，$R_{减i}$——工段 i 某污染物的去除量；

η_T——工段 i 某污染物采用的末端治理技术的平均去除效率；

k_T——工段 i 某污染物采用的末端治理设施的实际运行率。

3.3 计算工段污染物排放量

污染物排放量=污染物产生量–污染物去除量

=污染物对应的产污系数×产品产量–污染物产生量×治理技术平均去除效率×治理设施实际运行率

3.4 计算企业污染物排放量

同一企业某污染物全年的产生（排放）总量为该企业同年实际生产的全部工段、产品、原料、规模污染物产生（排放）量之和。

$$E_{排}=G_{产}-R_{减}=\sum(G_{产i}-R_{减i})$$
$$=\sum\left[P_{产i}\times M_i(1-\eta_T\times k_T)\right]$$

4 污染物排放量核算案例

4.1 案例 1

某塑料薄膜企业主要进行薄膜的生产和印刷。该企业涉及的主要产排污工段为塑料薄膜生产和塑料薄膜的印刷两个工段。其中塑料薄膜生产工段主要污染物为工业废气量、挥发性有机物，印刷工段主要污染物为工业废气量、挥发性有机物。以挥发性有机物为例说明排放量计算过程。

该企业基本信息如表 1 所示。

表 1　某塑料薄膜企业基本信息

	工段 1：塑料薄膜		工段 2：印刷	
	名称	数量	名称	数量
产品及产量	塑料薄膜	3000 吨	塑料印刷品	1000 吨
原料及用量	树脂、助剂	3000 吨	溶剂型油墨	3 吨
工艺名称	配料-混合-挤出	—	印刷	—
规模（产能）	3000 吨		1000 吨	
污染治理设施	活性炭吸附		活性炭吸附	
实际运行率参数	废气治理设施运行时间	7200 小时	废气治理设施运行时间	7200 小时
	废气产污工段正常生产时间	7200 小时	废气产污工段正常生产时间	7200 小时

4.1.1 工段 1 计算

（1）挥发性有机物产生量计算

①查找产污系数及其计量单位

根据企业基本信息，查找本手册中主要产品为塑料薄膜，主要原料为树脂、助剂，主要工艺为配料-混合-挤出，生产规模为所有规模。该组合挥发性有机物的产污系数为 2.5，单位为千克/吨-产品。

②获取企业产品产量

该企业实际情况为：该工段主要产品塑料薄膜 2018 年产量为 3000 吨。

③计算挥发性有机物产生量

由于查询到的组合中废气产污系数的单位为千克/吨-产品，因此在核算产生量时采用产品产量。

挥发性有机物产生量=挥发性有机物产污系数×产品（塑料薄膜）产量

=2.5 千克/吨-产品×3000 吨-产品

=7500 千克

（2）挥发性有机物去除量计算

①查找治理技术平均去除效率

由于该企业挥发性有机物治理技术采用活性炭吸附，查询相应组合内该工艺的平均去除效率为 21%。

②计算污染治理设施实际运行率

根据产污系数组合查询结果，该组合中挥发性有机物对应的污染治理设施实际运行率为

k=废气治理设施运行时间/企业正常生产时间=7200 小时/7200 小时=1

③计算挥发性有机物去除量

挥发性有机物去除量=7500 千克×21%×1=1575 千克

（3）挥发性有机物排放量计算

挥发性有机物排放量=7500 千克−1575 千克=5925 千克

4.1.2 工段 2 计算

（1）挥发性有机物产生量计算

①查找产污系数及其计量单位

根据企业基本信息，主要产品为塑料印刷品，主要原料为溶剂型油墨，主要工艺为印刷，生产规模为所有规模。该组合挥发性有机物的产污系数可参考 2319 塑料包装印刷行业中印刷品（承印物为塑料）-溶剂型凹版油墨-凹版印刷-所有规模的产污系数，单位为吨/吨-原料，产污系数为 650 千克/吨-原料。

②获取企业产品产量

该企业实际情况为：该工段主要原料溶剂型油墨 2018 年用量为 3 吨。

③计算挥发性有机物产生量

由于查询到的组合中挥发性有机物产污系数的单位为吨/吨-原料，因此在核算产生量时获取油墨用量。

挥发性有机物产生量=挥发性有机物产污系数×原料（油墨）用量

=650 千克/吨-原料×3 吨-原料

=1.95 吨

（2）挥发性有机物去除量计算

①查找治理技术平均去除效率

由于该企业挥发性有机物治理技术采用活性炭吸附，查询相应组合内该工艺的平均去除效率为 21%。

②计算污染治理设施实际运行率

根据产污系数组合查询结果，该组合中挥发性有机物对应的污染治理设施实际运行率为

k=废气治理设施运行时间/企业正常生产时间=7200 小时/7200 小时=1

③计算挥发性有机物去除量

挥发性有机物去除量=1.95 吨×21%×1=0.4095 吨

（3）挥发性有机物排放量计算

挥发性有机物排放量=1.95 吨−0.4095 吨=1.5405 吨=1540.5 千克

4.1.3 废气总排放量计算

废气总排放量=工段 1 排放量+工段 2 排放量

=5925 千克+1540.5 千克

=7565.5 千克

4.2 案例 2

某合成革企业涉及的主要产污工段为湿法、干法和后处理三个工段。废气主要污染物为工业废气量、挥发性有机物。废水主要污染物为工业废水量、化学需氧量、氨氮、总磷、总氮。以挥发性有机物、化学需氧量为例说明排放量计算过程。

表 2 某合成革企业基本信息

	工段 1：塑料薄膜	
	名称	数量
产品及产量	合成革	700 万米
原料及用量	聚氨酯浆料、基布、二甲基甲酰胺（DMF）、表面处理剂	—
工艺名称	湿法-干法-后处理	—
规模（产能）	1000 万米	
污染治理设施	活性炭吸附	
实际运行率参数	废气治理设施运行时间	7200 小时
	废气产污工段正常生产时间	7200 小时

4.2.1 挥发性有机物计算

（1）挥发性有机物产生量计算

①查找产污系数及其计量单位

根据企业基本信息，查找本手册中主要产品为 PU 合成革，主要原料为聚氨酯浆料、基布、二甲基甲酰胺（DMF）、表面处理剂，主要工艺为湿法-干法-后处理，生产规模为所有规模。该组合挥发性有机物的产污系数为 84，单位为千克/万米 ^{2}-产品，需在统计的万米上乘以 1.37 米。

②获取企业产品产量

该企业实际情况为：该工段主要产品 PU 合成革 2018 年产量为 700 万米。

③计算挥发性有机物产生量

由于查询到的组合中挥发性有机物产污系数的单位为千克/万米 ^{2}-产品，因此在核算产生量时采用产品产量。

挥发性有机物产生量=挥发性有机物产污系数 × 产品（PU 合成革）万米 × 1.37 米

=84 千克/万米 ^{2}-产品 × 700 万米-产品 × 1.37 米

=80556 千克

（2）挥发性有机物去除量计算

①查找治理技术平均去除效率

由于该企业挥发性有机物治理技术采用活性炭吸附，查询相应组合内该工艺的平均去除效率为 21%。

②计算污染治理设施实际运行率

根据产污系数组合查询结果，该组合中挥发性有机物对应的污染治理设施实际运行率为

k=废气治理设施运行时间/废气产污工段正常生产时间=7200 小时/7200 小时=1

③计算挥发性有机物去除量

挥发性有机物去除量=80556 千克×21%×1=16917 千克

（3）挥发性有机物排放量计算

挥发性有机物排放量=80556 千克−16917 千克=63639 千克

4.2.2 化学需氧量计算

（1）化学需氧量产生量计算

①查找产污系数及其计量单位

根据企业基本信息，查找本手册中主要产品为 PU 合成革，主要原料为聚氨酯浆料、基布、二甲基甲酰胺（DMF）、表面处理剂，主要工艺为湿法-干法-后处理，生产规模为所有规模。该组合化学需氧量的产污系数为 27000 克/万米 ^{2}-产品，需在统计的万米上乘以 1.37 米。

②获取企业产品产量

该企业实际情况为：该工段主要产品 PU 合成革 2018 年产量为 700 万米。

③计算化学需氧量产生量

由于查询到的组合中化学需氧量产污系数的单位为克/万米 ^{2}-产品，因此在核算产生量时采用产品产量。

化学需氧量产生量=化学需氧量产污系数×产品（PU 合成革）产量

=27000 克/万米 ^{2}-产品×700 万米-产品×1.37 米÷1000

=25893 千克

（2）化学需氧量去除量计算

①查找治理技术平均去除效率

由于该企业化学需氧量治理技术采用“厌氧+好氧+物理化学法”，查询相应组合内该工艺的平均去除效率为 94%。

②计算污染治理设施实际运行率

根据产污系数组合查询结果，该组合中化学需氧量对应的污染治理设施实际运行率为

k=废水治理设施运行时间/企业正常生产时间=7200 小时/7200 小时=1

③计算化学需氧量去除量

化学需氧量去除量=25893 千克×94%×1=24339.42 千克

（3）化学需氧量排放量计算

化学需氧量排放量=25893 千克−24339.42 千克=1553.58 千克

5 系数表

2921 塑料薄膜制造行业系数表

工段名称	产品名称	原料名称	工艺名称	规模等级	污染物类别	污染物指标	系数单位	产污系数	末端治理技术	末端治理技术平均去除效率/%②	参考 k 值计算公式[1]
—	塑料薄膜	树脂、助剂	配料-混合-挤出	所有规模	废气	工业废气量	标米 ^{3}/吨-产品	1.20×10^5	—	—	—
						挥发性有机物①	千克/吨-产品	2.50	活性炭吸附	21	k=废气治理设施运行时间（小时/年）/废气产污工段正常生产时间（小时/年）
									低温等离子体	17	
									蓄热式热力燃烧法	85	
									光催化	12	
									光解	12	
									光催化+活性炭吸附	24	
									低温等离子体+活性炭吸附	24	
									光催化+低温等离子体	21	
									直排	0	
					固废	一般工业固废	千克/吨-产品	3.0	—	—	—

注：①以非甲烷总烃计。
②已考虑行业废气平均收集效率。

[1] 该公式仅供参考，使用时，可根据 k 值定义，选取更适合企业实际情况的表达方式。

2922 塑料板、管、型材制造行业系数表

工段名称	产品名称	原料名称	工艺名称	规模等级	污染物类别	污染物指标	系数单位	产污系数	末端治理技术	末端治理技术平均去除效率/%②	参考 k 值计算公式[1]
—	塑料板、管、型材	树脂、助剂	配料-混合-挤出	所有规模	废气	工业废气量	标米^3/吨-产品	7.00×10^4	—	—	—
						颗粒物	千克/吨-产品	6.00	离心水膜	90	k=废气治理设施运行时间（小时/年）/废气产污工段正常生产时间（小时/年）
									袋式除尘	99	
									旋风除尘	85	
									管式过滤	90	
									静电除尘	95	
						挥发性有机物①	千克/吨-产品	1.50	活性炭吸附	21	k=废气治理设施运行时间（小时/年）/废气产污工段正常生产时间（小时/年）
									低温等离子体	17	
									蓄热式热力燃烧法	85	
									光催化	12	
									光解	12	
									光催化+活性炭吸附	24	
									低温等离子体+活性炭	24	
									光催化+低温等离子体	21	
									直排	0	

注：①以非甲烷总烃计。
②已考虑行业废气平均收集效率。

[1] 该公式仅供参考，使用时，可根据 k 值定义，选取更适合企业实际情况的表达方式。

2923 塑料丝、绳及编织品制造行业系数表

工段名称	产品名称	原料名称	工艺名称	规模等级	污染物类别	污染物指标	系数单位	产污系数	末端治理技术	末端治理技术平均去除效率/%②	参考 k 值计算公式[1]
—	塑料丝、绳及编织品	树脂、助剂	熔化-挤塑-拉丝	所有规模	废气	工业废气量	标米^3/吨-产品	1.20×10^5	—	—	—
						挥发性有机物①	千克/吨-产品	3.76	活性炭吸附	21	k=废气治理设施运行时间（小时/年）/废气产污工段正常生产时间（小时/年）
									低温等离子体	17	
									蓄热式热力燃烧法	85	
									光催化	12	
									光解	12	
									光催化+活性炭吸附	24	
									低温等离子体+活性炭吸附	24	
									光催化+低温等离子体	21	
									直排	0	

注：①以非甲烷总烃计。
②已考虑行业废气平均收集效率。

[1] 该公式仅供参考，使用时，可根据 k 值定义，选取更适合企业实际情况的表达方式。

2924 泡沫塑料制造行业系数表

工段名称	产品名称	原料名称	工艺名称	规模等级	污染物类别	污染物指标	系数单位①	产污系数	末端治理技术	末端治理技术平均去除效率/%③	参考 k 值计算公式[1]
—	泡沫塑料	甲苯二异氰酸酯、聚醚多元醇、EPS、PE、发泡剂	模塑发泡	所有规模	废气	工业废气量	标米^3/吨-产品	3.00×10^5	—	—	—
						挥发性有机物②	千克/吨-产品	30	活性炭吸附	21	k=废气治理设施运行时间（小时/年）/废气产污工段正常生产时间（小时/年）
									低温等离子体	17	
									蓄热式热力燃烧法	85	
									光催化	12	
									光解	12	
									光催化+活性炭吸附	24	
									低温等离子体+活性炭吸附	24	
									光催化+低温等离子体	21	
									直排	0	
		XPS、树脂、助剂	挤出发泡	所有规模	废气	工业废气量	标米^3/吨-产品	7.00×10^4	—	—	—
						挥发性有机物②	千克/吨-产品	1.50	活性炭吸附	21	k=废气治理设施运行时间（小时/年）/废气产污工段正常生产时间（小时/年）
									低温等离子体	17	
									蓄热式热力燃烧法	85	
									光催化	12	
									光解	12	
									光催化+活性炭吸附	24	
									低温等离子体+活性炭吸附	24	
									光催化+低温等离子体	21	
									直排	0	
					固废	一般工业固废	千克/吨-产品	10.00	—	—	—

注：①泡沫塑料的产品量以万米^{3}计时，可以乘以该产品密度得到产品质量，也可以乘以平均密度 400 吨/万米^{3}得到产品质量；或者通过树脂与助剂的原料用量基于物料衡算的方式确定。

②以非甲烷总烃计。

③已考虑行业废气平均收集效率。

[1] 该公式仅供参考，使用时，可根据 k 值定义，选取更适合企业实际情况的表达方式。

2925 塑料合成革制造行业系数表

工段名称	产品名称	原料名称	工艺名称	规模等级	污染物类别	污染物指标	系数单位	产污系数	末端治理技术	末端治理技术平均去除效率/%[②]	参考 k 值计算公式[1]
—	聚氨酯合成革	聚氨酯浆料、基布、二甲基甲酰胺（DMF）、表面处理剂	湿法+干法+后处理	所有规模	废气	工业废气量	标米^3/万米^2-产品	7.81×10^5	—	—	—
						挥发性有机物	千克/万米^2-产品	84[①]	活性炭吸附	21	k=废气治理设施运行时间（小时/年）/废气产污工段正常生产时间（小时/年）
									低温等离子体	17	
									蓄热式热力燃烧法	85	
									光催化	12	
									光解	12	
									光催化+活性炭吸附	24	
									低温等离子体+活性炭吸附	24	
									光催化+低温等离子体	21	
									直排	0	
						DMF	千克/万米^2-产品	34	活性炭吸附	96	
					固废	一般工业固废	千克/万米^2-产品	16	—	—	—

注：①仅进行干法工艺的合成革生产企业，其废气产污系数为本手册产污系数×0.8。
②已考虑行业废气平均收集效率。

[1] 该公式仅供参考，使用时，可根据 k 值定义，选取更适合企业实际情况的表达方式。

2925 塑料合成革制造行业系数表（续表 1）

工段名称	产品名称	原料名称	工艺名称	规模等级	污染物类别	污染物指标	系数单位	产污系数	末端治理技术	末端治理技术平均去除效率/%	参考 k 值计算公式
—	聚氨酯合成革	聚氨酯浆料、基布、二甲基甲酰胺（DMF）、表面处理剂	湿法+干法+后处理	所有规模	废水	工业废水量	吨/万米²-产品	20	—	—	—
						化学需氧量	千克/万米²-产品	27	厌氧生物处理法+好氧生物处理法+物理化学法	94	k=废水治理设施运行时间（小时/年）/企业正常生产时间（小时/年）
									厌氧生物处理法+好氧生物处理法	94	
						氨氮		1.30	厌氧生物处理法+好氧生物处理法+物理化学法	95	
									厌氧生物处理法+好氧生物处理法	60	
						总磷		8.00×10^{-3}	厌氧生物处理法+好氧生物处理法+物理化学法	—	
									厌氧生物处理法+好氧生物处理法	—	
						总氮		5.13	厌氧生物处理法+好氧生物处理法+物理化学法	92	
									厌氧生物处理法+好氧生物处理法	40	
					危废[①]	—	千克/万米²-产品	150	—	—	—

注：①DMF 回收塔中的精馏残渣、PU 浆料桶、废离型纸。

2925 塑料人造革制造行业系数表（续表 2）

工段名称	产品名称	原料名称	工艺名称	规模等级	污染物类别	污染物指标	系数单位	产污系数	末端治理技术	末端治理技术平均去除效率/%②	参考 k 值计算公式
—	PVC 人造革	树脂（PVC）、增塑剂、发泡剂、表面处理剂	配料-混合-塑化-压延/刮涂-发泡-表面处理	所有规模	废气	工业废气量	标米^3/万米^2-产品	3.45×10^5	—	—	—
						挥发性有机物	千克/万米^2-产品①	15.30	活性炭吸附	21	k=废气治理设施运行时间（小时/年）/废气产污工段正常生产时间（小时/年）
									低温等离子体	17	
									蓄热式热力燃烧法	85	
									光催化	12	
									光解	12	
									光催化+活性炭吸附	24	
									低温等离子体+活性炭吸附	24	
									光催化+低温等离子体	21	
									直排	0	
					固废	一般工业固废	千克/万米^2-产品	4.5	—	—	—

注：①对于无法用面积计量的产品，可根据使用的原料（PVC 浆料）计算产污量，折算的产污系数为 0.59 千克/吨（PVC 浆料）。

②已考虑行业废气平均收集效率。

2926 塑料包装箱及容器制造行业系数表

工段名称	产品名称	原料名称	工艺名称	规模等级	污染物类别	污染物指标	系数单位	产污系数	末端治理技术	末端治理技术平均去除效率/%②	参考 k 值计算公式[1]
—	塑料包装箱及容器	树脂、助剂	配料-混合-挤出/注（吹）塑	所有规模	废气	工业废气量	标米^3/吨-产品	1.20×10^5	—	—	—
						挥发性有机物①	千克/吨-产品	2.70	活性炭吸附	21	k=废气治理设施运行时间（小时/年）/废气产污工段正常生产时间（小时/年）
									低温等离子体	17	
									蓄热式热力燃烧法	85	
									光催化	12	
									光解	12	
									光催化+活性炭吸附	24	
									低温等离子体+活性炭吸附	24	
									光催化+低温等离子体	21	
									直排	0	
					固废	一般工业固废	千克/吨-产品	2.50	—	—	—

注：①以非甲烷总烃计。
②已考虑行业废气平均收集效率。

[1] 该公式仅供参考，使用时，可根据 k 值定义，选取更适合企业实际情况的表达方式。

2926 塑料包装箱及容器制造行业系数表（续表 1）

工段名称	产品名称	原料名称	工艺名称	规模等级	污染物类别	污染物指标	系数单位	产污系数	末端治理技术	末端治理技术平均去除效率/%②	参考 k 值计算公式[1]
—	塑料包装箱及容器	塑料片材	吸塑-裁切	所有规模	废气	工业废气量	标米^3/吨-产品	1.20×10^5	—	—	—
						挥发性有机物①	千克/吨-产品	1.90	活性炭吸附	21	k=废气治理设施运行时间（小时/年）/废气产污工段正常生产时间（小时/年）
									低温等离子体	17	
									蓄热式热力燃烧法	85	
									光催化	12	
									光解	12	
									光催化+活性炭吸附	24	
									低温等离子体+活性炭吸附	24	
									光催化+低温等离子体	21	
									直排	0	
					固废	一般工业固废	千克/吨-产品	2.50	—	—	—

注：①以非甲烷总烃计。
②已考虑行业废气平均收集效率。

[1] 该公式仅供参考，使用时，可根据 k 值定义，选取更适合企业实际情况的表达方式。

2927 日用塑料制品制造行业系数表

工段名称	产品名称	原料名称	工艺名称	规模等级	污染物类别	污染物指标	系数单位	产污系数	末端治理技术	末端治理技术平均去除效率/%②	参考 k 值计算公式[1]
—	日用塑料制品	树脂、助剂	配料-混合-挤出/注塑	所有规模	废气	工业废气量	标米^3/吨-产品	1.20×10^5	—	—	—
						挥发性有机物①	千克/吨-产品	2.70	活性炭吸附	21	k=废气治理设施运行时间（小时/年）/废气产污工段正常生产时间（小时/年）
									低温等离子体	17	
									蓄热式热力燃烧法	85	
									光催化	12	
									光解	12	
									光催化+活性炭吸附	24	
									低温等离子体+活性炭吸附	24	
									光催化+低温等离子体	21	
									直排	0	

注：①以非甲烷总烃计。

②已考虑行业废气平均收集效率。

2928 人造草坪制造行业系数表

工段名称	产品名称	原料名称	工艺名称	规模等级	污染物类别	污染物指标	系数单位	产污系数	末端治理技术	末端治理技术平均去除效率/%②	参考 k 值计算公式[1]
—	人造草坪	树脂、助剂	配料-混合-挤出/注塑	所有规模	废气	工业废气量	标米^3/吨-产品	1.20×10^5	—	—	—
						挥发性有机物①	千克/吨-产品	2.70	活性炭吸附	21	k=废气治理设施运行时间（小时/年）/废气产污工段正常生产时间（小时/年）
									低温等离子体	17	
									蓄热式热力燃烧法	85	
									光催化	12	
									光解	12	
									光催化+活性炭吸附	24	
									低温等离子体+活性炭吸附	24	
									光催化+低温等离子体	21	
									直排	0	

注：①以非甲烷总烃计。

②已考虑行业废气平均收集效率。

[1] 该公式仅供参考，使用时，可根据 k 值定义，选取更适合企业实际情况的表达方式。

2929 塑料零件及其他塑料制品制造行业系数表

工段名称	产品名称	原料名称	工艺名称	规模等级	污染物类别	污染物指标	系数单位	产污系数	末端治理技术	末端治理技术平均去除效率/%②	参考 k 值计算公式[1]
—	改性粒料	树脂、助剂	造粒	所有规模	废气	工业废气量	标米^3/吨-产品	9.00×10^4	—	—	—
						挥发性有机物①	千克/吨-产品	4.60	活性炭吸附	21	k=废气治理设施运行时间（小时/年）/废气产污工段正常生产时间（小时/年）
									低温等离子体	17	
									蓄热式热力燃烧法	85	
									光催化	12	
									光解	12	
									光催化+活性炭吸附	24	
									低温等离子体+活性炭吸附	24	
									光催化+低温等离子体	21	
									直排	0	
—	塑料零件	树脂、助剂	配料-混合-挤出/注塑	所有规模	废气	工业废气量	标米^3/吨-产品	1.20×10^5	—	—	—
						挥发性有机物①	千克/吨-产品	2.70	活性炭吸附	21	k=废气治理设施运行时间（小时/年）/废气产污工段正常生产时间（小时/年）
									低温等离子体	17	
									蓄热式热力燃烧法	85	
									光催化	12	
									光解	12	
									光催化+活性炭吸附	24	
									低温等离子体+活性炭吸附	24	
									光催化+低温等离子体	21	
									直排	0	

注：①以非甲烷总烃计。
②已考虑行业废气平均收集效率。

[1] 该公式仅供参考，使用时，可根据 k 值定义，选取更适合企业实际情况的表达方式。

2929 塑料零件及其他塑料制品制造行业系数表（续表 1）

工段名称	产品名称	原料名称	工艺名称	规模等级	污染物类别	污染物指标	系数单位	产污系数	末端治理技术	末端治理技术平均去除效率/%[②]	参考 *k* 值计算公式
—	塑料零件	塑料片材	吸塑-裁切	所有规模	废气	工业废气量	标米^3/吨-产品	1.20×10^5	—	—	—
						挥发性有机物[①]	千克/吨-产品	1.90	活性炭吸附	21	*k*=废气治理设施运行时间（小时/年）/废气产污工段正常生产时间（小时/年）
									低温等离子体	17	
									蓄热式热力燃烧法	85	
									光催化	12	
									光解	12	
									光催化+活性炭吸附	24	
									低温等离子体+活性炭吸附	24	
									光催化+低温等离子体	21	
									直排	0	

注：①以非甲烷总烃计。
②已考虑行业废气平均收集效率。

30

非金属矿物制品业

301 水泥、石灰和石膏制造业

1 适用范围

本手册仅用于《国民经济行业分类》（GB/T 4754—2017）中 3011 水泥制造行业、3012 石灰和石膏制造行业使用系数法核算工业污染物产生量和排放量的工业企业。

利用本手册进行产排污核算得出的污染物产生量与排放量仅代表了特定行业、工艺、产品、原料在正常工况下污染物产生与排放的一般规律。

3011 水泥制造行业废水指标包括化学需氧量；废气指标包括颗粒物、二氧化硫、氮氧化物。

3012 石灰和石膏制造行业废气指标包括颗粒物、二氧化硫、氮氧化物。

2 注意事项

2.1 企业有多种生产工艺或生产多类产品产排污量核算

污染物产生量与产品产量有关，根据不同核算环节计算产污量后，再根据企业末端治理设施和运行情况计算各污染物的排放量。

特别说明：对持续处置垃圾焚烧发电厂飞灰等危险废弃物的新型干法水泥窑，汞产生量与处置飞灰量、投料速率等方式有关。

企业某污染物指标的产生量、排放量为各核算环节产生量、排放量之和。

在企业实际排放量计算过程中，如果存在废水回用的情况，需要在利用产排污核算公式的基础上扣除废水回用的部分。公式如下：

实际排放量=计算排放量×（1–废水回用率）

2.2 采用多种治理设施组合处理企业的排污量核算

在排污量计算选择末端治理技术时，若没有对应的组合治理技术，以主要治理技术为准。

2.3 系数表中未涉及的产污系数及污染治理效率

水泥制造的生产过程中，如果包含目前已很少见的采用湿法回转窑、干法中空窑、立波尔窑工艺，特种水泥生产的废水、废气等指标可参考 3011 水泥制造行业新型干法工艺、小规模组合的相应系数。

2.4 其他需要说明的问题

（1）由于不同企业工业废气量、废水量差异较大，本手册所提供的工业废气量、废水量系数仅供参考。

为体现相同产污水平条件下，采用相同环保治理设施的不同企业对同一污染物去除效果的差异，引入末端治理设施实际运行率（k）对污染治理技术的实际去除率进行修正。k 值反映的是污染治理设施运行的状态，越稳定运行，k 值越高；在取值上，若定义连续稳定运行的理想状态为 1，则 k 取值在 0～1 之间。

本手册给出本行业的 k 计算公式仅供参考，使用时，可根据 k 值定义，选取更适合企业实际情况的表达方式。

（2）水泥制造废气量：主要参考《排污许可证申请与核发技术规范 水泥工业》（HJ 847—2017）中的水泥工业排污单位基准排气量表，窑尾基准排气量 2500m^3/t 熟料，生产特种水泥或协同处置固体废弃物的水泥窑尾基准排气量系数放大 1.1 倍，包括可能存在的旁路放风设施排气量；窑头基准排气量 1800m^3/t 熟料；一般排放口基准排气量 3210m^3/t 水泥。

（3）废水排放量：若企业生产废水全部循环利用不外排，因为废水排放量为 0，则企业化学需氧量排放量为 0。

3 污染物排放量核算方法

3.1 计算污染物产生量

（1）根据产品、原料、污染物产生的主导生产工艺、企业规模（生产产能）这一组合查找和确定所对应的某一污染物的产污系数。

（2）根据该污染物的产污系数计量单位——单位产品产量，获取企业实际产品产量。

例如，某组合内颗粒物的产污系数单位为千克/吨-产品，则计算产生量时需要获取企业实际产品产量。

（3）污染物产生量按以下公式进行计算：

污染物产生量=污染物对应的产污系数×产品产量

$$G_{产i} = P_{产i} \times M_i$$

式中，$G_{产i}$——工段 i 某污染物的产生量；

$P_{产i}$——工段 i 某污染物对应的产污系数；

M_i——工段 i 的产品产量。

3.2 计算污染物去除量

（1）根据企业对某一污染物所采用的治理技术查找和选择相应的治理技术平均去除效率。

（2）根据所填报的污染治理设施实际运行率参数及其计算公式得出该企业某一污染物的治理设施实际运行率（k 值）。

（3）污染物去除量按以下公式进行计算：

污染物去除量=污染物产生量×污染物去除率 =污染物产生量×治理技术平均去除效率×治理设施实际运行率

$$R_{减i} = G_{产i} \times \eta_T \times k_T$$

式中，$R_{减i}$——工段 i 某污染物的去除量；

η_T——工段 i 某污染物采用的末端治理技术的平均去除效率；

k_T——工段 i 某污染物采用的末端治理设施的实际运行率。

3.3 计算污染物排放量

污染物排放量=污染物产生量–污染物去除量

=污染物对应的产污系数×产品产量–污染物产生量×治理技术平均去除效率×治理设施实际运行率

3.4 计算企业污染物排放量

同一企业某污染物全年的产生（排放）总量为该企业同年实际生产的全部工艺（工段）、产品、原料、规模污染物产生（排放）量之和。

$$
\begin{aligned}
E_{排} &= G_{产} - R_{减} = \sum(G_{产i} - R_{减i}) \\
&= \sum\left[P_{产i} \times M_i(1-\eta_T \times k_T)\right]
\end{aligned}
$$

4 污染物排放量核算案例

某企业主要从事水泥生产，产品为水泥。以石灰石为主要原料，煤粉为燃料，生产工艺采用新型干法水泥窑，生产规模为日产熟料 5000 吨，2017 年水泥产量 200 万吨。该企业窑尾废气采用布袋除尘、SNCR 脱硝，排放的废气污染物主要为氮氧化物、二氧化硫、颗粒物。

核算示例以废气中颗粒物、氮氧化物为例，说明该企业新型干法（窑尾）污染物排放量的计算方法。

根据该企业的产品、原料、工艺、规模信息，查找到对应的产污系数组合，以该组合中颗粒物、氮氧化物指标为例说明计算过程。

4.1 颗粒物、氮氧化物产生量计算

（1）查找产污系数及其计量单位

根据企业基本信息，查找本手册主要产品为水泥，主要原料为钙、硅铝、铁质原料，主要工艺为新型干法（窑尾），生产规模＞4000 吨/天。该组合颗粒物的产污系数为 94.570，单位为千克/吨-产品；氮氧化物产污系数为 1.014，单位为千克/吨-产品。

（2）获取企业产品产量

该企业实际情况为：主要产品水泥 2017 年产量为 200 万吨。

（3）计算颗粒物、氮氧化物产生量

由于查询到的组合中颗粒物、氮氧化物产污系数的单位为千克/吨-产品，因此在核算产生量时采用产品产量。

颗粒物产生量=颗粒物产污系数×产品产量

=94.570 千克/吨-产品×2000000 吨-产品

=18.914 万吨

氮氧化物产生量=氮氧化物产污系数×产品产量

=1.014 千克/吨-产品×2000000 吨-产品

=0.203 万吨

4.2 颗粒物、氮氧化物去除量计算

（1）查找治理技术平均去除效率

该企业新型干法（窑尾）颗粒物治理技术采用布袋除尘、氮氧化物治理技术采用 SNCR，查询布袋除尘平均去除效率为 99.95%；SNCR 脱硝平均去除效率为 60%。

（2）计算污染治理设施实际运行率

根据组合查询结果，该组合中颗粒物布袋除尘对应的污染治理设施实际运行参数分别为生产装置运行时间、除尘设施运行时间、过滤风速。氮氧化物 SNCR 脱硝系统对应的污染治理设施实际运行参数分别为生产装置运行时间、脱硝设施运行时间、脱硝剂单位时间消耗量。

该组合中颗粒物袋式除尘法对应的污染治理设施实际运行率为 k=除尘设施运行时间/生产装置生产时间；氮氧化物 SNCR 脱硝设施对应的污染治理设施实际运行率为 k=脱硝设施运行时间/生产装置生产时间。

该企业实际情况：生产装置年运行时间为 7200 小时，除尘设施运行时间是 7200 小时，脱硝设施运行时间是 7080 小时。

则该企业袋式除尘设备实际运行率为

k=7200 小时/7200 小时=1

SNCR 脱硝设备实际运行率为

k=7080 小时/7200 小时=0.98

（3）计算颗粒物、氮氧化物去除量

颗粒物去除量=18.914 万吨×99.95%×1=18.905 万吨

氮氧化物去除量=0.203 万吨×60%×0.98=0.119 万吨

4.3 颗粒物、氮氧化物排放量计算

颗粒物排放量=18.914 万吨−18.905 万吨=0.009 万吨

氮氧化物排放量=0.203 万吨−0.119 万吨=0.084 万吨

5 系数表

3011 水泥制造行业系数表

工段名称	产品名称	原料名称	工艺名称	规模等级	污染物类别	污染物指标	系数单位	产污系数	末端治理技术	末端治理技术平均去除效率/%	参考 k 值计算公式[1]
—	水泥	钙、硅铝、铁质原料	新型干法（窑尾）	≥4000 吨-熟料/日	废水	工业废水量	吨/吨-产品	0.075	—	—	—
						化学需氧量	克/吨-产品	3.0	物理处理法	96	—
					废气	工业废气量	标米 ^{3}/吨-产品	2500	—	—	—
						颗粒物	千克/吨-产品	94.570	袋式除尘	99.95	k=除尘设施运行时间（小时/年）/生产装置生产时间（小时/年）
									电袋组合	99.9	
									静电除尘	99	
						二氧化硫	千克/吨-产品	0.158	直排	—	—
									其他	30	k=脱硫设施运行时间（小时/年）/生产装置生产时间（小时/年）
						氮氧化物	千克/吨-产品	1.014	SCR	80	k=脱硝设施运行时间（小时/年）/生产装置生产时间（小时/年）
									SNCR	60	
									其他	15	
			新型干法（窑头）	≥4000 吨-熟料/日	废气	颗粒物	千克/吨-产品	14.908	袋式除尘	99.9	k=除尘设施运行时间（小时/年）/生产装置生产时间（小时/年）
									静电除尘	98	
			新型干法（一般排放口）	≥4000 吨-熟料/日	废气	颗粒物	千克/吨-产品	26.504	袋式除尘	99	k=除尘设施运行时间（小时/年）/生产装置生产时间（小时/年）

[1] 该公式仅供参考，使用时，可根据 k 值定义，选取更适合企业实际情况的表达方式。

3011 水泥制造行业系数表（续表 1）

工段名称	产品名称	原料名称	工艺名称	规模等级	污染物类别	污染物指标	系数单位	产污系数	末端治理技术	末端治理技术平均去除效率/%	参考 k 值计算公式
—	水泥	钙、硅铝、铁质原料	新型干法（窑尾）	2000～4000（不含）吨-熟料/日	废水	工业废水量	吨/吨-产品	0.075	—	—	—
						化学需氧量	克/吨-产品	3.0	物理处理法	96	—
					废气	工业废气量	标米^3/吨-产品	2500	—	—	—
						颗粒物	千克/吨-产品	106.391	袋式除尘	99.95	k=除尘设施运行时间（小时/年）/生产装置生产时间（小时/年）
									电袋组合	99.9	
									静电除尘	99	
						二氧化硫	千克/吨-产品	0.158	直排	—	—
									其他	30	k=脱硫设施运行时间（小时/年）/生产装置生产时间（小时/年）
						氮氧化物	千克/吨-产品	1.257	SCR	80	k=脱硝设施运行时间（小时/年）/生产装置生产时间（小时/年）
									SNCR	60	
									其他	15	
			新型干法（窑头）	2000～4000（不含）吨-熟料/日	废气	颗粒物	千克/吨-产品	18.487	袋式除尘	99.9	k=除尘设施运行时间（小时/年）/生产装置生产时间（小时/年）
									静电除尘	98	
			新型干法（一般排放口）	2000～4000（不含）吨-熟料/日	废气	颗粒物	千克/吨-产品	32.866	袋式除尘	99	

3011 水泥制造行业系数表（续表 2）

工段名称	产品名称	原料名称	工艺名称	规模等级	污染物类别	污染物指标	系数单位	产污系数	末端治理技术	末端治理技术平均去除效率/%	参考 k 值计算公式
—	水泥	钙、硅铝、铁质原料	新型干法（窑尾）	＜2000 吨-熟料/日	废水	工业废水量	吨/吨-产品	0.075	—	—	—
						化学需氧量	克/吨-产品	3.0	物理处理法	96	—
					废气	工业废气量	标米 ^{3}/吨-产品	2500	—	—	—
						颗粒物	千克/吨-产品	186.099	袋式除尘	99.95	k=除尘设施运行时间（小时/年）/生产装置生产时间（小时/年）
									电袋组合	99.9	
									静电除尘	99	
						二氧化硫	千克/吨-产品	0.158	直排	—	—
									其他	30	k=脱硫设施运行时间（小时/年）/生产装置生产时间（小时/年）
						氮氧化物	千克/吨-产品	1.257	SCR	80	k=脱硫设施运行时间（小时/年）/生产装置生产时间（小时/年）
									SNCR	60	
									其他	15	
			新型干法（窑头）	＜2000 吨-熟料/日	废气	颗粒物	千克/吨-产品	40.214	袋式除尘	99.9	k=除尘设施运行时间（小时/年）/生产装置生产时间（小时/年）
									静电除尘	98	
			新型干法（一般排放口）	＜2000 吨-熟料/日	废气	颗粒物	千克/吨-产品	71.492	袋式除尘	99	

3011 水泥制造行业系数表（续表 3）

工段名称	产品名称	原料名称	工艺名称	规模等级	污染物类别	污染物指标	系数单位	产污系数	末端治理技术	末端治理技术平均去除效率/%	参考 k 值计算公式
—	水泥	钙、硅铝、铁质原料	立窑	≥10 万吨-水泥/年	废水	工业废水量	吨/吨-产品	0.14	—	—	—
						化学需氧量	克/吨-产品	4.2	物理处理法	95	—
					废气	工业废气量	标米 ^{3}/吨-产品	4335	—	—	—
						颗粒物	千克/吨-产品	57	袋式除尘	99	k=除尘设施运行时间（小时/年）/生产装置生产时间（小时/年）
									其他	80	
									静电除尘	90	
						二氧化硫	千克/吨-产品	0.351	直排	—	—
									其他	30	k=脱硫设施运行时间（小时/年）/生产装置生产时间（小时/年）
						氮氧化物	千克/吨-产品	0.219	SNCR	—	k=脱硝设施运行时间（小时/年）/生产装置生产时间（小时/年）
									其他	15	
				<10 万吨-水泥/年	废水	工业废水量	吨/吨-产品	0.14	—	—	—
						化学需氧量	克/吨-产品	4.2	物理处理法	95	—
					废气	工业废气量	标米 ^{3}/吨-产品	5154	—	—	—
						颗粒物	千克/吨-产品	86.99	袋式除尘	99	k=除尘设施运行时间（小时/年）/生产装置生产时间（小时/年）
									其他	80	
									静电除尘	90	
						二氧化硫	千克/吨-产品	0.351	直排	—	—
									其他	30	k=脱硫设施运行时间（小时/年）/生产装置生产时间（小时/年）
						氮氧化物	千克/吨-产品	0.202	SNCR	—	k=脱硝设施运行时间（小时/年）/生产装置生产时间（小时/年）
									其他	15	

3011 水泥制造行业系数表（续表 4）

工段名称	产品名称	原料名称	工艺名称	规模等级	污染物类别	污染物指标	系数单位	产污系数	末端治理技术	末端治理技术平均去除效率/%	参考 k 值计算公式
—	水泥	熟料、混合材	粉磨站	≥60 万吨-水泥/年	废水	工业废水量	吨/吨-产品	0.045	—	—	—
						化学需氧量	克/吨-产品	1.35	物理处理法	95	—
					废气	工业废气量	标米 ^{3}/吨-产品	1135	—	—	—
						颗粒物	千克/吨-产品	15.93	袋式除尘	99	k=除尘设施运行时间（小时/年）/生产装置生产时间（小时/年）
									其他	80	
						二氧化硫（带烘干）	千克/吨-产品	0.015	直排	—	—
									其他	30	k=脱硫设施运行时间（小时/年）/生产装置生产时间（小时/年）
						氮氧化物（带烘干）	千克/吨-产品	0.003	直排	—	—
									其他	30	k=脱硝设施运行时间（小时/年）/生产装置生产时间（小时/年）
				<60 万吨-水泥/年	废水	工业废水量	吨/吨-产品	0.045	—	—	—
						化学需氧量	克/吨-产品	1.35	物理处理法	95	—
					废气	工业废气量	标米 ^{3}/吨-产品	1135	—	—	—
						颗粒物	千克/吨-产品	22.8	袋式除尘	99	k=除尘设施运行时间（小时/年）/生产装置生产时间（小时/年）
									其他	80	
						二氧化硫（带烘干）	千克/吨-产品	0.015	直排	—	—
									其他	30	k=脱硫设施运行时间（小时/年）/生产装置生产时间（小时/年）
						氮氧化物（带烘干）	千克/吨-产品	0.003	直排	—	—
									其他	30	k=脱硝设施运行时间（小时/年）/生产装置生产时间（小时/年）

3011 水泥制造行业系数表（续表 5）

工段名称	产品名称	原料名称	工艺名称	规模等级	污染物类别	污染物指标	系数单位	产污系数	末端治理技术	末端治理技术平均去除效率/%	参考 k 值计算公式
—	熟料	钙、硅铝、铁质原料	新型干法（窑尾）	≥4000 吨-熟料/日	废水	工业废水量	吨/吨-产品	0.05	—	—	—
						化学需氧量	克/吨-产品	1.50	物理处理法	96	—
					废气	工业废气量	标米^3/吨-产品	2500	—	—	—
						颗粒物	千克/吨-产品	118.212	袋式除尘	99.95	k=除尘设施运行时间（小时/年）/生产装置生产时间（小时/年）
									电袋组合	99.9	
									静电除尘	99	
						二氧化硫	千克/吨-产品	0.198	直排	—	—
									其他	40	k=脱硫设施运行时间（小时/年）/生产装置生产时间（小时/年）
						氮氧化物	千克/吨-产品	1.267	SCR	80	k=脱硝设施运行时间（小时/年）/生产装置生产时间（小时/年）
									SNCR	60	
									其他	15	
			新型干法（窑头）	≥4000 吨-熟料/日	废气	颗粒物	千克/吨-产品	17.49	袋式除尘	99.9	k=除尘设施运行时间（小时/年）/生产装置生产时间（小时/年）
									静电除尘	98	
			新型干法（一般排放口）	≥4000 吨-熟料/日	废气	颗粒物	千克/吨-产品	10.27	袋式除尘	99	k=除尘设施运行时间（小时/年）/生产装置生产时间（小时/年）

3011 水泥制造行业系数表（续表 6）

工段名称	产品名称	原料名称	工艺名称	规模等级	污染物类别	污染物指标	系数单位	产污系数	末端治理技术	末端治理技术平均去除效率/%	参考 k 值计算公式
—	熟料	钙、硅铝、铁质原料	新型干法（窑尾）	＜4000 吨-熟料/日	废水	工业废水量	吨/吨-产品	0.05	—	—	—
						化学需氧量	克/吨-产品	1.50	物理处理法	96	—
					废气	工业废气量	标米 ^{3}/吨-产品	2500	—	—	—
						颗粒物	千克/吨-产品	132.989	袋式除尘	99.95	k=除尘设施运行时间（小时/年）/生产装置生产时间（小时/年）
									电袋组合	99.9	
									静电除尘	99	
						二氧化硫	千克/吨-产品	0.198	直排	—	—
									其他	40	k=脱硫设施运行时间（小时/年）/生产装置生产时间（小时/年）
						氮氧化物	千克/吨-产品	1.571	SCR	80	k=脱硝设施运行时间（小时/年）/生产装置生产时间（小时/年）
									SNCR	60	
									其他	15	
			新型干法（窑头）	＜4000 吨-熟料/日	废气	颗粒物	千克/吨-产品	21.678	袋式除尘	99.9	k=除尘设施运行时间（小时/年）/生产装置生产时间（小时/年）
									静电除尘	98	
			新型干法（一般排放口）	＜4000 吨-熟料/日	废气	颗粒物	千克/吨-产品	12.732	袋式除尘	99	

3012 石灰和石膏制造行业系数表

工段名称	产品名称	原料名称	工艺名称	规模等级	污染物类别	污染物指标	系数单位	产污系数	末端治理技术	末端治理技术平均去除效率/%	参考 k 值计算公式[1]
—	石灰	气体类燃料（含高炉煤气、焦炉煤气、混合煤气、转炉煤气、发生炉气等）	竖窑（含普通竖窑、双膛窑、梁式窑、套筒窑等）	≥300 吨/天	废气	颗粒物	千克/吨-产品	1.5	袋式除尘	99	k=除尘设施运行时间（小时/年）/生产装置生产时间（小时/年）
						二氧化硫	千克/吨-产品	0.40	直排	—	—
						氮氧化物	千克/吨-产品	0.136	直排	—	—
									其他	30	k=脱硝设施运行时间（小时/年）/生产装置生产时间（小时/年）
						工业废气量	标米 ^{3}/吨-产品	2042	—	—	—
				100～300 吨/天	废气	颗粒物	千克/吨-产品	1.95	袋式除尘	99	k=除尘设施运行时间（小时/年）/生产装置生产时间（小时/年）
									其他	80	
						二氧化硫	千克/吨-产品	0.48	直排	—	—
						氮氧化物	千克/吨-产品	0.163	直排	—	—
									其他	30	k=脱硝设施运行时间（小时/年）/生产装置生产时间（小时/年）
						工业废气量	标米 ^{3}/吨-产品	2655	—	—	—
				≤100 吨/天		颗粒物	千克/吨-产品	2.25	袋式除尘	99	k=除尘设施运行时间（小时/年）/生产装置生产时间（小时/年）
									其他	80	
						二氧化硫	千克/吨-产品	0.48	直排	—	—
						氮氧化物	千克/吨-产品	0.177	直排	—	—
									其他	30	k=脱硝设施运行时间（小时/年）/生产装置生产时间（小时/年）
						工业废气量	标米 ^{3}/吨-产品	3063	—	—	—

[1] 该公式仅供参考，使用时，可根据 k 值定义，选取更适合企业实际情况的表达方式。

3012 石灰和石膏制造行业系数表（续表 1）

工段名称	产品名称	原料名称	工艺名称	规模等级	污染物类别	污染物指标	系数单位	产污系数	末端治理技术	末端治理技术平均去除效率/%	参考 k 值计算公式
—	石灰	气体类燃料（含高炉煤气、焦炉煤气、混合煤气、转炉煤气、发生炉煤气等）	回转窑	所有规模	废气	颗粒物	千克/吨-产品	1.2	静电除尘	98	k=除尘设施运行时间（小时/年）/生产装置生产时间（小时/年）
									袋式除尘	99	
									其他	80	
						二氧化硫	千克/吨-产品	0.094	直排	—	—
						氮氧化物	千克/吨-产品	0.913	直排	—	—
									其他	30	k=脱硝设施运行时间（小时/年）/生产装置生产时间（小时/年）
						工业废气量	标米^3/吨-产品	2976	—	—	—
		固体类燃料（焦炭、煤）	竖窑（含普通竖窑、双膛窑、梁式窑等）	所有规模	废气	颗粒物	千克/吨-产品	2.3	袋式除尘	99	k=除尘设施运行时间（小时/年）/生产装置生产时间（小时/年）
									其他	80	
						二氧化硫	千克/吨-产品	0.225	直排	—	—
									其他	50	k=脱硫设施运行时间（小时/年）/生产装置生产时间（小时/年）
						氮氧化物	千克/吨-产品	0.22	直排	—	—
									其他	30	k=脱硝设施运行时间（小时/年）/生产装置生产时间（小时/年）
						工业废气量	标米^3/吨-产品	2282	—	—	—

3012 石灰和石膏制造行业系数表（续表 2）

工段名称	产品名称	原料名称	工艺名称	规模等级	污染物类别	污染物指标	系数单位	产污系数	末端治理技术	末端治理技术平均去除效率/%	参考 k 值计算公式
—	石灰	固体类燃料（煤）	回转窑	所有规模	废气	颗粒物	千克/吨-产品	1.45	静电除尘	98	k=除尘设施运行时间（小时/年）/生产装置生产时间（小时/年）
									袋式除尘	99	
									其他	80	
						二氧化硫	千克/吨-产品	0.027	直排	—	—
									其他	50	k=脱硫设施运行时间（小时/年）/生产装置生产时间（小时/年）
						氮氧化物	千克/吨-产品	0.18	直排	—	—
									其他	30	k=脱硝设施运行时间（小时/年）/生产装置生产时间（小时/年）
						工业废气量	标米^3/吨-产品	2423	—	—	—
			土窑	所有规模	废气	颗粒物	千克/吨-产品	20.46	直排	—	—
									袋式除尘	95	k=除尘设施运行时间（小时/年）/生产装置生产时间（小时/年）
						二氧化硫	千克/吨-产品	3.027	直排	—	—
						氮氧化物	千克/吨-产品	1.387	直排	—	—
						工业废气量	标米^3/吨-产品	3344	—	—	—

3012 石灰和石膏制造行业系数表（续表 3）

工段名称	产品名称	原料名称	工艺名称	规模等级	污染物类别	污染物指标	系数单位	产污系数	末端治理技术	末端治理技术平均去除效率/%	参考 k 值计算公式
—	石膏	气体类燃料（天然气）	蒸压釜（含炒锅）	所有规模	废气	颗粒物	千克/吨-产品	0.0014	静电除尘	98	k=除尘设施运行时间（小时/年）/生产装置生产时间（小时/年）
									袋式除尘	95	
									直排	—	—
						二氧化硫	千克/吨-产品	0.005	双碱脱硫	50	k=脱硫设施运行时间（小时/年）/生产装置生产时间（小时/年）
									其他	30	
						氮氧化物	千克/吨-产品	0.061	直排	—	—
									其他	15	k=脱硝设施运行时间（小时/年）/生产装置生产时间（小时/年）
						工业废气量	标米 ^{3}/吨-产品	3200	—	—	—
			沸腾炉（含流化床石膏煅烧炉）	所有规模	废气	颗粒物	千克/吨-产品	0.034	静电除尘	98	k=除尘设施运行时间（小时/年）/生产装置生产时间（小时/年）
									袋式除尘	95	
									直排	—	—
						二氧化硫	千克/吨-产品	0.050	双碱脱硫	50	k=脱硫设施运行时间（小时/年）/生产装置生产时间（小时/年）
									其他	30	
						氮氧化物	千克/吨-产品	0.025	直排	—	—
									其他	15	k=脱硝设施运行时间（小时/年）/生产装置生产时间（小时/年）
						工业废气量	标米 ^{3}/吨-产品	852	—	—	—

3012 石灰和石膏制造行业系数表（续表 4）

工段名称	产品名称	原料名称	工艺名称	规模等级	污染物类别	污染物指标	系数单位	产污系数	末端治理技术	末端治理技术平均去除效率/%	参考 k 值计算公式
—	石膏	气体类燃料（天然气）	回转窑	所有规模	废气	颗粒物	千克/吨-产品	0.351	静电除尘	98	k=除尘设施运行时间（小时/年）/生产装置生产时间（小时/年）
									袋式除尘	95	
									直排	—	—
						二氧化硫	千克/吨-产品	0.036	双碱脱硫	50	k=脱硫设施运行时间（小时/年）/生产装置生产时间（小时/年）
									其他	30	
						氮氧化物	千克/吨-产品	0.386	直排	—	—
									其他	15	k=脱硝设施运行时间（小时/年）/生产装置生产时间（小时/年）
						工业废气量	标米^3/吨-产品	6380	—	—	—
		固体类燃料（煤、生物质）	蒸压釜（含炒锅）	所有规模	废气	颗粒物	千克/吨-产品	0.254	袋式除尘	95	k=除尘设施运行时间（小时/年）/生产装置生产时间（小时/年）
									静电除尘	98	
									其他（旋风、水浴等）	80	
						二氧化硫	千克/吨-产品	0.046	双碱脱硫	50	k=脱硫设施运行时间（小时/年）/生产装置生产时间（小时/年）
									其他	30	
						氮氧化物	千克/吨-产品	0.097	直排	—	—
									其他	15	k=脱硝设施运行时间（小时/年）/生产装置生产时间（小时/年）
						工业废气量	标米^3/吨-产品	1773	—	—	—

3012 石灰和石膏制造行业系数表（续表 5）

工段名称	产品名称	原料名称	工艺名称	规模等级	污染物类别	污染物指标	系数单位	产污系数	末端治理技术	末端治理技术平均去除效率/%	参考 k 值计算公式
—	石膏	固体类燃料（煤）	沸腾炉（含流化床石膏煅烧炉）	所有规模	废气	颗粒物	千克/吨-产品	0.596	袋式除尘	95	k=除尘设施运行时间（小时/年）/生产装置生产时间（小时/年）
									静电除尘	98	
									其他（旋风、水浴等）	80	
						二氧化硫	千克/吨-产品	0.491	双碱脱硫	50	k=脱硫设施运行时间（小时/年）/生产装置生产时间（小时/年）
									其他	30	
						氮氧化物	千克/吨-产品	0.040	直排	—	—
									其他	15	k=脱硝设施运行时间（小时/年）/生产装置生产时间（小时/年）
						工业废气量	标米^3/吨-产品	472	—	—	—
			回转窑	所有规模	废气	颗粒物	千克/吨-产品	6.153	袋式除尘	95	k=除尘设施运行时间（小时/年）/生产装置生产时间（小时/年）
									静电除尘	98	
									其他（旋风、水浴等）	80	
						二氧化硫	千克/吨-产品	0.356	双碱脱硫	50	k=脱硫设施运行时间（小时/年）/生产装置生产时间（小时/年）
									其他	30	
						氮氧化物	千克/吨-产品	0.617	直排	—	—
									其他	15	k=脱硝设施运行时间（小时/年）/生产装置生产时间（小时/年）
						工业废气量	标米^3/吨-产品	3535	—	—	—

3021 水泥制品制造业、3022 砼结构构件制造业、3029 其他水泥类似制品制造业

1 适用范围

本手册仅用于《国民经济行业分类》（GB/T 4754—2017）中 3021 水泥制品制造行业、3022 砼结构构件制造行业、3029 其他水泥类似制品制造行业使用系数法核算工业污染物产生量和排放量的工业企业。

利用本手册进行产排污核算得出的污染物产生量与排放量仅代表了特定行业、工艺、产品、原料在正常工况下污染物产生与排放的一般规律。

本行业废气指标包括颗粒物（工业粉尘，不包括无组织排放粉尘）。

2 注意事项

2.1 企业有多种生产工艺或生产多类产品产排污量核算

污染物产生量与产品产量有关，根据不同核算环节计算产污量后，再根据企业末端治理设施和运行情况计算各污染物的排放量。

企业某污染物指标的产生量、排放量为各核算环节产生量、排放量之和。

2.2 其他需要说明的问题

由于不同企业工业废气量差异较大，本手册所提供的工业废气量系数仅供参考。

为体现相同产污水平条件下，采用相同环保治理设施的不同企业对同一污染物去除效果的差异，引入末端治理设施实际运行率（k）对污染治理技术的实际去除率进行修正。k 值反映的是污染治理设施运行的状态，越稳定运行，k 值越高；在取值上，若定义连续稳定运行的理想状态为 1，则 k 取值在 0～1 之间。

本手册给出本行业的 k 计算公式仅供参考，使用时，可根据 k 值定义，选取更适合企业实际情况的表达方式。

3 污染物排放量核算方法

针对企业实际生产情况，本行业在系数制定过程中将企业全生产流程划分或拆分为若干工段（核算环节），在核算企业污染物产排量时，可灵活选择本企业对应的工段进行核算。

3.1 计算工段污染物产生量

（1）根据产品、原料、污染物产生的主导生产工艺、企业规模（生产产能）这一组合查找和确定所对应的某一污染物的产污系数。

（2）根据该污染物的产污系数计量单位——单位产品产量，获取企业实际产品产量。

（3）污染物产生量按以下公式进行计算：

污染物产生量=污染物对应的产污系数×产品产量

$$G_{产i} = P_{产i} \times M_i$$

式中，$G_{产i}$——工段 i 某污染物的产生量；

$P_{产i}$——工段 i 某污染物对应的产污系数；

M_i——工段 i 的产品产量。

3.2 计算工段污染物去除量

（1）根据企业对某一污染物所采用的治理技术查找和选择相应的治理技术平均去除效率。

（2）根据污染治理设施实际运行率参数及其计算公式得出该企业某一污染物的治理设施实际运行率（k 值）。

（3）污染物去除量按以下公式进行计算：

污染物去除量=污染物产生量×污染物去除率 =污染物产生量×治理技术平均去除效率×治理设施实际运行率

$$R_{减i} = G_{产i} \times \eta_T \times k_T$$

式中，$R_{减i}$——工段 i 某污染物的去除量；

η_T——工段 i 某污染物采用的末端治理技术的平均去除效率；

k_T——工段 i 某污染物采用的末端治理设施的实际运行率。

3.3 计算工段污染物排放量

污染物排放量=污染物产生量−污染物去除量

=污染物对应的产污系数×产品产量−污染物产生量×治理技术平均去除效率×治理设施实际运行率

3.4 计算企业污染物排放量

同一企业某污染物全年的产生（排放）总量为该企业同年实际生产的全部工段、产品、原料、规模污染物产生（排放）量之和。

$$E_{排} = G_{产} - R_{减} = \sum(G_{产i} - R_{减i})$$
$$= \sum\left[P_{产i} \times M_i(1 - \eta_T \times k_T)\right]$$

4 污染物排放量核算案例

某水泥制品企业主要从事商品混凝土、水泥管的生产。该企业涉及的主要产排污工段为物料输送和物料搅拌两个工段。以上两个工段的主要污染物为颗粒物。现以商品混凝土生产环节中颗粒物的产排污量计算为例进行说明。

该企业基本信息如表 1 所示。

表 1 某水泥制品企业基本信息

	核算环节 1：物料输送		核算环节 2：物料搅拌	
	名称	数量	名称	数量
产品及产量	商砼	50000 吨	商砼	50000 吨
工艺名称	物料输送储存	—	物料混合搅拌	—
规模（产能）	50000 吨		50000 吨	
污染治理设施	袋式除尘		袋式除尘	
实际运行率参数	治理设施运行时间	2920 小时	治理设施运行时间	2920 小时
	企业正常生产时间	3000 小时	企业正常生产时间	3000 小时

4.1 工段 1 的排放量计算

（1）颗粒物产生量计算

①查找产污系数及其计量单位

根据企业基本信息，查找本手册中主要产品为混凝土制品，主要原料为水泥、砂子、石子等，工段 1 工艺为物料输送储存，生产规模为所有规模。该组合颗粒物的产污系数为 0.12，单位为千克/吨-产品。

②获取企业产品产量

该企业实际情况为：主要产品商砼 2017 年产量为 50000 吨。

③计算颗粒物产生量

由于查询到的组合中颗粒物产污系数的单位为千克/吨-产品，因此在核算产生量时需获取产品产量。

颗粒物产生量=颗粒物产污系数×产品（商砼）产量

=0.12 千克/吨-产品×50000 吨-产品

=6000 千克

（2）颗粒物去除量计算

①查找治理技术平均去除效率

该企业颗粒物治理技术采用袋式除尘，查询相应组合内该工艺的平均去除效率为 99.7%。

②计算污染治理设施实际运行率

根据产污系数组合查询结果，该组合中袋式除尘法对应的污染治理设施实际运行率为

k=治理设施运行时间/企业正常生产时间=2920 小时/3000 小时=0.973

③计算颗粒物去除量

颗粒物去除量=6000 千克×99.7%×0.973=5820.49 千克

（3）颗粒物排放量计算

颗粒物排放量=6000 千克−5820.49 千克=179.51 千克

4.2 工段 2 的排放量计算

（1）颗粒物产生量计算

①查找产污系数及其计量单位

根据企业基本信息，查找本手册中主要产品为混凝土制品，主要原料为水泥、砂子、石子等，工段 2 工艺为物料混合搅拌，生产规模为所有规模。该组合颗粒物的产污系数为 0.13，单位为千克/吨-产品。

②获取企业产品产量

该企业实际情况为：主要产品商砼 2017 年产量为 50000 吨。

③计算颗粒物产生量

由于查询到的组合中颗粒物产污系数的单位为千克/吨-产品，因此在核算产生量时需获取产品产量。

颗粒物产生量=颗粒物产污系数×产品（商砼）产量

=0.13 千克/吨-产品×50000 吨-产品

=6500 千克

（2）颗粒物去除量计算

①查找治理技术平均去除效率

由于该企业颗粒物治理技术采用袋式除尘，查询相应组合内该工艺的平均去除效率为 99.7%。

②计算污染治理设施实际运行率

根据产污系数组合查询结果，该组合中颗粒物对应的污染治理设施实际运行率为

k=治理设施运行时间/企业正常生产时间=2920 小时/3000 小时=0.973

③计算颗粒物去除量

颗粒物去除量=6500 千克×99.7%×0.973=6305.53 千克

（3）颗粒物排放量计算

颗粒物排放量=6500 千克−6305.53 千克=194.47 千克

4.3 颗粒物总排放量计算

颗粒物总排放量=工段 1 排放量+工段 2 排放量

=179.51 千克+194.47 千克=373.98 千克

5 系数表

3021 水泥制品制造（含 3022 砼结构构件、3029 其他水泥类似制品制造）行业系数表

工段名称	产品名称	原料名称	工艺名称	规模等级	污染物类别	污染物指标	系数单位	产污系数	末端治理技术	末端治理技术平均去除效率/%	参考 k 值计算公式[1]
物料输送	各种水泥制品	水泥、砂子、石子、钢筋	物料输送储存	所有规模	废气	工业废气量	标米 ^{3}/吨-产品	41.8	—	—	—
						颗粒物	千克/吨-产品	0.19	袋式除尘	99.7	k=治理设施运行时间（小时/年）/企业正常生产时间（小时/年）
									直排	—	—
物料搅拌			物料混合搅拌	所有规模	废气	工业废气量	标米 ^{3}/吨-产品	129	—	—	—
						颗粒物	千克/吨-产品	5.23×10^{-1}	袋式除尘	99.7	k=治理设施运行时间（小时/年）/企业正常生产时间（小时/年）
									直排	—	—
养护			成型养护	所有规模	固废	一般固废	吨/吨-产品	4.5×10^{-4}	—	—	—
物料输送	混凝土制品	水泥、砂子、石子等	物料输送储存	所有规模	废气	工业废气量	标米 ^{3}/吨-产品	22.0	—	—	—
						颗粒物	千克/吨-产品	0.12	袋式除尘	99.7	k=治理设施运行时间（小时/年）/企业正常生产时间（小时/年）
									直排	—	—
物料搅拌			物料混合搅拌		废气	工业废气量	标米 ^{3}/吨-产品	25	—	—	—
						颗粒物	千克/吨-产品	0.13	袋式除尘	99.7	k=治理设施运行时间（小时/年）/企业正常生产时间（小时/年）
									直排	—	—
					固废	一般固废	吨/吨-产品	4×10^{-5}	—	—	—

注：单位换算系数：2.3 吨=1 米 ^{3}。适用于商砼、水泥制品及含钢筋类预制构件。

[1] 该公式仅供参考，使用时，可根据 k 值定义，选取更适合企业实际情况的表达方式。

3023 石棉水泥制品制造业

1 适用范围

本手册仅用于《国民经济行业分类》（GB/T 4754—2017）中 3023 石棉水泥制品制造行业使用系数法核算工业污染物产生量和排放量的工业企业。

利用本手册进行产排污核算得出的污染物产生量与排放量仅代表了特定行业、工艺、产品、原料在正常工况下污染物产生与排放的一般规律。

本行业废气指标包括颗粒物（工业粉尘，不包括无组织排放粉尘）。

2 注意事项

2.1 企业有多种生产工艺或生产多类产品产排污量核算

污染物产生量与产品产量有关，根据不同核算环节计算产污量后，再根据企业末端治理设施和运行情况计算各污染物的排放量。

企业某污染物指标的产生量、排放量为各核算环节产生量、排放量之和。

在企业实际排放量计算过程中，如果存在废水回用的情况，需要在利用产排污核算公式的基础上扣除废水回用的部分。公式如下：

实际排放量=计算排放量×（1−废水回用率）

2.2 其他需要说明的问题

由于不同企业工业废气量、废水量差异较大，本手册所提供的工业废气量、废水量系数仅供参考。

为体现相同产污水平条件下，采用相同环保治理设施的不同企业对同一污染物去除效果的差异，引入末端治理设施实际运行率（k）对污染治理技术的实际去除率进行修正。k 值反映的是污染治理设施运行的状态，越稳定运行，k 值越高；在取值上，若定义连续稳定运行的理想状态为 1，则 k 取值在 0～1 之间。

本手册给出本行业的 k 计算公式仅供参考，使用时，可根据 k 值定义，选取更适合企业实际情况的表达方式。

3 污染物排放量核算方法

针对企业实际生产情况，本行业在系数制定过程中将企业全生产流程划分或拆分为若干工段（核算环节），在核算企业污染物产排量时，可灵活选择本企业对应的工段进行核算。

3.1 计算工段污染物产生量

（1）根据产品、原料、污染物产生的主导生产工艺、企业规模（生产产能）这一组合查找和确定所对应的某一污染物的产污系数。

（2）根据该污染物的产污系数计量单位——单位产品产量，获取企业实际产品产量。

例如，某组合内化学需氧量的产污系数单位为千克/吨-产品，则计算产生量时需要获取企业实际产品产量。

（3）污染物产生量按以下公式进行计算：

污染物产生量=污染物对应的产污系数×产品产量

$$G_{产i} = P_{产i} \times M_i$$

式中，$G_{产i}$——工段 i 某污染物的产生量；

$P_{产i}$——工段 i 某污染物对应的产污系数；

M_i——工段 i 的产品产量。

3.2 计算工段污染物去除量

（1）根据企业对某一污染物所采用的治理技术查找和选择相应的治理技术平均去除效率。

（2）根据污染治理设施实际运行率参数及其计算公式得出该企业某一污染物的治理设施实际运行率（k 值）。

（3）污染物去除量按以下公式进行计算：

污染物去除量=污染物产生量×污染物去除率 =污染物产生量×治理技术平均去除效率×治理设施实际运行率

$$R_{减i} = G_{产i} \times \eta_T \times k_T$$

式中，$R_{减i}$——工段 i 某污染物的去除量；

η_T——工段 i 某污染物采用的末端治理技术的平均去除效率；

k_T——工段 i 某污染物采用的末端治理设施的实际运行率。

3.3 计算工段污染物排放量

污染物排放量=污染物产生量–污染物去除量

=污染物对应的产污系数×产品产量–污染物产生量×治理技术平均去除效率×治理设施实际运行率

3.4 计算企业污染物排放量

同一企业某污染物全年的产生（排放）总量为该企业同年实际生产的全部工段、产品、原料、规模污染物产生（排放）量之和。

$$\begin{aligned} E_{排} &= G_{产} - R_{减} = \sum (G_{产i} - R_{减i}) \\ &= \sum \left[P_{产i} \times M_i (1 - \eta_T \times k_T) \right] \end{aligned}$$

4 污染物排放量核算案例

某石棉水泥制品企业主要从事石棉水泥瓦的生产。该企业涉及的主要产排污工段为混料工段，主要污染物为颗粒物。现以颗粒物为例说明排放量计算过程。

该企业基本信息如表 1 所示。

表 1 某石棉水泥制品企业基本信息

	核算环节：混料		
	名称		数量
产品及产量	石棉水泥瓦		40 万张（约 5000 吨）
原料及用量	石棉、水泥、粉煤灰、其他		5050 吨
工艺名称	模压养护		—
规模（产能）	5000 吨		
污染治理设施	袋式除尘		
实际运行率参数	污水治理设施运行时间	3000 小时	
	企业正常生产时间	2900 小时	

4.1 工段的排放量计算

（1）颗粒物产生量计算

①查找产污系数及其计量单位

根据企业基本信息本信息，查找本手册中主要产品为石棉水泥瓦，主要原料为水泥、石棉、粉煤灰、其他，主要工艺为模压养护，生产规模为所有规模。该组合颗粒物的产污系数为 0.83，单位为千克/吨-产品。

②获取企业产品产量

该企业实际情况为：该工段主要产品石棉水泥瓦 2017 年产量为 5000 吨。

③计算颗粒物产生量

由于查询到的组合中颗粒物产污系数的单位为千克/吨-产品，因此在核算产生量时需获取产品产量。

颗粒物产生量=颗粒物产污系数×产品（石棉水泥瓦）产量

=0.83 千克/吨-产品×5000 吨-产品

=4150 千克

（2）颗粒物去除量计算

①查找治理技术平均去除效率

该企业颗粒物治理技术采用袋式除尘，查询相应组合内该工艺的平均去除效率为 99.7%。

②计算污染治理设施实际运行率

根据产污系数组合查询结果，该组合中颗粒物对应的污染治理设施实际运行率为

k=治理设施运行时间/企业正常生产时间=3000 小时/2900 小时=1.034=1（大于 1 取值 1）

③计算颗粒物去除量

颗粒物去除量=4150 千克×99.7%×1=4137.55 千克

（3）颗粒物排放量计算

颗粒物排放量=4150 千克–4137.55 千克=12.45 千克

4.2 颗粒物总排放量计算

颗粒物总排放量=核算环节排放量=12.45 千克

5 系数表

3023 石棉水泥制品制造行业系数表

工段名称	产品名称	原料名称	工艺名称	规模等级	污染物类别	污染物指标	系数单位	产污系数	末端治理技术	末端治理技术平均去除效率/%	参考 *k* 值计算公式[1]
混料成型	石棉水泥瓦	水泥、石棉、粉煤灰、其他	模压养护	所有规模	废水	废水量	吨/吨-产品	0.68	—	—	—
					废气	工业废气量	标米 ^{3}/吨-产品	2300	—	—	—
						颗粒物	千克/吨-产品	0.83	袋式除尘	99.7	*k*=治理设施运行时间（小时/年）/企业正常生产时间（小时/年）
					固废	一般固废	吨/吨-产品	2.5×10^{-2}	—	—	—
						危险废物	吨/吨-产品	3×10^{-5}	—	—	—

注：参考规格：长×宽×厚=1800 毫米×750 毫米×6 毫米，单位换算系数：12.5 千克=1 张产品。

危险固体废物为石棉废物，类别 HW36，代码 302-001-36：石棉建材生产过程中产生的石棉尘、废石棉。

[1] 该公式仅供参考，使用时，可根据 *k* 值定义，选取更适合企业实际情况的表达方式。

3024 轻质建筑材料制品制造业

1 适用范围

本手册仅用于《国民经济行业分类》（GB/T 4754—2017）中 3024 轻质建筑材料制品制造行业使用系数法核算工业污染物产生量和排放量的工业企业。

利用本手册进行产排污核算得出的污染物产生量与排放量仅代表了特定行业、工艺、产品、原料在正常工况下污染物产生与排放的一般规律。

本行业废气指标包括颗粒物（工业粉尘和烟尘，不包括无组织排放粉尘）、二氧化硫、氮氧化物。

2 注意事项

2.1 企业有多种生产工艺或生产多类产品产排污量核算

污染物产生量与产品产量有关，根据不同核算环节计算产污量后，再根据企业末端治理设施和运行情况计算各污染物的排放量。

企业某污染物指标的产生量、排放量为各核算环节产生量、排放量之和。

在企业实际排放量计算过程中，如果存在废水回用的情况，需要在利用产排污核算公式的基础上扣除废水回用的部分。公式如下：

实际排放量=计算排放量×（1–废水回用率）

2.2 采用多种治理设施组合处理企业的排污量核算

在排污量计算选择末端治理技术时，若没有对应的组合治理技术，以主要治理技术为准。

2.3 其他需要说明的问题

由于不同企业工业废气量差异较大，本手册所提供的工业废气量系数仅供参考。

为体现相同产污水平条件下，采用相同环保治理设施的不同企业对同一污染物去除效果的差异，引入末端治理设施实际运行率（k）对污染治理技术的实际去除率进行修正。k 值反映的是污染治理设施运行的状态，越稳定运行，k 值越高；在取值上，若定义连续稳定运行的理想状态为 1，则 k 取值在 0～1 之间。

本手册给出本行业的 k 计算公式仅供参考，使用时，可根据 k 值定义，选取更适合企业实际情况的表达方式。

3　污染物排放量核算方法

针对企业实际生产情况，本行业在系数制定过程中将企业全生产流程划分或拆分为若干工段（核算环节），在核算企业污染物产排量时，可灵活选择本企业对应的工段进行核算。

3.1　计算工段污染物产生量

（1）根据产品、原料、污染物产生的主导生产工艺、企业规模（生产产能）这一组合查找和确定所对应的某一污染物的产污系数。

（2）根据该污染物的产污系数计量单位——单位产品产量，获取企业实际产品产量。

例如，某组合内颗粒物的产污系数单位为千克/吨-产品，则计算产生量时需要获取企业实际产品产量。

（3）污染物产生量按以下公式进行计算：

污染物产生量=污染物对应的产污系数×产品产量

$$G_{产i} = P_{产i} \times M_i$$

式中，$G_{产i}$——工段 i 某污染物的产生量；

$P_{产i}$——工段 i 某污染物对应的产污系数；

M_i——工段 i 的产品产量。

3.2　计算工段污染物去除量

（1）根据企业对某一污染物所采用的治理技术查找和选择相应的治理技术平均去除效率。

（2）根据污染治理设施实际运行率参数及其计算公式得出该企业某一污染物的治理设施实际运行率（k 值）。

（3）污染物去除量按以下公式进行计算：

污染物去除量=污染物产生量×污染物去除率 =污染物产生量×治理技术平均去除效率×治理设施实际运行率

$$R_{减i} = G_{产i} \times \eta_T \times k_T$$

式中，$R_{减i}$——工段 i 某污染物的去除量；

η_T——工段 i 某污染物采用的末端治理技术的平均去除效率；

k_T——工段 i 某污染物采用的末端治理设施的实际运行率。

3.3　计算工段污染物排放量

污染物排放量=污染物产生量−污染物去除量

=污染物对应的产污系数×产品产量−污染物产生量×治理技术平均去除效率×治理设施实际运行率

3.4　计算企业污染物排放量

同一企业某污染物全年的产生（排放）总量为该企业同年实际生产的全部工段、产品、原料、

规模污染物产生（排放）量之和。

$$E_{排} = G_{产} - R_{减} = \sum (G_{产i} - R_{减i}) \\ = \sum \left[P_{产i} \times M_i (1 - \eta_T \times k_T) \right]$$

4 污染物排放量核算案例

某轻质建筑材料制造企业主要从事纸面石膏板的生产。该企业所用原料为脱硫石膏，因此涉及的主要产排污工段为煅烧制粉、干燥和切割三个工段。其中煅烧制粉和干燥工段主要污染物为颗粒物、二氧化硫、氮氧化物，切割成型工段主要污染物为颗粒物。现以颗粒物为例说明排放量计算过程。

该企业基本信息如表 1 所示。

表 1 某石膏板企业基本信息

	工段 1：煅烧制粉		工段 2：干燥		工段 3：切割成型	
	名称	数量	名称	数量	名称	数量
产品及产量	石膏板	30000 吨	石膏板	30000 吨	石膏板	30000 吨
工艺名称	煅烧	—	干燥	—	切割	—
规模（产能）	30000 吨		30000 吨		30000 吨	
污染治理设施	旋风+布袋		板式静电除尘		袋式除尘	
实际运行率参数	治理设施运行时间	7000 小时	治理设施正常运行时间	7000 小时	治理设施运行时间	7000 小时
	企业正常生产时间	7350 小时	企业正常运转时间	7350 小时	企业正常生产时间	7350 小时

4.1 工段 1 的排放量计算

（1）颗粒物产生量计算

①查找产污系数及其计量单位

根据企业基本信息，查找本手册中主要产品为纸面石膏板，主要原料为脱硫石膏、饰面纸等，主要工艺为煅烧制粉，生产规模为所有规模。该组合颗粒物的产污系数为 126，单位为千克/吨-产品。

②获取企业产品产量

该企业实际情况为：该工段主要产品石膏板 2017 年产量为 30000 吨。

③计算颗粒物产生量

由于查询到的组合中颗粒物产污系数的单位为千克/吨-产品，因此在核算产生量时需获取产品产量。

颗粒物产生量=颗粒物产污系数×产品（石膏板）产量

=126 千克/吨-产品×30000 吨-产品

=3780000 千克

（2）颗粒物去除量计算

①查找治理技术平均去除效率

该企业颗粒物治理技术采用“旋风+布袋”除尘工艺，查询相应组合内该工艺的平均去除效率为

99.7%。

②计算污染治理设施实际运行率

根据产污系数组合查询结果，该组合中颗粒物对应的污染治理设施实际运行率为

k=治理设施运行时间/企业正常生产时间=7000 小时/7350 小时=0.952

③计算颗粒物去除量

颗粒物去除量=3780000 千克×99.7%×0.952=3587764.32 千克

（3）颗粒物排放量计算

颗粒物排放量=3780000 千克−3587764.32 千克=192235.68 千克

4.2 工段 2 的排放量计算

（1）颗粒物产生量计算

①查找产污系数及其计量单位

根据企业基本信息，查找本手册中主要产品为纸面石膏板，主要原料为脱硫石膏、饰面纸等，主要工艺为干燥，生产规模为所有规模。该组合颗粒物的产污系数为 2.01，单位为千克/吨-产品。

②获取企业产品产量

该企业实际情况为：该工段主要产品纸面石膏板 2017 年产量为 30000 吨。

③计算颗粒物产生量

由于查询到的组合中颗粒物产污系数的单位为千克/吨-产品，因此在核算产生量时需获取产品产量。

颗粒物产生量=颗粒物产污系数×产品（纸面石膏板）产量

=2.01 千克/吨-产品×30000 吨-产品

=60300 千克

（2）颗粒物去除量计算

①查找治理技术平均去除效率

该企业颗粒物治理技术采用板式静电除尘工艺，查询相应组合内该工艺的平均去除效率为 98%。

②计算污染治理设施实际运行率

根据产污系数组合查询结果，该组合中颗粒物对应的污染治理设施实际运行率为

k=治理设施运行时间/企业正常生产时间=7000 小时/7350 小时=0.952

③计算颗粒物去除量

颗粒物去除量=60300 千克×98%×0.952=56257.488 千克

（3）颗粒物排放量计算

颗粒物排放量=60300 千克−56257.488 千克=4042.512 千克

4.3 工段 3 的排放量计算

（1）颗粒物产生量计算

①查找产污系数及其计量单位

根据企业基本信息，查找本手册中主要产品为纸面石膏板，主要原料为脱硫石膏、饰面纸等，主要工艺为切割成型，生产规模为所有规模。该组合颗粒物的产污系数为 12.3，单位为千克/吨-产品。

②获取企业产品产量

该企业实际情况为：该工段主要产品纸面石膏板 2017 年产量为 30000 吨。

③计算颗粒物产生量

由于查询到的组合中颗粒物产污系数的单位为千克/吨-产品，因此在核算产生量时需获取产品产量。

颗粒物产生量=颗粒物产污系数×产品（纸面石膏板）产量

=12.3 千克/吨-产品×30000 吨-产品

=369000 千克

（2）颗粒物去除量计算

①查找治理技术平均去除效率

该企业颗粒物治理技术采用袋式除尘工艺，查询相应组合内该工艺的平均去除效率为 99%。

②计算污染治理设施实际运行率

根据产污系数组合查询结果，该组合中颗粒物对应的污染治理设施实际运行率为

k=治理设施运行时间/企业正常生产时间=7000 小时/7350 小时=0.952

③计算颗粒物去除量

颗粒物去除量=369000 千克×99%×0.952=347775.12 千克

（3）颗粒物排放量计算

颗粒物排放量=369000 千克−347775.12 千克=21224.88 千克

4.4 颗粒物总排放量计算

颗粒物总排放量=工段 1 排放量+工段 2 排放量+工段 3 排放量

=192235.68 千克+ 4042.512 千克+21224.88 千克

=217503.072 千克

5 系数表

3024 轻质建筑材料制品制造行业系数表

工段名称	产品名称	原料名称	工艺名称	规模等级	污染物类别	污染物指标	系数单位	产污系数	末端治理技术	末端治理技术平均去除效率/%	参考 k 值计算公式[1]
煅烧制粉（煤）	纸面石膏板	脱硫石膏、饰面纸等	煅烧制粉	所有规模	废气	工业废气量	万标米^3/吨-产品	1.49	—	—	—
						颗粒物	千克/吨-产品	126	旋风+布袋	99.7	k=治理设施运行时间（小时/年）/企业正常生产时间（小时/年）
						二氧化硫	千克/吨-产品	3.03	型煤固硫	60	
						氮氧化物	千克/吨-产品	2.36	直排	—	—
干燥（煤）			干燥	所有规模	废气	工业废气量	标米^3/吨-产品	3580	—	—	—
						颗粒物	千克/吨-产品	2.01	板式静电除尘	98	k=治理设施运行时间（小时/年）/企业正常生产时间（小时/年）
						二氧化硫	千克/吨-产品	0.33	型煤固硫	60	
						氮氧化物	千克/吨-产品	1.18	直排	—	—

[1] 该公式仅供参考，使用时，可根据 k 值定义，选取更适合企业实际情况的表达方式。

3024 轻质建筑材料制品制造行业系数表（续表 1）

工段名称	产品名称	原料名称	工艺名称	规模等级	污染物类别	污染物指标	系数单位	产污系数	末端治理技术	末端治理技术平均去除效率/%	参考 k 值计算公式
切割成型	纸面石膏板	脱硫石膏、饰面纸等	切割成型	所有规模	废气	工业废气量	标米^3/吨-产品	1670	—	—	—
						颗粒物	千克/吨-产品	12.3	袋式除尘	99	k=治理设施运行时间（小时/年）/企业正常生产时间（小时/年）
					固废	一般固废	吨/吨-产品	0.05	—	—	—
物料输送	轻集料混凝土制品	水泥、轻集料、石灰、粉煤灰等	物料输送储存	所有规模	废气	工业废气量	标米^3/吨-产品	40.7	—	—	—
						颗粒物	千克/吨-产品	1.97×10^{-1}	袋式除尘	99.7	k=治理设施运行时间（小时/年）/企业正常生产时间（小时/年）
									直排	—	—
物料搅拌			物料混合搅拌	所有规模	废气	工业废气量	标米^3/吨-产品	76.9	—	—	—
						颗粒物	千克/吨-产品	3.25×10^{-1}	袋式除尘	99.7	k=治理设施运行时间（小时/年）/企业正常生产时间（小时/年）
									直排	—	—
养护			成型养护	所有规模	固废	一般固废	吨/吨-产品	5×10^{-5}	—	—	—
破碎粉磨	石膏板	熟石膏	破碎粉磨	所有规模	废气	工业废气量	标米^3/吨-产品	825	—	—	—
						颗粒物	千克/吨-产品	4.08	袋式除尘	99.7	k=治理设施运行时间（小时/年）/企业正常生产时间（小时/年）
					固废	一般固废	吨/吨-产品	7.8×10^{-2}	—	—	—

303 砖瓦、石材等建筑材料制造业

1 适用范围

本手册仅用于《国民经济行业分类》（GB/T 4754—2017）中 3031 粘土砖瓦及建筑砌块制造行业、3032 建筑用石加工行业、3033 防水建筑材料制造行业、3034 隔热和隔音材料制造行业和 3039 其他建筑材料制造行业使用系数法核算工业污染物产生量和排放量的工业企业。

利用本手册进行产排污核算得出的污染物产生量与排放量仅代表了特定行业、工艺、产品、原料在正常工况下污染物产生与排放的一般规律。

本行业废水指标包括化学需氧量、石油类；废气指标包括颗粒物、二氧化硫、氮氧化物、挥发性有机物。

2 注意事项

2.1 企业有多种生产工艺或生产多类产品产排污量核算

本系数表中污染物产生量与产品产量有关，根据不同核算环节计算产污量后，再根据企业末端治理设施和运行情况计算各污染物的排放量。

企业某污染物指标的产生量、排放量为各核算环节产生量、排放量之和。

在企业实际排放量计算过程中，如果存在废水回用的情况，需要在利用产排污核算公式的基础上扣除废水回用的部分。公式如下：

实际排放量=计算排放量×（1–废水回用率）

2.2 采用多种治理设施组合处理企业的排污量核算

在排污量计算选择末端治理技术时，若没有对应的组合治理技术，以主要治理技术为准。

2.3 系数表中未涉及的产污系数及污染治理效率

（1）对于无机人造石材，其产污系数参照 3032 建筑用石加工行业中相应规模和类似工艺的污染物产污系数进行核算。

（2）对于玻纤胎沥青瓦，其产污系数参照 3033 防水建筑材料制造行业中相应规模和类似工艺的污染物产污系数进行核算。

（3）对于膨胀蛭石制品、硅酸铝纤维制品、硅酸钙绝热制品、泡沫玻璃绝热制品、复合硅酸盐涂料及制品，其产污系数参照 3034 隔热和隔音材料制造行业中相应规模和类似工艺的污染物产污系数进行核算。

2.4 其他需要说明的问题

（1）由于不同企业工业废气量、废水量差异较大，本手册所提供的工业废气量、废水量系数仅供参考。

为体现相同产污水平条件下，采用相同环保治理设施的不同企业对同一污染物去除效果的差异，引入末端治理设施实际运行率（*k*）对污染治理技术的实际去除率进行修正。*k* 值反映的是污染治理设施运行的状态，越稳定运行，*k* 值越高；在取值上，若定义连续稳定运行的理想状态为 1，则 *k* 取值在 0～1 之间。

本手册给出本行业的 *k* 计算公式仅供参考，使用时，可根据 *k* 值定义，选取更适合企业实际情况的表达方式。

（2）本表系数对应单条生产线。当企业有多条生产线时，要分别根据各生产线规模、燃料等计算单条生产线产排污量，企业总产排污量为各生产线产排污量之和。

（3）对于蒸压砖、蒸养砖、蒸压瓦、建筑砌块产品生产过程中如使用锅炉的产排污按照《锅炉产污系数表》或其他设施的产污系数表，不在本行业核算范围内。这几种产品的原料破碎、筛分、输送等制备过程中产排污则按“3031 粘土砖瓦及建筑砌块制造”工业废气（除窑炉外工艺废气）产污系数进行核算。

（4）对粘土砖瓦和建筑砌块，计量单位为万块标砖。1 块标砖的体积为 240 毫米×115 毫米×53 毫米，其他体积需与标砖体积换算。

（5）对异形石材、人造石材，计量单位为米^{2}时，1 米^{3}的石材相当于 40 米^2。

（6）表中颗粒物的产污系数和末端治理技术去除效率分为工艺和窑炉两部分，核算时颗粒物的产生量和排放量应为工艺和窑炉两部分之和。

（7）若某些企业采用的末端治理技术在系数手册中没有对应的，则选择处理原理或处理效率最相近的治理技术。

（8）3031 煤矸石砖行业窑炉烟气中的挥发性有机物为通用源项，由生态环境部工程评估中心统一给出相应产污系数和排放量核算方法。除此之外，本系数手册中列出了其他工艺挥发性有机污染物的产污系数和排放量核算方法。

3 污染物排放量核算方法

3.1 计算工段污染物产生量

（1）根据产品、原燃料、生产过程中产污的主导生产工艺、企业规模（生产产能）这一组合查找和确定所对应的某一污染物的产污系数。

（2）根据该污染物的产污系数计量单位——单位产品产量，获取企业实际产品产量。

例如，某组合内化学需氧量的产污系数单位为千克/吨-产品，则计算产生量时需要获取企业实际产品产量。

（3）污染物产生量按以下公式进行计算：

污染物产生量=污染物对应的产污系数×产品产量

$$G_{产i}=P_{产i}\times M_i$$

式中，$G_{产i}$——工段 i 某污染物的产生量；

$P_{产i}$——工段 i 某污染物对应的产污系数；

M_i——工段 i 的产品产量。

3.2 计算工段污染物去除量

（1）根据企业对某一污染物所采用的治理技术查找和选择相应的治理技术平均去除效率。

（2）根据所填报的污染治理设施实际运行率参数及其计算公式得出该企业某一污染物的治理设施实际运行率（k 值）。

（3）污染物去除量按以下公式进行计算：

污染物去除量=污染物产生量×污染物去除率

=污染物产生量×治理技术平均去除效率×治理设施实际运行率

$$R_{减i}=G_{产i}\times\eta_T\times k_T$$

式中，$R_{减i}$——工段 i 某污染物的去除量；

η_T——工段 i 某污染物采用的末端治理技术的平均去除效率；

k_T——工段 i 某污染物采用的末端治理设施的实际运行率。

3.3 计算工段污染物排放量

污染物排放量=污染物产生量–污染物去除量

=污染物对应的产污系数×产品产量–污染物产生量×治理技术平均去除效率×治理设施实际运行率

3.4 计算企业污染物排放量

同一企业某污染物全年的产生（排放）总量为该企业同年实际生产的全部工段、产品、原料、规模污染物产生（排放）量之和。

$$\begin{aligned}E_{排}&=G_{产}-R_{减}=\sum(G_{产i}-R_{减i})\\&=\sum\left[P_{产i}\times M_i(1-\eta_T\times k_T)\right]\end{aligned}$$

4 污染物排放量核算案例

某新型建材企业主要生产煤矸石砖。该企业以煤矸石、渣土为主要原料，生产工艺采用内燃式隧道窑，生产规模为 6000 万块标砖/年。该企业工业废气的污染治理技术采用脱硫除尘一体化，涉及的废气污染物主要为颗粒物、二氧化硫、氮氧化物。

现以废气中颗粒物为例，说明该企业颗粒物排放量的计算方法。

4.1 颗粒物产生量计算

（1）查找产污系数及其计量单位

主要产品为煤矸石砖，主要原燃料为煤矸石，主要原料为煤矸石、渣土，主要工艺为隧道窑烧结，生产规模为 6000 万块标砖/年。该组合颗粒物的产污系数为 6.50，单位为千克/万块标砖。

（2）获取企业产品产量

该企业实际情况为：2017 年主要产品煤矸石砖产量为 5680 万块标砖。

（3）计算颗粒物产生量

由于查询到的组合中颗粒物产污系数的单位为千克/万块标砖，因此在核算产生量时获取产品产量。

颗粒物产生量=颗粒物产污系数×产品（煤矸石砖）产量

=6.50 千克/万块标砖×5680 万块标砖

=36.92 吨

4.2 颗粒物去除量计算

（1）查找治理技术平均去除效率

该企业颗粒物治理技术采用简易的脱硫除尘一体化，查询湿式除尘法的平均去除效率为 85%。

（2）计算污染治理设施实际运行率

根据产污系数组合查询结果，该组合中湿式除尘法对应的污染治理设施实际运行参数分别为湿式除尘设备耗电量、湿式除尘设备耗额定功率、湿式除尘设备运行时间。

根据查询结果，该组合中颗粒物湿式除尘法对应的污染治理设施实际运行率为

k=除尘设备年耗电量/（除尘设备额定功率×除尘设备年运行时间）

获取企业实际情况如下：2017 年除尘设备年耗电量 121.5 万千瓦·时，除尘设备额定功率 150 千瓦，除尘设备年运行时间 8760 小时。

则该企业的湿法除尘设备实际运行率为

k= 1215000 千瓦·时/（150 千瓦×8760 小时）=0.925

（3）计算颗粒物去除量

颗粒物去除量=36.92 吨×85%×0.925=29.03 吨

4.3 颗粒物排放量计算

颗粒物排放量=36.92 吨−29.03 吨=7.89 吨

5 系数表

3031 粘土砖瓦及建筑砌块制造行业系数表

工段名称	产品名称	原料名称	工艺名称	规模等级	污染物类别	污染物指标	系数单位	产污系数	末端治理技术	末端治理技术平均去除效率/%	参考 k 值计算公式[1]
—	烧结类砖瓦及建筑砌块	粘土、页岩、粉煤灰、污泥等	砖瓦工业焙烧窑炉（单条）（燃煤等）	≥6000万块标砖/年	废气	工业废气量（窑炉）（燃煤等）	标米^3/万块标砖	42980	—	—	—
						颗粒物（窑炉）（燃煤等）	千克/万块标砖	4.73	湿式除尘	85	k=处理设施年耗电量（千瓦·时）/［设备额定功率（千瓦）×设备年运行时间（小时）］
									袋式除尘	98	
									静电除尘（干式电除尘、湿式电除尘）	92	
									其他①	60	
									—	0	—
						二氧化硫（窑炉）（燃煤等）	千克/万块标砖	14.8	石灰石/石灰-石膏湿法	95	k=处理设施年耗电量（千瓦·时）/［设备额定功率（千瓦）×设备年运行时间（小时）］
									双碱法	90	
									其他②	85	
									—	0	—
						氮氧化物（窑炉）（燃煤等）	千克/万块标砖	1.66	选择性非催化还原	50	k=处理设施年耗电量（千瓦·时）/［设备额定功率（千瓦）×设备年运行时间（小时）］
									氧化吸收	60	
									—	0	—

注：①其他包括机械除尘、喷雾降尘等。
②其他包括干法、半干法、氨法、氢氧化钠法等。

[1] 该公式仅供参考，使用时，可根据 k 值定义，选取更适合企业实际情况的表达方式。

3031 粘土砖瓦及建筑砌块制造行业系数表（续表 1）

工段名称	产品名称	原料名称	工艺名称	规模等级	污染物类别	污染物指标	系数单位	产污系数	末端治理技术	末端治理技术平均去除效率/%	参考 k 值计算公式
	烧结类砖瓦及建筑砌块	粘土、页岩、粉煤灰、污泥等	砖瓦工业焙烧窑炉（单条）（燃煤等）	<6000 万块标砖/年	废气	工业废气量（窑炉）（燃煤等）	标米 ^{3}/万块标砖	48610	—	—	—
						颗粒物（窑炉）（燃煤等）	千克/万块标砖	6.08	湿式除尘	85	k=处理设施年耗电量（千瓦·时）/［设备额定功率（千瓦）×设备年运行时间（小时）］
									袋式除尘	98	
									静电除尘（干式电除尘、湿式电除尘）	92	
									其他①	60	
									—	0	—
						二氧化硫（窑炉）（燃煤等）	千克/万块标砖	16.8	石灰石/石灰-石膏湿法	95	k=处理设施年耗电量（千瓦·时）/［设备额定功率（千瓦）×设备年运行时间（小时）］
									双碱法	90	
									其他②	85	
									—	0	—
						氮氧化物（窑炉）（燃煤等）	千克/万块标砖	3.26	选择性非催化还原	50	k=处理设施年耗电量（千瓦·时）/［设备额定功率（千瓦）×设备年运行时间（小时）］
									氧化吸收	60	
									—	0	—

注：①其他包括机械除尘、喷雾降尘等。

②其他包括干法、半干法、氨法、氢氧化钠法等。

3031 粘土砖瓦及建筑砌块制造行业系数表（续表 2）

工段名称	产品名称	原料名称	工艺名称	规模等级	污染物类别	污染物指标	系数单位	产污系数	末端治理技术	末端治理技术平均去除效率/%	参考 k 值计算公式
	烧结类砖瓦及建筑砌块	粘土、页岩、粉煤灰、污泥等	砖瓦工业焙烧窑炉（单条）（天然气）	所有规模	废气	工业废气量（窑炉）（天然气）	标米^3/万块标砖	6650	—	—	—
						颗粒物（窑炉）（天然气）	千克/万块标砖	0.425	湿式除尘	85	k=处理设施年耗电量（千瓦·时）/[设备额定功率（千瓦）×设备年运行时间（小时）]
									袋式除尘	98	
									静电除尘（干式电除尘、湿式电除尘）	92	
									其他①	60	
									—	0	—
						二氧化硫（窑炉）（天然气）	千克/万块标砖	0.354	石灰石/石灰-石膏湿法	95	k=处理设施年耗电量（千瓦·时）/[设备额定功率（千瓦）×设备年运行时间（小时）]
									双碱法	90	
									其他②	85	
									—	0	—
						氮氧化物（窑炉）（天然气）	千克/万块标砖	1.36	选择性非催化还原	50	k=处理设施年耗电量（千瓦·时）/[设备额定功率（千瓦）×设备年运行时间（小时）]
									氧化吸收	60	
									—	0	—

注：①其他包括机械除尘、喷雾降尘等。
②其他包括干法、半干法、氨法、氢氧化钠法等。

3031 粘土砖瓦及建筑砌块制造行业系数表（续表 3）

工段名称	产品名称	原料名称	工艺名称	规模等级	污染物类别	污染物指标	系数单位	产污系数	末端治理技术	末端治理技术平均去除效率/%	参考 *k* 值计算公式
—	煤矸石砖	煤矸石、污泥等	砖瓦工业焙烧窑炉（硬塑成型等）	所有规模	废气	工业废气量（窑炉）	标米^3/万块标砖	152000	—	—	—
						颗粒物（窑炉）	千克/万块标砖	6.50	静电除尘（干式电除尘、湿式电除尘）	92	*k*=处理设施年耗电量（千瓦·时）/[设备额定功率（千瓦）×设备年运行时间（小时）]
									湿式除尘器	85	
									袋式除尘	98	
									其他①	60	
									—	0	—
						二氧化硫（窑炉）	千克/万块标砖	122.4	石灰石/石灰-石膏湿法	95	*k*=处理设施年耗电量（千瓦·时）/[设备额定功率（千瓦）×设备年运行时间（小时）]
									双碱法	90	
									其他②	85	
									—	0	—
						氮氧化物（窑炉）	千克/万块标砖	8.16	选择性非催化还原	50	*k*=处理设施年耗电量（千瓦·时）/[设备额定功率（千瓦）×设备年运行时间（小时）]
									氧化吸收	60	
									—	0	—

注：①其他包括机械除尘、喷雾降尘等。
②其他包括干法、半干法、氨法、氢氧化钠法等。

3031 粘土砖瓦及建筑砌块制造行业体系表（续表 4）

工段名称	产品名称	原料名称	工艺名称	规模等级	污染物类别	污染物指标	系数单位	产污系数	末端治理技术	末端治理技术平均去除效率/%	参考 k 值计算公式
	烧结类砖瓦及建筑砌块、煤矸石砖、蒸养砖等	黏土、页岩、粉煤灰、煤矸石等	破碎、筛分、成型干燥等	所有规模	废气	工业废气量（除窑炉外工艺废气）	标米^3/万块标砖	8290	—	—	—
						颗粒物（除窑炉外工艺废气）	千克/万块标砖	1.23	袋式除尘	98	k=处理设施年耗电量（千瓦·时）/［设备额定功率（千瓦）×设备年运行时间（小时）］
									其他①	60	
									—	0	—

注：①其他包括机械除尘、喷雾降尘等。

3032 建筑用石加工行业系数表

工段名称	产品名称	原料名称	工艺名称	规模等级	污染物类别	污染物指标	系数单位	产污系数	末端治理技术	末端治理技术平均去除效率/%	参考 k 值计算公式[1]
—	建筑板材（毛板、毛光板、规格板）	荒料（大理石等）	锯解、涂胶、磨抛、裁切（有涂胶）	≥40 万米^2/年	废气	工业废气量（有涂胶工艺）	标米^3/米^2-产品	240	—	—	—
						颗粒物（有涂胶工艺）	千克/米^2-产品	0.026	湿法	90	k=处理设施年耗电量（千瓦·时）/［设备额定功率（千瓦）×设备年运行时间（小时）］
									其他①	80	
									—	0	—
						挥发性有机物（有涂胶工艺）	千克/米^2-产品	0.0032	燃烧法	99	k=处理设施年耗电量（千瓦·时）/［设备额定功率（千瓦）×设备年运行时间（小时）］
									光解+光催化	90	
									等离子法	85	
									吸附法	80	
									—	0	—

注：①其他包括机械除尘、喷雾降尘等。

[1] 该公式仅供参考，使用时，可根据 k 值定义，选取更适合企业实际情况的表达方式。

3032 建筑用石加工行业系数表（续表 1）

工段名称	产品名称	原料名称	工艺名称	规模等级	污染物类别	污染物指标	系数单位	产污系数	末端治理技术	末端治理技术平均去除效率/%	参考 k 值计算公式
—	建筑板材（毛板、毛光板、规格板）	荒料（大理石等）	锯解、涂胶、磨抛、裁切（有涂胶）	≥40 万米^2/年	废水	工业废水量	吨/米^2-产品	0.365	—	—	—
						化学需氧量	克/米^2-产品	26.5	沉淀分离+循环利用①	30	k=处理设施年耗电量（千瓦·时）/［设备额定功率（千瓦）×设备年运行时间（小时）］
									压滤（过滤）+循环利用①	20	
									—	0	—
						石油类	克/米^2-产品	0.06	沉淀分离+循环利用①	30	k=处理设施年耗电量（千瓦·时）/［设备额定功率（千瓦）×设备年运行时间（小时）］
									压滤（过滤）+循环利用①	40	
									—	0	—
					固废	一般工业固废	吨/米^2-产品	0.016	—	—	—

注：①末端治理技术效率为沉淀分离效率，循环利用效率按废水回用公式计算。

3032 建筑用石加工行业系数表（续表 2）

工段名称	产品名称	原料名称	工艺名称	规模等级	污染物类别	污染物指标	系数单位	产污系数	末端治理技术	末端治理技术平均去除效率/%	参考 k 值计算公式
—	建筑板材（毛板、毛光板、规格板）	荒料（大理石等）	锯解、涂胶、磨抛、裁切（有涂胶）	＜40 万米^2/年	废气	工业废气量（有涂胶工艺）	标米^3/米^2-产品	256	—	—	—
						颗粒物（有涂胶工艺）	千克/米^2-产品	0.037	湿法	90	k=处理设施年耗电量（千瓦·时）/［设备额定功率（千瓦）×设备年运行时间（小时）］
									其他①	80	
									—	0	—
						挥发性有机物（有涂胶工艺）	千克/米^2-产品	0.0041	燃烧法	99	k=处理设施年耗电量（千瓦·时）/［设备额定功率（千瓦）×设备年运行时间（小时）］
									光解+光催化	90	
									等离子法	85	
									吸附法	80	
									—	0	—

注：①其他包括机械除尘、喷雾降尘等。

3032 建筑用石加工行业系数表（续表 3）

工段名称	产品名称	原料名称	工艺名称	规模等级	污染物类别	污染物指标	系数单位	产污系数	末端治理技术	末端治理技术平均去除效率/%	参考 k 值计算公式
—	建筑板材（毛板、毛光板、规格板）	荒料（大理石等）	锯解、涂胶、磨抛、裁切（有涂胶）	<40 万米 ^{2}/年	废水	工业废水量	吨/米 ^{2}-产品	0.394	—	—	—
						化学需氧量	克/米 ^{2}-产品	28.1	沉淀分离+循环利用①	30	k=处理设施年耗电量（千瓦·时）/［设备额定功率（千瓦）×设备年运行时间（小时）］
									压滤（过滤）+循环利用①	20	
									—		
						石油类	克/米 ^{2}-产品	0.10	沉淀分离+循环利用①	30	k=处理设施年耗电量（千瓦·时）/［设备额定功率（千瓦）×设备年运行时间（小时）］
									压滤（过滤）+循环利用①	40	
									—	0	—
					固废	一般工业固废	吨/米 ^{2}-产品	0.021	—	—	—

注：①末端治理技术效率为沉淀分离效率，循环利用效率按废水回用公式计算。

3032 建筑用石加工行业系数表（续表 4）

工段名称	产品名称	原料名称	工艺名称	规模等级	污染物类别	污染物指标	系数单位	产污系数	末端治理技术	末端治理技术平均去除效率/%	参考 k 值计算公式
	建筑板材（毛板、毛光板、规格板）	荒料（花岗石、板岩等）	锯解、磨抛、裁切	所有规模	废气	工业废气量（无涂胶工艺）	标米 ^{3}/米 ^{2}-产品	250	—	—	—
						颗粒物（无涂胶工艺）	千克/米 ^{2}-产品	0.0325	湿法	90	k=处理设施年耗电量（千瓦·时）/［设备额定功率（千瓦）×设备年运行时间（小时）］
									其他②	80	
									—	0	—
					废水	工业废水量	吨/米 ^{2}-产品	0.311	—		—
						化学需氧量	克/米 ^{2}-产品	26.5	沉淀分离+循环利用①	30	k=处理设施年耗电量（千瓦·时）/［设备额定功率（千瓦）×设备年运行时间（小时）］
									压滤（过滤）+循环利用①	20	
									—		
						石油类	克/米 ^{2}-产品	0.06	沉淀分离+循环利用①	30	k=处理设施年耗电量（千瓦·时）/［设备额定功率（千瓦）×设备年运行时间（小时）］
									压滤（过滤）+循环利用①	40	
									—	0	
					固废	一般工业固废	吨/米 ^{2}-产品	0.019	—	—	

注：①末端治理技术效率为沉淀分离效率，循环利用效率按废水回用公式计算。

②其他包括机械除尘、喷雾降尘等。

3032 建筑用石加工行业系数表（续表 5）

工段名称	产品名称	原料名称	工艺名称	规模等级	污染物类别	污染物指标	系数单位	产污系数	末端治理技术	末端治理技术平均去除效率/%	参考 k 值计算公式
—	异形石材产品（含墓碑石）	荒料（大理石、花岗石、板岩等）	锯解、磨抛、裁切	≥2000 米^3/年	废气	工业废气量	标米^3/米^3-产品	30830	—	—	—
						颗粒物	千克/米^3-产品	2.08	湿法	90	k=处理设施年耗电量（千瓦·时）/［设备额定功率（千瓦）×设备年运行时间（小时）］
									其他[①]	80	
									—	0	—
					废水	工业废水量	吨/米^3-产品	0.085	—	—	—
						化学需氧量	克/米^3-产品	6.44	沉淀分离+循环利用[②]	30	k=处理设施年耗电量（千瓦·时）/［设备额定功率（千瓦）×设备年运行时间（小时）］
									压滤（过滤）+循环利用[②]	20	
									—	0	—
						石油类	克/米^3-产品	0.50	沉淀分离+循环利用[②]	30	k=处理设施年耗电量（千瓦·时）/［设备额定功率（千瓦）×设备年运行时间（小时）］
									压滤（过滤）+循环利用[②]	40	
									—	0	—
					固废	一般工业固废	吨/米^3-产品	0.56	—	—	—

注：①其他包括机械除尘、喷雾降尘等。

②末端治理技术效率为沉淀分离效率，循环利用效率按废水回用公式计算。

3032 建筑用石加工行业系数表（续表 6）

工段名称	产品名称	原料名称	工艺名称	规模等级	污染物类别	污染物指标	系数单位	产污系数	末端治理技术	末端治理技术平均去除效率/%	参考 k 值计算公式
—	异形石材产品（含墓碑石）	荒料（大理石、花岗石、板岩等）	锯解、磨抛、裁切	<2000 米^3/年	废气	工业废气量	标米^3/米^3-产品	32008	—	—	—
						颗粒物	千克/米^3-产品	2.64	湿法	90	k=处理设施年耗电量（千瓦·时）/[设备额定功率（千瓦）×设备年运行时间（小时）]
									其他[①]	80	
									—	0	—
					废水	工业废水量	吨/米^3-产品	0.096	—	—	—
						化学需氧量	克/米^3-产品	6.85	沉淀分离+循环利用[②]	30	k=处理设施年耗电量（千瓦·时）/[设备额定功率（千瓦）×设备年运行时间（小时）]
									压滤（过滤）+循环利用[②]	20	
									—	0	—
						石油类	克/米^3-产品	0.50	沉淀分离+循环利用[②]	30	k=处理设施年耗电量（千瓦·时）/[设备额定功率（千瓦）×设备年运行时间（小时）]
									压滤（过滤）+循环利用[②]	40	
									—	0	—
					固废	一般工业固废	吨/米^3-产品	0.60	—	—	—

注：①其他包括机械除尘、喷雾降尘等。

②末端治理技术效率为沉淀分离效率，循环利用效率按废水回用公式计算。

3032 建筑用石加工行业系数表（续表 7）

工段名称	产品名称	原料名称	工艺名称	规模等级	污染物类别	污染物指标	系数单位	产污系数	末端治理技术	末端治理技术平均去除效率/%	参考 k 值计算公式
	人造石材	碎石颗粒、粉料、不饱和树脂等	真空凝胶固化成型、锯解、抛光、裁切	所有规模	废气	工业废气量	标米^3/米^3-产品	602	—	—	—
						颗粒物	千克/米^3-产品	0.051	湿法	90	k=处理设施年耗电量（千瓦·时）/[设备额定功率（千瓦）×设备年运行时间（小时）]
									其他①	80	
									—	0	—
						挥发性有机物	千克/米^3-产品	0.006	燃烧法	99	k=处理设施年耗电量（千瓦·时）/[设备额定功率（千瓦）×设备年运行时间（小时）]
									光解+光催化	90	
									等离子法	85	
									吸附法	80	
									—	0	—

注：①其他包括机械除尘、喷雾降尘等。

3032 建筑用石加工行业系数表（续表 8）

工段名称	产品名称	原料名称	工艺名称	规模等级	污染物类别	污染物指标	系数单位	产污系数	末端治理技术	末端治理技术平均去除效率/%	参考 k 值计算公式
	人造石材	碎石颗粒、粉料、不饱和树脂等	真空凝胶固化成型、锯解、抛光、裁切	所有规模	废水	工业废水量	吨/米^3-产品	0.031	—	—	—
						化学需氧量	克/米^3-产品	5.60	沉淀分离+循环利用①	30	k=处理设施年耗电量（千瓦·时）/[设备额定功率（千瓦）×设备年运行时间（小时）]
									压滤（过滤）+循环利用①	20	
									—	0	—
						石油类	克/米^3-产品	0.11	沉淀分离+循环利用①	30	k=处理设施年耗电量（千瓦·时）/[设备额定功率（千瓦）×设备年运行时间（小时）]
									压滤（过滤）+循环利用①	40	
									—	0	—
					固废	一般工业固废	吨/米^3-产品	0.48	—	—	—

注：①末端治理技术效率为沉淀分离效率，循环利用效率按废水回用公式计算。

3033 防水建筑材料制造行业系数表

工段名称	产品名称	原料名称	工艺名称	规模等级	污染物类别	污染物指标	系数单位	产污系数	末端治理技术	末端治理技术平均去除效率/%	参考 k 值计算公式[1]
—	沥青基防水卷材	沥青、SBS、APP、SBR、石粉及胎基	熔炼、浸涂	所有规模	废水	工业废水量	吨/万米^2-产品	2.49	—	—	—
						化学需氧量	克/万米^2-产品	311	中和法	40	k=处理设施年耗电量（千瓦·时）/[设备额定功率（千瓦）×设备年运行时间（小时）]
									其他①	30	
									—	0	—
						石油类	克/万米^2-产品	1.86	中和法	30	k=处理设施年耗电量（千瓦·时）/[设备额定功率（千瓦）×设备年运行时间（小时）]
									其他②	80	
									—	0	—

注：①其他包括上浮分离、膜分离、吸附法等。
②其他包括絮凝沉淀、过滤法等。

[1] 该公式仅供参考，使用时，可根据 k 值定义，选取更适合企业实际情况的表达方式。

3033 防水建筑材料制造行业系数表（续表 1）

工段名称	产品名称	原料名称	工艺名称	规模等级	污染物类别	污染物指标	系数单位	产污系数	末端治理技术	末端治理技术平均去除效率/%	参考 k 值计算公式
—	沥青基防水卷材	沥青、SBS、APP、SBR、石粉及胎基	熔炼、浸涂	所有规模	废气	工业废气量	标米^3/万米^2-产品	89900	—	—	—
						挥发性有机物	千克/万米^2-产品	1.53	燃烧法	99	k=处理设施年耗电量（千瓦·时）/［设备额定功率（千瓦）×设备年运行时间（小时）］
									光解+光催化	90	
									等离子法	85	
									吸附法	80	
									—	0	—
						颗粒物	千克/万米^2-产品	29.7	湿法	85	k=处理设施年耗电量（千瓦·时）/［设备额定功率（千瓦）×设备年运行时间（小时）］
									其他①	60	
									—	0	—
						二氧化硫	千克/万米^2-产品	0.309	湿法	60	k=处理设施年耗电量（千瓦·时）/［设备额定功率（千瓦）×设备年运行时间（小时）］
									其他②	90	
									—	0	—
						氮氧化物	千克/万米^2-产品	0.047	湿法	30	k=处理设施年耗电量（千瓦·时）/［设备额定功率（千瓦）×设备年运行时间（小时）］
									其他③	50	
									—	0	—

注：①其他包括喷雾降尘、机械除尘等。
②其他包括干法、半干法、氢氧化钠法等。
③其他包括生物法、活性炭/活性焦法、氧化吸收法等。

3034 隔热和隔音材料制造行业系数表

工段名称	产品名称	原料名称	工艺名称	规模等级	污染物类别	污染物指标	系数单位	产污系数	末端治理技术	末端治理技术平均去除效率/%	参考 k 值计算公式[1]
—	岩矿棉	矿渣、玄武岩+焦炭	冲天炉	≥20000吨/年	废气	工业废气量	标米^3/吨-产品	8975	—	—	—
						挥发性有机物	千克/吨-产品	0.144	燃烧法	99	k=处理设施年耗电量（千瓦·时）/[设备额定功率（千瓦）×设备年运行时间（小时）]
									光解+光催化	90	
									等离子法	85	
									吸附法	80	
									—	0	—
						颗粒物	千克/吨-产品	21.4	静电除尘（干式电除尘、湿式电除尘）	92	k=处理设施年耗电量（千瓦·时）/[设备额定功率（千瓦）×设备年运行时间（小时）]
									袋式除尘	95	
									湿式除尘	80	
									其他①	60	
									—	0	—
						二氧化硫	千克/吨-产品	14.1	石灰石/石灰-石膏湿法	95	k=处理设施年耗电量（千瓦·时）/[设备额定功率（千瓦）×设备年运行时间（小时）]
									双碱法	90	
									其他②	85	
									—	0	—
						氮氧化物	千克/吨-产品	2.26	选择性非催化还原	50	k=处理设施年耗电量（千瓦·时）/[设备额定功率（千瓦）×设备年运行时间（小时）]
									氧化吸收	60	
									—	0	—

注：①其他包括喷雾降尘、机械除尘等。
②其他包括干法、半干法、氨法、氢氧化钠法等。

[1] 该公式仅供参考，使用时，可根据 k 值定义，选取更适合企业实际情况的表达方式。

3034 隔热和隔音材料制造行业系数表（续表 1）

工段名称	产品名称	原料名称	工艺名称	规模等级	污染物类别	污染物指标	系数单位	产污系数	末端治理技术	末端治理技术平均去除效率/%	参考 k 值计算公式
—	岩矿棉	矿渣、玄武岩+焦炭	冲天炉	<20000吨/年	废气	工业废气量	标米^3/吨-产品	9364	—	—	—
						挥发性有机物	千克/吨-产品	0.159	燃烧法	99	k=处理设施年耗电量（千瓦·时）/[设备额定功率（千瓦）×设备年运行时间（小时）]
									光解+光催化	90	
									等离子法	85	
									吸附法	80	
									—	0	—
						颗粒物	千克/吨-产品	25.9	静电除尘（干式电除尘、湿式电除尘）	92	k=处理设施年耗电量（千瓦·时）/[设备额定功率（千瓦）×设备年运行时间（小时）]
									袋式除尘	95	
									湿式除尘	80	
									其他①	60	
									—	0	—
						二氧化硫	千克/吨-产品	16.6	石灰石/石灰-石膏湿法	95	k=处理设施年耗电量（千瓦·时）/[设备额定功率（千瓦）×设备年运行时间（小时）]
									双碱法	90	
									其他②	85	
									—	0	—
						氮氧化物	千克/吨-产品	2.97	选择性非催化还原	50	k=处理设施年耗电量（千瓦·时）/[设备额定功率（千瓦）×设备年运行时间（小时）]
									氧化吸收	60	
									—	0	—

注：①其他包括喷雾降尘、机械除尘等。

②其他包括干法、半干法、氨法、氢氧化钠法等。

3034 隔热和隔音材料制造行业系数表（续表 2）

工段名称	产品名称	原料名称	工艺名称	规模等级	污染物类别	污染物指标	系数单位	产污系数	末端治理技术	末端治理技术平均去除效率/%	参考 k 值计算公式
—	岩矿棉	矿渣、玄武岩	电炉	所有规模	废气	工业废气量	标米^3/吨-产品	5476	—	—	—
						挥发性有机物	千克/吨-产品	0.144	燃烧法	99	k=处理设施年耗电量（千瓦·时）/［设备额定功率（千瓦）×设备年运行时间（小时）］
									光解+光催化	90	
									等离子法	85	
									吸附法	80	
									—	0	—
						颗粒物	千克/吨-产品	12.4	静电除尘（干式电除尘、湿式电除尘）	92	k=处理设施年耗电量（千瓦·时）/［设备额定功率（千瓦）×设备年运行时间（小时）］
									袋式除尘	95	
									湿式除尘	80	
									其他①	60	
									—	0	—
						二氧化硫	千克/吨-产品	0.328	石灰石/石灰-石膏湿法	95	k=处理设施年耗电量（千瓦·时）/［设备额定功率（千瓦）×设备年运行时间（小时）］
									双碱法	90	
									其他②	85	
									—	0	—
						氮氧化物	千克/吨-产品	1.10	选择性非催化还原	50	k=处理设施年耗电量（千瓦·时）/［设备额定功率（千瓦）×设备年运行时间（小时）］
									氧化吸收	60	
									—	0	—

注：①其他包括喷雾降尘、机械除尘等。

②其他包括干法、半干法、氨法、氢氧化钠法等。

3034 隔热和隔音材料制造行业系数表（续表 3）

工段名称	产品名称	原料名称	工艺名称	规模等级	污染物类别	污染物指标	系数单位	产污系数	末端治理技术	末端治理技术平均去除效率/%	参考 k 值计算公式
—	玻璃棉	石英砂、石灰石、长石+天然气、煤气	池窑	≥8000 吨/年	废气	工业废气量	标米^3/吨-产品	4507	—	—	—
						挥发性有机物	千克/吨-产品	0.081	燃烧法	99	k=处理设施年耗电量（千瓦·时）/[设备额定功率（千瓦）×设备年运行时间（小时）]
									光解+光催化	90	
									等离子法	85	
									吸附法	80	
									—	0	—
						颗粒物	千克/吨-产品	6.12	静电除尘（干式电除尘、湿式电除尘）	92	k=处理设施年耗电量（千瓦·时）/[设备额定功率（千瓦）×设备年运行时间（小时）]
									袋式除尘	95	
									湿式除尘	80	
									其他①	60	
									—	0	—
						二氧化硫	千克/吨-产品	9.060	石灰石/石灰-石膏湿法	95	k=处理设施年耗电量（千瓦·时）/[设备额定功率（千瓦）×设备年运行时间（小时）]
									双碱法	90	
									其他②	85	
									—	0	—
						氮氧化物	千克/吨-产品	1.74	选择性非催化还原	50	k=处理设施年耗电量（千瓦·时）/[设备额定功率（千瓦）×设备年运行时间（小时）]
									氧化吸收	60	
									—	0	—

注：①其他包括喷雾降尘、机械除尘等。
②其他包括干法、半干法、氨法、氢氧化钠法等。

3034 隔热和隔音材料制造行业系数表（续表 4）

工段名称	产品名称	原料名称	工艺名称	规模等级	污染物类别	污染物指标	系数单位	产污系数	末端治理技术	末端治理技术平均去除效率/%	参考 k 值计算公式
—	玻璃棉	石英砂、石灰石、长石+天然气、煤气	池窑	<8000 吨/年	废气	工业废气量	标米^3/吨-产品	5402	—	—	—
						挥发性有机物	千克/吨-产品	0.092	燃烧法	99	k=处理设施年耗电量（千瓦·时）/[设备额定功率（千瓦）×设备年运行时间（小时）]
									光解+光催化	90	
									等离子法	85	
									吸附法	80	
									—	0	—
						颗粒物	千克/吨-产品	6.54	静电除尘（干式电除尘、湿式电除尘）	92	k=处理设施年耗电量（千瓦·时）/[设备额定功率（千瓦）×设备年运行时间（小时）]
									袋式除尘	95	
									湿式除尘	80	
									其他①	60	
									—	0	—
						二氧化硫	千克/吨-产品	9.41	石灰石/石灰-石膏湿法	95	k=处理设施年耗电量（千瓦·时）/[设备额定功率（千瓦）×设备年运行时间（小时）]
									双碱法	90	
									其他②	85	
									—	0	—
						氮氧化物	千克/吨-产品	1.89	选择性非催化还原	50	k=处理设施年耗电量（千瓦·时）/[设备额定功率（千瓦）×设备年运行时间（小时）]
									氧化吸收	60	
									—	0	—

注：①其他包括喷雾降尘、机械除尘等。

②其他包括干法、半干法、氨法、氢氧化钠法等。

3034 隔热和隔音材料制造行业系数表（续表 5）

工段名称	产品名称	原料名称	工艺名称	规模等级	污染物类别	污染物指标	系数单位	产污系数	末端治理技术	末端治理技术平均去除效率/%	参考 k 值计算公式
—	膨胀珍珠岩	珍珠岩+煤粉	卧式旋转炉+立式膨化炉	所有规模	废气	工业废气量	标米 ^{3}/米 ^{3}-产品	216	—	—	—
						颗粒物	千克/米 ^{3}-产品	6.45	单筒旋风除尘器+湿法除尘	98	k=处理设施年耗电量（千瓦·时）/[设备额定功率（千瓦）×设备年运行时间（小时）]
									袋式除尘	99.95	
									其他[①]	90	
									—	0	—
						二氧化硫	千克/米 ^{3}-产品	0.0957	石灰石/石灰-石膏湿法	95	k=处理设施年耗电量（千瓦·时）/[设备额定功率（千瓦）×设备年运行时间（小时）]
									双碱法	90	
									其他[②]	85	
									—	0	—
						氮氧化物	千克/米 ^{3}-产品	0.0347	选择性非催化还原	50	k=处理设施年耗电量（千瓦·时）/[设备额定功率（千瓦）×设备年运行时间（小时）]
									氧化吸收法	60	
									—	0	—

注：①其他包括多管旋风、机械除尘等。
②其他包括干法、半干法、氨法、氢氧化钠法等。

3039 其他建筑材料制造行业系数表

工段名称	产品名称	原料名称	工艺名称	规模等级	污染物类别	污染物指标	系数单位	产污系数	末端治理技术	末端治理技术平均去除效率/%	参考 k 值计算公式[1]
—	砂石骨料	岩石、矿石、建筑固体废弃物、尾矿等	破碎、筛分	所有规模	废气	工业废气量	标米^3/吨-产品	1215	—	—	—
						颗粒物	千克/吨-产品	1.89	袋式除尘	99	k=处理设施年耗电量（千瓦·时）/[设备额定功率（千瓦）×设备年运行时间（小时）]
									湿式除尘	90	
									其他①	80	
									—	0	—
			水洗	所有规模	废水	工业废水量	吨/吨-产品	0.14	—	—	—
						化学需氧量	克/吨-产品	11.4	沉淀分离+循环利用②	30	k=处理设施年耗电量（千瓦·时）/[设备额定功率（千瓦）×设备年运行时间（小时）]
									压滤（过滤）+循环利用②	20	
									—	0	—
						石油类	克/吨-产品	1.42	沉淀分离+循环利用②	30	k=处理设施年耗电量（千瓦·时）/[设备额定功率（千瓦）×设备年运行时间（小时）]
									压滤（过滤）+循环利用②	40	
									—	0	—

注：①其他包括喷雾降尘、机械除尘等。

②末端治理技术效率为沉淀分离效率，循环利用效率按废水回用公式计算。

1 该公式仅供参考，使用时，可根据 k 值定义，选取更适合企业实际情况的表达方式。

304 玻璃制造业

1 适用范围

本手册仅用于《国民经济行业分类》（GB/T 4754—2017）中 3041 平板玻璃制造行业、3042 特种玻璃制造行业、3049 其他玻璃制造行业使用系数法核算工业污染物产生量和排放量的工业企业。

利用本手册进行产排污核算得出的污染物产生量与排放量仅代表了特定行业、工艺、产品、原料在正常工况下污染物产生与排放的一般规律。

废水指标包括化学需氧量、氨氮、总氮、石油类；废气指标包括颗粒物、二氧化硫、氮氧化物。

2 注意事项

2.1 企业有多种生产工艺或生产多类产品产排污量核算

本系数表中污染物产生量与产品产量有关，根据不同核算环节计算产污量后，再根据企业末端治理设施和运行情况计算各污染物的排放量。

企业某污染物指标的产生量、排放量为各核算环节产生量、排放量之和。

在企业实际排放量计算过程中，如果存在废水回用的情况，需要在利用产排污核算公式的基础上扣除废水回用的部分。公式如下：

实际排放量=计算排放量×（1–废水回用率）

2.2 采用多种治理设施组合处理企业的排污量核算

在排污量计算选择末端治理技术时，若没有对应的组合治理技术，以主要治理技术为准。

2.3 系数表中未涉及的产污系数及污染治理效率

对于 3042 特种玻璃行业和 3049 其他玻璃行业中有窑炉的企业，如“超薄玻璃”“夹丝玻璃”“超白太阳能浮法玻璃”“超白太阳能压延玻璃”等，工业窑炉污染物的产污系数和污染物排放量参照 3041 平板玻璃制造行业中相应规模进行核算。

2.4 其他需要说明的问题

（1）由于不同企业工业废气量、废水量差异较大，本手册所提供的工业废气量、废水量系数仅供参考。

（2）平板玻璃加工产品，包括磨砂玻璃、喷砂玻璃、饰面玻璃、光栅玻璃、微晶玻璃板材等，由于该类产品仅对平板玻璃的外表进行修饰和加工，无废气、废水及固废产生，该类产品污染物的产污系数可按照 0 核算。

（3）本表格系数对应单条生产线。当企业有多条生产线时，要分别根据各生产线规模、原燃料等计算单条生产线产排污量，企业总产排污量为各生产线产排污量之和。

（4）当玻璃产量以重量箱计时，产量除以 20 后与表中系数相乘（1 吨=20 重量箱）。

（5）对于颗粒物窑炉末端治理技术中，只采用袋式除尘或安装了湿式电除尘的末端治理技术去除效率按照电袋组合核算。

（6）对于玻璃窑炉采用了纯氧燃烧或富氧燃烧的企业，氮氧化物的产污系数按表中系数的 20%折算。

（7）表格中原燃料为“硅砂+油（重油、煤焦油、石油焦）”的颗粒物和二氧化硫产污系数和末端治理技术平均去除效率按燃料分为“重油、煤焦油”和“石油焦”两类值，根据企业的燃料类型，取相应的系数数值。

（8）表格中原燃料为“硅砂+气（天然气、煤气）”的氮氧化物产污系数和末端治理技术平均去除效率按燃料分为“天然气”和“煤气”两类值，根据企业的燃料类型，取相应的系数数值。

（9）表格中颗粒物的产污系数和末端治理技术平均去除效率分为工艺和窑炉两部分，核算时颗粒物的产生量和排放量应为工艺和窑炉两部分之和。

（10）若某些企业采用的末端治理技术在系数手册中没有对应的，则选择处理原理或处理效率最相近的治理技术。

（11）为体现相同产污水平条件下，采用相同环保治理设施的不同企业对同一污染物去除效果的差异，引入末端治理设施实际运行率（k）对污染治理技术的实际去除率进行修正。k 值反映的是污染治理设施运行的状态，越稳定运行，k 值越高；在取值上，若定义连续稳定运行的理想状态为 1，则 k 取值在 0～1 之间。本手册给出的 k 计算公式仅供参考，使用时，可根据 k 值定义，选取更适合企业实际情况的表达方式。

3 污染物排放量核算方法

3.1 计算工段污染物产生量

（1）根据产品、原燃料、污染物产生的主导生产工艺、企业规模（生产产能）这一组合查找和确定所对应的某一污染物的产污系数。

（2）根据该污染物的产污系数计量单位——单位产品产量，获取企业实际产品产量。

例如，某组合内化学需氧量的产污系数单位为克/吨-产品，则计算产生量时需要获取企业实际产品产量。

（3）污染物产生量按以下公式进行计算：

污染物产生量=污染物对应的产污系数×产品产量

$$G_{产_i} = P_{产_i} \times M_i$$

式中，$G_{产_i}$——工段 i 某污染物的产生量；

$P_{产_i}$——工段 i 某污染物对应的产污系数；

M_i——工段 i 的产品产量。

3.2 计算工段污染物去除量

（1）根据企业对某一污染物所采用的治理技术查找和选择相应的治理技术平均去除效率。

（2）根据所填报的污染治理设施实际运行率参数及其计算公式得出该企业某一污染物的治理设施实际运行率（k 值）。

（3）污染物去除量按以下公式进行计算：

污染物去除量=污染物产生量×污染物去除率 =污染物产生量×治理技术平均去除效率×治理设施实际运行率

$$R_{减i} = G_{产i} \times \eta_T \times k_T$$

式中，$R_{减i}$——工段 i 某污染物的去除量；

η_T——工段 i 某污染物采用的末端治理技术的平均去除效率；

k_T——工段 i 某污染物采用的末端治理设施的实际运行率。

3.3 计算工段污染物排放量

污染物排放量=污染物产生量−污染物去除量

=污染物对应的产污系数×产品产量−污染物产生量×治理技术平均去除效率×治理设施实际运行率

3.4 计算企业污染物排放量

同一企业某污染物全年的产生（排放）总量为该企业同年实际生产的全部工段、产品、原料、规模污染物产生（排放）量之和。

$$\begin{aligned} E_{排} &= G_{产} - R_{减} = \sum(G_{产i} - R_{减i}) \\ &= \sum\left[P_{产i} \times M_i(1 - \eta_T \times k_T)\right] \end{aligned}$$

4 污染物排放量核算案例

4.1 示例 1

某企业主要从事平板玻璃生产，该企业以砂岩为主要原料，石油焦为主要燃料，生产工艺为浮法，生产规模为 450 吨/天，年产量 14 万吨。该企业窑炉废气的污染治理技术为高温电除尘、SCR 脱硝和石灰石-石膏法脱硫，工艺废气的治理技术为布袋除尘，涉及的废气污染物主要为氮氧化物、二氧化硫、颗粒物。

以其中颗粒物指标为例说明计算过程。

（1）颗粒物产生量计算

①查找产污系数及其计量单位

颗粒物在工艺和窑炉两个工段中均有产生，因此需分别计算工艺和窑炉颗粒物的产生量和排放量，再进行加和得到企业的颗粒物产生量和排放量。

查找本手册中主要产品为平板玻璃，主要原燃料为砂岩、石油焦，主要工艺为浮法，生产规模为 450 吨/天。该组合颗粒物（工艺）的产污系数为 2.64，颗粒物（窑炉）的产污系数为 1.04，单位均为千克/吨-产品。

②获取企业产品产量

由于查询到的组合中颗粒物产污系数的单位为千克/吨-产品，因此在核算产生量时需获取产品产量。

该企业实际情况为：主要产品平板玻璃 2017 年产量为 14 万吨。

③计算颗粒物产生量

工艺过程颗粒物产生量=颗粒物（工艺）产污系数×产品（平板玻璃）产量

=2.64 千克/吨-产品× 140000 吨-产品÷1000

=369.6 吨

窑炉烟气颗粒物产生量=颗粒物（窑炉）产污系数×产品（平板玻璃）产量

=1.04 千克/吨-产品× 140000 吨-产品÷1000

=145.6 吨

则企业颗粒物产生量为

颗粒物（工艺）+颗粒物（窑炉）=369.6 吨+145.6 吨=515.2 吨

（2）颗粒物去除量计算

①查找治理技术平均去除效率

该企业工艺颗粒物治理技术采用袋式除尘，查询该工艺的平均去除效率为 99%；窑炉颗粒物治理技术采用静电除尘，查询该工艺的平均去除效率为 90%。

②计算污染治理设施实际运行率

根据组合查询结果，该组合中颗粒物（工艺）经袋式除尘和颗粒物（窑炉）经静电除尘对应的污染治理设施实际运行参数均为：处理设备年耗电量、处理设备额定功率、处理设备年运行时间。该组合中对应的污染治理设施实际运行率为

k=处理设备年耗电量/（处理设备额定功率×处理设备年运行时间）

该企业实际情况如下：2017 年工艺颗粒物袋式除尘处理设备年耗电量为 400 万千瓦·时，处理设备额定功率为 480 千瓦，处理设备年运行时间为 8760 小时。2017 年窑炉颗粒物静电除尘处理设备年耗电量为 380 万千瓦·时，处理设备额定功率为 440 千瓦，处理设备年运行时间为 8760 小时。

该企业的工艺颗粒物处理设备实际运行率为

$k_{工艺}$= 4000000 千瓦·时/（480 千瓦×8760 小时）=0.951

窑炉颗粒物处理设备实际运行率为

$k_{窑炉}$= 3800000 千瓦·时/（440 千瓦×8760 小时）=0.986

③计算颗粒物去除量

颗粒物（工艺）去除量=369.6 吨×99%×0.951=347.97 吨

颗粒物（窑炉）去除量=145.6 吨×90%×0.986=129.21 吨

企业颗粒物去除量为

颗粒物（工艺）去除量+颗粒物（窑炉）去除量=347.97 吨+129.21 吨= 477.18 吨

（3）颗粒物排放量计算

颗粒物排放量=515.2 吨−477.18 吨=38.02 吨

4.2 示例 2

某企业主要从事平板玻璃生产，该企业以砂岩为主要原料，天然气为主要燃料，生产工艺为浮法，生产规模为 560 吨/天，年产量 18 万吨。该企业窑炉废气的污染治理技术为高温电除尘、SCR 脱硝和石灰石-石膏法脱硫，涉及的废气污染物主要为氮氧化物、二氧化硫、颗粒物。以该组合中二氧化硫指标为例说明计算过程。

（1）二氧化硫产生量计算

①查找产污系数及其计量单位

查找本手册中主要产品为平板玻璃，主要原燃料为砂岩、天然气，主要工艺为浮法，生产规模为 560 吨/天。该组合二氧化硫的产污系数为 2.86，单位为千克/吨-产品。

②获取企业产品产量

由于查询到的组合中二氧化硫产污系数的单位为千克/吨-产品，因此在核算产生量时需获取产品产量。

该企业实际情况为：主要产品平板玻璃 2017 年产量为 18 万吨。

③计算二氧化硫产生量

二氧化硫产生量=二氧化硫产污系数×产品（平板玻璃）产量

=2.86 千克/吨-产品×180000 吨-产品÷1000

=514.8 吨

（2）二氧化硫去除量计算

①查找治理技术平均去除效率

该企业二氧化硫治理技术采用石灰石-石膏法，查询该工艺的平均去除效率为 92%。

②计算污染治理设施实际运行率

根据产污系数组合查询结果，该组合中二氧化硫经石灰石-石膏法对应的污染治理设施实际运行率参数分别为：处理设备年耗电量、处理设备额定功率、处理设备年运行时间。

根据查询结果，该组合中二氧化硫石灰石-石膏法对应的污染治理设施实际运行率为

k=处理设备年耗电量/（处理设备额定功率×处理设备年运行时间）

该企业实际情况如下：2017 年处理设备年耗电量为 480 万千瓦·时，处理设备额定功率为 580 千瓦，处理设备年运行时间为 8760 小时。

该企业的脱硫处理设备实际运行率为

k=4800000 千瓦·时/（580 千瓦×8760 小时）=0.945

③计算二氧化硫去除量

二氧化硫去除量=514.8 吨×92%×0.945=447.57 吨

（3）二氧化硫排放量计算

二氧化硫排放量=514.8 吨−447.57 吨=67.23 吨

4.3 示例 3

某企业主要从事超薄玻璃生产，该企业以天然气为主要燃料，生产工艺为浮法，窑炉生产规模为 700 吨/天，年产量 21 万吨。该企业窑炉废气的污染治理技术为“高温电除尘+袋式除尘”、SCR 脱硝和循环流化床法脱硫，涉及的废气污染物主要为氮氧化物、二氧化硫、颗粒物。可采用平板玻璃行业进行类比。

以该组合中二氧化硫指标为例说明计算过程。

（1）二氧化硫产生量计算

①查找产污系数及其计量单位

查找本手册中主要产品为超薄玻璃，主要原燃料为天然气，主要工艺为浮法，生产规模为 700 吨/天。相应平板玻璃系数组合中二氧化硫的产污系数为 2.73，单位为千克/吨-产品。

②获取企业产品产量

由于查询到的组合中二氧化硫产污系数的单位为千克/吨-产品，因此在核算产生量时需获取产品产量。

该企业实际情况为：主要产品超薄玻璃 2017 年产量为 21 万吨。

③计算二氧化硫产生量

二氧化硫产生量=二氧化硫产污系数×产品（超薄玻璃）产量

=2.73 千克/吨-产品×210000 吨-产品÷1000

=573.3 吨

（2）二氧化硫去除量计算

①查找治理技术平均去除效率

该企业二氧化硫治理技术采用循环流化床法，查询该工艺的平均去除效率为 88%。

②计算污染治理设施实际运行率

根据产污系数组合查询结果，该组合中二氧化硫的循环流化床法对应的污染治理设施实际运行率参数分别为：处理设备年耗电量、处理设备额定功率、处理设备年运行时间。

根据查询结果，该组合中二氧化硫循环流化床法对应的污染治理设施实际运行率为

k=处理设备年耗电量/（处理设备额定功率×处理设备年运行时间）

该企业实际情况如下：2017 年处理设备年耗电量为 515 万千瓦·时，处理设备耗额定功率为 610 千瓦，处理设备年运行时间为 8500 小时。

该企业的脱硫处理设备实际运行率为

k= 5150000 千瓦·时/（610 千瓦×8500 小时）=0.993

③计算二氧化硫去除量

二氧化硫去除量=573.3 吨×88%×0.993=500.97 吨

（3）二氧化硫排放量计算

二氧化硫排放量=573.3 吨−500.97 吨=72.33 吨

5 系数表

3041 平板玻璃制造行业系数表

工段名称	产品名称	原料名称	工艺名称	规模等级	污染物类别	污染物指标		系数单位	产污系数	末端治理技术	末端治理技术平均去除效率/%	参考 k 值计算公式[1]
—	平板玻璃	硅砂+油（重油、煤焦油、石油焦）	浮法	日熔量＞900吨	废水	工业废水量		吨/吨-产品	0.25	—	0	—
						化学需氧量		克/吨-产品	47.2	上浮分离+沉淀分离	85	k=处理设施年耗电量（千瓦·时）/［设备额定功率（千瓦）×设备年运行时间（小时）］
						石油类		克/吨-产品	2.1	上浮分离+沉淀分离	88	
					废气	工业废气量	工艺	标米^3/吨-产品	1255	—	0	—
							窑炉	标米^3/吨-产品	3200	—	0	—
						颗粒物	工艺	千克/吨-产品	2.64	袋式除尘	99	k=处理设施年耗电量（千瓦·时）/［设备额定功率（千瓦）×设备年运行时间（小时）］
							窑炉	千克/吨-产品	0.49① 0.63②	静电除尘	90	
										电袋组合	95	
						二氧化硫		千克/吨-产品	2.85① 7.06②	石灰石/石膏法、双碱法、氨法	90① 92②	
										旋转喷雾干燥法、烟气循环流化床法、其他	85① 88②	
						氮氧化物		千克/吨-产品	5.81	选择性催化还原法	85	

注：除非另外说明，本系数表中①指采用重油、煤焦油为燃料；②指采用石油焦为燃料。

[1] 该公式仅供参考，使用时，可根据 k 值定义，选取更适合企业实际情况的表达方式。

3041 平板玻璃制造行业系数表（续表 1）

工段名称	产品名称	原料名称	工艺名称	规模等级	污染物类别	污染物指标		系数单位	产污系数	末端治理技术	末端治理技术平均去除效率/%	参考 k 值计算公式
—	平板玻璃	硅砂+油（重油、煤焦油、石油焦）	浮法	600 吨＜日熔量≤900 吨	废水	工业废水量		吨/吨-产品	0.26	—	0	—
						化学需氧量		克/吨-产品	61.7	上浮分离+沉淀分离	85	k=处理设施年耗电量（千瓦·时）/［设备额定功率（千瓦）×设备年运行时间（小时）］
						石油类		克/吨-产品	2.8	上浮分离+沉淀分离	88	
					废气	工业废气量	工艺	标米 ^{3}/吨-产品	1255	—	0	—
							窑炉	标米 ^{3}/吨-产品	4250	—	0	—
						颗粒物	工艺	千克/吨-产品	2.64	袋式除尘	99	k=处理设施年耗电量（千瓦·时）/［设备额定功率（千瓦）×设备年运行时间（小时）］
							窑炉	千克/吨-产品	0.75① 0.82②	静电除尘	90	
										电袋组合	95	
						二氧化硫		千克/吨-产品	4.33① 9.56②	石灰石/石膏法、双碱法、氨法	90① 92②	
										旋转喷雾干燥法、烟气循环流化床法、其他	85① 88②	
						氮氧化物		千克/吨-产品	7.42	选择性催化还原法	85	

注：除非另外说明，本系数表中①指采用重油、煤焦油为燃料；②指采用石油焦为燃料。

3041 平板玻璃制造行业系数表（续表 2）

工段名称	产品名称	原料名称	工艺名称	规模等级	污染物类别	污染物指标		系数单位	产污系数	末端治理技术	末端治理技术平均去除效率/%	参考 k 值计算公式
—	平板玻璃	硅砂+油（重油、煤焦油、石油焦）	浮法	500 吨＜日熔量≤600 吨	废水	工业废水量		吨/吨-产品	0.28	—	0	—
						化学需氧量		克/吨-产品	77.9	上浮分离+沉淀分离	85	k=处理设施年耗电量（千瓦·时）/［设备额定功率（千瓦）×设备年运行时间（小时）］
						石油类		克/吨-产品	3.4	上浮分离+沉淀分离	88	
					废气	工业废气量	工艺	标米^3/吨-产品	1255	—	0	—
							窑炉	标米^3/吨-产品	4500	—	0	—
						颗粒物	工艺	千克/吨-产品	2.64	袋式除尘	99	k=处理设施年耗电量（千瓦·时）/［设备额定功率（千瓦）×设备年运行时间（小时）］
							窑炉	千克/吨-产品	0.86① 0.93②	静电除尘	90	
										电袋组合	95	
						二氧化硫		千克/吨-产品	4.64① 10.05②	石灰石/石膏法、双碱法、氨法	90① 92②	
										旋转喷雾干燥法、烟气循环流化床法、其他	85① 89②	
						氮氧化物		千克/吨-产品	7.96	选择性催化还原法	85	

注：除非另外说明，本系数表中①指采用重油、煤焦油为燃料；②指采用石油焦为燃料。

3041 平板玻璃制造行业系数表（续表 3）

工段名称	产品名称	原料名称	工艺名称	规模等级	污染物类别	污染物指标		系数单位	产污系数	末端治理技术	末端治理技术平均去除效率/%	参考 k 值计算公式
—	平板玻璃	硅砂+油（重油、煤焦油、石油焦）	浮法	日熔量≤500 吨	废水	工业废水量		吨/吨-产品	0.33	—	0	—
						化学需氧量		克/吨-产品	124.2	上浮分离+沉淀分离	85	k=处理设施年耗电量（千瓦·时）/［设备额定功率（千瓦）×设备年运行时间（小时）］
						石油类		克/吨-产品	4.5	上浮分离+沉淀分离	88	
					废气	工业废气量	工艺	标米 ^{3}/吨-产品	1255	—	0	—
							窑炉	标米 ^{3}/吨-产品	4950	—	0	—
						颗粒物	工艺	千克/吨-产品	2.64	袋式除尘	99	k=处理设施年耗电量（千瓦·时）/［设备额定功率（千瓦）×设备年运行时间（小时）］
							窑炉	千克/吨-产品	0.95① 1.04②	静电除尘	90	
										电袋组合	95	
						二氧化硫		千克/吨-产品	5.12① 11.93②	石灰石/石膏法、双碱法、氨法	90① 92②	
										旋转喷雾干燥法、烟气循环流化床法、其他	85① 89②	
						氮氧化物		千克/吨-产品	8.74	选择性催化还原法	85	

注：除非另外说明，本系数表中①指采用重油、煤焦油为燃料；②指采用石油焦为燃料。

3041 平板玻璃制造行业系数表（续表 4）

工段名称	产品名称	原料名称	工艺名称	规模等级	污染物类别	污染物指标		系数单位	产污系数	末端治理技术	末端治理技术平均去除效率/%	参考 k 值计算公式
—	平板玻璃	硅砂+气（天然气、煤气）	浮法	日熔量＞900 吨	废水	工业废水量		吨/吨-产品	0.17	—	0	—
						化学需氧量		克/吨-产品	31.3	上浮分离+沉淀分离	85	k=处理设施年耗电量（千瓦·时）/[设备额定功率（千瓦）×设备年运行时间（小时）]
					废气	工业废气量	工艺	标米³/吨-产品	1255	—	0	—
							窑炉	标米³/吨-产品	3200	—	0	—
						颗粒物	工艺	千克/吨-产品	2.64	袋式除尘	99	k=处理设施年耗电量（千瓦·时）/[设备额定功率（千瓦）×设备年运行时间（小时）]
							窑炉	千克/吨-产品	0.22	静电除尘	90	
										电袋组合	95	
						二氧化硫		千克/吨-产品	1.98	石灰石/石膏法、双碱法、氨法	92	
										旋转喷雾干燥法、烟气循环流化床法、其他	88	
						氮氧化物		千克/吨-产品	5.32① 4.73②	选择性催化还原法	88① 85②	

注：除非另外说明，本系数表中①指采用天然气为燃料；②指采用煤气为燃料。

3041 平板玻璃制造行业系数表（续表 5）

工段名称	产品名称	原料名称	工艺名称	规模等级	污染物类别	污染物指标		系数单位	产污系数	末端治理技术	末端治理技术平均去除效率/%	参考 k 值计算公式
—	平板玻璃	硅砂+气（天然气、煤气）	浮法	600 吨＜日熔量≤900 吨	废水	工业废水量		吨/吨-产品	0.19	—	0	—
						化学需氧量		克/吨-产品	47.8	上浮分离+沉淀分离	85	k=处理设施年耗电量（千瓦·时）/［设备额定功率（千瓦）×设备年运行时间（小时）］
					废气	工业废气量	工艺	标米 ^{3}/吨-产品	1255	—	0	—
							窑炉	标米 ^{3}/吨-产品	4250	—	0	—
						颗粒物	工艺	千克/吨-产品	2.64	袋式除尘	99	k=处理设施年耗电量（千瓦·时）/［设备额定功率（千瓦）×设备年运行时间（小时）］
							窑炉	千克/吨-产品	0.49	静电除尘	90	
										电袋组合	95	
						二氧化硫		千克/吨-产品	2.73	石灰石/石膏法、双碱法、氨法	92	
										旋转喷雾干燥法、烟气循环流化床法、其他	88	
						氮氧化物		千克/吨-产品	7.31① 6.37②	选择性催化还原法	88① 85②	

注：除非另外说明，本系数表中①指采用天然气为燃料；②指采用煤气为燃料。

3041 平板玻璃制造行业系数表（续表 6）

工段名称	产品名称	原料名称	工艺名称	规模等级	污染物类别	污染物指标		系数单位	产污系数	末端治理技术	末端治理技术平均去除效率/%	参考 k 值计算公式
—	平板玻璃	硅砂+气（天然气、煤气）	浮法	500 吨＜日熔量≤600 吨	废水	工业废水量		吨/吨-产品	0.21	—	0	—
						化学需氧量		克/吨-产品	52.5	上浮分离+沉淀分离	85	k=处理设施年耗电量（千瓦·时）/［设备额定功率（千瓦）×设备年运行时间（小时）］
					废气	工业废气量	工艺	标米 ^{3}/吨-产品	1255	—	0	—
							窑炉	标米 ^{3}/吨-产品	4500	—	0	—
						颗粒物	工艺	千克/吨-产品	2.64	袋式除尘	99	k=处理设施年耗电量（千瓦·时）/［设备额定功率（千瓦）×设备年运行时间（小时）］
							窑炉	千克/吨-产品	0.53	静电除尘	90	
										电袋组合	95	
						二氧化硫		千克/吨-产品	2.86	石灰石/石膏法、双碱法、氨法	92	
										旋转喷雾干燥法、烟气循环流化床法、其他	88	
						氮氧化物		千克/吨-产品	8.21① 7.83②	选择性催化还原法	88① 85②	

注：除非另外说明，本系数表中①指采用天然气为燃料；②指采用煤气为燃料。

3041 平板玻璃制造行业系数表（续表 7）

工段名称	产品名称	原料名称	工艺名称	规模等级	污染物类别	污染物指标		系数单位	产污系数	末端治理技术	末端治理技术平均去除效率/%	参考 k 值计算公式
—	平板玻璃	硅砂+气（天然气、煤气）	浮法	日熔量≤500 吨	废水	工业废水量		吨/吨-产品	0.26	—	0	—
—	平板玻璃	硅砂+气（天然气、煤气）	浮法	日熔量≤500 吨	废水	化学需氧量		克/吨-产品	94.8	上浮分离+沉淀分离	85	k=处理设施年耗电量（千瓦·时）/［设备额定功率（千瓦）×设备年运行时间（小时）］
—	平板玻璃	硅砂+气（天然气、煤气）	浮法	日熔量≤500 吨	废气	工业废气量	工艺	标米 ^{3}/吨-产品	1255	—	0	—
—	平板玻璃	硅砂+气（天然气、煤气）	浮法	日熔量≤500 吨	废气	工业废气量	窑炉	标米 ^{3}/吨-产品	4950	—	0	—
—	平板玻璃	硅砂+气（天然气、煤气）	浮法	日熔量≤500 吨	废气	颗粒物	工艺	千克/吨-产品	2.64	袋式除尘	99	k=处理设施年耗电量（千瓦·时）/［设备额定功率（千瓦）×设备年运行时间（小时）］
—	平板玻璃	硅砂+气（天然气、煤气）	浮法	日熔量≤500 吨	废气	颗粒物	窑炉	千克/吨-产品	0.67	静电除尘	90	k=处理设施年耗电量（千瓦·时）/［设备额定功率（千瓦）×设备年运行时间（小时）］
—	平板玻璃	硅砂+气（天然气、煤气）	浮法	日熔量≤500 吨	废气	颗粒物	窑炉	千克/吨-产品	0.67	电袋组合	95	k=处理设施年耗电量（千瓦·时）/［设备额定功率（千瓦）×设备年运行时间（小时）］
—	平板玻璃	硅砂+气（天然气、煤气）	浮法	日熔量≤500 吨	废气	二氧化硫		千克/吨-产品	3.17	石灰石/石膏法、双碱法、氨法	92	k=处理设施年耗电量（千瓦·时）/［设备额定功率（千瓦）×设备年运行时间（小时）］
—	平板玻璃	硅砂+气（天然气、煤气）	浮法	日熔量≤500 吨	废气	二氧化硫		千克/吨-产品	3.17	旋转喷雾干燥法、烟气循环流化床法、其他	88	k=处理设施年耗电量（千瓦·时）/［设备额定功率（千瓦）×设备年运行时间（小时）］
—	平板玻璃	硅砂+气（天然气、煤气）	浮法	日熔量≤500 吨	废气	氮氧化物		千克/吨-产品	8.37① 8.06②	选择性催化还原法	88① 85②	k=处理设施年耗电量（千瓦·时）/［设备额定功率（千瓦）×设备年运行时间（小时）］

注：除非另外说明，本系数表中①指采用天然气为燃料；②指采用煤气为燃料。

3041 平板玻璃制造行业系数表（续表 8）

工段名称	产品名称	原料名称	工艺名称	规模等级	污染物类别	污染物指标		系数单位	产污系数	末端治理技术	末端治理技术平均去除效率/%	参考 k 值计算公式
—	平板玻璃	硅砂+（天然气、油）	压延	所有规模	废水	工业废水量		吨/吨-产品	0.34	—	0	—
						化学需氧量		克/吨-产品	96.5	上浮分离+沉淀分离	85	k=处理设施年耗电量（千瓦·时）/［设备额定功率（千瓦）×设备年运行时间（小时）］
						石油类		克/吨-产品	0.1	上浮分离+沉淀分离	50	
					废气	工业废气量	工艺	标米 ^{3}/吨-产品	1255	—	0	—
							窑炉	标米 ^{3}/吨-产品	4550	—	0	—
						颗粒物	工艺	千克/吨-产品	2.905	袋式除尘	99	k=处理设施年耗电量（千瓦·时）/［设备额定功率（千瓦）×设备年运行时间（小时）］
							窑炉	千克/吨-产品	0.72	静电除尘	90	
										电袋组合	95	
						二氧化硫		千克/吨-产品	2.98	石灰石/石膏法、双碱法、氨法	91	
										旋转喷雾干燥法、烟气循环流化床法、其他	87	
						氮氧化物		千克/吨-产品	8.83	选择性催化还原法	86	

3042 特种玻璃制造行业系数表

工段名称	产品名称	原料名称	工艺名称	规模等级	污染物类别	污染物指标	系数单位	产污系数	末端治理技术	末端治理技术平均去除效率/%	参考 k 值计算公式[1]
—	钢化玻璃	平板玻璃	风栅淬冷	所有规模	废水	工业废水量	吨/米^2-产品	0.018	—	0	—
						化学需氧量	克/米^2-产品	1.73	沉淀分离	20	k=处理设施年耗电量（千瓦·时）/［设备额定功率（千瓦）×设备年运行时间（小时）］
						氨氮	克/米^2-产品	0.0069	沉淀分离	10	
						总氮	克/米^2-产品	0.01	沉淀分离	10	
					固废	一般工业固体废物	吨/米^2-产品	0.00052	—	—	—
	中空玻璃	平板玻璃	胶封	所有规模	废水	工业废水量	吨/米^2-产品	0.0114	—	0	—
						化学需氧量	克/米^2-产品	1.42	沉淀分离	20	k=处理设施年耗电量（千瓦·时）/［设备额定功率（千瓦）×设备年运行时间（小时）］
						氨氮	克/米^2-产品	0.057	沉淀分离	10	
						总氮	克/米^2-产品	0.086	沉淀分离	10	
					固废	一般工业固体废物	吨/米^2-产品	0.00063	—	—	—

[1] 该公式仅供参考，使用时，可根据 k 值定义，选取更适合企业实际情况的表达方式。

3042 特种玻璃制造行业系数表（续表 1）

工段名称	产品名称	原料名称	工艺名称	规模等级	污染物类别	污染物指标	系数单位	产污系数	末端治理技术	末端治理技术平均去除效率/%	参考 k 值计算公式
—	夹层玻璃	平板玻璃	蒸压	所有规模	废水	工业废水量	吨/米^2-产品	0.017	—	0	—
						化学需氧量	克/米^2-产品	1.29	沉淀分离	20	k=处理设施年耗电量（千瓦·时）/[设备额定功率（千瓦）×设备年运行时间（小时）]
						氨氮	克/米^2-产品	0.27	沉淀分离	10	
						总氮	克/米^2-产品	0.41	沉淀分离	10	
					固废	一般工业固体废物	吨/米^2-产品	0.00063	—	—	—
	其他特种玻璃	平板玻璃	真空溅射等	所有规模	废水	工业废水量	吨/米^2-产品	0.11	—	0	—
						化学需氧量	克/米^2-产品	7.27	沉淀分离	20	k=处理设施年耗电量（千瓦·时）/[设备额定功率（千瓦）×设备年运行时间（小时）]
						氨氮	克/米^2-产品	0.4	沉淀分离	10	
						总氮	克/米^2-产品	0.6	沉淀分离	10	
					固废	一般工业固体废物	吨/吨-产品	0.015	—	—	—

3049 其他玻璃制造行业系数表

工段名称	产品名称	原料名称	工艺名称	规模等级	污染物类别	污染物指标	系数单位	产污系数	末端治理技术	末端治理技术平均去除效率/%	参考 k 值计算公式[1]
—	其他玻璃	硅砂、平板玻璃、碎玻璃等	烧结等	所有规模	废水	工业废水量	吨/吨-产品	0.15	—	0	—
						化学需氧量	克/吨-产品	1.48	沉淀分离	20	k=处理设施年耗电量（千瓦·时）/[设备额定功率（千瓦）×设备年运行时间（小时）]
						氨氮	克/吨-产品	0.14	沉淀分离	10	
						总氮	克/吨-产品	0.21	沉淀分离	10	
					固废	一般工业固体废物	吨/吨-产品	0.0059	—	—	—

[1] 该公式仅供参考，使用时，可根据 k 值定义，选取更适合企业实际情况的表达方式。

3051 技术玻璃制品制造业

1 适用范围

本手册仅用于《国民经济行业分类》（GB/T 4754—2017）中 3051 技术玻璃制品制造行业使用系数法核算工业污染物产生量和排放量的工业企业。

利用本手册进行产排污核算得出的污染物产生量与排放量仅代表了特定行业、工艺、产品、原料在正常工况下污染物产生与排放的一般规律。

本行业废水指标包括化学需氧量、氨氮、总氮；废气指标包括颗粒物（工业粉尘，不包括无组织排放粉尘）。

2 注意事项

2.1 企业有多种生产工艺或生产多类产品产排污量核算

污染物产生量与产品产量有关，根据不同核算环节计算产污量后，再根据企业末端治理设施和运行情况计算各污染物的排放量。

企业某污染物指标的产生量、排放量为各核算环节产生量、排放量之和。

在企业实际排放量计算过程中，如果存在废水回用的情况，需要在利用产排污核算公式的基础上扣除废水回用的部分。公式如下：

实际排放量=计算排放量×（1–废水回用率）

2.2 采用多种治理设施组合处理企业的排污量核算

在排污量计算选择末端治理技术时，若没有对应的组合治理技术，以主要治理技术为准。

2.3 其他需要说明的问题

由于不同企业工业废气量、废水量差异较大，本手册所提供的工业废气量、废水量系数仅供参考。

为体现相同产污水平条件下，采用相同环保治理设施的不同企业对同一污染物去除效果的差异，引入末端治理设施实际运行率（k）对污染治理技术的实际去除率进行修正。k 值反映的是污染治理设施运行的状态，越稳定运行，k 值越高；在取值上，若定义连续稳定运行的理想状态为 1，则 k 取值在 0～1 之间。

本手册给出本行业的 k 计算公式仅供参考，使用时，可根据 k 值定义，选取更适合企业实际情况的表达方式。

3 污染物排放量核算方法

针对企业实际生产情况，本行业在系数制定过程中将企业全生产流程划分或拆分为若干工段（核算环节），在核算企业污染物产排量时，可灵活选择本企业对应的工段进行核算。

3.1 计算污染物产生量

（1）根据产品、原料、污染物产生的主导生产工艺、企业规模（生产产能）这一组合查找和确定所对应的某一污染物的产污系数。

（2）根据该污染物的产污系数计量单位——单位产品产量，获取企业实际产品产量。

例如，某组合内化学需氧量的产污系数单位为千克/吨-产品，则计算产生量时需要获取企业实际产品产量。

（3）污染物产生量按以下公式进行计算：

污染物产生量=污染物对应的产污系数×产品产量

$$G_{产i} = P_{产i} \times M_i$$

式中，$G_{产i}$——工段 i 某污染物的产生量；

$P_{产}$——工段 i 某污染物对应的产污系数；

M_i——工段 i 的产品产量。

3.2 计算污染物去除量

（1）根据企业对某一污染物所采用的治理技术查找和选择相应的治理技术平均去除效率。

（2）根据污染治理设施实际运行率参数及其计算公式得出该企业某一污染物的治理设施实际运行率（k 值）。

（3）污染物去除量按以下公式进行计算：

污染物去除量=污染物产生量×污染物去除率 =污染物产生量×治理技术平均去除效率×治理设施实际运行率

$$R_{减i} = G_{产i} \times \eta_T \times k_T$$

式中，$R_{减i}$——工段 i 某污染物的去除量；

η_T——工段 i 某污染物采用的末端治理技术的平均去除效率；

k_T——工段 i 某污染物采用的末端治理设施的实际运行率。

3.3 计算污染物排放量

污染物排放量=污染物产生量–污染物去除量

=污染物对应的产污系数×产品产量–污染物产生量×治理技术平均去除效率×治理设施实际运行率

3.4 计算企业污染物排放量

同一企业某污染物全年的产生（排放）总量为该企业同年实际生产的全部工段、产品、原料、

规模污染物产生（排放）量之和。

$$
\begin{aligned}
E_{排} &= G_{产} - R_{减} = \sum (G_{产i} - R_{减i}) \\
&= \sum \left[P_{产i} \times M_i (1 - \eta_T \times k_T) \right]
\end{aligned}
$$

4 污染物排放量核算案例

某技术玻璃制品企业主要从事高硼硅玻璃管（太阳能管）的生产。该企业涉及的主要污染物为化学需氧量、氨氮、颗粒物。以颗粒物为例说明排放量计算过程。

该企业基本信息如表 1 所示。

表 1 某技术玻璃制品企业基本信息

	核算环节：制品生产	
	名称	数量
产品及产量	太阳能管	1000 吨
工艺名称	电熔炉	—
规模（产能）	1000 吨	
污染治理设施	袋式除尘	
实际运行率参数	治理设施运行时间	8400 小时
	企业正常生产时间	8760 小时

4.1 工段的排放量计算

（1）颗粒物产生量计算

①查找产污系数及其计量单位

根据企业基本信息，查找本手册中主要产品为太阳能管，主要原料为石英、碎玻璃、硼砂、其他，主要工艺为电熔炉，生产规模为所有规模。该组合颗粒物的产污系数为 0.24，单位为千克/吨-产品。

②获取企业产品产量

该企业实际情况为：主要产品太阳能管 2017 年产量为 1000 吨。

③计算颗粒物产生量

由于查询到的组合中颗粒物产污系数的单位为千克/吨-产品，因此在核算产生量时需获取产品产量。

颗粒物产生量=颗粒物产污系数×产品（太阳能管）产量

=0.24 千克/吨-产品×1000 吨-产品

=240 千克

（2）颗粒物去除量计算

①查找治理技术平均去除效率

该企业颗粒物治理技术采用袋式除尘工艺，查询相应组合内该工艺的平均去除效率为 99%。

②计算污染治理设施实际运行率

根据产污系数组合查询结果，该组合中颗粒物对应的污染治理设施实际运行率为

$$k=治理设施运行时间/企业正常生产时间=8400 小时/8760 小时=0.959$$

③计算颗粒物去除量

$$颗粒物去除量=240 千克×99\%×0.959=227.86 千克$$

（3）颗粒物排放量计算

$$颗粒物排放量=240 千克-227.86 千克=12.14 千克$$

4.2 颗粒物总排放量计算

$$颗粒物总排放量=核算环节排放量=12.14 千克$$

5 系数表

3051 技术玻璃制品制造行业系数表

工段名称	产品名称	原料名称	工艺名称	规模等级	污染物类别	污染物指标	系数单位	产污系数	末端治理技术	末端治理技术平均去除效率/%	参考 k 值计算公式[1]
混合备料	高硼硅玻璃管	石英、碎玻璃、硼砂、其他	电熔炉	所有规模	废水	废水量	吨/吨-产品	0.09	—	—	—
						化学需氧量	克/吨-产品	8.00	沉淀分离	35	k=治理设施运行时间（小时/年）/企业正常生产时间（小时/年）
						氨氮	克/吨-产品	0.40	沉淀分离	15	
						总氮	克/吨-产品	0.80	沉淀分离	15	
					废气	工业废气量	标米^3/吨-产品	3110	—	—	—
						颗粒物	千克/吨-产品	0.24	袋式除尘	99	k=治理设施运行时间（小时/年）/企业正常生产时间（小时/年）
					固废	一般固废	吨/吨-产品	7×10^{-4}	—	—	—
	石英玻璃管（照明）	石英、碎玻璃、硼砂、其他	电熔炉	所有规模	废水	废水量	吨/吨-产品	20.8	—	—	—
						化学需氧量	克/吨-产品	386	沉淀分离	35	k=治理设施运行时间（小时/年）/企业正常生产时间（小时/年）
						氨氮	克/吨-产品	48.6	沉淀分离	15	
						总氮	克/吨-产品	121.5	沉淀分离	15	
					废气	工业废气量	标米^3/吨-产品	8044	—	—	—
						颗粒物	千克/吨-产品	2.57	袋式除尘	99	k=治理设施运行时间（小时/年）/企业正常生产时间（小时/年）
					固废	一般固废	吨/吨-产品	9×10^{-4}	—	—	—

[1] 该公式仅供参考，使用时，可根据 k 值定义，选取更适合企业实际情况的表达方式。

3052 光学玻璃制造业

1 适用范围

本手册仅用于《国民经济行业分类》（GB/T 4754—2017）中 3052 光学玻璃制造行业使用系数法核算工业污染物产生量和排放量的工业企业。

利用本手册进行产排污核算得出的污染物产生量与排放量仅代表了特定行业、工艺、产品、原料在正常工况下污染物产生与排放的一般规律。

本行业废水指标包括化学需氧量；废气指标包括颗粒物（工业粉尘，不包括无组织排放粉尘）、二氧化硫、氮氧化物。

2 注意事项

2.1 企业有多种生产工艺或生产多类产品产排污量核算

污染物产生量与产品产量有关，根据不同核算环节计算产污量后，再根据企业末端治理设施和运行情况计算各污染物的排放量。

企业某污染物指标的产生量、排放量为各核算环节产生量、排放量之和。

在企业实际排放量计算过程中，如果存在废水回用的情况，需要在利用产排污核算公式的基础上扣除废水回用的部分。公式如下：

实际排放量=计算排放量×（1−废水回用率）

2.2 采用多种治理设施组合处理企业的排污量核算

在排污量计算选择末端治理技术时，若没有对应的组合治理技术，以主要治理技术为准。

2.3 其他需要说明的问题

由于不同企业工业废气量、废水量差异较大，本手册所提供的工业废气量、废水量系数仅供参考。

为体现相同产污水平条件下，采用相同环保治理设施的不同企业对同一污染物去除效果的差异，引入末端治理设施实际运行率（k）对污染治理技术的实际去除率进行修正。k 值反映的是污染治理设施运行的状态，越稳定运行，k 值越高；在取值上，若定义连续稳定运行的理想状态为 1，则 k 取值在 0～1 之间。

本手册给出本行业的 k 计算公式仅供参考，使用时，可根据 k 值定义，选取更适合企业实际情况的表达方式。

3 污染物排放量核算方法

针对企业实际生产情况，本行业在系数制定过程中将企业全生产流程划分或拆分为若干工段（核算环节），在核算企业污染物产排量时，可灵活选择本企业对应的工段进行核算。

3.1 计算工段污染物产生量

（1）根据产品、原料、污染物产生的主导生产工艺、企业规模（生产产能）这一组合查找和确定所对应的某一污染物的产污系数。

（2）根据该污染物的产污系数计量单位——单位产品产量，获取企业实际产品产量。

例如，某组合内化学需氧量的产污系数单位为千克/吨-产品，则计算产生量时需要获取企业实际产品产量。

（3）污染物产生量按以下公式进行计算：

污染物产生量=污染物对应的产污系数×产品产量

$$G_{产i} = P_{产i} \times M_i$$

式中，$G_{产i}$——工段 i 某污染物的产生量；

$P_{产i}$——工段 i 某污染物对应的产污系数；

M_i——工段 i 的产品产量。

3.2 计算工段污染物去除量

（1）根据企业对某一污染物所采用的治理技术查找和选择相应的治理技术平均去除效率。

（2）根据污染治理设施实际运行率参数及其计算公式得出该企业某一污染物的治理设施实际运行率（k 值）。

（3）污染物去除量按以下公式进行计算：

污染物去除量=污染物产生量×污染物去除率=污染物产生量×治理技术平均去除效率×治理设施实际运行率

$$R_{减i} = G_{产i} \times \eta_T \times k_T$$

式中，$R_{减i}$——工段 i 某污染物的去除量；

η_T——工段 i 某污染物采用的末端治理技术的平均去除效率；

k_T——工段 i 某污染物采用的末端治理设施的实际运行率。

3.3 计算工段污染物排放量

污染物排放量=污染物产生量–污染物去除量

=污染物对应的产污系数×产品产量–污染物产生量×治理技术平均去除效率×治理设施实际运行率

3.4 计算企业污染物排放量

同一企业某污染物全年的产生（排放）总量为该企业同年实际生产的全部工段、产品、原料、

规模污染物产生（排放）量之和。

$$E_{排} = G_{产} - R_{减} = \sum (G_{产i} - R_{减i}) \\ = \sum \left[P_{产i} \times M_i (1 - \eta_T \times k_T) \right]$$

4 污染物排放量核算案例

某光学玻璃制品企业主要从事加工光学玻璃毛坯的生产。该企业涉及的主要产排污工段为冷加工，其中主要污染物为化学需氧量。现以化学需氧量为例说明排放量计算过程。

该企业基本信息如表 1 所示。

表 1 某光学玻璃制品企业基本信息

	核算环节：冷加工	
	名称	数量
产品及产量	玻璃光学元件	80 吨
工艺名称	切削打磨	—
规模（产能）	80 吨	
污染治理设施	沉淀分离	
实际运行率参数	治理设施运行时间	2400 小时
	企业正常生产时间	2400 小时

4.1 工段的排放量计算

（1）化学需氧量产生量计算

①查找产污系数及其计量单位

根据企业基本信息，查找本手册中主要产品为玻璃制光学元件，主要原料为光学元件毛坯，主要工艺为切削打磨，生产规模为所有规模。该组合化学需氧量的产污系数为 410，单位为克/吨-产品。

②获取企业产品产量

该企业实际情况为：该工段主要产品玻璃光学元件 2017 年产量为 80 吨。

③计算化学需氧量产生量

由于查询到的组合中化学需氧量产污系数的单位为克/吨-产品，因此在核算产生量时需获取产品产量。

化学需氧量产生量=化学需氧量产污系数×产品（玻璃光学元件）产量

=410 克/吨-产品×80 吨-产品

=32800 克

（2）化学需氧量去除量计算

①查找治理技术平均去除效率

该企业化学需氧量治理技术采用沉淀分离工艺，查询相应组合内该工艺的平均去除效率为 35%。

②计算污染治理设施实际运行率

根据产污系数组合查询结果，该组合中化学需氧量法对应的污染治理设施实际运行率为

k=治理设施运行时间/企业正常生产时间=2400 小时/2400 小时=1

③计算化学需氧量去除量

化学需氧量去除量=32800 克×35%×1=11480 克

（3）化学需氧量排放量计算

化学需氧量排放量=32800 克−11480 克=21320 克

4.2 化学需氧量总排放量计算

化学需氧量总排放量=核算环节排放量=21320 克

5 系数表

3052 光学玻璃制造行业系数表

工段名称	产品名称	原料名称	工艺名称	规模等级	污染物类别	污染物指标	系数单位	产污系数	末端治理技术	末端治理技术平均去除效率/%	参考 k 值计算公式[1]
混合备料	光学玻璃毛坯	石英砂、纯碱等	玻璃窑炉（电）	所有规模	废气	工业废气量	标米^3/吨-产品	3110	—	—	—
						颗粒物	千克/吨-产品	0.24	袋式除尘	99	k=治理设施运行时间（小时/年）/企业正常生产时间（小时/年）
					固废	一般固废	吨/吨-产品	1×10^{-3}	—	—	—
原料熔制	光学元件毛坯	石英砂、硼酸、硝酸钾、其他	坩锅气炉	所有规模	废气	工业废气量	标米^3/吨-产品	6830	—	—	—
						颗粒物	千克/吨-产品	1.50	喷淋塔	80	k=治理设施运行时间（小时/年）/企业正常生产时间（小时/年）
						二氧化硫	千克/吨-产品	1.90	石灰石/石膏法	60	
									直排	—	—
						氮氧化物	千克/吨-产品	3.80	选择性催化还原法（SCR）	80	k=治理设施运行时间（小时/年）/企业正常生产时间（小时/年）
									直排	—	—
					固废	一般固废	吨/吨-产品	0.01	—	—	—
冷加工	玻璃制光学元件	光学元件毛坯	切削打磨	所有规模	废水	废水量	吨/吨-产品	8.10	—	—	—
						化学需氧量	克/吨-产品	410	沉淀分离	35	k=治理设施运行时间（小时/年）/企业正常生产时间（小时/年）
					固废	一般固废	吨/吨-产品	1.4×10^{-2}	—	—	—

[1] 该公式仅供参考，使用时，可根据 k 值定义，选取更适合企业实际情况的表达方式。

3053 玻璃仪器制造业

1 适用范围

本手册仅用于《国民经济行业分类》（GB/T 4754—2017）中 3053 玻璃仪器制造行业使用系数法核算工业污染物产生量和排放量的工业企业。

利用本手册进行产排污核算得出的污染物产生量与排放量仅代表了特定行业、工艺、产品、原料在正常工况下污染物产生与排放的一般规律。

本行业废水指标包括化学需氧量；废气指标包括颗粒物（烟尘、不包括无组织排放粉尘）、二氧化硫、氮氧化物。

2 注意事项

2.1 企业有多种生产工艺或生产多类产品产排污量核算

污染物产生量与产品产量有关，根据不同核算环节计算产污量后，再根据企业末端治理设施和运行情况计算各污染物的排放量。

企业某污染物指标的产生量、排放量为各核算环节产生量、排放量之和。

在企业实际排放量计算过程中，如果存在废水回用的情况，需要在利用产排污核算公式的基础上扣除废水回用的部分。公式如下：

实际排放量=计算排放量×（1–废水回用率）

2.2 采用多种治理设施组合处理企业的排污量核算

在排污量计算选择末端治理技术时，若没有对应的组合治理技术，以主要治理技术为准。

2.3 系数表中未涉及的产污系数及污染治理效率

玻璃仪器的生产过程中，如果燃料为重油，废水、废气指标可参考 3055 玻璃包装容器制造的燃油池窑系数手册。如果燃料为发生炉煤气，废水、废气指标可参考 3054 日用玻璃制品制造的燃发生炉煤气的系数手册。如果窑炉为全电窑炉，废气指标可参考 3051 技术玻璃制品制造的高硼硅玻璃管组合。

2.4 其他需要说明的问题

由于不同企业工业废气量、废水量差异较大，本手册所提供的工业废气量、废水量系数仅供参考。

为体现相同产污水平条件下，采用相同环保治理设施的不同企业对同一污染物去除效果的差异，引入末端治理设施实际运行率（k）对污染治理技术的实际去除率进行修正。k 值反映的是污染治理

设施运行的状态，越稳定运行，k 值越高；在取值上，若定义连续稳定运行的理想状态为 1，则 k 取值在 0～1 之间。

本手册给出本行业的 k 计算公式仅供参考，使用时，可根据 k 值定义，选取更适合企业实际情况的表达方式。

3 污染物排放量核算方法

针对企业实际生产情况，本行业在系数制定过程中将企业全生产流程划分或拆分为若干工段（核算环节），在核算企业污染物产排量时，可灵活选择本企业对应的工段进行核算。

3.1 计算工段污染物产生量

（1）根据产品、原料、污染物产生的主导生产工艺、企业规模（生产产能）这一组合查找和确定所对应的某一污染物的产污系数。

（2）根据该污染物的产污系数计量单位——单位产品产量，获取企业实际产品产量。

例如，某组合内化学需氧量的产污系数单位为千克/吨-产品，则计算产生量时需要获取企业实际产品产量。

（3）污染物产生量按以下公式进行计算：

污染物产生量=污染物对应的产污系数×产品产量

$$G_{产i} = P_{产i} \times M_i$$

式中，$G_{产i}$——工段 i 某污染物的产生量；

$P_{产i}$——工段 i 某污染物对应的产污系数；

M_i——工段 i 的产品产量。

3.2 计算工段污染物去除量

（1）根据企业对某一污染物所采用的治理技术查找和选择相应的治理技术平均去除效率。

（2）根据污染治理设施实际运行率参数及其计算公式得出该企业某一污染物的治理设施实际运行率（k 值）。

（3）污染物去除量按以下公式进行计算：

污染物去除量=污染物产生量×污染物去除率 =污染物产生量×治理技术平均去除效率×治理设施实际运行率

$$R_{减i} = G_{产i} \times \eta_T \times k_T$$

式中，$R_{减i}$——工段 i 某污染物的去除量；

η_T——工段 i 某污染物采用的末端治理技术的平均去除效率；

k_T——工段 i 某污染物采用的末端治理设施的实际运行率。

3.3 计算工段污染物排放量

污染物排放量=污染物产生量–污染物去除量

=污染物对应的产污系数×产品产量–污染物产生量×治理技术平均去除效率×治理设施实际运行率

3.4 计算企业污染物排放量

同一企业某污染物全年的产生（排放）总量为该企业同年实际生产的全部工段、产品、原料、规模污染物产生（排放）量之和。

$$
\begin{aligned}
E_{排} &= G_{产} - R_{减} = \sum (G_{产i} - R_{减i}) \\
&= \sum \left[P_{产i} \times M_i (1 - \eta_T \times k_T) \right]
\end{aligned}
$$

4 污染物排放量核算案例

某玻璃仪器制造企业主要从事玻璃仪器的生产。该企业涉及的主要产排污工段为燃天然气池窑，主要污染物为化学需氧量、颗粒物、二氧化硫、氮氧化物。现以化学需氧量为例说明排放量计算过程。

该企业基本信息如表 1 所示。

表 1 某玻璃仪器制造企业基本信息

	核算环节：燃天然气池窑	
	名称	数量
产品及产量	玻璃仪器	1000 吨
工艺名称	燃天然气池窑	—
规模（产能）	1000 吨	
污染治理设施	沉淀分离	
实际运行率参数	治理设施运行时间	7200 小时
	企业正常生产时间	8000 小时

4.1 工段的排放量计算

（1）化学需氧量产生量计算

①查找产污系数及其计量单位

根据企业基本信息，查找本手册中主要产品为玻璃仪器，主要原料为石英砂、碎玻璃、纯碱、方解石、硼砂、其他，主要工艺为燃天然气池窑，生产规模为所有规模。该组合化学需氧量的产污系数为 96.84，单位为克/吨-产品。

②获取企业产品产量

该企业实际情况为：该工段主要产品玻璃仪器 2017 年产量为 1000 吨。

③计算化学需氧量产生量

由于查询到的组合中化学需氧量产污系数的单位为克/吨-产品，因此在核算产生量时需获取产品产量。

化学需氧量产生量=化学需氧量产污系数×产品（玻璃仪器）产量

=96.84 克/吨-产品×1000 吨-产品

=96840 克

（2）化学需氧量去除量计算

①查找治理技术平均去除效率

该企业化学需氧量治理技术采用沉淀分离工艺，查询相应组合内该工艺的平均去除效率为 35%。

②计算污染治理设施实际运行率

根据产污系数组合查询结果，该组合中化学需氧量对应的污染治理设施实际运行率为

k=治理设施运行时间/企业正常生产时间=7200 小时/8000 小时=0.9

③计算化学需氧量去除量

化学需氧量去除量=96840 克×35%×0.9=30504.6 克

（3）化学需氧量排放量计算

化学需氧量排放量=96840 克−30504.6 克=66335.4 克

4.2 化学需氧量总排放量计算

化学需氧量总排放量=核算环节排放量=66335.4 克

5 系数表

3053 玻璃仪器制造行业系数表

工段名称	产品名称	原料名称	工艺名称	规模等级	污染物类别	污染物指标	系数单位	产污系数	末端治理技术	末端治理技术平均去除效率/%	参考 k 值计算公式[1]
原料熔制	玻璃仪器	石英砂、碎玻璃、纯碱、方解石、硼砂、其他	燃天然气池窑	所有规模	废水	废水量	吨/吨-产品	0.60	—	—	—
						化学需氧量	克/吨-产品	96.84	沉淀分离	35	k=治理设施运行时间（小时/年）/企业正常生产时间（小时/年）
					废气	工业废气量	万标米^3/吨-产品	1.91	—	—	—
						颗粒物	千克/吨-产品	1.20	袋式除尘	99	k=治理设施运行时间（小时/年）/企业正常生产时间（小时/年）
						二氧化硫	千克/吨-产品	2.84	石灰石/石膏法	60	
									其他（钠碱法）	70	
									直排	—	—
						氮氧化物	千克/吨-产品	16.3	选择性催化还原法（SCR）	80	k=治理设施运行时间（小时/年）/企业正常生产时间（小时/年）

[1] 该公式仅供参考，使用时，可根据 k 值定义，选取更适合企业实际情况的表达方式。

3054 日用玻璃制品制造业

1 适用范围

本手册仅用于《国民经济行业分类》（GB/T 4754—2017）中 3054 日用玻璃制品制造行业使用系数法核算工业污染物产生量和排放量的工业企业。

利用本手册进行产排污核算得出的污染物产生量与排放量仅代表了特定行业、工艺、产品、原料在正常工况下污染物产生与排放的一般规律。

本行业废水指标包括化学需氧量；废气指标包括颗粒物（烟尘，不包括无组织排放粉尘）、二氧化硫、氮氧化物。

2 注意事项

2.1 企业有多种生产工艺或生产多类产品产排污量核算

污染物产生量与产品产量有关，根据不同核算环节计算产污量后，再根据企业末端治理设施和运行情况计算各污染物的排放量。

企业某污染物指标的产生量、排放量为各核算环节产生量、排放量之和。

在企业实际排放量计算过程中，如果存在废水回用的情况，需要在利用产排污核算公式的基础上扣除废水回用的部分。公式如下：

$$实际排放量=计算排放量\times（1-废水回用率）$$

2.2 采用多种治理设施组合处理企业的排污量核算

在排污量计算选择末端治理技术时，若没有对应的组合治理技术，以主要治理技术为准。

2.3 系数表中未涉及的产污系数及污染治理效率

日用玻璃的生产过程中，如果燃料为重油，废水、废气指标可参考 3055 玻璃包装容器制品制造的燃油池窑工艺的系数手册。如果窑炉为全电窑炉，废气指标可参考 3051 技术玻璃制品制造的高硼硅玻璃管组合。

2.4 其他需要说明的问题

由于不同企业工业废气量、废水量差异较大，本手册所提供的工业废气量、废水量系数仅供参考。

为体现相同产污水平条件下，采用相同环保治理设施的不同企业对同一污染物去除效果的差异，引入末端治理设施实际运行率（k）对污染治理技术的实际去除率进行修正。k 值反映的是污染治理设施运行的状态，越稳定运行，k 值越高；在取值上，若定义连续稳定运行的理想状态为 1，则 k 取

值在 0～1 之间。

本手册给出本行业的 k 计算公式仅供参考，使用时，可根据 k 值定义，选取更适合企业实际情况的表达方式。

3　污染物排放量核算方法

针对企业实际生产情况，本行业在系数制定过程中将企业全生产流程划分或拆分为若干工段（核算环节），在核算企业污染物产排量时，可灵活选择本企业对应的工段进行核算。

3.1　计算工段污染物产生量

（1）根据产品、原料、污染物产生的主导生产工艺、企业规模（生产产能）这一组合查找和确定所对应的某一污染物的产污系数。

（2）根据该污染物的产污系数计量单位——单位产品产量，获取企业实际产品产量。

例如，某组合内化学需氧量的产污系数单位为千克/吨-产品，则计算产生量时需要获取企业实际产品产量。

（3）污染物产生量按以下公式进行计算：

污染物产生量=污染物对应的产污系数×产品产量

$$G_{产i} = P_{产i} \times M_i$$

式中，$G_{产i}$——工段 i 某污染物的产生量；

$P_{产i}$——工段 i 某污染物对应的产污系数；

M_i——工段 i 的产品产量。

3.2　计算工段污染物去除量

（1）根据企业对某一污染物所采用的治理技术查找和选择相应的治理技术平均去除效率。

（2）根据污染治理设施实际运行率参数及其计算公式得出该企业某一污染物的治理设施实际运行率（k 值）。

（3）污染物去除量按以下公式进行计算：

污染物去除量=污染物产生量×污染物去除率 =污染物产生量×治理技术平均去除效率×治理设施实际运行率

$$R_{减i} = G_{产i} \times \eta_T \times k_T$$

式中，$R_{减i}$——工段 i 某污染物的去除量；

η_T——工段 i 某污染物采用的末端治理技术的平均去除效率；

k_T——工段 i 某污染物采用的末端治理设施的实际运行率。

3.3 计算工段污染物排放量

污染物排放量=污染物产生量–污染物去除量

=污染物对应的产污系数×产品产量–污染物产生量×治理技术平均去除效率×治理设施实际运行率

3.4 计算企业污染物排放量

同一企业某污染物全年的产生（排放）总量为该企业同年实际生产的全部工段、产品、原料、规模污染物产生（排放）量之和。

$$
\begin{aligned}
E_{排} &= G_{产} - R_{减} = \sum (G_{产i} - R_{减i}) \\
&= \sum \left[P_{产i} \times M_i (1 - \eta_T \times k_T) \right]
\end{aligned}
$$

4 污染物排放量核算案例

某玻璃制品企业主要从事日用玻璃器皿的生产。该企业涉及的主要产排污工段为原料熔制，主要污染物为化学需氧量、颗粒物、二氧化硫、氮氧化物。现以颗粒物为例说明排放量计算过程。

该企业基本信息如表 1 所示。

表 1 某日用玻璃制品企业基本信息

	核算环节：原料熔制	
	名称	数量
产品及产量	日用玻璃杯	4000 吨
原料名称	石英砂、碎玻璃、纯碱等	
工艺名称	燃天然气池窑	—
规模（产能）	4000 吨	
污染治理设施	无/直排	
实际运行率参数	治理设施运行时间	0 小时
	企业正常生产时间	8760 小时

4.1 工段的排放量计算

（1）颗粒物产生量计算

①查找产污系数及其计量单位

根据企业基本信息，查找本手册中主要产品为玻璃器皿，主要原料为石英砂、碎玻璃、纯碱等，主要工艺为燃天然气池窑，生产规模为所有规模。该组合颗粒物的产污系数为 0.148，单位为千克/吨-产品。

②获取企业产品产量

该企业实际情况为：该工段主要产品玻璃器皿 2017 年产量为 4000 吨。

③计算颗粒物产生量

由于查询到的组合中颗粒物产污系数的单位为千克/吨-产品，因此在核算产生量时需获取产品产量。

颗粒物产生量=颗粒物产污系数×产品（玻璃器皿）产量

=0.148 千克/吨-产品×4000 吨-产品

=592 千克

（2）颗粒物去除量计算

由于该企业使用天然气作为燃料，颗粒物是直排，无末端治理措施，因此颗粒物去除量为 0，产生量等于排放量。

颗粒物排放量=592 千克

4.2 颗粒物总排放量计算

颗粒物总排放量=核算环节排放量=592 千克

5 系数表

3054 日用玻璃制品制造行业系数表

工段名称	产品名称	原料名称	工艺名称	规模等级	污染物类别	污染物指标	系数单位	产污系数	末端治理技术	末端治理技术平均去除效率/%	参考 k 值计算公式[1]
原料熔制	玻璃器皿	石英砂、碎玻璃、纯碱等	燃天然气池窑	所有规模	废水	废水量	吨/吨-产品	0.24	—	—	—
						化学需氧量	克/吨-产品	80.9	气浮+酸化水解+生物接触氧化	90	k=治理设施运行时间（小时/年）/企业正常生产时间（小时/年）
					废气	工业废气量	标米^3/吨-产品	3500	—	—	—
						颗粒物	千克/吨-产品	1.48×10^{-1}	直排	—	—
						二氧化硫	千克/吨-产品	2.31×10^{-1}	其他（消石灰半干法）	70	k=治理设施运行时间（小时/年）/企业正常生产时间（小时/年）
						氮氧化物	千克/吨-产品	4.20	选择性催化还原法（SCR）	80	
					固废	一般固废	吨/吨-产品	6×10^{-4}	—	—	—
			燃发生炉煤气池窑	所有规模	废水	废水量	吨/吨-产品	0.24	—	—	—
						化学需氧量	克/吨-产品	80.9	其他（气浮+酸化水解+生物接触氧化）	90	k=治理设施运行时间（小时/年）/企业正常生产时间（小时/年）
					废气	工业废气量	标米^3/吨-产品	3000	—	—	—
						颗粒物	千克/吨-产品	0.185	袋式除尘	99	k=治理设施运行时间（小时/年）/企业正常生产时间（小时/年）
						二氧化硫	千克/吨-产品	0.34	其他（消石灰半干法）	70	
						氮氧化物	千克/吨-产品	2.90	选择性催化还原法（SCR）	80	
					固废	一般固废	吨/吨-产品	5×10^{-4}	—	—	—

[1] 该公式仅供参考，使用时，可根据 k 值定义，选取更适合企业实际情况的表达方式。

3055 玻璃包装容器制造业

1 适用范围

本手册仅用于《国民经济行业分类》（GB/T 4754—2017）中 3055 玻璃包装容器制造行业使用系数法核算工业污染物产生量和排放量的工业企业。

利用本手册进行产排污核算得出的污染物产生量与排放量仅代表了特定行业、工艺、产品、原料在正常工况下污染物产生与排放的一般规律。

本行业废气指标包括颗粒物（烟尘，不包括无组织排放粉尘）、二氧化硫、氮氧化物。

2 注意事项

2.1 企业有多种生产工艺或生产多类产品产排污量核算

污染物产生量与产品产量有关，根据不同核算环节计算产污量后，再根据企业末端治理设施和运行情况计算各污染物的排放量。

企业某污染物指标的产生量、排放量为各核算环节产生量、排放量之和。

在企业实际排放量计算过程中，如果存在废水回用的情况，需要在利用产排污核算公式的基础上扣除废水回用的部分。公式如下：

实际排放量=计算排放量×（1−废水回用率）

2.2 采用多种治理设施组合处理企业的排污量核算

在排污量计算选择末端治理技术时，若没有对应的组合治理技术，以主要治理技术为准。

2.3 系数表中未涉及的产污系数及污染治理效率

玻璃包装容器制品的生产过程中，如果窑炉为全电窑炉，则废气指标可参考 3051 技术玻璃制品制造的高硼硅玻璃管组合。

如果产品为药用玻璃包装制品（西林瓶、安瓿瓶等），则废水、废气指标可参照 3053 玻璃仪器制品行业的系数手册。

2.4 其他需要说明的问题

由于不同企业工业废气量差异较大，本手册所提供的工业废气量系数仅供参考。

为体现相同产污水平条件下，采用相同环保治理设施的不同企业对同一污染物去除效果的差异，引入末端治理设施实际运行率（k）对污染治理技术的实际去除率进行修正。k 值反映的是污染治理设施运行的状态，越稳定运行，k 值越高；在取值上，若定义连续稳定运行的理想状态为 1，则 k 取

值在 0～1 之间。

本手册给出本行业的 k 计算公式仅供参考，使用时，可根据 k 值定义，选取更适合企业实际情况的表达方式。

3 污染物排放量核算方法

针对企业实际生产情况，本行业在系数制定过程中将企业全生产流程划分或拆分为若干工段（核算环节），在核算企业污染物产排量时，可灵活选择本企业对应的工段进行核算。

3.1 计算工段污染物产生量

（1）根据产品、原料、污染物产生的主导生产工艺、企业规模（生产产能）这一组合查找和确定所对应的某一污染物的产污系数。

（2）根据该污染物的产污系数计量单位——单位产品产量，获取企业实际产品产量。

例如，某组合内化学需氧量的产污系数单位为千克/吨-产品，则计算产生量时需要获取企业实际产品产量。

（3）污染物产生量按以下公式进行计算：

污染物产生量=污染物对应的产污系数×产品产量

$$G_{产i} = P_{产i} \times M_i$$

式中，$G_{产i}$——工段 i 某污染物的产生量；

$P_{产i}$——工段 i 某污染物对应的产污系数；

M_i——工段 i 的产品产量。

3.2 计算工段污染物去除量

（1）根据企业对某一污染物所采用的治理技术查找和选择相应的治理技术平均去除效率。

（2）根据污染治理设施实际运行率参数及其计算公式得出该企业某一污染物的治理设施实际运行率（k 值）。

（3）污染物去除量按以下公式进行计算：

污染物去除量=污染物产生量×污染物去除率 =污染物产生量×治理技术平均去除效率×治理设施实际运行率

$$R_{减i} = G_{产i} \times \eta_T \times k_T$$

式中，$R_{减i}$——工段 i 某污染物的去除量；

η_T——工段 i 某污染物采用的末端治理技术的平均去除效率；

k_T——工段 i 某污染物采用的末端治理设施的实际运行率。

3.3　计算工段污染物排放量

污染物排放量=污染物产生量–污染物去除量

=污染物对应的产污系数×产品产量–污染物产生量×治理技术平均去除效率×治理设施实际运行率

3.4　计算企业污染物排放量

同一企业某污染物全年的产生（排放）总量为该企业同年实际生产的全部工段、产品、原料、规模污染物产生（排放）量之和。

$$
\begin{aligned}
E_{排} &= G_{产} - R_{减} = \sum (G_{产i} - R_{减i}) \\
&= \sum \left[P_{产i} \times M_i (1 - \eta_T \times k_T) \right]
\end{aligned}
$$

4　污染物排放量核算案例

某玻璃包装制品企业主要从事玻璃瓶罐的生产。该企业涉及的主要产排污工段为原料熔制，主要污染物为化学需氧量、颗粒物、二氧化硫、氮氧化物。现以颗粒物为例说明排放量计算过程。

该企业基本信息如表 1 所示。

表 1　某玻璃包装容器制品企业基本信息

	核算环节：原料熔制	
	名称	数量
产品及产量	玻璃瓶罐	4000 吨
原料名称	石英砂、碎玻璃、纯碱、方解石、其他	
工艺名称	燃天然气池窑	—
规模（产能）	4000 吨	
污染治理设施	袋式除尘	
实际运行率参数	治理设施运行时间	8500 小时
	企业正常生产时间	8760 小时

4.1　工段的排放量计算

（1）颗粒物产生量计算

①查找产污系数及其计量单位

根据企业基本信息，查找本手册中主要产品为玻璃瓶罐，主要原料为石英砂、碎玻璃、纯碱、方解石、其他，主要工艺为燃天然气池窑，生产规模为所有规模。该组合颗粒物的产污系数为 0.493，单位为千克/吨-产品。

②获取企业产品产量

该企业实际情况为：该工段主要产品玻璃瓶罐 2017 年产量为 4000 吨。

③计算颗粒物产生量

由于查询到的组合中颗粒物产污系数的单位为千克/吨-产品，因此在核算产生量时需获取产品产量。

颗粒物产生量=颗粒物产污系数×产品（玻璃瓶罐）产量

=0.493 千克/吨-产品×4000 吨-产品

=1972 千克

（2）颗粒物去除量计算

①查找治理技术平均去除效率

该企业颗粒物治理技术采用袋式除尘工艺，查询相应组合内该工艺的平均去除效率为 99%。

②计算污染治理设施实际运行率

根据产污系数组合查询结果，该组合中颗粒物对应的污染治理设施实际运行率为

k=治理设施运行时间/企业正常生产时间=8500 小时/8760 小时=0.97

③计算颗粒物去除量

颗粒物去除量=1972 千克×99%×0.97=1893.71 千克

（3）颗粒物排放量计算

颗粒物排放量=1972 千克−1893.7 千克=78.3 千克

4.2 颗粒物总排放量计算

颗粒物总排放量=核算环节排放量=78.3 千克

5 系数表

3055 玻璃包装容器制造行业系数表

工段名称	产品名称	原料名称	工艺名称	规模等级	污染物类别	污染物指标	系数单位	产污系数	末端治理技术	末端治理技术平均去除效率/%	参考 k 值计算公式[1]
原料熔制	玻璃瓶罐	石英砂、碎玻璃、纯碱、方解石、其他	燃油池窑	所有规模	废气	工业废气量	标米^3/吨-产品	3000	—	—	—
						颗粒物	千克/吨-产品	0.41	袋式除尘	99	k=治理设施运行时间（小时/年）/企业正常生产时间（小时/年）
						二氧化硫	千克/吨-产品	4.00	石灰石/石膏法	60	
									其他（钠碱法）	70	
						氮氧化物	千克/吨-产品	5.00	选择性催化还原法（SCR）	80	
			燃发生炉煤气池窑	所有规模	废气	工业废气量	标米^3/吨-产品	5875	—	—	—
						颗粒物	千克/吨-产品	1.30	袋式除尘	99	k=治理设施运行时间（小时/年）/企业正常生产时间（小时/年）
						二氧化硫	千克/吨-产品	4.20	其他（钠碱法）	70	
									石灰石/石膏法	60	
						氮氧化物	千克/吨-产品	8.00	选择性催化还原法（SCR）	80	
					固废	一般固废	吨/吨-产品	3×10^{-3}	—	—	—
			燃天然气池窑	所有规模	废气	工业废气量	标米^3/吨-产品	3399	—	—	—
						颗粒物	千克/吨-产品	0.493	袋式除尘	99	k=治理设施运行时间（小时/年）/企业正常生产时间（小时/年）
									直排	—	—
						二氧化硫	千克/吨-产品	1.26	其他（钠碱法）	70	k=治理设施运行时间（小时/年）/企业正常生产时间（小时/年）
									直排	0	—
						氮氧化物	千克/吨-产品	4.57	选择性催化还原法（SCR）	80	k=治理设施运行时间（小时/年）/企业正常生产时间（小时/年）
									直排	—	—
					废水	废水量	吨/吨-产品	0.41	—	—	—
						化学需氧量	千克/吨-产品	2.02×10^{-5}	沉淀分离	25	k=治理设施运行时间（小时/年）/企业正常生产时间（小时/年）
					固废	一般固废	吨/吨-产品	7×10^{-4}	—	—	—

[1] 该公式仅供参考，使用时，可根据 k 值定义，选取更适合企业实际情况的表达方式。

3056 玻璃保温容器制造业

1 适用范围

本手册仅用于《国民经济行业分类》（GB/T 4754—2017）中 3056 玻璃保温容器制造行业使用系数法核算工业污染物产生量和排放量的工业企业。

利用本手册进行产排污核算得出的污染物产生量与排放量仅代表了特定行业、工艺、产品、原料在正常工况下污染物产生与排放的一般规律。

本行业废水指标包括化学需氧量；废气指标包括颗粒物（烟尘，不包括无组织排放粉尘）、二氧化硫、氮氧化物。

2 注意事项

2.1 企业有多种生产工艺或生产多类产品产排污量核算

污染物产生量与产品产量有关，根据不同核算环节计算产污量后，再根据企业末端治理设施和运行情况计算各污染物的排放量。

企业某污染物指标的产生量、排放量为各核算环节产生量、排放量之和。

在企业实际排放量计算过程中，如果存在废水回用的情况，需要在利用产排污核算公式的基础上扣除废水回用的部分。公式如下：

实际排放量=计算排放量×（1–废水回用率）

2.2 采用多种治理设施组合处理企业的排污量核算

在排污量计算选择末端治理技术时，若没有对应的组合治理技术，以主要治理技术为准。

2.3 系数表中未涉及的产污系数及污染治理效率

玻璃保温容器的生产过程中，如果燃料为重油，废气指标可参考 3055 玻璃包装容器制造的燃油池窑系数手册。如果窑炉为全电窑炉，废气指标可参考 3051 技术玻璃制品制造的高硼硅玻璃管组合。

2.4 其他需要说明的问题

由于不同企业工业废气量、废水量差异较大，本手册所提供的工业废气量、废水量系数仅供参考。

为体现相同产污水平条件下，采用相同环保治理设施的不同企业对同一污染物去除效果的差异，引入末端治理设施实际运行率（k）对污染治理技术的实际去除率进行修正。k 值反映的是污染治理

设施运行的状态，越稳定运行，k 值越高；在取值上，若定义连续稳定运行的理想状态为 1，则 k 取值在 0～1 之间。

本手册给出本行业的 k 计算公式仅供参考，使用时，可根据 k 值定义，选取更适合企业实际情况的表达方式。

3 污染物排放量核算方法

针对企业实际生产情况，本行业在系数制定过程中将企业全生产流程划分或拆分为若干工段（核算环节），在核算企业污染物产排量时，可灵活选择本企业对应的工段进行核算。

3.1 计算工段污染物产生量

（1）根据产品、原料、污染物产生的主导生产工艺、企业规模（生产产能）这一组合查找和确定所对应的某一污染物的产污系数。

（2）根据该污染物的产污系数计量单位——单位产品产量，获取企业实际产品产量。

例如，某组合内化学需氧量的产污系数单位为千克/吨-产品，则计算产生量时需要获取企业实际产品产量。

污染物产生量按以下公式进行计算：

污染物产生量=污染物对应的产污系数×产品产量

$$G_{产i} = P_{产i} \times M_i$$

式中，$G_{产i}$——工段 i 某污染物的产生量；

$P_{产i}$——工段 i 某污染物对应的产污系数；

M_i——工段 i 的产品产量。

3.2 计算工段污染物去除量

（1）根据企业对某一污染物所采用的治理技术查找和选择相应的治理技术平均去除效率。

（2）根据污染治理设施实际运行率参数及其计算公式得出该企业某一污染物的治理设施实际运行率（k 值）。

（3）污染物去除量按以下公式进行计算：

污染物去除量=污染物产生量×污染物去除率 =污染物产生量×治理技术平均去除效率×治理设施实际运行率

$$R_{减i} = G_{产i} \times \eta_T \times k_T$$

式中，$R_{减i}$——工段 i 某污染物的去除量；

η_T——工段 i 某污染物采用的末端治理技术的平均去除效率；

k_T——工段 i 某污染物采用的末端治理设施的实际运行率。

3.3 计算工段污染物排放量

污染物排放量=污染物产生量–污染物去除量

=污染物对应的产污系数×产品产量–污染物产生量×治理技术平均去除效率×治理设施实际运行率

3.4 计算企业污染物排放量

同一企业某污染物全年的产生（排放）总量为该企业同年实际生产的全部工段、产品、原料、规模污染物产生（排放）量之和。

$$E_{排} = G_{产} - R_{减} = \sum(G_{产i} - R_{减i})$$
$$= \sum\left[P_{产i} \times M_i(1 - \eta_T \times k_T)\right]$$

4 污染物排放量核算案例

某玻璃保温容器制造企业主要从事玻璃保温瓶胆的生产。该企业涉及的主要产排污工段为燃天然气池窑，主要污染物为化学需氧量、颗粒物、二氧化硫、氮氧化物。现以化学需氧量为例说明排放量计算过程。

该企业基本信息如表 1 所示。

表 1 某玻璃保温容器制造企业基本信息

	核算环节：燃天然气池窑	
	名称	数量
产品及产量	玻璃保温瓶胆	900 万只
工艺名称	燃天然气池窑	—
规模（产能）	4950 吨（900 万只）	
污染治理设施	沉淀分离	
实际运行率参数	治理设施运行时间	7200 小时
	企业正常生产时间	8000 小时

4.1 工段的排放量计算

（1）化学需氧量产生量计算

①查找产污系数及其计量单位

根据企业基本信息，查找本手册中主要产品为玻璃保温瓶胆，主要原料为石英砂、纯碱、方解石等，主要工艺为燃天然气池窑，生产规模为所有规模。该组合化学需氧量的产污系数为 45，单位为克/吨-产品。

②获取企业产品产量

该企业实际情况为：该工段主要产品玻璃保温瓶胆 2017 年产量为 4950 吨。

③计算化学需氧量产生量

由于查询到的组合中化学需氧量产污系数的单位为克/吨-产品，因此在核算产生量时采用产品产量。

化学需氧量产生量=化学需氧量产污系数×产品（玻璃保温瓶胆）产量

=45 克/吨-产品×4950 吨-产品

=222750 克

（2）化学需氧量去除量计算

①查找治理技术平均去除效率

该企业化学需氧量治理技术采用沉淀分离工艺，查询相应组合内该工艺的平均去除效率为 35%。

②计算污染治理设施实际运行率

根据产污系数组合查询结果，该组合中化学需氧量对应的污染治理设施实际运行率为

k=治理设施运行时间/企业正常生产时间=7200 小时/8000 小时=0.9

③计算化学需氧量去除量

化学需氧量去除量=222750 克×35%×0.9=70166.25 克

（3）化学需氧量排放量计算

化学需氧量排放量=222750 克−70166.25 克=152583.75 克

4.2 化学需氧量总排放量计算

化学需氧量总排放量=核算环节排放量=152583.75 克

5 系数表

3056 玻璃保温容器制造行业系数表

工段名称	产品名称	原料名称	工艺名称	规模等级	污染物类别	污染物指标	系数单位	产污系数	末端治理技术	末端治理技术平均去除效率/%	参考 k 值计算公式[1]
原料熔制	玻璃保温瓶胆	石英砂、纯碱、方解石等	燃发生炉煤气池窑	所有规模	废水	废水量	吨/吨-产品	2.23	—	—	—
						化学需氧量	克/吨-产品	43.8	沉淀分离	35	k=治理设施运行时间（小时/年）/企业正常生产时间（小时/年）
					废气	工业废气量	标米^3/吨-产品	7500	—	—	—
						颗粒物	千克/吨-产品	2.00	袋式除尘	99	k=治理设施运行时间（小时/年）/企业正常生产时间（小时/年）
						二氧化硫	千克/吨-产品	7.23	其他（消石灰喷雾半干法）	65	
						氮氧化物	千克/吨-产品	8.95	选择性催化还原法（SCR）	80	
					固废	一般固废	吨/吨-产品	0.25	—	—	—
						危险废物	吨/吨-产品	3×10^{-5}	—	—	—
			燃天然气池窑	所有规模	废水	废水量	吨/吨-产品	2.45	—	—	—
						化学需氧量	克/吨-产品	45.0	沉淀分离	35	k=治理设施运行时间（小时/年）/企业正常生产时间（小时/年）
					废气	工业废气量	标米^3/吨-产品	9733	—	—	—
						颗粒物	千克/吨-产品	0.95	袋式除尘	99	k=治理设施运行时间（小时/年）/企业正常生产时间（小时/年）
						二氧化硫	千克/吨-产品	2.41	石灰石/石膏法	60	
									其他（钠碱法）	70	
						氮氧化物	千克/吨-产品	13.8	选择性催化还原法（SCR）	80	
					固废	一般固废	吨/吨-产品	3×10^{-3}	—	—	—
						危险废物	吨/吨-产品	3×10^{-5}	—	—	—

注：单位换算系数：0.55 千克=1 只。

危险固体废物为表面处理废物，类别 HW17，代码 336-056-17：使用硝酸银、碱、甲醛进行敷金属法镀银产生的废槽液、槽渣和废水处理污泥。

[1] 该公式仅供参考，使用时，可根据 k 值定义，选取更适合企业实际情况的表达方式。

3057 制镜及类似品加工业

1 适用范围

本手册仅用于《国民经济行业分类》（GB/T 4754—2017）中 3057 制镜及类似品加工行业使用系数法核算工业污染物产生量和排放量的工业企业。

利用本手册进行产排污核算得出的污染物产生量与排放量仅代表了特定行业、工艺、产品、原料在正常工况下污染物产生与排放的一般规律。

本行业废水指标包括工业废水量、化学需氧量；固废指标包括一般固废和危险废物。

2 注意事项

2.1 企业有多种生产工艺或生产多类产品产排污量核算

污染物产生量与产品产量有关，根据不同核算环节计算产污量后，再根据企业末端治理设施和运行情况计算各污染物的排放量。

企业某污染物指标的产生量、排放量为各核算环节产生量、排放量之和。

在企业实际排放量计算过程中，如果存在废水回用的情况，需要在利用产排污核算公式的基础上扣除废水回用的部分。公式如下：

实际排放量=计算排放量×（1–废水回用率）

2.2 采用多种治理设施组合处理企业的排污量核算

在排污量计算选择末端治理技术时，若没有对应的组合治理技术，以主要治理技术为准。

2.3 系数表中未涉及的产污系数及污染治理效率

制镜及类似品加工的生产过程中，如果包含玻璃原片的制备，有原料熔制工段，废水、废气指标可参考 3041 平板玻璃制造的浮法平板玻璃的系数手册。

2.4 其他需要说明的问题

由于不同企业工业废水量差异较大，本手册所提供的工业废水量系数仅供参考。

为体现相同产污水平条件下，采用相同环保治理设施的不同企业对同一污染物去除效果的差异，引入末端治理设施实际运行率（k）对污染治理技术的实际去除率进行修正。k 值反映的是污染治理设施运行的状态，越稳定运行，k 值越高；在取值上，若定义连续稳定运行的理想状态为 1，则 k 取值在 0～1 之间。

本手册给出本行业的 k 计算公式仅供参考，使用时，可根据 k 值定义，选取更适合企业实际情

况的表达方式。

3 污染物排放量核算方法

针对企业实际生产情况，本行业在系数制定过程中将企业全生产流程划分或拆分为若干工段（核算环节），在核算企业污染物产排量时，可灵活选择本企业对应的工段进行核算。

3.1 计算工段污染物产生量

（1）根据产品、原料、污染物产生的主导生产工艺、企业规模（生产产能）这一组合查找和确定所对应的某一污染物的产污系数。

（2）根据该污染物的产污系数计量单位——单位产品产量，获取企业实际产品产量。

例如，某组合内化学需氧量的产污系数单位为千克/吨-产品，则计算产生量时需要获取企业实际产品产量。

（3）污染物产生量按以下公式进行计算：

污染物产生量=污染物对应的产污系数×产品产量

$$G_{产i} = P_{产i} \times M_i$$

式中，$G_{产i}$——工段 i 某污染物的产生量；

$P_{产i}$——工段 i 某污染物对应的产污系数；

M_i——工段 i 的产品产量。

3.2 计算工段污染物去除量

（1）根据企业对某一污染物所采用的治理技术查找和选择相应的治理技术平均去除效率。

（2）根据污染治理设施实际运行率参数及其计算公式得出该企业某一污染物的治理设施实际运行率（k 值）。

（3）污染物去除量按以下公式进行计算：

污染物去除量=污染物产生量×污染物去除率=污染物产生量×治理技术平均去除效率×治理设施实际运行率

$$R_{减i} = G_{产i} \times \eta_T \times k_T$$

式中，$R_{减i}$——工段 i 某污染物的去除量；

η_T——工段 i 某污染物采用的末端治理技术的平均去除效率；

k_T——工段 i 某污染物采用的末端治理设施的实际运行率。

3.3 计算工段污染物排放量

污染物排放量=污染物产生量−污染物去除量

=污染物对应的产污系数×产品产量−污染物产生量×治理技术平均去除效率×治理设施实际运行率

3.4 计算企业污染物排放量

同一企业某污染物全年的产生（排放）总量为该企业同年实际生产的全部工段、产品、原料、规模污染物产生（排放）量之和。

$$E_{排} = G_{产} - R_{减} = \sum (G_{产i} - R_{减i})$$
$$= \sum \left[P_{产i} \times M_i (1 - \eta_T \times k_T) \right]$$

4 污染物排放量核算案例

某制镜及类似品加工制造企业主要从事镀银玻璃镜的生产。该企业涉及的主要产排污工段为镀膜淋漆，主要污染物为化学需氧量。现以化学需氧量为例说明排放量计算过程。

该企业基本信息如表 1 所示。

表 1 某制镜企业基本信息

	核算环节：镀膜淋漆	
	名称	数量
产品及产量	镀银玻璃镜	1000 吨
工艺名称	镀膜淋漆	—
规模（产能）	1000 吨	
污染治理设施	沉淀分离	
实际运行率参数	治理设施运行时间	2400 小时
	企业正常生产时间	2400 小时

4.1 工段的排放量计算

（1）化学需氧量产生量计算

①查找产污系数及其计量单位

根据企业基本信息，查找本手册中主要产品为银镜，主要原料为平板玻璃、镀银药剂，主要工艺为镀膜淋漆，生产规模为所有规模。该组合化学需氧量的产污系数为 567，单位为克/吨-产品。

②获取企业产品产量

该企业实际情况为：该工段主要产品镀银玻璃镜 2017 年产量为 1000 吨。

③计算化学需氧量产生量

由于查询到的组合中化学需氧量产污系数的单位为克/吨-产品，因此在核算产生量时需获取产品产量。

化学需氧量产生量=化学需氧量产污系数×产品（镀银玻璃镜）产量

=567 克/吨-产品×1000 吨-产品

=567000 克

（2）化学需氧量去除量计算

①查找治理技术平均去除效率

该企业化学需氧量治理技术采用沉淀分离工艺，查询相应组合内该工艺的平均去除效率为 35%。

②计算污染治理设施实际运行率

根据产污系数组合查询结果，该组合中化学需氧量对应的污染治理设施实际运行率为

k=治理设施运行时间/企业正常生产时间=2400 小时/2400 小时=1

③计算化学需氧量去除量

化学需氧量去除量=567000 克×35%×1=198450 克

（3）化学需氧量排放量计算

化学需氧量排放量=567000 克−198450 克=368550 克

4.2 化学需氧量总排放量计算

化学需氧量总排放量=核算环节排放量=368550 克

5 系数表

3057 制镜及类似品加工行业系数表

工段名称	产品名称	原料名称	工艺名称	规模等级	污染物类别	污染物指标	系数单位	产污系数	末端治理技术	末端治理技术平均去除效率/%	参考 k 值计算公式[1]
镀膜淋漆	铝漆镜	平板玻璃、铝镜漆等	镀膜淋漆	所有规模	废水	废水量	吨/吨-产品	0.35	—	—	—
						化学需氧量	克/吨-产品	75	沉降分离	35	k=治理设施运行时间（小时/年）/企业正常生产时间（小时/年）
					固废	一般固废	吨/吨-产品	4.4×10^{-2}	—	—	—
						危险废物	吨/吨-产品	9.5×10^{-4}	—	—	—
	银镜	平板玻璃、镀银药剂	镀膜、淋漆	所有规模	废水	废水量	吨/吨-产品	8.59	—	—	—
						化学需氧量	克/吨-产品	567	沉降分离	35	k=治理设施运行时间（小时/年）/企业正常生产时间（小时/年）
					固废	一般固废	吨/吨-产品	1.9×10^{-2}	—	—	—
						危险废物	吨/吨-产品	7.2×10^{-4}	—	—	—
丝网印刷	装饰玻璃	平板玻璃、油墨等	丝网印刷	所有规模	废水	废水量	吨/吨-产品	0.27	—	—	—
						化学需氧量	克/吨-产品	12.4	化学混凝法	35	k=治理设施运行时间（小时/年）/企业正常生产时间（小时/年）
					固废	一般固废	吨/吨-产品	1.78×10^{-2}	—	—	—
						危险废物	吨/吨-产品	1.7×10^{-5}	—	—	—

注：单位换算系数：7 千克=1 米 ^{2}。适用于铝漆镜、镀银镜及类似制品。

[1] 该公式仅供参考，使用时，可根据 k 值定义，选取更适合企业实际情况的表达方式。

3059 其他玻璃制品制造业

1 适用范围

本手册仅用于《国民经济行业分类》（GB/T 4754—2017）中 3059 其他玻璃制品制造行业使用系数法核算工业污染物产生量和排放量的工业企业。

利用本手册进行产排污核算得出的污染物产生量与排放量仅代表了特定行业、工艺、产品、原料在正常工况下污染物产生与排放的一般规律。

本行业废水指标包括化学需氧量；废气指标包括颗粒物（工业粉尘，不包含无组织排放）；固废指标包括一般固废。

2 注意事项

2.1 企业有多种生产工艺或生产多类产品产排污量核算

污染物产生量与产品产量有关，根据不同核算环节计算产污量后，再根据企业末端治理设施和运行情况计算各污染物的排放量。

企业某污染物指标的产生量、排放量为各核算环节产生量、排放量之和。

在企业实际排放量计算过程中，如果存在废水回用的情况，需要在利用产排污核算公式的基础上扣除废水回用的部分。公式如下：

实际排放量=计算排放量×（1–废水回用率）

2.2 采用多种治理设施组合处理企业的排污量核算

在排污量计算选择末端治理技术时，若没有对应的组合治理技术，以主要治理技术为准。

2.3 系数表中未涉及的产污系数及污染治理效率

其他玻璃制品的生产过程中，未封口玻璃外壳的废水、废气指标可参考 3053 玻璃仪器制造的系数手册；工业用玻璃制品的废水、废气指标可参考 3055 玻璃包装容器制造的系数手册。

2.4 其他需要说明的问题

由于不同企业工业废气量、废水量差异较大，本手册所提供的工业废气量、废水量系数仅供参考。

为体现相同产污水平条件下，采用相同环保治理设施的不同企业对同一污染物去除效果的差异，引入末端治理设施实际运行率（k）对污染治理技术的实际去除率进行修正。k 值反映的是污染治理设施运行的状态，越稳定运行，k 值越高；在取值上，若定义连续稳定运行的理想状态为 1，则 k 取值在 0～1 之间。

本手册给出本行业的 k 计算公式仅供参考，使用时，可根据 k 值定义，选取更适合企业实际情况的表达方式。

3 污染物排放量核算方法

针对企业实际生产情况，本行业在系数制定过程中将企业全生产流程划分或拆分为若干工段（核算环节），在核算企业污染物产排量时，可灵活选择本企业对应的工段进行核算。

3.1 计算工段污染物产生量

（1）根据产品、原料、污染物产生的主导生产工艺、企业规模（生产产能）这一组合查找和确定所对应的某一污染物的产污系数。

（2）根据该污染物的产污系数计量单位——单位产品产量，获取企业实际产品产量。

例如，某组合内化学需氧量的产污系数单位为千克/吨-产品，则计算产生量时需要获取企业实际产品产量。

（3）污染物产生量按以下公式进行计算：

污染物产生量=污染物对应的产污系数×产品产量

$$G_{产i} = P_{产i} \times M_i$$

式中，$G_{产i}$——工段 i 某污染物的产生量；

$P_{产i}$——工段 i 某污染物对应的产污系数；

M_i——工段 i 的产品产量。

3.2 计算工段污染物去除量

（1）根据企业对某一污染物所采用的治理技术查找和选择相应的治理技术平均去除效率。

（2）根据污染治理设施实际运行率参数及其计算公式得出该企业某一污染物的治理设施实际运行率（k 值）。

（3）污染物去除量按以下公式进行计算：

污染物去除量=污染物产生量×污染物去除率 =污染物产生量×治理技术平均去除效率×治理设施实际运行率

$$R_{减i} = G_{产i} \times \eta_T \times k_T$$

式中，$R_{减i}$——工段 i 某污染物的去除量；

η_T——工段 i 某污染物采用的末端治理技术的平均去除效率；

k_T——工段 i 某污染物采用的末端治理设施的实际运行率。

3.3 计算工段污染物排放量

污染物排放量=污染物产生量–污染物去除量

=污染物对应的产污系数×产品产量–污染物产生量×治理技术平均去除效率×治理设施实际运行率

3.4 计算企业污染物排放量

同一企业某污染物全年的产生（排放）总量为该企业同年实际生产的全部工艺（工段）、产品、原料、规模污染物产生（排放）量之和。

$$
\begin{aligned}
E_{排} &= G_{产} - R_{减} = \sum(G_{产i} - R_{减i}) \\
&= \sum\left[P_{产i} \times M_i(1 - \eta_T \times k_T)\right]
\end{aligned}
$$

4 污染物排放量核算案例

某玻璃制品企业主要从事玻璃珠的生产。该企业涉及的主要产排污工段为灌粉筛粉和冷加工两个工段，灌粉筛粉工段的主要污染物为颗粒物，冷加工工段的主要污染物为化学需氧量。现以玻璃珠生产环节中颗粒物的产排污量计算为例进行说明。

该企业基本信息如表 1 所示。

表 1　某玻璃制品企业基本信息

	核算环节：灌粉筛粉	
	名称	数量
产品及产量	玻璃珠	20 吨
工艺名称	灌粉筛粉	—
规模（产能）	20 吨	
污染治理设施	袋式除尘	
实际运行率参数	治理设施运行时间	6500 小时
	企业正常生产时间	6800 小时

4.1 工段的排放量计算

（1）颗粒物产生量计算

①查找产污系数及其计量单位

根据企业基本信息，查找本手册中主要产品为玻璃珠，主要原料为石英砂、碎玻璃、纯碱、方解石等，主要工艺为玻璃电窑，生产规模为所有规模。该组合颗粒物的产污系数为 2.13，单位为千克/吨-产品。

②获取企业产品产量

该企业实际情况为：主要产品玻璃珠 2017 年产量为 20 吨。

③计算颗粒物产生量

由于查询到的组合中颗粒物产污系数的单位为千克/吨-产品，因此在核算产生量时需获取产品产量。

颗粒物产生量=颗粒物产污系数×产品（玻璃珠）产量

=2.13 千克/吨-产品×20 吨-产品=42.6 千克

（2）颗粒物去除量计算

①查找治理技术平均去除效率

该企业颗粒物治理技术采用袋式除尘工艺，查询相应组合内该工艺的平均去除效率为 99%。

②计算污染治理设施实际运行率

根据产污系数组合查询结果，该组合中袋式除尘法对应的污染治理设施实际运行率为

k=治理设施运行时间/企业正常生产时间=6500 小时/6800 小时=0.956

③计算颗粒物去除量

颗粒物去除量=42.6 千克×99%×0.956=40.32 千克

（3）颗粒物排放量计算

颗粒物排放量=42.6 千克−40.32 千克=2.28 千克

4.2 颗粒物总排放量计算

颗粒物总排放量=核算环节排放量=2.28 千克

5 系数表

3059 其他玻璃制品制造行业系数表

工段名称	产品名称	原料名称	工艺名称	规模等级	污染物类别	污染物指标	系数单位	产污系数	末端治理技术	末端治理技术平均去除效率/%	参考 k 值计算公式[1]
灌粉筛粉	玻璃珠	石英砂、碎玻璃、纯碱、方解石等	玻璃电窑	所有规模	废气	工业废气量	万标米^3/吨-产品	2.20	—	—	—
						颗粒物	千克/吨-产品	2.13	袋式除尘	99	k=治理设施运行时间（小时/年）/企业正常生产时间（小时/年）
冷加工			切削打磨	所有规模	废水	废水量	吨/吨-产品	2.53	—	—	—
						化学需氧量	克/吨-产品	45.0	沉淀分离	35	k=治理设施运行时间（小时/年）/企业正常生产时间（小时/年）
					固废	一般固废	吨/吨-产品	4×10^{-4}	—	—	—

[1] 该公式仅供参考，使用时，可根据 k 值定义，选取更适合企业实际情况的表达方式。

3061 玻璃纤维及其制品制造业

1 适用范围

本手册仅用于《国民经济行业分类》(GB/T 4754—2017)中 3061 玻璃纤维及其制品制造行业使用系数法核算工业污染物产生量和排放量的工业企业。

利用本手册进行产排污核算得出的污染物产生量与排放量仅代表了特定行业、工艺、产品、原料在正常工况下污染物产生与排放的一般规律。

玻璃纤维纱废水指标包括化学需氧量、石油类；废气指标包括颗粒物(烟尘，不含无组织排放)、二氧化硫、氮氧化物。

玻璃纤维球(无碱)废气指标包括颗粒物(烟尘，不含无组织排放)、二氧化硫、氮氧化物。

2 注意事项

2.1 企业有多种生产工艺或生产多类产品产排污量核算

污染物产生量与产品产量有关，根据不同核算环节计算产污量后，再根据企业末端治理设施和运行情况计算各污染物的排放量。

企业某污染物指标的产生量、排放量为各核算环节产生量、排放量之和。

在企业实际排放量计算过程中，如果存在废水回用的情况，需要在利用产排污核算公式的基础上扣除废水回用的部分。公式如下：

实际排放量=计算排放量×(1–废水回用率)

2.2 采用多种治理设施组合处理企业的排污量核算

在排污量计算选择末端治理技术时，若没有对应的组合治理技术，以主要治理技术为准。

2.3 系数表中未涉及的产污系数及污染治理效率

玻璃纤维及其制品的生产过程中，如果包含纺织工艺或者以玻璃纤维纱为原料的后续再加工产品，其制造加工过程无废气、废水直接排放，污染程度小，废水、废气可忽略不计。

如果包含中碱、耐碱和(或)特种玻璃纤维原料球的生产，其废水、废气指标可参考玻璃纤维原料球(无碱)工段的系数手册。

2.4 其他需要说明的问题

由于不同企业工业废气量、废水量差异较大，本手册所提供的工业废气量、废水量系数仅供参考。

为体现相同产污水平条件下，采用相同环保治理设施的不同企业对同一污染物去除效果的差异，引入末端治理设施实际运行率（k）对污染治理技术的实际去除率进行修正。k 值反映的是污染治理设施运行的状态，越稳定运行，k 值越高；在取值上，若定义连续稳定运行的理想状态为 1，则 k 取值在 0～1 之间。

本手册给出本行业的 k 计算公式仅供参考，使用时，可根据 k 值定义，选取更适合企业实际情况的表达方式。

3 污染物排放量核算方法

针对企业实际生产情况，本行业在系数制定过程中将企业全生产流程划分或拆分为若干工段（核算环节），在核算企业污染物产排量时，可灵活选择本企业对应的工段进行核算。

3.1 计算工段污染物产生量

（1）根据产品、原料、污染物产生的主导生产工艺、企业规模（生产产能）这一组合查找和确定所对应的某一污染物的产污系数。

（2）根据该污染物的产污系数计量单位——单位产品产量，获取企业实际产品产量。

例如，某组合内化学需氧量的产污系数单位为千克/吨-产品，则计算产生量时需要获取企业实际产品产量。

（3）污染物产生量按以下公式进行计算：

污染物产生量=污染物对应的产污系数×产品产量

$$G_{产i} = P_{产i} \times M_i$$

式中，$G_{产i}$——工段 i 某污染物的产生量；

$P_{产i}$——工段 i 某污染物对应的产污系数；

M_i——工段 i 的产品产量。

3.2 计算工段污染物去除量

（1）根据企业对某一污染物所采用的治理技术查找和选择相应的治理技术平均去除效率。

（2）根据污染治理设施实际运行率参数及其计算公式得出该企业某一污染物的治理设施实际运行率（k 值）。

（3）污染物去除量按以下公式进行计算：

污染物去除量=污染物产生量×污染物去除率 =污染物产生量×治理技术平均去除效率×治理设施实际运行率

$$R_{减i} = G_{产i} \times \eta_T \times k_T$$

式中，$R_{减i}$——工段 i 某污染物的去除量；

η_T——工段 i 某污染物采用的末端治理技术的平均去除效率；

k_T——工段 i 某污染物采用的末端治理设施的实际运行率。

3.3 计算工段污染物排放量

污染物排放量=污染物产生量–污染物去除量

=污染物对应的产污系数×产品产量–污染物产生量×治理技术平均去除效率×治理设施实际运行率

3.4 计算企业污染物排放量

同一企业某污染物全年的产生（排放）总量为该企业同年实际生产的全部工艺（工段）、产品、原料、规模污染物产生（排放）量之和。

$$
\begin{aligned}
E_{排} &= G_{产} - R_{减} = \sum (G_{产i} - R_{减i}) \\
&= \sum \left[P_{产i} \times M_i (1 - \eta_T \times k_T) \right]
\end{aligned}
$$

4 污染物排放量核算案例

某玻璃纤维制品企业主要从事玻璃纤维原料球的生产。该企业涉及的主要产排污工段为原料熔制，该工段的主要污染物为颗粒物、二氧化硫、氮氧化物。现以玻璃纤维原料球生产环节中颗粒物的产排污量计算为例进行说明。

该企业基本信息如表 1 所示。

表 1　某玻璃纤维原料球制品企业基本信息

	核算环节：原料熔制	
	名称	数量
产品及产量	玻璃纤维原料球（中碱）	20000 吨
工艺名称	原料熔制	—
规模（产能）	20000 吨	
污染治理设施	袋式除尘	
实际运行率参数	治理设施运行时间	7000 小时
	企业正常生产时间	7200 小时

4.1 工段的排放量计算

（1）颗粒物产生量计算

①查找产污系数及其计量单位

根据企业基本信息，查找本手册中主要产品为玻璃纤维原料球（中碱），主要原料为石英砂、芒硝等，主要工艺为燃天然气池窑，生产规模为所有规模。该组合颗粒物的产污系数为 6.00，单位为千克/吨-产品。

②获取企业产品产量

企业实际情况：主要产品玻璃珠 2017 年产量为 20000 吨。

③计算颗粒物产生量

由于查询到的组合中颗粒物产污系数的单位为千克/吨-产品，因此在核算产生量时采用产品产量。

颗粒物产生量=颗粒物产污系数×产品（玻璃纤维原料球）产量

=6.00 千克/吨-产品×20000 吨-产品

=120000 千克

（2）颗粒物去除量计算

①查找治理技术平均去除效率

该企业颗粒物治理技术采用袋式除尘工艺，查询相应组合内发现只有喷淋塔（湿式除尘），因此查询相似产品组合 3059 其他玻璃制品制造的玻璃珠，采用袋式除尘工艺的平均去除效率为 99%。

②计算污染治理设施实际运行率

根据产污系数组合查询结果，该组合中袋式除尘法对应的污染治理设施实际运行率为

k=治理设施运行时间/企业正常生产时间=7000 小时/7200 小时=0.972

③计算颗粒物去除量

颗粒物去除量=120000 千克×99%×0.972=115473.6 千克

（3）颗粒物排放量计算

颗粒物排放量=120000 千克−115473.6 千克=4526.4 千克

4.2 颗粒物总排放量计算

颗粒物总排放量=核算环节排放量=4526.4 千克

5 系数表

3061 玻璃纤维及其制品制造行业系数表

工段名称	产品名称	原料名称	工艺名称	规模等级	污染物类别	污染物指标	系数单位	产污系数	末端治理技术	末端治理技术平均去除效率/%	参考 k 值计算公式[1]
原料熔制	玻璃纤维纱	叶蜡石、芒硝等	燃天然气纯氧燃烧池窑拉丝	所有规模	废水	废水量	吨/吨-产品	1.81	—	—	—
						化学需氧量	克/吨-产品	2716	混凝沉淀+水解酸化+生物氧化	90	k=治理设施运行时间（小时/年）/企业正常生产时间（小时/年）
					废气	工业废气量	标米^3/吨-产品	2100	—	—	—
						颗粒物	千克/吨-产品	3.72	袋式除尘	99	k=治理设施运行时间（小时/年）/企业正常生产时间（小时/年）
						二氧化硫	千克/吨-产品	2.88	其他（钠碱法）	85	
						氮氧化物	千克/吨-产品	4.31×10^{-1}	其他（直排）	—	—
					固废	一般固废	吨/吨-产品	1.08×10^{-1}	—	—	—
			燃天然气池窑拉丝	所有规模	废水	废水量	吨/吨-产品	7.80	—	—	—
						化学需氧量	克/吨-产品	5400	化学混凝法+活性污泥法	80	k=治理设施运行时间（小时/年）/企业正常生产时间（小时/年）
					废气	工业废气量	标米^3/吨-产品	5495	—	—	—
						颗粒物	千克/吨-产品	0.440	袋式除尘	99	k=治理设施运行时间（小时/年）/企业正常生产时间（小时/年）
						二氧化硫	千克/吨-产品	2.15	石灰石/石膏法	60	
						氮氧化物	千克/吨-产品	3.42	选择性催化还原法（SCR）	80	
					固废	一般固废	吨/吨-产品	0.12	—	—	—

[1] 该公式仅供参考，使用时，可根据 k 值定义，选取更适合企业实际情况的表达方式。

3061 玻璃纤维及其制品制造行业系数表（续表 1）

工段名称	产品名称	原料名称	工艺名称	规模等级	污染物类别	污染物指标	系数单位	产污系数	末端治理技术	末端治理技术平均去除效率/%	参考 k 值计算公式
原料熔制	玻璃纤维纱	玻璃纤维原料球	铂金坩埚拉丝	所有规模	废水	废水量	吨/吨-产品	3.54	—	—	—
						化学需氧量	克/吨-产品	6607	化学混凝气浮法	80	k=治理设施运行时间（小时/年）/企业正常生产时间（小时/年）
						石油类	克/吨-产品	163	化学混凝气浮法	80	
					固废	一般固废	吨/吨-产品	0.07	—	—	—
	玻璃纤维原料球（无碱）	石英砂、芒硝等	燃天然气池窑	所有规模	废气	工业废气量	标米^3/吨-产品	12000	—	—	—
						颗粒物	千克/吨-产品	6.00	喷淋塔	80	k=治理设施运行时间（小时/年）/企业正常生产时间（小时/年）
						二氧化硫	千克/吨-产品	3.36	其他（钠碱法）	70	
						氮氧化物	千克/吨-产品	6.50	选择性催化还原法（SCR）	80	
					固废	一般固废	吨/吨-产品	0.05	—	—	—

3062 玻璃纤维增强塑料制品制造业

1 适用范围

本手册仅用于《国民经济行业分类》（GB/T 4754—2017）中 3062 玻璃纤维增强塑料制品制造行业使用系数法核算工业污染物产生量和排放量的工业企业。

利用本手册进行产排污核算得出的污染物产生量与排放量仅代表了特定行业、工艺、产品、原料在正常工况下污染物产生与排放的一般规律。

本行业废气指标包括废气量、颗粒物（工业粉尘，不包含无组织排放粉尘）；固废指标包括一般固废、危险废物。

2 注意事项

2.1 企业有多种生产工艺或生产多类产品产排污量核算

污染物产生量与产品产量有关，根据不同核算环节计算产污量后，再根据企业末端治理设施和运行情况计算各污染物的排放量。

企业某污染物指标的产生量、排放量为各核算环节产生量、排放量之和。

2.2 采用多种治理设施组合处理企业的排污量核算

在排污量计算选择末端治理技术时，若没有对应的组合治理技术，以主要治理技术为准。

2.3 系数表中未涉及的产污系数及污染治理效率

玻璃纤维增强塑料制品的生产过程中，如果对制品的分类存疑，或者某一种制品使用了多种工艺，以主要工艺（缠绕、拉挤、模压、手糊）计算污染物。

2.4 其他需要说明的问题

由于不同企业工业废气量差异较大，本手册所提供的工业废气量系数仅供参考。

为体现相同产污水平条件下，采用相同环保治理设施的不同企业对同一污染物去除效果的差异，引入末端治理设施实际运行率（k）对污染治理技术的实际去除率进行修正。k 值反映的是污染治理设施运行的状态，越稳定运行，k 值越高；在取值上，若定义连续稳定运行的理想状态为 1，则 k 取值在 0～1 之间。

本手册给出本行业的 k 计算公式仅供参考，使用时，可根据 k 值定义，选取更适合企业实际情况的表达方式。

3 污染物排放量核算方法

针对企业实际生产情况，本行业在系数制定过程中将企业全生产流程划分或拆分为若干工段（核算环节），在核算企业污染物产排量时，可灵活选择本企业对应的工段进行核算。

3.1 计算工段污染物产生量

（1）根据产品、原料、污染物产生的主导生产工艺、企业规模（生产产能）这一组合查找和确定所对应的某一污染物的产污系数。

（2）根据该污染物的产污系数计量单位——单位产品产量，获取企业实际产品产量。

例如，某组合内化学需氧量的产污系数单位为千克/吨-产品，则计算产生量时需要获取企业实际产品产量。

（3）污染物产生量按以下公式进行计算：

污染物产生量=污染物对应的产污系数×产品产量

$$G_{产i}=P_{产i}\times M_i$$

式中，$G_{产i}$——工段 i 某污染物的产生量；

$P_{产i}$——工段 i 某污染物对应的产污系数；

M_i——工段 i 的产品产量。

3.2 计算工段污染物去除量

（1）根据企业对某一污染物所采用的治理技术查找和选择相应的治理技术平均去除效率。

（2）根据污染治理设施实际运行率参数及其计算公式得出该企业某一污染物的治理设施实际运行率（k 值）。

（3）污染物去除量按以下公式进行计算：

污染物去除量=污染物产生量×污染物去除率 =污染物产生量×治理技术平均去除效率×治理设施实际运行率

$$R_{减i}=G_{产i}\times\eta_T\times k_T$$

式中，$R_{减i}$——工段 i 某污染物的去除量；

η_T——工段 i 某污染物采用的末端治理技术的平均去除效率；

k_T——工段 i 某污染物采用的末端治理设施的实际运行率。

3.3 计算工段污染物排放量

污染物排放量=污染物产生量–污染物去除量

=污染物对应的产污系数×产品产量–污染物产生量×治理技术平均去除效率×治理设施实际运行率

3.4 计算企业污染物排放量

同一企业某污染物全年的产生（排放）总量为该企业同年实际生产的全部工段、产品、原料、

规模污染物产生（排放）量之和。

$$E_{排} = G_{产} - R_{减} = \sum(G_{产i} - R_{减i})$$
$$= \sum\left[P_{产i} \times M_i(1-\eta_T \times k_T)\right]$$

4 污染物排放量核算案例

某玻璃纤维增强塑料制品企业主要从事玻璃钢复材的生产。该企业涉及的主要产排污工段为切割成型，该工段的主要污染物为颗粒物。现以玻璃钢复材生产环节中颗粒物的产排污量计算为例进行说明。

该企业基本信息如表 1 所示。

表 1 某玻璃钢复材制品企业基本信息

	核算环节：切割成型	
	名称	数量
产品及产量	玻璃钢复材	35000 吨
工艺名称	拉挤	—
规模（产能）	35000 吨	
污染治理设施	袋式除尘	
实际运行率参数	治理设施运行时间	7200 小时
	企业正常生产时间	7500 小时

4.1 工段的排放量计算

（1）颗粒物产生量计算

①查找产污系数及其计量单位

根据企业基本信息，查找本手册中主要产品为玻璃钢复材，主要原料为玻璃纤维纱、树脂，主要工艺为拉挤，生产规模为所有规模。该组合颗粒物的产污系数为 3.78，单位为千克/吨-产品。

②获取企业产品产量

该企业实际情况为：主要产品玻璃钢复材 2017 年产量为 35000 吨。

③计算颗粒物产生量

由于查询到的组合中颗粒物产污系数的单位为千克/吨-产品，因此在核算产生量时采用产品产量。

颗粒物产生量=颗粒物产污系数×产品（玻璃钢复材）产量

=3.78 千克/吨-产品×35000 吨-产品

=132300 千克

（2）颗粒物去除量计算

①查找治理技术平均去除效率

该企业颗粒物治理技术采用袋式除尘工艺，查询相应组合内该工艺的平均去除效率为 99%。

②计算污染治理设施实际运行率

根据产污系数组合查询结果，该组合中袋式除尘法对应的污染治理设施实际运行率为

k=治理设施运行时间/企业正常生产时间=7200 小时/7500 小时=0.96

③计算颗粒物去除量

颗粒物去除量=132300 千克×99%×0.96=125737.92 千克

（3）颗粒物排放量计算

颗粒物排放量=132300 千克–125737.92 千克=6562.08 千克

4.2 颗粒物总排放量计算

颗粒物总排放量=核算环节排放量=6562.08 千克

5 系数表

3062 玻璃纤维增强塑料制品制造行业系数表

工段名称	产品名称	原料名称	工艺名称	规模等级	污染物类别	污染物指标	系数单位	产污系数	末端治理技术	末端治理技术平均去除效率/%	参考 k 值计算公式[1]
切割成型	玻璃钢罐	玻璃纤维、树脂	缠绕	所有规模	废气	工业废气量	标米^3/吨-产品	6500	—	—	—
						颗粒物	千克/吨-产品	3.50	袋式除尘	99	k=治理设施运行时间（小时/年）/企业正常生产时间（小时/年）
					固废	一般固废	吨/吨-产品	6×10^{-3}	—	—	—
						危险废物	吨/吨-产品	3×10^{-3}	—	—	—
	玻璃纤维复合材料	玻璃纤维、树脂	拉挤	所有规模	废气	工业废气量	标米^3/吨-产品	2380	—	—	—
						颗粒物	千克/吨-产品	3.78	袋式除尘	99	k=治理设施运行时间（小时/年）/企业正常生产时间（小时/年）
					固废	一般固废	吨/吨-产品	3×10^{-3}	—	—	—
						危险废物	吨/吨-产品	9×10^{-4}	—	—	—

注：单位换算系数：45 千克=1 米^{3}产品。适用于玻璃钢容器类产品的换算。

危险固体废物为有机树脂类废物，类别 HW13，代码 900-014-13：废弃的粘合剂和密封剂（不包括水基型和热熔型粘合剂和密封剂）。

[1] 该公式仅供参考，使用时，可根据 k 值定义，选取更适合企业实际情况的表达方式。

3062 玻璃纤维增强塑料制品制造行业系数表（续表 1）

工段名称	产品名称	原料名称	工艺名称	规模等级	污染物类别	污染物指标	系数单位	产污系数	末端治理技术	末端治理技术平均去除效率/%	参考 *k* 值计算公式
切割成型	玻璃钢制品	玻璃纤维、树脂	模压	所有规模	废气	工业废气量	标米^3/吨-产品	7000	—	—	—
						颗粒物	千克/吨-产品	4.15	袋式除尘	99	*k*=治理设施运行时间（小时/年）/企业正常生产时间（小时/年）
					固废	一般固废	吨/吨-产品	9×10^{-3}	—	—	—
						危险废物	吨/吨-产品	5×10^{-3}	—	—	—
			手糊	所有规模	废气	工业废气量	标米^3/吨-产品	3010	—	—	—
						颗粒物	千克/吨-产品	1.70	袋式除尘	99	*k*=治理设施运行时间（小时/年）/企业正常生产时间（小时/年）
					固废	一般固废	吨/吨-产品	2×10^{-3}	—	—	—
						危险废物	吨/吨-产品	1.3×10^{-3}	—	—	—

注：单位换算系数：45 千克=1 米^{3}产品。适用于玻璃钢容器类产品的换算。
危险固体废物为有机树脂类废物，类别 HW13，代码 900-014-13：废弃的粘合剂和密封剂（不包括水基型和热熔型粘合剂和密封剂）。

3071 建筑陶瓷制品制造业

1 适用范围

本手册仅用于《国民经济行业分类》（GB/T 4754—2017）中 3071 建筑陶瓷制品制造行业使用系数法核算工业污染物产生量和排放量的工业企业。

利用本手册进行产排污核算得出的污染物产生量与排放量仅代表了特定行业、工艺、产品、原料在正常工况下污染物产生与排放的一般规律。

本行业废气指标包括颗粒物（工业烟尘，不含无组织排放颗粒物）、二氧化硫、氮氧化物；固废指标包括一般固废。

2 注意事项

2.1 企业有多种生产工艺或生产多类产品产排污量核算

污染物产生量与产品产量有关，根据不同核算环节计算产污量后，再根据企业末端治理设施和运行情况计算各污染物的排放量。

企业某污染物指标的产生量、排放量为各核算环节产生量、排放量之和。

大部分建筑陶瓷制品制造企业能够做到废水完全回用，不外排，废水污染物指标可不计。如果有个别企业存在废水外排的情况，可以参照 3073 特种陶瓷制品制造系数手册的氧化铝陶瓷组合。在企业实际排放量计算过程中，需要在利用产排污核算公式的基础上扣除废水回用的部分。公式如下：

实际排放量=计算排放量×（1–废水回用率）

2.2 采用多种治理设施组合处理企业的排污量核算

在排污量计算选择末端治理技术时，若没有对应的组合治理技术，以主要治理技术为准。

2.3 系数表中未涉及的产污系数及污染治理效率

建筑陶瓷按照物料干燥和窑炉烧成分别给出了产污系数。如果企业只进行陶瓷原料的粉磨和干燥，没有后续工段，其产品一般以“吨”计量，则需要结合产品的用途将产量进行折算，折算关系：1 米^{2}地砖=24 千克；1 米^{2}地砖（饰釉）=16 千克；1 米^{2}内墙砖=18 千克；1 米^{2}建筑陶瓷砖（综合）=20 千克。

2.4 其他需要说明的问题

由于不同企业工业废气量、废水量差异较大，本手册所提供的工业废气量、废水量系数仅供参考。

为体现相同产污水平条件下，采用相同环保治理设施的不同企业对同一污染物去除效果的差异，引入末端治理设施实际运行率（k）对污染治理技术的实际去除率进行修正。k 值反映的是污染治理设施运行的状态，越稳定运行，k 值越高；在取值上，若定义连续稳定运行的理想状态为 1，则 k 取值在 0～1 之间。

本手册给出本行业的 k 计算公式仅供参考，使用时，可根据 k 值定义，选取更适合企业实际情况的表达方式。

3 污染物排放量核算方法

针对企业实际生产情况，本行业在系数制定过程中将企业全生产流程划分或拆分为若干工段（核算环节），在核算企业污染物产排量时，可灵活选择本企业对应的工段进行核算。

3.1 计算工段污染物产生量

（1）根据产品、原料、污染物产生的主导生产工艺、企业规模（生产产能）这一组合查找和确定所对应的某一污染物的产污系数。

（2）根据该污染物的产污系数计量单位——单位产品产量，获取企业实际产品产量。

例如，某组合内化学需氧量的产污系数单位为千克/吨-产品，则计算产生量时需要获取企业实际产品产量。

（3）污染物产生量按以下公式进行计算：

污染物产生量=污染物对应的产污系数×产品产量

$$G_{产i} = P_{产i} \times M_i$$

式中，$G_{产i}$——工段 i 某污染物的产生量；

$P_{产i}$——工段 i 某污染物对应的产污系数；

M_i——工段 i 的产品产量。

3.2 计算工段污染物去除量

（1）根据企业对某一污染物所采用的治理技术查找和选择相应的治理技术平均去除效率。

（2）根据污染治理设施实际运行率参数及其计算公式得出该企业某一污染物的治理设施实际运行率（k 值）。

（3）污染物去除量按以下公式进行计算：

污染物去除量=污染物产生量×污染物去除率 =污染物产生量×治理技术平均去除效率×治理设施实际运行率

$$R_{减i} = G_{产i} \times \eta_T \times k_T$$

式中，$R_{减i}$——工段 i 某污染物的去除量；

η_T——工段 i 某污染物采用的末端治理技术的平均去除效率；

k_T——工段 i 某污染物采用的末端治理设施的实际运行率。

3.3 计算工段污染物排放量

污染物排放量=污染物产生量–污染物去除量

=污染物对应的产污系数×产品产量–污染物产生量×治理技术平均去除效率×治理设施实际运行率

3.4 计算企业污染物排放量

同一企业某污染物全年的产生（排放）总量为该企业同年实际生产的全部工段、产品、原料、规模污染物产生（排放）量之和。

$$\begin{aligned} E_{排} &= G_{产} - R_{减} = \sum(G_{产i} - R_{减i}) \\ &= \sum\left[P_{产i} \times M_i(1-\eta_T \times k_T)\right] \end{aligned}$$

4 污染物排放量核算案例

某建筑陶瓷企业主要从事陶瓷内墙砖的生产。该企业涉及的主要产排污工段为物料干燥和烧成，其中主要污染物均为颗粒物、二氧化硫、氮氧化物。现以颗粒物为例说明排放量计算过程。

该企业基本信息如表 1 所示。

表 1 某建筑陶瓷企业基本信息

	工段 1：物料干燥		工段 2：烧成	
	名称	数量	名称	数量
产品及产量	陶瓷内墙砖	1000 万米^2	陶瓷内墙砖	1000 万米^2
工艺名称	干燥塔（水煤浆）	—	辊道窑（天然气一次烧成）	—
规模（产能）	1000 万米^2		1000 万米^2	
污染治理设施	袋式除尘		袋式除尘	
实际运行率参数	治理设施运行时间	7100 小时	治理设施运行时间	7200 小时
	企业正常生产时间	7200 小时	企业正常生产时间	7200 小时

4.1 工段 1 的排放量计算

（1）颗粒物产生量计算

①查找产污系数及其计量单位

根据企业基本信息，查找本手册中主要产品为陶瓷内墙砖，主要原料为长石、石英、瓷土等，主要工艺为干燥塔（水煤浆），生产规模为所有规模。该组合颗粒物的产污系数为 2340，单位为千克/万米^2-产品。

②获取企业产品产量

该企业实际情况为：主要产品陶瓷内墙砖 2017 年产量为 1000 万米^2。

③计算颗粒物产生量

由于查询到的组合中颗粒物产污系数的单位为千克/万米^2-产品，因此在核算产生量时需获取产品产量。

颗粒物产生量=颗粒物产污系数×产品（陶瓷内墙砖）产量

=2340 千克/万米 ^{2}-产品×1000 万米 ^{2}-产品

=2340000 千克

（2）颗粒物去除量计算

①查找治理技术平均去除效率

该企业颗粒物治理技术采用“旋风+布袋”的联合除尘工艺，查询相应组合内该工艺的平均去除效率为 99.5%。

②计算污染治理设施实际运行率

根据产污系数组合查询结果，该组合中颗粒物对应的污染治理设施实际运行率为

k=治理设施运行时间/企业正常生产时间=7100 小时/7200 小时=0.986

③计算颗粒物去除量

颗粒物去除量=2340000 千克×99.5%×0.986=2295703.8 千克

（3）颗粒物排放量计算

颗粒物排放量=2340000 千克–2295703.8 千克=44296.2 千克

4.2 工段 2 的排放量计算

（1）颗粒物产生量计算

①查找产污系数及其计量单位

根据企业基本信息，查找本手册中主要产品为陶瓷内墙砖，主要原料为长石、石英、瓷土等，主要工艺为辊道窑（天然气一次烧成），生产规模为所有规模。该组合颗粒物的产污系数为 51，单位为千克/万米 ^{2}-产品。

②获取企业产品产量

该企业实际情况为：主要产品陶瓷内墙砖 2017 年产量为 1000 万米 ^{2}。

③计算颗粒物产生量

由于查询到的组合中颗粒物产污系数的单位为千克/万米 ^{2}-产品，因此在核算产生量时需获取产品产量。

颗粒物产生量=颗粒物产污系数×产品（陶瓷内墙砖）产量

=51 千克/万米 ^{2}-产品×1000 万米 ^{2}-产品

=51000 千克

（2）颗粒物去除量计算

①查找治理技术平均去除效率

该企业颗粒物治理技术采用袋式除尘工艺，查询相应组合内该工艺的平均去除效率为 99%。

②计算污染治理设施实际运行率

根据产污系数组合查询结果，该组合中颗粒物对应的污染治理设施实际运行率为

k=治理设施运行时间/企业正常生产时间=7200 小时/7200 小时=1

③计算颗粒物去除量

颗粒物去除量=51000 千克×99%×1=50490 千克

（3）颗粒物排放量计算

颗粒物排放量=51000 千克−50490 千克=510 千克

4.3 颗粒物总排放量计算

颗粒物总排放量=工段 1 排放量+工段 2 排放量=44296.2 千克+510 千克=44806.2 千克

4.4 干燥塔系数转换计算

例：某企业年生产建筑陶瓷用粉料 160000 吨，且只使用水煤浆作为干燥燃料。烘干后的粉料供周边建筑陶瓷企业烧制地砖、内墙砖。由于是综合供料，因此选取的转换系数为 1 米^{2}建筑陶瓷（综合）=20 千克。因此，该企业产能（产量）相当于=160000 吨/20（千克/米^2）=800 万米^{2}陶瓷砖。然后参照陶瓷内墙砖的干燥塔（水煤浆）系数进行计算。

5 系数表

3071 建筑陶瓷制品制造行业系数表

工段名称	产品名称	原料名称	工艺名称	规模等级	污染物类别	污染物指标	系数单位	产污系数	末端治理技术	末端治理技术平均去除效率/%	参考 k 值计算公式[1]
物料干燥	陶瓷地砖（一次烧成-抛光）	长石、石英、瓷土等	干燥塔（天然气）	所有规模	废气	工业废气量	万标米^3/万米^2-产品	110	—	—	—
						颗粒物	千克/万米^2-产品	3300	袋式除尘	99.6	k=治理设施运行时间（小时/年）/企业正常生产时间（小时/年）
									旋风+布袋	99.5	
									其他（湿式电除尘）	99	
									其他（旋风+布袋+喷淋）	99.8	
						二氧化硫	千克/万米^2-产品	110	石灰/石膏法	90	
									其他（钠碱法）	90	
									直排	—	—
						氮氧化物	千克/万米^2-产品	165	选择性非催化还原法（SNCR）	50	k=治理设施运行时间（小时/年）/企业正常生产时间（小时/年）
									直排	—	—
			干燥塔（水煤浆）	所有规模	废气	工业废气量	万标米^3/万米^2-产品	110	—	—	—
						颗粒物	千克/万米^2-产品	3300	袋式除尘	99.6	k=治理设施运行时间（小时/年）/企业正常生产时间（小时/年）
									旋风+布袋	99.5	

[1] 该公式仅供参考，使用时，可根据 k 值定义，选取更适合企业实际情况的表达方式。

3071 建筑陶瓷制品制造行业系数表（续表 1）

工段名称	产品名称	原料名称	工艺名称	规模等级	污染物类别	污染物指标	系数单位	产污系数	末端治理技术	末端治理技术平均去除效率/%	参考 k 值计算公式
物料干燥	陶瓷地砖（一次烧成-抛光）	长石、石英、瓷土等	干燥塔（水煤浆）	所有规模	废气	颗粒物	千克/万米^2-产品	3300	其他（湿式电除尘）	99	k=治理设施运行时间（小时/年）/企业正常生产时间（小时/年）
									其他（旋风+布袋+喷淋）	99.8	
						二氧化硫	千克/万米^2-产品	220	石灰/石膏法	90	
									其他（钠碱法）	90	
									直排	—	—
						氮氧化物	千克/万米^2-产品	165	选择性非催化还原法（SNCR）	50	k=治理设施运行时间（小时/年）/企业正常生产时间（小时/年）
									直排	—	—
			干燥塔（煤粉）	所有规模	废气	工业废气量	万标米^3/万米^2-产品	110	—	—	—
						颗粒物	千克/万米^2-产品	3300	袋式除尘	99.6	k=治理设施运行时间（小时/年）/企业正常生产时间（小时/年）
									旋风+布袋	99.5	
									其他（湿式电除尘）	99	
									其他（旋风+布袋+喷淋）	99.8	

3071 建筑陶瓷制品制造行业系数表（续表 2）

工段名称	产品名称	原料名称	工艺名称	规模等级	污染物类别	污染物指标	系数单位	产污系数	末端治理技术	末端治理技术平均去除效率/%	参考 k 值计算公式
物料干燥	陶瓷地砖（一次烧成-抛光）	长石、石英、瓷土等	干燥塔（煤粉）	所有规模	废气	二氧化硫	千克/万米 ^{2}-产品	220	石灰/石膏法	90	k=治理设施运行时间（小时/年）/企业正常生产时间（小时/年）
									其他（钠碱法）	90	
									直排	—	—
						氮氧化物	千克/万米 ^{2}-产品	110	选择性非催化还原法（SNCR）	50	k=治理设施运行时间（小时/年）/企业正常生产时间（小时/年）
									直排	—	—
烧成			辊道窑（天然气）	所有规模	废气	工业废气量	万标米 ^{3}/万米 ^{2}-产品	120	—	—	—
						颗粒物	千克/万米 ^{2}-产品	72	袋式除尘	99	k=治理设施运行时间（小时/年）/企业正常生产时间（小时/年）
									喷淋塔	70	
									其他（湿式电除尘）	85	
									直排	—	—
						二氧化硫	千克/万米 ^{2}-产品	120	石灰/石膏法	90	k=治理设施运行时间（小时/年）/企业正常生产时间（小时/年）
									其他（钠碱法）	90	
									直排	—	—

3071 建筑陶瓷制品制造行业系数表（续表 3）

工段名称	产品名称	原料名称	工艺名称	规模等级	污染物类别	污染物指标	系数单位	产污系数	末端治理技术	末端治理技术平均去除效率/%	参考 k 值计算公式
烧成	陶瓷地砖（一次烧成-抛光）	长石、石英、瓷土等	辊道窑（天然气）	所有规模	废气	氮氧化物	千克/万米^2-产品	216	选择性非催化还原法（SNCR）	50	k=治理设施运行时间（小时/年）/企业正常生产时间（小时/年）
									直排	—	—
			辊道窑（水煤气）	所有规模	废气	工业废气量	万标米^3/万米^2-产品	120	—	—	—
						颗粒物	千克/万米^2-产品	108	袋式除尘	99	k=治理设施运行时间（小时/年）/企业正常生产时间（小时/年）
									喷淋塔	70	
									其他（湿式电除尘）	85	
									直排	—	—
						二氧化硫	千克/万米^2-产品	240	石灰/石膏法	90	k=治理设施运行时间（小时/年）/企业正常生产时间（小时/年）
									其他（钠碱法）	90	
									直排	—	—
						氮氧化物	千克/万米^2-产品	204	选择性非催化还原法（SNCR）	50	k=治理设施运行时间（小时/年）/企业正常生产时间（小时/年）
									直排	—	—
					固废	一般固废	吨/万米^2-产品	7.50	—	—	—

3071 建筑陶瓷制品制造行业系数表（续表 4）

工段名称	产品名称	原料名称	工艺名称	规模等级	污染物类别	污染物指标	系数单位	产污系数	末端治理技术	末端治理技术平均去除效率/%	参考 k 值计算公式
物料干燥	陶瓷地砖（一次烧成-饰釉）	长石、石英、瓷土等	干燥塔（天然气）	所有规模	废气	工业废气量	万标米^3/万米^2-产品	65	—	—	—
						颗粒物	千克/万米^2-产品	1950	袋式除尘	99.6	k=治理设施运行时间（小时/年）/企业正常生产时间（小时/年）
									旋风+布袋	99.5	
									其他（湿式电除尘）	99	
									其他（旋风+布袋+喷淋）	99.8	
						二氧化硫	千克/万米^2-产品	65	石灰/石膏法	90	
									其他（钠碱法）	90	
									直排	—	—
						氮氧化物	千克/万米^2-产品	97.5	选择性非催化还原法（SNCR）	50	k=治理设施运行时间（小时/年）/企业正常生产时间（小时/年）
									直排	—	—
			干燥塔（水煤浆）	所有规模	废气	工业废气量	万标米^3/万米^2-产品	65	—	—	—

3071 建筑陶瓷制品制造行业系数表（续表 5）

工段名称	产品名称	原料名称	工艺名称	规模等级	污染物类别	污染物指标	系数单位	产污系数	末端治理技术	末端治理技术平均去除效率/%	参考 k 值计算公式
物料干燥	陶瓷地砖（一次烧成-饰釉）	长石、石英、瓷土等	干燥塔（水煤浆）	所有规模	废气	颗粒物	千克/万米 ^{2}-产品	1950	袋式除尘	99.6	k=治理设施运行时间（小时/年）/企业正常生产时间（小时/年）
									旋风+布袋	99.5	
									其他（湿式电除尘）	99	
									其他（旋风+布袋+喷淋）	99.8	
						二氧化硫	千克/万米 ^{2}-产品	130	石灰/石膏法	90	k=治理设施运行时间（小时/年）/企业正常生产时间（小时/年）
									其他（钠碱法）	90	
									直排	—	—
						氮氧化物	千克/万米 ^{2}-产品	97.5	选择性非催化还原法（SNCR）	50	k=治理设施运行时间（小时/年）/企业正常生产时间（小时/年）
									直排	—	—
			干燥塔（煤粉）	所有规模	废气	工业废气量	万标米 ^{3}/万米 ^{2}-产品	65	—	—	—
						颗粒物	千克/万米 ^{2}-产品	1950	袋式除尘	99.6	k=治理设施运行时间（小时/年）/企业正常生产时间（小时/年）
									旋风+布袋	99.5	
									其他（湿式电除尘）	99	

3071 建筑陶瓷制品制造行业系数表（续表 6）

工段名称	产品名称	原料名称	工艺名称	规模等级	污染物类别	污染物指标	系数单位	产污系数	末端治理技术	末端治理技术平均去除效率/%	参考 k 值计算公式
物料干燥	陶瓷地砖（一次烧成-饰釉）	长石、石英、瓷土等	干燥塔（煤粉）	所有规模	废气	颗粒物	千克/万米 ^{2}-产品	1950	其他（旋风+布袋+喷淋）	99.8	k=治理设施运行时间（小时/年）/企业正常生产时间（小时/年）
						二氧化硫	千克/万米 ^{2}-产品	130	石灰/石膏法	90	
									其他（钠碱法）	90	
									直排	—	—
						氮氧化物	千克/万米 ^{2}-产品	65	选择性非催化还原法（SNCR）	50	k=治理设施运行时间（小时/年）/企业正常生产时间（小时/年）
									直排	—	—
烧成			辊道窑（天然气）	所有规模	废气	工业废气量	万标米 ^{3}/万米 ^{2}-产品	70	—	—	—
						颗粒物	千克/万米 ^{2}-产品	70	袋式除尘	99	k=治理设施运行时间（小时/年）/企业正常生产时间（小时/年）
									喷淋塔	70	
									其他（湿式电除尘）	85	
									直排	—	—
						二氧化硫	千克/万米 ^{2}-产品	126	石灰/石膏法	90	k=治理设施运行时间（小时/年）/企业正常生产时间（小时/年）
									其他（钠碱法）	90	
									直排	—	—

3071 建筑陶瓷制品制造行业系数表（续表 7）

工段名称	产品名称	原料名称	工艺名称	规模等级	污染物类别	污染物指标	系数单位	产污系数	末端治理技术	末端治理技术平均去除效率/%	参考 k 值计算公式
烧成	陶瓷地砖（一次烧成-饰釉）	长石、石英、瓷土等	辊道窑（天然气）	所有规模	废气	氮氧化物	千克/万米 ^{2}-产品	216	选择性非催化还原法（SNCR）	50	k=治理设施运行时间（小时/年）/企业正常生产时间（小时/年）
									直排	—	—
			辊道窑（水煤气）	所有规模	废气	工业废气量	万标米 ^{3}/万米 ^{2}-产品	70	—	—	—
						颗粒物	千克/万米 ^{2}-产品	63	袋式除尘	99	k=治理设施运行时间（小时/年）/企业正常生产时间（小时/年）
									喷淋塔	70	
									其他（湿式电除尘）	85	
									直排	—	—
						二氧化硫	千克/万米 ^{2}-产品	140	石灰/石膏法	90	k=治理设施运行时间（小时/年）/企业正常生产时间（小时/年）
									其他（钠碱法）	90	
									直排	—	—
						氮氧化物	千克/万米 ^{2}-产品	119	选择性非催化还原法（SNCR）	50	k=治理设施运行时间（小时/年）/企业正常生产时间（小时/年）
									直排	—	—
					固废	一般固废	吨/万米 ^{2}-产品	12	—	—	—

3071 建筑陶瓷制品制造行业系数表（续表 8）

工段名称	产品名称	原料名称	工艺名称	规模等级	污染物类别	污染物指标	系数单位	产污系数	末端治理技术	末端治理技术平均去除效率/%	参考 k 值计算公式
物料干燥	陶瓷内墙砖	长石、石英、瓷土等	干燥塔（天然气）	所有规模	废气	工业废气量	万标米^3/万米^2-产品	78	—	—	—
						颗粒物	千克/万米^2-产品	2340	袋式除尘	99.6	k=治理设施运行时间（小时/年）/企业正常生产时间（小时/年）
									旋风+布袋	99.5	
									其他（湿式电除尘）	99	
									其他（旋风+布袋+喷淋）	99.8	
						二氧化硫	千克/万米^2-产品	78	石灰/石膏法	90	k=治理设施运行时间（小时/年）/企业正常生产时间（小时/年）
									其他（钠碱法）	90	
									直排	—	—
						氮氧化物	千克/万米^2-产品	117	选择性非催化还原法（SNCR）	50	k=治理设施运行时间（小时/年）/企业正常生产时间（小时/年）
									直排	—	—
			干燥塔（水煤浆）	所有规模	废气	工业废气量	万标米^3/万米^2-产品	78	—	—	—

3071 建筑陶瓷制品制造行业系数表（续表 9）

工段名称	产品名称	原料名称	工艺名称	规模等级	污染物类别	污染物指标	系数单位	产污系数	末端治理技术	末端治理技术平均去除效率/%	参考 k 值计算公式
物料干燥	陶瓷内墙砖	长石、石英、瓷土等	干燥塔（水煤浆）	所有规模	废气	颗粒物	千克/万米 ^{2}-产品	2340	袋式除尘	99.6	k=治理设施运行时间（小时/年）/企业正常生产时间（小时/年）
									旋风+布袋	99.5	
									其他（湿式电除尘）	99	
									其他（旋风+布袋+喷淋）	99.8	
						二氧化硫	千克/万米 ^{2}-产品	156	石灰/石膏法	90	k=治理设施运行时间（小时/年）/企业正常生产时间（小时/年）
									其他（钠碱法）	90	
									直排	—	—
						氮氧化物	千克/万米 ^{2}-产品	117	选择性非催化还原法（SNCR）	50	k=治理设施运行时间（小时/年）/企业正常生产时间（小时/年）
									直排	—	—
			干燥塔（煤粉）	所有规模	废气	工业废气量	万标米 ^{3}/万米 ^{2}-产品	78	—	—	—
						颗粒物	千克/万米 ^{2}-产品	2340	袋式除尘	99.6	k=治理设施运行时间（小时/年）/企业正常生产时间（小时/年）
									旋风+布袋	99.5	

3071 建筑陶瓷制品制造行业系数表（续表 10）

工段名称	产品名称	原料名称	工艺名称	规模等级	污染物类别	污染物指标	系数单位	产污系数	末端治理技术	末端治理技术平均去除效率/%	参考 k 值计算公式
物料干燥	陶瓷内墙砖	长石、石英、瓷土等	干燥塔（煤粉）	所有规模	废气	颗粒物	千克/万米^2-产品	2340	其他（湿式电除尘）	99	k=治理设施运行时间（小时/年）/企业正常生产时间（小时/年）
									其他（旋风+布袋+喷淋）	99.8	
						二氧化硫	千克/万米^2-产品	156	石灰/石膏法	90	k=治理设施运行时间（小时/年）/企业正常生产时间（小时/年）
									其他（钠碱法）	90	
									直排	—	—
						氮氧化物	千克/万米^2-产品	78	选择性非催化还原法（SNCR）	50	k=治理设施运行时间（小时/年）/企业正常生产时间（小时/年）
									直排	—	—
烧成			辊道窑（天然气-一次烧成）	所有规模	废气	工业废气量	万标米^3/万米^2-产品	85	—	—	—
						颗粒物	千克/万米^2-产品	51	袋式除尘	99	k=治理设施运行时间（小时/年）/企业正常生产时间（小时/年）
									喷淋塔	70	
									其他（湿式电除尘）	85	
									直排	—	—

3071 建筑陶瓷制品制造行业系数表（续表 11）

工段名称	产品名称	原料名称	工艺名称	规模等级	污染物类别	污染物指标	系数单位	产污系数	末端治理技术	末端治理技术平均去除效率/%	参考 k 值计算公式
烧成	陶瓷内墙砖	长石、石英、瓷土等	辊道窑（天然气-一次烧成）	所有规模	废气	二氧化硫	千克/万米^2-产品	85	石灰/石膏法	90	k=治理设施运行时间（小时/年）/企业正常生产时间（小时/年）
									其他（钠碱法）	90	
									直排	—	—
						氮氧化物	千克/万米^2-产品	153	选择性非催化还原法（SNCR）	50	k=治理设施运行时间（小时/年）/企业正常生产时间（小时/年）
									直排	—	—
			辊道窑（天然气-二次烧成）	所有规模	废气	工业废气量	万标米^3/万米^2-产品	136	—	—	—
						颗粒物	千克/万米^2-产品	66.3	袋式除尘	99	k=治理设施运行时间（小时/年）/企业正常生产时间（小时/年）
									喷淋塔	70	
									其他（湿式电除尘）	85	
									直排	—	—
						二氧化硫	千克/万米^2-产品	128	石灰/石膏法	90	k=治理设施运行时间（小时/年）/企业正常生产时间（小时/年）
									其他（钠碱法）	90	
									直排	—	—

3071 建筑陶瓷制品制造行业系数表（续表 12）

工段名称	产品名称	原料名称	工艺名称	规模等级	污染物类别	污染物指标	系数单位	产污系数	末端治理技术	末端治理技术平均去除效率/%	参考 *k* 值计算公式
烧成	陶瓷内墙砖	长石、石英、瓷土等	辊道窑（天然气-二次烧成）	所有规模	废气	氮氧化物	千克/万米^2-产品	260	选择性非催化还原法（SNCR）	50	*k*=治理设施运行时间（小时/年）/企业正常生产时间（小时/年）
									直排	—	—
			辊道窑（水煤气-一次烧成）	所有规模	废气	工业废气量	万标米^3/万米^2-产品	85	—	—	—
						颗粒物	千克/万米^2-产品	76.5	袋式除尘	99	*k*=治理设施运行时间（小时/年）/企业正常生产时间（小时/年）
									喷淋塔	70	
									其他（湿式电除尘）	85	
									直排	—	—
						二氧化硫	千克/万米^2-产品	170	石灰/石膏法	90	*k*=治理设施运行时间（小时/年）/企业正常生产时间（小时/年）
									其他（钠碱法）	90	
									直排	—	—
						氮氧化物	千克/万米^2-产品	145	选择性非催化还原法（SNCR）	50	*k*=治理设施运行时间（小时/年）/企业正常生产时间（小时/年）
									直排	—	—

3071 建筑陶瓷制品制造行业系数表（续表 13）

工段名称	产品名称	原料名称	工艺名称	规模等级	污染物类别	污染物指标	系数单位	产污系数	末端治理技术	末端治理技术平均去除效率/%	参考 k 值计算公式
烧成	陶瓷内墙砖	长石、石英、瓷土等	辊道窑（水煤气-二次烧成）	所有规模	废气	工业废气量	万标米^3/万米^2-产品	136	—	—	—
						颗粒物	千克/万米^2-产品	99	袋式除尘	99	k=治理设施运行时间（小时/年）/企业正常生产时间（小时/年）
									喷淋塔	70	
									其他（湿式电除尘）	85	
									直排	—	—
						二氧化硫	千克/万米^2-产品	230	石灰/石膏法	90	k=治理设施运行时间（小时/年）/企业正常生产时间（小时/年）
									其他（钠碱法）	90	
									直排	—	—
						氮氧化物	千克/万米^2-产品	248	选择性非催化还原法（SNCR）	50	k=治理设施运行时间（小时/年）/企业正常生产时间（小时/年）
									直排	—	—
					固废	一般固废	吨/万米^2-产品	9	—	—	—

3072 卫生陶瓷制品制造业

1 适用范围

本手册仅用于《国民经济行业分类》（GB/T 4754—2017）中 3072 卫生陶瓷制品制造行业使用系数法核算工业污染物产生量和排放量的工业企业。

利用本手册进行产排污核算得出的污染物产生量与排放量仅代表了特定行业、工艺、产品、原料在正常工况下污染物产生与排放的一般规律。

本行业废气指标包括颗粒物（工业烟尘，不含无组织排放颗粒物）、二氧化硫、氮氧化物。

2 注意事项

2.1 企业有多种生产工艺或生产多类产品产排污量核算

污染物产生量与产品产量有关，根据不同核算环节计算产污量后，再根据企业末端治理设施和运行情况计算各污染物的排放量。

企业某污染物指标的产生量、排放量为各核算环节产生量、排放量之和。

部分卫生陶瓷制品制造企业能够做到废水完全回用，不外排，废水污染物指标可不计。如果有个别企业存在废水外排的情况，可以参照 3074 日用陶瓷制品制造系数手册的日用陶瓷-燃水煤气隧道窑组合的废水指标。在企业实际排放量计算过程中，需要在利用产排污核算公式的基础上扣除废水回用的部分。公式如下：

实际排放量=计算排放量×（1–废水回用率）

2.2 采用多种治理设施组合处理企业的排污量核算

在排污量计算选择末端治理技术时，若没有对应的组合治理技术，以主要治理技术为准。

2.3 其他需要说明的问题

由于不同企业工业废气量差异较大，本手册所提供的工业废气量系数仅供参考。

为体现相同产污水平条件下，采用相同环保治理设施的不同企业对同一污染物去除效果的差异，引入末端治理设施实际运行率（k）对污染治理技术的实际去除率进行修正。k 值反映的是污染治理设施运行的状态，越稳定运行，k 值越高；在取值上，若定义连续稳定运行的理想状态为 1，则 k 取值在 0～1 之间。

本手册给出本行业的 k 计算公式仅供参考，使用时，可根据 k 值定义，选取更适合企业实际情况的表达方式。

3 污染物排放量核算方法

3.1 计算工段污染物产生量

（1）根据产品、原料、污染物产生的主导生产工艺、企业规模（生产产能）这一组合查找和确定所对应的某一污染物的产污系数。

（2）根据该污染物的产污系数计量单位——单位产品产量，获取企业实际产品产量。

例如，某组合内化学需氧量的产污系数单位为千克/吨-产品，则计算产生量时需要获取企业实际产品产量。

（3）污染物产生量按以下公式进行计算：

污染物产生量=污染物对应的产污系数×产品产量

$$G_{产i}=P_{产i}\times M_i$$

式中，$G_{产i}$——工段 i 某污染物的产生量；

$P_{产i}$——工段 i 某污染物对应的产污系数；

M_i——工段 i 的产品产量。

3.2 计算工段污染物去除量

（1）根据企业对某一污染物所采用的治理技术查找和选择相应的治理技术平均去除效率。

（2）根据污染治理设施实际运行率参数及其计算公式得出该企业某一污染物的治理设施实际运行率（k 值）。

（3）污染物去除量按以下公式进行计算：

污染物去除量=污染物产生量×污染物去除率 =污染物产生量×治理技术平均去除效率×治理设施实际运行率

$$R_{减i}=G_{产i}\times\eta_T\times k_T$$

式中，$R_{减i}$——工段 i 某污染物的去除量；

η_T——工段 i 某污染物采用的末端治理技术的平均去除效率；

k_T——工段 i 某污染物采用的末端治理设施的实际运行率。

3.3 计算工段污染物排放量

污染物排放量=污染物产生量–污染物去除量

=污染物对应的产污系数×产品产量–污染物产生量×治理技术平均去除效率×治理设施实际运行率

3.4 计算企业污染物排放量

同一企业某污染物全年的产生（排放）总量为该企业同年实际生产的全部工段、产品、原料、规模污染物产生（排放）量之和。

$$E_{排} = G_{产} - R_{减} = \sum(G_{产i} - R_{减i})$$
$$= \sum\left[P_{产i} \times M_i(1 - \eta_T \times k_T)\right]$$

4　污染物排放量核算案例

某卫生陶瓷企业主要从事卫生陶瓷洁具的生产。该企业涉及的主要产排污工段为制备烧成，主要污染物为颗粒物、二氧化硫、氮氧化物。现以二氧化硫为例说明排放量计算过程。

该企业基本信息如表 1 所示。

表 1　某卫生陶瓷企业基本信息

	核算环节：备料烧成	
	名称	数量
产品及产量	卫生陶瓷洁具	150 万件
工艺名称	隧道窑（天然气）	—
规模（产能）	150 万件	
污染治理设施	钠碱法	
实际运行率参数	治理设施运行时间	7100 小时
	企业正常生产时间	7200 小时

4.1　工段的排放量计算

（1）二氧化硫产生量计算

①查找产污系数及其计量单位

根据企业基本信息，查找本手册中主要产品为卫生陶瓷，主要原料为瓷石、长石、石英等，主要工艺为隧道窑（天然气），生产规模为所有规模。该组合二氧化硫的产污系数为 82.1，单位为千克/万件-产品。

②获取企业产品产量

该企业实际填报情况为：主要产品卫生陶瓷洁具 2017 年产量为 150 万件。

③计算二氧化硫产生量

由于查询到的组合中二氧化硫产污系数的单位为千克/万件-产品，因此在核算产生量时需获取产品产量。

二氧化硫产生量=二氧化硫产污系数×产品（卫生陶瓷）产量

=82.1 千克/万件-产品×150 万件-产品

=12315 千克

（2）二氧化硫去除量计算

①查找治理技术平均去除效率

该企业二氧化硫治理技术采用钠碱法脱硫工艺，查询相应组合内该工艺的平均去除效率为 85%。

②计算污染治理设施实际运行率

根据产污系数组合查询结果，该组合中二氧化硫对应的污染治理设施实际运行率为

k=治理设施运行时间/企业正常生产时间=7100 小时/7200 小时=0.986

③计算二氧化硫去除量

二氧化硫去除量=12315 千克×85%×0.986=10321.2 千克

（3）二氧化硫排放量计算

二氧化硫排放量=12315 千克−10321.2 千克=1993.8 千克

4.2 二氧化硫总排放量计算

二氧化硫总排放量=核算环节排放量=1993.8 千克

5 系数表

3072 卫生陶瓷制品制造行业系数表

工段名称	产品名称	原料名称	工艺名称	规模等级	污染物类别	污染物指标	系数单位	产污系数	末端治理技术	末端治理技术平均去除效率/%	参考 k 值计算公式[1]
制备烧成	卫生陶瓷	瓷石、长石、石英等	隧道窑（天然气）	所有规模	废水	废水量	吨/万件-产品	1228	—	—	—
					废气	工业废气量	万标米 ^{3}/万件-产品	282	—	—	—
						颗粒物	千克/万件-产品	65.2	直排	—	—
									其他（湿式电除尘）	90	k=治理设施运行时间（小时/年）/企业正常生产时间（小时/年）
						二氧化硫	千克/万件-产品	82.1	直排	—	—
									其他（钠碱法）	85	k=治理设施运行时间（小时/年）/企业正常生产时间（小时/年）
						氮氧化物	千克/万件-产品	178	直排	—	—
									选择性非催化还原法（SNCR）	50	k=治理设施运行时间（小时/年）/企业正常生产时间（小时/年）
					固废	一般固废	吨/万件-产品	30	—	—	—

[1] 该公式仅供参考，使用时，可根据 k 值定义，选取更适合企业实际情况的表达方式。

3072 卫生陶瓷制品制造行业系数表（续表 1）

工段名称	产品名称	原料名称	工艺名称	规模等级	污染物类别	污染物指标	系数单位	产污系数	末端治理技术	末端治理技术平均去除效率/%	参考 k 值计算公式
制备烧成	卫生陶瓷	瓷石、长石、石英等	隧道窑（煤气）	所有规模	废水	废水量	吨/万件-产品	1230	—	—	—
					废气	工业废气量	万标米^3/万件-产品	265	—	—	—
						颗粒物	千克/万件-产品	78.5	直排	—	—
									其他（湿式电除尘）	90	k=治理设施运行时间（小时/年）/企业正常生产时间（小时/年）
						二氧化硫	千克/万件-产品	99.5	直排	—	—
									其他（钠碱法）	85	k=治理设施运行时间（小时/年）/企业正常生产时间（小时/年）
						氮氧化物	千克/万件-产品	135	直排	—	—
									选择性非催化还原法（SNCR）	50	k=治理设施运行时间（小时/年）/企业正常生产时间（小时/年）
					固废	一般固废	吨/万件-产品	32	—	—	—
			梭式窑（天然气）	所有规模	废气	工业废气量	万标米^3/万件-产品	450	—	—	—
						颗粒物	千克/万件-产品	11.6	直排	—	—
						二氧化硫	千克/万件-产品	57.6	直排	—	—
						氮氧化物	千克/万件-产品	180	直排	—	—
					固废	一般固废	吨/万件-产品	5.00	—	—	—
			梭式窑（水煤气）	所有规模	废气	工业废气量	万标米^3/万件-产品	445	—	—	—
						颗粒物	千克/万件-产品	14.3	直排	—	—
						二氧化硫	千克/万件-产品	65.4	直排	—	—
						氮氧化物	千克/万件-产品	135	直排	—	—
					固废	一般固废	吨/万件-产品	6.50	—	—	—

注：若企业产品产量按“千克”计，换算系数为 16 千克=1 件。

3073 特种陶瓷制品制造业

1 适用范围

本手册仅用于《国民经济行业分类》（GB/T 4754—2017）中 3073 特种陶瓷制品制造行业用系数法核算工业污染物产生量和排放量的工业企业。

利用本手册进行产排污核算得出的污染物产生量与排放量仅代表了特定行业、工艺、产品、原料在正常工况下污染物产生与排放的一般规律。

高压瓷绝缘子的废气指标包括颗粒物（烟尘，不包括无组织排放粉尘）、二氧化硫、氮氧化物；固废指标包括一般固废。

石英陶瓷辊的废水指标包括化学需氧量、氨氮、总氮；废气指标包括颗粒物（烟尘，不包括无组织排放粉尘）、二氧化硫、氮氧化物；固废指标包括一般固废。

氧化铝陶瓷的废水指标包括化学需氧量、氨氮、总氮；废气指标包括颗粒物（烟尘，不包括无组织排放粉尘）、二氧化硫、氮氧化物；固废指标包括一般固废。

2 注意事项

2.1 企业有多种生产工艺或生产多类产品产排污量核算

污染物产生量与产品产量有关，根据不同核算环节计算产污量后，再根据企业末端治理设施和运行情况计算各污染物的排放量。

企业某污染物指标的产生量、排放量为各核算环节产生量、排放量之和。

在企业实际排放量计算过程中，如果存在废水回用的情况，需要在利用产排污核算公式的基础上扣除废水回用的部分。公式如下：

实际排放量=计算排放量×（1–废水回用率）

2.2 采用多种治理设施组合处理企业的排污量核算

在排污量计算选择末端治理技术时，若没有对应的组合治理技术，以主要治理技术为准。

2.3 系数表中未涉及的产污系数及污染治理效率

特种陶瓷的生产过程中，如果包含燃料为水煤气的烧成工艺，废水、废气指标可参考 3072 卫生陶瓷烧成工段的系数。

实验室用陶瓷、专用技术陶瓷以及其他特种陶瓷制品可参考“石英陶瓷辊”组合；运输及盛装货物陶瓷容器、电气设备用陶瓷制品可参照“高压瓷绝缘子”组合；高技术陶瓷制品可参照“氧化铝陶瓷”组合。

2.4 其他需要说明的问题

由于不同企业工业废气量、废水量差异较大，本手册所提供的工业废气量、废水量系数仅供参考。

为体现相同产污水平条件下，采用相同环保治理设施的不同企业对同一污染物去除效果的差异，引入末端治理设施实际运行率（k）对污染治理技术的实际去除率进行修正。k 值反映的是污染治理设施运行的状态，越稳定运行，k 值越高；在取值上，若定义连续稳定运行的理想状态为 1，则 k 取值在 0～1 之间。

本手册给出本行业的 k 计算公式仅供参考，使用时，可根据 k 值定义，选取更适合企业实际情况的表达方式。

3 污染物排放量核算方法

针对企业实际生产情况，本行业在系数制定过程中将企业全生产流程划分或拆分为若干工段（核算环节），在核算企业污染物产排量时，可灵活选择本企业对应的工段进行核算。

3.1 计算污染物产生量

（1）根据产品、原料、污染物产生的主导生产工艺、企业规模（生产产能）这一组合查找和确定所对应的某一污染物的产污系数。

（2）根据该污染物的产污系数计量单位——单位产品产量，获取企业实际产品产量。

例如，某组合内化学需氧量的产污系数单位为千克/吨-产品，则计算产生量时需要获取企业实际产品产量。

（3）污染物产生量按以下公式进行计算：

污染物产生量=污染物对应的产污系数×产品产量

$$G_{产i} = P_{产i} \times M_i$$

式中，$G_{产i}$——工段 i 某污染物的产生量；

$P_{产i}$——工段 i 某污染物对应的产污系数；

M_i——工段 i 的产品产量。

3.2 计算污染物去除量

（1）根据企业对某一污染物所采用的治理技术查找和选择相应的治理技术平均去除效率。

（2）根据污染治理设施实际运行率参数及其计算公式得出该企业某一污染物的治理设施实际运行率（k 值）。

（3）污染物去除量按以下公式进行计算：

污染物去除量=污染物产生量×污染物去除率 =污染物产生量×治理技术平均去除效率×治理设施实际运行率

$$R_{减i} = G_{产i} \times \eta_T \times k_T$$

式中，$R_{减i}$——工段 i 某污染物的去除量；

η_T——工段 i 某污染物采用的末端治理技术的平均去除效率；

k_T——工段 i 某污染物采用的末端治理设施的实际运行率。

3.3 计算污染物排放量

污染物排放量=污染物产生量–污染物去除量

=污染物对应的产污系数×产品产量–污染物产生量×治理技术平均去除效率×治理设施实际运行率

3.4 计算企业污染物排放量

同一企业某污染物全年的产生（排放）总量为该企业同年实际生产的全部工段、产品、原料、规模污染物产生（排放）量之和。

$$E_{排} = G_{产} - R_{减} = \sum(G_{产i} - R_{减i})$$
$$= \sum\left[P_{产i} \times M_i(1 - \eta_T \times k_T)\right]$$

4 污染物排放量核算案例

某特种陶瓷制品企业主要从事高压瓷绝缘子的生产。该企业涉及的主要产排污工段为制备烧成，主要污染物为颗粒物、二氧化硫、氮氧化物。现以颗粒物为例说明排放量计算过程。

该企业基本信息如表 1 所示。

表 1　某高压瓷绝缘子制品企业基本信息

	核算环节：制备烧成	
	名称	数量
产品及产量	高压瓷绝缘子	5000 吨
原料名称	铝矾土、高岭土、长石	
工艺名称	天然气隧道窑	—
规模（产能）	5000 吨	
污染治理设施	袋式除尘	
实际运行率参数	治理设施运行时间	7100 小时
	企业正常生产时间	7100 小时

4.1 工段的排放量计算

（1）颗粒物产生量计算

①查找产污系数及其计量单位

根据企业基本信息，查找本手册中主要产品为高压瓷绝缘子，主要原料为铝矾土、高岭土、长石，主要工艺为天然气隧道窑，生产规模为所有规模。该组合颗粒物的产污系数为 2.50，单位为千克/吨-产品。

②获取企业产品产量

该企业实际情况为：该工段主要产品高压瓷绝缘子 2017 年产量为 5000 吨。

③计算颗粒物产生量

由于查询到的组合中颗粒物产污系数的单位为千克/吨-产品，因此在核算产生量时需获取产品产量。

颗粒物产生量=颗粒物产污系数×产品（高压瓷绝缘子）产量

=2.50 千克/吨-产品×5000 吨-产品

=12500 千克

（2）颗粒物去除量计算

①查找治理技术平均去除效率

该企业颗粒物治理技术采用袋式除尘工艺，查询相应组合内该工艺的平均去除效率为 99%。

②计算污染治理设施实际运行率

根据产污系数组合查询结果，该组合中颗粒物对应的污染治理设施实际运行率为

k=治理设施运行时间/企业正常生产时间=7100 小时/7100 小时=1

③计算颗粒物去除量

颗粒物去除量=12500 千克×99%×1=12375 千克

（3）颗粒物排放量计算

颗粒物排放量=12500 千克–12375 千克=125 千克

4.2 颗粒物总排放量计算

颗粒物总排放量=核算环节排放量=125 千克

5 系数表

3073 特种陶瓷制品制造行业系数表

工段名称	产品名称	原料名称	工艺名称	规模等级	污染物类别	污染物指标	系数单位	产污系数	末端治理技术	末端治理技术平均去除效率/%	参考 k 值计算公式[1]
制备烧成	高压瓷绝缘子	铝矾土、高岭土、长石	隧道窑（天然气）	所有规模	废水	废水量	吨/吨-产品	1.40	—	—	—
					废气	工业废气量	标米³/吨-产品	2940	—	—	—
						颗粒物	千克/吨-产品	2.50	袋式除尘	99	k=治理设施运行时间（小时/年）/企业正常生产时间（小时/年）
						二氧化硫	千克/吨-产品	4.5×10^{-2}	石灰石/石膏法	80	
									直排	—	—
						氮氧化物	千克/吨-产品	2.06×10^{-1}	选择性非催化还原法（SNCR）	50	k=治理设施运行时间（小时/年）/企业正常生产时间（小时/年）
					固废	一般固废	吨/吨-产品	5×10^{-3}	—	—	—
			梭式窑（天然气）	所有规模	废水	废水量	吨/吨-产品	0.76	沉淀分离、循环利用	—	—
					废气	工业废气量	标米³/吨-产品	2940	—	—	—
						颗粒物	千克/吨-产品	0.77	袋式除尘	99	k=治理设施运行时间（小时/年）/企业正常生产时间（小时/年）
						二氧化硫	千克/吨-产品	0.12	—	—	—
									石灰石/石膏法	80	k=治理设施运行时间（小时/年）/企业正常生产时间（小时/年）
						氮氧化物	千克/吨-产品	3.25×10^{-1}	选择性非催化还原法（SNCR）	50	
					固废	一般固废	吨/吨-产品	0.01	—	—	—

[1] 该公式仅供参考，使用时，可根据 k 值定义，选取更适合企业实际情况的表达方式。

3073 特种陶瓷制品制造行业系数表（续表 1）

工段名称	产品名称	原料名称	工艺名称	规模等级	污染物类别	污染物指标	系数单位	产污系数	末端治理技术	末端治理技术平均去除效率/%	参考 k 值计算公式
制备烧成	石英陶瓷	熔融石英粉	梭式窑（天然气）	所有规模	废水	废水量	吨/吨-产品	0.91	—	—	—
						化学需氧量	克/吨-产品	61.5	沉淀分离	35	k=治理设施运行时间（小时/年）/企业正常生产时间（小时/年）
						氨氮	克/吨-产品	0.08	沉淀分离	15	
						总氮	克/吨-产品	0.4	沉淀分离	15	
					废气	工业废气量	标米^3/吨-产品	4760	—	—	—
						颗粒物	千克/吨-产品	0.20	袋式除尘	99	k=治理设施运行时间（小时/年）/企业正常生产时间（小时/年）
						二氧化硫	千克/吨-产品	0.13	—	—	—
						氮氧化物	千克/吨-产品	0.68	—	—	—
					固废	一般固废	吨/吨-产品	0.05	—	—	—
	氧化铝陶瓷	煅烧氧化铝粉、高岭土	隧道窑（天然气）	所有规模	废水	废水量	吨/吨-产品	0.71	—	—	—
						化学需氧量	克/吨-产品	43.5	沉淀分离	35	k=治理设施运行时间（小时/年）/企业正常生产时间（小时/年）
						氨氮	克/吨-产品	0.06	沉淀分离	15	
						总氮	克/吨-产品	0.3	沉淀分离	15	
					废气	工业废气量	标米^3/吨-产品	3710	—	—	—
						颗粒物	千克/吨-产品	1.12	袋式除尘	99	k=治理设施运行时间（小时/年）/企业正常生产时间（小时/年）
						二氧化硫	千克/吨-产品	0.37	石灰石/石膏法	80	
									直排	—	—
						氮氧化物	千克/吨-产品	0.35	选择性非催化还原法（SNCR）	50	k=治理设施运行时间（小时/年）/企业正常生产时间（小时/年）
					固废	一般固废	吨/吨-产品	0.04	—	—	—

3074 日用陶瓷制品制造业

1 适用范围

本手册仅用于《国民经济行业分类》（GB/T 4754—2017）中 3074 日用陶瓷制品制造行业使用系数法核算工业污染物产生量和排放量的工业企业。

利用本手册进行产排污核算得出的污染物产生量与排放量仅代表了特定行业、工艺、产品、原料在正常工况下污染物产生与排放的一般规律。

本行业废水指标包括化学需氧量；废气指标包括颗粒物（烟尘，不包括无组织排放粉尘）、二氧化硫、氮氧化物。

2 注意事项

2.1 企业有多种生产工艺或生产多类产品产排污量核算

污染物产生量与产品产量有关，根据不同核算环节计算产污量后，再根据企业末端治理设施和运行情况计算各污染物的排放量。

企业某污染物指标的产生量、排放量为各核算环节产生量、排放量之和。

在企业实际排放量计算过程中，如果存在废水回用的情况，需要在利用产排污核算公式的基础上扣除废水回用的部分。公式如下：

实际排放量=计算排放量×（1–废水回用率）

2.2 采用多种治理设施组合处理企业的排污量核算

在排污量计算选择末端治理技术时，若没有对应的组合治理技术，以主要治理技术为准。

2.3 其他需要说明的问题

由于不同企业工业废气量、废水量差异较大，本手册所提供的工业废气量、废水量系数仅供参考。

为体现相同产污水平条件下，采用相同环保治理设施的不同企业对同一污染物去除效果的差异，引入末端治理设施实际运行率（k）对污染治理技术的实际去除率进行修正。k 值反映的是污染治理设施运行的状态，越稳定运行，k 值越高；在取值上，若定义连续稳定运行的理想状态为 1，则 k 取值在 0～1 之间。

本手册给出本行业的 k 计算公式仅供参考，使用时，可根据 k 值定义，选取更适合企业实际情况的表达方式。

3　污染物排放量核算方法

针对企业实际生产情况，本行业在系数制定过程中将企业全生产流程划分或拆分为若干工段（核算环节），在核算企业污染物产排量时，可灵活选择本企业对应的工段进行核算。

3.1　计算工段污染物产生量

（1）根据产品、原料、污染物产生的主导生产工艺、企业规模（生产产能）这一组合查找和确定所对应的某一污染物的产污系数。

（2）根据该污染物的产污系数计量单位——单位产品产量，获取企业实际产品产量。

例如，某组合内化学需氧量的产污系数单位为千克/吨-产品，则计算产生量时需要获取企业实际产品产量。

（3）污染物产生量按以下公式进行计算：

污染物产生量=污染物对应的产污系数×产品产量

$$G_{产i} = P_{产i} \times M_i$$

式中，$G_{产i}$——工段 i 某污染物的产生量；

$P_{产i}$——工段 i 某污染物对应的产污系数；

M_i——工段 i 的产品产量。

3.2　计算污染物去除量

（1）根据企业对某一污染物所采用的治理技术查找和选择相应的治理技术平均去除效率。

（2）根据污染治理设施实际运行率参数及其计算公式得出该企业某一污染物的治理设施实际运行率（k 值）。

（3）污染物去除量按以下公式进行计算：

污染物去除量=污染物产生量×污染物去除率 =污染物产生量×治理技术平均去除效率×治理设施实际运行率

$$R_{减i} = G_{产i} \times \eta_T \times k_T$$

式中，$R_{减i}$——工段 i 某污染物的去除量；

η_T——工段 i 某污染物采用的末端治理技术的平均去除效率；

k_T——工段 i 某污染物采用的末端治理设施的实际运行率。

3.3　计算污染物排放量

污染物排放量=污染物产生量−污染物去除量

=污染物对应的产污系数×产品产量−污染物产生量×治理技术平均去除效率×治理设施实际运行率

3.4　计算企业污染物排放量

同一企业某污染物全年的产生（排放）总量为该企业同年实际生产的全部工段、产品、原料、

规模污染物产生（排放）量之和。

$$E_{排} = G_{产} - R_{减} = \sum (G_{产i} - R_{减i})$$
$$= \sum \left[P_{产i} \times M_i (1 - \eta_T \times k_T) \right]$$

4 污染物排放量核算案例

某日用陶瓷制品企业主要从事陶瓷碗、碟、杯子等器具的生产。该企业涉及的主要产排污工段为制备烧成，主要污染物为化学需氧量、颗粒物、二氧化硫、氮氧化物。现以颗粒物为例说明排放量计算过程。

该企业基本信息如表 1 所示。

表 1　某日用陶瓷制品企业基本信息

	核算环节：制备烧成	
	名称	数量
产品及产量	日用陶瓷	5000 吨
原料名称	长石、石英、釉料等	
工艺名称	燃天然气辊道窑	—
规模（产能）	5000 吨	
污染治理设施	无/直排	
实际运行率参数	治理设施运行时间	0 小时
	企业正常生产时间	7600 小时

4.1 颗粒物产生量计算

（1）查找产污系数及其计量单位

根据企业基本信息，查找本手册中主要产品为日用陶瓷制品，主要原料为长石、石英、釉料等，主要工艺为燃天然气辊道窑，生产规模为所有规模。该组合颗粒物的产污系数为 0.0184，单位为千克/吨-产品。

（2）获取企业产品产量

该企业实际情况为：该工段主要产品日用陶瓷 2017 年产量为 5000 吨。

（3）计算颗粒物产生量

由于查询到的组合中颗粒物产污系数的单位为千克/吨-产品，因此在核算产生量时需获取产品产量。

颗粒物产生量=颗粒物产污系数×产品（玻璃瓶罐）产量

=0.0184 千克/吨-产品×5000 吨-产品

=92 千克

4.2 颗粒物去除量计算

查找治理技术平均去除效率：

由于该企业颗粒物治理技术为直排，因此产生量=排放量。

颗粒物排放量=92 千克

5 系数表

3074 日用陶瓷制品制造行业系数表

工段名称	产品名称	原料名称	工艺名称	规模等级	污染物类别	污染物指标	系数单位	产污系数	末端治理技术	末端治理技术平均去除效率/%	参考 k 值计算公式[1]
制备烧成	日用陶瓷	高岭土、长石、石英	燃天然气辊道窑	所有规模	废水	废水量	吨/吨-产品	1.35	—	—	—
						化学需氧量	克/吨-产品	120	化学沉淀法	55	k=治理设施运行时间（小时/年）/企业正常生产时间（小时/年）
					废气	工业废气量	标米 ^{3}/吨-产品	4320	—	—	—
						颗粒物	千克/吨-产品	1.84×10^{-2}	直排	—	—
						二氧化硫	千克/吨-产品	2.88×10^{-2}	直排	—	—
						氮氧化物	千克/吨-产品	2.24×10^{-1}	低氮燃烧处理	60	k=治理设施运行时间（小时/年）/企业正常生产时间（小时/年）
					固废	一般固废	吨/吨-产品	5.92×10^{-1}	—	—	—
			燃水煤气辊道窑	所有规模	废水	废水量	吨/吨-产品	1.35	—	—	—
						化学需氧量	克/吨-产品	120	化学沉淀法	55	k=治理设施运行时间（小时/年）/企业正常生产时间（小时/年）
					废气	工业废气量	标米 ^{3}/吨-产品	4200	—	—	—
						颗粒物	千克/吨-产品	3.6×10^{-2}	袋式除尘	99	k=治理设施运行时间（小时/年）/企业正常生产时间（小时/年）
						二氧化硫	千克/吨-产品	5.76×10^{-2}	石灰石/石膏法	85	
						氮氧化物	千克/吨-产品	0.16	选择性非催化还原法（SNCR）	50	
					固废	一般固废	吨/吨-产品	1.00	—	—	—

注：单位换算系数：0.25 千克=1 件。

[1] 该公式仅供参考，使用时，可根据 k 值定义，选取更适合企业实际情况的表达方式。

3074 日用陶瓷制品制造行业系数表（续表 1）

工段名称	产品名称	原料名称	工艺名称	规模等级	污染物类别	污染物指标	系数单位	产污系数	末端治理技术	末端治理技术平均去除效率/%	参考 k 值计算公式
制备烧成	日用陶瓷	高岭土、长石、石英	燃天然气隧道窑	所有规模	废水	废水量	吨/吨-产品	2.55	—	—	—
						化学需氧量	克/吨-产品	195	化学沉淀法	55	k=治理设施运行时间（小时/年）/企业正常生产时间（小时/年）
					废气	工业废气量	万标米 ^{3}/吨-产品	4.62	—	—	—
						颗粒物	千克/吨-产品	0.56	直排	—	—
						二氧化硫	千克/吨-产品	0.72	直排	—	—
						氮氧化物	千克/吨-产品	6.67	直排	—	—
					固废	一般固废	吨/吨-产品	9.2×10^{-2}	—	—	—
			燃水煤气隧道窑	所有规模	废水	废水量	吨/吨-产品	3.35	—	—	—
						化学需氧量	克/吨-产品	300	化学沉淀法	55	k=治理设施运行时间（小时/年）/企业正常生产时间（小时/年）
					废气	工业废气量	万标米 ^{3}/吨-产品	1.83	—	—	—
						颗粒物	千克/吨-产品	0.82	袋式除尘	99	k=治理设施运行时间（小时/年）/企业正常生产时间（小时/年）
						二氧化硫	千克/吨-产品	3.4	石灰石/石膏法	85	
						氮氧化物	千克/吨-产品	2.76	选择性非催化还原法（SNCR）	50	
					固废	一般固废	吨/吨-产品	0.13	—	—	—

注：企业产量以“件”为单位时，换算关系为 0.25 千克=1 件。

3075 陈设艺术陶瓷制品制造业、3076 园艺陶瓷制品制造业、3079 其他陶瓷制品制造业

1 适用范围

本手册仅用于《国民经济行业分类》（GB/T 4754—2017）中 3075 陈设艺术陶瓷制品制造（包括 3076 园艺陶瓷制品制造、3079 其他陶瓷制品制造）行业使用系数法核算工业污染物产生量和排放量的工业企业。

利用本手册进行产排污核算得出的污染物产生量与排放量仅代表了特定行业、工艺、产品、原料在正常工况下污染物产生与排放的一般规律。

本行业废气指标包括颗粒物（工业粉尘、烟尘，不包括无组织排放粉尘）、二氧化硫、氮氧化物。

2 注意事项

2.1 企业有多种生产工艺或生产多类产品产排污量核算

污染物产生量与产品产量有关，根据不同核算环节计算产污量后，再根据企业末端治理设施和运行情况计算各污染物的排放量。

企业某污染物指标的产生量、排放量为各核算环节产生量、排放量之和。

2.2 采用多种治理设施组合处理企业的排污量核算

在排污量计算选择末端治理技术时，若没有对应的组合治理技术，以主要治理技术为准。

2.3 系数表中未涉及的产污系数及污染治理效率

陈设艺术陶瓷等制品的生产过程中，如果包含物料的湿式制备工艺，废水指标可参考 3074 日用陶瓷制品制造的燃天然气辊道窑工艺的系数手册。

2.4 其他需要说明的问题

由于不同企业工业废气量差异较大，本手册所提供的工业废气量系数仅供参考。

为体现相同产污水平条件下，采用相同环保治理设施的不同企业对同一污染物去除效果的差异，引入末端治理设施实际运行率（k）对污染治理技术的实际去除率进行修正。k 值反映的是污染治理设施运行的状态，越稳定运行，k 值越高；在取值上，若定义连续稳定运行的理想状态为 1，则 k 取值在 0～1 之间。

本手册给出本行业的 k 计算公式仅供参考，使用时，可根据 k 值定义，选取更适合企业实际情况的表达方式。

3 污染物排放量核算方法

针对企业实际生产情况，本行业在系数制定过程中将企业全生产流程划分或拆分为若干工段（核算环节），在核算企业污染物产排量时，可灵活选择本企业对应的工段进行核算。

3.1 计算工段污染物产生量

（1）根据产品、原料、污染物产生的主导生产工艺、企业规模（生产产能）这一组合查找和确定所对应的某一污染物的产污系数。

（2）根据该污染物的产污系数计量单位——单位产品产量，获取企业实际产品产量。

例如，某组合内化学需氧量的产污系数单位为千克/吨-产品，则计算产生量时需要获取企业实际产品产量。

（3）污染物产生量按以下公式进行计算：

污染物产生量=污染物对应的产污系数×产品产量

$$G_{产i} = P_{产i} \times M_i$$

式中，$G_{产i}$——工段 i 某污染物的产生量；

$P_{产i}$——工段 i 某污染物对应的产污系数；

M_i——工段 i 的产品产量。

3.2 计算工段污染物去除量

（1）根据企业对某一污染物所采用的治理技术查找和选择相应的治理技术平均去除效率。

（2）根据污染治理设施实际运行率参数及其计算公式得出该企业某一污染物的治理设施实际运行率（k 值）。

（3）污染物去除量按以下公式进行计算：

污染物去除量=污染物产生量×污染物去除率 =污染物产生量×治理技术平均去除效率×治理设施实际运行率

$$R_{减i} = G_{产i} \times \eta_T \times k_T$$

式中，$R_{减i}$——工段 i 某污染物的去除量；

η_T——工段 i 某污染物采用的末端治理技术的平均去除效率；

k_T——工段 i 某污染物采用的末端治理设施的实际运行率。

3.3 计算工段污染物排放量

污染物排放量=污染物产生量–污染物去除量

=污染物对应的产污系数×产品产量–污染物产生量×治理技术平均去除效率×治理设施实际运行率

3.4 计算企业污染物排放量

同一企业某污染物全年的产生（排放）总量为该企业同年实际生产的全部工段、产品、原料、规模污染物产生（排放）量之和。

$$E_{排} = G_{产} - R_{减} = \sum(G_{产i} - R_{减i})$$
$$= \sum\left[P_{产i} \times M_i(1 - \eta_T \times k_T)\right]$$

4 污染物排放量核算案例

某陈设艺术陶瓷制品企业主要从事艺术陶瓷摆件的生产。该企业涉及的主要产排污工段为制备烧成，主要污染物为颗粒物、二氧化硫、氮氧化物。现以颗粒物为例说明排放量计算过程。

该企业基本信息如表 1 所示。

表 1 某陈设艺术陶瓷制品企业基本信息

	核算环节：制备烧成	
	名称	数量
产品及产量	艺术陶瓷摆件	20 万件
原料名称	长石、石英、釉料等	
工艺名称	燃液化气梭式窑	—
规模（产能）	20 万件	
污染治理设施	袋式除尘	
实际运行率参数	治理设施运行时间	7200 小时
	企业正常生产时间	7600 小时

4.1 工段的排放量计算

（1）颗粒物产生量计算

①查找产污系数及其计量单位

根据企业基本信息，查找本手册中主要产品为陈设艺术陶瓷，主要原料为长石、石英、釉料等，主要工艺为制备烧成，生产规模为所有规模。该组合颗粒物的产污系数为 8.65，单位为千克/万件-产品。

②获取企业产品产量

该企业实际情况为：主要产品艺术陶瓷摆件 2017 年产量为 20 万件。

③计算颗粒物产生量

由于查询到的组合中颗粒物产污系数的单位为千克/万件-产品，因此在核算产生量时需获取产品产量。

颗粒物产生量=颗粒物产污系数×产品（艺术陶瓷摆件）产量

=8.65 千克/万件-产品×20 万件-产品

=173 千克

（2）颗粒物去除量计算

①查找治理技术平均去除效率

该企业颗粒物治理技术采用袋式除尘工艺，查询相应组合内该工艺的平均去除效率为 99%。

②计算污染治理设施实际运行率

根据产污系数组合查询结果，该组合中颗粒物对应的污染治理设施实际运行率为

k=治理设施运行时间/企业正常生产时间=7200 小时/7600 小时=0.947

③计算颗粒物去除量

颗粒物去除量=173 千克×99%×0.947=162.19 千克

（3）颗粒物排放量计算

颗粒物排放量=173 千克−162.19 千克=10.81 千克

4.2 颗粒物总排放量计算

颗粒物总排放量=核算环节排放量=10.81 千克

5 系数表

3075 陈设艺术陶瓷制品制造行业、3076 园艺陶瓷制品制造行业、3079 其他陶瓷制品制造行业系数表

工段名称	产品名称	原料名称	工艺名称	规模等级	污染物类别	污染物指标	系数单位	产污系数	末端治理技术	末端治理技术平均去除效率/%	参考 k 值计算公式[1]
烧成	陶制装饰性花盆	高岭土、粘土、其他	梭式窑（天然气）	所有规模	废气	工业废气量	标米^3/吨-产品	63.0	—	—	—
						颗粒物	千克/吨-产品	1.2×10^{-2}	袋式除尘	99	k=治理设施运行时间（小时/年）/企业正常生产时间（小时/年）
									直排	—	—
						二氧化硫	千克/吨-产品	4×10^{-3}	石灰石/石膏法	85	k=治理设施运行时间（小时/年）/企业正常生产时间（小时/年）
									直排	—	—
						氮氧化物	千克/吨-产品	8×10^{-3}	选择性非催化还原法（SNCR）	50	k=治理设施运行时间（小时/年）/企业正常生产时间（小时/年）
									直排	—	—
					固废	一般固废	吨/吨-产品	0.05	—	—	—

[1] 该公式仅供参考，使用时，可根据 k 值定义，选取更适合企业实际情况的表达方式。

3075 陈设艺术陶瓷制品制造行业、3076 园艺陶瓷制品制造行业、3079 其他陶瓷制品制造行业系数表（续表 1）

工段名称	产品名称	原料名称	工艺名称	规模等级	污染物类别	污染物指标	系数单位	产污系数	末端治理技术	末端治理技术平均去除效率/%	参考 k 值计算公式
烧成	瓷制装饰性花盆	高岭土、粘土、其他	梭式窑（水煤气）	所有规模	废气	工业废气量	标米 ^{3}/吨-产品	75.5	—	—	—
						颗粒物	千克/吨-产品	7×10^{-3}	袋式除尘	99	k=治理设施运行时间（小时/年）/企业正常生产时间（小时/年）
									直排	—	—
						二氧化硫	千克/吨-产品	1.4×10^{-2}	石灰石/石膏法	85	k=治理设施运行时间（小时/年）/企业正常生产时间（小时/年）
									直排	—	—
						氮氧化物	千克/吨-产品	1.7×10^{-2}	选择性非催化还原法（SNCR）	50	k=治理设施运行时间（小时/年）/企业正常生产时间（小时/年）
									直排	—	—
					固废	一般固废	吨/吨-产品	0.04	—	—	—

3075 陈设艺术陶瓷制品制造行业、3076 园艺陶瓷制品制造行业、3079 其他陶瓷制品制造行业系数表（续表 2）

工段名称	产品名称	原料名称	工艺名称	规模等级	污染物类别	污染物指标	系数单位	产污系数	末端治理技术	末端治理技术平均去除效率/%	参考 k 值计算公式
烧成	室内艺术陶瓷茶具	高岭土、长石等	隧道窑（天然气）	所有规模	废气	工业废气量	标米 ^{3}/吨-产品	60.7	—	—	—
						颗粒物	千克/吨-产品	1.3×10^{-2}	袋式除尘	99	k=治理设施运行时间（小时/年）/企业正常生产时间（小时/年）
									直排	—	—
						二氧化硫	千克/吨-产品	2×10^{-3}	石灰石/石膏法	85	k=治理设施运行时间（小时/年）/企业正常生产时间（小时/年）
									直排	—	—
						氮氧化物	千克/吨-产品	1.3×10^{-2}	选择性非催化还原法（SNCR）	50	k=治理设施运行时间（小时/年）/企业正常生产时间（小时/年）
									直排	—	—
					固废	一般固废	吨/吨-产品	4.4×10^{-2}	—	—	—

3075 陈设艺术陶瓷制品制造行业、3076 园艺陶瓷制品制造行业、3079 其他陶瓷制品制造行业系数表（续表 3）

工段名称	产品名称	原料名称	工艺名称	规模等级	污染物类别	污染物指标	系数单位	产污系数	末端治理技术	末端治理技术平均去除效率/%	参考 k 值计算公式
烧成	陈设艺术陶瓷	长石、石英、釉料等	梭式窑（液化气）	所有规模	废气	工业废气量	万标米^3/万件-产品	40.8	—	—	—
						颗粒物	千克/万件-产品	8.65	袋式除尘	99	k=治理设施运行时间（小时/年）/企业正常生产时间（小时/年）
									直排	—	—
						二氧化硫	千克/万件-产品	10.4	石灰石/石膏法	60	k=治理设施运行时间（小时/年）/企业正常生产时间（小时/年）
									直排	—	—
						氮氧化物	千克/万件-产品	35.0	选择性非催化还原法（SNCR）	50	k=治理设施运行时间（小时/年）/企业正常生产时间（小时/年）
									直排	—	—
					固废	一般固废	吨/万件-产品	0.31	—	—	—

3081 石棉制品制造业

1 适用范围

本手册仅用于《国民经济行业分类》（GB/T 4754—2017）中 3081 石棉制品制造行业使用系数法核算工业污染物产生量和排放量的工业企业。

利用本手册进行产排污核算得出的污染物产生量与排放量仅代表了特定行业、工艺、产品、原料在正常工况下污染物产生与排放的一般规律。

本行业废气指标包括废气量、颗粒物（工业粉尘，不包括无组织排放粉尘）；固废指标为一般固废。

2 注意事项

2.1 企业有多种生产工艺或生产多类产品产排污量核算

污染物产生量与产品产量有关，根据不同核算环节计算产污量后，再根据企业末端治理设施和运行情况计算各污染物的排放量。

企业某污染物指标的产生量、排放量为各核算环节产生量、排放量之和。

2.2 采用多种治理设施组合处理企业的排污量核算

在排污量计算选择末端治理技术时，若没有对应的组合治理技术，以主要治理技术为准。

2.3 其他需要说明的问题

由于不同企业工业废气量、废水量差异较大，本手册所提供的工业废气量、废水量系数仅供参考。

为体现相同产污水平条件下，采用相同环保治理设施的不同企业对同一污染物去除效果的差异，引入末端治理设施实际运行率（k）对污染治理技术的实际去除率进行修正。k 值反映的是污染治理设施运行的状态，越稳定运行，k 值越高；在取值上，若定义连续稳定运行的理想状态为 1，则 k 取值在 0～1 之间。

本手册给出本行业的 k 计算公式仅供参考，使用时，可根据 k 值定义，选取更适合企业实际情况的表达方式。

3 污染物排放量核算方法

针对企业实际生产情况，本行业在系数制定过程中将企业全生产流程划分或拆分为若干工段（核算环节），在核算企业污染物产排量时，可灵活选择本企业对应的工段进行核算。

3.1 计算工段污染物产生量

（1）根据产品、原料、污染物产生的主导生产工艺、企业规模（生产产能）这一组合查找和确定所对应的某一污染物的产污系数。

（2）根据该污染物的产污系数计量单位——单位产品产量，获取企业实际产品产量。

例如，某组合内化学需氧量的产污系数单位为千克/吨-产品，则计算产生量时需要获取企业实际产品产量。

（3）污染物产生量按以下公式进行计算：

污染物产生量=污染物对应的产污系数×产品产量

$$G_{产i} = P_{产i} \times M_i$$

式中，$G_{产i}$——工段 i 某污染物的产生量；

$P_{产i}$——工段 i 某污染物对应的产污系数；

M_i——工段 i 的产品产量。

3.2 计算工段污染物去除量

（1）根据企业对某一污染物所采用的治理技术查找和选择相应的治理技术平均去除效率。

（2）根据所填报的污染治理设施实际运行率参数及其计算公式得出该企业某一污染物的治理设施实际运行率（k 值）。

（3）污染物去除量按以下公式进行计算：

污染物去除量=污染物产生量×污染物去除率 =污染物产生量×治理技术平均去除效率×治理设施实际运行率

$$R_{减i} = G_{产i} \times \eta_T \times k_T$$

式中，$R_{减i}$——工段 i 某污染物的去除量；

η_T——工段 i 某污染物采用的末端治理技术的平均去除效率；

k_T——工段 i 某污染物采用的末端治理设施的实际运行率。

3.3 计算工段污染物排放量

污染物排放量=污染物产生量–污染物去除量

=污染物对应的产污系数×产品产量–污染物产生量×治理技术平均去除效率×治理设施实际运行率

3.4 计算企业污染物排放量

同一企业某污染物全年的产生（排放）总量为该企业同年实际生产的全部工段、产品、原料、规模污染物产生（排放）量之和。

$$E_{排} = G_{产} - R_{减} = \sum (G_{产i} - R_{减i})$$
$$= \sum \left[P_{产i} \times M_i (1 - \eta_T \times k_T) \right]$$

4 污染物排放量核算案例

某石棉制品企业主要从事石棉绳的生产。该企业涉及的主要污染物为颗粒物。现以颗粒物为例说明排放量计算过程。

该企业基本信息如表 1 所示。

表 1 某石棉制品企业基本信息

	核算环节：纺织	
产品及产量	石棉绳	5 吨
工艺名称	混棉编制	—
规模（产能）	5 吨	
污染治理技术	袋式除尘	
实际运行率参数	治理设施运行时间	2450 小时
	企业正常生产时间	2450 小时

4.1 工段的排放量计算

（1）颗粒物产生量计算

①查找产污系数及其计量单位

根据企业基本信息，查找本手册中主要产品为石棉纺织品，主要原料为石棉，主要工艺为混棉编制，生产规模为所有规模。该组合颗粒物的产污系数为 3.50，单位为千克/吨-产品。

②获取企业产品产量

该企业实际情况为：主要产品石棉绳 2017 年产量为 5 吨。

③计算颗粒物产生量

由于查询到的组合中颗粒物产污系数的单位为千克/吨-产品，因此在核算产生量时采用产品产量。

颗粒物产生量=颗粒物产污系数×产品（石棉绳）产量

=3.50 千克/吨-产品×5 吨-产品

=17.5 千克

（2）颗粒物去除量计算

①查找治理技术平均去除效率

该企业颗粒物治理技术采用袋式除尘工艺，查询相应组合内该工艺的平均去除效率为 99.2%。

②计算污染治理设施实际运行率

根据产污系数组合查询结果，该组合中颗粒物对应的污染治理设施实际运行率为

k=治理设施运行时间/企业正常生产时间=2450 小时/2450 小时=1

③计算颗粒物去除量

颗粒物去除量=17.5 千克×99.2%×1=17.36 千克

（3）颗粒物排放量计算

颗粒物排放量=17.5 千克–17.36 千克=0.14 千克

4.2 颗粒物总排放量计算

颗粒物总排放量=核算环节排放量=0.14 千克

5 系数表

3081 石棉制品制造行业系数表

工段名称	产品名称	原料名称	工艺名称	规模等级	污染物类别	污染物指标	系数单位	产污系数	末端治理技术	末端治理技术平均去除效率/%	参考 k 值计算公式[1]
压制烘干	石棉橡胶板（密封材料）	石棉、橡胶	冷压烘干	所有规模	固废	一般固废	吨/吨-产品	0.1	—	—	—
	泡沫石棉板（隔热保温）	石棉、乳胶	冷压烘干	所有规模	固废	一般固废	吨/吨-产品	0.11	—	—	—
压制	石棉摩擦材料	石棉、乳胶	干法压制	所有规模	废气	工业废气量	万标米^3/吨-产品	1.14	—	—	—
						颗粒物	千克/吨-产品	4.60	袋式除尘	99.2	k=治理设施运行时间（小时/年）/企业正常生产时间（小时/年）
					固废	一般固废	吨/吨-产品	3.06×10^{-2}	—	—	—
纺织	石棉纺织品	石棉	混棉编制	所有规模	废气	工业废气量	万标米^3/吨-产品	1.48	—	—	—
						颗粒物	千克/吨-产品	3.50	袋式除尘	99.2	k=治理设施运行时间（小时/年）/企业正常生产时间（小时/年）
					固废	一般固废	吨/吨-产品	5.5×10^{-2}	—	—	—

[1] 该公式仅供参考，使用时，可根据 k 值定义，选取更适合企业实际情况的表达方式。

3082 云母制品制造业

1 适用范围

本手册仅用于《国民经济行业分类》(GB/T 4754—2017)中 3082 云母制品制造行业使用系数法核算工业污染物产生量和排放量的工业企业。

利用本手册进行产排污核算得出的污染物产生量与排放量仅代表了特定行业、工艺、产品、原料在正常工况下污染物产生与排放的一般规律。

本行业废水指标为化学需氧量；废气指标为颗粒物。

2 注意事项

2.1 企业有多种生产工艺或生产多类产品产排污量核算

污染物产生量与产品产量有关，根据不同核算环节计算产污量后，再根据企业末端治理设施和运行情况计算各污染物的排放量。

企业某污染物指标的产生量、排放量为各核算环节产生量、排放量之和。

在企业实际排放量计算过程中，如果存在废水回用的情况，需要在利用产排污核算公式的基础上扣除废水回用的部分。公式如下：

实际排放量=计算排放量×（1–废水回用率）

2.2 采用多种治理设施组合处理企业的排污量核算

在排污量计算选择末端治理技术时，若没有对应的组合治理技术，以主要治理技术为准。

2.3 系数表中未涉及的产污系数及污染治理效率

云母制品的生产过程中，云母纸、云母带生产会包含烘干工艺，废水、废气指标可参考工业锅炉行业对应的系数手册。

云母粉制备如果采用了破碎、筛分工艺，废气指标可参考 3099 其他非金属矿物制品制造行业的钙粉的系数手册。

2.4 其他需要说明的问题

由于不同企业工业废气量、废水量差异较大，本手册所提供的工业废气量、废水量系数仅供参考。

为体现相同产污水平条件下，采用相同环保治理设施的不同企业对同一污染物去除效果的差异，引入末端治理设施实际运行率（k）对污染治理技术的实际去除率进行修正。k 值反映的是污染治理设施运行的状态，越稳定运行，k 值越高；在取值上，若定义连续稳定运行的理想状态为 1，则 k 取

值在 0～1 之间。

本手册给出本行业的 k 计算公式仅供参考，使用时，可根据 k 值定义，选取更适合企业实际情况的表达方式。

3 污染物排放量核算方法

针对企业实际生产情况，本行业在系数制定过程中将企业全生产流程划分或拆分为若干工段（核算环节），在核算企业污染物产排量时，可灵活选择本企业对应的工段进行核算。

3.1 计算工段污染物产生量

（1）根据产品、原料、污染物产生的主导生产工艺、企业规模（生产产能）这一组合查找和确定所对应的某一污染物的产污系数。

（2）根据该污染物的产污系数计量单位——单位产品产量，获取企业实际产品产量。

例如某组合内化学需氧量的产污系数单位为千克/吨-产品，则计算产生量时需要获取企业实际产品产量。

（3）污染物产生量按以下公式进行计算：

污染物产生量=污染物对应的产污系数×产品产量

$$G_{产i} = P_{产i} \times M_i$$

式中，$G_{产i}$——工段 i 某污染物的产生量；

$P_{产i}$——工段 i 某污染物对应的产污系数；

M_i——工段 i 的产品产量。

3.2 计算工段污染物去除量

（1）根据企业对某一污染物所采用的治理技术查找和选择相应的治理技术平均去除效率。

（2）根据污染治理设施实际运行率参数及其计算公式得出该企业某一污染物的治理设施实际运行率（k 值）。

（3）污染物去除量按以下公式进行计算：

污染物去除量=污染物产生量×污染物去除率

=污染物产生量×治理技术平均去除效率×治理设施实际运行率

$$R_{减i} = G_{产i} \times \eta_T \times k_T$$

式中，$R_{减i}$——工段 i 某污染物的去除量；

η_T——工段 i 某污染物采用的末端治理技术的平均去除效率；

k_T——工段 i 某污染物采用的末端治理设施的实际运行率。

3.3 计算工段污染物排放量

污染物排放量=污染物产生量−污染物去除量

=污染物对应的产污系数×产品产量−污染物产生量×治理技术平均去除效率×治理设施实际运行率

3.4 计算企业污染物排放量

同一企业某污染物全年的产生（排放）总量为该企业同年实际生产的全部工段、产品、原料、规模污染物产生（排放）量之和。

$$
\begin{aligned}
E_{排} &= G_{产} - R_{减} = \sum(G_{产i} - R_{减i}) \\
&= \sum\left[P_{产i} \times M_i(1-\eta_T \times k_T)\right]
\end{aligned}
$$

4 污染物排放量核算案例

某云母制品制造企业主要从事云母纸的生产。该企业涉及的主要产排污工段为制浆，主要污染物为化学需氧量。现以化学需氧量为例说明排放量计算过程。

该企业基本信息如表 1 所示。

表 1　某云母制品企业基本信息

	核算环节：制浆	
产品及产量	云母纸	3000 吨
工艺名称	抄造	—
规模（产能）	3000 吨	
污染治理技术	沉淀分离+化学混凝法	
实际运行率参数	治理设施运行时间	2400 小时
	企业正常生产时间	2400 小时

4.1 工段的排放量计算

（1）化学需氧量产生量计算

①查找产污系数及其计量单位

根据企业基本信息，查找本手册中主要产品为云母纸，主要原料为云母，主要工艺为抄造，生产规模为所有规模。该组合化学需氧量的产污系数为 2711，单位为克/吨-产品。

②获取企业产品产量

该企业实际情况为：主要产品云母纸 2017 年产量为 3000 吨。

③计算化学需氧量产生量

由于查询到的组合中化学需氧量产污系数的单位为克/吨-产品，因此在核算产生量时需获取产品产量。

化学需氧量产生量=化学需氧量产污系数×产品（云母纸）产量

=2711 克/吨-产品×3000 吨-产品

=8133000 克

（2）化学需氧量去除量计算

①查找治理技术平均去除效率

该企业化学需氧量治理技术采用“沉淀分离+化学混凝法”工艺，查询相应组合内该工艺的平均去除效率为 75%。

②计算污染治理设施实际运行率

根据产污系数组合查询结果，该组合中化学需氧量法对应的污染治理设施实际运行率为

k=治理设施运行时间/企业正常生产时间=2400 小时/2400 小时=1

③计算化学需氧量去除量

化学需氧量去除量=8133000 克×75%×1=6099750 克

（3）化学需氧量排放量计算

化学需氧量排放量=8133000 克−6099750 克=2033250 克

4.2 化学需氧量总排放量计算

化学需氧量总排放量=核算环节排放量=2033250 克

5 系数表

3082 云母制品制造行业系数表

工段名称	产品名称	原料名称	工艺名称	规模等级	污染物类别	污染物指标	系数单位	产污系数	末端治理技术	末端治理技术平均去除效率/%	参考 k 值计算公式[1]
制浆	云母纸	云母	抄造	所有规模	废水	废水量	吨/吨-产品	103	—	—	—
						化学需氧量	克/吨-产品	2711	沉淀分离+化学混凝法	75	k=治理设施运行时间（小时/年）/企业正常生产时间（小时/年）
					固废	一般固废	吨/吨-产品	0.03	—	—	—
制粉	云母粉	云母	粉磨	所有规模	废气	工业废气量	标米^3/吨-产品	275	—	—	—
						颗粒物	千克/吨-产品	1.19	袋式除尘	99	k=治理设施运行时间（小时/年）/企业正常生产时间（小时/年）
					固废	一般固废	吨/吨-产品	3×10^{-3}	—	—	—

[1] 该公式仅供参考，使用时，可根据 k 值定义，选取更适合企业实际情况的表达方式。

3089 耐火陶瓷制品及其他耐火材料制造业

1 适用范围

本手册仅用于《国民经济行业分类》（GB/T 4754—2017）中 3089 耐火陶瓷制品及其他耐火材料制造行业使用系数法核算工业污染物产生量和排放量的工业企业。

利用本手册进行产排污核算得出的污染物产生量与排放量仅代表了特定行业、工艺、产品、原料在正常工况下污染物产生与排放的一般规律。

本行业废气指标包括废气量、颗粒物（烟尘，不包括无组织排放粉尘）、二氧化硫、氮氧化物；固废指标为一般固废。

2 注意事项

2.1 企业有多种生产工艺或生产多类产品产排污量核算

污染物产生量与产品产量有关，根据不同核算环节计算产污量后，再根据企业末端治理设施和运行情况计算各污染物的排放量。

企业某污染物指标的产生量、排放量为各核算环节产生量、排放量之和。

在企业实际排放量计算过程中，如果存在废水回用的情况，需要在利用产排污核算公式的基础上扣除废水回用的部分。公式如下：

实际排放量=计算排放量×（1–废水回用率）

2.2 采用多种治理设施组合处理企业的排污量核算

在排污量计算选择末端治理技术时，若没有对应的组合治理技术，以主要治理技术为准。

2.3 系数表中未涉及的产污系数及污染治理效率

耐火陶瓷及其他耐火材料的生产过程中，如果包含不定型耐火制品，包括耐火浇注料、耐火可塑料、耐火捣打料、耐火喷补料、耐火泥等不定型耐火制品，其加工过程无废气、废水直接排放，可视为在直接生产过程无污染物排放；对于其他本表未列出的烧成耐火制品，其产污系数可根据燃料和窑型类比表中的烧成耐火制品，类比顺序优先考虑燃料，其次考虑窑型。

2.4 其他需要说明的问题

由于不同企业工业废气量、废水量差异较大，本手册所提供的工业废气量、废水量系数仅供参考。

为体现相同产污水平条件下，采用相同环保治理设施的不同企业对同一污染物去除效果的差异，引入末端治理设施实际运行率（k）对污染治理技术的实际去除率进行修正。k 值反映的是污染治理

设施运行的状态，越稳定运行，k 值越高；在取值上，若定义连续稳定运行的理想状态为 1，则 k 取值在 0～1 之间。

本手册给出本行业的 k 计算公式仅供参考，使用时，可根据 k 值定义，选取更适合企业实际情况的表达方式。

3 污染物排放量核算方法

针对企业实际生产情况，本行业在系数制定过程中将企业全生产流程划分或拆分为若干工段（核算环节），在核算企业污染物产排量时，可灵活选择本企业对应的工段进行核算。

3.1 计算工段污染物产生量

（1）根据产品、原料、污染物产生的主导生产工艺、企业规模（生产产能）这一组合查找和确定所对应的某一污染物的产污系数。

（2）根据该污染物的产污系数计量单位——单位产品产量，获取企业实际产品产量。

例如，某组合内化学需氧量的产污系数单位为千克/吨-产品，则计算产生量时需要获取企业实际产品产量。

（3）污染物产生量按以下公式进行计算：

污染物产生量=污染物对应的产污系数×产品产量

$$G_{产i} = P_{产i} \times M_i$$

式中，$G_{产i}$——工段 i 某污染物的产生量；

$P_{产i}$——工段 i 某污染物对应的产污系数；

M_i——工段 i 的产品产量。

3.2 计算工段污染物去除量

（1）根据企业对某一污染物所采用的治理技术查找和选择相应的治理技术平均去除效率。

（2）根据污染治理设施实际运行率参数及其计算公式得出该企业某一污染物的治理设施实际运行率（k 值）。

（3）污染物去除量按以下公式进行计算：

污染物去除量=污染物产生量×污染物去除率

=污染物产生量×治理技术平均去除效率×治理设施实际运行率

$$R_{减i} = G_{产i} \times \eta_T \times k_T$$

式中，$R_{减i}$——工段 i 某污染物的去除量；

η_T——工段 i 某污染物采用的末端治理技术的平均去除效率；

k_T——工段 i 某污染物采用的末端治理设施的实际运行率。

3.3 计算工段污染物排放量

污染物排放量=污染物产生量–污染物去除量

=污染物对应的产污系数×产品产量–污染物产生量×治理技术平均去除效率×治理设施实际运行率

3.4 计算企业污染物排放量

同一企业某污染物全年的产生（排放）总量为该企业同年实际生产的全部工段、产品、原料、规模污染物产生（排放）量之和。

$$E_{排}=G_{产}-R_{减}=\sum(G_{产i}-R_{减i})$$
$$=\sum\left[P_{产i}\times M_i(1-\eta_T\times k_T)\right]$$

4 污染物排放量核算案例

某耐火材料制造企业主要从事定型高铝耐火砖的生产。该企业涉及的主要产排污工段为原料烧制，主要污染物为颗粒物、二氧化硫、氮氧化物。现以颗粒物为例说明排放量计算过程。

该企业基本信息如表 1 所示。

表 1　某耐火材料制品企业基本信息

	核算环节：原料烧制	
产品及产量	定型高铝耐火砖	50000 吨
工艺名称	隧道窑烧制（天然气）	—
规模（产能）	50000 吨	
污染治理技术	湿式电除尘	
实际运行率参数	治理设施运行时间	7300 小时
	企业正常生产时间	7650 小时

4.1 工段的排放量计算

（1）颗粒物产生量计算

①查找产污系数及其计量单位

根据企业基本信息，查找本手册中主要产品为定型高铝耐火砖，主要原料为耐火粘土等，主要工艺为隧道窑（气体燃料），生产规模为所有规模。该组合颗粒物的产污系数为 0.033，单位为千克/吨-产品。

②获取企业产品产量

该企业实际情况为：该工段主要产品高铝耐火砖 2017 年产量为 50000 吨。

③计算颗粒物产生量

由于查询到的组合中颗粒物产污系数的单位为千克/吨-产品，因此在核算产生量时需获取产品产量。

颗粒物产生量=颗粒物产污系数×产品（定型高铝耐火砖）产量

=0.033 千克/吨-产品×50000 吨-产品

=1650 千克

（2）颗粒物去除量计算

①查找治理技术平均去除效率

该企业颗粒物治理技术采用湿电除尘工艺，查询相应组合内该工艺的平均去除效率为 90%。

②计算污染治理设施实际运行率

根据产污系数组合查询结果，该组合中颗粒物法对应的污染治理设施实际运行率为

k=治理设施运行时间/企业正常生产时间=7300 小时/7650 小时=0.954

③计算颗粒物去除量

颗粒物去除量=1650 千克×90%×0.954=1416.69 千克

（3）颗粒物排放量计算

颗粒物排放量=1650 千克–1416.69 千克=233.31 千克

4.2 颗粒物总排放量计算

颗粒物总排放量=核算环节排放量=233.31 千克

5 系数表

3089 耐火陶瓷制品及其他耐火材料制造行业系数表

工段名称	产品名称	原料名称	工艺名称	规模等级	污染物类别	污染物指标	系数单位	产污系数	末端治理技术	末端治理技术平均去除效率/%	参考 k 值计算公式[1]
配料混合	定型高铝耐火砖	耐火粘土等	配料混合	所有规模	废气	工业废气量	标米 ^{3}/吨-产品	1877	—	—	—
						颗粒物	千克/吨-产品	2.60	袋式除尘	99	k=治理设施运行时间（小时/年）/企业正常生产时间（小时/年）
原料烧制			隧道窑（气体燃料）	所有规模	废气	工业废气量	标米 ^{3}/吨-产品	3805	—	—	—
						颗粒物	千克/吨-产品	3.3×10^{-2}	其他（湿电除尘）	90	k=治理设施运行时间（小时/年）/企业正常生产时间（小时/年）
						二氧化硫	千克/吨-产品	7.2×10^{-2}	其他（钠碱法）	80	
						氮氧化物	千克/吨-产品	1.93×10^{-1}	选择性非催化还原法（SNCR）	50	
					固废	一般固废	吨/吨-产品	0.09	—	—	—

[1] 该公式仅供参考，使用时，可根据 k 值定义，选取更适合企业实际情况的表达方式。

3089 耐火陶瓷制品及其他耐火材料制造行业系数表（续表 1）

工段名称	产品名称	原料名称	工艺名称	规模等级	污染物类别	污染物指标	系数单位	产污系数	末端治理技术	末端治理技术平均去除效率/%	参考 k 值计算公式
原料烧制	烧成高铝、粘土、硅砖	矾土、粘土、硅石+煤	耐火窑炉（间歇窑、倒焰窑、梭式窑）	所有规模	废气	工业废气量	标米^3/吨-产品	8566	—	—	—
						颗粒物	千克/吨-产品	4.93	喷淋塔	85	k=治理设施运行时间（小时/年）/企业正常生产时间（小时/年）
									直排	—	—
						二氧化硫	千克/吨-产品	7.24	石灰石/石膏法	85	k=治理设施运行时间（小时/年）/企业正常生产时间（小时/年）
									直排	—	—
						氮氧化物	千克/吨-产品	4.17	选择性非催化还原法（SNCR）	50	k=治理设施运行时间（小时/年）/企业正常生产时间（小时/年）
									直排	—	—
	重烧镁砂	菱镁矿	竖窑	所有规模	废气	工业废气量	标米^3/吨-产品	5120	—	—	—
						颗粒物	千克/吨-产品	7.50	喷淋塔	85	k=治理设施运行时间（小时/年）/企业正常生产时间（小时/年）
									直排	—	—
						二氧化硫	千克/吨-产品	1.78	石灰石/石膏法	60	k=治理设施运行时间（小时/年）/企业正常生产时间（小时/年）
									直排	—	—
						氮氧化物	千克/吨-产品	1.75	选择性非催化还原法（SNCR）	50	k=治理设施运行时间（小时/年）/企业正常生产时间（小时/年）
									直排	—	—

3089 耐火陶瓷制品及其他耐火材料制造行业系数表（续表 2）

工段名称	产品名称	原料名称	工艺名称	规模等级	污染物类别	污染物指标	系数单位	产污系数	末端治理技术	末端治理技术平均去除效率/%	参考 k 值计算公式
原料烧制	烧成镁质砖	镁质原料、重油	耐火材料用炉（隧道窑）	所有规模	废气	工业废气量	标米 ^{3}/吨-产品	6220	—	—	—
						颗粒物	千克/吨-产品	0.76	袋式除尘	99	k=治理设施运行时间（小时/年）/企业正常生产时间（小时/年）
									直排	—	—
						二氧化硫	千克/吨-产品	2.06	石灰石/石膏法	85	k=治理设施运行时间（小时/年）/企业正常生产时间（小时/年）
									直排	—	—
						氮氧化物	千克/吨-产品	1.99	选择性非催化还原法（SNCR）	50	k=治理设施运行时间（小时/年）/企业正常生产时间（小时/年）
									直排	—	—
	其他煅烧耐火材料	耐火原料、气体燃料	耐火材料用炉（煅烧窑，包括隧道窑、回转窑和竖窑）	所有规模	废气	工业废气量	标米 ^{3}/吨-产品	5134	—	—	—
						颗粒物	千克/吨-产品	0.36	袋式除尘	99	k=治理设施运行时间（小时/年）/企业正常生产时间（小时/年）
									直排	—	—
						二氧化硫	千克/吨-产品	2.21	石灰石/石膏法	85	k=治理设施运行时间（小时/年）/企业正常生产时间（小时/年）
									直排	—	—
						氮氧化物	千克/吨-产品	1.88	选择性非催化还原法（SNCR）	50	k=治理设施运行时间（小时/年）/企业正常生产时间（小时/年）
									直排	—	—

3091 石墨及碳素制品制造业

1 适用范围

本手册仅用于《国民经济行业分类》（GB/T 4754—2017）中 3091 石墨及碳素制品制造行业使用系数法核算工业污染物产生量和排放量的工业企业。

利用本手册进行产排污核算得出的污染物产生量与排放量仅代表了特定行业、工艺、产品、原料在正常工况下污染物产生与排放的一般规律。

本行业废气指标包括颗粒物（烟尘，不包括无组织排放粉尘）、二氧化硫、氮氧化物；固废指标包括一般固废和危险废物。

2 注意事项

2.1 企业有多种生产工艺或生产多类产品产排污量核算

污染物产生量与产品产量有关，根据不同核算环节计算产污量后，再根据企业末端治理设施和运行情况计算各污染物的排放量。

企业某污染物指标的产生量、排放量为各核算环节产生量、排放量之和。

在企业实际排放量计算过程中，如果存在废水回用的情况，需要在利用产排污核算公式的基础上扣除废水回用的部分。公式如下：

实际排放量=计算排放量×（1–废水回用率）

2.2 采用多种治理设施组合处理企业的排污量核算

在排污量计算选择末端治理技术时，若没有对应的组合治理技术，以主要治理技术为准。

2.3 系数表中未涉及的产污系数及污染治理效率

石墨及碳素制品的生产过程中，如果包含破碎工艺，废气指标可参考 3099 其他非金属矿物制品制造行业的钙粉破碎工段的系数。

2.4 其他需要说明的问题

由于不同企业工业废气量差异较大，本手册所提供的工业废气量系数仅供参考。

为体现相同产污水平条件下，采用相同环保治理设施的不同企业对同一污染物去除效果的差异，引入末端治理设施实际运行率（k）对污染治理技术的实际去除率进行修正。k 值反映的是污染治理设施运行的状态，越稳定运行，k 值越高；在取值上，若定义连续稳定运行的理想状态为 1，则 k 取值在 0～1 之间。

本手册给出本行业的 k 计算公式仅供参考，使用时，可根据 k 值定义，选取更适合企业实际情况的表达方式。

3 污染物排放量核算方法

针对企业实际生产情况，本行业在系数制定过程中将企业全生产流程划分或拆分为若干工段（核算环节），在核算企业污染物产排量时，可灵活选择本企业对应的工段进行核算。

3.1 计算工段污染物产生量

（1）根据产品、原料、生产过程中产污的主导生产工艺、企业规模（企业生产产能）这一组合查找和确定所对应的某一污染物的产污系数。

（2）根据该污染物的产污系数计量单位——单位产品产量，获取企业实际产品产量。

例如，某组合内化学需氧量的产污系数单位为千克/吨-产品，则计算产生量时需要获取企业实际产品产量。

（3）污染物产生量按以下公式进行计算：

污染物产生量=污染物对应的产污系数×产品产量

$$G_{产i} = P_{产i} \times M_i$$

式中，$G_{产i}$——工段 i 某污染物的产生量；

$P_{产i}$——工段 i 某污染物对应的产污系数；

M_i——工段 i 的产品产量。

3.2 计算工段污染物去除量

（1）根据企业对某一污染物所采用的治理技术查找和选择相应的治理技术平均去除效率。

（2）根据污染治理设施实际运行率参数及其计算公式得出该企业某一污染物的治理设施实际运行率（k 值）。

（3）污染物去除量按以下公式进行计算：

污染物去除量=污染物产生量×污染物去除率

=污染物产生量×治理技术平均去除效率×治理设施实际运行率

$$R_{减i} = G_{产i} \times \eta_T \times k_T$$

式中，$R_{减i}$——工段 i 某污染物的去除量；

η_T——工段 i 某污染物采用的末端治理技术的平均去除效率；

k_T——工段 i 某污染物采用的末端治理设施的实际运行率。

3.3 计算工段污染物排放量

污染物排放量=污染物产生量–污染物去除量

=污染物对应的产污系数×产品产量–污染物产生量×治理技术平均去除效率×治理设施实际运行率

3.4 计算企业污染物排放量

同一企业某污染物全年的产生（排放）总量为该企业同年实际生产的全部工段、产品、原料、规模污染物产生（排放）量之和。

$$E_{排} = G_{产} - R_{减} = \sum(G_{产i} - R_{减i}) \\ = \sum\left[P_{产i} \times M_i(1 - \eta_T \times k_T)\right]$$

4 污染物排放量核算案例

某碳素电极制造企业主要从事铝用阳极碳素电极的生产。该企业涉及的主要产排污工段为煅烧、混捏和焙烧三个工段。其中煅烧和焙烧工段主要污染物为颗粒物、二氧化硫、氮氧化物，混捏工段主要污染物为颗粒物。现以颗粒物为例说明排放量计算过程。

该企业基本信息如表 1 所示。

表 1　某碳素制品企业基本信息

	工段 1：煅烧		工段 2：混捏		工段 3：焙烧	
产品及产量	碳素电极	20000 吨	碳素电极	20000 吨	碳素电极	20000 吨
工艺名称	煅烧	—	混捏	—	焙烧	—
规模（产能）	20000 吨		20000 吨		20000 吨	
污染治理技术	静电除尘		袋式除尘		电捕焦油器	
实际运行率参数	治理设施运行时间	7200 小时	治理设施运行时间	7300 小时	治理设施运行时间	7350 小时
	企业正常生产时间	7300 小时	企业正常生产时间	7400 小时	企业正常生产时间	7600 小时

4.1 工段 1 的排放量计算

（1）颗粒物产生量计算

①查找产污系数及其计量单位

根据企业基本信息，查找本手册中主要产品为铝用阳极碳块，主要原料为石油焦、煤沥青等，主要工艺为煅烧，生产规模为所有规模。该组合颗粒物的产污系数为 6.07，单位为千克/吨-产品。

②获取企业产品产量

该企业实际情况为：该工段主要产品碳素电极 2017 年产量为 20000 吨。

③计算颗粒物产生量

由于查询到的组合中，颗粒物产污系数的单位为千克/吨-产品，因此在核算产生量时需获取产品产量。

颗粒物产生量=颗粒物产污系数×产品（碳素电极）产量

=6.07 千克/吨-产品×20000 吨-产品

=121400 千克

（2）颗粒物去除量计算

①查找治理技术平均去除效率

该企业颗粒物治理技术采用静电除尘工艺，查询相应组合内“喷雾+静电除尘”工艺的平均去除效率为 98.5%。

②计算污染治理设施实际运行率

根据产污系数组合查询结果，该组合中颗粒物对应的污染治理设施实际运行率为

k=治理设施运行时间/企业正常生产时间=7200 小时/7300 小时=0.986

③计算颗粒物去除量

颗粒物去除量=121400 千克×98.5%×0.986=117904.894 千克

（3）颗粒物排放量计算

颗粒物排放量=121400 千克−117904.894 千克=3495.106 千克

4.2 工段 2 的排放量计算

（1）颗粒物产生量计算

①查找产污系数及其计量单位

根据企业基本信息，查找本手册中主要产品为铝用阳极碳块，主要原料为石油焦、煤沥青等，主要工艺为干式混捏，生产规模为所有规模。该组合颗粒物的产污系数为 1.94，单位为千克/吨-产品。

②获取企业产品产量

该企业实际情况为：该工段主要产品碳素电极 2017 年产量为 20000 吨。

③计算颗粒物产生量

由于查询到的组合中颗粒物产污系数的单位为千克/吨-产品，因此在核算产生量时需获取产品产量。

颗粒物产生量=颗粒物产污系数×产品（碳素电极）产量

=1.94 千克/吨-产品×20000 吨-产品

=38800 千克

（2）颗粒物去除量计算

①查找治理技术平均去除效率

该企业颗粒物治理技术采用袋式除尘工艺，查询相应组合内该工艺的平均去除效率为 99%。

②计算污染治理设施实际运行率

根据产污系数组合查询结果，该组合中颗粒物对应的污染治理设施实际运行率为

k=治理设施运行时间/企业正常生产时间=7300 小时/7400 小时=0.986

③计算颗粒物去除量

颗粒物去除量=38800 千克×99%×0.986=37874.232 千克

（3）颗粒物排放量计算

颗粒物排放量=38800 千克−37874.232 千克=925.768 千克

4.3 工段 3 的排放量计算

（1）颗粒物产生量计算

①查找产污系数及其计量单位

根据企业基本信息，查找本手册中主要产品为铝用阳极碳块，主要原料为石油焦、煤沥青等，主要工艺为焙烧，生产规模为所有规模。该组合颗粒物的产污系数为 5.17，单位为千克/吨-产品。

②获取企业产品产量

该企业实际情况为：该工段主要产品碳素电极 2017 年产量为 20000 吨。

③计算颗粒物产生量

由于查询到的组合中颗粒物产污系数的单位为千克/吨-产品，因此在核算产生量时需获取产品产量。

颗粒物产生量=颗粒物产污系数×产品（碳素电极）产量

=5.17 千克/吨-产品×20000 吨-产品=103400 千克

（2）颗粒物去除量计算

①查找治理技术平均去除效率

该企业颗粒物治理技术采用电捕焦油器工艺，查询相应组合内该工艺的平均去除效率为 98.5%。

②计算污染治理设施实际运行率

根据产污系数组合查询结果，该组合中颗粒物对应的污染治理设施实际运行率为

k=治理设施运行时间/企业正常生产时间=7350 小时/7600 小时=0.967

③计算颗粒物去除量

颗粒物去除量=103400 千克×98.5%×0.967=98487.983 千克

（3）颗粒物排放量计算

颗粒物排放量=103400 千克−98487.983 千克=4912.017 千克

4.4 颗粒物总排放量计算

颗粒物总排放量=工段 1 排放量+工段 2 排放量+工段 3 排放量

=3495.106 千克+925.768 千克+ 4912.017 千克

=9332.891 千克

5 系数表

3091 石墨及碳素制品制造行业系数表

工段名称	产品名称	原料名称	工艺名称	规模等级	污染物类别	污染物指标	系数单位	产污系数	末端治理技术	末端治理技术平均去除效率/%	参考 k 值计算公式[1]
煅烧	铝用阳极碳块	石油焦、煤沥青等	煅烧（天然气）	所有规模	废水	废水量	吨/吨-产品	2.56	—	—	—
					废气	工业废气量	标米³/吨-产品	2980	—	—	—
						颗粒物	千克/吨-产品	6.07	其他（喷雾+静电除尘）	98.5	k=治理设施运行时间（小时/年）/企业正常生产时间（小时/年）
						二氧化硫	千克/吨-产品	8.50	石灰石/石膏法	95	
						氮氧化物	千克/吨-产品	0.54	直排	—	—
混捏			干式混捏	所有规模	废气	工业废气量	标米³/吨-产品	729	—	—	—
						颗粒物	千克/吨-产品	1.94	袋式除尘	99	k=治理设施运行时间（小时/年）/企业正常生产时间（小时/年）
焙烧	铝用阳极碳块	石油焦、煤沥青等	焙烧（天然气）	所有规模	废气	工业废气量	标米³/吨-产品	5500	—	—	—
						颗粒物	千克/吨-产品	5.17	其他（电捕焦油器）	98.5	k=治理设施运行时间（小时/年）/企业正常生产时间（小时/年）
						二氧化硫	千克/吨-产品	0.21	直排	—	—
						氮氧化物	千克/吨-产品	1.01	直排	—	—
					固废	一般固废	吨/吨-产品	2×10^{-3}	—	—	—
						危险废物	吨/吨-产品	2×10^{-4}	—	—	—
			焙烧（发生炉煤气）	所有规模	废气	工业废气量	标米³/吨-产品	9296	—	—	—
						颗粒物	千克/吨-产品	0.55	袋式除尘	99	k=治理设施运行时间（小时/年）/企业正常生产时间（小时/年）
						二氧化硫	千克/吨-产品	2.91	—	—	—
						氮氧化物	千克/吨-产品	0.274	—	—	—

注：危险废物为精（蒸）馏残渣，类别 HW11，代码 309-001-11：电解铝及其他有色金属电解精炼过程中预焙阳极、碳块及其他碳素制品制造过程烟气处理所产生的含焦油废物。

[1] 该公式仅供参考，使用时，可根据 k 值定义，选取更适合企业实际情况的表达方式。

3099 其他非金属矿物制品制造业

1　适用范围

本手册仅用于《国民经济行业分类》（GB/T 4754—2017）中 3099 其他非金属矿物制品制造行业使用系数法核算工业污染物产生量和排放量的工业企业。

利用本手册进行产排污核算得出的污染物产生量与排放量仅代表了特定行业、工艺、产品、原料在正常工况下污染物产生与排放的一般规律。

硅藻土助滤剂废气指标包括颗粒物（烟尘，不包括无组织排放粉尘）、二氧化硫、氮氧化物；固废指标为一般固废。

钙粉废气指标为颗粒物（工业粉尘，不包括无组织排放粉尘）；固废指标为一般固废。

内墙硅藻泥废水指标包括化学需氧量、氨氮、总氮；废气指标为颗粒物（工业粉尘，不包括无组织排放粉尘）。

机制砂废气指标为颗粒物（工业粉尘，不包括无组织排放粉尘）；废水指标为化学需氧量；固废指标为一般固废。

砂轮废气指标为颗粒物（工业粉尘，不包括无组织排放粉尘）；固废指标为一般固废。

白刚玉废气指标为颗粒物（工业粉尘，不包括无组织排放粉尘）。

2　注意事项

2.1　企业有多种生产工艺或生产多类产品产排污量核算

污染物产生量与产品产量有关，根据不同核算环节计算产污量后，再根据企业末端治理设施和运行情况计算各污染物的排放量。

企业某污染物指标的产生量、排放量为各核算环节产生量、排放量之和。

在企业实际排放量计算过程中，如果存在废水回用的情况，需要在利用产排污核算公式的基础上扣除废水回用的部分。公式如下：

实际排放量=计算排放量×（1–废水回用率）

2.2　采用多种治理设施组合处理企业的排污量核算

在排污量计算选择末端治理技术时，若没有对应的组合治理技术，以主要治理技术为准。

2.3　其他需要说明的问题

由于不同企业工业废气量、废水量差异较大，本手册所提供的工业废气量、废水量系数仅供参考。

为体现相同产污水平条件下，采用相同环保治理设施的不同企业对同一污染物去除效果的差异，

引入末端治理设施实际运行率（k）对污染治理技术的实际去除率进行修正。k 值反映的是污染治理设施运行的状态，越稳定运行，k 值越高；在取值上，若定义连续稳定运行的理想状态为 1，则 k 取值在 0～1 之间。

本手册给出本行业的 k 计算公式仅供参考，使用时，可根据 k 值定义，选取更适合企业实际情况的表达方式。

3 污染物排放量核算方法

针对企业实际生产情况，本行业在系数制定过程中将企业全生产流程划分或拆分为若干工段（核算环节），在核算企业污染物产排量时，可灵活选择本企业对应的工段进行核算。

3.1 计算工段污染物产生量

（1）根据产品、原料、污染物产生的主导生产工艺、企业规模（生产产能）这一组合查找和确定所对应的某一污染物的产污系数。

（2）根据该污染物的产污系数计量单位——单位产品产量，获取企业实际产品产量。

例如，某组合内化学需氧量的产污系数单位为千克/吨-产品，则计算产生量时需要获取企业实际产品产量。

（3）污染物产生量按以下公式进行计算：

污染物产生量=污染物对应的产污系数×产品产量

$$G_{产i} = P_{产i} \times M_i$$

式中，$G_{产i}$——工段 i 某污染物的产生量；

$P_{产i}$——工段 i 某污染物对应的产污系数；

M_i——工段 i 的产品产量。

3.2 计算工段污染物去除量

（1）根据企业对某一污染物所采用的治理技术查找和选择相应的治理技术平均去除效率。

（2）根据污染治理设施实际运行率参数及其计算公式得出该企业某一污染物的治理设施实际运行率（k 值）。

（3）污染物去除量按以下公式进行计算：

污染物去除量=污染物产生量×污染物去除率 =污染物产生量×治理技术平均去除效率×治理设施实际运行率

$$R_{减i} = G_{产i} \times \eta_T \times k_T$$

式中，$R_{减i}$——工段 i 某污染物的去除量；

η_T——工段 i 某污染物采用的末端治理技术的平均去除效率；

k_T——工段 i 某污染物采用的末端治理设施的实际运行率。

3.3 计算工段污染物排放量

污染物排放量=污染物产生量–污染物去除量

=污染物对应的产污系数×产品产量–污染物产生量×治理技术平均去除效率×治理设施实际运行率

3.4 计算企业污染物排放量

同一企业某污染物全年的产生（排放）总量为该企业同年实际生产的全部工段、产品、原料、规模污染物产生（排放）量之和。

$$E_{排} = G_{产} - R_{减} = \sum(G_{产i} - R_{减i})$$
$$= \sum\left[P_{产i} \times M_i(1-\eta_T \times k_T)\right]$$

4 污染物排放量核算案例

某非金属矿物粉体加工制造企业主要从事非金属矿物超细粉的生产。该企业涉及的主要产排污工段为破碎、筛分和粉磨三个工段，以上三个工段的共同主要污染物为颗粒物。现以颗粒物为例说明排放量计算过程。

该企业基本信息如表 1 所示。

表 1 某制粉企业基本信息

	工段 1：破碎		工段 2：筛分		工段 3：粉磨	
产品及产量	钙粉	2500 吨	钙粉	2500 吨	钙粉	2500 吨
工艺名称	破碎	—	筛分	—	粉磨	—
规模（产能）	2500 吨		2500 吨		2500 吨	
污染治理技术	袋式除尘		袋式除尘		袋式除尘	
实际运行率参数	治理设施运行时间	2500 小时	治理设施运行时间	2550 小时	治理设施运行时间	4900 小时
	企业正常生产时间	2600 小时	企业正常生产时间	2600 小时	企业正常生产时间	5100 小时

4.1 工段 1 的排放量计算

（1）颗粒物产生量计算

①查找产污系数及其计量单位

根据企业基本信息，查找本手册中主要产品为钙粉，主要原料为石灰石，主要工艺为破碎，生产规模为所有规模。该组合颗粒物的产污系数为 1.13，单位为千克/吨-产品。

②获取企业产品产量

该企业实际情况为：该工段主要产品钙粉 2017 年产量为 2500 吨。

③计算颗粒物产生量

由于查询到的组合中颗粒物产污系数的单位为千克/吨-产品，因此在核算产生量时采用产品产量。

颗粒物产生量=颗粒物产污系数×产品（钙粉）产量

=1.13 千克/吨-产品×2500 吨-产品

=2825 千克

（2）颗粒物去除量计算

①查找治理技术平均去除效率

该企业颗粒物治理技术采用袋式除尘工艺，查询相应组合内该工艺的平均去除效率为 99%。

②计算污染治理设施实际运行率

根据产污系数组合查询结果，该组合中颗粒物法对应的污染治理设施实际运行率为

k=治理设施运行时间/企业正常生产时间=2500 小时/2600 小时=0.962

③计算颗粒物去除量

颗粒物去除量=2825 千克×99%×0.962=2690.474 千克

（3）颗粒物排放量计算

颗粒物排放量=2825 千克–2690.474 千克=134.526 千克

4.2 工段 2 的排放量计算

（1）颗粒物产生量计算

①查找产污系数及其计量单位

根据企业基本信息，查找本手册中主要产品为钙粉，主要原料为石灰石，主要工艺为筛分，生产规模为所有规模。该组合颗粒物的产污系数为 1.13，单位为千克/吨-产品。

②获取企业产品产量

该企业实际情况为：主要产品钙粉 2017 年产量为 2500 吨。

③计算颗粒物产生量

由于查询到的组合中颗粒物产污系数的单位为千克/吨-产品，因此在核算产生量时需获取产品产量。

颗粒物产生量=颗粒物产污系数×产品（钙粉）产量

=1.13 千克/吨-产品×2500 吨-产品

=2825 千克

（2）颗粒物去除量计算

①查找治理技术平均去除效率

该企业颗粒物治理技术采用袋式除尘工艺，查询相应组合内该工艺的平均去除效率为 99%。

②计算污染治理设施实际运行率

根据产污系数组合查询结果，该组合中颗粒物法对应的污染治理设施实际运行率为

k=治理设施运行时间/企业正常生产时间=2550 小时/2600 小时=0.981

③计算颗粒物去除量

颗粒物去除量=2825 千克×99%×0.981=2743.612 千克

（3）颗粒物排放量计算

颗粒物排放量=2825 千克–2743.612 千克=81.388 千克

4.3 工段 3 的排放量计算

（1）颗粒物产生量计算

①查找产污系数及其计量单位

根据企业基本信息，查找本手册中主要产品为钙粉，主要原料为石灰石，主要工艺为粉磨，生产规模为所有规模。该组合颗粒物的产污系数为 1.19，单位为千克/吨-产品。

②获取企业产品产量

该企业实际情况为：该工段主要产品钙粉 2017 年产量为 2500 吨。

③计算颗粒物产生量

由于查询到的组合中颗粒物产污系数的单位为千克/吨-产品，因此在核算产生量时采用产品产量。

颗粒物产生量=颗粒物产污系数×产品（钙粉）产量

=1.19 千克/吨-产品×2500 吨-产品

=2975 千克

（2）颗粒物去除量计算

①查找治理技术平均去除效率

该企业颗粒物治理技术采用袋式除尘工艺，查询相应组合内该工艺的平均去除效率为 99%。

②计算污染治理设施实际运行率

根据产污系数组合查询结果，该组合中颗粒物对应的污染治理设施实际运行率为

k=治理设施运行时间/企业正常生产时间=4900 小时/5100 小时=0.961

③计算颗粒物去除量

颗粒物去除量=2975 千克×99%×0.961=2830.385 千克

（3）颗粒物排放量计算

颗粒物排放量=2975 千克−2830.385 千克=144.615 千克

4.4 颗粒物总排放量计算

颗粒物总排放量=工段 1 排放量+工段 2 排放量+工段 3 排放量

=134.526 千克+81.388 千克+ 144.615 千克

=360.529 千克

5 系数表

3099 其他非金属矿物制品制造行业系数表

工段名称	产品名称	原料名称	工艺名称	规模等级	污染物类别	污染物指标	系数单位	产污系数	末端治理技术	末端治理技术平均去除效率/%	参考 k 值计算公式[1]
干燥	硅藻土助滤剂	硅藻土、添加剂等	烘干炉（发生炉煤气）	所有规模	废气	工业废气量	标米 ^{3}/吨-产品	7650	—	—	—
						颗粒物	千克/吨-产品	7.63×10^{-1}	喷淋塔	70	k=治理设施运行时间（小时/年）/企业正常生产时间（小时/年）
						二氧化硫	千克/吨-产品	0.38	石灰石/石膏法	80	
						氮氧化物	千克/吨-产品	9.16×10^{-1}	直排	—	—
煅烧			煅烧回转窑（发生炉煤气）	所有规模	废气	工业废气量	标米 ^{3}/吨-产品	3375	—	—	—
						颗粒物	千克/吨-产品	3.93×10^{-1}	喷淋塔	70	k=治理设施运行时间（小时/年）/企业正常生产时间（小时/年）
						二氧化硫	千克/吨-产品	1.18	石灰石/石膏法	80	
						氮氧化物	千克/吨-产品	5.73×10^{-1}	直排	—	—
					固废	一般固废	吨/吨-产品	0.03	—	—	—
破碎	钙粉	石灰石	破碎	所有规模	废气	工业废气量	标米 ^{3}/吨-产品	245	—	—	—
						颗粒物	千克/吨-产品	1.13	袋式除尘	99	k=治理设施运行时间（小时/年）/企业正常生产时间（小时/年）
筛分			筛分	所有规模	废气	工业废气量	标米 ^{3}/吨-产品	245	—	—	—
						颗粒物	千克/吨-产品	1.13	袋式除尘	99	k=治理设施运行时间（小时/年）/企业正常生产时间（小时/年）
粉磨			粉磨	所有规模	废气	工业废气量	标米 ^{3}/吨-产品	276	—	—	—
						颗粒物	千克/吨-产品	1.19	袋式除尘	99	k=治理设施运行时间（小时/年）/企业正常生产时间（小时/年）
					固废	一般固废	吨/吨-产品	5×10^{-4}	—	—	—

[1] 该公式仅供参考，使用时，可根据 k 值定义，选取更适合企业实际情况的表达方式。

3099 其他非金属矿物制品制造行业系数表（续表 1）

工段名称	产品名称	原料名称	工艺名称	规模等级	污染物类别	污染物指标	系数单位	产污系数	末端治理技术	末端治理技术平均去除效率/%	参考 k 值计算公式
混合改性	内墙硅藻泥	硅藻土、灰钙粉、双飞粉、胶粉	混合改性	所有规模	废气	工业废气量	标米 ^{3}/吨-产品	7200	—	—	—
						颗粒物	千克/吨-产品	7.20	袋式除尘	99	k=治理设施运行时间（小时/年）/企业正常生产时间（小时/年）
					废水	废水量	吨/吨-产品	0.30	—	—	—
						化学需氧量	克/吨-产品	90.0	沉淀分离	35	k=治理设施运行时间（小时/年）/企业正常生产时间（小时/年）
						氨氮	克/吨-产品	0.30	沉淀分离	15	
						总氮	克/吨-产品	0.90	沉淀分离	15	
冶炼	白刚玉、亚白刚玉、莫来石	氧化铝粉等	电弧炉	所有规模	废气	工业废气量	标米 ^{3}/吨-产品	5761	—	—	—
						颗粒物	千克/吨-产品	13.88	袋式除尘	99	k=治理设施运行时间（小时/年）/企业正常生产时间（小时/年）
破碎	骨料、机制砂	石灰石、白云石、凝灰岩等非金属矿	干式破碎	所有规模	废气	工业废气量	标米 ^{3}/万吨-产品	1.22×10^5	—	—	—
						颗粒物	千克/万吨-产品	58.85	袋式除尘	99	k=治理设施运行时间（小时/年）/企业正常生产时间（小时/年）
筛分			干式筛分	所有规模	废气	工业废气量	标米 ^{3}/万吨-产品	7.46×10^5	—	—	—
						颗粒物	千克/万吨-产品	522.32	袋式除尘	99	k=治理设施运行时间（小时/年）/企业正常生产时间（小时/年）
洗砂			洗砂	所有规模	废水	废水量	吨/万吨-产品	3513	—	—	—
						化学需氧量	千克/万吨-产品	4.49×10^{-2}	沉淀分离	25	k=治理设施运行时间（小时/年）/企业正常生产时间（小时/年）
					固废	一般固废	吨/万吨产品	1000	—	—	—

3099 其他非金属矿物制品制造行业系数表（续表 2）

工段名称	产品名称	原料名称	工艺名称	规模等级	污染物类别	污染物指标	系数单位	产污系数	末端治理技术	末端治理技术平均去除效率/%	参考 k 值计算公式
混料	陶瓷砂轮、树脂砂轮、金刚石砂轮	陶瓷粉、长石粉、白刚玉、金刚石、酚醛树脂等	物料混合搅拌	所有规模	废气	工业废气量	标米 ^{3}/吨-产品	7365.22	—	—	—
						颗粒物	千克/吨-产品	5.61	袋式除尘	99	k=治理设施运行时间（小时/年）/企业正常生产时间（小时/年）
硬化			电炉固化	所有规模	废气	工业废气量	标米 ^{3}/吨-产品	6223	—	—	—
						颗粒物	千克/吨-产品	5.27	袋式除尘	99	k=治理设施运行时间（小时/年）/企业正常生产时间（小时/年）
烧成			天然气炉窑	所有规模	废气	工业废气量	标米 ^{3}/吨-产品	9711	—	—	—
						颗粒物	千克/吨-产品	5.79×10^{-2}	—	—	—
						二氧化硫	千克/吨-产品	0.11	—	—	—
						氮氧化物	千克/吨-产品	0.41	—	—	—
精加工			各类机床	所有规模	废气	工业废气量	标米 ^{3}/吨-产品	9872	—	—	—
						颗粒物	千克/吨产品	8.98	袋式除尘	99	k=治理设施运行时间（小时/年）/企业正常生产时间（小时/年）
检验			检验	所有规模	固废	一般固废	千克/吨产品	5	—	—	—

31

黑色金属冶炼和压延加工业

3110 炼铁业

1 适用范围

本手册仅用于《国民经济行业分类》（GB/T 4754—2017）中 3110 炼铁行业使用系数法核算工业污染物产生量和排放量的工业企业。

利用本手册进行产排污核算得出的污染物产生量与排放量仅代表了特定行业的工艺、产品、原料在正常工况下污染物产生与排放的一般规律。

本行业废气指标包括废气量、颗粒物、二氧化硫、氮氧化物。

2 注意事项

2.1 企业有多种生产工艺或生产多类产品产排污量核算

废气量、颗粒物（有组织排放）、氮氧化物：污染物产生量与产品产量有关；颗粒物（无组织排放）、二氧化硫：污染物产生量与原料用量有关；根据不同核算环节计算产污量后，再根据企业末端治理设施和运行情况计算排污量。

企业某污染物指标的产生量、排放量分别为各核算环节产生量、排放量之和。

2.2 采用多种治理设施组合处理企业的排污量核算

在排污量计算选择末端治理技术时，若没有对应的组合治理技术，以主要治理技术为准。

2.3 系数表中未涉及的产污系数及污染治理效率

本手册未覆盖的产品包括气基直接还原铁、镜铁、铸铁类等产品。其中，气基直接还原铁目前在我国尚未实现工业化生产；镜铁产品数量极少，由于其生产工艺及产排污特征与 3140 铁合金行业的高碳锰铁产品相近，可参照高碳锰铁产品进行选取；铸铁类产品由于生产工艺及产排污特征与机械行业的铸铁件相同，可参照铸铁件产品进行选取。

2.4 其他需要说明的问题

由于不同企业工业废气量、废水量差异较大，本手册所提供的工业废气量、废水量系数仅供参考。

2.4.1 烧结矿生产

烧结矿生产规模按单台烧结机的烧结面积选取。当生产负荷低于设计负荷的 80%时，按单台烧结机日产量重新校核生产规模，对于大、中、小规模，单台烧结机日产量校核标准分别为≥11232 吨/日（≥360 米^2）、5616～11232 吨/日（180～360 米^2）、≤5616 吨/日（≤180 米^2）。

使用红土矿镍矿原料生产烧结矿时，其机头、机尾产污系数取“烧结矿-铁矿、石灰、煤粉、碳粉-带式烧结机≤180 米^{2}组合”烧结机头、机尾产污系数的 1.3 倍，一般排放口产污系数取该组合下的一般排放口产污系数的 1.1 倍。

生产烧结矿会产生二氧化硫，其产污系数采用计算公式法表示。

计算公式为

$$S_{二氧化硫}=2\times(M_{含铁料}\times S_{含铁料}+M_{固燃}\times S_{固燃}-1000\times S_{烧结矿})$$

式中，$S_{二氧化硫}$——二氧化硫产污系数，千克/吨-烧结矿；

$M_{含铁料}$、$M_{固燃}$——分别为单位合格产品的含铁料、固态燃料消耗量，千克/吨-烧结矿；

$S_{含铁料}$、$S_{固燃}$——分别为含铁料、固态燃料的平均含硫率，%；

$S_{烧结矿}$——合格烧结矿的平均含硫率，%。

在企业无统计数据时，$M_{含铁料}$取 900 千克/吨-烧结矿，$M_{固燃}$取 55 千克/吨-烧结矿；含铁料为攀西高硫混合铁料时，$S_{含铁料}$取 0.7%，为国内其他地区时，$S_{含铁料}$取 0.2%～0.4%，若为进口铁矿时，$S_{含铁料}$取 0.02%；$S_{固燃}$取 0.6%；如企业无检测数据时，$S_{烧结矿}$取 0.02%～0.06%。

当烧结矿含硫率 $S_{含铁料}$无法获取或判定时，可采用如下经验公式：

二氧化硫产生量=2×{铁矿石消耗量（万吨）×铁矿石含硫量（%）×100+煤炭消耗量（吨）×煤炭平均收到基含硫量（%）+焦炭消耗量（吨）× 焦炭平均收到基含硫量（%）–烧结矿产量（万吨）× 10000× 0.04%}

2.4.2 球团矿生产

球团矿生产工艺分为竖炉法、带式焙烧法和链篦机-回转窑法。竖炉法分为大、中小两种规模，依据单台竖炉的公称面积进行规模划分，当生产负荷低于设计负荷的 80%时，按单台竖炉日产量重新校核生产规模，对于不同规模，单台竖炉日产量校核标准分别为≥1200 吨/日（≥8 米^2）、＜1200 吨/日（＜8 米^2），其余两种工艺不分规模。

球团矿生产会产生二氧化硫，其产污系数采用计算公式法表示。

计算公式为

$$S_{二氧化硫}=2\times(M_{含铁料}\times S_{含铁料}+M_{燃料}\times S_{燃料}-1000\times S_{球团矿})$$

式中，$S_{二氧化硫}$——二氧化硫产污系数，千克/吨-烧结矿；

$M_{含铁料}$、$M_{燃料}$——分别为单位合格产品的含铁料、固态燃料消耗量，千克/吨-球团矿；

$S_{含铁料}$、$S_{燃料}$——分别为含铁料、固态燃料的平均含硫率，%；

$S_{球团矿}$——合格球团矿的平均含硫率，%。

在企业无统计数据时，$M_{含铁料}$取 1000 千克/吨-烧结矿；燃料为煤粉时，$M_{燃料}$取 25～30 千克/吨-球团矿，燃料为燃气时，$M_{燃料}$取 25 千克标煤/吨-球团矿；含铁料为攀西高硫混合铁料时，$S_{含铁料}$取 0.7%，为国内其他地区时，$S_{含铁料}$取 0.2%～0.4%，为进口铁矿时，则 $S_{含铁料}$取 0.02%；燃料为煤粉时，$S_{燃料}$取 0.6%～1%，燃料为煤气，$S_{燃料}$取 0.08%；在企业无检测数据时，$S_{球团矿}$取 0.03%～0.06%。

当球团矿含硫率 $S_{含铁料}$及球团矿消耗燃料含硫率 $S_{燃料}$无法获取或判定时，可采用如下公式：

二氧化硫产生量（吨）=2× {铁矿石消耗量（万吨）× 铁矿石含硫量（%）× 100+球团矿产量（万吨）× 10000× 25× 0.065%÷1000–球团矿产量（万吨）× 10000× 0.04%}

2.4.3 高炉法炼铁生产

高炉法炼铁产生废气分为矿槽废气、出铁场废气、热风炉废气和高炉煤气。目前，绝大多数企业的高炉煤气经过除尘后收入煤气柜，全厂综合利用，排污为 0，因此不再计算高炉煤气的产污系数。

2.4.4 无组织排放产污系数

无组织排放颗粒物产污系数主要参照《排污许可证申请与核发技术规范 钢铁行业》（HJ 846—2017）中的控制措施及相应系数，并结合高斯模式法实测计算的结果。按污染控制措施将炼铁工序无组织排放颗粒物产污系数分为优、良、中、差四档。无组织控制措施分类如下。

（1）原料堆场工序

1）优：

①原料全部采用封闭料仓、料棚、料库储存；

②料场地面全部硬化，原料场出口配备车轮和车身清洗装置；

③大宗物料及煤、焦粉等燃料采用封闭式皮带运输，需用车辆运输的粉料，采取密闭措施；

④原燃料转运卸料点设置密闭罩；

⑤除尘灰采用真空罐车、气力输送方式运输。

2）良：污染控制措施整体优于中等措施，但劣于优等措施。

3）中：

①原料场四周安装防风抑尘网；

②料场地面全部硬化，原料场出口配备车轮和车身清洗（扫）装置；

③大宗物料及煤、焦粉等燃料采用封闭式皮带运输，需用车辆运输的粉料，采取密闭措施；

④原燃料转运卸料点设置集气罩；

⑤除尘灰加湿转运，并对运输车辆进行苫盖。

4）差：较中档无组织控制措施差。

（2）烧结工序

1）优：

①原料和燃料破碎、混合、筛分实现封闭，并配备密闭罩和除尘器；

②机尾配备大容积密闭罩和除尘器；

③烧结矿冷却机受料点、卸料点设置密闭罩和除尘器；

④成品筛分、转运点、成品矿槽受料点和卸料点设置密闭罩和除尘器；

⑤除尘灰采用真空罐车、气力输送方式运输。

⑥烧结车间封闭。

2）良：污染控制措施整体优于中等措施，但劣于优等措施。

3）中：

①原料和燃料破碎、混合、筛分实现封闭，并配备密闭罩和除尘器；

②机尾配备密闭罩和除尘器；

③烧结矿冷却机受料点、卸料点设置密闭罩和除尘器；

④成品筛分、转运点、成品矿槽受料点和卸料点设置密闭罩和除尘器；

⑤除尘灰加湿转运，并对运输车辆进行苫盖。

⑥烧结车间敞开。

4）差：较中档无组织控制措施差。

（3）球团工序

1）优：

①原料混合实现封闭，并配备密闭罩和除尘器；

②球团矿冷却机受料点、卸料点设置密闭罩和除尘器；

③成品筛分、转运点、成品矿槽受料点和卸料点设置密闭罩和除尘器；

④除尘灰采用真空罐车、气力输送方式运输。

2）良：污染控制措施整体优于中等措施，但劣于优等措施。

3）中：

①原料混合实现封闭，并配备密闭罩；

②球团矿冷却机受料点、卸料点设置密闭罩；

③成品筛分、转运点、成品矿槽受料点和卸料点设置密闭罩；

④除尘灰加湿转运，并对运输车辆进行苫盖。

4）差：较中档无组织控制措施差。

（4）高炉炼铁工序

1）优：

①烧结矿、球团矿、焦炭等原燃料不落地，对于需要临时贮存的，应设置封闭料场（仓、棚、库）；

②烧结矿、球团矿、焦炭、煤等大宗物料采用封闭式皮带运输，需用车辆运输的粉料，采取密闭措施；

③矿槽上移动卸料车采用移动风口通风槽、槽下振动给料器、振动筛、称量斗、运输机转运点等工位设置密闭罩，并配备除尘器；

④高炉炉顶设置上料除尘系统；

⑤高炉出铁平台封闭；铁沟、渣沟、流嘴（或罐位）等产尘点加盖封闭，设置高效集气罩并配备除尘器；高炉出铁口、铁水罐设置集气罩，并配备除尘器；

⑥带式输送机受料点设置双层密闭罩，并配备除尘器；

⑦除尘灰采用真空罐车、气力输送方式运输。

2）良：污染控制措施整体优于中等措施，但劣于优等措施。

3）中：

①烧结矿、球团矿、焦炭等原燃料不落地，对于需要临时贮存的，应设置封闭料场（仓、棚、库）；

②烧结矿、球团矿、焦炭、煤等大宗物料采用封闭式皮带运输，需用车辆运输的粉料，采取密闭措施；

③矿槽上移动卸料车采用移动风口通风槽、槽下振动给料器、振动筛、称量斗、运输机转运点等工位设置密闭罩，并配备除尘器；

④高炉炉顶设置上料除尘系统；

⑤高炉出铁平台半封闭；铁沟、渣沟、流嘴（或罐位）等产尘点加盖封闭，设置集气罩并配备除尘器；高炉出铁口、铁水罐设置集气罩，并配备除尘器；

⑥除尘灰加湿转运，并对运输车辆进行苫盖。

4）差：较中档无组织控制措施差。

2.4.5 废水相关问题

目前炼铁行业产生的废水主要分为冲渣废水和脱硫废水（湿法脱硫）。

炼铁行业的主要废水为高炉冲渣废水。高炉冲渣环节实为净耗水环节，由于其对水质要求较低，且在使用过程中废水被大量蒸发，需要及时补充，冲渣后的废水经收集沉淀后又可重复用于冲渣，废水不外排，故不计算高炉冲渣废水的产污系数。

为控制湿法脱硫产生的废水盐分含量，需要外排部分脱硫废水，并补充新水进行循环利用。结合炼铁行业特点，外排脱硫废水可以完全进入混料、造球、冷却等环节，成为生产用水，实现脱硫废水不排放，因此，不计算湿法脱硫废水的产污系数。

对于炼铁行业而言，废水排放量为 0，不再单独计算炼铁工序相关废水的产污系数。

2.4.6 *k* 值说明

为体现相同产污水平条件下，采用相同环保治理设施的不同企业对同一污染物去除效果的差异，引入末端治理设施实际运行率（*k*）对污染治理技术的实际去除率进行修正。*k* 值反映的是污染治理设施运行的状态，越稳定运行，*k* 值越高；在取值上，若定义连续稳定运行的理想状态为 1，则 *k* 取值在 0～1 之间。

本手册给出本行业的 *k* 计算公式仅供参考，使用时，可根据 *k* 值定义，选取更适合企业实际情况的表达方式。

3 污染物排放量核算方法

针对企业实际生产情况，本行业在系数制定过程中将企业全生产流程划分或拆分为若干工段（核算环节），在核算企业污染物产排量时，可灵活选择本企业对应的核算环节进行核算。

3.1 计算工段污染物产生量

（1）根据产品、原料、污染物产生的主导生产工艺、企业规模（生产产能）这一组合查找和确定所对应的某一污染物的产污系数。

（2）根据该污染物的产污系数计量单位——单位产品产量或单位原料用量，获取企业实际产品产量或原料用量。

例如，某组合内颗粒物的产污系数单位为千克/吨-产品，则计算产生量时需要获取企业实际产品产量；如果产污系数单位为千克/吨-原料，则计算产生量时需要获取企业原料实际消耗量或堆存量。

（3）污染物产生量按以下公式进行计算：

污染物产生量=污染物对应的产污系数×产品产量（原料用量）

$$G_{产i} = P_{产i} \times M_i$$

式中，$G_{产i}$——工段 *i* 某污染物的产生量；

$P_{产i}$——工段 *i* 某污染物对应的产污系数；

M_i——工段 *i* 的产品产量（原料用量）。

3.2 计算工段污染物去除量

（1）根据企业对某一污染物所采用的治理技术查找和选择相应的治理技术平均去除效率。

（2）根据所填报的污染治理设施实际运行率参数及其计算公式得出该企业某一污染物的治理设施实际运行率（k 值）。

（3）污染物去除量按以下公式进行计算：

污染物去除量=污染物产生量×污染物去除率 =污染物产生量× 治理技术平均去除效率×

治理设施实际运行率

$$R_{减i} = G_{产i} \times \eta_T \times k_T$$

式中，$R_{减i}$——工段 i 某污染物的去除量；

η_T——工段 i 某污染物采用的末端治理技术的平均去除效率；

k_T——工段 i 某污染物采用的末端治理设施的实际运行率。

3.3 计算工段污染物排放量

污染物排放量=污染物产生量–污染物去除量

=污染物对应的产污系数×产品产量（原料用量）–污染物产生量×

治理技术平均去除效率×治理设施实际运行率

3.4 计算企业污染物排放量

同一企业某污染物全年的产生（排放）总量为该企业同年实际生产的全部工段、产品、原料、规模污染物产生（排放）量之和。

$$\begin{aligned} E_{排} &= G_{产} - R_{减} = \sum(G_{产i} - R_{减i}) \\ &= \sum[P_{产i} \times M_i(1-\eta_T \times k_T)] \end{aligned}$$

4 污染物排放量核算案例

某钢铁企业炼铁厂主要从事生产烧结矿、球团矿、炼钢生铁。该企业涉及的主要产排污工段为烧结工段、球团工段、炼铁工段。三个工段主要污染物为颗粒物、二氧化硫、氮氧化物。以二氧化硫为例说明排放量计算过程。

该企业基本信息如表 1 所示。

表 1 某钢铁企业基本信息

	工段 1：烧结			工段 2：球团			工段 3：炼铁	
产品及产量	烧结矿	351.2917 万吨		球团矿	151.413 万吨		炼钢生铁	208.5378 万吨
原料、用量、含硫率	煤炭	6249.6 吨	0.63%	铁矿石	146.72 万吨	0.05%	—	—
	焦炭	178552.064 吨	0.50%	—	—	—	—	—
	铁矿石	314.2472 万吨	0.05%	—	—	—	—	—
工艺名称	带式烧结法			链篦机-回转窑法			高炉法	
规模（产能）	360 米^2			所有规模			2580 米^3	
污染治理技术	石灰石/石灰-石膏法			石灰石/石灰-石膏法			直排	
实际运行率参数	脱硫设施年运行时间		8184 小时	脱硫设施年运行时间		7265 小时	—	—
	企业正常生产时间		8184 小时	企业正常生产时间		7265 小时	—	—

4.1 工段 1 的排放量计算

（1）二氧化硫产生量计算

①查找产污系数及其计量单位

根据企业基本信息，查找本手册主要产品为烧结矿，主要原料为铁矿、石灰、焦粉、煤粉等，主要工艺为带式烧结法，生产规模≥360 米^2。该组合中二氧化硫的产污系数为 2×（$M_{含铁料}$×$S_{含铁料}$+ $M_{固燃}$×$S_{固燃}$−1000×$S_{烧结矿}$），单位为千克/吨-烧结矿。在企业无统计数据时，$M_{含铁料}$取 900 千克/吨-烧结矿，$M_{固燃}$取 55 千克/吨-烧结矿；含铁料为攀西高硫混合铁料时，$S_{含铁料}$取 0.7%，为国内其他地区时，$S_{含铁料}$取 0.2%～0.4%，若为进口铁矿时，$S_{含铁料}$取 0.02%；$S_{固燃}$取 0.6%；如企业无检测数据时，$S_{烧结矿}$取 0.02%～0.06%。因此本烧结矿二氧化硫产污系数=2 ×（900×0.05%+55×0.6%−1000×0.02%）=1.16 千克/吨-烧结矿。

②获取企业产品产量

该企业实际情况为：该工段主要产品烧结矿 2017 年产量为 351.2917 万吨。

③计算二氧化硫产生量

由于查询到的组合中二氧化硫产污系数的单位为千克/吨-烧结矿，因此在核算产生量时采用产品产量。

二氧化硫产生量=二氧化硫产污系数×产品（烧结矿）产量

=1.16 千克/吨-产品×351.2917×10000 吨-产品

=4074983.72 千克

（2）二氧化硫去除量计算

①查找治理技术平均去除效率

该企业二氧化硫治理技术采用“石灰石/石灰-石膏法”，查询相应组合内该工艺的平均去除效率为 88.96%。

②计算污染治理设施实际运行率

根据产污系数组合查询结果，该组合中二氧化硫法对应的污染治理设施实际运行率为

k=脱硫设施年运行时间/企业正常生产时间=8184 小时/8184 小时=1

③计算二氧化硫去除量

二氧化硫去除量=4074983.72 千克×88.96%×1=3625105.517 千克

（3）二氧化硫排放量计算

二氧化硫排放量=4074983.72 千克−3625105.517 千克=449878.203 千克

（4）二氧化硫产生量的另一种计算方式

根据物料衡算法和经验值法，设置如下计算方法，目前也是国家“二污普”系统的计算方法。根据物料衡算法：二氧化硫产生量（吨）=2×［铁矿石消耗量（万吨）×铁矿石含硫量（%）×10000（单位转换）÷100（单位转换）+煤炭消耗量（吨）×煤炭平均收到基含硫量（%）÷100（单位转换）+焦炭消耗量（吨）×焦炭平均收到基含硫量（%）÷100（单位转换）］×0.85=2×［(314.2472×0.05×10000）÷100+6249.6×0.63÷100+178552.064×0.50÷100］×0.85=4255.727 吨。二氧化硫的去除量和排放量参照（2）和（3）的计算公式。

4.2 工段2的排放量计算

（1）二氧化硫产生量计算

①查找产污系数及其计量单位

根据企业基本信息，查找本手册中主要产品为球团矿，主要原料为铁精矿、膨润土，主要工艺为链篦机-回转窑法，生产规模为所有规模。该组合中二氧化硫的产污系数为2×（$M_{含铁料}$×$S_{含铁料}$+$M_{燃料}$×$S_{燃料}$−1000×$S_{球团矿}$），单位为千克/吨-球团矿。在企业无统计数据时，$M_{含铁料}$取1000千克/吨-烧结矿；燃料为煤粉时，$M_{燃料}$取25～30千克/吨-球团矿，燃料为燃气时，$M_{燃料}$取25千克标煤/吨-球团矿；含铁料为攀西高硫混合铁料时，$S_{含铁料}$取0.7%，为国内其他地区时，$S_{含铁料}$取0.2%～0.4%，为进口铁矿时，则$S_{含铁料}$取0.02%；燃料为煤粉时，$S_{燃料}$取0.6%～1%，燃料为煤气时，$S_{燃料}$取0.08%；在企业无检测数据时，$S_{球团矿}$取0.03%～0.06%。因此，本球团矿二氧化硫产污系数=2×（1000×0.05%+25×0.08%−1000×0.02%）=0.64千克/吨-球团矿。

②获取企业产品产量

该企业实际情况为：该工段主要产品球团矿2017年产量为151.413万吨。

③计算二氧化硫产生量

由于查询到的组合中二氧化硫产污系数的单位为千克/吨-球团矿，因此在核算产生量时采用产品产量。

二氧化硫产生量=二氧化硫产污系数×产品（球团矿）产量

=0.64千克/吨-产品×151.413×10000吨-产品

=969043.2千克

（2）二氧化硫去除量计算

①查找治理技术平均去除效率

该企业二氧化硫治理技术采用石灰石/石灰-石膏法，查询相应组合内该工艺的平均去除效率为88.96%。

②计算污染治理设施实际运行率

根据产污系数组合查询结果，该组合中二氧化硫法对应的污染治理设施实际运行率为

k=脱硫设施年运行时间/企业正常生产时间=7265小时/7265小时=1

③计算二氧化硫去除量

二氧化硫去除量=969043.2千克×88.96%×1=862060.831千克

（3）二氧化硫排放量计算

二氧化硫排放量=969043.2千克−862060.831千克=106982.369千克

（4）二氧化硫产生量的另一种计算方式

根据物料衡算法和经验值法，设置如下计算方法，目前也是国家“二污普”系统的计算方法。根据物料衡算法：二氧化硫产生量（吨）=2×铁矿石消耗量（万吨）×铁矿石含硫量（%）×10000（单位转换）÷100（单位转换）×0.85=2×146.72×0.05×10000÷100×0.85=1247.12吨。二氧化硫的去除量和排放量参照（2）和（3）的计算公式。

4.3 工段 3 的排放量计算

（1）二氧化硫产生量计算

①查找产污系数及其计量单位

根据企业基本信息，查找本手册中主要产品为炼钢生铁，主要原料为烧结矿、球团矿、焦炭、煤粉，主要工艺为高炉法，生产规模为 2000～4000 米 ^{3}。该组合一般排放口二氧化硫的产污系数为 0.077，单位为千克/吨-铁水。

②获取企业产品产量

该企业实际情况为：该工段主要产品炼钢生铁 2017 年产量为 208.5378 万吨。

③计算二氧化硫产生量。

由于查询到的组合中二氧化硫产污系数的单位为千克/吨（铁水），因此在核算产生量时采用产品产量。

二氧化硫产生量=二氧化硫产污系数×产品（炼钢生铁）产量

=0.077 千克/吨×208.5378×10000 吨

=160574.106 千克

（2）二氧化硫去除量计算

①查找治理技术平均去除效率

该企业高炉一般排放口二氧化硫直排，查询相应组合内该工艺的平均去除效率为 0。

②计算污染治理技术实际运行率

根据产污系数组合查询结果，该组合中二氧化硫法无对应的污染治理设施

k=脱硫设施年运行时间/企业正常生产时间=0÷7265=0

③计算二氧化硫去除量

二氧化硫去除量=160574.106 千克×0×0=0 千克

（3）二氧化硫排放量计算

二氧化硫排放量=160574.106 千克–0 千克=160574.106 千克

4.4 二氧化硫总排放量计算

二氧化硫总排放量=工段 1 排放量+工段 2 排放量+工段 3 排放量

=449878.203 千克+106982.369 千克+160574.106 千克

=717434.678 千克

5 系数表

3110 炼铁行业系数表

工段名称	产品名称	原料名称	工艺名称	规模等级	污染物类别	污染物指标	系数单位	产污系数	末端治理技术	末端治理技术平均去除效率/%	参考 k 值计算公式[1]
烧结	烧结矿	铁矿、石灰、焦粉、煤粉等	带式烧结机（机头）	≥360 米^2	废气	工业废气量	标米^3/吨-产品	2500	—	0	—
						颗粒物	千克/吨-产品	5.76	静电除尘	99.07	k=除尘设施运行时间（小时/年）/企业正常生产时间（小时/年）
									布袋除尘	99.57	
									电袋复合式除尘	99.60	
									P15 其他	99	
						二氧化硫	千克/吨-产品	2×（$M_{含铁料}$×$S_{含铁料}$+$M_{固燃}$×$S_{固燃}$−1000×$S_{烧结矿}$）①	半干法脱硫	85	k=脱硫设施运行时间（小时/年）/企业正常生产时间（小时/年）
									石灰石/石灰-石膏法	88.96	
									氨法	89	
									活性炭（焦）法	90	
									S12 其他	85	
						氮氧化物	千克/吨-产品	0.70	烟气循环技术	15	k=脱硝设施运行时间（小时/年）/企业正常生产时间（小时/年）
									活性炭（焦）法	45	
									SCR	66.67	
									N08 其他	15	
			带式烧结机（机尾）	≥360 米^2		工业废气量	标米^3/吨-产品	2100	—	0	—
						颗粒物	千克/吨-产品	4.81	静电除尘	99.07	k=除尘设施运行时间（小时/年）/企业正常生产时间（小时/年）
									布袋除尘	99.57	
									电袋复合式除尘	99.60	
									P15 其他	99	
			带式烧结机（一般排放口）②	≥360 米^2		工业废气量	标米^3/吨-产品	2300	—	0	—
						颗粒物	千克/吨-产品	3.45	静电除尘	99.07	k=除尘设施运行时间（小时/年）/企业正常生产时间（小时/年）
									布袋除尘	99.57	
									电袋复合式除尘	99.60	
									P15 其他	99	

注：①式中，$M_{含铁料}$、$M_{固燃}$分别为单位合格产品的含铁料及固态燃料消耗量，单位为千克/吨-烧结矿；$S_{含铁料}$、$S_{固燃}$分别为原料及固态燃料的平均含硫率；$S_{烧结矿}$为合格烧结矿的平均含硫率。详细参见本手册 2.4 节。

②包括混料、成品、整粒环节。

[1] 该公式仅供参考，使用时，可根据 k 值定义，选取更适合企业实际情况的表达方式。

3110 炼铁行业系数表（续表 1）

工段名称	产品名称	原料名称	工艺名称	规模等级	污染物类别	污染物指标	系数单位	产污系数	末端治理技术	末端治理技术平均去除效率/%	参考 k 值计算公式
烧结	烧结矿	铁矿、石灰、焦粉、煤粉等	带式烧结机	≥360 米²	固废	半干法脱硫废渣	吨/吨-烧结矿	$5.25\times10^{-3}\times85\%\times S_{二氧化硫}$	—	—	—
						石灰石/石膏法脱硫废渣	吨/吨-烧结矿	$2.2\times10^{-3}\times95\%\times S_{二氧化硫}$	—	—	—
烧结	烧结矿	铁矿、石灰、焦粉、煤粉等	带式烧结机（机头）	180～360 米²	废气	工业废气量	标米³/吨-产品	2600	—	0	—
						颗粒物	千克/吨-产品	5.96	静电除尘	99.07	k=除尘设施运行时间（小时/年）/企业正常生产时间（小时/年）
									布袋除尘	99.57	
									电袋复合式除尘	99.60	
									P15 其他	99	
						二氧化硫	千克/吨-产品	$2\times(M_{含铁料}\times S_{含铁料}+M_{固燃}\times S_{固燃}-1000\times S_{烧结矿})$①	半干法脱硫	85	k=脱硫设施运行时间（小时/年）/企业正常生产时间（小时/年）
									石灰石/石灰-石膏法	88.96	
									氨法	89	
									活性炭（焦）法	90	
									S12 其他	85	
						氮氧化物	千克/吨-产品	0.74	烟气循环技术	15	k=脱硝设施运行时间（小时/年）/企业正常生产时间（小时/年）
									活性炭（焦）法	45	
									SCR	66.67	
									N08 其他	15	
			带式烧结机（机尾）	180～360 米²		工业废气量	标米³/吨-产品	2200	—	0	—
						颗粒物	千克/吨-产品	4.88	静电除尘	99.07	k=除尘设施运行时间（小时/年）/企业正常生产时间（小时/年）
									布袋除尘	99.57	
									电袋复合式除尘	99.60	
									P15 其他	99	
			带式烧结机（一般排放口）②	180～360 米²		工业废气量	标米³/吨-产品	2400	—	0	—
						颗粒物	千克/吨-产品	3.60	静电除尘	99.07	k=除尘设施运行时间（小时/年）/企业正常生产时间（小时/年）
									布袋除尘	99.57	
									电袋复合式除尘	99.60	
									P15 其他	99	

注：①式中，$M_{含铁料}$、$M_{固燃}$分别为单位合格产品的含铁料及固态燃料消耗量，单位为千克/吨-烧结矿；$S_{含铁料}$、$S_{固燃}$分别为原料及固态燃料的平均含硫率；$S_{烧结矿}$为合格烧结矿的平均含硫率。详细参见本手册 2.4 节。

②包括混料、成品、整粒环节。

3110 炼铁行业系数表（续表 2）

工段名称	产品名称	原料名称	工艺名称	规模等级	污染物类别	污染物指标	系数单位	产污系数	末端治理技术	末端治理技术平均去除效率/%	参考 k 值计算公式
烧结	烧结矿	铁矿、石灰、焦粉、煤粉等	带式烧结机	180～360 米^2	固废	半干法脱硫废渣	吨/吨-烧结矿	$5.25\times10^{-3}\times85\%\times S_{二氧化硫}$	—	—	—
						石灰石/石膏法脱硫废渣	吨/吨-烧结矿	$2.2\times10^{-3}\times95\%\times S_{二氧化硫}$	—	—	—
烧结	烧结矿	铁矿、石灰、焦粉、煤粉等	带式烧结机（机头）	≤180 米^2	废气	工业废气量	标米^3/吨-产品	2800	—	0	—
						颗粒物	千克/吨-产品	6.54	静电除尘	99.07	k=除尘设施运行时间（小时/年）/企业正常生产时间（小时/年）
									布袋除尘	99.57	
									电袋复合式除尘	99.60	
									P15 其他	99	
						二氧化硫	千克/吨-产品	$2\times(M_{含铁料}\times S_{含铁料}+M_{固燃}\times S_{固燃}-1000\times S_{烧结矿})$ ①	半干法脱硫	85	k=脱硫设施运行时间（小时/年）/企业正常生产时间（小时/年）
									石灰石/石灰-石膏法	88.96	
									氨法	89	
									活性炭（焦）法	90	
									S12 其他	85	
						氮氧化物	千克/吨-产品	0.79	烟气循环技术	15	k=脱硝设施运行时间（小时/年）/企业正常生产时间（小时/年）
									活性炭（焦）法	45	
									SCR	66.67	
									N08 其他	15	
			带式烧结机（机尾）	≤180 米^2		工业废气量	标米^3/吨-产品	2900	—	0	—
						颗粒物	千克/吨-产品	5.60	静电除尘	99.07	k=除尘设施运行时间（小时/年）/企业正常生产时间（小时/年）
									布袋除尘	99.57	
									电袋复合式除尘	99.60	
									P15 其他	99	
			带式烧结机（一般排放口）②	≤180 米^2		工业废气量	标米^3/吨-产品	2500	—	0	—
						颗粒物	千克/吨-产品	3.75	静电除尘	99.07	k=除尘设施运行时间（小时/年）/企业正常生产时间（小时/年）
									布袋除尘	99.57	
									电袋复合式除尘	99.60	
									P15 其他	99	

注：①式中，$M_{含铁料}$、$M_{固燃}$分别为单位合格产品的含铁料及固态燃料消耗量，单位为千克/吨-烧结矿；$S_{含铁料}$、$S_{固燃}$分别为原料及固态燃料的平均含硫率；$S_{烧结矿}$为合格烧结矿的平均含硫率。详细参见本手册 2.4 节。

②包括混料、成品、整粒环节。

3110 炼铁行业系数表（续表 3）

工段名称	产品名称	原料名称	工艺名称	规模等级	污染物类别	污染物指标	系数单位	产污系数	末端治理技术	末端治理技术平均去除效率/%	参考 k 值计算公式
烧结	烧结矿	铁矿、石灰、焦粉、煤粉等	带式烧结机	≤180 米 ^{2}	固废	半干法脱硫废渣	吨/吨-烧结矿	$5.25\times10^{-3}\times85\%\times S_{二氧化硫}$	—	—	—
						石灰石/石膏法脱硫废渣	吨/吨-烧结矿	$2.2\times10^{-3}\times95\%\times S_{二氧化硫}$	—	—	—
球团	球团矿	铁精矿、膨润土	带式烧焙烧法（机头）	所有规模	废气	工业废气量	标米 ^{3}/吨-产品	2500	—	0	—
						颗粒物	千克/吨-产品	5.76	静电除尘	99.07	k=除尘设施运行时间（小时/年）/企业正常生产时间（小时/年）
									布袋除尘	99.57	
									电袋复合式除尘	99.60	
									P15 其他	99	
						二氧化硫	千克/吨-产品	$2\times(M_{含铁料}\times S_{含铁料}+M_{燃料}\times S_{燃料}-1000\times S_{球团矿})$ ①	半干法脱硫	85	k=脱硫设施运行时间（小时/年）/企业正常生产时间（小时/年）
									石灰石/石灰-石膏法	88.96	
									氨法	89	
									活性炭（焦）法	90	
									S12 其他	85	
						氮氧化物	千克/吨-产品	0.69	烟气循环技术	15	k=脱硝设施运行时间（小时/年）/企业正常生产时间（小时/年）
									活性炭（焦）法	45	
									SCR	66.67	
									N08 其他	15	
			带式烧焙烧法（机尾）			工业废气量	标米 ^{3}/吨-产品	2100	—	0	—
						颗粒物	千克/吨-产品	4.80	静电除尘	99.07	k=除尘设施运行时间（小时/年）/企业正常生产时间（小时/年）
									布袋除尘	99.57	
									电袋复合式除尘	99.60	
									P15 其他	99	
			带式烧焙烧法（一般排放口）②			工业废气量	标米 ^{3}/吨-产品	2200	—	0	—
						颗粒物	千克/吨-产品	3.42	静电除尘	99.07	k=除尘设施运行时间（小时/年）/企业正常生产时间（小时/年）
									布袋除尘	99.57	
									电袋复合式除尘	99.60	
									P15 其他	99	

注：①式中，$M_{含铁料}$、$M_{燃料}$分别为单位合格产品的含铁料及燃料消耗量，单位为千克/吨-烧结矿；$S_{含铁料}$、$S_{燃料}$分别为原料及燃料的平均含硫率；$S_{球团矿}$为合格球团矿的平均含硫率。详细参见本手册 2.4 节。

②包括成品、整粒、筛分环节。

3110 炼铁行业系数表（续表 4）

工段名称	产品名称	原料名称	工艺名称	规模等级	污染物类别	污染物指标	系数单位	产污系数	末端治理技术	末端治理技术平均去除效率/%	参考 k 值计算公式
球团	球团矿	铁精矿、膨润土	带式烧焙烧法	所有规模	固废	半干法脱硫废渣	吨/吨-烧结矿	$5.25\times10^{-3}\times85\%\times S_{二氧化硫}$	—	—	—
						石灰石/石膏法脱硫废渣	吨/吨-烧结矿	$2.2\times10^{-3}\times95\%\times S_{二氧化硫}$	—	—	—
球团	球团矿	铁精矿、膨润土	竖炉	≥8 米 ^{2}	废气	工业废气量	标米 ^{3}/吨-产品	2825	—	0	—
						颗粒物	千克/吨-产品	9.45	静电除尘	99.07	k=除尘设施运行时间（小时/年）/企业正常生产时间（小时/年）
									布袋除尘	99.20	
									电袋复合式除尘	99.60	
									P15 其他	99	
						二氧化硫	千克/吨-产品	$2\times(M_{含铁料}\times S_{含铁料}+M_{燃料}\times S_{燃料}-1000\times S_{球团矿})$ ①	半干法脱硫	85	k=脱硫设施运行时间（小时/年）/企业正常生产时间（小时/年）
									石灰石/石灰-石膏法	88.96	
									氨法	89	
									活性炭（焦）法	90	
									S12 其他	85	
						氮氧化物	千克/吨-产品	0.265	烟气循环技术	15	k=脱硝设施运行时间（小时/年）/企业正常生产时间（小时/年）
									活性炭（焦）法	45	
									SCR	66.67	
									N08 其他	15	
					固废	半干法脱硫废渣	吨/吨-烧结矿	$5.25\times10^{-3}\times85\%\times S_{二氧化硫}$	—	—	—
						石灰石/石膏法脱硫废渣	吨/吨-烧结矿	$2.2\times10^{-3}\times95\%\times S_{二氧化硫}$	—	—	—

注：①式中，$M_{含铁料}$、$M_{燃料}$分别为单位合格产品的含铁料及燃料消耗量，单位为千克/吨-烧结矿；$S_{含铁料}$、$S_{燃料}$分别为原料及燃料的平均含硫率；$S_{球团矿}$为合格球团矿的平均含硫率。详细参见本手册 2.4 节。

3110 炼铁行业系数表（续表 5）

工段名称	产品名称	原料名称	工艺名称	规模等级	污染物类别	污染物指标	系数单位	产污系数	末端治理技术	末端治理技术平均去除效率/%	参考 k 值计算公式
球团	球团矿	铁精矿、膨润土	竖炉	<8 米^2	废气	工业废气量	标米^3/吨-产品	3214	—	0	—
						颗粒物	千克/吨-产品	9.88	静电除尘	99.07	k=除尘设施运行时间（小时/年）/企业正常生产时间（小时/年）
									布袋除尘	99.20	
									电袋复合式除尘	99.60	
									P15 其他	99	
						二氧化硫	千克/吨-产品	2×（$M_{含铁料}$×$S_{含铁料}$+$M_{燃料}$×$S_{燃料}$−1000×$S_{球团矿}$）①	半干法脱硫	85	k=脱硫设施运行时间（小时/年）/企业正常生产时间（小时/年）
									石灰石/石灰-石膏法	88.96	
									氨法	89	
									活性炭（焦）法	90	
									S12 其他	85	
						氮氧化物	千克/吨-产品	0.50	烟气循环技术	15	k=脱硝设施运行时间（小时/年）/企业正常生产时间（小时/年）
									活性炭（焦）法	45	
									SCR	66.67	
									N08 其他	15	
					固废	半干法脱硫废渣	吨/吨-烧结矿	$5.25\times10^{-3}\times85\%\times S_{二氧化硫}$	—	—	—
						石灰石/石膏法脱硫废渣	吨/吨-烧结矿	$2.20\times10^{-3}\times95\%\times S_{二氧化硫}$	—	—	—
球团	球团矿	铁精矿、膨润土	链篦机-回转窑法	所有规模	废气	工业废气量	标米^3/吨-产品	2880	—	0	
						颗粒物	千克/吨-产品	9.49	静电除尘	99.07	k=除尘设施运行时间（小时/年）/企业正常生产时间（小时/年）
									布袋除尘	99.69	
									电袋复合式除尘	99.70	
									P15 其他	99	
						二氧化硫	千克/吨-产品	2×（$M_{含铁料}$×$S_{含铁料}$+$M_{燃料}$×$S_{燃料}$−1000×$S_{球团矿}$）①	半干法脱硫	85	k=脱硫设施运行时间（小时/年）/企业正常生产时间（小时/年）
									石灰石/石灰-石膏法	88.96	
									氨法	89	
									活性炭（焦）法	90	
									S12 其他	85	
						氮氧化物	千克/吨-产品	0.261	烟气循环技术	15	k=脱硝设施运行时间（小时/年）/企业正常生产时间（小时/年）
									活性炭（焦）法	45	
									SCR	66.67	
									N08 其他	15	

注：①式中，$M_{含铁料}$、$M_{燃料}$分别为单位合格产品的含铁料及燃料消耗量，单位为千克/吨-烧结矿；$S_{含铁料}$、$S_{燃料}$分别为原料及燃料的平均含硫率；$S_{球团矿}$为合格球团矿的平均含硫率。详细参见本手册 2.4 节。

3110 炼铁行业系数表（续表 6）

工段名称	产品名称	原料名称	工艺名称	规模等级	污染物类别	污染物指标	系数单位	产污系数	末端治理技术	末端治理技术平均去除效率/%	参考 k 值计算公式
球团	球团矿	铁精矿、膨润土	链篦机-回转窑法	所有规模	固废	半干法脱硫废渣	吨/吨-烧结矿	$5.25\times10^{-3}\times85\%\times S_{二氧化硫}$	—	—	—
						石灰石/石膏法脱硫废渣	吨/吨-烧结矿	$2.20\times10^{-3}\times95\%\times S_{二氧化硫}$	—	—	—
炼铁	炼钢生铁	烧结矿、球团矿、焦炭、煤粉	高炉法（矿槽）	≥4000 米 ^{3}	废气	工业废气量	标米 ^{3}/吨-产品	3500	—	0	—
						颗粒物	千克/吨-产品	4.50	静电除尘	99.07	k=除尘设施运行时间（小时/年）/企业正常生产时间（小时/年）
									布袋除尘	99.71	
									电袋复合式除尘	99.75	
									P15 其他	99	
			高炉法（出铁场）			工业废气量	标米 ^{3}/吨-产品	4030	—	0	—
						颗粒物	千克/吨-产品	8.06	静电除尘	99.07	k=除尘设施运行时间（小时/年）/企业正常生产时间（小时/年）
									布袋除尘	99.74	
									电袋复合式除尘	99.75	
									P15 其他	99	
			高炉法（一般排放口）①			工业废气量	标米 ^{3}/吨-产品	2600	—	0	—
						二氧化硫	千克/吨-产品	0.07	半干法脱硫	85	k=脱硫设施运行时间（小时/年）/企业正常生产时间（小时/年）
									石灰石/石灰-石膏法	88.96	
									氨法	89	
									活性炭（焦）法	90	
									S12 其他	85	
									直排	0	—
						氮氧化物	千克/吨-产品	0.14	烟气循环技术	15	k=脱硝设施运行时间（小时/年）/企业正常生产时间（小时/年）
									活性炭（焦）法	45	
									SCR	85	
									直排	0	—
									N08 其他	15	—
						颗粒物	千克/吨-产品	0.013	静电除尘	99.07	k=除尘设施运行时间（小时/年）/企业正常生产时间（小时/年）
									布袋除尘	99.74	
									电袋复合式除尘	99.75	
									直排	0	—
									P15 其他	99	—

注：①废气量包括槽上、槽下和热风炉。颗粒物、二氧化硫、氮氧化物产污系数均指热风炉。

3110 炼铁行业系数表（续表 7）

工段名称	产品名称	原料名称	工艺名称	规模等级	污染物类别	污染物指标	系数单位	产污系数	末端治理技术	末端治理技术平均去除效率/%	参考 k 值计算公式
炼铁	炼钢生铁	烧结矿、球团矿、焦炭、煤粉	高炉法	≥4000 米^3	固废	冶炼废渣	吨/吨-产品	0.296	—	—	—
炼铁	炼钢生铁	烧结矿、球团矿、焦炭、煤粉	高炉法（矿槽）	2000～4000 米^3	废气	工业废气量	标米^3/吨-产品	3650	—	0	—
						颗粒物	千克/吨-产品	4.75	静电除尘	99.07	k=除尘设施运行时间（小时/年）/企业正常生产时间（小时/年）
									布袋除尘	99.71	
									电袋复合式除尘	99.75	
									P15 其他	99	
			高炉法（出铁场）			工业废气量	标米^3/吨-产品	2710	—	0	—
						颗粒物	千克/吨-产品	10.84	静电除尘	99.07	k=除尘设施运行时间（小时/年）/企业正常生产时间（小时/年）
									布袋除尘	99.74	
									电袋复合式除尘	99.75	
									P15 其他	99	
			高炉法（一般排放口）①			工业废气量	标米^3/吨-产品	2800	—	0	—
						二氧化硫	千克/吨-产品	0.077	半干法脱硫	85	k=脱硫设施运行时间（小时/年）/企业正常生产时间（小时/年）
									石灰石/石灰-石膏法	88.96	
									氨法	89	
									活性炭（焦）法	90	
									直排	0	—
									S12 其他	85	—
						氮氧化物	千克/吨-产品	0.154	烟气循环技术	15	k=脱硝设施运行时间（小时/年）/企业正常生产时间（小时/年）
									活性炭（焦）法	45	
									SCR	66.67	
									直排	0	—
									N08 其他	15	—
						颗粒物	千克/吨-产品	0.014	静电除尘	99.07	k=除尘设施运行时间（小时/年）/企业正常生产时间（小时/年）
									布袋除尘	99.74	
									电袋复合式除尘	99.75	
									直排	0	—
									P15 其他	99	—

注：①废气量包括槽上、槽下和热风炉。颗粒物、二氧化硫、氮氧化物产污系数均指热风炉。

3110 炼铁行业系数表（续表 8）

工段名称	产品名称	原料名称	工艺名称	规模等级	污染物类别	污染物指标	系数单位	产污系数	末端治理技术	末端治理技术平均去除效率/%	参考 k 值计算公式
炼铁	炼钢生铁	烧结矿、球团矿、焦炭、煤粉	高炉法	2000～4000 米 ^{3}	固废	冶炼废渣	吨/吨-产品	0.296	—	—	—
炼铁	炼钢生铁	烧结矿、球团矿、焦炭、煤粉	高炉法（矿槽）	1200～2000 米 ^{3}	废气	工业废气量	标米 ^{3}/吨-产品	3800	—	0	—
						颗粒物	千克/吨-产品	4.94	静电除尘	99.07	k=除尘设施运行时间（小时/年）/企业正常生产时间（小时/年）
									布袋除尘	99.74	
									电袋复合式除尘	99.75	
									P15 其他	99	
			高炉法（出铁场）			工业废气量	标米 ^{3}/吨-产品	2900	—	0	—
						颗粒物	千克/吨-产品	11.60	静电除尘	99.07	k=除尘设施运行时间（小时/年）/企业正常生产时间（小时/年）
									布袋除尘	99.71	
									电袋复合式除尘	99.75	
									P15 其他	99	
			高炉法（一般排放口）①			工业废气量	标米 ^{3}/吨-产品	3000	—	0	—
						二氧化硫	千克/吨-产品	0.083	半干法脱硫	85	k=脱硫设施运行时间（小时/年）/企业正常生产时间（小时/年）
									石灰石/石灰-石膏法	88.96	
									氨法	89	
									活性炭（焦）法	90	
									S12 其他	85	
									直排	—	—
						氮氧化物	千克/吨-产品	0.165	烟气循环技术	15	k=脱硝设施运行时间（小时/年）/企业正常生产时间（小时/年）
									活性炭（焦）法	45	
									SCR	66.67	
									N08 其他	15	
									直排	—	—
						颗粒物	千克/吨-产品	0.015	静电除尘	99.07	k=除尘设施运行时间（小时/年）/企业正常生产时间（小时/年）
									布袋除尘	99.74	
									电袋复合式除尘	99.75	
									P15 其他	99	
									直排	—	—

注：①废气量包括槽上、槽下和热风炉。颗粒物、二氧化硫、氮氧化物产污系数均指热风炉。

3110 炼铁行业系数表（续表 9）

工段名称	产品名称	原料名称	工艺名称	规模等级	污染物类别	污染物指标	系数单位	产污系数	末端治理技术	末端治理技术平均去除效率/%	参考 k 值计算公式
炼铁	炼钢生铁	烧结矿、球团矿、焦炭、煤粉	高炉法	1200～2000 米^3	固废	冶炼废渣	吨/吨-产品	0.30	—	—	—
炼铁	炼钢生铁	烧结矿、球团矿、焦炭、煤粉	高炉法（矿槽）	≤1200 米^3	废气	工业废气量	标米^3/吨-产品	4000	—	0	—
						颗粒物	千克/吨-产品	5.20	静电除尘	99.07	k=除尘设施运行时间（小时/年）/企业正常生产时间（小时/年）
									布袋除尘	99.55	
									电袋复合式除尘	99.60	
									P15 其他	99	
			高炉法（出铁场）			工业废气量	标米^3/吨-产品	3100	—	0	—
						颗粒物	千克/吨-产品	12.40	静电除尘	99.07	k=除尘设施运行时间（小时/年）/企业正常生产时间（小时/年）
									布袋除尘	99.74	
									电袋复合式除尘	99.75	
									P15 其他	99	
			高炉法（一般排放口）①			工业废气量	标米^3/吨-产品	3200	—	0	—
						二氧化硫	千克/吨-产品	0.088	半干法脱硫	85	k=脱硫设施运行时间（小时/年）/企业正常生产时间（小时/年）
									石灰石/石灰-石膏法	88.96	
									氨法	89	
									活性炭（焦）法	90	
									S12 其他	85	
									直排	0	—
						氮氧化物	千克/吨-产品	0.176	烟气循环技术	15	k=脱硝设施运行时间（小时/年）/企业正常生产时间（小时/年）
									活性炭（焦）法	45	
									SCR	66.67	
									N08 其他	15	
									直排	0	—
						颗粒物	千克/吨-产品	0.016	静电除尘	99.07	k=除尘设施运行时间（小时/年）/企业正常生产时间（小时/年）
									布袋除尘	99.74	
									电袋复合式除尘	99.75	
									P15 其他	99	
									直排	0	—

注：①废气量包括槽上、槽下和热风炉。颗粒物、二氧化硫、氮氧化物产污系数均指热风炉。

3110 炼铁行业系数表（续表 10）

工段名称	产品名称	原料名称	工艺名称	规模等级	污染物类别	污染物指标	系数单位	产污系数	末端治理技术	末端治理技术平均去除效率/%	参考 k 值计算公式
炼铁	炼钢生铁	烧结矿、球团矿、焦炭、煤粉	高炉法	≤1200 米 ^{3}	固废	冶炼废渣	吨/吨-产品	0.30	—	—	—
炼铁	含钒生铁	钒钛烧结矿、焦炭、煤粉	高炉法（矿槽）	所有规模	废气	工业废气量	标米 ^{3}/吨-产品	4200	—	0	
						颗粒物	千克/吨-产品	17.44	静电除尘	99.07	k=除尘设施运行时间（小时/年）/企业正常生产时间（小时/年）
									布袋除尘	99.71	
									电袋复合式除尘	99.75	
									P15 其他	99	
			高炉法（出铁场）			工业废气量	标米 ^{3}/吨-产品	5200	—	0	
						颗粒物	千克/吨-产品	8.33	静电除尘	99.07	k=除尘设施运行时间（小时/年）/企业正常生产时间（小时/年）
									布袋除尘	99.74	
									电袋复合式除尘	99.75	
									P15 其他	99	
			高炉法（一般排放口）①			工业废气量	标米 ^{3}/吨-产品	2300	—	0	—
						二氧化硫	千克/吨-产品	0.12	半干法脱硫	85	k=脱硫设施运行时间（小时/年）/企业正常生产时间（小时/年）
									石灰石/石灰-石膏法	88.96	
									氨法	89	
									活性炭（焦）法	90	
									S12 其他	85	
									直排	0	—
						氮氧化物	千克/吨-产品	0.27	烟气循环技术	15	k=脱硝设施运行时间（小时/年）/企业正常生产时间（小时/年）
									活性炭（焦）法	45	
									SCR	66.67	
									N08 其他	15	
									直排	0	—
						颗粒物	千克/吨-产品	0.01	静电除尘	99.07	k=除尘设施运行时间（小时/年）/企业正常生产时间（小时/年）
									布袋除尘	99.74	
									电袋复合式除尘	99.75	
									P15 其他	99	
									直排	0	—

注：废气量包括槽上、槽下和热风炉。颗粒物、二氧化硫、氮氧化物产污系数均指热风炉。

3110 炼铁行业系数表（续表 11）

工段名称	产品名称	原料名称	工艺名称	规模等级	污染物类别	污染物指标	系数单位	产污系数	末端治理技术	末端治理技术平均去除效率/%	参考 k 值计算公式
炼铁	含钒生铁	钒钛烧结矿、焦炭、煤粉	高炉法	所有规模	固废	冶炼废渣	吨/吨-产品	0.64	—	—	—
炼铁	直接还原铁	铁矿、石灰、煤粉	回转窑法	所有规模	废气	工业废气量	标米^3/吨-铁产品	4200	—	0	—
						颗粒物	千克/吨-铁产品	42	静电除尘	99.07	k=除尘设施运行时间（小时/年）/企业正常生产时间（小时/年）
									布袋除尘	99.71	
									电袋复合式除尘	99.75	
									P15 其他	99	
						二氧化硫	千克/吨-铁产品	2.21	半干法脱硫	85	k=脱硫设施运行时间（小时/年）/企业正常生产时间（小时/年）
									石灰石/石灰-石膏法	88.96	
									氨法	89	
									活性炭（焦）法	90	
									S12 其他	85	
						氮氧化物	千克/吨-铁产品	0.127	烟气循环技术	15	k=脱硝设施运行时间（小时/年）/企业正常生产时间（小时/年）
									活性炭（焦）法	45	
									SCR	66.76	
									N08 其他	15	
					固废	冶炼废渣	吨/吨-产品	0.30	—	—	—
炼铁	直接还原铁	铁矿、石灰、煤粉	隧道窑法	所有规模	废气	工业废气量	标米^3/吨-铁产品	7000	—	0	—
						颗粒物	千克/吨-铁产品	17.50	静电除尘	99.07	k=除尘设施运行时间（小时/年）/企业正常生产时间（小时/年）
									布袋除尘	99.71	
									电袋复合式除尘	99.75	
									P15 其他	90	
						二氧化硫	千克/吨-铁产品	2.10	半干法脱硫	85	k=脱硫设施运行时间（小时/年）/企业正常生产时间（小时/年）
									石灰石/石灰-石膏法	88.96	
									氨法	89	
									活性炭（焦）法	90	
									S12 其他	85	
						氮氧化物	千克/吨-铁产品	0.204	烟气循环技术	15	k=脱硝设施运行时间（小时/年）/企业正常生产时间（小时/年）
									活性炭（焦）法	45	
									SCR	66.67	
									N08 其他	15	

3110 炼铁行业系数表（续表 12）

工段名称	产品名称	原料名称	工艺名称	规模等级	污染物类别	污染物指标	系数单位	产污系数	末端治理技术	末端治理技术平均去除效率/%	参考 k 值计算公式
炼铁	直接还原铁	铁矿、石灰、煤粉	隧道窑法	所有规模	固废	冶炼废渣	吨/吨-产品	0.30	—	—	—
炼铁	熔融还原铁	铁矿、石灰、煤粉	熔融法	所有规模	废气	工业废气量	标米^3/吨-铁产品	7000	—	0	—
						颗粒物	千克/吨-铁产品	17.50	静电除尘	99.07	k=除尘设施运行时间（小时/年）/企业正常生产时间（小时/年）
									布袋除尘	99.71	
									电袋复合式除尘	99.75	
									P15 其他	99	
						二氧化硫	千克/吨-铁产品	2.10	半干法脱硫	85	k=脱硫设施运行时间（小时/年）/企业正常生产时间（小时/年）
									石灰石/石灰-石膏法	97	
									氨法	88.96	
									活性炭（焦）法	90	
									S12 其他	85	
						氮氧化物	千克/吨-铁产品	0.204	烟气循环技术	15	k=脱硝设施运行时间（小时/年）/企业正常生产时间（小时/年）
									活性炭（焦）法	45	
									SCR	66.67	
									N08 其他	15	
炼铁	直接还原铁	铁矿、石灰、煤粉	熔融法	所有规模	固废	冶炼废渣	吨/吨-产品	0.30	—	—	—

3110 炼铁行业系数表（续表 13）

工段名称	产品名称	原料名称	工艺名称	规模等级	污染物类别	污染物指标	系数单位	产污系数	无组织排放控制评级
原料堆场	铁矿、石灰、焦粉、煤粉等	铁矿、石灰、焦粉、煤粉等	机械化原料场地、堆场	所有规模	废气	颗粒物[①]	千克/吨-原料	0.024	优
							千克/吨-原料	0.112	良
							千克/吨-原料	0.20	中
							千克/吨-原料	0.27	差
烧结	烧结矿	铁矿、石灰、焦粉、煤粉等	带式烧结机	所有规模		颗粒物[①]	千克/吨-产品	0.016	优
							千克/吨-产品	0.148	良
							千克/吨-产品	0.28	中
							千克/吨-产品	0.558	差
球团	球团矿	铁精矿、膨润土	所有工艺	所有规模		颗粒物[①]	千克/吨-产品	0.013	优
							千克/吨-产品	0.307	良
							千克/吨-产品	0.60	中
							千克/吨-产品	0.80	差
炼铁	炼钢生铁	钒钛烧结矿、烧结矿、球团矿、焦炭、煤粉	高炉法	所有规模		颗粒物[①]	千克/吨-产品	0.016	优
							千克/吨-产品	0.156	良
							千克/吨-产品	0.295	中
							千克/吨-产品	0.82	差

注：①无组织控制措施详见 2.4 节。

3120 炼钢业

1 适用范围

本手册仅用于《国民经济行业分类》（GB/T 4757—2017）中 3120 炼钢行业使用系数法核算工业污染物产生量和排放量的工业企业。

利用本手册进行产排污核算得出的污染物产生量与排放量仅代表了特定行业的工艺、产品、原料在正常工况下污染物产生与排放的一般规律。

本行业废水指标包括工业废水量、化学需氧量、石油类；废气指标包括工业废气量、颗粒物。

2 注意事项

2.1 企业有多种生产工艺或生产多类产品产排污量核算

污染物产生量与产品产量有关，根据不同核算环节计算产污量后，再根据企业末端治理设施和运行情况计算各污染物的排放量。

企业某污染物指标的产生量、排放量为各核算环节产生量、排放量之和。

在企业实际排放量计算过程中，如果存在废水回用的情况，需要在利用产污核算公式的基础上扣除废水回用的部分。公式如下：

实际排放量=计算排放量×（1–废水回用率）

炼钢行业产品结构较为复杂，设备生产能力不同，应按原料、生产工艺和主体设备进行统计，尤其是对拥有多套生产设备的钢铁企业，应该按照主体生产设备的生产能力确定各自的规模等级，分别统计污染物的产生量和排放量。

炼钢生产规模按单台主体设备的公称炉容选取。当生产负荷低于设计负荷 80%时，按单台主体设备的日产量重新校核生产规模。对于转炉法炼钢，大、中、小规模的校核标准分别为≥5000 吨/日、1500～5000 吨/日、＜1500 吨/日。对于电炉法炼钢，按规模分为大中规模及小规模两种，对应校核标准分别为≥750 吨/日、＜750 吨/日。

2.2 采用多种治理设施组合处理企业的排污量核算

在排污量计算选择末端治理技术时，若没有对应的组合治理技术，以主要治理技术为准。

2.3 系数表中未涉及的产污系数及污染治理效率

本手册未覆盖的产品包括液态钢、感应炉钢和重熔钢。液态钢产品在市场上极少，其产污系数可参照同类钢种及工艺进行选取；模具钢、感应炉钢主要存在于机械行业，其产污系数可参照机械行业的铸钢件进行选取；重熔钢因其冶炼的特殊性，且多数用于军工行业，不纳入计算范围。

对于采用转炉法生产的低合金钢、合金钢，其产污系数按碳钢选取；对于采用电炉法生产低合金钢，其产污系数按合金钢选取。钢水浇铸当前主要采用连铸法，本手册按连铸法给出相关产污系数，其他浇铸方式则参照连铸法。

对于一般排放口转炉一次烟气主要是对未回收的部分进行计算，如采取半干法除尘的，其末端治理技术按干法除尘选取，污染物治理效率选取干法除尘治理效率。

2.4 其他需要说明的问题

（1）部分术语定义

排放口定义：按照《排污许可证申请与核发技术规范 钢铁工业》（HJ 846—2017）分类要求，将转炉二次烟气排放口、电炉烟气排放口确定为主要排放口；除主要排放口外的其他排放口均为一般排放口。

转炉二次烟气：由于冶炼剧烈和其他原因，从汽化冷却入口溢出，在隔烟室被二次除尘器捕集到的烟气以及在加料、出钢等环节产生的烟气之和。

（2）转炉一次烟气（煤气）大多数采取干法除尘，无生产废水；部分采用新 OG 湿法除尘工艺产生的煤气洗涤水循环使用不外排，本手册未给出此废水产污系数。

（3）现有钢铁企业中炼钢工序排放的连铸废水主要为循环水系统排水，采用“沉淀+除油+过滤”工艺后大部分废水在本工序回用，企业废水不外排时，表中废水相关产污系数均为 0；当少量连铸废水排入厂区综合污水处理站进行处理时，结合《清洁生产标准 钢铁行业（炼钢）》（HJ/T 428—2008），本手册中除不锈钢组合外均以废水外排率为 2%时给出相关产污系数。

（4）由于不同企业工业废气量、废水量差异较大，本手册所提供的工业废气量、废水量系数仅供参考。

（5）为体现相同产污水平条件下，采用相同环保治理设施的不同企业对同一污染物去除效果的差异，引入末端治理设施实际运行率（k）对污染治理技术的实际去除率进行修正。k 值反映的是污染治理设施运行的状态，越稳定运行，k 值越高；在取值上，若定义连续稳定运行的理想状态为 1，则 k 取值在 0～1 之间。

本手册给出本行业的 k 计算公式仅供参考，使用时，可根据 k 值定义，选取更适合企业实际情况的表达方式。

（6）无组织排放颗粒物产污系数主要参照《排污许可证申请与核发技术规范 钢铁行业》（HJ 846—2017）中的控制措施及相应系数，并结合高斯模式法实测计算的结果，将炼钢工序无组织排放颗粒物产污系数按污染控制措施分为优、良、中、差四类：

1）优：

①散状料采用封闭料场（仓、库、棚），散状料转运卸料点设置密闭，并配备高效袋式除尘器；

②炼钢车间无可见烟尘外逸；

③混铁炉、脱硫、倒罐、扒渣等铁水预处理点位设置集气罩，并配备高效袋式除尘器；

④转炉采用挡火门密闭，设置炉前和炉后集气罩，并配备高效袋式除尘器，且转炉车间设置屋顶罩，并配备高效袋式除尘器；

⑤电炉在炉内排烟基础上采用密闭集气罩与屋顶罩相结合的收集方式；

⑥钢包精炼炉、脱碳炉等精炼装置设置集气罩，并配备高效袋式除尘器；

⑦废钢切割在封闭空间内进行，同时设置集气罩，并配备高效袋式除尘器；

⑧连铸中间包拆包、倾翻过程进行洒水抑尘；

⑨钢渣堆存和热闷渣过程采取喷淋等抑尘措施；

⑩除尘灰采用真空罐车、气力输送方式运输。

2）良：污染控制措施整体优于中等措施，但劣于优等措施。

3）中：

①散状料采用封闭料场（仓、库、棚），散状料转运卸料点设置密闭，并配备普通袋式除尘器；

②炼钢车间无可见烟尘外逸；

③混铁炉、脱硫、倒罐、扒渣等铁水预处理点位设置集气罩，并配备普通袋式除尘器；

④转炉采用挡火门密闭，设置炉前和炉后集气罩，并配备普通袋式除尘器；

⑤电炉在炉内排烟基础上采用密闭集气罩与屋顶罩相结合的收集方式；

⑥钢包精炼炉、脱碳炉等精炼装置设置集气罩，并配备普通袋式除尘器；

⑦废钢切割在封闭空间内进行；

⑧连铸中间包拆包、倾翻过程进行洒水抑尘；

⑨钢渣堆存和热闷渣过程采取喷淋等抑尘措施；

⑩除尘灰加湿转运，并对运输车辆进行苫盖。

4）差：较中档无组织控制措施差。

3 污染物排放量核算方法

针对企业实际生产情况，本行业在系数制定过程中将企业全生产流程划分或拆分为若干工段（核算环节），在核算企业污染物产排量时，可灵活选择本企业对应的工段进行核算。

3.1 计算工段污染物产生量

（1）根据产品、原料、污染物产生的主导生产工艺、企业规模（生产产能）这一组合查找和确定所对应的某一污染物的产污系数。

（2）根据该污染物的产污系数计量单位——单位产品产量，获取企业实际产品产量。

（3）污染物产生量按以下公式进行计算：

污染物产生量=污染物对应的产污系数×产品产量

$$G_{产i} = P_{产i} \times M_i$$

式中，$G_{产i}$——工段 i 某污染物的产生量；

$P_{产i}$——工段 i 某污染物对应的产污系数；

M_i——工段 i 的产品产量。

3.2 计算工段污染物去除量

（1）根据企业对某一污染物所采用的治理技术查找和选择相应的治理技术平均去除效率。

（2）根据所填报的污染治理设施实际运行率参数及其计算公式得出该企业某一污染物的治理设施实际运行率（k 值）。

（3）污染物去除量按以下公式进行计算：

污染物去除量=污染物产生量×污染物去除率 =污染物产生量× 治理技术平均去除效率×

治理设施实际运行率

$$R_{减i}=G_{产i}\times\eta_T\times k_T$$

式中，$R_{减i}$——工段 i 某污染物的去除量；

η_T——工段 i 某污染物采用的末端治理技术的平均去除效率；

k_T——工段 i 某污染物采用的末端治理设施的实际运行率。

3.3 计算工段污染物排放量

污染物排放量=污染物产生量–污染物去除量

=污染物对应的产污系数×产品产量–污染物产生量×治理技术平均去除效率×治理设施实际运行率

3.4 计算企业污染物排放量

同一企业某污染物全年的产生（排放）总量为该企业同年实际生产的全部工段、产品、原料、规模污染物产生（排放）量之和。

$$\begin{aligned}E_{排}&=G_{产}-R_{减}=\sum(G_{产i}-R_{减i})\\&=\sum\left[P_{产i}\times M_i(1-\eta_T\times k_T)\right]\end{aligned}$$

4 污染物排放量核算案例

某企业以铁矿石为主要原料，包含烧结（球团）、炼铁、炼钢、轧钢等工序的长流程钢铁联合企业，年生产粗钢总量为1000万吨，涉及炼钢工序的废气包含有主要排放口的转炉二次烟气有组织颗粒物和一般排放口的转炉一次烟气、铁水预处理烟气、精炼炉烟气以及在上料和出钢等环节产生的烟气。此处以转炉二次烟气有组织颗粒物为例说明排放量计算过程。企业基本信息如表1所示。

表1 某企业炼钢环节相关参数

	核算环节：炼钢	
产品及产量	粗钢	1000万吨
工艺名称	转炉法	
装备规模	260吨	
污染治理技术（废气）	布袋除尘、干法除尘	
污染治理技术（废水）	沉淀分离+上浮分离+过滤分离	
实际运行率参数	污染治理设施运行时间	7680小时
	企业正常生产时间	7680小时

4.1 转炉二次烟气有组织颗粒物产生量计算

（1）查找产污系数及其计量单位

根据企业基本信息，查找本手册中主要产品为碳钢，主要原料为废钢、铁水、铁合金、造渣剂，主要工艺为转炉法，生产规模为 260 吨。查询相应组合中转炉二次烟气有组织颗粒物的产污系数为 5.11，单位为千克/吨-产品。

（2）获取企业产品产量与原料用量

该企业实际情况为：该工段主要产品粗钢 2017 年产量为 1000 万吨。

（3）计算转炉二次烟气有组织颗粒物产生量

由于查询到的组合中转炉二次烟气有组织颗粒物的产污系数单位为千克/吨-产品，因此在核算产生量时需获取产品产量。

转炉二次烟气有组织颗粒物产生量=转炉二次烟气有组织颗粒物的产污系数×产品（碳钢）产量

=5.11 千克/吨-产品×1000×10000 吨-产品÷1000

=51100 吨

4.2 转炉二次烟气有组织颗粒物去除量计算

（1）查找治理技术平均去除效率

该企业转炉二次烟气采用布袋除尘，查询系数表中该组合对应的末端治理技术处理效率为 99.6%。

（2）计算污染治理设施实际运行率

根据产污系数组合查询结果，该组合中转炉二次烟气有组织颗粒物对应的污染治理设施（布袋除尘器）实际运行率为

k=除尘设施运行时间/企业正常生产时间=7680 小时/7680 小时=1

（3）计算转炉二次烟气有组织颗粒物去除量

转炉二次烟气有组织颗粒物去除量=转炉二次烟气有组织颗粒物产生量×末端治理技术处理效率×污染治理设施（布袋除尘器）实际运行率

=51100 吨× 99.6%×1=50895.6 吨

4.3 转炉二次烟气有组织颗粒物排放量计算

转炉二次烟气有组织颗粒物排放量=转炉二次烟气有组织颗粒物产生量–转炉二次烟气有组织颗粒物去除量

=51100 吨 – 50895.6 吨=204.4 吨

5 系数表

3120 炼钢行业系数表

工段名称	产品名称	原料名称	工艺名称	规模等级	污染物类别	污染物指标	系数单位	产污系数	末端治理技术	末端治理技术平均去除效率/%	参考 k 值计算公式[1]
—	碳钢	废钢、铁水（块）、铁合金、造渣剂	转炉法	≥150 吨①	废气	转炉二次烟气工业废气量	标米^3/吨-产品	3547	—	0	—
						转炉二次烟气有组织颗粒物	千克/吨-产品	5.11	布袋除尘	99.6	k=除尘设施运行时间（小时/年）/企业正常生产时间（小时/年）
						一般排放口废气量	标米^3/吨-产品	4504	—	0	—
						一般排放口颗粒物	千克/吨-产品	4.51	布袋除尘	99.6②	k=除尘设施运行时间（小时/年）/企业正常生产时间（小时/年）
									干法除尘	96③	
									湿法除尘	94④	
					废水	废水量	吨/吨-产品	0.070	—	0	—
						化学需氧量	克/吨-产品	7.26	沉淀分离+上浮分离+过滤分离	70	k=废水治理设施运行时间（小时/年）/企业正常生产时间（小时/年）
						石油类	克/吨-产品	0.77	沉淀分离+上浮分离+过滤分离	90	
					固废	钢渣	吨/吨-产品	0.13	—	—	—

注：①指单台转炉的公称炉容，单台转炉日产量校核标准为≥5000 吨。

②专指铁水预处理、上料系统、精炼炉等产生的废气治理技术对应的末端治理技术处理效率。

③专指转炉一次烟气干法除尘技术对应的末端治理技术处理效率。

④专指转炉一次烟气新 OG 法除尘技术对应的末端治理技术处理效率。

[1] 该公式仅供参考，使用时，可根据 k 值定义，选取更适合企业实际情况的表达方式。

3120 炼钢行业系数表（续表 1）

工段名称	产品名称	原料名称	工艺名称	规模等级	污染物类别	污染物指标	系数单位	产污系数	末端治理技术	末端治理技术平均去除效率/%	参考 k 值计算公式
—	碳钢	废钢、铁水（块）、铁合金、造渣剂	转炉法	50≤产量<150 吨[①]	废气	转炉二次烟气废气量	标米^3/吨-产品	3630	—	0	—
						转炉二次烟气有组织颗粒物	千克/吨-产品	7.26	布袋除尘	99.6	k=除尘设施运行时间（小时/年）/企业正常生产时间（小时/年）
						一般排放口废气量	标米^3/吨-产品	4800	—	0	—
						一般排放口颗粒物	千克/吨-产品	5.75	布袋除尘	99.6[②]	k=除尘设施运行时间（小时/年）/企业正常生产时间（小时/年）
									干法除尘	96[③]	
									湿法除尘	94[④]	
					废水	废水量	吨/吨-产品	0.086	—	0	—
						化学需氧量	克/吨-产品	9.50	沉淀分离+上浮分离+过滤分离	70	k=废水治理设施运行时间（小时/年）/企业正常生产时间（小时/年）
						石油类	克/吨-产品	1.10	沉淀分离+上浮分离+过滤分离	90	
					固废	钢渣	吨/吨-产品	0.14	—	—	—

注：①指单台转炉的公称炉容，单台转炉日产量校核标准为 1500～5000 吨。

②专指铁水预处理、上料系统、精炼炉等产生的废气治理技术对应的末端治理技术处理效率。

③专指转炉一次烟气干法除尘技术对应的末端治理技术处理效率。

④专指转炉一次烟气新 OG 法除尘技术对应的末端治理技术处理效率。

3120 炼钢行业系数表（续表 2）

工段名称	产品名称	原料名称	工艺名称	规模等级	污染物类别	污染物指标	系数单位	产污系数	末端治理技术	末端治理技术平均去除效率/%	参考 k 值计算公式
—	碳钢	废钢、铁水（块）、铁合金、造渣剂	转炉法	＜50 吨[①]	废气	转炉二次烟气废气量	标米^3/吨-产品	4070	—	0	—
						转炉二次烟气有组织颗粒物	千克/吨-产品	9.12	布袋除尘	99.6	k=除尘设施运行时间（小时/年）/企业正常生产时间（小时/年）
						一般排放口废气量	标米^3/吨-产品	5671	—	0	—
						一般排放口颗粒物	千克/吨-产品	7.66	布袋除尘	99.6[②]	k=除尘设施运行时间（小时/年）/企业正常生产时间（小时/年）
									干法除尘	96[③]	
									湿法除尘	94[④]	
					废水	废水量	吨/吨-产品	0.71	—	0	—
						化学需氧量	克/吨-产品	12.00	沉淀分离+上浮分离+过滤分离	70	k=废水治理设施运行时间（小时/年）/企业正常生产时间（小时/年）
						石油类	克/吨-产品	2.10	沉淀分离+上浮分离+过滤分离	90	
					固废	钢渣	吨/吨-产品	0.15	—	—	—

注：①指单台转炉的公称炉容，单台转炉日产量校核标准为＜1500 吨。

②专指铁水预处理、上料系统、精炼炉等产生的废气治理技术对应的末端治理技术处理效率。

③专指转炉一次烟气干法除尘技术对应的末端治理技术处理效率。

④专指转炉一次烟气新 OG 法除尘技术对应的末端治理技术处理效率。

3120 炼钢行业系数表（续表 3）

工段名称	产品名称	原料名称	工艺名称	规模等级	污染物类别	污染物指标	系数单位	产污系数	末端治理技术	末端治理技术平均去除效率/%	参考 k 值计算公式
—	碳钢	废钢、生铁（水）、铁合金、造渣剂	电炉法	所有规模	废气	电炉烟气废气量	标米^3/吨-产品	17820	—	0	—
						电炉烟气有组织颗粒物	千克/吨-产品	23.15	布袋除尘	99.6	k=除尘设施运行时间（小时/年）/企业正常生产时间（小时/年）
						一般排放口废气量	标米^3/吨-产品	3042	—	0	—
						一般排放口颗粒物	千克/吨-产品	3.04	布袋除尘	99.6	k=除尘设施运行时间（小时/年）/企业正常生产时间（小时/年）
					废水	废水量	吨/吨-产品	0.086	—	0	—
						化学需氧量	克/吨-产品	9.50	沉淀分离+上浮分离+过滤分离	70	k=废水治理设施运行时间（小时/年）/企业正常生产时间（小时/年）
						石油类	克/吨-产品	1.10	沉淀分离+上浮分离+过滤分离	90	
					固废	钢渣	吨/吨-产品	0.18	—	—	—
	钒渣	废钢、铁水（块）、铁合金、造渣剂	转炉法	所有规模	废气	提钒转炉二次烟气废气量	标米^3/吨-产品	3403①	—	0	—
						提钒转炉二次烟气有组织颗粒物	千克/吨-产品	12.80①	布袋除尘	99.6	k=除尘设施运行时间（小时/年）/企业正常生产时间（小时/年）

注：①专指提钒转炉对应的产污系数。

3120 炼钢行业系数表（续表 4）

工段名称	产品名称	原料名称	工艺名称	规模等级	污染物类别	污染物指标	系数单位	产污系数	末端治理技术	末端治理技术平均去除效率/%	参考 k 值计算公式
—	不锈钢	废钢、铁水（块）、铁铬合金、直接还原铁、造渣剂	转炉法	所有规模	废气	转炉二次烟气废气量	标米^3/吨-产品	4752	—	0	—
						转炉二次烟气有组织颗粒物	千克/吨-产品	1.42	布袋除尘	99.6	k=除尘设施运行时间（小时/年）/企业正常生产时间（小时/年）
						一般排放口废气量	标米^3/吨-产品	7790①	—	0	—
						一般排放口颗粒物	千克/吨-产品	44.00①	布袋除尘	99.6②	k=除尘设施运行时间（小时/年）/企业正常生产时间（小时/年）
									干法除尘	96③	
									湿法除尘	94④	
					废水	废水量	吨/吨-产品	0.13⑤	—	0	—
						化学需氧量	克/吨-产品	34.60⑤	沉淀分离+上浮分离+过滤分离	70	k=废水治理设施运行时间（小时/年）/企业正常生产时间（小时/年）
						石油类	克/吨-产品	0.13⑤	沉淀分离+上浮分离+过滤分离	90	
					固废	钢渣	吨/吨-产品	0.28	—	—	—

注：①专指上料系统、精炼炉、一次烟气、三次烟气、连铸切割等过程产生的废气污染物指标。

②专指除一次烟气外的其他烟气除尘技术对应的末端治理技术处理效率。

③指一次烟气干法除尘技术对应的末端治理技术处理效率。

④专指一次烟气新 OG 法除尘技术对应的末端治理技术处理效率。

⑤特指从连铸旋流池排向厂区总污水处理站废水的相关指标。

3120 炼钢行业系数表（续表 5）

工段名称	产品名称	原料名称	工艺名称	规模等级	污染物类别	污染物指标	系数单位	产污系数	末端治理技术	末端治理技术平均去除效率/%	参考 *k* 值计算公式
—	不锈钢	废钢、铁水（块）、铁铬合金、直接还原铁、造渣剂	电炉法	所有规模	废气	电炉烟气废气量	标米^3/吨-产品	9244	—	0	—
						电炉烟气有组织颗粒物	千克/吨-产品	25.80	布袋除尘	99.6	*k*=除尘设施运行时间（小时/年）/企业正常生产时间（小时/年）
						一般排放口废气量	标米^3/吨-产品	17850①	—	0	—
						一般排放口颗粒物	千克/吨-产品	52.60①	布袋除尘	99.6	*k*=除尘设施运行时间（小时/年）/企业正常生产时间（小时/年）
					废水	废水量	吨/吨-产品	0.11②	—	0	—
						化学需氧量	克/吨-产品	30.10②	沉淀分离+上浮分离+过滤分离	70	*k*=废水治理设施运行时间（小时/年）/企业正常生产时间（小时/年）
						石油类	克/吨-产品	0.11②	沉淀分离+上浮分离+过滤分离	90	
					固废	钢渣	吨/吨-产品	0.29	—	—	—

注：①专指上料系统、精炼炉、三次烟气、连铸切割等过程产生的废气污染物指标。

②特指从连铸旋流池排向厂区总污水处理站废水的相关指标。

3120 炼钢行业系数表（续表 6）

工段名称	产品名称	原料名称	工艺名称	规模等级	污染物类别	污染物指标	系数单位	产污系数	末端治理技术	末端治理技术平均去除效率/%	参考 *k* 值计算公式
—	合金钢	废钢、生铁水（块）、铁合金、直接还原铁、造渣剂	电炉法	≥50 吨①	废气	电炉烟气废气量	标米^3/吨-产品	11960	—	0	—
						电炉烟气有组织颗粒物	千克/吨-产品	11.80	布袋除尘	99.6	*k*=除尘设施运行时间（小时/年）/企业正常生产时间（小时/年）
						一般排放口废气量	标米^3/吨-产品	2540	—	0	—
						一般排放口颗粒物	千克/吨-产品	1.35	布袋除尘	99.6	*k*=除尘设施运行时间（小时/年）/企业正常生产时间（小时/年）
					废水	废水量	吨/吨-产品	0.071	—	0	—
						化学需氧量	克/吨-产品	7.70	沉淀分离+上浮分离+过滤分离	70	*k*=废水治理设施运行时间（小时/年）/企业正常生产时间（小时/年）
						石油类	克/吨-产品	0.66	沉淀分离+上浮分离+过滤分离	90	
					固废	钢渣	吨/吨-产品	0.15	—	—	—

注：①单台电炉日产量校核标准为≥750 吨。

3120 炼钢行业系数表（续表 7）

工段名称	产品名称	原料名称	工艺名称	规模等级	污染物类别	污染物指标	系数单位	产污系数	末端治理技术	末端治理技术平均去除效率/%	参考 k 值计算公式
—	合金钢	废钢、生铁水（块）、铁合金、直接还原铁、造渣剂	电炉法	＜50 吨[①]	废气	电炉烟气废气量	标米 ^{3}/吨-产品	50967	—	0	—
						电炉烟气有组织颗粒物	千克/吨-产品	13.50	布袋除尘	99.6	k=除尘设施运行时间（小时/年）/企业正常生产时间（小时/年）
						一般排放口废气量	标米 ^{3}/吨-产品	12249	—	0	—
						一般排放口颗粒物	千克/吨-产品	4.49	布袋除尘	99.6	k=除尘设施运行时间（小时/年）/企业正常生产时间（小时/年）
					废水	废水量	吨/吨-产品	0.140	—	0	—
						化学需氧量	克/吨-产品	9.90	沉淀分离+上浮分离+过滤分离	70	k=废水治理设施运行时间（小时/年）/企业正常生产时间（小时/年）
						石油类	克/吨-产品	1.16	沉淀分离+上浮分离+过滤分离	90	
					固废	钢渣	吨/吨-产品	0.20	—	—	—

注：①单台电炉日产量校核标准为＜750 吨。

3120 炼钢行业无组织排放颗粒物产污系数表

	污染物指标	系数单位	产污系数	无组织排放控制评级[①]
炼钢车间	无组织颗粒物	千克/吨-产品	0.0348	优
		千克/吨-产品	0.0700	良
		千克/吨-产品	0.104	中
		千克/吨-产品	0.568	差

注：①具体措施见“2.4 其他需要说明的问题（6）”。

3130 钢压延加工业

1 适用范围

本手册仅用于《国民经济行业分类》（GB/T 4754—2017）中 3130 钢压延加工行业使用系数法核算工业污染物产生量和排放量的工业企业。

利用本手册进行产排污核算得出的污染物产生量与排放量仅代表了特定行业、工艺、产品、原料在正常工况下污染物产生与排放的一般规律。

本行业废水指标包括工业废水量、化学需氧量、石油类、总氮、氨氮、总磷、汞、砷；废气指标包括工业废气量、颗粒物、二氧化硫、氮氧化物。

2 注意事项

2.1 企业有多种生产工艺或生产多类产品产污量核算

污染物产生量与产品产量有关，根据不同核算环节计算产污量后，再根据企业末端治理设施和运行情况计算各污染物的排放量。

企业某污染物指标的产生量、排放量为各核算环节产生量、排放量之和。

在企业实际排放量计算过程中，如果存在废水回用的情况，需要在利用产污核算公式的基础上扣除废水回用的部分。公式如下：

实际排放量=计算排放量×（1–废水回用率）

2.2 采用多种治理设施组合处理企业的排污量核算

在排污量计算选择末端治理技术时，若没有对应的组合治理技术，以主要治理技术为准。

2.3 系数表中未涉及的产污系数及污染治理效率

本手册未覆盖的产品包括镀层板卷、涂层板卷、锻造材、电工板带、钢制管件、铁路道岔、轨枕、鱼尾板和镀锌钢管等。钢制管件、铁路道岔、轨枕和鱼尾板等钢制件的生产工艺较多，当采用锻造法时，废水、废气指标可参考机械行业的 3393 锻件行业进行类比选取；当采用铸造法时，废水、废气指标可参考机械行业的 3391 铸钢件行业进行类比选取；需进行机加工时，废水、废气指标可参考机械行业的 3484 零部件加工进行类比选取；需进行表面抛丸及涂镀处理的镀层板卷、涂层板卷，废水、废气指标可参考机械行业的 3360 金属表面处理进行类比选取。镀锌钢管生产如有酸洗工序，酸洗工序废水污染物指标可参考本手册酸洗板卷工艺进行选取；当有退火工序时，退火炉产生的废气污染物指标按退火板卷选取；当采用电镀锌时，其产污系数按 3360 金属表面处理行业电镀法工艺进行类比选取。

2.4 其他需要说明的问题

（1）由于不同企业工业废气量、废水量差异较大，本手册所提供的工业废气量、废水量系数仅供参考。

（2）本手册中，废气类污染物来自加热炉或退火炉，其废气指标中的工业废气量、二氧化硫和氮氧化物受加热炉燃料种类的影响较大，大部分联合企业采用高焦混合煤气，但各企业实际燃料混合比例不同。本手册中以使用高焦混合煤气的加热炉表征产污结果。

①对于低合金钢材，采用非蓄热式加热炉或热处理炉按普碳钢材类比选取。

②对于合金钢材，采用非蓄热式加热炉或热处理炉时，废气类污染物指标取为普碳钢的 1.1 倍，如果轧制后需进行常化退火，废气类污染物指标取为普碳钢的 2 倍。对于不锈钢，采用非蓄热式加热炉或热处理炉时，废气类污染物指标取为普碳钢的 1.2 倍；如果轧制后需进行固溶处理，废气类污染物指标取为普碳钢的 2 倍。

③加热炉或热处理炉为蓄热式时，其污染物取值为非蓄热式的 80%。

④当钢坯采用热装热送方式时，其污染物取值为非蓄热式的 80%。

⑤当加热炉及退火炉为蓄热式且钢坯采用热装热送方式时，其污染物取值为非蓄热式的 65%。

（3）在一般情况下，热轧材生产废水处理后进行循环利用，当废水全部循环使用不外排时，其相应废水污染物指标均为 0；处理后部分外排时，本手册以《清洁生产标准　钢铁行业》（HJ/T 318—2006）中外排率为 2%，给出工业废水量及相关污染因子产污系数。

（4）在多数情况下，冷轧材生产废水处理后直接外排或排至综合污水处理站。

（5）带钢及薄板精轧产生的颗粒物、钢管轧制时芯棒产生的黑色烟气、火焰切割及清理产生的烟尘较突出，颗粒物系数制定中考虑精轧机节点，其产污系数在本手册中已列明。

（6）为体现相同产污水平条件下，采用相同环保治理设施的不同企业对同一污染物去除效果的差异，引入末端治理设施实际运行率（k）对污染治理技术的实际去除率进行修正。k 值反映的是污染治理设施运行的状态，越稳定运行，k 值越高；在取值上，若定义连续稳定运行的理想状态为 1，则 k 取值在 0～1 之间。

本手册给出本行业的 k 计算公式仅供参考，使用时，可根据 k 值定义，选取更适合企业实际情况的表达方式。

3 污染物排放量核算方法

3.1 计算污染物产生量

（1）根据产品、原料、污染物产生的主导生产工艺、企业规模（生产产能）这一组合查找和确定所对应的某一污染物的产污系数。

（2）根据该污染物的产污系数计量单位——单位产品产量，获取企业实际产品产量。

例如，某组合内化学需氧量的产污系数单位为千克/吨-产品，则计算产生量时需要获取企业实际产品产量。

（3）污染物产生量按以下公式进行计算：

污染物产生量=污染物对应的产污系数×产品产量

$$G_{产i} = P_{产i} \times M_i$$

式中，$G_{产i}$——工段 i 某污染物的产生量；

$P_{产i}$——工段 i 某污染物对应的产污系数；

M_i——工段 i 的产品总量。

3.2 计算污染物去除量

（1）根据企业对某一污染物所采用的治理技术查找和选择相应的治理技术平均去除效率。

（2）根据所填报的污染治理设施实际运行率参数及其计算公式得出该企业某一污染物的治理设施实际运行率（k 值）。

（3）污染物去除量按以下公式进行计算：

污染物去除量=污染物产生量×污染物去除率 =污染物产生量×治理技术平均去除效率×治理设施实际运行率

$$R_{减i} = G_{产i} \times \eta_T \times k_T$$

式中，$R_{减i}$——工段 i 某污染物的去除量；

η_T——工段 i 某污染物采用的末端治理技术的平均去除效率；

k_T——工段 i 某污染物采用的末端治理设施的实际运行率。

3.3 计算污染物排放量

污染物排放量=污染物产生量–污染物去除量

=污染物对应的产污系数×产品产量–污染物产生量×治理技术平均去除效率×治理设施实际运行率

3.4 计算企业污染物排放量

同一企业某污染物全年的产生（排放）总量为该企业同年实际生产的全部工段、产品、原料、规模污染物产生（排放）量之和。

$$\begin{aligned} E_{排} &= G_{产} - R_{减} = \sum(G_{产i} - R_{减i}) \\ &= \sum\left[P_{产i} \times M_i(1 - \eta_T \times k_T)\right] \end{aligned}$$

4 污染物排放量核算案例

某轧钢企业主要从事热轧带钢的生产。该企业涉及的主要产排污工段为热轧工段，产污环节主要包括加热炉燃烧烟气及精轧过程。热轧带钢生产过程主要废气污染物为二氧化硫、氮氧化物及颗粒物。其中二氧化硫和氮氧化物指加热炉燃烧产生的污染物，颗粒物包括加热炉燃烧和精轧过程。以颗粒物为例说明排放量计算过程。

该企业基本信息如表 1 所示。

表 1　某轧钢企业基本信息

	核算环节：热轧（加热炉、精轧）	
产品及产量	热轧带钢	587 万吨
原料及用量	连铸方坯	597 万吨
工艺名称	热轧法	
规模（产能）	600 万吨	
污染治理技术	加热炉烟气直排，精轧颗粒物采用塑烧板除尘器处理	
实际运行率参数	除尘设施运行时间	7920 小时
	企业正常生产时间	7920 小时

4.1　工段 1 的排放量计算

（1）颗粒物产生量计算（加热炉）

①查找产污系数及其计量单位

根据企业基本信息，查找本手册中主要产品为热轧带钢，主要原料为连铸方坯，主要工艺为热轧法，生产规模为所有规模。该组合颗粒物（加热炉）的产污系数为 0.021，单位为千克/吨-钢材。

②获取企业产品产量

该企业实际情况为：该工段主要产品热轧带钢 2017 年产量为 587 万吨。

③计算颗粒物产生量

由于查询到的组合中颗粒物产污系数的单位为千克/吨-钢材，因此在核算产生量时需获取产品产量。

颗粒物产生量=颗粒物产污系数×产品（热轧带钢）产量

=0.021 千克/吨-钢材×587 万吨-钢材

=123270 千克

（2）颗粒物去除量计算（加热炉）

该组合中加热炉颗粒物采用直排方式，故加热炉燃烧烟气中颗粒物无相应治理效率，去除量为 0。

（3）颗粒物排放量计算（加热炉）

颗粒物排放量=123270 千克−0=123270 千克

4.2　工段 2 的排放量计算

（1）颗粒物产生量计算（精轧机）

①查找产污系数及其计量单位

根据企业基本信息，查找本手册中主要产品为热轧带钢，主要原料为连铸方坯，主要工艺为热轧法，生产规模为所有规模。该组合颗粒物（精轧机）的产污系数为 0.051，单位为千克/吨-钢材。

②获取企业产品产量

该企业实际情况为：该工段主要产品热轧带钢 2017 年产量为 587 万吨。

③计算颗粒物产生量

由于查询到的组合中颗粒物产污系数的单位为千克/吨-钢材，因此在核算产生量时需获取产品产量。

颗粒物产生量=颗粒物产污系数×产品（热轧带钢）产量

=0.051 千克/吨-钢材×587 万吨-钢材=299370 千克

（2）颗粒物去除量计算（精轧机）

①查找治理技术平均去除效率

该企业精轧机颗粒物治理技术采用塑烧板除尘工艺，查询相应组合内该工艺的平均去除效率为99%。

②计算污染治理设施实际运行率

根据产污系数组合查询结果，该组合中颗粒物对应的污染治理设施实际运行率为

k=除尘设施运行时间/企业正常生产时间=7920 小时/7920 小时=1

③计算颗粒物去除量

颗粒物去除量=299370 千克×99%×1=296376.3 千克

（3）颗粒物排放量计算（精轧机）

颗粒物排放量=299370 千克–296376.3 千克=2993.7 千克

4.3 颗粒物总排放量计算

颗粒物总排放量=工段 1 的排放量+工段 2 的排放量

=123270 千克+2993.7 千克

=126263.7 千克= 126.26 吨

5 系数表

3130 钢压延加工行业系数表

工段名称	产品名称	原料名称	工艺名称	规模等级	污染物类别	污染物指标	系数单位	产污系数	末端治理技术	末端治理技术平均去除效率/%	参考 k 值计算公式[1]
—	中厚板	连铸板坯	热轧法	所有规模	废水	工业废水量	吨/吨-钢材	0.30	—	0	—
						化学需氧量	克/吨-钢材	26.60	上浮分离+沉淀分离+过滤分离	70	k=废水治理设施运行时间（小时/年）/企业正常生产时间（小时/年）
						石油类	克/吨-钢材	2.24		90	
						总磷	克/吨-钢材	0.017		90	
						氨氮	克/吨-钢材	0.11		0	
						总氮	克/吨-钢材	0.32		0	
						汞	克/吨-钢材	2.00×10^{-5}		85	
						砷	克/吨-钢材	5.00×10^{-5}		85	
					废气	工业废气量	标米^3/吨-钢材	1100	—	0	—
						颗粒物	千克/吨-钢材	0.022	—	0	—
						二氧化硫	千克/吨-钢材	0.087	—	0	—
						氮氧化物	千克/吨-钢材	0.17	—	0	—
	热轧带钢	连铸方坯	热轧法	所有规模	废水	工业废水量	吨/吨-钢材	0.38	—	0	—
						化学需氧量	克/吨-钢材	30	上浮分离+沉淀分离+过滤分离	70	k=废水治理设施运行时间（小时/年）/企业正常生产时间（小时/年）
						石油类	克/吨-钢材	2.40		90	
						总氮	克/吨-钢材	1.10		0	
						总磷	克/吨-钢材	3.30×10^{-3}		90	
						氨氮	克/吨-钢材	0.062		0	
						汞	克/吨-钢材	2.00×10^{-4}		85	
						砷	克/吨-钢材	4.00×10^{-5}		85	
					废气	工业废气量（加热炉）	标米^3/吨-钢材	1000	—	0	—
						工业废气量（精轧机）	标米^3/吨-钢材	300	—	0	—
						颗粒物（加热炉）	千克/吨-钢材	0.021	—	0	—
						颗粒物（精轧机）	千克/吨-钢材	0.051	袋式除尘	99	k=除尘设施运行时间（小时/年）/企业正常生产时间（小时/年）
									塑烧板除尘	99	
						二氧化硫	千克/吨-钢材	0.082	—	0	—
						氮氧化物	千克/吨-钢材	0.165	—	0	—

[1] 该公式仅供参考，使用时，可根据 k 值定义，选取更适合企业实际情况的表达方式。

3130 钢压延加工行业系数表（续表 1）

工段名称	产品名称	原料名称	工艺名称	规模等级	污染物类别	污染物指标	系数单位	产污系数	末端治理技术	末端治理技术平均去除效率/%	参考 k 值计算公式
—	热轧大型材	连铸方坯	热轧法	所有规模	废水	工业废水量	吨/吨-钢材	0.30	—	0	—
						化学需氧量	克/吨-钢材	29	上浮分离+沉淀分离+过滤分离	70	k=废水治理设施运行时间（小时/年）/企业正常生产时间（小时/年）
						石油类	克/吨-钢材	2.48		90	
						总氮	克/吨-钢材	0.32		0	
						总磷	克/吨-钢材	0.017		90	
						氨氮	克/吨-钢材	0.11		0	
						汞	克/吨-钢材	2.00×10^{-5}		85	
						砷	克/吨-钢材	5.00×10^{-5}		85	
					废气	工业废气量	标米^3/吨-钢材	3300	—	0	—
						颗粒物	千克/吨-钢材	0.071	—	0	—
						二氧化硫	千克/吨-钢材	0.26	—	0	—
						氮氧化物	千克/吨-钢材	0.53	—	0	—
	热轧中小型材	连铸方坯	热轧法	所有规模	废水	工业废水量	吨/吨-钢材	0.21	—	0	—
						化学需氧量	克/吨-钢材	23.40	上浮分离+沉淀分离+过滤分离	70	k=废水治理设施运行时间（小时/年）/企业正常生产时间（小时/年）
						石油类	克/吨-钢材	2.20		90	
						总氮	克/吨-钢材	0.32		0	
						总磷	克/吨-钢材	0.017		90	
						氨氮	克/吨-钢材	0.11		0	
						汞	克/吨-钢材	2.00×10^{-5}		85	
						砷	克/吨-钢材	5.00×10^{-5}		85	
					废气	工业废气量	标米^3/吨-钢材	750	—	0	—
						颗粒物	千克/吨-钢材	0.021	—	0	—
						二氧化硫	千克/吨-钢材	0.062	—	0	—
						氮氧化物	千克/吨-钢材	0.14	—	0	—

3130 钢压延加工行业系数表（续表 2）

工段名称	产品名称	原料名称	工艺名称	规模等级	污染物类别	污染物指标	系数单位	产污系数	末端治理技术	末端治理技术平均去除效率/%	参考 k 值计算公式
—	热轧棒材	连铸方坯	热轧法	所有规模	废水	工业废水量	吨/吨-钢材	0.35	—	0	—
						化学需氧量	克/吨-钢材	32.2	上浮分离+沉淀分离+过滤分离	70	k=废水治理设施运行时间（小时/年）/企业正常生产时间（小时/年）
						石油类	克/吨-钢材	3.20		90	
						总氮	克/吨-钢材	0.94		0	
						总磷	克/吨-钢材	0.017		90	
						氨氮	克/吨-钢材	0.080		0	
						汞	克/吨-钢材	2.00×10^{-5}		85	
						砷	克/吨-钢材	5.00×10^{-5}		85	
					废气	工业废气量	标米^3/吨-钢材	600	—	0	—
						颗粒物	千克/吨-钢材	0.011	—	0	—
						二氧化硫	千克/吨-钢材	0.046	—	0	—
						氮氧化物	千克/吨-钢材	0.11	—	0	—
	热轧钢筋	连铸方坯	热轧法	所有规模	废水	工业废水量	吨/吨-钢材	0.19	—	0	—
						化学需氧量	克/吨-钢材	28	上浮分离+沉淀分离+过滤分离	70	k=废水治理设施运行时间（小时/年）/企业正常生产时间（小时/年）
						石油类	克/吨-钢材	2.60		90	
						总氮	克/吨-钢材	1.60		0	
						总磷	克/吨-钢材	0.017		90	
						氨氮	克/吨-钢材	1.20		0	
						汞	克/吨-钢材	2.00×10^{-5}		85	
						砷	克/吨-钢材	5.00×10^{-5}		85	
					废气	工业废气量	标米^3/吨-钢材	600	—	0	—
						颗粒物	千克/吨-钢材	0.011	—	0	—
						二氧化硫	千克/吨-钢材	0.046	—	0	—
						氮氧化物	千克/吨-钢材	0.11	—	0	—

3130 钢压延加工行业系数表（续表 3）

工段名称	产品名称	原料名称	工艺名称	规模等级	污染物类别	污染物指标	系数单位	产污系数	末端治理技术	末端治理技术平均去除效率/%	参考 k 值计算公式
—	热轧高线材	连铸方坯	热轧法	所有规模	废水	工业废水量	吨/吨-钢材	0.27	—	0	—
						化学需氧量	克/吨-钢材	23.20	上浮分离+沉淀分离+过滤分离	70	k=废水治理设施运行时间（小时/年）/企业正常生产时间（小时/年）
						石油类	克/吨-钢材	2.40		90	
						总氮	克/吨-钢材	0.37		0	
						总磷	克/吨-钢材	0.017		90	
						氨氮	克/吨-钢材	0.15		0	
						汞	克/吨-钢材	2.00×10^{-5}		85	
						砷	克/吨-钢材	5.00×10^{-5}		85	
					废气	工业废气量	标米 ^{3}/吨-钢材	590	—	0	—
						颗粒物	千克/吨-钢材	0.011	—	0	—
						二氧化硫	千克/吨-钢材	0.047	—	0	—
						氮氧化物	千克/吨-钢材	0.098	—	0	—
	热轧无缝管	连铸管坯	热轧法	所有规模	废水	工业废水量	吨/吨-钢材	0.40	—	0	—
						化学需氧量	克/吨-钢材	33.50	上浮分离+沉淀分离+过滤分离	70	k=废水治理设施运行时间（小时/年）/企业正常生产时间（小时/年）
						石油类	克/吨-钢材	3.56		90	
						总氮	克/吨-钢材	0.45		0	
						总磷	克/吨-钢材	0.017		90	
						氨氮	克/吨-钢材	0.18		0	
						汞	克/吨-钢材	2.00×10^{-5}		85	
						砷	克/吨-钢材	5.00×10^{-5}		85	
					废气	工业废气量（加热炉）	标米 ^{3}/吨-钢材	1030	—	0	—
						工业废气量（穿管及精整）	标米 ^{3}/吨-钢材	2400	—	0	—
						颗粒物（加热炉）	千克/吨-钢材	0.019	—	0	—
						颗粒物（穿管及精整）	千克/吨-钢材	4.80	袋式除尘	99	k=除尘设施运行时间（小时/年）/企业正常生产时间（小时/年）
									塑烧板除尘	99	
						二氧化硫	千克/吨-钢材	0.077	—	0	—
						氮氧化物	千克/吨-钢材	0.17	—	0	—

3130 钢压延加工行业系数表（续表 4）

工段名称	产品名称	原料名称	工艺名称	规模等级	污染物类别	污染物指标	系数单位	产污系数	末端治理技术	末端治理技术平均去除效率/%	参考 k 值计算公式
—	酸洗板卷	热轧板卷	酸洗法	所有规模	废水	工业废水量	吨/吨-钢材	0.50	—	0	—
						化学需氧量	克/吨-钢材	340	中和法+化学混凝法+沉淀分离	70	k=废水治理设施运行时间（小时/年）/企业正常生产时间（小时/年）
						石油类	克/吨-钢材	0.05		70	
						氨氮	克/吨-钢材	0.18		0	
						总氮	克/吨-钢材	1.34		0	
						总磷	克/吨-钢材	0.023		30	
						汞	克/吨-钢材	1.00×10^{-4}		0	
	冷硬板卷	酸洗板卷	冷轧法	所有规模	废水	工业废水量	吨/吨-钢材	7.00×10^{-3}	—	0	—
						化学需氧量	克/吨-钢材	380	膜分离+化学混凝法+沉淀分离（过滤分离）	99	k=废水治理设施运行时间（小时/年）/企业正常生产时间（小时/年）
						石油类	克/吨-钢材	0.86		99	
						氨氮	克/吨-钢材	0.036		20	
						总氮	克/吨-钢材	0.11		20	
						总磷	克/吨-钢材	7.00×10^{-3}		30	
						汞	克/吨-钢材	3.00×10^{-4}		0	
	退火板卷	冷硬板卷	连续退火法	所有规模	废水	工业废水量	吨/吨-钢材	3.00×10^{-3}	—	0	—
						化学需氧量	克/吨-钢材	112	中和法+化学混凝法+沉淀分离	70	k=废水治理设施运行时间（小时/年）/企业正常生产时间（小时/年）
						石油类	克/吨-钢材	3.20		70	
						总氮	克/吨-钢材	1.43		20	
						总磷	克/吨-钢材	0.18		30	
						氨氮	克/吨-钢材	0.36		20	
						汞	克/吨-钢材	1.00×10^{-4}		0	
						砷	克/吨-钢材	0.082		0	
					废气	工业废气量	标米^3/吨-钢材	300	—	0	—
						颗粒物	千克/吨-钢材	6.00×10^{-3}	—	0	—
						二氧化硫	千克/吨-钢材	0.024	—	0	—
						氮氧化物	千克/吨-钢材	0.060	—	0	—

3130 钢压延加工行业系数表（续表 5）

工段名称	产品名称	原料名称	工艺名称	规模等级	污染物类别	污染物指标	系数单位	产污系数	末端治理技术	末端治理技术平均去除效率/%	参考 *k* 值计算公式
—	退火板卷	冷硬板卷	罩式退火法	所有规模	废水	工业废水量	吨/吨-钢材	3.00×10^{-3}	—	0	—
						化学需氧量	克/吨-钢材	112	中和法+化学混凝法+沉淀分离	70	*k*=废水治理设施运行时间（小时/年）/企业正常生产时间（小时/年）
						石油类	克/吨-钢材	3.20		70	
						总氮	克/吨-钢材	1.43		20	
						总磷	克/吨-钢材	0.18		30	
						氨氮	克/吨-钢材	0.36		20	
						汞	克/吨-钢材	1.00×10^{-4}		0	
						砷	克/吨-钢材	0.082		0	
					废气	工业废气量	标米³/吨-钢材	375	—	0	—
						颗粒物	千克/吨-钢材	8.00×10^{-3}	—	0	—
						二氧化硫	千克/吨-钢材	0.030	—	0	—
						氮氧化物	千克/吨-钢材	0.075	—	0	—
	冷轧无缝管	热轧管材	冷轧法	所有规模	废水	工业废水量	吨/吨-钢材	1.80	—	0	—
						化学需氧量	克/吨-钢材	1190	中和法+化学混凝法+沉淀分离	70	*k*=废水治理设施运行时间（小时/年）/企业正常生产时间（小时/年）
						石油类	克/吨-钢材	3.00×10^{-3}		70	
						总氮	克/吨-钢材	0.036		20	
						总磷	克/吨-钢材	0.011		30	
						氨氮	克/吨-钢材	7.00×10^{-3}		20	
						汞	克/吨-钢材	7.00×10^{-4}		0	
					废气	工业废气量	标米³/吨-钢材	300	—	0	—
						颗粒物	千克/吨-钢材	6.00×10^{-3}	—	0	—
						二氧化硫	千克/吨-钢材	0.015	—	0	—
						氮氧化物	千克/吨-钢材	0.033	—	0	—

3130 钢压延加工行业系数表（续表 6）

工段名称	产品名称	原料名称	工艺名称	规模等级	污染物类别	污染物指标	系数单位	产污系数	末端治理技术	末端治理技术平均去除效率/%	参考 k 值计算公式
—	冷拔线棒材	热轧棒材	冷拔法	所有规模	废水	工业废水量	吨/吨-钢材	2.56	—	0	—
						化学需氧量	克/吨-钢材	633	中和法+化学混凝法+沉淀分离	70	k=废水治理设施运行时间（小时/年）/企业正常生产时间（小时/年）
						石油类	克/吨-钢材	3.00×10^{-3}		70	
						总氮	克/吨-钢材	131		20	
						总磷	克/吨-钢材	0.010		30	
						氨氮	克/吨-钢材	125		20	
						汞	克/吨-钢材	7.00×10^{-4}		0	
					废气	工业废气量	标米^3/吨-钢材	300	—	0	—
						颗粒物	千克/吨-钢材	6.00×10^{-3}	—	0	—
						二氧化硫	千克/吨-钢材	0.015	—	0	—
						氮氧化物	千克/吨-钢材	0.033	—	0	—
	冷弯型材	带钢	辊压法	所有规模	废水	工业废水量	吨/吨-钢材	3.00×10^{-3}	—	0	—
						化学需氧量	克/吨-钢材	84.9	膜分离+化学混凝法+沉淀分离（过滤分离）	99	k=废水治理设施运行时间（小时/年）/企业正常生产时间（小时/年）
						石油类	克/吨-钢材	14.3		99	
						总氮	克/吨-钢材	6.63		20	
						总磷	克/吨-钢材	0.010		30	
						氨氮	克/吨-钢材	0.045		20	
						汞	克/吨-钢材	7.00×10^{-4}		0	
	焊接钢管	带钢	高频焊法	所有规模	废气	工业废气量	标米^3/吨-钢材	55	—	0	—
						颗粒物	千克/吨-钢材	0.011	袋式除尘	99	k=除尘设施运行时间（小时/年）/企业正常生产时间（小时/年）
									—	0	—

3140 铁合金冶炼业

第一部分　铁合金生产

1　适用范围

本手册仅用于《国民经济行业分类》（GB/T 4754—2017）中 3140 铁合金冶炼行业使用系数法核算工业污染物产生量和排放量的工业企业。

利用本手册进行产排污核算得出的污染物产生量与排放量仅代表了特定行业、工艺、产品、原料在工况达到 75%以上时污染物产生与排放的一般规律。

本行业废水指标包括化学需氧量、铬；废气指标包括颗粒物、二氧化硫、氮氧化物。

2　注意事项

2.1　企业有多种生产工艺或生产多类产品产排污量核算

铁合金冶炼行业产品结构较为复杂，设备生产能力不同，普查时应按原料、生产工艺、主体设备进行统计，尤其是对拥有多套生产设备的企业，应按照主体设备的生产能力确定各自的规模等级，分别核算污染物的产生量和排放量。

2.2　采用多种治理设施组合处理企业的排污量核算

在排污量计算选择末端治理技术时，若没有对应的组合治理技术，以主要治理技术为准。

2.3　系数表中未涉及的产污系数及污染治理效率

铁合金行业产品多、生产工艺复杂，一种产品可以由多种工艺生产。本手册已给出了主要铁合金产品按主流工艺生产的产污系数，从产能角度考虑，产品覆盖率已达到 98%以上。对于铌铁、锆铁、钴铁等小类铁合金产品，硅钡合金、硅钙钡合金、硅钡铝合金、硅钙钡铝合金等复合铁合金以及用中频炉法生产的镍铁、钛铁、稀土硅铁、硅铝合金等的产污系数，可参照本手册已给出的同类工艺生产线选取，选取方法按类比生产线解释的办法执行。未覆盖产品及工艺产污系数类比见表 1。

表 1　未覆盖生产线产污系数类比表

产品	原料	工艺	规模	类比组合
镍铁	废镍、钢屑	中频炉	所有规模	中频炉法铝铁合金
钛铁	废纯钛、钢屑	中频炉	所有规模	中频炉法铝铁合金
铌铁	氧化铌、铁矿石、铝粒、石灰	铝热法	所有规模	铝热法硼铁
锆铁	锆精矿、石英、木炭（焦炭）	矿热炉	所有规模	矿热炉法镍铁
钴铁	含钴氧化矿、石灰、焦炭	矿热炉	所有规模	矿热炉法镍铁
稀土硅铁	硅铁、稀土合金	中频炉	所有规模	中频炉法稀土硅镁
硅铝合金	硅铁、铝锭	中频炉	所有规模	中频炉法铝锰合金
硅钡合金	硅石、碳酸钡矿、焦炭、钢屑	矿热炉	所有规模	硅铁
硅钙钡合金	硅石、重晶石、焦炭、石灰	矿热炉	所有规模	硅铁
硅钡铝合金	硅石、铝矿石、钡矿	矿热炉	所有规模	硅铁
硅钙钡铝合金	硅石、铝矿石、生石灰、钡矿	矿热炉	所有规模	硅铁

对于其他铁合金生产，或系数表单中未涉及的处理方法，企业可根据实际情况参考具有相似工艺和相似原料的组合确定产污系数，同时也可以进行现场监测、咨询行业组织或专家。

2.4　其他需要说明的问题

（1）为体现相同产污水平条件下，采用相同环保治理设施的不同企业对同一污染物去除效果的差异，引入末端治理设施实际运行率（k）对污染治理技术的实际去除率进行修正。k 值反映的是污染治理设施运行的状态，越稳定运行，k 值越高；在取值上，若定义连续稳定运行的理想状态为 1，则 k 取值在 0～1 之间。本手册给出本行业的 k 计算公式仅供参考，使用时，可根据 k 值定义，选取更适合企业实际情况的表达方式。

（2）本手册给出的产污系数均是针对工况达到 75%以上负荷的生产线，对于工况未达到 75%负荷的生产线（或企业），按该生产线（或企业）的实际生产能力核定生产规模，以核定的实际生产规模类比同一组合下规模对应的生产线，选取产污系数。

（3）目前，铁合金产品生产工艺众多，先进生产工艺和落后生产工艺共存，生产设备及规模大小不一。同一铁合金企业普遍存在生产多种产品和同一产品用不同炉型生产的情况。普查时应以产品结构为重点，根据生产工艺进行统计。

（4）铁合金行业无组织排放的主要污染物是颗粒物。产污环节主要在原料破碎、转运、上料、出铁口以及工业炉窑烟气外逸等环节。经过十多年的发展和进步，随着铁合金行业除尘工艺的不断改进、除尘设施效率的提高以及企业对环保设施的不断完善和提升，企业无组织排放得到了有效控制，排放浓度和降尘量有了大幅降低。具体体现在以下几个方面：①在原料破碎、转运、上料等环节，企业基本采用半封闭破碎和全封闭上料系统；②在冶炼环节，全封闭炉冶炼已成为铁合金冶炼的主要方式，同时，回收的煤气用于发电等，半封闭矿热炉采用矮烟罩方式，烟气外逸得到了有效控制；③在出铁环节，企业对出铁口都进行了封闭，并装有集尘罩；④在原料堆场，企业几乎都采用了三围一顶存料库，对露天存放的原料进行了苫盖，部分企业建有全封闭料场；⑤厂区道路及料场卸车时定期清扫、洒水等，保持地面湿度及地面清洁，减少扬尘产生。部分企业还设有喷淋装置和绿化带，对无组织排放的控制起到了显著成效。

（5）颗粒物无组织排放说明。

1）原料破碎、转运、上料环节：根据企业购买的原料粒度进行区分，①原料无须破碎，皮带转运采用半封闭，上料系统为全封闭，颗粒物无组织排放系数取优级；②原料需大量破碎，破碎区域内无除尘装置，转运、上料未封闭，颗粒物无组织排放系数取差级；③其他情况按中级选取。

2）出铁口环节：①出铁口都进行了封闭，并装有集尘罩，且抽风条件较好的，颗粒物无组织排放系数取优级；②出铁口有挡板或半封闭设施，但抽风条件较差，颗粒物无组织排放系数取中级；③无任何除尘设施，颗粒物无组织排放系数取差级。

3）炉窑烟气外逸：①全封闭炉颗粒物无组织排放系数取优级；②精炼炉、半封闭炉颗粒物无组织排放系数取中级；③其他炉型颗粒物无组织排放系数取差级。

（6）工业炉窑污染物与工艺过程污染物说明

工业炉窑为铁合金冶炼的主体生产设备，本手册所给定的产污系数均为工业炉窑产污系数。工艺过程大气污染物除有组织排放以外的均归集到无组织排放。

（7）生产规模等级说明。

铁合金产品主要由矿热炉、高炉、精炼炉等工业炉窑生产，其中矿热炉产品量占本行业产品总量的85%以上。《第一次全国污染源普查工业污染源产污系数手册》对矿热炉和高炉生产工艺进行了规模等级划分，将矿热炉生产工艺划分为两种规模等级："≥1万千伏安"和"＜1万千伏安"，高炉生产工艺划分成两种规模等级："≥150米^3"和"＜150米^3"。目前，结合铁合金行业规范条件，通过现场调研，"＜1万千伏安"的矿热炉和"＜150米^3"的高炉数量很少，本手册不再对生产规模进行等级划分。本手册给出的规模仅指工业炉窑的容量或容积，不代表企业的生产规模。

（8）由于不同企业工业废气量、废水量差异较大，本手册所提供的工业废气量、废水量系数仅供参考。

3　污染物排放量核算方法

3.1　计算污染物产生量

（1）根据产品、原料、污染物产生的主导生产工艺、企业规模（生产产能）这一组合查找和确定所对应的某一污染物的产污系数。

（2）根据该污染物的产污系数计量单位——单位产品产量或单位原料用量，获取企业实际产品产量或原料用量。

（3）污染物产生量按以下公式进行计算：

污染物产生量=污染物对应的产污系数×产品产量（原料用量）

$$G_{产i} = P_{产i} \times M_i$$

式中，$G_{产i}$——工段 i 某污染物的产生量；

$P_{产i}$——工段 i 某污染物对应的产污系数；

M_i——工段 i 的产品产量（原料用量）。

3.2　计算污染物去除量

（1）根据企业对某一污染物所采用的治理技术查找和选择相应的治理技术平均去除效率。

（2）根据所填报的污染治理设施实际运行率参数及其计算公式得出该企业某一污染物的治理设施实际运行率（k 值）。

（3）污染物去除量按以下公式进行计算：

污染物去除量=污染物产生量×污染物去除率 =污染物产生量×治理技术平均去除效率×治理设施实际运行率

$$R_{减i} = G_{产i} \times \eta_T \times k_T$$

式中，$R_{减i}$——工段 i 某污染物的去除量；

η_T——工段 i 某污染物采用的末端治理技术的平均去除效率；

k_T——工段 i 某污染物采用的末端治理设施的实际运行率。

3.3 计算污染物排放量

污染物排放量=污染物产生量–污染物去除量

=污染物对应的产污系数×产品产量（原料用量）–污染物产生量×治理技术平均去除效率×治理设施实际运行率

3.4 计算企业污染物排放量

同一企业某污染物全年的产生（排放）总量为该企业同年实际生产的全部工段、产品、原料、规模污染物产生（排放）量之和。

$$\begin{aligned} E_{排} &= G_{产} - R_{减} = \sum (G_{产i} - R_{减i}) \\ &= \sum \left[P_{产i} \times M_i (1 - \eta_T \times k_T) \right] \end{aligned}$$

4 污染物排放量核算案例

某铁合金企业主要从事硅锰合金的生产，以锰矿（富锰渣）、焦炭、硅石为主要原料，生产工艺采用矮烟罩半封闭矿热炉冶炼，生产规模为 20 万吨/年。该企业基本信息如表 2 所示，废气污染物主要为颗粒物、二氧化硫、氮氧化物，采用的治理措施为袋式除尘。

表 2 某铁合金企业基本信息

	工段：硅锰合金冶炼	
产品及产量	硅锰合金	20 万吨
工艺名称	矮烟罩半封闭矿热炉	
规模（产能）	—	
污染治理技术（废气）	袋式除尘	
污染治理技术（废水）	沉淀分离+好氧生物处理法	
实施运行率参数	治理设施运行时间	7742 小时
	企业正常生产时间	7742 小时

以废气中颗粒物为例说明该企业颗粒物排放量的计算方法。

根据该企业填报的产品、原料、工艺、规模信息，查找到对应的产污系数组合，以该组合中颗粒物指标为例说明计算过程。

4.1　颗粒物有组织排放量计算

（1）颗粒物产生量计算

①查找产污系数及其计量单位

根据企业基本信息，查找本手册中主要产品为硅锰合金，主要原料为锰矿（富锰渣）、焦炭、硅石，主要工艺为矿热炉冶炼，生产规模为年产量 20 万吨。该组合颗粒物的产污系数为 150，单位为千克/吨-产品。

②获取企业产品产量

该企业实际情况为：主要产品硅锰合金 2017 年产量为 198244 吨。

③计算颗粒物产生量

由于查询到的组合中颗粒物产污系数的单位为千克/吨-产品，因此在核算颗粒物产生量时采用产品产量。

颗粒物产生量=颗粒物产污系数×产品（硅锰合金）产量

=150 千克/吨-产品 × 198244 吨-产品

=29736.6 吨

（2）颗粒物去除量计算

①查找治理技术平均去除效率

该企业颗粒物治理技术采用袋式除尘，查询相应组合内该工艺的平均去除效率为 99%。

②计算污染治理设施实际运行率

经调研，该企业污染物治理设施启动时间先于矿热炉启动时间，停止时间后于矿热炉停炉时间，故治理设施运行率为 100%。

③计算颗粒物去除量

颗粒物去除量=29736.6 吨×99%×100%=29439.234 吨

（3）颗粒物排放量计算

颗粒物排放量=29736.6 吨−29439.234 吨=297.366 吨

4.2　颗粒物无组织排放量计算

对于企业颗粒物无组织排放量的核算，主要依据企业末端治理设施对有组织排放的捕集效率和无组织产生环节的控制程度来确定。该企业有组织排放治理效率为 99%，原料堆场半封闭，苫盖并有防尘网，原料为成品料，无须破碎，皮带转运为半封闭，上料系统为全封闭，故颗粒物无组织产污系数取优级，为 0.786 千克/吨-硅锰合金；矿热炉为半封闭型，抽风效果好，故炉窑烟气外逸颗粒物无组织产污系数取中级，为 1.218 千克/吨-硅锰合金；矿热炉出铁口为半封闭集尘罩，抽风条件一般，故颗粒物无组织产污系数取中级，为 1.098 千克/吨-硅锰合金。颗粒物无组织排放量见表 3。

表 3　某铁合金企业颗粒物无组织排放量

项　目		无组织产污系数/（千克/吨-硅锰合金）	无组织排放量/吨
产污环节	原料破碎、转运、上料	0.786	155.820
	矿热炉出铁口	1.098	217.672
	炉窑烟气外逸	1.218	241.461

5 系数表

3140 铁合金冶炼行业系数表

工段名称	产品名称	原料名称	工艺名称	规模等级	污染物类别	污染物指标	系数单位	产污系数	末端治理技术	末端治理技术平均去除效率/%	参考 k 值计算公式[1]
—	硅铁	硅石、焦炭、铁料	矿热炉法	所有规模	废水	工业废水量	吨/吨-产品	1.20	—	—	—
						化学需氧量	克/吨-产品	105	沉淀分离+好氧生物处理法	68	k=废水治理设施运行时间（小时/年）/企业正常生产时间（小时/年）
					废气	工业废气量	标米³/吨-产品	43000	—	—	—
						颗粒物	千克/吨-产品	200	袋式除尘	99	k=除尘设施运行时间（小时/年）/企业正常生产时间（小时/年）
						氮氧化物	千克/吨-产品	3.11	直排	—	—
						二氧化硫	千克/吨-产品	2.68	直排	—	—
					工业固废	冶炼渣	吨/吨-硅铁	0.06	—	—	—
						除尘灰	吨/吨-硅铁	0.20	—	—	—

[1] 该公式仅供参考，使用时，可根据 k 值定义，选取更适合企业实际情况的表达方式。

3140 铁合金冶炼行业系数表（续表 1）

工段名称	产品名称	原料名称	工艺名称	规模等级	污染物类别	污染物指标	系数单位	产污系数	末端治理技术	末端治理技术平均去除效率/%	参考 k 值计算公式
—	锰硅合金	锰矿（富锰渣）、焦炭、硅石	矿热炉法	所有规模	废水	工业废水量	吨/吨-产品	1.20	—	—	—
						化学需氧量	克/吨-产品	105	沉淀分离+好氧生物处理法	68	k=废水治理设施运行时间（小时/年）/企业正常生产时间（小时/年）
					废气	工业废气量	标米 ^{3}/吨-产品	1050①	—	—	—
								30000②	—	—	—
						颗粒物	千克/吨-产品	39.0①	袋式除尘	99.5	k=除尘设施运行时间（小时/年）/企业正常生产时间（小时/年）
								150②	袋式除尘	99	
						氮氧化物	千克/吨-产品	2.50①	直排	—	—
								9.00②	直排	—	—
						二氧化硫	千克/吨-产品	1.25	直排	—	—
					工业固废	冶炼渣	吨/吨-锰硅	0.90	—	—	—
						除尘灰	吨/吨-锰硅	0.10①	—	—	—
								0.15②	—	—	—

注：①为全封闭矿热炉污染物指标。
②为半封闭矿热炉污染物指标。

3140 铁合金冶炼行业系数表（续表 2）

工段名称	产品名称	原料名称	工艺名称	规模等级	污染物类别	污染物指标	系数单位	产污系数	末端治理技术	末端治理技术平均去除效率/%	参考 k 值计算公式
—	硅钙合金	硅石、焦炭、石灰	矿热炉法	所有规模	废水	工业废水量	吨/吨-产品	1.20	—	—	—
						化学需氧量	克/吨-产品	105	沉淀分离+好氧生物处理法	68	k=废水治理设施运行时间（小时/年）/企业正常生产时间（小时/年）
					废气	工业废气量	标米 ^{3}/吨-产品	60000	—	—	—
						颗粒物	千克/吨-产品	200	袋式除尘	99	k=除尘设施运行时间（小时/年）/企业正常生产时间（小时/年）
						氮氧化物	千克/吨-产品	9.00	直排	—	—
						二氧化硫	千克/吨-产品	6.00	直排	—	—
					工业固废	冶炼渣	吨/吨-硅钙	0.06	—	—	—
						除尘灰	吨/吨-硅钙	0.065	—	—	—

3140 铁合金冶炼行业系数表（续表 3）

工段名称	产品名称	原料名称	工艺名称	规模等级	污染物类别	污染物指标	系数单位	产污系数	末端治理技术	末端治理技术平均去除效率/%	参考 k 值计算公式
—	高碳锰铁	锰矿、焦炭	高炉法	所有规模	废水	工业废水量	吨/吨-产品	0.50	—	—	—
						化学需氧量	克/吨-产品	42.2	沉淀分离+好氧生物处理法	71	k=废水治理设施运行时间（小时/年）/企业正常生产时间（小时/年）
					废气	工业废气量	标米 ³/吨-产品	6200①	—	—	—
								5000②	—	—	—
						颗粒物	千克/吨-产品	17.9①	袋式除尘	99.5	k=除尘设施运行时间（小时/年）/企业正常生产时间（小时/年）
								25.0②	袋式除尘	99.6	
						氮氧化物	千克/吨-产品	1.14③	直排	—	—
						二氧化硫	千克/吨-产品	0.38③	直排	—	—
					工业固废	冶炼渣	吨/吨-高碳锰铁	1.00	—	—	—
						除尘灰	吨/吨-高碳锰铁	0.018①	—	—	—
								0.075②	—	—	—
		锰矿、焦炭、石灰	矿热炉法	所有规模	废水	工业废水量	吨/吨-产品	1.00	—	—	—
						化学需氧量	克/吨-产品	82.3	沉淀分离+好氧生物处理法	69	k=废水治理设施运行时间（小时/年）/企业正常生产时间（小时/年）
					废气	工业废气量	标米 ³/吨-产品	950④	—	—	—
								30000⑤	—	—	—
						颗粒物	千克/吨-产品	28.0④	袋式除尘	99.3	k=除尘设施运行时间（小时/年）/企业正常生产时间（小时/年）
								187⑤	袋式除尘	99.2	
						氮氧化物	千克/吨-产品	1.50④	直排	—	—
								5.00⑤	直排	—	—
						二氧化硫	千克/吨-产品	1.30	直排	—	—
					工业固废	除尘灰	吨/吨-高碳锰铁	0.028④	—	—	—
								0.186⑤	—	—	—

注：①为出铁场污染物指标。
②为全封闭煤气污染物指标。
③为热风炉污染物指标。
④为全封闭矿热炉污染物指标。
⑤为半封闭矿热炉污染物指标。

3140 铁合金冶炼行业系数表（续表 4）

工段名称	产品名称	原料名称	工艺名称	规模等级	污染物类别	污染物指标	系数单位	产污系数	末端治理技术	末端治理技术平均去除效率/%	参考 k 值计算公式
—	中低碳锰铁	锰矿、硅锰合金、石灰	电硅热法	所有规模	废水	工业废水量	吨/吨-产品	0.50	—	—	—
						化学需氧量	克/吨-产品	42.20	沉淀分离+好氧生物处理法	71	k=废水治理设施运行时间（小时/年）/企业正常生产时间（小时/年）
					废气	工业废气量	标米^3/吨-产品	30000	—	—	—
						颗粒物	千克/吨-产品	69.30	袋式除尘	98	k=除尘设施运行时间（小时/年）/企业正常生产时间（小时/年）
					工业固废	冶炼渣	吨/吨-中低碳锰铁	1.40	—	—	—
						除尘灰	吨/吨-中低碳锰铁	0.068	—	—	—
			摇炉-电炉法	所有规模	废水	工业废水量	吨/吨-产品	0.56	—	—	—
						化学需氧量	克/吨-产品	82.0	沉淀分离+好氧生物处理法	70	k=废水治理设施运行时间（小时/年）/企业正常生产时间（小时/年）
					废气	工业废气量	标米^3/吨-产品	17700	—	—	—
						颗粒物	千克/吨-产品	26.80	袋式除尘	96	k=除尘设施运行时间（小时/年）/企业正常生产时间（小时/年）
						二氧化硫	千克/吨-产品	1.65	直排	—	—
					工业固废	冶炼渣	吨/吨-中低碳锰铁	1.968	—	—	—
						除尘灰	吨/吨-中低碳锰铁	0.025	—	—	—

3140 铁合金冶炼行业系数表（续表 5）

工段名称	产品名称	原料名称	工艺名称	规模等级	污染物类别	污染物指标	系数单位	产污系数	末端治理技术	末端治理技术平均去除效率/%	参考 k 值计算公式
—	富锰渣	锰矿、焦炭	高炉法	所有规模	废水	工业废水量	吨/吨-产品	0.50	—	—	—
						化学需氧量	克/吨-产品	42.2	沉淀分离+好氧生物处理法	71	k=废水治理设施运行时间（小时/年）/企业正常生产时间（小时/年）
					废气	工业废气量	标米^3/吨-产品	5500①	—	—	—
								4500②	—	—	—
						颗粒物	千克/吨-产品	15.0①	袋式除尘	99.1	k=除尘设施运行时间（小时/年）/企业正常生产时间（小时/年）
								20.0②	袋式除尘	99.6	
						氮氧化物	千克/吨-产品	1.35③	直排	—	—
						二氧化硫	千克/吨-产品	0.45③	直排	—	—
					工业固废	除尘灰	吨/吨-富锰渣	0.015②	—	—	—
							吨/吨-富锰渣	0.060④	—	—	—

注：①为出铁场污染物指标。
②为全封闭煤气污染物指标。
③为热风炉污染物指标。
④为半封闭烟气量污染物指标。

3140 铁合金冶炼行业系数表（续表 6）

工段名称	产品名称	原料名称	工艺名称	规模等级	污染物类别	污染物指标	系数单位	产污系数	末端治理技术	末端治理技术平均去除效率/%	参考 k 值计算公式
—	氮化锰	中低碳锰铁、氮气	真空电阻炉法	所有规模	废水	工业废水量	吨/吨-产品	0.20	—	—	—
						化学需氧量	克/吨-产品	15.7	沉淀分离+好氧生物处理法	72	k=废水治理设施运行时间（小时/年）/企业正常生产时间（小时/年）
					废气	工业废气量	标米^3/吨-产品	3000	—	—	—
						颗粒物	千克/吨-产品	0.30	袋式除尘	95	k=除尘设施运行时间（小时/年）/企业正常生产时间（小时/年）
					工业固废	冶炼渣	吨/吨-氮化锰	0.004	—	—	—
						除尘灰	吨/吨-氮化锰	0.00024	—	—	—

3140 铁合金冶炼行业系数表（续表 7）

工段名称	产品名称	原料名称	工艺名称	规模等级	污染物类别	污染物指标	系数单位	产污系数	末端治理技术	末端治理技术平均去除效率/%	参考 k 值计算公式
—	高碳铬铁	铬矿、焦炭、硅石	矿热炉法	所有规模	废水	工业废水量	吨/吨-产品	1.50	—	—	—
						化学需氧量	克/吨-产品	134	沉淀分离+好氧生物处理法	67	k=废水治理设施运行时间（小时/年）/企业正常生产时间（小时/年）
						六价铬	克/吨-产品	0.16	沉淀分离	86	
						铬	克/吨-产品	0.32	沉淀分离	86	
					废气	工业废气量	标米^3/吨-产品	900①	—	—	—
								15000②	—	—	—
						颗粒物	千克/吨-产品	36.0①	袋式除尘	99.6	k=除尘设施运行时间（小时/年）/企业正常生产时间（小时/年）
								45.0②	袋式除尘	98	
						氮氧化物	千克/吨-产品	1.44①	直排	—	—
								4.13②	直排	—	—
						二氧化硫	千克/吨-产品	1.27	直排	—	—
					工业固废	冶炼渣	吨/吨-高碳铬铁	1.30	—	—	—
						除尘灰	吨/吨-高碳铬铁	0.036①	—	—	—
								0.044②	—	—	—

注：①为全封闭矿热炉污染物指标。
②为半封闭矿热炉污染物指标。

3140 铁合金冶炼行业系数表（续表 8）

工段名称	产品名称	原料名称	工艺名称	规模等级	污染物类别	污染物指标	系数单位	产污系数	末端治理技术名称	末端治理技术平均去除效率/%	参考 k 值计算公式
—	中低碳铬铁	铬矿、石灰、硅铬	电硅热法	所有规模	废水	工业废水量	吨/吨-产品	0.40	—	—	—
						化学需氧量	克/吨-产品	34.0	沉淀分离+好氧生物处理法	71	k=废水治理设施运行时间（小时/年）/企业正常生产时间（小时/年）
						六价铬	克/吨-产品	2.00	沉淀分离	98	
						铬	克/吨-产品	4.00	沉淀分离	98	
					废气	工业废气量	标米^3/吨-产品	25000	—	—	—
						颗粒物	千克/吨-产品	27.0	袋式除尘	96	k=除尘设施运行时间（小时/年）/企业正常生产时间（小时/年）
					工业固废	冶炼渣	吨/吨-中低碳铬铁	1.80	—	—	—
						除尘灰	吨/吨-中低碳铬铁	0.026	—	—	—
	微碳铬铁	铬矿、石灰、硅铬	电硅热法	所有规模	废水	工业废水量	吨/吨-产品	0.40	—	—	—
						化学需氧量	克/吨-产品	34.0	沉淀分离+好氧生物处理法	71	k=废水治理设施运行时间（小时/年）/企业正常生产时间（小时/年）
						六价铬	克/吨-产品	2.00	沉淀分离	98	
						铬	克/吨-产品	4.00	沉淀分离	98	
					废气	工业废气量	标米^3/吨-产品	25000	—	—	—
						颗粒物	千克/吨-产品	27.0	袋式除尘	96	k=除尘设施运行时间（小时/年）/企业正常生产时间（小时/年）
					工业固废	冶炼渣	吨/吨-微碳铬铁	1.80	—	—	—
						除尘灰	吨/吨-微碳铬铁	0.026	—	—	—

3140 铁合金冶炼行业系数表（续表 9）

工段名称	产品名称	原料名称	工艺名称	规模等级	污染物类别	污染物指标	系数单位	产污系数	末端治理技术	末端治理技术平均去除效率/%	参考 k 值计算公式
—	硅铬合金	硅石、焦炭、硅铬	矿热炉法	所有规模	废水	工业废水量	吨/吨-产品	1.20	—	—	—
						化学需氧量	克/吨-产品	105	沉淀分离+好氧生物处理法	68	k=废水治理设施运行时间（小时/年）/企业正常生产时间（小时/年）
						六价铬	克/吨-产品	1.80	沉淀分离	94	
						铬	克/吨-产品	3.60	沉淀分离	94	
					废气	工业废气量	标米^3/吨-产品	27500	—	—	—
						颗粒物	千克/吨-产品	284	袋式除尘	99.5	k=除尘设施运行时间（小时/年）/企业正常生产时间（小时/年）
						氮氧化物	千克/吨-产品	2.88	直排	—	—
						二氧化硫	千克/吨-产品	2.00	直排	—	—
					工业固废	冶炼渣	吨/吨-硅铬铁	0.10	—	—	—
						除尘灰	吨/吨-硅铬铁	0.382	—	—	—
	氮化铬	高碳铬铁、氮气	真空电阻炉法	所有规模	废水	工业废水量	吨/吨-产品	0.20	—	—	—
						化学需氧量	克/吨-产品	16.7	沉淀分离+好氧生物处理法	72	k=废水治理设施运行时间（小时/年）/企业正常生产时间（小时/年）
					废气	工业废气量	标米^3/吨-产品	120	—	—	—
						颗粒物	千克/吨-产品	0.24	袋式除尘	98	k=除尘设施运行时间（小时/年）/企业正常生产时间（小时/年）
					工业固废	冶炼渣	吨/吨-氮化铬	0.004	—	—	—
						除尘灰	吨/吨-氮化铬	0.00024	—	—	—

3140 铁合金冶炼行业系数表（续表 10）

工段名称	产品名称	原料名称	工艺名称	规模等级	污染物类别	污染物指标	系数单位	产污系数	末端治理技术	末端治理技术平均去除效率/%	参考 k 值计算公式
—	钨铁	钨精矿、硅铁	积块法	所有规模	废水	工业废水量	吨/吨-产品	0.60	—	—	—
						化学需氧量	克/吨-产品	50.7	沉淀分离+好氧生物处理法	71	k=废水治理设施运行时间（小时/年）/企业正常生产时间（小时/年）
					废气	工业废气量	标米^3/吨-产品	35000	—	—	—
						颗粒物	千克/吨-产品	50.0	袋式除尘	97	k=除尘设施运行时间（小时/年）/企业正常生产时间（小时/年）
					工业固废	冶炼渣	吨/吨-钨铁	0.70	—	—	—
	钼铁	钼精矿、硅铁粉、铝粒	焙烧+铝热法	所有规模	废气	工业废气量	标米^3/吨-产品	29600①	—	—	—
								22000②	—	—	—
						颗粒物	千克/吨-产品	50.0①	袋式除尘	97	k=除尘设施运行时间（小时/年）/企业正常生产时间（小时/年）
								30.0②	袋式除尘	96	
						氮氧化物	千克/吨-产品	6.60②	直排	—	—
						二氧化硫	千克/吨-产品	83.3②	烟气脱硫	96	k=除尘设施运行时间（小时/年）/企业正常生产时间（小时/年）
					工业固废	冶炼渣	吨/吨-钼铁	0.40	—	—	—
						除尘灰	吨/吨-钼铁	0.049①	—	—	—
								0.029②	—	—	—

注：①为熔炼炉污染物指标。
②为焙烧窑污染物指标。

3140 铁合金冶炼行业系数表（续表 11）

工段名称	产品名称	原料名称	工艺名称	规模等级	污染物类别	污染物指标	系数单位	产污系数	末端治理技术	末端治理技术平均去除效率/%	参考 k 值计算公式
—	钒铁	五氧化二钒、硅铁、铝粒	焙烧+电硅热法	所有规模	废水	工业废水量	吨/吨-产品	0.40	—	—	—
						化学需氧量	克/吨-产品	34.0	沉淀分离+好氧生物处理法	71	k=废水治理设施运行时间（小时/年）/企业正常生产时间（小时/年）
					废气	工业废气量	标米^3/吨-产品	30000①	—	—	—
								33200②	—	—	—
						颗粒物	千克/吨-产品	51.0①	袋式除尘	97	k=除尘设施运行时间（小时/年）/企业正常生产时间（小时/年）
								42.0②	袋式除尘	96	
						二氧化硫	千克/吨-产品	25.0①	直排	—	—
						氮氧化物	千克/吨-产品	4.50①	直排	—	—
					工业固废	冶炼渣	吨/吨-钒铁	3.50	—	—	—
						除尘灰	吨/吨-钒铁	0.050①	—	—	—
								0.041②	—	—	—

注：①为焙烧窑污染物指标。
②为精炼炉污染物指标。

3140 铁合金冶炼行业系数表（续表 12）

工段名称	产品名称	原料名称	工艺名称	规模等级	污染物类别	污染物指标	系数单位	产污系数	末端治理技术	末端治理技术平均去除效率/%	参考 k 值计算公式
—	钛铁	钛精矿、硅铁粉、铁矿粉、铝粒	焙烧+铝热法	所有规模	废气	工业废气量	标米^3/吨-产品	29600①	—	—	—
								22000②	—	—	—
						颗粒物	千克/吨-产品	50.0①	袋式除尘	97	k=除尘设施运行时间（小时/年）/企业正常生产时间（小时/年）
								30.0②	袋式除尘	96	
						氮氧化物	千克/吨-产品	4.00②	直排	—	—
						二氧化硫	千克/吨-产品	5.70②	直排	—	—
					工业固废	冶炼渣	吨/吨-钛铁	1.00	—	—	—
						除尘灰	吨/吨-钛铁	0.049①	—	—	—
								0.029②	—	—	—

注：①为熔炼炉污染物指标。
②为焙烧窑污染物指标。

3140 铁合金冶炼行业系数表（续表 13）

工段名称	产品名称	原料名称	工艺名称	规模等级	污染物类别	污染物指标	系数单位	产污系数	末端治理技术	末端治理技术平均去除效率/%	参考 k 值计算公式
—	磷铁	磷灰石、钢屑、焦炭、硅石	矿热炉法	所有规模	废水	工业废水量	吨/吨-产品	1.00	—	—	—
						化学需氧量	克/吨-产品	86.6	沉淀分离+好氧生物处理法	69	k=废水治理设施运行时间（小时/年）/企业正常生产时间（小时/年）
					废气	工业废气量	标米^3/吨-产品	13000	—	—	—
						颗粒物	千克/吨-产品	33.0	袋式除尘	82	k=除尘设施运行时间（小时/年）/企业正常生产时间（小时/年）
						氮氧化物	千克/吨-产品	1.43	直排	—	—
						二氧化硫	千克/吨-产品	0.67	直排	—	—
					工业固废	冶炼渣	吨/吨-磷铁	1.30	—	—	—
						除尘灰	吨/吨-磷铁	0.033	—	—	—

3140 铁合金冶炼行业系数表（续表 14）

工段名称	产品名称	原料名称	工艺名称	规模等级	污染物类别	污染物指标	系数单位	产污系数	末端治理技术	末端治理技术平均去除效率/%	参考 k 值计算公式
—	硼铁	硼酸、铝粒、铁鳞	铝热法	所有规模	废气	工业废气量	标米^3/吨-产品	7000①	—	—	—
								14000②	—	—	—
						颗粒物	千克/吨-产品	30.0①	袋式除尘	99	k=除尘设施运行时间（小时/年）/企业正常生产时间（小时/年）
								45.0②	袋式除尘	98	
						氮氧化物	千克/吨-产品	0.500①	直排	—	—
						二氧化硫	千克/吨-产品	1.05②	直排	—	—
					工业固废	冶炼渣	吨/吨-硼铁	1.10	—	—	—
						除尘灰	吨/吨-硼铁	0.030①	—	—	—
								0.045②	—	—	—

注：①为反射炉污染物指标。
②为熔炼炉污染物指标。

3140 铁合金冶炼行业系数表（续表 15）

工段名称	产品名称	原料名称	工艺名称	规模等级	污染物类别	污染物指标	系数单位	产污系数	末端治理技术	末端治理技术平均去除效率/%	参考 k 值计算公式
—	镍铁	镍矿、氧化钙、焦炭	矿热炉法	所有规模	废水	工业废水量	吨/吨-产品	1.00	—	—	—
						化学需氧量	克/吨-产品	86.6	沉淀分离+好氧生物处理法	69	k=废水治理设施运行时间（小时/年）/企业正常生产时间（小时/年）
					废气	工业废气量	标米^3/吨-产品	23000	—	—	—
						颗粒物	千克/吨-产品	184	袋式除尘	99.4	k=除尘设施运行时间（小时/年）/企业正常生产时间（小时/年）
						氮氧化物	千克/吨-产品	3.00	直排	—	—
						二氧化硫	千克/吨-产品	0.30	直排	—	—
					工业固废	冶炼渣	吨/吨-镍铁	4.00	—	—	—
						除尘灰	吨/吨-镍铁	0.183	—	—	—

3140 铁合金冶炼行业系数表（续表 16）

工段名称	产品名称	原料名称	工艺名称	规模等级	污染物类别	污染物指标	系数单位	产污系数	末端治理技术	末端治理技术平均去除效率/%	参考 *k* 值计算公式
—	硅铝合金	铝土矿、硅石、焦炭	矿热炉法	所有规模	废水	工业废水量	吨/吨-产品	1.20	—	—	—
						化学需氧量	克/吨-产品	105	沉淀分离+好氧生物处理法	68	*k*=废水治理设施运行时间（小时/年）/企业正常生产时间（小时/年）
					废气	工业废气量	标米 ^{3}/吨-产品	61000	—	—	—
						颗粒物	千克/吨-产品	220	袋式除尘	99.4	*k*=除尘设施运行时间（小时/年）/企业正常生产时间（小时/年）
						氮氧化物	千克/吨-产品	20.0	直排	—	—
						二氧化硫	千克/吨-产品	30.0	直排	—	—
					工业固废	冶炼渣	吨/吨-硅铝合金	0.22	—	—	—

3140 铁合金冶炼行业系数表（续表 17）

工段名称	产品名称	原料名称	工艺名称	规模等级	污染物类别	污染物指标	系数单位	产污系数	末端治理技术	末端治理技术平均去除效率/%	参考 *k* 值计算公式
—	铝锰合金	废钢、中碳锰铁、铝锭	中频炉法	所有规模	废水	工业废水量	吨/吨-产品	1.00	—	—	—
						化学需氧量	克/吨-产品	101	沉淀分离+好氧生物处理法	69	*k*=废水治理设施运行时间（小时/年）/企业正常生产时间（小时/年）
					废气	工业废气量	标米 ^{3}/吨-产品	7000	—	—	—
						颗粒物	千克/吨-产品	11.0	袋式除尘	97	*k*=除尘设施运行时间（小时/年）/企业正常生产时间（小时/年）
					工业固废	冶炼渣	吨/吨-铝锰合金	0.007	—	—	—
						除尘灰	吨/吨-铝锰合金	0.011	—	—	—

3140 铁合金冶炼行业系数表（续表 18）

工段名称	产品名称	原料名称	工艺名称	规模等级	污染物类别	污染物指标	系数单位	产污系数	末端治理技术	末端治理技术平均去除效率/%	参考 k 值计算公式
—	稀土硅镁	硅铁、稀土、金属镁	中频炉法	所有规模	废水	工业废水量	吨/吨-产品	1.00	—	—	—
						化学需氧量	克/吨-产品	98.2	沉淀分离+好氧生物处理法	69	k=废水治理设施运行时间（小时/年）/企业正常生产时间（小时/年）
					废气	工业废气量	标米^3/吨-产品	6000	—	—	—
						颗粒物	千克/吨-产品	12.00	袋式除尘	98	k=除尘设施运行时间（小时/年）/企业正常生产时间（小时/年）
					工业固废	冶炼渣	吨/吨-稀土硅镁	0.007	—	—	—
						除尘灰	吨/吨-稀土硅镁	0.012	—	—	—
	稀土硅铁	硅铁、稀土富渣、石灰	电硅热法	所有规模	废水	工业废水量	吨/吨-产品	1.20	—	—	—
						化学需氧量	克/吨-产品	105	沉淀分离+好氧生物处理法	68	k=废水治理设施运行时间（小时/年）/企业正常生产时间（小时/年）
					废气	工业废气量	标米^3/吨-产品	48000	—	—	—
						颗粒物	千克/吨-产品	216	袋式除尘	99	k=除尘设施运行时间（小时/年）/企业正常生产时间（小时/年）
					工业固废	冶炼渣	吨/吨-稀土硅铁	0.07	—	—	—
						除尘灰	吨/吨-稀土硅铁	0.214	—	—	—

3140 铁合金冶炼行业系数表（续表 19）

工段名称	产品名称	原料名称	工艺名称	规模等级	污染物类别	污染物指标	系数单位	产污系数	末端治理技术	末端治理技术平均去除效率/%	参考 *k* 值计算公式
—	工业硅	硅石、碳质还原剂	矿热炉法	所有规模	废水	工业废水量	吨/吨-产品	1.20	—	—	—
						化学需氧量	克/吨-产品	105	沉淀分离+好氧生物处理法	68	*k*=废水治理设施运行时间（小时/年）/企业正常生产时间（小时/年）
					废气	工业废气量	标米 ^{3}/吨-产品	112000	—	—	—
						颗粒物	千克/吨-产品	340	袋式除尘	98	*k*=除尘设施运行时间（小时/年）/企业正常生产时间（小时/年）
						氮氧化物	千克/吨-产品	30.2	直排	—	—
						二氧化硫	千克/吨-产品	50.0	直排	—	—
					工业固废	冶炼渣	吨/吨-工业硅	0.04	—	—	—
						除尘灰	吨/吨-工业硅	0.335	—	—	—
	金属铬	铬矿、纯碱、白云石、铝锭	铝热法	所有规模	废气	工业废气量	标米 ^{3}/吨-产品	254000	电除尘法	—	—
								62200	过滤式除尘法	—	—
						颗粒物	千克/吨-产品	190	电除尘法	89	*k*=除尘设施运行时间（小时/年）/企业正常生产时间（小时/年）
								112	袋式除尘	97	
					工业固废	冶炼渣	吨/吨-金属铬	1.40	—	—	—
						除尘灰	吨/吨-金属铬	108	—	—	—

3140 铁合金冶炼行业系数表（续表 20）

工段名称	产品名称	原料名称	工艺名称	规模等级	污染物类别	污染物指标	系数单位	产污系数	末端治理技术	末端治理技术平均去除效率/%	参考 k 值计算公式
—	铝铁	铝锭、废钢	中频炉法	所有规模	废水	工业废水量	吨/吨-产品	1.00	—	0	—
						化学需氧量	克/吨-产品	101	沉淀分离+好氧生物处理法	69	k=废水治理设施运行时间（小时/年）/企业正常生产时间（小时/年）
					废气	工业废气量	标米^3/吨-产品	4100	—	0	
						颗粒物	千克/吨-产品	2.64	袋式除尘	97	k=除尘设施运行时间（小时/年）/企业正常生产时间（小时/年）

3140 铁合金冶炼行业颗粒物无组织产污系数表

产污环节	污染物指标	系数单位	产污系数	无组织排放控制评级
原料破碎、转运、上料	颗粒物（无组织）	千克/吨-产品	0.786	优
			1.51	中
			2.30	差
矿热炉、高炉出铁口	颗粒物（无组织）	千克/吨-产品	0.291	优
			1.10	中
			1.91	差
炉窑烟气外溢	颗粒物（无组织）	千克/吨-产品	0.60	优
			1.22	中
			1.83	差

第二部分 电解锰生产

1 适用范围

本手册仅用于《国民经济行业分类》（GB/T 4754—2017）3140 中铁合金行业中电解锰及锰制品系数法核算工业污染物产生量和排放量的工业企业。

利用本手册进行产排污核算得出的污染物产生量与排放量仅代表了特定行业的工艺、产品、原料在正常工况下污染物产生与排放的一般规律。

本行业废水指标包括工业废水量、化学需氧量、氨氮、总氮、总磷、总铬、六价铬、锰；废气指标包括工业废气量、颗粒物、硫酸雾、氨；固废指标包括锰渣、阳极泥、含铬污泥。

2 注意事项

2.1 分核算环节选择

电解锰行业分为制粉、制液电解和锰制品三个核算环节，企业根据其实际生产涉及的核算环节进行核算。企业的产品、原辅料、生产工艺、治理工艺等可根据以下要点进行选择。

产品方面，企业有采用金属锰片经磨粉生产金属锰粉的采用金属锰粉产量。锰矿粉指企业实际投入生产的矿粉量，包括菱锰矿粉和一氧化锰矿粉用量。

原辅料方面，锰矿指企业实际投入生产的矿石量，包括菱锰矿和氧化锰矿用量。金属锰是采用其磨粉生产金属锰粉的企业。

生产工艺方面，制粉核算环节根据所采用的磨机进行选择。制液电解核算环节，根据阴极板锰片钝化方式进行分类选择。

废水治理工艺方面，企业根据所采用的废水处理方法进行组合选择。采用硫酸亚铁、海波（硫代硫酸钠）等还原剂处理含铬废水的选择氧化还原法；采用石灰、NaOH、Na_2CO_3 等调节 pH 处理含锰废水的选择化学沉淀法；采用吹脱法处理废水氨氮的方法选择物理处理法（吹脱法）。

废气处理工艺方面，企业根据制粉工序所采用的收尘工艺进行单项或组合选择；制液电解过程采用酸雾吸收法处理化合槽酸雾的选择吸收法。锰制品核算环节指有采用锰片磨粉制金属锰粉的企业选择相应的收尘工艺。

其他方面，废水铬锰治理设施运行时间是企业铬污染治理设施和锰污染治理设施运行时间的加和；废水铬锰治理设施非正常运行时间是企业铬污染治理设施和锰污染治理设施非正常运行时间的加和。

2.2 企业有多种生产工艺或生产多类产品产排污量核算

按企业所采用的不同生产工艺不同类产品，分别进行产污量核算，污染物产生量与产品产量有关，根据不同核算环节计算产污量后，再根据企业末端治理设施和运行情况计算各污染物的排放量。

企业某污染物指标的产生量、排放量为各核算环节产生量、排放量之和。

如企业同时生产不同产品，如锰粉、金属锰、锰制品，应按相应产品的产污系数及末端治理技术去除效率，分别计算污染物的产生量、排放量，各产品生产过程产生、排放的污染物量之和为该企业产生及排放的污染物总量。

同时采用不同工艺生产时，可根据不同工艺对应产品产量选择相应组合分别进行填报。

2.3 采用多种治理设施组合处理企业的排污量核算

在排污量计算选择末端治理技术时，若没有对应的组合治理技术，以主要治理技术为准。

2.4 系数表中未涉及的产污系数及污染治理效率

对于锰锭、锰桃等锰制品生产企业，其产污系数可以参照“金属锰粉-金属锰-磨粉-所有规模”的产污系数核算。

制粉核算环节采用“旋风+布袋”进行除尘的企业，选择布袋除尘组合进行填报。

2.5 其他需要说明的问题

由于不同企业工业废气量、废水量差异较大，本手册所提供的工业废气量、废水量系数仅供参考。

为体现相同产污水平条件下，采用相同环保治理设施的不同企业对同一污染物去除效果的差异，引入末端治理设施实际运行率（k）对污染治理技术的实际去除率进行修正。k 值反映的是污染治理设施运行的状态，越稳定运行，k 值越高；在取值上，若定义连续稳定运行的理想状态为 1，则 k 取值在 0～1 之间。

本手册给出本行业的 k 计算公式仅供参考，使用时，可根据 k 值定义，选取更适合企业实际情况的表达方式。

本手册废水产生量为工艺废水量，不包括渣场渗滤液；氨的排放仅给出了电解车间氨无组织排放的产污系数。

3 污染物排放量核算方法

根据电解锰行业企业实际生产情况，在系数制定过程中将电解锰行业全生产流程划分为制粉、制液电解和锰制品工段（核算环节）。在核算企业污染物产排污量时，企业结合本企业实际生产涉及的工段进行核算。

3.1 计算工段污染物产生量

（1）根据产品、原料、生产过程采用的生产工艺、企业规模（生产产能）确定企业所属的组合，这一组合查找和确定所对应的某一污染物的产污系数。

（2）根据该污染物的产污系数计量单位——单位产品产量，获取企业实际产品产量。

例如，某组合内颗粒物的产污系数单位为千克/吨-产品，则计算产生量时需要获取企业实际产品产量。

（3）污染物产生量按以下公式进行计算：

污染物产生量=污染物对应的产污系数×产品产量

$$G_{产i}=P_{产i}\times M_i$$

式中，$G_{产i}$——工段 i 某污染物的产生量；

$P_{产i}$——工段 i 某污染物对应的产污系数；

M_i——工段 i 对应的产品产量。

3.2 计算工段污染物去除量

（1）根据企业对某一污染物所采用的治理技术查找和选择相应的治理技术平均去除效率。

（2）根据所填报的污染治理设施实际运行率参数及其计算公式得出该企业某一污染物的治理设施实际运行率（k 值）。

（3）污染物去除量按以下公式进行计算：

污染物去除量=污染物产生量×污染物去除率 =污染物产生量×治理技术平均去除效率×治理设施实际运行率

$$R_{减i}=G_{产i}\times\eta_T\times k_T$$

式中，$R_{减i}$——工段 i 某污染物的去除量；

η_T——工段 i 某污染物采用的末端治理技术的平均去除效率；

k_T——工段 i 某污染物采用的末端治理设施的实际运行率。

3.3 计算工段污染物排放量

污染物排放量=污染物产生量–污染物去除量

=污染物对应的产污系数×产品产量–污染物产生量×治理技术平均去除效率×治理设施实际运行率

3.4 计算企业污染物排放量

同一企业某污染物全年的产生（排放）总量为该企业同年实际生产的全部工段、产品、原料、规模污染物产生（排放）量之和。

$$\begin{aligned}E_{排}&=G_{产}-R_{减}=\sum(G_{产i}-R_{减i})\\&=\sum[P_{产i}\times M_i(1-\eta_T\times k_T)]\end{aligned}$$

4 污染物排放量核算案例

某电解锰企业从事电解金属锰生产。该企业涉及制粉、制液电解两个工段。其中制粉工段主要污染物为颗粒物，制液电解核算环节主要污染物为化学需氧量、氨氮、总氮、总磷、总铬、六价铬、锰、硫酸雾、氨。以颗粒物和锰为例说明排放量计算过程。

企业基本信息包括主要产品、主要原辅料、生产工艺、废水治理工艺、废气处理工艺和其他，如表 1 所示。

表 1　某电解锰企业基本信息

	工段 1：制粉		工段 2：制液电解	
产品及产量	锰矿粉	205084 吨	金属锰	25960 吨
原料及用量	锰矿	205100 吨	锰矿粉	205084 吨
工艺名称	立磨	—	重铬酸钾钝化	—
规模（产能）	—		3 万吨/年	
污染治理技术	袋式除尘		氧化还原法+化学沉淀法+物理处理法（吹脱法）	
实际运行率参数	废气治理设施非正常运行时间	5 小时	废水铬锰治理设施非正常运行时间	20 小时
	废气产生设备生产运行时间	3500 小时	废水铬锰治理设施运行时间	16000 小时

4.1　工段 1 的排放量计算

（1）颗粒物产生量计算

①查找产污系数及其计量单位

根据企业基本信息，查找本手册中主要产品为锰矿粉，主要原料为锰矿石，主要工艺为立磨，颗粒物的产污系数为 56.3，单位为千克/吨-产品。

②获取企业产品产量

企业实际情况为：该工段主要产品锰矿粉 2017 年产量为 205084 吨。

③计算颗粒物产生量

由于查询到的组合中颗粒物产污系数的单位为千克/吨-产品，因此在核算产生量时采用产品产量。

颗粒物产生量=颗粒物产污系数×产品（锰矿粉）产量

=56.3 千克/吨-产品×205084 吨-产品

=11546229.2 千克

（2）颗粒物去除量计算

①查找治理技术平均去除效率

该企业颗粒物治理技术采用袋式除尘工艺，查询相应组合内该工艺的平均去除效率为 99.84%。

②计算污染治理设施实际运行率

根据产污系数组合查询结果，该组合中颗粒物对应的污染治理设施实际运行率为

$$k=1-T_{废气治理设施非正常运行时间}/T_{废气产生设备生产运行时间}=1-5/3500=0.9986$$

③计算颗粒物去除量

颗粒物去除量=11546229.2 千克×99.84%×0.9986=11511616.4 千克

（3）颗粒物排放量计算

颗粒物排放量=11546229.2 千克−11511616.4 千克=34612.8 千克

4.2 工段 2 的排放量计算

（1）锰产生量计算

①查找产污系数及其计量单位

根据企业基本信息，查找本手册中主要产品为金属锰，主要原料为锰矿粉，主要工艺为电解法-重铬酸钾钝化，生产规模为≥3 万吨/年。该组合锰的产污系数为 3.79，单位为千克/吨-产品。

②获取企业产品产量

该企业实际情况为：该工段主要产品金属锰 2017 年产量为 25960 吨。

③计算锰产生量

由于查询到的组合中，锰产污系数的单位为千克/吨-产品，因此在核算产生量时采用产品产量。

锰产生量=锰产污系数×产品（金属锰）产量

=3.79 千克/吨-产品×25960 吨-产品

= 98388.4 千克

（2）锰去除量计算

①查找治理技术平均去除效率

该企业锰治理技术采用“氧化还原法+化学沉淀法+物理处理法（吹脱法）”工艺，查询相应组合内该工艺的平均去除效率为 99.98%。

②计算污染治理设施实际运行率

根据产污系数组合查询结果，该组合中锰对应的污染治理设施实际运行率为

$$k=1-T_{\text{废水铬锰治理设施非正常运行时间}}/T_{\text{废水铬锰治理设施运行时间}}=1-20/16000=0.9988$$

③计算锰去除量

锰去除量=98388.4 千克×99.98%×0.9988=98250.7 千克

（3）锰排放量计算

锰排放量=98388.4 千克−98250.7 千克=137.7 千克

4.3 颗粒物、锰总排放量计算

颗粒物总排放量=工段 1 排放量+工段 2 排放量

=34612.8 千克+0=34612.8 千克

锰总排放量=工段 1 排放量+工段 2 排放量

=0+137.7 千克=137.7 千克

5 系数表

3140 电解锰行业系数表

工段名称	产品名称	原料名称	工艺名称	规模等级	污染物类别	污染物指标	系数单位	产污系数	末端治理技术	末端治理技术平均去除效率/%	参考 k 值计算公式[1]
制粉	锰矿粉	锰矿	雷蒙磨	所有规模	废气	工业废气量	标米^3/吨-产品	2133	—	—	—
						颗粒物	千克/吨-产品	59.1	袋式除尘	99.92	$k=1-T_{废气治理设施非正常运行时间}$（小时）/ $T_{废气产生设备生产运行时间}$（小时）
			球磨	所有规模	废气	工业废气量	标米^3/吨-产品	2066	—	—	—
						颗粒物	千克/吨-产品	57.4	袋式除尘	99.87	$k=1-T_{废气治理设施非正常运行时间}$（小时）/ $T_{废气产生设备生产运行时间}$（小时）
			立磨	所有规模	废气	工业废气量	标米^3/吨-产品	2026	—	—	—
						颗粒物	千克/吨-产品	56.3	袋式除尘	99.84	$k=1-T_{废气治理设施非正常运行时间}$（小时）/ $T_{废气产生设备生产运行时间}$（小时）
			辊磨	所有规模	废气	工业废气量	标米^3/吨-产品	1358	—	—	—
						颗粒物	千克/吨-产品	37.7	袋式除尘	99.91	$k=1-T_{废气治理设施非正常运行时间}$（小时）/ $T_{废气产生设备生产运行时间}$（小时）
制液电解	金属锰	锰矿粉	电解法-重铬酸钾钝化	≥3 万吨	废水	工业废水量	吨/吨-产品	1.27	—	—	—
						化学需氧量	千克/吨-产品	0.156	氧化还原法+化学沉淀法	44	$k=1-T_{废水铬锰治理设施非正常运行时间}$（小时）/ $T_{废水铬锰治理设施运行时间}$（小时）
									氧化还原法+化学沉淀法+物理处理法（吹脱法）	58	
									氧化还原法+膜分离	99	
						氨氮	千克/吨-产品	1.55	氧化还原法+化学沉淀法	80	$k=1-T_{废水氨氮治理设施非正常运行时间}$（小时）/ $T_{废水氨氮治理设施运行时间}$（小时）
									氧化还原法+化学沉淀法+物理处理法（吹脱法）	99.2	
									氧化还原法+膜分离	99.6	

[1] 该公式仅供参考，使用时，可根据 k 值定义，选取更适合企业实际情况的表达方式。

3140 电解锰行业系数表（续表 1）

工段名称	产品名称	原料名称	工艺名称	规模等级	污染物类别	污染物指标	系数单位	产污系数	末端治理技术	末端治理技术平均去除效率/%	参考 k 值计算公式
制液电解	金属锰	锰矿粉	电解法-重铬酸钾钝化	≥3 万吨	废水	总氮	千克/吨-产品	2.98	氧化还原法+化学沉淀法	95.6	k=1−$T_{废水铬锰治理设施非正常运行时间}$（小时）/$T_{废水铬锰治理设施运行时间}$（小时）
									氧化还原法+化学沉淀法+物理处理法（吹脱法）	96.5	
									氧化还原法+膜分离	99.9	
						总磷	克/吨-产品	11.2	氧化还原法+化学沉淀法	83	k=1−$T_{废水铬锰治理设施非正常运行时间}$（小时）/$T_{废水铬锰治理设施运行时间}$（小时）
									氧化还原法+化学沉淀法+物理处理法（吹脱法）	97.2	
									氧化还原法+膜分离	99.4	
						总铬	克/吨-产品	36.2	氧化还原法+化学沉淀法	99.0	k=1−$T_{废水铬锰治理设施非正常运行时间}$（小时）/$T_{废水铬锰治理设施运行时间}$（小时）
									氧化还原法+化学沉淀法+物理处理法（吹脱法）	99.8	
									氧化还原法+膜分离	99.4	
						六价铬	克/吨-产品	24.8	氧化还原法+化学沉淀法	99.9	k=1−$T_{废水铬锰治理设施非正常运行时间}$（小时）/$T_{废水铬锰治理设施运行时间}$（小时）
									氧化还原法+化学沉淀法+物理处理法（吹脱法）	99.9	
									氧化还原法+膜分离	99.8	
						锰	千克/吨-产品	3.79	氧化还原法+化学沉淀法	99.97	k=1−$T_{废水铬锰治理设施非正常运行时间}$（小时）/$T_{废水铬锰治理设施运行时间}$（小时）
									氧化还原法+化学沉淀法+物理处理法（吹脱法）	99.98	
									氧化还原法+膜分离	99.99	
					废气	工业废气量	标米^3/吨-产品	3477	—	—	—
						硫酸雾	克/吨-产品	57.8	吸收法	80	k=1−$T_{废气治理设施非正常运行时间}$（小时）/$T_{废气产生设备生产运行时间}$（小时）
						氨	克/吨-产品	47.3	无组织	—	—
					固废	锰渣	吨/吨-锰	（锰矿消耗量−0.03×金属锰产量）/（1−25%）	—	—	—
						阳极泥	千克/吨-锰	70	—	—	—
						含铬污泥	千克/吨-锰	1.4	—	—	—

3140 电解锰行业系数表（续表 2）

工段名称	产品名称	原料名称	工艺名称	规模等级	污染物类别	污染物指标	系数单位	产污系数	末端治理技术	末端治理技术平均去除效率/%	参考 k 值计算公式
制液电解	金属锰	锰矿粉	电解法-重铬酸钾钝化	<3 万吨	废水	工业废水量	吨/吨-产品	1.85	—	—	—
						化学需氧量	千克/吨-产品	0.407	氧化还原法+化学沉淀法	49	$k=1-T_{\text{废水铬锰治理设施非正常运行时间}}$（小时）/ $T_{\text{废水铬锰治理设施运行时间}}$（小时）
									氧化还原法+化学沉淀法+物理处理法（吹脱法）	77	
						氨氮	千克/吨-产品	2.07	氧化还原法+化学沉淀法	69	$k=1-T_{\text{废水氨氮治理设施非正常运行时间}}$（小时）/ $T_{\text{废水氨氮治理设施运行时间}}$（小时）
									氧化还原法+化学沉淀法+物理处理法（吹脱法）	96.6	
						总氮	千克/吨-产品	3.37	氧化还原法+化学沉淀法	96.5	$k=1-T_{\text{废水铬锰治理设施非正常运行时间}}$（小时）/ $T_{\text{废水铬锰治理设施运行时间}}$（小时）
									氧化还原法+化学沉淀法+物理处理法（吹脱法）	97.8	
						总磷	克/吨-产品	12.3	氧化还原法+化学沉淀法	83	$k=1-T_{\text{废水铬锰治理设施非正常运行时间}}$（小时）/ $T_{\text{废水铬锰治理设施运行时间}}$（小时）
									氧化还原法+化学沉淀法+物理处理法（吹脱法）	97	
						总铬	克/吨-产品	223	氧化还原法+化学沉淀法	99.4	$k=1-T_{\text{废水铬锰治理设施非正常运行时间}}$（小时）/ $T_{\text{废水铬锰治理设施运行时间}}$（小时）
									氧化还原法+化学沉淀法+物理处理法（吹脱法）	99.8	
						六价铬	克/吨-产品	173	氧化还原法+化学沉淀法	99.9	$k=1-T_{\text{废水铬锰治理设施非正常运行时间}}$（小时）/ $T_{\text{废水铬锰治理设施运行时间}}$（小时）
									氧化还原法+化学沉淀法+物理处理法（吹脱法）	99.9	
						锰	千克/吨-产品	4.56	氧化还原法+化学沉淀法	99.99	$k=1-T_{\text{废水铬锰治理设施非正常运行时间}}$（小时）/ $T_{\text{废水铬锰治理设施运行时间}}$（小时）
									氧化还原法+化学沉淀法+物理处理法（吹脱法）	99.98	
					废气	工业废气量	标米 ^{3}/吨-产品	4043	—	—	—
						硫酸雾	克/吨-产品	73.2	吸收法	77	$k=1-T_{\text{废气治理设施非正常运行时间}}$（小时）/ $T_{\text{废气产生设备生产运行时间}}$（小时）
						氨	克/吨-产品	47.3	无组织	—	—
					固废	锰渣	吨/吨-锰	（锰矿消耗量−0.03×金属锰产量）/（1−25%）	—	—	—
						阳极泥	千克/吨-锰	70	—	—	—
						含铬污泥	千克/吨-锰	1.4	—	—	—

3140 电解锰行业系数表（续表 3）

工段名称	产品名称	原料名称	工艺名称	规模等级	污染物类别	污染物指标	系数单位	产污系数	末端治理技术	末端治理技术平均去除效率/%	参考 k 值计算公式
制液电解	金属锰	锰矿粉	电解法-无铬钝化剂钝化	≥3 万吨	废水	工业废水量	吨/吨-产品	1.61	—	—	—
						化学需氧量	千克/吨-产品	0.256	氧化还原法+化学沉淀法	47	$k=1-T_{\text{废水铬锰治理设施非正常运行时间}}$（小时）/ $T_{\text{废水铬锰治理设施运行时间}}$（小时）
									氧化还原法+化学沉淀法+物理处理法（吹脱法）	77	
									氧化还原法+膜分离	99	
						氨氮	千克/吨-产品	1.87	氧化还原法+化学沉淀法	75	$k=1-T_{\text{废水氨氮治理设施非正常运行时间}}$（小时）/ $T_{\text{废水氨氮治理设施运行时间}}$（小时）
									氧化还原法+化学沉淀法+物理处理法（吹脱法）	97.9	
									氧化还原法+膜分离	99.6	
						总氮	千克/吨-产品	3.70	氧化还原法+化学沉淀法	95.6	$k=1-T_{\text{废水铬锰治理设施非正常运行时间}}$（小时）/ $T_{\text{废水铬锰治理设施运行时间}}$（小时）
									氧化还原法+化学沉淀法+物理处理法（吹脱法）	96.5	
									氧化还原法+膜分离	99.9	
						总磷	克/吨-产品	10.6	氧化还原法+化学沉淀法	83	$k=1-T_{\text{废水铬锰治理设施非正常运行时间}}$（小时）/ $T_{\text{废水铬锰治理设施运行时间}}$（小时）
									氧化还原法+化学沉淀法+物理处理法（吹脱法）	98.5	
									氧化还原法+膜分离	99.4	
						总铬	克/吨-产品	1.40	氧化还原法+化学沉淀法	77	$k=1-T_{\text{废水铬锰治理设施非正常运行时间}}$（小时）/ $T_{\text{废水铬锰治理设施运行时间}}$（小时）
									氧化还原法+化学沉淀法+物理处理法（吹脱法）	78	
									氧化还原法+膜分离	99.4	
						六价铬	克/吨-产品	0.110	氧化还原法+化学沉淀法	89	$k=1-T_{\text{废水氨氮治理设施非正常运行时间}}$（小时）/ $T_{\text{废水氨氮治理设施运行时间}}$（小时）
									氧化还原法+化学沉淀法+物理处理法（吹脱法）	89	
									氧化还原法+膜分离	99.8	
						锰	千克/吨-产品	2.35	氧化还原法+化学沉淀法	99.97	$k=1-T_{\text{废水铬锰治理设施非正常运行时间}}$（小时）/ $T_{\text{废水铬锰治理设施运行时间}}$（小时）
									氧化还原法+化学沉淀法+物理处理法（吹脱法）	99.98	
									氧化还原法+膜分离	99.99	
					废气	工业废气量	标米 ^{3}/吨-产品	3477	—	—	—
						硫酸雾	克/吨-产品	57.8	吸收法	80	$k=1-T_{\text{废气治理设施非正常运行时间}}$（小时）/ $T_{\text{废气产生设备生产运行时间}}$（小时）
						氨	克/吨-产品	47.3	无组织	—	—
					固废	锰渣	吨/吨-锰	（锰矿消耗量−0.03×金属锰产量）/（1−25%）	—	—	—
						阳极泥	千克/吨-锰	70	—	—	—

3140 电解锰行业系数表（续表 4）

工段名称	产品名称	原料名称	工艺名称	规模等级	污染物类别	污染物指标	系数单位	产污系数	末端治理技术	末端治理技术平均去除效率/%	参考 k 值计算公式
制液电解	金属锰	锰矿粉	电解法-无铬钝化剂钝化	<3 万吨	废水	工业废水量	吨/吨-产品	1.85	—	—	—
						化学需氧量	千克/吨-产品	0.407	氧化还原法+化学沉淀法	49	$k=1-T_{废水铬锰治理设施非正常运行时间}$（小时）/ $T_{废水铬锰治理设施运行时间}$（小时）
									氧化还原法+化学沉淀法+物理处理法（吹脱法）	77	
						氨氮	千克/吨-产品	2.07	氧化还原法+化学沉淀法	69	$k=1-T_{废水氨氮治理设施非正常运行时间}$（小时）/ $T_{废水氨氮治理设施运行时间}$（小时）
									氧化还原法+化学沉淀法+物理处理法（吹脱法）	96.6	
						总氮	千克/吨-产品	3.37	氧化还原法+化学沉淀法	96.5	$k=1-T_{废水铬锰治理设施非正常运行时间}$（小时）/ $T_{废水铬锰治理设施运行时间}$（小时）
									氧化还原法+化学沉淀法+物理处理法（吹脱法）	97.8	
						总磷	克/吨-产品	12.3	氧化还原法+化学沉淀法	83	$k=1-T_{废水铬锰治理设施非正常运行时间}$（小时）/ $T_{废水铬锰治理设施运行时间}$（小时）
									氧化还原法+化学沉淀法+物理处理法（吹脱法）	96.8	
						总铬	克/吨-产品	1.40	氧化还原法+化学沉淀法	77	$k=1-T_{废水铬锰治理设施非正常运行时间}$（小时）/ $T_{废水铬锰治理设施运行时间}$（小时）
									氧化还原法+化学沉淀法+物理处理法（吹脱法）	78	
						六价铬	克/吨-产品	0.110	氧化还原法+化学沉淀法	89	$k=1-T_{废水铬锰治理设施非正常运行时间}$（小时）/ $T_{废水铬锰治理设施运行时间}$（小时）
									氧化还原法+化学沉淀法+物理处理法（吹脱法）	89	
						锰	千克/吨-产品	4.56	氧化还原法+化学沉淀法	99.99	$k=1-T_{废水铬锰治理设施非正常运行时间}$（小时）/ $T_{废水铬锰治理设施运行时间}$（小时）
									氧化还原法+化学沉淀法+物理处理法（吹脱法）	99.98	
					废气	工业废气量	标米 ^{3}/吨-产品	4043	—	—	—
						硫酸雾	克/吨-产品	73.2	吸收法	77	$k=1-T_{废气治理设施非正常运行时间}$（小时）/ $T_{废气产生设备生产运行时间}$（小时）
						氨	克/吨-产品	47.3	无组织	—	—
					固废	锰渣	吨/吨-锰	（锰矿消耗量−0.03×金属锰产量）/（1−25%）	—	—	—
						阳极泥	千克/吨-锰	70	—	—	—
锰制品	金属锰粉	金属锰	磨粉	所有规模	废气	工业废气量	标米 ^{3}/吨-产品	9747	—	—	—
						颗粒物	千克/吨-产品	14.8	袋式除尘	99	$k=1-T_{废气治理设施非正常运行时间}$（小时）/ $T_{废气产生设备生产运行时间}$（小时）

32

有色金属冶炼和压延加工业

3211 铜冶炼业

1 适用范围

本手册仅用于《国民经济行业分类》（GB/T 4754—2017）中 3211 铜冶炼行业使用系数法核算工业污染物产生量和排放量的工业企业。

利用本手册进行产排污核算得出的污染物产生量与排放量仅代表了特定行业、工艺、产品、原料在正常工况下污染物产生与排放的一般规律。

本行业废水指标包括工业废水量、化学需氧量、氨氮、总氮、总磷、总铅、总砷、总汞、总铬、总镉、总铜。废气指标包括工业废气量、二氧化硫、氮氧化物、颗粒物。其中原生铜冶炼行业企业废气污染物不含铬及其化合物，再生铜冶炼行业企业废气污染物不含汞及其化合物；固废指标包括一般固废和危险废物。

2 注意事项

2.1 企业有多种生产工艺或生产多类产品产排污量核算

废水指标和废气指标的产生量与产品产量有关，根据不同核算环节计算产污量后，再根据企业末端治理设施和运行情况计算各污染物的排放量。

企业某污染物指标的产生量、排放量为各核算环节产生量、排放量之和。

在企业实际排放量计算过程中，如果存在废水回用的情况，需要在利用产排污核算公式的基础上扣除废水回用的部分。公式如下：

实际排放量=计算排放量×（1–废水回用率）

2.2 采用多种治理设施组合处理企业的排污量核算

在排污量计算选择末端治理技术时，若没有对应的组合治理技术，以主要治理技术为准。

2.3 系数表中未涉及的产污系数及污染治理效率

对于本手册未涵盖的末端治理技术，选择处理原理或处理效率最相近的治理技术。

2.4 其他需要说明的问题

（1）冶炼企业工业废气量为各烟囱（排气筒）所排放废气量之和。

（2）对于同时使用铜精矿和杂铜为原料的企业，应分别根据不同原料产出的产品产量，按照对应的系数组合核算出污染物产排污量，二者加和即为企业污染物产排污量。

（3）由于不同企业工业废气量、废水量差异较大，本手册所提供的工业废气量、废水量系数仅

供参考。

（4）为体现相同产污水平条件下，采用相同环保治理设施的不同企业对同一污染物去除效果的差异，引入末端治理设施实际运行率（k）对污染治理技术的实际去除率进行修正。k 值反映的是污染治理设施运行的状态，越稳定运行，k 值越高；在取值上，若定义连续稳定运行的理想状态为 1，则 k 取值在 0～1 之间。

本手册给出本行业的 k 计算公式仅供参考，使用时，可根据 k 值定义，选取更适合企业实际情况的表达方式。

3 污染物排放量核算方法

针对企业实际生产情况，本行业在系数制定过程中将企业全生产流程划分或拆分为若干工段（核算环节），在核算企业污染物产排量时，可灵活选择本企业对应的工段进行核算。

3.1 计算工段污染物产生量

（1）根据产品、原料、污染物产生的主导生产工艺、企业规模（生产产能）这一组合查找和确定所对应的某一污染物的产污系数。

（2）根据该污染物的产污系数计量单位——单位产品产量，获取企业实际产品产量。

例如，某组合内化学需氧量的产污系数单位为千克/吨-产品，则计算产生量时需要获取企业实际产品产量。

（3）污染物产生量按以下公式进行计算：

污染物产生量=污染物对应的产污系数×产品产量

$$G_{产i} = P_{产i} \times M_i$$

式中，$G_{产i}$——工段 i 某污染物的产生量；

$P_{产i}$——工段 i 某污染物对应的产污系数；

M_i——工段 i 的产品产量。

3.2 计算工段污染物去除量

（1）根据企业对某一污染物所采用的治理技术查找和选择相应的治理技术平均去除效率。

（2）根据所填报的污染治理设施实际运行率参数及其计算公式得出该企业某一污染物的治理设施实际运行率（k 值）。

（3）污染物去除量按以下公式进行计算：

污染物去除量=污染物产生量×污染物去除率

=污染物产生量×治理技术平均去除效率×治理设施实际运行率

$$R_{减i} = G_{产i} \times \eta_T \times k_T$$

式中，$R_{减i}$——工段 i 某污染物的去除量；

η_T——工段 i 某污染物采用的末端治理技术的平均去除效率；

k_T——工段 i 某污染物采用的末端治理设施的实际运行率。

3.3 计算工段污染物排放量

污染物排放量=污染物产生量–污染物去除量

=污染物对应的产污系数×产品产量–污染物产生量×治理技术平均去除效率×治理设施实际运行率

3.4 计算企业污染物排放量

同一企业某污染物全年的产生（排放）总量为该企业同年实际生产的全部工段、产品、原料、规模污染物产生（排放）量之和。

$$
\begin{aligned}
E_{排} &= G_{产} - R_{减} = \sum (G_{产i} - R_{减i}) \\
&= \sum \left[P_{产i} \times M_i (1 - \eta_T \times k_T) \right]
\end{aligned}
$$

4 污染物排放量核算案例

如某铜冶炼企业主要以铜精矿为原料，生产工艺采用“熔池熔炼+PS 转炉吹炼+烟气制酸”，年产阳极铜 12 万吨。该企业废气中颗粒物的污染治理技术采用布袋除尘；废水中化学需氧量的治理技术采用化学混凝，工业废水回用率为 80%。

本核算示例以废气中颗粒物和废水中化学需氧量为例，说明该企业污染物排放量的计算方法。

4.1 污染物产生量计算

（1）查找产污系数及其计量单位

根据企业基本信息，查找本手册中主要产品为阳极铜，主要原料为铜精矿，主要工艺为“熔池熔炼+PS 转炉吹炼+烟气制酸”，生产规模为年产量 12 万吨。该组合颗粒物的产污系数为 26.78，单位为千克/吨-产品；化学需氧量的产污系数为 622，单位为克/吨-产品。

（2）获取企业产品产量

该企业实际情况为：主要产品阳极铜 2017 年产量为 12 万吨。

（3）计算污染物产生量

颗粒物产生量=颗粒物产污系数×产品（阳极铜）产量

=26.78 千克/吨-产品×120000 吨-产品÷ 1000=3213.6 吨

化学需氧量产生量=化学需氧量产污系数×产品（阳极铜）产量

=622 克/吨-产品×120000 吨-产品÷1000000=74.64 吨

4.2 污染物排放量计算

（1）查找治理技术平均去除效率

该企业颗粒物治理技术采用电袋除尘，查询相应组合内该工艺的平均去除效率为 99%；化学需氧量治理技术采用化学絮凝，查询相应组合内该工艺的平均去除效率为 70%。

（2）计算污染治理设施实际运行率

根据查询结果，污染治理设施实际运行率为

$$k=\text{污染治理设施运行时间/企业正常生产时间}$$

获取企业实际填报情况如下：该企业 2017 年除尘设施和废水治理设施运行时间为 7920 小时，企业正常生产时间为 7920 小时。

该企业的布袋除尘设施以及废水治理设施实际运行率为

$$k=7920\text{ 小时}/7920\text{ 小时}=1$$

（3）计算污染物排放量

废气污染物的计算：

$$\text{污染物年排放量}=\text{污染物年产生量}\times（1-\text{末端治理技术去除效率}\times k）$$

$$\text{颗粒物排放量}=3213.6\text{ 吨}\times（1-99\%\times1）=32.14\text{ 吨}$$

废水污染物的计算：

$$\text{污染物年排放量}=\text{污染物年产生量}\times（1-\text{末端治理技术平均去除效率}\times k）\times（1-\text{废水回用率}）$$

$$\text{化学需氧量排放量}=74.64\text{ 吨}\times（1-70\%\times1）\times（1-80\%）=4.48\text{ 吨}$$

5 系数表

3211 铜冶炼行业系数表

工段名称	产品名称	原料名称	工艺名称	规模等级	污染物类别	污染物指标	系数单位	产污系数	末端治理技术	末端治理技术平均去除效率/%	参考 k 值计算公式[1]
熔炼+吹炼+精炼+制酸	阳极铜	铜精矿	闪速熔炼+连续吹炼	所有规模	废水	工业废水量	吨/吨-产品	9.24	—	0	—
						化学需氧量	克/吨-产品	924	化学混凝	70	k=废水治理设施运行时间（小时/年）/企业正常生产时间（小时/年）
						氨氮	克/吨-产品	13.20	生化处理法	30	
						总磷	克/吨-产品	10.56	生化处理法	30	
						总氮	克/吨-产品	132	生化处理法	30	
						铅	克/吨-产品	14.78	化学混凝+沉淀分离	95	
						砷	克/吨-产品	1.85	化学混凝+沉淀分离	95	
						汞	克/吨-产品	0.071	化学混凝+沉淀分离	95	
						镉	克/吨-产品	5.54	化学混凝+沉淀分离	95	
						铜	克/吨-产品	18.48	化学混凝+沉淀分离	95	
						铬	克/吨-产品	0.37	化学混凝+沉淀分离	95	
					废气	工业废气量	标米 ^{3}/吨-产品	21955	—	0	—
						颗粒物	千克/吨-产品	30.74	电袋组合	99	k=废气治理设施运行时间（小时/年）/企业正常生产时间（小时/年）
									湿式除雾	98	
						二氧化硫	千克/吨-产品	27.07	石灰/石膏法	90	
									氨法	90	
									双氧水脱硫	90	
									双碱法	90	
						氮氧化物	千克/吨-产品	1.76	—	0	—
					固废	一般工业固废	吨/吨-产品	3.11	—	—	—
						危险废物	吨/吨-产品	0.083	—	—	—

[1] 该公式仅供参考，使用时，可根据 k 值定义，选取更适合企业实际情况的表达方式。

3211 铜冶炼行业系数表（续表 1）

工段名称	产品名称	原料名称	工艺名称	规模等级	污染物类别	污染物指标	系数单位	产污系数	末端治理技术	末端治理技术平均去除效率/%	参考 k 值计算公式
熔炼+吹炼+精炼+制酸	阳极铜	铜精矿	闪速熔炼+PS 转炉吹炼	所有规模	废水	工业废水量	吨/吨-产品	7.90	—	0	—
						化学需氧量	克/吨-产品	638	化学混凝	70	k=废水治理设施运行时间（小时/年）/企业正常生产时间（小时/年）
						氨氮	克/吨-产品	25.20	生化处理法	30	
						总磷	克/吨-产品	2.70	生化处理法	30	
						总氮	克/吨-产品	83.90	生化处理法	30	
						铅	克/吨-产品	8.50	化学混凝+沉淀分离	95	
						砷	克/吨-产品	7.00	化学混凝+沉淀分离	95	
						汞	克/吨-产品	0.020	化学混凝+沉淀分离	95	
						镉	克/吨-产品	1.68	化学混凝+沉淀分离	95	
						铜	克/吨-产品	10.30	化学混凝+沉淀分离	95	
						铬	克/吨-产品	0.53	化学混凝+沉淀分离	95	
					废气	工业废气量	标米 ^{3}/吨-产品	23120	—	0	—
						颗粒物	千克/吨-产品	25.80	电袋组合	99	k=废气治理设施运行时间（小时/年）/企业正常生产时间（小时/年）
									湿式除雾	98	
						二氧化硫	千克/吨-产品	26.40	石灰/石膏法	90	
									氨法	90	
									双氧水脱硫	90	
									双碱法	90	
						氮氧化物	千克/吨-产品	1.52	—	0	—
					固废	一般工业固废	吨/吨-产品	2.85	—	—	—
						危险废物	吨/吨-产品	0.080	—	—	—

3211 铜冶炼行业系数表（续表 2）

工段名称	产品名称	原料名称	工艺名称	规模等级	污染物类别	污染物指标	系数单位	产污系数	末端治理技术	末端治理技术平均去除效率/%	参考 k 值计算公式
熔炼+吹炼+精炼+制酸	阳极铜	铜精矿	熔池熔炼+连续吹炼	所有规模	废水	工业废水量	吨/吨-产品	9.50	—	0	—
						化学需氧量	克/吨-产品	940	化学混凝	70	k=废水治理设施运行时间（小时/年）/企业正常生产时间（小时/年）
						氨氮	克/吨-产品	29.95	生化处理法	30	
						总磷	克/吨-产品	4.29	生化处理法	30	
						总氮	克/吨-产品	90.10	生化处理法	30	
						铅	克/吨-产品	9.030	化学混凝+沉淀分离	95	
						砷	克/吨-产品	9.94	化学混凝+沉淀分离	95	
						汞	克/吨-产品	0.15	化学混凝+沉淀分离	95	
						镉	克/吨-产品	2.03	化学混凝+沉淀分离	95	
						铜	克/吨-产品	20.30	化学混凝+沉淀分离	95	
						铬	克/吨-产品	0.74	化学混凝+沉淀分离	95	
					废气	工业废气量	标米^3/吨-产品	25899	—	0	—
						颗粒物	千克/吨-产品	26.19	电袋组合	99	k=废气治理设施运行时间（小时/年）/企业正常生产时间（小时/年）
									湿式除雾	98	
						二氧化硫	千克/吨-产品	33.52	石灰/石膏法	90	
									氨法	90	
									双氧水脱硫	90	
									双碱法	90	
						氮氧化物	千克/吨-产品	1.54	—	0	—
					固废	一般工业固废	吨/吨-产品	3.25	—	—	—
						危险废物	吨/吨-产品	0.060	—	—	—

3211 铜冶炼行业系数表（续表 3）

工段名称	产品名称	原料名称	工艺名称	规模等级	污染物类别	污染物指标	系数单位	产污系数	末端治理技术	末端治理技术平均去除效率/%	参考 *k* 值计算公式
熔炼+吹炼+精炼+制酸	阳极铜	铜精矿	熔池熔炼+PS 转炉吹炼	所有规模	废水	废水量	吨/吨-产品	7.20	—	0	—
						化学需氧量	克/吨-产品	622	化学混凝	70	*k*=废水治理设施运行时间（小时/年）/企业正常生产时间（小时/年）
						氨氮	克/吨-产品	23.40	生化处理法	30	
						总磷	克/吨-产品	3.27	生化处理法	30	
						总氮	克/吨-产品	70.50	生化处理法	30	
						铅	克/吨-产品	6.71	化学混凝+沉淀分离	95	
						砷	克/吨-产品	10.16	化学混凝+沉淀分离	95	
						汞	克/吨-产品	0.12	化学混凝+沉淀分离	95	
						镉	克/吨-产品	1.51	化学混凝+沉淀分离	95	
						铜	克/吨-产品	15.11	化学混凝+沉淀分离	95	
						铬	克/吨-产品	0.60	化学混凝+沉淀分离	95	
					废气	工业废气量	标米 ^{3}/吨-产品	29178	—	0	—
						颗粒物	千克/吨-产品	26.78	电袋组合	99	*k*=废气治理设施运行时间（小时/年）/企业正常生产时间（小时/年）
									湿式除雾	98	
						二氧化硫	千克/吨-产品	37.60	石灰/石膏法	90	
									氨法	90	
									双氧水脱硫	90	
									双碱法	90	
						氮氧化物	千克/吨-产品	2.32	—	0	—
					固废	一般工业固废	吨/吨-产品	3.20	—	—	—
						危险废物	吨/吨-产品	0.098	—	—	—

3211 铜冶炼行业系数表（续表 4）

工段名称	产品名称	原料名称	工艺名称	规模等级	污染物类别	污染物指标	系数单位	产污系数	末端治理技术	末端治理技术平均去除效率/%	参考 k 值计算公式
精炼	阳极铜	粗铜	阳极炉精炼	所有规模	废气	工业废气量	标米 ^{3}/吨-产品	1150	—	0	—
						颗粒物	千克/吨-产品	0.070	电袋组合	99	k=废气治理设施运行时间（小时/年）/企业正常生产时间（小时/年）
									湿式除雾	98	
						二氧化硫	千克/吨-产品	0.56	石灰/石膏法	90	
									氨法	90	
									双氧水脱硫	90	
									双碱法	90	
						氮氧化物	千克/吨-产品	0.21	—	0	
火法熔炼	粗铜	废杂铜（低品位杂铜）	火法熔炼	所有规模	废水	工业废水量	吨/吨-产品	0.40	—	0	
						化学需氧量	克/吨-产品	37.32	生化处理法	70	
						氨氮	克/吨-产品	3.99		90	
						总磷	克/吨-产品	5		90	
						总氮	克/吨-产品	132		90	
						铅	克/吨-产品	0.028	物理化学法	95	
						砷	克/吨-产品	0.048		95	
						汞	克/吨-产品	0.029		95	
						镉	克/吨-产品	0.0060		95	
						铬	克/吨-产品	0.63		95	
						铜	克/吨-产品	0.0028		95	
					废气	工业废气量	标米 ^{3}/吨-产品	10897	—	0	—
						颗粒物	千克/吨-产品	31.07	布袋除尘	98	k=废气治理设施运行时间（小时/年）/企业正常生产时间（小时/年）
						二氧化硫	千克/吨-产品	9.82	石灰/石膏法	90	
									氨法	90	
									双氧水脱硫	90	
									双碱法	90	
						氮氧化物	千克/吨-产品	0.69	—	0	—

3211 铜冶炼行业系数表（续表 5）

工段名称	产品名称	原料名称	工艺名称	规模等级	污染物类别	污染物指标	系数单位	产污系数	末端治理技术	末端治理技术平均去除效率/%	参考 k 值计算公式
火法精炼	阳极铜	废杂铜（高品位杂铜）	一段法（火法精炼）	所有规模	废水	工业废水量	吨/吨-产品	0.17	—	0	—
						化学需氧量	克/吨-产品	37.30	生化处理法		k=废水治理设施运行时间（小时/年）/企业正常生产时间（小时/年）
						氨氮	克/吨-产品	3.99		90	
						总磷	克/吨-产品	5		90	
						氮	克/吨-产品	132		90	
						铅	克/吨-产品	0.028	物理化学法	95	
						砷	克/吨-产品	0.048		95	
						汞	克/吨-产品	0.029		95	
						镉	克/吨-产品	0.0060		95	
						铬	克/吨-产品	0.63		95	
						铜	克/吨-产品	0.0028		95	
					废气	工业废气量	标米^3/吨-产品	9500	—	0	—
						颗粒物	千克/吨-产品	16.72	布袋除尘	98	k=废气治理设施运行时间（小时/年）/企业正常生产时间（小时/年）
						二氧化硫	千克/吨-产品	7.43	石灰/石膏法	90	
									氨法	90	
									双氧水脱硫		
									双碱法		
						氮氧化物	千克/吨-产品	1.15	—	—	—

3211 铜冶炼行业系数表（续表 6）

工段名称	产品名称	原料名称	工艺名称	规模等级	污染物类别	污染物指标	系数单位	产污系数	末端治理技术	末端治理技术平均去除效率/%	参考 k 值计算公式
火法熔炼	粗铜	含铜废料	火法熔炼	所有规模	废水	工业废水量	吨/吨-产品	7.59	—	0	—
						化学需氧量	克/吨-产品	1702	生化处理法	75	k=废水治理设施运行时间（小时/年）/企业正常生产时间（小时/年）
						氨氮	克/吨-产品	3.06		90	
						总磷	克/吨-产品	4.46		90	
						总氮	克/吨-产品	9.68		90	
						铅	克/吨-产品	0.0060	物理化学法	95	
						砷	克/吨-产品	0.31		95	
						汞	克/吨-产品	0.52		95	
						镉	克/吨-产品	5.42		95	
						铬	克/吨-产品	0.12		95	
						铜	克/吨-产品	140		95	
					废气	工业废气量	标米 ^{3}/吨-产品	10686	—	0	—
						颗粒物	千克/吨-产品	5.63	布袋除尘	98	k=废气治理设施运行时间（小时/年）/企业正常生产时间（小时/年）
						二氧化硫	千克/吨-产品	13.48	石灰/石膏法	90	
									氨法		
									双氧水脱硫		
									双碱法		
						氮氧化物	千克/吨-产品	0.68	—	0	—
电解	阴极铜	阳极铜	电解	所有规模	废气	工业废气量	标米 ^{3}/吨-产品	2415	—	0	—
堆浸-萃取	电积铜	铜矿石	堆浸-萃取-电积	所有规模	废水	工业废水量	吨/吨-产品	260	—	0	—
						化学需氧量	克/吨-产品	7863	物理化学法	30	k=废水治理设施运行时间（小时/年）/企业正常生产时间（小时/年）
						氨氮	克/吨-产品	1276		10	
						铅	克/吨-产品	4200		95	
						砷	克/吨-产品	10330		95	
						汞	克/吨-产品	2.70		95	
						镉	克/吨-产品	920		95	
						铜	克/吨-产品	15420		95	
						铬	克/吨-产品	5.50		95	

注：表中废气污染物类别中，铅、砷、汞、镉、铬等重金属包括其化合物形态；废水污染物类别中，铅、砷、汞、镉、铜、铬分别指总铅、总砷、总汞、总镉、总铜、总铬。

3212 铅锌冶炼业

1 适用范围

本手册仅用于《国民经济行业分类》（GB/T 4754—2017）中 3212 铅锌冶炼行业使用系数法核算工业污染物产生量和排放量的工业企业。

利用本手册进行产排污核算得出的污染物产生量与排放量仅代表了特定行业、工艺、产品、原料在正常工况下污染物产生与排放的一般规律。

本行业废气指标包括工业废气量、二氧化硫、氮氧化物、颗粒物；废水指标包括工业废水量、化学需氧量、氨氮、总磷、总氮、汞、镉、铅、砷；固废指标包括一般固体废物、危险废物。

2 注意事项

2.1 企业有多种生产工艺或生产多类产品产排污量核算

污染物产生量与工艺方法、产品产量等有关，根据不同核算环节计算产污量后，再根据企业末端治理设施和运行情况计算各污染物的排放量。

企业某污染物指标的产生量、排放量为各核算环节产生量、排放量之和。

在企业实际排放量计算过程中，如果存在废水回用的情况，需要在利用产排污核算公式的基础上扣除废水回用的部分。公式如下：

实际排放量=计算排放量×（1–废水回用率）

2.2 采用多种治理设施组合处理企业的排污量核算

在排污量计算选择末端治理技术时，若没有对应的组合治理技术，以主要治理技术为准。

2.3 系数表中未涉及的产污系数及污染治理效率

对于单独处理锌浸出渣的企业，其废水、废气产污系数可参照“锌焙砂、锌烟尘等含锌物料+氧化锌（次氧化锌）+烟化炉窑+所有规模”影响因素组合的系数手册。

2.4 其他需要说明的问题

（1）本手册各影响因素组合中涉及的富氧熔炼炉炉型包括底吹炉、侧吹炉、顶吹炉及密闭鼓风炉等炉型。

（2）铅锌冶炼企业同一影响因素组合对应多个污染物废气排放口，且不同排放口采用不同末端治理技术的情况下，核算污染物产生量和排放量时，可首先将所有主要排放口与一般排放口按照一定排放比例分配（表 1），各排放口再按照烟气量占比分配，最终将产污系数分配至每个排放口。根据各排放口末端治理技术核算各自污染物产排量，各排放口污染物产排量之和即为对应影响因素组合总的产排量。

表 1　主要排放口与一般排放口排放比例

序号	类别	污染物	主要排口总占比/%	一般排口总占比/%
1	铅冶炼	二氧化硫、氮氧化物	99	1
2		颗粒物	80	20
3	锌冶炼	二氧化硫、氮氧化物（湿法冶炼）	95	5
4		二氧化硫、氮氧化物（火法冶炼）	99	1
5		颗粒物	80	20

（3）本手册仅给出工业废气量、颗粒物、二氧化硫、氮氧化物等污染物有组织排放的产污系数，不涉及无组织排放。

（4）本手册铅锌冶炼过程中废气产污系数适用的产污节点为制酸之后，末端治理技术之前。

（5）本手册铅锌冶炼过程中废水产污系数适用的产污节点为综合废水处理站进口。

（6）本手册产污系数不涉及废旧铅酸蓄电池的破碎分离环节，原料中的铅膏属于废旧铅酸蓄电池破碎分离后的一种产品。

（7）本手册所指危险废物种类参照《国家危险废物名录》（2016 年版），手册中危险废物产污系数不包括直接回用到生产系统的中间物料。

（8）由于不同企业工业废气量、废水量、固废量差异较大，本手册所提供的工业废气量、废水量、固废量产污系数仅供参考。

为体现相同产污水平条件下，采用相同环保治理设施的不同企业对同一污染物去除效果的差异，引入末端治理设施实际运行率（k）对污染治理技术的实际去除率进行修正。k 值反映的是污染治理设施运行的状态，设备运行越稳定，k 值越高；在取值上，若定义连续稳定运行的理想状态为 1，则 k 取值在 0～1 之间。

本手册给出本行业的 k 计算公式仅供参考，使用时，可根据 k 值定义，选取更适合企业实际情况的表达方式。

3　污染物排放量核算方法

3.1　计算污染物产生量

（1）根据产品、原料、污染物产生的主导生产工艺、企业规模（生产产能）这一组合查找和确定所对应的某一污染物的产污系数。

（2）根据该污染物的产污系数计量单位——单位产品产量，获取企业实际产品产量。

例如，某组合内化学需氧量的产污系数单位为克/吨-产品，则计算产生量时需要获取企业实际产品产量。

（3）污染物产生量按以下公式进行计算：

$$污染物产生量=污染物对应的产污系数\times产品产量$$

$$G_{产i} = P_{产i} \times M_i$$

式中，$G_{产i}$——工段 i 某污染物的产生量；

$P_{产i}$——工段 i 某污染物对应的产污系数；

M_i——工段 i 的产品产量。

3.2 计算污染物去除量

（1）根据企业对某一污染物所采用的治理技术查找和选择相应的治理技术平均去除效率。

（2）根据所填报的污染治理设施实际运行率参数及其计算公式得出该企业某一污染物的治理设施实际运行率（k 值）。

（3）污染物去除量按以下公式进行计算：

污染物去除量=污染物产生量×污染物去除率 =污染物产生量× 治理技术平均去除效率×治理设施实际运行率

$$R_{减i} = G_{产i} \times \eta_T \times k_T$$

式中，$R_{减i}$——工段 i 某污染物的去除量；

η_T——工段 i 某污染物采用的末端治理技术的平均去除效率；

k_T——工段 i 某污染物采用的末端治理设施的实际运行率。

3.3 计算企业污染物排放量

同一企业某污染物全年的产生（排放）总量为该企业同年实际生产的全部工段、产品、原料、规模污染物产生（排放）量之和。

污染物排放量=污染物产生量–污染物去除量

$$\begin{aligned} E_{排} &= G_{产} - R_{减} = \sum(G_{产i} - R_{减i}) \\ &= \sum[P_{产i} \times M_i(1-\eta \times k)] \end{aligned}$$

式中，$E_{排}$——企业某污染物全年排放量；

$G_{产i}$——工段 i 对应的污染物产生量；

$R_{减i}$——工段 i 对应的污染物去除量；

M_i——工段 i 对应的产品产量。

若企业有废水回用，需要在利用产排污核算公式的基础上扣除废水回用的部分。公式如下：

实际排放量=计算排放量×（1–废水回用率）

4 污染物排放量核算案例

4.1 废气核算案例

某企业从事铅冶炼生产，以铅精矿为主要原料，采用“富氧熔炼-液态高铅渣还原炼铅”工艺，年生产 20.5 万吨粗铅。废气末端污染治理技术采用布袋除尘器-无覆膜技术，治理设施运行时间为

7920 小时，企业正常生产时间为 330 天（每天以 24 小时计），涉及的废气污染物主要为颗粒物、二氧化硫、氮氧化物。

下面以废气中颗粒物为例，说明该企业颗粒物排放量的计算方法，主要分为以下三个步骤。

（1）颗粒物产生量计算

该企业采用“富氧熔炼-液态高铅渣还原炼铅”工艺，主要原料为铅精矿，产品为粗铅，经查系数表，其对应影响因素组合的颗粒物产污系数为 111.639 千克/吨-产品。

企业年生产粗铅 20.5 万吨，可计算出颗粒物年产生量：

$$G_{产i}=P_{产i}\times M_i=111.639\text{千克/吨-产品}\times 205000\text{吨-产品}=22885.995\text{吨}$$

（2）颗粒物去除量计算

该企业废气末端污染治理措施采用布袋除尘器-无覆膜技术，其平均治理效率查“3212 铅锌冶炼行业系数表（废气）”为 99%，即 η=99%。

企业废气末端污染治理设施实际运行效率为

$$k=t/T=7920(\text{小时/年})/\left[330(\text{天/年})\times 24(\text{小时/天})\right]=1$$

颗粒物去除量：

$$\begin{aligned}R_{减i}&=G_{产i}\times\eta_T\times k_T\\&=22885.995\text{吨}\times 99\%\times 1\\&=22657.135\text{吨}\end{aligned}$$

（3）颗粒物排放量计算

$$\begin{aligned}E_{排}&=G_{产i}-R_{减i}\\&=22885.995\text{吨}-22657.135\text{吨}\\&=228.86\text{吨}\end{aligned}$$

4.2 废水核算案例

某企业从事铅冶炼生产，以铅精矿为主要原料，采用“富氧熔炼-液态高铅渣还原+精炼”工艺，年生产 16 万吨电解铅。废水末端污染治理技术采用“中和法+氧化还原法+化学沉淀法”，治理设施运行时间为 7920 小时，企业正常生产时间为 330 天，企业废水回用率为 85%，涉及的废水污染物主要为化学需氧量、氨氮、总磷、总氮、镉、铅、砷、汞。

下面以废水中化学需氧量为例，说明该企业化学需氧量排放量的计算方法，主要分为以下三个步骤。

（1）化学需氧量产生量计算

该企业使用“富氧熔炼-液态高铅渣还原+精炼”工艺，以铅精矿为原料，产品为电解铅。经查系数表，其对应影响因素组合的化学需氧量的产污系数为 407.726 克/吨-产品。

企业电解铅年产量为 16 万吨，可计算化学需氧量产生量：

$$\begin{aligned}G_{产i}&=P_{产i}\times M_i\\&=407.726\text{克/吨-产品}\times 160000\text{吨-产品}\\&=65.236\text{吨}\end{aligned}$$

（2）化学需氧量去除量计算

企业废水末端污染治理措施采用“中和法+氧化还原法+化学沉淀法”，其平均治理效率查系数表为 62%，即 η =62%。

企业废水末端污染治理设施实际运行效率为

$$k = t/T = 7920(\text{小时/年})/\left[330(\text{天/年}) \times 24(\text{小时/天})\right] = 1$$

化学需氧量去除量为

$$\begin{aligned} R_{\text{减}i} &= G_{\text{产}i} \times \eta_T \times k_T \\ &= 65.236\text{吨} \times 62\% \times 1 \\ &= 40.446\text{吨} \end{aligned}$$

（3）化学需氧量排放量计算

企业废水回用率为 85%，则化学需氧量实际排放量为

化学需氧量实际排放量 =（65.236 吨–40.446 吨）×（1–85%）

= 3.719 吨

4.3 固废核算案例

某企业从事铅冶炼生产，以铅精矿为主要原料，采用“富氧熔炼-液态高铅渣还原+精炼”工艺，年生产 10 万吨电解铅。涉及的固废为一般固废和危险废物。

下面以固废中的危险废物为例，说明该企业危险废物排放量的计算方法。

该企业主要工艺为“富氧熔炼-液态高铅渣还原+精炼工艺”，主要原料为铅精矿，主要产品为电解铅。经查系数表，其对应影响因素组合的危险废物的产污系数为 0.110 吨/吨-产品。

企业年生产电解铅 10 万吨，可计算出危险废物年产生量：

$$\begin{aligned} G_{\text{产}i} &= P_{\text{产}i} \times M_i \\ &= 0.110\text{吨/吨-产品} \times 100000\text{吨-产品} \\ &= 11000\text{吨} \end{aligned}$$

5 系数表

3212 铅锌冶炼行业系数表（废气）

工段名称	产品名称	原料名称	工艺名称	规模等级	污染物类别	污染物指标	系数单位	产污系数	末端治理技术	末端治理技术平均去除效率/%	参考 k 值计算公式[1]
—	粗铅	铅精矿	富氧熔炼-鼓风炉还原炼铅工艺	所有规模	废气	工业废气量	标米 ^{3}/吨-产品	32660	—	—	k=治理设施运行时间（小时/年）/企业正常生产时间（小时/年）
						颗粒物	千克/吨-产品	133.459	湿式除尘法（喷淋塔）	80	
									湿式除尘法（文丘里）	90	
									湿式除尘法（泡沫塔）	95	
									湿式除尘法（动力波）	99	
									过滤除尘法（布袋除尘器-覆膜）	99.5	
									过滤除尘法（布袋除尘器-无覆膜）	99	
									电除尘技术	99	
									旋风收尘	65	
									石灰/石灰石-石膏法、活性焦吸附法	50	
									有机溶液循环吸收法、金属氧化物吸收法、氨法吸收法、钠碱法、双氧水脱硫法	75	
						二氧化硫	千克/吨-产品	48.545	石灰/石灰石-石膏法	90	
									有机溶液循环吸收法	90	
									金属氧化物吸收法	90	
									活性焦吸附法	90	
									氨法吸收法	90	
									钠碱法	85	
									双氧水脱硫法	90	
						氮氧化物	千克/吨-产品	5.738	选择性非催化还原法	50	
									选择性催化还原法	70	
									氧化/吸收法	50	

[1] 该公式仅供参考，使用时，可根据 k 值定义，选取更适合企业实际情况的表达方式。

3212 铅锌冶炼行业系数表（废气）（续表 1）

工段名称	产品名称	原料名称	工艺名称	规模等级	污染物类别	污染物指标	系数单位	产污系数	末端治理技术	末端治理技术平均去除效率/%	参考 k 值计算公式
—	电解铅	铅精矿	富氧熔炼-鼓风炉还原炼铅-电解工艺	所有规模	废气	工业废气量	标米^3/吨-产品	50900	—	—	k=治理设施运行时间（小时/年）/企业正常生产时间（小时/年）
						颗粒物	千克/吨-产品	178.158	湿式除尘法（喷淋塔）	80	
									湿式除尘法（文丘里）	90	
									湿式除尘法（泡沫塔）	95	
									湿式除尘法（动力波）	99	
									过滤除尘法（布袋除尘器-覆膜）	99.5	
									过滤除尘法（布袋除尘器-无覆膜）	99	
									电除尘技术	99	
									旋风收尘	65	
									石灰/石灰石-石膏法、活性焦吸附法、	50	
									有机溶液循环吸收法、金属氧化物吸收法、氨法吸收法、钠碱法、双氧水脱硫法	75	
						二氧化硫	千克/吨-产品	50.464	石灰/石灰石-石膏法	90	
									有机溶液循环吸收法	90	
									金属氧化物吸收法	90	
									活性焦吸附法	90	
									氨法吸收法	90	
									钠碱法	85	
									双氧水脱硫法	90	
						氮氧化物	千克/吨-产品	6.149	选择性非催化还原法	50	
									选择性催化还原法	70	
									氧化/吸收法	50	

3212 铅锌冶炼行业系数表（废气）（续表 2）

工段名称	产品名称	原料名称	工艺名称	规模等级	污染物类别	污染物指标	系数单位	产污系数	末端治理技术	末端治理技术平均去除效率/%	参考 *k* 值计算公式
—	电解铅	铅精矿+含铅废料	闪速炼铅工艺	所有规模	废气	工业废气量	标米 ^{3}/吨-产品	61096	—	—	*k*=治理设施运行时间（小时/年）/企业正常生产时间（小时/年）
						颗粒物	千克/吨-产品	134.656	湿式除尘法（喷淋塔）	80	
									湿式除尘法（文丘里）	90	
									湿式除尘法（泡沫塔）	95	
									湿式除尘法（动力波）	99	
									过滤除尘法（布袋除尘器-覆膜）	99.5	
									过滤除尘法（布袋除尘器-无覆膜）	99	
									电除尘技术	99	
									旋风收尘	65	
									石灰/石灰石-石膏法、活性焦吸附法	50	
									有机溶液循环吸收法、金属氧化物吸收法、氨法吸收法、钠碱法、双氧水脱硫法	75	
						二氧化硫	千克/吨-产品	50.137	石灰/石灰石-石膏法	90	
									有机溶液循环吸收法	90	
									金属氧化物吸收法	90	
									活性焦吸附法	90	
									氨法吸收法	90	
									钠碱法	85	
									双氧水脱硫法	90	
						氮氧化物	千克/吨-产品	10.568	选择性非催化还原法	50	
									选择性催化还原法	70	
									氧化/吸收法	50	

3212 铅锌冶炼行业系数表（废气）（续表 3）

工段名称	产品名称	原料名称	工艺名称	规模等级	污染物类别	污染物指标	系数单位	产污系数	末端治理技术	末端治理技术平均去除效率/%	参考 k 值计算公式
—	粗铅	含铅废料	富氧熔炼炉工艺	所有规模	废气	工业废气量	标米^3/吨-产品	34010	—	—	
						颗粒物	千克/吨-产品	137.325	湿式除尘法（喷淋塔）	80	k=治理设施运行时间（小时/年）/企业正常生产时间（小时/年）
									湿式除尘法（文丘里）	90	
									湿式除尘法（泡沫塔）	95	
									湿式除尘法（动力波）	99	
									过滤除尘法（布袋除尘器-覆膜）	99.5	
									过滤除尘法（布袋除尘器-无覆膜）	99	
									电除尘技术	99	
									旋风收尘	65	
									石灰/石灰石-石膏法、活性焦吸附法	50	
									有机溶液循环吸收法、金属氧化物吸收法、氨法吸收法、钠碱法、双氧水脱硫法	75	
						二氧化硫	千克/吨-产品	63.427	石灰/石灰石-石膏法	90	
									有机溶液循环吸收法	90	
									金属氧化物吸收法	90	
									活性焦吸附法	90	
									氨法吸收法	90	
									钠碱法	85	
									双氧水脱硫法	90	
						氮氧化物	千克/吨-产品	6.392	选择性非催化还原法	50	
									选择性催化还原法	70	
									氧化/吸收法	50	

3212 铅锌冶炼行业系数表（废气）（续表 4）

工段名称	产品名称	原料名称	工艺名称	规模等级	污染物类别	污染物指标	系数单位	产污系数	末端治理技术	末端治理技术平均去除效率/%	参考 k 值计算公式
—	电解铅	粗铅	粗铅精炼工艺	所有规模	废气	工业废气量	标米^3/吨-产品	18640	—	—	k=治理设施运行时间（小时/年）/企业正常生产时间（小时/年）
						颗粒物	千克/吨-产品	54.392	湿式除尘法（喷淋塔）	80	
									湿式除尘法（文丘里）	90	
									湿式除尘法（泡沫塔）	95	
									湿式除尘法（动力波）	99	
									过滤除尘法（布袋除尘器-覆膜）	99.5	
									过滤除尘法（布袋除尘器-无覆膜）	99	
									电除尘技术	99	
									旋风收尘	65	
									石灰/石灰石-石膏法、活性焦吸附法	50	
									有机溶液循环吸收法、金属氧化物吸收法、氨法吸收法、钠碱法、双氧水脱硫法	75	
						二氧化硫	千克/吨-产品	2.526	石灰/石灰石-石膏法	90	
									有机溶液循环吸收法	90	
									金属氧化物吸收法	90	
									活性焦吸附法	90	
									氨法吸收法	90	
									钠碱法	85	
									双氧水脱硫法	90	
						氮氧化物	千克/吨-产品	0.450	选择性非催化还原法	50	
									选择性催化还原法	70	
									氧化/吸收法	50	

3212 铅锌冶炼行业系数表（废气）（续表 5）

工段名称	产品名称	原料名称	工艺名称	规模等级	污染物类别	污染物指标	系数单位	产污系数	末端治理技术	末端治理技术平均去除效率/%	参考 k 值计算公式
—	粗铅	铅精矿	富氧熔炼-液态高铅渣还原炼铅工艺	所有规模	废气	工业废气量	标米^3/吨-产品	31693	—	—	k=治理设施运行时间（小时/年）/企业正常生产时间（小时/年）
						颗粒物	千克/吨-产品	111.639	湿式除尘法（喷淋塔）	80	
									湿式除尘法（文丘里）	90	
									湿式除尘法（泡沫塔）	95	
									湿式除尘法（动力波）	99	
									过滤除尘法（布袋除尘器-覆膜）	99.5	
									过滤除尘法（布袋除尘器-无覆膜）	99	
									电除尘技术	99	
									旋风收尘	65	
									石灰/石灰石-石膏法、活性焦吸附法	50	
									有机溶液循环吸收法、金属氧化物吸收法、氨法吸收法、钠碱法、双氧水脱硫法	75	
						二氧化硫	千克/吨-产品	47.259	石灰/石灰石-石膏法	90	
									有机溶液循环吸收法	90	
									金属氧化物吸收法	90	
									活性焦吸附法	90	
									氨法吸收法	90	
									钠碱法	85	
									双氧水脱硫法	90	
						氮氧化物	千克/吨-产品	5.190	选择性非催化还原法	50	
									选择性催化还原法	70	
									氧化/吸收法	50	

3212 铅锌冶炼行业系数表（废气）（续表 6）

工段名称	产品名称	原料名称	工艺名称	规模等级	污染物类别	污染物指标	系数单位	产污系数	末端治理技术	末端治理技术平均去除效率/%	参考 k 值计算公式
—	电解铅	铅精矿	富氧熔炼-液态高铅渣还原炼铅+精炼工艺	所有规模	废气	工业废气量	标米 ^{3}/吨-产品	40366	—	—	k=治理设施运行时间（小时/年）/企业正常生产时间（小时/年）
						颗粒物	千克/吨-产品	163.075	湿式除尘法（喷淋塔）	80	
									湿式除尘法（文丘里）	90	
									湿式除尘法（泡沫塔）	95	
									湿式除尘法（动力波）	99	
									过滤除尘法（布袋除尘器-覆膜）	99.5	
									过滤除尘法（布袋除尘器-无覆膜）	99	
									电除尘技术	99	
									旋风收尘	65	
									石灰/石灰石-石膏法、活性焦吸附法	50	
									有机溶液循环吸收法、金属氧化物吸收法、氨法吸收法、钠碱法、双氧水脱硫法	75	
						二氧化硫	千克/吨-产品	49.427	石灰/石灰石-石膏法	90	
									有机溶液循环吸收法	90	
									金属氧化物吸收法	90	
									活性焦吸附法	90	
									氨法吸收法	90	
									钠碱法	85	
									双氧水脱硫法	90	
						氮氧化物	千克/吨-产品	5.521	选择性非催化还原法	50	
									选择性催化还原法	70	
									氧化/吸收法	50	

3212 铅锌冶炼行业系数表（废气）（续表 7）

工段名称	产品名称	原料名称	工艺名称	规模等级	污染物类别	污染物指标	系数单位	产污系数	末端治理技术	末端治理技术平均去除效率/%	参考 k 值计算公式
—	电解铅	铅精矿+铅膏	富氧熔炼-液态高铅渣还原炼铅+精炼工艺	所有规模	废气	工业废气量	标米³/吨-产品	38217	—	—	
						颗粒物	千克/吨-产品	152.250	湿式除尘法（喷淋塔）	80	k=治理设施运行时间（小时/年）/企业正常生产时间（小时/年）
									湿式除尘法（文丘里）	90	
									湿式除尘法（泡沫塔）	95	
									湿式除尘法（动力波）	99	
									过滤除尘法（布袋除尘器-覆膜）	99.5	
									过滤除尘法（布袋除尘器-无覆膜）	99	
									电除尘技术	99	
									旋风收尘	65	
									石灰/石灰石-石膏法、活性焦吸附法	50	
									有机溶液循环吸收法、金属氧化物吸收法、氨法吸收法、钠碱法、双氧水脱硫法	75	
						二氧化硫	千克/吨-产品	49.345	石灰/石灰石-石膏法	90	
									有机溶液循环吸收法	90	
									金属氧化物吸收法	90	
									活性焦吸附法	90	
									氨法吸收法	90	
									钠碱法	85	
									双氧水脱硫法	90	
						氮氧化物	千克/吨-产品	5.443	选择性非催化还原法	50	
									选择性催化还原法	70	
									氧化/吸收法	50	

3212 铅锌冶炼行业系数表（废气）（续表 8）

工段名称	产品名称	原料名称	工艺名称	规模等级	污染物类别	污染物指标	系数单位	产污系数	末端治理技术	末端治理技术平均去除效率/%	参考 k 值计算公式
—	电解铅、精锌	铅锌混合精矿	密闭鼓风炉（ISP）-电解工艺	所有规模	废气	工业废气量	标米^3/吨-产品	56040	—	—	k=治理设施运行时间（小时/年）/企业正常生产时间（小时/年）
						颗粒物	千克/吨-产品	182.597	湿式除尘法（喷淋塔）	80	
									湿式除尘法（文丘里）	90	
									湿式除尘法（泡沫塔）	95	
									湿式除尘法（动力波）	99	
									过滤除尘法（布袋除尘器-覆膜）	99.5	
									过滤除尘法（布袋除尘器-无覆膜）	99	
									电除尘技术	99	
									旋风收尘	65	
									石灰/石灰石-石膏法、活性焦吸附法	50	
									有机溶液循环吸收法、金属氧化物吸收法、氨法吸收法、钠碱法、双氧水脱硫法	75	
						二氧化硫	千克/吨-产品	77.936	石灰/石灰石-石膏法	90	
									有机溶液循环吸收法	90	
									金属氧化物吸收法	90	
									活性焦吸附法	90	
									氨法吸收法	90	
									钠碱法	85	
									双氧水脱硫法	90	
						氮氧化物	千克/吨-产品	12.380	选择性非催化还原法	50	
									选择性催化还原法	70	
									氧化/吸收法	50	

3212 铅锌冶炼行业系数表（废气）（续表 9）

工段名称	产品名称	原料名称	工艺名称	规模等级	污染物类别	污染物指标	系数单位	产污系数	末端治理技术	末端治理技术平均去除效率/%	参考 k 值计算公式
—	精锌	锌精矿	竖罐炼锌工艺	所有规模	废气	工业废气量	标米^3/吨-产品	30500	—	—	
						颗粒物	千克/吨-产品	197.623	湿式除尘法（喷淋塔）	80	k=治理设施运行时间（小时/年）/企业正常生产时间（小时/年）
									湿式除尘法（文丘里）	90	
									湿式除尘法（泡沫塔）	95	
									湿式除尘法（动力波）	99	
									过滤除尘法（布袋除尘器-覆膜）	99.5	
									过滤除尘法（布袋除尘器-无覆膜）	99	
									电除尘技术	99	
									旋风收尘	65	
									石灰/石灰石-石膏法、活性焦吸附法	50	
									有机溶液循环吸收法、金属氧化物吸收法、氨法吸收法、钠碱法、双氧水脱硫法	75	
						二氧化硫	千克/吨-产品	71.954	石灰/石灰石-石膏法	90	
									有机溶液循环吸收法	90	
									金属氧化物吸收法	90	
									活性焦吸附法	90	
									氨法吸收法	90	
									钠碱法	85	
									双氧水脱硫法	90	
						氮氧化物	千克/吨-产品	13.032	选择性非催化还原法	50	
									选择性催化还原法	70	
									氧化/吸收法	50	

3212 铅锌冶炼行业系数表（废气）（续表 10）

工段名称	产品名称	原料名称	工艺名称	规模等级	污染物类别	污染物指标	系数单位	产污系数	末端治理技术	末端治理技术平均去除效率/%	参考 k 值计算公式
—	精锌	锌精矿	电炉炼锌工艺	所有规模	废气	工业废气量	标米^3/吨-产品	19890	—	—	k=治理设施运行时间（小时/年）/企业正常生产时间（小时/年）
						颗粒物	千克/吨-产品	161.182	湿式除尘法（喷淋塔）	80	
									湿式除尘法（文丘里）	90	
									湿式除尘法（泡沫塔）	95	
									湿式除尘法（动力波）	99	
									过滤除尘法（布袋除尘器-覆膜）	99.5	
									过滤除尘法（布袋除尘器-无覆膜）	99	
									电除尘技术	99	
									旋风收尘	65	
									石灰/石灰石-石膏法、活性焦吸附法	50	
									有机溶液循环吸收法、金属氧化物吸收法、氨法吸收法、钠碱法、双氧水脱硫法	75	
						二氧化硫	千克/吨-产品	59.943	石灰/石灰石-石膏法	90	
									有机溶液循环吸收法	90	
									金属氧化物吸收法	90	
									活性焦吸附法	90	
									氨法吸收法	90	
									钠碱法	85	
									双氧水脱硫法	90	
						氮氧化物	千克/吨-产品	4.263	选择性非催化还原法	50	
									选择性催化还原法	70	
									氧化/吸收法	50	

3212 铅锌冶炼行业系数表（废气）（续表 11）

工段名称	产品名称	原料名称	工艺名称	规模等级	污染物类别	污染物指标	系数单位	产污系数	末端治理技术	末端治理技术平均去除效率/%	参考 k 值计算公式
—	粗锌	锌焙砂	电炉炼锌工艺	所有规模	废气	工业废气量	标米^3/吨-产品	14941	—	—	k=治理设施运行时间（小时/年）/企业正常生产时间（小时/年）
						颗粒物	千克/吨-产品	147.649	湿式除尘法（喷淋塔）	80	
									湿式除尘法（文丘里）	90	
									湿式除尘法（泡沫塔）	95	
									湿式除尘法（动力波）	99	
									过滤除尘法（布袋除尘器-覆膜）	99.5	
									过滤除尘法（布袋除尘器-无覆膜）	99	
									电除尘技术	99	
									旋风收尘	65	
									石灰/石灰石-石膏法、活性焦吸附法	50	
									有机溶液循环吸收法、金属氧化物吸收法、氨法吸收法、钠碱法、双氧水脱硫法	75	
						二氧化硫	千克/吨-产品	43.552	石灰/石灰石-石膏法	90	
									有机溶液循环吸收法	90	
									金属氧化物吸收法	90	
									活性焦吸附法	90	
									氨法吸收法	90	
									钠碱法	85	
									双氧水脱硫法	90	
						氮氧化物	千克/吨-产品	2.071	选择性非催化还原法	50	
									选择性催化还原法	70	
									氧化/吸收法	50	

3212 铅锌冶炼行业系数表（废气）（续表 12）

工段名称	产品名称	原料名称	工艺名称	规模等级	污染物类别	污染物指标	系数单位	产污系数	末端治理技术	末端治理技术平均去除效率/%	参考 k 值计算公式
—	精锌	粗锌	锌精馏工艺	所有规模	废气	工业废气量	标米^3/吨-产品	12480	—	—	k=治理设施运行时间（小时/年）/企业正常生产时间（小时/年）
						颗粒物	千克/吨-产品	119.392	湿式除尘法（喷淋塔）	80	
									湿式除尘法（文丘里）	90	
									湿式除尘法（泡沫塔）	95	
									湿式除尘法（动力波）	99	
									过滤除尘法（布袋除尘器-覆膜）	99.5	
									过滤除尘法（布袋除尘器-无覆膜）	99	
									电除尘技术	99	
									旋风收尘	65	
									石灰/石灰石-石膏法、活性焦吸附法	50	
									有机溶液循环吸收法、金属氧化物吸收法、氨法吸收法、钠碱法、双氧水脱硫法	75	
						二氧化硫	千克/吨-产品	32.633	石灰/石灰石-石膏法	90	
									有机溶液循环吸收法	90	
									金属氧化物吸收法	90	
									活性焦吸附法	90	
									氨法吸收法	90	
									钠碱法	85	
									双氧水脱硫法	90	
						氮氧化物	千克/吨-产品	2.233	选择性非催化还原法	50	
									选择性催化还原法	70	
									氧化/吸收法	50	

3212 铅锌冶炼行业系数表（废气）（续表 13）

工段名称	产品名称	原料名称	工艺名称	规模等级	污染物类别	污染物指标	系数单位	产污系数	末端治理技术	末端治理技术平均去除效率/%	参考 k 值计算公式
—	电锌	锌精矿	常规湿法炼锌工艺（不含烟化炉窑）	所有规模	废气	工业废气量	标米^3/吨-产品	11940	—	—	k=治理设施运行时间（小时/年）/企业正常生产时间（小时/年）
						颗粒物	千克/吨-产品	13.008	湿式除尘法（喷淋塔）	80	
									湿式除尘法（文丘里）	90	
									湿式除尘法（泡沫塔）	95	
									湿式除尘法（动力波）	99	
									过滤除尘法（布袋除尘器-覆膜）	99.5	
									过滤除尘法（布袋除尘器-无覆膜）	99	
									电除尘技术	99	
									旋风收尘	65	
									石灰/石灰石-石膏法、活性焦吸附法	50	
									有机溶液循环吸收法、金属氧化物吸收法、氨法吸收法、钠碱法、双氧水脱硫法	75	
						二氧化硫	千克/吨-产品	15.068	石灰/石灰石-石膏法	90	
									有机溶液循环吸收法	90	
									金属氧化物吸收法	90	
									活性焦吸附法	90	
									氨法吸收法	90	
									钠碱法	85	
									双氧水脱硫法	90	
						氮氧化物	千克/吨-产品	1.558	选择性非催化还原法	50	
									选择性催化还原法	70	
									氧化/吸收法	50	

3212 铅锌冶炼行业系数表（废气）（续表 14）

工段名称	产品名称	原料名称	工艺名称	规模等级	污染物类别	污染物指标	系数单位	产污系数	末端治理技术	末端治理技术平均去除效率/%	参考 k 值计算公式
—	电锌	锌精矿	常规湿法炼锌工艺（含烟化炉窑）	所有规模	废气	工业废气量	标米^3/吨-产品	17060	—	—	k=治理设施运行时间（小时/年）/企业正常生产时间（小时/年）
						颗粒物	千克/吨-产品	35.039	湿式除尘法（喷淋塔）	80	
									湿式除尘法（文丘里）	90	
									湿式除尘法（泡沫塔）	95	
									湿式除尘法（动力波）	99	
									过滤除尘法（布袋除尘器-覆膜）	99.5	
									过滤除尘法（布袋除尘器-无覆膜）	99	
									电除尘技术	99	
									旋风收尘	65	
									石灰/石灰石-石膏法、活性焦吸附法	50	
									有机溶液循环吸收法、金属氧化物吸收法、氨法吸收法、钠碱法、双氧水脱硫法	75	
						二氧化硫	千克/吨-产品	55.341	石灰/石灰石-石膏法	90	
									有机溶液循环吸收法	90	
									金属氧化物吸收法	90	
									活性焦吸附法	90	
									氨法吸收法	90	
									钠碱法	85	
									双氧水脱硫法	90	
						氮氧化物	千克/吨-产品	2.194	选择性非催化还原法	50	
									选择性催化还原法	70	
									氧化/吸收法	50	

3212 铅锌冶炼行业系数表（废气）（续表 15）

工段名称	产品名称	原料名称	工艺名称	规模等级	污染物类别	污染物指标	系数单位	产污系数	末端治理技术	末端治理技术平均去除效率/%	参考 k 值计算公式
—	电锌	锌精矿	氧压浸出-湿法炼锌工艺	所有规模	废气	工业废气量	标米^3/吨-产品	8400	—	—	k=治理设施运行时间（小时/年）/企业正常生产时间（小时/年）
						颗粒物	千克/吨-产品	9.847	湿式除尘法（喷淋塔）	80	
									湿式除尘法（文丘里）	90	
									湿式除尘法（泡沫塔）	95	
									湿式除尘法（动力波）	99	
									过滤除尘法（布袋除尘器-覆膜）	99.5	
									过滤除尘法（布袋除尘器-无覆膜）	99	
									电除尘技术	99	
									旋风收尘	65	
									石灰/石灰石-石膏法、活性焦吸附法	50	
									有机溶液循环吸收法、金属氧化物吸收法、氨法吸收法、钠碱法、双氧水脱硫法	75	
						二氧化硫	千克/吨-产品	17.634	石灰/石灰石-石膏法	90	
									有机溶液循环吸收法	90	
									金属氧化物吸收法	90	
									活性焦吸附法	90	
									氨法吸收法	90	
									钠碱法	85	
									双氧水脱硫法	90	
						氮氧化物	千克/吨-产品	2.872	选择性非催化还原法	50	
									选择性催化还原法	70	
									氧化/吸收法	50	

3212 铅锌冶炼行业系数表（废气）（续表 16）

工段名称	产品名称	原料名称	工艺名称	规模等级	污染物类别	污染物指标	系数单位	产污系数	末端治理技术	末端治理技术平均去除效率/%	参考 k 值计算公式
—	氧化锌（次氧化锌）	锌焙砂、锌烟尘等含锌物料	烟化炉窑及其他工艺	所有规模	废气	工业废气量	标米^3/吨-产品	20022	—	—	k=治理设施运行时间（小时/年）/企业正常生产时间（小时/年）
						颗粒物	千克/吨-产品	81.805	湿式除尘法（喷淋塔）	80	
									湿式除尘法（文丘里）	90	
									湿式除尘法（泡沫塔）	95	
									湿式除尘法（动力波）	99	
									过滤除尘法（布袋除尘器-覆膜）	99.5	
									过滤除尘法（布袋除尘器-无覆膜）	99	
									电除尘技术	99	
									旋风收尘	65	
									石灰/石灰石-石膏法、活性焦吸附法、	50	
									有机溶液循环吸收法、金属氧化物吸收法氨法吸收法、钠碱法、双氧水脱硫法	75	
						二氧化硫	千克/吨-产品	52.198	石灰/石灰石-石膏法	90	
									有机溶液循环吸收法	90	
									金属氧化物吸收法	90	
									活性焦吸附法	90	
									氨法吸收法	90	
									钠碱法	85	
									双氧水脱硫法	90	
						氮氧化物	千克/吨-产品	7.081	选择性非催化还原法	50	
									选择性催化还原法	70	
									氧化/吸收法	50	

3212 铅锌冶炼行业系数表（废气）（续表 17）

工段名称	产品名称	原料名称	工艺名称	规模等级	污染物类别	污染物指标	系数单位	产污系数	末端治理技术	末端治理技术平均去除效率/%	参考 k 值计算公式
—	锌焙砂	锌精矿	焙烧炉工艺	所有规模	废气	工业废气量	标米^3/吨-产品	5539	—	—	k=治理设施运行时间（小时/年）/企业正常生产时间（小时/年）
						颗粒物	千克/吨-产品	11.072	湿式除尘法（喷淋塔）	80	
									湿式除尘法（文丘里）	90	
									湿式除尘法（泡沫塔）	95	
									湿式除尘法（动力波）	99	
									过滤除尘法（布袋除尘器-覆膜）	99.5	
									过滤除尘法（布袋除尘器-无覆膜）	99	
									电除尘技术	99	
									旋风收尘	65	
									石灰/石灰石-石膏法、活性焦吸附法	50	
									有机溶液循环吸收法、金属氧化物吸收法、氨法吸收法、钠碱法、双氧水脱硫法	75	
						二氧化硫	千克/吨-产品	13.385	石灰/石灰石-石膏法	90	
									有机溶液循环吸收法	90	
									金属氧化物吸收法	90	
									活性焦吸附法	90	
									氨法吸收法	90	
									钠碱法	85	
									双氧水脱硫法	90	
						氮氧化物	千克/吨-产品	1.339	选择性非催化还原法	50	
									选择性催化还原法	70	
									氧化/吸收法	50	

3212 铅锌冶炼行业系数表（废气）（续表 18）

工段名称	产品名称	原料名称	工艺名称	规模等级	污染物类别	污染物指标	系数单位	产污系数	末端治理技术	末端治理技术平均去除效率/%	参考 k 值计算公式
—	电锌	锌焙砂、氧化锌	常规湿法炼锌工艺	所有规模	废气	工业废气量	标米^3/吨-产品	6720	—	—	k=治理设施运行时间（小时/年）/企业正常生产时间（小时/年）
						颗粒物	千克/吨-产品	7.472	湿式除尘法（喷淋塔）	80	
									湿式除尘法（文丘里）	90	
									湿式除尘法（泡沫塔）	95	
									湿式除尘法（动力波）	99	
									过滤除尘法（布袋除尘器-覆膜）	99.5	
									过滤除尘法（布袋除尘器-无覆膜）	99	
									电除尘技术	99	
									旋风收尘	65	
									石灰/石灰石-石膏法、活性焦吸附法	50	
									有机溶液循环吸收法、金属氧化物吸收法、氨法吸收法、钠碱法、双氧水脱硫法	75	
						二氧化硫	千克/吨-产品	2.178	石灰/石灰石-石膏法	90	
									有机溶液循环吸收法	90	
									金属氧化物吸收法	90	
									活性焦吸附法	90	
									氨法吸收法	90	
									钠碱法	85	
									双氧水脱硫法	90	
						氮氧化物	千克/吨-产品	0.687	选择性非催化还原法	50	
									选择性催化还原法	70	
									氧化/吸收法	50	

3212 铅锌冶炼行业系数表（废气）（续表 19）

工段名称	产品名称	原料名称	工艺名称	规模等级	污染物类别	污染物指标	系数单位	产污系数	末端治理技术	末端治理技术平均去除效率/%	参考 k 值计算公式
—	粗铅	铅膏	短窑熔炼工艺	所有规模	废气	工业废气量	标米^3/吨-产品	6887	—	—	k=治理设施运行时间（小时/年）/企业正常生产时间（小时/年）
						颗粒物	千克/吨-产品	24.129	湿式除尘法（喷淋塔）	80	
									湿式除尘法（文丘里）	90	
									湿式除尘法（泡沫塔）	95	
									湿式除尘法（动力波）	99	
									过滤除尘法（布袋除尘器-覆膜）	99.5	
									过滤除尘法（布袋除尘器-无覆膜）	99	
									电除尘技术	99	
									旋风收尘	65	
									石灰/石灰石-石膏法、活性焦吸附法	50	
									有机溶液循环吸收法、金属氧化物吸收法、氨法吸收法、钠碱法、双氧水脱硫法	75	
						二氧化硫（无制酸工艺）	千克/吨-产品	347.978	石灰/石灰石-石膏法	90	
									有机溶液循环吸收法	90	
									金属氧化物吸收法	90	
						二氧化硫（有制酸工艺）	千克/吨-产品	34.699	活性焦吸附法	90	
									氨法吸收法	90	
									钠碱法	85	
									双氧水脱硫法	90	
						氮氧化物	千克/吨-产品	5.513	选择性非催化还原法	50	
									选择性催化还原法	70	
									氧化/吸收法	50	

3212 铅锌冶炼行业系数表（废气）（续表 20）

工段名称	产品名称	原料名称	工艺名称	规模等级	污染物类别	污染物指标	系数单位	产污系数	末端治理技术	末端治理技术平均去除效率/%	参考 k 值计算公式
—	粗铅	铅膏	鼓风炉（反射炉）熔炼工艺	所有规模	废气	工业废气量	标米^3/吨-产品	7349	—	—	k=治理设施运行时间（小时/年）/企业正常生产时间（小时/年）
						颗粒物	千克/吨-产品	37.697	湿式除尘法（喷淋塔）	80	
									湿式除尘法（文丘里）	90	
									湿式除尘法（泡沫塔）	95	
									湿式除尘法（动力波）	99	
									过滤除尘法（布袋除尘器-覆膜）	99.5	
									过滤除尘法（布袋除尘器-无覆膜）	99	
									电除尘技术	99	
									旋风收尘	65	
									石灰/石灰石-石膏法、活性焦吸附法	50	
									有机溶液循环吸收法、金属氧化物吸收法、氨法吸收法、钠碱法、双氧水脱硫法	75	
						二氧化硫（无制酸工艺）	千克/吨-产品	372.653	石灰/石灰石-石膏法	90	
									有机溶液循环吸收法	90	
									金属氧化物吸收法	90	
						二氧化硫（有制酸工艺）	千克/吨-产品	37.289	活性焦吸附法	90	
									氨法吸收法	90	
									钠碱法	85	
									双氧水脱硫法	90	
						氮氧化物	千克/吨-产品	5.581	选择性非催化还原法	50	
									选择性催化还原法	70	
									氧化/吸收法	50	

3212 铅锌冶炼行业系数表（废气）（续表 21）

工段名称	产品名称	原料名称	工艺名称	规模等级	污染物类别	污染物指标	系数单位	产污系数	末端治理技术	末端治理技术平均去除效率/%	参考 k 值计算公式
—	粗铅	铅膏	侧吹炉熔炼工艺	所有规模	废气	工业废气量	标米^3/吨-产品	6809	—	—	k=治理设施运行时间（小时/年）/企业正常生产时间（小时/年）
						颗粒物	千克/吨-产品	22.426	湿式除尘法（喷淋塔）	80	
									湿式除尘法（文丘里）	90	
									湿式除尘法（泡沫塔）	95	
									湿式除尘法（动力波）	99	
									过滤除尘法（布袋除尘器-覆膜）	99.5	
									过滤除尘法（布袋除尘器-无覆膜）	99	
									电除尘技术	99	
									旋风收尘	65	
									石灰/石灰石-石膏法、活性焦吸附法	50	
									有机溶液循环吸收法、金属氧化物吸收法、氨法吸收法、钠碱法、双氧水脱硫法	75	
						二氧化硫（无制酸工艺）	千克/吨-产品	325.621	石灰/石灰石-石膏法	90	
									有机溶液循环吸收法	90	
									金属氧化物吸收法	90	
						二氧化硫（有制酸工艺）	千克/吨-产品	32.578	活性焦吸附法	90	
									氨法吸收法	90	
									钠碱法	85	
									双氧水脱硫法	90	
						氮氧化物	千克/吨-产品	5.434	选择性非催化还原法	50	
									选择性催化还原法	70	
									氧化/吸收法	50	

3212 铅锌冶炼行业系数表（废气）（续表 22）

工段名称	产品名称	原料名称	工艺名称	规模等级	污染物类别	污染物指标	系数单位	产污系数	末端治理技术	末端治理技术平均去除效率/%	参考 k 值计算公式
—	电锌	含锌废料	烟化炉窑-酸浸-电解工艺	所有规模	废气	工业废气量	标米^3/吨-产品	25928	—	—	k=治理设施运行时间（小时/年）/企业正常生产时间（小时/年）
						颗粒物	千克/吨-产品	50.201	湿式除尘法（喷淋塔）	80	
									湿式除尘法（文丘里）	90	
									湿式除尘法（泡沫塔）	95	
									湿式除尘法（动力波）	99	
									过滤除尘法（布袋除尘器-覆膜）	99.5	
									过滤除尘法（布袋除尘器-无覆膜）	99	
									电除尘技术	99	
									旋风收尘	65	
									石灰/石灰石-石膏法、活性焦吸附法	50	
									有机溶液循环吸收法、金属氧化物吸收法、氨法吸收法、钠碱法、双氧水脱硫法	75	
						二氧化硫	千克/吨-产品	36.252	石灰/石灰石-石膏法	90	
									有机溶液循环吸收法	90	
									金属氧化物吸收法	90	
									活性焦吸附法	90	
									氨法吸收法	90	
									钠碱法	85	
									双氧水脱硫法	90	
						氮氧化物	千克/吨-产品	6.057	选择性非催化还原法	50	
									选择性催化还原法	70	
									氧化/吸收法	50	

3212 铅锌冶炼行业系数表（废水）

工段名称	产品名称	原料名称	工艺名称	规模等级	污染物类别	污染物指标	系数单位	产污系数	末端治理技术	末端治理技术平均去除效率/%	参考k值计算公式[1]
—	粗铅	铅精矿	富氧熔炼-鼓风炉还原炼铅工艺	所有规模	废水	工业废水量	吨/吨-产品	5.314	—	—	
						化学需氧量	克/吨-产品	375.600	氧化还原法+化学沉淀法	36	k=废水处理设施运行时间（小时/年）/企业正常生产时间（小时/年）
									中和法+氧化还原法+化学沉淀法+膜分离法	70	
									中和法+氧化还原法+化学沉淀法	62	
									中和法+化学沉淀法	52	
						氨氮	克/吨-产品	49.674	氧化还原法+化学沉淀法	36	
									中和法+氧化还原法+化学沉淀法+膜分离法	70	
									中和法+氧化还原法+化学沉淀法	62	
									中和法+化学沉淀法	52	
						总磷	克/吨-产品	5.338	氧化还原法+化学沉淀法	36	
									中和法+氧化还原法+化学沉淀法+膜分离法	70	
									中和法+氧化还原法+化学沉淀法	62	
									中和法+化学沉淀法	52	
						总氮	克/吨-产品	93.884	氧化还原法+化学沉淀法	36	
									中和法+氧化还原法+化学沉淀法+膜分离法	70	
									中和法+氧化还原法+化学沉淀法	62	
									中和法+化学沉淀法	52	
						铅	克/吨-产品	70.700	氧化还原法+化学沉淀法	98	
									中和法+氧化还原法+化学沉淀法+膜分离法	99.5	
									中和法+氧化还原法+化学沉淀法	99	
									中和法+化学沉淀法	98	
						砷	克/吨-产品	39.134	氧化还原法+化学沉淀法	98	
									中和法+氧化还原法+化学沉淀法+膜分离法	99.5	
									中和法+氧化还原法+化学沉淀法	99	
									中和法+化学沉淀法	98	
						镉	克/吨-产品	11.420	氧化还原法+化学沉淀法	98	
									中和法+氧化还原法+化学沉淀法+膜分离法	99.5	
									中和法+氧化还原法+化学沉淀法	99	
									中和法+化学沉淀法	98	
						汞	克/吨-产品	2.557	氧化还原法+化学沉淀法	98	
									中和法+氧化还原法+化学沉淀法+膜分离法	99.5	
									中和法+氧化还原法+化学沉淀法	99	
									中和法+化学沉淀法	98	

1 该公式仅供参考，使用时，可根据 k 值定义，选取更适合企业实际情况的表达方式。

3212 铅锌冶炼行业系数表（废水）（续表 1）

工段名称	产品名称	原料名称	工艺名称	规模等级	污染物类别	污染物指标	系数单位	产污系数	末端治理技术	末端治理技术平均去除效率/%	参考k值计算公式
—	电解铅	铅精矿	富氧熔炼-鼓风炉还原炼铅-电解工艺	所有规模	废水	工业废水量	吨/吨-产品	5.732	—	—	k=废水处理设施运行时间（小时/年）/企业正常生产时间（小时/年）
						化学需氧量	克/吨-产品	417.320	氧化还原法+化学沉淀法	36	
									中和法+氧化还原法+化学沉淀法+膜分离法	70	
									中和法+氧化还原法+化学沉淀法	62	
									中和法+化学沉淀法	52	
						氨氮	克/吨-产品	54.406	氧化还原法+化学沉淀法	36	
									中和法+氧化还原法+化学沉淀法+膜分离法	70	
									中和法+氧化还原法+化学沉淀法	62	
									中和法+化学沉淀法	52	
						总磷	克/吨-产品	6.017	氧化还原法+化学沉淀法	36	
									中和法+氧化还原法+化学沉淀法+膜分离法	70	
									中和法+氧化还原法+化学沉淀法	62	
									中和法+化学沉淀法	52	
						总氮	克/吨-产品	103.070	氧化还原法+化学沉淀法	36	
									中和法+氧化还原法+化学沉淀法+膜分离法	70	
									中和法+氧化还原法+化学沉淀法	62	
									中和法+化学沉淀法	52	
						铅	克/吨-产品	82.689	氧化还原法+化学沉淀法	98	
									中和法+氧化还原法+化学沉淀法+膜分离法	99.5	
									中和法+氧化还原法+化学沉淀法	99	
									中和法+化学沉淀法	98	
						砷	克/吨-产品	39.167	氧化还原法+化学沉淀法	98	
									中和法+氧化还原法+化学沉淀法+膜分离法	99.5	
									中和法+氧化还原法+化学沉淀法	99	
									中和法+化学沉淀法	98	
						镉	克/吨-产品	12.081	氧化还原法+化学沉淀法	98	
									中和法+氧化还原法+化学沉淀法+膜分离法	99.5	
									中和法+氧化还原法+化学沉淀法	99	
									中和法+化学沉淀法	98	
						汞	克/吨-产品	2.619	氧化还原法+化学沉淀法	98	
									中和法+氧化还原法+化学沉淀法+膜分离法	99.5	
									中和法+氧化还原法+化学沉淀法	99	
									中和法+化学沉淀法	98	

3212 铅锌冶炼行业系数表（废水）（续表 2）

工段名称	产品名称	原料名称	工艺名称	规模等级	污染物类别	污染物指标	系数单位	产污系数	末端治理技术	末端治理技术平均去除效率/%	参考 k 值计算公式
—	电解铅	铅精矿+含铅废料	闪速炼铅工艺	所有规模	废水	工业废水量	吨/吨-产品	8.712	—	—	k=废水处理设施运行时间（小时/年）/企业正常生产时间（小时/年）
						化学需氧量	克/吨-产品	460.728	氧化还原法+化学沉淀法	36	
									中和法+氧化还原法+化学沉淀法+膜分离法	70	
									中和法+氧化还原法+化学沉淀法	62	
									中和法+化学沉淀法	52	
						氨氮	克/吨-产品	60.897	氧化还原法+化学沉淀法	36	
									中和法+氧化还原法+化学沉淀法+膜分离法	70	
									中和法+氧化还原法+化学沉淀法	62	
									中和法+化学沉淀法	52	
						总磷	克/吨-产品	7.655	氧化还原法+化学沉淀法	36	
									中和法+氧化还原法+化学沉淀法+膜分离法	70	
									中和法+氧化还原法+化学沉淀法	62	
									中和法+化学沉淀法	52	
						总氮	克/吨-产品	126.877	氧化还原法+化学沉淀法	36	
									中和法+氧化还原法+化学沉淀法+膜分离法	70	
									中和法+氧化还原法+化学沉淀法	62	
									中和法+化学沉淀法	52	
						铅	克/吨-产品	95.857	氧化还原法+化学沉淀法	98	
									中和法+氧化还原法+化学沉淀法+膜分离法	99.5	
									中和法+氧化还原法+化学沉淀法	99	
									中和法+化学沉淀法	98	
						砷	克/吨-产品	57.331	氧化还原法+化学沉淀法	98	
									中和法+氧化还原法+化学沉淀法+膜分离法	99.5	
									中和法+氧化还原法+化学沉淀法	99	
									中和法+化学沉淀法	98	
						镉	克/吨-产品	13.242	氧化还原法+化学沉淀法	98	
									中和法+氧化还原法+化学沉淀法+膜分离法	99.5	
									中和法+氧化还原法+化学沉淀法	99	
									中和法+化学沉淀法	98	
						汞	克/吨-产品	2.329	氧化还原法+化学沉淀法	98	
									中和法+氧化还原法+化学沉淀法+膜分离法	99.5	
									中和法+氧化还原法+化学沉淀法	99	
									中和法+化学沉淀法	98	

3212 铅锌冶炼行业系数表（废水）（续表 3）

工段名称	产品名称	原料名称	工艺名称	规模等级	污染物类别	污染物指标	系数单位	产污系数	末端治理技术	末端治理技术平均去除效率/%	参考k值计算公式
—	粗铅	含铅废料	富氧熔炼炉工艺	所有规模	废水	工业废水量	吨/吨-产品	5.317	—	—	k=废水处理设施运行时间（小时/年）/企业正常生产时间（小时/年）
						化学需氧量	克/吨-产品	384.927	氧化还原法+化学沉淀法	36	
									中和法+氧化还原法+化学沉淀法+膜分离法	70	
									中和法+氧化还原法+化学沉淀法	62	
									中和法+化学沉淀法	52	
						氨氮	克/吨-产品	48.268	氧化还原法+化学沉淀法	36	
									中和法+氧化还原法+化学沉淀法+膜分离法	70	
									中和法+氧化还原法+化学沉淀法	62	
									中和法+化学沉淀法	52	
						总磷	克/吨-产品	5.346	氧化还原法+化学沉淀法	36	
									中和法+氧化还原法+化学沉淀法+膜分离法	70	
									中和法+氧化还原法+化学沉淀法	62	
									中和法+化学沉淀法	52	
						总氮	克/吨-产品	97.500	氧化还原法+化学沉淀法	36	
									中和法+氧化还原法+化学沉淀法+膜分离法	70	
									中和法+氧化还原法+化学沉淀法	62	
									中和法+化学沉淀法	52	
						铅	克/吨-产品	78.083	氧化还原法+化学沉淀法	98	
									中和法+氧化还原法+化学沉淀法+膜分离法	99.5	
									中和法+氧化还原法+化学沉淀法	99	
									中和法+化学沉淀法	98	
						砷	克/吨-产品	43.239	氧化还原法+化学沉淀法	98	
									中和法+氧化还原法+化学沉淀法+膜分离法	99.5	
									中和法+氧化还原法+化学沉淀法	99	
									中和法+化学沉淀法	98	
						镉	克/吨-产品	13.112	氧化还原法+化学沉淀法	98	
									中和法+氧化还原法+化学沉淀法+膜分离法	99.5	
									中和法+氧化还原法+化学沉淀法	99	
									中和法+化学沉淀法	98	
						汞	克/吨-产品	2.693	氧化还原法+化学沉淀法	98	
									中和法+氧化还原法+化学沉淀法+膜分离法	99.5	
									中和法+氧化还原法+化学沉淀法	99	
									中和法+化学沉淀法	98	

3212 铅锌冶炼行业系数表（废水）（续表 4）

工段名称	产品名称	原料名称	工艺名称	规模等级	污染物类别	污染物指标	系数单位	产污系数	末端治理技术	末端治理技术平均去除效率/%	参考k值计算公式
—	电解铅	粗铅	粗铅精炼工艺	所有规模	废水	工业废水量	吨/吨-产品	0.500	—	—	k=废水处理设施运行时间（小时/年）/企业正常生产时间（小时/年）
						化学需氧量	克/吨-产品	43.721	氧化还原法+化学沉淀法	36	
									中和法+氧化还原法+化学沉淀法+膜分离法	70	
									中和法+氧化还原法+化学沉淀法	62	
									中和法+化学沉淀法	52	
						氨氮	克/吨-产品	5.732	氧化还原法+化学沉淀法	36	
									中和法+氧化还原法+化学沉淀法+膜分离法	70	
									中和法+氧化还原法+化学沉淀法	62	
									中和法+化学沉淀法	52	
						总磷	克/吨-产品	0.779	氧化还原法+化学沉淀法	36	
									中和法+氧化还原法+化学沉淀法+膜分离法	70	
									中和法+氧化还原法+化学沉淀法	62	
									中和法+化学沉淀法	52	
						总氮	克/吨-产品	11.086	氧化还原法+化学沉淀法	36	
									中和法+氧化还原法+化学沉淀法+膜分离法	70	
									中和法+氧化还原法+化学沉淀法	62	
									中和法+化学沉淀法	52	
						铅	克/吨-产品	12.020	氧化还原法+化学沉淀法	98	
									中和法+氧化还原法+化学沉淀法+膜分离法	99.5	
									中和法+氧化还原法+化学沉淀法	99	
									中和法+化学沉淀法	98	
						砷	克/吨-产品	0.728	氧化还原法+化学沉淀法	98	
									中和法+氧化还原法+化学沉淀法+膜分离法	99.5	
									中和法+氧化还原法+化学沉淀法	99	
									中和法+化学沉淀法	98	
						镉	克/吨-产品	0.667	氧化还原法+化学沉淀法	98	
									中和法+氧化还原法+化学沉淀法+膜分离法	99.5	
									中和法+氧化还原法+化学沉淀法	99	
									中和法+化学沉淀法	98	
						汞	克/吨-产品	0.093	氧化还原法+化学沉淀法	98	
									中和法+氧化还原法+化学沉淀法+膜分离法	99.5	
									中和法+氧化还原法+化学沉淀法	99	
									中和法+化学沉淀法	98	

3212 铅锌冶炼行业系数表（废水）（续表 5）

工段名称	产品名称	原料名称	工艺名称	规模等级	污染物类别	污染物指标	系数单位	产污系数	末端治理技术	末端治理技术平均去除效率/%	参考k值计算公式
—	粗铅	铅精矿	富氧熔炼-液态高铅渣还原炼铅工艺	所有规模	废水	工业废水量	吨/吨-产品	5.219	—	—	k=废水处理设施运行时间（小时/年）/企业正常生产时间（小时/年）
						化学需氧量	克/吨-产品	365.975	氧化还原法+化学沉淀法	36	
									中和法+氧化还原法+化学沉淀法+膜分离法	70	
									中和法+氧化还原法+化学沉淀法	62	
									中和法+化学沉淀法	52	
						氨氮	克/吨-产品	48.973	氧化还原法+化学沉淀法	36	
									中和法+氧化还原法+化学沉淀法+膜分离法	70	
									中和法+氧化还原法+化学沉淀法	62	
									中和法+化学沉淀法	52	
						总磷	克/吨-产品	5.296	氧化还原法+化学沉淀法	36	
									中和法+氧化还原法+化学沉淀法+膜分离法	70	
									中和法+氧化还原法+化学沉淀法	62	
									中和法+化学沉淀法	52	
						总氮	克/吨-产品	93.557	氧化还原法+化学沉淀法	36	
									中和法+氧化还原法+化学沉淀法+膜分离法	70	
									中和法+氧化还原法+化学沉淀法	62	
									中和法+化学沉淀法	52	
						铅	克/吨-产品	70.580	氧化还原法+化学沉淀法	98	
									中和法+氧化还原法+化学沉淀法+膜分离法	99.5	
									中和法+氧化还原法+化学沉淀法	99	
									中和法+化学沉淀法	98	
						砷	克/吨-产品	38.319	氧化还原法+化学沉淀法	98	
									中和法+氧化还原法+化学沉淀法+膜分离法	99.5	
									中和法+氧化还原法+化学沉淀法	99	
									中和法+化学沉淀法	98	
						镉	克/吨-产品	11.310	氧化还原法+化学沉淀法	98	
									中和法+氧化还原法+化学沉淀法+膜分离法	99.5	
									中和法+氧化还原法+化学沉淀法	99	
									中和法+化学沉淀法	98	
						汞	克/吨-产品	2.189	氧化还原法+化学沉淀法	98	
									中和法+氧化还原法+化学沉淀法+膜分离法	99.5	
									中和法+氧化还原法+化学沉淀法	99	
									中和法+化学沉淀法	98	

3212 铅锌冶炼行业系数表（废水）（续表 6）

工段名称	产品名称	原料名称	工艺名称	规模等级	污染物类别	污染物指标	系数单位	产污系数	末端治理技术	末端治理技术平均去除效率/%	参考 k 值计算公式
—	电解铅	铅精矿	富氧熔炼-液态高铅渣还原炼铅+精炼工艺	所有规模	废水	工业废水量	吨/吨-产品	5.713	—	—	
						化学需氧量	克/吨-产品	407.726	氧化还原法+化学沉淀法	36	k=废水处理设施运行时间（小时/年）/企业正常生产时间（小时/年）
									中和法+氧化还原法+化学沉淀法+膜分离法	70	
									中和法+氧化还原法+化学沉淀法	62	
									中和法+化学沉淀法	52	
						氨氮	克/吨-产品	53.667	氧化还原法+化学沉淀法	36	
									中和法+氧化还原法+化学沉淀法+膜分离法	70	
									中和法+氧化还原法+化学沉淀法	62	
									中和法+化学沉淀法	52	
						总磷	克/吨-产品	5.914	氧化还原法+化学沉淀法	36	
									中和法+氧化还原法+化学沉淀法+膜分离法	70	
									中和法+氧化还原法+化学沉淀法	62	
									中和法+化学沉淀法	52	
						总氮	克/吨-产品	101.643	氧化还原法+化学沉淀法	36	
									中和法+氧化还原法+化学沉淀法+膜分离法	70	
									中和法+氧化还原法+化学沉淀法	62	
									中和法+化学沉淀法	52	
						铅	克/吨-产品	82.563	氧化还原法+化学沉淀法	98	
									中和法+氧化还原法+化学沉淀法+膜分离法	99.5	
									中和法+氧化还原法+化学沉淀法	99	
									中和法+化学沉淀法	98	
						砷	克/吨-产品	38.947	氧化还原法+化学沉淀法	98	
									中和法+氧化还原法+化学沉淀法+膜分离法	99.5	
									中和法+氧化还原法+化学沉淀法	99	
									中和法+化学沉淀法	98	
						镉	克/吨-产品	11.957	氧化还原法+化学沉淀法	98	
									中和法+氧化还原法+化学沉淀法+膜分离法	99.5	
									中和法+氧化还原法+化学沉淀法	99	
									中和法+化学沉淀法	98	
						汞	克/吨-产品	2.262	氧化还原法+化学沉淀法	98	
									中和法+氧化还原法+化学沉淀法+膜分离法	99.5	
									中和法+氧化还原法+化学沉淀法	99	
									中和法+化学沉淀法	98	

3212 铅锌冶炼行业系数表（废水）（续表 7）

工段名称	产品名称	原料名称	工艺名称	规模等级	污染物类别	污染物指标	系数单位	产污系数	末端治理技术	末端治理技术平均去除效率/%	参考k值计算公式
—	电解铅	铅精矿+铅膏	富氧熔炼-液态高铅渣还原炼铅+精炼工艺	所有规模	废水	工业废水量	吨/吨-产品	5.712	—	—	k=废水处理设施运行时间（小时/年）/企业正常生产时间（小时/年）
						化学需氧量	克/吨-产品	405.475	氧化还原法+化学沉淀法	36	
									中和法+氧化还原法+化学沉淀法+膜分离法	70	
									中和法+氧化还原法+化学沉淀法	62	
									中和法+化学沉淀法	52	
						氨氮	克/吨-产品	52.832	氧化还原法+化学沉淀法	36	
									中和法+氧化还原法+化学沉淀法+膜分离法	70	
									中和法+氧化还原法+化学沉淀法	62	
									中和法+化学沉淀法	52	
						总磷	克/吨-产品	5.779	氧化还原法+化学沉淀法	36	
									中和法+氧化还原法+化学沉淀法+膜分离法	70	
									中和法+氧化还原法+化学沉淀法	62	
									中和法+化学沉淀法	52	
						总氮	克/吨-产品	101.086	氧化还原法+化学沉淀法	36	
									中和法+氧化还原法+化学沉淀法+膜分离法	70	
									中和法+氧化还原法+化学沉淀法	62	
									中和法+化学沉淀法	52	
						铅	克/吨-产品	82.256	氧化还原法+化学沉淀法	98	
									中和法+氧化还原法+化学沉淀法+膜分离法	99.5	
									中和法+氧化还原法+化学沉淀法	99	
									中和法+化学沉淀法	98	
						砷	克/吨-产品	38.699	氧化还原法+化学沉淀法	98	
									中和法+氧化还原法+化学沉淀法+膜分离法	99.5	
									中和法+氧化还原法+化学沉淀法	99	
									中和法+化学沉淀法	98	
						镉	克/吨-产品	11.897	氧化还原法+化学沉淀法	98	
									中和法+氧化还原法+化学沉淀法+膜分离法	99.5	
									中和法+氧化还原法+化学沉淀法	99	
									中和法+化学沉淀法	98	
						汞	克/吨-产品	2.259	氧化还原法+化学沉淀法	98	
									中和法+氧化还原法+化学沉淀法+膜分离法	99.5	
									中和法+氧化还原法+化学沉淀法	99	
									中和法+化学沉淀法	98	

3212 铅锌冶炼行业系数表（废水）（续表 8）

工段名称	产品名称	原料名称	工艺名称	规模等级	污染物类别	污染物指标	系数单位	产污系数	末端治理技术	末端治理技术平均去除效率/%	参考k值计算公式
—	电解铅、精锌	铅锌混合精矿	密闭鼓风炉工艺（ISP）-电解工艺	所有规模	废水	工业废水量	吨/吨-产品	6.974	—	—	k=废水处理设施运行时间（小时/年）/企业正常生产时间（小时/年）
						化学需氧量	克/吨-产品	536.800	氧化还原法+化学沉淀法	36	
									中和法+氧化还原法+化学沉淀法+膜分离法	70	
									中和法+氧化还原法+化学沉淀法	62	
									中和法+化学沉淀法	52	
						氨氮	克/吨-产品	48.240	氧化还原法+化学沉淀法	36	
									中和法+氧化还原法+化学沉淀法+膜分离法	70	
									中和法+氧化还原法+化学沉淀法	62	
									中和法+化学沉淀法	52	
						总磷	克/吨-产品	9.810	氧化还原法+化学沉淀法	36	
									中和法+氧化还原法+化学沉淀法+膜分离法	70	
									中和法+氧化还原法+化学沉淀法	62	
									中和法+化学沉淀法	52	
						总氮	克/吨-产品	134.444	氧化还原法+化学沉淀法	36	
									中和法+氧化还原法+化学沉淀法+膜分离法	70	
									中和法+氧化还原法+化学沉淀法	62	
									中和法+化学沉淀法	52	
						铅	克/吨-产品	159.000	氧化还原法+化学沉淀法	98	
									中和法+氧化还原法+化学沉淀法+膜分离法	99.5	
									中和法+氧化还原法+化学沉淀法	99	
									中和法+化学沉淀法	98	
						砷	克/吨-产品	21.120	氧化还原法+化学沉淀法	98	
									中和法+氧化还原法+化学沉淀法+膜分离法	99.5	
									中和法+氧化还原法+化学沉淀法	99	
									中和法+化学沉淀法	98	
						镉	克/吨-产品	10.490	氧化还原法+化学沉淀法	98	
									中和法+氧化还原法+化学沉淀法+膜分离法	99.5	
									中和法+氧化还原法+化学沉淀法	99	
									中和法+化学沉淀法	98	
						汞	克/吨-产品	2.602	氧化还原法+化学沉淀法	98	
									中和法+氧化还原法+化学沉淀法+膜分离法	99.5	
									中和法+氧化还原法+化学沉淀法	99	
									中和法+化学沉淀法	98	

3212 铅锌冶炼行业系数表（废水）（续表 9）

工段名称	产品名称	原料名称	工艺名称	规模等级	污染物类别	污染物指标	系数单位	产污系数	末端治理技术	末端治理技术平均去除效率/%	参考k值计算公式
—	精锌	锌精矿	竖罐炼锌工艺	所有规模	废水	工业废水量	吨/吨-产品	6.857	—	—	k=废水处理设施运行时间（小时/年）/企业正常生产时间（小时/年）
						化学需氧量	克/吨-产品	569.500	氧化还原法+化学沉淀法	36	
									中和法+氧化还原法+化学沉淀法+膜分离法	70	
									中和法+氧化还原法+化学沉淀法	62	
									中和法+化学沉淀法	52	
						氨氮	克/吨-产品	45.673	氧化还原法+化学沉淀法	36	
									中和法+氧化还原法+化学沉淀法+膜分离法	70	
									中和法+氧化还原法+化学沉淀法	62	
									中和法+化学沉淀法	52	
						总磷	克/吨-产品	7.834	氧化还原法+化学沉淀法	36	
									中和法+氧化还原法+化学沉淀法+膜分离法	70	
									中和法+氧化还原法+化学沉淀法	62	
									中和法+化学沉淀法	52	
						总氮	克/吨-产品	129.277	氧化还原法+化学沉淀法	36	
									中和法+氧化还原法+化学沉淀法+膜分离法	70	
									中和法+氧化还原法+化学沉淀法	62	
									中和法+化学沉淀法	52	
						铅	克/吨-产品	141.800	氧化还原法+化学沉淀法	98	
									中和法+氧化还原法+化学沉淀法+膜分离法	99.5	
									中和法+氧化还原法+化学沉淀法	99	
									中和法+化学沉淀法	98	
						砷	克/吨-产品	30.400	氧化还原法+化学沉淀法	98	
									中和法+氧化还原法+化学沉淀法+膜分离法	99.5	
									中和法+氧化还原法+化学沉淀法	99	
									中和法+化学沉淀法	98	
						镉	克/吨-产品	7.860	氧化还原法+化学沉淀法	98	
									中和法+氧化还原法+化学沉淀法+膜分离法	99.5	
									中和法+氧化还原法+化学沉淀法	99	
									中和法+化学沉淀法	98	
						汞	克/吨-产品	2.123	氧化还原法+化学沉淀法	98	
									中和法+氧化还原法+化学沉淀法+膜分离法	99.5	
									中和法+氧化还原法+化学沉淀法	99	
									中和法+化学沉淀法	98	

3212铅锌冶炼行业系数表（废水）（续表10）

工段名称	产品名称	原料名称	工艺名称	规模等级	污染物类别	污染物指标	系数单位	产污系数	末端治理技术	末端治理技术平均去除效率/%	参考k值计算公式
—	精锌	锌精矿	电炉炼锌工艺	所有规模	废水	工业废水量	吨/吨-产品	6.663	—	—	k=废水处理设施运行时间（小时/年）/企业正常生产时间（小时/年）
						化学需氧量	克/吨-产品	528.160	氧化还原法+化学沉淀法	36	
									中和法+氧化还原法+化学沉淀法+膜分离法	70	
									中和法+氧化还原法+化学沉淀法	62	
									中和法+化学沉淀法	52	
						氨氮	克/吨-产品	44.472	氧化还原法+化学沉淀法	36	
									中和法+氧化还原法+化学沉淀法+膜分离法	70	
									中和法+氧化还原法+化学沉淀法	62	
									中和法+化学沉淀法	52	
						总磷	克/吨-产品	6.277	氧化还原法+化学沉淀法	36	
									中和法+氧化还原法+化学沉淀法+膜分离法	70	
									中和法+氧化还原法+化学沉淀法	62	
									中和法+化学沉淀法	52	
						总氮	克/吨-产品	106.151	氧化还原法+化学沉淀法	36	
									中和法+氧化还原法+化学沉淀法+膜分离法	70	
									中和法+氧化还原法+化学沉淀法	62	
									中和法+化学沉淀法	52	
						铅	克/吨-产品	98.809	氧化还原法+化学沉淀法	98	
									中和法+氧化还原法+化学沉淀法+膜分离法	99.5	
									中和法+氧化还原法+化学沉淀法	99	
									中和法+化学沉淀法	98	
						砷	克/吨-产品	33.503	氧化还原法+化学沉淀法	98	
									中和法+氧化还原法+化学沉淀法+膜分离法	99.5	
									中和法+氧化还原法+化学沉淀法	99	
									中和法+化学沉淀法	98	
						镉	克/吨-产品	9.428	氧化还原法+化学沉淀法	98	
									中和法+氧化还原法+化学沉淀法+膜分离法	99.5	
									中和法+氧化还原法+化学沉淀法	99	
									中和法+化学沉淀法	98	
						汞	克/吨-产品	2.527	氧化还原法+化学沉淀法	98	
									中和法+氧化还原法+化学沉淀法+膜分离法	99.5	
									中和法+氧化还原法+化学沉淀法	99	
									中和法+化学沉淀法	98	

3212 铅锌冶炼行业系数表（废水）（续表 11）

工段名称	产品名称	原料名称	工艺名称	规模等级	污染物类别	污染物指标	系数单位	产污系数	末端治理技术	末端治理技术平均去除效率/%	参考 *k* 值计算公式
—	粗锌	锌焙砂	电炉炼锌工艺	所有规模	废水	工业废水量	吨/吨-产品	2.169	—	—	*k*=废水处理设施运行时间（小时/年）/企业正常生产时间（小时/年）
						化学需氧量	克/吨-产品	139.760	氧化还原法+化学沉淀法	36	
									中和法+氧化还原法+化学沉淀法+膜分离法	70	
									中和法+氧化还原法+化学沉淀法	62	
									中和法+化学沉淀法	52	
						氨氮	克/吨-产品	16.560	氧化还原法+化学沉淀法	36	
									中和法+氧化还原法+化学沉淀法+膜分离法	70	
									中和法+氧化还原法+化学沉淀法	62	
									中和法+化学沉淀法	52	
						总磷	克/吨-产品	2.204	氧化还原法+化学沉淀法	36	
									中和法+氧化还原法+化学沉淀法+膜分离法	70	
									中和法+氧化还原法+化学沉淀法	62	
									中和法+化学沉淀法	52	
						总氮	克/吨-产品	27.792	氧化还原法+化学沉淀法	36	
									中和法+氧化还原法+化学沉淀法+膜分离法	70	
									中和法+氧化还原法+化学沉淀法	62	
									中和法+化学沉淀法	52	
						铅	克/吨-产品	33.542	氧化还原法+化学沉淀法	98	
									中和法+氧化还原法+化学沉淀法+膜分离法	99.5	
									中和法+氧化还原法+化学沉淀法	99	
									中和法+化学沉淀法	98	
						砷	克/吨-产品	17.250	氧化还原法+化学沉淀法	98	
									中和法+氧化还原法+化学沉淀法+膜分离法	99.5	
									中和法+氧化还原法+化学沉淀法	99	
									中和法+化学沉淀法	98	
						镉	克/吨-产品	2.875	氧化还原法+化学沉淀法	98	
									中和法+氧化还原法+化学沉淀法+膜分离法	99.5	
									中和法+氧化还原法+化学沉淀法	99	
									中和法+化学沉淀法	98	
						汞	克/吨-产品	1.643	氧化还原法+化学沉淀法	98	
									中和法+氧化还原法+化学沉淀法+膜分离法	99.5	
									中和法+氧化还原法+化学沉淀法	99	
									中和法+化学沉淀法	98	

3212 铅锌冶炼行业系数表（废水）（续表 12）

工段名称	产品名称	原料名称	工艺名称	规模等级	污染物类别	污染物指标	系数单位	产污系数	末端治理技术	末端治理技术平均去除效率/%	参考k值计算公式
—	精锌	粗锌	锌精馏工艺	所有规模	废水	工业废水量	吨/吨-产品	2.237	—	—	k=废水处理设施运行时间（小时/年）/企业正常生产时间（小时/年）
						化学需氧量	克/吨-产品	181.900	氧化还原法+化学沉淀法	36	
									中和法+氧化还原法+化学沉淀法+膜分离法	70	
									中和法+氧化还原法+化学沉淀法	62	
									中和法+化学沉淀法	52	
						氨氮	克/吨-产品	18.821	氧化还原法+化学沉淀法	36	
									中和法+氧化还原法+化学沉淀法+膜分离法	70	
									中和法+氧化还原法+化学沉淀法	62	
									中和法+化学沉淀法	52	
						总磷	克/吨-产品	2.861	氧化还原法+化学沉淀法	36	
									中和法+氧化还原法+化学沉淀法+膜分离法	70	
									中和法+氧化还原法+化学沉淀法	62	
									中和法+化学沉淀法	52	
						总氮	克/吨-产品	39.185	氧化还原法+化学沉淀法	36	
									中和法+氧化还原法+化学沉淀法+膜分离法	70	
									中和法+氧化还原法+化学沉淀法	62	
									中和法+化学沉淀法	52	
						铅	克/吨-产品	19.027	氧化还原法+化学沉淀法	98	
									中和法+氧化还原法+化学沉淀法+膜分离法	99.5	
									中和法+氧化还原法+化学沉淀法	99	
									中和法+化学沉淀法	98	
						砷	克/吨-产品	10.013	氧化还原法+化学沉淀法	98	
									中和法+氧化还原法+化学沉淀法+膜分离法	99.5	
									中和法+氧化还原法+化学沉淀法	99	
									中和法+化学沉淀法	98	
						镉	克/吨-产品	1.313	氧化还原法+化学沉淀法	98	
									中和法+氧化还原法+化学沉淀法+膜分离法	99.5	
									中和法+氧化还原法+化学沉淀法	99	
									中和法+化学沉淀法	98	
						汞	克/吨-产品	1.053	氧化还原法+化学沉淀法	98	
									中和法+氧化还原法+化学沉淀法+膜分离法	99.5	
									中和法+氧化还原法+化学沉淀法	99	
									中和法+化学沉淀法	98	

3212 铅锌冶炼行业系数表（废水）（续表 13）

工段名称	产品名称	原料名称	工艺名称	规模等级	污染物类别	污染物指标	系数单位	产污系数	末端治理技术	末端治理技术平均去除效率/%	参考k值计算公式
—	电锌	锌精矿	常规湿法炼锌工艺（不含烟化炉窑）	所有规模	废水	工业废水量	吨/吨-产品	8.168	—	—	k=废水处理设施运行时间（小时/年）/企业正常生产时间（小时/年）
						化学需氧量	克/吨-产品	541.907	氧化还原法+化学沉淀法	36	
									中和法+氧化还原法+化学沉淀法+膜分离法	70	
									中和法+氧化还原法+化学沉淀法	62	
									中和法+化学沉淀法	52	
						氨氮	克/吨-产品	59.576	氧化还原法+化学沉淀法	36	
									中和法+氧化还原法+化学沉淀法+膜分离法	70	
									中和法+氧化还原法+化学沉淀法	62	
									中和法+化学沉淀法	52	
						总磷	克/吨-产品	7.577	氧化还原法+化学沉淀法	36	
									中和法+氧化还原法+化学沉淀法+膜分离法	70	
									中和法+氧化还原法+化学沉淀法	62	
									中和法+化学沉淀法	52	
						总氮	克/吨-产品	111.739	氧化还原法+化学沉淀法	36	
									中和法+氧化还原法+化学沉淀法+膜分离法	70	
									中和法+氧化还原法+化学沉淀法	62	
									中和法+化学沉淀法	52	
						铅	克/吨-产品	66.896	氧化还原法+化学沉淀法	98	
									中和法+氧化还原法+化学沉淀法+膜分离法	99.5	
									中和法+氧化还原法+化学沉淀法	99	
									中和法+化学沉淀法	98	
						砷	克/吨-产品	54.290	氧化还原法+化学沉淀法	98	
									中和法+氧化还原法+化学沉淀法+膜分离法	99.5	
									中和法+氧化还原法+化学沉淀法	99	
									中和法+化学沉淀法	98	
						镉	克/吨-产品	9.877	氧化还原法+化学沉淀法	98	
									中和法+氧化还原法+化学沉淀法+膜分离法	99.5	
									中和法+氧化还原法+化学沉淀法	99	
									中和法+化学沉淀法	98	
						汞	克/吨-产品	1.216	氧化还原法+化学沉淀法	98	
									中和法+氧化还原法+化学沉淀法+膜分离法	99.5	
									中和法+氧化还原法+化学沉淀法	99	
									中和法+化学沉淀法	98	

3212 铅锌冶炼行业系数表（废水）（续表 14）

工段名称	产品名称	原料名称	工艺名称	规模等级	污染物类别	污染物指标	系数单位	产污系数	末端治理技术	末端治理技术平均去除效率/%	参考k值计算公式
—	电锌	锌精矿	常规湿法炼锌工艺（含烟化炉窑）	所有规模	废水	工业废水量	吨/吨-产品	9.273	—	—	k=废水处理设施运行时间（小时/年）/企业正常生产时间（小时/年）
						化学需氧量	克/吨-产品	657.553	氧化还原法+化学沉淀法	36	
									中和法+氧化还原法+化学沉淀法+膜分离法	70	
									中和法+氧化还原法+化学沉淀法	62	
									中和法+化学沉淀法	52	
						氨氮	克/吨-产品	72.294	氧化还原法+化学沉淀法	36	
									中和法+氧化还原法+化学沉淀法+膜分离法	70	
									中和法+氧化还原法+化学沉淀法	62	
									中和法+化学沉淀法	52	
						总磷	克/吨-产品	8.558	氧化还原法+化学沉淀法	36	
									中和法+氧化还原法+化学沉淀法+膜分离法	70	
									中和法+氧化还原法+化学沉淀法	62	
									中和法+化学沉淀法	52	
						总氮	克/吨-产品	136.183	氧化还原法+化学沉淀法	36	
									中和法+氧化还原法+化学沉淀法+膜分离法	70	
									中和法+氧化还原法+化学沉淀法	62	
									中和法+化学沉淀法	52	
						铅	克/吨-产品	85.698	氧化还原法+化学沉淀法	98	
									中和法+氧化还原法+化学沉淀法+膜分离法	99.5	
									中和法+氧化还原法+化学沉淀法	99	
									中和法+化学沉淀法	98	
						砷	克/吨-产品	72.932	氧化还原法+化学沉淀法	98	
									中和法+氧化还原法+化学沉淀法+膜分离法	99.5	
									中和法+氧化还原法+化学沉淀法	99	
									中和法+化学沉淀法	98	
						镉	克/吨-产品	11.391	氧化还原法+化学沉淀法	98	
									中和法+氧化还原法+化学沉淀法+膜分离法	99.5	
									中和法+氧化还原法+化学沉淀法	99	
									中和法+化学沉淀法	98	
						汞	克/吨-产品	2.147	氧化还原法+化学沉淀法	98	
									中和法+氧化还原法+化学沉淀法+膜分离法	99.5	
									中和法+氧化还原法+化学沉淀法	99	
									中和法+化学沉淀法	98	

3212 铅锌冶炼行业系数表（废水）（续表 15）

工段名称	产品名称	原料名称	工艺名称	规模等级	污染物类别	污染物指标	系数单位	产污系数	末端治理技术	末端治理技术平均去除效率/%	参考 *k* 值计算公式
—	电锌	锌精矿	氧压浸出-湿法炼锌工艺	所有规模	废水	工业废水量	吨/吨-产品	9.574	—	—	*k*=废水处理设施运行时间（小时/年）/企业正常生产时间（小时/年）
						化学需氧量	克/吨-产品	624.158	氧化还原法+化学沉淀法	36	
									中和法+氧化还原法+化学沉淀法+膜分离法	70	
									中和法+氧化还原法+化学沉淀法	62	
									中和法+化学沉淀法	52	
						氨氮	克/吨-产品	49.849	氧化还原法+化学沉淀法	36	
									中和法+氧化还原法+化学沉淀法+膜分离法	70	
									中和法+氧化还原法+化学沉淀法	62	
									中和法+化学沉淀法	52	
						总磷	克/吨-产品	8.394	氧化还原法+化学沉淀法	36	
									中和法+氧化还原法+化学沉淀法+膜分离法	70	
									中和法+氧化还原法+化学沉淀法	62	
									中和法+化学沉淀法	52	
						总氮	克/吨-产品	119.239	氧化还原法+化学沉淀法	36	
									中和法+氧化还原法+化学沉淀法+膜分离法	70	
									中和法+氧化还原法+化学沉淀法	62	
									中和法+化学沉淀法	52	
						铅	克/吨-产品	49.574	氧化还原法+化学沉淀法	98	
									中和法+氧化还原法+化学沉淀法+膜分离法	99.5	
									中和法+氧化还原法+化学沉淀法	99	
									中和法+化学沉淀法	98	
						镉	克/吨-产品	39.571	氧化还原法+化学沉淀法	98	
									中和法+氧化还原法+化学沉淀法+膜分离法	99.5	
									中和法+氧化还原法+化学沉淀法	99	
									中和法+化学沉淀法	98	
						砷	克/吨-产品	8.787	氧化还原法+化学沉淀法	98	
									中和法+氧化还原法+化学沉淀法+膜分离法	99.5	
									中和法+氧化还原法+化学沉淀法	99	
									中和法+化学沉淀法	98	
						汞	克/吨-产品	1.957	氧化还原法+化学沉淀法	98	
									中和法+氧化还原法+化学沉淀法+膜分离法	99.5	
									中和法+氧化还原法+化学沉淀法	99	
									中和法+化学沉淀法	98	

3212 铅锌冶炼行业系数表（废水）（续表 16）

工段名称	产品名称	原料名称	工艺名称	规模等级	污染物类别	污染物指标	系数单位	产污系数	末端治理技术	末端治理技术平均去除效率/%	参考k值计算公式
—	氧化锌（次氧化锌）	锌焙砂、锌烟尘等含锌物料	烟化炉窑工艺	所有规模	废水	工业废水量	吨/吨-产品	1.605	—	—	k=废水处理设施运行时间（小时/年）/企业正常生产时间（小时/年）
						化学需氧量	克/吨-产品	145.400	氧化还原法+化学沉淀法	36	
									中和法+氧化还原法+化学沉淀法+膜分离法	70	
									中和法+氧化还原法+化学沉淀法	62	
									中和法+化学沉淀法	52	
						氨氮	克/吨-产品	12.727	氧化还原法+化学沉淀法	36	
									中和法+氧化还原法+化学沉淀法+膜分离法	70	
									中和法+氧化还原法+化学沉淀法	62	
									中和法+化学沉淀法	52	
						总磷	克/吨-产品	1.981	氧化还原法+化学沉淀法	36	
									中和法+氧化还原法+化学沉淀法+膜分离法	70	
									中和法+氧化还原法+化学沉淀法	62	
									中和法+化学沉淀法	52	
						总氮	克/吨-产品	34.444	氧化还原法+化学沉淀法	36	
									中和法+氧化还原法+化学沉淀法+膜分离法	70	
									中和法+氧化还原法+化学沉淀法	62	
									中和法+化学沉淀法	52	
						铅	克/吨-产品	20.802	氧化还原法+化学沉淀法	98	
									中和法+氧化还原法+化学沉淀法+膜分离法	99.5	
									中和法+氧化还原法+化学沉淀法	99	
									中和法+化学沉淀法	98	
						砷	克/吨-产品	20.642	氧化还原法+化学沉淀法	98	
									中和法+氧化还原法+化学沉淀法+膜分离法	99.5	
									中和法+氧化还原法+化学沉淀法	99	
									中和法+化学沉淀法	98	
						镉	克/吨-产品	3.514	氧化还原法+化学沉淀法	98	
									中和法+氧化还原法+化学沉淀法+膜分离法	99.5	
									中和法+氧化还原法+化学沉淀法	99	
									中和法+化学沉淀法	98	
						汞	克/吨-产品	1.031	氧化还原法+化学沉淀法	98	
									中和法+氧化还原法+化学沉淀法+膜分离法	99.5	
									中和法+氧化还原法+化学沉淀法	99	
									中和法+化学沉淀法	98	

3212 铅锌冶炼行业系数表（废水）（续表 17）

工段名称	产品名称	原料名称	工艺名称	规模等级	污染物类别	污染物指标	系数单位	产污系数	末端治理技术	末端治理技术平均去除效率/%	参考k值计算公式
—	锌焙砂	锌精矿	焙烧炉工艺	所有规模	废水	工业废水量	吨/吨-产品	2.227	—	—	k=废水处理设施运行时间（小时/年）/企业正常生产时间（小时/年）
						化学需氧量	克/吨-产品	206.500	氧化还原法+化学沉淀法	36	
									中和法+氧化还原法+化学沉淀法+膜分离法	70	
									中和法+氧化还原法+化学沉淀法	62	
									中和法+化学沉淀法	52	
						氨氮	克/吨-产品	9.091	氧化还原法+化学沉淀法	36	
									中和法+氧化还原法+化学沉淀法+膜分离法	70	
									中和法+氧化还原法+化学沉淀法	62	
									中和法+化学沉淀法	52	
						总磷	克/吨-产品	1.212	氧化还原法+化学沉淀法	36	
									中和法+氧化还原法+化学沉淀法+膜分离法	70	
									中和法+氧化还原法+化学沉淀法	62	
									中和法+化学沉淀法	52	
						总氮	克/吨-产品	39.174	氧化还原法+化学沉淀法	36	
									中和法+氧化还原法+化学沉淀法+膜分离法	70	
									中和法+氧化还原法+化学沉淀法	62	
									中和法+化学沉淀法	52	
						铅	克/吨-产品	46.240	氧化还原法+化学沉淀法	98	
									中和法+氧化还原法+化学沉淀法+膜分离法	99.5	
									中和法+氧化还原法+化学沉淀法	99	
									中和法+化学沉淀法	98	
						砷	克/吨-产品	33.240	氧化还原法+化学沉淀法	98	
									中和法+氧化还原法+化学沉淀法+膜分离法	99.5	
									中和法+氧化还原法+化学沉淀法	99	
									中和法+化学沉淀法	98	
						镉	克/吨-产品	5.240	氧化还原法+化学沉淀法	98	
									中和法+氧化还原法+化学沉淀法+膜分离法	99.5	
									中和法+氧化还原法+化学沉淀法	99	
									中和法+化学沉淀法	98	
						汞	克/吨-产品	0.831	氧化还原法+化学沉淀法	98	
									中和法+氧化还原法+化学沉淀法+膜分离法	99.5	
									中和法+氧化还原法+化学沉淀法	99	
									中和法+化学沉淀法	98	

3212 铅锌冶炼行业系数表（废水）（续表 18）

工段名称	产品名称	原料名称	工艺名称	规模等级	污染物类别	污染物指标	系数单位	产污系数	末端治理技术	末端治理技术平均去除效率/%	参考 k 值计算公式
—	电锌	锌焙砂、氧化锌	常规湿法炼锌工艺	所有规模	废气	工业废水量	吨/吨-产品	6.041	—	—	
						化学需氧量	克/吨-产品	367.653	氧化还原法+化学沉淀法	36	k=废水处理设施运行时间（小时/年）/企业正常生产时间（小时/年）
									中和法+氧化还原法+化学沉淀法+膜分离法	70	
									中和法+氧化还原法+化学沉淀法	62	
									中和法+化学沉淀法	52	
						氨氮	克/吨-产品	50.476	氧化还原法+化学沉淀法	36	
									中和法+氧化还原法+化学沉淀法+膜分离法	70	
									中和法+氧化还原法+化学沉淀法	62	
									中和法+化学沉淀法	52	
						总磷	克/吨-产品	6.365	氧化还原法+化学沉淀法	36	
									中和法+氧化还原法+化学沉淀法+膜分离法	70	
									中和法+氧化还原法+化学沉淀法	62	
									中和法+化学沉淀法	52	
						总氮	克/吨-产品	72.565	氧化还原法+化学沉淀法	36	
									中和法+氧化还原法+化学沉淀法+膜分离法	70	
									中和法+氧化还原法+化学沉淀法	62	
									中和法+化学沉淀法	52	
						铅	克/吨-产品	40.656	氧化还原法+化学沉淀法	98	
									中和法+氧化还原法+化学沉淀法+膜分离法	99.5	
									中和法+氧化还原法+化学沉淀法	99	
									中和法+化学沉淀法	98	
						砷	克/吨-产品	21.050	氧化还原法+化学沉淀法	98	
									中和法+氧化还原法+化学沉淀法+膜分离法	99.5	
									中和法+氧化还原法+化学沉淀法	99	
									中和法+化学沉淀法	98	
						镉	克/吨-产品	4.637	氧化还原法+化学沉淀法	98	
									中和法+氧化还原法+化学沉淀法+膜分离法	99.5	
									中和法+氧化还原法+化学沉淀法	99	
									中和法+化学沉淀法	98	
						汞	克/吨-产品	0.685	氧化还原法+化学沉淀法	98	
									中和法+氧化还原法+化学沉淀法+膜分离法	99.5	
									中和法+氧化还原法+化学沉淀法	99	
									中和法+化学沉淀法	98	

3212 铅锌冶炼行业系数表（废水）（续表 19）

工段名称	产品名称	原料名称	工艺名称	规模等级	污染物类别	污染物指标	系数单位	产污系数	末端治理技术	末端治理技术平均去除效率/%	参考k值计算公式
—	粗铅	铅膏	短窑熔炼工艺	所有规模	废水	工业废水量	吨/吨-产品	2.317	—	—	
						化学需氧量	克/吨-产品	132.300	氧化还原法+化学沉淀法	36	k=废水处理设施运行时间（小时/年）/企业正常生产时间（小时/年）
									中和法+氧化还原法+化学沉淀法+膜分离法	70	
									中和法+氧化还原法+化学沉淀法	62	
									中和法+化学沉淀法	52	
						氨氮	克/吨-产品	17.268	氧化还原法+化学沉淀法	36	
									中和法+氧化还原法+化学沉淀法+膜分离法	70	
									中和法+氧化还原法+化学沉淀法	62	
									中和法+化学沉淀法	52	
						总磷	克/吨-产品	2.646	氧化还原法+化学沉淀法	36	
									中和法+氧化还原法+化学沉淀法+膜分离法	70	
									中和法+氧化还原法+化学沉淀法	62	
									中和法+化学沉淀法	52	
						总氮	克/吨-产品	34.675	氧化还原法+化学沉淀法	36	
									中和法+氧化还原法+化学沉淀法+膜分离法	70	
									中和法+氧化还原法+化学沉淀法	62	
									中和法+化学沉淀法	52	
						铅	克/吨-产品	19.467	氧化还原法+化学沉淀法	98	
									中和法+氧化还原法+化学沉淀法+膜分离法	99.5	
									中和法+氧化还原法+化学沉淀法	99	
									中和法+化学沉淀法	98	

3212 铅锌冶炼行业系数表（废水）（续表 20）

工段名称	产品名称	原料名称	工艺名称	规模等级	污染物类别	污染物指标	系数单位	产污系数	末端治理技术	末端治理技术平均去除效率/%	参考k值计算公式
—	粗铅	铅膏	鼓风炉（反射炉）熔炼工艺	所有规模	废水	工业废水量	吨/吨-产品	2.361	—	—	k=废水处理设施运行时间（小时/年）/企业正常生产时间（小时/年）
						化学需氧量	克/吨-产品	135.333	氧化还原法+化学沉淀法	36	
									中和法+氧化还原法+化学沉淀法+膜分离法	70	
									中和法+氧化还原法+化学沉淀法	62	
									中和法+化学沉淀法	52	
						氨氮	克/吨-产品	18.759	氧化还原法+化学沉淀法	36	
									中和法+氧化还原法+化学沉淀法+膜分离法	70	
									中和法+氧化还原法+化学沉淀法	62	
									中和法+化学沉淀法	52	
						总磷	克/吨-产品	2.799	氧化还原法+化学沉淀法	36	
									中和法+氧化还原法+化学沉淀法+膜分离法	70	
									中和法+氧化还原法+化学沉淀法	62	
									中和法+化学沉淀法	52	
						总氮	克/吨-产品	36.409	氧化还原法+化学沉淀法	36	
									中和法+氧化还原法+化学沉淀法+膜分离法	70	
									中和法+氧化还原法+化学沉淀法	62	
									中和法+化学沉淀法	52	
						铅	克/吨-产品	19.594	氧化还原法+化学沉淀法	98	
									中和法+氧化还原法+化学沉淀法+膜分离法	99.5	
									中和法+氧化还原法+化学沉淀法	99	
									中和法+化学沉淀法	98	

3212 铅锌冶炼行业系数表（废水）（续表 21）

工段名称	产品名称	原料名称	工艺名称	规模等级	污染物类别	污染物指标	系数单位	产污系数	末端治理技术	末端治理技术平均去除效率/%	参考 k 值计算公式
—	粗铅	铅膏	侧吹炉熔炼工艺	所有规模	废水	工业废水量	吨/吨-产品	2.312	—	—	
						化学需氧量	克/吨-产品	129.680	氧化还原法+化学沉淀法	36	k=废水处理设施运行时间（小时/年）/企业正常生产时间（小时/年）
									中和法+氧化还原法+化学沉淀法+膜分离法	70	
									中和法+氧化还原法+化学沉淀法	62	
									中和法+化学沉淀法	52	
						氨氮	克/吨-产品	16.314	氧化还原法+化学沉淀法	36	
									中和法+氧化还原法+化学沉淀法+膜分离法	70	
									中和法+氧化还原法+化学沉淀法	62	
									中和法+化学沉淀法	52	
						总磷	克/吨-产品	2.449	氧化还原法+化学沉淀法	36	
									中和法+氧化还原法+化学沉淀法+膜分离法	70	
									中和法+氧化还原法+化学沉淀法	62	
									中和法+化学沉淀法	52	
						总氮	克/吨-产品	32.941	氧化还原法+化学沉淀法	36	
									中和法+氧化还原法+化学沉淀法+膜分离法	70	
									中和法+氧化还原法+化学沉淀法	62	
									中和法+化学沉淀法	52	
						铅	克/吨-产品	19.453	氧化还原法+化学沉淀法	98	
									中和法+氧化还原法+化学沉淀法+膜分离法	99.5	
									中和法+氧化还原法+化学沉淀法	99	
									中和法+化学沉淀法	98	

3212 铅锌冶炼行业系数表（废水）（续表 22）

工段名称	产品名称	原料名称	工艺名称	规模等级	污染物类别	污染物指标	系数单位	产污系数	末端治理技术	末端治理技术平均去除效率/%	参考 k 值计算公式
—	电锌	含锌废料	烟化炉窑-酸浸-电解工艺	所有规模	废水	工业废水量	吨/吨-产品	8.167	—	—	k=废水处理设施运行时间（小时/年）/企业正常生产时间（小时/年）
						化学需氧量	克/吨-产品	358.602	氧化还原法+化学沉淀法	36	
									中和法+氧化还原法+化学沉淀法+膜分离法	70	
									中和法+氧化还原法+化学沉淀法	62	
									中和法+化学沉淀法	52	
						氨氮	克/吨-产品	46.223	氧化还原法+化学沉淀法	36	
									中和法+氧化还原法+化学沉淀法+膜分离法	70	
									中和法+氧化还原法+化学沉淀法	62	
									中和法+化学沉淀法	52	
						总磷	克/吨-产品	7.232	氧化还原法+化学沉淀法	36	
									中和法+氧化还原法+化学沉淀法+膜分离法	70	
									中和法+氧化还原法+化学沉淀法	62	
									中和法+化学沉淀法	52	
						总氮	克/吨-产品	67.493	氧化还原法+化学沉淀法	36	
									中和法+氧化还原法+化学沉淀法+膜分离法	70	
									中和法+氧化还原法+化学沉淀法	62	
									中和法+化学沉淀法	52	
						铅	克/吨-产品	36.804	氧化还原法+化学沉淀法	98	
									中和法+氧化还原法+化学沉淀法+膜分离法	99.5	
									中和法+氧化还原法+化学沉淀法	99	
									中和法+化学沉淀法	98	
						砷	克/吨-产品	24.860	氧化还原法+化学沉淀法	98	
									中和法+氧化还原法+化学沉淀法+膜分离法	99.5	
									中和法+氧化还原法+化学沉淀法	99	
									中和法+化学沉淀法	98	
						镉	克/吨-产品	3.134	氧化还原法+化学沉淀法	98	
									中和法+氧化还原法+化学沉淀法+膜分离法	99.5	
									中和法+氧化还原法+化学沉淀法	99	
									中和法+化学沉淀法	98	
						汞	克/吨-产品	1.232	氧化还原法+化学沉淀法	98	
									中和法+氧化还原法+化学沉淀法+膜分离法	99.5	
									中和法+氧化还原法+化学沉淀法	99	
									中和法+化学沉淀法	98	

3212 铅锌冶炼行业系数表（固废）

序号	产品名称	原料名称	工艺名称	规模等级	污染物类别	污染物指标	系数单位	产污系数
1	粗铅	铅精矿	富氧熔炼-鼓风炉还原炼铅工艺	所有规模	固废	一般固废	吨/吨-产品	0.597
						危险固废	吨/吨-产品	0.087
2	电解铅	铅精矿	富氧熔炼-鼓风炉还原炼铅-电解工艺	所有规模	固废	一般固废	吨/吨-产品	0.597
						危险固废	吨/吨-产品	0.115
3	电解铅	铅精矿+含铅废料	闪速炼铅工艺	所有规模	固废	一般固废	吨/吨-产品	0.860
						危险固废	吨/吨-产品	0.083
4	粗铅	含铅废料	富氧熔炼炉工艺	所有规模	固废	一般固废	吨/吨-产品	0.626
						危险固废	吨/吨-产品	0.045
5	电解铅	粗铅	粗铅精炼工艺	所有规模	固废	一般固废	吨/吨-产品	—
						危险固废	吨/吨-产品	0.034
6	粗铅	铅精矿	富氧熔炼-液态高铅渣还原炼铅工艺	所有规模	固废	一般固废	吨/吨-产品	0.577
						危险固废	吨/吨-产品	0.081
7	电解铅	铅精矿	富氧熔炼-液态高铅渣还原炼铅+精炼工艺	所有规模	固废	一般固废	吨/吨-产品	0.577
						危险固废	吨/吨-产品	0.110
8	电解铅	铅精矿+铅膏	富氧熔炼-液态高铅渣还原炼铅+精炼工艺	所有规模	固废	一般固废	吨/吨-产品	0.521
						危险固废	吨/吨-产品	0.099
9	电解铅、精锌	铅锌混合精矿	密闭鼓风炉（ISP）-电解工艺	所有规模	固废	一般固废	吨/吨-产品	0.855
						危险固废	吨/吨-产品	0.084
10	精锌	锌精矿	竖罐炼锌工艺	所有规模	固废	一般固废	吨/吨-产品	1.029
						危险固废	吨/吨-产品	0.147
11	精锌	锌精矿	电炉炼锌工艺	所有规模	固废	一般固废	吨/吨-产品	1.142
						危险固废	吨/吨-产品	0.176
12	粗锌	焙砂	电炉炼锌工艺	所有规模	固废	一般固废	吨/吨-产品	0.841
						危险固废	吨/吨-产品	0.069

3212 铅锌冶炼行业系数表（固废）（续表 1）

序号	产品名称	原料名称	工艺名称	规模等级	污染物类别	污染物指标	系数单位	产污系数
13	精锌	粗锌	锌精馏工艺	所有规模	固废	一般固废	吨/吨-产品	—
						危险固废	吨/吨-产品	0.073
14	电锌	锌精矿	常规湿法炼锌工艺（不含烟化炉窑）	所有规模	固废	一般固废	吨/吨-产品	—
						危险固废	吨/吨-产品	0.862
15	电锌	锌精矿	常规湿法炼锌工艺（含烟化炉窑）	所有规模	固废	一般固废	吨/吨-产品	0.704
						危险固废	吨/吨-产品	0.208
16	电锌	锌精矿	氧压浸出-湿法炼锌工艺	所有规模	固废	一般固废	吨/吨-产品	—
						危险固废	吨/吨-产品	1.099
17	氧化锌（次氧化锌）	锌焙砂、锌烟尘等含锌物料	烟化炉窑及其他工艺	所有规模	固废	一般固废	吨/吨-产品	1.116
						危险固废	吨/吨-产品	0.006
18	焙砂	锌精矿	焙烧炉工艺	所有规模	固废	一般固废	吨/吨-产品	—
						危险固废	吨/吨-产品	0.053
19	电锌	锌焙砂、氧化锌	常规湿法炼锌工艺	所有规模	固废	一般固废	吨/吨-产品	—
						危险固废	吨/吨-产品	0.792
20	粗铅	铅膏	短窑熔炼工艺	所有规模	固废	一般固废	吨/吨-产品	0.350
						危险固废	吨/吨-产品	0.120
21	粗铅	铅膏	鼓风炉（反射炉）熔炼工艺	所有规模	固废	一般固废	吨/吨-产品	0.380
						危险固废	吨/吨-产品	0.150
22	粗铅	铅膏	侧吹炉熔炼工艺	所有规模	固废	一般固废	吨/吨-产品	0.320
						危险固废	吨/吨-产品	0.100
23	电锌	热镀锌渣、电镀污泥等	烟化炉窑-酸浸-电解工艺	所有规模	固废	一般固废	吨/吨-产品	0.780
						危险固废	吨/吨-产品	0.147

3213 镍钴冶炼业

1 适用范围

本手册仅用于《国民经济行业分类》（GB/T 4754—2017）中 3213 镍钴冶炼行业使用系数法核算工业污染物产生量和排放量的工业企业。

利用本手册进行产排污核算得出的污染物产生量与排放量仅代表了特定行业、工艺、产品、原料在正常工况下污染物产生与排放的一般规律。

本行业废水指标包括工业废水量、化学需氧量、氨氮、总氮、石油类、汞、镉、铅、砷、镍、钴；废气指标包括工业废气量、颗粒物、颗粒物（无组织排放）、二氧化硫、氮氧化物；固废指标包括一般工业固废、危险废物。

2 注意事项

2.1 企业有多种生产工艺或生产多类产品产排污量核算

污染物产生量与产品产量有关，根据不同核算环节计算产污量后，再根据企业末端治理设施和运行情况计算各污染物的排放量。

企业某污染物指标的产生量、排放量为各核算环节产生量、排放量之和。

在企业实际排放量计算过程中，如果存在废水回用的情况，需要在利用产排污核算公式的基础上扣除废水回用的部分。公式如下：

实际排放量=计算排放量×（1–废水回用率）

2.2 采用多种治理设施组合处理企业的排污量核算

在排污量计算选择末端治理技术时，若没有对应的组合治理技术，以主要治理技术为准。

2.3 其他需要说明的问题

由于不同企业工业废气量、废水量差异较大，本手册所提供的工业废气量、废水量系数仅供参考。

为体现相同产污水平条件下，采用相同环保治理设施的不同企业对同一污染物去除效果的差异，引入末端治理设施实际运行率（k）对污染治理技术的实际去除率进行修正。k 值反映的是污染治理设施运行的状态，越稳定运行，k 值越高；在取值上，若定义连续稳定运行的理想状态为 1，则 k 取值在 0～1 之间。

本手册给出本行业的 k 计算公式仅供参考，使用时，可根据 k 值定义，选取更适合企业实际情况的表达方式。

3　污染物排放量核算方法

3.1　计算工段污染物产生量

（1）根据产品、原料、污染物产生的主导生产工艺、企业规模（生产产能）这一组合查找和确定所对应的某一污染物的产污系数。

（2）根据该污染物的产污系数计量单位——单位产品产量，获取企业实际产品产量。

例如，某组合内化学需氧量的产污系数单位为克/吨-产品，则计算产生量时需要获取企业实际产品产量。

（3）污染物产生量按以下公式进行计算：

污染物产生量=污染物对应的产污系数×产品产量

$$G_{产i} = P_{产i} \times M_i$$

式中，$G_{产i}$——工段 i 某污染物的产生量；

$P_{产i}$——工段 i 某污染物对应的产污系数；

M_i——工段 i 的产品产量。

3.2　计算工段污染物去除量

（1）根据企业对某一污染物所采用的治理技术查找和选择相应的治理技术平均去除效率。

（2）根据所填报的污染治理设施实际运行率参数及其计算公式得出该企业某一污染物的治理设施实际运行率（k 值）。

（3）污染物去除量按以下公式进行计算：

污染物去除量=污染物产生量×污染物去除率 =污染物产生量×治理技术平均去除效率×治理设施实际运行率

$$R_{减i} = G_{产i} \times \eta_T \times k_T$$

式中，$R_{减i}$——工段 i 某污染物的去除量；

η_T——工段 i 某污染物采用的末端治理技术的平均去除效率；

k_T——工段 i 某污染物采用的末端治理设施的实际运行率。

3.3　计算工段污染物排放量

污染物排放量=污染物产生量–污染物去除量

=污染物对应的产污系数×产品产量–污染物产生量×治理技术平均去除效率×治理设施实际运行率

3.4　计算企业污染物排放量

同一企业某污染物全年的产生（排放）总量为该企业同年实际生产的全部工段、产品、原料、规模污染物产生（排放）量之和。

$$E_{排} = G_{产} - R_{减} = \sum(G_{产i} - R_{减i})$$
$$= \sum\left[P_{产i} \times M_i(1-\eta_T \times k_T)\right]$$

若企业有废水回用，则污染物排放量计算：

$$E_{排} = (G_{产} - R_{减}) \times (1 - C_{回用})$$

式中，$C_{回用}$——废水回用率。

4 污染物排放量核算案例

某钴冶炼企业主要从事电积钴的生产。该企业涉及的主要污染指标为工业废水量、化学需氧量、氨氮、总氮、石油类、汞、镉、铅、砷、镍、钴、工业废气量、颗粒物、二氧化硫、氮氧化物、一般工业固废、危险废物。以化学需氧量为例说明排放量计算过程。

该企业基本信息如表 1 所示。

表 1 某钴冶炼企业基本信息

原料名称	含钴渣或钴盐
产品名称	电积钴
年产量	3895 吨
工艺名称	钴盐-浸出+萃取+电积
污染治理技术	化学混凝法
废水回用率	95%
废水治理设施运行时间	7920 小时
企业正常生产时间	7920 小时

4.1 化学需氧量产生量计算

（1）查找产污系数及其计量单位

根据企业基本信息，查找本手册中主要产品为电积钴，主要原料为含钴渣或钴盐，主要工艺为“钴盐-浸出+萃取+电积”，主要规模为所有规模。该组合化学需氧量的产污系数为 65597.00，单位为克/吨-产品。

（2）获取企业产品产量

该企业实际情况为：主要产品电积钴 2017 年产量为 3895 吨。

（3）计算化学需氧量产生量

由于查询到的组合中化学需氧量产生量产污系数的单位为克/吨-产品，因此在核算化学需氧量产生量时需获取产品产量。

化学需氧量产生量=化学需氧量产污系数×产品（电积钴）产量

=65597.00 克/吨-产品×3895 吨-产品÷1000=255500 千克

4.2 化学需氧量去除量计算

（1）查找治理技术平均去除效率

该企业化学需氧量治理技术采用化学混凝法，查询相应组合内该工艺的平均去除效率为 70%。

（2）计算污染治理设施实际运行率

根据产污系数组合查询结果，该组合中化学需氧量对应的污染治理设施实际运行率为

k=废水治理设施运行时间/企业年正常生产时间=7920 小时/7920 小时=1

（3）计算化学需氧量去除量

化学需氧量去除量=污染物产生量×治理技术平均去除效率×治理设施实际运行率

=255500 千克× 70%×1

=178850 千克

4.3 化学需氧量排放量计算

企业废水回用率为 95%，则化学需氧量排放量为

化学需氧量排放量=（污染物产生量–污染物去除量）×（1–废水回用率）

=（255500 千克–178850 千克）×（1–95%）

=3832.5 千克

5 系数表

3213 镍钴冶炼行业系数表

工段名称	产品名称	原料名称	工艺名称	规模等级	污染物类别	污染物指标	系数单位	产污系数	末端治理技术	末端治理技术平均去除效率/%	参考 k 值计算公式[1]
—	高冰镍	硫化镍精矿	电炉	所有规模	废水	工业废水量	吨/吨-产品	14.61	—	—	k=废水治理设施运行时间（小时/年）/企业正常生产时间（小时/年）
						化学需氧量	克/吨-产品	1847.00	化学混凝法	70	
									沉淀分离	30	
									膜分离	99	
						氨氮	克/吨-产品	49.75	化学混凝法	20	
									沉淀分离	10	
						总氮	克/吨-产品	249.54	化学混凝法	20	
									沉淀分离	10	
						石油类	克/吨-产品	108.04	化学混凝法	75	
						汞	克/吨-产品	6.28×10^{-3}	化学混凝法	88	
									化学沉淀	80	
									离子交换	99	
									膜分离	99	
						镉	克/吨-产品	1.63	化学混凝法	88	
									化学沉淀	80	
									离子交换	99	
									膜分离	99	
						铅	克/吨-产品	3.61	化学混凝法	88	
									化学沉淀	80	
									离子交换	99	
									膜分离	99	

[1] 该公式仅供参考，使用时，可根据 k 值定义，选取更适合企业实际情况的表达方式。

3213 镍钴冶炼行业系数表（续表 1）

工段名称	产品名称	原料名称	工艺名称	规模等级	污染物类别	污染物指标	系数单位	产污系数	末端治理技术	末端治理技术平均去除效率/%	参考 k 值计算公式
—	高冰镍	硫化镍精矿	电炉	所有规模	废水	砷	克/吨-产品	2.22	化学混凝法	88	k=废水治理设施运行时间（小时/年）/企业正常生产时间（小时/年）
									化学沉淀	80	
									离子交换	99	
									膜分离	99	
						镍	克/吨-产品	206.22	化学混凝法	88	
									化学沉淀	80	
									离子交换	99	
									膜分离	99	
						钴	克/吨-产品	24.51	化学混凝法	88	
									化学沉淀	80	
									离子交换	99	
									膜分离	99	
					废气	工业废气量	标米^3/吨-产品	99735	—	—	k=废气治理设施运行时间（小时/年）/企业正常生产时间（小时/年）
						颗粒物	千克/吨-产品	825.05	湿法除尘（动力波）	99	
									袋式除尘	98	
									旋风除尘	50	
									静电除尘	99.5	
						颗粒物（无组织排放）	千克/吨-产品	0.95	—	—	
						二氧化硫	千克/吨-产品	27.74	氨法	95	
									石灰/石膏法	90	
									石灰石/石膏法	85	
									活性炭（焦）法	95	
						氮氧化物	千克/吨-产品	3.96	—	—	—
					固废	一般工业固废	吨/吨-产品	16.73	贮存/综合利用	—	—
						危险废物	吨/吨-产品	0.26	安全处置/综合利用/贮存	—	—

3213 镍钴冶炼行业系数表（续表 2）

工段名称	产品名称	原料名称	工艺名称	规模等级	污染物类别	污染物指标	系数单位	产污系数	末端治理技术	末端治理技术平均去除效率/%	参考 k 值计算公式
—	高冰镍	硫化镍精矿	闪速熔炼	所有规模	废水	工业废水量	吨/吨-产品	7.84	—	—	k=废水治理设施运行时间（小时/年）/企业正常生产时间（小时/年）
						化学需氧量	克/吨-产品	693.09	化学混凝法	70	
									沉淀分离	30	
									膜分离	99	
						氨氮	克/吨-产品	55.82	化学混凝法	20	
									沉淀分离	10	
						总氮	克/吨-产品	133.91	化学混凝法	20	
									沉淀分离	10	
						石油类	克/吨-产品	61.40	化学混凝法	75	
						汞	克/吨-产品	7.82×10^{-3}	化学混凝法	88	
									化学沉淀	80	
									离子交换	99	
									膜分离	99	
						镉	克/吨-产品	1.20	化学混凝法	88	
									化学沉淀	80	
									离子交换	99	
									膜分离	99	
						铅	克/吨-产品	2.46	化学混凝法	88	
									化学沉淀	80	
									离子交换	99	
									膜分离	99	
						砷	克/吨-产品	3.48	化学混凝法	88	
									化学沉淀	80	
									离子交换	99	
									膜分离	99	

3213 镍钴冶炼行业系数表（续表 3）

工段名称	产品名称	原料名称	工艺名称	规模等级	污染物类别	污染物指标	系数单位	产污系数	末端治理技术	末端治理技术平均去除效率/%	参考 k 值计算公式
—	高冰镍	硫化镍精矿	闪速熔炼	所有规模	废水	镍	克/吨-产品	301.35	化学混凝法	88	k=废水治理设施运行时间（小时/年）/企业正常生产时间（小时/年）
									化学沉淀	80	
									离子交换	99	
									膜分离	99	
						钴	克/吨-产品	4.61	化学混凝法	88	
									化学沉淀	80	
									离子交换	99	
									膜分离	99	
					废气	工业废气量	标米 ^{3}/吨-产品	40825	—	—	k=废气治理设施运行时间（小时/年）/企业正常生产时间（小时/年）
						颗粒物	千克/吨-产品	556.60	湿法除尘（动力波）	99	
									袋式除尘	98	
									旋风除尘	50	
									静电除尘	99.5	
						颗粒物（无组织排放）	千克/吨-产品	0.95	—	—	
						二氧化硫	千克/吨-产品	23.41	氨法	95	
									石灰/石膏法	90	
									石灰石/石膏法	85	
									活性炭（焦）法	95	
						氮氧化物	千克/吨-产品	5.89	—	—	—
					固废	一般工业固废	吨/吨-产品	10.30	贮存/综合利用	—	—
						危险废物	吨/吨-产品	84.00×10^{-3}	安全处置/综合利用/贮存	—	—

3213 镍钴冶炼行业系数表（续表 4）

工段名称	产品名称	原料名称	工艺名称	规模等级	污染物类别	污染物指标	系数单位	产污系数	末端治理技术	末端治理技术平均去除效率/%	参考 k 值计算公式
—	高冰镍	硫化镍精矿	顶吹熔炼	所有规模	废水	工业废水量	吨/吨-产品	6.66	—	—	k=废水治理设施运行时间（小时/年）/企业正常生产时间（小时/年）
						化学需氧量	克/吨-产品	577.63	化学混凝法	70	
									沉淀分离	30	
									膜分离	99	
						氨氮	克/吨-产品	49.75	化学混凝法	20	
									沉淀分离	10	
						总氮	克/吨-产品	113.75	化学混凝法	20	
									沉淀分离	10	
						石油类	克/吨-产品	108.04	化学混凝法	75	
						汞	克/吨-产品	6.28×10^{-3}	化学混凝法	88	
									化学沉淀	80	
									离子交换	99	
									膜分离	99	
						镉	克/吨-产品	0.71	化学混凝法	88	
									化学沉淀	80	
									离子交换	99	
									膜分离	99	
						铅	克/吨-产品	1.82	化学混凝法	88	
									化学沉淀	80	
									离子交换	99	
									膜分离	99	
						砷	克/吨-产品	2.89	化学混凝法	88	
									化学沉淀	80	
									离子交换	99	
									膜分离	99	

3213 镍钴冶炼行业系数表（续表 5）

工段名称	产品名称	原料名称	工艺名称	规模等级	污染物类别	污染物指标	系数单位	产污系数	末端治理技术	末端治理技术平均去除效率/%	参考 k 值计算公式
—	高冰镍	硫化镍精矿	顶吹熔炼	所有规模	废水	镍	克/吨-产品	206.22	化学混凝法	88	k=废水治理设施运行时间（小时/年）/企业正常生产时间（小时/年）
									化学沉淀	80	
									离子交换	99	
									膜分离	99	
						钴	克/吨-产品	24.51	化学混凝法	88	
									化学沉淀	80	
									离子交换	99	
									膜分离	99	
					废气	工业废气量	标米^3/吨-产品	47037	—	—	k=废气治理设施运行时间（小时/年）/企业正常生产时间（小时/年）
						颗粒物	千克/吨-产品	450.63	湿法除尘（动力波）	99	
									袋式除尘	98	
									旋风除尘	50	
									静电除尘	99.5	
						颗粒物（无组织排放）	千克/吨-产品	0.95	—	—	
						二氧化硫	千克/吨-产品	24.74	氨法	95	
									石灰/石膏法	90	
									石灰石/石膏法	85	
									活性炭（焦）法	95	
						氮氧化物	千克/吨-产品	3.96	—	—	—
					固废	一般工业固废	吨/吨-产品	11.43	贮存/综合利用	—	—
						危险废物	吨/吨-产品	99.00×10^{-3}	安全处置/综合利用/贮存	—	—

3213 镍钴冶炼行业系数表（续表 6）

工段名称	产品名称	原料名称	工艺名称	规模等级	污染物类别	污染物指标	系数单位	产污系数	末端治理技术	末端治理技术平均去除效率/%	参考 k 值计算公式
—	电镍	高冰镍	磨浮+电解	所有规模	废水	工业废水量	吨/吨-产品	9.33	—	—	k=废水治理设施运行时间（小时/年）/企业正常生产时间（小时/年）
						化学需氧量	克/吨-产品	7222.56	化学混凝法	70	
									沉淀分离	30	
									膜分离	99	
						氨氮	克/吨-产品	60.50	化学混凝法	20	
									沉淀分离	10	
						总氮	克/吨-产品	159.36	化学混凝法	20	
									沉淀分离	10	
						石油类	克/吨-产品	124.67	化学混凝法	75	
						汞	克/吨-产品	33.40×10^{-3}	化学混凝法	88	
									化学沉淀	80	
									离子交换	99	
									膜分离	99	
						镉	克/吨-产品	2.91	化学混凝法	88	
									化学沉淀	80	
									离子交换	99	
									膜分离	99	
						铅	克/吨-产品	5.10	化学混凝法	88	
									化学沉淀	80	
									离子交换	99	
									膜分离	99	

3213 镍钴冶炼行业系数表（续表 7）

工段名称	产品名称	原料名称	工艺名称	规模等级	污染物类别	污染物指标	系数单位	产污系数	末端治理技术	末端治理技术平均去除效率/%	参考 k 值计算公式
—	电镍	高冰镍	磨浮+电解	所有规模	废水	砷	克/吨-产品	6.96	化学混凝法	88	k=废水治理设施运行时间（小时/年）/企业正常生产时间（小时/年）
									化学沉淀	80	
									离子交换	99	
									膜分离	99	
						镍	克/吨-产品	111.34	化学混凝法	88	
									化学沉淀	80	
									离子交换	99	
									膜分离	99	
						钴	克/吨-产品	13.13	化学混凝法	88	
									化学沉淀	80	
									离子交换	99	
									膜分离	99	
					废气	工业废气量	标米^3/吨-产品	27268	—	—	k=废气治理设施运行时间（小时/年）/企业正常生产时间（小时/年）
						颗粒物	千克/吨-产品	0.71	湿法除尘（动力波）	99	
									袋式除尘	98	
									旋风除尘	50	
									静电除尘	99.5	
					固废	一般工业固废	吨/吨-产品	17.00×10^{-3}	贮存/综合利用	—	—
						危险废物	吨/吨-产品	0.25	安全处置/综合利用/贮存	—	—

3213 镍钴冶炼行业系数表（续表 8）

工段名称	产品名称	原料名称	工艺名称	规模等级	污染物类别	污染物指标	系数单位	产污系数	末端治理技术	末端治理技术平均去除效率/%	参考 *k* 值计算公式
—	电镍	高冰镍	浸出-电积	所有规模	废水	工业废水量	吨/吨-产品	14.14	—	—	*k*=废水治理设施运行时间（小时/年）/企业正常生产时间（小时/年）
						化学需氧量	克/吨-产品	28987.01	化学混凝法	70	
									沉淀分离	30	
									膜分离	99	
						氨氮	克/吨-产品	99.69	化学混凝法	20	
									沉淀分离	10	
						总氮	克/吨-产品	241.51	化学混凝法	20	
									沉淀分离	10	
						石油类	克/吨-产品	226.24	化学混凝法	75	
						汞	克/吨-产品	14.14×10^{-3}	化学混凝法	88	
									化学沉淀	80	
									离子交换	99	
									膜分离	99	
						镉	克/吨-产品	4.67	化学混凝法	88	
									化学沉淀	80	
									离子交换	99	
									膜分离	99	
						铅	克/吨-产品	10.61	化学混凝法	88	
									化学沉淀	80	
									离子交换	99	
									膜分离	99	
						砷	克/吨-产品	14.42	化学混凝法	88	
									化学沉淀	80	
									离子交换	99	
									膜分离	99	

3213 镍钴冶炼行业系数表（续表 9）

工段名称	产品名称	原料名称	工艺名称	规模等级	污染物类别	污染物指标	系数单位	产污系数	末端治理技术	末端治理技术平均去除效率/%	参考 k 值计算公式
—	电镍	高冰镍	浸出-电积	所有规模	废水	镍	克/吨-产品	258.76	化学混凝法	88	k=废水治理设施运行时间（小时/年）/企业正常生产时间（小时/年）
									化学沉淀	80	
									离子交换	99	
									膜分离	99	
						钴	克/吨-产品	14.14	化学混凝法	88	
									化学沉淀	80	
									离子交换	99	
									膜分离	99	
					废气	工业废气量	标米 ^{3}/吨-产品	354	—	—	k=废气治理设施运行时间（小时/年）/企业正常生产时间（小时/年）
						颗粒物	千克/吨-产品	0.41	湿法除尘（动力波）	99	
									袋式除尘	98	
									旋风除尘	50	
									静电除尘	99.5	
					固废	一般工业固废	吨/吨-产品	26.00×10^{-3}	贮存/综合利用	—	—
						危险废物	吨/吨-产品	0.24	安全处置/综合利用/贮存	—	—

3213 镍钴冶炼行业系数表（续表 10）

工段名称	产品名称	原料名称	工艺名称	规模等级	污染物类别	污染物指标	系数单位	产污系数	末端治理技术	末端治理技术平均去除效率/%	参考 k 值计算公式
—	电镍	氧化镍矿	加压浸出+电解	所有规模	废水	工业废水量	吨/吨-产品	6.35	—	—	k=废水治理设施运行时间（小时/年）/企业正常生产时间（小时/年）
						化学需氧量	克/吨-产品	1482.00	化学混凝法	70	
									沉淀分离	30	
									膜分离	99	
						氨氮	克/吨-产品	43.20	化学混凝法	20	
									沉淀分离	10	
						总氮	克/吨-产品	108.46	化学混凝法	20	
									沉淀分离	10	
						石油类	克/吨-产品	215.50	化学混凝法	75	
						汞	克/吨-产品	46.00×10^{-3}	化学混凝法	88	
									化学沉淀	80	
									离子交换	99	
									膜分离	99	
						镉	克/吨-产品	0.88	化学混凝法	88	
									化学沉淀	80	
									离子交换	99	
									膜分离	99	
						铅	克/吨-产品	3.55	化学混凝法	88	
									化学沉淀	80	
									离子交换	99	
									膜分离	99	
						砷	克/吨-产品	2.15	化学混凝法	88	
									化学沉淀	80	
									离子交换	99	
									膜分离	99	

3213 镍钴冶炼行业系数表（续表 11）

工段名称	产品名称	原料名称	工艺名称	规模等级	污染物类别	污染物指标	系数单位	产污系数	末端治理技术	末端治理技术平均去除效率/%	参考 k 值计算公式
—	电镍	氧化镍矿	加压浸出+电解	所有规模	废水	镍	克/吨-产品	79.48	化学混凝法	88	k=废水治理设施运行时间（小时/年）/企业正常生产时间（小时/年）
									化学沉淀	80	
									离子交换	99	
									膜分离	99	
						钴	克/吨-产品	10.64	化学混凝法	88	
									化学沉淀	80	
									离子交换	99	
									膜分离	99	
					废气	工业废气量	标米 ^{3}/吨-产品	9625	—	—	k=废气治理设施运行时间（小时/年）/企业正常生产时间（小时/年）
						颗粒物	千克/吨-产品	0.35	湿法除尘（动力波）	99	
									袋式除尘	98	
									旋风除尘	50	
									静电除尘	99.5	
						二氧化硫	千克/吨-产品	0.88	氨法	95	
									石灰/石膏法	90	
									石灰石/石膏法	85	
									活性炭（焦）法	95	
						氮氧化物	千克/吨-产品	0.45	—	—	—
					固废	一般工业固废	吨/吨-产品	55.45	贮存/综合利用	—	—
						危险废物	吨/吨-产品	1.56	安全处置/综合利用/贮存	—	—

3213 镍钴冶炼行业系数表（续表 12）

工段名称	产品名称	原料名称	工艺名称	规模等级	污染物类别	污染物指标	系数单位	产污系数	末端治理技术	末端治理技术平均去除效率/%	参考 *k* 值计算公式
—	电镍	氧化镍矿	常压浸出+电解	所有规模	废水	工业废水量	吨/吨-产品	6.86	—	—	*k*=废水治理设施运行时间（小时/年）/企业正常生产时间（小时/年）
						化学需氧量	克/吨-产品	1632.00	化学混凝法	70	
									沉淀分离	30	
									膜分离	99	
						氨氮	克/吨-产品	58.87	化学混凝法	20	
									沉淀分离	10	
						总氮	克/吨-产品	117.17	化学混凝法	20	
									沉淀分离	10	
						石油类	克/吨-产品	289.34	化学混凝法	75	
						汞	克/吨-产品	68.00×10^{-3}	化学混凝法	88	
									化学沉淀	80	
									离子交换	99	
									膜分离	99	
						镉	克/吨-产品	4.40	化学混凝法	88	
									化学沉淀	80	
									离子交换	99	
									膜分离	99	
						铅	克/吨-产品	4.25	化学混凝法	88	
									化学沉淀	80	
									离子交换	99	
									膜分离	99	
						砷	克/吨-产品	23.54	化学混凝法	88	
									化学沉淀	80	
									离子交换	99	
									膜分离	99	

3213 镍钴冶炼行业系数表（续表 13）

工段名称	产品名称	原料名称	工艺名称	规模等级	污染物类别	污染物指标	系数单位	产污系数	末端治理技术	末端治理技术平均去除效率/%	参考 k 值计算公式
—	电镍	氧化镍矿	常压浸出+电解	所有规模	废水	镍	克/吨-产品	308.14	化学混凝法	88	k=废水治理设施运行时间（小时/年）/企业正常生产时间（小时/年）
									化学沉淀	80	
									离子交换	99	
									膜分离	99	
						钴	克/吨-产品	127.25	化学混凝法	88	
									化学沉淀	80	
									离子交换	99	
									膜分离	99	
					废气	工业废气量	标米^3/吨-产品	10984	—	—	k=废气治理设施运行时间（小时/年）/企业正常生产时间（小时/年）
						颗粒物	千克/吨-产品	0.15	湿法除尘（动力波）	99	
									袋式除尘	98	
									旋风除尘	50	
									静电除尘	99.5	
						二氧化硫	千克/吨-产品	0.94	氨法	95	
									石灰/石膏法	90	
									石灰石/石膏法	85	
									活性炭（焦）法	95	
						氮氧化物	千克/吨-产品	0.54	—	—	—
					固废	一般工业固废	吨/吨-产品	55.49	贮存/综合利用	—	—
						危险废物	吨/吨-产品	1.59	安全处置/综合利用/贮存	—	—

3213 镍钴冶炼行业系数表（续表 14）

工段名称	产品名称	原料名称	工艺名称	规模等级	污染物类别	污染物指标	系数单位	产污系数	末端治理技术	末端治理技术平均去除效率/%	参考 k 值计算公式
—	电镍	氧化镍矿	强化常压浸出+电解	所有规模	废水	工业废水量	吨/吨-产品	6.55	—	—	k=废水治理设施运行时间（小时/年）/企业正常生产时间（小时/年）
						化学需氧量	克/吨-产品	1547.00	化学混凝法	70	
									沉淀分离	30	
									膜分离	99	
						氨氮	克/吨-产品	50.40	化学混凝法	20	
									沉淀分离	10	
						总氮	克/吨-产品	111.87	化学混凝法	20	
									沉淀分离	10	
						石油类	克/吨-产品	250.40	化学混凝法	75	
						汞	克/吨-产品	32.00×10^{-3}	化学混凝法	88	
									化学沉淀	80	
									离子交换	99	
									膜分离	99	
						镉	克/吨-产品	2.45	化学混凝法	88	
									化学沉淀	80	
									离子交换	99	
									膜分离	99	
						铅	克/吨-产品	2.37	化学混凝法	88	
									化学沉淀	80	
									离子交换	99	
									膜分离	99	
						砷	克/吨-产品	20.45	化学混凝法	88	
									化学沉淀	80	
									离子交换	99	
									膜分离	99	

3213 镍钴冶炼行业系数表（续表 15）

工段名称	产品名称	原料名称	工艺名称	规模等级	污染物类别	污染物指标	系数单位	产污系数	末端治理技术	末端治理技术平均去除效率/%	参考 *k* 值计算公式
—	电镍	氧化镍矿	强化常压浸出+电解	所有规模	废水	镍	克/吨-产品	258.54	化学混凝法	88	*k*=废水治理设施运行时间（小时/年）/企业正常生产时间（小时/年）
									化学沉淀	80	
									离子交换	99	
									膜分离	99	
						钴	克/吨-产品	95.68	化学混凝法	88	
									化学沉淀	80	
									离子交换	99	
									膜分离	99	
					废气	工业废气量	标米^3/吨-产品	9472	—	—	
						颗粒物	千克/吨-产品	0.36	湿法除尘（动力波）	99	*k*=废气治理设施运行时间（小时/年）/企业正常生产时间（小时/年）
									袋式除尘	98	
									旋风除尘	50	
									静电除尘	99.5	
						二氧化硫	千克/吨-产品	0.82	氨法	95	
									石灰/石膏法	90	
									石灰石/石膏法	85	
									活性炭（焦）法	95	
						氮氧化物	千克/吨-产品	0.56	—	—	—
					固废	一般工业固废	吨/吨-产品	55.65	贮存/综合利用	—	—
						危险废物	吨/吨-产品	1.65	安全处置/综合利用/贮存	—	—

3213 镍钴冶炼行业系数表（续表 16）

工段名称	产品名称	原料名称	工艺名称	规模等级	污染物类别	污染物指标	系数单位	产污系数	末端治理技术	末端治理技术平均去除效率/%	参考 k 值计算公式
—	镍铁	红土镍矿	回转窑还原焙烧+精炼	所有规模	废水	工业废水量	吨/吨-产品	3.70	—	—	k=废水治理设施运行时间（小时/年）/企业正常生产时间（小时/年）
						化学需氧量	克/吨-产品	541.12	化学混凝法	70	
									沉淀分离	30	
									膜分离	99	
						氨氮	克/吨-产品	45.57	化学混凝法	20	
									沉淀分离	10	
						总氮	克/吨-产品	63.2	化学混凝法	20	
									沉淀分离	10	
						石油类	克/吨-产品	74.91	化学混凝法	75	
						汞	克/吨-产品	35.91×10^{-3}	化学混凝法	88	
									化学沉淀	80	
									离子交换	99	
									膜分离	99	
						镉	克/吨-产品	0.82	化学混凝法	88	
									化学沉淀	80	
									离子交换	99	
									膜分离	99	
						铅	克/吨-产品	1.59	化学混凝法	88	
									化学沉淀	80	
									离子交换	99	
									膜分离	99	
						砷	克/吨-产品	1.01	化学混凝法	88	
									化学沉淀	80	
									离子交换	99	
									膜分离	99	

3213 镍钴冶炼行业系数表（续表 17）

工段名称	产品名称	原料名称	工艺名称	规模等级	污染物类别	污染物指标	系数单位	产污系数	末端治理技术	末端治理技术平均去除效率/%	参考 k 值计算公式
—	镍铁	红土镍矿	回转窑还原焙烧+精炼	所有规模	废水	镍	克/吨-产品	0.32	化学混凝法	88	k=废水治理设施运行时间（小时/年）/企业正常生产时间（小时/年）
									化学沉淀	80	
									离子交换	99	
									膜分离	99	
						钴	克/吨-产品	0.33	化学混凝法	88	
									化学沉淀	80	
									离子交换	99	
									膜分离	99	
					废气	工业废气量	标米 ^{3}/吨-产品	38095	—	—	k=废气治理设施运行时间（小时/年）/企业正常生产时间（小时/年）
						颗粒物	千克/吨-产品	521.88	湿法除尘（动力波）	99	
									袋式除尘	98	
									旋风除尘	50	
									静电除尘	99.5	
						颗粒物（无组织排放）	千克/吨-产品	0.95	—	—	
						二氧化硫	千克/吨-产品	24.18	氨法	95	
									石灰/石膏法	90	
									石灰石/石膏法	85	
									活性炭（焦）法	95	
						氮氧化物	千克/吨-产品	5.59	—	—	—
					固废	一般工业固废	吨/吨-产品	8.93	贮存/综合利用	—	—
						危险废物	吨/吨-产品	0.92	安全处置/综合利用/贮存	—	—

3213 镍钴冶炼行业系数表（续表 18）

工段名称	产品名称	原料名称	工艺名称	规模等级	污染物类别	污染物指标	系数单位	产污系数	末端治理技术	末端治理技术平均去除效率/%	参考 k 值计算公式
—	镍铁	红土镍矿	烧结+鼓风炉熔炼	所有规模	废水	工业废水量	吨/吨-产品	2.31	—	—	k=废水治理设施运行时间（小时/年）/企业正常生产时间（小时/年）
						化学需氧量	克/吨-产品	475.68	化学混凝法	70	
									沉淀分离	30	
									膜分离	99	
						氨氮	克/吨-产品	37.84	化学混凝法	20	
									沉淀分离	10	
						总氮	克/吨-产品	39.45	化学混凝法	20	
									沉淀分离	10	
						石油类	克/吨-产品	67.98	化学混凝法	75	
						汞	克/吨-产品	41.7×10^{-3}	化学混凝法	88	
									化学沉淀	80	
									离子交换	99	
									膜分离	99	
						镉	克/吨-产品	0.92	化学混凝法	88	
									化学沉淀	80	
									离子交换	99	
									膜分离	99	
						铅	克/吨-产品	1.90	化学混凝法	88	
									化学沉淀	80	
									离子交换	99	
									膜分离	99	
						砷	克/吨-产品	1.02	化学混凝法	88	
									化学沉淀	80	
									离子交换	99	
									膜分离	99	

3213 镍钴冶炼行业系数表（续表 19）

工段名称	产品名称	原料名称	工艺名称	规模等级	污染物类别	污染物指标	系数单位	产污系数	末端治理技术	末端治理技术平均去除效率/%	参考 k 值计算公式
—	镍铁	红土镍矿	烧结+鼓风炉熔炼	所有规模	废水	镍	克/吨-产品	0.23	化学混凝法	88	k=废水治理设施运行时间（小时/年）/企业正常生产时间（小时/年）
									化学沉淀	80	
									离子交换	99	
									膜分离	99	
						钴	克/吨-产品	0.36	化学混凝法	88	
									化学沉淀	80	
									离子交换	99	
									膜分离	99	
					废气	工业废气量	标米^3/吨-产品	35417	—	—	k=废气治理设施运行时间（小时/年）/企业正常生产时间（小时/年）
						颗粒物	千克/吨-产品	79.14	湿法除尘（动力波）	99	
									袋式除尘	98	
									旋风除尘	50	
									静电除尘	99.5	
						颗粒物（无组织排放）	千克/吨-产品	0.95	—	—	
						二氧化硫	千克/吨-产品	23.90	氨法	95	
									石灰/石膏法	90	
									石灰石/石膏法	85	
									活性炭（焦）法	95	
						氮氧化物	千克/吨-产品	4.56	—	—	—
					固废	一般工业固废	吨/吨-产品	11.37	贮存/综合利用	—	—
						危险废物	吨/吨-产品	1.06	安全处置/综合利用/贮存	—	—

3213 镍钴冶炼行业系数表（续表 20）

工段名称	产品名称	原料名称	工艺名称	规模等级	污染物类别	污染物指标	系数单位	产污系数	末端治理技术	末端治理技术平均去除效率/%	参考 k 值计算公式
—	钴盐	钴精矿	电炉熔炼	所有规模	废水	工业废水量	吨/吨-产品	4.61	—	—	k=废水治理设施运行时间（小时/年）/企业正常生产时间（小时/年）
						化学需氧量	克/吨-产品	3994.52	化学混凝法	70	
									沉淀分离	30	
									膜分离	99	
						氨氮	克/吨-产品	2987.65	化学混凝法	20	
									沉淀分离	10	
						总氮	克/吨-产品	69.15	化学混凝法	20	
									沉淀分离	10	
						石油类	克/吨-产品	103.24	化学混凝法	75	
						汞	克/吨-产品	7.68×10^{-3}	化学混凝法	88	
									化学沉淀	80	
									离子交换	99	
									膜分离	99	
						镉	克/吨-产品	0.046	化学混凝法	88	
									化学沉淀	80	
									离子交换	99	
									膜分离	99	
						铅	克/吨-产品	1.18	化学混凝法	88	
									化学沉淀	80	
									离子交换	99	
									膜分离	99	
						砷	克/吨-产品	0.52	化学混凝法	88	
									化学沉淀	80	
									离子交换	99	
									膜分离	99	

3213 镍钴冶炼行业系数表（续表 21）

工段名称	产品名称	原料名称	工艺名称	规模等级	污染物类别	污染物指标	系数单位	产污系数	末端治理技术	末端治理技术平均去除效率/%	参考 k 值计算公式
—	钴盐	钴精矿	电炉熔炼	所有规模	废水	镍	克/吨-产品	16.96	化学混凝法	88	k=废水治理设施运行时间（小时/年）/企业正常生产时间（小时/年）
									化学沉淀	80	
									离子交换	99	
									膜分离	99	
						钴	克/吨-产品	22.51	化学混凝法	88	
									化学沉淀	80	
									离子交换	99	
									膜分离	99	
					废气	工业废气量	标米 ^{3}/吨-产品	119845	—	—	k=废气治理设施运行时间（小时/年）/企业正常生产时间（小时/年）
						颗粒物	千克/吨-产品	48.25	湿法除尘（动力波）	99	
									袋式除尘	98	
									旋风除尘	50	
									静电除尘	99.5	
						颗粒物（无组织排放）	千克/吨-产品	0.95	—	—	
						二氧化硫	千克/吨-产品	4.04	氨法	95	
									石灰/石膏法	90	
									石灰石/石膏法	85	
									活性炭（焦）法	95	
						氮氧化物	千克/吨-产品	1.96	—	—	—
					固废	一般工业固废	吨/吨-产品	0.23	贮存/综合利用	—	—
						危险废物	吨/吨-产品	0.12	安全处置/综合利用/贮存	—	—

3213 镍钴冶炼行业系数表（续表 22）

工段名称	产品名称	原料名称	工艺名称	规模等级	污染物类别	污染物指标	系数单位	产污系数	末端治理技术	末端治理技术平均去除效率/%	参考 k 值计算公式
—	钴盐	钴精矿	焙烧	所有规模	废水	工业废水量	吨/吨-产品	3.88	—	—	k=废水治理设施运行时间（小时/年）/企业正常生产时间（小时/年）
						化学需氧量	克/吨-产品	4539.60	化学混凝法	70	
									沉淀分离	30	
									膜分离	99	
						氨氮	克/吨-产品	3076.84	化学混凝法	20	
									沉淀分离	10	
						总氮	克/吨-产品	58.2	化学混凝法	20	
									沉淀分离	10	
						石油类	克/吨-产品	104.76	化学混凝法	75	
						汞	克/吨-产品	7.76×10^{-3}	化学混凝法	88	
									化学沉淀	80	
									离子交换	99	
									膜分离	99	
						镉	克/吨-产品	47.00×10^{-3}	化学混凝法	88	
									化学沉淀	80	
									离子交换	99	
									膜分离	99	
						铅	克/吨-产品	1.16	化学混凝法	88	
									化学沉淀	80	
									离子交换	99	
									膜分离	99	
						砷	克/吨-产品	0.54	化学混凝法	88	
									化学沉淀	80	
									离子交换	99	
									膜分离	99	

3213 镍钴冶炼行业系数表（续表 23）

工段名称	产品名称	原料名称	工艺名称	规模等级	污染物类别	污染物指标	系数单位	产污系数	末端治理技术	末端治理技术平均去除效率/%	参考 k 值计算公式
—	钴盐	钴精矿	焙烧	所有规模	废水	镍	克/吨-产品	17.42	化学混凝法	88	k=废水治理设施运行时间（小时/年）/企业正常生产时间（小时/年）
									化学沉淀	80	
									离子交换	99	
									膜分离	99	
						钴	克/吨-产品	22.27	化学混凝法	88	
									化学沉淀	80	
									离子交换	99	
									膜分离	99	
					废气	工业废气量	标米^3/吨-产品	120300	—	—	k=废气治理设施运行时间（小时/年）/企业正常生产时间（小时/年）
						颗粒物	千克/吨-产品	49.44	湿法除尘（动力波）	99	
									袋式除尘	98	
									旋风除尘	50	
									静电除尘	99.5	
						颗粒物（无组织排放）	千克/吨-产品	0.95	—	—	
						二氧化硫	千克/吨-产品	3.37	氨法	95	
									石灰/石膏法	90	
									石灰石/石膏法	85	
									活性炭（焦）法	95	
						氮氧化物	千克/吨-产品	12.03	—	—	—
					固废	一般工业固废	吨/吨-产品	0.20	贮存/综合利用	—	—
						危险废物	吨/吨-产品	0.10	安全处置/综合利用/贮存	—	—

3213 镍钴冶炼行业系数表（续表 24）

工段名称	产品名称	原料名称	工艺名称	规模等级	污染物类别	污染物指标	系数单位	产污系数	末端治理技术	末端治理技术平均去除效率/%	参考 k 值计算公式
—	电积钴	含钴渣或钴盐	浸出+萃取+电积工艺	所有规模	废水	工业废水量	吨/吨-产品	32.80	—	—	k=废水治理设施运行时间（小时/年）/企业正常生产时间（小时/年）
						化学需氧量	克/吨-产品	65597.00	化学混凝法	70	
									沉淀分离	30	
									膜分离	99	
						氨氮	克/吨-产品	164.00	化学混凝法	20	
									沉淀分离	10	
						总氮	克/吨-产品	2132.00	化学混凝法	20	
									沉淀分离	10	
									中和法+化学混凝法+沉淀分离+膜分离	80	
						石油类	克/吨-产品	655.97	化学混凝法	75	
						汞	克/吨-产品	65.60×10^{-3}	化学混凝法	88	
									化学沉淀	80	
									离子交换	99	
									膜分离	99	
						镉	克/吨-产品	1.64	化学混凝法	88	
									化学沉淀	80	
									离子交换	99	
									膜分离	99	
						铅	克/吨-产品	3.28	化学混凝法	88	
									化学沉淀	80	
									离子交换	99	
									膜分离	99	
						砷	克/吨-产品	8.20	化学混凝法	88	
									化学沉淀	80	
									离子交换	99	
									膜分离	99	

3213 镍钴冶炼行业系数表（续表 25）

工段名称	产品名称	原料名称	工艺名称	规模等级	污染物类别	污染物指标	系数单位	产污系数	末端治理技术	末端治理技术平均去除效率/%	参考 k 值计算公式
—	电积钴	含钴渣或钴盐	浸出+萃取+电积工艺	所有规模	废水	镍	克/吨-产品	59.20	化学混凝法	88	k=废水治理设施运行时间（小时/年）/企业正常生产时间（小时/年）
									化学沉淀	80	
									离子交换	99	
									膜分离	99	
						钴	克/吨-产品	59.04	化学混凝法	88	
									化学沉淀	80	
									离子交换	99	
									膜分离	99	
					废气	工业废气量	标米 ^{3}/吨-产品	34600	—	—	k=废气治理设施运行时间（小时/年）/企业正常生产时间（小时/年）
						颗粒物	千克/吨-产品	0.35	湿法除尘（动力波）	99	
									袋式除尘	98	
									旋风除尘	50	
									静电除尘	99.5	
						二氧化硫	千克/吨-产品	3.46	氨法	95	
									石灰/石膏法	90	
									石灰石/石膏法	85	
									活性炭（焦）法	95	
						氮氧化物	千克/吨-产品	0.52	—	—	—
					固废	一般工业固废	吨/吨-产品	0.82	贮存/综合利用	—	—
						危险废物	吨/吨-产品	0.50	安全处置/综合利用/贮存	—	—

3213 镍钴冶炼行业系数表（续表 26）

工段名称	产品名称	原料名称	工艺名称	规模等级	污染物类别	污染物指标	系数单位	产污系数	末端治理技术	末端治理技术平均去除效率/%	参考 k 值计算公式
—	钴盐	钴矿	浸出+萃取+除杂工艺	所有规模	废水	工业废水量	吨/吨-产品	77.42	—	—	k=废水治理设施运行时间（小时/年）/企业正常生产时间（小时/年）
						化学需氧量	克/吨-产品	195908.16	化学混凝法	70	
									沉淀分离	30	
									膜分离	99	
						氨氮	克/吨-产品	130.68	化学混凝法	20	
									沉淀分离	10	
						总氮	克/吨-产品	5032.3	化学混凝法	20	
									沉淀分离	10	
									中和法+化学混凝法+沉淀分离+膜分离	80	
						石油类	克/吨-产品	665.53	化学混凝法	75	
						汞	克/吨-产品	65.85×10^{-3}	化学混凝法	88	
									化学沉淀	80	
									离子交换	99	
									膜分离	99	
						镉	克/吨-产品	59.04	化学混凝法	88	
									化学沉淀	80	
									离子交换	99	
									膜分离	99	
						铅	克/吨-产品	7.04	化学混凝法	88	
									化学沉淀	80	
									离子交换	99	
									膜分离	99	
						砷	克/吨-产品	1.01	化学混凝法	88	
									化学沉淀	80	
									离子交换	99	
									膜分离	99	

3213 镍钴冶炼行业系数表（续表 27）

工段名称	产品名称	原料名称	工艺名称	规模等级	污染物类别	污染物指标	系数单位	产污系数	末端治理技术	末端治理技术平均去除效率/%	参考 k 值计算公式
—	钴盐	钴矿	浸出+萃取+除杂工艺	所有规模	废水	镍	克/吨-产品	73.83	化学混凝法	88	k=废水治理设施运行时间（小时/年）/企业正常生产时间（小时/年）
									化学沉淀	80	
									离子交换	99	
									膜分离	99	
						钴	克/吨-产品	105.49	化学混凝法	88	
									化学沉淀	80	
									离子交换	99	
									膜分离	99	
					废气	工业废气量	标米 ^{3}/吨-产品	63158	—	—	k=废气治理设施运行时间（小时/年）/企业正常生产时间（小时/年）
						颗粒物	千克/吨-产品	0.50	湿法除尘（动力波）	99	
									袋式除尘	98	
									旋风除尘	50	
									静电除尘	99.5	
						二氧化硫	千克/吨-产品	1.40	氨法	95	
									石灰/石膏法	90	
									石灰石/石膏法	85	
									活性炭（焦）法	95	
						氮氧化物	千克/吨-产品	0.49	—	—	—
					固废	一般工业固废	吨/吨-产品	1.57	贮存/综合利用	—	—
						危险废物	吨/吨-产品	0.46	安全处置/综合利用/贮存	—	—

3214 锡冶炼业

1 适用范围

本手册仅用于《国民经济行业分类》（GB/T 4754—2017）中 3214 锡冶炼行业使用系数法核算工业污染物产生量和排放量的工业企业。

利用本手册进行产排污核算得出的污染物产生量与排放量仅代表了特定行业、工艺、产品、原料在正常工况下污染物产生与排放的一般规律。

本行业废水指标包括工业废水量、化学需氧量、氨氮、总氮、石油类、汞、镉、铅、砷、铬、锡、锑；废气指标包括工业废气量、颗粒物、颗粒物（无组织）、二氧化硫、氮氧化物；固废指标包括一般工业固废、危险废物。

2 注意事项

2.1 企业有多种生产工艺或生产多类产品产排污量核算

污染物产生量与产品产量有关，根据不同核算环节计算产污量后，再根据企业末端治理设施和运行情况计算各污染物的排放量。

企业某污染物指标的产生量、排放量为各核算环节产生量、排放量之和。

在企业实际排放量计算过程中，如果存在废水回用的情况，需要在利用产排污核算公式的基础上扣除废水回用的部分。公式如下：

实际排放量=计算排放量×（1–废水回用率）

2.2 采用多种治理设施组合处理企业的排污量核算

在排污量计算选择末端治理技术时，若没有对应的组合治理技术，以主要治理技术为准。

2.3 其他需要说明的问题

由于不同企业工业废气量、废水量差异较大，本手册所提供的工业废气量、废水量系数仅供参考。

为体现相同产污水平条件下，采用相同环保治理设施的不同企业对同一污染物去除效果的差异，引入末端治理设施实际运行率（k）对污染治理技术的实际去除率进行修正。k 值反映的是污染治理设施运行的状态，越稳定运行，k 值越高；在取值上，若定义连续稳定运行的理想状态为 1，则 k 取值在 0～1 之间。

本手册给出本行业的 k 计算公式仅供参考，使用时，可根据 k 值定义，选取更适合企业实际情况的表达方式。

3 污染物排放量核算方法

3.1 计算工段污染物产生量

（1）根据产品、原料、污染物产生的主导生产工艺、企业规模（生产产能）这一组合查找和确定所对应的某一污染物的产污系数。

（2）根据该污染物的产污系数计量单位——单位产品产量，获取企业实际产品产量。

例如，某组合内化学需氧量的产污系数单位为克/吨-产品，则计算产生量时需要获取企业实际产品产量。

（3）污染物产生量按以下公式进行计算：

污染物产生量=污染物对应的产污系数×产品产量

$$G_{产i} = P_{产i} \times M_i$$

式中，$G_{产i}$——工段 i 某污染物的产生量；

$P_{产i}$——工段 i 某污染物对应的产污系数；

M_i——工段 i 的产品产量。

3.2 计算污染物去除量

（1）根据企业对某一污染物所采用的治理技术查找和选择相应的治理技术平均去除效率。

（2）根据所填报的污染治理设施实际运行率参数及其计算公式得出该企业某一污染物的治理设施实际运行率（k 值）。

（3）污染物去除量按以下公式进行计算：

污染物去除量=污染物产生量×污染物去除率=污染物产生量×治理技术平均去除效率×治理设施实际运行率

$$R_{减i} = G_{产i} \times \eta_T \times k_T$$

式中，$R_{减i}$——工段 i 某污染物的去除量；

η_T——工段 i 某污染物采用的末端治理技术的平均去除效率；

k_T——工段 i 某污染物采用的末端治理设施的实际运行率。

3.3 计算污染物排放量

污染物排放量=污染物产生量–污染物去除量

=污染物对应的产污系数×产品产量–污染物产生量×治理技术平均去除效率×治理设施实际运行率

3.4 计算企业污染物排放量

同一企业某污染物全年的产生（排放）总量为该企业同年实际生产的全部工段、产品、原料、规模污染物产生（排放）量之和。

$$E_{排} = G_{产} - R_{减} = \sum (G_{产i} - R_{减i})$$
$$= \sum \left[P_{产i} \times M_i (1 - \eta_T \times k_T) \right]$$

若企业有废水回用，则污染物排放量计算：

$$E_{排} = (G_{产} - R_{减}) \times (1 - C_{回用})$$

式中，$C_{回用}$——废水回用率。

4 污染物排放量核算案例

某锡冶炼企业主要从事精锡锭的生产。该企业涉及的主要污染指标为工业废水量、化学需氧量、氨氮、总氮、石油类、汞、镉、铅、铬、砷、锡、锑、工业废气量、颗粒物、二氧化硫、氮氧化物、一般工业固废、危险废物。以化学需氧量为例说明排放量计算过程。

该企业基本信息如表 1 所示。

表 1 某锡冶炼企业基本信息

原料名称	锡精矿
产品名称	精锡锭
年产量	59909 吨
工艺名称	两段熔炼
污染治理技术	化学混凝法
废水回用率	95%
废水治理设施运行时间	7920 小时
企业年正常生产时间	7920 小时

4.1 化学需氧量产生量计算

（1）查找产污系数及其计量单位

根据企业基本信息，查找本手册中主要产品为精锡锭，主要原料为锡精矿，主要工艺为两段熔炼，生产规模为所有规模。该组合化学需氧量的产污系数为 544.42，单位为克/吨-产品。

（2）获取企业产品产量

该企业实际情况为：精锡锭 2017 年产量为 59909 吨。

（3）计算化学需氧量产生量

由于查询到的组合中化学需氧量产污系数的单位为克/吨-产品，因此在核算化学需氧量产生量时需获取产品产量。

化学需氧量产生量=化学需氧量产污系数×产品（精锡锭）产量

=544.42 克/吨-产品×59909 吨-产品÷1000

=32615.66 千克

4.2 化学需氧量去除量计算

（1）查找治理技术平均去除效率

该企业化学需氧量治理技术采用化学混凝法，查询相应组合内该工艺的平均去除效率为 70%。

（2）计算污染治理设施实际运行率

根据产污系数组合查询结果，该组合中化学需氧量对应的污染治理设施实际运行率为

k=废水治理设施运行时间/企业年正常生产时间=7920 小时/7920 小时=1

（3）计算化学需氧量去除量

化学需氧量去除量=污染物产生量×治理技术平均去除效率×治理设施实际运行率

=32615.66 千克×70%×1

=22830.96 千克

4.3 化学需氧量排放量计算

企业废水回用率为 95%，则化学需氧量排放量为

化学需氧量排放量=（污染物产生量–污染物去除量）×（1–废水回用率）

=（32615.66 千克– 22830.96 千克）×（1–95%）

=489.2 千克

5 系数表

3214 锡冶炼行业系数表

工段名称	产品名称	原料名称	工艺名称	规模等级	污染物类别	污染物指标	系数单位	产污系数	末端治理技术	末端治理技术平均去除效率/%	参考 k 值计算公式[1]
—	精锡锭	锡精矿	还原熔炼+硫化挥发	所有规模	废水	工业废水量	吨/吨-产品	6.29	—	—	k=废水治理设施运行时间（小时/年）/企业正常生产时间（小时/年）
						化学需氧量	克/吨-产品	425.01	化学混凝法	70	
									沉淀分离	30	
									膜分离	99	
						氨氮	克/吨-产品	66.85	化学混凝法	20	
									沉淀分离	10	
						总氮	克/吨-产品	104.16	化学混凝法	20	
									沉淀分离	10	
						石油类	克/吨-产品	145.72	化学混凝法	75	
						汞	克/吨-产品	895.11×10^{-3}	化学混凝法	88	
									化学沉淀	80	
									离子交换	99	
									膜分离	99	
						镉	克/吨-产品	0.54	化学混凝法	88	
									化学沉淀	80	
									离子交换	99	
									膜分离	99	
						铅	克/吨-产品	4.76	化学混凝法	88	
									化学沉淀	80	
									离子交换	99	
									膜分离	99	
						铬	克/吨-产品	0.51	化学混凝法	88	
									化学沉淀	80	
									离子交换	99	
									膜分离	99	

[1] 该公式仅供参考，使用时，可根据 k 值定义，选取更适合企业实际情况的表达方式。

3214 锡冶炼行业系数表（续表 1）

工段名称	产品名称	原料名称	工艺名称	规模等级	污染物类别	污染物指标	系数单位	产污系数	末端治理技术	末端治理技术平均去除效率/%	参考 k 值计算公式
—	精锡锭	锡精矿	还原熔炼+硫化挥发	所有规模	废水	砷	克/吨-产品	244.02	化学混凝法	88	k=废水治理设施运行时间（小时/年）/企业正常生产时间（小时/年）
									化学沉淀	80	
									离子交换	99	
									膜分离	99	
						锡	克/吨-产品	229.87	化学混凝法	88	
									化学沉淀	80	
									离子交换	99	
									膜分离	99	
						锑	克/吨-产品	59.97	化学沉淀	70	
									离子交换	30	
					废气	工业废气量	标米 ^{3}/吨-产品	36485	—	—	k=废气治理设施运行时间（小时/年）/企业正常生产时间（小时/年）
						颗粒物	千克/吨-产品	326.13	湿法除尘（动力波）	99	
									袋式除尘	98	
									旋风除尘	50	
									静电除尘	99.5	
						颗粒物（无组织排放）	千克/吨-产品	0.76	—	—	
						二氧化硫	千克/吨-产品	33.84	氨法	95	
									石灰/石膏法	90	
									石灰石/石膏法	85	
									活性炭（焦）法	95	
						氮氧化物	千克/吨-产品	2.37	—	—	—
					固废	一般工业固废	吨/吨-产品	1.22	贮存/综合利用	—	—
						危险废物	吨/吨-产品	0.025	安全处置/综合利用/贮存	—	—

3214 锡冶炼行业系数表（续表 2）

工段名称	产品名称	原料名称	工艺名称	规模等级	污染物类别	污染物指标	系数单位	产污系数	末端治理技术	末端治理技术平均去除效率	参考 k 值计算公式
—	精锡锭	锡精矿	两段熔炼	所有规模	废水	工业废水量	吨/吨-产品	7.34	—	—	k=废水治理设施运行时间（小时/年）/企业正常生产时间（小时/年）
						化学需氧量	克/吨-产品	544.42	化学混凝法	70	
									沉淀分离	30	
									膜分离	99	
						氨氮	克/吨-产品	79.71	化学混凝法	20	
									沉淀分离	10	
						总氮	克/吨-产品	121.55	化学混凝法	20	
									沉淀分离	10	
						石油类	克/吨-产品	181.21	化学混凝法	75	
						汞	克/吨-产品	464.59×10^{-3}	化学混凝法	88	
									化学沉淀	80	
									离子交换	99	
									膜分离	99	
						镉	克/吨-产品	5.57	化学混凝法	88	
									化学沉淀	80	
									离子交换	99	
									膜分离	99	
						铅	克/吨-产品	6.91	化学混凝法	88	
									化学沉淀	80	
									离子交换	99	
									膜分离	99	
						铬	克/吨-产品	1.35	化学混凝法	88	
									化学沉淀	80	
									离子交换	99	
									膜分离	99	

3214 锡冶炼行业系数表（续表 3）

工段名称	产品名称	原料名称	工艺名称	规模等级	污染物类别	污染物指标	系数单位	产污系数	末端治理技术	末端治理技术平均去除效率	参考 k 值计算公式
—	精锡锭	锡精矿	两段熔炼	所有规模	废水	砷	克/吨-产品	245.53	化学混凝法	88	k=废水治理设施运行时间（小时/年）/企业正常生产时间（小时/年）
									化学沉淀	80	
									离子交换	99	
									膜分离	99	
						锡	克/吨-产品	284.82	化学混凝法	88	
									化学沉淀	80	
									离子交换	99	
									膜分离	99	
						锑	克/吨-产品	77.28	化学沉淀	70	
									离子交换	30	
					废气	工业废气量	标米^3/吨-产品	66006	—	—	k=废气治理设施运行时间（小时/年）/企业正常生产时间（小时/年）
						颗粒物	千克/吨-产品	123.8	湿法除尘（动力波）	99	
									袋式除尘	98	
									旋风除尘	50	
									静电除尘	99.5	
						颗粒物（无组织排放）	千克/吨-产品	0.765	—	—	
						二氧化硫	千克/吨-产品	53.09	氨法	95	
									石灰/石膏法	90	
									石灰石/石膏法	85	
									活性炭（焦）法	95	
						氮氧化物	千克/吨-产品	2.93	—	—	—
					固废	一般工业固废	吨/吨-产品	1.46	贮存/综合利用	—	—
						危险废物	吨/吨-产品	0.82	安全处置/综合利用/贮存	—	—

3215 锑冶炼业

1 适用范围

本手册仅用于《国民经济行业分类》（GB/T 4754—2017）中 3215 锑冶炼行业使用系数法核算工业污染物产生量和排放量的工业企业。

利用本手册进行产排污核算得出的污染物产生量与排放量仅代表了特定行业、工艺、产品、原料在正常工况下污染物产生与排放的一般规律。

本行业废水指标包括工业废水量、化学需氧量、氨氮、总氮、汞、镉、铅、砷、锑；废气指标包括工业废气量、颗粒物、颗粒物（无组织排放）、二氧化硫、氮氧化物；固废指标包括一般工业固废、危险废物。

2 注意事项

2.1 企业有多种生产工艺或生产多类产品产排污量核算

污染物产生量与产品产量有关，根据不同核算环节计算产污量后，再根据企业末端治理设施和运行情况计算各污染物的排放量。

企业某污染物指标的产生量、排放量为各核算环节产生量、排放量之和。

在企业实际排放量计算过程中，如果存在废水回用的情况，需要在利用产排污核算公式的基础上扣除废水回用的部分。公式如下：

实际排放量=计算排放量×（1–废水回用率）

2.2 采用多种治理设施组合处理企业的排污量核算

在排污量计算选择末端治理技术时，若没有对应的组合治理技术，以主要治理技术为准。

2.3 系数表中未涉及的产污系数及污染治理效率

若存在采用类似于铅冶炼工艺，原料为铅锑精矿，产品为粗铅锑合金的企业，其产污系数参照铅冶炼相应组合的系数。

2.4 其他需要说明的问题

由于不同企业工业废气量、废水量差异较大，本手册所提供的工业废气量、废水量系数仅供参考。

为体现相同产污水平条件下，采用相同环保治理设施的不同企业对同一污染物去除效果的差异，引入末端治理设施实际运行率（k）对污染治理技术的实际去除率进行修正。k 值反映的是污染治理设施运行的状态，越稳定运行，k 值越高；在取值上，若定义连续稳定运行的理想状态为 1，则 k 取

值在 0～1 之间。

本手册给出本行业的 k 计算公式仅供参考，使用时，可根据 k 值定义，选取更适合企业实际情况的表达方式。

3 污染物排放量核算方法

3.1 计算污染物产生量

（1）根据产品、原料、污染物产生的主导生产工艺、企业规模（生产产能）这一组合查找和确定所对应的某一污染物的产污系数。

（2）根据该污染物的产污系数计量单位——单位产品产量，获取企业实际产品产量。

例如，某组合内颗粒物的产污系数单位为千克/吨-产品，则计算产生量时需要调用企业实际产品产量。

（3）污染物产生量按以下公式进行计算：

污染物产生量=污染物对应的产污系数×产品产量

$$G_{产i} = P_{产i} \times M_i$$

式中，$G_{产i}$——工段 i 某污染物的产生量；

$P_{产i}$——工段 i 某污染物对应的产污系数；

M_i——工段 i 的产品产量。

3.2 计算污染物去除量

（1）根据企业对某一污染物所采用的治理技术查找和选择相应的治理技术平均去除效率。

（2）根据所填报的污染治理设施实际运行率参数及其计算公式得出该企业某一污染物的治理设施实际运行率（k 值）。

（3）污染物去除量按以下公式进行计算：

污染物去除量=污染物产生量×污染物去除率

=污染物产生量×治理技术平均去除效率×治理设施实际运行率

$$R_{减i} = G_{产i} \times \eta_T \times k_T$$

式中，$R_{减i}$——工段 i 某污染物的去除量；

η_T——工段 i 某污染物采用的末端治理技术的平均去除效率；

k_T——工段 i 某污染物采用的末端治理设施的实际运行率。

3.3 计算污染物排放量

污染物排放量=污染物产生量–污染物去除量

=污染物对应的产污系数×产品产量–污染物产生量×治理技术平均去除效率×治理设施实际运行率

3.4 计算企业污染物排放量

同一企业某污染物全年的产生（排放）总量为该企业同年实际生产的全部工段、产品、原料、规模污染物产生（排放）量之和。

$$
\begin{aligned}
E_{排} &= G_{产} - R_{减} = \sum(G_{产i} - R_{减i}) \\
&= \sum\left[P_{产i} \times M_i(1-\eta_T \times k_T)\right]
\end{aligned}
$$

4 污染物排放量核算案例

如某锑冶炼厂，采用锑精矿生产精锑，采用挥发熔炼（焙烧）-还原熔炼生产工艺，年产量为5000吨。以化学需氧量为例说明排放量计算过程。

该企业基本信息如表1所示。

表1 某锑冶炼企业基本信息

产品及产量	名称	产量
	精锑	5000吨
生产工艺	挥发熔炼（焙烧）-还原熔炼	
污染治理技术	化学沉淀法	
实际运行率参数	污水治理设施运行时间	6312小时
	企业正常生产时间	6312小时
废水回用率	80%	

4.1 化学需氧量产生量计算

（1）查找产污系数及其计量单位

根据企业基本信息，查找本手册中主要产品为精锑，主要原料为锑精矿，主要工艺为挥发熔炼（焙烧）-还原熔炼，生产规模为所有规模。该组合化学需氧量的产污系数为388.76，单位为克/吨-产品。

（2）获取企业产品产量

该企业实际情况为：主要产品精锑2017年产量为5000吨。

（3）计算化学需氧量产生量

废水中化学需氧量产污系数的单位为克/吨-产品，因此在核算产生量时需获取产品产量。

化学需氧量产生量=化学需氧量产污系数×产品（精锑）产量

=388.76克/吨-产品×5000吨-产品÷1000000

=1.94吨

4.2 化学需氧量去除量计算

（1）查找治理技术平均去除效率

该企业化学需氧量治理技术采用化学沉淀法，查询相应组合内该工艺的平均去除效率为40%。

（2）计算污染治理设施实际运行率

根据产污系数组合查询结果，该组合中化学需氧量对应的污染治理设施实际运行率为 k=废水治理设施年运行时间/企业年正常生产时间=6312 小时/6312 小时=1

（3）计算化学需氧量去除量

化学需氧量去除量=污染物产生量×治理技术平均去除效率×治理设施实际运行率

=1.94 吨×40%×1

=0.78 吨

4.3 化学需氧量排放量计算

该企业废水回用率为 80%，则化学需氧量排放量为

化学需氧量排放量=（污染物产生量–污染物去除量）×（1–废水回用率）

=（1.94 吨–0.78 吨）×（1–80%）

=1.16 吨

5 系数表

3215 锑冶炼行业系数表

工段名称	产品名称	原料名称	工艺名称	规模等级	污染物类别	污染物指标	系数单位	产污系数	末端治理技术	末端治理技术平均去除效率/%	参考 k 值计算公式[1]
—	精锑	锑精矿	挥发熔炼（焙烧）-还原熔炼	所有规模	废水	工业废水量	吨/吨-产品	7.95	—	—	k=污水治理设施运行时间（小时/年）/企业正常生产时间（小时/年）
						化学需氧量	克/吨-产品	388.76	化学沉淀法	40	
									化学混凝法	70	
									电化学法处理法	50	
									化学沉淀+化学混凝法	82	
						氨氮	克/吨-产品	17.66	化学沉淀法	10	
									化学混凝法	20	
									电化学法处理法	15	
									化学沉淀+化学混凝法	50	
						总氮	克/吨-产品	42.37	化学沉淀法	10	
									化学混凝法	20	
									电化学法处理法	15	
									化学沉淀+化学混凝法	50	
						汞	克/吨-产品	0.21	化学沉淀法	85	
									化学混凝	88	
									电化学法处理法	90	
									化学沉淀+化学混凝法	96	

[1] 该公式仅供参考，使用时，可根据 k 值定义，选取更适合企业实际情况的表达方式。

3215 锑冶炼行业系数表（续表 1）

工段名称	产品名称	原料名称	工艺名称	规模等级	污染物类别	污染物指标	系数单位	产污系数	末端治理技术	末端治理技术平均去除效率/%	参考 k 值计算公式
—	精锑	锑精矿	挥发熔炼（焙烧）-还原熔炼	所有规模	废水	镉	克/吨-产品	0.61	同汞	同汞	k=污水治理设施运行时间（小时/年）/企业正常生产时间（小时/年）
						铅	克/吨-产品	1.39	同汞	同汞	
						砷	克/吨-产品	1.99	同汞	同汞	
						锑	克/吨-产品	5.567	同汞	同汞	
					废气	工业废气量	标米^3/吨-产品	60832	—	—	k=废气治理设施运行时间（小时/年）/企业正常生产时间（小时/年）
						氮氧化物	千克/吨-产品	4.18	—	—	
						二氧化硫	千克/吨-产品	649.90	石灰/石膏法脱硫	90	
									双碱法	94	
									DS 多项反应器脱硫	97	
						颗粒物	千克/吨-产品	260.19	袋式除尘	99	
									旋风除尘	50	
									静电除尘	98	
						颗粒物（无组织排放）	千克/吨-产品	0.48	—	—	
					固废	一般工业固废	吨/吨-产品	4.99	贮存/综合利用	—	—
						危险废物	吨/吨-产品	0.254	安全处置/综合利用/贮存	—	—

3215 锑冶炼行业系数表（续表 2）

工段名称	产品名称	原料名称	工艺名称	规模等级	污染物类别	污染物指标	系数单位	产污系数	末端治理技术	末端治理技术平均去除效率/%	k 值计算公式
—	精锑	粗铅锑合金	挥吹炉吹炼-反射炉精炼	所有规模	废水	工业废水量	吨/吨-产品	3.96	—	—	k=污水治理设施运行时间（小时/年）/企业正常生产时间（小时/年）
						化学需氧量	克/吨-产品	78.93	化学沉淀法	40	
									化学混凝法	70	
									电化学法处理法	50	
									化学沉淀+化学混凝法	82	
						氨氮	克/吨-产品	3.05	化学沉淀法	10	
									化学混凝法	20	
									电化学法处理法	15	
									化学沉淀+化学混凝法	50	
						总氮	克/吨-产品	7.48	化学沉淀法	10	
									化学混凝法	20	
									电化学法处理法	15	
									化学沉淀+化学混凝法	50	
						汞	克/吨-产品	0.000186	化学沉淀法	85	
									化学混凝	88	
									电化学法处理法	90	
									化学沉淀+化学混凝法	96	
						镉	克/吨-产品	0.099	同汞	同汞	
						铅	克/吨-产品	0.40	同汞	同汞	
						砷	克/吨-产品	0.59	同汞	同汞	
						锑	克/吨-产品	0.62	同汞	同汞	
					废气	工业废气量	标米 ^{3}/吨-产品	48385	—	—	k=废气治理设施运行时间（小时/年）/企业正常生产时间（小时/年）
						氮氧化物	千克/吨-产品	1.26	—	—	
						二氧化硫	千克/吨-产品	18.06	石灰/石膏法脱硫	90	
									双碱法	94	
									DS 多项反应器脱硫	97	
						颗粒物	千克/吨-产品	60.96	袋式除尘	99	
									旋风除尘	50	
									静电除尘	98	
						颗粒物（无组织排放）	千克/吨-产品	0.11	—	—	
					固废	一般工业固废	吨/吨-产品	—	贮存/综合利用	—	—
						危险废物	吨/吨-产品	0.25	安全处置/综合利用/贮存	—	—

3215 锑冶炼行业系数表（续表 3）

工段名称	产品名称	原料名称	工艺名称	规模等级	污染物类别	污染物指标	系数单位	产污系数	末端治理技术	末端治理技术平均去除效率/%	k 值计算公式
—	精锑	锑金精矿	鼓风炉挥发熔炼-选择性氯化提金法	所有规模	废水	工业废水量	吨/吨-产品	10.43	—	—	k=污水治理设施运行时间（小时/年）/企业正常生产时间（小时/年）
						化学需氧量	克/吨-产品	324.91	化学沉淀法	40	
									化学混凝法	70	
									电化学法处理法	50	
									化学沉淀+化学混凝法	82	
						氨氮	克/吨-产品	32.95	化学沉淀法	10	
									化学混凝法	20	
									电化学法处理法	15	
									化学沉淀+化学混凝法	50	
						汞	克/吨-产品	0.042	化学沉淀法	85	
									化学混凝法	88	
									电化学法处理法	90	
									化学沉淀+化学混凝法	96	
						镉	克/吨-产品	0.10	同汞	同汞	
						铅	克/吨-产品	1.04	同汞	同汞	
						砷	克/吨-产品	1.46	同汞	同汞	
						锑	克/吨-产品	5.425	同汞	同汞	
					废气	工业废气量	标米 ^{3}/吨-产品	60877.43	—	—	k=废气治理设施运行时间（小时/年）/企业正常生产时间（小时/年）
						氮氧化物	千克/吨-产品	4.11	—	—	
						二氧化硫	千克/吨-产品	538.89	石灰/石膏法脱硫	90	
									双碱法	94	
									DS 多项反应器脱硫	97	
						颗粒物	千克/吨-产品	242.90	袋式除尘	99	
									旋风除尘	50	
									静电除尘	98	
						颗粒物（无组织排放）	千克/吨-产品	0.45	—	—	
					固废	一般工业固废	吨/吨-产品	1.90	贮存/综合利用	—	—
						危险废物	吨/吨-产品	0.25	安全处置/综合利用/贮存	—	—

3215 锑冶炼行业系数表（续表 4）

工段名称	产品名称	原料名称	工艺名称	规模等级	污染物类别	污染物指标	系数单位	产污系数	末端治理技术	末端治理技术平均去除效率/%	k 值计算公式
—	粗锑氧	锑精矿	挥发熔炼	所有规模	废气	工业废气量	标米^3/吨-产品	—	—	—	k=废气治理设施运行时间（小时/年）/企业正常生产时间（小时/年）
						氮氧化物	千克/吨-产品	2.44	—	—	
						二氧化硫	千克/吨-产品	394.45	石灰/石膏法脱硫	90	
									双碱法	94	
									DS 多项反应器脱硫	97	
						颗粒物	千克/吨-产品	176.92	袋式除尘	99	
									旋风除尘	50	
									静电除尘	98	
					固废	一般工业固废	吨/吨-产品	4.63	贮存/综合利用	—	—
—	精锑	粗锑氧	还原熔炼	所有规模	废气	工业废气量	标米^3/吨-产品	—	—	—	k=废气治理设施运行时间（小时/年）/企业正常生产时间（小时/年）
						氮氧化物	千克/吨-产品	1.67	—	—	
						二氧化硫	千克/吨-产品	21.08	石灰/石膏法脱硫	90	
									双碱法	94	
									DS 多项反应器脱硫	97	
						颗粒物	千克/吨-产品	43.36	袋式除尘	99	
									旋风除尘	50	
									静电除尘	98	
					固废	一般工业固废	吨/吨-产品	0.22	贮存/综合利用	—	—
						危险废物	吨/吨-产品	0.31	安全处置/综合利用/贮存	—	—

3215 锑冶炼行业系数表（续表 5）

工段名称	产品名称	原料名称	工艺名称	规模等级	污染物类别	污染物指标	系数单位	产污系数	末端治理技术	末端治理技术平均去除效率/%	k 值计算公式
—	锑白	锑锭	熔化-氧化挥发法	所有规模	废水	工业废水量	吨/吨-产品	0.24	—	—	k=污水治理设施运行时间（小时/年）/企业正常生产时间（小时/年）
						化学需氧量	克/吨-产品	37.61	化学沉淀法	40	
									化学混凝法	70	
									电化学法处理法	50	
									化学沉淀+化学混凝法	82	
						锑	克/吨-产品	0.338	化学沉淀法	80	
									化学混凝法	85	
									电化学法处理法	88	
									化学沉淀+化学混凝法	92	
					废气	工业废气量	标米^3/吨-产品	5499	—	—	k=废气治理设施运行时间（小时/年）/企业正常生产时间（小时/年）
						氮氧化物	千克/吨-产品	0.88	—	—	
						二氧化硫	千克/吨-产品	1.83	石灰/石膏法脱硫	90	
									双碱法	94	
									DS 多项反应器脱硫	97	
						颗粒物	千克/吨-产品	11.68	袋式除尘	99	
									旋风除尘	50	
									静电除尘	98	
						颗粒物（无组织排放）	千克/吨-产品	0.02	—	—	
					固废	一般工业固废	吨/吨-产品	—	贮存/综合利用	—	—
						危险废物	吨/吨-产品	0.012	安全处置/综合利用/贮存	—	—

3216 铝冶炼业

1 适用范围

本手册仅用于《国民经济行业分类》（GB/T 4754—2017）中 3216 铝冶炼行业使用系数法核算工业污染物产生量和排放量的工业企业。

利用本手册进行产排污核算得出的污染物产生量与排放量仅代表了特定行业、工艺、产品、原料在正常工况下污染物产生与排放的一般规律。

本行业废水指标包括工业废水量、化学需氧量、氨氮、总氮、石油类；废气指标包括工业废水量、二氧化硫、氮氧化物、氟化物、颗粒物；固废指标包括一般工业固废、危险废物。

2 注意事项

2.1 企业有多种生产工艺或生产多类产品产排污量核算

污染物产生量与产品产量有关，根据不同核算环节计算产污量后，再根据企业末端治理设施和运行情况计算各污染物的排放量。

企业某污染物指标的产生量、排放量为各核算环节产生量、排放量之和。

在企业实际排放量计算过程中，如果存在废水回用的情况，需要在利用产排污核算公式的基础上扣除废水回用的部分。公式如下：

实际排放量=计算排放量（1–废水回用率）

2.2 采用多种治理设施组合处理企业的排污量核算

在排污量计算选择末端治理技术时，若没有对应的组合治理技术，以主要治理技术为准。

2.3 系数表中未涉及的产污系数及污染治理效率

氧化铝冶炼行业中，配套石灰窑、煤气发生炉、熔盐炉生产参照石灰和石膏制造行业，燃气生产和供应业，电力、热力生产和供应业的系数手册。

电解铝冶炼行业中，配套电厂、煤气站、碳素厂、铝材加工的生产参照电力行业、燃气生产和供应行业、碳素行业、铝压延加工行业的系数手册。

2.4 其他需要说明的问题

本手册中所列氧化铝生产废水是指输入到赤泥库的赤泥附液，赤泥库溢流水一般回用至生产工序。

由于不同企业工业废气量、废水量差异较大，本手册所提供的工业废气量、废水量系数仅供参考。

为体现相同产污水平条件下，采用相同环保治理设施的不同企业对同一污染物去除效果的差异，引入末端治理设施实际运行率（k）对污染治理技术的实际去除率进行修正。k 值反映的是污染治理设施运行的状态，越稳定运行，k 值越高；在取值上，若定义连续稳定运行的理想状态为 1，则 k 取值在 0～1 之间。

本手册给出本行业的 k 计算公式仅供参考，使用时，可根据 k 值定义，选取更适合企业实际情况的表达方式。

3 污染物排放量核算方法

针对企业实际生产情况，本行业在系数制定过程中将企业全生产流程划分或拆分为若干工段（核算环节），在核算企业污染物产排量时，可灵活选择本企业对应的工段进行核算。

3.1 计算工段污染物产生量

（1）根据产品、原料、污染物产生的主导生产工艺、企业规模（生产产能）这一组合查找和确定所对应的某一污染物的产污系数。

（2）根据该污染物的产污系数计量单位——单位产品产量或，获取企业实际产品产量。

例如，某组合内化学需氧量的产污系数单位为千克/吨-产品，则计算产生量时需要获取企业实际产品产量。

（3）污染物产生量按以下公式进行计算：

污染物产生量=污染物对应的产污系数×产品产量

$$G_{产i} = P_{产i} \times M_i$$

式中，$G_{产i}$——工段 i 某污染物的产生量；

$P_{产i}$——工段 i 某污染物对应的产污系数；

M_i——工段 i 的产品产量。

3.2 计算工段污染物去除量

（1）根据企业对某一污染物所采用的治理技术查找和选择相应的治理技术平均去除效率。

（2）根据所填报的污染治理设施实际运行率参数及其计算公式得出该企业某一污染物的治理设施实际运行率（k 值）。

（3）污染物去除量按以下公式进行计算：

污染物去除量=污染物产生量×污染物去除率

=污染物产生量×治理技术平均去除效率×治理设施实际运行率

$$R_{减i} = G_{产i} \times \eta_T \times k_T$$

式中，$R_{减i}$——工段 i 某污染物的去除量；

η_T——工段 i 某污染物采用的末端治理技术的平均去除效率；

k_T——工段 i 某污染物采用的末端治理设施的实际运行率。

3.3 计算工段污染物排放量

污染物排放量=污染物产生量–污染物去除量

=污染物对应的产污系数×产品产量–污染物产生量×治理技术平均去除效率×治理设施实际运行率

3.4 计算企业污染物排放量

同一企业某污染物全年的产生（排放）总量为该企业同年实际生产的全部工段、产品、原料、规模污染物产生（排放）量之和。

$$
\begin{aligned}
E_{排} &= G_{产} - R_{减} = \sum(G_{产i} - R_{减i}) \\
&= \sum\left[P_{产i} \times M_i(1 - \eta_T \times k_T)\right]
\end{aligned}
$$

4 污染物排放量核算案例

某铝冶炼企业主要从事氧化铝生产。该企业涉及的主要废水、废气污染物为化学需氧量、氨氮、总氮、石油类、二氧化硫、氮氧化物、颗粒物。以化学需氧量为例说明排放量计算过程。

该企业基本信息如表 1 所示。

表 1 某铝冶炼企业基本信息

	核算环节：氧化铝生产	
产品及产量	氧化铝	1007100 吨
原料及用量	铝土矿	2036077.63 吨
工艺名称	拜耳法	—
规模（产能）	800000 吨	
污染治理技术	沉淀分离	
废水回用率	100%	
实际运行率参数	废水治理设施运行时间	8760 小时
	企业正常生产时间	8760 小时

4.1 化学需氧量产生量计算

（1）查找产污系数及其计量单位

根据企业基本信息，查找本手册中主要产品为氧化铝，主要原料为铝土矿，主要工艺为拜耳法，生产规模为所有规模。该组合化学需氧量的产污系数为 79.39，单位为克/吨-产品。

（2）获取企业产品产量

该企业实际情况为：主要产品氧化铝 2017 年产量为 1007100 吨。

（3）计算化学需氧量产生量

由于查询到的组合中化学需氧量产生量产污系数的单位为克/吨-产品，因此在核算化学需氧量产生量产生量时需获取产品产量。

化学需氧量产生量=化学需氧量产污系数×产品（氧化铝）产量

=79.39 克/吨-产品×1007100 吨-产品÷1000000

=79.95 吨

4.2 化学需氧量去除量计算

（1）查找治理技术平均去除效率

该企业化学需氧量治理技术采用沉淀分离工艺，查询相应组合内该工艺的平均去除效率为 70%。

（2）计算污染治理设施实际运行率

根据产污系数组合查询结果，该组合中化学需氧量对应的污染治理设施实际运行率为

k=污水治理设施运行时间/正常生产时间=8760 小时/8760 小时=1

（3）计算化学需氧量去除量

化学需氧量去除量=化学需氧量产生量×治理技术平均去除效率×污染治理设施实际运行率

=79.95 吨×70%×1=55.97 吨

4.3 化学需氧量排放量计算

化学需氧量排放量=化学需氧量产生量−化学需氧量去除量

=79.95 吨−55.97 吨

=23.98 吨

该企业废水回用实际情况为：废水回用率为 100%。

化学需氧量实际排放量=计算排放量×（1−废水回用率）

=23.98 吨×（1−100%）

=0

5　系数表

3216 铝冶炼行业系数表

工段名称	产品名称	原料名称	工艺名称	规模等级	污染物类别	污染物指标	系数单位	产污系数	末端治理技术	末端治理技术平均去除效率/%	参考 k 值计算公式[1]
氧化铝生产	氧化铝	铝土矿	拜耳法	所有规模	废水	工业废水量	吨/吨-产品	0.61	—	—	k=污水治理设施运行时间（小时/年）/企业正常生产时间（小时/年）
						化学需氧量	克/吨-产品	79.39	沉淀分离	70	
						氨氮	克/吨-产品	62.65		20	
						总氮	克/吨-产品	63.83		20	
						石油类	克/吨-产品	0.09		20	
					废气	工业废气量	标米^3/吨-产品	2028	—	—	k=废气治理设施运行时间（小时/年）/企业正常生产时间（小时/年）
						二氧化硫	千克/吨-产品	0.22	—	0	
						氮氧化物	千克/吨-产品	0.61	—	0	
						颗粒物	千克/吨-产品	13.86	静电除尘	99.5	
					固废	一般工业固废（干赤泥）	吨/吨-产品	1.42	安全处置	—	—

[1] 该公式仅供参考，使用时，可根据 k 值定义，选取更适合企业实际情况的表达方式。

3216 铝冶炼行业系数表（续表 1）

工段名称	产品名称	原料名称	工艺名称	规模等级	污染物类别	污染物指标	系数单位	产污系数	末端治理技术	末端治理技术平均去除效率/%	参考 k 值计算公式
氧化铝生产	氧化铝	铝土矿	混联法	所有规模	废水	工业废水量	吨/吨-产品	1.53	—	—	
						化学需氧量	克/吨-产品	103.49	沉淀分离	70	k=污水治理设施运行时间（小时/年）/企业正常生产时间（小时/年）
						氨氮	克/吨-产品	75.07		20	
						总氮	克/吨-产品	96.52		20	
						石油类	克/吨-产品	0.37		20	
					废气	工业废气量	标米^3/吨-产品	6200	—	—	k=废气治理设施运行时间（小时/年）/企业正常生产时间（小时/年）
						二氧化硫	千克/吨-产品	0.66	—	0	
						氮氧化物	千克/吨-产品	1.83	—	0	
						颗粒物	千克/吨-产品	23.85	静电除尘	99.5	
					固废	一般工业固废（干赤泥）	吨/吨-产品	1.53	安全处置	—	
电解铝生产	原铝	氧化铝	熔盐电解法	所有规模	废气	工业废气量	标米^3/吨-产品	98000	—	—	k=废气治理设施运行时间（小时/年）/企业正常生产时间（小时/年）
						二氧化硫	千克/吨-产品	9.5	—	0	
						氮氧化物	千克/吨-产品	0.66	—	0	
						颗粒物	千克/吨-产品	40.88	袋式除尘	99	
						氟化物	千克/吨-产品	11.34	氧化铝干法吸附	99	
					固废	危险废物	吨/吨-产品	0.010	委托处置	—	—

3217 镁冶炼业

1 适用范围

本手册仅用于《国民经济行业分类》（GB/T 4754—2017）中 3217 镁冶炼行业使用系数法核算工业污染物产生量和排放量的工业企业。

利用本手册进行产排污核算得出的污染物产生量与排放量仅代表了特定行业、工艺、产品、原料在正常工况下污染物产生与排放的一般规律。

本行业废气指标包括工业废气量、颗粒物、二氧化硫、氮氧化物。

根据镁冶炼行业工艺特点及企业实际状况，本手册不包括废水指标。

2 注意事项

2.1 企业有多种生产工艺或生产多类产品产排污量核算

本次镁冶炼废气指标产生量与产品产量有关，根据不同核算环节计算产污量后，再根据企业末端治理设施和运行情况计算各污染物的排放量。

企业某污染物指标的产生量、排放量为各核算环节产生量、排放量之和。

2.2 采用多种治理设施组合处理企业的排污量核算

在排污量计算选择末端治理技术时，若没有对应的组合治理技术，以主要治理技术为准。

2.3 系数表中未涉及的产污系数及污染治理效率

对于本手册未涵盖的末端治理设施去除效率，可优先参照《污染源源强核算技术指南　有色金属冶炼》（HJ 983—2018）中给出的相关末端治理技术去除效率。若上述文件仍未涉及的，则按照企业实际运行末端治理设施去除效率进行核算。

2.4 其他需要说明的问题

系数表中产品为金属镁和轻烧镁，对于还原炉产生粗镁后直接生产镁合金的工序，按照镁合金产污系数核算，不在本手册的核算范围之内。

由于不同企业工业废气量差异较大，本手册所提供的工业废气量系数仅供参考。

为体现相同产污水平条件下，采用相同环保治理设施的不同企业对同一污染物去除效果的差异，引入末端治理设施实际运行率（k）对污染治理技术的实际去除率进行修正。k 值反映的是污染治理设施运行的状态，越稳定运行，k 值越高；在取值上，若定义连续稳定运行的理想状态为 1，则 k 取值在 0～1 之间。

本手册给出本行业的 k 计算公式仅供参考，使用时，可根据 k 值定义，选取更适合企业实际情况的表达方式。

3 污染物排放量核算方法

3.1 计算污染物产生量

（1）根据产品、原料、污染物产生的主导生产工艺、企业规模（生产产能）这一组合查找和确定所对应的某一污染物的产污系数。

（2）根据该污染物的产污系数计量单位——单位产品产量，获取企业实际产品产量。

例如，某组合内颗粒物的产污系数单位为千克/吨-产品，则计算产生量时需要获取企业实际产品产量。

（3）污染物产生量按以下公式进行计算：

污染物产生量=污染物对应的产污系数×产品产量

$$G_{产i} = P_{产i} \times M_i$$

式中，$G_{产i}$——工段 i 某污染物的产生量；

$P_{产i}$——工段 i 某污染物对应的产污系数；

M_i——工段 i 的产品产量。

3.2 计算污染物去除量

（1）根据企业对某一污染物所采用的治理技术查找和选择相应的治理技术平均去除效率。

（2）根据所填报的污染治理设施实际运行率参数及其计算公式得出该企业某一污染物的治理设施实际运行率（k 值）。

（3）污染物去除量按以下公式进行计算：

污染物去除量=污染物产生量×污染物去除率 =污染物产生量×治理技术平均去除效率×治理设施实际运行率

$$R_{减i} = G_{产i} \times \eta_T \times k_T$$

式中，$R_{减i}$——工段 i 某污染物的去除量；

η_T——工段 i 某污染物采用的末端治理技术的平均去除效率；

k_T——工段 i 某污染物采用的末端治理设施的实际运行率。

3.3 计算污染物排放量

污染物排放量=污染物产生量−污染物去除量

=污染物对应的产污系数×产品产量−污染物产生量×治理技术平均去除效率×治理设施实际运行率

3.4 计算企业污染物排放量

同一企业某污染物全年的产生（排放）总量为该企业同年实际生产的全部工段、产品、原料、

规模污染物产生（排放）量之和。

$$E_{排} = G_{产} - R_{减} = \sum (G_{产i} - R_{减i})$$
$$= \sum \left[P_{产i} \times M_i (1 - \eta_T \times k_T) \right]$$

4 污染物排放量核算案例

某镁冶炼企业主要以白云石为原料，生产工艺采用皮江法，年产金属镁 20000 吨。该企业废气主要污染物为颗粒物、二氧化硫及氮氧化物，其中颗粒物的污染治理技术采用袋式除尘。

该企业基本信息如表 1 所示。

表 1　某镁冶炼企业基本信息

原料名称	白云石
产品名称	金属镁
年产量	20000 吨
生产工艺	皮江法
废气污染物治理技术	袋式除尘
废气治理设施运行时间	7920 小时
企业正常生产时间	7920 小时

本核算示例以废气中颗粒物为例，说明该企业污染物排放量的计算方法。

4.1 颗粒物产生量计算

（1）查找产污系数及其计量单位

根据企业基本信息，查找本手册中主要产品为金属镁，主要原料为白云石，主要工艺为皮江法，生产规模为所有规模。该组合颗粒物的产污系数为 43.89，单位为千克/吨-产品。该组合不分工段，根据系数表计算的污染物产生量及排放量即为全厂的污染物产生量及排放量。

（2）获取企业产品产量

该企业实际情况为：主要产品金属镁 2017 年产量为 20000 吨。

（3）计算颗粒物产生量

由于查询到的组合中颗粒物产生量产污系数的单位为千克/吨-产品，因此在核算颗粒物产生量时需获取产品产量。

颗粒物产生量=颗粒物产污系数×产品（金属镁）产量

=43.89 千克/吨-产品×20000 吨-产品÷1000

=877.8 吨

4.2 颗粒物去除量计算

（1）查找治理技术平均去除效率

该企业颗粒物治理技术采用袋式除尘工艺，查询相应组合内该工艺的平均去除效率为 99%。

（2）计算污染治理设施实际运行率

根据产污系数组合查询结果，该组合中颗粒物对应的污染治理设施实际运行率为

k=废气治理设施运行时间/企业正常生产时间

获取企业实际情况为：该企业 2017 年袋式除尘设施运行时间为 7920 小时，企业年正常生产时间为 7920 小时。

该企业的袋式除尘设备实际运行率为

k=7920 小时/7920 小时=1

（3）计算颗粒物的去除量

颗粒物去除量=颗粒物产生量×治理技术平均去除效率×治理设施实际运行率

=877.8 吨×99%×1

=869.02 吨

4.3 颗粒物排放量计算

颗粒物排放量=颗粒物产生量−颗粒物去除量

=877.8 吨−869.02 吨

=8.78 吨

5 系数表

3217 镁冶炼业系数表

工段名称	产品名称	原料名称	工艺名称	规模等级	污染物类别	污染物指标	系数单位	产污系数	末端治理技术	末端治理技术平均去除效率/%	参考 k 值计算公式[1]
—	金属镁	白云石	皮江法	所有规模	废气	工业废气量	标米^3/吨-产品	116450	—	—	—
						颗粒物	千克/吨-产品	43.89	文丘里除尘	90	k=废气治理设施运行时间（小时/年）/企业正常生产时间（小时/年）
									袋式除尘	99	
									离心水膜除尘	60	
									喷淋塔除尘	50	
									旋风除尘	50	
									静电除尘	98	
						二氧化硫	千克/吨-产品	10.75	石灰石/石膏法	85	k=废气治理设施运行时间（小时/年）/企业正常生产时间（小时/年）
									双碱法	98	
									钠碱法	95	
									石灰/石膏法	90	
						氮氧化物	千克/吨-产品	25.31	—	—	—
					固废	一般工业固废	吨/吨-产品	5.68	—	—	—

[1] 该公式仅供参考，使用时，可根据 k 值定义，选取更适合企业实际情况的表达方式。

3217 镁冶炼业系数表（续表 1）

工段名称	产品名称	原料名称	工艺名称	规模等级	污染物类别	污染物指标	系数单位	产污系数	末端治理技术	末端治理技术平均去除效率/%	参考 k 值计算公式
—	金属镁	氯化镁	电解法	所有规模	废气	工业废气量	标米 ^{3}/吨-产品	36000	—	—	—
						颗粒物	千克/吨-产品	1.80	袋式除尘	99	k=废气治理设施运行时间（小时/年）/企业正常生产时间（小时/年）
									文丘里除尘	90	
									离心水膜除尘	60	
									喷淋塔除尘	50	
									旋风除尘	50	
									静电除尘	98	
—	轻烧镁	菱镁矿	烧解法	所有规模	废气	工业废气量	标米 ^{3}/吨-产品	17000	—	—	—
						颗粒物	千克/吨-产品	2.81	袋式除尘	99	k=废气治理设施运行时间（小时/年）/企业正常生产时间（小时/年）
									文丘里除尘	90	
									离心水膜除尘	60	
									喷淋塔除尘	50	
									旋风除尘	50	
									静电除尘	98	
						二氧化硫	千克/吨-产品	1.32	钠碱法	95	k=废气治理设施运行时间（小时/年）/企业正常生产时间（小时/年）
									石灰石/石膏法	85	
									石灰/石膏法	90	
									双碱法	98	
						氮氧化物	千克/吨-产品	2.29	—	—	—

A GUIDE TO THE EMISSION COEFFICIENT OF THE SECOND NATIONAL CENSUS OF POLLUTION SOURCES

第二次全国污染源普查产排污系数手册

|工业源 · 第一册|

生态环境部第二次全国污染源普查工作办公室 编

中国环境出版集团 · 北京

图书在版编目（CIP）数据

第二次全国污染源普查产排污系数手册. 工业源/生态环境部第二次全国污染源普查工作办公室编. —北京：中国环境出版集团，2022.11
ISBN 978-7-5111-4803-2

Ⅰ. ①第…　Ⅱ. ①生…　Ⅲ. ①工业污染源—污染源调查—中国—手册　Ⅳ. ①X508.2-62

中国版本图书馆 CIP 数据核字（2021）第 151523 号

出 版 人　武德凯
责任编辑　曲　婷
责任校对　任　丽
封面设计　王春声

出版发行　中国环境出版集团
（100062　北京市东城区广渠门内大街 16 号）
网　　址：http://www.cesp.com.cn
电子邮箱：bjgl@cesp.com.cn
联系电话：010-67112765（编辑管理部）
发行热线：010-67125803，010-67113405（传真）
印　　刷　北京中科印刷有限公司
经　　销　各地新华书店
版　　次　2022 年 11 月第 1 版
印　　次　2022 年 11 月第 1 次印刷
开　　本　880×1230　1/16
印　　张　180.75
字　　数　4700 千字
定　　价　1260.00 元（全五册）

第二次全国污染源普查资料

编纂委员会

主任委员

孙金龙　黄润秋

副主任委员

库热西·买合苏提　翟　青　赵英民　刘　华　庄国泰　张　波

委　　员

田为勇　刘长根　徐必久　别　涛　叶　民　邹首民　崔书红
柯　昶　刘炳江　李　高　苏克敬　邱启文　郭承站　汤　搏
江　光　刘志全　柏仇勇　曹立平　郭　敬　刘友宾　宋铁栋
王志斌　洪亚雄　赵群英

第二次全国污染源普查资料

编写人员

主　编

赵英民

副主编

洪亚雄　刘舒生　景立新

编　委（按姓氏笔画排序）

王　强　王夏娇　王赫婧　毛玉如　邢　瑜　朱　琦　刘晨峰
李雪迎　杨庆榜　吴　琼　汪志锋　汪震宇　沈　忱　张　震
陈敏敏　周潇云　郑国峰　赵学涛　柳王荣　谢明辉

国务院第二次全国污染源普查领导小组人员名单

国发〔2016〕59号文，2016年10月20日

组　长

张高丽　国务院副总理

副组长

陈吉宁　环境保护部部长
宁吉喆　国家统计局局长
丁向阳　国务院副秘书长

成　员

郭卫民　国务院新闻办副主任
张　勇　国家发展改革委副主任
辛国斌　工业和信息化部副部长
黄　明　公安部副部长
刘　昆　财政部副部长
汪　民　国土资源部副部长
翟　青　环境保护部副部长
倪　虹　住房城乡建设部副部长
戴东昌　交通运输部副部长
陆桂华　水利部副部长
张桃林　农业部副部长
孙瑞标　税务总局副局长
刘玉亭　工商总局副局长
田世宏　质检总局党组成员、国家标准委主任
钱毅平　中央军委后勤保障部副部长

*领导小组办公室主任由环境保护部副部长翟青兼任

国务院第二次全国污染源普查领导小组人员名单

国办函〔2018〕74号文，2018年11月5日

组　长

韩　正　国务院副总理

副组长

丁学东　国务院副秘书长

李干杰　生态环境部部长

宁吉喆　统计局局长

成　员

郭卫民　中央宣传部部务会议成员、新闻办副主任

张　勇　发展改革委副主任

辛国斌　工业和信息化部副部长

杜航伟　公安部副部长

刘　伟　财政部副部长

王春峰　自然资源部党组成员

赵英民　生态环境部副部长

倪　虹　住房城乡建设部副部长

戴东昌　交通运输部副部长

魏山忠　水利部副部长

张桃林　农业农村部副部长

孙瑞标　税务总局副局长

马正其　市场监管总局副局长

钱毅平　中央军委后勤保障部副部长

★领导小组办公室设在生态环境部，办公室主任由生态环境部副部长赵英民兼任

第二次全国污染源普查

工作办公室人员

主　任　洪亚雄

副主任　刘舒生　景立新

综合（农业）组　毛玉如　汪志锋　赵兴征　刘晨峰　王夏娇　柳王荣　沈　忱　周潇云　罗建波

督办组　谢明辉　李雪迎

技术组　赵学涛　朱　琦　王　强　张　震　陈敏敏　王赫婧　郑国峰　吴　琼　邢　瑜

宣传组　汪震宇　杨庆榜

此外，于飞、张山岭、王振刚、崔积山、王利强、范育鹏、孙嘉绩、王俊能、谷萍同志也参加了普查工作。

序 言

掌握生态环境保护底数
助力打赢污染防治攻坚战

第二次全国污染源普查是中国特色社会主义进入新时代的一次重大国情调查，是在决胜全面建成小康社会关键阶段、坚决打赢打好污染防治攻坚战的大背景下实施的一项系统工程，是为全面摸清建设“美丽中国”生态环境底数、加快补齐生态环境短板采取的一项重大举措。在以习近平同志为核心的党中央坚强领导下，按照国务院和国务院第二次全国污染源普查领导小组的部署，各地区、各部门和各级普查机构深入贯彻习近平新时代中国特色社会主义思想和习近平生态文明思想，精心组织、奋力作为，广大普查人员无私奉献、辛勤付出，广大普查对象积极支持、大力配合，第二次全国污染源普查取得重大成果，达到了“治污先治本、治本先清源”的目的，为依法治污、科学治污、精准治污和制定决策规划提供了真实可靠的数据基础，集中反映了十年来中国经济社会健康稳步发展和生态环境保护不断深化优化的新成就，昭示着生态文明建设迈向高质量发展的新图景。

一、第二次全国污染源普查高质量完成

第二次全国污染源普查对象为中华人民共和国境内有污染源的单位和个体经营户，范围包括：工业污染源，农业污染源，生活污染源，集中式污染治理设施，移动源及其他产生、排放污染物的设施。普查标准时点为 2017 年 12 月 31 日，时期资料为 2017 年度。这次污染源普查历时 3 年时间，经过前期准备、全面调查和总结发布三个阶段，对全国 357.97 万个产业活动单位和个体经营户进行入户调查和产排污核算工作，摸清了全国各类污染源数量、结构和分布情况，掌握了各类污染物产生、排放和处理情况，建立了重点污染源档案和污染源信息数据库，高标准、高质量完成了既定的目标任务。这次污染源普查的主要特点有：

党中央、国务院高度重视，凝聚工作合力。张高丽、韩正副总理先后担任国务院第二次全国污染源普查领导小组组长，领导小组办公室设在生态环境部。按照“全国统一领导、部门分工协作、地方分级负责、各方共同参与”的原则，县以上各级政府和相关部门组建了普查机构。各级生态环境部门重视普查工作中党的建设，着力打造一支生态环境保护铁军，做到组织到位、人员到位、措施到位、经费到位，为普查顺利实施提供了有力保障。全国（不含港、澳、台）共成立普查机构 9321 个，投入普查经费 90 亿元，动员 50 万人参与，确保了普查顺利实施。

科学设计，普查方案执行有力。依据相关法律法规，加强顶层设计，制定《第二次全国污染源普查方案》，提高普查的科学性和规范性。坚持目标引领、问题导向，经过 12 个省（区、市）普查综合试点、10 个省（区、市）普查专项试点检验，完善涵盖工业源 41 个行业大类的污染源产排污核算方法体系。采取“地毯式”全面清查和全面入户调查相结合的方式，了解掌握“污染源在哪里、排什么、如何排和排多少”四个关键问题，全面摸清生态环境底数。31 个省（区、市）和新疆生产建设兵团以“钉钉子”精神推进污染源普查工作“全国一盘棋”。

运用现代信息技术，推动实践创新。积极推进政务信息大数据共享应用，有效减轻调查对象负担和普查成本。共有 17 个部门作为国务院第二次全国污染源普查领导小组成员单位和联络员单位参与普查，累计提供行政记录和业务资料近 1 亿条，通过比对、合并形成普查清查底册和污染源基本单位名录。首次运用全国环保云资源，建立完善联网直报系统。全面采用电子化手段进行普查小区划分和空间信息采集，使用手持移动终端（PDA）采集和传输数据，提高普查效率。

聚焦数据质量，强化全过程控制。严格“真实、准确、全面”要求，建立细化的数据质量标准，完善数据质量溯源机制，严格普查质量管理和工作纪律。组建普查专家咨询和技术支持团队，开展分类指导和专项督办，引入 4692 个第三方机构参与普查工作，发挥公众监督作用，推动普查公正透明。国务院第二次全国污染源普查领导小组办公室先后对普查各个阶段组织开展工作督导，对全国 31 个省（区、市）和新疆生产建设兵团普查调研指导全覆盖、质量核查全覆盖，确保普查数据质量。

广泛开展宣传培训，营造良好社会氛围。加强普查新闻宣传矩阵平台建设，采取通俗易懂、喜闻乐见的形式，推进普查宣传进基层、进乡镇、进社区、进企业，推广工作中的好经验好方法，营造全社会关注、支持和参与普查的舆论氛围。创新培训方式，统一培训与分级培训相结合，现场培训与网络远程培训相结合，理论传授与案例讲解相结合，由国家负责省级和试点地区、省级负责地市和区县，全方位提高各级普查人员工作能力和技术水平。专题为新疆、西藏等西部地区培训普查业务骨干，深化对口

援疆、援藏、援青工作。总的看，第二次全国污染源普查为生态环境保护做了一次高质量“体检”，获得了极其宝贵的海量数据，为加强生态文明建设、推动经济社会高质量发展、推进生态环境领域国家治理体系和治理能力现代化提供了丰富详实的数据支撑。

二、十年来我国生态环境保护取得重大成就

对比第二次全国污染源普查与第一次全国污染源普查结果，可以发现，十年来特别是党的十八大以来，我国在经济规模、结构调整、产业升级、创新动力、区域协调、环境治理等方面呈现诸多积极变化，高质量发展迈出了稳健步伐，生态文明建设取得积极成效，生态环境质量显著改善。

十年来，我国经济社会发展状况以及生态环境保护领域重大改革措施取得重大成果。从十年间两次普查的变化来看：2017 年，化学需氧量、二氧化硫、氮氧化物等污染物排放量较 2007 年分别下降 46%、72%、34%。工业企业废水处理、脱硫和除尘等设施数量，分别是 2007 年的 2.35 倍、3.27 倍和 5.02 倍。城镇污水处理厂数量增加 5.4 倍，设计处理能力增加 1.7 倍，实际污水处理量增加 3 倍；城镇生活污水化学需氧量去除率由 2007 年的 28% 提高至 2017 年的 67%。生活垃圾处置厂数量增加 86%，其中垃圾焚烧厂数量增加 303%，焚烧处理量增加 577%，焚烧处理量比例由 8% 提高到 27%。危险废物集中利用处置厂数量增加 8.22 倍，设计处理能力增加 4279 万吨 / 年，提高 10.4 倍，集中处置利用量增加 1467 万吨，提高 12.5 倍。这些变化充分体现了生态文明建设战略实施的成就。

十年来，我国经济结构优化升级、协调发展取得新进展。我国正处在转变发展方式、优化经济结构、转换增长动能的攻关期。两次普查数据相比，十年间，工业结构持续改善，制造业转型升级表现突出。工业源普查对象涵盖国民经济行业分类 41 个工业大类行业产业活动单位，数量由 157.55 万个增加到 247.74 万个，增加 90.19 万个，增幅达 57.24%。重点行业生产规模集中，造纸制浆、皮革鞣制、铜铅锌冶炼、炼铁炼钢、水泥制造、炼焦行业的普查对象数量分别减少 24%、36%、51%、50%、37% 和 62%，产品产量分别增加 61%、7%、89%、50%、71% 和 30%。农业源普查对象中，畜禽规模程度明显提高，养殖结构得到优化，生猪规模养殖场（500 头及以上）养殖量占比由 22% 上升为 41%。同时，生猪规模养殖场采用干清粪方式养殖量占比从 55% 提高到 81%。这些深刻反映了我国经济结构的重大变化，表明重点行业产业集中度提高，产业优化升级、淘汰落后产能、严格环境准入等结构调整政策取得积极成效。重点行

业产业结构调整既获得了规模效益和经济效益，同时取得了好的环境成效。

十年来，我国工业企业节能减排成效显著。两次普查相比，在工业源方面，废气、废水污染治理快速发展，治理水平大幅提升。2017 年废水治理设施套数比 2007 年提高了 135.47%，废水治理能力提高了 26.88%。脱硫设施数和除尘设施数分别提高了 226.88%、401.72%。十年间，总量控制重点关注行业排放量占比明显下降，化学需氧量、氨氮、二氧化硫、氮氧化物等四项主要污染物排放量分别下降 83.89%、77.56%、75.05%、45.65%。电力、热力生产和供应业二氧化硫、氮氧化物，造纸和纸制品业化学需氧量分别下降 86.54%、76.93%、84.44%。铜铅锌冶炼行业二氧化硫减少 78%。炼铁炼钢行业二氧化硫减少 54%。水泥制造行业氮氧化物减少 23%。表明全国各领域生态环境基础设施建设的均等化水平提升，污染治理能力大幅提高，污染治理效果显著。

另外，普查结果也显示当前生态环境保护工作仍然存在薄弱环节，全国污染物排放量总体处于较高水平。第二次全国污染源普查数据为下一步精准施策、科学治污奠定了坚实基础。

三、贯彻落实新发展理念　推动生态环境质量持续改善

习近平总书记强调，小康全面不全面，生态环境很关键。普查结果显示，在党中央、国务院的坚强领导下，经济高质量发展和生态环境高水平保护协同推动，依法治污、科学治污、精准治污方向不变、力度不减，扎实推进蓝天、碧水、净土保卫战，污染防治攻坚战取得关键进展，生态环境质量持续明显改善。从普查数据中也发现，当前污染防治攻坚战面临的困难、问题和挑战还很大，形势仍然严峻，不容乐观。我们既要看到发展的有利条件，也要清醒认识到内外挑战相互交织、生态文明建设“三期叠加”影响持续深化、经济下行压力加大的复杂形势。要以习近平新时代中国特色社会主义思想为指导，紧紧围绕统筹推进“五位一体”总体布局和协调推进“四个全面”战略布局，紧密围绕污染防治攻坚战阶段性目标任务，持续改善生态环境质量，构建生态环境治理体系，为推动生态环境根本好转、建设生态文明和美丽中国、开启全面建设社会主义现代化国家新征程奠定坚实基础。

深入贯彻落实新发展理念。深入贯彻落实习近平生态文明思想，增强各方面践行新发展理念的思想自觉、政治自觉、行动自觉。充分发挥生态环境保护的引导、优化和促进作用，支持服务重大国家战略实施。落实生态环境监管服务、推动经济高质量发展、支持服务民营企业绿色发展各项举措，继续推进“放管服”改革，主动加强环境治理服务，推动环保产业发展。

坚定不移推进污染治理。用好第二次全国污染源普查成果，推进数据开放共享，以改善生态环境质量为核心，制定国民经济和社会发展“十四五”规划和重大发展战略。全面完成《打赢蓝天保卫战三年行动计划》目标任务，狠抓重点区域秋冬季大气污染综合治理攻坚，积极稳妥推进北方地区清洁取暖，持续整治“散乱污”企业，深入推进柴油货车污染治理，继续实施重污染天气应急减排按企业环保绩效分级管控。深入实施《水污染防治行动计划》，巩固饮用水水源地环境整治成效，持续开展城市黑臭水体整治，加强入海入河排污口治理，推进农村环境综合整治。全面实施《土壤污染防治行动计划》，推进农用地污染综合整治，强化建设用地土壤污染风险管控和修复，组织开展危险废物专项排查整治，深入推进“无废城市”建设试点，基本实现固体废物零进口。

加强生态系统保护和修复。协调推进生态保护红线评估优化和勘界定标。对各地排查违法违规挤占生态空间、破坏自然遗迹等行为情况进行检查。持续开展“绿盾”自然保护地强化监督。全力推动《生物多样性公约》第十五次缔约方大会圆满成功。开展国家生态文明建设示范市县和“绿水青山就是金山银山”实践创新基地评选工作。

着力构建生态环境治理体系。推动落实关于构建现代环境治理体系的指导意见、中央和国家机关有关部门生态环境保护责任清单。基本建立生态环境保护综合行政执法体制。构建以排污许可制为核心的固定污染源监管制度体系。健全生态环境监测和评价制度、生态环境损害赔偿制度。夯实生态环境科技支撑。强化生态环境保护宣传引导。加强国际交流和履约能力建设。妥善应对突发环境事件。

加强生态环境保护督察帮扶指导。持续开展中央生态环境保护督察。持续开展蓝天保卫战重点区域强化监督定点帮扶，聚焦污染防治攻坚战其他重点领域，开展统筹强化监督工作。精准分析影响生态环境质量的突出问题，分流域区域、分行业企业对症下药，实施精细化管理。充分发挥国家生态环境科技成果转化综合平台作用，切实提高环境治理措施的系统性、针对性、有效性。坚持依法行政、依法推进，规范自由裁量权，严格禁止“一刀切”，避免处置措施简单粗暴。

充分发挥党建引领作用。牢固树立“抓好党建是本职、不抓党建是失职、抓不好党建是渎职”的管党治党意识，始终把党的政治建设摆在首位，巩固深化“不忘初心、牢记使命”主题教育成果，着力解决形式主义突出问题，严格落实中央八项规定及其实施细则精神，进一步发挥巡视利剑作用，一体推进不敢腐、不能腐、不想腐，营造风清气正的政治生态，加快打造生态环境保护铁军。

编制说明

污染源普查是重大国情调查，工业源是第二次全国污染源普查五类普查对象之一。为贯彻《国务院关于开展第二次全国污染源普查的通知》和《国务院办公厅关于印发第二次全国污染源普查方案的通知》的精神和要求，中国环境科学研究院受生态环境部第二次全国污染源普查工作办公室委托，承担了第二次全国污染源普查工业污染源产排污核算项目，组织编写了《第二次全国污染源普查产排污系数手册——工业源》（以下简称手册）。

本手册框架设计、产排污核算体系与方法说明执笔人员主要有白璐、张玥、乔琦、刘景洋、谢明辉、李雪迎、周潇云、赵若楠、许文、贾岩等，白璐统稿，乔琦负责审校。

第一章节　适用范围

对本手册涵盖的工业行业及适用范围进行介绍。执笔人员包括周潇云、赵若楠等。

第二章节　主要术语与解释

对本手册所涉及的名词术语进行详细介绍。执笔人员包括李雪迎、刘丹丹、孙园园等。

第三章节　系数制定

对本手册系数制定方法、过程进行介绍。执笔人员包括白璐、乔琦、张玥、刘景洋等。

第四章节　污染物产生量和排放量核算

对利用本手册给出的系数开展污染物产生量及排放量核算的方法进行详细介绍。执笔人员包括乔琦、白璐、张玥等。

第五章节　系数手册使用方法

对本手册的使用方法及注意事项进行详细介绍。编制人员包括张玥、许文、谢明辉等。

为配合第二次全国污染源普查，在第一次全国污染源普查《产排污系数手册》基础上，本手册新增了挥发性有机物指标，对收录的全部行业的产排污系数进行了更新，并在核算方法上进行了完善和优化。

值此手册付印之际，向参加本项工作的所有单位和个人表示衷心的感谢。

一、适用范围

我国工业行业类别众多、工艺水平多样、生产规模不一、污染因子各异、产排节点繁杂。本手册根据《国民经济行业分类》（GB/T 4754—2017），给出了国民经济 41 个工业大类行业主要生产过程产生和排放的废水污染物、废气污染物及固体废物的产排量核算方法及系数；同时给出了具有类似工业生产活动特征的，涉及农业产品初级加工的 0514、0539 小类行业污染物产排污量的核算方法和系数。

综上，本手册涵盖的工业行业包括：06 煤炭开采和洗选业，07 石油和天然气开采业，08 黑色金属矿采选业，09 有色金属矿采选业，10 非金属矿采选业，11 开采专业及辅助性活动，12 其他采矿业，13 农副食品加工业，14 食品制造业，15 酒、饮料和精制茶制造业，16 烟草制品业，17 纺织业，18 纺织服装，19 皮革、毛皮、羽毛及其制品和制鞋业、服饰业，20 木材加工

和木、竹、藤、棕、草制品业，21 家具制造业，22 造纸和纸制品业，23 印刷和记录媒介复制业，24 文教、工美、体育和娱乐用品制造业，25 石油、煤炭及其他燃料加工业，26 化学原料和化学制品制造业，27 医药制造业，28 化学纤维制造业，29 橡胶和塑料制品业，30 非金属矿物制品业，31 黑色金属冶炼和压延加工业，32 有色金属冶炼和压延加工业，33 金属制品业，34 通用设备制造业，35 专用设备制造业，36 汽车制造业，37 铁路、船舶、航空航天和其他运输设备制造业，38 电气机械和器材制造业，39 计算机、通信和其他电子设备制造业，40 仪器仪表制造业，41 其他制造业，42 废弃资源综合利用业，43 金属制品、机械和设备修理业，44 电力、热力生产和供应业，45 燃气生产和供应业，46 水的生产和供应业以及 05 农、林、牧、渔专业及辅助性活动中的 0514 农产品初加工活动、0539 其他畜牧专业及辅助性活动两个小类行业。

因污染物产排量过低或涉核等原因，部分行业未给出核算方法及系数，涉及的行业具体见表 1。

表 1　未进行核算方法研究的行业

序号	行业代码	行业名称
1	1522	瓶装饮用水
2	2530	核燃料加工
3	4120	核辐射加工
4	4413	水力发电
5	4414	核力发电
6	4415	风力发电
7	4416	太阳能发电
8	4419	其他电力生产
9	4420	电力供应

二、主要术语与释义

1．实测法

指利用污染源企业实地监测数据，如在线监控（监测）系统数据、监督性监测数据、企业自行监测数据等，进行产排污量核算的方法。

2．产污系数法

利用不同产排污影响因素条件下行业单位产品（原料）污染物产生量，以及行业末端治理技术处理效率、运行率进行排污量核算的方法。

3．物料衡算法

通过对生产过程中的物料投入、消耗、产出情况定量分析获得产排污量的方法。

4．类比调查法

通过选择与目标污染源相似的污染源进行类比调查与监测，以取得相似的产、排污数据的方法。

5．原辅材料及主要成分

原辅材料是指生产过程中所需要的原材料和辅助用料的总称。原材料是指经过加工制造生

产某一产品时所用到的材料，辅料是指对产品生产起辅助作用的材料。主要成分是指组成原辅材料的各个物质里面起主要作用的某一种物质。

6．工序

工序是指一个（或一组）工人在一个工作地（如一台机床）对一个（或若干个）劳动对象连续完成的各项生产活动的总和。工序是组成生产过程的最小单元，若干个工序组成一个工段。

7．工段

工段是若干生产工序的组合，若干工段构成一个完整生产工艺。工段一般指工厂的某一个车间，或将车间内根据工艺和管理要求进一步划分，如铸工车间分为熔化工段和造型工段。单独的工段应有独立从事生产运行的对应企业。

8．流程型行业

指工业生产中通过以批量或连续的方式对原材料采用物理或化学方法使其增值的生产方式。典型的流程工业行业如医药制造业，石油、煤炭及其他燃料加工业，食品制造业，电力、热力生产和供应业，黑色金属冶炼和压延加工业等。

9．离散型行业

指工业生产中将不同的零部件装配组合成产品，主要发生物料物理性质（形状、组合）变化的生产方式。典型的离散型行业有家具制造业，汽车制造业，计算机、通信和其他电子设备制造业，电气机械和器材制造业，专用设备制造业等行业。

10．正常工况

指企业工况稳定、生产达到设计能力75%以上的生产状况。

11．影响因素组合

指对污染物产生与排放有显著性影响的因素组合（例如产品、原材料、生产工艺和生产规模、治理技术等）。

12．治理技术平均去除率

指某一污染物在经过治理设施前、后的质量差值与处理前的质量比值，以百分数表示。

13．污染治理设施实际运行率

指可量化污染治理设施运行情况的数值或量度，通常指污染治理设施正常运行状态的比率。可采用治理设施运行时间、运行消耗电量、运行消耗物料等参数及相关函数表征。

三、系数制定

1．系数制定的原则

为保障系数能够满足不同生产活动和方式的核算需求，同时又能真实反映污染源的产排污水平，按照《第二次全国污染源普查工业污染源产排污量核算技术指南》《第二次全国污染源普查工业污染源产污系数制定（不含VOCs）技术指南》《第二次全国污染源普查工业污染源挥发性有机物制定技术指南》等技术规范的要求，由生态环境部直属科研院所，联合高校、研究院所、行业研究单位等技术力量，共同制定和编制完成本手册。

2．本手册系数制定的基本过程

①依据工业行业特征，对已有工业污染源产排污系数进行梳理和评估；从重点行业环境影响分析、优先序分析、污染物指标选取等三个方面，进行工业行业产排污核算重点环节的识别

筛选；按照工业生产过程的物质流动特点，将工业行业划分为流程型行业及离散型行业两大类，充分考虑企业实际生产与工艺流程之间关系多样且复杂的情况，进行主要产排污工段的划分；识别不同工段污染物产生和排放的主要影响因素（例如产品、原料、工艺、规模和治理技术等）；确立各行业“长流程工艺可拆分为若干核算环节，若干短流程核算环节可组合为长流程工艺”的核算框架，包括产污系数影响因素组合及污染治理技术、治理设施运行率核算公式等。

②在建立核算框架体系的基础上编制调查方案，采用分层抽样与随机抽样相结合的方式，综合考虑产业布局、产品、工艺代表性等因素，选取不同系数组合内的样本企业开展实测、历史数据收集，针对部分行业不具备监测条件的污染物采用模型或实验模拟等方式获取数据，各类样本数据超过十万个。其中，挥发性有机物按照主要产生来源分为不同源项，分别制定相应系数。

③通过数据获取和处理，初步得到产污系数和治理技术平均去除效率之后，再随机抽取典型企业对系数结果进行验证。针对普查试填报和填报过程中各地方反馈、提出的核算问题进行梳理和分析，持续对系数进行优化、修订和补充，最终完成各工业行业的系数制定。

系数制定过程中，数据质量控制覆盖各个阶段，包括核算环节与样本选取、数据获取、实地监测、数据加工处理、系数表达、误差分析和系数验证等环节，数据质量控制要求在相关技术指南等文件中已明确提出。

此外，为进一步规范不同行业数据收集和核算的一致性，系数制定过程中采用了统一的样本企业调查表，并开发了“工业污染源产排污核算系数数据动态管理系统”。将企业调查表调查的信息全部导入系统，通过系统设定的逻辑关系和数据校验条件对数据进行审核，提升数据质量。该系统还建立了样本企业数据与系数的对应关系，实现了系数可溯源至样本企业。

四、污染物产生量和排放量核算

本手册综合考虑数据可得性、可更新性及与企业实际排污水平的相符性，采用排放量=产生量−去除量=产生量×（1−去除效率×运行率）的核算技术路线。其中，去除量不仅考虑了污染治理技术的平均去除效率，还考虑到同一种治理技术在同一行业不同企业内的处理效果、运行状态的差异，也即用污染治理设施实际运行率对去除量进行修正。

本手册通用的产生量和排放量核算方法如下：

根据产品、原料、生产过程中产排污的主导生产工艺、源项、企业规模、末端治理技术、污染治理设施运行情况等匹配相应的产污系数与排放量核算依据，结合本企业当年的实际活动水平数据核算污染物产生量与排放量。

某企业某产品在某工艺（工段、源项）、规模、原材料条件下某一污染物的产生量与排放量的核算方法如下：

（1）污染物产生量：

$$G_{产i} = P_{产i} \times M_i$$

式中，$G_{产i}$——工段 i 某污染物的产生量；

$P_{产i}$——工段 i 某污染物对应的产污系数；

M_i——工段 i 的原料用量或产品产量。

（2）污染物去除量：

$$R_{减i} = G_{产i} \times \eta_T \times k_T$$

式中，$R_{减i}$——工段 i 某污染物的去除量；

η_T——工段 i 某污染物采用的末端治理技术的平均去除效率；

k_T——工段 i 某污染物采用的末端治理设施实际运行率。

（3）污染物排放量：

同一企业某污染物全年的污染物产生/排放总量为该企业同年实际生产的全部工艺（工段、源项）、产品、原料、规模污染物产生/排放量之和。

$$E_{排} = G_{产} - R_{减} = \sum(G_{产i} - R_{减i}) = \sum\left[P_{产} \times M_i(1 - \eta_T \times k_T)\right]$$

行业具体的核算方法见本手册各小类行业详解。

五、系数手册使用方法

本手册力求简单、清楚，易于使用，制定时充分考虑了全国的平均水平，使用本手册计算得出的产排污量可能会与单个调查企业的情况有一定出入。各章节中均有相关行业系数的使用方法及计算案例。

本手册通用使用方法如下：

1．确定行业：确定需要查找的小类行业代码和行业名称，以国民经济行业分类（GB 4754—2017）中行业代码和行业名称为准，根据本手册目录，找到相关行业。

2．查找产污系数：根据工段、产品、原料、生产过程中产污的主导生产工艺、企业规模等级等一系列关键因素组合，逐级查找并确定所对应的某一个污染物的产污系数及其单位。

3．查找末端治理技术去除率：在已查询到的产污系数下，继续查找对应的末端治理技术，确定该末端治理技术的去除效率。

4．计算治理设施运行率（k）：根据上述查询到的产污系数组合信息和末端治理技术，确定该组合中末端治理技术对应的污染治理设施实际运行率 k 的计算公式，收集公式中指标相关数据计算 k 值。

5．产排污量计算：根据查找到的产污系数、末端治理技术去除率和运行率，细读手册中的核算方法和注意事项，计算污染物产生量、排放量。

本书编写人员

总体组

中国环境科学研究院

乔　琦

白　璐　刘景洋　张　玥　贾　岩　李雪迎　孙晓明　赵若楠　谢明辉　杨　奕　智　静

毕莹莹　许　文　常　胜　孟立红　阮久莉　解　蕾　董　莉　沈　忱　杨庆榜

05　农、林、牧、渔专业及辅助性活动

0514 农产品初加工活动（凝标胶、全乳胶、毛茶、蚕茧（烤茧）、染色花）

中国环境科学研究院

智　静　孟立红

云南省生态环境工程评估中心

易玉敏　祝家能　蓝　平　钱怡婷　肖　娴　徐　松

06　煤炭开采与洗选业

中国煤炭加工利用协会

谭　杰　颜丙磊　杜振宝　杨方亮　程子曌　杨　芊　郑剑平　赵猛猛　张绍强　马　剑

中国矿业大学（北京）

于　妍　王建兵

科邦检测集团有限公司

陈　贺

07 石油和天然气开采业

中国石油大学（华东）

赵朝成　赵东风　卢　磊　路　帅　刘其友　李　石　王永强　崔　帅

中国石油集团安全环保技术研究院有限公司

唐智和　张　芳　闫志坤　马　琳　许德刚　王晓峰　马文猛　徐远智　林姣　曾　玉

青岛欧赛斯环境与安全技术有限责任公司

孙　慧　张　清　王　歌

青岛中石大环境与安全技术中心有限公司

欧阳振宇

08　黑色金属矿采选业

中冶建筑研究总院有限公司

吴双九　王　浩　李　娜　邓　佳　崔　焱　何　松

中冶节能环保有限责任公司

魏有权　刘晓刚　刘　爽　王　卓

北京科技大学

王化军　邹安华

09　有色金属矿采选业

09 行业（不包括 0912 铅锌矿采选）

湖南有色金属研究院有限责任公司（原湖南有色金属研究院）

陈　伟　万文玉　欧阳坤　王　兵　万　斯　彭新平　曹柏林　李　倩　袁翠玉　朱安玲

中国矿业大学（北京）

章丽萍　何绪文　夏　瑜　张春晖　徐　恒　李　超　吴胜念　马项阳　薛静雯

矿冶科技集团有限公司

刘　芳　鞠丽萍　楚敬龙　苗　雨

中南大学

张晨阳　陈　攀　孙　伟　何建勇　吴江求

0912 铅锌矿采选产污系数及排放量核算方法

生态环境部环境工程评估中心

李　飒　易爱华　金　珂　李时蓓　王庆改　郭远杰　王亚娥

河南豫光金铅集团有限责任公司

卢　笛　童成业　纪昌磊

10　非金属矿采选业、1190 其他开采专业及辅助性活动、1200 其他采矿业

中材地质工程勘查研究院有限公司

崔文龙　李艳兵　闵建锋　隋国舜　张　杰　王　晟　张春燕　肖童超　刘金婷　申　思

11　开采专业及辅助性活动

111　煤炭开采和洗选专业及辅助性活动

中国煤炭加工利用协会

谭　杰　颜丙磊　杜振宝　杨方亮　程子曌　杨　芊　郑剑平　赵猛猛　张绍强　马　剑

中国矿业大学（北京）

于　妍　王建兵　高　昊　郑然峰

科邦检测集团有限公司

陈　贺

112　石油和天然气开采专业及辅助性活动

中国石油大学（华东）

赵朝成　赵东风　卢　磊　路　帅　刘其友　李　石　崔　帅

中国石油集团安全环保技术研究院有限公司

唐智和　张　芳　闫志坤　马　琳　许德刚　王晓峰　马文猛　徐远智　林　姣　曾　玉

青岛欧赛斯环境与安全技术有限责任公司

孙　慧　张　清　王　歌

青岛中石大环境与安全技术中心有限公司

欧阳振宇

119　其他开采专业及辅助性活动

中材地质工程勘查研究院有限公司

崔文龙　李艳兵　闵建锋　隋国舜　张　杰　王　晟　张春燕　肖童超　刘金婷　申　思

13 农副食品加工业

131 谷物磨制

国家粮食和物资储备局科学研究院

王　峻　孙长坡　汪丽萍　王楠希

中国食品发酵工业研究院有限公司

薛　洁　张凤杰

中检集团理化检测有限公司

俞梁敏　王铁楠　晏立衡　何可薪

132 饲料加工

中国食品发酵工业研究院有限公司

薛　洁　张彦青　张凤杰　张晓蒙　金玮鋆

北京工商大学

廖永红

中检集团理化检测有限公司

俞梁敏　李光明　王铁楠　秦　勤

133 植物油加工　139 其他农副食品加工行业

中国食品发酵工业研究院有限公司

薛　洁　张凤杰　金玮鋆　张晓蒙　于佳俊　石　俊

中检集团理化检测有限公司

俞梁敏　王晓琴　何　飞　张　勇

135　屠宰及肉类加工

北京工商大学

冯旭东　李双阳　张艳萍　展　侠

中国肉类协会

王绪茂　刘　蕾　高　观

中轻食品工业管理中心

于学军　李　洋

博慧检测技术（北京）有限公司

马　娟

136　水产品加工

北京工商大学

叶　宏　展　侠　冯旭东　张艳萍　朱秋锋　李双阳　汪　萍

中轻食品工业管理中心

于学军　李　洋

博慧检测技术（北京）有限公司

韩　芳

137　蔬菜、菌类、水果和坚果加工

北京工商大学

朱秋锋　张艳萍　冯旭东　展　侠　李双阳　汪　萍

中轻食品工业管理中心

于学军　李　洋

博慧检测技术（北京）有限公司

杨　帆

1340　制糖业

中国环境科学研究院

孙晓明　刘景洋　常胜　毕莹莹　董　莉　颜秉斐　贾　岩　许　文　胡官墨

华北理工大学

张耀宗　刘仁义　庞博　杜明辉　杨　永　张　宁　王　勇　高群丽　王　昊　刘　晓

中国糖业协会

闫卫民　李国有　柳　嘉　郎玺慧　胡志江　钟金传　卢　平

14　食品制造业

141 焙烤食品制造　142 糖果、巧克力及蜜饯制造　143 方便食品制造

中国食品发酵工业研究院有限公司

周志桥　林　静　李雅丽　刘一郎　桑若杰

144 乳制品制造　145　罐头食品制造

中国食品发酵工业研究院有限公司

王晓龙　郭新光　东思源　吴　刚　曹梦思

146 调味品、发酵制品制造

中轻食品工业管理中心

于学军　李　洋　王　鸿　高　鹏　杨晓明　冯志合　李建军　胡修玉

北京工商大学

廖永红　殷娴　徐春明　冯旭东　胡传芹　赵　睿　王　晖　何天盈　张　鹏　钱清清

149 其他食品制造

中国食品发酵工业研究院有限公司

周志桥　林　静　李雅丽　刘一郎　桑若杰

中轻食品工业管理中心

于学军　李　洋　王　鸿　高　鹏　杨晓明　冯志合　李建军　胡修玉

北京工商大学

廖永红　殷　娴　徐春明　张艳萍　冯旭东　胡传芹　王　晖　何天盈　王　雨　向　罗

15 酒、饮料和精制茶制造业

151　酒的制造

北京工商大学

廖永红　王凤寰　徐春明　殷　娴　冯旭东　王　晖　李明祥　孙　博　蒲　叶　王　藤

1512　白酒制造行业

中国环境科学研究院

王之晖　袁　震　王文君　戴建坤

中国食品发酵工业研究院有限公司

薛　洁　张凤杰　张晓蒙　金玮鋆　于佳俊　王旭亮

152　饮料制造行业

轻工业环境保护研究所

吕竹明　蒋　彬　吕泽瑜　孙　慧　陈　晨　高　山　薛鹏丽　钱　堃

153　精制茶制造行业

安徽农业大学

徐　燕　刘政权　孙明慧　解千金　蔡吓强

16 烟草制品行业

中国检验认证集团湖南有限公司

刘向荣　李拥军　李光胜　张　苗

湖南省生态环境事务中心（原湖南省环境保护厅环境工程评估中心）

李　庄　陈　林

长沙环境保护职业技术学院

孙　蕾　刘维平　陈喜红　杨　冰

17　纺织业

东华大学

李　方　沈忱思　程谦勋　王　洪　马春燕　黄满红　谢学辉　黄礼超　徐晨烨

中国印染行业协会

林　琳　刘添涛

清华大学

石　磊

中环清科（嘉兴）环境技术研究院有限公司

王晨光　戎　宇　周　婷

18 纺织服装、服饰业

东华大学

李　方　丁雪梅　沈忱思　陈　刚

中国印染行业协会

张怀东

中环清科（嘉兴）环境技术研究院有限公司

戴争博　康　颖

北京服装学院

龚　龑

19 皮革、毛皮、羽毛及其制品和制鞋业

191　皮革鞣制加工行业

中国环境科学研究院

刘菁钧　郭亚静　周长波　沈　忱　赵志远

海宁市皮革行业协会

龚慧红　杜　瑜　钱梦霞　赵　颖

中国皮革制鞋研究院有限公司

张健康　高忠柏　刘显奎　赵晓东

四川大学

但卫华　程海明　但年华　何有节

佛山市弘禹环保科技有限公司

徐建国　陈晓屏　梁仁铸　李功毅

192 皮革制品制造、193 毛皮鞣制及制品加工、194 羽毛（绒）加工及制品制造、195 制鞋业

中国皮革制鞋研究院有限公司

丁志文　庞晓燕　陈国栋　刘　娜　费　锐　李松竹　郭　松　李晓星　刘海腾　李鹏宇

20 木材加工和木、竹、藤、棕、草制品行业

北京林业大学

王毅力　伦小秀　李俊仪　樊晓阳　王　震　高诗卉　母　军　张　扬　韩季峰　刘　博

北京市环境保护科学研究院

邵　霞　李宗泽

北京联合智业科技集团股份有限公司

李　英　解丽华

21 家具制造业

北京林业大学

王毅力　伦小秀　刘晨阳　张达鑫　伊松林　郭亚杰　李小林　樊　冲　何政斌　李小勇

北京市环境保护科学研究院

邵　霞　李宗泽

北京联合智业科技集团股份有限公司

李　英　解丽华

22　造纸和纸制品业

生态环境部环境工程评估中心

郭二民　董晓东　袁彦婷　马德彭　何　皓　周　鹏　肖文帅　李　峰

轻工业环境保护研究所

程言君　王　洁　张　亮　贾学桦　肖小健　侯雅楠

中国制浆造纸研究院有限公司

孙　波　苏振华　范述捷　文　飚　杨　彬

中晟华远（北京）环境科技有限公司

刘一男　梁　枨　喻秀芳

23　印刷和记录媒介复制业

中日友好环境保护中心

张小丹　顾江源　李　洋　郭　怡　刘　娟　徐　艳

中国印刷技术协会

李永林　沈　翔

中检集团南方电子产品测试（深圳）股份有限公司

邓春涛　赖风韵

24　文教、工美、体育和娱乐用品制造业

241 文教办公用品制造

温州大学

王兆伦　潘明初　柯　强　李　军

242 乐器制造

北京工商大学

姚小龙　董黎明

243 工艺美术及礼仪用品制造

北京工商大学

祁光霞　董黎明

244 体育用品制造

中国文教体育用品协会

易晓俐　谢满华

245 玩具制造

中国文教体育用品协会

易晓俐　冯春华

北京工商大学

董黎明

246 游艺器材及娱乐用品制造

中国文教体育用品协会

易晓俐　谢满华

25 石油、煤炭及其他燃料加工业

中国化工信息中心有限公司

张　华　梅　婷　王　迪　胡美玲　王佳星　赵　丽

华测检测认证集团北京有限公司

文唤成　李　娜

2511 原油加工及石油制品制造行业

环境工程评估中心

牛　皓　冉丽君　刘　燕　王赫婧　庄思源　牟滨子　王卫红　黄敏超　张嘉妮

中国石油大学（华东）

赵朝成　赵东风　卢　磊　路　帅　刘其友　李　石　崔　帅

青岛欧赛斯环境与安全技术有限责任公司

孙　慧　张　清　王　歌

青岛中石大环境与安全技术中心有限公司

欧阳振宇

252　煤炭加工

生态环境部环境工程评估中心

吕　巍　郭　森　滕　巍　刘志学　蔡志丹　朱肖曼　孙磊磊　庄思源　李　军　牟滨子

中国石油大学（华东）

赵朝成　赵东风　卢　磊　路　帅　刘其友　李　石　崔　帅

青岛欧赛斯环境与安全技术有限责任公司

孙　慧　张　清　王　歌

青岛中石大环境与安全技术中心有限公司

欧阳振宇

26 化学原料和化学制品制造业

261　基础化学原料制造

中国氮肥工业协会

王立庆　苏建英　孙绍华　韩跃明　董广达　窦进良

中国硫酸工业协会

李　崇　廖康程

中国氯碱工业协会

张文雷　张　鑫　范红波

中国无机盐工业协会

问立宁　王佩琳　焦　阳

沈阳沈化院测试技术有限公司

侯松嵋　蔡磊明　陈自强　于恒渊　吕　双　郭　静　杨国军　蒋亚辉　高　姗　毕　涛

沈阳化工研究院有限公司

胥维昌　龙　飞　程　迪　邹　军　王景国　沈日炯

262 肥料制造

中国氮肥工业协会

顾宗勤　曹占高　王亚楠　高　力　吴军华

中国磷复肥工业协会

修学峰　王　臣　白海丹　崔荣政　张　飞

中国无机盐工业协会

牛仁杰　武　娜

深圳准诺检测有限公司

李关侠　彭佳娜

263 农药制造行业

生态环境部南京环境科学研究所

王　娜　苑文凯　郭欣妍　施玛丽　孔德洋　何　健

中国农药工业协会

范东升　曹承宇

江苏环保产业技术研究院股份公司

魏　进　徐　瑾

264　涂料、油墨、颜料及类似产品制造

四川省生态环境科学研究院

叶　宏　钱　骏　陈军辉　姜　涛　徐晨曦　王　波

四川有色冶金研究院有限公司

伍建军　殷志刚　杨宇翔　陈佳蓓

四川大学

梁　斌　朱英明

265　合成材料制造

四川大学

梁　斌　吴可荆　朱英明

四川省生态环境科学研究院

叶　宏　钱　骏　陈军辉　李英杰

四川有色冶金研究院有限公司

伍建军　殷志刚　常丽娟

266　专用化学产品制造

四川有色冶金研究院有限公司

伍建军　殷志刚　常丽娟

四川省生态环境科学研究院

叶　宏　钱　骏　陈军辉　姜　涛　杨怡阁　罗昭培

四川大学

梁　斌　刘颖颖　吴可荆　朱英明

267 炸药、火工及焰火产品制造

中国爆破器材行业协会

李　琳　王　亚　熊学飞　胡宝刚

268 日用化学产品制造行业

中国日用化学研究院有限公司　[国家洗涤用品质量监督检验中心（太原）]

姚晨之　段平梅　李晓辉　公培龙　王　杰　成晓静　郑养珍

中检集团理化检测有限公司

俞梁敏　王铁楠　何可薪

27　医药制造业

271　化学药品原药制造、272　化学药品制剂制造、275　兽用药品制造、276　生物药品制造、277　卫生材料及医药用品制造、278　药用辅料及包装材料制造

北京泷涛环境科技有限公司

杨　阳　张银平　王东钰　王　静　宁艳英　程宪伟

河北科技大学

郭　斌　任爱玲　关亚楠　杜　昭　段二红

中国化学制药工业协会

张道新　苏日嘎琪琪格　沈云鹏　赵秀梅

河北省生态环境科学研究院

倪爽英　赵卫凤

博慧检测技术（北京）有限公司

马　娟

273　中药饮片加工行业

河北科技大学

杜　昭　郭　斌　俞　磊　杨宇轩　刘　倩

北京医药协会

周玉兰　李晓星

中国化学制药工业协会

张道新

北京市环境科学保护研究院

李树琰　李宗泽

274 中成药生产行业

河北科技大学

杜 昭 俞 磊 任爱玲 刘振冲 张美然

北京医药协会

李晓星 杨爱民

中国化学制药工业协会

王红昌 路 伟

北京市环境科学保护研究院

李国昊

28 化学纤维制造业

中国化学纤维工业协会

王玉萍 吕佳滨 李增俊 万 雷 刘 青 李伯鸣 张凌清 邓 军

东华大学

王华平 陈向玲 李 戎 邵正丽 柯佑福 陈 烨 吉 鹏 刘 娜

上海纺织节能环保中心

李 健 徐 薇 陈 斐 金平良 周 俊 俞建辉 袁哲军

江苏盛虹纺织品检测中心有限公司

周 强 高国洪 赵学谦

29 橡胶和塑料制品业

291 橡胶制品业

中国橡胶工业协会

朱 红 董文敏 雷昌纯 高 波

292 塑料制品业

北京工商大学

张彩丽 董黎明 祁光霞 翁云宣 刘岩峰 查 金

30 非金属矿物制品业

301 水泥、石灰和石膏制造业

中国环境科学研究院

刘 宇 王红梅 龙红艳 张 辰 田 刚 孟宪栋 张艳平 晁榕珠

中国非金属矿工业协会

张作伦 郭 佳 王文利 江伟华 唐靖炎

中国石灰协会

孙 强 尹保明

303 砖瓦、石材等建筑材料制造行业

中国环境科学研究院

王　凡　王红梅　张　辰　龙红艳　陈　宇　谭玉玲

中国建筑材料工业规划研究院

苏桂军　孟宪策

中国砖瓦工业协会

周　炫

中国石材协会

邓惠青

中国建筑防水协会

尚华胜

中国绝热节能材料协会

韩继先

中国建筑材料联合会

曹元辉

304　玻璃制造行业

中国环境科学研究院

王洪昌　崔宇韬　朱金伟　谭玉玲　张辰　束　韫　陈　宇　黄家玉　张艳平　田　刚

302 石膏、水泥制品及类似制品制造、305　玻璃制品制造、306　玻璃纤维和玻璃纤维增强塑料制品制造、307 陶瓷制品制造、308 耐火材料制品制造、309　石墨及其他非金属矿物制品制造

中材地质工程勘查研究院有限公司

崔文龙　王　晟　闵建锋　隋国舜　肖童超　张　燕　张春燕　李艳兵　崔光辉　陈明聪

31 黑色金属冶炼和压延加工行业

3110 炼铁

四川省生态环境科学研究院

叶　宏　钱　骏　陈军辉　孙　蜀　熊文朋　梅林德　陈　东　李　媛　汪　汀

3120 炼钢

四川省生态环境科学研究院

叶　宏　钱　骏　陈军辉　孙　蜀　梅林德　陈　东　熊文朋　李　媛　汪　汀

3130 钢压延加工

四川省生态环境科学研究院

叶　宏　钱　骏　陈军辉　孙　蜀　陈　东　梅林德　熊文朋　李　媛　汪　汀

3140 铁合金冶炼（不包含电解锰）

四川省有色冶金研究院有限公司

殷志刚　吴事浪　卢　勇

3140　电解锰生产

中国环境科学研究院

但智钢　史菲菲　袁　殷　方　琳　王辉锋　解　蕾　朱云峰　郭双祯　孙　伟

32 有色金属冶炼和压延加工业

32 行业（不包括 3211 铜冶炼和 3212 铅锌冶炼）

湖南有色金属研究院有限责任公司（原湖南有色金属研究院）

陈 伟 万文玉 欧阳坤 王 兵 万 斯 曹柏林 周 睿 游 萍 张 著 李 婕
胡 亮 张志强

中国矿业大学（北京）

章丽萍 何绪文 夏 瑜 戴 瑾 宋学京 张 鑫 张 楠 崔炎炎 魏含宇

矿冶科技集团有限公司

陈 谦 陈玉福 杨晓松

江西理工大学

李晓波 李 栋 余 文 邱仙辉 邱廷省

3211 铜冶炼业

中国环境科学研究院

李艳萍 杨 奕 张 昕 赵若楠 张青玲 郭玺云

矿冶科技集团有限公司

范书凯 陈 谦 李 莉 初 征

3212 铅锌冶炼行业

生态环境部环境工程评估中心

李 飒 易爱华 金 珂 李时蓓 丁 峰 陈陆霞 李旭健

河南豫光金铅集团有限责任公司

卢 笛 童成业 纪昌磊

33 金属制品业，34 通用设备制造业，35 专用设备制造业，36 汽车制造业，37 铁路、船舶、航空航天和其他运输设备制造业，431 金属制品修理业，432 通用设备修理业，433 专用设备修理业，434 铁路、船舶、航空航天等运输设备修理业（不包括电镀工艺）

中机生产力促进中心

吴进军 赵 蔷 陈晓辉 朱宇宏 李晶莹 焦 炬 刘 云 舒 豪 曹林锋 刘树生

机械工业第四设计研究院有限公司

李 辉 李 韧 石燕燕 郭可可 张松安 郭振远 刘宗耀 马 琳 王献平 王达菲

交通运输部天津水运工程科学研究院

杜 伟 康仲飞 吴培森 刘磊磊 孙 磊 郭 旭 田 腾 顾 明 赵大地 李国一

中冶建筑研究总院有限公司

吴双九 王 浩 刘珂屹 李 娜 邓 佳 崔 焱 李建佳 张利芝 王文孝

3360 电镀行业（不含电子元器件和线路板）

生态环境部华南环境科学研究所

贺 框 胡小英 张明杨 黄凯华 杜建伟 温 勇

南京华创环境技术研究院有限公司

刘福强　梁　英　李　杰

重庆市固体废物管理中心

刘嘉烈　张曼丽

中国科学院生态环境研究中心

赵　旭

38 电气机械和器材制造行业（不包括 3825 光伏设备及元器件制造、384 电池制造），39 计算机、通信和其他电子设备制造行业，40 仪器仪表制造行业，435 电气设备修理行业，436 仪器仪表修理行业，439 其他机械和设备修理行业

工业和信息化部电子第五研究所

黄秋鑫　孙秀敏　陈　琼　丑天姝　熊松松　方植彬　张德平　武泽华　刘晓纯　苏健梅

张　键　朱亚茹

中检集团南方测试股份有限公司

司菲斐　尚晓晨　吴楚芸　邓春涛　潘智勇　徐　鹏　马　萍　刘雅如　杜翠婷　曾声渠

田春燕　许智鑫

3825 光伏设备及元器件制造

中国环境科学研究院

李雪迎　白　璐　孟立红　谢明辉

中国科学院电工研究所

李海玲　吕　芳

384　电池制造行业

中国电子节能技术协会

黄建忠　王　超　张旻昱　杨清雨

骆驼集团股份有限公司

谢云清　邓国强　张　坤　丁佰胜　鲁　砜

超威电源有限公司

周　红　黄思淼　钦　力　沈　星　朱军军　陈　幸　周　丽　王新华

北京亿华通科技股份有限公司

于　民　周　斌　袁　殿　陈庆妍

北京新奥环标理化分析测试中心

田小青　戚小京　姜玉婷　张保华

41 其他制造业（不包括 412 核辐射加工）

北京工商大学

董黎明　祁光霞

42 废弃资源综合利用行业

中国环境科学研究院

刘景洋　毕莹莹　董　莉　孙晓明　郭玉文　阮久莉　贾　岩　许　文

中国物资再生协会

刘　强　张艳会

44 电力、热力生产和供应业

4411 火力发电、4412 热电联产行业

生态环境部环境工程评估中心

莫　华　吴家玉　帅　伟　汪晓江

国电环境保护研究院有限公司

胡　耘　张　明　朱法华

浙江大学

高　翔　郑成航　周　灿

国电南京电力试验研究有限公司

周道斌　段玖祥　张文杰

4417　生物质能发电行业

中国环境科学研究院

谢雪松　王　健　罗　宏　吕连宏　王斯一

4430 热力生产和供应

中国环境科学研究院

薛志钢　杜谨宏　续　鹏　任岩军　曹喜乐　马京华

浙江大学

高　翔　郑成航　张涌新　周志颖　翁卫国　吴卫红　刘少俊　姚龙超　周　灿　张　悠

北京市环境保护科学研究院

宋光武　罗志云　闫　静　赵亚笛　武彤冉

北京市劳动保护科学研究所

左朋莱　岳　涛　王晨龙　张晓曦　王　堃　梁全明　童亚莉　高佳佳　佟　莉　丁永华

北京师范大学

田贺忠　白孝轩　毋波波　刘姝涵　骆丽宁　刘　伟　林淑闵　赵　爽

45 燃气生产与供应业

生态环境部环境工程评估中心

吕　巍　梁　睿　孙南翔　梁　准　关　雎

46 水的生产和供应业

4610 自来水生产与供应行业

中国环境科学研究院

孟凡生　薛　浩　张铃松　叶匡旻　王海燕　周岳溪　马溢阳　宋海燕　程佩瑄　张道萍

463　海水淡化处理

交通运输部天津水运工程科学研究院

周　斌　张传国　王志勇　赵大地

天科院环境科技发展（天津）有限公司

李国一　李长东　初江涛　王　斌　李　鑫

469　其他水的处理利用与分配行业

交通运输部天津水运工程科学研究院

周　斌　张传国　王志勇　赵大地

天科院环境科技发展（天津）有限公司

李国一　李长东　初江涛　王　斌　李　鑫

目录

13 农副食品加工业

14 食品制造业

15 酒、饮料和精制茶制造

第二册

16 烟草制品业

17 纺织业

18 纺织服装、服饰业

19 皮革、毛皮、羽毛及其制品和制鞋业

20 木材加工和木、竹、藤、棕、草制品业

21 家具制造业

22 造纸和纸制品业

23 印刷和记录媒介复制业

24 文教、工美、体育和娱乐用品制造业

25 石油、煤炭及其他燃料加工业

第三册

26 化学原料和化学制品制造业

27 医药制造业

第四册

28 化学纤维制造业

29 橡胶和塑料制造业

30 非金属矿物制品业

31 黑色金属冶炼和压延加工业

32 有色金属冶炼和压延加工业

第五册

33～37，431～434 金属制品业，通用设备制造业，专用设备制造业，汽车制造业，铁路、船舶、航空航天和其他运输设备制造业，金属制品修理业，通用设备修理业，专用设备修理业，铁路、船舶、航空航天等运输设备修理业（不包括电镀工艺）

38，39，40，435，436，439 电气机械和器材制造业、计算机、通信和其他电子设备制造业、仪器仪表制造业、电气设备修理业、仪器仪表修理业、其他机械和设备修理业

41 其他制造业

42 废弃资源综合利用业

44 电力、热力、燃气及水生产和供应业

45 燃气生产与供应业

46 水的生产和供应业

05

农、林、牧、渔专业及辅助性活动

0514 农产品初加工活动（粮食烘干）

1 适用范围

本手册仅用于《国民经济行业分类》（GB/T 4754—2017）中 0514 农产品初加工活动（粮食烘干）使用产污系数法核算工业污染物产生量和排放量的工业企业。

利用本手册进行产污核算得出的污染物产生量与排放量仅代表了特定行业、工艺、产品、原料在正常工况下污染物产生与排放的一般规律。

废气指标包括颗粒物、二氧化硫、氮氧化物。

2 注意事项

2.1 企业有多种生产工艺或生产多类产品产排污量核算

污染物产生量与燃料使用量有关，本系数表中原料用量即为燃料用量。根据不同核算环节计算产污量后，再根据企业末端治理设施和运行情况计算各污染物的排污量。

2.2 采用多种治理设施组合处理企业的排污量核算

在排污量计算选择末端治理技术时，若没有对应的组合治理技术，以主要治理技术为准。

2.3 其他需要说明的问题

本手册所提供的工业废气量系数仅供校核参考。

3 污染物排放量核算方法

3.1 计算工段污染物产生量

（1）根据产品、原料、工艺、烘干设备规模这一组合查找和确定所对应的污染物的产污系数。

（2）根据该污染物的产污系数计量单位——单位原料用量，获取企业实际原（燃）料用量。

例如，某组合内颗粒物的产污系数单位为千克/吨-原料，则计算产生量时需要获取企业实际原（燃）料用量。

（3）污染物产生量按以下公式进行计算：

污染物产生量=污染物对应的产污系数×原料用量

$$G_{产i} = P_{产i} \times M_i$$

式中，$G_{产i}$——工段 i 某污染物的产生量；

$P_{产i}$——工段 i 某污染物对应的产污系数；

M_i——工段 i 的原料用量（燃料用量）。

3.2 计算工段污染物去除量

（1）根据企业对某一污染物所采用的治理技术查找和选择相应的治理技术平均去除效率。

（2）根据所填报的污染治理设施实际运行率参数及其计算公式得出该企业某一污染物的治理设施实际运行率（k 值）。

（3）污染物去除量按以下公式进行计算：

污染物去除量=污染物产生量×污染物去除率

=污染物产生量×末端治理技术平均去除效率×末端治理设施实际运行率

$$R_{减i} = G_{产i} \times \eta_T \times k_T$$

式中，$R_{减i}$——工段 i 某污染物的去除量；

η_T——工段 i 某污染物采用的末端治理技术的平均去除效率；

k_T——工段 i 某污染物采用的末端治理设施的实际运行率。

3.3 计算工段污染物排放量

污染物排放量=污染物产生量−污染物去除量

=污染物对应的产污系数×原料用量（燃料用量）−污染物产生量×末端治理技术平均去除效率×末端治理设施实际运行率

3.4 计算企业污染物排放量

同一企业某污染物全年的产生（排放）总量为该企业同年实际生产的全部工艺、产品、原料、规模污染物产生（排放）量之和。

$$E_{排} = G_{产} - R_{减} = \sum(G_{产i} - R_{减i}) = \sum\left[P_{产i} \times M_i(1-\eta_T \times k_T)\right]$$

4 污染物排放量核算案例

某粮食烘干企业主要从事粮食烘干生产。该企业涉及的主要产污核算环节为热风炉燃烧，主要污染物为颗粒物、二氧化硫、氮氧化物。以颗粒物为例说明排放量计算过程。

该企业基本信息如表 1 所示。

表 1　某粮食烘干企业主要信息

	核算锅炉所属地区：吉林省	
	名称	数量
原料种类、用量及成分	一般烟煤	1350 吨
	燃料含硫量（%）	燃料灰分（%）
	0.2	23
工艺名称	热风炉	—

	核算锅炉所属地区：吉林省	
	名称	数量
规模（产能）	5 吨/小时	
污染治理设施	袋式除尘，双碱法脱硫，未脱硝	
实际运行率参数	除尘设施运行时间	2100 小时
	脱硫设施运行时间	2050 小时
	锅炉运行时间	2160 小时

4.1 颗粒物产生量计算

（1）查找产污系数及其计量单位

根据企业基本信息，查找本手册中主要产品为粮食，主要原料为一般烟煤，主要工艺为热风炉，生产规模为 5 吨/小时，组合中颗粒物的产污系数为 0.47*A*，单位为千克/吨-原料。其中 *A* 代表企业填报的燃料收到基灰分，单位%。

（2）获取企业原料用量

该企业实际情况：锅炉 2017 年消费一般烟煤 1350 吨，燃料收到基灰分 23（%）。

（3）计算颗粒物产生量

由于查询到的组合中，颗粒物产污系数的单位为千克/吨-原料，因此在核算产生量时采用原料用量。

颗粒物产生量=颗粒物产污系数×原料用量×系数中的参数

=0.47 千克/吨-原料×1350 吨×23

=14593.5 千克

4.2 颗粒物去除量计算

（1）查找治理技术平均去除效率

该企业颗粒物治理技术采用袋式除尘，查询相应组合内该工艺的平均去除效率为 99.6%。

（2）计算污染治理技术实际运行率

根据产污系数组合查询结果，该组合中袋式除尘对应的污染治理设施实际运行率为

k =除尘治理设施运行时间/企业正常生产时间

=2100 小时/2160 小时

=0.97

（3）计算颗粒物去除量

颗粒物去除量=14593.5 千克×0.97×0.996

=14099.07 千克

4.3 颗粒物排放量计算

颗粒物排放量=14593.5 千克−14099.07 千克

=494.43 千克

5 系数表

0514 农产品初加工活动（粮食烘干）行业系数表

工段名称	产品名称	原料名称	工艺名称	规模等级	污染物类型	污染物指标	系数单位	产污系数	末端治理技术	末端治理技术平均去除效率/%	参考 k 值计算公式[1]
粮食烘干	粮食	一般烟煤	热风炉	所有规模	废气	工业废气量	标米^3/吨-原料	1.91×10^4	—	0	—
						颗粒物	千克/吨-原料	$0.47A$①	—	0	—
									袋式除尘	99.6	k =除尘设施年运行时间（小时/年）/热风炉年运行时间（小时/年）
									单筒（多筒并联除尘）	70	
									电袋组合	99.8	
									文丘里	87	
									湿式喷雾	87	
									离心水膜	87	
									喷淋塔/冲击水浴	87	
									静电除尘	97	
									多管旋风	70	
						二氧化硫	千克/吨-原料	$16S$②	—	0	—
									S12 其他（钠碱法）	92.5	k =除尘设施年运行时间（小时/年）/热风炉年运行时间（小时/年）
									氨法	92.5	
									烟气循环流化床法	85	
									石灰石/石膏法	92.5	
									氧化镁法	92.5	
									旋转喷雾干燥法	70	
									双碱法	92.5	
						氮氧化物	千克/吨-原料	2.94	—	0	—

注：①颗粒物的产污系数以含灰量（A%）形式表示，其中含灰量（A%）是指燃煤收到基灰分含量，以质量分数表示。例如燃料中灰分含量为 15%，则 $A=15$；②二氧化硫产污系数以含硫量（S%）形式表示，其中含硫量（S%）是指燃料硫分含量，以质量分数表示。例如燃料中含硫量（S%）为 3%，则 $S=3$。

[1] 该公式仅供参考，使用时，可根据 k 值定义，选取更适合企业实际情况的表达方式。

0514 农产品初加工活动（粮食烘干）行业系数表（续表 1）

工段名称	产品名称	原料名称	工艺名称	规模等级	污染物类型	污染物指标	系数单位	产污系数	末端治理技术	末端治理技术平均去除效率/%	参考 k 值计算公式
粮食烘干	粮食	生物质燃料	热风炉	所有规模	废气	工业废气量	标米³/吨-原料	6240	—	0	—
						颗粒物	千克/吨-原料	0.5	—	0	—
									单筒（多筒并联）旋风	70	k=除尘设施年运行时间（小时/年）/热风炉年运行时间（小时/年）
									多管旋风	70	
									文丘里	87	
									静电除尘	97	
									离心水膜	87	
									喷淋塔/冲击水浴	87	
									电袋组合	99.8	
									袋式除尘	99.6	
									湿式喷雾	87	
						二氧化硫	千克/吨-原料	17S	—	0	—
						氮氧化物	千克/吨-原料	1.02	—	0	—
		柴油	热风炉	所有规模	废气	工业废气量	标米³/吨-原料	1.78×10^4	—	0	—
						颗粒物	千克/吨-原料	0.26	—	0	—
									喷淋塔/冲击水浴	87	k=除尘设施年运行时间（小时/年）/热风炉年运行时间（小时/年）
									离心水膜	87	
									袋式除尘	99.6	
									文丘里	87	
						二氧化硫	千克/吨-原料	19S	—	0	—
									石灰石/石膏法	70	k=除尘设施年运行时间（小时/年）/热风炉年运行时间（小时/年）
									双碱法	70	
									烟气循环流化床法	70	
									旋转喷雾干燥法	70	
									氨法	70	
									S12 其他（钠碱法）	70	
									氧化镁法	70	
						氮氧化物	千克/吨-原料	3.03	—	0	—

0514 农产品初加工活动（粮食烘干）行业系数表（续表 2）

工段名称	产品名称	原料名称	工艺名称	规模等级	污染物类型	污染物指标	系数单位	产污系数	末端治理技术	末端治理技术平均去除效率/%	参考 k 值计算公式
粮食烘干	粮食	煤油	热风炉	所有规模	废气	工业废气量	标米^3/吨-原料	1.78×10^4	—	0	—
						颗粒物	千克/吨-原料	0.26	—	0	—
									文丘里	87	k =除尘设施年运行时间（小时/年）/热风炉年运行时间（小时/年）
									袋式除尘	99.6	
									喷淋塔/冲击水浴	87	
									离心水膜	87	
						二氧化硫	千克/吨-原料	19S	—	0	—
									旋转喷雾干燥法	70	k =脱硫设施年运行时间（小时/年）/热风炉年运行时间（小时/年）
									氨法	70	
									烟气循环流化床法	70	
									S12 其他（钠碱法）	70	
									氧化镁法	70	
									石灰石/石膏法	70	
									双碱法	70	
						氮氧化物	千克/吨-原料	3.03	—	0	
粮食烘干	粮食	天然气	热风炉	所有规模	废气	工业废气量	标米^3/吨-原料	1.08×10^5	—	0	—
						二氧化硫	千克/吨-原料	0.02S	—	0	—
						氮氧化物	千克/吨-原料	15.87	—	0	—
		城市煤气	热风炉	所有规模	废气	工业废气量	标米^3/万米^3-原料	4.88×10^4	—	0	—
						二氧化硫	千克/万米^3-原料	0.02S	—	0	—
						氮氧化物	千克/万米^3-原料	16.94	—	0	—
粮食烘干	粮食	液化石油气	热风炉	所有规模	废气	工业废气量	标米^3/万米^3-原料	2.88×10^5	—	0	—
						二氧化硫	千克/万米^3-原料	0.02S	—	0	—
						氮氧化物	千克/万米^3-原料	59.85	—	0	—

0514 农产品初加工活动

[凝标胶、全乳胶、毛茶、蚕茧（烤茧）、染色花]

1 适用范围

本手册仅用于《国民经济行业分类》（GB/T 4754—2017）中 0514 农产品初加工活动［凝标胶、全乳胶、毛茶、蚕茧（烤茧）、染色花］使用产污系数法核算污染物产生量和排放量的工业企业。

利用本手册进行产排污核算得出的污染物产生量与排放量仅代表了特定行业、工艺、产品、原料在正常工况下污染物产生与排放的一般规律。

废水指标包括工业废水量、化学需氧量、总氮、氨氮、总磷；废气指标包括工业废气量、颗粒物、二氧化硫、氮氧化物、氨。

2 注意事项

2.1 企业有多种生产工艺或生产多类产品产排污量核算

工业废水量、化学需氧量、氨氮、总氮、总磷产生量与产品类型有关，需根据企业不同产品分别核算产污量，再根据企业末端治理设施和运行情况计算各污染物的排污量。

颗粒物、二氧化硫、氮氧化物等污染物产生量与燃料类型及使用量有关，需根据企业燃料使用类型及用量进行产污量的核算，再根据企业末端治理设施和运行情况计算各污染物的排污量。

若企业涉及多种产品类型，则企业某污染物的产生量、排放量为生产各产品时的产生量、排放量之和。

在企业实际排放量计算过程中，如果存在废水回用的情况，需要在利用产排污核算公式的基础上扣除废水回用的部分。

2.2 采用多种治理设施组合处理企业的排污量核算

在排污量计算选择末端治理技术时，以主要治理技术为准。

2.3 系数表中未涉及的产污系数及污染治理效率

本手册行业企业生产过程中，涉及使用工业锅炉提供热源时，其产污系数及污染治理效率参照《4430 工业锅炉（热力生产和供应行业）行业系数手册》执行。

2.4 其他需要说明的问题

（1）本手册所提供的废水量、废气量系数仅供校核参考。

（2）废水排放量：若企业生产废水全部循环利用不外排，则企业化学需氧量、氨氮等污染物排放量为零。

（3）本手册仅给出废气量、颗粒物、二氧化硫、氮氧化物、氨等污染物有组织排放的产污系数，不涉及无组织排放。

（4）制定本手册时已充分考虑全国的平均水平，使用本手册计算得出的产排污量可能与单个调查企业有一定出入，但总体符合全行业水平。

（5）浓缩乳胶生产产生的废水中存在少量胶清，回收胶清过程产生的工艺废水、废气污染物已纳入浓缩乳胶生产产污系数，无须再单独计算。

3 污染物排放量核算方法

3.1 计算工段污染物产生量

（1）根据产品、原料、生产过程中产污的主导生产工艺、企业规模（企业生产产能）这一个组合查找和确定所对应的某一污染物的产污系数。

（2）根据该污染物的产污系数计量单位——单位产品产量或单位原料用量，获取企业实际产品产量或原料用量。

例如，某组合内化学需氧量的产污系数单位为千克/吨-产品，则计算产生量时需要获取企业实际产品产量。

（3）污染物产生量按以下公式进行计算：

污染物产生量=污染物对应的产污系数×产品产量（原料用量）

$$G_{产i} = P_{产i} \times M_i$$

式中，$G_{产i}$——工段 i 某污染物的产生量；

$P_{产i}$——工段 i 某污染物对应的产污系数；

M_i——工段 i 的产品产量（原料用量）。

3.2 计算工段污染物去除量

（1）根据企业对某一污染物所采用的治理技术查找和选择相应的治理技术平均去除效率。

（2）根据所填报的污染治理设施实际运行率参数及其计算公式得出该企业某一污染物的治理设施实际运行率（k 值）。

（3）污染物去除量按以下公式进行计算：

污染物去除量=污染物产生量×污染物去除率

=污染物产生量×治理技术平均去除效率×治理设施实际运行率

$$R_{减i} = G_{产i} \times \eta_T \times k_T$$

式中，$R_{减i}$——工段 i 某污染物的去除量；

η_T——工段 i 某污染物采用的末端治理技术的平均去除效率；

k_T——工段 i 某污染物采用的末端治理设施的实际运行率。

3.3 计算企业污染物排放量

同一企业某污染物全年的产生（排放）总量为该企业同年实际生产的全部工艺、产品、原料、规模污染物产生（排放）量之和。

$$E_{排}=G_{产}-R_{减}=\sum(G_{产i}-R_{减i})=\sum\left[P_{产i}\times M_i(1-\eta_T\times k_T)\right]$$

若企业有废水回用，则污染物排放量计算：

$$E_{排}=(G_{产i}-R_{减i})\times(1-C_{回用})$$

式中，$E_{排}$——企业某污染物全年排放量；

$G_{产i}$——工段 i 对应的污染物产生量；

$R_{减i}$——工段 i 对应的污染物去除量；

M_i——工段 i 对应的产品总量；

$C_{回用}$——废水回用率。

4 污染物排放量核算案例

某企业从事天然生胶生产，以凝胶为原料，采用“清洗-绉片-造粒-烘干”工艺，年生产 6000 吨凝标胶。废水末端治理措施采用“厌氧生物处理法+好氧生物处理法”，污水处理设施年耗电量 180000 千瓦·时，总额定功率 100 千瓦，年运行时间 1800 小时。废水回用率为 85%，涉及的废水污染物主要是化学需氧量、氨氮、总磷、总氮。

下面以废水中化学需氧量为例，说明该企业化学需氧量排放量的计算方法，主要分为以下三个步骤。

4.1 化学需氧量产生量计算

（1）查找产污系数及其计量单位

根据企业基本信息，查找本手册其主要产品为凝标胶，主要原料为凝胶块，主要工艺为清洗-绉片-造粒-烘干，生产规模为所有规模，化学需氧量的产污系数为 40.06，单位为千克/吨-产品。

（2）获取企业产品产量

该企业实际情况：主要产品凝标胶 2017 年产量为 6000 吨。

（3）计算化学需氧量产生量

由于查询到的组合中，化学需氧量产污系数的单位为千克/吨-产品，因此在核算产生量时采用产品产量。

$$G_{产i}=P_{产i}\times M_i$$

化学需氧量产生量=化学需氧量产污系数×产品（凝标胶）产量

=40.06 千克/吨×6000 吨=240360 千克=240.36 吨

4.2 化学需氧量去除量计算

（1）查找治理技术平均去除效率

该企业化学需氧量治理技术采用“厌氧生物处理法+好氧生物处理法”，查询相应组合内该工艺的平均去除效率为 98%，即η =98%。

（2）计算污染治理技术实际运行率

根据产污系数组合查询结果，该组合中化学需氧量对应的污染治理设施实际运行率为

k =年耗电量/（总额定功率×年运营时间）

=污水处理设施耗电量（千瓦·时/年）/［总额定功率（千瓦）×年运行时间（小时/年）］

=180000（千瓦·时/年）/（1800 千瓦×100 小时/年）=1

（3）计算化学需氧量去除量：

化学需氧量去除量为

$$R_{减} = G_{产} \times \eta \times k$$
$$=240.36\text{ 吨} \times 98\% \times 1$$
$$=235.55\text{ 吨}$$

4.3 化学需氧量排放量计算

企业废水回用率为 85%，则化学需氧量排放量计算：

$$E_{排} = (G_{产} - R_{减}) \times (1 - C_{回用})$$
$$=（240.36\text{ 吨} -235.55\text{ 吨}）\times（1-85\%）$$
$$= 0.72\text{ 吨}$$

5 系数表

0514 农产品初加工活动［凝标胶、全乳胶、浓缩乳胶、染色花、毛茶、蚕茧（烤茧）］行业系数表

工段名称	产品名称	原料名称	工艺名称	规模等级	污染物类型	污染物指标	系数单位	产污系数	末端治理技术	末端治理技术平均去除效率/%	参考 k 值计算公式[1]
凝标胶生产	凝标胶	凝胶	清洗-绉片-造粒-干燥	所有规模	废水	工业废水量	吨/吨-产品	19.65	—	0	—
						化学需氧量	千克/吨-产品	40.06	厌氧生物处理法+好氧生物处理法	98	k =污水处理设施耗电量（千瓦·时/年）/［总额定功率（千瓦）×运行时间（小时/年）］
						氨氮	千克/吨-产品	1.16	厌氧生物处理法+好氧生物处理法	90	
						总氮	千克/吨-产品	1.37	厌氧生物处理法+好氧生物处理法	85	
						总磷	千克/吨-产品	1.27	厌氧生物处理法+好氧生物处理法	90	
					废气	工业废气量	标米^3/吨-产品	22000.00	—	0	—
						氨	克/吨-产品	407.00	—	0	—
									喷淋塔	60	k =喷淋设施运行时间（小时/年）/干燥系统运行时间（小时/年）
全乳胶生产	全乳胶	鲜胶乳	预处理-凝固熟化-压薄-绉片-造粒-干燥	所有规模	废水	工业废水量	吨/吨-产品	10.47	—	0	—
						化学需氧量	千克/吨-产品	56.84	厌氧生物处理法+好氧生物处理法	98	k =污水处理设施耗电量（千瓦·时/年）/［总额定功率（千瓦）×运行时间（小时/年）］
						氨氮	千克/吨-产品	0.84	厌氧生物处理法+好氧生物处理法	90	
						总氮	千克/吨-产品	2.06	厌氧生物处理法+好氧生物处理法	85	
						总磷	千克/吨-产品	1.65	厌氧生物处理法+好氧生物处理法	90	
					废气	工业废气量	标米^3/吨-产品	22000.00	—	0	—
						氨	克/吨-产品	55.00	—	0	—
									喷淋塔	60	k =喷淋设施运行时间（小时/年）/干燥系统运行时间（小时/年）

[1] 该公式仅供参考，使用时，可根据 k 值定义，选取更适合企业实际情况的表达方式。

0514 农产品初加工活动［凝标胶、全乳胶、浓缩乳胶、染色花、毛茶、蚕茧（烤茧）］行业系数表（续表 1）

工段名称	产品名称	原料名称	工艺名称	规模等级	污染物类型	污染物指标	系数单位	产污系数	末端治理技术	末端治理技术平均去除效率/%	参考 k 值计算公式
浓缩乳胶生产	浓缩乳胶	鲜胶乳	预处理-离心浓缩-胶清回收（凝固-压绉-造粒-干燥）	所有规模	废水	工业废水量	吨/吨-产品	7.70	—	0	—
						化学需氧量	千克/吨-产品	61.60	化学处理法+厌氧生物处理法+好氧生物处理法	98	k =污水处理设施耗电量（千瓦·时/年）/［总额定功率（千瓦）× 运行时间（小时/年）］
						氨氮	千克/吨-产品	7.70	化学处理法+厌氧生物处理法+好氧生物处理法	90	
						总氮	千克/吨-产品	14.26	化学处理法+厌氧生物处理法+好氧生物处理法	85	
						总磷	千克/吨-产品	1.54	化学处理法+厌氧生物处理法+好氧生物处理法	90	
					废气	工业废气量	标米^3/吨-产品	1000.00	—	0	—
						氨	克/吨-产品	8.20	—	0	—
									喷淋塔	60	k =喷淋设施运行时间（小时/年）/干燥系统运行时间（小时/年）
染色花生产	染色花	鲜花/干花	脱水-脱色-干燥-染色	所有规模	废水	工业废水量	吨/吨-产品	0.05	—	0	—
						化学需氧量	克/吨-产品	6555.00	—	0	—
						氨氮	克/吨-产品	19.25	—	0	—
						总氮	克/吨-产品	24.70	—	0	—
						总磷	克/吨-产品	0.46	—	0	—

0514 农产品初加工活动［凝标胶、全乳胶、浓缩乳胶、染色花、毛茶、蚕茧（烤茧）］行业系数表（续表 2）

工段名称	产品名称	原料名称	工艺名称	规模等级	污染物类型	污染物指标	系数单位	产污系数	末端治理技术	末端治理技术平均去除效率/%	参考 k 值计算公式
热风烘干	凝标胶、全乳胶、浓缩乳胶、毛茶、蚕茧（烤茧）	一般烟煤	热风炉工艺	所有规模	废气	工业废气量	标米 ^{3}/吨-原料	1.91×10^4	—	0	—
						颗粒物	千克/吨-原料	$0.47A$①	—	0	—
									袋式除尘	99.6	k =除尘设施运行时间（小时/年）/热风炉运行时间（小时/年）
									单筒（多筒并联除尘）	70	
									文丘里	87	
									湿式喷雾	87	
									离心水膜	87	
									喷淋塔/冲击水浴	87	
									多管旋风	70	
						二氧化硫	千克/吨-原料	$16S$②	—	0	—
									S12 其他（钠碱法）	92.5	k =除尘设施运行时间（小时/年）/热风炉运行时间（小时/年）
									氨法	92.5	
									烟气循环流化床法	85	
									石灰石/石膏法	92.5	
									氧化镁法	92.5	
									旋转喷雾干燥法	70	
									双碱法	92.5	
						氮氧化物	千克/吨-原料	2.94	—	0	—
		生物质燃料	热风炉工艺	所有规模	废气	工业废气量	标米 ^{3}/吨-原料	6240.00	—	0	—
						颗粒物	千克/吨-原料	0.50	—	0	—
									单筒（多筒并联）旋风	70	k =除尘设施运行时间（小时/年）/热风炉运行时间（小时/年）
									多管旋风	70	
									文丘里	87	
									离心水膜	87	
									喷淋塔/冲击水浴	87	
									袋式除尘	99.6	
									湿式喷雾	87	
						二氧化硫	千克/吨-原料	$17S$②	—	0	—
						氮氧化物	千克/吨-原料	1.02	—	0	—

0514 农产品初加工活动［凝标胶、全乳胶、浓缩乳胶、染色花、毛茶、蚕茧（烤茧）］行业系数表（续表 3）

工段名称	产品名称	原料名称	工艺名称	规模等级	污染物类型	污染物指标	系数单位	产污系数	末端治理技术	末端治理技术平均去除效率/%	参考 k 值计算公式
热风烘干	凝标胶、全乳胶、浓缩乳胶、毛茶、蚕茧（烤茧）	天然气	热风炉工艺	所有规模	废气	工业废气量	标米^3/万米^3-原料	1.08×10^5	—	0	—
						二氧化硫	千克/万米^3-原料	$0.02S$④	—	0	—
						氮氧化物	千克/万米^3-原料	15.87	—	0	—
		城市煤气	热风炉工艺	所有规模	废气	工业废气量	标米^3/万米^3-原料	4.88×10^4	—	0	—
						二氧化硫	千克/万米^3-原料	$0.02S$	—	0	—
						氮氧化物	千克/万米^3-原料	16.94	—	0	—
毛茶生产	毛茶、蚕茧（烤茧）	散煤	炉灶燃烧	所有规模	废气	颗粒物	千克/吨-原料	9.50	—	0	—
						二氧化硫	千克/吨-原料	$7.83S$②	—	0	—
						氮氧化物	千克/吨-原料	1.78	—	0	—
		劈柴	炉灶燃烧	所有规模	废气	颗粒物	千克/吨-原料	5.39	—	0	—
						二氧化硫	千克/吨-原料	0.65	—	0	—
						氮氧化物	千克/吨-原料	1.04	—	0	—
		液化石油气	炉灶燃烧	所有规模	废气	颗粒物	千克/吨-原料	0.05	—	0	—
						二氧化硫	千克/吨-原料	$20S$③	—	0	—
						氮氧化物	千克/吨-原料	1.07	—	0	—
		煤气	炉灶燃烧	所有规模	废气	二氧化硫	千克/万米^3-原料	$0.02S$④	—	0	—
						氮氧化物	千克/万米^3-原料	20.30	—	0	—
		天然气	炉灶燃烧	所有规模	废气	二氧化硫	千克/万米^3-原料	$0.02S$④	—	0	—
						氮氧化物	千克/万米^3-原料	11.30	—	0	—

注：①烟尘的产污系数以含灰量（A%）形式表示，其中含灰量（A%）是指燃煤收到基灰分含量，以质量分数表示。例如燃料中灰分含量为15%，则 $A=15$；②二氧化硫产污系数以含硫量（S%）形式表示，其中含硫量（S%）是指燃料硫分含量，以质量分数表示。例如燃料中含硫量（S%）为3%，则 S=3；③二氧化硫产污系数以液化石油气含硫量（S）形式表示，其中 S 是液化石油气的全硫分含量。当液化石油气的含硫量为1.25%时，产污系数表中 S 取值1.25；④二氧化硫产污系数以煤气和天然气的含硫量（S）形式表示，其中 S 是收到基硫分含量，单位是毫克/米^3。当煤气的含硫量为200毫克/米^{3}时，产污系数表中 S 取值200。

0539 其他畜牧专业及辅助性活动（畜禽尸体化制）

1 适用范围

本手册仅用于《国民经济行业分类》（GB/T 4754—2017）中 0539 其他畜牧专业及辅助性活动（畜禽尸体化制）使用产污系数法核算工业污染物产生量和排放量的工业企业。

利用本手册进行产污核算得出的污染物产生量与排放量仅代表了特定行业、工艺、产品、原料在正常工况下污染物产生与排放量的一般规律。

废水指标包括工业废水量、化学需氧量、氨氮、总氮；废气指标包括工业废气量、氨。

2 注意事项

2.1 企业有多种生产工艺或生产多类产品产排污量核算

化学需氧量、氨氮、氨等污染物产生量与原料使用量有关。根据不同核算环节计算产污量后，再根据企业末端治理设施和运行情况计算各污染物的排污量。

2.2 采用多种治理设施组合处理企业的排污量核算

在排污量计算选择末端治理技术时，若没有对应的组合治理技术，以主要治理技术为准。

2.3 其他需要说明的问题

本手册所提供的工业废气量系数仅供校核参考。

3 污染物排放量核算方法

3.1 计算工段污染物产生量

（1）根据产品、原料、工艺、规模这一个组合查找和确定所对应的污染物的产污系数。

（2）根据该污染物的产污系数计量单位——单位原料用量，获取企业实际原料用量。

例如，某组合内化学需氧量的产污系数单位为克/吨-原料，则计算产生量时需要调用企业实际原料用量。

（3）污染物产生量按以下公式进行计算：

污染物产生量=污染物对应的产污系数×原料用量

$$G_{产i} = P_{产i} \times M_i$$

式中，$G_{产i}$——工段 i 某污染物的产生量；

$P_{产i}$——工段 i 某污染物对应的产污系数；

M_i——工段 i 的原料用量。

3.2 计算工段污染物去除量

（1）根据企业对某一污染物所采用的治理技术查找和选择相应的治理技术平均去除效率；

（2）根据所填报的污染治理设施实际运行率参数及其计算公式得出该企业某一污染物的治理设施实际运行率（k 值）。

（3）污染物去除量按以下公式进行计算：

污染物去除量=污染物产生量×污染物去除率

=污染物产生量×末端治理技术平均去除效率×末端治理设施实际运行率

$$R_{减i}=G_{产i}\times\eta_T\times k_T$$

式中，$R_{减i}$——工段 i 某污染物的去除量；

η_T——工段 i 某污染物采用的末端治理技术的平均去除效率；

k_T——工段 i 某污染物采用的末端治理设施的实际运行率。

3.3 计算工段污染物排放量

污染物排放量=污染物产生量−污染物去除量

=污染物对应的产污系数×原料用量−污染物产生量×

治理技术平均去除效率×治理设施实际运行率

3.4 计算企业污染物排放量

同一企业某污染物全年的产生（排放）总量为该企业同年实际生产的全部工艺（工段）、产品、原料、规模污染物产生（排放）量之和。

$$E_{排}=G_{产}-R_{减}=\sum(G_{产i}-R_{减i})=\sum\left[P_{产i}\times M_i(1-\eta_T\times k_T)\right]$$

4 污染物排放量核算案例

某畜禽尸体无害化处理企业主要从事病死畜禽化制处理。该企业涉及的主要产污工段为畜禽尸体化制，主要污染物为化学需氧量、氨氮、氨。以化学需氧量为例说明排放量计算过程。

该企业基本信息如表 1 所示。

表 1 某畜禽尸体无害化处理企业主要信息

	名称	数量
原料种类及用量	畜禽尸体	3000 吨
工艺名称	化制	
污染治理设施	厌氧生物处理法+好氧生物处理法	
实际运行率参数	污水治理设施运行时间	7224 小时
	企业正常生产时间	7200 小时

4.1 化学需氧量产生量计算

（1）查找产污系数及其计量单位

根据报表填报信息，调用《0539 其他畜牧专业及辅助性活动（畜禽尸体化制）产污系数表》中主要产品为动物油脂、肉骨粉，主要原料为病死动物，主要工艺为化制，生产规模为所有规模化学需氧量的产污系数为 6000，单位为克/吨-原料。

（2）获取企业原料消费量基本信息

该企业实际填报情况：2017 年处理畜禽尸体 3000 吨。

（3）计算化学需氧量产生量

查询到的组合中，化学需氧量产污系数的单位为克/吨-原料，因此在核算产生量时采用原料用量。

化学需氧量产生量=化学需氧量产污系数×原料用量

=6000 克/吨-原料×3000 吨

=18000 千克

4.2 化学需氧量去除量计算

（1）查找治理技术平均去除效率

该企业化学需氧量治理技术采用厌氧生物处理法+好氧生物处理法，查询相应组合内该工艺的平均去除效率为 95%。

（2）计算污染治理技术实际运行率

根据产污系数组合查询结果，该组合中厌氧生物处理法+好氧生物处理法对应的污染治理设施实际运行率为

k =污水处理设施正常运行时间/企业正常生产时间

=7224 小时/7200 小时

=1.003

当 k 值大于 1 时，则取 1。

（3）计算化学需氧量去除量：

化学需氧量去除量=18000 千克×0.95×1

=17100 千克

4.3 化学需氧量排放量计算

化学需氧量排放量=18000 千克−17100 千克

=900 千克

5 系数表

0539 其他畜牧专业及辅助性活动（畜禽尸体化制）行业系数表

工段名称	产品名称	原料名称	工艺名称	规模等级	污染物类型	污染物指标	系数单位	产污系数	末端治理技术	末端治理技术平均去除效率/%	参考 k 值计算公式[1]
—	动物油脂、肉骨粉	病死动物	化制①	所有规模	废水	工业废水量	吨/吨-原料	0.85	—	—	—
						化学需氧量	克/吨-原料	6000	厌氧生物处理法+好氧生物处理法	95	k =污水处理设施正常运行时间（小时/年）/企业正常生产时间（小时/年）
									厌氧生物处理法+好氧生物处理法+膜分离	99	
						氨氮	克/吨-原料	510	厌氧生物处理法+好氧生物处理法	92	
									厌氧生物处理法+好氧生物处理法+膜分离	99	
						总氮	克/吨-原料	556	厌氧生物处理法+好氧生物处理法	91	
									厌氧生物处理法+好氧生物处理法+膜分离	98	
					废气	工业废气量	标米^3/吨-原料	6623	—	—	—
						氨	克/吨-原料	638	冷凝+喷淋洗涤	80	k =废气处理设施正常运行时间（小时/年）/企业正常生产时间（小时/年）
									冷凝+喷淋洗涤+生物过滤	85	
									冷凝+喷淋洗涤+活性炭吸附	90	
									冷凝+喷淋洗涤+光催化+活性炭吸附	90	
									冷凝+喷淋洗涤+低温等离子体+活性炭吸附	90	
									冷凝+焚烧	90	

注：①此处“化制”应为“干化化制”。

[1] 该公式仅供参考，使用时，可根据 k 值定义，选取更适合企业实际情况的表达方式。

06

煤炭开采和洗选业

06 煤炭开采和洗选业

1　适用范围

本手册仅用于《国民经济行业分类》（GB/T 4754—2017）中 06 大类煤炭开采和洗选业行业的烟煤和无烟煤开采洗选（中类 061、小类 0610）、褐煤开采洗选（中类 062、小类 0620）、其他煤炭采选（中类 069、小类 0690）使用系数法核算工业污染物产生量和排放量的工业企业。

利用本手册进行产排污核算得出的污染物产生量与排放量仅代表了特定行业、工艺、产品、原料在正常工况下污染物产生与排放的一般规律。

本行业废水指标包括工业废水量、化学需氧量、石油类、汞、砷，主要来源于矿井水处理站、选煤厂浓缩池；废气指标包括颗粒物，主要监测露天矿采掘场、原煤筛分破碎车间、煤矿煤炭转载点。

2　注意事项

2.1　企业有多种生产工艺或生产多类产品产排污量核算

污染物产生量与原料用量有关，根据不同核算环节计算产污量后，再根据企业末端治理设施和运行情况计算各污染物的排放量。

企业某污染物指标的产生量、排放量为各核算环节产生量、排放量之和。

在企业实际排放量计算过程中，如果存在废水回用的情况，需要在利用产排污核算公式的基础上扣除废水回用的部分。公式如下：

实际排放量=计算排放量×（1−废水回用率）

2.2　其他需要说明的注意事项

由于不同企业工业废气量、废水量差异较大，本手册所提供的工业废气量、废水量系数仅供参考。

为体现相同产污水平条件下，采用相同环保治理设施的不同企业对同一污染物去除效果的差异，引入末端治理设施实际运行率（k）对污染治理技术的实际去除率进行修正。k 值反映的是污染治理设施运行的状态，越稳定运行，k 值越高；在取值上，若定义连续稳定运行的理想状态为 1，则 k 取值在 0～1 之间。

本手册给出本行业的 k 计算公式仅供参考，使用时，可根据 k 值定义，选取更适合企业实际情况的表达方式。

（1）系数表中未涉及的产污系数

本手册已基本涵盖各种煤种、煤炭采选工艺及规模的煤炭开采洗选，对可能遇到的其他煤种、工艺等条件，可咨询当地行业组织或专家、煤炭企业技术人员，参照近似的组合选取产污系数。

（2）工艺名称：井工开采包括竖井、平洞、斜井三种开采方式；露天开采即采煤和剥离露天生产的开采方式；综采指综合机械化生产（即采煤机与自移液压支架配套联动连续生产）；机采指采煤机采煤。如一个矿有多种采矿工艺，以产量多者为主。

（3）规模等级：按矿井（或露天矿）核定年生产能力计算；无核定生产能力者，按设计年生产能力计算。

（4）根据本次工业污染源普查的组合要素和污染物末端治理技术的框架设计，结合煤炭采选业属于地下矿产资源开采、加工的行业特点，煤炭采选业产污系数组合引入了影响煤炭开采业水污染物产生量的矿区地质条件（主要是煤系的富水性）因子和影响煤炭洗选业水污染物排放量的闭路循环等级因子。

煤矿的废水量与区域水文地质条件有关。为在普查填报中简化计算，根据开采煤层的富水条件，结合原煤炭部颁发的矿井地质规程中突水量等级标准，以及多年矿井涌水量统计资料，将全国产煤地区矿井涌水情况划分为三类，一类地区：贫水矿区，矿井涌水量≤60米^3/小时；二类地区：中富水矿区，矿井涌水量60～300米^3/小时；三类地区：高富水矿区，矿井涌水量≥300米^3/小时（矿井涌水量一般指正常涌水量）。

本次污染源普查产污系数结合矿井涌水量（或疏干涌水量）划分为一类地区、二类地区和三类地区，在无法获取矿井涌水量的情况下，可参考附表“我国煤炭开采区域水文地质条件分类表”进行指标选取。

2018 年，国家颁布了《选煤厂洗水闭路循环等级》（GB/T 35051—2018）煤炭行业标准，将选煤厂洗水闭路循环划分为三个等级，分别为一级、二级和三级。其中，一级闭路循环：洗水实现动态平衡，不向厂区外排放，煤泥全部在厂房内由机械回收，设有缓冲水池或浓缩机，并有完备的回水系统，年入选原料煤量达到设计能力的 70%以上。二级闭路循环：洗水实现动态平衡，不向厂区外排放，煤泥全部在厂房内由机械回收，设有缓冲水池或浓缩机，并有完备的回水系统，年入选原料煤量达到设计能力的 50%以上。三级闭路循环：洗水实现动态平衡，不向厂区外排水，沉淀池等沉淀澄清设施有完备的回水系统。

3　污染物排放量核算方法

针对企业实际生产情况，本行业在系数制定过程中将企业全生产流程划分或拆分为若干工段（核算环节），在核算企业污染物产排量时，可灵活选择本企业对应的核算环节进行核算。

3.1　计算工段污染物产生量

（1）根据产品、原料、污染物产生的主导生产工艺、企业规模（生产产能）这一组合查找和确定所对应的某一污染物的产污系数。

（2）根据该污染物的产污系数计量单位——单位原料用量，获取企业实际原料用量。

例如，某组合内化学需氧量的产污系数单位为千克/吨-原料，则计算产生量时需要获取企业原料实际消耗量。

（3）污染物产生量按以下公式进行计算：

污染物产生量=污染物对应的产污系数×原料用量

$$G_{产i}=P_{产i}\times M_i$$

式中，$G_{产i}$——工段 i 某污染物的产生量；

$P_{产i}$——工段 i 某污染物对应的产污系数；

M_i——工段 i 的原料用量。

3.2 计算工段污染物去除量

（1）根据企业对某一污染物所采用的治理技术查找和选择相应的治理技术平均去除效率。

（2）根据所填报的污染治理设施实际运行率参数及其计算公式得出该企业某一污染物的治理设施实际运行率（k 值）。

（3）污染物去除量按以下公式进行计算：

污染物去除量=污染物产生量×污染物去除率

=污染物产生量×治理技术平均去除效率×治理设施实际运行率

$$R_{减i}=G_{产i}\times\eta_T\times k_T$$

式中，$R_{减i}$——工段 i 某污染物的去除量；

η_T——工段 i 某污染物采用的末端治理技术的平均去除效率；

k_T——工段 i 某污染物采用的末端治理设施的实际运行率。

3.3 计算工段污染物排放量

污染物排放量=污染物产生量−污染物去除量

=污染物对应的产污系数×原料用量−污染物产生量×

治理技术平均去除效率×治理设施实际运行率

3.4 计算企业污染物排放量

同一企业某污染物全年的产生（排放）总量为该企业同年实际生产的全部工段、产品、原料、规模污染物产生（排放）量之和。

$$E_{排}=G_{产}-R_{减}=\sum(G_{产i}-R_{减i})=\sum\left[P_{产i}\times M_i(1-\eta_T\times k_T)\right]$$

$$E_{实际排}=E_{排}\times(1-\eta_k)$$

式中，$E_{实际排}$——工段 i 某污染物的实际排放量；

η_k——工段 i 的废水的回用率。

4 污染物排放量核算案例

甘肃省某煤矿主要从事烟煤的井工综采。该企业涉及的主要产排污工段为矿井水处理站和煤炭装卸点，主要污染物为废水指标（工业废水量、化学需氧量、石油类、汞、砷）、废气指标（颗粒物）。以化学需氧量为例说明产生量和排放量计算过程。

该企业基本信息如表 1 所示。

表 1　某煤炭开采企业基本信息

	核算环节：矿井水处理站	
	名称	数量
产品及产量	烟煤和无烟煤	500 万吨
原料及用量	烟煤和无烟煤	500 万吨
工艺名称	井工综采	500 万吨
规模（产能）	500 万吨	
污染治理设施	物理化学处理法	
实际运行率参数	污水治理设施运行时间	300 天
	企业正常生产时间	330 天

4.1　化学需氧量产生量计算

（1）查找产污系数及其计量单位

根据企业基本信息，查找本手册中主要产品为烟煤和无烟煤，主要原料为烟煤和无烟煤，主要工艺为井工综采，生产规模为 500 万吨/年，所属区域为一类区，该组合化学需氧量的产污系数为 90.5，单位为克/吨-原料。

（2）获取企业原料用量

该企业实际情况为：2017 年原料用量为 500 万吨。

（3）计算化学需氧量产生量

由于查询到的组合中化学需氧量产污系数的单位为克/吨-原料，因此在核算产生量时采用原料用量。

化学需氧量产生量=化学需氧量产污系数×原料用量

=90.5 克/吨-原料×500 万吨-原料

=452.5 吨

4.2　化学需氧量去除量计算

（1）查找治理技术平均去除效率

该企业矿井水处理站治理技术采用混凝-沉淀-过滤-消毒-反渗透工艺，属于物理化学法，查询相应组合内物理化学工艺的平均去除效率为 95%。

（2）计算污染治理设施实际运行率

根据产污系数组合查询结果，该组合中物理化学工艺对应的污染治理设施实际运行率为

k =污水治理设施运行时间/企业正常生产时间=300 天/330 天=0.91

（3）计算化学需氧量去除量

化学需氧量去除量=452.5 吨×95%×0.91=391.2 吨

4.3　化学需氧量排放量计算

化学需氧量排放量=452 吨−391.2 吨=60.8 吨

5 系数表

0610 烟煤和无烟煤开采业系数表

工段名称	产品名称	原料名称	工艺名称	规模等级	污染物类别	污染物指标	系数单位	产污系数	末端治理技术	末端治理技术平均去除效率/%	参考 k 值计算公式[1]
矿井水处理站	烟煤和无烟煤	烟煤和无烟煤	井工机采	≥120 万吨/年	废水	工业废水量	吨/吨-原料	0.68①	—	—	k=处理设施运行时间（天/年）/企业正常生产时间（天/年）
								1.21②			
								1.80③			
						化学需氧量	克/吨-原料	62.0①	物理化学处理法	95	
								100②	化学处理法	90	
								121③	物理处理法	85	
						石油类	克/吨-原料	1.50①	物理化学处理法	95	
								2.61②	物理处理法	90	
								2.90③	化学处理法	85	
						汞	毫克/吨-原料	0.12①	物理化学处理法	85	
								0.24②	物理处理法	80	
								0.13③	化学处理法	83	
						砷	毫克/吨-原料	34.0①	物理化学处理法	85	
								58.1②	物理处理法	80	
								91.8③	化学处理法	83	

[1] 该公式仅供参考，使用时，可根据 k 值定义，选取更适合企业实际情况的表达方式。

0610 烟煤和无烟煤开采业系数表（续表 1）

工段名称	产品名称	原料名称	工艺名称	规模等级	污染物类别	污染物指标	系数单位	产污系数	末端治理技术	末端治理技术平均去除效率/%	参考 *k* 值计算公式
矿井水处理站	烟煤和无烟煤	烟煤和无烟煤	井工机采	30 万～120 万吨/年	废水	工业废水量	吨/吨-原料	0.78①	—	—	*k* =处理设施运行时间（天/年）/企业正常生产时间（天/年）
								1.75②			
								2.28③			
						化学需氧量	克/吨-原料	71.0①	物理化学处理法	95	
								145②	化学处理法	90	
								178③	物理处理法	85	
						石油类	克/吨-原料	2.16①	物理化学处理法	95	
								3.10②	物理处理法	90	
								3.02③	化学处理法	85	
						汞	毫克/吨-原料	0.13①	物理化学处理法	85	
								0.35②	物理处理法	80	
								0.16③	化学处理法	83	
						砷	毫克/吨-原料	39.0①	物理化学处理法	85	
								84.0②	物理处理法	80	
								116③	化学处理法	83	
				≤30 万吨/年	废水	工业废水量	吨/吨-原料	0.65①	—	—	
								1.17②			
								1.86③			
						化学需氧量	克/吨-原料	62.5①	物理化学处理法	95	
								99.9②	化学处理法	90	
								113③	物理处理法	85	
						石油类	克/吨-原料	1.85①	物理化学处理法	95	
								2.60②	物理处理法	90	
								3.06③	化学处理法	85	
						汞	毫克/吨-原料	0.11①	物理化学处理法	85	
								0.23②	物理处理法	80	
								0.13③	化学处理法	83	
						砷	毫克/吨-原料	32.5①	物理化学处理法	85	
								56.2②	物理处理法	80	
								94.9③	化学处理法	83	

0610 烟煤和无烟煤开采业系数表（续表 2）

工段名称	产品名称	原料名称	工艺名称	规模等级	污染物类别	污染物指标	系数单位	产污系数	末端治理技术	末端治理技术平均去除效率/%	参考 k 值计算公式
矿井水处理站	烟煤和无烟煤	烟煤和无烟煤	井工综采	≥1000 万吨/年	废水	工业废水量	吨/吨-原料	0.87①	—	—	k =处理设施运行时间（天/年）/企业正常生产时间（天/年）
								1.80②			
								2.80③			
						化学需氧量	克/吨-原料	79.9①	物理化学处理法	95	
								155②	化学处理法	90	
								175③	物理处理法	85	
						石油类	克/吨-原料	2.41①	物理化学处理法	95	
								2.89②	物理处理法	90	
								3.91③	化学处理法	85	
						汞	毫克/吨-原料	0.15①	物理化学处理法	85	
								0.36②	物理处理法	80	
								0.20③	化学处理法	83	
						砷	毫克/吨-原料	43.5①	物理化学处理法	85	
								86.4②	物理处理法	80	
								143③	化学处理法	83	
				120 万～1000 万吨/年	废水	工业废水量	吨/吨-原料	1.00①	—	—	
								1.72②			
								2.62③			
						化学需氧量	克/吨-原料	90.5①	物理化学处理法	95	
								147②	化学处理法	90	
								161③	物理处理法	85	
						石油类	克/吨-原料	2.55①	物理化学处理法	95	
								3.40②	物理处理法	90	
								3.96③	化学处理法	85	
						汞	毫克/吨-原料	0.17①	物理化学处理法	85	
								0.34②	物理处理法	80	
								0.18③	化学处理法	83	
						砷	毫克/吨-原料	50.0①	物理化学处理法	85	
								82.6②	物理处理法	80	
								133③	化学处理法	83	

0610 烟煤和无烟煤开采业系数表（续表 3）

工段名称	产品名称	原料名称	工艺名称	规模等级	污染物类别	污染物指标	系数单位	产污系数	末端治理技术	末端治理技术平均去除效率/%	参考 k 值计算公式
矿井水处理站	烟煤和无烟煤	烟煤和无烟煤	井工综采	30 万～120 万吨/年	废水	工业废水量	吨/吨-原料	0.77①	—	—	k =处理设施运行时间（天/年）/企业正常生产时间（天/年）
								1.42②			
								2.45③			
						化学需氧量	克/吨-原料	69.5①	物理化学处理法	95	
								120②	化学处理法	90	
								150③	物理处理法	85	
						石油类	毫克/吨-原料	2.10①	化学处理法	95	
								2.94②	物理化学处理法	90	
								3.77③	物理处理法	85	
						汞	毫克/吨-原料	0.13①	物理化学处理法	85	
								0.28②	物理处理法	80	
								0.17③	化学处理法	83	
						砷	毫克/吨-原料	38.5①	物理化学处理法	85	
								68.2②	物理处理法	80	
								125③	化学处理法	83	
				≤30 万吨/年	废水	工业废水量	吨/吨-原料	0.65①	—	—	
								1.17②			
								1.86③			
						化学需氧量	克/吨-原料	62.5①	物理化学处理法	95	
								99.9②	化学处理法	90	
								113③	物理处理法	85	
						石油类	克/吨-原料	1.85①	物理化学处理法	95	
								2.60②	物理处理法	90	
								3.06③	化学处理法	85	
						汞	毫克/吨-原料	0.11①	物理化学处理法	85	
								0.23②	物理处理法	80	
								0.13③	化学处理法	83	
						砷	毫克/吨-原料	32.5①	物理化学处理法	85	
								56.2②	物理处理法	80	
								94.9③	化学处理法	83	

0610 烟煤和无烟煤开采业系数表（续表 4）

工段名称	产品名称	原料名称	工艺名称	规模等级	污染物类别	污染物指标	系数单位	产污系数	末端治理技术	末端治理技术平均去除效率/%	参考 k 值计算公式
疏干水处理站	烟煤和无烟煤	烟煤和无烟煤	露天开采	≥120 万吨/年	废水	工业废水量	吨/吨-原料	0.67①	—	—	k =处理设施运行时间（天/年）/企业正常生产时间（天/年）
								1.12②			
								1.68③			
						化学需氧量	克/吨-原料	100①	物理化学处理法	95	
								232②	化学处理法	90	
								289③	物理处理法	85	
						石油类	克/吨-原料	3.57①	物理化学处理法	95	
								5.68②	物理处理法	90	
								7.60③	化学处理法	85	
						汞	毫克/吨-原料	0.72①	物理化学处理法	85	
								1.69②	物理处理法	80	
								3.48③	化学处理法	83	
						砷	毫克/吨-原料	3.05①	物理化学处理法	85	
								6.90②	物理处理法	80	
								10.8③	化学处理法	83	
				＜120 万吨/年	废水	工业废水量	吨/吨-原料	0.71①	—	—	
								1.20②			
								1.80③			
						化学需氧量	克/吨-原料	103①	物理化学处理法	95	
								240②	化学处理法	90	
								300③	物理处理法	85	
						石油类	克/吨-原料	3.70①	物理化学处理法	95	
								5.80②	物理处理法	90	
								8.00③	化学处理法	85	
						汞	毫克/吨-原料	0.81①	物理化学处理法	85	
								1.80②	物理处理法	80	
								3.68③	化学处理法	83	
						砷	毫克/吨-原料	3.25①	物理化学处理法	85	
								7.70②	物理处理法	80	
								11.2③	化学处理法	83	

0610 烟煤和无烟煤开采业系数表（续表 5）

工段名称	产品名称	原料名称	工艺名称	规模等级	污染物类别	污染物指标	系数单位	产污系数	末端治理技术	末端治理技术平均去除效率/%	参考 k 值计算公式
浓缩池	洗精煤	烟煤和无烟煤	块煤、末煤全入洗	≥1000 万吨/年	废水	工业废水量	吨/吨-原料	0.27	—	—	—
						化学需氧量	克/吨-原料	22.0	—	—	
						石油类	克/吨-原料	0.58	—	—	
						汞	毫克/吨-原料	0.05	—	—	
						砷	毫克/吨-原料	13.0	—	—	
				120 万～1000 万吨/年	废水	工业废水量	吨/吨-原料	0.26	—	—	—
						化学需氧量	克/吨-原料	19.6	—	—	
						石油类	克/吨-原料	0.55	—	—	
						汞	毫克/吨-原料	0.05	—	—	
						砷	毫克/吨-原料	12.9	—	—	
				30 万～120 万吨/年	废水	工业废水量	吨/吨-原料	0.24	—	—	—
						化学需氧量	克/吨-原料	17.9	—	—	
						石油类	克/吨-原料	0.49	—	—	
						汞	毫克/吨-原料	0.05	—	—	
						砷	毫克/吨-原料	11.6	—	—	

0610 烟煤和无烟煤开采业系数表（续表 6）

工段名称	产品名称	原料名称	工艺名称	规模等级	污染物类别	污染物指标	系数单位	产污系数	末端治理技术	末端治理技术平均去除效率/%	参考 k 值计算公式
浓缩池	洗混煤	烟煤和无烟煤	块煤入洗、末煤不入洗	≥1000 万吨/年	废水	工业废水量	吨/吨-原料	0.28	—	—	—
						化学需氧量	克/吨-原料	22.5	—	—	
						石油类	克/吨-原料	0.58	—	—	
						汞	毫克/吨-原料	0.06	—	—	
						砷	毫克/吨-原料	13.5	—	—	
				120 万～1000 万吨/年	废水	工业废水量	吨/吨-原料	0.27	—	—	—
						化学需氧量	克/吨-原料	21.6	—	—	
						石油类	克/吨-原料	0.54	—	—	
						汞	毫克/吨-原料	0.05	—	—	
						砷	毫克/吨-原料	13.4	—	—	
				30 万～120 万吨/年	废水	工业废水量	吨/吨-原料	0.21	—	—	—
						化学需氧量	克/吨-原料	16.8	—	—	
						石油类	克/吨-原料	0.41	—	—	
						汞	毫克/吨-原料	0.04	—	—	
						砷	毫克/吨-原料	10.4	—	—	

0610 烟煤和无烟煤开采业系数表（续表 7）

工段名称	产品名称	原料名称	工艺名称	规模等级	污染物类别	污染物指标	系数单位	产污系数	末端治理技术	末端治理技术平均去除效率/%	参考 k 值计算公式
煤炭装卸点	烟煤和无烟煤	烟煤和无烟煤	井工机采	≥120 万吨/年	废气	颗粒物	千克/吨-原料	2.57	全封闭	100	k =喷淋设备运行时间（天/年）/企业正常运转时间（天/年）
									喷淋	80	
									直排	0	
				30 万～120 万吨/年	废气			2.28	全封闭	100	
									喷淋	80	
									直排	0	
				≤30 万吨/年	废气			1.83	全封闭	100	
									喷淋	80	
									直排	0	
			井工综采	≥1000 万吨/年	废气	颗粒物	千克/吨-原料	2.68	全封闭	100	
									喷淋	80	
									直排	0	
				120 万～1000 万吨/年	废气			2.36	全封闭	100	
									喷淋	80	
									直排	0	
				30 万～120 万吨/年	废气			1.74	全封闭	100	
									喷淋	80	
									直排	0	
				≤30 万吨/年	废气			1.54	全封闭	100	
									喷淋	80	
									直排	0	
采掘场	烟煤和无烟煤	烟煤和无烟煤	露天开采	≥120 万吨/年	废气	颗粒物	千克/吨-原料	4.58	喷淋	80	
									直排	0	
				<120 万吨/年				4.36	喷淋	80	
									直排	0	

0610 烟煤和无烟煤开采业系数表（续表 8）

工段名称	产品名称	原料名称	工艺名称	规模等级	污染物类别	污染物指标	系数单位	产污系数	末端治理技术	末端治理技术平均去除效率/%	参考 k 值计算公式
筛分破碎车间	洗精煤	烟煤和无烟煤	块煤、末煤全入洗	≥1000 万吨/年	废气	颗粒物	千克/吨-原料	0.80	袋式除尘	90	k =除尘设备耗电量（千瓦·时/年）/［除尘设备额定功率（千瓦）×企业正常运转时间（小时/年）］
									旋风除尘	89	
									组合式除尘	95	
									喷淋	80	
									直排	0	
				120 万～1000 万吨/年				0.72	袋式除尘	90	
									旋风除尘	89	
									组合式除尘	95	
									喷淋	80	
									直排	0	
				30 万～120 万吨/年				0.65	袋式除尘	90	
									旋风除尘	89	
									组合式除尘	95	
									喷淋	80	
									直排	0	
	洗混煤	烟煤和无烟煤	块煤入洗、末煤不入洗	≥1000 万吨/年	废气	颗粒物	千克/吨-原料	0.85	袋式除尘	90	
									旋风除尘	89	
									组合式除尘	95	
									喷淋	80	
									直排	0	
				120 万～1000 万吨/年				0.75	袋式除尘	90	
									旋风除尘	89	
									组合式除尘	95	
									喷淋	80	
									直排	0	
				30 万～120 万吨/年				0.67	袋式除尘	90	
									旋风除尘	89	
									组合式除尘	95	
									喷淋	80	
									直排	0	

0620 褐煤开采业系数表

工段名称	产品名称	原料名称	工艺名称	规模等级	污染物类别	污染物指标	系数单位	产污系数	末端治理技术	末端治理技术平均去除效率/%	参考 k 值计算公式[1]
矿井水处理站	褐煤	褐煤	井工机采	≥120 万吨/年	废水	工业废水量	吨/吨-原料	0.32①	—	—	k =处理设施运行时间（天/年）/企业正常生产时间（天/年）
								0.70②			
								1.80③			
						化学需氧量	克/吨-原料	29.0①	物理化学处理法	95	
								60.5②	化学处理法	90	
								145③	物理处理法	85	
						石油类	克/吨-原料	0.68①	物理化学处理法	95	
								1.36②	物理处理法	90	
								2.32③	化学处理法	85	
						汞	毫克/吨-原料	0.05①	物理化学处理法	85	
								0.14②	物理处理法	80	
								0.13③	化学处理法	83	
						砷	毫克/吨-原料	25.6①	物理化学处理法	85	
								53.2②	物理处理法	80	
								146③	化学处理法	83	
				30 万～120 万吨/年	废水	工业废水量	吨/吨-原料	0.80①	—	—	
								1.51②			
								2.80③			
						化学需氧量	克/吨-原料	72.0①	物理化学处理法	95	
								125②	化学处理法	90	
								225③	物理处理法	85	
						石油类	克/吨-原料	1.68①	物理化学处理法	95	
								2.69②	物理处理法	90	
								3.84③	化学处理法	85	
						汞	毫克/吨-原料	0.14①	物理化学处理法	85	
								0.30②	物理处理法	80	
								0.20③	化学处理法	83	
						砷	毫克/吨-原料	64.0①	物理化学处理法	85	
								115②	物理处理法	80	
								227③	化学处理法	83	

[1] 该公式仅供参考，使用时，可根据 k 值定义，选取更适合企业实际情况的表达方式。

0620 褐煤开采业系数表（续表 1）

工段名称	产品名称	原料名称	工艺名称	规模等级	污染物类别	污染物指标	系数单位	产污系数	末端治理技术	末端治理技术平均去除效率/%	参考 k 值计算公式
矿井水处理站	褐煤	褐煤	井工机采	≤30 万吨/年	废水	工业废水量	吨/吨-原料	0.50①	—	—	k =处理设施运行时间（天/年）/企业正常生产时间（天/年）
								1.12②			
								1.89③			
						化学需氧量	克/吨-原料	43.5①	物理化学处理法	95	
								90.0②	化学处理法	90	
								139③	物理处理法	85	
						石油类	克/吨-原料	1.01①	物理化学处理法	95	
								2.00②	物理处理法	90	
								2.65③	化学处理法	85	
						汞	毫克/吨-原料	0.09①	物理化学处理法	85	
								0.22②	物理处理法	80	
								0.13③	化学处理法	83	
						砷	毫克/吨-原料	40.0①	物理化学处理法	85	
								85.1②	物理处理法	80	
								153③	化学处理法	83	
				≥120 万吨/年	废水	工业废水量	吨/吨-原料	0.40①	—	—	
								1.00②			
								1.50③			
						化学需氧量	克/吨-原料	37.0①	物理化学处理法	95	
								82.7②	化学处理法	90	
								116③	物理处理法	85	
						石油类	克/吨-原料	0.84①	物理化学处理法	95	
								1.89②	物理处理法	90	
								2.32③	化学处理法	85	
						汞	毫克/吨-原料	0.07①	物理化学处理法	85	
								0.20②	物理处理法	80	
								0.11③	化学处理法	83	
						砷	毫克/吨-原料	32.0①	物理化学处理法	85	
								76.0②	物理处理法	80	
								122③	化学处理法	83	

0620 褐煤开采业系数表（续表 2）

工段名称	产品名称	原料名称	工艺名称	规模等级	污染物类别	污染物指标	系数单位	产污系数	末端治理技术	末端治理技术平均去除效率/%	参考 k 值计算公式
矿井水处理站	褐煤	褐煤	井工综采	30 万～120 万吨/年	废水	工业废水量	吨/吨-原料	0.50①	—	—	k =处理设施运行时间（天/年）/企业正常生产时间（天/年）
								0.92②			
								1.40③			
						化学需氧量	克/吨-原料	45.0①	物理化学处理法	95	
								75.0②	化学处理法	90	
								110③	物理处理法	85	
						石油类	克/吨-原料	1.16①	物理化学处理法	95	
								1.70②	物理处理法	90	
								2.21③	化学处理法	85	
						汞	毫克/吨-原料	0.09①	物理化学处理法	85	
								0.18②	物理处理法	80	
								0.10③	化学处理法	83	
						砷	毫克/吨-原料	40.0①	物理化学处理法	85	
								69.9②	物理处理法	80	
								113③	化学处理法	83	
				≤30 万吨/年	废水	工业废水量	吨/吨-原料	0.60①	—	—	
								1.08②			
								1.98③			
						化学需氧量	克/吨-原料	55.0①	物理化学处理法	95	
								89.4②	化学处理法	90	
								144③	物理处理法	85	
						石油类	克/吨-原料	1.28①	物理化学处理法	95	
								1.95②	物理处理法	90	
								2.74③	化学处理法	85	
						汞	毫克/吨-原料	0.10①	物理化学处理法	85	
								0.22②	物理处理法	80	
								0.14③	化学处理法	83	
						砷	毫克/吨-原料	48.0①	物理化学处理法	85	
								82.1②	物理处理法	80	
								160③	化学处理法	83	

0620 褐煤开采业系数表（续表 3）

工段名称	产品名称	原料名称	工艺名称	规模等级	污染物类别	污染物指标	系数单位	产污系数	末端治理技术	末端治理技术平均去除效率/%	参考 k 值计算公式
疏干水处理站	褐煤	褐煤	露天开采	≥120 万吨/年	废水	工业废水量	吨/吨-原料	0.60①	—	—	k =处理设施运行时间（天/年）/企业正常生产时间（天/年）
								1.00②			
								1.20③			
						化学需氧量	克/吨-原料	116①	物理化学处理法	95	
								231②	化学处理法	90	
								240③	物理处理法	85	
						石油类	克/吨-原料	4.00①	物理化学处理法	95	
								5.38②	物理处理法	90	
								5.80③	化学处理法	85	
						汞	毫克/吨-原料	0.90①	物理化学处理法	85	
								1.85②	物理处理法	80	
								1.80③	化学处理法	83	
						砷	毫克/吨-原料	2.16①	物理化学处理法	85	
								4.63②	物理处理法	80	
								4.32③	化学处理法	83	
				<120 万吨/年	废水	工业废水量	吨/吨-原煤	1.00①	—	—	
								0.50②			
								1.10③			
						化学需氧量	克/吨-原料	231①	物理化学处理法	95	
								62.5②	化学处理法	90	
								138③	物理处理法	85	
						石油类	克/吨-原料	5.38①	物理化学处理法	95	
								2.50②	物理处理法	90	
								5.50③	化学处理法	85	
						汞	毫克/吨-原料	1.85①	物理化学处理法	85	
								1.15②	物理处理法	80	
								2.53③	化学处理法	83	
						砷	毫克/吨-原料	4.63①	物理化学处理法	85	
								3.50②	物理处理法	80	
								7.70③	化学处理法	83	

0620 褐煤开采业系数表（续表 4）

工段名称	产品名称	原料名称	工艺名称	规模等级	污染物类别	污染物指标	系数单位	产污系数	末端治理技术	末端治理技术平均去除效率/%	参考 k 值计算公式
浓缩池	洗混煤	褐煤	块煤入洗、末煤不入洗	≥120 万吨/年	废水	工业废水量	吨/吨-原料	0.24	—	—	—
						化学需氧量	克/吨-原料	21.5	—	—	
						石油类	克/吨-原料	0.59	—	—	
						汞	毫克/吨-原料	0.05	—	—	
						砷	毫克/吨-原料	18.8	—	—	
				<120 万吨/年	废水	工业废水量	吨/吨-原料	0.25	—	—	—
						化学需氧量	克/吨-原料	21.3	—	—	
						石油类	克/吨-原料	0.61	—	—	
						汞	毫克/吨-原料	0.05	—	—	
						砷	毫克/吨-原料	19.6	—	—	
煤炭装卸点	褐煤	褐煤	井工机采	≥120 万吨/年	废气	颗粒物	千克/吨-原料	2.76	全封闭	100	k =喷淋设备运行时间（天/年）/企业正常运转时间（天/年）
									喷淋	80	
									直排	0	
				30 万～120 万吨/年				2.64	全封闭	100	
									喷淋	80	
									直排	0	
				≤30 万吨/年				2.56	全封闭	100	
									喷淋	80	
									直排	0	

0620 褐煤开采业系数表（续表 5）

工段名称	产品名称	原料名称	工艺名称	规模等级	污染物类别	污染物指标	系数单位	产污系数	末端治理技术	末端治理技术平均去除效率/%	参考 k 值计算公式
煤炭装卸点	褐煤	褐煤	井工综采	≥120 万吨/年	废气	颗粒物	千克/吨-原料	2.70	全封闭	100	k =喷淋设备运行时间（天/年）/企业正常运转时间（天/年）
									喷淋	80	
									直排	0	
				30 万～120 万吨/年			千克/吨-原料	2.57	全封闭	100	
									喷淋	80	
									直排	0	
				≤30 万吨/年			千克/吨-原料	2.20	全封闭	100	
									喷淋	80	
									直排	0	
采掘场	褐煤	褐煤	露天开采	≥120 万吨/年	废气	颗粒物	千克/吨-原料	4.76	喷淋	80	
									直排	0	
				<120 万吨/年			千克/吨-原料	4.65	喷淋	80	
									直排	0	
筛分破碎车间	洗混煤	褐煤	块煤入洗、末煤不入洗	≥120 万吨/年	废气	颗粒物	千克/吨-原料	0.48	袋式除尘	90	k =除尘设备耗电量（千瓦·时/年）/[除尘设备额定功率（千瓦）×企业正常运转时间（小时/年）]
									旋风除尘	89	
									组合式除尘	95	
									喷淋	80	
									直排	0	
				<120 万吨/年				0.47	袋式除尘	90	
									旋风除尘	89	
									组合式除尘	95	
									喷淋	80	
									直排	0	
			干选	所有规模	废气	颗粒物	千克/吨-原料	0.40	袋式除尘	90	
									旋风除尘	89	
									组合式除尘	95	
									喷淋	80	
									直排	0	

0690 烟煤和无烟煤开采业系数表

工段名称	产品名称	原料名称	工艺名称	规模等级	污染物类别	污染物指标	系数单位	产污系数	末端治理技术	末端治理技术平均去除效率/%	参考 k 值计算公式[1]
矿井水处理站	石煤	石煤	井工机采	≤30 万吨/年	废水	工业废水量	吨/吨-原料	0.80①	物理化学处理法	95	k =处理设施运行时间（天/年）/企业正常生产时间（天/年）
								2.10②	物理处理法	90	
								3.50③	化学处理法	85	
						化学需氧量	克/吨-原料	70①	物理化学处理法	95	
								137②	化学处理法	90	
								146③	物理处理法	85	
						石油类	克/吨-原料	2.28①	物理化学处理法	95	
								2.30②	物理处理法	90	
								2.36③	化学处理法	85	

注：1．除非另外说明，本表中：①一类区指贫水矿区，矿井涌水量≤60米^3/小时；②二类区指中富水矿区，矿井涌水量为60～300米^3/小时；③三类区指高富水矿区，矿井涌水量≥300米^3/小时。

2．本手册中系数单位“吨-原料”，其中原料等同于原煤是指煤矿生产出来的未经洗选、未经加工的毛煤，按其炭化程度可划分为褐煤、烟煤、无烟煤。

[1] 该公式仅供参考，使用时，可根据 k 值定义，选取更适合企业实际情况的表达方式。

附 表

我国煤炭开采区域水文地质条件分类表（香港、澳门、台湾地区除外）

区域分类	一类地区 （贫水矿区）	二类地区 （中富水矿区）	三类地区 （高富水矿区）
包括地区	山西省 陕西省 甘肃省 青海省 内蒙古自治区 西藏自治区 宁夏回族自治区 新疆维吾尔自治区	北京市 山东省 辽宁省 吉林省 贵州省 云南省 河北省（邯郸市除外） 河南省（焦作市除外）	安徽省 江西省 湖南省 湖北省 四川省 黑龙江省 江苏省 广西壮族自治区 河北省邯郸市 河南省焦作市

注：由于矿区水文地质条件差别较大，随着煤炭资源的开发在一定时期内也会有所变化，该表区域分类仅供参考。

07

石油和天然气开采业

07 石油和天然气开采业

1 适用范围

本手册仅用于《国民经济行业分类》（GB/T 4754—2017）中07大类“石油和天然气开采业”使用系数法核算工业污染物产生量和排放量的工业企业。

07大类“石油和天然气开采业”包括071中类“石油开采”和072中类“天然气开采”。其中，071“石油开采”包括0711“陆地石油开采”和0712“海洋石油开采”；072中类“天然气开采”包括0721“陆地天然气开采”和0722“海洋天然气及可燃冰开采”。天然气开采还包括煤层气的开采。天然气开采中可燃冰开采规模较小，本次研究不做考虑。

利用本手册进行产排污核算得出的污染物产生量与排放量仅代表了特定行业的工艺、产品、原料在正常工况下污染物产生与排放的一般规律。

本行业废水指标包括工业废水量、化学需氧量、石油类、氨氮、总氮、挥发酚；废气指标包括工业废气量、二氧化硫、挥发性有机物；固体废物指标包括含油污泥。

2 注意事项

2.1 企业有多种生产工艺或生产多类产品产排污量核算

污染物产生量与产品产量有关，根据不同核算环节计算产污量后，再根据企业末端治理设施和运行情况计算各污染物的排放量。

企业某污染物指标的产生量、排放量为各核算环节产生量、排放量之和。

在企业实际排放量计算过程中，如果存在废水回用的情况，需要在利用产排污核算公式的基础上扣除废水回用的部分。公式如下：

实际排放量=计算排放量×（1−废水回用率）

2.2 采用多种治理设施组合处理企业的排污量核算

在排污量计算选择末端治理技术时，若没有对应的组合治理技术，以主要治理技术为准。

2.3 系数表中未涉及的产污系数及污染治理效率

页岩油的生产过程中，如果包含原料制备和干馏工艺，废水、废气指标可参考2519其他原油制造行业的系数手册。

2.4 其他需要说明的问题

（1）名词解释：

含水率：油田采出液中水的质量含量，以百分比表示，在产污系数公式中用 A 表示。

此外，对于某些稠油油田无含水率的概念，可以提供相应的以年为单位的采出水比率，计算方法如下：

采出水比率=年采出水量（吨）/［年原油产量（吨）+年采出水量（吨）］×100%

（2）应该以一个地区企业（如大庆油田有限责任公司等）下属的一个采油厂或天然气净化厂为基本单位。

天然气开采废气污染物只考虑天然气净化厂的产排污情况，其他环节由于产排污量很少忽略不计，天然气净化厂直接使用 07 石油和天然气开采业产污系数手册中的天然气开采产污系数。

（3）石油和天然气开采业按产品可划分为原油、天然气两类，其中原油又可分为非稠油和稠油，非稠油按原料可分为低渗透油田和非低渗透油田，其开采所采用的工艺为“二次采油+三次采油”。现阶段开采所采用的工艺为一次采油的油田很少，可参照二次采油+三次采油的产污系数进行计算。稠油原料为稠油油田，开采工艺主要为蒸汽驱，其他工艺可参照蒸汽驱产污系数进行计算。此外，油田含水率是影响产污系数的重要指标，因此，对于天然原油开采，在原料中加入含水率区间进行分类。天然气按原料可分为超低含硫、非超低含硫和煤层气三类。由于我国已开采页岩气均为超低含硫，本次研究不再针对页岩气单独分类。

（4）由于本次调查没有覆盖到所有的油田，部分“产品、原料、工艺、规模”条件+末端处理技术的组合在实测企业中没有遇到（含水率大于80%的稠油油田、含水率80%～90%的低渗透油田的废水外排情况除外）。对于这些情况，参考其他有废水排放的油田，给出了末端处理技术的参考效率。

（5）海上油气生产工艺流程较短，生产工艺相对较为简单，使用的原辅材料较少，生产的产品也较为单一，整个生产过程中的产排污节点较少，产排污情形较为单一和清晰。其中，生产污水中水污染物管控的因子仅“石油类”一项。渤海油气平台的含油生产水不得排海，基本回注地层。对于其他海区的海上采油平台，污水排放标准为《海洋石油勘探开发污染物排放浓度限值》（GB 4914—2008）中“石油类”二级排放浓度限值或者一级排放浓度限值，所用的末端治理技术也不同，系数表中给出了治理效率。

（6）由于不同企业工业废气量、废水量差异较大，本手册提供的工业废气量、废水量系数仅供参考。

为体现相同产污水平条件下，采用相同环保治理设施的不同企业对同一污染物去除效果的差异，引入末端治理设施实际运行率（k）对污染治理技术的实际去除率进行修正。k 值反映的是污染治理设施运行的状态，越稳定运行，k 值越高；在取值上，若定义连续稳定运行的理想状态为 1，则 k 取值在 0～1 之间。

本手册给出本行业的 k 计算公式仅供参考，使用时，可根据 k 值定义，选取更适合企业实际情况的表达方式。

3 污染物排放量核算方法

3.1 计算工段污染物产生量

（1）根据产品、原料、污染物产生的主导生产工艺、企业规模（生产产能）这一组合查找和确定所对应的某一污染物的产污系数。

（2）根据该污染物的产污系数计量单位——单位产品产量，获取企业实际产品产量。

例如，某组合内化学需氧量的产污系数单位为千克/吨-产品，则计算产生量时需要获取企业实际产品产量。

（3）污染物产生量按以下公式进行计算：

污染物产生量=污染物对应的产污系数×产品产量

$$G_{产_i} = P_{产_i} \times M_i$$

式中，$G_{产_i}$——工段 i 某污染物的产生量；

$P_{产_i}$——工段 i 某污染物对应的产污系数；

M_i——工段 i 的产品产量。

3.2 计算工段污染物去除量

（1）根据企业对某一污染物所采用的治理技术查找和选择相应的治理技术平均去除效率。

（2）根据所填报的污染治理设施实际运行率参数及其计算公式得出该企业某一污染物的治理设施实际运行率（k 值）。

（3）污染物去除量按以下公式进行计算：

污染物去除量=污染物产生量×污染物去除率

=污染物产生量×治理技术平均去除效率×治理设施实际运行率

$$R_{减i} = G_{产_i} \times \eta_T \times k_T$$

式中，$R_{减i}$——工段 i 某污染物的去除量；

η_T——工段 i 某污染物采用的末端治理技术的平均去除效率；

k_T——工段 i 某污染物采用的末端治理设施的实际运行率。

3.3 计算工段污染物排放量

污染物排放量=污染物产生量−污染物去除量

=污染物对应的产污系数×产品产量−污染物产生量×

治理技术平均去除效率×治理设施实际运行率

3.4 计算企业污染物排放量

同一企业某污染物全年的产生（排放）总量为该企业同年实际生产的全部工段、产品、原料、规模污染物产生（排放）量之和。

$$E_{排} = G_{产} - R_{减} = \sum(G_{产_i} - R_{减i}) = \sum\left[P_{产_i} \times M_i(1-\eta_T \times k_T)\right]$$

4 污染物排放量核算案例

4.1 示例一

某联合站产品为非稠油，原料为含水率 80%～90%的低渗透油田，工艺为“二次采油+三次采油”。产品产量为 27 万吨，原油含水率为 90%。2017 年废水产生量为 273 万吨，废水回注量为 2702141 吨，废水外排量为 27859 吨。

以化学需氧量为例：

（1）计算污染物产生量

①根据产品、原料、生产工艺这个组合查找和确定含水率 80%～90%的低渗透油田化学需氧量的产污系数为 765*A*/（1−*A*），单位为克/吨-产品。*A* 为原油含水率。

②根据该污染物的产污系数计量单位，填报企业实际产品产量为 27 万吨，原油含水率为 90%。

③污染物产生量按以下公式进行计算：

污染物产生量=污染物对应的产污系数×产品产量

化学需氧量产生量=（765 克/吨-产品×90%）/（1−90%）×270000 吨-产品

=1858950000 克

=1858.95 吨

（2）计算污染物去除量

①该联合站部分废水采用的治理技术为“物理+回注”，外排水的治理技术为“过滤分离/上浮分离+生物接触氧化法”，由系数表查找相应的治理技术平均去除效率分别为 100%、88%。

②污染治理设施实际运行率参数为污水治理设施年运行时间、企业年正常生产时间。结合计算公式得出治理设施实际运行率为

k =污水治理设施年运行时间/企业年正常生产时间=1

③污染物去除量按以下公式进行计算：

化学需氧量去除量=化学需氧量产生量×污染物去除率

由于涉及两种处理方法，所以应该按照回注水量、外排水量占总废水量的比值，分别计算这两种方法的化学需氧量去除量。

回注水的化学需氧量去除量=回注水量/总废水量×化学需氧量产生量×污染物去除率

=回注水量/总废水量×化学需氧量产生量×治理技术平均去除效率×治理设施实际运行率

=2702141 吨/2730000 吨×1858.95 吨×100%×1

=1839.98 吨

外排水的化学需氧量去除量=外排水量/总废水量×化学需氧量产生量×污染物去除率

=外排水量/总废水量×化学需氧量产生量×治理技术平均去除效率×治理设施实际运行率

=27859 吨/2730000 吨×1858.95 吨×88%×1

=16.69 吨

（3）计算污染物排放量

化学需氧量排放量=污染物产生量−污染物去除量

= 1858.95 吨−1839.98 吨−16.69 吨=2.28 吨

4.2 示例二

某企业主要从事陆上天然气开采，开采产品种类为天然气。开采工艺为自喷，天然气处理产量为770680万米^3，废气排放量为28623万米^3，该厂采用加氢还原技术（SCOT）工艺脱硫，涉及的废气污染物为二氧化硫。

（1）二氧化硫产生量计算

①查找产污系数及其计量单位

该企业主要产品为天然气，主要原料为非超低含硫天然气，主要工艺为自喷，生产规模为年产量770680万米^3。组合中二氧化硫的产污系数为4195，单位为克/万米^3-产品。

②获取企业产品产量与原料用量

实际填报情况：该企业主要产品天然气2017年产量770680万米^3。

③计算二氧化硫产生量

由于查询到的组合中，二氧化硫产污系数的单位为克/万米^3-产品，因此在核算产生量时采用产品产量。

二氧化硫产生量=二氧化硫产污系数×产品（天然气）产量

=4195克/万米^3-产品×770680万米^3

=3233002600 克=3233 吨

（2）二氧化硫去除量计算

①查找治理技术平均去除效率

该企业二氧化硫脱除技术采用加氢还原技术（SCOT）工艺，查询该工艺平均去除效率为 95%。

②计算污染治理设施实际运行率

根据产污系数组合查询结果，该组合中二氧化硫对应的污染治理设施实际运行参数分别为废气治理设施年运行时间、企业年正常生产时间。结合计算公式得出治理设施实际运行率为

k =废气治理设施年运行时间/企业年正常生产时间

获取企业实际填报情况如下：该企业 2017 年正常生产时间为 7920 小时，废气治理设施年运行时间为 7920 小时，该企业的污水治理设施实际运行率为

k =7920 小时/7920 小时=1

③计算二氧化硫去除量

二氧化硫去除量=二氧化硫产生量×治理技术平均去除效率×治理设施实际运行率

=3233 吨×95%×1=3071.35 吨

（3）二氧化硫排放量计算

二氧化硫排放量=二氧化硫产生量−二氧化硫去除量=3233 吨−3071.35 吨=161.65 吨

5　系数表

07 石油和天然气开采行业系数表

工段名称	产品名称	原料名称	工艺名称	规模等级	污染物类别	污染物指标	系数单位	产污系数	末端治理技术	末端治理技术平均去除效率/%	参考 k 值计算公式[1]
—	非稠油	低渗透油田＜80%	二次采油+三次采油	所有规模	废水	化学需氧量	克/吨-产品	$647A/(1-A)$ ①	①物理+化学+回注	100	k =污水治理设施运行时间（小时/年）/企业正常生产时间（小时/年）
									②物理+回注	100	
									③过滤分离/上浮分离+生物接触氧化法	88*②	
									④过滤分离/上浮分离+化学混凝法	73*	
									⑤过滤分离/上浮分离+A^2/O 工艺	85*	
									⑥过滤分离/上浮分离+SBR 类	86*	
									⑦过滤分离/上浮分离+A/O 工艺	82*	
									⑧斜板隔油＋传统气体浮选机＋核桃壳过滤器＋双介质过滤器＋回注③	100	
									⑨水力旋流器＋脱气除油罐＋排放③	—④	
									⑩缓冲罐＋水力旋流器＋排放③	—	
									⑪水力旋流器＋过滤器＋排放③	—	

注：①A 表示原油含水率，取值范围 0～1。
②“*”表示该分类下的油田企业，当前资料没有关于使用该工艺的记录，数据为参考其他类型油田得出。
③该治理技术只见于海上石油开采。
④海上油气开采的生产污水中水污染物管控的因子仅“石油类”一项。

[1] 该公式仅供参考，使用时，可根据 k 值定义，选取更适合企业实际情况的表达方式。

07 石油和天然气开采行业系数表（续表 1）

工段名称	产品名称	原料名称	工艺名称	规模等级	污染物类别	污染物指标	系数单位	产污系数	末端治理技术	末端治理技术平均去除效率/%	参考 k 值计算公式
—	非稠油	低渗透油田＜80%	二次采油+三次采油	所有规模	废水	氨氮	克/吨-产品	11.12 A/（1−A）①	①物理+化学+回注	100	k =污水治理设施运行时间（小时/年）/企业正常生产时间（小时/年）
									②物理+回注	100	
									③过滤分离/上浮分离+生物接触氧化法	46*②	
									④过滤分离/上浮分离+化学混凝法	78*	
									⑤过滤分离/上浮分离+A^2/O 工艺	81*	
									⑥过滤分离/上浮分离+SBR 类	92*	
									⑦过滤分离/上浮分离+A/O 工艺	80*	
									⑧斜板隔油＋传统气体浮选机＋核桃壳过滤器＋双介质过滤器＋回注③	100	
									⑨水力旋流器＋脱气除油罐＋排放③	—④	
									⑩缓冲罐＋水力旋流器＋排放③	—	
									⑪水力旋流器＋过滤器＋排放③	—	

注：①A 表示原油含水率，取值范围 0～1。

②“*”表示该分类下的油田企业，当前资料没有关于使用该工艺的记录，数据为参考其他类型油田得出。

③该治理技术只见于海上石油开采。

④海上油气开采的生产污水中水污染物管控的因子仅“石油类”一项。

07 石油和天然气开采行业系数表（续表 2）

工段名称	产品名称	原料名称	工艺名称	规模等级	污染物类别	污染物指标	系数单位	产污系数	末端治理技术	末端治理技术平均去除效率/%	参考 k 值计算公式
—	非稠油	低渗透油田＜80%	二次采油+三次采油	所有规模	废水	石油类	克/吨-产品	116.56 A/（1−A）[①]	①物理+化学+回注	100	k =污水治理设施运行时间（小时/年）/企业正常生产时间（小时/年）
									②物理+回注	100	
									③过滤分离/上浮分离+生物接触氧化法	92*[②]	
									④过滤分离/上浮分离+化学混凝法	74*	
									⑤过滤分离/上浮分离+A^2/O 工艺	74*	
									⑥过滤分离/上浮分离+SBR 类	74*	
									⑦过滤分离/上浮分离+A/O 工艺	74*	
									⑧斜板隔油＋传统气体浮选机＋核桃壳过滤器＋双介质过滤器＋回注	100	
									⑨水力旋流器＋脱气除油罐＋排放	41[③]	
									⑩缓冲罐＋水力旋流器＋排放	41[③]	
									⑪水力旋流器＋过滤器＋排放	74[④]	

注：①A 表示原油含水率，取值范围 0～1。

②“*”表示该分类下的油田企业，当前资料没有关于使用该工艺的记录，数据为参考其他类型油田得出。

③该治理技术只见于海上石油开采。污水排放标准为《海洋石油勘探开发污染物排放浓度限值》（GB 4914—2008）中“石油类”二级排放浓度限值 45 毫克/升，使用该治理技术。

④该治理技术只见于海上石油开采。污水排放标准为《海洋石油勘探开发污染物排放浓度限值》（GB 4914—2008）中“石油类”一级排放浓度限值 20 毫克/升，使用该治理技术。

07 石油和天然气开采行业系数表（续表 3）

工段名称	产品名称	原料名称	工艺名称	规模等级	污染物类别	污染物指标	系数单位	产污系数	末端治理技术	末端治理技术平均去除效率/%	参考 k 值计算公式
—	非稠油	低渗透油田＜80%	二次采油+三次采油	所有规模	废水	总氮	克/吨-产品	16.01 $A/（1-A）$[①]	①物理+化学+回注	100	k =污水治理设施运行时间（小时/年）/企业正常生产时间（小时/年）
									②物理+回注	100	
									③过滤分离/上浮分离+生物接触氧化法	72[*②]	
									④过滤分离/上浮分离+化学混凝法	76[*]	
									⑤过滤分离/上浮分离+A^2/O 工艺	80[*]	
									⑥过滤分离/上浮分离+SBR 类	91[*]	
									⑦过滤分离/上浮分离+A/O 工艺	80[*]	
									⑧斜板隔油＋传统气体浮选机＋核桃壳过滤器＋双介质过滤器＋回注[③]	100	
									⑨水力旋流器＋脱气除油罐＋排放[③]	—[④]	
									⑩缓冲罐＋水力旋流器＋排放[③]	—	
									⑪水力旋流器＋过滤器＋排放[③]	—	

注：①A 表示原油含水率，取值范围 0～1。
②“*”表示该分类下的油田企业，当前资料没有关于使用该工艺的记录，数据为参考其他类型油田得出。
③该治理技术只见于海上石油开采。
④海上油气开采的生产污水中水污染物管控的因子仅“石油类”一项。

07 石油和天然气开采行业系数表（续表 4）

工段名称	产品名称	原料名称	工艺名称	规模等级	污染物类别	污染物指标	系数单位	产污系数	末端治理技术	末端治理技术平均去除效率/%	参考 k 值计算公式
—	非稠油	低渗透油田＜80%	二次采油+三次采油	所有规模	废水	挥发酚	克/吨-产品	0.83 $A/（1-A）$[①]	①物理+化学+回注	100	k =污水治理设施运行时间（小时/年）/企业正常生产时间（小时/年）
									②物理+回注	100	
									③过滤分离/上浮分离+生物接触氧化法	73*[②]	
									④过滤分离/上浮分离+化学混凝法	45*	
									⑤过滤分离/上浮分离+A^2/O 工艺	73*	
									⑥过滤分离/上浮分离+SBR 类	73*	
									⑦过滤分离/上浮分离+A/O 工艺	73*	
									⑧斜板隔油＋传统气体浮选机＋核桃壳过滤器＋双介质过滤器＋回注[③]	100	
									⑨水力旋流器＋脱气除油罐＋排放[③]	—[④]	
									⑩缓冲罐＋水力旋流器＋排放[③]	—	
									⑪水力旋流器＋过滤器＋排放[③]	—	
						工业废水量	吨/吨-产品	$A/（1-A）$	—	—	—

注：①A 表示原油含水率，取值范围 0～1。

②“*”表示该分类下的油田企业，当前资料没有关于使用该工艺的记录，数据为参考其他类型油田得出。

③该治理技术只见于海上石油开采。

④海上油气开采的生产污水中水污染物管控的因子仅“石油类”一项。

07 石油和天然气开采行业系数表（续表 5）

工段名称	产品名称	原料名称	工艺名称	规模等级	污染物类别	污染物指标	系数单位	产污系数	末端治理技术	末端治理技术平均去除效率/%	参考 k 值计算公式
—	非稠油	低渗透油田 80%～90%	二次采油+三次采油	所有规模	废水	化学需氧量	克/吨-产品	765 $A/(1-A)$ ①	①物理+化学+回注	100	k =污水治理设施运行时间（小时/年）/企业正常生产时间（小时/年）
									②物理+回注	100	
									③过滤分离/上浮分离+生物接触氧化法	88*	
									④过滤分离/上浮分离+化学混凝法	73*②	
									⑤过滤分离/上浮分离+A^2/O 工艺	85*	
									⑥过滤分离/上浮分离+SBR 类	86*	
									⑦过滤分离/上浮分离+A/O 工艺	82*	
						氨氮	克/吨-产品	7.27 $A/(1-A)$	①物理+化学+回注	100	
									②物理+回注	100	
									③过滤分离/上浮分离+生物接触氧化法	39	
									④过滤分离/上浮分离+化学混凝法	78*	
									⑤过滤分离/上浮分离+A^2/O 工艺	81*	
									⑥过滤分离/上浮分离+SBR 类	92*	
									⑦过滤分离/上浮分离+A/O 工艺	80*	

注：①A 表示原油含水率，取值范围 0～1。
②“*”表示该分类下的油田企业，当前资料没有关于使用该工艺的记录，数据为参考其他类型油田得出。

07 石油和天然气开采行业系数表（续表 6）

工段名称	产品名称	原料名称	工艺名称	规模等级	污染物类别	污染物指标	系数单位	产污系数	末端治理技术	末端治理技术平均去除效率/%	参考 k 值计算公式
—	非稠油	低渗透油田 80%～90%	二次采油+三次采油	所有规模	废水	总氮	克/吨-产品	13.15A/（1−A）[①]	①物理+化学+回注	100	k =污水治理设施运行时间（小时/年）/企业正常生产时间（小时/年）
									②物理+回注	100	
									③过滤分离/上浮分离+生物接触氧化法	49	
									④过滤分离/上浮分离+化学混凝法	76*[②]	
									⑤过滤分离/上浮分离+A^2/O 工艺	80*	
									⑥过滤分离/上浮分离+SBR 类	91*	
									⑦过滤分离/上浮分离+A/O 工艺	80*	
						挥发酚	克/吨-产品	0.82 A/（1−A）	①物理+化学+回注	100	
									②物理+回注	100	
									③过滤分离/上浮分离+生物接触氧化法	48	
									④过滤分离/上浮分离+化学混凝法	45*	
									⑤过滤分离/上浮分离+A^2/O 工艺	73*	
									⑥过滤分离/上浮分离+SBR 类	73*	
									⑦过滤分离/上浮分离+A/O 工艺	73*	
						工业废水量	吨/吨-产品	A/（1−A）	—	—	—

注：①A 表示原油含水率，取值范围 0～1。

②“*”表示该分类下的油田企业，当前资料没有关于使用该工艺的记录，数据为参考其他类型油田得出。

07 石油和天然气开采行业系数表（续表 7）

工段名称	产品名称	原料名称	工艺名称	规模等级	污染物类别	污染物指标	系数单位	产污系数	末端治理技术	末端治理技术平均去除效率/%	参考 k 值计算公式
—	非稠油	低渗透油田 80%～90%	二次采油+三次采油	所有规模	废水	石油类	克/吨-产品	71.07 A/（1−A）①	①物理+化学+回注	100	k =污水治理设施运行时间（小时/年）/企业正常生产时间（小时/年）
									②物理+回注	100	
									③过滤分离/上浮分离+生物接触氧化法	92	
									④过滤分离/上浮分离+化学混凝法	74*②	
									⑤过滤分离/上浮分离+A^2/O 工艺	74*	
									⑥过滤分离/上浮分离+SBR 类	74*	
									⑦过滤分离/上浮分离+A/O 工艺	74*	
									⑧斜板隔油＋传统气体浮选机＋核桃壳过滤器＋双介质过滤器＋回注	100	
									⑨水力旋流器＋脱气除油罐＋排放	41③	
									⑩缓冲罐＋水力旋流器＋排放	41③	
									⑪水力旋流器＋过滤器＋排放	74④	

注：①A 表示原油含水率，取值范围 0～1。
②“*”表示该分类下的油田企业，当前资料没有关于使用该工艺的记录，数据为参考其他类型油田得出。
③该治理技术只见于海上石油开采。污水排放标准为《海洋石油勘探开发污染物排放浓度限值》（GB 4914—2008）中“石油类”二级排放浓度限值 45 毫克/升，使用该治理技术。
④该治理技术只见于海上石油开采。污水排放标准为《海洋石油勘探开发污染物排放浓度限值》（GB 4914—2008）中“石油类”一级排放浓度限值 20 毫克/升，使用该治理技术。

07 石油和天然气开采行业系数表（续表 8）

工段名称	产品名称	原料名称	工艺名称	规模等级	污染物类别	污染物指标	系数单位	产污系数	末端治理技术	末端治理技术平均去除效率/%	参考 k 值计算公式
—	非稠油	低渗透油田＞90%	二次采油+三次采油	所有规模	废水	化学需氧量	克/吨-产品	413 $A/(1-A)$[①]	①物理+化学+回注	100	k =污水治理设施运行时间（小时/年）/企业正常生产时间（小时/年）
									②物理+回注	100	
									③过滤分离/上浮分离+生物接触氧化法	88*[②]	
									④过滤分离/上浮分离+化学混凝法	73*	
									⑤过滤分离/上浮分离+A^2/O 工艺	85*	
									⑥过滤分离/上浮分离+SBR 类	86*	
									⑦过滤分离/上浮分离+A/O 工艺	82*	
						氨氮	克/吨-产品	6.78 $A/(1-A)$	①物理+化学+回注	100	
									②物理+回注	100	
									③过滤分离/上浮分离+生物接触氧化法	46*	
									④过滤分离/上浮分离+化学混凝法	78*	
									⑤过滤分离/上浮分离+A^2/O 工艺	81*	
									⑥过滤分离/上浮分离+SBR 类	92*	
									⑦过滤分离/上浮分离+A/O 工艺	80*	

注：①A 表示原油含水率，取值范围 0～1。

②“*”表示该分类下的油田企业，当前资料没有关于使用该工艺的记录，数据为参考其他类型油田得出。

07 石油和天然气开采行业系数表（续表 9）

工段名称	产品名称	原料名称	工艺名称	规模等级	污染物类别	污染物指标	系数单位	产污系数	末端治理技术	末端治理技术平均去除效率/%	参考 k 值计算公式
—	非稠油	低渗透油田＞90%	二次采油+三次采油	所有规模	废水	总氮	克/吨-产品	12.54A/（1−A）①	①物理+化学+回注	100	k =污水治理设施运行时间（小时/年）/企业正常生产时间（小时/年）
									②物理+回注	100	
									③过滤分离/上浮分离+生物接触氧化法	72*	
									④过滤分离/上浮分离+化学混凝法	76*②	
									⑤过滤分离/上浮分离+A^2/O 工艺	80*	
									⑥过滤分离/上浮分离+SBR 类	91*	
									⑦过滤分离/上浮分离+A/O 工艺	80*	
						挥发酚	克/吨-产品	0.134 A/（1−A）	①物理+化学+回注	100	
									②物理+回注	100	
									③过滤分离/上浮分离+生物接触氧化法	73*	
									④过滤分离/上浮分离+化学混凝法	45*	
									⑤过滤分离/上浮分离+A^2/O 工艺	73*	
									⑥过滤分离/上浮分离+SBR 类	73*	
									⑦过滤分离/上浮分离+A/O 工艺	73*	
						工业废水量	吨/吨-产品	A/（1−A）	—	—	—

注：①A 表示原油含水率，取值范围 0～1。
②“*”表示该分类下的油田企业，当前资料没有关于使用该工艺的记录，数据为参考其他类型油田得出。

07 石油和天然气开采行业系数表（续表 10）

工段名称	产品名称	原料名称	工艺名称	规模等级	污染物类别	污染物指标	系数单位	产污系数	末端治理技术	末端治理技术平均去除效率/%	参考 k 值计算公式
—	非稠油	低渗透油田>90%	二次采油+三次采油	所有规模	废水	石油类	克/吨-产品	26.32 $A/(1-A)$ ①	①物理+化学+回注	100	k =污水治理设施运行时间（小时/年）/企业正常生产时间（小时/年）
									②物理+回注	100	
									③过滤分离/上浮分离+生物接触氧化法	96*②	
									④过滤分离/上浮分离+化学混凝法	74*	
									⑤过滤分离/上浮分离+A^2/O 工艺	74*	
									⑥过滤分离/上浮分离+SBR 类	74*	
									⑦过滤分离/上浮分离+A/O 工艺	74*	
									⑧斜板隔油＋传统气体浮选机＋核桃壳过滤器＋双介质过滤器＋回注	100	
									⑨水力旋流器＋脱气除油罐＋排放	41③	
									⑩缓冲罐＋水力旋流器＋排放	41③	
									⑪水力旋流器＋过滤器＋排放	74④	

注：①A 表示原油含水率，取值范围 0～1。

②“*”表示该分类下的油田企业，当前资料没有关于使用该工艺的记录，数据为参考其他类型油田得出。

③该治理技术只见于海上石油开采。污水排放标准为《海洋石油勘探开发污染物排放浓度限值》（GB 4914—2008）中“石油类”二级排放浓度限值 45 毫克/升，使用该治理技术。

④该治理技术只见于海上石油开采。污水排放标准为《海洋石油勘探开发污染物排放浓度限值》（GB 4914—2008）中“石油类”一级排放浓度限值 20 毫克/升，使用该治理技术。

07 石油和天然气开采行业系数表（续表 11）

工段名称	产品名称	原料名称	工艺名称	规模等级	污染物类别	污染物指标	系数单位	产污系数	末端治理技术	末端治理技术平均去除效率/%	参考 k 值计算公式
—	非稠油	非低渗透油田＜80%	二次采油+三次采油	所有规模	废水	化学需氧量	克/吨-产品	1354 $A/(1-A)$ ①	①物理+化学+回注	100	k =污水治理设施运行时间（小时/年）/企业正常生产时间（小时/年）
									②物理+回注	100	
									③过滤分离/上浮分离+生物接触氧化法	88*②	
									④过滤分离/上浮分离+化学混凝法	73*	
									⑤过滤分离/上浮分离+A^2/O 工艺	85*	
									⑥过滤分离/上浮分离+SBR 类	86*	
									⑦过滤分离/上浮分离+A/O 工艺	82*	
						氨氮	克/吨-产品	10.83 $A/(1-A)$	①物理+化学+回注	100	
									②物理+回注	100	
									③过滤分离/上浮分离+生物接触氧化法	46*	
									④过滤分离/上浮分离+化学混凝法	78*	
									⑤过滤分离/上浮分离+A^2/O 工艺	81*	
									⑥过滤分离/上浮分离+SBR 类	92*	
									⑦过滤分离/上浮分离+A/O 工艺	80*	

注：①A 表示原油含水率，取值范围 0～1。

②“*”表示该分类下的油田企业，当前资料没有关于使用该工艺的记录，数据为参考其他类型油田得出。

07 石油和天然气开采行业系数表（续表 12）

工段名称	产品名称	原料名称	工艺名称	规模等级	污染物类别	污染物指标	系数单位	产污系数	末端治理技术	末端治理技术平均去除效率/%	参考 k 值计算公式
—	非稠油	非低渗透油田＜80%	二次采油+三次采油	所有规模	废水	总氮	克/吨-产品	59.1 $A/(1-A)$ ①	①物理+化学+回注	100	k =污水治理设施运行时间（小时/年）/企业正常生产时间（小时/年）
									②物理+回注	100	
									③过滤分离/上浮分离+生物接触氧化法	72*	
									④过滤分离/上浮分离+化学混凝法	76*②	
									⑤过滤分离/上浮分离+A^2/O 工艺	80*	
									⑥过滤分离/上浮分离+SBR 类	91*	
									⑦过滤分离/上浮分离+A/O 工艺	80*	
						挥发酚	克/吨-产品	1.6 $A/(1-A)$	①物理+化学+回注	100	
									②物理+回注	100	
									③过滤分离/上浮分离+生物接触氧化法	73*	
									④过滤分离/上浮分离+化学混凝法	45*	
									⑤过滤分离/上浮分离+A^2/O 工艺	73*	
									⑥过滤分离/上浮分离+SBR 类	73*	
									⑦过滤分离/上浮分离+A/O 工艺	73*	
						工业废水量	吨/吨-产品	$A/(1-A)$	—	—	—

注：①A 表示原油含水率，取值范围 0～1。

②“*”表示该分类下的油田企业，当前资料没有关于使用该工艺的记录，数据为参考其他类型油田得出。

07 石油和天然气开采行业系数表（续表 13）

工段名称	产品名称	原料名称	工艺名称	规模等级	污染物类别	污染物指标	系数单位	产污系数	末端治理技术	末端治理技术平均去除效率/%	参考 k 值计算公式
—	非稠油	非低渗透油田＜80%	二次采油+三次采油	所有规模	废水	石油类	克/吨-产品	12.97 A/（1−A）[①]	①物理+化学+回注	100	k =污水治理设施运行时间（小时/年）/企业正常生产时间（小时/年）
									②物理+回注	100	
									③过滤分离/上浮分离+生物接触氧化法	96*[②]	
									④过滤分离/上浮分离+化学混凝法	74*	
									⑤过滤分离/上浮分离+A^2/O 工艺	74*	
									⑥过滤分离/上浮分离+SBR 类	74*	
									⑦过滤分离/上浮分离+A/O 工艺	74*	
									⑧斜板隔油＋传统气体浮选机＋核桃壳过滤器＋双介质过滤器＋回注	100	
									⑨水力旋流器＋脱气除油罐＋排放	41[③]	
									⑩缓冲罐＋水力旋流器＋排放	41[③]	
									⑪水力旋流器＋过滤器＋排放	74[④]	

注：①A 表示原油含水率，取值范围 0～1。
②“*”表示该分类下的油田企业，当前资料没有关于使用该工艺的记录，数据为参考其他类型油田得出。
③该治理技术只见于海上石油开采。污水排放标准为《海洋石油勘探开发污染物排放浓度限值》（GB 4914—2008）中“石油类”二级排放浓度限值 45 毫克/升，使用该治理技术。
④该治理技术只见于海上石油开采。污水排放标准为《海洋石油勘探开发污染物排放浓度限值》（GB 4914—2008）中“石油类”一级排放浓度限值 20 毫克/升，使用该治理技术。

07 石油和天然气开采行业系数表（续表 14）

工段名称	产品名称	原料名称	工艺名称	规模等级	污染物类别	污染物指标	系数单位	产污系数	末端治理技术	末端治理技术平均去除效率/%	参考 k 值计算公式
—	非稠油	非低渗透油田 80%～90%	二次采油+三次采油	所有规模	废水	化学需氧量	克/吨-产品	176 $A/(1-A)$ [①]	①物理+化学+回注	100	k =污水治理设施运行时间（小时/年）/企业正常生产时间（小时/年）
									②物理+回注	100	
									③过滤分离/上浮分离+生物接触氧化法	88*[②]	
									④过滤分离/上浮分离+化学混凝法	73*	
									⑤过滤分离/上浮分离+A^2/O 工艺	85*	
									⑥过滤分离/上浮分离+SBR 类	86*	
									⑦过滤分离/上浮分离+A/O 工艺	82*	
						氨氮	克/吨-产品	8.15 $A/(1-A)$	①物理+化学+回注	100	
									②物理+回注	100	
									③过滤分离/上浮分离+生物接触氧化法	46*	
									④过滤分离/上浮分离+化学混凝法	78*	
									⑤过滤分离/上浮分离+A^2/O 工艺	81*	
									⑥过滤分离/上浮分离+SBR 类	92*	
									⑦过滤分离/上浮分离+A/O 工艺	80*	

注：①A 表示原油含水率，取值范围 0～1。

②“*”表示该分类下的油田企业，当前资料没有关于使用该工艺的记录，数据为参考其他类型油田得出。

07 石油和天然气开采行业系数表（续表 15）

工段名称	产品名称	原料名称	工艺名称	规模等级	污染物类别	污染物指标	系数单位	产污系数	末端治理技术	末端治理技术平均去除效率/%	参考 k 值计算公式
—	非稠油	非低渗透油田 80%～90%	二次采油+三次采油	所有规模	废水	总氮	克/吨-产品	29.48A/（1−A）①	①物理+化学+回注	100	k =污水治理设施运行时间（小时/年）/企业正常生产时间（小时/年）
									②物理+回注	100	
									③过滤分离/上浮分离+生物接触氧化法	72*②	
									④过滤分离/上浮分离+化学混凝法	76*	
									⑤过滤分离/上浮分离+A^2/O 工艺	80*	
									⑥过滤分离/上浮分离+SBR 类	91*	
									⑦过滤分离/上浮分离+A/O 工艺	80*	
						挥发酚	克/吨-产品	0.15 A/（1−A）	①物理+化学+回注	100	
									②物理+回注	100	
									③过滤分离/上浮分离+生物接触氧化法	73*	
									④过滤分离/上浮分离+化学混凝法	45*	
									⑤过滤分离/上浮分离+A^2/O 工艺	73*	
									⑥过滤分离/上浮分离+SBR 类	73*	
									⑦过滤分离/上浮分离+A/O 工艺	73*	
						工业废水量	吨/吨-产品	A/（1−A）	—	—	—

注：①A 表示原油含水率，取值范围 0～1。
②“*”表示该分类下的油田企业，当前资料没有关于使用该工艺的记录，数据为参考其他类型油田得出。

07 石油和天然气开采行业系数表（续表 16）

工段名称	产品名称	原料名称	工艺名称	规模等级	污染物类别	污染物指标	系数单位	产污系数	末端治理技术	末端治理技术平均去除效率/%	参考 k 值计算公式
—	非稠油	非低渗透油田 80%～90%	二次采油+三次采油	所有规模	废水	石油类	克/吨-产品	36.5 A/（1−A）①	①物理+化学+回注	100	k =污水治理设施运行时间（小时/年）/企业正常生产时间（小时/年）
									②物理+回注	100	
									③过滤分离/上浮分离+生物接触氧化法	96*②	
									④过滤分离/上浮分离+化学混凝法	74*	
									⑤过滤分离/上浮分离+A^2/O 工艺	74*	
									⑥过滤分离/上浮分离+SBR 类	74*	
									⑦过滤分离/上浮分离+A/O 工艺	74*	
									⑧斜板隔油＋传统气体浮选机＋核桃壳过滤器＋双介质过滤器＋回注	100	
									⑨水力旋流器＋脱气除油罐＋排放	41③	
									⑩缓冲罐＋水力旋流器＋排放	41③	
									⑪水力旋流器＋过滤器＋排放	74④	

注：①A 表示原油含水率，取值范围 0～1。

②“*”表示该分类下的油田企业，当前资料没有关于使用该工艺的记录，数据为参考其他类型油田得出。

③该治理技术只见于海上石油开采。污水排放标准为《海洋石油勘探开发污染物排放浓度限值》（GB 4914—2008）中“石油类”二级排放浓度限值 45 毫克/升，使用该治理技术。

④该治理技术只见于海上石油开采。污水排放标准为《海洋石油勘探开发污染物排放浓度限值》（GB 4914—2008）中“石油类”一级排放浓度限值 20 毫克/升，使用该治理技术。

07 石油和天然气开采行业系数表（续表 17）

工段名称	产品名称	原料名称	工艺名称	规模等级	污染物类别	污染物指标	系数单位	产污系数	末端治理技术	末端治理技术平均去除效率/%	参考 k 值计算公式
—	非稠油	非低渗透油田＞90%	二次采油+三次采油	所有规模	废水	化学需氧量	克/吨-产品	531 $A/(1-A)$ [①]	①物理+化学+回注	100	k =污水治理设施运行时间（小时/年）/企业正常生产时间（小时/年）
									②物理+回注	100	
									③过滤分离/上浮分离+生物接触氧化法	88[*②]	
									④过滤分离/上浮分离+化学混凝法	73[*]	
									⑤过滤分离/上浮分离+A^2/O 工艺	85[*]	
									⑥过滤分离/上浮分离+SBR 类	86[*]	
									⑦过滤分离/上浮分离+A/O 工艺	82[*]	
						氨氮	克/吨-产品	7.62 $A/(1-A)$	①物理+化学+回注	100	
									②物理+回注	100	
									③过滤分离/上浮分离+生物接触氧化法	46[*]	
									④过滤分离/上浮分离+化学混凝法	78[*]	
									⑤过滤分离/上浮分离+A^2/O 工艺	81[*]	
									⑥过滤分离/上浮分离+SBR 类	92[*]	
									⑦过滤分离/上浮分离+A/O 工艺	80[*]	

注：①A 表示原油含水率，取值范围 0～1。

②“*”表示该分类下的油田企业，当前资料没有关于使用该工艺的记录，数据为参考其他类型油田得出。

07 石油和天然气开采行业系数表（续表 18）

工段名称	产品名称	原料名称	工艺名称	规模等级	污染物类别	污染物指标	系数单位	产污系数	末端治理技术	末端治理技术平均去除效率/%	参考 k 值计算公式
—	非稠油	非低渗透油田＞90%	二次采油+三次采油	所有规模	废水	总氮	克/吨-产品	18.03A/（1−A）[①]	①物理+化学+回注	100	k=污水治理设施运行时间（小时/年）/企业正常生产时间（小时/年）
									②物理+回注	100	
									③过滤分离/上浮分离+生物接触氧化法	72*	
									④过滤分离/上浮分离+化学混凝法	76*[②]	
									⑤过滤分离/上浮分离+A^2/O 工艺	80*	
									⑥过滤分离/上浮分离+SBR 类	91*	
									⑦过滤分离/上浮分离+A/O 工艺	80*	
						挥发酚	克/吨-产品	0.11 A/（1−A）	①物理+化学+回注	100	
									②物理+回注	100	
									③过滤分离/上浮分离+生物接触氧化法	73*	
									④过滤分离/上浮分离+化学混凝法	45*	
									⑤过滤分离/上浮分离+A^2/O 工艺	73*	
									⑥过滤分离/上浮分离+SBR 类	73*	
									⑦过滤分离/上浮分离+A/O 工艺	73*	
						工业废水量	吨/吨-产品	A/（1−A）	—	—	—

注：①A 表示原油含水率，取值范围 0～1。

②“*”表示该分类下的油田企业，当前资料没有关于使用该工艺的记录，数据为参考其他类型油田得出。

07 石油和天然气开采行业系数表（续表 19）

工段名称	产品名称	原料名称	工艺名称	规模等级	污染物类别	污染物指标	系数单位	产污系数	末端治理技术	末端治理技术平均去除效率/%	参考 k 值计算公式
—	非稠油	非低渗透油田＞90%	二次采油+三次采油	所有规模	废水	石油类	克/吨-产品	99.9 A/（1−A）①	①物理+化学+回注	100	k =污水治理设施运行时间（小时/年）/企业正常生产时间（小时/年）
									②物理+回注	100	
									③过滤分离/上浮分离+生物接触氧化法	96*②	
									④过滤分离/上浮分离+化学混凝法	74*	
									⑤过滤分离/上浮分离+A^2/O 工艺	74*	
									⑥过滤分离/上浮分离+SBR 类	74*	
									⑦过滤分离/上浮分离+A/O 工艺	74*	
									⑧斜板隔油＋传统气体浮选机＋核桃壳过滤器＋双介质过滤器＋回注	100	
									⑨水力旋流器＋脱气除油罐＋排放	41③	
									⑩缓冲罐＋水力旋流器＋排放	41③	
									⑪水力旋流器＋过滤器＋排放	74④	

注：①A 表示原油含水率，取值范围 0～1。

②“*”表示该分类下的油田企业，当前资料没有关于使用该工艺的记录，数据为参考其他类型油田得出。

③该治理技术只见于海上石油开采。污水排放标准为《海洋石油勘探开发污染物排放浓度限值》（GB 4914—2008）中“石油类”二级排放浓度限值 45 毫克/升，使用该治理技术。

④该治理技术只见于海上石油开采。污水排放标准为《海洋石油勘探开发污染物排放浓度限值》（GB 4914—2008）中“石油类”一级排放浓度限值 20 毫克/升，使用该治理技术。

07 石油和天然气开采行业系数表（续表 20）

工段名称	产品名称	原料名称	工艺名称	规模等级	污染物类别	污染物指标	系数单位	产污系数	末端治理技术	末端治理技术平均去除效率/%	参考 k 值计算公式
—	稠油	稠油油田＜70%	蒸汽驱	所有规模	废水	化学需氧量	克/吨-产品	$1240A/(1-A)$ ①	①物理+化学+回注	100	k =污水治理设施运行时间（小时/年）/企业正常生产时间（小时/年）
									②物理+回注	100	
									③过滤分离/上浮分离+生物接触氧化法	88*②	
									④过滤分离/上浮分离+化学混凝法	73*	
									⑤过滤分离/上浮分离+A^2/O 工艺	85*	
									⑥过滤分离/上浮分离+SBR 类	86*	
									⑦过滤分离/上浮分离+A/O 工艺	82*	
						氨氮	克/吨-产品	$6.82A/(1-A)$	①物理+化学+回注	100	
									②物理+回注	100	
									③过滤分离/上浮分离+生物接触氧化法	46*	
									④过滤分离/上浮分离+化学混凝法	78*	
									⑤过滤分离/上浮分离+A^2/O 工艺	81*	
									⑥过滤分离/上浮分离+SBR 类	92*	
									⑦过滤分离/上浮分离+A/O 工艺	80*	

注：①A 表示原油含水率，取值范围 0～1。

②“*”表示该分类下的油田企业，当前资料没有关于使用该工艺的记录，数据为参考其他类型油田得出。

07 石油和天然气开采行业系数表（续表 21）

工段名称	产品名称	原料名称	工艺名称	规模等级	污染物类别	污染物指标	系数单位	产污系数	末端治理技术	末端治理技术平均去除效率/%	参考 k 值计算公式
—	稠油	稠油油田＜70%	蒸汽驱	所有规模	废水	总氮	克/吨-产品	69.57A/（1−A）[①]	①物理+化学+回注	100	k =污水治理设施运行时间（小时/年）/企业正常生产时间（小时/年）
									②物理+回注	100	
									③过滤分离/上浮分离+生物接触氧化法	72*[②]	
									④过滤分离/上浮分离+化学混凝法	76*	
									⑤过滤分离/上浮分离+A^2/O 工艺	80*	
									⑥过滤分离/上浮分离+SBR 类	91*	
									⑦过滤分离/上浮分离+A/O 工艺	80*	
						挥发酚	克/吨-产品	0.74A/（1−A）	①物理+化学+回注	100	
									②物理+回注	100	
									③过滤分离/上浮分离+生物接触氧化法	73*	
									④过滤分离/上浮分离+化学混凝法	45*	
									⑤过滤分离/上浮分离+A^2/O 工艺	73*	
									⑥过滤分离/上浮分离+SBR 类	73*	
									⑦过滤分离/上浮分离+A/O 工艺	73*	
						工业废水量	吨/吨-产品	A/（1−A）	—	—	—

注：①A 表示原油含水率，取值范围 0～1。
②“*”表示该分类下的油田企业，当前资料没有关于使用该工艺的记录，数据为参考其他类型油田得出。

07 石油和天然气开采行业系数表（续表 22）

工段名称	产品名称	原料名称	工艺名称	规模等级	污染物类别	污染物指标	系数单位	产污系数	末端治理技术	末端治理技术平均去除效率/%	参考 k 值计算公式
—	稠油	稠油油田＜70%	蒸汽驱	所有规模	废水	石油类	克/吨-产品	24.86A/（1−A）①	①物理+化学+回注	100	k=污水治理设施运行时间（小时/年）/企业正常生产时间（小时/年）
									②物理+回注	100	
									③过滤分离/上浮分离+生物接触氧化法	96*②	
									④过滤分离/上浮分离+化学混凝法	74*	
									⑤过滤分离/上浮分离+A^2/O 工艺	74*	
									⑥过滤分离/上浮分离+SBR 类	74*	
									⑦过滤分离/上浮分离+A/O 工艺	74*	
									⑧斜板隔油＋传统气体浮选机＋核桃壳过滤器＋双介质过滤器＋回注	100	
									⑨水力旋流器＋脱气除油罐＋排放	41③	
									⑩缓冲罐＋水力旋流器＋排放	41③	
									⑪水力旋流器＋过滤器＋排放	74④	

注：①A 表示原油含水率，取值范围 0～1。
②“*”表示该分类下的油田企业，当前资料没有关于使用该工艺的记录，数据为参考其他类型油田得出。
③该治理技术只见于海上石油开采。污水排放标准为《海洋石油勘探开发污染物排放浓度限值》（GB 4914—2008）中“石油类”二级排放浓度限值 45 毫克/升，使用该治理技术。
④该治理技术只见于海上石油开采。污水排放标准为《海洋石油勘探开发污染物排放浓度限值》（GB 4914—2008）中“石油类”一级排放浓度限值 20 毫克/升，使用该治理技术。

07 石油和天然气开采行业系数表（续表 23）

工段名称	产品名称	原料名称	工艺名称	规模等级	污染物类别	污染物指标	系数单位	产污系数	末端治理技术	末端治理技术平均去除效率/%	参考 k 值计算公式
—	稠油	稠油油田 70%～80%	蒸汽驱	所有规模	废水	化学需氧量	克/吨-产品	2678 $A/(1-A)$[①]	①物理+化学+回注	100	k =污水治理设施运行时间（小时/年）/企业正常生产时间（小时/年）
									②物理+回注	100	
									③过滤分离/上浮分离+生物接触氧化法	88*[②]	
									④过滤分离/上浮分离+化学混凝法	73*	
									⑤过滤分离/上浮分离+A^2/O 工艺	85*	
									⑥过滤分离/上浮分离+SBR 类	86*	
									⑦过滤分离/上浮分离+A/O 工艺	82*	
						氨氮	克/吨-产品	11.87 $A/(1-A)$	①物理+化学+回注	100	
									②物理+回注	100	
									③过滤分离/上浮分离+生物接触氧化法	46*	
									④过滤分离/上浮分离+化学混凝法	78*	
									⑤过滤分离/上浮分离+A^2/O 工艺	81*	
									⑥过滤分离/上浮分离+SBR 类	92*	
									⑦过滤分离/上浮分离+A/O 工艺	80*	

注：①A 表示原油含水率，取值范围 0～1。

②“*”表示该分类下的油田企业，当前资料没有关于使用该工艺的记录，数据为参考其他类型油田得出。

07 石油和天然气开采行业系数表（续表 24）

工段名称	产品名称	原料名称	工艺名称	规模等级	污染物类别	污染物指标	系数单位	产污系数	末端治理技术	末端治理技术平均去除效率/%	参考 k 值计算公式
—	稠油	稠油油田 70%～80%	蒸汽驱	所有规模	废水	总氮	克/吨-产品	16.75A/（1−A）①	①物理+化学+回注	100	k =污水治理设施运行时间（小时/年）/企业正常生产时间（小时/年）
									②物理+回注	100	
									③过滤分离/上浮分离+生物接触氧化法	72*②	
									④过滤分离/上浮分离+化学混凝法	76*	
									⑤过滤分离/上浮分离+A^2/O 工艺	80*	
									⑥过滤分离/上浮分离+SBR 类	91*	
									⑦过滤分离/上浮分离+A/O 工艺	80*	
						挥发酚	克/吨-产品	0.44 A/（1−A）	①物理+化学+回注	100	
									②物理+回注	100	
									③过滤分离/上浮分离+生物接触氧化法	73*	
									④过滤分离/上浮分离+化学混凝法	45*	
									⑤过滤分离/上浮分离+A^2/O 工艺	73*	
									⑥过滤分离/上浮分离+SBR 类	73*	
									⑦过滤分离/上浮分离+A/O 工艺	73*	
						工业废水量	吨/吨-产品	A/（1−A）	—	—	—

注：①A 表示原油含水率，取值范围 0～1。
②“*”表示该分类下的油田企业，当前资料没有关于使用该工艺的记录，数据为参考其他类型油田得出。

07 石油和天然气开采行业系数表（续表 25）

工段名称	产品名称	原料名称	工艺名称	规模等级	污染物类别	污染物指标	系数单位	产污系数	末端治理技术	末端治理技术平均去除效率/%	参考 k 值计算公式
—	稠油	稠油油田 70%～80%	蒸汽驱	所有规模	废水	石油类	克/吨-产品	27.72 A/（1−A）①	①物理+化学+回注	100	k =污水治理设施运行时间（小时/年）/企业正常生产时间（小时/年）
									②物理+回注	100	
									③过滤分离/上浮分离+生物接触氧化法	96*②	
									④过滤分离/上浮分离+化学混凝法	74*	
									⑤过滤分离/上浮分离+A^2/O 工艺	74*	
									⑥过滤分离/上浮分离+SBR 类	74*	
									⑦过滤分离/上浮分离+A/O 工艺	74*	
									⑧斜板隔油＋传统气体浮选机＋核桃壳过滤器＋双介质过滤器＋回注	100	
									⑨水力旋流器＋脱气除油罐＋排放	41③	
									⑩缓冲罐＋水力旋流器＋排放	41③	
									⑪水力旋流器＋过滤器＋排放	74④	

注：①A 表示原油含水率，取值范围 0～1。

②“*”表示该分类下的油田企业，当前资料没有关于使用该工艺的记录，数据为参考其他类型油田得出。

③该治理技术只见于海上石油开采。污水排放标准为《海洋石油勘探开发污染物排放浓度限值》（GB 4914—2008）中“石油类”二级排放浓度限值 45 毫克/升，使用该治理技术。

④该治理技术只见于海上石油开采。污水排放标准为《海洋石油勘探开发污染物排放浓度限值》（GB 4914—2008）中“石油类”一级排放浓度限值 20 毫克/升，使用该治理技术。

07 石油和天然气开采行业系数表（续表 26）

工段名称	产品名称	原料名称	工艺名称	规模等级	污染物类别	污染物指标	系数单位	产污系数	末端治理技术	末端治理技术平均去除效率/%	参考 k 值计算公式
—	稠油	稠油油田＞80%	蒸汽驱	所有规模	废水	化学需氧量	克/吨-产品	336 $A/(1-A)$ ①	①物理+化学+回注	100	k =污水治理设施运行时间(小时/年）/企业正常生产时间(小时/年）
									②物理+回注	100	
									③过滤分离/上浮分离+生物接触氧化法	95	
									④过滤分离/上浮分离+化学混凝法	73*②	
									⑤过滤分离/上浮分离+A^2/O 工艺	85*	
									⑥过滤分离/上浮分离+SBR 类	86*	
									⑦过滤分离/上浮分离+A/O 工艺	82*	
						氨氮	克/吨-产品	12.27 $A/(1-A)$	①物理+化学+回注	100	
									②物理+回注	100	
									③过滤分离/上浮分离+生物接触氧化法	53	
									④过滤分离/上浮分离+化学混凝法	78*	
									⑤过滤分离/上浮分离+A^2/O 工艺	81*	
									⑥过滤分离/上浮分离+SBR 类	92*	
									⑦过滤分离/上浮分离+A/O 工艺	80*	

注：①A 表示原油含水率，取值范围 0～1。

②“*”表示该分类下的油田企业，当前资料没有关于使用该工艺的记录，数据为参考其他类型油田得出。

07 石油和天然气开采行业系数表（续表 27）

工段名称	产品名称	原料名称	工艺名称	规模等级	污染物类别	污染物指标	系数单位	产污系数	末端治理技术	末端治理技术平均去除效率/%	参考 k 值计算公式
—	稠油	稠油油田＞80%	蒸汽驱	所有规模	废水	总氮	克/吨-产品	$20.04A/(1-A)$ ①	①物理+化学+回注	100	k =污水治理设施运行时间（小时/年）/企业正常生产时间（小时/年）
									②物理+回注	100	
									③过滤分离/上浮分离+生物接触氧化法	95	
									④过滤分离/上浮分离+化学混凝法	76*②	
									⑤过滤分离/上浮分离+A^2/O 工艺	80*	
									⑥过滤分离/上浮分离+SBR 类	91*	
									⑦过滤分离/上浮分离+A/O 工艺	80*	
						挥发酚	克/吨-产品	$0.49A/(1-A)$	①物理+化学+回注	100	
									②物理+回注	100	
									③过滤分离/上浮分离+生物接触氧化法	97	
									④过滤分离/上浮分离+化学混凝法	45*	
									⑤过滤分离/上浮分离+A^2/O 工艺	73*	
									⑥过滤分离/上浮分离+SBR 类	73*	
									⑦过滤分离/上浮分离+A/O 工艺	73*	
						工业废水量	吨/吨-产品	$A/(1-A)$	—	—	—

注：①A 表示原油含水率，取值范围 0～1。

②“*”表示该分类下的油田企业，当前资料没有关于使用该工艺的记录，数据为参考其他类型油田得出。

07 石油和天然气开采行业系数表（续表 28）

工段名称	产品名称	原料名称	工艺名称	规模等级	污染物类别	污染物指标	系数单位	产污系数	末端治理技术	末端治理技术平均去除效率/%	参考 *k* 值计算公式
—	稠油	稠油油田＞80%	蒸汽驱	所有规模	废水	石油类	克/吨-产品	46.48 *A*/（1−*A*）①	①物理+化学+回注	100	*k* =污水治理设施运行时间（小时/年）/企业正常生产时间（小时/年）
									②物理+回注	100	
									③过滤分离/上浮分离+生物接触氧化法	91	
									④过滤分离/上浮分离+化学混凝法	74*②	
									⑤过滤分离/上浮分离+A^2/O 工艺	74*	
									⑥过滤分离/上浮分离+SBR 类	74*	
									⑦过滤分离/上浮分离+A/O 工艺	74*	
									⑧斜板隔油＋传统气体浮选机＋核桃壳过滤器＋双介质过滤器＋回注	100	
									⑨水力旋流器＋脱气除油罐＋排放	41③	
									⑩缓冲罐＋水力旋流器＋排放	41③	
									⑪水力旋流器＋过滤器＋排放	74④	

注：①*A* 表示原油含水率，取值范围 0～1。
②“*”表示该分类下的油田企业，当前资料没有关于使用该工艺的记录，数据为参考其他类型油田得出。
③该治理技术只见于海上石油开采。污水排放标准为《海洋石油勘探开发污染物排放浓度限值》（GB 4914—2008）中“石油类”二级排放浓度限值 45 毫克/升，使用该治理技术。
④该治理技术只见于海上石油开采。污水排放标准为《海洋石油勘探开发污染物排放浓度限值》（GB 4914—2008）中“石油类”一级排放浓度限值 20 毫克/升，使用该治理技术。

07 石油和天然气开采行业系数表（续表 29）

工段名称	产品名称	原料名称	工艺名称	规模等级	污染物类别	污染物指标	系数单位	产污系数	末端治理技术	末端治理技术平均去除效率/%	参考 *k* 值计算公式
—	废水	废水	废水收集、处理和处置过程逸散	密闭管道或容器	废气	挥发性有机物	千克/米^3-产品	0	—	—	—
				污水池等敞口油水分离设施				0.6	—	—	
				生化处理装置等非敞口非密闭废水处理设施				0.005	—	—	

注：大多数油气田废水收集、处理和处置过程均在密闭管道或容器中进行，挥发性有机物排放可以忽略，产污系数为 0；部分敞口的污水池或污泥池，如水层顶部有明显浮油时，挥发性有机物排放量会比较大，产污系数为 0.6；而废水的生化处理装置挥发性有机物排放量相对较小，产污系数为 0.005。

07 石油和天然气开采行业系数表（续表 30）

工段名称	产品名称	原料名称	工艺名称	规模等级	污染物类别	污染物指标	系数单位	产污系数	末端治理技术	末端治理技术平均去除效率/%	参考 k 值计算公式
—	天然气	非超低含硫天然气	自喷	所有规模	废水	化学需氧量	克/万米^3-产品	749	①物理+化学+回注	100	k =污水治理设施运行时间（小时/年）/企业正常生产时间（小时/年）
									②物理+回注	100	
									③过滤分离/上浮分离+生物接触氧化法	88*①	
									④过滤分离/上浮分离+化学混凝法	73*	
									⑤过滤分离/上浮分离+A^2/O 工艺	85*	
									⑥过滤分离/上浮分离+SBR 类	86*	
									⑦过滤分离/上浮分离+A/O 工艺	82*	
						石油类	克/万米^3-产品	60.61	①物理+化学+回注	100	
									②物理+回注	100	
									③过滤分离/上浮分离+生物接触氧化法	92*	
									④过滤分离/上浮分离+化学混凝法	74*	
									⑤过滤分离/上浮分离+A^2/O 工艺	74*	
									⑥过滤分离/上浮分离+SBR 类	74*	
									⑦过滤分离/上浮分离+A/O 工艺	74*	
									⑧紧凑式气体浮选机＋开排沉箱排放②	85	
									⑨水力旋流器＋脱气除油罐＋开排沉箱排放②	87	
						工业废水量	吨/万米^3-产品	0.77	—	—	—

注：①“*”表示该分类下的油田企业，当前资料没有关于使用该工艺的记录，数据为参考其他类型油气田得出。
②该治理技术只见于海上天然气开采。

07 石油和天然气开采行业系数表（续表 31）

工段名称	产品名称	原料名称	工艺名称	规模等级	污染物类别	污染物指标	系数单位	产污系数	末端治理技术	末端治理技术平均去除效率/%	参考 k 值计算公式
—	天然气	非超低含硫天然气	自喷	所有规模	废气	二氧化硫	克/万米^3-产品	4195	①双碱法	91	k =废气治理设施年运行时间（小时/年）/企业正常生产时间（小时/年）
									②石灰石/石膏法	91	
									③SCOT 工艺	95	
									④无二氧化硫治理技术	0	
						工业废气量	标万米^3/万米^3-产品	0.03	—	—	—

07 石油和天然气开采行业系数表（续表 32）

工段名称	产品名称	原料名称	工艺名称	规模等级	污染物类别	污染物指标	系数单位	产污系数	末端治理技术	末端治理技术平均去除效率/%	参考 k 值计算公式
—	天然气	超低含硫天然气（含页岩气）	自喷	所有规模	废水	化学需氧量	克/万米^3-产品	930	①物理+化学+回注	100	k =污水治理设施运行时间（小时/年）/企业正常生产时间（小时/年）
									②物理+回注	100	
									③过滤分离/上浮分离+生物接触氧化法	88*①	
									④紧凑式气体浮选机＋开排沉箱排放③	—②	
									⑤水力旋流器＋脱气除油罐＋开排沉箱排放③	—②	
						石油类	克/万米^3-产品	119	①物理+化学+回注	100	
									②物理+回注	100	
									③过滤分离/上浮分离+生物接触氧化法	92*②	
									④紧凑式气体浮选机＋开排沉箱排放③	85	
									⑤水力旋流器＋脱气除油罐＋开排沉箱排放③	87	
						工业废水量	吨/万米^3-产品	0.5	—	—	—

注：①“*”表示该分类下的油田企业，当前资料没有关于使用该工艺的记录，数据为参考其他类型油气田得出。

②海上油气开采的生产污水中水污染物管控的因子仅“石油类”一项。

③该治理技术只见于海上天然气开采。

07 石油和天然气开采行业系数表（续表 33）

工段名称	产品名称	原料名称	工艺名称	规模等级	污染物类别	污染物指标	系数单位	产污系数	末端治理技术	末端治理技术平均去除效率/%	参考 k 值计算公式
—	天然气	超低含硫天然气（含页岩气）①	自喷	所有规模	废气	二氧化硫	克/万米^3-产品	5.85	无二氧化硫治理技术	0	—
						工业废气量	标万米^3/万米^3-产品	0.056	—	—	—

注：①硫化氢体积比低于 0.0013%为超低含硫气田。

07 石油和天然气开采行业系数表（续表 34）

工段名称	产品名称	原料名称	工艺名称	规模等级	污染物类别	污染物指标	系数单位	产污系数	末端治理技术	末端治理技术平均去除效率/%	参考 k 值计算公式
—	天然气	煤层气	排水降压解析	所有规模	废水	化学需氧量	克/万米^3-产品	10436	①混凝絮凝＋高级氧化＋生物活性炭过滤	65	k =污水治理设施运行时间（小时/年）/企业正常生产时间（小时/年）
									②生化法+BAF 曝气滤池	79	
									③高级氧化＋絮凝及固液分离＋折点加氯	89	
									④物理+化学+回注	100	
									⑤物理+回注	100	
						氨氮	克/万米^3-产品	536	①混凝絮凝＋高级氧化＋生物活性炭过滤	52	
									②生化法+BAF 曝气滤池	57	
									③高级氧化＋絮凝及固液分离＋折点加氯	94	
									④物理+化学+回注	100	
									⑤物理+回注	100	
						石油类	克/万米^3-产品	27	①混凝絮凝＋高级氧化＋生物活性炭过滤	60	
									②生化法+BAF 曝气滤池	60	
									③高级氧化＋絮凝及固液分离＋折点加氯	57	
									④物理+化学+回注	100	
									⑤物理+回注	100	
						总氮	克/万米^3-产品	711	①混凝絮凝＋高级氧化＋生物活性炭过滤	57	
									②生化法+BAF 曝气滤池	87	
									③高级氧化＋絮凝及固液分离＋折点加氯	89	
									④物理+化学+回注	100	
									⑤物理+回注	100	
						工业废水量	吨/万米^3-产品	75	—	—	—

07 石油和天然气开采行业系数表（续表 35）

工段名称	产品名称	原料名称	工艺名称	规模等级	污染物类别	污染物指标	系数单位	产污系数	末端治理技术	末端治理技术平均去除效率/%	参考 k 值计算公式
—	非稠油	非稠油	检修清罐、管线刺漏、晒水池隔油池清淤等	所有规模	固废	含油污泥	吨/万吨-产品	90.76	无害化处理/处置/利用	—	—
—	稠油	稠油	检修清罐、管线刺漏、晒水池隔油池清淤等	所有规模	固废	含油污泥	吨/万吨-产品	200.62	无害化处理/处置/利用	—	—
—	天然气（含煤层气）	天然气（含煤层气）	检修清罐、管线刺漏、晒水池隔油池清淤等	所有规模	固废	含油污泥	吨/万吨-产品	0.007	无害化处理/处置/利用	—	—

08

黑色金属矿采选业

0810 铁矿采选业

1 适用范围

本手册仅用于《国民经济行业分类》（GB/T 4754—2017）中 0810 铁矿采选行业使用产排污系数法核算工业污染物产生量和排放量的工业企业。

利用本手册进行产排污核算得出的污染物产生量与排放量仅代表了特定行业的工艺、产品、原料在正常工况下污染物产生与排放的一般规律。

本行业废水指标包括工业废水量、化学需氧量、石油类、氨氮、总氮、铜、铅、镉、铬；废气指标包括工业废气量、颗粒物、二氧化硫、氮氧化物。

2 注意事项

2.1 企业有多种生产工艺或生产多类产品产排污量核算

污染物产生量与产品产量有关，根据不同核算环节计算产污量后，再根据企业末端治理设施和运行情况计算排放量。

企业某污染物指标的产生量、排放量为各核算环节产生量、排放量之和。

在企业实际排放量计算过程中，如果存在废水回用的情况，需要在利用产排污核算公式的基础上扣除废水回用的部分。公式如下：

实际排放量=计算排放量×（1−废水回用率）

2.2 采用多种治理设施组合处理企业的排污量核算

在排污量计算选择末端治理技术时，若没有对应的组合治理技术，以主要治理技术为准。

2.3 其他需要说明的问题

由于不同企业工业废气量、废水量差异较大，本手册所提供的工业废气量、废水量系数仅供参考。

为体现相同产污水平条件下，采用相同环保治理设施的不同企业对同一污染物去除效果的差异，引入末端治理设施实际运行率（k）对污染治理技术的实际去除率进行修正。k 值反映的是污染治理设施运行的状态，越稳定运行，k 值越高；在取值上，若定义连续稳定运行的理想状态为 1，则 k 取值在 0～1 之间。

本手册给出本行业的 k 计算公式仅供参考，使用时，可根据 k 值定义，选取更适合企业实际情况的表达方式。

3　污染物排放量核算方法

针对企业实际生产情况，本行业在系数制定过程中将企业全生产流程划分或拆分为若干工段（核算环节），在核算企业污染物产排量时，可灵活选择本企业对应的核算环节进行核算。

3.1　计算工段污染物产生量

（1）根据产品、原料、污染物产生的主导生产工艺、企业规模（生产产能）这一组合查找和确定所对应的某一污染物的产污系数。

（2）根据该污染物的产污系数计量单位——单位产品产量，获取企业实际产品产量或原料用量。

例如，某组合内化学需氧量的产污系数单位为千克/吨-产品，则计算产生量时需要获取企业实际产品产量。

（3）污染物产生量按以下公式进行计算：

①工业废水量、化学需氧量、石油类、氨氮、铜、铅、镉、铬污染物产生量按以下公式进行计算：

污染物产生量=污染物对应的产污系数×产品产量

$$G_{产i} = P_{产i} \times M_i \times (1 - 废水回用率)$$

式中，$G_{产i}$——工段 i 某污染物的产生量；

$P_{产i}$——工段 i 某污染物对应的产污系数；

M_i——工段 i 的产品产量。

②工业废气量、颗粒物、二氧化硫、氮氧化物污染物产生量按以下公式进行计算：

污染物产生量=污染物对应的产污系数×产品产量

$$G_{产i} = P_{产i} \times M_i$$

3.2　计算工段污染物去除量

（1）根据企业对某一污染物所采用的治理技术查找和选择相应的治理技术平均去除效率。

（2）根据所填报的污染治理设施实际运行率参数及其计算公式得出该企业某一污染物的治理设施实际运行率。

（3）污染物去除量按以下公式进行计算：

污染物去除量=污染物产生量×污染物去除率

=污染物产生量×治理技术平均去除效率×治理设施实际运行率

$$R_{减i} = G_{产i} \times \eta_T \times k_T$$

式中，$R_{减i}$——工段 i 某污染物的去除量；

η_T——工段 i 某污染物采用的末端治理技术的平均去除效率；

k_T——工段 i 某污染物采用的末端治理设施的实际运行率。

3.3　计算工段污染物排放量

污染物排放量=污染物产生量−污染物去除量

=污染物对应的产污系数×产品产量−污染物产生量×

治理技术平均去除效率×治理设施实际运行率

3.4 计算企业污染物排放量

同一企业某污染物全年的产生（排放）总量为该企业同年实际生产的全部工段、产品、原料、规模污染物产生（排放）量之和。

$$E_{排}=G_{产}-R_{减}=\sum(G_{产i}-R_{减i})=\sum\left[P_{产i}\times M_i(1-\eta_T\times k_T)\right]$$

4 污染物排放量核算案例

某企业主要从事铁矿选矿，该企业以磁铁矿石为主要原料，生产工艺采用单一磁选，产品为铁精矿，年产量（生产规模）52 万吨。产线运行时间为 24 小时/天，年运行 330 天，该企业废气的污染治理技术采用袋式除尘，涉及的废气污染物主要为颗粒物。

该企业基本信息如表 1 所示。

表 1　某铁矿选矿企业基本信息

	核算环节：选矿	
	名称	数量
产品及产量	铁精矿	52 万吨
原料及用量	磁铁矿石	150 万吨
工艺名称	磁选	—
规模（产能）	52 万吨	
污染治理设施	袋式除尘	
实际运行率参数	废气末端治理设施运行时间	7920 小时
	企业正常生产时间	7920 小时

4.1 颗粒物产生量计算

（1）查找产污系数及其计量单位

根据企业基本信息，查找本手册中主要产品为铁精矿，主要原料为磁铁矿石，主要工艺为磁选，生产规模为所有规模。该组合颗粒物的产污系数为 1.71，单位为千克/吨-产品。

（2）获取企业产品产量

该企业实际情况为：主要产品铁精矿 2017 年产量为 52 万吨。

（3）计算颗粒物产生量

由于查询到的组合中，颗粒物产污系数的单位为千克/吨-产品，因此在核算产生量时需获取产品产量。

颗粒物产生量=颗粒物产污系数×产品（铁精矿）产量

=1.71 千克/吨-产品×520000 吨-产品=889200 千克

4.2 颗粒物去除量计算

（1）查找治理技术平均去除效率

该企业颗粒物治理技术采用布袋除尘工艺，查询相应组合内该工艺的平均去除效率为 95%。

（2）计算污染治理设施实际运行率

根据产污系数组合查询结果，该组合中颗粒物对应的污染治理设施实际运行率为

k =废气治理设施运行时间/企业正常生产时间=7920 小时/7920 小时=1

（3）计算颗粒物去除量

颗粒物去除量=889200 千克×95%×1=844740 千克

（4）颗粒物排放量计算

颗粒物排放量=889200 千克−844740 千克=44460 千克

5 系数表

0810 铁矿采选行业系数表

工段名称	产品名称	原料名称	工艺名称	规模等级	污染物类别	污染物指标	系数单位	产污系数	末端治理技术	末端治理技术平均去除效率/%	参考 k 值计算公式[1]
采矿	磁铁矿石/赤铁矿石/褐铁矿石/菱铁矿石	铁矿矿体	地下开采	所有规模	废水	工业废水量	米^3/吨-产品	0.80	—	—	—
						石油类	千克/吨-产品	5.10×10^{-4}	沉淀分离	45	k=末端治理设施运行时间（小时/年）/企业正常生产时间（小时/年）
									化学混凝法	70	
					废气	工业废气量	标米^3/吨-产品	1.75×10^{3}	—	—	—
						颗粒物	千克/吨-产品	1.10×10^{-3}	—	—	—
	磁铁矿石/赤铁矿石/褐铁矿石/菱铁矿石	铁矿矿体	露天开采	所有规模	废水	工业废水量	米^3/吨-产品	0.21	—	—	—
						石油类	千克/吨-产品	6.45×10^{-5}	沉淀分离	45	k=末端治理设施运行时间（小时/年）/企业正常生产时间（小时/年）
									化学混凝法	70	
					废气	颗粒物	千克/吨-产品	0.014	—	—	—
	复合铁矿石	铁矿矿体	地下开采、露天开采	所有规模	废水	工业废水量	米^3/吨-产品	0.80	—	—	—
						石油类	千克/吨-产品	9.31×10^{-6}	沉淀分离	45	k=末端治理设施运行时间（小时/年）/企业正常生产时间（小时/年）
									化学混凝法	70	
						铜	千克/吨-产品	3.84×10^{-7}	沉淀分离	20	
									化学混凝法	30	
						铅	千克/吨-产品	4.48×10^{-6}	沉淀分离	20	
									化学混凝法	30	
						镉	千克/吨-产品	3.20×10^{-7}	沉淀分离	20	
									化学混凝法	30	
						铬	千克/吨-产品	1.92×10^{-6}	沉淀分离	20	
									化学混凝法	30	
					废气	颗粒物	千克/吨-产品	0.048	—	—	—

[1] 该公式仅供参考，使用时，可根据 k 值定义，选取更适合企业实际情况的表达方式。

0810 铁矿采选行业系数表（续表 1）

工段名称	产品名称	原料名称	工艺名称	规模等级	污染物类别	污染物指标	系数单位	产污系数	末端治理技术	末端治理技术平均去除效率/%	参考 k 值计算公式
选矿	铁精矿	磁铁矿石	磁选	所有规模	废水	工业废水量	米^3/吨-产品	12.10	—	—	—
						化学需氧量	千克/吨-产品	0.30	沉淀分离	30	k =末端治理设施运行时间（小时/年）/企业正常生产时间（小时/年）
									化学混凝法	70	
						石油类	千克/吨-产品	2.40×10^{-2}	沉淀分离	45	
									化学混凝法	70	
					废气	工业废气量	标米^3/吨-产品	1.33×10^{3}	—	—	
						颗粒物	千克/吨-产品	1.71	袋式除尘	95	
									文丘里	90	
									单筒（多筒并联）旋风	80	
			磁选-浮选	所有规模	废水	工业废水量	米^3/吨-产品	17.10	—	—	—
						化学需氧量	千克/吨-产品	0.18	沉淀分离	20	k =末端治理设施运行时间（小时/年）/企业正常生产时间（小时/年）
									化学混凝法	70	
						氨氮	千克/吨-产品	0.016	沉淀分离	10	
									化学混凝法	50	
						总氮	千克/吨-产品	0.019	沉淀分离	10	
									化学混凝法	50	
						石油类	千克/吨-产品	2.93×10^{-3}	沉淀分离	30	
									化学混凝法	70	
					废气	工业废气量	标米^3/吨-产品	1.33×10^{3}	—	—	—
						颗粒物	千克/吨-产品	1.10	袋式除尘	95	k =末端治理设施运行时间（小时/年）/企业正常生产时间（小时/年）
									文丘里	90	
									单筒（多筒并联）旋风	80	

0810 铁矿采选行业系数表（续表 2）

工段名称	产品名称	原料名称	工艺名称	规模等级	污染物类别	污染物指标	系数单位	产污系数	末端治理技术	末端治理技术平均去除效率/%	参考 k 值计算公式
选矿	铁精矿	赤铁矿石	强磁选	所有规模	废水	工业废水量	米^3/吨-产品	12.10	—	—	—
						化学需氧量	千克/吨-产品	0.30	沉淀分离	30	k=末端治理设施运行时间（小时/年）/企业正常生产时间（小时/年）
									化学混凝法	70	
						石油类	千克/吨-产品	0.024	沉淀分离	45	
									化学混凝法	70	
					废气	工业废气量	标米^3/吨-产品	1.33×10^3	—	—	
						颗粒物	千克/吨-产品	1.71	袋式除尘	95	
									文丘里	90	
									单筒（多筒并联）旋风	80	
			强磁选-浮选	所有规模	废水	工业废水量	米^3/吨-产品	14.80	—	—	
						化学需氧量	千克/吨-产品	0.38	沉淀分离	20	
									化学混凝法	70	
						氨氮	千克/吨-产品	0.013	沉淀分离	10	
									化学混凝法	50	
						总氮	千克/吨-产品	0.016	沉淀分离	10	
									化学混凝法	50	
						石油类	千克/吨-产品	2.83×10^{-3}	沉淀分离	30	
									化学混凝法	70	
					废气	工业废气量	标米^3/吨-产品	2.07×10^3	—	—	
						颗粒物	千克/吨-产品	1.57	袋式除尘	95	
									文丘里	90	
									单筒（多筒并联）旋风	80	

0810 铁矿采选行业系数表（续表 3）

工段名称	产品名称	原料名称	工艺名称	规模等级	污染物类别	污染物指标	系数单位	产污系数	末端治理技术	末端治理技术平均去除效率/%	参考 k 值计算公式
选矿	铁精矿	赤铁矿石	重选-强磁选-浮选	所有规模	废水	工业废水量	米^3/吨-产品	14.80	—	—	k=末端治理设施运行时间（小时/年）/企业正常生产时间（小时/年）
						化学需氧量	千克/吨-产品	0.38	沉淀分离	20	
									化学混凝法	70	
						氨氮	千克/吨-产品	0.013	沉淀分离	10	
									化学混凝法	50	
						总氮	千克/吨-产品	0.016	沉淀分离	10	
									化学混凝法	50	
						石油类	千克/吨-产品	2.83×10^{-3}	沉淀分离	30	
									化学混凝法	70	
					废气	工业废气量	标米^3/吨-产品	2.07×10^{3}	—	—	
						颗粒物	千克/吨-产品	1.57	袋式除尘	95	
									文丘里	90	
									单筒（多筒并联）旋风	80	
选矿	铁精矿	赤铁矿石	焙烧-磁选	所有规模	废水	工业废水量	米^3/吨-产品	7.43	—	—	
						化学需氧量	千克/吨-产品	0.30	沉淀分离	30	
									化学混凝法	70	
						石油类	千克/吨-产品	2.16×10^{-3}	沉淀分离	20	
									化学混凝法	70	
					废气	工业废气量	标米^3/吨-产品	3.19×10^{3}	—	—	
						颗粒物	千克/吨-产品	0.62	袋式除尘	95	
									文丘里	90	
									单筒（多筒并联）旋风	80	
						二氧化硫	千克/吨-产品	0.86	袋式除尘	0	
									文丘里	40	
									单筒（多筒并联）旋风	0	
						氮氧化物	千克/吨-产品	0.35	袋式除尘	0	
									文丘里	40	
									单筒（多筒并联）旋风	0	

0810 铁矿采选行业系数表（续表 4）

工段名称	产品名称	原料名称	工艺名称	规模等级	污染物类别	污染物指标	系数单位	产污系数	末端治理技术	末端治理技术平均去除效率/%	参考 k 值计算公式
选矿	铁精矿	褐铁矿石	重选 强磁选 强磁选-浮选 焙烧-磁选	所有规模	废水	工业废水量	米^3/吨-产品	18.50	—	—	k =末端治理设施运行时间（小时/年）/企业正常生产时间（小时/年）
						化学需氧量	千克/吨-产品	6.12	沉淀分离	30	
									化学混凝法	70	
						氨氮	千克/吨-产品	0.090	沉淀分离	20	
									化学混凝法	50	
						总氮	千克/吨-产品	0.11	沉淀分离	20	
									化学混凝法	50	
						石油类	千克/吨-产品	4.23×10^{-3}	沉淀分离	45	
									化学混凝法	80	
					废气	工业废气量	标米^3/吨-产品	986.00	—	—	—
						颗粒物	千克/吨-产品	0.52	袋式除尘	95	k =末端治理设施运行时间（小时/年）/企业正常生产时间（小时/年）
									文丘里	90	
									单筒（多筒并联）旋风	80	
						二氧化硫	千克/吨-产品	0.46	袋式除尘	0	
									文丘里	40	
									单筒（多筒并联）旋风	0	
						氮氧化物	千克/吨-产品	0.19	袋式除尘	0	
									文丘里	40	
									单筒（多筒并联）旋风	0	

0810 铁矿采选行业系数表（续表 5）

工段名称	产品名称	原料名称	工艺名称	规模等级	污染物类别	污染物指标	系数单位	产污系数	末端治理技术	末端治理技术平均去除效率/%	参考 k 值计算公式
选矿	铁精矿	菱铁矿石	焙烧-磁选强磁选浮选	所有规模	废水	工业废水量	米^3/吨-产品	7.43	—	—	k =末端治理设施运行时间（小时/年）/企业正常生产时间（小时/年）
						化学需氧量	千克/吨-产品	0.30	沉淀分离	30	
									化学混凝法	70	
						氨氮	千克/吨-产品	0.037	沉淀分离	20	
									化学混凝法	50	
						总氮	千克/吨-产品	0.044	沉淀分离	20	
									化学混凝法	50	
						石油类	千克/吨-产品	2.16×10^{-3}	沉淀分离	45	
									化学混凝法	70	
					废气	工业废气量	标米^3/吨-产品	1.86×10^{3}	—	—	—
						颗粒物	千克/吨-产品	0.62	袋式除尘	95	k =末端治理设施运行时间（小时/年）/企业正常生产时间（小时/年）
									文丘里	90	
									单筒（多筒并联）旋风	80	
						二氧化硫	千克/吨-产品	0.86	袋式除尘	0	
									文丘里	40	
									单筒（多筒并联）旋风	0	
						氮氧化物	千克/吨-产品	0.35	袋式除尘	0	
									文丘里	40	
									单筒（多筒并联）旋风	0	

0810 铁矿采选行业系数表（续表 6）

工段名称	产品名称	原料名称	工艺名称	规模等级	污染物类别	污染物指标	系数单位	产污系数	末端治理技术	末端治理技术平均去除效率/%	参考 k 值计算公式
选矿	铁精矿	复合铁矿石	磁选-浮选 磁选-重选	所有规模	废水	工业废水量	米^3/吨-产品	18.60	—	—	k =末端治理设施运行时间（小时/年）/企业正常生产时间（小时/年）
						化学需氧量	千克/吨-产品	0.99	沉淀分离	30	
									化学混凝法	70	
						氨氮	千克/吨-产品	6.82×10^{-3}	沉淀分离	30	
									化学混凝法	50	
						总氮	千克/吨-产品	8.18×10^{-3}	沉淀分离	30	
									化学混凝法	50	
						石油类	千克/吨-产品	0.015	沉淀分离	45	
									化学混凝法	70	
					废气	工业废气量	标米^3/吨-产品	1.96×10^{3}	—	—	—
						颗粒物	千克/吨-产品	1.20	袋式除尘	95	k =末端治理设施运行时间（小时/年）/企业正常生产时间（小时/年）
									文丘里	90	
									单筒（多筒并联）旋风	80	
选矿	铁块（粉）矿	磁铁矿石/赤铁矿石/褐铁矿石/菱铁矿石/复合铁矿石	破碎-筛分	所有规模	废水	工业废水量	米^3/吨-产品	0.38	—	—	—
					废气	工业废气量	标米^3/吨-产品	541.00	—	—	—
						颗粒物	千克/吨-产品	0.66	袋式除尘	95	k =末端治理设施运行时间（小时/年）/企业正常生产时间（小时/年）
									文丘里	90	
									单筒（多筒并联）旋风	80	

0820 锰矿、铬矿采选业

1 适用范围

本手册仅用于《国民经济行业分类》（GB/T 4754—2017）中 0820 锰矿、铬矿采选行业使用系数法核算工业污染物产生量和排放量的工业企业。

利用本手册进行产排污核算得出的污染物产生量与排放量仅代表了特定行业的工艺、产品、原料在正常工况下污染物产生与排放的一般规律。

本行业废水指标包括工业废水量、化学需氧量、石油类、氨氮、总氮、铬；废气指标包括工业废气量、颗粒物。

2 注意事项

2.1 企业有多种生产工艺或生产多类产品产排污量核算

污染物产生量与产品产量有关，根据不同核算环节计算产污量后，再根据企业末端治理设施和运行情况计算排污量。

企业某污染物指标的产生量、排放量为各核算环节产生量、排放量之和。

在企业实际排放量计算过程中，如果存在废水回用的情况，需要在利用产排污核算公式的基础上扣除废水回用的部分。公式如下：

实际排放量=计算排放量×（1−废水回用率）

2.2 采用多种治理设施组合处理企业的排污量核算

在排污量计算选择末端治理技术时，若没有对应的组合治理技术，以主要治理技术为准。

2.3 其他需要说明的问题

由于不同企业工业废气量、废水量差异较大，本手册所提供的工业废气量、废水量系数仅供参考。

为体现相同产污水平条件下，采用相同环保治理设施的不同企业对同一污染物去除效果的差异，引入末端治理设施实际运行率（k）对污染治理技术的实际去除率进行修正。k 值反映的是污染治理设施运行的状态，越稳定运行，k 值越高；在取值上，若定义连续稳定运行的理想状态为 1，则 k 取值在 0～1 之间。

本手册给出本行业的 k 计算公式仅供参考，使用时，可根据 k 值定义，选取更适合企业实际情况的表达方式。

3 污染物排放量核算方法

针对企业实际生产情况，本行业在系数制定过程中将企业全生产流程划分或拆分为若干工段（核算环节），在核算企业污染物产排量时，可灵活选择本企业对应的核算环节进行核算。

3.1 计算工段污染物产生量

（1）根据产品、原料、污染物产生的主导生产工艺、企业规模（生产产能）这一组合查找和确定所对应的某一污染物的产污系数。

（2）根据该污染物的产污系数计量单位——单位产品产量，获取企业实际产品产量或原料用量。例如，某组合内化学需氧量的产污系数单位为千克/吨-产品，则计算产生量时需要获取企业实际产品产量。

（3）污染物产生量按以下公式进行计算：

①工业废水量、化学需氧量、石油类、氨氮、铅、镉、铬污染物产生量按以下公式进行计算：

污染物产生量=污染物对应的产污系数×产品产量

$$G_{产i}=P_{产i}\times M_i\times(1-废水回用率)$$

式中，$G_{产i}$——工段 i 某污染物的产生量；

$P_{产i}$——工段 i 某污染物对应的产污系数；

M_i——工段 i 的产品产量。

②工业废气量、颗粒物、二氧化硫、氮氧化物污染物产生量按以下公式进行计算：

污染物产生量=污染物对应的产污系数×产品产量

$$G_{产i}=P_{产i}\times M_i$$

3.2 计算工段污染物去除量

（1）根据企业对某一污染物所采用的治理技术查找和选择相应的治理技术平均去除效率。

（2）根据所填报的污染治理设施实际运行率参数及其计算公式得出该企业某一污染物的治理设施实际运行率（k 值）。

（3）污染物去除量按以下公式进行计算：

污染物去除量=污染物产生量×污染物去除率

=污染物产生量×治理技术平均去除效率×治理设施实际运行率

$$R_{减i}=G_{产i}\times\eta_T\times k_T$$

式中，$R_{减i}$——工段 i 某污染物的去除量；

η_T——工段 i 某污染物采用的末端治理技术的平均去除效率；

k_T——工段 i 某污染物采用的末端治理设施的实际运行率。

3.3 计算工段污染物排放量

污染物排放量=污染物产生量–污染物去除量

=污染物对应的产污系数×产品产量–污染物产生量×

治理技术平均去除效率×治理设施实际运行率

3.4 计算企业污染物排放量

同一企业某污染物全年的产生（排放）总量为该企业同年实际生产的全部工段、产品、原料、规模污染物产生（排放）量之和。

$$E_{排}=G_{产}-R_{减}=\sum(G_{产i}-R_{减i})=\sum\left[P_{产i}\times M_i(1-\eta_T\times k_T)\right]$$

4 污染物排放量核算案例

某企业主要从事锰矿选矿。该企业以锰矿石为主要原料，生产工艺采用单一磁选，产品为锰精矿，年产量（生产规模）52 万吨。产线运行时间为 24 小时/天，年运行 330 天，该企业废气的污染治理技术采用袋式除尘，涉及的废气污染物主要为颗粒物。

该企业基本信息如表 1 所示。

表 1　某采选矿企业基本信息

	核算环节：选矿	
	名称	数量
产品及产量	锰精矿	52 万吨
原料及用量	锰矿石	150 万吨
工艺名称	磁选	—
规模（产能）	52 万吨	
污染治理设施	袋式除尘	
实际运行率参数	废气末端治理设施运行时间	7920 小时
	企业正常生产时间	7920 小时

4.1 工段的排放量计算

（1）颗粒物产生量计算

①查找产污系数及其计量单位

根据企业基本信息，查找本手册中主要产品为锰精矿，原料为锰矿石，主要工艺为磁选，生产规模为所有规模。该组合颗粒物的产污系数为 0.072，单位为千克/吨-产品。

②获取企业产品产量

该企业实际情况为：主要产品锰精矿 2017 年产量为 52 万吨。

③计算颗粒物产生量

由于查询到的组合中，颗粒物产污系数的单位为千克/吨-产品，因此在核算产生量时需获取产品产量。

颗粒物产生量=颗粒物产污系数×产品（铁精矿）产量

=0.072 千克/吨-产品×520000 吨-产品=37440 千克

（2）颗粒物去除量计算

①查找治理技术平均去除效率

该企业颗粒物治理技术采用布袋除尘工艺，查询相应组合内该工艺的平均去除效率为 95%。

②计算污染治理设施实际运行率

根据产污系数组合查询结果，该组合中颗粒物对应的污染治理设施实际运行率为

k =废气治理设施运行时间/企业正常生产时间=7920 小时/7920 小时=1

③计算颗粒物去除量

颗粒物去除量=37440 千克×95%×1=35568 千克

（3）颗粒物排放量计算

颗粒物排放量=37440 千克−35568 千克=1872 千克

5 系数表

0820 锰矿、铬矿采选行业系数表

工段名称	产品名称	原料名称	工艺名称	规模等级	污染物类别	污染物指标	系数单位	产污系数	末端治理技术	末端治理技术平均去除效率/%	参考 k 值计算公式[1]
采矿	锰矿石	锰矿矿体	地下开采	所有规模	废水	工业废水量	米^3/吨-产品	0.90	—	—	—
						石油类	千克/吨-产品	2.46×10^{-4}	沉淀分离	30	k =末端治理设施运行时间（小时/年）/企业正常生产时间（小时/年）
									化学混凝法	70	
					废气	颗粒物	千克/吨-产品	9.10×10^{-3}	—	—	
			露天开采	所有规模	废水	工业废水量	米^3/吨-产品	0.58	—	—	—
						石油类	千克/吨-产品	1.05×10^{-5}	沉淀分离	30	k =治理设施运行时间（小时/年）/企业正常生产时间（小时/年）
									化学混凝法	70	
					废气	颗粒物	千克/吨-产品	0.08	—	—	—
			水力开采	所有规模	废水	工业废水量	米^3/吨-产品	2.27	—	—	—
						石油类	千克/吨-产品	3.30×10^{-4}	沉淀分离	30	k =治理设施运行时间（小时/年）/企业正常生产时间（小时/年）
									化学混凝法	70	
					废气	工业废气量	标米^3/吨-产品	541.00	—	—	—
						颗粒物	千克/吨-产品	0.66	—	—	—

[1] 该公式仅供参考，使用时，可根据 k 值定义，选取更适合企业实际情况的表达方式。

0820 锰矿、铬矿采选行业系数表（续表 1）

工段名称	产品名称	原料名称	工艺名称	规模等级	污染物类别	污染物指标	系数单位	产污系数	末端治理技术	末端治理技术平均去除效率/%	参考 k 值计算公式
选矿	锰精矿/锰块矿	锰矿石	强磁选	所有规模	废水	工业废水量	米^3/吨-产品	6.40	—	—	—
						化学需氧量	千克/吨-产品	0.082	沉淀分离	30	k=治理设施运行时间（小时/年）/企业正常生产时间（小时/年）
									化学混凝法	70	
						石油类	千克/吨-产品	6.74×10^{-3}	沉淀分离	45	
									化学混凝法	70	
					废气	工业废气量	标米^3/吨-产品	580.00	—	—	—
						颗粒物	千克/吨-产品	0.072	袋式除尘	95	k=治理设施运行时间（小时/年）/企业正常生产时间（小时/年）
									文丘里	90	
									单筒（多筒并联）旋风	80	
			重选-磁选	所有规模	废水	工业废水量	米^3/吨-产品	8.13	—	—	—
						化学需氧量	千克/吨-产品	0.11	沉淀分离	30	k=治理设施运行时间（小时/年）/企业正常生产时间（小时/年）
									化学混凝法	70	
						石油类	千克/吨-产品	7.39×10^{-3}	沉淀分离	45	
									化学混凝法	70	
					废气	工业废气量	标米^3/吨-产品	514.00	—	—	—
						颗粒物	千克/吨-产品	0.12	袋式除尘	95	k=治理设施运行时间（小时/年）/企业正常生产时间（小时/年）
									文丘里	90	
									单筒（多筒并联）旋风	80	

0820 锰矿、铬矿采选行业系数表（续表 2）

工段名称	产品名称	原料名称	工艺名称	规模等级	污染物类别	污染物指标	系数单位	产污系数	末端治理技术	末端治理技术平均去除效率/%	参考 k 值计算公式
选矿	锰精矿/锰块矿	锰矿石	重选	所有规模	废水	工业废水量	米^3/吨-产品	10.10	—	—	—
						化学需氧量	千克/吨-产品	0.13	沉淀分离	30	k =治理设施运行时间（小时/年）/企业正常生产时间（小时/年）
									化学混凝法	70	
						石油类	千克/吨-产品	9.18×10^{-3}	沉淀分离	30	
									化学混凝法	70	
					废气	工业废气量	标米^3/吨-产品	350.00	—	—	—
						颗粒物	千克/吨-产品	0.061	袋式除尘	95	k =治理设施运行时间（小时/年）/企业正常生产时间（小时/年）
									文丘里	90	
									单筒（多筒并联）旋风	80	
			强磁选-浮选	所有规模	废水	工业废水量	米^3/吨-产品	5.37	—	—	—
						化学需氧量	千克/吨-产品	0.12	沉淀分离	20	k =治理设施运行时间（小时/年）/企业正常生产时间（小时/年）
									化学混凝法	70	
						石油类	千克/吨-产品	3.38×10^{-3}	沉淀分离	30	
									化学混凝法	70	
						氨氮	千克/吨-产品	0.020	沉淀分离	10	
									化学混凝法	50	
						总氮	千克/吨-产品	0.024	沉淀分离	10	
									化学混凝法	50	
					废气	工业废气量	标米^3/吨-产品	470.00	—	—	—
						颗粒物	千克/吨-产品	2.29	袋式除尘	95	k =治理设施运行时间（小时/年）/企业正常生产时间（小时/年）
									文丘里	90	
									单筒（多筒并联）旋风	80	

0820 锰矿、铬矿采选行业系数表（续表 3）

工段名称	产品名称	原料名称	工艺名称	规模等级	污染物类别	污染物指标	系数单位	产污系数	末端治理技术	末端治理技术平均去除效率/%	参考 k 值计算公式
采矿	铬铁矿石	铬铁矿体	地下开采	所有规模	废水	工业废水量	米^3/吨-产品	0.95	—	—	—
						石油类	千克/吨-产品	3.47×10^{-4}	沉淀分离	45	k=治理设施运行时间（小时/年）/企业正常生产时间（小时/年）
									化学混凝法	70	
						铬	千克/吨-产品	1.39×10^{-4}	沉淀分离	50	
									化学混凝法	70	
					废气	颗粒物	千克/吨-产品	4.17×10^{-3}	—	—	—
			露天开采	所有规模	废水	工业废水量	米^3/吨-产品	0.50	—	—	—
						石油类	千克/吨-产品	1.82×10^{-4}	沉淀分离	45	k=治理设施运行时间（小时/年）/企业正常生产时间（小时/年）
									化学混凝法	70	
						铬	千克/吨-产品	0.80×10^{-4}	沉淀分离	50	
									化学混凝法	70	
					废气	颗粒物	千克/吨-产品	4.17×10^{-3}	—	—	—
选矿	铬精矿/铬块（粉）矿	铬铁矿石	重选	所有规模	废水	工业废水量	米^3/吨-产品	5.68	—	—	—
						化学需氧量	千克/吨-产品	0.10	沉淀分离	30	k=治理设施运行时间（小时/年）/企业正常生产时间（小时/年）
									化学混凝法	70	
						铬	千克/吨-产品	9.09×10^{-4}	沉淀分离	50	
									化学混凝法	70	
						石油类	千克/吨-产品	2.27×10^{-3}	沉淀分离	45	
									化学混凝法	70	
					废气	工业废气量	标米^3/吨-产品	300.00	—	—	—
						颗粒物	千克/吨-产品	0.050	袋式除尘	95	k=治理设施运行时间（小时/年）/企业正常生产时间（小时/年）
									文丘里	90	
									单筒（多筒并联）旋风	80	

0820 锰矿、铬矿采选行业系数表（续表 4）

工段名称	产品名称	原料名称	工艺名称	规模等级	污染物类别	污染物指标	系数单位	产污系数	末端治理技术	末端治理技术平均去除效率/%	参考 k 值计算公式
选矿	铬精矿/铬块（粉）矿	铬铁矿石	强磁选	所有规模	废水	工业废水量	米^3/吨-产品	3.62	—	—	—
						铬	千克/吨-产品	5.80×10^{-4}	沉淀分离	50	k =治理设施运行时间（小时/年）/企业正常生产时间（小时/年）
									化学混凝法	70	
						化学需氧量	千克/吨-产品	0.065	沉淀分离	30	
									化学混凝法	70	
						石油类	千克/吨-产品	1.32×10^{-3}	沉淀分离	45	
									化学混凝法	70	
					废气	工业废气量	标米^3/吨-产品	384.00	—	—	—
						颗粒物	千克/吨-产品	0.060	袋式除尘	95	k =治理设施运行时间（小时/年）/企业正常生产时间（小时/年）
									文丘里	90	
									单筒（多筒并联）旋风	85	

0890 其他黑色金属矿采选业

1 适用范围

本手册仅用于《国民经济行业分类》（GB/T 4754—2017）中 0890 其他黑色金属矿采选行业使用系数法核算工业污染物产生量和排放量的工业企业。

利用本手册进行产排污核算得出的污染物产生量与排放量仅代表了特定行业的工艺、产品、原料在正常工况下污染物产生与排放的一般规律。

本行业废水指标包括工业废水量、化学需氧量、石油类；废气指标包括工业废气量、颗粒物。

2 注意事项

2.1 企业有多种生产工艺或生产多类产品产排污量核算

污染物产生量与产品产量有关，根据不同核算环节计算产污量后，再根据企业末端治理设施和运行情况计算排放量。

企业某污染物产生量、排放量为各核算环节产生量、排放量之和。

在企业实际排放量计算过程中，如果存在废水回用的情况，需要在利用产排污核算公式的基础上扣除废水回用的部分。公式如下：

实际排放量=计算排放量×（1−废水回用率）

2.2 采用多种治理设施组合处理企业的排污量核算

在排污量计算选择末端治理技术时，若没有对应的组合治理技术，以主要治理技术为准。

2.3 其他需要说明的问题

由于不同企业工业废气量、废水量差异较大，本手册所提供的工业废气量、废水量系数仅供参考。

为体现相同产污水平条件下，采用相同环保治理设施的不同企业对同一污染物去除效果的差异，引入末端治理设施实际运行率（k）对污染治理技术的实际去除率进行修正。k 值反映的是污染治理设施运行的状态，越稳定运行，k 值越高；在取值上，若定义连续稳定运行的理想状态为 1，则 k 取值在 0～1 之间。

本手册给出本行业的 k 计算公式仅供参考，使用时，可根据 k 值定义，选取更适合企业实际情况的表达方式。

3 污染物排放量核算方法

针对企业实际生产情况，本行业在系数制定过程中将企业全生产流程划分或拆分为若干工段（核算环节），在核算企业污染物产排量时，可灵活选择本企业对应的核算环节进行核算。

3.1 计算工段污染物产生量

（1）根据产品、原料、污染物产生的主导生产工艺、企业规模（生产产能）这一组合查找和确定所对应的某一污染物的产污系数。

（2）根据该污染物的产污系数计量单位——单位产品产量，获取企业实际产品产量或原料用量。例如，某组合内化学需氧量的产污系数单位为千克/吨-产品，则计算产生量时需要获取企业实际产品产量。

（3）污染物产生量按以下公式进行计算：

①工业废水量、化学需氧量、石油类污染物产生量按以下公式进行计算：

污染物产生量=污染物对应的产污系数×产品产量

$$G_{产i} = P_{产i} \times M_i \times (1 - 废水回用率)$$

式中，$G_{产i}$——工段 i 某污染物的产生量；

$P_{产i}$——工段 i 某污染物对应的产污系数；

M_i——工段 i 的产品产量。

②工业废气量、颗粒物污染物产生量按以下公式进行计算：

污染物产生量=污染物对应的产污系数×产品产量

$$G_{产i} = P_{产i} \times M_i$$

3.2 计算工段污染物去除量

（1）根据企业对某一污染物所采用的治理技术查找和选择相应的治理技术平均去除效率。

（2）根据所填报的污染治理设施实际运行率参数及其计算公式得出该企业某一污染物的治理设施实际运行率（k 值）。

（3）污染物去除量按以下公式进行计算：

污染物去除量=污染物产生量×污染物去除率

=污染物产生量×治理技术平均去除效率×治理设施实际运行率

$$R_{减i} = G_{产i} \times \eta_T \times k_T$$

式中，$R_{减i}$——工段 i 某污染物的去除量；

η_T——工段 i 某污染物采用的末端治理技术的平均去除效率；

k_T——工段 i 某污染物采用的末端治理设施的实际运行率。

3.3 计算工段污染物排放量

污染物排放量=污染物产生量−污染物去除量

=污染物对应的产污系数×产品产量−污染物产生量×

治理技术平均去除效率×治理设施实际运行率

3.4 计算企业污染物排放量

同一企业某污染物全年的产生（排放）总量为该企业同年实际生产的全部工段、产品、原料、规模污染物产生（排放）量之和。

$$E_{排}=G_{产}-R_{减}=\sum(G_{产i}-R_{减i})=\sum\left[P_{产i}\times M_i(1-\eta_T\times k_T)\right]$$

4 污染物排放量核算案例

某企业主要从事钒钛磁铁矿选矿。该企业以磁铁矿石为主要原料，生产工艺采用单一磁选，产品为铁钒精矿，年产量（生产规模）52 万吨。产线运行时间为 24 小时/天，年运行 330 天，该企业废气的污染治理技术采用袋式除尘，涉及的废气污染物主要为颗粒物。

该企业基本信息如表 1 所示。

表 1 某钒钛磁铁矿采选企业基本信息

	核算环节：选矿	
	名称	数量
产品及产量	铁钒精矿	52 万吨
原料及用量	钒钛磁铁矿石	150 万吨
工艺名称	磁选	—
规模（产能）	52 万吨	
污染治理设施	袋式除尘	
实际运行率参数	废气末端治理设施运行时间	7920 小时
	企业正常生产时间	7920 小时

4.1 工段的排放量计算

（1）颗粒物产生量计算

①查找产污系数及其计量单位

根据企业基本信息，查找本手册中产品为铁钒精矿，主要原料为钒钛磁铁矿，主要工艺为磁选，生产规模为所有规模。该组合颗粒物的产污系数为 0.692，单位为千克/吨-产品。

②获取企业产品产量

该企业实际情况为：主要产品铁精矿 2017 年产量为 52 万吨。

③计算颗粒物产生量

由于查询到的组合中，颗粒物产污系数的单位为千克/吨-产品，因此在核算产生量时需获取产品产量。

颗粒物产生量=颗粒物产污系数×产品（铁精矿）产量

=0.692 千克/吨-产品×520000 吨-产品=359840 千克

（2）颗粒物去除量计算

①查找治理技术平均去除效率

该企业颗粒物治理技术采用布袋除尘工艺，查询相应组合内该工艺的平均去除效率为 95%。

②计算污染治理设施实际运行率

根据产污系数组合查询结果，该组合中颗粒物对应的污染治理设施实际运行率为

k =废气治理设施运行时间/企业正常生产时间=7920 小时/7920 小时=1

③计算颗粒物去除量

颗粒物去除量=359840 千克×95%×1=341848 千克

（3）颗粒物排放量计算

颗粒物排放量=359840 千克−341848 千克=17992 千克

5 系数表

0890 其他黑色金属矿采选行业系数表

工段名称	产品名称	原料名称	工艺名称	规模等级	污染物类别	污染物指标	系数单位	产污系数	末端治理技术	末端治理技术平均去除效率/%	参考 k 值计算公式[1]
采矿	钒钛磁铁矿石	钒钛磁铁矿体	地下开采	所有规模	废水	工业废水量	米^3/吨-产品	0.61	—	—	—
						石油类	千克/吨-产品	4.31×10^{-4}	沉淀分离	45	k =治理设施运行时间（小时/年）/企业正常生产时间（小时/年）
									化学混凝法	70	
					废气	工业废气量	标米^3/吨-产品	1.56×10^{3}	—	—	—
						颗粒物	千克/吨-产品	4.17×10^{-3}	—	—	—
			露天开采	所有规模	废水	工业废水量	米^3/吨-产品	0.12	—	—	—
						石油类	千克/吨-产品	4.92×10^{-5}	沉淀分离	45	k =治理设施运行时间（小时/年）/企业正常生产时间（小时/年）
									化学混凝法	70	
					废气	颗粒物	千克/吨-产品	0.059	—	—	—
选矿	铁钒精矿	钒钛磁铁矿石	磁选/重选/浮选/电选	所有规模	废水	工业废水量	米^3/吨-产品	17.60	—	—	—
						化学需氧量	千克/吨-产品	0.15	沉淀分离	30	k =治理设施运行时间（小时/年）/企业正常生产时间（小时/年）
									化学混凝法	70	
						石油类	千克/吨-产品	2.52×10^{-3}	沉淀分离	45	
									化学混凝法	70	
					废气	工业废气量	标米^3/吨-产品	1.17×10^{3}	—	—	—
						颗粒物	千克/吨-产品	0.69	袋式除尘	95	k =治理设施运行时间（小时/年）/企业正常生产时间（小时/年）
									文丘里	90	
									单筒（多筒并联）旋风	85	

[1] 该公式仅供参考，使用时，可根据 k 值定义，选取更适合企业实际情况的表达方式。

09

有色金属矿采选业

0911 铜矿采选业

1　适用范围

本手册仅用于《国民经济行业分类》（GB/T 4754—2017）中 0911 铜矿采选行业使用系数法核算工业污染物产生量和排放量的工业企业。

利用本手册进行产排污核算得出的污染物产生量与排放量仅代表了特定行业、工艺、产品、原料在正常工况下污染物产生与排放的一般规律。

本行业废水指标包括工业废水量、化学需氧量、汞、镉、铅、砷；废气指标包括工业废气量、颗粒物。

2　注意事项

2.1　企业有多种生产工艺或生产多类产品产排污量核算

污染物产生量与工艺方法、产品产量、原料用量等有关，根据不同核算环节计算产污量后，再根据企业末端治理设施和运行情况计算各污染物的排放量。

企业某污染物指标的产生量、排放量为各核算环节产生量、排放量之和。

在企业实际排放量计算过程中，如果存在废水回用的情况，需要在利用产排污核算公式的基础上扣除废水回用的部分。公式如下：

实际排放量=计算排放量×（1−废水回用率）

2.2　采用多种治理设施组合处理企业的排污量核算

在排污量计算选择末端治理技术时，若没有对应的组合治理技术，以主要治理技术为准。

2.3　其他需要说明的问题

（1）由于不同企业工业废气量、废水量差异较大，本手册所提供的工业废气量、废水量系数仅供参考。

（2）为体现相同产污水平条件下，采用相同环保治理设施的不同企业对同一污染物去除效果的差异，引入末端治理设施实际运行率（k）对污染治理技术的实际去除率进行修正。k 值反映的是污染治理设施运行的状态，越稳定运行，k 值越高；在取值上，若定义连续稳定运行的理想状态为 1，则 k 取值在 0～1 之间。

本手册给出本行业的 k 计算公式仅供参考，使用时，可根据 k 值定义，选取更适合企业实际情况的表达方式。

3 污染物排放量核算方法

针对企业实际生产情况，本行业在系数制定过程中将企业全生产流程划分或拆分为若干工段（核算环节），在核算企业污染物产排量时，可灵活选择本企业对应的工段进行核算。

3.1 计算工段污染物产生量

（1）根据产品、原料、污染物产生的主导生产工艺、企业规模（生产产能）这一组合查找和确定所对应的某一污染物的产污系数。

（2）根据该污染物的产污系数计量单位——单位产品产量或单位原料用量，获取企业实际产品产量或原料用量。

例如，某组合内化学需氧量的产污系数单位为克/吨-产品，则计算产生量时需要获取企业实际产品产量；如果产污系数单位为克/吨-原料，则计算产生量时需要获取企业原料实际消耗量。

（3）污染物产生量按以下公式进行计算：

污染物产生量=污染物对应的产污系数×产品产量（原料用量）

$$G_{产i} = P_{产i} \times M_i$$

式中，$G_{产i}$——工段 i 某污染物的产生量；

$P_{产i}$——工段 i 某污染物对应的产污系数；

M_i——工段 i 的产品产量（原料用量）。

3.2 计算工段污染物去除量

（1）根据企业对某一污染物所采用的治理技术查找和选择相应的治理技术平均去除效率。

（2）根据所填报的污染治理设施实际运行率参数及其计算公式得出该企业某一污染物的治理设施实际运行率（k 值）。

（3）污染物去除量按以下公式进行计算：

污染物去除量=污染物产生量×污染物去除率

=污染物产生量×治理技术平均去除效率×治理设施实际运行率

$$R_{减i} = G_{产i} \times \eta_T \times k_T$$

式中，$R_{减i}$——工段 i 某污染物的去除量；

η_T——工段 i 某污染物采用的末端治理技术的平均去除效率；

k_T——工段 i 某污染物采用的末端治理设施的实际运行率。

3.3 计算工段污染物排放量

污染物排放量=污染物产生量−污染物去除量

=污染物对应的产污系数×产品产量（原料用量）−污染物产生量×治理技术平均去除效率×治理设施实际运行率

3.4 计算企业污染物排放量

同一企业某污染物全年的产生（排放）总量为该企业同年实际生产的全部工段、产品、原料、规模污染物产生（排放）量之和。

$$E_{排} = G_{产} - R_{减} = \sum (G_{产i} - R_{减i}) = \sum \left[P_{产i} \times M_i (1 - \eta_T \times k_T) \right]$$

4 污染物排放量核算案例

某铜矿采选企业主要从事铜精矿的生产。该企业涉及的主要产排污工段为采矿和选矿两个工段。其中采矿工段主要污染物为化学需氧量、汞、镉、铅、砷。选矿工段主要污染物为化学需氧量、汞、镉、铅、砷、颗粒物。以化学需氧量和颗粒物为例说明排放量计算过程。

该企业基本信息如表 1 所示。

表 1 某铜矿采选企业基本信息

	工段 1：采矿		工段 2：选矿	
	名称	数量	名称	数量
产品及产量	铜矿石	396000 吨	铜精矿	8901 吨
原料及用量	铜矿	—	铜矿石	396000 吨
工艺名称	露采	—	磨浮	—
规模（产能）	396000 吨		396000 吨	
废水污染物治理设施	沉淀分离		沉淀分离	
废水回用率	100%		98%	
废气污染物治理设施	—		袋式除尘	
实际运行率参数	污水治理设施运行时间	7920 小时	污水治理设施运行时间	7920 小时
	—	—	废气治理设施运行时间	7920 小时
	企业正常生产时间	7920 小时	企业正常生产时间	7920 小时

4.1 工段 1 的排放量计算

（1）化学需氧量产生量计算

①查找产污系数及其计量单位

根据企业基本信息，查找本手册中主要产品为铜矿石，主要原料为铜矿，主要工艺为露采工艺，生产规模为所有规模。该组合化学需氧量的产污系数为 2.6，单位为克/吨-产品。

②获取企业产品产量

该企业实际情况为：该工段主要产品铜矿石 2017 年产量为 396000 吨。

③计算化学需氧量产生量

由于查询到的组合中，化学需氧量产生量产污系数的单位为克/吨-产品，因此在核算化学需氧量产生量时需获取产品产量。

化学需氧量产生量=化学需氧量产污系数×产品（铜矿石）产量

=2.6 克/吨-产品×396000 吨-产品/1000=1029.6 千克

（2）化学需氧量去除量计算

①查找治理技术平均去除效率

该企业采矿工段化学需氧量治理技术采用沉淀分离工艺，查询相应组合内该工艺的平均去除效率为 30%。

②计算污染治理设施实际运行率

根据产污系数组合查询结果，该组合中沉淀分离法对应的污染治理设施实际运行率为

k =污水治理设施运行时间/企业正常生产时间

=7920 小时/7920 小时=1

③计算化学需氧量去除量

化学需氧量去除量=1029.6 千克×30%×1=308.88 千克

（3）化学需氧量排放量计算

该企业采矿工段废水回用率为 100%。

化学需氧量排放量=（1029.6 千克−308.88 千克）×（1−100%）=0 千克

4.2　工段 2 的排放量计算

4.2.1　化学需氧量核算

（1）化学需氧量产生量计算

①查找产污系数及其计量单位

根据企业基本信息，查找本手册中主要产品为铜精矿，主要原料为铜矿石，主要工艺为磨浮工艺，生产规模为所有规模。该组合化学需氧量的产污系数为 231.25，单位为克/吨-原料。

②获取企业原料用量

该企业实际情况为：该工段主要原料铜矿石 2017 年使用量为 396000 吨。

③计算化学需氧量产生量

由于查询到的组合中化学需氧量产污系数的单位为克/吨-原料，因此在核算产生量时需获取原料用量。

化学需氧量产生量=化学需氧量产污系数×原料（铜矿石）用量

=231.25 克/吨-原料×396000 吨-原料/1000=91575 千克

（2）化学需氧量去除量计算

①查找治理技术平均去除效率

该企业选矿工段化学需氧量治理技术采用沉淀分离工艺，查询相应组合内该工艺的平均去除效率为 30%。

②计算污染治理设施实际运行率

根据产污系数组合查询结果，该组合中化学需氧量对应的污染治理设施实际运行率为

k =污水治理设施运行时间/企业正常生产时间=7920 小时/7920 小时=1

③计算化学需氧量去除量

化学需氧量去除量=91575 千克×30%×1=27472.5 千克

（3）化学需氧量排放量计算

该企业选矿工段废水回用率为 98%。

化学需氧量排放量=（91575 千克−23195.7 千克）×（1−98%）=1282.05 千克

4.2.2 颗粒物核算

（1）颗粒物产生量计算

①查找产污系数及其计量单位

根据企业基本信息，查找本手册中主要产品为铜精矿，主要原料为铜矿石，主要工艺为磨浮工艺，生产规模为所有规模。该组合颗粒物的产污系数为 0.91，单位为千克/吨-原料。

②获取企业原料用量

该企业实际情况为：该工段主要原料铜矿石 2017 年使用量为 396000 吨。

③计算颗粒物产生量

由于查询到的组合中颗粒物产污系数的单位为千克/吨-原料，因此在核算产生量时需获取原料用量。

颗粒物产生量=颗粒物产污系数×原料（铜矿石）用量

=0.91 千克/吨-原料×396000 吨-原料/1000=360.36 吨

（2）颗粒物去除量计算

①查找治理技术平均去除效率

该企业颗粒物治理技术采用袋式除尘工艺，查询相应组合内该工艺的平均去除效率为 98%。

②计算污染治理设施实际运行率

根据产污系数组合查询结果，该组合中颗粒物对应的污染治理设施实际运行率为

k=废气治理设施运行时间/企业正常生产时间

=7920 小时/7920 小时=1

③计算颗粒物去除量

颗粒物去除量=360.36 吨×98%×1=353.15 吨

（3）颗粒物排放量计算

颗粒物排放量=360.36 吨−353.15 吨=7.21 吨

4.3 总排放量计算

化学需氧量总排放量=工段 1 排放量+工段 2 排放量

=0 千克+1282.05 千克=1282.05 千克

颗粒物总排放量=工段 1 排放量+工段 2 排放量

=0 吨+7.21 吨=7.21 吨

5 系数表

0911 铜矿采选行业系数表

工段名称	产品名称	原料名称	工艺名称	规模等级	污染物类别	污染物指标	系数单位	产污系数	末端治理技术	末端治理技术平均去除效率/%	参考 k 值计算公式[1]
采矿	铜矿石	铜矿	露采	所有规模	废水	工业废水量	吨/吨-产品	0.15	—	—	—
						化学需氧量	克/吨-产品	2.60	沉淀分离	30	k =废水治理设施运行时间（小时/年）/企业正常生产时间（小时/年）
						汞	克/吨-产品	9.07×10^{-5}	化学沉淀法	90	
									沉淀分离	30	
						镉	克/吨-产品	8.70×10^{-4}	化学沉淀法	90	
									沉淀分离	30	
						铅	克/吨-产品	7.30×10^{-3}	化学沉淀法	90	
									沉淀分离	30	
						砷	克/吨-产品	0.014	化学沉淀法	90	
									沉淀分离	30	
					固废	一般工业固体废物	吨/吨-产品	1.69	贮存/综合利用	—	—
			坑采	所有规模	废水	工业废水量	吨/吨-产品	0.26	—	—	—
						化学需氧量	克/吨-产品	5.40	沉淀分离	30	k =废水治理设施运行时间（小时/年）/企业正常生产时间（小时/年）
						汞	克/吨-产品	1.15×10^{-4}	化学沉淀法	90	
									沉淀分离	30	
						镉	克/吨-产品	1.37×10^{-3}	化学沉淀法	90	
									沉淀分离	30	
						铅	克/吨-产品	9.70×10^{-3}	化学沉淀法	90	
									沉淀分离	30	
						砷	克/吨-产品	0.018	化学沉淀法	90	
									沉淀分离	30	
					废气	工业废气量	标米^3/吨-产品	8000[2]	—	—	—
						颗粒物	千克/吨-产品	3.80×10^{-3}	—	—	—
					固废	一般工业固体废物	吨/吨-产品	0.15	贮存/综合利用	—	—

[1] 该公式仅供参考，使用时，可根据 k 值定义，选取更适合企业实际情况的表达方式。

[2] 包括井下通风量。

0911 铜矿采选行业系数表（续表 1）

工段名称	产品名称	原料名称	工艺名称	规模等级	污染物类别	污染物指标	系数单位	产污系数	末端治理技术	末端治理技术平均去除效率/%	参考 k 值计算公式
选矿	铜精矿	铜矿石	磨浮	所有规模	废水	工业废水量	吨/吨-原料	2.78	—	—	—
						化学需氧量	克/吨-原料	231.25	沉淀分离	30	k =废水治理设施运行时间（小时/年）/企业正常生产时间（小时/年）
						汞	克/吨-原料	1.01×10^{-3}	化学沉淀法	90	
									沉淀分离	30	
						镉	克/吨-原料	0.033	化学沉淀法	90	
									沉淀分离	30	
						铅	克/吨-原料	0.086	化学沉淀法	90	
									沉淀分离	30	
						砷	克/吨-原料	0.14	化学沉淀法	90	
									沉淀分离	30	
					废气	工业废气量	标米^3/吨-原料	576.72	—	—	—
						颗粒物	千克/吨-原料	0.91	袋式除尘	98	k =废气治理设施运行时间（小时/年）/企业正常生产时间（小时/年）
									文丘里	90	
					固废	一般工业固体废物	吨/吨-原料	0.94	贮存/综合利用	—	—

0912 铅锌矿采选业

1 适用范围

本手册仅用于《国民经济行业分类》（GB/T 4754—2017）中 0912 铅锌矿采选行业使用系数法核算工业污染物产生量和排放量的工业企业。

利用本手册进行产排污核算得出的污染物产生量与排放量仅代表了特定行业的工艺、产品、原料在正常工况下污染物产生与排放的一般规律。

本行业废气指标包括工业废气量、颗粒物；废水指标包括工业废水量、化学需氧量、氨氮、总磷、总氮、汞、镉、铅、砷；固废指标为一般固废。

2 注意事项

2.1 企业有多种生产工艺或生产多类产品产排污量核算

（1）污染物产生量与工艺方法、原料用量等有关，根据不同核算环节计算产污量后，再根据企业末端治理设施和运行情况计算排放量。

（2）企业某污染物产生量、排放量为各环节产生量、排放量之和。

（3）在企业实际排放量计算过程中，如果存在废水回用的情况，需要在利用产排污核算公式的基础上扣除废水回用的部分。公式如下：

实际排放量=计算排放量×（1−废水回用率）

2.2 采用多种治理设施组合处理企业的的排污量核算

在排污量计算选择末端治理技术时，若没有对应的组合治理技术，以主要治理技术为准。

2.3 其他需要说明的问题

（1）本手册不涉及采矿过程中的无组织排放。

（2）本手册铅锌矿选矿过程中的废气产污系数适用的产污节点为破碎筛分之后，若破碎筛分过程无废气治理设施，则污染物产生量即为污染物排放量。

（3）本手册铅锌矿选矿过程中的废水产污系数适用的产污节点为尾矿库综合废水处理站进口。

（4）铅锌矿采矿过程中的矿井涌水若用于选矿或者其他用途，则此类水应视为回用水。

（5）由于不同企业工业废气量、废水量差异较大，本手册所提供的工业废气量、废水量、固废量系数仅供参考。

为体现相同产污水平条件下，采用相同环保治理设施的不同企业对同一污染物去除效果的差异，引入末端治理设施实际运行率（k）对污染治理技术的实际去除率进行修正。k 值反映的是污染治理

设施运行的状态，设备运行越稳定，k 值越高；在取值上，若定义连续稳定运行的理想状态为 1，则 k 取值在 0～1 之间。

本手册给出本行业的 k 计算公式仅供参考，使用时，可根据 k 值定义，选取更适合企业实际情况的表达方式。

3　污染物排放量核算方法

针对企业实际生产情况，本行业在系数制定过程中将企业全生产流程划分或拆分为若干工段（核算环节），在核算企业污染物产排量时，可灵活选择本企业对应的工段进行核算。

3.1　计算工段污染物产生量

（1）根据产品、原料、污染物产生的主导生产工艺、企业规模（生产产能）这一组合查找和确定所对应的某一污染物的产污系数。

（2）根据该污染物的产污系数计量单位——单位产品产量或单位原料用量，获取企业实际产品产量或原料用量。

例如，某组合内化学需氧量的产污系数单位为克/吨-产品，则计算产生量时需要获取企业实际产品产量；如果产污系数单位为克/吨-原料，则计算产生量时需要获取企业原料实际消耗量。

（3）污染物产生量按以下公式进行计算：

污染物产生量=污染物对应的产污系数×产品产量（原料用量）

$$G_{产i} = P_{产i} \times M_i$$

式中，$G_{产i}$——工段 i 某污染物的产生量；

$P_{产i}$——工段 i 某污染物对应的产污系数；

M_i——工段 i 的产品产量（原料用量）。

3.2　计算工段污染物去除量

（1）根据企业对某一污染物所采用的治理技术查找和选择相应的治理技术平均去除效率。

（2）根据所填报的污染治理设施实际运行率参数及其计算公式得出该企业某一污染物的治理设施实际运行率（k 值）。

（3）污染物去除量按以下公式进行计算：

污染物去除量=污染物产生量×污染物去除率

=污染物产生量×治理技术平均去除效率×治理设施实际运行率

$$R_{减i} = G_{产i} \times \eta_T \times k_T$$

式中，$R_{减i}$——工段 i 某污染物的去除量；

η_T——工段 i 某污染物采用的末端治理技术的平均去除效率；

k_T——工段 i 某污染物采用的末端治理设施的实际运行率。

3.3　计算企业污染物排放量

同一企业某污染物全年的产生（排放）总量为该企业同年实际生产的全部工段、产品、原料、

规模污染物产生（排放）量之和。

污染物排放量=污染物产生量–污染物去除量

$$E_{排} = G_{产} - R_{减} = \sum(G_{产i} - R_{减i}) = \sum\left[P_{产i} \times M_i(1 - \eta_T \times k_T)\right]$$

式中，$E_{排}$——企业某污染物全年排放量；

$G_{产i}$——工段 i 对应的污染物产生量；

$R_{减i}$——工段 i 对应的污染物去除量；

M_i——工段 i 对应的产品产量（原料用量）。

4 污染物排放量核算案例

4.1 废气核算案例

某企业从事铅锌矿选矿生产，以铅锌矿石为主要原料，采用“磨浮”工艺，年处理原矿 33 万吨，产品为铅精矿、锌精矿。废气末端污染治理措施采用布袋除尘-无覆膜技术，企业治理设施运行时间为 7920 小时，企业正常生产时间为 330 天（每天以 24 小时计），涉及的废气污染物主要为颗粒物。

下面以废气中颗粒物为例，说明该企业颗粒物排放量的计算方法，主要分为以下三个步骤。

（1）颗粒物产生量计算

该企业使用磨浮工艺，主要原料为铅锌矿石，产品为铅精矿、锌精矿。经查系数表，其对应影响因素组合的颗粒物产污系数为 4.5 千克/吨-原矿。

企业年使用原矿 33 万吨，可计算出颗粒物年产生量：

$G_{产} = P_{产} \times M$ =4.5 克/吨-原料×330000 吨-原矿=1485 吨

（2）颗粒物去除量计算

企业废气末端污染治理措施采用布袋除尘-无覆膜技术，其平均治理效率查系数表为99%，即 η =99%。

企业废气末端污染治理设施实际运行效率为：

k =t/T=7920 小时/［330 天×24（小时/天）］=1

颗粒物去除量：

$$R_{减} = G_{产} \times \eta \times k = 1485吨 \times 99\% \times 1 = 1470.15吨$$

（3）颗粒物排放量计算

$$E_{排} = G_{产} - R_{减} = 1485吨 - 1470.15吨 = 14.85吨$$

4.2 废水核算案例

某企业从事铅锌矿选矿生产，以铅锌矿石为主要原料，采用“磨浮”工艺，年处理原矿 33 万吨，产品为铅精矿、锌精矿。废水末端污染治理措施采用“中和法+化学沉淀法”，企业治理设施运行时间为 7920 小时，企业正常生产时间为 330 天，企业废水回用率为 85%，涉及的废水污染物主要为化学需氧量、氨氮、总磷、总氮、镉、铅、砷、汞。

下面以废水中化学需氧量为例，说明该企业化学需氧量排放量的计算方法，主要分为以下三个步骤。

（1）化学需氧量产生量计算

该企业使用磨浮工艺，主要原料为铅锌矿石，产品为铅精矿、锌精矿。经查系数表，其对应影响因素组合的化学需氧量的产污系数为 227.028 克/吨-原矿。

企业年使用原矿 33 万吨，可计算出化学需氧量年产生量：

$$G_{产} = P_{产} \times M = 227.28 \text{ 克/吨-原料} \times 330000 \text{ 吨-原料} = 74.919 \text{ 吨}$$

（2）化学需氧量去除量计算

企业废水末端污染治理措施采用“中和法+化学沉淀法”，其平均治理效率查系数表为 52%，即 η =52%。

企业废水末端污染治理设施实际运行效率为

$$k = t/T = 7920 \text{ 小时}/[330 \text{ 天} \times 24 \text{（小时/天）}] = 1$$

化学需氧量去除量：

$$R_{减} = G_{产} \times \eta \times k = 74.919\text{吨} \times 52\% \times 1 = 38.958\text{吨}$$

（3）化学需氧量排放量计算

企业废水回用率 85%，则化学需氧量排放量为

化学需氧量排放量=（74.919 吨−38.958 吨）×（1−85%）=5.394 吨

4.3 固废核算案例

某企业从事铅锌矿采矿生产，以铅锌矿为主要原料，采用“坑采”工艺，年产 33 万吨铅锌矿石，涉及的固体废物为一般固废。

下面以一般固废为例，说明该企业一般固废排放量的计算方法。

该企业主要工艺为“坑采”工艺，主要原料为铅锌矿，主要产品为铅锌矿石，年矿石产量（生产规模）33 万吨。经查系数表，其对应影响因素组合的一般固废的产污系数为 0.26 吨/吨-原矿。

企业年矿石产量为 33 万吨，可计算出一般固废年产生量：

$$G_{产i} = P_{产i} \times M_i = 0.260\text{吨/吨-原矿} \times 330000\text{吨-原矿} = 85800\text{吨}$$

5 系数表

0912 铅锌矿采选行业系数表（废气）

工段名称	产品名称	原料名称	工艺名称	规模等级	污染物类别	污染物指标	系数单位	产污系数	末端治理技术	末端治理技术平均去除效率/%	参考 k 值计算公式[1]
坑采	铅锌矿石	铅锌矿	坑采	所有规模	废气	工业废气量	标米^3/吨-原矿	3618	—	—	—
						颗粒物	千克/吨-原矿	6.300	—	—	
磨浮	铅精矿、锌精矿	铅锌矿石	磨浮	所有规模	废气	工业废气量	标米^3/吨-原矿	996	—	—	k=治理设施运行时间（小时/年）/企业正常生产时间（小时/年）
						颗粒物	千克/吨-原矿	4.500	湿式除尘法（喷淋塔）	80	
									湿式除尘法（文丘里）	90	
									湿式除尘法（泡沫塔）	95	
									湿式除尘法（动力波）	99	
									过滤除尘法（布袋除尘器-覆膜）	99.5	
									过滤除尘法（布袋除尘器-无覆膜）	99	
									电除尘技术	99	
									旋风收尘	65	
	铅锌混合矿	铅锌矿石	磨浮	所有规模	废气	工业废气量	标米^3/吨-原矿	942	—	—	
						颗粒物	千克/吨-原矿	4.200	湿式除尘法（喷淋塔）	80	
									湿式除尘法（文丘里）	90	
									湿式除尘法（泡沫塔）	95	
									湿式除尘法（动力波）	99	
									过滤除尘法（布袋除尘器-覆膜）	99.5	
									过滤除尘法（布袋除尘器-无覆膜）	99	
									电除尘技术	99	
									旋风收尘	65	

[1] 该公式仅供参考，使用时，可根据 k 值定义，选取更适合企业实际情况的表达方式。

0912 铅锌矿采选行业系数表（废水）

工段名称	产品名称	原料名称	工艺名称	规模等级	污染物类别	污染物指标	系数单位	产污系数	末端治理技术	末端治理技术平均去除效率/%	参考 k 值计算公式[1]
坑采	铅锌矿石	铅锌矿	坑采	所有规模	废水	工业废水量	吨/吨-原矿	11.779	—	—	k =废水处理设施正常运行时间（小时/年）/企业正常生产时间（小时/年）
						化学需氧量	克/吨-原矿	70.672	沉淀分离	20	
									化学沉淀	20	
						氨氮	克/吨-原矿	1.814	沉淀分离	20	
									化学沉淀	20	
						总磷	克/吨-原矿	0.312	沉淀分离	20	
									化学沉淀	20	
						总氮	克/吨-原矿	4.476	沉淀分离	20	
									化学沉淀	20	
						铅	克/吨-原矿	0.122	沉淀分离	30	
									化学沉淀	90	
						镉	克/吨-原矿	0.012	沉淀分离	30	
									化学沉淀	90	
						砷	克/吨-原矿	0.021	沉淀分离	30	
									化学沉淀	90	
						汞	克/吨-原矿	0.003	沉淀分离	30	
									化学沉淀	90	
露采	铅锌矿石	铅锌矿	露采	所有规模	废水	工业废水量	吨/吨-原矿	2.206	—	—	
						化学需氧量	克/吨-原矿	52.222	沉淀分离	20	
									化学沉淀	20	
						氨氮	克/吨-原矿	1.386	沉淀分离	20	
									化学沉淀	20	
						总磷	克/吨-原矿	0.118	沉淀分离	20	
									化学沉淀	20	
						总氮	克/吨-原矿	2.578	沉淀分离	20	
									化学沉淀	20	
						铅	克/吨-原矿	0.118	沉淀分离	30	
									化学沉淀	90	
						镉	克/吨-原矿	0.010	沉淀分离	30	
									化学沉淀	90	

0912 铅锌矿采选行业系数表（废水）（续表 1）

工段名称	产品名称	原料名称	工艺名称	规模等级	污染物类别	污染物指标	系数单位	产污系数	末端治理技术	末端治理技术平均去除效率/%	参考 k 值计算公式[1]
露采	铅锌矿石	铅锌矿	露采	所有规模	废水	砷	克/吨-原矿	0.011	沉淀分离	30	k=废水处理设施正常运行时间（小时/年）/企业正常生产时间（小时/年）
									化学沉淀	90	
						汞	克/吨-原矿	0.002	沉淀分离	30	
									化学沉淀	90	
磨浮	铅精矿、锌精矿	铅锌矿石	磨浮	所有规模	废水	工业废水量	吨/吨-原矿	3.409	—	—	
						化学需氧量	克/吨-原矿	227.028	中和法+化学沉淀法	52	
						氨氮	克/吨-原矿	15.215	中和法+化学沉淀法	52	
						总磷	克/吨-原矿	1.280	中和法+化学沉淀法	52	
						总氮	克/吨-原矿	57.924	中和法+化学沉淀法	52	
						铅	克/吨-原矿	82.044	中和法+化学沉淀法	98	
						镉	克/吨-原矿	8.191	中和法+化学沉淀法	97	
						砷	克/吨-原矿	1.561	中和法+化学沉淀法	98	
						汞	克/吨-原矿	1.782	中和法+化学沉淀法	98	
磨浮	铅锌混合矿	铅锌矿石	磨浮	所有规模	废水	工业废水量	吨/吨-原矿	3.342	—	—	
						化学需氧量	克/吨-原矿	215.674	中和法+化学沉淀法	52	
						氨氮	克/吨-原矿	14.917	中和法+化学沉淀法	52	
						总磷	克/吨-原矿	1.255	中和法+化学沉淀法	52	
						总氮	克/吨-原矿	54.200	中和法+化学沉淀法	52	
						铅	克/吨-原矿	73.220	中和法+化学沉淀法	98	
						镉	克/吨-原矿	8.030	中和法+化学沉淀法	97	
						砷	克/吨-原矿	1.530	中和法+化学沉淀法	98	
						汞	克/吨-原矿	1.747	中和法+化学沉淀法	98	

0912 铅锌矿采选行业系数表（固废）

序号	产品名称	原料名称	工艺名称	规模等级	污染物类别	污染物指标	系数单位	产污系数
1	铅锌矿石	铅锌矿	坑采工艺	所有规模	固废	一般固废	吨/吨-原矿	0.260
2	铅锌矿石	铅锌矿	露采工艺	所有规模	固废	一般固废	吨/吨-原矿	2.500
3	铅精矿、锌精矿	铅锌矿石	磨浮工艺	所有规模	固废	一般固废	吨/吨-原矿	0.834
4	铅锌混合精矿	铅锌矿石	磨浮工艺	所有规模	固废	一般固废	吨/吨-原矿	0.828

0913 镍钴矿采选业

1 适用范围

本手册仅用于《国民经济行业分类》（GB/T 4754—2017）中 0913 镍钴矿采选行业使用系数法核算工业污染物产生量和排放量的工业企业。

利用本手册进行产排污核算得出的污染物产生量与排放量仅代表了特定行业、工艺、产品、原料在正常工况下污染物产生与排放的一般规律。

本行业废水指标包括工业废水量、化学需氧量、氨氮、汞、镉、铅、砷、镍、钴；废气指标包括工业废气量、颗粒物；固废指标包括一般工业固废（废石）、一般工业固废（尾矿）。

2 注意事项

2.1 企业有多种生产工艺或生产多类产品产排污量核算

采矿工段污染物产生量与产品产量有关；选矿工段污染物产生量与原料用量有关；根据不同核算环节计算产污量后，再根据企业末端治理设施和运行情况计算各污染物的排放量。

企业某污染物指标的产生量、排放量为各核算环节产生量、排放量之和。

在企业实际排放量计算过程中，如果存在废水回用的情况，需要在利用产排污核算公式的基础上扣除废水回用的部分。公式如下：

实际排放量=计算排放量×（1−废水回用率）

2.2 采用多种治理设施组合处理企业的排污量核算

在排污量计算选择末端治理技术时，若没有对应的组合治理技术，以主要治理技术为准。

2.3 其他需要说明的问题

本系数手册中选矿废水的产污节点为尾矿库之后，综合废水处理站之前，主要产污为尾矿库溢流水和渗滤水。

目前全国镍钴矿基本采用坑采方式，本手册不考虑露采产污系数。

由于不同企业工业废气量、废水量差异较大，本手册所提供的工业废气量、废水量系数仅供参考。

为体现相同产污水平条件下，采用相同环保治理设施的不同企业对同一污染物去除效果的差异，引入末端治理设施实际运行率（k）对污染治理技术的实际去除率进行修正。k 值反映的是污染治理设施运行的状态，越稳定运行，k 值越高；在取值上，若定义连续稳定运行的理想状态为 1，则 k 取值在 0～1 之间。

本手册给出本行业的 k 计算公式仅供参考，使用时，可根据 k 值定义，选取更适合企业实际情况的表达方式。

3 污染物排放量核算方法

针对企业实际生产情况，本行业在系数制定过程中将企业全生产流程划分或拆分为若干工段（核算环节），在核算企业污染物产排量时，可灵活选择本企业对应的工段进行核算。

3.1 计算工段污染物产生量

（1）根据产品、原料、污染物产生的主导生产工艺、企业规模（生产产能）这一组合查找和确定所对应的某一污染物的产污系数。

（2）根据该污染物的产污系数计量单位——单位产品产量或单位原料用量，获取企业实际产品产量或原料用量。

例如，某组合内化学需氧量的产污系数单位为克/吨-产品，则计算产生量时需要获取企业实际产品产量；如果产污系数单位为克/吨-原料，则计算产生量时需要获取企业原料实际消耗量。

（3）污染物产生量按以下公式进行计算：

污染物产生量=污染物对应的产污系数×产品产量（原料用量）

$$G_{产i}=P_{产i}\times M_i$$

式中，$G_{产i}$——工段 i 某污染物的产生量；

$P_{产i}$——工段 i 某污染物对应的产污系数；

M_i——工段 i 的产品产量（原料用量）。

3.2 计算工段污染物去除量

（1）根据企业对某一污染物所采用的治理技术查找和选择相应的治理技术平均去除效率。

（2）根据所填报的污染治理设施实际运行率参数及其计算公式得出该企业某一污染物的治理设施实际运行率（k 值）。

（3）污染物去除量按以下公式进行计算：

污染物去除量=污染物产生量×污染物去除率

=污染物产生量×治理技术平均去除效率×治理设施实际运行率

$$R_{减i}=G_{产i}\times\eta_T\times k_T$$

式中，$R_{减i}$——工段 i 某污染物的去除量；

η_T——工段 i 某污染物采用的末端治理技术的平均去除效率；

k_T——工段 i 某污染物采用的末端治理设施的实际运行率。

3.3 计算工段污染物排放量

污染物排放量=污染物产生量−污染物去除量

=污染物对应的产污系数×产品产量（原料用量）−污染物产生量×治理技术平均去除效率×治理设施实际运行率

3.4 计算企业污染物排放量

同一企业某污染物全年的产生（排放）总量为该企业同年实际生产的全部工段、产品、原料、规模污染物产生（排放）量之和。

$$E_{排} = G_{产} - R_{减} = \sum (G_{产i} - R_{减i}) = \sum \left[P_{产i} \times M_i (1 - \eta_T \times k_T) \right]$$

若企业有废水回用，则污染物排放量计算公式为

$$E_{排} = (G_{产} - R_{减}) \times (1 - C_{回用})$$

式中，$C_{回用}$——废水回用率。

4 污染物排放量核算案例

某镍钴矿企业主要从事采矿和选矿生产。该企业涉及的主要产排污工段为采矿和选矿两个工段。其中采矿工段主要污染物为工业废水量、化学需氧量、氨氮、汞、镉、铅、砷、镍、钴、工业废气量、颗粒物、一般工业固废（废石）；选矿工段主要污染物为：工业废水量、化学需氧量、氨氮、汞、镉、铅、砷、镍、钴、工业废气量、颗粒物、一般工业固废（尾矿）。以化学需氧量为例说明排放量计算过程。

该企业基本信息如表 1 所示。

表 1 某镍钴矿采选企业基本信息

	工段 1：采矿		工段 2：选矿	
	名称	数量	名称	数量
产品及产量	镍钴矿石	550000 吨	镍钴精矿	82500 吨
原料及用量	镍钴矿	1135106 吨	镍钴矿石	550000 吨
工艺名称	坑采		磨浮	
污染治理设施	化学混凝法		化学混凝法	
废水回用率	90%		85%	
实际运行率参数	废水治理设施运行时间	7920 小时	废水治理设施运行时间	7920 小时
	企业正常生产时间	7920 小时	企业正常生产时间	7920 小时

4.1 工段 1 的排放量计算

（1）化学需氧量产生量计算

①查找产污系数及其计量单位

根据企业基本信息，查找本手册中主要产品为镍钴矿石，主要原料为镍钴矿，主要工艺为坑采，生产规模为所有规模。该组合化学需氧量的产污系数为 14.84，单位为克/吨-产品。

②获取企业产品产量

该企业实际情况为：该工段主要产品镍钴矿石 2017 年产量为 550000 吨。

③计算化学需氧量产生量

由于查询到的组合中，化学需氧量产生量产污系数的单位为克/吨-产品，因此在核算化学需氧量产生量时需获取产品产量。

化学需氧量产生量=化学需氧量产污系数×产品（镍钴矿石）产量

=14.84 克/吨-产品×550000 吨-产品/1000=8162 千克

（2）化学需氧量去除量计算

①查找治理技术平均去除效率

该企业化学需氧量治理技术采用化学混凝法，查询相应组合内化学混凝法的平均去除效率为70%。

②计算污染治理设施实际运行率

根据产污系数组合查询结果，该组合中化学需氧量对应的污染治理设施实际运行率为

k =废水治理设施运行时间/企业正常生产时间=7920 小时/7920 小时=1

③计算化学需氧量去除量

化学需氧量去除量=8162 千克×70%×1=5713.4 千克

（3）化学需氧量排放量计算

企业废水回用率为 90%，则化学需氧量排放量为

化学需氧量排放量=（8162 千克−5713.4 千克）×（1−90%）=244.9 千克

4.2 工段 2 的排放量计算

（1）化学需氧量产生量计算

①查找产污系数及其计量单位

根据企业基本信息，查找本手册中主要产品为镍钴精矿，主要原料为镍钴矿石，主要工艺为磨浮，生产规模为所有规模。该组合化学需氧量的产污系数为 72.66，单位为克/吨-原料。

②获取企业产品产量

该企业实际情况为：该工段主要原料镍钴矿石 2017 年用量为 550000 吨。

③计算化学需氧量产生量

由于查询到的组合中化学需氧量产污系数的单位为克/吨-原料，因此在核算产生量时需获取原料用量。

化学需氧量产生量=化学需氧量产污系数×原料（镍钴矿石）用量

=72.66 克/吨-原料×550000 吨-原料/1000=39963 千克

（2）化学需氧量去除量计算

①查找治理技术平均去除效率

该企业化学需氧量治理技术采用化学混凝法，查询相应组合内化学混凝法的平均去除效率为70%。

②计算污染治理设施实际运行率

根据产污系数组合查询结果，该组合中化学需氧量对应的污染治理设施实际运行率为

k =废水治理设施运行时间/企业正常生产时间=7920 小时/7920 小时=1

③计算化学需氧量去除量

化学需氧量去除量=39963 千克×70%×1=27974.1 千克

（3）化学需氧量排放量计算

企业废水回用率为 85%，则化学需氧量排放量为

化学需氧量排放量=（39963 千克−27974.1 千克）×（1−85%）=1798.3 千克

4.3 化学需氧量总排放量计算

化学需氧量总排放量=工段 1 排放量+工段 2 排放量

=244.9 千克+1798.3 千克=2043.2 千克

5 系数表

0913 镍钴矿采选行业系数表

工段名称	产品名称	原料名称	工艺名称	规模等级	污染物类别	污染物指标	系数单位	产污系数	末端治理技术	末端治理技术平均去除效率/%	参考 k 值计算公式[1]
采矿	镍钴矿石	镍钴矿	坑采	所有规模	废水	工业废水量	吨/吨-产品	0.39	—	—	k =废水治理设施运行时间（小时/年）/企业正常生产时间（小时/年）
						化学需氧量	克/吨-产品	14.84	化学混凝法	70	
									沉淀分离	30	
						氨氮	克/吨-产品	0.071	化学混凝法	20	
									沉淀分离	10	
						汞	克/吨-产品	0.45×10^{-3}	化学混凝法	88	
									沉淀分离	35	
						镉	克/吨-产品	0.0017	化学混凝法	88	
									沉淀分离	35	
						铅	克/吨-产品	0.006	化学混凝法	88	
									沉淀分离	35	
						砷	克/吨-产品	0.011	化学混凝法	88	
									沉淀分离	35	
						镍	克/吨-产品	0.0052	化学混凝法	88	
									沉淀分离	35	
						钴	克/吨-产品	0.0031	化学混凝法	88	
									沉淀分离	35	
					废气	工业废气量	标米^3/吨-产品	6695	—	—	—
						颗粒物	千克/吨-产品	0.018	—	—	
					固废	一般工业固废（废石）	吨/吨-产品	0.94	贮存/综合利用	—	

[1] 该公式仅供参考，使用时，可根据 k 值定义，选取更适合企业实际情况的表达方式。

0913 镍钴矿采选行业系数表（续表 1）

工段名称	产品名称	原料名称	工艺名称	规模等级	污染物类别	污染物指标	系数单位	产污系数	末端治理技术	末端治理技术平均去除效率/%	参考 k 值计算公式
选矿	镍钴精矿	镍钴矿石	磨浮	所有规模	废水	工业废水量	吨/吨-原料	2.59	—	—	k =废水治理设施运行时间(小时/年)/企业正常生产时间(小时/年)
						化学需氧量	克/吨-原料	72.66	化学混凝法	70	
									沉淀分离	30	
						氨氮	克/吨-原料	6.48	化学混凝法	20	
									沉淀分离	10	
						汞	克/吨-原料	1.14×10^{-3}	化学混凝法	88	
									沉淀分离	35	
						镉	克/吨-原料	0.0067	化学混凝法	88	
									沉淀分离	35	
						铅	克/吨-原料	0.013	化学混凝法	88	
									沉淀分离	35	
						砷	克/吨-原料	0.054	化学混凝法	88	
									沉淀分离	35	
						镍	克/吨-原料	0.074	化学混凝法	88	
									沉淀分离	35	
						钴	克/吨-原料	0.023	化学混凝法	88	
									沉淀分离	35	
					废气	工业废气量	标米^3/吨-原料	375	—	—	k =废气治理设施运行时间(小时/年)/企业正常生产时间(小时/年)
						颗粒物	千克/吨-原料	0.41	文丘里	90	
									袋式除尘	98	
									静电除尘	99.5	
					固废	一般工业固废（尾矿）	吨/吨-原料	0.84	贮存/综合利用	—	—

0914 锡矿采选业

1 适用范围

本手册仅用于《国民经济行业分类》（GB/T 4754—2017）中 0914 锡矿采选行业使用系数法核算工业污染物产生量和排放量的工业企业。

利用本手册进行产排污核算得出的污染物产生量与排放量仅代表了特定行业、工艺、产品、原料在正常工况下污染物产生与排放的一般规律。

本行业废水指标包括工业废水量、化学需氧量、氨氮、汞、镉、铅、砷、铬、锡；废气指标包括工业废气量、颗粒物、颗粒物（无组织）；固废指标包括一般工业固废（废石）、一般工业固废（尾矿）。

2 注意事项

2.1 企业有多种生产工艺或生产多类产品产排污量核算

采矿工段废水中工业废水量、化学需氧量、氨氮、汞、镉、铅、砷、铬、锡，废气中工业废气量、颗粒物、颗粒物（无组织）：污染物产生量与产品产量有关；选矿工段废水中工业废水量、化学需氧量、氨氮、汞、镉、铅、砷、铬、锡，废气中工业废气量、颗粒物：污染物产生量与原料用量有关。根据不同核算环节计算产污量后，再根据企业末端治理设施和运行情况计算各污染物的排放量。

企业某污染物指标的产生量、排放量为各核算环节产生量、排放量之和。

在企业实际排放量计算过程中，如果存在废水回用的情况，需要在利用产排污核算公式的基础上扣除废水回用的部分。公式如下：

实际排放量=计算排放量×（1−废水回用率）

2.2 采用多种治理设施组合处理企业的排污量核算

在排污量计算选择末端治理技术时，若没有对应的组合治理技术，以主要治理技术为准。

2.3 系数表中未涉及的产污系数及污染治理效率

采用浮重工艺的锡选矿厂，其产污系数可参照本系数手册中的磨浮工艺组合的产污系数进行核算。

2.4 其他需要说明的问题

本系数手册中选矿废水的产污节点为尾矿库之后，综合废水处理站之前，主要产污为尾矿库溢流水和渗滤水。

由于不同企业工业废气量、废水量差异较大，本手册所提供的工业废气量、废水量系数仅供参考。

为体现相同产污水平条件下，采用相同环保治理设施的不同企业对同一污染物去除效果的差异，引入末端治理设施实际运行率（k）对污染治理技术的实际去除率进行修正。k 值反映的是污染治理设施运行的状态，越稳定运行，k 值越高；在取值上，若定义连续稳定运行的理想状态为 1，则 k 取值在 0～1 之间。

本手册给出本行业的 k 计算公式仅供参考，使用时，可根据 k 值定义，选取更适合企业实际情况的表达方式。

3 污染物排放量核算方法

针对企业实际生产情况，本行业在系数制定过程中将企业全生产流程划分或拆分为若干工段（核算环节），在核算企业污染物产排量时，可灵活选择本企业对应的工段进行核算。

3.1 计算工段污染物产生量

（1）根据产品、原料、污染物产生的主导生产工艺、企业规模（生产产能）这一组合查找和确定所对应的某一污染物的产污系数。

（2）根据该污染物的产污系数计量单位——单位产品产量或单位原料用量，获取企业实际产品产量或原料用量。

例如，某组合内化学需氧量的产污系数单位为克/吨-产品，则计算产生量时需要获取企业实际产品产量；如果产污系数单位为克/吨-原料，则计算产生量时需要获取企业原料实际消耗量。

（3）污染物产生量按以下公式进行计算：

污染物产生量=污染物对应的产污系数×产品产量（原料用量）

$$G_{产i} = P_{产i} \times M_i$$

式中，$G_{产i}$——工段 i 某污染物的产生量；

$P_{产i}$——工段 i 某污染物对应的产污系数；

M_i——工段 i 的产品产量（原料用量）。

3.2 计算工段污染物去除量

（1）根据企业对某一污染物所采用的治理技术查找和选择相应的治理技术平均去除效率。

（2）根据所填报的污染治理设施实际运行率参数及其计算公式得出该企业某一污染物的治理设施实际运行率（k 值）。

（3）污染物去除量按以下公式进行计算：

污染物去除量=污染物产生量×污染物去除率

=污染物产生量×治理技术平均去除效率×治理设施实际运行率

$$R_{减i} = G_{产i} \times \eta_T \times k_T$$

式中，$R_{减i}$——工段 i 某污染物的去除量；

η_T——工段 i 某污染物采用的末端治理技术的平均去除效率；

k_T——工段 i 某污染物采用的末端治理设施的实际运行率。

3.3 计算工段污染物排放量

污染物排放量=污染物产生量–污染物去除量

=污染物对应的产污系数×产品产量（原料用量）–污染物产生量×

治理技术平均去除效率×治理设施实际运行率

3.4 计算企业污染物排放量

同一企业某污染物全年的产生（排放）总量为该企业同年实际生产的全部工段、产品、原料、规模污染物产生（排放）量之和。

$$E_{排} = G_{产} - R_{减} = \sum(G_{产i} - R_{减i}) = \sum\left[P_{产i} \times M_i(1-\eta_T \times k_T)\right]$$

若企业有废水回用，则污染物排放量计算公式为

$$E_{排} = (G_{产} - R_{减}) \times (1 - C_{回用})$$

式中，$C_{回用}$——废水回用率。

4 污染物排放量核算案例

某锡矿企业主要从事采矿和选矿生产。该企业涉及的主要产排污工段为采矿和选矿两个工段。其中采矿工段主要污染物为工业废水量、化学需氧量、氨氮、汞、镉、铅、砷、铬、锡、工业废气量、颗粒物、颗粒物（无组织）、一般工业固废（废石），选矿工段主要污染物为工业废水量、化学需氧量、氨氮、汞、镉、铅、砷、铬、锡、工业废气量、颗粒物、一般工业固废（尾矿）。以化学需氧量为例说明排放量计算过程。

该企业基本信息如表 1 所示。

表 1　某锡矿采选企业基本信息

	工段 1：采矿		工段 2：选矿	
	名称	数量	名称	数量
产品及产量	锡矿石	800000 吨	锡精矿	120000 吨
原料及用量	锡矿	1651064 吨	锡矿石	800000 吨
工艺名称	坑采		磨浮	
污染治理设施	化学混凝法		化学混凝法	
废水回用率	95%		85%	
实际运行率参数	废水治理设施运行时间	7920 小时	废水治理设施运行时间	7920 小时
	企业正常生产时间	7920 小时	企业正常生产时间	7920 小时

4.1 工段 1 的排放量计算

（1）化学需氧量产生量计算

①查找产污系数及其计量单位

根据企业基本信息，查找本手册中产品为锡矿石，原料为锡矿，工艺为坑采，生产规模为所有规模。该组合化学需氧量的产污系数为 15.91，单位为克/吨-产品。

②获取企业产品产量

该企业实际情况为：该工段主要产品锡矿石年产量为 800000 吨。

③计算化学需氧量产生量

由于查询到的组合中，化学需氧量产生量产污系数的单位为克/吨-产品，因此在核算化学需氧量产生量时需获取产品产量。

化学需氧量产生量=化学需氧量产污系数×产品（锡矿石）产量

=15.91 克/吨-产品×800000 吨-产品/1000=12728 千克

（2）化学需氧量去除量计算

①查找治理技术平均去除效率

由于该企业化学需氧量治理技术采用化学混凝法，查询相应组合内化学混凝法的平均去除效率为 70%。

②计算污染治理设施实际运行率

根据产污系数组合查询结果，该组合中化学需氧量对应的污染治理设施实际运行率为

k=废水治理设施运行时间/企业正常生产时间=7920 小时/7920 小时=1

③计算化学需氧量去除量

化学需氧量去除量=12728 千克×70%×1=8909.6 千克

（3）化学需氧量排放量计算

企业废水回用率 95%，则化学需氧量排放量为

化学需氧量排放量=（12728 千克－8909.6 千克）×（1－95%）=190.9 千克

4.2 工段 2 的排放量计算

（1）化学需氧量产生量计算

①查找产污系数及其计量单位

根据企业基本信息，查找本手册中主要产品为锡精矿，主要原料为锡矿石，主要工艺为磨浮，生产规模为所有规模。该组合化学需氧量的产污系数为 108.29，单位为克/吨-原料。

②获取企业产品产量

该企业实际情况为：该工段主要原料锡矿石年用量为 800000 吨。

③计算化学需氧量产生量

由于查询到的组合中，化学需氧量产污系数的单位为克/吨-原料，因此在核算产生量时需获取原料用量。

化学需氧量产生量=化学需氧量产污系数×原料（锡矿石）用量

=108.29 克/吨-原料×800000 吨-原料/1000=86632 千克

（2）化学需氧量去除量计算

①查找治理技术平均去除效率

该企业化学需氧量治理技术采用化学混凝法，查询相应组合内化学混凝法的平均去除效率为70%。

②计算污染治理设施实际运行率

根据产污系数组合查询结果，该组合中化学需氧量对应的污染治理设施实际运行率为

k=废水治理设施运行时间/企业正常生产时间=7920 小时/7920 小时=1

③计算化学需氧量去除量

化学需氧量去除量=86632 千克×70%×1=60642.4 千克

（3）化学需氧量排放量计算

企业废水回用率 85%，则化学需氧量排放量计算：

化学需氧量排放量=（86632 千克−60642.4 千克）×（1−85%）=3898.4 千克

4.3 化学需氧量总排放量计算

化学需氧量总排放量=工段 1 排放量+工段 2 排放量

=190.9 千克+3898.4 千克=4089.3 千克

5 系数表

0914 锡矿采选行业系数表

工段名称	产品名称	原料名称	工艺名称	规模等级	污染物类别	污染物指标	系数单位	产污系数	末端治理技术	末端治理技术平均去除效率/%	参考 k 值计算公式[1]
采矿	锡矿石	锡矿	露采	所有规模	废水	工业废水量	吨/吨-产品	3.01	—	—	k =废水治理设施运行时间（小时/年）/企业正常生产时间（小时/年）
						化学需氧量	克/吨-产品	17.48	化学混凝法	70	
									沉淀分离	30	
						氨氮	克/吨-产品	0.076	化学混凝法	20	
									沉淀分离	10	
						汞	克/吨-产品	0.00079	化学混凝法	88	
									沉淀分离	35	
						镉	克/吨-产品	0.027	化学混凝法	88	
									沉淀分离	35	
						铅	克/吨-产品	0.029	化学混凝法	88	
									沉淀分离	35	
						砷	克/吨-产品	0.082	化学混凝法	88	
									沉淀分离	35	
						铬	克/吨-产品	0.0041	化学混凝法	88	
									沉淀分离	35	
						锡	克/吨-产品	0.022	化学混凝法	88	
									沉淀分离	35	
					废气	颗粒物（无组织）	千克/吨-产品	0.82	—	—	—
					固废	一般工业固废（废石）	吨/吨-产品	1.12	贮存/综合利用	—	—

[1] 该公式仅供参考，使用时，可根据 k 值定义，选取更适合企业实际情况的表达方式。

0914 锡矿采选行业系数表（续表 1）

工段名称	产品名称	原料名称	工艺名称	规模等级	污染物类别	污染物指标	系数单位	产污系数	末端治理技术	末端治理技术平均去除效率/%	参考 k 值计算公式
采矿	锡矿石	锡矿	坑采	所有规模	废水	工业废水量	吨/吨-产品	2.27	—	—	k =废水治理设施运行时间（小时/年）/企业正常生产时间（小时/年）
						化学需氧量	克/吨-产品	15.91	化学混凝法	70	
									沉淀分离	30	
						氨氮	克/吨-产品	0.065	化学混凝法	20	
									沉淀分离	10	
						汞	克/吨-产品	0.00072	化学混凝法	88	
									沉淀分离	35	
						镉	克/吨-产品	0.031	化学混凝法	88	
									沉淀分离	35	
						铅	克/吨-产品	0.033	化学混凝法	88	
									沉淀分离	35	
						砷	克/吨-产品	0.071	化学混凝法	88	
									沉淀分离	35	
						铬	克/吨-产品	0.0042	化学混凝法	88	
									沉淀分离	35	
						锡	克/吨-产品	0.026	化学混凝法	88	
									沉淀分离	35	
					废气	工业废气量	标米^3/吨-产品	6762	—	—	—
						颗粒物	千克/吨-产品	0.014	—	—	—
					固废	一般工业固废（废石）	吨/吨-产品	0.94	贮存/综合利用	—	—

0914 锡矿采选行业系数表（续表 2）

工段名称	产品名称	原料名称	工艺名称	规模等级	污染物类别	污染物指标	系数单位	产污系数	末端治理技术	末端治理技术平均去除效率/%	参考 k 值计算公式
选矿	锡精矿	锡矿石	磨浮	所有规模	废水	工业废水量	吨/吨-原料	4.23	—	—	k =废水治理设施运行时间（小时/年）/企业正常生产时间（小时/年）
						化学需氧量	克/吨-原料	108.29	化学混凝法	70	
									沉淀分离	30	
						氨氮	克/吨-原料	7.61	化学混凝法	20	
									沉淀分离	10	
						汞	克/吨-原料	0.75×10^{-3}	化学混凝法	88	
									沉淀分离	35	
						镉	克/吨-原料	0.042	化学混凝法	88	
									沉淀分离	35	
						铅	克/吨-原料	0.048	化学混凝法	88	
									沉淀分离	35	
						砷	克/吨-原料	0.14	化学混凝法	88	
									沉淀分离	35	
						铬	克/吨-原料	0.004	化学混凝法	88	
									沉淀分离	35	
						锡	克/吨-原料	0.14	化学混凝法	88	
									沉淀分离	35	
					废气	工业废气量	标米^3/吨-原料	509	—	—	k =废气治理设施运行时间（小时/年）/企业正常生产时间（小时/年）
						颗粒物	千克/吨-原料	0.32	文丘里	90	
									袋式除尘	98	
									静电除尘	99.5	
					固废	一般工业固废（尾矿）	吨/吨-原料	0.81	贮存/综合利用	—	—

0914 锡矿采选行业系数表（续表 3）

工段名称	产品名称	原料名称	工艺名称	规模等级	污染物类别	污染物指标	系数单位	产污系数	末端治理技术	末端治理技术平均去除效率/%	参考 k 值计算公式
选矿	锡精矿	锡矿石	重选	所有规模	废水	工业废水量	吨/吨-原料	3.83	—	—	k =废水治理设施运行时间（小时/年）/企业正常生产时间（小时/年）
						化学需氧量	克/吨-原料	19.15	化学混凝法	70	
									沉淀分离	30	
						氨氮	克/吨-原料	0.096	化学混凝法	20	
									沉淀分离	10	
						汞	克/吨-原料	0.75×10^{-3}	化学混凝法	88	
									沉淀分离	35	
						镉	克/吨-原料	0.015	化学混凝法	88	
									沉淀分离	35	
						铅	克/吨-原料	0.011	化学混凝法	88	
									沉淀分离	35	
						砷	克/吨-原料	0.12	化学混凝法	88	
									沉淀分离	35	
						铬	克/吨-原料	0.002	化学混凝法	88	
									沉淀分离	35	
					废气	工业废气量	标米^3/吨-原料	509	—	—	k =废气治理设施运行时间（小时/年）/企业正常生产时间（小时/年）
						颗粒物	千克/吨-原料	0.32	文丘里	90	
									袋式除尘	98	
									静电除尘	99.5	

0915 锑矿采选业

1 适用范围

本手册仅用于《国民经济行业分类》（GB/T 4754—2017）中 0915 锑矿采选行业使用系数法核算工业污染物产生量和排放量的工业企业。

利用本手册进行产排污核算得出的污染物产生量与排放量仅代表了特定行业、工艺、产品、原料在正常工况下污染物产生与排放的一般规律。

本行业废水指标包括工业废水量、化学需氧量、氨氮、总氮、镉、铅、砷、锑；废气指标包括工业废气量、颗粒物；固体废物指标为一般工业固废。

2 注意事项

2.1 企业有多种生产工艺或生产多类产品产排污量核算

采矿核算环节污染物产生量与产品产量有关；选矿核算环节污染物产生量与原料用量有关；根据不同核算环节计算产污量后，再根据企业末端治理设施和运行情况计算各污染物的排放量。

企业某污染物指标的产生量、排放量为各工段产生量、排放量之和。

在企业实际排放量计算过程中，如果存在废水回用的情况，需要在利用产排污核算公式的基础上扣除废水回用的部分。公式如下：

实际排放量=计算排放量×（1−废水回用率）

2.2 采用多种治理设施组合处理企业的排污量核算

在排污量计算选择末端治理技术时，若没有对应的组合治理技术，以主要治理技术为准。

2.3 系数表中未涉及的产污系数及污染治理效率

采用磨浮工艺的锑选厂，其产排污量可参照本系数手册中的浮重工艺产污系数进行核算。

2.4 其他需要说明的问题

由于不同企业工业废气量、废水量差异较大，本手册所提供的工业废气量、废水量系数仅供参考。

为体现相同产污水平条件下，采用相同环保治理设施的不同企业对同一污染物去除效果的差异，引入末端治理设施实际运行率（k）对污染治理技术的实际去除率进行修正。k 值反映的是污染治理设施运行的状态，越稳定运行，k 值越高；在取值上，若定义连续稳定运行的理想状态为 1，则 k 取值在 0～1 之间。

本手册给出本行业的 k 计算公式仅供参考，使用时，可根据 k 值定义，选取更适合企业实际情

况的表达方式。

本系数手册中选矿废水的产污节点为尾矿库之后，综合废水处理站之前，主要产污为尾矿库溢流水和渗滤水。

本系数手册中选矿废气的产污节点为废气处理设施进口。

选矿生产线中在球磨、破碎、筛分过程中产生的矿粉进入除尘系统中收集后作为原料进入后续选矿流程，此部分粉尘纳入了颗粒物产污系数的计算。

锑多金属矿选矿产排污总量应按累加方式计算。

3 污染物排放量核算方法

针对企业实际生产情况，本行业在系数制定过程中将企业全生产流程划分或拆分为若干工段（核算环节），在核算企业污染物产排量时，可灵活选择本企业对应的工段进行核算。

3.1 计算工段污染物产生量

（1）根据产品、原料、污染物产生的主导生产工艺、企业规模（生产产能）这一组合查找和确定所对应的某一污染物的产污系数。

（2）根据该污染物的产污系数计量单位——单位产品产量或单位原料用量，获取企业实际产品产量或原料用量。

例如，某组合内化学需氧量的产污系数单位为千克/吨-产品，则计算产生量时需要获取企业实际产品产量；如果产污系数单位为千克/吨-原料，则计算产生量时需要获取企业原料实际消耗量。

（3）污染物产生量按以下公式进行计算：

污染物产生量=污染物对应的产污系数×产品产量（原料用量）

$$G_{产i} = P_{产i} \times M_i$$

式中，$G_{产i}$——工段 i 某污染物的产生量；

$P_{产i}$——工段 i 某污染物对应的产污系数；

M_i——工段 i 的产品产量（原料用量）。

3.2 计算工段污染物去除量

（1）根据企业对某一污染物所采用的治理技术查找和选择相应的治理技术平均去除效率。

（2）根据所填报的污染治理设施实际运行率参数及其计算公式得出该企业某一污染物的治理设施实际运行率（k 值）。

（3）污染物去除量按以下公式进行计算：

污染物去除量=污染物产生量×污染物去除率

=污染物产生量×治理技术平均去除效率×治理设施实际运行率

$$R_{减i} = G_{产i} \times \eta_T \times k_T$$

式中，$R_{减i}$——工段 i 某污染物的去除量；

η_T——工段 i 某污染物采用的末端治理技术的平均去除效率；

k_T——工段 i 某污染物采用的末端治理设施的实际运行率。

3.3 计算工段污染物排放量

污染物排放量=污染物产生量−污染物去除量

=污染物对应的产污系数×产品产量（原料用量）−污染物产生量×治理技术平均去除效率×治理设施实际运行率

3.4 计算企业污染物排放量

同一企业某污染物全年的产生（排放）总量为该企业同年实际生产的全部工段、产品、原料、规模污染物产生（排放）量之和。

$$E_{排} = G_{产} - R_{减} = \sum(G_{产i} - R_{减i}) = \sum\left[P_{产i} \times M_i(1-\eta_T \times k_T)\right]$$

若企业有废水回用，则污染物排放量计算公式为

$$E_{排} = (G_{产} - R_{减}) \times (1 - C_{回用})$$

式中，$C_{回用}$——废水回用率。

4 污染物排放量核算案例

某锑企业主要从事锑采矿和锑选矿的生产。该企业涉及的主要产排污工段为锑采矿和锑选矿两个工段，其中坑采工段的主要污染物为工业废水量、化学需氧量、氨氮、总氮、镉、铅、砷、锑、工业废气量、颗粒物，选矿工段的主要污染物为工业废水量、化学需氧量、氨氮、总氮、镉、铅、砷、锑、工业废气量、颗粒物。以化学需氧量为例说明排放量计算过程。

该企业基本信息如表 1 所示。

表 1 某锑企业基本信息

	核算环节 1：采矿		核算环节 2：选矿	
	名称	数量	名称	数量
产品及产量	锑矿石	120000 吨	锑精矿	25000 吨
原料及用量	锑矿		锑矿石	120000 吨
工艺名称	坑采	—	浮重	—
废水污染物治理设施	化学混凝+循环利用		化学混凝+循环利用	
废水回用率	80%		90%	
实际运行率参数	污水治理设施运行时间	7200 小时	污水治理设施运行时间	7200 小时
	企业正常生产时间	7200 小时	企业正常生产时间	7200 小时

4.1 工段 1 的排放量计算

（1）化学需氧量产生量计算

①查找产污系数及其计量单位

根据企业基本信息，查找本手册中主要产品为锑矿石，主要原料为锑矿，主要工艺为坑采，规

模等级为所有规模。该组合化学需氧量的产污系数为46.42，单位为克/吨-产品。

②获取企业产品产量

该企业实际情况为：该工段主要产品锑矿石2017年产量为120000吨。

③计算化学需氧量产生量

化学需氧量产污系数的单位为克/吨-产品，因此在核算产生量时需获取产品产量。

化学需氧量产生量=化学需氧量产污系数×产品（锑矿石）产量

=46.42克/吨-产品×120000吨-产品/1000000=5.57吨

（2）化学需氧量去除量计算

①查找治理技术平均去除效率

该企业采矿核算环节化学需氧量治理技术采用化学混凝法，查询相应组合内该法的平均去除效率为70%。

②计算污染治理设施实际运行率

根据产污系数组合查询结果，该组合中化学需氧量对应的污染治理设施实际运行率为

k=污水治理设施运行时间/企业正常生产时间=7200小时/7200小时=1

③计算化学需氧量去除量

化学需氧量去除量=污染物产生量×治理技术平均去除效率×治理设施实际运行率

=5.57吨×70%×1=3.90吨

（3）化学需氧量排放量计算

该企业废水经处理后部分循环利用于选矿核算环节，废水回用率为80%。

化学需氧量排放量=计算排放量×（1−废水回用率）

=（5.57吨－3.90吨）×（1－80%）=0.33吨

4.2 工段2的排放量计算

（1）化学需氧量产生量计算

①查找产污系数及其计量单位

根据企业基本信息，查找本手册中主要产品为锑精矿，主要原料为锑矿石，主要工艺为“磨矿+浮选”，规模等级为所有规模。该组合化学需氧量的产污系数为164.26，单位为克/吨-原料。

②获取企业原料用量

该企业实际情况为：该工段主要原料锑矿石2017年用量为120000吨。

③计算化学需氧量产生量

化学需氧量产污系数的单位为克/吨-原料，因此在核算产生量时采用原料用量。

化学需氧量产生量=化学需氧量产污系数×原料（锑矿石）用量

=164.26克/吨-原料×120000吨-原料/1000000=19.71吨

（2）化学需氧量去除量计算

①查找治理技术平均去除效率

该企业选矿核算环节化学需氧量治理技术采用化学混凝法，查询相应组合内化学混凝法的平均去除效率为70%。

②计算污染治理设施实际运行率

根据产污系数组合查询结果，该组合中化学需氧量对应的污染治理设施实际运行率为

k=污水治理设施运行时间/企业正常生产时间=7200 小时/7200 小时=1

③计算化学需氧量去除量

化学需氧量去除量=污染物产生量×治理技术平均去除效率×治理设施实际运行率

=19.71 吨×70%×1=13.80 吨

（3）化学需氧量排放量计算

该企业尾矿库溢流水及渗滤液废水经处理后部分循环利用于选矿核算环节，废水回用率为 90%。

化学需氧量排放量=计算排放量×（1−废水回用率）

=（19.71 吨−13.80 吨）×（1−90%）=0.59 吨

4.3 化学需氧量总排放量计算

化学需氧量总排放量=工段 1 排放量+工段 2 排放量

=0.33 吨+0.59 吨=0.92 吨

5 系数表

0915 锑矿采选行业系数表

工段名称	产品名称	原料名称	工艺名称	规模等级	污染物类别	污染物指标	系数单位	产污系数	末端治理技术	末端治理技术平均去除效率/%	参考 k 值计算公式[1]
采矿	锑矿石	锑矿	坑采	所有规模	废水	工业废水量	吨/吨-产品	3.15	—	—	k =污水治理设施运行时间（小时/年）/企业正常生产时间（小时/年）
						化学需氧量	克/吨-产品	46.42	化学混凝法	70	
									沉淀分离	30	
						总氮	克/吨-产品	5.96	化学混凝法	34	
									沉淀分离	10	
						氨氮	克/吨-产品	2.12	化学混凝法	30	
									沉淀分离	10	
						镉	克/吨-产品	0.0043	化学混凝法	90	
									沉淀分离	29	
						铅	克/吨-产品	0.117	化学混凝法	89	
									沉淀分离	29	
						砷	克/吨-产品	0.47	化学混凝法	91	
									沉淀分离	30	
						锑	克/吨-产品	2.849	化学混凝法	90	
									沉淀分离	30	
					废气	工业废气量	标米^3/吨-产品	12000	—	—	k =废气治理设施运行时间（小时/年）/企业正常生产时间（小时/年）
						颗粒物	千克/吨-产品	0.032	布袋除尘	98	
					固废	一般工业固废（废石）	吨/吨-产品	0.831	—	—	—

[1] 该公式仅供参考，使用时，可根据 k 值定义，选取更适合企业实际情况的表达方式。

0915 锑矿采选行业系数表（续表 1）

工段名称	产品名称	原料名称	工艺名称	规模等级	污染物类别	污染物指标	系数单位	产污系数	末端治理技术	末端治理技术平均去除效率/%	参考 k 值计算公式
选矿	锑精矿	锑矿石	浮重联合	所有规模	废水	工业废水量	吨/吨-原料	3.28	—	—	k =污水治理设施运行时间（小时/年）/企业正常生产时间（小时/年）
						化学需氧量	克/吨-原料	164.26	化学混凝法	70	
									沉淀分离	30	
						总氮	克/吨-原料	14.25	化学混凝法	34	
									沉淀分离	10	
						氨氮	克/吨-原料	7.22	化学混凝法	30	
									沉淀分离	10	
						镉	克/吨-原料	0.0083	化学混凝法	90	
									沉淀分离	29	
						铅	克/吨-原料	0.12	化学混凝法	89	
									沉淀分离	29	
						砷	克/吨-原料	1.31	化学混凝法	91	
									沉淀分离	30	
						锑	克/吨-原料	6.835	化学混凝法	90	
									沉淀分离	30	
					废气	工业废气量	标米^3/吨-原料	242	—	—	k =废气治理设施运行时间（小时/年）/企业正常生产时间（小时/年）
						颗粒物	千克/吨-原料	0.46	袋式除尘	98	
					固废	一般工业固废（尾砂）	吨/吨-原料	0.96	—	—	—

0916 铝矿采选业

1 适用范围

本手册仅用于《国民经济行业分类》（GB/T 4754—2017）中 0916 铝矿采选行业使用系数法核算工业污染物产生量和排放量的工业企业。

利用本手册进行产排污核算得出的污染物产生量与排放量仅代表了特定行业、工艺、产品、原料在正常工况下污染物产生与排放的一般规律。

本行业废水指标包括工业废水量、化学需氧量、氨氮、总氮；废气指标包括工业废气量、颗粒物、颗粒物（无组织）；固废指标为一般工业固废。

2 注意事项

2.1 企业有多种生产工艺或生产多类产品产排污量核算

污染物产生量与产品产量有关，根据不同核算环节计算产污量后，再根据企业末端治理设施和运行情况计算各污染物的排放量。

企业某污染物指标的产生量、排放量为各核算环节产生量、排放量之和。

在企业实际排放量计算过程中，如果存在废水回用的情况，需要在利用产排污核算公式的基础上扣除废水回用的部分。公式如下：

实际排放量=计算排放量×（1−废水回用率）

2.2 采用多种治理设施组合处理企业的排污量核算

在排污量计算选择末端治理技术时，若没有对应的组合治理技术，以主要治理技术为准。

2.3 系数表中未涉及的产污系数及污染治理效率

铝矿采选行业中，铝露采矿石破碎参照《0916 铝采选坑采工段系数手册》。

2.4 其他需要说明的问题

本手册中所列洗矿废水是指输入到排泥库的洗泥液，排泥库溢流水回用于生产，废水零排放。

由于不同企业工业废气量、废水量差异较大，本手册所提供的工业废气量、废水量系数仅供参考。

为体现相同产污水平条件下，采用相同环保治理设施的不同企业对同一污染物去除效果的差异，引入末端治理设施实际运行率（k）对污染治理技术的实际去除率进行修正。k 值反映的是污染治理设施运行的状态，越稳定运行，k 值越高；在取值上，若定义连续稳定运行的理想状态为 1，则 k 取

值在 0～1 之间。

本手册给出本行业的 k 计算公式仅供参考，使用时，可根据 k 值定义，选取更适合企业实际情况的表达方式。

3 污染物排放量核算方法

针对企业实际生产情况，本行业在系数制定过程中将企业全生产流程划分或拆分为若干工段（核算环节），在核算企业污染物产排量时，可灵活选择本企业对应的工段进行核算。

3.1 计算工段污染物产生量

（1）根据产品、原料、污染物产生的主导生产工艺、企业规模（生产产能）这一组合查找和确定所对应的某一污染物的产污系数。

（2）根据该污染物的产污系数计量单位——单位产品产量，获取企业实际产品产量。

例如，某组合内化学需氧量的产污系数单位为千克/吨-产品，则计算产生量时需要获取企业实际产品产量。

（3）污染物产生量按以下公式进行计算：

污染物产生量=污染物对应的产污系数×产品产量

$$G_{产i}=P_{产i}\times M_i$$

式中，$G_{产i}$——工段 i 某污染物的产生量；

$P_{产i}$——工段 i 某污染物对应的产污系数；

M_i——工段 i 的产品产量。

3.2 计算工段污染物去除量

（1）根据企业对某一污染物所采用的治理技术查找和选择相应的治理技术平均去除效率。

（2）根据所填报的污染治理设施实际运行率参数及其计算公式得出该企业某一污染物的治理设施实际运行率（k 值）。

（3）污染物去除量按以下公式进行计算：

污染物去除量=污染物产生量×污染物去除率

=污染物产生量×治理技术平均去除效率×治理设施实际运行率

$$R_{减i}=G_{产i}\times\eta_T\times k_T$$

式中，$R_{减i}$——工段 i 某污染物的去除量；

η_T——工段 i 某污染物采用的末端治理技术的平均去除效率；

k_T——工段 i 某污染物采用的末端治理设施的实际运行率。

3.3 计算工段污染物排放量

污染物排放量=污染物产生量−污染物去除量

=污染物对应的产污系数×产品产量−污染物产生量×治理技术平均去除效率×治理设施实际运行率

3.4 计算企业污染物排放量

同一企业某污染物全年的产生（排放）总量为该企业同年实际生产的全部工段、产品、原料、规模污染物产生（排放）量之和。

$$E_{排}=G_{产}-R_{减}=\sum(G_{产i}-R_{减i})=\sum\left[P_{产i}\times M_i(1-\eta_T\times k_T)\right]$$

4 污染物排放量核算案例

某铝采矿企业主要从事铝矿石生产。该企业涉及的主要污染物为化学需氧量、氨氮、总氮、颗粒物。以化学需氧量为例说明排放量计算过程。

该企业基本信息如表 1 所示。

表 1　某铝采矿企业基本信息

	核算环节：采矿	
	名称	数量
产品及产量	铝矿石	465883.31 吨
原料及用量	铝原矿	
工艺名称	坑采	
规模（产能）	1000000 吨	
污染治理设施	化学混凝	
废水回用率	0	
实际运行率参数	污水治理设施运行时间	8640 小时
	企业正常生产时间	8640 小时

4.1 核算环节计算

（1）化学需氧量产生量计算

①查找产污系数及其计量单位

根据企业基本信息，查找本手册中主要产品为铝矿石，主要原料为铝原矿，主要工艺为坑采，生产规模为所有规模。该组合化学需氧量的产污系数为 13.25，单位为克/吨-产品。

②获取企业产品产量

该企业实际情况为：主要产品铝矿石 2017 年产量为 465883.31 吨。

③计算化学需氧量产生量

由于查询到的组合中化学需氧量产生量产污系数的单位为克/吨（产品），因此在核算化学需氧量产生量产生量时需获取产品产量。

化学需氧量产生量=化学需氧量产污系数×产品（铝矿石）产量

=13.25 克/吨-产品×465883.31 吨-产品/1000000=6.17 吨

（2）化学需氧量去除量计算

①查找治理技术平均去除效率

该企业化学需氧量治理技术采用化学混凝工艺，查询相应组合内该工艺的平均去除效率为70%。

②计算污染治理设施实际运行率

根据产污系数组合查询结果，该组合中化学需氧量对应的污染治理设施实际运行率为

k =污水治理设施运行时间/企业正常生产时间=8640 小时/8640 小时=1

③计算化学需氧量去除量

化学需氧量去除量=化学需氧量产生量×治理技术平均去除效率×污染治理技术实际运行率

=6.17 吨×70%×1=4.32 吨

（3）化学需氧量排放量计算

化学需氧量排放量=化学需氧量产生量−化学需氧量去除量

=6.17 吨−4.32 吨=1.85 吨

5 系数表

0916 铝矿采选行业系数表

工段名称	产品名称	原料名称	工艺名称	规模等级	污染物类别	污染物指标	系数单位	产污系数	末端治理技术	末端治理技术平均去除效率/%	参考 k 值计算公式[1]
采矿	铝矿石	铝矿	露采	所有规模	废水	工业废水量	吨/吨-产品	0.12	—	—	k=废水治理设施运行时间（小时/年）/企业正常生产时间（小时/年）
						化学需氧量	克/吨-产品	0.35	化学混凝	70	
						氨氮	克/吨-产品	0.02		25	
						总氮	克/吨-产品	0.07		25	
					废气	颗粒物（无组织）	千克/吨-产品	0.12	—	—	—
					固废	一般工业固废	米^3/吨-产品	6.66	复垦	—	—
			坑采	所有规模	废水	工业废水量	吨/吨-产品	2.04	—	—	k=废水治理设施运行时间（小时/年）/企业正常生产时间（小时/年）
						化学需氧量	克/吨-产品	13.25	化学混凝	70	
						氨氮	克/吨-产品	0.48		25	
						总氮	克/吨-产品	2.72		25	
					废气	颗粒物	千克/吨-产品	0.47	布袋除尘	98	k=除尘治理设施运行时间（小时/年）/企业正常生产时间（小时/年）
					固废	一般工业固废	吨/吨-产品	0.17	充填	—	—
选矿	洗后铝矿石	含泥铝矿石	洗矿	所有规模	废水	工业废水量	吨/吨-产品	3.13	循环利用	—	k=废水治理设施运行时间（小时/年）/企业正常生产时间（小时/年）
						化学需氧量	克/吨-产品	33.49	沉淀分离	70	
						氨氮	克/吨-产品	0.61		25	
						总氮	克/吨-产品	31.97		25	
					固废	一般工业固废	吨/吨-产品	1.36	堆存	—	—

[1] 该公式仅供参考，使用时，可根据 k 值定义，选取更适合企业实际情况的表达方式。

0917 镁矿采选业

1 适用范围

本手册仅用于《国民经济行业分类》（GB/T 4754—2017）中 0917 镁矿采选行业使用产污系数法核算工业污染物产生量和排放量的工业企业。

利用本手册进行产排污核算得出的污染物产生量与排放量仅代表了特定行业、工艺、产品、原料在正常工况下污染物产生与排放的一般规律。

本行业废水指标为工业废水量；固废指标为一般工业固废。

2 注意事项

2.1 企业有多种生产工艺或生产多类产品产排污量核算

污染物产生量与产品产量有关，根据不同核算环节计算产污量后，再根据企业末端治理设施和运行情况计算各污染物的排放量。

企业某污染物指标的产生量、排放量为各核算环节产生量、排放量之和。

在企业实际排放量计算过程中，如果存在废水回用的情况，需要在利用产排污核算公式的基础上扣除废水回用的部分。公式如下：

实际排放量=计算排放量×（1−废水回用率）

2.2 采用多种治理设施组合处理企业的排污量核算

在排污量计算选择末端治理技术时，若没有对应的组合治理技术，以主要治理技术为准。

2.3 系数表中未涉及的产污系数及污染治理效率

镁精矿的生产过程中，如果包含地采工艺，废水、废气指标可参考 0917 镁矿采选行业采矿核算环节的系数手册。

若生产产品为镁砂，可分采选核算环节与冶炼核算环节，分别参考 0917 镁矿采选行业和 3217 镁冶炼业的系数。

2.4 其他需要说明的问题

由于不同企业工业废气量、废水量差异较大，本手册所提供的工业废气量、废水量系数仅供参考。

为体现相同产污水平条件下，采用相同环保治理设施的不同企业对同一污染物去除效果的差异，引入末端治理设施实际运行率（k）对污染治理技术的实际去除率进行修正。k 值反映的是污染治理设施运行的状态，越稳定运行，k 值越高；在取值上，若定义连续稳定运行的理想状态为 1，则 k 取

值在 0～1 之间。

本手册给出本行业的 k 计算公式仅供参考，使用时，可根据 k 值定义，选取更适合企业实际情况的表达方式。

3 污染物排放量核算方法

针对企业实际生产情况，本行业在系数制定过程中将企业全生产流程划分或拆分为若干工段（核算环节），在核算企业污染物产排量时，可灵活选择本企业对应的工段进行核算。

3.1 计算工段污染物产生量

（1）根据产品、原料、污染物产生的主导生产工艺、企业规模（生产产能）这一组合查找和确定所对应的某一污染物的产污系数。

（2）根据该污染物的产污系数计量单位——单位产品产量，获取企业实际产品产量。

例如，某组合内化学需氧量的产污系数单位为千克/吨-产品，则计算产生量时需要获取企业实际产品产量。

（3）污染物产生量按以下公式进行计算：

污染物产生量=污染物对应的产污系数×产品产量

$$G_{产i} = P_{产i} \times M_i$$

式中，$G_{产i}$——工段 i 某污染物的产生量；

$P_{产i}$——工段 i 某污染物对应的产污系数；

M_i——工段 i 的产品产量。

3.2 计算工段污染物去除量

（1）根据企业对某一污染物所采用的治理技术查找和选择相应的治理技术平均去除效率。

（2）根据所填报的污染治理设施实际运行率参数及其计算公式得出该企业某一污染物的治理设施实际运行率（k 值）。

（3）污染物去除量按以下公式进行计算：

污染物去除量=污染物产生量×污染物去除率

=污染物产生量×治理技术平均去除效率×治理设施实际运行率

$$R_{减i} = G_{产i} \times \eta_T \times k_T$$

式中，$R_{减i}$——工段 i 某污染物的去除量；

η_T——工段 i 某污染物采用的末端治理技术的平均去除效率；

k_T——工段 i 某污染物采用的末端治理设施的实际运行率。

3.3 计算工段污染物排放量

污染物排放量=污染物产生量−污染物去除量

=污染物对应的产污系数×产品产量−污染物产生量×治理技术平均去除效率×治理设施实际运行率

3.4 计算企业污染物排放量

同一企业某污染物全年的产生（排放）总量为该企业同年实际生产的全部工段、产品、原料、规模污染物产生（排放）量之和。

$$E_{排} = G_{产} - R_{减} = \sum(G_{产i} - R_{减i}) = \sum\left[P_{产i} \times M_i(1 - \eta_T \times k_T)\right]$$

若企业有废水回用，则污染物排放量计算公式为

$$E_{排} = (G_{产} - R_{减}) \times (1 - C_{回用})$$

式中，$C_{回用}$——废水回用率。

4 污染物排放量核算案例

某镁矿采选企业主要从事镁精矿生产。该企业涉及的主要产排污工段为采矿、选矿两个工段。其中采矿工段主要污染物为废水量与固体废弃物，选矿工段主要污染物为废水量与固体废弃物。以废水量为例说明排放量计算过程。

该企业基本信息如表 1 所示。

表 1　某镁精矿生产企业基本信息

	核算环节 1：采矿		核算环节 2：选矿	
	名称	数量	名称	数量
产品及产量	菱镁矿矿石	70050 吨	镁精矿	50000 吨
原料及用量	菱镁矿	71850 吨	菱镁矿矿石	70050 吨
工艺名称	露采	—	浮选	—
规模（产能）	70000 吨		50000 吨	
污染治理设施	—		—	
废水回用率	100%		100%	
实际运行率参数	污水治理设施运行时间	7200 小时	污水治理设施运行时间	7200 小时
	企业正常生产时间	7200 小时	企业正常生产时间	7200 小时

4.1 工段 1 的排放量计算

（1）工业废水产生量计算

①查找产污系数及其计量单位

根据企业基本信息，查找本手册中主要产品为镁精矿，主要原料为镁矿，主要工艺为露采，生产规模为所有规模。该组合废水量的产污系数为 0.187，单位为吨/吨-产品。

②获取企业产品产量

该企业实际情况为：该工段主要产品菱镁矿 2017 年产量为 70050 吨。

③计算废水产生量

由于查询到的组合中废水量产污系数的单位为吨/吨-产品，因此在核算产生量时需获取产品产量。

废水产生量=废水量产污系数×产品（镁精矿）产量

=0.187 吨/吨-产品×70050 吨-产品=13099.5 吨

（2）工业废水排放量计算

废水排放量=（污染物产生量−污染物去除量）×（1−废水回用率）

=（13099.5 吨−0 吨）×（1−100%）=0 吨

4.2 工段 2 的排放量计算

（1）工业废水产生量计算

①查找产污系数及其计量单位

根据企业基本信息，查找本手册中主要产品为镁精矿，主要原料为菱镁矿，主要工艺为浮选，生产规模为所有规模。该组合废水量的产污系数为 2.327，单位为吨/吨-产品。

②获取企业产品产量

该企业实际情况为：该工段主要产品镁精矿 2017 年产量为 50000 吨。

③计算废水产生量

由于查询到的组合中，废水量产污系数的单位为吨/吨-产品，因此在核算产生量时采用产品产量。

废水产生量=废水量产污系数×产品（镁精矿）产量

=2.327 吨/吨-产品×50000 吨-产品=116360 吨

（2）工业废水排放量计算

废水排放量=（污染物产生量−污染物去除量）×（1−废水回用率）

=（116360 吨−0 吨）×（1−100%）=0 吨

4.3 废水总排放量计算

废水量总排放量=核算环节 1 排放量+核算环节 2 排放量

=0 吨+0 吨=0 吨

5 系数表

0917 镁矿采选行业系数表

工段名称	产品名称	原料名称	工艺名称	规模等级	污染物类别	污染物指标	系数单位	产污系数	末端治理技术	末端治理技术平均去除效率/%	参考 k 值计算公式[1]
采矿	镁精矿	镁矿	露采	所有规模	废水	工业废水量	吨/吨-产品	0.659	循环利用	—	—
					固废	一般工业固废	吨/吨-产品	0.32	堆存/综合利用	—	—
	菱镁矿矿石	菱镁矿	露采	所有规模	废水	工业废水量	吨/吨-产品	0.187	循环利用	—	—
					固废	一般工业固废	米^3/吨-产品	0.078	堆存/综合利用	—	—
选矿	镁精矿	菱镁矿矿石	浮选	所有规模	废水	工业废水量	吨/吨-产品	2. 327	循环利用	—	—
					固废	一般工业固废	米^3/吨-产品	0.28	堆存/综合利用	—	—

[1] 该公式仅供参考，使用时，可根据 k 值定义，选取更适合企业实际情况的表达方式。

0919 其他常用有色金属矿采选业

1 适用范围

本手册仅用于《国民经济行业分类》（GB/T 4754—2017）中 0919 其他常用有色金属矿采选行业使用系数法核算工业污染物产生量和排放量的工业企业。

利用本手册进行产排污核算得出的污染物产生量与排放量仅代表了特定行业、工艺、产品、原料在正常工况下污染物产生与排放的一般规律。

本行业废水指标为工业废水量；废气指标包括工业废气量、颗粒物；固废指标为一般工业固废。

2 注意事项

2.1 企业有多种生产工艺或生产多类产品产排污量核算

污染物产生量与产品产量有关，根据不同核算环节计算产污量后，再根据企业末端治理设施和运行情况计算排污量。

企业某污染物产生量、排放量为各核算环节产生量、排放量之和。

在企业实际排放量计算过程中，如果存在废水回用的情况，需要在利用产排污核算公式的基础上扣除废水回用的部分。公式如下：

实际排放量=计算排放量×（1−废水回用率）

2.2 采用多种治理设施组合处理企业的排污量核算

在排污量计算选择末端治理技术时，若没有对应的组合治理技术，以主要治理技术为准。

2.3 系数表中未涉及的产污系数及污染治理效率

钛矿作为伴生矿时，采矿核算环节只计算主金属的产排污量。

2.4 其他需要说明的问题

由于不同企业工业废气量、废水量差异较大，本手册所提供的工业废气量、废水量系数仅供参考。

为体现相同产污水平条件下，采用相同环保治理设施的不同企业对同一污染物去除效果的差异，引入末端治理设施实际运行率（k）对污染治理技术的实际去除率进行修正。k 值反映的是污染治理设施运行的状态，越稳定运行，k 值越高；在取值上，若定义连续稳定运行的理想状态为 1，则 k 取值在 0～1 之间。

本手册给出本行业的 k 计算公式仅供参考，使用时，可根据 k 值定义，选取更适合企业实际情况的表达方式。

3 污染物排放量核算方法

3.1 计算工段污染物产生量

（1）根据产品、原料、污染物产生的主导生产工艺、企业规模（生产产能）这一组合查找和确定所对应的某一个污染物的产污系数。

（2）根据该污染物的产污系数计量单位——单位产品产量，获取企业实际产品产量。

例如，某组合内颗粒物的产污系数单位为千克/吨-产品，则计算产生量时需要调用企业实际产品产量。

（3）污染物产生量按以下公式进行计算：

污染物产生量=污染物对应的产污系数×产品产量

$$G_{产i} = P_{产i} \times M_i$$

式中，$G_{产i}$——工段 i 某污染物的产生量；

$P_{产i}$——工段 i 某污染物对应的产污系数；

M_i——工段 i 的产品产量。

3.2 计算工段污染物去除量

（1）根据企业对某一个污染物所采用的治理技术查找和选择相应的治理技术平均去除效率；

（2）根据所填报的污染治理设施实际运行率参数及其计算公式得出该企业某一污染物的治理设施实际运行率（k 值）。

（3）污染物去除量按以下公式进行计算：

污染物去除量=污染物产生量×污染物去除率

=污染物产生量×治理技术平均去除效率×治理设施实际运行率

$$R_{减i} = G_{产i} \times \eta_T \times k_T$$

式中，$R_{减i}$——工段 i 某污染物的去除量；

η_T——工段 i 某污染物采用的末端治理技术的平均去除效率；

k_T——工段 i 某污染物采用的末端治理设施的实际运行率。

3.3 计算工段污染物排放量

污染物排放量=污染物产生量−污染物去除量

=污染物对应的产污系数×产品产量−污染物产生量×治理技术平均去除效率×治理设施实际运行率

3.4 计算工段企业污染物排放量

同一企业某污染物全年的产生（排放）总量为该企业同年实际生产的全部工艺（工段）、产品、原料、规模污染物产生（排放）量之和。

污染物排放量=污染物产生量−污染物去除量

$$E_{排} = G_{产} - R_{减} = \sum(G_{产i} - R_{减i}) = \sum\left[P_{产i} \times M_i(1-\eta_T \times k_T)\right]$$

若企业有废水回用，则污染物排放量计算公式为

$$E_{排} = (G_{产} - R_{减}) \times (1 - C_{回用})$$

式中，$C_{回用}$——废水回用率。

4 污染物排放量核算案例

某钛矿采选企业主要从事钛精矿生产。该企业涉及的主要产排污工段为：选矿，该工段主要污染物为废水量。以颗粒物和工业废水量为例说明排放量计算过程。

该企业基本信息如表 1 所示。

表 1 某钛精矿生产企业基本信息

	核算环节：选矿		
	名称		数量
产品及产量	钛精矿		50000 吨
原料及用量	含钛矿石		628900 吨
工艺名称	浮选		—
规模（产能）	50000 吨		
污染治理设施	布袋除尘		
废水回用率	100%		
实际运行率参数	污水治理设施运行时间	7200 小时	
	企业正常生产时间	7680 小时	

4.1 废气核算案例

下面以废气中颗粒物为例，说明该企业颗粒物排放量的计算方法，主要分为以下三个步骤。

（1）颗粒物产生量计算

①查找产污系数及其计量单位

根据企业基本信息，查找本手册中主要产品为钛精矿，主要原料为钛矿，主要工艺为选矿，生产规模为所有规模。该组合废气颗粒物的产污系数为 2.88，单位为千克/吨-产品。

②获取企业产品产量

该企业实际情况为：该工段主要产品钛精矿 2017 年产量为 50000 吨。

③计算颗粒物产生量

由于查询到的组合中颗粒物产生量产污系数的单位为千克/吨-产品，因此在核算颗粒物产生量时需获取产品产量。

颗粒物产生量=颗粒物产污系数×产品（钛精矿）产量

=2.88 千克/吨-产品×50000 吨-产品/1000=143.9 吨

（2）颗粒物去除量计算

①查找治理技术平均去除效率

该企业颗粒物治理技术采用布袋除尘技术，查询相应组合内该技术的平均去除效率为 99%。

②计算污染治理设施实际运行率

根据产污系数组合查询结果，该组合中颗粒物对应的污染治理设施实际运行率为

$$k\text{=废气治理设施运行时间/企业正常生产时间=7200/7680=0.938}$$

③计算颗粒物去除量

颗粒物去除量=污染物产生量×治理技术平均去除效率×治理设施实际运行率

=143.9 吨×99%×0.938 =133.63 吨

（3）颗粒物排放量计算

颗粒物排放量=污染物产生量−污染物去除量

=143.9 吨−133.63 吨=10.27 吨

4.2 废水核算案例

（1）工业废水产生量计算

①查找产污系数及其计量单位

根据企业基本信息，查找本手册中主要产品为钛精矿，主要原料为钛矿，主要工艺为选矿，生产规模为所有规模。该组合废水量的产污系数为 3.67，单位为吨/吨-产品。

②获取企业产品产量

该企业实际情况为：该核算环节主要产品菱钛矿 2017 年产量为 50000 吨。

③计算废水产生量

由于查询到的组合中，废水量产污系数的单位为吨/吨-产品，因此在核算产生量时需获取产品产量。

废水产生量=废水量产污系数×产品（钛精矿）产量

=3.67 吨/吨-产品×50000 吨-产品=183500 吨

（2）工业废水排放量计算

废水排放量=（污染物产生量－污染物去除量）×（1−废水回用率）

=（183500 吨−0 吨）×（1−100%）=0 吨

5 系数表

0919 其他常用有色金属矿采选行业系数表

工段名称	产品名称	原料名称	工艺名称	规模等级	污染物类别	污染物指标	系数单位	产污系数	末端治理技术	末端治理技术平均去除效率/%	参考 k 值计算公式[1]
选矿	钛精矿	含钛矿石	磁浮联合	所有规模	废水	工业废水量	吨/吨-产品	3.67	循环利用	—	—
					废气	工业废气量	标米^3/吨-产品	509.70	—	—	—
						颗粒物	千克/吨-产品	2.88	袋式除尘	99	k =废气治理设施年运行时间（小时/年）/企业正常生产时间（小时/年）
					固废	一般工业固废	吨/吨-产品	0.81	—	—	—

[1] 该公式仅供参考，使用时，可根据 k 值定义，选取更适合企业实际情况的表达方式。

0921 金矿采选业

1 适用范围

本手册仅用于《国民经济行业分类》（GB/T 4754—2017）中 0921 金矿采选行业使用系数法核算工业污染物产生量和排放量的工业企业。

利用本手册进行产排污核算得出的污染物产生量与排放量仅代表了特定行业、工艺、产品、原料在正常工况下污染物产生与排放的一般规律。

本行业废水指标包括工业废水量、化学需氧量、氨氮、汞、镉、铅、砷、铬；废气指标包括工业废气量、颗粒物、颗粒物（无组织）；固废指标包括一般工业固废（废石）、一般工业固废（尾矿）。

2 注意事项

2.1 企业有多种生产工艺或生产多类产品产排污量核算

采矿工段污染物产生量与产品产量有关，选矿工段污染物产生量与原料用量有关；根据不同核算环节计算产污量后，再根据企业末端治理设施和运行情况计算各污染物的排放量。

企业某污染物指标的产生量、排放量为各核算环节产生量、排放量之和。

在企业实际排放量计算过程中，如果存在废水回用的情况，需要在利用产排污核算公式的基础上扣除废水回用的部分。公式如下：

实际排放量=计算排放量×（1−废水回用率）

2.2 采用多种治理设施组合处理企业的排污量核算

在排污量计算选择末端治理技术时，若没有对应的组合治理技术，以主要治理技术为准。

2.3 其他需要说明的问题

本系数手册中选矿废水的产污节点为尾矿库之后，综合废水处理站之前，主要产污为尾矿库溢流水和渗滤水。

由于不同企业工业废气量、废水量差异较大，本手册所提供的工业废气量、废水量系数仅供参考。

为体现相同产污水平条件下，采用相同环保治理设施的不同企业对同一污染物去除效果的差异，引入末端治理设施实际运行率（k）对污染治理技术的实际去除率进行修正。k 值反映的是污染治理设施运行的状态，越稳定运行，k 值越高；在取值上，若定义连续稳定运行的理想状态为 1，则 k 取值在 0～1 之间。

本手册给出本行业的 k 计算公式仅供参考，使用时，可根据 k 值定义，选取更适合企业实际情

况的表达方式。

3 污染物排放量核算方法

针对企业实际生产情况，本行业在系数制定过程中将企业全生产流程划分或拆分为若干工段(核算环节)，在核算企业污染物产排量时，可灵活选择本企业对应的工段进行核算。

3.1 计算工段污染物产生量

（1）根据产品、原料、污染物产生的主导生产工艺、企业规模（生产产能）这一组合查找和确定所对应的某一污染物的产污系数。

（2）根据该污染物的产污系数计量单位——单位产品产量或单位原料用量，获取企业实际产品产量或原料用量。

例如，某组合内化学需氧量的产污系数单位为克/吨-产品，则计算产生量时需要获取企业实际产品产量；如果产污系数单位为克/吨-原料，则计算产生量时需要获取企业原料实际消耗量。

（3）污染物产生量按以下公式进行计算：

污染物产生量=污染物对应的产污系数×产品产量（原料用量）

$$G_{产i} = P_{产i} \times M_i$$

式中，$G_{产i}$——工段 i 某污染物的产生量；

$P_{产i}$——工段 i 某污染物对应的产污系数；

M_i——工段 i 的产品产量（原料用量）。

3.2 计算工段污染物去除量

（1）根据企业对某一污染物所采用的治理技术查找和选择相应的治理技术平均去除效率。

（2）根据所填报的污染治理设施实际运行率参数及其计算公式得出该企业某一污染物的治理设施实际运行率（k 值）。

（3）污染物去除量按以下公式进行计算：

污染物去除量=污染物产生量×污染物去除率

=污染物产生量×治理技术平均去除效率×治理设施实际运行率

$$R_{减i} = G_{产i} \times \eta_T \times k_T$$

式中，$R_{减i}$——工段 i 某污染物的去除量；

η_T——工段 i 某污染物采用的末端治理技术的平均去除效率；

k_T——工段 i 某污染物采用的末端治理设施的实际运行率。

3.3 计算工段污染物排放量

污染物排放量=污染物产生量−污染物去除量

=污染物对应的产污系数×产品产量（原料用量）−污染物产生量×治理技术平均去除效率×治理设施实际运行率

3.4 计算企业污染物排放量

同一企业某污染物全年的产生（排放）总量为该企业同年实际生产的全部工段、产品、原料、规模污染物产生（排放）量之和。

$$E_{排}=G_{产}-R_{减}=\sum(G_{产i}-R_{减i})=\sum\left[P_{产i}\times M_i(1-\eta_T\times k_T)\right]$$

若企业有废水回用，则污染物排放量计算公式为

$$E_{排}=(G_{产}-R_{减})\times(1-C_{回用})$$

式中，$C_{回用}$——废水回用率。

4 污染物排放量核算案例

某金矿企业主要从事采矿和选矿生产。该企业涉及的主要产排污工段为采矿和选矿两个工段，其中采矿工段主要污染物为工业废水量、化学需氧量、氨氮、汞、镉、铅、砷、铬、工业废气量、颗粒物、颗粒物（无组织）、一般工业固废（废石）；选矿工段主要污染物为工业废水量、化学需氧量、氨氮、汞、镉、铅、砷、铬、工业废气量、颗粒物、一般工业固废（尾矿）。以化学需氧量为例说明排放量计算过程。

该企业基本信息如表 1 所示。

表 1　某金矿采选企业基本信息

	工段 1：采矿		工段 2：选矿	
	名称	数量	名称	数量
产品及产量	金矿石	100000 吨	金精矿	5000 吨
原料及用量	金矿	484615 吨	金矿石	100000 吨
工艺名称	坑采		磨浮	
污染治理设施	化学混凝法		化学混凝法	
废水回用率	90%		85%	
实际运行率参数	废水治理设施运行时间	7200 小时	废水治理设施运行时间	7200 小时
	企业正常生产时间	7200 小时	企业正常生产时间	7200 小时

4.1 工段 1 的排放量计算

（1）化学需氧量产生量计算

①查找产污系数及其计量单位

根据企业基本信息，查找本手册中主要产品为金矿石，主要原料为金矿，主要工艺为坑采，生产规模为所有规模。该组合化学需氧量的产污系数为 12.95，单位为克/吨-产品。

②获取企业产品产量

该企业实际情况为：该工段主要产品金矿石年产量为 100000 吨。

③计算化学需氧量产生量

由于查询到的组合中，化学需氧量产生量产污系数的单位为克/吨-产品，因此在核算化学需氧量产生量时需获取产品产量。

化学需氧量产生量=化学需氧量产污系数×产品（金矿石）产量

=12.95 克/吨-产品×100000 吨-产品/1000=1295 千克

（2）化学需氧量去除量计算

①查找治理技术平均去除效率

该企业化学需氧量治理技术采用化学混凝法，查询相应组合内化学混凝法的平均去除效率为70%。

②计算污染治理设施实际运行率

根据产污系数组合查询结果，该组合中化学需氧量对应的污染治理设施实际运行率为

k =废水治理设施运行时间/企业正常生产时间=7200 小时/7200 小时=1

③计算化学需氧量去除量

化学需氧量去除量=1295 千克×70%×1=906.5 千克

（3）化学需氧量排放量计算

企业废水回用率 90%，则化学需氧量排放量为

化学需氧量排放量=（1295 千克−906.5 千克）×（1−90%）=38.9 千克

4.2 工段 2 的排放量计算

（1）化学需氧量产生量计算

①查找产污系数及其计量单位

根据企业基本信息，查找本手册中主要产品为金精矿，主要原料为金矿石，主要工艺为磨浮，生产规模为所有规模。该组合化学需氧量的产污系数为 74.21，单位为克/吨-原料。

②获取企业产品产量

该企业实际情况为：该工段主要原料金矿石年用量为 100000 吨。

③计算化学需氧量产生量

由于查询到的组合中化学需氧量产污系数的单位为克/吨-原料，因此在核算产生量时需获取原料用量。

化学需氧量产生量=化学需氧量产污系数×原料（金矿石）用量

=74.21 克/吨-原料×100000 吨-原料/1000=7421 千克

（2）化学需氧量去除量计算

①查找治理技术平均去除效率

该企业化学需氧量治理技术采用化学混凝法，查询相应组合内化学混凝法的平均去除效率为70%。

②计算污染治理设施实际运行率

根据产污系数组合查询结果，该组合中化学需氧量对应的污染治理设施实际运行率为

k =废水治理设施运行时间/企业正常生产时间=7200 小时/7200 小时=1

③计算化学需氧量去除量

化学需氧量去除量=7421 千克×70%×1=5194.7 千克

（3）化学需氧量排放量计算

企业废水回用率 85%，则化学需氧量排放量为

化学需氧量排放量=（7421 千克−5194.7 千克）×（1−85%）=333.9 千克

4.3 化学需氧量总排放量计算

化学需氧量总排放量=工段 1 排放量+工段 2 排放

=38.9 千克+333.9 千克=372.8 千克

5 系数表

0921 金矿采选行业系数表

工段名称	产品名称	原料名称	工艺名称	规模等级	污染物类别	污染物指标	系数单位	产污系数	末端治理技术	末端治理技术平均去除效率/%	参考 k 值计算公式[1]
采矿	金矿石	金矿	露采	所有规模	废水	工业废水量	吨/吨-产品	0.27	—	—	k=废水治理设施运行时间（小时/年）/企业正常生产时间（小时/年）
						化学需氧量	克/吨-产品	13.30	化学混凝法	70	
									沉淀分离	30	
						氨氮	克/吨-产品	0.044	化学混凝法	20	
									沉淀分离	10	
						汞	克/吨-产品	0.13×10^{-3}	化学混凝法	88	
									沉淀分离	35	
						镉	克/吨-产品	0.0023	化学混凝法	88	
									沉淀分离	35	
						铅	克/吨-产品	0.0029	化学混凝法	88	
									沉淀分离	35	
						砷	克/吨-产品	0.0048	化学混凝法	88	
									沉淀分离	35	
						铬	克/吨-产品	0.67×10^{-3}	化学混凝法	88	
									沉淀分离	35	
					废气	颗粒物（无组织）	千克/吨-产品	0.82	—	—	—
					固废	一般工业固废（废石）	吨/吨-产品	0.19	贮存/综合利用	—	—

[1] 该公式仅供参考，使用时，可根据 k 值定义，选取更适合企业实际情况的表达方式。

0921 金矿采选行业系数表（续表 1）

工段名称	产品名称	原料名称	工艺名称	规模等级	污染物类别	污染物指标	系数单位	产污系数	末端治理技术	末端治理技术平均去除效率/%	参考 k 值计算公式
采矿	金矿石	金矿	坑采	所有规模	废水	工业废水量	吨/吨-产品	0.85	—	—	k =废水治理设施运行时间（小时/年）/企业正常生产时间（小时/年）
						化学需氧量	克/吨-产品	12.95	化学混凝法	70	
									沉淀分离	30	
						氨氮	克/吨-产品	0.032	化学混凝法	20	
									沉淀分离	10	
						汞	克/吨-产品	0.092×10^{-3}	化学混凝法	88	
									沉淀分离	35	
						镉	克/吨-产品	0.0023	化学混凝法	88	
									沉淀分离	35	
						铅	克/吨-产品	0.0030	化学混凝法	88	
									沉淀分离	35	
						砷	克/吨-产品	0.0061	化学混凝法	88	
									沉淀分离	35	
						铬	克/吨-产品	0.63×10^{-3}	化学混凝法	88	
									沉淀分离	35	
					废气	工业废气量	标标米^3/吨-产品	7057	—	—	—
						颗粒物	千克/吨-产品	0.016	—	—	—
					固废	一般工业固废（废石）	吨/吨-产品	0.26	贮存/综合利用	—	—

0921 金矿采选行业系数表（续表 2）

工段名称	产品名称	原料名称	工艺名称	规模等级	污染物类别	污染物指标	系数单位	产污系数	末端治理技术	末端治理技术平均去除效率/%	参考 k 值计算公式
选矿	金精矿	金矿石	磨浮	所有规模	废水	工业废水量	吨/吨-原料	2.44	—	—	k =废水治理设施运行时间（小时/年）/企业正常生产时间（小时/年）
						化学需氧量	克/吨-原料	74.21	化学混凝法	70	
									沉淀分离	30	
						氨氮	克/吨-原料	6.83	化学混凝法	20	
									沉淀分离	10	
						汞	克/吨-原料	0.23×10^{-3}	化学混凝法	88	
									沉淀分离	35	
						镉	克/吨-原料	0.0030	化学混凝法	88	
									沉淀分离	35	
						铅	克/吨-原料	0.0039	化学混凝法	88	
									沉淀分离	35	
						砷	克/吨-原料	0.0046	化学混凝法	88	
									沉淀分离	35	
						铬	克/吨-原料	0.64×10^{-3}	化学混凝法	88	
									沉淀分离	35	
					废气	工业废气量	标米^3/吨-原料	355	—	—	k =废气治理设施运行时间（小时/年）/企业正常生产时间（小时/年）
						颗粒物	千克/吨-原料	0.25	文丘里	90	
									袋式除尘	98	
									静电除尘	99.5	
					固废	一般工业固废（尾矿）	吨/吨-原料	0.89	贮存/综合利用	—	—

0931 钨钼矿采选业

1 适用范围

本手册仅用于《国民经济行业分类》（GB/T 4754—2017）中 0931 钨钼矿采选行业使用系数法核算工业污染物产生量和排放量的工业企业。

利用本手册进行产排污核算得出的污染物产生量与排放量仅代表了特定行业、工艺、产品、原料在正常工况下污染物产生与排放的一般规律。

本行业废水指标包括工业废水量、化学需氧量、氨氮、总氮、镉、铅、砷；废气指标包括工业废气量、颗粒物、颗粒物（无组织）；固体废物指标为一般工业固废。

2 注意事项

2.1 企业有多种生产工艺或生产多类产品产排污量核算

采矿核算环节污染物产生量与产品产量有关，选矿核算环节污染物产生量与原料用量有关；根据不同核算环节计算产污量后，再根据企业末端治理设施和运行情况计算各污染物的排放量。

企业某污染物指标的产生量、排放量为各核算环节产生量、排放量之和。

在企业实际排放量计算过程中，如果存在废水回用的情况，需要在利用产排污核算公式的基础上扣除废水回用的部分。公式如下：

实际排放量=计算排放量×（1−废水回用率）

2.2 采用多种治理设施组合处理企业的排污量核算

在排污量计算选择末端治理技术时，若没有对应的组合治理技术，以主要治理技术为准。

2.3 系数表中未涉及的产污系数及污染治理效率

生产工段无法拆开的钨钼多金属矿选矿，根据企业的实际情况按产排污量累加方式计算。

2.4 其他需要说明的问题

由于不同企业工业废气量、废水量差异较大，本手册所提供的工业废气量、废水量系数仅供参考。

为体现相同产污水平条件下，采用相同环保治理设施的不同企业对同一污染物去除效果的差异，引入末端治理设施实际运行率（k）对污染治理技术的实际去除率进行修正。k 值反映的是污染治理设施运行的状态，越稳定运行，k 值越高；在取值上，若定义连续稳定运行的理想状态为 1，则 k 取值在 0～1 之间。

本手册给出本行业的 k 计算公式仅供参考，使用时，可根据 k 值定义，选取更适合企业实际情

况的表达方式。

选矿生产线中在球磨、破碎、筛分过程中产生的矿粉进入除尘系统中收集后作为原料进入后续选矿流程，此部分粉尘纳入了颗粒物产污系数的计算。

本系数手册中选矿废水的产污节点为尾矿库之后，综合废水处理站之前，主要产污为尾矿库溢流水和渗滤水。

本系数手册中选矿废气的产污节点为废气处理设施进口。

3 污染物排放量核算方法

3.1 计算工段污染物产生量

（1）根据产品、原料、污染物产生的主导生产工艺、企业规模（生产产能）这一组合查找和确定所对应的某一污染物的产污系数。

（2）根据该污染物的产污系数计量单位——单位产品产量或单位原料用量，获取企业实际产品产量或原料用量。

例如，某组合内化学需氧量的产污系数单位为千克/吨-产品，则计算产生量时需要获取企业实际产品产量；如果产污系数单位为千克/吨-原料，则计算产生量时需要获取企业原料实际消耗量。

（3）污染物产生量按以下公式进行计算：

污染物产生量=污染物对应的产污系数×产品产量（原料用量）

$$G_{产i} = P_{产i} \times M_i$$

式中，$G_{产i}$——工段 i 某污染物的产生量；

$P_{产i}$——工段 i 某污染物对应的产污系数；

M_i——工段 i 的产品产量（原料用量）。

3.2 计算工段污染物去除量

（1）根据企业对某一污染物所采用的治理技术查找和选择相应的治理技术平均去除效率。

（2）根据所填报的污染治理设施实际运行率参数及其计算公式得出该企业某一污染物的治理设施实际运行率（k 值）。

（3）污染物去除量按以下公式进行计算：

污染物去除量=污染物产生量×污染物去除率

=污染物产生量×治理技术平均去除效率×治理设施实际运行率

$$R_{减i} = G_{产i} \times \eta_T \times k_T$$

式中，$R_{减i}$——工段 i 某污染物的去除量；

η_T——工段 i 某污染物采用的末端治理技术的平均去除效率；

k_T——工段 i 某污染物采用的末端治理设施的实际运行率。

3.3 计算工段污染物排放量

污染物排放量=污染物产生量−污染物去除量

=污染物对应的产污系数×产品产量（原料用量）−污染物产生量×治理技术平均去除效率×治理设施实际运行率

3.4 计算企业污染物排放量

同一企业某污染物全年的产生（排放）总量为该企业同年实际生产的全部工段、产品、原料、规模污染物产生（排放）量之和。

$$E_{排}=G_{产}-R_{减}=\sum(G_{产i}-R_{减i})=\sum\left[P_{产i}\times M_i(1-\eta_T\times k_T)\right]$$

若企业有废水回用，则污染物排放量计算公式为

$$E_{排}=(G_{产}-R_{减})\times(1-C_{回用})$$

式中，$C_{回用}$——废水回用率。

4 污染物排放量核算案例

某钨钼采选企业主要从事钨钼矿的采矿和钼的选矿、钨的选矿，涉及的主要产排污工段为露采、钨磨浮和钼磨浮。其中露采的主要污染物为工业废水量、化学需氧量、氨氮、镉、铅、砷、颗粒物（无组织），钨、钼磨浮的工段的主要污染物为工业废水量、化学需氧量、氨氮、镉、铅、砷、工业废气量、颗粒物。以化学需氧量为例说明排放量计算过程。

该企业基本信息如表 1 所示。

表 1 某钨钼采选企业基本信息

<table>
<tr><td rowspan="6">工段 1：采矿</td><td rowspan="2">产品及产量</td><td>名称</td><td>产量</td></tr>
<tr><td>钨钼矿石</td><td>9900000 吨</td></tr>
<tr><td>污染治理技术</td><td colspan="2">循环利用</td></tr>
<tr><td>废水回用率</td><td colspan="2">100%</td></tr>
<tr><td rowspan="2">实际运行率参数</td><td>污水治理设施运行时间</td><td>7920 小时</td></tr>
<tr><td>企业正常生产时间</td><td>7920 小时</td></tr>
<tr><td rowspan="5">工段 2：选钼</td><td>原料及用量</td><td>钨钼矿石</td><td>4200000 吨</td></tr>
<tr><td>污染治理技术</td><td colspan="2">循环利用</td></tr>
<tr><td>废水回用率</td><td colspan="2">100%</td></tr>
<tr><td rowspan="2">实际运行率参数</td><td>污水治理设施运行时间</td><td>7200 小时</td></tr>
<tr><td>企业正常生产时间</td><td>7200 小时</td></tr>
<tr><td rowspan="5">工段 3：选钨</td><td>原料及用量</td><td>钨钼矿石</td><td>990000 吨</td></tr>
<tr><td>污染治理技术</td><td colspan="2">沉淀分离</td></tr>
<tr><td>废水回用率</td><td colspan="2">77%</td></tr>
<tr><td rowspan="2">实际运行率参数</td><td>污水治理设施运行时间</td><td>7920 小时</td></tr>
<tr><td>企业正常生产时间</td><td>7920 小时</td></tr>
</table>

4.1　工段 1 的排放量计算

（1）化学需氧量产生量计算

①查找产污系数及其计量单位

根据企业基本信息，查找本手册中主要产品为钨钼矿石，主要原料为钨钼原矿，主要工艺为露采，规模等级为所有规模。该组合化学需氧量的产污系数为 0.56，单位为克/吨-产品。

②获取企业产品产量

该企业实际情况为：该工段主要产品钨钼矿石 2017 年产量为 9900000 吨。

③计算化学需氧量产生量

由于查询到的组合中，颗粒物产污系数的单位为克/吨-产品，因此在核算产生量时需获取产品产量。

化学需氧量产生量=化学需氧量产污系数×产品（钨钼矿石）产量

=0.56 克/吨-产品×9900000 吨-产品/1000000=5.54 吨

（2）化学需氧量去除量计算

由于该企业采矿工段废水循环利用无外排，无须计算去除量。

（3）化学需氧量排放量计算

由于该企业采矿工段废水循环利用无外排，则化学需氧量排放量为 0。

4.2　工段 2 的排放量计算

（1）化学需氧量产生量计算

①根据企业基本信息，查找本手册中主要产品为钼精矿，主要原料为钨钼矿石，主要工艺为磨浮，规模等级为所有规模。该组合化学需氧量的产污系数为 160.55，单位为克/吨-原料。

②获取企业原料用量

实际填报情况：该工段主要产品钨钼矿石 2017 年使用量为 4200000 吨。

③计算化学需氧量产生量

由于查询到的组合中，颗粒物产污系数的单位为克/吨-原料，因此在核算产生量时需获取原料使用量。

化学需氧量产生量=化学需氧量产污系数×原料（钨钼矿石）使用量

=160.55 克/吨-原料×4200000 吨-原料/1000000=674.31 吨

（2）化学需氧量去除量计算

由于该企业采矿工段废水循环利用无外排，无须计算去除量。

（3）化学需氧量排放量计算

由于该企业采矿工段废水循环利用无外排，则化学需氧量排放量为 0。

4.3　工段 3 的排放量计算

（1）化学需氧量产生量计算

①查找产污系数及其计量单位

根据企业基本信息，查找本手册中主要产品为钨精矿，主要原料为钨矿石，主要工艺为磨浮，规模等级为所有规模。该组合化学需氧量的产污系数为 34.97，单位为克/吨-原料。

②获取企业原料用量

该企业实际情况为：该工段主要产品钨矿石 2017 年使用量为 990000 吨。

③计算化学需氧量产生量

由于查询到的组合中，颗粒物产污系数的单位为克/吨-原料，因此在核算产生量时需获取原料用量。

化学需氧量产生量=化学需氧量产污系数×原料（钨矿石）使用量

=34.97 克/吨-原料×990000 吨-原料/1000000=34.62 吨

（2）化学需氧量去除量计算

①查找治理技术平均去除效率

该企业化学需氧量治理技术采用沉淀分离工艺，查询相应组合内该工艺的平均去除效率为 30%。

②计算污染治理设施实际运行率

根据产污系数组合查询结果，该组合中化学需氧量对应的污染治理设施实际运行率为

k =污水治理设施运行时间/企业正常生产时间=7920 小时/7920 小时=1

③计算化学需氧量去除量

化学需氧量去除量=污染物产生量×治理技术平均去除效率×治理设施实际运行率

=34.62 吨×30%×1=10.39 吨

（3）化学需氧量排放量计算

企业废水回用率 77%，则化学需氧量排放量为

化学需氧量排放量=计算排放量×（1−废水回用率）

=（34.62 吨−10.39 吨）×（1−77%）=5.57 吨

4.4 化学需氧量总排放量计算

化学需氧量总排放量=核算环节 1 排放量+核算环节 2 排放量+核算环节 3 排放量

=0 吨+0 吨+5.57 吨=5.57 吨

5 系数表

0931 钨钼矿采选行业系数表

工段名称	产品名称	原料名称	工艺名称	规模等级	污染物类别	污染物指标	系数单位	产污系数	末端治理技术	末端治理技术平均去除效率/%	参考 k 值计算公式[1]
采矿	钨矿石、钼矿石、钨钼矿石	钨原矿、钼原矿、钨钼原矿	露采	所有规模	废水	工业废水量	吨/吨-产品	0.036	循环利用	—	k=污水治理设施运行时间（小时/年）/企业正常生产时间（小时/年）
						化学需氧量	克/吨-产品	0.56	循环利用	—	
						氨氮	克/吨-产品	0.0065	循环利用	—	
						总氮	克/吨-产品	0.029	循环利用	—	
						镉	克/吨-产品	0.0019	循环利用	—	
						铅	克/吨-产品	0.0019	循环利用	—	
						砷	克/吨-产品	2.13×10^{-5}	循环利用	—	
					废气	颗粒物（无组织）	千克/吨-矿石	2.5	湿法除尘（喷淋）	60.0	
					固废	一般工业固废（废石）	吨/吨-矿石	0.33	贮存/综合利用	—	—
			坑采	所有规模	废水	工业废水量	吨/吨-产品	2.01	循环利用	—	k=污水治理设施运行时间（小时/年）/企业正常生产时间（小时/年）
						化学需氧量	克/吨-产品	27.63	沉淀分离	38	
									循环利用	—	
						氨氮	克/吨-产品	0.24	沉淀分离	10	
									循环利用	—	
						总氮	克/吨-产品	2.68	沉淀分离	10	
									循环利用	—	
						镉	克/吨-产品	0.067	沉淀分离	70	
									循环利用	—	
						铅	克/吨-产品	0.28	沉淀分离	62	
									循环利用	—	
						砷	克/吨-产品	0.054	沉淀分离	63	
									循环利用	—	
					废气	工业废气量	标米^3/吨-产品	4561	—	—	
						颗粒物	千克/吨-产品	0.026	湿法除尘（喷淋）	60	
					固废	一般工业固废（废石）	吨/吨-矿石	0.61	综合利用	—	—

[1] 该公式仅供参考，使用时，可根据 k 值定义，选取更适合企业实际情况的表达方式。

0931 钨钼矿采选行业系数表（续表 1）

工段名称	产品名称	原料名称	工艺名称	规模等级	污染物类别	污染物指标	系数单位	产污系数	末端治理技术	末端治理技术平均去除效率/%	参考 *k* 值计算公式
选矿	钨精矿	钨矿石	磨浮	所有规模	废水	工业废水量	吨/吨-原料	4.40	循环利用	—	*k* =污水治理设施运行时间（小时/年）/企业正常生产时间（小时/年）
						化学需氧量	克/吨-原料	34.97	化学混凝法	70	
									沉淀分离	30	
									化学混凝+沉淀分离	76	
						氨氮	克/吨-原料	5.65	化学混凝法	35	
									沉淀分离	10	
									化学混凝+沉淀分离	40	
						总氮	克/吨-原料	14.69	化学混凝法	35	
									沉淀分离	10	
									化学混凝+沉淀分离	40	
						镉	克/吨-原料	0.057	化学混凝法	88	
									沉淀分离	70	
									化学混凝+沉淀分离	92	
						铅	克/吨-原料	0.27	化学混凝法	88	
									沉淀分离	62	
									化学混凝+沉淀分离	92	
						砷	克/吨-原料	0.056	化学混凝法	88	
									沉淀分离	63	
									化学混凝+沉淀分离	92	
					废气	工业废气量	标米^3/吨-原料	86	—	—	
						颗粒物	千克/吨-原料	0.58	袋式除尘	99	
					固废	一般工业固废（尾矿）	吨/吨-矿石	0.77	贮存	—	—
选矿	钼精矿	钼矿石、钨钼矿石	磨浮	所有规模	废水	工业废水量	吨/吨-原料	3.69	循环利用	—	*k* =污水治理设施运行时间（小时/年）/企业正常生产时间（小时/年）
						化学需氧量	克/吨-原料	160.55	循环利用	—	
						氨氮	克/吨-原料	5.64	循环利用	—	
						总氮	克/吨-原料	17.48	循环利用	—	
						镉	克/吨-原料	0.092	循环利用	—	
						铅	克/吨-原料	0.37	循环利用	—	
						砷	克/吨-原料	0.060	循环利用	—	
					废气	工业废气量	标米^3/吨-原料	170	—	—	
						颗粒物	千克/吨-原料	0.46	袋式除尘	99	
									水膜除尘	65	
					固废	一般工业固废（尾矿）	吨/吨-矿石	0.98	贮存	—	—

0932 稀土金属矿采选业

1 适用范围

本手册仅用于《国民经济行业分类》（GB/T 4754—2017）中 0932 稀土金属矿采选行业使用系数法核算工业污染物产生量和排放量的工业企业。

利用本手册进行产排污核算得出的污染物产生量与排放量仅代表了特定行业、工艺、产品、原料在正常工况下污染物产生与排放的一般规律。

本行业废水指标包括工业废水量、化学需氧量、氨氮、总氮、总磷、镉、铅、砷；废气指标包括工业废气量、颗粒物、颗粒物（无组织）。

2 注意事项

2.1 企业有多种生产工艺或生产多类产品产排污量核算

（1）污染物产生量与原料用量、工艺方法、产品产量等有关，根据不同核算环节计算产污量后，再根据企业末端治理设施和运行情况计算各污染物的排放量。

（2）企业某污染物指标的产生量、排放量为各核算环节产生量、排放量之和。

（3）在企业实际排放量计算过程中，如果存在废水回用的情况，需要在利用产排污核算公式的基础上扣除废水回用的部分。公式如下：

实际排放量=计算排放量×（1−废水回用率）

2.2 采用多种治理设施组合处理企业的排污量核算

在排污量计算选择末端治理技术时，若没有对应的组合治理技术，以主要治理技术为准。

2.3 系数表中未涉及的产污系数及污染治理效率

稀土金属矿采选行业中，以混合型稀土矿为原料，采用露采-磨浮工艺生产混合型稀土精矿的企业，参照铁矿采选行业相关工段的系数手册。

本手册不涉及以离子稀土矿为原料，采用无铵原地浸矿工艺生产的企业。

2.4 其他需要说明的问题

（1）对于“氟碳铈矿石-氟碳铈矿-露采”组合，目前只有一家样本企业，且处于调试阶段，未正式运行，系数表中数据为依据可研设计和环境影响评价报告的估算数据。系数表修订时，应根据实际情况校核调整。

（2）本手册离子型稀土矿废水为无组织排放，无法实测，采取物料平衡法估算。离子型稀土矿废水包含采场渗漏废水和采场残留浸矿剂淋溶废水。其中，采场残留浸矿剂淋溶废水，车间级产生量与当地降雨情况直接相关；当采取流域治理措施时，废水量涉及整个小流域，无法估算。本系数表废水量产污系数为采场渗漏废水和采场残留浸矿剂车间级淋溶废水估算数值。

（3）离子稀土矿山末端治理设施目前处于实验阶段，未正式运行，末端治理设施去除效率为实验估算值。系数表修订时，应根据实际情况校核调整。

（4）由于不同企业工业废气量、废水量差异较大，本手册所提供的工业废气量、废水量系数仅供参考。

（5）为体现相同产污水平条件下，采用相同环保治理设施的不同企业对同一污染物去除效果的差异，引入末端治理设施实际运行率（k）对污染治理技术的实际去除率进行修正。k 值反映的是污染治理设施运行的状态，越稳定运行，k 值越高；在取值上，若定义连续稳定运行的理想状态为 1，则 k 取值在 0～1 之间。

本手册给出本行业的 k 计算公式仅供参考，使用时，可根据 k 值定义，选取更适合企业实际情况的表达方式。

3 污染物排放量核算方法

针对企业实际生产情况，本行业在系数制定过程中将企业全生产流程划分或拆分为若干工段（核算环节），在核算企业污染物产排量时，可灵活选择本企业对应的工段进行核算。

3.1 计算工段污染物产生量

（1）根据产品、原料、污染物产生的主导生产工艺、企业规模（生产产能）这一组合查找和确定所对应的某一污染物的产污系数。

（2）根据该污染物的产污系数计量单位——单位产品产量或单位原料用量，获取企业实际产品产量或原料用量。

例如，某组合内化学需氧量的产污系数单位为千克/吨-产品，则计算产生量时需要获取企业实际产品产量；如果产污系数单位为千克/吨-原料，则计算产生量时需要获取企业原料实际消耗量。

（3）污染物产生量按以下公式进行计算：

污染物产生量=污染物对应的产污系数×产品产量（原料用量）

$$G_{产i} = P_{产i} \times M_i$$

式中，$G_{产i}$——工段 i 某污染物的产生量；

$P_{产i}$——工段 i 某污染物对应的产污系数；

M_i——工段 i 的产品产量（原料用量）。

3.2 计算工段污染物去除量

（1）根据企业对某一污染物所采用的治理技术查找和选择相应的治理技术平均去除效率。

（2）根据所填报的污染治理设施实际运行率参数及其计算公式得出该企业某一污染物的治理设施实际运行率（k 值）。

（3）污染物去除量按以下公式进行计算：

污染物去除量=污染物产生量×污染物去除率

=污染物产生量×治理技术平均去除效率×治理设施实际运行率

$$R_{\text{减}i} = G_{\text{产}i} \times \eta_T \times k_T$$

式中，$R_{\text{减}i}$——工段 i 某污染物的去除量；

η_T——工段 i 某污染物采用的末端治理技术的平均去除效率；

k_T——工段 i 某污染物采用的末端治理设施的实际运行率。

3.3 计算工段污染物排放量

污染物排放量=污染物产生量−污染物去除量

=污染物对应的产污系数×产品产量（原料用量）−污染物产生量×治理技术平均去除效率×治理设施实际运行率

3.4 计算企业污染物排放量

同一企业某污染物全年的产生（排放）总量为该企业同年实际生产的全部工段、产品、原料、规模污染物产生（排放）量之和。

$$E_{\text{排}} = G_{\text{产}} - R_{\text{减}} = \sum(G_{\text{产}i} - R_{\text{减}i}) = \sum\left[P_{\text{产}i} \times M_i(1-\eta_T \times k_T)\right]$$

4 污染物排放量核算案例

某氟碳铈稀土企业主要从事氟碳铈精矿的生产。该企业涉及的主要产排污工段为采矿和选矿两个工段，其中采矿工段主要污染物为：化学需氧量、氨氮、总氮、总磷、铅、砷、镉、颗粒物；选矿工段主要污染物为：化学需氧量、氨氮、总氮、总磷、铅、砷、镉、颗粒物。以化学需氧量、颗粒物为例说明排放量计算过程。

该企业基本信息如表 1 所示。

表 1 某氟碳铈稀土企业基本信息

	工段 1：采矿		工段 2：选矿	
	名称	数量	名称	数量
产品及产量	氟碳铈矿石	80000 吨	—	—
原料及用量	—	—	氟碳铈矿石	80000 吨
工艺名称	坑采		磨浮	
规模（产能）	150000 吨氟碳铈矿石			
废水污染治理设施	—		氧化还原法+化学混凝法	
废水回用率	100%（直接回用于选矿）		96%	
废气污染治理设施	—		袋式除尘	
实际运行率参数	污水治理设施运行时间	—	污水治理设施运行时间	3600 小时
	废气治理设施运行时间	—	废气治理设施运行时间	3600 小时
	企业正常生产时间	—	企业正常生产时间	3600 小时

4.1 工段 1 的排放量计算

4.1.1 化学需氧量核算

（1）化学需氧量产生量计算

①查找产污系数及其计量单位

根据企业基本信息，查找本手册中主要产品为氟碳铈矿石，主要原料为氟碳铈矿，主要工艺为坑采，生产规模为所有规模。该组合化学需氧量的产污系数为 38.39，单位为克/吨-产品。

②获取企业产品产量

该企业实际情况为：该工段主要产品氟碳铈矿石 2017 年产量为 80000 吨。

③计算化学需氧量产生量

由于查询到的组合中，化学需氧量产污系数的单位为克/吨-产品，因此在核算化学需氧量产生量时需获取产品产量。

化学需氧量产生量=化学需氧量产污系数×产品（氟碳铈矿石）产量

=38.39 克/吨-产品×80000 吨-产品/1000=3071.20 千克

（2）化学需氧量去除量计算

该企业采矿工段废水未采用末端治理设施。

（3）化学需氧量排放量计算

采矿工段废水回用率 100%，采矿地下涌水全部回用于选矿，则化学需氧量排放量为

化学需氧量排放量=（3071.20 千克−0）×（1−100%）=0 千克

4.1.2 颗粒物核算

（1）颗粒物产生量计算

①查找产污系数及其计量单位

根据企业基本信息，查找本手册中主要产品为氟碳铈矿石，主要原料为氟碳铈矿，主要工艺为坑采，生产规模为所有规模。该组合颗粒物的产污系数为 5.000×10^{-3}，单位为千克/吨-产品。

②获取企业产品产量

该企业实际情况为：该工段主要产品氟碳铈矿石 2017 年产量为 80000 吨。

③计算颗粒物产生量

由于查询到的组合中，颗粒物产污系数的单位为千克/吨-产品，因此在核算颗粒物产生量时需获取产品产量。

颗粒物产生量=颗粒物产污系数×产品（氟碳铈矿石）产量

=5.00×10^{-3} 千克/吨-产品×80000 吨-产品=400 千克

（2）颗粒物去除量计算

该企业采矿工段废气未采用末端治理设施。

（3）颗粒物排放量计算

颗粒物排放量=400 千克−0=400 千克

4.2　工段 2 的排放量计算

4.2.1　化学需氧量核算

（1）化学需氧量产生量计算

①查找产污系数及其计量单位

根据企业基本信息，查找本手册中主要产品为氟碳铈精矿，主要原料为氟碳铈矿石，主要工艺为磨浮，生产规模为所有规模。该组合化学需氧量的产污系数为 604.37，单位为克/吨-原料。

②获取企业原料用量

该企业实际情况为：该工段主要原料氟碳铈矿石 2017 年用量为 80000 吨。

③计算化学需氧量产生量

由于查询到的组合中，化学需氧量产污系数的单位为克/吨-原料，因此在核算化学需氧量产生量时需获取原料用量。

化学需氧量产生量=化学需氧量产污系数×原料（氟碳铈矿石）用量

=604.37 克/吨-原料×80000 吨-原料/1000=48.35×10^3 千克

（2）化学需氧量去除量计算

①查找治理技术平均去除效率

由于该企业化学需氧量治理技术采用“氧化还原法+化学混凝法”，查询相应组合内氧化还原法+化学混凝法工艺的平均去除效率为 90%。

②计算污染治理设施实际运行率

根据产污系数组合查询结果，该组合中化学需氧量对应的污染治理设施实际运行率为

k=废水治理设施运行时间/企业正常生产时间=3600 小时/3600 小时=1

③计算化学需氧量去除量

化学需氧量去除量=48.35×10^3 千克×90%×1=43.52×10^3 千克

（3）化学需氧量排放量计算

选矿工段废水回用率 96%，则化学需氧量排放量为

化学需氧量排放量=（48.35×10^3 千克−43.52×10^3 千克）×（1−96%）=193.2 千克

4.2.2　颗粒物核算

（1）颗粒物产生量计算

①查找产污系数及其计量单位

根据企业基本信息，查找本手册中主要产品为氟碳铈精矿，主要原料为氟碳铈矿石，主要工艺为磨浮，生产规模为所有规模。该组合颗粒物的产污系数为 1.71，单位为千克/吨-原料。

②获取企业原料用量

该企业实际情况为：该工段主要原料氟碳铈矿石 2017 年用量为 80000 吨。

③计算颗粒物产生量

由于查询到的组合中，颗粒物产污系数的单位为克/吨-原料，因此在核算产生量时需获取原料用量。

颗粒物产生量=颗粒物产污系数×原料（氟碳铈矿石）用量

=1.71 千克/吨-原料×80000 吨-原料=136.80×10^3 千克

（2）颗粒物去除量计算

①查找治理技术平均去除效率

该企业颗粒物治理技术采用袋式除尘工艺，查询相应组合内袋式除尘工艺的平均去除效率为99.0%。

②计算污染治理设施实际运行率

根据产污系数组合查询结果，该组合中颗粒物对应的污染治理设施实际运行率为

$$k=\text{废气治理设施运行时间}/\text{企业正常生产时间}=3600\text{ 小时}/3600\text{ 小时}=1$$

③计算颗粒物去除量

$$\text{颗粒物去除量}=136.80\times10^3\text{ 千克}\times99.0\%\times1=135.43\times10^3\text{ 千克}$$

（3）颗粒物排放量计算

$$\text{颗粒物排放量}=136.80\times10^3\text{ 千克}-135.43\times10^3\text{ 千克}=1.37\times10^3\text{ 千克}$$

4.3 总排放量计算

4.3.1 化学需氧量总排放量计算

$$\text{化学需氧量总排放量}=\text{核算工段 1 排放量}+\text{核算工段 2 排放量}$$
$$=0\text{ 千克}+193.2\text{ 千克}=193.2\text{ 千克}$$

4.3.2 颗粒物总排放量计算

$$\text{颗粒物总排放量}=\text{核算工段 1 排放量}+\text{核算工段 2 排放量}$$
$$=400\text{ 千克}+1.37\times10^3\text{ 千克}=1.77\times10^3\text{ 千克}$$

5 系数表

0932 稀土金属矿采选行业系数表

工段名称	产品名称	原料名称	工艺名称	规模等级	污染物类别	污染物指标	系数单位	产污系数	末端治理技术	末端治理技术平均去除效率/%	参考 k 值计算公式[1]
采矿	氟碳铈矿石	氟碳铈矿	坑采	所有规模	废水	工业废水量	吨/吨-产品	4.69①	—	—	k =废水治理设施运行时间（小时/年）/企业正常生产时间（小时/年）
						化学需氧量	克/吨-产品	38.39	沉淀分离	30	
						氨氮	克/吨-产品	1.92	沉淀分离	30	
						总氮	克/吨-产品	33.27	沉淀分离	30	
						总磷	克/吨-产品	0.28	沉淀分离	30	
						铅	克/吨-产品	0.18	沉淀分离	30	
						砷	克/吨-产品	3.75×10^{-3}	沉淀分离	30	
						镉	克/吨-产品	1.41×10^{-3}	沉淀分离	30	
					废气	工业废气量	标米^3/吨-产品	10000②	—	—	—
						颗粒物	千克/吨-产品	5.00×10^{-3}	—	—	
					固废	一般工业固体废物	吨/吨-产品	0.15③	—	—	—
			露采	所有规模	废水	工业废水量	吨/吨-产品	0.69④	—	—	k =废水治理设施运行时间（小时/年）/企业正常生产时间（小时/年）
						化学需氧量	克/吨-产品	2.87	沉淀分离	30	
						总磷	克/吨-产品	0.88	沉淀分离	30	
						氨氮	克/吨-产品	0.48	沉淀分离	30	
						总氮	克/吨-产品	10.66	沉淀分离	30	
					废气	颗粒物（无组织）	千克/吨-产品	0.14	—	—	—
					固废	一般工业固体废物	吨/吨-产品	7.04	—	—	—

注：① 氟碳铈矿石-坑采主要位于山东微山区域，该井下涌水量主要指山东地区数据。
② 包括井下通风量。
③ 为井下充填后工业固体废物产生量。
④ 氟碳铈矿石-露采主要位于四川冕宁地区，该露天坑涌水量主要指四川地区数据。

[1] 该公式仅供参考，使用时，可根据 k 值定义，选取更适合企业实际情况的表达方式。

0932 稀土金属矿采选行业系数表（续表 1）

工段名称	产品名称	原料名称	工艺名称	规模等级	污染物类别	污染物指标	系数单位	产污系数	末端治理技术	末端治理技术平均去除效率/%	参考 k 值计算公式
选矿	氟碳铈精矿	氟碳铈矿石	磨浮	所有规模	废水	工业废水量	吨/吨-原料	3.62	氧化还原法+化学混凝法	—	k =废水治理设施运行时间（小时/年）/企业正常生产时间（小时/年）
						化学需氧量	克/吨-原料	604.37		90	
						氨氮	克/吨-原料	28.05		90	
						总氮	克/吨-原料	94.09		60	
						总磷	克/吨-原料	21.57		90	
						铅	克/吨-原料	0.018		90	
						砷	克/吨-原料	0.019		90	
						镉	克/吨-原料	0.006		90	
					废气	工业废气量	标米^3/吨-原料	1223	—	—	—
						颗粒物	千克/吨-原料	1.71	袋式除尘	99	k =废气治理设施运行时间（小时/年）/企业正常生产时间（小时/年）
						颗粒物（无组织）	千克/吨-原料（湿排）	4×10^{-4}	—	—	—
							千克/吨-原料（干堆）	6×10^{-3}	—	—	—
					固废	一般工业固体废物	吨/吨-原料	0.87	—	—	—
—	离子稀土精矿	离子稀土矿	原地浸矿	所有规模	废水	工业废水量	吨/吨-原料	0.54①	—	—	k =废水治理设施运行时间（小时/年）/企业正常生产时间（小时/年）
						化学需氧量	克/吨-原料	23.07	—	—	
						氨氮	克/吨-原料	333.86	车间治理：清水清洗+膜分离	98	
									流域治理：A/O 工艺	95	
						总氮	克/吨-原料	360.42	车间治理：清水清洗+膜分离	98	
									流域治理：A/O 工艺	95	
					固废	一般工业固体废物	吨/吨-原料	0.10	—	—	—

注：① 离子稀土矿工业废水量产污系数为采场渗漏废水和采场残留浸矿剂车间级淋溶废水估算数值。

10

非金属矿采选业

1011 石灰石、石膏开采业

1 适用范围

本手册仅用于《国民经济行业分类》（GB/T 4754—2017）中 1011 石灰石、石膏开采行业使用系数法核算工业污染物产生量和排放量的工业企业。

利用本手册进行产排污核算得出的污染物产生量与排放量仅代表了特定行业的工艺、产品、原料在正常工况下污染物产生与排放的一般规律。

本行业不核算废水及水污染物的产生量及排放量，无废水指标；废气指标包括有组织排放的颗粒物、无组织排放的颗粒物。

2 注意事项

2.1 企业有多种生产工艺或生产多类产品产排污量核算

污染物产生量与产品产量有关，根据不同核算环节计算产污量后，再根据企业末端治理设施和运行情况计算排污量。

企业某污染物产生量、排放量为各核算环节产生量、排放量之和。

2.2 采用多种治理设施组合处理企业的排污量核算

在排污量计算选择末端治理技术时，若没有对应的组合治理技术，以主要治理技术为准。

2.3 系数表中未涉及的产污系数及污染治理效率

“建筑及铺路骨料”原料矿山的开采、矿石破碎、筛分的产污系数参考“石灰石”开采的产污系数及污染治理效率。

2.4 其他需要说明的问题

（1）本手册中的南方地区为年均降水量大于 1000 毫米的地区。

（2）本手册中的石灰石包括冶金用石灰石、水泥用石灰石、石灰用石灰石、化工用石灰石及其他用石灰石。

（3）由于不同企业工业废气量差异较大，本手册所提供的工业废气量系数仅供参考。

为体现相同产污水平条件下，采用相同环保治理设施的不同企业对同一污染物去除效果的差异，引入末端治理设施实际运行率（k）对污染治理技术的实际去除率进行修正。k 值反映的是污染治理设施运行的状态，越稳定运行，k 值越高；在取值上，若定义连续稳定运行的理想状态为 1，则 k 取值在 0～1 之间。

本手册给出本行业的 k 计算公式仅供参考，使用时，可根据 k 值定义，选取更适合企业实际情况的表达方式。

3 污染物排放量核算方法

针对企业实际生产情况，本行业在系数制定过程中将企业全生产流程划分或拆分为若干工段（核算环节），在核算企业污染物产排量时，可灵活选择本企业对应的工段进行核算。

3.1 计算工段污染物产生量

（1）根据产品、原料、污染物产生的主导生产工艺、企业规模（生产产能）这一组合查找和确定所对应的某一污染物的产污系数。

（2）根据该污染物的产污系数计量单位——单位产品产量，获取企业实际产品产量。

例如，某组合内颗粒物无组织的产污系数单位为千克/吨-产品，则计算产生量时需要获取企业实际产品产量。

污染物产生量按以下公式进行计算：

污染物产生量=污染物对应的产污系数×产品产量

$$G_{产i} = P_{产i} \times M_i$$

式中，$G_{产i}$——工段 i 某污染物的产生量；

$P_{产i}$——工段 i 某污染物对应的产污系数；

M_i——工段 i 的产品产量。

3.2 计算工段污染物去除量

（1）根据企业对某一污染物所采用的治理技术查找和选择相应的治理技术平均去除效率。

（2）根据所填报的污染治理设施实际运行率参数及其计算公式得出该企业某一污染物的治理设施实际运行率（k 值）。

（3）污染物去除量按以下公式进行计算：

污染物去除量=污染物产生量×污染物去除率

=污染物产生量×治理技术平均去除效率×治理设施实际运行率

$$R_{减i} = G_{产i} \times \eta_T \times k_T$$

式中，$R_{减i}$——工段 i 某污染物的去除量；

η_T——工段 i 某污染物采用的末端治理技术的平均去除效率；

k_T——工段 i 某污染物采用的末端治理设施的实际运行率。

3.3 计算工段污染物排放量

污染物排放量=污染物产生量−污染物去除量

=污染物对应的产污系数×产品产量−污染物产生量×治理技术平均去除效率×治理设施实际运行率

3.4 计算企业污染物排放量

同一企业某污染物全年的产生（排放）总量为该企业同年实际生产的全部工段、产品、原料、规模污染物产生（排放）量之和。

$$E_{排}=G_{产}-R_{减}=\sum(G_{产i}-R_{减i})=\sum\left[P_{产i}\times M_i(1-\eta_T\times k_T)\right]$$

4 污染物排放量核算案例

某石灰石矿山开采企业从事矿石开采、破碎及筛分。该企业涉及的主要产排污核算环节为石灰石露天开采产生颗粒物的无组织排放，以及石灰石破碎及筛分产生颗粒物的有组织排放。以颗粒物有组织排放为例说明排放量计算过程。

该企业基本信息如表 1 所示。

表 1 某石灰石企业基本信息

	核算环节 1：破碎		核算环节 2：筛分	
	名称	数量	名称	数量
产品及产量	石灰石	200 万吨	石灰石	200 万吨
原料及用量	石灰岩	200 万吨	石灰岩	200 万吨
工艺名称	破碎	—	筛分	—
规模（产能）	200 万吨		200 万吨	
污染治理设施	袋式除尘器		袋式除尘器	
实际运行率参数	废气治理设施运行时间	2400 小时	废气治理设施运行时间	2400 小时
	企业正常生产时间	2400 小时	企业正常生产时间	2400 小时

4.1 工段 1 的排放量计算

（1）颗粒物产生量计算

①查找产污系数及其计量单位

根据企业基本信息，查找本手册中主要产品为石灰石，主要原料为石灰岩，主要工艺为破碎，生产规模为所有规模。该组合颗粒物的产污系数为 3.07×10^{-1}，单位为千克/吨-产品。

②获取企业产品产量

该企业实际情况为：主要产品石灰石 2017 年产量为 200 万吨。

③计算颗粒物产生量

由于查询到的组合中，颗粒物产污系数的单位为千克/吨-产品，因此在核算产生量时采用产品产量。

颗粒物产生量=颗粒物产污系数×产品（石灰石）产量

=3.07×10^{-1} 千克/吨-产品×200 万吨-产品=614000 千克

（2）颗粒物去除量计算

①查找治理技术平均去除效率

该企业颗粒物治理技术采用布袋除尘工艺，查询相应组合内该工艺的平均去除效率为 99.7%。

②计算污染治理设施实际运行率

根据产污系数组合查询结果，该组合中颗粒物对应的污染治理设施实际运行率为

k=颗粒物治理设施运行时间/企业正常生产时间=2400 小时/2400 小时=1

③计算颗粒物去除量

颗粒物去除量=614000 千克×99.7%×1=612158 千克

（3）颗粒物排放量计算

颗粒物排放量=614000 千克−612158 千克=1842 千克

4.2 工段 2 的排放量计算

（1）颗粒物产生量计算

①查找产污系数及其计量单位

根据企业基本信息，查找本手册中主要产品为石灰石，主要原料为石灰岩，主要工艺为筛分，生产规模为所有规模。该组合颗粒物的产污系数为 0.4，单位为千克/吨-产品。

②获取企业产品产量

该企业实际情况为：主要产品石灰石 2017 年产量为 200 万吨。

③计算颗粒物产生量

由于查询到的组合中，颗粒物产污系数的单位为千克/吨-产品，因此在核算产生量时采用产品产量。

颗粒物产生量=颗粒物产污系数×产品（石灰石）产量

=0.400 千克/吨-产品×200 万吨-产品=800000 千克

（2）颗粒物去除量计算

①查找治理技术平均去除效率

该企业颗粒物治理技术采用布袋除尘工艺，查询相应组合内该工艺的平均去除效率为 99.7%。

②计算污染治理设施实际运行率

根据产污系数组合查询结果，该组合中颗粒物对应的污染治理设施实际运行率为

k=颗粒物治理设施运行时间/企业正常生产时间=2400 小时/2400 小时=1

③计算颗粒物去除量

颗粒物去除量=800000 千克×99.7%×1=797600 千克

（3）颗粒物排放量计算

颗粒物排放量=800000 千克−797600 千克=2400 千克

4.3 颗粒物总排放量计算

颗粒物总排放量=工段 1 排放量+工段 2 排放量

=1842 千克+2400 千克=4242 千克

5 系数表

1011 石灰石、石膏开采行业系数表

工段名称	产品名称	原料名称	工艺名称	规模等级	污染物类别	污染物指标	系数单位	产污系数	末端治理技术	末端治理技术平均去除效率/%	参考 k 值计算公式[1]
开采	石灰石	石灰岩	露天开采	所有规模	废气	颗粒物	千克/吨-产品	1.42×10^{-2}	—	—	—
			露天开采(凹陷)	所有规模	废气	颗粒物	千克/吨-产品	1.14×10^{-2}	—	—	—
			露天开采(南方)	所有规模	废气	颗粒物	千克/吨-产品	1.14×10^{-2}	—	—	—
			露天开采	所有规模	固废	一般固废	吨/吨-产品	7.7×10^{-2}	—	—	—
破碎	石灰石	石灰岩	破碎	所有规模	废气	工业废气量	标米^3/吨-产品	56.9	—	—	—
						颗粒物	千克/吨-产品	3.07×10^{-2}	布袋除尘	99.7	k=治理设施正常运行小时数（小时/年）/企业正常生产时间（小时/年）
筛分	石灰石	石灰岩	筛分	所有规模	废气	工业废气量	标米^3/吨-产品	60.0	—	—	—
						颗粒物	千克/吨-产品	0.40	布袋除尘	99.7	k=治理设施正常运行小时数（小时/年）/企业正常生产时间（小时/年）
开采	石膏	石膏矿原矿	地下开采	所有规模	固废	一般固废	吨/吨-产品	0.02	—	—	—
			露天开采	所有规模	废气	颗粒物	千克/吨-产品	1.42×10^{-2}	—	—	—
					固废	一般固废	吨/吨-产品	1.16	—	—	—

[1] 该公式仅供参考，使用时，可根据 k 值定义，选取更适合企业实际情况的表达方式。

1012 建筑装饰用石开采业

1 适用范围

本手册仅用于《国民经济行业分类》（GB/T 4754—2017）中 1012 建筑装饰用石开采行业使用产污系数法核算工业污染物产生量和排放量的工业企业。

利用本手册进行产排污核算得出的污染物产生量与排放量仅代表了特定行业的工艺、产品、原料在正常工况下污染物产生与排放的一般规律。

本行业不核算废水及水污染物、废气及大气污染物的产生量及排放量。仅核算固体废物的产生量及排放量。

2 注意事项

2.1 系数表中未涉及的产污系数及污染治理效率

“石英岩”“板岩”“蜡石”“玄武岩”装饰用石开采的产污系数参考“天然花岗石荒料”的产污系数，其他建筑装饰用石开采的产污系数参考“天然大理石荒料”的产污系数。

2.2 其他需要说明的问题

由于不同企业工业废气量、废水量差异较大，本手册所提供的工业废气量、废水量系数仅供参考。

为体现相同产污水平条件下，采用相同环保治理设施的不同企业对同一污染物去除效果的差异，引入末端治理设施实际运行率（k）对污染治理技术的实际去除率进行修正。k 值反映的是污染治理设施运行的状态，越稳定运行，k 值越高；在取值上，若定义连续稳定运行的理想状态为 1，则 k 取值在 0～1 之间。

本手册给出本行业的 k 计算公式仅供参考，使用时，可根据 k 值定义，选取更适合企业实际情况的表达方式。

3 污染物排放量换算方法

针对企业实际生产情况，本行业在系数制定过程中将企业全生产流程划分或拆分为若干工段（核算环节），在核算企业污染物产排量时，可灵活选择本企业对应的工段进行核算。

3.1 计算工段污染物产生量

（1）根据产品、原料、污染物产生的主导生产工艺、企业规模（生产产能）这一组合查找和确定所对应的某一污染物的产污系数。

（2）根据该污染物的产污系数计量单位——单位产品产量，获取企业实际产品产量或原料用量。

例如，某组合内一般固废的产污系数单位为：米^3/米^3-产品，则计算产生量时需要获取企业实际产品产量。

（3）污染物产生量按以下公式进行计算：

污染物产生量=污染物对应的产污系数×产品产量

$$G_{产i} = P_{产i} \times M_i$$

式中，$G_{产i}$——工段 i 某污染物的产生量；

$P_{产i}$——工段 i 某污染物对应的产污系数；

M_i——工段 i 的产品产量。

3.2 计算工段污染物去除量

（1）根据企业对某一污染物所采用的治理技术查找和选择相应的治理技术平均去除效率。

（2）根据污染治理设施实际运行率参数及其计算公式得出该企业某一污染物的治理设施实际运行率（k 值）。

（3）污染物去除量按以下公式进行计算：

污染物去除量=污染物产生量×污染物去除率

=污染物产生量×治理技术平均去除效率×治理设施实际运行率

$$R_{减i} = G_{产i} \times \eta_T \times k_T$$

式中，$R_{减i}$——工段 i 某污染物的去除量；

η_T——工段 i 某污染物采用的末端治理技术的平均去除效率；

k_T——工段 i 某污染物采用的末端治理设施的实际运行率。

3.3 计算工段污染物排放量

污染物排放量=污染物产生量−污染物去除量

=污染物对应的产污系数×产品产量−污染物产生量×治理技术平均去除效率×治理设施实际运行率

3.4 计算企业污染物排放量

同一企业某污染物全年的产生（排放）总量为该企业同年实际生产的全部工段、产品、原料、规模污染物产生（排放）量之和。

$$E_{排} = G_{产} - R_{减} = \sum(G_{产i} - R_{减i}) = \sum\left[P_{产i} \times M_i(1 - \eta_T \times k_T)\right]$$

4 污染物排放量核算案例

某大理石矿山开采企业从事矿石开采。该企业涉及的主要产排污工段为开采工段，主要污染物为一般固废。以一般固废为例说明排放量计算过程。

该企业基本信息如表 1 所示。

表 1　某大理石矿山开采企业基本信息

	核算环节：开采	
	名称	数量
产品及产量	天然大理石荒料	20万米^3
原料及用量	大理岩	20万米^3
工艺名称	露天开采	—
规模（产能）	20万米^3	
污染治理设施	—	
实际运行率参数	治理设施运行时间	—
	企业正常生产时间	2400 小时

4.1　固体废物产生量计算

（1）查找产污系数及其计量单位

根据企业基本信息，查找本手册中主要产品为天然大理石荒料，原料为大理岩，主要工艺为露天开采，生产规模为所有规模，该组合一般固废的产污系数为4.05，单位为米^3/米^3-产品。

（2）获取企业产品产量

该企业实际情况为：主要产品天然大理石荒料2017年产量为20万米^3。

（3）一般固废产生量

由于查询到的组合中，一般固废产污系数的单位为米^3/米^3-产品，因此在核算产生量时采用产品产量。

一般固废产生量=一般固废产污系数×产品（天然大理石荒料）产量

=4.05米^3/米^3-产品×20万米^3-产品=810000米^3

4.2　一般固废排放量计算

一般固废排放量=810000 米^3

4.3　一般固废总排放量计算

一般固废总排放量=工段排放量=810000 米^3

5 系数表

1012 建筑装饰用石开采行业系数表

工段名称	产品名称	原料名称	工艺名称	规模等级	污染物类别	污染物指标	系数单位	产污系数	末端治理技术	末端治理技术平均去除效率/%	参考 k 值计算公式[1]
开采	天然大理石荒料	大理岩	露天开采	所有规模	固废	一般固废	米^3/米^3-产品	4.05	—	—	—
	天然花岗石荒料	花岗岩	露天开采	所有规模	固废	一般固废	米^3/米^3-产品	3.49	—	—	—

[1] 该公式仅供参考，使用时，可根据 k 值定义，选取更适合企业实际情况的表达方式。

1013 耐火土石开采业

1 适用范围

本手册仅用于《国民经济行业分类》（GB/T 4754—2017）中 1013 耐火土石开采行业使用系数法核算工业污染物产生量和排放量的工业企业。

利用本手册进行产排污核算得出的污染物产生量与排放量仅代表了特定行业的工艺、产品、原料在正常工况下污染物产生与排放的一般规律。

本行业不核算废水及水污染物的产生量及排放量，无废水指标；废气指标为无组织排放的颗粒物。

2 注意事项

2.1 产排污核算

无组织颗粒物产生量与产品产量有关，鉴于矿山开采无组织颗粒物排放的控制措施效果差异较大，且与开采条件、地形地貌、气候条件等有关，本手册未给出控制措施，产生量即为排放量。

2.2 系数表中未涉及的产污系数及污染治理效率

“高铝粘土”矿开采的产污系数参考“软质粘土”开采的产污系数。

“红柱石、蓝晶石、硅线石”等可作为耐火材料的矿石开采的产污系数参考“萤石”矿开采的产污系数。

2.3 其他需要说明的问题

由于不同企业工业废气量、废水量差异较大，本手册所提供的工业废气量、废水量系数仅供参考。

为体现相同产污水平条件下，采用相同环保治理设施的不同企业对同一污染物去除效果的差异，引入末端治理设施实际运行率（k）对污染治理技术的实际去除率进行修正。k 值反映的是污染治理设施运行的状态，越稳定运行，k 值越高；在取值上，若定义连续稳定运行的理想状态为 1，则 k 取值在 0～1 之间。

本手册给出本行业的 k 计算公式仅供参考，使用时，可根据 k 值定义，选取更适合企业实际情况的表达方式。

3 污染物排放量核算方法

针对企业实际生产情况，本行业在系数制定过程中将企业全生产流程划分或拆分为若干工段（核算环节)，在核算企业污染物产排量时，可灵活选择本企业对应的工段进行核算。

3.1 计算无组织颗粒物的产生量

（1）根据产品、原料、工艺、企业规模（生产产能）这一组合查找和确定所对应的颗粒物的产污系数。

（2）根据颗粒物的产污系数计量单位——单位产品产量，获取企业实际产品产量。

例如，某组合内无组织颗粒物的产污系数单位为千克/吨-产品，则计算产生量时需要获取企业实际产品产量。

污染物产生量按以下公式进行计算：

污染物产生量=污染物对应的产污系数×产品产量

$$G_{产i} = P_{产i} \times M_i$$

式中，$G_{产i}$——工段 i 某污染物的产生量；

$P_{产i}$——工段 i 某污染物对应的产污系数；

M_i——工段 i 的产品产量。

3.2 计算无组织颗粒物排放量

鉴于矿山开采无组织颗粒物排放的控制措施效果差异较大，且与开采条件、地形地貌、气候条件等有关，本手册未给出控制措施，产生量即为排放量。

4 污染物排放量核算案例

某硬质粘土矿山开采企业从事矿石开采。该企业涉及的主要产排污核算环节为硬质粘土露天开采产生颗粒物的无组织排放，以无组织颗粒物说明产生量（即排放量）计算过程。

该企业基本信息如表 1 所示。

表 1 某硬质粘土开采企业基本信息

	核算环节：露天开采	
	名称	数量
产品及产量	硬质粘土	100 万吨
原料及用量	硬质粘土原矿	100 万吨
工艺名称	露天开采	—
规模（产能）	100 万吨	
污染治理设施	无	
实际运行率参数	废气治理设施运行时间	—
	企业正常生产时间	2400 小时

4.1 查找产污系数及其计量单位

根据企业基本信息，查找本手册中主要产品为硬质粘土，主要原料为硬质粘土原矿，主要工艺为露天开采，生产规模为所有规模。该组合颗粒物的产污系数为 6.7×10^{-3}，单位为千克/吨-产品。

4.2 获取企业产品产量

该企业实际情况为：主要产品硬质粘土 2017 年产量为 100 万吨。

4.3 计算无组织颗粒物产生量

由于查询到的组合中，颗粒物产污系数的单位为千克/吨-产品，因此在核算产生量时采用产品产量。

颗粒物产生量=颗粒物产污系数×产品（石灰石）产量

$=6.7\times10^{-3}$ 千克/吨-产品×100 万吨-产品=6700 千克

5 系数表

1013 耐火土石开采行业系数表

工段名称	产品名称	原料名称	工艺名称	规模等级	污染物类别	污染物指标	系数单位	产污系数	末端治理技术	末端治理技术平均去除效率/%	参考 k 值计算公式[1]
开采	硬质粘土	硬质粘土原矿	露天开采	所有规模	废气	颗粒物	千克/吨产品	6.7×10^{-3}	—	—	—
					固废	一般固废	吨/吨-产品	0.27	—	—	—
			地下开采	所有规模	固废	一般固废	吨/吨-产品	0.08	—	—	—
	软质粘土	软质粘土原矿	露天开采	所有规模	废气	颗粒物	千克/吨产品	6.25×10^{-2}	—	—	—
					固废	一般固废	吨/吨-产品	4.5×10^{-2}	—	—	—
			地下开采	所有规模	固废	一般固废	吨/吨-产品	1.2×10^{-2}	—	—	—
	铁铝矾土	铝矾土原矿	露天开采	所有规模	废气	颗粒物	千克/吨产品	6.25×10^{-2}	—	—	—
					固废	一般固废	吨/吨-产品	0.1	—	—	—
	萤石	萤石原矿	露天开采	所有规模	废气	颗粒物	千克/吨产品	6.7×10^{-3}	—	—	—
					固废	一般固废	吨/吨-产品	0.1	—	—	—
			地下开采	所有规模	固废	一般固废	吨/吨-产品	0.01	—	—	—

[1] 该公式仅供参考，使用时，可根据 k 值定义，选取更适合企业实际情况的表达方式。

1019 黏土及其他土砂石开采业

1 适用范围

本手册仅用于《国民经济行业分类》（GB/T 4754—2017）中 1019 黏土及其他土砂石开采行业使用系数法核算工业污染物产生量和排放量的工业企业。

利用本手册进行产排污核算得出的污染物产生量与排放量仅代表了特定行业的工艺、产品、原料在正常工况下污染物产生与排放的一般规律。

本行业不核算废水及水污染物的产生量及排放量，无废水指标；废气指标为无组织排放的颗粒物。

2 注意事项

2.1 企业有多种生产工艺或生产多类产品产排污量核算

无组织颗粒物产生量与产品产量有关，鉴于矿山开采无组织颗粒物排放的控制措施效果差异较大，且与开采条件、地形地貌、气候条件等有关，本手册未给出控制措施，产生量即为排放量。

2.2 系数表中未涉及的产污系数及污染治理效率

“脱色土”“漂白土”“海泡石粘土”“砖瓦用粘土”参考“膨润土”开采的产污系数。

“硅质土”参考“高岭土”开采的产污系数。

“石英砂”参考“硅砂”的产污系数。

“建筑及铺路骨料”原料矿山的开采、矿石破碎、筛分的产污系数参考石灰石行业的产污系数及污染治理效率。

2.3 其他需要说明的问题

由于不同企业工业废气量、废水量差异较大，本手册所提供的工业废气量、废水量系数仅供参考。

为体现相同产污水平条件下，采用相同环保治理设施的不同企业对同一污染物去除效果的差异，引入末端治理设施实际运行率（k）对污染治理技术的实际去除率进行修正。k 值反映的是污染治理设施运行的状态，越稳定运行，k 值越高；在取值上，若定义连续稳定运行的理想状态为 1，则 k 取值在 0～1 之间。

本手册给出本行业的 k 计算公式仅供参考，使用时，可根据 k 值定义，选取更适合企业实际情况的表达方式。

3 污染物排放量核算方法

针对企业实际生产情况，本行业在系数制定过程中将企业全生产流程划分或拆分为若干工段（核算环节），在核算企业污染物产排量时，可灵活选择本企业对应的工段进行核算。

3.1 计算无组织颗粒物的产生量

（1）根据产品、原料、工艺、企业规模（生产产能）这一组合查找和确定所对应的颗粒物的产污系数。

（2）根据颗粒物的产污系数计量单位——单位产品产量，调用企业实际产品产量。

例如，某组合内颗粒物无组织的产污系数单位为千克/吨-产品，则计算产生量时需要调用企业实际产品产量。

污染物产生量按以下公式进行计算：

污染物产生量=污染物对应的产污系数×产品产量

$$G_{产_i} = P_{产_i} \times M_i$$

式中，$G_{产_i}$——工段 i 某污染物的产生量；

$P_{产_i}$——工段 i 某污染物对应的产污系数；

M_i——工段 i 的产品产量。

3.2 计算无组织颗粒物排放量

鉴于矿山开采无组织颗粒物排放的控制措施效果差异较大，且与开采条件、地形地貌、气候条件等有关，本手册未给出控制措施，产生量即为排放量。

4 污染物排放量核算案例

参照 1013 耐火土石开采行业的核算方法。

5 系数表

1019 黏土及其他土砂石开采行业系数表

工段名称	产品名称	原料名称	工艺名称	规模等级	污染物类别	污染物指标	系数单位	产污系数	末端治理技术	末端治理技术平均去除效率/%	参考 k 值计算公式[1]
开采	高岭土	高岭土原矿	露天开采	所有规模	废气	颗粒物	千克/吨-产品	8.2×10^{-2}	—	—	—
					固废	一般固废	吨/吨-产品	3.78×10^{-2}	—	—	—
开采	膨润土	膨润土原矿	地下开采	所有规模	固废	一般固废	吨/吨-产品	0.05	—	—	—
			露天开采	所有规模	废气	颗粒物	千克/吨-产品	8.2×10^{-2}	—	—	—
					固废	一般固废	吨/吨-产品	1.5	—	—	—
开采	砂岩	砂岩原矿	露天开采	所有规模	废气	颗粒物	千克/吨-产品	8.2×10^{-2}	—	—	—
					固废	一般固废	吨/吨-产品	3.3×10^{-2}	—	—	—
开采	页岩	页岩原矿	露天开采	所有规模	废气	颗粒物	千克/吨-产品	8.2×10^{-2}	—	—	—
					固废	一般固废	吨/吨-产品	0.1	—	—	—
开采	硅砂	硅砂原矿	露天开采	所有规模	废气	颗粒物	千克/吨-产品	8.2×10^{-2}	—	—	—
					固废	一般固废	吨/吨-产品	4.92×10^{-1}	—	—	—

[1] 该公式仅供参考，使用时，可根据 k 值定义，选取更适合企业实际情况的表达方式。

1020 化学矿开采业

1 适用范围

本手册仅用于《国民经济行业分类》（GB/T 4754—2017）中 1020 化学矿开采行业使用系数法核算工业污染物产生量和排放量的工业企业。

利用本手册进行产排污核算得出的污染物产生量与排放量仅代表了特定行业的工艺、产品、原料在正常工况下污染物产生与排放的一般规律。

本行业废水指标包括废水量、化学需氧量、氨氮、总氮、总磷；废气指标为无组织排放的颗粒物。

2 注意事项

2.1 企业有多种生产工艺或生产多类产品产排污量核算

污染物产生量与产品产量有关，根据不同核算环节计算产污量后，再根据企业末端治理设施和运行情况计算各污染物的排放量。

企业某污染物产生量、排放量为各核算环节产生量、排放量之和。

2.2 采用多种废水治理设施处理企业的组合排污量核算

在排污量计算选择末端治理技术时，若没有对应的组合治理技术，以主要治理技术为准。

2.3 系数表中未涉及的产污系数及污染治理效率

（1）“硫铁矿石”“硫镁钒矿”参考“磷矿石”开采的产污系数。

（2）“钾矿”“硫黄矿”参考“硼矿”开采的产污系数。

（3）“冰晶石”“冰洲晶石”“天然碱”“芒硝矿”“天然硝石”“砷矿”“蛇纹石”“重晶石”“毒重石”“天青石”“明矾石”参考 1013 耐火土石开采行业中“萤石”的产污系数。

2.4 其他需要说明的问题

由于不同企业工业废气量、废水量差异较大，本手册所提供的工业废气量、废水量系数仅供参考。

为体现相同产污水平条件下，采用相同环保治理设施的不同企业对同一污染物去除效果的差异，引入末端治理设施实际运行率（k）对污染治理技术的实际去除率进行修正。k 值反映的是污染治理设施运行的状态，越稳定运行，k 值越高；在取值上，若定义连续稳定运行的理想状态为 1，则 k 取值在 0～1 之间。

本手册给出本行业的 k 计算公式仅供参考，使用时，可根据 k 值定义，选取更适合企业实际情

况的表达方式。

3 污染物排放量核算方法

针对企业实际生产情况，本行业在系数制定过程中将企业全生产流程划分或拆分为若干工段（核算环节），在核算企业污染物产排量时，可灵活选择本企业对应的工段进行核算。

3.1 计算工段污染物产生量

（1）根据产品、原料、污染物产生的主导生产工艺、企业规模（生产产能）这一组合查找和确定所对应的化学需氧量的产污系数。

（2）根据该污染物的产污系数计量单位——单位产品产量，获取企业实际产品产量。

例如，某组合内化学需氧量的产污系数单位为克/吨-产品，则计算产生量时需要获取企业实际产品产量。

污染物产生量按以下公式进行计算：

污染物产生量=污染物对应的产污系数×产品产量

$$G_{产i} = P_{产i} \times M_i$$

式中，$G_{产i}$——工段 i 某污染物的产生量；

$P_{产i}$——工段 i 某污染物对应的产污系数；

M_i——工段 i 的产品产量。

3.2 计算工段污染物去除量

（1）根据企业对化学需氧量所采用的治理技术查找和选择相应的治理技术平均去除效率。

（2）根据污染治理设施实际运行率参数及其计算公式得出该企业某一污染物的治理设施实际运行率（k 值）。

（3）污染物去除量按以下公式进行计算：

污染物去除量=污染物产生量×污染物去除率

=污染物产生量×治理技术平均去除效率×治理设施实际运行率

$$R_{减i} = G_{产i} \times \eta_T \times k_T$$

式中，$R_{减i}$——工段 i 某污染物的去除量；

η_T——工段 i 某污染物采用的末端治理技术的平均去除效率；

k_T——工段 i 某污染物采用的末端治理设施的实际运行率。

3.3 计算工段污染物排放量

污染物排放量=污染物产生量−污染物去除量

=污染物对应的产污系数×产品产量−污染物产生量×治理技术平均去除效率×治理设施实际运行率

3.4 计算企业污染物排放量

同一企业某污染物全年的产生（排放）总量为该企业同年实际生产的全部工段、产品、原料、规模污染物产生（排放）量之和。

$$E_{排}=G_{产}-R_{减}=\sum(G_{产i}-R_{减i})=\sum\left[P_{产i}\times M_i(1-\eta_T\times k_T)\right]$$

4 污染物排放量核算案例

无组织颗粒物排放量核算参考 1013 耐火土石开采行业系数手册。

其他污染物排放量核算案例如下：

某磷矿矿山开采企业从事矿石开采、选矿业务。该企业涉及的主要产排污核算环节为磷矿石露天开采产生颗粒物的无组织排放，以及磷矿石选矿产生的废水，污染指标包括化学需氧量、氨氮、总磷。现以化学需氧量为例说明排放量计算过程。

该企业基本信息如表 1 所示。

表 1 某磷矿企业基本信息

	核算环节：选矿	
	名称	数量
产品及产量	磷精矿	50 万吨
工艺名称	浮选	—
规模（产能）	50 万吨	
污染治理设施	中和+沉淀	
实际运行率参数	废水治理设施运行时间	2000 小时
	企业正常生产时间	2200 小时

4.1 化学需氧量产生量计算

（1）查找产污系数及其计量单位

根据企业基本信息，查找本手册中主要产品为磷精矿，主要原料为磷矿原矿，主要工艺为浮选，生产规模为所有规模。该组合化学需氧量的产污系数为 570，单位为克/吨-产品。

（2）获取企业产品产量

该企业实际情况为：主要产品磷精矿 2017 年产量为 50 万吨。

（3）计算化学需氧量产生量

由于查询到的组合中，化学需氧量产污系数的单位为克/吨-产品，因此在核算产生量时采用产品产量。

化学需氧量产生量=化学需氧量产污系数×产品（磷精矿）产量

=570 克/吨-产品×50 万吨-产品=285000000 克

4.2 化学需氧量去除量计算

（1）查找治理技术平均去除效率

该企业化学需氧量治理技术采用先中和后沉淀工艺，查询相应组合内中和+沉淀的工艺平均去除效率为45%。

（2）计算污染治理设施实际运行率

根据产污系数组合查询结果，该组合中化学需氧量对应的污染治理设施实际运行率为

k=化学需氧量治理设施运行时间/企业正常生产时间=2000小时/2200小时=0.909

（3）计算化学需氧量去除量

化学需氧量去除量=285000000克×45%×0.909=116579250克

4.3 化学需氧量排放量计算

化学需氧量排放量=285000000克−116579250克=168420750克

5 系数表

1020 化学矿开采行业系数表

工段名称	产品名称	原料名称	工艺名称	规模等级	污染物类别	污染物指标	系数单位	产污系数	末端治理技术	末端治理技术平均去除效率/%	参考 k 值计算公式[1]
开采	磷矿石	磷矿原矿	地下开采	所有规模	固废	一般固废	吨/吨-产品	8.6×10^{-2}	—	—	—
			露天开采	所有规模	废气	颗粒物	千克/吨-产品	5.84×10^{-2}	—	—	—
					固废	一般固废	米^3/吨-产品	3.52	—	—	—
选矿	磷精矿	磷矿原矿	浮选	所有规模	废水	废水量	吨/吨-产品	6.01	—	—	—
						化学需氧量	克/吨-产品	570	中和+沉淀	45	k=治理设施正常运行时间（小时/年）/企业正常生产时间（小时/年）
						氨氮	克/吨-产品	151	中和+沉淀	40	
						总氮	克/吨-产品	226	中和+沉淀	40	
						总磷	克/吨-产品	16.0	中和+沉淀	25	
					固废	一般固废（尾矿，原矿品位 30%）	吨/吨-产品	4.07×10^{-1}	—	—	—
					固废	一般固废（尾矿，原矿品位 20%）	吨/吨-产品	8.07×10^{-1}	—	—	—
开采	硼矿	硼矿原矿	露天开采	所有规模	废气	颗粒物	千克/吨-产品	5.84×10^{-2}	—	—	—
					固废	一般固废	吨/吨-产品	2.45	—	—	—
			地下开采	所有规模	固废	一般固废	吨/吨-产品	0.11	—	—	—

[1] 该公式仅供参考，使用时，可根据 k 值定义，选取更适合企业实际情况的表达方式。

1030 采盐业

1 适用范围

本手册仅用于《国民经济行业分类》（GB/T 4754—2017）中 1030 采盐行业使用系数法核算工业污染物产生量和排放量的工业企业。

利用本手册进行产排污核算得出的污染物产生量与排放量仅代表了特定行业的工艺、产品、原料在正常工况下污染物产生与排放的一般规律。

采盐业无废水指标和废气指标，仅有固体废物指标。

2 注意事项

2.1 企业有多种生产工艺或生产多类产品产排污量核算

采盐业中的污染物的产生量不包括湖盐、海盐后期加工所产生的污染物。

2.2 其他需要说明的问题

由于不同企业工业废气量、废水量差异较大，本手册所提供的工业废气量、废水量系数仅供参考。

为体现相同产污水平条件下，采用相同环保治理设施的不同企业对同一污染物去除效果的差异，引入末端治理设施实际运行率（k）对污染治理技术的实际去除率进行修正。k 值反映的是污染治理设施运行的状态，越稳定运行，k 值越高；在取值上，若定义连续稳定运行的理想状态为 1，则 k 取值在 0～1 之间。

本手册给出本行业的 k 计算公式仅供参考，使用时，可根据 k 值定义，选取更适合企业实际情况的表达方式。

3 污染物排放量核算方法

针对企业实际生产情况，本行业在系数制定过程中将企业全生产流程划分或拆分为若干工段（核算环节），在核算企业污染物产排量时，可灵活选择本企业对应的工段进行核算。

3.1 计算工段污染物产生量

（1）根据产品、原料、污染物产生的主导生产工艺、企业规模（生产产能）这一组合查找和确定所对应的某一污染物的产污系数。

（2）根据该污染物的产污系数计量单位——单位产品产量，获取企业实际产品产量或原料用量。例如，某组合内一般固废的产污系数单位为吨/米^3-产品，则计算产生量时需要获取企业实际产品产量。

（3）污染物产生量按以下公式进行计算：

污染物产生量=污染物对应的产污系数×产品产量

$$G_{产i} = P_{产i} \times M_i$$

式中，$G_{产i}$——工段 i 某污染物的产生量；

$P_{产i}$——工段 i 某污染物对应的产污系数；

M_i——工段 i 的产品产量。

3.2 计算工段污染物去除量

（1）根据企业对某一污染物所采用的治理技术查找和选择相应的治理技术平均去除效率。

（2）根据污染治理设施实际运行率参数及其计算公式得出该企业某一污染物的治理设施实际运行率（k 值）。

（3）污染物去除量按以下公式进行计算：

污染物去除量=污染物产生量×污染物去除率

=污染物产生量×治理技术平均去除效率×治理设施实际运行率

$$R_{减i} = G_{产i} \times \eta_T \times k_T$$

式中，$R_{减i}$——工段 i 某污染物的去除量；

η_T——工段 i 某污染物采用的末端治理技术的平均去除效率；

k_T——工段 i 某污染物采用的末端治理设施的实际运行率。

3.3 计算工段污染物排放量

污染物排放量=污染物产生量−污染物去除量

=污染物对应的产污系数×产品产量−污染物产生量×

治理技术平均去除效率×治理设施实际运行率

3.4 计算企业污染物排放量

同一企业某污染物全年的产生（排放）总量为该企业同年实际生产的全部工段、产品、原料、规模污染物产生（排放）量之和。

$$E_{排} = G_{产} - R_{减} = \sum(G_{产i} - R_{减i}) = \sum\left[P_{产i} \times M_i(1 - \eta_T \times k_T)\right]$$

4 污染物排放量核算案例

某湖盐开采企业从事湖盐开采。该企业涉及的主要产排污工段为开采工段，主要污染物为一般固废。以一般固废为例说明排放量计算过程。

该企业基本信息如表 1 所示。

表 1　某湖盐开采企业基本信息

	核算环节：开采	
	名称	数量
产品及产量	湖盐	20万米^3
原料及用量	盐卤	20万米^3
工艺名称	露天开采	—
规模（产能）	20万米^3	
污染治理设施	—	
实际运行率参数	治理设施运行时间	—
	企业正常生产时间	2400 小时

4.1　固体废物产生量计算

（1）查找产污系数及其计量单位

根据企业基本信息，查找本手册中主要产品为湖盐，原料为盐卤，主要工艺为露天开采，生产规模为所有规模。该组合一般固废的产污系数为8.1×10^{-2}，单位为吨/米^3-产品。

（2）获取企业产品产量

该企业实际情况为：主要产品湖盐2017年产量为20万米^3。

（3）一般固废产生量

由于查询到的组合中，一般固废产污系数的单位为吨/米^3-产品，因此在核算产生量时采用产品产量。

一般固废产生量=一般固废产污系数×产品产量

$=8.1\times10^{-2}$吨/米^3-产品×20万米^3-产品=16200吨

4.2　一般固废排放量计算

一般固废排放量=16200 吨

4.3　一般固废总排放量计算

一般固废总排放量=工段排放量=16200 吨

5 系数表

1030 采盐行业系数表

工段名称	产品名称	原料名称	工艺名称	规模等级	污染物指标	系数单位	产污系数	末端治理技术	末端治理技术平均去除效率/%	参考 k 值计算公式[1]
开采	湖盐	盐卤	露天开采	所有规模	一般固废	吨/米^3-产品	8.1×10^{-2}	—	—	—
	海盐	盐卤	露天开采	所有规模	一般固废	吨/米^3-产品	0	—	—	—
	井盐	原盐	地下开采（钻井水溶法）	所有规模	一般固废	吨/米^3-产品	0	—	—	—

[1] 该公式仅供参考，使用时，可根据 k 值定义，选取更适合企业实际情况的表达方式。

1091 石棉、云母矿采选业

1 适用范围

本手册仅用于《国民经济行业分类》（GB/T 4754—2017）中 1091 石棉、云母矿采选行业使用系数法核算工业污染物产生量和排放量的工业企业。

利用本手册进行产排污核算得出的污染物产生量与排放量仅代表了特定行业的工艺、产品、原料在正常工况下污染物产生与排放的一般规律。

本行业不核算废水及水污染物的产生量及排放量，无废水指标；废气指标包括有组织排放的颗粒物、无组织排放的颗粒物。

2 注意事项

2.1 企业有多种生产工艺或生产多类产品产排污量核算

污染物产生量与产品产量有关，根据不同核算环节计算产污量后，再根据企业末端治理设施和运行情况计算各污染物的排放量。

企业某污染物产生量、排放量为各核算环节产生量、排放量之和。

2.2 采用多种治理设施组合处理企业的排污量核算

在排污量计算选择末端治理技术时，若没有对应的组合治理技术，以主要治理技术为准。

2.3 系数表中未涉及的产污系数及污染治理效率

“温石棉”“蓝石棉”及“其他石棉”合并为一种类型，均参考“石棉”的产污系数及治理效率。

2.4 其他需要说明的问题

由于不同企业工业废气量差异较大，本手册所提供的工业废气量系数仅供参考。

为体现相同产污水平条件下，采用相同环保治理设施的不同企业对同一污染物去除效果的差异，引入末端治理设施实际运行率（k）对污染治理技术的实际去除率进行修正。k 值反映的是污染治理设施运行的状态，越稳定运行，k 值越高；在取值上，若定义连续稳定运行的理想状态为 1，则 k 取值在 0～1 之间。

本手册给出本行业的 k 计算公式仅供参考，使用时，可根据 k 值定义，选取更适合企业实际情况的表达方式。

3 污染物排放量核算方法

针对企业实际生产情况，本行业在系数制定过程中将企业全生产流程划分或拆分为若干工段（核算环节），在核算企业污染物产排量时，可灵活选择本企业对应的工段进行核算。

3.1 计算工段污染物产生量

（1）根据产品、原料、污染物产生的主导生产工艺、企业规模（生产产能）这一组合查找和确定所对应的某一污染物的产污系数。

（2）根据该污染物的产污系数计量单位——单位产品产量，获取企业实际产品产量。

例如，某组合内无组织颗粒物的产污系数单位为千克/吨-产品，则计算产生量时需要获取企业实际产品产量。

污染物产生量按以下公式进行计算：

污染物产生量=污染物对应的产污系数×产品产量

$$G_{产i} = P_{产i} \times M_i$$

式中，$G_{产i}$——工段 i 某污染物的产生量；

$P_{产i}$——工段 i 某污染物对应的产污系数；

M_i——工段 i 的产品产量。

3.2 计算工段污染物去除量

（1）根据企业对某一污染物所采用的治理技术查找和选择相应的治理技术平均去除效率。

（2）根据污染治理设施实际运行率参数及其计算公式得出该企业某一污染物的治理设施实际运行率（k 值）。

（3）污染物去除量按以下公式进行计算：

污染物去除量=污染物产生量×污染物去除率

=污染物产生量×治理技术平均去除效率×治理设施实际运行率

$$R_{减i} = G_{产i} \times \eta_T \times k_T$$

式中，$R_{减i}$——工段 i 某污染物的去除量；

η_T——工段 i 某污染物采用的末端治理技术的平均去除效率；

k_T——工段 i 某污染物采用的末端治理设施的实际运行率。

3.3 计算工段污染物排放量

污染物排放量=污染物产生量−污染物去除量

=污染物对应的产污系数×产品产量−污染物产生量×治理技术平均去除效率×治理设施实际运行率

3.4 计算企业污染物排放量

同一企业某污染物全年的产生（排放）总量为该企业同年实际生产的全部工段、产品、原料、

规模污染物产生（排放）量之和。

$$E_{排} = G_{产} - R_{减} = \sum (G_{产i} - R_{减i}) = \sum \left[P_{产i} \times M_i (1 - \eta_T \times k_T) \right]$$

4　产污系数及污染治理效率表

污染物排放量的核算方法参考 1011 石灰石、石膏开采行业的核算方法。

5 系数表

1091 石棉、云母矿采选行业系数表

工段名称	产品名称	原料名称	工艺名称	规模等级	污染物类别	污染物指标	系数单位	产污系数	末端治理技术	末端治理技术平均去除效率/%	参考 k 值计算公式[1]
开采	石棉矿石	蛇纹岩	露天开采	所有规模	废气	颗粒物	千克/吨-产品	5.84×10^{-2}	—	—	—
					固废	一般固废	吨/吨-产品	2.07	—	—	—
选矿	石棉	石棉矿石	干法选矿	所有规模	废气	工业废气量	标米^3/吨-产品	1500	—	—	—
						颗粒物	千克/吨-产品	1.08	袋式除尘	99	k =治理设施正常运行时间（小时/年）/企业正常生产时间（小时/年）
					固废	一般固废	吨/吨-产品	26.75	—	—	—
开采	云母矿	云母原矿	地下开采	所有规模	固废	一般固废	吨/吨-产品	0.55	—	—	—
选矿	碎云母	云母矿	干法风选	所有规模	废气	工业废气量	标米^3/吨-产品	1500	—	—	—
						颗粒物	千克/吨-产品	1.08	袋式除尘	99	k =治理设施正常运行时间（小时/年）/企业正常生产时间（小时/年）
					固废	一般固废（尾矿）	吨/吨-产品	8.5×10^{-2}	—	—	—

[1] 该公式仅供参考，使用时，可根据 k 值定义，选取更适合企业实际情况的表达方式。

1092 石墨、滑石采选业

1 适用范围

本手册仅用于《国民经济行业分类》（GB/T 4754—2017）中 1092 石墨、滑石采选行业使用系数法核算工业污染物产生量和排放量的工业企业。

利用本手册进行产排污核算得出的污染物产生量与排放量仅代表了特定行业的工艺、产品、原料在正常工况下污染物产生与排放的一般规律。

本行业废水指标包括化学需氧量、氨氮、总氮、石油类；废气指标为无组织排放的颗粒物。

2 注意事项

2.1 企业有多种生产工艺或生产多类产品产排污量核算

污染物产生量与产品产量有关，根据不同核算环节计算产污量后，再根据企业末端治理设施和运行情况计算排污量。

企业某污染物产生量、排放量为各核算环节产生量、排放量之和。

2.2 采用多种治理设施组合处理企业的排污量核算

在排污量计算选择末端治理技术时，若没有对应的组合治理技术，以主要治理技术为准。

2.3 系数表中未涉及的产污系数及污染治理效率

“晶质石墨”（鳞片状晶质石墨、致密状晶质石墨）“隐晶质石墨”及“其他天然石墨”合并为一种类型，统称为“石墨”，均参考“石墨”的产污系数及治理效率。

2.4 其他需要说明的问题

由于不同企业工业废气量、废水量差异较大，本手册所提供的工业废气量、废水量系数仅供参考。

为体现相同产污水平条件下，采用相同环保治理设施的不同企业对同一污染物去除效果的差异，引入末端治理设施实际运行率（k）对污染治理技术的实际去除率进行修正。k 值反映的是污染治理设施运行的状态，越稳定运行，k 值越高；在取值上，若定义连续稳定运行的理想状态为 1，则 k 取值在 0～1 之间。

本手册给出本行业的 k 计算公式仅供参考，使用时，可根据 k 值定义，选取更适合企业实际情况的表达方式。

3 污染物排放量核算方法

针对企业实际生产情况，本行业在系数制定过程中将企业全生产流程划分或拆分为若干工段（核算环节），在核算企业污染物产排量时，可灵活选择本企业对应的工段进行核算。

3.1 计算工段污染物产生量

（1）根据产品、原料、污染物产生的主导生产工艺、企业规模（生产产能）这一组合查找和确定所对应的某一污染物的产污系数。

（2）根据该污染物的产污系数计量单位——单位产品产量，获取企业实际产品产量。

例如，某组合内颗粒物无组织的产污系数单位为千克/吨-产品，则计算产生量时需要获取企业实际产品产量。

污染物产生量按以下公式进行计算：

污染物产生量=污染物对应的产污系数×产品产量

$$G_{产i} = P_{产i} \times M_i$$

式中，$G_{产i}$——工段 i 某污染物的产生量；

$P_{产i}$——工段 i 某污染物对应的产污系数；

M_i——工段 i 的产品产量。

3.2 计算工段污染物去除量

（1）根据企业对某一污染物所采用的治理技术查找和选择相应的治理技术平均去除效率。

（2）根据污染治理设施实际运行率参数及其计算公式得出该企业某一污染物的治理设施实际运行率（k 值）。

（3）污染物去除量按以下公式进行计算：

污染物去除量=污染物产生量×污染物去除率

=污染物产生量×治理技术平均去除效率×治理设施实际运行率

$$R_{减i} = G_{产i} \times \eta_T \times k_T$$

式中，$R_{减i}$——工段 i 某污染物的去除量；

η_T——工段 i 某污染物采用的末端治理技术的平均去除效率；

k_T——工段 i 某污染物采用的末端治理设施的实际运行率。

3.3 计算工段污染物排放量

污染物排放量=污染物产生量−污染物去除量

=污染物对应的产污系数×产品产量−污染物产生量×治理技术平均去除效率×治理设施实际运行率

3.4 计算企业污染物排放量

同一企业某污染物全年的产生（排放）总量为该企业同年实际生产的全部工段、产品、原料、

规模污染物产生（排放）量之和。

$$E_{排} = G_{产} - R_{减} = \sum (G_{产i} - R_{减i}) = \sum \left[P_{产i} \times M_i (1 - \eta_T \times k_T) \right]$$

4 污染物排放量核算案例

无组织颗粒物排放量的核算方法参考 1013 耐火土石开采行业案例。

水污染物排放量的核算方法参考 1020 化学矿开采行业的核算方法。

5 系数表

1092 石墨、滑石采选行业系数表

工段名称	产品名称	原料名称	工艺名称	规模等级	污染物类别	污染物指标	系数单位	产污系数	末端治理技术	末端治理技术平均去除效率/%	参考 k 值计算公式[1]
开采	石墨矿石	石墨原矿	露天开采	所有规模	废气	颗粒物	千克/吨-产品	5.84×10^{-2}	—	—	—
					固废	一般固废	吨/吨-产品	2.22	—	—	—
选矿	石墨	石墨矿	浮选	所有规模	废水	工业废水量	吨/吨-产品	65.9	—	—	—
						化学需氧量	克/吨-产品	1580	沉淀分离	45	k =处理设施运行时间（小时/年）/企业正常生产时间（天/年）
						氨氮	克/吨-产品	19.0	沉淀分离	40	
						总氮	克/吨-产品	56.9	沉淀分离	40	
						石油类	克/吨-产品	10.0	沉淀分离	60	
					固废	一般固废（尾矿）	吨/吨-产品	22.3	—	—	—
开采	滑石矿	滑石原矿	地下开采	所有规模	固废	一般固废	吨/吨-产品	0.25	—	—	—
			露天开采	所有规模	废气	颗粒物	千克/吨-产品	5.84×10^{-2}	—	—	—
					固废	一般固废	吨/吨-产品	1.5	—	—	—

[1] 该公式仅供参考，使用时，可根据 k 值定义，选取更适合企业实际情况的表达方式。

1093 宝石、玉石采选业

1 适用范围

本手册仅用于《国民经济行业分类》（GB/T 4754—2017）中 1093 宝石、玉石采选行业使用系数法核算工业污染物产生量和排放量的工业企业。

利用本手册进行产排污核算得出的污染物产生量与排放量仅代表了特定行业、工艺、产品、原料在正常工况下污染物产生与排放的一般规律。

宝石、玉石采选行业无废水指标和废气指标，仅有固体废物指标。

2 注意事项

2.1 系数表中未涉及的产污系数及污染治理效率

天然宝石类（钻石、红宝石、蓝宝石、祖母绿、玛瑙、紫晶、琥珀、尖晶石、碧玺）、其他天然宝石矿等参考“金刚石”的产污系数；天然玉石类矿（翡翠、白玉、青玉、芙蓉石、孔雀石、绿松石、乾青、石青、蓝田玉、独山玉）、其他天然玉石类参考“岫岩玉”的产污系数。

2.2 其他需要说明的问题

由于不同企业工业废气量、废水量差异较大，本手册所提供的工业废气量、废水量系数仅供参考。

为体现相同产污水平条件下，采用相同环保治理设施的不同企业对同一污染物去除效果的差异，引入末端治理设施实际运行率（k）对污染治理技术的实际去除率进行修正。k 值反映的是污染治理设施运行的状态，越稳定运行，k 值越高；在取值上，若定义连续稳定运行的理想状态为 1，则 k 取值在 0～1 之间。

本手册给出本行业的 k 计算公式仅供参考，使用时，可根据 k 值定义，选取更适合企业实际情况的表达方式。

3 污染物排放量核算方法

针对企业实际生产情况，本行业在系数制定过程中将企业全生产流程划分或拆分为若干工段（核算环节），在核算企业污染物产排量时，可灵活选择本企业对应的工段进行核算。

3.1 计算工段污染物产生量

（1）根据产品、原料、污染物产生的主导生产工艺、企业规模（生产产能）这一组合查找和确定所对应的某一污染物的产污系数。

（2）根据该污染物的产污系数计量单位——单位产品产量，获取企业实际产品产量或原料用量。例如，某组合内一般固废的产污系数单位为吨/吨-产品，则计算产生量时需要获取企业实际产品产量。

（3）污染物产生量按以下公式进行计算：

污染物产生量=污染物对应的产污系数×产品产量

$$G_{产i} = P_{产i} \times M_i$$

式中，$G_{产i}$——工段 i 某污染物的产生量；

$P_{产i}$——工段 i 某污染物对应的产污系数；

M_i——工段 i 的产品产量。

3.2 计算工段污染物去除量

（1）根据企业对某一污染物所采用的治理技术查找和选择相应的治理技术平均去除效率。

（2）根据污染治理设施实际运行率参数及其计算公式得出该企业某一污染物的治理设施实际运行率（k 值）。

（3）污染物去除量按以下公式进行计算：

污染物去除量=污染物产生量×污染物去除率

=污染物产生量×治理技术平均去除效率×治理设施实际运行率

$$R_{减i} = G_{产i} \times \eta_T \times k_T$$

式中，$R_{减i}$——工段 i 某污染物的去除量；

η_T——工段 i 某污染物采用的末端治理技术的平均去除效率；

k_T——工段 i 某污染物采用的末端治理设施的实际运行率。

3.3 计算工段污染物排放量

污染物排放量=污染物产生量–污染物去除量

=污染物对应的产污系数×产品产量–污染物产生量×

治理技术平均去除效率×治理设施实际运行率

3.4 计算企业污染物排放量

同一企业某污染物全年的产生（排放）总量为该企业同年实际生产的全部工段、产品、原料、规模污染物产生（排放）量之和。

$$E_{排} = G_{产} - R_{减} = \sum(G_{产i} - R_{减i}) = \sum\left[P_{产i} \times M_i(1 - \eta_T \times k_T)\right]$$

4 污染物排放量核算案例

某岫岩玉矿山开采企业从事矿石开采。该企业涉及的主要产排污工段为开采工段，主要污染物为一般固废。以一般固废为例说明排放量计算过程。

该企业基本信息如表 1 所示。

表 1　某岫岩玉矿山开采企业基本信息

	核算环节：开采	
	名称	数量
产品及产量	岫岩玉	20000 吨
原料及用量	岫岩玉原矿	20000 吨
工艺名称	露天开采	—
规模（产能）	20000 吨	
污染治理设施	—	
实际运行率参数	治理设施运行时间	—
	企业正常生产时间	2400 小时

4.1　固体废物产生量计算

（1）查找产污系数及其计量单位

根据企业基本信息，查找本手册中主要产品为岫岩玉，原料为岫岩玉原矿，主要工艺为露天开采，生产规模为所有规模。该组合一般固废的产污系数为 2.0，单位为吨/吨-产品。

（2）获取企业产品产量

该企业实际情况为：主要产品岫岩玉 2017 年产量为 20000 吨。

（3）一般固废产生量

由于查询到的组合中，一般固废产污系数的单位为吨/吨-产品，因此在核算产生量时采用产品产量。

一般固废产生量=一般固废产污系数×产品产量

=2.0 吨/吨-产品×20000 吨-产品=40000 吨

4.2　一般固废排放量计算

一般固废排放量=一般固废产生量=40000 吨

4.3　一般固废总排放量计算

一般固废总排放量=工段排放量=40000 吨

5 系数表

1093 宝石、玉石采选行业系数表

工段名称	产品名称	原料名称	工艺名称	规模等级	污染物类别	污染物指标	系数单位	产污系数	末端治理技术	末端治理技术平均去除效率/%	参考 k 值计算公式[1]
开采	金刚石	金伯利岩	地下开采	所有规模	固废	一般固废	吨/克拉-产品	1.14	—	—	—
	岫岩玉	岫岩玉原矿	露天开采	所有规模	固废	一般固废	吨/吨-产品	2.0	—	—	—
			地下开采	所有规模	固废	一般固废	吨/吨-产品	0.2	—	—	—

[1] 该公式仅供参考，使用时，可根据 k 值定义，选取更适合企业实际情况的表达方式。

1099 其他未列明非金属矿采选业

1 适用范围

本手册仅用于《国民经济行业分类》（GB/T 4754—2017）中 1099 其他未列明非金属矿采选行业使用系数法核算工业污染物产生量和排放量的工业企业。

利用本手册进行产排污核算得出的污染物产生量与排放量仅代表了特定行业的工艺、产品、原料在正常工况下污染物产生与排放的一般规律。

本行业不核算废水及水污染物的产生量及排放量，无废水指标；废气指标为无组织排放的颗粒物。

2 注意事项

2.1 企业有多种生产工艺或生产多类产品产排污量核算

产生量与产品产量有关，鉴于矿山开采无组织颗粒物排放的控制措施效果差异较大，且与开采条件、地形地貌、气候条件等有关，本手册未给出控制措施，产生量即为排放量。

2.2 系数表中未涉及的产污系数及污染治理效率

其他未列明的非金属矿的露天开采的产污系数参考“菱镁矿”，地下开采的产污系数参考“硅藻土”。

2.3 其他需要说明的问题

由于不同企业工业废气量、废水量差异较大，本手册所提供的工业废气量、废水量系数仅供参考。

为体现相同产污水平条件下，采用相同环保治理设施的不同企业对同一污染物去除效果的差异，引入末端治理设施实际运行率（k）对污染治理技术的实际去除率进行修正。k 值反映的是污染治理设施运行的状态，越稳定运行，k 值越高；在取值上，若定义连续稳定运行的理想状态为 1，则 k 取值在 0～1 之间。

本手册给出本行业的 k 计算公式仅供参考，使用时，可根据 k 值定义，选取更适合企业实际情况的表达方式。

3 污染物排放量核算方法

针对企业实际生产情况，本行业在系数制定过程中将企业全生产流程划分或拆分为若干工段（核算环节），在核算企业污染物产排量时，可灵活选择本企业对应的工段进行核算。

3.1 计算工段污染物产生量

（1）根据产品、原料、生产过程中产污的主导生产工艺、企业规模（生产产能）这一组合查找和确定所对应的某一污染物的产污系数。

（2）根据该污染物的产污系数计量单位——单位产品产量，获取企业实际产品产量。

例如，某组合内无组织颗粒物的产污系数单位为千克/吨-产品，则计算产生量时需要获取企业实际产品产量。

污染物产生量按以下公式进行计算：

污染物产生量=污染物对应的产污系数×产品产量

$$G_{产i}=P_{产i}\times M_i$$

式中，$G_{产i}$——工段 i 某污染物的产生量；

$P_{产i}$——工段 i 某污染物对应的产污系数；

M_i——工段 i 的产品产量。

3.2 计算工段污染物去除量

（1）根据企业对某一污染物所采用的治理技术查找和选择相应的治理技术平均去除效率。

（2）根据污染治理设施实际运行率参数及其计算公式得出该企业某一污染物的治理设施实际运行率（k 值）。

（3）污染物去除量按以下公式进行计算：

污染物去除量=污染物产生量×污染物去除率

=污染物产生量×治理技术平均去除效率×治理设施实际运行率

$$R_{减i}=G_{产i}\times\eta_T\times k_T$$

式中，$R_{减i}$——工段 i 某污染物的去除量；

η_T——工段 i 某污染物采用的末端治理技术的平均去除效率；

k_T——工段 i 某污染物采用的末端治理设施的实际运行率。

3.3 计算工段污染物排放量

污染物排放量=污染物产生量−污染物去除量

=污染物对应的产污系数×产品产量−污染物产生量×治理技术平均去除效率×治理设施实际运行率

3.4 计算企业污染物排放量

同一企业某污染物全年的产生（排放）总量为该企业同年实际生产的全部工段、产品、原料、规模污染物产生（排放）量之和。

$$E_{排}=G_{产}-R_{减}=\sum(G_{产i}-R_{减i})=\sum\left[P_{产i}\times M_i(1-\eta_T\times k_T)\right]$$

4 污染物排放量核算案例

参照 1013 耐火土石开采行业的核算方法。

5 系数表

1099 其他未列明非金属矿采选行业系数表

工段名称	产品名称	原料名称	工艺名称	规模等级	污染物类别	污染物指标	系数单位	产污系数	末端治理技术	末端治理技术平均去除效率/%	参考 k 值计算公式[1]
开采	菱镁矿	菱镁矿原矿	露天开采	所有规模	废气	颗粒物	千克/吨-产品	5.84×10^{-2}	—	—	—
					固废	一般固废	吨/吨-产品	2.1	—	—	—
	硅藻土	硅藻土原矿	地下开采	所有规模	固废	一般固废	吨/吨-产品	8×10^{-3}	—	—	—

[1] 该公式仅供参考，使用时，可根据 k 值定义，选取更适合企业实际情况的表达方式。

11

开采专业及辅助性活动

1110 煤炭开采和洗选专业及辅助性活动

1 适用范围

本手册仅用于《国民经济行业分类》（GB/T 4754—2017）中 1110 煤炭开采和洗选专业及辅助性活动行业使用系数法核算工业污染物产生量和排放量的工业企业。

利用本手册进行产排污核算得出的污染物产生量与排放量仅代表了特定行业的工艺、产品、原料在正常工况下污染物产生与排放的一般规律。

本行业废水指标包括矿区生活污水处理站排放的工业废水量、化学需氧量、氨氮、悬浮物。

2 注意事项

2.1 企业有多种生产工艺或生产多类产品产排污量核算

污染物产生量与原料用量有关，根据核算环节计算产污量后，再根据企业末端治理设施和运行情况计算排污量。

在企业实际排放量计算过程中，如果存在废水回用的情况，需要在利用产排污核算公式的基础上扣除废水回用的部分。公式如下：

实际排放量=计算排放量×（1−废水回用率）

2.2 其他需要说明的问题

由于不同企业工业废气量、废水量差异较大，本手册所提供的工业废气量、废水量系数仅供参考。

为体现相同产污水平条件下，采用相同环保治理设施的不同企业对同一污染物去除效果的差异，引入末端治理设施实际运行率（k）对污染治理技术的实际去除率进行修正。k 值反映的是污染治理设施运行的状态，越稳定运行，k 值越高；在取值上，若定义连续稳定运行的理想状态为 1，则 k 取值在 0～1 之间。

本手册给出本行业的 k 计算公式仅供参考，使用时，可根据 k 值定义，选取更适合企业实际情况的表达方式。

本手册所提供的系数只适用于煤矿区有独立生活污水处理站的情况，矿区生活污水经管道接入市政排水管网的煤矿企业不填报；多个煤炭企业合建矿区生活污水处理站时，分别计算每个企业的产污量；一个企业业务涵盖开采和洗选时，归属于煤炭开采类，企业规模为煤炭开采的生产产能。

3 污染物排放量核算方法

3.1 计算工段污染物产生量

（1）根据产品、原料、污染物产生的主导生产工艺、企业规模（生产产能）这一组合查找和确定所对应的某一污染物的产污系数。

（2）根据该污染物的产污系数计量单位——单位原料用量，获取企业实际原料用量。

例如，某组合内化学需氧量的产污系数单位为千克/吨-原料，则计算产生量时需要获取企业原料实际消耗量。

（3）污染物产生量按以下公式进行计算：

污染物产生量=污染物对应的产污系数×原料用量

$$G_{产i} = P_{产i} \times M_i$$

式中，$G_{产i}$——工段 i 某污染物的产生量；

$P_{产i}$——工段 i 某污染物对应的产污系数；

M_i——工段 i 的原料用量。

3.2 计算工段污染物去除量

（1）根据企业对某一污染物所采用的治理技术查找和选择相应的治理技术平均去除效率。

（2）根据所填报的污染治理设施实际运行率参数及其计算公式得出该企业某一污染物的治理设施实际运行率（k 值）。

（3）污染物去除量按以下公式进行计算：

污染物去除量=污染物产生量×污染物去除率

=污染物产生量×治理技术平均去除效率×治理设施实际运行率

$$R_{减i} = G_{产i} \times \eta_T \times k_T$$

式中，$R_{减i}$——工段 i 某污染物的去除量；

η_T——工段 i 某污染物采用的末端治理技术的平均去除效率；

k_T——工段 i 某污染物采用的末端治理设施的实际运行率。

3.3 计算工段污染物排放量

污染物排放量=污染物产生量–污染物去除量

=污染物对应的产污系数×原料用量–污染物产生量×

治理技术平均去除效率×治理设施实际运行率

3.4 计算企业污染物排放量

同一企业某污染物全年的产生（排放）总量为该企业同年实际生产的全部工段、产品、原料、规模污染物产生（排放）量之和。

$$E_{排} = G_{产} - R_{减} = \sum (G_{产i} - R_{减i}) = \sum \left[P_{产i} \times M_i (1 - \eta_T \times k_T) \right]$$

4 污染物排放量核算案例

某煤炭企业主要从事褐煤的开采。该企业涉及的主要产污核算环节为生活污水处理站，主要污染物为化学需氧量、氨氮、悬浮物。以化学需氧量为例说明产生量和排放量计算过程。

该企业基本信息如表 1 所示。

表 1　某煤炭开采企业主要信息

	核算环节：生活污水处理站	
	名称	数量
产品及产量	褐煤	500 万吨
原料及用量	褐煤	500 万吨
工艺名称	井工开采	—
规模（产能）	500 万吨	
污染治理设施	A/O 工艺	
实际运行率参数	污水治理设施运行时间	330 天
	企业正常生产时间	330 天

4.1 化学需氧量产生量计算

（1）查找产污系数及其计量单位

根据企业基本信息，主要产品为褐煤，主要原料为褐煤，主要工艺为井工开采，生产规模为 500 万吨/年。该组合化学需氧量的产污系数为 15.3，单位为克/吨-原料。

（2）获取企业原料用量

该企业实际情况为：2017 年原料用量为 500 万吨。

（3）计算化学需氧量产生量

由于查询到的组合中，化学需氧量产污系数的单位为克/吨-原料，因此在核算产生量时采用原料用量。

化学需氧量产生量=化学需氧量产污系数×原料用量

=15.3 克/吨-原料×5000000 吨-原料×10^{-3} 千克/克=76500 千克

4.2 化学需氧量去除量计算

（1）查找治理技术平均去除效率

该企业生活污水治理技术采用 A/O 工艺，属于好氧生物处理法，查询相应组合内该工艺的平均去除效率为 85%。

（2）计算污染治理设施实际运行率

根据产污系数组合查询结果，该组合中好氧生物处理法对应的污染治理设施实际运行率为

k =污水治理设施运行时间/企业正常生产时间=330 天/330 天=1

（3）计算化学需氧量去除量

化学需氧量去除量=76500 千克×85%×1=65025 千克

4.3 化学需氧量排放量计算

化学需氧量排放量=76500 千克−65025 千克= 11475 千克

5 系数表

1110 煤炭开采和洗选专业及辅助性活动行业系数表

工段名称	产品名称	原料名称	工艺名称	规模等级	污染物类别	污染物指标	系数单位	产污系数	末端治理技术	末端治理技术平均去除效率/%	参考 k 值计算公式[1]
生活污水处理站	褐煤	褐煤	井工开采	≥120万吨/年	废水	工业废水量	吨/吨-原料	0.103	—	—	k=处理设施运行时间（天/年）/企业正常生产时间（天/年）
						化学需氧量	克/吨-原料	15.3	好氧生物处理法	85	
									物理化学处理法+好氧生物处理法	90	
						氨氮	克/吨-原料	2.29	好氧生物处理法	83	
									物理化学处理法+好氧生物处理法	87	
						悬浮物	克/吨-原料	9.85	好氧生物处理法	88	
									物理化学处理法+好氧生物处理法	91	
				<120万吨/年	废水	工业废水量	吨/吨-原料	0.0873	—	—	
						化学需氧量	克/吨-原料	12.1	好氧生物处理法	85	
									物理化学处理法+好氧生物处理法	90	
						氨氮	克/吨-原料	1.03	好氧生物处理法	83	
									物理化学处理法+好氧生物处理法	87	
						悬浮物	克/吨-原料	8.98	好氧生物处理法	88	
									物理化学处理法+好氧生物处理法	91	
	烟煤和无烟煤	烟煤和无烟煤	井工开采	≥1000万吨/年	废水	工业废水量	吨/吨-原料	0.108	—	—	
						化学需氧量	克/吨-原料	17.3	好氧生物处理法	85	
									物理化学处理法+好氧生物处理法	90	
						氨氮	克/吨-原料	2.16	好氧生物处理法	83	
									物理化学处理法+好氧生物处理法	87	
						悬浮物	克/吨-原料	11.1	好氧生物处理法	88	
									物理化学处理法+好氧生物处理法	91	

[1] 该公式仅供参考，使用时，可根据 k 值定义，选取更适合企业实际情况的表达方式。

1110 煤炭开采和洗选专业及辅助性活动行业系数表（续表 1）

工段名称	产品名称	原料名称	工艺名称	规模等级	污染物类别	污染物指标	系数单位	产污系数	末端治理技术	末端治理技术平均去除效率/%	参考 k 值计算公式
生活污水处理站	烟煤和无烟煤	烟煤和无烟煤	井工开采	120 万～1000 万吨/年	废水	工业废水量	吨/吨-原料	0.0952	—	—	k =处理设施运行时间（天/年）/企业正常生产时间（天/年）
						化学需氧量	克/吨-原料	13.0	好氧生物处理法	85	
									物理化学处理法+好氧生物处理法	90	
						氨氮	克/吨-原料	1.77	好氧生物处理法	83	
									物理化学处理法+好氧生物处理法	87	
						悬浮物	克/吨-原料	11.0	好氧生物处理法	88	
									物理化学处理法+好氧生物处理法	91	
				30 万～120 万吨/年	废水	工业废水量	吨/吨-原料	0.0904	—	—	
						化学需氧量	克/吨-原料	12.7	好氧生物处理法	85	
									物理化学处理法+好氧生物处理法	90	
						氨氮	克/吨-原料	1.61	好氧生物处理法	83	
									物理化学处理法+好氧生物处理法	87	
						悬浮物	克/吨-原料	10.4	好氧生物处理法	88	
									物理化学处理法+好氧生物处理法	91	
				＜30 万吨/年	废水	工业废水量	吨/吨-原料	0.0848	—	—	
						化学需氧量	克/吨-原料	11.5	好氧生物处理法	85	
									物理化学处理法+好氧生物处理法	90	
						氨氮	克/吨-原料	1.56	好氧生物处理法	83	
									物理化学处理法+好氧生物处理法	87	
						悬浮物	克/吨-原料	9.14	好氧生物处理法	88	
									物理化学处理法+好氧生物处理法	91	

1110 煤炭开采和洗选专业及辅助性活动行业系数表（续表 2）

工段名称	产品名称	原料名称	工艺名称	规模等级	污染物类别	污染物指标	系数单位	产污系数	末端治理技术	末端治理技术平均去除效率/%	参考 k 值计算公式
生活污水处理站	褐煤	褐煤	露天开采	≥120万吨/年	废水	工业废水量	吨/吨-原料	0.0637	—	—	k =处理设施运行时间（天/年）/企业正常生产时间（天/年）
						化学需氧量	克/吨-原料	7.89	好氧生物处理法	85	
									物理化学处理法+好氧生物处理法	90	
						氨氮	克/吨-原料	1.43	好氧生物处理法	83	
									物理化学处理法+好氧生物处理法	87	
						悬浮物	克/吨-原料	8.13	好氧生物处理法	88	
									物理化学处理法+好氧生物处理法	91	
				<120万吨/年	废水	工业废水量	吨/吨-原料	0.0603	—	—	
						化学需氧量	克/吨-原料	7.50	好氧生物处理法	85	
									物理化学处理法+好氧生物处理法	90	
						氨氮	克/吨-原料	1.04	好氧生物处理法	83	
									物理化学处理法+好氧生物处理法	87	
						悬浮物	克/吨-原料	8.11	好氧生物处理法	88	
									物理化学处理法+好氧生物处理法	91	
	烟煤和无烟煤	烟煤和无烟煤	露天开采	≥120万吨/年	废水	工业废水量	吨/吨-原料	0.0874	—	—	
						化学需氧量	克/吨-原料	11.0	好氧生物处理法	85	
									物理化学处理法+好氧生物处理法	90	
						氨氮	克/吨-原料	1.44	好氧生物处理法	83	
									物理化学处理法+好氧生物处理法	87	
						悬浮物	克/吨-原料	10.1	好氧生物处理法	88	
									物理化学处理法+好氧生物处理法	91	

1110 煤炭开采和洗选专业及辅助性活动行业系数表（续表 3）

工段名称	产品名称	原料名称	工艺名称	规模等级	污染物类别	污染物指标	系数单位	产污系数	末端治理技术	末端治理技术平均去除效率/%	参考 k 值计算公式
生活污水处理站	烟煤和无烟煤	烟煤和无烟煤	露天开采	＜120万吨/年	废水	工业废水量	吨/吨-原料	0.0833	—	—	k=处理设施运行时间（天/年）/企业正常生产时间（天/年）
						化学需氧量	克/吨-原料	9.93	好氧生物处理法	85	
									物理化学处理法+好氧生物处理法	90	
						氨氮	克/吨-原料	1.05	好氧生物处理法	83	
									物理化学处理法+好氧生物处理法	87	
						悬浮物	克/吨-原料	9.08	好氧生物处理法	88	
									物理化学处理法+好氧生物处理法	91	
	洗精煤、洗混煤	烟煤和无烟煤	洗选	≥1000万吨/年	废水	工业废水量	吨/吨-原料	0.0660	—	—	
						化学需氧量	克/吨-原料	9.41	好氧生物处理法	85	
									物理化学处理法+好氧生物处理法	90	
						氨氮	克/吨-原料	1.43	好氧生物处理法	83	
									物理化学处理法+好氧生物处理法	87	
						悬浮物	克/吨-原料	6.96	好氧生物处理法	88	
									物理化学处理法+好氧生物处理法	91	
				120万～1000万吨/年	废水	工业废水量	吨/吨-原料	0.0644	—	—	
						化学需氧量	克/吨-原料	9.41	好氧生物处理法	85	
									物理化学处理法+好氧生物处理法	90	
						氨氮	克/吨-原料	1.32	好氧生物处理法	83	
									物理化学处理法+好氧生物处理法	87	
						悬浮物	克/吨-原料	6.16	好氧生物处理法	88	
									物理化学处理法+好氧生物处理法	91	
				＜120万吨/年	废水	工业废水量	吨/吨-原料	0.0619	—	—	
						化学需氧量	克/吨-原料	8.30	好氧生物处理法	85	
									物理化学处理法+好氧生物处理法	90	
						氨氮	克/吨-原料	1.18	好氧生物处理法	83	
									物理化学处理法+好氧生物处理法	87	
						悬浮物	克/吨-原料	5.42	好氧生物处理法	88	
									物理化学处理法+好氧生物处理法	91	

1110 煤炭开采和洗选专业及辅助性活动行业系数表（续表 4）

工段名称	产品名称	原料名称	工艺名称	规模等级	污染物类别	污染物指标	系数单位	产污系数	末端治理技术	末端治理技术平均去除效率/%	参考 k 值计算公式
生活污水处理站	洗混煤	褐煤	洗选	≥120 万吨/年	废水	工业废水量	吨/吨-原料	0.0514	—	—	k =处理设施运行时间（天/年）/企业正常生产时间（天/年）
						化学需氧量	克/吨-原料	7.17	好氧生物处理法	85	
									物理化学处理法+好氧生物处理法	90	
						氨氮	克/吨-原料	0.926	好氧生物处理法	83	
									物理化学处理法+好氧生物处理法	87	
						悬浮物	克/吨-原料	5.40	好氧生物处理法	88	
									物理化学处理法+好氧生物处理法	91	
				＜120 万吨/年	废水	工业废水量	吨/吨-原料	0.0442	—	—	
						化学需氧量	克/吨-原料	6.89	好氧生物处理法	85	
									物理化学处理法+好氧生物处理法	90	
						氨氮	克/吨-原料	0.879	好氧生物处理法	83	
									物理化学处理法+好氧生物处理法	87	
						悬浮物	克/吨-原料	5.12	好氧生物处理法	88	
									物理化学处理法+好氧生物处理法	91	

1120 石油和天然气开采专业及辅助性活动

1 适用范围

本手册仅用于《国民经济行业分类》（GB/T 4754—2017）中 1120 石油和天然气开采专业及辅助性活动使用系数法核算工业污染物产生量和排放量的工业企业。

利用本手册进行产排污核算得出的污染物产生量与排放量仅代表了特定行业、工艺、产品、原料在正常工况下污染物产生与排放的一般规律。

本行业废水指标包括化学需氧量、石油类、工业废水量；固体废物指标包括废酸化液、废压裂液、废洗井液、废弃钻井液。

2 注意事项

2.1 企业有多种生产工艺或生产多类产品产排污量核算

污染物产生量与产品产量有关，根据不同核算环节计算产污量后，再根据企业末端治理设施和运行情况计算各污染物的排放量。

在企业实际排放量计算过程中，如果存在废水回用的情况，需要在利用产排污核算公式的基础上扣除废水回用的部分。公式如下：

实际排放量=计算排放量×（1−废水回用率）

2.2 采用多种治理设施组合处理企业的排污量核算

在排污量计算选择末端治理技术时，若没有对应的组合治理技术，以主要治理技术为准。

2.3 系数表中未涉及的产污系数及污染治理效率

页岩油的生产过程中，如果包含原料制备和干馏工艺，废水、废气指标可参考 2519 其他原油制造行业的系数手册。

2.4 其他需要说明的问题

（1）钻井井别和类型的不同，对钻井液体系的要求与消耗有差异。经调研与现场实测，对于油井钻井，将探井确定为特殊井，其余井别为普通井；对于气井钻井，将直井定为普通井，其余井别为特殊井。

（2）由于地层地质条件及设计要求千差万别，本手册所提供的产污系数，从总体上反映了单井作业的平均水平，但不具备典型性。因此，如某一企业的产污情况与本手册所提供的产污系数相差较大时，应结合具体企业的实际情况以企业实测数据为准。

（3）由于不同企业工业废气量、废水量差异较大，本手册所提供的工业废气量、废水量系数仅供参考。

为体现相同产污水平条件下，采用相同环保治理设施的不同企业对同一污染物去除效果的差异，引入末端治理设施实际运行率（k）对污染治理技术的实际去除率进行修正。k 值反映的是污染治理设施运行的状态，越稳定运行，k 值越高；在取值上，若定义连续稳定运行的理想状态为 1，则 k 取值在 0～1 之间。

本手册给出本行业的 k 计算公式仅供参考，使用时，可根据 k 值定义，选取更适合企业实际情况的表达方式。

3 污染物排放量核算方法

3.1 计算工段污染物产生量

（1）根据产品、原料、污染物产生的主导生产工艺、企业规模（生产产能）这一组合查找和确定所对应的某一污染物的产污系数。

（2）根据该污染物的产污系数计量单位——单位产品产量或单位原料用量，获取企业实际产品产量或原料用量。

例如，某组合内化学需氧量的产污系数单位为千克/吨-产品，则计算产生量时需要获取企业实际产品产量；如果产污系数单位为千克/吨-原料，则计算产生量时需要获取企业原料实际消耗量。

（3）污染物产生量按以下公式进行计算：

污染物产生量=污染物对应的产污系数×产品产量（原料用量）

$$G_{产i} = P_{产i} \times M_i$$

式中，$G_{产i}$——工段 i 某污染物的产生量；

$P_{产i}$——工段 i 某污染物对应的产污系数；

M_i——工段 i 的产品产量（原料用量）。

3.2 计算工段污染物去除量

（1）根据企业对某一污染物所采用的治理技术查找和选择相应的治理技术平均去除效率。

（2）根据所填报的污染治理设施实际运行率参数及其计算公式得出该企业某一污染物的治理设施实际运行率（k 值）。

（3）污染物去除量按以下公式进行计算：

污染物去除量=污染物产生量×污染物去除率

=污染物产生量×治理技术平均去除效率×治理设施实际运行率

$$R_{减i} = G_{产i} \times \eta_T \times k_T$$

式中，$R_{减i}$——工段 i 某污染物的去除量；

η_T——工段 i 某污染物采用的末端治理技术的平均去除效率；

k_T——工段 i 某污染物采用的末端治理设施的实际运行率。

3.3 计算工段污染物排放量

污染物排放量=污染物产生量－污染物去除量

=污染物对应的产污系数×产品产量（原料用量）－污染物产生量×

治理技术平均去除效率×治理设施实际运行率

3.4 计算企业污染物排放量

同一企业某污染物全年的产生（排放）总量为该企业同年实际生产的全部工段、产品、原料、规模污染物产生（排放）量之和。

$$E_{排}=G_{产}-R_{减}=\sum(G_{产i}-R_{减i})=\sum\left[P_{产i}\times M_i(1-\eta_T\times k_T)\right]$$

4 污染物排放量核算案例

某企业进行非低渗透油井洗井作业，井次为336，废洗井液密度按1吨/米^{3}计。查表得石油类产污系数为17645克/井。

石油类产生量为 17645 克/井×336 井=5928720 克

企业处理废水的方式为物理+回注。查表得末端治理技术处理效率为100%，则石油类排放量为0。

5 系数表

1120 石油和天然气开采专业及辅助性活动行业系数表

工段名称	产品名称	原料名称	工艺名称	规模等级	污染物类别	污染物指标	系数单位	产污系数	末端治理技术	末端治理技术平均去除效率/%	参考 k 值计算公式[1]
—	井下作业	压裂液	非低渗透油井加砂压裂	所有规模	固体废物	废压裂液（压裂返排液）	米^3/井	119.94	无害化处理/处置/利用	—	—
			低渗透油井加砂压裂			废压裂液（压裂返排液）	米^3/井	153.21	无害化处理/处置/利用	—	—
			气井加砂压裂			废压裂液（压裂返排液）	米^3/井	263.98	无害化处理/处置/利用	—	—
		酸化液	非低渗透油井酸化压裂	所有规模	固体废物	废酸化液（酸化返排液）	米^3/井	26.56	无害化处理/处置/利用	—	—
			低渗透油井酸化压裂			废酸化液（酸化返排液）	米^3/井	150.49	无害化处理/处置/利用	—	—
			气井酸化压裂			废酸化液（酸化返排液）	米^3/井	82.3	无害化处理/处置/利用	—	—
		洗井液	修井	所有规模	固体废物	废洗井液	吨/井	25.29	无害化处理/处置/利用	—	—

[1] 该公式仅供参考，使用时，可根据 k 值定义，选取更适合企业实际情况的表达方式。

1120 石油和天然气开采专业及辅助性活动行业系数表（续表 1）

工段名称	产品名称	原料名称	工艺名称	规模等级	污染物类别	污染物指标	系数单位	产污系数	末端治理技术	末端治理技术平均去除效率/%	参考 k 值计算公式
—	井下作业	洗井液（水）	非低渗透油井洗井作业	所有规模	废水	化学需氧量	克/井	104525	①物理+化学+回注	100	k =污水治理设施运行时间（天/年）/企业正常生产时间（天/年）
									②物理+回注	100	
									③过滤分离/上浮分离+生物接触氧化法	88*[①]	
						石油类	克/井	17645	①物理+化学+回注	100	
									②物理+回注	100	
									③过滤分离/上浮分离+生物接触氧化法	96*	
									④水力旋流器＋脱气除油罐＋排放	41[②]	
									⑤缓冲罐＋水力旋流器＋排放	41[③]	
									⑥水力旋流器＋过滤器＋排放	74[③]	
						工业废水量	吨/井	76.0	—	—	—
			低渗透油井洗井作业	所有规模	废水	化学需氧量	克/井	34679	①物理+化学+回注	100	k =污水治理设施运行时间（天/年）/企业正常生产时间（天/年）
									②物理+回注	100	
									③过滤分离/上浮分离+生物接触氧化法	88*	
						石油类	克/井	6122	①物理+化学+回注	100	
									②物理+回注	100	
									③过滤分离/上浮分离+生物接触氧化法	96*	
									④水力旋流器＋脱气除油罐＋排放	41[②]	
									⑤缓冲罐＋水力旋流器＋排放	41[②]	
									⑥水力旋流器＋过滤器＋排放	74[③]	
						工业废水量	吨/井	27.13	—	—	—

注：①“*”表示该分类下的油田企业，当前资料没有关于使用该工艺的记录，数据为参考其他类型油田得出。

②污水排放标准为《海洋石油勘探开发污染物排放浓度限值》（GB 4914—2008）中“石油类”二级排放浓度限值 45 毫克/升，使用该治理技术。

③污水排放标准为《海洋石油勘探开发污染物排放浓度限值》（GB 4914—2008）中“石油类”一级排放浓度限值 20 毫克/升，使用该治理技术。

1120 石油和天然气开采专业及辅助性活动行业系数表（续表 2）

工段名称	产品名称	原料名称	工艺名称	规模等级	污染物类别	污染物指标	系数单位	产污系数	末端治理技术	末端治理技术平均去除效率/%	参考 k 值计算公式
—	钻井作业	钻井液	普通气井	≥4 千米进尺	废水	化学需氧量	克/百米	244810	①过滤分离/上浮分离+化学混凝法	73*①	k =污水治理设施运行时间（天/年）/企业正常生产时间（天/年）
									②物理+化学+回注	100	
									③物理+回注	100	
						石油类	克/百米	1072	①过滤分离/上浮分离+化学混凝法	74*	
									②物理+化学+回注	100	
									③物理+回注	100	
									④紧凑式气体浮选机＋开排沉箱排放②	85*	
									⑤水力旋流器＋脱气除油罐＋开排沉箱排放②	87*	
						工业废水量	吨/百米	52.64	—	—	—
—	钻井作业	钻井液	普通气井	2～4 千米进尺	废水	化学需氧量	克/百米	204602	①过滤分离/上浮分离+化学混凝法	73*①	k =污水治理设施运行时间（天/年）/企业正常生产时间（天/年）
									②物理+化学+回注	100	
									③物理+回注	100	
						石油类	克/百米	928	①过滤分离/上浮分离+化学混凝法	74*	
									②物理+化学+回注	100	
									③物理+回注	100	
									④紧凑式气体浮选机＋开排沉箱排放②	85*	
									⑤水力旋流器＋脱气除油罐＋开排沉箱排放②	87*	
						工业废水量	吨/百米	46.41	—	—	—

注：①“*”表示该分类下的油田企业，当前资料没有关于使用该工艺的记录，数据为参考其他类型油气田得出。
②该治理技术只见于海上天然气开采。

1120 石油和天然气开采专业及辅助性活动行业系数表（续表 3）

工段名称	产品名称	原料名称	工艺名称	规模等级	污染物类别	污染物指标	系数单位	产污系数	末端治理技术	末端治理技术平均去除效率/%	参考 k 值计算公式
—	钻井作业	钻井液	普通气井	≤2 千米进尺	废水	化学需氧量	克/百米	241855	①过滤分离/上浮分离+化学混凝法	73*①	k=污水治理设施运行时间（天/年）/企业正常生产时间（天/年）
									②物理+化学+回注	100	
									③物理+回注	100	
						石油类	克/百米	1099	①过滤分离/上浮分离+化学混凝法	74*	
									②物理+化学+回注	100	
									③物理+回注	100	
									④紧凑式气体浮选机＋开排沉箱排放②	85*	
									⑤水力旋流器＋脱气除油罐＋开排沉箱排放②	87*	
						工业废水量	吨/百米	54.94	—	—	—
			特殊气井	≥4 千米进尺	废水	化学需氧量	克/百米	252593	①过滤分离/上浮分离+化学混凝法	73*①	k=污水治理设施运行时间（天/年）/企业正常生产时间（天/年）
									②物理+化学+回注	100	
									③物理+回注	100	
						石油类	克/百米	1204	①过滤分离/上浮分离+化学混凝法	74*	
									②物理+化学+回注	100	
									③物理+回注	100	
									④紧凑式气体浮选机＋开排沉箱排放②	85*	
									⑤水力旋流器＋脱气除油罐＋开排沉箱排放②	87*	
						工业废水量	吨/百米	56.68	—	—	—

注：①“*”表示该分类下的油田企业，当前资料没有关于使用该工艺的记录，数据为参考其他类型油气田得出。
②该治理技术只见于海上天然气开采。

1120 石油和天然气开采专业及辅助性活动行业系数表（续表 4）

工段名称	产品名称	原料名称	工艺名称	规模等级	污染物类别	污染物指标	系数单位	产污系数	末端治理技术	末端治理技术平均去除效率/%	参考 k 值计算公式
—	钻井作业	钻井液	特殊气井	2～4 千米进尺	废水	化学需氧量	克/百米	227807	①过滤分离/上浮分离+化学混凝法	73*①	k =污水治理设施运行时间（天/年）/企业正常生产时间（天/年）
									②物理+化学+回注	100	
									③物理+回注	100	
						石油类	克/百米	1082	①过滤分离/上浮分离+化学混凝法	74*	
									②物理+化学+回注	100	
									③物理+回注	100	
									④紧凑式气体浮选机＋开排沉箱排放②	85*	
									⑤水力旋流器＋脱气除油罐＋开排沉箱排放②	87*	
						工业废水量	吨/百米	51.77	—	—	—
—	钻井作业	钻井液	特殊气井	≤2 千米进尺	废水	化学需氧量	克/百米	164698	①过滤分离/上浮分离+化学混凝法	73*①	k =污水治理设施运行时间（天/年）/企业正常生产时间（天/年）
									②物理+化学+回注	100	
									③物理+回注	100	
						石油类	克/百米	804.6	①过滤分离/上浮分离+化学混凝法	74*	
									②物理+化学+回注	100	
									③物理+回注	100	
									④紧凑式气体浮选机＋开排沉箱排放②	85*	
									⑤水力旋流器＋脱气除油罐＋开排沉箱排放②	87*	
						工业废水量	吨/百米	37.43	—	—	—

注：①“*”表示该分类下的油田企业，当前资料没有关于使用该工艺的记录，数据为参考其他类型油气田得出。

②该治理技术只见于海上天然气开采。

1120 石油和天然气开采专业及辅助性活动行业系数表（续表 5）

工段名称	产品名称	原料名称	工艺名称	规模等级	污染物类别	污染物指标	系数单位	产污系数	末端治理技术	末端治理技术平均去除效率/%	参考 k 值计算公式
—	钻井作业	钻井液	普通油井	≥3.5 千米进尺	固体废物	废弃钻井液	吨/百米	29.73	无害化处理/处置/利用	—	—
				2.5～3.5 千米进尺		废弃钻井液	吨/百米	19.5	无害化处理/处置/利用	—	—
				≤2.5 千米进尺		废弃钻井液	吨/百米	18.81	无害化处理/处置/利用	—	—
			特殊油井	≥3.5 千米进尺	固体废物	废弃钻井液	吨/百米	37.59	无害化处理/处置/利用	—	—
				2.5～3.5 千米进尺		废弃钻井液	吨/百米	34.43	无害化处理/处置/利用	—	—
				≤2.5 千米进尺		废弃钻井液	吨/百米	39.13	无害化处理/处置/利用	—	—
			普通气井	≥4 千米进尺	固体废物	废弃钻井液	吨/百米	29.25	无害化处理/处置/利用	—	—
				2～4 千米进尺	固体废物	废弃钻井液	吨/百米	17.83	无害化处理/处置/利用	—	—
				≤2 千米进尺	固体废物	废弃钻井液	吨/百米	13.77	无害化处理/处置/利用	—	—
			特殊气井	≥4 千米进尺	固体废物	废弃钻井液	吨/百米	49.66	无害化处理/处置/利用	—	—
				2～4 千米进尺	固体废物	废弃钻井液	吨/百米	23.36	无害化处理/处置/利用	—	—
				≤2 千米进尺	固体废物	废弃钻井液	吨/百米	14.75	无害化处理/处置/利用	—	—

1190 其他开采专业及辅助性活动

1 适用范围

本手册仅用于《国民经济行业分类》（GB/T 4754—2017）中 1190 其他开采专业及辅助性活动行业使用系数法核算工业污染物产生量和排放量的工业企业。

利用本手册进行产排污核算得出的污染物产生量与排放量仅代表了特定行业的工艺、产品、原料在正常工况下污染物产生与排放量的一般规律。

本行业无废水指标及废气指标，仅有固体废物指标。

2 注意事项

由于不同企业工业废气量、废水量差异较大，本手册所提供的工业废气量、废水量系数仅供参考。

为体现相同产污水平条件下，采用相同环保治理设施的不同企业对同一污染物去除效果的差异，引入末端治理设施实际运行率（k）对污染治理技术的实际去除率进行修正。k 值反映的是污染治理设施运行的状态，越稳定运行，k 值越高；在取值上，若定义连续稳定运行的理想状态为 1，则 k 取值在 0～1 之间。

本手册给出本行业的 k 计算公式仅供参考，使用时，可根据 k 值定义，选取更适合企业实际情况的表达方式。

3 污染物排放量核算方法

针对企业实际生产情况，本行业在系数制定过程中将企业全生产流程划分或拆分为若干工段（核算环节），在核算企业污染物产排量时，可灵活选择本企业对应的工段进行核算。

3.1 计算工段污染物产生量

（1）根据产品、原料、污染物产生的主导生产工艺、企业规模（生产产能）这一组合查找和确定所对应的某一污染物的产污系数。

（2）根据该污染物的产污系数计量单位——单位产品产量或单位原料用量，获取企业实际产品产量或原料用量。

例如，某组合内一般固废的产污系数单位为米^3/米^3-产品，则计算产生量时需要获取企业实际产品产量。

（3）污染物产生量按以下公式进行计算：

污染物产生量=污染物对应的产污系数×产品产量

$$G_{产i} = P_{产i} \times M_i$$

式中，$G_{产i}$——工段 i 某污染物的产生量；

$P_{产i}$——工段 i 某污染物对应的产污系数；

M_i——工段 i 的产品产量。

3.2 计算工段污染物去除量

（1）根据企业对某一污染物所采用的治理技术查找和选择相应的治理技术平均去除效率。

（2）根据污染治理设施实际运行率参数及其计算公式得出该企业某一污染物的治理设施实际运行率（k 值）。

（3）污染物去除量按以下公式进行计算：

污染物去除量=污染物产生量×污染物去除率

=污染物产生量×治理技术平均去除效率×治理设施实际运行率

$$R_{减i}=G_{产i}\times\eta_T\times k_T$$

式中，$R_{减i}$——工段 i 某污染物的去除量；

η_T——工段 i 某污染物采用的末端治理技术的平均去除效率；

k_T——工段 i 某污染物采用的末端治理设施的实际运行率。

3.3 计算工段污染物排放量

污染物排放量=污染物产生量−污染物去除量

=污染物对应的产污系数×产品产量−污染物产生量×

治理技术平均去除效率×治理设施实际运行率

3.4 计算企业污染物排放量

同一企业某污染物全年的产生（排放）总量为该企业同年实际生产的全部工段、产品、原料、规模污染物产生（排放）量之和。

$$E_{排}=G_{产}-R_{减}=\sum(G_{产i}-R_{减i})=\sum\left[P_{产i}\times M_i(1-\eta_T\times k_T)\right]$$

4 污染物排放量核算案例

参照 1093 宝石、玉石采选行业的核算方法。

5 系数表

1190 其他开采专业及辅助性活动行业系数表

工段名称	产品名称	原料名称	工艺名称	规模等级	污染物类别	污染物指标	系数单位	产污系数	末端治理技术	末端治理技术平均去除效率/%	参考 k 值计算公式[1]
开采	矿石样品	原矿	钻探	所有规模	固废	一般固废	吨/吨-产品	0	—	—	—
			槽探	所有规模	固废	一般固废	吨/吨-产品	0	—	—	—

[1] 该公式仅供参考，使用时，可根据 k 值定义，选取更适合企业实际情况的表达方式。

13

农副食品加工业

131 谷物磨制业

1 适用范围

本手册仅用于《国民经济行业分类》（GB/T 4754—2017）中 1311 稻谷加工、1312 小麦加工、1313 玉米加工、1314 杂粮加工行业使用系数法核算工业污染物产生量和排放量的工业企业。

利用本手册进行产排污核算得出的污染物产生量与排放量仅代表了特定行业、工艺、产品、原料在正常工况下污染物产生与排放的一般规律。

本行业废气指标包括颗粒物。

2 注意事项

2.1 企业有多种生产工艺或生产多类产品产排污量核算

污染物产生量与原料用量有关，根据不同核算环节计算产污量后，再根据企业末端治理设施和运行情况计算排污量。

企业某污染物的产生量、排放量为各核算环节产生量、排放量之和。

2.2 采用多种治理设施组合处理企业的排污量核算

在排污量计算选择末端治理技术时，若没有对应的组合治理技术，以主要治理技术为准。

2.3 系数表中未涉及的产污系数及污染治理效率

杂粮的生产过程中，小米、糜子、高粱、青稞、大麦、其他碾磨、脱壳谷物，废水、废气指标可参考 1311 稻谷加工的系数手册；黑麦、荞麦、莜麦、高粱、大麦、其他加工为细粉的谷物，废水、废气指标可参考 1312 小麦加工的系数手册；燕麦、黄豆、绿豆、红豆、豌豆、其他豆类、粗磨类谷物、谷物片等，废水、废气指标可参考 1313 玉米加工的系数手册。

谷物磨制生产过程中，如果包含烘干工艺，需依据 0514 农产品初加工（粮食烘干）行业的系数手册填报。

2.4 其他需要说明的问题

根据谷物磨制行业的生产特点，将除尘系统纳入生产工艺设备，不再单独记录末端治理设施运行信息。因此，谷物磨制行业颗粒物的产生量和排放量相等。

本手册只给出本行业废气颗粒物的有组织排放的产污系数，不包括无组织排放的产污系数。

由于不同企业工业废气量差异较大，本手册所提供的工业废气量系数仅供参考。

为体现相同产污水平条件下，采用相同环保治理设施的不同企业对同一污染物去除效果的差异，

引入末端治理设施实际运行率（k）对污染治理技术的实际去除率进行修正。k 值反映的是污染治理设施运行的状态，越稳定运行，k 值越高；在取值上，若定义连续稳定运行的理想状态为 1，则 k 取值在 0～1 之间。

本手册给出本行业的 k 计算公式仅供参考，使用时，可根据 k 值定义，选取更适合企业实际情况的表达方式。

3 污染物排放量核算方法

3.1 计算污染物产生量

（1）根据产品、原料、污染物产生的主导生产工艺、企业规模（生产产能）这一组合查找和确定所对应的某一污染物的产污系数。

（2）根据该污染物的产污系数计量单位——单位产品产量或单位原料用量，获取企业实际产品产量或原料用量。

例如，某组合内废气颗粒物的产污系数单位为千克/吨-产品，则计算产生量时需要获取企业实际产品产量；如果产污系数单位为千克/吨-原料，则计算产生量时需要获取企业原料实际消耗量。

（3）污染物产生量按以下公式进行计算：

污染物产生量=污染物对应的产污系数×产品产量（原料用量）

$$G_{产i} = P_{产i} \times M_i$$

式中，$G_{产i}$——工段 i 某污染物的产生量；

$P_{产i}$——工段 i 某污染物对应的产污系数；

M_i——工段 i 的产品产量（原料用量）。

3.2 计算污染物去除量

（1）根据企业对某一污染物所采用的治理技术查找和选择相应的治理技术平均去除效率。

（2）根据所填报的污染治理设施实际运行率参数及其计算公式得出该企业某一污染物的治理设施实际运行率（k 值）。

（3）污染物去除量按以下公式进行计算：

污染物去除量=污染物产生量×污染物去除率

=污染物产生量×治理技术平均去除效率×治理设施实际运行率

$$R_{减i} = G_{产i} \times \eta_T \times k_T$$

式中，$R_{减i}$——工段 i 某污染物的去除量；

η_T——工段 i 某污染物采用的末端治理技术的平均去除效率；

k_T——工段 i 某污染物采用的末端治理设施的实际运行率。

3.3 计算污染物排放量

污染物排放量=污染物产生量−污染物去除量

=污染物对应的产污系数×产品产量（原料用量）−污染物产生量×治理技术平均去除效率×治理设施实际运行率

3.4 计算企业污染物排放量

同一企业某污染物全年的产生（排放）总量为该企业同年实际生产的全部工段（核算环节）、产品、原料、规模污染物产生（排放）量之和。

$$E_{排} = G_{产} - R_{减} = \sum(G_{产i} - R_{减i}) = \sum\left[P_{产i} \times M_i(1-\eta_T \times k_T)\right]$$

4 污染物排放量核算案例

某企业以小麦为原料生产小麦粉，采用清理、磨制和除尘的组合工艺，企业日处理小麦500吨，年生产时间300天，计算企业废气颗粒物的产生量和排放量。

4.1 查找产污系数及其计量单位

根据企业基本信息，查找本手册中主要产品为小麦粉，主要原料为小麦，主要工艺为“清理+磨制+除尘”，生产规模为所有规模。该组合产污系数为0.085，单位为千克/吨-原料。

4.2 获取企业原料用量

该企业实际情况为：企业所用原料为小麦，原料用量=每日原料（小麦）处理量×年生产天数 = 500吨/天×300天=150000吨

4.3 计算颗粒物产生量

根据谷物磨制行业的生产特点，将除尘系统纳入生产工艺设备，即产污系数已核算扣减污染治理设施去除的颗粒物。因此，谷物磨制行业颗粒物的产生量和排放量相等。

根据企业原料消耗量，计算颗粒物的产生量和排放量：

颗粒物产生量=颗粒物排放量

=颗粒物产污系数×原料（小麦）用量

=0.085千克/吨-原料×150000吨-原料=12750千克

5 系数表

131 谷物磨制行业系数表

工段名称	产品名称	原料名称	工艺名称	规模等级	污染物类别	污染物指标	系数单位	产污系数	末端治理技术	末端治理技术平均去除效率/%	参考 k 值计算公式[1]
—	大米	稻谷	清理、碾磨、除尘	所有规模	废气	颗粒物	千克/吨-原料	0.015	—	—	—
					固废	一般工业固废	吨/吨-原料	0.005	—	—	
—	小麦粉	小麦	清理、磨制、除尘	所有规模	废气	颗粒物	千克/吨-原料	0.085	—	—	—
					固废	一般工业固废	吨/吨-原料	0.005	—	—	
—	玉米糁、玉米粉	玉米	清理、磨制、除尘	所有规模	废气	颗粒物	千克/吨-原料	0.023	—	—	—
					固废	一般工业固废	吨/吨-原料	0.004	—	—	

[1] 该公式仅供参考，使用时，可根据 k 值定义，选取更适合企业实际情况的表达方式。

132 饲料加工业

1　适用范围

本手册仅用于《国民经济行业分类》（GB/T 4754—2017）中 1321 宠物饲料加工、1329 其他饲料加工行业使用系数法核算工业污染物产生量和排放量的工业企业。

利用本手册进行产排污核算得出的污染物产生量与排放量仅代表了特定行业、工艺、产品、原料在正常工况下污染物产生与排放的一般规律。

本行业废气指标包括颗粒物。

2　注意事项

2.1　企业有多种生产工艺或生产多类产品产排污量核算

污染物产生量与产品产量有关，根据不同核算环节计算产污量后，再根据企业末端治理设施和运行情况计算排污量。

企业某污染物产生量、排放量为各核算环节产生量、排放量之和。

2.2　采用多种治理设施组合处理企业的排污量核算

在排污量计算选择末端治理技术时，若没有对应的组合治理技术，以主要治理技术为准。

2.3　系数表中未涉及的产污系数及污染治理效率

饲料生产过程中，宠物饲料罐头的废气指标可参考 1451 肉、禽类罐头制造行业的系数手册；饲料添加剂的废气指标可参考 1494 食品及饲料添加剂制造行业的系数手册；饲料用水产品渣粉的废气指标可参考 1363 水产饲料制造行业的系数手册。

饲料生产过程中，如果包含烘干工艺，需依据 0514 农产品初加工（粮食烘干）行业的系数手册填报。

2.4　其他需要说明的问题

由于不同企业工业废气量差异较大，本手册提供的工业废气量系数仅供参考。

为体现相同产污水平条件下，采用相同环保治理设施的不同企业对同一污染物去除效果的差异，引入末端治理设施实际运行率（k）对污染治理技术的实际去除率进行修正。k 值反映的是污染治理设施运行的状态，越稳定运行，k 值越高；在取值上，若定义连续稳定运行的理想状态为 1，则 k 取值在 0～1 之间。

本手册给出本行业的 k 计算公式仅供参考，使用时，可根据 k 值定义，选取更适合企业实际情

况的表达方式。

根据饲料加工行业的生产特点，将除尘系统纳入生产工艺设备，不再单独记录末端治理设施运行信息。因此，饲料加工行业颗粒物的产生量和排放量相等。

本手册只给出本行业废气颗粒物的有组织排放的产污系数，不包括无组织排放的产污系数。

3 污染物排放量核算方法

3.1 计算污染物产生量

（1）根据产品、原料、污染物产生的主导生产工艺、企业规模（生产产能）这一组合查找和确定所对应的某一污染物的产污系数。

（2）根据该污染物的产污系数计量单位——单位产品产量，获取企业实际产品产量。

例如，某组合内颗粒物的产污系数单位为千克/吨-产品，则计算产生量时需要获取企业实际产品产量。

（3）污染物产生量按以下公式进行计算：

污染物产生量=污染物对应的产污系数×产品产量

$$G_{产i}=P_{产i}\times M_i$$

式中，$G_{产i}$——工段 i 某污染物的产生量；

$P_{产i}$——工段 i 某污染物对应的产污系数；

M_i——工段 i 的产品产量。

3.2 计算污染物去除量

（1）根据企业对某一污染物所采用的治理技术查找和选择相应的治理技术平均去除效率。

（2）根据所填报的污染治理设施实际运行率参数及其计算公式得出该企业某一污染物的治理设施实际运行率（k 值）。

（3）污染物去除量按以下公式进行计算：

污染物去除量=污染物产生量×污染物去除率

=污染物产生量×治理技术平均去除效率×治理设施实际运行率

$$R_{减i}=G_{产i}\times\eta_T\times k_T$$

式中，$R_{减i}$——工段 i 某污染物的去除量；

η_T——工段 i 某污染物采用的末端治理技术的平均去除效率；

k_T——工段 i 某污染物采用的末端治理设施的实际运行率。

3.3 计算污染物排放量

污染物排放量=污染物产生量−污染物去除量

=污染物对应的产污系数×产品产量−污染物产生量×

治理技术平均去除效率×治理设施实际运行率

3.4 计算企业污染物排放量

同一企业某污染物全年的产生（排放）总量为该企业同年实际生产的全部工段、产品、原料、规模污染物产生（排放）量之和。

$$E_{排} = G_{产} - R_{减} = \sum(G_{产i} - R_{减i}) = \sum\left[P_{产i} \times M_i(1 - \eta_T \times k_T)\right]$$

4 污染物排放量核算案例

某宠物饲料加工企业以蛋白质类原料（豆粕等）、玉米、维生素和微量元素等为主要原料，采用粉碎、混合、制粒、除尘工艺，每天生产 200 吨，每年生产 300 天，每年生产宠物饲料 60000 吨。该企业颗粒物采用直排的方式，计算企业年颗粒物的产生量和排放量。

4.1 查找产污系数及其计量单位

根据企业基本信息表，查找本手册中主要产品为宠物饲料，主要原料为淀粉、蛋白粉、维生素等，主要工艺为“粉碎+混合+制粒（烘干）+包装+除尘”，生产规模为所有规模。该组合产污系数为 0.099，单位为千克/吨-产品。

4.2 获取企业产品产量

该企业实际情况为

宠物饲料年生产量=每日宠物饲料生产量×年生产天数

= 200 吨/天×300 天 = 60000 吨

4.3 计算颗粒物产生量

根据饲料加工行业的生产特点，将除尘系统纳入生产工艺设备，即产污系数已核算扣减污染治理设施去除的颗粒物。因此，饲料加工行业颗粒物的产生量和排放量相等。

根据企业产品生产量，计算颗粒物的产生量和排放量：

颗粒物产生量=颗粒物排放量

=颗粒物产污系数×宠物饲料年生产量

=0.099 千克/吨-产品×60000 吨-产品=5940 千克

5 系数表

132 饲料加工行业系数表

工段名称	产品名称	原料名称	工艺名称	规模等级	污染物类别	污染物指标	系数单位	产污系数	末端治理技术	末端治理技术平均去除效率/%	参考 k 值计算公式[1]
—	宠物饲料	蛋白质类原料（豆粕等）、玉米、维生素、微量元素等原辅料	粉碎+混合+制粒+除尘	所有规模	废气	颗粒物	千克/吨-产品	0.099	—	—	—
	配合饲料	玉米、蛋白质类原料（豆粕等）、维生素等	粉碎+混合+制粒（可不制粒）+除尘	≥10 万吨/年	废气	颗粒物	千克/吨-产品	0.041	—	—	—
		玉米、蛋白质类原料（豆粕等）、维生素等	粉碎+混合+制粒（可不制粒）+除尘	<10 万吨/年	废气	颗粒物	千克/吨-产品	0.043	—	—	—

注：① 浓缩饲料产污系数参照配合饲料。

② 预混合饲料产品选取系数表单中配合饲料的产污系数乘以调整系数 1.2。

[1] 该公式仅供参考，使用时，可根据 k 值定义，选取更适合企业实际情况的表达方式。

1331 食用植物油加工业

1 适用范围

本手册仅用于《国民经济行业分类》(GB/T 4754—2017)中 1331 食用植物油加工行业使用系数法核算工业污染物产生量和排放量的工业企业。

利用本手册进行产排污核算得出的污染物产生量与排放量仅代表了特定行业、工艺、产品、原料在正常工况下污染物产生与排放的一般规律。

本行业废水指标包括工业废水量、化学需氧量、总磷、石油类(按动植物油类计);废气指标为挥发性有机物。

2 注意事项

2.1 企业有多种生产工艺或生产多类产品产排污量核算

污染物产生量与原料用量有关,根据不同核算环节计算产污量后,再根据企业末端治理设施和运行情况计算各污染物的排放量。

企业某污染物产生量、排放量为各核算环节产生量、排放量之和。

在企业实际排放量计算过程中,如果存在废水回用的情况,需要在利用产排污核算公式的基础上扣除废水回用的部分。公式如下:

实际排放量 = 计算排放量×(1−废水回用率)

2.2 采用多种治理设施组合处理企业的排污量核算

在排污量计算选择末端治理技术时,若没有对应的组合治理技术,以主要治理技术为准。

若某些企业采用的末端治理技术在系数表中没有对应的,则选择处理原理或处理效率最相近的治理技术。

2.3 系数表中未涉及的产污系数及污染治理效率

本手册已基本涵盖各种原料、工艺及规模的毛油(初榨植物油)、精制食用植物油和其他食用油脂等加工活动的产污系数和末端治理技术去除效率,不包括食用植物油分离制品,对系数表中未涉及的产品,按照工艺优先的原则,选用系数表单中相同工艺、相同规模的产污系数,当工艺或规模有差异时根据表注说明进行系数调整。

调整后的产污系数=系数表中选取的产污系数×调整系数

无须调整时调整系数取值为 1。同时需要注意,在某些情况下,工业废水量与其他污染物指标的调整系数取值不同。

2.4 其他需要说明的问题

（1）由于不同企业工业废气量、废水量差异较大，本手册所提供的工业废气量、废水量系数仅供参考。

谷物磨制、淀粉加工所产生食用油原料，污染物指标可参考 131 谷物磨制和 1391 淀粉及淀粉制品制造的系数手册；

猪油及其他动物油脂的提炼和精制，污染物指标可参考 1353 肉制品及副产品加工的系数手册；

非食用植物油料生产、加工的油脂，污染物指标可参考 1332 非食用植物油加工的系数手册。

（2）为体现相同产污水平条件下，采用相同环保治理设施的不同企业对同一污染物去除效果的差异，引入末端治理设施实际运行率（k）对污染治理技术的实际去除率进行修正。k 值反映的是污染治理设施运行的状态，越稳定运行，k 值越高；在取值上，若定义连续稳定运行的理想状态为 1，则 k 取值在 0～1 之间。

本手册给出本行业的 k 计算公式仅供参考，使用时，可根据 k 值定义，选取更适合企业实际情况的表达方式。

3 污染物排放量核算方法

3.1 计算污染物产生量

（1）根据产品、原料、污染物产生的主导生产工艺、企业规模（生产产能）这一组合查找和确定所对应的某一污染物的产污系数。

（2）根据该污染物的产污系数计量单位——单位原料用量，获取企业实际原料用量。

（3）污染物产生量按以下公式进行计算：

污染物产生量=污染物对应的产污系数×原料用量

$$G_{产i} = P_{产i} \times M_i$$

式中，$G_{产i}$——工段 i 某污染物的产生量；

$P_{产i}$——工段 i 某污染物对应的产污系数；

M_i——工段 i 的原料用量。

3.2 计算污染物去除量

（1）根据企业对某一污染物所采用的治理技术查找和选择相应的治理技术平均去除效率。

（2）根据所填报的污染治理设施实际运行率参数及其计算公式得出该企业某一污染物的治理设施实际运行率（k 值）。

（3）污染物去除量按以下公式进行计算：

污染物去除量=污染物产生量×污染物去除率

=污染物产生量×治理技术平均去除效率×治理设施实际运行率

$$R_{减i} = G_{产i} \times \eta_T \times k_T$$

式中，$R_{减i}$——工段 i 某污染物的去除量；

η_T——工段 i 某污染物采用的末端治理技术的平均去除效率；

k_T——工段 i 某污染物采用的末端治理设施的实际运行率。

3.3 计算污染物排放量

污染物排放量=污染物产生量−污染物去除量

=污染物对应的产污系数×原料用量−污染物产生量×治理技术平均去除效率×治理设施实际运行率

3.4 计算企业污染物排放量

同一企业某污染物全年的产生（排放）总量为该企业同年实际生产的全部工段、产品、原料、规模污染物产生（排放）量之和。

$$E_{排} = G_{产} - R_{减} = \sum(G_{产i} - R_{减i}) = \sum\left[P_{产i} \times M_i(1 - \eta_T \times k_T)\right]$$

4 污染物排放量核算案例

某企业以大豆为原料生产大豆精制油，生产工艺为“浸出+精炼”，企业规模（大豆加工能力）为 1972 吨-原料/天，年生产时间为 330 天，该企业污水治理技术主要为“物理处理法+化学处理法+好氧生物处理法”（SBR），污水处理设施参数为：年运行时间 7920 小时、年耗电量 338800 千瓦·时、总额定功率 50 千瓦。

本核算示例以废水中化学需氧量为例，说明排放量的计算方法。

4.1 化学需氧量产生量计算

（1）查找产污系数及其计量单位

根据企业基本信息，查找本手册中主要产品为大豆精制油，主要原料为大豆，主要工艺为“浸出+精炼”，生产规模为 500～3000 吨-原料/天。该组合化学需氧量的产污系数为 1000，单位为克/吨-原料。

（2）获取企业原料用量

该企业实际填报情况：企业规模（大豆加工能力）为 1972 吨-原料/天。

（3）计算化学需氧量产生量

污染物产生量按以下公式进行计算：

污染物产生量=产污系数×原料用量

=1000 克/吨-原料×1972 吨-原料/天= 1972 千克/天

4.2 化学需氧量去除量计算

（1）查找治理技术平均去除效率

该企业化学需氧量治理技术采用“物理处理法+化学处理法+好氧生物处理法”（SBR），查询相应组合内的末端治理技术去除效率为 96.46%。

（2）计算污染治理设施实际运行率

根据该企业的污染治理设施年运行时间（小时）、年耗电量（千瓦·时）、总额定功率（千瓦）计算实际运行率为

k = 污水处理设施年耗电量（千瓦·时）/［总额定功率（千瓦）×年运行时间（小时）］

= 338800 千瓦·时/（50 千瓦×7920 小时）=0.8556

（3）计算化学需氧量去除量

污染物去除量=污染物产生量×治理技术去除效率×治理设施实际运行率

=1972 千克/天×96.46%×0.8556=1628 千克/天

4.3 化学需氧量排放量计算

污染物排放量=污染物产生量−污染物去除量

=1972 千克/天−1628 千克/天=344 千克/天

5 系数表

1331 食用植物油加工行业系数表

工段名称	产品名称	原料名称	工艺名称	规模等级	污染物类别	污染物指标	系数单位	产污系数	末端治理技术	末端治理技术平均去除效率/%	参考 k 值计算公式[1]
—	大豆精制油	大豆	浸出+精炼	≥3000 吨-原料/天	废水	工业废水量	吨/吨-原料	0.23	—	—	—
						化学需氧量	克/吨-原料	737.00	物理处理法+化学处理法+厌氧生物处理法+好氧生物处理法	97.20	k =污水处理设施年耗电量（千瓦·时）/［总额定功率（千瓦）×年运行时间（小时）］
									物理处理法+化学处理法+好氧生物处理法①	91.43	
						总磷	克/吨-原料	4.99②	物理处理法+化学处理法+厌氧生物处理法+好氧生物处理法	82.32	
									物理处理法+化学处理法+好氧生物处理法①	76.66	
						石油类[a]	克/吨-原料	11.70	物理处理法+化学处理法+厌氧生物处理法+好氧生物处理法	94.76	
									物理处理法+化学处理法+好氧生物处理法①	92.34	
					废气	挥发性有机物	千克/吨-原料	0.247	—	—	—
					固废	一般工业固废	吨/吨-原料	0.018	—	—	—

注：[a] 按动植物油脂类计算。

①指生产非单一产品的企业。

②指企业精炼工艺使用除磷酸以外的酸类试剂；若使用磷酸，则总磷的调整系数为 2.5。

*采用“预压榨+浸出+精炼”工艺生产的菜籽精制油/葵花籽精制油/棉籽精制油等其他精制食用植物油，选用系数表单中同规模大豆精制油的产污系数和去除效率。

**采用“浸出/预榨浸出+精炼”工艺生产的精制玉米胚油/精制米糠油/亚麻籽油等其他精制食用植物油，选用系数表单中同规模大豆精制油的产污系数和去除效率。

[1] 该公式仅供参考，使用时，可根据 k 值定义，选取更适合企业实际情况的表达方式。

1331 食用植物油加工行业系数表（续表 1）

工段名称	产品名称	原料名称	工艺名称	规模等级	污染物类别	污染物指标	系数单位	产污系数	末端治理技术	末端治理技术平均去除效率/%	参考 k 值计算公式
—	大豆精制油	大豆	浸出+精炼	500～3000吨-原料/天	废水	工业废水量	吨/吨-原料	0.32	—	—	—
						化学需氧量	克/吨-原料	1000.00	物理处理法+化学处理法+厌氧生物处理法+好氧生物处理法	98.65	k =污水处理设施年耗电量（千瓦·时）/［总额定功率（千瓦）×年运行时间（小时）］
									物理处理法+化学处理法+好氧生物处理法[①]	96.46	
						总磷	克/吨-原料	7.80[②]	物理处理法+化学处理法+厌氧生物处理法+好氧生物处理法	95.08	
									物理处理法+化学处理法+好氧生物处理法[①]	92.86	
						石油类[a]	克/吨-原料	27.90	物理处理法+化学处理法+厌氧生物处理法+好氧生物处理法	92.65	
									物理处理法+化学处理法+好氧生物处理法[①]	92.22	
					废气	挥发性有机物	千克/吨-原料	1.22	—	—	—
					固废	一般工业固废	吨/吨-原料	0.020	—	—	—

注：[a] 为按动植物油脂类计算。

①指生产非单一产品的企业。

②指企业精炼工艺使用除磷酸以外的酸类试剂；若使用磷酸，则总磷的调整系数为 2.5。

*采用“预压榨+浸出+精炼”工艺生产的菜籽精制油/葵花籽精制油/棉籽精制油等其他精制食用植物油，选用系数表单中同规模大豆精制油的产污系数和去除效率。

**采用“浸出/预榨浸出+精炼”工艺生产的精制玉米胚油/精制米糠油/亚麻籽油等其他精制食用植物油，选用系数表单中同规模大豆精制油的产污系数和去除效率。

1331 食用植物油加工行业系数表（续表 2）

工段名称	产品名称	原料名称	工艺名称	规模等级	污染物类别	污染物指标	系数单位	产污系数	末端治理技术	末端治理技术平均去除效率/%	参考 k 值计算公式
—	大豆精制油	大豆	浸出+精炼	<500 吨-原料/天	废水	工业废水量	吨/吨-原料	0.52	—	—	—
						化学需氧量	克/吨-原料	1940.00	物理处理法+化学处理法厌氧生物处理法+好氧生物处理法	97.23	k =污水处理设施年耗电量（千瓦·时）/［总额定功率（千瓦）×年运行时间（小时）］
									物理处理法+厌氧生物处理法+好氧生物处理法	94.93	
									物理处理法+化学处理法+好氧生物处理法①	94.45	
									物理处理法②	0	—
						总磷	克/吨-原料	15.90③	物理处理法+化学处理法厌氧生物处理法+好氧生物处理法	90.11	k =污水处理设施年耗电量（千瓦·时）/［总额定功率（千瓦）×年运行时间（小时）］
									物理处理法+厌氧生物处理法+好氧生物处理法	67.47	
									物理处理法+化学处理法+好氧生物处理法①	87.21	
									物理处理法②	0	—
						石油类[a]	克/吨-原料	96.40	物理处理法+化学处理法厌氧生物处理法+好氧生物处理法	94.85	k =污水处理设施年耗电量（千瓦·时）/［总额定功率（千瓦）×年运行时间（小时）］
									物理处理法+厌氧生物处理法+好氧生物处理法	89.42	
									物理处理法+化学处理法+好氧生物处理法①	91.38	
									物理处理法②	0	—
					废气	挥发性有机物	千克/吨-原料	2.23	—	—	—
					固废	一般工业固废	吨/吨-原料	0.029	—	—	—

注：[a] 为按动植物油脂类计算。

①指生产非单一产品的企业。

②指间接排放企业，如排入市政管网。

③指企业精炼工艺使用除磷酸以外的酸类试剂；若使用磷酸，则总磷的调整系数为 2.5。

*采用“预压榨+浸出+精炼”工艺生产的菜籽精制油/葵花籽精制油/棉籽精制油等其他精制食用植物油，选用系数表单中同规模大豆精制油的产污系数和去除效率。

**采用“浸出/预榨浸出+精炼”工艺生产的精制玉米胚油/精制米糠油/亚麻籽油等其他精制食用植物油，选用系数表单中同规模大豆精制油的产污系数和去除效率。

1331 食用植物油加工行业系数表（续表 3）

工段名称	产品名称	原料名称	工艺名称	规模等级	污染物类别	污染物指标	系数单位	产污系数	末端治理技术	末端治理技术平均去除效率/%	参考 k 值计算公式
—	花生精制油	花生	压榨+精炼	≥500 吨-原料/天	废水	工业废水量	吨/吨-原料	0.13	—	—	—
						化学需氧量	克/吨-原料	778.00	物理处理法+化学处理法+厌氧生物处理法+好氧生物处理法	98.79	k =污水处理设施年耗电量（千瓦·时）/［总额定功率（千瓦）×年运行时间（小时）］
									物理处理法+厌氧生物处理法+好氧生物处理法	95.13	
									物理处理法+化学处理法+好氧生物处理法①	92.45	
						总磷	克/吨-原料	5.58②	物理处理法+化学处理法+厌氧生物处理法+好氧生物处理法	95.32	
									物理处理法+厌氧生物处理法+好氧生物处理法	82.47	
									物理处理法+化学处理法+好氧生物处理法①	94.71	
						石油类[a]	克/吨-原料	10.80	物理处理法+化学处理法+厌氧生物处理法+好氧生物处理法	90.93	
									物理处理法+厌氧生物处理法+好氧生物处理法	90.63	
									物理处理法+化学处理法+好氧生物处理法①	88.81	
					固废	一般工业固废	吨/吨-原料	0.018	—	—	—

注：[a] 按动植物油脂类计算。

①指生产非单一产品的企业。

②指企业精炼工艺使用除磷酸以外的酸类试剂；若使用磷酸，则总磷的调整系数为 2.5。

*采用“压榨+精炼”工艺生产的葵花籽精制油/棉籽精制油/芝麻精制油等其他精制食用植物油，选用系数表单中同规模花生精制油的产污系数和去除效率。

**采用“压榨+精炼”工艺生产的精制棕榈油等特种油脂及其他精制食用植物油，选用系数表单中同规模花生精制油的产污系数和去除效率。

1331 食用植物油加工行业系数表（续表 4）

工段名称	产品名称	原料名称	工艺名称	规模等级	污染物类别	污染物指标	系数单位	产污系数	末端治理技术	末端治理技术平均去除效率/%	参考 k 值计算公式
—	花生精制油	花生	压榨+精炼	＜500吨-原料/天	废水	工业废水量	吨/吨-原料	0.38	—	—	—
						化学需氧量	克/吨-原料	2161.00	物理处理法+厌氧生物处理法+好氧生物处理法	94.44	k=污水处理设施年耗电量（千瓦·时）/［总额定功率（千瓦）×年运行时间（小时）］
									物理处理法+化学处理法+好氧生物处理法①	90.91	
									物理处理法②	0	
						总磷	克/吨-原料	24.60③	物理处理法+厌氧生物处理法+好氧生物处理法	95.53	
									物理处理法+化学处理法+好氧生物处理法①	71.89	
									物理处理法②	0	
						石油类[a]	克/吨-原料	31.40	物理处理法+厌氧生物处理法+好氧生物处理法	91.94	
									物理处理法+化学处理法+好氧生物处理法①	88.46	
									物理处理法②	0	
					固废	一般工业固废	吨/吨-原料	0.23	—	—	—

注：[a] 按动植物油脂类计算。

①指生产非单一产品的企业。

②指间接排放企业，如排入市政管网。

③指企业精炼工艺使用除磷酸以外的酸类试剂；若使用磷酸，则总磷的调整系数为 2.5。

*采用“压榨+精炼”工艺生产的葵花籽精制油/棉籽精制油/芝麻精制油等其他精制食用植物油，选用系数表单中同规模花生精制油的产污系数和去除效率。

**采用“压榨+精炼”工艺生产的精制棕榈油等特种油脂及其他精制食用植物油，选用系数表单中同规模花生精制油的产污系数和去除效率。

1331 食用植物油加工行业系数表（续表 5）

工段名称	产品名称	原料名称	工艺名称	规模等级	污染物类别	污染物指标	系数单位	产污系数	末端治理技术	末端治理技术平均去除效率/%	参考 k 值计算公式
—	精制油	毛油	精炼	≥500 吨-原料/天	废水	工业废水量	吨/吨-原料	0.15	—	—	—
						化学需氧量	克/吨-原料	728.00	物理处理法+化学处理法+厌氧生物处理法+好氧生物处理法	96.60	k =污水处理设施年耗电量（千瓦·时）/［总额定功率（千瓦）×年运行时间（小时）］
									物理处理法+化学处理法+好氧生物处理法①	94.51	
						总磷	克/吨-原料	7.39②	物理处理法+化学处理法+厌氧生物处理法+好氧生物处理法	92.00	
									物理处理法+化学处理法+好氧生物处理法①	86.30	
						石油类[a]	克/吨-原料	35.40	物理处理法+化学处理法+厌氧生物处理法+好氧生物处理法	97.38	
									物理处理法+化学处理法+好氧生物处理法①	93.00	
					固废	一般工业固废	吨/吨-原料	0.009	—	—	—

注：[a] 按动植物油脂类计算。

①指生产非单一产品的企业。

②指企业精炼工艺使用除磷酸以外的酸类试剂；若使用磷酸，则总磷的调整系数为 2.5。

*以毛油为原料，采用“精炼”工艺生产的大豆精制油/葵花籽精制油/菜籽精制油/精制玉米胚油/精制米糠油/花生精制油等其他精制食用植物油，选用系数表单中同规模精制油的产污系数和去除效率。

1331 食用植物油加工行业系数表（续表 6）

工段名称	产品名称	原料名称	工艺名称	规模等级	污染物类别	污染物指标	系数单位	产污系数	末端治理技术	末端治理技术平均去除效率/%	参考 k 值计算公式
—	精制油	毛油	精炼	＜500 吨-原料/天	废水	工业废水量	吨/吨-原料	0.16	—	—	—
						化学需氧量	克/吨-原料	716.00	物理处理法+化学处理法+厌氧生物处理法+好氧生物处理法	97.02	k =污水处理设施年耗电量（千瓦·时）/［总额定功率（千瓦）×年运行时间（小时）］
									物理处理法+化学处理法+好氧生物处理法[①]	93.60	
									物理处理法[②]	0	
						总磷	克/吨-原料	11.40[③]	物理处理法+化学处理法+厌氧生物处理法+好氧生物处理法	95.02	
									物理处理法+化学处理法+好氧生物处理法[①]	91.93	
									物理处理法[②]	0	
						石油类[a]	克/吨-原料	47.30	物理处理法+化学处理法+厌氧生物处理法+好氧生物处理法	97.79	
									物理处理法+化学处理法+好氧生物处理法[①]	92.91	
									物理处理法[②]	0	
					固废	一般工业固废	吨/吨-原料	0.012	—	—	—

注：[a] 按动植物油脂类计算。

①指生产非单一产品的企业。

②指间接排放企业，如排入市政管网。

③为企业精炼工艺使用除磷酸以外的酸类试剂；若使用磷酸，则总磷的调整系数为 2.5。

*以毛油为原料，采用“精炼”工艺生产的大豆精制油/葵花籽精制油/菜籽精制油/精制玉米胚油/精制米糠油/花生精制油等其他精制食用植物油，选用系数表单中同规模精制油的产污系数和去除效率。

**以食用植物油等为原料，采用“乳化+冷却结晶”工艺生产的人造奶油/起酥油等专用油脂，参考系数表中产污系数，调整系数为 2.0。

1331 食用植物油加工行业系数表（续表 7）

工段名称	产品名称	原料名称	工艺名称	规模等级	污染物类别	污染物指标	系数单位	产污系数	末端治理技术	末端治理技术平均去除效率/%	参考 k 值计算公式
—	大豆毛油	大豆	浸出	所有规模	废水	工业废水量	吨/吨-原料	0.12	—	—	—
						化学需氧量	克/吨-原料	105.00	物理处理法+化学处理法+厌氧生物处理法+好氧生物处理法	96.11	k =污水处理设施年耗电量（千瓦·时）/[总额定功率（千瓦）×年运行时间（小时）]
									物理处理法+厌氧生物处理法+好氧生物处理法	95.00	
									物理处理法+化学处理法+好氧生物处理法①	92.75	
									物理处理法②	0	
						总磷	克/吨-原料	0.43	物理处理法+化学处理法+厌氧生物处理法+好氧生物处理法	95.02	
									物理处理法+厌氧生物处理法+好氧生物处理法	91.93	
									物理处理法+化学处理法+好氧生物处理法①	92.30	
									物理处理法②	0	
						石油类[a]	克/吨-原料	1.03	物理处理法+化学处理法+厌氧生物处理法+好氧生物处理法	97.79	
									物理处理法+厌氧生物处理法+好氧生物处理法	93.00	
									物理处理法+化学处理法+好氧生物处理法①	92.91	
									物理处理法②	0	
					废气	挥发性有机物	千克/吨-原料	1.23	—	—	—

注：[a] 按动植物油脂类计算。

①指生产非单一产品的企业。

②指间接排放企业，如排入市政管网。

*采用“浸出/预榨浸出” 工艺生产的菜籽毛油/葵花籽毛油/棉籽毛油/玉米胚毛油/米糠毛油/油茶籽毛油等其他毛油，选用系数表单中大豆毛油的产污系数和去除效率。

1331 食用植物油加工行业系数表（续表 8）

工段名称	产品名称	原料名称	工艺名称	规模等级	污染物类别	污染物指标	系数单位	产污系数	末端治理技术	末端治理技术平均去除效率/%	参考 k 值计算公式
—	芝麻油	芝麻	水洗+压榨	所有规模	废水	工业废水量	吨/吨-原料	2.68	—	—	—
						化学需氧量	克/吨-原料	705.00	物理处理法+厌氧生物处理法+好氧生物处理法	95.89	k =污水处理设施年耗电量（千瓦·时）/［总额定功率（千瓦）×年运行时间（小时）］
									物理处理法+好氧生物处理法①	95.18	
									物理处理法②	0	
						总磷	克/吨-原料	3.60	物理处理法+厌氧生物处理法+好氧生物处理法	81.54	
									物理处理法+好氧生物处理法①	79.27	
									物理处理法②	0	
						石油类[a]	克/吨-原料	48.30	物理处理法+厌氧生物处理法+好氧生物处理法	97.21	
									物理处理法+好氧生物处理法①	87.95	
									物理处理法②	0	

注：[a] 按动植物油脂类计算。

①指生产非单一产品的企业。

②指间接排放企业，如排入市政管网。

*采用“水洗+压榨”生产的橄榄油/沙棘油等特种油脂及其他毛油，选用系数表单中芝麻油的产污系数和去除效率。

**采用“压榨”/“超临界萃取”工艺生产的毛油及特种油脂，污染物产污系数可近乎为零。

1332 非食用植物油加工业

1 适用范围

本手册仅用于《国民经济行业分类》(GB/T 4754—2017)中 1332 非食用植物油加工行业使用系数法核算工业污染物产生量和排放量的工业企业。

利用本手册进行产排污核算得出的污染物产生量与排放量仅代表了特定行业、工艺、产品、原料在正常工况下污染物产生与排放的一般规律。

本行业废水指标包括工业废水量、化学需氧量、总磷、石油类(按动植物油类计);废气指标为挥发性有机物。

2 注意事项

2.1 企业有多种生产工艺或生产多类产品产排污量核算

污染物产生量与原料用量有关,根据不同核算环节计算产污量后,再根据企业末端治理设施和运行情况计算各污染物的排放量。

企业某污染物指标的产生量、排放量为各核算环节产生量、排放量之和。

在企业实际排放量计算过程中,如果存在废水回用的情况,需要在利用产排污核算公式的基础上扣除废水回用的部分。公式如下:

实际排放量=计算排放量×(1−废水回用率)

2.2 采用多种治理设施组合处理企业的排污量核算

在排污量计算选择末端治理技术时,若没有对应的组合治理技术,以主要治理技术为准。

若某些企业采用的末端治理技术在系数手册中没有对应的,则选择处理原理或处理效率最相近的治理技术。

2.3 系数表中未涉及的产污系数及污染治理效率

本手册已基本涵盖各种原料、工艺及规模的初榨非食用植物油、精制非食用植物油和其他植物油脂等加工活动的产污系数和末端治理技术去除效率,不包括非食用植物油分离制品,对系数表单中未涉及的产品,按照工艺优先的原则,选用系数表单中相同工艺、相同规模的产污系数,当工艺或规模有差异时根据表注说明进行系数调整。

调整后的产污系数=系数表单中选取的产污系数×调整系数

无须调整时调整系数取值为 1。同时需要注意,在某些情况下,工业废水量与其他污染物指标的调整系数取值不同。

2.4 其他需要说明的问题

（1）采用压榨工艺生产的椰子初榨等非食用植物油产品，废水污染物产污系数可近似为零。

（2）采用压榨工艺生产的桐油等精制非食用植物油，废水污染物产污系数可近似为零。

（3）以初榨油为原料采用精炼工艺生产精制非食用植物油，除一般工业固废外参照手册中同规模蓖麻油的产污系数，一般工业固废近乎为零。

（4）油渣饼、植物蜡等其他非食用油脂主要污染物的产污量已经计入原料油脂的生产过程，无须另行计算污染物产生量。

（5）由于不同企业工业废气量、废水量差异较大，本手册所提供的工业废气量、废水量系数仅供参考。

（6）为体现相同产污水平条件下，采用相同环保治理设施的不同企业对同一污染物去除效果的差异，引入末端治理设施实际运行率（k）对污染治理技术的实际去除率进行修正。k 值反映的是污染治理设施运行的状态，越稳定运行，k 值越高；在取值上，若定义连续稳定运行的理想状态为 1，则 k 取值在 0～1 之间。

本手册给出本行业的 k 计算公式仅供参考，使用时，可根据 k 值定义，选取更适合企业实际情况的表达方式。

3 污染物排放量核算方法

3.1 计算污染物产生量

（1）根据产品、原料、污染物产生的主导生产工艺、企业规模（生产产能）这一组合查找和确定所对应的某一污染物的产污系数。

（2）根据该污染物的产污系数计量单位——单位原料用量，获取企业实际原料用量。

（3）污染物产生量按以下公式进行计算：

污染物产生量=污染物对应的产污系数×原料用量

$$G_{产i} = P_{产i} \times M_i$$

式中，$G_{产i}$——工段 i 某污染物的产生量；

$P_{产i}$——工段 i 某污染物对应的产污系数；

M_i——工段 i 的原料用量。

3.2 计算污染物去除量

（1）根据企业对某一污染物所采用的治理技术查找和选择相应的治理技术平均去除效率。

（2）根据所填报的污染治理设施实际运行率参数及其计算公式得出该企业某一污染物的治理设施实际运行率（k 值）。

（3）污染物去除量按以下公式进行计算：

污染物去除量=污染物产生量×污染物去除率

=污染物产生量×治理技术平均去除效率×治理设施实际运行率

$$R_{减i}=G_{产i}\times\eta_T\times k_T$$

式中，$R_{减i}$——工段 i 某污染物的去除量；

η_T——工段 i 某污染物采用的末端治理技术的平均去除效率；

k_T——工段 i 某污染物采用的末端治理设施的实际运行率。

3.3 计算污染物排放量

污染物排放量=污染物产生量–污染物去除量

=污染物对应的产污系数×原料用量–污染物产生量×治理技术平均去除效率×治理设施实际运行率

3.4 计算企业污染物排放量

同一企业某污染物全年的产生（排放）总量为该企业同年实际生产的全部工段、产品、原料、规模污染物产生（排放）量之和。

$$E_{排}=G_{产}-R_{减}=\sum(G_{产i}-R_{减i})=\sum\left[P_{产i}\times M_i(1-\eta_T\times k_T)\right]$$

4 污染物排放量核算案例

某企业以蓖麻为原料生产蓖麻油，生产工艺为“压榨+精炼”，企业规模（蓖麻籽加工能力）为175吨-原料/天，该企业污水治理技术主要为“物理处理法+厌氧生物处理法+好氧生物处理法”，污水处理设施参数为：年运行时间6000小时、年耗电量88601千瓦·时、总额定功率15千瓦。

本核算示例以废水中化学需氧量为例，说明排放量的计算方法。

4.1 化学需氧量产生量计算

（1）查找产污系数及其计量单位

根据企业基本信息，查找本手册中主要产品为蓖麻油，主要原料为蓖麻籽，主要工艺为“压榨+精炼”，生产规模为 175 吨-原料/天。该组合化学需氧量的产污系数为 642.00，单位为克/吨-原料。

（2）获取企业原料用量

该企业实际情况为：企业规模（原料加工能力）为 175 吨-原料/天。

（3）计算化学需氧量产生量

污染物产生量=产污系数×原料用量

=642.00 克/吨-原料×175 吨-原料=112.4 千克

4.2 化学需氧量去除量计算

（1）查找治理技术平均去除效率

该企业化学需氧量治理技术采用“物理处理法+厌氧生物处理法+好氧生物处理法”，查询相应组合内的末端治理技术去除效率为 95.09%。

（2）计算污染治理设施实际运行率

根据该企业的污染治理设施年运行时间（小时）、年耗电量（千瓦·时）、总额定功率（千瓦）计算实际运行率参数。

k =污水处理设施年耗电量（千瓦·时）/［总额定功率（千瓦）×年运行时间（小时）］

= 88601 千瓦·时/（15 千瓦×6000 小时）=0.9845

（3）计算化学需氧量去除量

污染物去除量=污染物产生量×治理技术去除效率×治理设施实际运行率

=112.4 千克×95.09%×0.9845=105.2 千克

4.3 化学需氧量排放量计算

污染物排放量=污染物产生量−污染物去除量

=112.4 千克−105.2 千克=7.2 千克

1332 非食用植物油加工行业系数表

工段名称	产品名称	原料名称	工艺名称	规模等级	污染物类别	污染物指标	系数单位	产污系数	末端治理技术	末端治理技术平均去除效率/%	参考 k 值计算公式[1]
—	蓖麻精制油	蓖麻籽	压榨+精炼	≥200吨-原料/天	废水	工业废水量	吨/吨-原料	0.21	—	—	—
						化学需氧量	克/吨-原料	833.00	物理处理法+好氧生物处理法①	99.15	k =污水处理设施年耗电量（千瓦·时）/［总额定功率（千瓦）×年运行时间（小时）］
									物理处理法+厌氧生物处理法②	50.00	
									物理处理法②	0	—
						总磷	克/吨-原料	6.20	物理处理法+好氧生物处理法①	75.91	k =污水处理设施年耗电量（千瓦·时）/［总额定功率（千瓦）×年运行时间（小时）］
									物理处理法+厌氧生物处理法②	73.91	
									物理处理法②	0	—
						石油类[a]	克/吨-原料	25.60③	物理处理法+好氧生物处理法①	94.78	k =污水处理设施年耗电量（千瓦·时）/［总额定功率（千瓦）×年运行时间（小时）］
									物理处理法+厌氧生物处理法②	91.67	
									物理处理法②	0	—
					固废	一般工业固废	吨/吨-原料	0.002	—	—	—

注：[a] 按动植物油脂类计算。

①指生产非单一产品的企业。

②指间接排放企业，如排入市政管网。

③为企业精炼工艺使用除磷酸以外的酸类试剂；若使用磷酸，则总磷的调整系数为 2.5。

*采用“压榨+精炼”工艺生产桐籽精制油/亚麻籽精制油等其他精制非食用植物油，选用系数表单中同规模蓖麻油的产污系数和去除效率。

**以初榨油为原料，采用“精炼”工艺生产精制非食用植物油，选用系数表单中同规模蓖麻油的产污系数和去除效率。

[1] 该公式仅供参考，使用时，可根据 k 值定义，选取更适合企业实际情况的表达方式。

1332 非食用植物油加工行业系数表（续表 1）

工段名称	产品名称	原料名称	工艺名称	规模等级	污染物类别	污染物指标	系数单位	产污系数	末端治理技术	末端治理技术平均去除效率/%	参考 k 值计算公式
—	蓖麻精制油	蓖麻籽	压榨+精炼	<200 吨-原料/天	废水	工业废水量	吨/吨-原料	0.16	—	—	—
						化学需氧量	克/吨-原料	642.00	物理处理法+好氧生物处理法①	89.31	k =污水处理设施年耗电量（千瓦·时）/［总额定功率（千瓦）×年运行时间（小时）］
									物理处理法+厌氧生物处理法+好氧生物处理法	95.09	
									物理处理法②	0	—
						总磷	克/吨-原料	7.75③	物理处理法+好氧生物处理法①	78.75	k =污水处理设施年耗电量（千瓦·时）/［总额定功率（千瓦）×年运行时间（小时）］
									物理处理法+厌氧生物处理法+好氧生物处理法	74.21	
									物理处理法②	0	—
						石油类[a]	克/吨-原料	48.70	物理处理法+好氧生物处理法①	93.70	k =污水处理设施年耗电量（千瓦·时）/［总额定功率（千瓦）×年运行时间（小时）］
									物理处理法+厌氧生物处理法+好氧生物处理法	94.28	
									物理处理法②	0	—
					固废	一般工业固废	吨/吨-原料	0.015	—	—	—

注：[a] 按动植物油脂类计算。

①指生产非单一产品的企业。

②指间接排放企业，如排入市政管网。

③为企业精炼工艺使用除磷酸以外的酸类试剂；若使用磷酸，则总磷的调整系数为 2.5。

*采用“压榨+精炼”工艺生产桐籽精制油/亚麻籽精制油等其他精制非食用植物油，选用系数表单中同规模蓖麻油的产污系数和去除效率。

**以初榨油为原料，采用“精炼”工艺生产精制非食用植物油，选用系数表单中同规模蓖麻油的产污系数和去除效率。

1332 非食用植物油加工行业系数表（续表 2）

工段名称	产品名称	原料名称	工艺名称	规模等级	污染物类别	污染物指标	系数单位	产污系数	末端治理技术	末端治理技术平均去除效率/%	参考 k 值计算公式
—	桐籽精制油	桐籽	预压榨+浸出+精炼	≥200吨-原料/天	废水	工业废水量	吨/吨-原料	0.25	—	—	—
						化学需氧量	克/吨-原料	666.00	物理处理法+化学处理法+厌氧生物处理法+好氧生物处理法	97.23	k =污水处理设施年耗电量（千瓦·时）/［总额定功率（千瓦）×年运行时间（小时）］
									物理处理法+好氧生物处理法①	94.21	
									物理处理法②	0	—
						总磷	克/吨-原料	4.96	物理处理法+化学处理法+厌氧生物处理法+好氧生物处理法	90.11	k =污水处理设施年耗电量（千瓦·时）/［总额定功率（千瓦）×年运行时间（小时）］
									物理处理法+好氧生物处理法①	69.75	
									物理处理法②	0	—
						石油类[a]	克/吨-原料	20.50	物理处理法+化学处理法+厌氧生物处理法+好氧生物处理法	94.85	k =污水处理设施年耗电量（千瓦·时）/［总额定功率（千瓦）×年运行时间（小时）］
									物理处理法+好氧生物处理法①	91.38	
									物理处理法②	0	—
					废气	挥发性有机物	千克/吨-原料	1.23	—	—	—
					固废	一般工业固废	吨/吨-原料	0.002	—	—	—

注：[a] 按动植物油脂类计算。

①指生产非单一产品的企业。

②指间接排放企业，如排入市政管网。

*采用“浸出/预榨浸出+精炼”工艺生产的亚麻籽精制油/椰子精制油等其他精制非食用植物油，选用系数表单中同规模桐籽精制油的产污系数和去除效率。

**采用“浸出/预榨浸出”工艺生产的亚麻籽初榨油/椰子初榨油等其他初榨非食用植物油，参照手册中同规模桐籽精制油系数，工业废水量调整系数为 0.5，其他污染物调整系数为 0.2。

1332 非食用植物油加工行业系数表（续表 3）

工段名称	产品名称	原料名称	工艺名称	规模等级	污染物类别	污染物指标	系数单位	产污系数	末端治理技术	末端治理技术平均去除效率/%	参考 k 值计算公式
—	桐籽精制油	桐籽	预压榨+浸出+精炼	<200 吨-原料/天	废水	工业废水量	吨/吨-原料	0.194	—	—	
						化学需氧量	克/吨-原料	514	物理处理法+化学处理法+厌氧生物处理法+好氧生物处理法	98.65	k =污水处理设施年耗电量（千瓦·时）/[总额定功率（千瓦）×年运行时间（小时）]
									物理处理法+好氧生物处理法①	95.28	
									物理处理法②	0	
						总磷	克/吨-原料	6.20	物理处理法+化学处理法+厌氧生物处理法+好氧生物处理法	95.08	
									物理处理法+好氧生物处理法①	67.48	
									物理处理法②	0	
						石油类[a]	克/吨-原料	38.9	物理处理法+化学处理法+厌氧生物处理法+好氧生物处理法	92.65	
									物理处理法+好氧生物处理法①	93.31	
									物理处理法②	0	
					废气	挥发性有机物	千克/吨-原料	1.23	—	—	—
					固废	一般工业固废	吨/吨-原料	0.015	—	—	—

注：[a] 按动植物油脂类计算。

①指生产非单一产品的企业。

②指间接排放企业，如排入市政管网。

*采用“浸出/预榨浸出+精炼”工艺生产的亚麻籽精制油/椰子精制油等其他精制非食用植物油，选用系数表单中同规模桐籽精制油的产污系数和去除效率。

**采用“浸出/预榨浸出”工艺生产的亚麻籽初榨油/椰子初榨油等其他初榨非食用植物油，参照手册中同规模桐籽精制油系数，工业废水量调整系数为 0.5，其他污染物调整系数为 0.2。

1340 制糖业

1　适用范围

本手册仅用于《国民经济行业分类》（GB/T 4754—2017）中 1340 制糖行业使用系数法核算工业污染物产生量和排放量的工业企业。

利用本手册进行产排污核算得出的污染物产生量与排放量仅代表了制糖行业工艺、产品、原料在正常工况下污染物产生与排放的一般规律。

本行业废水指标包括工业废水量、化学需氧量、氨氮、总氮和总磷。

2　注意事项

（1）当同一企业生产多个产品时，核算时以主产品产量为依据，副产品不计入产品产量。

（2）对系数表单中未涉及的组合，按照原料优先的原则，选择相近组合进行核算。

（3）本行业锅炉污染物产生量和排放量参照工业锅炉系数手册进行核算。

（4）本手册力求简单、清楚、易于使用，制定时充分考虑了全国平均水平，使用本手册核算出的产排污量可能会与单个调查企业的情况有一定出入。

（5）由于不同企业工业废气量、废水量差异较大，本手册所提供的工业废气量、废水量系数仅供参考。

为体现相同产污水平条件下，采用相同环保治理设施的不同企业对同一污染物去除效果的差异，引入末端治理设施实际运行率（k）对污染治理技术的实际去除率进行修正。k 值反映的是污染治理设施运行的状态，越稳定运行，k 值越高；在取值上，若定义连续稳定运行的理想状态为 1，则 k 取值在 0～1 之间。

本手册给出本行业的 k 计算公式仅供参考，使用时，可根据 k 值定义，选取更适合企业实际情况的表达方式。

3　污染物排放量核算方法

3.1　计算污染物产生量

（1）根据产品、原料、污染物产生的主导生产工艺、企业规模（生产产能）这一组合查找和确定所对应的某一污染物的产污系数。

（2）根据该污染物的产污系数计量单位——单位产品产量或单位原料用量，获取企业实际产品产量或原料用量。

例如，某组合内化学需氧量的产污系数单位为克/吨-产品，则计算产生量时需要获取企业实际产

品产量；如果产污系数单位为克/吨-原料，则计算产生量时需要获取企业原料实际用量。

（3）污染物产生量按以下公式进行计算：

污染物产生量=污染物对应的产污系数×产品产量（原料用量）

$$G_{产i} = P_{产i} \times M_i$$

式中，$G_{产i}$——工段 i 某污染物的产生量；

$P_{产i}$——工段 i 某污染物对应的产污系数；

M_i——工段 i 产品产量（原料用量）。

3.2 计算污染物去除量

（1）根据企业对某一污染物所采用的治理技术查找和选择相应的治理技术平均去除效率。

（2）根据所填报的污染治理设施实际运行率参数及其计算公式得出该企业某一污染物的治理设施实际运行率（k 值）。

（3）污染物去除量按以下公式进行计算：

污染物去除量=污染物产生量×污染物去除率

=污染物产生量×治理技术平均去除效率×治理设施实际运行率

$$R_{减i} = G_{产} \times \eta_T \times k_T$$

式中，$R_{减i}$——工段 i 某污染物的去除量；

η_T——工段 i 某污染物采用的末端治理技术的平均去除效率；

k_T——工段 i 某污染物采用的末端治理设施的实际运行率。

3.3 计算污染物排放量

污染物排放量=污染物产生量−污染物去除量

=污染物对应的产污系数×产品产量（原料用量）−污染物产生量×治理技术平均去除效率×治理设施实际运行率

3.4 计算企业污染物排放量

同一企业某污染物全年的产生（排放）总量为该企业同年实际生产的全部工段、产品、原料、规模污染物产生（排放）量之和。

$$E_{排} = G_{产} - R_{减} = \sum(G_{产i} - R_{减i}) = \sum\left[P_{产i} \times M_i(1 - \eta_T \times k_T)\right]$$

4 污染物排放量核算案例

某制糖企业主要从事白砂糖的生产，该企业主要污染物为化学需氧量、氨氮、总氮和总磷。以化学需氧量为例说明排放量计算过程。

该企业主要信息如表 1 所示。

表 1　某制糖企业主要信息

	核算环节	
	名称	数量
原料及用量	甘蔗	614400 吨
产品及产量	白砂糖	56800 吨
工艺名称	亚硫酸法	
规模（产能）	日榨甘蔗量 6500 吨	
污染治理设施	沉淀分离+厌氧生物处理法+好氧生物处理法	
实际运行率参数	污水处理设施正常运行时间	92 天
	开榨天数	90 天

4.1　化学需氧量产生量计算

（1）查找产污系数及其计量单位

根据企业基本信息，查找本手册中主要产品白砂糖，主要原料为甘蔗，主要工艺为亚硫酸法，生产规模为日榨甘蔗量 5000 吨以上。该组合化学需氧量的产污系数为 3167，单位为克/吨-产品。

（2）获取企业产品产量

该企业实际情况为：2017 年该企业主要产品白砂糖产量为 56800 吨。

（3）计算化学需氧量产生量

由于查询到的组合中，化学需氧量产污系数的单位为克/吨-产品，因此在核算产生量时需获取产品产量。

化学需氧量产生量=化学需氧量产污系数×产品（白砂糖）产量

=3167 克/吨-产品×56800 吨-产品=179885600 克

4.2　化学需氧量去除量计算

（1）查找治理技术平均去除效率

该企业化学需氧量治理技术采用“沉淀分离+厌氧生物处理法+好氧生物处理法”，查询相应组合内沉淀分离+厌氧生物处理法+好氧生物处理法的平均去除效率为 90%。

（2）计算污染治理设施实际运行率

根据产污系数组合查询结果，该组合中化学需氧量对应的污染治理设施实际运行率为

k =污水处理设施正常运行时间/开榨天数=92 天/90 天=1（大于 1 取值 1）

（3）计算化学需氧量去除量

化学需氧量去除量=179885600 克×90%×1=161897040 克

4.3　化学需氧量排放量计算

化学需氧量排放量=179885600 克−161897040 克=17988560 克

5 系数表

1340 制糖行业系数表

产品名称	原料名称	工艺名称	规模等级	污染物类别	污染物指标	系数单位	产污系数	末端治理技术	末端治理技术平均去除效率/%	参考 k 值计算公式[1]
白砂糖	甘蔗	亚硫酸法	日榨甘蔗量2000吨以下	废水	工业废水量	吨/吨-产品	13.26	—	0	—
					化学需氧量	克/吨-产品	4330	沉淀分离+好氧生物处理法	85	k=污水处理设施正常运行时间（天/年）/开榨时间（天/年）
								沉淀分离+厌氧生物处理法+好氧生物处理法	90	
					氨氮	克/吨-产品	88	沉淀分离+好氧生物处理法	80	
								沉淀分离+厌氧生物处理法+好氧生物处理法	85	
					总氮	克/吨-产品	130	沉淀分离+好氧生物处理法	70	
								沉淀分离+厌氧生物处理法+好氧生物处理法	75	
					总磷	克/吨-产品	14	沉淀分离+好氧生物处理法	70	
								沉淀分离+厌氧生物处理法+好氧生物处理法	75	
			日榨甘蔗量2000～5000吨	废水	工业废水量	吨/吨-产品	10	—	0	—
					化学需氧量	克/吨-产品	3725	沉淀分离+好氧生物处理法	85	k=污水处理设施正常运行时间（天/年）/开榨时间（天/年）
								沉淀分离+厌氧生物处理法+好氧生物处理法	90	
					氨氮	克/吨-产品	70	沉淀分离+好氧生物处理法	80	
								沉淀分离+厌氧生物处理法+好氧生物处理法	85	
					总氮	克/吨-产品	104	沉淀分离+好氧生物处理法	70	
								沉淀分离+厌氧生物处理法+好氧生物处理法	75	
					总磷	克/吨-产品	12	沉淀分离+好氧生物处理法	70	
								沉淀分离+厌氧生物处理法+好氧生物处理法	75	

[1] 该公式仅供参考，使用时，可根据 k 值定义，选取更适合企业实际情况的表达方式。当 k 大于 1 时以 1 计。

1340 制糖行业系数表（续表 1）

产品名称	原料名称	工艺名称	规模等级	污染物类别	污染物指标	系数单位	产污系数	末端治理技术	末端治理技术平均去除效率/%	参考 k 值计算公式
白砂糖	甘蔗	亚硫酸法	日榨甘蔗量5000 吨以上	废水	工业废水量	吨/吨-产品	7.2	—	0	—
					化学需氧量	克/吨-产品	3167	沉淀分离+好氧生物处理法	85	k =污水处理设施正常运行时间（天/年）/开榨天数（天/年）
								沉淀分离+厌氧生物处理法+好氧生物处理法	90	
					氨氮	克/吨-产品	64	沉淀分离+好氧生物处理法	80	
								沉淀分离+厌氧生物处理法+好氧生物处理法	85	
					总氮	克/吨-产品	84	沉淀分离+好氧生物处理法	70	
								沉淀分离+厌氧生物处理法+好氧生物处理法	75	
					总磷	克/吨-产品	9	沉淀分离+好氧生物处理法	70	
								沉淀分离+厌氧生物处理法+好氧生物处理法	75	
		碳酸法	所有规模	废水	工业废水量	吨/吨-产品	9	—	0	—
					化学需氧量	克/吨-产品	3578	沉淀分离+好氧生物处理法	85	k =污水处理设施正常运行时间（天/年）/开榨天数（天/年）
								沉淀分离+厌氧生物处理法+好氧生物处理法	90	
					氨氮	克/吨-产品	66	沉淀分离+好氧生物处理法	80	
								沉淀分离+厌氧生物处理法+好氧生物处理法	85	
					总氮	克/吨-产品	98	沉淀分离+好氧生物处理法	70	
								沉淀分离+厌氧生物处理法+好氧生物处理法	75	
					总磷	克/吨-产品	11	沉淀分离+好氧生物处理法	70	
								沉淀分离+厌氧生物处理法+好氧生物处理法	75	
红糖	甘蔗	石灰法	所有规模	废水	工业废水量	吨/吨-产品	7.8	—	0	—
					化学需氧量	克/吨-产品	3020	沉淀分离+好氧生物处理法	85	k =污水处理设施正常运行时间（天/年）/开榨天数（天/年）
								沉淀分离+厌氧生物处理法+好氧生物处理法	90	
					氨氮	克/吨-产品	60	沉淀分离+好氧生物处理法	80	
								沉淀分离+厌氧生物处理法+好氧生物处理法	85	
					总氮	克/吨-产品	81	沉淀分离+好氧生物处理法	70	
								沉淀分离+厌氧生物处理法+好氧生物处理法	75	
					总磷	克/吨-产品	8	沉淀分离+好氧生物处理法	70	
								沉淀分离+厌氧生物处理法+好氧生物处理法	75	

1340 制糖行业系数表（续表 2）

产品名称	原料名称	工艺名称	规模等级	污染物类别	污染物指标	系数单位	产污系数	末端治理技术	末端治理技术平均去除效率/%	参考 k 值计算公式
白砂糖、绵白糖	甜菜	碳酸法	日加工甜菜量 3000 吨以下	废水	工业废水量	吨/吨-产品[1]	17.35	—	0	—
					化学需氧量	克/吨-产品[1]	60144	沉淀分离+厌氧生物处理法+好氧生物处理法	98	k =污水处理设施正常运行时间（天/年）/开榨天数（天/年）
					氨氮	克/吨-产品[1]	437	沉淀分离+厌氧生物处理法+好氧生物处理法	85	
					总氮	克/吨-产品[1]	703	沉淀分离+厌氧生物处理法+好氧生物处理法	80	
					总磷	克/吨-产品[1]	45	沉淀分离+厌氧生物处理法+好氧生物处理法	85	
			日加工甜菜量 3000 吨以上（含 3000 吨）	废水	工业废水量	吨/吨-产品[1]	14.81	—	—	—
					化学需氧量	克/吨-产品[1]	52989	沉淀分离+厌氧生物处理法+好氧生物处理法	98	k =污水处理设施正常运行时间（天/年）/开榨天数（天/年）
					氨氮	克/吨-产品[1]	405	沉淀分离+厌氧生物处理法+好氧生物处理法	85	
					总氮	克/吨-产品[1]	607	沉淀分离+厌氧生物处理法+好氧生物处理法	80	
					总磷	克/吨-产品[1]	40	沉淀分离+厌氧生物处理法+好氧生物处理法	85	
	原糖	碳酸法	所有规模	废水	工业废水量	吨/吨-产品[1]	2.66	—	0	—
					化学需氧量	克/吨-产品[1]	1358	沉淀分离+好氧生物处理法	85	k =污水处理设施正常运行时间（天/年）/开榨天数（天/年）
								沉淀分离+厌氧生物处理法+好氧生物处理法	90	
					氨氮	克/吨-产品[1]	20	沉淀分离+好氧生物处理法	80	
								沉淀分离+厌氧生物处理法+好氧生物处理法	85	
					总氮	克/吨-产品[1]	31	沉淀分离+好氧生物处理法	70	
								沉淀分离+厌氧生物处理法+好氧生物处理法	75	
					总磷	克/吨-产品[1]	3	沉淀分离+好氧生物处理法	70	
								沉淀分离+厌氧生物处理法+好氧生物处理法	75	
冰片糖、冰糖、糖浆等	砂糖	所有工艺	所有规模	废水	工业废水量	吨/吨-原料	0.4	—	0	—
					化学需氧量	克/吨-原料	192	沉淀分离+好氧生物处理法	85	k =污水处理设施正常运行时间（天/年）/开榨天数（天/年）
								沉淀分离+厌氧生物处理法+好氧生物处理法	90	
					氨氮	克/吨-原料	3	沉淀分离+好氧生物处理法	80	
								沉淀分离+厌氧生物处理法+好氧生物处理法	85	
					总氮	克/吨-原料	4	沉淀分离+好氧生物处理法	70	
								沉淀分离+厌氧生物处理法+好氧生物处理法	75	
					总磷	克/吨-原料	0.4	沉淀分离+好氧生物处理法	70	
								沉淀分离+厌氧生物处理法+好氧生物处理法	75	

1 此处产品指的是“产品名称”中所列产品的总量。

135 屠宰及肉类加工业

1 适用范围

本手册仅用于《国民经济行业分类》（GB/T 4754—2017）中 1351 牲畜屠宰行业、1352 禽类屠宰行业、1353 肉制品及副产品加工行业使用系数法核算工业污染物产生量和排放量的工业企业。

利用本手册进行产排污核算得出的污染物产生量与排放量仅代表了特定行业的工艺、产品、原料在正常工况下污染物产生与排放的一般规律。

本行业废水指标包括工业废水量、化学需氧量、氨氮、总氮、总磷；固体废弃物指标为一般固废量。

1353 肉制品及副产品加工行业的干炸肉制品组合还包括油烟废气，指标包括颗粒物、挥发性有机物。

2 注意事项

2.1 企业有多种生产工艺或生产多类产品产排污量核算

1351 牲畜屠宰、1352 禽类屠宰中屠宰环节和 1353 肉制品及副产品加工行业中的半成品肠衣和成品肠衣生产的污染物产生量与原料用量有关，计算产污量后，再根据企业末端治理设施和运行情况计算排污量。

1351 牲畜屠宰中分割环节、1353 肉制品及副产品加工行业中除半成品肠衣和成品肠衣外的其他产品生产的污染物产生量与产品产量有关，计算产污量后，再根据企业末端治理设施和运行情况计算排污量。

企业某污染物产生量、排放量为各核算环节产生量、排放量之和。

2.2 系数表中未涉及的产污系数及污染治理效率

由于本小类行业所涉及的产品、原料、工艺以及污染物末端治理技术数量众多，对系数表中未涉及的情况，请在系数表中选取同类或相近产品、原料的产污系数和末端治理技术的污染物去除效率。末端治理技术以主要治理技术为准。

系数表中产品都为鲜产品，所有冻产品的产污系数均参照相应鲜产品的产污系数。

2.3 其他需要说明的问题

当原料计量单位不是数量（头、只），而是活屠重时，需要将活屠重换算为原料数量，换算时活屠重按 110 千克/头-生猪、500 千克/头-活牛、50 千克/只-活羊、1.75 千克/只-鸡、2.5 千克/只-鸭、3.0 千克/只-鹅计，其他动物请参照标准换算。

由于不同企业工业废水量、废气量、一般固废量差异较大，本手册所提供的工业废水量、废气量、一般固废量等产污系数仅供参考。

为体现相同产污水平条件下，采用相同环保治理设施的不同企业对同一污染物去除效果的差异，引入末端治理设施实际运行率（k）对污染治理技术的实际去除率进行修正。k 值反映的是污染治理设施运行的状态，越稳定运行，k 值越高；在取值上，若定义连续稳定运行的理想状态为 1，则 k 取值在 0～1 之间。

本手册给出本行业的 k 计算公式仅供参考，使用时，可根据 k 值定义，选取更适合企业实际情况的表达方式。

3 污染物排放量核算方法

3.1 计算污染物产生量

根据产品、原料、污染物产生的主导生产工艺、企业规模（生产产能）查找和确定这一组合所对应的某一污染物的产污系数。

根据该污染物的产污系数计量单位——单位产品产量或单位原料用量，获取企业实际产品产量或原料用量。

例如，某组合内化学需氧量的产污系数单位为克/吨-产品，则计算化学需氧量产生量时需要获取企业实际产品产量；如果产污系数单位为克/头-原料，则计算化学需氧量产生量时需要获取企业原料实际用量。

污染物产生量按以下公式进行计算：

污染物产生量=污染物对应的产污系数×产品产量（原料用量）

$$G_{产i} = P_{产i} \times M_i$$

式中，$G_{产i}$——工段 i 某污染物的产生量；

$P_{产i}$——工段 i 某污染物对应的产污系数；

M_i——工段 i 的产品产量（原料用量）。

3.2 计算污染物去除量

（1）根据企业对某一污染物所采用的治理技术查找和选择相应的治理技术平均去除效率。

（2）根据所填报的污染治理设施实际运行率参数及其计算公式得出该企业的治理设施实际运行率（k 值）。

（3）污染物去除量按以下公式进行计算：

污染物去除量=污染物产生量×污染物去除率

=污染物产生量×治理技术平均去除效率×治理设施实际运行率

$$R_{减i} = G_{产i} \times \eta_T \times k_T$$

式中，$R_{减i}$——工段 i 某污染物的去除量；

η_T——工段 i 某污染物采用的末端治理技术的平均去除效率；

k_T——工段 i 某污染物采用的末端治理设施的实际运行率。

3.3 计算污染物排放量

污染物排放量=污染物产生量−污染物去除量

=污染物对应的产污系数×产品产量（原料用量）×

（1−治理技术平均去除效率×治理设施实际运行率）

3.4 计算企业污染物排放量

同一企业某污染物全年的排放总量为该企业同年实际生产的全部环节、产品、原料、规模污染物排放量之和。

$$E_{排} = G_{产} - R_{减} = \sum(G_{产i} - R_{减i}) = \sum\left[P_{产i} \times M_i(1 - \eta_T \times k_T)\right]$$

4 污染物排放量核算案例

某企业主要从事牲畜屠宰，该企业以生猪为主要原料，生产工艺采用机械化屠宰。该企业工业废水的污染治理技术采用“混凝气浮+厌氧水解酸化+CASS 生物处理法+化学除磷”组合，涉及的废水污染物主要为化学需氧量、氨氮、总氮、总磷。

该企业基本信息如表 1 所示。

表 1 某牲畜屠宰企业基本信息

	核算环节：屠宰	
	名称	数量
产品及产量	白条肉	50000 吨
原料及用量	生猪	640000 头
工艺名称	机械化屠宰	—
规模（产能）	2000 头/天	
污染治理设施	混凝气浮+厌氧水解酸化+CASS 生物处理法+化学除磷组合工艺	
实际运行率参数	污水治理设施耗电量	384000 千瓦·时
	污水治理设施运行时间	3600 小时
	污水治理设施总功率	106 千瓦

4.1 化学需氧量产生量计算

（1）查找产污系数及其计量单位

本核算示例以废水中化学需氧量为例，说明该企业化学需氧量产生量的计算方法。

根据企业基本信息，查找本手册中主要产品为白条肉，主要原料为生猪，主要工艺为机械化屠宰，生产规模＞1500 头/天。该组合化学需氧量的产污系数为 955，单位为克/头。

（2）获取企业原料用量

由于查询到的组合中，化学需氧量产污系数的单位为克/头，因此在核算产生量时采用原料生猪数量。该企业实际情况为：主要原料生猪 2017 年消耗量为 640000 头。

（3）计算化学需氧量产生量

化学需氧量产生量=化学需氧量产污系数（克/头）×原料（生猪）数量

=955 克/头×640000 头=611200000 克=611.2 吨

4.2 化学需氧量去除量计算

（1）查找治理技术平均去除效率

该企业工业废水治理技术可归为物理化学处理法、厌氧生物处理法和好氧生物处理法组合，查询该法的平均去除效率为 95%。

（2）计算污染治理设施实际运行率

根据产污系数组合查询结果，该组合中化学需氧量对应的污染治理设施实际运行率为

k =污水治理设施年耗电量/（污水治理设施年运行时间×污水治理设施总功率）

=384000 千瓦·时/（3600 小时×106 千瓦）=1.006，取 k=1

注：当计算的 k 值大于 1 时，k 值取 1；当计算的 k 值小于 1 时，k 取计算值。

（3）计算化学需氧量去除量

化学需氧量去除量=611.2 吨×95%×1=580.64 吨

4.3 化学需氧量排放量计算

化学需氧量排放量=611.2 吨−580.64 吨=30.56 吨

5 系数表

1351 牲畜屠宰行业系数表

工段名称	产品名称	原料名称	工艺名称	规模等级	污染物类别	污染物指标	系数单位	产污系数	末端治理技术	末端治理技术平均去除率/%	参考 k 值计算公式[1]
—	白条肉	生猪	简单机械化屠宰	<70 头/天	废水	工业废水量	吨/头	0.67	—	0	—
						化学需氧量	克/头	1.16×10^{3}	—	0	—
									化粪池	20	k=1
									沉淀分离	20	
									化学混凝法	40	k=污水治理设施年耗电量（千瓦·时）/［污水治理设施年运行时间（小时）×污水治理设施总功率（千瓦）］
									沉淀分离+厌氧水解类+生物接触氧化法	90	
									沉淀分离+厌氧生物处理法	50	
									沉淀分离+SBR 类	75	
						氨氮	克/头	35	—	0	—
									化粪池	10	k=1
									沉淀分离	10	
									化学混凝法	20	k=污水治理设施年耗电量（千瓦·时）/［污水治理设施年运行时间（小时）×污水治理设施总功率（千瓦）］
									沉淀分离+厌氧水解类+生物接触氧化法	85	
									沉淀分离+SBR 类	70	
									沉淀分离+厌氧生物处理法	20	
						总氮	克/头	89	—	0	—
									化粪池	10	k=1
									沉淀分离	10	
									化学混凝法	20	k=污水治理设施年耗电量（千瓦·时）/［污水治理设施年运行时间（小时）×污水治理设施总功率（千瓦）］
									沉淀分离+厌氧生物处理法	20	
									沉淀分离+SBR 类	40	
									沉淀分离+厌氧水解类+生物接触氧化法	60	

[1] 该公式仅供参考，使用时，可根据 k 值定义，选取更适合企业实际情况的表达方式。

1351 牲畜屠宰行业系数表（续表 1）

工段名称	产品名称	原料名称	工艺名称	规模等级	污染物类别	污染物指标	系数单位	产污系数	末端治理技术	末端治理技术平均去除率/%	参考 k 值计算公式
—	白条肉	生猪	简单机械化屠宰	<70 头/天	废水	总磷	克/头	12	—	0	—
									化粪池	10	k=1
									沉淀分离	10	
									化学混凝法	40	k=污水治理设施年耗电量（千瓦·时）/［污水治理设施年运行时间（小时）×污水治理设施总功率（千瓦）］
									沉淀分离+厌氧水解类+生物接触氧化法	60	
									沉淀分离+厌氧生物处理法	20	
									沉淀分离+SBR 类	40	
					固废	一般固废	千克/头	5.0	外运处置	100	k=1
			半机械化屠宰	70～1500 头/天	废水	工业废水量	吨/头	0.535	—	0	—
						化学需氧量	克/头	1.08×10^3	—	0	—
									化粪池	20	k=1
									沉淀分离	20	
									化学混凝法	40	k=污水治理设施年耗电量（千瓦·时）/［污水治理设施年运行时间（小时）×污水治理设施总功率（千瓦）］
									沉淀分离+厌氧水解类+生物接触氧化法	95	
									物理化学处理法+厌氧生物处理法+好氧生物处理法	97	
									沉淀分离+SBR 类	75	
						氨氮	克/头	35	—	0	—
									化粪池	10	k=1
									沉淀分离	10	
									化学混凝法	20	k=污水治理设施年耗电量（千瓦·时）/［污水治理设施年运行时间（小时）×污水治理设施总功率（千瓦）］
									沉淀分离+SBR 类	70	
									物理化学处理法+厌氧生物处理法+好氧生物处理法	90	
									沉淀分离+厌氧水解类+生物接触氧化法	85	
						总氮	克/头	68	—	0	—
									化粪池	10	k=1
									沉淀分离	10	

1351 牲畜屠宰行业系数表（续表 2）

工段名称	产品名称	原料名称	工艺名称	规模等级	污染物类别	污染物指标	系数单位	产污系数	末端治理技术	末端治理技术平均去除率/%	参考 k 值计算公式
—	白条肉	生猪	半机械化屠宰	70～1500头/天	废水	总氮	克/头	68	化学混凝法	20	k =污水治理设施年耗电量（千瓦·时）/［污水治理设施年运行时间（小时）×污水治理设施总功率（千瓦）］
									物理化学处理法+厌氧生物处理法+好氧生物处理法	85	
									沉淀分离+SBR 类	40	
									沉淀分离+厌氧水解类+生物接触氧化法	73	
						总磷	克/头	10	—	0	—
									化粪池	10	k =1
									沉淀分离	10	
									化学混凝法	40	k =污水治理设施年耗电量（千瓦·时）/［污水治理设施年运行时间（小时）×污水治理设施总功率（千瓦）］
									物理化学处理法+厌氧生物处理法+好氧生物处理法[②]	95	
									沉淀分离+SBR 类	40	
									沉淀分离+厌氧水解类+生物接触氧化法	68	
					固废	一般固废	千克/头	5.21	外运处置	100	k =1
			机械化屠宰	＞1500头/天	废水	工业废水量	吨/头	0.437	—	0	—
						化学需氧量	克/头	955	—	0	—
									沉淀分离+SBR 类	75	k =污水治理设施年耗电量（千瓦·时）/［污水治理设施年运行时间（小时）×污水治理设施总功率（千瓦）］
									物理化学处理法+厌氧生物处理法+好氧生物处理法	97	
									沉淀分离+厌氧水解类+生物接触氧化法	96	
						氨氮	克/头	33	—	0	—
									沉淀分离+厌氧水解类+生物接触氧化法	90	k =污水治理设施年耗电量（千瓦·时）/［污水治理设施年运行时间（小时）×污水治理设施总功率（千瓦）］
									物理化学处理法+厌氧生物处理法+好氧生物处理法	95	
									沉淀分离+SBR 类	70	

1351 牲畜屠宰行业系数表（续表 3）

工段名称	产品名称	原料名称	工艺名称	规模等级	污染物类别	污染物指标	系数单位	产污系数	末端治理技术	末端治理技术平均去除率/%	参考 k 值计算公式
—	白条肉	生猪	机械化屠宰	＞1500 头/天	废水	总氮	克/头	52	—	0	—
									物理化学处理法+厌氧生物处理法+好氧生物处理法	85	k =污水治理设施年耗电量（千瓦·时）/［污水治理设施年运行时间（小时）×污水治理设施总功率（千瓦）］
									沉淀分离+SBR 类	40	
									沉淀分离+厌氧水解类+生物接触氧化法	80	
						总磷	克/头	10	—	0	—
									物理化学处理法+厌氧生物处理法+好氧生物处理法②	95	k =污水治理设施年耗电量（千瓦·时）/［污水治理设施年运行时间（小时）×污水治理设施总功率（千瓦）］
									沉淀分离+SBR 类	40	
									沉淀分离+厌氧水解类+生物接触氧化法	80	
					固废	一般固废	千克/头	5.46	外运处置	100	k =1
	分割肉	白条肉	分割	＜70 头/天	废水	工业废水量	吨/吨-产品	1.59	—	0	—
						化学需氧量	克/吨-产品	402	—	0	—
									沉淀分离+厌氧水解类+生物接触氧化法	90	k =污水治理设施年耗电量（千瓦·时）/［污水治理设施年运行时间（小时）×污水治理设施总功率（千瓦）］
									沉淀分离+SBR 类	75	
									沉淀分离+厌氧生物处理法	50	
						氨氮	克/吨-产品	15	—	0	—
									沉淀分离+SBR 类	70	k =污水治理设施年耗电量（千瓦·时）/［污水治理设施年运行时间（小时）×污水治理设施总功率（千瓦）］
									沉淀分离+厌氧水解类+生物接触氧化法	85	
									沉淀分离+厌氧生物处理法	20	
						总氮	克/吨-产品	31	—	0	—
									沉淀分离+厌氧生物处理法	20	k =污水治理设施年耗电量（千瓦·时）/［污水治理设施年运行时间（小时）×污水治理设施总功率（千瓦）］
									沉淀分离+SBR 类	40	
									沉淀分离+厌氧水解类+生物接触氧化法	60	

1351 牲畜屠宰行业系数表（续表 4）

工段名称	产品名称	原料名称	工艺名称	规模等级	污染物类别	污染物指标	系数单位	产污系数	末端治理技术	末端治理技术平均去除率/%	参考 k 值计算公式
—	分割肉	白条肉	分割	<70 头/天	废水	总磷	克/吨-产品	3.7	—	0	—
									沉淀分离+SBR 类	40	k=污水治理设施年耗电量（千瓦·时）/[污水治理设施年运行时间（小时）×污水治理设施总功率（千瓦）]
									沉淀分离+厌氧水解类+生物接触氧化法	60	
									沉淀分离+厌氧生物处理法	20	
					固废	一般固废	千克/吨-产品	5.5	外运处置	100	k=1
—	分割肉	白条肉	分割	70～1500 头/天	废水	工业废水量	吨/吨-产品	1.59	—	0	—
						化学需氧量	克/吨-产品	402	—	0	—
									沉淀分离+SBR 类	75	k=污水治理设施年耗电量（千瓦·时）/[污水治理设施年运行时间（小时）×污水治理设施总功率（千瓦）]
									沉淀分离+厌氧水解类+生物接触氧化法	95	
									物理化学处理法+厌氧生物处理法+好氧生物处理法	97	
						氨氮	克/吨-产品	15	—	0	—
									物理化学处理法+厌氧生物处理法+好氧生物处理法	90	k=污水治理设施年耗电量（千瓦·时）/[污水治理设施年运行时间（小时）×污水治理设施总功率（千瓦）]
									沉淀分离+厌氧水解类+生物接触氧化法	85	
									沉淀分离+SBR 类	70	
						总氮	克/吨-产品	31	—	0	—
									沉淀分离+SBR 类	40	k=污水治理设施年耗电量（千瓦·时）/[污水治理设施年运行时间（小时）×污水治理设施总功率（千瓦）]
									物理化学处理法+厌氧生物处理法+好氧生物处理法	85	
									沉淀分离+厌氧水解类+生物接触氧化法	73	
						总磷	克/吨-产品	3.7	—	0	—
									沉淀分离+SBR 类	40	k=污水治理设施年耗电量（千瓦·时）/[污水治理设施年运行时间（小时）×污水治理设施总功率（千瓦）]
									物理化学处理法+厌氧生物处理法+好氧生物处理法[②]	95	
									沉淀分离+厌氧水解类+生物接触氧化法	68	

1351 牲畜屠宰行业系数表（续表 5）

工段名称	产品名称	原料名称	工艺名称	规模等级	污染物类别	污染物指标	系数单位	产污系数	末端治理技术	末端治理技术平均去除率/%	参考 k 值计算公式
—	分割肉	白条肉	分割	70～1500头/天	固废	一般固废	千克/吨-产品	5.5	外运处置	100	$k=1$
				>1500头/天	废水	工业废水量	吨/吨-产品	1.34	—	0	—
						化学需氧量	克/吨-产品	381	—	0	—
									物理化学处理法+厌氧生物处理法+好氧生物处理法	97	k =污水治理设施年耗电量（千瓦·时）/［污水治理设施年运行时间（小时）×污水治理设施总功率（千瓦）］
									沉淀分离+厌氧水解类+生物接触氧化法	96	
									沉淀分离+SBR 类	75	
						氨氮	克/吨-产品	2.8	—	0	—
									物理化学处理法+厌氧生物处理法+好氧生物处理法	95	k =污水治理设施年耗电量（千瓦·时）/［污水治理设施年运行时间（小时）×污水治理设施总功率（千瓦）］
									沉淀分离+厌氧水解类+生物接触氧化法	90	
									沉淀分离+SBR 类	70	
						总氮	克/吨-产品	14	—	0	—
									沉淀分离+SBR 类	40	k =污水治理设施年耗电量（千瓦·时）/［污水治理设施年运行时间（小时）×污水治理设施总功率（千瓦）］
									物理化学处理法+厌氧生物处理法+好氧生物处理法	85	
									沉淀分离+厌氧水解类+生物接触氧化法	80	
						总磷	克/吨-产品	3.3	—	0	—
									物理化学处理法+厌氧生物处理法+好氧生物处理法②	95	k =污水治理设施年耗电量（千瓦·时）/［污水治理设施年运行时间（小时）×污水治理设施总功率（千瓦）］
									沉淀分离+SBR 类	40	
									沉淀分离+厌氧水解类+生物接触氧化法	80	
					固废	一般固废	千克/吨-产品	6.0	外运处置	100	$k=1$

1351 牲畜屠宰行业系数表（续表 6）

工段名称	产品名称	原料名称	工艺名称	规模等级	污染物类别	污染物指标	系数单位	产污系数	末端治理技术	末端治理技术平均去除率/%	参考 k 值计算公式
—	牛肉（含牛四分体）	活牛	半机械化屠宰/机械化屠宰	所有规模	废水	工业废水量	吨/头	0.941	—	0	—
						化学需氧量	克/头	3.87×10^{3}	—	0	—
									化粪池	20	k =1
									沉淀分离	20	
									化学混凝法	40	k =污水治理设施年耗电量（千瓦·时）/［污水治理设施年运行时间（小时）×污水治理设施总功率（千瓦）］
									沉淀分离+SBR 类	75	
									物理化学处理法+厌氧生物处理法+好氧生物处理法	98	
									沉淀分离+厌氧水解类+生物接触氧化法	97	
						氨氮	克/头	107	—	0	—
									化粪池	10	k =1
									沉淀分离	10	
									化学混凝法	20	k =污水治理设施年耗电量（千瓦·时）/［污水治理设施年运行时间（小时）×污水治理设施总功率（千瓦）］
									沉淀分离+厌氧水解类+生物接触氧化法	90	
									物理化学处理法+厌氧生物处理法+好氧生物处理法	95	
									沉淀分离+SBR 类	70	
						总氮	克/头	226	—	0	—
									化粪池	10	k =1
									沉淀分离	10	
									化学混凝法	20	k =污水治理设施年耗电量（千瓦·时）/［污水治理设施年运行时间（小时）×污水治理设施总功率（千瓦）］
									沉淀分离+厌氧水解类+生物接触氧化法	83	
									沉淀分离+SBR 类	40	
									物理化学处理法+厌氧生物处理法+好氧生物处理法	85	
						总磷	克/头	13	—	0	—
									化粪池	10	k =1
									沉淀分离	10	

1351 牲畜屠宰行业系数表（续表 7）

工段名称	产品名称	原料名称	工艺名称	规模等级	污染物类别	污染物指标	系数单位	产污系数	末端治理技术	末端治理技术平均去除率/%	参考 k 值计算公式
—	牛肉（含牛四分体	活牛	半机械化屠宰/机械化屠宰	所有规模	废水	总磷	克/头	13	化学混凝法	40	k =污水治理设施年耗电量（千瓦·时）/［污水治理设施年运行时间（小时）×污水治理设施总功率（千瓦）］
									沉淀分离+SBR 类	40	
									沉淀分离+厌氧水解类+生物接触氧化法	84	
									物理化学处理法+厌氧生物处理法+好氧生物处理法[②]	95	
					固废	一般固废	千克/只	30.3	外运处置	100	k =1
—	羊肉（含羊胴肉）	活羊	半机械化屠宰	<1500 只/天	废水	工业废水量	吨/只	0.27	—	0	—
						化学需氧量	克/只	471	—	0	—
									化粪池	20	k =1
									沉淀分离	20	
									化学混凝法	40	k =污水治理设施年耗电量（千瓦·时）/［污水治理设施年运行时间（小时）×污水治理设施总功率（千瓦）］
									沉淀分离+厌氧生物处理法	50	
									沉淀分离+厌氧水解类+生物接触氧化法	95	
									沉淀分离+SBR 类	75	
						氨氮	克/只	18	—	0	—
									化粪池	10	k =1
									沉淀分离	10	
									化学混凝法	20	k =污水治理设施年耗电量（千瓦·时）/［污水治理设施年运行时间（小时）×污水治理设施总功率（千瓦）］
									沉淀分离+厌氧水解类+生物接触氧化法	85	
									沉淀分离+SBR 类	70	
									沉淀分离+厌氧生物处理法	20	
						总氮	克/只	45	—	0	—
									化粪池	10	k =1
									沉淀分离	10	
									化学混凝法	20	k =污水治理设施年耗电量（千瓦·时）/［污水治理设施年运行时间（小时）×污水治理设施总功率（千瓦）］
									沉淀分离+SBR 类	40	
									沉淀分离+厌氧水解类+生物接触氧化法	75	
									沉淀分离+厌氧生物处理法	20	

1351 牲畜屠宰行业系数表（续表 8）

工段名称	产品名称	原料名称	工艺名称	规模等级	污染物类别	污染物指标	系数单位	产污系数	末端治理技术	末端治理技术平均去除率/%	参考 k 值计算公式
—	羊肉（含羊胴肉）	活羊	半机械化屠宰	＜1500只/天	废水	总磷	克/只	5.8	—	0	—
									化粪池	10	k=1
									沉淀分离	10	
									化学混凝法	40	k=污水治理设施年耗电量（千瓦·时）/［污水治理设施年运行时间（小时）×污水治理设施总功率（千瓦）］
									沉淀分离+厌氧水解类+生物接触氧化法	70	
									沉淀分离+SBR 类	40	
									沉淀分离+厌氧生物处理法	20	
					固废	一般固废	千克/只	4.93	外运处置	100	k=1
—	羊肉（含羊胴肉）	活羊	机械化屠宰	＞1500只/天	废水	工业废水量	吨/只	0.24	—	0	—
						化学需氧量	克/只	421	—	0	—
									物理化学处理法+厌氧生物处理法+好氧生物处理法	97	k=污水治理设施年耗电量（千瓦·时）/［污水治理设施年运行时间（小时）×污水治理设施总功率（千瓦）］
									沉淀分离+SBR 类	75	
									沉淀分离+厌氧水解类+生物接触氧化法	96	
						氨氮	克/只	17	—	0	—
									沉淀分离+厌氧水解类+生物接触氧化法	90	k=污水治理设施年耗电量（千瓦·时）/［污水治理设施年运行时间（小时）×污水治理设施总功率（千瓦）］
									沉淀分离+SBR 类	70	
									物理化学处理法+厌氧生物处理法+好氧生物处理法	95	
						总氮	克/只	38	—	0	—
									沉淀分离+SBR 类	40	k=污水治理设施年耗电量（千瓦·时）/［污水治理设施年运行时间（小时）×污水治理设施总功率（千瓦）］
									物理化学处理法+厌氧生物处理法+好氧生物处理法	85	
									沉淀分离+厌氧水解类+生物接触氧化法	80	
						总磷	克/只	5.5	—	0	—
									沉淀分离+SBR 类	40	k=污水治理设施年耗电量（千瓦·时）/［污水治理设施年运行时间（小时）×污水治理设施总功率（千瓦）］
									物理化学处理法+厌氧生物处理法+好氧生物处理法②	95	
									沉淀分离+厌氧水解类+生物接触氧化法	80	
					固废	一般固废	千克/只	4.96	外运处置	100	k=1

注：①如调查企业的产品、工艺与此系数表有所不同，产污系数请参照本手册注意事项进行调整。

②物理化学处理法+厌氧生物处理法+好氧生物处理法指在处理过程中含有强化除磷环节的处理方法。

③厌氧生物处理包括水解酸化、UASB、EGSB、IC 等；好氧生物处理包括生物接触氧化法、SBR、CASS、CAST、MBR、A/O 工艺、A^2/O 工艺及这些技术的改进型工艺等。

1352 禽类屠宰行业系数表

工段名称	产品名称	原料名称	工艺名称	规模等级	污染物类别	污染物指标	系数单位	产污系数	末端治理技术	末端治理技术平均去除率/%	参考 k 值计算公式[1]
—	鸡肉	活鸡	半机械化屠宰/机械化屠宰	＜60000只/天	废水	工业废水量	吨/百只	1.43	—	0	—
						化学需氧量	克/百只	2.20×10^3	—	0	—
									化粪池	20	k =1
									沉淀分离	20	
									化学混凝法	40	k =污水治理设施年耗电量（千瓦·时）/［污水治理设施年运行时间（小时）×污水治理设施总功率（千瓦）］
									沉淀分离+SBR 类	75	
									沉淀分离+厌氧生物处理法	50	
									沉淀分离+厌氧水解类+生物接触氧化法	96	
						氨氮	克/百只	74	—	0	—
									化粪池	10	k =1
									沉淀分离	10	
									化学混凝法	20	k =污水治理设施年耗电量（千瓦·时）/［污水治理设施年运行时间（小时）×污水治理设施总功率（千瓦）］
									沉淀分离+厌氧水解类+生物接触氧化法	85	
									沉淀分离+SBR 类	70	
									沉淀分离+厌氧生物处理法	20	
						总氮	克/百只	238	—	0	—
									化粪池	10	k =1
									沉淀分离	10	
									化学混凝法	20	k =污水治理设施年耗电量（千瓦·时）/［污水治理设施年运行时间（小时）×污水治理设施总功率（千瓦）］
									沉淀分离+SBR 类	40	
									沉淀分离+厌氧生物处理法	20	
									沉淀分离+厌氧水解类+生物接触氧化法	80	
						总磷	克/百只	34	—	0	—
									化粪池	10	k =1
									沉淀分离	10	
									化学混凝法	40	k =污水治理设施年耗电量（千瓦·时）/［污水治理设施年运行时间（小时）×污水治理设施总功率（千瓦）］
									沉淀分离+厌氧水解类+生物接触氧化法	70	
									沉淀分离+厌氧生物处理法	20	
									沉淀分离+SBR 类	40	
					固废	一般固废	千克/百只	18.7	外运处置	100	k =1

[1] 该公式仅供参考，使用时，可根据 k 值定义，选取更适合企业实际情况的表达方式。

1352 禽类屠宰行业系数表（续表 1）

工段名称	产品名称	原料名称	工艺名称	规模等级	污染物类别	污染物指标	系数单位	产污系数	末端治理技术	末端治理技术平均去除率/%	参考 k 值计算公式
—	鸡肉	活鸡	半机械化屠宰/机械化屠宰	＞60000只/天	废水	工业废水量	吨/百只	1.20	—	0	—
						化学需氧量	克/百只	2.02×10^3	—	0	—
									沉淀分离+厌氧水解类+生物接触氧化法	96	k =污水治理设施年耗电量（千瓦·时）/[污水治理设施年运行时间（小时）×污水治理设施总功率（千瓦）]
									物理化学处理法+厌氧生物处理法+好氧生物处理法	97	
									沉淀分离+SBR 类	75	
						氨氮	克/百只	43	—	0	—
									物理化学处理法+厌氧生物处理法+好氧生物处理法	95	k =污水治理设施年耗电量（千瓦·时）/[污水治理设施年运行时间（小时）×污水治理设施总功率（千瓦）]
									沉淀分离+厌氧水解类+生物接触氧化法	90	
									沉淀分离+SBR 类	70	
						总氮	克/百只	133	—	0	—
									沉淀分离+SBR 类	40	k =污水治理设施年耗电量（千瓦·时）/[污水治理设施年运行时间（小时）×污水治理设施总功率（千瓦）]
									物理化学处理法+厌氧生物处理法+好氧生物处理法	85	
									沉淀分离+厌氧水解类+生物接触氧化法	85	
						总磷	克/百只	13	—	0	—
									沉淀分离+SBR 类	40	k =污水治理设施年耗电量（千瓦·时）/[污水治理设施年运行时间（小时）×污水治理设施总功率（千瓦）]
									物理化学处理法+厌氧生物处理法+好氧生物处理法	95	
									沉淀分离+厌氧水解类+生物接触氧化法	75	
					固废	一般固废	千克/百只	20.7	外运处置	100	k =1
—	鸭肉	活鸭	半机械化屠宰/机械化屠宰	所有规模	废水	工业废水量	吨/百只	2.15	—	0	—
						化学需氧量	克/百只	3.30×10^3	—	0	—
									化粪池	20	k =1
									沉淀分离	20	
									化学混凝法	40	k =污水治理设施年耗电量（千瓦·时）/[污水治理设施年运行时间（小时）×污水治理设施总功率（千瓦）]
									沉淀分离+SBR 类	75	
									沉淀分离+厌氧生物处理法	50	
									沉淀分离+厌氧水解类+生物接触氧化法	96	

1352 禽类屠宰行业系数表（续表 2）

工段名称	产品名称	原料名称	工艺名称	规模等级	污染物类别	污染物指标	系数单位	产污系数	末端治理技术	末端治理技术平均去除率/%	参考 k 值计算公式
—	鸭肉	活鸭	半机械化屠宰/机械化屠宰	所有规模	废水	氨氮	克/百只	111	—	0	—
									化粪池	10	k =1
									沉淀分离	10	
									化学混凝法	20	k =污水治理设施年耗电量（千瓦·时）/［污水治理设施年运行时间（小时）×污水治理设施总功率（千瓦）］
									沉淀分离+厌氧水解类+生物接触氧化法	90	
									沉淀分离+SBR 类	70	
									沉淀分离+厌氧生物处理法	20	
						总氮	克/百只	356	—	0	—
									化粪池	10	k =1
									沉淀分离	10	
									化学混凝法	20	k =污水治理设施年耗电量（千瓦·时）/［污水治理设施年运行时间（小时）×污水治理设施总功率（千瓦）］
									沉淀分离+SBR 类	40	
									沉淀分离+厌氧生物处理法	20	
									沉淀分离+厌氧水解类+生物接触氧化法	85	
						总磷	克/百只	51	—	0	—
									化粪池	10	k =1
									沉淀分离	10	
									化学混凝法	40	k =污水治理设施年耗电量（千瓦·时）/［污水治理设施年运行时间（小时）×污水治理设施总功率（千瓦）］
									沉淀分离+厌氧水解类+生物接触氧化法	75	
									沉淀分离+厌氧生物处理法	20	
									沉淀分离+SBR 类	40	
					固废	一般固废	千克/百只	28.1	外运处置	100	k =1
—	鹅肉	活鹅	半机械化屠宰/机械化屠宰	所有规模	废水	工业废水量	吨/百只	2.57	—	0	—
						化学需氧量	克/百只	3.97×10^3	—	0	—
									化粪池	20	k =1
									沉淀分离	20	
									化学混凝法	40	k =污水治理设施年耗电量（千瓦·时）/［污水治理设施年运行时间（小时）×污水治理设施总功率（千瓦）］
									沉淀分离+SBR 类	75	
									沉淀分离+厌氧生物处理法	50	
									沉淀分离+厌氧水解类+生物接触氧化法	96	

1352 禽类屠宰行业系数表（续表 3）

工段名称	产品名称	原料名称	工艺名称	规模等级	污染物类别	污染物指标	系数单位	产污系数	末端治理技术	末端治理技术平均去除率/%	参考 k 值计算公式
—	鹅肉	活鹅	半机械化屠宰/机械化屠宰	所有规模	废水	氨氮	克/百只	133	—	0	—
									化粪池	10	k =1
									沉淀分离	10	
									化学混凝法	20	k =污水治理设施年耗电量（千瓦·时）/[污水治理设施年运行时间（小时）×污水治理设施总功率（千瓦）]
									沉淀分离+厌氧水解类+生物接触氧化法	90	
									沉淀分离+SBR 类	70	
									沉淀分离+厌氧生物处理法	20	
						总氮	克/百只	428	—	0	—
									化粪池	10	k =1
									沉淀分离	10	
									化学混凝法	20	k =污水治理设施年耗电量（千瓦·时）/[污水治理设施年运行时间（小时）×污水治理设施总功率（千瓦）]
									沉淀分离+SBR 类	40	
									沉淀分离+厌氧生物处理法	20	
									沉淀分离+厌氧水解类+生物接触氧化法	85	
						总磷	克/百只	61	—	0	—
									化粪池	10	k =1
									沉淀分离	10	
									化学混凝法	40	k =污水治理设施年耗电量（千瓦·时）/[污水治理设施年运行时间（小时）×污水治理设施总功率（千瓦）]
									沉淀分离+厌氧水解类+生物接触氧化法	75	
									沉淀分离+厌氧生物处理法	20	
									沉淀分离+SBR 类	40	
					固废	一般固废	千克/百只	33.7	外运处置	100	k =1

注：①如调查企业的产品、工艺与此系数表有所不同，产污系数请参照本手册注意事项进行调整。

②栏中磷去除率为统计平均值，如企业采用强化除磷，磷去除率可达到 95%。

③厌氧生物处理包括水解酸化、UASB、EGSB、IC 等；好氧生物处理包括生物接触氧化法、SBR、CASS、CAST、MBR、A/O 工艺、A^2/O 工艺及这些技术的改进型工艺等。

1353 肉制品及副产品加工行业系数表

工段名称	产品名称	原料名称	工艺名称	规模等级	污染物类别	污染物指标	系数单位	产污系数	末端治理技术	末端治理技术平均去除率/%	参考 k 值计算公式[1]
—	酱卤制品、糟肉制品、肉松、肉干、肉脯、血肠、调理肉制品、肉糕	原料肉	酱卤	所有规模	废水	工业废水量	吨/吨-产品	18.7	—	0	—
						化学需氧量	克/吨-产品	1.89×10^{4}	—	0	—
									化粪池	20	k =1
									沉淀分离	20	
									化学混凝法	40	k =污水治理设施年耗电量（千瓦·时）/［污水治理设施年运行时间（小时）×污水治理设施总功率（千瓦）］
									沉淀分离+好氧生物处理法	75	
									沉淀分离+厌氧水解类+生物接触氧化法	95	
									沉淀分离+厌氧生物处理法+好氧生物处理法	96	
									沉淀分离+SBR 类	75	
									沉淀分离+厌氧生物处理法	50	
						氨氮	克/吨-产品	243	—	0	—
									化粪池	10	k =1
									沉淀分离	10	
									化学混凝法	20	k =污水治理设施年耗电量（千瓦·时）/［污水治理设施年运行时间（小时）×污水治理设施总功率（千瓦）］
									沉淀分离+厌氧水解类+生物接触氧化法	85	
									沉淀分离+SBR 类	70	
									沉淀分离+好氧生物处理法	70	
									沉淀分离+厌氧生物处理法	20	
									沉淀分离+厌氧生物处理法+好氧生物处理法	90	
						总氮	克/吨-产品	934	—	0	—
									化粪池	10	k =1
									沉淀分离	10	
									化学混凝法	20	k =污水治理设施年耗电量（千瓦·时）/［污水治理设施年运行时间（小时）×污水治理设施总功率（千瓦）］
									沉淀分离+SBR 类	40	
									沉淀分离+厌氧生物处理法	20	
									沉淀分离+厌氧水解类+生物接触氧化法	70	
									沉淀分离+厌氧生物处理法+好氧生物处理法	80	
									沉淀分离+好氧生物处理法	40	

[1] 该公式仅供参考，使用时，可根据 k 值定义，选取更适合企业实际情况的表达方式。

1353 肉制品及副产品加工行业系数表（续表 1）

工段名称	产品名称	原料名称	工艺名称	规模等级	污染物类别	污染物指标	系数单位	产污系数	末端治理技术	末端治理技术平均去除率/%	参考 k 值计算公式
—	酱卤制品、糟肉制品、肉松、肉干、肉脯、血肠、调理肉制品、肉糕	原料肉	酱卤	所有规模	废水	总磷	克/吨-产品	307	—	0	—
									化粪池	10	k =1
									沉淀分离	10	
									化学混凝法	40	k =污水治理设施年耗电量（千瓦·时）/［污水治理设施年运行时间（小时）×污水治理设施总功率（千瓦）］
									沉淀分离+好氧生物处理法	40	
									沉淀分离+厌氧生物处理法+好氧生物处理法	80	
									沉淀分离+厌氧水解类+生物接触氧化法	70	
									沉淀分离+SBR 类	40	
									沉淀分离+厌氧生物处理法	20	
					固废	一般固废	千克/吨-产品	26.1	外运处置	100	k =1
—	熏煮火腿、熏煮香肠、香肠制品、血布丁、发酵香肠、培根、火腿、肉灌肠、生鲜香肠	原料肉	西式肠加工	所有规模	废水	工业废水量	吨/吨-产品	12.2	—	0	—
						化学需氧量	克/吨-产品	9.41×10^3	—	0	—
									化粪池	20	k =1
									沉淀分离	20	
									化学混凝法	40	k =污水治理设施年耗电量（千瓦·时）/［污水治理设施年运行时间（小时）×污水治理设施总功率（千瓦）］
									沉淀分离+好氧生物处理法	75	
									沉淀分离+SBR 类	75	
									沉淀分离+厌氧生物处理法+好氧生物处理法	95	
									沉淀分离+厌氧水解类+生物接触氧化法	90	
									沉淀分离+厌氧生物处理法	50	
						氨氮	克/吨-产品	85	—	0	—
									化粪池	10	k =1
									沉淀分离	10	
									化学混凝法	20	k =污水治理设施年耗电量（千瓦·时）/［污水治理设施年运行时间（小时）×污水治理设施总功率（千瓦）］
									沉淀分离+厌氧水解类+生物接触氧化法	85	
									沉淀分离+厌氧生物处理法	20	
									沉淀分离+好氧生物处理法	70	
									沉淀分离+SBR 类	70	
									沉淀分离+厌氧生物处理法+好氧生物处理法	90	

1353 肉制品及副产品加工行业系数表（续表 2）

工段名称	产品名称	原料名称	工艺名称	规模等级	污染物类别	污染物指标	系数单位	产污系数	末端治理技术	末端治理技术平均去除率/%	参考 k 值计算公式
—	熏煮火腿、熏煮香肠、香肠制品、血布丁、发酵香肠、培根、火腿、肉灌肠、生鲜香肠	原料肉	西式肠加工	所有规模	废水	总氮	克/吨-产品	308	—	0	—
									化粪池	10	k =1
									沉淀分离	10	
									化学混凝法	20	k =污水治理设施年耗电量（千瓦·时）/［污水治理设施年运行时间（小时）×污水治理设施总功率（千瓦）］
									沉淀分离+SBR 类	40	
									沉淀分离+好氧生物处理法	40	
									沉淀分离+厌氧生物处理法+好氧生物处理法	80	
									沉淀分离+厌氧生物处理法	20	
									沉淀分离+厌氧水解类+生物接触氧化法	70	
						总磷	克/吨-产品	56	—	0	—
									化粪池	10	k =1
									沉淀分离	10	
									化学混凝法	40	k =污水治理设施年耗电量（千瓦·时）/［污水治理设施年运行时间（小时）×污水治理设施总功率（千瓦）］
									沉淀分离+厌氧水解类+生物接触氧化法	70	
									沉淀分离+SBR 类	40	
									沉淀分离+厌氧生物处理法+好氧生物处理法	80	
									沉淀分离+好氧生物处理法	40	
									沉淀分离+厌氧生物处理法	20	
					固废	一般固废	千克/吨-产品	15	外运处置	100	k =1
—	腌腊肉制品及熏烤肉制品	原料肉	解冻+清洗+腌制+熏制+烘干	所有规模	废水	工业废水量	吨/吨-产品	9	—	0	—
						化学需氧量	克/吨-产品	8.32×10^3	—	0	—
									化粪池	20	k =1
									沉淀分离	20	
									化学混凝法	40	k =污水治理设施年耗电量（千瓦·时）/［污水治理设施年运行时间（小时）×污水治理设施总功率（千瓦）］
									沉淀分离+好氧生物处理法	75	
									沉淀分离+厌氧水解类+生物接触氧化法	95	
									沉淀分离+厌氧生物处理法+好氧生物处理法	96	
									沉淀分离+SBR 类	75	
									沉淀分离+厌氧生物处理法	50	

1353 肉制品及副产品加工行业系数表（续表 3）

工段名称	产品名称	原料名称	工艺名称	规模等级	污染物类别	污染物指标	系数单位	产污系数	末端治理技术	末端治理技术平均去除率/%	参考 k 值计算公式
—	腌腊肉制品及熏烤肉制品	原料肉	解冻+清洗+腌制+熏制+烘干	所有规模	废水	氨氮	克/吨-产品	122	—	0	—
									化粪池	10	k =1
									沉淀分离	10	
									化学混凝法	20	k =污水治理设施年耗电量（千瓦·时）/［污水治理设施年运行时间（小时）×污水治理设施总功率（千瓦）］
									沉淀分离+厌氧水解类+生物接触氧化法	85	
									沉淀分离+SBR 类	70	
									沉淀分离+好氧生物处理法	70	
									沉淀分离+厌氧生物处理法	20	
									沉淀分离+厌氧生物处理法+好氧生物处理法	90	
						总氮	克/吨-产品	467	—	0	—
									化粪池	10	k =1
									沉淀分离	10	
									化学混凝法	20	k =污水治理设施年耗电量（千瓦·时）/［污水治理设施年运行时间（小时）×污水治理设施总功率（千瓦）］
									沉淀分离+SBR 类	40	
									沉淀分离+厌氧生物处理法	20	
									沉淀分离+厌氧水解类+生物接触氧化法	70	
									沉淀分离+厌氧生物处理法+好氧生物处理法	80	
									沉淀分离+好氧生物处理法	40	
						总磷	克/吨-产品	154	—	0	—
									化粪池	10	k =1
									沉淀分离	10	
									化学混凝法	40	k =污水治理设施年耗电量（千瓦·时）/［污水治理设施年运行时间（小时）×污水治理设施总功率（千瓦）］
									沉淀分离+好氧生物处理法	40	
									沉淀分离+厌氧生物处理法+好氧生物处理法	80	
									沉淀分离+厌氧水解类+生物接触氧化法	70	
									沉淀分离+SBR 类	40	
									沉淀分离+厌氧生物处理法	20	
					固废	一般固废	千克/吨-产品	13	外运处置	100	k =1

1353 肉制品及副产品加工行业系数表（续表 4）

工段名称	产品名称	原料名称	工艺名称	规模等级	污染物类别	污染物指标	系数单位	产污系数	末端治理技术	末端治理技术平均去除率/%	参考 k 值计算公式
—	干炸肉制品	原料肉	腌制+干炸	所有规模	废水	工业废水量	吨/吨-产品	2.2	—	0	—
						化学需氧量	克/吨-产品	2.42×10^3	—	0	—
									化粪池	20	k =1
									沉淀分离	20	
									化学混凝法	40	k =污水治理设施运行时间（天/年）/企业正常生产时间（天/年）
									沉淀分离+好氧生物处理法	75	
									沉淀分离+厌氧水解类+生物接触氧化法	95	
									沉淀分离+厌氧生物处理法+好氧生物处理法	96	
									沉淀分离+SBR 类	75	
									沉淀分离+厌氧生物处理法	50	
						氨氮	克/吨-产品	36	—	0	—
									化粪池	10	k =1
									沉淀分离	10	
									化学混凝法	20	k =污水治理设施运行时间（天/年）/企业正常生产时间（天/年）
									沉淀分离+厌氧水解类+生物接触氧化法	85	
									沉淀分离+SBR 类	70	
									沉淀分离+好氧生物处理法	70	
									沉淀分离+厌氧生物处理法	20	
									沉淀分离+厌氧生物处理法+好氧生物处理法	90	
						总氮	克/吨-产品	140	—	0	—
									化粪池	10	k =1
									沉淀分离	10	
									化学混凝法	20	k =污水治理设施运行时间（天/年）/企业正常生产时间（天/年）
									沉淀分离+SBR 类	40	
									沉淀分离+厌氧生物处理法	20	
									沉淀分离+厌氧水解类+生物接触氧化法	70	
									沉淀分离+厌氧生物处理法+好氧生物处理法	80	
									沉淀分离+好氧生物处理法	40	

1353 肉制品及副产品加工行业系数表（续表 5）

工段名称	产品名称	原料名称	工艺名称	规模等级	污染物类别	污染物指标	系数单位	产污系数	末端治理技术	末端治理技术平均去除率/%	参考 k 值计算公式
—	干炸肉制品	原料肉	腌制+干炸	所有规模	废水	总磷	克/吨-产品	46	—	0	—
									化粪池	10	k =1
									沉淀分离	10	
									化学混凝法	40	k =污水治理设施运行时间（天/年）/企业正常生产时间（天/年）
									沉淀分离+好氧生物处理法	40	
									沉淀分离+厌氧生物处理法+好氧生物处理法	80	
									沉淀分离+厌氧水解类+生物接触氧化法	70	
									沉淀分离+SBR 类	40	
									沉淀分离+厌氧生物处理法	20	
					废气	颗粒物	克/吨-产品	400	—	0	—
									袋式除尘	90	k =废气治理设施运行时间（天/年）/企业正常生产时间（天/年）
									静电除尘	95	
						挥发性有机物	克/吨-产品	200	—	0	—
									光催化	85	k =废气治理设施运行时间（天/年）/企业正常生产时间（天/年）
									光解	80	
					固废	一般固废	千克/吨-产品	20.9	外运处置	100	k =1
—	动物油	动物脂肪	高温蒸煮	所有规模	废水	工业废水量	吨/吨-产品	0.347	—	0	—
						化学需氧量	克/吨-产品	420	—	0	—
									化粪池	20	k =1
									沉淀分离	20	
									化学混凝法	40	k =污水治理设施运行时间（天/年）/企业正常生产时间（天/年）
									沉淀分离+好氧生物处理法	75	
									沉淀分离+厌氧水解类+生物接触氧化法	95	
									沉淀分离+厌氧生物处理法+好氧生物处理法	96	
									沉淀分离+SBR 类	75	
									沉淀分离+厌氧生物处理法	50	

1353 肉制品及副产品加工行业系数表（续表 6）

工段名称	产品名称	原料名称	工艺名称	规模等级	污染物类别	污染物指标	系数单位	产污系数	末端治理技术	末端治理技术平均去除率/%	参考 k 值计算公式
—	动物油	动物脂肪	高温蒸煮	所有规模	废水	氨氮	克/吨-产品	12	—	0	—
									化粪池	10	k =1
									沉淀分离	10	
									化学混凝法	20	k =污水治理设施运行时间（天/年）/企业正常生产时间（天/年）
									沉淀分离+厌氧水解类+生物接触氧化法	85	
									沉淀分离+SBR 类	70	
									沉淀分离+好氧生物处理法	70	
									沉淀分离+厌氧生物处理法	20	
									沉淀分离+厌氧生物处理法+好氧生物处理法	90	
						总氮	克/吨-产品	30	—	0	—
									化粪池	10	k =1
									沉淀分离	10	
									化学混凝法	20	k =污水治理设施运行时间（天/年）/企业正常生产时间（天/年）
									沉淀分离+SBR 类	40	
									沉淀分离+厌氧生物处理法	20	
									沉淀分离+厌氧水解类+生物接触氧化法	70	
									沉淀分离+厌氧生物处理法+好氧生物处理法	80	
									沉淀分离+好氧生物处理法	40	
						总磷	克/吨-产品	4.0	—	0	—
									化粪池	10	k =1
									沉淀分离	10	
									化学混凝法	40	k =污水治理设施运行时间（天/年）/企业正常生产时间（天/年）
									沉淀分离+好氧生物处理法	40	
									沉淀分离+厌氧生物处理法+好氧生物处理法	80	
									沉淀分离+厌氧水解类+生物接触氧化法	70	
									沉淀分离+SBR 类	40	
									沉淀分离+厌氧生物处理法	20	
					固废	一般固废	千克/吨-产品	141	外运处置	100	k =1

1353 肉制品及副产品加工行业系数表（续表 7）

工段名称	产品名称	原料名称	工艺名称	规模等级	污染物类别	污染物指标	系数单位	产污系数	末端治理技术	末端治理技术平均去除率/%	参考 k 值计算公式
—	半成品肠衣	原肠	清洗+浸泡+刮制+盐渍	所有规模	废水	工业废水量	吨/千根-原肠	10	—	0	—
						化学需氧量	克/千根-原肠	1.03×10^5	—	0	—
									化粪池	20	k=1
									沉淀分离	20	
									电渗析	97	k=污水治理设施运行时间（天/年）/企业正常生产时间（天/年）
									沉淀分离+好氧生物处理法	75	
									沉淀分离+厌氧水解类+生物接触氧化法	95	
									沉淀分离+厌氧生物处理法+好氧生物处理法	96	
									沉淀分离+SBR 类	75	
									沉淀分离+厌氧生物处理法	50	
						氨氮	克/千根-原肠	9.18×10^3	—	0	—
									化粪池	10	k=1
									沉淀分离	10	
									电渗析	95	k=污水治理设施运行时间（天/年）/企业正常生产时间（天/年）
									沉淀分离+厌氧水解类+生物接触氧化法	85	
									沉淀分离+SBR 类	70	
									沉淀分离+好氧生物处理法	70	
									沉淀分离+厌氧生物处理法	20	
									沉淀分离+厌氧生物处理法+好氧生物处理法	90	
						总氮	克/千根-原肠	9.88×10^3	—	0	—
									化粪池	10	k=1
									沉淀分离	10	
									电渗析	95	k=污水治理设施运行时间（天/年）/企业正常生产时间（天/年）
									沉淀分离+SBR 类	40	
									沉淀分离+厌氧生物处理法	20	
									沉淀分离+厌氧水解类+生物接触氧化法	70	
									沉淀分离+厌氧生物处理法+好氧生物处理法	80	
									沉淀分离+好氧生物处理法	40	

1353 肉制品及副产品加工行业系数表（续表 8）

工段名称	产品名称	原料名称	工艺名称	规模等级	污染物类别	污染物指标	系数单位	产污系数	末端治理技术	末端治理技术平均去除率/%	参考 k 值计算公式
—	半成品肠衣	原肠	清洗+浸泡+刮制+盐渍	所有规模	废水	总磷	克/千根-原肠	2.13×10^3	—	0	—
									化粪池	10	k =1
									沉淀分离	10	
									电渗析	95	k =污水治理设施运行时间（天/年）/企业正常生产时间（天/年）
									沉淀分离+好氧生物处理法	40	
									沉淀分离+厌氧生物处理法+好氧生物处理法	80	
									沉淀分离+厌氧水解类+生物接触氧化法	70	
									沉淀分离+SBR 类	40	
									沉淀分离+厌氧生物处理法	20	
—	成品肠衣	半成品肠衣	清洗+冲水分路+定级+盐腌	所有规模	废水	工业废水量	吨/千根-原肠	5	—	0	—
						化学需氧量	克/千根-原肠	3.00×10^3	—	0	—
									化粪池	20	k =1
									沉淀分离	20	
									电渗析	97	k =污水治理设施运行时间（天/年）/企业正常生产时间（天/年）
									沉淀分离+好氧生物处理法	75	
									沉淀分离+厌氧水解类+生物接触氧化法	95	
									沉淀分离+厌氧生物处理法+好氧生物处理法	96	
									沉淀分离+SBR 类	75	
									沉淀分离+厌氧生物处理法	50	
						氨氮	克/千根-原肠	248	—	0	—
									化粪池	10	k =1
									沉淀分离	10	
									电渗析	95	k =污水治理设施运行时间（天/年）/企业正常生产时间（天/年）
									沉淀分离+厌氧水解类+生物接触氧化法	85	
									沉淀分离+SBR 类	70	
									沉淀分离+好氧生物处理法	70	
									沉淀分离+厌氧生物处理法	20	
									沉淀分离+厌氧生物处理法+好氧生物处理法	90	

1353 肉制品及副产品加工行业系数表（续表 9）

工段名称	产品名称	原料名称	工艺名称	规模等级	污染物类别	污染物指标	系数单位	产污系数	末端治理技术	末端治理技术平均去除率/%	参考 k 值计算公式
—	成品肠衣	半成品肠衣	清洗+冲水分路+定级+盐腌	所有规模	废水	总氮	克/千根-原肠	375	—	0	—
									化粪池	10	k =1
									沉淀分离	10	
									电渗析	95	k =污水治理设施运行时间（天/年）/企业正常生产时间（天/年）
									沉淀分离+SBR 类	40	
									沉淀分离+厌氧生物处理法	20	
									沉淀分离+厌氧水解类+生物接触氧化法	70	
									沉淀分离+厌氧生物处理法+好氧生物处理法	80	
									沉淀分离+好氧生物处理法	40	
						总磷	克/千根-原肠	48	—	0	—
									化粪池	10	k =1
									沉淀分离	10	
									电渗析	95	k =污水治理设施运行时间（天/年）/企业正常生产时间（天/年）
									沉淀分离+好氧生物处理法	40	
									沉淀分离+厌氧生物处理法+好氧生物处理法	80	
									沉淀分离+厌氧水解类+生物接触氧化法	70	
									沉淀分离+SBR 类	40	
									沉淀分离+厌氧生物处理法	20	

注：①如企业的产品、工艺与此系数表有所不同，产污系数请参照本手册注意事项进行调整。

②栏中磷去除率为统计平均值，如企业采用强化除磷，磷去除率可达到 95%。

③厌氧生物处理包括水解酸化、UASB、EGSB、IC 等；好氧生物处理包括生物接触氧化法、SBR、CASS、CAST、MBR、A/O 工艺、A^2/O 工艺及这些技术的改进型工艺等。

136 水产品加工业

1 适用范围

本手册仅用于《国民经济行业分类》（GB/T 4754—2017）中 1361 水产品冷冻加工行业、1362 鱼糜制品及水产品干腌制加工行业、1363 鱼油提取及制品制造行业和 1369 其他水产品加工行业使用系数法核算工业污染物产生量和排放量的工业企业。

利用本手册进行产排污核算得出的污染物产生量与排放量仅代表了特定行业的工艺、产品、原料在正常工况下污染物产生与排放的一般规律。

本行业废水指标包括工业废水量、化学需氧量、氨氮、总氮、总磷；固体废弃物指标为一般固废量。

2 注意事项

2.1 企业有多种生产工艺或生产多类产品产排污量核算

污染物产生量与产品产量有关，根据不同核算环节计算产污量后，再根据企业末端治理设施和运行情况计算排污量。

企业某污染物产生量、排放量为各核算环节产生量、排放量之和。

在企业实际排放量计算过程中，如果存在废水回用的情况，需要在利用产排污核算公式的基础上扣除废水回用的部分。公式如下：

实际排放量=计算排放量×（1−废水回用率）

2.2 系数表中未涉及的产污系数及污染治理效率

由于本小类行业所涉及的产品、原料、工艺以及污染物末端治理技术数量众多，对系数表中未涉及的情况，请在系数表中选取同类或相近产品、原料、生产工艺的产污系数和末端治理技术的污染物去除效率，并根据以下说明进行系数调整。

海参加工的产污系数可参照冻鱼片的相应加工工艺。

调整后的产污系数=系数表中选取的产污系数×调整系数

无须调整时调整系数可视为 1。同时，需注意在某些情况下，工业废水量和其他污染物指标的调整系数的取值有所不同。

食品级海藻胶采用乙醇精制时，相应废水量及污染物产污系数均比表中数值低，可在表中数值基础上取调整系数 0.7；工业级海藻胶根据产品黏度等参数不同，相应调整系数可取至 1.5。

本行业产污的主导影响因素权重顺序为：产品＞原料＞工艺方法。因此当企业产品未能找到确切对应产污系数时，应按以上顺序选择相似产品、原料、工艺方法的产污系数。

2.3 其他需要说明的问题

当调查企业末端治理设施与系数表中不同时，请选取系数表中相近末端治理技术的去除效率进行计算。

由于不同企业工业废气量、废水量、一般固废量差异较大，本手册所提供的工业废气量、废水量、一般固废量产污系数仅供参考。

为体现相同产污水平条件下，采用相同环保治理设施的不同企业对同一污染物去除效果的差异，引入末端治理设施实际运行率（k）对污染治理技术的实际去除率进行修正。k 值反映的是污染治理设施运行的状态，越稳定运行，k 值越高；在取值上，若定义连续稳定运行的理想状态为 1，则 k 取值在 0～1 之间。

本手册给出本行业的 k 计算公式仅供参考，使用时，可根据 k 值定义，选取更适合企业实际情况的表达方式。

3 污染物排放量核算方法

3.1 计算污染物产生量

（1）根据产品、原料、污染物产生的主导生产工艺查找和确定这一组合所对应的某一污染物的产污系数。

（2）根据该污染物的产污系数计量单位——单位产品产量，获取企业实际产品产量。

例如，某组合内化学需氧量的产污系数单位为克/吨-产品，则计算产生量时需要获取企业实际产品产量。

（3）污染物产生量按以下公式进行计算：

污染物产生量=污染物对应的产污系数×产品产量

$$G_{产i} = P_{产i} \times M_i$$

式中，$G_{产i}$——工段 i 某污染物的产生量；

$P_{产i}$——工段 i 某污染物对应的产污系数；

M_i——工段 i 的产品产量。

3.2 计算污染物去除量

（1）根据企业对某一污染物所采用的治理技术查找和选择相应的治理技术平均去除效率。

（2）根据所填报的污染治理设施实际运行率参数及其计算公式得出该企业的治理设施实际运行率（k 值）。

（3）污染物去除量按以下公式进行计算：

污染物去除量=污染物产生量×污染物去除率

=污染物产生量×治理技术平均去除效率×治理设施实际运行率

$$R_{减i} = G_{产i} \times \eta_T \times k_T$$

式中，$R_{减i}$——工段 i 某污染物的去除量；

η_T——工段 i 某污染物采用的末端治理技术的平均去除效率；

k_T——工段 i 某污染物采用的末端治理设施的实际运行率。

3.3 计算污染物排放量

污染物排放量=污染物产生量−污染物去除量

=污染物对应的产污系数×产品产量×（1−治理技术平均去除效率×治理设施实际运行率）

3.4 计算企业污染物排放量

同一企业某污染物全年的排放总量为该企业同年实际生产的全部工段、产品、原料、规模污染物排放量之和。

$$E_{排} = G_{产} - R_{减} = \sum(G_{产i} - R_{减i}) = \sum\left[P_{产i} \times M_i(1-\eta_T \times k_T)\right]$$

4 污染物排放量核算案例

某水产品加工企业主要从事海藻胶的生产。该企业涉及的主要产排污核算环节为浸提干燥。其中主要污染物为化学需氧量、氨氮、总氮、总磷。以化学需氧量为例说明排放量计算过程。

该企业基本信息如表 1 所示。

表 1 某水产品加工企业主要信息

	核算环节：浸提干燥	
	名称	数量
产品及产量	海藻胶	1000 吨
原料及用量	干海藻	10000 吨
工艺名称	浸提法	—
规模（产能）	1000 吨/年	
污染治理设施	化学混凝法+A^2/O 工艺	
实际运行率参数	污水治理设施耗电量	840000 千瓦·时
	污水治理设施运行时间	3600 小时
	污水治理设施总功率	233 千瓦

4.1 化学需氧量产生量计算

（1）查找产污系数及其计量单位

本核算示例以废水中化学需氧量为例，说明该企业化学需氧量产生量的计算方法。

根据企业基本信息，查找本手册中主要产品为海藻胶，主要原料为干海藻，主要工艺为浸提法。该组合化学需氧量的产污系数为 1.22×10^6，单位为克/吨-产品。

（2）获取企业产品产量

由于查询到的组合中，化学需氧量产污系数的单位为克/吨-产品，因此在核算产生量时采用产品产量。该企业实际情况为：2017 年海藻胶产量为 1000 吨。

（3）计算化学需氧量产生量

化学需氧量产生量=化学需氧量产污系数（克/吨-产品）×产品（海藻胶）数量

$=1.22\times10^6$ 克/吨-产品×1000 吨-产品$=1.22\times10^9$ 克$=1.22\times10^3$ 吨

4.2 化学需氧量去除量计算

（1）查找治理技术平均去除效率

该企业工业废水治理技术可归为“混凝法+A^2/O”工艺，查询该法的平均去除效率为 98%。

（2）计算污染治理设施实际运行率

根据产污系数组合查询结果，该组合中化学需氧量对应的污染治理设施实际运行率为

k=污水治理设施年耗电量/（污水治理设施年运行时间×污水治理设施总功率）

=840000 千瓦·时/（3600 小时×233 千瓦）=1.001，取 k=1

注：当计算的 k 值大于 1 时，k 值取 1；当计算的 k 值小于 1 时，k 取计算值。

（3）计算化学需氧量去除量

化学需氧量去除量$=1.22\times10^3$ 吨$\times98\%\times1=1.196\times10^3$ 吨

4.3 化学需氧量排放量计算

化学需氧量排放量$=1.22\times10^3$ 吨-1.196×10^3 吨=24.4 吨

5 系数表

1361 水产品冷冻加工业系数表

工段名称	产品名称	原料名称	工艺名称	规模等级	污染物类别	污染物指标	系数单位	产污系数	末端治理技术	末端治理技术平均去除率/%	参考 k 值计算公式[1]
—	冻鱼、冻虾、冻蟹、冻贝类	鲜鱼、鲜虾、鲜蟹、鲜贝类	冲洗+冷冻	所有规模	废水	工业废水量	吨/吨-产品	0.29	—	0	—
						化学需氧量	克/吨-产品	432	—	0	—
									沉淀分离	20	k=1
									化学混凝法	40	k=污水治理设施年耗电量（千瓦·时）/［污水治理设施年运行时间（小时）×污水治理设施总功率（千瓦）］
									化学混凝法+A^2/O工艺	98	
									上浮分离+好氧生物处理法	85	
									生物接触氧化法	85	
									上浮分离+SBR类	85	
						氨氮	克/吨-产品	0.30	—	0	—
									沉淀分离	10	k=1
									化学混凝法	20	k=污水治理设施年耗电量（千瓦·时）/［污水治理设施年运行时间（小时）×污水治理设施总功率（千瓦）］
									上浮分离+SBR类	80	
									生物接触氧化法	75	
									上浮分离+好氧生物处理法	80	
									化学混凝法+A^2/O工艺	98	
						总氮	克/吨-产品	17	—	0	—
									沉淀分离	10	k=1
									化学混凝法	20	k=污水治理设施年耗电量（千瓦·时）/［污水治理设施年运行时间（小时）×污水治理设施总功率（千瓦）］
									生物接触氧化法	70	
									化学混凝法+A^2/O工艺	77	
									上浮分离+好氧生物处理法	60	
									上浮分离+SBR类	60	
						总磷	克/吨-产品	3.20	—	0	—
									沉淀分离	10	k=1
									化学混凝法	40	k=污水治理设施年耗电量（千瓦·时）/［污水治理设施年运行时间（小时）×污水治理设施总功率（千瓦）］
									化学混凝法+A^2/O工艺	85	
									上浮分离+SBR类	50	
									上浮分离+好氧生物处理法	50	
									生物接触氧化法	50	
					固废	一般固废	千克/吨-产品	0	—	—	—

[1] 该公式仅供参考，使用时，可根据 k 值定义，选取更适合企业实际情况的表达方式。

1361 水产品冷冻加工业系数表（续表 1）

工段名称	产品名称	原料名称	工艺名称	规模等级	污染物类别	污染物指标	系数单位	产污系数	末端治理技术	末端治理技术平均去除率/%	参考 k 值计算公式
—	冻鱼片	冻鱼	形态处理+冲洗+冷冻	所有规模	废水	工业废水量	吨/吨-产品	13	—	—	—
						化学需氧量	克/吨-产品	1.60×10^4	—	0	—
									沉淀分离	20	k =1
									化学混凝法	40	k =污水治理设施年耗电量（千瓦·时）/［污水治理设施年运行时间（小时）×污水治理设施总功率（千瓦）］
									上浮分离+好氧生物处理法	85	
									化学混凝法+A^2/O 工艺	98	
									上浮分离+SBR 类	85	
									生物接触氧化法	85	
						氨氮	克/吨-产品	280	—	0	—
									沉淀分离	10	k =1
									化学混凝法	20	k =污水治理设施年耗电量（千瓦·时）/［污水治理设施年运行时间（小时）×污水治理设施总功率（千瓦）］
									上浮分离+SBR 类	80	
									上浮分离+好氧生物处理法	80	
									化学混凝法+A^2/O 工艺	98	
									生物接触氧化法	75	
						总氮	克/吨-产品	1.25×10^3	—	0	—
									沉淀分离	10	k =1
									化学混凝法	20	k =污水治理设施年耗电量（千瓦·时）/［污水治理设施年运行时间（小时）×污水治理设施总功率（千瓦）］
									上浮分离+好氧生物处理法	60	
									化学混凝法+A^2/O 工艺	77	
									上浮分离+SBR 类	60	
									生物接触氧化法	70	
						总磷	克/吨-产品	336	—	0	—
									沉淀分离	10	k =1
									化学混凝法	40	k =污水治理设施年耗电量（千瓦·时）/［污水治理设施年运行时间（小时）×污水治理设施总功率（千瓦）］
									上浮分离+好氧生物处理法	50	
									化学混凝法+A^2/O 工艺	85	
									生物接触氧化法	50	
									上浮分离+SBR 类	50	
					固废	一般固废	千克/吨-产品	2.00×10^3	外运	100	k =1

1361 水产品冷冻加工业系数表（续表 2）

工段名称	产品名称	原料名称	工艺名称	规模等级	污染物类别	污染物指标	系数单位	产污系数	末端治理技术	末端治理技术平均去除率/%	参考 k 值计算公式
—	冻虾仁、冻蟹肉	鲜甲壳类	形态处理+冲洗+冷冻	所有规模	废水	工业废水量	吨/吨-产品	12	—	0	—
						化学需氧量	克/吨-产品	1.44×10^{4}	—	0	—
									沉淀分离	20	$k=1$
									化学混凝法	40	k=污水治理设施年耗电量（千瓦·时）/［污水治理设施年运行时间（小时）×污水治理设施总功率（千瓦）］
									上浮分离+好氧生物处理法	85	
									化学混凝法+A^2/O 工艺	98	
									上浮分离+SBR 类	85	
									生物接触氧化法	85	
						氨氮	克/吨-产品	252	—	0	—
									沉淀分离	10	$k=1$
									化学混凝法	20	k=污水治理设施年耗电量（千瓦·时）/［污水治理设施年运行时间（小时）×污水治理设施总功率（千瓦）］
									上浮分离+SBR 类	80	
									上浮分离+好氧生物处理法	80	
									化学混凝法+A^2/O 工艺	98	
									生物接触氧化法	75	
						总氮	克/吨-产品	1.13×10^{3}	—	0	—
									沉淀分离	10	$k=1$
									化学混凝法	20	k=污水治理设施年耗电量（千瓦·时）/［污水治理设施年运行时间（小时）×污水治理设施总功率（千瓦）］
									上浮分离+好氧生物处理法	60	
									化学混凝法+A^2/O 工艺	77	
									上浮分离+SBR 类	60	
									生物接触氧化法	70	
						总磷	克/吨-产品	1.58×10^{3}	—	0	—
									沉淀分离	10	$k=1$
									化学混凝法	40	k=污水治理设施年耗电量（千瓦·时）/［污水治理设施年运行时间（小时）×污水治理设施总功率（千瓦）］
									上浮分离+好氧生物处理法	50	
									化学混凝法+A^2/O 工艺	85	
									生物接触氧化法	50	
									上浮分离+SBR 类	50	
					固废	一般固废	千克/吨-产品	1.00×10^{3}	外运	100	$k=1$

1361 水产品冷冻加工业系数表（续表 3）

工段名称	产品名称	原料名称	工艺名称	规模等级	污染物类别	污染物指标	系数单位	产污系数	末端治理技术	末端治理技术平均去除率/%	参考 k 值计算公式
—	冻头足类制品	鲜头足类	形态处理+冲洗+冷冻	所有规模	废水	工业废水量	吨/吨-产品	31	—	0	—
						化学需氧量	克/吨-产品	4.88×10^{4}	—	0	—
									沉淀分离	20	k =1
									化学混凝法	40	k =污水治理设施年耗电量（千瓦·时）/［污水治理设施年运行时间（小时）×污水治理设施总功率（千瓦）］
									上浮分离+好氧生物处理法	85	
									化学混凝法+A^2/O 工艺	98	
									上浮分离+SBR 类	85	
									生物接触氧化法	85	
						氨氮	克/吨-产品	1.93×10^{3}	—	0	—
									沉淀分离	10	k =1
									化学混凝法	20	k =污水治理设施年耗电量（千瓦·时）/［污水治理设施年运行时间（小时）×污水治理设施总功率（千瓦）］
									上浮分离+SBR 类	80	
									上浮分离+好氧生物处理法	80	
									化学混凝法+A^2/O 工艺	98	
									生物接触氧化法	75	
						总氮	克/吨-产品	4.21×10^{3}	—	0	—
									沉淀分离	10	k =1
									化学混凝法	20	k =污水治理设施年耗电量（千瓦·时）/［污水治理设施年运行时间（小时）×污水治理设施总功率（千瓦）］
									上浮分离+好氧生物处理法	60	
									化学混凝法+A^2/O 工艺	77	
									上浮分离+SBR 类	60	
									生物接触氧化法	70	
						总磷	克/吨-产品	699	—	0	—
									沉淀分离	10	k =1
									化学混凝法	40	k =污水治理设施年耗电量（千瓦·时）/［污水治理设施年运行时间（小时）×污水治理设施总功率（千瓦）］
									上浮分离+好氧生物处理法	50	
									化学混凝法+A^2/O 工艺	85	
									生物接触氧化法	50	
									上浮分离+SBR 类	50	

1361 水产品冷冻加工业系数表（续表 4）

工段名称	产品名称	原料名称	工艺名称	规模等级	污染物类别	污染物指标	系数单位	产污系数	末端治理技术	末端治理技术平均去除率/%	参考 k 值计算公式
—	冻头足类制品	冻头足类	形态处理+冲洗+冷冻	所有规模	废水	工业废水量	吨/吨-产品	39	—	0	—
						化学需氧量	克/吨-产品	6.09×10^4	—	0	—
									沉淀分离	20	k =1
									化学混凝法	40	k =污水治理设施年耗电量（千瓦·时）/［污水治理设施年运行时间（小时）×污水治理设施总功率（千瓦）］
									上浮分离+好氧生物处理法	85	
									化学混凝法+A^2/O 工艺	98	
									上浮分离+SBR 类	85	
									生物接触氧化法	85	
						氨氮	克/吨-产品	2.41×10^3	—	0	—
									沉淀分离	10	k =1
									化学混凝法	20	k =污水治理设施年耗电量（千瓦·时）/［污水治理设施年运行时间（小时）×污水治理设施总功率（千瓦）］
									上浮分离+SBR 类	80	
									上浮分离+好氧生物处理法	80	
									化学混凝法+A^2/O 工艺	98	
									生物接触氧化法	75	
						总氮	克/吨-产品	5.26×10^3	—	0	—
									沉淀分离	10	k =1
									化学混凝法	20	k =污水治理设施年耗电量（千瓦·时）/［污水治理设施年运行时间（小时）×污水治理设施总功率（千瓦）］
									上浮分离+好氧生物处理法	60	
									化学混凝法+A^2/O 工艺	77	
									上浮分离+SBR 类	60	
									生物接触氧化法	70	
						总磷	克/吨-产品	874	—	0	—
									沉淀分离	10	k =1
									化学混凝法	40	k =污水治理设施年耗电量（千瓦·时）/［污水治理设施年运行时间（小时）×污水治理设施总功率（千瓦）］
									上浮分离+好氧生物处理法	50	
									化学混凝法+A^2/O 工艺	85	
									生物接触氧化法	50	
									上浮分离+SBR 类	50	

1361 水产品冷冻加工业系数表（续表 5）

工段名称	产品名称	原料名称	工艺名称	规模等级	污染物类别	污染物指标	系数单位	产污系数	末端治理技术	末端治理技术平均去除率/%	参考 k 值计算公式
—	冻鱼片	鲜鱼	形态处理+冲洗+冷冻	所有规模	废水	工业废水量	吨/吨-产品	10	—	0	—
						化学需氧量	克/吨-产品	1.28×10^4	—	0	—
									沉淀分离	20	k=1
									化学混凝法	40	k=污水治理设施年耗电量（千瓦·时）/［污水治理设施年运行时间（小时）×污水治理设施总功率（千瓦）］
									上浮分离+好氧生物处理法	85	
									化学混凝法+A^2/O 工艺	98	
									上浮分离+SBR 类	85	
									生物接触氧化法	85	
						氨氮	克/吨-产品	224	—	0	—
									沉淀分离	10	k=1
									化学混凝法	20	k=污水治理设施年耗电量（千瓦·时）/［污水治理设施年运行时间（小时）×污水治理设施总功率（千瓦）］
									上浮分离+SBR 类	80	
									上浮分离+好氧生物处理法	80	
									化学混凝法+A^2/O 工艺	98	
									生物接触氧化法	75	
						总氮	克/吨-产品	1.00×10^3	—	0	—
									沉淀分离	10	k=1
									化学混凝法	20	k=污水治理设施年耗电量（千瓦·时）/［污水治理设施年运行时间（小时）×污水治理设施总功率（千瓦）］
									上浮分离+好氧生物处理法	60	
									化学混凝法+A^2/O 工艺	77	
									上浮分离+SBR 类	60	
									生物接触氧化法	70	
						总磷	克/吨-产品	269	—	0	—
									沉淀分离	10	k=1
									化学混凝法	40	k=污水治理设施年耗电量（千瓦·时）/［污水治理设施年运行时间（小时）×污水治理设施总功率（千瓦）］
									上浮分离+好氧生物处理法	50	
									化学混凝法+A^2/O 工艺	85	
									生物接触氧化法	50	
									上浮分离+SBR 类	50	
					固废	一般固废	千克/吨-产品	2.00×10^3	外运	100	k=1

注：*如企业的产品、原料与此系数表有所不同，产污系数调整请参照本手册注意事项的系数表中未涉及的产污系数说明。

**如果企业采用了加药除磷工艺，除磷效率可提高到 95%。

1362 鱼糜制品及水产品干腌制加工业系数表

工段名称	产品名称	原料名称	工艺名称	规模等级	污染物类别	污染物指标	系数单位	产污系数	末端治理技术	末端治理技术平均去除率/%	参考 k 值计算公式[1]
—	鱼糜	鲜鱼	鱼糜生产	所有规模	废水	工业废水量	吨/吨-产品	28	—	0	—
						化学需氧量	克/吨-产品	1.64×10^5	—	0	—
									沉淀分离	20	k =1
									化学混凝法	40	k =污水治理设施年耗电量（千瓦·时）/［污水治理设施年运行时间（小时）×污水治理设施总功率（千瓦）］
									生物接触氧化法	85	
									上浮分离+SBR 类	85	
									化学混凝法+A^2/O 工艺	98	
									上浮分离+好氧生物处理法	85	
						氨氮	克/吨-产品	1.04×10^3	—	0	—
									沉淀分离	10	k =1
									化学混凝法	20	k =污水治理设施年耗电量（千瓦·时）/［污水治理设施年运行时间（小时）×污水治理设施总功率（千瓦）］
									生物接触氧化法	75	
									上浮分离+SBR 类	80	
									化学混凝法+A^2/O 工艺	98	
									上浮分离+好氧生物处理法	80	
						总氮	克/吨-产品	3.01×10^3	—	0	—
									沉淀分离	10	k =1
									化学混凝法	20	k =污水治理设施年耗电量（千瓦·时）/［污水治理设施年运行时间（小时）×污水治理设施总功率（千瓦）］
									上浮分离+好氧生物处理法	60	
									上浮分离+SBR 类	60	
									化学混凝法+A^2/O 工艺	77	
									生物接触氧化法	70	
						总磷	克/吨-产品	630	—	0	—
									沉淀分离	10	k =1
									化学混凝法	40	k =污水治理设施年耗电量（千瓦·时）/［污水治理设施年运行时间（小时）×污水治理设施总功率（千瓦）］
									上浮分离+SBR 类	50	
									上浮分离+好氧生物处理法	50	
									化学混凝法+A^2/O 工艺	85	
									生物接触氧化法	50	
					固废	一般固废	千克/吨-产品	1.50×10^3	外运	100	k =1

[1] 该公式仅供参考，使用时，可根据 k 值定义，选取更适合企业实际情况的表达方式。

1362 鱼糜制品及水产品干腌制加工业系数表（续表 1）

工段名称	产品名称	原料名称	工艺名称	规模等级	污染物类别	污染物指标	系数单位	产污系数	末端治理技术	末端治理技术平均去除率/%	参考 k 值计算公式
—	鱼糜	冻鱼	鱼糜生产	所有规模	废水	工业废水量	吨/吨-产品	35	—	0	—
						化学需氧量	克/吨-产品	2.05×10^5	—	0	—
									沉淀分离	20	$k=1$
									化学混凝法	40	k=污水治理设施年耗电量（千瓦·时）/［污水治理设施年运行时间（小时）×污水治理设施总功率（千瓦）］
									生物接触氧化法	85	
									上浮分离+SBR 类	85	
									化学混凝法+A^2/O 工艺	98	
									上浮分离+好氧生物处理法	85	
						氨氮	克/吨-产品	1.30×10^3	—	0	—
									沉淀分离	10	$k=1$
									化学混凝法	20	k=污水治理设施年耗电量（千瓦·时）/［污水治理设施年运行时间（小时）×污水治理设施总功率（千瓦）］
									生物接触氧化法	75	
									上浮分离+SBR 类	80	
									化学混凝法+A^2/O 工艺	98	
									上浮分离+好氧生物处理法	80	
						总氮	克/吨-产品	3.77×10^3	—	0	—
									沉淀分离	10	$k=1$
									化学混凝法	20	k=污水治理设施年耗电量（千瓦·时）/［污水治理设施年运行时间（小时）×污水治理设施总功率（千瓦）］
									上浮分离+好氧生物处理法	60	
									上浮分离+SBR 类	60	
									化学混凝法+A^2/O 工艺	77	
									生物接触氧化法	70	
						总磷	克/吨-产品	788	—	0	—
									沉淀分离	10	$k=1$
									化学混凝法	40	k=污水治理设施年耗电量（千瓦·时）/［污水治理设施年运行时间（小时）×污水治理设施总功率（千瓦）］
									上浮分离+SBR 类	50	
									上浮分离+好氧生物处理法	50	
									化学混凝法+A^2/O 工艺	85	
									生物接触氧化法	50	
					固废	一般固废	千克/吨-产品	1.50×10^3	外运	100	$k=1$

1362 鱼糜制品及水产品干腌制加工业系数表（续表 2）

工段名称	产品名称	原料名称	工艺名称	规模等级	污染物类别	污染物指标	系数单位	产污系数	末端治理技术	末端治理技术平均去除率/%	参考 k 值计算公式
—	鱼糜制品	冷冻鱼糜及其他配料	鱼糜制品生产	所有规模	废水	工业废水量	吨/吨-产品	3.70	—	0	—
						化学需氧量	克/吨-产品	2.07×10^4	—	0	—
									沉淀分离	20	k=1
									化学混凝法	40	k=污水治理设施年耗电量（千瓦·时）/［污水治理设施年运行时间（小时）×污水治理设施总功率（千瓦）］
									化学混凝法+A^2/O 工艺	98	
									生物接触氧化法	85	
									上浮分离+好氧生物处理法	85	
									上浮分离+SBR 类	85	
						氨氮	克/吨-产品	131	—	0	—
									沉淀分离	10	k=1
									化学混凝法	20	k=污水治理设施年耗电量（千瓦·时）/［污水治理设施年运行时间（小时）×污水治理设施总功率（千瓦）］
									上浮分离+SBR 类	80	
									上浮分离+好氧生物处理法	80	
									生物接触氧化法	75	
									化学混凝法+A^2/O 工艺	98	
						总氮	克/吨-产品	271	—	0	—
									沉淀分离	10	k=1
									化学混凝法	20	k=污水治理设施年耗电量（千瓦·时）/［污水治理设施年运行时间（小时）×污水治理设施总功率（千瓦）］
									化学混凝法+A^2/O 工艺	77	
									上浮分离+好氧生物处理法	60	
									上浮分离+SBR 类	60	
									生物接触氧化法	70	
						总磷	克/吨-产品	20	—	0	—
									沉淀分离	10	k=1
									化学混凝法	40	k=污水治理设施年耗电量（千瓦·时）/［污水治理设施年运行时间（小时）×污水治理设施总功率（千瓦）］
									化学混凝法+A^2/O 工艺	85	
									上浮分离+SBR 类	50	
									生物接触氧化法	50	
									上浮分离+好氧生物处理法	50	
					固废	一般固废	千克/吨-产品	3.20	外运	100	k=1

1362 鱼糜制品及水产品干腌制加工业系数表（续表 3）

工段名称	产品名称	原料名称	工艺名称	规模等级	污染物类别	污染物指标	系数单位	产污系数	末端治理技术	末端治理技术平均去除率/%	参考 k 值计算公式
—	头足类干制品	鲜头足类	生干/煮干、盐干、调味干	所有规模	废水	工业废水量	吨/吨-产品	60	—	0	—
						化学需氧量	克/吨-产品	3.71×10^{5}	—	0	—
									沉淀分离	20	k=1
									化学混凝法	40	k=污水治理设施年耗电量（千瓦·时）/［污水治理设施年运行时间（小时）×污水治理设施总功率（千瓦）］
									上浮分离+SBR 类	85	
									化学混凝法+A^2/O 工艺	98	
									生物接触氧化法	85	
									上浮分离+好氧生物处理法	85	
						氨氮	克/吨-产品	5.05×10^{3}	—	0	—
									沉淀分离	10	k=1
									化学混凝法	20	k=污水治理设施年耗电量（千瓦·时）/［污水治理设施年运行时间（小时）×污水治理设施总功率（千瓦）］
									上浮分离+SBR 类	80	
									生物接触氧化法	75	
									化学混凝法+A^2/O 工艺	98	
									上浮分离+好氧生物处理法	80	
						总氮	克/吨-产品	2.38×10^{4}	—	0	—
									沉淀分离	10	k=1
									化学混凝法	20	k=污水治理设施年耗电量（千瓦·时）/［污水治理设施年运行时间（小时）×污水治理设施总功率（千瓦）］
									生物接触氧化法	70	
									化学混凝法+A^2/O 工艺	77	
									上浮分离+好氧生物处理法	60	
									上浮分离+SBR 类	60	
						总磷	克/吨-产品	1.70×10^{3}	—	0	—
									沉淀分离	10	k=1
									化学混凝法	40	k=污水治理设施年耗电量（千瓦·时）/［污水治理设施年运行时间（小时）×污水治理设施总功率（千瓦）］
									化学混凝法+A^2/O 工艺	85	
									上浮分离+SBR 类	50	
									生物接触氧化法	50	
									上浮分离+好氧生物处理法	50	

1362 鱼糜制品及水产品干腌制加工业系数表（续表 4）

工段名称	产品名称	原料名称	工艺名称	规模等级	污染物类别	污染物指标	系数单位	产污系数	末端治理技术	末端治理技术平均去除率/%	参考 k 值计算公式
—	甲壳类干制品	鲜甲壳类	生干/煮干、盐干、调味干	所有规模	废水	工业废水量	吨/吨-产品	5.2	—	0	—
						化学需氧量	克/吨-产品	6.42×10^3	—	0	—
									沉淀分离	20	k =1
									化学混凝法	40	k =污水治理设施年耗电量（千瓦·时）/［污水治理设施年运行时间（小时）×污水治理设施总功率（千瓦）］
									上浮分离+SBR 类	85	
									化学混凝法+A^2/O 工艺	98	
									生物接触氧化法	85	
									上浮分离+好氧生物处理法	85	
						氨氮	克/吨-产品	112	—	0	—
									沉淀分离	10	k =1
									化学混凝法	20	k =污水治理设施年耗电量（千瓦·时）/［污水治理设施年运行时间（小时）×污水治理设施总功率（千瓦）］
									上浮分离+SBR 类	80	
									生物接触氧化法	75	
									化学混凝法+A^2/O 工艺	98	
									上浮分离+好氧生物处理法	80	
						总氮	克/吨-产品	501	—	0	—
									沉淀分离	10	k =1
									化学混凝法	20	k =污水治理设施年耗电量（千瓦·时）/［污水治理设施年运行时间（小时）×污水治理设施总功率（千瓦）］
									生物接触氧化法	70	
									化学混凝法+A^2/O 工艺	77	
									上浮分离+好氧生物处理法	60	
									上浮分离+SBR 类	60	
						总磷	克/吨-产品	134	—	0	—
									沉淀分离	10	k =1
									化学混凝法	40	k =污水治理设施年耗电量（千瓦·时）/［污水治理设施年运行时间（小时）×污水治理设施总功率（千瓦）］
									化学混凝法+A^2/O 工艺	85	
									上浮分离+SBR 类	50	
									生物接触氧化法	50	
									上浮分离+好氧生物处理法	50	

1362 鱼糜制品及水产品干腌制加工业系数表（续表 5）

工段名称	产品名称	原料名称	工艺名称	规模等级	污染物类别	污染物指标	系数单位	产污系数	末端治理技术	末端治理技术平均去除率/%	参考 k 值计算公式
—	藻类干制品	藻类	生干/煮干、盐干、调味干	所有规模	废水	工业废水量	吨/吨-产品	26	—	0	—
						化学需氧量	克/吨-产品	6.42×10^4	—	0	—
									沉淀分离	20	$k=1$
									化学混凝法	40	k =污水治理设施年耗电量（千瓦·时）/［污水治理设施年运行时间（小时）×污水治理设施总功率（千瓦）］
									上浮分离+SBR 类	85	
									化学混凝法+A^2/O 工艺	98	
									生物接触氧化法	85	
									上浮分离+好氧生物处理法	85	
						氨氮	克/吨-产品	1.09×10^3	—	0	—
									沉淀分离	10	$k=1$
									化学混凝法	20	k =污水治理设施年耗电量（千瓦·时）/［污水治理设施年运行时间（小时）×污水治理设施总功率（千瓦）］
									上浮分离+SBR 类	80	
									生物接触氧化法	75	
									化学混凝法+A^2/O 工艺	98	
									上浮分离+好氧生物处理法	80	
						总氮	克/吨-产品	3.05×10^3	—	0	—
									沉淀分离	10	$k=1$
									化学混凝法	20	k =污水治理设施年耗电量（千瓦·时）/［污水治理设施年运行时间（小时）×污水治理设施总功率（千瓦）］
									生物接触氧化法	70	
									化学混凝法+A^2/O 工艺	77	
									上浮分离+好氧生物处理法	60	
									上浮分离+SBR 类	60	
						总磷	克/吨-产品	609	—	0	—
									沉淀分离	10	$k=1$
									化学混凝法	40	k =污水治理设施年耗电量（千瓦·时）/［污水治理设施年运行时间（小时）×污水治理设施总功率（千瓦）］
									化学混凝法+A^2/O 工艺	85	
									上浮分离+SBR 类	50	
									生物接触氧化法	50	
									上浮分离+好氧生物处理法	50	

1362 鱼糜制品及水产品干腌制加工业系数表（续表 6）

工段名称	产品名称	原料名称	工艺名称	规模等级	污染物类别	污染物指标	系数单位	产污系数	末端治理技术	末端治理技术平均去除率/%	参考 k 值计算公式
—	鱼类干制品	鲜鱼	生干/煮干、盐干、调味干	所有规模	废水	工业废水量	吨/吨-产品	99	—	0	—
						化学需氧量	克/吨-产品	2.47×10^{5}	—	0	—
									沉淀分离	20	k =1
									化学混凝法	40	k =污水治理设施年耗电量（千瓦·时）/［污水治理设施年运行时间（小时）×污水治理设施总功率（千瓦）］
									上浮分离+SBR 类	85	
									化学混凝法+A^2/O 工艺	98	
									生物接触氧化法	85	
									上浮分离+好氧生物处理法	85	
						氨氮	克/吨-产品	4.21×10^{3}	—	0	—
									沉淀分离	10	k =1
									化学混凝法	20	k =污水治理设施年耗电量（千瓦·时）/［污水治理设施年运行时间（小时）×污水治理设施总功率（千瓦）］
									上浮分离+SBR 类	80	
									生物接触氧化法	75	
									化学混凝法+A^2/O 工艺	98	
									上浮分离+好氧生物处理法	80	
						总氮	克/吨-产品	2.64×10^{4}	—	0	—
									沉淀分离	10	k =1
									化学混凝法	20	k =污水治理设施年耗电量（千瓦·时）/［污水治理设施年运行时间（小时）×污水治理设施总功率（千瓦）］
									生物接触氧化法	70	
									化学混凝法+A^2/O 工艺	77	
									上浮分离+好氧生物处理法	60	
									上浮分离+SBR 类	60	
						总磷	克/吨-产品	8.52×10^{3}	—	0	—
									沉淀分离	10	k =1
									化学混凝法	40	k =污水治理设施年耗电量（千瓦·时）/［污水治理设施年运行时间（小时）×污水治理设施总功率（千瓦）］
									化学混凝法+A^2/O 工艺	85	
									上浮分离+SBR 类	50	
									生物接触氧化法	50	
									上浮分离+好氧生物处理法	50	
					固废	一般固废	千克/吨-产品	4.50×10^{3}	外运	100	k =1

1362 鱼糜制品及水产品干腌制加工业系数表（续表 7）

工段名称	产品名称	原料名称	工艺名称	规模等级	污染物类别	污染物指标	系数单位	产污系数	末端治理技术	末端治理技术平均去除率/%	参考 k 值计算公式
—	鱼腌制品、甲壳类腌制品、头足类腌制品、藻类腌制品	鲜鱼、鲜甲壳类、鲜头足类、藻类	盐渍/糟腌/发酵腌	所有规模	废水	工业废水量	吨/吨-产品	32	—	0	—
						化学需氧量	克/吨-产品	7.04×10^4	—	0	—
									沉淀分离	20	k=1
									化学混凝法	40	k=污水治理设施年耗电量（千瓦·时）/［污水治理设施年运行时间（小时）×污水治理设施总功率（千瓦）］
									化学混凝法+A^2/O 工艺	98	
									生物接触氧化法	85	
									上浮分离+SBR 类	85	
									上浮分离+好氧生物处理法	85	
						氨氮	克/吨-产品	1.14×10^3	—	0	—
									沉淀分离	10	k=1
									化学混凝法	20	k=污水治理设施年耗电量（千瓦·时）/［污水治理设施年运行时间（小时）×污水治理设施总功率（千瓦）］
									化学混凝法+A^2/O 工艺	98	
									上浮分离+好氧生物处理法	80	
									生物接触氧化法	75	
									上浮分离+SBR 类	80	
						总氮	克/吨-产品	3.48×10^3	—	0	—
									沉淀分离	10	k=1
									化学混凝法	20	k=污水治理设施年耗电量（千瓦·时）/［污水治理设施年运行时间（小时）×污水治理设施总功率（千瓦）］
									上浮分离+SBR 类	60	
									上浮分离+好氧生物处理法	60	
									化学混凝法+A^2/O 工艺	77	
									生物接触氧化法	70	
						总磷	克/吨-产品	696	—	0	—
									沉淀分离	10	k=1
									化学混凝法	40	k=污水治理设施年耗电量（千瓦·时）/［污水治理设施年运行时间（小时）×污水治理设施总功率（千瓦）］
									化学混凝法+A^2/O 工艺	85	
									上浮分离+SBR 类	50	
									生物接触氧化法	50	
									上浮分离+好氧生物处理法	50	

注：*如企业的产品、原料与此系数表有所不同，产污系数请参照本手册注意事项的鱼糜制品及水产品干腌制加工业产污系数调整表。生产水产腌制品（不包括罐头）的企业很少。因此此表系数参照第一次污染源普查的系数制定。

**如果企业采用了加药除磷工艺，除磷效率可提高到 95%。

1363 鱼油提取及制品制造业系数表

工段名称	产品名称	原料名称	工艺名称	规模等级	污染物类别	污染物指标	系数单位	产污系数	末端治理技术	末端治理技术平均去除率/%	参考 k 值计算公式[1]
—	鱼油	鲜鱼	混榨精制工艺	所有规模	废水	工业废水量	吨/吨-产品	1.00	—	0	—
						化学需氧量	克/吨-产品	2.09×10^4	—	0	—
									沉淀分离	20	k=1
									化学混凝法	40	k=污水治理设施年耗电量（千瓦·时）/［污水治理设施年运行时间（小时）×污水治理设施总功率（千瓦）］
									上浮分离+SBR 类	85	
									生物接触氧化法	85	
									上浮分离+好氧生物处理法	85	
									化学混凝法+A^2/O 工艺	98	
						氨氮	克/吨-产品	471	—	0	—
									沉淀分离	10	k=1
									化学混凝法	20	k=污水治理设施年耗电量（千瓦·时）/［污水治理设施年运行时间（小时）×污水治理设施总功率（千瓦）］
									上浮分离+SBR 类	80	
									生物接触氧化法	75	
									化学混凝法+A^2/O 工艺	98	
									上浮分离+好氧生物处理法	80	
						总氮	克/吨-产品	1.02×10^3	—	0	—
									沉淀分离	10	k=1
									化学混凝法	20	k=污水治理设施年耗电量（千瓦·时）/［污水治理设施年运行时间（小时）×污水治理设施总功率（千瓦）］
									化学混凝法+A^2/O 工艺	77	
									生物接触氧化法	70	
									上浮分离+SBR 类	60	
									上浮分离+好氧生物处理法	60	
						总磷	克/吨-产品	204	—	0	—
									沉淀分离	10	k=1
									化学混凝法	40	k=污水治理设施年耗电量（千瓦·时）/［污水治理设施年运行时间（小时）×污水治理设施总功率（千瓦）］
									化学混凝法+A^2/O 工艺	85	
									上浮分离+SBR 类	50	
									生物接触氧化法	50	
									上浮分离+好氧生物处理法	50	

[1] 该公式仅供参考，使用时，可根据 k 值定义，选取更适合企业实际情况的表达方式。

1363 鱼油提取及制品制造业系数表（续表 1）

工段名称	产品名称	原料名称	工艺名称	规模等级	污染物类别	污染物指标	系数单位	产污系数	末端治理技术	末端治理技术平均去除率/%	参考 k 值计算公式
—	鱼肝油	鱼肝	淡碱水解工艺	所有规模	废水	工业废水量	吨/吨-产品	0.50	—	0	—
						化学需氧量	克/吨-产品	1.04×10^4	—	0	—
									沉淀分离	20	k=1
									化学混凝法	40	k=污水治理设施年耗电量（千瓦·时）/［污水治理设施年运行时间（小时）×污水治理设施总功率（千瓦）］
									上浮分离+好氧生物处理法	85	
									生物接触氧化法	85	
									上浮分离+SBR 类	85	
									化学混凝法+A^2/O 工艺	98	
						氨氮	克/吨-产品	236	—	0	—
									沉淀分离	10	k=1
									化学混凝法	20	k=污水治理设施年耗电量（千瓦·时）/［污水治理设施年运行时间（小时）×污水治理设施总功率（千瓦）］
									生物接触氧化法	75	
									上浮分离+好氧生物处理法	80	
									化学混凝法+A^2/O 工艺	98	
									上浮分离+SBR 类	80	
						总氮	克/吨-产品	511	—	0	—
									沉淀分离	10	k=1
									化学混凝法	20	k=污水治理设施年耗电量（千瓦·时）/［污水治理设施年运行时间（小时）×污水治理设施总功率（千瓦）］
									上浮分离+好氧生物处理法	60	
									化学混凝法+A^2/O 工艺	77	
									生物接触氧化法	70	
									上浮分离+SBR 类	60	
						总磷	克/吨-产品	102	—	0	—
									沉淀分离	10	k=1
									化学混凝法	40	k=污水治理设施年耗电量（千瓦·时）/［污水治理设施年运行时间（小时）×污水治理设施总功率（千瓦）］
									化学混凝法+A^2/O 工艺	85	
									上浮分离+SBR 类	50	
									上浮分离+好氧生物处理法	50	
									生物接触氧化法	50	

1363 鱼油提取及制品制造业系数表（续表 2）

工段名称	产品名称	原料名称	工艺名称	规模等级	污染物类别	污染物指标	系数单位	产污系数	末端治理技术	末端治理技术平均去除率/%	参考 k 值计算公式
—	鱼油	毛鱼油	蒸馏过滤工艺	所有规模	废水	工业废水量	吨/吨-产品	6.00	—	—	—
						化学需氧量	克/吨-产品	1.52×10^{5}	—	0	—
									沉淀分离	20	k=1
									化学混凝法	40	k=污水治理设施年耗电量（千瓦·时）/［污水治理设施年运行时间（小时）×污水治理设施总功率（千瓦）］
									上浮分离+SBR 类	85	
									生物接触氧化法	85	
									上浮分离+好氧生物处理法	85	
									化学混凝法+A^2/O 工艺	98	
						氨氮	克/吨-产品	33	—	0	—
									沉淀分离	10	k=1
									化学混凝法	20	k=污水治理设施年耗电量（千瓦·时）/［污水治理设施年运行时间（小时）×污水治理设施总功率（千瓦）］
									上浮分离+SBR 类	80	
									生物接触氧化法	75	
									化学混凝法+A^2/O 工艺	98	
									上浮分离+好氧生物处理法	80	
						总氮	克/吨-产品	445	—	0	—
									沉淀分离	10	k=1
									化学混凝法	20	k=污水治理设施年耗电量（千瓦·时）/［污水治理设施年运行时间（小时）×污水治理设施总功率（千瓦）］
									化学混凝法+A^2/O 工艺	77	
									生物接触氧化法	70	
									上浮分离+SBR 类	60	
									上浮分离+好氧生物处理法	60	
						总磷	克/吨-产品	67	—	0	—
									沉淀分离	10	k=1
									化学混凝法	40	k=污水治理设施年耗电量（千瓦·时）/［污水治理设施年运行时间（小时）×污水治理设施总功率（千瓦）］
									化学混凝法+A^2/O 工艺	85	
									上浮分离+SBR 类	50	
									生物接触氧化法	50	
									上浮分离+好氧生物处理法	50	

注：*如果企业采用了加药除磷工艺，除磷效率可提高到 95%。

1369 其他水产品加工业系数表

工段名称	产品名称	原料名称	工艺名称	规模等级	污染物类别	污染物指标	系数单位	产污系数	末端治理技术	末端治理技术平均去除率/%①	参考 k 值计算公式[1]
—	海藻胶	干海藻、干海带	浸提法	所有规模	废水	工业废水量	吨/吨-产品	700	—	0	—
						化学需氧量	克/吨-产品	1.22×10^{6}	—	0	—
									沉淀分离	20	k=1
									化学混凝法	40	k=污水治理设施年耗电量（千瓦·时）/［污水治理设施年运行时间（小时）×污水治理设施总功率（千瓦）］
									化学混凝法+A^2/O 工艺	98	
									生物接触氧化法	85	
									上浮分离+好氧生物处理法	85	
									上浮分离+SBR 类	85	
						氨氮	克/吨-产品	7.37×10^{3}	—	0	—
									沉淀分离	10	k=1
									化学混凝法	20	k=污水治理设施年耗电量（千瓦·时）/［污水治理设施年运行时间（小时）×污水治理设施总功率（千瓦）］
									上浮分离+好氧生物处理法	80	
									化学混凝法+A^2/O 工艺	98	
									生物接触氧化法	75	
									上浮分离+SBR 类	80	
						总氮	克/吨-产品	2.54×10^{4}	—	0	—
									沉淀分离	10	k=1
									化学混凝法	20	k=污水治理设施年耗电量（千瓦·时）/［污水治理设施年运行时间（小时）×污水治理设施总功率（千瓦）］
									生物接触氧化法	70	
									化学混凝法+A^2/O 工艺	77	
									上浮分离+好氧生物处理法	60	
									上浮分离+SBR 类	60	
						总磷	克/吨-产品	2.42×10^{4}	—	0	—
									沉淀分离	10	k=1
									化学混凝法	40	k=污水治理设施年耗电量（千瓦·时）/［污水治理设施年运行时间（小时）×污水治理设施总功率（千瓦）］
									上浮分离+SBR 类	50	
									上浮分离+好氧生物处理法	50	
									化学混凝法+A^2/O 工艺	85	
									生物接触氧化法	50	
					固废	一般固废	千克/吨-产品	8.42×10^{3}	外运	100	k=1

注：①如果企业采用了加药除磷工艺，除磷效率可提高到 95%。

[1] 该公式仅供参考，使用时，可根据 k 值定义，选取更适合企业实际情况的表达方式。

137 蔬菜、菌类、水果和坚果加工业

1 适用范围

本手册仅用于《国民经济行业分类》（GB/T 4754—2017）中 1371 蔬菜加工、1372 食用菌加工、1373 水果和坚果加工行业使用系数法核算工业污染物产生量和排放量的工业企业。

利用本手册进行产排污核算得出的污染物产生量与排放量仅代表了特定行业、工艺、产品、原料在正常工况下污染物产生与排放的一般规律。

1371 蔬菜加工和 1373 水果和坚果加工行业涉及的废水指标包括工业废水量、化学需氧量、氨氮、总氮、总磷；固体废弃物指标为一般固废量；废气指标包括工业废气量、颗粒物、挥发性有机物。1372 食用菌加工行业涉及的废水指标包括工业废水量、化学需氧量、氨氮、总氮、总磷；固体废弃物指标为一般固废量。

2 注意事项

2.1 企业有多种生产工艺或生产多类产品产排污量核算

污染物产生量与产品产量有关，根据不同核算环节计算产污量后，再根据企业末端治理设施和运行情况计算各污染物的排放量。

企业某污染物产生量、排放量为各核算环节产生量、排放量之和。

在企业实际排放量计算过程中，如果存在废水回用的情况，需要在利用产排污核算公式的基础上扣除废水回用的部分。公式如下：

实际排放量=计算排放量×（1−废水回用率）

2.2 采用多种治理设施组合处理企业的排放量核算

在选择末端治理技术时，若没有对应的组合治理技术，以主要治理技术为准选择治理设施的污染物去除效率。

气体污染物排放量=产生量×相应的指标去除效率

2.3 系数表中未涉及的产污系数及污染治理效率

由于本小类行业所涉及的产品、原料、工艺以及污染物末端治理技术数量众多，对系数表中未涉及的情况，请在系数表中选取同类或相近产品、原料、生产工艺的产污系数和末端治理技术的污染物去除效率，并根据表注和以下说明进行系数调整。

调整后的产污系数 = 系数表中选取的产污系数×调整系数

无须调整时调整系数可视为 1。

①速冻水果及坚果产品直接选用系数表中速冻蔬菜产品的产污系数和相应末端治理技术去除效率。

②水果酱、坚果酱、果泥、果膏及类似制品在1453蔬菜、水果罐头制造行业产污核算手册中选取相近产品的产污系数和末端治理技术去除效率。

③未经盐渍直接干燥的其他干制蔬菜和食用菌，污染物产生量和排放量忽略不计。

④如调查企业的末端治理技术与系数表所列的不同，选择系数表中相近治理工艺的末端治理技术去除效率计算。

2.4 其他需要说明的问题

（1）产污系数和污染治理技术去除效率选择原则

蔬菜、菌类、水果和坚果加工行业产污的主导影响因素权重顺序为：工艺方法＞产品＞原料。因此当企业未能找到与某产品确切对应的产污系数时，可按以上顺序选择相似产品、原料、工艺方法的产污系数。

当企业的污染治理技术去除效率无法在本手册中查到时，可选择与之最接近的污染治理技术的去除效率。

（2）生产非单一产品企业污染物产生量核算

当同一企业生产多种产品时，以产品为依据，分别核算统计各污染物产生量。

（3）为体现相同产污水平条件下，采用相同环保治理设施的不同企业对同一污染物去除效果的差异，引入末端治理设施实际运行率（k）对污染治理技术的实际去除率进行修正。k 值反映的是污染治理设施运行的状态，越稳定运行，k 值越高；在取值上，若定义连续稳定运行的理想状态为1，则 k 取值在0～1之间。

本手册给出本行业的 k 计算公式仅供参考，使用时，可根据 k 值定义，选取更适合企业实际情况的表达方式。

（4）由于不同企业工业污染物产生量差异较大，本手册所提供的工业废水量、废气量、一般固废量以及工业废水中各污染物指标的产污系数仅供参考。

3 污染物排放量核算方法

3.1 计算污染物产生量

（1）根据产品、污染物产生的主导生产工艺、企业规模（生产产能）查找和确定这一组合所对应的某一污染物的产污系数。

（2）根据该污染物的产污系数计量单位——单位产品产量，获取企业实际产品产量。

例如，某组合内化学需氧量的产污系数单位为克/吨-产品，则计算化学需氧量产生量时需要获取以吨计量的企业实际产品产量。

（3）污染物产生量按以下公式进行计算：

污染物产生量=污染物对应的产污系数×产品产量

$$G_{产i} = P_{产i} \times M_i$$

式中，$G_{产i}$——工段 i 某污染物的产生量；

$P_{产i}$——工段 i 某污染物对应的产污系数；

M_i——工段 i 的产品产量。

3.2 计算污染物去除量

（1）根据企业对某一污染物所采用的治理技术查找和选择相应的治理技术平均去除效率。

（2）根据所填报的污染治理设施实际运行率参数及其计算公式得出该企业某一污染物的治理设施实际运行率（k 值）。

（3）污染物去除量按以下公式进行计算：

污染物去除量=污染物产生量×污染物去除率

=污染物产生量×治理技术平均去除效率×治理设施实际运行率

$$R_{减i}=G_{产i}\times\eta_T\times k_T$$

式中，$R_{减i}$——工段 i 某污染物的去除量；

η_T——工段 i 某污染物采用的末端治理技术的平均去除效率；

k_T——工段 i 某污染物采用的末端治理设施的实际运行率。

3.3 计算污染物排放量

污染物排放量=污染物产生量–污染物去除量

=污染物对应的产污系数×产品产量×（1–治理技术平均去除效率×治理设施实际运行率）

3.4 计算企业污染物排放量

同一企业某污染物全年的排放总量为该企业同年实际生产的全部工段、产品、规模污染物排放量之和。

$$E_{排}=G_{产}-R_{减}=\sum(G_{产i}-R_{减i})=\sum\left[P_{产i}\times M_i(1-\eta_T\times k_T)\right]$$

4 污染物排放量核算案例

某企业主要从事咸榨菜生产。该企业以根茎类或芥菜类（蔬菜）为主要原料，生产工艺采用盐渍+脱水。该企业工业废水的污染治理技术采用 A^2/O 工艺，涉及的废水污染物主要为化学需氧量、氨氮、总氮、总磷。

该企业基本信息如表 1 所示。

表 1 咸榨菜生产企业主要信息

	核算环节：咸榨菜生产	
	名称	数量
产品及产量	咸榨菜	2000 吨
原料及用量	新鲜蔬菜（根茎类和芥菜类）	3000 吨

	核算环节：咸榨菜生产	
	名称	数量
工艺名称	盐渍+脱盐+脱水+渍制	—
规模（产能）	2000 吨	
污染治理设施	A^2/O 工艺	
实际运行率参数	污水治理设施耗电量	38400 千瓦·时
	污水治理设施运行时间	3600 小时
	污水治理设施总功率	10.67 千瓦

本核算示例以废水中化学需氧量为例，说明该企业化学需氧量排放量的计算方法。

根据企业的产品、原料、工艺、规模信息，查找到对应的产污系数组合，以该组合中化学需氧量指标为例说明计算过程。

4.1 化学需氧量产生量计算

（1）查找产污系数及其计量单位

根据企业基本信息，查找本手册中主要产品为咸榨菜，主要原料为芥菜类、叶菜类、豆类、葱蒜类、根茎类、榨菜头，主要工艺为“水洗+腌制/盐渍+脱盐+脱水+渍制”，生产规模为所有规模。该组合化学需氧量的产污系数为 3.14×10^4，单位为克/吨-产品。

（2）获取企业产品产量

由于查询到的组合中，化学需氧量产污系数的单位为克/吨-产品，因此在核算化学需氧量的产生量时采用以吨计量的产品产量。

该企业主要产品咸榨菜 2017 年产量为 2000 吨，主要原料为根茎类和芥菜类（蔬菜）。

（3）计算化学需氧量产生量

化学需氧量产生量=化学需氧量产污系数×产品（咸榨菜）产量

$=3.14\times10^4$ 克/吨-产品×2000 吨-产品=6.28×10^7 克=62.8 吨

4.2 化学需氧量去除量计算

（1）查找治理技术平均去除效率

该企业工业废水治理技术采用 A^2/O 工艺，该工艺属于“厌氧生物+好氧生物处理法”，查询该技术的平均去除效率为 90%。

（2）计算污染治理设施实际运行率

根据产污系数组合查询结果，该组合中化学需氧量对应的污染治理设施实际运行率为

k =污水治理设施年耗电量/（污水治理设施年运行时间×污水治理设施总功率）

=38400 千瓦·时/（3600 小时×10.67 千瓦）=1.006，取 k =1

注：当计算的 k 值大于 1 时，k 值取 1；当计算的 k 值小于 1 时，k 取计算值。

（3）计算化学需氧量去除量

化学需氧量去除量=62.8 吨×90%×1=56.5 吨

4.3 化学需氧量排放量计算

化学需氧量排放量=62.8 吨−56.5 吨=6.3 吨

5 系数表

1371 蔬菜加工行业系数表

工段名称	产品名称	原料名称	工艺名称	规模等级	污染物类别	污染物指标	系数单位	产污系数	末端治理技术	末端治理技术平均去除率/%	参考 k 值计算公式[1]
—	速冻蔬菜	芥菜类、叶菜类	水洗+速冻	所有规模	废水	工业废水量	吨/吨-产品	6.80	—	0	—
						化学需氧量	克/吨-产品	609	—	0	—
									沉淀分离	20	$k=1$
						氨氮	克/吨-产品	76.0	—	0	—
									沉淀分离	10	$k=1$
						总氮	克/吨-产品	185	—	0	—
									沉淀分离	10	$k=1$
						总磷	克/吨-产品	23.0	—	0	—
									沉淀分离	10	$k=1$
					固废	一般固废	千克/吨-产品	46.0	外运	100	$k=1$
		根茎类、薯类、茄果类、瓜菜类	水洗+速冻	所有规模	废水	工业废水量	吨/吨-产品	5.40	—	—	—
						化学需氧量	克/吨-产品	487	—	0	—
									沉淀分离	20	$k=1$
						氨氮	克/吨-产品	61.0	—	0	—
									沉淀分离	10	$k=1$
						总氮	克/吨-产品	148	—	0	—
									沉淀分离	10	$k=1$
						总磷	克/吨-产品	18.0	—	0	—
									沉淀分离	10	$k=1$
					固废	一般固废	千克/吨-产品	36.0	外运	100	$k=1$

[1] 该公式仅供参考，使用时，可根据 k 值定义，选取更适合企业实际情况的表达方式。

1371 蔬菜加工行业系数表（续表 1）

工段名称	产品名称	原料名称	工艺名称	规模等级	污染物类别	污染物指标	系数单位	产污系数	末端治理技术	末端治理技术平均去除率/%	参考 k 值计算公式
—	速冻蔬菜	葱蒜类	水洗+速冻	所有规模	废水	工业废水量	吨/吨-产品	12.0	—	—	—
						化学需氧量	克/吨-产品	1.04×10^{3}	—	0	—
									沉淀分离	20	$k=1$
						氨氮	克/吨-产品	129	—	0	—
									沉淀分离	10	$k=1$
						总氮	克/吨-产品	315	—	0	—
									沉淀分离	10	$k=1$
						总磷	克/吨-产品	39.0	—	0	—
									沉淀分离	10	$k=1$
					固废	一般固废	千克/吨-产品	50.0	外运	100	$k=1$
	脱水蔬菜	芥菜类、叶菜类	水洗+烫漂+脱水	所有规模	废水	工业废水量	吨/吨-产品	30.0	—	—	—
						化学需氧量	克/吨-产品	2.52×10^{4}	—	0	—
									化学混凝+SBR 法	85	k=污水治理设施年耗电量（千瓦·时）/［污水治理设施年运行时间（小时）×污水治理设施总功率（千瓦）］
									化学混凝+好氧生物处理法	85	
									化学混凝+生物接触氧化法	85	
									厌氧生物+好氧生物处理法	90	
						氨氮	克/吨-产品	160	—	0	—
									厌氧生物+好氧生物处理法	85	k=污水治理设施年耗电量（千瓦·时）/［污水治理设施年运行时间（小时）×污水治理设施总功率（千瓦）］
									化学混凝+生物接触氧化法	75	
									化学混凝+好氧生物处理法	75	
									化学混凝+SBR 法	85	
						总氮	克/吨-产品	436	—	0	—
									化学混凝+好氧生物处理法	70	k=污水治理设施年耗电量（千瓦·时）/［污水治理设施年运行时间（小时）×污水治理设施总功率（千瓦）］
									化学混凝+SBR 法	50	
									厌氧生物+好氧生物处理法	70	
									化学混凝+生物接触氧化法	70	
						总磷	克/吨-产品	74.0	—	0	—
									化学混凝+好氧生物处理法	50	k=污水治理设施年耗电量（千瓦·时）/［污水治理设施年运行时间（小时）×污水治理设施总功率（千瓦）］
									厌氧生物+好氧生物处理法	60	
									化学混凝+SBR 法	50	
									化学混凝+生物接触氧化法	50	
					固废	一般固废	千克/吨-产品	250	外运	100	$k=1$

1371 蔬菜加工行业系数表（续表 2）

工段名称	产品名称	原料名称	工艺名称	规模等级	污染物类别	污染物指标	系数单位	产污系数	末端治理技术	末端治理技术平均去除率/%	参考 k 值计算公式
—	脱水蔬菜	根茎类、薯类、茄果类、瓜菜类	水洗+烫漂+脱水	所有规模	废水	工业废水量	吨/吨-产品	24.0	—	—	—
						化学需氧量	克/吨-产品	2.02×10^{4}	—	0	—
									化学混凝+SBR 法	85	k =污水治理设施年耗电量（千瓦·时）/［污水治理设施年运行时间（小时）×污水治理设施总功率（千瓦）］
									化学混凝+好氧生物处理法	85	
									化学混凝+生物接触氧化法	85	
									厌氧生物+好氧生物处理法	90	
						氨氮	克/吨-产品	128	—	0	—
									厌氧生物+好氧生物处理法	90	k =污水治理设施年耗电量（千瓦·时）/［污水治理设施年运行时间（小时）×污水治理设施总功率（千瓦）］
									化学混凝+生物接触氧化法	85	
									化学混凝+好氧生物处理法	85	
									化学混凝+SBR 法	85	
						总氮	克/吨-产品	349	—	0	—
									化学混凝+好氧生物处理法	50	k =污水治理设施年耗电量（千瓦·时）/［污水治理设施年运行时间（小时）×污水治理设施总功率（千瓦）］
									化学混凝+SBR 法	50	
									厌氧生物+好氧生物处理法	85	
									化学混凝+生物接触氧化法	75	
						总磷	克/吨-产品	59.0	—	0	—
									化学混凝+好氧生物处理法	50	k =污水治理设施年耗电量（千瓦·时）/［污水治理设施年运行时间（小时）×污水治理设施总功率（千瓦）］
									厌氧生物+好氧生物处理法	60	
									化学混凝+SBR 法	50	
									化学混凝+生物接触氧化法	50	
					固废	一般固废	千克/吨-产品	250	外运	100	k =1
	速冻蔬菜	芥菜类、叶菜类	水洗+烫漂+速冻	所有规模	废水	工业废水量	吨/吨-产品	19.0	—	—	—
						化学需氧量	克/吨-产品	6.70×10^{3}	—	0	—
									化学混凝+SBR 法	85	k =污水治理设施年耗电量（千瓦·时）/［污水治理设施年运行时间（小时）×污水治理设施总功率（千瓦）］
									化学混凝+好氧生物处理法	85	
									化学混凝+生物接触氧化法	85	
									厌氧生物+好氧生物处理法	90	

1371 蔬菜加工行业系数表（续表 3）

工段名称	产品名称	原料名称	工艺名称	规模等级	污染物类别	污染物指标	系数单位	产污系数	末端治理技术	末端治理技术平均去除率/%	参考 k 值计算公式
—	速冻蔬菜	芥菜类、叶菜类	水洗+烫漂+速冻	所有规模	废水	氨氮	克/吨-产品	146	—	0	—
									厌氧生物+好氧生物处理法	90	k =污水治理设施年耗电量（千瓦·时）/［污水治理设施年运行时间（小时）×污水治理设施总功率（千瓦）］
									化学混凝+生物接触氧化法	85	
									化学混凝+好氧生物处理法	85	
									化学混凝+SBR 法	85	
						总氮	克/吨-产品	237	—	0	—
									化学混凝+好氧生物处理法	50	k =污水治理设施年耗电量（千瓦·时）/［污水治理设施年运行时间（小时）×污水治理设施总功率（千瓦）］
									化学混凝+SBR 法	50	
									厌氧生物+好氧生物处理法	85	
									化学混凝+生物接触氧化法	75	
						总磷	克/吨-产品	28.0	—	0	—
									化学混凝+好氧生物处理法	50	k =污水治理设施年耗电量（千瓦·时）/［污水治理设施年运行时间（小时）×污水治理设施总功率（千瓦）］
									厌氧生物+好氧生物处理法	60	
									化学混凝+SBR 法	50	
									化学混凝+生物接触氧化法	50	
					固废	一般固废	千克/吨-产品	44.0	外运	100	k =1
		根茎类、薯类、茄果类、瓜菜类	水洗+烫漂+速冻	所有规模	废水	工业废水量	吨/吨-产品	13.0	—	—	—
						化学需氧量	克/吨-产品	5.36×10^{3}	—	0	—
									化学混凝+SBR 法	85	k =污水治理设施年耗电量（千瓦·时）/［污水治理设施年运行时间（小时）×污水治理设施总功率（千瓦）］
									化学混凝+好氧生物处理法	85	
									化学混凝+生物接触氧化法	85	
									厌氧生物+好氧生物处理法	90	
						氨氮	克/吨-产品	117	—	0	—
									厌氧生物+好氧生物处理法	85	k =污水治理设施年耗电量（千瓦·时）/［污水治理设施年运行时间（小时）×污水治理设施总功率（千瓦）］
									化学混凝+生物接触氧化法	75	
									化学混凝+好氧生物处理法	75	
									化学混凝+SBR 法	85	

1371 蔬菜加工行业系数表（续表 4）

工段名称	产品名称	原料名称	工艺名称	规模等级	污染物类别	污染物指标	系数单位	产污系数	末端治理技术	末端治理技术平均去除率/%	参考 k 值计算公式
—	速冻蔬菜	根茎类、薯类、茄果类、瓜菜类	水洗+烫漂+速冻	所有规模	废水	总氮	克/吨-产品	190	—	0	—
									化学混凝+好氧生物处理法	70	k =污水治理设施年耗电量（千瓦·时）/[污水治理设施年运行时间（小时）×污水治理设施总功率（千瓦）]
									化学混凝+SBR 法	50	
									厌氧生物+好氧生物处理法	75	
									化学混凝+生物接触氧化法	70	
						总磷	克/吨-产品	22.0	—	0	—
									化学混凝+好氧生物处理法	50	k =污水治理设施年耗电量（千瓦·时）/[污水治理设施年运行时间（小时）×污水治理设施总功率（千瓦）]
									厌氧生物+好氧生物处理法	60	
									化学混凝+SBR 法	50	
									化学混凝+生物接触氧化法	50	
					固废	一般固废	千克/吨-产品	38.0	外运	100	k =1
	蔬菜脆片	根茎类、薯类、芥菜类、叶菜类、瓜菜类	清洗+烫漂+油炸干燥	所有规模	废水	工业废水量	吨/吨-产品	19.0	—	—	—
						化学需氧量	克/吨-产品	3.61×10^4	—	0	—
									沉淀分离	20	k =1
									化学混凝法	40	k =污水治理设施年耗电量（千瓦·时）/[污水治理设施年运行时间（小时）×污水治理设施总功率（千瓦）]
									好氧生物处理法	80	
									厌氧生物+好氧生物处理法	90	
						氨氮	克/吨-产品	427	—	0	—
									沉淀分离	10	k =1
									化学混凝法	20	k =污水治理设施年耗电量（千瓦·时）/[污水治理设施年运行时间（小时）×污水治理设施总功率（千瓦）]
									好氧生物处理法	70	
									厌氧生物+好氧生物处理法	85	
						总氮	克/吨-产品	512	—	0	—
									沉淀分离	10	k =1
									化学混凝法	20	k =污水治理设施年耗电量（千瓦·时）/[污水治理设施年运行时间（小时）×污水治理设施总功率（千瓦）]
									好氧生物处理法	40	
									厌氧生物+好氧生物处理法	75	

1371 蔬菜加工行业系数表（续表 5）

工段名称	产品名称	原料名称	工艺名称	规模等级	污染物类别	污染物指标	系数单位	产污系数	末端治理技术	末端治理技术平均去除率/%	参考 k 值计算公式
—	蔬菜脆片	根茎类、薯类、芥菜类、叶菜类、瓜菜类	清洗+烫漂+油炸干燥	所有规模	废水	总磷	克/吨-产品	183	—	0	—
									沉淀分离	10	k=1
									化学混凝法	40	k=污水治理设施年耗电量（千瓦·时）/［污水治理设施年运行时间（小时）×污水治理设施总功率（千瓦）］
									好氧生物处理法	40	
									厌氧生物+好氧生物处理法	60	
					固废	一般固废	千克/吨-产品	200	外运	100	k=1
					废气	工业废气量	标米^3/吨-产品	4.80×10^3	—	—	—
						挥发性有机物	克/吨-产品	200	—	0	—
									光催化	85	k=废气治理设施运行时间（天/年）/企业正常生产时间（天/年）
									光解	80	
						颗粒物	克/吨-产品	400	—	0	—
									袋式除尘	90	k=废气治理设施运行时间（天/年）/企业正常生产时间（天/年）
									静电除尘	95	
	蔬菜粉	根茎类、薯类、芥菜类、叶菜类、豆类、茄果类、瓜菜类、葱蒜类	碾磨	所有规模	固废	一般固废	千克/吨-产品	16.0	外运	100	k=1
					废气	工业废气量	标米^3/吨-产品	3.81×10^4	—	—	—
						颗粒物	克/吨-产品	3.60×10^3	—	0	—
									袋式除尘	90	k=废气治理设施运行时间（天/年）/企业正常生产时间（天/年）
									静电除尘	95	

1371 蔬菜加工行业系数表（续表 6）

工段名称	产品名称	原料名称	工艺名称	规模等级	污染物类别	污染物指标	系数单位	产污系数	末端治理技术	末端治理技术平均去除率/%	参考 k 值计算公式
—	咸榨菜	芥菜类、叶菜类、豆类、葱蒜类、根类、茎类、榨菜头	水洗+腌制/盐渍+脱盐+脱水+渍制	所有规模	废水	工业废水量	吨/吨-产品	16.0	—	—	—
						化学需氧量	克/吨-产品	3.14×10^{4}	—	0	—
									沉淀分离	20	k=1
									厌氧生物+好氧生物处理法	90	k=污水治理设施年耗电量（千瓦·时）/[污水治理设施年运行时间（小时）×污水治理设施总功率（千瓦）]
									化学混凝+生物接触氧化法	85	
									化学混凝+好氧生物处理法	85	
									化学混凝+SBR 法	85	
						氨氮	克/吨-产品	3.64×10^{3}	—	0	—
									沉淀分离	10	k=1
									化学混凝+好氧生物处理法	85	k=污水治理设施年耗电量（千瓦·时）/[污水治理设施年运行时间（小时）×污水治理设施总功率（千瓦）]
									化学混凝+生物接触氧化法	85	
									厌氧生物+好氧生物处理法	90	
									化学混凝+SBR 法	85	
						总氮	克/吨-产品	6.82×10^{3}	—	0	—
									沉淀分离	10	k=1
									化学混凝+生物接触氧化法	75	k=污水治理设施年耗电量（千瓦·时）/[污水治理设施年运行时间（小时）×污水治理设施总功率（千瓦）]
									化学混凝+好氧生物处理法	50	
									厌氧生物+好氧生物处理法	85	
									化学混凝+SBR 法	50	
						总磷	克/吨-产品	495	—	0	—
									沉淀分离	10	k=1
									厌氧生物+好氧生物处理法	60	k=污水治理设施年耗电量（千瓦·时）/[污水治理设施年运行时间（小时）×污水治理设施总功率（千瓦）]
									化学混凝+生物接触氧化法	50	
									化学混凝+SBR 法	50	
									化学混凝+好氧生物处理法	50	
					固废	一般固废	千克/吨-产品	36.0	外运	100	k=1

1371 蔬菜加工行业系数表（续表 7）

工段名称	产品名称	原料名称	工艺名称	规模等级	污染物类别	污染物指标	系数单位	产污系数	末端治理技术	末端治理技术平均去除率/%	参考 k 值计算公式
—	酱腌菜	芥菜类、叶菜类、豆类、葱蒜类、根茎类、榨菜头	水洗+腌制/盐渍+脱盐+脱水+渍制	所有规模	废水	工业废水量	吨/吨-产品	7.40	—	—	—
						化学需氧量	克/吨-产品	1.30×10^4	—	0	—
									沉淀分离	20	$k=1$
									厌氧生物+好氧生物处理法	95	k=污水治理设施年耗电量（千瓦·时）/[污水治理设施年运行时间（小时）×污水治理设施总功率（千瓦）]
									化学混凝+生物接触氧化法	85	
									化学混凝+好氧生物处理法	85	
									化学混凝+SBR 法	95	
						氨氮	克/吨-产品	593	—	0	—
									沉淀分离	10	$k=1$
									化学混凝+好氧生物处理法	75	k=污水治理设施年耗电量（千瓦·时）/[污水治理设施年运行时间（小时）×污水治理设施总功率（千瓦）]
									化学混凝+生物接触氧化法	75	
									厌氧生物+好氧生物处理法	85	
									化学混凝+SBR 法	89	
						总氮	克/吨-产品	1.00×10^3	—	0	—
									沉淀分离	10	$k=1$
									化学混凝+生物接触氧化法	70	k=污水治理设施年耗电量（千瓦·时）/[污水治理设施年运行时间（小时）×污水治理设施总功率（千瓦）]
									化学混凝+好氧生物处理法	68	
									厌氧生物+好氧生物处理法	70	
									化学混凝+SBR 法	70	
						总磷	克/吨-产品	132	—	0	—
									沉淀分离	10	$k=1$
									厌氧生物+好氧生物处理法	60	k=污水治理设施年耗电量（千瓦·时）/[污水治理设施年运行时间（小时）×污水治理设施总功率（千瓦）]
									化学混凝+生物接触氧化法	50	
									化学混凝+SBR 法	77	
									化学混凝+好氧生物处理法	50	
					固废	一般固废	千克/吨-产品	22.0	外运	100	$k=1$

1371 蔬菜加工行业系数表（续表 8）

工段名称	产品名称	原料名称	工艺名称	规模等级	污染物类别	污染物指标	系数单位	产污系数	末端治理技术	末端治理技术平均去除率/%	参考 k 值计算公式
—	盐渍菜、泡菜、糖醋渍菜、虾油渍菜、糟糠渍菜	芥菜类、叶菜类、豆类、葱蒜类、根茎类、榨菜头	水洗+腌制/盐渍+脱盐+脱水+渍制	所有规模	废水	工业废水量	吨/吨-产品	0.63	—	—	—
						化学需氧量	克/吨-产品	1.23×10^3	—	0	—
									沉淀分离	20	k=1
									厌氧生物+好氧生物处理法	90	k=污水治理设施年耗电量（千瓦·时）/[污水治理设施年运行时间（小时）×污水治理设施总功率（千瓦）]
									化学混凝+生物接触氧化法	85	
									化学混凝+好氧生物处理法	85	
									化学混凝+SBR 法	85	
						氨氮	克/吨-产品	10.0	—	0	—
									沉淀分离	10	k=1
									化学混凝+好氧生物处理法	75	k=污水治理设施年耗电量（千瓦·时）/[污水治理设施年运行时间（小时）×污水治理设施总功率（千瓦）]
									化学混凝+生物接触氧化法	75	
									厌氧生物+好氧生物处理法	85	
									化学混凝+SBR 法	85	
						总氮	克/吨-产品	72.0	—	0	—
									沉淀分离	10	k=1
									化学混凝+生物接触氧化法	70	k=污水治理设施年耗电量（千瓦·时）/[污水治理设施年运行时间（小时）×污水治理设施总功率（千瓦）]
									化学混凝+好氧生物处理法	70	
									厌氧生物+好氧生物处理法	75	
									化学混凝+SBR 法	50	
						总磷	克/吨-产品	83.0	—	0	—
									沉淀分离	10	k=1
									厌氧生物+好氧生物处理法	60	k=污水治理设施年耗电量（千瓦·时）/[污水治理设施年运行时间（小时）×污水治理设施总功率（千瓦）]
									化学混凝+生物接触氧化法	60	
									化学混凝+SBR 法	50	
									化学混凝+好氧生物处理法	60	
					固废	一般固废	千克/吨-产品	26.0	外运	100	k=1

注：*如企业的产品、原料、工艺与此系数表有所不同，产污系数调整请参照本手册注意事项“系数表中未涉及的产污系数”的相关说明。

**对于脱水蔬菜、速冻蔬菜产品，表中的产物系数以叶菜原料为基准，当其他蔬菜为原料时，调整后的产物系数需乘以注意事项 2.4 中相应的调整系数。

***酱/盐/腌蔬菜指经过酱/盐/腌渍处理后的各种蔬菜，如所调查的酱/盐/腌蔬菜企业的原料为盐坯菜，各污染物的产污系数的调整系数为 0.8。

1372 食用菌加工行业系数表

工段名称	产品名称	原料名称	工艺名称	规模等级	污染物类别	污染物指标	系数单位	产污系数	末端治理技术	末端治理技术平均去除率/%	参考 k 值计算公式[1]
—	脱水食用菌、速冻食用菌	食用菌	水洗+脱水/速冻	所有规模	废水	工业废水量	吨/吨-产品	7.90	—	0	—
						化学需氧量	克/吨-产品	2.92×10^3	—	0	—
									沉淀分离	20	$k=1$
						氨氮	克/吨-产品	1.70	—	0	—
									沉淀分离	10	$k=1$
						总氮	克/吨-产品	4.50	—	0	—
									沉淀分离	10	$k=1$
						总磷	克/吨-产品	22.0	—	0	—
									沉淀分离	10	$k=1$
					固废	一般固废	千克/吨-产品	64.0/21.0①	外运	100	$k=1$
			水洗+烫漂+脱水/速冻	所有规模	废水	工业废水量	吨/吨-产品	31.0	—	0	—
						化学需氧量	克/吨-产品	7.76×10^3	—	0	—
									化学混凝+好氧生物处理法	81	k=污水治理设施年耗电量（千瓦·时）/[污水治理设施年运行时间（小时）×污水治理设施总功率（千瓦）]
									化学混凝+SBR 法	90	
									厌氧生物+好氧生物处理法	95	
									化学混凝+生物接触氧化法	85	
						氨氮	克/吨-产品	219	—	0	—
									化学混凝+SBR 法	84	k=污水治理设施年耗电量（千瓦·时）/[污水治理设施年运行时间（小时）×污水治理设施总功率（千瓦）]
									厌氧生物+好氧生物处理法	85	
									化学混凝+生物接触氧化法	75	
									化学混凝+好氧生物处理法	70	
						总氮	克/吨-产品	430	—	0	—
									化学混凝+SBR 法	70	k=污水治理设施年耗电量（千瓦·时）/[污水治理设施年运行时间（小时）×污水治理设施总功率（千瓦）]
									厌氧生物+好氧生物处理法	75	
									化学混凝+生物接触氧化法	70	
									化学混凝+好氧生物处理法	50	

[1] 该公式仅供参考，使用时，可根据 k 值定义，选取更适合企业实际情况的表达方式。

1372 食用菌加工行业系数表（续表 1）

工段名称	产品名称	原料名称	工艺名称	规模等级	污染物类别	污染物指标	系数单位	产污系数	末端治理技术	末端治理技术平均去除率/%	参考 k 值计算公式
—	脱水食用菌、速冻食用菌	食用菌	水洗+烫漂+脱水/速冻	所有规模	废水	总磷	克/吨-产品	107	—	0	—
									化学混凝+SBR 法	59	k =污水治理设施年耗电量（千瓦·时）/［污水治理设施年运行时间（小时）×污水治理设施总功率（千瓦）］
									厌氧生物+好氧生物处理法	60	
									化学混凝+生物接触氧化法	50	
									化学混凝+好氧生物处理法	50	
					固废	一般固废	千克/吨-产品	80.0/32.0②	外运	100	k =1

注：①64 为该组合下脱水食用菌的一般固废产污系数，21 为冷冻食用菌的一般固废产污系数。

②80 为该组合下脱水食用菌的一般固废产污系数，32 为冷冻食用菌的一般固废产污系数。

1373 水果和坚果加工行业系数表

工段名称	产品名称	原料名称	工艺名称	规模等级	污染物类别	污染物指标	系数单位	产污系数	末端治理技术	末端治理技术平均去除率/%	参考 k 值计算公式[1]
—	干货	新采鲜枣、葡萄、花生、瓜子等	清洗+烘干	所有规模	废水	工业废水量	吨/吨-产品	6.40	—	0	—
						化学需氧量	克/吨-产品	2.08×10^3	—	0	—
									沉淀分离	20	k=1
									化学混凝法	40	k=污水治理设施年耗电量（千瓦·时）/［污水治理设施年运行时间（小时）×污水治理设施总功率（千瓦）］
									好氧生物处理法	80	
									厌氧生物+好氧生物处理法	90	
						氨氮	克/吨-产品	104	—	0	—
									沉淀分离	10	k=1
									化学混凝法	20	k=污水治理设施年耗电量（千瓦·时）/［污水治理设施年运行时间（小时）×污水治理设施总功率（千瓦）］
									好氧生物处理法	70	
									厌氧生物+好氧生物处理法	85	
						总氮	克/吨-产品	260	—	0	—
									沉淀分离	10	k=1
									化学混凝法	20	k=污水治理设施年耗电量（千瓦·时）/［污水治理设施年运行时间（小时）×污水治理设施总功率（千瓦）］
									好氧生物处理法	40	
									厌氧生物+好氧生物处理法	70	
						总磷	克/吨-产品	38.0	—	0	—
									沉淀分离	10	k=1
									化学混凝法	40	k=污水治理设施年耗电量（千瓦·时）/［污水治理设施年运行时间（小时）×污水治理设施总功率（千瓦）］
									好氧生物处理法	40	
									厌氧生物+好氧生物处理法	60	
					固废	一般固废	千克/吨-产品	20.0/320①	外运	100	k=1
					废气	工业废气量	标米^3/吨-产品	423	—	0	—
						颗粒物	克/吨-产品	450	—	0	—
									袋式除尘	90	k=废气治理设施运行时间（天/年）/企业正常生产时间（天/年）
									静电除尘	95	

[1] 该公式仅供参考，使用时，可根据 k 值定义，选取更适合企业实际情况的表达方式。

1373 水果和坚果加工行业系数表（续表 1）

工段名称	产品名称	原料名称	工艺名称	规模等级	污染物类别	污染物指标	系数单位	产污系数	末端治理技术	末端治理技术平均去除率/%	参考 k 值计算公式
—	水果脆片	新鲜水果	水洗+切片+护色+真空干燥	所有规模	废水	工业废水量	吨/吨-产品	33.0	—	0	—
						化学需氧量	克/吨-产品	6.37×10^4	—	0	—
									沉淀分离	20	k =1
									化学混凝+生物接触氧化法	91	k =污水治理设施年耗电量（千瓦·时）/［污水治理设施年运行时间（小时）×污水治理设施总功率（千瓦）］
									化学混凝+好氧生物处理法	85	
									厌氧生物+好氧生物处理法	91	
									化学混凝+SBR 法	95	
						氨氮	克/吨-产品	753	—	0	—
									沉淀分离	10	k =1
									化学混凝+SBR 法	90	k =污水治理设施年耗电量（千瓦·时）/［污水治理设施年运行时间（小时）×污水治理设施总功率（千瓦）］
									化学混凝+好氧生物处理法	75	
									化学混凝+生物接触氧化法	84	
									厌氧生物+好氧生物处理法	84	
						总氮	克/吨-产品	902	—	0	—
									沉淀分离	10	k =1
									化学混凝+好氧生物处理法	50	k =污水治理设施年耗电量（千瓦·时）/［污水治理设施年运行时间（小时）×污水治理设施总功率（千瓦）］
									化学混凝+生物接触氧化法	61	
									厌氧生物+好氧生物处理法	70	
									化学混凝+SBR 法	70	
						总磷	克/吨-产品	322	—	0	—
									沉淀分离	10	k =1
									化学混凝+生物接触氧化法	54	k =污水治理设施年耗电量（千瓦·时）/［污水治理设施年运行时间（小时）×污水治理设施总功率（千瓦）］
									化学混凝+SBR 法	63	
									化学混凝+好氧生物处理法	50	
									厌氧生物+好氧生物处理法	60	
					固废	一般固废	千克/吨-产品	137	外运	100	k =1

1373 水果和坚果加工行业系数表（续表 2）

工段名称	产品名称	原料名称	工艺名称	规模等级	污染物类别	污染物指标	系数单位	产污系数	末端治理技术	末端治理技术平均去除率/%	参考 k 值计算公式
—	水果冻	新鲜水果	水洗+熬制/浓缩+配料+罐装+杀菌+冷却	所有规模	废水	工业废水量	吨/吨-产品	5.00	—	0	—
						化学需氧量	克/吨-产品	3.93×10^3	—	0	—
									厌氧生物+好氧生物处理法	91	k =污水治理设施年耗电量（千瓦·时）/［污水治理设施年运行时间（小时）×污水治理设施总功率（千瓦）］
									化学混凝+生物接触氧化法	85	
									化学混凝+SBR 法	91	
									化学混凝+好氧生物处理法	85	
						氨氮	克/吨-产品	3.70	—	0	—
									厌氧生物+好氧生物处理法	86	k =污水治理设施年耗电量（千瓦·时）/［污水治理设施年运行时间（小时）×污水治理设施总功率（千瓦）］
									化学混凝+生物接触氧化法	75	
									化学混凝+SBR 法	86	
									化学混凝+好氧生物处理法	75	
						总氮	克/吨-产品	13.0	—	0	—
									化学混凝+SBR 法	71	k =污水治理设施年耗电量（千瓦·时）/［污水治理设施年运行时间（小时）×污水治理设施总功率（千瓦）］
									化学混凝+生物接触氧化法	70	
									化学混凝+好氧生物处理法	50	
									厌氧生物+好氧生物处理法	71	
						总磷	克/吨-产品	1.30	—	0	—
									化学混凝+生物接触氧化法	50	k =污水治理设施年耗电量（千瓦·时）/［污水治理设施年运行时间（小时）×污水治理设施总功率（千瓦）］
									化学混凝+好氧生物处理法	50	
									厌氧生物+好氧生物处理法	60	
									化学混凝+SBR 法	60	
					固废	一般固废	千克/吨-产品	52.0	外运	100	k =1

1373 水果和坚果加工行业系数表（续表 3）

工段名称	产品名称	原料名称	工艺名称	规模等级	污染物类别	污染物指标	系数单位	产污系数	末端治理技术	末端治理技术平均去除率/%	参考 k 值计算公式
—	炒货	葵花子、西瓜子、南瓜子、各种豆类等	泡制/煮制+炒制	所有规模	废水	工业废水量	吨/吨-产品	1.50	—	—	—
						化学需氧量	克/吨-产品	7.06×10^3	—	0	—
									沉淀分离	20	k =1
									化学混凝法	40	k =污水治理设施年耗电量（千瓦·时）/［污水治理设施年运行时间（小时）×污水治理设施总功率（千瓦）］
									好氧生物处理法	80	
									厌氧生物+好氧生物处理法	90	
						氨氮	克/吨-产品	27.0	—	0	—
									沉淀分离	10	k =1
									化学混凝法	20	k =污水治理设施年耗电量（千瓦·时）/［污水治理设施年运行时间（小时）×污水治理设施总功率（千瓦）］
									好氧生物处理法	75	
									厌氧生物+好氧生物处理法	85	
						总氮	克/吨-产品	62.0	—	0	—
									沉淀分离	10	k =1
									化学混凝法	20	k =污水治理设施年耗电量（千瓦·时）/［污水治理设施年运行时间（小时）×污水治理设施总功率（千瓦）］
									好氧生物处理法	40	
									厌氧生物+好氧生物处理法	70	
						总磷	克/吨-产品	38.0	—	0	—
									沉淀分离	10	k =1
									化学混凝法	40	k =污水治理设施年耗电量（千瓦·时）/［污水治理设施年运行时间（小时）×污水治理设施总功率（千瓦）］
									好氧生物处理法	40	
									厌氧生物+好氧生物处理法	60	
					固废	一般固废	千克/吨-产品	0.40	外运	100	k =1

1373 水果和坚果加工行业系数表（续表 4）

工段名称	产品名称	原料名称	工艺名称	规模等级	污染物类别	污染物指标	系数单位	产污系数	末端治理技术	末端治理技术平均去除率/%	参考 k 值计算公式
—	炒货	葵花子、西瓜子、南瓜子、各种豆类等	泡制/煮制+炒制	所有规模	废气	工业废气量	标米^3/吨-产品	3.19×10^3	—	—	—
						挥发性有机物	克/吨-产品	85.0	—	0	—
									光催化	85	k=污水治理设施年耗电量（千瓦·时）/［污水治理设施年运行时间（小时）×污水治理设施总功率（千瓦）］
									光解	80	
						颗粒物	克/吨-产品	171	—	0	—
									袋式除尘	90	k=废气治理设施运行时间（天/年）/企业正常生产时间（天/年）
									静电除尘	95	
—	炸干果	花生、蚕豆、兰花豆等	泡制+油炸	所有规模	废水	工业废水量	吨/吨-产品	1.00	—	—	—
						化学需氧量	克/吨-产品	262	—	0	—
									沉淀分离	20	k=1
									化学混凝法	40	k=污水治理设施年耗电量（千瓦·时）/［污水治理设施年运行时间（小时）×污水治理设施总功率（千瓦）］
									好氧生物处理法	80	
									厌氧生物+好氧生物处理法	90	
						氨氮	克/吨-产品	6.90	—	0	—
									沉淀分离	10	k=1
									化学混凝法	20	k=污水治理设施年耗电量（千瓦·时）/［污水治理设施年运行时间（小时）×污水治理设施总功率（千瓦）］
									好氧生物处理法	70	
									厌氧生物+好氧生物处理法	85	
						总氮	克/吨-产品	11.0	—	0	—
									沉淀分离	10	k=1
									化学混凝法	20	k=污水治理设施年耗电量（千瓦·时）/［污水治理设施年运行时间（小时）×污水治理设施总功率（千瓦）］
									好氧生物处理法	40	
									厌氧生物+好氧生物处理法	70	

1373 水果和坚果加工行业系数表（续表 5）

工段名称	产品名称	原料名称	工艺名称	规模等级	污染物类别	污染物指标	系数单位	产污系数	末端治理技术	末端治理技术平均去除率/%	参考 k 值计算公式
—	炸干果	花生、蚕豆、兰花豆等	泡制+油炸	所有规模	废水	总磷	克/吨-产品	24.0	—	0	—
									沉淀分离	10	k =1
									化学混凝法	40	k =污水治理设施年耗电量（千瓦·时）/［污水治理设施年运行时间（小时）×污水治理设施总功率（千瓦）］
									好氧生物处理法	40	
									厌氧生物+好氧生物处理法	60	
					固废	一般固废	千克/吨-产品	0.50	外运	100	k =1
					废气	工业废气量	标米^3/吨-产品	2.00×10^4	—	0	—
						挥发性有机物	克/吨-产品	200	—	0	—
									光催化	85	k =废气治理设施运行时间（天/年）/企业正常生产时间（天/年）
									光解	80	
						颗粒物	克/吨-产品	400	—	0	—
									袋式除尘	90	k =废气治理设施运行时间（天/年）/企业正常生产时间（天/年）
									静电除尘	95	
去壳	果仁	花生、瓜子、核桃等	脱壳	所有规模	固废	一般固废	千克/吨-产品	350	外运	100	k =1
					废气	工业废气量	标米^3/吨-产品	3.00×10^4	—	0	—
						颗粒物	克/吨-产品	1.20×10^3	—	0	—
									袋式除尘	90	k =废气治理设施运行时间（天/年）/企业正常生产时间（天/年）
									静电除尘	95	
—	槟榔	槟榔干果	清洗-发泡-烘干-上胶-切片-点卤	所有规模	废水	工业废水量	吨/吨-产品	3.50	—	0	—
						化学需氧量	克/吨-产品	2.75×10^4	—	0	—
									沉淀分离	20	k =1
									化学混凝法	40	k =污水治理设施年耗电量（千瓦·时）/［污水治理设施年运行时间（小时）×污水治理设施总功率（千瓦）］
									好氧生物处理法	80	
									厌氧生物+好氧生物处理法	90	
						氨氮	克/吨-产品	243	—	0	—
									沉淀分离	10	k =1
									化学混凝法	20	k =污水治理设施年耗电量（千瓦·时）/［污水治理设施年运行时间（小时）×污水治理设施总功率（千瓦）］
									好氧生物处理法	70	
									厌氧生物+好氧生物处理法	85	

1373 水果和坚果加工行业系数表（续表 6）

工段名称	产品名称	原料名称	工艺名称	规模等级	污染物类别	污染物指标	系数单位	产污系数	末端治理技术	末端治理技术平均去除率/%	参考 k 值计算公式
—	槟榔	槟榔干果	清洗-发泡-烘干-上胶-切片-点卤	所有规模	废水	总氮	克/吨-产品	410	—	0	—
									沉淀分离	10	k =1
									化学混凝法	20	k =污水治理设施年耗电量（千瓦·时）/[污水治理设施年运行时间（小时）×污水治理设施总功率（千瓦）]
									好氧生物处理法	40	
									厌氧生物+好氧生物处理法	70	
						总磷	克/吨-产品	54.0	—	0	—
									沉淀分离	10	k =1
									化学混凝法	40	k =污水治理设施年耗电量（千瓦·时）/[污水治理设施年运行时间（小时）×污水治理设施总功率（千瓦）]
									好氧生物处理法	40	
									厌氧生物+好氧生物处理法	60	
					固废	一般固废	千克/吨-产品	160	外运	100	k =1

注：①20 为带壳产品的一般固废产污系数，320 为去壳产品的一般固废产污系数。

1391 淀粉及淀粉制品制造业

1 适用范围

本手册仅用于《国民经济行业分类》（GB/T 4754—2017）中 1391 淀粉及淀粉制品制造行业使用产污系数法核算工业污染物产生量和排放量的工业企业。

利用本手册进行产排污核算得出的污染物产生量与排放量仅代表了特定行业的工艺、产品、原料在正常工况下污染物产生与排放的一般规律。

本行业废水指标包括工业废水量、化学需氧量、氨氮、总氮。

2 注意事项

2.1 企业有多种生产工艺或生产多类产品产排污量核算

污染物产生量与产品产量有关，根据不同核算环节计算产污量后，再根据企业末端治理设施和运行情况计算各污染物的排放量。

企业某污染物产生量、排放量为各核算环节产生量、排放量之和。

在企业实际排放量计算过程中，如果存在废水回用的情况，需要在利用产排污核算公式的基础上扣除废水回用的部分。公式如下：

实际排放量=计算排放量×（1–废水回用率）

2.2 采用多种治理设施组合处理企业的排污量核算

在排污量计算选择末端治理技术时，若没有对应的组合治理技术，以主要治理技术为准。

若某些企业采用的末端治理技术在系数手册中没有对应的，则选择处理原理或处理效率最相近的治理技术。

2.3 系数表中未涉及的产污系数及污染治理效率

由于本行业产品、原料数量众多，加工工艺有所不同，对于系数表单中未涉及的产品，按照产品优先的原则，选用系数表单中相同原料、工艺、规模的产污系数，根据下面的“淀粉及淀粉制品制造行业产污系数调整表”选择调整系数进行调整。

调整后的产污系数=系数表单中选取的产污系数×调整系数

无须调整时调整系数取值为 1.0。同时需要注意，在某些情况下，工业废水量与其他污染物指标的调整系数取值不同。

1391 淀粉及淀粉制品制造行业调整系数表

序号	产品名称	原料名称	对应的系数表单值	调整系数	
				工业废水量	其他水污染物指标
1	小麦淀粉	小麦面粉	玉米淀粉，所有规模	1.3	1.3
2	豌豆淀粉、绿豆淀粉及其他豆类淀粉	豌豆、绿豆及其他豆类原料	玉米淀粉，所有规模	8.0	8.0
3	红薯（甘薯）淀粉	红薯（甘薯）	马铃薯淀粉，所有规模	1.5	1.0
4	莲藕淀粉、芋头淀粉	莲藕、芋头	马铃薯淀粉，所有规模	9.0	8.0
5	葛根淀粉、蕨根淀粉及其他类淀粉	葛根、蕨根及其他淀粉质原料	马铃薯淀粉，所有规模	2.0	2.0
6	啤酒用糖浆	淀粉	果葡糖浆/麦芽糖浆，所有规模	1.0	1.0
7	F42 果葡糖浆	淀粉	果葡糖浆/麦芽糖浆，所有规模	1.2	1.2
8	高果葡糖浆及其他液体糖产品	淀粉	果葡糖浆/麦芽糖浆，所有规模	1.5	1.5
9	低聚异麦芽糖浆及其他功能糖浆	淀粉	果葡糖浆/麦芽糖浆，所有规模	1.4	1.2
10	麦芽糊精	淀粉	果葡糖浆/麦芽糖浆，所有规模	1.3	1.3
11	结晶麦芽糖	淀粉	结晶葡萄糖，所有规模	1.2	1.2
12	结晶果糖	淀粉	结晶葡萄糖，所有规模	5.0	4.5
13	无水葡萄糖	淀粉	结晶葡萄糖，所有规模	1.2	1.1
14	低聚异麦芽糖粉及其他功能糖粉	淀粉	结晶葡萄糖，所有规模	1.5	1.2
15	其他固体糖产品	淀粉	结晶葡萄糖，所有规模	1.4	1.1
16	菊粉产品	菊芋、菊苣	结晶葡萄糖，所有规模	3.0	3.0
17	变性淀粉（食品级）	淀粉	变性淀粉（工业级），所有规模	2.0	2.0

2.4 其他需要说明的问题

一家企业同时生产淀粉、变性淀粉或淀粉糖产品的情况比较普遍，变性淀粉、淀粉糖的原料可以有两种选择，用不经干燥的自产淀粉乳和经过干燥的商品淀粉。以企业自产商品淀粉或淀粉乳为原料生产变性淀粉及淀粉糖时，不要重复计算淀粉原料的污染物产生量。

以淀粉乳为产品的企业，应将淀粉乳产品产量折算成干基淀粉产量后再核算。

面筋产品在生产过程中产生的废水并入小麦淀粉的污染物产生量中，因此面筋产品的污染物产生量不再重复计算。

若某些企业采用的末端治理技术在系数手册中没有对应的，则选择处理原理或处理效率最相近的治理技术。

由于不同企业工业废水量差异较大，本手册所提供的工业废水量系数仅供参考。

为体现相同产污水平条件下，采用相同环保治理设施的不同企业对同一污染物去除效果的差异，引入末端治理设施实际运行率（k）对污染治理技术的实际去除率进行修正。k 值反映的是污染治理设施运行的状态，越稳定运行，k 值越高；在取值上，若定义连续稳定运行的理想状态为 1，则 k 取值在 0～1 之间。

本手册给出本行业的 k 计算公式仅供参考，使用时，可根据 k 值定义，选取更适合企业实际情况的表达方式。

3 污染物排放量核算方法

3.1 计算污染物产生量

（1）根据产品、原料、污染物产生的主导生产工艺、企业规模（生产产能）这一组合查找和确定所对应的某一污染物的产污系数。

（2）根据该污染物的产污系数计量单位——单位产品产量，获取企业实际产品产量。

（3）污染物产生量按以下公式进行计算：

污染物产生量=污染物对应的产污系数×产品产量

$$G_{产i} = P_{产i} \times M_i$$

式中，$G_{产i}$——工段 i 某污染物的产生量；

$P_{产i}$——工段 i 某污染物对应的产污系数；

M_i——工段 i 的产品产量。

3.2 计算污染物去除量

（1）根据企业对某一污染物所采用的治理技术查找和选择相应的治理技术平均去除效率。

（2）根据所填报的污染治理设施实际运行率参数及其计算公式得出该企业某一污染物的治理设施实际运行率（k 值）。

（3）污染物去除量按以下公式进行计算：

污染物去除量=污染物产生量×污染物去除率

=污染物产生量×治理技术平均去除效率×治理设施实际运行率

$$R_{减i} = G_{产i} \times \eta_T \times k_T$$

式中，$R_{减i}$——工段 i 某污染物的去除量；

η_T——工段 i 某污染物采用的末端治理技术的平均去除效率；

k_T——工段 i 某污染物采用的末端治理设施的实际运行率。

3.3 计算污染物排放量

污染物排放量=污染物产生量−污染物去除量

=污染物对应的产污系数×原料用量−污染物产生量×

治理技术平均去除效率×治理设施实际运行率

3.4 计算企业污染物排放量

同一企业某污染物全年的产生（排放）总量为该企业同年实际生产的全部工段、产品、原料、规模污染物产生（排放）量之和。

$$E_{排} = G_{产} - R_{减} = \sum(G_{产i} - R_{减i}) = \sum\left[P_{产i} \times M_i(1 - \eta_T \times k_T)\right]$$

4 污染物排放量核算案例

某企业主要从事淀粉及淀粉制品的生产。该企业以玉米及企业自产淀粉乳为主要原料，主要污染物为化学需氧量、氨氮、总氮、工业废水量。以化学需氧量为例说明排放量计算过程。

该企业基本信息如下：

2017 年产量为：玉米淀粉 1600000 吨、结晶果糖 120000 吨。废水的污染治理技术采用“好氧生物处理技术+厌氧生物处理技术”，2017 年污水处理设施年耗电量 4800000 千瓦·时，总额定功率 638 千瓦，年运行时间 8760 小时。

4.1 玉米淀粉产品的计算

（1）化学需氧量产生量计算

①查找产污系数及其计量单位

根据企业基本信息，查找本手册中玉米淀粉的主要产品为玉米淀粉，主要原料为玉米，主要工艺为湿法，生产规模为所有规模。该组合化学需氧量的产污系数为 1.15×10^4，单位为克/吨-产品。

②获取企业产品产量

该企业实际情况为：玉米淀粉 2017 年产量为 1600000 吨。

③计算化学需氧量产生量

由于查询到的组合中，玉米淀粉化学需氧量产污系数单位为克/吨-产品，因此在核算化学需氧量产生量时需获取产品产量。

化学需氧量产生量=化学需氧量产污系数×产品（玉米淀粉）产量

$=1.15\times10^4$ 克/吨-产品×1600000 吨-产品=18400 吨

（2）化学需氧量去除量计算

①查找治理技术平均去除效率

该企业污水治理技术采用“好氧生物处理技术+厌氧生物处理技术”，查询玉米淀粉相应组合内化学需氧量平均去除效率为 99.04%。

②计算污染治理设施实际运行率

根据产污系数组合查询结果，该组合中“好氧生物处理技术+厌氧生物处理技术”对应的污染治理设施实际运行参数分别为：污染治理设施年运行时间（小时）、年耗电量（千瓦·时）、总额定功率（千瓦）。

根据查询结果，该组合中“好氧生物处理技术+厌氧生物处理技术”对应的污染治理设施实际运行率为

k =污水处理设施年耗电量/（总额定功率×年运行时间）

= 4800000 千瓦·时/（638 千瓦×8760 小时）=0.8588

③计算化学需氧量去除量

化学需氧量去除量= 18400 吨×99.04%×0.8588=15650 吨

（3）化学需氧量排放量计算

化学需氧量排放量= 18400 吨−15650 吨= 2750 吨

4.2 结晶果糖产品的计算

（1）化学需氧量产生量计算

①查找产污系数及其计量单位

根据企业基本信息，查找本手册调整系数表单中主要产品为结晶果糖，对应主要产品为结晶糖，主要原料为淀粉，主要工艺为“糖化+浓缩+结晶”，生产规模为所有规模。该组合化学需氧量的产污系数为 1.54×10^4，单位为克/吨-产品。

②获取企业产品产量

该企业实际情况为：结晶果糖 2017 年产量为 120000 吨。

③计算化学需氧量产生量

由于查询到的组合中，结晶葡萄糖化学需氧量产污系数单位为克/吨-产品，因此在核算产生量时需获取产品产量计算。根据该产品名称，找到对应调整系数表单值下结晶果糖化学需氧量的调整系数为 4.5。

化学需氧量产生量=化学需氧量产污系数×产品（结晶果糖）产量×调整系数

$=1.54\times10^4$ 克/吨-产品×120000 吨-产品×4.5= 8316 吨

（2）化学需氧量去除量计算

①查找治理技术平均去除效率

该企业污水治理技术采用“好氧生物处理技术+厌氧生物处理技术”，查询结晶葡萄糖产品相应组合内化学需氧量平均去除效率为 95.94%。

②计算污染治理设施实际运行率

根据产污系数组合查询结果，该组合中“好氧生物处理技术+厌氧生物处理技术”对应的污染治理设施实际运行参数分别为：污染治理设施年运行时间（小时）、年耗电量（千瓦·时）、总额定功率（千瓦）。

根据查询结果，该组合中“好氧生物处理技术+厌氧生物处理技术”对应的污染治理设施实际运行率为

k =污水治理设施年耗电量/（总额定功率×年运行时间）

= 4800000 千瓦·时/（638 千瓦×8760 小时）=0.8588

③计算化学需氧量去除量

化学需氧量去除量= 8316 吨×95.94%×0.8588=6852 吨

（3）化学需氧量排放量计算

化学需氧量排放量= 8316 吨−6852 吨=1464 吨

4.3 化学需氧量总排放量计算

化学需氧量总排放量=玉米淀粉产品排放量+结晶果糖产品排放量

=2750 吨+1464 吨= 4214 吨

5 系数表

1391 淀粉及淀粉制品制造行业系数表

工段名称	产品名称	原料名称	工艺名称	规模等级	污染物类别	污染物指标	系数单位	产污系数	末端治理技术	末端治理技术平均去除效率/%	参考 k 值计算公式[1]
—	玉米淀粉	玉米	湿法	所有规模	废水	工业废水量	吨/吨-产品	1.84	—	—	—
						化学需氧量	克/吨-产品	1.15×10^4	物理处理法+厌氧生物处理法+好氧生物处理法	99.04	k =污水治理设施年耗电量（千瓦·时）/［总额定功率（千瓦）×年运行时间（小时）］
									物理处理法+好氧生物处理法①	98.70	
									厌氧生物处理法+A^2/O 工艺	98.46	
						氨氮	克/吨-产品	186.00	物理处理法+厌氧生物处理法+好氧生物处理法	91.62	k =污水治理设施年耗电量（千瓦·时）/［总额定功率（千瓦）×年运行时间（小时）］
									物理处理法+好氧生物处理法①	91.04	
									厌氧生物处理法+A^2/O 工艺	85.65	
						总氮	克/吨-产品	362.00	物理处理法+厌氧生物处理法+好氧生物处理法	88.51	k =污水治理设施年耗电量（千瓦·时）/［总额定功率（千瓦）×年运行时间（小时）］
									物理处理法+好氧生物处理法①	84.94	
									厌氧生物处理法+A^2/O 工艺	85.71	
					固废	一般工业固废	吨/吨-产品	0.0030	—	—	—

注：①指生产非单一产品的企业。

[1] 该公式仅供参考，使用时，可根据 k 值定义，选取更适合企业实际情况的表达方式。

1391 淀粉及淀粉制品制造行业系数表（续表 1）

工段名称	产品名称	原料名称	工艺名称	规模等级	污染物类别	污染物指标	系数单位	产污系数	末端治理技术	末端治理技术平均去除效率/%	参考 k 值计算公式
—	马铃薯淀粉	马铃薯	湿法	所有规模	废水	工业废水量	吨/吨-产品	12.10	—	—	—
						化学需氧量	克/吨-产品	1.58×10^{5}	物理处理法+厌氧生物处理法①	98.86	k =污水治理设施年耗电量（千瓦·时）/［总额定功率（千瓦）×年运行时间（小时）］
									物理处理法+厌氧生物处理法+好氧生物处理法	99.30	
									其他	—	—
						氨氮	克/吨-产品	654.00	物理处理法+厌氧生物处理法①	0	k =污水治理设施年耗电量（千瓦·时）/［总额定功率（千瓦）×年运行时间（小时）］
									物理处理法+厌氧生物处理法+好氧生物处理法	92.58	
									其他	—	—
						总氮	克/吨-产品	2.29×10^{3}	物理处理法+厌氧生物处理法①	66.67	k =污水治理设施年耗电量（千瓦·时）/［总额定功率（千瓦）×年运行时间（小时）］
									物理处理法+厌氧生物处理法+好氧生物处理法	94.87	
									其他	—	—
					固废	一般工业固废	吨/吨-产品	0.0020	—	—	—

注：①指间接排放企业，如排入市政管网。

1391 淀粉及淀粉制品制造行业系数表（续表 2）

工段名称	产品名称	原料名称	工艺名称	规模等级	污染物类别	污染物指标	系数单位	产污系数	末端治理技术	末端治理技术平均去除效率/%	参考 k 值计算公式
—	木薯淀粉	木薯	湿法	所有规模	废水	工业废水量	吨/吨-产品	11.10	—	—	—
						化学需氧量	克/吨-产品	1.31×10^{5}	物理处理法+厌氧生物处理法+好氧生物处理法	98.58	k =污水治理设施年耗电量（千瓦·时）/［总额定功率（千瓦）×年运行时间（小时）］
						氨氮	克/吨-产品	1.22×10^{3}	物理处理法+厌氧生物处理法+好氧生物处理法	93.92	
						总氮	克/吨-产品	3.96×10^{3}	物理处理法+厌氧生物处理法+好氧生物处理法	91.69	
					固废	一般工业固废	吨/吨-产品	0.0020	—	—	—

1391 淀粉及淀粉制品制造行业系数表（续表 3）

工段名称	产品名称	原料名称	工艺名称	规模等级	污染物类别	污染物指标	系数单位	产污系数	末端治理技术	末端治理技术平均去除效率/%	参考 k 值计算公式
—	麦芽糖浆/果葡糖浆	淀粉	酶法	所有规模	废水	工业废水量	吨/吨-产品	5.46	—	—	—
						化学需氧量	克/吨-产品	1.51×10^4	物理处理法+好氧生物处理法[①]	98.28	k =污水治理设施年耗电量（千瓦·时）/［总额定功率（千瓦）×年运行时间（小时）］
									厌氧生物处理法+好氧生物处理法	96.10	
						氨氮	克/吨-产品	92.70	物理处理法+好氧生物处理法[①]	97.50	
									厌氧生物处理法+好氧生物处理法	86.51	
						总氮	克/吨-产品	353.00	物理处理法+好氧生物处理法[①]	90.00	
									厌氧生物处理法+好氧生物处理法	81.61	
					固废	危险废物	吨/吨-产品	0.00070	—	—	—

注：①指生产非单一产品的企业。

1391 淀粉及淀粉制品制造行业系数表（续表 4）

工段名称	产品名称	原料名称	工艺名称	规模等级	污染物类别	污染物指标	系数单位	产污系数	末端治理技术	末端治理技术平均去除效率/%	参考 k 值计算公式
—	结晶糖[①]	淀粉	糖化+浓缩+结晶	所有规模	废水	工业废水量	吨/吨-产品	5.60	—	—	—
						化学需氧量	克/吨-产品	1.54×10^4	厌氧生物处理法+A^2/O 工艺	96.82	k =污水治理设施年耗电量（千瓦·时）/［总额定功率（千瓦）×年运行时间（小时）］
									厌氧生物处理法+好氧生物处理法	95.94	
						氨氮	克/吨-产品	117.00	厌氧生物处理法+A^2/O 工艺	80.65	
									厌氧生物处理法+好氧生物处理法	79.09	
						总氮	克/吨-产品	445.00	厌氧生物处理法+A^2/O 工艺	81.84	
									厌氧生物处理法+好氧生物处理法	78.02	
					固废	危险废物	吨/吨-产品	0.00080	—	—	—

注：①此处结晶糖应为结晶葡萄糖。

1391 淀粉及淀粉制品制造行业系数表（续表 5）

工段名称	产品名称	原料名称	工艺名称	规模等级	污染物类别	污染物指标	系数单位	产污系数	末端治理技术	末端治理技术平均去除效率/%	参考 k 值计算公式
—	变性淀粉（工业级）	淀粉	湿法	所有规模	废水	工业废水量	吨/吨-产品	3.62	—	—	—
						化学需氧量	克/吨-产品	4.40×10^4	厌氧生物处理法+好氧生物处理法	98.62	k =污水治理设施年耗电量（千瓦·时）/［总额定功率（千瓦）×年运行时间（小时）］
									物理处理法+好氧生物处理法①	98.73	
						氨氮	克/吨-产品	317.00	厌氧生物处理法+好氧生物处理法	83.35	
									物理处理法+好氧生物处理法①	88.08	
						总氮	克/吨-产品	916.00	厌氧生物处理法+好氧生物处理法	84.52	
									物理处理法+好氧生物处理法①	89.56	

注：①指生产非单一产品的企业。

1391 淀粉及淀粉制品制造行业系数表（续表 6）

工段名称	产品名称	原料名称	工艺名称	规模等级	污染物类别	污染物指标	系数单位	产污系数	末端治理技术	末端治理技术平均去除效率/%	参考 k 值计算公式
—	粉丝/粉条/粉皮	淀粉	和浆+漏粉+冷冻+烘干	所有规模	废水	工业废水量	吨/吨-产品	6.62	—	—	—
						化学需氧量	克/吨-产品	1.57×10^4	厌氧生物处理法+好氧生物处理法	96.57	k =污水治理设施年耗电量（千瓦·时）/［总额定功率（千瓦）×年运行时间（小时）］
									物理处理法+化学处理法+好氧生物处理法	97.27	
									物理处理法+厌氧生物处理法+好氧生物处理法	96.02	
									物理处理法+好氧生物处理法①	96.19	
									物理处理法+厌氧生物处理法②	95.83	
						氨氮	克/吨-产品	190.00	厌氧生物处理法+好氧生物处理法	86.24	
									物理处理法+化学处理法+好氧生物处理法	86.90	
									物理处理法+厌氧生物处理法+好氧生物处理法	86.05	
									物理处理法+好氧生物处理法①	95.05	
									物理处理法+厌氧生物处理法②	0	—

注：①指生产非单一产品的企业。
②指间接排放企业，如排入市政管网。

1391 淀粉及淀粉制品制造行业系数表（续表 7）

工段名称	产品名称	原料名称	工艺名称	规模等级	污染物类别	污染物指标	系数单位	产污系数	末端治理技术	末端治理技术平均去除效率/%	参考 k 值计算公式
—	粉丝/粉条/粉皮	淀粉	和浆+漏粉+冷冻+烘干	所有规模	废水	总氮	克/吨-产品	485.00	厌氧生物处理法+好氧生物处理法	84.38	k =污水治理设施年耗电量（千瓦·时）/［总额定功率（千瓦）×年运行时间（小时）］
									物理处理法+化学处理法+好氧生物处理法	92.77	
									物理处理法+厌氧生物处理法+好氧生物处理法	78.05	
									物理处理法+好氧生物处理法[①]	88.58	
									物理处理法+厌氧生物处理法[②]	80.39	

注：①指生产非单一产品的企业。

②指间接排放企业，如排入市政管网。

1392 豆制品制造业

1 适用范围

本手册仅用于《国民经济行业分类》（GB/T 4754—2017）中 1392 豆制品制造行业使用系数法核算工业污染物产生量和排放量的工业企业。

利用本手册进行产排污核算得出的污染物产生量与排放量仅代表了特定行业、工艺、产品、原料在正常工况下污染物产生与排放的一般规律。

本行业废水指标包括工业废水量、化学需氧量、氨氮、总氮。

2 注意事项

2.1 企业有多种生产工艺或生产多类产品产排污量核算

污染物产生量与产品产量或原料用量有关，根据不同核算环节计算产污量后，再根据企业末端治理设施和运行情况计算各污染物的排放量。

企业某污染物指标的产生量、排放量为各核算环节产生量、排放量之和。

在企业实际排放量计算过程中，如果存在废水回用的情况，需要在利用产排污核算公式的基础上扣除废水回用的部分。公式如下：

实际排放量=计算排放量×（1−废水回用率）

2.2 采用多种治理设施组合处理企业的排污量核算

在排污量计算选择末端治理技术时，若没有对应的组合治理技术，以主要治理技术为准。

若某些企业采用的末端治理技术在系数手册中没有对应的，则选择处理原理或处理效率最相近的治理技术。

2.3 系数表中未涉及的产污系数及污染治理效率

本手册已基本涵盖各种原料、工艺及规模的豆制品产品，对系数表单中未涉及的产品，按照产品优先的原则，选用系数表单中相同原料、工艺、规模的产污系数，根据产污系数调整表选择调整系数进行调整。

调整后的产污系数=系数表单中选取的产污系数×调整系数

无须调整时调整系数取值为 1。同时需要注意，在某些情况下，工业废水量与其他污染物指标的调整系数取值不同。

表 1　豆制品制造行业产污系数调整表

序号	产品	对应的系数表单值	调整系数	
			工业废水量	其他污染物指标
1	油炸、卤制豆腐制品及干豆腐制品等	豆腐	1.0	1.0
2	充填豆腐、豆浆、豆浆粉、腐竹、豆豉、纳豆及豆芽等	豆腐	0.5	0.3
3	大豆浓缩蛋白等	大豆分离蛋白	0.7	0.7

2.4　其他需要说明的问题

当同一企业生产多个产品时，普查时以产品为依据，分别核算统计。

由于不同企业工业废水量差异较大，本手册所提供的工业废水量系数仅供参考。

为体现相同产污水平条件下，采用相同环保治理设施的不同企业对同一污染物去除效果的差异，引入末端治理设施实际运行率（k）对污染治理技术的实际去除率进行修正。k 值反映的是污染治理设施运行的状态，越稳定运行，k 值越高；在取值上，若定义连续稳定运行的理想状态为 1，则 k 取值在 0～1 之间。

本手册给出本行业的 k 计算公式仅供参考，使用时，可根据 k 值定义，选取更适合企业实际情况的表达方式。

3　污染物排放量核算方法

3.1　计算污染物产生量

（1）根据产品、原料、污染物产生的主导生产工艺、企业规模（生产产能）这一组合查找和确定所对应的某一污染物的产污系数。

（2）根据该污染物的产污系数计量单位——单位产品产量或单位原料用量，获取企业实际产品产量或原料用量。

例如，某组合内化学需氧量的产污系数单位为克/吨-产品，则计算产生量时需要获取企业实际产品产量；如果产污系数单位为克/吨-原料，则计算产生量时需要获取企业原料实际消耗量。

（3）污染物产生量按以下公式进行计算：

污染物产生量=污染物对应的产污系数×产品产量（原料用量）

$$G_{产i} = P_{产i} \times M_i$$

式中，$G_{产i}$——工段 i 某污染物的产生量；

$P_{产i}$——工段 i 某污染物对应的产污系数；

M_i——工段 i 的产品产量（原料用量）。

3.2　计算污染物去除量

（1）根据企业对某一污染物所采用的治理技术查找和选择相应的治理技术平均去除效率。

（2）根据所填报的污染治理设施实际运行率参数及其计算公式得出该企业某一污染物的治理设施实际运行率（k 值）。

（3）污染物去除量按以下公式进行计算：

污染物去除量=污染物产生量×污染物去除率

=污染物产生量×治理技术平均去除效率×治理设施实际运行率

$$R_{减i} = G_{产i} \times \eta_T \times k_T$$

式中，$R_{减i}$——工段 i 某污染物的去除量；

η_T——工段 i 某污染物采用的末端治理技术的平均去除效率；

k_T——工段 i 某污染物采用的末端治理设施的实际运行率。

3.3 计算污染物排放量

污染物排放量=污染物产生量−污染物去除量

=污染物对应的产污系数×产品产量（原料用量）−污染物产生量×治理技术平均去除效率×治理设施实际运行率

3.4 计算企业污染物排放量

同一企业某污染物全年的产生（排放）总量为该企业同年实际生产的全部工段、产品、原料、规模污染物产生（排放）量之和。

$$E_{排} = G_{产} - R_{减} = \sum(G_{产i} - R_{减i}) = \sum\left[P_{产i} \times M_i(1-\eta_T \times k_T)\right]$$

4 污染物排放量核算案例

某企业以大豆为原料从事豆腐的生产，主要污染物为化学需氧量、氨氮、总氮、工业废水量。以化学需氧量为例说明排放量计算过程。

该企业基本信息如表 2 所示。

表 2 某豆腐企业基本信息

	名称	数量
产品及产量	豆腐	45360 吨
原料及用量	大豆	23400 吨
工艺名称	预处理+制浆+凝固+压制+包装	—
规模（产能）	50000 吨	
污染治理设施	物理处理法+厌氧生物处理法+好氧生物处理法	
实际运行率参数	污水治理设施年耗电量	1485000 千瓦·时
	污水治理设施总额定功率	180 千瓦
	污水治理设施年运行时间	8760 小时

4.1 化学需氧量产生量计算

（1）查找产污系数及其计量单位

根据企业基本信息，查找本手册中主要产品为豆腐，主要原料为大豆，主要工艺为“预处理+制浆+凝固+压制+包装”，生产规模为≥5 吨-原料/天。该组合化学需氧量的产污系数为 1.30×10^5，单位为克/吨-原料。

（2）获取企业原料用量

该企业实际情况为：大豆 2017 年用量为 23400 吨。

（3）计算化学需氧量产生量

由于查询到的组合中化学需氧量产污系数的单位为克/吨-原料，因此在核算化学需氧量产生量时需要获取原料用量。

化学需氧量产生量=化学需氧量产污系数×原料（大豆）用量

=1.30×10^5 克/吨-原料×23400 吨-原料=3042000 千克

4.2 化学需氧量去除量计算

（1）查找治理技术平均去除效率

由于该企业化学需氧量治理技术采用“物理处理法+厌氧生物处理法+好氧生物处理法”，查询相应组合内物理处理法+厌氧生物处理法+好氧生物处理法工艺的平均去除效率为 98.18%。

（2）计算污染治理设施实际运行率

根据产污系数组合查询结果，该组合中化学需氧量对应的污染治理设施实际运行率为

k=污水治理设施年耗电量（千瓦·时）/［总额定功率（千瓦）×年运行时间（小时）］

=1485000 千瓦·时/（180 千瓦×8760 小时）=0.9418

（3）计算化学需氧量去除量

化学需氧量去除量=3042000 千克×98.18%×0.9418

=2812813.41 千克

4.3 化学需氧量排放量计算

化学需氧量排放量=3042000 千克−2812813.41 千克

=229186.59 千克

5 系数表

1392 豆制品制造行业系数表

工段名称	产品名称	原料名称	工艺名称	规模等级	污染物类别	污染物指标	系数单位	产污系数	末端治理技术	末端治理技术平均去除效率/%	参考 k 值计算公式[1]
—	豆腐	大豆	预处理+制浆+凝固+压制+包装	≥5 吨-原料/天	废水	工业废水量	吨/吨-原料	26.70	—	—	—
						化学需氧量	克/吨-原料	1.30×10^{5}	物理处理法+化学处理法+厌氧生物处理法+好氧生物处理法	98.87	k =污水治理设施年耗电量（千瓦·时）/［总额定功率（千瓦）×年运行时间（小时）］
									物理处理法+厌氧生物处理法+好氧生物处理法	98.18	
									物理处理法+好氧生物处理法①	96.21	
						氨氮	克/吨-原料	2.07×10^{3}	物理处理法+化学处理法+厌氧生物处理法+好氧生物处理法	92.32	
									物理处理法+厌氧生物处理法+好氧生物处理法	91.94	
									物理处理法+好氧生物处理法①	90.33	
						总氮	克/吨-原料	4.31×10^{3}	物理处理法+化学处理法+厌氧生物处理法+好氧生物处理法	91.08	
									物理处理法+厌氧生物处理法+好氧生物处理法	90.97	
									物理处理法+好氧生物处理法①	90.64	
					固废	一般工业固废	吨/吨-原料	0.0025	—	—	—

注：①指生产非单一产品的企业。

[1] 该公式仅供参考，使用时，可根据 k 值定义，选取更适合企业实际情况的表达方式。

1392 豆制品制造行业系数表（续表 1）

工段名称	产品名称	原料名称	工艺名称	规模等级	污染物类别	污染物指标	系数单位	产污系数	末端治理技术	末端治理技术平均去除效率/%	参考 *k* 值计算公式
—	豆腐	大豆	预处理+制浆+凝固+压制+包装	<5 吨-原料/天	废水	工业废水量	吨/吨-原料	21.60	—	—	—
						化学需氧量	克/吨-原料	1.72×10^{5}	物理处理法+化学处理法+厌氧生物处理法+好氧生物处理法	98.01	*k* =污水治理设施年耗电量（千瓦·时）/［总额定功率（千瓦）×年运行时间（小时）］
									物理处理法+厌氧生物处理法+好氧生物处理法	97.78	
									物理处理法	0	—
						氨氮	克/吨-原料	1.64×10^{3}	物理处理法+化学处理法+厌氧生物处理法+好氧生物处理法	92.99	*k* =污水治理设施年耗电量（千瓦·时）/［总额定功率（千瓦）×年运行时间（小时）］
									物理处理法+厌氧生物处理法+好氧生物处理法	92.68	
									物理处理法	0	—
						总氮	克/吨-原料	4.67×10^{3}	物理处理法+化学处理法+厌氧生物处理法+好氧生物处理法	93.45	*k* =污水治理设施年耗电量（千瓦·时）/［总额定功率（千瓦）×年运行时间（小时）］
									物理处理法+厌氧生物处理法+好氧生物处理法	93.05	*k* =污水治理设施年耗电量（千瓦·时）/［总额定功率（千瓦）×年运行时间（小时）］
									物理处理法	0	—
					固废	一般工业固废	吨/吨-原料	0.0013	—	—	—

1392 豆制品制造行业系数表（续表 2）

工段名称	产品名称	原料名称	工艺名称	规模等级	污染物类别	污染物指标	系数单位	产污系数	末端治理技术	末端治理技术平均去除效率/%	参考 k 值计算公式
—	腐乳	大豆	预处理+制浆+凝固+压制+切块+发酵+包装	≥5 吨-原料/天	废水	工业废水量	吨/吨-原料	20.10	—	—	—
						化学需氧量	克/吨-原料	1.46×10^5	物理处理法+化学处理法+厌氧生物处理法+好氧生物处理法	97.89	k =污水治理设施年耗电量（千瓦·时）/［总额定功率（千瓦）×年运行时间（小时）］
									物理处理法+厌氧生物处理法+好氧生物处理法	97.35	
						氨氮	克/吨-原料	1.14×10^3	物理处理法+化学处理法+厌氧生物处理法+好氧生物处理法	84.30	
									物理处理法+厌氧生物处理法+好氧生物处理法	83.10	
						总氮	克/吨-原料	4.39×10^3	物理处理法+化学处理法+厌氧生物处理法+好氧生物处理法	88.78	
									物理处理法+厌氧生物处理法+好氧生物处理法	87.08	
					固废	一般工业固废①	吨/吨-原料	0.0065	—	—	—

注：①指使用玻璃包装容器的企业，不使用玻璃包装容器的企业需使用调整系数 0.3。

1392 豆制品制造行业系数表（续表 3）

工段名称	产品名称	原料名称	工艺名称	规模等级	污染物类别	污染物指标	系数单位	产污系数	末端治理技术	末端治理技术平均去除效率/%	参考 k 值计算公式
—	腐乳	大豆	预处理+制浆+凝固+压制+切块+发酵+包装	<5 吨-原料/天	废水	工业废水量	吨/吨-原料	21.10	—	—	—
						化学需氧量	克/吨-原料	1.32×10^{5}	物理处理法+化学处理法+厌氧生物处理法+好氧生物处理法	98.03	k =污水治理设施年耗电量（千瓦·时）/［总额定功率（千瓦）×年运行时间（小时）］
									物理处理法+厌氧生物处理法+好氧生物处理法	97.82	
									物理处理法	0	—
						氨氮	克/吨-原料	927.00	物理处理法+化学处理法+厌氧生物处理法+好氧生物处理法	78.2	k =污水治理设施年耗电量（千瓦·时）/［总额定功率（千瓦）×年运行时间（小时）］
									物理处理法+厌氧生物处理法+好氧生物处理法	74.67	
									物理处理法	0	—
						总氮	克/吨-原料	3.46×10^{3}	物理处理法+化学处理法+厌氧生物处理法+好氧生物处理法	85.33	k =污水治理设施年耗电量（千瓦·时）/［总额定功率（千瓦）×年运行时间（小时）］
									物理处理法+厌氧生物处理法+好氧生物处理法	83.92	
									物理处理法	0	—
					固废	一般工业固废①	吨/吨-原料	0.0045	—	—	—

注：①指使用玻璃包装容器的企业，不使用玻璃包装容器的企业需使用调整系数 0.3。

1392 豆制品制造行业系数表（续表 4）

工段名称	产品名称	原料名称	工艺名称	规模等级	污染物类别	污染物指标	系数单位	产污系数	末端治理技术	末端治理技术平均去除效率/%	参考 k 值计算公式
—	大豆分离蛋白	豆粕	碱溶酸沉法	所有规模	废水	工业废水量	吨/吨-产品	28.90	—	—	—
						化学需氧量	克/吨-产品	3.48×10^5	物理处理法+化学处理法+厌氧生物处理法+好氧生物处理法	97.21	k =污水治理设施年耗电量（千瓦·时）/［总额定功率（千瓦）×年运行时间（小时）］
									物理处理法+厌氧处理法+好氧处理法	97.11	
						氨氮	克/吨-产品	3.04×10^3	物理处理法+化学处理法+厌氧生物处理法+好氧生物处理法	93.40	
									物理处理法+厌氧处理法+好氧处理法	93.18	
						总氮	克/吨-产品	8.42×10^3	物理处理法+化学处理法+厌氧生物处理法+好氧生物处理法	92.17	
									物理处理法+厌氧处理法+好氧处理法	91.89	
					固废	一般工业固废	克/吨-原料	7.50	—	—	—

1393 蛋品加工业

1 适用范围

本手册仅用于《国民经济行业分类》（GB/T 4754—2017）中 1393 蛋品加工行业使用系数法核算工业污染物产生量和排放量的工业企业。

利用本手册进行产排污核算得出的污染物产生量与排放量仅代表了特定行业、工艺、产品、原料在正常工况下污染物产生与排放的一般规律。

本行业废水指标包括工业废水量、化学需氧量、氨氮、总氮。

2 注意事项

2.1 企业有多种生产工艺或生产多类产品产排污量核算

污染物产生量与产品产量或原料用量有关，根据不同核算环节计算产污量后，再根据企业末端治理设施和运行情况计算各污染物的排放量。

企业某污染物产生量、排放量为各核算环节产生量、排放量之和。

在企业实际排放量计算过程中，如果存在废水回用的情况，需要在利用产排污核算公式的基础上扣除废水回用的部分。公式如下：

实际排放量=计算排放量×（1−废水回用率）

2.2 采用多种治理设施组合处理企业的排污量核算

在排污量计算选择末端治理技术时，若没有对应的组合治理技术，以主要治理技术为准。

若某些企业采用的末端治理技术在系数手册中没有对应的，则选择处理原理或处理效率最相近的治理技术。

2.3 系数表中未涉及的产污系数及污染治理效率

由于本行业产品、原料数量众多，加工工艺有所不同，对于系数表单中未涉及的产品，按照产品优先的原则，选用系数表单中相同原料、工艺、规模的产污系数，根据表 1 选择调整系数进行调整。

调整后的产污系数=系数表单中选取的产污系数×调整系数

无须调整时调整系数取值为 1。

表 1 蛋品加工行业产污系数调整表

序号	产品名称	废水污染物指标
1	咸蛋、松花蛋、糟蛋①	0.25
2	干蛋黄、蛋白粉②	1
3	全蛋粉②	0.5
4	冰蛋白、冰蛋黄、蛋黄液、蛋白液②	0.25
5	冰全蛋、液全蛋②	0.125

注：①以卤蛋为参考进行系数调整；②以蛋黄粉为参考进行系数调整

2.4 其他需要说明的问题

（1）当同一企业生产多个产品时，普查时以产品为依据，分别核算统计。

如企业同时生产蛋黄类和蛋白类产品，污染物指标的产生量只按其中一类产品计算，不重复统计。

（2）由于不同企业工业废水量差异较大，本手册所提供的工业废水量系数仅供参考。

（3）为体现相同产污水平条件下，采用相同环保治理设施的不同企业对同一污染物去除效果的差异，引入末端治理设施实际运行率（k）对污染治理技术的实际去除率进行修正。k 值反映的是污染治理设施运行的状态，越稳定运行，k 值越高；在取值上，若定义连续稳定运行的理想状态为 1，则 k 取值在 0～1 之间。

本手册给出本行业的 k 计算公式仅供参考，使用时，可根据 k 值定义，选取更适合企业实际情况的表达方式。

3 污染物排放量核算方法

3.1 计算污染物产生量

（1）根据产品、原料、污染物产生的主导生产工艺、企业规模（生产产能）这一组合查找和确定所对应的某一污染物的产污系数。

（2）根据该污染物的产污系数计量单位——单位产品产量或单位原料用量，获取企业实际产品产量或原料用量。

例如，某组合内化学需氧量的产污系数单位为克/吨-产品，则计算产生量时需要获取企业实际产品产量；如果产污系数单位为克/吨-原料，则计算产生量时需要获取企业原料实际消耗量。

（3）污染物产生量按以下公式进行计算：

污染物产生量=污染物对应的产污系数×产品产量（原料用量）

$$G_{产_i} = P_{产_i} \times M_i$$

式中，$G_{产_i}$——工段 i 某污染物的产生量；

$P_{产_i}$——工段 i 某污染物对应的产污系数；

M_i——工段 i 的产品产量（原料用量）。

3.2 计算污染物去除量

（1）根据企业对某一污染物所采用的治理技术查找和选择相应的治理技术平均去除效率。

（2）根据所填报的污染治理设施实际运行率参数及其计算公式得出该企业某一污染物的治理设施实际运行率（k 值）。

（3）污染物去除量按以下公式进行计算：

污染物去除量=污染物产生量×污染物去除率

=污染物产生量×治理技术平均去除效率×治理设施实际运行率

$$R_{减i} = G_{产i} \times \eta_T \times k_T$$

式中，$R_{减i}$——工段 i 某污染物的去除量；

η_T——工段 i 某污染物采用的末端治理技术的平均去除效率；

k_T——工段 i 某污染物采用的末端治理设施的实际运行率。

3.3 计算污染物排放量

污染物排放量=污染物产生量－污染物去除量

=污染物对应的产污系数×产品产量（原料用量）–污染物产生量×治理技术平均去除效率×治理设施实际运行率

3.4 计算企业污染物排放量

同一企业某污染物全年的产生（排放）总量为该企业同年实际生产的全部工段、产品、原料、规模污染物产生（排放）量之和。

$$E_{排} = G_{产} - R_{减} = \sum(G_{产i} - R_{减i}) = \sum\left[P_{产i} \times M_i(1 - \eta_T \times k_T)\right]$$

4 污染物排放量核算案例

某企业主要从事蛋品加工的生产，该企业以鸡蛋为主要原料生产卤蛋，主要污染物为化学需氧量、氨氮、总氮、工业废水量。以化学需氧量为例说明排放量计算过程。

企业基本信息如表 2 所示。

表 2 某蛋品加工企业基本信息

	名称	数量
产品及产量	卤蛋	650 吨
原料及用量	鲜鸡蛋	730 吨
工艺名称	清洗+煮蛋+冷却/剥蛋+卤汁调味+封口+杀菌/冷却	
规模（产能）	1000 吨	
污染治理设施	物理处理法+厌氧生物处理法+好氧生物处理法	
实际运行率参数	污水治理设施年运行时间	6912 小时
	污水治理设施年耗电量	340000 千瓦·时
	污水治理设施总额定功率	50 千瓦

（1）化学需氧量产生量计算

①查找产污系数及其计量单位

根据企业基本信息，查找本组合中主要产品为卤蛋，主要原料为鲜鸡蛋，主要工艺为鸡蛋+清洗+检验+煮蛋+冷却/剥蛋+卤汁调味+封口+杀菌/冷却+装箱入库，生产规模为所有规模。该组合化学需氧量的产污系数为 1.56×10^4，单位为克/吨-原料。

②获取企业原料产量

该企业实际情况为：卤蛋 2017 年产量为 650 吨，原料鲜鸡蛋为 730 吨。

③计算化学需氧量产生量

由于查询到的组合中卤蛋化学需氧量产污系数单位为克/吨-原料，因此在核算化学需氧量产生量时需获取原料消耗量。

化学需氧量产生量=化学需氧量产污系数×原料（鲜鸡蛋）用量

=1.56×10^4 克/吨-原料×730 吨-原料=11388 千克

（2）化学需氧量去除量计算

①查找治理技术平均去除效率

该企业化学需氧量治理技术采用“物理处理法+厌氧生物处理法+好氧生物处理法”，查询相应组合内“物理处理法+厌氧生物处理法+好氧生物处理”工艺的平均去除效率为 91.71%。

②计算污染治理设施实际运行率

根据产污系数组合查询结果，该组合中化学需氧量对应的污染治理设施实际运行率为

k =污水处理设施年耗电量（千瓦·时）/［总额定功率（千瓦）×年运行时间（小时）］

=340000 千瓦·时/（50 千瓦×6912 小时）=0.9838

③计算化学需氧量去除量

化学需氧量去除量=11388 千克×91.71%×0.9838

=10274.74 千克

（3）化学需氧量排放量计算

化学需氧量排放量=11388 千克−10274.74 千克

=1113.26 千克

5 系数表

1393 蛋品加工行业系数表

工段名称	产品名称	原料名称	工艺名称	规模等级	污染物类别	污染物指标	系数单位	产污系数	末端治理技术	末端治理技术平均去除效率/%	参考 k 值计算公式[1]
—	卤蛋	鸡蛋/鸭蛋/鹌鹑蛋	清洗+煮蛋+冷却/剥蛋+卤汁调味+封口+杀菌/冷却	所有规模	废水	工业废水量	吨/吨-原料	13.20	—	—	—
						化学需氧量	克/吨-原料	1.56×10^{4}	物理处理法+厌氧生物处理法+好氧生物处理法	91.71	k =污水处理设施年耗电量（千瓦·时）/[总额定功率（千瓦）×年运行时间（小时）]
									物理处理法	0	—
						氨氮	克/吨-原料	891.00	物理处理法+厌氧生物处理法+好氧生物处理法	87.48	k =污水处理设施年耗电量（千瓦·时）/[总额定功率（千瓦）×年运行时间（小时）]
									物理处理法	0	—
						总氮	克/吨-原料	1.09×10^{3}	物理处理法+厌氧生物处理法+好氧生物处理法	86.80	k =污水处理设施年耗电量（千瓦·时）/[总额定功率（千瓦）×年运行时间（小时）]
									物理处理法	0	—
					固废	一般工业固废	吨/吨-原料	0.11	—	—	—
	蛋黄粉	鸡蛋/鸭蛋	清洗+去壳打蛋+分离+过滤+杀菌+喷雾干燥+冷却	所有规模	废水	工业废水量	吨/吨-产品	32.30	—	—	—
						化学需氧量	克/吨-产品	9.72×10^{4}	物理处理法+厌氧生物处理法+好氧生物处理法	96.40	k =污水处理设施年耗电量（千瓦·时）/[总额定功率（千瓦）×年运行时间（小时）]
						氨氮	克/吨-产品	1.32×10^{3}	物理处理法+厌氧生物处理法+好氧生物处理法	83.07	
						总氮	克/吨-产品	2.23×10^{3}	物理处理法+厌氧生物处理法+好氧生物处理法	83.56	
					固废	一般工业固废	吨/吨-产品	0.40	—	—	—

[1] 该公式仅供参考，使用时，可根据 k 值定义，选取更适合企业实际情况的表达方式。

14

食品制造业

1411 糕点、面包制造业

1 适用范围

本手册仅用于《国民经济行业分类》（GB/T 4754—2017）中 1411 糕点、面包制造行业使用系数法核算工业污染物产生量和排放量的工业企业。

利用本手册进行产排污核算得出的污染物产生量与排放量仅代表了特定行业的工艺、产品、原料在正常工况下污染物产生与排放的一般规律。

本行业废水指标包括工业废水量、化学需氧量、氨氮、总氮、总磷、石油类。

2 注意事项

2.1 企业有多种生产工艺或生产多类产品产排污量核算

污染物产生量与产品产量有关，根据不同核算环节计算产污量后，再根据企业末端治理设施和运行情况计算排污量。

企业某污染物产生量、排放量为各核算环节产生量、排放量之和。

在企业实际排放量计算过程中，如果存在废水回用的情况，需要在利用产排污核算公式的基础上扣除废水回用的部分。公式如下：

实际排放量=计算排放量×（1−废水回用率）

2.2 采用多种治理设施组合处理企业的排污量核算

在排污量计算选择末端治理技术时，若没有对应的组合治理技术，以主要治理技术为准。

2.3 系数表中未涉及的产污系数及污染治理效率

系数表中未涉及的产品，按照工艺优先的原则，选用系数表中相同工艺、相同规模的产污系数，当工艺或规模有差异时根据表注说明进行系数调整。如调查企业的末端治理设施与系数表所列的不同，选择系数表中相近治理工艺的污染治理效率计算。

油炸麻花参考《1411 糕点、面包制造行业系数手册》中中式糕点小规模的产污系数及污染治理效率。

烤馍片参考《1411 糕点、面包制造行业系数手册》中面包小规模的产污系数及污染治理效率。

2.4 其他需要说明的问题

由于不同企业工业废水量差异较大，本手册所提供的工业废水量系数仅供参考。

为体现相同产污水平条件下，采用相同环保治理设施的不同企业对同一污染物去除效果的差异，

引入末端治理设施实际运行率（k）对污染治理技术的实际去除率进行修正。k 值反映的是污染治理设施运行的状态，越稳定运行，k 值越高；在取值上，若定义连续稳定运行的理想状态为 1，则 k 取值在 0～1 之间。

本手册给出本行业的 k 计算公式仅供参考，使用时，可根据 k 值定义，选取更适合企业实际情况的表达方式。

3 污染物排放量核算方法

3.1 计算污染物产生量

（1）根据产品、原料、污染物产生的主导生产工艺、企业规模（生产产能）这一组合查找和确定所对应的某一污染物的产污系数。

（2）根据该污染物的产污系数计量单位——单位产品产量，获取企业实际产品产量。

例如，某组合内化学需氧量的产污系数单位为千克/吨-产品，则计算产生量时需要获取企业实际产品产量。

（3）污染物产生量按以下公式进行计算：

污染物产生量=污染物对应的产污系数×产品产量

$$G_{产i} = P_{产i} \times M_i$$

式中，$G_{产i}$——工段 i 某污染物的产生量；

$P_{产i}$——工段 i 某污染物对应的产污系数；

M_i——工段 i 的产品产量。

3.2 计算污染物去除量

（1）根据企业对某一污染物所采用的治理技术查找和选择相应的治理技术平均去除效率。

（2）根据所填报的污染治理设施实际运行率参数及其计算公式得出该企业某一污染物的治理设施实际运行率（k 值）。

（3）污染物去除量按以下公式进行计算：

污染物去除量=污染物产生量×污染物去除率

=污染物产生量×治理技术平均去除效率×治理设施实际运行率

$$R_{减i} = G_{产i} \times \eta_T \times k_T$$

式中，$R_{减i}$——工段 i 某污染物的去除量；

η_T——工段 i 某污染物采用的末端治理技术的平均去除效率；

k_T——工段 i 某污染物采用的末端治理设施的实际运行率。

3.3 计算污染物排放量

污染物排放量=污染物产生量−污染物去除量

=污染物对应的产污系数×产品产量−污染物产生量×治理技术平均去除效率×治理设施实际运行率

3.4 计算企业污染物排放量

同一企业某污染物全年的产生（排放）总量为该企业同年实际生产的全部工段、产品、原料、规模污染物产生（排放）量之和。

$$E_{排}=G_{产}-R_{减}=\sum(G_{产i}-R_{减i})=\sum\left[P_{产i}\times M_i(1-\eta_T\times k_T)\right]$$

4 污染物排放量核算案例

某面包生产企业以小麦粉为原料生产面包，采用面包生产工艺，企业年生产面包6000吨，年生产时间为250天，该企业污水治理技术主要为“物理处理法+厌氧生物处理法+好氧生物处理法”，污水处理设施参数为：年运行时间8760小时、年耗电量580000千瓦·时、总额定功率132千瓦。

本核算示例以废水中化学需氧量为例，说明排放量的计算方法。

4.1 化学需氧量产生量计算

（1）查找产污系数及其计量单位

根据企业基本信息，查找本手册中主要产品为面包，主要原料为小麦粉，主要工艺为“配粉+和面+发酵+成型+烘焙”，生产规模为≥0.3万吨。该组合化学需氧量的产污系数为1715.66，单位为克/吨-产品。

（2）获取企业产品产量

该企业实际填报情况：主要产品面包2017年产量为6000吨。

（3）计算化学需氧量产生量

由于查询到的组合中化学需氧量产污系数的单位为克/吨-产品，因此在核算产生量时采用产品产量。

化学需氧量产生量=化学需氧量产污系数×产品（面包）产量

=1715.66克/吨-产品×6000吨-产品=10293960克=10.294吨

4.2 化学需氧量去除量计算

（1）查找治理技术平均去除效率

该企业化学需氧量治理技术采用“物理处理法+厌氧生物处理法+好氧生物处理法”，查询相应组合内对应治理技术工艺的平均去除效率为97.86%。

（2）计算污染治理设施实际运行率

根据产污系数组合查询结果，该组合中化学需氧量对应的污染治理设施实际运行率为

k =污水处理设施年耗电量/［总额定功率（千瓦）×年运行时间（小时）］

=580000 千瓦·时/（132 千瓦×8760 小时）=0.502

（3）计算化学需氧量去除量

化学需氧量去除量=10.294 吨×97.86%×0.502=5.057 吨

4.3 化学需氧量排放量计算

化学需氧量排放量=污染物产生量−污染物去除量

=10.294 吨−5.057 吨=5.237 吨

1411 糕点、面包制造行业系数表

工段名称	产品名称	原料名称	工艺名称	规模等级	污染物类别	污染物指标	系数单位	产污系数	末端治理技术	末端治理技术平均去除效率/%	参考 k 值计算公式[1]
—	面包	小麦粉	配粉+和面+发酵+成型+烘焙	<0.3万吨/年	废水	化学需氧量	克/吨-产品	1096.29	物理处理法+厌氧生物处理法+好氧生物处理法	95.54	k =污水处理设施年耗电量（千瓦·时）/[总额定功率（千瓦）×年运行时间（小时）]
									—	0	—
						氨氮	克/吨-产品	5.73	物理处理法+厌氧生物处理法+好氧生物处理法	93.88	k =污水处理设施年耗电量（千瓦·时）/[总额定功率（千瓦）×年运行时间（小时）]
									—	0	—
						总氮	克/吨-产品	8.28	物理处理法+厌氧生物处理法+好氧生物处理法	88.49	k =污水处理设施年耗电量（千瓦·时）/[总额定功率（千瓦）×年运行时间（小时）]
									—	0	—
						总磷	克/吨-产品	1.30	物理处理法+厌氧生物处理法+好氧生物处理法	85.19	k =污水处理设施年耗电量（千瓦·时）/[总额定功率（千瓦）×年运行时间（小时）]
									—	0	—
						石油类	克/吨-产品	9.22	物理处理法+厌氧生物处理法+好氧生物处理法	81.75	k =污水处理设施年耗电量（千瓦·时）/[总额定功率（千瓦）×年运行时间（小时）]
									—	0	—
						工业废水量	吨/吨-产品	1.04	—	0	—
					固废	一般工业固废	千克/吨-产品	12.63	综合利用	100	—

[1] 该公式仅供参考，使用时，可根据 k 值定义，选取更适合企业实际情况的表达方式。

1411 糕点、面包制造行业系数表（续表 1）

工段名称	产品名称	原料名称	工艺名称	规模等级	污染物类别	污染物指标	系数单位	产污系数	末端治理技术	末端治理技术平均去除效率/%	参考 k 值计算公式
—	面包	小麦粉	配粉+和面+发酵+成型+烘焙	≥0.3 万吨/年	废水	化学需氧量	克/吨-产品	1715.66	物理处理法+厌氧生物处理法+好氧生物处理法	97.86	k =污水处理设施年耗电量（千瓦·时）/[总额定功率（千瓦）×年运行时间（小时）]
									物理处理法+膜分离	98.89	
									好氧生物处理法	99.25	
						氨氮	克/吨-产品	12.80	物理处理法+厌氧生物处理法+好氧生物处理法	94.04	
									物理处理法+膜分离	99.59	
									好氧生物处理法	87.50	
						总氮	克/吨-产品	20.23	物理处理法+厌氧生物处理法+好氧生物处理法	90.49	
									物理处理法+膜分离	98.75	
									好氧生物处理法	90.13	
						总磷	克/吨-产品	30.60	物理处理法+厌氧生物处理法+好氧生物处理法	87.54	
									物理处理法+膜分离	91.85	
									好氧生物处理法	88.97	
						石油类	克/吨-产品	26.93	物理处理法+厌氧生物处理法+好氧生物处理法	96.38	
									物理处理法+膜分离	96.75	
									好氧生物处理法	98.13	
						工业废水量	吨/吨-产品	0.68	—	0	—
					固废	一般工业固废	千克/吨-产品	6.83	综合利用	100	—

1411 糕点、面包制造行业系数表（续表 2）

工段名称	产品名称	原料名称	工艺名称	规模等级	污染物类别	污染物指标	系数单位	产污系数	末端治理技术	末端治理技术平均去除效率/%	参考 k 值计算公式
—	西式点心	小麦粉	配粉+和面+烘焙	<0.2 万吨/年	废水	化学需氧量	克/吨-产品	895.93	物理处理法+厌氧生物处理法+好氧生物处理法	95.73	k =污水处理设施年耗电量（千瓦·时）/［总额定功率（千瓦）×年运行时间（小时）］
									物理处理法	51.56	
						氨氮	克/吨-产品	5.02	物理处理法+厌氧生物处理法+好氧生物处理法	93.54	
									物理处理法	59.85	
						总氮	克/吨-产品	10.45	物理处理法+厌氧生物处理法+好氧生物处理法	88.75	
									物理处理法	45.45	
						总磷	克/吨-产品	2.75	物理处理法+厌氧生物处理法+好氧生物处理法	85.31	
									物理处理法	45.49	
						石油类	克/吨-产品	1.66	物理处理法+厌氧生物处理法+好氧生物处理法	62.73	
									物理处理法	14.62	
						工业废水量	吨/吨-产品	0.93	—	0	—
					固废	一般工业固废	千克/吨-产品	14.44	综合利用	100	—

1411 糕点、面包制造行业系数表（续表 3）

工段名称	产品名称	原料名称	工艺名称	规模等级	污染物类别	污染物指标	系数单位	产污系数	末端治理技术	末端治理技术平均去除效率/%	参考 k 值计算公式
—	西式点心	小麦粉	配粉+和面+烘焙	≥0.2万吨/年	废水	化学需氧量	克/吨-产品	5963.79	物理处理法+生物接触氧化法+好氧生物处理法	98.04	k =污水处理设施年耗电量（千瓦·时）/[总额定功率（千瓦）×年运行时间（小时）]
									物理处理法+膜分离	99.46	
						氨氮	克/吨-产品	79.87	物理处理法+生物接触氧化法+好氧生物处理法	93.17	
									物理处理法+膜分离	98.78	
						总氮	克/吨-产品	143.42	物理处理法+生物接触氧化法+好氧生物处理法	91.08	
									物理处理法+膜分离	98.75	
						总磷	克/吨-产品	122.58	物理处理法+生物接触氧化法+好氧生物处理法	88.14	
									物理处理法+膜分离	91.67	
						石油类	克/吨-产品	19.58	物理处理法+生物接触氧化法+好氧生物处理法	93.83	
									物理处理法+膜分离	96.35	
						工业废水量	吨/吨-产品	1.66	—	0	—
					固废	一般工业固废	千克/吨-产品	6.10	综合利用	100	—

1411 糕点、面包制造行业系数表（续表 4）

工段名称	产品名称	原料名称	工艺名称	规模等级	污染物类别	污染物指标	系数单位	产污系数	末端治理技术	末端治理技术平均去除效率/%	参考 k 值计算公式
—	中式糕点	小麦粉	和面+发酵+烘焙	<0.5万吨/年	废水	化学需氧量	克/吨-产品	2036.53	物理处理法+好氧生物处理法	95.76	k =污水处理设施年耗电量（千瓦·时）/[总额定功率（千瓦）×年运行时间（小时）]
									物理处理法+厌氧生物处理法+好氧生物处理法	97.39	
									—	0	—
						氨氮	克/吨-产品	10.85	物理处理法+好氧生物处理法	79.92	k =污水处理设施年耗电量（千瓦·时）/[总额定功率（千瓦）×年运行时间（小时）]
									物理处理法+厌氧生物处理法+好氧生物处理法	80.46	
									—	0	—
						总氮	克/吨-产品	33.69	物理处理法+好氧生物处理法	90.72	k =污水处理设施年耗电量（千瓦·时）/[总额定功率（千瓦）×年运行时间（小时）]
									物理处理法+厌氧生物处理法+好氧生物处理法	79.42	
									—	0	—
						总磷	克/吨-产品	32.86	物理处理法+好氧生物处理法	86.71	k =污水处理设施年耗电量（千瓦·时）/[总额定功率（千瓦）×年运行时间（小时）]
									物理处理法+厌氧生物处理法+好氧生物处理法	88.66	
									—	0	—
						石油类	克/吨-产品	12.72	物理处理法+好氧生物处理法	95.72	k =污水处理设施年耗电量（千瓦·时）/[总额定功率（千瓦）×年运行时间（小时）]
									物理处理法+厌氧生物处理法+好氧生物处理法	89.42	
									—	0	—
						工业废水量	吨/吨-产品	1.05	—	0	—
					固废	一般工业固废	千克/吨-产品	12.71	综合利用	100	—

1411 糕点、面包制造行业系数表（续表 5）

工段名称	产品名称	原料名称	工艺名称	规模等级	污染物类别	污染物指标	系数单位	产污系数	末端治理技术	末端治理技术平均去除效率/%	参考 k 值计算公式
—	中式糕点	小麦粉	和面+发酵+烘焙	≥0.5万吨/年	废水	化学需氧量	克/吨-产品	6996.98	厌氧生物处理法+好氧生物处理法	98.60	k =污水处理设施年耗电量（千瓦·时）/[总额定功率（千瓦）×年运行时间（小时）]
									物理处理法+生物接触氧化法+好氧生物处理法	99.88	
						氨氮	克/吨-产品	30.34	厌氧生物处理法+活性污泥法	90.60	
									物理处理法+生物接触氧化法+好氧生物处理法	99.75	
						总氮	克/吨-产品	234.95	厌氧生物处理法+活性污泥法	96.42	
									物理处理法+生物接触氧化法+好氧生物处理法	99.89	
						总磷	克/吨-产品	214.97	厌氧生物处理法+活性污泥法	89.54	
									物理处理法+生物接触氧化法+好氧生物处理法	90.86	
						石油类	克/吨-产品	52.13	厌氧生物处理法+好氧生物处理法	96.81	
									物理处理法+生物接触氧化法+好氧生物处理法	98.92	
						工业废水量	吨/吨-产品	1.75	—	0	—
					固废	一般工业固废	千克/吨-产品	4.78	综合利用	100	—

1419 饼干及其他焙烤食品制造业

1 适用范围

本手册仅用于《国民经济行业分类》（GB/T 4754—2017）中 1419 饼干及其他焙烤食品制造行业使用系数法核算工业污染物产生量和排放量的工业企业。

利用本手册进行产排污核算得出的污染物产生量与排放量仅代表了特定行业的工艺、产品、原料在正常工况下污染物产生与排放的一般规律。

本行业废水指标包括工业废水量、化学需氧量、氨氮、总氮、总磷、石油类。

2 注意事项

2.1 企业有多种生产工艺或生产多类产品产排污量核算

污染物产生量与产品产量有关，根据不同核算环节计算产污量后，再根据企业末端治理设施和运行情况计算排污量。

企业某污染物产生量、排放量为各核算环节产生量、排放量之和。

在企业实际排放量计算过程中，如果存在废水回用的情况，需要在利用产排污核算公式的基础上扣除废水回用的部分。公式如下：

实际排放量=计算排放量×（1−废水回用率）

2.2 采用多种治理设施组合处理企业的排污量核算

在排污量计算选择末端治理技术时，若没有对应的组合治理技术，以主要治理技术为准。

2.3 系数表中未涉及的产污系数及污染治理效率

系数表中未涉及的产品，按照工艺优先的原则，选用系数表中相同工艺、相同规模的产污系数，当工艺或规模有差异时根据表注说明进行系数调整。如调查企业的末端治理设施与系数表所列的不同，选择系数表中相近治理工艺的污染治理效率计算。

调整后的产污系数 = 系数表中选取的产污系数×调整系数

无须调整时调整系数取值为1。同时需要注意，在某些情况下，工业废水量与其他污染物指标的调整系数取值可能不同。

雪饼可参考《1419 饼干及其他焙烤食品制造行业系数手册》中焙烤型膨化食品的产污系数及污染治理效率进行调整，其中产污系数调整系数为 5。

锅巴参考《1419 饼干及其他焙烤食品制造行业系数手册》中焙烤型膨化食品的产污系数及污染治理效率。

2.4 其他需要说明的问题

（1）由于不同企业工业废水量差异较大，本手册所提供的工业废水量系数仅供参考。

（2）为体现相同产污水平条件下，采用相同环保治理设施的不同企业对同一污染物去除效果的差异，引入末端治理设施实际运行率（k）对污染治理技术的实际去除率进行修正。k 值反映的是污染治理设施运行的状态，越稳定运行，k 值越高；在取值上，若定义连续稳定运行的理想状态为 1，则 k 取值在 0～1 之间。

本手册给出本行业的 k 计算公式仅供参考，使用时，可根据 k 值定义，选取更适合企业实际情况的表达方式。

3 污染物排放量核算方法

3.1 计算污染物产生量

（1）根据产品、原料、污染物产生的主导生产工艺、企业规模（生产产能）这一组合查找和确定所对应的某一污染物的产污系数。

（2）根据该污染物的产污系数计量单位——单位产品产量，获取企业实际产品产量。

例如，某组合内化学需氧量的产污系数单位为千克/吨-产品，则计算产生量时需要获取企业实际产品产量。

（3）污染物产生量按以下公式进行计算：

污染物产生量=污染物对应的产污系数×产品产量

$$G_{产i} = P_{产i} \times M_i$$

式中，$G_{产i}$——工段 i 某污染物的产生量；

$P_{产i}$——工段 i 某污染物对应的产污系数；

M_i——工段 i 的产品产量。

3.2 计算污染物去除量

（1）根据企业对某一污染物所采用的治理技术查找和选择相应的治理技术平均去除效率。

（2）根据所填报的污染治理设施实际运行率参数及其计算公式得出该企业某一污染物的治理设施实际运行率（k 值）。

（3）污染物去除量按以下公式进行计算：

污染物去除量=污染物产生量×污染物去除率

=污染物产生量×治理技术平均去除效率×治理设施实际运行率

$$R_{减i} = G_{产i} \times \eta_T \times k_T$$

式中，$R_{减i}$——工段 i 某污染物的去除量；

η_T——工段 i 某污染物采用的末端治理技术的平均去除效率；

k_T——工段 i 某污染物采用的末端治理设施的实际运行率。

3.3 计算污染物排放量

污染物排放量=污染物产生量−污染物去除量

=污染物对应的产污系数×产品产量−污染物产生量×

治理技术平均去除效率×治理设施实际运行率

3.4 计算企业污染物排放量

同一企业某污染物全年的产生（排放）总量为该企业同年实际生产的全部工段、产品、原料、规模污染物产生（排放）量之和。

$$E_{排} = G_{产} - R_{减} = \sum(G_{产i} - R_{减i}) = \sum\left[P_{产i} \times M_i(1-\eta_T \times k_T)\right]$$

4 污染物排放量核算案例

某夹心饼干生产企业以小麦粉、白糖和馅料为原料生产饼干，采用夹心饼干生产工艺，企业年生产夹心饼干 60000 吨，年生产时间为 300 天，该企业污水治理技术主要为“A/O”工艺，污水处理设施参数为：年运行时间 8760 小时、年耗电量 116130 千瓦·时、总额定功率 49.89 千瓦。

本核算示例以废水中化学需氧量为例，说明排放量的计算方法。

4.1 化学需氧量产生量计算

（1）查找产污系数及其计量单位

根据企业基本信息，查找本手册中主要产品为夹心饼干，主要原料为小麦粉，主要工艺为配粉+打浆+烘烤+夹馅+包装，生产规模为所有规模。该组合化学需氧量的产污系数为 3082.27，单位为克/吨-产品。

（2）获取企业产品产量

该企业实际填报情况：主要产品夹心饼干 2017 年产量为 60000 吨。

（3）计算化学需氧量产生量

由于查询到的组合中化学需氧量产污系数的单位为克/吨-产品，因此在核算产生量时采用产品产量。

化学需氧量产生量=化学需氧量产污系数×产品（夹心饼干）产量

=3082.27 克/吨-产品×60000 吨-产品=184936200 克=184.936 吨

4.2 化学需氧量去除量计算

（1）查找治理技术平均去除效率

该企业化学需氧量治理技术采用“A/O”工艺，查询相应组合内 A/O 工艺的平均去除效率为 97.02%。

（2）计算污染治理设施实际运行率

根据产污系数组合查询结果，该组合中化学需氧量对应的污染治理设施实际运行率为

k=污水处理设施年耗电量（千瓦·时）/［总额定功率（千瓦）×年运行时间（小时）］

=116130 千瓦·时/（49.89 千瓦×8760 小时）=0.266

（3）计算化学需氧量去除量

化学需氧量去除量=184.936 吨×97.02%×0.266=47.727 吨

4.3 化学需氧量排放量计算

化学需氧量排放量=污染物产生量−污染物去除量

=184.936 吨−47.727 吨 =137.209 吨

5 系数表

1419 饼干及其他焙烤食品制造行业系数表

工段名称	产品名称	原料名称	工艺名称	规模等级	污染物类别	污染物指标	系数单位	产污系数	末端治理技术	末端治理技术平均去除效率/%	参考 k 值计算公式[1]
—	酥性饼干/韧性饼干	小麦粉	配粉+和面+成型+烘烤+包装	所有规模	废水	化学需氧量	克/吨-产品	251.08	物理处理法+好氧生物处理法	94.70	k =污水处理设施年耗电量（千瓦·时）/[总额定功率（千瓦）×年运行时间（小时）]
									—	0	—
						氨氮	克/吨-产品	5.82	物理处理法+好氧生物处理法	86.65	k =污水处理设施年耗电量（千瓦·时）/[总额定功率（千瓦）×年运行时间（小时）]
									—	0	—
						总氮	克/吨-产品	6.32	物理处理法+好氧生物处理法	87.58	k =污水处理设施年耗电量（千瓦·时）/[总额定功率（千瓦）×年运行时间（小时）]
									—	0	—
						总磷	克/吨-产品	2.95	物理处理法+好氧生物处理法	87.42	k =污水处理设施年耗电量（千瓦·时）/[总额定功率（千瓦）×年运行时间（小时）]
									—	0	—
						石油类	克/吨-产品	3.25	物理处理法+好氧生物处理法	87.05	k =污水处理设施年耗电量（千瓦·时）/[总额定功率（千瓦）×年运行时间（小时）]
									—	0	—
						工业废水量	吨/吨-产品	0.55	—	0	—
					固废	一般工业固废	千克/吨-产品	7.16	综合利用	100	—

[1] 该公式仅供参考，使用时，可根据 k 值定义，选取更适合企业实际情况的表达方式。

1419 饼干及其他焙烤食品制造行业系数表（续表 1）

工段名称	产品名称	原料名称	工艺名称	规模等级	污染物类别	污染物指标	系数单位	产污系数	末端治理技术	末端治理技术平均去除效率/%	参考 k 值计算公式
—	发酵饼干	小麦粉	配粉+和面+发酵+成型+烘烤+包装	所有规模	废水	化学需氧量	克/吨-产品	285.85	物理处理法+厌氧生物处理法+好氧生物处理法	95.17	k=污水处理设施年耗电量（千瓦·时）/［总额定功率（千瓦）×年运行时间（小时）］
									—	0	—
						氨氮	克/吨-产品	2.10	物理处理法+厌氧生物处理法+好氧生物处理法	91.69	k=污水处理设施年耗电量（千瓦·时）/［总额定功率（千瓦）×年运行时间（小时）］
									—	0	—
						总氮	克/吨-产品	2.54	物理处理法+厌氧生物处理法+好氧生物处理法	90.16	k=污水处理设施年耗电量（千瓦·时）/［总额定功率（千瓦）×年运行时间（小时）］
									—	0	—
						总磷	克/吨-产品	0.84	物理处理法+厌氧生物处理法+好氧生物处理法	84.50	k=污水处理设施年耗电量（千瓦·时）/［总额定功率（千瓦）×年运行时间（小时）］
									—	0	—
						石油类	克/吨-产品	1.09	物理处理法+厌氧生物处理法+好氧生物处理法	73.94	k=污水处理设施年耗电量（千瓦·时）/［总额定功率（千瓦）×年运行时间（小时）］
									—	0	—
						工业废水量	吨/吨-产品	0.18	—	0	—
					固废	一般工业固废	千克/吨-产品	6.02	综合利用	100	—

1419 饼干及其他焙烤食品制造行业系数表（续表 2）

工段名称	产品名称	原料名称	工艺名称	规模等级	污染物类别	污染物指标	系数单位	产污系数	末端治理技术	末端治理技术平均去除效率/%	参考 k 值计算公式
—	夹心饼干/注心饼干/威化饼干	小麦粉、馅料	配粉+打浆+烘烤+夹馅+包装	所有规模	废水	化学需氧量	克/吨-产品	3082.27	A/O 工艺	97.02	k =污水处理设施年耗电量（千瓦·时）/[总额定功率（千瓦）×年运行时间（小时）]
									物理处理法+好氧生物处理法	96.75	
									—	0	—
						氨氮	克/吨-产品	7.75	A/O 工艺	78.58	k =污水处理设施年耗电量（千瓦·时）/[总额定功率（千瓦）×年运行时间（小时）]
									物理处理法+好氧生物处理法	78.30	
									—	0	—
						总氮	克/吨-产品	26.66	A/O 工艺	87.96	k =污水处理设施年耗电量（千瓦·时）/[总额定功率（千瓦）×年运行时间（小时）]
									物理处理法+好氧生物处理法	81.88	
									—	0	—
						总磷	克/吨-产品	7.67	A/O 工艺	92.07	k =污水处理设施年耗电量（千瓦·时）/[总额定功率（千瓦）×年运行时间（小时）]
									物理处理法+好氧生物处理法	89.34	
									—	0	—
						石油类	克/吨-产品	16.37	A/O 工艺	94.89	k =污水处理设施年耗电量（千瓦·时）/[总额定功率（千瓦）×年运行时间（小时）]
									物理处理法+好氧生物处理法	93.07	
									—	0	—
						工业废水量	吨/吨-产品	0.46	—	0	—
					固废	一般工业固废	千克/吨-产品	6.08	综合利用	100	—

1419 饼干及其他焙烤食品制造行业系数表（续表 3）

工段名称	产品名称	原料名称	工艺名称	规模等级	污染物类别	污染物指标	系数单位	产污系数	末端治理技术	末端治理技术平均去除效率/%	参考 k 值计算公式
—	焙烤型膨化食品	马铃薯、大米	制浆+蒸煮+成型+干燥+烘烤+膨化	所有规模	废水	化学需氧量	克/吨-产品	366.41	物理处理法+好氧生物处理法	90.15	k =污水处理设施年耗电量（千瓦·时）/[总额定功率（千瓦）×年运行时间（小时）]
									—	0	—
						氨氮	克/吨-产品	5.44	物理处理法+好氧生物处理法	85.79	k =污水处理设施年耗电量（千瓦·时）/[总额定功率（千瓦）×年运行时间（小时）]
									—	0	—
						总氮	克/吨-产品	9.86	物理处理法+好氧生物处理法	89.58	k =污水处理设施年耗电量（千瓦·时）/[总额定功率（千瓦）×年运行时间（小时）]
									—	0	—
						总磷	克/吨-产品	6.95	物理处理法+好氧生物处理法	90.88	k =污水处理设施年耗电量（千瓦·时）/[总额定功率（千瓦）×年运行时间（小时）]
									—	0	—
						石油类	克/吨-产品	5.15	物理处理法+好氧生物处理法	77.19	k =污水处理设施年耗电量（千瓦·时）/[总额定功率（千瓦）×年运行时间（小时）]
									—	0	—
						工业废水量	吨/吨-产品	0.59	—	0	—
					固废	一般工业固废	千克/吨产品	7.08	综合利用	100	—

1421 糖果、巧克力制造业

1　适用范围

本手册仅用于《国民经济行业分类》（GB/T 4754—2017）中 1421 糖果、巧克力制造行业使用系数法核算工业污染物产生量和排放量的工业企业。

利用本手册进行产排污核算得出的污染物产生量与排放量仅代表了特定行业的工艺、产品、原料在正常工况下污染物产生与排放的一般规律。

本行业废水指标包括工业废水量、化学需氧量、氨氮、总氮、总磷、石油类。

2　注意事项

2.1　企业有多种生产工艺或生产多类产品产排污量核算

污染物产生量与产品产量有关，根据不同核算环节计算产污量后，再根据企业末端治理设施和运行情况计算排污量。

企业某污染物产生量、排放量为各核算环节产生量、排放量之和。

在企业实际排放量计算过程中，如果存在废水回用的情况，需要在利用产排污核算公式的基础上扣除废水回用的部分。公式如下：

实际排放量=计算排放量×（1−废水回用率）

2.2　采用多种治理设施组合处理企业的排污量核算

在排污量计算选择末端治理技术时，若没有对应的组合治理技术，以主要治理技术为准。

2.3　系数表中未涉及的产污系数及污染治理效率

系数表中未涉及的产品，按照工艺优先的原则，选用系数表中相同工艺、相同规模的产污系数，当工艺或规模有差异时根据表注说明进行系数调整。如调查企业的末端治理设施与系数表所列的不同，选择系数表中相近治理工艺的污染治理效率计算。

调整后的产污系数 = 系数表中选取的产污系数×调整系数

无须调整时调整系数取值为 1。同时需要注意，在某些情况下，工业废水量与其他污染物指标的调整系数取值可能不同。

充气糖果、乳脂糖果、抛光糖果、压片糖果参考《1421 糖果、巧克力制造行业系数手册》中硬质糖果产品的产污系数及污染治理效率。

代可可脂巧克力参考《1421 糖果、巧克力制造行业系数手册》中巧克力的产污系数及污染治理效率。

巧克力制品和代可可脂巧克力制品的产污系数等于《1421 糖果、巧克力制造行业系数手册》中巧克力的产污系数乘以 1.1，污染治理效率参考巧克力的污染治理效率。

2.4 其他需要说明的问题

（1）由于不同企业工业废水量差异较大，本手册所提供的工业废水量系数仅供参考。

（2）为体现相同产污水平条件下，采用相同环保治理设施的不同企业对同一污染物去除效果的差异，引入末端治理设施实际运行率（k）对污染治理技术的实际去除率进行修正。k 值反映的是污染治理设施运行的状态，越稳定运行，k 值越高；在取值上，若定义连续稳定运行的理想状态为 1，则 k 取值在 0～1 之间。

本手册给出本行业的 k 计算公式仅供参考，使用时，可根据 k 值定义，选取更适合企业实际情况的表达方式。

3 污染物排放量核算方法

3.1 计算污染物产生量

（1）根据产品、原料、污染物产生的主导生产工艺、企业规模（生产产能）这一组合查找和确定所对应的某一污染物的产污系数。

（2）根据该污染物的产污系数计量单位——单位产品产量，获取企业实际产品产量。

例如，某组合内化学需氧量的产污系数单位为千克/吨-产品，则计算产生量时需要获取企业实际产品产量。

（3）污染物产生量按以下公式进行计算：

污染物产生量=污染物对应的产污系数×产品产量

$$G_{产i} = P_{产i} \times M_i$$

式中，$G_{产i}$——工段 i 某污染物的产生量；

$P_{产i}$——工段 i 某污染物对应的产污系数；

M_i——工段 i 的产品产量。

3.2 计算污染物去除量

（1）根据企业对某一污染物所采用的治理技术查找和选择相应的治理技术平均去除效率。

（2）根据所填报的污染治理设施实际运行率参数及其计算公式得出该企业某一污染物的治理设施实际运行率（k 值）。

（3）污染物去除量按以下公式进行计算：

污染物去除量=污染物产生量×污染物去除率

=污染物产生量×治理技术平均去除效率×治理设施实际运行率

$$R_{减i} = G_{产i} \times \eta_T \times k_T$$

式中，$R_{减i}$——工段 i 某污染物的去除量；

η_T——工段 i 某污染物采用的末端治理技术的平均去除效率；

k_T——工段 i 某污染物采用的末端治理设施的实际运行率。

3.3 计算污染物排放量

污染物排放量=污染物产生量–污染物去除量

=污染物对应的产污系数×产品产量–污染物产生量×

治理技术平均去除效率×治理设施实际运行率

3.4 计算企业污染物排放量

同一企业某污染物全年的产生（排放）总量为该企业同年实际生产的全部工段、产品、原料、规模污染物产生（排放）量之和。

$$E_{排}=G_{产}-R_{减}=\sum(G_{产i}-R_{减i})=\sum\left[P_{产i}\times M_i(1-\eta_T\times k_T)\right]$$

4 污染物排放量核算案例

某企业以白砂糖为原料生产硬质糖果，采用硬糖生产工艺，企业年生产硬质糖果 1500 吨，年生产时间为 250 天，该企业污水治理技术主要为“生物接触氧化法”，污水处理设施参数为：年运行时间 8760 小时、年耗电量 510095 千瓦·时、总额定功率 90 千瓦。

本核算示例以废水中化学需氧量为例，说明排放量的计算方法。

4.1 化学需氧量产生量计算

（1）查找产污系数及其计量单位

根据企业基本信息，查找本手册中主要产品为硬质糖果，主要原料为白砂糖、淀粉糖、糖醇等，主要工艺为硬糖工艺，生产规模为所有规模。该组合化学需氧量的产污系数为 2178.99，单位为克/吨-产品。

（2）获取企业产品产量

该企业实际填报情况：主要产品硬质糖果 2017 年产量为 1500 吨。

（3）计算化学需氧量产生量

由于查询到的组合中化学需氧量产污系数的单位为克/吨-产品，因此在核算产生量时采用产品产量。

化学需氧量产生量=化学需氧量产污系数×产品（硬质糖果）产量

=2178.99 克/吨-产品×1500 吨-产品

=3268485 克=3.268 吨

4.2 化学需氧量去除量计算

（1）查找治理技术平均去除效率

该企业化学需氧量治理技术采用生物接触氧化法工艺，查询相应组合内该工艺的平均去除效率为 99.34%。

（2）计算污染治理设施实际运行率

根据产污系数组合查询结果，该组合中化学需氧量对应的污染治理设施实际运行率为

k=污水处理设施年耗电量（千瓦·时）/［总额定功率（千瓦）×年运行时间（小时）］

=510095 千瓦·时/（90 千瓦×8760 小时）=0.647

（3）计算化学需氧量去除量

化学需氧量去除量=3.268 吨×99.34%×0.647=2.100 吨

4.3 化学需氧量排放量计算

化学需氧量排放量=污染物产生量－污染物去除量

=3.268 吨−2.100 吨=1.168 吨

5 系数表

1421 糖果、巧克力制造行业系数表

工段名称	产品名称	原料名称	工艺名称	规模等级	污染物类别	污染物指标	系数单位	产污系数	末端治理技术	末端治理技术平均去除效率/%	参考 k 值计算公式[1]
—	硬质糖果	白砂糖、淀粉糖浆、糖醇等	硬糖工艺	所有规模	废水	化学需氧量	克/吨-产品	2178.99	生物接触氧化法	99.34	k=污水处理设施年耗电量（千瓦·时）/［总额定功率（千瓦）×年运行时间（小时）］
									物理处理法+厌氧生物处理法+好氧生物处理法	98.75	
						氨氮	克/吨-产品	4.66	生物接触氧化法	76.79	
									物理处理法+厌氧生物处理法+好氧生物处理法	85.00	
						总氮	克/吨-产品	11.87	生物接触氧化法	66.04	
									物理处理法+厌氧生物处理法+好氧生物处理法	79.17	
						总磷	克/吨-产品	3.34	生物接触氧化法	50.94	
									物理处理法+厌氧生物处理法+好氧生物处理法	91.14	
						工业废水量	吨/吨-产品	0.33	—	0	—
					固废	一般工业固废	千克/吨-产品	16.00	综合利用	100	—

[1] 该公式仅供参考，使用时，可根据 k 值定义，选取更适合企业实际情况的表达方式。

1421 糖果、巧克力制造行业系数表（续表 1）

工段名称	产品名称	原料名称	工艺名称	规模等级	污染物类别	污染物指标	系数单位	产污系数	末端治理技术	末端治理技术平均去除效率/%	参考 k 值计算公式
—	凝胶糖果	食用胶、淀粉、白砂糖等	凝胶糖果工艺	所有规模	废水	化学需氧量	克/吨-产品	1559.12	物理处理法+厌氧生物处理法+好氧生物处理法	99.00	k =污水处理设施年耗电量（千瓦·时）/［总额定功率（千瓦）×年运行时间（小时）］
									好氧生物处理法	99.27	
						氨氮	克/吨-产品	4.25	物理处理法+厌氧生物处理法+好氧生物处理法	71.05	
									好氧生物处理法	90.11	
						总氮	克/吨-产品	10.27	物理处理法+厌氧生物处理法+好氧生物处理法	81.17	
									好氧生物处理法	65.53	
						总磷	克/吨-产品	0.62	物理处理法+厌氧生物处理法+好氧生物处理法	82.27	
									好氧生物处理法	91.67	
						工业废水量	吨/吨-产品	0.62	—	0	—
					固废	一般工业固废	千克/吨产品	17.00	综合利用	100	—
—	巧克力	白砂糖、可可	巧克力工艺	所有规模	废水	化学需氧量	克/吨-产品	8996.39	厌氧生物处理法+好氧生物处理法	99.57	k =污水处理设施年耗电量（千瓦·时）/［总额定功率（千瓦）×年运行时间（小时）］
						氨氮	克/吨-产品	0.081	厌氧生物处理法+好氧生物处理法	58.33	
						总氮	克/吨-产品	67.76	厌氧生物处理法+好氧生物处理法	86.29	
						总磷	克/吨-产品	17.32	厌氧生物处理法+好氧生物处理法	14.67	
						石油类	克/吨-产品	15.20	厌氧生物处理法+好氧生物处理法	99.98	
						工业废水量	吨/吨-产品	2.00	—	0	—
					固废	一般工业固废	千克/吨-产品	15.19	综合利用	100	—

1422 蜜饯制作业

1 适用范围

本手册仅用于《国民经济行业分类》(GB/T 4754—2017)中 1422 蜜饯制作行业使用产污系数法核算工业污染物产生量和排放量的工业企业。

利用本手册进行产排污核算得出的污染物产生量与排放量仅代表了特定行业的工艺、产品、原料在正常工况下污染物产生与排放量的一般规律。

蜜饯制作行业废水指标包括工业废水量、化学需氧量、氨氮、总氮、总磷。

2 注意事项

2.1 企业有多种生产工艺或生产多类产品产排污量核算

污染物产生量与产品产量有关，根据不同核算环节计算产污量后，再根据企业末端治理设施和运行情况计算排污量。

企业某污染物产生量、排放量为各核算环节产生量、排放量之和。

在企业实际排放量计算过程中，如果存在废水回用的情况，需要在利用产排污核算公式的基础上扣除废水回用的部分。公式如下：

实际排放量=计算排放量×（1−废水回用率）

2.2 采用多种废水治理设施组合处理企业的排污量核算

在排污量计算选择末端治理技术时，若没有对应的组合治理技术，以主要治理技术为准。

2.3 系数表中未涉及的产污系数及污染治理效率

糖霜类蜜饯、果脯类蜜饯参考《1422 蜜饯制作行业系数手册》糖渍蜜饯产品的产污系数及污染治理效率。

凉果类蜜饯、话化（话梅）类蜜饯参考《1422 蜜饯制作行业系数手册》盐渍蜜饯产品产污系数及污染治理效率。

果糕类蜜饯等于《1422 蜜饯制作行业系数手册》中糖渍蜜饯产品的产污系数乘以 0.4，污染治理效率参考糖渍蜜饯产品的污染治理效率。

如调查企业的末端治理设施与系数表所列的不同，选择系数表中相近治理工艺的污染治理效率计算。

2.4 其他需要说明的问题

本手册所提供的工业废水量、工业废物量系数仅供校核参考。

3 污染物排放量核算方法

3.1 计算污染物产生量

（1）根据产品、原料、生产过程中产污的主导生产工艺、企业规模（企业生产产能）这一组合查找和确定所对应的某一个污染物的产污系数。

（2）根据该污染物的产污系数计量单位——单位产品产量，调用企业实际产品产量。

例如，某组合内化学需氧量的产污系数单位为千克/吨-产品，则计算产生量时需要调用企业实际产品产量。

（3）污染物产生量按以下公式进行计算：

污染物产生量=污染物对应的产污系数×产品产量

$$G_{产i} = P_{产i} \times M_i$$

式中，$G_{产i}$——工段 i 某污染物的产生量；

$P_{产i}$——工段 i 某污染物对应的产污系数；

M_i——工段 i 的产品产量。

3.2 计算污染物去除量

（1）根据企业对某一个污染物所采用的治理技术查找和选择相应的治理技术平均去除效率；

（2）根据所填报的污染治理设施实际运行率参数及其计算公式得出该企业某一污染物的治理设施实际运行率（k 值）。

（3）污染物去除量按以下公式进行计算：

污染物去除量=污染物产生量×污染物去除率

=污染物产生量×治理技术平均去除效率×治理设施实际运行率

$$R_{减i} = G_{产i} \times \eta_T \times k_T$$

式中，$R_{减i}$——工段 i 某污染物的去除量；

η_T——工段 i 某污染物采用的末端治理技术的平均去除效率；

k_T——工段 i 某污染物采用的末端治理设施的实际运行率。

3.3 计算污染物排放量

污染物排放量=污染物产生量−污染物去除量

=污染物对应的产污系数×产品产量−污染物产生量×治理技术平均去除效率×治理设施实际运行率

3.4 计算企业污染物排放量

同一企业某污染物全年的产生（排放）总量为该企业同年实际生产的全部工艺、产品、原料、规模污染物产生（排放）量之和。

$$E_{排} = G_{产} - R_{减} = \sum(G_{产i} - R_{减i}) = \sum\left[P_{产i} \times M_i(1-\eta_T \times k_T)\right]$$

4 污染物排放量核算案例

某企业以水果、白砂糖为原料生产蜜饯产品，采用糖渍+糖煮+冷却+包装生产工艺，企业年生产蜜饯 1530 吨，计算企业废水污染物的产生量和排放量。以化学需氧量为例说明排放量计算过程。

4.1 化学需氧量产生量计算

（1）查找产污系数及其计量单位

根据企业基本信息，查找本手册中主要产品为水果蜜饯，主要原料为水果、白砂糖，主要工艺为糖渍+糖煮+冷却+包装，生产规模为所有规模，糖渍类工艺的蜜饯产品化学需氧量的产污系数为 11372.549，单位为克/吨-产品。

（2）获取企业产品产量

该企业实际情况：主要产品水果蜜饯 2017 年产量为 1530 吨。

（3）计算化学需氧量产生量

由于查询到的组合中，化学需氧量产污系数的单位为克/吨-产品，因此在核算产生量时采用产品产量。

化学需氧量产生量=化学需氧量产污系数×产品（水果蜜饯）产量

=11372.549 克/吨-产品×1530 吨-产品

=17399999.97 克=17.4 吨

4.2 化学需氧量去除量计算

（1）查找治理技术平均去除效率

该企业化学需氧量治理技术采用厌氧生物处理法+好氧生物处理法，查询相应组合内该工艺的平均去除效率为 82.07%。

（2）计算污染治理技术实际运行率

根据产污系数组合查询结果，该组合中化学需氧量对应的污染治理设施实际运行率为

k=污水处理设施年耗电量/［总额定功率（千瓦）×年运行时间（小时）］

=504000 千瓦时/（70 千瓦×7200 小时）=1

（3）计算化学需氧量去除量

化学需氧量去除量=17.40 吨×82.07%×1=14.28 吨

4.3 化学需氧量排放量计算

化学需氧量排放量=17.40 吨−14.28 吨=3.12 吨

5 系数表

1422 蜜饯制作行业系数表

工段名称	产品名称	原料名称	工艺名称	规模等级	污染物类型	污染物指标	系数单位	产污系数	末端治理技术	末端治理技术平均去除效率/%	参考 k 值计算公式[1]
—	水果蜜饯	水果、盐	盐渍+漂洗+糖渍+烤制烘干	所有规模	废水	化学需氧量	克/吨-产品	8230.57	物理处理法+厌氧生物处理法	96.53	k =污水处理设施年耗电量（千瓦·时）/[总额定功率（千瓦）×运行时间（小时/年）]
						氨氮	克/吨-产品	4.137	物理处理法+厌氧生物处理法	67.34	
						总氮	克/吨-产品	98.177	物理处理法+厌氧生物处理法	89.58	
						总磷	克/吨-产品	2.300	物理处理法+厌氧生物处理法	80.74	
						工业废水量	吨/吨-产品	4.423	—	0	—
		水果、白砂糖	糖渍+糖煮+冷却+包装	所有规模	废水	化学需氧量	克/吨-产品	11372.549	厌氧生物处理法+好氧生物处理法	82.07	k =污水处理设施年耗电量（千瓦·时）/[总额定功率（千瓦）×运行时间（小时/年）]
						氨氮	克/吨-产品	6.745	厌氧生物处理法+好氧生物处理法	73.26	
						总氮	克/吨-产品	276.078	厌氧生物处理法+好氧生物处理法	84.94	
						总磷	克/吨-产品	19.608	厌氧生物处理法+好氧生物处理法	50.00	
						工业废水量	吨/吨-产品	7.843	—	0	—

[1] 该公式仅供参考，使用时，可根据 k 值定义，选取更适合企业实际情况的表达方式。

1431 米、面制品制造业

1 适用范围

本手册仅用于《国民经济行业分类》（GB/T 4754—2017）中 1431 米、面制品制造行业使用系数法核算工业污染物产生量和排放量的工业企业。

利用本手册进行产排污核算得出的污染物产生量与排放量仅代表了特定行业的工艺、产品、原料在正常工况下污染物产生与排放的一般规律。

本行业废水指标包括工业废水量、化学需氧量、氨氮、总氮、总磷。

2 注意事项

2.1 企业有多种生产工艺或生产多类产品产排污量核算

污染物产生量与产品产量有关，根据不同核算环节计算产污量后，再根据企业末端治理设施和运行情况计算排污量。

企业某污染物产生量、排放量为各核算环节产生量、排放量之和。

在企业实际排放量计算过程中，如果存在废水回用的情况，需要在利用产排污核算公式的基础上扣除废水回用的部分。公式如下：

实际排放量=计算排放量 ×（1–废水回用率）

2.2 采用多种治理设施组合处理企业的排污量核算

在排污量计算选择末端治理技术时，若没有对应的组合治理技术，以主要治理技术为准。

2.3 系数表中未涉及的产污系数及污染治理效率

系数表中未涉及的产品，按照工艺优先的原则，选用系数表中相同工艺、相同规模的产污系数，当工艺或规模有差异时根据表注说明进行系数调整。如调查企业的末端治理设施与系数表所列的不同，选择系数表中相近治理工艺的污染治理效率计算。

调整后的产污系数 = 系数表中选取的产污系数×调整系数

无须调整时调整系数取值为 1。同时需要注意，在某些情况下，工业废水量与其他污染物指标的调整系数取值可能不同。

米粉丝、米粉干直接使用《1431米、面制品制造行业系数手册》中米粉的产污系数和污染治理效率。

年糕参照《1431米、面制品制造行业系数手册》中米粉的产污系数进行调整，调整系数0.7；污染治理效率参考米粉。

面制半成品根据产品含水量的不同分为两种情况：经过干制的面制半成品直接使用《1431米、面制品制造行业系数手册》中挂面的产污系数；未经干制的面制半成品污染物产排量按《1431米、面制品制造行业系数手册》中半干面的产污系数。

乌冬面参照《1431米、面制品制造行业系数手册》中挂面的产污系数进行调整，其中工业废水量调整系数为30，其余废水指标调整系数为10；污染治理效率参照《1431米、面制品制造行业系数手册》中米粉的污染治理效率。

2.4 其他需要说明的问题

由于不同企业工业废水量差异较大，本手册所提供的工业废水量系数仅供参考。

为体现相同产污水平条件下，采用相同环保治理设施的不同企业对同一污染物去除效果的差异，引入末端治理设施实际运行率（k）对污染治理技术的实际去除率进行修正。k 值反映的是污染治理设施运行的状态，越稳定运行，k 值越高；在取值上，若定义连续稳定运行的理想状态为 1，则 k 取值在 0～1 之间。

本手册给出本行业的 k 计算公式仅供参考，使用时，可根据 k 值定义，选取更适合企业实际情况的表达方式。

3 污染物排放量核算方法

3.1 计算污染物产生量

（1）根据产品、原料、污染物产生的主导生产工艺、企业规模（生产产能）这一组合查找和确定所对应的某一污染物的产污系数。

（2）根据该污染物的产污系数计量单位——单位产品产量，获取企业实际产品产量。

例如，某组合内化学需氧量的产污系数单位为千克/吨-产品，则计算产生量时需要获取企业实际产品产量。

（3）污染物产生量按以下公式进行计算：

污染物产生量=污染物对应的产污系数×产品产量

$$G_{产i} = P_{产i} \times M_i$$

式中，$G_{产i}$——工段 i 某污染物的产生量；

$P_{产i}$——工段 i 某污染物对应的产污系数；

M_i——工段 i 的产品产量。

3.2 计算污染物去除量

（1）根据企业对某一污染物所采用的治理技术查找和选择相应的治理技术平均去除效率。

（2）根据所填报的污染治理设施实际运行率参数及其计算公式得出该企业某一污染物的治理设施实际运行率（k 值）。

（3）污染物去除量按以下公式进行计算：

污染物去除量=污染物产生量×污染物去除率

=污染物产生量×治理技术平均去除效率×治理设施实际运行率

$$R_{减i}=G_{产i}\times\eta_T\times k_T$$

式中，$R_{减i}$——工段 i 某污染物的去除量；

η_T——工段 i 某污染物采用的末端治理技术的平均去除效率；

k_T——工段 i 某污染物采用的末端治理设施的实际运行率。

3.3 计算污染物排放量

污染物排放量=污染物产生量－污染物去除量

=污染物对应的产污系数×产品产量－污染物产生量×

治理技术平均去除效率×治理设施实际运行率

3.4 计算企业污染物排放量

同一企业某污染物全年的产生（排放）总量为该企业同年实际生产的全部工段、产品、原料、规模污染物产生（排放）量之和。

$$E_{排}=G_{产}-R_{减}=\sum(G_{产i}-R_{减i})=\sum\left[P_{产i}\times M_i(1-\eta_T\times k_T)\right]$$

4 污染物排放量核算案例

某米粉企业以大米为原料生产米粉制品，采用磨浆成型等工艺，企业年生产米粉制品 5000 吨，年生产时间为 150 天，该企业污水治理技术主要为“物理处理法+活性污泥法”，污水处理设施参数为：年运行时间 3660 小时、年耗电量 171727 千瓦·时、总额定功率 60 千瓦。

本核算示例以废水中化学需氧量为例，说明排放量的计算方法。

4.1 化学需氧量产生量计算

（1）查找产污系数及其计量单位

根据企业基本信息，查找本手册中主要产品为米粉制品，主要原料为大米，主要工艺为洗米+浸泡+磨浆+蒸皮+成型+水洗，生产规模为所有规模。该组合化学需氧量的产污系数为 15092.75，单位为克/吨-产品。

（2）获取企业产品产量

该企业实际填报情况：主要产品米粉制品 2017 年产量为 5000 吨。

（3）计算化学需氧量产生量

由于查询到的组合中，化学需氧量产污系数的单位为克/吨-产品，因此在核算产生量时采用产品产量。

化学需氧量产生量=化学需氧量产污系数×产品（米粉制品）产量

=15092.75 克/吨-产品×5000 吨-产品=75463750 克=75.464 吨

4.2 化学需氧量去除量计算

（1）查找治理技术平均去除效率

该企业化学需氧量治理技术采用“物理处理法+活性污泥法”，查询相应组合内该工艺平均去除效率为 90.00%。

（2）计算污染治理设施实际运行率

根据产污系数组合查询结果，该组合中化学需氧量对应的污染治理设施实际运行率为

$$k = \text{污水处理设施年耗电量（千瓦·时）}/\left[\text{总额定功率（千瓦）}\times\text{年运行时间（小时）}\right]$$
$$= 171727\text{千瓦·时}/(60\text{千瓦}\times 3660\text{小时}) = 0.782$$

（3）计算化学需氧量去除量

化学需氧量去除量=75.464 吨×90.00%×0.782=53.112 吨

4.3 化学需氧量排放量计算

化学需氧量排放量=污染物产生量–污染物去除量

=75.464 吨–53.112 吨=22.352 吨

5 系数表

1431 米、面制品制造行业系数表

工段名称	产品名称	原料名称	工艺名称	规模等级	污染物类别	污染物指标	系数单位	产污系数	末端治理技术	末端治理技术平均去除效率/%	参考 k 值计算公式[1]
—	挂面	小麦粉	原辅料预处理+调粉+压延+切条+干燥+截断+称量+包装	所有规模	废水	化学需氧量	克/吨-产品	341.87	—	0	—
						氨氮	克/吨-产品	0.13	—	0	
						总氮	克/吨-产品	2.68	—	0	
						总磷	克/吨-产品	0.68	—	0	
						工业废水量	吨/吨-产品	0.13	—	0	
					固废	一般工业固废	千克/吨-产品	9.58	综合利用	100	—
—	米粉	大米	洗米+浸泡+磨浆+蒸皮+成型+水洗	所有规模	废水	化学需氧量	克/吨-产品	15092.75	物理处理法+活性污泥法	90.00	k=污水处理设施年耗电量（千瓦·时）/［总额定功率（千瓦）×年运行时间（小时）］
						氨氮	克/吨-产品	36.57	物理处理法+活性污泥法	58.80	
						总氮	克/吨-产品	115.93	物理处理法+活性污泥法	83.00	
						总磷	克/吨-产品	216.57	物理处理法+活性污泥法	91.00	
						工业废水量	吨/吨-产品	5.50	—	0	—
					固废	一般工业固废	千克/吨-产品	3.00	综合利用	100	—
—	半干面	小麦粉	和面+压延成型+切条+烘干	所有规模	废水	化学需氧量	克/吨-产品	109.53	—	0	—
						氨氮	克/吨-产品	0.020	—	0	
						总氮	克/吨-产品	0.38	—	0	
						总磷	克/吨-产品	0.35	—	0	
						工业废水量	吨/吨-产品	0.17	—	0	
					固废	一般工业固废	千克/吨-产品	7.00	综合利用	100	—

[1] 该公式仅供参考，使用时，可根据 k 值定义，选取更适合企业实际情况的表达方式。

1432 速冻食品制造业

1 适用范围

本手册仅用于《国民经济行业分类》（GB/T 4754—2017）中 1432 速冻食品制造行业使用系数法核算工业污染物产生量和排放量的工业企业。

利用本手册进行产排污核算得出的污染物产生量与排放量仅代表了特定行业的工艺、产品、原料在正常工况下污染物产生与排放的一般规律。

本行业废水指标包括工业废水量、化学需氧量、氨氮、总氮、总磷、石油类。

2 注意事项

2.1 企业有多种生产工艺或生产多类产品产排污量核算

污染物产生量与产品产量有关，根据不同核算环节计算产污量后，再根据企业末端治理设施和运行情况计算排污量。

企业某污染物产生量、排放量为各核算环节产生量、排放量之和。

在企业实际排放量计算过程中，如果存在废水回用的情况，需要在利用产排污核算公式的基础上扣除废水回用的部分。公式如下：

实际排放量=计算排放量×（1–废水回用率）

2.2 采用多种治理设施组合处理企业的排污量核算

在排污量计算选择末端治理技术时，若没有对应的组合治理技术，以主要治理技术为准。

2.3 系数表中未涉及的产污系数及污染治理效率

系数表中未涉及的产品，按照工艺优先的原则，选用系数表中相同工艺、相同规模的产污系数，当工艺或规模有差异时根据表注说明进行系数调整。如调查企业的末端治理设施与系数表所列的不同，选择系数表中相近治理工艺的污染治理效率计算。

调整后的产污系数 = 系数表中选取的产污系数×调整系数

无须调整时调整系数取值为1。同时需要注意，在某些情况下，工业废水量与其他污染物指标的调整系数取值可能不同。

速冻无馅米面食品参照《1411 糕点、面包制造行业系数手册》中面包的产污系数及污染治理效率。

冷冻（速冻）蔬菜半成品参照《1371 蔬菜加工行业系数手册》中速冻蔬菜的产污系数及污染治理效率。

2.4 其他需要说明的问题

（1）由于不同企业工业废水量差异较大，本手册所提供的工业废水量系数仅供参考。

（2）为体现相同产污水平条件下，采用相同环保治理设施的不同企业对同一污染物去除效果的差异，引入末端治理设施实际运行率（k）对污染治理技术的实际去除率进行修正。k 值反映的是污染治理设施运行的状态，越稳定运行，k 值越高；在取值上，若定义连续稳定运行的理想状态为 1，则 k 取值在 0～1 之间。

本手册给出本行业的 k 计算公式仅供参考，使用时，可根据 k 值定义，选取更适合企业实际情况的表达方式。

3 污染物排放量核算方法

3.1 计算污染物产生量

（1）根据产品、原料、污染物产生的主导生产工艺、企业规模（生产产能）这一组合查找和确定所对应的某一污染物的产污系数。

（2）根据该污染物的产污系数计量单位——单位产品产量，获取企业实际产品产量。

例如，某组合内化学需氧量的产污系数单位为千克/吨-产品，则计算产生量时需要获取企业实际产品产量。

（3）污染物产生量按以下公式进行计算：

污染物产生量=污染物对应的产污系数×产品产量

$$G_{产i} = P_{产i} \times M_i$$

式中，$G_{产i}$——工段 i 某污染物的产生量；

$P_{产i}$——工段 i 某污染物对应的产污系数；

M_i——工段 i 的产品产量。

3.2 计算污染物去除量

（1）根据企业对某一污染物所采用的治理技术查找和选择相应的治理技术平均去除效率。

（2）根据所填报的污染治理设施实际运行率参数及其计算公式得出该企业某一污染物的治理设施实际运行率（k 值）。

（3）污染物去除量按以下公式进行计算：

污染物去除量=污染物产生量×污染物去除率

=污染物产生量×治理技术平均去除效率×治理设施实际运行率

$$R_{减i} = G_{产i} \times \eta_T \times k_T$$

式中，$R_{减i}$——工段 i 某污染物的去除量；

η_T——工段 i 某污染物采用的末端治理技术的平均去除效率；

k_T——工段 i 某污染物采用的末端治理设施的实际运行率。

3.3 计算污染物排放量

污染物排放量=污染物产生量−污染物去除量

=污染物对应的产污系数×产品产量−污染物产生量×

治理技术平均去除效率×治理设施实际运行率

3.4 计算企业污染物排放量

同一企业某污染物全年的产生（排放）总量为该企业同年实际生产的全部工段、产品、原料、规模污染物产生（排放）量之和。

$$E_{排} = G_{产} - R_{减} = \sum(G_{产i} - R_{减i}) = \sum\left[P_{产i} \times M_i(1 - \eta_T \times k_T)\right]$$

4 污染物排放量核算案例

某企业以小麦粉为原料生产速冻饺子，采用馅料加工+自动包馅生产工艺，企业年生产速冻饺子103970吨，年生产时间为300天，该企业污水治理技术主要为“物理处理法+A/O+生物接触氧化法”，污水处理设施参数为：年运行时间8760小时、年耗电量332150千瓦·时、总额定功率80千瓦。

本核算示例以废水中化学需氧量为例，说明排放量的计算方法。

4.1 化学需氧量产生量计算

（1）查找产污系数及其计量单位

根据企业基本信息，查找本手册中主要产品为速冻饺子，主要原料为小麦粉，主要工艺为馅料加工+自动包馅，生产规模≥3万吨/年。该组合化学需氧量的产污系数为1924.38，单位为克/吨-产品。

（2）获取企业产品产量

该企业实际填报情况：主要产品速冻饺子2017年产量为103970吨。

（3）计算化学需氧量产生量

由于查询到的组合中，化学需氧量产污系数的单位为克/吨-产品，因此在核算产生量时采用产品产量。

化学需氧量产生量＝化学需氧量产污系数×产品（速冻饺子）产量

=1924.38克/吨-产品×103970吨-产品

=200077789克=200.078吨

4.2 化学需氧量去除量计算

（1）查找治理技术平均去除效率

该企业化学需氧量治理技术采用“物理处理法+A/O+生物接触氧化法”，查询相应组合内该工艺的平均去除效率为94.55%。

（2）计算污染治理设施实际运行率

根据产污系数组合查询结果，该组合对应的污染治理设施实际运行率为

k = 污水处理设施年耗电量(千瓦·时)/［总额定功率（千瓦）× 年运行时间（小时）］

= 332150千瓦·时 /(80千瓦 × 8760小时) = 0.474

（3）计算化学需氧量去除量

化学需氧量去除量=200.078 吨×94.55%×0.474=89.668 吨

4.3 化学需氧量排放量计算

化学需氧量排放量=污染物产生量–污染物去除量

=200.078 吨–89.668 吨=110.41 吨

5 系数表

1432 速冻食品制造行业系数表

工段名称	产品名称	原料名称	工艺名称	规模等级	污染物类别	污染物指标	系数单位	产污系数	末端治理技术	末端治理技术平均去除效率/%	参考 k 值计算公式[1]
—	速冻饺子	小麦粉、馅料	馅料加工+自动包馅/人工包馅	<3 万吨/年	废水	化学需氧量	克/吨-产品	3528.93	物理处理法+A/O	97.72	k = 污水处理设施年耗电量（千瓦·时）/［总额定功率（千瓦）×年运行时间（小时）］
									—	0	—
						氨氮	克/吨-产品	48.51	物理处理法+A/O	94.11	k = 污水处理设施年耗电量（千瓦·时）/［总额定功率（千瓦）×年运行时间（小时）］
									—	0	—
						总氮	克/吨-产品	77.51	物理处理法+A/O	94.89	k = 污水处理设施年耗电量（千瓦·时）/［总额定功率（千瓦）×年运行时间（小时）］
									—	0	—
						总磷	克/吨-产品	24.48	物理处理法+A/O	62.05	k = 污水处理设施年耗电量（千瓦·时）/［总额定功率（千瓦）×年运行时间（小时）］
									—	0	—
						石油类	克/吨-产品	5.32	物理处理法+A/O	80.72	k = 污水处理设施年耗电量（千瓦·时）/［总额定功率（千瓦）×年运行时间（小时）］
									—	0	—
						工业废水量	吨/吨-产品	5.59	—	0	—
					固废	一般工业固废	千克/吨-产品	10.00	综合利用	100	—

[1] 该公式仅供参考，使用时，可根据 k 值定义，选取更适合企业实际情况的表达方式。

1432 速冻食品制造行业系数表（续表 1）

工段名称	产品名称	原料名称	工艺名称	规模等级	污染物类别	污染物指标	系数单位	产污系数	末端治理技术	末端治理技术平均去除效率/%	参考 k 值计算公式
—	速冻饺子	小麦粉、馅料	馅料加工+自动包陷	≥3 万吨/年	废水	化学需氧量	克/吨-产品	1924.38	物理处理法+A/O+生物接触氧化法	94.55	k = 污水处理设施年耗电量（千瓦·时）/［总额定功率（千瓦）×年运行时间（小时）］
									物理处理法+好氧生物处理法	96.34	
						氨氮	克/吨-产品	22.61	物理处理法+A/O+生物接触氧化法	91.94	
									物理处理法+好氧生物处理法	95.16	
						总氮	克/吨-产品	37.36	物理处理法+A/O+生物接触氧化法	90.61	
									物理处理法+好氧生物处理法	96.00	
						总磷	克/吨-产品	2.59	物理处理法+A/O+生物接触氧化法	65.60	
									物理处理法+好氧生物处理法	72.00	
						石油类	克/吨-产品	5.29	物理处理法+A/O+生物接触氧化法	73.99	
									物理处理法+好氧生物处理法	83.33	
						工业废水量	吨/吨-产品	3.39	—	0	—
					固废	一般工业固废	千克/吨-产品	10.00	综合利用	100	—

1432 速冻食品制造行业系数表（续表 2）

工段名称	产品名称	原料名称	工艺名称	规模等级	污染物类别	污染物指标	系数单位	产污系数	末端治理技术	末端治理技术平均去除效率/%	参考 k 值计算公式
—	速冻汤圆	糯米粉、馅料	馅料加工+自动包馅	所有规模	废水	化学需氧量	克/吨-产品	1866.64	物理处理法+A/O+生物接触氧化法	96.04	k = 污水处理设施年耗电量（千瓦·时）/［总额定功率（千瓦）×年运行时间（小时）］
									物理处理法+好氧生物处理法	96.34	
						氨氮	克/吨-产品	25.02	物理处理法+A/O+生物接触氧化法	90.90	
									物理处理法+好氧生物处理法	95.16	
						总氮	克/吨-产品	47.66	物理处理法+A/O+生物接触氧化法	91.51	
									物理处理法+好氧生物处理法	96.00	
						总磷	克/吨-产品	0.94	物理处理法+A/O+生物接触氧化法	52.07	
									物理处理法+好氧生物处理法	72.00	
						石油类	克/吨-产品	2.48	物理处理法+A/O+生物接触氧化法	83.59	
									物理处理法+好氧生物处理法	83.33	
						工业废水量	吨/吨-产品	1.64	—	0	—
					固废	一般工业固废	千克/吨-产品	11.56	综合利用	100	—

1433 方便面制造业

1 适用范围

本手册仅用于《国民经济行业分类》（GB/T 4754—2017）中 1433 方便面制造行业使用系数法核算工业污染物产生量和排放量的工业企业。

利用本手册进行产排污核算得出的污染物产生量与排放量仅代表了特定行业的工艺、产品、原料在正常工况下污染物产生与排放的一般规律。

本行业废水指标包括工业废水量、化学需氧量、氨氮、总氮、总磷、石油类。

2 注意事项

2.1 企业有多种生产工艺或生产多类产品产排污量核算

污染物产生量与产品产量有关，根据不同核算环节计算产污量后，再根据企业末端治理设施和运行情况计算排污量。

企业某污染物产生量、排放量为各核算环节产生量、排放量之和。

在企业实际排放量计算过程中，如果存在废水回用的情况，需要在利用产排污核算公式的基础上扣除废水回用的部分。公式如下：

实际排放量=计算排放量×（1−废水回用率）

2.2 采用多种治理设施组合处理企业的排污量核算

在排污量计算选择末端治理技术时，若没有对应的组合治理技术，以主要治理技术为准。

2.3 系数表中未涉及的产污系数及污染治理效率

如调查企业的末端治理设施与系数表所列的不同，选择系数表中相近治理工艺的污染治理效率计算。

2.4 其他需要说明的问题

（1）由于不同企业工业废水量差异较大，本手册所提供的工业废水量系数仅供参考。

（2）为体现相同产污水平条件下，采用相同环保治理设施的不同企业对同一污染物去除效果的差异，引入末端治理设施实际运行率（k）对污染治理技术的实际去除率进行修正。k 值反映的是污染治理设施运行的状态，越稳定运行，k 值越高；在取值上，若定义连续稳定运行的理想状态为 1，则 k 取值在 0～1 之间。

本手册给出本行业的 k 计算公式仅供参考，使用时，可根据 k 值定义，选取更适合企业实际情

况的表达方式。

3 污染物排放量核算方法

3.1 计算污染物产生量

（1）根据产品、原料、污染物产生的主导生产工艺、企业规模（生产产能）这一组合查找和确定所对应的某一污染物的产污系数。

（2）根据该污染物的产污系数计量单位——单位产品产量，获取企业实际产品产量。

例如，某组合内化学需氧量的产污系数单位为千克/吨-产品，则计算产生量时需要获取企业实际产品产量。

（3）污染物产生量按以下公式进行计算：

污染物产生量=污染物对应的产污系数×产品产量

$$G_{产i} = P_{产i} \times M_i$$

式中，$G_{产i}$——工段 i 某污染物的产生量；

$P_{产i}$——工段 i 某污染物对应的产污系数；

M_i——工段 i 的产品产量。

3.2 计算污染物去除量

（1）根据企业对某一污染物所采用的治理技术查找和选择相应的治理技术平均去除效率。

（2）根据所填报的污染治理设施实际运行率参数及其计算公式得出该企业某一污染物的治理设施实际运行率（k 值）。

（3）污染物去除量按以下公式进行计算：

污染物去除量=污染物产生量×污染物去除率

=污染物产生量×治理技术平均去除效率×治理设施实际运行率

$$R_{减i} = G_{产i} \times \eta_T \times k_T$$

式中，$R_{减i}$——工段 i 某污染物的去除量；

η_T——工段 i 某污染物采用的末端治理技术的平均去除效率；

k_T——工段 i 某污染物采用的末端治理设施的实际运行率。

3.3 计算污染物排放量

污染物排放量=污染物产生量–污染物去除量

=污染物对应的产污系数×产品产量–污染物产生量×治理技术平均去除效率×治理设施实际运行率

3.4 计算企业污染物排放量

同一企业某污染物全年的产生（排放）总量为该企业同年实际生产的全部工段、产品、原料、规模污染物产生（排放）量之和。

$$E_{排} = G_{产} - R_{减} = \sum(G_{产i} - R_{减i}) = \sum\left[P_{产i} \times M_i(1-\eta_T \times k_T)\right]$$

4 污染物排放量核算案例

某企业以小麦粉为原料生产方便面，采用配粉+压延+蒸煮+油炸（或热风干燥）生产工艺，企业年生产方便面 13505 吨，年生产时间为 300 天，该企业污水治理技术主要为“厌氧生物处理法+好氧生物处理法”，污水处理设施参数为：年运行时间 8760 小时、年耗电量 788400 千瓦·时、总额定功率 90 千瓦。

本核算示例以废水中化学需氧量为例，说明排放量的计算方法。

4.1 化学需氧量产生量计算

（1）查找产污系数及其计量单位

根据企业基本信息，查找本手册中主要产品为方便面，主要原料为小麦粉等，主要工艺为配粉+压延+蒸煮+油炸（或热风干燥），生产规模为所有规模。该组合化学需氧量的产污系数为 1341.09，单位为克/吨-产品。

（2）获取企业产品产量

该企业实际填报情况：主要产品方便面 2017 年产量为 13505 吨。

（3）计算化学需氧量产生量

由于查询到的组合中化学需氧量产污系数的单位为克/吨-产品，因此在核算产生量时采用产品产量。

化学需氧量产生量=化学需氧量产污系数×产品（方便面）产量

=1341.09 克/吨-产品×13505 吨-产品=18111420.45 克=18.11 吨

4.2 化学需氧量去除量计算

（1）查找治理技术平均去除效率

该企业化学需氧量治理技术采用“厌氧生物处理法+好氧生物处理法”，查询相应组合内该工艺的平均去除效率为 95.57%。

（2）计算污染治理设施实际运行率

根据产污系数组合查询结果，该组合中化学需氧量对应的污染治理设施实际运行率为

k = 污水处理设施年耗电量（千瓦·时）/［总额定功率（千瓦）×年运行时间（小时）］

= 788400千瓦·时/(90千瓦×8760小时) = 1

（3）计算化学需氧量去除量

化学需氧量去除量=18.11 吨×95.57%×1=17.31 吨

（4）化学需氧量排放量计算

化学需氧量排放量=污染物产生量–污染物去除量

=18.11 吨–17.31 吨=0.8 吨

5 系数表

1433 方便面制造行业系数表

工段名称	产品名称	原料名称	工艺名称	规模等级	污染物类别	污染物指标	系数单位	产污系数	末端治理技术	末端治理技术平均去除效率/%	参考 k 值计算公式[1]
—	方便面	小麦粉	配粉+压延+蒸煮+油炸（或热风干燥）+包装	所有规模	废水	化学需氧量	克/吨-产品	1341.09	物理处理法+厌氧生物处理法+好氧生物处理法	96.53	k = 污水处理设施年耗电量（千瓦·时）/［总额定功率（千瓦）×年运行时间（小时）］
									厌氧生物处理法+好氧生物处理法	95.57	
						氨氮	克/吨-产品	1.55	物理处理法+厌氧生物处理法+好氧生物处理法	67.34	
									厌氧生物处理法+好氧生物处理法	88.25	
						总氮	克/吨-产品	26.48	物理处理法+厌氧生物处理法+好氧生物处理法	89.58	
									厌氧生物处理法+好氧生物处理法	92.94	
						总磷	克/吨-产品	11.49	物理处理法+厌氧生物处理法+好氧生物处理法	80.74	
									厌氧生物处理法+好氧生物处理法	80.67	
						石油类	克/吨-产品	22.32	物理处理法+厌氧生物处理法+好氧生物处理法	91.47	
									厌氧生物处理法+好氧生物处理法	79.98	
						工业废水量	吨/吨-产品	0.82	—	0	—
					固废	一般工业固废	千克/吨-产品	19.00	综合利用	100	—

[1] 该公式仅供参考，使用时，可根据 k 值定义，选取更适合企业实际情况的表达方式。

1439 其他方便食品制造业

1 适用范围

本手册仅用于《国民经济行业分类》（GB/T 4754—2017）中 1439 其他方便食品制造行业使用系数法核算工业污染物产生量和排放量的工业企业。

利用本手册进行产排污核算得出的污染物产生量与排放量仅代表了特定行业的工艺、产品、原料在正常工况下污染物产生与排放的一般规律。

本行业废水指标包括工业废水量、化学需氧量、氨氮、总氮、总磷、石油类。

2 注意事项

2.1 企业有多种生产工艺或生产多类产品产排污量核算

污染物产生量与产品产量有关，根据不同核算环节计算产污量后，再根据企业末端治理设施和运行情况计算排污量。

企业某污染物产生量、排放量为各核算环节产生量、排放量之和。

在企业实际排放量计算过程中，如果存在废水回用的情况，需要在利用产排污核算公式的基础上扣除废水回用的部分。公式如下：

实际排放量=计算排放量×（1–废水回用率）

2.2 采用多种治理设施组合处理企业的排污量核算

在排污量计算选择末端治理技术时，若没有对应的组合治理技术，以主要治理技术为准。

2.3 系数表中未涉及的产污系数及污染治理效率

系数表中未涉及的产品，按照工艺优先的原则，选用系数表中相同工艺、相同规模的产污系数，当工艺或规模有差异时根据表注说明进行系数调整。如调查企业的末端治理设施与系数表所列的不同，选择系数表中相近治理工艺的污染治理效率计算。

调整后的产污系数 = 系数表中选取的产污系数×调整系数

无须调整时调整系数取值为1。同时需要注意，在某些情况下，工业废水量与其他污染物指标的调整系数取值可能不同。

方便米粉原料为大米粉时，推荐工业废水各指标的产污系数参照《1439 其他方便食品制造行业系数手册》中方便米粉的产污系数调整为 0.1，污染治理效率相同；一般工业固废不调整。

2.4 其他需要说明的问题

（1）由于不同企业工业废水量差异较大，本手册所提供的工业废水量系数仅供参考。

（2）为体现相同产污水平条件下，采用相同环保治理设施的不同企业对同一污染物去除效果的差异，引入末端治理设施实际运行率（k）对污染治理技术的实际去除率进行修正。k 值反映的是污染治理设施运行的状态，越稳定运行，k 值越高；在取值上，若定义连续稳定运行的理想状态为 1，则 k 取值在 0～1 之间。

本手册给出本行业的 k 计算公式仅供参考，使用时，可根据 k 值定义，选取更适合企业实际情况的表达方式。

3 污染物排放量核算方法

3.1 计算污染物产生量

（1）根据产品、原料、污染物产生的主导生产工艺、企业规模（生产产能）这一组合查找和确定所对应的某一污染物的产污系数。

（2）根据该污染物的产污系数计量单位——单位产品产量，获取企业实际产品产量。

例如，某组合内化学需氧量的产污系数单位为千克/吨-产品，则计算产生量时需要获取企业实际产品产量。

（3）污染物产生量按以下公式进行计算：

污染物产生量=污染物对应的产污系数×产品产量

$$G_{产i} = P_{产i} \times M_i$$

式中，$G_{产i}$——工段 i 某污染物的产生量；

$P_{产i}$——工段 i 某污染物对应的产污系数；

M_i——工段 i 的产品产量。

3.2 计算污染物去除量

（1）根据企业对某一污染物所采用的治理技术查找和选择相应的治理技术平均去除效率。

（2）根据所填报的污染治理设施实际运行率参数及其计算公式得出该企业某一污染物的治理设施实际运行率（k 值）。

（3）污染物去除量按以下公式进行计算：

污染物去除量=污染物产生量×污染物去除率

=污染物产生量×治理技术平均去除效率×治理设施实际运行率

$$R_{减i} = G_{产i} \times \eta_T \times k_T$$

式中，$R_{减i}$——工段 i 某污染物的去除量；

η_T——工段 i 某污染物采用的末端治理技术的平均去除效率；

k_T——工段 i 某污染物采用的末端治理设施的实际运行率。

3.3 计算污染物排放量

污染物排放量=污染物产生量–污染物去除量

=污染物对应的产污系数×产品产量–污染物产生量×

治理技术平均去除效率×治理设施实际运行率

3.4 计算企业污染物排放量

同一企业某污染物全年的产生（排放）总量为该企业同年实际生产的全部工段、产品、原料、规模污染物产生（排放）量之和。

$$E_{排} = G_{产} - R_{减} = \sum (G_{产i} - R_{减i}) = \sum \left[P_{产i} \times M_i (1 - \eta_T \times k_T) \right]$$

4 污染物排放量核算案例

某企业以大米为原料生产方便米粉，采用前处理+打粉+挤出成型+老化+包装生产工艺，企业年生产方便米粉 10000 吨，年生产时间为 120 天，该企业污水治理技术主要为“物理处理法+SBR”，污水处理设施参数为：年运行时间 3400 小时、年耗电量 160000 千瓦·时、总额定功率 70 千瓦。

本核算示例以废水中化学需氧量为例，说明排放量的计算方法。

4.1 化学需氧量产生量计算

（1）查找产污系数及其计量单位

根据企业基本信息，查找本手册中主要产品为方便米粉，主要原料为大米，主要工艺为前处理+打粉+挤出成型+老化+包装，生产规模为所有规模。该组合化学需氧量的产污系数为 6588.75，单位为克/吨-产品。

（2）获取企业产品产量

该企业实际填报情况：主要产品方便米粉 2017 年产量为 10000 吨。

（3）计算化学需氧量产生量

由于查询到的组合中化学需氧量产污系数的单位为克/吨-产品，因此在核算产生量时采用产品产量。

化学需氧量产生量=化学需氧量产污系数×产品（方便米粉）产量

=6588.75 克/吨-产品×10000 吨-产品=65887500 克=65.888 吨

4.2 化学需氧量去除量计算

（1）查找治理技术平均去除效率

该企业化学需氧量治理技术采用“物理处理法+SBR”工艺，查询相应组合内该工艺的平均去除效率为 85.00%。

（2）计算污染治理设施实际运行率

根据产污系数组合查询结果，该组合中“物理处理法+SBR”对应的污染治理设施实际运行率为

k = 污水处理设施年耗电量（千瓦·时）/［总额定功率（千瓦）× 年运行时间（小时）］

= 160000千瓦·时 /（70千瓦 × 3400小时）= 0.672

（3）计算化学需氧量去除量

化学需氧量去除量=65.888 吨×85.00%×0.672=37.635 吨

4.3 化学需氧量排放量计算

化学需氧量排放量=污染物产生量–污染物去除量

=65.888 吨–37.635 吨=28.253 吨

1439 其他方便食品制造行业系数表

工段名称	产品名称	原料名称	工艺名称	规模等级	污染物类别	污染物指标	系数单位	产污系数	末端治理技术	末端治理技术平均去除效率/%	参考 k 值计算公式[1]
—	方便米粉	大米	前处理+打粉+挤出成型+老化+包装	所有规模	废水	化学需氧量	克/吨-产品	6588.75	—	0	—
									物理处理法+SBR	85.00	k＝污水处理设施年耗电量（千瓦·时）/［总额定功率（千瓦）×年运行时间（小时）］
						氨氮	克/吨-产品	11.52	—	0	—
									物理处理法+SBR	66.00	k＝污水处理设施年耗电量（千瓦·时）/［总额定功率（千瓦）×年运行时间（小时）］
						总氮	克/吨-产品	70.13	—	0	—
									物理处理法+SBR	83.00	k＝污水处理设施年耗电量（千瓦·时）/［总额定功率（千瓦）×年运行时间（小时）］
						总磷	克/吨-产品	41.40	—	0	—
									物理处理法+SBR	90.00	k＝污水处理设施年耗电量（千瓦·时）/［总额定功率（千瓦）×年运行时间（小时）］
						石油类	克/吨-产品	0.45	—	0	—
									物理处理法+SBR	45.00	k＝污水处理设施年耗电量（千瓦·时）/［总额定功率（千瓦）×年运行时间（小时）］
						工业废水量	吨/吨-产品	4.25	—	0	—
					固废	一般工业固废	千克/吨-产品	9.00	综合利用	100	—

[1] 该公式仅供参考，使用时，可根据 k 值定义，选取更适合企业实际情况的表达方式。

1439 其他方便食品制造行业系数表（续表 1）

工段名称	产品名称	原料名称	工艺名称	规模等级	污染物类别	污染物指标	系数单位	产污系数	末端治理技术	末端治理技术平均去除效率/%	参考 k 值计算公式
—	即食米糊	大米	清洗+粉碎+配料+调浆+滚筒干燥+磨筛+包装	所有规模	废水	化学需氧量	克/吨-产品	565.96	物理处理法+厌氧生物处理法+好氧生物处理法	78.00	k = 污水处理设施年耗电量（千瓦·时）/［总额定功率（千瓦）×年运行时间（小时）］
						氨氮	克/吨-产品	12.54	物理处理法+厌氧生物处理法+好氧生物处理法	73.00	
						总氮	克/吨-产品	18.86	物理处理法+厌氧生物处理法+好氧生物处理法	47.00	
						总磷	克/吨-产品	16.26	物理处理法+厌氧生物处理法+好氧生物处理法	83.00	
						石油类	克/吨-产品	1.10	物理处理法+厌氧生物处理法+好氧生物处理法	60.00	
						工业废水量	吨/吨-产品	2.03	—	0	—
					固废	一般工业固废	千克/吨-产品	11.20	综合利用	100	—
—	辣条	面粉	调配+挤压熟制+冷却整型+坯料杀菌+调味+包装	所有规模	废水	化学需氧量	克/吨-产品	453.00	厌氧生物处理法+好氧生物处理法	76.00	k = 污水处理设施年耗电量（千瓦·时）/［总额定功率（千瓦）×年运行时间（小时）］
						氨氮	克/吨-产品	0.21	厌氧生物处理法+好氧生物处理法	11.70	
						总氮	克/吨-产品	1.64	厌氧生物处理法+好氧生物处理法	24.00	
						总磷	克/吨-产品	0.10	厌氧生物处理法+好氧生物处理法	19.00	
						石油类	克/吨-产品	2.03	厌氧生物处理法+好氧生物处理法	86.00	
						工业废水量	吨/吨-产品	0.43	—	0	—
					固废	一般工业固废	千克/吨-产品	9.33	综合利用	100	—

1441 液体乳制造业

1 适用范围

本手册仅用于《国民经济行业分类》（GB/T 4754—2017）中 1441 液体乳制造行业使用产污系数法核算工业污染物产生量和排放量的工业企业。

利用本手册进行产排污核算得出的污染物产生量与排放量仅代表了特定行业的工艺、产品、原料在正常工况下污染物产生与排放量的一般规律。

本行业废水指标包括工业废水量、化学需氧量、氨氮、总氮。

2 注意事项

2.1 企业有多种生产工艺或生产多类产品产排污量核算

污染物产生量与产品产量有关，根据不同核算环节计算产污量后，再根据企业末端治理设施和运行情况计算排污量。

企业某污染物产生量、排放量为各核算环节产生量、排放量之和。

在企业实际排放量计算过程中，如果存在废水回用的情况，需要在利用产排污核算公式的基础上扣除废水回用的部分。公式如下：

实际排放量=计算排放量×（1–废水回用率）

2.2 采用多种治理设施组合处理企业的排污量核算

在排污量计算选择末端治理技术时，若没有对应的组合治理技术，以主要治理技术为准。

若某些企业采用的末端治理技术在系数表中没有对应的，则选择处理原理或处理效率最相近的治理技术。

2.3 系数表中未涉及的产污系数及污染治理效率

本手册已基本涵盖多种原料、工艺及规模的液体乳加工活动的产污系数和末端治理技术去除效率，对系数表单中未涉及的产品，按照工艺优先的原则，选用系数表单中相同工艺、相同规模的产污系数，当原料、工艺或规模有差异时根据表注说明进行系数调整。

调整后的产污系数=系数表单中选取的产污系数×调整系数

无须调整时调整系数取值为1。同时需要注意，在某些情况下，工业废水量与其他污染物指标的调整系数取值不同。

2.4 其他需要说明的问题

（1）由于不同企业工业废水量差异较大，本手册所提供的工业废水量系数仅供参考。

（2）当同一企业生产多个产品时，普查时以产品为依据，分别核算统计。

（3）为体现相同产污水平条件下，采用相同环保治理设施的不同企业对同一污染物去除效果的差异，引入末端治理设施实际运行率（k）对污染治理技术的实际去除率进行修正。k 值反映的是污染治理设施运行的状态，越稳定运行，k 值越高；在取值上，若定义连续稳定运行的理想状态为 1，则 k 取值在 0～1 之间。

本手册给出本行业的 k 计算公式仅供参考，使用时，可根据 k 值定义，选取更适合企业实际情况的表达方式。

3 污染物排放量核算方法

3.1 计算污染物产生量

（1）根据产品、原料、污染物产生的主导生产工艺、企业规模（生产产能）这一组合查找和确定所对应的某一污染物的产污系数。

（2）根据该污染物的产污系数计量单位——单位产品产量，获取企业实际产品产量。

（3）污染物产生量按以下公式进行计算：

污染物产生量=污染物对应的产污系数×产品产量

$$G_{产i} = P_{产i} \times M_i$$

式中，$G_{产i}$——工段 i 某污染物的产生量；

$P_{产i}$——工段 i 某污染物对应的产污系数；

M_i——工段 i 的产品产量。

3.2 计算污染物去除量

（1）根据企业对某一污染物所采用的治理技术查找和选择相应的治理技术平均去除效率。

（2）根据所填报的污染治理设施实际运行率参数及其计算公式得出该企业某一污染物的治理设施实际运行率（k 值）。

（3）污染物去除量按以下公式进行计算：

污染物去除量=污染物产生量×污染物去除率

=污染物产生量×治理技术平均去除效率×治理设施实际运行率

$$R_{减i} = G_{产i} \times \eta_T \times k_T$$

式中，$R_{减i}$——工段 i 某污染物的去除量；

η_T——工段 i 某污染物采用的末端治理技术的平均去除效率；

k_T——工段 i 某污染物采用的末端治理设施的实际运行率。

3.3 计算污染物排放量

污染物排放量=污染物产生量–污染物去除量=污染物对应的产污系数×

产品产量–污染物产生量×治理技术平均去除效率×治理设施实际运行率

3.4 计算企业污染物排放量

同一企业某污染物全年的产生（排放）总量为该企业同年实际生产的全部工艺（工段）、产品、原料、规模污染物产生（排放）量之和。

$$E_{排} = G_{产} - R_{减} = \sum (G_{产i} - R_{减i}) = \sum \left[P_{产i} \times M_i (1 - \eta_T \times k_T) \right]$$

4 污染物排放量核算案例

某液体乳生产企业以生鲜牛乳为原料生产灭菌乳，生产工艺为“收奶+冷贮+净乳+巴氏杀菌+配料+均质+冷贮+杀菌+灌装”，企业规模（年生产灭菌乳能力）为60万吨，年生产时间为365天，该企业污水治理技术主要为“厌氧生物处理法+好氧生物处理法”，污水处理设施参数为：年运行时间8760小时、年耗电量1200960千瓦·时、总额定功率160千瓦。

4.1 化学需氧量产生量计算

（1）查找产污系数及其计量单位

根据企业基本信息，查找本手册中主要产品为液体乳，主要原料为生鲜牛乳，主要工艺为收奶+冷贮+净乳+巴氏杀菌+配料+均质+冷贮+杀菌+灌装，生产规模≥100吨-产品/天。该组合化学需氧量的产污系数为8298.97，单位为克/吨-产品。

（2）获取企业产品产量

该企业实际填报情况：企业规模（年生产灭菌乳能力）为60万吨。

（3）计算化学需氧量产生量

由于查询到的组合中产污系数的单位为克/吨-产品，因此在核算产生量时采用产品产量。

污染物产生量=产污系数×产品（灭菌乳）产量

=8298.97克/吨-产品×600000吨-产品/1000000=4979.38吨

4.2 化学需氧量去除量计算

（1）查找治理技术平均去除效率

由于该企业化学需氧量治理技术采用“厌氧生物处理法+好氧生物处理法”组合工艺，查询相应组合内该工艺去除效率为97.2%。

（2）计算污染治理设施实际运行率

根据该企业的污染治理设施年运行时间（小时）、年耗电量（千瓦·时）、总额定功率（千瓦）计算实际运行率参数。

k = 污水处理设施年耗电量（千瓦·时）/［总额定功率（千瓦）× 年运行时间（小时）］

= 1200960 千瓦·时/（160 千瓦×8760 小时）=0.857

（3）计算化学需氧量去除量

污染物去除量=污染物产生量×治理技术去除效率×治理设施实际运行率

=4979.38 吨×97.2%×0.857=4147.84 吨

4.3 化学需氧量排放量计算

污染物排放量=污染物产生量–污染物去除量

=4979.38 吨–4147.84 吨=831.54 吨

5 系数表

1441 液体乳制造行业系数表

工段名称	产品名称	原料名称	工艺名称	规模等级	污染物类别	污染物指标	系数单位	产污系数	末端治理技术	末端治理技术平均去除效率/%	参考 k 值计算公式[1]
—	液体乳[①]	生鲜牛乳[⑤]	收奶+冷贮+净乳+巴氏杀菌+配料+均质+冷贮+杀菌+灌装	≥100 吨-产品/天[②]	废水	工业废水量	吨/吨-产品	5.21	—	0	
						化学需氧量	克/吨-产品	8298.97	厌氧生物处理法+好氧生物处理法	97.22	k=污水处理设施年耗电量（千瓦·时）/［总额定功率（千瓦）×年运行时间（小时）］
									化学处理法+厌氧生物处理法+好氧生物处理法	97.97	
									物理处理法	0	—
						氨氮	克/吨-产品	114.24	厌氧生物处理法+好氧生物处理法	71.64	k=污水处理设施年耗电量（千瓦·时）/［总额定功率（千瓦）×年运行时间（小时）］
									化学处理法+厌氧生物处理法+好氧生物处理法	82.80	
									物理处理法	0	—
						总氮	克/吨-产品	454.06	厌氧生物处理法+好氧生物处理法	76.99	k=污水处理设施年耗电量（千瓦·时）/［总额定功率（千瓦）×年运行时间（小时）］
									化学处理法+厌氧生物处理法+好氧生物处理法	81.50	
									物理处理法	0	—
				<100 吨-产品/天[②]	废水	工业废水量	吨/吨-产品	5.69	—	0	—
						化学需氧量	克/吨-产品	8474.38	厌氧生物处理法+好氧生物处理法	98.83	k=污水处理设施年耗电量（千瓦·时）/［总额定功率（千瓦）×年运行时间（小时）］
									化学处理法+厌氧生物处理法+好氧生物处理法	98.89	
									物理处理法	0	—

[1] 该公式仅供参考，使用时，可根据 k 值定义，选取更适合企业实际情况的表达方式。

1441 液体乳制造行业系数表（续表 1）

工段名称	产品名称	原料名称	工艺名称	规模等级	污染物类别	污染物指标	系数单位	产污系数	末端治理技术	末端治理技术平均去除效率/%	参考 k 值计算公式
—	液体乳	生鲜牛乳[5]	收奶+冷贮+净乳+巴氏杀菌+配料+均质+冷贮+杀菌+灌装	＜100 吨-产品/天[2]	废水	氨氮	克/吨-产品	115.61	厌氧生物处理法+好氧生物处理法	91.07	k=污水处理设施年耗电量（千瓦·时）/［总额定功率（千瓦）×年运行时间（小时）］
									化学处理法+厌氧生物处理法+好氧生物处理法	83.64	
									物理处理法	0	—
						总氮	克/吨-产品	583.22	厌氧生物处理法+好氧生物处理法	80.13	k=污水处理设施年耗电量（千瓦·时）/［总额定功率（千瓦）×年运行时间（小时）］
									化学处理法+厌氧生物处理法+好氧生物处理法	82.15	
									物理处理法	0	—
					固废	一般工业固废	千克/吨-产品	2.80	综合利用	100	—
	发酵乳[3]	生鲜牛乳[5]、白砂糖、奶粉	收奶+冷贮+净乳+配料+预热+均质+杀菌+冷却+接种+发酵+搅拌+冷却+灌装	50～100 吨-产品/天[4]	废水	工业废水量	吨/吨-产品	7.46	—	0	—
						化学需氧量	克/吨-产品	13530.60	厌氧生物处理法+好氧生物处理法	98.70	k=污水处理设施年耗电量（千瓦·时）/［总额定功率（千瓦）×年运行时间（小时）］
									物理处理法	0	—
						氨氮	克/吨-产品	118.30	厌氧生物处理法+好氧生物处理法	91.30	k=污水处理设施年耗电量（千瓦·时）/［总额定功率（千瓦）×年运行时间（小时）］
									物理处理法	0	—
						总氮	克/吨-产品	522.72	厌氧生物处理法+好氧生物处理法	83.76	k=污水处理设施年耗电量（千瓦·时）/［总额定功率（千瓦）×年运行时间（小时）］
									物理处理法	0	—
					固废	一般工业固废	千克/吨-产品	3.90	综合利用	100	—

注：①液体乳产品泛指发酵乳以外的所有液体乳产品，包装泛指一次性包装。玻璃瓶装液体乳产污系数参照液体乳的产污系数，调整系数为 1.7。

②指生产企业生产液体乳的规模。

③发酵乳指搅拌型发酵乳产品，包装泛指一次性包装。以玻璃瓶或陶瓷罐为包装容器生产凝固型发酵乳时，调整系数为 1.7。

④指企业生产发酵乳的规模。若发酵乳企业规模大于表中给定的范围，产污系数的调整系数为 0.95，若企业规模小于表中给定的范围，产污系数的调整系数为 1.1。

⑤以羊乳或马乳等为原料生产液体乳或发酵乳时，参照系数表中同等规模对应产品的产污系数。

1442 乳粉制造业

1 适用范围

本手册仅用于《国民经济行业分类》（GB/T 4754—2017）中 1442 乳粉制造行业使用产污系数法核算工业污染物产生量和排放量的工业企业。

利用本手册进行产排污核算得出的污染物产生量与排放量仅代表了特定行业的工艺、产品、原料在正常工况下污染物产生与排放量的一般规律。

本行业废水指标包括工业废水量、化学需氧量、氨氮、总氮。

2 注意事项

2.1 企业有多种生产工艺或生产多类产品产排污量核算

污染物产生量与产品产量有关，根据不同核算环节计算产污量后，再根据企业末端治理设施和运行情况计算排污量。

企业某污染物产生量、排放量为各核算环节产生量、排放量之和。

在企业实际排放量计算过程中，如果存在废水回用的情况，需要在利用产排污核算公式的基础上扣除废水回用的部分。公式如下：

实际排放量=计算排放量×（1–废水回用率）

2.2 采用多种治理设施组合处理企业的排污量核算

在排污量计算选择末端治理技术时，若没有对应的组合治理技术，以主要治理技术为准。

若某些企业采用的末端治理技术在系数表中没有对应的，则选择处理原理或处理效率最相近的治理技术。

2.3 系数表中未涉及的产污系数及污染治理效率

本手册已基本涵盖多种原料、工艺及规模的乳粉加工活动的产污系数和末端治理技术去除效率，对系数表单中未涉及的产品，按照工艺优先的原则，选用系数表单中相同工艺、相同规模的产污系数，当原料、工艺或规模有差异时根据表注说明进行系数调整。

调整后的产污系数=系数表单中选取的产污系数×调整系数

无须调整时调整系数取值为1。同时需要注意，在某些情况下，工业废水量与其他污染物指标的调整系数取值不同。

2.4 其他需要说明的问题

（1）由于不同企业工业废水量差异较大，本手册所提供的工业废水量系数仅供参考。

（2）当同一企业生产多个产品时，普查时以产品为依据，分别核算统计。

（3）为体现相同产污水平条件下，采用相同环保治理设施的不同企业对同一污染物去除效果的差异，引入末端治理设施实际运行率（k）对污染治理技术的实际去除率进行修正。k 值反映的是污染治理设施运行的状态，越稳定运行，k 值越高；在取值上，若定义连续稳定运行的理想状态为 1，则 k 取值在 0～1 之间。

本手册给出本行业的 k 计算公式仅供参考，使用时，可根据 k 值定义，选取更适合企业实际情况的表达方式。

3 污染物排放量核算方法

3.1 计算污染物产生量

（1）根据产品、原料、污染物产生的主导生产工艺、企业规模（生产产能）这一组合查找和确定所对应的某一污染物的产污系数。

（2）根据该污染物的产污系数计量单位——单位产品产量，获取企业实际产品产量。

（3）污染物产生量按以下公式进行计算：

污染物产生量=污染物对应的产污系数×产品产量

$$G_{产i} = P_{产i} \times M_i$$

式中，$G_{产i}$——工段 i 某污染物的产生量；

$P_{产i}$——工段 i 某污染物对应的产污系数；

M_i——工段 i 的产品产量。

3.2 计算污染物去除量

（1）根据企业对某一污染物所采用的治理技术查找和选择相应的治理技术平均去除效率。

（2）根据所填报的污染治理设施实际运行率参数及其计算公式得出该企业某一污染物的治理设施实际运行率（k 值）。

（3）污染物去除量按以下公式进行计算：

污染物去除量=污染物产生量×污染物去除率

=污染物产生量×治理技术平均去除效率×治理设施实际运行率

$$R_{减i} = G_{产i} \times \eta_T \times k_T$$

式中，$R_{减i}$——工段 i 某污染物的去除量；

η_T——工段 i 某污染物采用的末端治理技术的平均去除效率；

k_T——工段 i 某污染物采用的末端治理设施的实际运行率。

3.3 计算污染物排放量

污染物排放量=污染物产生量–污染物去除量

=污染物对应的产污系数×产品产量–污染物产生量×

治理技术平均去除效率×治理设施实际运行率

3.4 计算企业污染物排放量

同一企业某污染物全年的产生（排放）总量为该企业同年实际生产的全部工艺（工段）、产品、原料、规模污染物产生（排放）量之和。

$$E_{排} = G_{产} - R_{减} = \sum (G_{产i} - R_{减i}) = \sum \left[P_{产i} \times M_i (1 - \eta_T \times k_T) \right]$$

4 污染物排放量核算案例

某乳粉生产企业以生鲜牛乳为原料生产全脂乳粉，生产工艺为“收奶-冷贮+净乳+均质+配料+均质+杀菌浓缩+喷雾干燥+包装”，企业规模（年生产全脂乳粉能力）为5000吨，年生产时间为360天，该企业污水治理技术主要为“厌氧生物处理法+好氧生物处理法”，污水处理设施参数为：年运行时间8640小时、年耗电量386348千瓦·时、总额定功率58千瓦。

4.1 化学需氧量产生量计算

（1）查找产污系数及其计量单位

根据企业基本信息，查找本手册中主要产品为乳粉，主要原料为生鲜牛乳，主要工艺为收奶-冷贮+净乳+均质+配料+均质+杀菌浓缩+喷雾干燥+包装，生产规模为所有规模。该组合化学需氧量的产污系数为26950.30，单位为克/吨-产品。

（2）获取企业产品产量

该企业实际填报情况：企业规模（年生产全脂乳粉能力）为5000吨。

（3）计算化学需氧量产生量

污染物产生量按以下公式进行计算：

由于查询到的组合中产污系数的单位为克/吨-产品，因此在核算产生量时采用产品产量。

污染物产生量=产污系数×产品（全脂乳粉）产量

=26950.3克/吨-产品×5000吨-产品/1000000=134.8吨

4.2 化学需氧量去除量计算

（1）查找治理技术平均去除效率

由于该企业化学需氧量治理技术采用“厌氧生物处理法+好氧生物处理法”组合工艺，查询相应组合内该组合工艺的平均去除效率为97.79%。

（2）计算污染治理设施实际运行率

根据该企业的污染治理设施年运行时间（小时）、年耗电量（千瓦·时）、总额定功率（千瓦）计算实际运行率参数。

k = 污水处理设施年耗电量（千瓦·时）/［总额定功率（千瓦）×年运行时间（小时）］

= 386348 千瓦·时/（58 千瓦×8640 小时）=0.771

（3）计算化学需氧量去除量

污染物去除量=污染物产生量×治理技术去除效率×治理设施实际运行率

=134.8 吨×97.79%×0.771=101.63 吨

4.3 化学需氧量排放量计算

污染物排放量=污染物产生量–污染物去除量

=134.8 吨–101.63 吨=33.17 吨

5　系数表

1442 乳粉制造行业系数表

工段名称	产品名称	原料名称	工艺名称	规模等级	污染物类别	污染物指标	系数单位	产污系数	末端治理技术	末端治理技术平均去除效率/%	参考 k 值计算公式[1]
—	乳粉①	生鲜牛乳③	收奶-冷贮+净乳+均质+配料+均质+杀菌浓缩+喷雾干燥+包装	所有规模②	废水	工业废水量	吨/吨-产品	25.15	—	0	—
						化学需氧量	克/吨-产品	26950.30	厌氧生物处理法+好氧生物处理法	97.79	k=污水处理设施年耗电量（千瓦·时）/［总额定功率（千瓦）×年运行时间（小时）］
						氨氮	克/吨-产品	308.90	厌氧生物处理法+好氧生物处理法	89.20	
						总氮	克/吨-产品	540.85	厌氧生物处理法+好氧生物处理法	85.50	
					固废	一般工业固废	千克/吨-产品	1.10	综合利用	100	—

注：①乳粉指全脂乳粉，其中脱脂乳粉产污系数调整系数为 1.35，甜乳粉产污系数的调整系数为 0.95，配方乳粉产污系数的调整系数为 0.85。

②规模等级指生产企业生产乳粉的规模。

③以羊乳或马乳等为原料生产乳粉以及以乳粉为原料复原为液体乳再生产乳粉的企业，参照系数表中同等规模对应产品的产污系数。

[1]该公式仅供参考，使用时，可根据 k 值定义，选取更适合企业实际情况的表达方式。

1449 其他乳制品制造业

1 适用范围

本手册仅用于《国民经济行业分类》（GB/T 4754—2017）中 1449 其他乳制品制造行业使用产污系数法核算工业污染物产生量和排放量的工业企业。

利用本手册进行产排污核算得出的污染物产生量与排放量仅代表了特定行业的工艺、产品、原料在正常工况下污染物产生与排放量的一般规律。

本行业废水指标包括工业废水量、化学需氧量、氨氮、总氮。

2 注意事项

2.1 企业有多种生产工艺或生产多类产品产排污量核算

污染物产生量与产品产量有关，根据不同核算环节计算产污量后，再根据企业末端治理设施和运行情况计算排污量。

企业某污染物产生量、排放量为各核算环节产生量、排放量之和。

在企业实际排放量计算过程中，如果存在废水回用的情况，需要在利用产排污核算公式的基础上扣除废水回用的部分。公式如下：

实际排放量=计算排放量×（1–废水回用率）

2.2 采用多种治理设施组合处理企业的排污量核算

在排污量计算选择末端治理技术时，若没有对应的组合治理技术，以主要治理技术为准。

若某些企业采用的末端治理技术在系数表中没有对应的，则选择处理原理或处理效率最相近的治理技术。

2.3 系数表中未涉及的产污系数及污染治理效率

本手册已基本涵盖多种原料、工艺及规模的其他乳制品加工活动的产污系数和末端治理技术去除效率，对系数表单中未涉及的产品，按照工艺优先的原则，选用系数表单中相同工艺、相同规模的产污系数，当原料、工艺或规模有差异时根据表注说明进行系数调整。

调整后的产污系数=系数表单中选取的产污系数×调整系数

无须调整时调整系数取值为1。同时需要注意，在某些情况下，工业废水量与其他污染物指标的调整系数取值不同。

2.4 其他需要说明的问题

（1）由于不同企业工业废水量差异较大，本手册所提供的工业废水量系数仅供参考。

（2）当同一企业生产多个产品时，普查时以产品为依据，分别核算统计。

（3）为体现相同产污水平条件下，采用相同环保治理设施的不同企业对同一污染物去除效果的差异，引入末端治理设施实际运行率（k）对污染治理技术的实际去除率进行修正。k 值反映的是污染治理设施运行的状态，越稳定运行，k 值越高；在取值上，若定义连续稳定运行的理想状态为 1，则 k 取值在 0～1 之间。

本手册给出本行业的 k 计算公式仅供参考，使用时，可根据 k 值定义，选取更适合企业实际情况的表达方式。

3 污染物排放量核算方法

3.1 计算污染物产生量

（1）根据产品、原料、污染物产生的主导生产工艺、企业规模这一组合查找和确定所对应的某一污染物的产污系数。

（2）根据该污染物的产污系数计量单位——单位产品产量，获取企业实际产品产量。

（3）污染物产生量按以下公式进行计算：

污染物产生量=污染物对应的产污系数×产品产量

$$G_{产i} = P_{产i} \times M_i$$

式中，$G_{产i}$——工段 i 某污染物的产生量；

$P_{产i}$——工段 i 某污染物对应的产污系数；

M_i——工段 i 的产品产量。

3.2 计算污染物去除量

（1）根据企业对某一污染物所采用的治理技术查找和选择相应的治理技术平均去除效率。

（2）根据所填报的污染治理设施实际运行率参数及其计算公式得出该企业某一污染物的治理设施实际运行率（k 值）。

（3）污染物去除量按以下公式进行计算：

污染物去除量=污染物产生量×污染物去除率

=污染物产生量×治理技术平均去除效率×治理设施实际运行率

$$R_{减i} = G_{产i} \times \eta_T \times k_T$$

式中，$R_{减i}$——工段 i 某污染物的去除量；

η_T——工段 i 某污染物采用的末端治理技术的平均去除效率；

k_T——工段 i 某污染物采用的末端治理设施的实际运行率。

3.3 计算污染物排放量

污染物排放量=污染物产生量–污染物去除量

=污染物对应的产污系数×产品产量–污染物产生量×

治理技术平均去除效率×治理设施实际运行率

3.4 计算企业污染物排放量

同一企业某污染物全年的产生（排放）总量为该企业同年实际生产的全部工艺（工段）、产品、原料、规模污染物产生（排放）量之和。

$$E_{排} = G_{产} - R_{减} = \sum (G_{产i} - R_{减i}) = \sum \left[P_{产i} \times M_i (1 - \eta_T \times k_T) \right]$$

4 污染物排放量核算案例

某炼乳生产企业以生鲜牛乳为原料生产甜炼乳，生产工艺为“收奶+冷贮+预处理+配料+均质+杀菌浓缩+冷却结晶+搅拌+灌装”，企业规模（年生产甜炼乳能力）为 20000 吨，年生产时间为 360 天，该企业污水治理技术主要为“厌氧生物处理法+好氧生物处理法”，污水处理设施参数为：年运行时间 8640 小时、年耗电量 188788 千瓦·时、总额定功率 30 千瓦。

4.1 化学需氧量产生量计算

（1）查找产污系数及其计量单位

根据企业基本信息，查找本手册中主要产品为甜炼乳，主要原料为生鲜牛乳，主要工艺为收奶+冷贮+预处理+配料+均质+杀菌浓缩+冷却结晶+搅拌+灌装，生产规模为所有规模。该组合化学需氧量的产污系数为 9623.96，单位为克/吨-产品。

（2）获取企业产品产量

该企业实际填报情况：甜炼乳年产量为 20000 吨。

（3）计算化学需氧量产生量

污染物产生量按以下公式进行计算：

由于查询到的组合中，产污系数的单位为克/吨-产品，因此在核算产生量时采用产品产量。

污染物产生量=产污系数×产品（甜炼乳）产量

=9623.96 克/吨-产品×20000 吨-产品=192.48 吨

4.2 化学需氧量去除量计算

（1）查找治理技术平均去除效率

该企业化学需氧量治理技术采用“厌氧生物处理法+好氧生物处理法”组合工艺，查询相应组合该组合工艺的平均去除效率为 98.26%。

（2）计算污染治理设施实际运行率

根据该企业的污染治理设施年运行时间（小时）、年耗电量（千瓦·时）、总额定功率（千瓦）计算实际运行率参数。

k = 污水处理设施年耗电量（千瓦·时）/［总额定功率（千瓦）×年运行时间（小时）］

= 188788 千瓦·时/（30 千瓦×8640 小时）=0.728

（3）计算化学需氧量去除量

污染物去除量=污染物产生量×治理技术去除效率×治理设施实际运行率

=192.48 吨×98.26%×0.728=137.69 吨

4.3 化学需氧量排放量计算

污染物排放量=污染物产生量–污染物去除量

=192.47 吨–137.69 吨=54.78 吨

5 系数表

1449 其他乳制品制造行业系数表

工段名称	产品名称	原料名称	工艺名称	规模等级	污染物类别	污染物指标	系数单位	产污系数	末端治理技术	末端治理技术平均去除效率/%	参考 k 值计算公式[1]
—	干酪①	生鲜牛乳、食用盐	收奶+冷贮+净乳+均质+杀菌冷却+乳酸发酵+凝乳+分离乳清+加盐+成型+包装	所有规模	废水	废水排放量	吨/吨-产品	21.74	—	0	—
						化学需氧量	克/吨-产品	56894.68	厌氧生物处理法+好氧生物处理法	96.02	k=污水处理设施年耗电量（千瓦·时）/［总额定功率（千瓦）×年运行时间（小时）］
						氨氮	克/吨-产品	509.12	厌氧生物处理法+好氧生物处理法	85.05	
						总氮	克/吨-产品	1241.24	厌氧生物处理法+好氧生物处理法	85.36	
					固废	一般工业固废	千克/吨-产品	3.41	综合利用	100	—
	炼乳②	生鲜牛乳③、乳粉、白砂糖、食用植物油	收奶+冷贮+预处理+配料+均质+杀菌浓缩+冷却结晶+搅拌+灌装	所有规模	废水	废水排放量	吨/吨-产品	4.97	—	0	
						化学需氧量	克/吨-产品	9623.96	厌氧生物处理法+好氧生物处理法	98.26	k=污水处理设施年耗电量（千瓦·时）/［总额定功率（千瓦）×年运行时间（小时）］
						氨氮	克/吨-产品	74.60	厌氧生物处理法+好氧生物处理法	85.31	
						总氮	克/吨-产品	238.25	厌氧生物处理法+好氧生物处理法	84.56	
					固废	一般工业固废	千克/吨-产品	1.16	综合利用	100	

注：①干酪指以生鲜牛乳为原料的干酪制品，国内专一生产干酪的企业数量极少，以成品干酪生产再制干酪的产污系数的调整系数为 0.3，废水排放量产污系数的调整系数为 0.5。

②炼乳指甜炼乳制品，淡炼乳产品产污系数的调整系数为 0.9。

③以乳粉为原料生产炼乳产品，参照系数表中炼乳的产污系数。

*国内以生鲜牛乳为原料生产奶油及乳清制品的企业极少，多为产量很小的副产品，生产过程所产生的污染物已在主产品中核算，无须重复计算奶油及乳清制品的污染量。

**干酪素产品的产污系数参照乳粉产污系数，其中化学需氧量产污系数的调整系数为 3.0。

[1]该公式仅供参考，使用时，可根据 k 值定义，选取更适合企业实际情况的表达方式。

1451 肉、禽类罐头制造业

1 适用范围

本手册仅用于《国民经济行业分类》（GB/T 4754—2017）中 1451 肉、禽类罐头制造业使用产污系数法核算工业污染物产生量和排放量的工业企业。

利用本手册进行产排污核算得出的污染物产生量与排放量仅代表了特定行业的工艺、产品、原料在正常工况下污染物产生与排放的一般规律。

本行业废水指标包括工业废水量、化学需氧量、总磷、总氮、氨氮、石油类（按动植物油类计）。

2 注意事项

2.1 企业有多种生产工艺或生产多类产品产排污量核算

污染物产生量与产品产量有关，根据不同核算环节计算产污量后，再根据企业末端治理设施和运行情况计算排污量。

企业某污染物产生量、排放量为各核算环节产生量、排放量之和。

在企业实际排放量计算过程中，如果存在废水回用的情况，需要在利用产排污核算公式的基础上扣除废水回用的部分。公式如下：

实际排放量=计算排放量×（1–废水回用率）

若末端治理技术为物理处理法时，排污量等于产污量。

2.2 采用多种治理设施组合处理企业的排污量核算

在排污量计算选择末端治理技术时，若没有对应的组合治理技术，以主要治理技术为准。

2.3 系数表中未涉及的产污系数及污染治理效率

本手册已基本涵盖多种原料、工艺及规模的肉、禽类罐头等加工活动的产污系数和末端治理技术去除效率，对系数表单中未涉及的产品和组合，按照工艺优先的原则，选用系数表单中相同工艺、相同规模的产污系数，当工艺或规模有差异时根据表注说明进行系数调整。对系数表单中未涉及的处理方法，可咨询当地行业组织或罐头行业专家、其他生产罐头企业技术人员，选取近似的废水处理方法代替。

调整后的产污系数=系数表单中选取的产污系数×调整系数

无须调整时调整系数取值为1。同时需要注意，在某些情况下，工业废水量与其他污染物指标的调整系数取值不同。

2.4 其他需要说明的问题

（1）婴幼儿辅助食品类罐头中肉禽类罐头制品，污染物指标可参考 1451 肉、禽类罐头制造业的系数手册。其他肉禽类罐头如牛羊肉、兔肉、鸡、鸭、鹅肉、内脏、炖牛肉罐头、炖肉罐头、炖羊杂等罐头制品可参照相同工艺条件下的肉、禽类罐头制品的污染物指标，可参考 1451 肉、禽类罐头制造业中红烧肉罐头的系数手册。

（2）罐头行业属于传统加工行业，不同规模的企业基础设施及技术水平五花八门，一些规模的企业已经或已开始投资废水处理设施。很大一批规模很小的企业没有兴建正规的废水处理设施。

当调查企业末端治理设施与系数表单中不同时，请选取系数表单中相近末端治理技术的产污系数和治理设施效率进行计算。

（3）在生产肉、禽类罐头制品中，工业废水量的产生主要是杀菌冷却水，如出现工业废水排放偏低时，应考虑到杀菌冷却水循环再利用的因素。

（4）本手册力求简单、清楚，便于使用，制定时充分考虑了全国的平均水平，使用本手册计算得出的产污量可能会与单个调查企业的情况有一定出入，但总体符合全行业水平。

由于不同企业工业废气量、废水量差异较大，本手册所提供的工业废气量、废水量系数仅供参考。

（5）为体现相同产污水平条件下，采用相同环保治理设施的不同企业对同一污染物去除效果的差异，引入末端治理设施实际运行率（k）对污染治理技术的实际去除率进行修正。k 值反映的是污染治理设施运行的状态，越稳定运行，k 值越高；在取值上，若定义连续稳定运行的理想状态为 1，则 k 取值在 0～1 之间。

本手册给出本行业的 k 计算公式仅供参考，使用时，可根据 k 值定义，选取更适合企业实际情况的表达方式。

3 污染物排放量核算方法

3.1 计算污染物产生量

（1）根据产品、原料、污染物产生的主导生产工艺、企业规模（生产产能）这一组合查找和确定所对应的某一污染物的产污系数。

（2）根据该污染物的产污系数计量单位——单位产品产量，获取企业实际产品产量。

（3）污染物产生量按以下公式进行计算：

污染物产生量=污染物对应的产污系数×产品产量

$$G_{产i} = P_{产i} \times M_i$$

式中，$G_{产i}$——工段 i 某污染物的产生量；

$P_{产i}$——工段 i 某污染物对应的产污系数；

M_i——工段 i 的产品产量。

3.2 计算污染物去除量

（1）根据企业对某一污染物所采用的治理技术查找和选择相应的治理技术平均去除效率。

（2）根据所填报的污染治理设施实际运行率参数及其计算公式得出该企业某一污染物的治理设施实际运行率（k 值）。

（3）污染物去除量按以下公式进行计算：

污染物去除量=污染物产生量×污染物去除率

=污染物产生量×治理技术平均去除效率×治理设施实际运行率

$$R_{减i}=G_{产i}\times\eta_T\times k_T$$

式中，$R_{减i}$——工段 i 某污染物的去除量；

η_T——工段 i 某污染物采用的末端治理技术的平均去除效率；

k_T——工段 i 某污染物采用的末端治理设施的实际运行率。

3.3 计算污染物排放量

污染物排放量=污染物产生量–污染物去除量

=污染物对应的产污系数×产品产量–污染物产生量×治理技术平均去除效率×治理设施实际运行率

3.4 计算企业污染物排放量

同一企业某污染物全年的产生（排放）总量为该企业同年实际生产的全部工段、产品、原料、规模污染物产生（排放）量之和。

$$E_{排}=G_{产}-R_{减}=\sum(G_{产i}-R_{减i})=\sum\left[P_{产i}\times M_i(1-\eta_T\times k_T)\right]$$

4 污染物排放量核算案例

某企业以猪肉、牛肉为原料生产午餐肉罐头，生产工艺为“原料处理+腌制+斩拌+填充+封口+杀菌+罐藏”，企业规模为 45 吨-产品/天，年生产时间为 350 天，该企业污水治理技术主要为“物理处理法+化学处理法+厌氧生物处理法”，污水处理设施参数为：年运行时间 8760 小时、年耗电量 1560000 千瓦·时、总额定功率 227 千瓦。

本核算示例以废水中化学需氧量为例，说明排放量的计算方法。

4.1 化学需氧量产生量计算

（1）查找产污系数及其计量单位

根据企业基本信息，查找本手册中主要产品为午餐肉罐头，主要原料为猪、牛肉，主要工艺为原料处理+腌制+斩拌+填充+封口+杀菌+罐藏，生产规模为所有规模。该组合化学需氧量的产污系数为 93354.07，单位为克/吨-产品。

（2）获取企业产品产量

该企业实际情况为：企业规模（午餐肉罐头加工能力）为 45 吨-产品/天。

（3）计算化学需氧量产生量

污染物产生量=产污系数×产品产量

=93354.07 克/吨-产品×45 吨-产品/天= 4200.933 千克/天

4.2 化学需氧量去除量计算

（1）查找治理技术平均去除效率

由于该企业化学需氧量治理技术采用“物理处理法+化学处理法+厌氧生物处理法”，查询相应组合内的末端治理技术去除效率 85.35%。

（2）计算污染治理设施实际运行率

根据该企业的污染治理设施年运行时间（小时）、年耗电量（千瓦·时）、总额定功率（千瓦）计算实际运行率参数。

k = 污水处理设施年耗电量（千瓦·时）/［总额定功率（千瓦）×年运行时间（小时）］

= 1560000 千瓦·时/（227 千瓦×8670 小时）=0.793

（3）计算化学需氧量去除量

污染物去除量=污染物产生量×治理技术去除效率×治理设施实际运行率

=4200.933 千克×85.35%×0.793=2843.299 千克

4.3 化学需氧量排放量计算

污染物排放量=污染物产生量–污染物去除量

=4200.933 千克–2843.299 千克=1357.634 千克

5 系数表

1451 肉、禽类罐头制造行业系数表

工段名称	产品名称	原料名称	工艺名称	规模等级	污染物类别	污染物指标	系数单位	产污系数	末端治理技术	末端治理技术平均去除效率/%	参考 k 值计算公式[1]
—	午餐肉罐头	猪、牛肉	原料处理+腌制+斩拌+填充+封口+杀菌+罐藏	所有规模	废水	工业废水量	吨/吨-产品	28.63	—	0	—
						化学需氧量	克/吨-产品	93354.07	物理处理法+化学处理法＋厌氧生物处理法	85.35	k=污水处理设施年耗电量（千瓦·时）/［总额定功率（千瓦）×年运行时间（小时）］
						总氮	克/吨-产品	1049.17	物理处理法+化学处理法＋厌氧生物处理法	40.80	
						总磷	克/吨-产品	185.65	物理处理法+化学处理法＋厌氧生物处理法	77.00	
						氨氮	克/吨-产品	799.00	物理处理法+化学处理法＋厌氧生物处理法	34.25	
						石油类①	克/吨-产品	957.28	物理处理法+化学处理法＋厌氧生物处理法	22.87	
					固废	一般工业固废	吨/吨-产品	0.0007	—	—	—
—	红烧肉罐头	猪、牛、鸡肉	原料处理+预煮+斩拌+填充+封口+杀菌+罐藏	所有规模	废水	工业废水量	吨/吨-产品	20.84	—	0	—
						化学需氧量	克/吨-产品	74278.64	物理处理法+化学处理法＋厌氧生物处理法	88.32	k=污水处理设施年耗电量（千瓦·时）/［总额定功率（千瓦）×年运行时间（小时）］
						总氮	克/吨-产品	880.02	物理处理法+化学处理法＋厌氧生物处理法	36.16	
						总磷	克/吨-产品	223.73	物理处理法+化学处理法＋厌氧生物处理法	79.16	
						氨氮	克/吨-产品	799.08	物理处理法+化学处理法＋厌氧生物处理法	41.62	
						石油类①	克/吨-产品	202.99	物理处理法+化学处理法＋厌氧生物处理法	20.42	
					固废	一般工业固废	吨/吨-产品	0.0005	—	—	—

注：①按动植物油脂类计算。

[1]该公式仅供参考，使用时，可根据 k 值定义，选取更适合企业实际情况的表达方式。

1452 水产品罐头制造业

1 适用范围

本手册仅用于《国民经济行业分类》(GB/T 4754—2017)中 1452 水产品罐头制造业使用产污系数法核算工业污染物产生量和排放量的工业企业。

利用本手册进行产排污核算得出的污染物产生量与排放量仅代表了特定行业的工艺、产品、原料在正常工况下污染物产生与排放的一般规律。

本行业废水指标包括工业废水量、化学需氧量、总磷、总氮、氨氮、石油类(按动植物油类计)。

2 注意事项

2.1 企业有多种生产工艺或生产多类产品产排污量核算

污染物产生量与产品产量有关，根据不同核算环节计算产污量后，再根据企业末端治理设施和运行情况计算排污量。

企业某污染物产生量、排放量为各核算环节产生量、排放量之和。

在企业实际排放量计算过程中，如果存在废水回用的情况，需要在利用产排污核算公式的基础上扣除废水回用的部分。公式如下：

实际排放量=计算排放量×(1−废水回用率)

若末端治理技术为物理处理法时，排污量等于产污量。

2.2 采用多种治理设施组合处理企业的排污量核算

在排污量计算选择末端治理技术时，若没有对应的组合治理技术，以主要治理技术为准。

2.3 系数表中未涉及的产污系数及污染治理效率

本手册已基本涵盖多种原料、工艺及规模的水产品罐头等加工活动的产污系数和末端治理技术去除效率，对系数表单中未涉及的产品，按照工艺优先的原则，选用系数表单中相同工艺、相同规模的产污系数，当工艺或规模有差异时根据表注说明进行系数调整。对系数表单中未涉及的处理方法，可咨询当地行业组织或罐头行业专家、其他生产罐头企业技术人员，选取近似的废水处理方法代替。

调整后的产污系数=系数表单中选取的产污系数×调整系数

无须调整时调整系数取值为1。同时需要注意，在某些情况下，工业废水量与其他污染物指标的调整系数取值不同。

2.4 其他需要说明的问题

（1）甲壳水生动物罐头及水生无脊椎动物罐头制品，污染物指标可参考 1452 水产品罐头制造业中整鱼制品的系数手册。

婴幼儿辅助食品类罐头中水产品罐头制品，污染物指标可参考 1452 水产品罐头制造业的系数手册。

（2）水产品罐头行业属于传统加工行业，不同规模的企业基础设施及技术水平五花八门，一些规模的企业已经使用或已开始投资废水处理设施。很大一批规模很小的企业没有兴建正规的废水处理设施。

当调查企业末端治理设施与系数表单中不同时，请选取系数表单中相近末端治理技术的产污系数和治理设施效率进行计算。

（3）在生产水产品罐头制品中，工业废水量的产生主要是杀菌冷却水，如出现工业废水排放偏低时，应考虑到杀菌冷却水循环再利用的因素。

（4）本手册力求简单、清楚，便于普查员使用，制定时充分考虑了全国的平均水平，使用本手册计算得出的产污量可能会与单个调查企业的情况有一定出入，但总体符合全行业水平。

由于不同企业工业废气量、废水量差异较大，本手册所提供的工业废气量、废水量系数仅供参考。

（5）为体现相同产污水平条件下，采用相同环保治理设施的不同企业对同一污染物去除效果的差异，引入末端治理设施实际运行率（k）对污染治理技术的实际去除率进行修正。k 值反映的是污染治理设施运行的状态，越稳定运行，k 值越高；在取值上，若定义连续稳定运行的理想状态为 1，则 k 取值在 0～1 之间。

本手册给出本行业的 k 计算公式仅供参考，使用时，可根据 k 值定义，选取更适合企业实际情况的表达方式。

3 污染物排放量核算方法

3.1 计算污染物产生量

（1）根据产品、原料、污染物产生的主导生产工艺、企业规模（生产产能）这一组合查找和确定所对应的某一污染物的产污系数。

（2）根据该污染物的产污系数计量单位——单位产品产量，获取企业实际产品产量。

（3）污染物产生量按以下公式进行计算：

污染物产生量=污染物对应的产污系数×产品产量

$$G_{产_i} = P_{产_i} \times M_i$$

式中，$G_{产_i}$——工段 i 某污染物的产生量；

$P_{产_i}$——工段 i 某污染物对应的产污系数；

M_i——工段 i 的产品产量。

3.2 计算污染物去除量

（1）根据企业对某一污染物所采用的治理技术查找和选择相应的治理技术平均去除效率；

（2）根据所填报的污染治理设施实际运行率参数及其计算公式得出该企业某一污染物的治理设施实际运行率（k 值）。

（3）污染物去除量按以下公式进行计算：

污染物去除量=污染物产生量×污染物去除率

=污染物产生量×治理技术平均去除效率×治理设施实际运行率

$$R_{减i}=G_{产i}\times\eta_T\times k_T$$

式中，$R_{减i}$——工段 i 某污染物的去除量；

η_T——工段 i 某污染物采用的末端治理技术的平均去除效率；

k_T——工段 i 某污染物采用的末端治理设施的实际运行率。

3.3 计算污染物排放量

污染物排放量=污染物产生量–污染物去除量

=污染物对应的产污系数×产品产量–污染物产生量×治理技术平均去除效率×治理设施实际运行率

3.4 计算企业污染物排放量

同一企业某污染物全年的产生（排放）总量为该企业同年实际生产的全部工段、产品、原料、规模污染物产生（排放）量之和。

$$E_{排}=G_{产}-R_{减}=\sum(G_{产i}-R_{减i})=\sum\left[P_{产i}\times M_i(1-\eta_T\times k_T)\right]$$

4 污染物排放量核算案例

某企业以鲭鱼（鱼片）为原料生产鲭鱼罐头，生产工艺为“原料处理、清洗、腌制、装罐、蒸煮、封口、杀菌、罐藏”，企业规模为 30 吨-产品/天，年生产时间为 300 天，该企业污水治理技术主要为“物理处理法+化学处理法+厌氧生物处理法”，污水处理设施参数为：年运行时间 8260 小时、年耗电量 985700 千瓦·时、总额定功率 145 千瓦。

本核算示例以废水中化学需氧量为例，说明排放量的计算方法。

4.1 化学需氧量产生量计算

（1）查找产污系数及其计量单位

根据企业基本信息，查找本手册中主要产品为鲭鱼罐头，主要原料为鲭鱼，主要工艺为原料处理+清洗+腌制+装罐+蒸煮+封口+杀菌+罐藏，生产规模为所有规模。该组合化学需氧量的产污系数为 172199.992，单位为克/吨-产品。

（2）获取企业产品产量

该企业实际情况为：企业规模（产品加工能力）为 30 吨-产品/天。

（3）计算化学需氧量产生量

污染物产生量=产污系数×产品产量

=172199.992 克/吨-产品×30 吨-产品/天÷1000= 5166.000 千克/天

4.2 化学需氧量去除量计算

（1）查找治理技术平均去除效率

由于该企业化学需氧量治理技术采用“物理处理法+化学处理法+厌氧生物处理法”，查询相应组合内的末端治理技术去除效率为 86.52%。

（2）计算污染治理设施实际运行率

根据该企业的污染治理设施年运行时间（小时）、年耗电量（千瓦·时）、总额定功率（千瓦）计算实际运行率参数。

k = 污水处理设施年耗电量（千瓦·时）/［总额定功率（千瓦）×年运行时间（小时）］

= 985700 千瓦·时/（8260 小时×145 千瓦）=0.823

（3）计算化学需氧量去除量

污染物去除量=污染物产生量×治理技术去除效率×治理设施实际运行率

=5166.000 千克×86.52%×0.823=3678.500 千克

4.3 化学需氧量排放量计算

污染物排放量=污染物产生量–污染物去除量

=5166.000 千克–3678.500 千克=1487.500 千克

5 系数表

1452 水产品罐头制造行业系数表

工段名称	产品名称	原料名称	工艺名称	规模等级	污染物类别	污染物指标	系数单位	产污系数	末端治理技术	末端治理技术平均去除效率/%	参考 k 值计算公式[1]
—	水产品罐头	整鱼	原料处理+腌制+斩拌+填充+封口+杀菌+罐藏	所有规模	废水	工业废水量	吨/吨-产品	32.78	—	0	—
						化学需氧量	克/吨-产品	96619.00	物理处理法+化学处理法+厌氧生物处理法	86.16	k=污水处理设施年耗电量（千瓦·时）/［总额定功率（千瓦）×年运行时间（小时）］
						总氮	克/吨-产品	3954.56	物理处理法+化学处理法+厌氧生物处理法	58.60	
						总磷	克/吨-产品	1196.56	物理处理法+化学处理法+厌氧生物处理法	77.00	
						氨氮	克/吨-产品	3139.22	物理处理法+化学处理法+厌氧生物处理法	45.74	
						石油类①	克/吨-产品	957.98	物理处理法+化学处理法+厌氧生物处理法	39.56	
					固废	一般工业固废	吨/吨-产品	0.004	—	—	—
		鱼片	解冻+油炸或蒸煮+装罐+封口+杀菌+罐藏	所有规模	废水	工业废水量	吨/吨-产品	36.64	—	0	—
						化学需氧量	克/吨-产品	172199.99	物理处理法+化学处理法+厌氧生物处理法	86.52	k=污水处理设施年耗电量（千瓦·时）/［总额定功率（千瓦）×年运行时间（小时）］
						总氮	克/吨-产品	6603.63	物理处理法+化学处理法+厌氧生物处理法	67.03	
						总磷	克/吨-产品	1391.47	物理处理法+化学处理法+厌氧生物处理法	74.84	
						氨氮	克/吨-产品	5406.02	物理处理法+化学处理法+厌氧生物处理法	62.22	
						石油类①	克/吨-产品	1105.83	物理处理法+化学处理法+厌氧生物处理法	49.77	
					固废	一般工业固废	吨/吨-产品	0.0035	—	—	—

注：①按动植物油脂类计算。

[1]该公式仅供参考，使用时，可根据 k 值定义，选取更适合企业实际情况的表达方式。

1453 水果、蔬菜罐头制造业

1 适用范围

本手册仅用于《国民经济行业分类》（GB/T 4754—2017）中 1453 水果、蔬菜罐头制造行业使用产污系数法核算工业污染物产生量和排放量的工业企业。

利用本手册进行产排污核算得出的污染物产生量与排放量仅代表了特定行业、工艺、产品、原料在正常工况下污染物产生与排放的一般规律。

本行业废水指标包括工业废水量、化学需氧量、总氮、总磷、氨氮。

2 注意事项

2.1 企业有多种生产工艺或生产多类产品产排污量核算

污染物产生量与产品产量有关，根据不同核算环节计算产污量后，再根据企业末端治理设施和运行情况计算各污染物的排放量。

企业某污染物产生量、排放量为各核算环节产生量、排放量之和。

在企业实际排放量计算过程中，如果存在废水回用的情况，需要在利用产排污核算公式的基础上扣除废水回用的部分。公式如下：

实际排放量=计算排放量×（1–废水回用率）

2.2 采用多种治理设施组合处理企业的排污量核算

在排污量计算选择末端治理技术时，若没有对应的组合治理技术，以主要治理技术为准。

2.3 系数表中未涉及的产污系数及污染治理效率

本手册已基本涵盖橘子罐头、桃罐头、番茄酱罐头、盐渍菜罐头和食用菌罐头加工活动的产污系数和末端治理技术去除效率。

其中，橘子罐头和黄桃罐头是水果罐头大宗产品，在生产过程中通过酸碱法去皮和去囊衣等生产工艺产生一定的污染，非常具有代表性。不采用酸碱法去皮的水果罐头，如苹果、菠萝、荔枝、草莓、樱桃等产品，通过清洗、预煮、装罐等工艺进行生产，产生污染浓度偏低，可以参照黄桃罐头的污染系数统计其污染物的产生量。

蔬菜类罐头制品中大部分采用清洗和预煮工艺，其中蘑菇是主要产品，在预煮时脱水量最高达50%～60%，富含较多有机物，产生一定的污染，在蔬菜类罐头制品中具有一定的代表性。

芦笋罐头与食用菌罐头的生产工艺较为接近，污染物产生浓度大致相同，可以参照食用菌罐头的产污系数计算污染物的产生量。

果酱类罐头制品可参照桃罐头的产污系数计算污染物的产生量。

婴幼儿辅助食品类罐头制品中水果蔬菜均可参照相应的水果蔬菜类罐头制品的产污系数计算污染物的产生量。

在排污量计算选择末端治理技术时，若没有对应的组合治理技术，以主要治理技术为准。

2.4 其他需要说明的问题

由于不同企业工业废水量差异较大，本手册所提供的工业废水量系数仅供参考。

为体现相同产污水平条件下，采用相同环保治理设施的不同企业对同一污染物去除效果的差异，引入末端治理设施实际运行率（k）对污染治理技术的实际去除率进行修正。k 值反映的是污染治理设施运行的状态，越稳定运行，k 值越高；在取值上，若定义连续稳定运行的理想状态为 1，则 k 取值在 0～1 之间。

本手册给出本行业的 k 计算公式仅供参考，使用时，可根据 k 值定义，选取更适合企业实际情况的表达方式。

果蔬罐头制品中，工业废水量的产生主要是预处理清洗水和杀菌冷却水，出现工业废水排放量偏低时，应考虑杀菌冷却水循环再利用的因素。

应考虑果蔬类罐头是属于生产周期短、季节性较强的产品，如桃罐头生产一般在 7 月至 9 月，橘子罐头生产一般在 10 月底至次年 1 月，蘑菇生产一般在 12 月至次年 4 月等。

3 污染物排放量核算方法

3.1 计算污染物产生量

（1）根据产品、原料、污染物产生的主导生产工艺、企业规模（生产产能）这一组合查找和确定所对应的某一污染物的产污系数。

（2）根据该污染物的产污系数计量单位——单位产品产量，获取企业实际产品产量或原料用量。

例如，某组合内化学需氧量的产污系数单位为千克/吨-产品，则计算产生量时需要获取企业实际产品产量。

（3）污染物产生量按以下公式进行计算：

污染物产生量=污染物对应的产污系数×产品产量

$$G_{产i} = P_{产i} \times M_i$$

式中，$G_{产i}$——工段 i 某污染物的产生量；

$P_{产i}$——工段 i 某污染物对应的产污系数；

M_i——工段 i 的产品产量。

3.2 计算污染物去除量

（1）根据企业对某一污染物所采用的治理技术查找和选择相应的治理技术平均去除效率；

（2）根据所填报的污染治理设施实际运行率参数及其计算公式得出该企业某一污染物的治理设施实际运行率（k 值）。

（3）污染物去除量按以下公式进行计算：

污染物去除量=污染物产生量×污染物去除率

=污染物产生量×治理技术平均去除效率×治理设施实际运行率

$$R_{减i}=G_{产i}\times\eta_T\times k_T$$

式中，$R_{减i}$——工段 i 某污染物的去除量；

η_T——工段 i 某污染物采用的末端治理技术的平均去除效率；

k_T——工段 i 某污染物采用的末端治理设施的实际运行率。

3.3 计算污染物排放量

污染物排放量=污染物产生量–污染物去除量

=污染物对应的产污系数×产品产量–污染物产生量×

治理技术平均去除效率×治理设施实际运行率

3.4 计算企业污染物排放量

同一企业某污染物全年的产生（排放）总量为该企业同年实际生产的全部工段、产品、原料、规模污染物产生（排放）量之和。

$$E_{排}=G_{产}-R_{减}=\sum(G_{产i}-R_{减i})=\sum\left[P_{产i}\times M_i(1-\eta_T\times k_T)\right]$$

4 污染物排放量核算案例

某黄桃罐头企业以黄桃为原料，全年生产黄桃罐头 20000 吨。污水治理方法为“物理化学处理法+好氧生物处理法”，污水处理设施参数为：年运行时间 8760 小时、年耗电量 265000 千瓦·时、总额定功率 67 千瓦。

本核算示例以废水中化学需氧量为例，说明排放量的计算方法。

4.1 化学需氧量产生量计算

（1）查找产污系数及其计量单位

根据企业基本信息，查找本手册中主要产品为桃罐头，主要原料为桃，主要工艺为洗涤+化学去皮+预煮+装罐+杀菌+罐藏，生产规模为所有规模。该组合化学需氧量的产污系数为 22561.800 克/吨-产品。

（2）获取企业产品产量

该企业实际情况为：企业规模（每天生产桃罐头能力）为 200 吨-产品/天。

（3）计算化学需氧量产生量

化学需氧量产生量=化学需氧量产污系数×产品（桃罐头）产量

=22561.800 克/吨-产品×200 吨-产品/天÷1000=4512.36 千克

4.2 化学需氧量去除量计算

（1）查找治理技术平均去除效率

该企业化学需氧量治理技术采用“物理化学处理法+好氧生物处理法”，查询相应组合内的末端治理技术去除效率为 89.06%。

（2）计算污染治理设施实际运行率

根据该企业的污染治理设施年运行时间（小时）、年耗电量（千瓦·时）、总额定功率（千瓦）计算实际运行率参数：

k = 污水处理设施年耗电量（千瓦·时）/［总额定功率（千瓦）×年运行时间（小时）］

= 265000 千瓦·时/（67 千瓦×8760 小时）=0.6219

（3）计算化学需氧量去除量

污染物去除量=污染物产生量×治理技术去除效率×治理设施实际运行率

=4512.36 千克×89.06%×0.6219=2499.23 千克

4.3 化学需氧量排放量计算

污染物排放量=污染物产生量–污染物去除量

=4519.36 千克–2499.23 千克=2020.13 千克

5 系数表

1453 水果、蔬菜罐头制造行业系数表

工段名称	产品名称	原料名称	工艺名称	规模等级	污染物类别	污染物指标	系数单位	产污系数	末端治理技术	末端治理技术平均去除效率/%	参考 k 值计算公式[1]
—	橘子罐头	橘子	蒸汽去皮+去囊衣+漂洗+装罐+杀菌+罐藏	所有规模	废水	工业废水量	吨/吨-产品	34.95	—	0	—
						化学需氧量	克/吨-产品	32157.21	好氧生物处理法	84.10	k=污水处理设施年耗电量（千瓦·时）/［总额定功率（千瓦）×年运行时间（小时）］
						总氮	克/吨-产品	7882.94	好氧生物处理法	64.01	
						总磷	克/吨-产品	364.48	好氧生物处理法	87.42	
						氨氮	克/吨-产品	7340.58	好氧生物处理法	85.38	
					固废	一般工业固废	吨/吨-原料	0.009	—	—	—
—	桃罐头	桃	洗涤+化学去皮+预煮+装罐+杀菌+罐藏	所有规模	废水	工业废水量	吨/吨-产品	18.12	—	0	—
						化学需氧量	克/吨-产品	22561.80	物理化学处理法+好氧生物处理法	89.06	k=污水处理设施年耗电量（千瓦·时）/［总额定功率（千瓦）×年运行时间（小时）］
						总氮	克/吨-产品	438.94	物理化学处理法+好氧生物处理法	58.29	
						总磷	克/吨-产品	61.11	物理化学处理法+好氧生物处理法	67.80	
						氨氮	克/吨-产品	286.37	物理化学处理法+好氧生物处理法	60.17	
					固废	一般工业固废	吨/吨-原料	0.010	—	—	—

[1] 该公式仅供参考，使用时，可根据 k 值定义，选取更适合企业实际情况的表达方式。

1453 水果、蔬菜罐头制造行业系数表（续表 1）

工段名称	产品名称	原料名称	工艺名称	规模等级	污染物类别	污染物指标	系数单位	产污系数	末端治理技术	末端治理技术平均去除效率/%	参考 k 值计算公式
—	番茄酱罐头	番茄	洗涤+去皮去籽+打浆/浓缩+装罐+杀菌+罐藏	所有规模	废水	工业废水量	吨/吨-产品	9.00	—	0	—
						化学需氧量	克/吨-产品	2052.00	化学处理法+好氧生物处理法	85.00	k=污水处理设施年耗电量（千瓦·时）/［总额定功率（千瓦）×年运行时间（小时）］
						总氮	克/吨-产品	659.70	化学处理法+好氧生物处理法	77.90	
						总磷	克/吨-产品	59.40	化学处理法+好氧生物处理法	72.73	
						氨氮	克/吨-产品	151.20	化学处理法+好氧生物处理法	70.24	
					固废	一般工业固废	吨/吨-原料	0.001	—	—	—
	盐渍菜罐头	盐渍菜	洗涤+腌制+洗罐+杀菌+罐藏	所有规模	废水	工业废水量	吨/吨-产品	3.25	—	0	—
						化学需氧量	克/吨-产品	12510.00	好氧生物处理法+厌氧生物处理法	87.65	k=污水处理设施年耗电量（千瓦·时）/［总额定功率（千瓦）×年运行时间（小时）］
						总氮	克/吨-产品	221.75	好氧生物处理法+厌氧生物处理法	74.60	
						总磷	克/吨-产品	66.15	好氧生物处理法+厌氧生物处理法	91.00	
						氨氮	克/吨-产品	160.40	好氧生物处理法+厌氧生物处理法	71.00	
					固废	一般工业固废	吨/吨-原料	0.001	—	—	—
	食用菌罐头	食用菌	漂洗+预煮+装罐+杀菌+罐藏	所有规模	废水	工业废水量	吨/吨-产品	19.00	—	0	—
						化学需氧量	克/吨-产品	20360.00	好氧生物处理法	87.65	k=污水处理设施年耗电量（千瓦·时）/［总额定功率（千瓦）×年运行时间（小时）］
						总氮	克/吨-产品	3792.90	好氧生物处理法	91.01	
						总磷	克/吨-产品	260.10	好氧生物处理法	85.11	
						氨氮	克/吨-产品	3155.70	好氧生物处理法	89.31	
					固废	一般工业固废	吨/吨-原料	0.001	—	—	—

1459 其他类罐头制造业

1 适用范围

本手册仅用于《国民经济行业分类》（GB/T 4754—2017）中 1459 其他类罐头制造行业使用系数法核算工业污染物产生量和排放量的工业企业。

利用本手册进行产排污核算得出的污染物产生量与排放量仅代表了特定行业的工艺、产品、原料在正常工况下污染物产生与排放的一般规律。

本行业废水指标包括工业废水量、化学需氧量、总氮、总磷、氨氮。

2 注意事项

2.1 企业有多种生产工艺或生产多类产品产排污量核算

污染物产生量与产品产量有关，根据不同核算环节计算产污量后，再根据企业末端治理设施和运行情况计算各污染物排放量。

企业某污染物产生量、排放量为各核算环节产生量、排放量之和。

在企业实际排放量计算过程中，如果存在废水回用的情况，需要在利用产排污核算公式的基础上扣除废水回用的部分。公式如下：

实际排放量=计算排放量×（1–废水回用率）

2.2 采用多种治理设施组合处理企业的排污量核算

在排污量计算选择末端治理技术时，若没有对应的组合治理技术，以主要治理技术为准。

2.3 系数表中未涉及的产污系数及污染治理效率

本手册已基本涵盖八宝粥罐头、茄汁黄豆罐头加工活动的产污系数和末端治理技术去除效率。

其中，八宝粥罐头属于大宗产品，非常具有代表性。其他谷物制品类罐头产污环节主要包括清洗水和杀菌冷却水，污染物浓度偏低，可以参照八宝粥罐头的污染系数统计其污染物的产生量；蛋类罐头主要污水来源为清洗水和杀菌水，故也可以参照八宝粥罐头的污染系数统计其污染物的产生量。

在排污量计算选择末端治理技术时，若没有对应的组合治理技术，以主要治理技术为准。

2.4 其他需要说明的问题

由于不同企业工业废水量差异较大，本手册所提供的工业废水量系数仅供参考。

为体现相同产污水平条件下，采用相同环保治理设施的不同企业对同一污染物去除效果的差异，

引入末端治理设施实际运行率（k）对污染治理技术的实际去除率进行修正。k 值反映的是污染治理设施运行的状态，越稳定运行，k 值越高；在取值上，若定义连续稳定运行的理想状态为 1，则 k 取值在 0～1 之间。

本手册给出本行业的 k 计算公式仅供参考，使用时，可根据 k 值定义，选取更适合企业实际情况的表达方式。

在生产其他类罐头制品中，工业废水量的产生主要是杀菌冷却水，在出现工业废水排放量偏低时，应考虑杀菌冷却水循环再利用的因素。

3 污染物排放量核算方法

3.1 计算污染物产生量

（1）根据产品、原料、污染物产生的主导生产工艺、企业规模（生产产能）这一组合查找和确定所对应的某一污染物的产污系数。

（2）根据该污染物的产污系数计量单位——单位产品产量，获取企业实际产品产量或原料用量。

（3）污染物产生量按以下公式进行计算：

污染物产生量=污染物对应的产污系数×产品产量

$$G_{产i} = P_{产i} \times M_i$$

式中，$G_{产i}$——工段 i 某污染物的产生量；

$P_{产i}$——工段 i 某污染物对应的产污系数；

M_i——工段 i 的产品产量。

3.2 计算污染物去除量

（1）根据企业对某一污染物所采用的治理技术查找和选择相应的治理技术平均去除效率。

（2）根据所填报的污染治理设施实际运行率参数及其计算公式得出该企业某一污染物的治理设施实际运行率（k 值）。

（3）污染物去除量按以下公式进行计算：

污染物去除量=污染物产生量×污染物去除率

=污染物产生量×治理技术平均去除效率×治理设施实际运行率

$$R_{减i} = G_{产i} \times \eta_T \times k_T$$

式中，$R_{减i}$——工段 i 某污染物的去除量；

η_T——工段 i 某污染物采用的末端治理技术的平均去除效率；

k_T——工段 i 某污染物采用的末端治理设施的实际运行率。

3.3 计算污染物排放量

污染物排放量=污染物产生量−污染物去除量

=污染物对应的产污系数×产品产量−污染物产生量×

治理技术平均去除效率×治理设施实际运行率

3.4 计算企业污染物排放量

同一企业某污染物全年的产生（排放）总量为该企业同年实际生产的全部工段、产品、原料、规模污染物产生（排放）量之和。

$$E_{排} = G_{产} - R_{减} = \sum(G_{产i} - R_{减i}) = \sum\left[P_{产i} \times M_i(1-\eta_T \times k_T)\right]$$

4 污染物排放量核算案例

某茄汁黄豆罐头企业以黄豆为原料，全年生产茄汁黄豆罐头 12000 吨。污水治理方法为“化学处理法+好氧生物处理法”，污水处理设施参数为：年运行时间 8200 小时、年耗电量 1154700 千瓦·时、总额定功率 167 千瓦。

本核算示例以废水中化学需氧量为例，说明排放量的计算方法。

4.1 化学需氧量产生量计算

（1）查找产污系数及其计量单位

根据企业基本信息，查找本手册中主要产品为茄汁黄豆罐头，主要原料为黄豆，主要工艺为浸泡+预煮+排气+密封杀菌+罐藏，生产规模为所有规模。该组合化学需氧量的产污系数为 9320.288 克/吨-产品。

（2）获取企业产品产量

该企业实际情况为：企业规模（每天生产茄汁黄豆罐头能力）为 100 吨-产品/天。

（3）计算化学需氧量产生量

化学需氧量产生量=化学需氧量产污系数×产品（茄汁黄豆罐头）产量

=9320.288 克/吨-产品×100 吨-产品/天÷1000=932.0288 千克

4.2 化学需氧量去除量计算

（1）查找治理技术平均去除效率

由于该企业化学需氧量治理技术采用“化学处理法+好氧生物处理法”，查询相应组合内的末端治理技术去除效率为 84.50%。

（2）计算污染治理设施实际运行率

根据该企业的污染治理设施年运行时间（小时）、年耗电量（千瓦·时）、总额定功率（千瓦）计算实际运行率参数：

k = 污水处理设施年耗电量（千瓦·时）/［总额定功率（千瓦）×年运行时间（小时）]

= 1154700 千瓦·时/（167 千瓦×8200 小时）=0.8432

（3）计算化学需氧量去除量

污染物去除量=污染物产生量×治理技术去除效率×治理设施实际运行率

=932.0288 千克×84.50%×0.8432=664.07 千克

4.3 化学需氧量排放量计算

污染物排放量=污染物产生量–污染物去除量

=932.0288 千克–664.07 千克=267.96 千克

5 系数表

1459 其他类罐头制造行业系数表

工段名称	产品名称	原料名称	工艺名称	规模等级	污染物类别	污染物指标	系数单位	产污系数	末端治理技术	末端治理技术平均去除效率/%	参考 k 值计算公式[1]
—	八宝粥罐头	银耳、花生、赤豆、桂圆、莲子	淘洗+洗罐+杀菌+罐藏	所有规模	废水	工业废水量	吨/吨-产品	4.80	—	0	—
						化学需氧量	克/吨-产品	7008.10	物理化学处理法+好氧生物处理法+厌氧生物处理法	95.74	k=污水处理设施年耗电量（千瓦·时）/［总额定功率（千瓦）×年运行时间（小时）］
						总氮	克/吨-产品	100.20	物理化学处理法+好氧生物处理法+厌氧生物处理法	77.28	
						总磷	克/吨-产品	29.30	物理化学处理法+好氧生物处理法+厌氧生物处理法	80.91	
						氨氮	克/吨-产品	95.20	物理化学处理法+好氧生物处理法+厌氧生物处理法	93.62	
					固废	一般工业固废	吨/吨-原料	0.001	—	—	—
	茄汁黄豆罐头	黄豆	浸泡+预煮+排气+密封杀菌+罐藏	所有规模	废水	工业废水量	吨/吨-产品	12.50	—	0	—
						化学需氧量	克/吨-产品	9320.29	化学处理法+好氧生物处理法	84.50	k=污水处理设施年耗电量（千瓦·时）/［总额定功率（千瓦）×年运行时间（小时）］
						总氮	克/吨-产品	663.00	化学处理法+好氧生物处理法	56.60	
						总磷	克/吨-产品	39.10	化学处理法+好氧生物处理法	65.24	
						氨氮	克/吨-产品	494.95	化学处理法+好氧生物处理法	62.47	
					固废	一般工业固废	吨/吨-原料	0.001	—	—	—

[1] 该公式仅供参考，使用时，可根据 k 值定义，选取更适合企业实际情况的表达方式。

1461 味精制造业

1 适用范围

本手册仅用于《国民经济行业分类》（GB/T 4754—2017）中 1461 味精制造行业使用系数法核算工业污染物产生量和排放量的工业企业。

利用本手册进行产排污核算得出的污染物产生量与排放量仅代表了特定行业的工艺、产品、原料在正常工况下污染物产生与排放的一般规律。

本行业废水指标包括工业废水量、化学需氧量、氨氮、总氮、总磷。

2 注意事项

2.1 企业有多种生产工艺或生产多类产品产排污量核算

污染物产生量与产品产量有关，根据味精生产不同规模计算产污量后，再根据企业末端治理设施和运行情况计算各污染物的排放量。本行业所有末端治理技术、设施和运行情况忽略效率区分，视为同一。若某企业采用的末端治理技术与系数手册不完全对应，仍按本手册内容取值。

企业某污染物指标的产生量、排放量分别为各核算环节产生量、排放量之和。

在企业实际排放量计算过程中，如果存在废水回用的情况，需要在利用产排污核算公式的基础上扣除废水回用的部分。公式如下：

实际排放量=计算排放量×（1–废水回用率）

2.2 采用多种末端治理设施组合处理企业的排污量核算

在排污量计算选择末端治理技术时，若没有对应的组合治理技术，以主要治理技术为准。

2.3 系数表中未涉及的产污系数及污染治理效率

味精的生产过程中，如果包含发酵法味精工艺，废水、废气指标可参考本系数手册。本手册未涉及单纯以味精为原料添加调味料生产、加盐或增鲜味精等复配企业，相关指标按 1329 饲料行业（或其他类似行业）预混配制等工艺系数取值。

2.4 其他需要说明的问题

发酵法味精生产企业有增鲜味精、加盐味精产品的，视为与普通味精产品相同，按本系数手册取值。

本行业忽略原料、工艺和规模差异，无论采取何种末端治理技术，均视为与物化法+厌氧/好氧组合法+化学法工艺相同，按本手册中对应的产污系数进行计算。

由于不同企业工业废水量差异较大，本手册所提供的工业废水量系数仅供参考。

为体现相同产污水平条件下，采用相同环保治理设施的不同企业对同一污染物去除效果的差异，引入末端治理设施实际运行率（k）对污染治理技术的实际去除率进行修正。k 值反映的是污染治理设施运行的状态，越稳定运行，k 值越高；在取值上，若定义连续稳定运行的理想状态为 1，则 k 取值在 0～1 之间。

本手册给出本行业的 k 计算公式仅供参考，使用时，可根据 k 值定义，选取更适合企业实际情况的表达方式。

3 污染物排放量核算方法

针对企业实际生产情况，本行业在系数制定过程中未将企业全生产流程划分或拆分为若干工段（核算环节），在核算企业污染物产排量时，均视企业为生产工艺全流程进行核算。

3.1 计算污染物产生量

（1）根据产品、原料、污染物产生的主导生产工艺、企业规模（生产产能）这一组合查找和确定所对应的某一污染物的产污系数。

（2）根据该污染物的产污系数计量单位——单位产品产量，获取企业实际产品产量。

例如，某组合内化学需氧量的产污系数单位为克/吨-产品，则计算产生量时需要获取企业实际产品产量。

（3）污染物产生量按以下公式进行计算：

污染物产生量=污染物对应的产污系数×产品产量

$$G_{产i} = P_{产i} \times M_i$$

式中，$G_{产i}$——工段 i 某污染物的产生量；

$P_{产i}$——工段 i 某污染物对应的产污系数；

M_i——工段 i 的产品产量。

3.2 计算污染物去除量

（1）根据企业对某一污染物所采用的末端治理技术查找和选择相应的末端治理技术平均去除效率。

（2）根据所填报的污染末端治理设施实际运行率参数及其计算公式得出该企业某一污染物的末端治理设施实际运行率（k 值）。当计算的 k 值大于 1 时，k 值取 1；当计算的 k 值小于 1 时，k 取计算值。

（3）污染物去除量按以下公式进行计算：

污染物去除量=污染物产生量×污染物去除率

=污染物产生量×治理技术平均去除效率×治理设施实际运行率

$$R_{减i} = G_{产i} \times \eta_T \times k_T$$

式中，$R_{减i}$——工段 i 某污染物的去除量；

η_T——工段 i 某污染物采用的末端治理技术的平均去除效率；

k_T——工段 i 某污染物采用的末端治理设施的实际运行率。

3.3 计算污染物排放量

污染物排放量=污染物产生量–污染物去除量

=污染物对应的产污系数×产品产量–污染物产生量×

末端治理技术平均去除效率×末端治理设施实际运行率

3.4 计算企业污染物排放量

同一企业某污染物全年的产生（排放）总量为该企业同年实际生产的全部工段、产品、原料、规模污染物产生（排放）量之和。

$$E_{排} = G_{产} - R_{减} = \sum(G_{产i} - R_{减i}) = \sum\left[P_{产i} \times M_i(1 - \eta_T \times k_T)\right]$$

4 污染物排放量核算案例

某味精企业主要从事味精的生产。生产过程中产生的主要污染物指标为化学需氧量、氨氮、总氮、总磷。以化学需氧量为例说明排放量计算过程。

该企业基本信息如表 1 所示。

表 1 某味精企业基本信息

	核算环节：整体核算	
	名称	数量
产品及产量	味精	30193 吨
原料及用量	大米	57366 吨
工艺名称	发酵法	—
规模（产能）	50000 吨	
污染末端治理设施	物理法+厌氧/好氧组合法+化学法	
实际运行率参数	污水末端治理设施运行时间	7200 小时
	企业正常生产时间	6000 小时

4.1 化学需氧量产生量计算

（1）查找产污系数及其计量单位

根据企业基本信息，查找本手册中主要产品为味精，主要原料为大米，主要工艺为发酵法，生产规模为所有规模。该组合化学需氧量的产污系数为 300000，单位为克/吨-产品。

（2）获取企业产品产量

该企业实际情况为：主要产品味精 2017 年产量为 30193 吨。

（3）计算化学需氧量产生量

由于查询到的组合中，化学需氧量产污系数的单位为克/吨-产品，因此在核算化学需氧量产生量时需获取产品产量。

化学需氧量产生量=化学需氧量产污系数×产品（味精）产量

=300000 克/吨-产品×30193 吨-产品÷1000

=9057900 千克

4.2 化学需氧量去除量计算

（1）查找末端治理技术平均去除效率

由于该企业化学需氧量末端治理技术采用“物理法+厌氧/好氧组合法+化学法”，查询相应组合内物理法+厌氧/好氧组合法+化学法工艺的平均去除效率为 97%。

（2）计算污染末端治理设施实际运行率

根据产污系数组合查询结果，该组合中化学需氧量法对应的污染末端治理设施实际运行率计算公式为：

k =污水末端治理设施运行时间/企业正常生产时间=7200 小时/6000 小时=1.2，取 k =1 计。

（3）计算化学需氧量去除量

化学需氧量去除量=9057900 千克×97%×1=8786163 千克

4.3 化学需氧量排放量计算

化学需氧量排放量=9057900 千克– 8786163 千克=271737 千克

5 系数表

1461 味精制造行业系数表

工段名称	产品名称	原料名称	工艺名称	规模等级	污染物类别	污染物指标	系数单位	产污系数	末端治理技术	末端治理技术平均去除效率/%	参考 k 值计算公式[1]
—	味精	玉米（或其他原料）	发酵法	所有规模	废水	工业废水量	吨/吨-产品	50.0	—	0	
						化学需氧量	克/吨-产品	3.00×10^{5}	物理法+厌氧/好氧组合法+化学法	97	k=污水末端治理设施运行时间（小时/年）/企业正常生产时间（小时/年）
						氨氮	克/吨-产品	1.80×10^{4}	物理法+厌氧/好氧组合法+化学法	88	
						总氮	克/吨-产品	4.00×10^{4}	物理法+厌氧/好氧组合法+化学法	91	
						总磷	克/吨-产品	1.80×10^{3}	物理法+厌氧/好氧组合法+化学法	78	

[1] 该公式仅供参考，使用时，可根据 k 值定义，选取更适合企业实际情况的表达方式。

1462 酱油、食醋及类似制品制造业

1 适用范围

本手册仅用于《国民经济行业分类》（GB/T 4754—2017）中 1462 酱油、食醋及类似制品制造行业使用系数法核算工业污染物产生量和排放量的工业企业。

利用本手册进行产排污核算得出的污染物产生量与排放量仅代表了特定行业的工艺、产品、原料在正常工况下污染物产生与排放的一般规律。

本行业废水指标包括工业废水量、化学需氧量、氨氮、总氮、总磷。

2 注意事项

2.1 企业有多种生产工艺或生产多类产品产排污量核算

污染物产生量与产品产量有关，相同产品根据不同生产规模以全工段计算产污量后，再根据企业末端治理设施和运行情况计算各污染物的排放量。本行业所有末端治理技术、设施和运行情况忽略效率区分，视为同一。若某企业采用的末端治理技术与系数手册不完全对应，仍按本手册内容取值。

企业某污染物指标产生量、排放量分别为各核算环节产生量、排放量之和。

在企业实际排放量计算过程中，如果存在废水回用的情况，需要在利用产排污核算公式的基础上扣除废水回用的部分。公式如下：

实际排放量=计算排放量×（1–废水回用率）

2.2 采用多种末端治理设施组合处理企业的排污量核算

在排污量计算选择末端治理技术时，若没有对应的组合治理技术，以主要治理技术为准。

2.3 系数表中未涉及的产污系数及污染治理效率

酱油、食醋的生产过程中，不同原料生产的酱油、食醋，特制酱油、食醋，废水指标均以 1462 “酱油、食醋及类似制品制造行业”中系数取值；勾兑酱油以酱油系数乘以 1/2 取值；发酵类黄酱、大酱、豆瓣酱、豆豉等参考酱油系数，废水量乘以 2/3 取值，其他污染物指标系数乘以 1.2 取值；勾兑食醋、醋精参考食醋相应系数乘以 1/2 取值。

单独制曲作坊企业少见存在，制曲一般是白酒、酱油等生产流程中的一个工段。建议单纯制曲的企业，其系数按酱油制造相应规模的系数乘以 1/3 取值。

2.4 其他需要说明的问题

本手册中，除小作坊无治理设施外，其他企业无论采取何种末端治理技术，均视为与物化法+厌氧/好氧组合法+化学法工艺相同。

多种产品的企业，企业产排污量为各种产品的产排污量之和。由于不同企业工业废水量差异较大，本手册所提供的工业废水量系数仅供参考。

为体现相同产污水平条件下，采用相同环保治理设施的不同企业对同一污染物去除效果的差异，引入末端治理设施实际运行率（k）对污染治理技术的实际去除率进行修正。k 值反映的是污染治理设施运行的状态，越稳定运行，k 值越高；在取值上，若定义连续稳定运行的理想状态为 1，则 k 取值在 0～1 之间。

本手册给出本行业的 k 计算公式仅供参考，使用时，可根据 k 值定义，选取更适合企业实际情况的表达方式。

3 污染物排放量核算方法

针对企业实际生产情况，本行业在系数制定过程中未将企业全生产流程划分或拆分为若干工段（核算环节），在核算企业污染物产排量时，均视企业为生产工艺全流程进行核算。

3.1 计算污染物产生量

（1）根据产品、原料、污染物产生的主导生产工艺、企业规模（生产产能）这一组合查找和确定所对应的某一污染物的产污系数。

（2）根据该污染物的产污系数计量单位——单位产品产量，获取企业实际产品产量。

例如，某组合内化学需氧量的产污系数单位为克/吨-产品，则计算产生量时需要获取企业实际产品产量。

（3）污染物产生量按以下公式进行计算：

污染物产生量=污染物对应的产污系数×产品产量

$$G_{产i} = P_{产i} \times M_i$$

式中，$G_{产i}$——工段 i 某污染物的产生量；

$P_{产i}$——工段 i 某污染物对应的产污系数；

M_i——工段 i 的产品产量。

3.2 计算污染物去除量

（1）根据企业对某一污染物所采用的末端治理技术查找和选择相应的末端治理技术平均去除效率。

（2）根据所填报的污染末端治理设施实际运行率参数及其计算公式得出该企业某一污染物的末端治理设施实际运行率（k 值）。当计算的 k 值大于 1 时，k 值取 1；当计算的 k 值小于 1 时，k 取计算值。

（3）污染物产生量按以下公式进行计算：

污染物去除量=污染物产生量×污染物去除率

=污染物产生量×治理技术平均去除效率×治理设施实际运行率

$$R_{减i}=G_{产i}\times\eta_T\times k_T$$

式中，$R_{减i}$——工段 i 某污染物的去除量；

η_T——工段 i 某污染物采用的末端治理技术的平均去除效率；

k_T——工段 i 某污染物采用的末端治理设施的实际运行率。

3.3 计算污染物排放量

污染物排放量=污染物产生量–污染物去除量

=污染物对应的产污系数×产品产量–污染物产生量×

末端治理技术平均去除效率×末端治理设施实际运行率

3.4 计算企业污染物排放量

同一企业某污染物全年的产生（排放）总量为该企业同年实际生产的全部工段、产品、原料、规模污染物产生（排放）量之和。

$$E_{排}=G_{产}-R_{减}=\sum(G_{产i}-R_{减i})=\sum\left[P_{产i}\times M_i(1-\eta_T\times k_T)\right]$$

4 污染物排放量核算案例

某酱油企业主要从事酱油的生产。生产过程产生的主要污染物指标为化学需氧量、氨氮、总氮、总磷。以化学需氧量为例说明排放量计算过程。

该企业基本信息如表 1 所示。

表 1 某酱油企业基本信息

	核算环节：整体核算	
	名称	数量
产品及产量	酱油	34000 吨
原料及用量	黄豆	7000 吨
工艺名称	发酵法	—
规模（产能）	40000 千升	
污染末端治理设施	物化法+厌氧/好氧组合法	
实际运行率参数	污水末端治理设施运行时间	6960 小时
	企业正常生产时间	5760 小时

4.1 化学需氧量产生量计算

（1）查找产污系数及其计量单位

根据企业基本信息，查找本手册中主要产品为酱油，主要原料为黄豆及其他辅料，主要工艺为发酵法（包括原料蒸煮、翻晾、拌曲、发酵、浇淋、压榨、陈酿、澄清、罐装等工艺），生产规模为工业化生产。该组合化学需氧量的产污系数为 15000，单位为克/吨-产品。

（2）获取企业产品产量

该企业实际情况为：主要产品酱油 2017 年产量为 3.4 万吨。

（3）计算化学需氧量产生量

由于查询到的组合中，化学需氧量的产污系数单位为克/吨-产品，因此在核算化学需氧量产生量时需获取产品产量。

化学需氧量产生量=化学需氧量产污系数×产品（酱油）产量

=15000 克/吨-产品×34000 吨-产品 ÷ 1000

=510000 千克

4.2 化学需氧量去除量计算

（1）查找末端治理技术平均去除效率

由于该企业化学需氧量末端治理技术采用“物化法+厌氧/好氧组合法”，查询相应组合内物化法+厌氧/好氧组合法工艺的平均去除效率为 88%。

（2）计算污染末端治理设施实际运行率

根据产污系数组合查询结果，该组合中化学需氧量法对应的污染末端治理设施实际运行率为

k =污水末端治理设施运行时间/企业正常生产时间=6960 小时/5760 小时=1.208，取 k =1 计。

（3）计算化学需氧量去除量

化学需氧量去除量=510000 千克×88%×1=448800 千克

4.3 化学需氧量排放量计算

化学需氧量排放量=510000 千克–448800 千克=61200 千克

5 系数表

1462 酱油、食醋及类似制品制造行业系数表

工段名称	产品名称	原料名称	工艺名称	规模等级	污染物类别	污染物指标	系数单位	产污系数	末端治理技术	末端治理技术平均去除效率/%	参考 k 值计算公式[1]
—	酱油	黄豆（豆粕、蚕豆或其他原料）加辅料	发酵法（包括原料蒸煮、翻晾、拌曲、发酵、浇淋、压榨、陈酿、澄清、罐装等工艺）	工业化生产	废水	工业废水量	吨/吨-产品	4.00	—	0	—
						化学需氧量	克/吨-产品	1.50×10^4	物化法+厌氧/好氧组合法	88	k=污水末端治理设施运行时间（小时/年）/企业正常生产时间（小时/年）
						氨氮	克/吨-产品	300	物化法+厌氧/好氧组合法	40	
						总氮	克/吨-产品	650	物化法+厌氧/好氧组合法	57	
						总磷	克/吨-产品	50.0	物化法+厌氧/好氧组合法	36	
				<0.1 万千升/年		工业废水量	吨/吨-产品	5.00	—	0	—
						化学需氧量	克/吨-产品	1.40×10^4	—	0	—
						氨氮	克/吨-产品	250	—	0	—
						总氮	克/吨-产品	550	—	0	—
						总磷	克/吨-产品	45.0	—	0	—
	食醋	糯米（小米、小麦、麸皮、高粱或其他原料）加辅料	发酵法（包括原料蒸煮、翻晾、拌曲、酒精发酵、加粮醋酸发酵、淋醋、熏醋、陈酿、罐装等工艺）	工业化生产		工业废水量	吨/吨-产品	4.00	—	0	—
						化学需氧量	克/吨-产品	1.05×10^4	物化法+厌氧/好氧组合法	83	k=污水末端治理设施运行时间（小时/年）/企业正常生产时间（小时/年）
						氨氮	克/吨-产品	240	物化法+厌氧/好氧组合法	25	
						总氮	克/吨-产品	450	物化法+厌氧/好氧组合法	38	
						总磷	克/吨-产品	80.0	物化法+厌氧/好氧组合法	60	
				<0.1 万千升/年		工业废水量	吨/吨-产品	4.00	—	0	—
						化学需氧量	克/吨-产品	8.00×10^3	—	0	—
						氨氮	克/吨-产品	200	—	0	—
						总氮	克/吨-产品	380	—	0	—
						总磷	克/吨-产品	60.0	—	0	—

[1] 该公式仅供参考，使用时，可根据 k 值定义，选取更适合企业实际情况的表达方式。

1469 其他调味品、发酵制品制造业

1 适用范围

本手册仅用于《国民经济行业分类》（GB/T 4754—2017）中 1469 其他调味品、发酵制品制造行业使用系数法核算工业污染物产生量和排放量的工业企业。

利用本手册进行产排污核算得出的污染物产生量与排放量仅代表了特定行业的工艺、产品、原料在正常工况下污染物产生与排放的一般规律。

本行业废水指标包括工业废水量、化学需氧量、氨氮、总氮、总磷。

2 注意事项

2.1 企业有多种生产工艺或生产多类产品产排污量核算

污染物产生量与产品产量有关，根据不同产品、原料、工艺和生产规模计算产污量后，再根据企业末端治理设施和运行情况计算各污染物的排放量。本行业所有末端治理技术、设施和运行情况忽略效率区分，视为同一。若某企业采用的末端治理技术与系数手册不完全对应，仍按本手册内容取值。

企业某污染物指标产生量、排放量分别为各核算环节产生量、排放量之和。

在企业实际排放量计算过程中，如果存在废水回用的情况，需要在利用产排污核算公式的基础上扣除废水回用的部分。公式如下：

实际排放量=计算排放量×（1–废水回用率）

2.2 采用多种末端治理设施组合处理企业的排污量核算

在排污量计算选择末端治理技术时，若没有对应的组合治理技术，以主要治理技术为准。

2.3 系数表中未涉及的产污系数及污染治理效率

本系数表中未涉及食品用酶制剂的产污系数及污染治理效率。固态发酵法制备粗酶制品参照 1462 中相关制曲企业系数取值；液态发酵法制备浓缩粗酶制品参考 1495 中相关淀粉糖浆的系数取值；带有分离提纯工艺的精制酶产品参考本手册中相近酵母产品系数取值。

2.4 其他需要说明的问题

本手册列出柠檬酸、乳酸、香辣酱、辣椒酱、调味酱、火锅底料、酵母、酵母抽提物、赖氨酸、苏氨酸、葡萄糖酸盐、谷氨酰胺转氨酶、脂肪酶、多聚赖氨酸等系数组合。本行业主要以产品分类组合，忽略原料、工艺和生产规模差别，无论采取何种末端治理技术，均视为与“物化法+厌氧/好

氧组合法+化学法”工艺相同，按本 1469 其他调味品、发酵制品行业系数手册中对应的产污系数取值。

酱类产品种类众多，为方便普查统计，分别列出香辣酱、辣椒酱、调味酱、火锅底料四大类系数；各种风味酱、未知名酱类视具体工艺选择相近产品系数取值；不添加肉类制品的配料通过添加香辛料等碾磨、植物油炒制等加工的香辣酱、蘸水、红油豆瓣酱、豆豉酱、麻辣鲜等按香辣酱系数取值；芥末酱、色拉酱、烧烤酱料、食用调味汁等按调味酱系数取值；各种食用原料加肉、骨、香辛料等配料熬制的肉酱、火锅底料、肉味调味料、调味酱、开味酱、冷面汤、熬煮汤料及其制品等的系数按火锅底料系数取值。

食用调味油：辣椒油、花椒油、色拉油、胡椒油等，采取植物油炒制煎炸浸提工艺等产品的系数，按香辣酱系数乘以 1/3 取值。

单纯拌混工艺的调味料、粉、不涉及熬煮的粉质汤料及其制品系数参考 1329 饲料行业（或其他类似行业）预混配制等工艺的系数取值。

活性干酵母、发酵粉（发酵剂）、酵母制品等按本手册系数取值。

除手册中氨基酸和 1461 味精制造业中谷氨酸，其他食用氨基酸、呈味核苷酸系数按本手册赖氨酸系数取值。

食品用乳酸及其盐和酯按本手册乳酸系数取值。

其他食用发酵有机酸及其盐类均按本手册柠檬酸系数取值。

本手册中，污染物主要来源于发酵和产物提取过程，所有工艺过程视为现有技术水平条件下可资源化废弃物已回收。

由于不同企业工业废水量差异较大，本手册所提供的工业废水量系数仅供参考。本手册系数不包括部分企业用于洗尘脱臭等环保设施产生的废水量及其污染负荷。

为体现相同产污水平条件下，采用相同环保治理设施的不同企业对同一污染物去除效果的差异，引入末端治理设施实际运行率（k）对污染治理技术的实际去除率进行修正。k 值反映的是污染治理设施运行的状态，越稳定运行，k 值越高；在取值上，若定义连续稳定运行的理想状态为 1，则 k 取值在 0～1 之间。

本手册给出本行业的 k 计算公式仅供参考，使用时，可根据 k 值定义，选取更适合企业实际情况的表达方式。

3　污染物排放量核算方法

针对企业实际生产情况，本行业在系数制定过程中未将企业全生产流程划分或拆分为若干工段（核算环节），在核算企业污染物产排量时，均视企业为生产工艺全流程进行核算。

3.1　计算污染物产生量

（1）根据产品、原料、污染物产生的主导生产工艺、企业规模（生产产能）这一组合查找和确定所对应的某一污染物的产污系数。

（2）根据该污染物的产污系数计量单位——单位产品产量，获取企业实际产品产量。

例如，某组合内化学需氧量的产污系数单位为克/吨-产品，则计算产生量时需要获取企业实际产

品产量。

（3）污染物产生量按以下公式进行计算：

污染物产生量=污染物对应的产污系数×产品产量

$$G_{产i} = P_{产i} \times M_i$$

式中，$G_{产i}$——工段 i 某污染物的产生量；

$P_{产i}$——工段 i 某污染物对应的产污系数；

M_i——工段 i 的产品产量。

3.2 计算污染物去除量

（1）根据企业对某一污染物所采用的末端治理技术查找和选择相应的末端治理技术平均去除效率。

（2）根据所填报的污染末端治理设施实际运行率参数及其计算公式得出该企业某一污染物的末端治理设施实际运行率（k 值）。当计算的 k 值大于 1 时，k 值取 1；当计算的 k 值小于 1 时，k 取计算值。

（3）污染物去除量按以下公式进行计算：

污染物去除量=污染物产生量×污染物去除率

=污染物产生量×治理技术平均去除效率×治理设施实际运行率

$$R_{减i} = G_{产i} \times \eta_T \times k_T$$

式中，$R_{减i}$——工段 i 某污染物的去除量；

η_T——工段 i 某污染物采用的末端治理技术的平均去除效率；

k_T——工段 i 某污染物采用的末端治理设施的实际运行率。

3.3 计算污染物排放量

污染物排放量=污染物产生量–污染物去除量

=污染物对应的产污系数×产品产量–污染物产生量×

末端治理技术平均去除效率×末端治理设施实际运行率

3.4 计算企业污染物排放量

同一企业某污染物全年的产生（排放）总量为该企业同年实际生产的全部工段、产品、原料、规模污染物产生（排放）量之和。

$$E_{排} = G_{产} - R_{减} = \sum(G_{产i} - R_{减i}) = \sum\left[P_{产i} \times M_i(1-\eta_T \times k_T)\right]$$

4 污染物排放量核算案例

某酵母企业主要从事干酵母的生产。生产过程产生的主要污染物指标为化学需氧量、氨氮、总氮、总磷。以化学需氧量为例说明排放量计算过程。

该企业基本信息如表 1 所示。

表 1　某酵母企业基本信息

	核算环节：整体核算	
	名称	数量
产品及产量	干酵母	5800 吨
原料及用量	糖蜜	2.8 万吨
工艺名称	发酵法	—
规模（产能）	10000 吨	
污染末端治理设施	物理法+厌氧/好氧组合法+化学法	
实际运行率参数	污水末端治理设施运行时间	7440 小时
	企业正常生产时间	7200 小时

4.1　化学需氧量产生量计算

（1）查找产污系数及其计量单位

根据企业基本信息，查找本手册中主要产品为干酵母，主要原料为糖蜜（或其他原料），主要工艺为发酵法，生产规模为所有规模。该组合化学需氧量的产污系数为 280000，单位为克/吨-产品。

（2）获取企业产品产量

该企业实际情况为：主要产品干酵母 2017 年产量为 5800 吨。

（3）计算化学需氧量产生量

由于查询到的组合中，化学需氧量产污系数的单位为克/吨-产品，因此在核算化学需氧量产生量时需获取产品产量。

化学需氧量产生量=化学需氧量产污系数×产品（干酵母）产量

=280000 克/吨-产品×5800 吨-产品÷1000

=1624000 千克

4.2　化学需氧量去除量计算

（1）查找末端治理技术平均去除效率

由于该企业化学需氧量末端治理技术采用“物理法+厌氧/好氧组合法+化学法”，查询相应组合内物理法+厌氧/好氧组合法+化学法工艺的平均去除效率为 86%。

（2）计算污染末端治理设施实际运行率

根据产污系数组合查询结果，该组合中化学需氧量法对应的污染末端治理设施实际运行率为

k=污水末端治理设施运行时间/企业正常生产时间=7440 小时/7200 小时=1.033，取 k=1 计

（3）计算化学需氧量去除量

化学需氧量去除量=1624000 千克×86%×1=1396640 千克

4.3　化学需氧量排放量计算

化学需氧量排放量=1624000 千克−1396640 千克=227360 千克

5 系数表

1469 其他调味品、发酵制品制造行业系数表

工段名称	产品名称	原料名称	工艺名称	规模等级	污染物类别	污染物指标	系数单位	产污系数	末端治理技术	末端治理技术平均去除效率/%	参考 k 值计算公式[1]
—	柠檬酸	玉米（糖蜜或其他原料）	发酵法	所有规模	废水	工业废水量	吨/吨-产品	25.0	—	0	—
						化学需氧量	克/吨-产品	2.80×10^5	物理法+厌氧/好氧组合法+化学法	96	k=污水末端治理设施运行时间（小时/年）/企业正常生产时间（小时/年）
						氨氮	克/吨-产品	2.00×10^3	物理法+厌氧/好氧组合法+化学法	44	
						总氮	克/吨-产品	6.00×10^3	物理法+厌氧/好氧组合法+化学法	70	
						总磷	克/吨-产品	4.00×10^3	物理法+厌氧/好氧组合法+化学法	95	
	乳酸	玉米（糖蜜或其他原料）	发酵法	所有规模	废水	工业废水量	吨/吨-产品	38.0	—	0	—
						化学需氧量	克/吨-产品	3.50×10^5	物理法+厌氧/好氧组合法+化学法	95	k=污水末端治理设施运行时间（小时/年）/企业正常生产时间（小时/年）
						氨氮	克/吨-产品	2.20×10^3	物理法+厌氧/好氧组合法+化学法	50	
						总氮	克/吨-产品	6.50×10^3	物理法+厌氧/好氧组合法+化学法	65	
						总磷	克/吨-产品	3.00×10^3	物理法+厌氧/好氧组合法+化学法	90	
—	葡萄糖酸盐	玉米	发酵法	所有规模	废水	工业废水量	吨/吨-产品	8.00	—	0	—
						化学需氧量	克/吨-产品	1.20×10^4	物理法+厌氧/好氧组合法+化学法	93	k=污水末端治理设施运行时间（小时/年）/企业正常生产时间（小时/年）
						氨氮	克/吨-产品	135	物理法+厌氧/好氧组合法+化学法	11	
						总氮	克/吨-产品	345	物理法+厌氧/好氧组合法+化学法	30	
						总磷	克/吨-产品	20.0	物理法+厌氧/好氧组合法+化学法	60	
	干酵母	糖蜜（或其他原料）	发酵法	所有规模	废水	工业废水量	吨/吨-产品	80.0	—	0	—
						化学需氧量	克/吨-产品	2.80×10^5	物理法+厌氧/好氧组合法+化学法	86	k=污水末端治理设施运行时间（小时/年）/企业正常生产时间（小时/年）
						氨氮	克/吨-产品	1.20×10^4	物理法+厌氧/好氧组合法+化学法	70	
						总氮	克/吨-产品	3.00×10^4	物理法+厌氧/好氧组合法+化学法	81	
						总磷	克/吨-产品	2.50×10^3	物理法+厌氧/好氧组合法+化学法	75	

[1] 该公式仅供参考，使用时，可根据 k 值定义，选取更适合企业实际情况的表达方式。

1469 其他调味品、发酵制品制造行业系数表（续表 1）

工段名称	产品名称	原料名称	工艺名称	规模等级	污染物类别	污染物指标	系数单位	产污系数	末端治理技术	末端治理技术平均去除效率/%	参考 k 值计算公式
—	酵母抽提物	糖蜜（或其他原料）	发酵/降解	所有规模	废水	工业废水量	吨/吨-产品	100	—	0	—
						化学需氧量	克/吨-产品	3.00×10^{5}	物理法+厌氧/好氧组合法+化学法	84	k=污水末端治理设施运行时间（小时/年）/企业正常生产时间（小时/年）
						氨氮	克/吨-产品	1.50×10^{4}	物理法+厌氧/好氧组合法+化学法	70	
						总氮	克/吨-产品	4.00×10^{4}	物理法+厌氧/好氧组合法+化学法	83	
						总磷	克/吨-产品	3.50×10^{3}	物理法+厌氧/好氧组合法+化学法	77	
	苏氨酸	玉米（或其他原料）	发酵法	所有规模	废水	工业废水量	吨/吨-产品	35.0	—	0	—
						化学需氧量	克/吨-产品	6.00×10^{4}	物理法+厌氧/好氧组合法+化学法	71	k=污水末端治理设施运行时间（小时/年）/企业正常生产时间（小时/年）
						氨氮	克/吨-产品	8.00×10^{3}	物理法+厌氧/好氧组合法+化学法	80	
						总氮	克/吨-产品	1.10×10^{4}	物理法+厌氧/好氧组合法+化学法	78	
						总磷	克/吨-产品	1.80×10^{3}	物理法+厌氧/好氧组合法+化学法	84	
	赖氨酸（纯度98%）	玉米（或其他原料）	发酵法	所有规模	废水	工业废水量	吨/吨-产品	50.0	—	0	—
						化学需氧量	克/吨-产品	9.00×10^{4}	物理法+厌氧/好氧组合法+化学法	72	k=污水末端治理设施运行时间（小时/年）/企业正常生产时间（小时/年）
						氨氮	克/吨-产品	5.00×10^{3}	物理法+厌氧/好氧组合法+化学法	55	
						总氮	克/吨-产品	1.50×10^{4}	物理法+厌氧/好氧组合法+化学法	77	
						总磷	克/吨-产品	1.20×10^{3}	物理法+厌氧/好氧组合法+化学法	67	
	赖氨酸（98%纯度含量70%）				废水	工业废水量	吨/吨-产品	35.0	—	0	—
						化学需氧量	克/吨-产品	6.30×10^{4}	物理法+厌氧/好氧组合法+化学法	72	k=污水末端治理设施运行时间（小时/年）/企业正常生产时间（小时/年）
						氨氮	克/吨-产品	3.50×10^{3}	物理法+厌氧/好氧组合法+化学法	55	
						总氮	克/吨-产品	1.05×10^{4}	物理法+厌氧/好氧组合法+化学法	77	
						总磷	克/吨-产品	840	物理法+厌氧/好氧组合法+化学法	64	
	香辣酱	辣椒-香辛料-植物油-其他辅料	破碎、混料、炒制、淋油	所有规模	废水	工业废水量	吨/吨-产品	5.00	—	0	—
						化学需氧量	克/吨-产品	7.50×10^{3}	物理法+厌氧/好氧组合法+化学法	77	k=污水末端治理设施运行时间（小时/年）/企业正常生产时间（小时/年）
						氨氮	克/吨-产品	750	物理法+厌氧/好氧组合法+化学法	70	
						总氮	克/吨-产品	2150	物理法+厌氧/好氧组合法+化学法	84	
						总磷	克/吨-产品	150	物理法+厌氧/好氧组合法+化学法	73	
	辣椒酱	辣椒-香辛料-植物油-其他辅料	破碎、混料、腌渍、淋油	所有规模	废水	工业废水量	吨/吨-产品	5.00	—	0	—
						化学需氧量	克/吨-产品	7.50×10^{3}	物理法+厌氧/好氧组合法+化学法	77	k=污水末端治理设施运行时间（小时/年）/企业正常生产时间（小时/年）
						氨氮	克/吨-产品	600	物理法+厌氧/好氧组合法+化学法	63	
						总氮	克/吨-产品	1720	物理法+厌氧/好氧组合法+化学法	80	
						总磷	克/吨-产品	120	物理法+厌氧/好氧组合法+化学法	67	

1469 其他调味品、发酵制品制造行业系数表（续表 2）

工段名称	产品名称	原料名称	工艺名称	规模等级	污染物类别	污染物指标	系数单位	产污系数	末端治理技术	末端治理技术平均去除效率/%	参考 k 值计算公式
—	调味酱	其他原料-香辛料-植物油-调味料	破碎、混料、腌渍、炒制、淋油	所有规模	废水	工业废水量	吨/吨-产品	6.00	—	0	—
						化学需氧量	克/吨-产品	9.00×10^{3}	物理法+厌氧/好氧组合法+化学法	70	k=污水末端治理设施运行时间（小时/年）/企业正常生产时间（小时/年）
						氨氮	克/吨-产品	900	物理法+厌氧/好氧组合法+化学法	70	
						总氮	克/吨-产品	2.50×10^{3}	物理法+厌氧/好氧组合法+化学法	83	
						总磷	克/吨-产品	210	物理法+厌氧/好氧组合法+化学法	77	
	火锅底料	辣椒-香辛料-植物油-牛油-肉骨-其他辅料	破碎、混料、腌渍、炼制、熬煮	所有规模	废水	工业废水量	吨/吨-产品	7.00	—	0	—
						化学需氧量	克/吨-产品	1.08×10^{4}	物理法+厌氧/好氧组合法+化学法	71	k=污水末端治理设施运行时间（小时/年）/企业正常生产时间（小时/年）
						氨氮	克/吨-产品	1260	物理法+厌氧/好氧组合法+化学法	75	
						总氮	克/吨-产品	3.50×10^{3}	物理法+厌氧/好氧组合法+化学法	86	
						总磷	克/吨-产品	210	物理法+厌氧/好氧组合法+化学法	77	
	谷氨酰胺转氨酶	酵母粉、玉米浆粉、甘油、葡萄糖、磷酸盐（或其他原料）	发酵法	所有规模	废水	工业废水量	吨/吨-产品	100	—	0	—
						化学需氧量	克/吨-产品	2.40×10^{5}	物理法+厌氧/好氧组合法+化学法	80	k=污水末端治理设施运行时间（小时/年）/企业正常生产时间（小时/年）
						氨氮	克/吨-产品	2.50×10^{4}	物理法+厌氧/好氧组合法+化学法	82	
						总氮	克/吨-产品	4.00×10^{4}	物理法+厌氧/好氧组合法+化学法	83	
						总磷	克/吨-产品	2.60×10^{4}	物理法+厌氧/好氧组合法+化学法	97	
	脂肪酶	甘油、磷酸盐（或其他原料）	发酵法	所有规模	废水	工业废水量	吨/吨-产品	100	—	0	—
						化学需氧量	克/吨-产品	2.40×10^{5}	物理法+厌氧/好氧组合法+化学法	80	k=污水末端治理设施运行时间（小时/年）/企业正常生产时间（小时/年）
						氨氮	克/吨-产品	2.50×10^{4}	物理法+厌氧/好氧组合法+化学法	82	
						总氮	克/吨-产品	4.00×10^{4}	物理法+厌氧/好氧组合法+化学法	83	
						总磷	克/吨-产品	2.60×10^{4}	物理法+厌氧/好氧组合法+化学法膜	97	
	多聚赖氨酸	葡萄糖、酵母粉、磷酸盐（或其他原料）	发酵法	所有规模	废水	工业废水量	吨/吨-产品	1.50×10^{3}	—	0	—
						化学需氧量	克/吨-产品	2.00×10^{6}	物理法+厌氧/好氧组合法+化学法	63	k=污水末端治理设施运行时间（小时/年）/企业正常生产时间（小时/年）
						氨氮	克/吨-产品	4.00×10^{5}	物理法+厌氧/好氧组合法+化学法	84	
						总氮	克/吨-产品	5.00×10^{5}	物理法+厌氧/好氧组合法+化学法	80	
						总磷	克/吨-产品	5.00×10^{3}	物理法+厌氧/好氧组合法+化学法	60	

1491 营养食品制造业

1 适用范围

本手册仅用于《国民经济行业分类》（GB/T 4754—2017）中 1491 营养食品制造行业使用系数法核算工业污染物产生量和排放量的工业企业。

利用本手册进行产排污核算得出的污染物产生量与排放量仅代表了特定行业的工艺、产品、原料在正常工况下污染物产生与排放的一般规律。

本行业废水指标包括：工业废水量、化学需氧量、氨氮、总氮、总磷。

2 注意事项

2.1 企业有多种生产工艺或生产多类产品产排污量核算

污染物产生量与产品产量有关，根据不同核算环节计算产污量后，再根据企业末端治理设施和运行情况计算各污染物的排放量。

企业某污染物产生量、排放量为各核算环节产生量、排放量之和。

在企业实际排放量计算过程中，如果存在废水回用的情况，需要在利用产排污核算公式的基础上扣除废水回用的部分。公式如下：

实际排放量=计算排放量×（1–废水回用率）

2.2 采用多种治理设施组合处理企业的排污量核算

在排污量计算选择末端治理技术时，若没有对应的组合治理技术，以主要治理技术为准。

2.3 系数表中未涉及的产污系数及污染治理效率

系数表中未涉及的产品，按照工艺优先的原则，选用系数表中相同工艺、相同规模的产污系数，当工艺或规模有差异时根据表注说明进行系数调整。如调查企业的末端治理设施与系数表所列的不同，选择系数表中相近治理工艺的污染治理效率计算。

调整后的产污系数=系数表中选取的产污系数×调整系数

无须调整时调整系数取值为1。同时需要注意，在某些情况下，工业废水量与其他污染物指标的调整系数取值可能不同。

2.4 其他需要说明的问题

由于不同企业工业废水量差异较大，本手册所提供的工业废水量系数仅供参考。

为体现相同产污水平条件下，采用相同环保治理设施的不同企业对同一污染物去除效果的差异，

引入末端治理设施实际运行率（k）对污染治理技术的实际去除率进行修正。k 值反映的是污染治理设施运行的状态，越稳定运行，k 值越高；在取值上，若定义连续稳定运行的理想状态为 1，则 k 取值在 0～1 之间。

本手册给出本行业的 k 计算公式仅供参考，使用时，可根据 k 值定义，选取更适合企业实际情况的表达方式。

3 污染物排放量核算方法

3.1 计算污染物产生量

（1）根据产品、原料、污染物产生的主导生产工艺、企业规模（生产产能）这一组合查找和确定所对应的某一污染物的产污系数。

（2）根据该污染物的产污系数计量单位——单位产品产量，获取企业实际产品产量。

例如，某组合内化学需氧量的产污系数单位为千克/吨-产品，则计算产生量时需要获取企业实际产品产量。

（3）污染物产生量按以下公式进行计算：

污染物产生量=污染物对应的产污系数×产品产量

$$G_{产i} = P_{产i} \times M_i$$

式中，$G_{产i}$——工段 i 某污染物的产生量；

$P_{产i}$——工段 i 某污染物对应的产污系数；

M_i——工段 i 的产品产量。

3.2 计算污染物去除量

（1）根据企业对某一污染物所采用的治理技术查找和选择相应的治理技术平均去除效率。

（2）根据所填报的污染治理设施实际运行率参数及其计算公式得出该企业某一污染物的治理设施实际运行率（k 值）。

（3）污染物去除量按以下公式进行计算：

污染物去除量=污染物产生量×污染物去除率

=污染物产生量×治理技术平均去除效率×治理设施实际运行率

$$R_{减i} = G_{产i} \times \eta_T \times k_T$$

式中，$R_{减i}$——工段 i 某污染物的去除量；

η_T——工段 i 某污染物采用的末端治理技术的平均去除效率；

k_T——工段 i 某污染物采用的末端治理设施的实际运行率。

3.3 计算污染物排放量

污染物排放量=污染物产生量–污染物去除量=污染物对应的产污系数×产品产量–污染物产生量×治理技术平均去除效率×治理设施实际运行率

3.4 计算企业污染物排放量

同一企业某污染物全年的产生（排放）总量为该企业同年实际生产的全部工段、产品、原料、规模污染物产生（排放）量之和。

$$E_{排} = G_{产} - R_{减} = \sum (G_{产i} - R_{减i}) = \sum \left[P_{产i} \times M_i (1 - \eta_T \times k_T) \right]$$

4 污染物排放量核算案例

某营养食品企业以果蔬粉、蛋白粉等为原料生产干法粉剂营养食品，采用混料干燥等工艺，企业年生产干法粉剂营养食品 1000 吨，年生产时间为 150 天，该企业污水治理技术主要为“物理处理法+生物接触氧化法”，污水处理设施参数为：年运行时间 4660 小时、年耗电量 170323 千瓦·时、总额定功率 50 千瓦。

本核算示例以废水中化学需氧量为例，说明排放量的计算方法。

4.1 化学需氧量产生量计算

（1）查找产污系数及其计量单位

根据企业基本信息，查找本手册中主要产品为干法粉剂营养食品，主要原料为果蔬粉、蛋白粉等，主要工艺为原辅料混合+造粒+干燥+包装，生产规模为所有规模。该组合化学需氧量的产污系数为 270.87，单位为克/吨-产品。

（2）获取企业产品产量

该企业实际填报情况：主要产品干法粉剂营养食品 2017 年产量为 1000 吨。

（3）计算化学需氧量产生量

由于查询到的组合中，化学需氧量产污系数的单位为克/吨-产品，因此在核算产生量时采用产品产量。

化学需氧量产生量=化学需氧量产污系数×产品（干法粉剂营养食品）产量

=270.87 克/吨-产品×1000 吨-产品=270870 克=0.27 吨

4.2 化学需氧量去除量计算

（1）查找治理技术平均去除效率

该企业化学需氧量治理技术采用“物理处理法+生物接触氧化法”工艺，查询相应组合内该工艺平均去除效率为 75.60%。

（2）计算污染治理设施实际运行率

根据产污系数组合查询结果，该组合中化学需氧量法对应的污染治理设施实际运行率为

k = 污水处理设施年耗电量（千瓦·时）/［总额定功率（千瓦）×年运行时间（小时）］

$= 170323千瓦·时 / (50千瓦 \times 4660小时) = 0.731$

（3）计算化学需氧量去除量

化学需氧量去除量=0.27 吨×75.60%×0.731=0.15 吨

4.3 化学需氧量排放量计算

化学需氧量排放量=污染物产生量−污染物去除量

=0.27 吨−0.15 吨=0.12 吨

5 系数表

1491 营养食品制造行业系数表

工段名称	产品名称	原料名称	工艺名称	规模等级	污染物类别	污染物指标	系数单位	产污系数	末端治理技术	末端治理技术平均去除效率/%	参考 k 值计算公式[1]
—	液态剂型营养食品	水，植物源、动物源、微生物源原料	配液+过滤+灌装+杀菌+干燥+包装	所有规模	废水	化学需氧量	克/吨-产品	96.82	物理处理法+厌氧生物处理法+好氧生物处理法	91.00	k=污水处理设施年耗电量（千瓦·时）/[总额定功率（千瓦）×年运行时间（小时）]
						氨氮	克/吨-产品	0.40	物理处理法+厌氧生物处理法+好氧生物处理法	26.00	
						总氮	克/吨-产品	16.47	物理处理法+厌氧生物处理法+好氧生物处理法	78.00	
						总磷	克/吨-产品	2.18	物理处理法+厌氧生物处理法+好氧生物处理法	79.00	
						工业废水量	吨/吨-产品	0.13	—	0	—
					固废	一般工业固废	千克/吨-产品	4.00	综合利用	100	—
	干法粉剂营养食品	果蔬粉、膳食纤维等	原辅料混合+造粒+干燥+包装	所有规模	废水	化学需氧量	克/吨-产品	270.87	物理处理法+生物接触氧化法	75.60	k=污水处理设施年耗电量（千瓦·时）/[总额定功率（千瓦）×年运行时间（小时）]
						氨氮	克/吨-产品	8.30	物理处理法+生物接触氧化法	80.00	
						总氮	克/吨-产品	13.82	物理处理法+生物接触氧化法	45.00	
						总磷	克/吨-产品	10.26	物理处理法+生物接触氧化法	70.00	
						工业废水量	吨/吨-产品	0.27	—	0	—
					固废	一般工业固废	千克/吨-产品	1.33	综合利用	100	—
	湿法粉剂营养食品	果蔬粉、膳食纤维等	配料+调浆+干燥+磨筛+包装	所有规模	废水	化学需氧量	克/吨-产品	1968.62	厌氧生物处理法+好氧生物处理法	90.00	k=污水处理设施年耗电量（千瓦·时）/[总额定功率（千瓦）×年运行时间（小时）]
						氨氮	克/吨-产品	9.23	厌氧生物处理法+好氧生物处理法	34.00	
						总氮	克/吨-产品	23.86	厌氧生物处理法+好氧生物处理法	37.00	
						总磷	克/吨-产品	18.62	厌氧生物处理法+好氧生物处理法	54.00	
						工业废水量	吨/吨-产品	4.07	—	0	—
					固废	一般工业固废	千克/吨-产品	11.20	综合利用	100	—

[1] 该公式仅供参考，使用时，可根据 k 值定义，选取更适合企业实际情况的表达方式。

1492 保健食品制造业

1　适用范围

本手册仅用于《国民经济行业分类》（GB/T 4754—2017）中 1492 保健食品制造行业使用系数法核算工业污染物产生量和排放量的工业企业。

利用本手册进行产排污核算得出的污染物产生量与排放量仅代表了特定行业的工艺、产品、原料在正常工况下污染物产生与排放的一般规律。

本行业废水指标包括工业废水量、化学需氧量、氨氮、总氮、总磷。

2　注意事项

2.1　企业有多种生产工艺或生产多类产品产排污量核算

污染物产生量与产品产量有关，根据不同核算环节计算产污量后，再根据企业末端治理设施和运行情况计算各污染物的排放量。

企业某污染物产生量、排放量为各核算环节产生量、排放量之和。

在企业实际排放量计算过程中，如果存在废水回用的情况，需要在利用产排污核算公式的基础上扣除废水回用的部分。公式如下：

实际排放量=计算排放量×（1–废水回用率）

2.2　采用多种治理设施组合处理企业的排污量核算

在排污量计算选择末端治理技术时，若没有对应的组合治理技术，以主要治理技术为准。

2.3　系数表中未涉及的产污系数及污染治理效率

系数表中未涉及的产品，按照工艺优先的原则，选用系数表中相同工艺、相同规模的产污系数，当工艺或规模有差异时根据表注说明进行系数调整。如调查企业的末端治理设施与系数表所列的不同，选择系数表中相近治理工艺的污染治理效率计算。

调整后的产污系数=系数表中选取的产污系数×调整系数

无须调整时调整系数取值为1。同时需要注意，在某些情况下，工业废水量与其他污染物指标的调整系数取值可能不同。

硬胶囊型保健食品参照《1492 保健食品制造行业系数手册》中干法粉剂保健食品的产污系数和污染治理效率；软胶囊型保健食品参照《1492 保健食品制造行业系数手册》中湿法粉剂保健食品的产污系数及污染治理效率。

2.4 其他需要说明的问题

由于不同企业工业废水量差异较大，本手册所提供的工业废水量系数仅供参考。

为体现相同产污水平条件下，采用相同环保治理设施的不同企业对同一污染物去除效果的差异，引入末端治理设施实际运行率（k）对污染治理技术的实际去除率进行修正。k 值反映的是污染治理设施运行的状态，越稳定运行，k 值越高；在取值上，若定义连续稳定运行的理想状态为 1，则 k 取值在 0～1 之间。

本手册给出本行业的 k 计算公式仅供参考，使用时，可根据 k 值定义，选取更适合企业实际情况的表达方式。

3 污染物排放量核算方法

3.1 计算污染物产生量

（1）根据产品、原料、污染物产生的主导生产工艺、企业规模（生产产能）这一组合查找和确定所对应的某一污染物的产污系数。

（2）根据该污染物的产污系数计量单位——单位产品产量，获取企业实际产品产量。

例如，某组合内化学需氧量的产污系数单位为千克/吨-产品，则计算产生量时需要获取企业实际产品产量。

（3）污染物产生量按以下公式进行计算：

污染物产生量=污染物对应的产污系数×产品产量

$$G_{产i} = P_{产i} \times M_i$$

式中，$G_{产i}$——工段 i 某污染物的产生量；

$P_{产i}$——工段 i 某污染物对应的产污系数；

M_i——工段 i 的产品产量。

3.2 计算污染物去除量

（1）根据企业对某一污染物所采用的治理技术查找和选择相应的治理技术平均去除效率。

（2）根据所填报的污染治理设施实际运行率参数及其计算公式得出该企业某一污染物的治理设施实际运行率（k 值）。

（3）污染物去除量按以下公式进行计算：

污染物去除量=污染物产生量×污染物去除率

=污染物产生量×治理技术平均去除效率×治理设施实际运行率

$$R_{减i} = G_{产i} \times \eta_T \times k_T$$

式中，$R_{减i}$——工段 i 某污染物的去除量；

η_T——工段 i 某污染物采用的末端治理技术的平均去除效率；

k_T——工段 i 某污染物采用的末端治理设施的实际运行率。

3.3 计算污染物排放量

污染物排放量=污染物产生量–污染物去除量

=污染物对应的产污系数×产品产量–污染物产生量×

治理技术平均去除效率×治理设施实际运行率

3.4 计算企业污染物排放量

同一企业某污染物全年的产生（排放）总量为该企业同年实际生产的全部工段、产品、原料、规模污染物产生（排放）量之和。

$$E_{排}=G_{产}-R_{减}=\sum(G_{产i}-R_{减i})=\sum\left[P_{产i}\times M_i(1-\eta_T\times k_T)\right]$$

4 污染物排放量核算案例

某保健食品企业以蛋白粉等为原料生产保健食品，采用混料干燥等生产工艺，企业年生产干法粉剂保健食品 1500 吨，年生产时间为 250 天，该企业污水治理技术主要为“厌氧生物处理法+好氧生物处理法”，污水处理设施参数为：年运行时间 4760 小时、年耗电量 229242 千瓦·时、总额定功率 70 千瓦。

本核算示例以废水中化学需氧量为例，说明排放量的计算方法。

4.1 化学需氧量产生量计算

（1）查找产污系数及其计量单位

根据企业基本信息，查找本手册中主要产品为干法粉剂保健食品，主要原料为蛋白粉等，主要工艺为原辅料混合+造粒+干燥+包装，生产规模为所有规模。该组合化学需氧量的产污系数为524.00，单位为克/吨-产品。

（2）获取企业产品产量

该企业实际填报情况：主要产品干法粉剂保健食品 2017 年产量 1500 吨。

（3）计算化学需氧量产生量

由于查询到的组合中，化学需氧量产污系数的单位为克/吨-产品，因此在核算产生量时采用产品产量。

化学需氧量产生量=化学需氧量产污系数×产品（干法粉剂保健食品）产量

=524.00 克/吨-产品×1500 吨-产品=786000 克=0.786 吨

4.2 化学需氧量去除量计算

（1）查找治理技术平均去除效率

该企业化学需氧量治理技术采用“厌氧生物处理法+好氧生物处理法”工艺，查询相应组合内该工艺的平均去除效率为 91.00%。

（2）计算污染治理设施实际运行率

根据产污系数组合查询结果，该组合中化学需氧量法对应的污染治理设施实际运行率为

k = 污水处理设施年耗电量（千瓦·时）/［总额定功率（千瓦）×年运行时间（小时）］

= 229242千瓦·时 /（70千瓦 × 4760小时）= 0.688

（3）计算化学需氧量去除量

化学需氧量去除量=0.786 吨×91.00%×0.688=0.492 吨

4.3 化学需氧量排放量计算

化学需氧量排放量=污染物产生量–污染物去除量

=0.786 吨–0.492 吨=0.294 吨

5 系数表

1492 保健食品制造行业系数表

工段名称	产品名称	原料名称	工艺名称	规模等级	污染物类别	污染物指标	系数单位	产污系数	末端治理技术	末端治理技术平均去除效率/%	参考 k 值计算公式[1]
—	液态剂型保健食品	水，植物源、动物源、微生物源原料	配液+过滤+灌装+杀菌+干燥+包装	所有规模	废水	化学需氧量	克/吨-产品	402.67	物理处理法+厌氧生物处理法+好氧生物处理法	83.20	k=污水处理设施年耗电量（千瓦·时）/[总额定功率（千瓦）×年运行时间（小时）]
						氨氮	克/吨-产品	25.00	物理处理法+厌氧生物处理法+好氧生物处理法	72.60	
						总氮	克/吨-产品	44.09	物理处理法+厌氧生物处理法+好氧生物处理法	81.40	
						总磷	克/吨-产品	3.92	物理处理法+厌氧生物处理法+好氧生物处理法	68.20	
						工业废水量	吨/吨-产品	0.70	—	0	—
					固废	一般工业固废	千克/吨-产品	4.00	综合利用	100	—
	干法粉剂保健食品	果蔬粉、蛋白粉等	原辅料混合+造粒+干燥+包装	所有规模	废水	化学需氧量	克/吨-产品	524.00	厌氧生物处理法+好氧生物处理法	91.00	k=污水处理设施年耗电量（千瓦·时）/[总额定功率（千瓦）×年运行时间（小时）]
						氨氮	克/吨-产品	0.56	厌氧生物处理法+好氧生物处理法	34.00	
						总氮	克/吨-产品	6.59	厌氧生物处理法+好氧生物处理法	85.00	
						总磷	克/吨-产品	0.18	厌氧生物处理法+好氧生物处理法	26.00	
						工业废水量	吨/吨-产品	0.15	—	0	—
					固废	一般工业固废	千克/吨-产品	1.20	综合利用	100	—
	湿法粉剂保健食品	果蔬粉、膳食纤维等	原辅料混合制浆+过滤+喷雾干燥+包装	所有规模	废水	化学需氧量	克/吨-产品	383.93	—	0	—
						氨氮	克/吨-产品	18.17	—	0	
						总氮	克/吨-产品	33.82	—	0	
						总磷	克/吨-产品	6.38	—	0	
						工业废水量	吨/吨-产品	0.53	—	0	
					固废	一般工业固废	千克/吨-产品	0.01	综合利用	100	—

[1] 该公式仅供参考，使用时，可根据 k 值定义，选取更适合企业实际情况的表达方式。

1493 冷冻饮品及食用冰制造业

1 适用范围

本手册仅用于《国民经济行业分类》（GB/T 4754—2017）中 1493 冷冻饮品及食用冰制造行业使用系数法核算工业污染物产生量和排放量的工业企业。

利用本手册进行产排污核算得出的污染物产生量与排放量仅代表了特定行业的工艺、产品、原料在正常工况下污染物产生与排放的一般规律。

冷冻饮品行业废水指标包括工业废水量、化学需氧量、氨氮、总氮、总磷、石油类。

食用冰行业废水指标包括工业废水量、化学需氧量、氨氮、总氮、总磷。

2 注意事项

2.1 企业有多种生产工艺或生产多类产品产排污量核算

污染物产生量与产品产量有关，根据不同核算环节计算产污量后，再根据企业末端治理设施和运行情况计算各污染物的排放量。

企业某污染物产生量、排放量为各核算环节产生量、排放量之和。

在企业实际排放量计算过程中，如果存在废水回用的情况，需要在利用产排污核算公式的基础上扣除废水回用的部分。公式如下：

实际排放量=计算排放量×（1–废水回用率）

2.2 采用多种治理设施组合处理企业的排污量核算

在排污量计算选择末端治理技术时，若没有对应的组合治理技术，以主要治理技术为准。

2.3 系数表中未涉及的产污系数及污染治理效率

系数表中未涉及的产品，按照工艺优先的原则，选用系数表中相同工艺、相同规模的产污系数，当工艺或规模有差异时根据表注说明进行系数调整。如调查企业的末端治理设施与系数表所列的不同，选择系数表中相近治理工艺的污染治理效率计算。

调整后的产污系数=系数表中选取的产污系数×调整系数

无须调整时调整系数取值为1。同时需要注意，在某些情况下，工业废水量与其他污染物指标的调整系数取值可能不同。

雪糕类使用《1493 冷冻饮品及食用冰制造行业系数手册》中同等规模的冰激凌的产污系数及污染治理效率。

冰棒参照《1493 冷冻饮品及食用冰制造行业系数手册》中小规模冰激凌的产排污系数进行调整，调整系数为 0.5，污染治理效率参照冰淇淋的污染治理效率。

2.4 其他需要说明的问题

由于不同企业工业废水量差异较大，本手册所提供的工业废水量系数仅供参考。

为体现相同产污水平条件下，采用相同环保治理设施的不同企业对同一污染物去除效果的差异，引入末端治理设施实际运行率（k）对污染治理技术的实际去除率进行修正。k 值反映的是污染治理设施运行的状态，越稳定运行，k 值越高；在取值上，若定义连续稳定运行的理想状态为 1，则 k 取值在 0～1 之间。

本手册给出本行业的 k 计算公式仅供参考，使用时，可根据 k 值定义，选取更适合企业实际情况的表达方式。

3 污染物排放量核算方法

3.1 计算污染物产生量

（1）根据产品、原料、污染物产生的主导生产工艺、企业规模（生产产能）这一组合查找和确定所对应的某一污染物的产污系数。

（2）根据该污染物的产污系数计量单位——单位产品产量，获取企业实际产品产量。

例如，某组合内化学需氧量的产污系数单位为千克/吨-产品，则计算产生量时需要获取企业实际产品产量。

（3）污染物产生量按以下公式进行计算：

污染物产生量=污染物对应的产污系数×产品产量

$$G_{产i} = P_{产i} \times M_i$$

式中，$G_{产i}$——工段 i 某污染物的产生量；

$P_{产i}$——工段 i 某污染物对应的产污系数；

M_i——工段 i 的产品产量。

3.2 计算污染物去除量

（1）根据企业对某一污染物所采用的治理技术查找和选择相应的治理技术平均去除效率。

（2）根据所填报的污染治理设施实际运行率参数及其计算公式得出该企业某一污染物的治理设施实际运行率（k 值）。

（3）污染物去除量按以下公式进行计算：

污染物去除量=污染物产生量×污染物去除率

=污染物产生量×治理技术平均去除效率×治理设施实际运行率

$$R_{减i} = G_{产i} \times \eta_T \times k_T$$

式中，$R_{减i}$——工段 i 某污染物的去除量；

η_T——工段 i 某污染物采用的末端治理技术的平均去除效率；

k_T——工段 i 某污染物采用的末端治理设施的实际运行率。

3.3 计算污染物排放量

污染物排放量=污染物产生量–污染物去除量

=污染物对应的产污系数×产品产量–污染物产生量×

治理技术平均去除效率×治理设施实际运行率

3.4 计算企业污染物排放量

同一企业某污染物全年的产生（排放）总量为该企业同年实际生产的全部工段、产品、原料、规模污染物产生（排放）量之和。

$$E_{排}=G_{产}-R_{减}=\sum(G_{产i}-R_{减i})=\sum\left[P_{产i}\times M_i(1-\eta_T\times k_T)\right]$$

4 污染物排放量核算案例

某冰激凌企业以水、白砂糖、乳粉等为原料生产冰激凌，采用冰激凌生产工艺，企业年生产冰激凌食品 5 万吨，年生产时间为 300 天，该企业污水治理技术主要为“物理处理法+厌氧生物处理法+好氧生物处理法”，污水处理设施参数为：年运行时间 8760 小时、年耗电量 2407248 千瓦·时、总额定功率 300 千瓦。

本核算示例以废水中化学需氧量为例，说明排放量的计算方法。

4.1 化学需氧量产生量计算

（1）查找产污系数及其计量单位

根据企业基本信息，查找本手册中主要产品为冰激凌食品，主要原料为水、白砂糖、乳粉等，主要工艺为配料+均质+杀菌+冷却+老化+凝冻+硬化+包装，生产规模为大规模。该组合化学需氧量的产污系数为 13967.00，单位为克/吨-产品。

（2）获取企业产品产量

该企业实际填报情况：主要产品冰激凌食品 2017 年产量为 50000 吨。

（3）计算化学需氧量产生量

由于查询到的组合中，化学需氧量产污系数的单位为克/吨-产品，因此在核算产生量时采用产品产量。

化学需氧量产生量=化学需氧量产污系数×产品（冰激凌）产量

=13967.00 克/吨-产品×50000 吨-产品=698350000 克=698.35 吨

4.2 化学需氧量去除量计算

（1）查找治理技术平均去除效率

该企业化学需氧量治理技术采用“物理处理法+厌氧生物处理法+好氧生物处理法”工艺，查询相应组合内该工艺平均去除效率为 97.00%。

（2）计算污染治理设施实际运行率

根据产污系数组合查询结果，该组合中化学需氧量法对应的污染治理设施实际运行率为

k = 污水处理设施年耗电量（千瓦·时）/［总额定功率（千瓦）× 年运行时间（小时）］

= 2407248千瓦·时 /（300千瓦 × 8760小时）= 0.916

（3）计算化学需氧量去除量

化学需氧量去除量=698.350 吨×97.00%×0.916=620.498 吨

4.3 化学需氧量排放量计算

化学需氧量排放量=污染物产生量–污染物去除量

=698.35 吨–620.498 吨=77.852 吨

5 系数表

1493 冷冻饮品及食用冰制造行业系数表

工段名称	产品名称	原料名称	工艺名称	规模等级	污染物类别	污染物指标	系数单位	产污系数	末端治理技术	末端治理技术平均去除效率/%	参考 k 值计算公式[1]
—	冰激凌	水、白砂糖、乳粉等	配料+均质+杀菌+冷却+老化+凝冻+硬化+包装	≥3 万吨/年	废水	化学需氧量	克/吨-产品	13967.00	物理处理法+厌氧生物处理法+好氧生物处理法	97.00	k=污水处理设施年耗电量（千瓦·时）/[总额定功率（千瓦）×年运行时间（小时）]
						氨氮	克/吨-产品	22.46	物理处理法+厌氧生物处理法+好氧生物处理法	65.00	
						总氮	克/吨-产品	99.63	物理处理法+厌氧生物处理法+好氧生物处理法	80.00	
						总磷	克/吨-产品	69.04	物理处理法+厌氧生物处理法+好氧生物处理法	69.00	
						石油类	克/吨-产品	124.50	物理处理法+厌氧生物处理法+好氧生物处理法	99.00	
						工业废水量	吨/吨-产品	5.43	—	0	—
					固废	一般工业固废	千克/吨-产品	3.94	综合利用	100	—
				0.5 万～3 万吨/年	废水	化学需氧量	克/吨-产品	11062.33	物理处理法+厌氧生物处理法+好氧生物处理法	98.00	k=污水处理设施年耗电量（千瓦·时）/[总额定功率（千瓦）×年运行时间（小时）]
						氨氮	克/吨-产品	28.54	物理处理法+厌氧生物处理法+好氧生物处理法	73.00	
						总氮	克/吨-产品	110.87	物理处理法+厌氧生物处理法+好氧生物处理法	67.00	
						总磷	克/吨-产品	22.21	物理处理法+厌氧生物处理法+好氧生物处理法	76.00	

[1] 该公式仅供参考，使用时，可根据 k 值定义，选取更适合企业实际情况的表达方式。

1493 冷冻饮品及食用冰制造行业系数表（续表 1）

工段名称	产品名称	原料名称	工艺名称	规模等级	污染物类别	污染物指标	系数单位	产污系数	末端治理技术	末端治理技术平均去除效率/%	参考 k 值计算公式
—	冰激凌	水、白砂糖、乳粉等	配料+均质+杀菌+冷却+老化+凝冻+硬化+包装	0.5 万～3 万吨/年	废水	石油类	克/吨-产品	103.52	物理处理法+厌氧生物处理法+好氧生物处理法	98.00	
						工业废水量	吨/吨-产品	6.51	—	0	—
					固废	一般工业固废	千克/吨-产品	2.38	综合利用	100	—
	食用冰	水	水处理+杀菌+灌装+速冻+脱膜+包装	所有规模	废水	化学需氧量	克/吨-产品	163.33	—	0	—
						氨氮	克/吨-产品	0.38	—	0	
						总氮	克/吨-产品	2.84	—	0	
						总磷	克/吨-产品	1.28	—	0	
						工业废水量	吨/吨-产品	0.77	—	0	
					固废	一般工业固废	千克/吨-产品	0	—	0	—

1494 盐加工业

1 适用范围

本手册仅用于《国民经济行业分类》(GB/T 4754—2017) 中 1494 盐加工行业使用系数法核算工业污染物产生量和排放量的工业企业。

利用本手册进行产排污核算得出的污染物产生量与排放量仅代表了特定行业的工艺、产品、原料在正常工况下污染物产生与排放的一般规律。

本行业废水指标包括工业废水量、化学需氧量、氨氮、总氮、总磷。

2 注意事项

2.1 企业有多种生产工艺或生产多类产品产排污量核算

污染物产生量与产品产量有关，根据不同产量计算产污量后，再根据企业末端治理设施和运行情况计算各污染物的排放量。本行业所有末端治理技术、设施和运行情况忽略效率区分，视为同一。若某企业采用的末端治理技术与系数手册不完全对应，仍按本手册内容取值。

企业某污染物指标产生量、排放量分别为各核算环节产生量、排放量之和。

在企业实际排放量计算过程中，如果存在废水回用的情况，需要在利用产排污核算公式的基础上扣除废水回用的部分。公式如下：

实际排放量=计算排放量×（1−废水回用率）

2.2 采用多种末端治理设施组合处理企业的排污量核算

在排污量计算选择末端治理技术时，若没有对应的组合治理技术，以主要治理技术为准。

2.3 系数表中未涉及的产污系数及污染治理效率

食盐生产过程中，如果包含制盐工艺，废水指标可参考 1494 盐加工行业系数手册。本手册不涉及融雪盐、工业盐类制造，相关指标可按 2613 无机盐制造系数手册内容取值。

2.4 其他需要说明的问题

由于不同企业工业废水量差异较大，本手册所提供的工业废水量系数仅供参考。

为体现相同产污水平条件下，采用相同环保治理设施的不同企业对同一污染物去除效果的差异，引入末端治理设施实际运行率（k）对污染治理技术的实际去除率进行修正。k 值反映的是污染治理设施运行的状态，越稳定运行，k 值越高；在取值上，若定义连续稳定运行的理想状态为 1，则 k 取值在 0～1 之间。

本手册给出本行业的 k 计算公式仅供参考，使用时，可根据 k 值定义，选取更适合企业实际情况的表达方式。

食用盐：加碘盐、营养盐、调味盐、其他食用盐；非食用盐：饲料盐、渔用盐、其他非食用盐；沐浴用浴盐；以上所有以原盐经化卤到精制过程的盐产品均可采用本手册系数计算。

利用精制盐拌合调味剂的调味盐不在本手册系数，同 1469 行业中调味料类，参见 1329 饲料行业（或其他类似行业）预混配制等工艺的系数。

3 污染物排放量核算方法

针对企业实际生产情况，本行业在系数制定过程中未将企业全生产流程划分或拆分为若干工段（核算环节），在核算企业污染物产排量时，均视企业为生产工艺全流程进行核算。

3.1 计算污染物产生量

（1）根据产品、原料、污染物产生的主导生产工艺、企业规模（生产产能）这一组合查找和确定所对应的某一污染物的产污系数。

（2）根据该污染物的产污系数计量单位——单位产品产量，获取企业实际产品产量。

例如，某组合内化学需氧量的产污系数单位为克/吨-产品，则计算产生量时需要获取企业实际产品产量。

（3）污染物产生量按以下公式进行计算：

污染物产生量=污染物对应的产污系数×产品产量

$$G_{产i} = P_{产i} \times M_i$$

式中，$G_{产i}$——工段 i 某污染物的产生量；

$P_{产i}$——工段 i 某污染物对应的产污系数；

M_i——工段 i 的产品产量。

3.2 计算污染物去除量

（1）根据企业对某一污染物所采用的末端治理技术查找和选择相应的末端治理技术平均去除效率。

（2）根据所填报的污染末端治理设施实际运行率参数及其计算公式得出该企业某一污染物的末端治理设施实际运行率（k 值）。当计算的 k 值大于 1 时，k 值取 1；当计算的 k 值小于 1 时，k 取计算值。

（3）污染物去除量按以下公式进行计算：

污染物去除量=污染物产生量×污染物去除率

=污染物产生量×治理技术平均去除效率×治理设施实际运行率

$$R_{减i} = G_{产i} \times \eta_T \times k_T$$

式中，$R_{减i}$——工段 i 某污染物的去除量；

η_T——工段 i 某污染物采用的末端治理技术的平均去除效率；

k_T——工段 i 某污染物采用的末端治理设施的实际运行率。

3.3 计算污染物排放量

污染物排放量=污染物产生量–污染物去除量

=污染物对应的产污系数×产品产量–污染物产生量×

末端治理技术平均去除效率×末端治理设施实际运行率

3.4 计算企业污染物排放量

同一企业某污染物全年的产生（排放）总量为该企业同年实际生产的全部工段、产品、原料、规模污染物产生（排放）量之和。

$$E_{排} = G_{产} - R_{减} = \sum(G_{产i} - R_{减i}) = \sum\left[P_{产i} \times M_i(1-\eta_T \times k_T)\right]$$

4 污染物排放量核算案例

某制盐企业主要从事原制备精制食盐的生产。该企业涉及的主要产排污工段为洗涤/制卤、精制工段。其中主要污染物指标为化学需氧量、氨氮、总氮、总磷。以化学需氧量为例说明排放量计算过程。

该企业基本信息如表 1 所示。

表 1 某制盐企业基本信息

	核算环节：整体核算	
	名称	数量
产品及产量	精制盐	300 万吨
原料及用量	原盐	350 万吨
工艺名称	洗涤/制卤、精制加工、干燥筛分	—
规模（产能）	350 万吨	
污染末端治理设施	沉淀-直排	
实际运行率参数	污水末端治理设施运行时间	7248 小时
	企业正常生产时间	7200 小时

4.1 化学需氧量产生量计算

（1）查找产污系数及其计量单位

根据企业基本信息，查找本手册中主要产品为精制盐，主要原料为原盐，主要工艺为洗涤/制卤、精制加工、干燥筛分，生产规模为所有规模。该组合化学需氧量的产污系数为 120，单位为克/吨-产品。

（2）获取企业产品产量

该企业实际情况为：主要产品精制盐 2017 年产量为 300 万吨。

（3）计算化学需氧量产生量

由于查询到的组合中，化学需氧量产污系数的单位为克/吨-产品，因此在核算化学需氧量产生量时需获取产品产量。

化学需氧量产生量=化学需氧量产污系数×产品（精制盐）产量

=120 克/吨-产品×3000000 吨-产品÷1000

=360000 千克

4.2 化学需氧量去除量计算

（1）查找末端治理技术平均去除效率

该企业化学需氧量末端治理技术采用沉淀-直排工艺，查询相应组合内沉淀-直排工艺的平均去除效率为 10%。

（2）计算污染末端治理设施实际运行率

根据产污系数组合查询结果，该组合中化学需氧量法对应的污染末端治理设施实际运行率为

k = 污水末端治理设施运行时间/企业正常生产时间=7248 小时/7200 小时=1.0067，取 k =1 计。

（3）计算化学需氧量去除量

化学需氧量去除量=360000 千克×10%×1=36000 千克

4.3 化学需氧量排放量计算

化学需氧量排放量=360000 千克–36000 千克=324000 千克

5 系数表

1494 盐加工行业系数表

工段名称	产品名称	原料名称	工艺名称	规模等级	污染物类别	污染物指标	系数单位	产污系数	末端治理技术	末端治理技术平均去除效率/%	参考 k 值计算公式[1]
—	食盐	原盐/海湖原盐/井盐	洗涤/制卤-精制加工-干燥筛分	所有规模	废水	工业废水量	吨/吨-产品	5.00	—	0	—
						化学需氧量	克/吨-产品	120	沉淀-直排	10	k=污水末端治理设施运行时间（小时/年）/企业正常生产时间（小时/年）
						氨氮	克/吨-产品	20.0	沉淀-直排	10	
						总氮	克/吨-产品	25.0	沉淀-直排	10	
						总磷	克/吨-产品	0.500	沉淀-直排	10	

[1] 该公式仅供参考，使用时，可根据 k 值定义，选取更适合企业实际情况的表达方式。

1495 食品及饲料添加剂制造业

1 适用范围

本手册仅用于《国民经济行业分类》（GB/T 4754—2017）中 1495 食品及饲料添加剂制造行业使用系数法核算工业污染物产生量和排放量的工业企业。

利用本手册进行产排污核算得出的污染物产生量与排放量仅代表了特定行业的工艺、产品、原料在正常工况下污染物产生与排放量的一般规律。

本行业废水指标包括工业废水量、化学需氧量、氨氮、总氮、总磷。

2 注意事项

2.1 企业有多种生产工艺或生产多类产品产排污量核算

污染物产生量与产品产量有关，根据不同产品、原料、工艺、生产规模计算产污量后，再根据企业末端治理设施和运行情况计算各污染物的排放量。若某些企业采用的末端治理技术与系数手册不完全对应，仍按本手册内容取值。

企业某污染物指标的产生量、排放量分别为各核算环节产生量、排放量之和。

在企业实际排放量计算过程中，如果存在废水回用的情况，需要在利用产排污核算公式的基础上扣除废水回用的部分。公式如下：

实际排放量=计算排放量×（1–废水回用率）

2.2 采用多种治理设施组合处理企业的排污量核算

在排污量计算选择末端治理技术时，若没有对应的组合治理技术，以主要治理技术为准。

2.3 系数表中未涉及的产污系数及污染治理效率

除手册中列出产品，其他所有明确化学名称的食品及饲料添加剂，请参见相关化学品制备行业系数手册取值；所有动植物原料浸提、水解、蒸馏、浓缩等工艺分离的组分，请参见相关农副产品加工、农产品、林产品加工、中药提取物工艺等相关行业系数手册取值。

2.4 其他需要说明的问题

本手册列出了木糖、黄原胶、淀粉糖等产污系数组合。其中木糖产品因原料来源不同分为两大类组合，产污系数不同；黄原胶无原料、工艺和生产规模之分，所有归为同一类组合；淀粉糖及其制品是指通过淀粉质原料酶解转化制备的糖，包括淀粉糖浆、麦芽糊精、一水结晶葡萄糖、无水结晶葡萄糖、结晶果糖等产品，广泛应用于食品、发酵工业，根据不同用途可分为原料、配料和添加剂，该类产品可按本手册系数取值。

无论采取何种末端治理技术，均视为与本手册中相关工艺相同，按本手册系数进行计算。由于不同企业工业废水量差异较大，本手册所提供的工业废水量系数仅供参考。

为体现相同产污水平条件下，采用相同环保治理设施的不同企业对同一污染物去除效果的差异，引入末端治理设施实际运行率（k）对污染治理技术的实际去除率进行修正。k 值反映的是污染治理设施运行的状态，越稳定运行，k 值越高；在取值上，若定义连续稳定运行的理想状态为 1，则 k 取值在 0～1 之间。

本手册给出本行业的 k 计算公式仅供参考，使用时，可根据 k 值定义，选取更适合企业实际情况的表达方式。

3　污染物排放量核算方法

针对企业实际生产情况，本行业在系数制定过程中未将企业全生产流程划分或拆分为若干工段（核算环节），在核算企业污染物产排量时，均视企业为生产工艺全流程进行核算。

3.1　计算污染物产生量

（1）根据产品、原料、污染物产生的主导生产工艺、企业规模（生产产能）这一组合查找和确定所对应的某一污染物的产污系数。

（2）根据该污染物的产污系数计量单位——单位产品产量，获取企业实际产品产量。

例如，某组合内化学需氧量的产污系数单位为克/吨-产品，则计算产生量时需要获取企业实际产品产量。

（3）污染物产生量按以下公式进行计算：

污染物产生量=污染物对应的产污系数×产品产量

$$G_{产i} = P_{产i} \times M_i$$

式中，$G_{产i}$——工段 i 某污染物的产生量；

$P_{产i}$——工段 i 某污染物对应的产污系数；

M_i——工段 i 的产品产量。

3.2　计算污染物去除量

（1）根据企业对某一污染物所采用的末端治理技术查找和选择相应的末端治理技术平均去除效率。

（2）根据所填报的污染末端治理设施实际运行率参数及其计算公式得出该企业某一污染物的末端治理设施实际运行率（k 值）。当计算的 k 值大于 1 时，k 值取 1；当计算的 k 值小于 1 时，k 取计算值。

（3）污染物去除量按以下公式进行计算：

污染物去除量=污染物产生量×污染物去除率

=污染物产生量×治理技术平均去除效率×治理设施实际运行率

$$R_{减i} = G_{产i} \times \eta_T \times k_T$$

式中，$R_{减i}$——工段 i 某污染物的去除量；

η_T——工段 i 某污染物采用的末端治理技术的平均去除效率；

k_T——工段 i 某污染物采用的末端治理设施的实际运行率。

3.3 计算污染物排放量

污染物排放量=污染物产生量–污染物去除量

=污染物对应的产污系数×产品产量–污染物产生量×

末端治理技术平均去除效率×末端治理设施实际运行率

3.4 计算企业污染物排放量

同一企业某污染物全年的产生（排放）总量为该企业同年实际生产的全部工段、产品、原料、规模污染物产生（排放）量之和。

$$E_{排} = G_{产} - R_{减} = \sum(G_{产i} - R_{减i}) = \sum\left[P_{产i} \times M_i(1 - \eta_T \times k_T)\right]$$

4 污染物排放量核算案例

某木糖企业主要从事以玉米芯为原料水解法木糖的生产。生产的主要污染物指标为化学需氧量、氨氮、总氮、总磷。以化学需氧量为例说明排放量计算过程。

该企业基本信息如表 1 所示。

表 1 某木糖企业基本信息

	核算环节：整体核算	
	名称	数量
产品及产量	木糖	5000 吨
原料及用量	玉米芯	4.5 万吨
工艺名称	水解法	—
规模（产能）	10000 吨	
污染末端治理设施	物化法+厌氧/好氧组合法	
实际运行率参数	污水末端治理设施运行时间	4320 小时
	企业正常生产时间	5040 小时

4.1 化学需氧量产生量计算

（1）查找产污系数及其计量单位

根据企业基本信息，查找本手册中主要产品为木糖，主要原料为玉米芯，主要工艺为水解法，生产规模为所有规模。该组合化学需氧量的产污系数为 600000，单位为克/吨-产品。

（2）获取企业产品产量

该企业实际情况为：主要产品木糖 2017 年产量为 5000 吨。

（3）计算化学需氧量产生量

由于查询到的组合中，化学需氧量产污系数的单位为克/吨-产品，因此在核算化学需氧量产生量时需获取产品产量。

化学需氧量产生量=化学需氧量产污系数×产品（木糖）产量

=600000 克/吨-产品 × 5000 吨-产品÷1000

=3000000 千克

4.2 化学需氧量去除量计算

（1）查找末端治理技术平均去除效率

该企业化学需氧量末端治理技术采用“物化法+厌氧/好氧组合法”，查询相应组合内物化法+厌氧/好氧组合法工艺的平均去除效率为 83%。

（2）计算污染末端治理设施实际运行率

根据产污系数组合查询结果，该组合中化学需氧量法对应的污染末端治理设施实际运行率为 k =污水末端治理设施运行时间/企业正常生产时间=4320 小时/5040 小时=0.857。

（3）计算化学需氧量去除量

化学需氧量去除量=3000000 千克× 83% × 0.857=2133930 千克

4.3 化学需氧量排放量计算

化学需氧量排放量=3000000 千克–2133930 千克=866070 千克

5 系数表

1495 食品及饲料添加剂制造行业系数表

工段名称	产品名称	原料名称	工艺名称	规模等级	污染物类别	污染物指标	系数单位	产污系数	末端治理技术	末端治理技术平均去除效率/%	参考 k 值计算公式[1]
—	木糖	玉米芯	水解法（包括原料水解、中和、离交分离、浓缩、结晶、离心、干燥等工艺）	所有规模	废水	工业废水量	吨/吨-产品	200	—	0	—
						化学需氧量	克/吨-产品	6.00×10^5	物化法+厌氧/好氧组合法	83	k=污水末端治理设施运行时间（小时/年）/企业正常生产时间（小时/年）
						氨氮	克/吨-产品	2.20×10^3	物化法+厌氧/好氧组合法	0	—
						总氮	克/吨-产品	5.00×10^3	物化法+厌氧/好氧组合法	0	—
						总磷	克/吨-产品	900	物化法+厌氧/好氧组合法	0	—
		半纤维/纤维素原料			废水	工业废水量	吨/吨-产品	100	—	0	—
						化学需氧量	克/吨-产品	6.00×10^5	物化法+厌氧/好氧组合法	92	k=污水末端治理设施运行时间（小时/年）/企业正常生产时间（小时/年）
						氨氮	克/吨-产品	2.20×10^3	物化法+厌氧/好氧组合法	0	—
						总氮	克/吨-产品	5.00×10^3	物化法+厌氧/好氧组合法	0	—
						总磷	克/吨-产品	900	物化法+厌氧/好氧组合法	12	k=污水末端治理设施运行时间（小时/年）/企业正常生产时间（小时/年）
	黄原胶	糖蜜（或玉米	发酵法	所有规模	废水	工业废水量	吨/吨-产品	100	—	0	—
						化学需氧量	克/吨-产品	4.00×10^5	物化法+厌氧/好氧组合法+化学法	95	k=污水末端治理设施运行时间（小时/年）/企业正常生产时间（小时/年）
						氨氮	克/吨-产品	4.50×10^3	物化法+厌氧/好氧组合法+化学法	50	
						总氮	克/吨-产品	1.50×10^4	物化法+厌氧/好氧组合法+化学法	53	
						总磷	克/吨-产品	2.00×10^3	物化法+厌氧/好氧组合法+化学法	60	

[1] 该公式仅供参考，使用时，可根据 k 值定义，选取更适合企业实际情况的表达方式。

1495 食品及饲料添加剂制造行业系数表（续表 1）

工段名称	产品名称	原料名称	工艺名称	规模等级	污染物类别	污染物指标	系数单位	产污系数	末端治理技术	末端治理技术平均去除效率/%	参考 k 值计算公式
—	淀粉糖浆	玉米（大米或其他淀粉质原料）	水解法（包括水解/结晶/脱水等工艺）	所有规模	废水	工业废水量	吨/吨-产品	4.00	—	0	—
						化学需氧量	克/吨-产品	2.00×10^4	物理法+厌氧/好氧组合法+化学法	98	k=污水末端治理设施运行时间（小时/年）/企业正常生产时间（小时/年）
						氨氮	克/吨-产品	90.0	物理法+厌氧/好氧组合法+化学法	33	
						总氮	克/吨-产品	450	物理法+厌氧/好氧组合法+化学法	73	
						总磷	克/吨-产品	90.0	物理法+厌氧/好氧组合法+化学法	96	
	麦芽糊精	玉米（大米或其他淀粉质原料）	水解法（包括水解/结晶/脱水等工艺）	所有规模	废水	工业废水量	吨/吨-产品	5.00	—	0	—
						化学需氧量	克/吨-产品	1.85×10^4	物理法+厌氧/好氧组合法+化学法	97	k=污水末端治理设施运行时间（小时/年）/企业正常生产时间（小时/年）
						氨氮	克/吨-产品	80.0	物理法+厌氧/好氧组合法+化学法	6	
						总氮	克/吨-产品	420	物理法+厌氧/好氧组合法+化学法	64	
						总磷	克/吨-产品	85.0	物理法+厌氧/好氧组合法+化学法	94	
	一水结晶葡萄糖	玉米（大米或其他淀粉质原料）	水解法（包括水解/结晶/脱水等工艺）	所有规模	废水	工业废水量	吨/吨-产品	4.00	—	0	—
						化学需氧量	克/吨-产品	1.75×10^4	物理法+厌氧/好氧组合法+化学法	98	k=污水末端治理设施运行时间（小时/年）/企业正常生产时间（小时/年）
						氨氮	克/吨-产品	90.0	物理法+厌氧/好氧组合法+化学法	33	
						总氮	克/吨-产品	460	物理法+厌氧/好氧组合法+化学法	74	
						总磷	克/吨-产品	120	物理法+厌氧/好氧组合法+化学法	97	

1495 食品及饲料添加剂制造行业系数表（续表 2）

工段名称	产品名称	原料名称	工艺名称	规模等级	污染物类别	污染物指标	系数单位	产污系数	末端治理技术	末端治理技术平均去除效率/%	参考 k 值计算公式
—	无水结晶葡萄糖	玉米（大米或其他淀粉质原料）	水解法（包括水解/结晶/脱水等工艺）	所有规模	废水	工业废水量	吨/吨-产品	6.00	—	0	—
						化学需氧量	克/吨-产品	1.96×10^4	物理法+厌氧/好氧组合法+化学法	97	k=污水末端治理设施运行时间（小时/年）/企业正常生产时间（小时/年）
						氨氮	克/吨-产品	100	物理法+厌氧/好氧组合法+化学法	10	
						总氮	克/吨-产品	480	物理法+厌氧/好氧组合法+化学法	63	
						总磷	克/吨-产品	120	物理法+厌氧/好氧组合法+化学法	95	
	结晶果糖	玉米（大米或其他淀粉质原料）	水解法（包括水解/结晶/脱水等工艺）	所有规模	废水	工业废水量	吨/吨-产品	16.0	—	0	—
						化学需氧量	克/吨-产品	5.70×10^4	物理法+厌氧/好氧组合法+化学法	97	k=污水末端治理设施运行时间（小时/年）/企业正常生产时间（小时/年）
						氨氮	克/吨-产品	120	物理法+厌氧/好氧组合法+化学法	—	
						总氮	克/吨-产品	550	物理法+厌氧/好氧组合法+化学法	13	
						总磷	克/吨-产品	135	物理法+厌氧/好氧组合法+化学法	88	

15

酒、饮料和精制茶制造业

1511 酒精制造业

1 适用范围

本手册仅用于《国民经济行业分类》（GB/T 4754—2017）中 1511 酒精制造行业使用系数法核算工业污染物产生量和排放量的工业企业。

利用本手册进行产排污核算得出的污染物产生量与排放量仅代表了特定行业的工艺、产品、原料在正常工况下污染物产生与排放的一般规律。

本行业废水指标包括工业废水量、化学需氧量、氨氮、总氮、总磷。

2 注意事项

2.1 企业有多种生产工艺或生产多类产品产排污量核算

污染物产生量与产品产量有关，根据不同原料全工段酒精制造计算产污量后，再根据企业末端治理设施和运行情况计算各污染物的排放量。本行业所有末端治理技术、设施和运行情况忽略效率区分，视为同一。若某企业采用的末端治理技术与系数手册不完全对应，仍按本手册内容取值。

企业某污染物指标的产生量、排放量分别为各核算环节产生量、排放量之和。

在企业实际排放量计算过程中，如果存在废水回用的情况，需要在利用产排污核算公式的基础上扣除废水回用的部分。公式如下：

实际排放量=计算排放量×（1–废水回用率）

2.2 采用多种治理设施组合处理企业的排污量核算

在排污量计算选择末端治理技术时，若没有对应的组合治理技术，以主要治理技术为准。

2.3 系数表中未涉及的产污系数及污染治理效率

酒精制造的生产过程中，如果包含其他原料的发酵酒精，则参照原料为糖蜜，按工艺、规模等级选择对应的产污系数取值；改性乙醇不在此使用手册范围，另归属化工行业产品类；有其他副产品的酒精企业，产污系数以主产品酒精计。

所有发酵酒精制造废水末端治理技术均视为与本 1511 酒精制造行业系数手册中相同。

2.4 其他需要说明的问题

本使用手册中，酒精企业不划分等级；酒精产品以 96%（*V*/*V*）酒精计，密度为 0.8075 千克/升；原料分为：玉米、薯类、糖蜜、小麦、稻谷等；生产工艺：液态发酵法。

本使用手册中，工业废水量主要包括废醪液、洗灌水、冷凝水、蒸发浓缩水等水量。污染物主要来源于废醪液、洗罐水、冷凝水和蒸发浓缩水等。计算废醪液、废水污染物含量的关键产污节点如下表：

原料名称	产污节点
谷物原料（玉米、小麦、稻米等）	生产 DDGS 之后，进入 IC 之前。包含有蒸发冷凝液，塔底废水，洗罐水等
薯类	生产沼气之后，进入好氧生物处理之前。包含有厌氧后经固液分离后的清液（消化液）等
薯干+小麦	生产沼气之后，进入好氧生物处理之前。厌氧后经固液分离后的清液（消化液）
糖蜜	蒸发浓缩生产浓缩液之后，冷凝等废水进入厌氧生物处理之前。包含有蒸发冷凝液，塔底废水、洗罐水等

本手册中，无论采取何种末端治理技术，均视为与物理法+厌氧/好氧组合法+化学法工艺相同。

由于不同企业工业废水量差异较大，本手册所提供的工业废水量系数仅供参考。

为体现相同产污水平条件下，采用相同环保治理设施的不同企业对同一污染物去除效果的差异，引入末端治理设施实际运行率（k）对污染治理技术的实际去除率进行修正。k 值反映的是污染治理设施运行的状态，越稳定运行，k 值越高；在取值上，若定义连续稳定运行的理想状态为 1，则 k 取值在 0～1 之间。

本手册给出本行业的 k 计算公式仅供参考，使用时，可根据 k 值定义，选取更适合企业实际情况的表达方式。

3　污染物排放量核算方法

针对企业实际生产情况，本行业在系数制定过程中未将企业全生产流程划分或拆分为若干工段（核算环节），在核算企业污染物产排量时，均视企业为生产工艺全流程进行核算。

3.1　计算污染物产生量

（1）根据产品、原料、污染物产生的主导生产工艺、企业规模（生产产能）这一组合查找和确定所对应的某一污染物的产污系数。

（2）根据该污染物的产污系数计量单位——单位产品产量，获取企业实际产品产量。

例如，某组合内化学需氧量的产污系数单位为克/千升-产品，则计算产生量时需要获取企业实际产品产量。

（3）污染物产生量按以下公式进行计算：

污染物产生量=污染物对应的产污系数×产品产量

$$G_{产i} = P_{产i} \times M_i$$

式中，$G_{产i}$——工段 i 某污染物的产生量；

$P_{产i}$——工段 i 某污染物对应的产污系数；

M_i——工段 i 的产品产量。

3.2　计算污染物去除量

（1）根据企业对某一污染物所采用的末端治理技术查找和选择相应的末端治理技术平均去除效率。

（2）根据所填报的污染末端治理设施实际运行率参数及其计算公式得出该企业某一污染物的末端治理设施实际运行率（k 值）。当计算的 k 值大于 1 时，k 值取 1；当计算的 k 值小于 1 时，k 取计算值。

（3）污染物去除量按以下公式进行计算：

污染物去除量=污染物产生量×污染物去除率

=污染物产生量×治理技术平均去除效率×治理设施实际运行率

$$R_{减i} = G_{产i} \times \eta_T \times k_T$$

式中，$R_{减i}$——工段 i 某污染物的去除量；

η_T——工段 i 某污染物采用的末端治理技术的平均去除效率；

k_T——工段 i 某污染物采用的末端治理设施的实际运行率。

3.3 计算污染物排放量

污染物排放量=污染物产生量–污染物去除量

=污染物对应的产污系数×产品产量–污染物产生量×

末端治理技术平均去除效率×末端治理设施实际运行率

3.4 计算企业污染物排放量

同一企业某污染物全年的产生（排放）总量为该企业同年实际生产的全部工段、产品、原料、规模污染物产生（排放）量之和。

$$E_{排} = G_{产} - R_{减} = \sum(G_{产i} - R_{减i}) = \sum\left[P_{产i} \times M_i(1-\eta_T \times k_T)\right]$$

4 污染物排放量核算案例

某酒精企业主要从事酒精的生产。生产过程产生的主要污染物指标为化学需氧量、氨氮、总氮、总磷。以化学需氧量为例说明排放量计算过程。

该企业基本信息如表 1 所示。

表 1 某酒精企业基本信息

	核算环节：整体核算	
	名称	数量
产品及产量	燃料乙醇（酒精浓度 99.5%）	130309 千升
原料及用量	薯类	384865 吨
工艺名称	发酵法	—
规模（产能）	150000 千升	
污染末端治理设施	物理法+厌氧/好氧组合法+化学法	
实际运行率参数	污水末端治理设施运行时间	8400 小时
	企业正常生产时间	7200 小时

4.1 化学需氧量产生量计算

（1）查找产污系数及其计量单位

根据企业基本信息，查找本手册中主要产品为酒精（酒精浓度 96%），主要原料为薯类，主要工艺为发酵法，生产规模为所有规模。该组合化学需氧量的产污系数为 25000，单位为克/千升-产品。

（2）获取企业产品产量

该企业实际情况为：主要产品燃料乙醇（酒精浓度 99.5%）2017 年产量为 130309 千升。

（3）计算化学需氧量产生量

由于查询到的组合中，化学需氧量产污系数的单位为克/千升-产品，因此在核算化学需氧量产生量时需获取产品产量。

化学需氧量产生量=化学需氧量产污系数×产品（酒精）产量

=25000 克/千升-产品×130309 千升-产品× 99.5% ÷ 96% ÷ 1000

=3376496.22 千克

4.2 化学需氧量去除量计算

（1）查找末端治理技术平均去除效率

由于该企业化学需氧量末端治理技术采用“物理法+厌氧/好氧组合法+化学法”，查询相应组合内物理法+厌氧/好氧组合法+化学法工艺的平均去除效率为 84%。

（2）计算污染末端治理设施实际运行率

根据产污系数组合查询结果，该组合中化学需氧量对应的污染末端治理设施实际运行率为

k =污水末端治理设施运行时间/企业正常生产时间=8400 小时/7200 小时=1.17，取 k =1 计。

（3）计算化学需氧量去除量

化学需氧量去除量=3376496.22 千克× 84%× 1=2836256.82 千克

4.3 化学需氧量排放量计算

化学需氧量排放量=3376496.22 千克−2836256.82 千克=540239.40 千克

5 系数表

1511 酒精制造行业系数表

工段名称	产品名称	原料名称	工艺名称	规模等级	污染物类别	污染物指标	系数单位	产污系数	末端治理技术	末端治理技术平均去除效率/%	参考 k 值计算公式[1]
—	酒精	玉米	发酵法	所有规模	废水	工业废水量	吨/千升-产品	9.00	物理法+厌氧/好氧组合法+化学法	0	—
						化学需氧量	克/千升-产品	2.00×10^4	物理法+厌氧/好氧组合法+化学法	82	k=污水末端治理设施运行时间（小时/年）/企业正常生产时间（小时/年）
						氨氮	克/千升-产品	200	物理法+厌氧/好氧组合法+化学法	0	—
						总氮	克/千升-产品	450	物理法+厌氧/好氧组合法+化学法	0	—
						总磷	克/千升-产品	180	物理法+厌氧/好氧组合法+化学法	85	k=污水末端治理设施运行时间（小时/年）/企业正常生产时间（小时/年）
		薯类			废水	工业废水量	吨/千升-产品	10.0	物理法+厌氧/好氧组合法+化学法	0	—
						化学需氧量	克/千升-产品	2.50×10^4	物理法+厌氧/好氧组合法+化学法	84	k=污水末端治理设施运行时间（小时/年）/企业正常生产时间（小时/年）
						氨氮	克/千升-产品	2150	物理法+厌氧/好氧组合法+化学法	86	
						总氮	克/千升-产品	4500	物理法+厌氧/好氧组合法+化学法	89	
						总磷	克/千升-产品	1125	物理法+厌氧/好氧组合法+化学法	97	

[1] 该公式仅供参考，使用时，可根据 k 值定义，选取更适合企业实际情况的表达方式。

1511 酒精制造行业系数表（续表 1）

工段名称	产品名称	原料名称	工艺名称	规模等级	污染物类别	污染物指标	系数单位	产污系数	末端治理技术	末端治理技术平均去除效率/%	参考 k 值计算公式
—	酒精	稻谷	发酵法	所有规模	废水	工业废水量	吨/千升-产品	9.00	物理法+厌氧/好氧组合法+化学法	0	—
						化学需氧量	克/千升-产品	2.00×10^4	物理法+厌氧/好氧组合法+化学法	82	k=污水末端治理设施运行时间（小时/年）/企业正常生产时间（小时/年）
						氨氮	克/千升-产品	200	物理法+厌氧/好氧组合法+化学法	0	—
						总氮	克/千升-产品	450	物理法+厌氧/好氧组合法+化学法	0	—
						总磷	克/千升-产品	180	物理法+厌氧/好氧组合法+化学法	85	k=污水末端治理设施运行时间（小时/年）/企业正常生产时间（小时/年）
		糖蜜			废水	工业废水量	吨/千升-产品	7.00	物理法+厌氧/好氧组合法+化学法	0	—
						化学需氧量	克/千升-产品	2.10×10^4	物理法+厌氧/好氧组合法+化学法	87	k=污水末端治理设施运行时间（小时/年）/企业正常生产时间（小时/年）
						氨氮	克/千升-产品	1400	物理法+厌氧/好氧组合法+化学法	85	
						总氮	克/千升-产品	4200	物理法+厌氧/好氧组合法+化学法	92	
						总磷	克/千升-产品	840	物理法+厌氧/好氧组合法+化学法	98	
		小麦	发酵法	所有规模	废水	工业废水量	吨/千升-产品	9.00	物理法+厌氧/好氧组合法+化学法	0	—
						化学需氧量	克/千升-产品	2.00×10^4	物理法+厌氧/好氧组合法+化学法	82	k=污水末端治理设施运行时间（小时/年）/企业正常生产时间（小时/年）
						氨氮	克/千升-产品	200	物理法+厌氧/好氧组合法+化学法	0	—

1511 酒精制造行业系数表（续表 2）

工段名称	产品名称	原料名称	工艺名称	规模等级	污染物类别	污染物指标	系数单位	产污系数	末端治理技术	末端治理技术平均去除效率/%	参考 k 值计算公式
—	酒精	小麦	发酵法	所有规模	废水	总氮	克/千升-产品	450	物理法+厌氧/好氧组合法+化学法	0	—
						总磷	克/千升-产品	180	物理法+厌氧/好氧组合法+化学法	85	k=污水末端治理设施运行时间（小时/年）/企业正常生产时间（小时/年）
		薯类+小麦			废水	工业废水量	吨/千升-产品	9.00	物理法+厌氧/好氧组合法+化学法	0	—
						化学需氧量	克/千升-产品	2.30×10^4	物理法+厌氧/好氧组合法+化学法	84	k=污水末端治理设施运行时间（小时/年）/企业正常生产时间（小时/年）
						氨氮	克/千升-产品	2.00×10^3	物理法+厌氧/好氧组合法+化学法	87	
						总氮	克/千升-产品	4.00×10^3	物理法+厌氧/好氧组合法+化学法	89	
						总磷	克/千升-产品	1.00×10^3	物理法+厌氧/好氧组合法+化学法	97	

A GUIDE TO THE EMISSION COEFFICIENT OF THE SECOND NATIONAL CENSUS OF POLLUTION SOURCES

第二次
全国污染源普查产排污系数手册

|工业源 · 第三册|

生态环境部第二次全国污染源普查工作办公室—编

中国环境出版集团 • 北京

第二次全国污染源普查资料

编纂委员会

主 任 委 员

孙金龙　黄润秋

副主任委员

库热西·买合苏提　翟　青　赵英民　刘　华　庄国泰　张　波

委　　员

田为勇　刘长根　徐必久　别　涛　叶　民　邹首民　崔书红
柯　昶　刘炳江　李　高　苏克敬　邱启文　郭承站　汤　搏
江　光　刘志全　柏仇勇　曹立平　郭　敬　刘友宾　宋铁栋
王志斌　洪亚雄　赵群英

第二次全国污染源普查资料

编写人员

主　编

赵英民

副主编

洪亚雄　刘舒生　景立新

编　委（按姓氏笔画排序）

王　强　王夏娇　王赫婧　毛玉如　邢　瑜　朱　琦　刘晨峰
李雪迎　杨庆榜　吴　琼　汪志锋　汪震宇　沈　忱　张　震
陈敏敏　周潇云　郑国峰　赵学涛　柳王荣　谢明辉

国务院第二次全国污染源普查领导小组人员名单

国发〔2016〕59号文，2016年10月20日

组　长

张高丽　国务院副总理

副组长

陈吉宁　环境保护部部长
宁吉喆　国家统计局局长
丁向阳　国务院副秘书长

成　员

郭卫民　国务院新闻办副主任
张　勇　国家发展改革委副主任
辛国斌　工业和信息化部副部长
黄　明　公安部副部长
刘　昆　财政部副部长
汪　民　国土资源部副部长
翟　青　环境保护部副部长
倪　虹　住房城乡建设部副部长
戴东昌　交通运输部副部长
陆桂华　水利部副部长
张桃林　农业部副部长
孙瑞标　税务总局副局长
刘玉亭　工商总局副局长
田世宏　质检总局党组成员、国家标准委主任
钱毅平　中央军委后勤保障部副部长

*领导小组办公室主任由环境保护部副部长翟青兼任

国务院第二次全国污染源普查领导小组人员名单

国办函〔2018〕74号文，2018年11月5日

组　长

韩　正　国务院副总理

副组长

丁学东　国务院副秘书长
李干杰　生态环境部部长
宁吉喆　统计局局长

成　员

郭卫民　中央宣传部部务会议成员、新闻办副主任
张　勇　发展改革委副主任
辛国斌　工业和信息化部副部长
杜航伟　公安部副部长
刘　伟　财政部副部长
王春峰　自然资源部党组成员
赵英民　生态环境部副部长
倪　虹　住房城乡建设部副部长
戴东昌　交通运输部副部长
魏山忠　水利部副部长
张桃林　农业农村部副部长
孙瑞标　税务总局副局长
马正其　市场监管总局副局长
钱毅平　中央军委后勤保障部副部长

*领导小组办公室设在生态环境部，办公室主任由生态环境部副部长赵英民兼任

第二次全国污染源普查

工作办公室人员

主　任　洪亚雄

副主任　刘舒生　景立新

综合（农业）组　毛玉如　汪志锋　赵兴征　刘晨峰　王夏娇
柳王荣　沈　忱　周潇云　罗建波

督办组　谢明辉　李雪迎

技术组　赵学涛　朱　琦　王　强　张　震　陈敏敏　王赫婧
郑国峰　吴　琼　邢　瑜

宣传组　汪震宇　杨庆榜

此外，于飞、张山岭、王振刚、崔积山、王利强、范育鹏、孙嘉绩、王俊能、谷萍同志也参加了普查工作。

序 言

掌握生态环境保护底数
助力打赢污染防治攻坚战

第二次全国污染源普查是中国特色社会主义进入新时代的一次重大国情调查，是在决胜全面建成小康社会关键阶段、坚决打赢打好污染防治攻坚战的大背景下实施的一项系统工程，是为全面摸清建设“美丽中国”生态环境底数、加快补齐生态环境短板采取的一项重大举措。在以习近平同志为核心的党中央坚强领导下，按照国务院和国务院第二次全国污染源普查领导小组的部署，各地区、各部门和各级普查机构深入贯彻习近平新时代中国特色社会主义思想和习近平生态文明思想，精心组织、奋力作为，广大普查人员无私奉献、辛勤付出，广大普查对象积极支持、大力配合，第二次全国污染源普查取得重大成果，达到了“治污先治本、治本先清源”的目的，为依法治污、科学治污、精准治污和制定决策规划提供了真实可靠的数据基础，集中反映了十年来中国经济社会健康稳步发展和生态环境保护不断深化优化的新成就，昭示着生态文明建设迈向高质量发展的新图景。

一、第二次全国污染源普查高质量完成

第二次全国污染源普查对象为中华人民共和国境内有污染源的单位和个体经营户，范围包括：工业污染源，农业污染源，生活污染源，集中式污染治理设施，移动源及其他产生、排放污染物的设施。普查标准时点为 2017 年 12 月 31 日，时期资料为 2017 年度。这次污染源普查历时 3 年时间，经过前期准备、全面调查和总结发布三个阶段，对全国 357.97 万个产业活动单位和个体经营户进行入户调查和产排污核算工作，摸清了全国各类污染源数量、结构和分布情况，掌握了各类污染物产生、排放和处理情况，建立了重点污染源档案和污染源信息数据库，高标准、高质量完成了既定的目标任务。这次污染源普查的主要特点有：

党中央、国务院高度重视，凝聚工作合力。张高丽、韩正副总理先后担任国务院第二次全国污染源普查领导小组组长，领导小组办公室设在生态环境部。按照“全国统一领导、部门分工协作、地方分级负责、各方共同参与”的原则，县以上各级政府和相关部门组建了普查机构。各级生态环境部门重视普查工作中党的建设，着力打造一支生态环境保护铁军，做到组织到位、人员到位、措施到位、经费到位，为普查顺利实施提供了有力保障。全国（不含港、澳、台）共成立普查机构 9321 个，投入普查经费 90 亿元，动员 50 万人参与，确保了普查顺利实施。

科学设计，普查方案执行有力。依据相关法律法规，加强顶层设计，制定《第二次全国污染源普查方案》，提高普查的科学性和规范性。坚持目标引领、问题导向，经过 12 个省（区、市）普查综合试点、10 个省（区、市）普查专项试点检验，完善涵盖工业源 41 个行业大类的污染源产排污核算方法体系。采取“地毯式”全面清查和全面入户调查相结合的方式，了解掌握“污染源在哪里、排什么、如何排和排多少”四个关键问题，全面摸清生态环境底数。31 个省（区、市）和新疆生产建设兵团以“钉钉子”精神推进污染源普查工作“全国一盘棋”。

运用现代信息技术，推动实践创新。积极推进政务信息大数据共享应用，有效减轻调查对象负担和普查成本。共有 17 个部门作为国务院第二次全国污染源普查领导小组成员单位和联络员单位参与普查，累计提供行政记录和业务资料近 1 亿条，通过比对、合并形成普查清查底册和污染源基本单位名录。首次运用全国环保云资源，建立完善联网直报系统。全面采用电子化手段进行普查小区划分和空间信息采集，使用手持移动终端（PDA）采集和传输数据，提高普查效率。

聚焦数据质量，强化全过程控制。严格“真实、准确、全面”要求，建立细化的数据质量标准，完善数据质量溯源机制，严格普查质量管理和工作纪律。组建普查专家咨询和技术支持团队，开展分类指导和专项督办，引入 4692 个第三方机构参与普查工作，发挥公众监督作用，推动普查公正透明。国务院第二次全国污染源普查领导小组办公室先后对普查各个阶段组织开展工作督导，对全国 31 个省（区、市）和新疆生产建设兵团普查调研指导全覆盖、质量核查全覆盖，确保普查数据质量。

广泛开展宣传培训，营造良好社会氛围。加强普查新闻宣传矩阵平台建设，采取通俗易懂、喜闻乐见的形式，推进普查宣传进基层、进乡镇、进社区、进企业，推广工作中的好经验好方法，营造全社会关注、支持和参与普查的舆论氛围。创新培训方式，统一培训与分级培训相结合，现场培训与网络远程培训相结合，理论传授与案例讲解相结合，由国家负责省级和试点地区、省级负责地市和区县，全方位提高各级普查人员工作能力和技术水平。专题为新疆、西藏等西部地区培训普查业务骨干，深化对口

援疆、援藏、援青工作。总的看，第二次全国污染源普查为生态环境保护做了一次高质量“体检”，获得了极其宝贵的海量数据，为加强生态文明建设、推动经济社会高质量发展、推进生态环境领域国家治理体系和治理能力现代化提供了丰富详实的数据支撑。

二、十年来我国生态环境保护取得重大成就

对比第二次全国污染源普查与第一次全国污染源普查结果，可以发现，十年来特别是党的十八大以来，我国在经济规模、结构调整、产业升级、创新动力、区域协调、环境治理等方面呈现诸多积极变化，高质量发展迈出了稳健步伐，生态文明建设取得积极成效，生态环境质量显著改善。

十年来，我国经济社会发展状况以及生态环境保护领域重大改革措施取得重大成果。从十年间两次普查的变化来看：2017 年，化学需氧量、二氧化硫、氮氧化物等污染物排放量较 2007 年分别下降 46%、72%、34%。工业企业废水处理、脱硫和除尘等设施数量，分别是 2007 年的 2.35 倍、3.27 倍和 5.02 倍。城镇污水处理厂数量增加 5.4 倍，设计处理能力增加 1.7 倍，实际污水处理量增加 3 倍；城镇生活污水化学需氧量去除率由 2007 年的 28% 提高至 2017 年的 67%。生活垃圾处置厂数量增加 86%，其中垃圾焚烧厂数量增加 303%，焚烧处理量增加 577%，焚烧处理量比例由 8% 提高到 27%。危险废物集中利用处置厂数量增加 8.22 倍，设计处理能力增加 4279 万吨 / 年，提高 10.4 倍，集中处置利用量增加 1467 万吨，提高 12.5 倍。这些变化充分体现了生态文明建设战略实施的成就。

十年来，我国经济结构优化升级、协调发展取得新进展。我国正处在转变发展方式、优化经济结构、转换增长动能的攻关期。两次普查数据相比，十年间，工业结构持续改善，制造业转型升级表现突出。工业源普查对象涵盖国民经济行业分类 41 个工业大类行业产业活动单位，数量由 157.55 万个增加到 247.74 万个，增加 90.19 万个，增幅达 57.24%。重点行业生产规模集中，造纸制浆、皮革鞣制、铜铅锌冶炼、炼铁炼钢、水泥制造、炼焦行业的普查对象数量分别减少 24%、36%、51%、50%、37% 和 62%，产品产量分别增加 61%、7%、89%、50%、71% 和 30%。农业源普查对象中，畜禽规模程度明显提高，养殖结构得到优化，生猪规模养殖场（500 头及以上）养殖量占比由 22% 上升为 41%。同时，生猪规模养殖场采用干清粪方式养殖量占比从 55% 提高到 81%。这些深刻反映了我国经济结构的重大变化，表明重点行业产业集中度提高，产业优化升级、淘汰落后产能、严格环境准入等结构调整政策取得积极成效。重点行

业产业结构调整既获得了规模效益和经济效益，同时取得了好的环境成效。

十年来，我国工业企业节能减排成效显著。两次普查相比，在工业源方面，废气、废水污染治理快速发展，治理水平大幅提升。2017 年废水治理设施套数比 2007 年提高了 135.47%，废水治理能力提高了 26.88%。脱硫设施数和除尘设施数分别提高了 226.88%、401.72%。十年间，总量控制重点关注行业排放量占比明显下降，化学需氧量、氨氮、二氧化硫、氮氧化物等四项主要污染物排放量分别下降 83.89%、77.56%、75.05%、45.65%。电力、热力生产和供应业二氧化硫、氮氧化物，造纸和纸制品业化学需氧量分别下降 86.54%、76.93%、84.44%。铜铅锌冶炼行业二氧化硫减少 78%。炼铁炼钢行业二氧化硫减少 54%。水泥制造行业氮氧化物减少 23%。表明全国各领域生态环境基础设施建设的均等化水平提升，污染治理能力大幅提高，污染治理效果显著。

另外，普查结果也显示当前生态环境保护工作仍然存在薄弱环节，全国污染物排放量总体处于较高水平。第二次全国污染源普查数据为下一步精准施策、科学治污奠定了坚实基础。

三、贯彻落实新发展理念　推动生态环境质量持续改善

习近平总书记强调，小康全面不全面，生态环境很关键。普查结果显示，在党中央、国务院的坚强领导下，经济高质量发展和生态环境高水平保护协同推动，依法治污、科学治污、精准治污方向不变、力度不减，扎实推进蓝天、碧水、净土保卫战，污染防治攻坚战取得关键进展，生态环境质量持续明显改善。从普查数据中也发现，当前污染防治攻坚战面临的困难、问题和挑战还很大，形势仍然严峻，不容乐观。我们既要看到发展的有利条件，也要清醒认识到内外挑战相互交织、生态文明建设“三期叠加”影响持续深化、经济下行压力加大的复杂形势。要以习近平新时代中国特色社会主义思想为指导，紧紧围绕统筹推进“五位一体”总体布局和协调推进“四个全面”战略布局，紧密围绕污染防治攻坚战阶段性目标任务，持续改善生态环境质量，构建生态环境治理体系，为推动生态环境根本好转、建设生态文明和美丽中国、开启全面建设社会主义现代化国家新征程奠定坚实基础。

深入贯彻落实新发展理念。深入贯彻落实习近平生态文明思想，增强各方面践行新发展理念的思想自觉、政治自觉、行动自觉。充分发挥生态环境保护的引导、优化和促进作用，支持服务重大国家战略实施。落实生态环境监管服务、推动经济高质量发展、支持服务民营企业绿色发展各项举措，继续推进“放管服”改革，主动加强环境治理服务，推动环保产业发展。

坚定不移推进污染治理。用好第二次全国污染源普查成果，推进数据开放共享，以改善生态环境质量为核心，制定国民经济和社会发展“十四五”规划和重大发展战略。全面完成《打赢蓝天保卫战三年行动计划》目标任务，狠抓重点区域秋冬季大气污染综合治理攻坚，积极稳妥推进北方地区清洁取暖，持续整治“散乱污”企业，深入推进柴油货车污染治理，继续实施重污染天气应急减排按企业环保绩效分级管控。深入实施《水污染防治行动计划》，巩固饮用水水源地环境整治成效，持续开展城市黑臭水体整治，加强入海入河排污口治理，推进农村环境综合整治。全面实施《土壤污染防治行动计划》，推进农用地污染综合整治，强化建设用地土壤污染风险管控和修复，组织开展危险废物专项排查整治，深入推进“无废城市”建设试点，基本实现固体废物零进口。

加强生态系统保护和修复。协调推进生态保护红线评估优化和勘界定标。对各地排查违法违规挤占生态空间、破坏自然遗迹等行为情况进行检查。持续开展“绿盾”自然保护地强化监督。全力推动《生物多样性公约》第十五次缔约方大会圆满成功。开展国家生态文明建设示范市县和“绿水青山就是金山银山”实践创新基地评选工作。

着力构建生态环境治理体系。推动落实关于构建现代环境治理体系的指导意见、中央和国家机关有关部门生态环境保护责任清单。基本建立生态环境保护综合行政执法体制。构建以排污许可制为核心的固定污染源监管制度体系。健全生态环境监测和评价制度、生态环境损害赔偿制度。夯实生态环境科技支撑。强化生态环境保护宣传引导。加强国际交流和履约能力建设。妥善应对突发环境事件。

加强生态环境保护督察帮扶指导。持续开展中央生态环境保护督察。持续开展蓝天保卫战重点区域强化监督定点帮扶，聚焦污染防治攻坚战其他重点领域，开展统筹强化监督工作。精准分析影响生态环境质量的突出问题，分流域区域、分行业企业对症下药，实施精细化管理。充分发挥国家生态环境科技成果转化综合平台作用，切实提高环境治理措施的系统性、针对性、有效性。坚持依法行政、依法推进，规范自由裁量权，严格禁止“一刀切”，避免处置措施简单粗暴。

充分发挥党建引领作用。牢固树立“抓好党建是本职、不抓党建是失职、抓不好党建是渎职”的管党治党意识，始终把党的政治建设摆在首位，巩固深化“不忘初心、牢记使命”主题教育成果，着力解决形式主义突出问题，严格落实中央八项规定及其实施细则精神，进一步发挥巡视利剑作用，一体推进不敢腐、不能腐、不想腐，营造风清气正的政治生态，加快打造生态环境保护铁军。

编制说明

污染源普查是重大国情调查，工业源是第二次全国污染源普查五类普查对象之一。为贯彻《国务院关于开展第二次全国污染源普查的通知》和《国务院办公厅关于印发第二次全国污染源普查方案的通知》的精神和要求，中国环境科学研究院受生态环境部第二次全国污染源普查工作办公室委托，承担了第二次全国污染源普查工业污染源产排污核算项目，组织编写了《第二次全国污染源普查产排污系数手册——工业源》（以下简称手册）。

本手册框架设计、产排污核算体系与方法说明执笔人员主要有白璐、张玥、乔琦、刘景洋、谢明辉、李雪迎、周潇云、赵若楠、许文、贾岩等，白璐统稿，乔琦负责审校。

第一章节　适用范围

对本手册涵盖的工业行业及适用范围进行介绍。执笔人员包括周潇云、赵若楠等。

第二章节　主要术语与解释

对本手册所涉及的名词术语进行详细介绍。执笔人员包括李雪迎、刘丹丹、孙园园等。

第三章节　系数制定

对本手册系数制定方法、过程进行介绍。执笔人员包括白璐、乔琦、张玥、刘景洋等。

第四章节　污染物产生量和排放量核算

对利用本手册给出的系数开展污染物产生量及排放量核算的方法进行详细介绍。执笔人员包括乔琦、白璐、张玥等。

第五章节　系数手册使用方法

对本手册的使用方法及注意事项进行详细介绍。编制人员包括张玥、许文、谢明辉等。

为配合第二次全国污染源普查，在第一次全国污染源普查《产排污系数手册》基础上，本手册新增了挥发性有机物指标，对收录的全部行业的产排污系数进行了更新，并在核算方法上进行了完善和优化。

值此手册付印之际，向参加本项工作的所有单位和个人表示衷心的感谢。

一、适用范围

我国工业行业类别众多、工艺水平多样、生产规模不一、污染因子各异、产排节点繁杂。本手册根据《国民经济行业分类》（GB/T 4754—2017），给出了国民经济 41 个工业大类行业主要生产过程产生和排放的废水污染物、废气污染物及固体废物的产排量核算方法及系数；同时给出了具有类似工业生产活动特征的，涉及农业产品初级加工的 0514、0539 小类行业污染物产排污量的核算方法和系数。

综上，本手册涵盖的工业行业包括：06 煤炭开采和洗选业，07 石油和天然气开采业，08 黑色金属矿采选业，09 有色金属矿采选业，10 非金属矿采选业，11 开采专业及辅助性活动，12 其他采矿业，13 农副食品加工业，14 食品制造业，15 酒、饮料和精制茶制造业，16 烟草制品业，17 纺织业，18 纺织服装，19 皮革、毛皮、羽毛及其制品和制鞋业、服饰业，20 木材加工

和木、竹、藤、棕、草制品业，21 家具制造业，22 造纸和纸制品业，23 印刷和记录媒介复制业，24 文教、工美、体育和娱乐用品制造业，25 石油、煤炭及其他燃料加工业，26 化学原料和化学制品制造业，27 医药制造业，28 化学纤维制造业，29 橡胶和塑料制品业，30 非金属矿物制品业，31 黑色金属冶炼和压延加工业，32 有色金属冶炼和压延加工业，33 金属制品业，34 通用设备制造业，35 专用设备制造业，36 汽车制造业，37 铁路、船舶、航空航天和其他运输设备制造业，38 电气机械和器材制造业，39 计算机、通信和其他电子设备制造业，40 仪器仪表制造业，41 其他制造业，42 废弃资源综合利用业，43 金属制品、机械和设备修理业，44 电力、热力生产和供应业，45 燃气生产和供应业，46 水的生产和供应业以及 05 农、林、牧、渔专业及辅助性活动中的 0514 农产品初加工活动、0539 其他畜牧专业及辅助性活动两个小类行业。

因污染物产排量过低或涉核等原因，部分行业未给出核算方法及系数，涉及的行业具体见表 1。

表 1　未进行核算方法研究的行业

序号	行业代码	行业名称
1	1522	瓶装饮用水
2	2530	核燃料加工
3	4120	核辐射加工
4	4413	水力发电
5	4414	核力发电
6	4415	风力发电
7	4416	太阳能发电
8	4419	其他电力生产
9	4420	电力供应

二、主要术语与释义

1．实测法

指利用污染源企业实地监测数据，如在线监控（监测）系统数据、监督性监测数据、企业自行监测数据等，进行产排污量核算的方法。

2．产污系数法

利用不同产排污影响因素条件下行业单位产品（原料）污染物产生量，以及行业末端治理技术处理效率、运行率进行排污量核算的方法。

3．物料衡算法

通过对生产过程中的物料投入、消耗、产出情况定量分析获得产排污量的方法。

4．类比调查法

通过选择与目标污染源相似的污染源进行类比调查与监测，以取得相似的产、排污数据的方法。

5．原辅材料及主要成分

原辅材料是指生产过程中所需要的原材料和辅助用料的总称。原材料是指经过加工制造生

产某一产品时所用到的材料，辅料是指对产品生产起辅助作用的材料。主要成分是指组成原辅材料的各个物质里面起主要作用的某一种物质。

6．工序

工序是指一个（或一组）工人在一个工作地（如一台机床）对一个（或若干个）劳动对象连续完成的各项生产活动的总和。工序是组成生产过程的最小单元，若干个工序组成一个工段。

7．工段

工段是若干生产工序的组合，若干工段构成一个完整生产工艺。工段一般指工厂的某一个车间，或将车间内根据工艺和管理要求进一步划分，如铸工车间分为熔化工段和造型工段。单独的工段应有独立从事生产运行的对应企业。

8．流程型行业

指工业生产中通过以批量或连续的方式对原材料采用物理或化学方法使其增值的生产方式。典型的流程工业行业如医药制造业，石油、煤炭及其他燃料加工业，食品制造业，电力、热力生产和供应业，黑色金属冶炼和压延加工业等。

9．离散型行业

指工业生产中将不同的零部件装配组合成产品，主要发生物料物理性质（形状、组合）变化的生产方式。典型的离散型行业有家具制造业，汽车制造业，计算机、通信和其他电子设备制造业，电气机械和器材制造业，专用设备制造业等行业。

10．正常工况

指企业工况稳定、生产达到设计能力75%以上的生产状况。

11．影响因素组合

指对污染物产生与排放有显著性影响的因素组合（例如产品、原材料、生产工艺和生产规模、治理技术等）。

12．治理技术平均去除率

指某一污染物在经过治理设施前、后的质量差值与处理前的质量比值，以百分数表示。

13．污染治理设施实际运行率

指可量化污染治理设施运行情况的数值或量度，通常指污染治理设施正常运行状态的比率。可采用治理设施运行时间、运行消耗电量、运行消耗物料等参数及相关函数表征。

三、系数制定

1．系数制定的原则

为保障系数能够满足不同生产活动和方式的核算需求，同时又能真实反映污染源的产排污水平，按照《第二次全国污染源普查工业污染源产排污量核算技术指南》《第二次全国污染源普查工业污染源产污系数制定（不含VOCs）技术指南》《第二次全国污染源普查工业污染源挥发性有机物制定技术指南》等技术规范的要求，由生态环境部直属科研院所，联合高校、研究院所、行业研究单位等技术力量，共同制定和编制完成本手册。

2．本手册系数制定的基本过程

①依据工业行业特征，对已有工业污染源产排污系数进行梳理和评估；从重点行业环境影响分析、优先序分析、污染物指标选取等三个方面，进行工业行业产排污核算重点环节的识别

台节能环保有限责任公司

有权　刘晓刚　刘　爽　王　卓

京科技大学

飞军　邹安华

色金属矿采选业

行业（不包括 0912 铅锌矿采选）

南有色金属研究院有限责任公司（原湖南有色金属研究院）

伟　万文玉　欧阳坤　王　兵　万　斯　彭新平　曹柏林　李　倩　袁翠玉　朱安玲

国矿业大学（北京）

丽萍　何绪文　夏　瑜　张春晖　徐　恒　李　超　吴胜念　马项阳　薛静雯

冶科技集团有限公司

芳　鞠丽萍　楚敬龙　苗　雨

南大学

晨阳　陈　攀　孙　伟　何建勇　吴江求

12 铅锌矿采选产污系数及排放量核算方法

态环境部环境工程评估中心

飒　易爱华　金　珂　李时蓓　王庆改　郭远杰　王亚娥

南豫光金铅集团有限责任公司

笛　童成业　纪昌磊

金属矿采选业、1190 其他开采专业及辅助性活动、1200 其他采矿业

材地质工程勘查研究院有限公司

文龙　李艳兵　闵建锋　隋国舜　张　杰　王　晟　张春燕　肖童超　刘金婷　申　思

采专业及辅助性活动

1　煤炭开采和洗选专业及辅助性活动

国煤炭加工利用协会

杰　颜丙磊　杜振宝　杨方亮　程子婴　杨　芊　郑剑平　赵猛猛　张绍强　马　剑

国矿业大学（北京）

妍　王建兵　高　昊　郑然峰

邦检测集团有限公司

贺

12　石油和天然气开采专业及辅助性活动

国石油大学（华东）

朝成　赵东风　卢　磊　路　帅　刘其友　李　石　崔　帅

国石油集团安全环保技术研究院有限公司

智和　张　芳　闫志坤　马　琳　许德刚　王晓峰　马文猛　徐远智　林　姣　曾　玉

筛选；按照工业生产过程的物质流动特点，将工业行业划分为流程型行业及离散型行业两大类，充分考虑企业实际生产与工艺流程之间关系多样且复杂的情况，进行主要产排污工段的划分；识别不同工段污染物产生和排放的主要影响因素（例如产品、原料、工艺、规模和治理技术等）；确立各行业“长流程工艺可拆分为若干核算环节，若干短流程核算环节可组合为长流程工艺”的核算框架，包括产污系数影响因素组合及污染治理技术、治理设施运行率核算公式等。

②在建立核算框架体系的基础上编制调查方案，采用分层抽样与随机抽样相结合的方式，综合考虑产业布局、产品、工艺代表性等因素，选取不同系数组合内的样本企业开展实测、历史数据收集，针对部分行业不具备监测条件的污染物采用模型或实验模拟等方式获取数据，各类样本数据超过十万个。其中，挥发性有机物按照主要产生来源分为不同源项，分别制定相应系数。

③通过数据获取和处理，初步得到产污系数和治理技术平均去除效率之后，再随机抽取典型企业对系数结果进行验证。针对普查试填报和填报过程中各地方反馈、提出的核算问题进行梳理和分析，持续对系数进行优化、修订和补充，最终完成各工业行业的系数制定。

系数制定过程中，数据质量控制覆盖各个阶段，包括核算环节与样本选取、数据获取、实地监测、数据加工处理、系数表达、误差分析和系数验证等环节，数据质量控制要求在相关技术指南等文件中已明确提出。

此外，为进一步规范不同行业数据收集和核算的一致性，系数制定过程中采用了统一的样本企业调查表，并开发了“工业污染源产排污核算系数数据动态管理系统”。将企业调查表调查的信息全部导入系统，通过系统设定的逻辑关系和数据校验条件对数据进行审核，提升数据质量。该系统还建立了样本企业数据与系数的对应关系，实现了系数可溯源至样本企业。

四、污染物产生量和排放量核算

本手册综合考虑数据可得性、可更新性及与企业实际排污水平的相符性，采用排放量=产生量−去除量=产生量×（1−去除效率×运行率）的核算技术路线。其中，去除量不仅考虑了污染治理技术的平均去除效率，还考虑到同一种治理技术在同一行业不同企业内的处理效果、运行状态的差异，也即用污染治理设施实际运行率对去除量进行修正。

本手册通用的产生量和排放量核算方法如下：

根据产品、原料、生产过程中产排污的主导生产工艺、源项、企业规模、末端治理技术、污染治理设施运行情况等匹配相应的产污系数与排放量核算依据，结合本企业当年的实际活动水平数据核算污染物产生量与排放量。

某企业某产品在某工艺（工段、源项）、规模、原材料条件下某一污染物的产生量与排放量的核算方法如下：

（1）污染物产生量：

$$G_{产i} = P_{产i} \times M_i$$

式中，$G_{产i}$——工段 i 某污染物的产生量；

$P_{产i}$——工段 i 某污染物对应的产污系数；

M_i——工段 i 的原料用量或产品产量。

（2）污染物去除量：

$$R_{减i} = G_{产i} \times \eta_T \times k_T$$

式中，$R_{减i}$——工段 i 某污染物的去除量；

η_T——工段 i 某污染物采用的末端治理技术的平均去除效率；

k_T——工段 i 某污染物采用的末端治理设施实际运行率。

（3）污染物排放量：

同一企业某污染物全年的污染物产生/排放总量为该企业同年实际生产的全部工艺（工段、源项）、产品、原料、规模污染物产生/排放量之和。

$$E_{排} = G_{产} - R_{减} = \sum(G_{产i} - R_{减i}) = \sum\left[P_{产} \times M_i(1-\eta_T \times k_T)\right]$$

行业具体的核算方法见本手册各小类行业详解。

五、系数手册使用方法

本手册力求简单、清楚，易于使用，制定时充分考虑了全国的平均水平，使用本手册计算得出的产排污量可能会与单个调查企业的情况有一定出入。各章节中均有相关行业系数的使用方法及计算案例。

本手册通用使用方法如下：

1．确定行业：确定需要查找的小类行业代码和行业名称，以国民经济行业分类（GB 4754—2017）中行业代码和行业名称为准，根据本手册目录，找到相关行业。

2．查找产污系数：根据工段、产品、原料、生产过程中产污的主导生产工艺、企业规模等级等一系列关键因素组合，逐级查找并确定所对应的某一个污染物的产污系数及其单位。

3．查找末端治理技术去除率：在已查询到的产污系数下，继续查找对应的末端治理技术，确定该末端治理技术的去除效率。

4．计算治理设施运行率（k）：根据上述查询到的产污系数组合信息和末端治理技术，确定该组合中末端治理技术对应的污染治理设施实际运行率 k 的计算公式，收集公式中指标相关数据计算 k 值。

5．产排污量计算：根据查找到的产污系数、末端治理技术去除率和运行率，细读手册中的核算方法和注意事项，计算污染物产生量、排放量。

本书编写人员

总体组

中国环境科学研究院

乔　琦

白　璐　刘景洋　张　玥　贯　岩　李雪迎　孙晓明　赵若楠　谢

毕莹莹　许　文　常　胜　孟立红　阮久莉　解　蕾　董　莉　沈

05　农、林、牧、渔专业及辅助性活动

0514 农产品初加工活动（凝标胶、全乳胶、毛茶、蚕茧（烤茧）、

中国环境科学研究院

智　静　孟立红

云南省生态环境工程评估中心

易玉敏　祝家能　蓝　平　钱怡婷　肖　娴　徐　松

06　煤炭开采与洗选业

中国煤炭加工利用协会

谭　杰　颜丙磊　杜振宝　杨方亮　程子婴　杨　芊　郑剑平　赵

中国矿业大学（北京）

于　妍　王建兵

科邦检测集团有限公司

陈　贺

07 石油和天然气开采业

中国石油大学（华东）

赵朝成　赵东凤　卢　磊　路　帅　刘其友　李　石　王永强　崔

中国石油集团安全环保技术研究院有限公司

唐智和　张　芳　闫志坤　马　琳　许德刚　王晓峰　马文猛　徐远

青岛欧赛斯环境与安全技术有限责任公司

孙　慧　张　清　王　歌

青岛中石大环境与安全技术中心有限公司

欧阳振宇

08　黑色金属矿采选业

中冶建筑研究总院有限公司

吴双九　王　浩　李　娜　邓　佳　崔　焱　何　松

青岛欧赛斯环境与安全技术有限责任公司

孙　慧　张　清　王　歌

青岛中石大环境与安全技术中心有限公司

欧阳振宇

119　其他开采专业及辅助性活动

中材地质工程勘查研究院有限公司

崔文龙　李艳兵　闵建锋　隋国舜　张　杰　王　晟　张春燕　肖童超　刘金婷　申　思

13 农副食品加工业

131 谷物磨制

国家粮食和物资储备局科学研究院

王　峻　孙长坡　汪丽萍　王楠希

中国食品发酵工业研究院有限公司

薛　洁　张凤杰

中检集团理化检测有限公司

俞梁敏　王铁楠　晏立衡　何可薪

132 饲料加工

中国食品发酵工业研究院有限公司

薛　洁　张彦青　张凤杰　张晓蒙　金玮鋆

北京工商大学

廖永红

中检集团理化检测有限公司

俞梁敏　李光明　王铁楠　秦　勤

133 植物油加工　139 其他农副食品加工行业

中国食品发酵工业研究院有限公司

薛　洁　张凤杰　金玮鋆　张晓蒙　于佳俊　石　俊

中检集团理化检测有限公司

俞梁敏　王晓琴　何　飞　张　勇

135　屠宰及肉类加工

北京工商大学

冯旭东　李双阳　张艳萍　展　侠

中国肉类协会

王绪茂　刘　蕾　高　观

中轻食品工业管理中心

于学军　李　洋

博慧检测技术（北京）有限公司

马　娟

136　水产品加工

北京工商大学

叶　宏　展　侠　冯旭东　张艳萍　朱秋锋　李双阳　汪　萍

中轻食品工业管理中心

于学军　李　洋

博慧检测技术（北京）有限公司

韩　芳

137　蔬菜、菌类、水果和坚果加工

北京工商大学

朱秋锋　张艳萍　冯旭东　展　侠　李双阳　汪　萍

中轻食品工业管理中心

于学军　李　洋

博慧检测技术（北京）有限公司

杨　帆

1340　制糖业

中国环境科学研究院

孙晓明　刘景洋　常胜　毕莹莹　董　莉　颜秉斐　贾　岩　许　文　胡官墨

华北理工大学

张耀宗　刘仁义　庞博　杜明辉　杨　永　张　宁　王　勇　高群丽　王　昊　刘　晓

中国糖业协会

闫卫民　李国有　柳　嘉　郎玺慧　胡志江　钟金传　卢　平

14　食品制造业

141 焙烤食品制造　142 糖果、巧克力及蜜饯制造　143 方便食品制造

中国食品发酵工业研究院有限公司

周志桥　林　静　李雅丽　刘一郎　桑若杰

144 乳制品制造　145　罐头食品制造

中国食品发酵工业研究院有限公司

王晓龙　郭新光　东思源　吴　刚　曹梦思

146 调味品、发酵制品制造

中轻食品工业管理中心

于学军　李　洋　王　鸿　高　鹏　杨晓明　冯志合　李建军　胡修玉

北京工商大学

廖永红　殷娴　徐春明　冯旭东　胡传芹　赵　睿　王　晖　何天盈　张　鹏　钱清清

149 其他食品制造

中国食品发酵工业研究院有限公司

周志桥　林　静　李雅丽　刘一郎　桑若杰

中轻食品工业管理中心

于学军　李　洋　王　鸿　高　鹏　杨晓明　冯志合　李建军　胡修玉

北京工商大学

廖永红　殷　娴　徐春明　张艳萍　冯旭东　胡传芹　王　晖　何天盈　王　雨　向　罗

15 酒、饮料和精制茶制造业

151　酒的制造

北京工商大学

廖永红　王凤寰　徐春明　殷　娴　冯旭东　王　晖　李明祥　孙　博　蒲　叶　王　藤

1512　白酒制造行业

中国环境科学研究院

王之晖　袁　震　王文君　戴建坤

中国食品发酵工业研究院有限公司

薛　洁　张凤杰　张晓蒙　金玮鋆　于佳俊　王旭亮

152　饮料制造行业

轻工业环境保护研究所

吕竹明　蒋　彬　吕泽瑜　孙　慧　陈　晨　高　山　薛鹏丽　钱　堃

153　精制茶制造行业

安徽农业大学

徐　燕　刘政权　孙明慧　解千金　蔡吓强

16 烟草制品行业

中国检验认证集团湖南有限公司

刘向荣　李拥军　李光胜　张　苗

湖南省生态环境事务中心（原湖南省环境保护厅环境工程评估中心）

李　庄　陈　林

长沙环境保护职业技术学院

孙　蕾　刘维平　陈喜红　杨　冰

17　纺织业

东华大学

李　方　沈忱思　程谦勋　王　洪　马春燕　黄满红　谢学辉　黄礼超　徐晨烨

中国印染行业协会

林　琳　刘添涛

清华大学

石　磊

中环清科（嘉兴）环境技术研究院有限公司

王晨光　戎　宇　周　婷

18 纺织服装、服饰业

东华大学

李　方　丁雪梅　沈忱思　陈　刚

中国印染行业协会

张怀东

中环清科（嘉兴）环境技术研究院有限公司

戴争博　康　颖

北京服装学院

龚　龑

19 皮革、毛皮、羽毛及其制品和制鞋业

191　皮革鞣制加工行业

中国环境科学研究院

刘菁钧　郭亚静　周长波　沈　忱　赵志远

海宁市皮革行业协会

龚慧红　杜　瑜　钱梦霞　赵　颖

中国皮革制鞋研究院有限公司

张健康　高忠柏　刘显奎　赵晓东

四川大学

但卫华　程海明　但年华　何有节

佛山市弘禹环保科技有限公司

徐建国　陈晓屏　梁仁铸　李功毅

192 皮革制品制造、193 毛皮鞣制及制品加工、194 羽毛（绒）加工及制品制造、195 制鞋业

中国皮革制鞋研究院有限公司

丁志文　庞晓燕　陈国栋　刘　娜　费　锐　李松竹　郭　松　李晓星　刘海腾　李鹏宇

20 木材加工和木、竹、藤、棕、草制品行业

北京林业大学

王毅力　伦小秀　李俊仪　樊晓阳　王　震　高诗卉　母　军　张　扬　韩季峰　刘　博

北京市环境保护科学研究院

邵　霞　李宗泽

北京联合智业科技集团股份有限公司

李　英　解丽华

21 家具制造业

北京林业大学

王毅力　伦小秀　刘晨阳　张达鑫　伊松林　郭亚杰　李小林　樊　冲　何政斌　李小勇

北京市环境保护科学研究院

邵　霞　李宗泽

北京联合智业科技集团股份有限公司

李　英　解丽华

22　造纸和纸制品业

生态环境部环境工程评估中心

郭二民　董晓东　袁彦婷　马德彭　何　皓　周　鹏　肖文帅　李　峰

轻工业环境保护研究所

程言君　王　洁　张　亮　贾学桦　肖小健　侯雅楠

中国制浆造纸研究院有限公司

孙　波　苏振华　范述捷　文　飏　杨　彬

中晟华远（北京）环境科技有限公司

刘一男　梁　栋　喻秀芳

23　印刷和记录媒介复制业

中日友好环境保护中心

张小丹　顾江源　李　洋　郭　怡　刘　娟　徐　艳

中国印刷技术协会

李永林　沈　翔

中检集团南方电子产品测试（深圳）股份有限公司

邓春涛　赖凤韵

24　文教、工美、体育和娱乐用品制造业

241 文教办公用品制造

温州大学

王兆伦　潘明初　柯　强　李　军

242 乐器制造

北京工商大学

姚小龙　董黎明

243 工艺美术及礼仪用品制造

北京工商大学

祁光霞　董黎明

244 体育用品制造

中国文教体育用品协会

易晓俐　谢满华

245 玩具制造

中国文教体育用品协会

易晓俐　冯春华

北京工商大学

董黎明

246 游艺器材及娱乐用品制造

中国文教体育用品协会

易晓俐　谢满华

25 石油、煤炭及其他燃料加工业

中国化工信息中心有限公司

张　华　梅　婷　王　迪　胡美玲　王佳星　赵　丽

华测检测认证集团北京有限公司

文唤成　李　娜

2511 原油加工及石油制品制造行业

环境工程评估中心

牛　皓　冉丽君　刘　燕　王赫婧　庄思源　牟滨子　王卫红　黄敏超　张嘉妮

中国石油大学（华东）

赵朝成　赵东风　卢　磊　路　帅　刘其友　李　石　崔　帅

青岛欧赛斯环境与安全技术有限责任公司

孙　慧　张　清　王　歌

青岛中石大环境与安全技术中心有限公司

欧阳振宇

252　煤炭加工

生态环境部环境工程评估中心

吕　巍　郭　森　滕　巍　刘志学　蔡志丹　朱肖曼　孙磊磊　庄思源　李　军　牟滨子

中国石油大学（华东）

赵朝成　赵东风　卢　磊　路　帅　刘其友　李　石　崔　帅

青岛欧赛斯环境与安全技术有限责任公司

孙　慧　张　清　王　歌

青岛中石大环境与安全技术中心有限公司

欧阳振宇

26 化学原料和化学制品制造业

261　基础化学原料制造

中国氮肥工业协会

王立庆　苏建英　孙绍华　韩跃明　董广达　窦进良

中国硫酸工业协会

李　崇　廖康程

中国氯碱工业协会

张文雷　张　鑫　范红波

中国无机盐工业协会

问立宁　王佩琳　焦　阳

沈阳沈化院测试技术有限公司

侯松嵋　蔡磊明　陈自强　于恒渊　吕　双　郭　静　杨国军　蒋亚辉　高　姗　毕　涛

沈阳化工研究院有限公司

胥维昌　龙　飞　程　迪　邹　军　王景国　沈日炯

262 肥料制造

中国氮肥工业协会

顾宗勤　曹占高　王亚楠　高　力　吴军华

中国磷复肥工业协会

修学峰　王　臣　白海丹　崔荣政　张　飞

中国无机盐工业协会

牛仁杰　武　娜

深圳准诺检测有限公司

李关侠　彭佳娜

263 农药制造行业

生态环境部南京环境科学研究所

王　娜　苑文凯　郭欣妍　施玛丽　孔德洋　何　健

中国农药工业协会

范东升　曹承宇

江苏环保产业技术研究院股份公司

魏　进　徐　瑾

264　涂料、油墨、颜料及类似产品制造

四川省生态环境科学研究院

叶　宏　钱　骏　陈军辉　姜　涛　徐晨曦　王　波

四川有色冶金研究院有限公司

伍建军　殷志刚　杨宇翔　陈佳蓓

四川大学

梁　斌　朱英明

265　合成材料制造

四川大学

梁　斌　吴可荆　朱英明

四川省生态环境科学研究院

叶　宏　钱　骏　陈军辉　李英杰

四川有色冶金研究院有限公司

伍建军　殷志刚　常丽娟

266　专用化学产品制造

四川有色冶金研究院有限公司

伍建军　殷志刚　常丽娟

四川省生态环境科学研究院

叶　宏　钱　骏　陈军辉　姜　涛　杨怡阁　罗昭培

四川大学

梁　斌　刘颖颖　吴可荆　朱英明

267 炸药、火工及焰火产品制造

中国爆破器材行业协会

李　琳　王　亚　熊学飞　胡宝刚

268 日用化学产品制造行业

中国日用化学研究院有限公司　[国家洗涤用品质量监督检验中心（太原）]

姚晨之　段平梅　李晓辉　公培龙　王　杰　成晓静　郑养珍

中检集团理化检测有限公司

俞梁敏　王铁楠　何可薪

27　医药制造业

271　化学药品原药制造、272　化学药品制剂制造、275　兽用药品制造、276　生物药品制造、277　卫生材料及医药用品制造、278　药用辅料及包装材料制造

北京泷涛环境科技有限公司

杨　阳　张银平　王东钰　王　静　宁艳英　程宪伟

河北科技大学

郭　斌　任爱玲　关亚楠　杜　昭　段二红

中国化学制药工业协会

张道新　苏日嘎琪琪格　沈云鹏　赵秀梅

河北省生态环境科学研究院

倪爽英　赵卫凤

博慧检测技术（北京）有限公司

马　娟

273　中药饮片加工行业

河北科技大学

杜　昭　郭　斌　俞　磊　杨宇轩　刘　倩

北京医药协会

周玉兰　李晓星

中国化学制药工业协会

张道新

北京市环境科学保护研究院

李树琰　李宗泽

274 中成药生产行业

河北科技大学

杜　昭　俞　磊　任爱玲　刘振冲　张美然

北京医药协会

李晓星　杨爱民

中国化学制药工业协会

王红昌　路　伟

北京市环境科学保护研究院

李国昊

28　化学纤维制造业

中国化学纤维工业协会

王玉萍　吕佳滨　李增俊　万　雷　刘　青　李伯鸣　张凌清　邓　军

东华大学

王华平　陈向玲　李　戎　邵正丽　柯佑福　陈　烨　吉　鹏　刘　娜

上海纺织节能环保中心

李　健　徐　薇　陈　斐　金平良　周　俊　俞建辉　袁哲军

江苏盛虹纺织品检测中心有限公司

周　强　高国洪　赵学谦

29 橡胶和塑料制品业

291 橡胶制品业

中国橡胶工业协会

朱　红　董文敏　雷昌纯　高　波

292 塑料制品业

北京工商大学

张彩丽　董黎明　祁光霞　翁云宣　刘岩峰　查　金

30　非金属矿物制品业

301 水泥、石灰和石膏制造业

中国环境科学研究院

刘　宇　王红梅　龙红艳　张　辰　田　刚　孟宪栋　张艳平　晁榕珠

中国非金属矿工业协会

张作伦　郭　佳　王文利　江伟华　唐靖炎

中国石灰协会

孙　强　尹保明

303　砖瓦、石材等建筑材料制造行业

中国环境科学研究院

王　凡　王红梅　张　辰　龙红艳　陈　宇　谭玉玲

中国建筑材料工业规划研究院

苏桂军　孟宪策

中国砖瓦工业协会

周　炫

中国石材协会

邓惠青

中国建筑防水协会

尚华胜

中国绝热节能材料协会

韩继先

中国建筑材料联合会

曹元辉

304　玻璃制造行业

中国环境科学研究院

王洪昌　崔宇韬　朱金伟　谭玉玲　张辰　束　韫　陈　宇　黄家玉　张艳平　田　刚

302 石膏、水泥制品及类似制品制造、305　玻璃制品制造、306　玻璃纤维和玻璃纤维增强塑料制品制造、307 陶瓷制品制造、308 耐火材料制品制造、309　石墨及其他非金属矿物制品制造

中材地质工程勘查研究院有限公司

崔文龙　王　晟　闵建锋　隋国舜　肖童超　张　燕　张春燕　李艳兵　崔光辉　陈明聪

31 黑色金属冶炼和压延加工行业

3110 炼铁

四川省生态环境科学研究院

叶　宏　钱　骏　陈军辉　孙　蜀　熊文朋　梅林德　陈　东　李　媛　汪　汀

3120 炼钢

四川省生态环境科学研究院

叶　宏　钱　骏　陈军辉　孙　蜀　梅林德　陈　东　熊文朋　李　媛　汪　汀

3130 钢压延加工

四川省生态环境科学研究院

叶　宏　钱　骏　陈军辉　孙　蜀　陈　东　梅林德　熊文朋　李　媛　汪　汀

3140 铁合金冶炼（不包含电解锰）

四川省有色冶金研究院有限公司

殷志刚　吴事浪　卢　勇

3140　电解锰生产

中国环境科学研究院

但智钢　史菲菲　袁　殷　方　琳　王辉锋　解　蕾　朱云峰　郭双祯　孙　伟

32　有色金属冶炼和压延加工业

32 行业（不包括 3211 铜冶炼和 3212 铅锌冶炼）

湖南有色金属研究院有限责任公司（原湖南有色金属研究院）

陈　伟　万文玉　欧阳坤　王　兵　万　斯　曹柏林　周　睿　游　萍　张　著　李　婕　胡　亮　张志强

中国矿业大学（北京）

章丽萍　何绪文　夏　瑜　戴　瑾　宋学京　张　鑫　张　楠　崔炎炎　魏含宇

矿冶科技集团有限公司

陈　谦　陈玉福　杨晓松

江西理工大学

李晓波　李　栋　余　文　邱仙辉　邱廷省

3211 铜冶炼业

中国环境科学研究院

李艳萍　杨　奕　张　昕　赵若楠　张青玲　郭玺云

矿冶科技集团有限公司

范书凯　陈　谦　李　莉　初　征

3212 铅锌冶炼行业

生态环境部环境工程评估中心

李　飒　易爱华　金　珂　李时蓓　丁　峰　陈陆霞　李旭健

河南豫光金铅集团有限责任公司

卢　笛　童成业　纪昌磊

33 金属制品业，34 通用设备制造业，35 专用设备制造业，36 汽车制造业，37 铁路、船舶、航空航天和其他运输设备制造业，431 金属制品修理业，432 通用设备修理业，433 专用设备修理业，434 铁路、船舶、航空航天等运输设备修理业（不包括电镀工艺）

中机生产力促进中心

吴进军　赵　蔷　陈晓辉　朱宇宏　李晶莹　焦　炬　刘　云　舒　豪　曹林锋　刘树生

机械工业第四设计研究院有限公司

李　辉　李　韧　石燕燕　郭可可　张松安　郭振远　刘宗耀　马　琳　王献平　王达菲

交通运输部天津水运工程科学研究院

杜　伟　康仲飞　吴培森　刘磊磊　孙　磊　郭　旭　田　腾　顾　明　赵大地　李国一

中冶建筑研究总院有限公司

吴双九　王　浩　刘珂屹　李　娜　邓　佳　崔　焱　李建佳　张利芝　王文孝

3360　电镀行业（不含电子元器件和线路板）

生态环境部华南环境科学研究所

贺　框　胡小英　张明杨　黄凯华　杜建伟　温　勇

南京华创环境技术研究院有限公司

刘福强　梁　英　李　杰

重庆市固体废物管理中心

刘嘉烈　张曼丽

中国科学院生态环境研究中心

赵　旭

38 电气机械和器材制造行业（不包括 3825 光伏设备及元器件制造、384 电池制造），39 计算机、通信和其他电子设备制造行业，40 仪器仪表制造行业，435 电气设备修理行业，436 仪器仪表修理行业，439 其他机械和设备修理行业

工业和信息化部电子第五研究所

黄秋鑫　孙秀敏　陈　琼　丑天姝　熊松松　方植彬　张德平　武泽华　刘晓纯　苏健梅　张　键　朱亚茹

中检集团南方测试股份有限公司

司菲斐　尚晓晨　吴楚芸　邓春涛　潘智勇　徐　鹏　马　萍　刘雅如　杜翠婷　曾声渠　田春燕　许智鑫

3825 光伏设备及元器件制造

中国环境科学研究院

李雪迎　白　璐　孟立红　谢明辉

中国科学院电工研究所

李海玲　吕　芳

384　电池制造行业

中国电子节能技术协会

黄建忠　王　超　张旻昱　杨清雨

骆驼集团股份有限公司

谢云清　邓国强　张　坤　丁佰胜　鲁　矾

超威电源有限公司

周　红　黄思淼　钦　力　沈　星　朱军军　陈　幸　周　丽　王新华

北京亿华通科技股份有限公司

于　民　周　斌　袁　殿　陈庆妍

北京新奥环标理化分析测试中心

田小青　戚小京　姜玉婷　张保华

41 其他制造业（不包括 412 核辐射加工）

北京工商大学

董黎明　祁光霞

42 废弃资源综合利用行业

中国环境科学研究院

刘景洋　毕莹莹　董　莉　孙晓明　郭玉文　阮久莉　贾　岩　许　文

中国物资再生协会

刘　强　张艳会

44 电力、热力生产和供应业

4411 火力发电、4412 热电联产行业

生态环境部环境工程评估中心

莫　华　吴家玉　帅　伟　汪晓江

国电环境保护研究院有限公司

胡　耘　张　明　朱法华

浙江大学

高　翔　郑成航　周　灿

国电南京电力试验研究有限公司

周道斌　段玖祥　张文杰

4417　生物质能发电行业

中国环境科学研究院

谢雪松　王　健　罗　宏　吕连宏　王斯一

4430 热力生产和供应

中国环境科学研究院

薛志钢　杜谨宏　续　鹏　任岩军　曹喜乐　马京华

浙江大学

高　翔　郑成航　张涌新　周志颖　翁卫国　吴卫红　刘少俊　姚龙超　周　灿　张　悠

北京市环境保护科学研究院

宋光武　罗志云　闫　静　赵亚笛　武彤冉

北京市劳动保护科学研究所

左朋莱　岳　涛　王晨龙　张晓曦　王　堃　梁全明　童亚莉　高佳佳　佟　莉　丁永华

北京师范大学

田贺忠　白孝轩　毋波波　刘姝涵　骆丽宁　刘　伟　林淑闵　赵　爽

45 燃气生产与供应业

生态环境部环境工程评估中心

吕　巍　梁　睿　孙南翔　梁　准　关　睢

46 水的生产和供应业

4610 自来水生产与供应行业

中国环境科学研究院

孟凡生　薛　浩　张铃松　叶匡旻　王海燕　周岳溪　马溢阳　宋海燕　程佩瑄　张道萍

463　海水淡化处理

交通运输部天津水运工程科学研究院

周　斌　张传国　王志勇　赵大地

天科院环境科技发展（天津）有限公司

李国一　李长东　初江涛　王　斌　李　鑫

469　其他水的处理利用与分配行业

交通运输部天津水运工程科学研究院

周　斌　张传国　王志勇　赵大地

天科院环境科技发展（天津）有限公司

李国一　李长东　初江涛　王　斌　李　鑫

目录

13 农副食品加工业

14 食品制造业

15 酒、饮料和精制茶制造

第二册

16 烟草制品业

17 纺织业

18 纺织服装、服饰业

19 皮革、毛皮、羽毛及其制品和制鞋业

20 木材加工和木、竹、藤、棕、草制品业

21 家具制造业

22 造纸和纸制品业

23 印刷和记录媒介复制业

24 文教、工美、体育和娱乐用品制造业

25 石油、煤炭及其他燃料加工业

第三册

26 化学原料和化学制品制造业

32 有色金属冶炼和压延加工业

第五册

33～37，431～434 金属制品业，通用设备制造业，专用设备制造业，汽车制造业，铁路、船舶、航空航天和其他运输设备制造业，金属制品修理业，通用设备修理业，专用设备修理业，铁路、船舶、航空航天等运输设备修理业（不包括电镀工艺）

38，39，40，435，436，439 电气机械和器材制造业、计算机、通信和其他电子设备制造业、仪器仪表制造业、电气设备修理业、仪器仪表修理业、其他机械和设备修理业

41 其他制造业

42 废弃资源综合利用业

44 电力、热力、燃气及水生产和供应业

45 燃气生产与供应业

46 水的生产和供应业

2541 生物质液体燃料生产业

1 适用范围

本手册仅用于《国民经济行业分类》（GB/T 4754—2017）中 2541 生物质液体燃料生产行业使用产污系数法核算工业污染物产生量和排放量的工业企业。

利用本手册进行产排污核算得出的污染物产生量与排放量仅代表了特定行业、工艺、产品、原料在正常工况下污染物产生与排放的一般规律。

2541 生物柴油行业废水指标包括工业废水量、化学需氧量、氨氮、总磷；废气指标包括工业废气量、颗粒物、氮氧化物、二氧化硫、挥发性有机物。

2541 燃料乙醇行业废水指标包括工业废水量、化学需氧量、氨氮、总磷、总氮。无废气指标。

2 注意事项

2.1 企业有多种生产工艺或生产多类产品产排污量核算

污染物产生量与产品产量有关，根据不同核算环节计算产污量后，再根据企业末端治理设施运行情况计算各污染物的排放量。

企业某污染物指标的产生量、排放量为各核算环节产生量、排放量之和。

在企业实际排放量计算过程中，如果存在废水回用的情况，需要在利用产排污核算公式的基础上扣除废水回用的部分。公式如下：

实际排放量=计算排放量×（1–废水回用率）

2.2 采用多种治理设施组合处理企业的排污量核算

在排污量计算选择末端治理技术时，若没有对应的组合治理技术，以主要治理技术为准。

2.3 系数表中未涉及的产污系数及污染治理效率

生物柴油的生产过程中，如果包含餐厨垃圾经油脂分离（油水分离）制得废弃油脂工艺，废水、废气指标可参考 7820 环境卫生管理行业中餐厨废弃物资源化利用行业的系数手册。

2541 燃料乙醇生产行业可参考 1511 酒精制造行业的系数手册。

2.4 其他需要说明的问题

由于不同企业工业废气量、废水量差异较大，本手册所提供的工业废气量、废水量系数仅供参考。

为体现相同产污水平条件下，采用相同环保治理设施的不同企业对同一污染物去除效果的差异，引入末端治理设施实际运行率（*k*）对污染治理技术的实际去除率进行修正。*k* 值反映的是污染治理设施运行的状态，越稳定运行，k 值越高；在取值上，若定义连续稳定运行的理想状态为 1，则 k 取值在 0～1 之间。

本手册给出本行业的 k 计算公式仅供参考，使用时，可根据 k 值定义，选取更适合企业实际情况的表达方式。

3 污染物排放量核算方法

3.1 计算污染物产生量

（1）根据产品、原料、污染物产生的主导生产工艺、企业规模（生产产能）这一组合查找和确定所对应的某一污染物的产污系数。

（2）根据该污染物的产污系数计量单位——单位产品产量或单位原料用量，获取企业实际产品产量。

例如，某组合内化学需氧量的产污系数单位为千克/吨-产品，则计算产生量时需要获取企业实际产品产量；如果产污系数单位为千克/吨-原料，则计算产生量时需要获取企业原料实际消耗量。

（3）污染物产生量按以下公式进行计算：

污染物产生量=污染物对应的产污系数×产品产量（原料用量）

$$G_{产i} = P_{产i} \times M_i$$

式中，$G_{产i}$——工段 i 某污染物的产生量；

$P_{产i}$——工段 i 某污染物对应的产污系数；

M_i——工段 i 的产品产量（原料用量）。

3.2 计算污染物去除量

（1）根据企业对某一个污染物所采用的治理技术查找和选择相应的治理技术平均去除效率。

（2）根据所填报的污染治理设施实际运行率参数及其计算公式得出该企业某一污染物的治理设施实际运行率（k 值）。

（3）污染物去除量按以下公式进行计算：

污染物去除量=污染物产生量×污染物去除率

=污染物产生量×治理技术平均去除效率×治理设施实际运行率

$$R_{减i} = G_{产i} \times \eta_T \times k_T$$

式中，$R_{减i}$——工段 i 某污染物的去除量；

η_T——工段 i 某污染物采用的末端治理技术的平均去除效率；

k_T——工段 i 某污染物采用的末端治理设施的实际运行率。

3.3 计算污染物排放量

污染物排放量=污染物产生量–污染物去除量

=污染物对应的产污系数×产品产量（原料用量）–污染物产生量×治理技术平均去除效率×治理设施实际运行率

3.4 计算企业污染物排放量

同一企业某污染物全年的产生（排放）总量为该企业同年实际生产的全部工艺、产品、原料、规模污染物产生（排放）量之和。

$$E_{排} = G_{产} - R_{减} = \sum(G_{产i} - R_{减i})$$
$$= \sum\left[P_{产i} \times M_i(1 - \eta_T \times k_T)\right]$$

4 污染物排放量核算案例

4.1 案例一：生物柴油行业废水产排污量核算案例

位于福建省的某生物柴油企业，年产生物柴油 5 万吨，原料为废弃油脂，生产工艺为酯化酯交换法，废水处理技术为生化处理法，处理达标后直接排放，指标为化学需氧量、氨氮；工艺有组织废气挥发性有机物（VOCs）经过收集通入焚烧炉焚烧后经烟囱排放，工业危险废物委托有资质的第三方企业进行处置，一般工业固废由环卫处理。

本核算示例以废水中化学需氧量为例，说明该企业化学需氧量产排量的计算方法。

（1）化学需氧量产生量计算

①查找产污系数及其计量单位

根据企业基本信息，查找本手册中主要产品为生物柴油，主要原料为废弃油脂，主要工艺为酯化酯交换法，生产规模为年产量 5 万吨。该组合化学需氧量的产污系数为 0.589，单位为千克/吨-产品。

②获取企业产品产量

该企业实际情况为：主要产品生物柴油 2017 年产量为 5 万吨。

③计算化学需氧量产生量

由于查询到的组合中化学需氧量产污系数的单位为千克/吨-产品，因此在核算产生量时需获取产品产量。

化学需氧量产生量=化学需氧量产污系数×产品（生物柴油）产量

= 0.589 千克/吨-产品×50000 吨-产品

= 29450 千克

（2）化学需氧量去除量计算

①查找治理技术平均去除效率

该企业化学需氧量治理技术采用生化处理法，查询该工艺的平均去除效率为 98%。

②计算污染治理设施实际运行率

根据产污系数组合查询结果，该组合中化学需氧量生化处理法对应的污染治理设施实际运行率为

k=污水治理设施运行时间/企业正常生产时间=7200 小时/7200 小时=1

③计算化学需氧量去除量

化学需氧量去除量=29450 千克×98%×1=28861 千克

（3）化学需氧量排放量计算

化学需氧量排放量=29450 千克−28861 千克=589 千克

4.2 案例二：生物柴油行业废气产排污量核算案例

位于福建省的某生物柴油企业，年产生物柴油 5 万吨，原料为废弃油脂，生产工艺为酯化酯交换法，废水处理技术为生化处理法，处理达标后直接排放，指标为化学需氧量、氨氮；工艺有组织废气挥发性有机物（VOCs）经过收集通入焚烧炉焚烧后经烟囱排放，工业危险废物委托有资质的第三方企业进行处置，一般工业固废由环卫处理。

本核算示例以废气中挥发性有机物为例，说明该企业挥发性有机物产排放量的计算方法。

（1）挥发性有机物产生量计算

①查找产污系数及其计量单位

根据企业基本信息，查找本手册中主要产品为生物柴油，主要原料为废弃油脂，主要工艺为酯化酯交换法，生产规模为年产量 5 万吨。该组合挥发性有机物的产污系数为 1.08，单位为千克/吨-产品。

②获取企业产品产量与原料用量

该企业实际情况为：该企业主要产品生物柴油 2017 年产量为 5 万吨。

③计算挥发性有机物产生量

由于查询到的组合中挥发性有机物产污系数的单位为千克/吨-产品，因此在核算产生量时需获取产品产量。

挥发性有机物产生量=挥发性有机物产污系数×产品（生物柴油）产量

= 1.08 千克/吨-产品×50000 吨-产品

= 54000 千克

（2）挥发性有机物去除量计算

①查找治理技术平均去除效率

该企业挥发性有机物治理技术采用直接燃烧法，查询直接燃烧法的平均去除效率为 92%。

②计算污染治理设施实际运行率

根据产污系数组合查询结果，该组合中挥发性有机物直接燃烧法对应的污染治理设施实际运行率为

k=工艺废气治理设施运行时间/企业正常生产时间=7200 小时/7200 小时=1

③计算挥发性有机物去除量

挥发性有机物去除量=54000 千克×92%×1=49680 千克

（3）挥发性有机物排放量计算

挥发性有机物排放量=54000 千克−49680 千克=4320 千克

4.3 案例三：燃料乙醇行业废水产排污量企业案例（类比法）

某企业主要从事燃料乙醇生产，该企业以玉米为主要原料，生产工艺采用发酵法，年产量（生产规模）30 万吨。该企业废水的污染治理技术采用厌氧/好氧组合处理工艺，涉及的废水污染物主要为化学需氧量、氨氮、总磷、总氮。

本核算示例以废水中化学需氧量为例，说明该企业化学需氧量产排放量的计算方法。

（1）化学需氧量产生量计算

①查找产污系数及其计量单位

根据企业基本信息，查找本手册中主要产品为燃料乙醇，查询酒精制造（1511）系数表中，主要原料为玉米，主要工艺为发酵法，生产规模为年产量 30 万吨。该组合化学需氧量的产污系数为 20000，单位为克/千升-产品。

②获取企业产品产量与原料用量

该企业实际情况为：该企业主要产品燃料乙醇 2017 年产量为 30 万吨（31.574 万千升），主要原料玉米 2017 年消耗量为 82.5 万吨。

③计算化学需氧量产生量

由于查询到的组合中化学需氧量产污系数的单位为克/千升-产品，因此在核算产生量时需获取产品产量。

化学需氧量产生量=化学需氧量产污系数×产品（燃料乙醇）产量

= 20000 克/千升-产品×315740 千升-产品/1000000

= 6314.8 吨

（2）化学需氧量去除量计算

①查找治理技术平均去除效率

该企业废水治理技术采用“厌氧+好氧处理法”，查询酒精制造（1511）中厌氧+好氧处理法的平均去除效率为 82%。

②计算污染治理设施实际运行率

根据产污系数组合查询结果，该组合中对应的废水污染治理设施实际运行参数分别为污水处理设施年耗电量、设备额定功率、设备年运行时间。

根据查询结果，该组合中对应的废水污染治理设施实际运行率为

k=污水处理设施年耗电量（千瓦·时）/［设备额定功率（千瓦）×设备年运行时间（小时）］

获取企业实际填报情况如下：2017 年废水处理设施年耗电量 1500000 千瓦·时，设备耗额定功率 300 千瓦，设备年运行时间 6000 小时，则该企业的废水处理设施实际运行率为

k=1500000 千瓦·时/（300 千瓦×6000 小时）=0.833

③计算化学需氧量去除量

化学需氧量去除量=6314.8 吨×82%×0.833=4313.4 吨

（3）化学需氧量排放量计算

化学需氧量排放量=6314.8 吨–4313.4 吨=2001.4 吨

5 系数表

2541 生物质液体燃料生产行业系数表

工段名称	产品名称	原料名称	工艺名称	生产规模	污染物类别	污染物指标	系数单位	产污系数	末端治理技术	末端治理技术平均去除效率/%	参考 k 值计算公式[1]
—	生物柴油	废弃油脂	酯化酯交换法	所有规模	废水	化学需氧量	千克/吨-产品	0.59	其他（生化处理）	98	k=污水治理设施运行时间（小时/年）/企业正常生产时间（小时/年）
						氨氮	千克/吨-产品	9.90×10^{-3}	其他（生化处理）	95	
						工业废水量	吨/吨-产品	0.13	—	0	—
					废气	挥发性有机物	千克/吨-产品	1.08	直接燃烧法	92	k=工艺废气治理设施运行时间（小时/年）/企业正常生产时间（小时/年）
									其他（废水集输：喷淋）	66	
									其他（直接排放）	0	
						工业废气量	标米³/吨-产品	1517	—	0	—
					固废	一般工业固废	千克/吨-生物柴油	8.56	环卫处理	—	—
						危险废物	千克/吨-生物柴油	0.51	委托处置	—	—
			催化加氢脱氧法		废水	化学需氧量	千克/吨-产品	0.49	其他（生化处理）	93	k=污水治理设施运行时间（小时/年）/企业正常生产时间（小时/年）
						氨氮	千克/吨-产品	5.17×10^{-3}	其他（生化处理）	99	
						总磷	千克/吨-产品	2.04×10^{-3}	其他（生化处理）	83	
						工业废水量	吨/吨-产品	0.38	—	0	—
					废气	颗粒物	千克/吨-产品	8.69×10^{-4}	其他（直接排放）	0	—
						氮氧化物	千克/吨-产品	4.15×10^{-3}	其他（直接排放）	0	
						二氧化硫	千克/吨-产品	4.10×10^{-4}	其他（直接排放）	0	
						工业废气量	标米³/吨-产品	103	—	0	—
					固废	一般工业固废	千克/吨-生物柴油	—	—	—	—
						危险废物	千克/吨-生物柴油	6.45×10^{-4}	委托处置	—	—

[1] 该公式仅供参考，使用时，可根据 k 值定义，选取更适合企业实际情况的表达方式。

2541 生物质液体燃料生产行业系数表（续表 1）

工段名称	产品名称	原料名称	工艺名称	生产规模	污染物类别	污染物指标	系数单位	产污系数	末端治理技术	末端治理技术平均去除效率/%	参考 *k* 值计算公式
—	燃料乙醇	玉米	发酵法	所有规模	废水	工业废水量	吨/千升-产品	9	—	0	—
						化学需氧量	克/千升-产品	2.00×10^4	物化法+厌氧/好氧组合法+化学法	82	*k*=废水治理设施年耗电量（千瓦·时）/［废水治理设施额定功率（千瓦）×废水治理设施年运行时间（小时）］
						氨氮	克/千升-产品	200	物化法+厌氧/好氧组合法+化学法	—	
						总磷	克/千升-产品	180	物化法+厌氧/好氧组合法+化学法	85	
						总氮	克/千升-产品	450	物化法+厌氧/好氧组合法+化学法	—	
		木薯	发酵法	所有规模	废水	工业废水量	吨/千升-产品	10	—	0	—
						化学需氧量	克/千升-产品	2.50×10^4	物化法+厌氧/好氧组合法+化学法	84	*k*=废水治理设施年耗电量（千瓦·时）/［废水治理设施额定功率（千瓦）×废水治理设施年运行时间（小时）］
						氨氮	克/千升-产品	2.15×10^3	物化法+厌氧/好氧组合法+化学法	86	
						总磷	克/千升-产品	1.13×10^3	物化法+厌氧/好氧组合法+化学法	97	
						总氮	克/千升-产品	4.50×10^3	物化法+厌氧/好氧组合法+化学法	89	

2542 生物质致密成型燃料加工业

1 适用范围

本手册仅用于《国民经济行业分类》(GB/T 4754—2017)中 2542 生物质致密成型燃料加工行业使用系数法核算工业污染物产生量和排放量的工业企业。

利用本手册进行产污核算得出的污染物产生量与排放量仅代表了特定行业、工艺、产品、原料在正常工况下污染物产生与排放的一般规律。

本行业废气指标包括颗粒物、二氧化硫、氮氧化物。

2 注意事项

2.1 企业有多种生产工艺或生产多类产品企业产排污量核算

污染物产生量与产品产量有关，根据不同核算环节计算产污量后，再根据企业末端治理设和运行情况计算各污染物的排放量。

企业某污染物指标的产生量、排放量为各核算环节产生量、排放量之和。

2.2 采用多种治理设施组合处理企业的排污量核算

在排污量计算选择末端治理技术时，若没有对应的组合治理技术，以主要治理技术为准。

2.3 其他需要说明的问题

由于不同企业工业废气量、废水量差异较大，本手册所提供的工业废气量、废水量系数仅供参考。

为体现相同产污水平条件下，采用相同环保治理设施的不同企业对同一污染物去除效果的差异，引入末端治理设施实际运行率（k）对污染治理技术的实际去除率进行修正。k 值反映的是污染治理设施运行的状态，越稳定运行，k 值越高；在取值上，若定义连续稳定运行的理想状态为 1，则 k 取值在 0～1 之间。

本手册给出本行业的 k 计算公式仅供参考，使用时，可根据 k 值定义，选取更适合企业实际情况的表达方式。

3 污染物排放量核算方法

针对企业实际生产情况，本行业在系数制定过程中将企业全生产流程划分或拆分为若干工段（核算环节），在核算企业污染物产排量时，可灵活选择本企业对应的工段进行核算。

3.1 计算工段污染物产生量

（1）根据产品、原料、污染物产生的主导生产工艺、企业规模（生产产能）这一组合查找和确定所对应的某一污染物的产污系数。

（2）根据该污染物的产污系数计量单位——单位产品产量，获取企业实际产品产量。

（3）污染物产生量按以下公式进行计算：

污染物产生量=污染物对应的产污系数×产品产量

$$G_{产i} = P_{产i} \times M_i$$

式中，$G_{产i}$——工段 i 某污染物的产生量；

$P_{产i}$——工段 i 某污染物对应的产污系数；

M_i——工段 i 的产品产量。

3.2 计算工段污染物去除量

（1）根据企业对某一污染物所采用的治理技术查找和选择相应的治理技术平均去除效率。

（2）根据所填报的污染治理设施实际运行率参数及其计算公式得出该企业某一污染物的治理设施实际运行率（k 值）。

（3）污染物去除量按以下公式进行计算：

污染物去除量=污染物产生量×污染物去除率

=污染物产生量×治理技术平均去除效率×治理设施实际运行率

$$R_{减i} = G_{产i} \times \eta_T \times k_T$$

式中，$R_{减i}$——工段 i 某污染物的去除量；

η_T——工段 i 某污染物采用的末端治理技术的平均去除效率；

k_T——工段 i 某污染物采用的末端治理设施的实际运行率。

3.3 计算工段污染物排放量

污染物排放量=污染物产生量–污染物去除量

=污染物对应的产污系数×产品产量–污染物产生量×

治理技术平均去除效率×

治理设施实际运行率

3.4 计算企业污染物排放量

同一企业某污染物全年的产生（排放）总量为该企业同年实际生产的全部工段、产品、原料、规模污染物产生（排放）量之和。

$$\begin{aligned} E_{排} &= G_{产} - R_{减} = \sum (G_{产i} - R_{减i}) \\ &= \sum \left[P_{产i} \times M_i (1 - \eta_T \times k_T) \right] \end{aligned}$$

4　污染物排放量核算案例

位于山东省的某企业主要从事生物质致密成型燃料加工，该企业以生物质为主要原料，生产工艺采用破碎-筛分-造粒，年产量（生产规模）0.8 万吨。该企业废气的污染治理技术采用袋式除尘，涉及的废气污染物主要为颗粒物。

本核算示例以废气中颗粒物为例，说明该企业颗粒物排放量的计算方法。

4.1　颗粒物产生量计算

（1）查找产污系数及其计量单位

根据企业基本信息，查找本手册中主要产品为生物质致密成型燃料，主要原料为生物质，主要工艺为破碎-筛分-造粒，生产规模为年产量 0.8 万吨。该组合颗粒物的产污系数为 0.000669，单位为吨/吨-产品。

（2）获取企业产品产量与原料用量

该企业实际情况为：主要产品生物质颗粒 2017 年产量为 4080 吨，主要原料生物质秸秆、锯末、花生壳 2017 年消耗量为 5000 吨。

（3）计算颗粒物产生量

由于查询到的组合中颗粒物产污系数的单位为吨/吨-产品，因此在核算产生量时需获取产品产量。

颗粒物产生量=颗粒物产污系数×产品（生物质颗粒）产量

=0.000669 吨/吨-产品×4080 吨-产品

=2.730 吨

4.2　颗粒物去除量计算

（1）查找治理技术平均去除效率

该企业颗粒物治理技术采用袋式除尘，查询袋式除尘的平均去除效率为 92%。

（2）计算污染治理设施实际运行率

根据产污系数组合查询结果，该组合中颗粒物袋式除尘法对应的污染治理设施实际运行参数分别为：废气治理设施运行时间、企业正常生产时间。

根据查询结果，该组合中颗粒物袋式除尘法对应的污染治理设施实际运行率为

k=废气治理设施运行时间/企业正常生产时间

获取企业实际填报情况如下：2017 年废气治理设施运行时间 1440 小时，企业正常生产时间 1440 小时，则该企业的袋式除尘设备实际运行率为

k=1440 小时/1440 小时=1

计算颗粒物去除量

颗粒物去除量=2.730 吨×92%×1=2.512 吨

（3）颗粒物排放量计算

颗粒物排放量=2.730 吨−2.512 吨=0.218 吨

5 系数表

2542 生物质致密成型燃料加工行业系数表

工段名称	产品名称	原料名称	工艺名称	规模等级	污染物类别	污染物指标	系数单位	产污系数	末端治理技术	末端治理技术平均去除效率/%	参考 k 值计算公式[1]
烘干	生物质致密成型燃料	林木、秸秆、花生壳、稻壳、玉米芯、锯末、废物废料等所有生物质原料	挤压成型	所有规模	废气	颗粒物	吨/吨-产品	4.01×10^{-3}	袋式除尘	92	k=废气治理设施运行时间（小时/年）/企业正常生产时间（小时/年）
									袋式除尘+水膜除尘	93	
									旋风除尘+水膜除尘	92	
									喷淋塔/冲击水浴	85	
									旋风除尘	90	
						氮氧化物	吨/吨-产品	6.89×10^{-4}	—	0	—
						二氧化硫	吨/吨-产品	4.80×10^{-4}	—	0	—
剪切、破碎、筛分、造粒					废气	颗粒物	吨/吨-产品	6.69×10^{-4}	旋风除尘	90	k=废气治理设施运行时间（小时/年）/企业正常生产时间（小时/年）
									袋式除尘	92	

[1] 该公式仅供参考，使用时，可根据 k 值定义，选取更适合企业实际情况的表达方式。

26

化学原料和化学制品制造业

2611 无机酸制造业

1 适用范围

本手册仅用于《国民经济行业分类》（GB/T 4754—2017）中 2611 无机酸制造行业使用系数法核算工业污染物产生量和排放量的工业企业。

利用本手册进行产排污核算得出的污染物产生量与排放量仅代表了特定行业、工艺、产品、原料在正常工况下污染物产生与排放的一般规律。本手册主要包含硝酸、硫酸、合成盐酸、磷酸、无水氟化氢和硼酸。

本行业废水指标包括工业废水量、总砷、总铅、氟化物、总磷；废气指标包括工业废气量、二氧化硫、颗粒物、氮氧化物。

2 注意事项

2.1 企业有多种生产工艺或生产多类产品产排污量核算

污染物产生量与产品产量有关，根据不同污染物计算产污量后，再根据企业末端治理设和运行情况计算各污染物的排放量。

企业某污染物指标的产生量、排放量为各产品的污染物产生量、排放量之和。

在企业实际排放量计算过程中，如果存在废水回用的情况，需要在利用产排污核算公式的基础上扣除废水回用的部分。公式如下：

实际排放量=计算排放量×（1–废水回用率）

2.2 无组织排放说明

在正常生产情况下，无机酸产品属于连续、密闭式生产，测定范围不涉及无组织排放。

2.3 其他需要说明的问题

（1）由于不同企业工业废气量、废水量差异较大，本手册所提供的工业废气量、废水量系数仅供参考。

（2）为体现相同产污水平条件下，采用相同环保治理设施的不同企业对同一污染物去除效果的差异，引入末端治理设施实际运行率（k）对污染治理技术的实际去除率进行修正。k 值反映的是污染治理设施运行的状态，越稳定运行，k 值越高；在取值上，若定义连续稳定运行的理想状态为 1，则 k 取值在 0～1 之间。

本手册给出本行业的 k 计算公式仅供参考，使用时，可根据 k 值定义，选取更适合企业实际情况的表达方式。

（3）工况未达到75%负荷的企业污染物产排量核算（如存在）。

无机酸生产装置产排污量与采用的工艺技术及装置的生产能力有关。一般情况下，低负荷状态下的产排污量要小于正常生产负荷状态下的产排污量。工况未达到75%负荷的企业污染物产排量核算按正常生产工况取值。

（4）合成盐酸是指以氯气、氢气为原料通过合成炉法直接合成的盐酸，不含其他工艺方法副产的盐酸。

（5）合成盐酸行业氯化氢既是原料也是污染物，所以工业废气量和氯化氢特征污染物因子的产污系数也是排污系数。

3 污染物排放量核算方法

3.1 计算污染物产生量

（1）根据产品、原料、污染物产生的主导生产工艺、企业规模（生产产能）这一组合查找和确定所对应的某一污染物的产污系数。

（2）根据该污染物的产污系数计量单位——单位产品产量，获取企业实际产品产量。

例如，某组合内氮氧化物的产污系数单位为千克/吨-产品，则计算产生量时需要获取企业实际产品产量。

（3）污染物产生量按以下公式进行计算：

污染物产生量=污染物对应的产污系数×产品产量

$$G_{产i}=P_{产i}\times M_i$$

式中，$G_{产i}$——工段 i 某污染物的产生量；

$P_{产i}$——工段 i 某污染物对应的产污系数；

M_i——工段 i 产品产量。

3.2 计算污染物去除量

（1）根据企业对某一污染物所采用的治理技术查找和选择相应的末端治理技术平均去除效率。

（2）根据所填报的末端治理设施实际运行率参数及其计算公式得出该企业某一污染物的末端治理设施实际运行率（k 值）。

（3）污染物去除量按以下公式进行计算：

污染物去除量=污染物产生量×污染物去除率

=污染物产生量×治理技术平均去除效率×治理设施实际运行率

$$R_{减i}=G_{产i}\times\eta_T\times k_T$$

式中，$R_{减i}$——工段 i 某污染物的去除量；

η_T——工段 i 某污染物采用的末端治理技术的平均去除效率；

k_T——工段 i 某污染物采用的末端治理设施的实际运行率。

3.3 计算污染物排放量

污染物排放量=污染物产生量–污染物去除量

=污染物对应的产污系数×产品产量–污染物产生量×

治理技术平均去除效率×

治理设施实际运行率

3.4 计算企业污染物排放量

同一企业某污染物全年的产生（排放）总量为该企业同年实际生产的全部工艺、产品、原料、规模污染物产生（排放）量之和。

$$
\begin{aligned}
E_{\text{排}} &= G_{\text{产}} - R_{\text{减}} = \sum\left(G_{\text{产}i} - R_{\text{减}i}\right) \\
&= \sum\left[P_{\text{产}i} \times M_i(1-\eta_T \times k_T)\right]
\end{aligned}
$$

4 污染物排放量核算案例

某硝酸生产企业涉及的主要污染物为氮氧化物。以氮氧化物为例说明排放量计算过程。该企业的基本信息如表 1 所示。

表 1 某硝酸企业基本信息

	产品	
	名称	产量
产品及产量	硝酸	27 万吨
工艺名称	双加压法	—
规模（产能）	27 万吨/年	
污染治理设施	选择性催化还原法（SCR）	
末端治理设施实际运行率	污水治理设施运行时间	8000 小时
	企业正常生产时间	8000 小时

4.1 氮氧化物产生量计算

（1）查找产污系数及其计量单位

根据企业基本信息，查找本手册中主要产品为硝酸，主要原料为氨，主要工艺为双加压法，生产规模为所有规模。该组合氮氧化物的产污系数为 1.00，单位为千克/吨-产品。

（2）获取企业产品产量

该企业实际情况为：硝酸产品 2017 年产量为 27 万吨。

（3）计算氮氧化物产生量

由于查询到的组合中氮氧化物产污系数的单位为千克/吨-产品，因此在核算产生量时采用产品产量。

氮氧化物产生量= 氮氧化物产污系数×产品（硝酸）产量

=1.00千克 / 吨-产品×27万吨 -产品

=270000 千克

4.2 氮氧化物去除量计算

（1）查找末端治理技术平均去除效率

该企业氮氧化物治理技术采用选择性催化还原法（SCR）工艺，查询相应组合内该工艺的末端治理技术平均去除效率为 84%。

（2）计算末端治理设施实际运行率

根据产污系数组合查询结果，该组合中氮氧化物对应的末端治理设施实际运行率为

$$k = 污水治理设施运行时间/企业正常生产时间 = 8000小时/8000小时 = 1$$

（3）计算氮氧化物去除量

$$氮氧化物去除量 = 270000千克 \times 84\% \times 1 = 226800 千克$$

4.3 氮氧化物排放量计算

$$氮氧化物排放量 = 270000千克 - 226800千克 = 43200 千克$$

5 系数表

2611 无机酸制造（硝酸）行业系数表

工段名称	产品名称	原料名称	工艺名称	规模等级	污染物类别	污染物指标	系数单位	产污系数	末端治理技术	末端治理技术平均去除效率/%	参考 k 值计算公式[1]
—	硝酸	氨	中压法	所有规模	废气	工业废气量	标米^3/吨-产品	3.72×10^3	—	0	—
						氮氧化物	千克/吨-产品	5.98	选择性催化还原法（SCR）	98	k=治理设施运行时间（小时/年）/企业正常生产时间（小时/年）
			高压法	所有规模	废气	工业废气量	标米^3/吨-产品	2.91×10^3	—	0	—
						氮氧化物	千克/吨-产品	2.28	选择性催化还原法（SCR）	85	k=治理设施运行时间（小时/年）/企业正常生产时间（小时/年）
			双加压法	所有规模	废气	工业废气量	标米^3/吨-产品	3.06×10^3	—	0	—
						氮氧化物	千克/吨-产品	1.00	选择性催化还原法（SCR）	84	k=治理设施运行时间（小时/年）/企业正常生产时间（小时/年）

2611 无机酸制造（硫酸）行业系数表

工段名称	产品名称	原料名称	工艺名称	规模等级	污染物类别	污染物指标	系数单位	产污系数	末端治理技术	末端治理技术平均去除效率/%	参考 k 值计算公式[1]
—	硫酸	硫黄	两转两吸	所有规模	废气	工业废气量	标米^3/吨-产品	1.84×10^3	—	0	—
						二氧化硫	千克/吨-产品	2.17	氨法吸收	81	k=治理设施运行时间（小时/年）/企业正常生产时间（小时/年）
									双氧水法	81	
									钠碱法	81	
									新型催化法脱硫	81	

[1] 该公式仅供参考，使用时，可根据 k 值定义，选取更适合企业实际情况的表达方式。

2611 无机酸制造（硫酸）行业系数表（续表 1）

工段名称	产品名称	原料名称	工艺名称	规模等级	污染物类别	污染物指标	系数单位	产污系数	末端治理技术	末端治理技术平均去除效率/%	参考 k 值计算公式
—	硫酸	硫铁矿	两转两吸	所有规模	废气	工业废气量	标米^3/吨-产品	$2.14×10^3$	—	0	—
						二氧化硫	千克/吨-产品	3.15	氨法吸收	81	k=治理设施运行时间（小时/年）/企业正常生产时间（小时/年）
									双氧水法	81	
									钠碱法	81	
					废水	工业废水量	标米^3/吨-产品	0.290	—	0	—
						砷	克/吨-产品	17.8	碱中和	99.9	k=治理设施运行时间（小时/年）/企业正常生产时间（小时/年）
									石灰铁盐法	99.9	
									硫化+石膏+中和法	99.9	
						铅	克/吨-产品	0.490	碱中和	94	
									石灰铁盐法	94	
									硫化+石膏+中和法	94	
						氟化物	克/吨-产品	26.2	碱中和	98	
									石灰铁盐法	98	
									硫化+石膏+中和法	98	

2611 无机酸制造（硫酸）行业系数表（续表 2）

工段名称	产品名称	原料名称	工艺名称	规模等级	污染物类别	污染物指标	系数单位	产污系数	末端治理技术	末端治理技术平均去除效率/%	参考 k 值计算公式
—	硫酸	冶炼烟气	两转两吸	所有规模	废气	工业废气量	标米^3/吨-产品	$2.52×10^3$	—	0	—
						二氧化硫	千克/吨-产品	2.35	钠碱法	84	k=治理设施运行时间（小时/年）/企业正常生产时间（小时/年）
									离子液法	84	
		石膏	两转两吸	所有规模	废气	工业废气量	标米^3/吨-产品	$2.93×10^3$	—	0	—
						二氧化硫	千克/吨-产品	2.93	氨法吸收	89	k=治理设施运行时间（小时/年）/企业正常生产时间（小时/年）

2611 无机酸制造（合成盐酸）行业系数表

工段名称	产品名称	原料名称	工艺名称	规模等级	污染物类别	污染物指标	系数单位	产污系数	末端治理技术	末端治理技术平均去除效率/%	参考 k 值计算公式[1]
—	盐酸	氯气、氢气、原料水	合成炉合成法	所有规模	废气	工业废气量	标米^3/吨-产品	80	—	—	—

注：① 合成盐酸是指以氯气、氢气为原料通过合成炉法直接合成的盐酸，不含其他工艺方法副产的盐酸。

② 合成盐酸产品中有 31%、36%等多个品种；按合成盐酸中杂质含量进行分类，合成盐酸产品又有普通合成盐酸、精制合成盐酸和高纯合成盐酸等多个品种。在本次合成盐酸的污染源普查中，不同品种的合成盐酸产品产量，一律按实际产量进行计算，不作标准产量折算。

2611 无机酸制造（磷酸）行业系数表

工段名称	产品名称	原料名称	工艺名称	规模等级	污染物类别	污染物指标	系数单位	产污系数	末端治理技术	末端治理技术平均去除效率/%	参考 k 值计算公式[1]
—	磷酸	磷矿、硫酸	半水法/二水法/半水-二水法	所有规模	废水	工业废水量	吨/吨-五氧化二磷	4.40×10^{-2}	—	0	—
						化学需氧量	克/吨-五氧化二磷	16.8	物理处理法+化学处理法	99	k=治理设施运行时间（小时/年）/企业正常生产时间（小时/年）
						悬浮物	克/吨-五氧化二磷	20.8	物理处理法+化学处理法	95	
						氟化物	克/吨-五氧化二磷	9.33	物理处理法+化学处理法	97	
						总磷	克/吨-五氧化二磷	52.9	物理处理法+化学处理法	99	
						总砷	克/吨-五氧化二磷	2.20×10^{-2}	物理处理法+化学处理法	79	
					废气	工业废气量	标米^3/吨-五氧化二磷	2.10×10^{3}	—	0	—
						氟化物	千克/吨-五氧化二磷	1.68	文丘里+两级喷淋塔	99	k=治理设施运行时间（小时/年）/企业正常生产时间（小时/年）
									文丘里+三级喷淋塔	99.5	
					废固	磷石膏（干基）	吨/吨-五氧化二磷	5.50	规范堆存	—	—

1 该公式仅供参考，使用时，可根据 k 值定义，选取更适合企业实际情况的表达方式。

2611 无机酸制造（氟化氢）行业系数表

工段名称	产品名称	原料名称	工艺名称	规模等级	污染物类别	污染物指标	系数单位	产污系数	末端治理技术	末端治理技术平均去除效率/%	参考 k 值计算公式[1]
—	无水氟化氢	萤石粉浓硫酸等	萤石法	所有规模	废气	工业废气量	万标米^3/吨-产品	1.62	—	0	—
						颗粒物	千克/吨-产品	11.34	袋式除尘	99.81	k=治理设施运行时间（小时/年）/企业正常生产时间（小时/年）
									旋风+布袋	99.86	
						氟化氢	千克/吨-产品	24.2	其他（算吸收+水洗+碱洗）	99.49	
					废水	工业废水量	吨/吨-产品	8.6×10^{-2}	—	—	—
						化学需氧量	克/吨-产品	34.1	中和法+沉淀分离	24.1	k=治理设施运行时间（小时/年）/企业正常生产时间（小时/年）
						氟离子	克/吨-产品	150	化学法+絮凝沉淀法	85.03	
					固废	一般固废	千克/吨-产品	3616	送有资质单位处理	—	—

2611 无机酸制造（硼酸）行业系数表

工段名称	产品名称	原料名称	工艺名称	规模等级	污染物类别	污染物指标	系数单位	产污系数	末端治理技术	末端治理技术平均去除效率/%	参考 k 值计算公式[1]
—	硼酸	硼砂、硝酸等	二步法	所有规模	废气	工业废气量	万标米^3/吨-产品	0.32	—	0	—
						挥发性有机物	千克/吨-产品	1.667×10^{-3}	—	0	—
						颗粒物	千克/吨-产品	0.643	袋式除尘	88.2	k=治理设施运行时间（小时/年）/企业正常生产时间（小时/年）
						氮氧化物	千克/吨-产品	0.224	喷淋塔	90.5	
					固废	一般固废	千克/吨-产品	32.07	外售、回用、自处理或外送处理	—	—
						危险废物	千克/吨-产品	3.333×10^{-2}	送有资质单位处理	—	—

注：挥发性有机物为无组织排放。

[1] 该公式仅供参考，使用时，可根据 k 值定义，选取更适合企业实际情况的表达方式。

2612 无机碱制造业

1 适用范围

本手册仅用于《国民经济行业分类》(GB/T 4754—2017)中 2612 无机碱制造行业使用系数法核算工业污染物产生量和排放量的工业企业。

利用本手册进行产排污核算得出的污染物产生量与排放量仅代表了纯碱行业、工艺、产品、原料在正常工况下污染物产生与排放的一般规律。

纯碱产品废水指标包括化学需氧量、氨氮、总氮；废气指标包括氨、颗粒物；固废为一般工业固废，指标包括氨碱法工艺固废（蒸氨废渣及盐泥、返石返砂）、联碱法工艺固废（盐泥）、天然碱加工工艺固废（硅藻土碱泥、混盐、石灰）。

烧碱产品废水指标包括工业废水量；废气指标包括工业废气量；废固指标为一般工业固废。

2 注意事项

2.1 企业有多种生产工艺或生产多类产品产排污量核算

联碱法工艺每生产一吨纯碱的同时副产一吨氯化铵，氯化铵工段除干铵尾气以外的污染物产生量、排放量按纯碱产量计算，干铵尾气产排污量按照企业实际干铵产量计算。

污染物产生量与产品产量有关，根据不同核算环节计算产污量后，再根据企业末端治理设施和运行情况计算各污染物的排放量。

企业某污染物指标的产生量、排放量为各核算环节产生量、排放量之和。

在企业实际排放量计算过程中，如果存在废水回用的情况，需要在利用产排污核算公式的基础上扣除废水回用的部分。公式如下：

实际排放量=计算排放量×（1–废水回用率）

2.2 采用多种治理设施组合处理企业的排污量核算

在排污量计算选择末端治理技术时，若没有对应的组合治理技术，以主要治理技术为准。

2.3 无组织排放说明

在正常生产情况下，纯碱和烧碱产品均属于连续、密闭式生产，测定范围不涉及无组织排放。

2.4 其他需要说明的问题

一般情况下，低负荷状态下的产排污量略小于正常生产负荷状态下的产排污量。工况未达到 75%负荷的企业污染物产排量核算按正常生产工况取值。

由于不同企业工业废气量、废水量差异较大，本手册所提供的工业废气量、废水量系数仅供参考。

为体现相同产污水平条件下，采用相同环保治理设施的不同企业对同一污染物去除效果的差异，引入末端治理设施实际运行率（k）对污染治理技术的实际去除率进行修正。k 值反映的是污染治理设施运行的状态，越稳定运行，k 值越高；在取值上，若定义连续稳定运行的理想状态为 1，则 k 取值在 0～1 之间。

本手册给出本行业的 k 值计算公式仅供参考，使用时，可根据 k 值定义，选取更适合企业实际情况的表达方式。

3 污染物排放量核算方法

针对企业实际生产情况，本行业在系数制定过程中将企业全生产流程划分或拆分为若干工段（核算环节），在核算企业污染物产排量时，可灵活选择本企业对应的工段进行核算。

3.1 计算工段污染物产生量

（1）根据产品、原料、污染物产生的主导生产工艺、企业规模（生产产能）这一组合查找和确定所对应的某一污染物的产污系数。

（2）根据该污染物的产污系数计量单位——单位产品产量，获取企业实际产品产量。

（3）污染物产生量按以下公式进行计算：

污染物产生量=污染物对应的产污系数×产品产量

$$G_{产i} = P_{产i} \times M_i$$

式中，$G_{产i}$——工段 i 某污染物的产生量；

$P_{产i}$——工段 i 某污染物对应的产污系数；

M_i——工段 i 产品产量。

3.2 计算工段污染物去除量

（1）根据企业对某一污染物所采用的治理技术查找和选择相应的末端治理技术平均去除效率。

（2）根据企业所填报的末端治理设施实际运行率参数及其计算公式得出该某一污染物的末端治理设施实际运行率（k 值）。

（3）污染物去除量按以下公式进行计算：

污染物去除量＝污染物产生量×污染物去除率

＝污染物产生量×末端治理技术平均去除效率×末端治理设施实际运行率

$$R_{减i} = G_{产i} \times \eta_T \times k_T$$

式中，$R_{减i}$——工段 i 某污染物的去除量；

η_T——工段 i 某污染物采用的末端治理技术的平均去除效率；

k_T——工段 i 某污染物采用的末端治理设施的实际运行率。

3.3 计算工段污染物排放量

污染物排放量=污染物产生量–污染物去除量

=污染物对应的产污系数×产品产量–污染物产生量×

末端治理技术平均去除效率×末端治理设施实际运行率

3.4 计算企业污染物排放量

同一企业某污染物全年的产生（排放）总量为该企业同年实际生产的全部工段、产品、原料、规模污染物产生（排放）量之和。

$$
\begin{aligned}
E_{排} &= G_{产} - R_{减} = \sum (G_{产i} - R_{减i}) \\
&= \sum \left[P_{产i} \times M_i (1 - \eta_T \times k_T) \right]
\end{aligned}
$$

4 污染物排放量核算案例

某纯碱生产企业，采用氨碱法工艺生产纯碱，生产规模为60万吨/年，2017年纯碱产量为60万吨，该企业采用真空转鼓过滤机过滤重碱，采用回转重灰干燥炉生产重质纯碱。2017年，该企业废水、废气治理设施运行时间8000小时，正常生产时间8000小时。主要污染物为化学需氧量、氨氮、氨、颗粒物、蒸氨废渣及盐泥、返石返砂。以颗粒物为例说明排放计算过程。

4.1 颗粒物产生量计算

（1）查找产污系数

根据企业基本信息，查找本手册中主要产品为纯碱，主要原料为原盐、石灰石，主要工艺为氨碱法，生产规模为所有规模。该组合颗粒物的产污系数如表1所示。

表1 某纯碱企业基本信息

工段名称	系数单位	产污系数	末端治理技术平均去除效率/%
石灰窑顶排气	千克/吨-产品	1.20	98
石灰运输系统	千克/吨-产品	0.90	98
回转重灰干燥炉	千克/吨-产品	0.60	98
纯碱包装尾气	千克/吨-产品	1.80	98

（2）计算颗粒物产生量

颗粒物产生量=颗粒物产污系数×产品产量

颗粒物产生量如表2所示。

表2 颗粒物产生量

工段名称	系数单位	2017年颗粒物产生量
石灰窑顶排气	千克	$1.20 \times 60 \times 10^4 = 720000$
石灰运输系统	千克	$0.90 \times 60 \times 10^4 = 540000$
回转重灰干燥炉	千克	$0.60 \times 60 \times 10^4 = 360000$
纯碱包装尾气	千克	$1.80 \times 60 \times 10^4 = 1080000$

4.2 颗粒物去除量计算

（1）计算末端治理设施实际运行率

根据产污系数组合查询结果，该组合中颗粒物对应的末端治理设施实际运行率为

$$k=\text{污水治理设施运行时间}/\text{企业正常生产时间}=8000\text{小时}/8000\text{小时}=1$$

（2）计算颗粒物去除量

$$\text{颗粒物去除量}=\text{颗粒物产生量}\times\text{末端治理技术平均去除效率}\times k$$

颗粒物去除量如表 3 所示。

表 3　颗粒物去除量

工段名称	单位	2017 年颗粒物去除量
石灰窑顶排气	千克	720000×0.98×1=705600
石灰运输系统	千克	540000×0.98×1=529200
回转重灰干燥炉	千克	360000×0.98×1=352800
纯碱包装尾气	千克	1080000×0.98×1=1058400

4.3 颗粒物排放量计算

$$\text{颗粒物排放量}=\text{颗粒物产生量}-\text{颗粒物去除量}$$

颗粒物排放量如表 4 所示。

表 4　颗粒物排放量

工段名称	单位	2017 年颗粒物排放量
石灰窑顶排气	千克	720000－705600=14400
石灰运输系统	千克	540000－529200=10800
回转重灰干燥炉	千克	360000－352800=7200
纯碱包装尾气	千克	1080000－1058400=21600

4.4 颗粒物总排放量计算

$$E_{\text{排}}=G_{\text{产}}-R_{\text{减}}=\sum(G_{\text{产}i}-R_{\text{减}i})$$
$$=\sum\left[P_{\text{产}i}\times M_i(1-\eta_T\times k_T)\right]$$

该企业 2017 年颗粒物产生量=14400千克+10800千克+7200千克+21600千克

=54000 千克

5 系数表

2612 无机碱制造（纯碱）行业系数表

工段名称	产品名称	原料名称	工艺名称	规模等级	污染物类别	污染物指标	系数单位	产污系数	末端治理技术	末端治理技术平均去除效率/%	参考 k 值计算公式[1]
—	纯碱	原盐、石灰石	氨碱法	所有规模	废水	工业废水量	米³/吨-产品	10①	—	0	—
						化学需氧量	千克/吨-产品	0.720	—	0	—
						氨氮	千克/吨-产品	0.500	—	0	—
碳化尾气	纯碱	原盐、石灰石	氨碱法	所有规模	废气	工业废气量	标米³/吨-产品	550	—	0	—
						氨	千克/吨-产品	0.280	—	0	—
滤过尾气	纯碱	原盐、石灰石	氨碱法	所有规模	废气	工业废气量	标米³/吨-产品	300②	—	0	—
								700③	—	0	—
						氨	千克/吨-产品	8.40×10^{-2}	—	0	—

[1] 该公式仅供参考，使用时，可根据 k 值定义，选取更适合企业实际情况的表达方式。

2612 无机碱制造（纯碱）行业系数表（续表 1）

工段名称	产品名称	原料名称	工艺名称	规模等级	污染物类别	污染物指标	系数单位	产污系数	末端治理技术	末端治理技术平均去除效率/%	参考 k 值计算公式
石灰窑顶排气	纯碱	原盐、石灰石	氨碱法	所有规模	废气	工业废气量	标米^3/吨-产品	800	—	0	—
						颗粒物	千克/吨-产品	1.20	袋式除尘	98	k=治理设施运行时间（小时/年）/企业正常生产时间（小时/年）
石灰运输系统	纯碱	原盐、石灰石	氨碱法	所有规模	废气	工业废气量	标米^3/吨-产品	600	—	0	—
						颗粒物	千克/吨-产品	0.900	袋式除尘	98	k=治理设施运行时间（小时/年）/企业正常生产时间（小时/年）
回转重灰干燥炉	纯碱	原盐、石灰石	氨碱法	所有规模	废气	工业废气量	标米^3/吨-产品	480	—	0	—
						颗粒物	千克/吨-产品	0.600	喷淋塔/冲击水浴	98	k=治理设施运行时间（小时/年）/企业正常生产时间（小时/年）
沸腾床重灰干燥炉	纯碱	原盐、石灰石	氨碱法	所有规模	废气	工业废气量	标米^3/吨-产品	2.80×10^3	—	0	—
						颗粒物	千克/吨-产品	4.20	喷淋塔/冲击水浴	98	k=治理设施运行时间（小时/年）/企业正常生产时间（小时/年）
纯碱包装尾气	纯碱	原盐、石灰石	氨碱法	所有规模	废气	工业废气量	标米^3/吨-产品	1.20×10^3	—	0	—
						颗粒物	千克/吨-产品	1.80	袋式除尘	98	k=治理设施运行时间（小时/年）/企业正常生产时间（小时/年）
—	纯碱	原盐、石灰石	氨碱法	所有规模	一般工业固废	蒸氨废渣及盐泥	千克/吨-产品	350	—	0	—
						返石返砂	千克/吨-产品	300	—	0	—

2612 无机碱制造（纯碱）行业系数表（续表 2）

工段名称	产品名称	原料名称	工艺名称	规模等级	污染物类别	污染物指标	系数单位	产污系数	末端治理技术	末端治理技术平均去除效率/%	参考 *k* 值计算公式
—	纯碱	盐、氨、二氧化碳	联碱法	所有规模	废水	工业废水量	米 ^{3}/吨-产品	3	—	0	—
						化学需氧量	千克/吨-产品	1.50	其他（淡液蒸馏）+A/O 工艺	73	k=治理设施运行时间（小时/年）/企业正常生产时间（小时/年）
						氨氮	千克/吨-产品	15		99	
						总氮	千克/吨-产品	21		99	
碳化尾气	纯碱	盐、氨、二氧化碳	联碱法	所有规模	废气	工业废气量	标米 ^{3}/吨-产品	300	—	0	—
						氨	千克/吨-产品	0.150	—	0	—
滤过尾气	纯碱	盐、氨、二氧化碳	联碱法	所有规模	废气	工业废气量	标米 ^{3}/吨-产品	300[2]	—	0	—
								700[3]	—	0	—
						氨	千克/吨-产品	8.40×10^{-2}	—	0	—
干铵尾气	纯碱	盐、氨、二氧化碳	联碱法	所有规模	废气	工业废气量	标米 ^{3}/吨-产品	4.00×10^{3}	—	0	—
						氨	千克/吨-产品	2	—	0	—
						颗粒物	千克/吨-产品	10	袋式除尘	98	k=治理设施运行时间（小时/年）/企业正常生产时间（小时/年）
回转重灰干燥炉尾气	纯碱	盐、氨、二氧化碳	联碱法	所有规模	废气	工业废气量	标米 ^{3}/吨-产品	480	—	0	—
						颗粒物	千克/吨-产品	0.600	喷淋塔/冲击水浴	98	k=治理设施运行时间（小时/年）/企业正常生产时间（小时/年）
沸腾床重灰干燥炉尾气	纯碱	盐、氨、二氧化碳	联碱法	所有规模	废气	工业废气量	标米 ^{3}/吨-产品	2.80×10^{3}	—	0	—
						颗粒物	千克/吨-产品	4.20	喷淋塔/冲击水浴	98	k=治理设施运行时间（小时/年）/企业正常生产时间（小时/年）
纯碱包装尾气	纯碱	盐、氨、二氧化碳	联碱法	所有规模	废气	工业废气量	标米 ^{3}/吨-产品	1.20×10^{3}	—	0	—
						颗粒物	千克/吨-产品	1.80	袋式除尘	98	k=治理设施运行时间（小时/年）/企业正常生产时间（小时/年）
干铵包装尾气	纯碱	盐、氨、二氧化碳	联碱法	所有规模	废气	工业废气量	标米 ^{3}/吨-产品	1.20×10^{3}	—	0	—
						颗粒物	千克/吨-产品	1.80	袋式除尘	98	k=治理设施运行时间（小时/年）/企业正常生产时间（小时/年）
煅烧炉气	纯碱	盐、氨、二氧化碳	联碱法	所有规模	废气	工业废气量	标米 ^{3}/吨-产品	350[4]	—	0	—
—	纯碱	盐、氨、二氧化碳	联碱法	所有规模	一般工业固废	盐泥	千克/吨-产品	20	—	0	—

2612 无机碱制造（纯碱）行业系数表（续表 3）

工段名称	产品名称	原料名称	工艺名称	规模等级	污染物类别	污染物指标	系数单位	产污系数	末端治理技术	末端治理技术平均去除效率/%	参考 k 值计算公式
—	纯碱	天然碱卤或天然碱矿	天然碱加工	所有规模	废水	工业废水量	标米^3/吨-产品	2	—	0	—
						化学需氧量	千克/吨-产品	0.700	其他（碳化）+A/O工艺	78	k=治理设施运行时间（小时/年）/企业正常生产时间（小时/年）
轻灰干燥炉尾气	纯碱	天然碱卤或天然碱矿	天然碱加工	所有规模	废气	工业废气量	标米^3/吨-产品	400	—	0	—
						颗粒物	千克/吨-产品	0.600	喷淋塔/冲击水浴	98	k=治理设施运行时间（小时/年）/企业正常生产时间（小时/年）
回转重灰干燥炉尾气	纯碱	天然碱卤或天然碱矿	天然碱加工	所有规模	废气	工业废气量	标米^3/吨-产品	480	—	0	—
						颗粒物	千克/吨-产品	0.600	喷淋塔/冲击水浴	98	k=治理设施运行时间（小时/年）/企业正常生产时间（小时/年）
沸腾床重灰干燥炉尾气	纯碱	天然碱卤或天然碱矿	天然碱加工	所有规模	废气	工业废气量	标米^3/吨-产品	2.80×10^3	—	0	—
						颗粒物	千克/吨-产品	4.20	喷淋塔/冲击水浴	98	k=治理设施运行时间（小时/年）/企业正常生产时间（小时/年）
纯碱包装尾气	纯碱	天然碱卤或天然碱矿	天然碱加工	所有规模	废气	工业废气量	标米^3/吨-产品	1.20×10^3	—	0	—
						颗粒物	千克/吨-产品	1.80	袋式除尘	98	k=治理设施运行时间（小时/年）/企业正常生产时间（小时/年）
—	纯碱	天然碱卤或天然碱矿	天然碱加工	所有规模	一般工业固废	硅藻土碱泥	千克/吨-产品	10	—	0	—
						混盐	千克/吨-产品	50	—	0	—
						石灰	千克/吨-产品	310	—	0	—

注：① 对于氨碱法纯碱生产企业，有的企业将蒸氨废渣洗涤后用于锅炉烟气脱硫，这类企业的废水排放量为 12 米^3/吨-产品，有氯化钙生产装置或者将废清液晒盐的企业，废水总排放量应减去生产氯化钙利用的废液量或者废清液晒盐的量；

② 采用真空转鼓过滤机过滤重碱的企业，滤过尾气工业废气量选此指标；

③ 采用带式过滤机过滤重碱的企业，滤过尾气工业废气量选此指标；

④ 对于炉气直接排放的联碱企业，设置了煅烧炉气量指标，只有排气量，无污染物指标。

2612 无机碱制造（烧碱）行业系数表

工段名称	产品名称	原料名称	工艺名称	规模等级	污染物类别	污染物指标	系数单位	产污系数	末端治理技术	末端治理技术平均去除效率/%	参考 k 值计算公式[1]
—	烧碱	工业盐、原料水、电	离子膜电解法	所有规模	废水	工业废水量	米^3/吨-产品	6	—	—	—
					废气	工业废气量	标米^3/吨-产品	230	—	—	—
					一般工业固废	盐泥	吨/吨-产品	4.50×10^{-2}（干基）	填埋+作建筑材料	—	—
						废硫酸（干燥尾气用）	吨/吨-产品	2.56×10^{-2}（80%）	副产品销售或废水处理的药剂	—	—

注：① 离子膜烧碱是以离子膜电解槽工艺生产的烧碱。

按离子膜烧碱浓度进行分类，产品中有≥30.0%、≥45.0%、≥98.0%、≥98.5%、≥99.0%等多个品种；在本次离子膜烧碱的污染源普查中，不同品种的离子膜烧碱产量，一律按产量统计规则（折 100%）进行计算，不作标准产量折算。

[1] 该公式仅供参考，使用时，可根据 k 值定义，选取更适合企业实际情况的表达方式。

2613 无机盐制造业

1 适用范围

本手册仅用于《国民经济行业分类》（GB/T 4754—2017）中 2613 无机盐制造行业使用系数法核算工业污染物产生量和排放量的工业企业。

利用本手册进行产排污核算得出的污染物产生量与排放量仅代表了特定行业、工艺、产品、原料在正常工况下污染物产生与排放的一般规律。

本行业的主要无机盐产品有重铬酸钠、二硫化碳、氰化钠、碳酸钡、硅酸钠、白炭黑、无水硫酸钠（元明粉）、碳酸锂、轻质碳酸钙、饲钙、连二亚硫酸钠（保险粉）、黄磷和电石。

以上产品废水指标包括工业废水量、化学需氧量、氨氮、总氮、总磷、氰化物、铬、砷；废气指标包括工业废气量、颗粒物、二氧化硫、氮氧化物、挥发性有机物、氨、铬酸雾、硫酸雾、硫化氢、氯化氢、氯气、氟化物、五氧化二磷。固废指标包括一般工业固废、危险废物。

其他未涉及的无机盐产品的污染物指标包括废水和废气，废水指标包括工业废水量、化学需氧量、氨氮、总氮、总磷、氰化物、重金属污染物（铬、镉、铅、砷、汞）；废气指标包括工业废气量、颗粒物、二氧化硫、氮氧化物、挥发性有机物、氨。

2 注意事项

2.1 企业有多种生产工艺或生产多类产品产排污量核算

污染物产生量与产品产量有关，根据不同核算环节计算产污量后，再根据企业末端治理设施和运行情况计算各污染物的排放量。

企业某污染物指标的产生量、排放量为各核算环节产生量、排放量之和。

在企业实际排放量计算过程中，如果存在废水回用的情况，需要在利用产污核算公式的基础上扣除废水回用的部分。公式如下：

实际排放量=计算排放量×（1–废水回用率）

2.2 采用多种治理设施组合处理企业的排污量核算

在排污量计算选择末端治理技术时，若没有对应的组合治理技术，以主要治理技术为准。

2.3 系数表中未涉及的产污系数及污染治理效率

无机盐制造业与有色工业、无机酸制造业、无机碱制造业、颜料制造业、涂料制造业、磷肥制造业、钾肥制造业存在交叉。未列入本手册的无机盐产品众多，根据无机盐行业的特点，我们选择了具有行业不同类型特征的 13 种产品按工段分别开展产污核算，并以化工单元操作为基础，采用分工段分析类比的方法，尽可能地涵盖无机盐制造业。

未列入本手册的无机盐产品根据《无机化学工业污染物排放标准》（GB 31573—2015）（以下简称《标准》）中废水执行表 1 污染物排放限值，废气执行表 3 污染物排放限值，按下述方案进行估算。

（1）废水

①工业废水量的估算

1）以企业装置废水总排管管道流速，测算该装置废水量简单快捷。可按下式测算：

吨-产品废水量＝装置排水管口管道流速×管道监测点截面积×3600÷产品产量

式中，管道流速——一般无压力管道设为 0.4～1.2，米/秒；

管道内截面积——$1/4\pi d^2$，米 ^{2}；

产品产量——单位时间内产品产量，吨/小时。

2）现场检测：由专业人员现场检测企业废水流量，并按单位时间产量进行计算。

3）物料衡算：对装置进行动态水平衡核算，但比较复杂，时间长，建议特殊情况下采用。

②废水产污系数估算

废水中某污染因子的产污量可根据标准限值，按下式计算：

$$R_j = V_{产} \times \rho_j \div (1-\eta_j) \times 10^{-3}$$

式中，R_j——第 j 种污染物产污系数，千克/吨-产品；

$V_{产}$——单位产品产生的废水量，米 ^{3}/吨-产品；

ρ_j——第 j 种污染物标准排放限值，毫克/升；

η_j——第 j 种污染物末端处理技术效率，%。

（2）废气

①工业废气量的估算

1）按工段分解废气产生量及估算值

无机盐制造按生产工段一般可为前处理、处理和后处理工段。

A. 前处理

前处理工段包括原料破碎、粉碎、烘干、返料（渣）的预处理、输送和贮存等过程。可按下式估算：

$$粉碎集气装置气量 = 3500 \sim 5000 标米^3 / 吨\text{-}产品$$

$$预处理处置窑废气量 = 8000 \sim 10000 标米^3 / 吨\text{-}产品$$

B. 过程处理

过程处理是生产的主体，主要包括焙烧（煅烧、熔融）、反应、中和、浸取、酸化、蒸发、浓缩、分离等过程，其中焙烧（煅烧、熔融）是最主要的产污源。

涉及工业窑炉的产品，可按下列对应三种炉型的废气产生量进行估算。

氧化型窑废气产生量=20000～28000 标米^3 / 吨-产品

还原型窑废气产生量=4500～6000 标米^3 / 吨-产品

熔融型窑废气产生量=4500～10000 标米^3 / 吨-产品

反应器（塔、釜）产气量=4500～10000 标米^3/吨-产品

C. 后处理

绝大多数无机盐产品后处理过程都包含干燥、包装。产品干燥包装气量参考值如下：

间接干燥产品气量=200～1000 标米^3 / 吨-产品

直接干燥一般产品气量=500～2000 标米^3 / 吨-产品

精细及特殊要求产品干燥包装气量=10000～20000 标米^3 / 吨-产品

特殊要求产品的气量还会更高些。

2）现场检测排气量

无机盐产品生产过程中废气排放往往在工段设置排气筒（烟囱）。在企业正常开工情况下，通过现场检测各排气筒的废气（烟气）流量，企业单位时间的产量，可计算出该产品检测工段的废气排放量。

3）按气体流速经验值进行估算

一般工业烟囱（自然通风情况下）气体流速为 3～4 米/秒，通过排气筒（烟囱）内径得出截面积，计算出该废气的流量，根据单位时间内的产量，换算出该工段排气筒单位产品的排气量。

②废气污染物产污系数的估算方法

废气中某污染因子的产污量可根据下式计算：

$$R_{ij} = Q_i \times \rho_j \div (1 - \eta_{ij}) \times 10^{-6}$$

式中，R_{ij}——第 i 工段 j 种污染物产污系数，千克/吨-产品；

Q_i——第 i 工段单位产品废气产生量，米^3/吨-产品；

ρ_j——第 j 种污染物标准排放限值，毫克/米^3；

η_{ij}——第 i 工段 j 种污染物末端处理技术效率，%。

挥发性有机物《无机化学工业污染物排放标准》未设置挥发性有机物限值，建议参考《石油化学工业污染物排放标准》(GB 31571—2015)。

排放的废气中二氧化硫和氮氧化物数量较高时，需要进行末端治理，其对应的二氧化硫和氮氧化物的产污系数按下式计算：

$$R_{SO_2} = 22.4/64 \times \rho_{SO_2} \div \left(1 - \eta_{SO_2}\%\right) \times 10^{-3}$$

式中，R_{SO_2}——二氧化硫的产污系数，千克/吨-产品；

22.4/64——二氧化硫气体系数，升/克；

ρ_{SO_2}——企业二氧化硫排放限值，毫克/米^3。

$$R_{NO_x} = 22.4/64 \times \rho_{NO_x} \div (1 - \eta_{NO_x}\%) \times 10^{-3}$$

式中，R_{NO_x}——氮氧化物的产污系数，千克/吨-产品；

22.4/46——氮氧化物气体系数，升/克；

ρ_{NO_x}——企业氮氧化物排放限值，毫克/米^3。

对于企业生产废气排放只与燃料有关的污染物产生量，根据燃料的消耗量采用《排污许可证申请与核发技术规范锅炉》(HJ 953—2018) 附录 F（资料性附录）进行计算（表 1）。

表 1　锅炉的废气产污系数

原料	污染物指标	单位	产污系数
燃煤	工业废气量	标米^3/吨-煤	1.03×10^4
	二氧化硫	千克/吨-煤	16S
	烟尘	千克/吨-煤	1.25A
	氮氧化物	千克/吨-煤	2.94
天然气	工业废气量	标米^3/万米^3-天然气	1.40×10^5
	二氧化硫	千克/万米^3-天然气	0.02S
	氮氧化物	千克/万米^3-天然气	18.7
重油	工业废气量	标米^3/吨-重油	1.54×10^4
	二氧化硫	千克/吨-重油	19S
	烟尘	千克/吨-重油	3.28
	氮氧化物	千克/吨-重油	3.6

注：① 产污系数表中燃煤和重油的二氧化硫的产污系数是以含硫量（S%）的形式表示的，例如 S%为 0.1%，则 S=0.1。天然气的 S 是以浓度表示，例如天然气中含硫量（S）为 200 毫克/米^3，则 S=200。烟尘的产污系数是以含灰量（A%）的形式表示的，其中含灰量（A%）是指燃煤收到基灰分含量，以质量百分数的形式表示。例如，燃料中灰分含量为 15%，则 A＝15。

以煤为例：

$$R_{SO_2}=16S\times m_{燃}$$

式中，R_{SO_2}——二氧化硫的产污系数，千克/吨-产品；

16S——每吨煤燃烧产生二氧化硫的系数；千克/吨-吨煤；

$m_{燃}$——单位产品燃料消耗量，吨煤/吨-产品。

$$R_{NO_x}=2.94\times m_{燃}$$

式中，R_{NO_x}——氮氧化物的产污系数，千克/吨-产品；

2.94——每吨煤燃烧产生氮氧化物的系数，千克/吨-吨煤；

$m_{燃}$——燃料消耗量，吨煤/吨-产品。

2.4　生产非单一产品企业污染物产排量核算

多数无机盐制造企业生产系列产品，但所包含的产品品种不尽相同，每种产品原料、工艺及末端治理技术不同，普查时须按产品为基础，按照产品的生产工艺、末端治理技术分别进行统计。

2.5　其他需要说明的问题

本手册只给出本行业气体污染物中的工业废气量、颗粒物、二氧化硫、氮氧化物、挥发性有机物、氨等污染物的有组织排放的产污系数，不包括无组织排放的产污系数。

无机盐制造业多以矿石、工业副产物为原料加工生产，生产过程包括化工生产多个工艺过程，在原料初期加工（如粉碎、筛分、球磨、混料、挤压、成型等）、物料转化过程包括窑炉（包括进料、出料、烘干、焙烧、煅烧等生产工艺）、浸取、中和、酸化，后期加工过程（蒸发、浓缩、结晶、分离、干燥、包装等）等多个生产环节都存在无组织排放。

另外无机盐制造在污水处理池、堆渣场等也会产生无组织排放，应有对应的治理措施。

企业无组织排放源应根据生产工艺分别明确无组织排放控制要求，《标准》制定了行业无组织排放控制要求，可依据相关污染物排放限值确定。也可根据企业的产品、生产工艺、原材料、装备水平、末端治理技术及设施、管理水平等进行实地检测。

由于不同企业工业废气量、废水量差异较大，本手册所提供的工业废气量、废水量系数仅供参考。

为体现相同产污水平条件下，采用相同环保治理设施的不同企业对同一污染物去除效果的差异，引入末端治理设施实际运行率（k）对污染治理技术的实际去除率进行修正。k 值反映的是污染治理设施运行的状态，越稳定运行，k 值越高；在取值上，若定义连续稳定运行的理想状态为 1，则 k 取值在 0～1 之间。

本手册给出本行业的 k 计算公式仅供参考，使用时，可根据 k 值定义，选取更适合企业实际情况的表达方式。

由于无机盐行业门类较多，产品、原料、工艺、设备及末端治理技术等种类繁多，即使同一种产品企业也会采用不同的末端治理技术，使用本手册对企业进行普查，不能完全对应时，可咨询当地的行业主管单位、专家或手册编制单位。

3 污染物排放量核算方法

3.1 计算工段污染物产生量

（1）根据产品、原料、污染物产生的主导生产工艺、企业规模（生产产能）这一个组合查找和确定所对应的某一污染物的产污系数。

（2）根据该污染物的产污系数计量单位——单位产品产量，获取企业实际产品产量。

例如，某组合内颗粒物的产污系数单位为千克/吨-产品，则计算产生量时需要获取企业实际产品产量。

（3）污染物产生量按以下公式进行计算：

$$污染物产生量=污染物对应的产污系数\times产品产量$$

$$G_{产i}=P_{产i}\times M_i$$

式中，$G_{产i}$——工段 i 某污染物的产生量；

$P_{产i}$——工段 i 某污染物对应的产污系数；

M_i——工段 i 产品产量。

3.2 计算工段污染物去除量

（1）根据企业对某一个污染物所采用的治理技术查找和选择相应的治理技术平均去除效率。

（2）根据所填报的污染治理设施实际运行率参数及其计算公式得出该企业某一污染物的治理设施实际运行率（k 值）。

（3）污染物去除量按以下公式进行计算：

污染物去除量=污染物产生量×污染物去除率

=污染物产生量×末端治理技术平均去除效率×末端治理设施实际运行率

$$R_{减i}=G_{产i}\times\eta_T\times k_T$$

式中，$R_{减i}$——工段 i 某污染物的去除量；

η_T——工段 i 某污染物采用的末端治理技术的平均去除效率；

k_T——工段 i 某污染物采用的末端治理设施的实际运行率。

3.3 计算工段污染物排放量

污染物排放量=污染物产生量–污染物去除量

=污染物对应的产污系数×产品产量–污染物产生量×末端治理技术平均去除效率×末端治理设施实际运行率

3.4 计算企业污染物排放量

同一企业某污染物全年的产生（排放）总量为该企业同年实际生产的全部工艺、产品、原料、规模污染物产生（排放）量之和。

$$\begin{aligned} E_{排} &= G_{产} - R_{减} = \sum(G_{产i} - R_{减i}) \\ &= \sum[P_{产i} \times M_i(1-\eta_T \times k_T)] \end{aligned}$$

4 污染物排放量核算案例

假设普查员到了一家无水硫酸钠生产企业，该企业采用以芒硝脱水法工艺，产品产量为 5 万吨/年，企业的工业废水及废气的末端治理技术为“物理处理法+化学处理法”“旋风+布袋”，治理设施运行时间为 7200 小时/年，企业正常生产时间为 7200 小时/年。查《2613 无机盐制造（无水硫酸钠）行业产污系数表》所得结果如表 2 所示。

表 2　某无水硫酸钠企业基本信息

污染物指标	系数单位	产污系数	末端治理技术	末端治理技术平均去除效率/%	参考 k 值计算公式
工业废水量	米^3/吨-产品	4.70×10^{-2}	—	—	—
化学需氧量	千克/吨-产品	0.02	物理处理法+化学处理法	70	k=治理设施运行时间（小时/年）/企业正常生产时间（小时/年）
工业废气量	标米^3/吨-产品	1.6×10^3	—	—	—
颗粒物	千克/吨-产品	2.21	旋风+布袋	98	k=治理设施运行时间（小时/年）/企业正常生产时间（小时/年）

4.1 颗粒物产生量计算

（1）查找产污系数及其计量单位

根据企业基本信息，查找本手册中产品为无水硫酸钠，主要原料为芒硝，主要工艺为脱水法。该组合颗粒物的产污系数为 2.21，单位为千克/吨-产品。

（2）获取企业产品产量

该企业实际情况：主要产品无水硫酸钠 2017 年产量为 50000 吨。

（3）计算颗粒物产生量

由于查询到的组合中颗粒物产污系数的单位为千克/吨-产品，因此在核算产生量时需获取产品产量。

颗粒物产生量 = 颗粒物产污系数 × 产品（无水硫酸钠）产量
=2.21千克/吨-产品×50000吨-产品
=110500千克

4.2 颗粒物去除量计算

（1）查找末端治理技术平均去除效率

该企业颗粒物治理技术采用“旋风+布袋”工艺，查询相应组合内该工艺的平均去除效率为 98%。

（2）计算污染治理技术实际运行率

根据产污系数组合查询结果，该组合中颗粒物对应的污染治理设施实际运行率为

k = 污水治理设施运行时间/企业正常生产时间=7200小时/7200小时=1

（3）计算颗粒物去除量

颗粒物去除量 = 颗粒物产生量 × 治理技术平均去除效率 × 治理设施运行效率
=110500千克×98%×1
=108290千克

4.3 颗粒物排放量计算

颗粒物排放量 = 颗粒物产生量 – 颗粒物去除量
=110500千克 – 108290千克
=2210千克

以此类推其他污染物，该企业全年污染物产生量如表 3 所示。

表 3　2613 无机盐制造（无水硫酸钠）行业产污量表

污染物指标	系数单位	污染物产生量	污染物排放量
工业废水量	米^3	—	—
化学需氧量	千克	$0.02×5×10^4$	$0.02×5×10^4$ ×（1–70/100）=300
工业废气量	米^3	—	—
颗粒物	千克	$2.21×5×10^4$	$2.21×5×10^4$ ×（1–98/100）=2210

5 系数表

2613 无机盐制造（重铬酸钠）行业系数表

工段名称	产品名称	原料名称	工艺名称	规模等级	污染物类别	污染物指标	系数单位	产污系数	末端治理技术	末端治理技术平均去除效率/%	参考 k 值计算公式[1]
—	重铬酸钠	铬铁矿、纯碱、硫酸	少钙焙烧	所有规模	废水	工业废水量	米^3/吨-产品	3.70	—	0	—
						化学需氧量	千克/吨-产品	0.500	物理处理法+化学处理法	95	k=治理设施运行时间（小时/年）/企业正常生产时间（小时/年）
						总氮	千克/吨-产品	0.15	物理处理法+化学处理法	90	
						氨氮	千克/吨-产品	5.00×10^{-2}	物理处理法+化学处理法	90	
						总铬	千克/吨-产品	0.350	物理处理法+化学处理法	99.5	
						六价铬	千克/吨-产品	0.05	物理处理法+化学处理法	99.3	
					废气	工业废气量	标米^3/吨-产品	2.06×10^{4}	—	0	—
						颗粒物	千克/吨-产品	233	重力+布袋+静电除尘	99.7	k=治理设施运行时间（小时/年）/企业正常生产时间（小时/年）
						二氧化硫	千克/吨-产品	1.80	—	0	—
						氮氧化物	千克/吨-产品	13.4	选择性催化还原法	70	k=治理设施运行时间（小时/年）/企业正常生产时间（小时/年）
						铬酸雾	千克/吨-产品	1.134	重力+布袋+静电除尘	99	
					危废	铬渣	千克/吨-产品	1.45×10^{3}	综合利用	100	

[1] 该公式仅供参考，使用时，可根据 k 值定义，选取更适合企业实际情况的表达方式。

2613 无机盐制造（重铬酸钠）行业系数表（续表 1）

工段名称	产品名称	原料名称	工艺名称	规模等级	污染物类别	污染物指标	系数单位	产污系数	末端治理技术	末端治理技术平均去除效率/%	参考 k 值计算公式
—	重铬酸钠	铬铁矿、纯碱、硫酸	无钙焙烧	所有规模	废水	工业废水量	米^3/吨-产品	5	—	0	—
						化学需氧量	千克/吨-产品	0.700	物理处理法+化学处理法+好氧生物处理法	95	k=治理设施运行时间（小时/年）/企业正常生产时间（小时/年）
						总氮	千克/吨-产品	0.15	物理处理法+化学处理法+好氧生物处理法	90	
						氨氮	千克/吨-产品	5.00×10^{-2}	物理处理法+化学处理法+好氧生物处理法	90	
						总铬	千克/吨-产品	0.500	物理处理法+化学处理法+好氧生物处理法	99.5	
						六价铬	千克/吨-产品	0.05	物理化学处理法	99	
返渣磨机废气	重铬酸钠	铬铁矿、纯碱、硫酸	无钙焙烧	所有规模	废气	工业废气量	标米^3/吨-产品	3.46×10^3	—	0	—
						颗粒物	千克/吨-产品	30.8	重力+布袋	99.8	k=治理设施运行时间（小时/年）/企业正常生产时间（小时/年）
						铬酸雾	千克/吨-产品	2×10^{-4}	静电除雾	96	
铬矿磨粉废气	重铬酸钠	铬铁矿、纯碱、硫酸	无钙焙烧	所有规模	废气	工业废气量	标米^3/吨-产品	4.05×10^3	—	0	—
						颗粒物	千克/吨-产品	40.5	重力+布袋	99.8	k=治理设施运行时间（小时/年）/企业正常生产时间（小时/年）
煤粉磨机废气	重铬酸钠	铬铁矿、纯碱、硫酸	无钙焙烧	所有规模	废气	工业废气量	标米^3/吨-产品	4.87×10^3	—	0	—
						颗粒物	千克/吨-产品	44.1	重力+静电	99.8	k=治理设施运行时间（小时/年）/企业正常生产时间（小时/年）
焙烧废气	重铬酸钠	铬铁矿、纯碱、硫酸	无钙焙烧	所有规模	废气	工业废气量	标米^3/吨-产品	2.38×10^4	—	0	—
						颗粒物	千克/吨-产品	270	重力+电袋组合	99.8	k=治理设施运行时间（小时/年）/企业正常生产时间（小时/年）
						二氧化硫	千克/吨-产品	2.20	直排	0	—

2613 无机盐制造（重铬酸钠）行业系数表（续表 2）

工段名称	产品名称	原料名称	工艺名称	规模等级	污染物类别	污染物指标	系数单位	产污系数	末端治理技术	末端治理技术平均去除效率/%	参考 k 值计算公式
焙烧废气	重铬酸钠	铬铁矿、纯碱、硫酸	无钙焙烧	所有规模	废气	氮氧化物	千克/吨-产品	25.2	选择性催化还原法	80	k=治理设施运行时间（小时/年）/企业正常生产时间（小时/年）
						铬酸雾	千克/吨-产品	11.8	重力+电袋组合	99	
浸取废气	重铬酸钠	铬铁矿、纯碱、硫酸	无钙焙烧	所有规模	废气	工业废气量	标米^3/吨-产品	4.36×10^3	—	0	—
						颗粒物	千克/吨-产品	0.070	喷淋塔+静电除雾	66	k=治理设施运行时间（小时/年）/企业正常生产时间（小时/年）
						铬酸雾	千克/吨-产品	5.1×10^{-3}	喷淋塔+静电除雾	99.6	
铬渣干法解毒窑废气	重铬酸钠	铬铁矿、纯碱、硫酸	无钙焙烧	所有规模	废气	工业废气量	标米^3/吨-产品	8.46×10^3	—	0	—
						颗粒物	千克/吨-产品	36.4	重力+静电	99.5	k=治理设施运行时间（小时/年）/企业正常生产时间（小时/年）
						二氧化硫	千克/吨-产品	1.20	—	0	—
						氮氧化物	千克/吨-产品	0.700	—	0	—
						铬酸雾	千克/吨-产品	1×10^{-3}	重力+静电	63	k=治理设施运行时间（小时/年）/企业正常生产时间（小时/年）
—	重铬酸钠	铬铁矿、纯碱、硫酸	无钙焙烧	所有规模	危废	铬渣	千克/吨-产品	800	综合利用	100	

注：无钙焙烧的新增各工段的废气产生系数适用于少钙焙烧。

2613 无机盐制造（重铬酸钠）行业系数表（续表 3）

工段名称	产品名称	原料名称	工艺名称	规模等级	污染物类别	污染物指标	系数单位	产污系数	末端治理技术	末端治理技术平均去除效率/%	参考 k 值计算公式
—	重铬酸钠	铬铁、纯碱	铬铁碱溶液相氧化法	所有规模	废水	工业废水量	米^3/吨-产品	1.50	—	0	—
						化学需氧量	千克/吨-产品	1.50	物理处理法+化学处理法+好氧生物处理法	95	k=治理设施运行时间（小时/年）/企业正常生产时间（小时/年）
						总铬	千克/吨-产品	0.120		99.5	
						六价铬	千克/吨-产品	0.015		99	
磨粉工段	重铬酸钠	铬铁、纯碱	铬铁碱溶液相氧化法	所有规模	废气	工业废气量	标米^3/吨-产品	3.5×10^3	—	0	—
						颗粒物	千克/吨-产品	0.570	旋风+布袋	95	k=治理设施运行时间（小时/年）/企业正常生产时间（小时/年）
氧化溶出工段	重铬酸钠	铬铁、纯碱	铬铁碱溶液相氧化法	所有规模	废气	工业废气量	标米^3/吨-产品	1681	—	0	—
						铬酸雾	千克/吨-产品	1.1×10^{-4}	喷淋塔/冲击水浴	95	k=治理设施运行时间（小时/年）/企业正常生产时间（小时/年）
碳化中和工段	重铬酸钠	铬铁、纯碱	铬铁碱溶液相氧化法	所有规模	废气	工业废气量	标米^3/吨-产品	1.17×10^4	—	0	—
						铬酸雾	千克/吨-产品	6.6×10^{-4}	喷淋塔/冲击水浴	95	k=治理设施运行时间（小时/年）/企业正常生产时间（小时/年）
结晶工段	重铬酸钠	铬铁、纯碱	铬铁碱溶液相氧化法	所有规模	废气	工业废气量	标米^3/吨-产品	2.22×10^3	—	0	—
						铬酸雾	千克/吨-产品	9.4×10^{-4}	喷淋塔/冲击水浴	95	k=治理设施运行时间（小时/年）/企业正常生产时间（小时/年）
—	重铬酸钠	铬铁、纯碱	铬铁碱溶液相氧化法	所有规模	危废	铬渣	千克/吨-产品	266	钢厂综合利用	100	—

2613 无机盐制造（重铬酸钠）行业系数表（续表 4）

工段名称	产品名称	原料名称	工艺名称	规模等级	污染物类别	污染物指标	系数单位	产污系数	末端治理技术	末端治理技术平均去除效率/%	参考 k 值计算公式
—	重铬酸钠	铬铁矿、烧碱	气动流化塔连续液相氧化法	所有规模	废水	工业废水量	米 ^{3}/吨-产品	1.50	—	0	
						化学需氧量	千克/吨-产品	1.50	物理处理法+化学处理法+好氧生物处理法	95	k=治理设施运行时间（小时/年）/企业正常生产时间（小时/年）
						总铬	千克/吨-产品	0.120	喷淋塔+双碱法	99.5	
						六价铬	千克/吨-产品	0.015	—	99	
磨粉工段	重铬酸钠	铬铁矿、烧碱		所有规模	废气	工业废气量	标米 ^{3}/吨-产品	1.60×10^3	—	0	
						颗粒物	千克/吨-产品	0.51	旋风+布袋	99.8	
反应工段（流化塔）	重铬酸钠	铬铁矿、烧碱		所有规模	废气	工业废气量	标米 ^{3}/吨-产品	3.65×10^3	—	0	—
						颗粒物	千克/吨-产品	0.087	物理处理法	95	k=治理设施运行时间（小时/年）/企业正常生产时间（小时/年）
						二氧化硫	千克/吨-产品	0.43	物理处理法	0	
反应工段（流化塔	重铬酸钠	铬铁矿、烧碱	气动流化塔连续液相氧化法	所有规模	废气	氮氧化物	千克/吨-产品	0.27	物理+化学处理法	0	—
						铬酸雾	千克/吨-产品	1.9×10^{-4}	物理+化学处理法	99	k=治理设施运行时间（小时/年）/企业正常生产时间（小时/年）
—	重铬酸钠	铬铁矿、烧碱		所有规模	危废	铬渣	千克/吨-产品	680	综合利用	100	

2613 无机盐制造（二硫化碳）行业系数表

工段名称	产品名称	原料名称	工艺名称	规模等级	污染物类别	污染物指标	系数单位	产污系数	末端治理技术	末端治理技术平均去除效率/%	参考 k 值计算公式[1]
—	二硫化碳	天然气、硫黄	天然气法	所有规模	废水	工业废水量	米³/吨-产品	0.660	—	0	—
						化学需氧量	千克/吨-产品	0.140	生化+MBR 膜	97	k=治理设施运行时间（小时/年）/企业正常生产时间（小时/年）
						总氮	千克/吨-产品	5.1×10^{-2}	生化+MBR 膜	99	
						氨氮	千克/吨-产品	1.70×10^{-2}	生化+MBR 膜	99	
加热炉废气	二硫化碳	天然气、硫黄	天然气法	所有规模	废气	工业废气量	标米³/吨-产品	1.44×10^{3}	—	0	—
						二氧化硫	千克/吨-产品	1.30×10^{-2}	—	0	k=治理设施运行时间（小时/年）/企业正常生产时间（小时/年）
						氮氧化物	千克/吨-产品	0.240	—	0	
加氢还原装置废气	二硫化碳	天然气、硫黄	天然气法	所有规模	废气	工业废气量	标米³/吨-产品	1.91×10^{3}	—	0	—
						硫化氢	千克/吨-产品	25.53	化学处理法	99.99	k=治理设施运行时间（小时/年）/企业正常生产时间（小时/年）
						挥发性有机物	千克/吨-产品	12.3	化学处理法	60	
						二氧化硫	千克/吨-产品	0.190	其他（加氢还原）	99	
—	二硫化碳	天然气、硫黄	天然气法	所有规模	危废	硫黄回收及加氢还原的废催化剂	千克/吨-产品	0.14	五年更换一次，委托处置	100	—
					固废	硫黄残渣	千克/吨-产品	0.03	外售，综合利用	100	

[1] 该公式仅供参考，使用时，可根据 k 值定义，选取更适合企业实际情况的表达方式。

2613 无机盐制造（氰化钠）行业系数表

工段名称	产品名称	原料名称	工艺名称	规模等级	污染物类别	污染物指标	系数单位	产污系数	末端治理技术	末端治理技术平均去除效率/%	参考 k 值计算公式[1]
—	氰化钠	氰氢酸、烧碱	丙烯腈副产法	所有规模	废水	工业废水量	米³/吨-产品	1.64	—	0	—
						化学需氧量	千克/吨-产品	0.970	物理+化学处理法	30	k=治理设施运行时间（小时/年）/企业正常生产时间（小时/年）
						总氰	千克/吨-产品	1.30×10^{-2}	物理+化学处理法	98	
						总氮	千克/吨-产品	1.200	物理+化学处理法	96	
						氨氮	千克/吨-产品	0.400	物理+化学处理法	96	
					干燥包装废气	工业废气量	标米³/吨-产品	3.84×10^{3}	—	0	—
						颗粒物	千克/吨-产品	8.70×10^{-2}	物理化学法处理	99.8	k=治理设施运行时间（小时/年）/企业正常生产时间（小时/年）
		轻油、液氨、烧碱	轻油裂解法	所有规模	废水	工业废水量	米³/吨-产品	1.50	—①	0	—
						化学需氧量	千克/吨-产品	0.850	物理+化学处理法	30	k=治理设施运行时间（小时/年）/企业正常生产时间（小时/年）
						总氰	千克/吨-产品	1.00×10^{-2}		98	
						总氮	千克/吨-产品	1.200		96	
						氨氮	千克/吨-产品	0.400		96	
中和废气	氰化钠	轻油、液氨、烧碱	轻油裂解法	所有规模	废气	工业废气量	标米³/吨-产品	800	—	0	—
						氨	千克/吨-产品	2.90	合成氨回收	100	k=治理设施运行时间（小时/年）/企业正常生产时间（小时/年）
									热力燃烧	100	
干燥包装废气	氰化钠	轻油、液氨、烧碱	轻油裂解法	所有规模	废气	工业废气量	标米³/吨-产品	2.10×10^{3}	—	0	—
						颗粒物	千克/吨-产品	7.00×10^{-2}	喷淋塔+其他（碱洗）	99.8	k=治理设施运行时间（小时/年）/企业正常生产时间（小时/年）

注：① 基本回用，少量外排。

[1] 该公式仅供参考，使用时，可根据 k 值定义，选取更适合企业实际情况的表达方式。

2613 无机盐制造（碳酸钡）行业系数表

工段名称	产品名称	原料名称	工艺名称	规模等级	污染物类别	污染物指标	系数单位	产污系数	末端治理技术	末端治理技术平均去除效率/%	参考 k 值计算公式[1]
—	碳酸钡	重晶石、煤、石灰石	焙烧碳化法	所有规模	废水	工业废水量	米³/吨-产品	1.29	—①	0	—
						化学需氧量	千克/吨-产品	0.210	物理处理法+化学处理法	70	k=治理设施运行时间（小时/年）/企业正常生产时间（小时/年）
焙烧废气	碳酸钡	重晶石、煤、石灰石	焙烧碳化法	所有规模	废气	工业废气量	标米³/吨-产品	5.04×10^3	—	0	—
						颗粒物	千克/吨-产品	10.9	静电除尘	96	k=治理设施运行时间（小时/年）/企业正常生产时间（小时/年）
						氮氧化物	千克/吨-产品	0.610	双碱法	31	
						二氧化硫	千克/吨-产品	28.1	石灰/石膏法	97	
									双碱法	98	
						硫化氢	千克/吨-产品	0.39	石灰/石膏法	94.8	
碳化废气	碳酸钡	重晶石、煤、石灰石	焙烧碳化法	所有规模	废气	工业废气量	标米³/吨-产品	1.50×10^4	—	0	—
						二氧化硫	千克/吨-产品	1.84	其他（克劳斯法）	70	k=治理设施运行时间（小时/年）/企业正常生产时间（小时/年）
						硫化氢	千克/吨-产品	146.37		99.98	
烘干废气	碳酸钡	重晶石、煤、石灰石	焙烧碳化法	所有规模	废气	工业废气量	标米³/吨-产品	1.74×10^3	—	0	—
						颗粒物	千克/吨-产品	0.400	袋式除尘	90	k=治理设施运行时间（小时/年）/企业正常生产时间（小时/年）
—	碳酸钡	重晶石、煤、石灰石	焙烧碳化法	所有规模	废气	危废渣	千克/吨-产品	800	综合利用或安全堆放	50	—

注：① 回用，少量外排。

[1] 该公式仅供参考，使用时，可根据 k 值定义，选取更适合企业实际情况的表达方式。

2613 无机盐制造（碳酸钙）行业系数表

工段名称	产品名称	原料名称	工艺名称	规模等级	污染物类别	污染物指标	系数单位	产污系数	末端治理技术	末端治理技术平均去除效率/%	参考 k 值计算公式[1]
—	轻质碳酸钙	石灰石、煤	碳化法	所有规模	废水	工业废水量	米 ^{3}/吨-产品	2.60	—①	0	—
						化学需氧量	千克/吨-产品	5.00×10^{-3}	化学处理法	71	k=治理设施运行时间（小时/年）/企业正常生产时间（小时/年）
					干燥包装废气	工业废气量	标米 ^{3}/吨-产品	2.00×10^{3}	—	0	—
						颗粒物	千克/吨-产品	16	旋风+布袋	99.5	k=治理设施运行时间（小时/年）/企业正常生产时间（小时/年）
									湿法除尘	95	
						二氧化硫	千克/吨-产品	2.00×10^{-2}	石灰/石膏法	85	
						氮氧化物	千克/吨-产品	1.00×10^{-2}	—	0	—
					固废	废渣	千克/吨-产品	110	中间产品、建材	100	—

注：① 回用，少量外排。

2613 无机盐制造（无水硫酸钠）行业系数表

工段名称	产品名称	原料名称	工艺名称	规模等级	污染物类别	污染物指标	系数单位	产污系数	末端治理技术	末端治理技术平均去除效率/%	参考 k 值计算公式
—	无水硫酸钠	芒硝	脱水法	所有规模	废水	工业废水量	米 ^{3}/吨-产品	4.70×10^{-2}	—①	0	—
						化学需氧量	千克/吨-产品	2.00×10^{-2}	物理处理法+化学处理法	70	k=治理设施运行时间（小时/年）/企业正常生产时间（小时/年）
					废气	工业废气量	标米 ^{3}/吨-产品	1.60×10^{3}	—	0	—
						颗粒物	千克/吨-产品	2.21	喷淋塔/冲击水浴	95	k=治理设施运行时间（小时/年）/企业正常生产时间（小时/年）
									旋风+喷淋塔/冲击水浴	98	
					固废	废渣	千克/吨-产品	0.0087	环卫处理	—	—

注：① 回用，少量外排。

[1] 该公式仅供参考，使用时，可根据 k 值定义，选取更适合企业实际情况的表达方式。

2613 无机盐制造（无水硫酸钠）行业系数表（续表 1）

工段名称	产品名称	原料名称	工艺名称	规模等级	污染物类别	污染物指标	系数单位	产污系数	末端治理技术	末端治理技术平均去除效率/%	参考 k 值计算公式
—	无水硫酸钠	钙芒硝	硐室水溶法	所有规模	干燥包装废气	工业废气量	标米^3/吨-产品	1.20×10^3	—	0	—
						颗粒物	千克/吨-产品	1.85	旋风+喷淋塔/冲击水浴	98	k=治理设施运行时间（小时/年）/企业正常生产时间（小时/年）

2613 无机盐制造（硅酸钠）行业系数表

工段名称	产品名称	原料名称	工艺名称	规模等级	污染物类别	污染物指标	系数单位	产污系数	末端治理技术	末端治理技术平均去除效率/%	参考 k 值计算公式[1]
—	硅酸钠	硅砂、纯碱	干法	所有规模	废水	工业废水量	米^3/吨-产品	1.00	—	0	—
						化学需氧量	千克/吨-产品	0.200	物理处理法+化学处理法	70	k=治理设施运行时间（小时/年）/企业正常生产时间（小时/年）
					焙烧窑废气	工业废气量	标米^3/吨-产品	3.60×10^3	—	0	—
						颗粒物	千克/吨-产品	1.80	静电除尘	99	k=治理设施运行时间（小时/年）/企业正常生产时间（小时/年）
						氮氧化物	千克/吨-产品	8.60	选择性催化还原法	70	
						二氧化硫（煤为燃料）	千克/吨-产品	5.40	石灰/石膏法	85	
					固废	硅渣	千克/吨-产品	25	堆放及环卫处理	100	—

[1] 该公式仅供参考，使用时，可根据 k 值定义，选取更适合企业实际情况的表达方式。

2613 无机盐制造（白炭黑）行业系数表

工段名称	产品名称	原料名称	工艺名称	规模等级	污染物类别	污染物指标	系数单位	产污系数	末端治理技术	末端治理技术平均去除效率/%	参考 k 值计算公式[1]
—	白炭黑	硅酸钠、硫酸	沉淀法	所有规模	废水	工业废水量	米^3/吨-产品	45	—	0	—
						化学需氧量	千克/吨-产品	4.50	物理处理法+化学处理法	70	k=治理设施运行时间（小时/年）/企业正常生产时间（小时/年）
加热炉废气（煤为燃料）	白炭黑	硅酸钠、硫酸	沉淀法	所有规模	废气	工业废气量	标米^3/吨-产品	9.00×10^3	—	0	—
						颗粒物（烟尘）	千克/吨-产品	9	旋风+静电	97	k=治理设施运行时间（小时/年）/企业正常生产时间（小时/年）
						氮氧化物	千克/吨-产品	6.30	选择性催化还原法	75	
						二氧化硫	千克/吨-产品	7.20	石灰/石膏法	88	
干燥包装废气	白炭黑	硅酸钠、硫酸	沉淀法	所有规模	废气	工业废气量	标米^3/吨-产品	2.50×10^4	—	0	—
						颗粒物	千克/吨-产品	0.800	袋式除尘	93	k=治理设施运行时间（小时/年）/企业正常生产时间（小时/年）
—	白炭黑	硅酸钠、硫酸	沉淀法	所有规模	固废	硅渣	千克/吨-产品	40	环卫处理	100	—
	白炭黑	氯硅烷、空气、氢气	气相法	所有规模	废水	工业废水量	米^3/吨-产品	6.00×10^{-2}	—	0	—
						化学需氧量	千克/吨-产品	6.00×10^{-3}	化学法	70	k=治理设施运行时间（小时/年）/企业正常生产时间（小时/年）
					包装废气	工业废气量	标米^3/吨-产品	2.23×10^4	—	0	—
						颗粒物	千克/吨-产品	30.8	袋式除尘	97	k=治理设施运行时间（小时/年）/企业正常生产时间（小时/年）

[1] 该公式仅供参考，使用时，可根据 k 值定义，选取更适合企业实际情况的表达方式。

2613 无机盐制造（饲料磷酸钙）行业系数表

工段名称	产品名称	原料名称	工艺名称	规模等级	污染物类别	污染物指标	系数单位	产污系数	末端治理技术	末端治理技术平均去除效率/%	参考 k 值计算公式[1]
—	饲料磷酸钙	磷矿石、硫酸、石灰	湿法中和	所有规模	废水	工业废水量	米^3/吨-产品	5.10	—①	0	—
						化学需氧量	千克/吨-产品	0.150	多级中和+多级沉淀	96	k=治理设施运行时间（小时/年）/企业正常生产时间（小时/年）
						总磷	千克/吨-产品	0.150	多级中和+多级沉淀	99	
						氨氮	千克/吨-产品	0.400	多级中和+多级沉淀	97	
						氟化物	千克/吨-产品	0.4	多级中和+多级沉淀	95	
						总氮	千克/吨-产品	0.450	多级中和+多级沉淀	97	
						砷	千克/吨-产品	3.00×10^{-3}	多级中和+多级沉淀	60	
					干燥包装废气	工业废气量	标米^3/吨-产品	1.53×10^{4}	—	0	—
						二氧化硫	千克/吨-产品	1.70	—	0	—
						氮氧化物	千克/吨-产品	0.900	—	0	—
						颗粒物	千克/吨-产品	17.4	旋风+布袋	97	k=治理设施运行时间（小时/年）/企业正常生产时间（小时/年）
					固废	磷石膏	千克/吨-产品	2.27×10^{3}	建材利用、堆场	50	—

注：① 回用，少量外排。

[1] 该公式仅供参考，使用时，可根据 k 值定义，选取更适合企业实际情况的表达方式。

2613 无机盐制造（保险粉）行业系数表

工段名称	产品名称	原料名称	工艺名称	规模等级	污染物类别	污染物指标	系数单位	产污系数	末端治理技术	末端治理技术平均去除效率/%	参考 k 值计算公式[1]
—	保险粉（连二亚硫酸钠）	甲酸钠、焦亚硫酸钠、二氧化硫	新甲酸钠法	所有规模	废水	工业废水量	米^3/吨-产品	0.970	—①	0	—
						化学需氧量	千克/吨-产品	10.7	化学处理+A/O 工艺	98	k=治理设施运行时间（小时/年）/企业正常生产时间（小时/年）
									化学处理+物理处理+A/O 工艺	99	
						总氮	千克/吨-产品	3.00×10^{-2}	化学处理+A/O 工艺	96	
						氨氮	千克/吨-产品	1.00×10^{-2}	化学处理+A/O 工艺	90	
									化学处理+物理处理+A/O 工艺	92	
						硫化物	千克/吨-产品	0.18	化学处理+A/O 工艺	98	
									化学处理+物理处理+A/O 工艺	99.5	
					反应及精制废气	工业废气量	标米^3/吨-产品	175	—	0	—
						二氧化硫	千克/吨-产品	0.450	物理处理法+化学处理法+热力燃烧	99.5	k=治理设施运行时间（小时/年）/企业正常生产时间（小时/年）
						硫化氢	千克/吨-产品	0.01		98.3	
						挥发性有机物	千克/吨-产品	0.620		99.7	

注：① 回用，少量外排。

2613 无机盐制造（碳酸锂）行业系数表

工段名称	产品名称	原料名称	工艺名称	规模等级	污染物类别	污染物指标	系数单位	产污系数	末端治理技术	末端治理技术平均去除效率/%	参考 k 值计算公式[1]
—	碳酸锂	锂辉石（锂云母）、硫酸、纯碱	焙烧酸化	所有规模	废水	工业废水量	米^3/吨-产品	5.20	—	0	—
						化学需氧量	千克/吨-产品	0.100	物理+化学处理法	80	k=治理设施运行时间（小时/年）/企业正常生产时间（小时/年）
						总氮	千克/吨-产品	1.00×10^{-2}	物理+化学处理法	80	
						氨氮	千克/吨-产品	9.00×10^{-3}	物理+化学处理法	80	
晶型转化焙烧废气	碳酸锂	锂辉石（锂云母）、硫酸、纯碱	焙烧酸化	所有规模	废气	工业废气量	标米^3/吨-产品	1.20×10^{4}	—	0	—
						颗粒物	千克/吨-产品	24.2	多级旋风+布袋	99.9	k=治理设施运行时间（小时/年）/企业正常生产时间（小时/年）
						氮氧化物	千克/吨-产品	5.90	其他（低温臭氧脱硝）	70	
						二氧化硫	千克/吨-产品	9.10	双碱法	95	
酸化窑废气	碳酸锂	锂辉石（锂云母）、硫酸、纯碱	焙烧酸化	所有规模	废气	工业废气量	标米^3/吨-产品	4.30×10^{3}	—	0	—
						氮氧化物	千克/吨-产品	0.700	—	0	—

[1] 该公式仅供参考，使用时，可根据 k 值定义，选取更适合企业实际情况的表达方式。

2613 无机盐制造（碳酸锂）行业系数表（续表 1）

工段名称	产品名称	原料名称	工艺名称	规模等级	污染物类别	污染物指标	系数单位	产污系数	末端治理技术	末端治理技术平均去除效率/%	参考 k 值计算公式
酸化窑废气	碳酸锂	锂辉石（锂云母）、硫酸、纯碱	焙烧酸化	所有规模	废气	颗粒物	千克/吨-产品	9.50	文丘里+填料塔+电除雾	98	k=治理设施运行时间（小时/年）/企业正常生产时间（小时/年）
						硫酸雾	千克/吨-产品	0.03	化学处理+物理处理	98	
						二氧化硫	千克/吨-产品	1.90	—	0	—
干燥废气	碳酸锂	锂辉石（锂云母）、硫酸、纯碱	焙烧酸化	所有规模	废气	工业废气量	标米 ^{3}/吨-产品	940	—	0	—
						颗粒物	千克/吨-产品	1.50	其他（YT 柔性膜过滤）	99.8	k=治理设施运行时间（小时/年）/企业正常生产时间（小时/年）
									旋风+布袋	99.5	
						二氧化硫	千克/吨-产品	4.00×10^{-3}	—	0	—
						氮氧化物	千克/吨-产品	6.00×10^{-2}	—	0	—
—	碳酸锂		浸取	所有规模	固废	废渣	千克/吨-产品	1.45×10^{4}	综合利用	100	—
喷雾干燥废气	碳酸锂	含锂卤水、纯碱	煅烧法	所有规模	废气	工业废气量	标米 ^{3}/吨-含锂氯化镁产品	2.82×10^{5}	—	0	—
						颗粒物	千克/吨-含锂氯化镁产品	7.40	旋风+水洗	99.4	k=治理设施运行时间（小时/年）/企业正常生产时间（小时/年）
						氮氧化物	千克/吨-含锂氯化镁产品	10.2	—	0	—
煅烧废气	碳酸锂	含锂卤水、纯碱	煅烧法	所有规模	废气	工业废气量	标米 ^{3}/吨-含锂氧化镁产品	9.00×10^{4}	—	0	—
						二氧化硫	千克/吨-含锂氧化镁产品	0.400	—	0	—
						氮氧化物	千克/吨-含锂氧化镁产品	3.40	—	0	—
						颗粒物	千克/吨-含锂氧化镁产品	810	旋风+水洗+碱洗（多级）	99.7	k=治理设施运行时间（小时/年）/企业正常生产时间（小时/年）
						氯化氢	千克/吨-含锂氧化镁产品	2.34×10^{3}	旋风+水洗+碱洗	99.94	

注：① 产污即排污。

2613 无机盐制造（碳酸锂）行业系数表（续表 2）

工段名称	产品名称	原料名称	工艺名称	规模等级	污染物类别	污染物指标	系数单位	产污系数	末端治理技术	末端治理技术平均去除效率/%	参考 k 值计算公式
干燥废气	碳酸锂	含锂卤水、纯碱	煅烧法	所有规模	废气	工业废气量	标米³/吨-产品	1.20×10^{3}	—	0	—
						颗粒物	千克/吨-产品	2.30	旋风+布袋+水洗（多级）	99.8	k=治理设施运行时间（小时/年）/企业正常生产时间（小时/年）
						二氧化硫	千克/吨-产品	6.00×10^{-2}	—	0	—
						氮氧化物	千克/吨-产品	3.00×10^{-2}	—	0	—
			其他工艺	所有规模	废气	工业废气量	标米³/吨-产品	1.25×10^{4}	—	0	—
						颗粒物	千克/吨-产品	8.20	旋风+布袋	99.7	k=治理设施运行时间（小时/年）/企业正常生产时间（小时/年）
						二氧化硫	千克/吨-产品	0.600	—	0	—
						氮氧化物	千克/吨-产品	1.20	—	0	—

2613 无机盐制造（电石）行业系数表

工段名称	产品名称	原料名称	工艺名称	规模等级	污染物类别	污染物指标	系数单位	产污系数	末端治理技术	末端治理技术平均去除效率/%	参考 k 值计算公式[1]
—	电石	石灰、碳素材料（兰炭、焦炭等）	密闭炉	所有规模	废气	工业废气量	标米^3/吨-产品	3.00×10^4	—	0	—
						颗粒物	千克/吨-产品	100	袋式除尘	99	k=治理设施运行时间（小时/年）/企业正常生产时间（小时/年）
		石灰、碳素材料（兰炭、焦炭等）	内燃炉	所有规模	废气	工业废气量	标米^3/吨-产品	4.00×10^4	—	0	—
						二氧化硫	千克/吨-产品	2	—	0	—
						氮氧化物	千克/吨-产品	4	—	0	—

注：密闭炉说明：

①工业废气包括原料输送、筛分和电石出炉过程的有组织排放收集的废气，气体成分为空气，粉尘主要成分是碳、氧化钙的粉尘。

②炉气净化灰是电石炉气经过布袋除尘器过滤后收集的粉尘，主要成分是碳、镁、硅，热值约 1000 千卡。

内燃炉说明：

①工业废气包括原料输送、筛分和电石出炉过程的有组织排放收集的废气和电石生产过程炉气燃烧后的废气。有组织排放收集的废气成分为空气，粉尘主要成分是碳、氧化钙的粉尘；电石生产过程炉气燃烧后的废气主要成分是一氧化碳燃烧后的二氧化碳和空气，其中氮氧化物含量较高，二氧化硫微量，粉尘主要成分是碳、氧化钙和碳燃烧后的粉尘。

②工业粉尘是除尘器收集的粉尘。

2619 其他化学品制造（黄磷）行业系数表

工段名称	产品名称	原料名称	工艺名称	规模等级	污染物类别	污染物指标	系数单位	产污系数	末端治理技术	末端治理技术平均去除效率/%	参考 k 值计算公式[1]
—	黄磷	磷矿、硅石、焦炭	电炉法	所有规模	废水	工业废水量	米^3/吨-产品	14.7	—	0	—①
						化学需氧量	千克/吨-产品	4.10	多级中和+多级沉淀	90	k=治理设施运行时间（小时/年）/企业正常生产时间（小时/年）
						总磷	千克/吨-产品	9.10	多级中和+多级沉淀	99.5	
						总氮	千克/吨-产品	2.30	多级中和+多级沉淀	90	
						砷	千克/吨-产品	5.00×10^{-3}	多级中和+多级沉淀	98	
电炉废气	黄磷	磷矿、硅石、焦炭	电炉法	所有规模	废气	工业废气量	标米^3/吨-产品	3.00×10^3	—	0	—
						颗粒物	千克/吨-产品	0.600	喷淋塔/冲击水浴	90	k=治理设施运行时间（小时/年）/企业正常生产时间（小时/年）
						二氧化硫	千克/吨-产品	9	喷淋塔/冲击水浴	40	
						氟化物	千克/吨-产品	0.17	喷淋塔/冲击水浴	98.2	

注：① 回用不外排。

[1] 该公式仅供参考，使用时，可根据 k 值定义，选取更适合企业实际情况的表达方式。

2619 其他化学品制造（黄磷）行业系数表（续表 1）

工段名称	产品名称	原料名称	工艺名称	规模等级	污染物类别	污染物指标	系数单位	产污系数	末端治理技术	末端治理技术平均去除效率/%	参考 k 值计算公式
原料烘干废气	黄磷	磷矿、硅石、焦炭	电炉法	所有规模	废气	工业废气量	标米^3/吨-产品	3.00×10^3	—	0	—
						颗粒物	千克/吨-产品	5.40	旋风+布袋+喷淋塔/冲击水浴	98	k=治理设施运行时间（小时/年）/企业正常生产时间（小时/年）
						二氧化硫	千克/吨-产品	14.6	物理处理法+化学处理法	93	
						五氧化二磷	千克/吨-产品	0.182	物理处理法+化学处理法	98.2	
						氟化物	千克/吨-产品	0.54	物理处理法+化学处理法	98.1	
						氮氧化物	千克/吨-产品	0.500	—	0	—
磷泥处理废气	黄磷	磷矿、硅石、焦炭	电炉法	所有规模	废气	工业废气量	标米^3/吨-产品	1.50×10^4	—	0	—
						颗粒物	千克/吨-产品	0.700	物理处理法+化学处理法+静电除雾	60	k=治理设施运行时间（小时/年）/企业正常生产时间（小时/年）
						二氧化硫	千克/吨-产品	3	物理处理法+化学处理法+静电除雾	50	
						五氧化二磷	千克/吨-产品	0.48	物理处理法+化学处理法+静电除雾	96.9	
						氟化物	千克/吨-产品	1.2	物理处理法+化学处理法+静电除雾	88.7	
—	黄磷	磷矿、硅石、焦炭	电炉法	所有规模	固废	磷渣	千克/吨-产品	9.0×10^3	综合利用，作建材水泥、安全堆放	100	k=治理设施运行时间（小时/年）/企业正常生产时间（小时/年）
					按危废管理	磷泥	千克/吨-产品	200	磷泥制酸、蒸磷	100	

2614 有机化学原料制造业

1 适用范围

本手册仅用于《国民经济行业分类》（GB/T 4754—2017）中 2614 有机化学原料制造行业使用系数法核算工业污染物产生量和排放量的工业企业。

利用本手册进行产排污核算得出的污染物产生量与排放量仅代表了特定行业、工艺、产品、原料在正常工况下污染物产生与排放的一般规律。本手册主要包含天然气/焦炉气制甲醇、二甲醚、醋酸、甲醛、多聚甲醛、有机硅单体、聚醚多元醇、异辛烷、甲烷氯化物、乙炔、氯乙烯、氯化苯、邻/对二氯苯、氯乙酸、丙烯酸、丙烯酸甲酯、丙烯酸乙酯、丙烯酸丁酯、丙烯酸辛酯、甲胺、苯酚、丙酮、1,4-丁二醇、山梨醇、顺酐、苯酐、邻苯二甲酸二辛酯等 27 种产品。

本行业废水指标包括工业废水量、化学需氧量、氨氮、总氮、总磷、挥发酚；废气指标包括工业废气量、颗粒物、氮氧化物、二氧化硫、挥发性有机物；固废指标包括一般工业固废、危险废物。

2 注意事项

2.1 企业有多种生产工艺或生产多类产品产排污量核算

污染物产生量与产品产量有关，根据不同污染物计算产污量后，再根据企业末端治理设施和运行情况计算各污染物的排放量。

企业某污染物指标的产生量、排放量为各核算环节产生量、排放量之和。

在企业实际排放量计算过程中，如果存在废水回用的情况，需要在利用产排污核算公式的基础上扣除废水回用的部分。公式如下：

实际排放量=计算排放量×（1–废水回用率）

其中产品甲醛、多聚甲醛、有机硅单体、聚醚多元醇、异辛烷、甲烷氯化物、乙炔、氯乙烯、氯化苯、邻/对二氯苯、氯乙酸、丙烯酸、丙烯酸甲酯、丙烯酸乙酯、丙烯酸丁酯、丙烯酸辛酯、甲胺、苯酚、丙酮、1,4-丁二醇、山梨醇、顺酐、苯酐、邻苯二甲酸二辛酯的挥发性有机物量为有组织排放和无组织排放挥发性有机物质量总和。

治理效率=有组织排放挥发性有机物×有组织挥发性有机物治理效率/挥发性有机物总量

2.2 采用多种治理设施组合处理企业的排污量核算

在排污量计算选择末端治理技术时，若没有对应的组合治理技术，以主要治理技术为准。

2.3 系数表中未涉及的产污系数及污染治理效率

本手册中，仅涉及产品生产过程中废水集输储存处置过程和工艺有组织两个挥发性有机物非通用源项产污系数，如果涉及挥发性有机物的通用源项，其产污系数可参考《第二次全国污染源普查工业行业挥发性有机物设备动静密封点、储存与装卸和燃烧烟气等五项公共源项产污系数手册》。

2.4 其他需要说明的问题

（1）由于不同企业工业废气量、废水量差异较大，本手册所提供的工业废气量、废水量系数仅供参考。

为体现相同产污水平条件下，采用相同环保治理设施的不同企业对同一污染物去除效果的差异，引入末端治理设施实际运行率（k）对污染治理技术的实际去除率进行修正。k 值反映的是污染治理设施运行的状态，越稳定运行，k 值越高；在取值上，若定义连续稳定运行的理想状态为 1，则 k 取值在 0～1 之间。

本手册给出本行业的 k 计算公式仅供参考，使用时，可根据 k 值定义，选取更适合企业实际情况的表达方式。

（2）本手册涵盖部分有机化学原料产品，但有机化学原料产品众多，且工艺复杂，对系数表单中未涉及的产品，可咨询当地行业组织或有机化学行业专家、其他有机化工企业技术人员，选取近似的原料、工艺、规模、末端治理技术代替。

（3）工况未达到 75%负荷的企业污染物产排量核算（如存在）。

天然气/焦炉气制甲醇、二甲醚、醋酸生产装置产排污量与采用的工艺技术及装置的生产能力有关。一般情况下，低负荷状态下的产排污量要小于正常生产负荷状态下的产排污量。工况未达到 75%负荷的企业污染物产排量核算按正常生产工况取值。

3 污染物排放量核算方法

针对企业实际生产情况，本行业在系数制定过程中将企业全生产流程划分或拆分为若干工段（核算环节），在核算企业污染物产排量时，可灵活选择本企业对应的工段进行核算。

3.1 计算工段污染物产生量

（1）根据产品、原料、污染物产生的主导生产工艺、企业规模（生产产能）这一组合查找和确定所对应的某一污染物的产污系数。

（2）根据该污染物的产污系数计量单位——单位产品产量，获取企业实际产品产量。

例如，某组合化学需氧量的产污系数单位为千克/吨-产品，则计算产生量时需要获取企业实际产品产量。

（3）污染物产生量按以下公式进行计算：

污染物产生量=污染物对应的产污系数×产品产量

$$G_{产_i} = P_{产_i} \times M_i$$

式中，$G_{产i}$——工段 i 某污染物的产生量；

$P_{产i}$——工段 i 某污染物对应的产污系数；

M_i——工段 i 的产品产量。

3.2 计算工段污染物去除量

（1）根据企业对某一污染物所采用的治理技术查找和选择相应的治理技术平均去除效率。

（2）根据所填报的污染治理设施实际运行率参数及其计算公式得出该企业某一污染物的治理设施实际运行率（k 值）。

（3）污染物去除量按以下公式进行计算：

污染物去除量=污染物产生量×污染物去除率

=污染物产生量×治理技术平均去除效率×治理设施实际运行率

$$R_{减i}=G_{产i}\times\eta_T\times k_T$$

式中，$R_{减i}$——工段 i 某污染物的去除量；

η_T——工段 i 某污染物采用的末端治理技术的平均去除效率；

k_T——工段 i 某污染物采用的末端治理设施的实际运行率。

3.3 计算工段污染物排放量

污染物排放量=污染物产生量−污染物去除量

=污染物对应的产污系数×产品产量−污染物产生量×末端治理技术平均去除效率×末端治理设施实际运行率

3.4 计算企业污染物排放量

同一企业某污染物全年的产生（排放）总量为该企业同年实际生产的全部工段、产品、原料、规模污染物产生（排放）量之和。

$$\begin{aligned}E_{排}&=G_{产}-R_{减}=\sum(G_{产i}-R_{减i})\\&=\sum\left[P_{产i}\times M_i(1-\eta_T\times k_T)\right]\end{aligned}$$

4 污染物排放量核算案例

某企业主要从事天然气制甲醇的生产，涉及的主要污染物为化学需氧量、氨氮、总氮、总磷、颗粒物、氮氧化物、挥发性有机物。以化学需氧量为例说明排放量计算过程。

该企业基本信息如表 1 所示。

4.1 化学需氧量产生量计算

（1）查找产污系数及其计量单位

根据企业基本信息，查找本手册中主要产品为甲醇，主要原料为天然气，主要工艺为蒸汽转化法，生产规模为所有规模。该组合化学需氧量的产污系数为 0.774，单位为千克/吨-产品。

表 1　某天然气制甲醇企业基本信息

	产品	
	名称	产量
产品及产量	甲醇	20 万吨
工艺名称	蒸汽转化法	—
规模（产能）	20 万吨/年	
污染治理设施	物理化学法+厌氧生物法+好氧生物法	
实际运行率参数	污水治理设施运行时间	8000 小时
	企业正常生产时间	8000 小时

（2）获取企业产品产量

该企业实际情况为：甲醇产品 2017 年产量为 20 万吨。

（3）计算化学需氧量产生量

由于查询到的组合中化学需氧量产污系数的单位为千克/吨-产品，因此在核算化学需氧量产生量时需获取产品产量。

$$\begin{aligned}\text{化学需氧量产生量} &= \text{化学需氧量产污系数} \times \text{产品（甲醇）产量}\\ &= 0.774\text{千克/吨-产品} \times 20\text{万吨-产品}\\ &= 154800\text{千克}\end{aligned}$$

4.2　化学需氧量去除量计算

（1）查找治理技术平均去除效率

该企业化学需氧量治理技术采用“物理化学法+厌氧生物法+好氧生物法”工艺，查询相应组合内该工艺的平均去除效率为 81%。

（2）计算污染治理技术实际运行率

根据产污系数组合查询结果，该组合中化学需氧量对应的污染治理设施实际运行率为

$$k = \text{污水治理设施运行时间/企业正常生产时间} = 8000\text{小时}/8000\text{小时} = 1$$

（3）计算化学需氧量去除量

$$\text{化学需氧量去除量} = 154800\text{千克} \times 81\% \times 1 = 125388\text{千克}$$

4.3　化学需氧量排放量计算

$$\text{化学需氧量排放量} = 154800\text{千克} - 125388\text{千克} = 29412\text{千克}$$

5 系数表

2614 有机化学原料制造（甲醇）行业系数表

工段名称	产品名称	原料名称	工艺名称	规模等级	污染物类别	污染物指标	系数单位	产污系数	末端治理技术	末端治理技术平均去除效率/%	参考 k 值计算公式[1]
—	甲醇	天然气	蒸汽转化法	所有规模	废水	工业废水量	米^3/吨-产品	3.80	—	0	—
						化学需氧量	千克/吨-产品	0.774	物理化学处理法+好氧生物处理法+厌氧生物处理法	81	k=处理设施运行时间（小时/年）/企业正常生产时间（小时/年）
						氨氮	千克/吨-产品	0.127	物理化学处理法+好氧生物处理法+厌氧生物处理法	82	
						总氮	千克/吨-产品	0.285	物理化学处理法+好氧生物处理法+厌氧生物处理法	78	
						总磷	千克/吨-产品	4.00×10^{-3}	物理化学处理法+好氧生物处理法+厌氧生物处理法	66	
					废气	挥发性有机物（废水集输）	千克/吨-产品	2.30	—	0	—
						工业废气量	标米^3/吨-产品	4.41×10^{3}	—	0	—
						颗粒物	千克/吨-产品	5.9×10^{-2}	—	0	—
						氮氧化物	千克/吨-产品	0.516	—	0	—
						挥发性有机物（甲醇精馏尾气）	千克/吨-产品	2.71	直接燃烧法	100	—
									直接燃烧法（去加热炉）	97	k=处理设施运行时间（小时/年）/企业正常生产时间（小时/年）
					一般工业固废	废吸附剂	千克/吨-产品	3.00×10^{-2}	有资质第三方处置	—	—
						废催化剂	千克/吨-产品	9.50×10^{-2}	有资质第三方处置	—	—

[1] 该公式仅供参考，使用时，可根据 k 值定义，选取更适合企业实际情况的表达方式。

2614 有机化学原料制造（甲醇）行业系数表（续表 1）

工段名称	产品名称	原料名称	工艺名称	规模等级	污染物类别	污染物指标	系数单位	产污系数	末端治理技术	末端治理技术平均去除效率/%	参考 k 值计算公式
—	甲醇	焦炉气	催化部分氧化法	所有规模	废水	工业废水量	米^3/吨-产品	2.53	—	0	—
						化学需氧量	千克/吨-产品	0.821	物理化学处理法+好氧生物处理法+厌氧生物处理法	85	k=处理设施运行时间（小时/年）/企业正常生产时间（小时/年）
						氨氮	千克/吨-产品	0.202	物理化学处理法+好氧生物处理法+厌氧生物处理法	91	
						总氮	千克/吨-产品	0.333	物理化学处理法+好氧生物处理法+厌氧生物处理法	81	
						总磷	千克/吨-产品	4.00×10^{-3}	物理化学处理法+好氧生物处理法+厌氧生物处理法	74	
					废气	挥发性有机物（废水集输）	千克/吨-产品	1.53	—	0	—
						工业废气量	标米^3/吨-产品	2.54×10^{3}	—	0	—
						颗粒物	千克/吨-产品	5.00×10^{-2}	—	0	—
						氮氧化物	千克/吨-产品	0.331	—	0	—
						二氧化硫	千克/吨-产品	9.00×10^{-3}	—	0	—
						挥发性有机物（甲醇精馏尾气）	千克/吨-产品	2.71	直接燃烧法	100	—
									直接燃烧法（去加热炉）	97	k=处理设施运行时间（小时/年）/企业正常生产时间（小时/年）

2614 有机化学原料制造（甲醇）行业系数表（续表 2）

工段名称	产品名称	原料名称	工艺名称	规模等级	污染物类别	污染物指标	系数单位	产污系数	末端治理技术	末端治理技术平均去除效率/%	参考 k 值计算公式
—	甲醇	焦炉气	催化部分氧化法	所有规模	一般工业固废	废吸附剂	千克/吨-产品	1.365	有资质第三方处置	—	—
						废催化剂	千克/吨-产品	0.245	有资质第三方处置	—	—

2614 有机化学原料制造（二甲醚）行业系数表

工段名称	产品名称	原料名称	工艺名称	规模等级	污染物类别	污染物指标	系数单位	产污系数	末端治理技术	末端治理技术平均去除效率/%	参考 k 值计算公式[1]
—	二甲醚	甲醇	甲醇脱水制二甲醚	所有规模	废水	工业废水量	米^3/吨-产品	1.95	—	0	—
						化学需氧量	千克/吨-产品	0.970	物理化学处理法+好氧生物处理法+厌氧生物处理法	84	k=处理设施运行时间（小时/年）/企业正常生产时间（小时/年）
						氨氮	千克/吨-产品	0.239	物理化学处理法+好氧生物处理法+厌氧生物处理法	82	
						总氮	千克/吨-产品	0.478	物理化学处理法+好氧生物处理法+厌氧生物处理法	82	
					废气	挥发性有机物（废水集输）	千克/吨-产品	1.18	—	0	—
						工业废气量	标米^3/吨-产品	2.04	—	0	—
						挥发性有机物	千克/吨-产品	5.00×10^{-4}	直接燃烧法	100	—
					一般工业固废	废催化剂	千克/吨-产品	6.00×10^{-2}	有资质第三方处置	—	—

[1] 该公式仅供参考，使用时，可根据 k 值定义，选取更适合企业实际情况的表达方式。

2614 有机化学原料制造（醋酸）行业系数表

工段名称	产品名称	原料名称	工艺名称	规模等级	污染物类别	污染物指标	系数单位	产污系数	末端治理技术	末端治理技术平均去除效率/%	参考 k 值计算公式[1]
高压吸收塔	醋酸	甲醇、一氧化碳	甲醇羰基化制醋酸	所有规模	废气	工业废气量	标米^3/吨-产品	28.00	—	0	—
						挥发性有机物	千克/吨-产品	0.255	直接燃烧法	100	—
									直接燃烧法（去加热炉）	97	k=处理设施运行时间（小时/年）/企业正常生产时间（小时/年）
低压吸收塔	醋酸	甲醇、一氧化碳	甲醇羰基化制醋酸	所有规模	废气	工业废气量	标米^3/吨-产品	17.40	—	0	—
						挥发性有机物	千克/吨-产品	0.279	直接燃烧法	100	—
									直接燃烧法（去加热炉）	97	k=处理设施运行时间（小时/年）/企业正常生产时间（小时/年）
—	醋酸	甲醇、一氧化碳	甲醇羰基化制醋酸	所有规模	危险废物	重质废酸	千克/吨-产品	5.00×10^{-3}	有资质第三方处置	—	—

2614 有机化学原料制造（甲醛）行业系数表

工段名称	产品名称	原料名称	工艺名称	规模等级	污染物类别	污染物指标	系数单位	产污系数	末端治理技术	末端治理技术平均去除效率/%	参考 k 值计算公式[1]
—	甲醛	甲醇、空气、液碱	甲醇氧化法	所有规模	废气	工业废气量	万标米^3/吨-产品	0.721	—	0	—
						挥发性有机物①	千克/吨-产品	3.771	直接燃烧法	95.33	k=治理设施运行时间（小时/年）/企业正常生产时间（小时/年）
									热力燃烧法	95.04	
									蓄热式热力燃烧法	95.04	
									催化燃烧法	91.20	
									蓄热式催化燃烧法	91.20	
					固废	危险废物	千克/吨-产品	0.01	送有资质单位处理	—	—

注：① 挥发性有机物有组织排放的占比为 98.02%。

[1] 该公式仅供参考，使用时，可根据 k 值定义，选取更适合企业实际情况的表达方式。

2614 有机化学原料制造（多聚甲醛）行业系数表

工段名称	产品名称	原料名称	工艺名称	规模等级	污染物类别	污染物指标	系数单位	产污系数	末端治理技术	末端治理技术平均去除效率/%	参考 k 值计算公式
—	多聚甲醛	甲醛溶液等	多聚甲醛：甲醛浓缩-聚合-干燥-粉碎	所有规模	废气	工业废气量	万标米^3/吨-产品	0.8802	—	0	—
						挥发性有机物①	千克/吨-产品	1.012×10^{-1}	吸收+分流	93.52	k=治理设施运行时间（小时/年）/企业正常生产时间（小时/年）
						颗粒物	千克/吨-产品	0.206	袋式除尘	98.1	

注：①挥发性有机物有组织排放的占比为 94.47%。

2614 有机化学原料制造（有机硅单体）行业系数表

工段名称	产品名称	原料名称	工艺名称	规模等级	污染物类别	污染物指标	系数单位	产污系数	末端治理技术	末端治理技术平均去除效率/%	参考 k 值计算公式[1]
—	有机硅单体	氯甲烷、硅粉、甲基粗单体	有机硅单体合成	所有规模	废气	工业废气量	万标米^3/吨-产品	1.205×10^{-2}	—	0	—
						挥发性有机物①	千克/吨-产品	2.523	直接燃烧法	82.83	k=治理设施运行时间（小时/年）/企业正常生产时间（小时/年）
									热力燃烧法	82.34	
									催化燃烧法	78.90	
						HCl	千克/吨-产品	3.7	其他（焚烧+吸收处理）	99.26	
						颗粒物	千克/吨-产品	0.49	袋式除尘	98.9	

注：①挥发性有机物有组织排放的占比为 98.02%。

[1] 该公式仅供参考，使用时，可根据 k 值定义，选取更适合企业实际情况的表达方式。

2614 有机化学原料制造（有机硅单体）行业系数表（续表 1）

工段名称	产品名称	原料名称	工艺名称	规模等级	污染物类别	污染物指标	系数单位	产污系数	末端治理技术	末端治理技术平均去除效率/%	参考 k 值计算公式
—	有机硅单体	氯甲烷、硅粉、甲基粗单体	有机硅单体合成	所有规模	废水	废水量	吨/吨-产品	1.248	—	0	—
						化学需氧量	克/吨-产品	3.744×10^3	物理化学处理法	39.89	k=治理设施运行时间（小时/年）/企业正常生产时间（小时/年）
									化学处理法+物理化学处理法	50	
						氯甲烷	克/吨-产品	8	物理化学处理法+生化法	95	
						铜离子	克/吨-产品	3	物理化学处理法	95	
						锌离子	克/吨-产品	65	物理化学处理法	95	
					固废	危险废物	千克/吨-产品	5	送有资质单位处理	—	—

2614 有机化学原料制造（聚醚多元醇）行业系数表

工段名称	产品名称	原料名称	工艺名称	规模等级	污染物类别	污染物指标	系数单位	产污系数	末端治理技术	末端治理技术平均去除效率/%	参考 k 值计算公式[1]
—	聚醚多元醇	环氧化物等	聚合反应和后处理	所有规模	废气	工业废气量	万标米^3/吨-产品	4.573	—	0	—
						挥发性有机物①	千克/吨-产品	1.310	直接燃烧法	83.75	k=治理设施运行时间（小时/年）/企业正常生产时间（小时/年）
									热力燃烧法	83.32	
									蓄热式热力燃烧法	83.32	
									催化燃烧法	79.23	
					固废	危险废物	千克/吨-产品	0.5	送有资质单位处理	—	—

注：①挥发性有机物有组织排放的占比为 84.17%。

[1] 该公式仅供参考，使用时，可根据 k 值定义，选取更适合企业实际情况的表达方式。

2614 有机化学原料制造（异辛烷）行业系数表

工段名称	产品名称	原料名称	工艺名称	规模等级	污染物类别	污染物指标	系数单位	产污系数	末端治理技术	末端治理技术平均去除效率/%	参考 k 值计算公式[1]
—	异辛烷	异丁烯烷烃等	烯烃烷烃加成	所有规模	废气	工业废气量	万标米³/吨-产品	5.78×10^{-3}	—	0	—
						挥发性有机物①	千克/吨-产品	2.608	直接燃烧法	95.65	k=治理设施运行时间（小时/年）/企业正常生产时间（小时/年）
									热力燃烧法	95.17	
									蓄热式热力燃烧法	95.17	
									催化燃烧法	91.32	
									蓄热式催化燃烧法	91.32	
						二氧化硫	千克/吨-产品	5.28×10^{-3}	其他（低压洗涤塔）	99.99	
					废水	工业废水量	吨/吨-产品	3.65×10^{-2}	—	0	—
						化学需氧量	克/吨-产品	14.6	中和法+沉淀分离	81.39	k=治理设施运行时间（小时/年）/企业正常生产时间（小时/年）
									化学处理法	46.5	
									厌氧生物处理法+好氧生物处理法	75.9	
						石油类	克/吨-产品	0.73	中和法+沉淀分离	40.36	
						氨氮	克/吨-产品	0.183	厌氧生物处理法+好氧生物处理法	75.9	
									中和法+沉淀分离	63.84	
						总氮	克/吨-产品	0.183	厌氧生物处理法+好氧生物处理法	75.9	k=治理设施运行时间（小时/年）/企业正常生产时间（小时/年）
									中和法+沉淀分离	63.84	
					固废	危险废物	千克/吨-产品	0.8341	送有资质单位处理	—	—

注：①挥发性有机物有组织排放的占比为96.13%。

[1] 该公式仅供参考，使用时，可根据 k 值定义，选取更适合企业实际情况的表达方式。

2614 有机化学原料制造（甲烷氯化物）行业系数表

工段名称	产品名称	原料名称	工艺名称	规模等级	污染物类别	污染物指标	系数单位	产污系数	末端治理技术	末端治理技术平均去除效率/%	参考 k 值计算公式[1]
—	甲烷氯化物	甲醇、盐酸、液氯、	甲醇氯化法	所有规模	废气	工业废气量	万标米^3/吨-产品	$3.2×10^{-2}$	—	0	—
						挥发性有机物①	千克/吨-产品	0.3279	冷凝法+吸附+蒸汽解析	85.86	k=治理设施运行时间（小时/年）/企业正常生产时间（小时/年）
									直接燃烧法	94.92	
									热力燃烧法	94.44	
									催化燃烧法	90.63	
						HCl	千克/吨-产品	0.3594	二级碱喷淋吸收	99.5	
					废水	工业废水量	吨/吨-产品	0.434	—	0	—
						化学需氧量	克/吨-产品	$2.118×10^3$	中和法+化学混凝法+化学沉淀法+吸附法	99.26	k=治理设施运行时间（小时/年）/企业正常生产时间（小时/年）
									好氧生物处理法	78.8	
						氯甲烷	克/吨-产品	13.06	催化氧化+絮凝	99.97	
						危险废物	千克/吨-产品	1.672	送有资质单位处理	—	—

注：①挥发性有机物有组织排放的占比为 95.39%。

2614 有机化学原料制造（氯乙烯）行业系数表

工段名称	产品名称	原料名称	工艺名称	规模等级	污染物类别	污染物指标	系数单位	产污系数	末端治理技术	末端治理技术平均去除效率/%	参考 k 值计算公式[1]
—	氯乙烯	乙炔、氯化氢	加和	所有规模	废气	工业废气量	万标米^3/吨-产品	$1.648×10^{-3}$	—	0	—
						挥发性有机物①	千克/吨-产品	0.1862	吸附法	99.5	k=治理设施运行时间（小时/年）/企业正常生产时间（小时/年）
					固废	危险废物	千克/吨-产品	4.41	送有资质单位处理	—	—

注：①挥发性有机物有组织排放的占比为 98.87%。

[1] 该公式仅供参考，使用时，可根据 k 值定义，选取更适合企业实际情况的表达方式。

2614 有机化学原料制造（氯乙烯）行业系数表（续表 1）

工段名称	产品名称	原料名称	工艺名称	规模等级	污染物类别	污染物指标	系数单位	产污系数	末端治理技术	末端治理技术平均去除效率/%	参考 k 值计算公式
—	氯乙烯	二氯乙烷等	热裂解法	所有规模	废气	工业废气量	万标米 ^{3}/吨-产品	0.2122	—	0	
						挥发性有机物①	千克/吨-产品	8.347	焚烧+吸收	99.85	k=治理设施运行时间（小时/年）/企业正常生产时间（小时/年）
						HCl	千克/吨-产品	4.61×10^{-3}	焚烧+吸收	99.9	
					废水	工业废水量	吨/吨-产品	8.873×10^{-2}	—	0	—
						化学需氧量	克/吨-产品	209.35	物理化学法+生化法	85	k=治理设施运行时间（小时/年）/企业正常生产时间（小时/年）
						氯乙烯	克/吨-产品	0.13	物理化学法+生化法	85	
						二氯乙烷	克/吨-产品	0.87	物理化学法+生化法	85	
					固废	危险废物	千克/吨-产品	3.002×10^{-2}	送有资质单位处理	—	—

注：①挥发性有机物有组织排放占比为 99.5%。

2614 有机化学原料制造（乙炔）行业系数表

工段名称	产品名称	原料名称	工艺名称	规模等级	污染物类别	污染物指标	系数单位	产污系数	末端治理技术	末端治理技术平均去除效率/%	参考 k 值计算公式[1]
—	乙炔	电石、水	电石法（湿法）	所有规模	废气	工业废气量	万标米 ^{3}/吨-产品	1.987	—	0	—
						颗粒物	千克/吨-产品	0.49	袋式除尘	99.0	k=治理设施运行时间（小时/年）/企业正常生产时间（小时/年）
						挥发性有机物①	千克/吨-产品	4.103×10^{-2}	—	—	—
					废水	工业废水量	吨/吨-产品	9.02	—	0	—
						化学需氧量	克/吨-产品	4.509×10^{3}	活性污泥法	48.2	k=治理设施运行时间（小时/年）/企业正常生产时间（小时/年）
									MBR 类	56.8	
									厌氧生物处理法+好氧生物处理法	75.9	
					固废	一般固废	千克/吨-产品	6153	外售、回用、自处理或外送处理	—	—
						危险废物	千克/吨-产品	6.359	送有资质单位处理	—	—

注：①挥发性有机物为无组织排放。

[1] 该公式仅供参考，使用时，可根据 k 值定义，选取更适合企业实际情况的表达方式。

2614 有机化学原料制造（乙炔）行业系数表（续表 1）

工段名称	产品名称	原料名称	工艺名称	规模等级	污染物类别	污染物指标	系数单位	产污系数	末端治理技术	末端治理技术平均去除效率/%	参考 k 值计算公式
—	乙炔	电石、水	电石法（干法）	所有规模	废气	工业废气量	万标米^3/吨-产品	1.124	—	—	—
						颗粒物	千克/吨-产品	10.42	袋式除尘	96.5	k=治理设施运行时间（小时/年）/企业正常生产时间（小时/年）
						挥发性有机物①	千克/吨-产品	0.4433	—	—	—
					固废	一般固废	千克/吨-产品	4200	外售、回用、自处理或外送处理	—	—
						危险废物	千克/吨-产品	40	送有资质单位处理	—	—

注：①挥发性有机物为无组织排放。

2614 有机化学原料制造（氯化苯）行业系数表

工段名称	产品名称	原料名称	工艺名称	规模等级	污染物类别	污染物指标	系数单位	产污系数	末端治理技术	末端治理技术平均去除效率/%	参考 k 值计算公式[1]
—	氯化苯	液氯、苯、催化剂	苯氯化法	所有规模	废气	工业废气量	万标米^3/吨-产品	5.333×10^{-3}	—	—	—
						挥发性有机物①	千克/吨-产品	0.0208	其他（淋洗塔+光催化+吸附）	51.92	k=治理设施运行时间（小时/年）/企业正常生产时间（小时/年）
									直接燃烧法	57.40	
									热力燃烧法	57.12	
									催化燃烧法	54.81	
									蓄热式催化燃烧法	54.81	

注：①挥发性有机物有组织排放的占比为 57.69%。

[1] 该公式仅供参考，使用时，可根据 k 值定义，选取更适合企业实际情况的表达方式。

2614 有机化学原料制造（氯化苯）行业系数表（续表 1）

工段名称	产品名称	原料名称	工艺名称	规模等级	污染物类别	污染物指标	系数单位	产污系数	末端治理技术	末端治理技术平均去除效率/%	参考 k 值计算公式
—	氯化苯	液氯、苯、催化剂	苯氯化法	所有规模	废水	工业废水量	吨/吨-产品	0.1315	—	0	—
						化学需氧量	克/吨-产品	872.7	吸附法	90.3	k=治理设施运行时间（小时/年）/企业正常生产时间（小时/年）
						氯苯	克/吨-产品	102.6	吸附法	99.48	
						苯	克/吨-产品	106.9	吸附法	99.50	
					固废	危险废物	千克/吨-产品	7.152	送有资质单位处理	—	—

2614 有机化学原料制造（邻/对二氯苯）行业系数表

工段名称	产品名称	原料名称	工艺名称	规模等级	污染物类别	污染物指标	系数单位	产污系数	末端治理技术	末端治理技术平均去除效率/%	参考 k 值计算公式[1]
—	邻/对二氯苯	液氯、纯苯、催化剂	苯氯化法	所有规模	废气	工业废气量	万标米^3/吨-产品	4.898×10^{-2}	—	—	—
						挥发性有机物①	千克/吨-产品	5.140×10^{-2}	淋洗塔+光催化+吸附	72.84	k=治理设施运行时间（小时/年）/企业正常生产时间（小时/年）
									直接燃烧法	80.53	
									热力燃烧法	80.12	
									催化燃烧法	76.89	
									蓄热式催化燃烧法	76.89	
					废水	工业废水量	吨/吨-产品	0.4026	—	—	—
						化学需氧量	克/吨-产品	2672	吸附法	90.3	k=治理设施运行时间（小时/年）/企业正常生产时间（小时/年）
						氯苯	克/吨-产品	314.0	吸附法	99.48	
						苯	克/吨-产品	327.3	吸附法	99.50	
					固废	危险废物	千克/吨-产品	21.89	送有资质单位处理	—	—

注：①挥发性有机物有组织排放的占比为 80.93%。

[1] 该公式仅供参考，使用时，可根据 k 值定义，选取更适合企业实际情况的表达方式。

2614 有机化学原料制造（氯乙酸）行业系数表

工段名称	产品名称	原料名称	工艺名称	规模等级	污染物类别	污染物指标	系数单位	产污系数	末端治理技术	末端治理技术平均去除效率/%	参考 k 值计算公式[1]
—	氯乙酸	醋酸 液氯	氯化反应+结晶分离	所有规模	废气	工业废气量	万标米^3/吨-产品	6.5×10^{-2}	—	0	—
						挥发性有机物①	千克/吨-产品	0.5449	其他（两级冷却+洗涤+吸收）	97.77	k=治理设施运行时间（小时/年）/企业正常生产时间（小时/年）
									其他（二级降膜吸收）	97.65	
						HCl	千克/吨-产品	404.4	其他（二级降膜吸收）	99.9	
					废水	工业废水量	吨/吨-产品	0.33	—	0	—
						化学需氧量	克/吨-产品	43.43	其他（厌氧生物处理法+好氧生物处理法）	88.47	k=治理设施运行时间（小时/年）/企业正常生产时间（小时/年）
	氯乙酸	醋酸 液氯	氯化反应+结晶分离	所有规模	固废	危险废物	千克/吨-产品	6.215	送有资质单位处理	—	—

注：① 挥发性有机物有组织排放的占比为 97.78%。

2614 有机化学原料制造（丙烯酸）行业系数表

工段名称	产品名称	原料名称	工艺名称	规模等级	污染物类别	污染物指标	系数单位	产污系数	末端治理技术	末端治理技术平均去除效率/%	参考 k 值计算公式[1]
—	丙烯酸	丙烯、醋酸异丁酯、对苯二酚	丙烯两段氧化法	所有规模	废气	工业废气量	万标米^3/吨-产品	0.426	—	0	—
						挥发性有机物①	千克/吨-产品	7.9	直接燃烧法	99.27	k=治理设施运行时间（小时/年）/企业正常生产时间（小时/年）
									热力燃烧法	98.77	
									催化燃烧法	94.78	
									蓄热式催化燃烧法	94.78	
					废水	工业废水量	吨/吨-产品	0.5940	—	0	—
						化学需氧量	克/吨-产品	5.584×10^4	氧化还原法+好氧生物处理法	92	k=治理设施运行时间（小时/年）/企业正常生产时间（小时/年）
						挥发酚	克/吨-产品	1.320×10^{-3}	氧化还原法+好氧生物处理法	85	
					固废	危险废物	千克/吨-产品	1.521	送有资质单位处理	—	—

注：①挥发性有机物有组织排放的占比为 99%。

[1] 该公式仅供参考，使用时，可根据 k 值定义，选取更适合企业实际情况的表达方式。

2614 有机化学原料制造（丙烯酸甲酯）行业系数表

工段名称	产品名称	原料名称	工艺名称	规模等级	污染物类别	污染物指标	系数单位	产污系数	末端治理技术	末端治理技术平均去除效率/%	参考 k 值计算公式[1]
—	丙烯酸甲酯	丙烯酸、甲醇、对苯二酚	丙烯酸和甲醇酯化法	所有规模	废气	工业废气量	万标米^3/吨-产品	1.136	—	0	—
						挥发性有机物①	千克/吨-产品	13.38	直接燃烧法	99.13	k=治理设施运行时间（小时/年）/企业正常生产时间（小时/年）
									热力燃烧法	98.63	
									催化燃烧法	94.64	
									蓄热式催化燃烧法	94.64	
					废水	工业废水量	吨/吨-产品	0.3070	—	0	—
						化学需氧量	克/吨-产品	1.073×10^{3}	氧化还原法+好氧生物处理法	92	k=治理设施运行时间（小时/年）/企业正常生产时间（小时/年）
						挥发酚	克/吨-产品	6.60×10^{-4}	氧化还原法+好氧生物处理法	85	
					固废	危险废物	千克/吨-产品	4.12	送有资质单位处理	—	—

注：①挥发性有机物有组织排放的占比为 99.63%。

2614 有机化学原料制造（丙烯酸乙酯）行业系数表

工段名称	产品名称	原料名称	工艺名称	规模等级	污染物类别	污染物指标	系数单位	产污系数	末端治理技术	末端治理技术平均去除效率/%	参考 k 值计算公式[1]
—	丙烯酸乙酯	丙烯酸、乙醇、对苯二酚	酯化法	所有规模	废气	工业废气量	万标米^3/吨-产品	3.400	—	0	—
						挥发性有机物①	千克/吨-产品	40.03	直接燃烧法	99.43	k=治理设施运行时间（小时/年）/企业正常生产时间（小时/年）
									热力燃烧法	98.93	
									催化燃烧法	94.93	
									蓄热式催化燃烧法	94.93	

注：①挥发性有机物有组织排放的占比为 99.93%。

[1] 该公式仅供参考，使用时，可根据 k 值定义，选取更适合企业实际情况的表达方式。

2614 有机化学原料制造（丙烯酸乙酯）行业系数表（续表 1）

工段名称	产品名称	原料名称	工艺名称	规模等级	污染物类别	污染物指标	系数单位	产污系数	末端治理技术	末端治理技术平均去除效率/%	参考 k 值计算公式
—	丙烯酸乙酯	丙烯酸、乙醇、对苯二酚	酯化法	所有规模	废水	工业废水量	吨/吨-产品	0.92	—	—	—
						化学需氧量	克/吨-产品	923	氧化还原法+好氧生物处理法	92	k=治理设施运行时间（小时/年）/企业正常生产时间（小时/年）
						挥发酚	克/吨-产品	5.8×10^{-4}	氧化还原法+好氧生物处理法	85	
					固废	危险废物	千克/吨-产品	4.12	—	—	—

2614 有机化学原料制造（丙烯酸丁酯）行业系数表

工段名称	产品名称	原料名称	工艺名称	规模等级	污染物类别	污染物指标	系数单位	产污系数	末端治理技术	末端治理技术平均去除效率/%	参考 k 值计算公式[1]
—	丙烯酸丁酯	丙烯酸、丁醇、对苯二酚	酯化法	所有规模	废气	工业废气量	万标米^3/吨-产品	0.28	—	—	—
						挥发性有机物①	千克/吨-产品	6.012	直接燃烧法	99.3	k=治理设施运行时间（小时/年）/企业正常生产时间（小时/年）
									热力燃烧法	98.8	
									催化燃烧法	94.81	
									蓄热式催化燃烧法	94.81	
					废水	工业废水量	吨/吨-产品	0.142	—	—	—
						化学需氧量	克/吨-产品	426.7	氧化还原法+好氧生物处理法	92	k=治理设施运行时间（小时/年）/企业正常生产时间（小时/年）
						挥发酚	克/吨-产品	4.5×10^{-4}	氧化还原法+好氧生物处理法	85	
					固废	危险废物	克/吨-产品	0.8333	—	—	—

注：①挥发性有机物有组织排放的占比为 99.80%。

[1] 该公式仅供参考，使用时，可根据 k 值定义，选取更适合企业实际情况的表达方式。

2614 有机化学原料制造（丙烯酸辛酯）行业系数表

工段名称	产品名称	原料名称	工艺名称	规模等级	污染物类别	污染物指标	系数单位	产污系数	末端治理技术	末端治理技术平均去除效率/%	参考 k 值计算公式[1]
—	丙烯酸辛酯	丙烯酸、辛醇、对苯二酚	酯化法	所有规模	废气	工业废气量	万标米^3/吨-产品	0.852	—	—	—
						挥发性有机物①	千克/吨-产品	8.019	直接燃烧法	99.26	k=治理设施运行时间（小时/年）/企业正常生产时间（小时/年）
									热力燃烧法	98.77	
									催化燃烧法	94.77	
									蓄热式催化燃烧法	94.77	
					废水	工业废水量	吨/吨-产品	0.205	—	0	—
						化学需氧量	克/吨-产品	308.1	氧化还原法+好氧生物处理法	92	k=治理设施运行时间（小时/年）/企业正常生产时间（小时/年）
						挥发酚	克/吨-产品	3.1×10^{-4}	氧化还原法+好氧生物处理法	85	
					固废	危险废物	千克/吨-产品	1.165	送有资质单位处理	—	—

注：①挥发性有机物有组织排放的占比为 99.76%。

[1] 该公式仅供参考，使用时，可根据 k 值定义，选取更适合企业实际情况的表达方式。

2614 有机化学原料制造（甲胺）行业系数表

工段名称	产品名称	原料名称	工艺名称	规模等级	污染物类别	污染物指标	系数单位	产污系数	末端治理技术	末端治理技术平均去除效率/%	参考 *k* 值计算公式[1]
—	甲胺	甲醇、氨气、催化剂等	用甲醇和氨气气相催化反应技术	所有规模	废气	工业废气量	万标米^3/吨-产品	6.596×10^{-3}	—	0	—
						挥发性有机物①	千克/吨-产品	0.2196	直接燃烧法	98.50	*k*=治理设施运行时间（小时/年）/企业正常生产时间（小时/年）
									热力燃烧法	98.01	
									催化燃烧法	94.05	
									其他（吸收法）	89.10	
						氨气	千克/吨-产品	5.698	其他（水吸收+酸吸收）	95	
					废水	工业废水量	吨/吨-产品	1.296	—	0	—
						化学需氧量	克/吨-产品	1.8×10^3	物理处理法+好氧生物处理法+化学处理法	90	*k*=治理设施运行时间（小时/年）/企业正常生产时间（小时/年）
						氨氮	克/吨-产品	6.66	物理处理法+好氧生物处理法+化学处理法	90	
						总氮	克/吨-产品	1.257×10^2	物理处理法+好氧生物处理法+化学处理法	90	
					固废	危险废物	千克/吨-产品	0.075	送有资质单位处理	—	—

注：①挥发性有机物有组织排放的占比为 99%。

2614 有机化学原料制造（苯酚）行业系数表

工段名称	产品名称	原料名称	工艺名称	规模等级	污染物类别	污染物指标	系数单位	产污系数	末端治理技术	末端治理技术平均去除效率/%	参考 *k* 值计算公式[1]
—	苯酚	苯、烯烃	异丙苯法	所有规模	废气	工业废气量	万标米^3/吨-产品	0.116	—	0	—
						挥发性有机物①	千克/吨-产品	3.158	热力燃烧法	97.78	*k*=治理设施运行时间（小时/年）/企业正常生产时间（小时/年）
									直接燃烧法	97.76	
									催化燃烧法	96.84	
									蓄热式热力燃烧法	96.84	
									蓄热式催化燃烧法	92.93	
					废水	工业废水量	吨/吨-产品	0.404	—	—	—
						化学需氧量	克/吨-产品	3.07×10^3	物理化学处理法+好氧生物处理法	96.0	*k*=治理设施运行时间（小时/年）/企业正常生产时间（小时/年）
						挥发酚	克/吨-产品	20.2		98.0	
					固废	危险废物	千克/吨-产品	0.7465	送有资质单位处理	—	—

注：①挥发性有机物有组织排放的占比为 98.16%。

[1] 该公式仅供参考，使用时，可根据 *k* 值定义，选取更适合企业实际情况的表达方式。

2614 有机化学原料制造（丙酮）行业系数表

工段名称	产品名称	原料名称	工艺名称	规模等级	污染物类别	污染物指标	系数单位	产污系数	末端治理技术	末端治理技术平均去除效率/%	参考 k 值计算公式[1]
—	丙酮	苯、烯烃	异丙苯法	所有规模	废气	工业废气量	万标米^3/吨-产品	0.188	—	0	—
						挥发性有机物①	千克/吨-产品	3.737	热力燃烧法	97.02	k=治理设施运行时间（小时/年）/企业正常生产时间（小时/年）
									直接燃烧法	96.57	
									催化燃烧法	96.08	
									蓄热式热力燃烧法	96.08	
									蓄热式催化燃烧法	92.19	
					废水	工业废水量	吨/吨-产品	0.66	—	0	—
						化学需氧量	克/吨-产品	5.001×10^3	物理化学处理法+好氧生物处理法	96.0	k=治理设施运行时间（小时/年）/企业正常生产时间（小时/年）
						挥发酚	克/吨-产品	32.9		98.0	
					固废	危险废物	千克/吨-产品	1.222	送有资质单位处理	—	—

注：①挥发性有机物有组织排放的占比为97.4%。

2614 有机化学原料制造（1,4-丁二醇）行业系数表

工段名称	产品名称	原料名称	工艺名称	规模等级	污染物类别	污染物指标	系数单位	产污系数	末端治理技术	末端治理技术平均去除效率/%	参考 k 值计算公式[1]
—	1,4-丁二醇	乙炔、甲醛、氢气等	炔醛法	所有规模	废气	工业废气量	万标米^3/吨-产品	0.667	—	—	—
						挥发性有机物①	千克/吨-产品	0.189	热力燃烧法	63.28	k=治理设施运行时间（小时/年）/企业正常生产时间（小时/年）
									直接燃烧法	63.60	
									催化燃烧法	63.28	
									蓄热式热力燃烧法	63.28	
									蓄热式催化燃烧法	60.72	
					废水	工业废水量	吨/吨-产品	8.69	—	—	—
						化学需氧量	克/吨-产品	8.59	物理化学处理法+好氧生物处理法	99.36	k=治理设施运行时间（小时/年）/企业正常生产时间（小时/年）
					固废	危险废物	千克/吨-产品	88.02	送有资质单位处理	—	—

注：①挥发性有机物有组织排放的占比为63.92%。

[1] 该公式仅供参考，使用时，可根据 k 值定义，选取更适合企业实际情况的表达方式。

2614 有机化学原料制造（山梨醇）行业系数表

工段名称	产品名称	原料名称	工艺名称	规模等级	污染物类别	污染物指标	系数单位	产污系数	末端治理技术	末端治理技术平均去除效率/%	参考 k 值计算公式[1]
—	山梨醇	葡萄糖、氢气、镍催化剂	氢化法	所有规模	废气	工业废气量	万标米^3/吨-产品	0.334	—	0	—
						颗粒物	千克/吨-产品	4.641×10^{-2}	袋式除尘	99	k=治理设施运行时间（小时/年）/企业正常生产时间（小时/年）
					废水	工业废水量	吨/吨-产品	1.9	—	0	—
						化学需氧量	克/吨-产品	9500	物理化学处理法+厌氧生物处理法+好氧生物处理法	90	k=治理设施运行时间（小时/年）/企业正常生产时间（小时/年）
					固废	危险废物	千克/吨-产品	1.264	送有资质单位处理	—	—

2614 有机化学原料制造（顺酐）行业系数表

工段名称	产品名称	原料名称	工艺名称	规模等级	污染物类别	污染物指标	系数单位	产污系数	末端治理技术	末端治理技术平均去除效率/%	参考 k 值计算公式[1]
—	顺酐	苯、空气	苯催化氧化法	所有规模	废气	工业废气量	万标米^3/吨-产品	0.416	—	—	—
						挥发性有机物①	千克/吨-产品	2.941×10^{-2}	直接燃烧法	62.79	k=治理设施运行时间（小时/年）/企业正常生产时间（小时/年）
									热力燃烧法	62.48	
									蓄热式热力燃烧法	62.48	
									催化燃烧法	62.48	
									蓄热式催化燃烧法	59.95	
					固废	危险废物	千克/吨-产品	4.8	送有资质单位处理	—	—

注：①挥发性有机物有组织排放的占比为 63.11%。

[1] 该公式仅供参考，使用时，可根据 k 值定义，选取更适合企业实际情况的表达方式。

2614 有机化学原料制造（顺酐）行业系数表（续表 1）

工段名称	产品名称	原料名称	工艺名称	规模等级	污染物类别	污染物指标	系数单位	产污系数	末端治理技术	末端治理技术平均去除效率/%	参考 k 值计算公式
—	顺酐	正丁烷、空气等	正丁烷法	所有规模	废气	工业废气量	万标米^3/吨-产品	1.008	—	0	—
						挥发性有机物①	千克/吨-产品	48.94	直接燃烧法	99.44	k=治理设施运行时间（小时/年）/企业正常生产时间（小时/年）
									热力燃烧法	98.94	
									蓄热式热力燃烧法	98.94	
									催化燃烧法	98.94	
									蓄热式催化燃烧法	94.94	
					固废	危险废物	千克/吨-产品	5.753	送有资质单位处理	—	—

注：① 挥发性有机物有组织排放的占比为 99.94%。

2614 有机化学原料制造（苯酐）行业系数表

工段名称	产品名称	原料名称	工艺名称	规模等级	污染物类别	污染物指标	系数单位	产污系数	末端治理技术	末端治理技术平均去除效率/%	参考 k 值计算公式[1]
—	苯酐	萘、空气、催化剂	萘氧化法（催化氧化）	所有规模	废气	工业废气量	万标米^3/吨-产品	1.480	—	—	—
						挥发性有机物①	千克/吨-产品	30.08	直接燃烧法	99.24	k=治理设施运行时间（小时/年）/企业正常生产时间（小时/年）
									热力燃烧法	98.74	
									催化燃烧法	98.74	
									蓄热式催化燃烧法	94.75	
									蓄热式热力燃烧法	98.74	
						颗粒物	千克/吨-产品	0.101	袋式除尘	99.0	
					固废	危险废物	千克/吨-产品	13.12	送有资质单位处理	—	—

注：①挥发性有机物有组织排放的占比为 99.73%。

[1] 该公式仅供参考，使用时，可根据 k 值定义，选取更适合企业实际情况的表达方式。

2614 有机化学原料制造（苯酐）行业系数表（续表 1）

工段名称	产品名称	原料名称	工艺名称	规模等级	污染物类别	污染物指标	系数单位	产污系数	末端治理技术	末端治理技术平均去除效率/%	参考 k 值计算公式
—	苯酐	邻二甲苯、空气、催化剂	邻二甲苯法	所有规模	废气	工业废气量	万标米^3/吨-产品	1.08	—	0	
						挥发性有机物①	千克/吨-产品	25.02	直接燃烧法	99.40	k=治理设施运行时间（小时/年）/企业正常生产时间（小时/年）
									热力燃烧法	98.91	
									催化燃烧法	98.91	
									蓄热式催化燃烧法	94.91	
									蓄热式热力燃烧法	98.91	
						颗粒物	千克/吨-产品	0.1999	袋式除尘	99.0	
					固废	危险废物	千克/吨-产品	8.015	送有资质单位处理	—	—

注：①挥发性有机物有组织排放的占比为 99.93%。

2614 有机化学原料制造（邻苯二甲酸二辛酯）行业系数表

工段名称	产品名称	原料名称	工艺名称	规模等级	污染物类别	污染物指标	系数单位	产污系数	末端治理技术	末端治理技术平均去除效率/%	参考 k 值计算公式[1]
—	邻苯二甲酸二辛酯	苯酐、辛醇、活性炭等	酯化反应	所有规模	废气	工业废气量	万标米^3/吨-产品	0.127	—	0	—
						挥发性有机物①	千克/吨-产品	0.359	直接燃烧法	88.41	k=治理设施运行时间（小时/年）/企业正常生产时间（小时/年）
									热力燃烧法	87.97	
									催化燃烧法	87.97	
									蓄热式催化燃烧法	84.42	
									蓄热式热力燃烧法	87.97	
					废水	工业废水量	吨/吨-产品	0.12	—	—	—
						化学需氧量	克/吨-产品	840	物理化学处理法+好氧生物处理法	97.6	k=治理设施运行时间（小时/年）/企业正常生产时间（小时/年）
					固废	危险废物	千克/吨-产品	0.7143	送有资质单位处理	—	—

注：①挥发性有机物有组织排放的占比为 88.86%。

[1] 该公式仅供参考，使用时，可根据 k 值定义，选取更适合企业实际情况的表达方式。

2621 氮肥制造业

1 适用范围

本手册仅用于《国民经济行业分类》（GB/T 4754—2017）中 2621 氮肥制造行业使用系数法核算工业污染物产生量和排放量的工业企业。

利用本手册进行产排污核算得出的污染物产生量与排放量仅代表了特定行业、工艺、产品、原料在正常工况下污染物产生与排放的一般规律。

合成氨产品废水指标包括工业废水量、化学需氧量、氨氮、总氮、总磷、石油类、氰化物、挥发酚；废气指标包括工业废气量、颗粒物、二氧化硫、氮氧化物、挥发性有机物；一般工业固废指标包括废催化剂、废吸附剂、气化炉渣（造气炉渣）。

尿素产品废水指标包括工业废水量、氨氮、总氮；废气指标包括工业废气量、颗粒物、氨；一般工业固废指标包括废吸附剂。

硝酸铵产品废水指标包括工业废水量、氨氮、总氮；废气指标包括工业废气量、颗粒物。

2 注意事项

2.1 企业有多种生产工艺或生产多类产品产排污量核算

污染物产生量与产品产量有关，根据不同核算环节计算产污量后，再根据企业末端治理设施和运行情况计算各污染物的排放量。

企业某污染物指标的产生量、排放量为各核算环节产生量、排放量之和。

在企业实际排放量计算过程中，如果存在废水回用的情况，需要在利用产排污核算公式的基础上扣除废水回用的部分。公式如下：

实际排放量=计算排放量×（1–废水回用率）

2.2 采用多种治理设施组合处理企业的排污量核算

在排污量计算选择末端治理技术时，若没有对应的组合治理技术，以主要治理技术为准。

2.3 系数表中未涉及的产污系数及污染治理效率

合成氨的生产过程中，如果包含以油为原料的合成氨生产工艺，废水、废气、固废指标可参考 2621 氮肥制造行业水煤浆气化工艺生产合成氨的系数手册。

合成氨的生产过程中，如果包含以褐煤为原料、采用恩德煤气化技术的合成氨生产工艺，废水、废气、固废指标可参考 2621 氮肥制造行业碎煤加压气化工艺生产合成氨的系数手册。

合成氨的生产过程中，如果包含固定床纯氧连续气化技术的合成氨生产工艺，废水、废气、固废指标可参考 2621 氮肥制造行业固定床常压气化工艺生产合成氨的系数手册。

以焦炭、兰炭、半焦为原料采用固定床常压煤气化工艺生产合成氨的企业，按无烟煤（型煤）原料查取产污系数及末端治理技术平均去除效率。

采用水溶液全循环法生产尿素的企业绝大多数是通过造粒塔造粒，极少数采用造粒机造粒。采用水溶液全循环法生产尿素，通过造粒机造粒的企业，可参考汽提工艺生产尿素中造粒机污染物排放情况；仅 1 家企业采用 IDR 法（双汽提法）生产尿素，可参考 CO_2 汽提工艺中尿素造粒污染物排放情况。

2.4 其他需要说明的问题

由于不同企业工业废气量、废水量差异较大，本手册所提供的工业废气量、废水量系数仅供参考。

为体现相同产污水平条件下，采用相同环保治理设施的不同企业对同一污染物去除效果的差异，引入末端治理设施实际运行率（k）对污染治理技术的实际去除率进行修正。k 值反映的是污染治理设施运行的状态，越稳定运行，k 值越高；在取值上，若定义连续稳定运行的理想状态为 1，则 k 取值在 0～1 之间。

本手册给出本行业的 k 计算公式仅供参考，使用时，可根据 k 值定义，选取更适合企业实际情况的表达方式。

（1）产品产量的确定

①合成氨：合成氨产量指单套生产装置的合成氨产量，包括厂内各用氨单位的使用量，合成氨生产过程中的自用量（净化与脱硫用）以及氨罐弛放气、合成放空气、中间槽解析气等气体回收的氨水含氨量，销售的商品液氨量，即企业生产统计的合成氨产量。

②尿素：尿素产量指单套生产装置的尿素产量，为企业生产的符合国家质量标准要求或定货合同规定的技术条件的尿素实物量和不符合国家质量标准要求或定货合同规定的技术条件的尿素实物量之和，即为企业的尿素总产量。包括用于销售的和本厂自用的数量。其数值大于或等于企业生产统计的尿素产量。

③硝酸铵：硝酸铵产量指单套生产装置的硝酸铵产量，为企业生产的符合国家质量标准要求或定货合同规定的技术条件的硝酸铵实物量和不符合国家质量标准要求或定货合同规定的技术条件的硝酸铵实物量之和，即为企业的硝酸铵总产量。包括用于销售的和本厂自用的数量。其数值大于或等于企业生产统计的硝酸铵产量。

（2）合成氨生产废水污染物产污系数系指合成氨生产界区出口未经终端处理的单位产品的污染物产生量。

3 污染物排放量核算方法

3.1 计算工段污染物产生量

（1）根据产品、原料、污染物产生的主导生产工艺、企业规模（生产产能）这一组合查找和确定所对应的某一污染物的产污系数。

（2）根据该污染物的产污系数计量单位——单位产品产量，获取企业实际产品产量。

例如，某组合内化学需氧量的产污系数单位为千克/吨-产品，则计算产生量时需要获取企业实际产品产量。

（3）污染物产生量按以下公式进行计算：

污染物产生量=污染物对应的产污系数×产品产量

$$G_{产i}=P_{产i}\times M_i$$

式中，$G_{产i}$——工段 i 某污染物的产生量；

$P_{产i}$——工段 i 某污染物对应的产污系数；

M_i——工段 i 的产品产量。

3.2 计算工段污染物去除量

（1）根据企业对某一污染物所采用的治理技术查找和选择相应的末端治理技术平均去除效率。

（2）根据所填报的末端治理设施实际运行率参数及其计算公式得出该企业某一污染物的末端治理设施实际运行率（k 值）。

（3）污染物去除量按以下公式进行计算：

污染物去除量＝污染物产生量×污染物去除率

＝污染物产生量×末端治理技术平均去除效率×末端治理设施实际运行率

$$R_{减i}=G_{产i}\times\eta_T\times k_T$$

式中，$R_{减i}$——工段 i 某污染物的去除量；

η_T——工段 i 某污染物采用的末端治理技术的平均去除效率；

k_T——工段 i 某污染物采用的末端治理设施的实际运行率。

3.3 计算工段污染物排放量

污染物排放量＝污染物产生量－污染物去除量

＝污染物对应的产污系数×产品产量－污染物产生量×末端治理技术平均去除效率×末端治理设施实际运行率

3.4 计算企业污染物排放量

同一企业某污染物全年的产生（排放）总量为该企业同年实际生产的全部工段、产品、原料、规模污染物产生（排放）量之和。

$$E_{排}=G_{产}-R_{减}=\sum(G_{产i}-R_{减i})$$
$$=\sum\left[P_{产i}\times M_i(1-\eta_T\times k_T)\right]$$

4 污染物排放量核算案例

某合成氨企业主要从事合成氨的生产。该企业涉及的主要污染物为化学需氧量、氨氮、总氮、总磷、挥发性有机物、废催化剂、废吸附剂。以化学需氧量为例说明排放量计算过程。

该企业基本信息如表 1 所示。

表 1　某合成氨企业基本信息

	名称	数量
产品及产量	合成氨	430000 吨/年
工艺名称	蒸汽转化法	—
规模（产能）	45 万吨/年	
污染治理设施	物理化学处理法+好氧生物处理法+厌氧生物处理法	
末端治理设施 实际运行率	污水治理设施运行时间	8000 小时
	企业正常生产时间	8000 小时

4.1　化学需氧量产生量计算

（1）查找产污系数及其计量单位

根据企业基本信息，查找本手册中主要产品为合成氨，主要原料为天然气，主要工艺为蒸汽转化法，生产规模≥30 万吨/年。该组合化学需氧量的产污系数为 0.780，单位为千克/吨-产品。

（2）获取企业产品产量

该企业实际情况为：主要产品合成氨 2017 年产量为 430000 吨。

（3）计算化学需氧量产生量

由于查询到的组合中化学需氧量产污系数的单位为千克/吨-产品，因此在核算产生量时需获取产品产量。

$$\begin{aligned}\text{化学需氧量产生量} &= \text{化学需氧量产污系数} \times \text{产品（合成氨）产量} \\ &= 0.780\text{千克/吨-产品} \times 430000\text{吨-产品} \\ &= 335400\text{千克}\end{aligned}$$

4.2　化学需氧量去除量计算

（1）查找末端治理技术平均去除效率

该企业化学需氧量治理技术采用“物理化学处理法+好氧生物处理法+厌氧生物处理法”工艺，查询相应组合内该工艺的末端治理技术平均去除效率为 88%。

（2）计算末端治理设施实际运行率

根据产污系数组合查询结果，该组合中化学需氧量对应的末端治理设施实际运行率为

$$k=\text{污水治理设施运行时间/企业正常生产时间}=8000\text{小时}/8000\text{小时}=1$$

（3）计算化学需氧量去除量

$$\text{化学需氧量去除量}=335400\text{千克}\times 88\%\times 1=268320\text{千克}$$

4.3　化学需氧量排放量计算

$$\text{化学需氧量排放量}=335400\text{千克}-268320\text{千克}=67080\text{千克}$$

5 系数表

2621 氮肥制造行业系数表

工段名称	产品名称	原料名称	工艺名称	规模等级	污染物类别	污染物指标	系数单位	产污系数	末端治理技术	末端治理技术平均去除效率/%	参考 k 值计算公式[1]
—	合成氨	天然气	蒸汽转化法	≥30 万吨/年	废水	工业废水量	米^3/吨-产品	3.50	—	0	—
						氨氮	千克/吨-产品	0.130	物理化学处理法+好氧生物处理法+厌氧生物处理法	85	k=治理设施运行时间（小时/年）/企业正常生产时间（小时/年）
						总氮	千克/吨-产品	0.290	物理化学处理法+好氧生物处理法+厌氧生物处理法	77	
						总磷	千克/吨-产品	1.30×10^{-3}	物理化学处理法+好氧生物处理法+厌氧生物处理法	60	
						化学需氧量	千克/吨-产品	0.780	物理化学处理法+好氧生物处理法+厌氧生物处理法	88	
					废气①	工业废气量	标米^3/吨-产品	4.40×10^{3}	—	0	—
						氮氧化物	千克/吨-产品	0.500	—	0	—
						颗粒物	千克/吨-产品	2.00×10^{-2}	—	0	—
					废气②	挥发性有机物	千克/吨-产品	2.12	—	0	—
					一般工业固废	废催化剂	千克/吨-产品	0.110	—	0	—
						废吸附剂	千克/吨-产品	3.00×10^{-2}	—	0	—

注：① 指转化炉烟气。
② 指废水集输、储存、处置过程。

[1] 该公式仅供参考，使用时，可根据 k 值定义，选取更适合企业实际情况的表达方式。

2621 氮肥制造行业系数表（续表 1）

工段名称	产品名称	原料名称	工艺名称	规模等级	污染物类别	污染物指标	系数单位	产污系数	末端治理技术	末端治理技术平均去除效率/%	参考 k 值计算公式
—	合成氨	天然气	蒸汽转化法	<30 万吨/年	废水	工业废水量	米^3/吨-产品	3.80	—	0	—
						氨氮	千克/吨-产品	0.130	物理化学处理法+好氧生物处理法+厌氧生物处理法	85	k=治理设施运行时间（小时/年）/企业正常生产时间（小时/年）
						总氮	千克/吨-产品	0.290	物理化学处理法+好氧生物处理法+厌氧生物处理法	77	
						总磷	千克/吨-产品	1.30×10^{-3}	物理化学处理法+好氧生物处理法+厌氧生物处理法	60	
						化学需氧量	千克/吨-产品	0.780	物理化学处理法+好氧生物处理法+厌氧生物处理法	88	
					废气①	工业废气量	标米^3/吨-产品	3.70×10^{3}	—	0	—
						氮氧化物	千克/吨-产品	0.520	—	0	—
						颗粒物	千克/吨-产品	5.00×10^{-2}	—	0	—
					废气②	挥发性有机物	千克/吨-产品	2.30	—	0	—
					一般工业固废	废催化剂	千克/吨-产品	0.150	—	0	—
						废吸附剂	千克/吨-产品	0.180	—	0	—

注：①指转化炉烟气。

②指废水集输、储存、处置过程。

2621 氮肥制造行业系数表（续表 2）

工段名称	产品名称	原料名称	工艺名称	规模等级	污染物类别	污染物指标	系数单位	产污系数	末端治理技术	末端治理技术平均去除效率/%	参考 k 值计算公式
—	合成氨	焦炉气	部分氧化法	所有规模	废水	工业废水量	米^3/吨-产品	3.41	—	0	—
						氨氮	千克/吨-产品	0.490	物理化学处理法+好氧生物处理法+厌氧生物处理法	85	k=治理设施运行时间（小时/年）/企业正常生产时间（小时/年）
						总氮	千克/吨-产品	0.740	物理化学处理法+好氧生物处理法+厌氧生物处理法	84	
						总磷	千克/吨-产品	4.00×10^{-3}	物理化学处理法+好氧生物处理法+厌氧生物处理法	65	
						氰化物	千克/吨-产品	1.90×10^{-3}	物理化学处理法+好氧生物处理法+厌氧生物处理法	71	
						挥发酚	千克/吨-产品	1.80×10^{-2}	物理化学处理法+好氧生物处理法+厌氧生物处理法	56	
						化学需氧量	千克/吨-产品	0.600	物理化学处理法+好氧生物处理法+厌氧生物处理法	79	
					废气①	工业废气量	标米^3/吨-产品	2.30×10^{3}	—	0	—
						氮氧化物	千克/吨-产品	0.260	—	0	—
						颗粒物	千克/吨-产品	2.70×10^{-2}	—	0	—
						二氧化硫	千克/吨-产品	2.60×10^{-2}	—	0	—
					废气②	挥发性有机物	千克/吨-产品	2.06	—	0	—
					一般工业固废	废催化剂	千克/吨-产品	0.870	—	0	—
						废吸附剂	千克/吨-产品	0.550	—	0	—

注：①指转化炉烟气。
②指废水集输、储存、处置过程。

2621 氮肥制造行业系数表（续表 3）

工段名称	产品名称	原料名称	工艺名称	规模等级	污染物类别	污染物指标	系数单位	产污系数	末端治理技术	末端治理技术平均去除效率/%	参考 k 值计算公式
—	合成氨	烟煤、褐煤	水煤浆气化工艺	所有规模	废水	工业废水量	米^3/吨-产品	3.15	—	0	—
						氨氮	千克/吨-产品	0.500	物理化学处理法+好氧生物处理法+厌氧生物处理法	86	k=治理设施运行时间（小时/年）/企业正常生产时间（小时/年）
						总氮	千克/吨-产品	0.620	物理化学处理法+好氧生物处理法+厌氧生物处理法	84	
						总磷	千克/吨-产品	3.10×10^{-3}	物理化学处理法+好氧生物处理法+厌氧生物处理法	72	
						化学需氧量	千克/吨-产品	1.56	物理化学处理法+好氧生物处理法+厌氧生物处理法	86	
酸性气回收硫黄尾气	合成氨	烟煤、褐煤	水煤浆气化工艺	所有规模	废气	工业废气量	标米^3/吨-产品	200	—	0	—
						二氧化硫	千克/吨-产品	0.660	氨法	97	k=治理设施运行时间（小时/年）/企业正常生产时间（小时/年）
									双碱法		
							千克/吨-产品	2.00×10^{-2}	—	0	—
酸性气回收硫酸尾气	合成氨	烟煤、褐煤	水煤浆气化工艺	所有规模	废气	工业废气量	标米^3/吨-产品	227	—	0	—
						二氧化硫	千克/吨-产品	2.00×10^{-2}	—	0	—
低温甲醇洗尾气	合成氨	烟煤、褐煤	水煤浆气化工艺	所有规模	废气	工业废气量	标米^3/吨-产品	800	—	0	—
						挥发性有机物（甲醇）	千克/吨-产品	0.110	吸收	77	k=治理设施运行时间（小时/年）/企业正常生产时间（小时/年）
废水集输、储存、处置	合成氨	烟煤、褐煤	水煤浆气化工艺	所有规模	废气	挥发性有机物	千克/吨-产品	1.91	—	0	—
—	合成氨	烟煤、褐煤	水煤浆气化工艺	所有规模	一般工业固废	气化炉渣	吨/吨-产品	0.120	—	0	—
						废催化剂	千克/吨-产品	9.00×10^{-2}	—	0	—

2621 氮肥制造行业系数表（续表 4）

工段名称	产品名称	原料名称	工艺名称	规模等级	污染物类别	污染物指标	系数单位	产污系数	末端治理技术	末端治理技术平均去除效率/%	参考 k 值计算公式
—	合成氨	烟煤、褐煤	干煤粉气化工艺	所有规模	废水	工业废水量	米^3/吨-产品	3.15	—	0	—
						氨氮	千克/吨-产品	0.400	物理化学处理法+好氧生物处理法+厌氧生物处理法	83	k=治理设施运行时间（小时/年）/企业正常生产时间（小时/年）
						总氮	千克/吨-产品	0.440	物理化学处理法+好氧生物处理法+厌氧生物处理法	82	
						总磷	千克/吨-产品	1.80×10^{-3}	物理化学处理法+好氧生物处理法+厌氧生物处理法	57	
						化学需氧量	千克/吨-产品	1.30	物理化学处理法+好氧生物处理法+厌氧生物处理法	84	
酸性气回收硫黄尾气	合成氨	烟煤、褐煤	干煤粉气化工艺	所有规模	废气	工业废气量	标米^3/吨-产品	200	—	0	—
						二氧化硫	千克/吨-产品	0.660	氨法	97	k=治理设施运行时间（小时/年）/企业正常生产时间（小时/年）
									双碱法		
							千克/吨-产品	2.00×10^{-2}	—	0	—
酸性气回收硫酸尾气	合成氨	烟煤、褐煤	干煤粉气化工艺	所有规模	废气	工业废气量	标米^3/吨-产品	227	—	0	—
						二氧化硫	千克/吨-产品	2.00×10^{-2}	—	0	—
低温甲醇洗尾气	合成氨	烟煤、褐煤	干煤粉气化工艺	所有规模	废气	工业废气量	标米^3/吨-产品	800	—	0	—
						挥发性有机物（甲醇）	千克/吨-产品	0.110	吸收	77	k=治理设施运行时间（小时/年）/企业正常生产时间（小时/年）
废水集输、储存、处置	合成氨	烟煤、褐煤	干煤粉气化工艺	所有规模	废气	挥发性有机物	千克/吨-产品	1.91	—	0	—
—	合成氨	烟煤、褐煤	干煤粉气化工艺	所有规模	一般工业固废	气化炉渣	吨/吨-产品	0.240	—	0	—
						废催化剂	千克/吨-产品	0.160	—	0	—

2621 氮肥制造行业系数表（续表 5）

工段名称	产品名称	原料名称	工艺名称	规模等级	污染物类别	污染物指标	系数单位	产污系数	末端治理技术	末端治理技术平均去除效率/%	参考 k 值计算公式
—	合成氨	烟煤、褐煤	碎煤加压气化工艺	所有规模	废水	工业废水量	米 ^{3}/吨-产品	6.00	—	0	—
						氨氮	千克/吨-产品	0.110	物理化学处理法+好氧生物处理法+厌氧生物处理法	73	k=治理设施运行时间（小时/年）/企业正常生产时间（小时/年）
						总氮	千克/吨-产品	0.620	物理化学处理法+好氧生物处理法+厌氧生物处理法	75	
						总磷	千克/吨-产品	3.20×10^{-3}	物理化学处理法+好氧生物处理法+厌氧生物处理法	68	
						石油类	千克/吨-产品	4.60×10^{-3}	物理化学处理法+好氧生物处理法+厌氧生物处理法	63	
						氰化物	千克/吨-产品	2.00×10^{-4}	物理化学处理法+好氧生物处理法+厌氧生物处理法	77	
						挥发酚	千克/吨-产品	4.40×10^{-4}	物理化学处理法+好氧生物处理法+厌氧生物处理法	91	
						化学需氧量	千克/吨-产品	4.85	物理化学处理法+好氧生物处理法+厌氧生物处理法	91	

2621 氮肥制造行业系数表（续表 6）

工段名称	产品名称	原料名称	工艺名称	规模等级	污染物类别	污染物指标	系数单位	产污系数	末端治理技术	末端治理技术平均去除效率/%	参考 k 值计算公式
酸性气回收硫黄尾气	合成氨	烟煤、褐煤	碎煤加压气化工艺	所有规模	废气	工业废气量	标米^3/吨-产品	200	—	0	—
						二氧化硫	千克/吨-产品	0.660	氨法	97	k=治理设施运行时间（小时/年）/企业正常生产时间（小时/年）
									双碱法		
							千克/吨-产品	2.00×10^{-2}	—	0	—
酸性气回收硫酸尾气	合成氨	烟煤、褐煤	碎煤加压气化工艺	所有规模	废气	工业废气量	标米^3/吨-产品	227	—	0	—
						二氧化硫	千克/吨-产品	2.00×10^{-2}	—	0	—
低温甲醇洗尾气	合成氨	烟煤、褐煤	碎煤加压气化工艺	所有规模	废气	工业废气量	标米^3/吨-产品	800	—	0	—
						挥发性有机物（甲醇）	千克/吨-产品	0.110	吸收	77	k=治理设施运行时间（小时/年）/企业正常生产时间（小时/年）
废水集输、储存、处置	合成氨	烟煤、褐煤	碎煤加压气化工艺	所有规模	废气	挥发性有机物	千克/吨-产品	3.63	—	0	—
—	合成氨	烟煤、褐煤	碎煤加压气化工艺	所有规模	一般工业固废	气化炉渣	吨/吨-产品	0.290	—	0	—
						废催化剂	千克/吨-产品	0.220	—	0	—

2621 氮肥制造行业系数表（续表 7）

工段名称	产品名称	原料名称	工艺名称	规模等级	污染物类别	污染物指标	系数单位	产污系数	末端治理技术	末端治理技术平均去除效率/%	参考 k 值计算公式
—	合成氨	无烟煤	固定床常压煤气化	≥18 万吨/年	废水	工业废水量	米 ^{3}/吨-产品	3.50	—	0	—
						氨氮	千克/吨-产品	0.200	物理化学处理法+好氧生物处理法+厌氧生物处理法	65	k=治理设施运行时间（小时/年）/企业正常生产时间（小时/年）
						总氮	千克/吨-产品	0.330	物理化学处理法+好氧生物处理法+厌氧生物处理法	68	
						总磷	千克/吨-产品	5.00×10^{-3}	物理化学处理法+好氧生物处理法+厌氧生物处理法	74	
						石油类	千克/吨-产品	2.60×10^{-2}	物理化学处理法+好氧生物处理法+厌氧生物处理法	78	
						氰化物	千克/吨-产品	1.40×10^{-3}	物理化学处理法+好氧生物处理法+厌氧生物处理法	63	
						挥发酚	千克/吨-产品	8.20×10^{-4}	物理化学处理法+好氧生物处理法+厌氧生物处理法	57	
						化学需氧量	千克/吨-产品	1.89	物理化学处理法+好氧生物处理法+厌氧生物处理法	85	
					废气①	工业废气量	标米 ^{3}/吨-产品	2.80×10^{3}	—	0	—
						颗粒物	千克/吨-产品	1.97	袋式除尘	94	k=治理设施运行时间（小时/年）/企业正常生产时间（小时/年）
						二氧化硫	千克/吨-产品	0.550	氨法	77	
									石灰/石膏法	77	
									氧化镁法	77	
						氮氧化物	千克/吨-产品	0.760	选择性非催化还原法（SNCR）	60	
					废气②	挥发性有机物	千克/吨-产品	2.12	—	0	—
					一般工业固废	造气炉渣	吨/吨-产品	0.230	—	0	—
						废催化剂	千克/吨-产品	0.180	—	0	—
						废吸附剂	千克/吨-产品	0.140	—	0	—

注：①指吹风气余热回收系统烟气。

②指废水集输、储存、处置过程。

2621 氮肥制造行业系数表（续表 8）

工段名称	产品名称	原料名称	工艺名称	规模等级	污染物类别	污染物指标	系数单位	产污系数	末端治理技术	末端治理技术平均去除效率/%	参考 k 值计算公式
—	合成氨	无烟煤	固定床常压煤气化	＜18 万吨/年	废水	工业废水量	米 ^{3}/吨-产品	4.57	—	0	—
						氨氮	千克/吨-产品	0.200	物理化学处理法+好氧生物处理法+厌氧生物处理法	65	k=治理设施运行时间（小时/年）/企业正常生产时间（小时/年）
						总氮	千克/吨-产品	0.330	物理化学处理法+好氧生物处理法+厌氧生物处理法	68	
						总磷	千克/吨-产品	5.00×10^{-3}	物理化学处理法+好氧生物处理法+厌氧生物处理法	74	
						石油类	千克/吨-产品	2.60×10^{-2}	物理化学处理法+好氧生物处理法+厌氧生物处理法	78	
						氰化物	千克/吨-产品	1.40×10^{-3}	物理化学处理法+好氧生物处理法+厌氧生物处理法	63	
						挥发酚	千克/吨-产品	8.20×10^{-4}	物理化学处理法+好氧生物处理法+厌氧生物处理法	57	
						化学需氧量	千克/吨-产品	1.89	物理化学处理法+好氧生物处理法+厌氧生物处理法	85	

2621 氮肥制造行业系数表（续表 9）

工段名称	产品名称	原料名称	工艺名称	规模等级	污染物类别	污染物指标	系数单位	产污系数	末端治理技术	末端治理技术平均去除效率/%	参考 k 值计算公式
—	合成氨	无烟煤	固定床常压煤气化	<18 万吨/年	废气①	工业废气量	标米^3/吨-产品	2.80×10^3	—	0	—
						颗粒物	千克/吨-产品	2.23	袋式除尘	94	k=治理设施运行时间（小时/年）/企业正常生产时间（小时/年）
									板式+喷淋塔/冲击水浴		
									电袋组合		
						二氧化硫	千克/吨-产品	0.560	氨法	60	
									石灰/石膏法		
									氧化镁法		
						氮氧化物	千克/吨-产品	0.650	选择性非催化还原法（SNCR）	46	
					废气②	挥发性有机物	千克/吨-产品	2.76	—	0	—
					一般工业固废	造气炉渣	吨/吨-产品	0.230	—	0	—
						废催化剂	千克/吨-产品	0.190	—	0	—
						废吸附剂	千克/吨-产品	0.190	—	0	—

注：①指吹风气余热回收系统烟气。
②指废水集输、储存、处置过程。

2621 氮肥制造行业系数表（续表 10）

工段名称	产品名称	原料名称	工艺名称	规模等级	污染物类别	污染物指标	系数单位	产污系数	末端治理技术	末端治理技术平均去除效率/%	参考 *k* 值计算公式
—	尿素	液氨、CO_2	CO_2汽提法、NH_3汽提法	所有规模	废水	工业废水量	米^3/吨-产品	0.550	—	0	—
						氨氮	千克/吨-产品	40.8	水解解吸处理法	99.89	*k*=治理设施运行时间（小时/年）/企业正常生产时间（小时/年）
						总氮	千克/吨-产品	43.5	水解解吸处理法	99.92	
吸收尾气（CO_2汽提法）	尿素	液氨、CO_2	CO_2汽提法、NH_3汽提法	所有规模	废气	氨	千克/吨-产品	0.250	—	0	—
吸收尾气（NH_3汽提法）	尿素	液氨、CO_2	CO_2汽提法、NH_3汽提法	所有规模	废气	氨	千克/吨-产品	0.200	—	0	—
造粒废气（造粒塔造粒）	尿素	液氨、CO_2	CO_2汽提法、NH_3汽提法	所有规模	废气	工业废气量	标米^3/吨-产品	9.00×10^3	—	0	—
						颗粒物	千克/吨-产品	0.980	—	0	—
									喷淋塔/冲击水浴	55	*k*=治理设施运行时间（小时/年）/企业正常生产时间（小时/年）
						氨	千克/吨-产品	0.720	—	0	—
									喷淋塔/冲击水浴	40	*k*=治理设施运行时间（小时/年）/企业正常生产时间（小时/年）
造粒废气（造粒机造粒）	尿素	液氨、CO_2	CO_2汽提法、NH_3汽提法	所有规模	废气	工业废气量	标米^3/吨-产品	5.50×10^3	—	0	—
						颗粒物	千克/吨-产品	100	喷淋塔/冲击水浴	99.84	*k*=治理设施运行时间（小时/年）/企业正常生产时间（小时/年）
						氨	千克/吨-产品	0.480	喷淋塔/冲击水浴	51	

2621 氮肥制造行业系数表（续表 11）

工段名称	产品名称	原料名称	工艺名称	规模等级	污染物类别	污染物指标	系数单位	产污系数	末端治理技术	末端治理技术平均去除效率/%	参考 k 值计算公式
—	尿素	液氨、CO_2	水溶液全循环法	≥30 万吨/年	废水	工业废水量	米^3/吨-产品	0.500	—	0	—
						氨氮	千克/吨-产品	35.0	水解解吸处理法	99.95	k=治理设施运行时间（小时/年）/企业正常生产时间（小时/年）
						总氮	千克/吨-产品	38.0	水解解吸处理法	99.95	
吸收尾气	尿素	液氨、CO_2	水溶液全循环法	≥30 万吨/年	废气	氨	千克/吨-产品	0.650	—	0	—
造粒废气（造粒塔造粒）	尿素	液氨、CO_2	水溶液全循环法	≥30 万吨/年	废气	工业废气量	标米^3/吨-产品	9.00×10^3	—	0	—
						颗粒物	千克/吨-产品	0.790	—	0	—
									喷淋塔/冲击水浴	45	k=治理设施运行时间（小时/年）/企业正常生产时间（小时/年）
						氨	千克/吨-产品	0.730	—	0	—
									喷淋塔/冲击水浴	51	k=治理设施运行时间（小时/年）/企业正常生产时间（小时/年）
—	尿素	液氨、CO_2	水溶液全循环法	≥30 万吨/年	一般工业固废	废吸附剂①	千克/吨-产品	0.120	—	0	—

注：①废吸附剂来源于采用固定床常压煤气化工艺生产合成氨企业。

2621 氮肥制造行业系数表（续表 12）

工段名称	产品名称	原料名称	工艺名称	规模等级	污染物类别	污染物指标	系数单位	产污系数	末端治理技术	末端治理技术平均去除效率/%	参考 k 值计算公式
—	尿素	液氨、CO_2	水溶液全循环法	<30 万吨/年	废水	工业废水量	米^3/吨-产品	0.560	—	0	—
						氨氮	千克/吨-产品	36.0	水解解吸处理法	99.95	k=治理设施运行时间（小时/年）/企业正常生产时间（小时/年）
						总氮	千克/吨-产品	38.5	水解解吸处理法	99.95	
吸收尾气	尿素	液氨、CO_2	水溶液全循环法	<30 万吨/年	废气	氨	千克/吨-产品	0.700	—	0	—
造粒废气（造粒塔造粒）	尿素	液氨、CO_2	水溶液全循环法	<30 万吨/年	废气	工业废气量	标米^3/吨-产品	9.00×10^3	—	0	—
						颗粒物	千克/吨-产品	0.970	—	0	—
									喷淋塔/冲击水浴	48	k=治理设施运行时间（小时/年）/企业正常生产时间（小时/年）
						氨	千克/吨-产品	0.890	—	0	—
									喷淋塔/冲击水浴	65	k=治理设施运行时间（小时/年）/企业正常生产时间（小时/年）
—	尿素	液氨、CO_2	水溶液全循环法	<30 万吨/年	一般工业固废	废吸附剂①	千克/吨-产品	0.120	—	0	—

注：①废吸附剂来源于采用固定床常压煤气化工艺生产合成氨企业。

2621 氮肥制造行业系数表（续表 13）

工段名称	产品名称	原料名称	工艺名称	规模等级	污染物类别	污染物指标	系数单位	产污系数	末端治理技术	末端治理技术平均去除效率/%	参考 k 值计算公式
—	硝酸铵	氨、硝酸	常压中和法	所有规模	废水	工业废水量	米^3/吨-产品	0.700	—	0	—
						氨氮	千克/吨-产品	0.342	电渗析	98	k=治理设施运行时间（小时/年）/企业正常生产时间（小时/年）
						总氮	千克/吨-产品	0.473	电渗析	98	
					废气	工业废气量	标米^3/吨-产品	$1.90×10^4$	—	0	—
						颗粒物	千克/吨-产品	1.68	喷淋塔/冲击水浴	90	k=治理设施运行时间（小时/年）/企业正常生产时间（小时/年）
		氨、硝酸	管式反应器法（包含加压中和法）	所有规模	废水	工业废水量	米^3/吨-产品	0.473	—	0	—
						氨氮	千克/吨-产品	0.580	电渗析	98	k=治理设施运行时间（小时/年）/企业正常生产时间（小时/年）
									3500 其他（反渗透）	99.98	
						总氮	千克/吨-产品	0.788	电渗析	96	
									3500 其他（反渗透）	99.30	
					废气	工业废气量	标米^3/吨-产品	$1.30×10^4$	—	0	—
						颗粒物	千克/吨-产品	1.32	喷淋塔/冲击水浴	85	k=治理设施运行时间（小时/年）/企业正常生产时间（小时/年）

2622 磷肥制造业

1 适用范围

本手册仅用于《国民经济行业分类》（GB/T 4754—2017）中 2622 磷肥制造行业使用系数法核算工业污染物产生量和排放量的工业企业。

利用本手册进行产排污核算得出的污染物产生量与排放量仅代表了特定行业、工艺、产品、原料在正常工况下污染物产生与排放的一般规律。

本行业废水指标包括工业废水量、化学需氧量、悬浮物、氟化物、总磷、总氮、氨氮、总砷；废气指标包括工业废气量、氟化物、颗粒物、氨、二氧化硫、氮氧化物；固废指标包括磷石膏（干基）、碳酸钙（干基）、镍铁。

2 注意事项

2.1 企业有多种生产工艺或生产多类产品产排污量核算

磷肥制造行业污染物产生量与产品产量有关，根据不同核算环节计算产污量后，再根据企业末端治理设施和运行情况计算各污染物的排放量。

企业某污染物指标的产生量、排放量为各核算环节产生量、排放量之和。

在企业实际排放量计算过程中，如果存在废水回用的情况，需要在利用产排污核算公式的基础上扣除废水回用的部分。公式如下：

实际排放量=计算排放量×（1–废水回用率）

2.2 采用多种治理设施组合处理企业的排污量核算

在排污量计算选择末端治理技术时，若没有对应的组合治理技术，以主要治理技术为准。

2.3 系数表中未涉及的产污系数及污染治理效率

（1）如有传统法粒状磷酸一铵生产工艺的，废水、废气指标可参照 2622 磷肥制造行业传统法磷酸二铵的系数手册。

（2）如有料浆法重过磷酸钙生产工艺，废水、废气指标可参照 2622 磷肥制造行业化成法重过磷酸钙的系数手册。

（3）如有电炉法钙镁磷肥生产工艺，废水、废气指标可参照 2622 磷肥制造行业高炉法钙镁磷肥的系数手册。

2.4 其他需要说明的问题

（1）由于不同企业工业废气量、废水量差异较大，本手册所提供的工业废气量、废水量系数仅供参考。

为体现相同产污水平条件下，采用相同环保治理设施的不同企业对同一污染物去除效果的差异，引入末端治理设施实际运行率（k）对污染治理技术的实际去除率进行修正。k 值反映的是污染治理设施运行的状态，越稳定运行，k 值越高；在取值上，若定义连续稳定运行的理想状态为 1，则 k 取值在 0～1 之间。

本手册给出本行业的 k 计算公式仅供参考，使用时，可根据 k 值定义，选取更适合企业实际情况的表达方式。

（2）由于行业内无组织排放情况的基础数据不足、计算方法不统一，因此本手册只给出本行业污染物有组织排放的产污系数。

（3）磷酸是磷酸一铵、磷酸二铵和重过磷酸钙产品的生产原料，为便于污染物普查，我们同时核算了磷酸生产的产污系数。对于外购磷酸用于生产磷酸二铵和重过磷酸钙的情形，本手册给出了单独的产污系数，普查时需注意区分。

企业生产的磷酸用于制造磷肥以外的用途时，单独核算该部分磷酸生产的污染物产生量和排放量。磷酸生产的产污系数见 2611 无机酸制造行业系数手册“2611 无机酸制造（磷酸）行业”。

（4）本手册中所涉及的产品计量单位，除磷酸需折 100% P_2O_5 外，其余产品均以实物量计。

3 污染物排放量核算方法

3.1 计算污染物产生量

（1）根据产品、原料、污染物产生的主导生产工艺、企业规模（生产产能）这一个组合查找和确定所对应的某一个污染物的产污系数。

（2）根据该污染物的产污系数计量单位——单位产品产量，获取企业实际产品产量。

例如，某组合内化学需氧量的产污系数单位为克/吨-产品，则计算产生量时需要获取企业实际产品产量。

（3）污染物产生量按以下公式进行计算：

$$\text{污染物产生量} = \text{污染物对应的产污系数} \times \text{产品产量}$$

$$G_{\text{产}i} = P_{\text{产}i} \times M_i$$

式中，$G_{\text{产}i}$——工段 i 某污染物的产生量；

$P_{\text{产}i}$——工段 i 某污染物对应的产污系数；

M_i——工段 i 的产品产量。

3.2 计算污染物去除量

（1）根据企业对某一污染物所采用的治理技术查找和选择相应的治理技术平均去除效率。

（2）根据所填报的污染治理设施实际运行率参数及其计算公式得出该企业某一污染物的末端治

理设施实际运行率（k 值）。

（3）污染物去除量按以下公式进行计算：

$$\begin{aligned}污染物去除量 &= 污染物产生量 \times 污染物去除率\\ &= 污染物产生量 \times 末端治理技术平均去除效率 \times 末端治理设施实际运行率\end{aligned}$$

$$R_{减i} = G_{产i} \times \eta_T \times k_T$$

式中，$R_{减i}$——工段 i 某污染物的去除量；

η_T——工段 i 某污染物采用的末端治理技术的平均去除效率；

k_T——工段 i 某污染物采用的末端治理设施的实际运行率。

3.3 计算污染物排放量

$$\begin{aligned}污染物排放量 &= 污染物产生量 - 污染物去除量\\ &= 污染物对应的产物系数 \times 产品产量 - 污染物产生量 \times 末端治理\\ &\quad 技术平均去除效率 \times 末端治理设施实际运行率\end{aligned}$$

3.4 计算企业污染物排放量

同一企业某污染物全年的产生（排放）总量为该企业同年实际生产的全部工段、产品、原料、规模污染物产生（排放）量之和。

$$\begin{aligned}E_{排} &= G_{产} - R_{减} = \sum(G_{产i} - R_{减i})\\ &= \sum\left[P_{产i} \times M_i(1-\eta_T \times k_T)\right]\end{aligned}$$

4 污染物排放量核算案例

某磷肥企业主要从事粉状磷酸一铵的生产。该企业涉及的主要污染物为化学需氧量、悬浮物、氟化物、总磷、总氮、氨氮、总砷、颗粒物、氟化物、氨、二氧化硫、氮氧化物以及磷石膏。以颗粒物为例说明排放量计算过程。

该企业基本信息如表 1 所示。

表 1 某磷肥企业主要信息

	名称	数量
产品及产量	粉状磷酸一铵	200000 吨
原料	磷矿、硫酸、合成氨	
工艺名称	料浆法	
规模（产能）	30 万吨	
污染治理工艺	旋风除尘+文丘里+喷淋塔+除雾	
末端治理设施实际运行率	废气治理设施运行时间	7200 小时
	企业正常生产时间	7200 小时

4.1 颗粒物产生量计算

（1）查找产污系数及其计量单位

根据企业基本信息，查找本手册中主要产品为粉状磷酸一铵，主要原料为磷矿、硫酸、合成氨，主要工艺为料浆法，生产规模为所有规模。该组合颗粒物的产污系数为 22.60，单位为千克/吨-产品。

（2）获取企业产品产量

该企业实际情况为：粉状磷酸一铵 2017 年产量为 200000 吨。

（3）计算颗粒物产生量

由于查询到的组合中颗粒物产生量产污系数的单位为千克/吨-产品，因此在核算颗粒物产生量时需获取产品产量。

$$\text{颗粒物产生量} = \text{颗粒物产物系数} \times \text{产品（粉状磷酸一铵）产量}$$
$$= 22.60\text{千克} / \text{吨-产品} \times 200000\text{吨-产品} = 4520000\text{千克}$$

4.2 颗粒物去除量计算

（1）查找末端治理技术平均去除效率

该企业颗粒物治理技术采用“旋风除尘+文丘里+喷淋塔+除雾”工艺，查询相应组合内该工艺的末端治理技术平均去除效率为 98%。

（2）计算末端治理设施实际运行率

根据产污系数组合查询结果，该组合中颗粒物对应的末端治理设施实际运行率为

$$k=\text{治理设施运行时间}/\text{企业正常生产时间}=7200\text{ 小时}/7200\text{ 小时}=1$$

（3）计算颗粒物的去除量

$$\text{颗粒物去除量} = 4520000\text{千克} \times 98\% \times 1 = 4429600\text{千克}$$

4.3 颗粒物排放量计算

$$\text{颗粒物排放量} = 4520000\text{千克} - 4429600\text{千克} = 90400\text{千克}$$

5 系数表

2622 磷肥制造行业系数表

工段名称	产品名称	原料名称	工艺名称	规模等级	污染物类别	污染物指标	系数单位	产污系数	末端治理技术	末端治理技术平均去除效率/%	参考 *k* 值计算公式[1]
—	磷酸一铵（粉状）	磷矿、硫酸、合成氨	料浆法	所有规模	废水	工业废水量	吨/吨-产品	0.05	—	0	—
						化学需氧量	克/吨-产品	40.90	物理处理法+化学处理法	95	*k*=治理设施运行时间（小时/年）/企业正常生产时间（小时/年）
						悬浮物	克/吨-产品	23.90	物理处理法+化学处理法	95	
						氟化物	克/吨-产品	13.00	物理处理法+化学处理法	97	
						总磷	克/吨-产品	51.90	物理处理法+化学处理法	99	
						总氮	克/吨-产品	21.50	物理处理法+化学处理法+好氧生物处理法	99	
						氨氮	克/吨-产品	19.80	物理处理法+化学处理法+好氧生物处理法	99	
						总砷	克/吨-产品	1.12×10^{-2}	物理处理法+化学处理法	79	

[1] 该公式仅供参考，使用时，可根据 *k* 值定义，选取更适合企业实际情况的表达方式。

2622 磷肥制造行业系数表（续表 1）

工段名称	产品名称	原料名称	工艺名称	规模等级	污染物类别	污染物指标	系数单位	产污系数	末端治理技术	末端治理技术平均去除效率/%	参考 *k* 值计算公式
—	磷酸一铵（粉状）	磷矿、硫酸、合成氨	料浆法	所有规模	废气	工业废气量	标米^3/吨-产品	6.70×10^3	—	0	—
						氟化物	千克/吨-产品	2.25	文丘里+两级喷淋塔+除雾	99	*k*=治理设施运行时间（小时/年）/企业正常生产时间（小时/年）
						颗粒物	千克/吨-产品	22.60	旋风除尘+文丘里+喷淋塔+除雾	98	
									旋风除尘+布袋除尘	99	
									文丘里+两级喷淋塔+除雾+电除雾	99.5	
						氨	千克/吨-产品	24.30	文丘里+喷淋塔+除雾	99	
									文丘里+喷淋塔（酸洗）+喷淋塔（水洗）+除雾+电除雾	99.8	
						二氧化硫	千克/吨-产品	0.551①	文丘里+喷淋塔+除雾	49	
									文丘里+喷淋塔（酸洗）+喷淋塔（水洗）+除雾+电除雾	52	
						氮氧化物	千克/吨-产品	0.331①	文丘里+喷淋塔+除雾	42	
									文丘里+喷淋塔（酸洗）+喷淋塔（水洗）+除雾+电除雾	45	
					一般工业固废	磷石膏（干基）	吨/吨-产品	2.67	规范堆存	—	—

注：①企业采用煤为烘干热源燃料。

2622 磷肥制造行业系数表（续表 2）

工段名称	产品名称	原料名称	工艺名称	规模等级	污染物类别	污染物指标	系数单位	产污系数	末端治理技术	末端治理技术平均去除效率/%	参考 *k* 值计算公式
—	磷酸一铵（粒状）	磷矿、硫酸、合成氨	料浆法	所有规模	废水	工业废水量	吨/吨-产品	4.80×10^{-2}	—	0	—
						化学需氧量	克/吨-产品	39.20	物理处理法+化学处理法	95	*k*=治理设施运行时间（小时/年）/企业正常生产时间（小时/年）
						悬浮物	克/吨-产品	23.30	物理处理法+化学处理法	95	
						氟化物	克/吨-产品	13.90	物理处理法+化学处理法	97	
						总磷	克/吨-产品	49.80	物理处理法+化学处理法	99	
						总氮	克/吨-产品	22.80	物理处理法+化学处理法+好氧生物处理法	99	
						氨氮	克/吨-产品	21.30	物理处理法+化学处理法+好氧生物处理法	99	
						总砷	克/吨-产品	1.12×10^{-2}	物理处理法+化学处理法	78	
					废气	工业废气量	标米^3/吨-产品	6.40×10^{3}	—	0	—
						氟化物	千克/吨-产品	2.18	文丘里+两级喷淋塔+除雾	99	*k*=治理设施运行时间（小时/年）/企业正常生产时间（小时/年）
						颗粒物	千克/吨-产品	20.10	旋风除尘+文丘里+喷淋塔+除雾	98	
									旋风除尘+布袋除尘	99	
									文丘里+两级喷淋塔+除雾+电除雾	99.5	
						氨	千克/吨-产品	25.70	文丘里+喷淋塔+除雾	99	
									文丘里+喷淋塔（酸洗）+喷淋塔（水洗）+除雾+电除雾	99.8	
						二氧化硫	千克/吨-产品	0.551 ①	文丘里+喷淋塔+除雾	49	
									文丘里+喷淋塔（酸洗）+喷淋塔（水洗）+除雾+电除雾	53	
						氮氧化物	千克/吨-产品	0.331 ①	文丘里+喷淋塔+除雾	42	
									文丘里+喷淋塔（酸洗）+喷淋塔（水洗）+除雾+电除雾	45	
					一般工业固废	磷石膏（干基）	吨/吨-产品	2.67	规范堆存	—	—

注：①企业采用煤为烘干热源燃料。

2622 磷肥制造行业系数表（续表 3）

工段名称	产品名称	原料名称	工艺名称	规模等级	污染物类别	污染物指标	系数单位	产污系数	末端治理技术	末端治理技术平均去除效率/%	参考 k 值计算公式
—	磷酸一铵（粉状）	磷矿、硫酸、合成氨	传统法	所有规模	废水	工业废水量	吨/吨-产品	5.20×10^{-2}	—	0	—
						化学需氧量	克/吨-产品	42.40	物理处理法+化学处理法	95	k=治理设施运行时间（小时/年）/企业正常生产时间（小时/年）
						悬浮物	克/吨-产品	26.10	物理处理法+化学处理法	95	
						氟化物	克/吨-产品	17.30	物理处理法+化学处理法	97	
						总磷	克/吨-产品	53.80	物理处理法+化学处理法	99	
						总氮	克/吨-产品	25.0	物理处理法+化学处理法+好氧生物处理法	99	
						氨氮	克/吨-产品	23.20	物理处理法+化学处理法+好氧生物处理法	99	
						总砷	克/吨-产品	1.12×10^{-2}	物理处理法+化学处理法	79	
					废气	工业废气量	标米³/吨-产品	6.00×10^{3}	—	0	—
						氟化物	千克/吨-产品	2.08	文丘里+两级喷淋塔+除雾	99	k=治理设施运行时间（小时/年）/企业正常生产时间（小时/年）
						颗粒物	千克/吨-产品	19.80	旋风除尘+文丘里+喷淋塔+除雾	98	
									旋风除尘+布袋除尘	99	
									文丘里+两级喷淋塔+除雾+电除雾	99.5	
						氨	千克/吨-产品	21.70	文丘里+喷淋塔+除雾	99	
									文丘里+喷淋塔（酸洗）+喷淋塔（水洗）+除雾+电除雾	99.8	
						二氧化硫	千克/吨-产品	0.277 ①	文丘里+喷淋塔+除雾	49	
									文丘里+喷淋塔（酸洗）+喷淋塔（水洗）+除雾+电除雾	53	
						氮氧化物	千克/吨-产品	0.168 ①	文丘里+喷淋塔+除雾	42	
									文丘里+喷淋塔（酸洗）+喷淋塔（水洗）+除雾+电除雾	45	
					一般工业固废	磷石膏（干基）	吨/吨-产品	2.67	规范堆存	—	—

注：①企业采用煤为烘干热源燃料。

2622 磷肥制造行业系数表（续表 4）

工段名称	产品名称	原料名称	工艺名称	规模等级	污染物类别	污染物指标	系数单位	产污系数	末端治理技术	末端治理技术平均去除效率/%	参考 k 值计算公式
—	磷酸二铵	磷矿、硫酸、磷酸①、合成氨	传统法	所有规模	废水	工业废水量	吨/吨-产品	2.33×10^{-2} ①	—	0	—
								4.56×10^{-2} ②			
						化学需氧量	克/吨-产品	27.30①	物理处理法+化学处理法	95	k=治理设施运行时间（小时/年）/企业正常生产时间（小时/年）
								35.70②		95	
						悬浮物	克/吨-产品	11.70①	物理处理法+化学处理法	95	
								22.20②		95	
						氟化物	克/吨-产品	9.81①	物理处理法+化学处理法	97	
								14.50②		97	
						总磷	克/吨-产品	21.30①	物理处理法+化学处理法	99	
								47.80②		99	
						总氮	克/吨-产品	20.80	物理处理法+化学处理法+好氧生物处理法	99	
						氨氮	克/吨-产品	19.40	物理处理法+化学处理法+好氧生物处理法	99	
						总砷	克/吨-产品	1.12×10^{-2} ②	物理处理法+化学处理法	79	

注：①企业采用外购磷酸生产；
②企业采用自产磷酸生产。

2622 磷肥制造行业系数表（续表 5）

工段名称	产品名称	原料名称	工艺名称	规模等级	污染物类别	污染物指标	系数单位	产污系数	末端治理技术	末端治理技术平均去除效率/%	参考 k 值计算公式
—	磷酸二铵	磷矿、硫酸、磷酸①、合成氨	传统法	所有规模	废气	工业废气量	标米^3/吨-产品	4.80×10^3 ①	—	0	—
								5.80×10^3 ②			
						氟化物	千克/吨-产品	1.200①	文丘里+两级喷淋塔+除雾	99	—
								2.040②	文丘里+两级喷淋塔+除雾	99	—
						颗粒物	千克/吨-产品	19.2	旋风除尘+文丘里+喷淋塔+除雾	98	k=治理设施运行时间（小时/年）/企业正常生产时间（小时/年）
									旋风除尘+布袋除尘	99	
									文丘里+两级喷淋塔+除雾+电除雾	99.5	
						氨	千克/吨-产品	23.0	文丘里+喷淋塔+除雾	99	
									文丘里+喷淋塔（酸洗）+喷淋塔（水洗）+除雾+电除雾	99.8	
						二氧化硫	千克/吨-产品	0.269 ③	文丘里+喷淋塔+除雾	49	
									文丘里+喷淋塔（酸洗）+喷淋塔（水洗）+除雾+电除雾	53	
						氮氧化物	千克/吨-产品	0.159 ③	文丘里+喷淋塔+除雾	42	
									文丘里+喷淋塔（酸洗）+喷淋塔（水洗）+除雾+电除雾	45	
					一般工业固废	磷石膏（干基）	吨/吨-产品	2.34②	规范堆存	—	—

注：①企业采用外购磷酸生产；
②企业采用自产磷酸生产；
③企业采用煤为烘干热源燃料。

2622 磷肥制造行业系数表（续表 6）

工段名称	产品名称	原料名称	工艺名称	规模等级	污染物类别	污染物指标	系数单位	产污系数	末端治理技术	末端治理技术平均去除效率/%	参考 k 值计算公式
—	磷酸二铵	磷矿、硫酸、合成氨	料浆法	所有规模	废水	工业废水量	吨/吨-产品	4.67×10^{-2}	—	0	—
						化学需氧量	克/吨-产品	39.20	物理处理法+化学处理法	95	k=治理设施运行时间（小时/年）/企业正常生产时间（小时/年）
						悬浮物	克/吨-产品	23.20	物理处理法+化学处理法	95	
						氟化物	克/吨-产品	14.20	物理处理法+化学处理法	97	
						总磷	克/吨-产品	48.40	物理处理法+化学处理法	99	
						总氮	克/吨-产品	21.80	物理处理法+化学处理法+好氧生物处理法	99	
						氨氮	克/吨-产品	20.40	物理处理法+化学处理法+好氧生物处理法	99	
						总砷	克/吨-产品	1.12×10^{-2}	物理处理法+化学处理法	79	
					废气	工业废气量	标米^3/吨-产品	6.25×10^{3}	—	0	—
						氟化物	千克/吨-产品	2.14	文丘里+两级喷淋塔+除雾	99	k=治理设施运行时间（小时/年）/企业正常生产时间（小时/年）
						颗粒物	千克/吨-产品	20.80	旋风除尘+文丘里+喷淋塔+除雾	98	
									旋风除尘+布袋除尘	99	
									文丘里+两级喷淋塔+除雾+电除雾	99.5	
						氨	千克/吨-产品	24.40	文丘里+喷淋塔+除雾	99	
									文丘里+喷淋塔（酸洗）+喷淋塔（水洗）+除雾+电除雾	99.8	
						二氧化硫	千克/吨-产品	0.504[①]	文丘里+喷淋塔+除雾	49	
									文丘里+喷淋塔（酸洗）+喷淋塔（水洗）+除雾+电除雾	53	
						氮氧化物	千克/吨-产品	0.292[①]	文丘里+喷淋塔+除雾	42	
									文丘里+喷淋塔（酸洗）+喷淋塔（水洗）+除雾+电除雾	45	
					一般工业固废	磷石膏（干基）	吨/吨-产品	2.34	规范堆存	—	—

注：①企业采用煤为烘干热源燃料。

2622 磷肥制造行业系数表（续表 7）

工段名称	产品名称	原料名称	工艺名称	规模等级	污染物类别	污染物指标	系数单位	产污系数	末端治理技术	末端治理技术平均去除效率/%	参考 k 值计算公式
—	重过磷酸钙（粉状）	硫酸、磷矿、磷酸①	化成法	所有规模	废水	工业废水量	吨/吨-产品	2.56×10^{-2} ①	—	0	—
								4.33×10^{-2} ②			
						化学需氧量	克/吨-产品	28.70①	物理处理法+化学处理法	95	k=治理设施运行时间（小时/年）/企业正常生产时间（小时/年）
								34.70②	物理处理法+化学处理法	95	
						悬浮物	克/吨-产品	10.00①	物理处理法+化学处理法	95	
								17.50②	物理处理法+化学处理法	95	
						氟化物	克/吨-产品	9.57①	物理处理法+化学处理法	97	
								12.90②	物理处理法+化学处理法	97	
						总磷	克/吨-产品	26.50①	物理处理法+化学处理法	99	
								45.50②	物理处理法+化学处理法	99	
						总砷	克/吨-产品	8.99×10^{-3} ②	物理处理法+化学处理法	79	
					废气	工业废气量	标米^3/吨-产品	2.94×10^{3} ①	—	0	—
								3.94×10^{3} ②			
						氟化物	千克/吨-产品	1.05①	文丘里+一级喷淋塔	98	k=治理设施运行时间（小时/年）/企业正常生产时间（小时/年）
									文丘里+两级喷淋塔	98.5	
									文丘里+三级喷淋塔	99	
								1.66②	文丘里+一级喷淋塔	98	
									文丘里+两级喷淋塔	98.5	
									文丘里+三级喷淋塔	99	
						颗粒物	千克/吨-产品	5.58	布袋除尘	99	
									旋风除尘+布袋除尘	99.2	
					一般工业固废	磷石膏（干基）	吨/吨-产品	2.09②	规范堆存	—	—

注：①企业采用外购磷酸生产；
②企业采用自产磷酸生产。

2622 磷肥制造行业系数表（续表 8）

工段名称	产品名称	原料名称	工艺名称	规模等级	污染物类别	污染物指标	系数单位	产污系数	末端治理技术	末端治理技术平均去除效率/%	参考 k 值计算公式
—	重过磷酸钙（粒状）	磷矿、硫酸、磷酸①	化成法	所有规模	废水	工业废水量	吨/吨-产品	2.78×10^{-2} ①	—	0	—
								4.56×10^{-2} ②			
						化学需氧量	克/吨-产品	34.10①	物理处理法+化学处理法	95	k=治理设施运行时间（小时/年）/企业正常生产时间（小时/年）
								40.20②	物理处理法+化学处理法	95	
						悬浮物	克/吨-产品	14.30①	物理处理法+化学处理法	95	
								21.80②	物理处理法+化学处理法	95	
						氟化物	克/吨-产品	12.00①	物理处理法+化学处理法	97	
								15.40②	物理处理法+化学处理法	97	
						总磷	克/吨-产品	28.50①	物理处理法+化学处理法	99	
								47.60②	物理处理法+化学处理法	99	
						总砷	克/吨-产品	8.99×10^{-3} ②	物理处理法+化学处理法	79	
					废气	工业废气量	标米^3/吨-产品	4.70×10^{3} ①	—	0	—
								5.70×10^{3} ②			
						氟化物	千克/吨-产品	1.443①	文丘里+一级喷淋塔	98	—
									文丘里+两级喷淋塔	98.5	—
									文丘里+三级喷淋塔	99	—
								2.048②	文丘里+一级喷淋塔	98	—
									文丘里+两级喷淋塔	98.5	—
									文丘里+三级喷淋塔	99	—
						颗粒物	千克/吨-产品	25.10	旋风除尘+文丘里+喷淋塔+除雾	98	k=治理设施运行时间（小时/年）/企业正常生产时间（小时/年）
									旋风除尘+布袋除尘	98	
									文丘里+两级喷淋塔+除雾	99	
						二氧化硫	千克/吨-产品	0.456 ③	文丘里+喷淋塔+除雾	49	
									文丘里+两级喷淋塔+除雾	53	
						氮氧化物	千克/吨-产品	0.285 ③	文丘里+喷淋塔+除雾	42	
									文丘里+两级喷淋塔+除雾	45	
					一般工业固废	磷石膏（干基）	吨/吨-产品	2.09②	规范堆存	—	—

注：①企业采用外购磷酸生产；

②企业采用自产磷酸生产；

③企业采用煤为烘干热源燃料。

2622 磷肥制造行业系数表（续表 9）

工段名称	产品名称	原料名称	工艺名称	规模等级	污染物类别	污染物指标	系数单位	产污系数	末端治理技术	末端治理技术平均去除效率/%	参考 *k* 值计算公式
—	硝酸磷肥、硝酸磷钾肥	磷矿、硝酸、合成氨、硫酸铵、硫酸钾、氯化钾	冷冻法	所有规模	废水	工业废水量	吨/吨-产品	2.89×10^{-2}	—	0	—
						化学需氧量	克/吨-产品	36.40	物理处理法+化学处理法	95	*k*=治理设施运行时间（小时/年）/企业正常生产时间（小时/年）
						悬浮物	克/吨-产品	15.10	物理处理法+化学处理法	95	
						氟化物	克/吨-产品	13.00	物理处理法+化学处理法	97	
						总磷	克/吨-产品	26.10	物理处理法+化学处理法	99	
						总氮	克/吨-产品	27.50	物理处理法+化学处理法+好氧生物处理法	99	
						氨氮	克/吨-产品	25.80	物理处理法+化学处理法+好氧生物处理法	99	
					废气	工业废气量	标米 ^{3}/吨-产品	6.00×10^{3}	—	0	—
						氟化物	千克/吨-产品	3.16	文丘里+两级喷淋塔	98	*k*=治理设施运行时间（小时/年）/企业正常生产时间（小时/年）
									文丘里+三级喷淋塔	99	
						颗粒物	千克/吨-产品	28.20	旋风除尘+文丘里+喷淋塔+除雾	98	
									旋风除尘+布袋除尘	99	
									文丘里+两级喷淋塔+除雾	99.2	
						氨	千克/吨-产品	27.60	文丘里+喷淋塔+除雾	99	
						二氧化硫	千克/吨-产品	0.656 ①	文丘里+两级喷淋塔+除雾	49	
									文丘里+三级喷淋塔+除雾	52	
						氮氧化物	千克/吨-产品	0.371 ①	文丘里+两级喷淋塔+除雾	42	
									文丘里+三级喷淋塔+除雾	45	
					一般工业固废	碳酸钙（干基）	吨/吨-产品	0.25	规范堆存	—	—

注：①企业采用煤为烘干热源燃料。

2622 磷肥制造行业系数表（续表 10）

工段名称	产品名称	原料名称	工艺名称	规模等级	污染物类别	污染物指标	系数单位	产污系数	末端治理技术	末端治理技术平均去除效率/%	参考 k 值计算公式
—	过磷酸钙（粉状）	磷矿、硫酸	稀酸矿粉法/浓酸矿浆法	所有规模	废水	工业废水量	吨/吨-产品	2.33×10^{-2}	—	0	—
						化学需氧量	克/吨-产品	26.00	物理处理法+化学处理法	95	k=治理设施运行时间（小时/年）/企业正常生产时间（小时/年）
						悬浮物	克/吨-产品	9.66	物理处理法+化学处理法	95	
						氟化物	克/吨-产品	9.87	物理处理法+化学处理法	97	
						总磷	克/吨-产品	21.20	物理处理法+化学处理法	99	
					废气	工业废气量	标米³/吨-产品	1.00×10^{3}	—	0	—
						氟化物	千克/吨-产品	0.867	文丘里+一级喷淋塔	97	k=治理设施运行时间（小时/年）/企业正常生产时间（小时/年）
									文丘里+两级喷淋塔	98	
									文丘里+三级喷淋塔	99	
						颗粒物	千克/吨-产品	0.820	旋风除尘+文丘里+喷淋塔+除雾	99	
									旋风除尘+袋式除尘	99	
									文丘里+两级喷淋塔+除雾	99.2	
—	过磷酸钙（粒状）	磷矿、硫酸	稀酸矿粉法/浓酸矿浆法	所有规模	废水	工业废水量	吨/吨-产品	3.67×10^{-2}	—	0	—
						化学需氧量	克/吨-产品	44.90	物理处理法+化学处理法	95	k=治理设施运行时间（小时/年）/企业正常生产时间（小时/年）
						悬浮物	克/吨-产品	17.80	物理处理法+化学处理法	95	
						氟化物	克/吨-产品	14.10	物理处理法+化学处理法	97	
						总磷	克/吨-产品	35.50	物理处理法+化学处理法	99	
					废气	工业废气量	标米³/吨-产品	2.20×10^{3}	—	0	—
						氟化物	千克/吨-产品	0.967	文丘里+一级喷淋塔	97	k=治理设施运行时间（小时/年）/企业正常生产时间（小时/年）
									文丘里+两级喷淋塔	98	
									文丘里+三级喷淋塔	99	
						颗粒物	千克/吨-产品	9.06	旋风除尘+文丘里+喷淋塔+除雾	98	
									旋风除尘+袋式除尘	99	
									文丘里+两级喷淋塔+除雾	99.2	
						二氧化硫	千克/吨-产品	0.209 ①	文丘里+两级喷淋塔	49	
									文丘里+三级喷淋塔	52	
						氮氧化物	千克/吨-产品	0.133 ①	文丘里+两级喷淋塔	42	
									文丘里+三级喷淋塔	45	

注：①企业采用煤为烘干热源燃料。

2622 磷肥制造行业系数表（续表 11）

工段名称	产品名称	原料名称	工艺名称	规模等级	污染物类别	污染物指标	系数单位	产污系数	末端治理技术	末端治理技术平均去除效率/%	参考 k 值计算公式
—	钙镁磷肥	磷矿、助熔剂、焦炭	高炉法	所有规模	废水	工业废水量	吨/吨-产品	1.22×10^{-2}	—	0	—
						化学需氧量	克/吨-产品	14.30	物理处理法+化学处理法	95	k=治理设施运行时间（小时/年）/企业正常生产时间（小时/年）
						悬浮物	克/吨-产品	5.72	物理处理法+化学处理法	95	
						氟化物	克/吨-产品	5.24	物理处理法+化学处理法	97	
						总磷	克/吨-产品	11.70	物理处理法+化学处理法	99	
					废气	工业废气量	标米 ^{3}/吨-产品	3.00×10^{3}	—	0	—
						氟化物	千克/吨-产品	0.960	两级喷淋塔	98.5	—
									文丘里+两级喷淋塔	99	—
						颗粒物	千克/吨-产品	24.0	袋式除尘	99	k=治理设施运行时间（小时/年）/企业正常生产时间（小时/年）
									旋风除尘+袋式除尘	99.2	
						二氧化硫	千克/吨-产品	0.333 ①	喷淋塔	49	
						氮氧化物	千克/吨-产品	0.219 ①	喷淋塔	42	
					一般工业固废	镍铁	吨/吨-产品	0.017	规范堆存	—	—

注：①企业采用煤为烘干热源燃料。

2623 钾肥制造业

1 适用范围

本手册仅用于《国民经济行业分类》（GB/T 4754—2017）中 2623 钾肥制造行业使用系数法核算工业污染物产生量和排放量的工业企业。

利用本手册进行产排污核算得出的污染物产生量与排放量仅代表了特定行业、工艺、产品、原料在正常工况下污染物产生与排放的一般规律。

本行业废水指标包括化学需氧量、氨氮、总氮；废气指标包括颗粒物、二氧化硫、氮氧化物。

2 注意事项

2.1 企业有多种生产工艺或生产多类产品产排污量核算

企业某污染物指标的产生量、排放量为各核算环节产生量、排放量之和。

在企业实际排放量计算过程中，如果存在废水回用的情况，需要在利用产排污核算公式的基础上扣除废水回用的部分。公式如下：

实际排放量=计算排放量×（1–废水回用率）

2.2 采用多种治理设施组合处理企业的排污量核算

在排污量计算选择末端治理技术时，若没有对应的组合治理技术，以主要治理技术为准。

2.3 系数表中未涉及的产污系数及污染治理效率

氯化钾生产其他工艺可参照冷分解浮选/反浮选工艺组合产污系数进行核算；硝酸钾其他工艺或其他原料参照复分解法进行核算。

若产品生产过程只与燃料有关，则其废气指标可根据该产品消耗燃料的量，参考通用源项锅炉的产排污系数手册或《排污许可证申请与核发技术规范 锅炉》（HJ 953—2018）附录 F（资料性附录）进行计算。

2.4 生产非单一产品企业污染物产排量核算

若企业生产非单一产品，普查时须以产品为依据，按照产品的生产工艺、末端治理技术分别进行统计，各类产品的产排污量之和即为企业的总产排污量。

2.5 其他需要说明的问题

由于不同企业工业废气量、废水量差异较大，本手册所提供的工业废气量、废水量系数仅供参考。

为体现相同产污水平条件下，采用相同环保治理设施的不同企业对同一污染物去除效果的差异，引入末端治理设施实际运行率（k）对污染治理技术的实际去除率进行修正。k 值反映的是污染治理设施运行的状态，越稳定运行，k 值越高；在取值上，若定义连续稳定运行的理想状态为 1，则 k 取值在 0～1 之间。

本手册给出本行业的 k 计算公式仅供参考，使用时，可根据 k 值定义，选取更适合企业实际情况的表达方式。

本手册只给出本行业气体污染物中的工业废气量、颗粒物、二氧化硫、氮氧化物等污染物的有组织排放的产排污系数，不包括无组织排放的产排污系数。

硝酸钾产品由于其特殊性，产品干燥过程若采用蒸汽加热干燥，则不计算废气中的二氧化硫和氮氧化物。

3　污染物排放量核算方法

3.1　计算工段污染物产生量

（1）根据产品、原料、污染物产生的主导生产工艺、企业规模（生产产能）这一组合查找和确定所对应的某一个污染物的产污系数。

（2）根据该污染物的产污系数计量单位——单位产品产量，获取企业实际产品产量。

例如，某组合内颗粒物的产污系数单位为千克/吨-产品，则计算产生量时需要获取企业实际产品产量。

（3）污染物产生量按以下公式进行计算：

污染物产生量=污染物对应的产污系数×产品产量

$$G_{产_i} = P_{产_i} \times M_i$$

式中，$G_{产_i}$——工段 i 某污染物的产生量；

$P_{产_i}$——工段 i 某污染物对应的产污系数；

M_i——工段 i 的产品产量。

3.2　计算工段污染物去除量

（1）根据企业对某一个污染物所采用的治理技术查找和选择相应的治理技术平均去除效率。

（2）根据所填报的污染治理设施实际运行率参数及其计算公式得出该企业某一污染物的治理设施实际运行率（k 值）。

（3）污染物去除量按以下公式进行计算：

污染物去除量=污染物产生量×污染物去除率

=污染物产生量×末端治理技术平均去除效率×末端治理设施实际运行率

$$R_{减_i} = G_{产_i} \times \eta_T \times k_T$$

式中，$R_{减_i}$——工段 i 某污染物的去除量；

η_T——工段 i 某污染物采用的末端治理技术的平均去除效率；

k_T——工段 i 某污染物采用的末端治理设施的实际运行率。

3.3 计算工段污染物排放量

污染物排放量 = 污染物产生量–污染物去除量

= 污染物对应的产污系数×产品产量–污染物产生量×末端治理技术平均去除效率×末端治理设施实际运行率

3.4 计算企业污染物排放量

同一企业某污染物全年的产生（排放）总量为该企业同年实际生产的全部工艺（工段）、产品、原料、规模污染物产生（排放）量之和。

$$E_{排} = G_{产} - R_{减} = \sum(G_{产i} - R_{减i})$$
$$= \sum\left[P_{产i} \times M_i(1-\eta_T \times k_T)\right]$$

4 污染物排放量核算案例

某氯化钾生产企业，采用以天然气为燃料的烘干设备，产品产量为 50 万吨/年，企业的工业废气的末端治理技术为“旋风+布袋”法。废气治理设施运行时间为 8000 小时/年，企业正常生产时间为 8000 小时/年。查《2623 钾肥制造行业产排污系数表》所得结果如表 1 所示。

表 1 某氯化钾企业基本信息

污染物指标	系数单位	产污系数	末端治理技术	末端治理技术平均去除效率/%	参考 k 值计算公式
工业废气量	标米^3/吨-产品	1.1×10^3	—	—	—
颗粒物	千克/吨-产品	3.36	旋风+布袋	99	k=治理设施运行时间/企业正常生产时间
二氧化硫	千克/吨-产品	0.011	直排	—	—
氮氧化物	千克/吨-产品	0.029	直排	—	—

4.1 颗粒物产生量计算

（1）查找产污系数及其计量单位

根据企业基本信息，查找本手册中产品为氯化钾，主要原料为含钾卤水或光卤石，主要工艺为反浮选或冷分解浮选法。该组合颗粒物的产污系数为 3.36，单位千克/吨-产品。

（2）获取企业产品产量

该企业实际情况：主要产品氯化钾 2017 年产量为 500000 吨。

（3）计算颗粒物产生量

由于查询到的组合中颗粒物产污系数的单位为千克/吨-产品，因此在核算产生量时需获取产品产量。

颗粒物产生量=颗粒物产污系数×产品（氯化钾）产量

=3.36 千克/吨-产品×500000 吨-产品=1680000 千克

4.2 颗粒物去除量计算

（1）查找治理技术平均去除效率

该企业颗粒物治理技术采用“旋风+布袋”工艺，查询相应组合内该工艺的平均去除效率为 99%。

（2）计算污染治理设施实际运行率

根据产污系数组合查询结果，该组合中颗粒物对应的污染治理设施实际运行率为

k = 废气治理设施运行时间 / 企业正常生产时间=8000 小时/8000 小时=1

（3）计算颗粒物去除量

颗粒物去除量=颗粒物产生量×治理技术平均去除效率×治理设施实际运行率

=1680000 千克×99%×1=1663200 千克

4.3 颗粒物排放量计算

颗粒物排放量=颗粒物产生量–颗粒物去除量

=1680000 千克–1663200 千克

=16800 千克

以此类推其他污染物，该企业全年污染物产生量和排放量如表 2 所示。

表 2 2623 钾肥制造（氯化钾）行业产排污量表

污染物指标	系数单位	污染物产生量	污染物排放量
工业废气量	标米 ^{3}	—	—
颗粒物	千克	$3.36\times50\times10^4$	$3.36\times50\times10^4\times$（1–99/100）=16800
二氧化硫	千克	$0.011\times50\times10^4$	$0.011\times50\times10^4$=5500
氮氧化物	千克	$0.029\times50\times10^4$	$0.029\times50\times10^4$=14500

5 系数表

2623 钾肥制造（氯化钾）行业系数表

工段名称	产品名称	原料名称	工艺名称	所有规模	污染物类别	污染物指标	系数单位	产污系数	末端治理技术	末端治理技术平均去除效率/%	参考 k 值计算公式[1]
—	氯化钾	光卤石	冷分解浮选法/反浮选法	所有规模	废气	工业废气量	标米^3/吨-产品	1.10×10^{3}	—	0	—
						颗粒物	千克/吨-产品	3.36	旋风+布袋	99	k=处理设施运行时间（小时/年）/企业正常生产时间（小时/年）
									旋风+布袋+喷淋塔	99.5	
燃烧-天然气	氯化钾	光卤石	冷分解浮选法/反浮选法	所有规模	废气	二氧化硫	千克/吨-产品	1.10×10^{-2}	—	0	—
						氮氧化物	千克/吨-产品	2.90×10^{-2}	—	0	—
燃烧-煤	氯化钾	光卤石	冷分解浮选法/反浮选法	所有规模	废气	二氧化硫	千克/吨-产品	3.39×10^{-1}	—	0	—
						氮氧化物	千克/吨-产品	5.90×10^{-2}	—	0	—

注：西部昼夜温差大，布袋效率受影响。

1 该公式仅供参考，使用时，可根据 k 值定义，选取更适合企业实际情况的表达方式。

2623 钾肥制造（硫酸钾）行业系数表

工段名称	产品名称	原料名称	工艺名称	所有规模	污染物类别	污染物指标	系数单位	产污系数	末端治理技术	末端治理技术平均去除效率/%	参考 k 值计算公式[1]
—	硫酸钾/硫酸钾镁肥	软甲镁矾/钾混盐	混盐转化法	所有规模	废气	工业废气量	标米^3/吨-产品	1.90×10^{3}	—	0	—
						氮氧化物	千克/吨-产品	4.40×10^{-2}	—	0	—
						颗粒物	千克/吨-产品	4.10	旋风+布袋	99	k=处理设施运行时间（小时/年）/企业正常生产时间（小时/年）
燃烧-低硫煤	硫酸钾/硫酸钾镁肥	软甲镁矾/钾混盐	混盐转化法	所有规模	废气	二氧化硫	千克/吨-产品	8.90×10^{-2}	—	0	—
燃烧-煤	硫酸钾/硫酸钾镁肥	软甲镁矾/钾混盐	混盐转化法	所有规模	废气	二氧化硫	千克/吨-产品	4.25×10^{-1}	石灰/石膏法	72	k=处理设施运行时间（小时/年）/企业正常生产时间（小时/年）
燃烧-天然气	硫酸钾	氯化钾、硫酸	曼海姆法	所有规模	废气	工业废气量	标米^3/吨-产品	1.39×10^{3}	—	0	—
						烟尘	千克/吨-产品	1.80×10^{-2}	—	0	—
						二氧化硫	千克/吨-产品	2.90×10^{-2}	—	0	—
						氮氧化物	千克/吨-产品	1.89×10^{-1}	—	0	—
燃烧-重油	硫酸钾	氯化钾、硫酸	曼海姆法	所有规模	废气	工业废气量	标米^3/吨-产品	9.00×10^{2}	—	0	—
						烟尘	千克/吨-产品	4.20×10^{-2}	—	0	—
						二氧化硫	千克/吨-产品	1.33	双碱法	92	k=处理设施运行时间（小时/年）/企业正常生产时间（小时/年）
						氮氧化物	千克/吨-产品	2.52×10^{-1}	—	0	—
粉碎工段	硫酸钾	氯化钾、硫酸	曼海姆法	所有规模	废气	工业废气量	标米^3/吨-产品	1.50×10^{3}	—	0	—
						颗粒物	千克/吨-产品	5.10	袋式除尘	98	k=处理设施运行时间（小时/年）/企业正常生产时间（小时/年）

1 该公式仅供参考，使用时，可根据 k 值定义，选取更适合企业实际情况的表达方式。

2623 钾肥制造（硝酸钾）系数表行业

工段名称	产品名称	原料名称	工艺名称	所有规模	污染物类别	污染物指标	系数单位	产污系数	末端治理技术	末端治理技术平均去除效率/%	参考 k 值计算公式[1]
—	硝酸钾	氯化钾、硝酸铵	复分解法	所有规模	废水	工业废水量	米^3/吨-产品	5.00×10^{-1}	—	0	—
						化学需氧量	千克/吨-产品	8.00×10^{-2}		0	—
						总氮	千克/吨-产品	0.12	化学处理法	90	k=处理设施运行时间（小时/年）/企业正常生产时间（小时/年）
						氨氮	千克/吨-产品	6.00×10^{-2}	—	0	—
					废气	工业废气量	标米^3/吨-产品	3.70×10^{3}	—	0	—
						颗粒物	千克/吨-产品	8.30	旋风+布袋	99	k=处理设施运行时间（小时/年）/企业正常生产时间（小时/年）
热风炉①	硝酸钾	氯化钾、硝酸铵	复分解法	所有规模	废气	工业废气量	标米^3/吨-产品	6.50×10^{2}	—	0	—
						二氧化硫（天然气）	千克/吨-产品	3.00×10^{-2}	—	0	—
						氮氧化物（天然气）	千克/吨-产品	9.40×10^{-2}	—	0	—
—	硝酸钾	氯化钾、硝酸	离子交换法	所有规模	废水	工业废水量	米^3/吨-产品	4.20	—	0	—
						化学需氧量	千克/吨-产品	1.20×10^{-2}		0	—
						总氮	千克/吨-产品	0.20		0	—
						氨氮	千克/吨-产品	9.70×10^{-2}		0	—
					废气	工业废气量	标米^3/吨-产品	4.00×10^{3}	—	0	—
						颗粒物	千克/吨-产品	7.98	旋风+布袋	99	k=处理设施运行时间（小时/年）/企业正常生产时间（小时/年）
热风炉①	硝酸钾	氯化钾、硝酸	离子交换法	所有规模	废气	工业废气量	标米^3/吨-产品	7.00×10^{2}	—	0	—
						二氧化硫（天然气）	千克/吨-产品	3.00×10^{-2}	—	0	—
						氮氧化物（天然气）	千克/吨-产品	8.30×10^{-2}	—	0	—

注：①若干燥采用蒸汽为热源，则无热风炉。

1 该公式仅供参考，使用时，可根据 k 值定义，选取更适合企业实际情况的表达方式。

2624 复混肥料制造业

1 适用范围

本手册仅用于《国民经济行业分类》（GB/T 4754—2017）中 2624 复混肥料制造行业使用系数法核算工业污染物产生量和排放量的工业企业。

利用本手册进行产污核算得出的污染物产生量与排放量仅代表了特定行业不同组合条件下的产品在正常工况下污染物产生与排放的一般规律。

本行业废水指标包括工业废水量、化学需氧量、悬浮物、氟化物、总磷、总氮、氨氮、总砷；废气指标包括工业废气量、颗粒物、氨、氟化物、氯化氢、二氧化硫、氮氧化物；一般工业固废包括磷石膏。

2 注意事项

2.1 企业有多种生产工艺或生产多类产品产排污量核算

污染物产生量与产品产量有关，根据不同核算环节计算产污量后，再根据企业末端治理设施和运行情况计算各污染物的排放量。

企业某污染物指标的产生量、排放量为各核算环节产生量、排放量之和。

在企业实际排放量计算过程中，如果存在废水回用的情况，需要在利用产排污核算公式的基础上扣除废水回用的部分。公式如下：

实际排放量=计算排放量×（1–废水回用率）

2.2 采用多种治理设施组合处理企业的排污量核算

在排污量计算选择末端治理技术时，若没有对应的组合治理技术，以主要治理技术为准。

2.3 系数表中未涉及的产污系数及污染治理效率

复混肥料的生产过程中，以硝酸分解磷矿生产复混肥料的，废水、废气污染物的核算可参照《2624 复混肥料制造行业产污系数及治理效率表》中料浆法工艺②企业采用自产磷酸生产复混肥料的产污系数。

2.4 其他需要说明的问题

（1）由于不同企业工业废气量、废水量差异较大，本手册所提供的工业废气量、废水量系数仅供参考。

为体现相同产污水平条件下，采用相同环保治理设施的不同企业对同一污染物去除效果的差异，

引入末端治理设施实际运行率（k）对污染治理技术的实际去除率进行修正。k 值反映的是污染治理设施运行的状态，越稳定运行，k 值越高；在取值上，若定义连续稳定运行的理想状态为 1，则 k 取值在 0～1 之间。

本手册给出本行业的 k 计算公式仅供参考，使用时，可根据 k 值定义，选取更适合企业实际情况的表达方式。

（2）复混肥料生产中污染物的产生与所使用的原料、燃料有关，根据不同原料、燃料计算产污量后，再根据企业末端治理设施和运行情况计算各污染物的排放量。

企业采用料浆法工艺生产复混肥料的，磷酸是复混肥料产品的生产原料，在产污量核算时应根据磷酸的来源进行核算；企业以煤为干燥热源燃料的，在产污量核算时尾气污染因子涉及二氧化硫、氮氧化物。

（3）本手册中所涉及的产品计量单位以实物量计。

3 污染物排放量核算方法

3.1 计算污染物产生量

（1）根据产品、原料、污染物产生的主导生产工艺、企业规模（生产产能）这一组合查找和确定所对应的某一污染物的产污系数。

（2）根据该污染物的产污系数计量单位——单位产品产量，获取企业实际产品产量。

例如，某组合内颗粒物的产污系数单位为千克/吨-产品，则计算产生量时需要获取企业实际产品产量。

（3）污染物产生量按以下公式进行计算：

污染物产生量＝污染物对应的产污系数×产品产量

$$G_{产i} = P_{产i} \times M_i$$

式中，$G_{产i}$——工段 i 某污染物的产生量；

$P_{产i}$——工段 i 某污染物对应的产污系数；

M_i——工段 i 的产品产量。

3.2 计算污染物去除量

（1）根据企业对某一污染物所采用的治理技术查找和选择相应的治理技术平均去除效率。

（2）根据所填报的污染治理设施实际运行率参数及其计算公式得出该企业某一污染物的治理设施实际运行率（k 值）。

（3）污染物去除量按以下公式进行计算：

污染物去除量＝污染物产生量×污染物去除率

＝污染物产生量×末端治理技术平均去除效率×末端治理设施实际运行率

$$R_{减i} = G_{产i} \times \eta_T \times k_T$$

式中，$R_{减i}$——工段 i 某污染物的去除量；

η_T——工段 i 某污染物采用的末端治理技术的平均去除效率；

k_T——工段 i 某污染物采用的末端治理设施的实际运行率。

3.3 计算污染物排放量

污染物排放量=污染物产生量–污染物去除量

=污染物对应的产污系数×产品产量–污染物产生量×末端治理技术平均去除效率×末端治理设施实际运行率

3.4 计算企业污染物排放量

同一企业某污染物全年的产生（排放）总量为该企业同年实际生产的全部工段、产品、原料、规模污染物产生（排放）量之和。

$$
\begin{aligned}
E_{排} &= G_{产} - R_{减} = \sum(G_{产i} - R_{减i}) \\
&= \sum\left[P_{产i} \times M_i(1-\eta_T \times k_T)\right]
\end{aligned}
$$

4 污染物排放量核算案例

某复混肥料生产企业以磷酸（外购）、硫酸、氨、钾肥等为主要生产原料，生产工艺为料浆法工艺，以煤为热源燃料。主要污染物为工业废水量、化学需氧量、总磷、总氮、氨氮、工业废气量、颗粒物、氨、氟化物、氯化氢、二氧化硫、氮氧化物。以废气中颗粒物为例说明排放量计算过程。

该企业基本信息如表 1 所示。

表 1 某复混肥料企业基本信息

产品名称	复混肥料	
产量	80000 吨	
工艺名称	料浆法	
污染治理设施	旋风+布袋	
末端治理设施实际运行率	尾气治理设施运行时间	7200 小时
	企业正常生产时间	7200 小时

4.1 颗粒物产生量计算

（1）查找产污系数及其计量单位

根据企业基本信息，查找本手册中主要产品为复混肥料，主要原料为磷酸（外购）、硫酸、氨、钾肥等，主要工艺为料浆法。该组合中颗粒物的产污系数为 13.8，单位为千克/吨-产品。

（2）获取企业产品产量

该企业实际情况为：主要产品复混肥料 2017 年产量为 80000 吨。

（3）计算颗粒物产生量

由于查询到的组合中，颗粒物产污系数的单位为千克/吨-产品，因此在核算产生量时采用产品产量。

颗粒物产生量=颗粒物产污系数×产品产量=13.8 千克/吨-产品×80000 吨-产品=1104000 千克

4.2 颗粒物去除量计算

（1）查找末端治理技术平均去除效率

该企业颗粒物治理技术采用“旋风+布袋”工艺，查询相应组合内该工艺的平均去除效率为 99.2%。

（2）计算污染治理设施实际运行率

根据产污系数组合查询结果，该组合中颗粒物对应的末端治理设施实际运行率为

$$k=\text{污水治理设施运行时间/企业正常生产时间}$$
$$=8000\text{小时}/8000\text{小时}=1$$

（3）计算颗粒物去除量

$$\text{颗粒物去除量}=1104000\text{千克}\times 99.2\%\times 1=1095168\text{千克}$$

4.3 颗粒物排放量计算

$$\text{颗粒物排放量}=1104000\text{千克}-1095168\text{千克}=8832\text{千克}$$

5 系数表

2624 复混肥料制造行业系数表

工段名称	产品名称	原料名称	工艺名称	规模等级	污染物类别	污染物指标	系数单位	产污系数	末端治理技术	末端治理技术平均去除效率/%	参考 k 值计算公式[1]
—	复混肥料	磷矿、磷酸、硫酸、氨、氯化钾、硫酸钾等	料浆法	所有规模	废水	工业废水量	吨/吨-产品	5.60×10^{-2}①	—	0	—
								6.40×10^{-2}②			
						化学需氧量	克/吨-产品	55.0②	物理处理法+化学处理法	95	k=治理设施运行时间（小时/年）/企业正常生产时间（小时/年）
								66.2 ③	物理处理法+化学处理法	95	
						悬浮物	克/吨-产品	28.000 ②	A/O+多级中和+多级沉淀	95.00%	
								32.160③	A/O+多级中和+多级沉淀	95.00%	
						总磷	克/吨-产品	13.7②	物理处理法+化学处理法	98	
								24.3③	物理处理法+化学处理法	98	
						总氮	克/吨-产品	24.2	物理处理法+化学处理法+好氧生物处理法	97	
						氨氮	克/吨-产品	15.8	物理处理法+化学处理法+好氧生物处理法	97	
						氟化物	克/吨-产品	1.866③	物理处理法+化学处理法	97	
						总砷	克/吨-产品	4.50×10^{-3}③	物理处理法+化学处理法	79	
					废气	工业废气量	标米^3/吨-产品	6.00×10^{3}②	—	0	—
								6.42×10^{3}③			
						氨	千克/吨-产品	9.60	文丘里+一级喷淋塔+除雾	98	k=治理设施运行时间（小时/年）/企业正常生产时间（小时/年）
									文丘里+两级喷淋塔+除雾	99	
						氯化氢	千克/吨-产品	0.938⑤	降膜吸收+四级塔式吸收	99.50	
									降膜吸收+三级塔式吸收	99.20	
						氟化物	千克/吨-产品	0.336 3	文丘里+一级喷淋塔+除雾	98	
									文丘里+两级喷淋塔+除雾	99	

1 该公式仅供参考，使用时，可根据 k 值定义，选取更适合企业实际情况的表达方式。

2624 复混肥料制造行业系数表（续表 1）

工段名称	产品名称	原料名称	工艺名称	规模等级	污染物类别	污染物指标	系数单位	产污系数	末端治理技术	末端治理技术平均去除效率/%	参考 k 值计算公式
—	复混肥料	磷矿、磷酸、硫酸、氨、氯化钾、硫酸钾等	料浆法	所有规模	废气	颗粒物	千克/吨-产品	13.8	旋风+文丘里+一级喷淋塔+除雾	98	k=治理设施运行时间（小时/年）/企业正常生产时间（小时/年）
									旋风+文丘里+两级喷淋塔+除雾	99	
									旋风+布袋	99.2	
									袋式除尘	99	
						二氧化硫	千克/吨-产品	0.610④	文丘里+一级喷淋塔+除雾	42	
									文丘里+两级喷淋塔+除雾	46	
						氮氧化物	千克/吨-产品	0.360④	文丘里+一级喷淋塔+除雾	38	
									文丘里+两级喷淋塔+除雾	42	
					一般工业固废	磷石膏（干基）	吨/吨-产品	0.950③	规范堆存	—	
—	复混肥料	尿素、硝酸铵/硝铵磷、磷酸铵、氯化铵、硫酸铵、氯化钾、硫酸钾等	熔体法	所有规模	废水	工业废水量	吨/吨-产品	3.30×10^{-2}	—	0	—
						化学需氧量	克/吨-产品	33.0	物理处理法+化学处理法	95	k=治理设施运行时间（小时/年）/企业正常生产时间（小时/年）
						总磷	克/吨-产品	8.25	物理处理法+化学处理法	98	
						总氮	克/吨-产品	14.5	物理处理法+化学处理法+好氧生物处理法	97	
						氨氮	克/吨-产品	9.50	物理处理法+化学处理法+好氧生物处理法	97	
					废气	工业废气量	标米^3/吨-产品	2.90×10^{3}	—	0	—
						氨	千克/吨-产品	7.00×10^{-3}	直排	0	—
						颗粒物	千克/吨-产品	13.1	旋风+布袋	99.2	k=治理设施运行时间（小时/年）/企业正常生产时间（小时/年）

2624 复混肥料制造行业系数表（续表 2）

工段名称	产品名称	原料名称	工艺名称	规模等级	污染物类别	污染物指标	系数单位	产污系数	末端治理技术	末端治理技术平均去除效率/%	参考 *k* 值计算公式
—	复混肥料	尿素、硝酸铵/硝铵磷、磷酸铵、氯化铵、硫酸铵、氯化钾、硫酸钾、硫酸、氨等	团粒法	所有规模	废水	工业废水量	吨/吨-产品	5.60×10^{-2}	—	0	—
						化学需氧量	克/吨-产品	66.0	物理处理法+化学处理法	95	*k*=治理设施运行时间（小时/年）/企业正常生产时间（小时/年）
						总磷	克/吨-产品	13.7	物理处理法+化学处理法	98	
						总氮	克/吨-产品	24.2	物理处理法+化学处理法+好氧生物处理法	97	
						氨氮	克/吨-产品	15.8	物理处理法+化学处理法+好氧生物处理法	97	
					废气	工业废气量	标米^3/吨-产品	4.80×10^3	—	0	—
						氨	千克/吨-产品	3.00	文丘里+一级喷淋塔+除雾	98	*k*=治理设施运行时间（小时/年）/企业正常生产时间（小时/年）
									文丘里+两级喷淋塔+除雾	99	
						颗粒物	千克/吨-产品	10.1	旋风+文丘里+一级喷淋塔+除雾	98	
									旋风+文丘里+两级喷淋塔+除雾	99	
									旋风+布袋	99.2	
									袋式除尘	99	
						二氧化硫	千克/吨-产品	0.275④	文丘里+一级喷淋塔+除雾	42	
									文丘里+两级喷淋塔+除雾	46	
						氮氧化物	千克/吨-产品	0.179④	文丘里+一级喷淋塔+除雾	38	
									文丘里+两级喷淋塔+除雾	42	
		尿素、硝酸铵/硝铵磷、磷酸铵、氯化铵、硫酸铵、氯化钾、硫酸钾等	混合法	所有规模	废气	工业废气量	标米^3/吨-产品	2.00×10^3	—	0	—
						颗粒物	千克/吨-产品	8.40	旋风+布袋	99.2	*k*=治理设施运行时间（小时/年）/企业正常生产时间（小时/年）
									袋式除尘	99	

注：①企业采用磷酸一铵或外购磷酸生产复混肥料；

②企业采用自产磷酸生产复混肥料；

④企业采用煤为干燥热源燃料；

⑤企业采用料浆法工艺（含低温转化工序）。

2625 有机肥料及微生物肥料制造业

1 适用范围

本手册仅用于《国民经济行业分类》（GB/T 4754—2017）中 2625 有机肥料及微生物肥料制造行业中以禽畜粪便、动植物残体等农业废弃物及以动植物产品为原料加工的副产品为原料，并经好氧完全发酵腐熟后制成的商品有机肥、生物有机肥使用产排污系数法核算工业污染物产生量和排放量的工业企业。

利用本手册进行产排污核算得出的污染物产生量与排放量仅代表了特定行业、工艺、产品、原料在正常工况下污染物产生与排放的一般规律。

本行业废气指标包括工业废气量、颗粒物、氨。

2 注意事项

2.1 企业多种生产工艺或生产多类产品产排污量核算

污染物产生量与产品产量有关，根据不同核算环节计算产污量后，再根据企业末端治理设施和运行情况计算各污染物的排放量。

企业某污染物指标的产生量、排放量为各核算环节产生量、排放量之和。

2.2 生产原料必须保证最终产品符合相应标准

原料需经过无害化处理，重金属、大肠杆菌严重超标、pH 未调节以及含有植物难以吸收利用的有机质的原料不应该作为原料生产商品有机肥。

2.3 其他需要说明的问题

由于不同企业工业废气量差异较大，本手册所提供的工业废气量系数仅供参考。

为体现相同产污水平条件下，采用相同环保治理设施的不同企业对同一污染物去除效果的差异，引入末端治理设施实际运行率（k）对污染治理技术的实际去除率进行修正。k 值反映的是污染治理设施运行的状态，越稳定运行，k 值越高；在取值上，若定义连续稳定运行的理想状态为 1，则 k 取值在 0～1 之间。

本手册给出本行业的 k 计算公式仅供参考，使用时，可根据 k 值定义，选取更适合企业实际情况的表达方式。

3 污染物排放量核算方法

3.1 计算工段污染物产生量

针对企业实际生产情况，本行业在系数制定过程中将企业全生产流程划分或拆分为若干工段（核算环节），在核算企业污染物产排量时，可灵活选择本企业对应的工段进行核算。

（1）根据产品、原料、污染物产生的主导生产工艺、企业规模（生产产能）这一个组合查找和确定所对应的某一污染物的产污系数。

（2）根据该污染物的产污系数计量单位——单位产品产量，获取企业实际产品产量。

例如，某组合内化学需氧量的产污系数单位为千克/吨-产品，则计算产生量时需要获取企业实际产品产量。

（3）污染物产生量按以下公式进行计算：

污染物产生量＝污染物对应的产污系数×产品产量

$$G_{产i} = P_{产i} \times M_i$$

式中，$G_{产i}$——工段 i 某污染物的产生量；

$P_{产i}$——工段 i 某污染物对应的产污系数；

M_i——工段 i 产品产量。

3.2 计算工段污染物去除量

（1）根据企业对某一污染物所采用的治理技术查找和选择相应的末端治理技术平均去除效率。

（2）根据所填报的污染治理设施实际运行率参数及其计算公式得出该企业某一末端治理设施实际运行率（k 值）。

（3）污染物去除量按以下公式进行计算：

污染物去除量=污染物产生量×污染物去除率

＝污染物产生量×末端治理技术平均去除效率×末端治理设施实际运行率

$$R_{减i} = G_{产i} \times \eta_T \times k_T$$

式中，$R_{减i}$——工段 i 某污染物的去除量；

η_T——工段 i 某污染物采用的末端治理技术的平均去除效率；

k_T——工段 i 某污染物采用的末端治理设施的实际运行率。

3.3 计算污染物排放量

污染物排放量＝污染物产生量－污染物去除量

＝污染物对应的产污系数×产品产量－污染物产生量×末端治理技术平均去除效率×末端治理设施实际运行率

3.4 计算企业污染物排放量

同一企业某污染物全年的产生（排放）总量为该企业同年实际生产的全部工艺、产品、原料、规模污染物产生（排放）量之和。

$$E_{排} = G_{产} - R_{减} = \sum (G_{产i} - R_{减i})$$
$$= \sum \left[P_{产i} \times M_i (1 - \eta_T \times k_T) \right]$$

4 污染物排放量核算案例

某有机肥企业主要从事有机肥的生产。该企业涉及的主要污染物为颗粒物、氨。以颗粒物为例说明排放量计算过程。

该企业基本信息如表 1 所示。

表 1　某有机肥企业基本信息

	名称	数量
产品及产量	有机肥	30000 吨/年
工艺名称	非罐式发酵	—
污染治理设施	袋式除尘	
末端治理设施实际运行率	治理设施运行时间	2400 小时
	企业正常生产时间	2400 小时

4.1 颗粒物产生量计算

（1）查找产污系数及其计量单位

根据企业基本信息，查找本手册中主要产品为有机肥，主要原料为农业废弃物，主要工艺为非罐式发酵。该组合颗粒物的产污系数为 0.370，单位为千克/吨-产品。

（2）获取企业产品产量

该企业实际情况为：主要产品有机肥 2017 年产量为 30000 吨。

（3）计算颗粒物产生量

由于查询到的组合中颗粒物产污系数的单位为千克/吨-产品，因此在核算产生量时需获取产品产量。

$$颗粒物产生量 = 颗粒物产污系数 \times 产品(有机肥)产量$$
$$=0.370千克/吨\text{-}产品 \times 30000吨\text{-}产品=11100千克$$

4.2 颗粒物去除量计算

（1）查找末端治理技术平均去除效率

该企业颗粒物治理技术采用袋式除尘工艺，查询相应组合内袋式除尘工艺的末端治理技术平均去除效率为 98%。

（2）计算末端治理设施实际运行率

根据产污系数组合查询结果，该组合中颗粒物对应的末端治理设施实际运行率为

k=污水治理设施运行时间/企业正常生产时间=2400小时/2400小时=1

（3）计算颗粒物去除量

颗粒物去除量=11100千克×98%×1=10878千克

4.3 颗粒物排放量计算

颗粒物排放量=11100千克－10878千克=222千克

5 系数表

2625 有机肥料及微生物肥料制造行业系数表

工段名称	产品名称	原料名称	工艺名称	规模等级	污染物类别	污染物指标	系数单位	产污系数	末端治理技术	末端治理技术平均去除效率/%	参考 *k* 值计算公式[1]
前处理、后处理	有机肥、生物有机肥	农业废弃物、加工副产品	混配/混配造粒	所有规模	废气	工业废气量	标米^3/吨-产品	659	—	0	—
						颗粒物	千克/吨-产品	0.370	袋式除尘	98	*k*=治理设施运行时间（小时/年）/企业正常生产时间（小时/年）
前处理、后处理	有机肥、生物有机肥	农业废弃物、加工副产品	非罐式发酵	所有规模	废气	工业废气量	标米^3/吨-产品	659	—	0	—
						颗粒物	千克/吨-产品	0.370	袋式除尘	98	*k*=治理设施运行时间（小时/年）/企业正常生产时间（小时/年）
熟化过程	有机肥、生物有机肥	农业废弃物、加工副产品	非罐式发酵	所有规模	废气	工业废气量	标米^3/吨-产品	2.42×10^3	—	0	—
						氨	千克/吨-产品	7.30×10^{-2}	生物除臭	88	*k*=治理设施运行时间（小时/年）/企业正常生产时间（小时/年）
前处理、后处理	有机肥、生物有机肥	农业废弃物、加工副产品	罐式发酵	所有规模	废气	工业废气量	标米^3/吨-产品	659	—	0	—
						颗粒物	千克/吨-产品	0.370	袋式除尘	98	*k*=治理设施运行时间（小时/年）/企业正常生产时间（小时/年）
熟化过程	有机肥、生物有机肥	农业废弃物、加工副产品	罐式发酵	所有规模	废气	工业废气量	标米^3/吨-产品	1.34×10^4	—	0	—
						氨	千克/吨-产品	9.88×10^{-3}	生物除臭	88	*k*=治理设施运行时间（小时/年）/企业正常生产时间（小时/年）

[1] 该公式仅供参考，使用时，可根据 *k* 值定义，选取更适合企业实际情况的表达方式。

263 农药制造业

1 适用范围

本手册仅用于《国民经济行业分类》（GB/T 4754—2017）中 2631 化学农药制造行业、2632 生物农药及微生物农药制造行业使用系数法核算工业污染物产生量和排放量的工业企业。

利用本手册进行产排污核算得出的污染物产生量与排放量仅代表了特定行业、工艺、产品、原料在正常工况下污染物产生与排放的一般规律。

本行业废水指标包括化学需氧量、氨氮、总磷、总氮、挥发酚、氰化物及特征污染物吡虫啉、多菌灵；废气指标为挥发性有机物；固体废物指标包括一般工业固体废物、危险废物。

2 注意事项

2.1 企业有多种生产工艺或生产多类产品产排污量核算

污染物产生量与产品产量有关，根据不同核算环节计算产污量后，再根据企业末端治理设施和运行情况计算各污染物的排放量。

企业某污染物产生量、排放量为各核算环节产生量、排放量之和。

在企业实际排放量计算过程中，如果存在废水回用的情况，需要在利用产排污核算公式的基础上扣除废水回用的部分。公式如下：

实际排放量=计算排放量×（1–废水回用率）

2.2 采用多种治理设施组合处理企业的排污量核算

在排污量计算选择末端治理技术时，若没有对应的组合治理技术，以主要治理技术为准。

2.3 系数表中未涉及的产污系数及污染治理效率

由于农药品种种类繁多，生产工艺和产排污情况复杂，对遇到系数表单中未涉及的农药品种，可按结构相似原理选取系数表单中其他类农药品种来代替，也可咨询当地行业组织的专家或相关技术人员，或查找其他系数手册。

2.4 其他需要说明的问题

由于不同企业工业废气量、废水量差异较大，本手册所提供的工业废气量、废水量系数仅供参考。

为体现相同产污水平条件下，采用相同环保治理设施的不同企业对同一污染物去除效果的差异，引入末端治理设施实际运行率（k）对污染治理技术的实际去除率进行修正。k 值反映的是污染治理

设施运行的状态，越稳定运行，k 值越高；在取值上，若定义连续稳定运行的理想状态为 1，则 k 取值在 0～1 之间。

本手册给出本行业的 k 计算公式仅供参考，使用时，可根据 k 值定义，选取更适合企业实际情况的表达方式。

通过本手册挥发性有机物产污系数核算的产污量仅包括工艺有组织、工艺无组织、设备动静密封点泄漏、有机液体储存与调和挥发损失（不包括厂区大仓库储罐）、有机溶剂类使用、废水收储与处理处置过程逸散 6 个源项。

本手册中挥发性有机物末端治理技术平均去除效率是包含以上 6 个源项（考虑无组织废气）的末端治理技术综合效率。因此，核算结果为包含以上 6 个源项的挥发性有机物排放量。

通过本手册危险废物产污系数核算的产污量不包括废包装、废活性炭、废活性污泥等除工艺生产外其他危险废物。

由于大多数农药生产企业的品种生产规模差别不大，故企业规模不再进行细分，在本手册表中合并为一个等级即所有规模，以方便核算。

化学农药制造企业产污水平存在地域差异。在使用本手册时，计算得出的产排污量可能与单个调查企业有一定出入，但总体符合行业发展水平。

农药制剂生产属物理加工生产技术，仅产生少量清洗设备废水和清净下水。本手册未给出制剂工序产污系数。

3 污染物排放量核算方法

3.1 计算污染物产生量

（1）根据产品、原料、污染物产生的主导生产工艺、企业规模（生产产能）这一组合查找和确定所对应的某一污染物的产污系数。

（2）根据该污染物的产污系数计量单位——单位产品产量，获取企业实际产品产量。

例如，某组合内化学需氧量的产污系数单位为千克/吨-产品，则计算产生量时需要获取企业实际产品产量。

（3）污染物产生量按以下公式进行计算：

$$\text{污染物产生量} = \text{污染物对应的产污系数} \times \text{产品产量}$$

$$G_{\text{产}i} = P_{\text{产}} \times M_i$$

式中，$G_{\text{产}i}$——工段 i 某污染物的产生量；

$P_{\text{产}}$——工段 i 某污染物对应的产污系数；

M_i——工段 i 的产品产量。

3.2 计算污染物去除量

（1）根据企业对某一污染物所采用的治理技术查找和选择相应的治理技术平均去除效率。

（2）根据所填报的污染治理设施实际运行率参数及其计算公式得出该企业某一污染物的治理设

施实际运行率（k 值）。

（3）污染物去除量按以下公式进行计算：

污染物去除量=污染物产生量×污染物去除率

=污染物产生量×治理技术平均去除效率×治理设施实际运行率

$$R_{减i} = G_{产i} \times \eta_T \times k_T$$

式中，$R_{减i}$——工段 i 某污染物的去除量；

η_T——工段 i 某污染物采用的末端治理技术的平均去除效率；

k_T——工段 i 某污染物采用的末端治理设施的实际运行率。

3.3 计算污染物排放量

污染物排放量 = 污染物产生量 − 污染物去除量

= 污染物对应的产污系数 × 产品产量 − 污染物产生量 × 末端治理技术平均去除效率 × 末端治理设施实际运行率

3.4 计算企业污染物排放量

同一企业某污染物全年的产生（排放）总量为该企业同年实际生产的全部工段、产品、原料、规模污染物产生（排放）量之和。

$$\begin{aligned} E_{排} &= G_{产} - R_{减} = \sum (G_{产i} - R_{减i}) \\ &= \sum \left[P_{产i} \times M_i (1 - \eta_T \times k_T) \right] \end{aligned}$$

4 污染物排放量核算案例

某化学农药制造企业主要从事麦草畏生产。麦草畏以 2,5-二氯苯胺、硝酸、二氧化硫、氯甲烷为主要原料，以甲苯、二甲苯、甲醇为有机溶剂，采用合成生产工艺，年产量（生产规模）2 万吨。该企业废水的污染治理技术采用“树脂吸附+MVR 蒸发”除盐，脱出水去两级生化处理，涉及的废水污染物主要为化学需氧量、总氮、氨氮。以化学需氧量为例说明排放量计算过程。

4.1 化学需氧量产生量计算

（1）查找产污系数及其计量单位

根据企业基本信息，查找本手册中主要产品为麦草畏，主要原料为 2,5-二氯苯胺、硝酸、二氧化硫、氯甲烷，主要工艺为合成生产工艺，生产规模为所有规模。该组合化学需氧量的产污系数为 201000，单位为克/吨-产品。

（2）获取企业产品产量

该企业实际情况为：麦草畏原药产品 2017 年产量为 12109.67 吨。

（3）计算化学需氧量产生量

由于查询到的组合中化学需氧量产污系数的单位为克/吨-产品，因此在核算化学需氧量产生量时需获取产品产量。

$$化学需氧量产生量 = 化学需氧量产污系数 \times 产品（麦草畏）产量$$
$$= 201000克/吨\text{-}产品 \times 12109.67吨\text{-}产品 \div 1000000 = 2434.04吨$$

4.2 化学需氧量去除量计算

（1）查找治理技术平均去除效率

该企业化学需氧量治理技术采用“定型厌氧反应器类+A/O 工艺”，查询相应组合内该工艺的平均去除效率为 89%。

（2）计算污染治理设施实际运行率

根据产污系数组合查询结果，该组合中化学需氧量法对应的污染治理设施实际运行率为

$$k = 治理设施年耗电量/(治理设施额定功率 \times 治理设施运行时间)$$

获取企业实际填报情况为：2017 年废水治理设施耗电量 2541 万千瓦·时，废水治理设施额定功率 3520 千瓦，废水治理设施运行时间 7500 小时，则该企业的废水治理设施实际运行率为

$$k = 25410000千瓦\cdot时/(3520千瓦 \times 7500时) = 0.9625$$

（3）计算化学需氧量去除量

$$化学需氧量去除量 = 2434.00吨 \times 89\% \times 0.9625 = 2085.06吨$$

（4）化学需氧量排放量计算

$$化学需氧量排放量 = 2434.04吨 - 2085.06吨 = 348.98吨$$

5 系数表

263 农药制造行业（有机磷类）系数表

工段名称	产品名称	原料名称	工艺名称	规模等级	污染物类别	污染物指标	系数单位	产污系数	末端治理技术	末端治理技术平均去除效率/%	参考 k 值计算公式[1]
—	草甘膦	甲醇、三氯化磷、多聚甲醛、三乙胺、甘氨酸	甘氨酸工艺——亚磷酸二甲酯合成+草甘膦合成	所有规模	废水	工业废水量	吨/吨-产品	15.00	—	—	—
						化学需氧量	克/吨-产品	1.84×10^{4}	定型厌氧反应器类+A^2/O 工艺+化学沉淀法	90	k=治理设施年耗电量（千瓦·时）/[治理设施运行时间（小时）×治理设施额定功率（千瓦）]
									氧化还原法+化学沉淀法+A^2/O 工艺	93	
									化学混凝法+氧化还原法+A^2/O 工艺	86	
									电解法+氧化还原法+（1700 其他）脱氨塔+厌氧水解类+生物滤池+生物膜法	99.6	
									（2500 其他）焚烧	99.9	
									定型厌氧反应器类+生物滤池+化学混凝法+氧化还原法+生物膜法	99.5	
						氨氮	克/吨-产品	6.90×10^{2}	定型厌氧反应器类+A^2/O 工艺+化学沉淀法	86	
									氧化还原法+化学沉淀法+A^2/O 工艺	86	
									化学混凝法+氧化还原法+A^2/O 工艺	86	
									电解法+氧化还原法+（1700 其他）脱氨塔+厌氧水解类+生物滤池+生物膜法	98	
									（2500 其他）焚烧	99.9	
									定型厌氧反应器类+生物滤池+化学混凝法+氧化还原法+生物膜法	91	

1 该公式仅供参考，使用时，可根据 k 值定义，选取更适合企业实际情况的表达方式。

263 农药制造行业（有机磷类）系数表（续表 1）

工段名称	产品名称	原料名称	工艺名称	规模等级	污染物类别	污染物指标	系数单位	产污系数	末端治理技术	末端治理技术平均去除效率/%	参考 k 值计算公式
—	草甘膦	甲醇、三氯化磷、多聚甲醛、三乙胺、甘氨酸	甘氨酸工艺——亚磷酸二甲酯合成+草甘膦合成	所有规模	废水	总氮	克/吨-产品	—	定型厌氧反应器类+A^2/O 工艺+化学沉淀法	94	k=治理设施年耗电量（千瓦·时）/[治理设施运行时间（小时）×治理设施额定功率（千瓦）]
									氧化还原法+化学沉淀法+A^2/O 工艺	79	
									化学混凝法+氧化还原法+A^2/O 工艺	85	
									电解法+氧化还原法+（1700 其他）脱氨塔+厌氧水解类+生物滤池+生物膜法	93	
									（2500 其他）焚烧	99.9	
									定型厌氧反应器类+生物滤池+化学混凝法+氧化还原法+生物膜法	93	
						总磷	克/吨-产品	5.77×10^3	定型厌氧反应器类+A^2/O 工艺+化学沉淀法	83	
									氧化还原法+化学沉淀法+A^2/O 工艺	79	
									化学混凝法+氧化还原法+A^2/O 工艺	79	
									电解法+氧化还原法+（1700 其他）脱氨塔+厌氧水解类+生物滤池+生物膜法	77	
									（2500 其他）焚烧	99.9	
									定型厌氧反应器类+生物滤池+化学混凝法+氧化还原法+生物膜法	73	

263 农药制造行业（有机磷类）系数表（续表 2）

工段名称	产品名称	原料名称	工艺名称	规模等级	污染物类别	污染物指标	系数单位	产污系数	末端治理技术	末端治理技术平均去除效率/%	参考 k 值计算公式
—	草甘膦	甲醇、三氯化磷、多聚甲醛、三乙胺、甘氨酸	甘氨酸工艺——亚磷酸二甲酯合成+草甘膦合成	所有规模	废气	工业废气量	标米^3/吨-产品	$2.07×10^2$	—	—	—
						挥发性有机物	千克/吨-产品	$1.25×10^2$	冷凝法+（吸收+分流）+（吸附+蒸汽解析）/（吸附+氮气/空气解析）	46	k=治理设施年耗电量（千瓦·时）/［治理设施运行时间（小时）×治理设施额定功率（千瓦）］
									冷凝法+（吸收+分流）	42	
									冷凝法+（吸收+分流）+（吸附+蒸汽解析）/（吸附+氮气/空气解析）+光催化	45	
									（吸收+分流）	28	
									冷凝法+（吸收+分流）+（吸附+蒸汽解析）/（吸附+氮气/空气解析）+低温等离子体	45	
									冷凝法+（吸收+分流）+（吸附+蒸汽解析）/（吸附+氮气/空气解析）+生物滴滤法	46	
					固废	危险废物	吨/吨-产品	$2.30×10^{-2}$	—	—	—
		二乙醇胺、亚磷酸、多聚甲醛	IDA法——二乙醇胺氧化还原法双甘膦工艺+草甘膦合成	所有规模	废水	工业废水量	吨/吨-产品	8.28	—	—	—
						化学需氧量	克/吨-产品	$1.67×10^5$	（1700 其他）脱氨塔+化学沉淀法+A^2/O 工艺	93	k=治理设施年耗电量（千瓦·时）/［治理设施运行时间（小时）×治理设施额定功率（千瓦）］
									氧化还原法+定型厌氧反应器类+活性污泥法+A/O 工艺	99	
									（2500 其他）焚烧	99.9	
									定型厌氧反应器类+生物滤池+化学混凝法+氧化还原法+生物膜法	99.6	
						氨氮	克/吨-产品	$7.10×10^2$	（1700 其他）脱氨塔+化学沉淀法+A^2/O 工艺	98	
									氧化还原法+定型厌氧反应器类+活性污泥法+A/O 工艺	99	
									（2500 其他）焚烧	99.9	
									定型厌氧反应器类+生物滤池+化学混凝法+氧化还原法+生物膜法	96	

263 农药制造行业（有机磷类）系数表（续表 3）

工段名称	产品名称	原料名称	工艺名称	规模等级	污染物类别	污染物指标	系数单位	产污系数	末端治理技术	末端治理技术平均去除效率/%	参考 k 值计算公式
—	草甘膦	二乙醇胺、亚磷酸、多聚甲醛	IDA 法——二乙醇胺氧化还原法双甘膦工艺+草甘膦合成	所有规模	废水	总氮	克/吨-产品	1.24×10^{4}	（1700 其他）脱氨塔+化学沉淀法+A^2/O 工艺	79	k=治理设施年耗电量（千瓦·时）/[治理设施运行时间（小时）×治理设施额定功率（千瓦）]
									氧化还原法+定型厌氧反应器类+活性污泥法+A/O 工艺	93	
									（2500 其他）焚烧	99.9	
									定型厌氧反应器类+生物滤池+化学混凝法+氧化还原法+生物膜法	90	
						总磷	克/吨-产品	5.22×10^{4}	（1700 其他）脱氨塔+化学沉淀法+A^2/O 工艺	79	
									氧化还原法+定型厌氧反应器类+活性污泥法+A/O 工艺	52	
									（2500 其他）焚烧	99.9	
									定型厌氧反应器类+生物滤池+化学混凝法+氧化还原法+生物膜法	83	
					废气	工业废气量	标米^3/吨-产品	9.83×10^{3}	—	—	—
						挥发性有机物	千克/吨-产品	1.03×10^{2}	冷凝法+（吸收+分流）+（吸附+蒸汽解析）/（吸附+氮气/空气解析）	46	k=治理设施年耗电量（千瓦·时）/[治理设施运行时间（小时）×治理设施额定功率（千瓦）]
									（吸收+分流）+（吸附+蒸汽解析）/（吸附+氮气/空气解析）+光催化	45	
					固废	危险废物	吨/吨-产品	3.60×10^{-2}	—	—	—

263 农药制造行业（有机磷类）系数表（续表 4）

工段名称	产品名称	原料名称	工艺名称	规模等级	污染物类别	污染物指标	系数单位	产污系数	末端治理技术	末端治理技术平均去除效率/%	参考 k 值计算公式
—	草甘膦	亚氨基二乙腈、三氯化磷、多聚甲醛	IDA 法——亚氨基二乙腈碱解双甘膦工艺+草甘膦合成	所有规模	废水	工业废水量	吨/吨-产品	47.55	—	—	—
						化学需氧量	克/吨-产品	2.38×10^4	氧化还原法+（1700 其他）脱氨塔+化学沉淀法+A^2/O 工艺+化学沉淀法	99	k=治理设施年耗电量（千瓦·时）/[治理设施运行时间（小时）×治理设施额定功率（千瓦）]
									（2500 其他）焚烧	99.9	
									定型厌氧反应器类+生物滤池+化学混凝法+氧化还原法+生物膜法	99.3	
									氧化还原法+电解法+厌氧水解类+定型厌氧反应器类+生物滤池+A^2/O 工艺+化学沉淀法	99.5	
						氨氮	克/吨-产品	1.19×10^3	氧化还原法+（1700 其他）脱氨塔+化学沉淀法+A^2/O 工艺+化学沉淀法	99	
									（2500 其他）焚烧	99.9	
									定型厌氧反应器类+生物滤池+化学混凝法+氧化还原法+生物膜法	94	
									氧化还原法+电解法+厌氧水解类+定型厌氧反应器类+生物滤池+A^2/O 工艺+化学沉淀法	93	

263 农药制造行业（有机磷类）系数表（续表 5）

工段名称	产品名称	原料名称	工艺名称	规模等级	污染物类别	污染物指标	系数单位	产污系数	末端治理技术	末端治理技术平均去除效率/%	参考 k 值计算公式
—	草甘膦	亚氨基二乙腈、三氯化磷、多聚甲醛	IDA 法——亚氨基二乙腈碱解双甘膦工艺+草甘膦合成	所有规模	废水	总氮	克/吨-产品	1.92×10^3	氧化还原法+（1700 其他）脱氨塔+化学沉淀法+A^2/O 工艺+化学沉淀法	85.3	k=治理设施年耗电量（千瓦·时）/［治理设施运行时间（小时）×治理设施额定功率（千瓦）］
									（2500 其他）焚烧	99.9	
									定型厌氧反应器类+生物滤池+化学混凝法+氧化还原法+生物膜法	98.1	
									氧化还原法+电解法+厌氧水解类+定型厌氧反应器类+生物滤池+A^2/O 工艺+化学沉淀法	99.5	
						总磷	克/吨-产品	4.76×10^3	氧化还原法+（1700 其他）脱氨塔+化学沉淀法+A^2/O 工艺+化学沉淀法	94	
									（2500 其他）焚烧	99.9	
									定型厌氧反应器类+生物滤池+化学混凝法+氧化还原法+生物膜法	83	
									氧化还原法+电解法+厌氧水解类+定型厌氧反应器类+生物滤池+A^2/O 工艺+化学沉淀法	91	
					废气	工业废气量	标米^3/吨-产品	9.83×10^3	—	—	—
						挥发性有机物	千克/吨-产品	1.02×10^2	冷凝法+（吸收+分流）+（吸附+蒸汽解析）/（吸附+氮气/空气解析）	46	k=治理设施年耗电量（千瓦·时）/［治理设施运行时间（小时）×治理设施额定功率（千瓦）］
									（吸收+分流）+（吸附+蒸汽解析）/（吸附+氮气/空气解析）+光催化	45	
					固废	危险废物	吨/吨-产品	1.00	—	—	—

263 农药制造行业（有机磷类）系数表（续表 6）

工段名称	产品名称	原料名称	工艺名称	规模等级	污染物类别	污染物指标	系数单位	产污系数	末端治理技术	末端治理技术平均去除效率/%	参考 k 值计算公式
—	辛硫磷	苯乙腈、乙基氯化物	合成	所有规模	废水	工业废水量	吨/吨-产品	9.92	—	—	—
						化学需氧量	克/吨-产品	3.92×10^5	氧化还原法+化学沉淀法+A^2/O 工艺	94	k=治理设施年耗电量（千瓦·时）/[治理设施运行时间（小时）×治理设施额定功率（千瓦）]
									A^2/O 工艺	80	
									电解法+化学混凝法+定型厌氧反应器类+A/O 工艺	97	
									电解法+活性污泥法	87	
									化学沉淀+活性污泥法+氧化还原法	90	
						氨氮	克/吨-产品	1.14×10^3	氧化还原法+化学沉淀法+A^2/O 工艺	87	
									A^2/O 工艺	75	
									电解法+化学混凝法+定型厌氧反应器类+A/O 工艺	87	
									电解法+活性污泥法	87	
									化学沉淀+活性污泥法+氧化还原法	87	
						总氮	克/吨-产品	1.04×10^4	氧化还原法+化学沉淀法+A^2/O 工艺	99.5	k=治理设施年耗电量（千瓦·时）/[治理设施运行时间（小时）×治理设施额定功率（千瓦）]
									A^2/O 工艺	70	
									电解法+化学混凝法+定型厌氧反应器类+A/O 工艺	97	
									电解法+活性污泥法	69	
									化学沉淀+活性污泥法+氧化还原法	51	
						总磷	克/吨-产品	2.23×10^3	氧化还原法+化学沉淀法+A^2/O 工艺	91	
									A^2/O 工艺	30	
									电解法+化学混凝法+定型厌氧反应器类+A/O 工艺	87	
									电解法+活性污泥法	66	
									化学沉淀+活性污泥法+氧化还原法	75	

263 农药制造行业（有机磷类）系数表（续表 7）

工段名称	产品名称	原料名称	工艺名称	规模等级	污染物类别	污染物指标	系数单位	产污系数	末端治理技术	末端治理技术平均去除效率/%	参考 k 值计算公式
—	辛硫磷	苯乙腈、乙基氯化物	合成	所有规模	废气	工业废气量	标米³/吨-产品	5.00×10^{3}	—	—	—
						挥发性有机物	千克/吨-产品	1.34×10^{2}	（吸收+分流）+（吸附+蒸汽解析）/（吸附+氮气/空气解析）	44	k=治理设施年耗电量（千瓦·时）/［治理设施运行时间（小时）×治理设施额定功率（千瓦）］
									RTO	46	
									冷凝法+（吸收+分流）+（吸附+蒸汽解析）/（吸附+氮气/空气解析）	46	
					固废	危险废物	吨/吨-产品	0.18	—	—	—
—	毒死蜱	三氯乙酰氯、丙烯腈、乙基氯化物	环合+缩合	所有规模	废水	工业废水量	吨/吨-产品	12.58	—	—	—
						化学需氧量	克/吨-产品	2.56×10^{5}	电解法+厌氧生物处理法+好氧生物处理法	87	k=治理设施年耗电量（千瓦·时）/［治理设施运行时间（小时）×治理设施额定功率（千瓦）］
									氧化还原法+活性污泥法	91	
						氨氮	克/吨-产品	2.98×10^{3}	电解法+厌氧生物处理法+好氧生物处理法	70	
									氧化还原法+活性污泥法	70	
						总氮	克/吨-产品	7.10×10^{3}	电解法+厌氧生物处理法+好氧生物处理法	91	k=治理设施年耗电量（千瓦·时）/［治理设施运行时间（小时）×治理设施额定功率（千瓦）］
									氧化还原法+活性污泥法	30	
						总磷	克/吨-产品	5.52×10^{3}	电解法+厌氧生物处理法+好氧生物处理法	73	
									氧化还原法+活性污泥法	15	
					废气	工业废气量	标米³/吨-产品	4.96×10^{4}	—	—	—
						挥发性有机物	千克/吨-产品	2.29×10^{2}	冷凝法+（吸附+蒸汽解析）/（吸附+氮气/空气解析）	44	k=治理设施年耗电量（千瓦·时）/［治理设施运行时间（小时）×治理设施额定功率（千瓦）］
									冷凝法+（吸收+分流）+（吸附+蒸汽解析）/（吸附+氮气/空气解析）	46	
									RTO	46	
					固废	危险废物	吨/吨-产品	0.38	—	—	—

263 农药制造行业（有机磷类）系数表（续表 8）

工段名称	产品名称	原料名称	工艺名称	规模等级	污染物类别	污染物指标	系数单位	产污系数	末端治理技术	末端治理技术平均去除效率/%	参考 k 值计算公式
—	草铵膦	镁、氰化钠、亚磷酸三乙酯、丙烯醛	格氏路线	所有规模	废水	工业废水量	吨/吨-产品	13.00	—	—	—
						化学需氧量	克/吨-产品	1.73×10^6	电解法+化学混凝法+A^2/O 工艺	97	k=治理设施年耗电量（千瓦·时）/［治理设施运行时间（小时）×治理设施额定功率（千瓦）］
									电解法+氧化还原法+化学混凝法+定型厌氧反应器类	96	
						氨氮	克/吨-产品	4.99×10^2	电解法+化学混凝法+A^2/O 工艺	75	
									电解法+氧化还原法+化学混凝法+定型厌氧反应器类	50	
						总氮	克/吨-产品	1.43×10^3	电解法+化学混凝法+A^2/O 工艺	91	
									电解法+氧化还原法+化学混凝法+定型厌氧反应器类	91	
						总磷	克/吨-产品	4.29×10^2	电解法+化学混凝法+A^2/O 工艺	92	
									电解法+氧化还原法+化学混凝法+定型厌氧反应器类	90	
						氰化物	克/吨-产品	40.00	（2500 其他）次氯酸钠破氰+电解法+化学混凝法+A^2/O 工艺	90	k=治理设施年耗电量（千瓦·时）/［治理设施运行时间（小时）×治理设施额定功率（千瓦）］
									（2500 其他）次氯酸钠破氰+电解法+氧化还原法+化学混凝法+定型厌氧反应器类	97.5	
					废气	工业废气量	标米³/吨-产品	5.00×10^3	—	—	—
						挥发性有机物	千克/吨-产品	7.48×10^2	冷凝法+（吸附+蒸汽解析）/（吸附+氮气/空气解析）	44	k=治理设施年耗电量（千瓦·时）/［治理设施运行时间（小时）×治理设施额定功率（千瓦）］
									冷凝法+（吸收+分流）+（吸附+蒸汽解析）/（吸附+氮气/空气解析）	46	
									RTO	46	
					固废	危险废物	吨/吨-产品	—	—	—	—

263 农药制造行业（有机磷类）系数表（续表 9）

工段名称	产品名称	原料名称	工艺名称	规模等级	污染物类别	污染物指标	系数单位	产污系数	末端治理技术	末端治理技术平均去除效率/%	参考 *k* 值计算公式
—	其他有机磷类农药①	含磷原料	合成	所有规模	废水	工业废水量	吨/吨-产品	8.53	—	—	—
						化学需氧量	克/吨-产品	1.21×10^5	电解法+化学混凝法+A^2/O 工艺	97	*k*=治理设施年耗电量（千瓦·时）/［治理设施运行时间（小时）×治理设施额定功率（千瓦）］
						氨氮	克/吨-产品	4.00×10^3	电解法+化学混凝法+A^2/O 工艺	75	
						总氮	克/吨-产品	1.03×10^4	电解法+化学混凝法+A^2/O 工艺	90	
						总磷	克/吨-产品	7.23×10^3	电解法+化学混凝法+A^2/O 工艺	92	
					废气	工业废气量	标米^3/吨-产品	5.00×10^3	—	—	—
						挥发性有机物	千克/吨-产品	34.00	冷凝法+（吸附+蒸汽解析）/（吸附+氮气/空气解析）	44	*k*=治理设施年耗电量（千瓦·时）/［治理设施运行时间（小时）×治理设施额定功率（千瓦）］
									冷凝法+（吸收+分流）+（吸附+蒸汽解析）/（吸附+氮气/空气解析）	46	
									RTO	46	
					固废	危险废物	吨/吨-产品	0.31	—	—	—

注：① 其他有机磷农药如下：倍硫磷、拌种灵、丙溴磷、稻丰散、甲拌磷、甲基毒死蜱、甲基嘧啶磷、喹硫磷、乐果、马拉硫磷、三乙膦酸铝、杀螟硫磷、杀扑磷、莎稗磷、硝虫硫磷、亚胺硫磷、氧乐果、乙酰甲胺磷、异稻瘟净、敌百虫、敌敌畏等。

263 农药制造行业（杂环类）系数表

工段名称	产品名称	原料名称	工艺名称	规模等级	污染物类别	污染物指标	系数单位	产污系数	末端治理技术	末端治理技术平均去除效率/%	参考 k 值计算公式[1]
—	吡虫啉	双环戊二烯、2氯-5氯甲基吡啶	双环戊二烯法	所有规模	废水	工业废水量	吨/吨-产品	13.57	—	—	—
						化学需氧量	克/吨-产品	9.47×10^{5}	（2500 其他）焚烧	99.9	k=治理设施年耗电量（千瓦·时）/［治理设施运行时间（小时）×治理设施额定功率（千瓦）］
									氧化还原法+电解法+化学混凝法+厌氧水解类+定型厌氧反应器类+A/O 工艺	99.4	
						氨氮	克/吨-产品	4.93×10^{4}	（2500 其他）焚烧	99.9	
									氧化还原法+电解法+化学混凝法+厌氧水解类+定型厌氧反应器类+A/O 工艺	72	
						总氮	克/吨-产品	1.80×10^{5}	（2500 其他）焚烧	99.9	
									氧化还原法+电解法+化学混凝法+厌氧水解类+定型厌氧反应器类+A/O 工艺	98	
						总磷	克/吨-产品	2.82×10^{2}	（2500 其他）焚烧	99.9	
									氧化还原法+电解法+化学混凝法+厌氧水解类+定型厌氧反应器类+A/O 工艺	95	
						吡虫啉	克/吨-产品	1.09×10^{4}	氧化还原法+电解法+化学混凝法+厌氧水解类+定型厌氧反应器类+A/O 工艺	99.4	

1 该公式仅供参考，使用时，可根据 k 值定义，选取更适合企业实际情况的表达方式。

263 农药制造行业（杂环类）系数表（续表 1）

工段名称	产品名称	原料名称	工艺名称	规模等级	污染物类别	污染物指标	系数单位	产污系数	末端治理技术	末端治理技术平均去除效率/%	参考 k 值计算公式
—	吡虫啉	双环戊二烯、2氯-11氯甲基吡啶	双环戊二烯法	所有规模	废气	工业废气量	标米³/吨-产品	6.97×10^4	—	—	—
						挥发性有机物	千克/吨-产品	3.12×10^2	（吸收+分流）+（吸附+蒸汽解析）/（吸附+氮气/空气解析）	44	k=治理设施年耗电量（千瓦·时）/［治理设施运行时间（小时）×治理设施额定功率（千瓦）］
									光催化	25	
									RTO	46	
					固废	危险废物	吨/吨-产品	0.29	—	—	—
	百草枯	氰化钠、氯气、吡啶、液氨	氨氰法	所有规模	废水	工业废水量	吨/吨-产品	5.35	—	—	—
						化学需氧量	克/吨-产品	8.70×10^5	（1700 其他）脱氨塔+厌氧水解类+氧化还原法+生物滤池+活性污泥法	99.0	k=治理设施年耗电量（千瓦·时）/［治理设施运行时间（小时）×治理设施额定功率（千瓦）］
									吸附+A/O 工艺	94	
						氨氮	克/吨-产品	2.55×10^5	（1700 其他）脱氨塔+厌氧水解类+氧化还原法+生物滤池+活性污泥法	99	
									吸附+A/O 工艺	97	

263 农药制造行业（杂环类）系数表（续表 2）

工段名称	产品名称	原料名称	工艺名称	规模等级	污染物类别	污染物指标	系数单位	产污系数	末端治理技术	末端治理技术平均去除效率/%	参考 k 值计算公式
—	百草枯	氰化钠、氯气、吡啶、液氨	氨氰法	所有规模	废水	总氮	克/吨-产品	2.41×10^5	（1700 其他）脱氨塔+厌氧水解类+氧化还原法+生物滤池+活性污泥法	85	k=治理设施年耗电量（千瓦·时）/［治理设施运行时间（小时）×治理设施额定功率（千瓦）］
									吸附+A/O 工艺	91	
						总磷	克/吨-产品	6.02×10^2	（1700 其他）脱氨塔+厌氧水解类+氧化还原法+生物滤池+活性污泥法	50	
									吸附+A/O 工艺	85	
						氰化物	克/吨-产品	8.65×10^3	（2500 其他）次氯酸钠破氰+（1700 其他）脱氨塔+厌氧水解类+氧化还原法+生物滤池+活性污泥法	96	
									（2500 其他）次氯酸钠破氰+吸附+A/O 工艺	90	
					废气	工业废气量	标米^3/吨-产品	1.00×10^3	—	—	—
						挥发性有机物	千克/吨-产品	1.23×10^3	（吸收+分流）+（吸附+蒸汽解析）/（吸附+氮气/空气解析）	44	k=治理设施年耗电量（千瓦·时）/［治理设施运行时间（小时）×治理设施额定功率（千瓦）］
									光催化	25	
									RTO	46	

263 农药制造行业（杂环类）系数表（续表 3）

工段名称	产品名称	原料名称	工艺名称	规模等级	污染物类别	污染物指标	系数单位	产污系数	末端治理技术	末端治理技术平均去除效率/%	参考 *k* 值计算公式
—	多菌灵	石灰氮、甲醇、邻苯二胺、光气	缩合	所有规模	废水	工业废水量	吨/吨-产品	5.80	—	—	—
						化学需氧量	克/吨-产品	$1.32×10^5$	氧化还原法+（1700 其他）脱氨塔+厌氧水解类+A/O 工艺	95	*k*=治理设施年耗电量（千瓦·时）/［治理设施运行时间（小时）×治理设施额定功率（千瓦）］
									氧化还原法+（1700 其他）脱氨塔+A^2/O 工艺	91	
						氨氮	克/吨-产品	$5.24×10^3$	氧化还原法+（1700 其他）脱氨塔+厌氧水解类+A/O 工艺	96	
									氧化还原法+（1700 其他）脱氨塔+A^2/O 工艺	96	
						总氮	克/吨-产品	$4.38×10^4$	氧化还原法+（1700 其他）脱氨塔+厌氧水解类+A/O 工艺	90	
									氧化还原法+（1700 其他）脱氨塔+A^2/O 工艺	90	
						氰化物	克/吨-产品	51.00	（2500 其他）次氯酸钠破氰+氧化还原法+（1700 其他）脱氨塔+厌氧水解类+A/O 工艺	96	
									（2500 其他）次氯酸钠破氰+氧化还原法+（1700 其他）脱氨塔+A^2/O 工艺	90	
						多菌灵	克/吨-产品	$5.92×10^3$	氧化还原法+（1700 其他）脱氨塔+厌氧水解类+A/O 工艺	95	*k*=治理设施年耗电量（千瓦·时）/［治理设施运行时间（小时）×治理设施额定功率（千瓦）］
									氧化还原法+（1700 其他）脱氨塔+A^2/O 工艺	91	
					废气	工业废气量	米^3/吨-产品	$3.44×10^2$	—	—	—
						挥发性有机物	千克/吨-产品	$3.62×10^2$	（吸收+分流）+（吸附+蒸汽解析）/（吸附+氮气/空气解析）	44	*k*=治理设施年耗电量（千瓦·时）/［治理设施运行时间（小时）×治理设施额定功率（千瓦）］
									光催化	25	
									RTO	46	
					固废	危险废物	吨/吨-产品	0.60	—	—	—

263 农药制造行业（杂环类）系数表（续表 4）

工段名称	产品名称	原料名称	工艺名称	规模等级	污染物类别	污染物指标	系数单位	产污系数	末端治理技术	末端治理技术平均去除效率/%	参考 k 值计算公式
—	其他杂环类农药[①]	含氮原料	合成	所有规模	废水	工业废水量	吨/吨-产品	8.09	—	—	—
						化学需氧量	克/吨-产品	7.21×10^{5}	氧化还原法+（1700 其他）脱氨塔+A^2/O 工艺	91	k=治理设施年耗电量（千瓦·时）/[治理设施运行时间（小时）×治理设施额定功率（千瓦）]
									（2500 其他）焚烧	95	
						氨氮	克/吨-产品	4.07×10^{2}	氧化还原法+（1700 其他）脱氨塔+A^2/O 工艺	96	
									（2500 其他）焚烧	99.9	
						总氮	克/吨-产品	1.82×10^{3}	氧化还原法+（1700 其他）脱氨塔+A^2/O 工艺	65	
									（2500 其他）焚烧	99.9	
						总磷	克/吨-产品	2.37×10^{3}	氧化还原法+（1700 其他）脱氨塔+A^2/O 工艺	85	k=治理设施年耗电量（千瓦·时）/[治理设施运行时间（小时）×治理设施额定功率（千瓦）]
									（2500 其他）焚烧	99.9	
					废气	工业废气量	米^3/吨-产品	1.00×10^{3}	—	—	—
						挥发性有机物	千克/吨-产品	1.06×10^{2}	（吸收+分流）+（吸附+蒸汽解析）/（吸附+氮气/空气解析）	44	k=治理设施年耗电量（千瓦·时）/[治理设施运行时间（小时）×治理设施额定功率（千瓦）]
									光催化	25	
									RTO	46	
					固废	一般工业废物	吨/吨-产品	0.49	—	—	—
						危险废物	吨/吨-产品	1.13	—	—	—

注：① 其他杂环农药如下：噻嗪酮、烯酰吗啉、嗪草酮、吡丙醚、苯菌灵、吡蚜酮、草除灵、稻瘟灵、敌草快、啶虫脒、噁草酮、噁霉灵、噁唑禾草灵、二氯吡啶酸、氟菌唑、氟吗啉、环嗪酮等。

263 农药制造行业（酰胺类）系数表

工段名称	产品名称	原料名称	工艺名称	规模等级	污染物类别	污染物指标	系数单位	产污系数	末端治理技术	末端治理技术平均去除效率/%	参考 k 值计算公式[1]
—	乙草胺、异丙甲草胺、丁草胺	2,6-甲乙基苯胺、乙醇、多聚甲醛、氯乙酰氯	醚法/甲叉法	所有规模	废水	工业废水量	吨/吨-产品	11.00	—	—	—
						化学需氧量	克/吨-产品	1.83×10^{5}	电解法+（1700 其他）脱氨塔+化学混凝法+A^2/O 工艺	97	k=治理设施年耗电量（千瓦·时）/［治理设施运行时间（小时）×治理设施额定功率（千瓦）］
									化学混凝法+厌氧水解类+A/O 工艺 +氧化还原法	98	
						氨氮	克/吨-产品	8.57×10^{2}	电解法+（1700 其他）脱氨塔+化学混凝法+A^2/O 工艺	98	
									化学混凝法+厌氧水解类+A/O 工艺 +氧化还原法	85	
						总氮	克/吨-产品	8.02×10^{2}	电解法+（1700 其他）脱氨塔+化学混凝法+A^2/O 工艺	89	
									化学混凝法+厌氧水解类+A/O 工艺 +氧化还原法	93	
						总磷	克/吨-产品	53.00	电解法+（1700 其他）脱氨塔+化学混凝法+A^2/O 工艺	92	
									化学混凝法+厌氧水解类+A/O 工艺 +氧化还原法	83	
					废气	工业废气量	标米^3/吨-产品	1.73×10^{2}	—	—	—
						挥发性有机物	千克/吨-产品	82.00	（吸收+分流）+（吸附+蒸汽解析）/（吸附+氮气/空气解析）	44	k=治理设施年耗电量（千瓦·时）/［治理设施运行时间（小时）×治理设施额定功率（千瓦）］
									光催化	25	
					固废	危险废物	吨/吨-产品	1.70×10^{-2}	—	—	—
	其他酰胺类农药①	原料	合成	所有规模	废水	工业废水量	吨/吨-产品	7.08	—	—	—
						化学需氧量	克/吨-产品	2.79×10^{5}	电解法+（1700 其他）脱氨塔+化学混凝法+A^2/O 工艺	97	k=治理设施年耗电量（千瓦·时）/［治理设施运行时间（小时）×治理设施额定功率（千瓦）］
									（1700 其他）脱氨塔+吸附+A^2/O 工艺	94	

注：① 其他酰胺类农药如下：苯噻酰草胺、吡氟酰草胺、丙草胺、敌稗、毒草胺、克草胺、丁草胺、异丙草胺、异丙甲草胺等。

1 该公式仅供参考，使用时，可根据 k 值定义，选取更适合企业实际情况的表达方式。

263 农药制造行业（酰胺类）系数表（续表 1）

工段名称	产品名称	原料名称	工艺名称	规模等级	污染物类别	污染物指标	系数单位	产污系数	末端治理技术	末端治理技术平均去除效率/%	参考 k 值计算公式[1]
—	其他酰胺类农药①	原料	合成	所有规模	废水	氨氮	克/吨-产品	8.30×10^{2}	电解法+（1700 其他）脱氨塔+化学混凝法+A^2/O 工艺	98	k=治理设施年耗电量（千瓦·时）/［治理设施运行时间（小时）×治理设施额定功率（千瓦）］
									（1700 其他）脱氨塔+吸附+A^2/O 工艺	99.5	
						总氮	克/吨-产品	3.92×10^{3}	电解法+（1700 其他）脱氨塔+化学混凝法+A^2/O 工艺	90	
									（1700 其他）脱氨塔+吸附+A^2/O 工艺	93	
						总磷	克/吨-产品	8.00	电解法+（1700 其他）脱氨塔+化学混凝法+A^2/O 工艺	92	
									（1700 其他）脱氨塔+吸附+A^2/O 工艺	30	
					废气	工业废气量	标米^3/吨-产品	1.73×10^{2}	—	—	—
						挥发性有机物	千克/吨-产品	72.78	（吸收+分流）+（吸附+蒸汽解析）/（吸附+氮气/空气解析）	44	k=治理设施年耗电量（千瓦·时）/［治理设施运行时间（小时）×治理设施额定功率（千瓦）］
									光催化	25	
									RTO	46	
					固废	危险废物	吨/吨-产品	1.70	—	—	—

注：① 其他酰胺类农药如下：苯噻酰草胺、吡氟酰草胺、丙草胺、敌稗、毒草胺、克草胺、丁草胺、异丙草胺、异丙甲草胺等。

263 农药制造行业（氨基甲酸酯类）系数表

工段名称	产品名称	原料名称	工艺名称	规模等级	污染物类别	污染物指标	系数单位	产污系数	末端治理技术	末端治理技术平均去除效率/%	参考 k 值计算公式[1]
—	克百威、异丙威、仲丁威	邻异丙基酚、邻肿丁基酚、甲基异氰酸酯、甲苯、邻苯二酚、甲代烯丙基氯	合成	所有规模	废气	工业废气量	标米^3/吨-产品	1.32×10^{5}	—	—	—
						挥发性有机物	千克/吨-产品	3.04	（吸附+蒸汽解析）/（吸附+氮气/空气解析）	42	k=治理设施年耗电量（千瓦·时）/［治理设施运行时间（小时）×治理设施额定功率（千瓦）］
									RTO	46	

1 该公式仅供参考，使用时，可根据 k 值定义，选取更适合企业实际情况的表达方式。

263 农药制造行业（氨基甲酸酯类）系数表（续表 1）

工段名称	产品名称	原料名称	工艺名称	规模等级	污染物类别	污染物指标	系数单位	产污系数	末端治理技术	末端治理技术平均去除效率/%	参考 k 值计算公式
—	其他氨基甲酸酯类农药①	原料	合成	所有规模	废水	工业废水量	吨/吨-产品	40.00	—	—	—
						化学需氧量	克/吨-产品	3.50×10^4	厌氧水解类+化学沉淀法+活性污泥法+氧化还原法	98	k=治理设施年耗电量（千瓦·时）/［治理设施运行时间（小时）×治理设施额定功率（千瓦）］
									氧化还原法+A^2/O 工艺	91	
						氨氮	克/吨-产品	2.00×10^2	厌氧水解类+化学沉淀法+活性污泥法+氧化还原法	84	
									氧化还原法+A^2/O 工艺	72	
						总氮	克/吨-产品	—	厌氧水解类+化学沉淀法+活性污泥法+氧化还原法	85	
									氧化还原法+A^2/O 工艺	65	
						挥发酚	克/吨-产品	2.00×10^2	厌氧水解类+化学沉淀法+活性污泥法+氧化还原法	95	
									氧化还原法+A^2/O 工艺	98	

注：① 其他氨基甲酸酯类农药如下：残杀威、丁硫克百威、甲萘威、硫双威、灭多威、涕灭威、克百威等。

263 农药制造行业（氨基甲酸酯类、三嗪类）系数表

工段名称	产品名称	原料名称	工艺名称	规模等级	污染物类别	污染物指标	系数单位	产污系数	末端治理技术	末端治理技术平均去除效率/%	参考 k 值计算公式[1]
—	其他氨基甲酸酯类农药①	原料	合成	所有规模	废气	工业废气量	标米^3/吨-产品	1.00×10^4	—	—	—
						挥发性有机物	千克/吨-产品	25.00	（吸附+蒸汽解析）/（吸附+氮气/空气解析）	42	k=治理设施年耗电量（千瓦·时）/［治理设施运行时间（小时）×治理设施额定功率（千瓦）］
									RTO	46	
—	莠去津	三聚氯氰、异丙胺、乙胺、甲苯	二取代法	所有规模	废水	工业废水量	吨/吨-产品	10.80	—	0	
						化学需氧量	克/吨-产品	1.69×10^4	吸附+A/O 工艺	94	
									（2500 其他）焚烧	99.9	
									厌氧水解类+定型厌氧反应器类+生物滤池+氧化还原法	97	
									氧化还原法+吸附+电解法+化学混凝法+定型厌氧反应器类+好氧生物处理法	99.5	

注：① 其他氨基甲酸酯类农药如下：残杀威、丁硫克百威、甲萘威、硫双威、灭多威、涕灭威、克百威等。

1 该公式仅供参考，使用时，可根据 k 值定义，选取更适合企业实际情况的表达方式。

263 农药制造行业（三嗪类）系数表

工段名称	产品名称	原料名称	工艺名称	规模等级	污染物类别	污染物指标	系数单位	产污系数	末端治理技术	末端治理技术平均去除效率/%	参考 k 值计算公式[1]
—	莠去津	三聚氯氰、异丙胺、乙胺、甲苯	二取代法	所有规模	废水	氨氮	克/吨-产品	1.66×10^{2}	吸附+A/O 工艺	97	k=治理设施年耗电量（千瓦·时）/[治理设施运行时间（小时）×治理设施额定功率（千瓦）]
									（2500 其他）焚烧	99.9	
									厌氧水解类+定型厌氧反应器类+生物滤池+氧化还原法	70	
									氧化还原法+吸附+电解法+化学混凝法+定型厌氧反应器类+好氧生物处理法	96	
						总氮	克/吨-产品	4.02×10^{3}	吸附+A/O 工艺	91	
									（2500 其他）焚烧	99.9	
									厌氧水解类+定型厌氧反应器类+生物滤池+氧化还原法	85	
									氧化还原法+吸附+电解法+化学混凝法+定型厌氧反应器类+好氧生物处理法	98	
									氧化还原法+吸附+电解法+化学混凝法+定型厌氧反应器类+好氧生物处理法	99.5	
						莠去津	克/吨-产品	1.51×10^{4}	吸附+A/O 工艺	94	k=治理设施年耗电量（千瓦·时）/[治理设施运行时间（小时）×治理设施额定功率（千瓦）]
									（2500 其他）焚烧	99.9	
									厌氧水解类+定型厌氧反应器类+生物滤池+氧化还原法	97	
									氧化还原法+吸附+电解法+化学混凝法+定型厌氧反应器类+好氧生物处理法	99.5	
					废气	工业废气量	标米^3/吨-产品	—	—	—	—

1 该公式仅供参考，使用时，可根据 k 值定义，选取更适合企业实际情况的表达方式。

263 农药制造行业（三嗪类）系数表（续表 1）

工段名称	产品名称	原料名称	工艺名称	规模等级	污染物类别	污染物指标	系数单位	产污系数	末端治理技术	末端治理技术平均去除效率/%	参考 k 值计算公式
—	莠去津	三聚氯氰、异丙胺、乙胺、甲苯	二取代法	所有规模	废气	挥发性有机物	千克/吨-产品	93.65	吸收+分流	28	k=治理设施年耗电量（千瓦·时）/［治理设施运行时间（小时）×治理设施额定功率（千瓦）］
									RTO	46	
									光催化	25	
									（吸附+蒸汽解析）/（吸附+氮气/空气解析）	42	
					固废	危险废物	吨/吨-产品	9.70×10^{-3}	—	—	—
	其他三嗪类农药①	原料	合成	所有规模	废水	工业废水量	吨/吨-产品	6.00	—	—	—
						化学需氧量	克/吨-产品	1.34×10^{4}	吸附+A/O 工艺	94	k=治理设施年耗电量（千瓦·时）/［治理设施运行时间（小时）×治理设施额定功率（千瓦）］
									（2500 其他）焚烧	99.9	
									厌氧水解类+定型厌氧反应器类+生物滤池+氧化还原法	97	
									氧化还原法+吸附+电解法+化学混凝法+定型厌氧反应器类 +好氧生物处理	99.5	
						氨氮	克/吨-产品	1.09×10^{2}	吸附+A/O 工艺	97	k=治理设施年耗电量（千瓦·时）/［治理设施运行时间（小时）×治理设施额定功率（千瓦）］
									（2500 其他）焚烧	99.9	
									厌氧水解类+定型厌氧反应器类+生物滤池+氧化还原法	70	
									氧化还原法+吸附+电解法+化学混凝法+定型厌氧反应器类+好氧生物处理	96	
						总氮	克/吨-产品	1.20×10^{2}	吸附+A/O 工艺	91	
									（2500 其他）焚烧	99.9	
									厌氧水解类+定型厌氧反应器类+生物滤池+氧化还原法	85	
									氧化还原法+吸附+电解法+化学混凝法+定型厌氧反应器类+好氧生物处理	98	
					废气	工业废气量	标米^{3}/吨-产品	—	—	—	—

注：① 其他三嗪类农药如下：扑草净、扑灭津、西草净、西玛津、莠灭净、氰草津等。

263 农药制造行业（三嗪类、有机硫）系数表

工段名称	产品名称	原料名称	工艺名称	规模等级	污染物类别	污染物指标	系数单位	产污系数	末端治理技术	末端治理技术平均去除效率/%	参考 k 值计算公式[1]
—	其他三嗪类农药①	原料	合成	所有规模	废气	挥发性有机物	千克/吨-产品	28.81	吸收+分流	28	k=治理设施年耗电量（千瓦·时）/[治理设施运行时间（小时）×治理设施额定功率（千瓦）]
									RTO	46	
									光催化	25	
									（吸附+蒸汽解析）/（吸附+氮气/空气解析）	42	
					固废	危险废物	吨/吨-产品	3.00×10^{-3}	—	—	—
	代森锰锌	乙二胺、氨水、硫酸锰、硫酸锌	合成	所有规模	废水	工业废水量	吨/吨-产品	7.12	—	—	—
						化学需氧量	克/吨-产品	6.10×10^{4}	化学沉淀+活性污泥法+氧化还原法	97	k=治理设施年耗电量（千瓦·时）/[治理设施运行时间（小时）×治理设施额定功率（千瓦）]
									化学沉淀+厌氧水解类+生物滤池	96	
						氨氮	克/吨-产品	3.36×10^{4}	化学沉淀+活性污泥法+氧化还原法	84	
									化学沉淀+厌氧水解类+生物滤池	84	
						总氮	克/吨-产品	3.68×10^{4}	化学沉淀+活性污泥法+氧化还原法	51	
									化学沉淀+厌氧水解类+生物滤池	85	

注：① 其他三嗪类农药如下：扑草净、扑灭津、西草净、西玛津、莠灭净、氰草津等。

263 农药制造行业（有机硫）系数表

工段名称	产品名称	原料名称	工艺名称	规模等级	污染物类别	污染物指标	系数单位	产污系数	末端治理技术	末端治理技术平均去除效率/%	参考 k 值计算公式[1]
—	代森锰锌	乙二胺、氨水、硫酸锰、硫酸锌	合成	所有规模	废气	工业废气量	标米^3/吨-产品	3.00×10^{3}	—	—	—
						挥发性有机物	千克/吨-产品	29.38	（吸收+分流）+（吸附+蒸汽解析）/（吸附+氮气/空气解析）	44	k=治理设施年耗电量（千瓦·时）/[治理设施运行时间（小时）×治理设施额定功率（千瓦）]
					固废	危险废物	吨/吨-产品	3.00×10^{-3}	—	—	—
	杀虫单	氯丙烯、二甲胺	氯丙烯溶剂法	所有规模	废水	工业废水量	吨/吨-产品	10.00	—	—	—
						化学需氧量	克/吨-产品	2.00×10^{4}	活性污泥+中和法+A/O 工艺	96	k=治理设施年耗电量（千瓦·时）/[治理设施运行时间（小时）×治理设施额定功率（千瓦）]
						氨氮	克/吨-产品	20.00	活性污泥+中和法+A/O 工艺	92	
					废气	工业废气量	标米^3/吨-产品	1.00×10^{2}	—	—	—

1 该公式仅供参考，使用时，可根据 k 值定义，选取更适合企业实际情况的表达方式。

263 农药制造行业（有机硫）系数表（续表 1）

工段名称	产品名称	原料名称	工艺名称	规模等级	污染物类别	污染物指标	系数单位	产污系数	末端治理技术	末端治理技术平均去除效率/%	参考 k 值计算公式
—	杀虫单	氯丙烯、二甲胺	氯丙烯溶剂法	所有规模	废气	挥发性有机物	千克/吨-产品	3.55×10^{2}	吸收+分流	28	k=治理设施年耗电量（千瓦·时）/［治理设施运行时间（小时）×治理设施额定功率（千瓦）］
									RTO	46	
									光催化	25	
									（吸附+蒸汽解析）/（吸附+氮气/空气解析）	42	
					固废	危险废物	吨/吨-产品	1.20	—	—	—
	其他有机硫类农药①	原料	合成	所有规模	废水	工业废水量	吨/吨-产品	6.05	—	—	—
						化学需氧量	克/吨-产品	1.82×10^{4}	物理化学处理法+A^2/O 工艺;	93	k=治理设施年耗电量（千瓦·时）/［治理设施运行时间（小时）×治理设施额定功率（千瓦）］
									定型厌氧反应器+氧化还原法+电解法	89	
						氨氮	克/吨-产品	1.65×10^{2}	物理化学处理法+A^2/O 工艺	85	
									定型厌氧反应器+氧化还原法+电解法	85	
						总氮	克/吨-产品	1.45×10^{4}	物理化学处理法+A^2/O 工艺	76	
									定型厌氧反应器+氧化还原法+电解法	87	

注： ①其他有机硫类农药如下：丙森锌、代森锌、福美双、福美锌、代森联、杀虫环、杀螟丹、杀虫安。

263 农药制造行业（有机硫、拟除虫菊酯类）系数表

工段名称	产品名称	原料名称	工艺名称	规模等级	污染物类别	污染物指标	系数单位	产污系数	末端治理技术	末端治理技术平均去除效率/%	参考 k 值计算公式[1]
—	其他有机硫类农药①	原料	合成	所有规模	废气	工业废气量	标米^3/吨-产品	—	—	—	—
						挥发性有机物	千克/吨-产品	31.20	冷凝法+（吸收+分流）	42	k=治理设施年耗电量（千瓦·时）/［治理设施运行时间（小时）×治理设施额定功率（千瓦）］
					固废	危险废物	吨/吨-产品	4.30×10^{-3}	—	—	—
	高效氯氟氰菊酯	贲亭酸甲酯、叔丁醇、氯化亚砜	缩合	所有规模	废水	工业废水量	吨/吨-产品	17.80	—	—	—
						化学需氧量	克/吨-产品	4.85×10^{5}	（2500 其他）次氯酸钠破氰+定型厌氧反应器类+ A/O 工艺	89	k=治理设施年耗电量（千瓦·时）/［治理设施运行时间（小时）×治理设施额定功率（千瓦）］
									生物膜法+ A/O 工艺+生物滤池+化学混凝法	99.4	
						氨氮	克/吨-产品	4.83×10^{3}	（2500 其他）次氯酸钠破氰+定型厌氧反应器类+ A/O 工艺	72	
									生物膜法+ A/O 工艺+生物滤池+化学混凝法	98	

注：①其他有机硫类农药如下：丙森锌、代森锌、福美双、福美锌、代森联、杀虫环、杀螟丹、杀虫安。

1 该公式仅供参考，使用时，可根据 k 值定义，选取更适合企业实际情况的表达方式。

263 农药制造行业（拟除虫菊酯类）系数表

工段名称	产品名称	原料名称	工艺名称	规模等级	污染物类别	污染物指标	系数单位	产污系数	末端治理技术	末端治理技术平均去除效率/%	参考 k 值计算公式[1]
—	高效氯氟氰菊酯	贲亭酸甲酯、叔丁醇、氯化亚砜	缩合	所有规模	废水	氰化物	克/吨-产品	66.48	（2500 其他）次氯酸钠破氰+定型厌氧反应器类+ A/O 工艺	97.5	k=治理设施年耗电量（千瓦·时）/[治理设施运行时间（小时）×治理设施额定功率（千瓦）]
									（2500 其他）次氯酸钠破氰+生物膜法+ A/O 工艺+生物滤池+化学混凝法	90	
					废气	工业废气量	标米^3/吨-产品	5.82×10^5	—	—	—
						挥发性有机物	千克/吨-产品	2.06×10^2	氧化还原法+（吸收+分流）	33	k=治理设施年耗电量（千瓦·时）/[治理设施运行时间（小时）×治理设施额定功率（千瓦）]
									（吸附+蒸汽解析）/（吸附+氮气/空气解析）	42	
									RTO	46	
—	氯氰菊酯	二氯菊酸甲酯、醚醛、氯化亚砜/固体光气、氰化钠	缩合	所有规模	废水	工业废水量	吨/吨-产品	4.86	—	—	—
						化学需氧量	克/吨-产品	3.65×10^4	定型厌氧反应器类+ A/O 工艺	89	k=治理设施年耗电量（千瓦·时）/[治理设施运行时间（小时）×治理设施额定功率（千瓦）]
									生物膜法+ A/O 工艺+生物滤池+化学混凝法	99.4	
						氨氮	克/吨-产品	7.33×10^3	定型厌氧反应器类+ A/O 工艺	72	
									生物膜法+ A/O 工艺+生物滤池+化学混凝法	98	
						总氮	克/吨-产品	1.07×10^4	定型厌氧反应器类+ A/O 工艺	90	
									生物膜法+ A/O 工艺+生物滤池+化学混凝法	88	
						氰化物	克/吨-产品	22.54	（2500 其他）次氯酸钠破氰+定型厌氧反应器类+ A/O 工艺	97.5	
									（2500 其他）次氯酸钠破氰+生物膜法+ A/O 工艺+生物滤池+化学混凝法	90	

1 该公式仅供参考，使用时，可根据 k 值定义，选取更适合企业实际情况的表达方式。

263 农药制造行业（拟除虫菊酯类）系数表（续表 1）

工段名称	产品名称	原料名称	工艺名称	规模等级	污染物类别	污染物指标	系数单位	产污系数	末端治理技术	末端治理技术平均去除效率/%	参考 k 值计算公式
—	氯氰菊酯	二氯菊酸甲酯、醚醛、氯化亚砜/固体光气、氰化钠	缩合	所有规模	废气	工业废气量	标米^3/吨-产品	2.88×10^4	—	—	—
						挥发性有机物	千克/吨-产品	23.39	氧化还原法+（吸收+分流）	33	k=治理设施年耗电量（千瓦·时）/[治理设施运行时间（小时）×治理设施额定功率（千瓦）]
									（吸附+蒸汽解析）/（吸附+氮气/空气解析）	42	
									RTO	46	
					固废	危险废物	吨/吨-产品	1.44×10^{-2}	—	—	—
	其他拟除虫菊酯类农药①	原料	全合成	所有规模	废水	工业废水量	吨/吨-产品	24.60	—	—	—
						化学需氧量	克/吨-产品	4.85×10^5	生物滤池 +氧化还原法+A/O 工艺	98	k=治理设施年耗电量（千瓦·时）/[治理设施运行时间（小时）×治理设施额定功率（千瓦）]
									化学沉淀+厌氧水解类+生物滤池+活性污泥法	99.2	
									（2500 其他）焚烧	99.9	
						氨氮	克/吨-产品	4.83×10^3	生物滤池+氧化还原法+A/O 工艺	92	
									化学沉淀+厌氧水解类+生物滤池+活性污泥法	95	
									（2500 其他）焚烧	99.9	
						总氮	克/吨-产品	9.12×10^3	生物滤池+氧化还原法+A/O 工艺	76	
									化学沉淀+厌氧水解类+生物滤池+活性污泥法	90	
									（2500 其他）焚烧	99.9	

注：① 其他拟除虫菊酯类农药如下：氯菊酯、高效反式氯氰菊酯、高效氯氰菊酯、顺式氯氰菊酯、富右旋反式苯醚菊酯、右旋苯醚菊酯、溴氰菊酯、溴氟菊酯、甲氰菊酯等。

263 农药制造行业（拟除虫菊酯类、三唑类）系数表

工段名称	产品名称	原料名称	工艺名称	规模等级	污染物类别	污染物指标	系数单位	产污系数	末端治理技术	末端治理技术平均去除效率/%	参考 k 值计算公式[1]
—	其他拟除虫菊酯类农药①	原料	全合成	所有规模	废水	氰化物	克/吨-产品	1.75×10^{3}	（2500 其他）次氯酸钠破氰+生物滤池,+氧化还原法+A/O 工艺	90	k=治理设施年耗电量（千瓦·时）/[治理设施运行时间（小时）×治理设施额定功率（千瓦）]
									（2500 其他）次氯酸钠破氰+化学沉淀+厌氧水解类+生物滤池+活性污泥法	96	
									（2500 其他）次氯酸钠破氰+（2500 其他）焚烧	99.9	
					废气	工业废气量	标米³/吨-产品	3.04×10^{5}	—	—	—
						挥发性有机物	千克/吨-产品	1.65×10^{2}	（吸附+蒸汽解析）/（吸附+氮气/空气解析）+光催化	39	k=治理设施年耗电量（千瓦·时）/[治理设施运行时间（小时）×治理设施额定功率（千瓦）]
									冷凝法+RTO	46	
					固废	危险废物	吨/吨-产品	2.04×10^{-2}	—	—	—
	戊唑醇	三氮唑、氢氧化钾	全合成	所有规模	废水	工业废水量	吨/吨-产品	6.73	—	—	—
						化学需氧量	克/吨-产品	3.38×10^{5}	电解法+氧化还原法+ A/O 工艺	96	k=治理设施年耗电量（千瓦·时）/[治理设施运行时间（小时）×治理设施额定功率（千瓦）]
									萃取+吸附+厌氧水解类+活性污泥法	98	

注：① 其他拟除虫菊酯类农药如下：氯菊酯、高效反式氯氰菊酯、高效氯氰菊酯、顺式氯氰菊酯、富右旋反式苯醚菊酯、右旋苯醚菊酯、溴氰菊酯、溴氟菊酯、甲氰菊酯等。

1 该公式仅供参考，使用时，可根据 k 值定义，选取更适合企业实际情况的表达方式。

263 农药制造行业（三唑类）系数表

工段名称	产品名称	原料名称	工艺名称	规模等级	污染物类别	污染物指标	系数单位	产污系数	末端治理技术	末端治理技术平均去除效率/%	参考 k 值计算公式[1]
—	戊唑醇	三氮唑、氢氧化钾	全合成	所有规模	废水	氨氮	克/吨-产品	5.35×10^{2}	电解法+氧化还原法+ A/O 工艺	72	k=治理设施年耗电量（千瓦·时）/[治理设施运行时间（小时）×治理设施额定功率（千瓦）]
									萃取+吸附+厌氧水解类+活性污泥法	96	
						总氮	克/吨-产品	3.62×10^{3}	电解法+氧化还原法+ A/O 工艺	84	
									萃取+吸附+厌氧水解类+活性污泥法	98	
						挥发酚	克/吨-产品	10.04	电解法+氧化还原法+ A/O 工艺	98	
									萃取+吸附+厌氧水解类+活性污泥法	99.8	
					废气	工业废气量	标米^{3}/吨-产品	2.00×10^{3}	—	—	—
						挥发性有机物	千克/吨-产品	3.96×10^{2}	（吸收+分流）+热力燃烧	46	k=治理设施年耗电量（千瓦·时）/[治理设施运行时间（小时）×治理设施额定功率（千瓦）]
					固废	危险废物	吨/吨-产品	0.61	—	—	—
	苯醚甲环唑	三氮唑、二甲基甲酰胺	全合成	所有规模	废水	工业废水量	吨/吨-产品	78.82	—	—	—
						化学需氧量	克/吨-产品	1.25×10^{7}	电解法+生物滤池	91	k=治理设施年耗电量（千瓦·时）/[治理设施运行时间（小时）×治理设施额定功率（千瓦）]
									活性污泥法	70	
									厌氧水解类+生物膜法+氧化还原法	94	
						氨氮	克/吨-产品	7.29×10^{3}	电解法+生物滤池	70	
									活性污泥法	70	
									厌氧水解类+生物膜法+氧化还原法	85	
						总氮	克/吨-产品	2.61×10^{5}	电解法+生物滤池	69	
									活性污泥法	30	
									厌氧水解类+生物膜法+氧化还原法	85	
						挥发酚	克/吨-产品	1.28×10^{2}	A/O 工艺	75	
									定型厌氧反应器类	75	

1 该公式仅供参考，使用时，可根据 k 值定义，选取更适合企业实际情况的表达方式。

263 农药制造行业（三唑类）系数表（续表 1）

工段名称	产品名称	原料名称	工艺名称	规模等级	污染物类别	污染物指标	系数单位	产污系数	末端治理技术	末端治理技术平均去除效率/%	参考 k 值计算公式
—	苯醚甲环唑	三氮唑、二甲基甲酰胺	全合成	所有规模	废气	工业废气量	标米^3/吨-产品	4.30×10^2	—	—	—
						挥发性有机物	千克/吨-产品	2.00×10^2	（吸收+分流）+（吸附+蒸汽解析）/（吸附+氮气/空气解析）	44	k=治理设施年耗电量（千瓦·时）/[治理设施运行时间（小时）×治理设施额定功率（千瓦）]
									RTO	46	
					固废	危险废物	吨/吨-产品	—	—	—	—
	其他三唑类农药[①]	原料	全合成	所有规模	废水	工业废水量	吨/吨-产品	24.20	—	—	—
						化学需氧量	克/吨-产品	3.10×10^5	A/O 工艺	80	k=治理设施年耗电量（千瓦·时）/[治理设施运行时间（小时）×治理设施额定功率（千瓦）]
									定型厌氧反应器类	45	
						氨氮	克/吨-产品	5.15×10^2	A/O 工艺	72	
									定型厌氧反应器类	30	
						总氮	克/吨-产品	1.96×10^4	A/O 工艺	55	
									定型厌氧反应器类	70	

注：① 其他三唑类农药如下：三唑醇、腈菌唑、烯唑醇、联苯三唑醇、氟环唑、己唑醇、丙环唑、多效唑、烯效唑、氟菌唑、氟硅唑、粉唑醇、三唑酮、三环唑等。

263 农药制造行业（三唑类、磺酰脲类）系数表

工段名称	产品名称	原料名称	工艺名称	规模等级	污染物类别	污染物指标	系数单位	产污系数	末端治理技术	末端治理技术平均去除效率/%	参考 k 值计算公式[1]
—	其他三唑类农药[①]	原料	全合成	所有规模	废水	挥发酚	克/吨-产品	1.27×10^{2}	A/O 工艺	75	k=治理设施年耗电量（千瓦·时）/[治理设施运行时间（小时）×治理设施额定功率（千瓦）]
									定型厌氧反应器类	75	
					废气	工业废气量	标米³/吨-产品	1.99×10^{2}	—	—	—
						挥发性有机物	千克/吨-产品	4.35×10^{2}	（吸收+分流）+（吸附+蒸汽解析）/（吸附+氮气/空气解析）	44	k=治理设施年耗电量（千瓦·时）/[治理设施运行时间（小时）×治理设施额定功率（千瓦）]
									RTO	46	
					固废	危险废物	吨/吨-产品	0.27	—	—	—
	烟嘧磺隆	甲基吡啶、氯化亚砜	半合成	所有规模	废水	工业废水量	吨/吨-产品	27.00	—	—	—
						化学需氧量	克/吨-产品	1.75×10^{6}	厌氧水解类+氧化还原法+生物滤池	96	k=治理设施年耗电量（千瓦·时）/[治理设施运行时间（小时）×治理设施额定功率（千瓦）]
						氨氮	克/吨-产品	3.69×10^{3}	厌氧水解类+氧化还原法+生物滤池	70	
						总氮	克/吨-产品	9.29×10^{3}	厌氧水解类+氧化还原法+生物滤池	87	

注：① 其他三唑类农药如下：三唑醇、腈菌唑、烯唑醇、联苯三唑醇、氟环唑、己唑醇、丙环唑、多效唑、烯效唑、氟菌唑、氟硅唑、粉唑醇、三唑酮、三环唑等。

1 该公式仅供参考，使用时，可根据 k 值定义，选取更适合企业实际情况的表达方式。

263 农药制造行业（磺酰脲类）系数表

工段名称	产品名称	原料名称	工艺名称	规模等级	污染物类别	污染物指标	系数单位	产污系数	末端治理技术	末端治理技术平均去除效率/%	参考 k 值计算公式[1]
—	烟嘧磺隆	甲基吡啶、氯化亚砜	半合成	所有规模	废气	工业废气量	标米^3/吨-产品	3.00×10^4	—	—	—
						挥发性有机物	千克/吨-产品	4.22×10^2	（吸附+蒸汽解析）/（吸附+氮气/空气解析）	42	k=治理设施年耗电量（千瓦·时）/[治理设施运行时间（小时）×治理设施额定功率（千瓦）]
					固废	危险废物	吨/吨-产品	8.90×10^{-2}	—	—	—
	其他磺酰脲类①	原料	半合成	所有规模	废水	工业废水量	吨/吨-产品	2.00	—	—	—
						化学需氧量	克/吨-产品	3.46×10^3	厌氧水解类+氧化还原法+生物滤池	96	k=治理设施年耗电量（千瓦·时）/[治理设施运行时间（小时）×治理设施额定功率（千瓦）]
						氨氮	克/吨-产品	9.53×10^3	厌氧水解类+氧化还原法+生物滤池	70	
						挥发酚	克/吨-产品	1.43×10^4	A/O 工艺	75	

注：①其他磺酰脲类农药如下：甲嘧磺隆、苯磺隆、苄嘧磺隆、吡嘧磺隆、单嘧磺隆、氯嘧磺隆、胺苯磺隆、醚磺隆、噻吩磺隆、醚苯磺隆、乙氧磺隆、苯磺隆、苄嘧磺隆等。

263 农药制造行业（磺酰脲类、有机氯类）系数表

工段名称	产品名称	原料名称	工艺名称	规模等级	污染物类别	污染物指标	系数单位	产污系数	末端治理技术	末端治理技术平均去除效率/%	参考 k 值计算公式[1]
—	其他磺酰脲类①	原料	半合成	所有规模	废气	工业废气量	标米^3/吨-产品	3.00×10^4	—	—	—
						挥发性有机物	千克/吨-产品	9.85×10^2	（吸附+蒸汽解析）/（吸附+氮气/空气解析）	42	k=治理设施年耗电量（千瓦·时）/[治理设施运行时间（小时）×治理设施额定功率（千瓦）]
					固废	危险废物	吨/吨-产品	0.1	—	—	—
	百菌清	间苯二甲腈、液氯	合成	所有规模	废水	工业废水量	吨/吨-产品	2.13	—	—	—
						化学需氧量	克/吨-产品	2.84×10^4	活性污泥法+厌氧水解类	87	k=治理设施年耗电量（千瓦·时）/[治理设施运行时间（小时）×治理设施额定功率（千瓦）]
									化学混凝法+生物膜法	86	
						氨氮	克/吨-产品	5.94×10^4	活性污泥法+厌氧水解类	70	
									化学混凝法+生物膜法	84	
						总氮	克/吨-产品	6.57×10^4	活性污泥法+厌氧水解类	79	
									化学混凝法+生物膜法	51	

注：①其他磺酰脲类农药如下：甲嘧磺隆、苯磺隆、苄嘧磺隆、吡嘧磺隆、单嘧磺隆、氯嘧磺隆、胺苯磺隆、醚磺隆、噻吩磺隆、醚苯磺隆、乙氧磺隆、苯磺隆、苄嘧磺隆等

1 该公式仅供参考，使用时，可根据 k 值定义，选取更适合企业实际情况的表达方式。

263 农药制造行业（有机氯类、苯氧羧酸类）系数表

工段名称	产品名称	原料名称	工艺名称	规模等级	污染物类别	污染物指标	系数单位	产污系数	末端治理技术	末端治理技术平均去除效率/%	参考 k 值计算公式[1]
—	百菌清	间苯二甲腈、液氯	合成	所有规模	废气	工业废气量	标米^3/吨-产品	2.70×10^3	—	—	—
						挥发性有机物	千克/吨-产品	1.50×10^2	（吸附+蒸汽解析）/（吸附+氮气/空气解析）	42	k=治理设施年耗电量（千瓦·时）/[治理设施运行时间（小时）×治理设施额定功率（千瓦）]
									RTO	46	
					固废	一般工业废物	吨/吨-产品	0.29	—	—	—
						危险废物	吨/吨-产品	0.46	—	—	—
	2,4-滴	氯乙酸、苯酚	合成	所有规模	废水	工业废水量	吨/吨-产品	66.18	—	—	—
						化学需氧量	克/吨-产品	2.47×10^5	氧化还原法+厌氧水解类+生物滤池	96	k=治理设施年耗电量（千瓦·时）/[治理设施运行时间（小时）×治理设施额定功率（千瓦）]
									定型厌氧反应器类+ A/O 工艺	89	
						氨氮	克/吨-产品	2.48×10^2	氧化还原法+厌氧水解类+生物滤池	70	
									定型厌氧反应器类+ A/O 工艺	72	
						总氮	克/吨-产品	5.79×10^2	氧化还原法+厌氧水解类+生物滤池	87	
									定型厌氧反应器类+ A/O 工艺	90	

263 农药制造行业（苯氧羧酸类）系数表

工段名称	产品名称	原料名称	工艺名称	规模等级	污染物类别	污染物指标	系数单位	产污系数	末端治理技术	末端治理技术平均去除效率/%	参考 k 值计算公式[1]
—	2,4-滴	氯乙酸、苯酚	合成	所有规模	废气	工业废气量	米^3/吨-产品	1.30×10^4	—	—	—
						挥发性有机物	千克/吨-产品	1.64×10^2	（吸收+分流）+（吸附+蒸汽解析）/（吸附+氮气/空气解析）	44	k=治理设施年耗电量（千瓦·时）/[治理设施运行时间（小时）×治理设施额定功率（千瓦）]
					固废	危险废物	吨/吨-产品	0.05	—	—	—
	麦草畏	2,5-二氯苯胺、二甲苯	合成	所有规模	废水	工业废水量	吨/吨-产品	11.71	—	—	—
						化学需氧量	克/吨-产品	2.01×10^5	定型厌氧反应器类+ A/O 工艺	89	k=治理设施年耗电量（千瓦·时）/[治理设施运行时间（小时）×治理设施额定功率（千瓦）]
									电解法+氧化还原法+定型厌氧反应器类+A/O 工艺+化学混凝法	98	
						氨氮	克/吨-产品	—	定型厌氧反应器类+ A/O 工艺	72	
									电解法+氧化还原法+定型厌氧反应器类+A/O 工艺+化学混凝法	85	

1 该公式仅供参考，使用时，可根据 k 值定义，选取更适合企业实际情况的表达方式。

263 农药制造行业（苯氧羧酸类）系数表（续表 1）

工段名称	产品名称	原料名称	工艺名称	规模等级	污染物类别	污染物指标	系数单位	产污系数	末端治理技术	末端治理技术平均去除效率/%	参考 k 值计算公式
—	麦草畏	2,5-二氯苯胺、二甲苯	合成	所有规模	废水	总氮	克/吨-产品	2.23×10^{3}	定型厌氧反应器类+ A/O 工艺	90	k=治理设施年耗电量（千瓦·时）/［治理设施运行时间（小时）×治理设施额定功率（千瓦）］
									电解法+氧化还原法+定型厌氧反应器类+A/O 工艺+化学混凝法	97	
					废气	工业废气量	标米³/吨-产品	1.00×10^{4}	—	—	—
						挥发性有机物	千克/吨-产品	2.76×10^{2}	（吸收+分流）+（吸附+蒸汽解析）/（吸附+氮气/空气解析）	44	k=治理设施年耗电量（千瓦·时）/［治理设施运行时间（小时）×治理设施额定功率（千瓦）］
									RTO	46	
					固废	危险废物	吨/吨-产品	0.43	—	—	—
	其他苯氧羧酸类[①]	原料	合成	所有规模	废水	工业废水量	吨/吨-产品	74.49	—	—	—
						化学需氧量	克/吨-产品	3.17×10^{5}	活性污泥法+定型厌氧反应器类	96	k=治理设施年耗电量（千瓦·时）/［治理设施运行时间（小时）×治理设施额定功率（千瓦）］
									活性污泥法+生物滤池+A/O 工艺	99	
									定型厌氧反应器类+生物滤池+A/O 工艺	98	
						氨氮	克/吨-产品	1.76×10^{4}	活性污泥法+定型厌氧反应器类	92	k=治理设施年耗电量（千瓦·时）/［治理设施运行时间（小时）×治理设施额定功率（千瓦）］
									活性污泥法+生物滤池+A/O 工艺	98	
									定型厌氧反应器类+生物滤池+A/O 工艺	93	
						总氮	克/吨-产品	—	活性污泥法+定型厌氧反应器类	76	
									活性污泥法+生物滤池+A/O 工艺	93	
									定型厌氧反应器类+生物滤池+A/O 工艺	97	
					废气	工业废气量	标米³/吨-产品	8.55×10^{3}	—	—	—
						挥发性有机物	千克/吨-产品	1.97×10^{2}	冷凝法+（吸收+分流）+（吸附+蒸汽解析）/（吸附+氮气/空气解析）	46	k=治理设施年耗电量（千瓦·时）/［治理设施运行时间（小时）×治理设施额定功率（千瓦）］
									光催化	25	
					固废	危险废物	吨/吨-产品	0.56	—	—	—

注：①其他苯氧羧酸类农药如下：2 甲 4 氯、2 甲 4 氯异辛酯。

263 农药制造行业（甲氧基丙烯酸酯类）系数表

工段名称	产品名称	原料名称	工艺名称	规模等级	污染物类别	污染物指标	系数单位	产污系数	末端治理技术	末端治理技术平均去除效率/%	参考 k 值计算公式[1]
—	嘧菌酯	甲苯、水杨腈、吡啶	合成	所有规模	废水	工业废水量	吨/吨-产品	12.89	—	—	—
						化学需氧量	克/吨-产品	$7.87×10^5$	定型厌氧反应器类+生物滤池	89	k=治理设施年耗电量（千瓦·时）/［治理设施运行时间（小时）×治理设施额定功率（千瓦）］
									电解法+氧化还原法+A/O 工艺	96	
						氨氮	克/吨-产品	$2.44×10^3$	定型厌氧反应器类+生物滤池	96	
									电解法+氧化还原法+A/O 工艺	89	
						总氮	克/吨-产品	$3.06×10^4$	定型厌氧反应器类+生物滤池	92	
									电解法+氧化还原法+A/O 工艺	8	
					废气	工业废气量	标米^3/吨-产品	$1.45×10^4$	—	—	—
						挥发性有机物	克/吨-产品	$1.67×10^2$	（吸收+分流）+（吸附+蒸汽解析）/（吸附+氮气/空气解析）	44	k=治理设施年耗电量（千瓦·时）/［治理设施运行时间（小时）×治理设施额定功率（千瓦）］
									RTO	46	
					固废	危险废物	吨/吨-产品	0.34	—	—	—
	吡唑醚菌酯	苯肼、水合肼、甲苯、硫酸二甲酯、氯甲酸甲酯	缩合	所有规模	废水	工业废水量	吨/吨-产品	68.08	—	—	—
						化学需氧量	克/吨-产品	$8.97×10^6$	生物滤池	80	k=治理设施年耗电量（千瓦·时）/［治理设施运行时间（小时）×治理设施额定功率（千瓦）］
									定型厌氧反应器类+ A/O 工艺	89	
									氧化还原法+化学混凝法+电解法+活性污泥法	99	
									化学沉淀+活性污泥法	93	
									厌氧水解类+生物膜法+氧化还原法	96	
						氨氮	克/吨-产品	$2.10×10^3$	生物滤池	80	
									定型厌氧反应器类+ A/O 工艺	72	
									氧化还原法+化学混凝法+电解法+活性污泥法	84	
									化学沉淀+活性污泥法	84	
									厌氧水解类+生物膜法+氧化还原法	70	

1 该公式仅供参考，使用时，可根据 k 值定义，选取更适合企业实际情况的表达方式。

263 农药制造行业（甲氧基丙烯酸酯类）系数表（续表 1）

工段名称	产品名称	原料名称	工艺名称	规模等级	污染物类别	污染物指标	系数单位	产污系数	末端治理技术	末端治理技术平均去除效率/%	参考 k 值计算公式
—	吡唑醚菌酯	苯肼、水合肼、甲苯、硫酸二甲酯、氯甲酸甲酯	缩合	所有规模	废水	总氮	克/吨-产品	1.44×10^5	生物滤池	70	k=治理设施年耗电量（千瓦·时）/［治理设施运行时间（小时）×治理设施额定功率（千瓦）］
									定型厌氧反应器类+ A/O 工艺	90	
									氧化还原法+化学混凝法+电解法+活性污泥法	78	
									化学沉淀+活性污泥法	51	
									厌氧水解类+生物膜法+氧化还原法	79	
					废气	工业废气量	标米 ^{3}/吨-产品	3.38×10^4	—	—	—
						挥发性有机物	千克/吨-产品	55.70	（吸收+分流）+（吸附+蒸汽解析）/（吸附+氮气/空气解析）	44	k=治理设施年耗电量（千瓦·时）/［治理设施运行时间（小时）×治理设施额定功率（千瓦）］
									RTO	46	
					固废	危险废物	吨/吨-产品	—	—	—	—
	其他甲氧基丙烯酸酯类①	原料	合成	所有规模	废水	工业废水量	吨/吨-产品	74.49	—	—	—
						化学需氧量	克/吨-产品	3.17×10^5	厌氧水解类+定型厌氧反应器类+氧化还原法+生物滤池	99.0	k=治理设施年耗电量（千瓦·时）/［治理设施运行时间（小时）×治理设施额定功率（千瓦）］
						氨氮	克/吨-产品	1.76×10^4	厌氧水解类+定型厌氧反应器类+氧化还原法+生物滤池	92	
						总氮	克/吨-产品	6.57×10^4	厌氧水解类+定型厌氧反应器类+氧化还原法+生物滤池	93	
					废气	工业废气量	标米 ^{3}/吨-产品	7.87×10^3	—	0	
						挥发性有机物	克/吨-产品	1.97×10^2	冷凝法+（吸收+分流）+（吸附+蒸汽解析）/（吸附+氮气/空气解析）	46	
					固废	危险废物	吨/吨-产品	0.56	—	—	—

注：①其他甲氧基丙烯酸酯类农药如下：烯肟菌酯、肟菌酯。

263 农药制造行业（其他化学类农药）系数表

工段名称	产品名称	原料名称	工艺名称	规模等级	污染物类别	污染物指标	系数单位	产污系数	末端治理技术	末端治理技术平均去除效率/%	参考 k 值计算公式[1]
—	其他化学类农药	原料	全合成	所有规模	废水	工业废水量	吨/吨-产品	55.00	—	—	—
						化学需氧量	克/吨-产品	2.50×10^6	活性污泥法处理	80	k=治理设施年耗电量（千瓦·时）/［治理设施运行时间（小时）×治理设施额定功率（千瓦）］
									氧化还原法+活性污泥法处理	91	
									精馏塔+化学混凝法	63	
						氨氮	克/吨-产品	6.18×10^4	活性污泥法处理	70	
									氧化还原法+活性污泥法处理	70	
									精馏塔+化学混凝法	92	
						总氮	克/吨-产品	8.89×10^4	活性污泥法处理	30	
									氧化还原法+活性污泥法处理	30	
									精馏塔+化学混凝法	30	

263 农药制造行业（其他化学类农药、生物类）系数表

工段名称	产品名称	原料名称	工艺名称	规模等级	污染物类别	污染物指标	系数单位	产污系数	末端治理技术	末端治理技术平均去除效率/%	参考 k 值计算公式[1]
—	其他化学类农药①	原料	全合成	所有规模	废水	总磷	克/吨-产品	4.08×10^2	活性污泥法处理	15	k=治理设施年耗电量（千瓦·时）/［治理设施运行时间（小时）×治理设施额定功率（千瓦）］
									氧化还原法+活性污泥法处理	15	
									精馏塔+化学混凝法	70	
					废气	工业废气量	标米^3/吨-产品	4.72×10^4	—	—	—
						挥发性有机物	千克/吨-产品	3.94×10^2	（吸收+分流）+（吸附+蒸汽解析）/（吸附+氮气/空气解析）	44	k=治理设施年耗电量（千瓦·时）/［治理设施运行时间（小时）×治理设施额定功率（千瓦）］
									RTO	46	
					固废	危险废物	吨/吨-产品	0.56	—	—	—
	阿维菌素	淀粉、黄豆饼粉	生物发酵	所有规模	废水	工业废水量	吨/吨-产品	3.00×10^2	—	—	—
						化学需氧量	克/吨-产品	5.44×10^6	A/O 工艺	45	k=治理设施年耗电量（千瓦·时）/［治理设施运行时间（小时）×治理设施额定功率（千瓦）］
									定型厌氧反应器类	80	
									生物膜法	80	
									活性污泥法	80	

注：① 其他类化学农药如下：异菌脲、敌草隆、利谷隆、氟虫腈、丁醚脲、氟乐灵、精喹禾灵、喹禾康酯、甲霜灵等。

1 该公式仅供参考，使用时，可根据 k 值定义，选取更适合企业实际情况的表达方式。

263 农药制造行业（生物类）系数表

工段名称	产品名称	原料名称	工艺名称	规模等级	污染物类别	污染物指标	系数单位	产污系数	末端治理技术	末端治理技术平均去除效率/%	参考 *k* 值计算公式[1]
—	阿维菌素	淀粉、黄豆饼粉	生物发酵	所有规模	废水	氨氮	克/吨-产品	7.53×10^{4}	A/O 工艺	30	*k*=治理设施年耗电量（千瓦·时）/［治理设施运行时间（小时）×治理设施额定功率（千瓦）］
									定型厌氧反应器类	72	
									生物膜法	70	
									活性污泥法	70	
						总氮	克/吨-产品	8.35×10^{4}	A/O 工艺	30	
									定型厌氧反应器类	65	
									生物膜法	30	
									活性污泥法	30	
					废气	工业废气量	米^{3}/吨-产品	6.80×10^{6}	—	—	—
						挥发性有机物	千克/吨-产品	3.39×10^{3}	（吸收+分流）+（吸附+蒸汽解析）/（吸附+氮气/空气解析）	44	*k*=治理设施年耗电量（千瓦·时）/［治理设施运行时间（小时）×治理设施额定功率（千瓦）］
									RTO	46	
					固废	危险废物	吨/吨-产品	18.00	—	—	—
	苏云金杆菌	豆粕、淀粉、玉米浆等	生物发酵	所有规模	废水	工业废水量	吨/吨-产品	40.00	—	—	—
						化学需氧量	克/吨-产品	7.98×10^{5}	A/O 工艺	45	*k*=治理设施年耗电量（千瓦·时）/［治理设施运行时间（小时）×治理设施额定功率（千瓦）］
									定型厌氧反应器类	80	
									生物膜法	80	
									活性污泥法	80	
						氨氮	克/吨-产品	9.94×10^{3}	A/O 工艺	70	
									定型厌氧反应器类	72	
									生物膜法	70	
									活性污泥法	70	

1 该公式仅供参考，使用时，可根据 *k* 值定义，选取更适合企业实际情况的表达方式。

263 农药制造行业（生物类）系数表（续表 1）

工段名称	产品名称	原料名称	工艺名称	规模等级	污染物类别	污染物指标	系数单位	产污系数	末端治理技术	末端治理技术平均去除效率/%	参考 k 值计算公式
—	苏云金杆菌	豆粕、淀粉、玉米浆等	生物发酵	所有规模	废水	总氮	克/吨-产品	5.82×10^4	A/O 工艺	70	k=治理设施年耗电量（千瓦·时）/［治理设施运行时间（小时）×治理设施额定功率（千瓦）］
									定型厌氧反应器类	65	
									生物膜法	30	
									活性污泥法	30	
	井冈霉素	淀粉、葡萄糖	生物发酵	所有规模	废水	工业废水量	吨/吨-产品	1.75×10^2	—	—	—
						化学需氧量	克/吨-产品	1.31×10^6	A/O 工艺	45	—
									定型厌氧反应器类	80	—
									生物膜法	80	—
									活性污泥法	80	—
						氨氮	克/吨-产品	3.38×10^3	A/O 工艺	70	—
									定型厌氧反应器类	72	—
									生物膜法	70	—
									活性污泥法	70	—
						总氮	克/吨-产品	1.79×10^4	A/O 工艺	70	k=治理设施年耗电量（千瓦·时）/［治理设施运行时间（小时）×治理设施额定功率（千瓦）］
									定型厌氧反应器类	65	
									生物膜法	30	
									活性污泥法	30	
					废气	工业废气量	米^3/吨-产品	7.50×10^2	—	—	—
					固废	危险废物	吨/吨-产品	6.00	—	—	—

263 农药制造行业（生物类）系数表（续表 2）

工段名称	产品名称	原料名称	工艺名称	规模等级	污染物类别	污染物指标	系数单位	产污系数	末端治理技术	末端治理技术平均去除效率/%	参考 k 值计算公式
—	其他类生物农药[①]	淀粉等、原料	发酵/提取等	所有规模	废水	工业废水量	吨/吨-产品	1.80×10^{2}	—	—	—
						化学需氧量	克/吨-产品	1.00×10^{6}	A/O 工艺	45	k=治理设施年耗电量（千瓦·时）/[治理设施运行时间（小时）×治理设施额定功率（千瓦）]
									定型厌氧反应器类	80	
									生物膜法	80	
									活性污泥法	80	
						氨氮	克/吨-产品	1.00×10^{5}	A/O 工艺	70	
									定型厌氧反应器类	72	
									生物膜法	70	
									活性污泥法	70	
						总氮	克/吨-产品	5.32×10^{4}	A/O 工艺	70	k=治理设施年耗电量（千瓦·时）/[治理设施运行时间（小时）×治理设施额定功率（千瓦）]
									定型厌氧反应器类	65	
									生物膜法	30	
									活性污泥法	30	
					废气	工业废气量	米^{3}/吨-产品	1.00×10^{6}	—	—	—
					固废	危险废物	吨/吨-产品	6.00	—	—	—

注：① 采用发酵工艺生产的其他生物农药如下：赤霉素、赤霉素 A4+A7、申嗪霉素、水合霉素、春雷霉素、多抗霉素、枯草芽孢杆菌、多黏类芽孢杆菌、金核霉素、长川霉素等。

263 农药制造行业（生物类）系数表（续表 3）

工段名称	产品名称	原料名称	工艺名称	规模等级	污染物类别	污染物指标	系数单位	产污系数	末端治理技术	末端治理技术平均去除效率/%	参考 k 值计算公式
—	其他类生物农药①	动、植物原料	染毒活体或培养基粉碎、植物粉碎、萃取等	所有规模	废水	工业废水量	吨/吨-产品	10.00	—	—	—
						化学需氧量	克/吨-产品	$2.00×10^3$	A/O 工艺	45	k=治理设施年耗电量（千瓦·时）/[治理设施运行时间（小时）×治理设施额定功率（千瓦）]
									定型厌氧反应器类	80	
									生物膜法	80	
									活性污泥法	80	
						氨氮	克/吨-产品	$1.00×10^3$	A/O 工艺	70	
									定型厌氧反应器类	72	
									生物膜法	70	
									活性污泥法	70	
						总氮	克/吨-产品	$2.63×10^4$	A/O 工艺	70	
									定型厌氧反应器类	65	
									生物膜法	30	
									活性污泥法	30	
					废气	工业废气量	标米^3/吨-产品	$1.00×10^4$	—	—	—
					固废	危险废物	吨/吨-产品	5.00	—	—	—

注：①采用染毒活体或培养基粉碎、植物粉碎、萃取等工艺生产的其他生物农药如下：棉铃虫核型多角体病毒、草原毛虫核多角体病毒、茶尺蠖核多角体病毒等。

263 农药制造行业（制剂类）系数表

工段名称	产品名称	原料名称	工艺名称	规模等级	污染物类别	污染物指标	系数单位	产污系数	末端治理技术	末端治理技术平均去除效率/%	参考 k 值计算公式[1]
	所有农药品种	制剂原料	单纯混合或者分装	所有规模	废气	挥发性有机物	千克/吨-产品	—	（吸收+分流）+（吸附+蒸汽解析）/（吸附+氮气/空气解析）	44	k=治理设施年耗电量（千瓦·时）/[治理设施运行时间（小时）×治理设施额定功率（千瓦）]
									（吸附+蒸汽解析）/（吸附+氮气/空气解析）	42	

注：①采用染毒活体或培养基粉碎、植物粉碎、萃取等工艺生产的其他生物农药如下：棉铃虫核型多角体病毒、草原毛虫核多角体病毒、茶尺蠖核多角体病毒等。

1 该公式仅供参考，使用时，可根据 k 值定义，选取更适合企业实际情况的表达方式。

2641 涂料制造业

1 适用范围

本手册仅用于《国民经济行业分类》（GB/T 4754—2017）中 2641 涂料制造行业使用产排污系数法核算工业污染物产生量和排放量的工业企业。

利用本手册进行产排污核算得出的污染物产生量与排放量仅代表了特定行业、工艺、产品、原料在正常工况下污染物产生与排放的一般规律。

本行业废水指标包括工业废水量、化学需氧量、氨氮、总氮、石油类、挥发酚、总磷；废气指标包括工业废气量、颗粒物、挥发性有机物。

2 注意事项

2.1 企业有多种生产工艺或生产多类产品产排污量核算

污染物产生量与产品产量有关，根据产品产量计算产污量后，再根据企业末端治理设施和运行情况计算各污染物的排放量。

企业某污染物指标的产生量、排放量为各核算环节产生量、排放量之和。

在企业实际排放量计算过程中，如果存在废水回用的情况，需要在利用产排污核算公式的基础上扣除废水回用的部分。公式如下：

实际排放量=计算排放量×（1–废水回用率）

对于同一企业，如果同时生产溶剂型涂料和水性涂料，并且废水是分开处理的，可分别采用溶剂型涂料和水性涂料的产排污系数计算，再合计；如果废水是混合后处理，那就看溶剂型涂料和水性涂料二者中哪个产量大，如前者产量大，就采用溶剂型涂料的产排污系数计算，如果是后者的产量大，就用水性涂料的产排污系数计算。如果同时生产溶剂型树脂、溶剂型涂料和水性涂料，可采用溶剂型树脂和涂料企业的产排污系数计算。

2.2 采用多种治理设施组合处理企业的排污量核算

在排污量计算选择末端治理技术时，若没有对应的组合治理技术，以主要治理技术为准。

2.3 系数表中未涉及的产排污系数

本手册已基本涵盖涂料制造业的所有产品，对可能遇到的使用较少或特殊的涂料品种或涂料生产线，或系数表单中未涉及的处理方法，可咨询当地行业组织或涂料行业专家、其他涂料生产企业的相关技术人员，选取近似的污染物处理方法代替。

当被抽查的涂料生产企业没有《废水处理方法名称代码表》规定的废水处理方法，但有其他非传统治理方法（《废水处理方法名称代码表》以外的方法），首先调查是否有当地环保部门的监测报告，如果有，可以以监测报告为准。如果没有环保部门的监测报告，按表中无治理设施处理，排污系数等于产污系数。

2.4 其他需要说明的问题

（1）废水中重金属含量极低，是在制漆中冲洗色漆设备时产生的，从管理上可以减少，甚至避免产生。

（2）溶剂型涂料生产过程废水产生量极低，多为冲洗设备或地面时产生后回用。

（3）《国家危险废物名录》（2016 年版）已将水性涂料产生污泥、漆渣排除危废。

（4）由于不同企业工业废气量、废水量差异较大，本手册所提供的工业废气量、工业废水量系数仅供参考。

（5）为体现相同产污水平条件下，采用相同环保治理设施的不同企业对同一污染物去除效果的差异，引入末端治理设施实际运行率（*k*）对污染治理技术的实际去除率进行修正。*k* 值反映的是污染治理设施运行的状态，越稳定运行，*k* 值越高；在取值上，若定义连续稳定运行的理想状态为 1，则 *k* 取值在 0～1 之间。

本手册给出本行业的 *k* 计算公式仅供参考，使用时，可根据 *k* 值定义，选取更适合企业实际情况的表达方式。

（6）涂料企业类型如表 1 所示。

表 1 涂料企业类型

产品名称	类别	原料名称	工艺名称	规模等级
水性涂料	水性建筑涂料	成膜物质、溶剂、颜料、助剂	水性涂料生产工艺	所有规模
	水性工业涂料			
溶剂型涂料	—	成膜物质、溶剂、颜料、助剂	溶剂型涂料生产工艺	所有规模
水性涂料用树脂	—	化工原料	间歇式合成树脂	所有规模
溶剂型涂料用树脂	—	化工原料	间歇式合成树脂	所有规模
辅助材料	—	化工原料	辅助材料生产工艺	所有规模
粉末涂料	—	成膜物质、颜料、助剂	粉末涂料生产工艺	所有规模

3 污染物排放量核算方法

3.1 计算工段污染物产生量

（1）根据产品、原料、污染物产生的主导生产工艺、企业规模（生产产能）这一组合查找和确定所对应的某一污染物的产污系数。

（2）根据该污染物的产污系数计量单位——单位产品产量，获取企业实际产品产量。

例如，某组合内化学需氧量的产污系数单位为千克/吨-产品，则计算产生量时需要获取企业实际产品产量。

（3）污染物产生量按以下公式进行计算：

污染物产生量=污染物对应的产污系数×产品产量

$$G_{产i} = P_{产i} \times M_i$$

式中，$G_{产i}$——工段 i 某污染物的产生量；

$P_{产i}$——工段 i 某污染物对应的产污系数；

M_i——工段 i 的产品产量。

3.2 计算工段污染物去除量

（1）根据企业对某一污染物所采用的治理技术查找和选择相应的末端治理技术平均去除效率。

（2）根据所填报的污染治理设施实际运行率参数及其计算公式得出该企业某一污染物的治理设施实际运行率（k 值）。

（3）污染物去除量按以下公式进行计算：

污染物去除量=污染物产生量×污染物去除率

=污染物产生量×末端治理技术平均去除效率×治理设施实际运行率

$$R_{减i} = G_{产i} \times \eta_T \times k_T$$

式中，$R_{减i}$——工段 i 某污染物的去除量；

η_T——工段 i 某污染物采用的末端治理技术的平均去除效率；

k_T——工段 i 某污染物采用的末端治理设施的实际运行率。

3.3 计算工段污染物排放量

污染物排放量=污染物产生量–污染物去除量

=污染物对应的产污系数×产品产量–污染物产生量×末端治理技术平均去除效率×治理设施实际运行率

3.4 计算企业污染物排放量

同一企业某污染物全年的产生（排放）总量为该企业同年实际生产的全部工段、产品、原料、规模污染物产生（排放）量之和。

$$\begin{aligned} E_{排} &= G_{产} - R_{减} = \sum(G_{产i} - R_{减i}) \\ &= \sum\left[P_{产i} \times M_i(1-\eta_T \times k_T)\right] \end{aligned}$$

4 污染物排放量核算案例

某涂料企业主要从事水性建筑涂料生产，工艺为水性涂料生产，主要涉及废水、废气污染物为化学需氧量、氨氮、总氮、总磷、挥发酚、石油类、颗粒物、挥发性有机物。

本核算示例以废水化学需氧量为例，说明某企业化学需氧量排放量的计算方法。

该企业基本信息如表 2 所示。

表 2　某涂料企业主要信息

企业信息	核算环节：水性建筑涂料	
	名称	数量
产品及产量	木器漆料	11436 吨
工艺名称	水性涂料生产工艺	—
规模（产能）	所有规模	
污染治理设施	A^2/O 工艺	
实际运行率参数	污水治理设施运行时间	1600 小时
	企业正常生产时间	1600 小时

4.1　化学需氧量计算

（1）查找产污系数及其计量单位

该企业主要产品为木器漆料，主要原料为醇酸树脂、丙烯酸树脂、合成脂肪酸树脂、丙二醇甲醚醋酸酯、哑粉、颜料、消泡剂，主要工艺为水性涂料生产，规模为年产量 10.2 万吨。该组合化学需氧量的产污系数为 442，单位克/吨-产品。

（2）获取企业产品产量与原料用量

该企业实际情况为：主要产品水性建筑涂料 2017 年产量为 11436 吨。

（3）计算化学需氧量产生量

由于查询到的组合中化学需氧量产污系数的单位为 442 千克/吨-产品，因此在核算产生量时需获取产品产量。

化学需氧量产生量=化学需氧量产污系数×产品产量

=442 克/吨-产品×11436 吨-产品÷1000000=5.05 吨

4.2　化学需氧量去除量计算

（1）查找末端治理技术平均去除效率

该企业废水治理技术采用“微电解+混凝+气浮+生化处理”工艺，查询相应组合内该工艺的平均去除效率约为 70%以上。

（2）计算污染治理设施实际运行率

根据产污系数组合查询结果，该组合中化学需氧量对应的污染治理设施实际运行参数分别为处尘设施年耗电量、设备额定功率、设备运行时间。

根据查询结果，该组合中化学需氧量厌氧耗氧的污染治理设施实际运行率计算公式为

k=除尘设备耗电量/（除尘设备额定功率×除尘设备运行时间）

获取企业实际填报情况如下：计算得到实际运行效率为 1。

（3）计算化学需氧量去除量

化学需氧量去除量=5.05 吨×70%×1=3.54 吨

4.3　化学需氧量排放量计算

化学需氧量排放量=5.05–3.54=1.51 吨

5 系数表

2641 涂料制造行业系数表

工段名称	产品名称	原料名称	工艺名称	规模等级	污染物类别	污染物指标	系数单位	产污系数	末端治理技术	末端治理技术平均去除效率/%	参考 k 值计算公式[1]
—	水性建筑涂料	成膜物质、溶剂、颜料、助剂	水性涂料生产工艺	所有规模	废水	工业废水量	吨/吨-产品	0.23①	—	—	—
						化学需氧量	克/吨-产品	442.00	化学混凝法	30	k=设备耗电量（千瓦·时）/［设备额定功率（千瓦）× 设备运行时间（小时）］
									生物接触氧化法	75	
									A^2/O 工艺	70	
									厌氧水解类	70	
						氨氮	克/吨-产品	5.10	生物接触氧化法	75	
									A^2/O 工艺	70	
									厌氧水解类	70	
						总氮	克/吨-产品	6.82	厌氧水解类	70	
									生物接触氧化法	75	
									A^2/O 工艺	70	
						石油类	克/吨-产品	4.98	上浮分离	70	
						挥发酚	克/吨-产品	3.60×10^{-2}	A^2/O 工艺	70	
									厌氧水解类	70	

注：①部分回用。

1 该公式仅供参考，使用时，可根据 k 值定义，选取更适合企业实际情况的表达方式。

2641 涂料制造行业系数表（续表 1）

工段名称	产品名称	原料名称	工艺名称	规模等级	污染物类别	污染物指标	系数单位	产污系数	末端治理技术	末端治理技术平均去除效率/%	参考 *k* 值计算公式
—	水性建筑涂料	成膜物质、溶剂、颜料、助剂	水性涂料生产工艺	所有规模	废水	挥发酚	克/吨-产品	3.60×10^{-2}	生物接触氧化法	75	*k*=设备耗电量（千瓦·时）/［设备额定功率（千瓦）× 设备运行时间（小时）］
						总磷	克/吨-产品	0.54	A^2/O 工艺	70	
									生物接触氧化法	75	
									厌氧水解类	70	
					废气	工业废气量	标米 ^{3}/吨-产品	1.74×10^{3}	—	/	—
						颗粒物	千克/吨-产品	2.30×10^{-2}	袋式除尘	90	*k*=设备耗电量（千瓦·时）/［设备额定功率（千瓦）× 设备运行时间（小时）］
									旋风+布袋	90	
						挥发性有机物	千克/吨-产品	1.00	吸附/催化燃烧法	39①	
									光解	26①	
									吸附+蒸汽解析	39①	
					工业固废	一般工业固废	吨/吨-产品	0.50×10^{-2}	—	—	—
—	水性工业涂料	成膜物质、溶剂、颜料、助剂	水性涂料生产工艺	所有规模	废水	工业废水量	吨/吨-产品	0.18②	—	—	—
						化学需氧量	克/吨-产品	998.00	化学混凝法	30	*k*=设备耗电量（千瓦·时）/［设备额定功率（千瓦）× 设备运行时间（小时）］
									生物接触氧化法	75	
					废水	化学需氧量	克/吨-产品	998.00	A^2/O 工艺	70	*k*=设备耗电量（千瓦·时）/［设备额定功率（千瓦）× 设备运行时间（小时）］
									厌氧水解类	70	
						氨氮	克/吨-产品	1.62	生物接触氧化法	75	
									A^2/O 工艺	70	
									厌氧水解类	70	
						总氮	克/吨-产品	7.25	厌氧水解类	70	
									生物接触氧化法	75	
									A^2/O 工艺	70	
						石油类	克/吨-产品	0.52	上浮分离	70	
						挥发酚	克/吨-产品	3.60×10^{-2}	A^2/O 工艺	70	
									厌氧水解类	70	
									生物接触氧化法	75	

注：除非另外说明，本手册①指末端治理技术平均去除效率值考虑了 65%的捕集率。
②部分回用。

2641 涂料制造行业系数表（续表 2）

工段名称	产品名称	原料名称	工艺名称	规模等级	污染物类别	污染物指标	系数单位	产污系数	末端治理技术	末端治理技术平均去除效率/%	参考 *k* 值计算公式
—	水性工业涂料	成膜物质、溶剂、颜料、助剂	水性涂料生产工艺	所有规模	废水	总磷	克/吨-产品	1.01	A^2/O 工艺	70	*k*=设备耗电量（千瓦·时）/[设备额定功率（千瓦）× 设备运行时间（小时）]
									生物接触氧化法	75	
									厌氧水解类	70	
					废气	工业废气量	标米^3/吨-产品	1.98×10^3	—	—	—
						颗粒物	千克/吨-产品	0.10	袋式除尘	90	*k*=设备耗电量（千瓦·时）/[设备额定功率（千瓦）× 设备运行时间（小时）]
									旋风+布袋	90	
						挥发性有机物	千克/吨-产品	2.00	吸附/催化燃烧法	39①	
									光解	26①	
									吸附+蒸汽解析	39①	
					工业固废	一般工业固废	吨/吨-产品	0.5×10^{-2}	—	—	—
	溶剂型涂料	成膜物质、溶剂、颜料、助剂	溶剂型涂料生产工艺	所有规模	废气	工业废气量	标米^3/吨-产品	4.93×10^4	—	—	—
						颗粒物	千克/吨-产品	5.10×10^{-2}	旋风+布袋	90	*k*=设备耗电量（千瓦·时）/[设备额定功率（千瓦）× 设备运行时间（小时）]
									袋式除尘	90	

注：除非另外说明，本手册①指末端治理技术平均去除效率值考虑了 65%的捕集率。

2641 涂料制造行业系数表（续表 3）

工段名称	产品名称	原料名称	工艺名称	规模等级	污染物类别	污染物指标	系数单位	产污系数	末端治理技术	末端治理技术平均去除效率/%	参考 k 值计算公式
—	溶剂型涂料	成膜物质、溶剂、颜料、助剂	溶剂型涂料生产工艺	所有规模	废气	挥发性有机物	千克/吨-产品	10.00	吸附/催化燃烧法	39①	k=设备耗电量（千瓦·时）/［设备额定功率（千瓦）×设备运行时间（小时）］
									光解	26①	
									冷凝法	36①	
									直接燃烧法	59①	
									吸附/热力燃烧法	39①	
									蓄热式热力燃烧法	55①	
									催化燃烧法	59①	
									蓄热式催化燃烧法	55①	
									低温等离子体	20①	
									光催化	26①	
					工业固废	HW12 危险废物（涂料废物）	吨/吨-产品	1.50×10^{-2}	—	—	—
	水性涂料用树脂	化工原料	间歇式合成树脂	所有规模	废水	工业废水量	吨/吨-产品	1.46×10^{-1}②	—	—	—
						化学需氧量	克/吨-产品	625.00	化学混凝法	30	k=设备耗电量（千瓦·时）/［设备额定功率（千瓦）×设备运行时间（小时）］
									厌氧水解类	70	
									生物接触氧化法	75	
									A^2/O 工艺	70	
						氨氮	克/吨-产品	1.02	生物接触氧化法	75	
									A^2/O 工艺	70	
									厌氧水解类	70	
						总氮	克/吨-产品	6.15	A^2/O 工艺	70	
									生物接触氧化法	75	
									厌氧水解类	70	

注：除非另外说明，本手册①指末端治理技术平均去除效率值考虑了 65%的捕集率。

②部分回用。

2641 涂料制造行业系数表（续表 4）

工段名称	产品名称	原料名称	工艺名称	规模等级	污染物类别	污染物指标	系数单位	产污系数	末端治理技术	末端治理技术平均去除效率/%	参考 k 值计算公式
—	水性涂料用树脂	化工原料	间歇式合成树脂	所有规模	废水	总磷	克/吨-产品	9.10×10^{-2}	厌氧水解类	70	k=设备耗电量（千瓦·时）/［设备额定功率（千瓦）×设备运行时间（小时）］
									生物接触氧化法	75	
									A^2/O 工艺	70	
					废气	工业废气量	标米^3/吨-产品	360.00	—	—	—
						颗粒物	千克/吨-产品	6.00×10^{-3}	袋式除尘	90	k=设备耗电量（千瓦·时）/［设备额定功率（千瓦）×设备运行时间（小时）］
									旋风+布袋	90	
						挥发性有机物	千克/吨-产品	0.70	吸附/催化燃烧法	39①	
									光解	26①	
									冷凝法	36①	
									直接燃烧法	59①	
									吸附/热力燃烧法	39①	
									蓄热式热力燃烧法	55①	k=设备耗电量（千瓦·时）/［设备额定功率（千瓦）×设备运行时间（小时）］
									催化燃烧法	59①	
									蓄热式催化燃烧法	55①	
									低温等离子体	20①	
									光催化	26①	
					工业固废	一般工业固废	吨/吨-产品	0.40×10^{-3}	—	—	—
						HW12 危险废物（涂料废物）	吨/吨-产品	1.50×10^{-2}	—	—	—
	溶剂型涂料用树脂	化工原料	间歇式合成树脂	所有规模	废水	工业废水量	吨/吨-产品	0.68	—	—	—
						化学需氧量	克/吨-产品	1.72×10^{4}	生物接触氧化法	75	k=设备耗电量（千瓦·时）/［设备额定功率（千瓦）×设备运行时间（小时）］
									厌氧水解类	70	
									化学混凝法	30	
									A^2/O 工艺	70	

注：除非另外说明，本手册①指末端治理技术平均去除效率值考虑了 65%的捕集率。

2641 涂料制造行业系数表（续表 5）

工段名称	产品名称	原料名称	工艺名称	规模等级	污染物类别	污染物指标	系数单位	产污系数	末端治理技术	末端治理技术平均去除效率/%	参考 k 值计算公式
—	溶剂型涂料用树脂	化工原料	间歇式合成树脂	所有规模	废水	氨氮	克/吨-产品	4.56	厌氧水解类	70	k=设备耗电量（千瓦·时）/[设备额定功率（千瓦）× 设备运行时间（小时）]
									生物接触氧化法	75	
									A^2/O 工艺	70	
						总氮	克/吨-产品	13.40	A^2/O 工艺	70	
									生物接触氧化法	75	
									厌氧水解类	70	
						总磷	克/吨-产品	8.20×10^{-2}	生物接触氧化法	75	
									厌氧水解类	70	
									A^2/O 工艺	70	
					废气	工业废气量	标米 ^{3}/吨-产品	2.75×10^3	—	—	—
						颗粒物	千克/吨-产品	3.66	袋式除尘	90	k=设备耗电量（千瓦·时）/[设备额定功率（千瓦）× 设备运行时间（小时）]
									旋风+布袋	90	
						挥发性有机物	千克/吨-产品	3.26	吸附/催化燃烧法	39①	
									光解	26①	
									冷凝法	36①	
									直接燃烧法	59①	
									吸附/热力燃烧法	39①	
									蓄热式热力燃烧法	55①	
									催化燃烧法	59①	
									蓄热式催化燃烧法	55①	

注：除非另外说明，本手册①指末端治理技术平均去除效率值考虑了 65%的捕集率。

2641 涂料制造行业系数表（续表 6）

工段名称	产品名称	原料名称	工艺名称	规模等级	污染物类别	污染物指标	系数单位	产污系数	末端治理技术	末端治理技术平均去除效率/%	参考 *k* 值计算公式
—	溶剂型涂料用树脂	化工原料	间歇式合成树脂	所有规模	废气	挥发性有机物	千克/吨-产品	3.26	低温等离子体	20①	*k*=设备耗电量（千瓦·时）/[设备额定功率(千瓦)× 设备运行时间（小时）]
									光催化	26①	
					工业固废	一般工业固废	吨/吨-产品	0.30×10^{-2}	—	—	—
						HW12 危险废物（涂料废物）	吨/吨-产品	9.90×10^{-2}	—	—	—
	粉末涂料	成膜物质、颜料、助剂	粉末涂料生产工艺	所有规模	废气	工业废气量	标米^3/吨-产品	3.95×10^{3}	—	—	—
						颗粒物	千克/吨-产品	24.80	袋式除尘	90	*k*=设备耗电量（千瓦·时）/[设备额定功率(千瓦)× 设备运行时间（小时）]
									旋风+布袋	90①	
					工业固废	一般工业固废	吨/吨-产品	0.50×10^{-2}	—	—	—
						HW12 危险废物（涂料废物）	吨/吨-产品	0.80×10^{-2}	—	—	—
	辅助涂料	化工原料	辅助材料生产工艺	所有规模	废气	工业废气量	标米^3/吨-产品	1.75×10^{3}	—	—	—
						颗粒物	千克/吨-产品	8.36×10^{-1}	袋式除尘	90	*k*=设备耗电量（千瓦·时）/[设备额定功率(千瓦)× 设备运行时间（小时）]
									旋风+布袋	90	
					工业固废	一般工业固废	吨/吨-产品	0.40×10^{-3}	—	—	—

注：除非另外说明，本手册①指末端治理技术平均去除效率值考虑了 65%的捕集率。

2642 油墨及类似产品制造业

1 适用范围

本手册仅用于《国民经济行业分类》（GB/T 4754—2017）中 2642 油墨及类似产品制造行业使用系数法核算工业污染物产生量和排放量的工业企业。

利用本手册进行产排污核算得出的污染物产生量与排放量仅代表了特定行业、工艺、产品、原料、规模在正常工况下污染物产生与排放的一般规律。

本行业废水指标包括化学需氧量、石油类、氨氮、总氮、总磷；废气指标包括颗粒物、挥发性有机物。

2 注意事项

2.1 企业有多种生产工艺或生产多类产品产排污量核算

污染物产生量与产品产量有关，根据不同核算环节计算产污量后，再根据企业末端治理设施和运行情况计算各污染物的排放量。

企业某污染物指标的产生量、排放量为各核算环节产生量、排放量之和。

在企业实际排放量计算过程中，如果存在废水回用的情况，需要在利用产排污核算公式的基础上扣除废水回用的部分。公式如下：

实际排放量=计算排放量×（1–废水回用率）

2.2 采用多种治理设施组合处理企业的排污量核算

在排污量计算选择末端治理技术时，若没有对应的组合治理技术，以主要治理技术为准。

2.3 系数表中未涉及的产污系数及污染治理效率

本手册已基本涵盖油墨制造业的大部分产品，对可能遇到的使用较少或特殊的油墨产品，可根据类比法计算污染物产生量和排放量。凸版油墨的生产过程中，废气、废水指标可参考 2642 油墨及类似产品制造业胶印油墨干法小于 0.5 万吨/年的系数手册。UV 油墨的生产过程中，废水、废气指标可参考 2642 油墨及类似产品制造业胶印油墨干法小于 0.5 万吨/年的系数手册。专用油墨中油性墨的生产过程中，废气、废水指标可参考 2642 油墨及类似产品制造业凹版油墨的系数手册。专用油墨中水性墨的生产过程中，废气、废水指标可参考 2642 油墨及类似产品制造业水性柔印油墨的系数手册。

当被抽查的油墨生产企业没有《废水处理方法名称代码表》规定的废水处理方法，但有其他非传统治理方法（《废水处理方法名称代码表》以外的方法），首先调查是否有当地环保部门的监测报告，如果有，可以以监测报告为准。如果没有环保部门的监测报告，按表中无治理设施处理，排污系数等于产污系数。

2.4 其他需要说明的问题

由于不同企业工业废气量、废水量差异较大，本手册所提供的工业废气量、废水量系数仅供参考。

为体现相同产污水平条件下，采用相同环保治理设施的不同企业对同一污染物去除效果的差异，引入末端治理设施实际运行率（k）对污染治理技术的实际去除率进行修正。k 值反映的是污染治理设施运行的状态，越稳定运行，k 值越高；在取值上，若定义连续稳定运行的理想状态为 1，则 k 取值在 0～1 之间。

本手册给出本行业的 k 计算公式仅供参考，使用时，可根据 k 值定义，选取更适合企业实际情况的表达方式。

平版油墨（干法）、凹版油墨、柔性版油墨、网孔版油墨生产过程废水产生量极低，多为冲洗设备或拖洗地面时产生后回用，因此未设定此类油墨生产废水产污系数。

本手册中提供的专用合成树脂生产废水、废气污染物产污系数，仅针对胶印油墨树脂生产工艺。

3 污染物排放量核算方法

3.1 计算工段污染物产生量

（1）根据产品、原料、污染物产生的主导生产工艺、企业规模（生产产能）这一组合查找和确定所对应的某一污染物的产污系数。

（2）根据该污染物的产污系数计量单位——单位产品产量，获取企业实际产品产量。

例如，某组合内化学需氧量的产污系数单位为克/吨-产品，则计算产生量时需要调用企业实际产品产量。

（3）污染物产生量按以下公式进行计算：

污染物产生量=污染物对应的产污系数×产品产量

$$G_{产i} = P_{产i} \times M_i$$

式中，$G_{产i}$——工段 i 某污染物的产生量；

$P_{产i}$——工段 i 某污染物对应的产污系数；

M_i——工段 i 的产品产量。

3.2 计算工段污染物去除量

（1）根据企业对某一污染物所采用的末端治理技术查找和选择相应的末端治理技术平均去除效率。

（2）根据所填报的污染治理设施实际运行率参数及其计算公式得出该企业某一污染物的末端治理设施实际运行率（k 值）。

（3）污染物去除量按以下公式进行计算：

污染物去除量=污染物产生量×污染物去除率

=污染物产生量×末端治理技术平均去除效率×末端治理设施实际运行率

$$R_{减i} = G_{产i} \times \eta_T \times k_T$$

式中，$R_{减i}$——工段 i 某污染物的去除量；

η_T——工段 i 某污染物采用的末端治理技术的平均去除效率；

k_T——工段 i 某污染物采用的末端治理设施的实际运行率。

3.3 计算工段污染物排放量

污染物排放量=污染物产生量–污染物去除量

=污染物对应的产污系数×产品产量–污染物产生量×末端治理技术平均去除效率×末端治理设施实际运行率

3.4 计算企业污染物排放量

同一企业某污染物全年的产生（排放）总量为该企业同年实际生产的全部工段、产品、原料、规模污染物产生（排放）量之和。

$$\begin{aligned} E_{排} &= G_{产} - R_{减} = \sum(G_{产i} - R_{减i}) \\ &= \sum\left[P_{产i} \times M_i(1 - \eta_T \times k_T)\right] \end{aligned}$$

4 污染物排放量核算案例

某油墨企业主要从事平版油墨生产，工艺为胶印湿法。该企业涉及的主要产排污工段为平版油墨，主要污染物为化学需氧量、氨氮、总氮、总磷、石油类、颗粒物、挥发性有机物。以化学需氧量为例说明排放量计算过程。

该企业基本信息如表 1 所示。

表 1 某油墨企业主要信息

企业信息	核算环节：平版油墨	
	名称	数量
产品及产量	平版油墨	6418 吨
工艺名称	胶印湿法	—
规模（产能）	＞0.5 万吨/年	
污染治理设施	A^2/O 工艺	
实际运行率参数	设备额定功率	220 千瓦
	处理设施年耗电量	530000 千瓦·时
	设备年运行时间	2400 小时

4.1 化学需氧量产生量计算

（1）查找产污系数及其计量单位

根据企业基本信息，查找本手册中主要产品为平版油墨，主要原料为松香改性酚醛树脂、醇酸树脂、溶剂油、有机颜料，主要工艺为胶印湿法，生产规模＞0.5 万吨/年。该组合化学需氧量的产污系数为 1.94×10^{3}，单位克/吨-产品。

（2）获取企业产品产量

该企业实际情况为：主要产品平版油墨 2017 年产量为 6418 吨。

（3）计算化学需氧量产生量

由于查询到的组合中化学需氧量产污系数的单位为克/吨-产品，因此在核算产生量时需获取产品产量。

化学需氧量产生量=化学需氧量产污系数×产品（平版湿法）产量

=1.94×10^{3} 克/吨-产品×6418 吨-产品÷1000000=12.45 吨

4.2 化学需氧量去除量计算

（1）查找末端治理技术平均去除效率

该企业废水末端治理技术采用 A^{2}/O，查询平均去除效率为 70%。

（2）计算污染治理设施实际运行率

根据产污系数组合查询结果，该组合中化学需氧量对应的污染治理设施实际运行率为

k=处理设施年耗电量（千瓦·时）/［设备额定功率（千瓦）× 设备运行时间（小时）］

=530000 千瓦·时÷（220 千瓦×2400 小时）=1.004=1（大于 1 取值 1）

（3）计算化学需氧量去除量

化学需氧量去除量=12.45 吨×70%×1=8.72 吨

4.3 化学需氧量排放量计算

化学需氧量排放量=12.45 吨–8.72 吨=3.73 吨

5. 系数表

2642 油墨及类似产品制造行业系数表

工段名称	产品名称	原料名称	工艺名称	规模等级	污染物类别	污染物指标	系数单位	产污系数	末端治理技术	末端治理技术平均去除效率/%	参考 k 值计算公式[1]
—	平版油墨	松香改性酚醛树脂、溶剂油、有机颜料、醇酸树脂	胶印油墨湿法	≥0.5 万吨/年	废水	工业废水量	吨/吨-产品	0.82	—	—	—
						化学需氧量	克/吨-产品	1.94×10^{3}	A^2/O 工艺	70	k=处理设施年耗电量（千瓦·时）/［设备额定功率（千瓦）× 设备运行时间（小时）］
									化学混凝法	30	
									生物接触氧化法	75	
									厌氧水解类	70	
						石油类	克/吨-产品	10.34	上浮分离	70	
						氨氮	克/吨-产品	31.57	厌氧水解类	70	
									A^2/O 工艺	70	
									生物接触氧化法	75	
						总氮	克/吨-产品	70.22	A^2/O 工艺	70	
									生物接触氧化法	75	
									厌氧水解类	70	
						总磷	克/吨-产品	1.70	厌氧水解类	35	
									A^2/O 工艺	40	
									化学混凝法	70	
									生物接触氧化法	35	

1 该公式仅供参考，使用时，可根据 k 值定义，选取更适合企业实际情况的表达方式。

2642 油墨及类似产品制造行业系数表（续表 1）

工段名称	产品名称	原料名称	工艺名称	规模等级	污染物类别	污染物指标	系数单位	产污系数	末端治理技术	末端治理技术平均去除效率/%	参考 k 值计算公式
—	平版油墨	松香改性酚醛树脂、溶剂油、有机颜料、醇酸树脂	胶印油墨湿法	≥0.5 万吨/年	废气	工业废气量	标米 ^{3}/吨-产品	5.55×10^3	—	—	—
						颗粒物	千克/吨-产品	0.03	袋式除尘	90	k=处理设施年耗电量（千瓦·时）/［设备额定功率（千瓦）× 设备运行时间（小时）］
									旋风+布袋	90	
						挥发性有机物	千克/吨-产品	0.07	吸附/热力燃烧法	39①	
									光解	26①	
									吸附/催化燃烧法	39①	
									低温等离子体	20①	
									直接燃烧法	59①	
									催化燃烧法	59①	
									吸附+蒸汽解析	39①	
									其他	33①	
					固废	HW12 危险废物	吨/吨-产品	0.01	—	—	—
				<0.5 万吨/年	废水	工业废水量	吨/吨-产品	0.86	—	—	—
						化学需氧量	克/吨-产品	1.73×10^3	A^2/O 工艺	70	k=处理设施年耗电量（千瓦·时）/［设备额定功率（千瓦）× 设备运行时间（小时）］
									化学混凝法	30	
									生物接触氧化法	75	
									厌氧水解类	70	
						石油类	克/吨-产品	16.55	上浮分离	70	
						氨氮	克/吨-产品	42.91	厌氧水解类	70	
									A^2/O 工艺	70	
									生物接触氧化法	75	
						总氮	克/吨-产品	123.08	A^2/O 工艺	70	
									生物接触氧化法	75	
									厌氧水解类	70	
						总磷	克/吨-产品	4.86	厌氧水解类	35	
									A^2/O 工艺	40	
									化学混凝法	70	
									生物接触氧化法	35	

注：除非另外说明，本手册①指末端治理技术效率数值已考虑 65%的捕集率。

2642 油墨及类似产品制造行业系数表（续表 2）

工段名称	产品名称	原料名称	工艺名称	规模等级	污染物类别	污染物指标	系数单位	产污系数	末端治理技术	末端治理技术平均去除效率/%	参考 k 值计算公式
—	平版油墨	松香改性酚醛树脂、溶剂油、有机颜料、醇酸树脂	胶印油墨湿法	<0.5 万吨/年	废气	工业废气量	标米 ^{3}/吨-产品	2.57×10^4	—	—	—
						颗粒物	千克/吨-产品	0.03	袋式除尘	90	k=处理设施年耗电量（千瓦·时）/［设备额定功率（千瓦）× 设备运行时间（小时）］
									旋风+布袋	90	
						挥发性有机物	千克/吨-产品	0.03	吸附/热力燃烧法	39①	
									光解	26①	
									吸附/催化燃烧法	39①	
									低温等离子体	20①	
									直接燃烧法	59①	
									催化燃烧法	59①	
									吸附+蒸汽解析	39①	
									其他	33①	
					固废	HW12 危险废物	吨/吨-产品	0.02	—	—	—
			胶印油墨干法	≥0.5 万吨/年	废气	工业废气量	标米 ^{3}/吨-产品	9.89×10^3	—	—	—
						颗粒物	千克/吨-产品	0.44	袋式除尘	90	k=处理设施年耗电量（千瓦·时）/［设备额定功率（千瓦）× 设备运行时间（小时）］
									旋风+布袋	90	
					工业固废	HW12 危险废物	吨/吨-产品	0.03	—	—	—
				<0.5 万吨/年	废气	工业废气量	标米 ^{3}/吨-产品	9.89×10^3	—	—	—
						颗粒物	千克/吨-产品	0.44	袋式除尘	90	k=处理设施年耗电量（千瓦·时）/［设备额定功率（千瓦）× 设备运行时间（小时）］
									旋风+布袋	90	
					固废	HW12 危险废物	吨/吨-产品	0.03	—	—	—

注：除非另外说明，本手册①指末端治理技术效率数值已考虑 65%的捕集率。

2642 油墨及类似产品制造行业系数表（续表 3）

工段名称	产品名称	原料名称	工艺名称	规模等级	污染物类别	污染物指标	系数单位	产污系数	末端治理技术	末端治理技术平均去除效率/%	参考 k 值计算公式
—	凹版油墨	聚酰胺树脂、有机颜料、有机溶剂	液体墨工艺	≥0.5 万吨/年	废气	工业废气量	标米 ^{3}/吨-产品	4.55×10^3	—	—	—
						颗粒物	千克/吨-产品	0.10	袋式除尘	90	k=处理设施年耗电量（千瓦·时）/［设备额定功率（千瓦）× 设备运行时间（小时）］
									旋风+布袋	90	
						挥发性有机物	千克/吨-产品	22.00	吸附/热力燃烧法	39①	
									光解	26①	
									吸附/催化燃烧法	39①	
									低温等离子体	20①	
									直接燃烧法	59①	
									催化燃烧法	59①	
									吸附+蒸汽解析	39①	
									其他	33①	
					固废	HW12 危险废物	吨/吨-产品	0.003	—	—	—
				<0.5 万吨/年	废气	工业废气量	标米 ^{3}/吨-产品	1.23×10^4	—	—	—
						颗粒物	千克/吨-产品	0.27	袋式除尘	90	k=处理设施年耗电量（千瓦·时）/［设备额定功率（千瓦）× 设备运行时间（小时）］
									旋风+布袋	90	
						挥发性有机物	千克/吨-产品	22.50	吸附/热力燃烧法	39①	
									光解	26①	
									吸附/催化燃烧法	39①	
									低温等离子体	20①	
									直接燃烧法	59①	
									催化燃烧法	59①	
									吸附+蒸汽解析	39①	
									其他	33①	
					固废	HW12 危险废物	吨/吨-产品	0.01	—	—	—

注：除非另外说明，本手册①指末端治理技术效率数值已考虑 65%的捕集率。

2642 油墨及类似产品制造行业系数表（续表 4）

工段名称	产品名称	原料名称	工艺名称	规模等级	污染物类别	污染物指标	系数单位	产污系数	末端治理技术	末端治理技术平均去除效率/%	参考 k 值计算公式
—	柔性版油墨	丙烯酸树脂、丙烯酸乳液、有机颜料	液体墨工艺	所有规模	废气	工业废气量	标米³/吨-产品	1.23×10^4	—	—	—
						颗粒物	千克/吨-产品	0.27	袋式除尘	90	k=处理设施年耗电量（千瓦·时）/［设备额定功率（千瓦）× 设备运行时间（小时）］
									旋风+布袋	90	
						挥发性有机物	千克/吨-产品	22.50	吸附/热力燃烧法	39①	
									光解	26①	
									吸附/催化燃烧法	39①	
									低温等离子体	20①	
									直接燃烧法	59①	
									催化燃烧法	59①	
									吸附+蒸汽解析	39①	
									其他	33①	
					固废	HW12 危险废物	吨/吨-产品	0.01	—	—	—
	水性柔印油墨	水性丙烯酸树脂、水性聚氨酯树脂、有机颜料	液体墨工艺	所有规模	废水	工业废水量	吨/吨-产品	0.17	—	—	—
						化学需氧量	克/吨-产品	564.34	A^2/O 工艺	70	k=处理设施年耗电量（千瓦·时）/［设备额定功率（千瓦）× 设备运行时间（小时）］
									化学混凝法	30	
									生物接触氧化法	75	
									厌氧水解类	70	
						石油类	克/吨-产品	12.58	上浮分离	70	
						氨氮	克/吨-产品	58.82	厌氧水解类	70	
									A^2/O 工艺	70	
									生物接触氧化法	75	
						总氮	克/吨-产品	64.95	A^2/O 工艺	70	
									生物接触氧化法	75	
									厌氧水解类	70	
						总磷	克/吨-产品	16.55	厌氧水解类	35	
									A^2/O 工艺	40	
									化学混凝法	70	
									生物接触氧化法	35	

注：除非另外说明，本手册①指末端治理技术效率数值已考虑 65%的捕集率。

2642 油墨及类似产品制造行业系数表（续表 5）

工段名称	产品名称	原料名称	工艺名称	规模等级	污染物类别	污染物指标	系数单位	产污系数	末端治理技术	末端治理技术平均去除效率/%	参考 k 值计算公式
—	水性柔印油墨	水性丙烯酸树脂、水性聚氨酯树脂、有机颜料	液体墨工艺	所有规模	废气	工业废气量	标米 ^{3}/吨-产品	2.82×10^3	—	—	—
						颗粒物	千克/吨-产品	0.19	袋式除尘	90	k=处理设施年耗电量（千瓦·时）/［设备额定功率（千瓦）× 设备运行时间（小时）］
									旋风+布袋	90	
						挥发性有机物	千克/吨-产品	0.03	吸附/热力燃烧法	39①	
									光解	26①	
									吸附/催化燃烧法	39①	
									低温等离子体	20①	
									直接燃烧法	59①	
									催化燃烧法	59①	
									吸附+蒸汽解析	39①	
									其他	33①	
					固废	HW12 危险废物	吨/吨-产品	0.002	—	—	—
	网孔版油墨	环氧树脂、酚醛树脂、聚酰胺树脂、有机颜料、有机溶剂	液体墨工艺	所有规模	废气	工业废气量	标米 ^{3}/吨-产品	4.55×10^3	—	—	—
						颗粒物	千克/吨-产品	0.10	袋式除尘	90	k=处理设施年耗电量（千瓦·时）/［设备额定功率（千瓦）× 设备运行时间（小时）］
									旋风+布袋	90	
						挥发性有机物	千克/吨-产品	22.00	吸附/热力燃烧法	39①	
									光解	26①	
									吸附/催化燃烧法	39①	
									低温等离子体	20①	
									直接燃烧法	59①	
									催化燃烧法	59①	
									吸附+蒸汽解析	39①	
									其他	33①	
					固废	HW12 危险废物	吨/吨-产品	0.003	—	—	—

注：除非另外说明，本手册①指末端治理技术效率数值已考虑 65%的捕集率。

2642 油墨及类似产品制造行业系数表（续表 6）

工段名称	产品名称	原料名称	工艺名称	规模等级	污染物类别	污染物指标	系数单位	产污系数	末端治理技术	末端治理技术平均去除效率/%	参考 k 值计算公式
—	油墨专用树脂	酚、醇、酸	高分子合成	所有规模	废水	工业废水量	吨/吨-产品	0.24	—	—	—
						化学需氧量	克/吨-产品	1.37×10^4	A^2/O 工艺	70	k=处理设施年耗电量（千瓦·时）/［设备额定功率（千瓦）× 设备运行时间（小时）］
									化学混凝法	30	
									生物接触氧化法	75	
									厌氧水解类	70	
						石油类	克/吨-产品	65.36	上浮分离	70	
						氨氮	克/吨-产品	79.51	厌氧水解类	70	
									A^2/O 工艺	70	
									生物接触氧化法	75	
						总氮	克/吨-产品	216.90	A^2/O 工艺	70	
									生物接触氧化法	75	
									厌氧水解类	70	
						总磷	克/吨-产品	4.06	厌氧水解类	35	
									A^2/O 工艺	40	
									化学混凝法	70	
									生物接触氧化法	35	
					废气	工业废气量	标米^3/吨-产品	2.43×10^4	—	—	—
						颗粒物	千克/吨-产品	1.20	袋式除尘	90	k=处理设施年耗电量（千瓦·时）/［设备额定功率（千瓦）× 设备运行时间（小时）］
									旋风+布袋	90	
						挥发性有机物	千克/吨-产品	0.77	吸附/热力燃烧法	39①	
									光解	26①	
									吸附/催化燃烧法	39①	
									低温等离子体	20①	
									直接燃烧法	59①	
									催化燃烧法	59①	
									吸附+蒸汽解析	39①	
									其他	33①	
					固废	HW12 危险废物	吨/吨-产品	0.02	—	—	—

注：除非另外说明，本手册①指末端治理技术效率数值已考虑 65%的捕集率。

2643 工业颜料制造业

1 适用范围

本手册仅用于《国民经济行业分类》（GB/T 4754—2017）中 2643 工业颜料制造行业使用系数法核算工业污染物产生量和排放量的工业企业。

利用本手册进行产排污核算得出的污染物产生量与排放量仅代表了特定行业、工艺、产品、原料在正常工况下污染物产生与排放的一般规律。

本行业废水指标包括化学需氧量、氨氮、总氮、总磷；废气指标包括颗粒物、氮氧化物、氨、挥发性有机物。

2 注意事项

2.1 企业有多种生产工艺或生产多类产品产排污量核算

废水中化学需氧量、氨氮、总氮、总磷，除组件生产外其他工段废气中颗粒物、氮氧化物、氨、挥发性有机物：污染物产生量与产品产量有关；组件生产工段废气中颗粒物、挥发性有机物：污染物产生量与原料用料有关。根据不同核算环节计算产污量后，再根据企业末端治理设施和运行情况计算各污染物的排放量。

企业某污染物指标的产生量、排放量为各核算环节产生量、排放量之和。

在企业实际排放量计算过程中，如果存在废水回用的情况，需要在利用产排污核算公式的基础上扣除废水回用的部分。公式如下：

实际排放量=计算排放量×（1–废水回用率）

2.2 采用多种治理设施组合处理企业的排污量核算

在排污量计算选择末端治理技术时，若没有对应的组合治理技术，以主要治理技术为准。

2.3 系数表中未涉及的产污系数及污染治理效率

对于其他工业颜料生产，或系数表单中未涉及的处理方法，企业可根据实际情况参考具有相似工艺和相似原料的组合确定产污系数，同时也可以进行现场监测、咨询行业组织或专家。

2.4 其他需要说明的问题

由于不同企业工业废气量、废水量差异较大，本手册所提供的工业废气量、废水量系数仅供参考。

为体现相同产污水平条件下，采用相同环保治理设施的不同企业对同一污染物去除效果的差异，

引入末端治理设施实际运行率（k）对污染治理技术的实际去除率进行修正。k 值反映的是污染治理设施运行的状态，越稳定运行，k 值越高；在取值上，若定义连续稳定运行的理想状态为 1，则 k 取值在 0～1 之间。

本手册给出本行业的 k 计算公式仅供参考，使用时，可根据 k 值定义，选取更适合企业实际情况的表达方式。

3 污染物排放量核算方法

3.1 计算工段污染物产生量

（1）根据产品、原料、污染物产生的主导生产工艺、企业规模（生产产能）这一组合查找和确定所对应的某一污染物的产污系数。

（2）根据该污染物的产污系数计量单位——单位产品产量，获取企业实际产品产量。

例如，某组合内化学需氧量的产污系数单位为千克/吨-产品，则计算产生量时需要获取企业实际产品产量。

（3）污染物产生量按以下公式进行计算：

污染物产生量=污染物对应的产污系数×产品产量

$$G_{产i} = P_{产i} \times M_i$$

式中，$G_{产i}$——工段 i 某污染物的产生量；

$P_{产i}$——工段 i 某污染物对应的产污系数；

M_i——工段 i 的产品产量。

3.2 计算工段污染物去除量

（1）根据企业对某一污染物所采用的治理技术查找和选择相应的末端治理技术平均去除效率。

（2）根据所填报的污染治理设施实际运行率参数及其计算公式得出该企业某一污染物的治理设施实际运行率（k 值）。

（3）污染物去除量按以下公式进行计算：

污染物去除量=污染物产生量×污染物去除率

=污染物产生量×末端治理技术平均去除效率×末端治理设施实际运行率

$$R_{减i} = G_{产i} \times \eta_T \times k_T$$

式中，$R_{减i}$——工段 i 某污染物的去除量；

η_T——工段 i 某污染物采用的末端治理技术的平均去除效率；

k_T——工段 i 某污染物采用的末端治理设施的实际运行率。

3.3 计算工段污染物排放量

污染物排放量=污染物产生量–污染物去除量

=污染物对应的产污系数×产品产量–污染物产生量×

末端治理技术平均去除效率×末端治理设施实际运行率

3.4 计算企业污染物排放量

同一企业某污染物全年的产生（排放）总量为该企业同年实际生产的全部工段、产品、原料、规模污染物产生（排放）量之和。

$$
\begin{aligned}
E_{排} &= G_{产} - R_{减} = \sum(G_{产i} - R_{减i}) \\
&= \sum\left[P_{产i} \times M_i(1-\eta_T \times k_T)\right]
\end{aligned}
$$

4 污染物排放量核算案例

某企业主要从事氧化铁红生产。该企业以废铁皮、硫酸、硝酸为主要原料，生产工艺采用混酸法，年产量（生产规模）10 万吨。该企业废水中氨氮的污染治理技术采用“吹脱+吸收+生化法”，涉及的废水污染物主要为化学需氧量、氨氮、总氮。本核算示例以废水中氨氮为例，说明该企业氨氮排放量的计算方法。

4.1 氨氮产生量计算

（1）查找产污系数及其计量单位

根据报表填报信息，调用《2643 工业颜料制造行业产污系数表》中主要产品为氧化铁红，生产规模为所有规模。该组合氨氮的产污系数为 19800，单位为克/吨-产品。

（2）获取企业产品产量

企业实际情况为：主要产品氧化铁红 2017 年产量为 90000 吨。

（3）计算氨氮产生量

由于查询到的组合中氨氮产污系数的单位为克/吨-产品，因此在核算产生量时采用产品产量。

氨氮产生量=氨氮产污系数×产品产量

=19800 克/吨-产品×90000 吨-产品=1782000000 克

4.2 氨氮去除量计算

（1）查找末端治理技术平均去除效率

该企业氨氮治理技术采用“吹脱+吸收+生化法”，查询相应组合内该工艺的平均去除效率为 97%（以主要治理技术为准）。

（2）计算污染治理设施实际运行率

根据产污系数组合查询结果，该组合中“吹脱+吸收+生化法”对应的污染治理设施实际运行参数分别为污水治理设备耗电量、污水治理设备额定功率、污水治理设备运行时间。

根据查询结果，该组合中氨氮“吹脱+吸收+生化法”对应的污染治理设施实际运行率为

k=污水治理设备耗电量/（污水治理设备额定功率×污水治理设备运行时间）

企业实际情况：2017 年污水治理设备耗电量 80000 千瓦·时，污水治理设备额定功率 12 千瓦，污水治理设备运行时间 7680 小时，则该企业的污水治理设备实际运行率为

k=80000 千瓦·时/（12 千瓦×7680 小时）=0.868

（3）计算氨氮去除量

氨氮去除量=1782000000 克×97%×0.868=1500372720 克

4.3 氨氮排放量计算

氨氮排放量=1782000000 克−1500372720 克

=281627280 克

=281.6 吨

5 系数表

2643 工业颜料制造行业系数表

工段名称	产品名称	原料名称	工艺名称	规模等级	污染物类别	污染物指标	系数单位	产污系数	末端治理技术	末端治理技术平均去除效率/%	参考 k 值计算公式[1]
—	铁红	废铁皮、硝酸、硫酸、硫酸亚铁	混酸法	所有规模	废水	工业废水量	吨/吨-产品	31.00	—	—	—
						化学需氧量	克/吨-产品	5.50×10^3	中和法	60	k=设施年耗电量（千瓦·时）/［年生产运行时间（小时）× 设备额定功率（千瓦）］
						氨氮	克/吨-产品	1.98×10^4	吹脱+吸收+生化法	97	
						总氮	克/吨-产品	5.43×10^4	吹脱+吸收+生化法	98	
					废气	工业废气量	标米^3/吨-产品	3.48×10^4	—	—	—
						氮氧化物	千克/吨-产品	13.00	氧化/吸收法	97	k=设施年耗电量（千瓦·时）/［年生产运行时间（小时）× 设备额定功率（千瓦）］

1 该公式仅供参考，使用时，可根据 k 值定义，选取更适合企业实际情况的表达方式。

2643 工业颜料制造行业系数表（续表 1）

工段名称	产品名称	原料名称	工艺名称	规模等级	污染物类别	污染物指标	系数单位	产污系数	末端治理技术	末端治理技术平均去除效率/%	参考 k 值计算公式
—	铁红	废铁皮、硝酸、硫酸、硫酸亚铁	混酸法	所有规模	废气	颗粒物	千克/吨-产品	1.00	袋式除尘	90	k=设施年耗电量（千瓦·时）/［年生产运行时间（小时）× 设备额定功率（千瓦）］
						氨气	千克/吨-产品	11.00	氧化/吸收法	99	
					工业固废	一般工业固废	千克/吨-产品	15.00	—	—	—
	铁黄	废铁皮、硫酸、液碱、硫酸亚铁	硫酸盐合成氧化法	所有规模	废水	工业废水量	吨/吨-产品	60.00	—	—	—
						化学需氧量	克/吨-产品	1.80×10^4	中和法	80	k=设施年耗电量（千瓦·时）/［年生产运行时间（小时）× 设备额定功率（千瓦）］
					废气	工业废气量	标米^3/吨-产品	2.00×10^4	—	—	—
	铁黄	废铁皮、硝酸、硫酸、硫酸亚铁	混酸法	所有规模	废气	颗粒物	千克/吨-产品	4.00	袋式除尘	96	k=设施年耗电量（千瓦·时）/［年生产运行时间（小时）× 设备额定功率（千瓦）］
					工业固废	一般工业固废	千克/吨-产品	2.30	—	—	—
	铁黑	氢氧化亚铁、液碱、硫酸亚铁	硫酸盐合成氧化法	所有规模	废水	工业废水量	吨/吨-产品	27.00	—	—	—
						化学需氧量	克/吨-产品	1.64×10^3	中和法	80	k=设施年耗电量（千瓦·时）/［年生产运行时间（小时）× 设备额定功率（千瓦）］
					废气	工业废气量	标米^3/吨-产品	2.00×10^4	—	—	—
						颗粒物	千克/吨-产品	4.00	袋式除尘	96	k=设施年耗电量（千瓦·时）/［年生产运行时间（小时）× 设备额定功率（千瓦）］
					固废	一般工业固废	千克/吨-产品	2.30	—	—	—

2643 工业颜料制造行业系数表（续表 2）

工段名称	产品名称	原料名称	工艺名称	规模等级	污染物类别	污染物指标	系数单位	产污系数	末端治理技术	末端治理技术平均去除效率/%	参考 *k* 值计算公式
—	金属氧化物无机混相颜料	金属氧化物	固相反应法	所有规模	废水	工业废水量	吨/吨-产品	30.00	—	—	—
						六价铬	克/吨-产品	384.00	氧化还原法	99	*k*=设施年耗电量（千瓦·时）/[年生产运行时间（小时）× 设备额定功率（千瓦）]
						总铬	克/吨-产品	768.00	氧化还原法	99	
					废气	工业废气量	标米 ^{3}/吨-产品	7.87×10^3	—	—	—
						颗粒物	千克/吨-产品	12.00	袋式除尘	94	*k*=设施年耗电量（千瓦·时）/[年生产运行时间（小时）× 设备额定功率（千瓦）]
					固废	HW12、HW49 危险废物	千克/吨-产品	48.00	—	—	—
	铬黄	硝酸铅、重铬酸钠、液碱	合成法	所有规模	废水	工业废水量	吨/吨-产品	24.00	—	—	—
						化学需氧量	克/吨-产品	5.02×10^3	沉淀分离+氧化还原法	62	*k*=设施年耗电量（千瓦·时）/[年生产运行时间（小时）× 设备额定功率（千瓦）]
						氨氮	克/吨-产品	102.00	沉淀分离	20	
						总氮	克/吨-产品	8.50×10^4	沉淀分离	20	
						总磷	克/吨-产品	2.00	直排	—	—
						六价铬	克/吨-产品	548.00	化学沉淀法	99	*k*=设施年耗电量（千瓦·时）/[年生产运行时间（小时）× 设备额定功率（千瓦）]
						总铅	克/吨-产品	212.00	化学沉淀+吸附	98	

2643 工业颜料制造行业系数表（续表 3）

工段名称	产品名称	原料名称	工艺名称	规模等级	污染物类别	污染物指标	系数单位	产污系数	末端治理技术	末端治理技术平均去除效率/%	参考 k 值计算公式
—	铬黄	硝酸铅、重铬酸钠、液碱	合成法	所有规模	废气	工业废气量	标米³/吨-产品	2.02×10^4	—	—	—
						氮氧化物	千克/吨-产品	10.00	氧化/吸收法	95	k=设施年耗电量（千瓦·时）/[年生产运行时间（小时）×设备额定功率（千瓦）]
						颗粒物	千克/吨-产品	17.00	袋式除尘	99	
					固废	HW12、HW13、HW49 危险废物	千克/吨-产品	2.70	—	—	—
	钛白粉	钛铁矿、硫酸	硫酸法	所有规模	废水	工业废水量	吨/吨-产品	60.00	—	—	—
						化学需氧量	克/吨-产品	4.00×10^4	氧化还原法	90	k=设施年耗电量（千瓦·时）/[年生产运行时间（小时）×设备额定功率（千瓦）]
						氨氮	克/吨-产品	600.00	直排	—	—
						总氮	克/吨-产品	2.40×10^3	直排	—	—
						总磷	克/吨-产品	40.00	直排	—	—

2643 工业颜料制造行业系数表（续表 4）

工段名称	产品名称	原料名称	工艺名称	规模等级	污染物类别	污染物指标	系数单位	产污系数	末端治理技术	末端治理技术平均去除效率/%	参考 k 值计算公式
—	钛白粉	钛铁矿、硫酸	硫酸法	所有规模	废气	工业废气量	标米^3/吨-产品	1.96×10^4	—	—	—
						氮氧化物	千克/吨-产品	6.00	低氮燃烧法	40	k=设施年耗电量（千瓦·时）/［年生产运行时间（小时）×设备额定功率（千瓦）］
									氧化/吸收法	70	
						颗粒物	千克/吨-产品	55.00	电袋组合	95	k=设施年耗电量（千瓦·时）/［年生产运行时间（小时）×设备额定功率（千瓦）］
						二氧化硫	千克/吨-产品	30.00	石灰石/石膏法	93	
					固废	一般工业固废	吨/吨-产品	6.50	—	—	—
		富钛料、氯气、石油焦	氯化法	所有规模	废水	工业废水量	吨/吨-产品	30.00	—	—	—
						化学需氧量	克/吨-产品	3.15×10^3	氧化还原法	50	k=设施年耗电量（千瓦·时）/［年生产运行时间（小时）×设备额定功率（千瓦）］
						氨氮	克/吨-产品	85.00	直排	—	—
						总氮	克/吨-产品	160.00	直排	—	—
					废气	工业废气量	标米^3/吨-产品	2.39×10^3	—	—	—
						颗粒物	千克/吨-产品	4.00	袋式除尘	70	k=设施年耗电量（千瓦·时）/［年生产运行时间（小时）×设备额定功率（千瓦）］
					固废	HW32 危险废物	吨/吨-产品	1.20	—	—	—

2644 工艺美术颜料制造业

1 适用范围

本手册仅用于《国民经济行业分类》（GB/T 4754—2017）中 2644 工艺美术颜料制造行业使用系数法核算工业污染物产生量和排放量的工业企业。

利用本手册进行产排污核算得出的污染物产生量与排放量仅代表了特定行业、工艺、产品、原料在正常工况下污染物产生与排放的一般规律。

本行业废水指标包括工业废水量、化学需氧量、氨氮、总氮和总磷；废气指标包括工业废气量、废气颗粒物、氮氧化物。

2 注意事项

2.1 企业有多种生产工艺或生产多类产品产排污量核算

污染物产生量与产品产量有关，根据不同核算环节计算产污量后，再根据企业末端治理设施和运行情况计算各污染物的排放量。

企业某污染物指标的产生量、排放量为各核算环节产生量、排放量之和。

在企业实际排放量计算过程中，如果存在废水回用的情况，需要在利用产排污核算公式的基础上扣除废水回用的部分。公式如下：

实际排放量=计算排放量×（1–废水回用率）

2.2 采用多种治理设施组合处理企业的排污量核算

在排污量计算选择末端治理技术时，若没有对应的组合治理技术，以主要治理技术为准。

2.3 系数表中未涉及的产污系数及污染治理效率

本手册涵盖工艺美术颜料产品中的有机颜料和无机颜料，这些产品基本涵盖了目前我国工艺美术颜料生产的主要原料、工艺方法及规模。

对于其他工艺美术颜料生产，或系数表单中未涉及的处理方法，企业可根据实际情况参考具有相似工艺和相似原料的组合确定产污系数，同时也可以进行现场监测、咨询行业组织或专家。

当被调查的工艺美术颜料装置的废水处理方法与表中所给方法不一致时，首先根据当地或本行业环保部门的监测报告进行核算；如果没有监测报告，可以开展现场监测或按处理设施处理效率进行核算。如果无废水治理设施，排污系数等于产污系数。

2.4 其他需要说明的问题

由于不同企业工业废气量、废水量差异较大，本手册所提供的工业废气量、废水量系数仅供参考。

为体现相同产污水平条件下，采用相同环保治理设施的不同企业对同一污染物去除效果的差异，引入末端治理设施实际运行率（k）对污染治理技术的实际去除率进行修正。k 值反映的是污染治理设施运行的状态，越稳定运行，k 值越高；在取值上，若定义连续稳定运行的理想状态为 1，则 k 取值在 0～1 之间。

本手册给出本行业的 k 计算公式仅供参考，使用时，可根据 k 值定义，选取更适合企业实际情况的表达方式。

（1）工况未达到 75%负荷的企业污染物产排量核算

本手册产污系数是在大于等于 75%负荷工况下核算出来的。对于工况未达到 75%负荷的装置，其污染物产生和排放量不适合用本手册核算。一般可根据原辅材料消耗，采用物料衡算方法计算污染物产生量，有条件的企业可开展现场监测工作或根据相应工况下的历史监测数据核算。

（2）生产非单一产品企业污染物产排量核算

工艺美术颜料工业各企业所包含的产品不尽相同，其中多数企业包含工艺美术颜料前体的生产装置（产污系数见相关手册），本手册以工艺美术颜料产品为依据，然后按照产品的生产工艺和规模分别进行统计，统计时应严格区分前体生产装置与工艺美术颜料产品生产装置，分装置统计污染物的产生量和排放量。

（3）其他需要说明的问题

①目前我国工艺美术颜料装置废水预处理技术有物理法、化学法，污水处理厂技术通常是生物法。本手册的处理效率根据实测或环统数据计算得到，企业应根据实际情况选择合适的处理方法和处理效率。

②本手册只需考虑企业工艺美术颜料的产量，力求简单、清楚，易于使用。制定本手册时已充分考虑全国的平均水平，使用本手册计算得出的产排污量可能与单个调查企业有一定出入，但总体符合全行业水平。

3 污染物排放量核算方法

针对企业实际生产情况，本行业在系数制定过程中将企业全生产流程划分或拆分为若干工段（核算环节），在核算企业污染物产排量时，可灵活选择本企业对应的工段进行核算。

3.1 计算工段污染物产生量

（1）根据产品、原料、污染物产生的主导生产工艺、企业规模（生产产能）这一组合查找和确定所对应的某一污染物的产污系数。

（2）根据该污染物的产污系数计量单位——单位产品产量，获取企业实际产品产量。

例如，某组合内化学需氧量的产污系数单位为克/吨-产品，则计算产生量时需要获取企业实际产品产量。

（3）污染物产生量按以下公式进行计算：

污染物产生量=污染物对应的产污系数×产品产量

$$G_{产i} = P_{产i} \times M_i$$

式中，$G_{产i}$——工段 i 某污染物的产生量；

$P_{产i}$——工段 i 某污染物对应的产污系数；

M_i——工段 i 的产品产量。

3.2 计算工段污染物去除量

（1）根据企业对某一污染物所采用的治理技术查找和选择相应的末端治理技术平均去除效率。

（2）根据所填报的污染治理设施实际运行率参数及其计算公式得出该企业某一污染物的治理设施实际运行率（k 值）。

（3）污染物去除量按以下公式进行计算：

污染物去除量=污染物产生量×污染物去除率

=污染物产生量×末端治理技术平均去除效率×

末端治理设施实际运行率

$$R_{减i} = G_{产i} \times \eta_T \times k_T$$

式中，$R_{减i}$——工段 i 某污染物的去除量；

η_T——工段 i 某污染物采用的末端治理技术的平均去除效率；

k_T——工段 i 某污染物采用的末端治理设施的实际运行率。

3.3 计算工段污染物排放量

污染物排放量=污染物产生量–污染物去除量

=污染物对应的产污系数×产品产量–污染物产生量×

末端治理技术平均去除效率×末端治理设施实际运行率

3.4 计算企业污染物排放量

同一企业某污染物全年的产生（排放）总量为该企业同年实际生产的全部工段、产品、原料、规模污染物产生（排放）量之和。

$$E_{排} = G_{产} - R_{减} = \sum (G_{产i} - R_{减i}) = \sum \left[P_{产i} \times M_i (1 - \eta_T \times k_T) \right]$$

4 污染物排放量核算案例

某企业主要从事有机颜料生产。该企业以丙烯酸乳胶为主要原料，生产工艺采用物理法或化学法，年产量（生产规模）1000 吨。该企业废水的污染治理技术采用“物理化学法+厌氧生物处理法+活性污泥法”，涉及的污染包括化学需氧量等。

本核算示例以废水中化学需氧量为例，说明该企业化学需氧量排放量的计算方法。

4.1 化学需氧量产生量计算

（1）查找产污系数及其计量单位

根据报表填报信息，获取《2644 工艺美术颜料制造业系数表》中主要产品为有机颜料，主要原料为丙烯酸乳胶，主要工艺为物理法，生产规模为所有规模。该组合化学需氧量的产污系数为 53400，单位为克/吨-产品。

（2）获取企业产品产量

企业实际情况为：主要产品有机颜料 2017 年产量为 1000 吨。

（3）计算化学需氧量产生量

由于查询到的组合中化学需氧量产污系数的单位为克/吨-产品，因此在核算产生量时采用产品产量。

化学需氧量产生量=化学需氧量产污系数×产品（有机颜料）产量

=53400 克/吨-产品×1000 吨-产品=53400000 克

=53400 千克

4.2 化学需氧量去除量计算

（1）查找末端治理技术平均去除效率

该企业化学需氧量治理技术采用“物理化学法+厌氧生物处理法+活性污泥法”，查询相应组合内该工艺的平均去除效率为 90%。

（2）计算污染治理设施实际运行率

根据产污系数组合查询结果，该组合中“物理化学法+厌氧生物处理法+活性污泥法”对应的污染治理设施实际运行参数分别为设施年运行时间、污染处理设施年耗电量和污染处理设施功率。

根据查询结果，该组合中“化学需氧量物理化学法+厌氧生物处理法+活性污泥法”对应的污染治理设施实际运行率为

k=污染处理设施年耗电量/（污染处理设施功率×年运行时间）

获取企业实际填报情况如下：污染处理设施 2017 年耗电量 26730 千瓦·时，设施功率为 5.5 千瓦，运行时间 5000 小时，则该企业的化学需氧量处理设备实际运行率为

k=26730 千瓦·时/（5.5 千瓦×5000 小时）=0.972

（3）计算化学需氧量去除量

化学需氧量去除量=53400 千克×90%×0.972=46714 千克

4.3 化学需氧量排放量计算

化学需氧量排放量=53400 千克–46714 千克=6686 千克

5 系数表

2644 工艺美术颜料制造行业系数表

工段名称	产品名称	原料名称	工艺名称	规模等级	污染物类别	污染物指标	系数单位	产污系数	末端治理技术	末端治理技术平均去除效率/%	参考 k 值计算公式[1]
—	有机颜料	乳化剂、防腐剂、填充剂、消泡剂、香精、丙烯酸乳胶、丙烯树脂	物理法或化学法	所有规模	废水	工业废水量	吨/吨-产品	29.50	—	—	—
						化学需氧量	克/吨-产品	5.34×10^{4}	物理化学处理法+厌氧生物处理法+活性污泥法	90	k=设施年耗电量（千瓦·时）/［设备功率（千瓦）×年运行时间（时）］
						氨氮	克/吨-产品	3.50×10^{3}	物理化学处理法+厌氧生物处理法+活性污泥法	95	
						总氮	克/吨-产品	9.29×10^{3}	物理化学处理法+厌氧生物处理法+活性污泥法	64	
						总磷	克/吨-产品	5.61×10^{2}	物理化学处理法+厌氧生物处理法+活性污泥法	77	
					废气	工业废气量	标米^{3}/吨-产品	3.67×10^{4}	—	—	—
						氮氧化物	千克/吨-产品	0.050	—	—	—
	无机颜料	朱砂、红土、雄黄、孔雀绿、碳酸钙	物理法或化学法	所有规模	废水	工业废水量	吨/吨-产品	20.80	—	—	—
						化学需氧量	克/吨-产品	1.54×10^{4}	物理化学处理法+厌氧生物处理法+活性污泥法	90	k=设施年耗电量（千瓦·时）/［设备功率（千瓦）×年运行时间（时）］
					废气	工业废气量	标米^{3}/吨-产品	9.35×10^{4}	—	—	—
						固体颗粒物	千克/吨-产品	51.30	袋式除尘	95	k=设施年耗电量（千瓦·时）/［设备功率（千瓦）×年运行时间（时）］

1 该公式仅供参考，使用时，可根据 k 值定义，选取更适合企业实际情况的表达方式。

2645 染料制造业

1 适用范围

本手册仅用于《国民经济行业分类》（GB/T 4754—2017）中 2645 染料制造行业使用系数法核算工业污染物产生量和排放量的工业企业。

利用本手册进行产排污核算得出的污染物产生量与排放量仅代表了特定行业、工艺、产品、原料在正常工况下污染物产生与排放的一般规律。

本行业废水指标包括工业废水量、化学需氧量、氨氮、总氮、总磷、挥发酚；废气指标包括工业废气量、颗粒物、氮氧化物、二氧化硫、挥发性有机物。

2 注意事项

2.1 企业有多种生产工艺或生产多类产品产排污量核算

污染物产生量与产品产量有关，根据不同核算环节计算产污量后，再根据企业末端治理设施和运行情况计算各污染物的排放量。

企业某污染物指标的产生量、排放量为各核算环节产生量、排放量之和。

在企业实际排放量计算过程中，如果存在废水回用的情况，需要在利用产排污核算公式的基础上扣除废水回用的部分。公式如下：

实际排放量=计算排放量×（1–废水回用率）

2.2 采用多种治理设施组合处理企业的排污量核算

在排污量计算选择末端治理技术时，若没有对应的组合治理技术，以主要治理技术为准。

2.3 系数表中未涉及的产污系数及污染治理效率

染料产品的生产过程中，如果包含有机化工合成工艺，废水、废气指标可参考 2645 染料制造行业其他染料的系数手册。

2.4 其他需要说明的问题

由于不同企业工业废气量、废水量差异较大，本手册所提供的工业废气量、废水量系数仅供参考。

为体现相同产污水平条件下，采用相同环保治理设施的不同企业对同一污染物去除效果的差异，引入末端治理设施实际运行率（k）对污染治理技术的实际去除率进行修正。k 值反映的是污染治理设施运行的状态，越稳定运行，k 值越高；在取值上，若定义连续稳定运行的理想状态为 1，则 k 取值在 0～1 之间。

本手册给出本行业的 k 计算公式仅供参考，使用时，可根据 k 值定义，选取更适合企业实际情况的表达方式。

3 污染物排放量核算方法

3.1 计算污染物产生量

（1）根据产品、原料、污染物产生的主导生产工艺、企业规模（生产产能）这一组合查找和确定所对应的某一污染物的产污系数。

（2）根据该污染物的产污系数计量单位——单位产品产量，获取企业实际产品产量。

例如，某组合内化学需氧量的产污系数单位为千克/吨-产品，则计算产生量时需要获取企业实际产品产量。

（3）污染物产生量按以下公式进行计算：

污染物产生量=污染物对应的产污系数×产品产量

$$G_{产i} = P_{产i} \times M_i$$

式中，$G_{产i}$——工段 i 某污染物的产生量；

$P_{产i}$——工段 i 某污染物对应的产污系数；

M_i——工段 i 的产品产量。

3.2 计算污染物去除量

（1）根据企业对某一污染物所采用的治理技术查找和选择相应的末端治理技术平均去除效率。

（2）根据所填报的污染治理设施实际运行率参数及其计算公式得出该企业某一污染物的治理设施实际运行率（k 值）。

（3）污染物去除量按以下公式进行计算：

污染物去除量=污染物产生量×污染物去除率

=污染物产生量×末端治理技术平均去除效率×治理设施实际运行率

$$R_{减i} = G_{产i} \times \eta_T \times k_T$$

式中，$R_{减i}$——工段 i 某污染物的去除量；

η_T——工段 i 某污染物采用的末端治理技术的平均去除效率；

k_T——工段 i 某污染物采用的末端治理设施的实际运行率。

3.3 计算污染物排放量

污染物排放量=污染物产生量–污染物去除量

=污染物对应的产污系数×产品产量–污染物产生量×末端治理技术平均去除效率×治理设施实际运行率

3.4 计算企业污染物排放量

同一企业某污染物全年的产生（排放）总量为该企业同年实际生产的全部工段、产品、原料、规模污染物产生（排放）量之和。

$$
\begin{aligned}
E_{排} &= G_{产} - R_{减} = \sum(G_{产i} - R_{减i}) \\
&= \sum\left[P_{产i} \times M_i(1 - \eta_T \times k_T)\right]
\end{aligned}
$$

4 污染物排放量核算案例

某染料企业主要从事分散染料生产，该企业以对硝基苯胺为主要原料，生产工艺采用有机化工合成法，年产量（生产规模）100000 吨。该企业废水的污染治理技术采用“物理化学处理法＋厌氧生物处理法+好氧生物处理法”，涉及的污染包括化学需氧量等，以化学需氧量为例说明排放量计算过程。

4.1 化学需氧量产生量计算

（1）查找产污系数及其计量单位

该企业主要产品为分散染料，主要原料为对硝基苯胺，主要工艺为化学法。该组合化学需氧量的产污系数为 200000，单位为克/吨-产品。

（2）获取企业产品产量

该企业实际填报情况为：主要产品分散染料 2017 年产量为 100000 吨。

（3）计算化学需氧量产生量

由于查询到的组合中化学需氧量产污系数的单位为克/吨-产品，因此在核算产生量时采用产品产量。

化学需氧量产生量=化学需氧量产污系数×产品（分散染料）产量

=200000 克/吨-产品×100000 吨-产品=20000000000 克=20000 吨

4.2 化学需氧量去除量计算

该企业生产中，所产生的高浓度酸性废水在进行生化处理前，先采用氨中和、活性炭净化工艺处理，然后通过 MVR 蒸发，一部分浓缩结晶回收硫酸铵副产品，一部分作为高盐水脱盐。其中蒸发浓缩用冷凝水循环使用。通过此净化工艺，可达到化学需氧量 60%～65%的去除效果，具体流程如图 1 所示。

由图 1 可知，此净化工艺削减的化学需氧量占高浓度酸性废水化学需氧量总产生量的 65%，因此在进行生化处理前，化学需氧量产生量由 100%削减为 35%（100%–65%），即 20000 吨×(1–65%)=7000 吨。

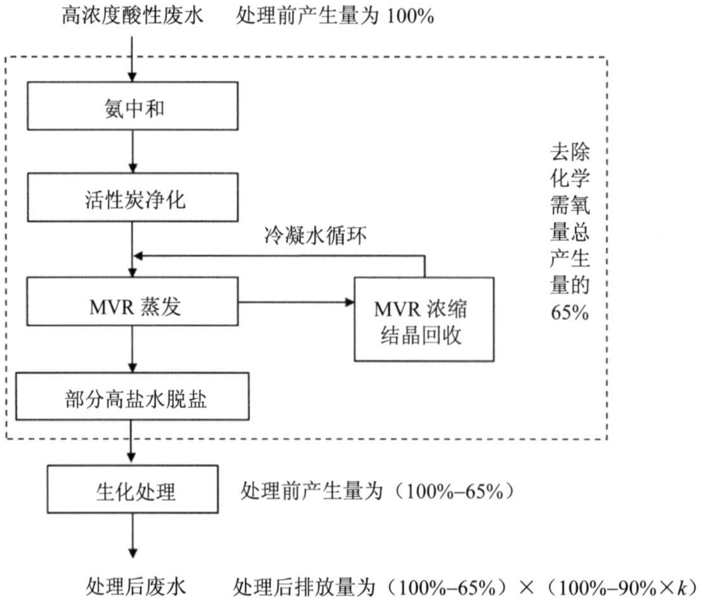

图 1　高浓度酸性废水技术处理工艺

根据图 1 可知，该企业化学需氧量去除量由两部分组成：

（1）净化工艺去除量：20000 吨×65%=13000 吨。

（2）生化处理去除量：

①查找末端治理技术平均去除效率

查询末端处理技术为生化处理，装置采用 A/O 工艺，平均去除效率为 90%。

②计算污染治理设施实际运行率

根据产污系数组合查询结果，该组合中“物理化学处理法+厌氧（或缺氧）生物处理法+好氧生物处理法”对应的污染治理设施实际运行参数分别为设施年正常运行时间、企业年正常运转时间。

根据查询结果，该组合中“物理化学处理法+厌氧（或缺氧）生物处理法+好氧生物处理法”对应的污染治理设施实际运行率计算公式为

$$k=\text{设施正常运行时间}/\text{企业正常运转时间}$$

该企业实际情况为：2017 年废水处理装置正常是常年运行，年运行时间在 7200 小时以上，企业正常运转天数 300 天，则该企业的化学需氧量处理设备实际运行率为

$$k=7200\text{ 小时}/（300\text{ 天}\times 24\text{ 小时/天}）=1$$

③计算生化处理的去除量

$$[20000\text{ 吨}-20000\text{ 吨}\times(1-65\%)]\times 90\%\times 1=6300\text{ 吨}$$

（3）总去除量=净化工艺去除量+生化处理去除量=13000 吨+6300 吨=19300 吨

4.3　化学需氧量排放量计算

化学需氧量排放量=化学需氧量产生量–化学需氧量去除量=20000 吨–19300 吨=700 吨

5 系数表

2645 染料制造行业系数表

工段名称	产品名称	原料名称	工艺名称	规模等级	污染物类别	污染物指标	系数单位	产污系数	末端治理技术	末端治理技术平均去除效率/%	参考 k 值计算公式[1]
—	分散染料	有机化工原料	有机化工合成	所有规模	废水	工业废水量	吨/吨-产品	15.00	—	—	—
						化学需氧量	克/吨-产品	2.00×10^5	物理处理法+化学处理法+好氧生物处理法+厌氧生物处理法	90	k=治理设施运行时间（小时/年）/企业正常生产时间（小时/年）
						总氮	克/吨-产品	6.50×10^3	好氧生物处理法+厌氧生物处理法	65	
						氨氮	克/吨-产品	3.65×10^3	物理处理法+化学处理法+好氧生物处理法+厌氧生物处理法	70	
						挥发酚	克/吨-产品	1.05×10^3	物理处理法+化学处理法+好氧生物处理法+厌氧生物处理法	90	
						总磷	克/吨-产品	100.00	物理处理法+化学处理法+好氧生物处理法+厌氧生物处理法	70	

1：该公式仅供参考，使用时，可根据 k 值定义，选取更适合企业实际情况的表达方式。

2645 染料制造行业系数表（续表 1）

工段名称	产品名称	原料名称	工艺名称	规模等级	污染物类别	污染物指标	系数单位	产污系数	末端治理技术	末端治理技术平均去除效率/%	参考 k 值计算公式
—	分散染料	有机化工原料	有机化工合成	所有规模	废气	工业废气量	标米^3/吨-产品	8.00×10^4	—	—	—
						颗粒物	千克/吨-产品	9.00	旋风除尘+袋式除尘+湿法除尘	95	k=治理设施运行时间（小时/年）/企业正常生产时间（小时/年）
						二氧化硫	千克/吨-产品	0.15	石灰石/石膏法	75	
						氮氧化物	千克/吨-产品	0.64	选择性催化还原法（SCR）	70	
					固废	一般工业固废	吨/吨-产	0.02	—	—	—
						HW12 危险废物（染料废物）	吨/吨-产	34.00	—	—	—
—	活性染料	有机化工原料	有机化工合成	所有规模	废水	工业废水量	吨/吨-产品	12.00	—	—	—
						化学需氧量	克/吨-产品	2.00×10^5	物理处理法+化学处理法+好氧生物处理法+厌氧生物处理法	90	k=治理设施运行时间（小时/年）/企业正常生产时间（小时/年）
						总氮	克/吨-产品	230.00	好氧生物处理法+厌氧生物处理法	65	
						氨氮	克/吨-产品	90.00	物理处理法+化学处理法+好氧生物处理法+厌氧生物处理法	70	
					废气	工业废气量	标米^3/吨-产品	8.80×10^4	—	—	—
						颗粒物	千克/吨-产品	10.00	旋风除尘+袋式除尘+湿法除尘	95	k=治理设施运行时间（小时/年）/企业正常生产时间（小时/年）

2645 染料制造行业系数表（续表 2）

工段名称	产品名称	原料名称	工艺名称	规模等级	污染物类别	污染物指标	系数单位	产污系数	末端治理技术	末端治理技术平均去除效率/%	参考 k 值计算公式
—	活性染料	有机化工原料	有机化工合成	所有规模		二氧化硫	千克/吨-产品	2.53	石灰石/石膏法	75	k=治理设施运行时间（小时/年）/企业正常生产时间（小时/年）
						氮氧化物	千克/吨-产品	0.35	选择性催化还原法（SCR）	70	
					固废	HW12 危险废物（染料废物）	吨/吨-产品	0.05	—	—	—
	硫化染料	有机化工原料	有机化工合成	所有规模	废水	工业废水量	吨/吨-产品	7.36	—	—	—
						化学需氧量	克/吨-产品	3.50×10^5	物理处理法+化学处理法+好氧生物处理法+厌氧生物处理法	90	k=治理设施运行时间（小时/年）/企业正常生产时间（小时/年）
						总氮	克/吨-产品	6.00×10^4	好氧生物处理法+厌氧生物处理法	65	
						氨氮	克/吨-产品	3.00×10^4	物理处理法+化学处理法+好氧生物处理法+厌氧生物处理法	70	
						挥发酚	克/吨-产品	90.00	物理处理法+化学处理法+好氧生物处理法+厌氧生物处理法	57	
					废气	工业废气量	标米^3/吨-产品	8.00×10^4	—	—	—
						颗粒物	千克/吨-产品	10.00	旋风除尘+袋式除尘+湿法除尘	95	k=治理设施运行时间（小时/年）/企业正常生产时间（小时/年）

2645 染料制造行业系数表（续表 3）

工段名称	产品名称	原料名称	工艺名称	规模等级	污染物类别	污染物指标	系数单位	产污系数	末端治理技术	末端治理技术平均去除效率/%	参考 k 值计算公式
—	硫化染料	有机化工原料	有机化工合成	所有规模	废气	二氧化硫	千克/吨-产品	0.13	石灰石/石膏法	61	k=治理设施运行时间（小时/年）/企业正常生产时间（小时/年）
						氮氧化物	千克/吨-产品	0.22	选择性催化还原法（SCR）	61	
					固废	HW12 危险废物（染料废物）	吨/吨-产品	0.03	—	—	—
	还原靛蓝	有机化工原料	有机化工合成	所有规模	废水	工业废水量	吨/吨-产品	80.00	—	—	—
						化学需氧量	克/吨-产品	3.20×10^5	物理处理法+好氧生物处理法+厌氧生物处理法	90	k=治理设施运行时间（小时/年）/企业正常生产时间（小时/年）
						总氮	克/吨-产品	5.20×10^4	好氧生物处理法+厌氧生物处理法	65	
						氨氮	克/吨-产品	2.60×10^4	物理处理法+化学处理法+好氧生物处理法+厌氧生物处理法	70	
	还原靛蓝	有机化工原料	有机化工合成	所有规模	废气	工业废气量	标米^3/吨-产品	1.24×10^5	—	—	—
						颗粒物	千克/吨-产品	10.00	旋风除尘+袋式除尘+湿法除尘	95	k=治理设施运行时间（小时/年）/企业正常生产时间（小时/年）
						二氧化硫	千克/吨-产品	0.22	石灰石/石膏法	75	
						氮氧化物	千克/吨-产品	0.84	选择性催化还原法（SCR）	70	
					固废	一般工业固废	吨/吨-产品	0.04	—	—	—
						HW12 危险废物（染料废物）	吨/吨-产品	0.01	—	—	—
	还原染料（不含还原靛蓝）	有机化工原料	有机化工合成	所有规模	废水	工业废水量	吨/吨-产品	160.00	—	—	—
						化学需氧量	克/吨-产品	3.20×10^5	物理处理法+化学处理法+好氧生物处理法+厌氧生物处理法	90	k=治理设施运行时间（小时/年）/企业正常生产时间（小时/年）
						总氮	克/吨-产品	1.30×10^4	好氧生物处理法+厌氧生物处理法	65	

2645 染料制造行业系数表（续表 4）

工段名称	产品名称	原料名称	工艺名称	规模等级	污染物类别	污染物指标	系数单位	产污系数	末端治理技术	末端治理技术平均去除效率/%	参考 k 值计算公式
—	还原染料（不含还原靛蓝）	有机化工原料	有机化工合成	所有规模	废水	氨氮	克/吨-产品	8.20×10^{3}	物理处理法+化学处理法+好氧生物处理法+厌氧生物处理法	70	k=治理设施运行时间（小时/年）/企业正常生产时间（小时/年）
					废气	工业废气量	标米^3/吨-产品	9.60×10^{4}	—	—	—
						颗粒物	千克/吨-产品	10.00	旋风除尘+袋式除尘+湿法除尘	95	k=治理设施运行时间（小时/年）/企业正常生产时间（小时/年）
						二氧化硫	千克/吨-产品	1.54	石灰石/石膏法	75	
						氮氧化物	千克/吨-产品	0.84	选择性催化还原法（SCR）	70	
					固废	一般工业固废	吨/吨-产品	0.20	—	—	—
						HW12 危险废物（染料废物）	吨/吨-产品	0.05	—	—	—
	阳离子染料	有机化工原料	有机化工合成	所有规模	废水	工业废水量	吨/吨-产品	70.00	—	—	—
						化学需氧量	克/吨-产品	3.00×10^{5}	物理处理法+化学处理法+好氧生物处理法+厌氧生物处理法	90	k=治理设施运行时间（小时/年）/企业正常生产时间（小时/年）
						总氮	克/吨-产品	1.53×10^{5}	好氧生物处理法+厌氧生物处理法	65	
						氨氮	克/吨-产品	1.11×10^{4}	物理处理法+化学处理法+好氧生物处理法+厌氧生物处理法	70	

2645 染料制造行业系数表（续表 5）

工段名称	产品名称	原料名称	工艺名称	规模等级	污染物类别	污染物指标	系数单位	产污系数	末端治理技术	末端治理技术平均去除效率/%	参考 k 值计算公式
—	阳离子染料	有机化工原料	有机化工合成	所有规模	废气	工业废气量	标米 ^{3}/吨-产品	8.80×10^4	—	—	—
						颗粒物	千克/吨-产品	10.00	旋风除尘+袋式除尘+湿法除尘	95	k=治理设施运行时间（小时/年）/企业正常生产时间（小时/年）
						二氧化硫	千克/吨-产品	2.54	石灰石/石膏法	75	
						氮氧化物	千克/吨-产品	1.43	选择性催化还原法（SCR）	70	
					固废	一般工业固废	吨/吨-产品	0.09	—	—	—
						HW12 危险废物（染料废物）	吨/吨-产品	0.05	—	—	—
	其他染料	有机化工原料	有机化工合成	所有规模	废水	工业废水量	吨/吨-产品	20.00	—	—	—
						化学需氧量	克/吨-产品	2.20×10^5	物理处理法+化学处理法+好氧生物处理法+厌氧生物处理法	90	k=治理设施运行时间（小时/年）/企业正常生产时间（小时/年）
						总氮	克/吨-产品	5.70×10^3	好氧生物处理法+厌氧生物处理法	65	
						氨氮	克/吨-产品	3.00×10^3	物理处理法+化学处理法+好氧生物处理法+厌氧生物处理法	70	
					废气	工业废气量	标米 ^{3}/吨-产品	6.20×10^4	—	—	—

2645 染料制造行业系数表（续表 6）

工段名称	产品名称	原料名称	工艺名称	规模等级	污染物类别	污染物指标	系数单位	产污系数	末端治理技术	末端治理技术平均去除效率/%	参考 k 值计算公式
—	其他染料	有机化工原料	有机化工合成	所有规模	废气	颗粒物	千克/吨-产品	10.00	旋风除尘+袋式除尘+湿法除尘	95	k=治理设施运行时间（小时/年）/企业正常生产时间（小时/年）
						二氧化硫	千克/吨-产品	2.51	石灰石/石膏法	75	
						氮氧化物	千克/吨-产品	1.43	选择性催化还原法（SCR）	70	
					固废	一般工业固废	吨/吨-产品	0.08	—	—	—
						HW12 危险废物（染料废物）	吨/吨-产品	0.02	—	—	—
	有机颜料（偶氮类）	有机化工原料	有机化工合成	所有规模	废水	工业废水量	吨/吨-产品	90.00	—	—	—
						化学需氧量	克/吨-产品	3.00×10^5	物理处理法+化学处理法+好氧生物处理法+厌氧生物处理法	90	k=治理设施运行时间（小时/年）/企业正常生产时间（小时/年）
						总氮	克/吨-产品	2.10×10^4	好氧生物处理法+厌氧生物处理法	65	k=治理设施运行时间（小时/年）/企业正常生产时间（小时/年）
						氨氮	克/吨-产品	6.00×10^3	物理处理法+化学处理法+好氧生物处理法+厌氧生物处理法	70	
					废气	工业废气量	标米 ^{3}/吨-产品	8.40×10^4	—	—	—
						颗粒物	千克/吨-产品	10.00	旋风除尘+袋式除尘+湿法除尘	95	k=治理设施运行时间（小时/年）/企业正常生产时间（小时/年）
						氮氧化物	千克/吨-产品	2.21	选择性催化还原法（SCR）	70	
					工业固废	一般工业固废	吨/吨-产品	0.18	—	—	—
						HW12 危险废物（颜料废物）	吨/吨-产品	0.03	—	—	—
	有机颜料（酞箐类）	有机化工原料	有机化工合成	所有规模	废水	工业废水量	吨/吨-产品	40.00	—	—	—

2645 染料制造行业系数表（续表 7）

工段名称	产品名称	原料名称	工艺名称	规模等级	污染物类别	污染物指标	系数单位	产污系数	末端治理技术	末端治理技术平均去除效率/%	参考 k 值计算公式
—	有机颜料（酞箐类）	有机化工原料	有机化工合成	所有规模	废水	化学需氧量	克/吨-产品	7.50×10^4	物理处理法+化学处理法+好氧生物处理法+厌氧生物处理法	90	k=治理设施运行时间（小时/年）/企业正常生产时间（小时/年）
						总氮	克/吨-产品	6.00×10^3	好氧生物处理法+厌氧生物处理法	65	
						氨氮	克/吨-产品	2.50×10^3	物理处理法+化学处理法+好氧生物处理法+厌氧生物处理法	70	
					废气	工业废气量	标米^3/吨-产品	1.04×10^5	—	—	—
						颗粒物	千克/吨-产品	27.00	旋风除尘+袋式除尘+湿法除尘	95	k=治理设施运行时间（小时/年）/企业正常生产时间（小时/年）
						挥发性有机物	千克/吨-产品	2.00	冷凝法+吸收+分流	90	
					固废	一般工业固废	吨/吨-产品	0.18	—	—	—
						HW12 危险废物（颜料废物）	吨/吨-产品	0.03	—	—	—
	有机颜料（杂环类）	有机化工原料	有机化工合成	所有规模	废水	工业废水量	吨/吨-产品	180.00	—	—	—
						化学需氧量	克/吨-产品	1.50×10^6	物理处理法+化学处理法+好氧生物处理法+厌氧生物处理法	90	k=治理设施运行时间（小时/年）/企业正常生产时间（小时/年）
						总氮	克/吨-产品	6.00×10^3	好氧生物处理法+厌氧生物处理法	65	
						氨氮	克/吨-产品	5.80×10^3	物理处理法+化学处理法+好氧生物处理法+厌氧生物处理法	70	
						总磷	克/吨-产品	2.25×10^4	好氧生物处理法	57	

2645 染料制造行业系数表（续表 8）

工段名称	产品名称	原料名称	工艺名称	规模等级	污染物类别	污染物指标	系数单位	产污系数	末端治理技术	末端治理技术平均去除效率/%	参考 k 值计算公式
—	有机颜料（杂环类）	有机化工原料	有机化工合成	所有规模	废气	工业废气量	标米 ^{3}/吨-产品	8.40×10^4	—	—	—
						颗粒物	千克/吨-产品	10.00	旋风除尘+袋式除尘+湿法除尘	95	k=治理设施运行时间（小时/年）/企业正常生产时间（小时/年）
						挥发性有机物	千克/吨-产品	40.00	冷凝法+吸收+分流	78	
					固废	一般工业固废	吨/吨-产品	0.20	—	—	—
						HW12 危险废物（颜料废物）	吨/吨-产品	0.03	—	—	—
	2,4-二硝基-6-氯苯胺	有机化工原料	有机化工合成	所有规模	废水	工业废水量	吨/吨-产品	42.00	—	—	—
						化学需氧量	克/吨-产品	8.00×10^4	物理处理法+化学处理法+好氧生物处理法+厌氧生物处理法	90	k=治理设施运行时间（小时/年）/企业正常生产时间（小时/年）
						总氮	克/吨-产品	1.64×10^5	好氧生物处理法+厌氧生物处理法	65	
						氨氮	克/吨-产品	1.60×10^5	物理处理法+化学处理法+好氧生物处理法+厌氧生物处理法	70	
					废气	工业废气量	标米 ^{3}/吨-产品	8.50×10^4	—	—	—
						颗粒物	千克/吨-产品	8.63	旋风除尘+袋式除尘+湿法除尘	95	k=治理设施运行时间（小时/年）/企业正常生产时间（小时/年）

2645 染料制造行业系数表（续表 9）

工段名称	产品名称	原料名称	工艺名称	规模等级	污染物类别	污染物指标	系数单位	产污系数	末端治理技术	末端治理技术平均去除效率/%	参考 k 值计算公式
—	2,4-二硝基-6-氯苯胺	有机化工原料	有机化工合成	所有规模	废气	二氧化硫	千克/吨-产品	0.05	石灰石/石膏法	75	k=治理设施运行时间（小时/年）/企业正常生产时间（小时/年）
						挥发性有机物	千克/吨-产品	83.00	吸收+分流+直接燃烧法	78	
	H 酸	有机化工原料	有机化工合成	所有规模	废水	工业废水量	吨/吨-产品	20.00	—	—	—
						化学需氧量	克/吨-产品	1.00×10^5	物理处理法+化学处理法+好氧生物处理法+厌氧生物处理法	90	k=治理设施运行时间（小时/年）/企业正常生产时间（小时/年）
						总氮	克/吨-产品	2.50×10^4	好氧生物处理法+厌氧生物处理法	65	
						氨氮	克/吨-产品	2.00×10^4	物理处理法+化学处理法+好氧生物处理法+厌氧生物处理法	70	
		有机化工原料	有机化工合成	所有规模	废气	工业废气量	标米 ^{3}/吨-产品	1.49×10^5	—	—	—
						颗粒物	千克/吨-产品	9.00	旋风除尘+袋式除尘+湿法除尘	95	k=治理设施运行时间（小时/年）/企业正常生产时间（小时/年）
						二氧化硫	千克/吨-产品	2.44	石灰石/石膏法	75	
						氮氧化物	千克/吨-产品	49.00	选择性催化还原法（SCR）	70	
						挥发性有机物	千克/吨-产品	16.00	吸收+分流+直接燃烧法	78	

2645 染料制造行业系数表（续表 10）

工段名称	产品名称	原料名称	工艺名称	规模等级	污染物类别	污染物指标	系数单位	产污系数	末端治理技术	末端治理技术平均去除效率/%	参考 k 值计算公式
—	还原物	有机化工原料	有机化工合成	所有规模	废水	工业废水量	吨/吨-产品	10.00	—	—	—
						化学需氧量	克/吨-产品	1.26×10^5	物理处理法+化学处理法+好氧生物处理法+厌氧生物处理法	90	k=治理设施运行时间（小时/年）/企业正常生产时间（小时/年）
						总氮	克/吨-产品	5.00×10^3	好氧生物处理法+厌氧生物处理法	65	
						氨氮	克/吨-产品	3.00×10^3	物理处理法+化学处理法+好氧生物处理法+厌氧生物处理法	70	
					废气	工业废气量	标米^3/吨-产品	1.49×10^5	—	—	—
						氮氧化物	千克/吨-产品	4.00	选择性催化还原法（SCR）	70	k=治理设施运行时间（小时/年）/企业正常生产时间（小时/年）
						挥发性有机物	千克/吨-产品	80.00	冷凝法+吸收+分流	78	
	对位酯	有机化工原料	有机化工合成	所有规模	废水	工业废水量	吨/吨-产品	10.00	—	—	—
						化学需氧量	克/吨-产品	4.50×10^5	物理处理法+化学处理法+好氧生物处理法+厌氧生物处理法	90	k=治理设施运行时间（小时/年）/企业正常生产时间（小时/年）
						总氮	克/吨-产品	3.25×10^3	好氧生物处理法+厌氧生物处理法	65	
						氨氮	克/吨-产品	1.00×10^3	好氧生物处理法+厌氧生物处理法	70	
					废气	工业废气量	标米^3/吨-产品	6.90×10^4	—	—	—
						颗粒物	千克/吨-产品	215.00	旋风除尘+袋式除尘+湿法除尘	95	k=治理设施运行时间（小时/年）/企业正常生产时间（小时/年）
						二氧化硫	千克/吨-产品	240.00	石灰石/石膏法	75	
						氮氧化物	千克/吨-产品	4.00	选择性催化还原法（SCR）	70	
						挥发性有机物	千克/吨-产品	15.00	冷凝法+吸收+分流	78	

2645 染料制造行业系数表（续表 11）

工段名称	产品名称	原料名称	工艺名称	规模等级	污染物类别	污染物指标	系数单位	产污系数	末端治理技术	末端治理技术平均去除效率/%	参考 *k* 值计算公式
—	色酚系列	有机化工原料	有机化工合成	所有规模	废水	工业废水量	吨/吨-产品	15.00	—	—	—
						化学需氧量	克/吨-产品	9.00×10^4	物理处理法+化学处理法+好氧生物处理法+厌氧生物处理法	65	*k*=治理设施运行时间（小时/年）/企业正常生产时间（小时/年）
						总氮	克/吨-产品	4.50×10^3	好氧生物处理法+厌氧生物处理法	57	
						氨氮	克/吨-产品	4.50×10^3	物理处理法+化学处理法+好氧生物处理法+厌氧生物处理法	57	
					废气	工业废气量	标米³/吨-产品	1.30×10^5	—	—	—
						颗粒物	千克/吨-产品	9.00	旋风除尘+袋式除尘+湿法除尘	95	*k*=治理设施运行时间（小时/年）/企业正常生产时间（小时/年）
						挥发性有机物	千克/吨-产品	35.00	冷凝法+吸收+分流+直接燃烧法	78	
	2-羟基-3-萘甲酸	有机化工原料	有机化工合成	所有规模	废水	工业废水量	吨/吨-产品	40.00	—	—	—
						化学需氧量	克/吨-产品	2.00×10^4	物理处理法+化学处理法+好氧生物处理法+厌氧生物处理法	90	*k*=治理设施运行时间（小时/年）/企业正常生产时间（小时/年）
					废气	工业废气量	标米³/吨-产品	1.30×10^5	—	—	—
						颗粒物	千克/吨-产品	9.00	旋风除尘+袋式除尘+湿法除尘	95	*k*=治理设施运行时间（小时/年）/企业正常生产时间（小时/年）
						二氧化硫	千克/吨-产品	0.21	石灰石/石膏法	75	

2645 染料制造行业系数表（续表 12）

工段名称	产品名称	原料名称	工艺名称	规模等级	污染物类别	污染物指标	系数单位	产污系数	末端治理技术	末端治理技术平均去除效率/%	参考 *k* 值计算公式
—	其他中间体	有机化工原料	有机化工合成	所有规模	废水	工业废水量	吨/吨-产品	10.00	—	—	—
						化学需氧量	克/吨-产品	4.50×10^{5}	物理处理法+化学处理法+好氧生物处理法+厌氧生物处理法	90	*k*=治理设施运行时间（小时/年）/企业正常生产时间（小时/年）
						总氮	克/吨-产品	3.25×10^{3}	好氧生物处理法+厌氧生物处理法	65	
						氨氮	克/吨-产品	1.00×10^{3}	物理处理法+化学处理法+好氧生物处理法+厌氧生物处理法	70	
					废气	工业废气量	标米^{3}/吨-产品	6.90×10^{4}	—	—	—
						颗粒物	千克/吨-产品	215.00	旋风除尘+袋式除尘+湿法除尘	95	*k*=治理设施运行时间（小时/年）/企业正常生产时间（小时/年）
						二氧化硫	千克/吨-产品	240.00	石灰石/石膏法	75	
						氮氧化物	千克/吨-产品	4.00	选择性催化还原法（SCR）	70	
						挥发性有机物	千克/吨-产品	15.00	冷凝法+吸收+分流	78	

2646 密封用填料及类似品制造业

1 适用范围

本手册仅用于《国民经济行业分类》（GB/T 4754—2017）中 2646 密封用填料及类似品制造行业使用产污系数法核算工业污染物产生量和排放量的工业企业。

利用本手册进行产排污核算得出的污染物产生量与排放量仅代表了特定行业、工艺、产品、原料在正常工况下污染物产生与排放的一般规律。

本行业无废水指标，废气指标包括工业废气量、颗粒物、挥发性有机物。

2 注意事项

2.1 企业有多种生产工艺或生产多类产品产排污量核算

污染物产生量与产品产量有关，根据不同核算环节计算产污量后，再根据企业末端治理设施和运行情况计算各污染物的排放量。

企业某污染物指标的产生量、排放量为各核算环节产生量、排放量之和。

2.2 采用多种治理设施组合处理企业的排污量核算

在排污量计算选择末端治理技术时，若没有对应的组合治理技术，以主要治理技术为准。

2.3 系数表中未涉及的产污系数及污染治理效率

对于可能遇到的系数表单中未涉及的产品，可咨询当地行业组织或行业专家、其他密封用填料及类似品制造企业技术人员，选取近似的原料、工艺、规模代替。

2.4 其他需要说明的问题

由于不同企业工业废气量差异较大，本手册所提供的工业废气量系数仅供校核参考，不作为企业填报依据。

为体现相同产污水平条件下，采用相同环保治理设施的不同企业对同一污染物去除效果的差异，引入末端治理设施实际运行率（k）对污染治理技术的实际去除率进行修正。k 值反映的是污染治理设施运行的状态，越稳定运行，k 值越高；在取值上，若定义连续稳定运行的理想状态为 1，则 k 取值在 0～1 之间。

本手册给出本行业的 k 计算公式仅供参考，使用时，可根据 k 值定义，选取更适合企业实际情况的表达方式。

3　污染物排放量核算方法

3.1　计算污染物产生量

（1）根据产品、原料、污染物产生的主导生产工艺、企业规模（生产产能）这一个组合查找和确定所对应的某一个污染物的产污系数。

（2）根据该污染物的产污系数计量单位——单位产品产量，获取企业实际产品产量。

例如，某组合内颗粒物的产污系数单位为千克/吨-产品，则计算产生量时需要获取企业实际产品产量。

（3）污染物产生量按以下公式进行计算：

污染物产生量=污染物对应的产污系数×产品产量

$$G_{产i} = P_{产i} \times M_i$$

式中，$G_{产i}$——工段 i 某污染物的产生量；

$P_{产i}$——工段 i 某污染物对应的产污系数；

M_i——工段 i 的产品产量。

3.2　计算污染物去除量

（1）根据企业对某一污染物所采用的治理技术查找和选择相应的末端治理技术平均去除效率。

（2）根据所填报的污染治理设施实际运行率参数及其计算公式得出该企业某一污染物的治理设施实际运行率（k 值）。

（3）污染物去除量按以下公式进行计算。

污染物去除量=污染物产生量×污染物去除率=污染物产生量×末端治理技术平均去除效率×治理设施实际运行率

$$R_{减i} = G_{产i} \times \eta_T \times k_T$$

式中，$R_{减i}$——工段 i 某污染物的去除量；

η_T——工段 i 某污染物采用的末端治理技术的平均去除效率；

k_T——工段 i 某污染物采用的末端治理设施的实际运行率。

3.3　计算污染物排放量

污染物排放量=污染物产生量–污染物去除量

=污染物对应的产污系数×产品产量–污染物产生量×末端治理技术平均去除效率×治理设施实际运行率

3.4　计算企业污染物排放量

同一企业某污染物全年的产生（排放）总量为该企业同年实际生产的全部工段、产品、原料、规模污染物产生（排放）量之和。

$$
\begin{aligned}
E_{排} &= G_{产} - R_{减} = \sum (G_{产i} - R_{减i}) \\
&= \sum \left[P_{产i} \times M_i (1 - \eta_T \times k_T) \right]
\end{aligned}
$$

4 污染物排放量核算案例

4.1 颗粒物产生量计算

（1）查找产污系数及其计量单位

根据企业基本信息，查找本手册中主要产品为合成高分子密封材料，主要原料为合成高分子材料，主要工艺为原料-混合搅拌-制胶-包装，生产规模为所有规模。该组合颗粒物的产污系数为 0.51，单位为千克/吨-产品。

（2）获取企业产品产量

该企业实际情况为：合成高分子密封材料 2017 年产量为 1 万吨。

（3）计算颗粒物产生量

由于查询到的组合中颗粒物产污系数的单位为千克/吨-产品，因此在核算产生量时需获取产品产量。

颗粒物产生量=颗粒物产污系数×产品（合成高分子密封材料）产量

=0.51 千克/吨-产品×10000 吨-产品=5100 千克

4.2 颗粒物去除量计算

（1）查找末端治理技术平均去除效率

该企业颗粒物治理技术采用袋式除尘，查询袋式除尘的平均去除效率为 99.4%。

（2）计算污染治理设施实际运行率

根据产污系数组合查询结果，该组合中颗粒物袋式除尘法对应的污染治理设施实际运行参数分别为除尘设备耗电量、除尘设备额定功率、除尘设备运行时间。

根据查询结果，该组合中颗粒物袋式除尘法对应的污染治理设施实际运行率为

k=除尘设备耗电量/（除尘设备额定功率×除尘设备运行时间）

根据企业实际填报情况，除尘设备实际运行率为 1

（3）计算颗粒物去除量

颗粒物去除量=5100 千克×99.4%×1=5069 千克

4.3 颗粒物排放量计算

颗粒物排放量=5100 千克−5069 千克=31 千克

5 系数表

2646 密封用填料及类似品制造行业系数表

工段名称	产品名称	原料名称	工艺名称	规模等级	污染物类别	污染物指标	系数单位	产污系数	末端治理技术	末端治理技术平均去除效率/%	参考 k 值计算公式[1]
—	合成高分子密封材料	合成高分子材料、填料	原料-混合搅拌-制胶-包装	所有规模	废气	工业废气量	标米^3/吨-产品	1.64×10^4	—	—	—
						颗粒物	千克/吨-产品	0.51	袋式除尘	99.4	k=设施年耗电量（千瓦·时）/［设施额定功率（千瓦）× 设施运行时间（小时）］
									静电除尘	95	
									旋风+布袋	99.5	
						挥发性有机物	千克/吨-产品	0.43	吸附+蒸汽解析	36	
									吸附/催化燃烧法	36	
									光解	24	
									光催化	24	
					固废	一般工业固废	千克/吨-产品	0.73	—	—	—

1 该公式仅供参考，使用时，可根据 k 值定义，选取更适合企业实际情况的表达方式。

2651 初级形态塑料及合成树脂制造业

1 适用范围

本手册仅用于《国民经济行业分类》（GB/T 4754—2017）中 2651 初级形态塑料及合成树脂制造行业使用系数法核算工业污染物产生量和排放量的工业企业。

利用本手册进行产排污核算得出的污染物产生量与排放量仅代表了特定行业、工艺、产品、原料在正常工况下污染物产生与排放的一般规律。

本行业废水指标包括工业废水量、化学需氧量、氨氮、总氮、总磷、石油类、汞；废气指标包括工业废气量、颗粒物、挥发性有机物。

2 注意事项

2.1 企业有多种生产工艺或生产多类产品产排污量核算

污染物产生量与产品产量有关，根据不同核算环节计算产污量后，再根据企业末端治理设施和运行情况计算各污染物的排放量。

企业某污染物指标的产生量、排放量为各核算环节产生量、排放量之和。

在企业实际排放量计算过程中，如果存在废水回用的情况，需要在利用产排污核算公式的基础上扣除废水回用的部分。公式如下：

实际排放量=计算排放量×（1–废水回用率）

2.2 采用多种治理设施组合处理企业的排污量核算

在排污量计算选择末端治理技术时，若没有对应的组合治理技术，以主要治理技术为准。

2.3 系数表中未涉及的产污系数及污染治理效率

（1）电石法聚氯乙烯

①电石法聚氯乙烯是以电石为原料生产的聚氯乙烯。悬浮法、本体法以及糊状聚氯乙烯，以电石为原料均参照电石法聚氯乙烯计算产污系数。

②废水中总汞的产排污系数的考核点在含汞废水处理装置进口、出口。

（2）乙烯氧氯化法聚氯乙烯

①乙烯氧氯化法聚氯乙烯是以乙烯、氯气、氧气为原料生产的聚氯乙烯。

②以商品 VCM、EDC 为原料生产的聚氯乙烯参照乙烯氧氯化法聚氯乙烯计算产污系数。

（3）高压法聚乙烯

根据聚合压力，采用高压的聚合压力生产聚乙烯均采用该组合的产污系数进行核算。

（4）低压聚乙烯

①根据聚合压力，采用低压的聚合压力生产的高密度聚乙烯和线性低密度聚乙烯采用低压聚乙烯的产污系数进行核算。

②聚合压力为低压，采用淤浆法、溶液法、气相法生产聚乙烯的工艺，均参考低压聚乙烯计算产污系数。

（5）气相法聚丙烯

气相法是丙烯在气体状态下聚合，采用气相法生产聚丙烯的工艺参考该组合的产污系数进行计算。

（6）本体法聚丙烯

采用液相本体法、液相本体法与气相连用的工艺均参考本体法聚丙烯计算产污系数。

（7）其他树脂和工艺

对于未纳入本次制定的其他树脂及生产工艺，根据实际监测值或通过专家咨询进行产排污核算，也可根据生产工艺选择与六种组合具有类似工艺的组合进行参考。

2.4 其他需要说明的问题

本手册中，污染物的末端治理技术可以串联使用，污染物总体去除效率以选用的污染物单项末端治理技术处理效率组合而成。

由于不同企业工业废气量、废水量差异较大，本手册所提供的工业废气量、废水量系数仅供参考。

为体现相同产污水平条件下，采用相同环保治理设施的不同企业对同一污染物去除效果的差异，引入末端治理设施实际运行率（k）对污染治理技术的实际去除率进行修正。k 值反映的是污染治理设施运行的状态，越稳定运行，k 值越高；在取值上，若定义连续稳定运行的理想状态为 1，则 k 取值在 0～1 之间。

本手册给出本行业的 k 计算公式仅供参考，使用时，可根据 k 值定义，选取更适合企业实际情况的表达方式。

3 污染物排放量核算方法

3.1 计算污染物产生量

（1）根据产品、原料、污染物产生的主导生产工艺、企业规模（生产产能）这一组合查找和确定所对应的某一污染物的产污系数。

（2）根据该污染物的产污系数计量单位——单位产品产量，获取企业实际产品产量。

例如，某组合内化学需氧量的产污系数单位为千克/吨-产品，则计算产生量时需要获取企业实际产品产量。

（3）污染物产生量按以下公式进行计算：

污染物产生量=污染物对应的产污系数×产品产量

$$G_{产_i} = P_{产_i} \times M_i$$

式中，$G_{产_i}$——工段 i 某污染物的产生量；

$P_{产i}$——工段 i 某污染物对应的产污系数；

M_i——工段 i 的产品产量。

3.2 计算污染物去除量

（1）根据企业对某一污染物所采用的治理技术查找和选择相应的末端治理技术平均去除效率。

（2）根据所填报的污染治理设施实际运行率参数及其计算公式得出该企业某一污染物的治理设施实际运行率（k 值）。

（3）污染物去除量按以下公式进行计算：

污染物去除量=污染物产生量×污染物去除率=污染物产生量×末端治理技术平均去除效率×末端治理设施实际运行率

$$R_{减i} = G_{产i} \times \eta_T \times k_T$$

式中，$R_{减i}$——工段 i 某污染物的去除量；

η_T——工段 i 某污染物采用的末端治理技术的平均去除效率；

k_T——工段 i 某污染物采用的末端治理设施的实际运行率。

3.3 计算污染物排放量

污染物排放量=污染物产生量–污染物去除量

=污染物对应的产污系数×产品产量–污染物产生量×末端治理技术平均去除效率×治理设施实际运行率

3.4 计算企业污染物排放量

同一企业某污染物全年的产生（排放）总量为该企业同年实际生产的全部工段、产品、原料、规模污染物产生（排放）量之和。

$$\begin{aligned} E_{排} &= G_{产} - R_{减} = \sum(G_{产i} - R_{减i}) \\ &= \sum\left[P_{产i} \times M_i(1-\eta_T \times k_T)\right] \end{aligned}$$

4 污染物排放量核算案例

2651 初级形态塑料及合成树脂制造行业计算示例如下所述，以废气中颗粒物为例。

该企业 2017 年基本信息如表 1 所示。

表 1　某合成树脂企业基本信息

企业所属行业	2651 初级形态塑料及合成树脂制造	
主要产品	聚丙烯	
主要原料	丙烯、乙烯、氢气、三乙基铝等	
工艺名称	液相本体法	
产品产量	114859.887 吨/年	
主要废气污染物	颗粒物、挥发性有机物	
废气治理设施	袋式除尘和挥发性有机物火炬焚烧	
实际运行率参数	设备年耗电量	45000 千瓦·时
	设备额定功率	26 千瓦
	设备运行时间	2000 小时

4.1　颗粒物产生量计算

（1）查找产污系数及其计量单位

根据企业基本信息，查找本手册中主要产品为聚丙烯，主要原料为丙烯、乙烯、氢气、三乙基铝，主要工艺为本体法，生产规模为所有规模。该组合颗粒物的产污系数为 2.37，单位为千克/吨-产品。

（2）获取企业产品产量

该企业实际情况为：主要产品聚丙烯 2017 年产量为 114859.887 吨。

（3）计算颗粒物产生量

由于查询到的组合中颗粒物产污系数的单位为千克/吨-产品，因此在核算产生量时需获取产品产量。

颗粒物产生量=颗粒物产污系数×产品（聚丙烯）产量

=2.37 千克/吨-产品×114859.887 吨-产品=272217.93 千克

4.2　颗粒物去除量计算

（1）查找末端治理技术平均去除效率

该企业颗粒物治理技术采用袋式除尘，查询袋式除尘的平均去除效率为 99%。

（2）计算污染治理设施实际运行率

根据产污系数组合查询结果，该组合中颗粒物对应的污染治理设施实际运行率为

k=除尘设备年耗电量/除尘设备设计耗电量

获取企业实际填报情况如下：该企业 2017 年除尘设备年耗电量 45000 千瓦·时，除尘设备额定功率为 26 千瓦，运行时间为 2000 小时，则该企业的袋式除尘设备实际运行率为

k= 45000 千瓦·时/（26 千瓦×2000 小时）=0.865

（3）计算颗粒物去除量

颗粒物去除量=272217.93 千克×99%×0.865=233113.82 千克

4.3　颗粒物排放量计算

颗粒物排放量=272217.93 千克–233113.82 千克=39104.11 千克

5 系数表

2651 初级形态塑料及合成树脂制造行业系数表

工段名称	产品名称	原料名称	工艺名称	规模等级	污染物类别	污染物指标	系数单位	产污系数	末端治理技术	末端治理技术平均去除效率/%	参考 k 值计算公式[1]
—	聚氯乙烯	电石、氯化氢	电石法	所有规模	废水	工业废水量	吨/吨-产品	19.06	—	—	—
						化学需氧量	克/吨-产品	2.24×10^4	A^2/O 工艺	70	k=设备年耗电量（千瓦·时）/[设备额定功率（千瓦）×设备运行时间（小时）]
									生物接触氧化法	75	
									活性污泥法	60	
									厌氧水解类	70	
						氨氮	克/吨-产品	201.02	A^2/O 工艺	70	
									活性污泥法	60	
									厌氧水解类	70	
									生物接触氧化法	75	
						总磷	克/吨-产品	1.84	A^2/O 工艺	40	
									厌氧水解类	35	
									化学沉淀法	70	
									化学混凝法	70	
									生物接触氧化法	35	

[1] 该公式仅供参考，使用时，可根据 k 值定义，选取更适合企业实际情况的表达方式。

2651 初级形态塑料及合成树脂制造行业系数表（续表 1）

工段名称	产品名称	原料名称	工艺名称	规模等级	污染物类别	污染物指标	系数单位	产污系数	末端治理技术	末端治理技术平均去除效率/%	参考 k 值计算公式
—	聚氯乙烯	电石、氯化氢	电石法	所有规模	废水	总氮	克/吨-产品	355.28	A^2/O 工艺	70	k=设备年耗电量（千瓦·时）/［设备额定功率（千瓦）×设备运行时间（小时）］
									活性污泥法	60	
									生物接触氧化法	75	
									厌氧水解类	70	
						石油类	克/吨-产品	1.86	上浮分离	70	
						汞	毫克/吨-产品	1.13×10^3	化学沉淀法	85	
									氧化还原法	85	
									化学混凝法	85	
					废气	工业废气量	标米³/吨-产品	1.25×10^4	—	—	—
						颗粒物	千克/吨-产品	6.79	静电除尘	99	k=设备年耗电量（千瓦·时）/［设备额定功率（千瓦）×设备运行时间（小时）］
									旋风+布袋	99	
									袋式除尘	99	
						挥发性有机物	千克/吨-产品	3.78	蓄热式热力燃烧法	95	
									吸附/催化燃烧法	90	
									冷凝法	80	
									低温等离子体	30	
									直接燃烧法	95	
					固废	危险废物	吨/吨-产品	3.00×10^{-3}	—	—	—
		乙烯、氯气、氧气	乙烯氧氯化法	所有规模	废水	工业废水量	吨/吨-产品	5.65	—	0	—
						化学需氧量	克/吨-产品	1.04×10^3	A^2/O 工艺	70	k=设备年耗电量（千瓦·时）/［设备额定功率（千瓦）×设备运行时间（小时）］
									活性污泥法	60	
									厌氧水解类	70	
									生物接触氧化法	75	
						氨氮	克/吨-产品	21.00	活性污泥法	60	
									A^2/O 工艺	70	
									生物接触氧化法	75	
									厌氧水解类	70	
						总磷	克/吨-产品	1.20	生物接触氧化法	35	
									A^2/O 工艺	40	

2651 初级形态塑料及合成树脂制造行业系数表（续表 2）

工段名称	产品名称	原料名称	工艺名称	规模等级	污染物类别	污染物指标	系数单位	产污系数	末端治理技术	末端治理技术平均去除效率/%	参考 k 值计算公式
—	聚氯乙烯	乙烯、氯气、氧气	乙烯氧氯化法	所有规模	废水	总磷	克/吨-产品	1.20	化学沉淀法	70	k=设备年耗电量（千瓦·时）/［设备额定功率（千瓦）×设备运行时间（小时）］
									化学混凝法	70	
									厌氧水解类	35	
						总氮	克/吨-产品	50.00	A^2/O 工艺	70	
									生物接触氧化法	75	
									厌氧水解类	70	
									活性污泥法	60	
						石油类	克/吨-产品	7.90	上浮分离	70	
					废气	工业废气量	标米^3/吨-产品	1.59×10^4	—	—	—
						颗粒物	千克/吨-产品	1.08	静电除尘	99	k=设备年耗电量（千瓦·时）/［设备额定功率（千瓦）×设备运行时间（小时）］
									旋风+布袋	99	
									袋式除尘	99	
						挥发性有机物	千克/吨-产品	3.78	蓄热式热力燃烧法	95	
									吸附/催化燃烧法	90	
									冷凝法	80	
									低温等离子体	30	
									直接燃烧法	95	
					固废	危险废物	吨/吨-产品	5.00×10^{-3}	—	—	—
	聚乙烯	乙烯、丙烯、丁烯、己烯、醋酸乙烯酯	高压法	所有规模	废水	工业废水量	吨/吨-产品	1.86	—	—	—
						化学需氧量	克/吨-产品	322.38	A^2/O 工艺	70	k=设备年耗电量（千瓦·时）/［设备额定功率（千瓦）×设备运行时间（小时）］
									活性污泥法	60	
									厌氧水解类	70	
									生物接触氧化法	75	
						氨氮	克/吨-产品	11.06	活性污泥法	60	
									A^2/O 工艺	70	
									生物接触氧化法	75	
									厌氧水解类	70	
						总磷	克/吨-产品	1.56	生物接触氧化法	35	
									A^2/O 工艺	40	
									化学混凝法	70	

2651 初级形态塑料及合成树脂制造行业系数表（续表 3）

工段名称	产品名称	原料名称	工艺名称	规模等级	污染物类别	污染物指标	系数单位	产污系数	末端治理技术	末端治理技术平均去除效率/%	参考 k 值计算公式
—	聚乙烯	乙烯、丙烯、丁烯、己烯、醋酸乙烯酯	高压法	所有规模	废水	总磷	克/吨-产品	1.56	化学沉淀法	70	k=设备年耗电量（千瓦·时）/［设备额定功率（千瓦）×设备运行时间（小时）］
									厌氧水解类	35	
						总氮	克/吨-产品	15.74	A^2/O 工艺	70	
									生物接触氧化法	75	
									厌氧水解类	70	
									活性污泥法	60	
					废气	工业废气量	标米³/吨-产品	3.14×10^3	—	—	—
						颗粒物	千克/吨-产品	1.34	旋风+布袋	99	k=设备年耗电量（千瓦·时）/［设备额定功率（千瓦）×设备运行时间（小时）］
									静电除尘	99	
									袋式除尘	99	
						挥发性有机物	千克/吨-产品	3.85	冷凝法	80	
									低温等离子体	30	
									吸附/催化燃烧法	90	
									蓄热式热力燃烧法	95	
									直接燃烧法	95	
					固废	危险废物	吨/吨-产品	1.00×10^{-3}	—	—	—
			低压法	所有规模	废水	工业废水量	吨/吨-产品	1.21	—	—	—
						化学需氧量	克/吨-产品	320.71	A^2/O 工艺	70	k=设备年耗电量（千瓦·时）/［设备额定功率（千瓦）×设备运行时间（小时）］
									活性污泥法	60	
									厌氧水解类	70	
									生物接触氧化法	75	
						氨氮	克/吨-产品	10.99	活性污泥法	60	
									A^2/O 工艺	70	
									生物接触氧化法	75	
									厌氧水解类	70	
						总磷	克/吨-产品	1.55	生物接触氧化法	35	
									A^2/O 工艺	40	

2651 初级形态塑料及合成树脂制造行业系数表（续表 4）

工段名称	产品名称	原料名称	工艺名称	规模等级	污染物类别	污染物指标	系数单位	产污系数	末端治理技术	末端治理技术平均去除效率/%	参考 k 值计算公式
—	聚乙烯	乙烯、丙烯、丁烯、己烯、醋酸乙烯酯	低压法	所有规模	废水	总磷	克/吨-产品	1.55	化学混凝法	70	k=设备年耗电量（千瓦·时）/［设备额定功率（千瓦）×设备运行时间（小时）］
									化学沉淀法	70	
									厌氧水解类	35	
						总氮	克/吨-产品	15.46	A²/O 工艺	70	
									生物接触氧化法	75	
									厌氧水解类	70	
									活性污泥法	60	
					废气	工业废气量	标米³/吨-产品	1.49×10^{3}	—	—	—
						颗粒物	千克/吨-产品	2.09	袋式除尘	99	k=设备年耗电量（千瓦·时）/［设备额定功率（千瓦）×设备运行时间（小时）］
									旋风+布袋	99	
									静电除尘	99	
						挥发性有机物	千克/吨-产品	3.63	冷凝法	80	
									吸附/催化燃烧法	90	
									低温等离子体	30	
									蓄热式热力燃烧法	95	
									直接燃烧法	95	
					固废	危险废物	吨/吨-产品	7.00×10^{-5}	—	—	—
	聚丙烯	丙烯、乙烯、氢气、三乙基铝	气相法	所有规模	废水	工业废水量	吨/吨-产品	0.21	—	—	—
						化学需氧量	克/吨-产品	166.40	A²/O 工艺	70	k=设备年耗电量（千瓦·时）/［设备额定功率（千瓦）×设备运行时间（小时）］
									活性污泥法	60	
									厌氧水解类	70	
									生物接触氧化法	75	
						氨氮	克/吨-产品	6.88	活性污泥法	60	
									A²/O 工艺	70	
									生物接触氧化法	75	
									厌氧水解类	70	
						总磷	克/吨-产品	4.20×10^{-2}	生物接触氧化法	35	
									A²/O 工艺	40	
									化学沉淀法	70	

2651 初级形态塑料及合成树脂制造行业系数表（续表 5）

工段名称	产品名称	原料名称	工艺名称	规模等级	污染物类别	污染物指标	系数单位	产污系数	末端治理技术	末端治理技术平均去除效率/%	参考 k 值计算公式
—	聚丙烯	丙烯、乙烯、氢气、三乙基铝	气相法	所有规模	废水	总磷	克/吨-产品	4.20×10^{-2}	化学混凝法	70	k=设备年耗电量（千瓦·时）/［设备额定功率（千瓦）×设备运行时间（小时）］
									厌氧水解类	35	
						总氮	克/吨-产品	20.64	A^2/O 工艺	70	
									生物接触氧化法	75	
									厌氧水解类	70	
									活性污泥法	60	
					废气	工业废气量	标米 ^{3}/吨-产品	1.85×10^{3}	—	—	—
						颗粒物	千克/吨-产品	1.67	袋式除尘	99	k=设备年耗电量（千瓦·时）/［设备额定功率（千瓦）×设备运行时间（小时）］
									静电除尘	99	
									旋风+布袋	99	
						挥发性有机物	千克/吨-产品	0.35	吸附/催化燃烧法	90	
									蓄热式热力燃烧法	95	
									低温等离子体	30	
									冷凝法	80	
									直接燃烧法	95	
					固废	危险废物	吨/吨-产品	1.00×10^{-4}	—	—	—
			本体法	所有规模	废水	工业废水量	吨/吨-产品	0.58	—	—	—
						化学需氧量	克/吨-产品	185.00	A^2/O 工艺	70	k=设备年耗电量（千瓦·时）/［设备额定功率（千瓦）×设备运行时间（小时）］
									活性污泥法	60	
									厌氧水解类	70	
									生物接触氧化法	75	
						氨氮	克/吨-产品	5.83	活性污泥法	60	
									A^2/O 工艺	70	
									生物接触氧化法	75	
									厌氧水解类	70	
						总磷	克/吨-产品	0.11	生物接触氧化法	35	
									A^2/O 工艺	40	

2651 初级形态塑料及合成树脂制造行业系数表（续表 6）

工段名称	产品名称	原料名称	工艺名称	规模等级	污染物类别	污染物指标	系数单位	产污系数	末端治理技术	末端治理技术平均去除效率/%	参考 k 值计算公式
—	聚丙烯	丙烯、乙烯、氢气、三乙基铝	本体法	所有规模	废水	总磷	克/吨-产品	0.11	化学沉淀法	70	k=设备年耗电量（千瓦·时）/［设备额定功率（千瓦）×设备运行时间（小时）］
									化学混凝法	70	
									厌氧水解类	35	
						总氮	克/吨-产品	22.42	A^2/O 工艺	70	
									生物接触氧化法	75	
									厌氧水解类	70	
									活性污泥法	60	
					废气	工业废气量	标米 ^{3}/吨-产品	577.74	—	—	—
						颗粒物	千克/吨-产品	2.37	静电除尘	99	k=设备年耗电量（千瓦·时）/［设备额定功率（千瓦）×设备运行时间（小时）］
									袋式除尘	99	
									旋风+布袋	99	
						挥发性有机物	千克/吨-产品	0.35	低温等离子体	30	
									冷凝法	80	
									吸附/催化燃烧法	90	
									蓄热式热力燃烧法	95	
									直接燃烧法	95	
					固废	危险废物	吨/吨-产品	2.00×10^{-4}	—	—	—

2652 合成橡胶制造业

1 适用范围

本手册仅用于《国民经济行业分类》(GB/T 4754—2017)中 2652 合成橡胶制造行业使用产污系数法核算工业污染物产生量和排放量的工业企业。

利用本手册进行产排污核算得出的污染物产生量与排放量仅代表了特定行业、工艺、产品、原料在正常工况下污染物产生与排放的一般规律。

本行业废水指标包括工业废水量、化学需氧量、氨氮、总氮和总磷;废气指标包括工业废气量、废气颗粒物、二氧化硫、氮氧化物和挥发性有机物(有组织)。

2 注意事项

2.1 企业有多种生产工艺或生产多类产品产排污量核算

污染物产生量与产品产量有关,根据不同核算环节计算产污量后,再根据企业末端治理设施和运行情况计算各污染物的排放量。

企业某污染物指标的产生量、排放量为各核算环节产生量、排放量之和。

在企业实际排放量计算过程中,如果存在废水回用的情况,需要在利用产排污核算公式的基础上扣除废水回用的部分。公式如下:

实际排放量=计算排放量×(1−废水回用率)

2.2 采用多种治理设施组合处理企业的排污量核算

在排污量计算选择末端治理技术时,若没有对应的组合治理技术,以主要治理技术为准。

2.3 系数表中未涉及的产污系数及污染治理效率

本手册涵盖合成橡胶产品中的丁苯橡胶、丁腈橡胶、顺丁橡胶、氯丁橡胶、丁基橡胶、热塑性弹性体 SBS 和丁苯胶乳,这些橡胶产品基本涵盖了目前我国合成橡胶生产的主要原料、工艺方法及规模。

对于其他合成橡胶生产装置,或系数表单中未涉及的处理方法,企业可根据实际情况参考具有相似工艺和相似原料的组合确定产污系数,同时也可以进行现场监测、咨询行业组织或专家。

当被调查的合成橡胶装置的废水处理方法与表中所给方法不一时,首先根据当地或本行业环保部门的监测报告进行核算;没有监测报告的,可以开展现场监测或按处理设施处理效率进行核算。如果无废水治理设施,排污系数等于产污系数。

2.4 其他需要说明的问题

(1)本手册只需考虑企业产品的产量,力求简单、清楚,易于使用。使用本手册计算得出的产排污量可能与单个调查企业有一定出入，但总体符合行业水平。

（2）工况未达到75%负荷的企业污染物产排量核算。

本手册产污系数是在大于等于75%负荷工况下核算出来的。对于工况未达到75%负荷的装置，使用本手册数据需要结合实际生产状况或咨询相关专家确认适用性，有条件的企业可开展现场监测工作或根据相应工况下的历史监测数据核算修正后使用。

（3）装置废水产出后基本是经过预处理后集中处理，部分企业对经末端治理后的废水进行回用，本系数表单所列的排污系数未考虑污水回用情况，在进行污染源普查时各企业可以根据实际情况处理，在企业实际排放量计算过程中，如果存在废水回用的情况，需要在利用产排污核算公式的基础上扣除废水回用的部分。公式如下：

实际排放量=计算排放量×（1–废水回用率）

（4）生产非单一产品企业污染物产排量核算。

合成橡胶制造各企业所包含的产品不尽相同，其中多数企业包含多种产品的制造，本手册以合成橡胶制造产品分类为依据，然后按照相似产品进行总体计算，对应企业进行核算时应将产品按照大类进行区分，再分别计算加和。

（5）由于不同企业工业废气量、废水量差异较大，本手册所提供的工业废气量、废水量系数仅供参考。

（6）为体现相同产污水平条件下，采用相同环保治理设施的不同企业对同一污染物去除效果的差异，引入末端治理设施实际运行率（k）对污染治理技术的实际去除率进行修正。k值反映的是污染治理设施运行的状态，越稳定运行，k值越高；在取值上，若定义连续稳定运行的理想状态为1，则k取值在0～1之间。

本手册给出本行业的k计算公式仅供参考，使用时，可根据k值定义，选取更适合企业实际情况的表达方式。

（7）其他。

①目前，合成橡胶装置废水基本是经过预处理后集中到综合污水处理厂处理，达到污染物排放标准后外排。对于部分企业集中处理后的污水进行回用的情况，废水产污系数是计算的最终排放废水，但化学需氧量等污染物仍然是处理之前的产污系数。

②目前我国合成橡胶装置废水预处理技术有物理法、化学法，污水处理厂技术通常是生物法。本手册的处理效率根据实测或环统数据计算得到，企业应根据实际情况选择合适的处理方法和处理效率。

③本手册中挥发性有机物系数为有组织排放系数，且本手册挥发性有机物的末端治理技术考虑了65%的捕集效率。

3　污染物排放量核算方法

3.1　计算污染物产生量

（1）根据产品、原料、污染物产生的主导生产工艺、企业规模（生产产能）这一组合查找和确定所对应的某一污染物的产污系数。

（2）根据该污染物的产污系数计量单位——单位产品产量，获取企业实际产品产量。

例如，某组合内化学需氧量的产污系数单位为克/吨-产品，则计算产生量时需要获取企业实际产品产量。

（3）污染物产生量按以下公式进行计算：

污染物产生量=污染物对应的产污系数×产品产量

$$G_{产i} = P_{产i} \times M_i$$

式中，$G_{产i}$——工段 i 某污染物的产生量；

$P_{产i}$——工段 i 某污染物对应的产污系数；

M_i——工段 i 的产品产量。

3.2 计算污染物去除量

（1）根据企业对某一污染物所采用的治理技术查找和选择相应的治理技术平均去除效率。

（2）根据所填报的污染治理设施实际运行率参数及其计算公式得出该企业某一污染物的治理设施实际运行率（k 值）。

（3）污染物去除量按以下公式进行计算：

污染物去除量=污染物产生量×污染物去除率

=污染物产生量×治理技术平均去除效率×治理设施实际运行率

$$R_{减i} = G_{产i} \times \eta_T \times k_T$$

式中，$R_{减i}$——工段 i 某污染物的去除量；

η_T——工段 i 某污染物采用的末端治理技术的平均去除效率；

k_T——工段 i 某污染物采用的末端治理设施的实际运行率。

3.3 计算污染物排放量

污染物排放量=污染物产生量–污染物去除量

=污染物对应的产污系数×产品产量–污染物产生量×

治理技术平均去除效率×末端治理设施实际运行率

3.4 计算企业污染物排放量

同一企业某污染物全年的产生（排放）总量为该企业同年实际生产的全部工段、产品、原料、规模污染物产生（排放）量之和。

$$\begin{aligned} E_{排} &= G_{产} - R_{减} = \sum (G_{产i} - R_{减i}) \\ &= \sum \left[P_{产i} \times M_i (1 - \eta_T \times k_T) \right] \end{aligned}$$

4 污染物排放量核算案例

某企业主要从事合成橡胶生产。该企业以丁二烯和苯乙烯为主要原料，生产工艺采用乳液聚合法，年产量（生产规模）20 万吨。该企业废水的污染治理技术采用“物理化学法+厌氧生物处理法+

活性污泥法”，涉及的污染物指标包括化学需氧量、氨氮等。

本核算示例以废水中化学需氧量为例，说明该企业化学需氧量排放量的计算方法。

4.1 化学需氧量产生量计算

（1）查找产污系数及其计量单位

根据企业基本信息，查找本手册中主要产品为丁苯橡胶，主要原料为丁二烯和苯乙烯，主要工艺为乳液聚合法。该组合化学需氧量的产污系数为 3.31×10^3，单位为克/吨-产品。

（2）获取企业产品产量

该企业实际情况为：主要产品丁苯橡胶 2017 年产量为 20 万吨。

（3）计算化学需氧量产生量

由于查询到的组合中化学需氧量产污系数的单位为克/吨-产品，因此在核算产生量时采用产品产量。

化学需氧量产生量=化学需氧量产污系数×产品产量

=3.31×10^3 克/吨-产品×200000 吨-产品

=662000000 克

=662000 千克

4.2 化学需氧量去除量计算

（1）查找治理技术平均去除效率

该企业化学需氧量治理技术采用“物理化学法+厌氧生物处理法+活性污泥法”，查询相应组合内该方法的平均去除效率为 88%。

（2）计算污染治理设施实际运行率

根据产污系数组合查询结果，该组合中“物理化学法+厌氧生物处理法+活性污泥法”对应的污染治理设施实际运行参数分别为设施年运行时间、污染处理设施年耗电量和污染处理设备功率。

根据查询结果，该组合中“物理化学法+厌氧生物处理法+活性污泥法”对应的污染治理设施实际运行率为

k=污染处理设施年耗电量/（污染处理设备功率×设施年运行时间）

获取企业实际填报情况如下：污染处理设备 2017 年耗电量 26730 千瓦·时，设备功率为 5.5 千瓦，运行时间 5000 小时，则该企业的化学需氧量处理设备实际运行率为

k=26730 千瓦·时/（5.5 千瓦×5000 时）=0.972

（3）计算化学需氧量去除量

化学需氧量去除量=662000 千克×88%×0.972=566248 千克

4.3 化学需氧量物排放量计算

化学需氧量排放量=662000 千克−566248 千克=95752 千克

5 系数表

2652 合成橡胶制造行业系数表

工段名称	产品名称	原料名称	工艺名称	规模等级	污染物类别	污染物指标	系数单位	产污系数	末端治理技术	末端治理技术平均去除效率/%	参考 k 值计算公式[1]
—	丁苯橡胶	丁二烯、苯乙烯	乳液聚合	所有规模	废水	工业废水量	吨/吨-产品	5.54	—	—	—
						化学需氧量	克/吨-产品	3.31×10^3	物理化学法+厌氧生物处理法+活性污泥法	88	k=设施年耗电量（千瓦·时）/［设备功率（千瓦）×年运行时间（小时）］
						氨氮	克/吨-产品	161	物理化学法+厌氧生物处理法+活性污泥法	88	
						总氮	克/吨-产品	200	物理化学法+厌氧生物处理法+活性污泥法	88	
						总磷	克/吨-产品	2.21	物理化学法+厌氧生物处理法+活性污泥法	88	
					废气	工业废气量	标米^3/吨-产品	1.35×10^4	—	—	—
						废气颗粒物	千克/吨-产品	2.63	袋式除尘	95	k=设施年耗电量（千瓦·时）/［设备功率（千瓦）×年运行时间（小时）］
						二氧化硫	千克/吨-产品	1.82	氧化镁法	70	
						氮氧化物	千克/吨-产品	0.50	—	0	—
						挥发性有机物	千克/吨-产品	2.25	蓄热式催化燃烧	55	k=设施年耗电量（千瓦·时）/［设备功率（千瓦）×年运行时间（小时）］
			溶液聚合	所有规模	废水	工业废水量	吨/吨-产品	2.68	—	—	—

1 该公式仅供参考，使用时，可根据 k 值定义，选取更适合企业实际情况的表达方式。

2652 合成橡胶制造行业系数表（续表 1）

工段名称	产品名称	原料名称	工艺名称	规模等级	污染物类别	污染物指标	系数单位	产污系数	末端治理技术	末端治理技术平均去除效率/%	参考 k 值计算公式
—	丁苯橡胶	丁二烯、苯乙烯	溶液聚合	所有规模	废水	化学需氧量	克/吨-产品	294	物理化学法+厌氧生物处理法+生物膜法	91	k=设施年耗电量（千瓦·时）/［设备功率（千瓦）×年运行时间（小时）］
						氨氮	克/吨-产品	0.85	物理化学法+厌氧生物处理法+活性污泥法	88	
						总氮	克/吨-产品	0.85	物理化学法+活性污泥法	88	
						总磷	克/吨-产品	0	—	—	—
					废气	工业废气量	标米 ^{3}/吨-产品	7.13×10^3	—	—	—
						废气颗粒物	千克/吨-产品	0			
						二氧化硫	千克/吨-产品	0			
						氮氧化物	千克/吨-产品	0			
						挥发性有机物	千克/吨-产品	25.7	蓄热式催化燃烧法	55	k=设施年耗电量（千瓦·时）/［设备功率（千瓦）×年运行时间（小时）］
		丁二烯、丙烯腈	乳液聚合	所有规模	废水	工业废水量	吨/吨-产品	24.2	—	—	—
						化学需氧量	克/吨-产品	1.57×10^4	物理化学法+厌氧生物处理法+生物膜法	91	k=设施年耗电量（千瓦·时）/［设备功率（千瓦）×年运行时间（小时）］

2652 合成橡胶制造行业系数表（续表 2）

工段名称	产品名称	原料名称	工艺名称	规模等级	污染物类别	污染物指标	系数单位	产污系数	末端治理技术	末端治理技术平均去除效率/%	参考 k 值计算公式
—	丁腈橡胶	丁二烯、丙烯腈	乳液聚合	所有规模	废水	氨氮	克/吨-产品	350	物理处理法+活性污泥法	60	k=设施年耗电量（千瓦·时）/［设备功率（千瓦）×年运行时间（小时）］
						总氮	克/吨-产品	349	物理化学法+厌氧生物处理法+生物膜法	91	
						总磷	克/吨-产品	2.36	物理化学法+厌氧生物处理法+活性污泥法	88	
					废气	工业废气量	标米 ^{3}/吨-产品	1.60×10^{4}	—	—	—
						废气颗粒物	千克/吨-产品	1.00×10^{-3}			
						二氧化硫	千克/吨-产品	2.00×10^{-3}			
						氮氧化物	千克/吨-产品	1.00×10^{-2}			
						挥发性有机物	千克/吨-产品	1.97	蓄热式催化燃烧法	50	k=设施年耗电量（千瓦·时）/［设备功率（千瓦）×年运行时间（小时）］
	顺丁橡胶	丁二烯	溶液聚合	所有规模	废水	工业废水量	吨/吨-产品	3.13	—	—	—
						化学需氧量	克/吨-产品	1.40×10^{3}	物理化学法+厌氧生物处理法+活性污泥法	88	k=设施年耗电量（千瓦·时）/［设备功率（千瓦）×年运行时间（小时）］
						氨氮	克/吨-产品	6.69	物理化学法+厌氧生物处理法+活性污泥法	88	

2652 合成橡胶制造行业系数表（续表 3）

工段名称	产品名称	原料名称	工艺名称	规模等级	污染物类别	污染物指标	系数单位	产污系数	末端治理技术	末端治理技术平均去除效率/%	参考 *k* 值计算公式
—	顺丁橡胶	丁二烯	溶液聚合	所有规模	废水	总氮	克/吨-产品	22.6	物理化学法+厌氧生物处理法+活性污泥法	88	*k*=设施年耗电量（千瓦·时）/［设备功率（千瓦）×年运行时间（小时）］
						总磷	克/吨-产品	1.10	物理化学法+厌氧生物处理法+活性污泥法	88	
					废气	工业废气量	标米 ^{3}/吨-产品	8.24×10^3	—	—	—
						废气颗粒物	千克/吨-产品	11.7	袋式除尘	95	*k*=设施年耗电量（千瓦·时）/［设备功率（千瓦）×年运行时间（小时）］
						二氧化硫	千克/吨-产品	3.62	双碱法	80	
						氮氧化物	千克/吨-产品	1.45	选择性催化还原法（SCR）	70	
						挥发性有机物	千克/吨-产品	20.9	蓄热式催化燃烧	50	
	氯丁橡胶	氯丁二烯	乳液聚合	所有规模	废水	工业废水量	吨/吨-产品	1.85	—	—	—
						化学需氧量	克/吨-产品	2.59×10^4	物理化学法+厌氧生物处理法+生物膜法	91	*k*=设施年耗电量（千瓦·时）/［设备功率（千瓦）×年运行时间（小时）］
						氨氮	克/吨-产品	96.0	物理化学法+厌氧生物处理法+活性污泥法	88	
						总氮	克/吨-产品	96.0	物理化学法+厌氧生物处理法+活性污泥法	88	

2652 合成橡胶制造行业系数表（续表 4）

工段名称	产品名称	原料名称	工艺名称	规模等级	污染物类别	污染物指标	系数单位	产污系数	末端治理技术	末端治理技术平均去除效率/%	参考 k 值计算公式
—	氯丁橡胶	氯丁二烯	乳液聚合	所有规模	废水	总磷	克/吨-产品	0	—	—	—
					废气	工业废气量	标米^3/吨-产品	3.19×10^4	—	—	—
						废气颗粒物	千克/吨-产品	0.33	袋式除尘	95	k=设施年耗电量（千瓦·时）/［设备功率（千瓦）×年运行时间（小时）］
						二氧化硫	千克/吨-产品	0	—	—	—
						氮氧化物	千克/吨-产品	0.54	选择性催化还原法（SCR）	70	k=设施年耗电量（千瓦·时）/［设备功率（千瓦）×年运行时间（小时）］
						挥发性有机物	千克/吨-产品	0.85	催化燃烧	50	
	丁基橡胶	异丁烯、异戊二烯	淤浆法	所有规模	废水	工业废水量	吨/吨-产品	19.5	—	—	—
						化学需氧量	克/吨-产品	2.37×10^4	物理化学法+厌氧生物处理法+活性污泥法	88	k=设施年耗电量（千瓦·时）/［设备功率（千瓦）×年运行时间（小时）］
						氨氮	克/吨-产品	317	物理化学法+厌氧生物处理法+活性污泥法	88	
						总氮	克/吨-产品	317	物理化学法+厌氧生物处理法+活性污泥法	88	
						总磷	克/吨-产品	1.94	物理化学法+厌氧生物处理法+生物膜法	91	

2652 合成橡胶制造行业系数表（续表 5）

工段名称	产品名称	原料名称	工艺名称	规模等级	污染物类别	污染物指标	系数单位	产污系数	末端治理技术	末端治理技术平均去除效率/%	参考 k 值计算公式
—	丁基橡胶	异丁烯、异戊二烯	淤浆法	所有规模	废气	工业废气量	标米 ^{3}/吨-产品	2.14×10^4	—	—	—
						废气颗粒物	千克/吨-产品	0.305	多管旋风	30	k=设施年耗电量（千瓦·时）/［设备功率（千瓦）×年运行时间（小时）］
						二氧化硫	千克/吨-产品	0.42	双碱法	80	
						氮氧化物	千克/吨-产品	1.58	选择性催化还原法（SCR）	70	
						挥发性有机物	千克/吨-产品	2.15	蓄热式焚烧	50	
	热塑性弹性体SBS	丁二烯、苯乙烯	溶液聚合	所有规模	废水	工业废水量	吨/吨-产品	3.69	—	—	—
						化学需氧量	克/吨-产品	853	物理化学法+厌氧生物处理法+生物膜法	91	k=设施年耗电量（千瓦·时）/［设备功率（千瓦）×年运行时间（小时）］
						氨氮	克/吨-产品	44.2	物理化学法+厌氧生物处理法+活性污泥法	88	
						总氮	克/吨-产品	44.2	物理化学法+厌氧生物处理法+活性污泥法	88	
						总磷	克/吨-产品	6.09	物理化学法+厌氧生物处理法+活性污泥法	88	
					废气	工业废气量	标米 ^{3}/吨-产品	1.72×10^4	—	—	—

2652 合成橡胶制造行业系数表（续表 6）

工段名称	产品名称	原料名称	工艺名称	规模等级	污染物类别	污染物指标	系数单位	产污系数	末端治理技术	末端治理技术平均去除效率/%	参考 k 值计算公式
—	热塑性弹性体SBS	丁二烯、苯乙烯	溶液聚合	所有规模	废气	废气颗粒物	千克/吨-产品	5.0×10^{-3}	—	—	—
						二氧化硫	千克/吨-产品	0.063	—	—	
						氮氧化物	千克/吨-产品	0.068	—	—	
						挥发性有机物	千克/吨-产品	5.56	蓄热式焚烧	50	k=设施年耗电量（千瓦·时）/［设备功率（千瓦）×年运行时间（小时）］
	丁苯胶乳	丁二烯、苯乙烯	乳液聚合法	所有规模	废水	工业废水量	吨/吨-产品	0.88	—	—	—
						化学需氧量	克/吨-产品	2.06×10^{3}	物理化学法+厌氧生物处理法+生物膜法	91	k=设施年耗电量（千瓦·时）/［设备功率（千瓦）×年运行时间（小时）］
						氨氮	克/吨-产品	52.9	物理化学法+厌氧生物处理法+活性污泥法	88	
						总氮	克/吨-产品	89.5	物理化学法+厌氧生物处理法+活性污泥法	88	
						总磷	克/吨-产品	27.6	物理化学法+厌氧生物处理法+活性污泥法	88	
					废气	工业废气量	标米 ^{3}/吨-产品	2.13×10^{4}	—	—	—
						废气颗粒物	千克/吨-产品	0.20	袋式除尘	95	k=设施年耗电量（千瓦·时）/［设备功率（千瓦）×年运行时间（小时）］
					废气	二氧化硫	千克/吨-产品	0.13	氧化镁法	70	k=设施年耗电量（千瓦·时）/［设备功率（千瓦）×年运行时间（小时）］
						氮氧化物	千克/吨-产品	0.029	—	—	—
						挥发性有机物	千克/吨-产品	0.075	蓄热式催化燃烧	55	k=设施年耗电量（千瓦·时）/［设备功率（千瓦）×年运行时间（小时）］

2653 合成纤维单（聚合）体制造业

1 适用范围

本手册仅用于《国民经济行业分类》（GB/T 4754—2017）中 2653 合成纤维单（聚合）体制造行业使用系数法核算工业污染物产生量和排放量的工业企业。

利用本手册进行产排污核算得出的污染物产生量与排放量仅代表了特定行业、工艺、产品、原料在正常工况下污染物产生与排放的一般规律。

本行业废水指标包括工业废水量、化学需氧量、氨氮、总氮、总磷、石油类、氰化物；废气指标包括工业废气量、颗粒物、挥发性有机物、二氧化硫、氮氧化物。

2 注意事项

2.1 企业有多种生产工艺或生产多类产品产排污量核算

污染物产生量与产品产量有关，根据不同核算环节计算产污量后，再根据企业末端治理设施和运行情况计算各污染物的排放量。

企业某污染物指标的产生量、排放量为各核算环节产生量、排放量之和。

在企业实际排放量计算过程中，如果存在废水回用的情况，需要在利用产排污核算公式的基础上扣除废水回用的部分。公式如下：

实际排放量=计算排放量×（1–废水回用率）

2.2 采用多种治理设施组合处理企业的排污量核算

在排污量计算选择末端治理技术时，若没有对应的组合治理技术，以主要治理技术为准。

2.3 系数表中未涉及的产污系数及污染治理效率

当被调查的合成纤维单（聚合）体产品中没有《废水处理方法名称代码表》规定的废水处理方法，但有其他非传统治理方法（《废水处理方法名称代码表》以外的方法），首先调查是否有当地环保部门的监测报告，如果有，可以以监测报告为准。如果没有环保部门的监测报告，可以开展现场监测或按处理设施的处理效率进行核算；如表中无治理设施处理，排污系数等于产污系数。

合成纤维单（聚合）体制造各企业所包含的产品品种不尽相同，每种产品的装置生产能力不同，普查时须以产品为依据，然后按照产品的生产工艺和规模分别进行统计，一种产品可能有几套生产装置，每套装置的规模和生产工艺可能不尽相同，统计时须严格区分，分装置统计污染物的产生量和排放量。

对一些小规模的合成纤维单（聚合）体制造企业，如果产生的废水没有经过废水处理设施排放的，其产污量等于排污量。

2.4 其他需要说明的问题

（1）本手册只需考虑企业产品的产量，力求简单、清楚，易于使用。使用本手册计算得出的产排污量可能与单个调查企业有一定出入，但总体符合行业水平。

（2）对于工况未达到 75%生产负荷的生产装置，其污染物产污系数和排污系数不适用于本手册提供的系数，一般可根据原辅材料消耗情况，采用物料衡算方法计算污染物产生量，有监测条件的企业可开展现场监测或根据历史监测数据核算。

（3）装置废水产出后基本是经过预处理后集中处理，部分企业对经末端治理后的废水进行回用，本系数表单所列的排污系数未考虑污水回用情况，在进行污染源普查时各企业可以根据实际情况处理，在企业实际排放量计算过程中，如果存在废水回用的情况，需要在利用产排污核算公式的基础上扣除废水回用的部分。公式如下。

实际排放量=计算排放量×（1–废水回用率）

（4）本手册挥发性有机物的末端治理技术考虑了 65%的捕集效率。

（5）由于不同企业工业废气量、废水量差异较大，本手册所提供的工业废气量、废水量系数仅供参考。

（6）为体现相同产污水平条件下，采用相同环保治理设施的不同企业对同一污染物去除效果的差异，引入末端治理设施实际运行率（k）对污染治理技术的实际去除率进行修正。k 值反映的是污染治理设施运行的状态，越稳定运行，k 值越高；在取值上，若定义连续稳定运行的理想状态为 1，则 k 取值在 0～1 之间。

本手册给出本行业的 k 计算公式仅供参考，使用时，可根据 k 值定义，选取更适合企业实际情况的表达方式。

3 污染物排放量核算方法

3.1 计算污染物产生量

（1）根据产品、原料、污染物产生的主导生产工艺、企业规模（生产产能）这一组合查找和确定所对应的某一污染物的产污系数。

（2）根据该污染物的产污系数计量单位——单位产品产量，获取企业实际产品产量。

例如，某组合内化学需氧量的产污系数单位为克/吨-产品，则计算产生量时需要获取企业实际产品产量。

（3）污染物产生量按以下公式进行计算：

污染物产生量=污染物对应的产污系数×产品产量

$$G_{产i} = P_{产i} \times M_i$$

式中，$G_{产i}$——工段 i 某污染物的产生量；

$P_{产i}$——工段 i 某污染物对应的产污系数；

M_i——工段 i 的产品产量。

3.2 计算污染物去除量

（1）根据企业对某一污染物所采用的治理技术查找和选择相应的末端治理技术平均去除效率。

（2）根据所填报的污染治理设施实际运行率参数及其计算公式得出该企业某一污染物的治理设施实际运行率（k 值）。

（3）污染物去除量按以下公式进行计算：

污染物去除量=污染物产生量×污染物去除率

=污染物产生量×末端治理技术平均去除效率×治理设施实际运行率

$$R_{减i} = G_{产i} \times \eta_T \times k_T$$

式中，$R_{减i}$——工段 i 某污染物的去除量；

η_T——工段 i 某污染物采用的末端治理技术的平均去除效率；

k_T——工段 i 某污染物采用的末端治理设施的实际运行率。

3.3 计算污染物排放量

污染物排放量=污染物产生量–污染物去除量

=污染物对应的产污系数×产品产量–污染物产生量×末端治理技术平均去除效率×末端治理设施实际运行率

3.4 计算企业污染物排放量

同一企业某污染物全年的产生（排放）总量为该企业同年实际生产的全部工段、产品、原料、规模污染物产生（排放）量之和。

$$\begin{aligned} E_{排} &= G_{产} - R_{减} = \sum(G_{产i} - R_{减i}) \\ &= \sum\left[P_{产i} \times M_i(1-\eta_T \times k_T)\right] \end{aligned}$$

4 污染物排放量核算案例

某企业主要从事精对苯二甲酸生产。该企业以对二甲苯、醋酸、氢气为主要原料，生产工艺采用对二甲苯氧化加氢精制，年产量（生产规模）150 万吨。该企业废水的污染治理技术采用“物理化学法+厌氧生物处理法+活性污泥法”，涉及的污染物指标包括化学需氧量等。

本核算示例以废水中化学需氧量为例，说明该企业化学需氧量排放量的计算方法。

4.1 化学需氧量产生量计算

（1）查找产污系数及其计量单位

根据报表填报信息，获取《2653 合成纤维单（聚合）体制造业系数表》中主要产品为精对苯二甲酸，主要原料为二甲苯、醋酸、氢气，主要工艺为对二甲苯氧化加氢精制。该组合化学需氧量的产污系数为 126，单位为克/吨-产品。

（2）获取企业产品产量

该企业实际情况为：主要产品有机颜料 2017 年产量为 150 万吨。

（3）计算化学需氧量产生量

由于查询到的组合中化学需氧量产污系数的单位为克/吨-产品，因此在核算产生量时采用产品产量。

化学需氧量产生量=化学需氧量产污系数×产品（丁苯橡胶）产量

=126 克/吨-产品×1500000 吨-产品=189000000 克=189000 千克

4.2 化学需氧量去除量计算

（1）查找末端治理技术平均去除效率

该企业化学需氧量治理技术为"物理化学法+厌氧生物处理法+活性污泥法"，查询平均去除效率为 90%。

（2）计算污染治理设施实际运行率

根据产污系数组合查询结果，该组合中"物理化学法+厌氧生物处理法+活性污泥法"对应的污染治理设施实际运行参数分别为设施年运行时间、污染处理设施年耗电量和污染处理设备功率。

根据查询结果，该组合中"物理化学法+厌氧生物处理法+活性污泥法"对应的污染治理设施实际运行率为

k=污染处理设施年耗电量/（污染处理设备功率×年运行时间）

获取企业实际填报情况如下：污染处理设备 2017 年耗电量 26730 千瓦·时，设备功率为 5.5 千瓦，运行时间 5000 小时，则该企业的化学需氧量处理设备实际运行率为

k= 26730 千瓦·时/（5.5 千瓦×5000 小时）=0.972

（3）计算化学需氧量去除量

化学需氧量去除量=189000 千克×90%×0.972=165337 千克

4.3 化学需氧量排放量计算

化学需氧量排放量=189000 千克−165337 千克=23663 千克

5 系数表

2653 合成纤维单（聚合）体制造行业系数表

工段名称	产品名称	原料名称	工艺名称	规模等级	污染物类别	污染物指标	系数单位	产污系数	末端治理技术	末端治理技术平均去除效率/%	参考 k 值计算公式[1]
—	精对苯二甲酸	对二甲苯、醋酸、氢气	对二甲苯氧化加氢精制	≥100 万吨/年	废水	工业废水量	吨/吨-产品	2.65	—	—	—
						化学需氧量	克/吨-产品	1.26×10^{2}	物理化学法+厌氧生物处理法+活性污泥法	90	k=设施年耗电量（千瓦·时）/［设备功率（千瓦）×年运行时间（小时）］
						石油类	克/吨-产品	1.00×10^{-3}	物理化学处理法	69	
						氨氮	克/吨-产品	1.13	物理化学法+厌氧生物处理法+活性污泥法	95	
						总磷	克/吨-产品	0	—	—	—
						总氮	克/吨-产品	13.90	物理化学法+厌氧生物处理法+好氧生物处理法	64	k=设施年耗电量（千瓦·时）/［设备功率（千瓦）×年运行时间（小时）］
					废气	工业废气量	标米³/吨-产品	2.85×10^{3}	—	—	—
						颗粒物	千克/吨-产品	8.00×10^{-4}	袋式除尘	95	k=设施年耗电量（千瓦·时）/［设备功率（千瓦）×年运行时间（小时）］
						二氧化硫	千克/吨-产品	2.00×10^{-4}	双碱法	80	
						氮氧化物	千克/吨-产品	2.70×10^{-2}	选择性催化还原法	80	
						挥发性有机物	千克/吨-产品	0.21	直接燃烧法	50	

1 该公式仅供参考，使用时，可根据 k 值定义，选取更适合企业实际情况的表达方式。

2653 合成纤维单（聚合）体制造行业系数表（续表 1）

工段名称	产品名称	原料名称	工艺名称	规模等级	污染物类别	污染物指标	系数单位	产污系数	末端治理技术	末端治理技术平均去除效率/%	参考 *k* 值计算公式
—	精对苯二甲酸	对二甲苯、醋酸、氢气	对二甲苯氧化加氢精制	<100 万吨/年	废水	工业废水量	吨/吨-产品	2.56	—	—	—
						化学需氧量	克/吨-产品	1.27×10^{2}	物理化学法+厌氧生物处理法+活性污泥法	90	*k*=设施年耗电量（千瓦·时）/［设备功率（千瓦）×年运行时间（小时）］
						石油类	克/吨-产品	1.00×10^{-4}	物理化学处理法	60	
						氨氮	克/吨-产品	4.46	物理化学法+厌氧生物处理法+活性污泥法	75	
						总磷	克/吨-产品	0.15	化学处理法	60	
									物理化学法+厌氧生物处理法+活性污泥法	91	
									物理化学法+厌氧生物处理法+生物膜法	91	
									物理化学法+活性污泥法	70	
									物理化学法+生物膜法	70	

2653 合成纤维单（聚合）体制造行业系数表（续表 2）

工段名称	产品名称	原料名称	工艺名称	规模等级	污染物类别	污染物指标	系数单位	产污系数	末端治理技术	末端治理技术平均去除效率/%	参考 k 值计算公式
—	精对苯二甲酸	对二甲苯、醋酸、氢气	对二甲苯氧化加氢精制	<100 万吨/年	废水	总氮	克/吨-产品	11.20	物理化学法+厌氧生物处理法+活性污泥法	88	k=设施年耗电量（千瓦·时）/［设备功率（千瓦）×年运行时间（小时）］
									物理化学法+厌氧生物处理法+生物膜法	91	
									物理化学法+活性污泥法	90	
									物理化学法+生物膜法	90	
					废气	工业废气量	标米³/吨-产品	3.00×10^{3}	—	—	—
						颗粒物	千克/吨-产品	2.60×10^{-2}	喷淋塔/冲击水浴	70	k=设施年耗电量（千瓦·时）/［设备功率（千瓦）×年运行时间（小时）］
									袋式除尘	95	
									电袋组合	95	
									文丘里	60	
									多管旋风	30	
						二氧化硫	千克/吨-产品	0.51	炉内喷钙	70	
									双碱法	80	
						氮氧化物	千克/吨-产品	0.31	氧化/吸收法	50	
									活性炭（焦）法	30	

2653 合成纤维单（聚合）体制造行业系数表（续表 3）

工段名称	产品名称	原料名称	工艺名称	规模等级	污染物类别	污染物指标	系数单位	产污系数	末端治理技术	末端治理技术平均去除效率/%	参考 k 值计算公式
—	精对苯二甲酸	对二甲苯、醋酸、氢气	对二甲苯氧化加氢精制	<100 万吨/年	废气	氮氧化物	千克/吨-产品	0.31	选择性非催化还原法（SNCR）	61	k=设施年耗电量（千瓦·时）/［设备功率（千瓦）×年运行时间（小时）］
									低氮燃烧法	40	
									选择性催化还原法（SCR）	60	
						挥发性有机物	千克/吨-产品	1.60	光催化	20	
									直接燃烧法	40	
									吸附+蒸汽解析	50	
									蓄热式催化燃烧法	50	
									催化燃烧法	50	
	丙烯腈	丙烯、氨、空气	丙烯氨氧化法	≥20 万吨/年	废水	工业废水量	吨/吨-产品	1.69	—	—	—
						化学需氧量	克/吨-产品	3.13×10^3	物理化学法+厌氧生物处理法+活性污泥法	90	k=设施年耗电量（千瓦·时）/［设备功率（千瓦）×年运行时间（小时）］
									物理化学法+厌氧生物处理法+生物膜法	90	
						石油类	克/吨-产品	21.50	物理处理法	70	
									化学处理法	60	
									物理化学处理法	90	

2653 合成纤维单（聚合）体制造行业系数表（续表 4）

工段名称	产品名称	原料名称	工艺名称	规模等级	污染物类别	污染物指标	系数单位	产污系数	末端治理技术	末端治理技术平均去除效率/%	参考 k 值计算公式
—	丙烯腈	丙烯、氨、空气	丙烯氨氧化法	≥20 万吨/年	废水	氨氮	克/吨-产品	40.1	化学处理法	90	k=设施年耗电量（千瓦·时）/［设备功率（千瓦）×年运行时间（小时）］
									物理化学法+厌氧生物处理法+活性污泥法	90	
									物理化学法+厌氧生物处理法+生物膜法	90	
						总磷	克/吨-产品	0	—	—	—
						总氮	克/吨-产品	3.50×10^{2}	物理化学法+厌氧生物处理法+活性污泥法	90	k=设施年耗电量（千瓦·时）/［设备功率（千瓦）×年运行时间（小时）］
									物理化学法+厌氧生物处理法+生物膜法	90	
									物理化学法+活性污泥法	90	
									物理化学法+生物膜法	90	
						氰化物	克/吨-产品	0.10	化学处理法	92	
									物理化学法+厌氧生物处理法+好氧生物处理法	90	
									物理化学法+好氧生物处理法	90	
					废气	工业废气量	标米^{3}/吨-产品	6.72×10^{3}	—	—	—
						颗粒物	千克/吨-产品	0.10	喷淋塔/冲击水浴	70	k=设施年耗电量（千瓦·时）/［设备功率（千瓦）×年运行时间（小时）］
									袋式除尘	95	
									电袋组合	95	
									文丘里	60	
									多管旋风	30	
						挥发性有机物	千克/吨-产品	1.10	吸附+蒸汽解析	40	
									蓄热式催化燃烧法	50	
									催化燃烧法	50	

2653 合成纤维单（聚合）体制造行业系数表（续表 5）

工段名称	产品名称	原料名称	工艺名称	规模等级	污染物类别	污染物指标	系数单位	产污系数	末端治理技术	末端治理技术平均去除效率/%	参考 k 值计算公式
—	丙烯腈	丙烯、氨、空气	丙烯氨氧化法	<20 万吨/年	废水	工业废水量	吨/吨-产品	3.23	—	—	—
						化学需氧量	克/吨-产品	1.92×10^{3}	物理化学法+厌氧生物处理法+活性污泥法	90	k=设施年耗电量（千瓦·时）/［设备功率（千瓦）×年运行时间（小时）］
									物理化学法+厌氧生物处理法+生物膜法	90	
						石油类	克/吨-产品	60.10	物理处理法	70	
									化学处理法	60	
									物理化学处理法	90	
						氨氮	克/吨-产品	20.80	化学处理法	90	
									物理化学法+厌氧生物处理法+活性污泥法	90	
									物理化学法+厌氧生物处理法+生物膜法	90	
						总磷	克/吨-产品	0	—	—	—
						总氮	克/吨-产品	44.30	物理化学法+厌氧生物处理法+活性污泥法	90	k=设施年耗电量（千瓦·时）/［设备功率（千瓦）×年运行时间（小时）］
									物理化学法+厌氧生物处理法+生物膜法	90	

2653 合成纤维单（聚合）体制造行业系数表（续表 6）

工段名称	产品名称	原料名称	工艺名称	规模等级	污染物类别	污染物指标	系数单位	产污系数	末端治理技术	末端治理技术平均去除效率/%	参考 k 值计算公式
—	丙烯腈	丙烯、氨、空气	丙烯氨氧化法	<20 万吨/年	废水	总氮	克/吨-产品	44.30	物理化学法+活性污泥法	90	k=设施年耗电量（千瓦·时）/［设备功率（千瓦）×年运行时间（小时）］
									物理化学法+生物膜法	90	
						氰化物	克/吨-产品	0.12	化学处理法	92	
									物理化学法+厌氧生物处理法+好氧生物处理法	90	
									物理化学法+好氧生物处理法	90	
					废气	工业废气量	标米^3/吨-产品	5.78×10^3	—	—	—
						颗粒物	千克/吨-产品	0.011	喷淋塔/冲击水浴	70	k=设施年耗电量（千瓦·时）/［设备功率（千瓦）×年运行时间（小时）］
									袋式除尘	95	
									电袋组合	95	
									文丘里	60	
									多管旋风	30	
						挥发性有机物	千克/吨-产品	34.60	吸附+蒸汽解析	40	
									蓄热式催化燃烧法	50	
									催化燃烧法	50	

2653 合成纤维单（聚合）体制造行业系数表（续表 7）

工段	产品名称	原料名称	工艺名称	规模等级	污染物类别	污染物指标	系数单位	产污系数	末端治理技术	末端治理技术平均去除效率/%	参考 k 值计算公式
—	乙二醇	乙烯、氧气、甲烷	乙烯氧化法	≥30 万吨/年	废水	工业废水量	吨/吨-产品	1.51	—	—	—
						化学需氧量	克/吨-产品	1.38×10^3	物理化学法+厌氧生物处理法+活性污泥法	90	k=设施年耗电量（千瓦·时）/［设备功率（千瓦）×年运行时间（小时）］
				≥30 万吨/年	废水	化学需氧量	克/吨-产品	1.38×10^4	物理化学法+厌氧生物处理法+生物膜法	90	k=设施年耗电量（千瓦·时）/［设备功率（千瓦）×年运行时间（小时）］
						石油类	克/吨-产品	30.90	物理处理法	70	
									化学处理法	60	
									物理化学处理法	90	
					废气	工业废气量	标米 ^{3}/吨-产品	1.76×10^2	—	—	—
						挥发性有机物	千克/吨-产品	0.77	吸附+蒸汽解析	40	k=设施年耗电量（千瓦·时）/［设备功率（千瓦）×年运行时间（小时）］
									蓄热式催化燃烧法	50	
									催化燃烧法	50	
				<30 万吨/年	废水	工业废水量	吨/吨-产品	9.20	—	—	—
						化学需氧量	克/吨-产品	4.10×10^3	物理化学法+厌氧生物处理法+活性污泥法	90	k=设施年耗电量（千瓦·时）/［设备功率（千瓦）×年运行时间（小时）］
									物理化学法+厌氧生物处理法+生物膜法	90	

2653 合成纤维单（聚合）体制造行业系数表（续表 8）

工段名称	产品名称	原料名称	工艺名称	规模等级	污染物类别	污染物指标	系数单位	产污系数	末端治理技术	末端治理技术平均去除效率/%	参考 k 值计算公式
—	乙二醇	乙烯、氧气、甲烷	乙烯氧化法	<30 万吨/年	废水	石油类	克/吨-产品	50.70	物理处理法	70	k=设施年耗电量（千瓦·时）/［设备功率（千瓦）×年运行时间（小时）］
									化学处理法	60	
									物理化学处理法	90	
					废气	工业废气量	标米 ^{3}/吨-产品	1.42×10^3	—	—	—
						挥发性有机物	千克/吨-产品	1.15	吸附+蒸汽解析	40	k=设施年耗电量（千瓦·时）/［设备功率（千瓦）×年运行时间（小时）］
									蓄热式催化燃烧法	50	
									催化燃烧法	50	
			合成气法	所有规模	废水	工业废水量	吨/吨-产品	1.50	—	—	—
						化学需氧量	克/吨-产品	1.52×10^3	物理化学法+厌氧生物处理法+活性污泥法	90	k=设施年耗电量（千瓦·时）/［设备功率（千瓦）×年运行时间（小时）］
									物理化学法+厌氧生物处理法+生物膜法	90	
					废气	工业废气量	标米 ^{3}/吨-产品	2.97×10^2	—	—	—
						挥发性有机物	千克/吨-产品	0.95	吸附+蒸汽解析	40	k=设施年耗电量（千瓦·时）/［设备功率（千瓦）×年运行时间（小时）］
									催化燃烧法	50	

2653 合成纤维单（聚合）体制造行业系数表（续表 9）

工段名称	产品名称	原料名称	工艺名称	规模等级	污染物类别	污染物指标	系数单位	产污系数	末端治理技术	末端治理技术平均去除效率/%	参考 k 值计算公式
—	聚酯	精对苯二甲酸、乙二醇	直接酯化法	≥100 万吨/年	废水	工业废水量	吨/吨-产品	0.48	—	—	—
						化学需氧量	克/吨-产品	1.94×10^{3}	物理化学法+厌氧生物处理法+活性污泥法	90	k=设施年耗电量（千瓦·时）/［设备功率（千瓦）×年运行时间（小时）］
									物理化学法+厌氧生物处理法+生物膜法	90	
						石油类	克/吨-产品	8.00×10^{-2}	物理处理法	70	
									化学处理法	60	
									物理化学处理法	90	
					废气	工业废气量	标米^{3}/吨-产品	1.19×10^{3}	—	—	—
						颗粒物	千克/吨-产品	6.00×10^{-3}	喷淋塔/冲击水浴	70	k=设施年耗电量（千瓦·时）/［设备功率（千瓦）×年运行时间（小时）］
									袋式除尘	95	
									电袋组合	95	
									文丘里	60	
									多管旋风	30	
						挥发性有机物	千克/吨-产品	0.81	吸附+蒸汽解析	40	
									蓄热式催化燃烧法	50	
									催化燃烧法	50	

2653 合成纤维单（聚合）体制造行业系数表（续表 10）

工段名称	产品名称	原料名称	工艺名称	规模等级	污染物类别	污染物指标	系数单位	产污系数	末端治理技术	末端治理技术平均去除效率/%	参考 k 值计算公式
—	聚酯	精对苯二甲酸、乙二醇	直接酯化法	<100 万吨/年	废水	工业废水量	吨/吨-产品	1.62	—	—	—
						化学需氧量	克/吨-产品	2.33×10^{3}	物理化学法+厌氧生物处理法+活性污泥法	90	k=设施年耗电量（千瓦·时）/［设备功率（千瓦）×年运行时间（小时）］
									物理化学法+厌氧生物处理法+生物膜法	90	
						石油类	克/吨-产品	0.097	物理处理法	70	
									化学处理法	60	
									物理化学处理法	90	
					废气	工业废气量	标米³/吨-产品	3.52×10^{3}	—	—	—
						颗粒物	千克/吨-产品	5.00×10^{-4}	喷淋塔/冲击水浴	70	k=设施年耗电量（千瓦·时）/［设备功率（千瓦）×年运行时间（小时）］
									袋式除尘	95	
									电袋组合	95	
									文丘里	60	
									多管旋风	30	
						挥发性有机物	千克/吨-产品	1.00	吸附+蒸汽解析	40	
									蓄热式催化燃烧法	50	
									催化燃烧法	50	

2659 其他合成材料制造业

1 适用范围

本手册仅用于《国民经济行业分类》（GB/T 4754—2017）中 2659 其他合成材料制造行业使用系数法核算工业污染物产生量和排放量的工业企业。

利用本手册进行产排污核算得出的污染物产生量与排放量仅代表了特定行业、工艺、产品、原料在正常工况下污染物产生与排放的一般规律。

本行业废水指标包括工业废水量、化学需氧量、氨氮、总磷；废气指标包括工业废气量、颗粒物、二氧化硫、氮氧化物。

2 注意事项

2.1 企业有多种生产工艺或生产多类产品产排污量核算

污染物产生量与产品产量有关，根据不同核算环节计算产污量后，再根据企业末端治理设施和运行情况计算各污染物的排放量。

企业某污染物指标的产生量、排放量为各核算环节产生量、排放量之和。

在企业实际排放量计算过程中，如果存在废水回用的情况，需要在利用产排污核算公式的基础上扣除废水回用的部分。公式如下：

实际排放量=计算排放量×（1–废水回用率）

2.2 采用多种治理设施组合处理企业的排污量核算

在排污量计算选择末端治理技术时，若没有对应的组合治理技术，以主要治理技术为准。

2.3 系数表中未涉及的产污系数及污染治理效率

对于其他合成材料生产或系数表单中未涉及的处理方法，企业可根据实际情况参考具有相似工艺和相似原料的组合确定产污系数，也可咨询当地行业专家、其他本行业企业技术人员，选取近似的处理方法代替。

2.4 其他需要说明的问题

由于不同企业工业废气量、废水量差异较大，本手册所提供的工业废气量、废水量系数仅供参考。

为体现相同产污水平条件下，采用相同环保治理设施的不同企业对同一污染物去除效果的差异，引入末端治理设施实际运行率（k）对污染治理技术的实际去除率进行修正。k 值反映的是污染治理设施运行的状态，越稳定运行，k 值越高；在取值上，若定义连续稳定运行的理想状态为 1，则 k 取

值在 0～1 之间。

本手册给出本行业的 k 计算公式仅供参考，使用时，可根据 k 值定义，选取更适合企业实际情况的表达方式。

目前，国内玄武岩纤维生产废水基本是企业集中处理后的污水进行回用，部分企业经过预处理后集中到综合污水处理厂处理，达到污染物排放标准后外排。在污染源普查时，各企业可以根据实际排污情况，根据排污系数核算出排污量后减去废水回用部分中污染物的量。对于废水进行回用的情况，在污染源普查中，可以根据装置废水产生、排放及回用情况，采用现场监测或历史实测数据填报。在填报过程中，普查员应严格区分装置废水产生量、废水排放量及废水回用量。

本手册只需考虑企业特种纤维的产量，力求简单、清楚，易于使用。制定本手册时已充分考虑全国的平均水平，使用本手册计算得出的产排污量可能与单个调查企业有一定出入，但总体符合全行业水平。

3 污染物排放量核算方法

3.1 计算污染物产生量

（1）根据产品、原料、污染物产生的主导生产工艺、企业规模（生产产能）这一组合查找和确定所对应的某一污染物的产污系数。

（2）根据该污染物的产污系数计量单位——单位产品产量，获取企业实际产品产量。

例如，某组合内颗粒物的产污系数单位为千克/吨-产品，则计算产生量时需要获取企业实际产品产量。

（3）污染物产生量按以下公式进行计算：

污染物产生量=污染物对应的产污系数×产品产量

$$G_{产i} = P_{产i} \times M_i$$

式中，$G_{产i}$——工段 i 某污染物的产生量；

$P_{产i}$——工段 i 某污染物对应的产污系数；

M_i——工段 i 的产品产量。

3.2 计算污染物去除量

（1）根据企业对某一污染物所采用的治理技术查找和选择相应的末端治理技术平均去除效率。

（2）根据所填报的污染治理设施实际运行率参数及其计算公式得出该企业某一污染物的治理设施实际运行率（k 值）。

（3）污染物去除量按以下公式进行计算：

污染物去除量=污染物产生量×污染物去除率

=污染物产生量×末端治理技术平均去除效率×治理设施实际运行率

$$R_{减i} = G_{产i} \times \eta_T \times k_T$$

式中，$R_{减i}$——工段 i 某污染物的去除量；

η_T——工段 i 某污染物采用的末端治理技术的平均去除效率；

k_T——工段 i 某污染物采用的末端治理设施的实际运行率。

3.3 计算污染物排放量

污染物排放量=污染物产生量–污染物去除量

=污染物对应的产污系数×产品产量–污染物产生量×末端治理技术平均去除效率×治理设施实际运行率

3.4 计算企业污染物排放量

同一企业某污染物全年的产生（排放）总量为该企业同年实际生产的全部工段、产品、原料、规模污染物产生（排放）量之和。

$$E_{排}=G_{产}-R_{减}=\sum(G_{产i}-R_{减i})$$
$$=\sum\left[P_{产i}\times M_i(1-\eta_T\times k_T)\right]$$

4 污染物排放量核算案例

某企业主要从事陶瓷纤维生产。该企业以煤矸石、氧化铝、石英砂、锆英砂为主要原料，生产工艺采用甩丝成纤工艺，年产量（生产规模）1.7 万吨。该企业废气的污染治理技术采用袋式除尘，涉及的废气污染物主要为氮氧化物、二氧化硫、颗粒物。以颗粒物为例说明排放量计算过程。

该企业基本信息如表 1 所示。

表 1　某陶瓷纤维生产企业基本信息

	名称	数量
产品及产量	陶瓷纤维	1.7 万吨
工艺名称	电阻法甩丝成纤	
规模（产能）	2 万吨	
污染治理设施	水雾除尘	
实际运行率参数	除尘设备耗电量	319000 千瓦·时
	设备额定功率	55 千瓦
	设备运行时间	5800 小时

4.1 颗粒物产生量计算

（1）查找产污系数及其计量单位

根据企业基本信息，查找本手册中主要产品为陶瓷纤维，主要原料为煤矸石，主要工艺为电阻法甩丝成纤，生产规模为所有规模。该组合颗粒物的产污系数为 10.1，单位为千克/吨-产品。

（2）获取企业产品产量

该企业实际情况为：主要产品陶瓷纤维 2017 年产量为 1.7 万吨。

（3）计算颗粒物产生量

由于查询到的组合中颗粒物产污系数的单位为千克/吨-产品，因此在核算颗粒物产生量时需获取产品产量。

颗粒物产生量=颗粒物产污系数×产品（陶瓷纤维）产量

=10.1 千克/吨-产品×17000 吨-产品=171700 千克

4.2 颗粒物去除量计算

（1）查找末端治理技术平均去除效率

该企业颗粒物治理技术采用水雾除尘工艺，查询相应组合内该工艺的平均去除效率为 98.5%。

（2）计算污染治理设施实际运行率

根据产污系数组合查询结果，该组合中水雾除尘工艺对应的污染治理设施实际运行率为

k=设施年耗电量/（设备额定功率×设备运行时间）

=319000 千瓦·时/（55 千瓦×5800 小时）=1

（3）计算颗粒物去除量

颗粒物去除量=171700 千克×98.5%×1=169124.5 千克

4.3 颗粒物排放量计算

颗粒物排放量=171700 千克−169124.5 千克=2576.5 千克

5 系数表

2659 其他合成材料制造行业系数表

工段名称	产品名称	原料名称	工艺名称	规模等级	污染物类别	污染物指标	系数单位	产污系数	末端治理技术	末端治理技术平均去除效率/%	参考 k 值计算公式[1]
—	陶瓷纤维	煤矸石、氧化铝、石英砂、锆英砂	电阻法甩丝成纤	所有规模	废气	工业废气量	标米^3/吨-产品	1.28×10^4	—	—	—
						颗粒物	千克/吨-产品	10.10	布袋除尘	98	k=设施年耗电量（千瓦·时）/[设备额定功率（千瓦）×设备运行时间（小时）]
									水雾除尘	98.5	
									静电除尘	90	
									湿电除尘	90	
						二氧化硫	千克/吨-产品	0.18	直排	—	—
						氮氧化物	千克/吨-产品	0.01	直排	—	—
					工业固废	一般工业固废（废渣）	千克/吨-产品	8.90	回用	—	—
	玄武岩纤维	玄武岩、白云石、铁渣、焦炭	冲天炉工艺	>20000吨/年	废水	工业废水量	吨/吨-产品	0.21	—	—	—
						化学需氧量	克/吨-产品	32.20	厌氧生物法	85	k=污水治理设施运行时间（小时/年）/正常生产时间（小时/年）
						氨氮	克/吨-产品	2.48	厌氧生物法	85	
						总氮	克/吨-产品	7.44	厌氧生物法	85	
						总磷	克/吨-产品	2.08	厌氧生物法	85	

1 该公式仅供参考，使用时，可根据 k 值定义，选取更适合企业实际情况的表达方式。

2659 其他合成材料制造行业系数表（续表 1）

工段名称	产品名称	原料名称	工艺名称	规模等级	污染物类别	污染物指标	系数单位	产污系数	末端治理技术	末端治理技术平均去除效率/%	参考 *k* 值计算公式
—	玄武岩纤维	玄武岩、白云石、铁渣、焦炭	冲天炉工艺	＞20000吨/年	废气	工业废气量	标米^3/吨-产品	4.94×10^4	—	—	—
						颗粒物	千克/吨-产品	15.40	布袋除尘	94.00	*k*=设施年耗电量（千瓦·时）/［设备额定功率（千瓦）×设备运行时间（小时）］
									过滤+湿电除尘	88.99	
									干式过滤	95.00	
									旋风+布袋除尘	98.27	
						二氧化硫	千克/吨-产品	4.73	碳酸氢钠干式脱硫	80.00	*k*=设施年耗电量（千瓦·时）/［设备额定功率（千瓦）×设备运行时间（小时）］
									单碱法	85.00	
									双碱法	88.15	
						氮氧化物	千克/吨-产品	0.16	直排	—	—
					固废	一般工业固废（废渣）	千克/吨-产品	89.38	回用	—	—
						一般工业固废（废石膏）	千克/吨-产品	10.54	回用	—	—

2661 化学试剂和助剂制造业

1 适用范围

本手册仅用于《国民经济行业分类》（GB/T 4754—2017）中 2661 化学试剂和助剂制造行业使用系数法核算工业污染物产生量和排放量的工业企业。

利用本手册进行产排污核算得出的污染物产生量与排放量仅代表了特定行业、工艺、产品、原料在正常工况下污染物产生与排放的一般规律。

本行业废水指标包括工业废水量、化学需氧量、氨氮、石油类、总氮、总磷；废气指标包括工业废气量、颗粒物、二氧化硫、氮氧化物、挥发性有机物。

2 注意事项

2.1 企业有多种生产工艺或生产多类产品产排污量核算

污染物产生量与产品产量有关，根据不同核算环节计算产污量后，再根据企业末端治理设施和运行情况计算各污染物的排放量。

企业某污染物指标的产生量、排放量为各核算环节产生量、排放量之和。

在企业实际排放量计算过程中，如果存在废水回用的情况，需要在利用产排污核算公式的基础上扣除废水回用的部分。公式如下：

实际排放量=计算排放量×（1–废水回用率）

2.2 采用多种治理设施组合处理企业的排污量核算

在排污量计算选择末端治理技术时，若没有对应的组合治理技术，以主要治理技术为准。

2.3 系数表中未涉及的产污系数及污染治理效率

（1）化学试剂制造行业系数表中未涉及产品的产污系数

企业生产化学试剂产品时，同时可能生产其他精细化学品。其他精细化学品的产污系数，应参照有关行业产品、原料、工艺和规模等级获取产污系数。

（2）化学试剂制造行业中生产非单一产品企业污染物产排量核算

化学试剂企业精制提纯或合成工艺与分装工艺同时存在，普查时须以工艺为依据，然后按照产品的生产工艺和规模分别进行统计污染物的产生量和排放量。

2.4 其他需要说明的问题

由于不同企业工业废气量、废水量差异较大，本手册所提供的工业废气量、废水量系数仅供参考。

为体现相同产污水平条件下，采用相同环保治理设施的不同企业对同一污染物去除效果的差异，引入末端治理设施实际运行率（k）对污染治理技术的实际去除率进行修正。k 值反映的是污染治理设施运行的状态，越稳定运行，k 值越高；在取值上，若定义连续稳定运行的理想状态为 1，则 k 取值在 0～1 之间。

本手册给出本行业的 k 计算公式仅供参考，使用时，可根据 k 值定义，选取更适合企业实际情况的表达方式。

（1）本手册只需考虑企业产品的产量，力求简单、清楚，易于使用。使用本手册计算得出的产排污量可能与单个调查企业有一定出入，但总体符合行业水平。

（2）对于工况未达到 75%生产负荷的生产装置，其污染物产污系数和排污系数不适用于本手册提供的系数，一般可根据原辅材料消耗情况，采用物料衡算方法计算污染物产生量，有监测条件的企业可开展现场监测或根据历史监测数据核算。

（3）化学试剂制造企业生产多为精制提纯或合成工艺与分装工艺同时存在，而且多数企业为分装，少数品种为精制提纯或合成工艺。

企业规模偏小，多数企业没有兴建正规的废水处理设施，或没有废水处理设施，如处理也是简单的处理（稀释或中和）。

产品的确定：产品划分为有机化学试剂类产品和无机化学试剂类产品两大类。

企业规模的确定：全年产量吨位在 500 吨以下（含 500 吨）和年生产（精制提纯或合成工艺）化学试剂品种数 50 种（含 50 种）以下；全年产量吨位在 500 吨以上或年生产（精制提纯或合成工艺）化学试剂品种数 51 种以上。

（4）化学试剂和助剂制造行业系数表中未涉及的产污系数。

本手册已基本涵盖各种试剂、助剂产品和催化剂，系数表单中不能直接查到的产品，可咨询当地行业组织或相关领域试剂、助剂、催化剂专家以及该类试剂、助剂和催化剂企业技术人员，分清该产品的类别。

当被调查的试剂、助剂、催化剂生产线没有《废水处理方法名称代码表》规定的废水处理方法，但有其他非传统治理方法（《废水处理方法名称代码表》以外的方法），首先调查是否有当地生态环境部门的监测报告，如果有，可以以监测报告为准。如果没有生态环境部门的监测报告，按表中无治理设施处理，排污系数等于产污系数。

（5）化学试剂和助剂制造行业中生产非单一产品企业污染物产排量核算的处理。

当同一企业有多类产品生产线时，每类产品生产线单独对应本手册相应的表单。全企业排污量为各类型产品生产线排污量之和。

3 污染物排放量核算方法

3.1 计算工段污染物产生量

（1）根据产品、原料、污染物产生的主导生产工艺、企业规模（生产产能）这一组合查找和确定所对应的某一污染物的产污系数。

（2）根据该污染物的产污系数计量单位——单位产品产量，获取企业实际产品产量。

例如，某组合内化学需氧量的产污系数单位为克/吨-产品，则计算产生量时需要获取企业实际产品产量。

（3）污染物产生量按以下公式进行计算：

污染物产生量=污染物对应的产污系数×产品产量

$$G_{产i} = P_{产i} \times M_i$$

式中，$G_{产i}$——工段 i 某污染物的产生量；

$P_{产i}$——工段 i 某污染物对应的产污系数；

M_i——工段 i 的产品产量；

3.2 计算工段污染物去除量

（1）根据企业对某一污染物所采用的治理技术查找和选择相应的末端治理技术平均去除效率。

（2）根据所填报的污染治理设施实际运行率参数及其计算公式得出该企业某一污染物的治理设施实际运行率（k 值）。

（3）污染物去除量按以下公式进行计算：

污染物去除量=污染物产生量×污染物去除率

=污染物产生量×末端治理技术平均去除效率×治理设施实际运行率

$$R_{减i} = G_{产i} \times \eta_T \times k_T$$

式中，$R_{减i}$——工段 i 某污染物的去除量；

η_T——工段 i 某污染物采用的末端治理技术的平均去除效率；

k_T——工段 i 某污染物采用的末端治理设施的实际运行率。

3.3 计算工段污染物排放量

污染物排放量=污染物产生量–污染物去除量

=污染物对应的产污系数×产品产量–污染物产生量×末端治理技术平均去除效率×治理设施实际运行率

3.4 计算企业污染物排放量

同一企业某污染物全年的产生（排放）总量为该企业同年实际生产的全部工段、产品、原料、规模污染物产生（排放）量之和。

$$\begin{aligned} E_{排} &= G_{产} - R_{减} = \sum(G_{产i} - R_{减i}) \\ &= \sum\left[P_{产i} \times M_i(1 - \eta_T \times k_T)\right] \end{aligned}$$

4 污染物排放量核算案例

某企业主要从事有机化学试剂的生产。该企业以精制或合成为主要工艺，年产量（生产规模）5 万吨。该企业废水的污染治理技术采用“物理化学法+厌氧生物处理法+活性污泥法”，涉及的污染物包括化学需氧量、氨氮、总氮、总磷、石油类。

本核算示例以废水中化学需氧量为例，说明该企业化学需氧量排放量的计算方法。

4.1 化学需氧量产生量计算

（1）查找产污系数及其计量单位

根据报表填报信息，调用《2661 化学试剂和助剂制造行业系数表》中主要产品为有机试剂（精制或合成），主要原料为工业品，主要工艺为精制提纯或合成。该组合化学需氧量的产污系数为 1260，单位为克/吨-产品。

（2）获取企业产品产量

企业实际填报情况：主要产品有机试剂（精制或合成）2017 年产量为 5 万吨。

（3）计算化学需氧量产生量

由于查询到的组合中，化学需氧量产污系数的单位为克/吨-产品，因此在核算产生量时采用产品产量。

化学需氧量产生量=化学需氧量产污系数×产品（有机试剂）产量=1260 克/吨-产品×50000 吨-产品

=63000000 克=63000 千克

4.2 化学需氧量去除量计算

（1）查找末端治理技术平均去除效率

该企业化学需氧量治理技术采用“物理化学法+厌氧生物处理法+活性污泥法”，查询整个过程的平均去除效率为 88%。

（2）计算污染治理设施实际运行率

根据产污系数组合查询结果，该组合中“物理化学法+厌氧生物处理法+活性污泥法”对应的污染治理设施实际运行参数分别为设施年运行时间（小时）、污染处理设施年耗电量（千瓦·时）和污染处理设备功率（千瓦）。

根据查询结果，该组合中“物理化学法+厌氧生物处理法+活性污泥法”对应的污染治理设施实际运行率为

k=污染处理设施年耗电量/（污染处理设备功率×年运行时间）

获取企业实际填报情况如下：该企业污染处理设施 2017 年耗电量 26730 千瓦·时，设备功率为 5.5 千瓦，运行时间 5000 小时，则该企业的化学需氧量处理设备实际运行率为

k= 26730 千瓦·时/（5.5 千瓦×5000 小时）=0.972

（3）计算化学需氧量去除量

化学需氧量去除量=63000 千克×88%×0.972=53887.7 千克

4.3 化学需氧量排放量计算

化学需氧量排放量=63000 千克−53887.7 千克=9112.3 千克

5 系数表

2661 化学试剂和助剂制造行业系数表

工段名称	产品名称	原料名称	工艺名称	规模等级	污染物类别	污染物指标	系数单位	产污系数	末端治理技术	末端治理技术平均去除效率/%	参考 k 值计算公式[1]
—	有机试剂（精制或合成）	工业品	精制提纯或合成	全年产量吨位在 500 吨以下（含 500 吨）和年生产（精制提纯或合成工艺）化学试剂品种数 50 种（含 50 种）以下	废水	工业废水量	吨/吨-产品	16.50	—	—	—
						化学需氧量	克/吨-产品	2.46×10^{3}	物理化学处理法+厌氧生物处理法+活性污泥法	88	k=污染处理设施年耗电量（千瓦·时）/［污染处理设施功率（千瓦）×年运行时间（小时）］
						氨氮	克/吨-产品	68.00	物理化学处理法+厌氧生物处理法+活性污泥法	88	
						石油类	克/吨-产品	14.00	化学处理法	70	
						总氮	克/吨-产品	3.92×10^{3}	物理化学处理法+厌氧生物处理法+活性污泥法	88	
						总磷	克/吨-产品	44.40	物理化学处理法+厌氧生物处理法+活性污泥法	88	
					废气	工业废气量	标米^{3}/吨-产品	3.17×10^{4}	—	—	—
						颗粒物	千克/吨-产品	2.05	电袋组合	95	k=污染处理设施年耗电量（千瓦·时）/［污染处理设施功率（千瓦）×年运行时间（小时）］
						二氧化硫	千克/吨-产品	0.33	双碱法	80	

1 该公式仅供参考，使用时，可根据 k 值定义，选取更适合企业实际情况的表达方式。

2661 化学试剂和助剂制造行业系数表（续表 1）

工段名称	产品名称	原料名称	工艺名称	规模等级	污染物类别	污染物指标	系数单位	产污系数	末端治理技术	末端治理技术平均去除效率/%	参考 k 值计算公式
—	有机试剂（精制或合成）	工业品	精制提纯或合成	全年产量吨位在 500 吨以下（含 500 吨）和年生产（精制提纯或合成工艺）化学试剂品种数 50 种（含 50 种）以下	废气	氮氧化物	千克/吨-产品	0.16	选择性催化还原法（SCR）	70	k=污染处理设施年耗电量（千瓦·时）/［污染处理设施功率（千瓦）×年运行时间（小时）］
				全年产量吨位在 500 吨以上或年生产（精制提纯或合成工艺）化学试剂品种数 51 种以上	废水	工业废水量	吨/吨-产品	1.60	—	—	—
						化学需氧量	克/吨-产品	1.26×10^3	物理化学处理法+厌氧生物处理法+活性污泥法	88	k=污染处理设施年耗电量（千瓦·时）/［污染处理设施功率（千瓦）×年运行时间（小时）］
						氨氮	克/吨-产品	75.80	物理化学处理法+厌氧生物处理法+活性污泥法	88	

2661 化学试剂和助剂制造行业系数表（续表 2）

工段名称	产品名称	原料名称	工艺名称	规模等级	污染物类别	污染物指标	系数单位	产污系数	末端治理技术	末端治理技术平均去除效率/%	参考 k 值计算公式
—	有机试剂（精制或合成）	工业品	精制提纯或合成	全年产量吨位在 500 吨以上或年生产（精制提纯或合成工艺）化学试剂品种数 51 种以上	废水	石油类	克/吨-产品	45.00	化学处理法	70	k=污染处理设施年耗电量（千瓦·时）/［污染处理设施功率（千瓦）×年运行时间（小时）］
						总氮	克/吨-产品	77.10	物理化学处理法+厌氧生物处理法+活性污泥法	88	
						总磷	克/吨-产品	1.10×10^{-2}	物理化学处理法+厌氧生物处理法+活性污泥法	88	
					废气	工业废气量	标米^3/吨-产品	1.99×10^{3}	—	—	—
						颗粒物	千克/吨-产品	1.95	电袋组合	95	k=污染处理设施年耗电量（千瓦·时）/［污染处理设施功率（千瓦）×年运行时间（小时）］
						二氧化硫	千克/吨-产品	0.33	双碱法	80	
						氮氧化物	千克/吨-产品	0.11	选择性催化还原法(SCR)	70	
—	无机试剂（精制或合成）	工业品	精制提纯或合成	全年产量吨位在 500 吨以下（含 500 吨）和年生产（精制提纯或合成工艺）化学试剂品种数 50 种(含 50 种)以下	废水	工业废水量	吨/吨-产品	8.00	—	—	—
						化学需氧量	克/吨-产品	1.93×10^{3}	物理化学处理法+厌氧生物处理法+活性污泥法	88	k=污染处理设施年耗电量（千瓦·时）/［污染处理设施功率（千瓦）×年运行时间（小时）］
						氨氮	克/吨-产品	61.00	物理化学处理法+厌氧生物处理法+活性污泥法	88	
						总氮	克/吨-产品	7.63×10^{2}	物理化学处理法+厌氧生物处理法+活性污泥法	88	

2661 化学试剂和助剂制造行业系数表（续表 3）

工段名称	产品名称	原料名称	工艺名称	规模等级	污染物类别	污染物指标	系数单位	产污系数	末端治理技术	末端治理技术平均去除效率/%	参考 k 值计算公式
—	无机试剂（精制或合成）	工业品	精制提纯或合成	全年产量吨位在 500 吨以下（含 500 吨）和年生产（精制提纯或合成工艺）化学试剂品种数 50 种（含 50 种）以下	废水	总磷	克/吨-产品	4.46	物理化学处理法+厌氧生物处理法+活性污泥法	88	k=污染处理设施年耗电量（千瓦·时）/［污染处理设施功率（千瓦）×年运行时间（小时）］
					废气	工业废气量	标米^3/吨-产品	1.86×10^5	—	—	—
						颗粒物	千克/吨-产品	15.50	电袋组合	95	k=污染处理设施年耗电量（千瓦·时）/［污染处理设施功率（千瓦）×年运行时间（小时）］
						二氧化硫	千克/吨-产品	0.74	双碱法	80	
						氮氧化物	千克/吨-产品	0.74	选择性催化还原法(SCR)	70	
				全年产量吨位在 500 吨以上或年生产（精制提纯或合成工艺）化学试剂品种数 51 种以上	废水	工业废水量	吨/吨-产品	1.91	—	—	—
						化学需氧量	克/吨-产品	1.89×10^3	物理化学处理法+厌氧生物处理法+活性污泥法	88	k=污染处理设施年耗电量（千瓦·时）/［污染处理设施功率（千瓦）×年运行时间（小时）］
						氨氮	克/吨-产品	1.75×10^3	物理化学处理法+厌氧生物处理法+活性污泥法	88	
						总氮	克/吨-产品	1.91×10^3	物理化学处理法+厌氧生物处理法+活性污泥法	88	

2661 化学试剂和助剂制造行业系数表（续表 4）

工段名称	产品名称	原料名称	工艺名称	生产规模	污染物类别	污染物指标	系数单位	产污系数	末端治理技术	末端治理技术平均去除效率/%	参考 k 值计算公式
—	无机试剂（精制或合成）	工业品	精制提纯或合成	全年产量吨位在 500 吨以上或年生产（精制提纯或合成工艺）化学试剂品种数 51 种以上	废水	总磷	克/吨-产品	0.41	物理化学处理法+厌氧生物处理法+活性污泥法	88	k=污染处理设施年耗电量（千瓦·时）/［污染处理设施功率（千瓦）×年运行时间（小时）］
					废气	工业废气量	标米 ^{3}/吨-产品	1.67×10^4	—	—	—
						颗粒物	千克/吨-产品	2.82	电袋组合	95	k=污染处理设施年耗电量（千瓦·时）/［污染处理设施功率（千瓦）×年运行时间（小时）］
						二氧化硫	千克/吨-产品	0.52	双碱法	80	
						氮氧化物	千克/吨-产品	0.26	选择性催化还原法（SCR）	70	
—	试剂（分装）	工业品	分装	所有规模	废水	工业废水量	吨/吨-产品	0.30	—	—	—
						化学需氧量	克/吨-产品	1.10×10^3	物理化学处理法+厌氧生物处理法+生物膜法	91	k=污染处理设施年耗电量（千瓦·时）/［污染处理设施功率（千瓦）×年运行时间（小时）］
						总氮	克/吨-产品	0	—	—	
						总磷	克/吨-产品	0	—	—	
	催化剂	化学品	化学合成	所有规模	废水	工业废水量	吨/吨-产品	65.10	—	—	—
						化学需氧量	克/吨-产品	2.02×10^4	物理化学处理法+厌氧生物处理法+生物膜法	91	k=污染处理设施年耗电量（千瓦·时）/［污染处理设施功率（千瓦）×年运行时间（小时）］

2661 化学试剂和助剂制造行业系数表（续表 5）

工段名称	产品名称	原料名称	工艺名称	规模等级	污染物类别	污染物指标	系数单位	产污系数	末端治理技术	末端治理技术平均去除效率/%	参考 k 值计算公式
—	催化剂	化学品	化学合成	所有规模	废水	氨氮	克/吨-产品	1.98×10^{3}	物理化学法+生物膜法	91	k=污染处理设施年耗电量（千瓦·时）/［污染处理设施功率（千瓦）×年运行时间（小时）］
						总氮	克/吨-产品	3.01×10^{3}	物理化学法+厌氧生物处理法+好氧生物处理法	89.5	
					废气	工业废气量	标米³/吨-产品	8.83×10^{5}	—	—	—
						二氧化硫	千克/吨-产品	2.70	双碱法	80	k=污染处理设施年耗电量（千瓦·时）/［污染处理设施功率（千瓦）×年运行时间（小时）］
						氮氧化物	千克/吨-产品	7.43	选择性催化还原（SCR）	70	
—	有机助剂	有机化工原料/无机化工原料	化学合成或混合	所有规模	废水	工业废水量	吨/吨-产品	21.20	—	—	—
						化学需氧量	克/吨-产品	6.62×10^{4}	物理化学处理法+厌氧生物处理法+活性污泥法	88	k=污染处理设施年耗电量（千瓦·时）/［污染处理设施功率（千瓦）×年运行时间（小时）］
						氨氮	克/吨-产品	5.04×10^{2}	物理化学处理法+厌氧生物处理法+活性污泥法	88	
						总氮	克/吨-产品	8.48×10^{2}	物理化学处理法+厌氧生物处理法+活性污泥法	88	
					废气	挥发性有机物	千克/吨-产品	0.78	碱液喷淋+生物处理法	90	
—	无机助剂	有机化工原料/无机化工原料	化学合成或混合	所有规模	废水	工业废水量	吨/吨-产品	2.64	—	—	—
						化学需氧量	克/吨-产品	7.33×10^{2}	物理化学处理法+厌氧生物处理法+活性污泥法	88	k=污染处理设施年耗电量（千瓦·时）/［污染处理设施功率（千瓦）×年运行时间（小时）］
					废气	工业废气量	标米³/吨-产品	3.09×10^{4}	—	—	—

2662 专项化学用品制造业

1 适用范围

本手册仅用于《国民经济行业分类》（GB/T 4754—2017）中 2662 专项化学用品制造业行业使用系数法核算工业污染物产生量和排放量的工业企业。

利用本手册进行产排污核算得出的污染物产生量与排放量仅代表了特定行业、工艺、产品、原料在正常工况下污染物产生与排放的一般规律。

本行业废水指标包括工业废水量、化学需氧量、氨氮、总氮、挥发酚和总磷；废气指标包括工业废气量、废气颗粒物、二氧化硫、氮氧化物和挥发性有机物。

2 注意事项

2.1 企业有多种生产工艺或生产多类产品产排污量核算

污染物产生量与产品产量有关，根据不同核算环节计算产污量后，再根据企业末端治理设施和运行情况计算各污染物的排放量。

企业某污染物指标的产生量、排放量为各核算环节产生量、排放量之和。

在企业实际排放量计算过程中，如果存在废水回用的情况，需要在利用产排污核算公式的基础上扣除废水回用的部分。公式如下：

实际排放量=计算排放量×（1–废水回用率）

2.2 采用多种治理设施组合处理企业的排污量核算

在排污量计算选择末端治理技术时，若没有对应的组合治理技术，以主要治理技术为准。

2.3 系数表中未涉及的产污系数及污染治理效率

本手册涵盖专项化学用品制造行业产品中的氨基酸、KDS-101 清洗剂、工业用脂肪酸、抗氧抗腐剂 T202、皮革鞣剂、过氧化氢，这些产品涵盖水处理化学品、造纸化学品、皮革化学品、油脂化学品、油田化学品、生物工程化学品、日化产品专用化学品等。

对于其他专项化学用品生产装置，或系数表单中未涉及的处理方法，企业可根据实际情况参考具有相似工艺和相似原料的组合确定产污系数，同时也可以进行现场监测、咨询行业组织或专家。

当被调查的专项化学用品合成装置的废水处理方法与表中所给方法不一致时，首先根据当地或本行业生态环境部门的监测报告进行核算；没有监测报告的，可以开展现场监测或按处理设施处理效率进行核算。如果无废水治理设施，排污系数等于产污系数。

2.4 其他需要说明的问题

（1）本手册只需考虑企业产品的产量，力求简单、清楚，易于使用。使用本手册计算得出的产排污量可能与单个调查企业有一定出入，但总体符合行业水平。

（2）对于工况未达到 75%生产负荷的生产装置，使用本手册数据需要结合实际生产状况或咨询相关专家确认适用性，有监测条件的企业可开展现场监测或根据历史监测数据核算修正后使用。

（3）装置废水产出后基本是经过预处理后集中处理，部分企业对经末端治理后的废水进行回用，本系数表单所列的排污系数未考虑污水回用情况，在进行污染源普查时各企业可以根据实际情况处理，在企业实际排放量计算过程中，如果存在废水回用的情况，需要在利用产排污核算公式的基础上扣除废水回用的部分。公式如下：

实际排放量=计算排放量×（1–废水回用率）

（4）生产非单一产品企业污染物产排量核算。

专项化学用品制造行业各企业所包含的产品不尽相同，其中多数企业包含多种产品的制造，本手册以专项化学用品制造产品分类为依据，然后按照相似产品进行总体计算，对应企业进行核算时应将产品按照大类进行区分，再分别计算加和。

（5）本手册挥发性有机物的末端治理技术考虑了 65%的捕集效率。

（6）由于不同企业工业废气量、废水量差异较大，本手册所提供的工业废气量、废水量系数仅供参考。

（7）为体现相同产污水平条件下，采用相同环保治理设施的不同企业对同一污染物去除效果的差异，引入末端治理设施实际运行率（k）对污染治理技术的实际去除率进行修正。k 值反映的是污染治理设施运行的状态，越稳定运行，k 值越高；在取值上，若定义连续稳定运行的理想状态为 1，则 k 取值在 0～1 之间。

本手册给出本行业的 k 计算公式仅供参考，使用时，可根据 k 值定义，选取更适合企业实际情况的表达方式。

3 污染物排放量核算方法

3.1 计算污染物产生量

（1）根据产品、原料、污染物产生的主导生产工艺、企业规模（生产产能）这一组合查找和确定所对应的某一污染物的产污系数。

（2）根据该污染物的产污系数计量单位——单位产品产量，获取企业实际产品产量。

例如，某组合内化学需氧量的产污系数单位为克/吨-产品，则计算产生量时需要获取企业实际产品产量。

（3）污染物产生量按以下公式进行计算：

污染物产生量=污染物对应的产污系数×产品产量

$$G_{产i} = P_{产i} \times M_i$$

式中，$G_{产i}$——工段 i 某污染物的产生量；

$P_{产i}$——工段 i 某污染物对应的产污系数；

M_i——工段 i 的产品产量。

3.2 计算污染物去除量

（1）根据企业对某一个污染物所采用的治理技术查找和选择相应的末端治理技术平均去除效率。

（2）根据所填报的污染治理设施实际运行率参数及其计算公式得出该企业某一污染物的治理设施实际运行率（k 值）。

（3）污染物去除量按以下公式进行计算：

污染物去除量＝污染物产生量×污染物去除率

＝污染物产生量×末端治理技术平均去除效率×治理设施实际运行率

$$R_{减i}=G_{产i}\times\eta_T\times k_T$$

式中，$R_{减i}$——工段 i 某污染物的去除量；

η_T——工段 i 某污染物采用的末端治理技术的平均去除效率；

k_T——工段 i 某污染物采用的末端治理设施的实际运行率。

3.3 计算污染物排放量

污染物排放量＝污染物产生量－污染物去除量

＝污染物对应的产污系数×产品产量－污染物产生量×末端治理技术平均去除效率×治理设施实际运行率

3.4 计算企业污染物排放量

同一企业某污染物全年的产生（排放）总量为该企业同年实际生产的全部工段、产品、原料、规模污染物产生（排放）量之和。

$$E_{排}=G_{产}-R_{减}=\sum(G_{产i}-R_{减i})$$
$$=\sum\left[P_{产i}\times M_i(1-\eta_T\times k_T)\right]$$

4 污染物排放量核算案例

某企业主要从事双氧水（27.5%）生产。该企业以 2-乙基蒽醌和磷酸三辛酯为主要原料，生产工艺采用蒽醌法，年产量（生产规模）10 万吨。该企业废水的污染治理技术采用“物理化学法+厌氧生物处理法+活性污泥法”，涉及的污染物包括化学需氧量、氨氮等。

本核算示例以废水中化学需氧量为例，说明该企业化学需氧量排放量的计算方法。

4.1 化学需氧量产生量计算

（1）查找产污系数及其计量单位

该企业主要产品为双氧水（27.5%），主要原料为 2-乙基蒽醌和磷酸三辛酯，主要工艺为蒽醌法。

该组合化学需氧量的产污系数为34.9，单位为克/吨-产品。

（2）获取企业产品产量

该企业实际情况为：主要产品双氧水（27.5%）2017年产量为10万吨。

（3）计算化学需氧量产生量

由于查询到的组合中，化学需氧量产污系数的单位为克/吨-产品，因此在核算产生量时采用产品产量。

化学需氧量产生量=产污系数×产品产量

=34.9克/吨-产品×100000吨-产品=3490000克=3490千克

4.2 化学需氧量去除量计算

（1）查找末端治理技术平均去除效率

该企业化学需氧量治理技术为“物理化学法+厌氧生物处理法+活性污泥法”，查询该方法的平均去除效率为89%。

（2）计算污染治理技术实际运行率

根据产污系数组合查询结果，该组合中“物理化学法+厌氧生物处理法+活性污泥法”对应的污染治理设施实际运行参数分别为设施年运行时间（小时）、污染处理设施年耗电量（千瓦·时）和污染处理设备功率（千瓦）。

根据查询结果，该组合中“物理化学法+厌氧生物处理法+活性污泥法”对应的污染治理设施实际运行率为

k=污染处理设施年耗电量/（污染处理设备功率×年运行时间）

获取企业实际填报情况如下：污染处理设备2017年耗电量26730千瓦·时，设备功率为5.5千瓦，运行时间5000小时，则该企业的化学需氧量处理设备实际运行率为

k = 26730千瓦·时/（5.5千瓦×5000小时）=0.972

（3）计算化学需氧量去除量

化学需氧量去除量=3490千克×89%×0.972=3019千克

4.3 化学需氧量排放量计算

化学需氧量排放量=3490千克–3019千克=471千克

5 系数表

2662 专项化学用品制造行业系数表

工段名称	产品名称	原料名称	工艺名称	规模等级	污染物类别	污染物指标	系数单位	产污系数	末端治理技术	末端治理技术平均去除效率/%	参考 k 值计算公式[1]
—	氨基酸	焦谷氨酸 乙胺 乙醇	化学合成	所有规模	废水	工业废水量	吨/吨-产品	90.80	—	—	—
						化学需氧量	克/吨-产品	4.42×10^4	物理化学法+生物处理法+活性污泥法	90	k=设施年耗电量（千瓦·时）/[设备功率（千瓦）×年运行时间（小时）]
						氨氮	克/吨-产品	4.77×10^3	物理化学法+生物处理法+活性污泥法	95	
						总氮	克/吨-产品	5.90×10^3	物理化学法+生物处理法+活性污泥法	64	
					废气	工业废气量	标米^3/吨-产品	1.29×10^4	—	—	—
						挥发性有机物	千克/吨-产品	0.40	氧化法	40	k=设施年耗电量（千瓦·时）/[设备功率（千瓦）×年运行时间（小时）]
—	KDS-101清洗剂	羟基乙叉二磷酸 水解聚马来酸酐 硫酸锌	化学合成	所有规模	废水	工业废水量	吨/吨-产品	1.01×10^2	—	—	—
						化学需氧量	克/吨-产品	4.63×10^4	物理化学法+生物处理法+活性污泥法	90	k=设施年耗电量（千瓦·时）/[设备功率（千瓦）×年运行时间（小时）]
						总磷	克/吨-产品	1.19×10^3	物理化学法+生物处理法+活性污泥法	77	
	工业用脂肪酸	油脂	水解工艺	所有规模	废水	工业废水量	吨/吨-产品	1.30	—	—	—

1 该公式仅供参考，使用时，可根据 k 值定义，选取更适合企业实际情况的表达方式。

2662 专项化学用品制造行业系数表（续表 1）

工段名称	产品名称	原料名称	工艺名称	规模等级	污染物类别	污染物指标	系数单位	产污系数	末端治理技术	末端治理技术平均去除效率/%	参考 k 值计算公式
—	工业用脂肪酸	油脂	水解工艺	所有规模	废水	化学需氧量	克/吨-产品	2.65×10^{4}	物理化学法+生物处理法+活性污泥法	90	k=设施年耗电量（千瓦·时）/［设备功率（千瓦）×年运行时间（小时）］
						总氮	克/吨-产品	1.47×10^{2}	物理化学法+厌氧生物处理法+生物膜法	91	
						氨氮	克/吨-产品	1.47×10^{2}	物理化学法+生物处理法+活性污泥法	95	
—	抗氧抗腐剂T202	丁醇 辛醇 硫磷酸锌	化学合成	所有规模	废水	工业废水量	吨/吨-产品	0.74	—	—	—
						化学需氧量	克/吨-产品	2.95×10^{2}	物理化学法+生物处理法+活性污泥法	90	k=设施年耗电量（千瓦·时）/［设备功率（千瓦）×年运行时间（小时）］
						氨氮	克/吨-产品	7.25	物理化学法+生物处理法+活性污泥法	80	
						总氮	克/吨-产品	13.0	物理化学法+生物处理法+活性污泥法	47	
						总磷	克/吨-产品	1.40	物理化学法+生物处理法+活性污泥法	94	
					废气	工业废气量	标米^{3}/吨-产品	4.76×10^{4}	—	—	—
						颗粒物	千克/吨-产品	6.40×10^{-2}	单筒旋风除尘法	48	k=设施年耗电量（千瓦·时）/［设备功率（千瓦）×年运行时间（小时）］
						二氧化硫	千克/吨-产品	0.28	炉内脱硫法	88	
						氮氧化物	千克/吨-产品	0.72	直排	—	—

2662 专项化学用品制造行业系数表（续表 2）

工段名称	产品名称	原料名称	工艺名称	规模等级	污染物类别	污染物指标	系数单位	产污系数	末端治理技术	末端治理技术平均去除效率/%	参考 k 值计算公式
—	皮革鞣剂	尿素 三聚氰胺 双氰胺 甲醛	缩聚	所有规模	废水	工业废水量	吨/吨-产品	0.99	—	—	—
						化学需氧量	克/吨-产品	1.72×10^{2}	物理化学法+好氧生物处理法+活性污泥法	96	k=设施年耗电量（千瓦·时）/［设备功率（千瓦）×年运行时间（小时）］
						总氮	克/吨-产品	24.30	物理化学法+厌氧生物处理法+生物膜法	91	
						氨氮	克/吨-产品	11.70	物理化学法+好氧生物处理法+活性污泥法	79	
					废气	工业废气量	标米 ^{3}/吨-产品	1.43×10^{4}	—	—	—
						颗粒物	千克/吨-产品	9.02	湿法除尘法	97	k=设施年耗电量（千瓦·时）/［设备功率（千瓦）×年运行时间（小时）］
						二氧化硫	千克/吨-产品	0.97	双碱法	70	
						挥发性有机物	千克/吨-产品	0.094	直排	—	—
—	双氧水	2-乙基蒽醌 磷酸三辛酯 溶剂油	蒽醌法	所有规模	废水	工业废水量	吨/吨-产品	0.15	—	—	—
						化学需氧量	克/吨-产品	34.90	物理化学法+催化氧化+生物处理法	89	k=设施年耗电量（千瓦·时）/［设备功率（千瓦）×年运行时间（小时）］
						氨氮	克/吨-产品	1.39	物理化学法+催化氧化+生物处理法	86	
						总氮	克/吨-产品	1.39	物理化学法+催化氧化+生物处理法	50	k=设施年耗电量（千瓦·时）/［设备功率（千瓦）×年运行时间（小时）］
						挥发酚	克/吨-产品	0.24	直排	—	—
					废气	工业废气量	标米 ^{3}/吨-产品	2.58×10^{3}	—	—	—
						颗粒物	千克/吨-产品	1.60×10^{-2}	直排	—	—
						挥发性有机物	千克/吨-产品	1.28	冷凝+炭纤维回收	40	k=设施年耗电量（千瓦·时）/［设备功率（千瓦）×年运行时间（小时）］

2663 林产化学品制造业

1 适用范围

本手册仅用于《国民经济行业分类》（GB/T 4754—2017）中 2663 林产化学品制造行业使用产污系数法核算工业污染物产生量和排放量的工业企业。

利用本手册进行产排污核算得出的污染物产生量与排放量仅代表了特定行业、工艺、产品、原料在正常工况下污染物产生与排放的一般规律。

本行业废水指标包括工业废水量、化学需氧量、氨氮、总氮、石油类；废气指标包括工业废气量、挥发性有机物、颗粒物、二氧化硫、氮氧化物。

2 注意事项

2.1 企业有多种生产工艺或生产多类产品产排污量核算

污染物产生量与产品产量有关，根据不同核算环节计算产污量后，再根据企业末端治理设施和运行情况计算各污染物的排放量。

企业某污染物指标的产生量、排放量为各核算环节产生量、排放量之和。

在企业实际排放量计算过程中，如果存在废水回用的情况，需要在利用产排污核算公式的基础上扣除废水回用的部分。公式如下：

实际排放量=计算排放量×（1–废水回用率）

2.2 采用多种治理设施组合处理企业的排污量核算

在排污量计算选择末端治理技术时，若没有对应的组合治理技术，以主要治理技术为准。

2.3 系数表中未涉及的产污系数及污染治理效率

林产化学品中木炭、竹炭、机制炭产品，废水、废气指标可参考 2663 林产化学品制造行业活性炭产品的产污系数。

2.4 其他需要说明的问题

由于不同企业工业废气量、废水量差异较大，本手册所提供的工业废气量、废水量系数仅供参考。

为体现相同产污水平条件下，采用相同环保治理设施的不同企业对同一污染物去除效果的差异，引入末端治理设施实际运行率（k）对污染治理技术的实际去除率进行修正。k 值反映的是污染治理设施运行的状态，越稳定运行，k 值越高；在取值上，若定义连续稳定运行的理想状态为 1，则 k 取值在 0～1 之间。

本手册给出本行业的 k 计算公式仅供参考，使用时，可根据 k 值定义，选取更适合企业实际情况的表达方式。

3 污染物排放量核算方法

3.1 计算污染物产生量

（1）根据产品、原料、污染物产生的主导生产工艺、企业规模（生产产能）这一组合查找和确定所对应的某一污染物的产污系数。

（2）根据该污染物的产污系数计量单位——单位产品产量，获取企业实际产品产量。

例如，某组合内化学需氧量的产污系数单位为千克/吨-产品，则计算产生量时需要获取企业实际产品产量。

（3）污染物产生量按以下公式进行计算：

污染物产生量=污染物对应的产污系数×产品产量

$$G_{产i} = P_{产} \times M_i$$

式中，$G_{产i}$——工段 i 某污染物的产生量；

$P_{产}$——工段 i 某污染物对应的产污系数；

M_i——工段 i 的产品产量。

3.2 计算污染物去除量

（1）根据企业对某一污染物所采用的治理技术查找和选择相应的末端治理技术平均去除效率。

（2）根据所填报的污染治理设施实际运行率参数及其计算公式得出该企业某一污染物的治理设施实际运行率（k 值）。

（3）污染物去除量按以下公式进行计算：

污染物去除量=污染物产生量×污染物去除率 =污染物产生量×末端治理技术平均去除效率×治理设施实际运行率

$$R_{减i} = G_{产i} \times \eta_T \times k_T$$

式中，$R_{减i}$——工段 i 某污染物的去除量；

η_T——工段 i 某污染物采用的末端治理技术的平均去除效率；

k_T——工段 i 某污染物采用的末端治理设施的实际运行率。

3.3 计算污染物排放量

污染物排放量=污染物产生量–污染物去除量

=污染物对应的产污系数×产品产量–污染物产生量×末端治理技术平均去除效率×治理设施实际运行率

3.4 计算企业污染物排放量

同一企业某污染物全年的产生（排放）总量为该企业同年实际生产的全部工段、产品、原料、

规模污染物产生（排放）量之和。

$$E_{排} = G_{产} - R_{减} = \sum (G_{产i} - R_{减i}) \\ = \sum \left[P_{产i} \times M_i (1 - \eta_T \times k_T) \right]$$

4 污染物排放量核算案例

某企业主要从事松香生产。该企业以松脂为主要原料，生产工艺采用溶解、澄清、蒸馏，年产量（生产规模）1500 吨。该企业废气治理设施为吸收法，涉及的废气污染物主要为挥发性有机物。

本核算示例以废气中挥发性有机物为例，说明该企业挥发性有机物排放量的计算方法。

根据企业基本信息，查找本手册中主要产品为松香，主要原料为松脂，主要工艺为蒸馏，生产规模为年产量 1500 吨。该组合挥发性有机物的产污系数为 0.826，单位为千克/吨-产品。

该企业实际情况为：产品松香 2017 年产量为 1000 吨，主要原料松脂 2017 年消耗量为 1200 吨。

4.1 挥发性有机物产生量计算

由于查询到的组合中，挥发性有机物产污系数的单位为千克/吨-产品，因此在核算产生量时需获取产品产量。

挥发性有机物产生量=挥发性有机物产污系数×产品（松香）产量=0.826 千克/吨-产品×1000 吨-产品=826 千克

4.2 挥发性有机物去除量计算

（1）查找末端治理技术平均去除效率

该企业挥发性有机物治理技术采用吸收法，查询吸收法的平均去除效率为 60%。

（2）计算污染治理设施实际运行率

根据产污系数组合查询结果，该组合中吸收法对应的污染治理设施实际运行参数分别为设施年耗电量（千瓦·时）、设备运行功率（千瓦）、年生产运行时间（小时）。

根据查询结果，该组合中吸收法对应的污染治理设施实际运行率为

k=设施年耗电量（千瓦·时）/[设备运行功率（千瓦）×年生产运行时间（小时）]=0.9

（3）计算挥发性有机物去除量

挥发性有机物去除量=826 千克×0.9×0.6=446.04 千克

4.3 挥发性有机物排放量计算

挥发性有机物排放量=826 千克−446.04 千克=379.96 千克

5 系数表

2663 林产化学品制造行业系数表

工段名称	产品名称	原料名称	工艺名称	规模等级	污染物类别	污染物指标	系数单位	产污系数	末端治理技术	末端治理技术平均去除效率/%	参考 k 值计算公式[1]
—	松香	松脂	蒸馏	所有规模	废水	工业废水量	吨/吨-产品	2.80	—	—	—
						化学需氧量	克/吨-产品	6.86×10^3	沉淀分离	20	k=污水治理设施运行时间（小时/年）/企业正常生产时间（小时/年）
									上浮分离	25	
									化学混凝法	30	
									吸附	10	
									厌氧水解类	80	
									活性污泥法	70	
									生物接触氧化法	60	
						总氮	克/吨-产品	1.07×10^2	活性污泥法	70	
									生物接触氧化法	60	
						氨氮	克/吨-产品	23.90	活性污泥法	70	
									生物接触氧化法	60	
						石油类	克/吨-产品	2.13×10^2	上浮分离	80	
									吸附	60	
									活性污泥法	85	
									生物接触氧化法	85	
									厌氧水解类	85	

1 该公式仅供参考，使用时，可根据 k 值定义，选取更适合企业实际情况的表达方式。

2663 林产化学品制造行业系数表（续表 1）

工段名称	产品名称	原料名称	工艺名称	规模等级	污染物类别	污染物指标	系数单位	产污系数	末端治理技术	末端治理技术平均去除效率/%	参考 k 值计算公式
—	松香	松脂	蒸馏	所有规模	废气	工业废气量	标米 ^{3}/吨-产品	5.14×10^3	—	—	—
						挥发性有机物	千克/吨-产品	0.80	冷凝法	50	k=设施年耗电量（千瓦·时）/［设备运行功率（千瓦）×年生产运行时间（小时）］
									吸收+分流	60	
									V19 其他	—	
					固废	一般工业固废	千克/吨-产品	63.30	—	—	—
						HW49 危险废物（活性炭废物）	千克/吨-产品	19.10	—	—	—
	活性炭	果壳	炭化+物理活化	所有规模	废水	工业废水量	酸洗 吨/吨-产品	15.90	—	—	—
							无酸洗 吨/吨-产品	0.50	—	—	—
						化学需氧量	克/吨-产品	2.73×10^3	沉淀分离	20	k=治理设施运行时间（小时/年）/企业正常生产时间（小时/年）
									化学沉淀法	40	
					废气	工业废气量	标米 ^{3}/吨-产品	4.40×10^4	—	—	—
						颗粒物	千克/吨-产品	11.40	袋式除尘	99	k=设施年耗电量（千瓦·时）/［设备运行功率（千瓦）×年生产运行时间（小时）］
									静电除尘法	95	
									喷淋塔/冲击水浴	70	
									单筒旋风除尘法	70	
									多管旋风除尘法	80	

2663 林产化学品制造行业系数表（续表 2）

工段名称	产品名称	原料名称	工艺名称	规模等级	污染物类别	污染物指标	系数单位	产污系数	末端治理技术	末端治理技术平均去除效率/%	参考 k 值计算公式
—	活性炭	果壳	炭化+物理活化	所有规模	废气	二氧化硫	千克/吨-产品	2.35	石灰石/石膏法	80	k=设施年耗电量（千瓦·时）/［设备运行功率（千瓦）×年生产运行时间（小时）］
									氨法	80	
									双碱法	80	
						氮氧化物	千克/吨-产品	1.50	低氮燃烧法	20	
									选择性催化还原法（SCR）	40	
					固废	一般工业固废	千克/吨-产品	22.00	—	—	—
						HW49 危险废物（活性炭废物）	千克/吨-产品	2.30	—	—	—
		木屑	炭化+化学活化	所有规模	废水	工业废水量	酸洗 吨/吨-产品	25.20	—	—	—
							无酸洗 吨/吨-产品	0.80	—	—	—
						化学需氧量	克/吨-产品	2.08×10^3	沉淀分离	20	k=污水治理设施运行时间（小时）/企业正常生产时间（小时）
									化学沉淀法	30	
					废气	工业废气量	标米 ^{3}/吨-产品	4.66×10^4	—	—	—
						颗粒物	千克/吨-产品	2.95×10^2	袋式除尘	99	k=设施年耗电量（千瓦·时）/［设备运行功率（千瓦）×年生产运行时间（小时）］
									静电除尘法	95	

2663 林产化学品制造行业系数表（续表 3）

工段名称	产品名称	原料名称	工艺名称	规模等级	污染物类别	污染物指标	系数单位	产污系数	末端治理技术	末端治理技术平均去除效率/%	参考 *k* 值计算公式
—	活性炭	木屑	炭化+化学活化	所有规模	废气	颗粒物	千克/吨-产品	2.95×10^{2}	喷淋塔/冲击水浴	70	*k*=设施年耗电量（千瓦·时）/［设备运行功率（千瓦）×年生产运行时间（小时）］
									单筒旋风除尘法	70	
									多管旋风除尘法	80	
						二氧化硫	千克/吨-产品	8.80	石灰石/石膏法	80	
									氨法	80	
									双碱法	80	
						氮氧化物	千克/吨-产品	2.90	低氮燃烧法	20	
									选择性催化还原法（SCR）	40	
					固废	一般工业固废	千克/吨-产品	98.00	—	—	—
						HW49 危险废物（活性炭废物）	千克/吨-产品	0.80	—	—	—

2664 文化用信息化学品制造业

1 适用范围

本手册仅用于《国民经济行业分类》（GB/T 4754—2017）中 2664 文化用信息化学品制造行业使用系数法核算工业污染物产生量和排放量的工业企业。

利用本手册进行产排污核算得出的污染物产生量与排放量仅代表了特定行业、工艺、产品、原料在正常工况下污染物产生与排放的一般规律。

废水指标包括工业废水量、化学需氧量、氨氮、总氮；废气指标包括工业废气量、挥发性有机物。

2 注意事项

2.1 企业有多种生产工艺或生产多类产品产排污量核算

污染物产生量与产品产量有关，根据不同核算环节计算产污量后，再根据企业末端治理设施和运行情况计算各污染物的排放量。

企业某污染物指标的产生量、排放量为各核算环节产生量、排放量之和。

在企业实际排放量计算过程中，如果存在废水回用的情况，需要在利用产排污核算公式的基础上扣除废水回用的部分。公式如下：

实际排放量=计算排放量×（1–废水回用率）

2.2 采用多种治理设施组合处理企业的排污量核算

在排污量计算选择末端治理技术时，若没有对应的组合治理技术，以主要治理技术为准。

2.3 系数表中未涉及的产污系数及污染治理效率

本手册已基本涵盖各种原料、规模、工艺的文化用信息化学品，对可能遇到的使用罕见或特殊原料、工艺的文化用信息化学品生产企业，或系数表中未涉及的末端治理方法，可咨询当地行业组织、环保专家、其他本行业企业技术人员，选取近似的处理方法代替。

2.4 其他需要说明的问题

由于不同企业工业废气量、废水量差异较大，本手册所提供的工业废气量、废水量系数仅供参考。

3 污染物排放量核算方法

针对企业实际生产情况，本行业在系数制定过程中将企业全生产流程划分或拆分为若干工段（核算环节），在核算企业污染物产排量时，可灵活选择本企业对应的工段进行核算。

3.1 计算工段污染物产生量

（1）根据产品、原料、污染物产生的主导生产工艺、企业规模（生产产能）这一组合查找和确定所对应的某一污染物的产污系数。

（2）根据该污染物的产污系数计量单位——单位产品产量，获取企业实际产品产量。

例如，某组合内化学需氧量的产污系数单位为千克/吨-产品，则计算产生量时需要获取企业实际产品产量。

（3）污染物产生量按以下公式进行计算：

污染物产生量=污染物对应的产污系数×产品产量

$$G_{产i} = P_{产i} \times M_i$$

式中，$G_{产i}$——工段 i 某污染物的产生量；

$P_{产i}$——工段 i 某污染物对应的产污系数；

M_i——工段 i 的产品产量。

3.2 计算工段污染物去除量

（1）根据企业对某一污染物所采用的治理技术查找和选择相应的末端治理技术平均去除效率。

（2）根据所填报的污染治理设施实际运行率参数及其计算公式得出该企业某一污染物的治理设施实际运行率（k 值）。

（3）污染物去除量按以下公式进行计算。

污染物去除量=污染物产生量×污染物去除率

=污染物产生量×末端治理技术平均去除效率×治理设施实际运行率

$$R_{减i} = G_{产i} \times \eta_T \times k_T$$

式中，$R_{减i}$——工段 i 某污染物的去除量；

η_T——工段 i 某污染物采用的末端治理技术的平均去除效率；

k_T——工段 i 某污染物采用的末端治理设施的实际运行率。

3.3 计算工段污染物排放量

污污染物排放量=污染物产生量–污染物去除量

=污染物对应的产污系数×产品产量–污染物产生量×末端治理技术平均去除效率×治理设施实际运行率

3.4 计算企业污染物排放量

同一企业某污染物全年的产生（排放）总量为该企业同年实际生产的全部工段、产品、原料、规模污染物产生（排放）量之和。

$$E_{排}=G_{产}-R_{减}=\sum(G_{产i}-R_{减i})$$
$$=\sum\left[P_{产i}\times M_i(1-\eta_T\times k_T)\right]$$

4 污染物排放量核算案例

某企业主要从事信息化学品制造，主要产品包含彩色感光材料、黑白感光材料、激光照排片、PS 版、聚酯薄膜片基、磁记录材料、数码影像材料、冲洗套药、感光材料专用化学制剂。主要污染物为化学需氧量、氨氮、挥发性有机物。以化学需氧量为例说明排放量计算过程。

该企业基本信息如表 1 所示。

表 1　某彩色感光材料企业基本主要信息

	名称	数量
产品及产量	彩色感光材料	3551 万米^2
原料及用量	纸基	4000 万米^2
	明胶	63 吨
	硝酸银	22 吨
	专用制剂	9.87 吨
工艺名称	挤压涂布	—
规模（产能）	4500 万米^2	
污染治理设施	好氧生物处理法	
实际运行率参数	污水治理设施运行时间	7200 小时
	企业正常生产时间	7200 小时

4.1 化学需氧量产生量计算

（1）查找产污系数及其计量单位

根据企业基本信息，查找本手册中主要产品为彩色感光材料，主要原料为纸基、片基、明胶、硝酸银、表面活性剂、专用制剂，主要工艺为挤压涂布，生产规模为所有规模。该组合化学需氧量的产污系数为 69700，单位为克/万米^2-产品。

（2）获取企业产品产量

该企业实际情况为：彩色感光材料 2017 年产量为 3551 万米^2。

（3）计算化学需氧量产生量

由于查询到的组合中，化学需氧量产污系数的单位为克/吨-产品，因此在核算产生量时需获取产品产量。

化学需氧产生量=化学需氧产污系数×产品（彩色感光材料）产量=69700 克/万米 ^{2}-产品×3551 万米 ^{2}-产品=247504700 克

4.2 化学需氧量去除量计算

（1）查找末端治理技术平均去除效率

该企业化学需氧量治理技术采用好氧生物处理法，查询好氧生物处理法的平均去除效率为 85%。

（2）计算污染治理设施实际运行率

根据产污系数组合查询结果，该组合中化学需氧量好氧生物处理法对应的污染治理设施实际运行参数分别为处理设施年正常运行时间、企业年正常生产时间

根据查询结果，该组合中化学需氧量好氧生物处理法对应的污染治理设施实际运行率为

k=治理设施运行时间/企业正常生产时间

则该企业的好氧生物处理法实际运行率为

k=7200 小时/7200 小时=1

（3）计算化学需氧量去除量

化学需氧量去除量=247504700 克×85%×1= 210378995 克

4.3 化学需氧量排放量计算

化学需氧量排放量=247504700 克–210378995 克=37125705 克

5 系数表

2664 文化用信息化学品制造行业系数表

工段名称	产品名称	原料名称	工艺名称	规模等级	污染物类别	污染物指标	系数单位	产污系数	末端治理技术	末端治理技术平均去除效率/%	参考 k 值计算公式[1]
彩色感光材料生产	彩色感光材料	纸基、片基、明胶、硝酸银、表面活性剂、专用制剂	挤压涂布	所有规模	废水	工业废水量	吨/万米^2-产品	78.00	—	—	—
						化学需氧量	克/万米^2-产品	6.97×10^4	好氧生物处理法	85	k=治理设施运行时间（小时/年）/企业正常生产时间（小时/年）
						总氮	克/万米^2-产品	950.04	好氧生物处理法	85	
						氨氮	克/万米^2-产品	3.17×10^2	好氧生物处理法	85	
					固废	一般工业固废	千克/万米^2-产品	845.00	外委	—	—
						HW12 危险废物（化学品废物）	千克/万米^2-产品	28.00	外委	—	—
黑白感光材料生产	黑白感光材料	片基、纸基、硝酸银、明胶、甲醇、专用制剂	挤压涂布	所有规模	废水	工业废水量	吨/万米^2-产品	64.00	—	—	—
						化学需氧量	克/万米^2-产品	7.89×10^4	好氧生物处理法	85	k=治理设施运行时间（小时/年）/企业正常生产时间（小时/年）
						总氮	克/万米^2-产品	4018.56	好氧生物处理法	85	
						氨氮	克/万米^2-产品	1.34×10^3	好氧生物处理法	85	
					固废	一般工业固废	千克/万米^2-产品	1.67	外委	—	—
						HW12 危险废物（化学品废物）	千克/万米^2-产品	27.00	外委	—	—

1 该公式仅供参考，使用时，可根据 k 值定义，选取更适合企业实际情况的表达方式。

2664 文化用信息化学品制造行业系数表（续表 1）

工段名称	产品名称	原料名称	工艺名称	规模等级	污染物类别	污染物指标	系数单位	产污系数	末端治理技术	末端治理技术平均去除效率/%	参考 k 值计算公式
激光照排片生产	激光照排片	涤纶片基、硝酸银、明胶、专用制剂	成熟-熔化-涂布-干燥	所有规模	废水	工业废水量	吨/万米 ^{2}-产品	4.10×10^2	—	—	—
						化学需氧量	克/万米 ^{2}-产品	2.79×10^5	好氧生物处理法	80	k=治理设施运行时间（小时/年）/企业正常生产时间（小时/年）
						总氮	克/万米 ^{2}-产品	44280.00	好氧生物处理法	80	
						氨氮	克/万米 ^{2}-产品	1.48×10^4	好氧生物处理法	80	
					固废	一般工业固废	千克/万米 ^{2}-产品	0.19	外委	—	—
						HW12 危险废物（化学品废物）	千克/万米 ^{2}-产品	30.00	外委	—	—
PS 版生产	PS 版	铝板或树脂版、酸、碱、树脂、丙酮	腐蚀-电解-氧化-涂布	所有规模	废水	工业废水量	吨/万米 ^{2}-产品	2.13×10^2	—	—	—
						化学需氧量	克/万米 ^{2}-产品	4.76×10^4	好氧生物处理法	77	k=治理设施运行时间（小时/年）/企业正常生产时间（小时/年）
									厌氧生物处理法	95	
						氨氮	克/万米 ^{2}-产品	2.53×10^2	好氧生物处理法	87	
									厌氧生物处理法	95	
						总氮	克/万米 ^{2}-产品	759.99	好氧生物处理法	87	
									厌氧生物处理法	95	
					废气	工业废气量	标米 ^{3}/万米 ^{2}-产品	1.09×10^4	—	—	—
						挥发性有机物	克/万米 ^{2}-产品	2.36×10^4	蓄热式热力燃烧法	93	k=治理设施运行时间（小时/年）/企业正常生产时间（小时/年）

2664 文化用信息化学品制造行业系数表（续表 2）

工段名称	产品名称	原料名称	工艺名称	规模等级	污染物类别	污染物指标	系数单位	产污系数	末端治理技术	末端治理技术平均去除效率/%	参考 k 值计算公式
PS 版生产	PS 版	铝板或树脂版、酸、碱、树脂、丙酮	腐蚀-电解-氧化-涂布	所有规模	工业固废	一般工业固废	千克/万米 ^{2}-产品	3.33	外委	—	—
						HW12 危险废物（化学品废物）	千克/万米 ^{2}-产品	0.37	外委	—	—
聚酯薄膜生产	聚酯薄膜、聚酯片基	聚酯切片、色母料、乙醇	熔融挤出	所有规模	废水	工业废水量	吨/吨-产品	0.92	—	—	—
						化学需氧量	克/吨-产品	318.67	好氧生物处理法	81.71	k=治理设施运行时间（小时/年）/企业正常生产时间（小时/年）
									厌氧生物处理法	95	
						氨氮	克/吨-产品	39.62	好氧生物处理法	81.71	k=治理设施运行时间（小时/年）/企业正常生产时间（小时/年）
									厌氧生物处理法	95	
					废气	工业废气量	标米 ^{3}/吨-产品	10145.39	—	—	—
						VOCs	克/吨-产品	34.90	光催化氧化法	33.72	k=治理设施运行时间（小时/年）/企业正常生产时间（小时/年）
					废水	工业废水量	吨/吨-产品	0.92	—	—	—
						化学需氧量	克/吨-产品	318.67	好氧生物处理法	81.71	k=治理设施运行时间（小时/年）/企业正常生产时间（小时/年）
					固废	一般工业固废	千克/吨-产品	0.20	外委	—	—
						HW12 危险废物（化学品废物）	克/吨-产品	2.00	外委	—	—

2664 文化用信息化学品制造行业系数表（续表 3）

工段名称	产品名称	原料名称	工艺名称	规模等级	污染物类别	污染物指标	系数单位	产污系数	末端治理技术	末端治理技术平均去除效率/%	参考 k 值计算公式
磁记录材料生产	磁记录材料	带基、丁酮、环己酮	封闭式刮刀涂布	所有规模	废水	工业废水量	吨/万米 ^{2}-产品	1.20×10^2	—	—	—
						化学需氧量	克/万米 ^{2}-产品	2.73×10^4	厌氧生物处理法	90	k=治理设施运行时间（小时/年）/企业正常生产时间（小时/年）
						总氮	克/万米 ^{2}-产品	529.20	厌氧生物处理法	90	
						氨氮	克/万米 ^{2}-产品	1.76×10^2	厌氧生物处理法	90	
					废气	工业废气量	标米 ^{3}/万米 ^{2}-产品	1.69×10^5	—	—	—
						挥发性有机物	克/万米 ^{2}-产品	3.01×10^4	蓄热式热力燃烧法	91	k=治理设施运行时间（小时/年）/企业正常生产时间（小时/年）
					固废	一般工业固废	千克/万米 ^{2}-产品	67.00	外委	—	—
						HW12 危险废物（化学品废物）	千克/万米 ^{2}-产品	31.00	外委	—	—
数码影像材料生产	数码影像材料	纸基、二氧化硅、聚乙烯醇、颜料	挤压涂布	所有规模	废水	工业废水量	吨/万米 ^{2}-产品	29.60	—	—	—
						化学需氧量	克/万米 ^{2}-产品	1.02×10^4	好氧生物处理法	92	k=治理设施运行时间（小时/年）/企业正常生产时间（小时/年）
						总氮	克/万米 ^{2}-产品	476.70	好氧生物处理法	84.2	
						氨氮	克/万米 ^{2}-产品	1.59×10^2	好氧生物处理法	84	

2664 文化用信息化学品制造行业系数表（续表 4）

工段名称	产品名称	原料名称	工艺名称	规模等级	污染物类别	污染物指标	系数单位	产污系数	末端治理技术	末端治理技术平均去除效率/%	参考 *k* 值计算公式
数码影像材料生产	数码影像材料	纸基、二氧化硅、聚乙烯醇、颜料	挤压涂布	所有规模	固废	一般工业固废	克/万米 ^{2}-产品	380.00	外委	—	—
						HW12 危险废物（化学品废物）	克/万米 ^{2}-产品	7.00	外委	—	—
冲洗套药生产	冲洗套药	亚硫酸氢氨、硫代硫酸铵、碳酸钾、冰醋酸、CD-3、对苯二酚	溶解配制	所有规模	废水	工业废水量	吨/万升-产品	33.10	—	—	—
						化学需氧量	克/万升-产品	4.57×10^4	好氧生物处理法	94	*k*=治理设施运行时间（小时/年）/企业正常生产时间（小时/年）
						氨氮	克/万升-产品	4.26×10^3	好氧生物处理法	80	
									厌氧生物处理法	80	
						总氮	克/万升-产品	1.28×10^4	好氧生物处理法	80	
									厌氧生物处理法	80	
					固废	一般工业固废	克/万升-产品	2.74×10^3	外委	—	—
感光材料专用化学制剂生产	感光材料专用化学制剂	三聚氰氯、碳酸氢钠、去离子水	化工合成	所有规模	废水	工业废水量	吨/吨-产品	2.07×10^2	—	—	—
						化学需氧量	克/吨-产品	1.86×10^5	好氧生物处理法	80	*k*=治理设施运行时间（小时/年）/企业正常生产时间（小时/年）
						总氮	克/吨-产品	9.74×10^3	好氧生物处理法	80	
						氨氮	克/吨-产品	3.25×10^3	好氧生物处理法	80	
					固废	一般工业固废	吨/吨-产品	0.006	外委	—	—
						HW12 危险废物（化学品废物）	吨/吨-产品	7.50	外委	—	—

2665 医学生产用信息化学品制造业

1　适用范围

本手册仅用于《国民经济行业分类》（GB/T 4754—2017）中 2665 医学生产用信息化学品制造行业使用系数法核算工业污染物产生量和排放量的工业企业。

利用本手册进行产排污核算得出的污染物产生量与排放量仅代表了特定行业、工艺、产品、原料在正常工况下污染物产生与排放的一般规律。

本行业废水指标包括工业废水量、化学需氧量、氨氮、总氮；废气指标包括工业废气量、非甲烷总烃。

2　注意事项

2.1　企业有多种生产工艺或生产多类产品产排污量核算

污染物产生量与产品产量有关，根据不同核算环节计算产污量后，再根据企业末端治理设施和运行情况计算各污染物的排放量。

企业某污染物指标的产生量、排放量为各核算环节产生量、排放量之和。

在企业实际排放量计算过程中，如果存在废水回用的情况，需要在利用产排污核算公式的基础上扣除废水回用的部分。公式如下：

实际排放量=计算排放量×（1–废水回用率）

2.2　采用多种治理设施组合处理企业的排污量核算

在排污量计算选择末端治理技术时，若没有对应的组合治理技术，以主要治理技术为准。

2.3　系数表中未涉及的产污系数及污染治理效率

本手册已基本涵盖各种原料、规模、工艺的医学生产用信息化学品，对可能遇到的使用罕见或特殊原料、工艺的医学生产用信息化学品生产企业，或系数表中未涉及的末端治理方法，可咨询当地行业组织、环保专家、其他本行业企业技术人员，选取近似的处理方法代替。

2.4　其他需要说明的问题

由于不同企业工业废气量、废水量差异较大，本手册所提供的工业废气量、废水量系数仅供参考。

3 污染物排放量核算方法

针对企业实际生产情况，本行业在系数制定过程中将企业全生产流程划分或拆分为若干工段（核算环节），在核算企业污染物产排量时，可灵活选择本企业对应的工段进行核算。

3.1 计算工段污染物产生量

（1）根据产品、原料、污染物产生的主导生产工艺、企业规模（生产产能）这一组合查找和确定所对应的某一污染物的产污系数。

（2）根据该污染物的产污系数计量单位——单位产品产量，获取企业实际产品产量。

例如，某组合内化学需氧量的产污系数单位为千克/吨-产品，则计算产生量时需要获取企业实际产品产量。

（3）污染物产生量按以下公式进行计算：

污染物产生量=污染物对应的产污系数×产品产量

$$G_{产i} = P_{产i} \times M_i$$

式中，$G_{产i}$——工段 i 某污染物的产生量；

$P_{产i}$——工段 i 某污染物对应的产污系数；

M_i——工段 i 的产品产量。

3.2 计算工段污染物去除量

（1）根据企业对某一污染物所采用的治理技术查找和选择相应的末端治理技术平均去除效率。

（2）根据所填报的污染治理设施实际运行率参数及其计算公式得出该企业某一污染物的治理设施实际运行率（k 值）。

（3）污染物去除量按以下公式进行计算：

污染物去除量=污染物产生量×污染物去除率

=污染物产生量×末端治理技术平均去除效率×治理设施实际运行率

$$R_{减i} = G_{产i} \times \eta_T \times k_T$$

式中，$R_{减i}$——工段 i 某污染物的去除量；

η_T——工段 i 某污染物采用的末端治理技术的平均去除效率；

k_T——工段 i 某污染物采用的末端治理设施的实际运行率。

3.3 计算工段污染物排放量

污染物排放量=污染物产生量–污染物去除量

=污染物对应的产污系数×产品产量–污染物产生量×末端治理技术平均去除效率×治理设施实际运行率

3.4 计算企业污染物排放量

同一企业某污染物全年的产生（排放）总量为该企业同年实际生产的全部工段、产品、原料、

规模污染物产生（排放）量之和。

$$E_{排} = G_{产} - R_{减} = \sum(G_{产i} - R_{减i})$$
$$= \sum\left[P_{产i} \times M_i(1 - \eta_T \times k_T)\right]$$

4 污染物排放量核算案例

某企业主要从事感光材料专用化学制剂的生产。该企业以化学合成为主要工艺，年产量（生产规模）50 吨。该企业废水的污染治理技术采用好氧生物处理法，涉及的污染物包括工业废水量、化学需氧量、氨氮、一般工业固废、HW12 危险废物（化学品废物）。以化学需氧量为例说明排放量计算过程。

该企业基本信息如表 1 所示。

表 1 某感光材料专用化学制剂企业基本信息

	名称	数量
产品及产量	感光材料专用化学制剂	50 吨
原料及用量	三聚氰氯	2.5 吨
	碳酸氢钠	2.6 吨
	去离子水	45.5 吨
工艺名称	化学合成	—
规模（产能）	400 吨	
污染治理设施	好氧生物处理法	
实际运行率参数	污水治理设施运行时间	7200 小时
	企业正常生产时间	7200 小时

4.1 化学需氧量产生量计算

（1）查找产污系数及其计量单位

根据企业基本信息，查找本手册中主要产品为感光材料专用化学制剂，主要原料为三聚氰氯、碳酸氢钠、去离子水，主要工艺为化学合成，生产规模为所有规模。该组合化学需氧量的产污系数为 186000，单位为克/吨-产品。

（2）获取企业产品产量

该企业实际情况为：主要产品感光材料专用化学制剂 2017 年产量为 50 吨。

（3）计算化学需氧量产生量

由于查询到的组合中，化学需氧量产污系数的单位为克/吨-产品，因此在核算产生量时需获取产品产量。

化学需氧量产生量=化学需氧量产污系数×产品（感光材料专用化学制剂）产量

=186000 克/吨-产品×50 吨-产品=9300000 克=9300 千克

4.2 化学需氧量去除量计算

（1）查找末端治理技术平均去除效率

该企业化学需氧量治理技术为好氧生物处理法，查询该法的平均去除效率为 80%。

（2）计算污染治理设施实际运行率

根据产污系数组合查询结果，该组合中化学需氧量好氧生物处理法对应的污染治理设施实际运行参数分别为设施正常运行时间（小时/年）、企业正常生产时间（小时/年）。

根据查询结果，该组合中化学需氧量好氧生物处理法对应的污染治理设施实际运行率为

$$k=\text{设施正常运行时间/企业正常生产时间}$$

获取企业实际填报情况如下：该企业 2017 年正常生产时间 7200 小时，设施运转时间 7200 小时，则该企业的化学需氧量处理设备实际运行率为

$$k=7000\text{ 小时}/7200\text{ 小时}=1$$

（3）计算化学需氧量去除量

$$\text{化学需氧量去除量}=9300\text{ 千克}\times80\%\times1=7440\text{ 千克}$$

4.3 化学需氧量排放量计算

$$\text{化学需氧量排放量}=9300\text{ 千克}-7440\text{ 千克}=1860\text{ 千克}$$

5 系数表

2665 医学生产用信息化学品制造行业系数表

工段名称	产品名称	原料名称	工艺名称	规模等级	污染物类别	污染物指标	系数单位	产污系数	末端治理技术	末端治理技术平均去除效率/%	参考 k 值计算公式[1]
感光材料专用化学制剂生产	感光材料专用化学制剂	三聚氰氯、碳酸氢钠、去离子水	化工合成	所有规模	废水	工业废水量	吨/吨-产品	2.07×10^{2}	—	—	—
						化学需氧量	克/吨-产品	1.86×10^{5}	好氧生物处理	80	k=污水治理设施运行时间（小时/年）/企业正常生产时间（小时/年）
						总氮	克/吨-产品	9.74×10^{3}	好氧生物处理	80	
						氨氮	克/吨-产品	3.25×10^{3}	好氧生物处理	80	
					固废	一般工业固废	吨/吨-产品	0.006	外委	—	—
						HW12 危险废物（化学品废物）	吨/吨-产品	7.50	外委	—	—
冲洗套药生产	冲洗套药	碳酸盐、硫代硫酸盐、铁铵盐、CD-3、对苯二酚	溶解配制	所有规模	废水	工业废水量	吨/万升-产品	33.10	—	—	—
						化学需氧量	克/万升-产品	4.57×10^{4}	好氧生物处理	93.5	k=设备耗电量（千瓦·时）/［设备额定功率（千瓦）× 设备运行时间（小时）］

1 该公式仅供参考，使用时，可根据 k 值定义，选取更适合企业实际情况的表达方式。

2665 医学生产用信息化学品制造行业系数表（续表 1）

工段名称	产品名称	原料名称	工艺名称	规模等级	污染物类别	污染物指标	系数单位	产污系数	末端治理技术	末端治理技术平均去除效率/%	参考 k 值计算公式
冲洗套药生产	冲洗套药	碳酸盐、硫代硫酸盐、铁铵盐、CD-3、对苯二酚	溶解配制	所有规模	废水	氨氮	克/万升-产品	2.19×10^{3}	好氧生物处理	80	k=设施年耗电量（千瓦·时）/［设备额定功率(千瓦)× 设备运行时间(小时)］
									厌氧生物处理	80	
						总氮	克/万升-产品	4.26	好氧生物处理	80	
									厌氧生物处理	80	
					固废	一般工业固废	克/万升-产品	2.74×10^{3}	外委	—	—
医用干式非银胶片生产	医用干式非银胶片	基材、乙酸乙酯、专用制剂	挤压涂布	所有规模	废水	工业废水量	吨/万米 ^{2}-产品	22.50	—	—	—
						化学需氧量	克/万米 ^{2}-产品	5.49×10^{3}	好氧生物处理	80	k=设施年耗电量（千瓦·时）/［设备额定功率(千瓦)× 设备运行时间(小时)］
					废气	工业废气量	标米 ^{3}/万米 ^{2}-产品	2.28×10^{5}	—	—	—
						挥发性有机物	克/万米 ^{2}-产品	2.62×10^{3}	催化燃烧法	86	k=设施年耗电量（千瓦·时）/［设备额定功率(千瓦)× 设备运行时间(小时)］
					固废	一般工业固废	千克/万米 ^{2}-产品	3.80	外委	—	—
						HW12 危险废物（化学品废物）	千克/万米 ^{2}-产品	47.60	外委	—	—

2665 医学生产用信息化学品制造行业系数表（续表 2）

工段名称	产品名称	原料名称	工艺名称	规模等级	污染物类别	污染物指标	系数单位	产污系数	末端治理技术	末端治理技术平均去除效率/%	参考 k 值计算公式
医用干式非银胶片专用制剂生产	医用干式非银胶片专用制剂	甲苯、硫酸、苯甲酸	化工合成	所有规模	废水	工业废水量	吨/吨-产品	1.44×10^{2}	—	—	—
						化学需氧量	克/吨-产品	1.08×10^{5}	好氧生物处理	88.3	k=污水治理设施运行时间（小时/年）/企业正常生产时间（小时/年）
						总氮	克/吨-产品	6.34×10^{3}	好氧生物处理	88.3	
						氨氮	克/吨-产品	2.31×10^{3}	好氧生物处理	88.3	
					废气	工业废气量	标米 ^{3}/吨-产品	2.08×10^{5}	—	—	—
						挥发性有机物	克/吨-产品	9.99×10^{2}	光氧催化	76	k=设施年耗电量（千瓦·时）/[设备额定功率（千瓦）× 设备运行时间（小时）]
					固废	一般工业固废	千克/吨-产品	8.50	外委	—	—
						HW12 危险废物（化学品废物）	千克/吨-产品	576.50	外委	—	—
医用X光片	医用 X 光片	片基、明胶、硝酸银、专用制剂	挤压涂布	所有规模	废水	工业废水量	吨/万米 ^{2}-产品	64.00	—	—	—
						化学需氧量	克/万米 ^{2}-产品	7.89×10^{4}	好氧生物处理	85	k=污水治理设施运行时间（小时/年）/企业正常生产时间（小时/年）
						总氮	克/万米 ^{2}-产品	4.02×10^{3}	处好氧生物理	85	k=污水治理设施运行时间（小时/年）/企业正常生产时间（小时/年）
						氨氮	克/万米 ^{2}-产品	1.34×10^{3}	处好氧生物理	85	
					固废	一般工业固废	千克/万米 ^{2}-产品	1.67	外委	—	—
						HW12 危险废物（化学品废物）	千克/万米 ^{2}-产品	27.00	外委	—	—

2666 环境污染处理专用药剂材料制造业

1 适用范围

本手册仅用于《国民经济行业分类》（GB/T 4754—2017）中 2666 环境污染处理专用药剂材料制造行业使用系数法核算工业污染物产生量和排放量的工业企业。

利用本手册进行产排污核算得出的污染物产生量与排放量仅代表了特定行业、工艺、产品、原料在正常工况下污染物产生与排放的一般规律。

本行业废水指标包括工业废水量、化学需氧量、氨氮、总氮；废气指标包括工业废气量、颗粒物、二氧化硫、氮氧化物、挥发性有机物、氯化氢、甲醛、异丙醇。

2 注意事项

2.1 企业有多种生产工艺或生产多类产品产排污量核算

污染物产生量与产品产量有关，根据不同核算环节计算产污量后，再根据企业末端治理设施和运行情况计算各污染物的排放量。

企业某污染物指标的产生量、排放量为各核算环节产生量、排放量之和。

在企业实际排放量计算过程中，如果存在废水回用的情况，需要在利用产排污核算公式的基础上扣除废水回用的部分。公式如下：

实际排放量=计算排放量×（1–废水回用率）

2.2 采用多种治理设施组合处理企业的排污量核算

在排污量计算选择末端治理技术时，若没有对应的组合治理技术，以主要治理技术为准。

2.3 系数表中未涉及的产污系数及污染治理效率

有机磷类的产品生产过程中，如果包含化学合成工艺，废水、废气指标可参考 2666 环境污染处理专用药剂材料制造行业全工段的系数手册。

聚合物类的产品生产过程中，如果包含化学合成工艺，废水、废气指标可参考 2666 环境污染处理专用药剂材料制造行业全工段的系数手册。

2.4 其他需要说明的问题

水处理剂企业，没有按照生产规模分类。

产污系数表中所列各种治理设施所对应的产污系数，为该治理设施正常工作状态下的排污系数，对于不正常工作的治理设施，应按无治理设施的系数核算。

本手册所提供的工业废水量、废气量系数仅供校核参考，不作为企业填报依据。

3 污染物排放量核算方法

3.1 计算工段污染物产生量

（1）根据产品、原料、污染物产生的主导生产工艺、企业规模（生产产能）这一组合查找和确定所对应的某一污染物的产污系数。

（2）根据该污染物的产污系数计量单位——单位产品产量，获取企业实际产品产量。

例如，某组合内化学需氧量的产污系数单位为千克/吨-产品，则计算产生量时需要获取企业实际产品产量。

（3）污染物产生量按以下公式进行计算：

污染物产生量=污染物对应的产污系数×产品产量

$$G_{产i} = P_{产i} \times M_i$$

式中，$G_{产i}$——工段 i 某污染物的产生量；

$P_{产i}$——工段 i 某污染物对应的产污系数；

M_i——工段 i 的产品产量。

3.2 计算工段污染物去除量

（1）根据企业对某一污染物所采用的治理技术查找和选择相应的末端治理技术平均去除效率。

（2）根据所填报的污染治理设施实际运行率参数及其计算公式得出该企业某一污染物的治理设施实际运行率（k 值）。

（3）污染物去除量按以下公式进行计算：

污染物去除量=污染物产生量×污染物去除率

=污染物产生量×末端治理技术平均去除效率×治理设施实际运行率

$$R_{减i} = G_{产i} \times \eta_T \times k_T$$

式中，$R_{减i}$——工段 i 某污染物的去除量；

η_T——工段 i 某污染物采用的末端治理技术的平均去除效率；

k_T——工段 i 某污染物采用的末端治理设施的实际运行率。

3.3 计算工段污染物排放量

污染物排放量=污染物产生量–污染物去除量

=污染物对应的产污系数×产品产量–污染物产生量×末端治理技术平均去除效率×治理设施实际运行率

3.4 计算企业污染物排放量

同一企业某污染物全年的产生（排放）总量为该企业同年实际生产的全部工段、产品、原料、规模污染物产生（排放）量之和。

$$E_{排}=G_{产}-R_{减}=\sum(G_{产i}-R_{减i})$$
$$=\sum\left[P_{产i}\times M_i(1-\eta_T\times k_T)\right]$$

4 污染物排放量核算案例

某污水处理材料企业主要从事中空纤维膜的生产。该企业涉及的主要产排污工段为全工段。全工段主要污染物为化学需氧量、氨氮、颗粒物、挥发性有机物。以挥发性有机物为例说明排放量计算过程。

4.1 化学需氧量产生量计算

（1）查找产污系数及其计量单位

根据企业基本信息，查找本手册中主要产品为膜材料与膜组件（有机），主要原料为 N,N-二甲基乙酰胺（DMAC），主要工艺为相转化，生产规模为所有规模。该组合化学需氧量的产污系数为 505037，单位为克/吨-产品。

表 1 某污水处理材料企业基本信息

	核算环节	
	名称	数量
产品及产量	膜材料与膜组件（有机）	4.92 吨
原料及用量	N,N-二甲基乙酰胺（DMAC）	2083 千克
工艺名称	相转化	—
规模（产能）	5 吨	
污染治理设施	厌氧水解＋A^2/O	
实际运行率参数	污水治理设施运行时间	1460 小时
	企业正常生产时间	1460 小时

（2）获取企业产品产量

该企业实际情况为：该工段主要产品中空纤维膜 2017 年产量为 4.92 吨。

（3）计算化学需氧量产生量

由于查询到的组合中，化学需氧量产污系数的单位为克/吨-产品，因此在核算化学需氧量产生量时需获取产品产量。

化学需氧量产生量=化学需氧量产污系数×产品（无机陶瓷膜）产量

=510000 克/吨-产品×4.92 吨-产品=2509.20 千克

4.2 化学需氧量去除量计算

（1）查找末端治理技术平均去除效率

该企业化学需氧量治理技术采用“厌氧水解+A^2/O”工艺，查询相应组合内该工艺的平均去除效率为 70%。

（2）计算污染治理设施实际运行率

根据产污系数组合查询结果，该组合中“厌氧水解+A^2/O”工艺对应的污染治理设施实际运行率为

k=污染治理设施运行时间/企业正常生产时间

=1460 小时/1460 小时=1

（3）计算化学需氧量去除量

化学需氧量去除量=2509.20 千克×70%×1=1756.44 千克

4.3 化学需氧量排放量计算

化学需氧量排放量=2509.20 千克−1756.44 千克=752.76 千克

5 系数表

2666 环境污染处理专用药剂材料制造行业系数表

工段名称	产品名称	原料名称	工艺名称	规模等级	污染物类别	污染物指标	系数单位	产污系数	末端治理技术	末端治理技术平均去除效率/%	参考 *k* 值计算公式[1]
羟基乙叉二膦酸生产	羟基乙叉二膦酸	三氯化磷、冰醋酸	酯化-水解工艺	所有规模	废气	工业废气量	标米 ^{3}/吨-产品	66.14	—	—	—
						氯化氢	克/吨-产品	0.73	水喷淋吸收	70	*k*=设施年耗电量（千瓦·时）/［设备运行功率（千瓦）×设备年运行时间（小时）］
					固废	一般工业固废	千克/吨-产品	0.0825	外委处理	—	—
氨基三甲叉磷酸生产	氨基三甲叉磷酸	亚磷酸、氯化铵、甲醛	缩合反应工艺	所有规模	废气	工业废气量	标米 ^{3}/吨-产品	6.5×10^3	—	—	—
						氯化氢	克/吨-产品	28.30	水喷淋+碱液吸收	80	*k*=设施年耗电量（千瓦·时）/［设备运行功率（千瓦）×设备年运行时间（小时）］
						甲醛	克/吨-产品	24.90	水喷淋+碱液吸收	80	
聚丙烯酸生产	聚丙烯酸	丙烯酸、异丙醇、过硫酸铵	聚合反应工艺	所有规模	废气	工业废气量	标米 ^{3}/吨-产品	3.82×10^4	—	—	—
						异丙醇	克/吨-产品	8.85	水喷淋吸收	70	*k*=设施年耗电量（千瓦·时）/［设备运行功率（千瓦）×设备年运行时间（小时）］
丙烯酸-2-丙烯酰胺-2-甲基丙磺酸共聚物生产	丙烯酸-2-丙烯酰胺-2-甲基丙磺酸共聚物	丙烯酸、2-丙烯酰胺-2-甲基丙磺酸	聚合反应工艺	所有规模	废气	工业废气量	标米 ^{3}/吨-产品	29.50	—	—	—
						异丙醇	克/吨-产品	3.22	水喷淋吸收	70	*k*=设施年耗电量（千瓦·时）/［设备运行功率（千瓦）×设备年运行时间（小时）］

1 该公式仅供参考，使用时，可根据 *k* 值定义，选取更适合企业实际情况的表达方式。

2666 环境污染处理专用药剂材料制造行业系数表（续表 1）

工段名称	产品名称	原料名称	工艺名称	规模等级	污染物类别	污染物指标	系数单位	产污系数	末端治理技术	末端治理技术平均去除效率/%	参考 k 值计算公式
聚丙烯酰胺生产	聚丙烯酰胺	液体丙烯酰胺、引发剂	聚合反应工艺	所有规模	废气	工业废气量	标米 ^{3}/吨-产品	5.1×10^4	—	—	—
						颗粒物	克/吨-产品	3.0×10^3	水喷淋+布袋除尘	83	k=设施年耗电量（千瓦·时）/［设备运行功率（千瓦）×设备年运行时间（小时）］
陶粒生产	陶粒	废土、生物质菌包	焙烧工艺	所有规模	废气	工业废气量	标米 ^{3}/吨-产品	8.3×10^3	—	—	—
						氮氧化物	克/吨-产品	8.6×10^3	水喷淋+布袋除尘	83	k=设施年耗电量（千瓦·时）/［设备运行功率（千瓦）× 设备年运行时间（小时）］
						二氧化硫	克/吨-产品	5.14×10^3	水喷淋+布袋 ^{3} 除尘	83	
						颗粒物	克/吨-产品	1.78×10^3	水喷淋+布袋除尘	83	k=设施年耗电量（千瓦·时）/［设备运行功率（千瓦）×设备年运行时间（小时）］
					固废	一般工业固废	千克/吨-产品	12.97	回用	—	—
膜材料与膜组件（有机）生产	膜材料与膜组件（有机）	聚乙二醇（PEG）、聚乙烯吡咯烷酮（PVP）、N，N-二甲基乙酰胺（DMAC）	相转化法	所有规模	废水	工业废水量	吨/吨-产品	372.30	—	—	—
						化学需氧量	克/吨-产品	5.10×10^5	厌氧水解+A^2/O	70	k=污水治理设施运行时间（小时/年）/企业正常生产时间（小时/年）
						总氮	克/吨-产品	1.03×10^5	厌氧水解+A^2/O	70	
						氨氮	克/吨-产品	3.43×10^4	厌氧水解+A^2/O	70	

2666 环境污染处理专用药剂材料制造行业系数表（续表 2）

工段名称	产品名称	原料名称	工艺名称	规模等级	污染物类别	污染物指标	系数单位	产污系数	末端治理技术	末端治理技术平均去除效率/%	参考 k 值计算公式
膜材料与膜组件（有机）生产	膜材料与膜组件（有机）	聚乙二醇（PEG）、聚乙烯吡咯烷酮（PVP）、N,N-二甲基乙酰胺（DMAC）	相转化法	所有规模	废气	工业废气量	标米^3/吨-产品	2.02×10^6	—	—	—
						挥发性有机物	克/吨-产品	1.14×10^4	水喷淋+布袋除尘法	83	k=设施年耗电量（千瓦·时）/［设备运行功率（千瓦）×设备年运行时间（小时）］
						颗粒物	克/吨-产品	3.44×10^3	水喷淋+布袋除尘法	83	
					固废	一般工业固废	千克/吨-产品	41.25	外委	—	—
膜材料与膜组件（无机）生产	膜材料与膜组件（无机）	氧化铝、高岭土	固态粒子烧结工艺	所有规模	废气	工业废气量	标米^3/吨-产品	2.06×10^5	—	—	—
						挥发性有机物	克/吨—产品	6.03×10^3	水喷淋+布袋除尘法	83	k=设施年耗电量（千瓦·时）/［设备运行功率（千瓦）×设备年运行时间（小时）］
						颗粒物	克/吨-产品	8.87×10^3	水喷淋+布袋除尘法	83	
					固废	一般工业固废（废棚板）	千克/吨-产品	3.01×10^3	外委	—	—
						一般工业固废（不合格品）	千克/吨-产品	120.30	外委	—	—
						一般工业固废（废钢材）	千克/吨-产品	1.27×10^3	外委	—	—

2667 动物胶制造业

1 适用范围

本手册仅用于《国民经济行业分类》（GB/T 4754—2017）中 2667 动物胶制造行业使用系数法核算工业污染物产生量和排放量的工业企业。

利用本手册进行产排污核算得出的污染物产生量与排放量仅代表了特定行业、工艺、产品、原料在正常工况下污染物产生与排放的一般规律。

本行业废水指标包括化学需氧量、氨氮、总氮、总磷、铬；废气指标包括颗粒物、氨、挥发性有机物。

2 注意事项

2.1 企业有多种生产工艺或生产多类产品产排污量核算

污染物产生量与产品产量有关，根据不同核算环节计算产污量后，再根据企业末端治理设施和运行情况计算各污染物的排放量。

企业某污染物指标的产生量、排放量为各核算环节产生量、排放量之和。

在企业实际排放量计算过程中，如果存在废水回用的情况，需要在利用产排污核算公式的基础上扣除废水回用的部分。公式如下：

实际排放量=计算排放量×（1–废水回用率）

2.2 采用多种治理设施组合处理企业的排污量核算

在排污量计算选择末端治理技术时，若没有对应的组合治理技术，以主要治理技术为准。

2.3 系数表中未涉及的产污系数及污染治理效率

以未脱脂骨料及其他杂骨为原料的产污系数值取《2667 动物胶制造行业系数及表》表中脱脂牛骨、猪骨骨粒等为原料的产污系数值乘以 1.2。

以碱法制胶工艺制取皮明胶的产污系数值取《2667 动物胶制造行业系数表》中酸法制取皮明胶工艺的产污系数值乘以 1.3。

非明胶的其他胶类产污系数值由《2667 动物胶制造行业系数表》中皮明胶酸法制胶工艺的产污系数值乘以 0.8。

2.4 其他需要说明的问题

由于不同企业工业废气量、废水量差异较大，本手册所提供的工业废气量、废水量系数仅供参考。

为体现相同产污水平条件下，采用相同环保治理设施的不同企业对同一污染物去除效果的差异，引入末端治理设施实际运行率（*k*）对污染治理技术的实际去除率进行修正。*k* 值反映的是污染治理设施运行的状态，越稳定运行，*k* 值越高；在取值上，若定义连续稳定运行的理想状态为 1，则 *k* 取值在 0～1 之间。

本手册给出本行业的 *k* 计算公式仅供参考，使用时，可根据 *k* 值定义，选取更适合企业实际情况的表达方式。

本手册中，污染物的末端治理技术可以串联使用，污染物总体去除效率以选用的污染物单项末端治理技术处理效率组合而成。

采用铬鞣革边角料作为原料时，对废水中的铬进行产污系数核算。

3 污染物排放量核算方法

3.1 计算污染物产生量

（1）根据产品、原料、污染物产生的主导生产工艺、企业规模（生产产能）这一组合查找和确定所对应的某一污染物的产污系数。

（2）根据该污染物的产污系数计量单位——单位产品产量，获取企业实际产品产量。

例如，某组合内化学需氧量的产污系数单位为千克/吨-产品，则计算产生量时需要获取企业实际产品产量。

（3）污染物产生量按以下公式进行计算：

污染物产生量=污染物对应的产污系数×产品产量

$$G_{产i} = P_{产i} \times M_i$$

式中，$G_{产i}$——工段 *i* 某污染物的产生量；

$P_{产i}$——工段 *i* 某污染物对应的产污系数；

M_i——工段 *i* 的产品产量。

3.2 计算污染物去除量

（1）根据企业对某一污染物所采用的治理技术查找和选择相应的治理技术平均去除效率。

（2）根据所填报的污染治理设施实际运行率参数及其计算公式得出该企业某一污染物的治理设施实际运行率（*k* 值）。

（3）污染物去除量按以下公式进行计算：

污染物去除量=污染物产生量×污染物去除率 =污染物产生量×末端治理技术平均去除效率×治理设施实际运行率

$$R_{减i} = G_{产i} \times \eta_T \times k_T$$

式中，$R_{减i}$——工段 *i* 某污染物的去除量；

η_T——工段 *i* 某污染物采用的末端治理技术的平均去除效率；

k_T——工段 *i* 某污染物采用的末端治理设施的实际运行率。

3.3 计算污染物排放量

污染物排放量=污染物产生量–污染物去除量

=污染物对应的产污系数×产品产量–污染物产生量×末端治理技术平均去除效率×治理设施实际运行率

3.4 计算企业污染物排放量

同一企业某污染物全年的产生（排放）总量为该企业同年实际生产的全部工段、产品、原料、规模污染物产生（排放）量之和。

$$E_{排} = G_{产} - R_{减} = \sum(G_{产i} - R_{减i})$$
$$= \sum\left[P_{产i} \times M_i(1 - \eta_T \times k_T)\right]$$

4 污染物排放量核算案例

某企业主要从事骨明胶生产。该企业以脱脂牛骨为主要原料，生产工艺采用酶法制骨明胶生产工艺，年产量（生产规模）3000 吨。该企业废水的污染治理技术采用中和+生化处理，涉及的废水污染物主要为化学需氧量、氨氮、总氮、总磷等。以化学需氧量为例说明排放量计算过程。

4.1 化学需氧量产生量计算

（1）查找产污系数及其计量单位

根据企业基本信息，查找本手册中主要产品为骨明胶，主要原料为脱脂牛骨，主要工艺为酶法制骨明胶生产工艺，生产规模为年产量（生产规模）3000 吨。组合中化学需氧量的产污系数为 191000，单位为克/吨-产品。

（2）获取企业产品产量

该企业实际情况为：主要产品骨明胶 2017 年产量为 3000 吨。

（3）计算颗粒物产生量

由于查询到的组合中，化学需氧量产污系数的单位为克/吨-产品，因此在核算化学需氧量产生量时需获取产品产量。

化学需氧量产生量 = 化学需氧量产污系数 × 产品（骨明胶）产量

= 191000 克/吨-产品 ×3 000 吨-产品 = 573000000 克 = 573 吨

4.2 化学需氧量去除量计算

（1）查找治理技术平均去除效率

该企业化学需氧量治理技术采用生物接触氧化法，查询该法平均去除效率为 75%。

（2）计算污染治理设施实际运行率

根据产污系数组合查询结果，该组合中生物接触氧化法对应的污染治理设施实际运行参数分别为设备耗电量、设备额定功率、设备运行时间。

根据查询结果，该组合中该工艺处理对应的污染治理设施实际运行率为

$$k=\text{设施年耗电量}/（\text{设备额定功率}\times\text{设备运行时间}）$$

获取企业实际填报情况如下：该企业的生产废水通过企业污水总排放口排入园区污水处理站，由园区污水处理站将其与其他企业污水混合调理理化性质后，再进行共同处理，2017 年运行时间为 7200 小时，远大于该骨明胶生产企业运行时间（约为 1200 小时），因此园区污水处理站年实际耗电量远大于该企业需要的污水处理设施额定年耗电量，则该企业的污水生化处理设施实际运行率取值 $k=1$。

（3）计算化学需氧量去除量

$$\text{化学需氧量去除量}=573\text{ 吨}\times 75\%\times 1=430\text{ 吨}$$

4.3 化学需氧量排放量计算

$$\text{化学需氧量排放量}=573\text{ 吨}-430\text{ 吨}=143\text{ 吨}$$

5 污染物去除效率核算案例

以企业总磷总体去除效率计算方法为例，查找本手册化学沉淀法总磷去除效率为 70%，生物接触氧化法去除效率为 40%。若企业采用污水处理工艺包含化学沉淀法和生物接触氧化法，则企业的总磷总体去除效率为

$$\text{总磷总体去除效率}=70\%+（1-70\%）\times 40\%=82\%$$

因此企业的总磷总体去除效率为 82%。

6 系数表

2667 动物胶制造行业系数表

工段名称	产品名称	原料名称	工艺名称	规模等级	污染物类别	污染物指标	系数单位	产污系数	末端治理技术	末端治理技术平均去除效率/%	参考 k 值计算公式[1]
—	骨明胶	脱脂牛骨、猪骨骨粒等	碱法	≤1500 吨/年	废水	工业废水量	吨/吨-产品	9.00×10^2	—	—	—
						化学需氧量	克/吨-产品	1.00×10^6	A^2/O 工艺	70	k=设施年耗电量（千瓦·时）/[年生产运行时间（小时）×设备额定功率（千瓦）]
									SBR 类	75	
									生物接触氧化法	75	
									厌氧水解类	70	
						氨氮	克/吨-产品	2.42×10^4	A^2/O 工艺	70	
									SBR 类	75	
									生物接触氧化法	75	
									厌氧水解类	70	

1 该公式仅供参考，使用时，可根据 k 值定义，选取更适合企业实际情况的表达方式。

2667 动物胶制造行业系数表（续表 1）

工段名称	产品名称	原料名称	工艺名称	规模等级	污染物类别	污染物指标	系数单位	产污系数	末端治理技术	末端治理技术平均去除效率/%	参考 k 值计算公式
—	骨明胶	脱脂牛骨、猪骨骨粒等	碱法	≤1500 吨/年	废水	总磷	克/吨-产品	1.75×10^{4}	化学沉淀法	70	k=设施年耗电量（千瓦·时）/［年生产运行时间（小时）×设备额定功率（千瓦）］
									A^2/O 工艺	40	
									SBR 类	40	
									生物接触氧化法	40	
									厌氧水解类	40	
						总氮	克/吨-产品	3.53×10^{4}	A^2/O 工艺	70	
									SBR 类	75	
									生物接触氧化法	75	
									厌氧水解类	70	
					废气	工业废气量	标米 ^{3}/吨-产品	3.33×10^{4}	—	—	—
—						颗粒物	千克/吨-产品	21.5	袋式除尘	95	k=设施年耗电量（千瓦·时）/［年生产运行时间（小时）×设备额定功率（千瓦）］
									旋风+布袋	95	
						氨	千克/吨-产品	0.12	物理吸附法	50	
									生物过滤法	50	
						挥发性有机物	千克/吨-产品	8.00×10^{-2}	吸附+蒸汽解析①	39	
									吸附/催化燃烧法①	39	
									低温等离子体①	20	
									光解①	26	
					固废	一般工业固废	吨/吨-产品	1.47	—	—	—
				＞1500 吨/年	废水	工业废水量	吨/吨-产品	8.50×10^{2}	—	—	—
						化学需氧量	克/吨-产品	8.90×10^{5}	A^2/O 工艺	70	k=设施年耗电量（千瓦·时）/［年生产运行时间（小时）×设备额定功率（千瓦）］

注：除非另外说明，本手册①指末端治理技术效率数值已考虑 65%的捕集率。

2667 动物胶制造行业系数表（续表 2）

工段名称	产品名称	原料名称	工艺名称	规模等级	污染物类别	污染物指标	系数单位	产污系数	末端治理技术	末端治理技术平均去除效率/%	参考 k 值计算公式
— —	骨明胶	脱脂牛骨、猪骨骨粒等	碱法	＞1500吨/年	废水	化学需氧量	克/吨-产品	8.90×10^{5}	SBR 类	75	k=设施年耗电量（千瓦·时）/［年生产运行时间（小时）×设备额定功率（千瓦）］
									生物接触氧化法	75	
									厌氧水解类	70	
						氨氮	克/吨-产品	2.26×10^{4}	A^2/O 工艺	70	
									SBR 类	75	
									生物接触氧化法	75	
									厌氧水解类	70	
						总磷	克/吨-产品	1.75×10^{4}	化学沉淀法	70	
									A^2/O 工艺	40	
									SBR 类	40	
									生物接触氧化法	40	k=设施年耗电量（千瓦·时）/［年生产运行时间（小时）×设备额定功率（千瓦）］
									厌氧水解类	40	
						总氮	克/吨-产品	2.98×10^{4}	A^2/O 工艺	70	
									SBR 类	75	
									生物接触氧化法	75	
									厌氧水解类	70	
					废气	工业废气量	标米 ^{3}/吨-产品	3.33×10^{4}	—	—	—
						颗粒物	千克/吨-产品	21.50	袋式除尘	95	k=设施年耗电量（千瓦·时）/［年生产运行时间（小时）×设备额定功率（千瓦）］
									旋风+布袋	95	
						氨	千克/吨-产品	0.12	物理吸附法	50	
									生物过滤法	50	

2667 动物胶制造行业系数表（续表 3）

工段名称	产品名称	原料名称	工艺名称	规模等级	污染物类别	污染物指标	系数单位	产污系数	末端治理技术	末端治理技术平均去除效率/%	参考 k 值计算公式
—	骨明胶	脱脂牛骨、猪骨骨粒等	碱法	＞1500 吨/年	废气	挥发性有机物	千克/吨-产品	8.00×10^{-2}	吸附+蒸汽解析①	39	k=设施年耗电量（千瓦·时）/［年生产运行时间（小时）×设备额定功率（千瓦）］
									吸附/催化燃烧法①	39	
									低温等离子体①	20	
									光解①	26	
					固废	一般工业固废	吨/吨-产品	1.47	—	—	—
			酶法	所有规模	废水	工业废水量	吨/吨-产品	3.60×10^{2}	—	—	—
						化学需氧量	克/吨-产品	1.91×10^{5}	A^2/O 工艺	70	k=设施年耗电量（千瓦·时）/［年生产运行时间（小时）×设备额定功率（千瓦）］
									SBR 类	75	
									生物接触氧化法	75	
									厌氧水解类	70	
						氨氮	克/吨-产品	1.16×10^{4}	A^2/O 工艺	70	k=设施年耗电量（千瓦·时）/［年生产运行时间（小时）×设备额定功率（千瓦）］
									SBR 类	75	
									生物接触氧化法	75	
									厌氧水解类	70	
						总磷	克/吨-产品	1.94×10^{4}	化学沉淀法	70	
									A^2/O 工艺	40	
									SBR 类	40	
									生物接触氧化法	40	
									厌氧水解类	40	

注：除非另外说明，本手册①指末端治理技术效率数值已考虑 65%的捕集率。

2667 动物胶制造行业系数表（续表 4）

工段名称	产品名称	原料名称	工艺名称	规模等级	污染物类别	污染物指标	系数单位	产污系数	末端治理技术	末端治理技术平均去除效率/%	参考 k 值计算公式
—	皮明胶	脱脂牛骨、猪骨骨粒等	酶法	所有规模	废水	总氮	克/吨-产品	1.66×10^4	A^2/O 工艺	70	k=设施年耗电量（千瓦·时）/［年生产运行时间（小时）×设备额定功率（千瓦）］
									SBR 类	75	
									生物接触氧化法	75	
									厌氧水解类	70	
					废气	工业废气量	标米^3/吨-产品	3.33×10^4	—	—	—
						颗粒物	千克/吨-产品	15.00	袋式除尘	95	k=设施年耗电量（千瓦·时）/［年生产运行时间（小时）×设备额定功率（千瓦）］
									旋风+布袋	95	
						氨	千克/吨-产品	0.12	物理吸附法	50	
									生物过滤法	50	
					固废	一般工业固废	吨/吨-产品	0.23	—	—	—
		牛皮、猪皮、羊皮、鱼皮等	酸法	所有规模	废水	工业废水量	吨/吨-产品	6.5×10^2	—	—	—
						化学需氧量	克/吨-产品	1.09×10^6	A^2/O 工艺	70	k=设施年耗电量（千瓦·时）/［年生产运行时间（小时）×设备额定功率（千瓦）］
									SBR 类	75	
									生物接触氧化法	75	
									厌氧水解类	70	
						氨氮	克/吨-产品	2.27×10^4	A^2/O 工艺	70	
									SBR 类	75	
									生物接触氧化法	75	
									厌氧水解类	70	

2667 动物胶制造行业系数表（续表 5）

工段名称	产品名称	原料名称	工艺名称	规模等级	污染物类别	污染物指标	系数单位	产污系数	末端治理技术	末端治理技术平均去除效率/%	参考 k 值计算公式
—	皮明胶	牛皮、猪皮、羊皮、鱼皮等	酸法	所有规模	废水	总磷	克/吨-产品	8.03×10^{3}	化学沉淀法	70	k=设施年耗电量（千瓦·时）/[年生产运行时间（小时）×设备额定功率（千瓦）]
									A^2/O 工艺	40	
									SBR 类	40	
									生物接触氧化法	40	
									厌氧水解类	40	
						总氮	克/吨-产品	2.32×10^{4}	A^2/O 工艺	70	
									SBR 类	75	
									生物接触氧化法	75	
									厌氧水解类	70	
						铬	克/吨-产品	2.10×10^{4}	化学沉淀法	75	
									氧化还原法	30	
					废气	工业废气量	标米 ^{3}/吨-产品	2.66×10^{4}	—	—	—
						颗粒物	千克/吨-产品	17.20	袋式除尘	95	k=设施年耗电量（千瓦·时）/[年生产运行时间（小时）×设备额定功率（千瓦）]
									旋风+布袋	95	
						氨	千克/吨-产品	0.12	物理吸附法	50	
									生物过滤法	50	
						挥发性有机物	千克/吨-产品	8.00×10^{-2}	吸附+蒸汽解析①	39	
									吸附/催化燃烧法①	39	
									低温等离子体①	20	
									光解①	24	
					固废	一般工业固废	吨/吨-产品	1.37	—	—	—

注：①除非另外说明，本手册中①指末端治理技术效率数值已考虑 65%的捕集率；
②以未脱脂骨料及其他杂骨为原料的产排污系数值取脱脂牛骨、猪骨骨粒等为原料的产排污系数值乘以 1.2；
③以碱法制取皮明胶的产排污系数值取酸法制取皮明胶的产排污系数值乘以 1.3；
④非明胶的其他胶类产排污系数由皮明胶酸法制胶工艺的相应产排污系数值乘以 0.8 得到。

2669 其他专用化学品制造业

1　适用范围

本手册仅用于《国民经济行业分类》（GB/T 4754—2017）中 2669 其他专用化学品制造行业使用产污系数法核算工业污染物产生量和排放量的工业企业。

利用本手册进行产排污核算得出的污染物产生量与排放量仅代表了特定行业、工艺、产品、原料在正常工况下污染物产生与排放的一般规律。

本行业废气指标包括废气量、颗粒物、挥发性有机物。

2　注意事项

2.1　系数表中未涉及的产污系数

本手册涵盖其他专用化学品中的水基型胶粘剂、反应型胶粘剂和甲醛类胶粘剂，这些产品基本涵盖了目前我国胶粘剂生产的主要原料、工艺方法及规模。但是由于本行业特殊性，无法把所有产品一一列出，对于其他未列出专用化学品，或系数表单中未涉及的处理方法，企业可根据实际情况参考具有相似工艺和相似原料的组合确定产污系数，同时也可以进行现场监测、咨询行业组织或专家。

当被调查的其他专用化学品装置的废气处理方法与表中所给方法不一致时，首先根据当地或本行业环保部门的监测报告进行核算；如果没有监测报告，可以开展现场监测或按处理设施处理效率进行核算。如果无废气治理设施，排污系数等于产污系数。

2.2　工况未达到 75%负荷的企业污染物产排量核算

本手册产污系数是在大于等于 75%负荷工况下核算出来的。对于工况未达到 75%负荷的装置，其污染物产生和排放量不适合用本手册核算。一般可根据原辅材料消耗，采用物料衡算方法计算污染物产生量，有条件的企业可开展现场监测工作或根据相应工况下的历史监测数据核算。

2.3　采用多种治理设施组合处理企业的排污量核算

在排污量计算选择末端治理技术时，若没有对应的组合治理技术，以主要治理技术为准。

2.4　其他需要说明的问题

由于不同企业工业废气量差异较大，本手册所提供的工业废气量系数仅供参考。

为体现相同产污水平条件下，采用相同环保治理设施的不同企业对同一污染物去除效果的差异，引入末端治理设施实际运行率（k）对污染治理技术的实际去除率进行修正。k 值反映的是污染治理设施运行的状态，越稳定运行，k 值越高；在取值上，若定义连续稳定运行的理想状态为 1，则 k 取

值在 0～1 之间。

本手册给出本行业的 k 计算公式仅供参考，使用时，可根据 k 值定义，选取更适合企业实际情况的表达方式。

3　污染物排放量核算方法

针对企业实际生产情况，本行业在系数制定过程中将企业全生产流程划分或拆分为若干工段（核算环节），在核算企业污染物产排量时，可灵活选择本企业对应的工段进行核算。

3.1　计算污染物产生量

（1）根据产品、原料、污染物产生的主导生产工艺、企业规模（生产产能）这一组合查找和确定所对应的某一污染物的产污系数。

（2）根据该污染物的产污系数计量单位——单位产品产量，获取企业实际产品产量。

例如，某组合内颗粒物的产污系数单位为千克/吨-产品，则计算产生量时需要获取企业实际产品产量。

（3）污染物产生量按以下公式进行计算：

污染物产生量=污染物对应的产污系数×产品产量

$$G_{产i} = P_{产} \times M_i$$

式中，$G_{产i}$——工段 i 某污染物的产生量；

$P_{产}$——工段 i 某污染物对应的产污系数；

M_i——工段 i 的产品产量。

3.2　计算污染物去除量

（1）根据企业对某一污染物所采用的治理技术查找和选择相应的治理技术平均去除效率。

（2）根据所填报的污染治理设施实际运行率参数及其计算公式得出该企业某一污染物的治理设施实际运行率（k 值）。

（3）污染物去除量按以下公式进行计算：

污染物去除量=污染物产生量×污染物去除率

=污染物产生量×治理技术平均去除效率×治理设施实际运行率

$$R_{减i} = G_{产i} \times \eta_T \times k_T$$

式中，$R_{减i}$——工段 i 某污染物的去除量；

η_T——工段 i 某污染物采用的末端治理技术的平均去除效率；

k_T——工段 i 某污染物采用的末端治理设施的实际运行率。

3.3　计算污染物排放量

污染物排放量=污染物产生量–污染物去除量

=污染物对应的产污系数×产品产量–污染物产生量×治理技术平均去除效率×治理设施实际运行率

3.4 计算企业污染物排放量

同一企业某污染物全年的产生（排放）总量为该企业同年实际生产的全部工段、产品、原料、规模污染物产生（排放）量之和。

$$E_{排} = G_{产} - R_{减} = \sum (G_{产i} - R_{减i})$$
$$= \sum \left[P_{产i} \times M_i (1 - \eta_T \times k_T) \right]$$

4 污染物排放量核算案例

某企业主要从事白乳胶生产，该企业以聚醋酸乙烯为主要原料，生产工艺采用聚合反应法，年产量（生产规模）15000 吨。该企业废气的污染治理技术采用蓄热式热力燃烧法治理，涉及的污染物包括挥发性有机物和颗粒物等。

本核算示例以废气中挥发性有机物为例，说明该企业挥发性有机物排放量的计算方法。

4.1 挥发性有机物产生量计算

（1）查找产污系数及其计量单位

主要产品为水基型胶粘剂，主要原料为聚醋酸乙烯、固化剂、增塑剂、稀释剂、填料、助剂，主要工艺为聚合反应。该组合挥发性有机物的产污系数为 0.116，单位为千克/吨-产品。

（2）获取企业产品产量

该企业实际情况为：主要产品水基型胶粘剂 2017 年产量为 15000 吨。

（3）计算挥发性有机物产生量。

由于查询到的组合中，挥发性有机物产污系数的单位为千克/吨产品，因此在核算产生量时采用产品产量。

挥发性有机物产生量＝挥发性有机物产污系数×产品产量＝0.116 千克/吨-产品×15000 吨-产品

＝1740 千克

4.2 挥发性有机物除量计算

（1）查找治理技术平均去除效率

该企业挥发性有机物治理技术采用蓄热式热力燃烧法，查询蓄热式热力燃烧法的平均去除效率为 51%。

（2）计算污染治理技术实际运行率

根据查询结果，该组合中蓄热式热力燃烧法对应的污染治理设施实际运行率为

k=设施年耗电量/设备设计耗电量=51840 千瓦·时/50000 千瓦·时=1.0368（大于 1，取值 1）

4.3 挥发性有机物排放量计算

挥发性有机物排放量＝挥发性有机物产污系数×产品产量×（1－末端治理技术平均去除效率×实际运行率）＝0.14 千克/吨-产品×15000 吨-产品×（1−51% ×1）

＝852.6 千克

5 系数表

2669 其他专用化学品制造行业系数表

工段名称	产品名称	原料名称	工艺名称	规模等级	污染物类别	污染物指标	系数单位	产污系数	末端治理技术	末端治理技术平均去除效率/%	参考 k 值计算公式[1]
—	水基型胶粘剂	淀粉、聚丙烯酸酯、聚醋酸乙烯、醋酸乙烯-乙烯乳液、水性聚氨酯、固化剂、增塑剂、稀释剂、填料、助剂	聚合反应、物理混合	所有规模	废气	工业废气量	标米^3/吨-产品	2.10×10^3	—	—	—
						颗粒物	千克/吨-产品	0.14	袋式除尘	95	k=设施年耗电量（千瓦·时）/设备设计耗电量（千瓦·时）
									静电除尘	95	
									旋风+布袋	95	
						挥发性有机物	千克/吨-产品	0.12	吸附/催化燃烧法①	36	
									光解①	24	
									蓄热式热力燃烧法①	51	
—	反应型胶粘剂	聚氨酯、环氧树脂、氰基丙烯酸酯、改型丙烯酸酯、氯丁橡胶、聚丙烯酸酯、固化剂、增塑剂、稀释剂、填料、助剂	聚合反应、物理混合	所有规模	废气	工业废气量	标米^3/吨-产品	4.30×10^3	—	—	—
						挥发性有机物	千克/吨-产品	0.79	吸附/催化燃烧法①	36	k=设施年耗电量（千瓦·时）/设备设计耗电量（千瓦·时）
									光解①	24	
									蓄热式热力燃烧法①	51	
—	甲醛类胶粘剂	尿素、苯酚、三聚氰胺、甲醛、固化剂、增塑剂、稀释剂、填料、助剂	聚合反应、物理混合	所有规模	废气	工业废气量	标米^3/吨-产品	326.00	—	—	—
						挥发性有机物	千克/吨-产品	0.10	吸附/催化燃烧法①	36	k=设施年耗电量（千瓦·时）/设备设计耗电量（千瓦·时）
									光解①	24	
									蓄热式热力燃烧法①	51	

注：①除另外说明，指末端治理效率考虑了65%捕集效率。

1 该公式仅供参考，使用时，可根据 k 值定义，选取更适合企业实际情况的表达方式。

2671 炸药及火工产品制造业

1 适用范围

本手册仅用于《国民经济行业分类》（GB/T 4754—2017）中 2671 炸药及火工产品制造行业使用产污系数法核算工业污染物产生量和排放量的工业企业。

利用本手册进行产排污核算得出的污染物产生量与排放量仅代表了特定行业、工艺、产品、原料在正常工况下污染物产生与排放的一般规律。

工业炸药产品废水指标包括工业废水量、化学需氧量、石油类。

工业火工产品废水指标包括工业废水量、化学需氧量、石油类。

工业炸药产品和工业火工产品固体废物是指地面清扫和沉淀池清理等收集的废药、生产线废弃的原材料包装物等固体废物。固体废物对照《国家危险废物名录》，属于爆炸性废物（HW15）。由生产企业按相关规定自行安全销毁。

2 注意事项

2.1 企业有多种生产工艺或生产多类产品产排污量核算

污染物产生量与产品产量有关，根据不同核算环节计算产污量后，再根据企业末端治理设施和运行情况计算各污染物的排放量。

企业某污染物指标的产生量、排放量为各核算环节产生量、排放量之和。

在企业实际排放量计算过程中，如果存在废水回用的情况，需要在利用产排污核算公式的基础上扣除废水回用的部分。公式如下：

实际排放量=计算排放量×（1–废水回用率）

2.2 采用多种治理设施组合处理企业的排污量核算

在排污量计算选择末端治理技术时，若没有对应的组合治理技术，以主要治理技术为准。

2.3 系数表中未涉及的产污系数及污染治理效率

粉状乳化、乳化粒状铵油、含退役火药含水炸药、震源药柱（胶状乳化装填）的生产过程中，如果包含乳化工艺，废水指标可参考 2671 炸药及火工产品制造行业乳化炸药产品的系数手册。

现场混装乳化炸药配制的基质地面站产排污量视同乳化炸药。

现场混装乳化炸药、现场混装铵油炸药、现场混装重铵油炸药的混装现场，均不产生危险废物、废水和废气，产污系数为“零”。

黏性炸药的生产过程中，如果包含冷混工艺，废水指标可参考 2671 炸药及火工产品制造行业多孔粒状铵油炸药产品的系数手册。

聚能切割弹、复合射孔器、高压气体压裂弹、爆炸加工器材的生产过程中，如果包含装药、压制工艺，废水指标可参考 2671 炸药及火工产品制造行业石油射孔弹产品的系数手册。

起爆具的生产过程中，如果包含熔化、注装工艺，废水指标可参考 2671 炸药及火工产品制造行业起爆具产品的系数手册。

电雷管、导爆管雷管、电子雷管等的生产过程中，如果包含装填、压制、装配工艺，废水指标可参考 2671 炸药及火工产品制造行业工业雷管产品的系数手册。

切割索、塑料导爆管的生产过程中，如果包含缠绕、挤塑工艺，废水指标可参考 2671 炸药及火工产品制造行业工业导爆索产品的系数手册。

其他特殊用途点火具、其他点火器材的生产过程中，如果包含装填、装配工艺，废水指标可参考 2671 炸药及火工产品制造行业安全气囊点火具产品的系数手册。

民爆行业的《民用爆炸物品品名表》是 2006 年原国防科工委和公安部制订下发的。随着科技的不断进步发展和对环境、生产本质安全性要求的越来越严格，有相当一部分产品已停产或几乎停产，主要有硝化甘油炸药、铵梯类炸药、所有轮碾工艺的粉状铵油类炸药、工业火雷管和工业导火索；另外，民爆行业使用的原材料一般为化肥企业生产，如硝酸铵、硝酸钠等无机盐，或军工企业生产，如梯恩梯（TNT）/2,4,6-三硝基甲苯、黑索今（RDX）/环三亚甲基三硝胺、太安（PETN）/季戊四醇四硝酸酯、奥克托今（HMX）、黑火药、民用推进剂等。上述产品和原材料系数表中未涉及其产污系数和排污量等。

2.4 其他需要说明的问题

由于不同企业工业废气量、废水量差异较大，本手册所提供的工业废气量、废水量系数仅供参考。

为体现相同产污水平条件下，采用相同环保治理设施的不同企业对同一污染物去除效果的差异，引入末端治理设施实际运行率（k）对污染治理设施的实际去除率进行修正。k 值反映的是污染治理设施运行的状态，越稳定运行，k 值越高；在取值上，若定义连续稳定运行的理想状态为 1，则 k 取值在 0～1 之间。

本手册给出本行业的 k 计算公式仅供参考，使用时，可根据 k 值定义，选取更适合企业实际情况的表达方式。

（1）产品产量的确定

工业炸药：生产线生产能力按上级部门批复的许可量进行设计和建设，目前炸药生产能力可达到许可能力的 80%左右，因行业的特殊性，生产线是严禁超产的，产品产量的确定一般是以销定产，最大达到 100%。

工业火工品：生产线生产能力按上级部门批复的许可量进行设计和建设，目前雷管生产能力只有许可能力的 30%以下，产品产量的确定一般是以销定产，最大不超过 60%。

炸药制品及其他产品：

炸药制品产品震源药柱、起爆具、石油射孔弹等实际生产量均达不到许可产能，产量以销定产，最低的实际产量不足许可产能的 30%；火工品类安全气囊用点火具及其他特殊用途点火具、其他点火器材产量均由市场而定，基本情况也是许可产能大于实际产量。

（2）末端治理技术平均去除效率是指在正常运行条件下，末端处理技术对所处理的污染物具有的治理能力或去除水平。

民爆行业生产废水（清洗废水）常用的末端治理技术主要有隔油沉淀和生物曝气氧化法处理，个别单位也采用活性炭吸附法处理，水质达标后排放或回用。

经多年运行考核和现场调查，隔油沉淀法处理民爆企业的清洗废水，其化学需氧量和石油类的去除效率一般为40%～70%；生物氧化法的去除效率通常为60%～95%，微电解+芬顿+臭氧+过滤法（化学法）的处理效率通常为50%～90%。且在同样的处理工艺方法中，污染物去除效率高低与进水水质浓度大小有直接关系。由于民爆企业废水水量小，废水中化学需氧量和石油类浓度低，有的甚至低于排放浓度限值，经简单处理就可以实现达标排放，所以，企业废水处理的实际处理效率远小于末端处理技术所具备的正常处理效率水平，属于低负荷和低效率运行。对于这种情况，本研究未采用企业个体治理效率平均值，而是采用末端治理技术的一般处理效率，确定行业废水末端治理技术的平均治理效率。详见表1。

表1　末端治理技术平均去除效果表

序号	末端治理技术	平均去除效率/%
1	物理法	60
2	化学法	80
3	生化法	90

（3）本手册所提供的工业废水量、工业废气量、危险废物系数仅供校核参考，不作为企业填报依据。

3　污染物排放量核算方法

3.1　计算工段污染物产生量

（1）根据产品、原料、污染物产生的主导生产工艺、企业规模（生产产能）这一个组合查找和确定所对应的某一个污染物的产污系数。

（2）根据该污染物的产污系数计量单位——单位产品产量，获取企业实际产品产量。

例如，某组合内化学需氧量的产污系数单位为千克/吨-产品，则计算产生量时需要获取企业实际产品产量。

（3）污染物产生量按以下公式进行计算：

污染物产生量=污染物对应的产污系数×产品产量

$$G_{产i} = P_{产i} \times M_i$$

式中，$G_{产i}$——工段 i 某污染物的产生量；

$P_{产i}$——工段 i 某污染物对应的产污系数；

M_i——工段 i 的产品产量。

3.2　计算工段污染物去除量

（1）根据企业对某一污染物所采用的治理技术查找和选择相应的治理技术平均去除效率。

（2）根据企业所填报的末端治理设施实际运行率参数及其计算公式得出该企业某一污染物的末端治理设施实际运行率（*k* 值）。

（3）污染物去除量按以下公式进行计算：

污染物去除量 = 污染物产生量 × 污染物去除率

= 污染物产生量 × 末端治理技术平均去除效率 × 末端治理设施实际运行率

$$R_{减i} = G_{产i} \times \eta_T \times k_T$$

式中，$R_{减i}$——工段 i 某污染物的去除量；

η_T——工段 i 某污染物采用的末端治理技术平均去除效率；

k_T——工段 i 某污染物采用的末端治理设施实际运行率。

3.3 计算工段污染物排放量

污染物排放量 = 污染物产生量 – 污染物去除量

=污染物对应的产污系数 × 产品产量 – 污染物产生量 × 末端治理技术平均去除效率 × 末端治理设施实际运行率

3.4 计算企业污染物排放量

同一企业某污染物全年的产生（排放）总量为该企业同年实际生产的全部工艺、产品、原料、规模污染物产生（排放）量之和。

$$E_{排} = G_{产} - R_{减} = \sum (G_{产i} - R_{减i})$$

$$= \sum \left[P_{产i} \times M_i (1 - \eta_T \times k_T) \right]$$

4 污染物排放量核算案例

某企业主要从事乳化炸药生产。该企业以硝酸铵、硝酸钠、复合油相为主要原料，生产工艺采用乳化，年产量（生产规模）11000 吨。该企业涉及的主要污染物为化学需氧量、石油类。以化学需氧量为例说明排放量计算过程。

该企业基本信息如表 2 所示。

表 2 某乳化炸药企业基本信息

	名称	数量
产品及产量	乳化炸药	11000 吨/年
工艺名称	乳化	—
规模（产能）	1.1 万吨/年	
污染治理设施	生物接触氧化法	
末端治理设施实际运行率	污水治理设施运行时间	4000 小时
	企业正常生产时间	4000 小时

4.1　化学需氧量产生量计算

（1）查找产污系数及其计量单位

根据企业基本信息，查找本手册主要产品为乳化炸药，主要原料为硝酸铵、硝酸钠和复合油相，主要工艺为乳化。该组合化学需氧量的产污系数为 10.4，单位为克/吨-产品。

（2）获取企业产品产量

该企业实际情况为：主要产品乳化炸药 2017 年产量为 11000 吨。

（3）计算化学需氧量产生量

由于查询到的组合中，化学需氧量产污系数的单位为克/吨-产品，因此在核算产生量时需获取产品产量。

化学需氧量产生量=化学需氧量产污系数×产品（乳化炸药）产量

=10.4克/吨-产品×11000吨-产品

=114400 克

=114.4 千克

4.2　化学需氧量去除量计算

（1）查找末端治理技术平均去除效率

该企业化学需氧量治理技术采用生物接触氧化法，生物接触氧化法的末端治理技术平均去除效率按 90%计算。

（2）计算末端治理设施实际运行率

根据产污系数组合查询结果，该组合中化学需氧量对应的末端治理设施实际运行率为

k（设施运行率）= 设施实际处理的排污总量/环保设施应该处理的排污总量

该企业 2017 年环保设施实际处理的废水量 642.5 吨，环保设施应该处理的废水量 642.5 吨，则该企业的环保设施运行率为

k=642.5（吨/年）/642.5（吨/年）=1

（3）计算化学需氧量去除量

化学需氧量去除量=污染物产生量×治理技术平均去除效率×治理设施实际运行率

=114.4千克×90%×1=103.0 千克

4.3　化学需氧量排放量计算

化学需氧量排放量（千克）=污染物产生量－污染物去除量

=114.4千克－103.0千克=11.4 千克

5 系数表

2671 炸药及火工产品制造行业系数表

工段名称	产品名称	原料名称	工艺名称	规模等级	污染物类别	污染物指标	系数单位	产污系数	末端治理技术	末端治理技术平均去除效率/%	参考 *k* 值计算公式[1]
—	乳化炸药	硝酸铵、硝酸钠、复合蜡	乳化	所有规模	废水	工业废水量	米 ^{3}/吨-产品	0.332	—	0	—
						化学需氧量	克/吨-产品	10.4	物理法	60	*k* =治理设施实际处理污染物总量（千克）/应处理污染物总量（千克）
									生化法	90	
						石油类	克/吨-产品	0.161	物理法	60	
									生化法	90	
					固废	爆炸性废物	千克/吨-产品	1.263	自行安全销毁	100	—

注：乳化炸药包含胶状乳化、粉状乳化、乳化粒状铵油、含退役火药含水炸药、震源药柱（胶状乳化装填）。

2671 炸药及火工产品制造行业系数表（续表 1）

工段名称	产品名称	原料名称	工艺名称	规模等级	污染物类别	污染物指标	系数单位	产污系数	末端治理技术	末端治理技术平均去除效率/%	参考 *k* 值计算公式
—	膨化硝铵炸药	硝酸铵、硝酸钠、复合蜡	膨化、造粒、干燥	所有规模	废水	工业废水量	米 ^{3}/吨-产品	0.245	—	0	—
						化学需氧量	克/吨-产品	5.23	物理法	60	*k* =治理设施实际处理污染物总量（千克）/应处理污染物总量（千克）
									生化法	90	
						石油类	克/吨-产品	8.70×10^{-2}	物理法	60	
									生化法	90	
					危险废物	爆炸性废物	千克/吨-产品	1.593	自行安全销毁	100	—

1 该公式仅供参考，使用时，可根据 *k* 值定义，选取更适合企业实际情况的表达方式。

2671 炸药及火工产品制造行业系数表（续表 2）

工段名称	产品名称	原料名称	工艺名称	规模等级	污染物类别	污染物指标	系数单位	产污系数	末端治理技术	末端治理技术平均去除效率/%	参考 k 值计算公式
—	多孔粒状铵油炸药	硝酸铵、柴油	冷混	所有规模	废水	工业废水量	米 ^{3}/吨-产品	0.113	—	0	—
						化学需氧量	克/吨-产品	5.17	物理法	60	k =治理设施实际处理污染物总量（千克）/应处理污染物总量（千克）
									生化法	90	
						石油类	克/吨-产品	0.152	物理法	60	
									生化法	90	
					固废	爆炸性废物	千克/吨-产品	1.250	自行安全销毁	100	—

注：粘性炸药按此表执行。

2671 炸药及火工产品制造行业系数表（续表 3）

工段名称	产品名称	原料名称	工艺名称	规模等级	污染物类别	污染物指标	系数单位	产污系数	末端治理技术	末端治理技术平均去除效率/%	参考 k 值计算公式
—	水胶炸药	硝酸铵、甲胺硝酸盐	溶化、胶联	所有规模	废水	工业废水量	米 ^{3}/吨-产品	0.250	—	0	—
						化学需氧量	克/吨-产品	84.7	物理法	60	k =治理设施实际处理污染物总量（千克）/应处理污染物总量（千克）
									生化法	90	
						石油类	克/吨-产品	0.202	物理法	60	
									生化法	90	
					固废	爆炸性废物	千克/吨-产品	1.605	自行安全销毁	100	—

2671 炸药及火工产品制造行业系数表（续表 4）

工段名称	产品名称	原料名称	工艺名称	规模等级	污染物类别	污染物指标	系数单位	产污系数	末端治理技术	末端治理技术平均去除效率/%	参考 k 值计算公式
—	改性铵油	硝酸铵、硝酸钠、复合油相	溶化、造粒	所有规模	废水	工业废水量	米 ^{3}/吨-产品	0.236	—	0	—
						化学需氧量	克/吨-产品	47.2	物理法	60	k =治理设施实际处理污染物总量（千克）/应处理污染物总量（千克）
									生化法	90	
					危险废物	爆炸性废物	千克/吨-产品	1.271	自行安全销毁	100	—
	石油射孔弹	黑索金、奥克托金	装药、压制	所有规模	废水	工业废水量	米 ^{3}/万发-产品	5	—	0	—
						化学需氧量	克/万发-产品	1.91×10^3	物理法	60	k =治理设施实际处理污染物总量（千克）/应处理污染物总量（千克）
									生化法	90	
						石油类	克/万发-产品	1.88×10^3	物理法	60	
									生化法	90	
					危险废物	爆炸性废物	千克/万发-产品	1.850	自行安全销毁	100	—

注：聚能切割弹、复合射孔器、高压气体压裂弹、爆炸加工器材参照执行。

2671 炸药及火工产品制造行业系数表（续表 5）

工段名称	产品名称	原料名称	工艺名称	规模等级	污染物类别	污染物指标	系数单位	产污系数	末端治理技术	末端治理技术平均去除效率/%	参考 k 值计算公式
—	起爆具	梯恩梯、黑索金	熔化、注装	所有规模	废水	工业废水量	米 ^{3}/吨-产品	0.396	—	0	—
						化学需氧量	克/吨-产品	15.7	物理法	60	k =治理设施实际处理污染物总量（千克）/应处理污染物总量（千克）
									生化法	90	
						石油类	克/吨-产品	0.190	物理法	60	
									生化法	90	
					固废	爆炸性废物	千克/吨产品	59.154	自行安全销毁	100	—

注：塑装震源药柱参照执行。

2671 炸药及火工产品制造行业系数表（续表 6）

工段名称	产品名称	原料名称	工艺名称	规模等级	污染物类别	污染物指标	系数单位	产污系数	末端治理技术	末端治理技术平均去除效率/%	参考 k 值计算公式
—	工业雷管	黑索金、太安、起爆药	装填、压制、装配	所有规模	废水	工业废水量	米 ^{3}/万发-产品	0.417	—	0	—
						化学需氧量	克/万发-产品	2.79×10^3	物理法	60	k =治理设施实际处理污染物总量（千克）/应处理污染物总量（千克）
									化学法	80	
									生化法	90	
						石油类	克/万发-产品	0.367	物理法	60	
									化学法	80	
									生化法	90	
					固废	爆炸性废物	千克/万发-产品	1.287	自行安全销毁	100	—

注：电雷管、导爆管雷管、电子雷管等工业用雷管参照执行。

2671 炸药及火工产品制造行业系数表（续表 7）

工段名称	产品名称	原料名称	工艺名称	规模等级	污染物类别	污染物指标	系数单位	产污系数	末端治理技术	末端治理技术平均去除效率/%	参考 *k* 值计算公式
—	工业导爆索	太安	缠绕	所有规模	废水	工业废水量	米^3/万米-产品	0.230	—	0	—
						化学需氧量	克/万米-产品	7.83	物理法	60	*k* =治理设施实际处理污染物总量（千克）/应处理污染物总量（千克）
									生化法	90	
					固废	爆炸性废物	千克/万米-产品	16.84	自行安全销毁	100	—

注：切割索、塑料导爆管参照执行。

2671 炸药及火工产品制造行业系数表（续表 8）

工段名称	产品名称	原料名称	工艺名称	规模等级	污染物类别	污染物指标	系数单位	产污系数	末端治理技术	末端治理技术平均去除效率/%	参考 *k* 值计算公式
—	安全气囊点火具	无机盐氧化剂及还原剂	装填、装配	所有规模	废水	工业废水量	米^3/万发-产品	1.54	—	0	—
						化学需氧量	克/万发-产品	590	物理法	60	*k* =治理设施实际处理污染物总量（千克）/应处理污染物总量（千克）
									生化法	90	
					固废	爆炸性废物	发/万发-产品	30	自行安全销毁	100	—

注：其他特殊用途点火具、其他点火器材参照执行。

2672 烟花爆竹制造业

1 适用范围

本手册仅用于《国民经济行业分类》（GB/T 4754—2017）中 2672 行业（爆竹、烟花、引火线、黑火药）使用系数法核算工业污染物产生量和排放量的工业企业。

说明：爆竹指《烟花爆竹 安全与质量》（GB 10631—2013）中爆竹类；烟花指《烟花爆竹 安全与质量》（GB 10631—2013）中喷花类、旋转类、升空类、吐珠类、玩具类、礼花类、架子烟花类、组合烟花类。

利用本手册进行产排污核算得出的污染物产生量与排放量仅代表了特定行业、工艺、产品、原料在正常工况下污染物产生与排放的一般规律。

本行业涉及的污染源和污染物包括：

爆竹废水指标包括工业废水量、化学需氧量、硫化物；固体废物指标为危险废物量；废气指标为二氧化硫。

烟花（亮珠生产线、爆炸药生产线）废水指标包括工业废水量、化学需氧量、硫化物；固体废物指标为危险废物量；废气指标包括二氧化硫。

引火线废水指标包括工业废水量、化学需氧量；固体废物指标为危险废物量。

黑火药废水指标包括工业废水量、化学需氧量、硫化物；固体废物指标为危险废物量；废气指标为二氧化硫。

2 注意事项

2.1 企业有多类产品或生产多类产品产排污量核算

拥有多类产品的企业，宜分产品统计污染物的产生量和排放量，各类产品的产排污量之和即为企业的总产排污量。

2.2 单位换算说明

爆竹：1 万箱=2 亿响

烟花：1 万箱=100 万发

烟花亮珠：1 吨=12.5 万发

烟花爆炸药：1 吨=30 万发

引火线：1 万箱=4000 万米

黑火药：1 万箱=250 吨

2.3 其他需要说明的问题

由于不同企业工业废气量、废水量差异较大，本手册所提供的工业废气量、废水量系数仅供参考。

为体现相同产污水平条件下，采用相同环保治理设施的不同企业对同一污染物去除效果的差异，引入末端治理设施实际运行率（k）对污染治理设施的实际去除率进行修正。k 值反映的是污染治理设施运行的状态，越稳定运行，k 值越高；在取值上，若定义连续稳定运行的理想状态为 1，则 k 取值在 0～1 之间。

本手册给出本行业的 k 计算公式仅供参考，使用时，可根据 k 值定义，选取更适合企业实际情况的表达方式。

对于设置污水池、污水循环利用、不对厂外环境排放污水的企业（或生产线），工业废水排污量为 0。

烟花爆竹制造业的固体废物为生产过程中产生余药、废药及烟火药粉尘经沉淀池过滤后的剩余固体，依据《国家危险废物名录》，该固体废物属于爆炸性废物 HW15。企业应按《烟花爆竹劳动安全技术规程》（GB 11652—2012）的规定处理，固体废物排放量为零。

3 污染物排放量核算方法

3.1 计算工段污染物产生量

（1）根据产品、原料、污染物产生的主导生产工艺、企业规模（生产产能）这一组合查找和确定所对应的某一污染物的产污系数。

注意事项：产品名称、原材料、工艺等用词应规范，不应使用俗名；对于企业提供产品年实际产量与本手册单位不一致的，按本手册 2.2 节进行换算。

（2）污染物产生量按以下公式进行计算：

污染物产生量=污染物对应的产污系数×产品产量

$$G_{产i} = P_{产i} \times M_i$$

式中，$G_{产i}$——工段 i 某污染物的产生量；

$P_{产i}$——工段 i 某污染物对应的产污系数；

M_i——工段 i 的产品产量。

3.2 计算工段污染物去除量

（1）根据企业对某一污染物所采用的治理技术查找和选择相应的末端治理技术平均去除效率。

（2）根据所填报的末端治理设施实际运行率参数及其计算公式得出该企业某一污染物的末端治理设施实际运行率（k 值）。

（3）污染物去除量按以下公式进行计算：

污染物去除量 = 污染物产生量×污染物去除率

= 污染物产生量×末端治理技术平均去除效率×末端治理设施实际运行率

$$R_{减i} = G_{产i} \times \eta_T \times k_T$$

式中，$R_{减i}$——工段 i 某污染物的去除量；

η_T——工段 i 某污染物采用的末端治理技术平均去除效率；

k_T——工段 i 某污染物采用的末端治理设施实际运行率。

3.3 计算工段污染物排放量

污染物排放量 = 污染物产生量 – 污染物去除量

=污染物对应的产污系数 × 产品产量 – 污染物产生量 × 末端治理技术平均去除效率 × 末端治理设施实际运行率

3.4 计算企业污染物排放量

同一企业某污染物全年的产生（排放）总量为该企业同年实际生产的全部工艺、产品、原料、规模污染物产生（排放）量之和。

$$E_{排} = G_{产} - R_{减} = \sum(G_{产i} - R_{减i})$$
$$= \sum\left[P_{产i} \times M_i(1 - \eta_T \times k_T)\right]$$

4 污染物排放量核算案例

某烟花爆竹生产企业的产品为爆竹，采用的工艺为机械混药装药封口，使用的主要原材料为高氯酸钾、硫黄、铝粉，设计生产规模为 40 亿响/年，实际产量为 20 亿响/年。该企业涉及的主要污染物为化学需氧量、硫化物、二氧化硫。以化学需氧量为例说明排放量计算过程。

该企业基本信息如表 1 所示。

表 1 某爆竹企业基本信息

	名称	数量
产品及产量	爆竹	20 亿响/年
工艺名称	装药（机械混药装药封口）	—
主要原材料	高氯酸钾、硫黄、铝粉	
规模（产能）	40 亿响/年	
污染治理设施	物理法（沉淀池）	
末端治理设施实际运行率	治理设施实际运行时间	800 小时
	治理设施应运行时间	800 小时

4.1 化学需氧量产生量计算

（1）查找产污系数及其计量单位

根据企业基本信息，查找本手册中主要产品为爆竹，主要原料为高氯酸钾、硫黄、铝粉，主要工艺为装药（机械混药装药封口）。该组合化学需氧量的产污系数为 273，单位为克/亿响-产品。

（2）获取企业产品产量

该企业实际情况为：主要产品爆竹 2017 年产量为 20 亿响。

（3）计算化学需氧量产生量

由于查询到的组合中，化学需氧量产污系数的单位为克/亿响产品，因此在核算产生量时采用产品产量。

$$
\begin{aligned}
\text{化学需氧量产生量} &= \text{化学需氧量产污系数} \times \text{产品（爆竹）产量} \\
&= 273\text{克} / \text{亿响-产品} \times 20\text{亿响-产品} \\
&= 5460\ \text{克} \\
&= 5.46\ \text{千克}
\end{aligned}
$$

4.2 化学需氧量去除量计算

（1）查找末端治理技术平均去除效率

该企业化学需氧量治理技术采用物理法（沉淀池），物理法的末端治理技术平均去除效率按 60% 计算。

（2）计算末端治理设施实际运行率。

根据产污系数组合查询结果，该组合中化学需氧量对应的末端治理设施实际运行率为

$$k = \text{环保设施实际处理时间} / \text{环保设施应该处理时间}$$

该企业 2017 年环保设施（沉淀池）实际处理废水时间为 800 小时，环保设施（沉淀池）应该处理废水时间为 800 小时，则该企业的环保设施运行率为

$$k = 800\text{小时} / 800\text{小时} = 1$$

（3）计算化学需氧量去除量

$$
\begin{aligned}
\text{化学需氧量去除量} &= \text{污染物产生量} \times \text{治理技术平均去除效率} \times \text{治理设施实际运行率} \\
&= 5.46\text{千克} \times 60\% \times 1 \\
&= 3.28\ \text{千克}
\end{aligned}
$$

4.3 化学需氧量排放量计算

$$
\begin{aligned}
\text{化学需氧量排放量} &= \text{污染物产生量} - \text{污染物去除量} \\
&= 5.46\text{千克} - 3.28\text{千克} \\
&= 2.18\ \text{千克}
\end{aligned}
$$

5 系数表

2672 烟花爆竹制造行业系数表

工段名称	产品名称	原料名称	工艺名称	规模等级	污染物类别	污染物指标	系数单位	产污系数	末端治理技术	末端治理技术平均去除效率/%	参考 k 值计算公式[1]
—	爆竹	高氯酸钾、硫黄、铝粉（或硝酸钾、硫黄、炭粉）	装药（机械混药装药封口）	所有规模	废水	工业废水量	吨/亿响-产品	11.1	—	0	—
						化学需氧量	克/亿响-产品	273	物理法	60	k=环保设施实际处理时间（小时/年）/环保设施应处理时间（小时/年）
						硫化物	克/亿响-产品	1.40	物理法	60	
					固废	爆炸性废物	千克/亿响-产品	16.7	安全销毁	100	—
					废气	二氧化硫	千克/亿响-产品	16.7	—	0	—
亮珠	烟花	高氯酸钾、镁铝合金、碳酸锶、树脂、漆片、聚乙烯	亮珠混药	所有规模	废水	工业废水量	吨/万发-产品	7.00×10^{-2}	—	0	—
						化学需氧量	克/万发-产品	1.80	物理法	60	k=环保设施实际处理时间（小时/年）/环保设施应处理时间（小时/年）
						硫化物	毫克/万发-产品	12.3	物理法	60	
					固废	爆炸性废物	克/万发-产品	214	安全销毁	100	—
					废气	二氧化硫	克/万发-产品	12.5	—	0	—

[1] 该公式仅供参考，使用时，可根据 k 值定义，选取更适合企业实际情况的表达方式。

2672 烟花爆竹制造行业系数表（续表 1）

工段名称	产品名称	原料名称	工艺名称	规模等级	污染物类别	污染物指标	系数单位	产污系数	末端治理技术	末端治理技术平均去除效率/%	参考 k 值计算公式
爆炸药	烟花	高氯酸钾、硝酸钡、镁铝合金、硫黄、铝粉	爆炸药混药	所有规模	废水	工业废水量	吨/万发-产品	6.00×10^{-2}	—	0	—
						化学需氧量	克/万发-产品	1.40	物理法	60	k=环保设施实际处理时间（小时/年）/环保设施应处理时间（小时/年）
						硫化物	毫克/万发-产品	11	物理法	60	
					固废	爆炸性废物	克/万发-产品	78.6	安全销毁	100	—
					废气	二氧化硫	克/万发-产品	17.2	—	0	—
—	引火线	高氯酸钾（或硝酸钾）、木炭粉、笛音剂、胶水	混药、制引	所有规模	废水	工业废水量	吨/万米-产品	3.00×10^{-3}	—	0	—
						化学需氧量	毫克/万米-产品	82.1	物理法	60	k=环保设施实际处理时间（小时/年）/环保设施应处理时间（小时/年）
					固废	爆炸性废物	克/万米-产品	6.91	安全销毁	100	—
—	黑火药	硝酸钾、硫黄粉、木炭粉	球磨混合	所有规模	废水	工业废水量	吨/吨-产品	5.00×10^{-2}	—	0	—
						化学需氧量	克/吨-产品	0.800	物理法	60	k=环保设施实际处理时间（小时/年）/环保设施应处理时间（小时/年）
						硫化物	毫克/吨-产品	4.10	物理法	60	
					固废	爆炸性废物	千克/吨-产品	0.192	安全销毁	100	—
					废气	二氧化硫	千克/吨-产品	0.200	—	0	—

268 日用化学产品制造业

1　适用范围

本手册仅用于《国民经济行业分类》（GB/T 4754—2017）中 2681 肥皂及洗涤剂制造行业、2682 化妆品制造行业、2683 口腔清洁用品制造行业、2684 香精香料制造行业、2689 其他日用化学产品制造行业使用系数法核算工业污染物产生量和排放量的工业企业。

利用本手册进行产排污核算得出的污染物产生量与排放量仅代表了特定行业、工艺、产品、原料在正常工况下污染物产生与排放的一般规律。

本行业废水指标包括工业废水量、化学需氧量、氨氮、总氮、总磷、石油类；废气指标包括工业废气量、二氧化硫、氮氧化物、颗粒物、挥发性有机物。

2　注意事项

2.1　企业有多种生产工艺或生产多类产品产排污量核算

污染物产生量与产品产量有关，根据不同核算环节计算产污量后，再根据企业末端治理设施和运行情况计算各污染物的排放量。

企业某污染物指标的产生量、排放量为各核算环节产生量、排放量之和。

在企业实际排放量计算过程中，如果存在废水回用的情况，需要在利用产排污核算公式的基础上扣除废水回用的部分。公式如下：

实际排放量=计算排放量×（1–废水回用率）

2.2　采用多种治理设施组合处理企业的排污量核算

在排污量计算选择末端治理技术时，若没有对应的组合治理技术，以主要治理技术为准。

2.3　系数表中未涉及的产污系数及污染治理效率

如果组合中缺少某种污染物指标的产污系数，首先确定该指标是否在本次普查范围之内，若在范围之内则可参照本小类行业中其他组合制定的该指标的产污系数；其次，如果本小类行业中也无该指标的产污系数，则参照其他小类行业中该指标的产污系数。

某企业生产产品洗发液，按照产品类别应填报“清洁类化妆品”，企业存在挥发性有机物指标的排放，在“清洁类化妆品”组合系数表中未找到该指标的产污系数，则可参照本小类行业（2682 化妆品制造）中另外一个产品类别“化妆品”中制定的挥发性有机物指标的产污系数值。

某些“化妆品”“室内散香及除臭制品”的生产过程中，如果包含除尘工艺，颗粒物指标可参考 2681 肥皂及洗涤剂制造行业中“粉状洗涤剂［其他工艺（非高塔喷粉工艺）］”组合中该指标的系数值。

2689 其他日用化学产品制造行业中生产产品若有废水产生时，可以根据产品外观（固体、液体）以“2681 肥皂及洗涤剂制造行业”系数表中相近或类似工艺的产品品种推算产排污量。

2.4 其他需要说明的问题

由于不同企业工业废气量、废水量差异较大，本手册所提供的工业废气量、废水量系数仅供参考。

为体现相同产污水平条件下，采用相同环保治理设施的不同企业对同一污染物去除效果的差异，引入末端治理设施实际运行率（k）对污染治理技术的实际去除率进行修正。k 值反映的是污染治理设施运行的状态，越稳定运行，k 值越高；在取值上，若定义连续稳定运行的理想状态为 1，则 k 取值在 0～1 之间。

本手册给出本行业的 k 计算公式仅供参考，使用时，可根据 k 值定义，选取更适合企业实际情况的表达方式。

对于阴离子表面活性剂、非离子表面活性剂、阳离子与两性表面活性剂产排污量核算，应优先使用“2662 专项化学用品制造”行业对应的产品产排污量系数表。在该栏目下无法找到相应的产品时，参考使用本册表。

香料的系数表中，工业废水量、化学需氧量、氨氮、石油类等指标的产污系数的校正系数 L 值的确定，依据具体的主要产品品种和制备工艺。简单制备工艺是指植物中提取植物油（如湿蒸）、植物油中物质的分馏；少步骤制备工艺是指以一步或几步反应得到的酯类香料、微生物法不提纯的香料；多步骤复杂制备工艺是指化学合成加提纯（如精馏或结晶）、微生物法生产（如发酵）加提纯等多种生产工艺联用。表中校正系数 L，随制备工艺的复杂程度，在所给出的区间范围内取值相对增大。大致可以按 1～2 步反应工艺、3～5 步反应工艺、6 步以上反应工艺作为三个阶段的 L 值选择依据。对于采用半成品原料、仅用物理方法加工提取香料产品时，L=0.1，如企业无废水产生，则 L=0。

3 污染物排放量核算方法

3.1 计算污染物产生量

（1）根据产品、原料、污染物产生的主导生产工艺、企业规模（生产产能）这一组合查找和确定所对应的某一污染物的产污系数。

（2）根据该污染物的产污系数计量单位——单位产品产量，获取企业实际产品产量。

例如，某组合内化学需氧量的产污系数单位为克/吨-产品，则计算产生量时需要获取企业实际产品产量。

（3）污染物产生量按以下公式进行计算：

污染物产生量=污染物对应的产污系数×产品产量

$$G_{产i} = P_{产i} \times M_i$$

式中，$G_{产i}$——工段 i 某污染物的产生量；

$P_{产i}$——工段 i 某污染物对应的产污系数；

M_i——工段 i 的产品产量。

3.2 计算污染物去除量

（1）根据企业对某一污染物所采用的治理技术查找和选择相应的治理技术平均去除效率。

（2）根据所填报的污染治理设施实际运行率参数及其计算公式得出该企业某一污染物的治理设施实际运行率（k 值）。k 值取值范围为 $0.8 \leqslant k \leqslant 1.0$，当实际计算结果小于 0.8 时，则 k 取 0.8 计算，当实际计算结果大于 1.0 时，则 k 取 1.0 计算。

（3）污染物去除量按以下公式进行计算：

污染物去除量=污染物产生量×污染物去除率 =污染物产生量× 治理技术平均去除效率× 治理设施实际运行率

$$R_{减i} = G_{产i} \times \eta_T \times k_T$$

式中，$R_{减i}$——工段 i 某污染物的去除量；

η_T——工段 i 某污染物采用的末端治理技术的平均去除效率；

k_T——工段 i 某污染物采用的末端治理设施的实际运行率。

3.3 计算污染物排放量

污染物排放量=污染物产生量−污染物去除量

=污染物对应的产污系数× 产品产量−污染物产生量× 治理技术平均去除效率× 治理设施实际运行率

3.4 计算企业污染物排放量

同一企业某污染物全年的产生（排放）总量为该企业同年实际生产的全部工段、产品、原料、规模污染物产生（排放）量之和。

$$\begin{aligned} E_{排} &= G_{产} - R_{减} = \sum (G_{产i} - R_{减i}) \\ &= \sum \left[P_{产i} \times M_i (1 - \eta_T \times k_T) \right] \end{aligned}$$

4 污染物排放量核算案例

某企业主要从事粉状洗涤剂产品的生产。该企业以表面活性剂、烧碱、硫酸钠为主要原料，生产工艺采用高塔喷粉工艺，年产量（生产规模）235340 吨。该企业废水末端治理技术采用“物理化学处理法+厌氧生物处理法+氧化沟类”组合处理技术，涉及的废水污染物主要为化学需氧量、氨氮、石油类、总磷、总氮。废气末端治理技术采用“旋风+布袋”的组合处理技术，涉及的废气污染物主要为氮氧化物、二氧化硫、颗粒物。

本核算示例以废水中氨氮为例，说明该企业氨氮排放量的计算方法。

4.1 氨氮产生量计算

（1）查找产污系数及其计量单位

根据企业基本信息，查找本手册中主要产品为粉状洗涤剂，主要工艺为喷粉工艺，生产规模为所有规模。该组合氨氮的产污系数为 7.40，单位为克/吨-产品。

（2）获取企业产品产量

该企业实际情况为：粉状洗涤剂产品 2017 年产量为 235340 吨。

（3）计算氨氮产生量

由于查询到的组合中，氨氮产污系数的单位为克/吨-产品，因此在核算产生量时需获取产品产量。

氨氮产生量=氨氮产污系数×产品（粉状洗涤剂）产量

=7.40 克/吨-产品×235340 吨-产品=1.74 吨

4.2 氨氮去除量计算

（1）查找治理技术平均去除效率

该企业氨氮治理技术采用“物理化学处理法+厌氧生物处理法+氧化沟类”组合处理技术，查询该技术处理氨氮的平均去除效率应参照“物理+化学+厌氧生物+好氧生物处理法”，查询结果为 71%。

（2）计算污染治理设施实际运行率

根据产污系数组合查询结果，该组合对应的污染治理设施实际运行率为

k=污水处理设施年耗电量（千瓦·时）/[污水处理设施的所有耗电设备额定功率（千瓦）×污水处理设施年运行时间（小时）]

获取企业实际填报情况如下：该企业 2017 年污水处理设施年耗电量 398877 千瓦·时，污水处理设施的所有耗电设备额定功率 60 千瓦，污水处理设施年运行时间 8760 小时，则该企业的“物理化学处理法+厌氧生物处理法+氧化沟类”组合处理废水设备实际运行率为

k=398877 千瓦·时/（60 千瓦×8760 小时）=0.759

注：由于 k 的取值范围为 $0.8 \leqslant k \leqslant 1.0$，计算得出 0.759<0.8，因此 k 值取 0.8。

（3）计算氨氮去除量

氨氮去除量=1.74 吨×71%×0.8=0.99 吨

4.3 氨氮排放量计算

氨氮排放量=1.74 吨–0.99 吨=0.75 吨

5 系数表

2681 肥皂及洗涤剂制造行业系数表

工段名称	产品名称	原料名称	工艺名称	规模等级	污染物类别	污染物指标	系数单位	产污系数	末端治理技术	末端治理技术平均去除效率/%	参考 k 值计算公式[1]
—	粉状洗涤剂	表面活性剂、烧碱、硫酸钠等①	喷粉工艺②	所有规模	废水	工业废水量	吨/吨-产品	0.60	—	—	—
						化学需氧量	克/吨-产品	226	物理+化学+好氧生物处理法	80	k=污水处理设施年耗电量（千瓦·时）/［污水处理设施的所有耗电设备额定功率（千瓦）×污水处理设施年运行时间（小时）］
									物理+化学+厌氧生物+好氧生物处理法	85	
									物理+化学+好氧生物+生物膜法	93	
						氨氮	克/吨-产品	7.40	物理+化学+好氧生物处理法	68	
									物理+化学+厌氧生物+好氧生物处理法	71	
									物理+化学+好氧生物+生物膜法	85	
						石油类	克/吨-产品	15.0	物理+化学+好氧生物处理法	70	
									物理+化学+厌氧生物+好氧生物处理法	85	
									物理+化学+好氧生物+生物膜法	92	
						总氮	克/吨-产品	8.30	物理+化学+好氧生物处理法	70	
									物理+化学+厌氧生物+好氧生物处理法	73	
									物理+化学+好氧生物+生物膜法	84	
						总磷	克/吨-产品	0.50	物理+化学+好氧生物处理法	87	
									物理+化学+厌氧生物+好氧生物处理法	90	
									物理+化学+好氧生物+生物膜法	94	
					废气②	工业废气量	标米^3/吨-产品	5400	—	—	—
						颗粒物	千克/吨-产品	13.8	旋风+扩散旋风除尘	98.8	k=废气处理设备的年耗电量（千瓦·时）/［废气处理设备的额定功率（千瓦）×废气处理设施年运行时间（小时）］
									旋风+湿法除尘	98.8	
									旋风+布袋除尘	99.0	
									旋风+扩散旋风+湿法除尘	99.0	
						二氧化硫	千克/吨-产品	0.26	直排	—	
						氮氧化物	千克/吨-产品	0.42	直排	—	
						挥发性有机物	克/吨-产品	16.0	直排	—	—
					固废	一般工业固废	千克/吨-产品	9	—	—	—

注：①由于粉状洗涤剂生产中使用的原料品种较多，系数表单中列举了几种常用原料，实际生产时并不局限于此。

②当采用富聚成型、混合搅拌等非高塔喷粉工艺制备粉状洗涤剂核算产排污量用下一个组合系数表。

[1] 该公式仅供参考，使用时，可根据 k 值定义，选取更适合企业实际情况的表达方式。

2681 肥皂及洗涤剂制造行业系数表（续表 1）

工段名称	产品名称	原料名称	工艺名称	规模等级	污染物类别	污染物指标	系数单位	产污系数	末端治理技术	末端治理技术平均去除效率/%	参考 k 值计算公式 [1]
—	粉状洗涤剂	表面活性剂、烧碱、硫酸钠等①	其他工艺（非高塔喷粉工艺）	所有规模	废水	工业废水量	吨/吨-产品	0.60	—	—	—
						化学需氧量	克/吨-产品	226	物理+化学+好氧生物处理法	80	k=污水处理设施年耗电量（千瓦·时）/［污水处理设施的所有耗电设备额定功率（千瓦）×污水处理设施年运行时间（小时）］
									物理+化学+厌氧生物+好氧生物处理法	85	
									物理+化学+好氧生物+生物膜法	93	
						氨氮	克/吨-产品	7.40	物理+化学+好氧生物处理法	68	
									物理+化学+厌氧生物+好氧生物处理法	71	
									物理+化学+好氧生物+生物膜法	85	
						石油类	克/吨-产品	15.0	物理+化学+好氧生物处理法	70	
									物理+化学+厌氧生物+好氧生物处理法	85	
									物理+化学+好氧生物+生物膜法	92	
						总氮	克/吨-产品	8.30	物理+化学+好氧生物处理法	70	
									物理+化学+厌氧生物+好氧生物处理法	73	
									物理+化学+好氧生物+生物膜法	84	
						总磷	克/吨-产品	0.50	物理+化学+好氧生物处理法	87	
									物理+化学+厌氧生物+好氧生物处理法	90	
									物理+化学+好氧生物+生物膜法	94	
					废气	工业废气量	标米^3/吨-产品	540	—	—	—
						颗粒物	千克/吨-产品	1.40	旋风+扩散旋风除尘	98.8	k=废气处理设备的年耗电量（千瓦·时）/［废气处理设备的额定功率（千瓦）×废气处理设施年运行时间（小时）］
									旋风+湿法除尘	98.8	
									旋风+布袋除尘	99.0	
									旋风+扩散旋风+湿法除尘	99.0	
					固废	一般工业固废	千克/吨-产品	9	—	—	—

注：①由于粉状洗涤剂生产中使用的原料品种较多，系数表单中列举了几种常用原料，实际生产时并不局限于此。

2681 肥皂及洗涤剂制造行业系数表（续表 2）

工段名称	产品名称	原料名称	工艺名称	规模等级	污染物类别	污染物指标	系数单位	产污系数	末端治理技术	末端治理技术平均去除效率/%	参考 k 值计算公式 1
—	液体洗涤剂	表面活性剂、香精、色素等①	复配工艺	所有规模	废水	工业废水量	吨/吨-产品	0.60	—	—	—
						化学需氧量	克/吨-产品	547	物理+化学+好氧生物处理法	80	k=污水处理设施年耗电量（千瓦·时）/［污水处理设施的所有耗电设备额定功率（千瓦）×污水处理设施年运行时间（小时）］
									物理+化学+活性污泥法	88	
									物理+化学+活性污泥法+生物膜法	93	
						氨氮	克/吨-产品	4.20	物理+化学+好氧生物处理法	68	
									物理+化学+活性污泥法	75	
									物理+化学+活性污泥法+生物膜法	85	
						石油类	克/吨-产品	39.0	物理+化学+好氧生物处理法	70	
									物理+化学+活性污泥法	88	
									物理+化学+活性污泥法+生物膜法	92	
						总氮	克/吨-产品	16.0	物理+化学+好氧生物处理法	70	
									物理+化学+活性污泥法	80	
									物理+化学+活性污泥法+生物膜法	85	
						总磷	克/吨-产品	0.40	物理+化学+好氧生物处理法	87	
									物理+化学+活性污泥法	90	
									物理+化学+活性污泥法+生物膜法	94	
					固废	一般工业固废	千克/吨-产品	9	—	—	—

注：①由于液体洗涤剂生产中使用的原料品种较多，系数表单中列举了几种常用原料，实际生产时并不局限于此。

2681 肥皂及洗涤剂制造行业系数表（续表 3）

工段名称	产品名称	原料名称	工艺名称	规模等级	污染物类别	污染物指标	系数单位	产污系数	末端治理技术	末端治理技术平均去除效率/%	参考 k 值计算公式 1
—	肥（香）皂	油脂、烧碱、酸类等	油脂皂化或油脂水解①	所有规模	废水	工业废水量	吨/吨-产品	2.00	—	—	—
						化学需氧量	克/吨-产品	5481	物理+化学+好氧生物处理法	95	k=污水处理设施年耗电量（千瓦·时）/［污水处理设施的所有耗电设备额定功率（千瓦）×污水处理设施年运行时间（小时）］
									物理+化学+生物膜法	95	
						氨氮	克/吨-产品	12.0	物理+化学+好氧生物处理法	68	
									物理+化学+生物膜法	91	
						石油类	克/吨-产品	21.0	物理+化学+好氧生物处理法	70	
									物理+化学+生物膜法	90	
						总氮	克/吨-产品	15.0	物理+化学+好氧生物处理法	70	
									物理+化学+生物膜法	91	
						总磷	克/吨-产品	1.50	物理+化学+好氧生物处理法	81	
									物理+化学+生物膜法	87	
					固废	一般工业固废	千克/吨-产品	9①	—	—	—

注：①企业采用自供燃煤锅炉提供工艺所用的配套蒸汽时，产污系数按表中数值的 2 倍计算。

2681 肥皂及洗涤剂制造行业系数表（续表 4）

工段名称	产品名称	原料名称	工艺名称	规模等级	污染物类别	污染物指标	系数单位	产污系数	末端治理技术	末端治理技术平均去除效率/%	参考 k 值计算公式
—	肥（香）皂	皂粒、助剂等	混合复配[①]	所有规模	废水	工业废水量	吨/吨-产品	0.60	—	—	—
						化学需氧量	克/吨-产品	183	物理+化学+好氧生物处理法	95	k=污水处理设施年耗电量（千瓦·时）/［污水处理设施的所有耗电设备额定功率（千瓦）×污水处理设施年运行时间（小时）］
									物理+化学+生物膜法	95	
						氨氮	克/吨-产品	0.40	物理+化学+好氧生物处理法	68	
									物理+化学+生物膜法	91	
						石油类	克/吨-产品	0.70	物理+化学+好氧生物处理法	70	
									物理+化学+生物膜法	90	
						总氮	克/吨-产品	0.50	物理+化学+好氧生物处理法	70	
									物理+化学+生物膜法	91	
						总磷	克/吨-产品	0.05	物理+化学+好氧生物处理法	81	
									物理+化学+生物膜法	87	
					固废	一般工业固废	千克/吨-产品	9	—	—	—

注：①产品直接用皂粒加工生产时，产污系数按此表中的数值计算。

2681 肥皂及洗涤剂制造行业系数表（续表 5）

工段名称	产品名称	原料名称	工艺名称	规模等级	污染物类别	污染物指标	系数单位	产污系数	末端治理技术	末端治理技术平均去除效率/%	参考 k 值计算公式
—	肥皂及合成洗涤剂[①]	表面活性剂、油脂、烧碱、酸类等[②]	复配工艺	所有规模	废水	工业废水量	吨/吨-产品	0.90	—	—	—
						化学需氧量	克/吨-产品	1714	物理+化学+好氧生物处理法	95	k=污水处理设施年耗电量（千瓦·时）/［污水处理设施的所有耗电设备额定功率（千瓦）×污水处理设施年运行时间（小时）］
									物理+化学+生物膜法	95	
						氨氮	克/吨-产品	6.00	物理+化学+好氧生物处理法	68	
									物理+化学+生物膜法	91	
						石油类	克/吨-产品	30.0	物理+化学+好氧生物处理法	70	
									物理+化学+生物膜法	90	
						总氮	克/吨-产品	10.0	物理+化学+好氧生物处理法	70	
									物理+化学+生物膜法	91	
						总磷	克/吨-产品	0.60	物理+化学+好氧生物处理法	87	
									物理+化学+生物膜法	90	
					固废	一般工业固废	千克/吨-产品	9	—	—	—

注：①本系数适用于同时生产肥（香）皂、粉状洗涤剂、液体洗涤剂等多种产品的企业。当采用高塔喷粉工艺生产洗衣粉时，需按粉状洗涤剂的产污系数，另外统计废气污染物的产排量。

②由于洗涤剂生产中使用的原料品种较多，系数表单中列举了几种常用原料，实际生产时并不局限于此。

2681 肥皂及洗涤剂制造行业系数表（续表 6）

工段名称	产品名称	原料名称	工艺名称	规模等级	污染物类别	污染物指标	系数单位	产污系数	末端治理技术	末端治理技术平均去除效率/%	参考 k 值计算公式
—	阴离子表面活性剂	十二烷基苯、硫黄、烧碱等[①]	化学合成（三氧化硫膜式磺化）[②]	所有规模	废水	工业废水量[③]	吨/吨-产品	0.20	—	—	—
						化学需氧量[③]	克/吨-产品	356	物理+化学＋好氧生物处理	88	k=污水处理设施年耗电量（千瓦·时）/［污水处理设施的所有耗电设备额定功率（千瓦）×污水处理设施年运行时间（小时）］
									物理+化学+厌氧生物+好氧生物处理法	90	
									物理+化学＋生物膜法	95	
						氨氮[③]	克/吨-产品	0.40	物理+化学＋好氧生物处理	82	
									物理+化学+厌氧生物+好氧生物处理法	82	
									物理+化学＋生物膜法	85	
						石油类	克/吨-产品	1.70	物理+化学＋好氧生物处理	90	
									物理+化学+厌氧生物+好氧生物处理法	90	
									物理+化学＋生物膜法	90	
						总磷	克/吨-产品	1.20	物理+化学＋好氧生物处理	84	
									物理+化学+厌氧生物+好氧生物处理法	88	
									物理+化学＋生物膜法	89	
						总氮	克/吨-产品	10.0	物理+化学＋好氧生物处理	83	
									物理+化学+厌氧生物+好氧生物处理法	86	
									物理+化学＋生物膜法	90	
					废气[②]	工业废气量	标米 ^{3}/吨-产品	2386	—	—	—
						二氧化硫	千克/吨-产品	3.97	直排	—	k=废气处理设备的年耗电量（千瓦·时）/［废气处理设备的额定功率（千瓦）×废气处理设施年运行时间（小时）］
									湿式除雾+碱吸收	99.0	
						挥发性有机物	克/吨-产品	44.0	直接回收法	68	k=1.0
									间接回收法	76	
					固废	一般工业固废	千克/吨-产品	6	—	—	—

注：①由于表面活性剂生产中使用的原料品种较多，系数表单中列举了几种常用原料，实际生产时并不局限于此。

②不采用三氧化硫膜式磺化工艺时，仅核算工业废水量及相关的污染物指标，工业废气量和二氧化硫的产污系数以 0 计。

③当产品为固体时，工业废水量、化学需氧量和氨氮指标的产污系数按表中数值的 10 倍统计计算。

备注：根据《国民经济行业分类》（GB/T 4754—2017）及其分类注释，各类表面活性剂应归于“2662 专项化学品制造”，在该类项目下无相关产品的产污系数时，可以参考采用本表。

2681 肥皂及洗涤剂制造行业系数表（续表 7）

工段名称	产品名称	原料名称	工艺名称	规模等级	污染物类别	污染物指标	系数单位	产污系数	末端治理技术	末端治理技术平均去除效率/%	参考 k 值计算公式
—	阳离子与两性表面活性剂	脂肪氨、双氧水、氯甲烷等①	化学合成（季铵化）	所有规模	废水	工业废水量	吨/吨-产品	1.00	—	—	—
						化学需氧量	克/吨-产品	2300	物理+化学＋好氧生物处理法	95	k=污水处理设施年耗电量（千瓦·时）/［污水处理设施的所有耗电设备额定功率（千瓦）×污水处理设施年运行时间（小时）］
						氨氮	克/吨-产品	38.0	物理+化学＋好氧生物处理法	75	
						石油类	克/吨-产品	13.0	物理+化学＋好氧生物处理法	73	
						总氮	克/吨-产品	40.0	物理+化学＋好氧生物处理法	76	
						总磷	克/吨-产品	1.00	物理+化学＋好氧生物处理法	95	
					废气	挥发性有机物	克/吨-产品	88.0	直接回收法	68	k=1.0
									喷淋塔+活性炭吸附	76	
					固废	一般工业固废	千克/吨-产品	6	—	—	—

注：①由于表面活性剂生产中使用的原料品种较多，系数表单中列举了几种常用原料，实际生产时并不局限于此。

备注：根据《国民经济行业分类》（GB/T 4754—2017）及其分类注释，各类表面活性剂应归于“2662 专项化学用品制造”，在该类项目下无相关产品的产污系数时，可以参考采用本表。

2681 肥皂及洗涤剂制造行业系数表（续表 8）

工段名称	产品名称	原料名称	工艺名称	规模等级	污染物类别	污染物指标	系数单位	产污系数	末端治理技术	末端治理技术平均去除效率/%	参考 k 值计算公式
—	非离子表面活性剂	环氧乙烷、脂肪醇、壬基酚、烧碱等①	化学合成（乙氧基化）	所有规模	废水	工业废水量	吨/吨-产品	2.00	—	—	—
						化学需氧量	克/吨-产品	1486	物理+化学处理法	86	k=污水处理设施年耗电量（千瓦·时）/［污水处理设施的所有耗电设备额定功率（千瓦）×污水处理设施年运行时间（小时）］
									物理+化学＋好氧生物处理法	89	
						氨氮	克/吨-产品	0.80	物理+化学处理法	87	
									物理+化学＋好氧生物处理法	88	
						石油类	克/吨-产品	190	物理+化学处理法	90	
									物理+化学＋好氧生物处理法	95	
						总氮	克/吨-产品	4.30	物理+化学处理法	90	
									物理+化学＋好氧生物处理法	91	
						总磷	克/吨-产品	2.20	物理+化学处理法	89	
									物理+化学＋好氧生物处理法	89	
					废气	挥发性有机物	克/吨-产品	60.0	直接回收法	68	k=1.0
									喷淋塔+活性炭吸附	76	
					固废	一般工业固废	千克/吨-产品	6	—	—	—

注：①由于表面活性剂生产中使用的原料品种较多，系数表单中列举了几种常用原料，实际生产时并不局限于此。

备注：根据《国民经济行业分类》（GB/T 4754—2017）及其分类注释，各类表面活性剂应归于“2662 专项化学用品制造”，在该类项目下无相关产品的产污系数时，可以参考采用本表。

2682 化妆品制造行业系数表

工段名称	产品名称	原料名称	工艺名称	规模等级	污染物类别	污染物指标	系数单位	产污系数	末端治理技术	末端治理技术平均去除效率/%	参考 k 值计算公式[1]
—	清洁类化妆品	表面活性剂、香精、色素、油脂与蜡类、胶质类、溶剂类、防腐剂等①	复配工艺	所有规模	废水	工业废水量	吨/吨-产品	3.40	—	—	—
						化学需氧量	克/吨-产品	10451	物理+化学+好氧生物处理法	95	k=污水处理设施年耗电量（千瓦·时）/［污水处理设施的所有耗电设备额定功率（千瓦）×污水处理设施年运行时间（小时）］
						氨氮	克/吨-产品	40.0	物理+化学+好氧生物处理法	68	
						石油类	克/吨-产品	85.0	物理+化学+好氧生物处理法	80	
						总氮	克/吨-产品	43.0	物理+化学+好氧生物处理法	70	
						总磷	克/吨-产品	4.50	物理+化学+好氧生物处理法	87	
					固废	一般工业固废	千克/吨-产品	14	—	—	—

注：①由于各种化妆品生产中使用的原料品种繁多，系数表单中列举了几种常用原料，实际生产时并不局限于此。

2682 化妆品制造行业系数表（续表 1）

工段名称	产品名称	原料名称	工艺名称	规模等级	污染物类别	污染物指标	系数单位	产污系数	末端治理技术	末端治理技术平均去除效率/%	参考 k 值计算公式[1]
—	化妆品	表面活性剂、香精、色素、油脂与蜡类、粉类、胶质类、溶剂类、防腐剂等①	复配工艺	所有规模	废水	工业废水量	吨/吨-产品	10.0	—	—	—
						化学需氧量	克/吨-产品	17000	物理+化学+好氧生物处理法	89	k=污水处理设施年耗电量（千瓦·时）/［污水处理设施的所有耗电设备额定功率（千瓦）×污水处理设施年运行时间（小时）］
									物理+化学+厌氧生物+好氧生物处理法	93	
						氨氮	克/吨-产品	96.0	物理+化学+好氧生物处理法	71	
									物理+化学+厌氧生物+好氧生物处理法	76	
						石油类	克/吨-产品	122	物理+化学+好氧生物处理法	83	
									物理+化学+厌氧生物+好氧生物处理法	90	
						总氮	克/吨-产品	126	物理+化学+好氧生物处理法	73	
									物理+化学+厌氧生物+好氧生物处理法	77	
						总磷	克/吨-产品	22.0	物理+化学+好氧生物处理法	85	
									物理+化学+厌氧生物+好氧生物处理法	90	
					废气	挥发性有机物	克/吨-产品	110	直排	—	—
					固废	一般工业固废	千克/吨-产品	14	—	—	—

注：①由于各种化妆品生产中使用的原料品种繁多，系数表单中列举了几种常用原料，实际生产时并不局限于此。

[1] 该公式仅供参考，使用时，可根据 k 值定义，选取更适合企业实际情况的表达方式。

2683 口腔清洁用品制造行业系数表

工段名称	产品名称	原料名称	工艺名称	规模等级	污染物类别	污染物指标	系数单位	产污系数	末端治理技术	末端治理技术平均去除效率/%	参考 k 值计算公式[1]
—	牙膏	表面活性剂、二氧化硅、甘油、醇类、香精等①	复配工艺	所有规模	废水	工业废水量	吨/吨-产品	4.00	—	—	—
						化学需氧量	克/吨-产品	5000	物理+化学+好氧生物处理法	90	k=污水处理设施年耗电量（千瓦·时）/［污水处理设施的所有耗电设备额定功率（千瓦）×污水处理设施年运行时间（小时）］
									物理+化学+厌氧生物+好氧生物处理法	93	
									物理化学处理法+好氧生物处理法	94	
						氨氮	克/吨-产品	27.0	物理+化学+好氧生物处理法	71	
									物理+化学+厌氧生物+好氧生物处理法	73	
									物理化学处理法+好氧生物处理法	68	
						石油类	克/吨-产品	28.0	物理+化学+好氧生物处理法	87	
									物理+化学+厌氧生物+好氧生物处理法	90	
									物理化学处理法+好氧生物处理法	80	
						总氮	克/吨-产品	31.0	物理+化学+好氧生物处理法	73	
									物理+化学+厌氧生物+好氧生物处理法	74	
									物理化学处理法+好氧生物处理法	70	
						总磷	克/吨-产品	39.0	物理+化学+好氧生物处理法	85	
									物理+化学+厌氧生物+好氧生物处理法	93	
									物理化学处理法+好氧生物处理法	90	
					固废	一般工业固废	千克/吨-产品	14	—	—	—

注：①由于牙膏生产中使用的原料品种较多，系数表单中列举了几种常用原料，实际生产时并不局限于此。

[1] 该公式仅供参考，使用时，可根据 k 值定义，选取更适合企业实际情况的表达方式。

2684 香料、香精制造行业系数表

工段名称	产品名称	原料名称	工艺名称	规模等级	污染物类别	污染物指标	系数单位	产污系数②	末端治理技术	末端治理技术平均去除效率/%	参考 k 值计算公式[1]
—	香料	碱类、酸类、醇类、醚类等①	化学或生物合成、物理分离工艺	所有规模	废水	工业废水量	吨/吨-产品	32.0×L	—	—	—
						化学需氧量	克/吨-产品	236300×L	物理+化学处理法	85	k=污水处理设施年耗电量（千瓦·时）/［污水处理设施的所有耗电设备额定功率（千瓦）×污水处理设施年运行时间（小时）］
									物理+化学+好氧生物处理法	95	
						氨氮	克/吨-产品	4116×L	物理+化学处理法	84	
									物理+化学+好氧生物处理法	90	
						石油类	克/吨-产品	1849×L	物理+化学处理法	75	
									物理+化学+好氧生物处理法	85	
						总氮	克/吨-产品	4266×L	物理+化学处理法	84	
									物理+化学+好氧生物处理法	90	
					废气	挥发性有机物	克/吨-产品	5000	活性炭吸附	60	k=1.0
									吸附+蒸汽解析	60	
					固废	一般工业固废	千克/吨-产品	100×L	—	—	—

注：①由于生产不同香料产品使用的原料各不相同且原料品种繁多，系数表单中仅列举了几类常用原料，实际生产时并不局限于此。

②校正系数 L 的取值方式依据生产工艺，采用化学或生物合成工艺时，1～2 步简单反应工艺，L=0.5；3～4 步少步骤反应工艺，L=1；5 步以上多步骤复杂反应工艺，L=2。纯物理分离工艺时 L=0.1，如企业无废水产生，则 L=0。（参阅使用说明）

2684 香料、香精制造行业系数表（续表 1）

工段名称	产品名称	原料名称	工艺名称	规模等级	污染物类别	污染物指标	系数单位	产污系数	末端治理技术	末端治理技术平均去除效率/%	参考 k 值计算公式
—	香精①	香料、溶剂类②	生物合成、调配工艺	所有规模	废水	工业废水量	吨/吨-产品	2.20③	—	—	—
						化学需氧量	克/吨-产品	16000③	物理+化学+好氧生物处理法	95	k=污水处理设施年耗电量（千瓦·时）/［污水处理设施的所有耗电设备额定功率（千瓦）×污水处理设施年运行时间（小时）］
						氨氮	克/吨-产品	90.0	物理+化学+好氧生物处理法	90	
						石油类	克/吨-产品	89.0	物理+化学+好氧生物处理法	85	
						总氮	克/吨-产品	95.0	物理+化学+好氧生物处理法	90	
						总磷	克/吨-产品	7.00	物理+化学+好氧生物处理法	87	
					废气	挥发性有机物	克/吨-产品	250	喷淋塔+活性炭吸附	64	k=1.0
									光催化氧化+活性炭吸附	68	
					固废	一般工业固废	千克/吨-产品	40	—	—	—

注：①对于生产的脂溶性香精产品，当不产生工业废水时，各类污染物指标不列入统计计算。

②由于生产不同香精产品使用的原料各不相同且原料品种繁多，系数表单中仅列举了几种常用原料，实际生产时并不局限于此。

③以糖、动物原料水解得到的氨基酸、多肽等通过生物合成、调配工艺生产的香精按表中数据 5 倍计算。

[1] 该公式仅供参考，使用时，可根据 k 值定义，选取更适合企业实际情况的表达方式。

2689 其他日用化学产品制造行业系数表

工段名称	产品名称	原料名称	工艺名称	规模等级	污染物类别	污染物指标	系数单位	产污系数	末端治理技术	末端治理技术平均去除效率/%	参考 k 值计算公式[1]
—	室内散香及除臭制品	炭粉、粘合剂、香料等①	混合调配及成型	所有规模	废气	工业废气量	标米^3/吨-产品	2700	—	—	—
						挥发性有机物	克/吨-产品	4.00	低温等离子体+光解	51	k=1.0
									光催化氧化	68	
					固废	一般工业固废	千克/吨-产品	3	—	—	—
—	蜡烛、光洁用品等类似制品	石蜡、硬脂酸、香精、颜料等①	混合调配及成型	所有规模	废气	工业废气量	标米^3/吨-产品	5400	—	—	—
						挥发性有机物	克/吨-产品	130	低温等离子体+光解	51	k=1.0
									光催化氧化	68	
					固废	一般工业固废	千克/吨-产品	23	—	—	—

注：①由于生产不同产品使用的原料各不相同且原料品种繁多，系数表单中仅列举了几种常用原料，实际生产时并不局限于此。

[1] 该公式仅供参考，使用时，可根据 k 值定义，选取更适合企业实际情况的表达方式。

27

医药制造业

271 化学药品原料药制造业

1 适用范围

本手册仅用于《国民经济行业分类》（GB/T 4754—2017）中 2710 化学药品原料药制造行业使用系数法核算工业污染物产生量和排放量的工业企业。

利用本手册进行产排污核算得出的污染物产生量与排放量仅代表了特定行业、工艺、产品、原料在正常工况下污染物产生与排放的一般规律。

本行业废水指标包括工业废水量、化学需氧量、氨氮、总氮、总磷；废气指标包括废气量、挥发性有机物。

2 注意事项

2.1 企业有多种生产工艺或生产多类产品产排污量核算

污染物产生量与产品产量有关，根据不同核算环节计算产污量后，再根据企业末端治理设施和运行情况计算各污染物的排放量。

企业某污染物指标的产生量、排放量为各核算环节产生量、排放量之和。

在企业实际排放量计算过程中，如果存在废水回用的情况，需要在利用产排污核算公式的基础上扣除废水回用的部分。公式如下：

实际排放量=计算排放量×（1–废水回用率）

工艺废水未经污水处理设施处理即回用于生产的情况，不予扣除。

废水回用率根据企业实际情况计算，若无废水回用，废水回用率按 0 计算。

2.2 采用多种治理设施组合处理企业的排污量核算

在排污量计算选择末端治理技术时，若没有对应的组合治理技术，以主要治理技术为准。

2.3 其他需要说明的问题

由于不同企业工业废气量、废水量差异较大，本手册所提供的工业废气量、废水量系数仅供参考。

为体现相同产污水平条件下，采用相同环保治理设施的不同企业对同一污染物去除效果的差异，引入末端治理设施实际运行率（k）对污染治理技术的实际去除率进行修正。k 值反映的是污染治理设施运行的状态，越稳定运行，k 值越高；在取值上，若定义连续稳定运行的理想状态为 1，则 k 取值在 0～1 之间。

本手册给出本行业的 k 计算公式仅供参考，使用时，可根据 k 值定义，选取更适合企业实际情况的表达方式。

3 污染物排放量核算方法

3.1 计算污染物产生量

（1）根据产品、原料、污染物产生的主导生产工艺、企业规模（生产产能）这一个组合查找和确定所对应的某一污染物的产污系数。

（2）根据该污染物的产污系数计量单位——单位产品产量，获取企业实际产品产量。

例如，某组合内化学需氧量的产污系数单位为千克/吨-产品，则计算产生量时需要获取企业实际产品产量。

（3）污染物产生量按以下公式进行计算：

污染物产生量=污染物对应的产污系数×产品产量

$$G_{产i} = P_{产i} \times M_i$$

式中，$G_{产i}$——工段 i 某污染物的产生量；

$P_{产i}$——工段 i 某污染物对应的产污系数；

M_i——工段 i 的产品产量。

3.2 计算污染物去除量

（1）根据企业对某一污染物所采用的治理技术查找和选择相应的治理技术平均去除效率。

（2）根据所填报的污染治理设施实际运行率参数及其计算公式得出该企业某一污染物的末端治理设施实际运行率（k 值）。

（3）利用污染物去除量计算公式进行计算：

污染物去除量=污染物产生量×污染物去除率

=污染物产生量×治理技术平均去除效率×治理设施实际运行率

$$R_{减i} = G_{产i} \times \eta_T \times k_T$$

式中，$R_{减i}$——工段 i 某污染物的去除量；

η_T——工段 i 某污染物采用的末端治理技术的平均去除效率；

k_T——工段 i 某污染物采用的末端治理设施的实际运行率。

3.3 计算污染物实际排放量

（1）废水污染物实际排放量计算

污染物实际排放量=污染物计算排放量×（1–废水回用率）

=（污染物产生量–污染物去除量）×（1–废水回用率）

=（污染物对应的产污系数×产品产量–污染物产生量×治理技术平均去除效率×治理设施实际运行率）×（1–废水回用率）

=（污染物对应的产污系数×产品产量）×（1–治理技术平均去除效率×治理设施实际运行率）×（1–废水回用率）

（2）废气污染物实际排放量计算

污染物实际排放量=污染物产生量–污染物去除量

=污染物对应的产污系数×产品产量–污染物产生量×治理技术平均去除效率×治理设施实际运行率

=（污染物对应的产污系数×产品产量）×（1–治理技术平均去除效率×治理设施实际运行率）

3.4 计算企业污染物排放总量

同一企业某污染物全年的产生（排放）总量为该企业同年实际生产的全部工艺（工段）、产品、原料、规模污染物产生（排放）量之和。

$$
\begin{aligned}
E_{排} &= G_{产} - R_{减} = \sum(G_{产i} - R_{减i}) \\
&= \sum\left[P_{产i} \times M_i(1 - \eta_T \times k_T)\right]
\end{aligned}
$$

4 污染物排放量核算案例

某企业主要从事化学药品原料药制造，主要原料为化学原料及化学制品。该企业涉及的主要生产工艺为化学合成工艺，主要污染物为化学需氧量、氨氮、总氮、总磷、挥发性有机物。以化学需氧量为例说明排放量计算过程。

该企业基本信息如表 1 所示。

表 1 某化学药品原料药制造企业基本信息

	名称	数量
产品及产量	化学药品原料药	1500 吨
原料及用量	化学原料及化学制品	1721.3 吨
工艺名称	化学合成	—
规模（产能）	≥1000 吨	
污染治理设施	物理化学处理＋厌氧生物处理+好氧生物处理工艺	
实际运行率参数	污水治理设施运行时间	330 天
	企业正常生产时间	330 天
废水回用率	10%	

4.1 化学需氧量产生量计算

（1）查找产污系数及其计量单位

根据企业基本信息，查找本手册中主要产品为化学药品原料药，主要原料为化学原料及化学制品，主要工艺为化学合成，生产规模≥1000 吨/年。该组合化学需氧量的产污系数为 439.74，单位为千克/吨-产品。

（2）获取企业产品产量

该企业实际情况为：主要产品化学药品原料药 2017 年产量为 1500 吨。

（3）计算化学需氧量产生量

由于查询到的组合中，化学需氧量产污系数的单位为千克/吨-产品，因此在核算化学需氧量产生量时需获取产品产量。

化学需氧量产生量=化学需氧量产污系数×产品（化学药品原料药）产量=439.74 千克/吨-产品×1500 吨-产品=659610 千克

4.2 化学需氧量去除量计算

（1）查找治理技术平均去除效率

该企业化学需氧量治理技术采用“物理化学处理＋厌氧生物处理+好氧生物处理”工艺，查询相应组合该工艺的平均去除效率为 92.5%。

（2）计算污染治理设施实际运行率

根据产污系数组合查询结果，该组合中化学需氧量对应的污染治理设施实际运行率为

k=污水治理设施运行时间/企业正常生产时间=330 天/330 天=1

（3）计算化学需氧量去除量

化学需氧量去除量=659610 千克×92.5%×1=610139.25 千克

4.3 化学需氧量实际排放量计算

该企业存在废水治理后末端回用的情况，废水回用率为 10%。

化学需氧量实际排放量=化学需氧量计算排放量×（1–废水回用率）

=（污染物产生量–污染物去除量）×（1–废水回用率）

=（659610 千克-610139.25 千克）×（1–10%）

=44523.675 千克。

5 系数表

271 化学药品原料药制造行业系数表

工段名称	产品名称	原料名称	工艺名称	规模等级	污染物类别	污染物指标	系数单位	产污系数	末端治理技术	末端治理技术平均去除效率/%	参考 k 值计算公式[1]
—	化学药品原料药	化学原料及化学制品、医药中间体	化学合成	≥1000 吨/年	废水	废水量	米^3/吨-产品	237.56	—	—	—
						化学需氧量	千克/吨-产品	439.74	无末端处理设施	0	—
									物理化学处理法+好氧生物处理法	90.0	k=治理设施运行时间（天/年）/企业正常生产时间（天/年）
									物理化学处理法+厌氧生物处理法+好氧生物处理法	92.5	
									物理化学处理法+厌/好氧生物组合处理法+物理化学处理法	95.5	
						氨氮	千克/吨-产品	20.072	无末端处理法设施	0	—
									物理化学处理法+好氧生物处理法	90.3	k=治理设施运行时间（天/年）/企业正常生产时间（天/年）
									物理化学处理法+厌氧生物处理法+好氧生物处理法	90.5	
									物理化学处理法+厌/好氧生物组合处理法+物理化学处理法	93.5	
						总磷	千克/吨-产品	1.052	无末端处理法设施	0	—
									物理化学处理法+好氧生物处理法	85.5	k=治理设施运行时间（天/年）/企业正常生产时间（天/年）
									物理化学处理法+厌氧生物处理法+好氧生物处理法	90.5	
									物理化学处理法+厌/好氧生物组合处理法+物理化学处理法	98.5	
						总氮	千克/吨-产品	65.13	无末端处理法设施	0	—
									物理化学处理法+好氧生物处理法	67.4	k=治理设施运行时间（天/年）/企业正常生产时间（天/年）
									物理化学处理法+厌氧生物处理法+好氧生物处理法	75.6	
									物理化学处理法+厌/好氧生物组合处理法+物理化学处理法	95.5	

[1] 该公式仅供参考，使用时，可根据 k 值定义，选取更适合企业实际情况的表达方式。

271 化学药品原料药制造行业系数表（续表 1）

工段名称	产品名称	原料名称	工艺名称	规模等级	污染物类别	污染物指标	系数单位	产污系数	末端治理技术	末端治理技术平均去除效率/%	参考 k 值计算公式
—	化学药品原料药	化学原料及化学制品、医药中间体	化学合成	≥1000 吨/年	废气	工业废气量	标米 ^{3}/吨-产品	17562.00	—	—	—
						挥发性有机物	千克/吨-产品	78.80	无末端处理法设施	0	—
									低温等离子体	20	k=治理设施运行时间（小时/年）/企业正常生产时间（小时/年）
									冷凝法	36	
									吸收+分流	44	
									吸附+蒸汽解析	48	
									蓄热式催化燃烧法	58	
					固废	危险废物	千克/吨-产品	0.085	—	—	—
				200～1000 吨/年	废水	废水量	吨/吨-产品	413.32	—	—	—
						化学需氧量	千克/吨-产品	650.91	无末端处理设施	0	—
									物理化学处理法+好氧生物处理法	90.4	k=治理设施运行时间（天/年）/企业正常生产时间（天/年）
									物理化学处理法+厌氧生物处理法+好氧生物处理法	93.1	
									物理化学处理法+厌/好氧生物组合处理法+物理化学处理法	95.9	
						氨氮	千克/吨-产品	24.31	无末端处理设施	0	—
									物理化学处理法+好氧生物处理法	90.7	k=治理设施运行时间（天/年）/企业正常生产时间（天/年）
									物理化学处理法+厌氧生物处理法+好氧生物处理法	91.1	
									物理化学处理法+厌/好氧生物组合处理法+物理化学处理法	94.5	

271 化学药品原料药制造行业系数表（续表 2）

工段名称	产品名称	原料名称	工艺名称	规模等级	污染物类别	污染物指标	系数单位	产污系数	末端治理技术	末端治理技术平均去除效率/%	参考 k 值计算公式
—	化学药品原料药	化学原料及化学制品、医药中间体	化学合成	200～1000吨/年	废水	总磷	千克/吨-产品	2.084	无末端处理设施	0	—
									物理化学处理法+好氧生物处理法	86.5	k=治理设施运行时间（天/年）/企业正常生产时间（天/年）
									物理化学处理法+厌氧生物处理法+好氧生物处理法	91.5	
									物理化学处理法+厌/好氧生物组合处理法+物理化学处理法	98.8	
						总氮	千克/吨-产品	78.89	无末端处理设施	0	/
									物理化学处理法+好氧生物处理法	70.1	k=治理设施运行时间（天/年）/企业正常生产时间（天/年）
									物理化学处理法+厌氧生物处理法+好氧生物处理法	78.6	
									物理化学处理法+厌/好氧生物组合处理法+物理化学处理法	96.5	
					废气	工业废气量	标米 ^{3}/吨-产品	28928.99	—	—	—
						挥发性有机物	千克/吨-产品	125.70	无末端处理设施	0	—
									低温等离子体	20	k=治理设施运行时间（小时/年）/企业正常生产时间（小时/年）
									冷凝法	25	
									吸收法+分流	42	
									吸附+蒸汽解析	45	
									蓄热式催化燃烧法	55	
					固废	危险废物	千克/吨-产品	0.64	—	—	—

271 化学药品原料药制造行业系数表（续表 3）

工段名称	产品名称	原料名称	工艺名称	规模等级	污染物类别	污染物指标	系数单位	产污系数	末端治理技术	末端治理技术平均去除效率/%	参考 *k* 值计算公式
—	化学药品原料药	化学原料及化学制品、医药中间体	化学合成	<200 吨/年	废水	废水量	米^3/吨-产品	886.18	—	—	—
						化学需氧量	千克/吨-产品	1227.32	无末端处理设施	0	—
									物理化学处理法+好氧生物处理法	90.8	*k*=治理设施运行时间（天/年）/企业正常生产时间（天/年）
									物理化学处理法+厌氧生物处理法+好氧生物处理法	93.9	
									物理化学处理法+厌/好氧生物组合处理法+物理化学处理法	96.3	
						氨氮	千克/吨-产品	34.70	无末端处理设施	0	—
									物理化学处理法+好氧生物处理法	91.2	*k*=治理设施运行时间（天/年）/企业正常生产时间（天/年）
									物理化学处理法+厌氧生物处理法+好氧生物处理法	92.1	
									物理化学处理法+厌/好氧生物组合处理法+物理化学处理法	95.3	
						总磷	千克/吨-产品	2.72	无末端处理设施	0	—
									物理化学处理法+好氧生物处理法	87.5	*k*=治理设施运行时间（天/年）/企业正常生产时间（天/年）
									物理化学处理法+厌氧生物处理法+好氧生物处理法	92.5	
									物理化学处理法+厌/好氧生物组合处理法+物理化学处理法	99.0	
						总氮	千克/吨-产品	112.51	无末端处理设施	0	—
									物理化学处理法+好氧生物处理法	75.1	*k*=治理设施运行时间（天/年）/企业正常生产时间（天/年）
									物理化学处理法+厌氧生物处理法+好氧生物处理法	80.6	
									物理化学处理法+厌/好氧生物组合处理法+物理化学处理法	97.5	

271 化学药品原料药制造行业系数表（续表 4）

工段名称	产品名称	原料名称	工艺名称	规模等级	污染物类别	污染物指标	系数单位	产污系数	末端治理技术	末端治理技术平均去除效率/%	参考 k 值计算公式
—	化学药品原料药	化学原料及化学制品、医药中间体	化学合成	<200 吨/年	废气	工业废气量	标米 ^{3}/吨-产品	348617.00	—	—	—
						挥发性有机物	千克/吨-产品	269.10	无末端处理设施	0	—
									低温等离子体	20	k=治理设施运行时间（小时/年）/企业正常生产时间（小时/年）
									冷凝法	25	
									吸收法+分流	40	
									吸附+蒸汽解析	43	
									蓄热式催化燃烧法	52	
					固废	危险废物	千克/吨-产品	1.46	—	—	—
—	化学药品原料药	发酵培养基（玉米、蛋白粉（浆）、淀粉、葡萄糖等）	发酵	≥1000 吨/年	废水	废水量	米 ^{3}/吨-产品	235.82① 1157.31②	—	—	—
						化学需氧量	千克/吨-产品	986.91① 3620.71②	无末端处理设施	0	—
									物理化学处理法+好氧生物处理法	90.3	k=治理设施运行时间（天/年）/企业正常生产时间（天/年）
									物理化学处理法+厌氧生物处理法+好氧生物处理法	94.5	
									物理化学处理法+厌/好氧生物组合处理法+物理化学处理法	96.5	
						氨氮	千克/吨-产品	80.73① 245.72②	无末端处理设施	0	—
									物理化学处理法+好氧生物处理法	90.5	k=治理设施运行时间（天/年）/企业正常生产时间（天/年）
									物理化学处理法+厌氧生物处理法+好氧生物处理法	91.0	
									物理化学处理法+厌/好氧生物组合处理法+物理化学处理法	94.0	

271 化学药品原料药制造行业系数表（续表 5）

工段名称	产品名称	原料名称	工艺名称	规模等级	污染物类别	污染物指标	系数单位	产污系数	末端治理技术	末端治理技术平均去除效率/%	参考 k 值计算公式
—	化学药品原料药	发酵培养基（玉米、蛋白粉（浆）、淀粉、葡萄糖等）	发酵	≥1000 吨/年	废水	总磷	千克/吨-产品	6.82① 9.36②	无末端处理设施	0	—
									物理化学处理法+好氧生物处理法	86.5	k=治理设施运行时间（天/年）/企业正常生产时间（天/年）
									物理化学处理法+厌氧生物处理法+好氧生物处理法	91.5	
									物理化学处理法+厌/好氧生物组合处理法+物理化学处理法	98.6	
						总氮	千克/吨-产品	121.35① 318.52②	无末端处理设施	0	—
									物理化学处理法+好氧生物处理法	70.1	k=治理设施运行时间（天/年）/企业正常生产时间（天/年）
									物理化学处理法+厌氧生物处理法+好氧生物处理法	76.7	
									物理化学处理法+厌/好氧生物组合处理法+物理化学处理法	95.8	
					废气	工业废气量	标米^3/吨-产品	300168.56① 427553.41②	—	—	—
						挥发性有机物	千克/吨-产品	38.70	无末端处理设施	0	—
									低温等离子体	20.0	
									冷凝法	35.0	k=治理设施运行时间（小时/年）/企业正常生产时间（小时/年）
									吸收法+分流	56.0	
									吸附+蒸汽解析	60.0	
									蓄热式催化燃烧法	63.0	
					固废	危险废物	千克/吨-产品	24.53① 8.84②	—	—	—

271 化学药品原料药制造行业系数表（续表6）

工段名称	产品名称	原料名称	工艺名称	规模等级	污染物类别	污染物指标	系数单位	产污系数	末端治理技术	末端治理技术平均去除效率/%	参考 k 值计算公式
—	化学药品原料药	发酵培养基（玉米、蛋白粉（浆）、淀粉、葡萄糖等）	发酵	200～1000吨/年	废水	废水量	米³/吨-产品	350.12① 1347.75②	—	—	—
						化学需氧量	千克/吨-产品	1610.32① 4508.23②	无末端处理设施	0	—
									物理化学处理法+好氧生物处理法	90.9	k=治理设施运行时间（天/年）/企业正常生产时间（天/年）
									物理化学处理法+厌氧生物处理法+好氧生物处理法	95.1	
									物理化学处理法+厌/好氧生物组合处理法+物理化学处理法	97.2	
						氨氮	千克/吨-产品	126.48① 325.75②	无末端处理设施	0	—
									物理化学处理法+好氧生物处理法	90.9	k=治理设施运行时间（天/年）/企业正常生产时间（天/年）
									物理化学处理法+厌氧生物处理法+好氧生物处理法	91.7	
									物理化学处理法+厌/好氧生物组合处理法+物理化学处理法	95.1	
						总磷	千克/吨-产品	11.15① 16.46②	无末端处理设施	0	—
									物理化学处理法+好氧生物处理法	86.5	k=治理设施运行时间（天/年）/企业正常生产时间（天/年）
									物理化学处理法+厌氧生物处理法+好氧生物处理法	91.5	
									物理化学处理法+厌/好氧生物组合处理法+物理化学处理法	99.0	
						总氮	千克/吨-产品	187.18① 403.92②	无末端处理设施	0	—
									物理化学处理法+好氧生物处理法	71.3	k=治理设施运行时间（天/年）/企业正常生产时间（天/年）
									物理化学处理法+厌氧生物处理法+好氧生物处理法	78.0	
									物理化学处理法+厌/好氧生物组合处理法+物理化学处理法	97.2	

271 化学药品原料药制造行业系数表（续表 7）

工段名称	产品名称	原料名称	工艺名称	规模等级	污染物类别	污染物指标	系数单位	产污系数	末端治理技术	末端治理技术平均去除效率/%	参考 k 值计算公式
—	化学药品原料药	发酵培养基（玉米、蛋白粉（浆）、淀粉、葡萄糖等）	发酵	200～1000吨/年	废气	工业废气量	标米^3/吨-产品	404200.71① 516479.13②	—	—	—
						挥发性有机物	千克/吨-产品	95.60	无末端处理设施	0	—
									低温等离子体	18.0	k=治理设施运行时间（小时/年）/企业正常生产时间（小时/年）
									冷凝法	30.0	
									吸收法+分流	48.0	
									吸附+蒸汽解析	51.0	
									蓄热式催化燃烧法	56.0	
					固废	危险废物	千克/吨-产品	7.63① 9.84②	—	—	—
				<200吨/年	废水	废水量	米^3/吨-产品	400.12① 1679.96②	—	—	—
						化学需氧量	千克/吨-产品	1890.29① 5987.68②	无末端处理设施	0	—
									物理化学处理法+好氧生物处理法	91.3	k=治理设施运行时间（天/年）/企业正常生产时间（天/年）
									物理化学处理法+厌氧生物处理法+好氧生物处理法	96.1	
									物理化学处理法+厌/好氧生物组合处理法+物理化学处理法	98.1	
						氨氮	千克/吨-产品	157.30① 447.23②	无末端处理设施	0	—
									物理化学处理法+好氧生物处理法	91.9	k=治理设施运行时间（天/年）/企业正常生产时间（天/年）
									物理化学处理法+厌氧生物处理法+好氧生物处理法	92.7	
									物理化学处理法+厌/好氧生物组合处理法+物理化学处理法	96.2	

271 化学药品原料药制造行业系数表（续表 8）

工段名称	产品名称	原料名称	工艺名称	规模等级	污染物类别	污染物指标	系数单位	产污系数	末端治理技术	末端治理技术平均去除效率/%	参考 k 值计算公式
—	化学药品原料药	发酵培养基（玉米、蛋白粉（浆）、淀粉、葡萄糖等）	发酵	＜200 吨/年	废水	总磷	千克/吨-产品	14.057① 24.99②	无末端处理设施	0	—
									物理化学处理法+好氧生物处理法	87.1	k=治理设施运行时间（天/年）/企业正常生产时间（天/年）
									物理化学处理法+厌氧生物处理法+好氧生物处理法	92.7	
									物理化学处理法+厌/好氧生物组合处理法+物理化学处理法	99.1	
						总氮	千克/吨-产品	232.80① 554.57②	无末端处理设施	0	/
									物理化学处理法+好氧生物处理法	73.3	k=治理设施运行时间（天/年）/企业正常生产时间（天/年）
									物理化学处理法+厌氧生物处理法+好氧生物处理法	79.0	
									物理化学处理法+厌/好氧生物组合处理法+物理化学处理法	98.1	
					废气	工业废气量	标米^3/吨-产品	503215.10① 621624.021②	—	—	—
						挥发性有机物	千克/吨-产品	278.20	无末端处理设施	0	—
									低温等离子体	16.0	k=治理设施运行时间（小时/年）/企业正常生产时间（小时/年）
									冷凝法	30.0	
									吸收法+分流	40.0	
									吸附+蒸汽解析	42.0	
									蓄热式催化燃烧法	47.0	
					固废	危险废物	千克/吨-产品	13.61① 14.51②	—	—	—

271 化学药品原料药制造行业系数表（续表 9）

工段名称	产品名称	原料名称	工艺名称	规模等级	污染物类别	污染物指标	系数单位	产污系数	末端治理技术	末端治理技术平均去除效率/%	参考 k 值计算公式
—	化学药品原料药	化学原料及化学制品、医药中间体	酶法合成	不分规模	废水	废水量	米 ^{3}/吨-产品	332.21	—	—	—
						化学需氧量	千克/吨-产品	545.91	无末端处理设施	0	—
									物理化学处理法+好氧生物处理法	90.9	k=治理设施运行时间（天/年）/企业正常生产时间（天/年）
									物理化学处理法+厌氧生物处理法+好氧生物处理法	95.1	
									物理化学处理法+厌/好氧生物组合处理法+物理化学处理法	97.2	
						氨氮	千克/吨-产品	54.052	无末端处理设施	0	—
									物理化学处理法+好氧生物处理法	90.9	k=治理设施运行时间（天/年）/企业正常生产时间（天/年）
									物理化学处理法+厌氧生物处理法+好氧生物处理法	91.7	
									物理化学处理法+厌/好氧生物组合处理法+物理化学处理法	95.1	
						总磷	千克/吨-产品	1.52	无末端处理设施	0	—
									物理化学处理法+好氧生物处理法	86.5	k=治理设施运行时间（天/年）/企业正常生产时间（天/年）
									物理化学处理法+厌氧生物处理法+好氧生物处理法	91.5	
									物理化学处理法+厌/好氧生物组合处理法+物理化学处理法	99.0	
						总氮	千克/吨-产品	82.51	无末端处理设施	0	—
									物理化学处理法+好氧生物处理法	71.3	k=治理设施运行时间（天/年）/企业正常生产时间（天/年）
									物理化学处理法+厌氧生物处理法+好氧生物处理法	78.0	
									物理化学处理法+厌/好氧生物组合处理法+物理化学处理法	97.2	

271 化学药品原料药制造行业系数表（续表 10）

工段名称	产品名称	原料名称	工艺名称	规模等级	污染物类别	污染物指标	系数单位	产污系数	末端治理技术	末端治理技术平均去除效率/%	参考 k 值计算公式
—	化学药品原料药	化学原料及化学制品、医药中间体	酶法合成	不分规模	废气	工业废气量	标米^3/吨-产品	109630.80	—	—	—
						挥发性有机物	千克/吨-产品	10.20	无末端处理设施	0	—
									低温等离子体	20.0	k=治理设施运行时间（小时/年）/企业正常生产时间（小时/年）
									冷凝法	35.0	
									吸收法+分流	56.0	
									吸附+蒸汽解析	60.0	
									蓄热式催化燃烧法	63.0	
					固废	危险废物	千克/吨-产品	2.070	—	—	—

注：①发酵工艺中采用非树脂提取工艺。

②发酵工艺中采用树脂提取工艺。

③如果采用多级串联治理设施，各级去除效率为 η_1，η_2,…，η_n，其总效率为 $\eta_T=1-(1-\eta_1)\ (1-\eta_1)\cdots(1-\eta_n)$。

272 化学药品制剂制造业

1 适用范围

本手册仅用于《国民经济行业分类》（GB/T 4754—2017）中 2720 化学药品制剂制造行业使用系数法核算工业污染物产生量和排放量的工业企业。

利用本手册进行产排污核算得出的污染物产生量与排放量仅代表了特定行业、工艺、产品、原料在正常工况下污染物产生与排放的一般规律。

本行业废水指标包括工业废水量、化学需氧量、氨氮、总氮、总磷；废气指标包括废气量、挥发性有机物。

2 注意事项

2.1 企业有多种生产工艺或生产多类产品产排污量核算

污染物产生量与产品产量有关，根据不同核算环节计算产污量后，再根据企业末端治理设施和运行情况计算各污染物的排放量。

企业某污染物指标的产生量、排放量为各核算环节产生量、排放量之和。

在企业实际排放量计算过程中，如果存在废水回用的情况，需要在利用产排污核算公式的基础上扣除废水回用的部分。公式如下：

实际排放量=计算排放量×（1–废水回用率）

工艺废水未经污水处理设施处理即回用于生产的情况，不予扣除。

废水回用率根据企业实际情况计算，若无废水回用，废水回用率按 0 计算。

2.2 采用多种治理设施组合处理企业的排污量核算

在排污量计算选择末端治理技术时，若没有对应的组合治理技术，以主要治理技术为准。

2.3 其他需要说明的问题

由于不同企业工业废气量、废水量差异较大，本手册所提供的工业废气量、废水量系数仅供参考。

为体现相同产污水平条件下，采用相同环保治理设施的不同企业对同一污染物去除效果的差异，引入末端治理设施实际运行率（k）对污染治理技术的实际去除率进行修正。k 值反映的是污染治理设施运行的状态，越稳定运行，k 值越高；在取值上，若定义连续稳定运行的理想状态为 1，则 k 取值在 0～1 之间。

本手册给出本行业的 k 计算公式仅供参考，使用时，可根据 k 值定义，选取更适合企业实际情况的表达方式。

鉴于化学药品制剂品种繁多，单个产品的重量更是各不相同，计算起来颇为烦琐，计算产品产量时，不仅包含产品有效成分，还包括其他辅料。

废气中挥发性有机物排放量计算方法与废水污染物相同。

3　污染物排放量核算方法

3.1　计算污染物产生量

（1）根据产品、原料、污染物产生的主导生产工艺、企业规模（生产产能）这一个组合查找和确定所对应的某一污染物的产污系数。

（2）根据该污染物的产污系数计量单位——单位产品产量，获取企业实际产品产量。

例如，某组合内化学需氧量的产污系数单位为千克/吨-产品，则计算产生量时需要获取企业实际产品产量。

（3）污染物产生量按以下公式进行计算：

污染物产生量=污染物对应的产污系数×产品产量

$$G_{产i} = P_{产i} \times M_i$$

式中，$G_{产i}$——工段 i 某污染物的产生量；

$P_{产i}$——工段 i 某污染物对应的产污系数；

M_i——工段 i 的产品产量。

3.2　计算污染物去除量

（1）根据企业对某一污染物所采用的治理技术查找和选择相应的治理技术平均去除效率。

（2）根据所填报的污染治理设施实际运行率参数及其计算公式得出该企业某一污染物的末端治理设施实际运行率（k 值）。

（3）污染物去除量按以下公式进行计算：

污染物去除量=污染物产生量×污染物去除率

=污染物产生量×治理技术平均去除效率×治理设施实际运行率

$$R_{减i} = G_{产i} \times \eta_T \times k_T$$

式中，$R_{减i}$——工段 i 某污染物的去除量；

η_T——工段 i 某污染物采用的末端治理技术的平均去除效率；

k_T——工段 i 某污染物采用的末端治理设施的实际运行率。

3.3　计算污染物实际排放量

（1）废水污染物实际排放量计算公式

污染物实际排放量=污染物计算排放量×（1–废水回用率）

=（污染物产生量–污染物去除量）×（1–废水回用率）

=（污染物对应的产污系数×产品产量–污染物产生量×治理技术平均去除效率×治理设施实际运行率）×（1–废水回用率）

=（污染物对应的产污系数×产品产量）×（1–治理技术平均去除效率×治理设施实际运行率）×（1–废水回用率）

（2）废气污染物实际排放量计算公式

污染物实际排放量=污染物产生量–污染物去除量

=污染物对应的产污系数×产品产量–污染物产生量×治理技术平均去除效率×治理设施实际运行率

=（污染物对应的产污系数×产品产量）×（1–治理技术平均去除效率×治理设施实际运行率）

3.4 计算企业污染物排放总量

同一企业某污染物全年的产生（排放）总量为该企业同年实际生产的全部工艺（工段）、产品、原料、规模污染物实际产生（排放）量之和。

$$E_{排} = G_{产} - R_{减} = \sum (G_{产i} - R_{减i})$$
$$= \sum \left[P_{产i} \times M_i (1 - \eta_T \times k_T) \right]$$

4 污染物排放量核算案例

某企业主要从事化学药品制剂制造，主要原料为化学原料药。该企业涉及的主要生产工艺为液体制剂，主要污染物为化学需氧量、氨氮、总氮、总磷、挥发性有机物。以化学需氧量为例说明排放量计算过程。

该企业基本信息如表 1 所示。

表 1 某化学药品制剂制造企业基本信息

	名称	数量
产品及产量	化学药品制剂	15000 吨
原料及用量	化学原料药	1721.3 吨
工艺名称	液体制剂	—
规模（产能）	≥5000 吨/年	
污染治理设施	物理化学处理法+好氧生物处理法	
实际运行率参数	污水治理设施运行时间	330 天
	企业正常生产时间	330 天
废水回用率	0	

4.1 化学需氧量产生量计算

（1）查找产污系数及其计量单位

根据企业基本信息，查找本手册中主要产品为化学药品制剂，主要原料为化学原料药，主要工艺为液体制剂，生产规模≥5000 吨/年。该组合中化学需氧量的产污系数为 0.51，单位为千克/吨-产品。

（2）获取企业产品产量

该企业实际填报情况：主要产品化学药品制剂 2017 年产量为 15000 吨。

（3）计算化学需氧量产生量

由于查询到的组合中，化学需氧量产污系数的单位为千克/吨-产品，因此在核算产生量时获取产品产量。

化学需氧量产生量=化学需氧量产污系数×产品（化学药品制剂）产量

=0.51 千克/吨-产品×15000 吨-产品=7650 千克

4.2 化学需氧量去除量计算

（1）查找治理技术平均去除效率

该企业化学需氧量治理技术采用“物理化学处理法+好氧生物处理法”工艺，查询相应组合内该工艺的平均去除效率为 90.0%。

（2）计算污染治理设施实际运行率

根据产污系数组合查询结果，该组合中化学需氧量对应的污染治理设施实际运行率为

k=污水治理设施运行时间（天）/企业正常生产时间（天）=330 天/330 天=1

（3）计算化学需氧量去除量

化学需氧量去除量=7650 千克× 90.0%×1=6885 千克

4.3 化学需氧量实际排放量计算

该企业无废水治理后末端回用的情况，废水回用率为 0。

化学需氧量实际排放量=化学需氧量计算排放量×（1–废水回用率）

=（污染物产生量–污染物去除量）×（1–废水回用率）

=（7650 千克–6885 千克）×1

=765 千克

由于化学药品制剂的生产过程不区分工段，因此该排放量即为企业化学需氧量排放总量。

5 系数表

272 化学药品制剂制造行业系数表

工段名称	产品名称	原料名称	工艺名称	规模等级	污染物类别	污染物指标	系数单位	产污系数	末端治理技术	末端治理技术平均去除效率/%	参考 k 值计算公式[1]
—	化学药品制剂	化学药品原料药	液体制剂	≥5000 吨/年	废水	废水量	米^3/吨-产品	1.70	—	—	—
						化学需氧量	千克/吨-产品	0.51	无末端处理设施	0	—
									物理处理法+好氧生物处理法	85.1	k=治理设施运行时间（天）/企业正常生产时间（天）
									物理化学处理法+好氧生物处理法	90.0	
									物理化学处理法+厌氧生物处理+好氧生物处理	92.5	
									物理化学处理法+厌/好氧生物组合处理+物理化学处理法	95.5	
						氨氮	千克/吨-产品	0.032	无末端处理设施	0	—
									物理处理法+好氧生物处理法	87.2	k=治理设施运行时间（天）/企业正常生产时间（天）
									物理化学处理法+好氧生物处理法	90.4	
									物理化学处理法+厌氧生物处理+好氧生物处理	90.6	
									物理化学处理法+厌/好氧生物组合处理+物理化学处理法	93.5	
						总磷	千克/吨-产品	0.017	无末端处理设施	0	—
									物理处理法+好氧生物处理法	82.1	k=治理设施运行时间（天）/企业正常生产时间（天）
									物理化学处理法+好氧生物处理法	85.5	
									物理化学处理法+厌氧生物处理+好氧生物处理	90.5	
									物理化学处理法+厌/好氧生物组合处理+物理化学处理法	98.5	

[1] 该公式仅供参考，使用时，可根据 k 值定义，选取更适合企业实际情况的表达方式。

272 化学药品制剂制造行业系数表（续表 1）

工段名称	产品名称	原料名称	工艺名称	生产规模	污染物类别	污染物指标	系数单位	产污系数	末端治理技术	末端治理技术平均去除效率/%	参考 k 值计算公式
—	化学药品制剂	化学药品原料药	液体制剂	≥5000 吨/年	废水	总氮	千克/吨-产品	0.068	无末端处理设施	0	—
									物理处理法+好氧生物处理法	63.1	k=治理设施运行时间（天/年）/企业正常生产时间（天/年）
									物理化学处理法+好氧生物处理法	67.4	
									物理化学处理法+厌氧生物处理法+好氧生物处理法	75.6	
									物理化学处理法+厌/好氧生物组合处理法+物理化学处理法	95.5	
					废气	工业废气量	标米 ^{3}/吨-产品	110.32	—	—	—
						挥发性有机物	千克/吨-产品	0.0030	无末端处理设施	0	—
									低温等离子体	20.0	k=治理设施运行时间（小时/年）/企业正常生产时间（小时/年）
									吸收+分流	44.0	
									吸附+蒸汽解析	48.0	
					固废	危险废物	千克/吨-产品	0.00015	—	—	—
				500～5000 吨/年	废水	废水量	米 ^{3}/吨-产品	158.63	—	—	—
						化学需氧量	千克/吨-产品	38.071	无末端处理设施	0	—
									物理处理法+好氧生物处理法	86.3	k=治理设施运行时间（天/年）/企业正常生产时间（天/年）
									物理化学处理法+好氧生物处理法	90.4	
									物理化学处理法+厌氧生物处理法+好氧生物处理法	93.1	
									物理化学处理法+厌/好氧生物组合处理法+物理化学处理法	95.9	

272 化学药品制剂制造行业系数表（续表 2）

工段名称	产品名称	原料名称	工艺名称	规模等级	污染物类别	污染物指标	系数单位	产污系数	末端治理技术	末端治理技术平均去除效率/%	参考 k 值计算公式
—	化学药品制剂	化学药品原料药	液体制剂	500～5000 吨/年	废水	氨氮	千克/吨-产品	2.70	无末端处理设施	0	—
									物理处理法+好氧生物处理法	88.1	k=治理设施运行时间（天/年）/企业正常生产时间（天/年）
									物理化学处理法+好氧生物处理法	90.8	
									物理化学处理法+厌氧生物处理法+好氧生物处理法	91.2	
									物理化学处理法+厌/好氧生物组合处理法+物理化学处理法	94.5	
						总磷	千克/吨-产品	2.062	无末端处理设施	0	—
									物理处理法+好氧生物处理法	83.2	k=治理设施运行时间（天/年）/企业正常生产时间（天/年）
									物理化学处理法+好氧生物处理法	86.5	
									物理化学处理法+厌氧生物处理法+好氧生物处理法	91.5	
									物理化学处理法+厌/好氧生物组合处理法+物理化学处理法	98.8	
						总氮	千克/吨-产品	6.82	无末端处理设施	0	—
									物理处理法+好氧生物处理法	64.2	k=治理设施运行时间（天/年）/企业正常生产时间（天/年）
									物理化学处理法+好氧生物处理法	70.1	
									物理化学处理法+厌氧生物处理法+好氧生物处理法	78.6	
									物理化学处理法+厌/好氧生物组合处理法+物理化学处理法	96.5	
					废气	工业废气量	标米 ^{3}/吨-产品	159.21	—	—	—

272 化学药品制剂制造行业系数表（续表 3）

工段名称	产品名称	原料名称	工艺名称	规模等级	污染物类别	污染物指标	系数单位	产污系数	末端治理技术	末端治理技术平均去除效率/%	参考 k 值计算公式
—	化学药品制剂	化学药品原料药	液体制剂	500～5000 吨/年	废气	挥发性有机物	千克/吨-产品	0.0040	无末端处理设施	0	—
									低温等离子体	20	k=治理设施运行时间（小时/年）/企业正常生产时间（小时/年）
									吸收+分流	42	
									吸附+蒸汽解析	45	
					固废	危险废物	千克/吨-产品	0.01	—	—	—
				＜500 吨/年	废水	废水量	米 ^{3}/吨-产品	338.12	—	—	—
						化学需氧量	千克/吨-产品	61.65	无末端处理设施	0	—
									物理处理法+好氧生物处理法	87.1	k=治理设施运行时间（天/年）/企业正常生产时间（天/年）
									物理化学处理法+好氧生物处理法	90.4	
									物理化学处理法+厌氧生物处理法+好氧生物处理法	93.1	
									物理化学处理法+厌/好氧生物组合处理法+物理化学处理法	95.9	
						氨氮	千克/吨-产品	5.75	无末端处理设施	0	—
									物理处理法+好氧生物处理法	88.9	k=治理设施运行时间（天/年）/企业正常生产时间（天/年）
									物理化学处理法+好氧生物处理法	90.8	
									物理化学处理法+厌氧生物处理法+好氧生物处理法	91.2	
									物理化学处理法+厌/好氧生物组合处理法+物理化学处理法	94.5	

272 化学药品制剂制造行业系数表（续表 4）

工段名称	产品名称	原料名称	工艺名称	规模等级	污染物类别	污染物指标	系数单位	产污系数	末端治理技术	末端治理技术平均去除效率/%	参考 k 值计算公式
—	化学药品制剂	化学药品原料药	液体制剂	＜500 吨/年	废水	总磷	千克/吨-产品	5.072	无末端处理设施	0	—
									物理处理法+好氧生物处理法	84.1	k=治理设施运行时间（天/年）/企业正常生产时间（天/年）
									物理化学处理法+好氧生物处理法	86.5	
									物理化学处理法+厌氧生物处理法+好氧生物处理法	91.5	
									物理化学处理法+厌/好氧生物组合处理法+物理化学处理法	98.8	
						总氮	千克/吨-产品	15.89	无末端处理设施	0	—
									物理处理法+好氧生物处理法	64.9	k=治理设施运行时间（天/年）/企业正常生产时间（天/年）
									物理化学处理法+好氧生物处理法	70.1	
									物理化学处理法+厌氧生物处理法+好氧生物处理法	78.6	
									物理化学处理法+厌/好氧生物组合处理法+物理化学处理法	96.5	
					废气	工业废气量	标米 ^{3}/吨-产品	180.31	—	—	—
						挥发性有机物	千克/吨-产品	0.0050	无末端处理设施	0	—
									低温等离子体	20.0	k=治理设施运行时间（小时/年）/企业正常生产时间（小时/年）
									吸收+分流	40.0	
									吸附+蒸汽解析	43.0	
					固废	危险废物	千克/吨-产品	0.01	—	—	—

272 化学药品制剂制造行业系数表（续表 5）

工段名称	产品名称	原料名称	工艺名称	规模等级	污染物类别	污染物指标	系数单位	产污系数	末端治理技术	末端治理技术平均去除效率/%	参考 k 值计算公式
—	化学药品制剂	化学药品原料药	固体制剂	≥1000 吨/年	废水	废水量	米^3/吨-产品	36.51	—	—	—
						化学需氧量	千克/吨-产品	14.54	无末端处理设施	0	—
									物理处理法+好氧生物处理法	85.1	k=治理设施运行时间（天/年）/企业正常生产时间（天/年）
									物理化学处理法+好氧生物处理法	90.8	
									物理化学处理法+厌氧生物处理法+好氧生物处理法	93.9	
									物理化学处理法+厌/好氧生物组合处理法+物理化学处理法	96.3	
						氨氮	千克/吨-产品	0.55	无末端处理设施	0	—
									物理处理法+好氧生物处理法	86.2	k=治理设施运行时间（天/年）/企业正常生产时间（天/年）
									物理化学处理法+好氧生物处理法	91.2	
									物理化学处理法+厌氧生物处理法+好氧生物处理法	92.2	
									物理化学处理法+厌/好氧生物组合处理法+物理化学处理法	95.4	
						总磷	千克/吨-产品	0.40	无末端处理设施	0	—
									物理处理法+好氧生物处理法	82.1	k=治理设施运行时间（天/年）/企业正常生产时间（天/年）
									物理化学处理法+好氧生物处理法	87.5	
									物理化学处理法+厌氧生物处理法+好氧生物处理法	92.5	
									物理化学处理法+厌/好氧生物组合处理法+物理化学处理法	99.0	

272 化学药品制剂制造行业系数表（续表6）

工段名称	产品名称	原料名称	工艺名称	规模等级	污染物类别	污染物指标	系数单位	产污系数	末端治理技术	末端治理技术平均去除效率/%	参考 k 值计算公式
—	化学药品制剂	化学药品原料药	固体制剂	≥1000吨/年	废水	总氮	千克/吨-产品	1.10	无末端处理设施	0	—
									物理处理法+好氧生物处理法	70.1	k=治理设施运行时间（天/年）/企业正常生产时间（天/年）
									物理化学处理法+好氧生物处理法	75.1	
									物理化学处理法+厌氧生物处理法+好氧生物处理法	80.6	
									物理化学处理法+厌/好氧生物组合处理法+物理化学处理法	97.5	
					废气	工业废气量	标米^3/吨-产品	348617.00	—	—	—
						挥发性有机物	千克/吨-产品	8.0080	无末端处理设施	0	—
									低温等离子体	20.0	k=治理设施运行时间（小时/年）/企业正常生产时间（小时/年）
									吸收+分流	44.0	
									吸附+蒸汽解析	48.0	
					固废	危险废物	千克/吨-产品	0.00022	—	—	—
—	化学药品制剂	化学药品原料药	固体制剂	200～1000吨/年	废水	废水量	米^3/吨-产品	118.70	—	—	—
						化学需氧量	千克/吨-产品	51.067	无末端处理设施	0	—
									物理处理法+好氧生物处理法	84.3	k=治理设施运行时间（天/年）/企业正常生产时间（天/年）
									物理化学处理法+好氧生物处理法	90.3	
									物理化学处理法+厌氧生物处理法+好氧生物处理法	94.5	
									物理化学处理法+厌/好氧生物组合处理法+物理化学处理法	96.5	

272 化学药品制剂制造行业系数表（续表 7）

工段名称	产品名称	原料名称	工艺名称	规模等级	污染物类别	污染物指标	系数单位	产污系数	末端治理技术	末端治理技术平均去除效率/%	参考 k 值计算公式
—	化学药品制剂	化学药品原料药	固体制剂	200～1000吨/年	废水	氨氮	千克/吨-产品	1.90	无末端处理设施	0	—
									物理处理法+好氧生物处理法	83.2	k=治理设施运行时间（天/年）/企业正常生产时间（天/年）
									物理化学处理法+好氧生物处理法	90.6	
									物理化学处理法+厌氧生物处理法+好氧生物处理法	91.0	
									物理化学处理法+厌/好氧生物组合处理法+物理化学处理法	94.0	
						总磷	千克/吨-产品	1.54	无末端处理设施	0	—
									物理处理法+好氧生物处理法	81.3	k=治理设施运行时间（天/年）/企业正常生产时间（天/年）
									物理化学处理法+好氧生物处理法	86.5	
									物理化学处理法+厌氧生物处理法+好氧生物处理法	91.5	
									物理化学处理法+厌/好氧生物组合处理法+物理化学处理法	98.6	
						总氮	千克/吨-产品	3.80	无末端处理设施	0	—
									物理处理法+好氧生物处理法	67.3	k=治理设施运行时间（天/年）/企业正常生产时间（天/年）
									物理化学处理法+好氧生物处理法	70.1	
									物理化学处理法+厌氧生物处理法+好氧生物处理法	76.7	
									物理化学处理法+厌/好氧生物组合处理法+物理化学处理法	95.8	
					废气	工业废气量	标米^3/吨-产品	360168.56	—	—	—

272 化学药品制剂制造行业系数表（续表 8）

工段名称	产品名称	原料名称	工艺名称	规模等级	污染物类别	污染物指标	系数单位	产污系数	末端治理技术	末端治理技术平均去除效率/%	参考 k 值计算公式
—	化学药品制剂	化学药品原料药	固体制剂	200～1000 吨/年	废气	挥发性有机物	千克/吨-产品	9.73	无末端处理设施	0	—
									低温等离子体	20.0	k=治理设施运行时间（小时/年）/企业正常生产时间（小时/年）
									吸收+分流	42.0	
									吸附+蒸汽解析	45.0	
					固废	危险废物	千克/吨-产品	0.12	—	—	—
—	化学药品制剂	化学药品原料药	固体制剂	<200 吨/年	废水	废水量	米 ^{3}/吨-产品	318.022	—	—	—
						化学需氧量	千克/吨-产品	105.51	无末端处理设施	0	—
									物理处理法+好氧生物处理法	83.1	k=治理设施运行时间（天/年）/企业正常生产时间（天/年）
									物理化学处理法+好氧生物处理法	90.9	
									物理化学处理法+厌氧生物处理法+好氧生物处理法	95.1	
									物理化学处理法+厌/好氧生物组合处理法+物理化学处理法	97.2	
						氨氮	千克/吨-产品	5.17	无末端处理设施	0	—
									物理处理法+好氧生物处理法	81.7	k=治理设施运行时间（天/年）/企业正常生产时间（天/年）
									物理化学处理法+好氧生物处理法	90.9	
									物理化学处理法+厌氧生物处理法+好氧生物处理法	91.7	
									物理化学处理法+厌/好氧生物组合处理法+物理化学处理法	95.1	

272 化学药品制剂制造行业系数表（续表 9）

工段名称	产品名称	原料名称	工艺名称	规模等级	污染物类别	污染物指标	系数单位	产污系数	末端治理技术	末端治理技术平均去除效率/%	参考 k 值计算公式
—	化学药品制剂	化学药品原料药	固体制剂	＜200 吨/年	废水	总磷	千克/吨-产品	4.77	无末端处理设施	0	—
									物理处理法+好氧生物处理法	79.8	k=治理设施运行时间（天/年）/企业正常生产时间（天/年）
									物理化学处理法+好氧生物处理法	86.5	
									物理化学处理法+厌氧生物处理法+好氧生物处理法	91.5	
									物理化学处理法+厌/好氧生物组合处理法+物理化学处理法	99.0	
						总氮	千克/吨-产品	10.49	无末端处理设施	0	—
									物理处理法+好氧生物处理法	65.7	k=治理设施运行时间（天/年）/企业正常生产时间（天/年）
									物理化学处理法+好氧生物处理法	71.3	
									物理化学处理法+厌氧生物处理法+好氧生物处理法	78.0	
									物理化学处理法+厌/好氧生物组合处理法+物理化学处理法	97.2	
					废气	工业废气量	标米 ^{3}/吨-产品	404200.70	—	—	—
						挥发性有机物	千克/吨-产品	11.72	无末端处理设施	0	—
									低温等离子体	20.0	k=治理设施运行时间（小时/年）/企业正常生产时间（小时/年）
									吸收+分流	40.0	
									吸附+蒸汽解析	43.0	
					固废	危险废物	千克/吨-产品	1.58	—	—	—

273 中药饮片加工业

1 适用范围

本手册仅用于《国民经济行业分类》（GB/T 4754—2017）中 2730 中药饮片加工行业使用系数法核算工业污染物产生量和排放量的工业企业。

利用本手册进行产排污核算得出的污染物产生量与排放量仅代表了特定行业、工艺、产品、原料在正常工况下污染物产生与排放的一般规律。

本行业废水指标包括化学需氧量、氨氮、总磷、总氮、氰化物、总汞、总砷；废气指标包括颗粒物。

2 注意事项

2.1 企业有多种生产工艺或生产多类产品产排污量核算

污染物产生量与产品产量有关，根据不同核算环节计算产污量后，再根据企业末端治理设施和运行情况计算各污染物的排放量。

企业某污染物指标的产生量、排放量为各核算环节产生量、排放量之和。

在企业实际排放量计算过程中，如果存在废水回用的情况，需要在利用产排污核算公式的基础上扣除废水回用的部分。公式如下：

实际排放量=计算排放量×（1−废水回用率）

2.2 采用多种治理设施组合处理企业的排污量核算

在排污量计算选择末端治理技术时，若没有对应的组合治理技术，以主要治理技术为准。

2.3 系数表中未涉及的产污系数及污染治理效率

中药饮片颗粒的生产过程中，如果包含煮提工艺，废水、废气指标可参考 274 中成药生产行业煮提工段的系数手册。

2.4 其他需要说明的问题

由于不同企业工业废气量、废水量差异较大，本手册所提供的工业废气量、废水量系数仅供参考。

为体现相同产污水平条件下，采用相同环保治理设施的不同企业对同一污染物去除效果的差异，引入末端治理设施实际运行率（k）对污染治理技术的实际去除率进行修正。k 值反映的是污染治理设施运行的状态，越稳定运行，k 值越高；在取值上，若定义连续稳定运行的理想状态为 1，则 k 取

值在 0～1 之间。

本手册给出本行业的 k 计算公式仅供参考，使用时，可根据 k 值定义，选取更适合企业实际情况的表达方式。

3 污染物排放量核算方法

3.1 计算工段污染物产生量

（1）根据产品、原料、污染物产生的主导生产工艺、企业规模（生产产能）这一组合查找和确定所对应的某一污染物的产污系数。

（2）根据该污染物的产污系数计量单位——单位产品产量，获取企业实际产品产量。

例如，某组合内化学需氧量的产污系数单位为千克/吨-产品，则计算产生量时需要获取企业实际产品产量。

（3）污染物产生量按以下公式进行计算：

污染物产生量=污染物对应的产污系数×产品产量

$$G_{产i} = P_{产i} \times M_i$$

式中，$G_{产i}$——工段 i 某污染物的产生量；

$P_{产i}$——工段 i 某污染物对应的产污系数；

M_i——工段 i 的产品产量。

3.2 计算工段污染物去除量

（1）根据企业对某一污染物所采用的治理技术查找和选择相应的治理技术平均去除效率。

（2）根据所填报的污染治理设施实际运行率参数及其计算公式得出该企业某一污染物的治理设施实际运行率（k 值）。

（3）污染物去除量按以下公式进行计算：

污染物去除量=污染物产生量×污染物去除率

=污染物产生量×治理技术平均去除效率×治理设施实际运行率

$$R_{减i} = G_{产i} \times \eta_T \times k_T$$

式中，$R_{减i}$——工段 i 某污染物的去除量；

η_T——工段 i 某污染物采用的末端治理技术的平均去除效率；

k_T——工段 i 某污染物采用的末端治理设施的实际运行率。

3.3 计算工段污染物排放量

污染物排放量=污染物产生量–污染物去除量

=污染物对应的产污系数×产品产量–污染物产生量×治理技术平均去除效率×治理设施实际运行率

3.4 计算企业污染物排放量

同一企业某污染物全年的产生（排放）总量为该企业同年实际生产的全部工段、产品、原料、规模污染物产生（排放）量之和。

$$E_{排} = G_{产} - R_{减} = \sum(G_{产i} - R_{减i})$$
$$= \sum\left[P_{产i} \times M_i(1-\eta_T \times k_T)\right]$$

4 污染物排放量核算案例

某中药饮片加工企业主要从事中药饮片的加工。该企业涉及的主要产排污工段为炮制工段。该工段主要污染物为化学需氧量、氨氮、总磷、总氮、氰化物、总汞、总砷、颗粒物。以化学需氧量为例说明排放量计算过程。

该企业基本信息如表 1 所示。

表 1 某中药饮片加工企业基本信息

	核算环节：炮制	
	名称	数量
产品及产量	中药饮片	400 吨/年
原料及用量	中草药	—
工艺名称	炮制	—
规模（产能）	500 吨（产品）/年	
污染治理设施	“好氧生物处理法”工艺	
实际运行率参数	污水治理设施运行时间	8760 小时
	企业正常生产时间	2400 小时

4.1 炮制工段的排放量计算

（1）化学需氧量产生量计算

①查找产污系数及其计量单位。

根据企业基本信息，查找本手册中主要产品为中药饮片，主要原料为中草药，主要工艺为炮制，生产规模为 200～1000 吨-中药饮片/年。该组合化学需氧量的产污系数为 1130，单位为克/吨-中药饮片。

②获取企业产品产量。

该企业实际情况为：该工段主要产品中药饮片 2017 年产量为 400 吨。

③计算化学需氧量产生量。

由于查询到的组合中，化学需氧量产污系数的单位为克/吨-中药饮片，因此在核算化学需氧量产生量时需获取产品（中药饮片）产量。

化学需氧量产生量＝化学需氧量产污系数×产品（中药饮片）产量

=1130 克/吨-中药饮片×400 吨-中药饮片=452 千克

（2）化学需氧量去除量计算

①查找治理技术平均去除效率。

该企业化学需氧量治理技术采用“好氧生物处理法”工艺，查询相应组合内该工艺的平均去除效率为 88%。

②计算污染治理设施实际运行率。

根据产污系数组合查询结果，该组合中好氧生物处理法对应的污染治理设施实际运行率为

k = 污水治理设施运行时间 / 企业正常生产时间 = 8760小时 / 2400小时 = 3.65（当 $k>1$ 时，取 k=1）

③计算化学需氧量去除量。

化学需氧量去除量=452 千克×88%×1=397.76 千克

（3）化学需氧量排放量计算

化学需氧量排放量=452 千克−397.76 千克=54.24 千克

4.2 化学需氧量总排放量计算

化学需氧量总排放量=核算环节（炮制）排放量=54.24 千克

5 系数表

273 中药饮片加工行业系数表

工段名称	产品名称	原料名称	工艺名称	规模等级	污染物类别	污染物指标	系数单位	产污系数	末端治理技术	末端治理技术平均去除效率/%	参考 k 值计算公式[1]
炮制	中药饮片	中药草	炮制	<200 吨-中药饮片/年	废水	废水量	吨/吨-中药饮片	2.17	—	—	—
						化学需氧量	克/吨-中药饮片	1470	好氧生物处理法	88	k=污水治理设施运行时间（小时/年）/企业正常生产时间（小时/年）
									厌氧生物处理法+好氧生物处理法	97	
						氨氮	克/吨-中药饮片	79	好氧生物处理法	80	k=污水治理设施运行时间（小时/年）/企业正常生产时间（小时/年）
									厌氧生物处理法+好氧生物处理法	90	
						总磷	克/吨-中药饮片	33	好氧生物处理法+物理化学处理法	85	k=污水治理设施运行时间（小时/年）/企业正常生产时间（小时/年）
									厌氧生物处理法+好氧生物处理法+物理化学处理法	95	
						总氮	克/吨-中药饮片	136	好氧生物处理法	78	k=污水治理设施运行时间（小时/年）/企业正常生产时间（小时/年）
									厌氧生物处理法+好氧生物处理法	89	
						氰化物	克/吨-中药饮片	0.05	好氧生物处理法	50	k=污水治理设施运行时间（小时/年）/企业正常生产时间（小时/年）
									厌氧生物处理法+好氧生物处理法	70	
						总汞	克/吨-中药饮片	0.02	好氧生物处理法	35	k=污水治理设施运行时间（小时/年）/企业正常生产时间（小时/年）
									厌氧生物处理法+好氧生物处理法	55	
						总砷	克/吨-中药饮片	0.04	好氧生物处理法	35	k=污水治理设施运行时间（小时/年）/企业正常生产时间（小时/年）
									厌氧生物处理法+好氧生物处理法	55	
					废气	工业废气量	标米^3/吨-中药饮片	11900	—	—	—

[1] 该公式仅供参考，使用时，可根据 k 值定义，选取更适合企业实际情况的表达方式。

273 中药饮片加工行业系数表（续表 1）

工段名称	产品名称	原料名称	工艺名称	规模等级	污染物类别	污染物指标	系数单位	产污系数	末端治理技术	末端治理技术平均去除效率/%	参考 k 值计算公式
炮制	中药饮片	中药草	炮制	<200 吨-中药饮片/年	废气	颗粒物	千克/吨-中药饮片	2.69	湿法除尘	80	k=除尘设备耗电量（千瓦·时）/[除尘设备额定功率（千瓦）×除尘设备运行时间（小时）]
									袋式除尘	99	
					固废	固废量	吨/吨-中药饮片	0.05	—	—	—
				200～1000 吨-中药饮片/年	废水	废水量	吨/吨-中药饮片	2.00	—	—	—
						化学需氧量	克/吨-中药饮片	1130	好氧生物处理法	88	k=污水治理设施运行时间（小时/年）/企业正常生产时间（小时/年）
									厌氧生物处理法+好氧生物处理法	97	
						氨氮	克/吨-中药饮片	55	好氧生物处理法	80	k=污水治理设施运行时间（小时/年）/企业正常生产时间（小时/年）
									厌氧生物处理法+好氧生物处理法	90	
						总磷	克/吨-中药饮片	28	好氧生物处理法+物理化学处理法	85	k=污水治理设施运行时间（小时/年）/企业正常生产时间（小时/年）
									厌氧生物处理法+好氧生物处理法+物理化学处理法	95	
						总氮	克/吨-中药饮片	75	好氧生物处理法	78	k=污水治理设施运行时间（小时/年）/企业正常生产时间（小时/年）
									厌氧生物处理法+好氧生物处理法	89	
						氰化物	克/吨-中药饮片	0.04	好氧生物处理法	50	k=污水治理设施运行时间（小时/年）/企业正常生产时间（小时/年）
									厌氧生物处理法+好氧生物处理法	70	
						总汞	克/吨-中药饮片	0.02	好氧生物处理法	35	k=污水治理设施运行时间（小时/年）/企业正常生产时间（小时/年）
									厌氧生物处理法+好氧生物处理法	55	
						总砷	克/吨-中药饮片	0.03	好氧生物处理法	35	k=污水治理设施运行时间（小时/年）/企业正常生产时间（小时/年）
									厌氧生物处理法+好氧生物处理法	55	
					废气	工业废气量	标米 ^{3}/吨-中药饮片	8180	—	—	—
						颗粒物	千克/吨-中药饮片	1.59	湿法除尘	80	k=除尘设备耗电量（千瓦·时）/[除尘设备额定功率（千瓦）×除尘设备运行时间（小时）]
									袋式除尘	99	

273 中药饮片加工行业系数表（续表 2）

工段名称	产品名称	原料名称	工艺名称	规模等级	污染物类别	污染物指标	系数单位	产污系数	末端治理技术	末端治理技术平均去除效率/%	参考 k 值计算公式
炮制	中药饮片	中药草	炮制	200～1000 吨-中药饮片/年	固废	固废量	吨/吨-中药饮片	0.03	—	—	—
炮制	中药饮片	中药草	炮制	>1000 吨-中药饮片/年	废水	废水量	吨/吨-中药饮片	1.83	—	—	—
						化学需氧量	克/吨-中药饮片	970	好氧生物处理法	88	k=污水治理设施运行时间（小时/年）/企业正常生产时间（小时/年）
									厌氧生物处理法+好氧生物处理法	97	
						氨氮	克/吨-中药饮片	43	好氧生物处理法	80	k=污水治理设施运行时间（小时/年）/企业正常生产时间（小时/年）
									厌氧生物处理法+好氧生物处理法	90	
						总磷	克/吨-中药饮片	21	好氧生物处理法+物理化学处理法	85	k=污水治理设施运行时间（小时/年）/企业正常生产时间（小时/年）
									厌氧生物处理法+好氧生物处理法+物理化学处理法	95	
						总氮	克/吨-中药饮片	62	好氧生物处理法	78	k=污水治理设施运行时间（小时/年）/企业正常生产时间（小时/年）
									厌氧生物处理法+好氧生物处理法	89	
						氰化物	克/吨-中药饮片	0.03	好氧生物处理法	50	k=污水治理设施运行时间（小时/年）/企业正常生产时间（小时/年）
									厌氧生物处理法+好氧生物处理法	70	
						总汞	克/吨-中药饮片	0.01	好氧生物处理法	35	k=污水治理设施运行时间（小时/年）/企业正常生产时间（小时/年）
									厌氧生物处理法+好氧生物处理法	55	
						总砷	克/吨-中药饮片	0.02	好氧生物处理法	35	k=污水治理设施运行时间（小时/年）/企业正常生产时间（小时/年）
									厌氧生物处理法+好氧生物处理法	55	
					废气	工业废气量	标米^3/吨-中药饮片	6860	—	—	—
						颗粒物	千克/吨-中药饮片	1.32	湿法除尘	80	k=除尘设备耗电量（千瓦·时）/[除尘设备额定功率（千瓦）×除尘设备运行时间（小时）]
									袋式除尘	99	
					固废	固废量	吨/吨-中药饮片	0.02	—	—	—

274 中成药生产业

1 适用范围

本手册仅用于《国民经济行业分类》（GB/T 4754—2017）中 2740 中成药生产行业使用系数法核算工业污染物产生量和排放量的工业企业。

利用本手册进行产排污核算得出的污染物产生量与排放量仅代表了特定行业、工艺、产品、原料在正常工况下污染物产生与排放的一般规律。

本行业废水指标包括化学需氧量、氨氮、总磷、总氮；废气指标包括颗粒物、挥发性有机物。

2 注意事项

2.1 企业有多种生产工艺或生产多类产品产排污量核算

煮提工段：化学需氧量、氨氮、总磷、总氮、挥发性有机物，污染物产生量与原料用量有关，根据不同核算环节计算产污量后，再根据企业末端治理设施和运行情况计算各污染物的排放量。

制剂工段：化学需氧量、氨氮、总磷、总氮、颗粒物，污染物产生量与产品产量有关，根据不同核算环节计算产污量后，再根据企业末端治理设施和运行情况计算各污染物的排放量。

企业某污染物指标的产生量、排放量为各核算环节产生量、排放量之和。

在企业实际排放量计算过程中，如果存在废水回用的情况，需要在利用产排污核算公式的基础上扣除废水回用的部分。公式如下：

实际排放量=计算排放量×（1–废水回用率）

2.2 采用多种治理设施组合处理企业的排污量核算

在排污量计算选择末端治理技术时，若没有对应的组合治理技术，以主要治理技术为准。

2.3 系数表中未涉及的产污系数及污染治理效率

中成药的生产过程中，如果包含炮制工艺，废水、废气指标可参考 273 中药饮片加工行业炮制工段的系数手册。

2.4 其他需要说明的问题

由于不同企业工业废气量、废水量差异较大，本手册所提供的工业废气量、废水量系数仅供参考。

为体现相同产污水平条件下，采用相同环保治理设施的不同企业对同一污染物去除效果的差异，引入末端治理设施实际运行率（k）对污染治理技术的实际去除率进行修正。k 值反映的是污染治理设施运行的状态，越稳定运行，k 值越高；在取值上，若定义连续稳定运行的理想状态为 1，则 k 取

值在 0～1 之间。

本手册给出本行业的 k 计算公式仅供参考，使用时，可根据 k 值定义，选取更适合企业实际情况的表达方式。

3 污染物排放量核算方法

针对企业实际生产情况，本行业在系数制定过程中将企业全生产流程划分或拆分为若干工段（核算环节），在核算企业污染物产排量时，可灵活选择本企业对应的工段进行核算。

3.1 计算工段污染物产生量

（1）根据产品、原料、污染物产生的主导生产工艺、企业规模（生产产能）这一组合查找和确定所对应的某一污染物的产污系数。

（2）根据该污染物的产污系数计量单位——单位产品产量或单位原料用量，获取企业实际产品产量或原料用量。

例如，某组合内化学需氧量的产污系数单位为千克/吨-产品，则计算产生量时需要获取企业实际产品产量；如果产污系数单位为千克/吨-原料，则计算产生量时需要获取企业原料实际消耗量。

（3）污染物产生量按以下公式进行计算：

污染物产生量=污染物对应的产污系数×产品产量（原料用量）

$$G_{产i} = P_{产i} \times M_i$$

式中，$G_{产i}$——工段 i 某污染物的产生量；

$P_{产i}$——工段 i 某污染物对应的产污系数；

M_i——工段 i 的产品产量（原料用量）。

3.2 计算工段污染物去除量

（1）根据企业对某一污染物所采用的治理技术查找和选择相应的治理技术平均去除效率。

（2）根据所填报的污染治理设施实际运行率参数及其计算公式得出该企业某一污染物的治理设施实际运行率（k 值）。

（3）污染物去除量按以下公式进行计算：

污染物去除量=污染物产生量×污染物去除率

=污染物产生量×治理技术平均去除效率×治理设施实际运行率

$$R_{减i} = G_{产i} \times \eta_T \times k_T$$

式中，$R_{减i}$——工段 i 某污染物的去除量；

η_T——工段 i 某污染物采用的末端治理技术的平均去除效率；

k_T——工段 i 某污染物采用的末端治理设施的实际运行率。

3.3 计算工段污染物排放量

污染物排放量=污染物产生量–污染物去除量

=污染物对应的产污系数×产品产量（原料用量）–污染物产生量×治理技术平均去除效率×治理设施实际运行率

3.4 计算企业污染物排放量

同一企业某污染物全年的产生（排放）总量为该企业同年实际生产的全部工段、产品、原料、规模污染物产生（排放）量之和。

$$E_{排} = G_{产} - R_{减} = \sum(G_{产i} - R_{减i})$$
$$= \sum\left[P_{产i} \times M_i(1 - \eta_T \times k_T)\right]$$

4 污染物排放量核算案例

某中成药生产企业主要从事固体制剂中成药的生产。该企业涉及的主要产排污工段为煮提工段、制剂工段，煮提工段主要污染物为化学需氧量、氨氮、总磷、总氮、挥发性有机物，制剂工段主要污染物为化学需氧量、氨氮、总磷、总氮、颗粒物。以化学需氧量为例说明排放量计算过程。

该企业基本信息如表 1 所示。

表 1　某中成药生产企业基本信息

	核算环节 1：煮提		核算环节 2：制剂	
	名称	数量	名称	数量
产品及产量	煮提产物	—	中成药	100 吨/年
原料及用量	中药饮片	600 吨/年	煮提产物	—
工艺名称	提取（使用有机溶剂）	—	固体制剂	—
规模（产能）	700 吨（原料）/年		150 吨（产品）/年	
污染治理设施	“厌氧生物处理法+好氧生物处理法”工艺		“厌氧生物处理法+好氧生物处理法”工艺	
实际运行率参数	污水治理设施运行时间	8760 小时	污水治理设施运行时间	8760 小时
	企业正常生产时间	2400 小时	企业正常生产时间	2400 小时

4.1 煮提工段的排放量计算

（1）化学需氧量产生量计算

①查找产污系数及其计量单位

根据企业基本信息，查找本手册中主要产品为煮提产物，主要原料为中药饮片，主要工艺为提取（使用有机溶剂），生产规模为≥200 吨-中药饮片/年。该组合化学需氧量的产污系数为 256000，单位为克/吨-中药饮片。

②获取企业原料用量

该企业实际情况为：该工段主要原料中药饮片 2017 年用量为 600 吨。

③计算化学需氧量产生量

由于查询到的组合中，化学需氧量产污系数的单位为克/吨-中药饮片，因此在核算化学需氧量产生量时需获取原料（中药饮片）用量。

$$
\begin{aligned}
\text{化学需氧量产生量} &= \text{化学需氧量产污系数} \times \text{原料（中药饮片）用量} \\
&= 256000\text{克/吨-中药饮片} \times 600\text{吨-中药饮片} = 153600\text{千克}
\end{aligned}
$$

（2）化学需氧量去除量计算

①查找治理技术平均去除效率

由于该企业化学需氧量治理技术采用“厌氧生物处理法+好氧生物处理法”工艺，查询相应组合内该工艺的平均去除效率为 99%。

②计算污染治理设施实际运行率

根据产污系数组合查询结果，该组合中化学需氧量对应的污染治理设施实际运行率为

k=污水治理设施运行时间/企业正常生产时间=8760 小时/2400 小时=3.65（当 $k>1$ 时，取 k=1）

③计算化学需氧量去除量

$$\text{化学需氧量去除量} = 153600\text{千克} \times 99\% \times 1 = 152064\text{千克}$$

（3）化学需氧量排放量计算

$$\text{化学需氧量排放量} = 153600\text{千克} - 152064\text{千克} = 1536\text{千克}$$

4.2 制剂工段的排放量计算

（1）化学需氧量产生量计算

①查找产污系数及其计量单位

根据企业基本信息，查找本手册中主要产品为中成药，主要原料为煮提产物，主要工艺为固体制剂，生产规模为<200 吨-中成药/年。该组合化学需氧量的产污系数为 1590，单位为克/吨-产品。

②获取企业产品产量

该企业实际情况为：该工段主要产品中成药 2017 年产量为 100 吨。

③计算化学需氧量产生量

由于查询到的组合中，化学需氧量产污系数的单位为克/吨-中成药，因此在核算化学需氧量产生量时需获取产品（中成药）产量。

$$
\begin{aligned}
\text{化学需氧量产生量} &= \text{化学需氧量产污系数} \times \text{产品（中成药）用量} \\
&= 1590\text{克/吨-中成药} \times 100\text{吨-中成药} = 159\text{千克}
\end{aligned}
$$

（2）化学需氧量去除量计算

①查找治理技术平均去除效率

该企业化学需氧量治理技术采用“厌氧生物处理法+好氧生物处理法”，查询相应组合内该工艺的平均去除效率为 87%。

②计算污染治理设施实际运行率

根据产污系数组合查询结果，该组合中化学需氧量对应的污染治理设施实际运行率为

k = 污水治理设施运行时间 / 企业正常生产时间 = 8760小时/2400小时 = 3.65（当 $k>1$ 时，取 k=1）

③计算化学需氧量去除量

$$\text{化学需氧量去除量} = 159\text{千克} \times 87\% \times 1 = 138.33\text{千克}$$

（3）化学需氧量排放量计算

$$化学需氧量排放量 = 159千克 - 138.33千克 = 20.67千克$$

4.3 化学需氧量总排放量计算

$$\begin{aligned}化学需氧量总排放量 &= 核算环节（煮提工段）排放量 + 核算环节（制剂工段）排放量\\ &= 1536千克 + 20.67千克 = 1556.67千克\end{aligned}$$

5 系数表

274 中成药生产行业系数表

工段名称	产品名称	原料名称	工艺名称	规模等级	污染物类别	污染物指标	系数单位	产污系数	末端治理技术	末端治理技术平均去除效率/%	参考 k 值计算公式[1]
煮提	煮提产物	中药饮片	提取（不使用有机溶剂）	<200 吨-中药饮片/年	废水	废水量	吨/吨-中药饮片	60.6	—	—	—
						化学需氧量	克/吨-中药饮片	120000	好氧生物处理法	89	k=污水治理设施运行时间（小时/年）/企业正常生产时间（小时/年）
									厌氧生物处理法+好氧生物处理法	98	
						氨氮	克/吨-中药饮片	2400	好氧生物处理法	86	k=污水治理设施运行时间（小时/年）/企业正常生产时间（小时/年）
									厌氧生物处理法+好氧生物处理法	95	
						总磷	克/吨-中药饮片	1180	好氧生物处理法+物理化学处理法	85	k=污水治理设施运行时间（小时/年）/企业正常生产时间（小时/年）
									厌氧生物处理法+好氧生物处理法+物理化学处理法	94	
						总氮	克/吨-中药饮片	4780	好氧生物处理法	82	k=污水治理设施运行时间（小时/年）/企业正常生产时间（小时/年）
									厌氧生物处理法+好氧生物处理法	93	
					固废	固废量	吨/吨-中药饮片	1.49	—	—	—
				200～1000 吨-中药饮片/年	废水	废水量	吨/吨-中药饮片	44.2	—	—	—

[1] 该公式仅供参考，使用时，可根据 k 值定义，选取更适合企业实际情况的表达方式。

274 中成药生产行业系数表（续表 1）

工段名称	产品名称	原料名称	工艺名称	规模等级	污染物类别	污染物指标	系数单位	产污系数	末端治理技术	末端治理技术平均去除效率/%	参考 k 值计算公式
煮提	煮提产物	中药饮片	提取（不使用有机溶剂）	200～1000 吨-中药饮片/年	废水	化学需氧量	克/吨-中药饮片	103000	好氧生物处理法	89	k=污水治理设施运行时间（小时/年）/企业正常生产时间（小时/年）
									厌氧生物处理法+好氧生物处理法	98	
						氨氮	克/吨-中药饮片	2350	好氧生物处理法	86	k=污水治理设施运行时间（小时/年）/企业正常生产时间（小时/年）
									厌氧生物处理法+好氧生物处理法	95	
						总磷	克/吨-中药饮片	710	好氧生物处理法+物理化学处理法	85	k=污水治理设施运行时间（小时/年）/企业正常生产时间（小时/年）
									厌氧生物处理法+好氧生物处理法+物理化学处理法	94	
						总氮	克/吨-中药饮片	3840	好氧生物处理法	82	k=污水治理设施运行时间（小时/年）/企业正常生产时间（小时/年）
									厌氧生物处理法+好氧生物处理法	93	
					固废	固废量	吨/吨-中药饮片	1.83	—	—	—
				＞1000 吨-中药饮片/年	废水	废水量	吨/吨-中药饮片	39.6	—	—	—
						化学需氧量	克/吨-中药饮片	86600	好氧生物处理法	89	k=污水治理设施运行时间（小时/年）/企业正常生产时间（小时/年）
									厌氧生物处理法+好氧生物处理法	98	
						氨氮	克/吨-中药饮片	1540	好氧生物处理法	86	k=污水治理设施运行时间（小时/年）/企业正常生产时间（小时/年）
									厌氧生物处理法+好氧生物处理法	95	
						总磷	克/吨-中药饮片	630	好氧生物处理法+物理化学处理法	85	k=污水治理设施运行时间（小时/年）/企业正常生产时间（小时/年）
									厌氧生物处理法+好氧生物处理法+物理化学处理法	94	
						总氮	克/吨-中药饮片	2230	好氧生物处理法	82	k=污水治理设施运行时间（小时/年）/企业正常生产时间（小时/年）
									厌氧生物处理法+好氧生物处理法	93	
					固废	固废量	吨/吨-中药饮片	1.22	—	—	—

274 中成药生产行业系数表（续表 2）

工段名称	产品名称	原料名称	工艺名称	规模等级	污染物类别	污染物指标	系数单位	产污系数	末端治理技术	末端治理技术平均去除效率/%	参考 k 值计算公式
煮提	煮提产物	中药饮片	提取（使用有机溶剂）	<200 吨-中药饮片/年	废水	废水量	吨/吨-中药饮片	23.8	—	—	—
						化学需氧量	克/吨-中药饮片	289000	好氧生物处理法	98	k=污水治理设施运行时间（小时/年）/企业正常生产时间（小时/年）
									厌氧生物处理法+好氧生物处理法	99	
						氨氮	克/吨-中药饮片	2220	好氧生物处理法	90	k=污水治理设施运行时间（小时/年）/企业正常生产时间（小时/年）
									厌氧生物处理法+好氧生物处理法	95	
						总磷	克/吨-中药饮片	486	好氧生物处理法+物理化学处理法	85	k=污水治理设施运行时间（小时/年）/企业正常生产时间（小时/年）
									厌氧生物处理法+好氧生物处理法+物理化学处理法	94	
						总氮	克/吨-中药饮片	3370	好氧生物处理法	86	k=污水治理设施运行时间（小时/年）/企业正常生产时间（小时/年）
									厌氧生物处理法+好氧生物处理法	93	
					废气	工业废气量	标米 ^{3}/吨-中药饮片	15400	—	—	—
						挥发性有机物（有组织）	吨/吨-有机溶剂	0.105	吸收+分流	83	k=工艺废气净化装置年耗电量（千瓦·时）/［工艺废气净化装置额定功率（千瓦）×工艺废气净化装置年运行时间（小时）］
									冷凝法+吸收+分流	94	
						挥发性有机物（无组织）	吨/吨-有机溶剂	0.048	半密闭罩收集+吸收	65	k=工艺废气净化装置年耗电量（千瓦·时）/［工艺废气净化装置额定功率（千瓦）×工艺废气净化装置年运行时间（小时）］
									密闭间收集+吸收	85	

274 中成药生产行业系数表（续表 3）

工段名称	产品名称	原料名称	工艺名称	规模等级	污染物类别	污染物指标	系数单位	产污系数	末端治理技术	末端治理技术平均去除效率/%	参考 k 值计算公式
煮提	煮提产物	中药饮片	提取（使用有机溶剂）	≥200 吨-中药饮片/年	固废	固废量	吨/吨-中药饮片	1.31	—	—	—
					废水	废水量	吨/吨-中药饮片	23.2	—	—	—
						化学需氧量	克/吨-中药饮片	256000	好氧生物处理法	98	k=污水治理设施运行时间（小时/年）/企业正常生产时间（小时/年）
									厌氧生物处理法+好氧生物处理法	99	
						氨氮	克/吨-中药饮片	1880	好氧生物处理法	90	k=污水治理设施运行时间（小时/年）/企业正常生产时间（小时/年）
									厌氧生物处理法+好氧生物处理法	95	
						总磷	克/吨-中药饮片	379	好氧生物处理法+物理化学处理法	85	k=污水治理设施运行时间（小时/年）/企业正常生产时间（小时/年）
									厌氧生物处理法+好氧生物处理法+物理化学处理法	94	
						总氮	克/吨-中药饮片	2610	好氧生物处理法	86	k=污水治理设施运行时间（小时/年）/企业正常生产时间（小时/年）
									厌氧生物处理法+好氧生物处理法	93	
					废气	工业废气量	标米^3/吨-中药饮片	8350	—	—	—
						挥发性有机物（有组织）	吨/吨-有机溶剂	0.077	吸收+分流	83	k=工艺废气净化装置年耗电量（千瓦·时）/[工艺废气净化装置额定功率（千瓦）×工艺废气净化装置年运行时间（小时）]
									冷凝法+吸收+分流	94	
						挥发性有机物（无组织）	吨/吨-有机溶剂	0.047	半密闭罩收集+吸收	65	k=工艺废气净化装置年耗电量（千瓦·时）/[工艺废气净化装置额定功率（千瓦）×工艺废气净化装置年运行时间（小时）]
									密闭间收集+吸收	85	

274 中成药生产行业系数表（续表 4）

工段名称	产品名称	原料名称	工艺名称	规模等级	污染物类别	污染物指标	系数单位	产污系数	末端治理技术	末端治理技术平均去除效率/%	参考 *k* 值计算公式
煮提	煮提产物	中药饮片	提取（使用有机溶剂）	≥200 吨-中药饮片/年	固废	固废量	吨/吨-中药饮片	1.00	—	—	—
制剂	中成药	煮提产物	固体制剂	<200 吨-中成药/年	废水	废水量	吨/吨-中成药	8.80	—	—	—
						化学需氧量	克/吨-中成药	1590	好氧生物处理法	73	*k*=污水治理设施运行时间（小时/年）/企业正常生产时间（小时/年）
									厌氧生物处理法+好氧生物处理法	87	
						氨氮	克/吨-中成药	175	好氧生物处理法	80	*k*=污水治理设施运行时间（小时/年）/企业正常生产时间（小时/年）
									厌氧生物处理法+好氧生物处理法	89	
						总磷	克/吨-中成药	61	好氧生物处理法+物理化学处理法	85	*k*=污水治理设施运行时间（小时/年）/企业正常生产时间（小时/年）
									厌氧生物处理法+好氧生物处理法+物理化学处理法	92	
						总氮	克/吨-中成药	245	好氧生物处理法	78	*k*=污水治理设施运行时间（小时/年）/企业正常生产时间（小时/年）
									厌氧生物处理法+好氧生物处理法	88	
					废气	工业废气量	标米 ^{3}/吨-	36000	—	—	—
						颗粒物	千克/吨-中成药	4	袋式除尘	98	*k*=除尘设备年耗电量（千瓦·时）/［除尘设备额定功率（千瓦）×除尘设备年运行时间（小时）］
									旋风除尘+袋式除尘	99	
					固废	固废量	吨/吨-中成药	0.03	—	—	—

274 中成药生产行业系数表（续表 5）

工段名称	产品名称	原料名称	工艺名称	规模等级	污染物类别	污染物指标	系数单位	产污系数	末端治理技术	末端治理技术平均去除效率/%	参考 k 值计算公式
制剂	中成药	煮提产物	固体制剂	200～1000 吨-中成药/年	废水	废水量	吨/吨-中成药	7.99	—	—	—
						化学需氧量	克/吨-中成药	1440	好氧生物处理法	73	k=污水治理设施运行时间（小时/年）/企业正常生产时间（小时/年）
									厌氧生物处理法+好氧生物处理法	87	
						氨氮	克/吨-中成药	149	好氧生物处理法	80	k=污水治理设施运行时间（小时/年）/企业正常生产时间（小时/年）
									厌氧生物处理法+好氧生物处理法	89	
						总磷	克/吨-中成药	52	好氧生物处理法+物理化学处理法	85	k=污水治理设施运行时间（小时/年）/企业正常生产时间（小时/年）
									厌氧生物处理法+好氧生物处理法+物理化学处理法	92	
						总氮	克/吨-中成药	184	好氧生物处理法	78	k=污水治理设施运行时间（小时/年）/企业正常生产时间（小时/年）
									厌氧生物处理法+好氧生物处理法	88	
					废气	工业废气量	标米^3/吨-中成药	35400	—	—	—
						颗粒物	千克/吨-中成药	3.00	袋式除尘	98	k=除尘设备年耗电量（千瓦·时）/［除尘设备额定功率（千瓦）×除尘设备年运行时间（小时）］
									旋风除尘+袋式除尘	99	
					固废	固废量	吨/吨-中成药	0.01	—	—	—

274 中成药生产行业系数表（续表 6）

工段名称	产品名称	原料名称	工艺名称	规模等级	污染物类别	污染物指标	系数单位	产污系数	末端治理技术	末端治理技术平均去除效率/%	参考 k 值计算公式
制剂	中成药	煮提产物	固体制剂	＞1000 吨-中成药/年	废水	废水量	吨/吨-中成药	7.01	—	—	—
						化学需氧量	克/吨-中成药	1280	好氧生物处理法	73	k=污水治理设施运行时间（小时/年）/企业正常生产时间（小时/年）
									厌氧生物处理法+好氧生物处理法	87	
						氨氮	克/吨-中成药	82	好氧生物处理法	80	k=污水治理设施运行时间（小时/年）/企业正常生产时间（小时/年）
									厌氧生物处理法+好氧生物处理法	89	
						总磷	克/吨-中成药	29	好氧生物处理法+物理化学处理法	85	k=污水治理设施运行时间（小时/年）/企业正常生产时间（小时/年）
									厌氧生物处理法+好氧生物处理法+物理化学处理法	92	
						总氮	克/吨-中成药	104	好氧生物处理法	78	k=污水治理设施运行时间（小时/年）/企业正常生产时间（小时/年）
									厌氧生物处理法+好氧生物处理法	88	
					废气	工业废气量	标米^3/吨-中成药	33400	—	—	—
						颗粒物	千克/吨-中成药	1.00	袋式除尘	98	k=除尘设备年耗电量（千瓦·时）/［除尘设备额定功率（千瓦）×除尘设备年运行时间（小时）］
									旋风除尘+袋式除尘	99	
					固废	固废量	吨/吨-中成药	0.01	—	—	—
制剂	中成药	煮提产物	液体制剂	＜200 吨-中成药/年	废水	废水量	吨/吨-中成药	41.8	—	—	—
						化学需氧量	克/吨-中成药	3180	好氧生物处理法	65	k=污水治理设施运行时间（小时/年）/企业正常生产时间（小时/年）
									厌氧生物处理法+好氧生物处理法	84	

274 中成药生产行业系数表（续表 7）

工段名称	产品名称	原料名称	工艺名称	规模等级	污染物类别	污染物指标	系数单位	产污系数	末端治理技术	末端治理技术平均去除效率/%	参考 k 值计算公式
制剂	中成药	煮提产物	液体制剂	<200 吨-中成药/年	废水	氨氮	克/吨-中成药	202	好氧生物处理法	62	k=污水治理设施运行时间（小时/年）/企业正常生产时间（小时/年）
									厌氧生物处理法+好氧生物处理法	75	
						总磷	克/吨-中成药	80	好氧生物处理法+物理化学处理法	60	k=污水治理设施运行时间（小时/年）/企业正常生产时间（小时/年）
									厌氧生物处理法+好氧生物处理法+物理化学处理法	70	
						总氮	克/吨-中成药	326	好氧生物处理法	60	k=污水治理设施运行时间（小时/年）/企业正常生产时间（小时/年）
									厌氧生物处理法+好氧生物处理法	74	
				≥200 吨-中成药/年		废水量	吨/吨-中成药	40.6	—	—	—
						化学需氧量	克/吨-中成药	1910	好氧生物处理法	65	k=污水治理设施运行时间（小时/年）/企业正常生产时间（小时/年）
									厌氧生物处理法+好氧生物处理法	84	
						氨氮	克/吨-中成药	68	好氧生物处理法	62	k=污水治理设施运行时间（小时/年）/企业正常生产时间（小时/年）
									厌氧生物处理法+好氧生物处理法	75	
						总磷	克/吨-中成药	43	好氧生物处理法+物理化学处理法	60	k=污水治理设施运行时间（小时/年）/企业正常生产时间（小时/年）
									厌氧生物处理法+好氧生物处理法+物理化学处理法	70	
						总氮	克/吨-中成药	128	好氧生物处理法	60	k=污水治理设施运行时间（小时/年）/企业正常生产时间（小时/年）
									厌氧生物处理法+好氧生物处理法	74	

275 兽用药品制造业

1　适用范围

本手册仅用于《国民经济行业分类》（GB/T 4754—2017）中 2750 兽用药品制造业使用系数法核算工业污染物产生量和排放量的工业企业。

利用本手册进行产排污核算得出的污染物产生量与排放量仅代表了特定行业、工艺、产品、原料在正常工况下污染物产生与排放的一般规律。

兽用化学药品原药生产中废水指标包括工业废水量、化学需氧量、氨氮、总氮、总磷；废气指标包括废气量、挥发性有机物。

兽用化学药品制剂生产中废水指标包括工业废水量、化学需氧量、氨氮、总氮、总磷；废气指标包括废气量、挥发性有机物。

兽用中药饮片、兽用中成药、兽用煮提产物生产中废水指标包括工业废水量、化学需氧量、氨氮、总氮、总磷；废气指标包括废气量、颗粒物、挥发性有机物。

兽用基因工程药物和疫苗、兽用生物药品、兽用生物药品（不含血液制品）、兽用血液制品生产中废水指标包括工业废水量、化学需氧量、氨氮、总氮、总磷；废气指标包括挥发性有机物。

2　注意事项

2.1　企业有多种生产工艺或生产多类产品产排污量核算

兽用煮提产物的生产过程中产生的工业废水量、化学需氧量、氨氮、总氮、总磷、废气量、挥发性有机物：污染物产生量与原料用量有关，根据不同工段名称计算产污量后，再根据企业末端治理设施和运行情况计算各污染物的排放量。

其他兽用药品［包括兽用化学药品原料药、兽用化学药品制剂、兽用中药饮片、兽用中成药、兽用生物药品、兽用生物药品（不含血液制品）、兽用基因工程药物和疫苗、兽用血液制品］的生产过程中产生的工业废水量、化学需氧量、氨氮、总氮、总磷、废气量、颗粒物、挥发性有机物：污染物产生量与产品产量有关，根据不同工段名称计算产污量后，再根据企业末端治理设施和运行情况计算各污染物的排放量。

企业某污染物指标的产生量、排放量为各工段污染物产生量、排放量之和。

在企业实际排放量计算过程中，如果存在废水回用的情况，需要在利用产排污核算公式的基础上扣除废水回用的部分。公式如下：

实际排放量=计算排放量×（1–废水回用率）

工艺废水未经污水处理设施处理即回用于生产的情况，不予扣除。废水回用率根据企业实际情况计算，若无废水回用，废水回用率按 0 计算。

2.2 采用多种治理设施组合处理企业的排污量核算

在排污量计算选择末端治理技术时，若没有对应的组合治理技术，以主要治理技术为准。

2.3 其他需要说明的问题

由于不同企业工业废气量、废水量差异较大，本手册所提供的工业废气量、废水量系数仅供参考。

为体现相同产污水平条件下，采用相同环保治理设施的不同企业对同一污染物去除效果的差异，引入末端治理设施实际运行率（k）对污染治理技术的实际去除率进行修正。k 值反映的是污染治理设施运行的状态，越稳定运行，k 值越高；在取值上，若定义连续稳定运行的理想状态为 1，则 k 取值在 0～1 之间。

本手册给出本行业的 k 计算公式仅供参考，使用时，可根据 k 值定义，选取更适合企业实际情况的表达方式。

废气中挥发性有机物排放量计算方法与废水污染物相同。

由于兽用药品的系数均参考人用药，所以污染物排放量核算方法也应参考相对应行业的具体核算方法进行计算。

3 污染物排放量核算方法

3.1 计算工段污染物产生量

（1）根据产品、原料、污染物产生的主导生产工艺、企业规模（生产产能）这一组合查找和确定所对应的某一污染物的产污系数。

（2）根据该污染物的产污系数计量单位——单位产品产量或单位原料用量，获取企业实际产品产量或原料用量。

例如，某组合内化学需氧量的产污系数单位为千克/吨-产品，则计算产生量时需要获取企业实际产品产量；如果产污系数单位为千克/吨-原料，则计算产生量时需要获取企业原料实际消耗量。

（3）污染物产生量按以下公式进行计算：

污染物产生量=污染物对应的产污系数×产品产量（原料用量）

$$G_{产i} = P_{产i} \times M_i$$

式中，$G_{产i}$——工段 i 某污染物的产生量；

$P_{产i}$——工段 i 某污染物对应的产污系数；

M_i——工段 i 的产品产量（原料用量）。

3.2 计算工段污染物去除量

（1）根据企业对某一污染物所采用的治理技术查找和选择相应的治理技术平均去除效率。

（2）根据所填报的污染治理设施实际运行率参数及其计算公式得出该企业某一污染物的治理设施实际运行率（k 值）。

（3）污染物去除量按以下公式进行计算：

污染物去除量=污染物产生量×污染物去除率

=污染物产生量×治理技术平均去除效率×治理设施实际运行率

$$R_{减i}=G_{产i}\times\eta_T\times k_T$$

式中，$R_{减i}$——工段 i 某污染物的去除量；

η_T——工段 i 某污染物采用的末端治理技术的平均去除效率；

k_T——工段 i 某污染物采用的末端治理设施的实际运行率。

3.3 计算工段污染物实际排放量

（1）废水污染物实际排放量计算公式

污染物实际排放量=污染物计算排放量×（1–废水回用率）

=（污染物产生量–污染物去除量）×（1–废水回用率）

=（污染物对应的产污系数×产品产量（原料用量）–污染物产生量×治理技术平均去除效率×治理设施实际运行率）×（1–废水回用率）

=（污染物对应的产污系数×产品产量（原料用量））×（1–治理技术平均去除效率×治理设施实际运行率）×（1–废水回用率）

（2）废气污染物实际排放量计算公式

污染物实际排放量=污染物产生量–污染物去除量

=污染物对应的产污系数×产品产量（原料用量）–污染物产生量×治理技术平均去除效率×治理设施实际运行率

=（污染物对应的产污系数×产品产量（原料用量））×（1–治理技术平均去除效率×治理设施实际运行率）

3.4 计算企业污染物排放总量

同一企业某污染物全年的产生（排放）总量为该企业同年实际生产的全部工段、产品、原料、规模污染物产生（排放）量之和。

$$\begin{aligned}E_{排}&=G_{产}-R_{减}=\sum(G_{产i}-R_{减i})\\&=\sum\left[P_{产i}\times M_i(1-\eta_T\times k_T)\right]\end{aligned}$$

4 污染物排放量核算案例

某企业主要从事化学兽用药品制造，主要原料为化学原料及化学制品，该企业涉及的主要生产工艺为化学合成，其中主要污染物为化学需氧量、氨氮、总氮、总磷、挥发性有机物。以化学需氧量为例说明排放量计算过程。

该企业基本信息如表 1 所示。

表 1　某兽用化学药品原料药制造企业主要信息

	名称		数量
产品及产量	兽用药品		1500 吨
原料及用量	化学原料及化学制品		1721.3 吨
工艺名称	化学合成		—
规模（产能）	≥1000 吨/年		
污染治理设施	物理化学处理＋厌氧生物处理+好氧生物处理工艺		
实际运行率参数	污水治理设施运行时间		330 天
	企业正常生产时间		330 天
废水回用率	10%		

4.1　化学需氧量产生量计算

（1）查找产污系数及其计量单位

根据企业基本信息，查找本手册中主要产品为兽用化学药品原料药，主要原料为化学原料及化学制品，主要工艺为化学合成，生产规模≥1000 吨/年。该组合化学需氧量的产污系数为 439.74，单位为千克/吨-产品。

（2）获取企业产品产量

该企业实际情况为：主要产品兽用化学药品原料药 2017 年产量为 1500 吨。

（3）计算化学需氧量产生量

由于查询到的组合中，化学需氧量产污系数的单位为千克/吨-产品，因此在核算产生量时需获取产品产量。

化学需氧量产生量=化学需氧量产污系数×产品（兽用化学药品原料药）产量

=439.74 千克/吨-产品×1500 吨-产品=659610 千克

4.2　化学需氧量去除量计算

（1）查找治理技术平均去除效率

该企业化学需氧量治理技术采用“物理化学处理+厌氧生物处理+好氧生物处理”工艺，查询相应组合内该工艺的平均去除效率为 92.5%。

（2）计算污染治理设施实际运行率

根据产污系数组合查询结果，该组合中化学需氧量对应的污染治理设施实际运行率为

k=污水治理设施运行时间/企业正常生产时间

=330 天/330 天=1

（3）计算化学需氧量去除量

化学需氧量去除量=659610 千克×92.5%×1=610139.25 千克

4.3　化学需氧量排放量计算

该企业存在废水治理后末端回用的情况，废水回用率为 10%。

化学需氧量实际排放量=化学需氧量计算排放量×（1–废水回用率）=（污染物产生量–污染物去除量）×（1–废水回用率）=（659610 千克–610139.25 千克）×（1–10%）=44523.675 千克

由于兽用化学药品原料药的生产过程不区分工段，因此该排放量即为企业化学需氧量排放总量。

5 系数表

275 兽用药品制造行业系数表

工段名称	产品名称	原料名称	工艺名称	规模等级	污染物类别	污染物指标	系数单位	产污系数	末端治理技术	末端治理技术平均去除效率/%	参考 k 值计算公式[1]
—	兽用化学药品原料药	化学原料及化学制品、医药中间体	化学合成	≥1000吨/年	废水	废水量	米^3/吨-产品	237.56	—	—	—
						化学需氧量	千克/吨-产品	439.74	无末端处理设施	0	—
									物理化学处理法+好氧生物处理法	90.0	k=治理设施运行时间（天/年）/企业正常生产时间（天/年）
									物理化学处理法+厌氧生物处理+好氧生物处理	92.5	
									物理化学处理法+厌/好氧生物组合处理+物理化学处理法	95.5	
						氨氮	千克/吨-产品	20.072	无末端处理设施	0	—
									物理化学处理法+好氧生物处理法	90.3	k=治理设施运行时间（天/年）/企业正常生产时间（天/年）
									物理化学处理法+厌氧生物处理+好氧生物处理	90.5	
									物理化学处理法+厌/好氧生物组合处理+物理化学处理法	93.5	
						总磷	千克/吨-产品	1.052	无末端处理设施	0	—
									物理化学处理法+好氧生物处理法	85.5	k=治理设施运行时间（天/年）/企业正常生产时间（天/年）
									物理化学处理法+厌氧生物处理+好氧生物处理	90.5	
									物理化学处理法+厌/好氧生物组合处理+物理化学处理法	98.5	
						总氮	千克/吨-产品	65.13	无末端处理设施	0	—
									物理化学处理法+好氧生物处理法	67.4	k=治理设施运行时间（天/年）/企业正常生产时间（天/年）
									物理化学处理法+厌氧生物处理+好氧生物处理	75.6	
									物理化学处理法+厌/好氧生物组合处理+物理化学处理法	95.5	

[1] 该公式仅供参考，使用时，可根据 k 值定义，选取更适合企业实际情况的表达方式。

275 兽用药品制造行业系数表（续表 1）

工段名称	产品名称	原料名称	工艺名称	规模等级	污染物类别	污染物指标	系数单位	产污系数	末端治理技术	末端治理技术平均去除效率/%	参考 k 值计算公式
—	兽用化学药品原料药	化学原料及化学制品、医药中间体	化学合成	≥1000吨/年	废气	工业废气量	标米^3/吨-产品	17562.00	—	—	—
						挥发性有机物	千克/吨-产品	78.80	无末端处理设施	0	—
									低温等离子体	20	k=治理设施运行时间（小时/年）/企业正常生产时间（小时/年）
									冷凝法	36	
									吸收+分流	44	
									吸附+蒸汽解析	48	
									蓄热式催化燃烧法	58	
					固废	危险废物	千克/吨-产品	0.085	—	—	—
				200～1000吨/年	废水	废水量	吨/吨-产品	413.32	—	—	—
						化学需氧量	千克/吨-产品	650.91	无末端处理设施	0	—
									物理化学处理法+好氧生物处理法	90.4	k=治理设施运行时间（天/年）/企业正常生产时间（天/年）
									物理化学处理法+厌氧生物处理+好氧生物处理	93.1	
									物理化学处理法+厌/好氧生物组合处理+物理化学处理法	95.9	
						氨氮	千克/吨-产品	24.31	无末端处理设施	0	—
									物理化学处理法+好氧生物处理法	90.7	k=治理设施运行时间（天/年）/企业正常生产时间（天/年）
									物理化学处理法+厌氧生物处理+好氧生物处理	91.1	
									物理化学处理法+厌/好氧生物组合处理+物理化学处理法	94.5	

275 兽用药品制造行业系数表（续表 2）

工段名称	产品名称	原料名称	工艺名称	规模等级	污染物类别	污染物指标	系数单位	产污系数	末端治理技术	末端治理技术平均去除效率/%	参考 k 值计算公式
—	兽用化学药品原料药	化学原料及化学制品、医药中间体	化学合成	200～1000吨/年	废水	总磷	千克/吨-产品	2.084	无末端处理设施	0	—
									物理化学处理法+好氧生物处理法	86.5	k=治理设施运行时间（天/年）/企业正常生产时间（天/年）
									物理化学处理法+厌氧生物处理+好氧生物处理	91.5	
									物理化学处理法+厌/好氧生物组合处理+物理化学处理法	98.8	
						总氮	千克/吨-产品	78.89	无末端处理设施	0	—
									物理化学处理法+好氧生物处理法	70.1	k=治理设施运行时间（天/年）/企业正常生产时间（天/年）
									物理化学处理法+厌氧生物处理+好氧生物处理	78.6	
									物理化学处理法+厌/好氧生物组合处理+物理化学处理法	96.5	
					废气	工业废气量	标米^3/吨-产品	28928.99	—	—	—
						挥发性有机物	千克/吨-产品	125.70	无末端处理设施	0	—
									低温等离子体	20	k=治理设施运行时间（小时/年）/企业正常生产时间（小时/年）
									冷凝法	25	
									吸收法+分流	42	
									吸附+蒸汽解析	45	
									蓄热式催化燃烧法	55	
					固废	危险废物	千克/吨-产品	0.64	—	—	—

275 兽用药品制造行业系数表（续表 3）

工段名称	产品名称	原料名称	工艺名称	规模等级	污染物类别	污染物指标	系数单位	产污系数	末端治理技术	末端治理技术平均去除效率/%	参考 k 值计算公式
—	兽用化学药品原料药	化学原料及化学制品、医药中间体	化学合成	<200吨/年	废水	废水量	米^3/吨-产品	886.18	—	—	—
						化学需氧量	千克/吨-产品	1227.32	无末端处理设施	0	—
									物理化学处理法+好氧生物处理法	90.8	k=治理设施运行时间（天/年）/企业正常生产时间（天/年）
									物理化学处理法+厌氧生物处理+好氧生物处理	93.9	
									物理化学处理法+厌/好氧生物组合处理+物理化学处理法	96.3	
						氨氮	千克/吨-产品	34.70	无末端处理设施	0	—
									物理化学处理法+好氧生物处理法	91.2	k=治理设施运行时间（天/年）/企业正常生产时间（天/年）
									物理化学处理法+厌氧生物处理+好氧生物处理	92.1	
									物理化学处理法+厌/好氧生物组合处理+物理化学处理法	95.3	
						总磷	千克/吨-产品	2.72	无末端处理设施	0	—
									物理化学处理法+好氧生物处理法	87.5	k=治理设施运行时间（天/年）/企业正常生产时间（天/年）
									物理化学处理法+厌氧生物处理+好氧生物处理	92.5	
									物理化学处理法+厌/好氧生物组合处理+物理化学处理法	99.0	
						总氮	千克/吨-产品	112.51	无末端处理设施	0	—
									物理化学处理法+好氧生物处理法	75.1	k=治理设施运行时间（天/年）/企业正常生产时间（天/年）
									物理化学处理法+厌氧生物处理+好氧生物处理	80.6	
									物理化学处理法+厌/好氧生物组合处理+物理化学处理法	97.5	

275 兽用药品制造行业系数表（续表 4）

工段名称	产品名称	原料名称	工艺名称	规模等级	污染物类别	污染物指标	系数单位	产污系数	末端治理技术	末端治理技术平均去除效率/%	参考 k 值计算公式
—	兽用化学药品原料药	化学原料及化学制品、医药中间体	化学合成	<200 吨/年	废气	工业废气量	标米 ^{3}/吨-产品	348617.00	—	—	—
						挥发性有机物	千克/吨-产品	269.10	无末端处理设施	0	—
									低温等离子体	20	k=治理设施运行时间（小时/年）/企业正常生产时间（小时/年）
									冷凝法	25	
									吸收法+分流	40	
									吸附+蒸汽解析	43	
									蓄热式催化燃烧法	52	
					固废	危险废物	千克/吨-产品	1.46	—	—	—
		发酵培养基[玉米、蛋白粉（浆）、淀粉、葡萄糖等]	发酵	≥1000 吨/年	废水	废水量	米 ^{3}/吨-产品	235.82① 1157.31②	—	—	—
						化学需氧量	千克/吨-产品	986.91① 3620.71②	无末端处理设施	0	—
									物理化学处理法+好氧生物处理法	90.3	k=治理设施运行时间（天/年）/企业正常生产时间（天/年）
									物理化学处理法+厌氧生物处理+好氧生物处理	94.5	
									物理化学处理法+厌/好氧生物组合处理+物理化学处理法	96.5	
						氨氮	千克/吨-产品	80.73① 245.72②	无末端处理设施	0	—
									物理化学处理法+好氧生物处理法	90.5	k=治理设施运行时间（天/年）/企业正常生产时间（天/年）
									物理化学处理法+厌氧生物处理+好氧生物处理	91.0	
									物理化学处理法+厌/好氧生物组合处理+物理化学处理法	94.0	

275 兽用药品制造行业系数表（续表 5）

工段名称	产品名称	原料名称	工艺名称	规模等级	污染物类别	污染物指标	系数单位	产污系数	末端治理技术	末端治理技术平均去除效率/%	参考 k 值计算公式
—	兽用化学药品原料药	发酵培养基[玉米、蛋白粉（浆）、淀粉、葡萄糖等]	发酵	≥1000吨/年	废水	总磷	千克/吨-产品	6.82① 9.36②	无末端处理设施	0	—
									物理化学处理法+好氧生物处理法	86.5	k=治理设施运行时间（天/年）/企业正常生产时间（天/年）
									物理化学处理法+厌氧生物处理+好氧生物处理	91.5	
									物理化学处理法+厌/好氧生物组合处理+物理化学处理法	98.6	
						总氮	千克/吨-产品	121.35① 318.52②	无末端处理设施	0	—
									物理化学处理法+好氧生物处理法	70.1	k=治理设施运行时间（天/年）/企业正常生产时间（天/年）
									物理化学处理法+厌氧生物处理+好氧生物处理	76.7	
									物理化学处理法+厌/好氧生物组合处理+物理化学处理法	95.8	
					废气	工业废气量	标米^3/吨-产品	300168.56① 427553.41②	—	—	—
						挥发性有机物	千克/吨-产品	38.70	无末端处理设施	0	—
									低温等离子体	20.0	
									冷凝法	35.0	k=治理设施运行时间（小时/年）/企业正常生产时间（小时/年）
									吸收法+分流	56.0	
									吸附+蒸汽解析	60.0	
									蓄热式催化燃烧法	63.0	
					固废	危险废物	千克/吨-产品	24.53① 8.84②	—	—	—

275 兽用药品制造行业系数表（续表 6）

工段名称	产品名称	原料名称	工艺名称	规模等级	污染物类别	污染物指标	系数单位	产污系数	末端治理技术	末端治理技术平均去除效率/%	参考 k 值计算公式
—	兽用化学药品原料药	发酵培养基[玉米、蛋白粉（浆）、淀粉、葡萄糖等]	发酵	200～1000吨/年	废水	废水量	米 ^{3}/吨-产品	350.12① 1347.75②	—	—	—
						化学需氧量	千克/吨-产品	1610.32① 4508.23②	无末端处理设施	0	—
									物理化学处理法+好氧生物处理法	90.9	k=治理设施运行时间（天/年）/企业正常生产时间（天/年）
									物理化学处理法+厌氧生物处理+好氧生物处理	95.1	
									物理化学处理法+厌/好氧生物组合处理+物理化学处理法	97.2	
						氨氮	千克/吨-产品	126.48① 325.75②	无末端处理设施	0	—
									物理化学处理法+好氧生物处理法	90.9	k=治理设施运行时间（天/年）/企业正常生产时间（天/年）
									物理化学处理法+厌氧生物处理+好氧生物处理	91.7	
									物理化学处理法+厌/好氧生物组合处理+物理化学处理法	95.1	
						总磷	千克/吨-产品	11.15① 16.46②	无末端处理设施	0	—
									物理化学处理法+好氧生物处理法	86.5	k=治理设施运行时间（天/年）/企业正常生产时间（天/年）
									物理化学处理法+厌氧生物处理+好氧生物处理	91.5	
									物理化学处理法+厌/好氧生物组合处理+物理化学处理法	99.0	
						总氮	千克/吨-产品	187.18① 403.92②	无末端处理设施	0	—
									物理化学处理法+好氧生物处理法	71.3	k=治理设施运行时间（天/年）/企业正常生产时间（天/年）
									物理化学处理法+厌氧生物处理+好氧生物处理	78.0	
									物理化学处理法+厌/好氧生物组合处理+物理化学处理法	97.2	

275 兽用药品制造行业系数表（续表 7）

工段名称	产品名称	原料名称	工艺名称	规模等级	污染物类别	污染物指标	系数单位	产污系数	末端治理技术	末端治理技术平均去除效率/%	参考 k 值计算公式
—	兽用化学药品原料药	发酵培养基[玉米、蛋白粉（浆）、淀粉、葡萄糖等]	发酵	200～1000 吨/年	废气	工业废气量	标米 ^{3}/吨-产品	404200.71① 516479.13②	—	—	—
						挥发性有机物	千克/吨-产品	95.60	无末端处理设施	0	—
									低温等离子体	18.0	k=治理设施运行时间（小时/年）/企业正常生产时间（小时/年）
									冷凝法	30.0	
									吸收法+分流	48.0	
									吸附+蒸汽解析	51.0	
									蓄热式催化燃烧法	56.0	
					固废	危险废物	千克/吨-产品	7.63① 9.84②	—	—	—
				<200 吨/年	废水	废水量	米 ^{3}/吨-产品	400.12① 1679.96②	—	—	—
						化学需氧量	千克/吨-产品	1890.29① 5987.68②	无末端处理设施	0	—
									物理化学处理法+好氧生物处理法	91.3	k=治理设施运行时间（天/年）/企业正常生产时间（天/年）
									物理化学处理法+厌氧生物处理+好氧生物处理	96.1	
									物理化学处理法+厌/好氧生物组合处理+物理化学处理法	98.1	
						氨氮	千克/吨-产品	157.30① 447.23②	无末端处理设施	0	—
									物理化学处理法+好氧生物处理法	91.9	k=治理设施运行时间（天/年）/企业正常生产时间（天/年）
									物理化学处理法+厌氧生物处理+好氧生物处理	92.7	
									物理化学处理法+厌/好氧生物组合处理+物理化学处理法	96.2	

275 兽用药品制造行业系数表（续表 8）

工段名称	产品名称	原料名称	工艺名称	规模等级	污染物类别	污染物指标	系数单位	产污系数	末端治理技术	末端治理技术平均去除效率/%	参考 k 值计算公式
—	兽用化学药品原料药	发酵培养基[玉米、蛋白粉（浆）、淀粉、葡萄糖等]	发酵	<200吨/年	废水	总磷	千克/吨-产品	14.057① 24.99②	无末端处理设施	0	—
									物理化学处理法+好氧生物处理法	87.1	k=治理设施运行时间（天/年）/企业正常生产时间（天/年）
									物理化学处理法+厌氧生物处理+好氧生物处理	92.7	
									物理化学处理法+厌/好氧生物组合处理+物理化学处理法	99.1	
						总氮	千克/吨-产品	232.80① 554.57②	无末端处理设施	0	—
									物理化学处理法+好氧生物处理法	73.3	k=治理设施运行时间（天/年）/企业正常生产时间（天/年）
									物理化学处理法+厌氧生物处理+好氧生物处理	79.0	
									物理化学处理法+厌/好氧生物组合处理+物理化学处理法	98.1	
					废气	工业废气量	标米^3/吨-产品	503215.10① 621624.021②	—	—	—
						挥发性有机物	千克/吨-产品	278.20	无末端处理设施	0	—
									低温等离子体	16.0	k=治理设施运行时间（小时/年）/企业正常生产时间（小时/年）
									冷凝法	30.0	
									吸收法+分流	40.0	
									吸附+蒸汽解析	42.0	
									蓄热式催化燃烧法	47.0	
					固废	危险废物	千克/吨-产品	13.61① 14.51②	—	—	—

275 兽用药品制造行业系数表（续表 9）

工段名称	产品名称	原料名称	工艺名称	规模等级	污染物类别	污染物指标	系数单位	产污系数	末端治理技术	末端治理技术平均去除效率/%	参考 k 值计算公式
—	兽用化学药品原料药	化学原料及化学制品、医药中间体	酶法合成	不分规模	废水	废水量	米^3/吨-产品	332.21	—	—	—
						化学需氧量	千克/吨-产品	545.91	无末端处理设施	0	—
									物理化学处理法+好氧生物处理法	90.9	k=治理设施运行时间（天/年）/企业正常生产时间（天/年）
									物理化学处理法+厌氧生物处理+好氧生物处理	95.1	
									物理化学处理法+厌/好氧生物组合处理+物理化学处理法	97.2	
						氨氮	千克/吨-产品	54.052	无末端处理设施	0	—
									物理化学处理法+好氧生物处理法	90.9	k=治理设施运行时间（天/年）/企业正常生产时间（天/年）
									物理化学处理法+厌氧生物处理+好氧生物处理	91.7	
									物理化学处理法+厌/好氧生物组合处理+物理化学处理法	95.1	
						总磷	千克/吨-产品	1.52	无末端处理设施	0	—
									物理化学处理法+好氧生物处理法	86.5	k=治理设施运行时间（天/年）/企业正常生产时间（天/年）
									物理化学处理法+厌氧生物处理+好氧生物处理	91.5	
									物理化学处理法+厌/好氧生物组合处理+物理化学处理法	99.0	
						总氮	千克/吨-产品	82.51	无末端处理设施	0	—
									物理化学处理法+好氧生物处理法	71.3	k=治理设施运行时间（天/年）/企业正常生产时间（天/年）
									物理化学处理法+厌氧生物处理+好氧生物处理	78.0	
									物理化学处理法+厌/好氧生物组合处理+物理化学处理法	97.2	

275 兽用药品制造行业系数表（续表 10）

工段名称	产品名称	原料名称	工艺名称	规模等级	污染物类别	污染物指标	系数单位	产污系数	末端治理技术	末端治理技术平均去除效率/%	参考 k 值计算公式
—	兽用化学药品原料药	化学原料及化学制品、医药中间体	酶法合成	不分规模	废气	工业废气量	标米^3/吨-产品	109630.80	—	—	—
						挥发性有机物	千克/吨-产品	10.20	无末端处理设施	0	—
									低温等离子体	20.0	k=治理设施运行时间（小时/年）/企业正常生产时间（小时/年）
									冷凝法	35.0	
									吸收法+分流	56.0	
									吸附+蒸汽解析	60.0	
									蓄热式催化燃烧法	63.0	
					固废	危险废物	千克/吨-产品	2.070	—	—	—

注：①发酵工艺中采用非树脂提取工艺；

②发酵工艺中采用树脂提取工艺；

③如果采用多级串联治理设施，各级去除效率为η_1，η_2,…，η_n，其总效率为$\eta_T=1-(1-\eta_1)\ (1-\eta_1)\cdots(1-\eta_n)$。

275 兽用药品制造行业系数表（续表 11）

工段名称	产品名称	原料名称	工艺名称	规模等级	污染物类别	污染物指标	系数单位	产污系数	末端治理技术	末端治理技术平均去除效率/%	参考 k 值计算公式
—	兽用化学药品制剂	化学药品原料药	液体制剂	≥5000吨/年	废水	废水量	米^3/吨-产品	1.70	—	—	—
						化学需氧量	千克/吨-产品	0.51	无末端处理设施	0	—
									物理处理法+好氧生物处理法	85.1	k=治理设施运行时间（天/年）/企业正常生产时间（天/年）
									物理化学处理法+好氧生物处理法	90.0	
									物理化学处理法+厌氧生物处理+好氧生物处理	92.5	
									物理化学处理法+厌/好氧生物组合处理+物理化学处理法	95.5	
						氨氮	千克/吨-产品	0.032	无末端处理设施	0	—
									物理处理法+好氧生物处理法	87.2	k=治理设施运行时间（天/年）/企业正常生产时间（天/年）
									物理化学处理法+好氧生物处理法	90.4	
									物理化学处理法+厌氧生物处理+好氧生物处理	90.6	
									物理化学处理法+厌/好氧生物组合处理+物理化学处理法	93.5	
						总磷	千克/吨-产品	0.017	无末端处理设施	0	—
									物理处理法+好氧生物处理法	82.1	k=治理设施运行时间（天/年）/企业正常生产时间（天/年）
									物理化学处理法+好氧生物处理法	85.5	
									物理化学处理法+厌氧生物处理+好氧生物处理	90.5	
									物理化学处理法+厌/好氧生物组合处理+物理化学处理法	98.5	

275 兽用药品制造行业系数表（续表 12）

工段名称	产品名称	原料名称	工艺名称	规模等级	污染物类别	污染物指标	系数单位	产污系数	末端治理技术	末端治理技术平均去除效率/%	参考 *k* 值计算公式
—	兽用化学药品制剂	化学药品原料药	液体制剂	≥5000吨/年	废水	总氮	千克/吨-产品	0.068	无末端处理设施	0	—
									物理处理法+好氧生物处理法	63.1	*k*=治理设施运行时间（天/年）/企业正常生产时间（天/年）
									物理化学处理法+好氧生物处理法	67.4	
									物理化学处理法+厌氧生物处理+好氧生物处理	75.6	
									物理化学处理法+厌/好氧生物组合处理+物理化学处理法	95.5	
					废气	工业废气量	标米 ^{3}/吨-产品	110.32	—	—	—
						挥发性有机物	千克/吨-产品	0.0030	无末端处理设施	0	—
									低温等离子体	20.0	*k*=治理设施运行时间（小时/年）/企业正常生产时间（小时/年）
									吸收+分流	44.0	
									吸附+蒸汽解析	48.0	
					固废	危险废物	千克/吨-产品	0.00015	—	—	—
				500～5000吨/年	废水	废水量	米 ^{3}/吨-产品	158.63	—	—	—
						化学需氧量	千克/吨-产品	38.071	无末端处理设施	0	—
									物理处理法+好氧生物处理法	86.3	*k*=治理设施运行时间（天/年）/企业正常生产时间（天/年）
									物理化学处理法+好氧生物处理法	90.4	
									物理化学处理法+厌氧生物处理+好氧生物处理	93.1	
									物理化学处理法+厌/好氧生物组合处理+物理化学处理法	95.9	

275 兽用药品制造行业系数表（续表 13）

工段名称	产品名称	原料名称	工艺名称	规模等级	污染物类别	污染物指标	系数单位	产污系数	末端治理技术	末端治理技术平均去除效率/%	参考 k 值计算公式
—	兽用化学药品制剂	化学药品原料药	液体制剂	500～5000吨/年	废水	氨氮	千克/吨-产品	2.70	无末端处理设施	0	—
									物理处理法+好氧生物处理法	88.1	k=治理设施运行时间（天/年）/企业正常生产时间（天/年）
									物理化学处理法+好氧生物处理法	90.8	
									物理化学处理法+厌氧生物处理+好氧生物处理	91.2	
									物理化学处理法+厌/好氧生物组合处理+物理化学处理法	94.5	
						总磷	千克/吨-产品	2.062	无末端处理设施	0	—
									物理处理法+好氧生物处理法	83.2	k=治理设施运行时间（天/年）/企业正常生产时间（天/年）
									物理化学处理法+好氧生物处理法	86.5	
									物理化学处理法+厌氧生物处理+好氧生物处理	91.5	
									物理化学处理法+厌/好氧生物组合处理+物理化学处理法	98.8	
						总氮	千克/吨-产品	6.82	无末端处理设施	0	—
									物理处理法+好氧生物处理法	64.2	k=治理设施运行时间（天/年）/企业正常生产时间（天/年）
									物理化学处理法+好氧生物处理法	70.1	
									物理化学处理法+厌氧生物处理+好氧生物处理	78.6	
									物理化学处理法+厌/好氧生物组合处理+物理化学处理法	96.5	
					废气	工业废气量	标米^3/吨-产品	159.21	—	—	—

275 兽用药品制造行业系数表（续表 14）

工段名称	产品名称	原料名称	工艺名称	规模等级	污染物类别	污染物指标	系数单位	产污系数	末端治理技术	末端治理技术平均去除效率/%	参考 k 值计算公式
—	兽用化学药品制剂	化学药品原料药	液体制剂	500～5000吨/年	废气	挥发性有机物	千克/吨-产品	0.0040	无末端处理设施	0	—
									低温等离子体	20	k=治理设施运行时间（小时/年）/企业正常生产时间（小时/年）
									吸收+分流	42	
									吸附+蒸汽解析	45	
					固废	危险废物	千克/吨-产品	0.01	—	—	—
				<500吨/年	废水	废水量	米^3/吨-产品	338.12	—	—	—
						化学需氧量	千克/吨-产品	61.65	无末端处理设施	0	—
									物理处理法+好氧生物处理法	87.1	k=治理设施运行时间（天/年）/企业正常生产时间（天/年）
									物理化学处理法+好氧生物处理法	90.4	
									物理化学处理法+厌氧生物处理+好氧生物处理	93.1	
									物理化学处理法+厌/好氧生物组合处理+物理化学处理法	95.9	
						氨氮	千克/吨-产品	5.75	无末端处理设施	0	—
									物理处理法+好氧生物处理法	88.9	k=治理设施运行时间（天/年）/企业正常生产时间（天/年）
									物理化学处理法+好氧生物处理法	90.8	
									物理化学处理法+厌氧生物处理+好氧生物处理	91.2	
									物理化学处理法+厌/好氧生物组合处理+物理化学处理法	94.5	

275 兽用药品制造行业系数表（续表 15）

工段名称	产品名称	原料名称	工艺名称	规模等级	污染物类别	污染物指标	系数单位	产污系数	末端治理技术	末端治理技术平均去除效率/%	参考 k 值计算公式
—	兽用化学药品制剂	化学药品原料药	液体制剂	＜500 吨/年	废水	总磷	千克/吨-产品	5.072	无末端处理设施	0	—
									物理处理法+好氧生物处理法	84.1	k=治理设施运行时间（天/年）/企业正常生产时间（天/年）
									物理化学处理法+好氧生物处理法	86.5	
									物理化学处理法+厌氧生物处理+好氧生物处理	91.5	
									物理化学处理法+厌/好氧生物组合处理+物理化学处理法	98.8	
						总氮	千克/吨-产品	15.89	无末端处理设施	0	—
									物理处理法+好氧生物处理法	64.9	k=治理设施运行时间（天/年）/企业正常生产时间（天/年）
									物理化学处理法+好氧生物处理法	70.1	
									物理化学处理法+厌氧生物处理+好氧生物处理	78.6	
									物理化学处理法+厌/好氧生物组合处理+物理化学处理法	96.5	
					废气	工业废气量	标米^3/吨-产品	180.31	—	—	—
						挥发性有机物	千克/吨-产品	0.0050	无末端处理设施	0	—
									低温等离子体	20.0	k=治理设施运行时间（小时/年）/企业正常生产时间（小时/年）
									吸收+分流	40.0	
									吸附+蒸汽解析	43.0	
					固废	危险废物	千克/吨-产品	0.01	—	—	—

275 兽用药品制造行业系数表（续表 16）

工段名称	产品名称	原料名称	工艺名称	规模等级	污染物类别	污染物指标	系数单位	产污系数	末端治理技术	末端治理技术平均去除效率/%	参考 k 值计算公式
—	兽用化学药品制剂	化学药品原料药	固体制剂	≥1000吨/年	废水	废水量	米^3/吨-产品	36.51	—	—	—
						化学需氧量	千克/吨-产品	14.54	无末端处理设施	0	—
									物理处理法+好氧生物处理法	85.1	k=治理设施运行时间（天/年）/企业正常生产时间（天/年）
									物理化学处理法+好氧生物处理法	90.8	
									物理化学处理法+厌氧生物处理+好氧生物处理	93.9	
									物理化学处理法+厌/好氧生物组合处理+物理化学处理法	96.3	
						氨氮	千克/吨-产品	0.55	无末端处理设施	0	—
									物理处理法+好氧生物处理法	86.2	k=治理设施运行时间（天/年）/企业正常生产时间（天/年）
									物理化学处理法+好氧生物处理法	91.2	
									物理化学处理法+厌氧生物处理+好氧生物处理	92.2	
									物理化学处理法+厌/好氧生物组合处理+物理化学处理法	95.4	
						总磷	千克/吨-产品	0.40	无末端处理设施	0	—
									物理处理法+好氧生物处理法	82.1	k=治理设施运行时间（天/年）/企业正常生产时间（天/年）
									物理化学处理法+好氧生物处理法	87.5	
									物理化学处理法+厌氧生物处理+好氧生物处理	92.5	
									物理化学处理法+厌/好氧生物组合处理+物理化学处理法	99.0	

275 兽用药品制造行业系数表（续表 17）

工段名称	产品名称	原料名称	工艺名称	规模等级	污染物类别	污染物指标	系数单位	产污系数	末端治理技术	末端治理技术平均去除效率/%	参考 *k* 值计算公式
—	兽用化学药品制剂	化学药品原料药	固体制剂	≥1000 吨/年	废水	总氮	千克/吨-产品	1.10	无末端处理设施	0	—
									物理处理法+好氧生物处理法	70.1	*k*=治理设施运行时间（天/年）/企业正常生产时间（天/年）
									物理化学处理法+好氧生物处理法	75.1	
									物理化学处理法+厌氧生物处理+好氧生物处理	80.6	
									物理化学处理法+厌/好氧生物组合处理+物理化学处理法	97.5	
					废气	工业废气量	标米 ^{3}/吨-产品	348617.00	—	—	—
						挥发性有机物	千克/吨-产品	8.0080	无末端处理设施	0	—
									低温等离子体	20.0	*k*=治理设施运行时间（小时/年）/企业正常生产时间（小时/年）
									吸收+分流	44.0	
									吸附+蒸汽解析	48.0	
					固废	危险废物	千克/吨-产品	0.00022	—	—	—
				200～1000 吨/年	废水	废水量	米 ^{3}/吨-产品	118.70	—	—	—
						化学需氧量	千克/吨-产品	51.067	无末端处理设施	0	—
									物理处理法+好氧生物处理法	84.3	*k*=治理设施运行时间（天/年）/企业正常生产时间（天/年）
									物理化学处理法+好氧生物处理法	90.3	
									物理化学处理法+厌氧生物处理+好氧生物处理	94.5	
									物理化学处理法+厌/好氧生物组合处理+物理化学处理法	96.5	

275 兽用药品制造行业系数表（续表 18）

工段名称	产品名称	原料名称	工艺名称	规模等级	污染物类别	污染物指标	系数单位	产污系数	末端治理技术	末端治理技术平均去除效率/%	参考 k 值计算公式
—	兽用化学药品制剂	化学药品原料药	固体制剂	200～1000吨/年	废水	氨氮	千克/吨-产品	1.90	无末端处理设施	0	—
									物理处理法+好氧生物处理法	83.2	k=治理设施运行时间（天/年）/企业正常生产时间（天/年）
									物理化学处理法+好氧生物处理法	90.6	
									物理化学处理法+厌氧生物处理+好氧生物处理	91.0	
									物理化学处理法+厌/好氧生物组合处理+物理化学处理法	94.0	
						总磷	千克/吨-产品	1.54	无末端处理设施	0	—
									物理处理法+好氧生物处理法	81.3	k=治理设施运行时间（天/年）/企业正常生产时间（天/年）
									物理化学处理法+好氧生物处理法	86.5	
									物理化学处理法+厌氧生物处理+好氧生物处理	91.5	
									物理化学处理法+厌/好氧生物组合处理+物理化学处理法	98.6	
						总氮	千克/吨-产品	3.80	无末端处理设施	0	—
									物理处理法+好氧生物处理法	67.3	k=治理设施运行时间（天/年）/企业正常生产时间（天/年）
									物理化学处理法+好氧生物处理法	70.1	
									物理化学处理法+厌氧生物处理+好氧生物处理	76.7	
									物理化学处理法+厌/好氧生物组合处理+物理化学处理法	95.8	
					废气	工业废气量	标米^3/吨-产品	360168.56	—	—	—

275 兽用药品制造行业系数表（续表 19）

工段名称	产品名称	原料名称	工艺名称	规模等级	污染物类别	污染物指标	系数单位	产污系数	末端治理技术	末端治理技术平均去除效率/%	参考 k 值计算公式
—	兽用化学药品制剂	化学药品原料药	固体制剂	200～1000吨/年	废气	挥发性有机物	千克/吨-产品	9.73	无末端处理设施	0	—
									低温等离子体	20.0	k=治理设施运行时间（小时/年）/企业正常生产时间（小时/年）
									吸收+分流	42.0	
									吸附+蒸汽解析	45.0	
					固废	危险废物	千克/吨-产品	0.12	—	—	—
				<200吨/年	废水	废水量	米 ^{3}/吨-产品	318.022	—	—	—
						化学需氧量	千克/吨-产品	105.51	无末端处理设施	0	—
									物理处理法+好氧生物处理法	83.1	k=治理设施运行时间（天/年）/企业正常生产时间（天/年）
									物理化学处理法+好氧生物处理法	90.9	
									物理化学处理法+厌氧生物处理+好氧生物处理	95.1	
									物理化学处理法+厌/好氧生物组合处理+物理化学处理法	97.2	
						氨氮	千克/吨-产品	5.17	无末端处理设施	0	—
									物理处理法+好氧生物处理法	81.7	k=治理设施运行时间（天/年）/企业正常生产时间（天/年）
									物理化学处理法+好氧生物处理法	90.9	
									物理化学处理法+厌氧生物处理+好氧生物处理	91.7	
									物理化学处理法+厌/好氧生物组合处理+物理化学处理法	95.1	

275 兽用药品制造行业系数表（续表 20）

工段名称	产品名称	原料名称	工艺名称	规模等级	污染物类别	污染物指标	系数单位	产污系数	末端治理技术	末端治理技术平均去除效率/%	参考 k 值计算公式
—	兽用化学药品制剂	化学药品原料药	固体制剂	＜200吨/年	废水	总磷	千克/吨-产品	4.77	无末端处理设施	0	—
									物理处理法+好氧生物处理法	79.8	k=治理设施运行时间（天/年）/企业正常生产时间（天/年）
									物理化学处理法+好氧生物处理法	86.5	
									物理化学处理法+厌氧生物处理+好氧生物处理	91.5	
									物理化学处理法+厌/好氧生物组合处理+物理化学处理法	99.0	
						总氮	千克/吨-产品	10.49	无末端处理设施	0	—
									物理处理法+好氧生物处理法	65.7	k=治理设施运行时间（天/年）/企业正常生产时间（天/年）
									物理化学处理法+好氧生物处理法	71.3	
									物理化学处理法+厌氧生物处理+好氧生物处理	78.0	
									物理化学处理法+厌/好氧生物组合处理+物理化学处理法	97.2	
					废气	工业废气量	标米^3/吨-产品	404200.70	—	—	—
						挥发性有机物	千克/吨-产品	11.72	无末端处理设施	0	—
									低温等离子体	20.0	k=治理设施运行时间（小时/年）/企业正常生产时间（小时/年）
									吸收+分流	40.0	
									吸附+蒸汽解析	43.0	
					固废	危险废物	千克/吨-产品	1.58	—	—	—

275 兽用药品制造行业系数表（续表 21）

工段名称	产品名称	原料名称	工艺名称	规模等级	污染物类别	污染物指标	系数单位	产污系数	末端治理技术	末端治理技术平均去除效率/%	参考 k 值计算公式
炮制	兽用中药饮片	中药草	炮制	＜200吨-中药饮片/年	废水	废水量	吨/吨-中药饮片	2.17	—	—	—
						化学需氧量	克/吨-中药饮片	1470	好氧生物处理法	88	k=污水治理设施运行时间（小时/年）/企业正常生产时间（小时/年）
									厌氧生物处理法+好氧生物处理法	97	
						氨氮	克/吨-中药饮片	79	好氧生物处理法	80	
									厌氧生物处理法+好氧生物处理法	90	
						总磷	克/吨-中药饮片	33	好氧生物处理法+物理化学处理法	85	
									厌氧生物处理法+好氧生物处理法+物理化学处理法	95	
						总氮	克/吨-中药饮片	136	好氧生物处理法	78	
									厌氧生物处理法+好氧生物处理法	89	
						氰化物	克/吨-中药饮片	0.05	好氧生物处理法	50	
									厌氧生物处理法+好氧生物处理法	70	
						总汞	克/吨-中药饮片	0.02	好氧生物处理法	35	
									厌氧生物处理法+好氧生物处理法	55	
						总砷	克/吨-中药饮片	0.04	好氧生物处理法	35	
									厌氧生物处理法+好氧生物处理法	55	

275 兽用药品制造行业系数表（续表 22）

工段名称	产品名称	原料名称	工艺名称	规模等级	污染物类别	污染物指标	系数单位	产污系数	末端治理技术	末端治理技术平均去除效率/%	参考 k 值计算公式
炮制	兽用中药饮片	中药草	炮制	<200吨-中药饮片/年	废气	工业废气量	标米³/吨-中药饮片	11900	—	—	—
					废气	颗粒物	千克/吨-中药饮片	2.69	湿法除尘	80	k=除尘设备年耗电量（千瓦·时）/［除尘设备额定功率（千瓦）× 除尘设备年运行时间（小时）］
									袋式除尘	99	
					固废	固废量	吨/吨-中药饮片	0.05	—	—	—
				200～1000吨-中药饮片/年	废水	废水量	吨/吨-中药饮片	2.00	—	—	—
						化学需氧量	克/吨-中药饮片	1130	好氧生物处理法	88	k=污水治理设施运行时间（小时/年）/企业正常生产时间（小时/年）
									厌氧生物处理法+好氧生物处理法	97	
						氨氮	克/吨-中药饮片	55	好氧生物处理法	80	
									厌氧生物处理法+好氧生物处理法	90	
						总磷	克/吨-中药饮片	28	好氧生物处理法+物理化学处理法	85	
									厌氧生物处理法+好氧生物处理法+物理化学处理法	95	
						总氮	克/吨-中药饮片	75	好氧生物处理法	78	
									厌氧生物处理法+好氧生物处理法	89	

275 兽用药品制造行业系数表（续表 23）

工段名称	产品名称	原料名称	工艺名称	规模等级	污染物类别	污染物指标	系数单位	产污系数	末端治理技术	末端治理技术平均去除效率/%	参考 k 值计算公式
炮制	兽用中药饮片	中药草	炮制	200～1000 吨-中药饮片/年	废水	氰化物	克/吨-中药饮片	0.04	好氧生物处理法	50	k=污水治理设施运行时间（小时/年）/企业正常生产时间（小时/年）
									厌氧生物处理法+好氧生物处理法	70	
						总汞	克/吨-中药饮片	0.02	好氧生物处理法	35	
									厌氧生物处理法+好氧生物处理法	55	
						总砷	克/吨-中药饮片	0.03	好氧生物处理法	35	
									厌氧生物处理法+好氧生物处理法	55	
					废气	工业废气量	标米 ^{3}/吨-中药饮片	8180	—	—	—
						颗粒物	千克/吨-中药饮片	1.59	湿法除尘	80	k=除尘设备年耗电量（千瓦·时）/［除尘设备额定功率（千瓦）× 除尘设备年运行时间（小时）］
									袋式除尘	99	
					固废	固废量	吨/吨-中药饮片	0.03	—	—	—
				＞1000 吨-中药饮片/年	废水	废水量	吨/吨-中药饮片	1.83	—	—	—
						化学需氧量	克/吨-中药饮片	970	好氧生物处理法	88	k=污水治理设施运行时间（小时/年）/企业正常生产时间（小时/年）
									厌氧生物处理法+好氧生物处理法	97	
						氨氮	克/吨-中药饮片	43	好氧生物处理法	80	
									厌氧生物处理法+好氧生物处理法	90	

275 兽用药品制造行业系数表（续表 24）

工段名称	产品名称	原料名称	工艺名称	规模等级	污染物类别	污染物指标	系数单位	产污系数	末端治理技术	末端治理技术平均去除效率/%	参考 k 值计算公式
炮制	兽用中药饮片	中药草	炮制	＞1000吨-中药饮片/年	废水	总磷	克/吨-中药饮片	21	好氧生物处理法+物理化学处理法	85	k=污水治理设施运行时间（小时/年）/企业正常生产时间（小时/年）
									厌氧生物处理法+好氧生物处理法+物理化学处理法	95	
						总氮	克/吨-中药饮片	62	好氧生物处理法	78	
									厌氧生物处理法+好氧生物处理法	89	
						氰化物	克/吨-中药饮片	0.03	好氧生物处理法	50	
									厌氧生物处理法+好氧生物处理法	70	
						总汞	克/吨-中药饮片	0.01	好氧生物处理法	35	
									厌氧生物处理法+好氧生物处理法	55	
						总砷	克/吨-中药饮片	0.02	好氧生物处理法	35	
									厌氧生物处理法+好氧生物处理法	55	
					废气	工业废气量	标米^3/吨-中药饮片	6860	—	—	—
						颗粒物	千克/吨-中药饮片	1.32	湿法除尘	80	k=除尘设备年耗电量（千瓦·时）/［除尘设备额定功率（千瓦）× 除尘设备年运行时间（小时）］
									袋式除尘	99	
					固废	固废量	吨/吨-中药饮片	0.02	—	—	—

275 兽用药品制造行业系数表（续表 25）

工段名称	产品名称	原料名称	工艺名称	规模等级	污染物类别	污染物指标	系数单位	产污系数	末端治理技术	末端治理技术平均去除效率/%	参考 k 值计算公式
煮提	兽用煮提产物	中药饮片	提取（不使用有机溶剂）	<200 吨-中药饮片/年	废水	废水量	吨/吨-中药饮片	60.6	—	—	—
						化学需氧量	克/吨-中药饮片	120000	好氧生物处理法	89	k=污水治理设施运行时间（小时/年）/企业正常生产时间（小时/年）
									厌氧生物处理法+好氧生物处理法	98	
						氨氮	克/吨-中药饮片	2400	好氧生物处理法	86	
									厌氧生物处理法+好氧生物处理法	95	
						总磷	克/吨-中药饮片	1180	好氧生物处理法+物理化学处理法	85	
									厌氧生物处理法+好氧生物处理法+物理化学处理法	94	
						总氮	克/吨-中药饮片	4780	好氧生物处理法	82	
									厌氧生物处理法+好氧生物处理法	93	
					固废	固废量	吨/吨-中药饮片	1.49	—	—	—
				200～1000 吨-中药饮片/年	废水	废水量	吨/吨-中药饮片	44.2	—	—	—
						化学需氧量	克/吨-中药饮片	103000	好氧生物处理法	89	k=污水治理设施运行时间（小时/年）/企业正常生产时间（小时/年）
									厌氧生物处理法+好氧生物处理法	98	
						氨氮	克/吨-中药饮片	2350	好氧生物处理法	86	
									厌氧生物处理法+好氧生物处理法	95	

275 兽用药品制造行业系数表（续表 26）

工段名称	产品名称	原料名称	工艺名称	规模等级	污染物类别	污染物指标	系数单位	产污系数	末端治理技术	末端治理技术平均去除效率/%	参考 k 值计算公式
煮提	兽用煮提产物	中药饮片	提取（不使用有机溶剂）	200～1000吨-中药饮片/年	废水	总磷	克/吨-中药饮片	710	好氧生物处理法+物理化学处理法	85	k=污水治理设施运行时间（小时/年）/企业正常生产时间（小时/年）
									厌氧生物处理法+好氧生物处理法+物理化学处理法	94	
						总氮	克/吨-中药饮片	3840	好氧生物处理法	82	
									厌氧生物处理法+好氧生物处理法	93	
					固废	固废量	吨/吨-中药饮片	1.83	—	—	—
				＞1000吨-中药饮片/年	废水	化学需氧量	克/吨-中药饮片	86600	好氧生物处理法	89	k=污水治理设施运行时间（小时/年）/企业正常生产时间（小时/年）
									厌氧生物处理法+好氧生物处理法	98	
						氨氮	克/吨-中药饮片	1540	好氧生物处理法	86	
									厌氧生物处理法+好氧生物处理法	95	
						总磷	克/吨-中药饮片	630	好氧生物处理法+物理化学处理法	85	
									厌氧生物处理法+好氧生物处理法+物理化学处理法	94	
						总氮	克/吨-中药饮片	2230	好氧生物处理法	82	
									厌氧生物处理法+好氧生物处理法	93	
					固废	固废量	吨/吨-中药饮片	1.22	—	—	—

275 兽用药品制造行业系数表（续表 27）

工段名称	产品名称	原料名称	工艺名称	规模等级	污染物类别	污染物指标	系数单位	产污系数	末端治理技术	末端治理技术平均去除效率/%	参考 k 值计算公式
煮提	兽用煮提产物	中药饮片	提取（使用有机溶剂）	<200 吨-中药饮片/年	废水	废水量	吨/吨-中药饮片	23.8	—	—	—
						化学需氧量	克/吨-中药饮片	289000	好氧生物处理法	98	k=污水治理设施运行时间（小时/年）/企业正常生产时间（小时/年）
									厌氧生物处理法+好氧生物处理法	99	
						氨氮	克/吨-中药饮片	2220	好氧生物处理法	90	
									厌氧生物处理法+好氧生物处理法	95	
						总磷	克/吨-中药饮片	486	好氧生物处理法+物理化学处理法	85	
									厌氧生物处理法+好氧生物处理法+物理化学处理法	94	
						总氮	克/吨-中药饮片	3370	好氧生物处理法	86	
									厌氧生物处理法+好氧生物处理法	93	
					废气	工业废气量	标米^3/吨-中药饮片	15400	—	—	—
						挥发性有机物（有组织）	吨/吨-有机溶剂	0.105	吸收+分流	83	k=工艺废气净化装置年耗电量(千瓦·时)/[工艺废气净化装置额定功率（千瓦）×工艺废气净化装置年运行时间(小时)]
									冷凝法+吸收+分流	94	
						挥发性有机物（无组织）	吨/吨-有机溶剂	0.048	半密闭罩收集+吸收	65	
									密闭间收集+吸收	85	

275 兽用药品制造行业系数表（续表 28）

工段名称	产品名称	原料名称	工艺名称	规模等级	污染物类别	污染物指标	系数单位	产污系数	末端治理技术	末端治理技术平均去除效率/%	参考 k 值计算公式
煮提	兽用煮提产物	中药饮片	提取（使用有机溶剂）	＜200吨-中药饮片/年	固废	固废量	吨/吨-中药饮片	1.31	—	—	—
煮提	兽用煮提产物	中药饮片	提取（使用有机溶剂）	≥200吨-中药饮片/年	废水	废水量	吨/吨-中药饮片	23.2	—	—	—
						化学需氧量	克/吨-中药饮片	256000	好氧生物处理法	98	k=污水治理设施运行时间（小时/年）/企业正常生产时间（小时/年）
									厌氧生物处理法+好氧生物处理法	99	
						氨氮	克/吨-中药饮片	1880	好氧生物处理法	90	
									厌氧生物处理法+好氧生物处理法	95	
						总磷	克/吨-中药饮片	379	好氧生物处理法+物理化学处理法	85	
									厌氧生物处理法+好氧生物处理法+物理化学处理法	94	
						总氮	克/吨-中药饮片	2610	好氧生物处理法	86	
									厌氧生物处理法+好氧生物处理法	93	
					废气	工业废气量	标米^3/吨-中药饮片	8350	—	—	—
						挥发性有机物（有组织）	吨/吨-有机溶剂	0.077	吸收+分流	83	k=工艺废气净化装置年耗电量(千瓦·时)/[工艺废气净化装置额定功率（千瓦）×工艺废气净化装置年运行时间(小时)]
									冷凝法+吸收+分流	94	

275 兽用药品制造行业系数表（续表 29）

工段名称	产品名称	原料名称	工艺名称	规模等级	污染物类别	污染物指标	系数系数单位	产污系数	末端治理技术	末端治理技术平均去除效率/%	参考 *k* 值计算公式
煮提	兽用煮提产物	中药饮片	提取（使用有机溶剂）	≥200 吨-中药饮片/年	废气	挥发性有机物（无组织）	吨/吨-有机溶剂	0.047	半密闭罩收集+吸收	65	*k*=工艺废气净化装置年耗电量(千瓦·时)/[工艺废气净化装置额定功率（千瓦）×工艺废气净化装置年运行时间(小时)]
									密闭间收集+吸收	85	
					固废	固废量	吨/吨-中药饮片	1.00	—	—	—
制剂	兽用中成药	煮提产物	固体制剂	＜200 吨-中成药/年	废水	废水量	吨/吨-中成药	8.80	—	—	—
						化学需氧量	克/吨-中成药	1590	好氧生物处理法	73	*k*=污水治理设施运行时间（小时/年）/企业正常生产时间（小时/年）
									厌氧生物处理法+好氧生物处理法	87	
						氨氮	克/吨-中成药	175	好氧生物处理法	80	
									厌氧生物处理法+好氧生物处理法	89	
						总磷	克/吨-中成药	61	好氧生物处理法+物理化学处理法	85	
									厌氧生物处理法+好氧生物处理法+物理化学处理法	92	
						总氮	克/吨-中成药	245	好氧生物处理法	78	
									厌氧生物处理法+好氧生物处理法	88	
					废气	工业废气量	标米^3/吨-中成药	36000	—	—	—

275 兽用药品制造行业系数表（续表 30）

工段名称	产品名称	原料名称	工艺名称	规模等级	污染物类别	污染物指标	系数单位	产污系数	末端治理技术	末端治理技术平均去除效率/%	参考 k 值计算公式
制剂	兽用中成药	煮提产物	固体制剂	<200吨-中成药/年	废气	颗粒物	千克/吨-中成药	4	袋式除尘	98	k=除尘设备年耗电量（千瓦·时）/［除尘设备额定功率（千瓦）× 除尘设备年运行时间（小时）］
									旋风除尘+袋式除尘	99	
					固废	固废量	吨/吨-中成药	0.03	—	—	—
				200～1000吨-中成药/年	废水	废水量	吨/吨-中成药	7.99	—	—	—
						化学需氧量	克/吨-中成药	1440	好氧生物处理法	73	k=污水治理设施运行时间（小时/年）/企业正常生产时间（小时/年）
									厌氧生物处理法+好氧生物处理法	87	
						氨氮	克/吨-中成药	149	好氧生物处理法	80	
									厌氧生物处理法+好氧生物处理法	89	
						总磷	克/吨-中成药	52	好氧生物处理法+物理化学处理法	85	
									厌氧生物处理法+好氧生物处理法+物理化学处理法	92	
						总氮	克/吨-中成药	184	好氧生物处理法	78	
									厌氧生物处理法+好氧生物处理法	88	
					废气	工业废气量	标米^3/吨-中成药	35400	—	—	—
						颗粒物	千克/吨-中成药	3.00	袋式除尘	98	k=除尘设备年耗电量（千瓦·时）/［除尘设备额定功率（千瓦）× 除尘设备年运行时间（小时）］
									旋风除尘+袋式除尘	99	

275 兽用药品制造行业系数表（续表 31）

工段名称	产品名称	原料名称	工艺名称	规模等级	污染物类别	污染物指标	系数单位	产污系数	末端治理技术	末端治理技术平均去除效率/%	参考 k 值计算公式
制剂	兽用中成药	煮提产物	固体制剂	200～1000 吨-中成药/年	固废	固废量	吨/吨-中成药	0.01	—	—	—
				>1000 吨-中成药/年	废水	废水量	吨/吨-中成药	7.01	—	—	—
						化学需氧量	克/吨-中成药	1280	好氧生物处理法	73	k=污水治理设施运行时间（小时/年）/企业正常生产时间（小时/年）
									厌氧生物处理法+好氧生物处理法	87	
						氨氮	克/吨-中成药	82	好氧生物处理法	80	
									厌氧生物处理法+好氧生物处理法	89	
						总磷	克/吨-中成药	29	好氧生物处理法+物理化学处理法	85	
									厌氧生物处理法+好氧生物处理法+物理化学处理法	92	
						总氮	克/吨-中成药	104	好氧生物处理法	78	
									厌氧生物处理法+好氧生物处理法	88	
					废气	工业废气量	标米 ^{3}/吨-中成药	33400	—	—	—
						颗粒物	千克/吨-中成药	1.00	袋式除尘	98	k=除尘设备年耗电量（千瓦·时）/［除尘设备额定功率（千瓦）× 除尘设备年运行时间（小时）］
									旋风除尘+袋式除尘	99	
					固废	固废量	吨/吨-中成药	0.01	—	—	—

275 兽用药品制造行业系数表（续表 32）

工段名称	产品名称	原料名称	工艺名称	规模等级	污染物类别	污染物指标	系数单位	产污系数	末端治理技术	末端治理技术平均去除效率/%	参考 k 值计算公式
制剂	兽用中成药	煮提产物	液体制剂	<200 吨-中成药/年	废水	废水量	吨/吨-中成药	41.8	—	—	—
						化学需氧量	克/吨-中成药	3180	好氧生物处理法	65	k=污水治理设施运行时间（小时/年）/企业正常生产时间（小时/年）
									厌氧生物处理法+好氧生物处理法	84	
						氨氮	克/吨-中成药	202	好氧生物处理法	62	
									厌氧生物处理法+好氧生物处理法	75	
						总磷	克/吨-中成药	80	好氧生物处理法+物理化学处理法	60	
									厌氧生物处理法+好氧生物处理法+物理化学处理法	70	
						总氮	克/吨-中成药	326	好氧生物处理法	60	
									厌氧生物处理法+好氧生物处理法	74	
				≥200 吨-中成药/年	废水	废水量	吨/吨-中成药	40.6	—	—	—
						化学需氧量	克/吨-中成药	1910	好氧生物处理法	65	k=污水治理设施运行时间（小时/年）/企业正常生产时间（小时/年）
									厌氧生物处理法+好氧生物处理法	84	
						氨氮	克/吨-中成药	68	好氧生物处理法	62	
									厌氧生物处理法+好氧生物处理法	75	
				≥200 吨-中成药/年	废水	总磷	克/吨-中成药	43	好氧生物处理法+物理化学处理法	60	k=污水治理设施运行时间（小时/年）/企业正常生产时间（小时/年）
									厌氧生物处理法+好氧生物处理法+物理化学处理法	70	
						总氮	克/吨-中成药	128	好氧生物处理法	60	
									厌氧生物处理法+好氧生物处理法	74	

275 兽用药品制造行业系数表（续表 33）

工段名称	产品名称	原料名称	工艺名称	规模等级	污染物类别	污染物指标	系数单位	产污系数	末端治理技术	末端治理技术平均去除效率/%	参考 *k* 值计算公式
—	兽用生物药品	原核、真核发酵培养基[玉米蛋白粉（浆）、酵母素、生物氮素、淀粉等]	生物发酵工艺	≥10000 千克/年	废水	废水量	米^3/千克-产品	0.19	—	—	—
						化学需氧量	克/千克-产品	219.02	无末端治理技术	0	—
									物化处理法+好氧生物处理法	77.8	*k*=治理设施运行时间（天/年）/企业正常生产时间（天/年）
									物化处理+缺氧/好氧生物处理	86.7	
									物化处理+厌氧水解+好氧生物处理	94.7	
									物化处理+厌氧生物处理+缺氧/好氧生物处理	98.2	
									其他	70	
						氨氮	克/千克-产品	9.33	无末端治理技术	0	—
									物化处理法+好氧生物处理法	68.7	*k*=治理设施运行时间（天/年）/企业正常生产时间（天/年）
									物化处理+缺氧/好氧生物处理	95.8	
									物化处理+厌氧水解+好氧生物处理	79.1	
									物化处理+厌氧生物处理+缺氧/好氧生物处理	89.6	
									其他	60	
						总氮	克/千克-产品	11.64	无末端治理技术	0	—
									物化处理法+好氧生物处理法	68.7	*k*=治理设施运行时间（天/年）/企业正常生产时间（天/年）
									物化处理+缺氧/好氧生物处理	95.8	
									物化处理+厌氧水解+好氧生物处理	79.1	
									物化处理+厌氧生物处理+缺氧/好氧生物处理	89.6	
									其他	60	
						总磷	克/千克-产品	2.32	无末端治理技术	0	—
									物化处理法+好氧生物处理法	83.2	*k*=治理设施运行时间（天/年）/企业正常生产时间（天/年）
									物化处理+缺氧/好氧生物处理	91.62	
									物化处理+厌氧水解+好氧生物处理	95.81	
									物化处理+厌氧生物处理+缺氧/好氧生物处理	97	
									其他	70	

275 兽用药品制造行业系数表（续表 34）

工段名称	产品名称	原料名称	工艺名称	规模等级	污染物类别	污染物指标	系数单位	产污系数	末端治理技术	末端治理技术平均去除效率/%	参考 k 值计算公式
—	兽用生物药品	原核、真核发酵培养基[玉米蛋白粉（浆）、酵母素、生物氮素、淀粉等]	生物发酵工艺	≥10000千克/年	废气	挥发性有机物	克/千克-产品	580.12	无末端治理技术	0	—
									冷凝法	25.0	k=治理设施运行时间（小时/年）/企业正常生产时间（小时/年）
									吸附+蒸汽解析	45.0	
									蓄热式催化燃烧法	55.0	
									低温等离子体	20.0	
									其他	42.0	
					固废	危险废物	千克/千克-产品	3.37	—	—	—
				1000≤产量＜10000千克/年	废水	废水量	米³/千克-产品	17.44	—	—	—
						化学需氧量	克/千克-产品	3571.67	无末端治理技术	0	—
									物化处理法+好氧生物处理法	66.0	k=治理设施运行时间（天/年）/企业正常生产时间（天/年）
									物化处理+缺氧/好氧生物处理	71.3	
									物化处理+厌氧水解+好氧生物处理	83.0	
									物化处理+厌氧生物处理+缺氧/好氧生物处理	90.2	
									其他	50.0	
						氨氮	克/千克-产品	301.95	无末端治理技术	0	—
									物化处理法+好氧生物处理法	71.0	k=治理设施运行时间（天/年）/企业正常生产时间（天/年）
									物化处理+缺氧/好氧生物处理	95.1	
									物化处理+厌氧水解+好氧生物处理	82.0	
									物化处理+厌氧生物处理+缺氧/好氧生物处理	90.0	
									其他	60.0	

275 兽用药品制造行业系数表（续表 35）

工段名称	产品名称	原料名称	工艺名称	规模等级	污染物类别	污染物指标	系数单位	产污系数	末端治理技术	末端治理技术平均去除效率/%	参考 k 值计算公式
—	兽用生物药品	原核、真核发酵培养基[玉米蛋白粉（浆）、酵母素、生物氮素、淀粉等]	生物发酵工艺	1000≤产量<10000 千克/年	废水	总氮	克/千克-产品	452.93	无末端治理技术	0	—
									物化处理法+好氧生物处理法	71.0	k=治理设施运行时间（天/年）/企业正常生产时间（天/年）
									物化处理+缺氧/好氧生物处理	95.0	
									物化处理+厌氧水解+好氧生物处理	82.0	
									物化处理+厌氧生物处理+缺氧/好氧生物处理	90.0	
									其他	60.0	
						总磷	克/千克-产品	172.99	无末端治理技术	0	—
									物化处理法+好氧生物处理法	80.0	k=治理设施运行时间（天/年）/企业正常生产时间（天/年）
									物化处理+缺氧/好氧生物处理	82.0	
									物化处理+厌氧水解+好氧生物处理	89.9	
									物化处理+厌氧生物处理+缺氧/好氧生物处理	95.0	
									其他	70.0	
					废气	挥发性有机物	克/千克-产品	2837.70	无末端治理技术	0	—
									冷凝法	25.0	k=治理设施运行时间（小时/年）/企业正常生产时间（小时/年）
									吸附+蒸汽解析	43.0	
									蓄热式催化燃烧法	52.0	
									低温等离子体	20.0	
					固废	危险废物	千克/千克-产品	35.48	其他	40.0	—

275 兽用药品制造行业系数表（续表 36）

工段名称	产品名称	原料名称	工艺名称	规模等级	污染物类别	污染物指标	系数单位	产污系数	末端治理技术	末端治理技术平均去除效率/%	参考 k 值计算公式
—	兽用生物药品	原核、真核发酵培养基[玉米蛋白粉（浆）、酵母素、生物氮素、淀粉等]	生物发酵工艺	＜1000 千克/年	废水	废水量	米³/千克-产品	29.94	—	—	—
						化学需氧量	克/千克-产品	20493.69	无末端治理技术	0	—
									物化处理法+好氧生物处理法	63.5	k=治理设施运行时间（天/年）/企业正常生产时间（天/年）
									物化处理+缺氧/好氧生物处理	68.0	
									物化处理+厌氧水解+好氧生物处理	80.0	
									物化处理+厌氧生物处理+缺氧/好氧生物处理	91.2	
									其他	60.0	
						氨氮	克/千克-产品	839.58	无末端治理技术	0	—
									物化处理法+好氧生物处理法	75.0	k=治理设施运行时间（天/年）/企业正常生产时间（天/年）
									物化处理+缺氧/好氧生物处理	95.4	
									物化处理+厌氧水解+好氧生物处理	82.1	
									物化处理+厌氧生物处理+缺氧/好氧生物处理	91.9	
									其他	60.0	
						总氮	克/千克-产品	1259.37	无末端治理技术	0	—
									物化处理法+好氧生物处理法	75.0	k=治理设施运行时间（天/年）/企业正常生产时间（天/年）
									物化处理+缺氧/好氧生物处理	95.4	
									物化处理+厌氧水解+好氧生物处理	82.1	
									物化处理+厌氧生物处理+缺氧/好氧生物处理	91.9	
									其他	60.0	
						总磷	克/千克-产品	516.77	无末端治理技术	0	—
									物化处理法+好氧生物处理法	80.0	k=治理设施运行时间（天/年）/企业正常生产时间（天/年）
									物化处理+缺氧/好氧生物处理	88.4	
									物化处理+厌氧水解+好氧生物处理	92.0	
									物化处理+厌氧生物处理+缺氧/好氧生物处理	95.0	
									其他	70.0	

275 兽用药品制造行业系数表（续表 37）

工段名称	产品名称	原料名称	工艺名称	规模等级	污染物类别	污染物指标	系数单位	产污系数	末端治理技术	末端治理技术平均去除效率/%	参考 k 值计算公式
—	兽用生物药品	原核、真核发酵培养基[玉米蛋白粉（浆）、酵母素、生物氮素、淀粉等]	生物发酵工艺	<1000千克/年	废气	挥发性有机物	克/千克-产品	5819.22	无末端治理技术	0	—
									冷凝法	25.0	k=治理设施运行时间（小时/年）/企业正常生产时间（小时/年）
									吸附+蒸汽解析	42.0	
									蓄热式催化燃烧法	47.0	
									低温等离子体	18.0	
									其他	40.0	
					固废	危险废物	千克/千克-产品	83.07	—	—	—
—	兽用生物药品（不含血液制品）	动物组织或器官	生化提取工艺	≥1000千克/年	废水	废水量	米^3/千克-产品	5.06	—	—	—
						化学需氧量	克/千克-产品	12177.68	无末端治理技术	0	—
									物化处理法+好氧生物处理法	89.6	k=治理设施运行时间（天/年）/企业正常生产时间（天/年）
									物化处理+缺氧/好氧生物处理	92	
									物化处理+厌氧水解+好氧生物处理	93.8	
									物化处理+厌氧生物处理+缺氧/好氧生物处理	97.5	
									其他	70	
						氨氮	克/千克-产品	68.837	无末端治理技术	0	—
									物化处理法+好氧生物处理法	63.3	k=治理设施运行时间（天/年）/企业正常生产时间（天/年）
									物化处理+缺氧/好氧生物处理	96.3	
									物化处理+厌氧水解+好氧生物处理	75.3	
									物化处理+厌氧生物处理+缺氧/好氧生物处理	92.7	
									其他	50.0	

275 兽用药品制造行业系数表（续表 38）

工段名称	产品名称	原料名称	工艺名称	规模等级	污染物类别	污染物指标	系数单位	产污系数	末端治理技术	末端治理技术平均去除效率/%	参考 k 值计算公式
—	兽用生物药品（不含血液制品）	动物组织或器官	生化提取工艺	≥1000千克/年	废水	总氮	克/千克-产品	72.42	无末端治理技术	0	—
									物化处理法+好氧生物处理法	63.3	k=治理设施运行时间（天/年）/企业正常生产时间（天/年）
									物化处理+缺氧/好氧生物处理	96.3	
									物化处理+厌氧水解+好氧生物处理	75.3	
									物化处理+厌氧生物处理+缺氧/好氧生物处理	92.7	
									其他	50.0	
						总磷	克/千克-产品	11.16	无末端治理技术	0	—
									物化处理法+好氧生物处理法	77.3	k=治理设施运行时间（天/年）/企业正常生产时间（天/年）
									物化处理+缺氧/好氧生物处理	85.5	
									物化处理+厌氧水解+好氧生物处理	90.9	
									物化处理+厌氧生物处理+缺氧/好氧生物处理	93.0	
									其他	70.0	
					废气	挥发性有机物	克/千克-产品	399.54	无末端治理技术	0	—
									冷凝法	30.0	k=治理设施运行时间（小时/年）/企业正常生产时间（小时/年）
									吸附+蒸汽解析	42.0	
									蓄热式催化燃烧法	47.0	
									低温等离子体	20.0	
									其他	40.0	
					固废	危险废物	千克/千克-产品	1.70	—	—	—

275 兽用药品制造行业系数表（续表 39）

工段名称	产品名称	原料名称	工艺名称	规模等级	污染物类别	污染物指标	系数单位	产污系数	末端治理技术	末端治理技术平均去除效率/%	参考 k 值计算公式
—	兽用生物药品（不含血液制品）	动物组织或器官	生化提取工艺	＜1000 千克/年	废水	废水量	米 ^{3}/千克-产品	52.74	—	—	—
						化学需氧量	克/千克-产品	70626.60	无末端治理技术	0	—
									物化处理法+好氧生物处理法	83.3	k=治理设施运行时间（天/年）/企业正常生产时间（天/年）
									物化处理+缺氧/好氧生物处理	88.8	
									物化处理+厌氧水解+好氧生物处理	95.5	
									物化处理+厌氧生物处理+缺氧/好氧生物处理	96.0	
									其他	70.0	
						氨氮	克/千克-产品	528.39	无末端治理技术	0	—
									物化处理法+好氧生物处理法	50.0	k=治理设施运行时间（天/年）/企业正常生产时间（天/年）
									物化处理+缺氧/好氧生物处理	93.0	
									物化处理+厌氧水解+好氧生物处理	70.0	
									物化处理+厌氧生物处理+缺氧/好氧生物处理	87.3	
									其他	40.0	
						总氮	克/千克-产品	607.40	无末端治理技术	0	—
									物化处理法+好氧生物处理法	50.0	k=治理设施运行时间（天/年）/企业正常生产时间（天/年）
									物化处理+缺氧/好氧生物处理	93.0	
									物化处理+厌氧水解+好氧生物处理	70.0	
									物化处理+厌氧生物处理+缺氧/好氧生物处理	87.3	
									其他	40.0	
						总磷	克/千克-产品	90.37	无末端治理技术	0	—
									物化处理法+好氧生物处理法	76.0	k=治理设施运行时间（天/年）/企业正常生产时间（天/年）
									物化处理+缺氧/好氧生物处理	80.0	
									物化处理+厌氧水解+好氧生物处理	88.3	
									物化处理+厌氧生物处理+缺氧/好氧生物处理	90.0	
									其他	70.0	

275 兽用药品制造行业系数表（续表 40）

工段名称	产品名称	原料名称	工艺名称	规模等级	污染物类别	污染物指标	系数单位	产污系数	末端治理技术	末端治理技术平均去除效率/%	参考 k 值计算公式
—	兽用生物药品（不含血液制品）	动物组织或器官	生化提取工艺	＜1000 千克/年	废气	挥发性有机物	克/千克-产品	30000	无末端治理技术	0	—
									冷凝法	30.0	k=治理设施运行时间（小时/年）/企业正常生产时间（小时/年）
									吸附+蒸汽解析	60.0	
									蓄热式催化燃烧法	65.0	
									低温等离子体	20.0	
									其他	56.0	
					固废	危险废物	千克/千克-产品	24.35	—	—	—
—	兽用血液制品	血液	生化提取工艺	所有规模	废水	废水量	米 ^{3}/千克-产品	2.59	—	—	—
						化学需氧量	克/千克-产品	4450.64	无末端治理技术	0	—
									物化处理法+好氧生物处理法	83.4	k=治理设施运行时间（天/年）/企业正常生产时间（天/年）
									物化处理+缺氧/好氧生物处理	87.4	
									物化处理+厌氧水解+好氧生物处理	91.3	
									物化处理+厌氧生物处理+缺氧/好氧生物处理	96.5	
									其他	60	
						氨氮	克/千克-产品	20.55	无末端治理技术	0	—
									物化处理法+好氧生物处理法	40	k=治理设施运行时间（天/年）/企业正常生产时间（天/年）
									物化处理+缺氧/好氧生物处理	93.7	
									物化处理+厌氧水解+好氧生物处理	74.8	
									物化处理+厌氧生物处理+缺氧/好氧生物处理	87.4	
									其他	40.0	

275 兽用药品制造行业系数表（续表 41）

工段名称	产品名称	原料名称	工艺名称	规模等级	污染物类别	污染物指标	系数单位	产污系数	末端治理技术	末端治理技术平均去除效率/%	参考 k 值计算公式
—	兽用血液制品	血液	生化提取工艺	所有规模	废水	总氮	克/千克-产品	50.91	无末端治理技术	0	—
									物化处理法+好氧生物处理法	40	k=治理设施运行时间（天/年）/企业正常生产时间（天/年）
									物化处理+缺氧/好氧生物处理	93.7	
									物化处理+厌氧水解+好氧生物处理	74.8	
									物化处理+厌氧生物处理+缺氧/好氧生物处理	87.4	
									其他	40.0	
						总磷	克/千克-产品	35.23	无末端治理技术	0	—
									物化处理法+好氧生物处理法	82.0	k=治理设施运行时间（天/年）/企业正常生产时间（天/年）
									物化处理+缺氧/好氧生物处理	85.3	
									物化处理+厌氧水解+好氧生物处理	92.6	
									物化处理+厌氧生物处理+缺氧/好氧生物处理	95.0	
									其他	70.0	
					废气	挥发性有机物	克/千克-产品	3107.53	无末端治理技术	0	—
									冷凝法	30.0	k=治理设施运行时间（小时/年）/企业正常生产时间（小时/年）
									吸附+蒸汽解析	42.0	
									蓄热式催化燃烧法	47.0	
									低温等离子体	18.0	
									其他	40.0	
					固废	危险废物	千克/千克-产品	1.74	—	—	—
—	兽用基因工程药物和疫苗	微生物及微生物代谢产物或动物血清	生物工程工艺	≥10000千克/年	废水	废水量	米^3/千克-产品	7.18	—	—	—

275 兽用药品制造行业系数表（续表 42）

工段名称	产品名称	原料名称	工艺名称	规模等级	污染物类别	污染物指标	系数单位	产污系数	末端治理技术	末端治理技术平均去除效率/%	参考 k 值计算公式
—	兽用基因工程药物和疫苗	微生物及微生物代谢产物或动物血清	生物工程工艺	≥10000千克/年	废水	化学需氧量	克/千克-产品	1112.72	无末端治理技术	0	—
									物化处理法+好氧生物处理法	70.0	k=治理设施运行时间（天/年）/企业正常生产时间（天/年）
									物化处理+缺氧/好氧生物处理	75.0	
									物化处理+厌氧水解+好氧生物处理	87.1	
									物化处理+厌氧生物处理+缺氧/好氧生物处理	90.0	
									其他	60.0	
						氨氮	克/千克-产品	60.86	无末端治理技术	0	—
									物化处理法+好氧生物处理法	41.0	k=治理设施运行时间（天/年）/企业正常生产时间（天/年）
									物化处理+缺氧/好氧生物处理	92.0	
									物化处理+厌氧水解+好氧生物处理	76.4	
									物化处理+厌氧生物处理+缺氧/好氧生物处理	88.2	
									其他	40	
						总氮	克/千克-产品	91.29	无末端治理技术	0	—
									物化处理法+好氧生物处理法	41.0	k=治理设施运行时间（天/年）/企业正常生产时间（天/年）
									物化处理+缺氧/好氧生物处理	92.0	
									物化处理+厌氧水解+好氧生物处理	76.4	
									物化处理+厌氧生物处理+缺氧/好氧生物处理	88.2	
									其他	40	
						总磷	克/千克-产品	5.82	无末端治理技术	0	—
									物化处理法+好氧生物处理法	68.0	k=治理设施运行时间（天/年）/企业正常生产时间（天/年）
									物化处理+缺氧/好氧生物处理	75.3	
									物化处理+厌氧水解+好氧生物处理	85.0	
									物化处理+厌氧生物处理+缺氧/好氧生物处理	90.0	
									其他	60.0	

275 兽用药品制造行业系数表（续表 43）

工段名称	产品名称	原料名称	工艺名称	规模等级	污染物类别	污染物指标	系数单位	产污系数	末端治理技术	末端治理技术平均去除效率/%	参考 k 值计算公式
—	兽用基因工程药物和疫苗	微生物及微生物代谢产物或动物	生物工程工艺	≥10000千克/年	废气	挥发性有机物	克/千克-产品	161.49	无末端治理技术	0	—
									冷凝法	30.0	k=治理设施运行时间（小时/年）/企业正常生产时间（小时/年）
									吸附+蒸汽解析	42.0	
									蓄热式催化燃烧法	47.0	
									低温等离子体	18.0	
									其他	40.0	
					固废	危险废物	千克/千克-产品	0.69	—	—	—
				1000≤产量<10000千克/年	废水	废水量	米^3/千克-产品	8.21	—	—	—
						化学需氧量	克/千克-产品	7607.32	无末端治理技术	0	—
									物化处理+好氧生物处理	76.0	k=治理设施运行时间（天/年）/企业正常生产时间（天/年）
									物化处理+缺氧/好氧生物处理	83.8	
									物化处理+厌氧水解+好氧生物处理	93.5	
									物化处理+厌氧生物处理+缺氧/好氧生物处理	97.8	
									其他	70.0	
						氨氮	克/千克-产品	18.09	无末端治理技术	0	—
									物化处理+好氧生物处理	54.0	k=治理设施运行时间（天/年）/企业正常生产时间（天/年）
									物化处理+缺氧/好氧生物处理	92.0	
									物化处理+厌氧水解+好氧生物处理	77.7	
									物化处理+厌氧生物处理+缺氧/好氧生物处理	86.0	
									其他	50.0	

275 兽用药品制造行业系数表（续表 44）

工段名称	产品名称	原料名称	工艺名称	规模等级	污染物类别	污染物指标	系数单位	产污系数	末端治理技术	末端治理技术平均去除效率/%	参考 k 值计算公式
—	兽用基因工程药物和疫苗	微生物及微生物代谢产物或动物血清	生物工程工艺	1000≤产量<10000 千克/年	废水	总氮	克/千克-产品	276.13	无末端治理技术	0	—
									物化处理+好氧生物处理	54.0	k=治理设施运行时间（天/年）/企业正常生产时间（天/年）
									物化处理+缺氧/好氧生物处理	92.0	
									物化处理+厌氧水解+好氧生物处理	77.7	
									物化处理+厌氧生物处理+缺氧/好氧生物处理	86.0	
									其他	50.0	
						总磷	克/千克-产品	16	无末端治理技术	0	—
									物化处理+好氧生物处理	64.8	k=治理设施运行时间（天/年）/企业正常生产时间（天/年）
									物化处理+缺氧/好氧生物处理	74.3	
									物化处理+厌氧水解+好氧生物处理	89.7	
									物化处理+厌氧生物处理+缺氧/好氧生物处理	90.0	
									其他	60.0	
					废气	挥发性有机物	克/千克-产品	232.99	无末端治理技术	0	—
									冷凝法	30.0	k=治理设施运行时间（小时/年）/企业正常生产时间（小时/年）
									吸附+蒸汽解析	42.0	
									蓄热式催化燃烧法	47.0	
									低温等离子体	18.0	
									其他	40.0	
					固废	危险废物	千克/千克-产品	2.57	—	—	—
				200≤产量<1000 千克/年	废水	废水量	米^3/千克-产品	48.80	—	—	—

275 兽用药品制造行业系数表（续表 45）

工段名称	产品名称	原料名称	工艺名称	规模等级	污染物类别	污染物指标	系数单位	产污系数	末端治理技术	末端治理技术平均去除效率/%	参考 k 值计算公式
—	兽用基因工程药物和疫苗	微生物及微生物代谢产物或动物血清	生物工程工艺	200≤产量<1000 千克/年	废水	化学需氧量	克/千克-产品	11052.85	无末端治理技术	0	—
									物化处理+好氧生物处理	63.5	k=治理设施运行时间（天/年）/企业正常生产时间（天/年）
									物化处理+缺氧/好氧生物处理	64.0	
									物化处理+厌氧水解+好氧生物处理	74.0	
									物化处理+厌氧生物处理+缺氧/好氧生物处理	91.2	
									其他	60.0	
						氨氮	克/千克-产品	1043.66	无末端治理技术	0	—
									物化处理+好氧生物处理	52.0	k=治理设施运行时间（天/年）/企业正常生产时间（天/年）
									物化处理+缺氧/好氧生物处理	92.0	
									物化处理+厌氧水解+好氧生物处理	76.6	
									物化处理+厌氧生物处理+缺氧/好氧生物处理	85.0	
									其他	50.0	
						总氮	克/千克-产品	1565.49	无末端治理技术	0	—
									物化处理+好氧生物处理	52.0	k=治理设施运行时间（天/年）/企业正常生产时间（天/年）
									物化处理+缺氧/好氧生物处理	92.0	
									物化处理+厌氧水解+好氧生物处理	76.6	
									物化处理+厌氧生物处理+缺氧/好氧生物处理	85.0	
									其他	50.0	
						总磷	克/千克-产品	86.97	无末端治理技术	0	—
									物化处理+好氧生物处理	65.0	k=治理设施运行时间（天/年）/企业正常生产时间（天/年）
									物化处理+缺氧/好氧生物处理	72.0	
									物化处理+厌氧水解+好氧生物处理	85.8	
									物化处理+厌氧生物处理+缺氧/好氧生物处理	90	
									其他	50	

275 兽用药品制造行业系数表（续表 46）

工段名称	产品名称	原料名称	工艺名称	规模等级	污染物类别	污染物指标	系数单位	产污系数	末端治理技术	末端治理技术平均去除效率/%	参考 k 值计算公式
—	兽用基因工程药物和疫苗	微生物及微生物代谢产物或动物血清	生物工程工艺	200≤产量<1000 千克/年	废气	挥发性有机物	克/千克-产品	2220	无末端治理技术	0	—
									冷凝法	30.0	k=治理设施运行时间（小时/年）/企业正常生产时间（小时/年）
									吸附+蒸汽解析	42.0	
									蓄热式催化燃烧法	47.0	
									低温等离子体	18.0	
									其他	40.0	
					固废	危险废物	千克/千克-产品	10.31	—	—	—
				<200 千克/年	废水	废水量	米 ^{3}/千克-产品	184.77	—	—	—
						化学需氧量	克/千克-产品	75832.47	无末端治理技术	0	—
									物化处理+好氧生物处理	63.5	k=治理设施运行时间（天/年）/企业正常生产时间（天/年）
									物化处理+缺氧/好氧生物处理	68.0	
									物化处理+厌氧水解+好氧生物处理	85.4	
									物化处理+厌氧生物处理+缺氧/好氧生物处理	95.1	
									其他	60.0	
						氨氮	克/千克-产品	6275.87	无末端治理技术	0	—
									物化处理+好氧生物处理	55.8	k=治理设施运行时间（天/年）/企业正常生产时间（天/年）
									物化处理+缺氧/好氧生物处理	94.1	
									物化处理+厌氧水解+好氧生物处理	70.6	
									物化处理+厌氧生物处理+缺氧/好氧生物处理	85.3	
									其他	50.0	

275 兽用药品制造行业系数表（续表 47）

工段名称	产品名称	原料名称	工艺名称	规模等级	污染物类别	污染物指标	系数单位	产污系数	末端治理技术	末端治理技术平均去除效率/%	参考 k 值计算公式
—	兽用基因工程药物和疫苗	微生物及微生物代谢产物或动物血清	生物工程工艺	<200 千克/年	废水	总氮	克/千克-产品	9413.81	无末端治理技术	0	—
									物化处理+好氧生物处理	55.8	k=治理设施运行时间（天/年）/企业正常生产时间（天/年）
									物化处理+缺氧/好氧生物处理	94.1	
									物化处理+厌氧水解+好氧生物处理	70.6	
									物化处理+厌氧生物处理+缺氧/好氧生物处理	85.3	
									其他	50.0	
						总磷	克/千克-产品	210.24	无末端治理技术	0	—
									物化处理+好氧生物处理	56.0	k=治理设施运行时间（天/年）/企业正常生产时间（天/年）
									物化处理+缺氧/好氧生物处理	70.0	
									物化处理+厌氧水解+好氧生物处理	82.4	
									物化处理+厌氧生物处理+缺氧/好氧生物处理	90.0	
									其他	40.0	
					废气	挥发性有机物	克/千克-产品	5527.42	无末端治理技术	0	—
									冷凝法	30.0	k=治理设施运行时间（小时/年）/企业正常生产时间（小时/年）
									吸附+蒸汽解析	42.0	
									蓄热式催化燃烧法	47.0	
									低温等离子体	18.0	
									其他	40.0	
					固废	危险废物	千克/千克-产品	180.62	—	—	—

276 生物药品制品制造业

1 适用范围

本手册仅用于《国民经济行业分类》（GB/T 4754—2017）中 2761 生物药品制造行业、2762 基因工程药物和疫苗制造行业使用系数法核算工业污染物产生量和排放量的工业企业。

利用本手册进行产排污核算得出的污染物产生量与排放量仅代表了特定行业、工艺、产品、原料在正常工况下污染物产生与排放的一般规律。

本行业废水指标包括工业废水量、化学需氧量、氨氮、总氮、总磷；废气指标为挥发性有机物。

2 注意事项

2.1 企业有多种生产工艺或生产多类产品产排污量核算

污染物产生量与产品产量有关，根据不同核算环节计算产污量后，再根据企业末端治理设施和运行情况计算各污染物的排放量。

在企业实际排放量计算过程中，如果存在废水回用的情况，需要在利用产排污核算公式的基础上扣除废水回用的部分。公式如下：

实际排放量=计算排放量×（1−废水回用率）

工艺废水未经污水处理设施处理即回用于生产的情况，不予扣除。废水回用率根据企业实际情况计算，若无废水回用，废水回用率按 0 计算。

2.2 采用多种治理设施组合处理企业的排污量核算

在排污量计算选择末端治理技术时，若没有对应的组合治理技术，以主要治理技术为准。

2.3 系数表中未涉及的产污系数及污染治理效率

医用诊断试剂的生产过程基本无废水、废气的产生，不适用于本系数手册。

2.4 其他需要说明的问题

（1）由于不同企业工业废气量、废水量差异较大，本手册所提供的工业废气量、废水量系数仅供参考。

（2）生物药品制造企业仅包括含生物原料药生产过程的企业，若企业的生产过程无生物原料药生产，仅为原料购进，后期配制分装等生产过程，则系数参照《272 化学药品制剂制造行业系数手册》。

（3）废水污染物治理技术不区分在组合中的先后次序，按照组合中主要治理技术所属的类别选择“产污系数及污染治理效率表”中对应的末端治理技术名称。

（4）为体现相同产污水平条件下，采用相同环保治理设施的不同企业对同一污染物去除效果的差异，引入末端治理设施实际运行率（k）对污染治理技术的实际去除率进行修正。k 值反映的是污染治理设施运行的状态，越稳定运行，k 值越高；在取值上，若定义连续稳定运行的理想状态为 1，则 k 取值在 0～1 之间。

本手册给出本行业的 k 计算公式仅供参考，使用时，可根据 k 值定义，选取更适合企业实际情况的表达方式。

（5）废气中挥发性有机物排放量计算方法与废水污染物相同。

3　污染物排放量核算方法

3.1　计算污染物产生量

（1）根据产品、原料、污染物产生的主导生产工艺、企业规模（生产产能）这一组合查找和确定所对应的某一污染物的产污系数。

（2）根据该污染物的产污系数计量单位——单位产品产量，获取企业实际产品产量。

例如，某组合内化学需氧量的产污系数单位为千克/吨-产品，则计算产生量时需要获取企业实际产品产量。

（3）污染物产生量按以下公式进行计算：

污染物产生量=污染物对应的产污系数×产品产量（原料用量）

$$G_{产i} = P_{产i} \times M_i$$

式中，$G_{产i}$——工段 i 某污染物的产生量；

$P_{产i}$——工段 i 某污染物对应的产污系数；

M_i——工段 i 的产品产量。

3.2　计算污染物去除量

（1）根据企业对某一污染物所采用的治理技术查找和选择相应的治理技术平均去除效率。

（2）根据所填报的污染治理设施实际运行率参数及其计算公式得出该企业某一污染物的末端治理设施实际运行率（k 值）。

（3）污染物去除量按以下公式进行计算：

污染物去除量=污染物产生量×污染物去除率 =污染物产生量× 治理技术平均去除效率× 治理设施实际运行率

$$R_{减i} = G_{产i} \times \eta_T \times k_T$$

式中，$R_{减i}$——工段 i 某污染物的去除量；

η_T——工段 i 某污染物采用的末端治理技术的平均去除效率；

k_T——工段 i 某污染物采用的末端治理设施的实际运行率。

3.3 计算污染物实际排放量

（1）废水污染物实际排放量计算公式

污染物实际排放量=污染物计算排放量×（1–废水回用率）

=（污染物产生量–污染物去除量）×（1–废水回用率）

=（污染物对应的产污系数×产品产量–污染物产生量×治理技术平均去除效率×治理设施实际运行率）×（1–废水回用率）

=（污染物对应的产污系数×产品产量）×（1–治理技术平均去除效率×治理设施实际运行率）×（1–废水回用率）

（2）废气污染物实际排放量计算公式

污染物实际排放量=污染物产生量–污染物去除量

=污染物对应的产污系数×产品产量–污染物产生量×治理技术平均去除效率×治理设施实际运行率

=（污染物对应的产污系数×产品产量）×（1–治理技术平均去除效率×治理设施实际运行率）

3.4 计算企业污染物排放总量

同一企业某污染物全年的产生（排放）总量为该企业同年实际生产的全部工段、产品、原料、规模污染物实际产生（排放）量之和。

$$E_{排} = G_{产} - R_{减} = \sum(G_{产i} - R_{减i}) = \sum\left[P_{产i} \times M_i(1-\eta_T \times k_T)\right]$$

4 污染物排放量核算案例

由于2761生物药品制造业和2762基因工程药物和疫苗制造行业污染物排放量核算方法相同，仅以2761生物药品制造业污染物排放量核算为例。

某生物药品制造企业主要从事乌司他丁、尤瑞克林（生物药品，非血液制品）的生产。该企业的原料主要为人尿蛋白（动植物组织），其生产工艺主要采用生化提取工艺。其中主要污染物为化学需氧量、氨氮、总磷、总氮、挥发性有机物。以化学需氧量为例说明排放量计算过程。

该企业基本信息如表1所示。

表1 某生物药品制造企业基本信息

	名称	数量
产品及产量	乌司他丁、尤瑞克林	500千克
原料及用量	人尿蛋白	68020千克
工艺名称	生化提取	—
规模（产能）	＜1000千克/年	
污染治理设施	厌氧池+接触氧化池+缺氧反应池+混凝沉淀池	
实际运行率参数	污水治理设施运行时间	300天
	企业正常生产时间	300天
废水回用率	0%	

4.1 化学需氧量产生量计算

（1）查找产污系数及其计量单位

根据企业基本信息，查找本手册中主要产品为生物药品（不含血液制品），主要原料为动植物组织，主要工艺为生化提取，生产规模＜1000 千克/年。该组合化学需氧量的产污系数为 70626.60，单位为克/千克-产品。

（2）获取企业产品产量

该企业实际情况为：主要产品生物药品（乌司他丁、尤瑞克林）2017 年产量为 500 千克。

（3）计算化学需氧量产生量

由于查询到的组合中，化学需氧量产污系数的单位为千克/千克-产品，因此在核算产生量时需获取产品产量。

化学需氧量产生量=化学需氧量产污系数×产品（生物药品）产量

=70626.60 克/千克-产品×500 千克-产品×10^{-3}=35313.3 千克

4.2 化学需氧量去除量计算

（1）查找治理技术平均去除效率

该企业化学需氧量治理技术采用的治理设施为“厌氧池+接触氧化池+缺氧反应池+混凝沉淀池”，属于“物化处理+厌氧生物处理+缺氧/好氧生物处理”的治理技术组合，查询相应组合内该技术的平均去除效率为 96.0%。

（2）计算污染治理设施实际运行率

根据产污系数组合查询结果，该组合中化学需氧量对应的污染治理设施实际运行率为

k=污水治理设施运行时间/企业正常生产时间

=300 天/300 天=1

（3）计算化学需氧量去除量

化学需氧量去除量=35313.3 千克×96.0%×1=33900.768 千克

4.3 化学需氧量排放量计算

该企业不存在废水处理后末端回用的情况，回用率为 0。

化学需氧量实际排放量=化学需氧量计算排放量×（1–废水回用率）

=（污染物产生量–污染物去除量）×（1–废水回用率）

=（35313.3 千克–33900.768 千克）×1

=1412.532 千克

由于生物药品的生产过程不区分工段，因此该排放量即为企业化学需氧量排放总量。

276 生物药品制品制造行业系数表

工段名称	产品名称	原料名称	工艺名称	规模等级	污染物类别	污染物指标	系数单位	产污系数	末端治理技术	末端治理技术平均去除效率/%	参考 k 值计算公式[1]
—	生物药品	原核、真核发酵培养基[玉米蛋白粉（浆）、酵母素、生物氮素、淀粉等]	生物发酵工艺	≥10000千克/年	废水	废水量	米^3/千克-产品	0.19	—	—	—
						化学需氧量	克/千克-产品	219.02	无末端治理技术	0	—
									物化处理法+好氧生物处理法	77.8	k=治理设施运行时间（天/年）/企业正常生产时间（天/年）
									物化处理+缺氧/好氧生物处理	86.7	
									物化处理+厌氧水解+好氧生物处理	94.7	
									物化处理+厌氧生物处理+缺氧/好氧生物处理	98.2	
									其他	70	
						氨氮	克/千克-产品	9.33	无末端治理技术	0	—
									物化处理法+好氧生物处理法	68.7	k=治理设施运行时间（天/年）/企业正常生产时间（天/年）
									物化处理+缺氧/好氧生物处理	95.8	
									物化处理+厌氧水解+好氧生物处理	79.1	
									物化处理+厌氧生物处理+缺氧/好氧生物处理	89.6	
									其他	60	

[1] 该公式仅供参考，使用时，可根据 k 值定义，选取更适合企业实际情况的表达方式。

276 生物药品制品制造行业系数表（续表 1）

工段名称	产品名称	原料名称	工艺名称	规模等级	污染物类别	污染物指标	系数单位	产污系数	末端治理技术	末端治理技术平均去除效率/%	参考 *k* 值计算公式
—	生物药品	原核、真核发酵培养基[玉米蛋白粉（浆）、酵母素、生物氮素、淀粉等]	生物发酵工艺	≥10000千克/年	废水	总氮	克/千克-产品	11.64	无末端治理技术	0	—
									物化处理法+好氧生物处理法	68.7	*k*=治理设施运行时间（天/年）/企业正常生产时间（天/年）
									物化处理+缺氧/好氧生物处理	95.8	
									物化处理+厌氧水解+好氧生物处理	79.1	
									物化处理+厌氧生物处理+缺氧/好氧生物处理	89.6	
									其他	60	
						总磷	克/千克-产品	2.32	无末端治理技术	0	—
									物化处理法+好氧生物处理法	83.2	*k*=治理设施运行时间（天/年）/企业正常生产时间（天/年）
									物化处理+缺氧/好氧生物处理	91.62	
									物化处理+厌氧水解+好氧生物处理	95.81	
									物化处理+厌氧生物处理+缺氧/好氧生物处理	97	
									其他	70	

276 生物药品制品制造行业系数表（续表 2）

工段名称	产品名称	原料名称	工艺名称	规模等级	污染物类别	污染物指标	系数单位	产污系数	末端治理技术	末端治理技术平均去除效率/%	参考 k 值计算公式
—	生物药品	原核、真核发酵培养基[玉米蛋白粉（浆）、酵母素、生物氮素、淀粉等]	生物发酵工艺	≥10000 千克/年	废气	挥发性有机物	克/千克-产品	580.12	无末端治理技术	0	—
									冷凝法	25.0	k=治理设施运行时间（小时/年）/企业正常生产时间（小时/年）
									吸附+蒸汽解析	45.0	
									蓄热式催化燃烧法	55.0	
									低温等离子体	20.0	
									其他	42.0	
					固废	危险废物	千克/千克-产品	3.37	—	—	—
—	生物药品	原核、真核发酵培养基[玉米蛋白粉（浆）、酵母素、生物氮素、淀粉等]	生物发酵工艺	1000≤产量<10000 千克/年	废水	废水量	米^{3}/千克-产品	17.44	—	—	—
						化学需氧量	克/千克-产品	3571.67	无末端治理技术	0	—
									物化处理法+好氧生物处理法	66.0	k=治理设施运行时间（天/年）/企业正常生产时间（天/年）
									物化处理+缺氧/好氧生物处理	71.3	
									物化处理+厌氧水解+好氧生物处理	83.0	
									物化处理+厌氧生物处理+缺氧/好氧生物处理	90.2	
									其他	50.0	

276 生物药品制品制造行业系数表（续表 3）

工段名称	产品名称	原料名称	工艺名称	规模等级	污染物类别	污染物指标	系数单位	产污系数	末端治理技术	末端治理技术平均去除效率/%	参考 k 值计算公式
—	生物药品	原核、真核发酵培养基[玉米蛋白粉（浆）、酵母素、生物氮素、淀粉等]	生物发酵工艺	1000≤产量＜10000 千克/年	废水	氨氮	克/千克-产品	301.95	无末端治理技术	0	—
									物化处理法+好氧生物处理法	71.0	k=治理设施运行时间（天/年）/企业正常生产时间（天/年）
									物化处理+缺氧/好氧生物处理	95.1	
									物化处理+厌氧水解+好氧生物处理	82.0	
									物化处理+厌氧生物处理+缺氧/好氧生物处理	90.0	
									其他	60.0	
						总氮	克/千克-产品	452.93	无末端治理技术	0	—
									物化处理法+好氧生物处理法	71.0	k=治理设施运行时间（天/年）/企业正常生产时间（天/年）
									物化处理+缺氧/好氧生物处理	95.0	
									物化处理+厌氧水解+好氧生物处理	82.0	
									物化处理+厌氧生物处理+缺氧/好氧生物处理	90.0	
									其他	60.0	

276 生物药品制品制造行业系数表（续表 4）

工段名称	产品名称	原料名称	工艺名称	规模等级	污染物类别	污染物指标	系数单位	产污系数	末端治理技术	末端治理技术平均去除效率/%	参考 k 值计算公式
—	生物药品	原核、真核发酵培养基[玉米蛋白粉（浆）、酵母素、生物氮素、淀粉等]	生物发酵工艺	1000≤产量<10000 千克/年	废水	总磷	克/千克-产品	172.99	无末端治理技术	0	—
									物化处理法+好氧生物处理法	80.0	k=治理设施运行时间（天/年）/企业正常生产时间（天/年）
									物化处理+缺氧/好氧生物处理	82.0	
									物化处理+厌氧水解+好氧生物处理	89.9	
									物化处理+厌氧生物处理+缺氧/好氧生物处理	95.0	
									其他	70.0	
						挥发性有机物	克/千克-产品	2837.70	无末端治理技术	0	—
									冷凝法	25.0	k=治理设施运行时间（小时/年）/企业正常生产时间（小时/年）
									吸附+蒸汽解析	43.0	
									蓄热式催化燃烧法	52.0	
									低温等离子体	20.0	
									其他	40.0	
					固废	危险废物	千克/千克-产品	35.48	—	—	—

276 生物药品制品制造行业系数表（续表 5）

工段名称	产品名称	原料名称	工艺名称	规模等级	污染物类别	污染物指标	系数单位	产污系数	末端治理技术	末端治理技术平均去除效率/%	参考 k 值计算公式
—	生物药品	原核、真核发酵培养基[玉米蛋白粉（浆）、酵母素、生物氮素、淀粉等]	生物发酵工艺	<1000 千克/年	废水	废水量	米^3/千克-产品	29.94	—	—	—
						化学需氧量	克/千克-产品	20493.69	无末端治理技术	0	—
									物化处理法+好氧生物处理法	63.5	k=治理设施运行时间（天/年）/企业正常生产时间（天/年）
									物化处理+缺氧/好氧生物处理	68.0	
									物化处理+厌氧水解+好氧生物处理	80.0	
									物化处理+厌氧生物处理+缺氧/好氧生物处理	91.2	
									其他	60.0	
						氨氮	克/千克-产品	839.58	无末端治理技术	0	—
									物化处理法+好氧生物处理法	75.0	k=治理设施运行时间（天/年）/企业正常生产时间（天/年）
									物化处理+缺氧/好氧生物处理	95.4	
									物化处理+厌氧水解+好氧生物处理	82.1	
									物化处理+厌氧生物处理+缺氧/好氧生物处理	91.9	
									其他	60.0	

276 生物药品制品制造行业系数表（续表 6）

工段名称	产品名称	原料名称	工艺名称	规模等级	污染物类别	污染物指标	系数单位	产污系数	末端治理技术	末端治理技术平均去除效率/%	参考 k 值计算公式
—	生物药品	原核、真核发酵培养基[玉米蛋白粉（浆）、酵母素、生物氮素、淀粉等]	生物发酵工艺	＜1000 千克/年	废水	总氮	克/千克-产品	1259.37	无末端治理技术	0	—
									物化处理法+好氧生物处理法	75.0	k=治理设施运行时间（天/年）/企业正常生产时间（天/年）
									物化处理+缺氧/好氧生物处理	95.4	
									物化处理+厌氧水解+好氧生物处理	82.1	
									物化处理+厌氧生物处理+缺氧/好氧生物处理	91.9	
									其他	60.0	
						总磷	克/千克-产品	516.77	无末端治理技术	0	—
									物化处理法+好氧生物处理法	80.0	k=治理设施运行时间（天/年）/企业正常生产时间（天/年）
									物化处理+缺氧/好氧生物处理	88.4	
									物化处理+厌氧水解+好氧生物处理	92.0	
									物化处理+厌氧生物处理+缺氧/好氧生物处理	95.0	
									其他	70.0	

276 生物药品制品制造行业系数表（续表 7）

工段名称	产品名称	原料名称	工艺名称	规模等级	污染物类别	污染物指标	系数单位	产污系数	末端治理技术	末端治理技术平均去除效率/%	参考 k 值计算公式
—	生物药品	原核、真核发酵培养基[玉米蛋白粉（浆）、酵母素、生物氮素、淀粉等]	生物发酵工艺	<1000 千克/年	废气	挥发性有机物	克/千克-产品	5819.22	无末端治理技术	0	—
									冷凝法	25.0	k=治理设施运行时间（小时/年）/企业正常生产时间（小时/年）
									吸附+蒸汽解析	42.0	
									蓄热式催化燃烧法	47.0	
									低温等离子体	18.0	
									其他	40.0	
					固废	危险废物	千克/千克-产品	83.07	—	—	—
—	生物药品（不含血液制品）	动物组织或器官	生化提取工艺	≥1000 千克/年	废水	废水量	米 ^{3}/千克-产品	5.06	—	—	—
						化学需氧量	克/千克-产品	12177.68	无末端治理技术	0	—
									物化处理法+好氧生物处理法	89.6	k=治理设施运行时间（天/年）/企业正常生产时间（天/年）
									物化处理+缺氧/好氧生物处理	92	
									物化处理+厌氧水解+好氧生物处理	93.8	
									物化处理+厌氧生物处理+缺氧/好氧生物处理	97.5	
									其他	70	

276 生物药品制品制造行业系数表（续表 8）

工段名称	产品名称	原料名称	工艺名称	规模等级	污染物类别	污染物指标	系数单位	产污系数	末端治理技术	末端治理技术平均去除效率/%	参考 k 值计算公式
—	生物药品（不含血液制品）	动物组织或器官	生化提取工艺	≥1000 千克/年	废水	氨氮	克/千克-产品	68.837	无末端治理技术	0	—
									物化处理法+好氧生物处理法	63.3	k=治理设施运行时间（天/年）/企业正常生产时间（天/年）
									物化处理+缺氧/好氧生物处理	96.3	
									物化处理+厌氧水解+好氧生物处理	75.3	
									物化处理+厌氧生物处理+缺氧/好氧生物处理	92.7	
									其他	50.0	
						总氮	克/千克-产品	72.42	无末端治理技术	0	—
									物化处理法+好氧生物处理法	63.3	k=治理设施运行时间（天/年）/企业正常生产时间（天/年）
									物化处理+缺氧/好氧生物处理	96.3	
									物化处理+厌氧水解+好氧生物处理	75.3	
									物化处理+厌氧生物处理+缺氧/好氧生物处理	92.7	
									其他	50.0	

276 生物药品制品制造行业系数表（续表 9）

工段名称	产品名称	原料名称	工艺名称	规模等级	污染物类别	污染物指标	系数单位	产污系数	末端治理技术	末端治理技术平均去除效率/%	参考 k 值计算公式
—	生物药品（不含血液制品）	动物组织或器官	生化提取工艺	≥1000 千克/年	废水	总磷	克/千克-产品	11.16	无末端治理技术	0	—
									物化处理法+好氧生物处理法	77.3	k=治理设施运行时间（天/年）/企业正常生产时间（天/年）
									物化处理+缺氧/好氧生物处理	85.5	
									物化处理+厌氧水解+好氧生物处理	90.9	
									物化处理+厌氧生物处理+缺氧/好氧生物处理	93.0	
									其他	70.0	
					废气	挥发性有机物	克/千克-产品	399.54	无末端治理技术	0	—
									冷凝法	30.0	k=治理设施运行时间（小时/年）/企业正常生产时间（小时/年）
									吸附+蒸汽解析	42.0	
									蓄热式催化燃烧法	47.0	
									低温等离子体	20.0	
									其他	40.0	
					固废	危险废物	千克/千克-产品	1.70	—	—	—

276 生物药品制品制造行业系数表（续表 10）

工段名称	产品名称	原料名称	工艺名称	规模等级	污染物类别	污染物指标	系数单位	产污系数	末端治理技术	末端治理技术平均去除效率/%	参考 *k* 值计算公式
—	生物药品（不含血液制品）	动物组织或器官	生化提取工艺	<1000 千克/年	废水	废水量	米^3/千克-产品	52.74	—	—	—
						化学需氧量	克/千克-产品	70626.60	无末端治理技术	0	—
									物化处理法+好氧生物处理法	83.3	*k*=治理设施运行时间（天/年）/企业正常生产时间（天/年）
									物化处理+缺氧/好氧生物处理	88.8	
									物化处理+厌氧水解+好氧生物处理	95.5	
									物化处理+厌氧生物处理+缺氧/好氧生物处理	96.0	
									其他	70.0	
						氨氮	克/千克-产品	528.39	无末端治理技术	0	—
									物化处理法+好氧生物处理法	50.0	*k*=治理设施运行时间（天/年）/企业正常生产时间（天/年）
									物化处理+缺氧/好氧生物处理	93.0	
									物化处理+厌氧水解+好氧生物处理	70.0	
									物化处理+厌氧生物处理+缺氧/好氧生物处理	87.3	
									其他	40.0	

276 生物药品制品制造行业系数表（续表 11）

工段名称	产品名称	原料名称	工艺名称	规模等级	污染物类别	污染物指标	系数单位	产污系数	末端治理技术	末端治理技术平均去除效率/%	参考 *k* 值计算公式
—	生物药品（不含血液制品）	动物组织或器官	生化提取工艺	＜1000 千克/年	废水	总氮	克/千克-产品	607.40	无末端治理技术	0	—
									物化处理法+好氧生物处理法	50.0	*k*=治理设施运行时间（天/年）/企业正常生产时间（天/年）
									物化处理+缺氧/好氧生物处理	93.0	
									物化处理+厌氧水解+好氧生物处理	70.0	
									物化处理+厌氧生物处理+缺氧/好氧生物处理	87.3	
									其他	40.0	
						总磷	克/千克-产品	90.37	无末端治理技术	0	—
									物化处理法+好氧生物处理法	76.0	*k*=治理设施运行时间（天/年）/企业正常生产时间（天/年）
									物化处理+缺氧/好氧生物处理	80.0	
									物化处理+厌氧水解+好氧生物处理	88.3	
									物化处理+厌氧生物处理+缺氧/好氧生物处理	90.0	
									其他	70.0	

276 生物药品制品制造行业系数表（续表 12）

工段名称	产品名称	原料名称	工艺名称	规模等级	污染物类别	污染物指标	系数单位	产污系数	末端治理技术	末端治理技术平均去除效率/%	参考 k 值计算公式
—	生物药品（不含血液制品）	动物组织或器官	生化提取工艺	＜1000 千克/年	废气	挥发性有机物	克/千克-产品	30000	无末端治理技术	0	—
									冷凝法	30.0	k=治理设施运行时间（小时/年）/企业正常生产时间（小时/年）
									吸附+蒸汽解析	60.0	
									蓄热式催化燃烧法	65.0	
									低温等离子体	20.0	
									其他	56.0	
					固废	危险废物	千克/千克-产品	24.35	—	—	—
—	血液制品	血液	生化提取工艺	所有规模	废水	废水量	米 ^{3}/千克-产品	2.59	—	—	—
						化学需氧量	克/千克-产品	4450.64	无末端治理技术	0	—
									物化处理法+好氧生物处理法	83.4	k=治理设施运行时间（天/年）/企业正常生产时间（天/年）
									物化处理+缺氧/好氧生物处理	87.4	
									物化处理+厌氧水解+好氧生物处理	91.3	
									物化处理+厌氧生物处理+缺氧/好氧生物处理	96.5	
									其他	60	

276 生物药品制品制造行业系数表（续表 13）

工段名称	产品名称	原料名称	工艺名称	规模等级	污染物类别	污染物指标	系数单位	产污系数	末端治理技术	末端治理技术平均去除效率/%	参考 k 值计算公式
—	血液制品	血液	生化提取工艺	所有规模	废水	氨氮	克/千克-产品	20.55	无末端治理技术	0	—
									物化处理法+好氧生物处理法	40	k=治理设施运行时间（天/年）/企业正常生产时间（天/年）
									物化处理+缺氧/好氧生物处理	93.7	
									物化处理+厌氧水解+好氧生物处理	74.8	
									物化处理+厌氧生物处理+缺氧/好氧生物处理	87.4	
									其他	40.0	
						总氮	克/千克-产品	50.91	无末端治理技术	0	—
									物化处理法+好氧生物处理法	40	k=治理设施运行时间（天/年）/企业正常生产时间（天/年）
									物化处理+缺氧/好氧生物处理	93.7	
									物化处理+厌氧水解+好氧生物处理	74.8	
									物化处理+厌氧生物处理+缺氧/好氧生物处理	87.4	
									其他	40.0	

276 生物药品制品制造行业系数表（续表 14）

工段名称	产品名称	原料名称	工艺名称	规模等级	污染物类别	污染物指标	系数单位	产污系数	末端治理技术	末端治理技术平均去除效率/%	参考 *k* 值计算公式
—	血液制品	血液	生化提取工艺	所有规模	废水	总磷	克/千克-产品	35.23	无末端治理技术	0	—
									物化处理法+好氧生物处理法	82.0	*k*=治理设施运行时间（天/年）/企业正常生产时间（天/年）
									物化处理+缺氧/好氧生物处理	85.3	
									物化处理+厌氧水解+好氧生物处理	92.6	
									物化处理+厌氧生物处理+缺氧/好氧生物处理	95.0	
									其他	70.0	
					废气	挥发性有机物	克/千克-产品	3107.53	无末端治理技术	0	—
									冷凝法	30.0	*k*=治理设施运行时间（小时/年）/企业正常生产时间（小时/年）
									吸附+蒸汽解析	42.0	
									蓄热式催化燃烧法	47.0	
									低温等离子体	18.0	
									其他	40.0	
					固废	危险废物	千克/千克-产品	1.74	—	—	—

276 生物药品制品制造行业系数表（续表 15）

工段名称	产品名称	原料名称	工艺名称	规模等级	污染物类别	污染物指标	系数单位	产污系数	末端治理技术	末端治理技术平均去除效率/%	参考 *k* 值计算公式
—	基因工程药物和疫苗	微生物及微生物代谢产物或动物血清	生物工程工艺	≥10000千克/年	废水	废水量	米^3/千克-产品	7.18	—	—	—
						化学需氧量	克/千克-产品	1112.72	无末端治理技术	0	—
									物化处理法+好氧生物处理法	70.0	*k*=治理设施运行时间（天/年）/企业正常生产时间（天/年）
									物化处理+缺氧/好氧生物处理	75.0	
									物化处理+厌氧水解+好氧生物处理	87.1	
									物化处理+厌氧生物处理+缺氧/好氧生物处理	90.0	
									其他	60.0	
						氨氮	克/千克-产品	60.86	无末端治理技术	0	—
									物化处理法+好氧生物处理法	41.0	*k*=治理设施运行时间（天/年）/企业正常生产时间（天/年）
									物化处理+缺氧/好氧生物处理	92.0	
									物化处理+厌氧水解+好氧生物处理	76.4	
									物化处理+厌氧生物处理+缺氧/好氧生物处理	88.2	
									其他	40	

276 生物药品制品制造行业系数表（续表 16）

工段名称	产品名称	原料名称	工艺名称	规模等级	污染物类别	污染物指标	系数单位	产污系数	末端治理技术	末端治理技术平均去除效率/%	参考 k 值计算公式
—	基因工程药物和疫苗	微生物及微生物代谢产物或动物血清	生物工程工艺	≥10000千克/年	废水	总氮	克/千克-产品	91.29	无末端治理技术	0	—
									物化处理法+好氧生物处理法	41.0	k=治理设施运行时间（天/年）/企业正常生产时间（天/年）
									物化处理+缺氧/好氧生物处理	92.0	
									物化处理+厌氧水解+好氧生物处理	76.4	
									物化处理+厌氧生物处理+缺氧/好氧生物处理	88.2	
									其他	40	
						总磷	克/千克-产品	5.82	无末端治理技术	0	—
									物化处理法+好氧生物处理法	68.0	k=治理设施运行时间（天/年）/企业正常生产时间（天/年）
									物化处理+缺氧/好氧生物处理	75.3	
									物化处理+厌氧水解+好氧生物处理	85.0	
									物化处理+厌氧生物处理+缺氧/好氧生物处理	90.0	
									其他	60.0	

276 生物药品制品制造行业系数表（续表 17）

工段名称	产品名称	原料名称	工艺名称	规模等级	污染物类别	污染物指标	系数单位	产污系数	末端治理技术	末端治理技术平均去除效率/%	参考 k 值计算公式
—	基因工程药物和疫苗	微生物及微生物代谢产物或动物血清	生物工程工艺	≥10000 千克/年	废气	挥发性有机物	克/千克-产品	161.49	无末端治理技术	0	—
									冷凝法	30.0	k=治理设施运行时间（小时/年）/企业正常生产时间（小时/年）
									吸附+蒸汽解析	42.0	
									蓄热式催化燃烧法	47.0	
									低温等离子体	18.0	
									其他	40.0	
					固废	危险废物	千克/千克-产品	0.69	—	—	—
				1000≤产量<10000 千克/年	废水	废水量	米^3/千克-产品	8.21	—	—	—
						化学需氧量	克/千克-产品	7607.32	无末端治理技术	0	—
									物化处理+好氧生物处理	76.0	k=治理设施运行时间（天/年）/企业正常生产时间（天/年）
									物化处理+缺氧/好氧生物处理	83.8	
									物化处理+厌氧水解+好氧生物处理	93.5	
									物化处理+厌氧生物处理+缺氧/好氧生物处理	97.8	
									其他	70.0	

276 生物药品制品制造行业系数表（续表 18）

工段名称	产品名称	原料名称	工艺名称	规模等级	污染物类别	污染物指标	系数单位	产污系数	末端治理技术	末端治理技术平均去除效率/%	参考 k 值计算公式
—	基因工程药物和疫苗	微生物及微生物代谢产物或动物血清	生物工程工艺	1000≤产量<10000 千克/年	废水	氨氮	克/千克-产品	18.09	无末端治理技术	0	—
									物化处理+好氧生物处理	54.0	k=治理设施运行时间（天/年）/企业正常生产时间（天/年）
									物化处理+缺氧/好氧生物处理	92.0	
									物化处理+厌氧水解+好氧生物处理	77.7	
									物化处理+厌氧生物处理+缺氧/好氧生物处理	86.0	
									其他	50.0	
						总氮	克/千克-产品	276.13	无末端治理技术	0	—
									物化处理+好氧生物处理	54.0	k=治理设施运行时间（天/年）/企业正常生产时间（天/年）
									物化处理+缺氧/好氧生物处理	92.0	
									物化处理+厌氧水解+好氧生物处理	77.7	
									物化处理+厌氧生物处理+缺氧/好氧生物处理	86.0	
									其他	50.0	

276 生物药品制品制造行业系数表（续表 19）

工段名称	产品名称	原料名称	工艺名称	规模等级	污染物类别	污染物指标	系数单位	产污系数	末端治理技术	末端治理技术平均去除效率/%	参考 *k* 值计算公式
—	基因工程药物和疫苗	微生物及微生物代谢产物或动物血清	生物工程工艺	1000≤产量＜10000 千克/年	废水	总磷	克/千克-产品	16	无末端治理技术	0	—
									物化处理+好氧生物处理	64.8	*k*=治理设施运行时间（天/年）/企业正常生产时间（天/年）
									物化处理+缺氧/好氧生物处理	74.3	
									物化处理+厌氧水解+好氧生物处理	89.7	
									物化处理+厌氧生物处理+缺氧/好氧生物处理	90.0	
									其他	60.0	
					废气	挥发性有机物	克/千克-产品	232.99	无末端治理技术	0	—
									冷凝法	30.0	*k*=治理设施运行时间（小时/年）/企业正常生产时间（小时/年）
									吸附+蒸汽解析	42.0	
									蓄热式催化燃烧法	47.0	
									低温等离子体	18.0	
									其他	40.0	
					固废	危险废物	千克/千克-产品	2.57	—	—	—

276 生物药品制品制造行业系数表（续表 20）

工段名称	产品名称	原料名称	工艺名称	规模等级	污染物类别	污染物指标	系数单位	产污系数	末端治理技术	末端治理技术平均去除效率/%	参考 *k* 值计算公式
—	基因工程药物和疫苗	微生物及微生物代谢产物或动物血清	生物工程工艺	200≤产量<1000千克/年	废水	废水量	米^3/千克-产品	48.80	—	—	—
						化学需氧量	克/千克-产品	11052.85	无末端治理技术	0	—
									物化处理+好氧生物处理	63.5	*k*=治理设施运行时间（天/年）/企业正常生产时间（天/年）
									物化处理+缺氧/好氧生物处理	64.0	
									物化处理+厌氧水解+好氧生物处理	74.0	
									物化处理+厌氧生物处理+缺氧/好氧生物处理	91.2	
									其他	60.0	
						氨氮	克/千克-产品	1043.66	无末端治理技术	0	—
									物化处理+好氧生物处理	52.0	*k*=治理设施运行时间（天/年）/企业正常生产时间（天/年）
									物化处理+缺氧/好氧生物处理	92.0	
									物化处理+厌氧水解+好氧生物处理	76.6	
									物化处理+厌氧生物处理+缺氧/好氧生物处理	85.0	
									其他	50.0	

276 生物药品制品制造行业系数表（续表 21）

工段名称	产品名称	原料名称	工艺名称	规模等级	污染物类别	污染物指标	系数单位	产污系数	末端治理技术	末端治理技术平均去除效率/%	参考 k 值计算公式
—	基因工程药物和疫苗	微生物及微生物代谢产物或动物血清	生物工程工艺	200≤产量＜1000千克/年	废水	总氮	克/千克-产品	1565.49	无末端治理技术	0	—
									物化处理+好氧生物处理	52.0	k=治理设施运行时间（天/年）/企业正常生产时间（天/年）
									物化处理+缺氧/好氧生物处理	92.0	
									物化处理+厌氧水解+好氧生物处理	76.6	
									物化处理+厌氧生物处理+缺氧/好氧生物处理	85.0	
									其他	50.0	
						总磷	克/千克-产品	86.97	无末端治理技术	0	—
									物化处理+好氧生物处理	65.0	k=治理设施运行时间（天/年）/企业正常生产时间（天/年）
									物化处理+缺氧/好氧生物处理	72.0	
									物化处理+厌氧水解+好氧生物处理	85.8	
									物化处理+厌氧生物处理+缺氧/好氧生物处理	90	
									其他	50	

276 生物药品制品制造行业系数表（续表 22）

工段名称	产品名称	原料名称	工艺名称	规模等级	污染物类别	污染物指标	系数单位	产污系数	末端治理技术	末端治理技术平均去除效率/%	参考 k 值计算公式
—	基因工程药物和疫苗	微生物及微生物代谢产物或动物血清	生物工程工艺	200≤产量＜1000千克/年	废气	挥发性有机物	克/千克-产品	2220	无末端治理技术	0	—
									冷凝法	30.0	k=治理设施运行时间（小时/年）/企业正常生产时间（小时/年）
									吸附+蒸汽解析	42.0	
									蓄热式催化燃烧法	47.0	
									低温等离子体	18.0	
									其他	40.0	
					固废	危险废物	千克/千克-产品	10.31	—	—	—
				＜200千克/年	废水	废水量	米^3/千克-产品	184.77	—	—	—
						化学需氧量	克/千克-产品	75832.47	无末端治理技术	0	—
									物化处理+好氧生物处理	63.5	k=治理设施运行时间（天/年）/企业正常生产时间（天/年）
									物化处理+缺氧/好氧生物处理	68.0	
									物化处理+厌氧水解+好氧生物处理	85.4	
									物化处理+厌氧生物处理+缺氧/好氧生物处理	95.1	
									其他	60.0	

276 生物药品制品制造行业系数表（续表 23）

工段名称	产品名称	原料名称	工艺名称	规模等级	污染物类别	污染物指标	系数单位	产污系数	末端治理技术	末端治理技术平均去除效率/%	参考 k 值计算公式
—	基因工程药物和疫苗	微生物及微生物代谢产物或动物血清	生物工程工艺	<200 千克/年	废水	氨氮	克/千克-产品	6275.87	无末端治理技术	0	—
									物化处理+好氧生物处理	55.8	k=治理设施运行时间（天/年）/企业正常生产时间（天/年）
									物化处理+缺氧/好氧生物处理	94.1	
									物化处理+厌氧水解+好氧生物处理	70.6	
									物化处理+厌氧生物处理+缺氧/好氧生物处理	85.3	
									其他	50.0	
						总氮	克/千克-产品	9413.81	无末端治理技术	0	—
									物化处理+好氧生物处理	55.8	k=治理设施运行时间（天/年）/企业正常生产时间（天/年）
									物化处理+缺氧/好氧生物处理	94.1	
									物化处理+厌氧水解+好氧生物处理	70.6	
									物化处理+厌氧生物处理+缺氧/好氧生物处理	85.3	
									其他	50.0	

276 生物药品制品制造行业系数表（续表 24）

工段名称	产品名称	原料名称	工艺名称	规模等级	污染物类别	污染物指标	系数单位	产污系数	末端治理技术	末端治理技术平均去除效率/%	参考 k 值计算公式
—	基因工程药物和疫苗	微生物及微生物代谢产物或动物血清	生物工程工艺	<200 千克/年	废水	总磷	克/千克-产品	210.24	无末端治理技术	0	—
									物化处理+好氧生物处理	56.0	k=治理设施运行时间（天/年）/企业正常生产时间（天/年）
									物化处理+缺氧/好氧生物处理	70.0	
									物化处理+厌氧水解+好氧生物处理	82.4	
									物化处理+厌氧生物处理+缺氧/好氧生物处理	90.0	
									其他	40.0	
					废气	挥发性有机物	克/千克-产品	5527.42	无末端治理技术	0	—
									冷凝法	30.0	k=治理设施运行时间（小时/年）/企业正常生产时间（小时/年）
									吸附+蒸汽解析	42.0	
									蓄热式催化燃烧法	47.0	
									低温等离子体	18.0	
									其他	40.0	
					固废	危险废物	千克/千克-产品	180.62	—	—	—

277 卫生材料及医药用品制造业

1 适用范围

本手册仅用于《国民经济行业分类》（GB/T 4754—2017）中 2770 卫生材料及医药用品制造业使用系数法核算工业污染物产生量和排放量的工业企业。

利用本手册进行产排污核算得出的污染物产生量与排放量仅代表了特定行业、工艺、产品、原料在正常工况下污染物产生与排放的一般规律。

本行业中使用煮提产物生产卫生材料及医药用品生产的废水指标包括工业废水量、化学需氧量、氨氮、总磷、总氮；废气指标包括废气量、颗粒物。

使用化学药品原料药生产卫生材料及医药用品生产的废水指标包括工业废水量、化学需氧量、氨氮、总磷、总氮；废气指标包括废气量、挥发性有机物。

2 注意事项

2.1 企业有多种生产工艺或生产多类产品产排污量核算

污染物产生量与产品产量有关，计算产污量后，再根据企业末端治理设施和运行情况计算各污染物的排放量。

在企业实际排放量计算过程中，如果存在废水回用的情况，需要在利用产排污核算公式的基础上扣除废水回用的部分。公式如下：

实际排放量=计算排放量×（1–废水回用率）

工艺废水未经污水处理设施处理即回用于生产的情况，不予扣除。废水回用率根据企业实际情况计算，若无废水回用，废水回用率按 0 计算。

2.2 采用多种治理设施组合处理企业的排污量核算

在排污量计算选择末端治理技术时，若没有对应的组合治理技术，以主要治理技术为准。

2.3 系数表中未涉及的产污系数及污染治理效率

卫生材料及医药用品的生产过程中，如果原料为化学原料药，废水、废气指标可参考 2720 化学药品制剂制造行业固体制剂工段的系数手册；如果原料为煮提产物（中成药），废水、废气指标可参考 2740 中成药生产制造行业固体制剂工段的系数手册。

2.4 其他需要说明的问题

（1）由于不同企业工业废气量、废水量差异较大，本手册所提供的工业废气量、废水量系数仅

供参考。

（2）本《卫生材料及医药用品制造行业系数表》适用的医用卫生材料及医药用品产品范围包括：

①产品中使用中药的卫生材料及医药用品；

②产品中使用化学药物的卫生材料及医药用品。

不包含以下产品：

①不含中、西药成分，生产过程基本上不产生污染物或只进行简单的分装、剪切等物理加工过程的卫生材料，如纱布块、棉球、棉片、擦片、胶带、绷带、创可贴、粘贴纸、艾条等；

②以物理加工过程为主的医药用品，如义齿、牙科填料、粘固剂、组合盖、高分子材料等；

③生产过程基本无废水、废气污染物的产生的医药用品，如诊断试剂、试剂盒、试纸等。

（3）为体现相同产污水平条件下，采用相同环保治理设施的不同企业对同一污染物去除效果的差异，引入末端治理设施实际运行率（k）对污染治理技术的实际去除率进行修正。k 值反映的是污染治理设施运行的状态，越稳定运行，k 值越高；在取值上，若定义连续稳定运行的理想状态为 1，则 k 取值在 0～1 之间。

本手册给出本行业的 k 计算公式仅供参考，使用时，可根据 k 值定义，选取更适合企业实际情况的表达方式。

（4）废气污染物的排放量计算方法与废水污染物相同。

3 污染物排放量核算方法

3.1 计算污染物产生量

（1）根据产品、原料、污染物产生的主导生产工艺、企业规模（生产产能）这一组合查找和确定所对应的某一污染物的产污系数。

（2）根据该污染物的产污系数计量单位——单位产品产量，获取企业实际产品产量。

例如，某组合内化学需氧量的产污系数单位为千克/吨-产品，则计算产生量时需要获取企业实际产品产量。

（3）污染物产生量按以下公式进行计算：

污染物产生量=污染物对应的产污系数×产品产量

$$G_{产i} = P_{产i} \times M_i$$

式中，$G_{产i}$——工段 i 某污染物的产生量；

$P_{产i}$——工段 i 某污染物对应的产污系数；

M_i——工段 i 的产品产量。

3.2 计算污染物去除量

（1）根据企业对某一污染物所采用的治理技术查找和选择相应的治理技术平均去除效率。

（2）根据所填报的污染治理设施实际运行率参数及其计算公式得出该企业某一污染物的末端治理设施实际运行率（k 值）。

（3）污染物去除量按以下公式进行计算：

污染物去除量=污染物产生量×污染物去除率 =污染物产生量× 治理技术平均去除效率× 治理设施实际运行率

$$R_{减i} = G_{产i} \times \eta_T \times k_T$$

式中，$R_{减i}$——工段 i 某污染物的去除量；

η_T——工段 i 某污染物采用的末端治理技术的平均去除效率；

k_T——工段 i 某污染物采用的末端治理设施的实际运行率。

3.3 计算污染物实际排放量

（1）废水污染物实际排放量计算公式

污染物实际排放量=污染物计算排放量×（1–废水回用率）

=（污染物产生量–污染物去除量）×（1–废水回用率）

=（污染物对应的产污系数×产品产量–污染物产生量×治理技术平均去除效率×治理设施实际运行率）×（1–废水回用率）

=（污染物对应的产污系数×产品产量）×（1–治理技术平均去除效率×治理设施实际运行率）×（1–废水回用率）

（2）废气污染物实际排放量计算公式

污染物实际排放量=污染物产生量–污染物去除量

=污染物对应的产污系数×产品产量–污染物产生量×治理技术平均去除效率×治理设施实际运行率

=（污染物对应的产污系数×产品产量）×（1–治理技术平均去除效率×治理设施实际运行率）

3.4 计算企业污染物排放总量

同一企业某污染物全年的产生（排放）总量为该企业同年实际生产的全部工段、产品、原料、规模污染物实际产生（排放）量之和。

$$\begin{aligned} E_{排} &= G_{产} - R_{减} = \sum(G_{产i} - R_{减i}) \\ &= \sum\left[P_{产i} \times M_i(1-\eta_T \times k_T)\right] \end{aligned}$$

4 污染物排放量核算案例

某企业主要从事卫生材料及医药用品制造，主要原料为煮提产物。该企业涉及的主要生产工艺为固体制剂。其中主要污染物为化学需氧量、氨氮、总磷、总氮、颗粒物。以化学需氧量为例说明排放量计算过程。

该企业基本信息如表 1 所示。

表 1　某卫生材料及医药用品制造企业基本信息

	名称	数量
产品及产量	卫生材料及医药用品	237.276 吨
原料及用量	煮提产物（中草药）	74.007 吨
工艺名称	固体制剂	—
规模（产能）	200～1000 吨/年	
污染治理设施	好氧生物处理法（A/O 工艺）	
实际运行率参数	污水治理设施运行时间	2604 小时
	企业正常生产时间	924 小时
废水回用率	10%	

4.1　化学需氧量产生量计算

（1）查找产污系数及其计量单位

根据企业基本信息，查找本手册中主要产品为卫生材料及医药用品，主要原料为煮提产物，主要工艺为固体制剂，生产规模为 200～1000 吨/年。该组合化学需氧量的产污系数为 1440，单位为克/吨-产品。

（2）获取企业产品产量

该企业实际情况为：主要产品卫生材料及医药用品 2017 年产量为 237.276 吨。

（3）计算化学需氧量产生量

由于查询到的组合中，化学需氧量产污系数的单位为克/吨-产品，因此在核算产生量时需获取产品产量。

化学需氧量产生量=化学需氧量产污系数×产品（卫生材料及医药用品）产量

=1440 克/吨-产品×237.276 吨-产品=341677.44 克

4.2　化学需氧量去除量计算

（1）查找治理技术平均去除效率

该企业化学需氧量治理技术采用 A/O 工艺，即好氧生物处理法，查询相应组合内好氧生物处理法的平均去除效率为 73%。

（2）计算污染治理设施实际运行率

根据产污系数组合查询结果，该组合中化学需氧量对应的污染治理设施实际运行率为

k =污水治理设施运行时间/企业正常生产时间=2604 小时/924 小时＞1（k 取 1）

（3）计算化学需氧量去除量

化学需氧量去除量=341677.44 克×73%×1=249424.531 克

4.3　化学需氧量排放量计算

该企业存在废水治理后末端回用的情况，废水回用率为 10%。

化学需氧量实际排放量=化学需氧量计算排放量×（1–废水回用率）=（污染物产生量–污染物去除量）×（1–废水回用率）=（341677.44 克–249424.531 克）×（1–10%）

=83027.6181 克

5 系数表

277 卫生材料及医药用品制造行业系数表

工段名称	产品名称	原料名称	工艺名称	规模等级	污染物类别	污染物指标	系数单位	产污系数	末端治理技术	末端治理技术平均去除效率/%	参考 k 值计算公式[1]
—	卫生材料及医药用品	化学药品原料药	固体制剂	≥1000吨/年	废水	废水量	米^3/吨-产品	36.51	—	—	—
						化学需氧量	千克/吨-产品	14.54	无末端处理设施	0	—
									物理化学处理法+好氧生物处理法	90.8	k=治理设施运行时间（天/年）/企业正常生产时间（天/年）
									物理化学处理法+厌氧生物处理+好氧生物处理	93.9	
									物理化学处理法+厌/好氧生物组合处理+物理化学处理法	96.3	
						氨氮	千克/吨-产品	0.55	无末端处理设施	0	—
									物理化学处理法+好氧生物处理法	91.2	k=治理设施运行时间（天/年）/企业正常生产时间（天/年）
									物理化学处理法+厌氧生物处理+好氧生物处理	92.2	
									物理化学处理法+厌/好氧生物组合处理+物理化学处理法	95.4	
						总磷	千克/吨-产品	0.40	无末端处理设施	0	—
									物理化学处理法+好氧生物处理法	87.5	k=治理设施运行时间（天/年）/企业正常生产时间（天/年）
									物理化学处理法+厌氧生物处理+好氧生物处理	92.5	
									物理化学处理法+厌/好氧生物组合处理+物理化学处理法	99.0	
						总氮	千克/吨-产品	1.10	无末端处理设施	0	—
									物理化学处理法+好氧生物处理法	75.1	k=治理设施运行时间（天/年）/企业正常生产时间（天/年）
									物理化学处理法+厌氧生物处理+好氧生物处理	80.6	
									物理化学处理法+厌/好氧生物组合处理+物理化学处理法	97.5	
					废气	工业废气量	标米^3/吨-产品	348617.00	—	—	—

[1] 该公式仅供参考，使用时，可根据 k 值定义，选取更适合企业实际情况的表达方式。

277 卫生材料及医药用品制造行业系数表（续表 1）

工段名称	产品名称	原料名称	工艺名称	规模等级	污染物类别	污染物指标	系数单位	产污系数	末端治理技术	末端治理技术平均去除效率/%	参考 k 值计算公式
—	卫生材料及医药用品	化学药品原料药	固体制剂	≥1000 吨/年	废气	挥发性有机物	千克/吨-产品	8.0080	无末端处理设施	0	—
									低温等离子体	20.0	k=治理设施运行时间（小时/年）/企业正常生产时间（小时/年）
									吸收+分流	44.0	
									吸附+蒸汽解析	48.0	
					固废	危险废物	千克/吨-产品	0.00022	—	—	—
				200≤产量＜1000 吨/年	废水	废水量	米 ^{3}/吨-产品	118.70	—	—	—
						化学需氧量	千克/吨-产品	51.067	无末端处理设施	0	—
									物理化学处理法+好氧生物处理法	90.3	k=治理设施运行时间（天/年）/企业正常生产时间（天/年）
									物理化学处理法+厌氧生物处理+好氧生物处理	94.5	
									物理化学处理法+厌/好氧生物组合处理+物理化学处理法	96.5	
						氨氮	千克/吨-产品	1.90	无末端处理设施	0	—
									物理化学处理法+好氧生物处理法	90.6	k=治理设施运行时间（天/年）/企业正常生产时间（天/年）
									物理化学处理法+厌氧生物处理+好氧生物处理	91.0	
									物理化学处理法+厌/好氧生物组合处理+物理化学处理法	94.0	
						总磷	千克/吨-产品	1.54	无末端处理设施	0	—
									物理化学处理法+好氧生物处理法	86.5	k=治理设施运行时间（天/年）/企业正常生产时间（天/年）
									物理化学处理法+厌氧生物处理+好氧生物处理	91.5	
									物理化学处理法+厌/好氧生物组合处理+物理化学处理法	98.6	

277 卫生材料及医药用品制造行业系数表（续表 2）

工段名称	产品名称	原料名称	工艺名称	规模等级	污染物类别	污染物指标	系数单位	产污系数	末端治理技术	末端治理技术平均去除效率/%	参考 *k* 值计算公式
—	卫生材料及医药用品	化学药品原料药	固体制剂	200≤产量＜1000吨/年	废水	总氮	千克/吨-产品	3.80	无末端处理设施	0	—
									物理化学处理法+好氧生物处理法	70.1	*k*=治理设施运行时间（天/年）/企业正常生产时间（天/年）
									物理化学处理法+厌氧生物处理+好氧生物处理	76.7	
									物理化学处理法+厌/好氧生物组合处理+物理化学处理法	95.8	
					废气	工业废气量	标米 ^{3}/吨-产品	360168.56	—	—	—
						挥发性有机物	千克/吨-产品	9.73	无末端处理设施	0	—
									低温等离子体	20.0	*k*=治理设施运行时间（小时/年）/企业正常生产时间（小时/年）
									吸附+蒸汽解析	42.0	
									吸收+分流	45.0	
					固废	危险废物	千克/吨-产品	0.12	—	—	—
				＜200吨/年	废水	废水量	米 ^{3}/吨-产品	318.022	—	—	—
						化学需氧量	千克/吨-产品	105.51	无末端处理设施	0	—
									物理化学处理法+好氧生物处理法	90.9	*k*=治理设施运行时间（天/年）/企业正常生产时间（天/年）
									物理化学处理法+厌氧生物处理+好氧生物处理	95.1	
									物理化学处理法+厌/好氧生物组合处理+物理化学处理法	97.2	
						氨氮	千克/吨-产品	5.17	无末端处理设施	0	—
									物理化学处理法+好氧生物处理法	90.9	*k*=治理设施运行时间（天/年）/企业正常生产时间（天/年）
									物理化学处理法+厌氧生物处理+好氧生物处理	91.7	
									物理化学处理法+厌/好氧生物组合处理+物理化学处理法	95.1	

277 卫生材料及医药用品制造行业系数表（续表 3）

工段名称	产品名称	原料名称	工艺名称	规模等级	污染物类别	污染物指标	系数单位	产污系数	末端治理技术	末端治理技术平均去除效率/%	参考 *k* 值计算公式
—	卫生材料及医药用品	化学药品原料药	固体制剂	＜200 吨/年	废水	总磷	千克/吨-产品	4.77	无末端处理设施	0	—
									物理化学处理法+好氧生物处理法	86.5	*k*=治理设施运行时间（天/年）/企业正常生产时间(天/年)
									物理化学处理法+厌氧生物处理+好氧生物处理	91.5	
									物理化学处理法+厌/好氧生物组合处理+物理化学处理法	99.0	
						总氮	千克/吨-产品	10.49	无末端处理设施	0	—
									物理化学处理法+好氧生物处理法	71.3	*k*=治理设施运行时间（天/年）/企业正常生产时间（天/年）
									物理化学处理法+厌氧生物处理+好氧生物处理	78.0	
									物理化学处理法+厌/好氧生物组合处理+物理化学处理法	97.2	
					废气	工业废气量	标米 ^{3}/吨-产品	404200.70	—	—	—
						挥发性有机物	千克/吨-产品	11.72	无末端处理设施	0	—
									低温等离子体	20.0	*k*=治理设施运行时间（小时/年）/企业正常生产时间（小时/年）
									吸收+分流	40.0	
									吸附+蒸汽解析	43.0	
					固废	危险废物	千克/吨-产品	1.58	—	—	—
		煮提产物	固体制剂	＜200 吨/年	废水	废水量	吨/吨-产品	8.80	—	—	—
						化学需氧量	克/吨-产品	1590	好氧生物处理法	73.0	*k*=污水治理设施运行时间（小时/年）/企业正常生产时间（小时/年）
									厌氧生物处理法+好氧生物处理法	87.0	

277 卫生材料及医药用品制造行业系数表（续表 4）

工段名称	产品名称	原料名称	工艺名称	规模等级	污染物类别	污染物指标	系数单位	产污系数	末端治理技术	末端治理技术平均去除效率/%	参考 k 值计算公式
—	卫生材料及医药用品	煮提产物	固体制剂	＜200 吨/年	废水	氨氮	克/吨-产品	175	好氧生物处理法	80.0	k=污水治理设施运行时间（小时/年）/企业正常生产时间（小时/年）
									厌氧生物处理法+好氧生物处理法	89.0	
						总磷	克/吨-产品	61	好氧生物处理法+物理化学处理法	85.0	
									厌氧生物处理法+好氧生物处理法+物理化学处理法	92.0	
						总氮	克/吨-产品	245	好氧生物处理法	78.0	
									厌氧生物处理法+好氧生物处理法	88.0	
					废气	工业废气量	标米 ^{3}/吨-产品	36000	—	—	—
						颗粒物	千克/吨-产品	4	袋式除尘	98.0	k=除尘设备年耗电量（千瓦·时）/［除尘设备额定功率（千瓦）× 除尘设备年运行时间（小时）］
									旋风除尘+袋式除尘	99.0	
					固废	固废量	吨/吨-产品	0.03	—	—	—
				200≤产量＜1000 吨/年	废水	废水量	吨/吨-产品	7.99	—	—	—
						化学需氧量	克/吨-产品	1440	好氧生物处理法	73.0	k=污水治理设施运行时间（小时/年）/企业正常生产时间（小时/年）
									厌氧生物处理法+好氧生物处理法	87.0	

277 卫生材料及医药用品制造行业系数表（续表 5）

工段名称	产品名称	原料名称	工艺名称	规模等级	污染物类别	污染物指标	系数单位	产污系数	末端治理技术	末端治理技术平均去除效率/%	参考 k 值计算公式
—	卫生材料及医药用品	煮提产物	固体制剂	200≤产量<1000吨/年	废水	氨氮	克/吨-产品	149	好氧生物处理法	80.0	k=污水治理设施运行时间（小时/年）/企业正常生产时间（小时/年）
									厌氧生物处理法+好氧生物处理法	89.0	
						总磷	克/吨-产品	52	好氧生物处理法+物理化学处理法	85.0	
									厌氧生物处理法+好氧生物处理法+物理化学处理法	92.0	
						总氮	克/吨-产品	184	好氧生物处理法	78.0	
									厌氧生物处理法+好氧生物处理法	88.0	
					废气	工业废气量	标米 ^{3}/吨-产品	35400	—	—	—
						颗粒物	千克/吨-产品	3.00	袋式除尘	98.0	k=除尘设备年耗电量（千瓦·时）/[除尘设备额定功率（千瓦）× 除尘设备年运行时间（小时）]
									旋风除尘+袋式除尘	99.0	
					固废	固废量	吨/吨-产品	0.01	—	—	—
				≥1000吨/年	废水	废水量	吨/吨-产品	7.01	—	—	—
						化学需氧量	克/吨-产品	1280	好氧生物处理法	73.0	k=污水治理设施运行时间（小时/年）/企业正常生产时间（小时/年）
									厌氧生物处理法+好氧生物处理法	87.0	

277 卫生材料及医药用品制造行业系数表（续表 6）

工段名称	产品名称	原料名称	工艺名称	规模等级	污染物类别	污染物指标	系数单位	产污系数	末端治理技术	末端治理技术平均去除效率/%	参考 k 值计算公式
—	卫生材料及医药用品	煮提产物	固体制剂	≥1000吨/年	废水	氨氮	克/吨-产品	82	好氧生物处理法	80.0	k=污水治理设施运行时间（小时/年）/企业正常生产时间（小时/年）
									厌氧生物处理法+好氧生物处理法	89.0	
						总磷	克/吨-产品	29	好氧生物处理法+物理化学处理法	85.0	
									厌氧生物处理法+好氧生物处理法+物理化学处理法	92.0	
						总氮	克/吨-产品	104	好氧生物处理法	78.0	
									厌氧生物处理法+好氧生物处理法	88.0	
					废气	工业废气量	标米^3/吨-产品	33400	—	—	—
						颗粒物	千克/吨-产品	1.00	袋式除尘	98.0	k=除尘设备年耗电量（千瓦·时）/［除尘设备额定功率（千瓦）× 除尘设备年运行时间（小时）］
									旋风除尘+袋式除尘	99.0	
					固废	固废量	吨/吨-产品	0.01	—	—	—

278 药用辅料及包装材料业

1 适用范围

本手册仅用于《国民经济行业分类》（GB/T 4754—2017）中 2780 药用辅料及包装材料业使用产污系数法核算工业污染物产生量和排放量的工业企业。

利用本手册进行产排污核算得出的污染物产生量与排放量仅代表了特定行业、工艺、产品、原料在正常工况下污染物产生与排放的一般规律。

本行业废水指标包括工业废水量、化学需氧量、氨氮、总氮、总磷；废气指标包括工业废气量、颗粒物、挥发性有机物、氨。

产品不同，污染物指标也略有差异，以 2780 药用辅料及包装材料行业产污系数和污染治理效率表为准。

2 注意事项

2.1 企业有多种生产工艺或生产多类产品产排污量核算

污染物产生量与原料用量有关，计算产污量后，再根据企业末端治理设施和运行情况计算各污染物的排放量。

其他产品（医用纱布、脱脂棉、药用明胶、玉米淀粉、麦芽糊精）生产中产生的工业废水量、化学需氧量、氨氮、总氮、总磷、废气量、颗粒物、氨、挥发性有机物：污染物产生量与产品产量有关，计算产污量后，再根据企业末端治理设施和运行情况计算各污染物的排放量。

在企业实际排放量计算过程中，如果存在废水回用的情况，需要在利用产排污核算公式的基础上扣除废水回用的部分。公式如下：

实际排放量=计算排放量×（1–废水回用率）

工艺废水未经污水处理设施处理即回用于生产的情况，不予扣除。

2.2 采用多种治理设施组合处理企业的排污量核算

在排污量计算选择末端治理技术时，若没有对应的组合治理技术，以主要治理技术为准。

2.3 系数表中未涉及的产污系数及污染治理效率

药用辅料淀粉的生产工程中，如果生产小麦淀粉、木薯淀粉等其他类淀粉，废水、废气指标可参考 1391 淀粉及淀粉制品制造的系数手册。

药用明胶的生产过程中，如果生产皮胶、骨胶、鱼胶等其他动物胶做药用辅料，废水、废气指标可参考 2667 动物胶制造业的系数手册。

其他药用辅料及包装材料行业产品的产污系数和核算方法，根据产品属性，选择最为接近的产品行业进行参考。例如，药用辅料及包装材料中医用纱布、脱脂棉参考1713棉纺织及印染精加工行业系数手册；细胞液、软管、支架等参考358医疗仪器设备和器械制造行业系数手册；聚丙烯包装材料参考2651初级形态塑料及合成树脂制造行业系数手册；聚乙烯瓶参考2629塑料包装箱及容器制造行业系数手册；医药包装用玻璃瓶（粉针剂、水针剂、输液瓶等）分别参考3053玻璃仪器制造行业和3054日用玻璃制品制造行业的系数手册；铝盖参考3333金属包装容器及材料制造行业系数手册；其他药用辅料还可参考1495食品及饲料添加剂制造行业系数手册和2614有机化学原料制造行业系数手册等。

2.4 其他需要说明的问题

（1）由于不同企业工业废气量、废水量差异较大，本手册所提供的工业废气量、废水量系数仅供参考，不作为企业填报依据。

（2）药用辅料及包装材料行业产品复杂、种类多样，与其他行业多有交叉，从产品、原料、工艺上难以判断行业归属，因此以参照为主。根据产品信息，确定该企业是否属于药用辅料和包装材料制造行业［以中华人民共和国国家标准《国民经济行业分类》（GB/T 4754—2017）中的行业代码和行业名称为准］，并选择参照的行业系数手册。

（3）由于药用辅料及包装材料行业的工业废气量、废水量系数均参考其他相关行业，故污染物去除效率、设施运行率、污染物排放量核算方法也应参考相对应行业的具体核算方法进行计算。

（4）医用纱布、脱脂棉、药用胶囊、玉米淀粉、麦芽糊精的生产中，废水污染物治理技术不区分在组合中的先后次序，按照组合中主要治理技术所属的类别选择“产污系数及污染治理效率表”中对应的末端治理技术名称；药用明胶的末端治理技术企业可根据实际情况，选择单个治理技术或多种治理技术串联使用，污染物总体去除效率由选用的污染物单项末端治理技术处理效率组合而成。

（5）为体现相同产污水平条件下，采用相同环保治理设施的不同企业对同一污染物去除效果的差异，引入末端治理设施实际运行率（k）对污染治理技术的实际去除率进行修正。k值反映的是污染治理设施运行的状态，越稳定运行，k值越高；在取值上，若定义连续稳定运行的理想状态为1，则k取值在0～1之间。

本手册给出本行业的k计算公式仅供参考，使用时，可根据k值定义，选取更适合企业实际情况的表达方式。

（6）如果企业存在废水治理后末端回用的情况，则废水中各项污染物指标的实际排污量计算需在利用产排污核算公式获取的计算排放量基础上扣除废水回用的部分，公式如下：

$$实际排放量=计算排放量\times（1-废水回用率）$$

废水回用率根据企业实际情况计算，若无废水回用，废水回用率按0计算。

（7）废气污染物的排放量计算方法与废水污染物相同。

3 污染物排放量核算方法

3.1 计算工段污染物产生量

（1）根据产品、原料、污染物产生的主导生产工艺、企业规模（生产产能）这一组合查找和确定所对应的某一污染物的产污系数。

（2）根据该污染物的产污系数计量单位——单位产品产量或单位原料用量，获取企业实际产品产量或原料用量。

例如，某组合内化学需氧量的产污系数单位为克/吨-产品，则计算产生量时需要获取企业实际产品产量；如果产污系数计量单位为克/吨-原料，则计算产生量时需要获取企业原料实际消耗量。

（3）污染物产生量按以下公式进行计算：

污染物产生量=污染物对应的产污系数×产品产量（原料用量）

$$G_{产i} = P_{产i} \times M_i$$

式中，$G_{产i}$——工段 i 某污染物的产生量；

$P_{产i}$——工段 i 某污染物对应的产污系数；

M_i——工段 i 的产品产量（原料用量）。

3.2 计算工段污染物去除量

（1）根据企业对某一污染物所采用的治理技术查找和选择相应的治理技术平均去除效率。

（2）根据所填报的污染治理设施实际运行率参数及其计算公式得出该企业某一污染物的末端治理设施实际运行率（k 值）。

药用明胶的污染物去除效率计算方式与其他产品不同，需对所采用的所有末端治理技术的治理效率进行叠加计算，计算公式如下：

$$\eta_T = 1-(1-\eta_1)\times(1-\eta_2)\times(1-\eta_3)\cdots(1-\eta_n)$$

式中，η_1、η_2、$\eta_3\cdots\eta_n$——单级末端治理技术效率。

（3）污染物去除量按以下公式进行计算：

污染物去除量=污染物产生量×污染物去除率 =污染物产生量×治理技术平均去除效率×治理设施实际运行率

$$R_{减i} = G_{产i} \times \eta_T \times k_T$$

式中，$R_{减i}$——工段 i 某污染物的去除量；

η_T——工段 i 某污染物采用的末端治理技术的平均去除效率；

k_T——工段 i 某污染物采用的末端治理设施的实际运行率。

3.3 计算工段污染物排放量

（1）废水污染物实际排放量计算公式

污染物实际排放量=污染物计算排放量×（1–废水回用率）

=（污染物产生量–污染物去除量）×（1–废水回用率）

=（污染物对应的产污系数×产品产量（原料用量）–污染物产生量×治理技术平均去除效率×治理设施实际运行率）×（1–废水回用率）

=［污染物对应的产污系数×产品产量（原料用量）］×（1–治理技术平均去除效率×治理设施实际运行率）×（1–废水回用率）

（2）废气污染物实际排放量计算公式

污染物实际排放量=污染物产生量–污染物去除量

=污染物对应的产污系数×产品产量（原料用量）–污染物产生量×治理技术平均去除效率×治理设施实际运行率

=［污染物对应的产污系数×产品产量（原料用量）］×（1–治理技术平均去除效率×治理设施实际运行率）

3.4 计算企业污染物排放总量

同一企业某污染物全年的产生（排放）总量为该企业同年实际生产的全部工段、产品、原料、规模污染物实际产生（排放）量之和。

$$
\begin{aligned}
E_{排} &= G_{产} - R_{减} = \sum(G_{产i} - R_{减i}) \\
&= \sum\left[P_{产i} \times M_i(1 - \eta_T \times k_T)\right]
\end{aligned}
$$

4 污染物排放量核算案例

4.1 污染物排放量计算

某生产空心胶囊企业主要从事胶囊生产。产污过程不分工段。主要污染物为化学需氧量、氨氮。以化学需氧量为例说明排放量计算过程。

该企业基本信息如表 1 所示。

表 1　某空心胶囊生产企业基本信息

	名称		数量
产品及产量	空心胶囊		1299 吨
原料及用量	明胶		1319.5 吨
工艺名称	溶胶-蘸胶-干燥		—
规模（产能）	所有规模		
污染治理设施	好氧生物处理（A/O）工艺		
实际运行率参数	污水治理设施运行时间		3000 小时
	企业正常生产时间		3000 小时
废水回用率	10%		

（1）化学需氧量产生量计算

①查找产污系数及其计量单位

根据企业基本信息查找本手册中主要产品为空心胶囊，主要原料为明胶，主要工艺为溶胶-蘸胶-干燥，生产规模为所有规模。该组合化学需氧量的产污系数为 6214，单位为克/吨-原料。

②获取企业原料用量

该企业实际情况为：该工段主要原料明胶 2017 年消耗量为 1319.5 吨。

③计算化学需氧量产生量

由于查询到的组合中，化学需氧量产污系数的单位为克/吨-原料，因此在核算产生量时需获取原料用量。

化学需氧量产生量=化学需氧量产污系数×原料用量

=6214 克/吨-原料×1319.5 吨-原料×10^{-3}

=8199.373 千克

（2）化学需氧量去除量计算

①查找治理技术平均去除效率

该企业化学需氧量治理技术采用好氧生物处理法（A/O）工艺，查询相应组合内该工艺的平均去除效率为 85.0%。

②计算污染治理设施实际运行率。

根据产污系数组合查询结果，该组合中化学需氧量对应的污染治理设施实际运行率为

k=污水治理设施运行时间/企业正常生产时间=3000 小时/3000 小时=1

③计算化学需氧量去除量。

化学需氧量去除量=8199.373 千克×85.0%×1=6969.467 千克

（3）化学需氧量实际排放量计算

该企业存在废水治理后末端回用的情况，废水回用率为 10%。

化学需氧量实际排放量=化学需氧量计算排放量×（1–废水回用率）=（污染物产生量–污染物去除量）×（1–废水回用率）=（8199.373 千克–6969.467 千克）×（1–10%）

=1106.9154 千克

由于空心胶囊的生产过程不区分工段，因此该排放量即为企业化学需氧量排放总量。

4.2　污染物去除效率计算案例

药用明胶的污染物去除效率计算方式与其他产品不同，需对所采用的所有末端治理技术的治理效率进行叠加计算。

以企业总磷总体去除效率计算方法为例，表中查得化学沉淀法总磷去除效率为 70.0%，生物接触氧化法去除效率为 40.0%。若企业采用污水处理工艺包含化学沉淀法和生物接触氧化法，则企业的总磷总体去除效率计算方法为

总磷总体去除效率=1–（1–70.0%）×（1–40.0%）=82.0%

因此企业的总磷总体去除效率为 82.0%。

5 系数表

278 药用辅料及包装材料行业系数表

工段名称	产品名称	原料名称	工艺名称	规模等级	污染物类别	污染物指标	系数单位	产污系数	末端治理技术	末端治理技术平均去除效率/%	参考 k 值计算公式[1]
—	医用纱布/脱脂棉	棉纱、棉线/原棉	脱脂-漂白	所有规模	废水	工业废水量	米^3/吨-产品	20.2	—	—	—
						化学需氧量	克/吨-产品	187209	化学混凝法+厌氧生物处理法+好氧生物处理法	98.5	k=污水治理设施运行时间（小时/年）/企业正常生产时间（小时/年）
									化学混凝法+厌氧生物处理法+好氧生物处理法+化学处理法	98.8	
						氨氮	克/吨-产品	207	化学混凝法+厌氧生物处理法+好氧生物处理法	69.5	
									化学混凝法+厌氧生物处理法+好氧生物处理法+化学处理法	76.6	
						总氮	克/吨-产品	1824	化学混凝法+厌氧生物处理法+好氧生物处理法	67.3	
									化学混凝法+厌氧生物处理法+好氧生物处理法+化学处理法	74.8	
						总磷	克/吨-产品	473	化学混凝法+厌氧生物处理法+好氧生物处理法	91.6	
									化学混凝法+厌氧生物处理法+好氧生物处理法+化学处理法	93.4	

[1] 该公式仅供参考，使用时，可根据 k 值定义，选取更适合企业实际情况的表达方式。

278 药用辅料及包装材料行业系数表（续表 1）

工段名称	产品名称	原料名称	工艺名称	规模等级	污染物类别	污染物指标	系数单位	产污系数	末端治理技术	末端治理技术平均去除效率/%	参考 *k* 值计算公式
—	医用纱布/脱脂棉	棉纱、棉线/原棉	脱脂-漂白	所有规模	固废	一般工业固废	千克/吨-产品	132.27	—	—	—
						危险废物	千克/吨-产品	2.49	—	—	—
碱法	药用明胶	脱脂牛骨、猪骨骨粒等	碱法	≤1500吨/年	废水	工业废水量	吨/吨-产品	900	—	—	—
						化学需氧量	克/吨-产品	1.00×10^{6}	A^2/O 工艺	70.0	*k*=设备年耗电量（千瓦·时）/［设备额定功率（千瓦）×设备年运行时间（小时）］
									SBR 类	75.0	
									生物接触氧化法	75.0	
									厌氧水解类	70.0	
						氨氮	克/吨-产品	2.42×10^{4}	A^2/O 工艺	70.0	
									SBR 类	75.0	
									生物接触氧化法	75.0	
									厌氧水解类	70.0	
						总磷	克/吨-产品	1.75×10^{4}	化学沉淀法	70.0	*k*=设备年耗电量（千瓦·时）/［设备额定功率（千瓦）×设备年运行时间（小时）］
									A^2/O 工艺	40.0	
									SBR 类	40.0	
									生物接触氧化法	40.0	
									厌氧水解类	40.0	
						总氮	克/吨-产品	3.53×10^{4}	A^2/O 工艺	70.0	
									SBR 类	75.0	
									生物接触氧化法	75.0	
									厌氧水解类	70.0	
					废气	工业废气量	标米^3/吨-产品	3.33×10^{4}	—	—	—

2780 药用辅料及包装材料行业系数表（续表 2）

工段名称	产品名称	原料名称	工艺名称	规模等级	污染物类别	污染物指标	系数单位	产污系数	末端治理技术	末端治理技术平均去除效率/%	参考 k 值计算公式
碱法	药用明胶	脱脂牛骨、猪骨骨粒等	碱法	≤1500 吨/年	废气	颗粒物	千克/吨-产品	21.5	袋式除尘	95.0	k=设备年耗电量（千瓦·时）/［设备额定功率（千瓦）×设备年运行时间（小时）］
									旋风+布袋	95.0	
						氨	千克/吨-产品	0.120	物理吸附法	50.0	
									生物过滤法	50.0	
						挥发性有机物	千克/吨-产品	8.00×10^{-2}	吸附+蒸汽解析	36.0	
									吸附/催化燃烧法	36.0	
									低温等离子体	18.0	
									光解	24.0	
					固废	一般工业固废	吨/吨-产品	1.471	—	—	—
				>1500 吨/年	废水	工业废水量	吨/吨-产品	8.50×10^{2}	—	—	—
						化学需氧量	克/吨-产品	8.90×10^{5}	A^2/O 工艺	70.0	k=设备年耗电量（千瓦·时）/［设备额定功率（千瓦）×设备年运行时间（小时）］
									SBR 类	75.0	
									生物接触氧化法	75.0	
									厌氧水解类	70.0	
						氨氮	克/吨-产品	2.26×10^{4}	A^2/O 工艺	70.0	
									SBR 类	75.0	
									生物接触氧化法	75.0	
									厌氧水解类	70.0	
						总磷	克/吨-产品	1.75×10^{4}	化学沉淀法	70.0	
									A^2/O 工艺	40.0	
									SBR 类	40.0	
									生物接触氧化法	40.0	
									厌氧水解类	40.0	

2780 药用辅料及包装材料行业系数表（续表 3）

工段名称	产品名称	原料名称	工艺名称	规模等级	污染物类别	污染物指标	系数单位	产污系数	末端治理技术	末端治理技术平均去除效率/%	参考 k 值计算公式
碱法	药用明胶	脱脂牛骨、猪骨骨粒等	碱法	>1500吨/年	废水	总氮	克/吨-产品	2.98×10^{4}	A^2/O 工艺	70.0	k=设备年耗电量（千瓦·时）/［设备额定功率（千瓦）×设备年运行时间（小时）］
									SBR 类	75.0	
									生物接触氧化法	75.0	
									厌氧水解类	70.0	
					废气	工业废气量	标米^3/吨-产品	3.33×10^{4}	—	—	—
						颗粒物	千克/吨-产品	21.5	袋式除尘	95.0	k=设备年耗电量（千瓦·时）/［设备额定功率（千瓦）×设备年运行时间（小时）］
									旋风+布袋	95.0	
						氨	千克/吨-产品	0.120	物理吸附法	50.0	
									生物过滤法	50.0	
						挥发性有机物	千克/吨-产品	8.00×10^{-2}	吸附+蒸汽解析	36.0	
									吸附/催化燃烧法	36.0	
									低温等离子体	18.0	
									光解	24.0	
					固废	一般工业固废	吨/吨-产品	1.471	—	—	—
酶法	药用明胶	脱脂牛骨、猪骨骨粒等	酶法制骨明胶	所有规模	废水	工业废水量	吨/吨-产品	3.60×10^{2}	—	—	—
						化学需氧量	克/吨-产品	1.91×10^{5}	A^2/O 工艺	70.0	k=设备年耗电量（千瓦·时）/［设备额定功率（千瓦）×设备年运行时间（小时）］
									SBR 类	75.0	
									生物接触氧化法	75.0	
									厌氧水解类	70.0	
						氨氮	克/吨-产品	1.16×10^{4}	A^2/O 工艺	70.0	
									SBR 类	75.0	
									生物接触氧化法	75.0	
									厌氧水解类	70.0	

2780 药用辅料及包装材料行业系数表（续表 4）

工段名称	产品名称	原料名称	工艺名称	规模等级	污染物类别	污染物指标	系数单位	产污系数	末端治理技术	末端治理技术平均去除效率/%	参考 k 值计算公式
酶法	药用明胶	脱脂牛骨、猪骨骨粒等	酶法制骨明胶	所有规模	废水	总磷	克/吨-产品	1.94×10^4	化学沉淀法	70.0	k=设备年耗电量（千瓦·时）/［设备额定功率（千瓦）×设备年运行时间（小时）］
									A^2/O 工艺	40.0	
									SBR 类	40.0	
									生物接触氧化法	40.0	
									厌氧水解类	40.0	
						总氮	克/吨-产品	1.66×10^4	A^2/O 工艺	70.0	
									SBR 类	75.0	
									生物接触氧化法	75.0	
									厌氧水解类	70.0	
					废气	工业废气量	标米^3/吨-产品	3.33×10^4	—		—
						颗粒物	千克/吨-产品	15.0	袋式除尘	95.0	k=设备年耗电量（千瓦·时）/［设备额定功率（千瓦）×设备年运行时间（小时）］
									旋风+布袋	95.0	
						氨	千克/吨-产品	0.120	物理吸附法	50.0	
									生物过滤法	50.0	
					固废	一般工业固废	吨/吨-产品	0.228	—	—	
—	空心胶囊	明胶	溶胶-蘸胶-干燥	所有规模	废水	工业废水量	吨/吨-原料	16.40	—	—	—
						化学需氧量	克/吨-原料	6214	物理法	70.0	k=治理设施运行时间（小时/年）/企业正常生产时间（小时/年）
									好氧生物处理	85.0	
									厌氧水解+好氧生物处理	95.0	
						氨氮	克/吨-原料	104	物理法	40.0	
									好氧生物处理	80.0	
									厌氧水解+好氧生物处理	97.0	

2780 药用辅料及包装材料行业系数表（续表 5）

工段名称	产品名称	原料名称	工艺名称	规模等级	污染物类别	污染物指标	系数单位	产污系数	末端治理技术	末端治理技术平均去除效率/%	参考 k 值计算公式
—	玉米淀粉	玉米	湿法	所有规模	废水	工业废水量	吨/吨-产品	1.84	—	—	—
						化学需氧量	克/吨-产品	11523	物理处理法+厌氧生物处理法+好氧生物处理法	99.0	k=污水处理设施年耗电量（千瓦·时）/［总额定功率（千瓦）× 年运行时间（小时）］
									物理处理法+好氧生物处理法①	98.7	
									厌氧生物处理法+A^2/O 工艺	98.5	
						氨氮	克/吨-产品	186	物理处理法+厌氧生物处理法+好氧生物处理法	91.6	
									物理处理法+好氧生物处理法①	91.0	
									厌氧生物处理法+A^2/O 工艺	85.6	
						总氮	克/吨-产品	362	物理处理法+厌氧生物处理法+好氧生物处理法	88.5	
									物理处理法+好氧生物处理法①	84.9	
									厌氧生物处理法+A^2/O 工艺	85.7	
					固废	一般固废	吨/吨-产品	0.0030	—	—	—
—	麦芽糊精	淀粉	酶法	所有规模	废水	工业废水量	吨/吨-产品	7.10	—	—	—
						化学需氧量	克/吨-产品	19681	物理处理法+好氧生物处理法	98.3	k=污水处理设施年耗电量（千瓦·时）/［总额定功率（千瓦）× 年运行时间（小时）］
									厌氧生物处理法+好氧生物处理法	96.1	
						氨氮	克/吨-产品	121	物理处理法+好氧生物处理法	97.5	
									厌氧生物处理法+好氧生物处理法	86.5	
						总氮	克/吨-产品	459	物理处理法+好氧生物处理法	90.0	
									厌氧生物处理法+好氧生物处理法	81.6	
					固废	危险废物	吨/吨-产品	0.00070	—	—	—

A GUIDE TO THE EMISSION COEFFICIENT OF THE SECOND NATIONAL CENSUS OF POLLUTION SOURCES

第二次全国污染源普查产排污系数手册

|工业源·第二册|

生态环境部第二次全国污染源普查工作办公室—编

中国环境出版集团◦北京

第二次全国污染源普查资料

编纂委员会

主任委员

孙金龙　黄润秋

副主任委员

库热西·买合苏提　翟　青　赵英民　刘　华　庄国泰　张　波

委　　员

田为勇　刘长根　徐必久　别　涛　叶　民　邹首民　崔书红
柯　昶　刘炳江　李　高　苏克敬　邱启文　郭承站　汤　搏
江　光　刘志全　柏仇勇　曹立平　郭　敬　刘友宾　宋铁栋
王志斌　洪亚雄　赵群英

第二次全国污染源普查资料

编写人员

主　编

赵英民

副主编

洪亚雄　刘舒生　景立新

编　委（按姓氏笔画排序）

王　强　王夏娇　王赫婧　毛玉如　邢　瑜　朱　琦　刘晨峰
李雪迎　杨庆榜　吴　琼　汪志锋　汪震宇　沈　忱　张　震
陈敏敏　周潇云　郑国峰　赵学涛　柳王荣　谢明辉

国务院第二次全国污染源普查领导小组人员名单

国发〔2016〕59号文，2016年10月20日

组　长

张高丽　国务院副总理

副组长

陈吉宁　环境保护部部长
宁吉喆　国家统计局局长
丁向阳　国务院副秘书长

成　员

郭卫民　国务院新闻办副主任
张　勇　国家发展改革委副主任
辛国斌　工业和信息化部副部长
黄　明　公安部副部长
刘　昆　财政部副部长
汪　民　国土资源部副部长
翟　青　环境保护部副部长
倪　虹　住房城乡建设部副部长
戴东昌　交通运输部副部长
陆桂华　水利部副部长
张桃林　农业部副部长
孙瑞标　税务总局副局长
刘玉亭　工商总局副局长
田世宏　质检总局党组成员、国家标准委主任
钱毅平　中央军委后勤保障部副部长

* 领导小组办公室主任由环境保护部副部长翟青兼任

国务院第二次全国污染源普查领导小组人员名单

国办函〔2018〕74号文，2018年11月5日

组　长

韩　正　国务院副总理

副组长

丁学东　国务院副秘书长

李干杰　生态环境部部长

宁吉喆　统计局局长

成　员

郭卫民　中央宣传部部务会议成员、新闻办副主任

张　勇　发展改革委副主任

辛国斌　工业和信息化部副部长

杜航伟　公安部副部长

刘　伟　财政部副部长

王春峰　自然资源部党组成员

赵英民　生态环境部副部长

倪　虹　住房城乡建设部副部长

戴东昌　交通运输部副部长

魏山忠　水利部副部长

张桃林　农业农村部副部长

孙瑞标　税务总局副局长

马正其　市场监管总局副局长

钱毅平　中央军委后勤保障部副部长

* 领导小组办公室设在生态环境部，办公室主任由生态环境部副部长赵英民兼任

第二次全国污染源普查

工作办公室人员

主　任　洪亚雄

副主任　刘舒生　景立新

综合（农业）组　毛玉如　汪志锋　赵兴征　刘晨峰　王夏娇
柳王荣　沈　忱　周潇云　罗建波

督办组　谢明辉　李雪迎

技术组　赵学涛　朱　琦　王　强　张　震　陈敏敏　王赫婧
郑国峰　吴　琼　邢　瑜

宣传组　汪震宇　杨庆榜

此外，于飞、张山岭、王振刚、崔积山、王利强、范育鹏、孙嘉绩、王俊能、谷萍同志也参加了普查工作。

序 言

掌握生态环境保护底数
助力打赢污染防治攻坚战

第二次全国污染源普查是中国特色社会主义进入新时代的一次重大国情调查，是在决胜全面建成小康社会关键阶段、坚决打赢打好污染防治攻坚战的大背景下实施的一项系统工程，是为全面摸清建设“美丽中国”生态环境底数、加快补齐生态环境短板采取的一项重大举措。在以习近平同志为核心的党中央坚强领导下，按照国务院和国务院第二次全国污染源普查领导小组的部署，各地区、各部门和各级普查机构深入贯彻习近平新时代中国特色社会主义思想和习近平生态文明思想，精心组织、奋力作为，广大普查人员无私奉献、辛勤付出，广大普查对象积极支持、大力配合，第二次全国污染源普查取得重大成果，达到了“治污先治本、治本先清源”的目的，为依法治污、科学治污、精准治污和制定决策规划提供了真实可靠的数据基础，集中反映了十年来中国经济社会健康稳步发展和生态环境保护不断深化优化的新成就，昭示着生态文明建设迈向高质量发展的新图景。

一、第二次全国污染源普查高质量完成

第二次全国污染源普查对象为中华人民共和国境内有污染源的单位和个体经营户，范围包括：工业污染源，农业污染源，生活污染源，集中式污染治理设施，移动源及其他产生、排放污染物的设施。普查标准时点为 2017 年 12 月 31 日，时期资料为 2017 年度。这次污染源普查历时 3 年时间，经过前期准备、全面调查和总结发布三个阶段，对全国 357.97 万个产业活动单位和个体经营户进行入户调查和产排污核算工作，摸清了全国各类污染源数量、结构和分布情况，掌握了各类污染物产生、排放和处理情况，建立了重点污染源档案和污染源信息数据库，高标准、高质量完成了既定的目标任务。这次污染源普查的主要特点有：

党中央、国务院高度重视，凝聚工作合力。张高丽、韩正副总理先后担任国务院第二次全国污染源普查领导小组组长，领导小组办公室设在生态环境部。按照“全国统一领导、部门分工协作、地方分级负责、各方共同参与”的原则，县以上各级政府和相关部门组建了普查机构。各级生态环境部门重视普查工作中党的建设，着力打造一支生态环境保护铁军，做到组织到位、人员到位、措施到位、经费到位，为普查顺利实施提供了有力保障。全国（不含港、澳、台）共成立普查机构 9321 个，投入普查经费 90 亿元，动员 50 万人参与，确保了普查顺利实施。

科学设计，普查方案执行有力。依据相关法律法规，加强顶层设计，制定《第二次全国污染源普查方案》，提高普查的科学性和规范性。坚持目标引领、问题导向，经过 12 个省（区、市）普查综合试点、10 个省（区、市）普查专项试点检验，完善涵盖工业源 41 个行业大类的污染源产排污核算方法体系。采取“地毯式”全面清查和全面入户调查相结合的方式，了解掌握“污染源在哪里、排什么、如何排和排多少”四个关键问题，全面摸清生态环境底数。31 个省（区、市）和新疆生产建设兵团以“钉钉子”精神推进污染源普查工作“全国一盘棋”。

运用现代信息技术，推动实践创新。积极推进政务信息大数据共享应用，有效减轻调查对象负担和普查成本。共有 17 个部门作为国务院第二次全国污染源普查领导小组成员单位和联络员单位参与普查，累计提供行政记录和业务资料近 1 亿条，通过比对、合并形成普查清查底册和污染源基本单位名录。首次运用全国环保云资源，建立完善联网直报系统。全面采用电子化手段进行普查小区划分和空间信息采集，使用手持移动终端（PDA）采集和传输数据，提高普查效率。

聚焦数据质量，强化全过程控制。严格“真实、准确、全面”要求，建立细化的数据质量标准，完善数据质量溯源机制，严格普查质量管理和工作纪律。组建普查专家咨询和技术支持团队，开展分类指导和专项督办，引入 4692 个第三方机构参与普查工作，发挥公众监督作用，推动普查公正透明。国务院第二次全国污染源普查领导小组办公室先后对普查各个阶段组织开展工作督导，对全国 31 个省（区、市）和新疆生产建设兵团普查调研指导全覆盖、质量核查全覆盖，确保普查数据质量。

广泛开展宣传培训，营造良好社会氛围。加强普查新闻宣传矩阵平台建设，采取通俗易懂、喜闻乐见的形式，推进普查宣传进基层、进乡镇、进社区、进企业，推广工作中的好经验好方法，营造全社会关注、支持和参与普查的舆论氛围。创新培训方式，统一培训与分级培训相结合，现场培训与网络远程培训相结合，理论传授与案例讲解相结合，由国家负责省级和试点地区、省级负责地市和区县，全方位提高各级普查人员工作能力和技术水平。专题为新疆、西藏等西部地区培训普查业务骨干，深化对口

援疆、援藏、援青工作。总的看，第二次全国污染源普查为生态环境保护做了一次高质量“体检”，获得了极其宝贵的海量数据，为加强生态文明建设、推动经济社会高质量发展、推进生态环境领域国家治理体系和治理能力现代化提供了丰富详实的数据支撑。

二、十年来我国生态环境保护取得重大成就

对比第二次全国污染源普查与第一次全国污染源普查结果，可以发现，十年来特别是党的十八大以来，我国在经济规模、结构调整、产业升级、创新动力、区域协调、环境治理等方面呈现诸多积极变化，高质量发展迈出了稳健步伐，生态文明建设取得积极成效，生态环境质量显著改善。

十年来，我国经济社会发展状况以及生态环境保护领域重大改革措施取得重大成果。从十年间两次普查的变化来看：2017 年，化学需氧量、二氧化硫、氮氧化物等污染物排放量较 2007 年分别下降 46%、72%、34%。工业企业废水处理、脱硫和除尘等设施数量，分别是 2007 年的 2.35 倍、3.27 倍和 5.02 倍。城镇污水处理厂数量增加 5.4 倍，设计处理能力增加 1.7 倍，实际污水处理量增加 3 倍；城镇生活污水化学需氧量去除率由 2007 年的 28% 提高至 2017 年的 67%。生活垃圾处置厂数量增加 86%，其中垃圾焚烧厂数量增加 303%，焚烧处理量增加 577%，焚烧处理量比例由 8% 提高到 27%。危险废物集中利用处置厂数量增加 8.22 倍，设计处理能力增加 4279 万吨 / 年，提高 10.4 倍，集中处置利用量增加 1467 万吨，提高 12.5 倍。这些变化充分体现了生态文明建设战略实施的成就。

十年来，我国经济结构优化升级、协调发展取得新进展。我国正处在转变发展方式、优化经济结构、转换增长动能的攻关期。两次普查数据相比，十年间，工业结构持续改善，制造业转型升级表现突出。工业源普查对象涵盖国民经济行业分类 41 个工业大类行业产业活动单位，数量由 157.55 万个增加到 247.74 万个，增加 90.19 万个，增幅达 57.24%。重点行业生产规模集中，造纸制浆、皮革鞣制、铜铅锌冶炼、炼铁炼钢、水泥制造、炼焦行业的普查对象数量分别减少 24%、36%、51%、50%、37% 和 62%，产品产量分别增加 61%、7%、89%、50%、71% 和 30%。农业源普查对象中，畜禽规模程度明显提高，养殖结构得到优化，生猪规模养殖场（500 头及以上）养殖量占比由 22% 上升为 41%。同时，生猪规模养殖场采用干清粪方式养殖量占比从 55% 提高到 81%。这些深刻反映了我国经济结构的重大变化，表明重点行业产业集中度提高，产业优化升级、淘汰落后产能、严格环境准入等结构调整政策取得积极成效。重点行

业产业结构调整既获得了规模效益和经济效益，同时取得了好的环境成效。

十年来，我国工业企业节能减排成效显著。两次普查相比，在工业源方面，废气、废水污染治理快速发展，治理水平大幅提升。2017 年废水治理设施套数比 2007 年提高了 135.47%，废水治理能力提高了 26.88%。脱硫设施数和除尘设施数分别提高了 226.88%、401.72%。十年间，总量控制重点关注行业排放量占比明显下降，化学需氧量、氨氮、二氧化硫、氮氧化物等四项主要污染物排放量分别下降 83.89%、77.56%、75.05%、45.65%。电力、热力生产和供应业二氧化硫、氮氧化物，造纸和纸制品业化学需氧量分别下降 86.54%、76.93%、84.44%。铜铅锌冶炼行业二氧化硫减少 78%。炼铁炼钢行业二氧化硫减少 54%。水泥制造行业氮氧化物减少 23%。表明全国各领域生态环境基础设施建设的均等化水平提升，污染治理能力大幅提高，污染治理效果显著。

另外，普查结果也显示当前生态环境保护工作仍然存在薄弱环节，全国污染物排放量总体处于较高水平。第二次全国污染源普查数据为下一步精准施策、科学治污奠定了坚实基础。

三、贯彻落实新发展理念　推动生态环境质量持续改善

习近平总书记强调，小康全面不全面，生态环境很关键。普查结果显示，在党中央、国务院的坚强领导下，经济高质量发展和生态环境高水平保护协同推动，依法治污、科学治污、精准治污方向不变、力度不减，扎实推进蓝天、碧水、净土保卫战，污染防治攻坚战取得关键进展，生态环境质量持续明显改善。从普查数据中也发现，当前污染防治攻坚战面临的困难、问题和挑战还很大，形势仍然严峻，不容乐观。我们既要看到发展的有利条件，也要清醒认识到内外挑战相互交织、生态文明建设“三期叠加”影响持续深化、经济下行压力加大的复杂形势。要以习近平新时代中国特色社会主义思想为指导，紧紧围绕统筹推进“五位一体”总体布局和协调推进“四个全面”战略布局，紧密围绕污染防治攻坚战阶段性目标任务，持续改善生态环境质量，构建生态环境治理体系，为推动生态环境根本好转、建设生态文明和美丽中国、开启全面建设社会主义现代化国家新征程奠定坚实基础。

深入贯彻落实新发展理念。深入贯彻落实习近平生态文明思想，增强各方面践行新发展理念的思想自觉、政治自觉、行动自觉。充分发挥生态环境保护的引导、优化和促进作用，支持服务重大国家战略实施。落实生态环境监管服务、推动经济高质量发展、支持服务民营企业绿色发展各项举措，继续推进“放管服”改革，主动加强环境治理服务，推动环保产业发展。

坚定不移推进污染治理。用好第二次全国污染源普查成果，推进数据开放共享，以改善生态环境质量为核心，制定国民经济和社会发展“十四五”规划和重大发展战略。全面完成《打赢蓝天保卫战三年行动计划》目标任务，狠抓重点区域秋冬季大气污染综合治理攻坚，积极稳妥推进北方地区清洁取暖，持续整治“散乱污”企业，深入推进柴油货车污染治理，继续实施重污染天气应急减排按企业环保绩效分级管控。深入实施《水污染防治行动计划》，巩固饮用水水源地环境整治成效，持续开展城市黑臭水体整治，加强入海入河排污口治理，推进农村环境综合整治。全面实施《土壤污染防治行动计划》，推进农用地污染综合整治，强化建设用地土壤污染风险管控和修复，组织开展危险废物专项排查整治，深入推进“无废城市”建设试点，基本实现固体废物零进口。

加强生态系统保护和修复。协调推进生态保护红线评估优化和勘界定标。对各地排查违法违规挤占生态空间、破坏自然遗迹等行为情况进行检查。持续开展“绿盾”自然保护地强化监督。全力推动《生物多样性公约》第十五次缔约方大会圆满成功。开展国家生态文明建设示范市县和“绿水青山就是金山银山”实践创新基地评选工作。

着力构建生态环境治理体系。推动落实关于构建现代环境治理体系的指导意见、中央和国家机关有关部门生态环境保护责任清单。基本建立生态环境保护综合行政执法体制。构建以排污许可制为核心的固定污染源监管制度体系。健全生态环境监测和评价制度、生态环境损害赔偿制度。夯实生态环境科技支撑。强化生态环境保护宣传引导。加强国际交流和履约能力建设。妥善应对突发环境事件。

加强生态环境保护督察帮扶指导。持续开展中央生态环境保护督察。持续开展蓝天保卫战重点区域强化监督定点帮扶，聚焦污染防治攻坚战其他重点领域，开展统筹强化监督工作。精准分析影响生态环境质量的突出问题，分流域区域、分行业企业对症下药，实施精细化管理。充分发挥国家生态环境科技成果转化综合平台作用，切实提高环境治理措施的系统性、针对性、有效性。坚持依法行政、依法推进，规范自由裁量权，严格禁止“一刀切”，避免处置措施简单粗暴。

充分发挥党建引领作用。牢固树立“抓好党建是本职、不抓党建是失职、抓不好党建是渎职”的管党治党意识，始终把党的政治建设摆在首位，巩固深化“不忘初心、牢记使命”主题教育成果，着力解决形式主义突出问题，严格落实中央八项规定及其实施细则精神，进一步发挥巡视利剑作用，一体推进不敢腐、不能腐、不想腐，营造风清气正的政治生态，加快打造生态环境保护铁军。

编制说明

污染源普查是重大国情调查，工业源是第二次全国污染源普查五类普查对象之一。为贯彻《国务院关于开展第二次全国污染源普查的通知》和《国务院办公厅关于印发第二次全国污染源普查方案的通知》的精神和要求，中国环境科学研究院受生态环境部第二次全国污染源普查工作办公室委托，承担了第二次全国污染源普查工业污染源产排污核算项目，组织编写了《第二次全国污染源普查产排污系数手册——工业源》（以下简称手册）。

本手册框架设计、产排污核算体系与方法说明执笔人员主要有白璐、张玥、乔琦、刘景洋、谢明辉、李雪迎、周潇云、赵若楠、许文、贾岩等，白璐统稿，乔琦负责审校。

第一章节　适用范围

对本手册涵盖的工业行业及适用范围进行介绍。执笔人员包括周潇云、赵若楠等。

第二章节　主要术语与解释

对本手册所涉及的名词术语进行详细介绍。执笔人员包括李雪迎、刘丹丹、孙园园等。

第三章节　系数制定

对本手册系数制定方法、过程进行介绍。执笔人员包括白璐、乔琦、张玥、刘景洋等。

第四章节　污染物产生量和排放量核算

对利用本手册给出的系数开展污染物产生量及排放量核算的方法进行详细介绍。执笔人员包括乔琦、白璐、张玥等。

第五章节　系数手册使用方法

对本手册的使用方法及注意事项进行详细介绍。编制人员包括张玥、许文、谢明辉等。

为配合第二次全国污染源普查，在第一次全国污染源普查《产排污系数手册》基础上，本手册新增了挥发性有机物指标，对收录的全部行业的产排污系数进行了更新，并在核算方法上进行了完善和优化。

值此手册付印之际，向参加本项工作的所有单位和个人表示衷心的感谢。

一、适用范围

我国工业行业类别众多、工艺水平多样、生产规模不一、污染因子各异、产排节点繁杂。本手册根据《国民经济行业分类》（GB/T 4754—2017），给出了国民经济 41 个工业大类行业主要生产过程产生和排放的废水污染物、废气污染物及固体废物的产排量核算方法及系数；同时给出了具有类似工业生产活动特征的，涉及农业产品初级加工的 0514、0539 小类行业污染物产排污量的核算方法和系数。

综上，本手册涵盖的工业行业包括：06 煤炭开采和洗选业，07 石油和天然气开采业，08 黑色金属矿采选业，09 有色金属矿采选业，10 非金属矿采选业，11 开采专业及辅助性活动，12 其他采矿业，13 农副食品加工业，14 食品制造业，15 酒、饮料和精制茶制造业，16 烟草制品业，17 纺织业，18 纺织服装，19 皮革、毛皮、羽毛及其制品和制鞋业、服饰业，20 木材加工

和木、竹、藤、棕、草制品业，21 家具制造业，22 造纸和纸制品业，23 印刷和记录媒介复制业，24 文教、工美、体育和娱乐用品制造业，25 石油、煤炭及其他燃料加工业，26 化学原料和化学制品制造业，27 医药制造业，28 化学纤维制造业，29 橡胶和塑料制品业，30 非金属矿物制品业，31 黑色金属冶炼和压延加工业，32 有色金属冶炼和压延加工业，33 金属制品业，34 通用设备制造业，35 专用设备制造业，36 汽车制造业，37 铁路、船舶、航空航天和其他运输设备制造业，38 电气机械和器材制造业，39 计算机、通信和其他电子设备制造业，40 仪器仪表制造业，41 其他制造业，42 废弃资源综合利用业，43 金属制品、机械和设备修理业，44 电力、热力生产和供应业，45 燃气生产和供应业，46 水的生产和供应业以及 05 农、林、牧、渔专业及辅助性活动中的 0514 农产品初加工活动、0539 其他畜牧专业及辅助性活动两个小类行业。

因污染物产排量过低或涉核等原因，部分行业未给出核算方法及系数，涉及的行业具体见表 1。

表 1　未进行核算方法研究的行业

序号	行业代码	行业名称
1	1522	瓶装饮用水
2	2530	核燃料加工
3	4120	核辐射加工
4	4413	水力发电
5	4414	核力发电
6	4415	风力发电
7	4416	太阳能发电
8	4419	其他电力生产
9	4420	电力供应

二、主要术语与释义

1．实测法

指利用污染源企业实地监测数据，如在线监控（监测）系统数据、监督性监测数据、企业自行监测数据等，进行产排污量核算的方法。

2．产污系数法

利用不同产排污影响因素条件下行业单位产品（原料）污染物产生量，以及行业末端治理技术处理效率、运行率进行排污量核算的方法。

3．物料衡算法

通过对生产过程中的物料投入、消耗、产出情况定量分析获得产排污量的方法。

4．类比调查法

通过选择与目标污染源相似的污染源进行类比调查与监测，以取得相似的产、排污数据的方法。

5．原辅材料及主要成分

原辅材料是指生产过程中所需要的原材料和辅助用料的总称。原材料是指经过加工制造生

产某一产品时所用到的材料，辅料是指对产品生产起辅助作用的材料。主要成分是指组成原辅材料的各个物质里面起主要作用的某一种物质。

6．工序

工序是指一个（或一组）工人在一个工作地（如一台机床）对一个（或若干个）劳动对象连续完成的各项生产活动的总和。工序是组成生产过程的最小单元，若干个工序组成一个工段。

7．工段

工段是若干生产工序的组合，若干工段构成一个完整生产工艺。工段一般指工厂的某一个车间，或将车间内根据工艺和管理要求进一步划分，如铸工车间分为熔化工段和造型工段。单独的工段应有独立从事生产运行的对应企业。

8．流程型行业

指工业生产中通过以批量或连续的方式对原材料采用物理或化学方法使其增值的生产方式。典型的流程工业行业如医药制造业，石油、煤炭及其他燃料加工业，食品制造业，电力、热力生产和供应业，黑色金属冶炼和压延加工业等。

9．离散型行业

指工业生产中将不同的零部件装配组合成产品，主要发生物料物理性质（形状、组合）变化的生产方式。典型的离散型行业有家具制造业，汽车制造业，计算机、通信和其他电子设备制造业，电气机械和器材制造业，专用设备制造业等行业。

10．正常工况

指企业工况稳定、生产达到设计能力 75%以上的生产状况。

11．影响因素组合

指对污染物产生与排放有显著性影响的因素组合（例如产品、原材料、生产工艺和生产规模、治理技术等）。

12．治理技术平均去除率

指某一污染物在经过治理设施前、后的质量差值与处理前的质量比值，以百分数表示。

13．污染治理设施实际运行率

指可量化污染治理设施运行情况的数值或量度，通常指污染治理设施正常运行状态的比率。可采用治理设施运行时间、运行消耗电量、运行消耗物料等参数及相关函数表征。

三、系数制定

1．系数制定的原则

为保障系数能够满足不同生产活动和方式的核算需求，同时又能真实反映污染源的产排污水平，按照《第二次全国污染源普查工业污染源产排污量核算技术指南》《第二次全国污染源普查工业污染源产污系数制定（不含 VOCs）技术指南》《第二次全国污染源普查工业污染源挥发性有机物制定技术指南》等技术规范的要求，由生态环境部直属科研院所，联合高校、研究院所、行业研究单位等技术力量，共同制定和编制完成本手册。

2．本手册系数制定的基本过程

①依据工业行业特征，对已有工业污染源产排污系数进行梳理和评估；从重点行业环境影响分析、优先序分析、污染物指标选取等三个方面，进行工业行业产排污核算重点环节的识别

筛选；按照工业生产过程的物质流动特点，将工业行业划分为流程型行业及离散型行业两大类，充分考虑企业实际生产与工艺流程之间关系多样且复杂的情况，进行主要产排污工段的划分；识别不同工段污染物产生和排放的主要影响因素（例如产品、原料、工艺、规模和治理技术等）；确立各行业“长流程工艺可拆分为若干核算环节，若干短流程核算环节可组合为长流程工艺”的核算框架，包括产污系数影响因素组合及污染治理技术、治理设施运行率核算公式等。

②在建立核算框架体系的基础上编制调查方案，采用分层抽样与随机抽样相结合的方式，综合考虑产业布局、产品、工艺代表性等因素，选取不同系数组合内的样本企业开展实测、历史数据收集，针对部分行业不具备监测条件的污染物采用模型或实验模拟等方式获取数据，各类样本数据超过十万个。其中，挥发性有机物按照主要产生来源分为不同源项，分别制定相应系数。

③通过数据获取和处理，初步得到产污系数和治理技术平均去除效率之后，再随机抽取典型企业对系数结果进行验证。针对普查试填报和填报过程中各地方反馈、提出的核算问题进行梳理和分析，持续对系数进行优化、修订和补充，最终完成各工业行业的系数制定。

系数制定过程中，数据质量控制覆盖各个阶段，包括核算环节与样本选取、数据获取、实地监测、数据加工处理、系数表达、误差分析和系数验证等环节，数据质量控制要求在相关技术指南等文件中已明确提出。

此外，为进一步规范不同行业数据收集和核算的一致性，系数制定过程中采用了统一的样本企业调查表，并开发了“工业污染源产排污核算系数数据动态管理系统”。将企业调查表调查的信息全部导入系统，通过系统设定的逻辑关系和数据校验条件对数据进行审核，提升数据质量。该系统还建立了样本企业数据与系数的对应关系，实现了系数可溯源至样本企业。

四、污染物产生量和排放量核算

本手册综合考虑数据可得性、可更新性及与企业实际排污水平的相符性，采用排放量=产生量−去除量=产生量×（1−去除效率×运行率）的核算技术路线。其中，去除量不仅考虑了污染治理技术的平均去除效率，还考虑到同一种治理技术在同一行业不同企业内的处理效果、运行状态的差异，也即用污染治理设施实际运行率对去除量进行修正。

本手册通用的产生量和排放量核算方法如下：

根据产品、原料、生产过程中产排污的主导生产工艺、源项、企业规模、末端治理技术、污染治理设施运行情况等匹配相应的产污系数与排放量核算依据，结合本企业当年的实际活动水平数据核算污染物产生量与排放量。

某企业某产品在某工艺（工段、源项）、规模、原材料条件下某一污染物的产生量与排放量的核算方法如下：

（1）污染物产生量：

$$G_{产i} = P_{产i} \times M_i$$

式中，$G_{产i}$——工段 i 某污染物的产生量；

$P_{产i}$——工段 i 某污染物对应的产污系数；

M_i——工段 i 的原料用量或产品产量。

（2）污染物去除量：

$$R_{减i} = G_{产i} \times \eta_T \times k_T$$

式中，$R_{减i}$——工段 i 某污染物的去除量；

η_T——工段 i 某污染物采用的末端治理技术的平均去除效率；

k_T——工段 i 某污染物采用的末端治理设施实际运行率。

（3）污染物排放量：

同一企业某污染物全年的污染物产生/排放总量为该企业同年实际生产的全部工艺（工段、源项）、产品、原料、规模污染物产生/排放量之和。

$$E_{排} = G_{产} - R_{减} = \sum (G_{产i} - R_{减i}) = \sum \left[P_{产} \times M_i (1 - \eta_T \times k_T) \right]$$

行业具体的核算方法见本手册各小类行业详解。

五、系数手册使用方法

本手册力求简单、清楚，易于使用，制定时充分考虑了全国的平均水平，使用本手册计算得出的产排污量可能会与单个调查企业的情况有一定出入。各章节中均有相关行业系数的使用方法及计算案例。

本手册通用使用方法如下：

1．确定行业：确定需要查找的小类行业代码和行业名称，以国民经济行业分类（GB 4754—2017）中行业代码和行业名称为准，根据本手册目录，找到相关行业。

2．查找产污系数：根据工段、产品、原料、生产过程中产污的主导生产工艺、企业规模等级等一系列关键因素组合，逐级查找并确定所对应的某一个污染物的产污系数及其单位。

3．查找末端治理技术去除率：在已查询到的产污系数下，继续查找对应的末端治理技术，确定该末端治理技术的去除效率。

4．计算治理设施运行率（k）：根据上述查询到的产污系数组合信息和末端治理技术，确定该组合中末端治理技术对应的污染治理设施实际运行率 k 的计算公式，收集公式中指标相关数据计算 k 值。

5．产排污量计算：根据查找到的产污系数、末端治理技术去除率和运行率，细读手册中的核算方法和注意事项，计算污染物产生量、排放量。

本书编写人员

总体组

中国环境科学研究院

乔　琦

白　璐　刘景洋　张　玥　贾　岩　李雪迎　孙晓明　赵若楠　谢明辉　杨　奕　智　静

毕莹莹　许　文　常　胜　孟立红　阮久莉　解　蕾　董　莉　沈　忱　杨庆榜

05　农、林、牧、渔专业及辅助性活动

0514 农产品初加工活动（凝标胶、全乳胶、毛茶、蚕茧（烤茧）、染色花）

中国环境科学研究院

智　静　孟立红

云南省生态环境工程评估中心

易玉敏　祝家能　蓝　平　钱怡婷　肖　娴　徐　松

06　煤炭开采与洗选业

中国煤炭加工利用协会

谭　杰　颜丙磊　杜振宝　杨方亮　程子曌　杨　芊　郑剑平　赵猛猛　张绍强　马　剑

中国矿业大学（北京）

于　妍　王建兵

科邦检测集团有限公司

陈　贺

07 石油和天然气开采业

中国石油大学（华东）

赵朝成　赵东风　卢　磊　路　帅　刘其友　李　石　王永强　崔　帅

中国石油集团安全环保技术研究院有限公司

唐智和　张　芳　闫志坤　马　琳　许德刚　王晓峰　马文猛　徐远智　林姣　曾　玉

青岛欧赛斯环境与安全技术有限责任公司

孙　慧　张　清　王　歌

青岛中石大环境与安全技术中心有限公司

欧阳振宇

08　黑色金属矿采选业

中冶建筑研究总院有限公司

吴双九　王　浩　李　娜　邓　佳　崔　焱　何　松

中冶节能环保有限责任公司

魏有权　刘晓刚　刘　爽　王　卓

北京科技大学

王化军　邹安华

09　有色金属矿采选业

09 行业（不包括 0912 铅锌矿采选）

湖南有色金属研究院有限责任公司（原湖南有色金属研究院）

陈　伟　万文玉　欧阳坤　王　兵　万　斯　彭新平　曹柏林　李　倩　袁翠玉　朱安玲

中国矿业大学（北京）

章丽萍　何绪文　夏　瑜　张春晖　徐　恒　李　超　吴胜念　马项阳　薛静雯

矿冶科技集团有限公司

刘　芳　鞠丽萍　楚敬龙　苗　雨

中南大学

张晨阳　陈　攀　孙　伟　何建勇　吴江求

0912 铅锌矿采选产污系数及排放量核算方法

生态环境部环境工程评估中心

李　飒　易爱华　金　珂　李时蓓　王庆改　郭远杰　王亚娥

河南豫光金铅集团有限责任公司

卢　笛　童成业　纪昌磊

10　非金属矿采选业、1190 其他开采专业及辅助性活动、1200 其他采矿业

中材地质工程勘查研究院有限公司

崔文龙　李艳兵　闵建锋　隋国舜　张　杰　王　晟　张春燕　肖童超　刘金婷　申　思

11　开采专业及辅助性活动

111　煤炭开采和洗选专业及辅助性活动

中国煤炭加工利用协会

谭　杰　颜丙磊　杜振宝　杨方亮　程子婴　杨　芊　郑剑平　赵猛猛　张绍强　马　剑

中国矿业大学（北京）

于　妍　王建兵　高　昊　郑然峰

科邦检测集团有限公司

陈　贺

112　石油和天然气开采专业及辅助性活动

中国石油大学（华东）

赵朝成　赵东风　卢　磊　路　帅　刘其友　李　石　崔　帅

中国石油集团安全环保技术研究院有限公司

唐智和　张　芳　闫志坤　马　琳　许德刚　王晓峰　马文猛　徐远智　林　姣　曾　玉

青岛欧赛斯环境与安全技术有限责任公司

孙　慧　张　清　王　歌

青岛中石大环境与安全技术中心有限公司

欧阳振宇

119　其他开采专业及辅助性活动

中材地质工程勘查研究院有限公司

崔文龙　李艳兵　闵建锋　隋国舜　张　杰　王　晟　张春燕　肖童超　刘金婷　申　思

13 农副食品加工业

131 谷物磨制

国家粮食和物资储备局科学研究院

王　峻　孙长坡　汪丽萍　王楠希

中国食品发酵工业研究院有限公司

薛　洁　张凤杰

中检集团理化检测有限公司

俞梁敏　王铁楠　晏立衡　何可薪

132 饲料加工

中国食品发酵工业研究院有限公司

薛　洁　张彦青　张凤杰　张晓蒙　金玮鋆

北京工商大学

廖永红

中检集团理化检测有限公司

俞梁敏　李光明　王铁楠　秦　勤

133 植物油加工　139 其他农副食品加工行业

中国食品发酵工业研究院有限公司

薛　洁　张凤杰　金玮鋆　张晓蒙　于佳俊　石　俊

中检集团理化检测有限公司

俞梁敏　王晓琴　何　飞　张　勇

135　屠宰及肉类加工

北京工商大学

冯旭东　李双阳　张艳萍　展　侠

中国肉类协会

王绪茂　刘　蕾　高　观

中轻食品工业管理中心

于学军　李　洋

博慧检测技术（北京）有限公司

马　娟

136　水产品加工

北京工商大学

叶　宏　展　侠　冯旭东　张艳萍　朱秋锋　李双阳　汪　萍

中轻食品工业管理中心

于学军　李　洋

博慧检测技术（北京）有限公司

韩　芳

137　蔬菜、菌类、水果和坚果加工

北京工商大学

朱秋锋　张艳萍　冯旭东　展　侠　李双阳　汪　萍

中轻食品工业管理中心

于学军　李　洋

博慧检测技术（北京）有限公司

杨　帆

1340　制糖业

中国环境科学研究院

孙晓明　刘景洋　常胜　毕莹莹　董　莉　颜秉斐　贾　岩　许　文　胡官墨

华北理工大学

张耀宗　刘仁义　庞博　杜明辉　杨　永　张　宁　王　勇　高群丽　王　昊　刘　晓

中国糖业协会

闫卫民　李国有　柳　嘉　郎玺慧　胡志江　钟金传　卢　平

14　食品制造业

141 焙烤食品制造　142 糖果、巧克力及蜜饯制造　143 方便食品制造

中国食品发酵工业研究院有限公司

周志桥　林　静　李雅丽　刘一郎　桑若杰

144 乳制品制造　145　罐头食品制造

中国食品发酵工业研究院有限公司

王晓龙　郭新光　东思源　吴　刚　曹梦思

146 调味品、发酵制品制造

中轻食品工业管理中心

于学军　李　洋　王　鸿　高　鹏　杨晓明　冯志合　李建军　胡修玉

北京工商大学

廖永红　殷娴　徐春明　冯旭东　胡传芹　赵　睿　王　晖　何天盈　张　鹏　钱清清

149 其他食品制造

中国食品发酵工业研究院有限公司

周志桥　林　静　李雅丽　刘一郎　桑若杰

中轻食品工业管理中心

于学军　李　洋　王　鸿　高　鹏　杨晓明　冯志合　李建军　胡修玉

北京工商大学

廖永红　殷　娴　徐春明　张艳萍　冯旭东　胡传芹　王　晖　何天盈　王　雨　向　罗

15 酒、饮料和精制茶制造业

151　酒的制造

北京工商大学

廖永红　王凤寰　徐春明　殷　娴　冯旭东　王　晖　李明祥　孙　博　蒲　叶　王　藤

1512　白酒制造行业

中国环境科学研究院

王之晖　袁　震　王文君　戴建坤

中国食品发酵工业研究院有限公司

薛　洁　张凤杰　张晓蒙　金玮鋆　于佳俊　王旭亮

152　饮料制造行业

轻工业环境保护研究所

吕竹明　蒋　彬　吕泽瑜　孙　慧　陈　晨　高　山　薛鹏丽　钱　堃

153　精制茶制造行业

安徽农业大学

徐　燕　刘政权　孙明慧　解千金　蔡吓强

16 烟草制品行业

中国检验认证集团湖南有限公司

刘向荣　李拥军　李光胜　张　苗

湖南省生态环境事务中心（原湖南省环境保护厅环境工程评估中心）

李　庄　陈　林

长沙环境保护职业技术学院

孙　蕾　刘维平　陈喜红　杨　冰

17　纺织业

东华大学

李　方　沈忱思　程谦勋　王　洪　马春燕　黄满红　谢学辉　黄礼超　徐晨烨

中国印染行业协会

林　琳　刘添涛

清华大学

石　磊

中环清科（嘉兴）环境技术研究院有限公司

王晨光　戎　宇　周　婷

18　纺织服装、服饰业

东华大学

李　方　丁雪梅　沈忱思　陈　刚

中国印染行业协会

张怀东

中环清科（嘉兴）环境技术研究院有限公司

戴争博　康　颖

北京服装学院

龚　龑

19　皮革、毛皮、羽毛及其制品和制鞋业

191　皮革鞣制加工行业

中国环境科学研究院

刘菁钧　郭亚静　周长波　沈　忱　赵志远

海宁市皮革行业协会

龚慧红　杜　瑜　钱梦霞　赵　颖

中国皮革制鞋研究院有限公司

张健康　高忠柏　刘显奎　赵晓东

四川大学

但卫华　程海明　但年华　何有节

佛山市弘禹环保科技有限公司

徐建国　陈晓屏　梁仁铸　李功毅

192 皮革制品制造、193 毛皮鞣制及制品加工、194 羽毛（绒）加工及制品制造、195 制鞋业

中国皮革制鞋研究院有限公司

丁志文　庞晓燕　陈国栋　刘　娜　费　锐　李松竹　郭　松　李晓星　刘海腾　李鹏宇

20 木材加工和木、竹、藤、棕、草制品行业

北京林业大学

王毅力　伦小秀　李俊仪　樊晓阳　王　震　高诗卉　母　军　张　扬　韩季峰　刘　博

北京市环境保护科学研究院

邵　霞　李宗泽

北京联合智业科技集团股份有限公司

李　英　解丽华

21 家具制造业

北京林业大学

王毅力　伦小秀　刘晨阳　张达鑫　伊松林　郭亚杰　李小林　樊　冲　何政斌　李小勇

北京市环境保护科学研究院

邵　霞　李宗泽

北京联合智业科技集团股份有限公司

李　英　解丽华

22　造纸和纸制品业

生态环境部环境工程评估中心

郭二民　董晓东　袁彦婷　马德彭　何　皓　周　鹏　肖文帅　李　峰

轻工业环境保护研究所

程言君　王　洁　张　亮　贾学桦　肖小健　侯雅楠

中国制浆造纸研究院有限公司

孙　波　苏振华　范述捷　文　飚　杨　彬

中晟华远（北京）环境科技有限公司

刘一男　梁　枨　喻秀芳

23　印刷和记录媒介复制业

中日友好环境保护中心

张小丹　顾江源　李　洋　郭　怡　刘　娟　徐　艳

中国印刷技术协会

李永林　沈　翔

中检集团南方电子产品测试（深圳）股份有限公司

邓春涛　赖风韵

24　文教、工美、体育和娱乐用品制造业

241 文教办公用品制造

温州大学

王兆伦　潘明初　柯　强　李　军

242 乐器制造

北京工商大学

姚小龙　董黎明

243 工艺美术及礼仪用品制造

北京工商大学

祁光霞　董黎明

244 体育用品制造

中国文教体育用品协会

易晓俐　谢满华

245 玩具制造

中国文教体育用品协会

易晓俐　冯春华

北京工商大学

董黎明

246 游艺器材及娱乐用品制造

中国文教体育用品协会

易晓俐　谢满华

25 石油、煤炭及其他燃料加工业

中国化工信息中心有限公司

张　华　梅　婷　王　迪　胡美玲　王佳星　赵　丽

华测检测认证集团北京有限公司

文唤成　李　娜

2511 原油加工及石油制品制造行业

环境工程评估中心

牛　皓　冉丽君　刘　燕　王赫婧　庄思源　牟滨子　王卫红　黄敏超　张嘉妮

中国石油大学（华东）

赵朝成　赵东风　卢　磊　路　帅　刘其友　李　石　崔　帅

青岛欧赛斯环境与安全技术有限责任公司

孙　慧　张　清　王　歌

青岛中石大环境与安全技术中心有限公司

欧阳振宇

252　煤炭加工

生态环境部环境工程评估中心

吕　巍　郭　森　滕　巍　刘志学　蔡志丹　朱肖曼　孙磊磊　庄思源　李　军　牟滨子

中国石油大学（华东）

赵朝成　赵东风　卢　磊　路　帅　刘其友　李　石　崔　帅

青岛欧赛斯环境与安全技术有限责任公司

孙　慧　张　清　王　歌

青岛中石大环境与安全技术中心有限公司

欧阳振宇

26 化学原料和化学制品制造业

261　基础化学原料制造

中国氮肥工业协会

王立庆　苏建英　孙绍华　韩跃明　董广达　窦进良

中国硫酸工业协会

李　崇　廖康程

中国氯碱工业协会

张文雷　张　鑫　范红波

中国无机盐工业协会

问立宁　王佩琳　焦　阳

沈阳沈化院测试技术有限公司

侯松嵋　蔡磊明　陈自强　于恒渊　吕　双　郭　静　杨国军　蒋亚辉　高　姗　毕　涛

沈阳化工研究院有限公司

胥维昌　龙　飞　程　迪　邹　军　王景国　沈日炯

262 肥料制造

中国氮肥工业协会

顾宗勤　曹占高　王亚楠　高　力　吴军华

中国磷复肥工业协会

修学峰　王　臣　白海丹　崔荣政　张　飞

中国无机盐工业协会

牛仁杰　武　娜

深圳准诺检测有限公司

李关侠　彭佳娜

263 农药制造行业

生态环境部南京环境科学研究所

王　娜　苑文凯　郭欣妍　施玛丽　孔德洋　何　健

中国农药工业协会

范东升　曹承宇

江苏环保产业技术研究院股份公司

魏　进　徐　瑾

264　涂料、油墨、颜料及类似产品制造

四川省生态环境科学研究院

叶　宏　钱　骏　陈军辉　姜　涛　徐晨曦　王　波

四川有色冶金研究院有限公司

伍建军　殷志刚　杨宇翔　陈佳蓓

四川大学

梁　斌　朱英明

265　合成材料制造

四川大学

梁　斌　吴可荆　朱英明

四川省生态环境科学研究院

叶　宏　钱　骏　陈军辉　李英杰

四川有色冶金研究院有限公司

伍建军　殷志刚　常丽娟

266　专用化学产品制造

四川有色冶金研究院有限公司

伍建军　殷志刚　常丽娟

四川省生态环境科学研究院

叶　宏　钱　骏　陈军辉　姜　涛　杨怡阁　罗昭培

四川大学

梁　斌　刘颖颖　吴可荆　朱英明

267 炸药、火工及焰火产品制造

中国爆破器材行业协会

李　琳　王　亚　熊学飞　胡宝刚

268 日用化学产品制造行业

中国日用化学研究院有限公司　[国家洗涤用品质量监督检验中心（太原）]

姚晨之　段平梅　李晓辉　公培龙　王　杰　成晓静　郑养珍

中检集团理化检测有限公司

俞梁敏　王铁楠　何可薪

27　医药制造业

271　化学药品原药制造、272　化学药品制剂制造、275　兽用药品制造、276　生物药品制造、277　卫生材料及医药用品制造、278　药用辅料及包装材料制造

北京泷涛环境科技有限公司

杨　阳　张银平　王东钰　王　静　宁艳英　程宪伟

河北科技大学

郭　斌　任爱玲　关亚楠　杜　昭　段二红

中国化学制药工业协会

张道新　苏日嘎琪琪格　沈云鹏　赵秀梅

河北省生态环境科学研究院

倪爽英　赵卫凤

博慧检测技术（北京）有限公司

马　娟

273　中药饮片加工行业

河北科技大学

杜　昭　郭　斌　俞　磊　杨宇轩　刘　倩

北京医药协会

周玉兰　李晓星

中国化学制药工业协会

张道新

北京市环境科学保护研究院

李树琰　李宗泽

274 中成药生产行业

河北科技大学

杜　昭　俞　磊　任爱玲　刘振冲　张美然

北京医药协会

李晓星　杨爱民

中国化学制药工业协会

王红昌　路　伟

北京市环境科学保护研究院

李国昊

28　化学纤维制造业

中国化学纤维工业协会

王玉萍　吕佳滨　李增俊　万　雷　刘　青　李伯鸣　张凌清　邓　军

东华大学

王华平　陈向玲　李　戎　邵正丽　柯佑福　陈　烨　吉　鹏　刘　娜

上海纺织节能环保中心

李　健　徐　薇　陈　斐　金平良　周　俊　俞建辉　袁哲军

江苏盛虹纺织品检测中心有限公司

周　强　高国洪　赵学谦

29 橡胶和塑料制品业

291 橡胶制品业

中国橡胶工业协会

朱　红　董文敏　雷昌纯　高　波

292 塑料制品业

北京工商大学

张彩丽　董黎明　祁光霞　翁云宣　刘岩峰　查　金

30　非金属矿物制品业

301 水泥、石灰和石膏制造业

中国环境科学研究院

刘　宇　王红梅　龙红艳　张　辰　田　刚　孟宪栋　张艳平　晁榕珠

中国非金属矿工业协会

张作伦　郭　佳　王文利　江伟华　唐靖炎

中国石灰协会

孙　强　尹保明

303　砖瓦、石材等建筑材料制造行业

中国环境科学研究院

王　凡　王红梅　张　辰　龙红艳　陈　宇　谭玉玲

中国建筑材料工业规划研究院

苏桂军　孟宪策

中国砖瓦工业协会

周　炫

中国石材协会

邓惠青

中国建筑防水协会

尚华胜

中国绝热节能材料协会

韩继先

中国建筑材料联合会

曹元辉

304　玻璃制造行业

中国环境科学研究院

王洪昌　崔宇韬　朱金伟　谭玉玲　张辰　束　韫　陈　宇　黄家玉　张艳平　田　刚

302 石膏、水泥制品及类似制品制造、305　玻璃制品制造、306　玻璃纤维和玻璃纤维增强塑料制品制造、307 陶瓷制品制造、308 耐火材料制品制造、309　石墨及其他非金属矿物制品制造

中材地质工程勘查研究院有限公司

崔文龙　王　晟　闵建锋　隋国舜　肖童超　张　燕　张春燕　李艳兵　崔光辉　陈明聪

31 黑色金属冶炼和压延加工行业

3110 炼铁

四川省生态环境科学研究院

叶　宏　钱　骏　陈军辉　孙　蜀　熊文朋　梅林德　陈　东　李　媛　汪　汀

3120 炼钢

四川省生态环境科学研究院

叶　宏　钱　骏　陈军辉　孙　蜀　梅林德　陈　东　熊文朋　李　媛　汪　汀

3130 钢压延加工

四川省生态环境科学研究院

叶　宏　钱　骏　陈军辉　孙　蜀　陈　东　梅林德　熊文朋　李　媛　汪　汀

3140 铁合金冶炼（不包含电解锰）

四川省有色冶金研究院有限公司

殷志刚　吴事浪　卢　勇

3140　电解锰生产

中国环境科学研究院

但智钢　史菲菲　袁　殷　方　琳　王辉锋　解　蕾　朱云峰　郭双祯　孙　伟

32 有色金属冶炼和压延加工业

32 行业（不包括 3211 铜冶炼和 3212 铅锌冶炼）

湖南有色金属研究院有限责任公司（原湖南有色金属研究院）

陈 伟 万文玉 欧阳坤 王 兵 万 斯 曹柏林 周 睿 游 萍 张 著 李 婕
胡 亮 张志强

中国矿业大学（北京）

章丽萍 何绪文 夏 瑜 戴 瑾 宋学京 张 鑫 张 楠 崔炎炎 魏含宇

矿冶科技集团有限公司

陈 谦 陈玉福 杨晓松

江西理工大学

李晓波 李 栋 余 文 邱仙辉 邱廷省

3211 铜冶炼业

中国环境科学研究院

李艳萍 杨 奕 张 昕 赵若楠 张青玲 郭玺云

矿冶科技集团有限公司

范书凯 陈 谦 李 莉 初 征

3212 铅锌冶炼行业

生态环境部环境工程评估中心

李 飒 易爱华 金 珂 李时蓓 丁 峰 陈陆霞 李旭健

河南豫光金铅集团有限责任公司

卢 笛 童成业 纪昌磊

33 金属制品业，34 通用设备制造业，35 专用设备制造业，36 汽车制造业，37 铁路、船舶、航空航天和其他运输设备制造业，431 金属制品修理业，432 通用设备修理业，433 专用设备修理业，434 铁路、船舶、航空航天等运输设备修理业（不包括电镀工艺）

中机生产力促进中心

吴进军 赵 蔷 陈晓辉 朱宇宏 李晶莹 焦 炬 刘 云 舒 豪 曹林锋 刘树生

机械工业第四设计研究院有限公司

李 辉 李 韧 石燕燕 郭可可 张松安 郭振远 刘宗耀 马 琳 王献平 王达菲

交通运输部天津水运工程科学研究院

杜 伟 康仲飞 吴培森 刘磊磊 孙 磊 郭 旭 田 腾 顾 明 赵大地 李国一

中冶建筑研究总院有限公司

吴双九 王 浩 刘珂屹 李 娜 邓 佳 崔 焱 李建佳 张利芝 王文孝

3360 电镀行业（不含电子元器件和线路板）

生态环境部华南环境科学研究所

贺 框 胡小英 张明杨 黄凯华 杜建伟 温 勇

南京华创环境技术研究院有限公司

刘福强　梁　英　李　杰

重庆市固体废物管理中心

刘嘉烈　张曼丽

中国科学院生态环境研究中心

赵　旭

38 电气机械和器材制造行业（不包括 3825 光伏设备及元器件制造、384 电池制造），39 计算机、通信和其他电子设备制造行业，40 仪器仪表制造行业，435 电气设备修理行业，436 仪器仪表修理行业，439 其他机械和设备修理行业

工业和信息化部电子第五研究所

黄秋鑫　孙秀敏　陈　琼　丑天姝　熊松松　方植彬　张德平　武泽华　刘晓纯　苏健梅　张　键　朱亚茹

中检集团南方测试股份有限公司

司菲斐　尚晓晨　吴楚芸　邓春涛　潘智勇　徐　鹏　马　萍　刘雅如　杜翠婷　曾声渠　田春燕　许智鑫

3825 光伏设备及元器件制造

中国环境科学研究院

李雪迎　白　璐　孟立红　谢明辉

中国科学院电工研究所

李海玲　吕　芳

384　电池制造行业

中国电子节能技术协会

黄建忠　王　超　张旻昱　杨清雨

骆驼集团股份有限公司

谢云清　邓国强　张　坤　丁佰胜　鲁　砚

超威电源有限公司

周　红　黄思淼　钦　力　沈　星　朱军军　陈　幸　周　丽　王新华

北京亿华通科技股份有限公司

于　民　周　斌　袁　殿　陈庆妍

北京新奥环标理化分析测试中心

田小青　戚小京　姜玉婷　张保华

41 其他制造业（不包括 412 核辐射加工）

北京工商大学

董黎明　祁光霞

42 废弃资源综合利用行业

中国环境科学研究院

刘景洋　毕莹莹　董　莉　孙晓明　郭玉文　阮久莉　贾　岩　许　文

中国物资再生协会

刘　强　张艳会

44 电力、热力生产和供应业

4411 火力发电、4412 热电联产行业

生态环境部环境工程评估中心

莫　华　吴家玉　帅　伟　汪晓江

国电环境保护研究院有限公司

胡　耘　张　明　朱法华

浙江大学

高　翔　郑成航　周　灿

国电南京电力试验研究有限公司

周道斌　段玖祥　张文杰

4417　生物质能发电行业

中国环境科学研究院

谢雪松　王　健　罗　宏　吕连宏　王斯一

4430 热力生产和供应

中国环境科学研究院

薛志钢　杜谨宏　续　鹏　任岩军　曹喜乐　马京华

浙江大学

高　翔　郑成航　张涌新　周志颖　翁卫国　吴卫红　刘少俊　姚龙超　周　灿　张　悠

北京市环境保护科学研究院

宋光武　罗志云　闫　静　赵亚笛　武彤冉

北京市劳动保护科学研究所

左朋莱　岳　涛　王晨龙　张晓曦　王　堃　梁全明　童亚莉　高佳佳　佟　莉　丁永华

北京师范大学

田贺忠　白孝轩　毋波波　刘姝涵　骆丽宁　刘　伟　林淑闵　赵　爽

45 燃气生产与供应业

生态环境部环境工程评估中心

吕　巍　梁　睿　孙南翔　梁　准　关　睢

46 水的生产和供应业

4610 自来水生产与供应行业

中国环境科学研究院

孟凡生　薛　浩　张铃松　叶匡旻　王海燕　周岳溪　马溢阳　宋海燕　程佩瑄　张道萍

463　海水淡化处理

交通运输部天津水运工程科学研究院

周　斌　张传国　王志勇　赵大地

天科院环境科技发展（天津）有限公司

李国一　李长东　初江涛　王　斌　李　鑫

469　其他水的处理利用与分配行业

交通运输部天津水运工程科学研究院

周　斌　张传国　王志勇　赵大地

天科院环境科技发展（天津）有限公司

李国一　李长东　初江涛　王　斌　李　鑫

目录

13 农副食品加工业

14 食品制造业

15 酒、饮料和精制茶制造

第二册

16 烟草制品业

17 纺织业

27 医药制造业

第四册

28 化学纤维制造业

29 橡胶和塑料制造业

30 非金属矿物制品业

31 黑色金属冶炼和压延加工业

1512 白酒制造业

1 适用范围

本手册仅用于《国民经济行业分类》（GB/T 4754—2017）中 1512 白酒制造行业使用系数法核算工业污染物产生量和排放量的工业企业。

利用本手册进行产排污核算得出的污染物产生量与排放量仅代表了特定行业的工艺、产品、原料在正常工况下污染物产生与排放的一般规律。

本行业废水指标包括化学需氧量、氨氮、总氮、总磷、工业废水量。

2 注意事项

2.1 企业有多种生产工艺或生产多类产品产排污量核算

污染物产生量与产品产量有关，根据不同核算环节计算产污量后，再根据企业末端治理设施和运行情况计算各污染物的排放量。

企业某污染物产生量、排放量为各核算环节产生量、排放量之和。

在企业实际排放量计算过程中，如果存在废水回用的情况，需要在利用产排污核算公式的基础上扣除废水回用的部分。公式如下：

实际排放量=计算排放量×（1–废水回用率）

2.2 采用多种治理设施组合处理企业的排污量核算

在排污量计算选择末端治理技术时，若没有对应的组合治理技术，以主要治理技术为准。

2.3 系数表中未涉及的产污系数及污染治理效率

本手册已基本涵盖各种香型、原料、工艺及规模的白酒产品，对系数表单中未涉及的产品，按照产品、工艺优先的原则，选用系数表单中相同规模的产污系数。

酱香型白酒产量折算成酒度 53%（*v/v*）计，其他固态法白酒、半固态法白酒的产量均折算成酒度 65%（*v/v*）计。

系数表中未涉及产品：企业生产豉香型白酒，参考米香型白酒系数表单中的产污系数，无须调整；企业生产老白干香型白酒，参考同工艺同规模清香型系数表单中的产污系数；企业生产其他香型（特香型、浓酱兼香型、凤香型、芝麻香型）白酒，均参考同工艺同规模浓香型系数表单中的产污系数。

采用半固态工艺生产米香型（原酒）企业，参考同规模米香型白酒企业产污系数，工业废水量产污系数乘以 0.7，其他污染物产污系数乘以 0.9。

2.4 其他需要说明的问题

由于不同企业工业废水量差异较大，本手册所提供的工业废水量系数仅供参考。

为体现相同产污水平条件下，采用相同环保治理设施的不同企业对同一污染物去除效果的差异，引入末端治理设施实际运行率（k）对污染治理技术的实际去除率进行修正。k 值反映的是污染治理设施运行的状态，越稳定运行，k 值越高；在取值上，若定义连续稳定运行的理想状态为 1，则 k 取值在 0～1 之间。

本手册给出本行业的 k 计算公式仅供参考，使用时，可根据 k 值定义，选取更适合企业实际情况的表达方式。

3 污染物排放量核算方法

3.1 计算污染物产生量

（1）根据产品、原料、污染物产生的主导生产工艺、企业规模（生产产能）这一组合查找和确定所对应的某一污染物的产污系数。

（2）根据该污染物的产污系数计量单位——单位产品产量，获取企业实际产品产量。

例如，某组合内化学需氧量的产污系数单位为克/千升-产品，则计算产生量时需要获取企业实际产品产量；产污系数为克/千升-65°原酒，则计算产生量时需要获取企业折算后产品产量。

（3）污染物产生量按以下公式进行计算：

污染物产生量=污染物对应的产污系数×产品产量

$$G_{产i} = P_{产i} \times M_i$$

式中，$G_{产i}$——工段 i 某污染物的产生量；

$P_{产i}$——工段 i 某污染物对应的产污系数；

M_i——工段 i 的产品产量。

3.2 计算污染物去除量

（1）根据企业对某一污染物所采用的治理技术查找和选择相应的治理技术平均去除效率。

（2）根据所填报的污染治理设施实际运行率参数及其计算公式得出该企业某一污染物的治理设施实际运行率（k 值）。

（3）污染物去除量按以下公式进行计算：

污染物去除量=污染物产生量×污染物去除率

=污染物产生量×治理技术平均去除效率×治理设施实际运行率

$$R_{减i} = G_{产i} \times \eta_T \times k_T$$

式中，$R_{减i}$——工段 i 某污染物的去除量；

η_T——工段 i 某污染物采用的末端治理技术的平均去除效率；

k_T——工段 i 某污染物采用的末端治理设施的实际运行率。

3.3　计算污染物排放量

污染物排放量=污染物产生量–污染物去除量

=污染物对应的产污系数×产品产量–污染物产生量×治理技术平均去除效率×治理设施实际运行率

3.4　计算企业污染物排放量

同一企业某污染物全年的产生（排放）总量为该企业同年实际生产的全部工段、产品、原料、规模污染物产生（排放）量之和。

$$E_{排} = G_{产} - R_{减} = \sum(G_{产i} - R_{减i}) = \sum\left[P_{产i} \times M_i(1-\eta_T \times k_T)\right]$$

4　污染物排放量核算案例

某白酒企业以高粱、稻米等为原料，生产浓香型白酒（原酒）和酱香型白酒（原酒）两类产品，生产工艺为“固态发酵”，企业浓香型白酒（原酒）产量为 1317 千升-65°原酒/年、酱香型白酒（原酒）产量为 10037 千升-53°原酒/年，该企业末端污水治理技术采用“UASB+好氧生物处理”工艺，污水处理设施参数为：年运行时间 6000 小时、年耗电量 7230000 千瓦·时、总额定功率 1215 千瓦。

本核算示例以废水中化学需氧量为例，说明排放量的计算过程。

4.1　化学需氧量产生量计算

（1）查找产污系数及其计量单位

根据企业基本信息，查找本手册中产品 1 为浓香型白酒（原酒），主要原料为高粱、稻米等，主要工艺为固态发酵，年生产规模为<2000 千升。该组合化学需氧量产污系数为 429424.44，单位为克/千升-65°原酒。查找本手册中产品 2 为酱香型白酒（原酒），主要原料为高粱、稻米等，主要工艺为固态发酵，年生产规模为≥2000 千升。该组合化学需氧量产污系数为 64057.29，单位为克/千升-53°原酒。

（2）获取企业产品产量

根据企业实际填报情况：企业年规模为产品 1 浓香型白酒（原酒）1317 千升-65°原酒；产品 2 酱香型白酒（原酒）10037 千升-53°原酒。

（3）计算化学需氧量产生量

化学需氧量产生量=化学需氧量产污系数×产品产量

产品 1：化学需氧量产生量=429424.44 克/千升-65°原酒×1317 千升-65°原酒=565551.99 千克。

产品 2：化学需氧量产生量=64057.293 克/千升-53°原酒×10037 千升-53°原酒=642943.05 千克。

4.2　化学需氧量去除量计算

（1）查找治理技术平均去除效率

企业化学需氧量治理技术采用“UASB+好氧生物处理”，查询相应组合内的末端治理技术，产品 1 末端治理效率为 99.69%，产品 2 末端治理效率为 99.38%。

（2）计算污染治理设施实际运行率

根据企业的污染治理设施年运行时间（小时）、年耗电量（千瓦·时）、总额定功率（千瓦）计算实际运行率参数：

k =污水处理设施年耗电量（千瓦·时）/［总额定功率（千瓦）×年运行时间（小时）］

=7230000 千瓦·时/（1215 千瓦×6000 小时）=0.9917

（3）计算化学需氧量去除量

产品 1：化学需氧量去除量=化学需氧量产生量×污染物去除率

=化学需氧量产生量×治理技术去除效率×治理设施实际运行率

=565551.99 千克×99.69%×0.9917

=559119.25 千克

产品 2：化学需氧量去除量=化学需氧量产生量×污染物去除率

=化学需氧量产生量×治理技术去除效率×治理设施实际运行率

=642943.05 千克×99.38%×0.9917

=633653.46 千克

4.3 化学需氧量排放量计算

化学需氧量排放量=化学需氧量产生量–化学需氧量去除量

产品 1：化学需氧量排放量=565551.99 千克–559119.25 千克

=6432.74 千克

产品 2：化学需氧量排放量=642943.05 千克–633653.46 千克

=9289.59 千克

化学需氧量总排放量=产品 1 排放量+产品 2 排放量

=6432.74 千克+9289.59 千克

=15722.33 千克

5 系数表

1512 白酒制造行业系数表

工段名称	产品名称	原料名称	工艺名称	规模等级	污染物类别	污染物指标	系数单位	产污系数	末端治理技术	末端治理技术平均去除效率/%	参数 k 值计算公式[1]
—	浓香型白酒	高粱、稻米等	固态发酵+灌装	≥5000千升/年	废水	化学需氧量	克/千升-65°原酒	232763.56	物理处理法+化学处理法+厌氧生物处理法+好氧生物处理法	99.80	k=污水处理设施年耗电量（千瓦·时）/［总额定功率（千瓦）×年运行时间（小时）］
						氨氮	克/千升-65°原酒	1217.21	物理处理法+化学处理法+厌氧生物处理法+好氧生物处理法	97.12	
						总氮	克/千升-65°原酒	4180.76	物理处理法+化学处理法+厌氧生物处理法+好氧生物处理法	94.87	
						总磷	克/千升-65°原酒	452.22	物理处理法+化学处理法+厌氧生物处理法+好氧生物处理法	93.85	
						工业废水量	吨/千升-65°原酒	21.70	—	—	—
					固废	一般固体废物	吨/千升-65°原酒	0.034	—	—	—

[1] 该公式仅供参考，使用时，可根据 k 值定义，选取更适合企业实际情况的表达方式。

1512 白酒制造行业系数表（续表 1）

工段名称	产品名称	原料名称	工艺名称	规模等级	污染物类别	污染物指标	系数单位	产污系数	末端治理技术	末端治理技术平均去除效率/%	参数 k 值计算公式
—	浓香型白酒	高粱、稻米等	固态发酵+灌装	2000～5000 千升/年	废水	化学需氧量	克/千升-65°原酒	275736.83	物理处理法+厌氧生物处理法+好氧生物处理法+化学处理法	99.49	k=污水处理设施年耗电量（千瓦·时）/[总额定功率（千瓦）×年运行时间（小时）]
									物理处理法①	0	—
						氨氮	克/千升-65°原酒	1226.31	物理处理法+厌氧生物处理法+好氧生物处理法+化学处理法	93.17	k=污水处理设施年耗电量（千瓦·时）/[总额定功率（千瓦）×年运行时间（小时）]
									物理处理法①	0	—
						总氮	克/千升-65°原酒	4590.59	物理处理法+厌氧生物处理法+好氧生物处理法+化学处理法	89.87	k=污水处理设施年耗电量（千瓦·时）/[总额定功率（千瓦）×年运行时间（小时）]
									物理处理法①	0	—
						总磷	克/千升-65°原酒	544.60	物理处理法+厌氧生物处理法+好氧生物处理法+化学处理法	88.37	k=污水处理设施年耗电量（千瓦·时）/[总额定功率（千瓦）×年运行时间（小时）]
									物理处理法①	0	—
						工业废水量	吨/千升-65°原酒	28.40	—	—	—
					固废	一般固体废物	吨/千升-65°原酒	0.042	—	—	—

注：①指废水排放去向为城镇污水处理厂或园区集中污水处理厂的企业，不考虑其末端治理效率，且计为 0。

1512 白酒制造行业系数表（续表 2）

工段名称	产品名称	原料名称	工艺名称	规模等级	污染物类别	污染物指标	系数单位	产污系数	末端治理技术	末端治理技术平均去除效率/%	参数 k 值计算公式
—	浓香型白酒	高粱、稻米等	固态发酵+灌装	<2000 千升/年	废水	化学需氧量	克/千升-65°原酒	277825.08	物理处理法+厌氧生物处理法+好氧生物处理法+化学处理法	97.53	k=污水处理设施年耗电量（千瓦·时）/[总额定功率（千瓦）×年运行时间（小时）]
									厌氧生物处理法+好氧生物处理法+物化处理法	99.90	
						氨氮	克/千升-65°原酒	1741.54	物理处理法+厌氧生物处理法+好氧生物处理法+化学处理法	89.26	
									厌氧生物处理法+好氧生物处理法+物化处理法	99.58	
						总氮	克/千升-65°原酒	4716.39	物理处理法+厌氧生物处理法+好氧生物处理法+化学处理法	91.05	
									厌氧生物处理法+好氧生物处理法+物化处理法	98.19	
						总磷	克/千升-65°原酒	669.31	物理处理法+厌氧生物处理法+好氧生物处理法+化学处理法	79.82	
									厌氧生物处理法+好氧生物处理法+物化处理法	92.14	
						工业废水量	吨/千升-65°原酒	29.60	—	—	—
					固废	一般固体废物	吨/千升-65°原酒	0.056	—	—	—

1512 白酒制造行业系数表（续表 3）

工段名称	产品名称	原料名称	工艺名称	规模等级	污染物类别	污染物指标	系数单位	产污系数	末端治理技术	末端治理技术平均去除效率/%	参数 k 值计算公式
—	清香型白酒	高粱、稻米等	固态发酵+灌装	≥5000 千升/年	废水	化学需氧量	克/千升-65°原酒	17845.04	物理处理法+厌氧生物处理法+好氧生物处理法+化学处理法	96.82	k=污水处理设施年耗电量（千瓦·时）/[总额定功率（千瓦）×年运行时间（小时）]
									物理处理法[①]	0	—
						氨氮	克/千升-65°原酒	31.49	物理处理法+厌氧生物处理法+好氧生物处理法+化学处理法	85.09	k=污水处理设施年耗电量（千瓦·时）/[总额定功率（千瓦）×年运行时间（小时）]
									物理处理法[①]	0	—
						总氮	克/千升-65°原酒	138.65	物理处理法+厌氧生物处理法+好氧生物处理法+化学处理法	88.54	k=污水处理设施年耗电量（千瓦·时）/[总额定功率（千瓦）×年运行时间（小时）]
									物理处理法[①]	0	—
						总磷	克/千升-65°原酒	48.04	物理处理法+厌氧生物处理法+好氧生物处理法+化学处理法	89.48	k=污水处理设施年耗电量（千瓦·时）/[总额定功率（千瓦）×年运行时间（小时）]
									物理处理法[①]	0	—
						工业废水量	吨/千升-65°原酒	5.00	—	—	—
					固废	一般固体废物	吨/千升-65°原酒	0.021	—	—	—

注：①指废水排放去向为城镇污水处理厂或园区集中污水处理厂的企业，不考虑其末端治理效率，且计为 0。

1512 白酒制造行业系数表（续表 4）

工段名称	产品名称	原料名称	工艺名称	规模等级	污染物类别	污染物指标	系数单位	产污系数	末端治理技术	末端治理技术平均去除效率/%	参数 k 值计算公式
—	清香型白酒	高粱、稻米等	固态发酵+灌装	2000～5000 千升/年	废水	化学需氧量	克/千升-65°原酒	10511.17	物理处理法+厌氧生物处理法+好氧生物处理法+化学处理法	98.30	k=污水处理设施年耗电量（千瓦·时）/[总额定功率（千瓦）×年运行时间（小时）]
									物理处理法[①]	0	—
						氨氮	克/千升-65°原酒	64.02	物理处理法+厌氧生物处理法+好氧生物处理法+化学处理法	94.50	k=污水处理设施年耗电量（千瓦·时）/[总额定功率（千瓦）×年运行时间（小时）]
									物理处理法[①]	0	—
						总氮	克/千升-65°原酒	228.17	物理处理法+厌氧生物处理法+好氧生物处理法+化学处理法	90.50	k=污水处理设施年耗电量（千瓦·时）/[总额定功率（千瓦）×年运行时间（小时）]
									物理处理法[①]	0	—
						总磷	克/千升-65°原酒	37.91	物理处理法+厌氧生物处理法+好氧生物处理法+化学处理法	91.78	k=污水处理设施年耗电量（千瓦·时）/[总额定功率（千瓦）×年运行时间（小时）]
									物理处理法[①]	0	—
						工业废水量	吨/千升-65°原酒	6.30	—	—	—
					固废	一般固体废物	吨/千升-65°原酒	0.046	—	—	—

注：①指废水排放去向为城镇污水处理厂或园区集中污水处理厂的企业，不考虑其末端治理效率，且计为 0。

1512 白酒制造行业系数表（续表 5）

工段名称	产品名称	原料名称	工艺名称	规模等级	污染物类别	污染物指标	系数单位	产污系数	末端治理技术	末端治理技术平均去除效率/%	参数 *k* 值计算公式
—	清香型白酒	高粱、稻米等	固态发酵+灌装	<2000 千升/年	废水	化学需氧量	克/千升-65°原酒	14232.37	物理处理法+厌氧生物处理法+好氧生物处理法+化学处理法	97.91	*k*=污水处理设施年耗电量（千瓦·时）/[总额定功率（千瓦）×年运行时间（小时）]
									物理处理法①	0	—
						氨氮	克/千升-65°原酒	40.06	物理处理法+厌氧生物处理法+好氧生物处理法+化学处理法	89.88	*k*=污水处理设施年耗电量（千瓦·时）/[总额定功率（千瓦）×年运行时间（小时）]
									物理处理法①	0	—
						总氮	克/千升-65°原酒	143.59	物理处理法+厌氧生物处理法+好氧生物处理法+化学处理法	89.57	*k*=污水处理设施年耗电量（千瓦·时）/[总额定功率（千瓦）×年运行时间（小时）]
									物理处理法①	0	—
						总磷	克/千升-65°原酒	27.72	物理处理法+厌氧生物处理法+好氧生物处理法+化学处理法	97.37	*k*=污水处理设施年耗电量（千瓦·时）/[总额定功率（千瓦）×年运行时间（小时）]
									物理处理法①	0	—
						工业废水量	吨/千升-65°原酒	5.30	—	—	—
					固废	一般固体废物	吨/千升-65°原酒	0.067	—	—	—

注：①指废水排放去向为城镇污水处理厂或园区集中污水处理厂的企业，不考虑其末端治理效率，且计为 0。

1512 白酒制造行业系数表（续表 6）

工段名称	产品名称	原料名称	工艺名称	规模等级	污染物类别	污染物指标	系数单位	产污系数	末端治理技术	末端治理技术平均去除效率/%	参数 k 值计算公式
—	酱香型白酒	高粱、稻米等	固态发酵+灌装	≥5000 千升/年	废水	化学需氧量	克/千升-53°原酒	61550.49	物理处理法+厌氧生物处理法+好氧生物处理法	98.82	k=污水处理设施年耗电量（千瓦·时）/[总额定功率（千瓦）×年运行时间（小时）]
									物理处理法+化学处理法+厌氧生物处理法+好氧生物处理法	98.79	
						氨氮	克/千升-53°原酒	1400.30	物理处理法+厌氧生物处理法+好氧生物处理法	96.38	
									物理处理法+化学处理法+厌氧生物处理法+好氧生物处理法	96.98	
						总氮	克/千升-53°原酒	3107.16	物理处理法+厌氧生物处理法+好氧生物处理法	89.92	
									物理处理法+化学处理法+厌氧生物处理法+好氧生物处理法	96.21	
						总磷	克/千升-53°原酒	325.43	物理处理法+厌氧生物处理法+好氧生物处理法	96.24	
									物理处理法+化学处理法+厌氧生物处理法+好氧生物处理法	97.14	
						工业废水量	吨/千升-53°原酒	25.00	—	—	—
					固废	一般固体废物	吨/千升-53°原酒	0.032	—	—	—

1512 白酒制造行业系数表（续表 7）

工段名称	产品名称	原料名称	工艺名称	规模等级	污染物类别	污染物指标	系数单位	产污系数	末端治理技术	末端治理技术平均去除效率/%	参数 k 值计算公式
—	酱香型白酒	高粱、稻米等	固态发酵+灌装	2000～5000 千升/年	废水	化学需氧量	克/千升-53°原酒	64584.26	物理处理法+厌氧生物处理法+好氧生物处理法	99.47	k=污水处理设施年耗电量（千瓦·时）/[总额定功率（千瓦）×年运行时间（小时）]
									物理处理法+化学处理法+厌氧生物处理法+好氧生物处理法	98.71	
						氨氮	克/千升-53°原酒	1557.12	物理处理法+厌氧生物处理法+好氧生物处理法	93.52	
									物理处理法+化学处理法+厌氧生物处理法+好氧生物处理法	93.32	
						总氮	克/千升-53°原酒	3130.07	物理处理法+厌氧生物处理法+好氧生物处理法	90.21	
									物理处理法+化学处理法+厌氧生物处理法+好氧生物处理法	95.04	
						总磷	克/千升-53°原酒	364.02	物理处理法+厌氧生物处理法+好氧生物处理法	95.76	
									物理处理法+化学处理法+厌氧生物处理法+好氧生物处理法	96.18	
						工业废水量	吨/千升-53°原酒	28.90	—	—	—
					固废	一般固体废物	吨/千升-53°原酒	0.044	—	—	—

1512 白酒制造行业系数表（续表 8）

工段名称	产品名称	原料名称	工艺名称	规模等级	污染物类别	污染物指标	系数单位	产污系数	末端治理技术	末端治理技术平均去除效率/%	参数 k 值计算公式
—	酱香型白酒	高粱、稻米等	固态发酵+灌装	<2000 千升/年	废水	化学需氧量	克/千升-53°原酒	65914.42	物理处理法+好氧生物处理法+化学处理法	98.68	k=污水处理设施年耗电量（千瓦·时）/[总额定功率（千瓦）×年运行时间（小时）]
									物理处理法[①]	0	—
						氨氮	克/千升-53°原酒	1727.14	物理处理法+好氧生物处理法+化学处理法	97.52	k=污水处理设施年耗电量（千瓦·时）/[总额定功率（千瓦）×年运行时间（小时）]
									物理处理法[①]	0	—
						总氮	克/千升-53°原酒	3941.47	物理处理法+好氧生物处理法+化学处理法	95.51	k=污水处理设施年耗电量（千瓦·时）/[总额定功率（千瓦）×年运行时间（小时）]
									物理处理法[①]	0	—
						总磷	克/千升-53°原酒	444.49	物理处理法+好氧生物处理法+化学处理法	97.74	k=污水处理设施年耗电量（千瓦·时）/[总额定功率（千瓦）×年运行时间（小时）]
									物理处理法[①]	0	—
						工业废水量	吨/千升-53°原酒	30.80	—	—	—
					固废	一般固体废物	吨/千升-53°原酒	0.056	—	—	—

注：①指废水排放去向为城镇污水处理厂或园区集中污水处理厂的企业，不考虑其末端治理效率，且计为 0。

1512 白酒制造行业系数表（续表 9）

工段名称	产品名称	原料名称	工艺名称	规模等级	污染物类别	污染物指标	系数单位	产污系数	末端治理技术	末端治理技术平均去除效率/%	参数 k 值计算公式
—	米香型白酒	稻米等	半固态发酵+灌装	所有规模	废水	化学需氧量	克/千升-65°原酒	33552.74	物理处理法+厌氧生物处理法+好氧生物处理法	98.30	k=污水处理设施年耗电量（千瓦·时）/［总额定功率（千瓦）×年运行时间（小时）］
									物理处理法+化学处理法+厌氧生物处理法+好氧生物处理法	98.46	
						氨氮	克/千升-65°原酒	275.26	物理处理法+厌氧生物处理法+好氧生物处理法	97.12	
									物理处理法+化学处理法+厌氧生物处理法+好氧生物处理法	87.18	
						总氮	克/千升-65°原酒	504.53	物理处理法+厌氧生物处理法+好氧生物处理法	93.08	
									物理处理法+化学处理法+厌氧生物处理法+好氧生物处理法	94.16	
						总磷	克/千升-65°原酒	182.25	物理处理法+厌氧生物处理法+好氧生物处理法	98.27	
									物理处理法+化学处理法+厌氧生物处理法+好氧生物处理法	98.75	
						工业废水量	吨/千升-65°原酒	10.60	—	—	—
					固废	一般固体废物	吨/千升-65°原酒	0.029	—	—	—
—	白酒（液态）[②]	原酒、食用酒精等	勾兑+过滤+灌装	所有规模	废水	化学需氧量	克/千升-产品	77.21	物理处理法[①]	0	—
						氨氮	克/千升-产品	0.15	物理处理法[①]	0	—
						总氮	克/千升-产品	4.64	物理处理法[①]	0	—
						总磷	克/千升-产品	0.05	物理处理法[①]	0	—
						工业废水量	吨/千升-产品	1.80	—	—	—
					固废	一般固体废物	吨/千升-产品	0.006	—	—	—

注：①指废水排放去向为城镇污水处理厂或园区集中污水处理厂的企业，不考虑其末端治理效率，且计为 0。

②白酒（液态）是指以原酒或食用酒精为原料进行加工灌装的企业，包括所有香型白酒。

1512 白酒制造行业系数表（续表 10）

工段名称	产品名称	原料名称	工艺名称	规模等级	污染物类别	污染物指标	系数单位	产污系数	末端治理技术	末端治理技术平均去除效率/%	参数 k 值计算公式
—	浓香型白酒（原酒）	高粱、稻米等	固态发酵	≥5000千升/年	废水	化学需氧量	克/千升-65°原酒	212553.69	物理处理法+化学处理法+厌氧生物处理法+好氧生物处理法	99.76	k=污水处理设施年耗电量（千瓦·时）/［总额定功率（千瓦）×年运行时间（小时）］
						氨氮	克/千升-65°原酒	1312.21	物理处理法+化学处理法+厌氧生物处理法+好氧生物处理法	97.09	
						总氮	克/千升-65°原酒	3664.63	物理处理法+化学处理法+厌氧生物处理法+好氧生物处理法	93.25	
						总磷	克/千升-65°原酒	538.31	物理处理法+化学处理法+厌氧生物处理法+好氧生物处理法	93.95	
						工业废水量	吨/千升-65°原酒	12.30	—	—	—
					固废	一般固体废物	吨/千升-65°原酒	0.025	—	—	—
—	浓香型白酒（原酒）	高粱、稻米等	固态发酵	2000～5000千升/年	废水	化学需氧量	克/千升-65°原酒	314364.24	物理处理法+化学处理法+厌氧生物处理法+好氧生物处理法	99.66	k=污水处理设施年耗电量（千瓦·时）/［总额定功率（千瓦）×年运行时间（小时）］
									物理处理法①	0	—
						氨氮	克/千升-65°原酒	1437.24	物理处理法+化学处理法+厌氧生物处理法+好氧生物处理法	97.86	k=污水处理设施年耗电量（千瓦·时）/［总额定功率（千瓦）×年运行时间（小时）］
									物理处理法①	0	—
						总氮	克/千升-65°原酒	4516.31	物理处理法+化学处理法+厌氧生物处理法+好氧生物处理法	95.75	k=污水处理设施年耗电量（千瓦·时）/［总额定功率（千瓦）×年运行时间（小时）］
									物理处理法①	0	—
						总磷	克/千升-65°原酒	823.17	物理处理法+化学处理法+厌氧生物处理法+好氧生物处理法	93.10	k=污水处理设施年耗电量（千瓦·时）/［总额定功率（千瓦）×年运行时间（小时）］
									物理处理法①	0	—
						工业废水量	吨/千升-65°原酒	16.70	—	—	—
					固废	一般固体废物	吨/千升-65°原酒	0.036	—	—	—

注：①指废水排放去向为城镇污水处理厂或园区集中污水处理厂的企业，不考虑其末端治理效率，且计为 0。

1512 白酒制造行业系数表（续表 11）

工段名称	产品名称	原料名称	工艺名称	规模等级	污染物类别	污染物指标	系数单位	产污系数	末端治理技术	末端治理技术平均去除效率/%	参数 *k* 值计算公式
—	浓香型白酒（原酒）	高粱、稻米等	固态发酵	<2000 千升/年	废水	化学需氧量	克/千升-65°原酒	429424.44	物理处理法+化学处理法+厌氧生物处理法+好氧生物处理法	99.69	*k*=污水处理设施年耗电量（千瓦·时）/［总额定功率（千瓦）×年运行时间（小时）］
									物理处理法[①]	0	—
						氨氮	克/千升-65°原酒	2656.82	物理处理法+化学处理法+厌氧生物处理法+好氧生物处理法	98.74	*k*=污水处理设施年耗电量（千瓦·时）/［总额定功率（千瓦）×年运行时间（小时）］
									物理处理法[①]	0	—
						总氮	克/千升-65°原酒	4702.83	物理处理法+化学处理法+厌氧生物处理法+好氧生物处理法	92.40	*k*=污水处理设施年耗电量（千瓦·时）/［总额定功率（千瓦）×年运行时间（小时）］
									物理处理法[①]	0	—
						总磷	克/千升-65°原酒	1169.17	物理处理法+化学处理法+厌氧生物处理法+好氧生物处理法	99.20	*k*=污水处理设施年耗电量（千瓦·时）/［总额定功率（千瓦）×年运行时间（小时）］
									物理处理法[①]	0	—
						工业废水量	吨/千升-65°原酒	17.90	—	—	—
					固废	一般固体废物	吨/千升-65°原酒	0.042	—	—	—

注：①指废水排放去向为城镇污水处理厂或园区集中污水处理厂的企业，不考虑其末端治理效率，且计为 0。

1512 白酒制造行业系数表（续表 12）

工段名称	产品名称	原料名称	工艺名称	规模等级	污染物类别	污染物指标	系数单位	产污系数	末端治理技术	末端治理技术平均去除效率/%	参数 k 值计算公式
—	清香型白酒（原酒）	高粱、稻米等	固态发酵	≥5000 千升/年	废水	化学需氧量	克/千升-65°原酒	36735.83	物理处理法+厌氧生物处理法+好氧生物处理法+化学处理法	97.35	k=污水处理设施年耗电量（千瓦·时）/［总额定功率（千瓦）×年运行时间（小时）］
									物理处理法①	0	—
						氨氮	克/千升-65°原酒	65.74	物理处理法+厌氧生物处理法+好氧生物处理法+化学处理法	84.75	k=污水处理设施年耗电量（千瓦·时）/［总额定功率（千瓦）×年运行时间（小时）］
									物理处理法①	0	—
						总氮	克/千升-65°原酒	356.92	物理处理法+厌氧生物处理法+好氧生物处理法+化学处理法	94.77	k=污水处理设施年耗电量（千瓦·时）/［总额定功率（千瓦）×年运行时间（小时）］
									物理处理法①	0	—
						总磷	克/千升-65°原酒	205.87	物理处理法+厌氧生物处理法+好氧生物处理法+化学处理法	87.95	k=污水处理设施年耗电量（千瓦·时）/［总额定功率（千瓦）×年运行时间（小时）］
									物理处理法①	0	—
						工业废水量	吨/千升-65°原酒	4.80	—	—	—
					固废	一般固体废物	吨/千升-65°原酒	0.017	—	—	—

注：①指废水排放去向为城镇污水处理厂或园区集中污水处理厂的企业，不考虑其末端治理效率，且计为 0。

1512 白酒制造行业系数表（续表 13）

工段名称	产品名称	原料名称	工艺名称	规模等级	污染物类别	污染物指标	系数单位	产污系数	末端治理技术	末端治理技术平均去除效率/%	参数 k 值计算公式
—	清香型白酒（原酒）	高粱、稻米等	固态发酵	2000～5000 千升/年	废水	化学需氧量	克/千升-65°原酒	15791.96	物理处理法+厌氧生物处理法+好氧生物处理法+化学处理法	98.58	k=污水处理设施年耗电量（千瓦·时）/［总额定功率（千瓦）×年运行时间（小时）］
									物理处理法[①]	0	—
						氨氮	克/千升-65°原酒	99.91	物理处理法+厌氧生物处理法+好氧生物处理法+化学处理法	96.79	k=污水处理设施年耗电量（千瓦·时）/［总额定功率（千瓦）×年运行时间（小时）］
									物理处理法[①]	0	—
						总氮	克/千升-65°原酒	270.56	物理处理法+厌氧生物处理法+好氧生物处理法+化学处理法	90.90	k=污水处理设施年耗电量（千瓦·时）/［总额定功率（千瓦）×年运行时间（小时）］
									物理处理法[①]	0	—
						总磷	克/千升-65°原酒	13.15	物理处理法+厌氧生物处理法+好氧生物处理法+化学处理法	94.71	k=污水处理设施年耗电量（千瓦·时）/［总额定功率（千瓦）×年运行时间（小时）］
									物理处理法[①]	0	—
						工业废水量	吨/千升-65°原酒	4.40	—	—	—
					固废	一般固体废物	吨/千升-65°原酒	0.016	—	—	—

注：①指废水排放去向为城镇污水处理厂或园区集中污水处理厂的企业，不考虑其末端治理效率，且计为 0。

1512 白酒制造行业系数表（续表 14）

工段名称	产品名称	原料名称	工艺名称	规模等级	污染物类别	污染物指标	系数单位	产污系数	末端治理技术	末端治理技术平均去除效率/%	参数 k 值计算公式
—	清香型白酒（原酒）	高粱、稻米等	固态发酵	＜2000 千升/年	废水	化学需氧量	克/千升-65°原酒	9698.37	物理处理法+厌氧生物处理法+好氧生物处理法+化学处理法	99.43	k=污水处理设施年耗电量（千瓦·时）/［总额定功率（千瓦）×年运行时间（小时）］
									物理处理法[①]	0	—
						氨氮	克/千升-65°原酒	82.19	物理处理法+厌氧生物处理法+好氧生物处理法+化学处理法	84.58	k=污水处理设施年耗电量（千瓦·时）/［总额定功率（千瓦）×年运行时间（小时）］
									物理处理法[①]	0	—
						总氮	克/千升-65°原酒	331.28	物理处理法+厌氧生物处理法+好氧生物处理法+化学处理法	92.59	k=污水处理设施年耗电量（千瓦·时）/［总额定功率（千瓦）×年运行时间（小时）］
									物理处理法[①]	0	—
						总磷	克/千升-65°原酒	37.36	物理处理法+厌氧生物处理法+好氧生物处理法+化学处理法	93.77	k=污水处理设施年耗电量（千瓦·时）/［总额定功率（千瓦）×年运行时间（小时）］
									物理处理法[①]	0	—
						工业废水量	吨/千升-65°原酒	4.40	—	—	—
					固废	一般固体废物	吨/千升-65°原酒	0.016	—	—	—

注：①指废水排放去向为城镇污水处理厂或园区集中污水处理厂的企业，不考虑其末端治理效率，且计为 0。

1512 白酒制造行业系数表（续表 15）

工段名称	产品名称	原料名称	工艺名称	规模等级	污染物类别	污染物指标	系数单位	产污系数	末端治理技术	末端治理技术平均去除效率/%	参数 *k* 值计算公式
—	酱香型白酒（原酒）	高粱、稻米等	固态发酵	≥2000 千升/年	废水	化学需氧量	克/千升-53°原酒	64057.29	物理处理法+厌氧生物处理法+好氧生物处理法+化学处理法	99.38	*k*=污水处理设施年耗电量（千瓦·时）/［总额定功率（千瓦）×年运行时间（小时）］
									物理处理法①	0	—
						氨氮	克/千升-53°原酒	849.58	物理处理法+厌氧生物处理法+好氧生物处理法+化学处理法	98.59	*k*=污水处理设施年耗电量（千瓦·时）/［总额定功率（千瓦）×年运行时间（小时）］
									物理处理法①	0	—
						总氮	克/千升-53°原酒	1520.53	物理处理法+厌氧生物处理法+好氧生物处理法+化学处理法	91.76	*k*=污水处理设施年耗电量（千瓦·时）/［总额定功率（千瓦）×年运行时间（小时）］
									物理处理法①	0	—
						总磷	克/千升-53°原酒	328.02	物理处理法+厌氧生物处理法+好氧生物处理法+化学处理法	96.29	*k*=污水处理设施年耗电量（千瓦·时）/［总额定功率（千瓦）×年运行时间（小时）］
									物理处理法①	0	—
						工业废水量	吨/千升-53°原酒	20.10	—	—	—
					固废	一般固体废物	吨/千升-53°原酒	0.022	—	—	—

注：①指废水排放去向为城镇污水处理厂或园区集中污水处理厂的企业，不考虑其末端治理效率，且计为 0。

1512 白酒制造行业系数表（续表 16）

工段名称	产品名称	原料名称	工艺名称	规模等级	污染物类别	污染物指标	系数单位	产污系数	末端治理技术	末端治理技术平均去除效率/%	参数 *k* 值计算公式
—	酱香型白酒（原酒）	高粱、稻米等	固态发酵	<2000 千升/年	废水	化学需氧量	克/千升-53°原酒	71676.38	物理处理法+厌氧生物处理法+好氧生物处理法+化学处理法	99.22	*k*=污水处理设施年耗电量（千瓦·时）/［总额定功率（千瓦）×年运行时间（小时）］
									物理处理法①	0	—
						氨氮	克/千升-53°原酒	1743.23	物理处理法+厌氧生物处理法+好氧生物处理法+化学处理法	98.06	*k*=污水处理设施年耗电量（千瓦·时）/［总额定功率（千瓦）×年运行时间（小时）］
									物理处理法①	0	—
						总氮	克/千升-53°原酒	3777.03	物理处理法+厌氧生物处理法+好氧生物处理法+化学处理法	94.88	*k*=污水处理设施年耗电量（千瓦·时）/［总额定功率（千瓦）×年运行时间（小时）］
									物理处理法①	0	—
						总磷	克/千升-53°原酒	412.49	物理处理法+厌氧生物处理法+好氧生物处理法+化学处理法	97.04	*k*=污水处理设施年耗电量（千瓦·时）/［总额定功率（千瓦）×年运行时间（小时）］
									物理处理法①	0	—
						工业废水量	吨/千升-53°原酒	21.90	—	—	—
					固废	一般固体废物	吨/千升-53°原酒	0.035	—	—	—

注：①指废水排放去向为城镇污水处理厂或园区集中污水处理厂的企业，不考虑其末端治理效率，且计为 0。

1513 啤酒制造业

1 适用范围

本手册仅用于《国民经济行业分类》（GB/T 4754—2017）中 1513 啤酒制造行业使用系数法核算工业污染物产生量和排放量的工业企业。

利用本手册进行产排污核算得出的污染物产生量与排放量仅代表了特定行业的工艺、产品、原料在正常工况下污染物产生与排放的一般规律。

本行业废水指标包括工业废水量、化学需氧量、氨氮、总氮、总磷。

2 注意事项

2.1 企业有多种生产工艺或生产多类产品产排污量核算

污染物产生量与产品产量有关，根据啤酒生产不同规模计算产污量后，再根据企业末端治理设施和运行情况计算各污染物的排放量。本行业所有末端治理技术、设施和运行情况忽略效率区分，视为同一。若某企业采用的末端治理技术与系数手册不完全对应，仍按本手册内容取值。

企业某污染物指标的产生量、排放量分别为各核算环节产生量、排放量之和。

在企业实际排放量计算过程中，如果存在废水回用的情况，需要在利用产排污核算公式的基础上扣除废水回用的部分。公式如下：

实际排放量=计算排放量×（1–废水回用率）

2.2 采用多种末端治理设施组合处理企业的排污量核算

在排污量计算选择末端治理技术时，若没有对应的组合治理技术，以主要治理技术为准。

2.3 系数表中未涉及的产污系数及污染治理效率

本系数表中未涉及麦芽制备企业的产污系数及污染治理效率。

2.4 其他需要说明的问题

除啤酒麦芽制备外，啤酒企业各种啤酒产量均折算为麦芽汁浓度 11°P 产品计量，忽略原料和工艺差异，无论采取何种末端治理技术，均视为与“物理法+厌氧/好氧组合法+化学法”工艺相同，按 1513 啤酒制造行业系数手册中相应规模等级对应的产污系数取值。

本使用手册中，污染物主要来源于洗糟水、洗涤水、冷凝水等，不包括麦糟、滤渣和废酵母中的污染物和废水量。所有工艺视为目前技术水平条件下可资源化废弃物已回收。

由于不同企业工业废水量差异较大，本手册所提供的工业废水量系数仅供参考。

为体现相同产污水平条件下，采用相同环保治理设施的不同企业对同一污染物去除效果的差异，引入末端治理设施实际运行率（k）对污染治理技术的实际去除率进行修正。k 值反映的是污染治理设施运行的状态，越稳定运行，k 值越高；在取值上，若定义连续稳定运行的理想状态为 1，则 k 取值在 0～1 之间。

本手册给出本行业的 k 计算公式仅供参考，使用时，可根据 k 值定义，选取更适合企业实际情况的表达方式。

3 污染物排放量核算方法

针对企业实际生产情况，本行业在系数制定过程中未将企业全生产流程划分或拆分为若干工段（核算环节），在核算企业污染物产排量时，均视企业为生产工艺全流程进行核算。

3.1 计算污染物产生量

（1）根据产品、原料、污染物产生的主导生产工艺、企业规模（生产产能）这一组合查找和确定所对应的某一污染物的产污系数。

（2）根据该污染物的产污系数计量单位——单位产品产量，获取企业实际产品产量。

例如，某组合内化学需氧量的产污系数单位为克/千升-产品，则计算产生量时需要获取企业实际产品产量。

（3）污染物产生量按以下公式进行计算：

污染物产生量=污染物对应的产污系数×产品产量

$$G_{产i} = P_{产i} \times M_i$$

式中，$G_{产i}$——工段 i 某污染物的产生量；

$P_{产i}$——工段 i 某污染物对应的产污系数；

M_i——工段 i 的产品产量。

3.2 计算污染物去除量

（1）根据企业对某一污染物所采用的末端治理技术查找和选择相应的末端治理技术平均去除效率。

（2）根据所填报的污染末端治理设施实际运行率参数及其计算公式得出该企业某一污染物的末端治理设施实际运行率（k 值）。当计算的 k 值大于 1 时，k 值取 1；当计算的 k 值小于 1 时，k 取计算值。

（3）污染物去除量按以下公式进行计算：

污染物去除量=污染物产生量×污染物去除率

=污染物产生量×治理技术平均去除效率×治理设施实际运行率

$$R_{减i} = G_{产i} \times \eta_T \times k_T$$

式中，$R_{减i}$——工段 i 某污染物的去除量；

η_T——工段 i 某污染物采用的末端治理技术的平均去除效率；

k_T——工段 i 某污染物采用的末端治理设施的实际运行率。

3.3 计算污染物排放量

污染物排放量=污染物产生量–污染物去除量

=污染物对应的产污系数×产品产量–污染物产生量×

末端治理技术平均去除效率×末端治理设施实际运行率

3.4 计算企业污染物排放量

同一企业某污染物全年的产生（排放）总量为该企业同年实际生产的全部工段、产品、原料、规模污染物产生（排放）量之和。

$$E_{排} = G_{产} - R_{减} = \sum(G_{产i} - R_{减i}) = \sum\left[P_{产i} \times M_i(1-\eta_T \times k_T)\right]$$

4 污染物排放量核算案例

某啤酒企业主要从事啤酒的生产。生产的主要污染物指标为化学需氧量、氨氮、总氮、总磷。以化学需氧量为例说明排放量计算过程。

该企业基本信息如表 1 所示。

表 1 某啤酒企业基本信息

	核算环节：整体核算	
	名称	数量
产品及产量	啤酒	31 万千升
原料及用量	大麦芽、大米	3.4 万吨、 1.6 万吨
工艺名称	发酵法	—
规模（产能）	＞10 万千升/年	
污染末端治理设施	物理法+厌氧/好氧组合法+化学法	
实际运行率参数	污水末端治理设施运行时间	7200 小时
	企业正常生产时间	6000 小时

4.1 化学需氧量产生量计算

（1）查找产污系数及其计量单位

根据企业基本信息，查找本手册中主要产品为啤酒，主要原料为大麦芽及其他辅料，主要工艺为发酵法，生产规模≥10 万千升/年。该组合化学需氧量的产污系数为 12000，单位为克/千升-产品。

（2）获取企业产品产量

该企业实际情况为：主要产品啤酒 2017 年产量为 31 万千升。

（3）计算化学需氧量产生量

由于查询到的组合中，化学需氧量产污系数的单位为克/千升-产品，因此在核算化学需氧量产生量时采用产品产量。

化学需氧量产生量=化学需氧量产污系数×产品（啤酒）产量

=12000 克/千升-产品×310000 千升-产品 ÷1000

=3720000 千克

4.2 化学需氧量去除量计算

（1）查找末端治理技术平均去除效率

由于该企业化学需氧量末端治理技术采用“物理法+厌氧/好氧组合法+化学法”，查询相应组合内“物理法+厌氧/好氧组合法+化学法”工艺的平均去除效率为 97%。

（2）计算污染末端治理设施实际运行率

根据产污系数组合查询结果，该组合中化学需氧量法对应的污染末端治理设施实际运行率为

k =污水末端治理设施运行时间/企业正常生产时间=7200 小时/6000 小时=1.2，取 k =1 计。

（3）计算化学需氧量去除量

化学需氧量去除量=3720000 千克×97%×1=3608400 千克

4.3 化学需氧量排放量计算

化学需氧量排放量=3720000 千克– 3608400 千克=111600 千克

5 系数表

1513 啤酒制造行业系数表

工段名称	产品名称	原料名称	工艺名称	规模等级	污染物类别	污染物指标	系数单位	产污系数	末端治理技术	末端治理技术平均去除效率/%	参考 k 值计算公式[1]
—	啤酒	大麦芽（或加辅料）	发酵法（包括原料粉碎、糖化、过滤、煮沸、冷却、发酵、过滤、灌装等工艺）	≥10 万千升/年	废水	工业废水量	吨/千升-产品	4.00	—	0	—
						化学需氧量	克/千升-产品	1.20×10^4	物理法+厌氧/好氧组合法+化学法	97	k=污水末端治理设施运行时间（小时/年）/企业正常生产时间（小时/年）
						氨氮	克/千升-产品	200	物理法+厌氧/好氧组合法+化学法	70	
						总氮	克/千升-产品	500	物理法+厌氧/好氧组合法+化学法	64	
						总磷	克/千升-产品	120	物理法+厌氧/好氧组合法+化学法	90	
				<10 万千升/年	废水	工业废水量	吨/千升-产品	5.00	—	0	—
						化学需氧量	克/千升-产品	1.50×10^4	物理法+厌氧/好氧组合法+化学法	97	k=污水末端治理设施运行时间（小时/年）/企业正常生产时间（小时/年）
						氨氮	克/千升-产品	250	物理法+厌氧/好氧组合法+化学法	70	
						总氮	克/千升-产品	800	物理法+厌氧/好氧组合法+化学法	72	
						总磷	克/千升-产品	200	物理法+厌氧/好氧组合法+化学法	93	

[1] 该公式仅供参考，使用时，可根据 k 值定义，选取更适合企业实际情况的表达方式。

1514 黄酒制造业

1 适用范围

本手册仅用于《国民经济行业分类》（GB/T 4754—2017）中 1514 黄酒制造行业使用系数法核算工业污染物产生量和排放量的工业企业。

利用本手册进行产排污核算得出的污染物产生量与排放量仅代表了特定行业的工艺、产品、原料在正常工况下酿酒和罐装全工段污染物产生与排放的一般规律。

本行业废水指标包括工业废水量、化学需氧量、氨氮、总氮、总磷。

2 注意事项

2.1 企业有多种生产工艺或生产多类产品产排污量核算

污染物产生量与产品产量有关，根据不同原料、工艺计算产污量后，再根据企业末端治理设施和运行情况计算各污染物的排放量。若某企业采用的末端治理技术与系数手册不完全对应，仍按本手册取值。

企业某污染物指标的产生量、排放量分别为各核算环节产生量、排放量之和。

在企业实际排放量计算过程中，如果存在废水回用的情况，需要在利用产排污核算公式的基础上扣除废水回用的部分。公式如下：

实际排放量=计算排放量×（1–废水回用率）

2.2 采用多种治理设施组合处理企业的排污量核算

在排污量计算选择末端治理技术时，若没有对应的组合治理技术，以主要治理技术为准。

2.3 系数表中未涉及的产污系数及污染治理效率

本行业所有黄酒的生产过程中，忽略原料、产品和工艺差别，无论采取何种末端治理技术，均视为与“物化法+厌氧/好氧组合法+化学法”工艺相同，废水指标按本系数手册内容取值。

2.4 其他需要说明的问题

黄酒产量以实际酿酒产量统计。同一黄酒企业既采用传统手工发酵工艺生产黄酒，又采用机械化发酵工艺生产黄酒；既采用糯米、大米生产黄酒，又采用小米生产黄酒；普查时应以生产工艺、原料为依据，然后按照生产规模分别统计污染物的产生量和排放量，企业产排污量为各种产品的产排污量之和。

污染物主要来源于浸米水（泡米水）、洗米水，压榨车间废水和洗涤废水中的污染物，不包括黄酒糟中的污染物。

工业废水量包括浸米水（泡米水）、洗米水、压榨车间废水和洗涤水等水量，不包括黄酒糟中带走的水量。只有罐装的黄酒企业，按本系数手册以工业废水量乘以 1/2、其他污染物指标系数乘以 1/5 取值。

由于不同企业工业废水量差异较大，本手册所提供的工业废水量系数仅供参考。

为体现相同产污水平条件下，采用相同环保治理设施的不同企业对同一污染物去除效果的差异，引入末端治理设施实际运行率（k）对污染治理技术的实际去除率进行修正。k 值反映的是污染治理设施运行的状态，越稳定运行，k 值越高；在取值上，若定义连续稳定运行的理想状态为 1，则 k 取值在 0～1 之间。

本手册给出本行业的 k 计算公式仅供参考，使用时，可根据 k 值定义，选取更适合企业实际情况的表达方式。

3 污染物排放量核算方法

针对企业实际生产情况，本行业在系数制定过程中未将企业全生产流程划分或拆分为若干工段（核算环节），在核算企业污染物产排量时，均视企业为生产工艺全流程进行核算。

3.1 计算污染物产生量

（1）根据产品、原料、污染物产生的主导生产工艺、企业规模（生产产能）这一组合查找和确定所对应的某一污染物的产污系数。

（2）根据该污染物的产污系数计量单位——单位产品产量，获取企业实际产品产量。

例如，某组合内化学需氧量的产污系数单位为克/千升-产品，则计算产生量时需要获取企业实际产品产量。

（3）污染物产生量按以下公式进行计算：

污染物产生量=污染物对应的产污系数×产品产量

$$G_{产i} = P_{产i} \times M_i$$

式中，$G_{产i}$——工段 i 某污染物的产生量；

$P_{产i}$——工段 i 某污染物对应的产污系数；

M_i——工段 i 的产品产量。

3.2 计算污染物去除量

（1）根据企业对某一污染物所采用的末端治理技术查找和选择相应的末端治理技术平均去除效率。

（2）根据所填报的污染末端治理设施实际运行率参数及其计算公式得出该企业某一污染物的末端治理设施实际运行率（k 值）。当计算的 k 值大于 1 时，k 值取 1；当计算的 k 值小于 1 时，k 取计算值。

（3）污染物去除量按以下公式进行计算：

污染物去除量=污染物产生量×污染物去除率

=污染物产生量×治理技术平均去除效率×治理设施实际运行率

$$R_{减i} = G_{产i} \times \eta_T \times k_T$$

式中，$R_{减i}$——工段 i 某污染物的去除量；

η_T——工段 i 某污染物采用的末端治理技术的平均去除效率；

k_T——工段 i 某污染物采用的末端治理设施的实际运行率。

3.3 计算污染物排放量

污染物排放量=污染物产生量−污染物去除量

=污染物对应的产污系数×产品产量−污染物产生量×末端治理技术平均去除效率×末端治理设施实际运行率

3.4 计算企业污染物排放量

同一企业某污染物全年的产生（排放）总量为该企业同年实际生产的全部工段、产品、原料、规模污染物产生（排放）量之和。

$$E_{排} = G_{产} - R_{减} = \sum(G_{产i} - R_{减i}) = \sum\left[P_{产i} \times M_i(1 - \eta_T \times k_T)\right]$$

4 污染物排放量核算案例

某黄酒企业主要从事以糯米为原料的黄酒生产。该企业涉及的主要产排污工段为酿造和过滤灌装工段。生产过程产生的主要污染物指标为化学需氧量、氨氮、总氮、总磷。以化学需氧量为例说明排放量计算过程。

该企业基本信息如表 1 所示。

表 1 某黄酒企业基本信息

	核算环节：整体核算	
	名称	数量
产品及产量	黄酒	5.45 万千升
原料及用量	糯米	1.12 万吨
工艺名称	传统手工发酵法	—
规模（产能）	10 万千升	
污染末端治理设施	物化法+厌氧/好氧组合法+化学法	
实际运行率参数	污水末端治理设施运行时间	4800 小时
	企业正常生产时间	3600 小时

4.1 化学需氧量产生量计算

（1）查找产污系数及其计量单位

根据企业基本信息，查找本手册中主要产品为黄酒，主要原料为糯米，主要工艺为传统手工发酵，生产规模为所有规模。该组合化学需氧量的产污系数为 156000，单位为克/千升-产品。

（2）获取企业产品产量

该企业实际情况为：主要产品黄酒 2017 年产量为 5.45 万千升。

（3）计算化学需氧量产生量

由于查询到的组合中，化学需氧量产污系数的单位为克/千升-产品，因此在核算化学需氧量产生量时需获取产品产量。

化学需氧量产生量=化学需氧量产污系数×产品（黄酒）产量

=156000 克/千升-产品×54500 千升-产品 ÷ 1000

=8502000 千克

4.2 化学需氧量去除量计算

（1）查找末端治理技术平均去除效率

由于该企业化学需氧量末端治理技术采用“物化法+厌氧/好氧组合法+化学法”工艺，查询相应组合内“物化法+厌氧/好氧组合法+化学法”工艺的平均去除效率为 96%。

（2）计算污染末端治理设施实际运行率

根据产污系数组合查询结果，该组合中化学需氧量法对应的污染末端治理设施实际运行率为 k =污水末端治理设施运行时间/企业正常生产时间=4800 小时/3600 小时=1.33，取 k =1 计。

（3）计算化学需氧量去除量

化学需氧量去除量=8502000 千克× 96% × 1=8161920 千克

4.3 化学需氧量排放量计算

化学需氧量排放量=8502000 千克– 8161920 千克=340080 千克

5 系数表

1514 黄酒制造行业系数表

工段名称	产品名称	原料名称	工艺名称	规模等级	污染物类别	污染物指标	系数单位	产污系数	末端治理技术	末端治理技术平均去除效率/%	参考 k 值计算公式[1]
—	黄酒	谷物原料（糯米/籼米/粳米/其他大米/粟米/小米/黄米/玉米/小麦/其他粮食等）	机械化发酵法	所有规模	废水	工业废水量	吨/千升-产品	11.0	—	0	—
						化学需氧量	克/千升-产品	1.32×10^5	物化法+厌氧/好氧组合法+化学法	96	k=污水末端治理设施运行时间（小时/年）/企业正常生产时间（小时/年）
						氨氮	克/千升-产品	8.80×10^3	物化法+厌氧/好氧组合法+化学法	96	
						总氮	克/千升-产品	1.10×10^4	物化法+厌氧/好氧组合法+化学法	96	
						总磷	克/千升-产品	1650	物化法+厌氧/好氧组合法+化学法	95	
		稻米（糯米、籼米、粳米、其他大米等）	传统手工发酵法	所有规模	废水	工业废水量	吨/千升-产品	13.0	—	0	—
						化学需氧量	克/千升-产品	1.56×10^5	物化法+厌氧/好氧组合法+化学法	96	k=污水末端治理设施运行时间（小时/年）/企业正常生产时间（小时/年）
						氨氮	克/千升-产品	1.04×10^4	物化法+厌氧/好氧组合法+化学法	96	
						总氮	克/千升-产品	1.30×10^4	物化法+厌氧/好氧组合法+化学法	96	
						总磷	克/千升-产品	1950	物化法+厌氧/好氧组合法+化学法	95	
		黄米（小米、粟米、玉米、小麦、其他杂粮等）	传统手工发酵法	所有规模	废水	工业废水量	吨/千升-产品	10.0	—	0	—
						化学需氧量	克/千升-产品	5.00×10^4	物化法+厌氧/好氧组合法+化学法	90	k=污水末端治理设施运行时间（小时/年）/企业正常生产时间（小时/年）
						氨氮	克/千升-产品	600	物化法+厌氧/好氧组合法+化学法	42	
						总氮	克/千升-产品	1.70×10^3	物化法+厌氧/好氧组合法+化学法	74	
						总磷	克/千升-产品	950	物化法+厌氧/好氧组合法+化学法	92	

[1] 该公式仅供参考，使用时，可根据 k 值定义，选取更适合企业实际情况的表达方式。

1515 葡萄酒制造业

1 适用范围

本手册仅用于《国民经济行业分类》（GB/T 4754—2017）中 1515 葡萄酒制造行业使用系数法核算工业污染物产生量和排放量的工业企业。

利用本手册进行产排污核算得出的污染物产生量与排放量仅代表了特定行业的工艺、产品、原料在正常工况下污染物产生与排放的一般规律。

本行业废水指标包括工业废水量、化学需氧量、氨氮、总氮、总磷。

2 注意事项

2.1 企业有多种生产工艺或生产多类产品产排污量核算

污染物产生量与产品产量有关，根据不同原料和规模计算产污量后，再根据企业末端治理设施和运行情况计算各污染物的排放量。若某企业采用的末端治理技术与系数手册不完全对应，仍按本手册内容取值。

企业某污染物指标的产生量、排放量分别为各核算环节产生量、排放量之和。

在企业实际排放量计算过程中，如果存在废水回用的情况，需要在利用产排污核算公式的基础上扣除废水回用的部分。公式如下：

实际排放量=计算排放量×（1–废水回用率）

2.2 采用多种治理设施组合处理企业的排污量核算

在排污量计算选择末端治理技术时，若没有对应的组合治理技术，以主要治理技术为准。

2.3 系数表中未涉及的产污系数及污染治理效率

本行业葡萄酒的生产过程中，忽略产品、原料和工艺差异，生产规模划分等级，无论采取何种末端治理技术，均视为与物理法+两段好氧生物处理法+化学法工艺相同，按本 1515 葡萄酒制造行业系数手册中相应规模等级对应的产污系数进行计算。

2.4 其他需要说明的问题

以葡萄为原料生产白兰地的企业，以本手册规模化生产≥0.5 万千升/年葡萄酒系数取值。

瓶装葡萄酒、散装葡萄酒按规模等级选择对应的产污系数取值。

特种葡萄酒包括起泡葡萄酒、加香葡萄酒、葡萄白兰地、其他特种葡萄酒、酿酒葡萄汁等以≥0.5 万千升/年葡萄酒对应的产污系数取值。产量小于 0.1 万千升/年酒庄葡萄酒以本手册＜0.5 万千升/

年规模系数取值。

生产非单一产品的葡萄酒企业，例如，同一葡萄酒企业既生产红葡萄酒、白葡萄酒，也可能生产白兰地、其他原料果酒等，则按本手册或对应 1519 其他酒制造行业系数手册相应规模等级的产污系数取值；企业产排污量为各种产品的产排污量之和。

由于不同企业工业废水量差异较大，本手册所提供的工业废水量系数仅供参考。

为体现相同产污水平条件下，采用相同环保治理设施的不同企业对同一污染物去除效果的差异，引入末端治理设施实际运行率（k）对污染治理技术的实际去除率进行修正。k 值反映的是污染治理设施运行的状态，越稳定运行，k 值越高；在取值上，若定义连续稳定运行的理想状态为 1，则 k 取值在 0～1 之间。

本手册给出本行业的 k 计算公式仅供参考，使用时，可根据 k 值定义，选取更适合企业实际情况的表达方式。

3 污染物排放量核算方法

针对企业实际生产情况，本行业在系数制定过程中未将企业全生产流程划分或拆分为若干工段（核算环节），在核算企业污染物产排量时，均视企业为生产工艺全流程进行核算。

3.1 计算污染物产生量

（1）根据产品、原料、污染物产生的主导生产工艺、企业规模（生产产能）这一组合查找和确定所对应的某一污染物的产污系数。

（2）根据该污染物的产污系数计量单位——单位产品产量，获取企业实际产品产量。

例如，某组合内化学需氧量的产污系数单位为克/千升-产品，则计算产生量时需要获取企业实际产品产量。

（3）污染物产生量按以下公式进行计算：

污染物产生量=污染物对应的产污系数×产品产量

$$G_{产i} = P_{产i} \times M_i$$

式中，$G_{产i}$——工段 i 某污染物的产生量；

$P_{产i}$——工段 i 某污染物对应的产污系数；

M_i——工段 i 的产品产量。

3.2 计算污染物去除量

（1）根据企业对某一污染物所采用的末端治理技术查找和选择相应的末端治理技术平均去除效率。

（2）根据所填报的污染末端治理设施实际运行率参数及其计算公式得出该企业某一污染物的末端治理设施实际运行率（k 值）。当计算的 k 值大于 1 时，k 值取 1；当计算的 k 值小于 1 时，k 取计算值。

（3）污染物去除量按以下公式进行计算：

污染物去除量=污染物产生量×污染物去除率

=污染物产生量×治理技术平均去除效率×治理设施实际运行率

$$R_{减i}=G_{产i}\times\eta_T\times k_T$$

式中，$R_{减i}$——工段 i 某污染物的去除量；

η_T——工段 i 某污染物采用的末端治理技术的平均去除效率；

k_T——工段 i 某污染物采用的末端治理设施的实际运行率。

3.3 计算污染物排放量

污染物排放量=污染物产生量–污染物去除量

=污染物对应的产污系数×产品产量–污染物产生量×

末端治理技术平均去除效率×末端治理设施实际运行率

3.4 计算企业污染物排放量

同一企业某污染物全年的产生（排放）总量为该企业同年实际生产的全部工段、产品、原料、规模污染物产生（排放）量之和。

$$E_{排}=G_{产}-R_{减}=\sum(G_{产i}-R_{减i})=\sum\left[P_{产i}\times M_i(1-\eta_T\times k_T)\right]$$

4 污染物排放量核算案例

某葡萄酒企业主要从事葡萄酒的生产。生产过程产生的主要污染物指标为化学需氧量、氨氮、总氮、总磷。以化学需氧量为例说明排放量计算过程。

该企业基本信息如表 1 所示。

表 1 某葡萄酒企业基本信息

	核算环节：整体核算	
	名称	数量
产品及产量	葡萄酒	2500 千升
原料及用量	葡萄	1000 吨
工艺名称	液态发酵法	—
规模（产能）	3000 千升	
污染末端治理设施	物理法+两段好氧生物处理法+化学法	
实际运行率参数	污水末端治理设施运行时间	5520 小时
	企业正常生产时间	4800 小时

4.1 化学需氧量产生量计算

（1）查找产污系数及其计量单位

根据企业基本信息，查找本手册中主要产品为葡萄酒，主要原料为葡萄，主要工艺为液态发酵法，生产规模＜0.5 万千升/年。该组合化学需氧量的产污系数为 10000，单位为克/千升-产品。

（2）获取企业产品产量

该企业实际情况为：主要产品葡萄酒 2017 年产量为 2500 千升。

（3）计算化学需氧量产生量

由于查询到的组合中，化学需氧量产污系数的单位为克/千升-产品，因此在核算化学需氧量产生量时需获取产品产量。

化学需氧量产生量=化学需氧量产污系数×产品（葡萄酒）产量

=10000 克/千升-产品×2500 千升-产品 ÷1000

=25000 千克

4.2 化学需氧量去除量计算

（1）查找末端治理技术平均去除效率

由于该企业化学需氧量末端治理技术采用“物理法+两段好氧生物处理法+化学法”，查询相应组合内“物理法+两段好氧生物处理法+化学法”工艺的平均去除效率为 63%。

（2）计算污染末端治理设施实际运行率

根据产污系数组合查询结果，该组合中化学需氧量法对应的污染末端治理设施实际运行率为 k =污水末端治理设施运行时间/企业正常生产时间=5520 小时/4800 小时=1.15，取 k =1 计。

（3）计算化学需氧量去除量

化学需氧量去除量=25000 千克×63%×1=15750 千克

4.3 化学需氧量排放量计算

化学需氧量排放量=25000 千克−15750 千克=9250 千克

5 系数表

1515 葡萄酒制造行业系数表

工段名称	产品名称	原料名称	工艺名称	规模等级	污染物类别	污染物指标	系数单位	产污系数	末端治理技术	末端治理技术平均去除效率/%	参考 k 值计算公式[1]
—	葡萄酒	葡萄	液态发酵法（包括榨汁、脱胶、沉淀、发酵、倒罐、储存、灌装等工艺）	≥0.5 万千升/年	废水	工业废水量	吨/千升-产品	4.00	—	0	—
						化学需氧量	克/千升-产品	1.00×10^4	物理法+两段好氧生物处理法+化学法	80	k=污水末端治理设施运行时间（小时/年）/企业正常生产时间（小时/年）
						氨氮	克/千升-产品	120	物理法+两段好氧生物处理法+化学法	50	
						总氮	克/千升-产品	1.20×10^3	物理法+两段好氧生物处理法+化学法	85	
						总磷	克/千升-产品	350	物理法+两段好氧生物处理法+化学法	91	
				<0.5 万千升/年	废水	工业废水量	吨/千升-产品	7.50	—	0	—
						化学需氧量	克/千升-产品	1.00×10^4	物理法+两段好氧生物处理法+化学法	63	k=污水末端治理设施运行时间（小时/年）/企业正常生产时间（小时/年）
						氨氮	克/千升-产品	120	物理法+两段好氧生物处理法+化学法	6	
						总氮	克/千升-产品	1.20×10^3	物理法+两段好氧生物处理法+化学法	72	
						总磷	克/千升-产品	350	物理法+两段好氧生物处理法+化学法	83	

[1] 该公式仅供参考，使用时，可根据 k 值定义，选取更适合企业实际情况的表达方式。

1519 其他酒制造业

1 适用范围

本手册仅用于《国民经济行业分类》（GB/T 4754—2017）中 1519 其他酒制造行业使用系数法核算工业污染物产生量和排放量的工业企业。

利用本手册进行产排污核算得出的污染物产生量与排放量仅代表了特定行业的工艺、产品、原料在正常工况下污染物产生与排放的一般规律。

本行业废水指标包括工业废水量、化学需氧量、氨氮、总氮、总磷。

2 注意事项

2.1 企业有多种生产工艺或生产多类产品产排污量核算

污染物产生量与产品产量有关，根据不同产品和生产规模计算产污量后，再根据企业末端治理设施和运行情况计算各污染物的排放量。若某企业采用的末端治理技术与系数手册不完全对应，仍按本手册内容取值。

企业某污染物指标的产生量、排放量分别为各核算环节产生量、排放量之和。

在企业实际排放量计算过程中，如果存在废水回用的情况，需要在利用产排污核算公式的基础上扣除废水回用的部分。公式如下：

实际排放量=计算排放量×（1–废水回用率）

2.2 采用多种治理设施组合处理企业的排污量核算

在排污量计算选择末端治理技术时，若没有对应的组合治理技术，以主要治理技术为准。

2.3 系数表中未涉及的产污系数及污染治理效率

其他蒸馏酒，指以粮谷、薯类、水果等为主要原料，经发酵、蒸馏、陈酿、勾兑制成的酒精度（体积分数）在 18%～60%（*V*/*V*）的饮料酒，如白兰地、威士忌、俄得克（伏特加）、朗姆酒等其他蒸馏酒。在生产过程中，除葡萄原料外的其他果蔬为原料的白兰地生产，废水的产污系数以本手册中果酒系数取值；威士忌、俄得克（伏特加）、朗姆酒等粮谷原料蒸馏配制酒废水的产污系数以 1512 白酒制造行业中液态法白酒系数取值。

本行业所有酒的生产过程中，忽略原料和工艺差别，无论采取何种末端治理技术，均视为与“物理法+好氧生物处理法+化学法”工艺相同，废水指标按 1519 其他酒制造行业系数手册中系数取值。

2.4 其他需要说明的问题

果酒包括苹果酒、梨酒、蜂蜜酒、其他果酒等；配制酒包括露酒、植物类配制酒、动物类配制酒、其他配制保健药酒等，以白酒、食用酒精和其他辅料为原料；本手册忽略原料、工艺、末端治理技术差异，分别以果酒、配制酒相应规模系数计。产量小于 0.1 万千升/年酒庄果酒按本手册＜0.5 万千升/年规模果酒系数取值。

生产非单一产品的企业，企业产排污量为各种产品的产排污量之和。由于不同企业工业废水量差异较大，本手册所提供的工业废水量系数仅供参考。

为体现相同产污水平条件下，采用相同环保治理设施的不同企业对同一污染物去除效果的差异，引入末端治理设施实际运行率（k）对污染治理技术的实际去除率进行修正。k 值反映的是污染治理设施运行的状态，越稳定运行，k 值越高；在取值上，若定义连续稳定运行的理想状态为 1，则 k 取值在 0～1 之间。

本手册给出本行业的 k 计算公式仅供参考，使用时，可根据 k 值定义，选取更适合企业实际情况的表达方式。

3 污染物排放量核算方法

针对企业实际生产情况，本行业在系数制定过程中未将企业全生产流程划分或拆分为若干工段（核算环节），在核算企业污染物产排量时，均视企业为生产工艺全流程进行核算。

3.1 计算污染物产生量

（1）根据产品、原料、污染物产生的主导生产工艺、企业规模（生产产能）这一组合查找和确定所对应的某一污染物的产污系数。

（2）根据该污染物的产污系数计量单位——单位产品产量，获取企业实际产品产量。

例如，某组合内化学需氧量的产污系数单位为克/千升-产品，则计算产生量时需要获取企业实际产品产量。

（3）污染物产生量按以下公式进行计算：

污染物产生量=污染物对应的产污系数×产品产量

$$G_{产i} = P_{产i} \times M_i$$

式中，$G_{产i}$——工段 i 某污染物的产生量；

$P_{产i}$——工段 i 某污染物对应的产污系数；

M_i——工段 i 的产品产量。

3.2 计算污染物去除量

（1）根据企业对某一污染物所采用的末端治理技术查找和选择相应的末端治理技术平均去除效率。

（2）根据所填报的污染末端治理设施实际运行率参数及其计算公式得出该企业某一污染物的末端治理设施实际运行率（k 值）。当计算的 k 值大于 1 时，k 值取 1；当计算的 k 值小于 1 时，k 取计算值。

（3）污染物去除量按以下公式进行计算：

污染物去除量=污染物产生量×污染物去除率

=污染物产生量×治理技术平均去除效率×治理设施实际运行率

$$R_{减i}=G_{产i}\times\eta_T\times k_T$$

式中，$R_{减i}$——工段 i 某污染物的去除量；

η_T——工段 i 某污染物采用的末端治理技术的平均去除效率；

k_T——工段 i 某污染物采用的末端治理设施的实际运行率。

3.3 计算污染物排放量

污染物排放量=污染物产生量–污染物去除量

=污染物对应的产污系数×产品产量–污染物产生量×末端治理技术平均去除效率×末端治理设施实际运行率

3.4 计算企业污染物排放量

同一企业某污染物全年的产生（排放）总量为该企业同年实际生产的全部工段、产品、原料、规模污染物产生（排放）量之和。

$$E_{排}=G_{产}-R_{减}=\sum(G_{产i}-R_{减i})=\sum\left[P_{产i}\times M_i(1-\eta_T\times k_T)\right]$$

4 污染物排放量核算案例

某配制酒企业主要从事配制酒的生产。该企业涉及的主要产排污工段为配制和灌装两个工段。其主要污染物指标为化学需氧量、氨氮、总氮、总磷，配制工段主要污染物为化学需氧量。以化学需氧量为例说明排放量计算过程。

该企业基本信息如表 1 所示。

表 1 某配制酒企业基本信息

	核算环节：整体核算	
	名称	数量
产品及产量	配制酒	14 万千升
原料及用量	白酒+辅料	9 万千升
工艺名称	浸渍/勾兑配制法	—
规模（产能）	20 万千升	
污染末端治理设施	物理法+好氧生物处理法+化学法	
实际运行率参数	污水末端治理设施运行时间	6840 小时
	企业正常生产时间	5760 小时

4.1 化学需氧量产生量计算

（1）查找产污系数及其计量单位

根据企业基本信息，查找本手册中主要产品为配制酒，主要原料为白酒+辅料，主要工艺为浸渍/勾兑配制法，生产规模为大于等于 0.5 万千升/年。该组合化学需氧量的产污系数为 8000，单位为克/千升-产品。

（2）获取企业产品产量

该企业实际情况为：主要产品配制酒 2017 年产量为 14 万千升。

（3）计算化学需氧量产生量

由于查询到的组合中，化学需氧量产污系数的单位为克/千升-产品，因此在核算化学需氧量产生量时需获取产品产量。

化学需氧量产生量=化学需氧量产污系数×产品（配制酒）产量

=8000 克/千升-产品×140000 千升-产品 ÷ 1000

=1120000 千克

4.2 化学需氧量去除量计算

（1）查找末端治理技术平均去除效率

由于该企业化学需氧量末端治理技术采用“物理法+好氧生物处法+化学法”工艺，查询相应组合内“物理法+好氧生物处理法+化学法”工艺的平均去除效率为 63%。

（2）计算污染末端治理设施实际运行率

根据产污系数组合查询结果，该组合中化学需氧量法对应的污染末端治理设施实际运行率为 k =污水末端治理设施运行时间/企业正常生产时间=6840 小时/5760 小时=1.19，取 k =1 计。

（3）计算化学需氧量去除量

化学需氧量去除量=1120000 千克×63%×1=705600 千克

4.3 化学需氧量排放量计算

化学需氧量排放量=1120000 千克−705600 千克=414400 千克

5 系数表

1519 其他酒制造行业系数表

工段名称	产品名称	原料名称	工艺名称	规模等级	污染物类别	污染物指标	系数单位	产污系数	末端治理技术	末端治理技术平均去除效率/%	参考 k 值计算公式[1]
—	配制酒	白酒（或食用酒精）加辅料	1．浸渍/勾兑配制法 2．基酒发酵+浸渍勾兑配制法等	≥0.5 万千升/年	废水	工业废水量	吨/千升-产品	10.0	—	0	—
						化学需氧量	克/千升-产品	8.00×10^{3}	物理法+好氧生物处理法+化学法	63	k=污水末端治理设施运行时间（小时/年）/企业正常生产时间（小时/年）
						氨氮	克/千升-产品	100	物理法+好氧生物处理法+化学法	0	—
						总氮	克/千升-产品	400	物理法+好氧生物处理法+化学法	0	—
						总磷	克/千升-产品	80.0	物理法+好氧生物处理法+化学法	38	k=污水末端治理设施运行时间（小时/年）/企业正常生产时间（小时/年）
				<0.5 万千升/年	废水	工业废水量	吨/千升-产品	25.0	物理法+好氧生物处理法+化学法	0	—
						化学需氧量	克/千升-产品	1.60×10^{4}	物理法+好氧生物处理法+化学法	53	k=污水末端治理设施运行时间（小时/年）/企业正常生产时间（小时/年）
						氨氮	克/千升-产品	200	物理法+好氧生物处理法+化学法	0	—
						总氮	克/千升-产品	800	物理法+好氧生物处理法+化学法	0	—
						总磷	克/千升-产品	160	物理法+好氧生物处理法+化学法	22	k=污水末端治理设施运行时间（小时/年）/企业正常生产时间（小时/年）

[1] 该公式仅供参考，使用时，可根据 k 值定义，选取更适合企业实际情况的表达方式。

1519 其他酒制造行业系数表（续表 1）

工段名称	产品名称	原料名称	工艺名称	规模等级	污染物类别	污染物指标	系数单位	产污系数	末端治理技术	末端治理技术平均去除效率/%	参考 k 值计算公式
—	果酒	水果	液态发酵法（包括榨汁、脱胶、沉淀、发酵、倒罐、存储、灌装等工艺）	≥0.5 万千升/年	废水	工业废水量	吨/千升-产品	4.00	—	0	—
						化学需氧量	克/千升-产品	$1.00×10^4$	物理法+两段好氧生物处理法+化学法	80	k=污水末端治理设施运行时间（小时/年）/企业正常生产时间（小时/年）
						氨氮	克/千升-产品	120	物理法+两段好氧生物处理法+化学法	50	
						总氮	克/千升-产品	$1.20×10^3$	物理法+两段好氧生物处理法+化学法	85	
						总磷	克/千升-产品	350	物理法+两段好氧生物处理法+化学法	91	
				<0.5 万千升/年	废水	工业废水量	吨/千升-产品	7.50	—	0	—
						化学需氧量	克/千升-产品	$1.00×10^4$	物理法+两段好氧生物处理法+化学法	63	k=污水末端治理设施运行时间（小时/年）/企业正常生产时间（小时/年）
						氨氮	克/千升-产品	120	物理法+两段好氧生物处理法+化学法	6	
						总氮	克/千升-产品	$1.20×10^3$	物理法+两段好氧生物处理法+化学法	72	
						总磷	克/千升-产品	350	物理法+两段好氧生物处理法+化学法	83	

152 饮料制造业

1 适用范围

本手册仅用于《国民经济行业分类》（GB/T 4754—2017）中 1521 碳酸饮料制造、1523 果菜汁及果菜汁饮料制造、1524 含乳饮料和植物蛋白饮料制造、1525 固体饮料制造、1529 茶饮料及其他饮料制造行业使用系数法核算工业污染物产生量和排放量的工业企业。

本手册中碳酸饮料产品主要包括可乐类，如可口可乐、百事可乐等；果味类，如健力宝等。此类饮料的显著差别在于助剂的种类。其中碳酸化过程是工艺中的主要环节。

果菜汁及果菜汁饮料产品主要包括橙浆、苹果汁、浓缩苹果汁、苹果汁饮料、橙汁饮料及其他果蔬汁饮料。生产工艺可以通过榨汁（制浆）与调配过程区分，其中橙浆、苹果汁的工艺主要是制浆（榨汁）环节，浓缩苹果汁的工艺主要是榨汁+浓缩环节，苹果汁饮料、橙汁饮料及其他果蔬汁饮料工艺主要是调配环节。

含乳饮料包括配制型含乳饮料（如乳酸饮料）和发酵型含乳饮料（乳酸菌饮料）。加工原料差别不大，基本是鲜乳和乳制品（包括奶粉）；生产工艺可通过调配与发酵过程区分。植物蛋白饮料产品可依原料种类加以划分，如杏仁、核桃、椰子、桃仁、花生、大豆等。其中磨浆是主要的工艺环节。

固体饮料是需要加水调兑的饮料，包括果蔬固体饮料、植物蛋白固体饮料（豆粉、椰子粉等）、含乳蛋白固体饮料、复合蛋白固体饮料、茶固体饮料、咖啡固体饮料。固体饮料生产一般采用分包装或固体混合工艺，生产废水的排放较低。而涉及提取或制汁工艺的生产，其排放相对较高。

茶饮料及其他饮料制造行业中茶饮料产品包括茶粉调配饮料和茶叶提取茶汤饮料两类。其他饮料主要包括功能饮料等，主要工艺为调配。

利用本手册进行产排污核算得出的污染物产生量与排放量仅代表了特定行业的工艺、产品、原料在正常工况下污染物产生与排放的一般规律。

本行业废水指标包括工业废水量、化学需氧量、氨氮、总氮、总磷。

2 注意事项

2.1 企业有多种生产工艺或生产多类产品产排污量核算

污染物产生量与各类产品产量有关，不同产品计算产污量后，再根据企业末端治理设施运行情况计算各污染物的排放量。

企业某污染物产生量、排放量为各类产品某污染物产生量、排放量之和。

在企业实际排放量计算过程中，如果存在废水回用的情况，需要在利用产排污核算公式的基础上扣除废水回用的部分。公式如下：

实际排放量=计算排放量×（1–废水回用率）

2.2 系数表中未涉及的产污系数及污染治理效率

（1）果汁型碳酸饮料参照本手册中原料为果味主剂的碳酸饮料的产污系数值，其他碳酸型饮料（汽水）参照本手册中原料为可乐主剂的碳酸饮料的产污系数值。

（2）果菜汁（包括水果汁与蔬菜汁）：水果汁（100%水果汁）包括橙汁、柚汁、柠檬汁、柑橘属水果汁、菠萝汁、葡萄汁、苹果汁、桃汁、杏汁、椰子汁、芒果汁、西番莲果汁、番石榴果汁及其他未混合的水果汁；蔬菜汁（100%蔬菜汁）包括番茄汁、胡萝卜汁及其他未混合的蔬菜汁等。此类饮料参照本手册中苹果汁的产污系数值。工艺则选择榨汁。其原料主要是鲜果或鲜菜。

（3）果浆（果肉类、果浆类及蔬菜浆类、果茶等饮料），包括橙果浆、柚果浆、柠檬果浆、柑橘属水果果浆、菠萝果浆、葡萄果浆、苹果果浆、桃果浆、杏果浆、其他水果果浆。此类饮料可参考本手册中橙浆的情况取值。工艺则选择制浆。原料主要是鲜果或鲜菜。

（4）浓缩果汁包括浓缩橙果汁、浓缩柚果汁、浓缩柠檬果汁、浓缩柑橘属水果果汁、浓缩菠萝果汁、浓缩葡萄果汁、浓缩苹果果汁、浓缩桃果汁、浓缩杏果汁、其他浓缩果汁。此类饮料可参考本手册中浓缩苹果汁的同工艺的情况取值。生产是以鲜果或鲜菜为原料通过榨汁、浓缩工艺完成。

（5）豆乳类饮料产品参照杏仁露产品的产污系数取值。植物蛋白饮料其他种类产品有脱皮工艺的参照核桃露产品的产污系数取值，无脱皮工艺的参照杏仁露产品的产污系数取值。

（6）采用其他植物原料，有萃取、提取、熬制等工艺的，参照提取类茶饮料的产污系数取值。采用浓缩茶汁（液）、其他类型粉状原料、调配工艺生产多味茶饮料等，参照调配类茶饮料的产污系数取值。

2.3 其他需要说明的问题

由于不同企业工业废水量差异较大，本手册所提供的工业废水量系数仅供参考。

为体现相同产污水平条件下，采用相同环保治理设施的不同企业对同一污染物去除效果的差异，引入末端治理设施实际运行率（k）对污染治理技术的实际去除率进行修正。k 值反映的是污染治理设施运行的状态，越稳定运行，k 值越高；在取值上，若定义连续稳定运行的理想状态为 1，则 k 取值在 0～1 之间。

本手册给出本行业的 k 计算公式仅供参考，使用时，可根据 k 值定义，选取更适合企业实际情况的表达方式。

3 污染物排放量核算方法

3.1 计算污染物产生量

（1）根据产品、原料、污染物产生的主导生产工艺这一组合查找和确定所对应的某一污染物的产污系数。

（2）根据该污染物的产污系数计量单位——单位产品产量，获取企业实际产品产量。

例如，某组合内化学需氧量的产污系数单位为千克/吨-产品，则计算产生量时需要获取企业实际产品产量。

（3）污染物产生量按以下公式进行计算：

污染物产生量=污染物对应的产污系数×产品产量

$$G_{产i}=P_{产i}\times M_i$$

式中，$G_{产i}$——工段 i 某污染物的产生量；

$P_{产i}$——工段 i 某污染物对应的产污系数；

M_i——工段 i 的产品产量。

3.2 计算污染物去除量

（1）根据企业对某一污染物所采用的治理技术查找和选择相应的治理技术平均去除效率。

（2）根据所填报的污染治理设施实际运行率参数及其计算公式得出该企业某一污染物的治理设施实际运行率（k 值）。

（3）污染物去除量按以下公式进行计算：

污染物去除量=污染物产生量×污染物去除率

=污染物产生量×治理技术平均去除效率×治理设施实际运行率

$$R_{减i}=G_{产i}\times\eta_T\times k_T$$

式中，$R_{减i}$——工段 i 某污染物的去除量；

η_T——工段 i 某污染物采用的末端治理技术的平均去除效率；

k_T——工段 i 某污染物采用的末端治理设施的实际运行率。

3.3 计算污染物排放量

污染物排放量=污染物产生量–污染物去除量

=污染物对应的产污系数×产品产量–污染物产生量×

治理技术平均去除效率×治理设施实际运行率

3.4 计算企业污染物排放量

同一企业某污染物全年的产生（排放）总量为该企业同年实际生产的全部产品、原料、工段污染物产生（排放）量之和。

$$E_{排}=G_{产}-R_{减}=\sum(G_{产i}-R_{减i})=\sum\left[P_{产i}\times M_i(1-\eta_T\times k_T)\right]$$

4 污染物排放量核算案例

4.1 案例 1

某企业主要从事椰汁生产加工。该企业以椰子为主要原料，生产工艺主要为椰果肉榨汁（磨浆），年产量 1 万吨。该企业废水的污染治理技术采用格栅+调节池+气浮槽+厌氧反应池+生物接触氧化池+沉淀池，涉及的废水污染物主要为化学需氧量、氨氮、总氮和总磷。

本核算示例以废水中的化学需氧量为例，说明该企业化学需氧量排放量的计算方法。

（1）化学需氧量产生量计算

①查找产污系数及其计量单位

主要产品为植物蛋白饮料，主要原料为椰子，主要工艺为磨浆，对应组合中化学需氧量的产污系数为 4394，单位为克/吨-产品。

②获取企业产品产量与原料用量

实际填报情况：该企业主要产品椰汁 2017 年产量为 8900 吨，主要原料椰子 2017 年消耗量为 2 万吨。

③计算化学需氧量产生量

由于查询到的组合中，化学需氧量产污系数的单位为克/吨-产品，因此在核算产生量时采用产品产量。

化学需氧量产生量=化学需氧量产污系数×产品（椰汁）产量

=4394 克/吨-产品×8900 吨-产品=39106600 克=39.11 吨

（2）化学需氧量去除量计算

①查找治理技术平均去除效率

该企业化学需氧量治理技术采用“物理化学处理法+厌氧生物处理法+好氧生物处理法”，查询该法的平均去除效率为 97%。

②确定污染治理设施实际运行率

确定企业化学需氧量“物理化学处理法+厌氧生物处理法+好氧生物处理法”对应的污染治理设施实际运行率 k 值为 1。

③计算化学需氧量去除量

化学需氧量去除量=39.11 吨×97%×1=37.94 吨

（3）化学需氧量排放量计算

化学需氧量排放量=39.11 吨−37.94 吨=1.17 吨

污染物产生量及计量单位、污染物排放量及计量单位需计算获得；产品产量、原料用量、污染治理设施实际运行率按企业实际情况获取；其他信息依据查询结果获取。

4.2 案例 2

某企业主要从事可乐主剂的碳酸饮料生产。该企业以可乐主剂、白砂糖为主要原料，生产工艺主要包括溶糖、碳酸化、灌装，年产量为 55 万吨/年。该企业的主要废水来源于 CIP 清洗废水，生产废水排入污水处理站后采用“厌氧+好氧”两级生化处理后排入市政管网。废水中涉及的主要污染物包括化学需氧量、氨氮、总氮、总磷。

本核算示例以废水中化学需氧量为例，说明该企业化学需氧量排放量的计算方法。

（1）化学需氧量产生量计算

①查找产污系数及其计量单位

主要产品为碳酸饮料，主要原料为可乐主剂，生产工艺为碳酸化，对应组合中化学需氧量产污系数为 2290，单位为克/吨-产品。

②获取企业产品产量与原料产量

实际填报情况：该企业主要产品可乐 2017 年产量为 22 万吨，主要原料助剂为 136.7 吨。

③计算化学需氧量产生量

由于查询到的组合中，化学需氧量产污系数的单位为克/吨-产品，因此在核算产生量时采用产品产量。

化学需氧量产生量=化学需氧量产污系数×产品产量

=2290 克/吨-产品×220000 吨-产品=503.8 吨

（2）化学需氧量去除量计算

①查找治理设施平均去除效率

由于该企业废水治理技术采用“厌氧+好氧”两级生化处理，查询该治理技术的平均去除效率为 96%。

②计算污染治理设施实际运行率

实际运行率 k 值取 1。

③计算化学需氧量去除量

化学需氧量去除量=503.8 吨×96%×1=483.65 吨

（3）化学需氧量排放量计算

化学需氧量去除量=503.8 吨–483.65 吨=20.15 吨

污染物产生量及计量单位、污染物排放量及计量单位需计算获得；产品产量、原料用量、污染治理设施实际运行率按企业实际情况获得；其他信息依据查询结果获得。

5 系数表

1521 碳酸饮料制造行业系数表

工段名称	产品名称	原料名称	工艺名称	规模等级	污染物类别	污染物指标	系数单位	产污系数	末端治理技术	末端治理技术平均去除效率/%	参考 k 值计算公式[1]
—	碳酸饮料	可乐主剂	碳酸化	所有规模	废水	工业废水量	吨/吨-产品	1.25	—	0	—
						化学需氧量	克/吨-产品	2290	厌氧生物处理法+好氧生物处理法+物理处理法	98	k=污水处理设施年耗电量（千瓦·时）/［设备额定功率（千瓦）×设备运行时间（小时）］
									厌氧生物处理法+好氧生物处理法	96	
						氨氮	克/吨-产品	12.80	厌氧生物处理法+好氧生物处理法+物理处理法	96	
									厌氧生物处理法+好氧生物处理法	93	
						总氮	克/吨-产品	44.80	厌氧生物处理法+好氧生物处理法+物理处理法	85	
									厌氧生物处理法+好氧生物处理法	80	
						总磷	克/吨-产品	11	厌氧生物处理法+好氧生物处理法+物理处理法	90	
									厌氧生物处理法+好氧生物处理法	80	
		果味主剂	碳酸化	所有规模	废水	工业废水量	吨/吨-产品	1.15	—	0	—
						化学需氧量	克/吨-产品	1896	厌氧生物处理法+好氧生物处理法+物理处理法	98	k=污水处理设施年耗电量（千瓦·时）/［设备额定功率（千瓦）×设备运行时间（小时）］
									厌氧生物处理法+好氧生物处理法	96	
						氨氮	克/吨-产品	10.90	厌氧生物处理法+好氧生物处理法+物理处理法	96	
									厌氧生物处理法+好氧生物处理法	93	
						总氮	克/吨-产品	35.90	厌氧生物处理法+好氧生物处理法+物理处理法	85	
									厌氧生物处理法+好氧生物处理法	80	
						总磷	克/吨-产品	9.08	厌氧生物处理法+好氧生物处理法	80	
									厌氧生物处理法+好氧生物处理法+物理处理法	90	

[1] 该公式仅供参考，使用时，可根据 k 值定义，选取更适合企业实际情况的表达方式。

1523 果菜汁及果菜汁饮料制造行业系数表

工段名称	产品名称	原料名称	工艺名称	规模等级	污染物类别	污染物指标	系数单位	产污系数	末端治理技术	末端治理技术平均去除效率/%	参考 k 值计算公式[1]
—	果蔬原汁	鲜橙	制浆	所有规模	废水	工业废水量	吨/吨-产品	2.13	—	0	—
						化学需氧量	克/吨-产品	3084	物理化学处理法+厌氧生物处理法+好氧生物处理法+物理处理法	98	k=污水处理设施年耗电量（千瓦·时）/［设备额定功率（千瓦）×设备运行时间（小时）］
									物理化学处理法+厌氧生物处理法+好氧生物处理法	95	
						氨氮	克/吨-产品	208	物理化学处理法+厌氧生物处理法+好氧生物处理法+物理处理法	95	
									物理化学处理法+厌氧生物处理法+好氧生物处理法	80	
						总氮	克/吨-产品	275	物理化学处理法+厌氧生物处理法+好氧生物处理法+物理处理法	90	
									物理化学处理法+厌氧生物处理法+好氧生物处理法	75	
						总磷	克/吨-产品	11.36	物理化学处理法+厌氧生物处理法+好氧生物处理法+物理处理法	60	
									物理化学处理法+厌氧生物处理法+好氧生物处理法	50	
		苹果	榨汁	所有规模	废水	工业废水量	吨/吨-产品	3	—	0	—
						化学需氧量	克/吨-产品	4800	物理化学处理法+厌氧生物处理法+好氧生物处理法+物理处理法	98	k=污水处理设施年耗电量（千瓦·时）/［设备额定功率（千瓦）×设备运行时间（小时）］
									物理化学处理法+厌氧生物处理法+好氧生物处理法	95	
						氨氮	克/吨-产品	293	物理化学处理法+厌氧生物处理法+好氧生物处理法+物理处理法	95	
									物理化学处理法+厌氧生物处理法+好氧生物处理法	80	
						总氮	克/吨-产品	387	物理化学处理法+厌氧生物处理法+好氧生物处理法+物理处理法	90	
									物理化学处理法+厌氧生物处理法+好氧生物处理法	75	
						总磷	克/吨-产品	16	物理化学处理法+厌氧生物处理法+好氧生物处理法+物理处理法	60	
									物理化学处理法+厌氧生物处理法+好氧生物处理法	50	

[1] 该公式仅供参考，使用时，可根据 k 值定义，选取更适合企业实际情况的表达方式。

1523 果菜汁及果菜汁饮料制造行业系数表（续表 1）

工段名称	产品名称	原料名称	工艺名称	规模等级	污染物类别	污染物指标	系数单位	产污系数	末端治理技术	末端治理技术平均去除效率/%	参考 k 值计算公式
—	浓缩果蔬汁	苹果	榨汁、浓缩	所有规模	废水	工业废水量	吨/吨-产品	10	—	0	—
						化学需氧量	克/吨-产品	120333	物理化学处理法+厌氧生物处理法+好氧生物处理法+物理处理法	98	k=污水处理设施年耗电量（千瓦·时）/［设备额定功率（千瓦）×设备运行时间（小时）］
									物理化学处理法+厌氧生物处理法+好氧生物处理法	95	
						氨氮	克/吨-产品	305	物理化学处理法+厌氧生物处理法+好氧生物处理法+物理处理法	95	
									物理化学处理法+厌氧生物处理法+好氧生物处理法	80	
						总氮	克/吨-产品	403	物理化学处理法+厌氧生物处理法+好氧生物处理法+物理处理法	90	
									物理化学处理法+厌氧生物处理法+好氧生物处理法	75	
						总磷	克/吨-产品	55	物理化学处理法+厌氧生物处理法+好氧生物处理法+物理处理法	60	
									物理化学处理法+厌氧生物处理法+好氧生物处理法	50	
—	发酵果蔬汁	苹果	榨汁、发酵	所有规模	废水	工业废水量	吨/吨-产品	5.07	—	0	—
						化学需氧量	克/吨-产品	7739	物理化学处理法+厌氧生物处理法+好氧生物处理法+物理处理法	98	k=污水处理设施年耗电量（千瓦·时）/［设备额定功率（千瓦）×设备运行时间（小时）］
									物理化学处理法+厌氧生物处理法+好氧生物处理法	95	
						氨氮	克/吨-产品	307	物理化学处理法+厌氧生物处理法+好氧生物处理法+物理处理法	95	
									物理化学处理法+厌氧生物处理法+好氧生物处理法	80	
						总氮	克/吨-产品	409	物理化学处理法+厌氧生物处理法+好氧生物处理法+物理处理法	90	
									物理化学处理法+厌氧生物处理法+好氧生物处理法	75	
						总磷	克/吨-产品	27.39	物理化学处理法+厌氧生物处理法+好氧生物处理法+物理处理法	60	
									物理化学处理法+厌氧生物处理法+好氧生物处理法	50	

1523 果菜汁及果菜汁饮料制造行业系数表（续表 2）

工段名称	产品名称	原料名称	工艺名称	规模等级	污染物类别	污染物指标	系数单位	产污系数	末端治理技术	末端治理技术平均去除效率/%	参考 k 值计算公式
—		浓缩果蔬汁	发酵	所有规模	废水	工业废水量	吨/吨-产品	2.07	—	0	—
						化学需氧量	克/吨-产品	2939	物理化学处理法+厌氧生物处理法+好氧生物处理法+物理处理法	98	k=污水处理设施年耗电量（千瓦·时）/［设备额定功率（千瓦）×设备运行时间（小时）］
									物理化学处理法+厌氧生物处理法+好氧生物处理法	95	
						氨氮	克/吨-产品	14.70	物理化学处理法+厌氧生物处理法+好氧生物处理法+物理处理法	95	
									物理化学处理法+厌氧生物处理法+好氧生物处理法	80	
						总氮	克/吨-产品	22.05	物理化学处理法+厌氧生物处理法+好氧生物处理法+物理处理法	90	
									物理化学处理法+厌氧生物处理法+好氧生物处理法	75	
						总磷	克/吨-产品	11.39	物理化学处理法+厌氧生物处理法+好氧生物处理法+物理处理法	60	
									物理化学处理法+厌氧生物处理法+好氧生物处理法	50	
—	果蔬汁饮料	浓缩果蔬汁	调配	所有规模	废水	工业废水量	吨/吨-产品	1.96	—	0	—
						化学需氧量	克/吨-产品	6488	物理化学处理法+好氧生物处理法+物理处理法	98	k=污水处理设施年耗电量（千瓦·时）/［设备额定功率（千瓦）×设备运行时间（小时）］
									物理化学处理法+好氧生物处理法	95	
						氨氮	克/吨-产品	11.49	物理化学处理法+好氧生物处理法+物理处理法	95	
									物理化学处理法+好氧生物处理法	80	
						总氮	克/吨-产品	16.93	物理化学处理法+好氧生物处理法+物理处理法	90	
									物理化学处理法+好氧生物处理法	75	
						总磷	克/吨-产品	0.43	物理化学处理法+好氧生物处理法+物理处理法	60	
									物理化学处理法+好氧生物处理法	50	

1524 含乳饮料和植物蛋白饮料制造业系数表

工段名称	产品名称	原料名称	工艺名称	规模等级	污染物类别	污染物指标	系数单位	产污系数	末端治理技术	末端治理技术平均去除效率/%	参考 k 值计算公式[1]
—	乳饮料	鲜奶	调配	所有规模	废水	工业废水量	吨/吨-产品	3.31	—	0	—
						化学需氧量	克/吨-产品	6369	物理化学处理法+厌氧生物处理法+好氧生物处理法	97	k=污水处理设施年耗电量（千瓦·时）/［设备额定功率（千瓦）×设备运行时间（小时）］
									物理化学处理法+厌氧生物处理法+好氧生物处理法+物理处理法	99	
						氨氮	克/吨-产品	37.60	物理化学处理法+厌氧生物处理法+好氧生物处理法	95	
									物理化学处理法+厌氧生物处理法+好氧生物处理法+物理处理法	96	
						总氮	克/吨-产品	89.40	物理化学处理法+厌氧生物处理法+好氧生物处理法	80	
									物理化学处理法+厌氧生物处理法+好氧生物处理法+物理处理法	85	
						总磷	克/吨-产品	27.70	物理化学处理法+厌氧生物处理法+好氧生物处理法	90	
									物理化学处理法+厌氧生物处理法+好氧生物处理法+物理处理法	92	
		奶粉	调配	所有规模	废水	工业废水量	吨/吨-产品	3.15	—	0	—
						化学需氧量	克/吨-产品	5858	物理化学处理法+厌氧生物处理法+好氧生物处理法	97	k=污水处理设施年耗电量（千瓦·时）/［设备额定功率（千瓦）×设备运行时间（小时）］
									物理化学处理法+厌氧生物处理法+好氧生物处理法+物理处理法	99	
						氨氮	克/吨-产品	33.80	物理化学处理法+厌氧生物处理法+好氧生物处理法	95	
									物理化学处理法+厌氧生物处理法+好氧生物处理法+物理处理法	96	
						总氮	克/吨-产品	66	物理化学处理法+厌氧生物处理法+好氧生物处理法+物理处理法	85	
									物理化学处理法+厌氧生物处理法+好氧生物处理法	80	
						总磷	克/吨-产品	26.80	物理化学处理法+厌氧生物处理法+好氧生物处理法	90	
									物理化学处理法+厌氧生物处理法+好氧生物处理法+物理处理法	92	

[1] 该公式仅供参考，使用时，可根据 k 值定义，选取更适合企业实际情况的表达方式。

1524 含乳饮料和植物蛋白饮料制造业系数表（续表 1）

工段名称	产品名称	原料名称	工艺名称	规模等级	污染物类别	污染物指标	系数单位	产污系数	末端治理技术	末端治理技术平均去除效率/%	参考 k 值计算公式
—	乳酸菌饮料	鲜奶	发酵	所有规模	废水	工业废水量	吨/吨-产品	3.64	—	0	—
						化学需氧量	克/吨-产品	6643	物理化学处理法+厌氧生物处理法+好氧生物处理法+物理处理法	99	k=污水处理设施年耗电量（千瓦·时）/［设备额定功率（千瓦）×设备运行时间（小时）］
									物理化学处理法+厌氧生物处理法+好氧生物处理法	97	
						氨氮	克/吨-产品	48.20	物理化学处理法+厌氧生物处理法+好氧生物处理法+物理处理法	96	
									物理化学处理法+厌氧生物处理法+好氧生物处理法	95	
						总氮	克/吨-产品	65.70	物理化学处理法+厌氧生物处理法+好氧生物处理法	80	
									物理化学处理法+厌氧生物处理法+好氧生物处理法+物理处理法	85	
						总磷	克/吨-产品	40.60	物理化学处理法+厌氧生物处理法+好氧生物处理法	90	
									物理化学处理法+厌氧生物处理法+好氧生物处理法+物理处理法	92	
		奶粉	发酵	所有规模	废水	工业废水量	吨/吨-产品	3.47	—	0	—
						化学需氧量	克/吨-产品	4608	物理化学处理法+厌氧生物处理法+好氧生物处理法+物理处理法	99	k=污水处理设施年耗电量（千瓦·时）/［设备额定功率（千瓦）×设备运行时间（小时）］
									物理化学处理法+厌氧生物处理法+好氧生物处理法	97	
						氨氮	克/吨-产品	44	物理化学处理法+厌氧生物处理法+好氧生物处理法+物理处理法	96	
									物理化学处理法+厌氧生物处理法+好氧生物处理法	95	
						总氮	克/吨-产品	60.60	物理化学处理法+厌氧生物处理法+好氧生物处理法+物理处理法	85	
									物理化学处理法+厌氧生物处理法+好氧生物处理法	80	
						总磷	克/吨-产品	40.70	物理化学处理法+厌氧生物处理法+好氧生物处理法	90	
									物理化学处理法+厌氧生物处理法+好氧生物处理法+物理处理法	92	

1524 含乳饮料和植物蛋白饮料制造业系数表（续表 2）

工段名称	产品名称	原料名称	工艺名称	规模等级	污染物类别	污染物指标	系数单位	产污系数	末端治理技术	末端治理技术平均去除效率/%	参考k值计算公式
—	植物蛋白饮料	杏仁	磨浆	所有规模	废水	工业废水量	吨/吨-产品	2.30	—	0	—
						化学需氧量	克/吨-产品	5980	物理化学处理法+厌氧生物处理法+好氧生物处理法	97	k=污水处理设施年耗电量（千瓦·时）/［设备额定功率（千瓦）×设备运行时间（小时）］
									物理化学处理法+厌氧生物处理法+好氧生物处理法+物理处理法	99	
						氨氮	克/吨-产品	41.06	物理化学处理法+厌氧生物处理法+好氧生物处理法+物理处理法	89	
									物理化学处理法+厌氧生物处理法+好氧生物处理法	85	
						总氮	克/吨-产品	90.62	物理化学处理法+厌氧生物处理法+好氧生物处理法+物理处理法	98	
									物理化学处理法+厌氧生物处理法+好氧生物处理法	97	
						总磷	克/吨-产品	10.63	物理化学处理法+厌氧生物处理法+好氧生物处理法+物理处理法	96	
									物理化学处理法+厌氧生物处理法+好氧生物处理法	94	
		核桃	磨浆	所有规模	废水	工业废水量	吨/吨-产品	3	—	0	—
						化学需氧量	克/吨-产品	12630	物理化学处理法+厌氧生物处理法+好氧生物处理法+物理处理法	99	k=污水处理设施年耗电量（千瓦·时）/［设备额定功率（千瓦）×设备运行时间（小时）］
									物理化学处理法+厌氧生物处理法+好氧生物处理法	97	
						氨氮	克/吨-产品	86.70	物理化学处理法+厌氧生物处理法+好氧生物处理法+物理处理法	89	
									物理化学处理法+厌氧生物处理法+好氧生物处理法	85	
						总氮	克/吨-产品	191	物理化学处理法+厌氧生物处理法+好氧生物处理法+物理处理法	98	
									物理化学处理法+厌氧生物处理法+好氧生物处理法	97	
						总磷	克/吨-产品	22.44	物理化学处理法+厌氧生物处理法+好氧生物处理法	94	
									物理化学处理法+厌氧生物处理法+好氧生物处理法+物理处理法	96	

1524 含乳饮料和植物蛋白饮料制造业系数表（续表 3）

工段名称	产品名称	原料名称	工艺名称	规模等级	污染物类别	污染物指标	系数单位	产污系数	末端治理技术	末端治理技术平均去除效率/%	参考 k 值计算公式
—	植物蛋白饮料	椰子	磨浆	所有规模	废水	工业废水量	吨/吨-产品	2.60	—	0	—
						化学需氧量	克/吨-产品	4394	物理化学处理法+厌氧生物处理法+好氧生物处理法+物理处理法	99	k=污水处理设施年耗电量（千瓦·时）/［设备额定功率（千瓦）×设备运行时间（小时）］
									物理化学处理法+厌氧生物处理法+好氧生物处理法	97	
						氨氮	克/吨-产品	4.07	物理化学处理法+厌氧生物处理法+好氧生物处理法	85	
									物理化学处理法+厌氧生物处理法+好氧生物处理法+物理处理法	89	
						总氮	克/吨-产品	59.89	物理化学处理法+厌氧生物处理法+好氧生物处理法	97	
									物理化学处理法+厌氧生物处理法+好氧生物处理法+物理处理法	98	
						总磷	克/吨-产品	7.47	物理化学处理法+厌氧生物处理法+好氧生物处理法+物理处理法	96	
									物理化学处理法+厌氧生物处理法+好氧生物处理法	94	

1525 固体饮料制造行业系数表

工段名称	产品名称	原料名称	工艺名称	规模等级	污染物类别	污染物指标	系数单位	产污系数	末端治理技术	末端治理技术平均去除效率/%	参考 k 值计算公式[1]
—	茶固体饮料	茶叶	提取干燥	所有规模	废水	工业废水量	吨/吨-产品	82	—	0	—
						化学需氧量	克/吨-产品	343876	物理化学处理法+厌氧生物处理法+好氧生物处理法+物理处理法	99	k=污水处理设施年耗电量（千瓦·时）/［设备额定功率（千瓦）×设备运行时间（小时）］
									物理化学处理法+厌氧生物处理法+好氧生物处理法	97	
						氨氮	克/吨-产品	1066	物理化学处理法+厌氧生物处理法+好氧生物处理法+物理处理法	50	
									物理化学处理法+厌氧生物处理法+好氧生物处理法	43	
						总氮	克/吨-产品	10848	物理化学处理法+厌氧生物处理法+好氧生物处理法+物理处理法	89	
									物理化学处理法+厌氧生物处理法+好氧生物处理法	87	
						总磷	克/吨-产品	3949	物理化学处理法+厌氧生物处理法+好氧生物处理法	73	
									物理化学处理法+厌氧生物处理法+好氧生物处理法+物理处理法	80	
—	果蔬固体饮料	果蔬	提取干燥	所有规模	废水	工业废水量	吨/吨-产品	12.33	—	0	—
						化学需氧量	克/吨-产品	121008	物理化学处理法+厌氧生物处理法+好氧生物处理法	95	k=污水处理设施年耗电量（千瓦·时）/［设备额定功率（千瓦）×设备运行时间（小时）］
									物理化学处理法+厌氧生物处理法+好氧生物处理法+物理处理法	98	
						氨氮	克/吨-产品	373	物理化学处理法+厌氧生物处理法+好氧生物处理法+物理处理法	95	
									物理化学处理法+厌氧生物处理法+好氧生物处理法	80	
						总氮	克/吨-产品	504	物理化学处理法+厌氧生物处理法+好氧生物处理法	75	
									物理化学处理法+厌氧生物处理法+好氧生物处理法+物理处理法	90	
						总磷	克/吨-产品	57.33	物理化学处理法+厌氧生物处理法+好氧生物处理法	50	
									物理化学处理法+厌氧生物处理法+好氧生物处理法+物理处理法	60	

[1] 该公式仅供参考，使用时，可根据 k 值定义，选取更适合企业实际情况的表达方式。

1525 固体饮料制造行业系数表（续表 1）

工段名称	产品名称	原料名称	工艺名称	规模等级	污染物类别	污染物指标	系数单位	产污系数	末端治理技术	末端治理技术平均去除效率/%	参考 k 值计算公式
—	果蔬固体饮料	浓缩果蔬汁	混合干燥	所有规模	废水	工业废水量	吨/吨-产品	2.33	—	0	—
						化学需氧量	克/吨-产品	675	物理化学处理法+好氧生物处理法+物理处理法	98	k=污水处理设施年耗电量（千瓦·时）/［设备额定功率（千瓦）×设备运行时间（小时）］
									物理化学处理法+好氧生物处理法	95	
						氨氮	克/吨-产品	67.50	物理化学处理法+好氧生物处理法	80	
									物理化学处理法+好氧生物处理法+物理处理法	95	
						总氮	克/吨-产品	101	物理化学处理法+好氧生物处理法+物理处理法	90	
									物理化学处理法+好氧生物处理法	75	
						总磷	克/吨-产品	2.33	物理化学处理法+好氧生物处理法+物理处理法	60	
									物理化学处理法+好氧生物处理法	50	
—	干混固体饮料	果蔬粉、奶粉、咖啡制品等	干混	所有规模	废水	工业废水量	吨/吨-产品	0.10	—	0	—
						化学需氧量	克/吨-产品	60	物理化学处理法+好氧生物处理法+物理处理法	98	k=污水处理设施年耗电量（千瓦·时）/［设备额定功率（千瓦）×设备运行时间（小时）］
									物理化学处理法+好氧生物处理法	95	
						氨氮	克/吨-产品	0.50	物理化学处理法+好氧生物处理法	80	
									物理化学处理法+好氧生物处理法+物理处理法	95	
						总氮	克/吨-产品	0.75	物理化学处理法+好氧生物处理法+物理处理法	90	
									物理化学处理法+好氧生物处理法	75	
						总磷	克/吨-产品	0.10	物理化学处理法+好氧生物处理法	50	
									物理化学处理法+好氧生物处理法+物理处理法	60	

1525 固体饮料制造行业系数表（续表 2）

工段名称	产品名称	原料名称	工艺名称	规模等级	污染物类别	污染物指标	系数单位	产污系数	末端治理技术	末端治理技术平均去除效率/%	参考 k 值计算公式
—	植物蛋白固体饮料	1 种植物果实、种子、果仁等	磨浆干燥	所有规模	废水	工业废水量	吨/吨-产品	10	—	0	—
						化学需氧量	克/吨-产品	14200	物理化学处理法+厌氧生物处理法+好氧生物处理法	97	k=污水处理设施年耗电量（千瓦·时）/［设备额定功率（千瓦）×设备运行时间（小时）］
									物理化学处理法+厌氧生物处理法+好氧生物处理法+物理处理法	99	
						氨氮	克/吨-产品	15.70	物理化学处理法+厌氧生物处理法+好氧生物处理法+物理处理法	89	
									物理化学处理法+厌氧生物处理法+好氧生物处理法	85	
						总氮	克/吨-产品	324	物理化学处理法+厌氧生物处理法+好氧生物处理法+物理处理法	98	
									物理化学处理法+厌氧生物处理法+好氧生物处理法	97	
						总磷	克/吨-产品	29.50	物理化学处理法+厌氧生物处理法+好氧生物处理法	94	
									物理化学处理法+厌氧生物处理法+好氧生物处理法+物理处理法	96	
—	含乳固体饮料	鲜奶	混合干燥	所有规模	废水	工业废水量	吨/吨-产品	23	—	0	—
						化学需氧量	克/吨-产品	26950	物理化学处理法+厌氧生物处理法+好氧生物处理法+物理处理法	99	k=污水处理设施年耗电量（千瓦·时）/［设备额定功率（千瓦）×设备运行时间（小时）］
									物理化学处理法+厌氧生物处理法+好氧生物处理法	97	
						氨氮	克/吨-产品	309	物理化学处理法+厌氧生物处理法+好氧生物处理法+物理处理法	96	
									物理化学处理法+厌氧生物处理法+好氧生物处理法	95	
						总氮	克/吨-产品	540	物理化学处理法+厌氧生物处理法+好氧生物处理法+物理处理法	86	
									物理化学处理法+厌氧生物处理法+好氧生物处理法	85	
						总磷	克/吨-产品	230	物理化学处理法+厌氧生物处理法+好氧生物处理法	90	
									物理化学处理法+厌氧生物处理法+好氧生物处理法+物理处理法	92	

1525 固体饮料制造行业系数表（续表 3）

工段名称	产品名称	原料名称	工艺名称	规模等级	污染物类别	污染物指标	系数单位	产污系数	末端治理技术	末端治理技术平均去除效率/%	参考 k 值计算公式
—	速溶咖啡	咖啡豆	提取干燥	所有规模	废水	工业废水量	吨/吨-产品	17	—	0	—
						化学需氧量	克/吨-产品	23595	物理化学处理法+好氧生物处理法	96	k=污水处理设施年耗电量（千瓦·时）/［设备额定功率（千瓦）×设备运行时间（小时）］
									物理化学处理法+好氧生物处理法+物理处理法	98	
						氨氮	克/吨-产品	253	物理化学处理法+好氧生物处理法	87	
									物理化学处理法+好氧生物处理法+物理处理法	90	
						总氮	克/吨-产品	337	物理化学处理法+好氧生物处理法+物理处理法	80	
									物理化学处理法+好氧生物处理法	75	
						总磷	克/吨-产品	135	物理化学处理法+好氧生物处理法	50	
									物理化学处理法+好氧生物处理法+物理处理法	60	

1529 茶饮料及其他饮料制造行业系数表

工段名称	产品名称	原料名称	工艺名称	规模等级	污染物类别	污染物指标	系数单位	产污系数	末端治理技术	末端治理技术平均去除效率/%	参考 k 值计算公式[1]
—	茶饮料	茶粉	调配	所有规模	废水	工业废水量	吨/吨-产品	0.75	—	0	—
						化学需氧量	克/吨-产品	1122	物理化学处理法+好氧生物处理法+物理处理法	93	k=污水处理设施年耗电量（千瓦·时）/［设备额定功率（千瓦）×设备运行时间（小时）］
									物理化学处理法+好氧生物处理法	91	
									物理化学处理法+厌氧生物处理法+好氧生物处理法	95	
									物理化学处理法+厌氧生物处理法+好氧生物处理法+物理处理法	97	
						氨氮	克/吨-产品	7.48	物理化学处理法+好氧生物处理法+物理处理法	87	
									物理化学处理法+好氧生物处理法	84	
									物理化学处理法+厌氧生物处理法+好氧生物处理法	85	
									物理化学处理法+厌氧生物处理法+好氧生物处理法+物理处理法	89	
						总氮	克/吨-产品	12.04	物理化学处理法+好氧生物处理法	82	
									物理化学处理法+好氧生物处理法+物理处理法	85	
									物理化学处理法+厌氧生物处理法+好氧生物处理法	88	
									物理化学处理法+厌氧生物处理法+好氧生物处理法+物理处理法	90	
						总磷	克/吨-产品	1.52	物理化学处理法+好氧生物处理法+物理处理法	82	
									物理化学处理法+好氧生物处理法	80	
									物理化学处理法+厌氧生物处理法+好氧生物处理法	88	
									物理化学处理法+厌氧生物处理法+好氧生物处理法+物理处理法	92	

[1] 该公式仅供参考，使用时，可根据 k 值定义，选取更适合企业实际情况的表达方式。

1529 茶饮料及其他饮料制造行业系数表（续表 1）

工段名称	产品名称	原料名称	工艺名称	规模等级	污染物类别	污染物指标	系数单位	产污系数	末端治理技术	末端治理技术平均去除效率/%	参考 k 值计算公式
—	茶饮料	茶叶	提取	所有规模	废水	工业废水量	吨/吨-产品	1.61	—	0	—
						化学需氧量	克/吨-产品	2326	物理化学处理法+好氧生物处理法	91	k=污水处理设施年耗电量（千瓦·时）/［设备额定功率（千瓦）×设备运行时间（小时）］
									物理化学处理法+好氧生物处理法+物理处理法	93	
									物理化学处理法+厌氧生物处理法+好氧生物处理法	95	
									物理化学处理法+厌氧生物处理法+好氧生物处理法+物理处理法	97	
						氨氮	克/吨-产品	15.95	物理化学处理法+好氧生物处理法	84	
									物理化学处理法+好氧生物处理法+物理处理法	87	
									物理化学处理法+厌氧生物处理法+好氧生物处理法	85	
									物理化学处理法+厌氧生物处理法+好氧生物处理法+物理处理法	89	
						总氮	克/吨-产品	24.58	物理化学处理法+好氧生物处理法	82	
									物理化学处理法+好氧生物处理法+物理处理法	85	
									物理化学处理法+厌氧生物处理法+好氧生物处理法	88	
									物理化学处理法+厌氧生物处理法+好氧生物处理法+物理处理法	90	
						总磷	克/吨-产品	2.73	物理化学处理法+好氧生物处理法	80	
									物理化学处理法+好氧生物处理法+物理处理法	82	
									物理化学处理法+厌氧生物处理法+好氧生物处理法	88	
									物理化学处理法+厌氧生物处理法+好氧生物处理法+物理处理法	92	

1529 茶饮料及其他饮料制造行业系数表（续表 2）

工段名称	产品名称	原料名称	工艺名称	规模等级	污染物类别	污染物指标	系数单位	产污系数	末端治理技术	末端治理技术平均去除效率/%	参考 k 值计算公式
—	其他饮料（功能饮料）	糖、食品添加剂	调配	所有规模	废水	工业废水量	吨/吨-产品	1.50	—	0	—
						化学需氧量	克/吨-产品	1301	物理化学处理法+好氧生物处理法	97	k=污水处理设施年耗电量（千瓦·时）/［设备额定功率（千瓦）×设备运行时间（小时）］
									物理化学处理法+好氧生物处理法+物理处理法	99	
						氨氮	克/吨-产品	17.33	物理化学处理法+好氧生物处理法	73	
									物理化学处理法+好氧生物处理法+物理处理法	80	
						总氮	克/吨-产品	18.90	物理化学处理法+好氧生物处理法	90	
									物理化学处理法+好氧生物处理法+物理处理法	92	
						总磷	克/吨-产品	1.16	物理化学处理法+好氧生物处理法	62	
									物理化学处理法+好氧生物处理法+物理处理法	86	

1530 精制茶加工业

1 适用范围

本手册仅用于《国民经济行业分类》（GB/T 4754—2017）中 1530 精制茶加工业使用系数法核算工业污染物产生量和排放量的工业企业。

利用本手册进行产排污核算得出的污染物产生量与排放量仅代表了特定精制茶加工行业的工艺、产品、原料在正常工况下污染物产生与排放的一般规律。

本行业废气指标包括颗粒物（茶粉尘）。

2 注意事项

2.1 采用多种治理设施组合处理企业的排污量核算

在排污量计算选择末端治理技术时，若没有对应的组合治理技术，以主要治理技术为准。

2.2 系数表中未涉及的产污系数及污染治理效率

在精制茶生产过程中，如有使用锅炉，相关废气指标参照工业锅炉系数手册取值。

2.3 其他需要说明的问题

由于不同企业工业废气量差异较大，本手册所提供的工业废气量系数仅供参考。

为体现相同产污水平条件下，采用相同环保治理设施的不同企业对同一污染物去除效果的差异，引入末端治理设施实际运行率（k）对污染治理技术的实际去除率进行修正。k 值反映的是污染治理设施运行的状态，越稳定运行，k 值越高；在取值上，若定义连续稳定运行的理想状态为 1，则 k 取值在 0～1 之间。

本手册给出本行业的 k 计算公式仅供参考，使用时，可根据 k 值定义，选取更适合企业实际情况的表达方式。

3 污染物排放量核算方法

3.1 计算污染物产生量

（1）根据原料、生产工艺和产品，确定是否属于精制茶加工业，查找和确定所对应的污染物的产污系数。

（2）根据该污染物的产污系数计量单位——单位产品产量，获取企业实际产品产量。

例如，精制茶加工的产污系数单位为千克/吨-产品，则计算产生量时需要获取企业实际产品产量。

（3）污染物产生量按以下公式进行计算：

污染物产生量=污染物对应的产污系数×产品产量

$$G_{产} = P_{产} \times M$$

式中，$G_{产}$——某污染物的产生量；

$P_{产}$——某污染物对应的产污系数；

M——产品产量。

3.2 计算污染物去除量

（1）根据企业对污染物所采用的治理技术查找和选择相应的治理技术平均去除效率。

（2）根据所填报的污染治理设施实际运行率参数及其计算公式得出该企业污染物的治理设施实际运行率（k 值）。

（3）污染物去除量按以下公式进行计算：

污染物去除量=污染物产生量×污染物去除率

=污染物产生量×治理技术平均去除效率×治理设施实际运行率

$$R_{减} = G_{产} \times \eta_T \times k_T$$

式中，$R_{减}$——某污染物的去除量；

η_T——某污染物采用的末端治理技术的平均去除效率；

k_T——某污染物采用的末端治理设施的实际运行率。

3.3 计算污染物排放量

污染物排放量=污染物产生量–污染物去除量

=污染物对应的产污系数×产品产量–污染物产生量×

治理技术平均去除效率×治理设施实际运行率

3.4 计算企业污染物排放量

同一企业某污染物全年的产生（排放）总量为该企业同年实际生产的全部污染物产生（排放）量之和。

$$E_{排} = G_{产} - R_{减} = \sum(G_{产} - R_{减}) = \sum\left[P_{产} \times M(1 - \eta_T \times k_T)\right]$$

4 污染物排放量核算案例

某茶叶精制茶厂主要从事精制茶生产。该企业以毛茶为原料，生产工艺采用传统的精制茶生产工艺，2017 年产精制茶 1000 吨。该企业茶粉尘的污染治理技术采用袋式除尘，涉及的大气污染物主要为颗粒物。

颗粒物排放量的计算：

4.1 颗粒物产生量计算

（1）查找产污系数及其计量单位

根据企业基本信息，查找本手册中主要产品为精制茶，原料为毛茶，主要工艺为筛分、剪切、风选、干燥、匀堆和拼配，精制茶加工茶粉尘的产污系数为1.5，单位为千克/吨-产品。

（2）获取企业精制茶产品产量

该企业实际情况为：精制茶产品2017年产量为1000吨。

（3）计算颗粒物产生量

由于查询到的组合中，颗粒物产污系数的单位为千克/吨-产品，因此在核算产生量时需获取产品产量。

颗粒物产生量=颗粒物产污系数×产品产量=1.5千克/吨-产品×1000吨-产品=1500千克

4.2 颗粒物去除量计算

（1）查找治理技术平均去除效率

该企业颗粒物治理技术采用袋式除尘，平均去除效率为92%。

（2）计算污染治理设施实际运行率

根据产污系数组合查询结果，该组合中颗粒物袋式除尘法对应的污染治理设施实际运行参数分别为企业正常精制茶生产时间、除尘设备运行时间和末端处理技术。

根据查询结果，污染治理设施实际运行率计算公式为

k=除尘设备运行时间（小时）/精制茶生产时间（小时）

获取企业实际正常填报情况如下：该企业2017年，精制茶生产时间8500小时，除尘设备运行时间 8500小时。则该企业的袋式除尘设备实际运行率为

k=8500小时/8500小时=1.0

（3）计算颗粒物去除量

颗粒物去除量=1500千克×92%×1.0=1380千克

4.3 颗粒物排放量计算

颗粒物排放量=1500千克–1380千克=120千克

5 系数表

1530 精制茶加工行业系数表

工段名称	产品名称	原料名称	工艺名称	规模等级	污染物类别	污染物指标	系数单位	产污系数	末端治理技术	末端治理技术平均效率/%	参考 k 值计算公式[1]
—	精制茶	毛茶	精制加工	所有规模	废气	茶粉尘	千克/吨-产品	1.50	室内自然沉降	65	k=1
									袋式除尘	92	k=除尘设备运行时间（小时/年）/企业正常生产时间（小时/年）
									旋风除尘	88	

[1] 该公式仅供参考，使用时，可根据 k 值定义，选取更适合企业实际情况的表达方式。

16

烟草制品业

16 烟草制品业

1 适用范围

本手册适用于《国民经济行业分类》（GB/T 4754—2017）中 1610 烟叶复烤、1620 卷烟制造、1690 其他烟草制品制造行业使用系数法核算工业污染物产生量和排放量的工业企业。

利用本手册进行产排污核算得出的污染物产生量与排放量代表了烟草制品行业，原料、工艺、产品在正常生产工况条件下污染物产生与排放的一般规律。

1610 烟叶复烤企业废气指标包括废气量、颗粒物。

1620 卷烟制造企业废水指标包括废水量、化学需氧量、氨氮、总氮；废气指标包括废气量、颗粒物、挥发性有机物（以非甲烷总烃计）。

1690 其他烟草制品制造企业废水指标包括废水量、化学需氧量、氨氮、总氮。

2 注意事项

2.1 污染物产生量核算

1610烟叶复烤企业污染物产生量以原料用量进行核算，1620卷烟制造、1690其他烟草制品制造行业污染物产生量以产品产量核算。

2.2 废水实际排放量计算

存在废水回用的企业，在计算实际排放量时，应扣除废水回用的部分，按以下公式计算：

实际排放量=计算排放量×（1–废水回用率）

2.3 系数表中未涉及的末端治理技术效率

根据企业实测治理效率、验收监测治理效率或设计治理效率进行核算。

2.4 采用多种治理设施组合处理企业的排污量核算

在排污量计算选择末端治理技术时，若系数表中没有对应的组合治理技术，应以主要治理技术为依据进行核算。

2.5 产污系数单位说明

1610 烟叶复烤企业原料以“吨”计，产污系数单位为千克/吨-原料；1620 卷烟制造行业产品产量以“万箱”或“万支”计，通常 1 万箱等于 50000 万支，产污系数单位为千克/万支-产品，以万支进行产污量核算；1690 其他烟草制品制造企业产量以“吨”计，产污系数单位为千克/吨-产品。

2.6 末端治理设施实际运行率（k）说明

为体现相同产污水平条件下，采用相同环保治理设施的不同企业对同一污染物去除效果的差异，引入末端治理设施实际运行率（k）对污染治理技术的实际去除率进行修正。k 值反映的是污染治理设施运行的状态，越稳定运行，k 值越高；在取值上，若定义连续稳定运行的理想状态为 1，则 k 取值在 0～1 之间。

本手册给出本行业的 k 计算公式仅供参考，使用时，可根据 k 值定义，选取更适合企业实际情况的表达方式。

2.7 其他

由于不同企业工业废气量与废水量差异较大，本手册所提供的工业废水量、废气量系数仅供参考。

3 污染物排放量核算方法

针对企业实际生产情况，本手册分为 1610 烟叶复烤、1620 卷烟制造、1690 其他烟草制品制造三个工段（核算环节），在核算企业污染物产排量时，应根据企业对应的工段进行核算。

3.1 计算工段污染物产生量

（1）根据产品、原料、污染物产生的主导生产工艺、企业规模（生产产能）这一组合查找和确定所对应的某一污染物的产污系数。

（2）根据该污染物的产污系数计量单位——单位产品产量或单位原料用量，获取企业实际产品产量或原料用量。

例如，某组合内化学需氧量的产污系数单位为千克/吨-产品，则计算产生量时需要获取企业实际产品产量；如果产污系数单位为千克/吨-原料，则计算产生量时需要获取企业原料实际消耗量。

（3）污染物产生量按以下公式进行计算：

污染物产生量=污染物对应的产污系数×产品产量（原料用量）

$$G_{产i} = P_{产i} \times M_i$$

式中，$G_{产i}$——工段 i 某污染物的产生量；

$P_{产i}$——工段 i 某污染物对应的产污系数；

M_i——工段 i 的产品产量。

3.2 计算工段污染物去除量

（1）根据企业对某一污染物所采用的末端治理技术查找和选择相应的治理技术平均去除效率。

（2）根据所填报的末端治理设施实际运行率参数及其计算公式得出该企业某一污染物的末端治理设施实际运行率（k）。

（3）污染物去除量按以下公式进行计算：

污染物去除量=污染物产生量×污染物去除率

=污染物产生量×治理技术平均去除效率×治理设施实际运行率

$$R_{减i} = G_{产i} \times \eta_T \times k_T$$

式中，$R_{减i}$——工段 i 某污染物的去除量；

η_T——工段 i 某污染物采用的末端治理技术的平均去除效率；

k_T——工段 i 某污染物采用的末端治理设施的实际运行率。

3.3 计算工段污染物排放量

污染物排放量=污染物产生量−污染物去除量

=污染物对应的产污系数×产品产量（原料用量）−污染物产生量×末端治理技术平均去除效率×末端治理设施实际运行率

3.4 计算企业污染物排放量

某企业涉及两个及以上工段的污染物排放量计算为该企业全部工段（核算环节）污染物排放量之和。其污染物排放量按以下公式进行计算：

$$E_{排} = G_{产} - R_{减} = \sum (G_{产i} - R_{减i}) = \sum \left[P_{产i} \times M_i (1 - \eta_T \times k_T) \right]$$

4 污染物排放量核算案例

以 1620 卷烟制造为例说明不同污染物排放量核算过程。

某卷烟制造企业规模≥100 万箱/年，生产过程排放的主要水污染物有化学需氧量、氨氮、总氮，主要废气污染物有颗粒物、挥发性有机物。以废水中的化学需氧量，废气中颗粒物、挥发性有机物为例说明排放量计算过程。

企业基本信息如表 1 所示。

表 1 某卷烟制造企业主要信息

项目	核算环节：卷烟制造	
	名称	产量
产品及产量	卷烟	7726365 万支
原料及用量	烟叶、香糖料、薄片	55595152 千克
工艺名称	制丝、卷接包、成型工艺	—
规模（产能）	202.5 万箱	
废水治理技术	水解酸化+生物接触氧化工艺	
颗粒物处理技术	袋式除尘	
挥发性有机物处理技术	二段三级高效能交叉流化学洗池+注入式低温等离子体	
实际运行率参数	废水治理设施运行时间	5640 小时
	废气处理设施运行时间	5288 小时
	企业正常生产时间	5288 小时

资料来源：2017 年统计资料。

4.1 化学需氧量排放量计算

（1）化学需氧量产生量计算

①查找产污系数

根据企业填报信息，查找《1620 卷烟制造行业系数表》，选择生产规模大于等于 100 万箱/年，化学需氧量的产污系数为 0.0198 千克/万支-产品。

②获取企业产品产量

该企业 2017 年卷烟产品产量为 154.5273 万箱（7726365 万支）。

③计算化学需氧量产生量

化学需氧量产生量=化学需氧量产污系数×产品（卷烟）产量

=0.0198 千克/万支-产品×7726365 万支-产品=152982.03 千克

（2）化学需氧量去除量计算

①查找末端治理效率

该企业废水末端治理技术为“水解酸化+生物接触氧化”工艺，查找主要治理技术为生物接触氧化的治理效率为 81.6%。

②计算污染治理设施实际运行率

根据产污系数组合查询，对应的污染治理设施实际运行率计算如下：

k =废水治理设施运行时间/企业正常生产时间

=5640 小时/5288 小时=1.066（大于 1 取值 k=1）

③计算化学需氧量去除量

化学需氧量去除量=152982.03 千克×81.6%×1=124833.33 千克

（3）化学需氧量排放量计算

化学需氧量排放量=152982.03 千克–124833.33 千克=28148.70 千克

4.2 颗粒物排放量计算

（1）颗粒物产生量计算

①查找产污系数

根据填报信息，查找《1620 卷烟制造行业系数表》，选择生产规模大于等于 100 万箱/年，废气颗粒物的产污系数为 0.408 为千克/万支-产品。

②获取企业产品产量

该企业 2017 年卷烟产品产量为 154.5273 万箱（7726365 万支）。

③计算颗粒物产生量

颗粒物产生量=颗粒物产污系数×产品（卷烟）产量

=0.408 千克/万支-产品×7726365 万支-产品=3152356.92 千克

（2）颗粒物去除量计算

①查找末端治理效率

该企业颗粒物末端治理技术为袋式除尘，查询其治理效率为 98.5%。

②计算污染治理设施实际运行率

根据产污系数组合查询，颗粒物对应的污染治理设施实际运行率计算如下：

k=废气处理设施实际运行时间/企业正常生产时间=5288 小时/5288 小时=1

③计算颗粒物去除量

颗粒物去除量=3152356.92 千克×98.5%×1=3105071.57 千克

（3）颗粒物排放量计算

颗粒物排放量=3152356.92 千克–3105071.57 千克=47285.35 千克

4.3 挥发性有机物排放量计算

本行业挥发性有机物以非甲烷总烃计。

（1）挥发性有机物产生量计算

①查找产污系数

根据填报信息，查找《1620 卷烟制造行业系数表》，挥发性有机物的产污系数为 0.00722 千克/万支-产品。

②获取企业产品产量

该企业 2017 年卷烟产品产量为 154.5273 万箱（7726365 万支）。

③计算挥发性有机物产生量

挥发性有机物产生量=挥发性有机物产污系数×产品（卷烟）产量

=0.00722 千克/万支-产品×7726365 万支-产品=55784.36 千克

（2）挥发性有机物去除量计算

①查找末端治理效率

该企业挥发性有机物末端治理技术为“二段三级高效能交叉流化学洗池+注入式低温等离子体”，查找主要治理技术低温等离子体治理效率为 71.1%。

②计算污染治理设施实际运行率

根据产污系数组合查询，挥发性有机物对应的污染治理设施实际运行率为：

k=废气处理设施实际运行时间/企业正常生产时间=5288 小时/5288 小时=1

③计算挥发性有机物去除量

挥发性有机物去除量=55784.36 千克×71.1%×1=39662.68 千克

（3）挥发性有机物排放量计算

挥发性有机物排放量=55784.36 千克–39662.68 千克=16121.68 千克

5 系数表

1610 烟叶复烤行业系数表

工段名称	产品名称	原料名称	工艺名称	规模等级	污染物类别	污染物指标	系数单位	产污系数	末端治理技术	末端治理技术平均去除效率/%	参考 k 值计算公式[1]
烟叶复烤	烤烟	原烟	打叶复烤	≥60 万担/年	废气	工业废气量	米^3/吨-原料	30878	—	—	—
				<60 万担/年				30878	—	—	—
				≥60 万担/年	废气	颗粒物	千克/吨-原料	11.9	袋式除尘	97.7	k=除尘设施实际运行时间（小时/年）/企业正常生产时间（小时/年））
									旋风+布袋	97.7	
				<60 万担/年	废气	颗粒物	千克/吨-原料	11.9	袋式除尘	97.7	
									旋风+布袋	97.7	

1620 卷烟制造行业系数表

工段名称	产品名称	原料名称	工艺名称	规模等级	污染物类别	污染物指标	系数单位	产污系数	末端治理技术	末端治理技术平均去除效率/%	参考 k 值计算公式[1]
卷烟制造	卷烟	烟叶、烟梗、香糖料、薄片	制丝、卷接包、成型工艺	≥100 万箱/年	废水	废水量	吨/万支-产品	0.0433	—	—	—
						化学需氧量	千克/万支-产品	0.0198	A/O 工艺	81.6	k=废水治理设施运行时间（小时/年）/企业正常生产时间（小时/年）
									生物接触氧化法	81.6	
									MBR 类	95.1	
						氨氮	千克/万支-产品	0.000527	A/O 工艺	87.8	
									生物接触氧化法	87.8	
									MBR 类	89.3	
						总氮	千克/万支-产品	0.000744	A/O 工艺	63.2	
									生物接触氧化法	63.2	
									MBR 类	89.5	
					废气	工业废气量	米^3/万支-产品	225	—	—	—
						颗粒物	千克/万支-产品	0.408	袋式除尘	98.5	k=除尘设施实际运行时间（小时/年）/企业正常生产时间（小时/年）
									旋风+布袋	98.5	

[1] 该公式仅供参考，使用时，可根据 k 值定义，选取更适合企业实际情况的表达方式。

1620 卷烟制造行业系数表（续表 1）

工段名称	产品名称	原料名称	工艺名称	规模等级	污染物类别	污染物指标	系数单位	产污系数	末端治理技术	末端治理技术平均去除效率/%	参考 k 值计算公式
卷烟制造	卷烟	烟叶、烟梗、香糖料、薄片	制丝、卷接包、成型工艺	＜100万箱/年	废水	废水量	吨/万支-产品	0.0618	—	—	—
						化学需氧量	千克/万支-产品	0.0360	A/O 工艺	82.4	k=废水治理设施运行时间（小时/年）/企业正常生产时间（小时/年）
									生物接触氧化法	82.4	
									MBR 类	92.8	
						氨氮	千克/万支-产品	0.00146	A/O 工艺	85.5	
									生物接触氧化法	85.5	
									MBR 类	87.8	
						总氮	千克/万支-产品	0.00289	A/O 工艺	63.2	
									生物接触氧化法	63.2	
									MBR 类	89.5	
					废气	工业废气量	米^3/万支-产品	368	—	—	—
						颗粒物	千克/万支-产品	0.313	袋式除尘	98.2	k=除尘设施实际运行时间（小时/年）/企业正常生产时间（小时/年）
									旋风+布袋	98.2	
卷烟制造	卷烟	烟叶、烟梗、香糖料、薄片	制丝、卷接包、成型工艺	所有规模	废气	挥发性有机物	千克/万支-产品	0.00722	吸收+分流+低温等离子体	71.1	k=废气处理设施实际运行时间（小时/年）/企业正常生产时间（小时/年）
									等离子二次净化+光化学净化	65.1	

1690 其他烟草制品制造行业系数表

工段名称	产品名称	原料名称	工艺名称	规模等级	污染物类别	污染物指标	系数单位	产污系数	末端治理技术	末端治理技术平均去除效率/%	末参考 k 值计算公式[1]
再造烟叶	薄片	烟叶碎片、烟梗、烟末	造纸法工艺	所有规模	废水	废水量	吨/吨-产品	54.4	—	—	—
						化学需氧量	千克/吨-产品	476	A/O 工艺	98.8	k=废水治理设施实际运行时间（小时/年）/企业正常生产时间（小时/年）
						氨氮	千克/吨-产品	6.77	A/O 工艺	96.6	
						总氮	千克/吨-产品	17.1	A/O 工艺	94.7	

[1] 该公式仅供参考，使用时，可根据 k 值定义，选取更适合企业实际情况的表达方式。

17

纺织业

1712 棉织造加工业

1 适用范围

本手册仅用于《国民经济行业分类》（GB/T 4754—2017）中 1712 棉织造加工行业使用系数法核算工业污染物产生量和排放量的工业企业。

利用本手册进行产污核算得出的污染物产生量与排放量仅代表了特定行业的工艺、产品、原料在正常工况下污染物产生与排放的一般规律。

本行业废水指标包括工业废水量、化学需氧量、氨氮、总氮、总磷；废气指标无；固体废物指标包括一般工业固废、危险废物。

2 注意事项

2.1 系数表中未涉及产品的产污系数

对可能遇到的罕见产品、特殊生产工艺、特殊末端处理工艺，可咨询行业组织、专家、其他企业技术人员，选取近似的组合产污系数进行核算。

2.2 生产非单一产品企业污染物产排量核算的处理

由于许多企业跨行业经营，企业生产的产品涉及不同行业及不同组合，因而产品的产排污量应根据其不同的组合分别进行核算，企业总产排污量则为各产品产排污量之和。

2.3 其他需要说明的问题

（1）由于纺织品产品种类繁多、质量要求差别大、生产过程各异，且企业采用不同的污染物排放方式、不同的污染物处理工艺，因而各企业间的单位产品产污量、末端治理设施去除效率、运行系数差别较大。本手册制定过程中，通过实测和历史数据统计，制定符合全国平均水平的产污系数、末端治理设施去除效率、运行系数。使用本手册计算排污量时与单个企业的实际情况可能有出入，但总体上符合行业水平。

（2）本手册的产污系数是在典型工况下得到的，不考虑废水回用的影响。在企业实际排放量计算过程中，如果存在废水回用的情况，需要在计算排放量的基础上扣除废水回用的部分。公式如下：

实际排放量=计算排放量×（1–废水回用率）

（3）由于棉织造加工企业规模对产污系数无明显的影响，因此本手册不计生产规模的影响。

（4）由于不同企业废水量差异较大，本手册所提供的工业废水量系数仅供参考。

为体现相同产污水平条件下，采用相同环保治理设施的不同企业对同一污染物去除效果的差异，引入末端治理设施实际运行率（k）对污染治理技术的实际去除率进行修正。k 值反映的是污染治理

设施运行的状态，越稳定运行，k 值越高；在取值上，若定义连续稳定运行的理想状态为 1，则 k 取值在 0～1 之间。

本手册给出本行业的 k 计算公式仅供参考，使用时，可根据 k 值定义，选取更适合企业实际情况的表达方式。

（5）关于系数表格各栏目的说明。

①“产品名称”：指棉织造加工企业在报告期内生产的，并符合产品质量要求的实物名称。

②“原料名称”：指棉织造加工企业在报告期内使用的主要原料。本手册包括棉纱、混纺纱、化学纤维纱等行业内通用的原料名称。

③“工艺名称”：指对应棉织造加工企业生产、加工产品采用的主要生产方法的名称。

④“规模等级”：指产污系数核算所对应的生产规模等级，由于棉织造加工企业规模对产污系数无明显影响，因此本手册不计生产规模的影响。

⑤“污染物指标”：废水指标包括工业废水量、化学需氧量、氨氮、总氮、总磷；固体废物指标包括一般工业固废、危险废物。

⑥“系数单位”：指产污系数计量单位，工业废水量表述为“米^3/吨-产品”，废水污染物表述为“克/吨-产品”；一般工业固废及危险废物表述为“千克/吨-产品”。

⑦“产污系数”：指每生产单位质量产品所产生的污染物的质量。

⑧“末端治理技术”：针对棉织造加工行业内的污染物所采用的处理方法的名称。手册中只涉及常用的末端处理技术，当企业的末端处理方法不在系数表单中，可咨询行业组织或环保专家及企业技术人员，在系数表单中选取近似的废水处理方法核算。若无近似的废水处理方法，需以具备资质的第三方检测机构的检测报告中的排污数据为准，若仍无检测报告则该企业按无治理设施处理。企业若无废水处理设施，排污量等于产污量。

⑨“末端治理技术平均去除效率（k 值）”：指典型末端治理工艺的条件下，生产单位产品所产生的污染物量经污染治理设施削减比例。

⑩“末端治理设施实际运行率”：指在典型末端治理设施在正常运行周期内的主要实际运行参数与设计运行参数的比例。

3 污染物排放量核算方法

3.1 计算工段污染物产生量

（1）根据产品、原料、污染物产生的主导生产工艺、企业规模（生产产能）这一组合查找和确定所对应的某项污染物的产污系数。

（2）根据污染物的产污系数计量单位——单位产品产量，获取企业实际产品产量进行计算。

（3）污染物产生量按以下公式进行计算：

污染物产生量=污染物对应的产污系数×产品产量

$$G_{产_i} = P_{产_i} \times M_i$$

式中，$G_{产_i}$——工段 i 某污染物的产生量；

$P_{产_i}$——工段 i 某污染物对应的产污系数；

M_i——工段 i 的产品产量。

3.2 计算工段污染物去除量

（1）根据企业对某一污染物所采用的治理技术查找和选择相应的治理技术平均去除效率。

（2）根据污染治理设施实际运行率参数及其计算公式得出该企业某一污染物的治理设施实际运行率（k 值）。

（3）污染物去除量按以下公式进行计算：

污染物去除量=污染物产生量×污染物去除率

=污染物产生量×治理技术平均去除效率×治理设施实际运行率

$$R_{减i} = G_{产i} \times \eta_T \times k_T$$

式中，$R_{减i}$——工段 i 某污染物的去除量；

η_T——工段 i 某污染物采用的末端治理技术的平均去除效率；

k_T——工段 i 某污染物采用的末端治理设施的实际运行率。

3.3 计算工段污染物排放量

污染物排放量=污染物产生量−污染物去除量

=污染物对应的产污系数×产品产量−污染物产生量×

治理技术平均去除效率×治理设施实际运行率

3.4 计算企业污染物排放量

同一企业某污染物全年的排放总量为该企业同年实际生产（全部工艺、产品、原料、规模）产生的污染物排放量之和。

$$E_{排} = G_{产} - R_{减} = \sum(G_{产i} - R_{减i}) = \sum\left[P_{产i} \times M_i(1 - \eta_T \times k_T)\right]$$

式中，$E_{排}$——企业某污染物的排放量；

$G_{产}$——企业某污染物的产生量；

$R_{减}$——企业某污染物的去除量。

4 污染物排放量核算案例

某企业主要从事以棉纱为主要原料进行的机织物织造加工。该企业以棉纱为主要原料，生产工艺采用浆纱，年产量（生产规模）2000 吨上浆棉纱。

该企业涉及的主要产污工艺为浆纱。主要污染物为化学需氧量、氨氮、总氮、总磷。以化学需氧量为例说明排放量计算过程。

4.1 化学需氧量产生量计算

（1）查找产污系数及其计量单位

主要产品为上浆棉纱，主要原料为棉纱，主要工艺为浆纱，对应产污系数为化学需氧量产污系数，数值为 4306.48，单位为克/吨-产品。

（2）获取企业产品产量

该企业实际情况为：主要产品上浆棉纱 2017 年产量为 2000 吨。

（3）计算化学需氧量产生量

由于查询到的组合中，化学需氧量产污系数的单位为克/吨-产品，因此在核算化学需氧量产生量时需获取产品产量。

化学需氧量产生量=化学需氧量产污系数（浆纱）×产品（上浆棉纱）产量

=（4306.48 克/吨-产品×2000 吨-产品）/1000000

=8.613 吨

4.2 化学需氧量去除量计算

（1）查找末端治理技术平均去除效率

该企业采用的废水末端处理技术为“混凝法+厌氧生物处理法+好氧生物处理法+化学处理法”，查询的浆纱平均去除效率为 98.9%。

（2）计算污染治理设施实际运行率

根据产污系数组合查询结果，该组合中“化学混凝法+厌氧生物处理法+好氧生物处理法+化学处理法”对应的污染治理设施实际运行参数分别为：污水治理设施运行时间、企业正常生产时间。

根据查询结果，该组合中“化学混凝法+厌氧生物处理法+好氧生物处理法+化学处理法”对应的污染治理设施实际运行率为

k=污水治理设施运行时间/企业正常生产时间

获取企业实际情况如下：该企业 2017 年污水治理设施运行时间 330 天，正常生产时间 330 天，则该企业的实际运行率为

k=330 天/330 天=1

（3）计算化学需氧量去除量

化学需氧量去除量=8.613 吨×98.9%×1=8.52 吨

4.3 化学需氧量排放量计算

化学需氧量排放量=8.61 吨−8.52 吨=0.09 吨

5 系数表

1712 棉织造加工行业系数表

工段名称	产品名称	原料名称	工艺名称	规模等级	污染物类别	污染物指标	系数单位	产污系数	末端治理技术	末端治理技术平均去除效率/%	参考 k 值计算公式[1]
织造	上浆棉纱、上浆混纺纱、上浆化学纤维纱	棉纱、混纺纱、化学纤维纱	浆纱	所有规模	废水	工业废水量	米^3/吨-产品	0.55	—	—	
						化学需氧量	克/吨-产品	4306.48	化学混凝法+厌氧生物处理法+好氧生物处理法	97.81	k=污水治理设施运行时间（天/年）/企业正常生产时间（天/年）
									化学混凝法+厌氧生物处理法+好氧生物处理法+化学处理法	98.90	
						氨氮	克/吨-产品	13.29	化学混凝法+厌氧生物处理法+好氧生物处理法	68.82	
									化学混凝法+厌氧生物处理法+好氧生物处理法+化学处理法	72.26	
						总氮	克/吨-产品	19.90	化学混凝法+厌氧生物处理法+好氧生物处理法	77.60	
									化学混凝法+厌氧生物处理法+好氧生物处理法+化学处理法	78.40	
						总磷	克/吨-产品	3.49	化学混凝法+厌氧生物处理法+好氧生物处理法	90.60	
									化学混凝法+厌氧生物处理法+好氧生物处理法+化学处理法	92.90	
					一般工业固废		千克/吨-产品	45.00	—	—	—
					危险废物		千克/吨-产品	0.10	—	—	—

[1] 该公式仅供参考，使用时，可根据 k 值定义，选取更适合企业实际情况的表达方式。

1713 棉印染精加工业

1　适用范围

本手册仅用于《国民经济行业分类》（GB/T 4754—2017）中 1713 棉印染精加工行业使用系数法核算工业污染物产生量和排放量的工业企业。

利用本手册进行产污核算得出的污染物产生量与排放量仅代表了特定行业的工艺、产品、原料在正常工况下污染物产生与排放的一般规律。

本行业废水指标包括工业废水量、化学需氧量、氨氮、总氮、总磷；废气指标包括工业废气量、颗粒物、挥发性有机物；固体废物指标包括一般工业固废、危险废物。

2　注意事项

2.1　系数表中未涉及产品的产污系数

对可能遇到的罕见产品、特殊生产工艺、特殊末端处理工艺，可咨询行业组织、专家、其他企业技术人员，选取近似的组合产污系数进行核算。

2.2　生产非单一产品企业污染物产排量核算的处理

由于许多企业跨行业经营，企业生产的产品涉及不同行业及不同组合，因而产品的产排污量应根据其不同的组合分别进行核算，企业总产排污量则为各产品产排污量之和。

2.3　其他需要说明的问题

（1）由于纺织品产品种类多、质量要求差别大、生产过程各异，且企业采用不同的污染物排放方式、不同的污染物处理工艺，因而各企业之间的单位产品产污量、末端治理设施去除效率及运行率差别较大。本手册制定过程中，通过实测和历史数据的统计，制定符合全国平均水平的产污系数、末端治理设施去除效率及实际运行率。使用本手册计算排污量时与单个企业的实际情况可能有差异，但总体上符合行业水平。

（2）本手册的产污系数是在典型工况下得到的，不考虑废水回用的影响。在企业实际排放量计算过程中，如果存在废水回用的情况，需要在计算排放量的基础上扣除废水回用的部分。公式如下：

实际排放量=计算排放量×（1−废水回用率）

（3）本手册的废水及其污染物产污系数包含基本生产（以基本工艺为基础的生产）及补充生产（指回修、打样、补印、补染、调品种等额外生产）的废水，但不包括辅助生产及公共设施废水，如循环冷却水、软水制备排水、生活污水、场地冲洗水等。

（4）本手册中 1713 棉印染精加工行业表单中的印染布系数适用于棉及棉混纺机织物。棉印染精加工中印染布的后整理工段中涉及的化学整理产生少量的工艺废水及污染物，其产污系数已计入染色工段。

（5）棉印染精加工企业的色纺布，整理工段的废水排污系数即为前处理工段的排放系数。

（6）长度单位是棉机织物的传统计量单位，如百米或万米。本手册使用过程中须将长度单位换算成质量单位，即“机织物质量=机织物长度×米克重”或“机织物质量=机织物长度×幅宽×平方克重”。本手册的产污系数适用于棉常规品，指布克重 10～30 千克/百米的棉染色合格产品。产品布克重不在适用范围时，产污系数可按 FZ/T 01002—2010 修正系数进行修正。当布克重小于 10 千克/百米，修正产污系数=产污系数×1.05；当布克重大于 30 千克/百米时，修正产污系数=产污系数×0.95。

（7）由于不同企业工业废气量及废水量差异较大，本手册所提供的工业废水量系数、工业废气量系数仅供参考。

为体现相同产污水平条件下，采用相同环保治理设施的不同企业对同一污染物去除效果的差异，引入末端治理设施实际运行率（k）对污染治理技术的实际去除率进行修正。k 值反映的是污染治理设施运行的状态，越稳定运行，k 值越高；在取值上，若定义连续稳定运行的理想状态为 1，则 k 取值在 0～1 之间。

本手册给出本行业的 k 计算公式仅供参考，使用时，可根据 k 值定义，选取更适合企业实际情况的表达方式。

（8）关于产污系数表格各栏目的说明：

①“产品名称”：指棉印染精加工企业在报告期内生产的，并符合产品质量要求的实物名称。

②“原料名称”：指棉印染精加工企业在报告期内使用的主要原料。本手册原料包括棉纱线、棉纤维、棉布等。

③“工艺名称”：指对应棉印染精加工企业生产、加工产品采用的主要生产方法的名称。

④“规模等级”：指产污系数核算所对应的生产规模等级，由于棉印染精加工企业规模对产污系数无明显影响，因此本手册不计生产规模的影响。

⑤“污染物指标”：废水包含工业废水量、化学需氧量、氨氮、总氮、总磷，废气包括工业废气量、颗粒物、挥发性有机物，固体废物指标包括一般工业固废、危险废物。

⑥“系数单位”：指产污系数计量单位，工业废水量表述为“米^3/吨-产品”，废水污染物表述为“克/吨-产品”；工业废气量表述为标准状态（0 摄氏度，101.325 千帕）下“米^3/吨-产品”，废气污染物表述为“克/吨-产品”；一般工业固废及危险废物表述为“千克/吨-产品”。

⑦“产污系数”：指每生产单位质量产品所产生的污染物的质量。

⑧“末端治理技术”：针对棉印染精加工行业内的污染物所采用的处理方法的名称；由于棉印染精加工行业产品的品种相对较多，染料的种类复杂，致使行业内末端治理技术种类较多。废水污染物的排污系数依据废水处理采用工艺技术的不同而有一定的差异。手册中只涉及常用的末端处理技术，当企业的末端处理方法不在系数表单中，可咨询行业组织或环保专家及企业技术人员，在系数表单中选取近似的废水处理方法核算。若无近似的废水处理方法，需以具备资质的第三方检测机构的检测报告中的排污数据为准，若仍无检测报告则该企业按无治理设施处理。企业若无废水处理设施，排污量等于产污量。

⑨“末端治理技术平均去除效率”：指在典型末端治理工艺的条件下，生产单位产品所产生的污

染物量经污染治理设施削减比例。

⑩“末端治理设施实际运行率（k 值）”：指在典型末端治理设施在正常运行周期内的主要实际运行参数与设计运行参数的比例。

⑪“工段名称”：典型的棉纺织品印染加工生产中分为“前处理-染色（或印花）-整理”三个步骤，“染色”工段与“印花”工段一般仅选其一。基于国内纺织品印染行业产业分工实际情况，对于印染布，废水主要产生于“前处理”“染色”“印花”工段，“前处理”工段包含烧毛、退浆、煮练、漂白、丝光、水洗等工序，“染色”工段包括染色、固色、水洗等工序，“印花”工段包括印花、水选、蒸化、烘干等工序，“整理”工段包括机械整理、化学整理和功能整理等工序，企业根据其产品及生产工段、生产工艺的组合分别进行产排污核算，企业的某种印染布产品产排污量为各工段产排污量之和；对于纤维、纱、线等纺织品，产污系数以“染整”全流程统一核算，不分步骤进行核算。

3 污染物排放量核算方法

针对企业实际生产情况，本行业在系数制定过程中将企业全生产流程划分或拆分为若干工段（核算环节），在核算企业污染物产排量时，可灵活选择本企业对应的工段进行核算。

3.1 计算工段污染物产生量

（1）根据产品、原料、污染物产生的主导生产工艺、企业规模（生产产能）这一组合查找和确定所对应的某一污染物的产污系数。

（2）根据污染物的产污系数计量单位，获取企业实际产品产量进行计算。

（3）污染物产生量按以下公式进行计算：

污染物产生量=污染物对应的产污系数×产品产量

$$G_{产_i} = P_{产_i} \times M_i$$

式中，$G_{产_i}$——工段 i 某污染物的产生量；

$P_{产_i}$——工段 i 某污染物对应的产污系数；

M_i——工段 i 的产品产量。

3.2 计算工段污染物去除量

（1）根据企业对某一污染物所采用的治理技术查找和选择相应的治理技术平均去除效率。

（2）根据污染治理设施实际运行率参数及其计算公式得出该企业某一污染物的治理设施实际运行率（k 值）。

（3）污染物去除量按以下公式进行计算：

污染物去除量=污染物产生量×污染物去除率

=污染物产生量×治理技术平均去除效率×治理设施实际运行率

$$R_{减_i} = G_{产_i} \times \eta_T \times k_T$$

式中，$R_{减_i}$——工段 i 某污染物的去除量；

η_T——工段 i 某污染物采用的末端治理技术的平均去除效率；

k_T——工段 i 某污染物采用的末端治理设施的实际运行率。

3.3 计算工段污染物排放量

污染物排放量=污染物产生量–污染物去除量

=污染物对应的产污系数×产品产量–污染物产生量×治理技术平均去除效率×治理设施实际运行率

3.4 计算企业污染物排放量

同一企业某污染物全年的排放总量为该企业同年实际生产（全部工艺、产品、原料、规模）产生的污染物排放量之和。

$$E_{排} = G_{产} - R_{减} = \sum(G_{产i} - R_{减i}) = \sum\left[P_{产i} \times M_i(1-\eta_T \times k_T)\right]$$

式中，$E_{排}$——企业某污染物的排放量；

$G_{产}$——企业某污染物的产生量；

$R_{减}$——企业某污染物的去除量。

4 污染物排放量核算案例

某企业主要从事棉布染色。该企业以棉布为主要原料，生产工艺采用退浆-煮练-漂白-丝光、汽蒸染色，年产量（生产规模）7800 吨。

该企业涉及的主要产污工段为前处理和染色。主要废水污染物为化学需氧量、氨氮、总氮、总磷。以化学需氧量为例说明排放量计算过程。

4.1 化学需氧量产生量计算

（1）查找产污系数及其计量单位

主要产品为棉染色布，主要原料为棉布，主要工艺为退浆-煮练-漂白-丝光、汽蒸染色，产污系数为：退浆-煮练-漂白-丝光的化学需氧量产污系数为 187209.28，单位为克/吨-产品；汽蒸染色的化学需氧量产污系数为 41446.67，单位为克/吨-产品。

（2）获取企业产品产量

该企业实际情况为：主要产品棉染色布 2017 年产量为 7760 吨。

（3）计算化学需氧量产生量

由于查询到的组合中，化学需氧量产污系数的单位为克/吨-产品，因此在核算化学需氧量产生量时需获取产品产量。

化学需氧量产生量=化学需氧量产污系数（前处理）×产品（棉染色布）产量+

化学需氧量产污系数（汽蒸染色）×产品（棉染色布）产量

=(187209.28 克/吨-产品×7760 吨-产品+41446.67 克/吨-产品×7760 吨-产品)÷1000000

=1452.74 吨+321.63 吨=1774.37 吨

4.2 化学需氧量去除量计算

（1）查找治理技术平均去除效率

该企业采用的废水末端处理技术为“化学混凝法+厌氧生物处理法+好氧生物处理法+化学处理法”，查询的退浆-煮练-漂白-丝光的平均去除效率为99.24%，汽蒸染色的平均去除效率为90.73%。

（2）计算污染治理设施实际运行率

根据产污系数组合查询结果，该组合中“化学混凝法+厌氧生物处理法+好氧生物处理法+化学处理法”对应的污染治理设施实际运行参数分别为污水治理设施运行时间、企业正常生产时间。

根据查询结果，该组合中“化学混凝法+厌氧生物处理法+好氧生物处理法+化学处理法”对应的污染治理设施实际运行率为

$$k=\text{污水治理设施运行时间}/\text{企业正常生产时间}$$

获取企业实际情况如下：该企业2017年污水治理设施运行时间330天，企业正常生产时间330天，则该企业的实际运行率为

$$k=330\text{天}/330\text{天}=1$$

（3）计算化学需氧量去除量

$$\text{化学需氧量去除量}=1452.74\text{吨}\times 99.24\%\times 1+321.63\text{吨}\times 90.73\%\times 1=1733.51\text{吨}$$

4.3 化学需氧量排放量计算

$$\text{化学需氧量排放量}=1774.37\text{吨}-1733.51\text{吨}=40.86\text{吨}$$

5 系数表

1713 棉印染精加工行业系数表

<table>
<tr><th>工段名称</th><th>产品名称</th><th>原料名称</th><th>工艺名称</th><th>规模等级</th><th>污染物类别</th><th>污染物指标</th><th>系数单位</th><th>产污系数</th><th>末端治理技术</th><th>末端治理技术平均去除效率/%</th><th>参考 k 值计算公式[1]</th></tr>
<tr><td rowspan="13">染整</td><td rowspan="9">染色棉纤维</td><td rowspan="9">棉纤维</td><td rowspan="9">精练-漂白-染色</td><td rowspan="9">所有规模</td><td rowspan="9">废水</td><td>工业废水量</td><td>米³/吨-产品</td><td>85.40</td><td>—</td><td>—</td><td>—</td></tr>
<tr><td rowspan="2">化学需氧量</td><td rowspan="2">克/吨-产品</td><td rowspan="2">97151.57</td><td>化学混凝法+厌氧生物处理法+好氧生物处理法</td><td>88.31</td><td rowspan="8">k =污水治理设施运行时间（天/年）/企业正常生产时间（天/年）</td></tr>
<tr><td>化学混凝法+厌氧生物处理法+好氧生物处理法+化学处理法</td><td>93.76</td></tr>
<tr><td rowspan="2">氨氮</td><td rowspan="2">克/吨-产品</td><td rowspan="2">205.13</td><td>化学混凝法+厌氧生物处理法+好氧生物处理法</td><td>64.74</td></tr>
<tr><td>化学混凝法+厌氧生物处理法+好氧生物处理法+化学处理法</td><td>74.19</td></tr>
<tr><td rowspan="2">总氮</td><td rowspan="2">克/吨-产品</td><td rowspan="2">2355.29</td><td>化学混凝法+厌氧生物处理法+好氧生物处理法</td><td>53.62</td></tr>
<tr><td>化学混凝法+厌氧生物处理法+好氧生物处理法+化学处理法</td><td>74.19</td></tr>
<tr><td rowspan="2">总磷</td><td rowspan="2">克/吨-产品</td><td rowspan="2">444.51</td><td>化学混凝法+厌氧生物处理法+好氧生物处理法</td><td>87.31</td></tr>
<tr><td>化学混凝法+厌氧生物处理法+好氧生物处理法+化学处理法</td><td>90.63</td></tr>
<tr><td rowspan="3">染色棉纱线类</td><td rowspan="3">棉纱线类</td><td rowspan="3">精练-漂白-染色</td><td rowspan="3">所有规模</td><td rowspan="3">废水</td><td>工业废水量</td><td>米³/吨-产品</td><td>72.48</td><td>—</td><td>—</td><td>—</td></tr>
<tr><td rowspan="2">化学需氧量</td><td rowspan="2">克/吨-产品</td><td rowspan="2">86194.56</td><td>化学混凝法+厌氧生物处理法+好氧生物处理法</td><td>90.22</td><td rowspan="2">k =污水治理设施运行时间（天/年）/企业正常生产时间（天/年）</td></tr>
<tr><td>化学混凝法+厌氧生物处理法+好氧生物处理法+化学处理法</td><td>95.38</td></tr>
</table>

[1] 该公式仅供参考，使用时，可根据 k 值定义，选取更适合企业实际情况的表达方式。

1713 棉印染精加工行业系数表（续表 1）

工段名称	产品名称	原料名称	工艺名称	规模等级	污染物类别	污染物指标	系数单位	产污系数	末端治理技术	末端治理技术平均去除效率/%	参考 k 值计算公式
染整	染色棉纱线类	棉纱线类	精练-漂白-染色	所有规模	废水	氨氮	克/吨-产品	440.71	化学混凝法+厌氧生物处理法+好氧生物处理法	57.01	k =污水治理设施运行时间（天/年）/企业正常生产时间（天/年）
									化学混凝法+厌氧生物处理法+好氧生物处理法+化学处理法	65.33	
						总氮	克/吨-产品	1685.26	化学混凝法+厌氧生物处理法+好氧生物处理法	53.66	
									化学混凝法+厌氧生物处理法+好氧生物处理法+化学处理法	63.06	
						总磷	克/吨-产品	379.79	化学混凝法+厌氧生物处理法+好氧生物处理法	90.19	
									化学混凝法+厌氧生物处理法+好氧生物处理法+化学处理法	93.63	
前处理	印染棉布类	棉布类	退浆-煮练-漂白-丝光	所有规模	废水	工业废水量	米^3/吨-产品	20.16	—	—	—
						化学需氧量	克/吨-产品	187209.28	化学混凝法+厌氧生物处理法+好氧生物处理法	98.51	k =污水治理设施运行时间（天/年）/企业正常生产时间（天/年）
									化学混凝法+厌氧生物处理法+好氧生物处理法+化学处理法	99.24	
						氨氮	克/吨-产品	207.45	化学混凝法+厌氧生物处理法+好氧生物处理法	69.48	
									化学混凝法+厌氧生物处理法+好氧生物处理法+化学处理法	76.65	
						总氮	克/吨-产品	1823.83	化学混凝法+厌氧生物处理法+好氧生物处理法	67.26	
									化学混凝法+厌氧生物处理法+好氧生物处理法+化学处理法	74.83	
						总磷	克/吨-产品	473.23	化学混凝法+厌氧生物处理法+好氧生物处理法	91.59	
									化学混凝法+厌氧生物处理法+好氧生物处理法+化学处理法	93.36	

1713 棉印染精加工行业系数表（续表 2）

工段名称	产品名称	原料名称	工艺名称	规模等级	污染物类别	污染物指标	系数单位	产污系数	末端治理技术	末端治理技术平均去除效率/%	参考 k 值计算公式
染色	印染棉布类	棉布类	溢流染色	所有规模	废水	工业废水量	米^3/吨-产品	67.02	—	—	—
						化学需氧量	克/吨-产品	66738.01	化学混凝法+厌氧生物处理法+好氧生物处理法	89.27	k =污水治理设施运行时间（天/年）/企业正常生产时间（天/年）
									化学混凝法+厌氧生物处理法+好氧生物处理法+化学处理法	93.92	
						氨氮	克/吨-产品	397.46	化学混凝法+厌氧生物处理法+好氧生物处理法	79.55	
									化学混凝法+厌氧生物处理法+好氧生物处理法+化学处理法	85.22	
						总氮	克/吨-产品	553.80	化学混凝法+厌氧生物处理法+好氧生物处理法	70.67	
									化学混凝法+厌氧生物处理法+好氧生物处理法+化学处理法	77.83	
						总磷	克/吨-产品	46.87	化学混凝法+厌氧生物处理法+好氧生物处理法	92.51	
									化学混凝法+厌氧生物处理法+好氧生物处理法+化学处理法	96.39	
	印染棉布类	棉布类	气流染色、气液染色	所有规模	废水	工业废水量	米^3/吨-产品	41.02	—	—	—
						化学需氧量	克/吨-产品	43326.60	化学混凝法+厌氧生物处理法+好氧生物处理法	92.75	k =污水治理设施运行时间（天/年）/企业正常生产时间（天/年）
									化学混凝法+厌氧生物处理法+好氧生物处理法+化学处理法	94.62	
						氨氮	克/吨-产品	181.80	化学混凝法+厌氧生物处理法+好氧生物处理法	80.51	
									化学混凝法+厌氧生物处理法+好氧生物处理法+化学处理法	89.54	
						总氮	克/吨-产品	452.36	化学混凝法+厌氧生物处理法+好氧生物处理法	77.12	
									化学混凝法+厌氧生物处理法+好氧生物处理法+化学处理法	85.71	
						总磷	克/吨-产品	47.35	化学混凝法+厌氧生物处理法+好氧生物处理法	90.19	
									化学混凝法+厌氧生物处理法+好氧生物处理法+化学处理法	93.07	

1713 棉印染精加工行业系数表（续表 3）

工段名称	产品名称	原料名称	工艺名称	规模等级	污染物类别	污染物指标	系数单位	产污系数	末端治理技术	末端治理技术平均去除效率/%	参考 k 值计算公式
染色	印染棉布类	棉布类	卷染染色	所有规模	废水	工业废水量	米^3/吨-产品	45.54	—	—	—
						化学需氧量	克/吨-产品	25653.48	化学混凝法+厌氧生物处理法+好氧生物处理法	91.38	k =污水治理设施运行时间（天/年）/企业正常生产时间（天/年）
									化学混凝法+厌氧生物处理法+好氧生物处理法+化学处理法	95.13	
						氨氮	克/吨-产品	697.12	化学混凝法+厌氧生物处理法+好氧生物处理法	81.57	
									化学混凝法+厌氧生物处理法+好氧生物处理法+化学处理法	87.49	
						总氮	克/吨-产品	852.48	化学混凝法+厌氧生物处理法+好氧生物处理法	63.94	
									化学混凝法+厌氧生物处理法+好氧生物处理法+化学处理法	72.93	
						总磷	克/吨-产品	48.78	化学混凝法+厌氧生物处理法+好氧生物处理法	90.19	
									化学混凝法+厌氧生物处理法+好氧生物处理法+化学处理法	95.23	
	印染棉布类	棉布类	汽蒸染色	所有规模	废水	工业废水量	米^3/吨-产品	20.93	—	—	—
						化学需氧量	克/吨-产品	41446.67	化学混凝法+厌氧生物处理法+好氧生物处理法	90.73	k =污水治理设施运行时间（天/年）/企业正常生产时间（天/年）
									化学混凝法+厌氧生物处理法+好氧生物处理法+化学处理法	96.35	
						氨氮	克/吨-产品	156.16	化学混凝法+厌氧生物处理法+好氧生物处理法	87.49	
									化学混凝法+厌氧生物处理法+好氧生物处理法+化学处理法	90.51	
						总氮	克/吨-产品	825.35	化学混凝法+厌氧生物处理法+好氧生物处理法	77.87	
									化学混凝法+厌氧生物处理法+好氧生物处理法+化学处理法	85.71	
						总磷	克/吨-产品	88.63	化学混凝法+厌氧生物处理法+好氧生物处理法	93.07	
									化学混凝法+厌氧生物处理法+好氧生物处理法+化学处理法	95.76	

1713 棉印染精加工行业系数表（续表 4）

工段名称	产品名称	原料名称	工艺名称	规模等级	污染物类别	污染物指标	系数单位	产污系数	末端治理技术	末端治理技术平均去除效率/%	参考 k 值计算公式
染色	印染棉布类	棉布类	冷堆置染色	所有规模	废水	工业废水量	米^3/吨-产品	67.02	—	—	—
						化学需氧量	克/吨-产品	66738.01	化学混凝法+厌氧生物处理法+好氧生物处理法	89.27	k =污水治理设施运行时间（天/年）/企业正常生产时间（天/年）
									化学混凝法+厌氧生物处理法+好氧生物处理法+化学处理法	93.92	
						氨氮	克/吨-产品	397.46	化学混凝法+厌氧生物处理法+好氧生物处理法	85.22	
									化学混凝法+厌氧生物处理法+好氧生物处理法+化学处理法	79.55	
						总氮	克/吨-产品	553.80	化学混凝法+厌氧生物处理法+好氧生物处理法	77.83	
									化学混凝法+厌氧生物处理法+好氧生物处理法+化学处理法	70.67	
						总磷	克/吨-产品	46.87	化学混凝法+厌氧生物处理法+好氧生物处理法	92.51	
									化学混凝法+厌氧生物处理法+好氧生物处理法+化学处理法	96.39	
印花	印染棉布类	棉布类	圆网印花、平网印花	所有规模	废水	工业废水量	米^3/吨-产品	60.00	—	—	—
						化学需氧量	克/吨-产品	86604.48	化学混凝法+厌氧生物处理法+好氧生物处理法	86.47	k =污水治理设施运行时间（天/年）/企业正常生产时间（天/年）
									化学混凝法+厌氧生物处理法+好氧生物处理法+化学处理法	93.42	
						氨氮	克/吨-产品	2958.00	化学混凝法+厌氧生物处理法+好氧生物处理法	90.24	
									化学混凝法+厌氧生物处理法+好氧生物处理法+化学处理法	93.69	
						总氮	克/吨-产品	16595.61	化学混凝法+厌氧生物处理法+好氧生物处理法	76.75	
									化学混凝法+厌氧生物处理法+好氧生物处理法+化学处理法	86.54	
						总磷	克/吨-产品	485.97	化学混凝法+厌氧生物处理法+好氧生物处理法	90.95	
									化学混凝法+厌氧生物处理法+好氧生物处理法+化学处理法	94.34	

1713 棉印染精加工行业系数表（续表 5）

工段名称	产品名称	原料名称	工艺名称	规模等级	污染物类别	污染物指标	系数单位	产污系数	末端治理技术	末端治理技术平均去除效率/%	参考 k 值计算公式
印花	印染棉布类	棉布类	蜡染印花	所有规模	废水	工业废水量	米^3/吨-产品	65.00	—	—	—
						化学需氧量	克/吨-产品	108550.00	化学混凝法+厌氧生物处理法+好氧生物处理法	88.28	k =污水治理设施运行时间（天/年）/企业正常生产时间（天/年）
									化学混凝法+厌氧生物处理法+好氧生物处理法+化学处理法	92.71	
						氨氮	克/吨-产品	6531.19	化学混凝法+厌氧生物处理法+好氧生物处理法	85.45	
									化学混凝法+厌氧生物处理法+好氧生物处理法+化学处理法	93.69	
						总氮	克/吨-产品	25974.54	化学混凝法+厌氧生物处理法+好氧生物处理法	87.23	
									化学混凝法+厌氧生物处理法+好氧生物处理法+化学处理法	90.24	
						总磷	克/吨-产品	687.52	化学混凝法+厌氧生物处理法+好氧生物处理法	88.41	
									化学混凝法+厌氧生物处理法+好氧生物处理法+化学处理法	92.54	
印花	印染棉布类	棉布类	转移印花	所有规模	废气	工业废气量	标米^3/吨-产品	15105.00	—	—	—
						挥发性有机物	克/吨-产品	10614.90	吸附-蒸汽解析	97.00	k=工艺废气净化装置耗电量/（工艺废气净化装置额定功率×工艺废气净化装置运行时间）
	印染棉布类	棉布类	数码印花	所有规模	废气	工业废气量	标米^3/吨-产品	12025.00	—	—	
						挥发性有机物	克/吨-产品	79.60	吸附-蒸汽解析	97.00	k=工艺废气净化装置耗电量/（工艺废气净化装置额定功率×工艺废气净化装置运行时间）
整理	印染棉布类	棉布类	化学整理-定形	所有规模	废气	工业废气量	标米^3/吨-产品	65590.74	—	—	—
						颗粒物	克/吨-产品	408.04	喷淋塔/冲击水浴+静电除尘	83.98	k=工艺废气净化装置耗电量/（工艺废气净化装置额定功率×工艺废气净化装置运行时间）

1713 棉印染精加工行业系数表（续表 6）

工段名称	产品名称	原料名称	工艺名称	规模等级	污染物类别	污染物指标	系数单位	产污系数	末端治理技术	末端治理技术平均去除效率/%	参考 k 值计算公式
整理	印染棉布类	棉布类	涂层/复合	所有规模	废气	工业废气量	标米^3/吨-产品	6671.00	—	—	—
						挥发性有机物	克/吨-产品	161.80	吸附-蒸汽解析	97.00	k=工艺废气净化装置耗电量/（工艺废气净化装置额定功率×工艺废气净化装置运行时间）
一般工业固废							千克/吨-产品	132.27	—	—	—
危险废物							千克/吨-产品	2.49	—	—	—

1721 毛条和毛纱线加工业

1 适用范围

本手册仅用于《国民经济行业分类》（GB/T 4754—2017）中 1721 毛条和毛纱线加工行业使用系数法核算工业污染物产生量和排放量的工业企业。

利用本手册进行产污核算得出的污染物产生量与排放量仅代表了特定行业的工艺、产品、原料在正常工况下污染物产生与排放的一般规律。

本行业废水指标包括工业废水量、化学需氧量、氨氮、总氮、总磷；废气指标无；固体废物指标包括一般工业固废、危险废物。

2 注意事项

2.1 系数表中未涉及产品的产污系数

对可能遇到的罕见产品、特殊生产工艺、特殊末端处理工艺，可咨询行业组织、专家、其他企业技术人员，选取近似的组合产污系数进行核算。

2.2 生产非单一产品企业污染物产排量核算的处理

由于许多企业跨行业经营，企业生产的产品涉及不同行业及不同组合，因而产品的产排污量应根据其不同的组合分别进行核算，企业总产排污量则为各产品产排污量之和。

2.3 其他需要说明的问题

（1）由于毛条和毛纱线加工各企业采用不同的毛源、不同的加工方式、不同的污染物排放方式、不同的污染物处理工艺，因而各企业之间的单位产品产污量、末端治理设施去除效率及实际运行率差别较大。本手册制定过程中，通过实测和历史数据的统计，制定符合全国平均水平的产污系数、末端治理设施去除效率及实际运行率。使用本手册计算排污量时与单个企业的实际情况可能有出入，但总体上符合行业水平。

（2）本手册的产污系数是在典型工况下得到的，不考虑废水回用的影响。在企业实际排放量计算过程中，如果存在废水回用的情况，需要在计算排放量的基础上扣除废水回用的部分。公式如下：

实际排放量=计算排放量×（1–废水回用率）

（3）由于不同企业废水量差异较大，本手册所提供的工业废水量系数仅供参考。

为体现相同产污水平条件下，采用相同环保治理设施的不同企业对同一污染物去除效果的差异，引入末端治理设施实际运行率（k）对污染治理技术的实际去除率进行修正。k 值反映的是污染治理

设施运行的状态，越稳定运行，k 值越高；在取值上，若定义连续稳定运行的理想状态为 1，则 k 取值在 0～1 之间。

本手册给出本行业的 k 计算公式仅供参考，使用时，可根据 k 值定义，选取更适合企业实际情况的表达方式。

（4）关于系数表格各栏目的说明。

①“产品名称”：指毛条和毛纱线加工制造企业在报告期内生产的，并符合产品质量要求的实物名称。

②“原料名称”：指毛条和毛纱线加工制造企业在报告期内使用的主要原料。

③“工艺名称”：指对应毛条和毛纱线加工制造企业生产、加工产品采用的主要生产方法的名称。

④“规模等级”：指产污系数核算所对应的生产规模等级。由于毛条和毛纱线加工制造企业其规模对产污系数无明显影响，因此本手册不计生产规模的影响。

⑤“污染物指标”：废水包含工业废水量、化学需氧量、氨氮、总氮、总磷，固体废物指标包括一般工业固废、危险废物。

⑥“系数单位”：指产污系数计量单位，工业废水量表述为“米^3/吨-产品”，废水污染物表述为“克/吨-产品”；一般工业固废及危险废物表述为“千克/吨-产品”。

⑦“产污系数”：是指每生产单位质量产品所产生的污染物质的量。

⑧“末端治理技术”：针对毛条和毛纱线加工行业内的污染物所采用的处理方法的名称。手册中只涉及常用的末端处理技术，当企业的末端处理方法不在系数表单中，可咨询行业组织或环保专家及企业技术人员，在系数表单中选取近似的废水处理方法核算。若无近似的废水处理方法，需以具备资质的第三方检测机构的检测报告中的排污数据为准，若仍无检测报告则该企业按无治理设施处理。企业若无废水处理设施，排污量等于产污量。

⑨“末端治理技术平均去除效率”：指在典型末端治理工艺的条件下，生产单位产品所产生的污染物量经污染治理设施削减比例。

⑩“末端治理设施实际运行率（k值）”：指在典型末端治理设施在正常运行周期内的主要实际运行参数与设计运行参数的比例。

3 污染物排放量核算方法

针对企业实际生产情况，本行业在系数制定过程中将企业全生产流程划分或拆分为若干工段（核算环节），在核算企业污染物产排量时，可灵活选择本企业对应的工段进行核算。

3.1 计算工段污染物产生量

（1）根据产品、原料、污染物产生的主导生产工艺、企业规模（生产产能）组合查找和确定所对应的某项污染物的产污系数。

（2）根据该污染物的产污系数计量单位——单位产品产量，需获取企业实际产品产量进行计算。

（3）污染物产生量按以下公式进行计算：

污染物产生量=污染物对应的产污系数×产品产量

$$G_{产_i} = P_{产_i} \times M_i$$

式中，$G_{产i}$——工段 i 某污染物的产生量；

$P_{产i}$——工段 i 某污染物对应的产污系数；

M_i——工段 i 的产品产量。

3.2 计算工段污染物去除量

（1）根据企业对某一污染物所采用的治理技术查找和选择相应的治理技术平均去除效率。

（2）根据污染治理设施实际运行率参数及其计算公式得出该企业某一污染物的治理设施实际运行率（k 值）。

（3）污染物去除量按以下公式进行计算：

污染物去除量=污染物产生量×污染物去除率

=污染物产生量×治理技术平均去除效率×治理设施实际运行率

$$R_{减i}=G_{产i}\times\eta_T\times k_T$$

式中，$R_{减i}$——工段 i 某污染物的去除量；

η_T——工段 i 某污染物采用的末端治理技术的平均去除效率；

k_T——工段 i 某污染物采用的末端治理设施的实际运行率。

3.3 计算工段污染物排放量

污染物排放量=污染物产生量–污染物去除量

=污染物对应的产污系数×产品产量–污染物产生量×

治理技术平均去除效率×治理设施实际运行率

3.4 计算企业污染物排放量

同一企业某污染物全年的排放总量为该企业同年实际生产（全部工艺、产品、原料、规模）产生的污染物排放量之和。

$$E_{排}=G_{产}-R_{减}=\sum(G_{产i}-R_{减i})=\sum\left[P_{产i}\times M_i(1-\eta_T\times k_T)\right]$$

式中，$E_{排}$——企业某污染物的排放量；

$G_{产}$——企业某污染物的产生量；

$R_{减}$——企业某污染物的去除量。

4 污染物排放量核算案例

某企业主要从事毛条及毛纱线加工，以原毛为主要原料，生产工艺为洗毛，年产量（生产规模）7000 吨。该企业采用的废水末端处理技术为“化学混凝法+厌氧生物处理法+好氧生物处理法+化学处理法”。

涉及的废水污染物主要为化学需氧量、氨氮、总氮、总磷。以化学需氧量为例说明排放量计算过程。

4.1 化学需氧量产生量计算

（1）查找产污系数及其计量单位

根据企业基本信息，查找本手册中主要产品为洗净毛，主要原料为原毛，主要工艺为洗毛，化学需氧量的产污系数为181330.94，单位为克/吨-产品。

（2）获取企业产品产量

该企业实际情况为：主要产品净化毛2017年产量为7000吨。

（3）计算化学需氧量产生量

化学需氧量产污系数的单位为克/吨-产品，因此在核算化学需氧量产生量时需获取产品产量。

化学需氧量产生量=化学需氧量产污系数×产品产量

=（181330.94克/吨-产品×7000吨-产品）÷1000000=1269.32吨

4.2 化学需氧量去除量计算

（1）查找治理技术平均去除效率

该企业采用的废水末端处理技术为“化学混凝法+厌氧生物处理法+好氧生物处理法+化学处理法”，查得化学需氧量的平均去除效率为98.82%。

（2）计算污染治理设施实际运行率

根据查询结果，该组合对应的污染治理设施实际运行率为

k=污水治理设施运行时间/企业正常生产时间

获取企业实际情况如下：年均污水治理设施运行340天，正常生产时间年均340天，则该企业的设备实际运行率为

k=340天/340天=1

（3）计算化学需氧量去除效率

去除量=1269.32吨×98.82%×1=1254.34吨

4.3 化学需氧量排放量计算

化学需氧量排放量=1269.32吨−1254.34吨=14.98吨

5 系数表

1721 毛条和毛纱线加工行业系数表

工段名称	产品名称	原料名称	工艺名称	规模等级	污染物类别	污染物指标	系数单位	产污系数	末端治理技术	末端治理技术平均去除效率/%	参考 k 值计算公式[1]
毛纺加工	洗净毛	原毛	洗毛	所有规模	废水	工业废水量	米³/吨-产品	18.62	—	—	—
						化学需氧量	克/吨-产品	181330.94	化学混凝法+厌氧生物处理法+好氧生物处理法	98.34	k=污水治理设施运行时间（天/年）/企业正常生产时间（天/年）
									化学混凝法+厌氧生物处理法+好氧生物处理法+化学处理法	98.82	
						氨氮	克/吨-产品	2208.12	化学混凝法+厌氧生物处理法+好氧生物处理法	79.32	
									化学混凝法+厌氧生物处理法+好氧生物处理法+化学处理法	87.40	
						总氮	克/吨-产品	4078.56	化学混凝法+厌氧生物处理法+好氧生物处理法	85.76	
									化学混凝法+厌氧生物处理法+好氧生物处理法+化学处理法	89.17	
						总磷	克/吨-产品	148.27	化学混凝法+厌氧生物处理法+好氧生物处理法	89.78	
									化学混凝法+厌氧生物处理法+好氧生物处理法+化学处理法	98.30	

[1] 该公式仅供参考，使用时，可根据 k 值定义，选取更适合企业实际情况的表达方式。

1721 毛条和毛纱线加工行业系数表（续表 1）

工段名称	产品名称	原料名称	工艺名称	规模等级	污染物类别	污染物指标	系数单位	产污系数	末端治理技术	末端治理技术平均去除效率/%	参考 k 值计算公式
毛纺加工	炭化净毛	洗净毛	炭化	所有规模	废水	工业废水量	米^3/吨-产品	9.40	—	—	—
						化学需氧量	克/吨-产品	7304.00	化学混凝法+厌氧生物处理法+好氧生物处理法+化学处理法	97.00	k=污水治理设施运行时间（天/年）/企业正常生产时间（天/年）
						氨氮	克/吨-产品	216.00	化学混凝法+厌氧生物处理法+好氧生物处理法+化学处理法	77.30	
						总氮	克/吨-产品	485.00	化学混凝法+厌氧生物处理法+好氧生物处理法+化学处理法	65.20	
						总磷	克/吨-产品	40.00	化学混凝法+厌氧生物处理法+好氧生物处理法+化学处理法	99.30	
	毛条毛线类	洗净毛、毛条毛线类	丝光防缩	所有规模	废水	工业废水量	米^3/吨-产品	15.00	—	—	—
						化学需氧量	克/吨-产品	138510.00	化学混凝法+厌氧生物处理法+好氧生物处理法	99.08	k=污水治理设施运行时间（天/年）/企业正常生产时间（天/年）
						氨氮	克/吨-产品	365.25	化学混凝法+厌氧生物处理法+好氧生物处理法	66.83	
						总氮	克/吨-产品	5610.00	化学混凝法+厌氧生物处理法+好氧生物处理法	90.00	
						总磷	克/吨-产品	64.42	化学混凝法+厌氧生物处理法+好氧生物处理法	95.13	
一般工业固废							千克/吨-产品	167.00	—	—	—
危险废物							千克/吨-产品	0.14	—	—	—

1723 毛染整精加工业

1 适用范围

本手册仅用于《国民经济行业分类》（GB/T 4754—2017）中 1723 毛染整精加工行业使用产污系数法核算工业污染物产生量和排放量的工业企业。

利用本手册进行产污核算得出的污染物产生量与排放量仅代表了特定行业的工艺、产品、原料在正常工况下污染物产生与排放的一般规律。

本行业废水指标包括工业废水量、化学需氧量、氨氮、总氮、总磷、铬；废气指标包括工业废气量、颗粒物、挥发性有机物；固体废物指标包括一般工业固废、危险废物。

2 注意事项

2.1 系数表中未涉及产品的产污系数

对可能遇到的罕见产品、特殊生产工艺、特殊末端处理工艺，可咨询行业组织、专家、其他企业技术人员，选取近似的组合产污系数进行核算。

2.2 生产非单一产品企业污染物产排量核算的处理

由于许多企业跨行业经营，企业生产的产品涉及不同行业及不同组合，因而产品的产排污量应根据其不同的组合分别进行核算。企业总产排污量则为各产品产排污量之和。

2.3 其他需要说明的问题

（1）由于纺织品产品种类多、质量要求差别大、生产过程各异，且企业采用不同的污染物排放方式、排放纳管要求和污染物处理工艺，因而使各企业之间的单位产品产污量、末端治理设施去除效率及实际运行率差别较大。本手册制定过程中，通过实测和历史数据统计，制定符合全国平均水平的产污系数、末端治理设施去除效率及实际运行率。使用本手册计算排污量时与单个企业的实际情况可能有差异，但总体上符合行业水平。

（2）本手册的产污系数是在典型工况下得到的，不考虑废水回用的影响。在企业实际排放量计算过程中，如果存在废水回用的情况，需要在计算排放量的基础上扣除废水回用的部分。公式如下：

实际排放量=计算排放量×（1–废水回用率）

（3）本手册毛染整精加工行业废水及其污染物产污系数包含基本生产（以基本工艺为基础的生产）及补充生产（指回修、打样、补印、补染、调品种等额外生产）的废水，但不包括辅助生产及公共设施废水，如循环冷却水、软水制备排水、生活污水、场地冲洗水等。

（4）本手册的毛染整精加工行业表单中的印染布系数适用于毛机织物，不适用毛针织物。

（5）毛纺机织物传统以长度单位为计量单位，百米或万米计。本手册使用过程中须将长度单位换算成质量单位，即“机织物质量=机织物长度×米克重”或“机织物质量=机织物长度×幅宽×平方克重”。本手册的产污系数适用精梳毛织物常规品，粗梳毛织物常规品产污系数可采用修正系数进行修正，修正产污系数=产污系数×0.90。

（6）毛染整精加工企业采用数码喷墨印花工艺如后续有水洗工艺，其产污系数可类比采用染色工艺。

（7）由于不同企业工业废气量与废水量差异较大，本手册所提供的工业废气量、废水量系数仅供参考。

为体现相同产污水平条件下，采用相同环保治理设施的不同企业对同一污染物去除效果的差异，引入末端治理设施实际运行率（k）对污染治理技术的实际去除率进行修正。k 值反映的是污染治理设施运行的状态，越稳定运行，k 值越高；在取值上，若定义连续稳定运行的理想状态为 1，则 k 取值在 0～1 之间。

本手册给出本行业的 k 计算公式仅供参考，使用时，可根据 k 值定义，选取更适合企业实际情况的表达方式。

（8）关于系数表格各栏目的说明。

①“产品名称”：指毛染整精加工企业在报告期内生产的，并符合产品质量要求的实物名称。

②“原料名称”：指毛染整精加工企业在报告期内使用的主要原料。本手册包括毛染整精加工行业内通用的原料名称，如毛条毛线类、毛机织物等。

③“工艺名称”：指对应毛染整精加工企业生产、加工产品采用的主要生产方法的名称。

④“规模等级”：指产污系数核算所对应的生产规模等级，由于棉印染精加工企业其规模对产污系数无明显影响，因此本手册不计生产规模的影响。

⑤“污染物指标”：废水包含工业废水量、化学需氧量、氨氮、总氮、总磷、铬，废气包括工业废气量、颗粒物、挥发性有机物，固体废物指标包括一般工业固废、危险废物。

⑥“系数单位”：指产污系数计量单位，工业废水量表述为“米^3/吨-产品”，废水污染物表述为“克/吨-产品”；工业废气量表述为标准状态（0 摄氏度，101.325 千帕）下“米^3/吨-产品”，废气污染物表述为“克/吨-产品”；一般工业固废及危险废物表述为“千克/吨-产品”。

⑦“产污系数”：指每生产单位质量产品所产生的污染物质的量。

⑧“末端治理技术”：针对毛染整精加工行业内的污染物所采用的处理方法的名称；由于毛染整精加工行业产品的品种相对较多，染料的种类复杂，致使行业内末端治理技术种类较多。废水污染物的排污系数依据废水处理采用工艺技术的不同而有一定的差异。手册中只涉及常用的末端处理技术，当企业的末端处理方法不在系数表单中，可咨询行业组织或环保专家及企业技术人员，在系数表单中选取近似的废水处理方法核算。若无近似的废水处理方法，需以具备资质的第三方检测机构的检测报告中的排污数据为准，若仍无检测报告则该企业按无治理设施处理。企业若无废水处理设施，排污量等于产污量。

⑨“末端治理技术平均去除效率”：指在典型末端治理工艺的条件下，生产单位产品所产生的污染物量经污染治理设施削减比例。

⑩“末端治理技术实际运行率（k 值）”：指在典型末端治理设施在正常运行周期内的主要实际运

行参数与设计运行参数的比例。

⑪“工段名称”：典型的毛纺织品印染加工生产中分为“湿整理-染色（或印花）-干整理”三个步骤。基于国内纺织品印染行业产业分工实际情况，对于印染布，废水主要产生于“湿整理”“染色”“印花”工段，“前处理”工段包含洗呢、煮呢、缩呢等工序，“染色”工段包括染色、水洗等工序，“印花”工段包括印花、水洗、蒸化、烘干等工序，“干整理”工段包括缩绒、洗涤、烘干、压烫等工序，企业根据其产品及生产工段、生产工艺的组合分别进行产排污核算，企业的某种印染布产品产排污量为各工段产排污量之和。

3 污染物排放量核算方法

针对企业实际生产情况，本行业在系数制定过程中将企业全生产流程划分或拆分为若干工段（核算环节），在核算企业污染物产排量时，可灵活选择本企业对应的工段进行核算。

3.1 计算工段污染物产生量

（1）根据产品、原料、污染物产生的主导生产工艺、企业规模（企业生产产能）组合查找和确定所对应的某项污染物的产污系数。

（2）根据污染物的产污系数计量单位——单位产品产量，获取企业实际产品产量进行计算。

（3）污染物产生量按以下公式进行计算：

污染物产生量=污染物对应的产污系数×产品产量

$$G_{产i} = P_{产i} \times M_i$$

式中，$G_{产i}$——工段 i 某污染物的产生量；

$P_{产i}$——工段 i 某污染物对应的产污系数；

M_i——工段 i 的产品产量。

3.2 计算工段污染物去除量

（1）根据企业对某一污染物所采用的治理技术查找和选择相应的治理技术平均去除效率。

（2）根据污染治理设施实际运行率参数及其计算公式得出该企业某一污染物的治理设施实际运行率（k 值）。

（3）污染物去除量按以下公式进行计算：

污染物去除量=污染物产生量×污染物去除率

=污染物产生量×治理技术平均去除效率×治理设施实际运行率

$$R_{减i} = G_{产i} \times \eta_T \times k_T$$

式中，$R_{减i}$——工段 i 某污染物的去除量；

η_T——工段 i 某污染物采用的末端治理技术的平均去除效率；

k_T——工段 i 某污染物采用的末端治理设施的实际运行率。

3.3 计算工段污染物排放量

污染物排放量=污染物产生量–污染物去除量

=污染物对应的产污系数×产品产量−污染物产生量×

治理技术平均去除效率×治理设施实际运行率

3.4 计算企业污染物排放量

同一企业某污染物全年的排放总量为该企业同年实际生产（全部工艺、产品、原料、规模）产生的污染物排放量之和。

$$E_{排}=G_{产}-R_{减}=\sum(G_{产i}-R_{减i})=\sum\left[P_{产i}\times M_i(1-\eta_T\times k_T)\right]$$

式中，$E_{排}$——企业某污染物的排放量；

$G_{产}$——企业某污染物的产生量；

$R_{减}$——企业某污染物的去除量。

4 污染物排放量核算案例

某企业主要从事精纺毛织物染色生产，以毛机织物为主要原料，生产工艺采用湿整理（洗呢-煮呢-缩呢）-染色，年产量（生产规模）5000 吨。该企业废水末端治理技术采用“化学混凝法+厌氧生物处理法+好氧生物处理法”，涉及的废水污染物主要为化学需氧量、氨氮、总氮、总磷、铬。以化学需氧量为例说明排放量计算过程。

4.1 化学需氧量产生量计算

（1）查找产污系数及其计量单位

根据企业基本信息中主要产品为精梳毛染整精加工产品，主要原料为毛机织物，主要工艺为湿整理（洗呢-煮呢-缩呢）-染色，化学需氧量产污系数为洗呢-煮呢-缩呢 51676.70 克/吨-产品，染色 107023.40 克/吨-产品。

（2）获取企业产品产量

该企业实际情况为：该企业毛染整精加工产品 2017 年产量为 5000 吨。

（3）计算污染物产污系数

由于查询到的组合中，化学需氧量产污系数的单位为克/吨-产品，因此在核算化学需氧量产生量时需获取产品产量。

化学需氧量产生量=化学需氧量产污系数（洗呢-煮呢-缩呢）×

产品产量+化学需氧量产污系数（洗呢-煮呢-缩呢）×产品产量

=（51676.70 克/吨-产品×5000 吨-产品+107023.40 克/吨-产品×5000 吨-产品）÷1000000

=258.38 吨+535.12 吨=793.50 吨

4.2 化学需氧量去除量计算

（1）查找治理技术平均去除效率

该企业采用的废水末端处理技术为“化学混凝法+厌氧生物处理法+好氧生物处理法+化学处理法”，查询到的洗呢-煮呢-缩呢的平均去除效率为 91.68%，染色的平均去除效率为 96.41%。

（2）计算污染治理设施实际运行率

根据产污系数组合查询结果，该组合中“化学混凝法+厌氧生物处理法+好氧生物处理法+化学处理法”。对应的污染治理设施实际运行参数分别为污水治理设施运行时间、企业正常生产时间，对应的污染治理设施实际运行率为

$$k=\text{污水治理设施运行时间}/\text{企业正常生产时间}$$

获取企业实际情况如下：该企业 2017 年污水治理设施运行时间 330 天，企业正常生产时间 330 天，则该企业的实际运行率为

$$k=330\text{ 天}/330\text{ 天}=1$$

（3）计算化学需氧量去除量

化学需氧量去除量=258.38 吨×91.68%×1+535.12 吨×96.41%×1=752.79 吨

4.3 化学需氧量排放量计算

化学需氧量排放量=793.5 吨−752.79 吨=40.71 吨

5 系数表

1723 毛染整精加工行业系数表

工段名称	产品名称	原料名称	工艺名称	规模等级	污染物类别	污染物指标	系数单位	产污系数	末端治理技术	末端治理技术平均去除效率/%	参考 k 值计算公式[1]
湿整理	毛染整精加工产品	毛条毛线类、毛机织物	洗呢-煮呢-缩呢	所有规模	废水	工业废水量	米³/吨-产品	104.48	—	—	
						化学需氧量	克/吨-产品	51676.70	化学混凝法+厌氧生物处理法+好氧生物处理法	86.90	k =污水治理设施运行时间（天/年）/企业正常生产时间（天/年）
									化学混凝法+厌氧生物处理法+好氧生物处理法+化学处理法	91.68	
						氨氮	克/吨-产品	1018.80	化学混凝法+厌氧生物处理法+好氧生物处理法	67.40	
									化学混凝法+厌氧生物处理法+好氧生物处理法+化学处理法	85.38	
						总氮	克/吨-产品	1759.30	化学混凝法+厌氧生物处理法+好氧生物处理法	65.57	
									化学混凝法+厌氧生物处理法+好氧生物处理法+化学处理法	72.76	
						总磷	克/吨-产品	59.30	化学混凝法+厌氧生物处理法+好氧生物处理法	95.52	
									化学混凝法+厌氧生物处理法+好氧生物处理法+化学处理法	96.61	
染色	毛染整精加工产品	毛条毛线类、毛机织物	染色	所有规模	废水	工业废水量	米³/吨-产品	80.90	—	—	—
						化学需氧量	克/吨-产品	107023.40	化学混凝法+厌氧生物处理法+好氧生物处理法	94.86	k =污水治理设施运行时间（天/年）/企业正常生产时间（天/年）
									化学混凝法+厌氧生物处理法+好氧生物处理法+化学处理法	96.41	
						氨氮	克/吨-产品	499.90	化学混凝法+厌氧生物处理法+好氧生物处理法	48.70	
									化学混凝法+厌氧生物处理法+好氧生物处理法+化学处理法	76.95	

[1] 该公式仅供参考，使用时，可根据 k 值定义，选取更适合企业实际情况的表达方式。

1723 毛染整精加工行业系数表（续表 1）

工段名称	产品名称	原料名称	工艺名称	规模等级	污染物类别	污染物指标	系数单位	产污系数	末端治理技术	末端治理技术平均去除效率/%	参考 k 值计算公式
染色	毛染整精加工产品	毛条毛线类、毛机织物	染色	所有规模	废水	总氮	克/吨-产品	1934.30	化学混凝法+厌氧生物处理法+好氧生物处理法	53.53	k =污水治理设施运行时间（天/年）/企业正常生产时间（天/年）
									化学混凝法+厌氧生物处理法+好氧生物处理法+化学处理法	55.05	
						总磷	克/吨-产品	298.10	化学混凝法+厌氧生物处理法+好氧生物处理法	90.03	
									化学混凝法+厌氧生物处理法+好氧生物处理法+化学处理法	94.44	
						铬	克/吨-产品	7.70	化学混凝法+厌氧生物处理法+好氧生物处理法+化学处理法	96.78	
印花	毛染整精加工产品	毛机织物	圆网印花、平网印花	所有规模	废水	工业废水量	米^3/吨-产品	132.00	—	—	—
						化学需氧量	克/吨-产品	234024.00	化学混凝法+厌氧生物处理法+好氧生物处理法	95.31	k =污水治理设施运行时间（天/年）/企业正常生产时间（天/年）
									化学混凝法+厌氧生物处理法+好氧生物处理法+化学处理法	97.10	
						氨氮	克/吨-产品	574.80	化学混凝法+厌氧生物处理法+好氧生物处理法	27.24	
									化学混凝法+厌氧生物处理法+好氧生物处理法+化学处理法	67.28	
						总氮	克/吨-产品	1704.00	化学混凝法+厌氧生物处理法+好氧生物处理法	43.89	
									化学混凝法+厌氧生物处理法+好氧生物处理法+化学处理法	45.72	
						总磷	克/吨-产品	53.16	化学混凝法+厌氧生物处理法+好氧生物处理法	74.31	
									化学混凝法+厌氧生物处理法+好氧生物处理法+化学处理法	85.62	
						铬	克/吨-产品	7.70	化学混凝法+厌氧生物处理法+好氧生物处理法+化学处理法	96.78	

1723 毛染整精加工行业系数表（续表 2）

工段名称	产品名称	原料名称	工艺名称	规模等级	污染物类别	污染物指标	系数单位	产污系数	末端治理技术	末端治理技术平均去除效率/%	参考 k 值计算公式
干整理	毛染整精加工产品	毛机织物	干整理-热定形	所有规模	废气	工业废气量	标米^3/吨-产品	4160.00	—	—	—
						颗粒物	克/吨-产品	80.00	喷淋塔/冲击水浴+静电除尘	78.66	k=工艺废气净化装置耗电量/（工艺废气净化装置额定功率×工艺废气净化装置运行时间）
印花	毛染整精加工产品	毛机织物	转移印花	所有规模	废气	工业废气量	标米^3/吨-产品	15105.00	—	—	—
						挥发性有机物	克/吨-产品	10614.90	吸附-蒸汽解析	97.00	k=工艺废气净化装置耗电量/（工艺废气净化装置额定功率×工艺废气净化装置运行时间）
	毛染整精加工产品	毛机织物	数码印花	所有规模	废气	工业废气量	标米^3/吨-产品	12025.00	—	—	—
						挥发性有机物	克/吨-产品	79.60	吸附-蒸汽解析	97.00	k=工艺废气净化装置耗电量/（工艺废气净化装置额定功率×工艺废气净化装置运行时间）
一般工业固废							千克/吨-产品	111.47	—	—	—
危险废物							千克/吨-产品	0.69	—	—	—

1731 麻纤维纺前加工与纺纱业

1 适用范围

本手册仅用于《国民经济行业分类》（GB/T 4754—2017）中 1731 麻纤维纺前加工与纺纱行业使用系数法核算工业污染物产生量和排放量的工业企业。

利用本手册进行产污核算得出的污染物产生量与排放量仅代表了特定行业的工艺、产品、原料在正常工况下污染物产生与排放的一般规律。

本行业废水指标包括工业废水量、化学需氧量、氨氮、总氮、总磷；废气指标无；固体废物指标包括一般工业固废、危险废物。

2 注意事项

2.1 系数表中未涉及产品的产污系数

对可能遇到的罕见产品、特殊生产工艺、特殊末端处理工艺，可咨询行业组织、专家、其他企业技术人员，选取近似的产污系数进行核算。

2.2 生产非单一产品企业污染物产排量核算的处理

由于许多企业跨行业经营，企业生产的产品涉及不同行业及不同组合，因而产品的产排污量应根据其不同的组合分别进行核算，企业总产排污量则为各产品产排污量之和。

2.3 其他需要说明的问题

（1）由于纺织品产品种类多、质量要求差别大、生产过程各异，且企业采用不同的污染物排放方式、排放纳管要求和污染物处理工艺，因而各企业间的单位产品产污量、末端治理设施去除效率及实际运行率差别较大。本手册制定过程中，通过实测和历史数据的统计，制定符合全国平均水平的产污系数、末端治理设施去除效率及实际运行率。使用本手册计算排污量时与单个企业的实际情况可能有差异，但总体上符合行业水平。

（2）本手册的产污系数是在典型工况下得到的，不考虑废水回用的影响。在企业实际排放量计算过程中，如果存在废水回用的情况，需要在计算排放量的基础上扣除废水回用的部分。公式如下：

实际排放量=计算排放量×（1–废水回用率）

（3）本手册麻纤维纺前加工和纺纱行业废水及其污染物产污系数包含基本生产（以基本工艺为基础的生产）的废水，但不包括辅助生产及公共设施废水，如循环冷却水、软水制备排水、生活污水、场地冲洗水等。

（4）由于不同企业废水量差异较大，本手册所提供的工业废水量系数仅供参考。

为体现相同产污水平条件下，采用相同环保治理设施的不同企业对同一污染物去除效果的差异，引入末端治理设施实际运行率（k）对污染治理技术的实际去除率进行修正。k 值反映的是污染治理设施运行的状态，越稳定运行，k 值越高；在取值上，若定义连续稳定运行的理想状态为 1，则 k 取值在 0～1 之间。

本手册给出本行业的 k 计算公式仅供参考，使用时，可根据 k 值定义，选取更适合企业实际情况的表达方式。

（5）关于系数表格各栏目的说明。

①“产品名称”：指麻纤维纺前加工和纺纱企业在报告期内生产的，并符合产品质量要求的实物名称。

②“原料名称”：指麻纤维纺前加工和纺纱企业在报告期内使用的主要原料。本手册原料指原麻，包括苎麻、亚麻、大麻、黄麻等。

③“工艺名称”：指对应麻纤维纺前加工和纺纱企业生产、加工产品采用的主要生产方法的名称。

④“规模等级”：指产污系数核算所对应的生产规模等级，由于麻纤维纺前加工和纺纱企业其规模对产污系数无明显影响，因此本手册不计生产规模的影响。

⑤“污染物指标”：废水包含工业废水量、化学需氧量、氨氮、总氮、总磷，固体废物指标包括一般工业固废、危险废物。“单位”：指产污系数计量单位，工业废水量表述为“米^3/吨-产品”，废水污染物表述为“克/吨-产品”；一般工业固废及危险废物表述为“千克/吨-产品”。

⑥“产污系数”：是指每生产单位质量产品所产生的污染物质的量。

⑦“末端治理技术”：针对麻纤维纺前加工和纺纱行业内的污染物所采用的处理方法的名称；废水污染物的排污系数依据废水处理采用工艺技术的不同而有一定的差异。手册中只涉及常用的末端处理技术，当企业的末端处理方法不在系数表单中，可咨询行业组织或环保专家及企业技术人员，在系数表单中选取近似的废水处理方法核算。若无近似的废水处理方法，需以具备资质的第三方检测机构的检测报告中的排污数据为准，若仍无检测报告则该企业按无治理设施处理。企业若无废水处理设施，排污量等于产污量。

⑧“末端治理技术平均去除效率”：指在典型末端治理工艺的条件下，生产单位产品所产生的污染物量经污染治理设施削减比例。

⑨“末端治理设施实际运行率（k 值）”：指在典型末端治理设施在正常运行周期内的主要实际运行参数与设计运行参数的比例。

⑩“工段名称”：典型的麻纤维纺前加工和纺纱生产中，即麻脱胶过程，主要包含“酸浸泡或生物酶处理-碱煮-打麻-漂白-上油”等过程，不同企业采用工艺不同，但基本包含上述过程。基于麻纤维纺前加工中麻脱胶工艺的实际情况，将此工艺视为全流程核算。

3　污染物排放量核算方法

3.1　计算工段污染物产生量

（1）根据产品、原料、污染物产生的主导生产工艺、企业规模（生产产能）组合查找和确定所对应的某项污染物的产污系数。

（2）根据污染物的产污系数计量单位——单位产品产量，获取企业实际产品产量进行计算。

（3）污染物产生量按以下公式进行计算：

污染物产生量=污染物对应的产污系数×产品产量

$$G_{产i}=P_{产i}\times M_i$$

式中，$G_{产i}$——工段 i 某污染物的产生量；

$P_{产i}$——工段 i 某污染物对应的产污系数；

M_i——工段 i 的产品产量。

3.2 计算工段污染物去除量

（1）根据企业对某一种污染物所采用的治理技术查找和选择相应的治理技术平均去除效率。

（2）根据污染治理设施实际运行率参数及其计算公式得出该企业某一污染物的治理设施实际运行率（k 值）。

（3）污染物去除量按以下公式进行计算：

污染物去除量=污染物产生量×污染物去除率

=污染物产生量×治理技术平均去除效率×治理设施实际运行率

$$R_{减i}=G_{产i}\times\eta_T\times k_T$$

式中，$R_{减i}$——工段 i 某污染物的去除量；

η_T——工段 i 某污染物采用的末端治理技术的平均去除效率；

k_T——工段 i 某污染物采用的末端治理设施的实际运行率。

3.3 计算工段污染物排放量

污染物排放量=污染物产生量–污染物去除量

=污染物对应的产污系数×产品产量–污染物产生量×

治理技术平均去除效率×治理设施实际运行率

3.4 计算企业污染物排放量

同一企业某污染物全年的排放总量为该企业同年实际生产（全部工艺、产品、原料、规模）产生的污染物排放量之和。

$$E_{排}=G_{产}-R_{减}=\sum(G_{产i}-R_{减i})=\sum\left[P_{产i}\times M_i(1-\eta_T\times k_T)\right]$$

式中，$E_{排}$——企业某污染物的排放量；

$G_{产}$——企业某污染物的产生量；

$R_{减}$——企业某污染物的去除量。

4 污染物排放量核算案例

某企业主要从事原麻脱胶生产，产品为精干麻。该企业以苎麻为主要原料，生产工艺为麻脱胶工艺（酸浸泡-一次蒸煮-敲麻-碱液二次蒸煮-敲麻-晾干），精干麻年产量（生产规模）3000 吨。该企业废水的污染治理技术采用“化学混凝法+厌氧生物处理法+好氧生物处理法”，主要污染物为化学需氧量、氨氮、总氮、总磷。以化学需氧量为例说明排放量计算过程。

4.1 化学需氧量产生量计算

（1）查找产污系数及其计量单位

根据企业基本信息，查找本手册中主要产品为精干麻，主要原料为苎麻，主要工艺为酸浸泡-一次蒸煮-敲麻-碱液二次蒸煮-敲麻-晾干，生产规模为年产量 3000 吨，系数手册组合中麻脱胶工艺（苎麻）的化学需氧量的产污系数为 319750.00，单位为克/吨-产品。

（2）获取企业产品产量

该企业实际情况为：该主要产品精干麻 2017 年产量为 3000 吨。

（3）计算化学需氧量产生量

由于查询到的组合中，化学需氧量产污系数的单位为克/吨-产品，因此在核算产生量时采用产品产量。

化学需氧量产生量=化学需氧量产污系数×产品（苎麻）产量

=（319750.00 克/吨-产品×3000 吨-产品）÷1000000

=959.25 吨

4.2 化学需氧量去除量计算

（1）查找治理技术平均去除效率

该企业采用的废水末端处理技术为“化学混凝法+厌氧生物处理法+好氧生物处理法”，查询废水处理技术对应的平均去除效率为 69.11%。

（2）污染治理设施实际运行率

根据产污系数组合查询结果，该组合中化学需氧量经“混凝+厌氧/好氧法”对应的污染治理设施实际运行参数分别为污水治理设施运行时间、企业正常生产时间。查询产污系数组合结果实际运行率 k 值为 1。

（3）计算化学需氧量去除量：

化学需氧量去除量=959.25 吨×69.11%×1=662.94 吨

4.3 化学需氧量排放量计算

化学需氧量排放量=959.25 吨−662.94 吨=296.31 吨

5 系数表

1731 麻纤维纺前加工与纺纱行业系数表

工段名称	产品名称	原料名称	工艺名称	规模等级	污染物类别	污染物指标	系数单位	产污系数	末端治理技术	末端治理技术平均去除效率/%	参考 k 值计算公式[1]
麻脱胶	精干麻	原麻（亚麻、大麻）	麻脱胶工艺	所有规模	废水	工业废水量	米^3/吨-产品	82.50	—	—	
						化学需氧量	克/吨-产品	189770.00	化学混凝法+厌氧生物处理法+好氧生物处理法	92.25	k=污水治理设施运行时间（天/年）/企业正常生产时间（天/年）
									化学混凝法+厌氧生物处理法+好氧生物处理法+化学处理法	94.17	
						氨氮	克/吨-产品	706.80	化学混凝法+厌氧生物处理法+好氧生物处理法	74.56	
									化学混凝法+厌氧生物处理法+好氧生物处理法+化学处理法	78.60	
						总氮	克/吨-产品	6116.60	化学混凝法+厌氧生物处理法+好氧生物处理法	80.29	
									化学混凝法+厌氧生物处理法+好氧生物处理法+化学处理法	82.83	
						总磷	克/吨-产品	598.10	化学混凝法+厌氧生物处理法+好氧生物处理法	85.30	
									化学混凝法+厌氧生物处理法+好氧生物处理法+化学处理法	90.46	
		原麻（苎麻、黄麻）	麻脱胶工艺	所有规模	废水	工业废水量	米^3/吨-产品	435.03	—	—	
						化学需氧量	克/吨-产品	319750.00	化学混凝法+厌氧生物处理法+好氧生物处理法	69.11	k=污水治理设施运行时间（天/年）/企业正常生产时间（天/年）
									化学混凝法+厌氧生物处理法+好氧生物处理法+化学处理法	81.40	

[1] 该公式仅供参考，使用时，可根据 k 值定义，选取更适合企业实际情况的表达方式。

1731 麻纤维纺前加工与纺纱行业系数表（续表 1）

工段名称	产品名称	原料名称	工艺名称	规模等级	污染物类别	污染物指标	系数单位	产污系数	末端治理技术	末端治理技术平均去除效率/%	参考 k 值计算公式
麻脱胶	精干麻	原麻（苎麻、黄麻）	麻脱胶工艺	所有规模	废水	氨氮	克/吨-产品	229.40	化学混凝法+厌氧生物处理法+好氧生物处理法	94.37	k =污水治理设施运行时间（天/年）/企业正常生产时间（天/年）
									化学混凝法+厌氧生物处理法+好氧生物处理法+化学处理法	95.41	
						总氮	克/吨-产品	1444.00	化学混凝法+厌氧生物处理法+好氧生物处理法	96.97	
									化学混凝法+厌氧生物处理法+好氧生物处理法+化学处理法	97.22	
						总磷	克/吨-产品	141.38	化学混凝法+厌氧生物处理法+好氧生物处理法	95.61	
									化学混凝法+厌氧生物处理法+好氧生物处理法+化学处理法	97.57	
一般工业固废							千克/吨-产品	145.00	—	—	—
危险废物							千克/吨-产品	0.05	—	—	—

1733 麻染整精加工业

1 适用范围

本手册仅用于《国民经济行业分类》（GB/T 4754—2017）中 1733 麻染整精加工行业使用产污系数法核算工业污染物产生量和排放量的工业企业。

利用本手册进行产污核算得出的污染物产生量与排放量仅代表了特定行业的工艺、产品、原料在正常工况下污染物产生与排放量的一般规律。

本行业废水指标包括工业废水量、化学需氧量、氨氮、总氮、总磷；废气指标包括工业废气量、颗粒物、挥发性有机物；固体废物指标包括一般工业固废、危险废物。

2 注意事项

2.1 系数表中未涉及产品的产污系数

对可能遇到的罕见产品、特殊生产工艺、特殊末端处理工艺，可咨询行业组织、专家、其他企业技术人员，选取近似的组合产污系数进行核算。

2.2 生产非单一产品企业污染物产排量核算的处理

由于许多企业跨行业经营，企业生产的产品涉及不同行业及不同组合，因而产品的产排污量应根据其不同的组合分别进行核算，企业总产排污量则为各产品产排污量之和。

2.3 其他需要说明的问题

（1）由于纺织品产品种类繁多、质量要求差别大、生产过程各异，且企业采用不同的污染物排放方式、排放纳管要求和污染物处理工艺，因而各企业之间的单位产品产污量、末端治理设施去除效率及实际运行率差别较大。本手册制定过程中，通过实测和历史数据统计，制定符合全国平均水平的产污系数、末端治理设施去除效率及实际运行率。使用本手册计算排污量时与单个企业的实际情况可能有差异，但总体上符合行业水平。

（2）本手册的产污系数是在典型工况下得到的，不考虑废水回用的影响。在企业实际排放量计算过程中，如果存在废水回用的情况，需要在计算排放量的基础上扣除废水回用的部分。公式如下：

实际排放量=计算排放量×（1−废水回用率）

（3）本手册麻染整精加工行业废水及其污染物产污系数包含基本生产（以基本工艺为基础的生产）及补充生产（指回修、打样、补印、补染、调品种等额外生产）的废水，但不包括辅助生产及公共设施废水，如循环冷却水、软水制备排水、生活污水、场地冲洗水等。

（4）本手册的麻染整精加工行业表单中的印染布系数适用于麻及麻混纺机织物。麻纺织及印染精加工中印染布的后整理工段中涉及的化学整理产生少量的工艺废水及污染物，其排放系数已计入染色工段。对于麻染整精加工中的卷染染色工艺、冷堆置染色工艺、蜡染印花工艺、平网印花及圆网印花工艺，相应的产污系数、末端治理技术效率及实际运行率请参照1713棉印染精加工行业的相关系数。

（5）由于不同企业工业废气量与废水量差异较大，本手册所提供的工业废水量系数、工业废气量系数仅供参考。

为体现相同产污水平条件下，采用相同环保治理设施的不同企业对同一污染物去除效果的差异，引入末端治理设施实际运行率（k）对污染治理技术的实际去除率进行修正。k 值反映的是污染治理设施运行的状态，越稳定运行，k 值越高；在取值上，若定义连续稳定运行的理想状态为1，则 k 取值在0～1之间。

本手册给出本行业的 k 计算公式仅供参考，使用时，可根据 k 值定义，选取更适合企业实际情况的表达方式。

（6）关于系数表格各栏目的说明。

①“产品名称”：指麻染整精加工企业在报告期内生产的，并符合产品质量要求的实物名称。

②“原料名称”：指麻染整精加工企业在报告期内使用的主要原料。本手册包括原麻、麻纤维、麻纱线等。

③“工艺名称”：指对应麻染整精加工企业生产、加工产品采用的主要生产方法的名称。

④“规模等级”：指产污系数核算所对应的生产规模等级，由于麻染整精加工企业其规模对产污系数无明显影响，因此本手册不计生产规模的影响。

⑤“污染物指标”：指废水包含工业废水量、化学需氧量、氨氮、总氮、总磷，废气包括工业废气量、颗粒物、挥发性有机物，固体废物指标包括一般工业固废、危险废物。

⑥“系数单位”：指产污系数计量单位，工业废水量表述为“米^3/吨-产品”，废水污染物表述为“克/吨-产品”；工业废气量表述为标准状态（0摄氏度，101.325千帕）下“米^3/吨-产品”，废气污染物表述为“克/吨-产品”；一般工业固废及危险废物表述为“千克/吨-产品”。

⑦“产污系数”：指每生产单位质量产品所产生的污染物质的量。

⑧“末端治理技术”：指针对麻染整精加工内的污染物所采用的处理方法的名称；废水污染物的排污系数依据废水处理采用工艺技术的不同而有一定的差异。手册中只涉及常用的末端处理技术，当企业的末端处理方法不在系数表单中，可咨询行业组织或生态环境专家及企业技术人员，在系数表单中选取近似的废水处理方法核算。若无近似的废水处理方法，需以具备资质的第三方检测机构的检测报告中的排污数据为准，若仍无检测报告则该企业按无治理设施处理。企业若无废水处理设施，排污量等于产污量。

⑨“末端治理技术平均去除效率”：指在典型末端治理工艺的条件下，生产单位产品所产生的污染物量经污染治理设施削减比例。

⑩“末端治理设施实际运行率（k 值）”：指在典型末端治理设施在正常运行周期内的主要实际运行参数与设计运行参数的比例。

⑪“工段名称”：典型的麻纺织品印染加工生产中分为“前处理-染色（或印花）-整理”三个步骤，“染色”工段与“印花”工段一般仅选其一。基于国内纺织品印染行业产业分工实际情况，对于

印染布，废水主要产生于“前处理”“染色”“印花”工段，“前处理”工段包含烧毛、退浆、煮练、漂白、水洗等工序，“染色”工段包括染色、固色、水洗等工序，“印花”工段包括印花、水洗、蒸化、烘干等工序，“整理”工段包括机械整理、化学整理和功能整理等工序，企业根据其产品及生产工段、生产工艺的组合分别进行产排污核算，企业的某种印染布产品产排污量为各工段产排污量之和；对于纱、线等纺织品，产污系数以“染整”全流程统一核算，不分步骤进行核算。

3 污染物排放量核算方法

针对企业实际生产情况，本行业在系数制定过程中将企业全生产流程划分或拆分为若干工段（核算环节），在核算企业污染物产排量时，可灵活选择本企业对应的工段进行核算。

3.1 计算工段污染物产生量

（1）根据产品、原料、污染物产生的主导生产工艺、企业规模（生产产能）组合查找和确定所对应的某项污染物的产污系数。

（2）根据污染物的产污系数计量单位——单位产品产量，获取企业实际产品产量进行计算。

（3）污染物产生量按以下公式进行计算：

污染物产生量=污染物对应的产污系数×产品产量

$$G_{产i} = P_{产i} \times M_i$$

式中，$G_{产i}$——工段 i 某污染物的产生量；

$P_{产i}$——工段 i 某污染物对应的产污系数；

M_i——工段 i 的产品产量。

3.2 计算工段污染物去除量

（1）根据企业对某一污染物所采用的治理技术查找和选择相应的治理技术平均去除效率。

（2）根据污染治理设施实际运行率参数及其计算公式得出该企业某一污染物的治理设施实际运行率（k 值）。

（3）污染物去除量按以下公式进行计算：

污染物去除量=污染物产生量×污染物去除率

=污染物产生量×治理技术平均去除效率×治理设施实际运行率

$$R_{减i} = G_{产i} \times \eta_T \times k_T$$

式中，$R_{减i}$——工段 i 某污染物的去除量；

η_T——工段 i 某污染物采用的末端治理技术的平均去除效率；

k_T——工段 i 某污染物采用的末端治理设施的实际运行率。

3.3 计算工段污染物排放量

污染物排放量=污染物产生量–污染物去除量

=污染物对应的产污系数×产品产量–污染物产生量×

治理技术平均去除效率×治理设施实际运行率

3.4 计算企业污染物排放量

同一企业某污染物全年的排放总量为该企业同年实际生产（全部工艺、产品、原料、规模）产生的污染物排放量之和。

$$E_{排} = G_{产} - R_{减} = \sum(G_{产i} - R_{减i}) = \sum\left[P_{产i} \times M_i(1-\eta_T \times k_T)\right]$$

式中，$E_{排}$——企业某污染物的排放量；

$G_{产}$——企业某污染物的产生量；

$R_{减}$——企业某污染物的去除量。

4 污染物排放量核算案例

某企业主要从事麻织物的染色整理。该企业以麻坯布为主要原料，生产工艺采用前处理（退浆-精练-漂白）-染色（卷染染色）-定形整理，印染麻布年产量（生产规模）8000 吨。该企业废水的污染治理技术采用“化学混凝法+厌氧生物处理法+好氧生物处理法”，涉及的废水污染物主要为化学需氧量、氨氮、总氮、总磷。

本核算示例以废水中化学需氧量为例，说明该企业化学需氧量排放量的计算方法。

4.1 化学需氧量产生量计算

（1）查找产污系数及其计量单位

根据企业基本信息查找本手册中主要产品为印染麻布类，主要原料为麻布，主要工艺为前处理（退浆-精练-漂白）-染色（卷染染色）-定形整理，生产规模为年产量 8000 吨。本企业中涉及相关组合系数见表 1，其中卷染染色系数参照 1713 棉印染精加工行业的相关系数。

表 1 本企业中涉及相关组合系数

工段名称	产品名称	原料名称	工艺名称	污染物指标	系数单位	产污系数	末端治理技术	末端治理技术平均去除效率/%
前处理	染色麻纱线类、印染麻布类	麻纱线类、麻布类	退浆-精练（脱胶）-漂白	工业废水量	吨/吨-产品	29.43	—	—
				化学需氧量	克/吨-产品	97459.17	化学混凝法+厌氧生物处理法+好氧生物处理法	95.47
染色	印染麻布类	麻布类	卷染染色	工业废水量	吨/吨-产品	45.54	—	—
				化学需氧量	克/吨-产品	25653.48	化学混凝法+厌氧生物处理法+好氧生物处理法	91.38

（2）获取企业产品产量

该企业实际情况为：主要产品印染麻布 2017 年产量为 8000 吨。

（3）计算化学需氧量产生量

涉及废水中化学需氧量的生产过程为前处理段和染色段，定形段没有水量产生，故计算化学需氧量时暂不考虑定形工艺。

由于查询到的组合中，化学需氧量产污系数的单位为克/吨-产品，因此在核算产生量时采用产品产量。

前处理段：化学需氧量产生量=化学需氧量产污系数×产品产量

=（97459.17 克/吨-产品×8000 吨-产品）÷1000000=779.67 吨

染色段：化学需氧量产生量=化学需氧量产污系数×产品产量

=（25653.48 克/吨-产品×8000 吨-产品）÷1000000=205.23 吨

合计：前处理化学需氧量产生量+染色段化学需氧量产生量=779.67 吨+205.23 吨=984.90 吨

4.2 化学需氧量去除量计算

（1）查找治理技术平均去除效率

该企业采用的废水末端处理技术为“化学混凝法+厌氧生物处理法+好氧生物处理法”，治理技术的去除效率见表 1 中所列。

（2）计算污染治理设施实际运行率

根据产污系数组合查询结果，该组合中“化学混凝法+厌氧生物处理法+好氧生物处理法”。对应的污染治理设施实际运行参数分别为污水治理设施运行时间、企业正常生产时间。对应的污染治理设施实际运行率为

k=污水治理设施运行时间/企业正常生产时间

获取企业实际情况如下：该企业 2017 年污水治理设施运行时间 330 天，企业正常生产时间 330 天，则该企业的实际运行率为

k=330 天/330 天=1

（3）计算化学需氧量去除量

前处理段：化学需氧量去除量=779.67 吨×95.47%×1=744.35 吨

染色段：化学需氧量去除量=205.23 吨×91.38%×1=187.54 吨

合计：前处理化学需氧量去除量+染色段化学需氧量去除量=744.35 吨+187.54 吨=931.89 吨

4.3 化学需氧量排放量计算

化学需氧量排放量=984.90 吨−931.89 吨=53.01 吨

5 系数表

1733 麻染整精加工行业系数表

工段名称	产品名称	原料名称	工艺名称	规模等级	污染物类别	污染物指标	系数单位	产污系数	末端治理技术	末端治理技术平均去除效率/%	参考 k 值计算公式[1]
前处理	印染麻布类	麻布类	退浆-精练（脱胶）-漂白	所有规模	废水	工业废水量	米^3/吨-产品	29.43	—	—	—
						化学需氧量	克/吨-产品	97459.17	化学混凝法+厌氧生物处理法+好氧生物处理法	95.47	k =污水治理设施运行时间（天/年）/企业正常生产时间（天/年）
									化学混凝法+厌氧生物处理法+好氧生物处理法+化学处理法	97.62	
						氨氮	克/吨-产品	355.22	化学混凝法+厌氧生物处理法+好氧生物处理法	65.57	
									化学混凝法+厌氧生物处理法+好氧生物处理法+化学处理法	68.23	
						总氮	克/吨-产品	1049.11	化学混凝法+厌氧生物处理法+好氧生物处理法	62.02	
									化学混凝法+厌氧生物处理法+好氧生物处理法+化学处理法	63.15	
						总磷	克/吨-产品	108.50	化学混凝法+厌氧生物处理法+好氧生物处理法	74.57	
									化学混凝法+厌氧生物处理法+好氧生物处理法+化学处理法	78.01	
染色	印染麻布类	麻布类	溢流染色	所有规模	废水	工业废水量	米^3/吨-产品	66.99	—	—	—
						化学需氧量	克/吨-产品	65539.98	化学混凝法+厌氧生物处理法+好氧生物处理法	94.00	k =污水治理设施运行时间（天/年）/企业正常生产时间（天/年）
									化学混凝法+厌氧生物处理法+好氧生物处理法+化学处理法	96.52	
						氨氮	克/吨-产品	251.68	化学混凝法+厌氧生物处理法+好氧生物处理法	57.65	
									化学混凝法+厌氧生物处理法+好氧生物处理法+化学处理法	60.05	

[1] 该公式仅供参考，使用时，可根据 k 值定义，选取更适合企业实际情况的表达方式。

1733 麻染整精加工行业系数表（续表 1）

工段名称	产品名称	原料名称	工艺名称	规模等级	污染物类别	污染物指标	系数单位	产污系数	末端治理技术	末端治理技术平均去除效率/%	参考 k 值计算公式
染色	印染麻布类	麻布类	溢流染色	所有规模	废水	总氮	克/吨-产品	2147.96	化学混凝法+厌氧生物处理法+好氧生物处理法	54.62	k =污水治理设施运行时间（天/年）/企业正常生产时间（天/年）
									化学混凝法+厌氧生物处理法+好氧生物处理法+化学处理法	55.10	
						总磷	克/吨-产品	265.84	化学混凝法+厌氧生物处理法+好氧生物处理法	64.44	
									化学混凝法+厌氧生物处理法+好氧生物处理法+化学处理法	66.12	
染色	染色麻纱线类、印染麻布类	麻纱线类、麻布类	汽蒸染色	所有规模	废水	工业废水量	标米^3/吨-产品	27.50	—	—	—
						化学需氧量	克/吨-产品	14216.67	化学混凝法+厌氧生物处理法+好氧生物处理法	94.56	k =污水治理设施运行时间（天/年）/企业正常生产时间（天/年）
									化学混凝法+厌氧生物处理法+好氧生物处理法+化学处理法	96.12	
						氨氮	克/吨-产品	27.51	化学混凝法+厌氧生物处理法+好氧生物处理法	87.58	
									化学混凝法+厌氧生物处理法+好氧生物处理法+化学处理法	88.56	
						总氮	克/吨-产品	577.50	化学混凝法+厌氧生物处理法+好氧生物处理法	87.50	
									化学混凝法+厌氧生物处理法+好氧生物处理法+化学处理法	90.12	
						总磷	克/吨-产品	41.11	化学混凝法+厌氧生物处理法+好氧生物处理法	81.01	
									化学混凝法+厌氧生物处理法+好氧生物处理法+化学处理法	82.38	
整理	印染麻布类	麻布类	化学整理-定形	所有规模	废气	工业废气量	标米^3/吨-产品	65590.74	—	—	—
						颗粒物	克/吨-产品	408.04	喷淋塔/冲击水浴+静电除尘	83.98	k=工艺废气净化装置耗电量/（工艺废气净化装置额定功率×工艺废气净化装置运行时间）

1733 麻染整精加工行业系数表（续表 2）

工段名称	产品名称	原料名称	工艺名称	规模等级	污染物类别	污染物指标	系数单位	产污系数	末端治理技术	末端治理技术平均去除效率/%	参考 k 值计算公式
整理	印染麻布类	麻布类	涂层/复合	所有规模	废气	工业废气量	标米^3/吨-产品	6671.00	—	—	—
						挥发性有机物	克/吨-产品	161.80	吸附-蒸汽解析	97.00	k=工艺废气净化装置耗电量/（工艺废气净化装置额定功率×工艺废气净化装置运行时间）
印花	印染麻布类	麻布类	数码印花	所有规模	废气	工业废气量	标米^3/吨-产品	12025.00	—	—	—
						挥发性有机物	克/吨-产品	79.60	吸附-蒸汽解析	97	k=工艺废气净化装置耗电量/（工艺废气净化装置额定功率×工艺废气净化装置运行时间）
一般工业固废							千克/吨-产品	233.28	—	—	—
危险废物							千克/吨-产品	0.13	—	—	—

1741 缫丝加工业

1 适用范围

本手册仅用于《国民经济行业分类》（GB/T 4754—2017）中 1741 缫丝加工行业使用系数法核算工业污染物产生量和排放量的工业企业。

利用本手册进行产污核算得出的污染物产生量与排放量仅代表了特定行业的工艺、产品、原料在正常工况下污染物产生与排放的一般规律。

本行业废水指标包括工业废水量、化学需氧量、氨氮、总氮、总磷；废气指标无；固体废物指标包括一般工业固废、危险废物。

2 注意事项

2.1 系数表中未涉及产品的产污系数

对可能遇到的罕见产品、特殊生产工艺、特殊末端处理工艺，可咨询行业组织、专家、其他企业技术人员，选取近似的组合产污系数进行核算。

2.2 生产非单一产品企业污染物产排量核算的处理

由于许多企业跨行业经营，企业生产的产品涉及不同行业及不同组合，因而产品的产排污量应根据其不同的组合分别进行核算，企业总产排污量则为各产品产排污量之和。

2.3 其他需要说明的问题

（1）由于蚕丝生产的工艺与原料比较单一，其规模往往取决于生产设备的套数，因此多数情况下产污系数与规模大小关系不大。本手册制定过程中，通过实测和历史数据统计，制定符合全国平均水平的产污系数、末端治理设施去除效率及实际运行率。使用本手册计算排污量时与单个企业的实际情况可能有出入，但总体上符合行业水平。

（2）本手册的产污系数是在典型工况下得到的，不考虑废水回用的影响。在企业实际排放量计算过程中，如果存在废水回用的情况，需要在计算排放量的基础上扣除废水回用的部分。公式如下：

实际排放量=计算排放量×（1–废水回用率）

（3）由于不同企业废水量差异较大，本手册所提供的工业废水量系数仅供参考。

为体现相同产污水平条件下，采用相同环保治理设施的不同企业对同一污染物去除效果的差异，引入末端治理设施实际运行率（k）对污染治理技术的实际去除率进行修正。k 值反映的是污染治理设施运行的状态，越稳定运行，k 值越高；在取值上，若定义连续稳定运行的理想状态为 1，则 k 取值在 0～1 之间。

本手册给出本行业的 k 计算公式仅供参考，使用时，可根据 k 值定义，选取更适合企业实际情况的表达方式。

（4）关于系数表格各栏目的说明。

①“产品名称”：指真丝制造企业在报告期内生产的，并符合产品质量要求的实物名称。本手册所指产品主要包括蚕丝、绢纺丝和其他真丝产品。

②“原料名称”：指蚕丝制造企业在报告期内使用的主要原料。

③“工艺名称”：指对应蚕丝制造企业生产、加工产品采用的主要生产方法的名称。

④“规模等级”：指产污系数核算所对应的生产规模等级，由于缫丝加工企业规模对产污系数无明显影响，因此本手册不计生产规模的影响。

⑤“污染物指标”：废水包含工业废水量、化学需氧量、氨氮、总氮、总磷，固体废物指标包括一般工业固废、危险废物。

⑥“系数单位”：指产污系数计量单位，工业废水量表述为“米 ^{3}/吨-产品”，废水污染物表述为“克/吨-产品”；一般工业固废及危险废物表述为“千克/吨-产品”。

⑦“末端治理技术”：指针对缫丝加工行业内的污染物所采用的处理方法的名称；缫丝加工行业产品的品种相对较少，生产工艺相对简单，行业内末端治理技术种类相对较少。手册中涉及常用的末端处理技术，当企业的末端处理方法不在系数表单中，可咨询行业组织或生态环境专家及企业技术人员，在系数表单中选取近似的废水处理方法核算。若无近似的废水处理方法，需以具备资质的第三方检测机构的检测报告中的排污数据为准，若仍无检测报告则该企业按无治理设施处理。企业若无废水处理设施，排污量等于产污量。

⑧“末端治理技术平均去除效率”：指在典型末端治理工艺的条件下，生产单位产品所产生的污染物量经污染治理设施削减比例。

⑨“末端治理设施实际运行率（k 值）”：指在典型末端治理设施在正常运行周期内的主要实际运行参数与设计运行参数的比例。

3 污染物排放量核算方法

针对企业实际生产情况，本行业在系数制定过程中将企业全生产流程划分或拆分为若干工段（核算环节），在核算企业污染物产排量时，可灵活选择本企业对应的工段进行核算。

3.1 计算工段污染物产生量

（1）根据产品、原料、污染物产生的主导生产工艺、企业规模（生产产能）这一组合查找和确定所对应的某一污染物的产污系数。

（2）根据污染物的产污系数计量单位——单位产品产量，获取企业实际产品产量进行计算。

（3）污染物产生量按以下公式进行计算：

污染物产生量=污染物对应的产污系数×产品产量

$$G_{产i} = P_{产i} \times M_i$$

式中，$G_{产i}$——工段 i 某污染物的产生量；

$P_{产i}$——工段 i 某污染物对应的产污系数；

M_i——工段 i 的产品产量。

3.2 计算工段污染物去除量

（1）根据企业对某一污染物所采用的治理技术查找和选择相应的治理技术平均去除效率。

（2）根据污染治理设施实际运行率参数及其计算公式得出该企业某一污染物的治理设施实际运行率（k 值）。

（3）污染物去除量按以下公式进行计算：

污染物去除量=污染物产生量×污染物去除率

=污染物产生量×治理技术平均去除效率×治理设施实际运行率

$$R_{减i} = G_{产i} \times \eta_T \times k_T$$

式中，$R_{减i}$——工段 i 某污染物的去除量；

η_T——工段 i 某污染物采用的末端治理技术的平均去除效率；

k_T——工段 i 某污染物采用的末端治理设施的实际运行率。

3.3 计算工段污染物排放量

污染物排放量=污染物产生量–污染物去除量

=污染物对应的产污系数×产品产量–污染物产生量×

治理技术平均去除效率×治理设施实际运行率

3.4 计算企业污染物排放量

同一企业某污染物全年的排放总量为该企业同年实际生产（全部工艺、产品、原料、规模）产生的污染物排放量之和。

$$E_{排} = G_{产} - R_{减} = \sum(G_{产i} - R_{减i}) = \sum\left[P_{产i} \times M_i(1 - \eta_T \times k_T)\right]$$

式中，$E_{排}$——企业某污染物的排放量；

$G_{产}$——企业某污染物的产生量；

$R_{减}$——企业某污染物的去除量。

4 污染物排放量核算案例

某企业主要从事缫丝加工。该企业以蚕茧为原料，生产工艺采用煮茧-缫丝，年产量（生产规模）为 140 吨。该企业废水的污染治理技术采用“化学混凝法+厌氧生物处理法+好氧生物处理法+化学处理法”，涉及的废水污染物主要为化学需氧量、氨氮、总氮、总磷。

本核算示例以废水中氨氮为例，说明该企业氨氮排放量的计算方法。

4.1 氨氮产生量计算

（1）查找产污系数及其计量单位

根据企业基本信息，查找本手册中主要产品为生丝，主要原料为蚕茧，主要工艺为煮茧-缫丝。

缫丝行业氨氮的产污系数为10490.85，单位为克/吨-产品。

（2）获取企业产品产量

该企业实际情况为：该企业主要产品蚕丝2017年产量为140吨。

（3）计算氨氮产生量

由于查询到的组合中，氨氮产污系数的单位为克/吨-产品，因此在核算产生量时采用产品产量。

氨氮产生量=氨氮产污系数×产品（蚕丝）产量

=（10490.85克/吨-产品×140吨-产品）÷1000=1468.72千克

4.2 氨氮去除量计算

（1）治理技术平均去除效率

该企业采用的废水末端处理技术为“化学混凝法+厌氧生物处理法+好氧生物处理法+化学处理法”，氨氮平均去除效率为92.35%。

（2）计算污染治理设施实际运行率

根据产污系数组合查询结果，该组合中氨氮的“化学混凝法+厌氧生物处理法+好氧生物处理法+化学处理法”对应的污染治理设施实际运行参数分别为污水治理设施运行时间和企业正常生产时间。

根据结果，该组合中氨氮的厌氧生物处理法+好氧生物处理法对应的污染治理设施实际运行率为

k=污水治理设施运行时间/企业正常生产时间

获取企业实际情况如下：该企业2017年污水治理设施运行时间和企业正常生产时间均为280天，则该企业的污水处理设施实际运行率为

k=280天/280天=1

（3）计算氨氮去除量

氨氮去除量=1468.72千克×92.35%×1=1356.36千克

4.3 氨氮排放量计算

氨氮排放量=1468.72千克−1356.36千克=112.36千克=0.112吨

5 系数表

1741 缫丝加工行业系数表

工段名称	产品名称	原料名称	工艺名称	规模等级	污染物类别	污染物指标	系数单位	产污系数	末端治理技术	末端治理技术平均去除效率/%	参考 k 值计算公式[1]
缫丝	生丝	蚕茧	煮茧-缫丝	所有规模	废水	工业废水量	米^3/吨-产品	711.25	—	—	—
						化学需氧量	克/吨-产品	210456.25	化学混凝法+厌氧生物处理法+好氧生物处理法	70.46	k=污水治理设施运行时间（天/年）/企业正常生产时间（天/年）
									化学混凝法+厌氧生物处理法+好氧生物处理法+化学处理法	92.45	
						氨氮	克/吨-产品	10490.85	化学混凝法+厌氧生物处理法+好氧生物处理法	86.50	
									化学混凝法+厌氧生物处理法+好氧生物处理法+化学处理法	92.35	
						总氮	克/吨-产品	34184.10	化学混凝法+厌氧生物处理法+好氧生物处理法	70.13	
									化学混凝法+厌氧生物处理法+好氧生物处理法+化学处理法	85.25	
						总磷	克/吨-产品	2133.75	化学混凝法+厌氧生物处理法+好氧生物处理法	90.67	
									化学混凝法+厌氧生物处理法+好氧生物处理法+化学处理法	94.23	

[1] 该公式仅供参考，使用时，可根据 k 值定义，选取更适合企业实际情况的表达方式。

1741 缫丝加工行业系数表（续表 1）

工段名称	产品名称	原料名称	工艺名称	规模等级	污染物类别	污染物指标	系数单位	产污系数	末端治理技术	末端治理技术平均去除效率/%	参考 k 值计算公式
缫丝	绢纺丝	汰头	精练-漂白-制绵	所有规模	废水	工业废水量	米^3/吨-产品	960.00	—	—	
						化学需氧量	克/吨-产品	9918537.60	化学混凝法+厌氧生物处理法+好氧生物处理法	98.46	k =污水治理设施运行时间（天/年）/企业正常生产时间（天/年）
									化学混凝法+厌氧生物处理法+好氧生物处理法+化学处理法	99.45	
						氨氮	克/吨-产品	53139.20	化学混凝法+厌氧生物处理法+好氧生物处理法	86.50	
									化学混凝法+厌氧生物处理法+好氧生物处理法+化学处理法	92.45	
						总氮	克/吨-产品	98227.20	化学混凝法+厌氧生物处理法+好氧生物处理法	70.13	k =污水治理设施运行时间（天/年）/企业正常生产时间（天/年）
									化学混凝法+厌氧生物处理法+好氧生物处理法+化学处理法	85.25	
						总磷	克/吨-产品	2121.60	化学混凝法+厌氧生物处理法+好氧生物处理法	90.67	
									化学混凝法+厌氧生物处理法+好氧生物处理法+化学处理法	94.23	
一般工业固废							千克/吨-产品	8.46	—	—	—
危险废物							千克/吨-产品	0.06	—	—	—

1743 丝印染精加工业

1 适用范围

本手册仅用于《国民经济行业分类》（GB/T 4754—2017）中 1743 丝印染精加工行业使用系数法核算工业污染物产生量和排放量的工业企业。

利用本手册进行产污核算得出的污染物产生量与排放量仅代表了特定行业、工艺、产品、原料在正常工况下污染物产生与排放的一般规律。

本行业废水指标包括工业废水量、化学需氧量、氨氮、总氮、总磷；废气指标包括工业废气量、颗粒物、挥发性有机物；固体废物指标包括一般工业固废、危险废物。

2 注意事项

2.1 系数表中未涉及产品的产污系数

对可能遇到的罕见产品、特殊生产工艺、特殊末端处理工艺，可咨询行业组织、专家、其他企业技术人员，选取近似的组合产污系数进行核算。

2.2 生产非单一产品企业污染物产排量核算的处理

由于许多企业跨行业经营，企业生产的产品涉及不同行业及不同组合，因而产品的产排污量应根据其不同的组合分别进行核算，企业总产排污量则为各产品产排污量之和。

2.3 其他需要说明的问题

（1）由于纺织品产品种类繁多，质量要求差别大、生产过程各异，且企业采用不同的污染物排放方式、不同的污染物处理工艺，因而各企业之间的单位产品产污量、末端治理设施去除效率及实际运行率差别较大。本手册制定过程中，通过实测和历史数据统计、制定符合全国平均水平的产污系数、末端治理设施去除效率及运行率。使用本手册计算排污量时与单个企业的实际情况可能有出入，但总体上符合行业水平。

（2）本手册的产污系数是在典型工况下得到的，不考虑废水回用的影响。在企业实际排放量计算过程中，如果存在废水回用的情况，需要在利用产排污核算公式的基础上扣除废水回用的部分。公式如下：

实际排放量=计算排放量×（1–废水回用率）

（3）由于丝绸印染企业规模对产污系数无明显的影响，因此本手册不计生产规模的影响。

（4）本手册的 1743 丝印染精加工行业表单中的印染丝织物系数适用于蚕丝交织机织物。对于蚕丝针织物系数参见 1762 针织或钩针编织物印染精加工，对于以棉或化纤长丝性质的丝织物系数，参见 1713 棉印染精加工或 1752 化纤织物染整精加工行业。

（5）印染丝织物的后整理工段中涉及的化学整理产生少量的工艺废水及污染物，其排放系数已计入染色工段。

（6）长度单位为丝机织物的传统计量单位，以百米或万米计。本手册使用过程中需将长度单位换算成质量单位，即“机织物质量=机织物长度×米克重”或“机织物质量=机织物长度×幅宽×平方克重”。本手册的产污系数适用于丝常规品，其标准品为布重6.0千克/100米，幅宽为114厘米。当产品不同时，可参见GB/T 18916.21—2016中的附录A进行折算。

（7）由于不同企业工业废气量与废水量差异较大，本手册所提供的工业废气量、废水量系数仅供参考。

为体现相同产污水平条件下，采用相同环保治理设施的不同企业对同一污染物去除效果的差异，引入末端治理设施实际运行率（k）对污染治理技术的实际去除率进行修正。k值反映的是污染治理设施运行的状态，越稳定运行，k值越高；在取值上，若定义连续稳定运行的理想状态为1，则k取值在0～1之间。

本手册给出本行业的k计算公式仅供参考，使用时，可根据k值定义，选取更适合企业实际情况的表达方式。

（8）关于系数表格各栏目的说明。

①“产品名称”：指丝绸印染企业在报告期内生产的，并符合产品质量要求的实物名称。

②“原料名称”：指丝绸印染企业在报告期内使用的主要原料。本手册包括丝绸生产行业内通用的原料名称，主要为2个统计用原料名。

③“工艺名称”：指对应丝绸印染企业生产、加工产品采用的主要生产方法的名称。

④“规模等级”：指产污系数核算所对应的生产规模等级。

⑤“污染物指标”：废水指标包含工业废水量、化学需氧量、氨氮、总氮、总磷，废气指标包括工业废气量、颗粒物、挥发性有机物，固体废物指标包括一般工业固废、危险废物。

⑥“系数单位”：指产污系数计量单位，工业废水量表述为“吨/吨-产品”，化学需氧量表述为“克/吨-产品”，一般工业固废及危险废物表述为“千克/吨-产品”。

⑦“产污系数”：指每生产单位质量产品所产生的污染物质的量。

⑧“末端治理技术”：指针对丝绸印染行业内的污染物所采用的处理方法的名称；由于丝绸印染行业产品的品种相对较多，染料的种类复杂，致使行业内末端治理技术种类较多。废水污染物的排污系数依据废水处理采用工艺技术的不同而有一定的差异。手册中只涉及常用的末端处理技术，当企业的末端处理方法不在系数表单中，可咨询行业组织或生态环境专家及企业技术人员，在系数表单中选取近似的废水处理方法核算。若无近似的废水处理方法，需以具备资质的第三方检测机构的检测报告中的排污数据为准，若仍无检测报告则该企业按无治理设施处理。企业若无废水处理设施，排污量等于产污量。

⑨“末端治理技术平均去除效率”，指在典型末端治理工艺的条件下，生产单位产品所产生的污染物量经污染治理设施削减比例。

⑩“末端治理设施实际运行率（k值）”，指在典型末端治理设施在正常运行周期内的主要实际运行参数与设计运行参数的比例。

⑪“工段名称”：典型的丝纺织品印染加工生产中分为“前处理-染色（或印花）-整理”三个步骤，“染色”工段与“印花”工段一般仅选其一。基于国内丝纺织品印染行业产业分工实际情况，对

于印染布，废水主要产生于“前处理”“染色”“印花”工段，“前处理”工段包含精练、漂白、水洗等工序，“染色”工段包括染色、水洗等工序，“印花”工段包括印花、水洗、蒸化、烘干等工序，“整理”工段包括机械整理、化学整理和功能整理等工序，企业根据其产品及生产工段、生产工艺的组合分别进行产排污核算，企业的某种印染布产品产排污量为各工段产排污量之和。

3 污染物排放量核算方法

针对企业实际生产情况，本行业在系数制定过程中将企业全生产流程划分或拆分为若干工段（核算环节），在核算企业污染物产排量时，可灵活选择本企业对应的工段进行核算。

3.1 计算工段污染物产生量

（1）根据产品、原料、污染物产生的主导生产工艺、企业规模（生产产能）组合查找和确定所对应的某项污染物的产污系数。

（2）根据该污染物的产污系数计量单位——单位产品产量，获取企业实际产品产量进行计算。

（3）污染物产生量按以下公式进行计算：

污染物产生量=污染物对应的产污系数×产品产量

$$G_{产i} = P_{产i} \times M_i$$

式中，$G_{产i}$——工段 i 某污染物的产生量；

$P_{产i}$——工段 i 某污染物对应的产污系数；

M_i——工段 i 的产品产量。

3.2 计算工段污染物去除量

（1）根据企业对某一种污染物所采用的治理技术查找和选择相应的治理技术平均去除效率；

（2）根据污染治理设施实际运行率参数及其计算公式得出该企业某一污染物的治理设施实际运行率（k 值）。

（3）污染物去除量按以下公式进行计算：

污染物去除量=污染物产生量×污染物去除率

=污染物产生量×治理技术平均去除效率×治理设施实际运行率

$$R_{减i} = G_{产i} \times \eta_T \times k_T$$

式中，$R_{减i}$——工段 i 某污染物的去除量；

η_T——工段 i 某污染物采用的末端治理技术的平均去除效率；

k_T——工段 i 某污染物采用的末端治理设施的实际运行率。

3.3 计算工段污染物排放量

污染物排放量=污染物产生量−污染物去除量

=污染物对应的产污系数×产品产量−污染物产生量×治理技术平均去除效率×治理设施实际运行率

3.4 计算企业污染物排放量

同一企业某污染物全年的排放总量为该企业同年实际生产（全部工艺、产品、原料、规模）产生的污染物排放量之和。

$$E_{排}=G_{产}-R_{减}=\sum(G_{产i}-R_{减i})=\sum\left[P_{产i}\times M_i(1-\eta_T\times k_T)\right]$$

式中，$E_{排}$——企业某污染物的排放量；

$G_{产}$——企业某污染物的产生量；

$R_{减}$——企业某污染物的去除量。

4 污染物排放量核算案例

某企业主要从事丝绸织物的染色生产。该企业以生蚕丝或丝织物为主要原料，生产工艺采用精练-漂白（前处理）+绳状染色，年产量（生产规模）200 吨。该企业废水的污染治理技术采用“厌氧+好氧处理”为主，涉及的废水污染物主要为化学需氧量、氨氮、总氮、总磷。

本核算示例以废水中化学需氧量为例，说明该企业化学需氧量排放量的计算方法。

4.1 化学需氧量产生量计算

（1）查找产污系数及其计量单位

根据企业基本信息，查找本手册中主要产品为印染丝织物，主要原料为丝织物，主要工艺为精练-漂白（前处理）+绳状染色，生产规模为所有规模，化学需氧量的产污系数为前处理 146007.30 克/吨-产品，绳状染色 149337.53 克/吨-产品。

（2）获取企业产品产量

该企业实际情况为：主要产品印染丝织物 2017 年产量为 200 吨。

（3）计算化学需氧量产生量

由于查询到的组合中，化学需氧量产污系数的单位为克/吨-产品，因此在核算产生量时采用产品产量。

化学需氧量产生量=化学需氧量产污系数×产品（印染丝织物）产量

前处理化学需氧量产生量=（146007.30 克/吨-产品×200 吨-产品）/1000000=29.20 吨

绳状染色化学需氧量产生量=（149337.53 克/吨-产品×200 吨-产品）/1000000=29.87 吨

化学需氧量总产生量=29.20 吨+29.87 吨=59.07 吨

4.2 化学需氧量去除量计算

（1）查找治理技术平均去除效率

该企业采用的废水末端处理技术为“化学混凝法+厌氧生物处理法+好氧生物处理法”，查询其前处理去除效率为 93.12%；绳状染色去除效率为 89.45%

（2）计算污染治理设施实际运行率

根据产污系数组合查询结果，该组合中“化学混凝法+厌氧生物处理法+好氧生物处理法”对应的污染治理设施实际运行参数分别为污水治理设施运行时间、企业正常生产时间。

根据查询结果，该组合中“化学混凝法+厌氧生物处理法+好氧生物处理法”对应的污染治理设施实际运行率为

$$k=污水治理设施运行时间/企业正常生产时间$$

获取企业实际情况如下：该企业 2017 年污水治理设施运行时间为 330 天，企业正常生产时间为 330 天，故企业的废水处理设施实际运行率为

$$k=330天/330天=1$$

（3）计算化学需氧量去除量

前处理化学需氧量去除量=29.20 吨×93.12%×1=27.19 吨

绳状染色化学需氧量去除量=29.87 吨×89.45%×1=26.72 吨

化学需氧量总去除量=27.19 吨+26.72 吨=53.91 吨

4.3 化学需氧量排放量计算

化学需氧量排放量=59.08 吨−53.91 吨=5.17 吨

5 系数表

1743 丝印染精加工行业系数表

工段名称	产品名称	原料名称	工艺名称	规模等级	污染物类别	污染物指标	系数单位	产污系数	末端治理技术	末端治理技术平均去除效率/%	参考 k 值计算公式[1]
前处理	印染蚕丝、印染丝织物	蚕丝、丝织物	精练-漂白	所有规模	废水	工业废水量	吨/吨-产品	66.67	—	—	—
						化学需氧量	克/吨-产品	146007.30	化学混凝法+厌氧生物处理法+好氧生物处理法	93.12	k=污水治理设施运行时间（天/年）/企业正常生产时间（天/年）
									化学混凝法+厌氧生物处理法+好氧生物处理法+化学处理法	98.15	
						氨氮	克/吨-产品	66.70	化学混凝法+厌氧生物处理法+好氧生物处理法	59.54	
									化学混凝法+厌氧生物处理法+好氧生物处理法+化学处理法	66.38	
						总氮	克/吨-产品	10267.78	化学混凝法+厌氧生物处理法+好氧生物处理法	84.32	
									化学混凝法+厌氧生物处理法+好氧生物处理法+化学处理法	89.23	
						总磷	克/吨-产品	22.67	化学混凝法+厌氧生物处理法+好氧生物处理法	62.22	
									化学混凝法+厌氧生物处理法+好氧生物处理法+化学处理法	85.18	
染色	印染蚕丝、印染丝织物	蚕丝、丝织物	绳状、挂染、卷染染色	所有规模	废水	工业废水量	吨/吨-产品	191.89	—	—	—
						化学需氧量	克/吨-产品	149337.53	化学混凝法+厌氧生物处理法+好氧生物处理法	89.45	k=污水治理设施运行时间（天/年）/企业正常生产时间（天/年）
									化学混凝法+厌氧生物处理法+好氧生物处理法+化学处理法	92.27	
						氨氮	克/吨-产品	628.21	化学混凝法+厌氧生物处理法+好氧生物处理法	75.38	
									化学混凝法+厌氧生物处理法+好氧生物处理法+化学处理法	90.25	

[1] 该公式仅供参考，使用时，可根据 k 值定义，选取更适合企业实际情况的表达方式。

1743 丝印染精加工行业系数表（续表 1）

工段名称	产品名称	原料名称	工艺名称	规模等级	污染物类别	污染物指标	系数单位	产污系数	末端治理技术	末端治理技术平均去除效率/%	参考 k 值计算公式
染色	印染蚕丝、印染丝织物	蚕丝、丝织物	绳状、挂染、卷染染色	所有规模	废水	总氮	克/吨-产品	2874.98	化学混凝法+厌氧生物处理法+好氧生物处理法	86.44	k =污水治理设施运行时间（天/年）/企业正常生产时间（天/年）
									化学混凝法+厌氧生物处理法+好氧生物处理法+化学处理法	90.95	
						总磷	克/吨-产品	797.30	化学混凝法+厌氧生物处理法+好氧生物处理法	93.63	
									化学混凝法+厌氧生物处理法+好氧生物处理法+化学处理法	95.43	
印花	印染丝织物	丝织物	圆网印花、平网印花、导带式数码印花	所有规模	废水	工业废水量	吨/吨-产品	256.14	—	—	—
						化学需氧量	克/吨-产品	211829.08	化学混凝法+厌氧生物处理法+好氧生物处理法	84.22	k =污水治理设施运行时间（天/年）/企业正常生产时间（天/年）
									化学混凝法+厌氧生物处理法+好氧生物处理法+化学处理法	94.51	
						氨氮	克/吨-产品	18421.24	化学混凝法+厌氧生物处理法+好氧生物处理法	78.54	
									化学混凝法+厌氧生物处理法+好氧生物处理法+化学处理法	88.49	
						总氮	克/吨-产品	68070.79	化学混凝法+厌氧生物处理法+好氧生物处理法	89.93	
									化学混凝法+厌氧生物处理法+好氧生物处理法+化学处理法	94.77	
						总磷	克/吨-产品	397.40	化学混凝法+厌氧生物处理法+好氧生物处理法	79.06	
									化学混凝法+厌氧生物处理法+好氧生物处理法+化学处理法	85.22	
印花	印染丝织物	丝织物	数码印花	所有规模	废气	工业废气量	标米^3/吨-产品	12025.00	—	—	—
						挥发性有机物	克/吨-产品	79.60	吸附-蒸汽解析	97.00	k=工艺废气净化装置耗电量/（工艺废气净化装置额定功率×工艺废气净化装置运行时间）
一般工业固废							千克/吨-产品	21.90	—	—	—
危险废物							千克/吨-产品	3.23	—	—	—

1751 化纤织造加工业

1 适用范围

本手册仅用于《国民经济行业分类》(GB/T 4754—2017)中 1751 化纤织造加工行业使用系数法核算工业污染物产生量和排放量的工业企业。

利用本手册进行产污核算得出的污染物产生量与排放量仅代表了特定行业、工艺、产品、原料在正常工况下污染物产生与排放的一般规律。

本行业废水指标包括工业废水量、化学需氧量、氨氮、总氮、总磷；废气指标无；固体废物指标包括一般工业固废、危险废物。

2 注意事项

2.1 系数表中未涉及产品的产污系数

对可能遇到的罕见产品、特殊生产工艺、特殊末端处理工艺，可咨询行业组织、专家、其他企业技术人员，选取近似的组合产污系数进行核算。

2.2 生产非单一产品企业污染物产排量核算的处理

由于许多企业跨行业经营，企业生产的产品涉及不同行业及不同组合，因而产品的产排污量应根据其不同的组合分别进行核算，企业总产排污量则为各产品产排污量之和。

2.3 其他需要说明的问题

(1) 由于纺织品产品种类繁多，质量要求差别大，生产过程各异，且企业采用不同的污染物排放方式、排放纳管要求和污染物处理工艺，因而各企业间的单位产品产污量、末端治理设施去除效率及实际运行率差别较大。本手册制定过程中，通过实测和历史数据统计，制定国内典型的生产工艺、符合国内平均水平的产污系数、末端治理设施去除效率及实际运行率。使用本手册计算排污量时与单个企业的实际情况可能有差异，但总体上符合行业水平。

(2) 本手册的产污系数是在典型工况下得到的，不考虑废水回用的影响。在企业实际排放量计算过程中，如果存在废水回用的情况，需要在计算排放量的基础上扣除废水回用的部分。公式如下：

实际排放量=计算排放量×(1−废水回用率)

(3) 本手册化纤织造加工行业废水及其污染物产污系数包含基本生产(以基本工艺为基础的生产)的废水，但不包括辅助生产及公共设施废水，如循环冷却水、软水制备排水、生活污水、场地冲洗水等。

（4）由于不同企业废水量差异较大，本手册所提供的工业废水量系数仅供参考。

为体现相同产污水平条件下，采用相同环保治理设施的不同企业对同一污染物去除效果的差异，引入末端治理设施实际运行率（k）对污染治理技术的实际去除率进行修正。k 值反映的是污染治理设施运行的状态，越稳定运行，k 值越高；在取值上，若定义连续稳定运行的理想状态为 1，则 k 取值在 0～1 之间。

本手册给出本行业的 k 计算公式仅供参考，使用时，可根据 k 值定义，选取更适合企业实际情况的表达方式。

（5）关于系数表格各栏目的说明。

①“产品名称”：指化纤织造加工企业在报告期内生产的，并符合产品质量要求的实物名称。

②“原料名称”：指化纤织造加工企业在报告期内使用的主要原料。

③“工艺名称”：指对应化纤织造加工企业生产、加工产品采用的主要生产方法的名称。

④“规模等级”：指产污系数核算所对应的生产规模等级，由于化纤织造加工企业其规模对产污系数无明显影响，因此本手册不计生产规模的影响。

⑤“污染物指标”：废水包含工业废水量、化学需氧量、氨氮、总氮、总磷，固体废物指标包括一般工业固废、危险废物。

⑥“系数单位”：指产污系数计量单位，工业废水量表述为“米^3/吨-产品”，废水污染物表述为“克/吨-产品”；一般工业固废及危险废物表述为“千克/吨-产品”。

⑦“产污系数”：指每生产单位质量产品所产生的污染物质的量。

⑧“末端治理技术”：指针对化纤织造加工行业内的污染物所采用的处理方法的名称；由于化纤织造加工行业产品的品种相对单一，故行业内末端治理技术种类相对一致。废水污染物的排污系数依据废水处理采用工艺技术的不同而有一定的差异。手册中只涉及常用的末端处理技术，当企业的末端处理方法不在系数表单中，可咨询行业组织或生态环境专家及企业技术人员，在系数表单中选取近似的废水处理方法核算。若无近似的废水处理方法，需以具备资质的第三方检测机构的检测报告中的排污数据为准，若仍无检测报告则该企业按无治理设施处理。企业若无废水处理设施，排污量等于产污量。

⑨“末端治理技术平均去除效率”，指在典型末端治理工艺的条件下，生产单位产品所产生的污染物量经污染治理设施削减比例。

⑩“末端治理设施实际运行率（k 值）”，指在典型末端治理设施在正常运行周期内的主要实际运行参数与设计运行参数的比例。

3 污染物排放量核算方法

针对企业实际生产情况，本行业在系数制定过程中将企业全生产流程划分或拆分为若干工段（核算环节），在核算企业污染物产排量时，可灵活选择本企业对应的工段进行核算。

3.1 计算工段污染物产生量

（1）根据产品、原料、污染物产生的主导生产工艺、企业规模（生产产能）这一组合查找和确定所对应的某项污染物的产污系数。

（2）根据该污染物的产污系数计量单位——单位产品产量，获取企业实际产品产量进行计算。

（3）污染物产生量按以下公式进行计算：

污染物产生量=污染物对应的产污系数×产品产量

$$G_{产i} = P_{产i} \times M_i$$

式中，$G_{产i}$——工段 i 某污染物的产生量；

$P_{产i}$——工段 i 某污染物对应的产污系数；

M_i——工段 i 的产品产量。

3.2 计算工段污染物去除量

（1）根据企业对某一污染物所采用的治理技术查找和选择相应的治理技术平均去除效率。

（2）根据污染治理设施实际运行率参数及其计算公式得出该企业某一污染物的治理设施实际运行率（k 值）。

（3）污染物去除量按以下公式进行计算：

污染物去除量=污染物产生量×污染物去除率

=污染物产生量×治理技术平均去除效率×治理设施实际运行率

$$R_{减i} = G_{产i} \times \eta_T \times k_T$$

式中，$R_{减i}$——工段 i 某污染物的去除量；

η_T——工段 i 某污染物采用的末端治理技术的平均去除效率；

k_T——工段 i 某污染物采用的末端治理设施的实际运行率。

3.3 计算工段污染物排放量

污染物排放量=污染物产生量–污染物去除量

=污染物对应的产污系数×产品产量–污染物产生量×治理技术平均去除效率×治理设施实际运行率

3.4 计算企业污染物排放量

同一企业某污染物全年的排放总量为该企业同年实际生产（全部工艺、产品、原料、规模）产生的污染物排放量之和。

$$E_{排} = G_{产} - R_{减} = \sum(G_{产i} - R_{减i}) = \sum\left[P_{产i} \times M_i(1 - \eta_T \times k_T)\right]$$

式中，$E_{排}$——企业某污染物的排放量；

$G_{产}$——企业某污染物的产生量；

$R_{减}$——企业某污染物的去除量。

4 污染物排放量核算案例

某企业主要从事化纤布织造。该企业以化纤纱线为主要原料，生产工艺采用喷水织机织造，年产量（生产规模）20 万吨，该企业废水的污染治理技术采用“化学混凝法+厌氧生物处理法+好氧生物处理法”，涉及的废水污染物主要为化学需氧量、氨氮、总氮、总磷。

本核算示例以废水化学需氧量为例，说明该企业化学需氧量排放量的计算方法。

4.1 化学需氧量产生量计算

（1）查找产污系数及其计量单位

根据企业基本信息，查找本手册中主要产品为化纤布类，主要原料为化学纱线类，主要工艺为喷水织机工艺，化学需氧量产污系数 15174.07 克/吨-产品。

（2）获取企业产品产量

该企业实际情况为：该企业主要产品化纤布类 2017 年产量为 6500 吨。

（3）计算化学需氧量产生量

由于查询到的组合中，化学需氧量产污系数的单位为克/吨-产品，因此在核算产生量时采用产品产量。

化学需氧量产生量=化学需氧量产污系数×产品（化纤布类）产量

=（15174.07 克/吨-产品×6500 吨-产品）÷1000000=98.63 吨

4.2 化学需氧量去除量计算

（1）查找治理技术平均去除效率

该企业采用的废水末端处理技术为“化学混凝法+厌氧生物处理法+好氧生物处理法”，查询相应组合内该工艺的平均去除效率为 85.57%。

（2）计算污染治理设施实际运行率

根据产污系数组合查询结果，该组合中“化学混凝法+厌氧生物处理法+好氧生物处理法”对应的污染治理设施实际运行参数分别为污水治理设施运行时间、企业正常生产时间。

根据查询结果，该组合中“化学混凝法+厌氧生物处理法+好氧生物处理法”对应的污染治理设施实际运行率为

k=污水治理设施运行时间/企业正常生产时间

获取企业实际情况如下：该企业 2017 年污水治理设施运行时间 330 天，企业正常生产时间 330 天，则该企业的实际运行率为

k=330 天/330 天=1

（3）计算化学需氧量去除量

化学需氧量去除量=98.63 吨×85.57%×1=84.40 吨

4.3 化学需氧量排放量计算

化学需氧量排放量=98.63 吨−84.40 吨=14.23 吨

5 系数表

1751 化纤织造加工行业系数表

工段名称	产品名称	原料名称	工艺名称	规模等级	污染物类别	污染物指标	系数单位	产污系数	末端治理技术	末端治理技术平均去除效率/%	参考 k 值计算公式[1]
喷水织造	化纤布类	化纤纱线类	喷水织机工艺	所有规模	废水	工业废水量	米^3/吨-产品	62.19	—	—	—
						化学需氧量	克/吨-产品	15174.07	化学混凝法+厌氧生物处理法+好氧生物处理法	85.57	k=污水治理设施运行时间（天/年）/企业正常生产时间（天/年）
						氨氮	克/吨-产品	52.67	化学混凝法+厌氧生物处理法+好氧生物处理法	46.29	
						总氮	克/吨-产品	150.38	化学混凝法+厌氧生物处理法+好氧生物处理法	47.35	
						总磷	克/吨-产品	9.34	化学混凝法+厌氧生物处理法+好氧生物处理法	94.12	
一般工业固废							千克/吨-产品	15.40	—	—	—
危险废物							千克/吨-产品	0.05	—	—	—

[1] 该公式仅供参考，使用时，可根据 k 值定义，选取更适合企业实际情况的表达方式。

1752 化纤织物染整精加工业

1 适用范围

本手册仅用于《国民经济行业分类》（GB/T 4754—2017）中 1752 化纤织物染整精加工行业使用系数法核算工业污染物产生量和排放量的工业企业。

利用本手册进行产污核算得出的污染物产生量与排放量仅代表了特定行业的工艺、产品、原料在正常工况下污染物产生与排放量的一般规律。

本行业废水指标包括工业废水量、化学需氧量、氨氮、总氮、总磷；废气指标包括工业废气量、颗粒物、挥发性有机物；固体废物指标包括一般工业固废、危险废物。

2 注意事项

2.1 系数表中未涉及产品的产污系数

对可能遇到的罕见产品、特殊生产工艺、特殊末端处理工艺，可咨询行业组织、专家、其他企业技术人员，选取近似的组合产污系数进行核算。

2.2 生产非单一产品企业污染物产排量核算的处理

由于许多企业跨行业经营，企业生产的产品涉及不同行业及不同组合，因而产品的产排污量应根据其不同的组合分别进行核算，企业总产排污量则为各产品产排污量之和。

2.3 其他需要说明的问题

（1）由于纺织品产品种类繁多，质量要求差别大，同时生产过程企业采用不同的污染物排放方式、排放纳管要求和污染物处理工艺，因而各企业之间的单位产品产污量、末端治理设施去除效率及实际运效率差别较大。本手册制定过程中，通过实测和历史数据统计，制定符合全国平均水平的产污系数、末端治理设施去除效率及实际运行率。使用本手册计算排污量时与单个企业的实际情况可能有差异，但总体上符合行业水平。

（2）本手册的产污系数是在典型工况下得到的，不考虑废水回用的影响。在企业实际排放量计算过程中，如果存在废水回用的情况，需要在计算排放量的基础上扣除废水回用的部分。公式如下：

实际排放量=计算排放量×（1–废水回用率）

（3）本手册化纤织物染整精加工行业废水及其污染物产污系数包含基本生产（以基本工艺为基础的生产）及补充生产（指回修、打样、补印、补染、调品种等额外生产）的废水，但不包括辅助生产及公共设施废水，如循环冷却水、软水制备排水、生活污水、场地冲洗水等。

（4）本手册的化纤织物染整精加工行业表单中的印染布系数适用于化纤机织物。化纤织物染整精加工中印染布的后整理工段中涉及的化学整理产生少量的工艺废水及污染物，其产污系数已计入染色工段。

（5）化纤织物染整精加工企业的色纺布，在生产过程整理工段的废水产污系数可采用为表单中前处理工段的精练工艺产污系数。

（6）化纤织物染整精加工企业采用数码喷墨印花工艺如后续有水洗工艺，或仅进行面料水洗的加工企业，产污系数可类比采用溢流染色工艺。

（7）长度单位为化纤机织物的传统计量单位，以百米或万米计。本手册使用过程中需将长度单位换算成质量单位，即“机织物质量=机织物长度×米克重”或“机织物质量=机织物长度×幅宽×平方克重”。本手册的产污系数适用于化纤机织物常规品，指布重 8～20 千克/100 米的化纤染色合格产品。产品克重单位超过适用范围时，产污系数可采用修正系数进行修正：当布重小于 8 千克/100 米，修正产污系数=产污系数×1.10；当布重大于 20 千克/100 米时，修正产污系数=产污系数×0.90。

（8）化纤织物染整精加工行业企业中热定形机如采用天然气直燃式加热，其氮氧化物产污系数可采用工业炉窑产污系数进行核算。

（9）由于不同企业工业废气量与废水量差异较大，本手册所提供的工业废气量、废水量系数仅供参考。

为体现相同产污水平条件下，采用相同环保治理设施的不同企业对同一污染物去除效果的差异，引入末端治理设施实际运行率（k）对污染治理技术的实际去除率进行修正。k 值反映的是污染治理设施运行的状态，越稳定运行，k 值越高；在取值上，若定义连续稳定运行的理想状态为 1，则 k 取值在 0～1 之间。

本手册给出本行业的 k 计算公式仅供参考，使用时，可根据 k 值定义，选取更适合企业实际情况的表达方式。

（10）关于系数表格各栏目的说明：

①“产品名称”：指化纤织物制造企业在报告期内生产的，并符合产品质量要求的实物名称。

②“原料名称”：指化纤织物制造企业在报告期内使用的主要原料。本手册包括纱线等行业内通用的原料名称，覆盖了 10 多个统计用原料名。

③“工艺名称”：指对应化纤织物制造企业生产、加工产品采用的主要生产方法的名称。

④“规模等级”：指产污系数核算所对应的生产规模等级，由于化纤织物染整精加工行业企业规模对产污系数无明显影响，因此本手册不计生产规模的影响。

⑤“污染物指标”：废水包含工业废水量、化学需氧量、氨氮、总氮、总磷，废气包括工业废气量、颗粒物、挥发性有机物，固体废物指标包括一般工业固废、危险废物。

⑥“系数单位”：指产污系数计量单位，工业废水量表述为“米^3/吨-产品”，废水污染物表述为“克/吨-产品”；工业废气量表述为标准状态（0 摄氏度，101.325 千帕）下“米^3/吨-产品”，废气污染物表述为“克/吨-产品”；一般工业固废及危险废物表述为“千克/吨-产品”。

⑦“产污系数”：指每生产单位质量产品所产生的污染物质的量。

⑧“末端治理技术”：指针对化纤织物行业内的污染物所采用的处理方法的名称；由于化纤织物行业产品的品种相对较多，染料的种类复杂，致使行业内末端治理技术种类较多。废水污染物的排污系数依据废水处理采用工艺技术的不同而有一定的差异。手册中只涉及常用的末端处理技术，当

企业的末端处理方法不在系数表单中，可咨询行业组织或生态环境专家及企业技术人员，在系数表单中选取近似的废水处理方法核算。若无近似的废水处理方法，需以具备资质的第三方检测机构的检测报告中的排污数据为准，若仍无检测报告则该企业按无治理设施处理。企业若无废水处理设施，排污量等于产污量。

⑨“末端治理技术平均去除效率”：指在典型末端治理工艺的条件下，生产单位产品所产生的污染物量经污染治理设施削减比例。

⑩“末端治理设施实际运行率（k 值）”：指在典型末端治理设施在正常运行周期内的主要实际运行参数与设计运行参数的比例。

⑪“工段名称”：典型的化纤织物印染加工生产中分为“前处理-染色（或印花）-整理”三个步骤，“染色”工段与“印花”工段一般仅选其一。基于国内纺织品印染行业产业分工实际情况，对于印染布，废水主要产生于“前处理”“染色”“印花”工段，“前处理”工段包含退浆、碱减量、精练、水洗等工序，“染色”工段包括染色、固色、水洗等工序，“印花”工段包括印花、水洗、蒸化、烘干等工序，“整理”工段包括机械整理、化学整理和功能整理等工序，企业根据其产品及生产工段、生产工艺的组合分别进行产排污核算，企业的某种印染布产品产排污量为各工段产排污量之和；对于纤维、纱、线等纺织品，产污系数以“染整”全流程统一核算，不分步骤进行核算。

3 污染物排放量核算方法

针对企业实际生产情况，本行业在系数制定过程中将企业全生产流程划分或拆分为若干工段（核算环节），在核算企业污染物产排量时，可灵活选择本企业对应的工段进行核算。

3.1 计算工段污染物产生量

（1）根据产品、原料、污染物产生的主导生产工艺、企业规模（生产产能）组合查找和确定所对应的某项污染物的产污系数。

（2）根据污染物的产污系数计量单位——单位产品产量，获取企业实际产品产量进行计算。

（3）污染物产生量按以下公式进行计算：

污染物产生量=污染物对应的产污系数×产品产量

$$G_{产i} = P_{产i} \times M_i$$

式中，$G_{产i}$——工段 i 某污染物的产生量；

$P_{产i}$——工段 i 某污染物对应的产污系数；

M_i——工段 i 的产品产量。

3.2 计算工段污染物去除量

（1）根据企业对某一种污染物所采用的治理技术查找和选择相应的治理技术平均去除效率。

（2）根据污染治理设施实际运行率参数及其计算公式得出该企业某一污染物的治理设施实际运行率（k 值）。

（3）污染物去除量按以下公式进行计算：

污染物去除量=污染物产生量×污染物去除率

=污染物产生量×治理技术平均去除效率×治理设施实际运行率

$$R_{减i}=G_{产i}\times\eta_T\times k_T$$

式中，$R_{减i}$——工段 i 某污染物的去除量；

η_T——工段 i 某污染物采用的末端治理技术的平均去除效率；

k_T——工段 i 某污染物采用的末端治理设施的实际运行率。

3.3 计算工段污染物排放量

污染物排放量=污染物产生量−污染物去除量

=污染物对应的产污系数×产品产量−污染物产生量×治理技术平均去除效率×治理设施实际运行率

3.4 计算企业污染物排放量

同一企业某污染物全年的排放总量为该企业同年实际生产（全部工艺、产品、原料、规模）产生的污染物排放量之和。

$$E_{排}=G_{产}-R_{减}=\sum(G_{产i}-R_{减i})=\sum\left[P_{产i}\times M_i(1-\eta_T\times k_T)\right]$$

式中，$E_{排}$——企业某污染物的排放量；

$G_{产}$——企业某污染物的产生量；

$R_{减}$——企业某污染物的去除量。

4 污染物排放量核算案例

某企业主要从事化纤布染色。该企业以化纤坯布为主要原料，生产工艺采用碱减量-气流染色，年产量（生产规模）10000 吨。

主要污染物为化学需氧量、氨氮、总氮、总磷。以该组合中化学需氧量指标为例说明核算过程。

4.1 化学需氧量产生量计算

（1）查找产污系数及其计量单位

根据企业基本信息，查找本手册中主要产品为化纤染色布，主要原料为化纤布，主要工艺为碱减量、气流染色，产污系数为：碱减量的化学需氧量产污系数为 200842.81 克/吨-产品，气流染色的化学需氧量产污系数为 21552.61 克/吨-产品。

（2）获取企业产品产量

该企业实际情况为：该企业主要产品印染化纤布 2017 年产量为 10000 吨，主要原料化纤布 2017 年消耗量为 10000 吨。

（3）计算化学需氧量产生量

由于查询到的组合中，化学需氧量产污系数的单位为克/吨-产品，因此在核算产生量时采用产品产量。

化学需氧量产生量=化学需氧量产污系数（前处理）×产品（化纤布）产量+

化学需氧量产污系数（气流染色）×产品（染色化纤布）产量

=（200842.81 克/吨-产品×10000 吨-产品+21552.61 克/吨-产品×10000 吨-产品）÷1000000

=2008.43 吨+215.53 吨=2223.96 吨

4.2 化学需氧量去除量计算

（1）查找治理技术平均去除效率

该企业采用的废水末端处理技术为“化学混凝法+厌氧生物处理法+好氧生物处理法+化学处理法”，查询的碱减量平均去除效率为 99.01%，气流染色的平均去除效率为 93.39%。

（2）计算污染治理设施实际运行率

根据产污系数组合查询结果，该组合中“化学混凝法+厌氧生物处理法+好氧生物处理法+化学处理法”。对应的污染治理设施实际运行参数分别为污水治理设施运行时间、企业正常生产时间，对应的污染治理设施实际运行率为

k=污水治理设施运行时间/企业正常生产时间

获取企业实际情况如下：该企业 2017 年污水治理设施运行时间 330 天，企业正常生产时间 330 天，则该企业的实际运行率为

k=330 天/330 天=1

（3）计算化学需氧量去除量

化学需氧量去除量=2008.43 吨×99.01%×1+215.53 吨×93.39%×1=2189.83 吨

4.3 化学需氧量排放量计算

化学需氧量排放量=2223.96 吨−2189.83 吨=34.1 吨

5 系数表

1752 化纤织物染整精加工行业系数表

工段名称	产品名称	原料名称	工艺名称	规模等级	污染物类别	污染物指标	系数单位	产污系数	末端治理技术	末端治理技术平均去除效率/%	参考 k 值计算公式[1]
染整	染色化学纤维、染色化纤纱线类	化学纤维、化纤纱线类	精练-染色	所有规模	废水	工业废水量	吨/吨-产品	68.97	—	—	—
						化学需氧量	克/吨-产品	146596.84	化学混凝法+厌氧生物处理法+好氧生物处理法	91.29	k=污水治理设施运行时间（天/年）/企业正常生产时间（天/年）
									化学混凝法+厌氧生物处理法+好氧生物处理法+化学处理法	96.84	
						氨氮	克/吨-产品	268.82	化学混凝法+厌氧生物处理法+好氧生物处理法	81.28	
									化学混凝法+厌氧生物处理法+好氧生物处理法+化学处理法	88.35	
						总氮	克/吨-产品	323.78	化学混凝法+厌氧生物处理法+好氧生物处理法	56.84	
									化学混凝法+厌氧生物处理法+好氧生物处理法+化学处理法	73.86	
						总磷	克/吨-产品	71.22	化学混凝法+厌氧生物处理法+好氧生物处理法	84.98	
									化学混凝法+厌氧生物处理法+好氧生物处理法+化学处理法	94.33	

[1] 该公式仅供参考，使用时，可根据 k 值定义，选取更适合企业实际情况的表达方式。

1752 化纤织物染整精加工行业系数表（续表 1）

工段名称	产品名称	原料名称	工艺名称	规模等级	污染物类别	污染物指标	系数单位	产污系数	末端治理技术	末端治理技术平均去除效率/%	参考 k 值计算公式
前处理	印染化纤布类	化纤布类	碱减量	所有规模	废水	工业废水量	米^3/吨-产品	22.80	—	—	—
						化学需氧量	克/吨-产品	200842.81	化学混凝法+厌氧生物处理法+好氧生物处理法	98.22	k=污水治理设施运行时间（天/年）/企业正常生产时间（天/年）
									化学混凝法+厌氧生物处理法+好氧生物处理法+化学处理法	99.01	
						氨氮	克/吨-产品	49.29	化学混凝法+厌氧生物处理法+好氧生物处理法	73.89	
									化学混凝法+厌氧生物处理法+好氧生物处理法+化学处理法	99.48	
						总氮	克/吨-产品	274.26	化学混凝法+厌氧生物处理法+好氧生物处理法	88.86	
									化学混凝法+厌氧生物处理法+好氧生物处理法+化学处理法	92.14	
						总磷	克/吨-产品	192.92	化学混凝法+厌氧生物处理法+好氧生物处理法	90.22	
									化学混凝法+厌氧生物处理法+好氧生物处理法+化学处理法	97.85	

1752 化纤织物染整精加工行业系数表（续表 2）

工段名称	产品名称	原料名称	工艺名称	规模等级	污染物类别	污染物指标	系数单位	产污系数	末端治理技术	末端治理技术平均去除效率/%	参考 k 值计算公式
前处理	印染化纤布类	化纤布类	精练	所有规模	废水	工业废水量	米^3/吨-产品	37.44	—	—	—
						化学需氧量	克/吨-产品	156331.36	化学混凝法+厌氧生物处理法+好氧生物处理法	96.18	k=污水治理设施运行时间（天/年）/企业正常生产时间（天/年）
									化学混凝法+厌氧生物处理法+好氧生物处理法+化学处理法	98.24	
						氨氮	克/吨-产品	160.54	化学混凝法+厌氧生物处理法+好氧生物处理法	74.40	
									化学混凝法+厌氧生物处理法+好氧生物处理法+化学处理法	91.56	
						总氮	克/吨-产品	707.65	化学混凝法+厌氧生物处理法+好氧生物处理法	71.67	
									化学混凝法+厌氧生物处理法+好氧生物处理法+化学处理法	90.65	
						总磷	克/吨-产品	161.74	化学混凝法+厌氧生物处理法+好氧生物处理法	94.10	
									化学混凝法+厌氧生物处理法+好氧生物处理法+化学处理法	94.58	

1752 化纤织物染整精加工行业系数表（续表 3）

工段名称	产品名称	原料名称	工艺名称	规模等级	污染物类别	污染物指标	系数单位	产污系数	末端治理技术	末端治理技术平均去除效率/%	参考 k 值计算公式
染色	印染化纤布类	化纤布类	气流染色、气液染色	所有规模	废水	工业废水量	米^3/吨-产品	24.08	—	—	—
						化学需氧量	克/吨-产品	21552.61	化学混凝法+厌氧生物处理法+好氧生物处理法	79.57	k=污水治理设施运行时间（天/年）/企业正常生产时间（天/年）
									化学混凝法+厌氧生物处理法+好氧生物处理法+化学处理法	93.39	
						氨氮	克/吨-产品	216.65	化学混凝法+厌氧生物处理法+好氧生物处理法	61.80	
									化学混凝法+厌氧生物处理法+好氧生物处理法+化学处理法	86.42	
						总氮	克/吨-产品	304.51	化学混凝法+厌氧生物处理法+好氧生物处理法	39.93	
									化学混凝法+厌氧生物处理法+好氧生物处理法+化学处理法	89.95	
						总磷	克/吨-产品	112.49	化学混凝法+厌氧生物处理法+好氧生物处理法	88.84	
									化学混凝法+厌氧生物处理法+好氧生物处理法+化学处理法	97.64	

1752 化纤织物染整精加工行业系数表（续表 4）

工段名称	产品名称	原料名称	工艺名称	规模等级	污染物类别	污染物指标	系数单位	产污系数	末端治理技术	末端治理技术平均去除效率/%	参考 k 值计算公式
染色	印染化纤布类	化纤布类	经轴、卷染染色	所有规模	废水	工业废水量	米^3/吨-产品	36.23	—	—	—
						化学需氧量	克/吨-产品	30399.86	化学混凝法+厌氧生物处理法+好氧生物处理法	92.99	k=污水治理设施运行时间（天/年）/企业正常生产时间（天/年）
									化学混凝法+厌氧生物处理法+好氧生物处理法+化学处理法	95.34	
						氨氮	克/吨-产品	35.76	化学混凝法+厌氧生物处理法+好氧生物处理法	85.34	
									化学混凝法+厌氧生物处理法+好氧生物处理法+化学处理法	90.53	
						总氮	克/吨-产品	201.14	化学混凝法+厌氧生物处理法+好氧生物处理法	82.24	
									化学混凝法+厌氧生物处理法+好氧生物处理法+化学处理法	88.92	
						总磷	克/吨-产品	30.95	化学混凝法+厌氧生物处理法+好氧生物处理法	96.65	
									化学混凝法+厌氧生物处理法+好氧生物处理法+化学处理法	97.01	

1752 化纤织物染整精加工行业系数表（续表 5）

工段名称	产品名称	原料名称	工艺名称	规模等级	污染物类别	污染物指标	系数单位	产污系数	末端治理技术	末端治理技术平均去除效率/%	参考 k 值计算公式
染色	印染化纤布类	化纤布类	溢流染色	所有规模	废水	工业废水量	米^3/吨-产品	65.13	—	—	—
						化学需氧量	克/吨-产品	43634.5	化学混凝法+厌氧生物处理法+好氧生物处理法	85.10	k=污水治理设施运行时间（天/年）/企业正常生产时间（天/年）
									化学混凝法+厌氧生物处理法+好氧生物处理法+化学处理法	89.05	
						氨氮	克/吨-产品	307.00	化学混凝法+厌氧生物处理法+好氧生物处理法	73.34	
									化学混凝法+厌氧生物处理法+好氧生物处理法+化学处理法	90.59	
						总氮	克/吨-产品	899.7	化学混凝法+厌氧生物处理法+好氧生物处理法	47.69	
									化学混凝法+厌氧生物处理法+好氧生物处理法+化学处理法	56.50	
						总磷	克/吨-产品	223.51	化学混凝法+厌氧生物处理法+好氧生物处理法	92.56	
									化学混凝法+厌氧生物处理法+好氧生物处理法+化学处理法	92.96	

1752 化纤织物染整精加工行业系数表（续表 6）

工段名称	产品名称	原料名称	工艺名称	规模等级	污染物类别	污染物指标	系数单位	产污系数	末端治理技术	末端治理技术平均去除效率/%	参考 k 值计算公式
印花	印染化纤布类	化纤布类	圆网印花、平网印花	所有规模	废水	工业废水量	米^3/吨-产品	80.61	—	—	
						化学需氧量	克/吨-产品	84013.05	化学混凝法+厌氧生物处理法+好氧生物处理法	82.49	k=污水治理设施运行时间（天/年）/企业正常生产时间（天/年）
									化学混凝法+厌氧生物处理法+好氧生物处理法+化学处理法	89.38	
						氨氮	克/吨-产品	458.79	化学混凝法+厌氧生物处理法+好氧生物处理法	68.47	
									化学混凝法+厌氧生物处理法+好氧生物处理法+化学处理法	69.23	
						总氮	克/吨-产品	1518.57	化学混凝法+厌氧生物处理法+好氧生物处理法	40.62	
									化学混凝法+厌氧生物处理法+好氧生物处理法+化学处理法	45.17	
						总磷	克/吨-产品	292.17	化学混凝法+厌氧生物处理法+好氧生物处理法	91.52	
									化学混凝法+厌氧生物处理法+好氧生物处理法+化学处理法	96.27	

1752 化纤织物染整精加工行业系数表（续表 7）

工段名称	产品名称	原料名称	工艺名称	规模等级	污染物类别	污染物指标	系数单位	产污系数	末端治理技术	末端治理技术平均去除效率/%	参考 k 值计算公式
整理	印染化纤布类	化纤布类	化学整理-定形	所有规模	废气	工业废气量	标米^3/吨-产品	43297.27	—	—	—
						颗粒物	克/吨-产品	604.96	喷淋塔/冲击水浴+静电除尘	83.98	k=工艺废气净化装置耗电量/（工艺废气净化装置额定功率×工艺废气净化装置运行时间）
印花	印染化纤布类	化纤布类	转移印花	所有规模	废气	工业废气量	标米^3/吨-产品	15105.00	—	—	—
						挥发性有机物	克/吨-产品	10614.90	吸附-蒸汽解析	97.00	k=工艺废气净化装置耗电量/（工艺废气净化装置额定功率×工艺废气净化装置运行时间）
			数码印花	所有规模	废气	工业废气量	标米^3/吨-产品	12025.00	—	—	—
						挥发性有机物	克/吨-产品	79.60	吸附-蒸汽解析	97.00	k=工艺废气净化装置耗电量/（工艺废气净化装置额定功率×工艺废气净化装置运行时间）
整理	印染化纤布类	化纤布类	涂层	所有规模	废气	工业废气量	标米^3/吨-产品	101763.5	—	—	—
						挥发性有机物	克/吨-产品	216996.5	吸附-蒸汽解析	97.00	k=工艺废气净化装置耗电量/（工艺废气净化装置额定功率×工艺废气净化装置运行时间）
			复合	所有规模	废气	工业废气量	标米^3/吨-产品	6671.00	—	—	—
						挥发性有机物	克/吨-产品	161.80	吸附-蒸汽解析	97.00	k=工艺废气净化装置耗电量/（工艺废气净化装置额定功率×工艺废气净化装置运行时间）
一般工业固废							千克/吨-产品	126.77	—	—	—
危险废物							千克/吨-产品	2.73	—	—	—

1762 针织或钩针编织物印染精加工业

1 适用范围

本手册仅用于《国民经济行业分类》(GB/T 4754—2017)中 1762 针织或钩针编织物印染精加工行业使用系数法核算工业污染物产生量和排放量的工业企业。

利用本手册进行产污核算得出的污染物产生量与排放量仅代表了特定行业、工艺、产品、原料在正常工况下污染物产生与排放的一般规律。

本行业废水指标包括工业废水量、化学需氧量、氨氮、总氮、总磷；废气指标包括工业废气量、颗粒物、挥发性有机物；固体废物指标包括一般工业固废、危险废物。

2 注意事项

2.1 系数表中未涉及产品的产污系数

对可能遇到的罕见产品、特殊生产工艺、特殊末端处理工艺，可咨询行业组织、专家、其他企业技术人员，选取近似的组合产污系数进行核算。

2.2 生产非单一产品企业污染物产排量核算的处理

由于许多企业跨行业经营，企业生产的产品涉及不同行业及不同组合，因而产品的产排污量应根据其不同的组合分别进行核算，企业总产排污量则为各产品产排污量之和。

2.3 其他需要说明的问题

(1)由于纺织品产品种类多、质量要求差别大、生产过程各异，且企业采用不同的污染物排放方式、排放纳管要求和污染物处理工艺，因而各企业之间的单位产品产污量、末端治理设施去除效率及实际运行率差别较大。本手册制定过程中，通过实测和历史数据的统计，制定国内典型的生产工艺、符合国内平均水平的产污系数、末端治理设施去除效率及实际运行率。使用本手册计算排污量时与单个企业的实际情况可能有差异，但总体上符合行业水平。

(2)本手册的产污系数是在典型工况下得到的，不考虑废水回用的影响。在企业实际排放量计算过程中，如果存在废水回用的情况，需要在计算排放量的基础上扣除废水回用的部分。公式如下：

实际排放量=计算排放量×(1−废水回用率)

(3)本手册的废水及其污染物产污系数包含基本生产(以基本工艺为基础的生产)及补充生产(指回修、打样、补印、补染、调品种等额外生产)的废水，但不包括辅助生产及公共设施废水，如循环冷却水、软水制备排水、生活污水、场地冲洗水等。

(4)本手册 1762 针织或钩针编织物印染精加工行业表单中的印染针织物系数适用于棉、毛、化纤及混纺针织物。印染针织物后整理工段中涉及的化学整理产生少量的工艺废水及污染物，其排放系数已计入染色或印花工段。蚕丝针织物在使用系数手册时需采用修正系数进行修正：修正产污系数=产污系数×2.5。

（5）1762 针织或钩针编织物印染精加工行业的色纺布，在生产过程中整理工段的废水排污系数即为前处理工段的排放系数。

（6）由于不同企业工业废气量与废水量差异较大，本手册所提供的工业废水量、工业废气量系数仅供参考。

为体现相同产污水平条件下，采用相同环保治理设施的不同企业对同一污染物去除效果的差异，引入末端治理设施实际运行率（k）对污染治理技术的实际去除率进行修正。k 值反映的是污染治理设施运行的状态，越稳定运行，k 值越高；在取值上，若定义连续稳定运行的理想状态为 1，则 k 取值在 0～1 之间。

本手册给出本行业的 k 计算公式仅供参考，使用时，可根据 k 值定义，选取更适合企业实际情况的表达方式。

（7）关于系数表格各栏目的说明。

①“产品名称”：指钩针编织物印染精加工企业在报告期内生产的，并符合产品质量要求的实物名称。

②“原料名称”：指钩针编织物印染精加工企业在报告期内使用的主要原料。

③“工艺名称”：指钩针编织物印染精加工企业生产、加工产品采用的主要生产方法的名称。

④“规模等级”：指产污系数核算所对应的生产规模等级，由于针织或钩针编织物印染精加工企业规模对产污系数无明显影响，因此本手册不计生产规模的影响。

⑤“污染物指标”：废水包含工业废水量、化学需氧量、氨氮、总氮、总磷，废气包括工业废气量、颗粒物、挥发性有机物，固体废物指标包括一般工业固废、危险废物。

⑥“系数单位”：指产污系数计量单位，工业废水量表述为“米^3/吨-产品”，废水污染物表述为“克/吨-产品”；工业废气量表述为标准状态（0 摄氏度，101.325 千帕）下“米^3/吨-产品”，废气污染物表述为“克/吨-产品”；一般工业固废及危险废物表述为“千克/吨-产品”。

⑦“产污系数”：指每生产单位质量产品所产生的污染物质的量；

⑧“末端治理技术”：针对针织或钩针编织物印染精加工企业内的污染物所采用的处理方法的名称；由于针织品及编织品行业产品的品种相对较多，染料的种类复杂，致使行业内末端治理技术种类较多。废水污染物的排污系数依据废水处理采用工艺技术的不同而有一定的差异。手册中只涉及常用的末端处理技术，当企业的末端处理方法不在系数表单中，可咨询行业组织或环境专家及企业技术人员，在系数表单中选取近似的废水处理方法核算。若无近似的废水处理方法，需以具备资质的第三方检测机构的检测报告中的排污数据为准，若仍无检测报告则该企业按无治理设施处理。企业若无废水处理设施，排污量等于产污量。

⑨“末端治理技术平均去除效率”，指在典型末端治理工艺的条件下，生产单位产品所产生的污染物量经污染治理设施削减比例。

⑩“末端治理设施实际运行率（k 值）”：指在典型末端治理设施在正常运行周期内的主要实际运行参数与设计运行参数的比例。

⑪“工段名称”：典型的针织物印染加工生产中分为“前处理-染色（或印花）-整理”三个步骤，

"染色"工段与"印花"工段一般仅选其一。基于国内纺织品印染行业产业分工实际情况，对于印染布，废水主要产生于"前处理""染色""印花"工段，"前处理"工段包含烧毛、精练、漂白、水洗等工序，"染色"工段包括染色、固色、水洗等工序，"印花"工段包括印花、水洗、蒸化、烘干等工序，"整理"工段包括机械整理、化学整理和功能整理等工序，企业根据其产品及生产工段、生产工艺的组合分别进行产排污核算，企业的某种印染布产品产排污量则为各工段产排污量之和。

3 污染物排放量核算方法

针对企业实际生产情况，本行业在系数制定过程中将企业全生产流程划分或拆分为若干工段（核算环节），在核算企业污染物产排量时，可灵活选择本企业对应的工段进行核算。

3.1 计算工段污染物产生量

（1）根据产品、原料、污染物产生的主导生产工艺、企业规模（生产产能）组合查找和确定所对应的某项污染物的产污系数。

（2）根据污染物的产污系数计量单位，获取企业实际产品产量进行计算。

（3）污染物产生量按以下公式进行计算：

污染物产生量=污染物对应的产污系数×产品产量

$$G_{产i} = P_{产i} \times M_i$$

式中，$G_{产i}$——工段 i 某污染物的产生量；

$P_{产i}$——工段 i 某污染物对应的产污系数；

M_i——工段 i 的产品产量。

3.2 计算工段污染物去除量

（1）根据企业对某一种污染物所采用的治理技术查找和选择相应的治理技术平均去除效率。

（2）根据污染治理设施实际运行率参数及其计算公式得出该企业某一污染物的治理设施实际运行率（k 值）。

（3）污染物去除量按以下公式进行计算：

污染物去除量=污染物产生量×污染物去除率

=污染物产生量×治理技术平均去除效率×治理设施实际运行率

$$R_{减i} = G_{产i} \times \eta_T \times k_T$$

式中，$R_{减i}$——工段 i 某污染物的去除量；

η_T——工段 i 某污染物采用的末端治理技术的平均去除效率；

k_T——工段 i 某污染物采用的末端治理设施的实际运行率。

3.3 计算工段污染物排放量

污染物排放量=污染物产生量−污染物去除量

=污染物对应的产污系数×产品产量−污染物产生量×

治理技术平均去除效率×治理设施实际运行率

3.4 计算企业污染物排放量

同一企业某污染物全年的排放总量为该企业同年实际生产（全部工艺、产品、原料、规模）产生的污染物排放量之和。

$$E_{排} = G_{产} - R_{减} = \sum(G_{产i} - R_{减i}) = \sum\left[P_{产i} \times M_i(1-\eta_T \times k_T)\right]$$

式中，$E_{排}$——企业某污染物的排放量；

$G_{产}$——企业某污染物的产生量；

$R_{减}$——企业某污染物的去除量。

4 污染物排放量核算案例

某企业主要从事针织坯布的染色生产，印染针织布的年产量 1.5 万吨。其中，1 万吨染色针织布的生产以针织坯布为主要原料，生产工艺采用前处理（精练-漂白）-染色（溢流染色）-整理（定形）；5000 吨染色针织布的生产原料为进厂时已经过精练-漂白处理的针织坯布，生产工艺采用染色（气流染色）-整理（定形）。该企业废水的污染治理技术采用“化学混凝-水解酸化-好氧”技术，涉及水污染物主要为化学需氧量、氨氮、总氮、总磷；废气的污染治理技术为“喷淋塔-静电除尘”技术，涉及的废气污染物主要为颗粒物、挥发性有机物。

本核算示例以废水中的化学需氧量及废气中的颗粒物为例，说明该企业污染排放量的计算方法。

4.1 废水及废气污染物产生量计算

（1）获取企业产品产量

该企业实际情况为：该企业主要产品印染针织物 2017 年产量为 1.5 万吨。

（2）查找产污系数及其计量单位

根据企业基本信息，查找本手册中主要产品为印染针织物，主要原料为针织物，主要工艺 1 为：前处理（精练-漂白）-染色（溢流染色）-整理（定形），有废水产生的工艺分别对应“前处理”工段中的“精练-漂白”工艺、“染色”工段中的“溢流染色”工艺，有废气产生的工艺对应“整理”工段中的“定形”工艺；主要工艺 2 为：染色（气流染色）-整理（定形），有废水产生的工艺分别对应“染色”工段中的“气流染色”工艺，有废气产生的工艺对应“整理”工段中的“定形”工艺。对应查得的系数如表 1、表 2 所示。

表 1　废水产生工艺及对应的产污系数

产品	产量/吨	工艺	废水产污系数/（米^3/吨-产品）	污染物产污系数/（克/吨-产品）			
				化学需氧量	氨氮	总氮	总磷
产品 1	10000	精练-漂白	17.70	20647.72	40.65	70.08	48.57
		溢流染色	56.01	55144.94	455.01	710.36	74.03
产品 2	5000	气流染色	30.77	22182.09	143.63	226.40	41.02

表 2 废气产生工艺及对应的产污系数

产品	产量/吨	工艺	废气产污系数/（米^3/吨-产品）	颗粒物产污系数/（克/吨-产品）
产品 1	10000	定形	41820.82	227.00
产品 2	5000	定形	41820.82	227.00

（3）计算污染物的产生量

根据查询获得的产物系数及相应单位，核算污染物产生量采用产品产量。

废水产生量（米^3）=废水产污系数（米^3/吨-产品）×产品产量（吨）

废水污染物（化学需氧量/氨氮/总氮/总磷）产生量（千克）=污染物产污系数（克/吨-产品）×产品产量（吨）/1000

按不同产品及工艺进行计算，计算结果如表 3 所示。

表 3 废水污染物的产生量计算

产品	产量/吨	工艺	废水产生量/米^3	污染物产污量/千克			
				化学需氧量	氨氮	总氮	总磷
产品 1	10000	精练-漂白	177000	206477.2	406.5	700.8	485.7
		溢流染色	560100	551449.4	4550.1	7103.6	740.3
产品 2	5000	气流染色	153850	110910.4	718.2	1132.0	205.1
合计			890950	868837.0	5674.8	8936.4	1431.1

由此可得，该企业 2017 年废水污染物产生量核算结果为废水 89.1 万米^3，化学需氧量 868.84 吨，氨氮 5.67 吨，总氮 8.94 吨，总磷 1.43 吨。

废气产生量（万米^3）=废气产污系数（米^3/吨-产品）×产品产量（吨）/10000

颗粒物产生量（千克）=颗粒物产污系数（克/吨-产品）×产品产量（吨）/1000

按不同产品及工艺进行计算，计算结果如表 4 所示。

表 4 废气污染物的产生量计算

产品	产量/吨	工艺	废气产污量/万米^3	颗粒物产污量/千克
产品 1	10000	定形	41820.8	2270.0
产品 2	5000	定形	20910.4	1135.0
合计			62731.2	3405.0

由此可得，该企业 2017 年废气污染物产生量核算结果为废气 62731.2 万米^3，颗粒物 3.41 吨。

4.2 废水及废气污染物去除量计算

（1）查找治理技术平均去除效率

该企业采用的废水末端处理技术为“化学混凝-水解酸化-好氧”技术，对应“化学混凝法+厌氧生物处理法+好氧生物处理法”，按不同工艺查得相应的末端治理技术、末端治理技术平均去除效率如表 5 所示。

表 5　废水治理设施去除效率

产品	工艺	末端 治理技术	末端治理技术平均去除效率/%			
			化学需氧量	氨氮	总氮	总磷
产品 1	精练-漂白	化学混凝法+厌氧生物处理法+好氧生物处理法	89.75	77.32	70.51	83.32
	溢流染色		83.36	76.96	74.88	77.05
产品 2	气流染色		84.72	79.66	78.50	81.05

该企业采用的废气末端处理技术为"喷淋塔-静电除尘"技术，对应"喷淋塔/冲击水浴+静电除尘"，按不同工艺查得相应的末端治理技术、末端治理技术平均去除效率如表 6 所示。

表 6　废气治理设施去除效率

产品	工艺	末端治理技术	末端治理技术去除效率/%
产品 1	定形	喷淋塔/冲击水浴+静电除尘	79.64
产品 2	定形	喷淋塔/冲击水浴+静电除尘	79.64

（2）计算污染治理设施实际运行率

废水根据产污系数组合查询结果，该组合中化学混凝法+厌氧生物处理法+好氧生物处理法对应的污染治理设施实际运行参数分别为污水治理设施运行时间、企业正常生产时间，计算公式为

k=污水治理设施运行时间/企业正常生产时间

获取企业实际情况如下：该企业 2017 年污水治理设施运行时间为 330 天，企业正常生产时间为 330 天，则该企业废水治理设施实际运行效率为

k=330 天/330 天=1

因此，该企业的废水污染物处理量计算方法为

污染物去除量（吨）=污染物产生量×去除效率×k

计算结果如表 7 所示。

表 7　废水污染物去除量

产品	工艺	末端 治理技术	污染物去除量/千克			
			化学需氧量	氨氮	总氮	总磷
产品 1	精练-漂白	化学混凝法+厌氧生物处理法+好氧生物处理法	185313.3	314.3	494.1	404.7
	溢流染色		459688.2	3501.8	5319.2	570.4
产品 2	气流染色		93963.3	572.1	888.6	166.2
合计			738964.8	4388.1	6701.9	1141.3

由此可知，该企业废水污染物去除量为：化学需氧量 738.96 吨，氨氮 4.39 吨，总氮 6.70 吨，总磷 1.14 吨。

根据产污系数组合查询结果，该组合中"喷淋塔/冲击水浴+静电除尘"对应的废气污染治理设施实际运行参数分别为工艺废气净化装置耗电量、工艺废气净化装置运行时间、工艺废气净化装置额定功率，计算公式为

k=工艺废气净化装置耗电量/（工艺废气净化装置额定功率×工艺废气净化装置运行时间）

获取企业实际情况如下：该企业2017年工艺废气净化装置耗电量25万千瓦·时，净化装置额定功率为40千瓦，运行时间为330天（每天24小时），则该企业废气治理设施实际运行功率为

$$k=250000\text{ 千瓦·时}/（40\text{ 千瓦}\times 330\text{ 天}\times 24\text{ 小时}）=0.79$$

因此，该企业的废气污染物处理量计算方法为

$$\text{颗粒物去除量（吨）}=\text{颗粒物产生量}\times\text{去除效率}\times k$$

计算结果如表8所示。

表8　废气污染物的去除量计算

产品	产量/吨	工艺	颗粒物去除量/千克
产品1	10000	定形	1428.18
产品2	5000	定形	714.09
合计			2142.27

由此可得，该企业2017年废气颗粒物去除量为2.14吨。

4.3　污染物排放量计算

$$\text{污染物排放量}=\text{污染物产生量}-\text{污染物去除量}$$

根据以上两部分的计算，可分别得到废水及废气污染物的排放量，具体结果如表9所示。

表9　污染物排放量计算

污染物		产生量/吨	去除量/吨	排放量/吨
废水	化学需氧量	868.84	738.96	129.88
	氨氮	5.67	4.39	1.28
	总氮	8.94	6.70	2.24
	总磷	1.43	1.14	0.29
废气	颗粒物	3.41	2.14	1.27

5 系数表

1762 针织或钩针编织物印染精加工行业系数表

工段名称	产品名称	原料名称	工艺名称	规模等级	污染物类别	污染物指标	系数单位	产污系数	末端治理技术	末端治理技术平均去除效率/%	参考 k 值计算公式[1]
前处理	印染针织物	针织物	精练-漂白	所有规模	废水	工业废水量	米^3/吨-产品	17.70	—	—	—
						化学需氧量	克/吨-产品	20647.72	化学混凝法+厌氧生物处理法+好氧生物处理法	89.75	k=污水治理设施运行时间（天/年）/企业正常生产时间（天/年）
									化学混凝法+厌氧生物处理法+好氧生物处理法+化学处理法	94.08	
						氨氮	克/吨-产品	40.65	化学混凝法+厌氧生物处理法+好氧生物处理法	77.32	
									化学混凝法+厌氧生物处理法+好氧生物处理法+化学处理法	85.59	
						总氮	克/吨-产品	70.08	化学混凝法+厌氧生物处理法+好氧生物处理法	70.51	
									化学混凝法+厌氧生物处理法+好氧生物处理法+化学处理法	81.20	

[1] 该公式仅供参考，使用时，可根据 k 值定义，选取更适合企业实际情况的表达方式。

1762 针织或钩针编织物印染精加工行业系数表（续表 1）

工段名称	产品名称	原料名称	工艺名称	规模等级	污染物类别	污染物指标	系数单位	产污系数	末端治理技术	末端治理技术平均去除效率/%	参考 k 值计算公式
前处理	印染针织物	针织物	精练-漂白	所有规模	废水	总磷	克/吨-产品	48.57	化学混凝法+厌氧生物处理法+好氧生物处理法	83.32	k=污水治理设施运行时间（天/年）/企业正常生产时间（天/年）
									化学混凝法+厌氧生物处理法+好氧生物处理法+化学处理法	91.65	
染色	印染针织物	针织物	气流染色、气液染色	所有规模	废水	工业废水量	米^3/吨-产品	30.77	—	—	—
						化学需氧量	克/吨-产品	22182.09	化学混凝法+厌氧生物处理法+好氧生物处理法	84.72	k=污水治理设施运行时间（天/年）/企业正常生产时间（天/年）
									化学混凝法+厌氧生物处理法+好氧生物处理法+化学处理法	93.19	
						氨氮	克/吨-产品	143.63	化学混凝法+厌氧生物处理法+好氧生物处理法	79.66	
									化学混凝法+厌氧生物处理法+好氧生物处理法+化学处理法	83.93	
			气流染色、气液染色	所有规模	废水	总氮	克/吨-产品	226.40	化学混凝法+厌氧生物处理法+好氧生物处理法	78.50	
									化学混凝法+厌氧生物处理法+好氧生物处理法+化学处理法	83.03	
						总磷	克/吨-产品	41.02	化学混凝法+厌氧生物处理法+好氧生物处理法	81.05	
									化学混凝法+厌氧生物处理法+好氧生物处理法+化学处理法	90.78	
			溢流染色	所有规模	废水	工业废水量	米^3/吨-产品	56.01	—	—	—
						化学需氧量	克/吨-产品	55144.94	化学混凝法+厌氧生物处理法+好氧生物处理法	83.36	k=污水治理设施运行时间（天/年）/企业正常生产时间（天/年）
									化学混凝法+厌氧生物处理法+好氧生物处理法+化学处理法	94.42	

1762 针织或钩针编织物印染精加工行业系数表（续表 2）

工段名称	产品名称	原料名称	工艺名称	规模等级	污染物类别	污染物指标	系数单位	产污系数	末端治理技术	末端治理技术平均去除效率/%	参考 k 值计算公式
染色	印染针织物	针织物	溢流染色	所有规模	废水	氨氮	克/吨-产品	455.01	化学混凝法+厌氧生物处理法+好氧生物处理法	76.96	k=污水治理设施运行时间（天/年）/企业正常生产时间（天/年）
									化学混凝法+厌氧生物处理法+好氧生物处理法+化学处理法	80.97	
						总氮	克/吨-产品	710.36	化学混凝法+厌氧生物处理法+好氧生物处理法	74.88	
									化学混凝法+厌氧生物处理法+好氧生物处理法+化学处理法	79.75	
						总磷	克/吨-产品	74.03	化学混凝法+厌氧生物处理法+好氧生物处理法	77.05	
									化学混凝法+厌氧生物处理法+好氧生物处理法+化学处理法	85.01	
			卷染染色	所有规模	废水	工业废水量	米^3/吨-产品	31.39	—	—	—
						化学需氧量	克/吨-产品	29341.33	化学混凝法+厌氧生物处理法+好氧生物处理法	84.30	k=污水治理设施运行时间（天/年）/企业正常生产时间（天/年）
									化学混凝法+厌氧生物处理法+好氧生物处理法+化学处理法	92.73	
						氨氮	克/吨-产品	443.21	化学混凝法+厌氧生物处理法+好氧生物处理法	78.75	
									化学混凝法+厌氧生物处理法+好氧生物处理法+化学处理法	82.68	
						总氮	克/吨-产品	657.25	化学混凝法+厌氧生物处理法+好氧生物处理法	75.62	
									化学混凝法+厌氧生物处理法+好氧生物处理法+化学处理法	79.04	
						总磷	克/吨-产品	66.54	化学混凝法+厌氧生物处理法+好氧生物处理法	79.66	

1762 针织或钩针编织物印染精加工行业系数表（续表 3）

工段名称	产品名称	原料名称	工艺名称	规模等级	污染物类别	污染物指标	系数单位	产污系数	末端治理技术	末端治理技术平均去除效率/%	参考 k 值计算公式
染色	印染针织物	针织物	卷染染色	所有规模	废水	总磷	克/吨-产品	66.54	化学混凝法+厌氧生物处理法+好氧生物处理法+化学处理法	87.63	k=污水治理设施运行时间（天/年）/企业正常生产时间（天/年）
印花	印染针织物	针织物	圆网印花、平网印花	所有规模	废水	工业废水量	米^3/吨-产品	80.05	—	—	—
						化学需氧量	克/吨-产品	60114.10	化学混凝法+厌氧生物处理法+好氧生物处理法	80.74	k=污水治理设施运行时间（天/年）/企业正常生产时间（天/年）
									化学混凝法+厌氧生物处理法+好氧生物处理法+化学处理法	92.86	
						氨氮	克/吨-产品	1159.76	化学混凝法+厌氧生物处理法+好氧生物处理法	74.79	
									化学混凝法+厌氧生物处理法+好氧生物处理法+化学处理法	82.26	
						总氮	克/吨-产品	1970.59	化学混凝法+厌氧生物处理法+好氧生物处理法	69.90	
						总氮	克/吨-产品	1970.59	化学混凝法+厌氧生物处理法+好氧生物处理法+化学处理法	76.89	
						总磷	克/吨-产品	146.74	化学混凝法+厌氧生物处理法+好氧生物处理法	82.07	
									化学混凝法+厌氧生物处理法+好氧生物处理法+化学处理法	90.28	
			数码印花	所有规模	废气	工业废气量	标米^3/吨-产品	12025.00	—	—	—
						挥发性有机物	克/吨-产品	79.60	吸附-蒸汽解析	97.00	k=工艺废气净化装置耗电量/（工艺废气净化装置额定功率×工艺废气净化装置运行时间）
						工业废气量	标米^3/吨-产品	15105.00	—	—	—
						挥发性有机物	克/吨-产品	10614.9	吸附-蒸汽解析	97.00	k=工艺废气净化装置耗电量/（工艺废气净化装置额定功率×工艺废气净化装置运行时间）

1762 针织或钩针编织物印染精加工行业系数表（续表 4）

工段名称	产品名称	原料名称	工艺名称	规模等级	污染物类别	污染物指标	系数单位	产污系数	末端治理技术	末端治理技术平均去除效率/%	参考 k 值计算公式
整理	印染针织物	针织物	涂层/复合	所有规模	废气	工业废气量	标米^3/吨-产品	6671.00	—	—	—
						挥发性有机物	克/吨-产品	161.80	吸附-蒸汽解析	97.00	k=工艺废气净化装置耗电量/（工艺废气净化装置额定功率×工艺废气净化装置运行时间）
			化学整理-定形	所有规模	废气	工业废气量	标米^3/吨-产品	41820.82	—	—	—
						颗粒物	克/吨-产品	227.00	喷淋塔/冲击水浴+静电除尘	79.64	k=工艺废气净化装置耗电量/（工艺废气净化装置额定功率×工艺废气净化装置运行时间）
一般工业固废							千克/吨-产品	32.35	—	—	—
危险废物							千克/吨-产品	3.20	—	—	—

1781 非织造布制造业

1 适用范围

本手册仅用于《国民经济行业分类》（GB/T 4754—2017）中 1781 非织造布制造行业使用系数法核算工业污染物产生量和排放量的工业企业。

利用本手册进行产污核算得出的污染物产生量与排放量仅代表了特定行业、工艺、产品、原料在正常工况下污染物产生与排放量的一般规律。

本行业废水指标包括工业废水量、化学需氧量、氨氮、总氮、总磷；废气指标包括工业废气量、挥发性有机物；固体废物指标包括一般工业固废、危险废物。

2 注意事项

2.1 系数表中未涉及产品的产污系数

对可能遇到的罕见产品、特殊生产工艺、特殊末端处理工艺，可咨询行业组织、专家、其他企业技术人员，选取近似的组合产污系数进行核算。

2.2 生产非单一产品企业污染物产排量核算的处理

由于许多企业跨行业经营，企业生产的产品涉及不同行业及不同组合，因而产品的产排污量应根据其不同的组合分别进行核算，企业总产排污量则为各产品产排污量之和。

2.3 其他需要说明的问题

（1）本手册制定过程中，通过实测和历史数据统计，制定国内典型的生产工艺、符合国内平均水平的产污系数、末端治理设施去除效率及运行率。使用本手册计算排污量时与单个企业的实际情况可能有差异，但总体上符合行业水平。

（2）本手册的水刺工艺产污系数是在国内典型工况下得到的，考虑了生产线中废水大量回用的影响。水刺非织造布生产工艺中，水回用处理设备作为生产车间设备的组成部分，工艺废水一般采用混凝气浮-过滤-精密过滤等工艺直接回用，重复利用率达 90%以上。因此，水刺工艺产污系数为车间外排的产污系数，使用时不用再考虑车间内部废水重复利用率。

（3）由于非织造布制造企业的外排废水浓度较低，一般情况下对园区纳管企业可直接纳管，对执行直排标准的企业采用化学混凝法可达到排放要求。

（4）非织造布制造企业对非织造布进行染整加工的情况，其印染加工产品可类比采用化纤染整精加工行业的产污系数。

（5）由于不同企业工业废气量与废水量差异较大，本手册所提供的工业废气量、废水量系数仅供参考。

为体现相同产污水平条件下，采用相同环保治理设施的不同企业对同一污染物去除效果的差异，引入末端治理设施实际运行率（k）对污染治理技术的实际去除率进行修正。k 值反映的是污染治理设施运行的状态，越稳定运行，k 值越高；在取值上，若定义连续稳定运行的理想状态为 1，则 k 取值在 0～1 之间。

本手册给出本行业的 k 计算公式仅供参考，使用时，可根据 k 值定义，选取更适合企业实际情况的表达方式。

（6）关于系数表格各栏目的说明。

①“产品名称”：指非织造布制造企业在报告期内生产的，并符合产品质量要求的实物名称。

②“原料名称”：指非织造布制造企业在报告期内使用的主要原料。本手册包括纤维、高分子材料等行业内通用的原料名称。

③“工艺名称”：指对应非织造布制造企业生产、加工产品采用的主要生产方法的名称。

④“规模等级”：指产污系数核算所对应的生产规模等级，由于非织造布制造企业规模对产污系数无明显影响，因此本手册不计生产规模的影响。

⑤“污染物指标”：废水指标包括工业废水量、化学需氧量、氨氮、总氮、总磷；废气指标包括工业废气量、挥发性有机物；固体废物指标包括一般工业固废、危险废物。

⑥“系数单位”：指产污系数计量单位，工业废水量表述为“米^3/吨-产品”，废水污染物表述为“克/吨-产品”；一般工业固废及危险废物表述为“千克/吨-产品”。

⑦“产污系数”：指每生产单位质量产品所产生的污染物质的量；

⑧“末端治理技术”：针对非织造布制造行业内的污染物所采用的处理方法的名称，虽然非织造布制造的品种相对较多，但多依靠机械的参数调节和原料的配比实现，而且非织造布制造行业的产污排污较少，故行业内末端治理技术的应用很少。手册中只涉及简单的末端处理技术，当企业的末端处理方法不在系数表单中，可咨询行业组织或生态环境专家及企业技术人员，在系数表单中选取近似的废水处理方法核算。若无近似的废水处理方法，需以具备资质的第三方检测机构的检测报告中的排污数据为准，若仍无检测报告则该企业按无治理设施处理。企业若无废水处理设施，排污量等于产污量。

⑨“末端治理技术平均去除效率”：指在典型末端治理工艺的条件下，生产单位产品所产生的污染物量经污染治理设施削减比例。

⑩“末端治理设施实际运行率（k 值）”：指在典型末端治理设施在正常运行周期内的主要实际运行参数与设计运行参数的比例。

3 污染物排放量核算方法

针对企业实际生产情况，本行业在系数制定过程中将企业全生产流程划分或拆分为若干工段（核算环节），在核算企业污染物产排量时，可灵活选择本企业对应的工段进行核算。

3.1 计算工段污染物产生量

（1）根据产品、原料、污染物产生的主导生产工艺、企业规模（生产产能）组合查找和确定所对应的某项污染物的产污系数。

（2）根据污染物的产污系数计量单位——单位产品产量，获取企业实际产品产量进行计算。

（3）污染物产生量按以下公式进行计算：

污染物产生量=污染物对应的产污系数×产品产量

$$G_{产i}=P_{产i}\times M_i$$

式中，$G_{产i}$——工段 i 某污染物的产生量；

$P_{产i}$——工段 i 某污染物对应的产污系数；

M_i——工段 i 的产品产量。

3.2 计算工段污染物去除量

（1）根据企业对某种污染物所采用的治理技术查找和选择相应的治理技术平均去除效率。

（2）根据污染治理设施实际运行率参数及其计算公式，得出该企业某种污染物的治理设施实际运行率（k 值）。

（3）污染物去除量按以下公式进行计算：

污染物去除量=污染物产生量×污染物去除率

=污染物产生量×治理技术平均去除效率×治理设施实际运行率

$$R_{减i}=G_{产i}\times\eta_T\times k_T$$

式中，$R_{减i}$——工段 i 某污染物的去除量；

η_T——工段 i 某污染物采用的末端治理技术的平均去除效率；

k_T——工段 i 某污染物采用的末端治理设施的实际运行率。

3.3 计算工段污染物排放量

污染物排放量=污染物产生量–污染物去除量

=污染物对应的产污系数×产品产量–污染物产生量×

治理技术平均去除效率×治理设施实际运行率

3.4 计算企业污染物排放量

同一企业某污染物全年的排放总量为该企业同年实际生产（全部工艺、产品、原料、规模）产生的污染物排放量之和。

$$E_{排}=G_{产}-R_{减}=\sum(G_{产i}-R_{减i})=\sum\left[P_{产i}\times M_i(1-\eta_T\times k_T)\right]$$

式中，$E_{排}$——企业某污染物的排放量；

$G_{产}$——企业某污染物的产生量；

$R_{减}$——企业某污染物的去除量。

4 污染物排放量核算案例

某企业主要从事水刺法非织造布生产。该企业以涤纶和粘胶纤维为主要原料，生产工艺采用水刺工艺，年产量（生产规模）2.2 万吨，该企业废水的污染治理技术采用混凝气浮-过滤-精密过滤，涉及的废水污染物主要为化学需氧量、氨氮、总磷、总氮，以该组合中化学需氧量指标为例说明计算过程。

4.1 化学需氧量产生量计算

（1）查找产污系数及其计量单位

根据企业基本信息，查找本手册中主要产品为水刺非织造布，主要原料为涤纶和粘胶，主要工艺为水刺，对应的化学需氧量产污系数为 432.13 克/吨-产品。

（2）获取企业产品产量

该企业实际情况为：主要产品水刺非织造布，2017 年产量为 2.2 万吨。

（3）计算化学需氧量产生量

根据上述产污系数及其计算单位、企业产品产量，计算其实际产生的化学需氧量。

化学需氧量产生量=化学需氧量产污系数×产品（水刺非织造布）产量

=432.13 克/吨-产品×22000 吨-产品÷1000000=9.51 吨

4.2 化学需氧量去除量计算

（1）查找治理技术平均去除效率

该企业采用的废水末端处理技术为化学混凝法，水刺工艺的平均去除效率为 51.87%。

（2）计算污染治理设施实际运行率

根据产污系数组合查询结果，该组合中化学混凝法对应的污染治理设施实际运行参数分别为污水治理设施运行时间、企业正常生产时间。

根据查询结果，该组合中化学混凝法对应的污染治理设施实际运行率为

k=污水治理设施运行时间/企业正常生产时间

获取企业实际情况如下：该企业 2017 年污水治理设施运行时间 330 天，企业正常生产时间 330 天，则该企业的实际运行率为

k=330 天/330 天=1

（3）计算化学需氧量去除量

化学需氧量去除量=9.51 吨×51.87%×1=4.93 吨

4.3 化学需氧量排放量计算

化学需氧量排放量=9.51 吨−4.93 吨=4.58 吨

5 系数表

1781 非织造布制造行业系数表

工段名称	产品名称	原料名称	工艺名称	规模等级	污染物类别	污染物指标	系数单位	产污系数	末端治理技术	末端治理技术平均去除效率/%	参考 k 值计算公式[1]
非织造工段	非织造布	纤维	水刺工艺	所有规模	废水	工业废水量	标米^3/吨-产品	6.48	—	—	—
						化学需氧量	克/吨-产品	432.13	化学混凝法+厌氧生物处理法+好氧生物处理法	51.87	k=污水治理设施运行时间（天/年）/企业正常生产时间（天/年）
						氨氮	克/吨-产品	7.10	化学混凝法+厌氧生物处理法+好氧生物处理法	8.47	
						总氮	克/吨-产品	14.23	化学混凝法+厌氧生物处理法+好氧生物处理法	32.95	
						总磷	克/吨-产品	2.06	化学混凝法+厌氧生物处理法+好氧生物处理法	84.33	
		高分子聚合物	化学黏合工艺	所有规模	废气	工业废气量	标米^3/吨-产品	3987.00	—	—	
						挥发性有机物	克/吨-产品	266.00	吸附-蒸汽解析	97.00	k=工艺废气净化装置耗电量/（工艺废气净化装置额定功率×工艺废气净化装置运行时间）
一般工业固废							千克/吨-产品	3.65	—	—	—
危险废物							千克/吨-产品	0.18	—	—	—

[1] 该公式仅供参考，使用时，可根据 k 值定义，选取更适合企业实际情况的表达方式。

1711 棉纺纱加工业
1722 毛织造加工业
1732 麻织造加工业
1742 绢纺和丝织加工业
1761 针织或钩针编织物织造业
1763 针织或钩针编织品制造业
1771 床上用品制造业
1772 毛巾类制品制造业
1773 窗帘、布艺类产品制造业
1779 其他家用纺织制成品制造业
1782 绳、索、缆制造业
1783 纺织带和帘子布制造业
1784 篷、帆布制造业
1789 其他产业用纺织制成品制造业

1 适用范围

本手册给出了《国民经济行业分类》（GB/T 4754—2017）中 1711 棉纺纱加工行业，1722 毛织造加工行业，1732 麻织造加工行业，1742 绢纺和丝织加工行业，1761 针织或钩针编织物织造行业，1763 针织或钩针编织品制造行业，1771 床上用品制造行业，1772 毛巾类制品制造行业，1773 窗帘、布艺类产品制造行业，1779 其他家用纺织制成品制造行业，1782 绳、索、缆制造行业，1783 纺织带和帘子布制造行业，1784 篷、帆布制造行业，1789 其他产业用纺织制成品制造行业所涉及的一般工业固废及危险废物的产污系数。

2 注意事项

2.1 系数表中未涉及产品的产排污系数

对可能遇到的罕见产品、特殊生产工艺、末端处理工艺，可咨询当地行业组织、专家、其他企业技术人员，选取近似的组合产排污系数代替。

2.2 生产非单一产品企业污染物产排量核算的处理

由于许多企业跨行业经营，企业生产的产品涉及不同行业及不同组合，因而产品的产排污量应根据其不同的组合分别进行核算。该企业产排污量则为各产品产排污量之和。

2.3 其他需要说明的问题

（1）由于纺织品产品种类繁多，质量要求差别大，同时生产过程企业采用不同的污染物排放方式、不同的污染物处理工艺，使各企业之间的单位产品产污量差别较大。本手册的制定过程中，通过实测和历史数据的统计制定符合全国平均水平的产污系数。使用本手册计算排污量时与单个企业的实际情况可能有出入，但总体上符合行业水平。

（2）关于系数表格各栏目的说明。

①“产品名称”：指加工企业在报告期内生产的，并符合产品质量要求的实物名称。

②“原料名称”：指加工企业在报告期内使用的主要原料。

③“工艺名称”：指对应各类加工生产、加工产品采用的主要生产方法的名称。

④“规模等级”：指产排污系数核算所对应的生产规模等级，由于本手册涉及的相关行业加工其规模对产污系数无明显的影响，因此本手册不计生产规模的影响。

⑤“污染物指标”：固体废弃物包括一般工业固废、危险废物。危险废物主要包括以下几类：废有机溶剂与含有机溶剂废物（HW06），废物再生处理过程中产生的废活性炭及其他过滤吸附介质，废矿物油与含矿物油废物（HW08），车辆、机械维修和拆解过程中产生的废发动机油、制动油、自动变速器油、齿轮油等废润滑油，使用工业齿轮油进行机械设备润滑过程中产生的废润滑油。

⑥“系数单位”：为产排污系数计量单位，一般工业固废、危险废物表述为“千克/吨-产品”。

⑦“产污系数”：是指每生产单位质量产品所产生的污染物质的量。

3 系数表

1711 棉纺纱加工行业产污系数表

工段名称	产品名称	原料名称	工艺名称	规模等级	污染物指标	系数单位	产污系数
纺纱	棉纱线类	棉纤维	纺纱工艺	所有规模	一般工业固废	千克/吨-产品	15.00
					危险废物	千克/吨-产品	0.10

1722 毛织造加工行业产污系数表

工段名称	产品名称	原料名称	工艺名称	规模等级	污染物指标	系数单位	产污系数
机织织造	毛机织物	毛条毛线类	机织工艺	所有规模	一般工业固废	千克/吨-产品	26.00
					危险废物	千克/吨-产品	0.05

1732 麻织造加工行业产污系数表

工段名称	产品名称	原料名称	工艺名称	规模等级	污染物指标	系数单位	产污系数
机织织造	麻机织物	麻纱线类	机织工艺	所有规模	一般工业固废	千克/吨-产品	54.60
					危险废物	千克/吨-产品	0.10

1742 绢纺和丝织加工行业产污系数表

工段名称	产品名称	原料名称	工艺名称	规模等级	污染物指标	系数单位	产污系数
机织织造	丝织物	蚕丝、长丝纤维	丝织物织造工艺	所有规模	一般工业固废	千克/吨-产品	4.10
					危险废物	千克/吨-产品	0.67

1761 针织或钩针编织物织造行业产污系数表

工段名称	产品名称	原料名称	工艺名称	规模等级	污染物指标	系数单位	产污系数
针织织造	针织物	纱线类	针织工艺	所有规模	一般工业固废	千克/吨-产品	20.00
					危险废物	千克/吨-产品	0.15

1763 针织或钩针编织品制造行业产污系数表

工段名称	产品名称	原料名称	工艺名称	规模等级	污染物指标	系数单位	产污系数
针织织造	针织物	纱线类	针织工艺	所有规模	一般工业固废	千克/吨-产品	78.10
					危险废物	千克/吨-产品	2.30

1771 床上用品制造行业产污系数表

工段名称	产品名称	原料名称	工艺名称	规模等级	污染物指标	系数单位	产污系数
缝制	床上用品	各类纤维及纺织品	裁剪-缝制-定形	所有规模	一般工业固废	千克/吨-产品	10.90
					危险废物	千克/吨-产品	0.04

1772 毛巾类制品制造行业产污系数表

工段名称	产品名称	原料名称	工艺名称	规模等级	污染物指标	系数单位	产污系数
缝制	毛巾类	各类纤维	裁剪-缝制-定形	所有规模	一般工业固废	千克/吨-产品	52.30
					危险废物	千克/吨-产品	0.03

1773 窗帘、布艺类产品制造行业产污系数表

工段名称	产品名称	原料名称	工艺名称	规模等级	污染物指标	系数单位	产污系数
缝制	布艺类	各类纤维及纺织品	裁剪-缝制-定形	所有规模	一般工业固废	千克/吨-产品	64.80
					危险废物	千克/吨-产品	0.70

1779 其他家用纺织制成品制造行业产污系数表

工段名称	产品名称	原料名称	工艺名称	规模等级	污染物指标	系数单位	产污系数
缝制	其他家用纺织制成品	各类纤维及纺织品	裁剪-缝制-定形	所有规模	一般工业固废	千克/吨-产品	2.40
					危险废物	千克/吨-产品	0.05

1782 绳、索、缆制造行业产污系数表

工段名称	产品名称	原料名称	工艺名称	规模等级	污染物指标	系数单位	产污系数
编织	绳索类	所有原料	所有工艺	所有规模	一般工业固废	千克/吨-产品	3.20
					危险废物	千克/吨-产品	0.08

1783 纺织带和帘子布制造行业产污系数表

工段名称	产品名称	原料名称	工艺名称	规模等级	污染物指标	系数单位	产污系数
编织	纺织带及帘子布类	所有原料	所有工艺	所有规模	一般工业固废	千克/吨-产品	5.60
					危险废物	千克/吨-产品	0.12

1784 篷、帆布制造行业产污系数表

工段名称	产品名称	原料名称	工艺名称	规模等级	污染物指标	系数单位	产污系数
—	篷帆布类	所有原料	所有工艺	所有规模	一般工业固废	千克/吨-产品	3.93
					危险废物	千克/吨-产品	0.11

1789 其他产业用纺织制成品制造行业产污系数表

工段名称	产品名称	原料名称	工艺名称	规模等级	污染物指标	系数单位	产污系数
—	其他产业用纺织制成品	所有原料	所有工艺	所有规模	一般工业固废	千克/吨-产品	4.67
					危险废物	千克/吨-产品	0.10

18

纺织服装、服饰业

1819 其他机织服装制造业

1 适用范围

本手册仅用于《国民经济行业分类》（GB/T 4754—2017）中 1819 其他机织服装制造行业使用系数法核算工业污染物产生量和排放量的工业企业。

利用本手册进行产污核算得出的污染物产生量与排放量仅代表了特定行业、工艺、产品、原料在正常工况下污染物产生与排放的一般规律。

本行业废水指标包括工业废水量、化学需氧量、氨氮、总氮、总磷；废气指标无；固体废物指标包括一般工业固废、危险废物。

2 注意事项

2.1 系数表中未涉及产品的产污系数

对可能遇到的罕见产品、特殊生产工艺、特殊末端处理工艺，可咨询行业组织、专家、其他企业技术人员，选取近似的组合产污系数进行核算。

2.2 生产非单一产品企业污染物产排量核算的处理

由于许多企业跨行业经营，企业生产的产品涉及不同行业及不同组合，因而产品的产排污量应根据其不同的组合分别进行核算，企业总产排污量则为各产品产排污量之和。

2.3 其他需要说明的问题

（1）由于服装服饰产品种类繁多、质量要求差别大，同时生产过程企业采用不同的污染物排放方式、排放纳管要求和污染物处理工艺，因而各企业之间的单位产品产污量、末端治理设施去除效率及实际运行率差别较大。本手册制定过程中，通过实测和历史数据统计，制定符合全国平均水平的产污系数、末端治理设施去除效率及实际运行率。使用本手册计算产污量时与单个企业的实际情况可能有差异，但总体上符合行业水平。

（2）本手册的产污系数是在典型工况下得到的，不考虑废水回用的影响。在企业实际排放量计算过程中，如果存在废水回用的情况，需要在计算排放量的基础上扣除废水回用的部分。公式如下：

实际排放量=计算排放量×（1–废水回用率）

（3）由于成衣水洗企业传统以“件”或“条”等单位为计量单位，手册使用过程中需将计件单位换算成质量单位。

（4）由于不同企业废水量差异较大，本手册所提供的工业废水量系数仅供参考。

为体现相同产污水平条件下，采用相同环保治理设施的不同企业对同一污染物去除效果的差异，引入末端治理设施实际运行率（k）对污染治理技术的实际去除率进行修正。k 值反映的是污染治理设施运行的状态，越稳定运行，k 值越高；在取值上，若定义连续稳定运行的理想状态为 1，则 k 取值在 0～1 之间。

本手册给出本行业的 k 计算公式仅供参考，使用时，可根据 k 值定义，选取更适合企业实际情况的表达方式。

（5）关于系数表格各栏目的说明。

①“产品名称”：指成衣水洗企业在报告期内生产的，并符合产品质量要求的实物名称。

②“原料名称”：指成衣水洗企业在报告期内使用的主要原料。本手册包括成衣水洗行业内通用的原料名称，如成衣服装等。

③“工艺名称”：指对应成衣水洗企业生产、加工产品采用的主要生产方法的名称。

④“规模等级”：指产污系数核算所对应的生产规模等级。由于机织服装制造规模对产污系数无明显影响，因此本手册不计生产规模的影响。

⑤“污染物指标”：废水包含工业废水量、化学需氧量、氨氮、总氮、总磷。

⑥“系数单位”：指产污系数计量单位，工业废水量表述为“米^3/吨-产品”，废水污染物表述为“克/吨-产品”；一般工业固废及危险废物表述为“千克/吨-产品”。

⑦“产污系数”：指每生产单位质量产品所产生的污染物质的量。

⑧“末端治理技术平均去除效率”：指在典型末端治理工艺的条件下，生产单位产品所产生的污染物量经污染治理设施削减比例。

⑨“末端治理设施实际运行率（k 值）”：指典型末端治理设施在正常运行周期内的主要实际运行参数与设计运行参数的比例。

3　污染物排放量核算方法

针对企业实际生产情况，本行业在系数制定过程中将企业全生产流程划分或拆分为若干工段（核算环节），在核算企业污染物产排量时，可灵活选择本企业对应的工段进行核算。

3.1　计算工段污染物产生量

（1）根据产品、原料、污染物产生的主导生产工艺、企业规模（生产产能）组合查找和确定所对应的某项污染物的产污系数。

（2）根据污染物的产污系数计量单位——单位产品产量，获取企业实际产品产量进行计算。

（3）污染物产生量按以下公式进行计算：

污染物产生量=污染物对应的产污系数×产品产量

$$G_{产i} = P_{产i} \times M_i$$

式中，$G_{产i}$——工段 i 某污染物的产生量；

$P_{产i}$——工段 i 某污染物对应的产污系数；

M_i——工段 i 的产品产量。

3.2　计算工段污染物去除量

（1）根据企业对某一种污染物所采用的治理技术，查找和选择相应的治理技术平均去除效率。

（2）根据污染治理设施实际运行率参数及其计算公式，得出该企业某一污染物的治理设施实际运行率（k 值）。

（3）污染物去除量按以下公式进行计算：

污染物去除量=污染物产生量×污染物去除率

=污染物产生量×治理技术平均去除效率×治理设施实际运行率

$$R_{减i}=G_{产i}\times\eta_T\times k_T$$

式中，$R_{减i}$——工段 i 某污染物的去除量；

η_T——工段 i 某污染物采用的末端治理技术的平均去除效率；

k_T——工段 i 某污染物采用的末端治理设施的实际运行率。

3.3　计算工段污染物排放量

污染物排放量=污染物产生量–污染物去除量

=污染物对应的产污系数×产品产量–污染物产生量×治理技术平均去除效率×治理设施实际运行率

3.4　计算企业污染物排放量

同一企业某污染物全年的排放总量为该企业同年实际生产（全部工艺、产品、原料、规模）产生的污染物排放量之和。

$$E_{排}=G_{产}-R_{减}=\sum(G_{产i}-R_{减i})=\sum\left[P_{产i}\times M_i(1-\eta_T\times k_T)\right]$$

式中，$E_{排}$——企业某污染物的排放量；

$G_{产}$——企业某污染物的产生量；

$R_{减}$——企业某污染物的去除量。

4　污染物排放量核算案例

某企业主要进行儿童牛仔裤的水洗工作，年产量（加工规模）为 1375 吨。生产工艺为水洗，水洗工艺包括退浆-酵素洗-漂白-解漂-过焦亚-煮光-过软等工序，涉及的废水污染物主要为总磷、氨氮、总磷、总氮，以该组合中总磷指标为例说明计算过程。

4.1　总磷产生量计算

（1）查找产污系数及其计量单位

根据企业基本信息，查找本手册中主要产品为机织面料的成衣，主要工艺为成衣水洗，对应的总磷产污系数为 687.87，单位为克/吨-产品。

（2）获取企业产品产量与原料用量

该企业实际情况为：主要产品为成衣，其水洗加工量为550万件，按照平均克重250克/条计算，年产量（加工规模）为1375吨。

（3）计算总磷产生量

由于查询到的组合中，总磷产污系数的单位为克/吨-产品，因此在核算产生量时采用产品产量。

总磷产生量=总磷产污系数×产品（成衣）产量

$$=687.87\text{ 克/吨-产品}\times 1375\text{ 吨}\times 10^{-6}=0.95\text{ 吨}$$

4.2 总磷去除量计算

（1）查找治理技术平均去除效率

该企业采用的废水末端处理技术为“化学混凝法+厌氧生物处理法+好氧生物处理法+化学处理法”，查询相应组合内该工艺的平均去除效率为92.41%。

（2）计算污染治理设施实际运行率

根据产污系数组合查询结果，该组合中“化学混凝法+厌氧生物处理法+好氧生物处理法+化学处理法”对应的污染治理设施实际运行参数分别为污水治理设施运行时间、企业正常生产时间。

根据查询结果，该组合中化学混凝法对应的污染治理设施实际运行率为

$$k=\text{污水治理设施运行时间/企业正常生产时间}$$

获取企业实际情况如下：该企业2017年污水治理设施运行时间330天，企业正常生产时间330天，则该企业的实际运行率为

$$k=330\text{ 天}/330\text{ 天}=1$$

（3）计算总磷去除量

$$\text{总磷去除量}=0.95\text{ 吨}\times 92.41\%\times 1=0.88\text{ 吨}$$

4.3 总磷排放量计算

$$\text{总磷排放量}=0.95\text{ 吨}-0.88\text{ 吨}=0.07\text{ 吨}$$

5 系数表

1819 其他机织服装制造行业系数表

工段名称	产品名称	原料名称	工艺名称	规模等级	污染物类别	污染物指标	系数单位	产污系数	末端治理技术	末端治理技术平均去除效率/%	参考 k 值计算公式[1]
成衣水洗	水洗加工成衣服装	成衣服装	水洗	所有规模	废水	工业废水量	标米^3/吨-产品	88.06	—	0	—
						化学需氧量	克/吨-产品	74467.39	化学混凝法+厌氧生物处理法+好氧生物处理法	90.00	k=污水治理设施运行时间（天/年）/企业正常生产时间（天/年）
									化学混凝法+厌氧生物处理法+好氧生物处理法+化学处理法	97.50	
						氨氮	克/吨-产品	310.56	化学混凝法+厌氧生物处理法+好氧生物处理法	62.91	
									化学混凝法+厌氧生物处理法+好氧生物处理法+化学处理法	68.82	
						总氮	克/吨-产品	2288.71	化学混凝法+厌氧生物处理法+好氧生物处理法	71.70	
									化学混凝法+厌氧生物处理法+好氧生物处理法+化学处理法	73.13	
						总磷	克/吨-产品	687.87	化学混凝法+厌氧生物处理法+好氧生物处理法	89.35	
									化学混凝法+厌氧生物处理法+好氧生物处理法+化学处理法	92.41	
一般工业固废							千克/吨-产品	136.00	—	—	—
危险废物							千克/吨-产品	1.20	—	—	—

[1] 该公式仅供参考，使用时，可根据 k 值定义，选取更适合企业实际情况的表达方式。

1811 运动机织服装制造业
1821 运动休闲针织服装制造业
1829 其他针织或钩针编织服装制造业
1830 服饰制造业

1 适用范围

本手册给出了《国民经济行业分类》（GB/T 4754—2017）中 1811 运动机织服装制造行业、1821 运动休闲针织服装制造行业、1829 其他针织或钩针编织服装制造行业、1830 服饰制造行业所涉及的一般工业固废及危险废物的产污系数。

2 注意事项

2.1 系数表中未涉及产品的产排污系数

对可能遇到的罕见产品、特殊生产工艺末端处理工艺，可咨询当地行业组织、专家、其他企业技术人员，选取近似的组合产排污系数代替。

2.2 生产非单一产品企业污染物产排量核算的处理

由于许多企业跨行业经营，企业生产的产品涉及不同行业及不同组合，因而产品的产排污量应根据其不同的组合分别进行核算。该企业产排污量则为各产品产排污量之和。

2.3 其他需要说明的问题

（1）由于服装服饰产品种类繁多，质量要求差别大，同时生产过程企业采用不同的污染物排放方式、不同的污染物处理工艺，使各企业之间的单位产品产污量差别较大。本手册制定过程中，通过实测和历史数据的统计制定符合全国平均水平的产污系数。使用本手册计算排污量时与单个企业的实际情况可能有出入，但总体上符合行业水平。

（2）关于系数表格各栏目的说明。

①“产品名称”：指加工企业在报告期内生产的，并符合产品质量要求的实物名称。

②“原料名称”：指加工企业在报告期内使用的主要原料。

③“工艺名称”：指对应各类加工生产、加工产品采用的主要生产方法的名称。

④“规模等级”：指产排污系数核算所对应的生产规模等级，由于本手册涉及的相关行业规模对

产污系数无明显影响，因此本手册不计生产规模的影响。

⑤“污染物指标”：固体废弃物包括一般工业固废、危险废物。危险废物主要包括以下几类：废有机溶剂与含有机溶剂废物（HW06），废物再生处理过程中产生的废活性炭及其他过滤吸附介质；废矿物油与含矿物油废物（HW08），车辆、机械维修和拆解过程中产生的废发动机油、制动油、自动变速器油、齿轮油等废润滑油，使用工业齿轮油进行机械设备润滑过程中产生的废润滑油。

⑥“单位”：为产排污系数计量单位，一般工业固废、危险废物表述为“千克/吨-产品”。

⑦“产污系数”：是指每生产单位质量产品所产生的污染物质的量。

3 系数表

1811 运动机织服装制造行业系数表

工段名称	产品名称	原料名称	工艺名称	规模等级	污染物指标	系数单位	产污系数
缝制	运动机织服装	机织面料	缝制-加工	所有规模	一般工业固废	千克/吨-产品	5.00
					危险废物	千克/吨-产品	0.08

1821 运动休闲针织服装制造行业系数表

工段名称	产品名称	原料名称	工艺名称	规模等级	污染物指标	系数单位	产污系数
缝制	运动休闲针织服装	针织面料	缝制-加工	所有规模	一般工业固废	千克/吨-产品	5.00
					危险废物	千克/吨-产品	0.10

1829 其他针织或钩针编织服装制造行业系数表

工段名称	产品名称	原料名称	工艺名称	规模等级	污染物指标	系数单位	产污系数
缝制	其他针织服装	针织面料	缝制-加工	所有规模	一般工业固废	千克/吨-产品	5.30
					危险废物	千克/吨-产品	0.05

1830 服饰制造行业系数表

工段名称	产品名称	原料名称	工艺名称	规模等级	污染物指标	系数单位	产污系数
编织	服装饰品	所有原料	编织及缝制	所有规模	一般工业固废	千克/吨-产品	5.00
					危险废物	千克/吨-产品	0.06

19

皮革、毛皮、羽毛及其制品和制鞋业

191 皮革鞣制加工业

1 适用范围

本手册仅用于《国民经济行业分类》（GB/T 4754—2017）中 1910 皮革鞣制加工行业使用产污系数法核算工业污染物产生量和排放量的工业企业。

利用本手册进行产排污核算得出的污染物产生量与排放量仅代表了皮革鞣制加工行业的工艺、产品、原料在正常工况下污染物产生与排放的一般规律。

本行业废水污染物指标包括工业废水量、化学需氧量、氨氮、总磷、总氮、铬、六价铬；废气污染物指标包括挥发性有机物；固体废物指标包括一般工业固体废物和危险废物。

2 注意事项

2.1 企业有多种生产工艺或生产多类产品产排污量核算

挥发性有机物：污染物产生量与产品产量有关，根据不同核算环节计算产污量后，再根据企业末端治理设施和运行情况计算排污量。

工业废水量、化学需氧量、氨氮、总磷、总氮、铬、六价铬、工业固体废物：污染物产生量与原料类型及原料用量有关，根据不同核算环节计算产污量后，再根据企业末端治理设施和运行情况计算各污染物的排放量。

企业某污染物产生量、排放量为各核算环节产生量、排放量之和。

利用本手册核算企业工业废水排放量时，如果存在循环水、中水回用的情况，需要在废水产生量的基础上扣除循环用水量和中水回用量。公式如下：

工业废水排放量=核算排放量−循环用水量−中水回用量

2.2 采用多种治理设施组合处理企业的排污量核算

在排污量计算选择末端治理技术时，如果企业存在多种废气治理设施组合的情况，且系数手册中没有对应的组合治理技术，以主要治理技术为准选择处理效率。

2.3 系数表中未涉及的产污系数及污染治理效率

对于加工除牛皮、猪皮、羊皮以外产品的企业，一般根据原料皮与牛皮、猪皮、绵羊皮、山羊皮的相似性来确定皮种（如马皮归入牛皮，鹿皮归入绵羊皮），然后确定对应皮类的产量（如已知马皮年加工张数，按系数折算成牛皮标张数，确定该企业的产量，不同皮种折算牛皮标张数见表 3），再按实际生产工艺（如生皮—成品革）选取产污系数。通常情况下，其他类杂皮优先按牛皮生产工艺和产品类型来确定产污系数。

对于完全使用无铬鞣剂进行鞣制和复鞣加工的企业，铬和六价铬产污系数取值为 0，其余指标参考同核算环节下的同种类原料皮对应的产污系数。

2.4 其他需要说明的问题

（1）本手册所提供的工业废水量系数仅供校核参考，不作为企业填报依据。

（2）为体现相同产污水平条件下，采用相同环保治理设施的不同企业对同一污染物去除效果的差异，引入末端治理设施实际运行率（*k*）对污染治理技术的实际去除率进行修正。*k* 值反映的是污染治理设施运行的状态，越稳定运行，*k* 值越高；在取值上，若定义连续稳定运行的理想状态为 1，则 *k* 取值在 0～1 之间。

本手册给出本行业的 *k* 计算公式仅供参考，使用时，可根据 *k* 值定义，选取更适合企业实际情况的表达方式。

（3）行业工艺划分与命名。

皮革鞣制加工工艺全过程主要工序如表 1 所示。

表 1　皮革鞣制工艺全过程工序

编号	生产工段	主要工序
①	准备工段 I	预浸水→主浸水→脱脂
②	准备工段 II	脱毛、浸灰→脱灰→软化
③	鞣制工段	浸酸→鞣制
④	湿整饰工段	静置→剖层→削匀→复鞣→水洗→中和→填充→染色加脂→挤水
⑤	干整饰工段	干燥→振软→喷中层→干燥→振软→摔软→喷顶层→成品革

产污系数表中共包括四种生产工艺类型（核算环节），其工艺命名的含义为：

①生皮—坯革/成品革工艺：从原料皮加工成各种坯革或成品革的全流程工艺过程，即依次进行①→②→③→④（坯革）或①→②→③→④→⑤（成品革）核算环节；

②蓝湿革—坯革/成品革工艺：从企业外购铬鞣后蓝湿革，进行后续加工的工艺过程，即依次进行④（坯革）或④→⑤（成品革）核算环节；

③生皮—蓝湿革工艺：从原料皮加工成蓝湿革的工艺过程，即依次进行①→②→③核算环节；

其中，生皮—坯革/成品革工艺按照鞣制方式可分为铬鞣制和铬-非铬结合鞣制两类，具体依照企业鞣制过程中使用的鞣剂进行确定。

注：现有部分企业只进行干整饰工段的单一涂饰工艺（即⑤）。皮革涂饰工艺即指通过刷、揩、淋、喷等方式，将配制好的色浆覆盖在皮革表面上形成一层保护性薄膜（也可将薄膜直接贴在皮革上）的过程。考虑涂饰工艺的废水产生量极少，故本手册的产污系数表的废水指标中没有单独对涂饰工艺进行表征。涂饰工艺涉及挥发性有机物的产生和排放，核查时需依照本手册中的挥发性有机物产污系数对企业挥发性有机物的产生和排放量进行核算。

（4）皮革鞣制加工行业产品折算原料皮重量的换算系数如表 2 所示。

表 2　产品产能单位换算表

项目	1 张成品革		1 米^2 成品革	
	生皮	蓝湿革	生皮	蓝湿革
牛皮基准重量/千克	25	12.5	5.5	2.8

项目	1 张成品革		1 米^{2}成品革	
	生皮	蓝湿革	生皮	蓝湿革
猪皮基准重量/千克	5	2.5	4.2	2.1
绵羊皮基准重量/千克	4.5	1.2	5.6	1.4
山羊皮基准重量/千克	2.2	0.6	4.4	1.2

（5）皮革鞣制加工行业不同原料皮折算牛皮标张数的折算系数如表 3 所示。

表 3　不同原料皮折算牛皮标张数

皮种	牛皮	猪皮	山羊皮	绵羊皮	马皮	鹿皮
折合比例	1	5	8	5	1.2	3

注：折合比例=标张牛皮单位重量/其他皮种的单位重量。

（6）本手册所指末端治理技术名称为经过预处理后的末端主体治理技术。

（7）制革工业产生的一般工业固体废物主要包括去肉、脱毛、片灰皮、原皮和灰皮修边、综合废水处理等工序产生的废毛、无铬皮固废及综合污泥等。制革工业产生的危险废物包括使用铬鞣剂进行铬鞣、复鞣工艺产生的废水处理污泥、皮革切削工艺产生的含铬皮革废碎料，以及使用氢氧化钙、硫化钠进行浸灰产生的废碱液等。本系数手册使用时综合废水处理产生的污泥及含铬废水处理产生的污泥含水率以 60%计。

（8）本手册中，生皮—坯革/成品革工段铬鞣制工艺、生皮—坯革/成品革工段铬-非铬结合鞣制工艺、生皮—蓝湿革工段铬鞣制工艺的系数单位中的“原料”指生皮，蓝湿革—坯革/成品革工段铬复鞣工艺的系数单位中的“原料”指蓝湿革。

3　污染物排放量核算方法

针对企业实际生产情况，本行业在产污系数制定过程中将企业全生产流程划分为四种生产工段（核算环节），在核算企业污染物产排量时，可灵活选择本企业对应的核算环节进行核算。

3.1　计算工段污染物产生量

（1）根据产品、原料、生产过程中污染物产生的主导生产工艺这一组合查找和确定所对应的某一污染物的产污系数。

（2）根据该污染物的产污系数计量单位——单位产品产量或单位原料用量，调用企业实际产品产量或原料用量。

例如，某组合内化学需氧量的产污系数单位为克/吨-产品，则计算产生量时需要获取企业实际产品产量；如果产污系数单位为克/吨-原料，则计算产生量时需要调用企业原料的实际消耗量（吨）。

（3）对于除挥发性有机物之外的污染物指标，污染物产生量按下式进行计算：

污染物产生量=污染物对应的产污系数×原料用量

$$G_{产i} = P_{产i} \times M_i$$

式中，$G_{产i}$——工段 i 某污染物的产生量；

$P_{产i}$——工段 i 某污染物对应的产污系数；

M_i——工段 i 的原料用量。

（4）对于挥发性有机物指标，污染物产生量按以下公式进行计算：

污染物产生量=污染物对应的产污系数×产品产量

$$G_{产i} = P_{产i} \times M_i$$

式中，$G_{产i}$——工段 i 某污染物的产生量；

$P_{产i}$——工段 i 某污染物对应的产污系数；

M_i——工段 i 的产品产量。

3.2 计算工段污染物去除量

（1）根据企业对某一污染物所采用的治理技术查找和选择相应的治理技术平均去除效率。

（2）根据所填报的污染治理设施实际运行率参数及其计算公式得出该企业某一污染物的治理设施实际运行率（k 值）。

（3）对于除挥发性有机物之外的污染物指标，污染物去除量按以下公式进行计算：

污染物去除量=污染物产生量×污染物去除率

=污染物产生量×治理技术平均去除效率×治理设施实际运行率

$$R_{减i} = G_{产i} \times \eta_T \times k_T$$

式中，$R_{减i}$——工段 i 某污染物的去除量；

η_T——工段 i 某污染物采用的末端治理技术的平均去除效率；

k_T——工段 i 某污染物采用的末端治理设施的实际运行率。

（4）对于挥发性有机物指标，利用污染物去除量计算公式进行计算：

污染物去除量=污染物产生量×污染物去除率

=污染物产生量×治理技术平均去除效率×治理设施实际运行率

$$R_{减i} = G_{产i} \times \eta_T \times k_T$$

式中，$R_{减i}$——工段 i 某污染物的去除量；

η_T——工段 i 某污染物采用的末端治理技术的平均去除效率；

k_T——工段 i 某污染物采用的末端治理设施的实际运行率。

3.3 计算工段污染物排放量

（1）挥发性有机物指标

污染物排放量=污染物产生量–污染物去除量

=污染物对应的产污系数×产品产量–污染物产生量×0.8×

治理技术平均去除效率×治理设施实际运行率

（2）除挥发性有机物外的其他污染物

污染物排放量=污染物产生量–污染物去除量

=污染物对应的产污系数×原料用量–污染物产生量×

治理技术平均去除效率×治理设施实际运行率

3.4 计算企业污染物排放量

同一企业某污染物全年的产生（排放）总量为该企业同年实际生产的全部工段、产品或原料皮、规模条件下，污染物产生总量与去除总量之差。

$$E_{排} = G_{产} - R_{减} = \sum(G_{产i} - R_{减i}) = \sum\left[P_{产i} \times M_i(1-\eta_T \times k_T)\right]$$

4 污染物排放量核算案例

4.1 案例 1

某企业从事皮革鞣制加工生产。该企业以牛生皮为唯一原料皮，生产工艺采用铬鞣制方式，生产成品革。该企业废水生化处理工艺采用 A/O 工艺，废水处理后排入园区污水处理厂或者城市污水管网，则企业涉及的废水污染物主要为化学需氧量、氨氮、总氮、总磷、铬等。废气污染物主要为挥发性有机物。

本核算示例以废水中化学需氧量为例，说明该企业废水化学需氧量排放量的计算方法。

（1）化学需氧量产生量计算

①查找产污系数及其计量单位

根据企业基本信息，查找本手册中主要产品为牛成品革，主要原料皮为牛生皮，主要工艺为铬鞣制，生产规模为所有规模。组合中化学需氧量的产污系数为 130×10^3，单位为克/吨-原料。

②获取企业产品产量

企业实际填报情况：2017 年该企业主要产品牛成品革产量为 10 万米^2。

③计算化学需氧量产生量

化学需氧量产污系数的单位为克/吨-原料，因此在核算产生量时如果产品产量单位为米^2，则需要通过查询产能换算表，查到 1 米^2 成品革折算牛皮生皮 5.5 千克。

$$\begin{aligned}化学需氧量产生量 &= 化学需氧量产污系数\times产品（牛成品革）产量\times5.5\div1000\\ &=130000克/吨\times(100000米^2\times5.5千克\div1000)=71500000克\end{aligned}$$

（2）化学需氧量去除量计算

①查找治理技术平均去除效率

由于该企业废水治理技术采用 A/O 工艺，查询该工艺的化学需氧量平均去除效率为 94%。

②计算污染治理设施实际运行率

根据产污系数组合查询结果，该组合中化学需氧量 A/O 工艺对应的污染治理设施实际运行参数分别为企业总生产时间、设备运行时间。

根据查询结果，该组合中化学需氧量 A/O 工艺对应的污染治理设施实际运行率为

$$k=设备运行时间（小时）/企业正常生产时间（小时）$$

获取企业实际填报情况如下：2017 年该企业 A/O 工艺设备运行时间 2100 小时，企业正常生产时间为 2400 小时，则该企业的 A/O 工艺实际运行率为

$$k=2100小时/2400小时=0.875$$

③计算化学需氧量去除量

$$化学需氧量去除量=71500000克\times94\%\times0.875=58805750克$$

（3）化学需氧量排放量计算

$$化学需氧量排放量=71500000克-58805750克=12694250克$$

4.2 案例2

某企业从事皮革鞣制加工生产，该企业以牛生皮和绵羊蓝湿皮为原料，牛皮生产工艺采用铬-非铬结合鞣制方式，绵羊皮生产工艺采用铬复鞣方式，生产牛皮成品革和绵羊皮成品革。该企业废水生化处理工艺采用 SBR 工艺，废水处理后排入园区污水处理厂或者城市污水管网，则企业涉及的废水污染物主要为化学需氧量、氨氮、总氮、总磷、铬等。

本核算示例以废水中氨氮为例，说明该企业废水氨氮排放量的计算方法。

根据该企业填报的产品、原料、工艺、规模信息，查找到对应的产污系数组合，以该组合中氨氮指标为例说明计算过程。

（1）氨氮产生量计算

①查找产污系数及其计量单位

主要产品为牛成品革、绵羊成品革，主要原料为牛生皮、绵羊蓝湿革，主要工艺为铬-非铬结合鞣制和铬复鞣，两种组合的氨氮的产污系数分别为 4.99×10^3 和 2.97×10^3，单位为克/吨-原料。

②获取企业产品产量和原料用量

该企业实际情况为：该企业主要产品牛成品革 2017 年产量为 10 万米^2，绵羊成品革 2017 年产量为 10 万米^2。

③计算氨氮产生量

氨氮产污系数的单位为克/吨-原料，因此在核算产生量时如果产品产量单位为米^2，则需要通过查询产能换算表（表 2），查到 1 米^{2}牛皮成品革折算牛皮生皮 5.5 千克，1 米^{2}绵羊成品革折算绵羊皮蓝湿皮 1.4 千克。

$$\begin{aligned}A：牛皮生产工艺氨氮产生量 &= 氨氮产污系数\times产品（牛成品革）产量\times5.5\div1000\\ &=4990克/吨\times(100000米^2\times5.5千克\div1000)=2744500克\end{aligned}$$

$$\begin{aligned}B：绵羊皮生产工艺氨氮产生量 &= 氨氮产污系数\times产品（绵羊皮成品革）产量\times1.4\div1000\\ &=2970克/吨\times(100000米^2\times1.4千克\div1000)=415800克\end{aligned}$$

企业氨氮产生量合计=2744500 克+415800 克=3160300 克

（2）氨氮去除量计算

①查找治理技术平均去除效率

该企业废水治理技术采用 SBR 工艺，查询该工艺的氨氮平均去除效率为 90%。

②计算污染治理设施实际运行率

该组合中氨氮 SBR 工艺对应的污染治理设施实际运行参数分别为企业总生产时间、设备运行时间。

根据查询结果，该组合中氨氮 SBR 工艺对应的污染治理设施实际运行率为

$$k=污染治理设施运行时间/企业正常生产时间$$

获取企业实际情况如下：该企业 2017 年 SBR 工艺设备运行时间 2100 小时，企业正常生产时间

为 2400 小时，则该企业的 SBR 工艺实际运行率为

$$k = 2100\text{小时} / 2400\text{小时} = 0.875$$

③计算氨氮去除量

$$\text{氨氮去除量} = 3160300\text{克} \times 90\% \times 0.875 = 2488736.25\text{克}$$

（3）氨氮排放量计算

$$\text{氨氮排放量} = 3160300\text{克} - 2488736.25\text{克} = 671563.75\text{克}$$

5 系数表

191 皮革鞣制加工行业系数表

工段名称	产品名称	原料名称	工艺名称	规模等级	污染物类别	污染物指标	系数单位	产污系数	末端治理技术	末端治理技术平均去除效率/%	参考 k 值计算公式[1]
生皮-蓝湿革	牛蓝湿革	牛生皮	铬鞣	所有规模	废水	工业废水量	吨/吨-原料	44.8	—	—	—
						化学需氧量	克/吨-原料	84.8×10^3	沉淀分离	30	k=污染治理设施运行时间（小时/年）/企业正常生产时间（小时/年）
									A/O	94	
									A^2/O	96	
									SBR 类	85	
									MBR 类	94	
									氧化沟类	85	
									生物接触氧化	80	
									其他（好氧生物处理法+氧化还原法）	98	
									生物滤池	99	
									好氧化塘	99	
						氨氮	克/吨-原料	3.27×10^3	沉淀分离	0	
									A/O	94	
									A^2/O	99	
									SBR 类	90	
									MBR 类	94	
									氧化沟类	90	
									生物接触氧化	85	
									其他（好氧生物处理法+氧化还原法）	98	

[1] 该公式仅供参考，使用时，可根据 k 值定义，选取更适合企业实际情况的表达方式。

191 皮革鞣制加工行业系数表（续表 1）

工段名称	产品名称	原料名称	工艺名称	规模等级	污染物类别	污染物指标	系数单位	产污系数	末端治理技术	末端治理技术平均去除效率/%	参考 k 值计算公式
生皮-蓝湿革	牛蓝湿革	牛生皮	铬鞣	所有规模	废水	总磷	克/吨-原料	24.2	沉淀分离	0	k=污染治理设施运行时间（小时/年）/企业正常生产时间（小时/年）
									A/O	55	
									A^2/O	67	
									SBR 类	55	
									MBR 类	55	
									氧化沟类	55	
									生物接触氧化	55	
						总氮	克/吨-原料	5.22×10^3	沉淀分离	8.0	
									A/O	72	
									A^2/O	72	
									SBR 类	72	
									MBR 类	85	
									氧化沟类	65	
									生物接触氧化	65	
						六价铬	克/吨-原料	1.87	化学沉淀法	35.00	
						铬	克/吨-原料	582	化学沉淀法	99.3	
生皮-蓝湿革	猪蓝湿革	猪生皮	铬鞣	所有规模	废水	工业废水量	吨/吨-原料	45.9	—	—	—
						化学需氧量	克/吨-原料	52.9×10^3	沉淀分离	30	k=污染治理设施运行时间（小时/年）/企业正常生产时间（小时/年）
									A/O	94	
									A^2/O	96	
									SBR 类	85	
									MBR 类	94	
									氧化沟类	85	
									生物接触氧化	80	
									其他（好氧生物处理法+氧化还原法）	98	
									生物滤池	99	
									好氧化塘	99	

191 皮革鞣制加工行业系数表（续表 2）

工段名称	产品名称	原料名称	工艺名称	规模等级	污染物类别	污染物指标	系数单位	产污系数	末端治理技术	末端治理技术平均去除效率/%	参考 k 值计算公式
生皮-蓝湿革	猪蓝湿革	猪生皮	铬鞣	所有规模	废水	氨氮	克/吨-原料	3.14×10^3	沉淀分离	0	k=污染治理设施运行时间（小时/年）/企业正常生产时间（小时/年）
									A/O	94	
									A^2/O	99	
									SBR 类	90	
									MBR 类	94	
									氧化沟类	90	
									生物接触氧化	85	
									其他（好氧生物处理法+氧化还原法）	98	
						总磷	克/吨-原料	42.6	沉淀分离	0	
									A/O	55	
									A^2/O	67	
									SBR 类	55	
									MBR 类	55	
									氧化沟类	55	
									生物接触氧化	55	
						总氮	克/吨-原料	5.93×10^3	沉淀分离	8.0	
									A/O	72	
									A^2/O	72	
									SBR 类	72	
									MBR 类	85	
									氧化沟类	65	
									生物接触氧化	65	
						六价铬	克/吨-原料	0.21	化学沉淀法	35.00	
						铬	克/吨-原料	325	化学沉淀法	99.3	

191 皮革鞣制加工行业系数表（续表 3）

工段名称	产品名称	原料名称	工艺名称	规模等级	污染物类别	污染物指标	系数单位	产污系数	末端治理技术	末端治理技术平均去除效率/%	参考 k 值计算公式
生皮-蓝湿革	绵羊蓝湿革	绵羊生皮	铬鞣	所有规模	废水	工业废水量	吨/吨-原料	46.1	—	—	—
						化学需氧量	克/吨-原料	66.0×10^3	沉淀分离	30	k=污染治理设施运行时间（小时/年）/企业正常生产时间（小时/年）
									A/O	94	
									A^2/O	96	
									SBR 类	85	
									MBR 类	94	
									氧化沟类	85	
									生物接触氧化	80	
									其他（好氧生物处理法+氧化还原法）	98	
									生物滤池	99	
									好氧化塘	99	
						氨氮	克/吨-原料	4.24×10^3	沉淀分离	0	
									A/O	94	
									A^2/O	99	
									SBR 类	90	
									MBR 类	94	
									氧化沟类	90	
									生物接触氧化	85	
									其他（好氧生物处理法+氧化还原法）	98	
						总磷	克/吨-原料	49.8	沉淀分离	0	
									A/O	55	
									A^2/O	67	
									SBR 类	55	
									MBR 类	55	
									氧化沟类	55	
									生物接触氧化	55	

191 皮革鞣制加工行业系数表（续表 4）

工段名称	产品名称	原料名称	工艺名称	规模等级	污染物类别	污染物指标	系数单位	产污系数	末端治理技术	末端治理技术平均去除效率/%	参考 k 值计算公式
生皮-蓝湿革	绵羊蓝湿革	绵羊生皮	铬鞣	所有规模	废水	总氮	克/吨-原料	6.28×10^{3}	沉淀分离	8.0	k=污染治理设施运行时间（小时/年）/企业正常生产时间（小时/年）
									A/O	72	
									A^2/O	72	
									SBR 类	72	
									MBR 类	85	
									氧化沟类	65	
									生物接触氧化	65	
						六价铬	克/吨-原料	1.14	化学沉淀法	35.00	
						铬	克/吨-原料	497	化学沉淀法	99.3	
	山羊蓝湿革	山羊生皮	铬鞣	所有规模	废水	工业废水量	吨/吨-原料	46.1	—	—	—
						化学需氧量	克/吨-原料	49.5×10^{3}	沉淀分离	30	k=污染治理设施运行时间（小时/年）/企业正常生产时间（小时/年）
									A/O	94	
									A^2/O	96	
									SBR 类	85	
									MBR 类	94	
									氧化沟类	85	
									生物接触氧化	80	
									其他（好氧生物处理法+氧化还原法）	98	
									生物滤池	99	
									好氧化塘	99	
						氨氮	克/吨-原料	4.24×10^{3}	沉淀分离	0	
									A/O	94	
									A^2/O	99	
									SBR 类	90	
									MBR 类	94	
									氧化沟类	90	
									生物接触氧化	85	
									其他（好氧生物处理法+氧化还原法）	98	

191 皮革鞣制加工行业系数表（续表 5）

工段名称	产品名称	原料名称	工艺名称	规模等级	污染物类别	污染物指标	系数单位	产污系数	末端治理技术	末端治理技术平均去除效率/%	参考 k 值计算公式
生皮-蓝湿革	山羊蓝湿革	山羊生皮	铬鞣	所有规模	废水	总磷	克/吨-原料	49.8	沉淀分离	0	k=污染治理设施运行时间（小时/年）/企业正常生产时间（小时/年）
									A/O	55	
									A^2/O	67	
									SBR 类	55	
									MBR 类	55	
									氧化沟类	55	
									生物接触氧化	55	
						总氮	克/吨-原料	6.28×10^3	沉淀分离	8.0	
									A/O	72	
									A^2/O	72	
									SBR 类	72	
									MBR 类	85	
									氧化沟类	65	
									生物接触氧化	65	
						六价铬	克/吨-原料	1.14	化学沉淀法	35.00	
						铬	克/吨-原料	497	化学沉淀法	99.3	
生皮-坯革/成品革	牛坯革/成品革	牛生皮	铬鞣	所有规模	废水	工业废水量	吨/吨-原料	63.0	—	—	—
						化学需氧量	克/吨-原料	130×10^3	沉淀分离	30	k=污染治理设施运行时间（小时/年）/企业正常生产时间（小时/年）
									A/O	94	
									A^2/O	96	
									SBR 类	85	
									MBR 类	94	
									氧化沟类	85	
									生物接触氧化	80	
									其他（好氧生物处理法+氧化还原法）	98	
									生物滤池	99	
									好氧化塘	99	

191 皮革鞣制加工行业系数表（续表 6）

工段名称	产品名称	原料名称	工艺名称	规模等级	污染物类别	污染物指标	系数单位	产污系数	末端治理技术	末端治理技术平均去除效率/%	参考 k 值计算公式
生皮-坯革/成品革	牛坯革/成品革	牛生皮	铬鞣	所有规模	废水	氨氮	克/吨-原料	3.31×10^{3}	沉淀分离	0	k=污染治理设施运行时间（小时/年）/企业正常生产时间（小时/年）
									A/O	94	
									A^2/O	99	
									SBR 类	90	
									MBR 类	94	
									氧化沟类	90	
									生物接触氧化	85	
									其他（好氧生物处理法+氧化还原法）	98	
						总磷	克/吨-原料	54.7	沉淀分离	0	
									A/O	55	
									A^2/O	67	
									SBR 类	55	
									MBR 类	55	
									氧化沟类	55	
									生物接触氧化	55	
						总氮	克/吨-原料	4.90×10^{3}	沉淀分离	8.0	
									A/O	72	
									A^2/O	72	
									SBR 类	72	
									MBR 类	85	
									氧化沟类	65	
									生物接触氧化	65	
						六价铬	克/吨-原料	2.33	化学沉淀法	35.00	
						铬	克/吨-原料	608	化学沉淀法	99.3	

191 皮革鞣制加工行业系数表（续表 7）

工段名称	产品名称	原料名称	工艺名称	规模等级	污染物类别	污染物指标	系数单位	产污系数	末端治理技术	末端治理技术平均去除效率/%	参考 k 值计算公式
生皮-坯革/成品革	猪坯革/成品革	猪生皮	铬鞣	所有规模	废水	工业废水量	吨/吨-原料	61.6	—	—	—
						化学需氧量	克/吨-原料	58.7×10^3	沉淀分离	30	k=污染治理设施运行时间（小时/年）/企业正常生产时间（小时/年）
									A/O	94	
									A^2/O	96	
									SBR 类	85	
									MBR 类	94	
									氧化沟类	85	
									生物接触氧化	80	
									其他（好氧生物处理法+氧化还原法）	98	
									生物滤池	99	
									好氧化塘	99	
						氨氮	克/吨-原料	3.35×10^3	沉淀分离	0	
									A/O	94	
									A^2/O	99	
									SBR 类	90	
									MBR 类	94	
									氧化沟类	90	
									生物接触氧化	85	
									其他（好氧生物处理法+氧化还原法）	98	
						总磷	克/吨-原料	37.7	沉淀分离	0	
									A/O	55	
									A^2/O	67	
									SBR 类	55	
									MBR 类	55	
									氧化沟类	55	
									生物接触氧化	55	

191 皮革鞣制加工行业系数表（续表 8）

工段名称	产品名称	原料名称	工艺名称	规模等级	污染物类别	污染物指标	系数单位	产污系数	末端治理技术	末端治理技术平均去除效率/%	参考 k 值计算公式
生皮-坯革/成品革	猪坯革/成品革	猪生皮	铬鞣	所有规模	废水	总氮	克/吨-原料	4.02×10^3	沉淀分离	8.0	k=污染治理设施运行时间（小时/年）/企业正常生产时间（小时/年）
									A/O	72	
									A^2/O	72	
									SBR 类	72	
									MBR 类	85	
									氧化沟类	65	
									生物接触氧化	65	
						六价铬	克/吨-原料	0.41	化学沉淀法	35.00	
						铬	克/吨-原料	432	化学沉淀法	99.3	
生皮-坯革/成品革	绵羊坯革/成品革	绵羊生皮	铬鞣	所有规模	废水	工业废水量	吨/吨-原料	67.9	—	—	—
						化学需氧量	克/吨-原料	83.0×10^3	沉淀分离	30	k=污染治理设施运行时间（小时/年）/企业正常生产时间（小时/年）
									A/O	94	
									A^2/O	96	
									SBR 类	85	
									MBR 类	94	
									氧化沟类	85	
									生物接触氧化	80	
									其他（好氧生物处理法+氧化还原法）	98	
									生物滤池	99	
									好氧化塘	99	
						氨氮	克/吨-原料	3.59×10^3	沉淀分离	0	
									A/O	94	
									A^2/O	99	
									SBR 类	90	
									MBR 类	94	
									氧化沟类	90	
									生物接触氧化	85	
									其他（好氧生物处理法+氧化还原法）	98	

191 皮革鞣制加工行业系数表（续表 9）

工段名称	产品名称	原料名称	工艺名称	规模等级	污染物类别	污染物指标	系数单位	产污系数	末端治理技术	末端治理技术平均去除效率/%	参考 k 值计算公式
生皮-坯革/成品革	绵羊坯革/成品革	绵羊生皮	铬鞣	所有规模	废水	总磷	克/吨-原料	74.8	沉淀分离	0	k=污染治理设施运行时间（小时/年）/企业正常生产时间（小时/年）
									A/O	55	
									A^2/O	67	
									SBR 类	55	
									MBR 类	55	
									氧化沟类	55	
									生物接触氧化	55	
						总氮	克/吨-原料	5.03×10^3	沉淀分离	8.0	
									A/O	72	
									A^2/O	72	
									SBR 类	72	
									MBR 类	85	
									氧化沟类	65	
									生物接触氧化	65	
						六价铬	克/吨-原料	1.28	化学沉淀法	35.00	
						铬	克/吨-原料	672	化学沉淀法	99.3	
	山羊坯革/成品革	山羊生皮	铬鞣	所有规模	废水	工业废水量	吨/吨-原料	67.9	—	—	—
						化学需氧量	克/吨-原料	69.2×10^3	沉淀分离	30	k=污染治理设施运行时间（小时/年）/企业正常生产时间（小时/年）
									A/O	94	
									A^2/O	96	
									SBR 类	85	
									MBR 类	94	
									氧化沟类	85	
									生物接触氧化	80	
									其他（好氧生物处理法+氧化还原法）	98	
									生物滤池	99	
									好氧化塘	99	

191 皮革鞣制加工行业系数表（续表 10）

工段名称	产品名称	原料名称	工艺名称	规模等级	污染物类别	污染物指标	系数单位	产污系数	末端治理技术	末端治理技术平均去除效率/%	参考 k 值计算公式
生皮-坯革/成品革	山羊坯革/成品革	山羊生皮	铬鞣	所有规模	废水	氨氮	克/吨-原料	3.59×10^3	沉淀分离	0	k=污染治理设施运行时间（小时/年）/企业正常生产时间（小时/年）
									A/O	94	
									A^2/O	99	
									SBR 类	90	
									MBR 类	94	
									氧化沟类	90	
									生物接触氧化	85	
									其他（好氧生物处理法+氧化还原法）	98	
						总磷	克/吨-原料	74.8	沉淀分离	0	
									A/O	55	
									A^2/O	67	
									SBR 类	55	
									MBR 类	55	
									氧化沟类	55	
									生物接触氧化	55	
						总氮	克/吨-原料	5.03×10^3	沉淀分离	8.0	
									A/O	72	
									A^2/O	72	
									SBR 类	72	
									MBR 类	85	
									氧化沟类	65	
									生物接触氧化	65	
						六价铬	克/吨-原料	1.28	化学沉淀法	35.00	
						铬	克/吨-原料	672	化学沉淀法	99.3	

191 皮革鞣制加工行业系数表（续表 11）

工段名称	产品名称	原料名称	工艺名称	规模等级	污染物类别	污染物指标	系数单位	产污系数	末端治理技术	末端治理技术平均去除效率/%	参考 k 值计算公式
生皮-坯革/成品革	牛坯革/成品革	牛生皮	铬-非铬结合鞣制	所有规模	废水	工业废水量	吨/吨-原料	57.3	—	—	—
						化学需氧量	克/吨-原料	133×10^3	沉淀分离	30	k=污染治理设施运行时间（小时/年）/企业正常生产时间（小时/年）
									A/O	94	
									A^2/O	96	
									SBR 类	85	
									MBR 类	94	
									氧化沟类	85	
									生物接触氧化	80	
									其他（好氧生物处理法+氧化还原法）	98	
									生物滤池	99	
									好氧化塘	99	
						氨氮	克/吨-原料	4.99×10^3	沉淀分离	0	
									A/O	94	
									A^2/O	99	
									SBR 类	90	
									MBR 类	94	
									氧化沟类	90	
									生物接触氧化	85	
									其他（好氧生物处理法+氧化还原法）	98	
						总磷	克/吨-原料	198	沉淀分离	0	
									A/O	55	
									A^2/O	67	
									SBR 类	55	
									MBR 类	55	
									氧化沟类	55	
									生物接触氧化	55	

191 皮革鞣制加工行业系数表（续表 12）

工段名称	产品名称	原料名称	工艺名称	规模等级	污染物类别	污染物指标	系数单位	产污系数	末端治理技术	末端治理技术平均去除效率/%	参考 k 值计算公式
生皮-坯革/成品革	牛坯革/成品革	牛生皮	铬-非铬结合鞣制	所有规模	废水	总氮	克/吨-原料	8.33×10^3	沉淀分离	8.0	k=污染治理设施运行时间（小时/年）/企业正常生产时间（小时/年）
									A/O	72	
									A^2/O	72	
									SBR 类	72	
									MBR 类	85	
									氧化沟类	65	
									生物接触氧化	65	
						六价铬	克/吨-原料	0.92	化学沉淀法	35.00	
						铬	克/吨-原料	404	化学沉淀法	99.3	
	猪坯革/成品革	猪生皮	铬-非铬结合鞣制	所有规模	废水	工业废水量	吨/吨-原料	61.6	—	—	—
						化学需氧量	克/吨-原料	58.7×10^3	沉淀分离	30	k=污染治理设施运行时间（小时/年）/企业正常生产时间（小时/年）
									A/O	94	
									A^2/O	96	
									SBR 类	85	
									MBR 类	94	
									氧化沟类	85	
									生物接触氧化	80	
									其他（好氧生物处理法+氧化还原法）	98	
									生物滤池	99	
									好氧化塘	99	
						氨氮	克/吨-原料	3.35×10^3	沉淀分离	0	
									A/O	94	
									A^2/O	99	
									SBR 类	90	
									MBR 类	94	
									氧化沟类	90	
									生物接触氧化	85	
									其他（好氧生物处理法+氧化还原法）	98	

191 皮革鞣制加工行业系数表（续表 13）

工段名称	产品名称	原料名称	工艺名称	规模等级	污染物类别	污染物指标	系数单位	产污系数	末端治理技术	末端治理技术平均去除效率/%	参考 *k* 值计算公式
生皮-坯革/成品革	猪坯革/成品革	猪生皮	铬-非铬结合鞣制	所有规模	废水	总磷	克/吨-原料	37.7	沉淀分离	0	*k*=污染治理设施运行时间（小时/年）/企业正常生产时间（小时/年）
									A/O	55	
									A^2/O	67	
									SBR 类	55	
									MBR 类	55	
									氧化沟类	55	
									生物接触氧化	55	
						总氮	克/吨-原料	4.02×10^3	沉淀分离	8.0	
									A/O	72	
									A^2/O	72	
									SBR 类	72	
									MBR 类	85	
									氧化沟类	65	
									生物接触氧化	65	
						六价铬	克/吨-原料	0.41	化学沉淀法	35.00	
						铬	克/吨-原料	432	化学沉淀法	99.3	
生皮-坯革/成品革	绵羊坯革/成品革	绵羊生皮	铬-非铬结合鞣制	所有规模	废水	工业废水量	吨/吨-原料	63.6	—	—	—
						化学需氧量	克/吨-原料	101×10^3	沉淀分离	30	*k*=污染治理设施运行时间（小时/年）/企业正常生产时间（小时/年）
									A/O	94	
									A^2/O	96	
									SBR 类	85	
									MBR 类	94	
									氧化沟类	85	
									生物接触氧化	80	
									其他（好氧生物处理法+氧化还原法）	98	
									生物滤池	99	
									好氧化塘	99	

191 皮革鞣制加工行业系数表（续表 14）

工段名称	产品名称	原料名称	工艺名称	规模等级	污染物类别	污染物指标	系数单位	产污系数	末端治理技术	末端治理技术平均去除效率/%	参考 k 值计算公式
生皮-坯革/成品革	绵羊坯革/成品革	绵羊生皮	铬-非铬结合鞣制	所有规模	废水	氨氮	克/吨-原料	3.85×10^{3}	沉淀分离	0	k=污染治理设施运行时间(小时/年）/企业正常生产时间（小时/年）
									A/O	94	
									A^2/O	99	
									SBR 类	90	
									MBR 类	94	
									氧化沟类	90	
									生物接触氧化	85	
									其他（好氧生物处理法+氧化还原法）	98	
						总磷	克/吨-原料	124	沉淀分离	0	
									A/O	55	
									A^2/O	67	
									SBR 类	55	
									MBR 类	55	
									氧化沟类	55	
									生物接触氧化	55	
						总氮	克/吨-原料	6.41×10^{3}	沉淀分离	8.0	
									A/O	72	
									A^2/O	72	
									SBR 类	72	
									MBR 类	85	
									氧化沟类	65	
									生物接触氧化	65	
						六价铬	克/吨-原料	0.91	化学沉淀法	35.00	
						铬	克/吨-原料	534	化学沉淀法	99.3	

191 皮革鞣制加工行业系数表（续表 15）

工段名称	产品名称	原料名称	工艺名称	规模等级	污染物类别	污染物指标	系数单位	产污系数	末端治理技术	末端治理技术平均去除效率/%	参考 k 值计算公式
生皮-坯革/成品革	山羊坯革/成品革	山羊生皮	铬-非铬结合鞣制	所有规模	废水	工业废水量	吨/吨-原料	63.6	—	—	—
						化学需氧量	克/吨-原料	84.2×10^3	沉淀分离	30	k=污染治理设施运行时间（小时/年）/企业正常生产时间（小时/年）
									A/O	94	
									A^2/O	96	
									SBR 类	85	
									MBR 类	94	
									氧化沟类	85	
									生物接触氧化	80	
									其他（好氧生物处理法+氧化还原法）	98	
									生物滤池	99	
									好氧化塘	99	
						氨氮	克/吨-原料	3.85×10^3	沉淀分离	0	
									A/O	94	
									A^2/O	99	
									SBR 类	90	
									MBR 类	94	
									氧化沟类	90	
									生物接触氧化	85	
									其他（好氧生物处理法+氧化还原法）	98	
						总磷	克/吨-原料	124	沉淀分离	0	
									A/O	55	
									A^2/O	67	
									SBR 类	55	
									MBR 类	55	
									氧化沟类	55	
									生物接触氧化	55	

191 皮革鞣制加工行业系数表（续表 16）

工段名称	产品名称	原料名称	工艺名称	规模等级	污染物类别	污染物指标	系数单位	产污系数	末端治理技术	末端治理技术平均去除效率/%	参考 k 值计算公式
生皮-坯革/成品革	山羊坯革/成品革	山羊生皮	铬-非铬结合鞣制	所有规模	废水	总氮	克/吨-原料	6.41×10^3	沉淀分离	8.0	k=污染治理设施运行时间（小时/年）/企业正常生产时间（小时/年）
									A/O	72	
									A^2/O	72	
									SBR 类	72	
									MBR 类	85	
									氧化沟类	65	
									生物接触氧化	65	
						六价铬	克/吨-原料	0.91	化学沉淀法	35.00	
						铬	克/吨-原料	534	化学沉淀法	99.3	
蓝湿皮-坯革/成品革	牛坯革/成品革	牛蓝湿皮	铬复鞣	所有规模	废水	工业废水量	吨/吨-原料	34.9	—	—	—
						化学需氧量	克/吨-原料	43.4×10^3	沉淀分离	30	k=污染治理设施运行时间（小时/年）/企业正常生产时间（小时/年）
									A/O	94	
									A^2/O	96	
									SBR 类	85	
									MBR 类	94	
									氧化沟类	85	
									生物接触氧化	80	
									其他（好氧生物处理法+氧化还原法）	98	
									生物滤池	99	
									好氧化塘	99	
						氨氮	克/吨-原料	2.91×10^3	沉淀分离	0	
									A/O	94	
									A^2/O	99	
									SBR 类	90	
									MBR 类	94	
									氧化沟类	90	
									生物接触氧化	85	
									其他（好氧生物处理法+氧化还原法）	98	

191 皮革鞣制加工行业系数表（续表 17）

工段名称	产品名称	原料名称	工艺名称	规模等级	污染物类别	污染物指标	系数单位	产污系数	末端治理技术	末端治理技术平均去除效率/%	参考 k 值计算公式
蓝湿皮-坯革/成品革	牛坯革/成品革	牛蓝湿皮	铬复鞣	所有规模	废水	总磷	克/吨-原料	37.7	沉淀分离	0	k=污染治理设施运行时间（小时/年）/企业正常生产时间（小时/年）
									A/O	55	
									A^2/O	67	
									SBR 类	55	
									MBR 类	55	
									氧化沟类	55	
									生物接触氧化	55	
						总氮	克/吨-原料	5.26×10^3	沉淀分离	8.0	
									A/O	72	
									A^2/O	72	
									SBR 类	72	
									MBR 类	85	
									氧化沟类	65	
									生物接触氧化	65	
						六价铬	克/吨-原料	1.81	化学沉淀法	35.00	
						铬	克/吨-原料	498	化学沉淀法	99.3	
蓝湿皮-坯革/成品革	猪坯革/成品革	猪蓝湿皮	铬复鞣	所有规模	废水	工业废水量	吨/吨-原料	35.9	—	—	—
						化学需氧量	克/吨-原料	71.3×10^3	沉淀分离	30	k=污染治理设施运行时间（小时/年）/企业正常生产时间（小时/年）
									A/O	94	
									A^2/O	96	
									SBR 类	85	
									MBR 类	94	
									氧化沟类	85	
									生物接触氧化	80	
									其他（好氧生物处理法+氧化还原法）	98	
									生物滤池	99	
									好氧化塘	99	

191 皮革鞣制加工行业系数表（续表 18）

工段名称	产品名称	原料名称	工艺名称	规模等级	污染物类别	污染物指标	系数单位	产污系数	末端治理技术	末端治理技术平均去除效率/%	参考 k 值计算公式
蓝湿皮-坯革/成品革	猪坯革/成品革	猪蓝湿皮	铬复鞣	所有规模	废水	氨氮	克/吨-原料	3.58×10^3	沉淀分离	0	k=污染治理设施运行时间（小时/年）/企业正常生产时间（小时/年）
									A/O	94	
									A^2/O	99	
									SBR 类	90	
									MBR 类	94	
									氧化沟类	90	
									生物接触氧化	85	
									其他（好氧生物处理法+氧化还原法）	98	
						总磷	克/吨-原料	64.5	沉淀分离	0	
									A/O	55	
									A^2/O	67	
									SBR 类	55	
									MBR 类	55	
									氧化沟类	55	
									生物接触氧化	55	
						总氮	克/吨-原料	3.78×10^3	沉淀分离	8.0	
									A/O	72	
									A^2/O	72	
									SBR 类	72	
									MBR 类	85	
									氧化沟类	65	
									生物接触氧化	65	
						六价铬	克/吨-原料	1.80	化学沉淀法	35.00	
						铬	克/吨-原料	412	化学沉淀法	99.3	

191 皮革鞣制加工行业系数表（续表 19）

工段名称	产品名称	原料名称	工艺名称	规模等级	污染物类别	污染物指标	系数单位	产污系数	末端治理技术	末端治理技术平均去除效率/%	参考 k 值计算公式
蓝湿皮-坯革/成品革	绵羊坯革/成品革	绵羊蓝湿皮	铬复鞣	所有规模	废水	工业废水量	吨/吨-原料	62.1	—	—	—
						化学需氧量	克/吨-原料	81.5×10^3	沉淀分离	30	k=污染治理设施运行时间(小时/年）/企业正常生产时间（小时/年）
									A/O	94	
									A^2/O	96	
									SBR 类	85	
									MBR 类	94	
									氧化沟类	85	
									生物接触氧化	80	
									其他（好氧生物处理法+氧化还原法）	98	
									生物滤池	99	
									好氧化塘	99	
						氨氮	克/吨-原料	2.97×10^3	沉淀分离	0	
									A/O	94	
									A^2/O	99	
									SBR 类	90	
									MBR 类	94	
									氧化沟类	90	
									生物接触氧化	85	
									其他（好氧生物处理法+氧化还原法）	98	
						总磷	克/吨-原料	74.8	沉淀分离	0	
									A/O	55	
									A^2/O	67	
									SBR 类	55	
									MBR 类	55	
									氧化沟类	55	
									生物接触氧化	55	

191 皮革鞣制加工行业系数表（续表 20）

工段名称	产品名称	原料名称	工艺名称	规模等级	污染物类别	污染物指标	系数单位	产污系数	末端治理技术	末端治理技术平均去除效率/%	参考 k 值计算公式
蓝湿皮-坯革/成品革	绵羊坯革/成品革	绵羊蓝湿皮	铬复鞣	所有规模	废水	总氮	克/吨-原料	3.79×10^3	沉淀分离	8.0	k=污染治理设施运行时间（小时/年）/企业正常生产时间（小时/年）
									A/O	72	
									A^2/O	72	
									SBR 类	72	
									MBR 类	85	
									氧化沟类	65	
									生物接触氧化	65	
						六价铬	克/吨-原料	1.74	化学沉淀法	35.00	
						铬	克/吨-原料	448	化学沉淀法	99.3	
蓝湿皮-坯革/成品革	山羊坯革/成品革	山羊蓝湿皮	铬复鞣	所有规模	废水	工业废水量	吨/吨-原料	62.1	—	—	—
						化学需氧量	克/吨-原料	67.9×10^3	沉淀分离	30	k=污染治理设施运行时间（小时/年）/企业正常生产时间（小时/年）
									A/O	94	
									A^2/O	96	
									SBR 类	85	
									MBR 类	94	
									氧化沟类	85	
									生物接触氧化	80	
									其他（好氧生物处理法+氧化还原法）	98	
									生物滤池	99	
									好氧化塘	99	
						氨氮	克/吨-原料	2.97×10^3	沉淀分离	0	
									A/O	94	
									A^2/O	99	
									SBR 类	90	
									MBR 类	94	
									氧化沟类	90	
									生物接触氧化	85	
									其他（好氧生物处理法+氧化还原法）	98	

191 皮革鞣制加工行业系数表（续表 21）

工段名称	产品名称	原料名称	工艺名称	规模等级	污染物类别	污染物指标	系数单位	产污系数	末端治理技术	末端治理技术平均去除效率/%	参考 k 值计算公式
蓝湿皮-坯革/成品革	山羊坯革/成品革	山羊蓝湿皮	铬复鞣	所有规模	废水	总磷	克/吨-原料	25.9	沉淀分离	0	k=污染治理设施运行时间（小时/年）/企业正常生产时间（小时/年）
									A/O	55	
									A^2/O	67	
									SBR 类	55	
									MBR 类	55	
									氧化沟类	55	
									生物接触氧化	55	
						总氮	克/吨-原料	3.79×10^3	沉淀分离	8.0	
									A/O	72	
									A^2/O	72	
									SBR 类	72	
									MBR 类	85	
									氧化沟类	65	
									生物接触氧化	65	
						六价铬	克/吨-原料	1.74	化学沉淀法	35.00	
						铬	克/吨-原料	448	化学沉淀法	99.3	
生皮/蓝湿革/坯革-成品革	牛/羊/猪成品革	牛/羊/猪生皮 牛/羊/猪蓝湿革 牛/羊/猪坯革	铬鞣/铬复鞣/铬-非铬结合鞣制	所有规模		挥发性有机物	克/米²-产品	2.10	吸收+分流	88	
									光解	88	
									其他：喷淋塔	73	
									其他：吸附	70	k=活性炭用量（吨）/标准活性炭用量（吨）
									其他：无密闭收集设施（无组织排放）	0	—

191 皮革鞣制加工行业系数表（续表 22）

工段名称	产品名称	原料皮	工艺名称	规模	污染物指标		单位	产污系数
生皮-蓝湿革	牛蓝湿革	牛生皮	铬鞣制	所有	工业固体废物	一般工业固体废物	千克/吨-原料	307
						危险废物	千克/吨-原料	6.00
	猪蓝湿革	猪生皮		所有	工业固体废物	一般工业固体废物	千克/吨-原料	330
						危险废物	千克/吨-原料	5.32
	山羊蓝湿革	山羊生皮		所有	工业固体废物	一般工业固体废物	千克/吨-原料	381
						危险废物	千克/吨-原料	7.80
	绵羊蓝湿革	绵羊生皮		所有	工业固体废物	一般工业固体废物	千克/吨-原料	350
						危险废物	千克/吨-原料	6.50
生皮-坯革/成品革	牛坯革/成品革	牛生皮	铬鞣制	所有	工业固体废物	一般工业固体废物	千克/吨-原料	472
						危险废物	千克/吨-原料	8.10
	猪坯革/成品革	猪生皮		所有	工业固体废物	一般工业固体废物	千克/吨-原料	485
						危险废物	千克/吨-原料	7.90
	山羊坯革/成品革	山羊生皮		所有	工业固体废物	一般工业固体废物	千克/吨-原料	540
						危险废物	千克/吨-原料	10.0
	绵羊坯革/成品革	绵羊生皮		所有	工业固体废物	一般工业固体废物	千克/吨-原料	500
						危险废物	千克/吨-原料	7.50
生皮-坯革/成品革	牛坯革/成品革	牛生皮	铬-非铬鞣制	所有	工业固体废物	一般工业固体废物	千克/吨-原料	476
						危险废物	千克/吨-原料	6.00
	猪坯革/成品革	猪生皮		所有	工业固体废物	一般工业固体废物	千克/吨-原料	488
						危险废物	千克/吨-原料	6.00
	山羊坯革/成品革	山羊生皮		所有	工业固体废物	一般工业固体废物	千克/吨-原料	544
						危险废物	千克/吨-原料	8.00
	绵羊坯革/成品革	绵羊生皮		所有	工业固体废物	一般工业固体废物	千克/吨-原料	506
						危险废物	千克/吨-原料	6.50
蓝湿革-坯革/成品革	牛坯革/成品革	牛蓝湿革	铬复鞣	所有	工业固体废物	一般工业固体废物	千克/吨-原料	320
						危险废物	千克/吨-原料	3.93
	猪坯革/成品革	猪蓝湿革		所有	工业固体废物	一般工业固体废物	千克/吨-原料	322
						危险废物	千克/吨-原料	3.82
	山羊坯革/成品革	山羊蓝湿革		所有	工业固体废物	一般工业固体废物	千克/吨-原料	605
						危险废物	千克/吨-原料	7.33
	绵羊坯革/成品革	绵羊蓝湿革		所有	工业固体废物	一般工业固体废物	千克/吨-原料	644
						危险废物	千克/吨-原料	6.40

192 皮革制品制造业

1 适用范围

本手册仅用于《国民经济行业分类》（GB/T 4754—2017）中 192 皮革制品制造行业［1921 皮革服装制造、1922 皮箱包（袋）制造、1923 皮手套及皮装饰制品制造和 1929 其他皮革制品制造］使用系数法核算工业污染物产生量和排放量的工业企业。

利用本手册进行产排污核算得出的污染物产生量与排放量仅代表了皮革制品制造业的工艺、产品、原料在正常工况下污染物产生与排放的一般规律。

本行业废气指标包括挥发性有机物。

2 注意事项

2.1 企业有多种生产工艺或生产多类产品产排污量核算

污染物产生量与产品产量有关，根据不同核算环节计算产污量后，再根据企业末端治理设施和运行情况计算各污染物的排放量。

企业某污染物指标的产生量、排放量为各核算环节产生量、排放量之和。

2.2 采用多种治理设施组合处理企业的排污量核算

在排污量计算选择末端治理技术时，若没有对应的组合治理技术，以主要治理技术为准。

2.3 系数表中未涉及的产污系数及污染治理效率

1929 其他皮革制品制造的生产过程中，如果包含贴合工艺，废气指标可参考 1929 其他皮革制品制造（钱包）的系数手册。

2.4 其他需要说明的问题

由于不同企业工业废气量差异较大，本手册所提供的工业废气量系数仅供参考。

为体现相同产污水平条件下，采用相同环保治理设施的不同企业对同一污染物去除效果的差异，引入末端治理设施实际运行率（k）对污染治理技术的实际去除率进行修正。k 值反映的是污染治理设施运行的状态，越稳定运行，k 值越高；在取值上，若定义连续稳定运行的理想状态为 1，则 k 取值在 0～1 之间。

$$k = t_1 / t_2$$

式中，k —— 治理设施实际运行率；

t_1—— 治理设施运行时间；

t_2—— 企业正常生产时间。

本手册给出本行业的 k 值计算公式仅供参考，使用时，可根据 k 值定义，选取更适合企业实际情况的表达方式。

3 污染物排放量核算方法

针对企业实际生产情况，本行业在制定系数过程中将企业按照产品、原料、生产工艺和生产规模进行核算。在核算企业污染物产排量时，可灵活选择本企业对应的核算环节进行核算。

3.1 计算工段污染物产生量

（1）根据产品、原料、生产工艺和生产规模这一组合查找和确定所对应的挥发性有机物的产污系数。

（2）获取企业核算年度的实际产品产量。

（3）某一组合下污染物产生量按照以下公式计算：

$$G_{产i} = P_{产i} \times M_i$$

式中，$G_{产i}$——工段 i 某污染物的产生量；

$P_{产i}$——工段 i 某污染物对应的产污系数；

M_i——工段 i 的产品产量。

3.2 计算工段污染物去除量

（1）根据确定的组合，在系数表中查找和选择企业采用相应污染物治理技术的平均去除效率。

（2）根据所填报的污染治理设施实际运行率参数及其计算公式得出该企业某一污染物的治理设施实际运行率（k 值）。

（3）按照以下公式计算某组合下污染物去除量：

$$R_{减i} = G_{产i} \times \eta_T \times k_T$$

式中，$R_{减i}$——工段 i 某污染物的去除量；

η_T——工段 i 某污染物采用的末端治理技术的平均去除效率；

k_T——工段 i 某污染物采用的末端治理设施的实际运行率。

3.3 计算工段污染物排放量

某组合下的污染物排放量为污染物产生量减掉污染物去除量。某组合下污染物排放量的计算公式如下：

$$E_{排i} = G_{产i} - R_{减i}$$

式中，$E_{排i}$——工段 i 某污染物的排放量；

$G_{产i}$——工段 i 某污染物的产生量；

$R_{减i}$——工段 i 某污染物的去除量。

3.4 计算企业污染物排放量

同一企业某污染物全年的产生（排放）总量为该企业同年实际生产的全部工艺、产品、原料、工艺、规模组合下的污染物产生（排放）量之和。其按以下公式计算：

$$E_{排}=\sum E_{排i}$$

式中，$E_{排}$——企业某污染物总排放量；

$E_{排i}$——工段 i 某污染物的排放量。

4 污染物排放量核算案例

某皮革制品企业主要从事皮包生产。该企业涉及的主要污染物为挥发性有机物废气。以挥发性有机物为例说明排放量计算过程。

该企业基本信息如表 1 所示。

表 1 某皮包企业基本信息

	核算环节 1：皮包	
	名称	产量
产品及产量	皮包	50000 个
原料	皮革	
工艺名称	皮包（袋）生产工艺	
污染治理设施	废气采用集气罩收集后，利用 UV 光解污染治理技术进行处理	
实际运行率参数	废气净化设备运行时间	2400 小时/年
	企业正常生产时间	2400 小时/年

4.1 挥发性有机物产生量计算

（1）查找产污系数及其计量单位

根据企业基本信息，在 1922 皮箱包（袋）制造行业（皮包、背包）产污系数表中，其对应组合下的挥发性有机物的产污系数为 22950，单位为毫克/个-产品。

（2）获取企业产品产量

该企业实际情况为：2017 年皮包产量为 50000 个。

（3）计算挥发性有机物产生量

挥发性有机物产生量=22950 毫克/个-产品×50000 个-产品

=1147500000 毫克

=1.1475 吨

4.2 挥发性有机物去除量计算

（1）查找治理技术平均去除效率

根据企业基本信息，该企业挥发性有机物治理采用“集气罩收集+UV 光解”工艺，查找本手册中 1922 皮箱包（袋）制造行业（皮包、背包）产污系数表，其对应组合下“集气罩收集+UV 光解”工艺的平均去除效率为 80%。

（2）计算污染治理设施实际运行率

在 1922 皮箱包（袋）制造行业（皮包、背包）产污系数表中，其对应组合下挥发性有机物对应的污染治理设施实际运行参数分别为废气净化设备运行时间和企业正常生产时间。

$$k = 2400\text{ 小时}/2400\text{ 小时}=1$$

（3）计算挥发性有机物去除量

$$\text{挥发性有机物去除量}=1.1475\text{ 吨}\times 80\%\times 1=0.9180\text{ 吨}$$

4.3 挥发性有机物排放量计算

$$\text{挥发性有机物排放量}=1.1475\text{ 吨}-0.9180\text{ 吨}=0.2295\text{ 吨}$$

4.4 其他说明

如某企业同时使用不同组合生产不同产品，企业的挥发性有机物排放量根据 $E_{排}=\sum E_{排i}$ 计算。企业未采用末端治理技术的，其污染物产生量等于污染物排放量。

5 系数表

1921 皮革服装制造行业系数表

工段名称	产品名称	原料名称	工艺名称	规模等级	污染物类别	污染物指标	系数单位	产污系数	末端治理技术	末端治理技术平均去除效率/%	参考 k 值计算公式[1]
—	皮革服装	皮革、人造革、合成革	皮革服装生产工艺	所有规模	废气	挥发性有机物	毫克/件-产品	27940	—	—	—
					固体废物	一般工业固废	克/件-产品	169.39	—	—	—

1922 皮箱包（袋）制造行业（行李箱）系数表

工段名称	产品名称	原料名称	工艺名称	规模等级	污染物类别	污染物指标	系数单位	产污系数	末端治理技术	末端治理技术平均去除效率/%	参考 k 值计算公式
—	行李箱	ABS、聚碳酸酯、PP 等塑料	皮箱生产工艺（含有抽板、吸塑）	所有规模	废气	挥发性有机物	毫克/个-产品	290	—	—	—
									集气罩收集+活性炭吸附①	80	$k = t_1 / t_2$
					固废	一般工业固废	克/个-产品	24.41	—	—	—
		皮革、人造革、合成革、纺织面料	皮箱生产工艺（布料、裁剪、车缝）	所有规模	固废	一般工业固废	克/个-产品	46.09	—	—	—

注：① 此处“集气罩收集+活性炭吸附”即为“其他（吸附法）”。

[1] 该公式仅供参考，使用时，可根据 k 值定义，选取更适合企业实际情况的表达方式。

1922 皮箱包（袋）制造行业（皮包、背包）系数表

工段名称	产品名称	原料名称	工艺名称	规模等级	污染物类别	污染物指标	系数单位	产污系数	末端治理技术	末端治理技术平均去除效率/%	参考 k 值计算公式[1]
—	皮包	皮革、人造革、合成革	皮包(袋)生产工艺（含贴合、油边）	所有规模	废气	挥发性有机物	毫克/个-产品	22950	—	—	—
									集气罩收集+UV 光解①	80	$k = t_1 / t_2$
					固废	一般工业固废	克/个-产品	36.40	—	—	—
	背包	纺织面料	背包生产工艺（布料、裁剪、车缝）	所有规模	固废	一般工业固废	克/个-产品	10.81	—	—	—

注：①此处“集气罩收集+UV 光解”即为“其他（UV 光解）”。

1923 皮手套及皮装饰制品制造行业系数表

工段名称	产品名称	原料名称	工艺名称	规模等级	污染物类别	污染物指标	系数单位	产污系数	末端治理技术	末端治理技术平均去除效率/%	参考 k 值计算公式[1]
—	皮带	皮革、人造革、合成革	皮带生产工艺（贴合、油边）	所有规模	废气	挥发性有机物	毫克/条-产品	210	—	—	—
					固废	一般工业固废	克/条-产品	5.13	—	—	—
	皮手套	皮革、人造革、合成革、毛皮	皮手套生产工艺（布料、裁剪、车缝）	所有规模	固废	一般工业固废	克/副-产品	4.14	—	—	—

[1] 该公式仅供参考，使用时，可根据 k 值定义，选取更适合企业实际情况的表达方式。

1929 其他皮革制品制造行业（钱包）系数表

工段名称	产品名称	原料名称	工艺名称	规模等级	污染物类别	污染物指标	系数单位	产污系数	末端治理技术	末端治理技术平均去除效率/%	参考 k 值计算公式[1]
—	其他皮革制品（钱包）	皮革、人造革、合成革	钱包生产工艺（贴合、油边）	所有规模	废气	挥发性有机物	毫克/件-产品	7590	—	—	—
					固废	一般工业固废	克/件-产品	8.77	—	—	—
	其他皮革制品（汽车座垫）	皮革、人造革、合成革	汽车座垫生产工艺（布料、裁剪、车缝）	所有规模	固废	一般工业固废	克/件-产品	119.68	—	—	—

[1] 该公式仅供参考，使用时，可根据 k 值定义，选取更适合企业实际情况的表达方式。

193 毛皮鞣制及制品加工业

1 适用范围

本手册仅用于《国民经济行业分类》(GB/T 4754—2017)中 193 毛皮鞣制及制品加工行业(1931 毛皮鞣制加工行业、1932 毛皮服装加工行业、1939 其他毛皮制品加工行业)使用系数法核算工业污染物产生量和排放的工业企业。

利用本手册进行产排污核算得出的污染物产生量与排放量仅代表了毛皮鞣制及制品加工行业的工艺、产品、原料在正常工况下污染物产生与排放的一般规律。

本行业废水指标包括工业废水量、化学需氧量、氨氮、总磷、总氮、铬;废气指标包括工业废气量(挥发性有机物)、挥发性有机物、工业废气量(颗粒物)、颗粒物、工业废气量。

铬是指总铬,工业废气量表示工业废气量(挥发性有机物)与工业废气量(颗粒物)的总和,挥发性有机物使用 VOCs 表示。

2 注意事项

2.1 企业有多种生产工艺或生产多类产品产排污量核算

污染物产生量与原料用量有关,根据不同核算环节计算产污量后,再根据企业末端治理设施和运行情况计算各污染物的排放量。

企业某污染物产生量、排放量分别为该污染物各核算环节产生量、排放量之和。

在企业实际排放量计算过程中,如果存在废水回用的情况,需要在利用产排污核算公式的基础上扣除废水回用的部分。废水实际排放量按下式计算:

$$W_{排} = W_0 \times (1 - C)$$

式中,$W_{排}$——扣除废水回用部分后,不再用于生产过程,排放到厂外的实际污水量;

W_0——根据系数表中的工业废水量产污系数计算得到的污水排放量;

C——废水的回用率。

2.2 采用多种治理设施组合处理企业的排污量核算

在选择末端治理技术计算排污量时,若相应组合的系数表中没有对应的组合治理技术,以主要治理技术的系数为核算依据。

2.3 系数表中未涉及的产污系数及污染治理效率

1931 毛皮鞣制加工行业在普查、调研过程中,若遇到未在系数表中列出,但存在实际的加工企业时，可通过原料类型、产品类型、鞣制类型、污染物指标类别等内容，参照已有组合的系数。选择作为参照的组合系数时，其步骤如下。

①优先确定毛皮鞣制企业的原料类型（羊皮或细杂皮）；

②确定产品类型及鞣制类型（仅在涉及废水时考虑）；

③确定污染指标类别（废水、废气）；

④当有多个组合包含对应核算环节时，根据组合间的相关程度，确定最佳的组合作为参照组合。

例如：某企业利用兔皮作为原料，使用油鞣剂作为鞣剂，加工白湿毛皮后销售，要确定该企业可依据的产污系数时，可通过以下步骤进行确认。

①原料为兔皮，可参考涉及细杂皮的组合系数；

②产品为半成品，鞣制方式为无铬鞣，进一步在 1）的基础上找到包含细杂皮-白湿毛皮的组合系数；

③本企业的污染物类型为废水，因此只考虑组合中与废水有关的污染物指标；

④根据前述分析，该企业可参考 1931 毛皮鞣制加工行业中，细杂皮—成品毛皮（无铬主鞣+铬复鞣），羊皮/细杂皮—白湿毛皮（无铬鞣），对比这两个组合，差别在原料皮是否包含羊皮，以及涉水部分是否有复鞣工序，由于原料的差别相对于细杂皮复鞣工序对废水指标的影响更大，因此该企业可将选择“细杂皮—成品毛皮（无铬主鞣+铬复鞣）”作为首选组合，利用该组合下的系数计算样本企业的污染物产排污情况。

2.4 其他需要说明的问题

（1）原料包括范围

毛皮行业中不同鞣制加工企业所加工的原料皮种类差异较大，并且不同企业的年生产能力计算方法不同。在进行产污系数核算时，如按张数统计原料时，可通过表 1 进行折算。

表 1 各类毛皮折算羊皮的比例

皮种	羊皮	绵羊皮	羔皮	山羊皮	貉子皮	狐狸皮	水貂皮	黄狼皮	滩羊皮	兔皮
折合比例	1	1	3	1.6	8	3	5	8	2	8

注：数据来源于《“一污普”系数手册》，折合比例是以标张羊皮单位重量/其他皮种的单位重量，即 1 标张羊皮相当于 3 标张羔皮、1 标张羊皮相当于 5 标张水貂皮等。例如，某企业年使用水貂皮 100 万张，折合标张羊皮为 100/5=20 万标张羊皮。

本手册中，标张羊皮重量为 5 千克/标张羊皮，生产企业按重量统计原料皮时，用重量除以 5 千克，即可折算为羊皮的标张量。例如，某企业年使用山羊皮 100 吨，折合标准张羊皮为 100000/5=20000 标张羊皮。

（2）核算环节选择原则

1931 毛皮鞣制加工行业的企业在选择核算环节类型时，要遵循以下原则。

①单一原料类型的组合要优先选择；

②鞣制类型明确的组合要优先选择；

③组合类型选择的唯一性。

例如，某鞣制企业加工所用原料皮为羊皮，主鞣为铬鞣，复鞣为铬复鞣，产品为成品毛皮。

符合条件的组合为羊皮—成品毛皮（铬主鞣+铬复鞣），以及羊皮/细杂皮—成品毛皮（铬鞣），根据原则③，只能选择其中一个组合，根据原则①和原则②，要选择原料皮唯一、鞣制类型明确的羊皮—成品毛皮（铬主鞣+铬复鞣）这一组合。

（3）数据计算原则

数据计算时，以“万标张羊皮-原料”作为统计单位，该单位以原料皮用量作为依据，若部分企业仅按产品产量进行了统计，未统计原料皮用量时，由于毛皮鞣制行业原料皮的投入数量与产品的产出数量是一致，可直接将产品产量的数值作为原料用量（原料指作为加工原料使用的各类动物毛皮，非指化工材料或燃料）并折合成标张羊皮的数值，作为计算依据。

（4）由于不同企业工业废气量、废水量差异较大，本手册所提供的工业废气量、废水量系数仅供参考。

为体现相同产污水平条件下，采用相同环保治理设施的不同企业对同一污染物去除效果的差异，引入末端治理设施实际运行率（k）对污染治理技术的实际去除率进行修正。k 值反映的是污染治理设施运行的状态，越稳定运行，k 值越高；在取值上，若定义连续稳定运行的理想状态为 1，则 k 取值在 0～1 之间。

$$k = t_1 / t_2$$

式中，k——治理设施实际运行率；

t_1——治理设施运行时间；

t_2——企业正常生产时间。

本手册给出本行业的 k 值计算公式仅供参考，使用时，可根据 k 值定义，选取更适合企业实际情况的表达方式。

（5）k 值计算说明

k 值计算时，对应 k 值下的“总生产时间”是指涉及废气或污水排放工序所对应的时间，非指企业总的生产时间。例如，某毛皮鞣制加工企业，企业总生产时间为 7200 小时/年，涉及废气产生的工序，其正常生产时间为 4200 小时/年，涉及含铬废水产生的工序，其正常生产时间为 3000 小时/年，因此，在计算涉及废气治理设施的 k 值时，作为分母的“企业正常生产时间”是指 4200 小时/年。

计算 k 值时，由于污染物排放的延后性或生物法等治理工艺的持续性运行要求等原因，存在废气或污水治理设施的开机时间大于总生产时间的情况，即计算结果 $k>1$ 时，此时取 $k=1$。

3　污染物排放量核算方法

针对企业实际生产情况，本行业在制定系数过程中将企业全生产流程划分或拆分为若干工段，每个工段下按照产品、原料、生产工艺和生产规模进行核算。在核算企业污染物产排量时，可灵活选择本企业对应的核算环节进行核算。

3.1　计算工段污染物产生量

（1）根据产品、原料、生产工艺和生产规模这一组合，查找和确定所对应的某一污染物的产污系数。

（2）获取企业核算年度实际的原料用量。

（3）某组合下某污染物产生量按照下式计算：

$$G_{产i} = P_{产i} \times M_i$$

式中，$G_{产i}$——工段 i 某污染物的产生量；

$P_{产i}$——工段 i 某污染物对应的产污系数；

M_i——工段 i 使用原料皮折合标张的实际用量。

3.2 计算工段污染物去除量

（1）根据确定的组合，在系数表中查找和选择相应的治理技术平均去除效率。

（2）根据所填报的污染治理设施实际运行率参数及其计算公式得出该企业某一污染物的治理设施实际运行率（k 值）。

（3）某组合某污染物去除量按照下式计算：

$$R_{减i} = G_{产i} \times \eta_T \times k_T$$

式中，$R_{减i}$——工段 i 某污染物的去除量；

η_T——工段 i 某污染物采用的末端治理技术的平均去除效率；

k_T——工段 i 某污染物采用的末端治理设施的实际运行率。

3.3 计算工段污染物排放量

某组合下某污染物排放量为污染物产生量减掉去除量。其计算公式如下：

$$E_{排i} = G_{产i} - R_{减i}$$

式中，$E_{排i}$——工段 i 某污染物的排放量；

$G_{产i}$——工段 i 某污染物的产生量；

$R_{减i}$——工段 i 某污染物的去除量。

3.4 计算企业污染物排放量

同一企业某污染物全年的产生（排放）总量为该企业同年度进行实际生产对应产品、原料、生产工艺和生产规模全部组合下污染物产生（排放）量之和。其计算公式如下：

$$E_{排} = \sum E_{排i}$$

式中，$E_{排}$——企业某污染物的总排放量；

$E_{排i}$——工段 i 某污染物排放量。

4 污染物排放量核算案例

某企业采用的加工工段为细杂皮—成品毛皮组合如下：主要原料为细杂皮，产品名称为成品毛皮，生产工艺采用无铬主鞣+无铬复鞣，生产规模为所有规模。核算年度原料用量为：实际投产 50 万标张羊皮（此处以企业核算年度实际投产的原料皮折合标张羊皮为基准），经处理后的废水回用率为45%。该企业废水治理工艺采用物理化学处理法+好氧生物处理法，废气 VOCs 处理技术采用喷淋塔处理，颗粒物的污染治理技术采用袋式除尘，涉及的废水污染物主要为化学需氧量、氨氮、总磷、总氮、铬，废气污染物主要为挥发性有机物、颗粒物等。该企业 2019 年总生产时间为 7200 小时，污水治理设施正常运行时间 7200 小时。

本核算案例以废水实际排放量和废水中化学需氧量（COD_{Cr}）为例，说明该企业 COD_{Cr} 污染物的产生量和排放量的计算方法。

4.1 废水实际排放量计算

（1）查找产污系数及其计量单位

在 193 毛皮鞣制及制品加工行业产污系数表中，本案例组合下工业废水量的产污系数为 1083.0000，单位为米^3/万标张羊皮-原料。

（2）获取企业的原料用量

该企业实际情况为：年投产折合 50 万标张羊皮-原料，废水回用率 45%。

（3）计算工业废水产生量

工业废水产生量=工业废水量的产污系数×原料皮折标张羊皮的数量

=1083.0000 米^3/万标张羊皮-原料×50 万标张羊皮-原料

=54150 米^3

（4）计算工业废水实际排放量

工业废水实际排放量=54150 米^3×（1−0.45）

=29782.5 米^3

4.2 COD_{Cr} 产生量计算

（1）查找产污系数及其计量单位

在 193 毛皮鞣制及制品加工行业产污系数表中，本案例组合下 COD_{Cr} 的产污系数为 2.3415，单位为吨/万标张羊皮-原料。

（2）获取企业产品产量与原料用量

该企业实际情况为：年投产折合 50 万标张羊皮-原料。

（3）计算 COD_{Cr} 产生量

COD_{Cr} 产生量=COD_{Cr} 产污系数×原料皮折标张羊皮的数量

=2.3415 吨/万标张羊皮-原料×50 万标张羊皮-原料

=117.0750 吨

4.3 COD_{Cr} 去除量计算

（1）查找治理技术平均去除效率

在 193 毛皮鞣制及制品加工行业产污系数表中，本案例组合下“物理化学处理法+好氧生物处理法”的平均去除效率为 86%。

（2）计算污染治理技术实际运行率

在 193 毛皮鞣制及制品加工行业产污系数表中，本案例该组合下“物理化学处理法+好氧生物处理法”对应的污染治理设施实际运行参数分别为污水治理设施运行时间、总生产时间。

k=7200 小时/7200 小时=1

（3）计算 COD_{Cr} 去除量

COD_{Cr} 去除量=117.0750 吨×86%×1=100.6845 吨

4.4 COD_{Cr} 排放量计算

COD_{Cr} 排放量=117.0750 吨−100.6845 吨 =16.3905 吨

4.5 其他说明

本案例中其他污染物指标（工业废气量除外）参照 COD_{Cr} 的计算方法。工业废气量不做排放量核算。工业废气量的产污量与排放量相同，不再进行排污量核算。

5 系数表

193 毛皮鞣制及制品加工行业系数表

工段名称	产品名称	原料名称	工艺名称	生产规模	污染物类别	污染物指标	系数单位	产污系数	末端治理技术	末端治理技术平均去除效率/%	参考 k 值计算公式[1]
细杂皮—成品毛皮	成品毛皮	细杂皮	无铬主鞣+无铬复鞣	所有规模	废水	工业废水量	米^3/万标张羊皮-原料	1083.0000	—	—	$k=t_1/t_2$
						化学需氧量	吨/万标张羊皮-原料	2.3415	物理化学处理法+好氧生物处理法	86	
									物理化学处理法+好氧生物处理法+物理处理法	91	
									物理化学处理法+好氧生物处理法+化学处理法	93	
						氨氮	吨/万标张羊皮-原料	0.0755	物理化学处理法+好氧生物处理法	82	
									物理化学处理法+好氧生物处理法+物理处理法	88	
									物理化学处理法+好氧生物处理法+化学处理法	90	
						总氮	吨/万标张羊皮-原料	0.1600	物理化学处理法+好氧生物处理法	73	
									物理化学处理法+好氧生物处理法+物理处理法	79	
						总磷	吨/万标张羊皮-原料	0.0110	物理化学处理法+好氧生物处理法	94	
					废气	工业废气量（挥发性有机物）	万标米^3/万标张羊皮-原料	4.2343	—	—	
						挥发性有机物	千克/万标张羊皮-原料	0.5765	V19 其他（吸附法）	70	
									光催化	78	
						工业废气量（颗粒物）	万标米^3/万标张羊皮-原料	17.5723	—	—	
						颗粒物	千克/万标张羊皮-原料	5.0620	袋式除尘	94	
									喷淋塔/冲击水浴	98	

[1] 该公式仅供参考，使用时，可根据 k 值定义，选取更适合企业实际情况的表达方式。

193 毛皮鞣制及制品加工行业系数表（续表 1）

工段名称	产品名称	原料名称	工艺名称	生产规模	污染物类别	污染物指标	系数单位	产污系数	末端治理技术	末端治理技术平均去除效率/%	参考 k 值计算公式
细杂皮—成品毛皮	成品毛皮	细杂皮	无铬主鞣+铬复鞣	所有规模	废水	工业废水量	米^3/万标张羊皮-原料	1083.0000	—	—	$k = t_1 / t_2$
						化学需氧量	吨/万标张羊皮-原料	2.3415	物理化学处理法+好氧生物处理法	86	
									物理化学处理法+好氧生物处理法+物理处理法	91	
									物理化学处理法+好氧生物处理法+化学处理法	93	
						氨氮	吨/万标张羊皮-原料	0.0755	物理化学处理法+好氧生物处理法	82	
									物理化学处理法+好氧生物处理法+物理处理法	88	
									物理化学处理法+好氧生物处理法+化学处理法	90	
						总氮	吨/万标张羊皮-原料	0.1600	物理化学处理法+好氧生物处理法	73	
									物理化学处理法+好氧生物处理法+物理处理法	79	
						总磷	吨/万标张羊皮-原料	0.0110	物理化学处理法+好氧生物处理法	94	
						铬	吨/万标张羊皮-原料	0.0130	化学沉淀法	96	
					废气	工业废气量（挥发性有机物）	万标米^3/万标张羊皮-原料	4.2343	—	—	
						挥发性有机物	千克/万标张羊皮-原料	0.5765	V19 其他（吸附法）	70	
									光催化	78	
						工业废气量（颗粒物）	万标米^3/万标张羊皮-原料	17.5723	—	—	
						颗粒物	千克/万标张羊皮-原料	5.0620	袋式除尘	94	
									喷淋塔/冲击水浴	98	

193 毛皮鞣制及制品加工行业系数表（续表 2）

工段名称	产品名称	原料名称	工艺名称	生产规模	污染物类别	污染物指标	系数单位	产污系数	末端治理技术	末端治理技术平均去除效率/%	参考 k 值计算公式
白湿毛皮（细杂皮）—成品毛皮	成品毛皮	白湿毛皮（细杂皮）	铬复鞣	所有规模	废水	工业废水量	米^3/万标张羊皮-原料	274.0000	—	—	—
						化学需氧量	吨/万标张羊皮-原料	0.3955	物理化学处理法+好氧生物处理法	92	$k=t_1/t_2$
									物理化学处理法+好氧生物处理法+物理处理法	92	
						氨氮	吨/万标张羊皮-原料	0.0225	物理化学处理法+好氧生物处理法	86	
									物理化学处理法+好氧生物处理法+物理处理法	97	
						总氮	吨/万标张羊皮-原料	0.0665	物理化学处理法+好氧生物处理法	71	
									物理化学处理法+好氧生物处理法+物理处理法	93	
						总磷	吨/万标张羊皮-原料	0.0035	物理化学处理法+好氧生物处理法	71	
									物理化学处理法+好氧生物处理法+物理处理法	83	
						铬	吨/万标张羊皮-原料	0.0130	化学沉淀法	96	
					废气	工业废气量（颗粒物）	万标米^3/万标张羊皮-原料	17.5723	—	—	
						颗粒物	千克/万标张羊皮-原料	5.0620	袋式除尘	94	
									喷淋塔/冲击水浴	98	

193 毛皮鞣制及制品加工行业系数表（续表 3）

工段名称	产品名称	原料名称	工艺名称	生产规模	污染物类别	污染物指标	系数单位	产污系数	末端治理技术	末端治理技术平均去除效率/%	参考 k 值计算公式
羊皮—成品毛皮	成品毛皮	羊皮	无铬主鞣+铬复鞣	所有规模	废水	工业废水量	米^3/万标张羊皮-原料	2654.5000	—	—	$k = t_1 / t_2$
						化学需氧量	吨/万标张羊皮-原料	5.6755	物理化学处理法+好氧生物处理法	93	
									物理化学处理法+好氧生物处理法+物理处理法	94	
									物理化学处理法+好氧生物处理法+化学处理法	99	
						氨氮	吨/万标张羊皮-原料	0.2230	物理化学处理法+好氧生物处理法	93	
									物理化学处理法+好氧生物处理法+物理处理法	94	
									物理化学处理法+好氧生物处理法+化学处理法	96	
						总氮	吨/万标张羊皮-原料	0.2810	物理化学处理法+好氧生物处理法	87	
									物理化学处理法+好氧生物处理法+物理处理法	89	
									物理化学处理法+好氧生物处理法+化学处理法	95	
						总磷	吨/万标张羊皮-原料	0.0635	物理化学处理法+好氧生物处理法	89	
									物理化学处理法+好氧生物处理法+物理处理法	98	
									物理化学处理法+好氧生物处理法+化学处理法	99	
						铬	吨/万标张羊皮-原料	0.0350	化学沉淀法	99	
					废气	工业废气量（挥发性有机物）	万标干米^3/万标张羊皮-原料	39.0988	—	—	
						挥发性有机物	千克/万标张羊皮-原料	0.9825	吸附+分流	67	
									光催化	83	
									V19 其他（喷淋塔）	82	
						工业废气量（颗粒物）	万标米^3/万标张羊皮-原料	19.9837	—	—	
						颗粒物	千克/万标张羊皮-原料	4.5405	袋式除尘	92	
									喷淋塔/冲击水浴	95	

193 毛皮鞣制及制品加工行业系数表（续表 4）

工段名称	产品名称	原料名称	工艺名称	生产规模	污染物类别	污染物指标	系数单位	产污系数	末端治理技术	末端治理技术平均去除效率/%	参考 k 值计算公式
羊皮—成品毛皮	成品毛皮	羊皮	铬主铬+铬复鞣	所有规模	废水	工业废水量	米^3/万标张羊皮-原料	2654.5000	—		$k = t_1 / t_2$
						化学需氧量	吨/万标张羊皮-原料	5.6755	物理化学处理法+好氧生物处理法	93	
									物理化学处理法+好氧生物处理法+物理处理法	94	
									物理化学处理法+好氧生物处理法+化学处理法	99	
						氨氮	吨/万标张羊皮-原料	0.2230	物理化学处理法+好氧生物处理法	93	
									物理化学处理法+好氧生物处理法+物理处理法	94	
									物理化学处理法+好氧生物处理法+化学处理法	96	
						总氮	吨/万标张羊皮-原料	0.2810	物理化学处理法+好氧生物处理法	87	
									物理化学处理法+好氧生物处理法+物理处理法	89	
									物理化学处理法+好氧生物处理法+化学处理法	95	
						总磷	吨/万标张羊皮-原料	0.0635	物理化学处理法+好氧生物处理法	89	
									物理化学处理法+好氧生物处理法+物理处理法	98	
									物理化学处理法+好氧生物处理法+化学处理法	99	
						铬	吨/万标张羊皮-原料	0.0577	化学沉淀法	99	
					废气	工业废气量（挥发性有机物）	标米^3/万标张羊皮-原料	39.0988	—	—	
						挥发性有机物	千克/万标张羊皮-原料	0.9825	吸附+分流	67	
									光催化	83	
									V19 其他（喷淋塔）	82	
						工业废气量（颗粒物）	万标米^3/万标张羊皮-原料	19.9837	—	—	
						颗粒物	千克/万标张羊皮-原料	4.5405	袋式除尘	92	
									喷淋塔/冲击水浴	95	

193 毛皮鞣制及制品加工行业系数表（续表 5）

工段名称	产品名称	原料名称	工艺名称	生产规模	污染物类别	污染物指标	系数单位	产污系数	末端治理技术	末端治理技术平均去除效率/%	参考 k 值计算公式
羊皮/细杂皮—蓝湿毛皮	蓝湿毛皮	羊皮/细杂皮	铬主鞣	所有规模	废水	工业废水量	米^3/万标张羊皮-原料	1238.5000	—	—	$k=t_1/t_2$
						化学需氧量	吨/万标张羊皮-原料	2.6485	物理化学处理法+好氧生物处理法+化学处理法	94	
									物理化学处理法+好氧生物处理法	94	
									物理化学处理法+好氧生物处理法+物理处理法	99	
						氨氮	吨/万标张羊皮-原料	0.1040	物理化学处理法+好氧生物处理法+化学处理法	93	
									物理化学处理法+好氧生物处理法	94	
									物理化学处理法+好氧生物处理法+物理处理法	96	
						总氮	吨/万标张羊皮-原料	0.1310	物理化学处理法+好氧生物处理法+化学处理法	87	
									物理化学处理法+好氧生物处理法+物理处理法	89	
									物理化学处理法+好氧生物处理法	95	
						总磷	吨/万标张羊皮-原料	0.0295	物理化学处理法+好氧生物处理法+物理处理法	89	
									物理化学处理法+好氧生物处理法+化学处理法	98	
									物理化学处理法+好氧生物处理法	99	
						铬	吨/万标张羊皮-原料	0.0220	物理化学处理法+好氧生物处理法	99	
									物理化学处理法+好氧生物处理法+物理处理法	99	
									物理化学处理法+好氧生物处理法+化学处理法	99	

193 毛皮鞣制及制品加工行业系数表（续表 6）

工段名称	产品名称	原料名称	工艺名称	生产规模	污染物类别	污染物指标	系数单位	产污系数	末端治理技术	末端治理技术平均去除效率/%	参考 k 值计算公式
羊皮/细杂皮—白湿毛皮	白湿毛皮	羊皮/细杂皮	无铬主鞣	所有规模	废水	工业废水量	米^3/万标张羊皮-原料	1238.5000	—	—	$k = t_1 / t_2$
						化学需氧量	吨/万标张羊皮-原料	2.6485	物理化学处理法+好氧生物处理法+物理处理法	94	
									物理化学处理法+好氧生物处理法	94	
									物理化学处理法+好氧生物处理法+化学处理法	99	
						氨氮	吨/万标张羊皮-原料	0.1040	物理化学处理法+好氧生物处理法+化学处理法	93	
									物理化学处理法+好氧生物处理法	94	
									物理化学处理法+好氧生物处理法+物理处理法	96	
						总氮	吨/万标张羊皮-原料	0.1310	物理化学处理法+好氧生物处理法+化学处理法	87	
									物理化学处理法+好氧生物处理法+物理处理法	89	
									物理化学处理法+好氧生物处理法	95	
						总磷	吨/万标张羊皮-原料	0.0295	物理化学处理法+好氧生物处理法+物理处理法	89	
									物理化学处理法+好氧生物处理法	98	
									物理化学处理法+好氧生物处理法+化学处理法	99	

193 毛皮鞣制及制品加工行业系数表（续表 7）

工段名称	产品名称	原料名称	工艺名称	生产规模	污染物类别	污染物指标	系数单位	产污系数	末端治理技术	末端治理技术平均去除效率/%	参考 k 值计算公式
蓝湿毛皮/白湿毛皮—成品毛皮（铬复鞣）	成品毛皮	蓝湿毛皮/白湿毛皮	铬复鞣	所有规模	废水	工业废水量	米³/万标张羊皮-原料	530.9000	—	—	$k = t_1 / t_2$
						化学需氧量	吨/万标张羊皮-原料	1.1350	物理化学处理法+好氧生物处理法	94	
									物理化学处理法+好氧生物处理法+化学处理法	94	
									物理化学处理法+好氧生物处理法+物理处理法	99	
						氨氮	吨/万标张羊皮-原料	0.0445	物理化学处理法+好氧生物处理法+化学处理法	93	
									物理化学处理法+好氧生物处理法+物理处理法	94	
									物理化学处理法+好氧生物处理法	96	
						总氮	吨/万标张羊皮-原料	0.0560	物理化学处理法+好氧生物处理法+物理处理法	87	
									物理化学处理法+好氧生物处理法+化学处理法	89	
									物理化学处理法+好氧生物处理法	95	
						总磷	吨/万标张羊皮-原料	0.0125	物理化学处理法+好氧生物处理法+化学处理法	89	
									物理化学处理法+好氧生物处理法+物理处理法	98	
									物理化学处理法+好氧生物处理法	99	
						铬	吨/万标张羊皮-原料	0.0235	物理化学处理法+好氧生物处理法+化学处理法	99	
									物理化学处理法+好氧生物处理法+物理处理法	99	
									物理化学处理法+好氧生物处理法	99	
					废气	挥发性有机物	千克/万标张羊皮-原料	1.0000	V19 其他（喷淋塔）	70	
									V19 其他（吸附法）	78	
									光催化	85	
						颗粒物	千克/万标张羊皮-原料	0.0045	袋式除尘	94	
						工业废气量	万标米³/万标张羊皮-原料	39.3200	—	—	

193 毛皮鞣制及制品加工行业系数表（续表 8）

工段名称	产品名称	原料名称	工艺名称	生产规模	污染物类别	污染物指标	系数单位	产污系数	末端治理技术	末端治理技术平均去除效率/%	参考 k 值计算公式
蓝湿毛皮/白湿毛皮—成品毛皮（无铬复鞣）	成品毛皮	蓝湿毛皮/白湿毛皮	无铬复鞣	所有规模	废水	工业废水量	米^3/万标张羊皮-原料	530.9000	—	—	$k = t_1 / t_2$
						化学需氧量	吨/万标张羊皮-原料	1.1350	物理化学处理法+好氧生物处理法+物理处理法	94	
									物理化学处理法+好氧生物处理法	94	
									物理化学处理法+好氧生物处理法+化学处理法	99	
						氨氮	吨/万标张羊皮-原料	0.0445	物理化学处理法+好氧生物处理法+物理处理法	93	
									物理化学处理法+好氧生物处理法	94	
									物理化学处理法+好氧生物处理法+化学处理法	96	
						总氮	吨/万标张羊皮-原料	0.0560	物理化学处理法+好氧生物处理法+物理处理法	87	
									物理化学处理法+好氧生物处理法	89	
									物理化学处理法+好氧生物处理法+化学处理法	95	
						总磷	吨/万标张羊皮-原料	0.0125	物理化学处理法+好氧生物处理法	89	
									物理化学处理法+好氧生物处理法+化学处理法	98	
									物理化学处理法+好氧生物处理法+物理处理法	99	
					废气	挥发性有机物	千克/万标张羊皮-原料	1.0000	光催化	70	
									V19 其他（吸附法）	78	
									V19 其他（喷淋塔）	85	
						颗粒物	吨/万标张羊皮-原料	0.0045	袋式除尘	94	
						工业废气量	万标米^3/万标张羊皮-原料	39.3200	—	—	

1931 毛皮鞣制及制品加工行业系数表（续表 9）

工段名称	产品名称	原料名称	工艺名称	生产规模	污染物类别	污染物指标	系数单位	产污系数	末端治理技术	末端治理技术平均去除效率/%	参考 k 值计算公式
羊皮/细杂皮—成品毛皮（铬鞣）	成品毛皮	羊皮/细杂皮	铬主鞣	所有规模	废水	工业废水量	米^3/万标张羊皮-原料	1769.5000	—	—	$k = t_1 / t_2$
						化学需氧量	吨/万标张羊皮-原料	3.7835	物理化学处理法+好氧生物处理法+化学处理法	94	
									物理化学处理法+好氧生物处理法+物理处理法	94	
									物理化学处理法+好氧生物处理法	99	
						氨氮	吨/万标张羊皮-原料	0.1485	物理化学处理法+好氧生物处理法+化学处理法	93	
									物理化学处理法+好氧生物处理法	94	
									物理化学处理法+好氧生物处理法+物理处理法	96	
						总氮	吨/万标张羊皮-原料	0.1875	物理化学处理法+好氧生物处理法+物理处理法	87	
									物理化学处理法+好氧生物处理法	89	
									物理化学处理法+好氧生物处理法+化学处理法	95	
						总磷	吨/万标张羊皮-原料	0.0425	物理化学处理法+好氧生物处理法+化学处理法	89	
									物理化学处理法+好氧生物处理法	98	
									物理化学处理法+好氧生物处理法+物理处理法	99	
						铬	吨/万标张羊皮-原料	0.0455	物理化学处理法+好氧生物处理法+化学处理法	99	
									物理化学处理法+好氧生物处理法+物理处理法	99	
									物理化学处理法+好氧生物处理法	99	
					废气	挥发性有机物	千克/万标张羊皮-原料	1.0000	光催化	70	
									V19 其他（喷淋塔）	78	
									V19 其他（吸附法）	85	
						颗粒物	千克/万标张羊皮-原料	4.5000	袋式除尘	94	
						工业废气量	万标米^3/万标张羊皮-原料	39.3200	—	—	

1931 毛皮鞣制及制品加工行业系数表（续表 10）

工段名称	产品名称	原料名称	工艺名称	生产规模	污染物类别	污染物指标	系数单位	产污系数	末端治理技术	末端治理技术平均去除效率/%	参考 k 值计算公式
羊皮/细杂皮—成品毛皮（无铬鞣）	成品毛皮	羊皮/细杂皮	无铬主鞣+无铬复鞣	所有规模	废水	工业废水量	米^3/万标张羊皮-原料	1769.5000	—	—	$k=t_1/t_2$
						化学需氧量	吨/万标张羊皮-原料	3.7835	物理化学处理法+好氧生物处理法+化学处理法	94	
									物理化学处理法+好氧生物处理法	94	
									物理化学处理法+好氧生物处理法+物理处理法	99	
						氨氮	吨/万标张羊皮-原料	0.1485	物理化学处理法+好氧生物处理法+物理处理法	93	
									物理化学处理法+好氧生物处理法	94	
									物理化学处理法+好氧生物处理法+化学处理法	96	
						总氮	吨/万标张羊皮-原料	0.1875	物理化学处理法+好氧生物处理法+物理处理法	87	
									物理化学处理法+好氧生物处理法+化学处理法	89	
									物理化学处理法+好氧生物处理法	95	
						总磷	吨/万标张羊皮-原料	0.0425	物理化学处理法+好氧生物处理法+物理处理法	89	
									物理化学处理法+好氧生物处理法+化学处理法	98	
									物理化学处理法+好氧生物处理法	99	
					废气	挥发性有机物	千克/万标张羊皮-原料	1.0000	V19 其他（吸附法）	70	
									V19 其他（喷淋塔）	78	
									光催化	85	
						颗粒物	千克/万标张羊皮-原料	4.5000	袋式除尘	94	
						工业废气量	万标米^3/万标张羊皮-原料	39.3200	—	—	

注：本表中数值为空的末端治理效率将于进一步研究验证后进行补充。

194 羽毛（绒）加工及其制品制造业

1 适用范围

本手册仅用于《国民经济行业分类》（GB/T 4754—2017）中 194 羽毛（绒）加工及其制品制造业［1941 羽毛（绒）加工、1942 羽毛（绒）制品加工］使用系数法核算工业污染物产生量和排放量的工业企业。

利用本手册进行产排污核算得出的污染物产生量与排放量仅代表了羽毛（绒）加工及其制品制造行业的工艺、产品、原料在正常工况下污染物产生与排放的一般规律。

1941 行业的废水指标包括工业废水量、化学需氧量、氨氮、总磷、总氮；废气指标包括颗粒物；固体废弃物指标包括一般固体废弃物。

1942 行业废气指标包括颗粒物；不涉及废水和固体废弃物指标。

2 注意事项

2.1 企业有多种生产工艺或生产多类产品产排污量核算

1941 羽毛（绒）加工行业的工业废水量、化学需氧量、氨氮、总磷、总氮、颗粒物等指标：污染物产生量与产品产量有关，根据不同核算环节计算产污量后，再根据企业末端治理设施和运行情况计算排放量。

1942 羽毛（绒）制品加工行业的颗粒物指标：污染物产生量与原料用量有关，根据不同核算环节计算产污量后，再根据企业末端治理设施和运行情况计算排污量。

企业某污染物产生量、排放量为各核算环节产生量、排放量之和。

羽毛（绒）加工及制品制造联合生产企业，水洗生产线和制品生产线分别选取本手册汇总的对应系数，该企业总体排污量为各条生产线之和。

在企业实际排放量计算过程中，如果存在废水回用的情况，需要在利用产排污核算公式的基础上扣除废水回用的部分。废水实际排放量按下式计算：

$$W_{排} = W_0 \times (1 - C)$$

式中，$W_{排}$——扣除废水回用部分后，不再用于生产过程，排放到厂外的实际污水量；

W_0——根据系数表中的工业废水量产污系数计算得到的污水排放量；

C——废水回用率。

2.2 采用多种治理设施组合处理企业的排污量核算

在排污量计算选择末端治理技术时，若没有对应的组合治理技术，以主要治理技术为准。

2.3 系数表中未涉及的产污系数及污染治理效率

1941 行业的粗分企业，如果只包含羽毛（绒）粗分工艺，则不涉及废水指标，废气指标可参考 1941 羽毛（绒）加工行业的颗粒物指标进行计算。

1941 行业中生物接触氧化法是行业目前普遍采用的处理工艺，具有代表性，对表单中未涉及的其他污水处理工艺，参照生物接触氧化法相关系数执行。

2.4 其他需要说明的问题

（1）1941 产品统计范围

1941 小类中复洗工序符合羽毛（绒）产品执行的《羽绒羽毛》（GB/T 17685—2016），纳入产品产量统计范围内。

初洗工序的半成品统计范围不包括分拣、水洗和粗分过程中产生的下脚料。

（2）1942 原料包括范围

1942 原料统计范围包括用于制品加工的羽毛（绒）成品，不包括布料等其他原材料。

（3）产品工艺说明

1941 羽毛（绒）加工的工艺包括初洗、复洗（也称精洗）、初洗+复洗整合三类，如表 1 所示。

表 1　1941 加工工艺说明

工艺	说明
初洗工艺	指将未经水洗的原毛、水毛、冰毛经初步洗涤加工后获得半成品羽毛（绒）产品的过程，清洗次数约为 5～8 次
复洗工艺	指将初洗获得的半成品羽毛（绒）产品再次洗涤获得羽毛（绒）成品的过程。清洗次数约为 7～15 次；清洗次数越多，水量越大
初洗+复洗工艺	以上工序的结合

（4）企业规模划分方法

羽毛（绒）加工及其制品制造平均产排污量受规模影响较小，因此不对企业规模进行划分。

（5）部分初洗、复洗兼有的加工企业，存在以下三种生产情形：

①部分原毛经初洗后的半成品直接外卖；

②部分原毛经初洗、复洗加工为成品；

③直接购买半成品毛进行复洗加工为成品。

针对以上三种情形，应分别统计出售的半成品产量，经初洗、复洗获得的成品产量以及直接从半成品毛加工为产品的成品产量，并分别计算三种情形对应的排污量；相应的产污系数和去除率参照对应的生产工序执行；全厂的污染物排放总量为三种情形计算得出的初洗、初洗+复洗、复洗污染物排放量之和。

（6）由于不同企业工业废气量、废水量差异较大，本手册所提供的工业废气量、废水量系数仅供参考。

为体现相同产污水平条件下，采用相同环保治理设施的不同企业对同一污染物去除效果的差异，引入末端治理设施实际运行率（k）对污染治理技术的实际去除率进行修正。k 值反映的是污染治理

设施运行的状态，越稳定运行，k 值越高；在取值上，若定义连续稳定运行的理想状态为 1，则 k 取值在 0～1 之间。

$$k = t_1 / t_2$$

式中，k——治理设施实际运行率；

t_1——治理设施运行时间；

t_2——企业正常生产时间。

本手册给出本行业的 k 值计算公式仅供参考，使用时，可根据 k 值定义，选取更适合企业实际情况的表达方式。

3 污染物排放量核算方法

针对企业实际生产情况，本行业在系数制定过程中将企业全生产流程划分或拆分为若干工段（核算环节），在核算企业污染物产排量时，可灵活选择本企业对应的工段进行核算。

3.1 计算污染物产生量

（1）根据产品、原料、生产工艺和生产规模这一组合，查找和确定所对应的某一污染物的产污系数。

（2）获取企业核算年度的实际产品产量。

（3）某组合下某污染物产生量按下式计算：

$$G_{产i} = P_{产i} \times M_i$$

式中，$G_{产i}$——工段 i 某污染物的产生量；

$P_{产i}$——工段 i 某污染物对应的产污系数；

M_i——工段 i 使用原料皮折合标张的产品产量。

3.2 计算污染物去除量

（1）根据企业对某一污染物所采用的治理技术查找和选择相应的治理技术平均去除效率。

（2）根据所填报的污染治理设施实际运行率参数及其计算公式得出该企业某一污染物的治理设施实际运行率（k 值）。

（3）不同组合污染物去除量按下式计算：

$$R_{减i} = G_{产i} \times \eta_T \times k_T$$

式中，$R_{减i}$——工段 i 某污染物的去除量；

η_T——工段 i 某污染物采用的末端治理技术的平均去除效率；

k_T——工段 i 某污染物采用的末端治理设施的实际运行率。

3.3 计算污染物排放量

某组合下某污染物排放量为污染物产生量减掉去除量。其计算公式如下：

$$E_{排i} = G_{产i} - R_{减i}$$

式中，$E_{排i}$——工段 i 某污染物的排放量；

$G_{产i}$——工段 i 某污染物的产生量；

$R_{减i}$——工段 i 某污染物的去除量。

3.4 计算企业污染物排放量

同一企业某污染物全年的产生（排放）总量为该企业同年实际生产的全部工段、产品、原料、规模污染物产生（排放）量之和。

$$E_{排} = \sum E_{排i}$$

式中，$E_{排}$——企业某污染物的总排放量；

$E_{排i}$——工段 i 某污染物排放量。

4 污染物排放量核算案例

某企业采用工段为原毛—成品羽毛（绒）。其产品名称为成品羽毛（绒），原料名称为原毛，生产工艺为初洗+复洗，规模等级为所有规模。企业核算年度的年实际生产产量为 1500 吨，该企业的废水回用率为 85%。该企业涉及的污染类型包括废水、颗粒物，其废水污染治理技术采用物理处理法+生物接触氧化法+物理处理法，涉及的废水污染物指标主要为工业废水量、化学需氧量、氨氮、总氮、总磷；颗粒物的污染治理技术采用袋式除尘。

本核算案例以该企业为例，说明该组合下各污染物产生量和排放量的计算方法。

4.1 污染物产生量计算

（1）查找产污系数及其计量单位

主要产品为成品羽毛（绒），主要原料为原毛，主要工艺为初洗+复洗，生产规模为年产量 2000 吨的成品羽毛（绒）。产污系数手册中各污染物指标的产污系数如表 2 所示。

表 2 各污染物指标的产污系数查表结果

序号	污染物指标	产污系数	单位
1	工业废水量	497	米^3/吨-产品
2	化学需氧量	312598	克/吨-产品
3	氨氮	8095	克/吨-产品
4	总磷	622	克/吨-产品
5	总氮	20521	克/吨-产品
6	颗粒物	12.43	千克/吨-产品

（2）获取企业产品产量

该企业主要产品成品羽毛（绒）2017 年产量为 1500 吨。

（3）计算污染物产生量

各污染物产生量计算如表 3 所示。

表 3　各污染物指标产生量计算

序号	污染物指标	产污系数 $P_{产i}$		产品产量 M_i		污染物产生量 $G_{产i}$	
1	工业废水量	497.00	米^3/吨-产品	1500	吨	745500.00	米^3
2	化学需氧量	312598.00	克/吨-产品	1500	吨	468897.00	千克
3	氨氮	8095.00	克/吨-产品	1500	吨	12142.50	千克
4	总磷	622.00	克/吨-产品	1500	吨	933.00	千克
5	总氮	20521.00	克/吨-产品	1500	吨	30781.50	千克
6	颗粒物	12.43	千克/吨-产品	1500	吨	18645.00	千克

4.2　污染物去除量计算

（1）查找末端治理技术的运行效率

该企业废水的污染治理技术采用物理处理法+生物接触氧化法+物理处理法，颗粒物的污染治理技术采用袋式除尘。在 1941 羽毛（绒）加工行业产污系数表中，本案例组合下各污染物对应末端治理技术的运行效率如表 4 所示。

表 4　各污染物指标的末端治理技术的运行效率

序号	污染物指标	末端治理技术	末端治理技术运行效率/%
1	工业废水量	不涉及	
2	化学需氧量	物理处理法+生物接触氧化法+物理处理法	93
3	氨氮	物理处理法+生物接触氧化法+物理处理法	93
4	总磷	物理处理法+生物接触氧化法+物理处理法	92
5	总氮	物理处理法+生物接触氧化法+物理处理法	80
6	颗粒物	袋式除尘	97

（2）计算污染治理设施实际运行率

该企业未统计废水和颗粒物末端治理设施耗电量，企业生产时废水和颗粒物末端治理设施同步运行，且全部废水和颗粒物均经过对应设施进行治理，取 k 值为 1。

（3）计算污染物去除量

各污染物去除量计算如表 5 所示。

表 5　各污染物指标去除量

序号	污染物指标	污染物产生量 $G_{产i}$/千克	末端治理技术运行效率 η_T/%	设备运行率 k	污染物去除量 $R_{减i}$/千克
1	化学需氧量	468897	93	1	436074.20
2	氨氮	12143	93	1	11292.99
3	总磷	933	92	1	858.36
4	总氮	30782	80	1	24625.60
5	颗粒物	18645	97	1	18085.65
说明：工业废水量不涉及该参数计算					

4.3 污染物排放量计算

对工业废水量排放量指标、化学需氧量、氨氮、总磷、总氮、颗粒物指标进行计算。各污染物排放量计算结果如表6所示。

表6　各污染物指标排放量

序号	污染物指标	污染物产生量 $G_{产i}$	污染物去除量 $R_{减i}$	废水回用率 C	污染物排放量 $E_{排i}$	
1	工业废水量	745500.00	—	85%	111825	米^3
2	化学需氧量	468897.00	436074.20	—	32822.80	千克
3	氨氮	12142.50	11292.99	—	849.51	千克
4	总磷	933.00	858.36	—	74.64	千克
5	总氮	30781.50	24625.60	—	6155.90	千克
6	颗粒物	18645.00	18085.65	—	559.35	千克

5 系数表

1941 羽毛（绒）加工行业系数表

工段名称	产品名称	原料名称	工艺名称	规模等级	污染物指标	系数单位	产污系数	末端治理技术	末端治理技术平均去除效率/%	参考 k 值计算公式[1]
—	半成品羽毛（绒）	原毛	初洗	所有规模	工业废水量	米^3/吨-产品	293	—	—	$k=t_1/t_2$
					化学需氧量	克/吨-产品	181725	物理处理法+生物接触氧化法+物理处理法	91	
					氨氮	克/吨-产品	3046	物理处理法+生物接触氧化法+物理处理法	46	
					总磷	克/吨-产品	211	物理处理法+生物接触氧化法+物理处理法	50	
					总氮	克/吨-产品	12308	物理处理法+生物接触氧化法+物理处理法	68	
	成品羽毛（绒）	半成品羽毛（绒）	复洗	所有规模	工业废水量	米^3/吨-产品	286	物理处理法+生物接触氧化法+物理处理法	—	
					化学需氧量	克/吨-产品	136423	物理处理法+生物接触氧化法+物理处理法	84	
					氨氮	克/吨-产品	6050	物理处理法+生物接触氧化法+物理处理法	90	
					总磷	克/吨-产品	646	物理处理法+生物接触氧化法+物理处理法	60	
					总氮	克/吨-产品	13927	物理处理法+生物接触氧化法+物理处理法	73	
	成品羽毛（绒）	原毛	初洗+复洗	所有规模	工业废水量	米^3/吨-产品	497	物理处理法+生物接触氧化法+物理处理法	—	
					化学需氧量	克/吨-产品	312598	物理处理法+生物接触氧化法+物理处理法	93	
					氨氮	克/吨-产品	8095	物理处理法+生物接触氧化法+物理处理法	93	
					总磷	克/吨-产品	622	物理处理法+生物接触氧化法+物理处理法	92	
					总氮	克/吨-产品	20521	物理处理法+生物接触氧化法+物理处理法	80	
	所有	所有	所有	所有规模	颗粒物	千克/吨-产品	12.43	袋式除尘	97	
	所有	所有	所有	所有规模	一般工业固废	千克/吨-产品	618.34	—	—	—

1942 羽绒制品制造行业系数表

工段名称	产品名称	原料名称	工艺名称	规模等级	污染物类别	污染物指标	系数单位	产污系数	末端治理技术	末端治理技术平均去除效率/%	参考 k 值计算公式[1]
—	羽绒制品	所有	所有	所有规模	废气	颗粒物	千克/吨原料毛（绒）	1.00	袋式除尘	98	$k=t_1/t_2$

[1] 该公式仅供参考，使用时，可根据 k 值定义，选取更适合企业实际情况的表达方式。

195 制鞋业

1 适用范围

本手册适用于《国民经济行业分类》（GB/T 4754—2017）中 195 制鞋业（1951 纺织面料鞋制造、1952 皮鞋制造、1953 塑料鞋制造、1954 橡胶鞋制造、1959 其他制鞋业）使用系数法核算工业污染物产生量和排放量的工业企业。

本手册不适用于仅进行鞋面（帮面）或鞋底加工的企业。

利用本手册进行产排污核算得出的污染物产生量与排放量仅代表了制鞋行业的工艺、产品、原料在正常工况下污染物产生与排放的一般规律。

本行业无废水指标；本行业废气指标包括：挥发性有机物（含有组织、无组织排放）、颗粒物。

2 注意事项

2.1 企业有多种生产工艺或生产多类产品产排污量核算

污染物产生量与产品产量有关，根据不同核算环节计算产污量后，再根据企业末端治理设施和运行情况计算排污量。

企业某污染物产生量、排放量为各核算环节产生量、排放量之和。

2.2 采用多种治理设施组合处理企业的排污量核算

在排污量计算选择末端治理技术时，若没有对应的组合治理技术，以主要治理技术为准。

2.3 其他需要说明的问题

（1）产品名称含义。

鞋产品按《2017 国民经济行业分类注释》进行分类：

1951 纺织面料鞋制造指用各种纺织面料、木材、棕草等原料缝制、模压或编制各种鞋的生产活动。

1952 皮鞋制造指全部或大部分用皮革、人造革、合成革为面料，以橡胶、塑料或合成材料等为外底，按缝绱、胶粘、模压、注塑等工艺方法制作各种皮鞋的生产活动。

1953 塑料鞋制造指以聚氯乙烯、聚乙烯、聚氨酯和乙烯醋酸乙烯等树脂为原料生产发泡或不发泡的塑料鞋类制品的活动。

1954 橡胶鞋制造指以橡胶作为鞋底、鞋帮的运动鞋及其他橡胶鞋和橡胶鞋部件的生产活动。

1959 其他制鞋业，包括下列皮鞋制造活动——其他未列明的鞋及零部件。

（2）原料包括范围。

制鞋业产排污系数核算主要通过鞋类产品进行核算，因此本手册不对原料进行具体说明。

（3）产品工艺说明。

制鞋行业主要成型工艺包括冷粘工艺、线缝工艺、硫化工艺、模压工艺和注塑工艺，见表 1。

表 1　产品工艺说明

工艺	说明
冷粘工艺	利用黏合剂将鞋帮和外底牢固粘合到一起，从而完成帮底结合的生产过程
线缝工艺	利用缝合线将鞋帮与鞋底牢固缝合到一起，从而完成帮底结合的生产过程
硫化工艺	硫化工艺是指生橡胶底与帮脚粘合后，经过硫化罐硫化而最终完成帮底结合的生产过程
模压工艺	借助于模压机，使生橡胶底硫化的同时并与帮脚牢固结合，从而完成帮底结合的生产过程
注塑工艺	借助注压机，将鞋底材料熔融并注入模具内与帮脚结合，冷却定型后完成帮底结合的生产过程

注：①冷粘工艺=胶粘工艺=热粘工艺；② 鞋帮加工工序的缝纫、缝帮等不属于本手册中的线缝工艺；③ 喷光工序作为后处理的一种处理方法不作为工艺统计。

（4）企业规模划分方法。

制鞋业平均产排污量受规模影响较小，因此不对企业规模进行划分。

（5）童鞋产污系数的取值方法。

各类童鞋产品产污系数的折算方法见表 2。

表 2　童鞋产品产污系数折算方法

童鞋划分	小童（中国码：130～170；欧码：21～28）	中童（中国码：175～205；欧码：29～33）
折合比例	1/3	1/2

（6）末端治理设施去除效率。

末端治理技术去除效率根据调研数据按以下公式计算，同时考虑了废气捕集率和废气处理率，即：

$$S=\frac{G\times b\times t}{G}\times 100\%$$

式中，S—— 末端治理技术去除效率；

G—— 废气产生量；

b—— 废气捕集率；

t—— 废气处理率。

（7）手册中产污系数包含了制鞋全生产过程污染物产生量，不包括由于含 VOCs 原料未完全挥发残留在产品中的挥发性有机物。

（8）对于鞋底部件（塑料鞋底、橡胶鞋底、鞋跟等）加工企业，应参照 2919 其他橡胶制品制造行业、2929 塑料零件及其他塑料制品制造行业核算污染物产排污量。

（9）关于硫化工艺产污系数说明。

硫化工艺制鞋产污系数仅作为生胶与帮面贴合过程产污量计算依据，而涉及橡胶制品炼胶过程的产污量需参照 2919 其他橡胶制品制造行业产污系数来计算。

（10）由于不同企业工业废气量差异较大，本手册所提供的工业废气量系数仅供参考。

为体现相同产污水平条件下，采用相同环保治理设施的不同企业对同一污染物去除效果的差异，

引入末端治理设施实际运行率（k）对污染治理技术的实际去除率进行修正。k 值反映的是污染治理设施运行的状态，越稳定运行，k 值越高；在取值上，若定义连续稳定运行的理想状态为 1，则 k 取值在 0～1 之间。

$$k = t_1 / t_2$$

式中，k——治理设施实际运行率；

t_1——治理设施运行时间；

t_2——企业正常生产时间。

本手册给出本行业的 k 值计算公式仅供参考，使用时，可根据 k 值定义，选取更适合企业实际情况的表达方式。

3 污染物排放量核算方法

3.1 计算污染物产生量

（1）根据产品、原料、生产工艺和生产规模这一组合，查找和确定该组合所对应的某污染物的产污系数。

（2）获取企业核算年度的实际产品产量。

（3）某组合下某污染物产生量按下式计算：

$$G_{产i} = P_{产i} \times M_i$$

式中，$G_{产i}$——工段 i 某污染物的产生量；

$P_{产i}$——工段 i 某污染物对应的产污系数；

M_i——工段 i 企业的产品产量。

3.2 计算污染物去除量

（1）根据企业对某一污染物所采用的治理技术查找和选择相应的治理技术平均去除效率。

（2）根据所填报的污染治理设施实际运行率参数及其计算公式得出该企业某一污染物的治理设施实际运行率（k 值）。

（3）不同组合下污染物去除量按下式计算：

$$R_{减i} = G_{产i} \times \eta_T \times k_T$$

式中，$R_{减i}$——工段 i 某污染物的去除量；

η_T——工段 i 某污染物采用的末端治理技术的平均去除效率；

k_T——工段 i 某污染物采用的末端治理设施的实际运行率。

3.3 计算污染物排放量

某组合下的污染物排放量为污染物产生量减掉污染物去除量。某组合下污染物排放量按下式计算。

$$E_{排i} = G_{产i} - R_{减i}$$

式中，$E_{排i}$——工段 i 某污染物的排放量；

$G_{产i}$——工段 i 某污染物的产生量；

$R_{减i}$——工段 i 某污染物的去除量。

3.4 计算企业污染物排放量

同一企业某污染物全年的产生（排放）总量为该企业同年实际生产的全部工艺、产品、原料、规模污染物产生（排放）量之和。

$$E_{排}=\sum E_{排i}$$

式中，$E_{排}$——企业污染物排放量；

$E_{排i}$——工段 i 企业的污染物排放量。

4 污染物排放量核算案例

某企业主要从事皮鞋生产。该企业以皮革、人造革为主要原料，生产工艺采用胶粘工艺，年产量（生产规模）130 万双。涉及的废气污染物主要为颗粒物、挥发性有机物。以废气中挥发性有机物为例，说明该企业挥发性有机物产生量的计算方法。

该企业基本信息如表 3 所示。

表 3 某制鞋企业基本信息

	名称	产量
产品	皮鞋	130 万双
原料	合成革	
工艺名称	胶粘工艺	
规模（产能）	130 万双	
污染治理设施	V19 其他（吸附法）工艺	
实际运行率参数	废气净化设备运行时间	3010 小时
	企业正常生产时间	3010 小时

4.1 挥发性有机物产生量计算

（1）查找产污系数及其计量单位

在 1952 皮鞋制造行业产污系数表中，本案例组合下挥发性有机物的产污系数为 24650，单位为毫克/双-产品。

（2）获取企业产品产量与原料用量

该企业实际情况为：该企业主要产品为皮鞋，2017 年产量为 130 万双。

（3）计算挥发性有机物产生量

挥发性有机物产生量=24650 毫克/双-产品×1300000 双-产品

=32045 千克

4.2 挥发性有机物去除量计算

（1）查找治理技术平均去除效率

由于该企业挥发性有机物治理技术采用 V19 其他（吸附法）工艺，在 1952 皮鞋制造行业产污系数表中，本案例组合下该工艺的平均去除效率为 20%。

（2）计算污染治理设施实际运行率

k=3010 小时/3010 小时=1

（3）计算挥发性有机物去除量

挥发性有机物去除量=32045 千克×20%×1=6409 千克

4.3 挥发性有机物排放量计算

挥发性有机物排放量=32045 千克−6409 千克=25636 千克

4.4 其他说明

如某企业同时使用不同组合生产不同产品，企业的挥发性有机物排放量按照 $E_{排} = \sum E_{排i}$ 计算。

5　系数表

1951 纺织面料鞋制造行业系数表

工段名称	产品名称	原料名称	工艺名称	规模等级	污染物类别	污染物指标	系数单位	产污系数	末端治理技术	末端治理技术平均去除效率/%	参考 k 值计算公式[1]
—	纺织面料鞋	纺织面料、橡胶、塑料、鞋底材料	冷粘工艺	所有规模	废气	挥发性有机物	毫克/双-产品	15220	其他（吸附法+光解）	60	k=废气净化设备运行时间（小时/年）/企业正常生产时间（小时/年）
									光解	35	
									光催化	20	
									低温等离子体	20	
									其他（喷淋塔+光解）	40	
									其他（吸附法）	20	
									其他（喷淋塔）	10	
									吸附/催化燃烧法	45	
									催化燃烧法	40	
									直排	0	
						颗粒物	毫克/双-产品	5450	袋式除尘	90	k=除尘设备运行时间（小时/年）/企业正常生产时间（小时/年）
					固体废物	一般工业固废	毫克/双-产品	7950	—	—	—

1 该公式仅供参考，使用时，可根据 k 值定义，选取更适合企业实际情况的表达方式。

1951 纺织面料鞋制造行业系数表（续表 1）

工段名称	产品名称	原料名称	工艺名称	规模等级	污染物类别	污染物指标	系数单位	产污系数	末端治理技术	末端治理技术平均去除效率/%	参考 k 值计算公式
—	纺织面料鞋	纺织面料、橡胶、塑料、鞋底材料	注塑工艺、模压工艺	所有规模	废气	挥发性有机物	毫克/双-产品	11100	其他（吸附法+光解）	60	k=废气净化设备运行时间（小时/年）/企业正常生产时间（小时/年）
									光解	35	
									光催化	20	
									低温等离子体	20	
									其他（喷淋塔+光解）	40	
									其他（吸附法）	20	
									其他（喷淋塔）	10	
									吸附/催化燃烧法	45	
									催化燃烧法	40	
									直排	0	
						颗粒物	毫克/双-产品	5450	袋式除尘	90	k=除尘设备运行时间（小时/年）/企业正常生产时间（小时/年）
									旋风+布袋	95	
					固体废物	一般工业固废	毫克/双-产品	7950	—	—	—

1951 纺织面料鞋制造行业系数表（续表 2）

工段名称	产品名称	原料名称	工艺名称	规模等级	污染物类别	污染物指标	系数单位	产污系数	末端治理技术	末端治理技术平均去除效率/%	参考 k 值计算公式
—	纺织面料鞋	纺织面料、橡胶、塑料、鞋底材料	线缝工艺	所有规模	废气	挥发性有机物	毫克/双-产品	8300	其他（吸附法+光解）	60	k=废气净化设备运行时间（小时/年）/企业正常生产时间（小时/年）
									光解	35	
									光催化	20	
									低温等离子体	20	
									其他（喷淋塔+光解）	40	
									其他（吸附法）	20	
									其他（喷淋塔）	10	
									吸附/催化燃烧法	45	
									催化燃烧法	40	
									直排	0	
						颗粒物	毫克/双-产品	4500	袋式除尘	90	k=除尘设备运行时间（小时/年）/企业正常生产时间（小时/年）
					固体废物	一般工业固废	毫克/双-产品	7950	—	—	—

1952 皮鞋制造行业系数表

工段名称	产品名称	原料名称	工艺名称	规模等级	污染物类别	污染物指标	系数单位	产污系数	末端治理技术	末端治理技术平均去除效率/%	参考 k 值计算公式[1]
—	皮鞋	皮革、人造革、合成革、橡胶、塑料、鞋底材料	冷粘工艺	所有规模	废气	挥发性有机物	毫克/双-产品	24650	其他（吸附法+光解）	60	k=废气净化设备运行时间（小时/年）/企业正常生产时间（小时/年）
									光解	35	
									光催化	20	
									低温等离子体	20	
									其他（喷淋塔+光解）	40	
									其他（吸附法）	20	
									其他（喷淋塔）	10	
									吸附/催化燃烧法	45	
									催化燃烧法	40	
									直排	0	
						颗粒物	毫克/双-产品	16740	袋式除尘	90	k=除尘设备运行时间（小时/年）/企业正常生产时间（小时/年）
					固体废物	一般工业固废	毫克/双-产品	77990	—	—	—

1 该公式仅供参考，使用时，可根据 k 值定义，选取更适合企业实际情况的表达方式。

1952 皮鞋制造行业系数表（续表 1）

工段名称	产品名称	原料名称	工艺名称	规模等级	污染物类别	污染物指标	系数单位	产污系数	末端治理技术	末端治理技术平均去除效率/%	参考 k 值计算公式
—	皮鞋	皮革、人造革、合成革、橡胶、塑料、鞋底材料	注塑工艺、模压工艺	所有规模	废气	挥发性有机物	毫克/双-产品	11100	其他（吸附法+光解）	60	k=废气净化设备运行时间（小时/年）/企业正常生产时间（小时/年）
									光解	35	
									光催化	20	
									低温等离子体	20	
									其他（喷淋塔+光解）	40	
									其他（吸附法）	20	
									其他（喷淋塔）	10	
									吸附/催化燃烧法	45	
									催化燃烧法	40	
									直排	0	
						颗粒物	毫克/双-产品	16740	袋式除尘	90	k=除尘设备运行时间（小时/年）/企业正常生产时间（小时/年）
									旋风+布袋	95	
					固体废物	一般工业固废	毫克/双-产品	77990	—	—	—

1952 皮鞋制造行业系数表（续表 2）

工段名称	产品名称	原料名称	工艺名称	规模等级	污染物类别	污染物指标	系数单位	产污系数	末端治理技术	末端治理技术平均去除效率/%	参考 *k* 值计算公式
—	皮鞋	皮革、人造革、合成革、橡胶、塑料、鞋底材料	硫化工艺	所有规模	废气	挥发性有机物	毫克/双-产品	8300	其他（吸附法+光解）	60	*k*=废气净化设备运行时间（小时/年）/企业正常生产时间（小时/年）
									光解	35	
									光催化	20	
									低温等离子体	20	
									其他（喷淋塔+光解）	40	
									其他（吸附法）	20	
									其他（喷淋塔）	10	
									吸附/催化燃烧法	45	
									催化燃烧法	40	
									直排	0	
						颗粒物	毫克/双-产品	16740	袋式除尘	90	*k*=除尘设备运行时间（小时/年）/企业正常生产时间（小时/年）
									旋风+布袋	95	
					固体废物	一般工业固废	毫克/双-产品	77990	—	—	—

1952 皮鞋制造行业系数表（续表 3）

工段名称	产品名称	原料名称	工艺名称	规模等级	污染物类别	污染物指标	系数单位	产污系数	末端治理技术	末端治理技术平均去除效率/%	参考 k 值计算公式
—	皮鞋	皮革、人造革、合成革、橡胶、塑料、鞋底材料	线缝工艺	所有规模	废气	挥发性有机物	毫克/双-产品	8300	其他（吸附法+光解）	60	k=废气净化设备运行时间（小时/年）/企业正常生产时间（小时/年）
									光解	35	
									光催化	20	
									低温等离子体	20	
									其他（喷淋塔+光解）	40	
									其他（吸附法）	20	
									其他（喷淋塔）	10	
									吸附/催化燃烧法	45	
									催化燃烧法	40	
									直排	0	
						颗粒物	毫克/双-产品	16740	袋式除尘	90	k=除尘设备运行时间（小时/年）/企业正常生产时间（小时/年）
					固体废物	一般工业固废	毫克/双-产品	77990	—	—	—

1953 塑料鞋制造行业系数表

工段名称	产品名称	原料名称	工艺名称	规模等级	污染物类别	污染物指标	系数单位	产污系数	末端治理技术	末端治理技术平均去除效率/%	参考 k 值计算公式[1]
—	塑料鞋	塑料、鞋底材料、聚氯乙烯、聚乙烯、聚氨酯、乙烯醋酸乙烯树脂、其他树脂	冷粘工艺	所有规模	废气	挥发性有机物	毫克/双-产品	24650	其他（吸附法+光解）	60	k=废气净化设备运行时间（小时/年）/企业正常生产时间（小时/年）
									光解	35	
									光催化	20	
									低温等离子体	20	
									其他（喷淋塔+光解）	40	
									其他（吸附法）	20	
									其他（喷淋塔）	10	
									吸附/催化燃烧法	45	
									催化燃烧法	40	
									直排	0	
						颗粒物	毫克/双-产品	4050	袋式除尘	90	k=除尘设备运行时间（小时/年）/企业正常生产时间（小时/年）
					固体废物	一般工业固废	毫克/双-产品	3620	—	—	—

1 该公式仅供参考，使用时，可根据 k 值定义，选取更适合企业实际情况的表达方式。

1953 塑料鞋制造行业系数表（续表 1）

工段名称	产品名称	原料名称	工艺名称	规模等级	污染物类别	污染物指标	系数单位	产污系数	末端治理技术	末端治理技术平均去除效率/%	参考 k 值计算公式
—	塑料鞋	塑料、鞋底材料、聚氯乙烯、聚乙烯、聚氨酯、乙烯醋酸乙烯树脂、其他树脂	注塑工艺	所有规模	废气	挥发性有机物	毫克/双-产品	14340	其他（吸附法+光解）	60	k=废气净化设备运行时间（小时/年）/企业正常生产时间（小时/年）
									光解	35	
									光催化	20	
									低温等离子体	20	
									其他（喷淋塔+光解）	40	
									其他（吸附法）	20	
									其他（喷淋塔）	10	
									吸附/催化燃烧法	45	
									催化燃烧法	40	
									直排	0	
						颗粒物	毫克/双-产品	4050	袋式除尘	90	k=除尘设备运行时间（小时/年）/企业正常生产时间（小时/年）
					固体废物	一般工业固废	毫克/双-产品	3620	—	—	—

1954 橡胶鞋制造行业系数表

工段名称	产品名称	原料名称	工艺名称	规模等级	污染物类别	污染物指标	系数单位	产污系数	末端治理技术	末端治理技术平均去除效率/%	参考 k 值计算公式[1]
—	橡胶鞋	橡胶（包括各类橡胶原料、添加剂、天然橡胶等）、合布（橡胶/纺织材料）	硫化工艺	所有规模	废气	挥发性有机物	毫克/双-产品	8300	其他（吸附法+光解）	60	k=废气净化设备运行时间（小时/年）/企业正常生产时间（小时/年）
									光解	35	
									光催化	20	
									低温等离子体	20	
									其他（喷淋塔+光解）	40	
									其他（吸附法）	20	
									其他（喷淋塔）	10	
									吸附/催化燃烧法	45	
									催化燃烧法	40	
									直排	0	
						颗粒物	毫克/双-产品	5450	袋式除尘	90	k=除尘设备运行时间（小时/年）/企业正常生产时间（小时/年）
									旋风+布袋	95	
					固体废物	一般工业固废	毫克/双-产品	7080	—	—	—

1 该公式仅供参考，使用时，可根据 k 值定义，选取更适合企业实际情况的表达方式。

1959 其他制鞋业行业系数表

工段名称	产品名称	原料名称	工艺名称	规模等级	污染物类别	污染物指标	系数单位	产污系数	末端治理技术	末端治理技术平均去除效率/%	参考 k 值计算公式[1]
—	其他皮鞋	皮革、人造革、合成革、橡胶、塑料、鞋底材料	冷粘工艺	所有规模	废气	挥发性有机物	毫克/双-产品	24650	其他（吸附法+光解）	60	k=废气净化设备运行时间（小时/年）/企业正常生产时间（小时/年）
									光解	35	
									光催化	20	
									低温等离子体	20	
									其他（喷淋塔+光解）	40	
									其他（吸附法）	20	
									其他（喷淋塔）	10	
									吸附/催化燃烧法	45	
									催化燃烧法	40	
									直排	0	
						颗粒物	毫克/双-产品	16740	袋式除尘	90	k=除尘设备运行时间（小时/年）/企业正常生产时间（小时/年）
					固体废物	一般工业固废	毫克/双-产品	77990	—	—	—
			注塑工艺、模压工艺	所有规模	废气	挥发性有机物	毫克/双-产品	11100	其他（吸附法+光解）	60	k=废气净化设备运行时间（小时/年）/企业正常生产时间（小时/年）
									光解	35	
									光催化	20	
									低温等离子体	20	
									其他（喷淋塔+光解）	40	
									其他（吸附法）	20	
									其他（喷淋塔）	10	
									吸附/催化燃烧法	45	
									催化燃烧法	40	
									直排	0	

1 该公式仅供参考，使用时，可根据 k 值定义，选取更适合企业实际情况的表达方式。

1959 其他制鞋业行业系数表（续表 1）

工段名称	产品名称	原料名称	工艺名称	规模等级	污染物类别	污染物指标	系数单位	产污系数	末端治理技术	末端治理技术平均去除效率/%	参考 *k* 值计算公式
—	其他皮鞋	皮革、人造革、合成革、橡胶、塑料、鞋底材料	注塑工艺、模压工艺	所有规模		颗粒物	毫克/双-产品	16740	袋式除尘	90	*k*=除尘设备运行时间（小时/年）/企业正常生产时间（小时/年）
									旋风+布袋	95	
					固体废物	一般工业固废	毫克/双-产品	77990	—	—	—
			硫化工艺	所有规模	废气	挥发性有机物	毫克/双-产品	8300	其他（吸附法+光解）	60	*k*=废气净化设备运行时间（小时/年）/企业正常生产时间（小时/年）
									光解	35	
									光催化	20	
									低温等离子体	20	
									其他（喷淋塔+光解）	40	
									其他（吸附法）	20	
									其他（喷淋塔）	10	
									吸附/催化燃烧法	45	
									催化燃烧法	40	
									直排	0	
						颗粒物	毫克/双-产品	16740	袋式除尘	90	*k*=除尘设备运行时间（小时/年）/企业正常生产时间（小时/年）
									旋风+布袋	95	
					固体废物	一般工业固废	毫克/双-产品	77990	—	—	—

1959 其他制鞋业行业系数表（续表 2）

工段名称	产品名称	原料名称	工艺名称	规模等级	污染物类别	污染物指标	系数单位	产污系数	末端治理技术	末端治理技术平均去除效率/%	参考 *k* 值计算公式
—	其他皮鞋	皮革、人造革、合成革、橡胶、塑料、鞋底材料	线缝工艺	所有规模	废气	挥发性有机物	毫克/双-产品	8300	其他（吸附法+光解）	60	*k*=废气净化设备运行时间（小时/年）/企业正常生产时间（小时/年）
									光解	35	
									光催化	20	
									低温等离子体	20	
									其他（喷淋塔+光解）	40	
									其他（吸附法）	20	
									其他（喷淋塔）	10	
									吸附/催化燃烧法	45	
									催化燃烧法	40	
									直排	0	
						颗粒物	毫克/双-产品	16740	袋式除尘	90	*k*=除尘设备运行时间（小时/年）/企业正常生产时间（小时/年）
					固体废物	一般工业固废	毫克/双-产品	77990	—	—	—

20

木材加工和木、竹、藤、棕、草制品业

201 木材加工业

1 适用范围

本手册仅用于《国民经济行业分类》（GB/T 4754—2017）中 2011 锯材加工行业、2012 木片加工行业、2013 单板加工行业、2019 其他木材加工行业使用系数法核算工业污染物产生量和排放量的工业企业。

利用本手册进行产排污核算得出的污染物产生量与排放量仅代表了特定行业的工艺、产品、原料在正常工况下污染物产生与排放的一般规律。

本行业废水指标包括工业废水量、化学需氧量；废气指标包括工业废气量、颗粒物、挥发性有机物。

2 注意事项

2.1 企业有多种生产工艺或生产多类产品产排污量核算

污染物产生量与产品产量有关，根据不同核算环节计算产污量后，再根据企业末端治理设施和运行情况计算排污量。

企业某污染物产生量、排放量为各核算环节产生量、排放量之和。

在企业实际排放量计算过程中，如果存在废水回用的情况，需要在利用产排污核算公式的基础上扣除废水回用的部分。公式如下：

实际排放量=计算排放量×（1–废水回用率）

2.2 采用多种治理设施组合处理企业的排污量核算

在排污量计算选择末端治理技术时，若没有对应的组合治理技术，以主要治理技术为准。

2.3 系数表中未涉及的产污系数及污染治理效率

本手册已基本涵盖各种核算环节、产品、原料、工艺及规模，对可能遇到的使用罕见或特殊的核算环节工艺的生产线，或系数表单中未涉及的处理方法，可咨询当地行业组织或木材加工专家、其他木材加工企业技术人员，选取近似的按核算环节、产品、原料、工艺、规模分类的核算系数或近似的处理方法代替。

2.4 其他需要说明的问题

由于不同企业工业废气量、废水量差异较大，本手册所提供的工业废气量、废水量系数仅供参考。

为体现相同产污水平条件下，采用相同环保治理设施的不同企业对同一污染物去除效果的差异，

引入末端治理设施实际运行率（k）对污染治理技术的实际去除率进行修正。k 值反映的是污染治理设施运行的状态，越稳定运行，k 值越高；在取值上，若定义连续稳定运行的理想状态为 1，则 k 取值在 0～1 之间。

本手册给出本行业的 k 计算公式仅供参考，使用时，可根据 k 值定义，选取更适合企业实际情况的表达方式。

3 污染物排放量核算方法

针对企业实际生产情况，本行业在系数制定过程中将企业全生产流程划分或拆分为若干工段（核算环节），在核算企业污染物产排量时，可灵活选择本企业对应的工段进行核算。

3.1 计算工段污染物产生量

（1）根据产品、原料、污染物产生的主导生产工艺、企业规模（生产产能）这一组合查找和确定所对应的某一污染物的产污系数。

（2）根据该污染物的产污系数计量单位——单位产品产量或单位原料用量，获取企业实际产品产量或原料用量。

例如，某组合内化学需氧量的产污系数单位为千克/吨-产品，则计算产生量时需要获取企业实际产品产量；如果产污系数单位为千克/吨-原料，则计算产生量时需要获取企业原料实际消耗量。

（3）污染物产生量按以下公式进行计算：

污染物产生量=污染物对应的产污系数×产品产量（原料用量）

$$G_{产i} = P_{产i} \times M_i$$

式中，$G_{产i}$——工段 i 某污染物的产生量；

$P_{产i}$——工段 i 某污染物对应的产污系数；

M_i——工段 i 的产品产量（原料用量）。

3.2 计算工段污染物去除量

（1）根据企业对某一污染物所采用的治理技术查找和选择相应的治理技术平均去除效率。

（2）根据所填报的污染治理设施实际运行率参数及其计算公式得出该企业某一污染物的治理设施实际运行率（k 值）。

（3）污染物去除量按以下公式进行计算：

污染物去除量=污染物产生量×污染物去除率

=污染物产生量×治理技术平均去除效率×治理设施实际运行率

$$R_{减i} = G_{产i} \times \eta_T \times k_T$$

式中，$R_{减i}$——工段 i 某污染物的去除量；

η_T——工段 i 某污染物采用的末端治理技术的平均去除效率；

k_T——工段 i 某污染物采用的末端治理设施的实际运行率。

3.3 计算工段污染物排放量

污染物排放量=污染物产生量–污染物去除量

=污染物对应的产污系数×产品产量（原料用量）–污染物产生量×治理技术平均去除效率×治理设施实际运行率

3.4 计算企业污染物排放量

同一企业某污染物全年的产生（排放）总量为该企业同年实际生产的全部工段、产品、原料、规模污染物产生（排放）量之和。

$$E_{排} = G_{产} - R_{减} = \sum(G_{产i} - R_{减i}) = \sum\left[P_{产i} \times M_i(1-\eta_T \times k_T)\right]$$

4 污染物排放量核算案例

某木材加工公司主要从事单板的生产。该企业涉及的主要产排污工段为下料和干燥两个工段，其中下料工段主要污染物为颗粒物，干燥工段主要污染物为挥发性有机物。以颗粒物为例说明排放量计算过程。

该企业基本信息如表 1 所示。

表 1 某木材加工公司基本信息

	工段 1：下料		工段 2：干燥	
	名称	数量	名称	数量
产品及产量	单板	360000 米^3	单板	360000 米^3
原料及用量	原木	18 吨	原木	18 吨
工艺名称	锯切/切削/旋切		烘干	
规模	360000 米^3		360000 米^3	
污染治理设施	袋式除尘		活性炭吸附/脱附催化燃烧法	
实际运行率参数（k）	处理设施年耗电量	45000 千瓦·时	处理设施年耗电量	28800 千瓦·时
	设备额定功率	150 千瓦	设备额定功率	120 千瓦
	年运行时间	300 小时	年运行时间	300 小时

4.1 工段 1 的排放量计算

（1）颗粒物产生量计算

①查找产污系数及其计量单位

根据企业基本信息，查找本手册中主要产品为单板，主要原料为原木，主要工艺为锯切/切削/旋切，生产规模为 360000 米^3/年。该组合颗粒物的产污系数为 243×10^{-3}，单位为千克/米^3-产品。

②获取企业产品产量

该企业实际情况为：该工段主要产品单板年产量为 360000 米^3。

③计算颗粒物产生量

由于查询到的组合中颗粒物产污系数的单位为千克/米^3-产品，因此需获取产品产量核算颗粒物产生量。

颗粒物产生量=颗粒物产污系数×产品产量

$=243\times10^{-3}$ 千克/米^3-产品×360000 米^3-产品=87480 千克

（2）颗粒物去除量计算

①查找治理技术平均去除效率

该企业颗粒物治理技术采用袋式除尘工艺，查询相应组合内该工艺的平均去除效率为 90%。

②计算污染治理设施实际运行率

根据产污系数组合查询结果，该组合中颗粒物对应的污染治理设施实际运行率为

k=处理设施年耗电量（千瓦·时）/［设备额定功率（千瓦）×年运行时间（小时）］=45000 千瓦·时/（150 千瓦×300 小时）=1。

③计算颗粒物去除量

颗粒物去除量=87480 千克×90%=78732 千克

（3）颗粒物排放量计算

颗粒物排放量=87480 千克−78732 千克=8748 千克

4.2 工段 2 的排放量计算

该工段产生的主要污染物为挥发性有机物，无颗粒物产生。

4.3 颗粒物总排放量计算

颗粒物总排放量=工段 1 排放量=8748 千克

5 系数表

201 木材加工行业系数表

工段名称	产品名称	原料名称	工艺名称	规模等级	污染物类别	污染物指标	系数单位	产污系数	末端治理技术	末端治理技术平均去除效率/%	参考 k 值计算公式[1]
软化	木片、单板	原木、枝丫材	水浸	所有规模	废水	工业废水量	吨/米^3-产品	0.24	—	—	—
						化学需氧量	克/米^3-产品	241	化学混凝+上浮分离+A^2/O 工艺+沉淀分离	90	k=污水治理设施运行时间（小时/年）/企业正常生产时间（小时/年）
									直接排放	0	
下料	锯材、木片、单板	原木	锯切/切削/旋切	所有规模	废气	工业废气量	标米^3/米^3-产品	600	—	—	—
						颗粒物	千克/米^3-产品	243×10^{-3}	单筒（多筒并联）旋风	80	k=处理设施年耗电量（千瓦·时）/［设备额定功率（千瓦）×年运行时间（小时）］
									袋式除尘	90	
									直接排放	0	
干燥	锯材、木片、单板	原木、枝丫材	烘干	所有规模	废气	工业废气量	标米^3/米^3-产品	439	—	—	—
						挥发性有机物	克/米^3-产品	0.27	吸附/蒸汽解吸	—	k=处理设施年耗电量（千瓦·时）/［设备额定功率（千瓦）×年运行时间（小时）］
									活性炭吸附/脱附催化燃烧法	80	
									其他（活性炭纤维或沸石吸附/脱附/催化氧化）	85	
									其他（抛弃式活性炭吸附）	10	
									低温等离子体	30	
									光解	20	
									直接排放	0	

[1] 该公式仅供参考，使用时，可根据 k 值定义，选取更适合企业实际情况的表达方式。

201 木材加工行业系数表（续表 1）

工段名称	产品名称	原料名称	工艺名称	规模等级	污染物类别	污染物指标	系数单位	产污系数	末端治理技术	末端治理技术平均去除效率/%	参考 k 值计算公式
改性	其他木材加工产品	改性试剂	化学处理	所有规模	废气	工业废气量	标米^3/米^3-产品	34.0	—	—	—
						挥发性有机物	克/米^3-产品	6.37	吸附/蒸汽解吸	—	k=处理设施年耗电量（千瓦·时）/［设备额定功率（千瓦）×年运行时间（小时）］
									活性炭吸附/脱附催化燃烧法	80	
									其他（活性炭纤维或沸石吸附/脱附/催化氧化）	85	
									其他（抛弃式活性炭吸附）	10	
									低温等离子体	30	
									光解	20	
									直接排放	0	
					废水	工业废水量	吨/米^3-产品	0.11	—	—	—
						化学需氧量	克/米^3-产品	42.5	化学混凝+上浮分离+A^2/O 工艺+沉淀分离	90	k=污水治理设施运行时间（小时/年）/企业正常生产时间（小时/年）
									直接排放	0	
染色	其他木材加工产品	染色剂	调色	所有规模	废水	工业废水量	吨/米^3-产品	125×10^{-3}	—	—	—
						化学需氧量	克/米^3-产品	300	化学混凝+上浮分离+A^2/O 工艺+沉淀分离	90	k=污水治理设施运行时间（小时/年）/企业正常生产时间（小时/年）
									直接排放	0	

202 人造板制造业

1　适用范围

本手册仅用于《国民经济行业分类》（GB/T 4754—2017）中 2021 胶合板制造行业、2022 纤维板制造行业、2023 刨花板制造行业、2029 其他人造板制造行业使用系数法核算工业污染物产生量和排放量的工业企业。

利用本手册进行产排污核算得出的污染物产生量与排放量仅代表了特定行业的工艺、产品、原料在正常工况下污染物产生与排放的一般规律。

本行业废水指标包括工业废水量、化学需氧量；废气指标包括工业废气量、颗粒物。

2　注意事项

2.1　企业有多种生产工艺或生产多类产品产排污量核算

污染物产生量与产品产量有关，根据不同核算环节计算产污量后，再根据企业末端治理设施和运行情况计算排放量。

企业某污染物产生量、排放量为各核算环节产生量、排放量之和。

在企业实际排放量计算过程中，如果存在废水回用的情况，需要在利用产排污核算公式的基础上扣除废水回用的部分。公式如下：

实际排放量=计算排放量×（1–废水回用率）

2.2　采用多种治理设施组合处理企业的排污量核算

在排污量计算选择末端治理技术时，若没有对应的组合治理技术，以主要治理技术为准。

2.3　系数表中未涉及的产污系数及污染治理效率

本手册已基本涵盖各种核算环节、产品、原料、工艺及规模，对可能遇到的使用罕见或特殊的核算环节工艺的生产线，或系数表单中未涉及的处理方法，可咨询当地行业组织或人造板制造专家、其他人造板制造企业技术人员，选取近似的按核算环节、产品、原料、工艺、规模分类的核算系数或近似的处理方法代替。

2.4　其他需要说明的问题

由于不同企业工业废气量、废水量差异较大，本手册所提供的工业废气量、废水量系数仅供参考。

为体现相同产污水平条件下，采用相同环保治理设施的不同企业对同一污染物去除效果的差异，

引入末端治理设施实际运行率（k）对污染治理技术的实际去除率进行修正。k 值反映的是污染治理设施运行的状态，越稳定运行，k 值越高；在取值上，若定义连续稳定运行的理想状态为 1，则 k 取值在 0～1 之间。

本手册给出本行业的 k 计算公式仅供参考，使用时，可根据 k 值定义，选取更适合企业实际情况的表达方式。

3 污染物排放量核算方法

针对企业实际生产情况，本行业在系数制定过程中将企业全生产流程划分或拆分为若干核算环节，在核算企业污染物产排量时，可灵活选择本企业对应的工段进行核算。

3.1 计算工段污染物产生量

（1）根据产品、原料、污染物产生的主导生产工艺、企业规模（生产产能）这一组合查找和确定所对应的某一污染物的产污系数。

（2）根据该污染物的产污系数计量单位——单位产品产量，获取企业实际产品产量。

例如，某组合内化学需氧量的产污系数单位为千克/吨-产品，则计算产生量时需要获取企业实际产品产量。

（3）污染物产生量按以下公式进行计算：

污染物产生量=污染物对应的产污系数×产品产量

$$G_{产i} = P_{产i} \times M_i$$

式中，$G_{产i}$——工段 i 某污染物的产生量；

$P_{产i}$——工段 i 某污染物对应的产污系数；

M_i——工段 i 的产品产量。

3.2 计算工段污染物去除量

（1）根据企业对某一污染物所采用的治理技术查找和选择相应的治理技术平均去除效率。

（2）根据所填报的污染治理设施实际运行率参数及其计算公式得出该企业某一污染物的治理设施实际运行率（k 值）。

（3）污染物去除量按以下公式进行计算：

污染物去除量=污染物产生量×污染物去除率

=污染物产生量×治理技术平均去除效率×治理设施实际运行率

$$R_{减i} = G_{产i} \times \eta_T \times k_T$$

式中，$R_{减i}$——工段 i 某污染物的去除量；

η_T——工段 i 某污染物采用的末端治理技术的平均去除效率；

k_T——工段 i 某污染物采用的末端治理设施的实际运行率。

3.3 计算工段污染物排放量

污染物排放量=污染物产生量–污染物去除量

=污染物对应的产污系数×产品产量–污染物产生量×

治理技术平均去除效率×治理设施实际运行率

3.4 计算企业污染物排放量

同一企业某污染物全年的产生（排放）总量为该企业同年实际生产的全部工段、产品、原料、规模污染物产生（排放）量之和。

$$E_{排}=G_{产}-R_{减}=\sum(G_{产i}-R_{减i})=\sum\left[P_{产i}\times M_i(1-\eta_T\times k_T)\right]$$

4 污染物排放量核算案例

某木业公司主要从事刨花板的生产。该企业涉及的主要产排污工段为下料、热压和裁边/砂光三个工段。其中下料工段主要污染物为颗粒物，热压工段主要污染物为挥发性有机物，裁边/砂光工段主要污染物为颗粒物。以颗粒物为例说明排放量计算过程。

该企业基本信息如表 1 所示。

表 1 某木业公司基本信息

项目	工段 1：下料		工段 2：热压		工段 3：裁边/砂光	
	名称	数量	名称	数量	名称	数量
产品及产量	刨花板	360000 米^3	刨花板	360000 米^3	刨花板	360000 米^3
原料及用量	木制碎料	18 吨	胶粘剂（水性）	0.739 吨	木制碎料	18 吨
工艺名称	削片-刨片		定形		后处理	
规模	360000 米^3		360000 米^3		360000 米^3	
污染治理设施	袋式除尘		活性炭吸附/脱附催化燃烧法		袋式除尘	
实际运行率参数（k）	处理设施年耗电量	45000 千瓦·时	处理设施年耗电量	28800 千瓦·时	处理设施年耗电量	45000 千瓦·时
	设备额定功率	150 千瓦	设备额定功率	120 千瓦	设备额定功率	150 千瓦
	年运行时间	300 小时	年运行时间	300 小时	年运行时间	300 小时

4.1 工段 1 的排放量计算

（1）颗粒物产生量计算

①查找产污系数及其计量单位

根据企业基本信息，查找本手册中主要产品为刨花板，主要原料为木制碎料，主要工艺为削片-刨片，生产规模为 360000 米^3/年。该组合颗粒物的产污系数为 0.45，单位为千克/米^3-产品。

②获取企业产品产量

该企业实际情况为：该工段主要产品刨花板年产量为 360000 米^3。

③计算颗粒物产生量

由于查询到的组合中颗粒物产污系数的单位为千克/米^3-产品，因此需获取产品产量核算颗粒物产生量。

颗粒物产生量=颗粒物产污系数×产品产量

=0.45 千克/米^3-产品×360000 米^3=162000 千克

（2）颗粒物去除量计算

①查找治理技术平均去除效率

该企业颗粒物治理技术采用袋式除尘工艺，查询相应组合内该工艺的去除效率为90%。

②计算污染治理设施实际运行率

根据产污系数组合查询结果，该组合中颗粒物对应的污染治理设施实际运行率为

k=处理设施年耗电量（千瓦·时）/［设备额定功率（千瓦）×年运行时间（小时）］

=45000 千瓦·时/（150 千瓦×300 小时）=1

③计算颗粒物去除量

颗粒物去除量=162000 千克×90%=145800 千克

（3）颗粒物排放量计算

颗粒物排放量=162000 千克−145800 千克=16200 千克

4.2 工段 2 的排放量计算

该工段无颗粒物产生。

4.3 工段 3 的排放量计算

（1）颗粒物产生量计算

①查找产污系数及其计量单位

根据企业基本信息，查找本手册中主要产品为刨花板，主要原料为木制碎料，主要工艺为后处理，生产规模为360000 米^3/年，颗粒物的产污系数为1.71，单位为千克/米^3-产品。

②获取企业产品产量

该企业实际情况为：该工段主要产品刨花板年产量为360000 米^3。

③计算颗粒物产生量

由于查询到的组合中，颗粒物产污系数的单位为千克/米^3-产品，因此需获取产品产量核算颗粒物产生量。

颗粒物产生量=颗粒物产污系数×产品产量

=1.71 千克/米^3-产品×360000 米^3-产品=615600 千克

（2）颗粒物去除量计算

①查找治理技术平均去除效率

该企业颗粒物治理技术采用袋式除尘工艺，查询相应组合内该工艺的去除效率为90%。

②查找污染治理设施实际运行率

根据产污系数组合查询结果，该组合中颗粒物对应的污染治理设施实际运行率为

k=处理设施年耗电量（千瓦·时）/［设备额定功率（千瓦）×年运行时间（小时）］

=45000 千瓦·时/（150 千瓦×300 小时）=1。

③计算颗粒物去除量

颗粒物去除量=615600 千克×90%=554040 千克

（3）颗粒物排放量计算

颗粒物排放量=615600 千克−554040 千克=61560 千克

4.4 颗粒物总排放量计算

颗粒物总排放量=工段 1 排放量+工段 3 排放量

=16200 千克+61560 千克

=77760 千克

5 系数表

202 人造板制造行业系数表

工段名称	产品名称	原料名称	工艺名称	规模等级	污染物指标	系数单位	产污系数	末端治理技术	末端治理技术平均去除效率/%	参考 k 值计算公式[1]
基本单元加工	纤维板	木片	木片清洁	所有规模	工业废水量	吨/米^3-产品	0.25	—	—	—
					化学需氧量	克/米^3-产品	560	化学混凝+上浮分离+A^2/O 工艺+沉淀分离	90	k=污水治理设施运行时间(小时/年)/企业正常生产时间(小时/年)
								直接排放	0	
			热磨	所有规模	工业废气量	标米^3/米^3-产品	648	—	—	—
					挥发性有机物	克/米^3-产品	91.7	吸附/蒸汽解吸	—	k=处理设施年耗电量（千瓦·时）/［设备额定功率（千瓦）×年运行时间（小时）］
								活性炭吸附/脱附催化燃烧法	80	
								其他（活性炭纤维或沸石吸附/脱附/催化氧化）	85	
								其他（抛弃式活性炭吸附）	10	
								低温等离子体	30	
								光解	20	
								直接排放	0	
					工业废水量	吨/米^3-产品	0.007	—	—	—
					化学需氧量	克/米^3-产品	23.8	化学混凝+上浮分离+A^2/O 工艺+沉淀分离	90	k=污水治理设施运行时间(小时/年)/企业正常生产时间(小时/年)
								直接排放	0	

[1] 该公式仅供参考，使用时，可根据 k 值定义，选取更适合企业实际情况的表达方式。

202 人造板制造行业系数表（续表 1）

工段名称	产品名称	原料名称	工艺名称	规模等级	污染物指标	系数单位	产污系数	末端治理技术	末端治理技术平均去除效率/%	参考 k 值计算公式
基本单元加工	其他人造板（重组装饰材）	单板	漂白	所有规模	工业废水量	吨/米^3-产品	0.072	—	—	—
					化学需氧量	克/米^3-产品	312	化学混凝+上浮分离+A^2/O 工艺+沉淀分离	90	k=污水治理设施运行时间(小时/年)/企业正常生产时间（小时/年）
								直接排放	0	
下料	刨花板	木制碎料	削片-刨片	所有规模	工业废气量	标米^3/米^3-产品	688	—	—	—
					颗粒物	千克/米^3-产品	0.45	单筒（多筒并联）旋风	80	k=处理设施年耗电量（千瓦·时）/［设备额定功率（千瓦）×年运行时间（小时）］
								袋式除尘	90	
								直接排放	0	
原料干燥	刨花板、其他人造板（非木质人造板、细工木板、胶合木、重组装饰材、饰面人造板等）	木制碎料、基材、板芯、单板	烘干	所有规模	工业废气量	标米^3/米^3-产品	232	—	—	—
					挥发性有机物	克/米^3-产品	0.40	吸附/蒸汽解吸	—	k=处理设施年耗电量（千瓦·时）/［设备额定功率（千瓦）×年运行时间（小时）］
								活性炭吸附/脱附催化燃烧法	80	
								其他（活性炭纤维或沸石吸附/脱附/催化氧化）	85	
								其他（抛弃式活性炭吸附）	10	
								低温等离子体	30	
								光解	20	
								直接排放	0	

202 人造板制造行业系数表（续表 2）

工段名称	产品名称	原料名称	工艺名称	规模等级	污染物指标	系数单位	产污系数	末端治理技术	末端治理技术平均去除效率/%	参考 k 值计算公式
施胶	胶合板、纤维板、刨花板、其他人造板（非木质人造板、细工木板、胶合木、重组装饰材、饰面人造板等）	胶粘剂（水性）	拌胶/涂胶/喷胶/浸胶	所有规模	工业废气量	标米^3/米^3-产品	24.5	—	—	—
					挥发性有机物	克/米^3-产品	2.23	吸附/蒸汽解吸	—	k=处理设施年耗电量（千瓦·时）/［设备额定功率（千瓦）×年运行时间（小时）］
								活性炭吸附/脱附催化燃烧法	80	
								其他（活性炭纤维或沸石吸附/脱附/催化氧化）	85	
								其他（抛弃式活性炭吸附）	10	
								低温等离子体	30	
								光解	20	
								直接排放	0	
					工业废水量（拌胶机喷胶头清洗）	吨/米^3-产品	0.30	—	—	—
					化学需氧量（拌胶机喷胶头清洗）	克/米^3-产品	239	化学混凝+上浮分离+A^2/O 工艺+沉淀分离	90	k=污水治理设施运行时间（小时/年）/企业正常生产时间（小时/年）
								直接排放	0	

202 人造板制造行业系数表（续表 3）

工段名称	产品名称	原料名称	工艺名称	规模等级	污染物指标	系数单位	产污系数	末端治理技术	末端治理技术平均去除效率/%	参考 k 值计算公式
施胶	胶合板、纤维板、刨花板、其他人造板（非木质人造板、细工木板、胶合木、重组装饰材、饰面人造板等）	胶粘剂（溶剂型）	拌胶/涂胶/喷胶/浸胶	所有规模	工业废气量	标米^3/米^3-产品	245	—	—	—
					挥发性有机物	克/米^3-产品	22.2	吸附/蒸汽解吸	—	k=处理设施年耗电量（千瓦·时）/［设备额定功率（千瓦）×年运行时间（小时）］
								活性炭吸附/脱附催化燃烧法	80	
								其他（活性炭纤维或沸石吸附/脱附/催化氧化）	85	
								其他（抛弃式活性炭吸附）	10	
								低温等离子体	30	
								光解	20	
								直接排放	0	
					工业废水量（拌胶机喷胶头清洗）	吨/米^3-产品	0.06	—	—	—
					化学需氧量（拌胶机喷胶头清洗）	克/米^3-产品	79.6	化学混凝+上浮分离+A^2/O 工艺+沉淀分离	90	k=污水治理设施运行时间（小时/年）/企业正常生产时间（小时/年）
								直接排放	0	

202 人造板制造行业系数表（续表 4）

工段名称	产品名称	原料名称	工艺名称	规模等级	污染物指标	系数单位	产污系数	末端治理技术	末端治理技术平均去除效率/%	参考 k 值计算公式
单元干燥	纤维板	纤维、胶粘剂（水性）	管道干燥	所有规模	工业废气量	标米^3/米^3-产品	21.6	—	—	—
					挥发性有机物	克/米^3-产品	0.55	吸附/蒸汽解吸	—	k=处理设施年耗电量（千瓦·时）/［设备额定功率（千瓦）×年运行时间（小时）］
								活性炭吸附/脱附催化燃烧法	80	
								其他（活性炭纤维或沸石吸附/脱附/催化氧化）	85	
								其他（抛弃式活性炭吸附）	10	
								低温等离子体	30	
								光解	20	
								直接排放	0	
		纤维、胶粘剂（溶剂型）	管道干燥	所有规模	工业废气量	标米^3/米^3-产品	216	—	—	—
					挥发性有机物	克/米^3-产品	5.53	吸附/蒸汽解吸	—	k=处理设施年耗电量（千瓦·时）/［设备额定功率（千瓦）×年运行时间（小时）］
								活性炭吸附/脱附催化燃烧法	80	
								其他（活性炭纤维或沸石吸附/脱附/催化氧化）	85	
								其他（抛弃式活性炭吸附）	10	
								低温等离子体	30	
								光解	20	
								直接排放	0	

202 人造板制造行业系数表（续表 5）

工段名称	产品名称	原料名称	工艺名称	规模等级	污染物指标	系数单位	产污系数	末端治理技术	末端治理技术平均去除效率/%	参考 k 值计算公式
铺装	纤维板 刨花板	纤维、刨花	成型	所有规模	工业废气量	米^3/米^3-产品	653	—	—	—
					颗粒物	千克/米^3-产品	173×10^{-3}	单筒（多筒并联）旋风	80	k=处理设施年耗电量（千瓦·时）/［设备额定功率（千瓦）×年运行时间（小时）］
								袋式除尘	90	
								直接排放	0	
热压/胶压/压贴	胶合板、其他人造板（非木质人造板、细工木板、胶合木、重组装饰材、饰面人造板等）	胶粘剂（水性）	定形	所有规模	工业废气量	米^3/米^3-产品	41.8	—	—	—
					挥发性有机物	克/米^3-产品	2.46	吸附/蒸汽解吸	—	k=处理设施年耗电量（千瓦·时）/［设备额定功率（千瓦）×年运行时间（小时）］
								活性炭吸附/脱附催化燃烧法	80	
								其他（活性炭纤维或沸石吸附/脱附/催化氧化）	85	
								其他（抛弃式活性炭吸附）	10	
								低温等离子体	30	
								光解	20	
								直接排放	0	

202 人造板制造行业系数表（续表 6）

工段名称	产品名称	原料名称	工艺名称	规模等级	污染物指标	系数单位	产污系数	末端治理技术	末端治理技术平均去除效率/%	参考 k 值计算公式
热压/胶压/压贴	胶合板、其他人造板（非木质人造板、细工木板、胶合木、重组装饰材、饰面人造板等）	胶粘剂（溶剂型）	定形	所有规模	工业废气量	标米^3/米^3-产品	417	—	—	—
					挥发性有机物	克/米^3-产品	24.6	吸附/蒸汽解吸	—	k=处理设施年耗电量（千瓦·时）/［设备额定功率（千瓦）×年运行时间（小时）］
								活性炭吸附/脱附催化燃烧法	80	
								其他（活性炭纤维或沸石吸附/脱附/催化氧化）	85	
								其他（抛弃式活性炭吸附）	10	
								低温等离子体	30	
								光解	20	
								直接排放	0	

202 人造板制造行业系数表（续表 7）

工段名称	产品名称	原料名称	工艺名称	规模等级	污染物指标	系数单位	产污系数	末端治理技术	末端治理技术平均去除效率/%	参考 k 值计算公式
热压/胶压/压贴	纤维板、刨花板	胶粘剂（水性）	定形	所有规模	工业废气量	标米^3/米^3-产品	36.3	—	—	—
					挥发性有机物	克/米^3-产品	2.25	吸附/蒸汽解吸	—	k=处理设施年耗电量（千瓦·时）/［设备额定功率（千瓦）×年运行时间（小时）］
								活性炭吸附/脱附催化燃烧法	80	
								其他（活性炭纤维或沸石吸附/脱附/催化氧化）	85	
								其他（抛弃式活性炭吸附）	10	
								低温等离子体	30	
								光解	20	
								直接排放	0	
		胶粘剂（溶剂型）	定形	所有规模	工业废气量	标米^3/米^3-产品	363	—	—	—
					挥发性有机物	克/米^3-产品	22.5	吸附/蒸汽解吸	—	k=处理设施年耗电量（千瓦·时）/［设备额定功率（千瓦）×年运行时间（小时）］
								活性炭吸附/脱附催化燃烧法	80	
								其他（活性炭纤维或沸石吸附/脱附/催化氧化）	85	
								其他（抛弃式活性炭吸附）	10	
								低温等离子体	30	
								光解	20	
								直接排放	0	

202 人造板制造行业系数表（续表 8）

工段名称	产品名称	原料名称	工艺名称	规模等级	污染物指标	系数单位	产污系数	末端治理技术	末端治理技术平均去除效率/%	参考 k 值计算公式
冷却/裁边/砂光	胶合板、纤维板、刨花板、其他人造板（非木质人造板、细木工板、胶合木、重组装饰材、饰面人造板等）	单板、木片、枝丫材、木制碎料板芯、基材胶粘剂	后处理	所有规模	工业废气量	米^3/米^3-产品	1.24×10^3	—	—	—
					颗粒物	千克/米^3-产品	1.71	其他（侧吸式滤芯）	80	k=处理设施年耗电量（千瓦·时）/[设备额定功率（千瓦）×年运行时间（小时）]
								单筒（多筒并联）旋风	80	
								袋式除尘	90	
								直接排放	0	
					挥发性有机物	克/米^3-产品	0.074	吸附/蒸汽解吸	—	k=处理设施年耗电量（千瓦·时）/[设备额定功率（千瓦）×年运行时间（小时）]
								活性炭吸附/脱附催化燃烧法	80	
								其他（活性炭纤维或沸石吸附/脱附/催化氧化）	85	
								其他（抛弃式活性炭吸附）	10	
								低温等离子体	30	
								光解	20	
								直接排放	0	

203 木质制品制造业

1 适用范围

本手册仅用于《国民经济行业分类》（GB/T 4754—2017）中 2031 建筑用木料及木材组件加工行业、2032 木门窗制造行业、2033 木楼梯制造行业、2034 木地板制造行业、2035 木制容器制造行业、2039 软木制品及其他木制品制造行业使用产污系数法核算工业污染物产生量和排放量的工业企业。

利用本手册进行产排污核算得出的污染物产生量与排放量仅代表了特定行业的工艺、产品、原料在正常工况下污染物产生与排放的一般规律。

本行业废水指标包括工业废水量、化学需氧量；废气指标包括工业废气量、颗粒物、挥发性有机物。

2 注意事项

2.1 企业有多种生产工艺或生产多类产品产排污量核算

污染物产生量与产品产量有关，根据不同核算环节计算产污量后，再根据企业末端治理设施和运行情况计算排放量。

企业某污染物产生量、排放量为各核算环节产生量、排放量之和。

在企业实际排放量计算过程中，如果存在废水回用的情况，需要在利用产排污核算公式的基础上扣除废水回用的部分。公式如下：

实际排放量=计算排放量×（1–废水回用率）

2.2 采用多种治理设施组合处理企业的排污量核算

在排污量计算选择末端治理技术时，若没有对应的组合治理技术，以主要治理技术为准。

2.3 系数表中未涉及的产污系数及污染治理效率

本手册已基本涵盖各种核算环节、产品、原料、工艺及规模，对可能遇到的使用罕见或特殊的核算环节工艺的生产线，或系数表单中未涉及的处理方法，可咨询当地行业组织或木质制品制造专家、其他木质制品制造企业技术人员，选取近似的按核算环节、产品、原料、工艺、规模分类的核算系数或近似的处理方法代替。

2.4 其他需要说明的问题

由于不同企业工业废气量、废水量差异较大，本手册所提供的工业废气量、废水量系数仅供参考。

为体现相同产污水平条件下，采用相同环保治理设施的不同企业对同一污染物去除效果的差异，引入末端治理设施实际运行率（k）对污染治理技术的实际去除率进行修正。k 值反映的是污染治理设施运行的状态，越稳定运行，k 值越高；在取值上，若定义连续稳定运行的理想状态为 1，则 k 取值在 0～1 之间。

本手册给出本行业的 k 计算公式仅供参考，使用时，可根据 k 值定义，选取更适合企业实际情况的表达方式。

3 污染物排放量核算方法

针对企业实际生产情况，本行业在系数制定过程中将企业全生产流程划分或拆分为若干工段（核算环节），在核算企业污染物产排量时，可灵活选择本企业对应的工段进行核算。

3.1 计算工段污染物产生量

（1）根据产品、原料、污染物产生的主导生产工艺、企业规模（生产产能）这一组合查找和确定所对应的某一污染物的产污系数。

（2）根据该污染物的产污系数计量单位——单位产品产量，获取企业实际产品产量。

例如，某组合内化学需氧量的产污系数单位为千克/吨-产品，则计算产生量时需要获取企业实际产品产量。

（3）污染物产生量按以下公式进行计算：

污染物产生量=污染物对应的产污系数×产品产量

$$G_{产i} = P_{产i} \times M_i$$

式中，$G_{产i}$——工段 i 某污染物的产生量；

$P_{产i}$——工段 i 某污染物对应的产污系数；

M_i——工段 i 的产品产量。

3.2 计算工段污染物去除量

（1）根据企业对某一污染物所采用的治理技术查找和选择相应的治理技术平均去除效率。

（2）根据所填报的污染治理设施实际运行率参数及其计算公式得出该企业某一污染物的治理设施实际运行率（k 值）。

（3）污染物去除量按以下公式进行计算：

污染物去除量=污染物产生量×污染物去除率

=污染物产生量×治理技术平均去除效率×治理设施实际运行率

$$R_{减i} = G_{产i} \times \eta_T \times k_T$$

式中，$R_{减i}$——工段 i 某污染物的去除量；

η_T——工段 i 某污染物采用的末端治理技术的平均去除效率；

k_T——工段 i 某污染物采用的末端治理设施的实际运行率。

3.3 计算工段污染物排放量

污染物排放量=污染物产生量–污染物去除量

=污染物对应的产污系数×产品产量–污染物产生量×

治理技术平均去除效率×治理设施实际运行率

3.4 计算企业污染物排放量

同一企业某污染物全年的产生（排放）总量为该企业同年实际生产的全部工段、产品、原料、规模污染物产生（排放）量之和。

$$E_{排} = G_{产} - R_{减} = \sum(G_{产i} - R_{减i}) = \sum\left[P_{产i} \times M_i(1 - \eta_T \times k_T)\right]$$

4 污染物排放量核算案例

某木质制品公司主要从事木门窗的生产。该企业涉及的主要产排污工段为机加工、胶压和砂光/打磨三个工段。其中机加工工段主要污染物为颗粒物，胶压工段主要污染物为挥发性有机物，砂光/打磨工段主要污染物为颗粒物。以颗粒物为例说明排放量计算过程。

该企业基本信息如表 1 所示。

表 1 某木质制品公司基本信息

	工段 1：机加工		工段 2：胶压		工段 3：砂光/打磨	
	名称	数量	名称	数量	名称	数量
产品及产量	木门窗	360000 米^3	木门窗	360000 米^3	木门窗	360000 米^3
原料及用量	表板	18 吨	胶粘剂（水性）	0.739 吨	表板	18 吨
工艺名称	切割、打孔、开槽		胶粘		表面处理	
规模	360000 米^3		360000 米^3		360000 米^3	
污染治理设施	袋式除尘		活性炭吸附/脱附催化燃烧法		袋式除尘	
实际运行率参数（k）	处理设施年耗电量	45000 千瓦·时	处理设施年耗电量	28800 千瓦·时	处理设施年耗电量	45000 千瓦·时
	设备额定功率	150 千瓦	设备额定功率	120 千瓦	设备额定功率	150 千瓦
	年运行时间	300 小时	年运行时间	300 小时	年运行时间	300 小时

4.1 工段 1 的排放量计算

（1）颗粒物产生量计算

①查找产污系数及其计量单位

根据企业基本信息，查找本手册中主要产品为木门窗，主要原料为表板，主要工艺为切割、打孔、开槽，生产规模为 360000 米^3/年。该组合颗粒物的产污系数为 45×10^{-3}，单位为千克/米^3-产品。

②获取企业产品产量

该企业实际情况为：该工段主要产品木门窗年产量为 360000 米^3。

③计算颗粒物产生量

由于查询到的组合中颗粒物产污系数的单位为千克/米^3-产品，因此需获取产品产量核算颗粒物产生量。

颗粒物产生量=颗粒物产污系数×产品产量

$=45\times10^{-3}$ 千克/米^3-产品×360000 米^3-产品=16200 千克

（2）颗粒物去除量计算

①查找治理技术平均去除效率

该企业颗粒物治理技术采用袋式除尘工艺，查询相应组合内该工艺的平均去除效率为 90%。

②计算污染治理设施实际运行率

根据产污系数组合查询结果，该组合中颗粒物对应的污染治理设施实际运行率为

k =处理设施年耗电量（千瓦·时）/［设备额定功率（千瓦）×年运行时间（小时）］

=45000 千瓦·时/（150 千瓦×300 小时）=1

③计算颗粒物去除量

颗粒物去除量=16200 千克×90%×1=14580 千克

（3）颗粒物排放量计算

颗粒物排放量=16200 千克−14580 千克=1620 千克

4.2 工段 2 的排放量计算

该工段产生的主要污染物为挥发性有机物，无颗粒物产生。

4.3 工段 3 的排放量计算

（1）颗粒物产生量计算

①查找产污系数及其计量单位

根据企业基本信息，查找本手册中主要产品为木门窗，主要原料为表板，主要工艺为表面处理，生产规模为 360000 米^3/年，颗粒物的产污系数为 1.52，单位为千克/米^3-产品。

②获取企业产品产量

该企业实际情况为：该工段主要产品木门窗年产量为 360000 米^3。

③计算颗粒物产生量

由于查询到的组合中颗粒物产污系数的单位为千克/米^3-产品，因此需获取产品产量核算颗粒物产生量。

颗粒物产生量=颗粒物产污系数×产品产量

=1.52 千克/米^3-产品×360000 米^3-产品=547200 千克

（2）颗粒物去除量计算

①查找治理技术平均去除效率

该企业颗粒物治理技术采用袋式除尘工艺，查询相应组合内该工艺的平均去除效率为 90%。

②查找污染治理设施实际运行率

根据产污系数组合查询结果，该组合中颗粒物对应的污染治理设施实际运行率为

k =处理设施年耗电量（千瓦·时）/［设备额定功率（千瓦）×年运行时间（小时）］

=45000 千瓦·时/（150 千瓦×300 小时）=1

③计算颗粒物去除量

颗粒物去除量=547200 千克×90%×1=492480 千克

（3）颗粒物排放量计算

颗粒物排放量=547200 千克–492480 千克=54720 千克

4.4 颗粒物总排放量计算

颗粒物总排放量=工段 1 排放量+工段 3 排放量

=1620 千克+54720 千克=56340 千克

5 系数表

203 木质制品制造行业系数表

工段名称	产品名称	原料名称	工艺名称	规模等级	污染物指标	系数单位	产污系数	末端治理技术	末端治理技术平均去除效率/%	参考 k 值计算公式[1]
下料	建筑用木料、实木地板、其他木制品（木制容器、软木制品）	木材	切割/旋切	所有规模	工业废气量	标米^3/米^3-产品	600	—	—	—
					颗粒物	千克/米^3-产品	245×10^{-3}	单筒（多筒并联）旋风	80	k=处理设施年耗电量（千瓦·时）/［设备额定功率（千瓦）×年运行时间（小时）］
								袋式除尘	90	
								直接排放	0	
原料干燥	建筑用木料、其他木制品（木制容器、软木制品）	木材	烘干	所有规模	工业废气量	标米^3/米^3-产品	232	—	—	—
					挥发性有机物	克/米^3-产品	273×10^{-3}	吸附/蒸汽解吸	—	k=处理设施年耗电量（千瓦·时）/［设备额定功率（千瓦）×年运行时间（小时）］
								活性炭吸附/脱附催化燃烧法	80	
								其他（活性炭纤维或沸石吸附/脱附/催化氧化）	85	
								其他（抛弃式活性炭吸附）	10	
								低温等离子体	30	
								光解	20	
								直接排放	0	

[1] 该公式仅供参考，使用时，可根据 k 值定义，选取更适合企业实际情况的表达方式。

203 木质制品制造行业系数表（续表 1）

工段名称	产品名称	原料名称	工艺名称	规模等级	污染物指标	系数单位	产污系数	末端治理技术	末端治理技术平均去除效率/%	参考 k 值计算公式
原料干燥	实木地板、实木复合地板	表板	烘干	所有规模	工业废气量	标米^3/米^3-产品	439	—	—	—
					挥发性有机物	克/米^3-产品	0.35	吸附/蒸汽解吸	—	k=处理设施年耗电量（千瓦·时）/［设备额定功率（千瓦）×年运行时间（小时）］
								活性炭吸附/脱附催化燃烧法	80	
								其他（活性炭纤维或沸石吸附/脱附/催化氧化）	85	
								其他（抛弃式活性炭吸附）	10	
								低温等离子体	30	
								光解	20	
								直接排放	0	
机加工	木门窗、木楼梯、实木复合地板、强化木地板、其他木制品（木制容器、软木制品）	木材、实木、表板	切割、打孔、开槽	所有规模	工业废气量	标米^3/米^3-产品	200	—	—	—
					颗粒物	千克/米^3-产品	45×10^{-3}	单筒（多筒并联）旋风	80	k=处理设施年耗电量（千瓦·时）/［设备额定功率（千瓦）×年运行时间（小时）］
								袋式除尘	90	
								直接排放	0	

203 木质制品制造行业系数表（续表 2）

工段名称	产品名称	原料名称	工艺名称	规模等级	污染物指标	系数单位	产污系数	末端治理技术	末端治理技术平均去除效率/%	参考 k 值计算公式
施胶	木门窗、木楼梯、实木复合地板、强化木地板、其他木制品（木制容器、软木制品）	胶粘剂（水性）	涂胶/淋胶/喷胶	所有规模	工业废气量	标米^3/米^3-产品	24.5	—	—	—
					挥发性有机物	克/米^3-产品	2.25	吸附/蒸汽解吸	—	k=处理设施年耗电量（千瓦·时）/［设备额定功率（千瓦）×年运行时间（小时）］
								活性炭吸附/脱附催化燃烧法	80	
								其他（活性炭纤维或沸石吸附/脱附/催化氧化）	85	
								其他（抛弃式活性炭吸附）	10	
								低温等离子体	30	
								光解	20	
								直接排放	0	
		胶粘剂（溶剂型）	涂胶/淋胶/喷胶	所有规模	工业废气量	标米^3/米^3-产品	245	—	—	—
					挥发性有机物	克/米^3-产品	22.5	吸附/蒸汽解吸	—	k=处理设施年耗电量（千瓦·时）/［设备额定功率（千瓦）×年运行时间（小时）］
								活性炭吸附/脱附催化燃烧法	80	
								其他（活性炭纤维或沸石吸附/脱附/催化氧化）	85	
								其他（抛弃式活性炭吸附）	10	
								低温等离子体	30	
								光解	20	
								直接排放	0	

203 木质制品制造行业系数表（续表 3）

工段名称	产品名称	原料名称	工艺名称	规模等级	污染物指标	系数单位	产污系数	末端治理技术	末端治理技术平均去除效率/%	参考 k 值计算公式
胶压	木门窗、木楼梯、实木复合地板、强化木地板	胶粘剂（水性）	胶粘	所有规模	工业废气量	标米^3/米^3-产品	4.53	—	—	—
					挥发性有机物	克/米^3-产品	0.24	吸附/蒸汽解吸	—	k=处理设施年耗电量（千瓦·时）/［设备额定功率（千瓦）×年运行时间（小时）］
								活性炭吸附/脱附催化燃烧法	80	
								其他（活性炭纤维或沸石吸附/脱附/催化氧化）	85	
								其他（抛弃式活性炭吸附）	10	
								低温等离子体	30	
								光解	20	
								直接排放	0	
		胶粘剂（溶剂型）	胶粘	所有规模	工业废气量	标米^3/米^3-产品	45.4	—	—	—
					挥发性有机物	克/米^3-产品	2.42	吸附/蒸汽解吸	—	k=处理设施年耗电量（千瓦·时）/［设备额定功率（千瓦）×年运行时间（小时）］
								活性炭吸附/脱附催化燃烧法	80	
								其他（活性炭纤维或沸石吸附/脱附/催化氧化）	85	
								其他（抛弃式活性炭吸附）	10	
								低温等离子体	30	
								光解	20	
								直接排放	0	

203 木质制品制造行业系数表（续表 4）

工段名称	产品名称	原料名称	工艺名称	规模等级	污染物指标	系数单位	产污系数	末端治理技术	末端治理技术平均去除效率/%	参考 k 值计算公式
砂光/打磨	建筑用木料	木材	表面处理	所有规模	工业废气量	标米^3/米^3-产品	1.14×10^3	—	—	—
					颗粒物	千克/米^3-产品	1.71	其他（侧吸式滤芯）	80	k=处理设施年耗电量（千瓦·时）/［设备额定功率（千瓦）×年运行时间（小时）］
								单筒（多筒并联）旋风	80	
								袋式除尘	90	
								直接排放	0	
	木门窗、木楼梯、实木地板、实木复合地板	实木、表板、基材、胶粘剂	表面处理	所有规模	工业废气量	标米^3/米^3-产品	938	—	—	—
					颗粒物	千克/米^3-产品	1.52	其他（侧吸式滤芯）	80	k=处理设施年耗电量（千瓦·时）/［设备额定功率（千瓦）×年运行时间（小时）］
								单筒（多筒并联）旋风	80	
								袋式除尘	90	
								直接排放	0	
	其他木制品（木制容器、软木制品）	木材	表面处理	所有规模	工业废气量	标米^3/米^3-产品	1.05×10^3	—	—	—
					颗粒物	千克/米^3-产品	1.60	其他（侧吸式滤芯）	80	k=处理设施年耗电量（千瓦·时）/［设备额定功率（千瓦）×年运行时间（小时）］
								单筒（多筒并联）旋风	80	
								袋式除尘	90	
								直接排放	0	

203 木质制品制造行业系数表（续表 5）

工段名称	产品名称	原料名称	工艺名称	规模等级	污染物指标	系数单位	产污系数	末端治理技术	末端治理技术平均去除效率/%	参考 k 值计算公式
涂饰	木门窗、木楼梯、实木地板、实木复合地板、其他木制品（木制容器、软木制品）	涂料（水性）	喷漆	所有规模	工业废气量	标米^3/米^3-产品	562	—	—	—
					颗粒物	千克/米^3-产品	0.041	单筒（多筒并联）旋风	80	k=处理设施年耗电量（千瓦·时）/［设备额定功率（千瓦）×年运行时间（小时）］
								其他（水帘湿式喷雾净化）	80	
								其他（干式纸壳箱+过滤棉）	90	
								袋式除尘	90	
								其他（蜂窝纸+粗过滤棉+细过滤棉+布袋）	95	
								直接排放	0	
					挥发性有机物	克/米^3-产品	85.1	吸附/蒸汽解吸	—	
								活性炭吸附/脱附催化燃烧法	80	
								其他（活性炭纤维或沸石吸附/脱附/催化氧化）	85	
								其他（抛弃式活性炭吸附）	10	
								低温等离子体	30	
								光解	20	
								直接排放	0	

203 木质制品制造行业系数表（续表 6）

工段名称	产品名称	原料名称	工艺名称	规模等级	污染物指标	系数单位	产污系数	末端治理技术	末端治理技术平均去除效率/%	参考 k 值计算公式
涂饰	木门窗、木楼梯、实木地板、实木复合地板、其他木制品（木制容器、软木制品）	涂料（溶剂型）	喷漆	所有规模	工业废气量	标米^3/米^3-产品	5.62×10^3	—	—	—
					颗粒物	千克/米^3-产品	416×10^{-3}	单筒（多筒并联）旋风	80	k=处理设施年耗电量（千瓦·时）/［设备额定功率（千瓦）×年运行时间（小时）］
								其他（水帘湿式喷雾净化）	80	
								其他（干式纸壳箱+过滤棉）	90	
								袋式除尘	90	
								其他（蜂窝纸+粗过滤棉+细过滤棉+布袋）	95	
								直接排放	0	
					挥发性有机物	克/米^3-产品	851	吸附/蒸汽解吸	—	
								活性炭吸附/脱附催化燃烧法	80	
								其他（活性炭纤维或沸石吸附/脱附/催化氧化）	85	
								其他（抛弃式活性炭吸附）	10	
								低温等离子体	30	
								光解	20	
								直接排放	0	

203 木质制品制造行业系数表（续表 7）

工段名称	产品名称	原料名称	工艺名称	规模等级	污染物指标	系数单位	产污系数	末端治理技术	末端治理技术平均去除效率/%	参考 k 值计算公式
涂饰	木门窗、木楼梯、实木地板、实木复合地板、其他木制品（木制容器、软木制品）	涂料（水性）	涂漆/淋漆	所有规模	工业废气量	标米^3/米^3-产品	122	—	—	—
					挥发性有机物	克/米^3-产品	28.4	吸附/蒸汽解吸	—	k=处理设施年耗电量（千瓦·时）/［设备额定功率（千瓦）×年运行时间（小时）］
								活性炭吸附/脱附催化燃烧法	80	
								其他（活性炭纤维或沸石吸附/脱附/催化氧化）	85	
								其他（抛弃式活性炭吸附）	10	
								低温等离子体	30	
								光解	20	
								直接排放	0	
		涂料（溶剂型）	涂漆/淋漆	所有规模	工业废气量	标米^3/米^3-产品	1.22×10^3	—	—	—
					挥发性有机物	克/米^3-产品	284	吸附/蒸汽解吸	—	k=处理设施年耗电量（千瓦·时）/［设备额定功率（千瓦）×年运行时间（小时）］
								活性炭吸附/脱附催化燃烧法	80	
								其他（活性炭纤维或沸石吸附/脱附/催化氧化）	85	
								其他（抛弃式活性炭吸附）	10	
								低温等离子体	30	
								光解	20	
								直接排放	0	

203 木质制品制造行业系数表（续表 8）

工段名称	产品名称	原料名称	工艺名称	规模等级	污染物指标	系数单位	产污系数	末端治理技术	末端治理技术平均去除效率/%	参考 k 值计算公式
产品干燥	木门窗、木楼梯、实木地板、实木复合地板、其他木制品（木制容器、软木制品）	涂料、胶粘剂	流平/烘干/晾干	所有规模	工业废气量	标米^3/米^3-产品	78.9	—	—	—
					挥发性有机物	克/米^3-产品	2.58	吸附/蒸汽解吸	—	k=处理设施年耗电量（千瓦·时）/［设备额定功率（千瓦）×年运行时间（小时）］
								活性炭吸附/脱附催化燃烧法	80	
								其他（活性炭纤维或沸石吸附/脱附/催化氧化）	85	
								其他（抛弃式活性炭吸附）	10	
								低温等离子体	30	
								光解	20	
								直接排放	0	

204 竹、藤、棕、草等制品制造业

1 适用范围

本手册仅用于《国民经济行业分类》（GB/T 4754—2017）中 2041 竹制品制造行业、2042 藤制品制造行业、2043 棕制品制造行业、2049 草及其他制品制造行业使用产污系数法核算工业污染物产生量和排放量的工业企业。

利用本手册进行产排污核算得出的污染物产生量与排放量仅代表了特定行业的工艺、产品、原料在正常工况下污染物产生与排放的一般规律。

本行业废水指标包括工业废水量、化学需氧量；废气指标包括工业废气量、颗粒物、挥发性有机物。

2 注意事项

2.1 企业有多种生产工艺或生产多类产品产排污量核算

污染物产生量与产品产量有关，根据不同核算环节计算产污量后，再根据企业末端治理设施和运行情况计算排放量。

企业某污染物产生量、排放量为各核算环节产生量、排放量之和。

在企业实际排放量计算过程中，如果存在废水回用的情况，需要在利用产排污核算公式的基础上扣除废水回用的部分。公式如下：

实际排放量=计算排放量×（1–废水回用率）

2.2 采用多种治理设施组合处理企业的排污量核算

在排污量计算选择末端治理技术时，若没有对应的组合治理技术，以主要治理技术为准。

2.3 系数表中未涉及的产污系数及污染治理效率

本手册已基本涵盖各种工段、产品、原料、工艺及规模，对可能遇到的使用罕见或特殊的工段工艺的生产线，或系数表单中未涉及的处理方法，可咨询当地行业组织或竹、藤、棕、草等制品制造专家，其他竹、藤、棕、草等制品制造企业技术人员，选取近似的按工段、产品、原料、工艺、规模分类的核算系数或近似的处理方法代替。

2.4 其他需要说明的问题

由于不同企业工业废气量、废水量差异较大，本手册所提供的工业废气量、废水量系数仅供参考。

为体现相同产污水平条件下，采用相同环保治理设施的不同企业对同一污染物去除效果的差异，

引入末端治理设施实际运行率（k）对污染治理技术的实际去除率进行修正。k 值反映的是污染治理设施运行的状态，越稳定运行，k 值越高；在取值上，若定义连续稳定运行的理想状态为 1，则 k 取值在 0～1 之间。

本手册给出本行业的 k 计算公式仅供参考，使用时，可根据 k 值定义，选取更适合企业实际情况的表达方式。

3 污染物排放量核算方法

针对企业实际生产情况，本行业在系数制定过程中将企业全生产流程划分或拆分为若干工段（核算环节），在核算企业污染物产排量时，可灵活选择本企业对应的工段进行核算。

3.1 计算工段污染物产生量

（1）根据产品、原料、污染物产生的主导生产工艺、企业规模（生产产能）这一组合查找和确定所对应的某一污染物的产污系数。

（2）根据该污染物的产污系数计量单位——单位产品产量，获取企业实际产品产量。

例如，某组合内化学需氧量的产污系数单位为千克/吨-产品，则计算产生量时需要获取企业实际产品产量。

（3）污染物产生量按以下公式进行计算：

污染物产生量=污染物对应的产污系数×产品产量

$$G_{产i} = P_{产i} \times M_i$$

式中，$G_{产i}$——工段 i 某污染物的产生量；

$P_{产i}$——工段 i 某污染物对应的产污系数；

M_i——工段 i 的产品产量。

3.2 计算工段污染物去除量

（1）根据企业对某一污染物所采用的治理技术查找和选择相应的治理技术平均去除效率。

（2）根据所填报的污染治理设施实际运行率参数及其计算公式得出该企业某一污染物的治理设施实际运行率（k 值）。

（3）污染物去除量按以下公式进行计算：

污染物去除量=污染物产生量×污染物去除率

=污染物产生量×治理技术平均去除效率×治理设施实际运行率

$$R_{减i} = G_{产i} \times \eta_T \times k_T$$

式中，$R_{减i}$——工段 i 某污染物的去除量；

η_T——工段 i 某污染物采用的末端治理技术的平均去除效率；

k_T——工段 i 某污染物采用的末端治理设施的实际运行率。

3.3 计算工段污染物排放量

污染物排放量=污染物产生量–污染物去除量

=污染物对应的产污系数×产品产量–污染物产生量×治理技术平均去除效率×治理设施实际运行率

3.4 计算企业污染物排放量

同一企业某污染物全年的产生（排放）总量为该企业同年实际生产的全部工段、产品、原料、规模污染物产生（排放）量之和。

$$E_{排}=G_{产}-R_{减}=\sum(G_{产i}-R_{减i})=\sum\left[P_{产i}\times M_i(1-\eta_T\times k_T)\right]$$

4 污染物排放量核算案例

某竹制品公司主要从事竹制人造板的生产，该企业涉及的主要产排污工段为：下料和胶压两个工段。其中下料工段主要污染物为颗粒物，胶压工段主要污染物为挥发性有机物。以颗粒物为例说明排放量计算过程。

该企业基本信息如表 1 所示。

表 1 某竹制品公司基本信息

	工段 1：下料		工段 2：胶压	
	名称	数量	名称	数量
产品及产量	竹制人造板	360000 米^3	竹制人造板	360000 米^3
原料及用量	竹材	18 吨	胶粘剂（水性）	0.739 吨
工艺名称	竹片制备/断条-开片/疏解		定形	
规模	360000 米^3		360000 米^3	
污染治理设施	袋式除尘		活性炭吸附/脱附催化燃烧法	
实际运行率参数（k）	处理设施年耗电量	45000 千瓦·时	处理设施年耗电量	28800 千瓦·时
	设备额定功率	150 千瓦	设备额定功率	120 千瓦
	年运行时间	300 小时	年运行时间	300 小时

4.1 工段 1 的排放量计算

（1）颗粒物产生量计算

①查找产污系数及其计量单位

根据企业基本信息，查找本手册中主要产品为竹制人造板，主要原料为竹材，主要工艺为竹片制备/断条-开片/疏解，生产规模为 360000 米^3/年。该组合颗粒物的产污系数为 0.44，单位为千克/米^3-产品。

②获取企业产品产量

该企业实际情况为：该工段主要产品竹制人造板年产量为 360000 米^3。

③计算颗粒物产生量

由于查询到的组合中，颗粒物产污系数的单位为千克/米^3-产品，因此需获取产品产量核算颗粒物产生量。

颗粒物产生量=颗粒物产污系数×产品产量

=0.44 千克/米^3-产品×360000 米^3-产品=158400 千克

（2）颗粒物去除量计算

①查找治理技术平均去除效率

该企业颗粒物治理技术采用袋式除尘工艺，查询相应组合内该工艺的平均去除效率为 90%。

②计算污染治理设施实际运行率

根据产污系数组合查询结果，该组合中颗粒物对应的污染治理设施实际运行率为

k=处理设施年耗电量（千瓦·时）/［设备额定功率（千瓦）×年运行时间（小时）］

=45000 千瓦·时/（150 千瓦×300 小时）=1

③计算颗粒物去除量

颗粒物去除量=158400 千克×90%×1=142560 千克

（3）颗粒物排放量计算

颗粒物排放量=158400 千克−142560 千克=15840 千克

4.2 工段 2 的排放量计算

该工段产生的主要污染物为挥发性有机物，无颗粒物产生。

4.3 颗粒物总排放量计算

颗粒物总排放量=工段 1 排放量=15840 千克

5 系数表

204 竹、藤、棕、草等制品制造行业系数表

工段名称	产品名称	原料名称	工艺名称	规模等级	污染物指标	系数单位	产污系数	末端治理技术	末端治理技术平均去除效率/%	参考 k 值计算公式[1]
下料	竹制人造板	竹材	竹片制备/断条-开片/疏解	所有规模	工业废气量	标米^3/米^3-产品	600	—	—	—
					颗粒物	千克/米^3-产品	0.44	单筒（多筒并联）旋风	80	k=处理设施年耗电量（千瓦·时）/[设备额定功率（千瓦）×年运行时间（小时）]
								袋式除尘	90	
								直接排放	0	
预处理	竹、藤、棕、草制品	竹、藤、棕、草	蒸煮	所有规模	工业废水量	吨/米^3-产品	0.75	—	—	—
					化学需氧量	克/米^3-产品	330	化学混凝+上浮分离+A^2/O 工艺+沉淀分离	90	k=污水治理设施运行时间（小时/年）/企业正常生产时间（小时/年）
								直接排放	0	
	竹地板	竹材	漂煮	所有规模	工业废水量	吨/米^3-产品	0.75	—	—	—
					化学需氧量	克/米^3-产品	320	化学混凝+上浮分离+A^2/O 工艺+沉淀分离	90	k=污水治理设施运行时间（小时/年）/企业正常生产时间（小时/年）
								直接排放	0	
	竹制人造板	竹材	软化	所有规模	工业废水量	吨/米^3-产品	0.35	—	—	—
					化学需氧量	克/米^3-产品	280	化学混凝+上浮分离+A^2/O 工艺+沉淀分离	90	k=污水治理设施运行时间（小时/年）/企业正常生产时间（小时/年）
								直接排放	0	

[1] 该公式仅供参考，使用时，可根据 k 值定义，选取更适合企业实际情况的表达方式。

204 竹、藤、棕、草等制品制造行业系数表（续表 1）

工段名称	产品名称	原料名称	工艺名称	规模等级	污染物指标	系数单位	产污系数	末端治理技术	末端治理技术平均去除效率/%	参考 k 值计算公式
原料干燥	竹制人造板、竹地板、竹、藤、棕、草制品	竹、藤、棕、草	烘干	所有规模	工业废气量	标米^3/米^3-产品	420	—	—	—
					挥发性有机物	克/米^3-产品	272×10^{-3}	吸附/蒸汽解吸	—	k=处理设施年耗电量（千瓦·时）/[设备额定功率（千瓦）×年运行时间（小时）]
								活性炭吸附/脱附催化燃烧法	80	
								其他（活性炭纤维或沸石吸附/脱附/催化氧化）	85	
								其他（抛弃式活性炭吸附）	10	
								低温等离子体	30	
								光解	20	
								直接排放	0	
施胶	竹地板、竹制人造板等	胶粘剂（水性）	拌胶/涂胶/淋胶/浸胶	所有规模	工业废气量	标米^3/米^3-产品	25.3	—	—	—
					挥发性有机物	克/米^3-产品	2.25	吸附/蒸汽解吸	—	k=处理设施年耗电量（千瓦·时）/[设备额定功率（千瓦）×年运行时间（小时）]
								活性炭吸附/脱附催化燃烧法	80	
								其他（活性炭纤维或沸石吸附/脱附/催化氧化）	85	
								其他（抛弃式活性炭吸附）	10	
								低温等离子体	30	
								光解	20	
								直接排放	0	
					工业废水量（拌胶机喷胶头清洗）	吨/米^3-产品	0.15	—	—	—
					化学需氧量（拌胶机喷胶头清洗）	克/米^3-产品	121	化学混凝+上浮分离+A^2/O 工艺+沉淀分离	90	k=污水治理设施运行时间（小时/年）/企业正常生产时间（小时/年）
								直接排放	0	

204 竹、藤、棕、草等制品制造行业系数表（续表 2）

工段名称	产品名称	原料名称	工艺名称	规模等级	污染物指标	系数单位	产污系数	末端治理技术	末端治理技术平均去除效率/%	参考 k 值计算公式
施胶	竹地板、竹制人造板等	胶粘剂（溶剂型）	拌胶/涂胶/淋胶/浸胶	所有规模	工业废气量	标米^3/米^3-产品	253	—	—	—
					挥发性有机物	克/米^3-产品	22.5	吸附/蒸汽解吸	—	k=处理设施年耗电量（千瓦·时）/[设备额定功率（千瓦）×年运行时间（小时）]
								活性炭吸附/脱附催化燃烧法	80	
								其他（活性炭纤维或沸石吸附/脱附/催化氧化）	85	
								其他（抛弃式活性炭吸附）	10	
								低温等离子体	30	
								光解	20	
								直接排放	0	
					工业废水量（拌胶机喷胶头清洗）	吨/米^3-产品	33×10^{-3}	—	—	—
					化学需氧量（拌胶机喷胶头清洗）	克/米^3-产品	39.6	化学混凝+上浮分离+A^2/O 工艺+沉淀分离	90	k=污水治理设施运行时间（小时/年）/企业正常生产时间（小时/年）
								直接排放	0	

204 竹、藤、棕、草等制品制造行业系数表（续表 3）

工段名称	产品名称	原料名称	工艺名称	规模等级	污染物指标	系数单位	产污系数	末端治理技术	末端治理技术平均去除效率/%	参考 k 值计算公式
胶压	竹制人造板	胶粘剂（水性）	定形	所有规模	工业废气量	标米^3/米^3-产品	7.00	—	—	—
					挥发性有机物	克/米^3-产品	0.22	吸附/蒸汽解吸	—	k=处理设施年耗电量（千瓦·时）/[设备额定功率（千瓦）×年运行时间（小时）]
								活性炭吸附/脱附催化燃烧法	80	
								其他（活性炭纤维或沸石吸附/脱附/催化氧化）	85	
								其他（抛弃式活性炭吸附）	10	
								低温等离子体	30	
								光解	20	
								直接排放	0	
		胶粘剂（溶剂型）	定形	所有规模	工业废气量	标米^3/米^3-产品	70.0	—	—	—
					挥发性有机物	克/米^3-产品	2.23	吸附/蒸汽解吸	—	k=处理设施年耗电量（千瓦·时）/[设备额定功率（千瓦）×年运行时间（小时）]
								活性炭吸附/脱附催化燃烧法	80	
								其他（活性炭纤维或沸石吸附/脱附/催化氧化）	85	
								其他（抛弃式活性炭吸附）	10	
								低温等离子体	30	
								光解	20	
								直接排放	0	

204 竹、藤、棕、草等制品制造行业系数表（续表 4）

工段名称	产品名称	原料名称	工艺名称	规模等级	污染物指标	系数单位	产污系数	末端治理技术	末端治理技术平均去除效率/%	参考 *k* 值计算公式
胶压	竹地板	胶粘剂（水性）	胶合	所有规模	工业废气量	标米^3/米^3-产品	7.00	—	—	—
					挥发性有机物	克/米^3-产品	0.24	吸附/蒸汽解吸	—	*k*=处理设施年耗电量（千瓦·时）/［设备额定功率（千瓦）×年运行时间（小时）］
								活性炭吸附/脱附催化燃烧法	80	
								其他（活性炭纤维或沸石吸附/脱附/催化氧化）	85	
								其他（抛弃式活性炭吸附）	10	
								低温等离子体	30	
								光解	20	
								直接排放	0	
		胶粘剂（溶剂型）	胶合	所有规模	工业废气量	标米^3/米^3-产品	70.0	—	—	—
					挥发性有机物	克/米^3-产品	2.42	吸附/蒸汽解吸	—	*k*=处理设施年耗电量（千瓦·时）/［设备额定功率（千瓦）×年运行时间（小时）］
								活性炭吸附/脱附催化燃烧法	80	
								其他（活性炭纤维或沸石吸附/脱附/催化氧化）	85	
								其他（抛弃式活性炭吸附）	10	
								低温等离子体	30	
								光解	20	
								直接排放	0	

204 竹、藤、棕、草等制品制造行业系数表（续表 5）

工段名称	产品名称	原料名称	工艺名称	规模等级	污染物指标	系数单位	产污系数	末端治理技术	末端治理技术平均去除效率/%	参考 k 值计算公式
染色	竹、藤、棕、草制品	染色剂	调色	所有规模	工业废水量	吨/米^3-产品	125×10^{-3}	—	—	—
					化学需氧量	克/米^3-产品	400	化学混凝+上浮分离+A^2/O 工艺+沉淀分离	90	k=污水治理设施运行时间（小时/年）/企业正常生产时间（小时/年）
								直接排放	0	
砂光/打磨	竹地板、竹、藤、棕、草制品	竹材、竹、藤、棕、草、染色剂、胶粘剂	表面处理	所有规模	工业废气量	标米^3/米^3-产品	970	—	—	—
					颗粒物	千克/米^3-产品	1.40	其他（侧吸式滤芯）	80	k=处理设施年耗电量（千瓦·时）/[设备额定功率（千瓦）×年运行时间（小时）]
								单筒（多筒并联）旋风	80	
								袋式除尘	90	
								直接排放	0	
涂饰	竹地板	涂料（水性）	喷漆	所有规模	工业废气量	标米^3/米^3-产品	563	—	—	—
					颗粒物	千克/米^3-产品	43×10^{-3}	单筒（多筒并联）旋风	80	k=处理设施年耗电量（千瓦·时）/[设备额定功率（千瓦）×年运行时间（小时）]
								其他（水帘湿式喷雾净化）	80	
								其他（干式纸壳箱+过滤棉）	90	
								袋式除尘	90	
								其他（蜂窝纸+粗过滤棉+细过滤棉+布袋）	95	
								直接排放	0	
					挥发性有机物	克/米^3-产品	82.1	吸附/蒸汽解吸	—	k=处理设施年耗电量（千瓦·时）/[设备额定功率（千瓦）×年运行时间（小时）]
								活性炭吸附/脱附催化燃烧法	80	
								其他（活性炭纤维或沸石吸附/脱附/催化氧化）	85	
								其他（抛弃式活性炭吸附）	10	
								低温等离子体	30	
								光解	20	
								直接排放	0	

204 竹、藤、棕、草等制品制造行业系数表（续表 6）

工段名称	产品名称	原料名称	工艺名称	规模等级	污染物指标	系数单位	产污系数	末端治理技术	末端治理技术平均去除效率/%	参考 k 值计算公式
涂饰	竹地板	涂料（溶剂型）	喷漆	所有规模	工业废气量	标米^3/米^3-产品	5.63×10^3	—	—	—
					颗粒物	千克/米^3-产品	430×10^{-3}	单筒（多筒并联）旋风	80	k=处理设施年耗电量（千瓦·时）/[设备额定功率（千瓦）×年运行时间（小时）]
								其他（水帘湿式喷雾净化）	80	
								其他（干式纸壳箱+过滤棉）	90	
								袋式除尘	90	
								其他（蜂窝纸+粗过滤棉+细过滤棉+布袋）	95	
								直接排放	0	
					挥发性有机物	克/米^3-产品	821	吸附/蒸汽解吸	—	k=处理设施年耗电量（千瓦·时）/[设备额定功率（千瓦）×年运行时间（小时）]
								活性炭吸附/脱附催化燃烧法	80	
								其他（活性炭纤维或沸石吸附/脱附/催化氧化）	85	
								其他（抛弃式活性炭吸附）	10	
								低温等离子体	30	
								光解	20	
								直接排放	0	

204 竹、藤、棕、草等制品制造行业系数表（续表 7）

工段名称	产品名称	原料名称	工艺名称	规模等级	污染物指标	系数单位	产污系数	末端治理技术	末端治理技术平均去除效率/%	参考 k 值计算公式
涂饰	竹地板	涂料（水性）	涂漆/淋漆	所有规模	工业废气量	标米^3/米^3-产品	121	—	—	—
					挥发性有机物	克/米^3-产品	27.3	吸附/蒸汽解吸	—	k=处理设施年耗电量（千瓦·时）/[设备额定功率（千瓦）×年运行时间（小时）]
								活性炭吸附/脱附催化燃烧法	80	
								其他（活性炭纤维或沸石吸附/脱附/催化氧化）	85	
								其他（抛弃式活性炭吸附）	10	
								低温等离子体	30	
								光解	20	
								直接排放	0	
		涂料（溶剂型）	涂漆/淋漆	所有规模	工业废气量	标米^3/米^3-产品	1.21×10^3	—	—	—
					挥发性有机物	克/米^3-产品	273	吸附/蒸汽解吸	—	k=处理设施年耗电量（千瓦·时）/[设备额定功率（千瓦）×年运行时间（小时）]
								活性炭吸附/脱附催化燃烧法	80	
								其他（活性炭纤维或沸石吸附/脱附/催化氧化）	85	
								其他（抛弃式活性炭吸附）	10	
								低温等离子体	30	
								光解	20	
								直接排放	0	

204 竹、藤、棕、草等制品制造行业系数表（续表 8）

工段名称	产品名称	原料名称	工艺名称	规模等级	污染物指标	系数单位	产污系数	末端治理技术	末端治理技术平均去除效率/%	参考 k 值计算公式
产品干燥	竹地板	涂料、胶粘剂	流平/烘干/晾干	所有规模	工业废气量	标米^3/米^3-产品	78.9	—	—	—
					挥发性有机物	克/米^3-产品	2.58	吸附/蒸汽解吸	—	k=处理设施年耗电量（千瓦·时）/［设备额定功率（千瓦）×年运行时间（小时）］
								活性炭吸附/脱附催化燃烧法	80	
								其他（活性炭纤维或沸石吸附/脱附/催化氧化）	85	
								其他（抛弃式活性炭吸附）	10	
								低温等离子体	30	
								光解	20	
								直接排放	0	

21

家具制造业

211 木质家具制造业

1 适用范围

本手册仅用于《国民经济行业分类》（GB/T 4754—2017）中 2110 木质家具制造行业使用系数法核算工业污染物产生量和排放量的工业企业。

利用本手册进行产排污核算得出的污染物产生量与排放量仅代表了特定行业的工艺、产品、原料在正常工况下污染物产生与排放的一般规律。

本行业废水指标包括工业废水量、化学需氧量；废气指标包括工业废气量、颗粒物、挥发性有机物。

2 注意事项

2.1 企业有多种生产工艺或生产多类产品产排污量核算

在一部分核算环节，污染物产生量与产品产量有关，在另一部分核算环节，污染物产生量与原料用量有关，根据不同核算环节计算产污量后，再根据企业末端治理设施和运行情况计算排放量。

企业某污染物产生量、排放量为各核算环节产生量、排放量之和。

在企业实际排放量计算过程中，如果存在废水回用的情况，需要在利用产排污核算公式的基础上扣除废水回用的部分。公式如下：

实际排放量=计算排放量×（1–废水回用率）

2.2 采用多种治理设施组合处理企业的排污量核算

在排污量计算选择末端治理技术时，若没有对应的组合治理技术，以主要治理技术为准。

2.3 系数表中未涉及的产污系数及污染治理效率

本手册已基本涵盖各种核算环节、产品、原料、工艺及规模，对可能遇到的使用罕见或特殊的核算环节工艺的生产线，或系数表单中未涉及的处理方法，可咨询行业组织或专家、其他木质家具制造企业技术人员，选取近似的按核算环节、产品、原料、工艺、规模分类的核算系数或近似的处理方法填报。

2.4 其他需要说明的问题

由于不同企业工业废气量、废水量差异较大，本手册所提供的工业废气量、废水量系数仅供参考。

为体现相同产污水平条件下，采用相同环保治理设施的不同企业对同一污染物去除效果的差异，引入末端治理设施实际运行率（k）对污染治理技术的实际去除率进行修正。k 值反映的是污染治理

设施运行的状态，越稳定运行，k 值越高；在取值上，若定义连续稳定运行的理想状态为 1，则 k 取值在 0～1 之间。

本手册给出本行业的 k 计算公式仅供参考，使用时，可根据 k 值定义，选取更适合企业实际情况的表达方式。

3　污染物排放量核算方法

针对企业实际生产情况，本行业在系数制定过程中将企业全生产流程划分或拆分为若干工段（核算环节），在核算企业污染物产排量时，可灵活选择本企业对应的工段进行核算。

3.1　计算工段污染物产生量

（1）根据产品、原料、污染物产生的主导生产工艺、企业规模（生产产能）这一组合查找和确定所对应的某一污染物的产污系数。

（2）根据该污染物的产污系数计量单位——单位产品产量或单位原料用量，获取企业实际产品产量或原料用量。

例如，某组合内化学需氧量的产污系数单位为千克/吨-产品，则计算产生量时需要获取企业实际产品产量；如果产污系数单位为千克/吨-原料，则计算产生量时需要获取企业原料实际消耗量。

（3）污染物产生量按以下公式进行计算：

污染物产生量=污染物对应的产污系数×产品产量（原料用量）

$$G_{产i} = P_{产i} \times M_i$$

式中，$G_{产i}$——工段 i 某污染物的产生量；

$P_{产i}$——工段 i 某污染物对应的产污系数；

M_i——工段 i 的产品产量。

3.2　计算工段污染物去除量

（1）根据企业对某一污染物所采用的治理技术查找和选择相应的治理技术平均去除效率。

（2）根据所填报的污染治理设施实际运行率参数及其计算公式得出该企业某一污染物的治理设施实际运行率（k 值）。

（3）污染物去除量按以下公式进行计算：

污染物去除量=污染物产生量×污染物去除率

=污染物产生量×治理技术平均去除效率×治理设施实际运行率

$$R_{减i} = G_{产i} \times \eta_T \times k_T$$

式中，$R_{减i}$——工段 i 某污染物的去除量；

η_T——工段 i 某污染物采用的末端治理技术的平均去除效率；

k_T——工段 i 某污染物采用的末端治理设施的实际运行率。

3.3 计算工段污染物排放量

污染物排放量=污染物产生量–污染物去除量

=污染物对应的产污系数×产品产量（原料用量）–污染物产生量×治理技术平均去除效率×治理设施实际运行率

3.4 计算企业污染物排放量

同一企业某污染物全年的产生（排放）总量为该企业同年实际生产的全部工段、产品、原料、规模污染物产生（排放）量之和。

$$E_{排} = G_{产} - R_{减} = \sum(G_{产i} - R_{减i}) = \sum\left[P_{产i} \times M_i(1-\eta_T \times k_T)\right]$$

4 污染物排放量核算案例

某木质家具生产企业主要从事实木家具、人造板家具的生产。该企业涉及的主要产排污工段为下料、涂饰、磨光三个工段，主要污染物为颗粒物。以颗粒物为例说明排放量计算过程。

该企业基本信息如表 1 所示。

表 1　某木质家具生产企业基本信息

	工段 1：下料		工段 2：涂饰		工段 3：磨光	
	名称	数量	名称	数量	名称	数量
产品及产量	实木家具、人造板家具	340 万米^2	实木家具、人造板家具	340 万米^2	实木家具、人造板家具	340 万米^2
原料及用量	实木、人造板	106 万米^3	涂料（水性）	338388 千克	涂料（水性）	338388 千克
工艺名称	机加工		喷漆		表面光滑处理	
规模	340 万米^2		340 万米^2		340 万米^2	
污染治理设施	袋式除尘		水帘湿式喷雾净化		侧吸式滤芯	
实际运行率参数（k）	处理设施年耗电量	26400 千瓦·时	处理设施年耗电量	28800 千瓦·时	处理设施年耗电量	15000 千瓦·时
	设备额定功率	110 千瓦	设备额定功率	120 千瓦	设备额定功率	50 千瓦
	年运行时间	300 小时	年运行时间	300 小时	年运行时间	300 小时

4.1 工段 1 的排放量计算

（1）颗粒物产生量计算

①查找产污系数及其计量单位

根据企业基本信息，查找本手册中主要产品为实木家具、人造板家具，主要原料为实木、人造板，主要工艺为机加工，生产规模为所有规模。该组合颗粒物的产污系数为 150，单位为克/米^3-原料。

②获取企业原料用量

该企业实际情况为：该工段主要原料实木、人造板年用量为 106 万米^3。

③计算颗粒物产生量

由于查询到的组合中颗粒物产污系数的单位为克/米^3-原料，因此在核算产生量时需获取原料用量。

颗粒物产生量=颗粒物产污系数×原料（实木、人造板）用量

$$=150\ 克/米^3\text{-原料}\times 1060000\ 米^3\text{-原料}=159000\ 千克$$

（2）颗粒物去除量计算

①查找治理技术平均去除效率

该企业颗粒物治理技术采用袋式除尘工艺，查询相应组合内该工艺的平均去除效率为90%。

②计算污染治理设施实际运行率

根据产污系数组合查询结果，该组合中颗粒物对应的污染治理设施实际运行率为

k=处理设施年耗电量（千瓦·时）/［设备额定功率（千瓦）×年运行时间（小时）］

=26400千瓦·时/（110千瓦×300小时）=0.8

③计算颗粒物去除量

颗粒物去除量=159000千克×90%×0.8=114480千克

（3）颗粒物排放量计算

颗粒物排放量=159000千克−114480千克=44520千克

4.2 工段2的排放量计算

（1）颗粒物产生量计算

①查找产污系数及其计量单位

根据企业基本信息，查找本手册中主要产品为实木家具、人造板家具，主要原料为涂料（水性），主要工艺为喷漆，生产规模为所有规模。该组合颗粒物的产污系数为20.8，单位为克/千克-原料。

②获取企业原料用量

该企业实际情况为：该工段主要原料涂料年用量为338388千克。

③计算颗粒物产生量

由于查询到的组合中颗粒物产污系数的单位为克/千克-原料，因此在核算产生量时需获取原料用量。

颗粒物产生量=颗粒物产污系数×原料（涂料）用量

=20.8克/千克-原料×338388千克-原料=7038.47千克

（2）颗粒物去除量计算

①查找治理技术平均去除效率

该企业颗粒物治理技术采用水帘湿式喷雾净化工艺，查询相应组合内该工艺的平均去除效率为80%。

②计算污染治理设施实际运行率

根据产污系数组合查询结果，该组合中颗粒物对应的污染治理设施实际运行率为

k=处理设施年耗电量（千瓦·时）/［设备额定功率（千瓦）×年运行时间（小时）］

=28800千瓦·时/（120千瓦×300小时）=0.8

③计算颗粒物去除量

颗粒物去除量=7038.47千克×80%×0.8=4504.62千克

（3）颗粒物排放量计算

颗粒物排放量=7038.47 千克−4504.62 千克=2533.85 千克

4.3 工段 3 的排放量计算

（1）颗粒物产生量计算

①查找产污系数及其计量单位

根据企业基本信息，查找本手册中主要产品为实木家具、人造板家具，主要原料为涂料（水性），主要工艺为表面光滑处理，生产规模为所有规模。该组合颗粒物的产污系数为 23.5，单位为克/米^2-产品。

②获取企业产品产量

该企业实际情况为：该企业主要产品的年产量为 340 万米^2。

③计算颗粒物产生量

由于查询到的组合中颗粒物产污系数的单位为克/米^2-产品，因此在核算产生量时需获取产品用量。

颗粒物产生量=颗粒物产污系数×产品产量

=23.5 克/米^2-产品×340 万米^2-产品=79900 千克

（2）颗粒物去除量计算

①查找治理技术平均去除效率

该企业颗粒物治理技术采用侧吸式滤芯工艺，查询相应组合内该工艺的平均去除效率为 80%。

②计算污染治理设施实际运行率

根据产污系数组合查询结果，该组合中颗粒物对应的污染治理设施实际运行率为

k=处理设施年耗电量（千瓦·时）/［设备额定功率（千瓦）×年运行时间（小时）］

= 24000 千瓦·时/（100 千瓦×300 小时）=0.8

③计算颗粒物去除量

颗粒物去除量=79900 千克×80%×0.8=51136 千克

（3）颗粒物排放量计算

颗粒物排放量=79900 千克−51136 千克=28764 千克

4.4 颗粒物总排放量计算

颗粒物总排放量=工段 1 排放量+工段 2 排放量+工段 3 排放量

=44520 千克+2533.85 千克+28764 千克=75817.85 千克

5 系数表

211 木质家具制造行业系数表

工段名称	产品名称	原料名称	工艺名称	规模等级	污染物指标	系数单位	产污系数	末端治理技术	末端治理技术平均去除效率/%	参考 k 值计算公式[1]
下料	实木家具、人造板家具	实木、人造板	机加工	所有规模	工业废气量	标米^3/米^3-原料	375	—	0	—
					颗粒物	克/米^3-原料	150	单筒（多筒并联）旋风	80	k=处理设施年耗电量（千瓦·时）/［设备额定功率（千瓦）×年运行时间（小时）］
								袋式除尘	90	
								直接排放	0	
胶合	实木家具、人造板家具	胶粘剂（水性）	涂胶	所有规模	工业废气量	米^3/千克-胶粘剂	31.6	—	0	—
					挥发性有机物	克/千克-胶粘剂	52.4	吸附/蒸汽解吸	—	k=处理设施年耗电量（千瓦·时）/［设备额定功率（千瓦）×年运行时间（小时）］
								活性炭吸附/脱附催化燃烧法	0	
								其他（活性炭纤维或沸石吸附/脱附/催化氧化）	0	
								其他（抛弃式活性炭吸附）	0	
								低温等离子体	0	
								光解	0	
								直接排放	0	
		胶粘剂（溶剂型）	涂胶	所有规模	工业废气量	米^3/千克-胶粘剂	316	—	—	—
					挥发性有机物	克/千克-胶粘剂	417.6	吸附/蒸汽解吸	—	k=处理设施年耗电量（千瓦·时）/［设备额定功率（千瓦）×年运行时间（小时）］
								活性炭吸附/脱附催化燃烧法	0	
								其他（活性炭纤维或沸石吸附/脱附/催化氧化）	0	
								其他（抛弃式活性炭吸附）	0	
								低温等离子体	0	
								光解	0	
								直接排放	0	

[1] 该公式仅供参考，使用时，可根据 k 值定义，选取更适合企业实际情况的表达方式。

211 木质家具制造行业系数表（续表 1）

工段名称	产品名称	原料名称	工艺名称	规模等级	污染物指标	系数单位	产污系数	末端治理技术	末端治理技术平均去除效率/%	参考 k 值计算公式
热压/胶压	实木家具、人造板家具	胶粘剂（水性）	压制成型	所有规模	工业废气量	标米^3/千克-胶粘剂	27.5	—	0	—
					挥发性有机物	克/千克-胶粘剂	0	吸附/蒸汽解吸	0	k=处理设施年耗电量（千瓦·时）/［设备额定功率（千瓦）×年运行时间（小时）］
								活性炭吸附/脱附催化燃烧法	0	
								其他（活性炭纤维或沸石吸附/脱附/催化氧化）	0	
								其他（抛弃式活性炭吸附）	0	
								低温等离子体	0	
								光解	0	
								直接排放	0	
		胶粘剂（溶剂型）	压制成型	所有规模	工业废气量	标米^3/千克-胶粘剂	275	—	—	—
					挥发性有机物	克/千克-胶粘剂	0	吸附/蒸汽解吸	—	k=处理设施年耗电量（千瓦·时）/［设备额定功率（千瓦）×年运行时间（小时）］
								活性炭吸附/脱附催化燃烧法	0	
								其他（活性炭纤维或沸石吸附/脱附/催化氧化）	0	
								其他（抛弃式活性炭吸附）	0	
								低温等离子体	0	
								光解	0	
								直接排放	0	

211 木质家具制造行业系数表（续表 2）

工段名称	产品名称	原料名称	工艺名称	规模等级	污染物指标	系数单位	产污系数	末端治理技术	末端治理技术平均去除效率/%	参考 k 值计算公式
热压/胶压	实木家具、人造板家具	胶粘剂（固体热熔）	压制成型	所有规模	工业废气量	标米^3/千克-胶粘剂	27.5	—	0	—
					挥发性有机物	克/千克-胶粘剂	1.5	吸附/蒸汽解吸	—	k=处理设施年耗电量（千瓦·时）/[设备额定功率（千瓦）×年运行时间（小时）]
								活性炭吸附/脱附催化燃烧法	0	
								其他（活性炭纤维或沸石吸附/脱附/催化氧化）	0	
								其他（抛弃式活性炭吸附）	0	
								低温等离子体	0	
								光解	0	
								直接排放	0	
涂饰	实木家具、人造板家具	涂料（水性）	喷漆	所有规模	工业废气量	标米^3/千克-涂料	238	—	0	—
					颗粒物	克/千克-涂料	20.8	单筒（多筒并联）旋风	80	k=处理设施年耗电量（千瓦·时）/[设备额定功率（千瓦）×年运行时间（小时）]
								袋式除尘	90	
								其他（水帘湿式喷雾净化）	80	
								其他（化学纤维过滤）	80	
								直接排放	0	
					挥发性有机物	克/千克-涂料	84	吸附/蒸汽解吸	—	k=处理设施年耗电量（千瓦·时）/[设备额定功率（千瓦）×年运行时间（小时）]
								活性炭吸附/脱附催化燃烧法	24	
								其他（活性炭纤维或沸石吸附/脱附/催化氧化）	25.5	
								其他（抛弃式活性炭吸附）	4	
								低温等离子体	9	
								光解	6	
								直接排放	0	

211 木质家具制造行业系数表（续表 3）

工段名称	产品名称	原料名称	工艺名称	规模等级	污染物指标	系数单位	产污系数	末端治理技术	末端治理技术平均去除效率/%	参考 k 值计算公式
涂饰	实木家具、人造板家具	涂料（溶剂型）	喷漆	所有规模	工业废气量	标米^3/千克-涂料	2.38×10^3	—	0	—
					颗粒物	克/千克-涂料	208	单筒（多筒并联）旋风	80	k=处理设施年耗电量（千瓦·时）/［设备额定功率（千瓦）×年运行时间（小时）］
								袋式除尘	90	
								其他（水帘湿式喷雾净化）	80	
								其他（化学纤维过滤）	80	
								直接排放	0	
					挥发性有机物	克/千克-涂料	444.5	吸附/蒸汽解吸	—	k=处理设施年耗电量（千瓦·时）/［设备额定功率（千瓦）×年运行时间（小时）］
								活性炭吸附/脱附催化燃烧法	24	
								其他（活性炭纤维或沸石吸附/脱附/催化氧化）	25.5	
								其他（抛弃式活性炭吸附）	4	
								低温等离子体	9	
								光解	6	
								直接排放	0	

211 木质家具制造行业系数表（续表 4）

工段名称	产品名称	原料名称	工艺名称	规模等级	污染物指标	系数单位	产污系数	末端治理技术	末端治理技术平均去除效率/%	参考 k 值计算公式
涂饰	实木家具、人造板家具	涂料（水性UV）	辊涂/淋涂	所有规模	工业废气量	标米^3/千克-涂料	60.0	—	0	—
					挥发性有机物	克/千克-涂料	12.07	吸附/蒸汽解吸	—	k=处理设施年耗电量（千瓦·时）/［设备额定功率（千瓦）×年运行时间（小时）］
								活性炭吸附/脱附催化燃烧法	0	
								其他（活性炭纤维或沸石吸附/脱附/催化氧化）	0	
								其他（抛弃式活性炭吸附）	0	
								低温等离子体	0	
								光解	0	
								直接排放	0	
		涂料（溶剂型UV）	辊涂/淋涂	所有规模	工业废气量	标米^3/千克-涂料	600	—	0	—
					挥发性有机物	克/千克-涂料	33.1	吸附/蒸汽解吸	—	k=处理设施年耗电量（千瓦·时）/［设备额定功率（千瓦）×年运行时间（小时）］
								活性炭吸附/脱附催化燃烧法	0	
								其他（活性炭纤维或沸石吸附/脱附/催化氧化）	0	
								其他（抛弃式活性炭吸附）	0	
								低温等离子体	0	
								光解	0	
								直接排放	0	

211 木质家具制造行业系数表（续表 5）

工段名称	产品名称	原料名称	工艺名称	规模等级	污染物指标	系数单位	产污系数	末端治理技术	末端治理技术平均去除效率/%	参考 k 值计算公式
涂饰	实木家具、人造板家具	涂料（无溶剂 UV）	辊涂/淋涂	所有规模	挥发性有机物	克/千克-涂料	0.32	吸附/蒸汽解吸	—	k=处理设施年耗电量（千瓦·时）/［设备额定功率（千瓦）×年运行时间（小时）］
								活性炭吸附/脱附催化燃烧法	0	
								其他（活性炭纤维或沸石吸附/脱附/催化氧化）	0	
								其他（抛弃式活性炭吸附）	0	
								低温等离子体	0	
								光解	0	
								直接排放	0	
	红木家具	涂料（大漆）	手擦	所有规模	挥发性有机物	克/千克-涂料	30	吸附/蒸汽解吸	—	k=处理设施年耗电量（千瓦·时）/［设备额定功率（千瓦）×年运行时间（小时）］
								活性炭吸附/脱附催化燃烧法	0	
								其他（活性炭纤维或沸石吸附/脱附/催化氧化）	0	
								其他（抛弃式活性炭吸附）	0	
								低温等离子体	0	
								光解	0	
								直接排放	0	

211 木质家具制造行业系数表（续表 6）

工段名称	产品名称	原料名称	工艺名称	规模等级	污染物指标	系数单位	产污系数	末端治理技术	末端治理技术平均去除效率/%	参考 k 值计算公式
产品干燥	实木家具、人造板家具	涂料（水性）	流平/烘干/晾干	所有规模	挥发性有机物	克/千克-涂料	36	吸附/蒸汽解吸	—	k=处理设施年耗电量（千瓦·时）/［设备额定功率（千瓦）×年运行时间（小时）］
								活性炭吸附/脱附催化燃烧法	24	
								其他（活性炭纤维或沸石吸附/脱附/催化氧化）	25.5	
								其他（抛弃式活性炭吸附）	3	
								低温等离子体	9	
								光解	6	
								直接排放	0	
		涂料（溶剂型）	流平/烘干/晾干	所有规模	挥发性有机物	克/千克-涂料	190.5	吸附/蒸汽解吸	—	k=处理设施年耗电量（千瓦·时）/［设备额定功率（千瓦）×年运行时间（小时）］
								活性炭吸附/脱附催化燃烧法	24	
								其他（活性炭纤维或沸石吸附/脱附/催化氧化）	25.5	
								其他（抛弃式活性炭吸附）	3	
								低温等离子体	9	
								光解	6	
								直接排放	0	

211 木质家具制造行业系数表（续表 7）

工段名称	产品名称	原料名称	工艺名称	规模等级	污染物指标	系数单位	产污系数	末端治理技术	末端治理技术平均去除效率/%	参考 k 值计算公式
产品干燥	实木家具、人造板家具	涂料（水性UV）	流平/固化	所有规模	挥发性有机物	克/千克-涂料	12.07	吸附/蒸汽解吸	0	k=处理设施年耗电量（千瓦·时）/［设备额定功率（千瓦）×年运行时间（小时）］
								活性炭吸附/脱附催化燃烧法	24	
								其他（活性炭纤维或沸石吸附/脱附/催化氧化）	25.5	
								其他（抛弃式活性炭吸附）	3	
								低温等离子体	9	
								光解	6	
								直接排放	0	
		涂料（溶剂型UV）	流平/固化	所有规模	挥发性有机物	克/千克-涂料	33.1	吸附/蒸汽解吸	0	k=处理设施年耗电量（千瓦·时）/［设备额定功率（千瓦）×年运行时间（小时）］
								活性炭吸附/脱附催化燃烧法	24	
								其他（活性炭纤维或沸石吸附/脱附/催化氧化）	25.5	
								其他（抛弃式活性炭吸附）	3	
								低温等离子体	9	
								光解	6	
								直接排放	0	

211 木质家具制造行业系数表（续表 8）

工段名称	产品名称	原料名称	工艺名称	规模等级	污染物指标	系数单位	产污系数	末端治理技术	末端治理技术平均去除效率/%	参考 k 值计算公式
产品干燥	实木家具、人造板家具	涂料（无溶剂 UV）	流平/固化	所有规模	挥发性有机物	克/千克-涂料	15.68	吸附/蒸汽解吸	0	k=处理设施年耗电量（千瓦·时）/［设备额定功率（千瓦）×年运行时间（小时）］
								活性炭吸附/脱附催化燃烧法	24	
								其他（活性炭纤维或沸石吸附/脱附/催化氧化）	25.5	
								其他（抛弃式活性炭吸附）	3	
								低温等离子体	9	
								光解	6	
								直接排放	0	
	人造板家具（生态板组合家具及喷粉家具）	胶粘剂、热熔胶	热熔压制	所有规模	工业废气量	标米^3/千克-涂料	478	—	0	—
					挥发性有机物	克/千克-涂料	1.5	吸附/蒸汽解吸	—	k=处理设施年耗电量（千瓦·时）/［设备额定功率（千瓦）×年运行时间（小时）］
								活性炭吸附/脱附催化燃烧法	0	
								其他（活性炭纤维或沸石吸附/脱附/催化氧化）	0	
								其他（抛弃式活性炭吸附）	0	
								低温等离子体	0	
								光解	20	
								直接排放	0	

211 木质家具制造行业系数表（续表 9）

工段名称	产品名称	原料名称	工艺名称	规模等级	污染物指标	系数单位	产污系数	末端治理技术	末端治理技术平均去除效率/%	参考 k 值计算公式
产品干燥	人造板家具（生态板组合家具及喷粉家具）	涂料（粉末）	烘干/晾干	所有规模	挥发性有机物	克/千克-涂料	1	吸附/蒸汽解吸	0	k=处理设施年耗电量（千瓦·时）/[设备额定功率（千瓦）×年运行时间（小时）]
								活性炭吸附/脱附催化燃烧法	0	
								其他（活性炭纤维或沸石吸附/脱附/催化氧化）	0	
								其他（抛弃式活性炭吸附）	0	
								低温等离子体	9	
								光解	6	
								直接排放	0	
磨光	实木家具、人造板家具	实木、人造板、涂料、胶粘剂	表面光滑处理	所有规模	工业废气量	标米^3/米^2-产品	43.3	—	0	—
					颗粒物	克/米^2-产品	23.5	其他（侧吸式滤芯）	80	k=处理设施年耗电量（千瓦·时）/[设备额定功率（千瓦）×年运行时间（小时）]
								单筒（多筒并联）旋风	80	
								袋式除尘	90	
								直接排放	0	

212 竹、藤家具制造业

1 适用范围

本手册仅用于《国民经济行业分类》（GB/T 4754—2017）中 2120 竹、藤家具制造行业使用系数法核算工业污染物产生量和排放量的工业企业。

利用本手册进行产排污核算得出的污染物产生量与排放量仅代表了特定行业的工艺、产品、原料在正常工况下污染物产生与排放的一般规律。

本行业废气指标包括工业废气量、颗粒物、挥发性有机物。

2 注意事项

2.1 企业有多种生产工艺或生产多类产品产排污量核算

在一部分核算环节，污染物产生量与产品产量有关，在另一部分核算环节，污染物产生量与原料用量有关，根据不同核算环节计算产污量后，再根据企业末端治理设施和运行情况计算排放量。

企业某污染物产生量、排放量为各核算环节产生量、排放量之和。

在企业实际排放量计算过程中，如果存在废水回用的情况，需要在利用产排污核算公式的基础上扣除废水回用的部分。公式如下：

实际排放量=计算排放量×（1–废水回用率）

2.2 采用多种治理设施组合处理企业的排污量核算

在排污量计算选择末端治理技术时，若没有对应的组合治理技术，以主要治理技术为准。

2.3 系数表中未涉及的产污系数及污染治理效率

本手册已基本涵盖各种工段、产品、原料、工艺及规模，对可能遇到的使用罕见或特殊的工段工艺的生产线，或系数表单中未涉及的处理方法，可咨询行业组织或专家，其他竹、藤家具制造企业技术人员，选取近似的按工段、产品、原料、工艺、规模分类的核算系数或近似的处理方法填报。

2.4 其他需要说明的问题

由于不同企业工业废气量、废水量差异较大，本手册所提供的工业废气量、废水量系数仅供参考。

为体现相同产污水平条件下，采用相同环保治理设施的不同企业对同一污染物去除效果的差异，引入末端治理设施实际运行率（k）对污染治理技术的实际去除率进行修正。k 值反映的是污染治理

设施运行的状态，越稳定运行，k 值越高；在取值上，若定义连续稳定运行的理想状态为 1，则 k 取值在 0～1 之间。

本手册给出本行业的 k 计算公式仅供参考，使用时，可根据 k 值定义，选取更适合企业实际情况的表达方式。

3 污染物排放量核算方法

针对企业实际生产情况，本行业在系数制定过程中将企业全生产流程划分或拆分为若干工段（核算环节），在核算企业污染物产排量时，可灵活选择本企业对应的工段进行核算。

3.1 计算工段污染物产生量

（1）根据产品、原料、污染物产生的主导生产工艺、企业规模（生产产能）这一组合查找和确定所对应的某一污染物的产污系数。

（2）根据该污染物的产污系数计量单位——单位产品产量或单位原料用量，获取企业实际产品产量或原料用量。

例如，某组合内化学需氧量的产污系数单位为千克/吨-产品，则计算产生量时需要获取企业实际产品产量；如果产污系数单位为千克/吨-原料，则计算产生量时需要获取企业原料实际消耗量。

（3）污染物产生量按以下公式进行计算：

污染物产生量=污染物对应的产污系数×产品产量（原料用量）

$$G_{产i} = P_{产i} \times M_i$$

式中，$G_{产i}$——工段 i 某污染物的产生量；

$P_{产i}$——工段 i 某污染物对应的产污系数；

M_i——工段 i 的产品产量。

3.2 计算工段污染物去除量

（1）根据企业对某一污染物所采用的治理技术查找和选择相应的治理技术平均去除效率。

（2）根据所填报的污染治理设施实际运行率参数及其计算公式得出该企业某一污染物的治理设施实际运行率（k 值）。

（3）污染物去除量按以下公式进行计算：

污染物去除量=污染物产生量×污染物去除率

=污染物产生量×治理技术平均去除效率×治理设施实际运行率

$$R_{减i} = G_{产i} \times \eta_T \times k_T$$

式中，$R_{减i}$——工段 i 某污染物的去除量；

η_T——工段 i 某污染物采用的末端治理技术的平均去除效率；

k_T——工段 i 某污染物采用的末端治理设施的实际运行率。

3.3 计算工段污染物排放量

污染物排放量=污染物产生量–污染物去除量

=污染物对应的产污系数×产品产量（原料用量）–污染物产生量×治理技术平均去除效率×治理设施实际运行率

3.4 计算企业污染物排放量

同一企业某污染物全年的产生（排放）总量为该企业同年实际生产的全部工段、产品、原料、规模污染物产生（排放）量之和。

$$E_{排} = G_{产} - R_{减} = \sum(G_{产i} - R_{减i}) = \sum\left[P_{产i} \times M_i(1-\eta_T \times k_T)\right]$$

4 污染物排放量核算案例

某竹、藤制家具生产企业主要从事竹、藤制家具的生产。该企业涉及的主要产排污工段为下料、涂饰、磨光三个工段，主要污染物为颗粒物。以颗粒物为例说明排放量计算过程。

该企业基本信息如表 1 所示。

表 1　某竹、藤制家具生产企业基本信息

	工段 1：下料		工段 2：涂饰		工段 3：磨光	
	名称	数量	名称	数量	名称	数量
产品及产量	竹、藤制家具	40 万米^2	竹、藤制家具	40 万米^2	竹、藤制家具	40 万米^2
原料及用量	竹材、藤条	12 万米^3	涂料（水性）	39000 千克	涂料（水性）	39000 千克
工艺名称	机加工		喷漆		表面光滑处理	
规模	40 万米^2		40 万米^2		40 万米^2	
污染治理设施	单筒（多筒并联）旋风		单筒（多筒并联）旋风		单筒（多筒并联）旋风	
实际运行率参数（k）	处理设施年耗电量	26400 千瓦·时	处理设施年耗电量	28800 千瓦·时	处理设施年耗电量	15000 千瓦·时
	设备额定功率	110 千瓦	设备额定功率	120 千瓦	设备额定功率	50 千瓦
	年运行时间	300 小时	年运行时间	300 小时	年运行时间	300 小时

4.1 工段 1 的排放量计算

（1）颗粒物产生量计算

①查找产污系数及其计量单位

根据企业基本信息，查找本手册中主要产品为竹、藤制家具，主要原料为竹材、藤条，主要工艺为机加工，生产规模为所有规模。该组合颗粒物的产污系数为 275，单位为克/米^3-原料。

②获取企业原料用量

该企业实际情况为：主要原料竹材、藤条年用量为 12 万米^3。

③计算颗粒物产生量

由于查询到的组合中颗粒物产污系数的单位为克/米^3-原料，因此在核算产生量时需获取原料用量。

颗粒物产生量=颗粒物产污系数×原料（竹材、藤条）用量

=275 克/米^3-原料×12 万米^3-原料=33000 千克

（2）颗粒物去除量计算

①查找治理技术平均去除效率

该企业颗粒物治理技术采用单筒（多筒并联）旋风工艺，查询相应组合内该工艺的平均去除效率为 80%。

②计算污染治理设施实际运行率

根据产污系数组合查询结果，该组合中颗粒物对应的污染治理设施实际运行率为

k =处理设施年耗电量（千瓦·时）/［设备额定功率（千瓦）×年运行时间（小时）］

=26400 千瓦·时/（110 千瓦×300 小时）=0.8

③计算颗粒物去除量

颗粒物去除量=33000 千克×80%×0.8=21120 千克

（3）颗粒物排放量计算

颗粒物排放量=33000 千克–21120 千克=11880 千克

4.2 工段 2 的排放量计算

（1）颗粒物产生量计算

①查找产污系数及其计量单位

根据企业基本信息，查找本手册中主要产品为竹、藤制家具，主要原料为涂料（水性），主要工艺为喷漆，生产规模为所有规模。该组合颗粒物的产污系数为 20.8，单位为克/千克-涂料。

②获取企业原料用量

该企业实际情况为：该工段主要原料涂料年用量为 39000 千克。

③计算颗粒物产生量

由于查询到的组合中，颗粒物产污系数的单位为克/千克-涂料，因此在核算产生量时需获取原料用量。

颗粒物产生量=颗粒物产污系数×原料（涂料）用量

=20.8 克/千克-原料×39000 千克=811.2 千克

（2）颗粒物去除量计算

①查找治理技术平均去除效率

该企业颗粒物治理技术采用单筒（多筒并联）旋风工艺，查询相应组合内该工艺的平均去除效率为 80%。

②计算污染治理设施实际运行率

根据产污系数组合查询结果，该组合中颗粒物对应的污染治理设施实际运行率为

k =处理设施年耗电量（千瓦·时）/［设备额定功率（千瓦）×年运行时间（小时）］

=28800 千瓦·时/（120 千瓦×300 小时）=0.8

③计算颗粒物去除量

颗粒物去除量=811.2 千克×80%×0.8=519.2 千克

（3）颗粒物排放量计算

颗粒物排放量=811.2 千克−519.2 千克=292 千克

4.3 工段 3 的排放量计算

（1）颗粒物产生量计算

①查找产污系数及其计量单位

根据企业基本信息，查找本手册中主要产品为竹、藤制家具，主要原料为涂料（水性），主要工艺为表面光滑处理，生产规模为所有规模。该组合颗粒物的产污系数为 28，单位为克/米^2-产品。

②获取企业产品产量

该企业实际情况为：该工段主要产品年产量为 40 万米^2。

③计算颗粒物产生量

由于查询到的组合中颗粒物产污系数的单位为克/米^2-产品，因此在核算产生量时需获取产品产量。

颗粒物产生量=颗粒物产污系数×产品产量

=28 克/米^2-产品×40 万米^2-产品= 11200 千克

（2）颗粒物去除量计算

①查找治理技术平均去除效率

该企业颗粒物治理技术采用单筒（多筒并联）旋风工艺，查询相应组合内该工艺的平均去除效率为 80%。

②计算污染治理设施实际运行率

根据产污系数组合查询结果，该组合中颗粒物对应的污染治理设施实际运行率为

k =处理设施年耗电量（千瓦·时）/［设备额定功率（千瓦）×年运行时间（小时）］

=24000 千瓦·时/（100 千瓦×300 小时）=0.8

③计算颗粒物去除量

颗粒物去除量=11200 千克×80%×0.8=7168 千克

（3）颗粒物排放量计算

颗粒物排放量=11200 千克−7168 千克=4032 千克

4.4 颗粒物总排放量计算

颗粒物总排放量=工段 1 排放量+工段 2 排放量+工段 3 排放量

=11880 千克+292 千克+4032 千克=16204 千克

5 系数表

212 竹、藤家具制造行业系数表

工段名称	产品名称	原料名称	工艺名称	规模等级	污染物指标	系数单位	产污系数	末端治理技术	末端治理技术平均去除效率/%	参考 k 值计算公式[1]
下料	竹、藤制家具	竹材、藤条	机加工	所有规模	工业废气量	标米^3/米^3-原料	375	—	0	—
					颗粒物	克/米^3-原料	275	单筒（多筒并联）旋风	80	k=处理设施年耗电量（千瓦·时）/［设备额定功率（千瓦）×年运行时间（小时）］
								袋式除尘	90	
								直接排放	0	
胶合	竹、藤制家具	胶粘剂（水性）	涂胶	所有规模	工业废气量	米^3/千克-胶粘剂	38.0	—	0	—
					挥发性有机物	克/千克-胶粘剂	52.4	吸附/蒸汽解吸	—	k=处理设施年耗电量（千瓦·时）/［设备额定功率（千瓦）×年运行时间（小时）］
								活性炭吸附/脱附催化燃烧法	0	
								其他（活性炭纤维或沸石吸附/脱附/催化氧化）	0	
								其他（抛弃式活性炭吸附）	0	
								低温等离子体	0	
								光解	0	
								直接排放	0	
		胶粘剂（溶剂型）	涂胶	所有规模	工业废气量	米^3/千克-胶粘剂	380	—	—	—
					挥发性有机物	克/千克-胶粘剂	417.6	吸附/蒸汽解吸	—	k=处理设施年耗电量（千瓦·时）/［设备额定功率（千瓦）×年运行时间（小时）］
								活性炭吸附/脱附催化燃烧法	0	
								其他（活性炭纤维或沸石吸附/脱附/催化氧化）	0	
								其他（抛弃式活性炭吸附）	0	
								低温等离子体	0	
								光解	0	
								直接排放	0	

[1] 该公式仅供参考，使用时，可根据 k 值定义，选取更适合企业实际情况的表达方式。

212 竹、藤家具制造行业系数表（续表 1）

工段名称	产品名称	原料名称	工艺名称	规模等级	污染物指标	系数单位	产污系数	末端治理技术	末端治理技术平均去除效率/%	参考 k 值计算公式
热压/胶压	竹、藤制家具	胶粘剂（水性）	压制成型	所有规模	工业废气量	米^3/千克-胶粘剂	29.0	—	0	—
					挥发性有机物	克/千克-胶粘剂	0	吸附/蒸汽解吸	0	k=处理设施年耗电量（千瓦·时）/［设备额定功率（千瓦）×年运行时间（小时）］
								活性炭吸附/脱附催化燃烧法	0	
								其他（活性炭纤维或沸石吸附/脱附/催化氧化）	0	
								其他（抛弃式活性炭吸附）	0	
								低温等离子体	0	
								光解	0	
								直接排放	0	
		胶粘剂（溶剂型）	压制成型	所有规模	工业废气量	米^3/千克-胶粘剂	290	—	—	—
					挥发性有机物	克/千克-胶粘剂	0	吸附/蒸汽解吸	—	k=处理设施年耗电量（千瓦·时）/［设备额定功率（千瓦）×年运行时间（小时）］
								活性炭吸附/脱附催化燃烧法	0	
								其他（活性炭纤维或沸石吸附/脱附/催化氧化）	0	
								其他（抛弃式活性炭吸附）	0	
								低温等离子体	0	
								光解	0	
								直接排放	0	

212 竹、藤家具制造行业系数表（续表 2）

工段名称	产品名称	原料名称	工艺名称	规模等级	污染物指标	系数单位	产污系数	末端治理技术	末端治理技术平均去除效率/%	参考 k 值计算公式
热压/胶压	竹、藤制家具	胶粘剂（固体热熔）	压制成型	所有规模	挥发性有机物	克/千克-胶粘剂	1.5	吸附/蒸汽解吸	—	k=处理设施年耗电量（千瓦·时）/［设备额定功率（千瓦）×年运行时间（小时）］
								活性炭吸附/脱附催化燃烧法	0	
								其他（活性炭纤维或沸石吸附/脱附/催化氧化）	0	
								其他（抛弃式活性炭吸附）	0	
								低温等离子体	0	
								光解	0	
								直接排放	0	
涂饰	竹、藤制家具	涂料（水性）	喷漆	所有规模	工业废气量	米^3/千克-涂料	234	—	0	—
					颗粒物	克/千克-涂料	20.8	单筒（多筒并联）旋风	80	k=处理设施年耗电量（千瓦·时）/［设备额定功率（千瓦）×年运行时间（小时）］
								袋式除尘	90	
								其他（水帘湿式喷雾净化）	80	
								其他（化学纤维过滤）	80	
								直接排放	0	
					挥发性有机物	克/千克-涂料	84	吸附/蒸汽解吸	—	
								活性炭吸附/脱附催化燃烧法	24	
								其他（活性炭纤维或沸石吸附/脱附/催化氧化）	25.5	
								其他（抛弃式活性炭吸附）	4	
								低温等离子体	9	
								光解	6	
								直接排放	0	

212 竹、藤家具制造行业系数表（续表 3）

工段名称	产品名称	原料名称	工艺名称	规模等级	污染物指标	系数单位	产污系数	末端治理技术	末端治理技术平均去除效率/%	参考 k 值计算公式
涂饰	竹、藤制家具	涂料（溶剂型）	喷漆	所有规模	工业废气量	米^3/千克-涂料	2.34×10^3	—	0	—
					颗粒物	克/千克-涂料	208	单筒（多筒并联）旋风	80	k=处理设施年耗电量（千瓦·时）/［设备额定功率（千瓦）×年运行时间（小时）］
								袋式除尘	90	
								其他（水帘湿式喷雾净化）	80	
								其他（化学纤维过滤）	80	
								直接排放	0	
					挥发性有机物	克/千克-涂料	444.5	吸附/蒸汽解吸	—	
								活性炭吸附/脱附催化燃烧法	2	
								其他（活性炭纤维或沸石吸附/脱附/催化氧化）	25.5	
								其他（抛弃式活性炭吸附）	4	
								低温等离子体	9	
								光解	6	
								直接排放	0	

212 竹、藤家具制造行业系数表（续表 4）

工段名称	产品名称	原料名称	工艺名称	规模等级	污染物指标	系数单位	产污系数	末端治理技术	末端治理技术平均去除效率/%	参考 k 值计算公式
涂饰	竹、藤制家具	涂料（水性）	浸涂	所有规模	工业废气量	米^3/千克-涂料	62.5	—	0	—
					挥发性有机物	克/千克-涂料	36.0	吸附/蒸汽解吸	—	k=处理设施年耗电量（千瓦·时）/［设备额定功率（千瓦）×年运行时间（小时）］
								活性炭吸附/脱附催化燃烧法	24	
								其他（活性炭纤维或沸石吸附/脱附/催化氧化）	25.5	
								其他（抛弃式活性炭吸附）	4	
								低温等离子体	9	
								光解	6	
								直接排放	0	
		涂料（溶剂型）	浸涂	所有规模	工业废气量	米^3/千克-涂料	625	—	—	—
					挥发性有机物	克/千克-涂料	190.5	吸附/蒸汽解吸	—	k=处理设施年耗电量（千瓦·时）/［设备额定功率（千瓦）×年运行时间（小时）］
								活性炭吸附/脱附催化燃烧法	24	
								其他（活性炭纤维或沸石吸附/脱附/催化氧化）	25.5	
								其他（抛弃式活性炭吸附）	4	
								低温等离子体	9	
								光解	6	
								直接排放	0	

212 竹、藤家具制造行业系数表（续表 5）

工段名称	产品名称	原料名称	工艺名称	规模等级	污染物指标	系数单位	产污系数	末端治理技术	末端治理技术平均去除效率/%	参考 k 值计算公式
涂饰	竹、藤制家具	涂料（水性）	喷漆流平/烘干/晾干	所有规模	挥发性有机物	克/千克-涂料	36.0	吸附/蒸汽解吸	—	k=处理设施年耗电量（千瓦·时）/［设备额定功率（千瓦）×年运行时间（小时）］
								活性炭吸附/脱附催化燃烧法	24	
								其他（活性炭纤维或沸石吸附/脱附/催化氧化）	25.5	
								其他（抛弃式活性炭吸附）	3	
								低温等离子体	9	
								光解	6	
								直接排放	0	
		涂料（溶剂型）	喷漆流平/烘干/晾干	所有规模	挥发性有机物	克/千克-涂料	190	吸附/蒸汽解吸	—	
								活性炭吸附/脱附催化燃烧法	24	
								其他（活性炭纤维或沸石吸附/脱附/催化氧化）	25.5	
								其他（抛弃式活性炭吸附）	3	
								低温等离子体	9	
								光解	6	
								直接排放	0	

212 竹、藤家具制造行业系数表（续表 6）

工段名称	产品名称	原料名称	工艺名称	规模等级	污染物指标	系数单位	产污系数	末端治理技术	末端治理技术平均去除效率/%	参考 k 值计算公式
涂饰	竹、藤制家具	涂料（水性）	浸涂流平/烘干/晾干	所有规模	挥发性有机物	克/千克-涂料	84.0	吸附/蒸汽解吸	—	k=处理设施年耗电量（千瓦·时）/［设备额定功率（千瓦）×年运行时间（小时）］
								活性炭吸附/脱附催化燃烧法	24	
								其他（活性炭纤维或沸石吸附/脱附/催化氧化）	25.5	
								其他（抛弃式活性炭吸附）	3	
								低温等离子体	9	
								光解	6	
								直接排放	0	
		涂料（溶剂型）	浸涂流平/烘干/晾干	所有规模	挥发性有机物	克/千克-涂料	444.5	吸附/蒸汽解吸	—	k=处理设施年耗电量（千瓦·时）/［设备额定功率（千瓦）×年运行时间（小时）］
								活性炭吸附/脱附催化燃烧法	24	
								其他（活性炭纤维或沸石吸附/脱附/催化氧化）	25.5	
								其他（抛弃式活性炭吸附）	3	
								低温等离子体	9	
								光解	6	
								直接排放	0	
磨光	竹、藤制家具	竹材、藤条、涂料、胶粘剂	表面光滑处理	所有规模	工业废气量	米^3/米^2-产品	43.3	—	0	—
					颗粒物	克/米^2-产品	28.0	其他（侧吸式滤芯）	80	k=处理设施年耗电量（千瓦·时）/［设备额定功率（千瓦）×年运行时间（小时）］
								单筒（多筒并联）旋风	80	
								袋式除尘	90	
								直接排放	0	

213 金属家具制造业

1 适用范围

本手册仅用于《国民经济行业分类》（GB/T 4754—2017）中 2130 金属家具制造行业使用系数法核算工业污染物产生量和排放量的工业企业。

利用本手册进行产排污核算得出的污染物产生量与排放量仅代表了特定行业的工艺、产品、原料在正常工况下污染物产生与排放的一般规律。

本行业废水指标包括工业废水量、化学需氧量；废气指标包括工业废气量、颗粒物、挥发性有机物。

2 注意事项

2.1 企业有多种生产工艺或生产多类产品产排污量核算

在一部分核算环节，污染物产生量与产品产量有关；在另一部分核算环节，污染物产生量与原料用量有关，根据不同核算环节计算产污量后，再根据企业末端治理设施和运行情况计算排放量。

企业某污染物产生量、排放量为各核算环节产生量、排放量之和。

在企业实际排放量计算过程中，如果存在废水回用的情况，需要在利用产排污核算公式的基础上扣除废水回用的部分。公式如下：

实际排放量=计算排放量×（1–废水回用率）

2.2 采用多种治理设施组合处理企业的排污量核算

在排污量计算选择末端治理技术时，若没有对应的组合治理技术，以主要治理技术为准。

2.3 系数表中未涉及的产污系数及污染治理效率

本手册已基本涵盖各种工段、产品、原料、工艺及规模，对可能遇到的使用罕见或特殊的工段工艺的生产线，或系数表单中未涉及的处理方法，可咨询行业组织或专家、其他金属家具制造企业技术人员，选取近似的按工段、产品、原料、工艺、规模分类的核算系数或近似的处理方法填报。

2.4 其他需要说明的问题

由于不同企业工业废气量、废水量差异较大，本手册所提供的工业废气量、废水量系数仅供参考。

为体现相同产污水平条件下，采用相同环保治理设施的不同企业对同一污染物去除效果的差异，引入末端治理设施实际运行率（k）对污染治理技术的实际去除率进行修正。k 值反映的是污染治理

设施运行的状态，越稳定运行，k 值越高；在取值上，若定义连续稳定运行的理想状态为 1，则 k 取值在 0～1 之间。

本手册给出本行业的 k 计算公式仅供参考，使用时，可根据 k 值定义，选取更适合企业实际情况的表达方式。

3 污染物排放量核算方法

针对企业实际生产情况，本行业在系数制定过程中将企业全生产流程划分或拆分为若干工段（核算环节），在核算企业污染物产排量时，可灵活选择本企业对应的工段进行核算。

3.1 计算工段污染物产生量

（1）根据产品、原料、污染物产生的主导生产工艺、企业规模（生产产能）这一组合查找和确定所对应的某一污染物的产污系数。

（2）根据该污染物的产污系数计量单位——单位产品产量或单位原料用量，获取企业实际产品产量或原料用量。

例如，某组合内化学需氧量的产污系数单位为千克/吨-产品，则计算产生量时需要获取企业实际产品产量，如果产污系数单位为千克/吨-原料，则计算产生量时需要获取企业原料实际消耗量。

（3）污染物产生量按以下公式进行计算：

污染物产生量=污染物对应的产污系数×产品产量（原料用量）

$$G_{产i} = P_{产i} \times M_i$$

式中，$G_{产i}$——工段 i 某污染物的产生量；

$P_{产i}$——工段 i 某污染物对应的产污系数；

M_i——工段 i 的产品产量。

3.2 计算工段污染物去除量

（1）根据企业对某一污染物所采用的治理技术查找和选择相应的治理技术平均去除效率；

（2）根据所填报的污染治理设施实际运行率参数及其计算公式得出该企业某一污染物的治理设施实际运行率（k 值）。

（3）污染物去除量按以下公式进行计算：

污染物去除量=污染物产生量×污染物去除率

=污染物产生量×治理技术平均去除效率×治理设施实际运行率

$$R_{减i} = G_{产i} \times \eta_T \times k_T$$

式中，$R_{减i}$——工段 i 某污染物的去除量；

η_T——工段 i 某污染物采用的末端治理技术的平均去除效率；

k_T——工段 i 某污染物采用的末端治理设施的实际运行率。

3.3 计算工段污染物排放量

污染物排放量=污染物产生量–污染物去除量

=污染物对应的产污系数×产品产量（原料用量）–污染物产生量×治理技术平均去除效率×治理设施实际运行率

3.4 计算企业污染物排放量

同一企业某污染物全年的产生（排放）总量为该企业同年实际生产的全部工段、产品、原料、规模污染物产生（排放）量之和。

$$E_{排} = G_{产} - R_{减} = \sum (G_{产i} - R_{减i}) = \sum \left[P_{产i} \times M_i (1 - \eta_T \times k_T) \right]$$

4 污染物排放量核算案例

某金属家具生产企业主要从事金属家具的生产，该企业涉及的主要产排污工段为预处理、涂饰两个工段，主要污染物为颗粒物。以颗粒物为例说明排放量计算过程。

该企业基本信息如表 1 所示。

表 1 某金属家具生产企业基本信息

	工段 1：预处理		工段 2：涂饰	
	名称	数量	名称	数量
产品及产量	金属家具	150 万米^2	金属家具	150 万米^2
原料及用量	水、试剂、焊条、压缩气体		涂料	133000 千克
工艺名称	清洗、表面处理、机加工（切割、焊接、打孔）		喷粉	
规模	150 万米^2		150 万米^2	
污染治理设施	单筒（多筒并联）旋风		单筒（多筒并联）旋风	
实际运行率参数（k）	处理设施年耗电量	26400 千瓦·时	处理设施年耗电量	28800 千瓦·时
	设备额定功率	110 千瓦	设备额定功率	120 千瓦
	年运行时间	300 小时	年运行时间	300 小时

4.1 工段 1 的排放量计算

（1）颗粒物产生量计算

①查找产污系数及其计量单位

根据企业基本信息，查找本手册中主要产品为金属家具，主要原料为水、试剂、焊条、压缩气体，主要工艺为清洗、表面处理、机加工（切割、焊接、打孔），生产规模为所有规模。该组合颗粒物的产污系数为 50，单位为克/米^2-产品。

②获取企业原料用量

该企业实际情况为：主要产品年产量为 150 万米^2。

③计算颗粒物产生量

由于查询到的组合中颗粒物产污系数的单位为克/米^2-产品，因此在核算产生量时需获取产品产量。

颗粒物产生量=颗粒物产污系数×产品产量

=50 克/米^2-产品×150 万米^2-产品=75000 千克

（2）颗粒物去除量计算

①查找治理技术平均去除效率

该企业颗粒物治理技术采用单筒（多筒并联）旋风工艺，查询相应组合内该工艺的平均去除效率为 80%。

②计算污染治理设施实际运行率

根据产污系数组合查询结果，该组合中颗粒物对应的污染治理设施实际运行率为

k =处理设施年耗电量（千瓦·时）/［设备额定功率（千瓦）×年运行时间（小时）］

=26400 千瓦·时/（110 千瓦×300 小时）=0.8。

③计算颗粒物去除量

颗粒物去除量=75000 千克×80%×0.8=48000 千克

（3）颗粒物排放量计算

颗粒物排放量=75000 千克–48000 千克=27000 千克

4.2 工段 2 的排放量计算

（1）颗粒物产生量计算

①查找产污系数及其计量单位

根据企业基本信息，查找本手册中主要产品为金属家具，主要原料为涂料，主要工艺为喷粉，生产规模为所有规模。该组合颗粒物的产污系数为 390，单位为克/千克-涂料。

②获取企业原料用量

该企业实际情况为：该工段主要原料涂料年用量为 133000 千克。

③计算颗粒物产生量

由于查询到的组合中颗粒物产污系数的单位为克/千克-涂料，因此在核算产生量时需获取原料用量。

颗粒物产生量=颗粒物产污系数×原料（涂料）用量

=390 克/千克-涂料×133000 千克=51870 千克

（2）颗粒物去除量计算

①查找治理技术平均去除效率

该企业颗粒物治理技术采用单筒（多筒并联）旋风工艺，查询相应组合内该工艺的平均去除效率为 80%。

②计算污染治理设施实际运行率

根据产污系数组合查询结果，该组合中颗粒物对应的污染治理设施实际运行率为

k =处理设施年耗电量（千瓦·时）/［设备额定功率（千瓦）×年运行时间（小时）］

=28800 千瓦·时/（120 千瓦×300 小时）=0.8

③计算颗粒物去除量

颗粒物去除量=51870 千克×80%×0.8=33196.8 千克

（3）颗粒物排放量计算

颗粒物排放量=51870 千克−33196.8 千克=18673.2 千克

4.3 颗粒物总排放量计算

颗粒物总排放量=工段 1 排放量+工段 2 排放量

=27000 千克+18673.2 千克=45673.2 千克

5 系数表

213 金属家具制造行业系数表

工段名称	产品名称	原料名称	工艺名称	规模等级	污染物指标	系数单位	产污系数	末端治理技术	末端治理技术平均去除效率/%	参考 k 值计算公式[1]
预处理	金属家具	水、试剂、焊条、压缩气体	清洗、表面处理、机加工（切割、焊接、打孔）	所有规模	工业废气量	标米^3/米^2-产品	20.8	—	0	—
					颗粒物	克/米^2-产品	50	单筒（多筒并联）旋风	80	k=处理设施年耗电量（千瓦·时）/［设备额定功率（千瓦）×年运行时间（小时）］
								袋式除尘	90	
								其他（滤芯+旋风）	90	
								直接排放	0	
					工业废水量	吨/米^2-产品	41×10^{-3}	—	—	—
					化学需氧量	克/米^2-产品	34.3	化学混凝+上浮分离+A^2/O 工艺+沉淀分离	90	k=污水治理设施运行时间（小时/年）/企业正常生产时间（小时/年）
								直接排放	0	
涂饰	金属家具	涂料	喷粉	所有规模	工业废气量	标米^3/千克-涂料	2.38×10^3	—	—	—
					颗粒物	克/千克-涂料	390	单筒（多筒并联）旋风	80	k=处理设施年耗电量（千瓦·时）/［设备额定功率（千瓦）×年运行时间（小时）］
								袋式除尘	90	
								其他（滤芯+旋风）	90	
								直接排放	0	

注：表中颗粒物的末端治理效率均为考虑了废气收集效率后的综合值。

[1] 该公式仅供参考，使用时，可根据 k 值定义，选取更适合企业实际情况的表达方式。

213 金属家具制造行业系数表（续表 1）

工段名称	产品名称	原料名称	工艺名称	规模等级	污染物指标	系数单位	产污系数	末端治理技术	末端治理技术平均去除效率/%	参考 k 值计算公式
产品烘干	金属家具	涂料（粉末）	流平/烘干/晾干	所有规模	工业废气量	标米^3/千克-涂料	31.8	—	0	—
					挥发性有机物	千克/吨-涂料	1	吸附/蒸汽解吸	0	k=处理设施年耗电量（千瓦·时）/[设备额定功率（千瓦）×年运行时间（小时）]
								活性炭吸附/脱附催化燃烧法	0	
								其他（活性炭纤维或沸石吸附/脱附/催化氧化）	0	
								其他（抛弃式活性炭吸附）	0	
								低温等离子体	9	
								光解	6	
								直接排放	0	

214 塑料家具制造业

1 适用范围

本手册仅用于《国民经济行业分类》（GB/T 4754—2017）中 2140 塑料家具制造行业使用系数法核算工业污染物产生量和排放量的工业企业。

利用本手册进行产排污核算得出的污染物产生量与排放量仅代表了特定行业的工艺、产品、原料在正常工况下污染物产生与排放的一般规律。

本行业废气指标包括工业废气量、颗粒物、挥发性有机物。

2 注意事项

2.1 企业有多种生产工艺或生产多类产品产排污量核算

在一部分核算环节，污染物产生量与产品产量有关；在另一部分核算环节，污染物产生量与原料用量有关，根据不同核算环节计算产污量后，再根据企业末端治理设施和运行情况计算排放量。

企业某污染物产生量、排放量为各核算环节产生量、排放量之和。

在企业实际排放量计算过程中，如果存在废水回用的情况，需要在利用产排污核算公式的基础上扣除废水回用的部分。公式如下：

实际排放量=计算排放量×（1–废水回用率）

2.2 采用多种治理设施组合处理企业的排污量核算

在排污量计算选择末端治理技术时，若没有对应的组合治理技术，以主要治理技术为准。

2.3 系数表中未涉及的产污系数及污染治理效率

本手册已基本涵盖各种工段、产品、原料、工艺及规模，对可能遇到的使用罕见或特殊的工段工艺的生产线，或系数表单中未涉及的处理方法，可咨询行业组织或专家、其他塑料家具制造企业技术人员，选取近似的按工段、产品、原料、工艺、规模分类的核算系数或近似的处理方法填报。

2.4 其他需要说明的问题

由于不同企业工业废气量、废水量差异较大，本手册所提供的工业废气量、废水量系数仅供参考。

为体现相同产污水平条件下，采用相同环保治理设施的不同企业对同一污染物去除效果的差异，引入末端治理设施实际运行率（k）对污染治理技术的实际去除率进行修正。k 值反映的是污染治理设施运行的状态，越稳定运行，k 值越高；在取值上，若定义连续稳定运行的理想状态为 1，则 k 取

值在 0～1 之间。

本手册给出本行业的 k 计算公式仅供参考，使用时，可根据 k 值定义，选取更适合企业实际情况的表达方式。

3 污染物排放量核算方法

针对企业实际生产情况，本行业在系数制定过程中将企业全生产流程划分或拆分为若干工段（核算环节），在核算企业污染物产排量时，可灵活选择本企业对应的工段进行核算。

3.1 计算工段污染物产生量

（1）根据产品、原料、污染物产生的主导生产工艺、企业规模（生产产能）这一组合查找和确定所对应的某一污染物的产污系数。

（2）根据该污染物的产污系数计量单位——单位产品产量，获取企业实际产品产量。

例如，某组合内化学需氧量的产污系数单位为千克/吨-产品，则计算产生量时需要获取企业实际产品产量。

（3）污染物产生量按以下公式进行计算：

污染物产生量=污染物对应的产污系数×产品产量

$$G_{产i} = P_{产i} \times M_i$$

式中，$G_{产i}$——工段 i 某污染物的产生量；

$P_{产i}$——工段 i 某污染物对应的产污系数；

M_i——工段 i 的产品产量。

3.2 计算工段污染物去除量

（1）根据企业对某一污染物所采用的治理技术查找和选择相应的治理技术平均去除效率。

（2）根据所填报的污染治理设施实际运行率参数及其计算公式得出该企业某一污染物的治理设施实际运行率（k 值）。

（3）污染物去除量按以下公式进行计算：

污染物去除量=污染物产生量×污染物去除率

=污染物产生量×治理技术平均去除效率×治理设施实际运行率

$$R_{减i} = G_{产i} \times \eta_T \times k_T$$

式中，$R_{减i}$——工段 i 某污染物的去除量；

η_T——工段 i 某污染物采用的末端治理技术的平均去除效率；

k_T——工段 i 某污染物采用的末端治理设施的实际运行率。

3.3 计算工段污染物排放量

污染物排放量=污染物产生量–污染物去除量

=污染物对应的产污系数×产品产量（原料用量）–污染物产生量×治理技术平均去除效率×治理设施实际运行率

3.4 计算企业污染物排放量

同一企业某污染物全年的产生（排放）总量为该企业同年实际生产的全部工段、产品、原料、规模污染物产生（排放）量之和。

$$E_{排}=G_{产}-R_{减}=\sum(G_{产i}-R_{减i})=\sum\left[P_{产i}\times M_i(1-\eta_T\times k_T)\right]$$

4 污染物排放量核算案例

某塑料家具生产企业主要从塑料家具的生产，该企业涉及的主要产排污工段为成型工段。成型工段主要污染物为颗粒物和挥发性有机物。以颗粒物为例说明排放量计算过程。

该企业基本信息如表 1 所示。

表 1 某塑料家具生产企业基本信息

	工段：成型	
	名称	数量
产品及产量	塑料家具	40 万千克
原料及用量	热固型塑料/热塑型塑料	40000 千克
工艺名称	注塑成型、挤出成型	
规模	40 万千克	
污染治理设施	袋式除尘	
实际运行率参数（*k*）	处理设施年耗电量	26400 千瓦·时
	设备额定功率	110 千瓦
	年运行时间	300 小时

4.1 成型工段的颗粒物排放量计算

（1）查找产污系数及其计量单位

根据企业基本信息，查找本手册中主要产品为塑料家具，主要原料为热固型塑料/热塑型塑料，主要工艺为注塑成型、挤出成型，生产规模为所有规模。该组合颗粒物的产污系数为 10.9，单位为克/千克-产品。

（2）获取产品产量

该企业实际情况为：产品年产量为 40 万千克。

（3）计算颗粒物产生量

由于查询到的组合中颗粒物产污系数的单位为克/千克-产品，因此在核算产生量时需获取产品产量。

颗粒物产生量=颗粒物产污系数×产品产量

=10.9 克/千克-产品×400000 千克-产品=4360 千克

4.2 颗粒物去除量计算

（1）查找治理技术平均去除效率

该企业颗粒物治理技术采用袋式除尘工艺，查询相应组合该工艺的平均去除效率为 90%。

（2）计算污染治理设施实际运行率

根据产污系数组合查询结果，该组合中颗粒物对应的污染治理设施实际运行率为

k =处理设施年耗电量（千瓦·时）/［设备额定功率（千瓦）×年运行时间（小时）］

=26400 千瓦·时/（110 千瓦×300 小时）=0.8

（3）计算颗粒物去除量

颗粒物去除量=4360 千克×90%×0.8=3139.2 千克

4.3 颗粒物排放量计算

颗粒物排放量=4360 千克–3139.2 千克=1220.8 千克

5 系数表

214 塑料家具制造行业系数表

工段名称	产品名称	原料名称	工艺名称	规模等级	污染物指标	系数单位	产污系数	末端治理技术	末端治理技术平均去除效率/%	参考 k 值计算公式[1]
成型	塑料家具	热固型塑料/热塑型塑料	注塑成型、挤出成型、模压成型、吹塑成型、热成型、压延成型、滚塑成型、搪塑成型	所有规模	工业废气量	标米^3/千克-产品	37.7	—	0	—
					颗粒物	克/千克-产品	10.9	单筒（多筒并联）旋风	80	k=处理设施年耗电量（千瓦·时）/[设备额定功率（千瓦）×年运行时间（小时）]
								袋式除尘	90	
								其他（侧吸式滤芯）	80	
								直接排放	0	
					挥发性有机物	克/千克-产品	2.7	吸附/蒸汽解吸	0	k=处理设施年耗电量（千瓦·时）/[设备额定功率（千瓦）×年运行时间（小时）]
								活性炭吸附/脱附催化燃烧法	24	
								其他（活性炭纤维或沸石吸附/脱附/催化氧化）	25.5	
								其他（抛弃式活性炭吸附）	0	
								低温等离子体	9	
								光解	6	
								直接排放	0	

注：表中挥发性有机物的末端治理效率均为考虑了废气收集效率后的综合值。

[1] 该公式仅供参考，使用时，可根据 k 值定义，选取更适合企业实际情况的表达方式。

219 其他家具制造业

1 适用范围

本手册仅用于《国民经济行业分类》(GB/T 4754—2017)中 2190 其他家具制造行业使用系数法核算工业污染物产生量和排放量的工业企业。

利用本手册进行产排污核算得出的污染物产生量与排放量仅代表了特定行业的工艺、产品、原料在正常工况下污染物产生与排放的一般规律。

本行业废气指标包括工业废气量、颗粒物、挥发性有机物。

2 注意事项

2.1 企业有多种生产工艺或生产多类产品产排污量核算

在一部分核算环节，污染物产生量与产品产量有关，在另一部分核算环节，污染物产生量与原料用量有关，根据不同核算环节计算产污量后，再根据企业末端治理设施和运行情况计算排放量。

企业某污染物产生量、排放量为各核算环节产生量、排放量之和。

在企业实际排放量计算过程中，如果存在废水回用的情况，需要在利用产排污核算公式的基础上扣除废水回用的部分。公式如下：

实际排放量=计算排放量×(1–废水回用率)

2.2 采用多种治理设施组合处理企业的排污量核算

在排污量计算选择末端治理技术时，若没有对应的组合治理技术，以主要治理技术为准。

2.3 系数表中未涉及的产污系数及污染治理效率

本手册已基本涵盖各种工段、产品、原料、工艺及规模，对可能遇到的使用罕见或特殊的工段工艺的生产线，或系数表单中未涉及的处理方法，可咨询行业组织或专家、其他家具制造企业技术人员，选取近似的按工段、产品、原料、工艺、规模分类的核算系数或近似的处理方法填报。

2.4 其他需要说明的问题

由于不同企业工业废气量、废水量差异较大，本手册所提供的工业废气量、废水量系数仅供参考。

为体现相同产污水平条件下，采用相同环保治理设施的不同企业对同一污染物去除效果的差异，引入末端治理设施实际运行率（k）对污染治理技术的实际去除率进行修正。k 值反映的是污染治理设施运行的状态，越稳定运行，k 值越高；在取值上，若定义连续稳定运行的理想状态为 1，则 k 取

值在 0～1 之间。

本手册给出本行业的 k 计算公式仅供参考，使用时，可根据 k 值定义，选取更适合企业实际情况的表达方式。

3 污染物排放量核算方法

针对企业实际生产情况，本行业在系数制定过程中将企业全生产流程划分或拆分为若干工段，在核算企业污染物产排量时，可灵活选择本企业对应的工段进行核算。

3.1 计算工段污染物产生量

（1）根据产品、原料、污染物产生的主导生产工艺、企业规模（生产产能）这一组合查找和确定所对应的某一污染物的产污系数。

（2）根据该污染物的产污系数计量单位——单位产品产量，获取企业实际产品产量。

例如，某组合内化学需氧量的产污系数单位为千克/吨-产品，则计算产生量时需要获取企业实际产品产量。

（3）污染物产生量按以下公式进行计算：

污染物产生量=污染物对应的产污系数×产品产量

$$G_{产i} = P_{产i} \times M_i$$

式中，$G_{产i}$——工段 i 某污染物的产生量；

$P_{产i}$——工段 i 某污染物对应的产污系数；

M_i——工段 i 的产品产量。

3.2 计算工段污染物去除量

（1）根据企业对某一污染物所采用的治理技术查找和选择相应的治理技术平均去除效率。

（2）根据所填报的污染治理设施实际运行率参数及其计算公式得出该企业某一污染物的治理设施实际运行率（k 值）。

（3）污染物去除量按以下公式进行计算：

污染物去除量=污染物产生量×污染物去除率

=污染物产生量×治理技术平均去除效率×治理设施实际运行率

$$R_{减i} = G_{产i} \times \eta_T \times k_T$$

式中，$R_{减i}$——工段 i 某污染物的去除量；

η_T——工段 i 某污染物采用的末端治理技术的平均去除效率；

k_T——工段 i 某污染物采用的末端治理设施的实际运行率。

3.3 计算工段污染物排放量

污染物排放量=污染物产生量−污染物去除量

=污染物对应的产污系数×产品产量−污染物产生量×

治理技术平均去除效率×治理设施实际运行率

3.4 计算企业污染物排放量

同一企业某污染物全年的产生（排放）总量为该企业同年实际生产的全部工段、产品、原料、规模污染物产生（排放）量之和。

$$E_{排}=G_{产}-R_{减}=\sum(G_{产i}-R_{减i})=\sum\left[P_{产i}\times M_i(1-\eta_T\times k_T)\right]$$

4 污染物排放量核算案例

某床垫生产企业主要从事床垫等家具的生产，该企业涉及的主要产排污工段为发泡和施胶两个工段。其中发泡工段主要污染物为颗粒物和挥发性有机物，施胶工段主要污染物为挥发性有机物。以颗粒物为例说明排放量计算过程。

该企业基本信息如表 1 所示。

表 1 某床垫生产企业基本信息

	工段 1：发泡		工段 2：施胶	
	名称	数量	名称	数量
产品及产量	床垫	40 万米^2	床垫	40 万米^2
原料及用量	树脂、助剂	40232 千克	胶黏剂	338388 千克
工艺名称	发泡		喷胶	
规模	40 万米^2		40 万米^2	
污染治理设施	袋式除尘		低温等离子体	
实际运行率参数（k）	处理设施年耗电量	26400 千瓦·时	处理设施年耗电量	28800 千瓦·时
	设备额定功率	110 千瓦	设备额定功率	120 千瓦
	年运行时间	300 小时	年运行时间	300 小时

4.1 工段 1 的排放量计算

（1）颗粒物产生量计算

①查找产污系数及其计量单位

根据企业基本信息，查找本手册中主要产品为床垫，主要原料为树脂、助剂，主要工艺为发泡，生产规模为所有规模。该组合颗粒物的产污系数为 2.0，单位为克/米^2-产品。

②获取企业产品产量

该企业实际情况为：产品产量为年产量 40 万米^2。

③计算颗粒物产生量

由于查询到的组合中颗粒物产污系数的单位为克/米^2-产品，因此在核算产生量时需获取产品产量。

颗粒物产生量=颗粒物产污系数×产品产量

=2.0 克/米^2-产品×400000 米^2-产品=800 千克

（2）颗粒物去除量计算

①查找治理技术平均去除效率

该企业颗粒物治理技术采用袋式除尘工艺，查询相应组合该工艺的平均去除效率为 90%。

②计算污染治理设施实际运行率

根据产污系数组合查询结果，该组合中颗粒物对应的污染治理设施实际运行率为

k =处理设施年耗电量（千瓦·时）/［设备额定功率（千瓦）×年运行时间（小时）］

=26400 千瓦·时/（110 千瓦×300 小时）=0.8

③计算颗粒物去除量

颗粒物去除量=800 千克×90%×0.8=576 千克

（3）颗粒物排放量计算

颗粒物排放量=800 千克−576 千克=224 千克

4.2 工段 2 的排放量计算

工段 2 的主要污染物为挥发性有机物，无颗粒物的产生。

4.3 颗粒物总排放量计算

颗粒物总排放量=工段 1 排放量=224 千克=224 千克

5　系数表

219 其他家具制造行业系数表

工段名称	产品名称	原料名称	工艺名称	规模等级	污染物指标	系数单位	产污系数	末端治理技术	末端治理技术平均去除效率/%	参考 k 值计算公式[1]
配料/发泡	其他家具（座椅、床垫等）	树脂、助剂	配料发泡	所有规模	工业废气量	标米^3/米^2-产品	19.0	—	0	—
					颗粒物	克/米^2-产品	2.0	其他（水帘湿式喷雾净化）	80	k=处理设施年耗电量（千瓦·时）/［设备额定功率（千瓦）×年运行时间（小时）］
								其他（化学纤维过滤）	80	
								单筒（多筒并联）旋风	80	
								袋式除尘	90	
								直接排放	0	
					挥发性有机物	千克/吨-产品	1.5	吸附/蒸汽解吸	0	
								活性炭吸附/脱附催化燃烧法	24	
								其他（活性炭纤维或沸石吸附/脱附/催化氧化）	25.5	
								其他（抛弃式活性炭吸附）	4	
								低温等离子体	9	
								光解	6	
								直接排放	0	

注：表中挥发性有机物的末端治理效率均为考虑了废气收集效率后的综合值。

[1] 该公式仅供参考，使用时，可根据 k 值定义，选取更适合企业实际情况的表达方式。

219 其他家具制造行业系数表（续表 1）

工段名称	产品名称	原料名称	工艺名称	规模等级	污染物指标	系数单位	产污系数	末端治理技术	末端治理技术平均去除效率/%	参考 k 值计算公式
配料/发泡/熟化等	其他家具（座椅、床垫等）	甲苯二异氰酸酯、聚醚多元醇、PS、PE、发泡剂	配料发泡熟化	所有规模	挥发性有机物	千克/吨-产品	30	吸附/蒸汽解吸	—	k=处理设施年耗电量（千瓦·时）/［设备额定功率（千瓦）×年运行时间（小时）］
								活性炭吸附/脱附催化燃烧法	24	
								其他（活性炭纤维或沸石吸附/脱附/催化氧化）	25.5	
								其他（抛弃式活性炭吸附）	4	
								低温等离子体	9	
								光解	6	
								直接排放	0	
施胶	其他家具（座椅、床垫等）	胶粘剂（水性）	喷胶/施胶/流平	所有规模	挥发性有机物	千克/吨-产品	52.4	吸附/蒸汽解吸	—	
								活性炭吸附/脱附催化燃烧法	24	
								其他（活性炭纤维或沸石吸附/脱附/催化氧化）	25.5	
								其他（抛弃式活性炭吸附）	4	
								低温等离子体	9	
								光解	6	
								直接排放	0	
		胶粘剂（溶剂型）	喷胶/施胶/流平	所有规模	挥发性有机物	千克/吨-产品	417.6	吸附/蒸汽解吸	—	
								活性炭吸附/脱附催化燃烧法	24	
								其他（活性炭纤维或沸石吸附/脱附/催化氧化）	25.5	
								其他（抛弃式活性炭吸附）	4	
								低温等离子体	9	
								光解	6	
								直接排放	0	

22

造纸和纸制品业

22 造纸和纸制品业

1 适用范围

本手册仅用于《国民经济行业分类》（GB/T 4754—2017）中 2211 木竹浆制造、2212 非木竹浆制造、2221 机制纸及纸板制造、2222 手工纸制造、2223 加工纸制造使用系数法核算工业污染物产生量和排放量的工业企业。

利用本手册进行产排污核算得出的污染物产生量与排放量仅代表了特定行业的工艺、产品、原料在正常工况下污染物产生与排放的一般规律。

上述行业废水指标包括化学需氧量、挥发酚（仅涉及木材类硫酸盐法制浆工艺）、氨氮、总氮、总磷；废气指标包括二氧化硫、氮氧化物、颗粒物、挥发性有机物（仅涉及燃烧废气、木材类硫酸盐法制浆工艺、有机溶剂使用及废水集输储存处理过程）；固废指标包括（仅涉及制浆工艺）浆渣、绿泥、白泥和脱墨渣。

2 注意事项

2.1 企业有多种生产工艺或生产多类产品产排污量核算

污染物产生量与产品产量有关，根据不同工段名称计算产污量后，再根据企业末端治理设施和运行情况计算排放量。

企业某污染物产生量、排放量为各工段名称产生量、排放量之和。

在企业实际排放量计算过程中，如果存在废水回用的情况，需要在利用产排污核算公式的基础上扣除废水回用的部分。即对应核算环节的排水经过处理或未经过处理后部分用于其他核算环节时，该核算环节污染物排放量按下式计算：

污染物排放量=污染物产生量×（1–治理技术平均去除效率×治理设施实际运行率）×（1–废水回用率）

当同一企业有多种制浆、机制纸及纸板、加工纸、手工纸等产品生产，且用水完全串联使用，各生产核算环节或部分生产核算环节之间没有排水时，其中未排水的生产核算环节的排放量为零，只计算最后排水的生产核算环节的排污量，产污系数计算方法不变。

2.2 采用多种治理设施组合处理企业的排污量核算

在排污量计算选择末端治理技术时，若没有对应的组合治理技术，以主要治理技术为准。

2.3 系数表中未涉及的产污系数及污染治理效率

纸和纸板容器制造（2231）、其他纸制品制造（2239）涉及的主要为印刷核算环节产排污核算，按照印刷和记录媒介复制业核算方法进行产污量和排放量的核算。

2.4 其他需要说明的问题

本手册已基本涵盖各种原料、制浆方法及规模，对可能遇到的使用罕见或特殊的制浆方法和原料的生产组合，或系数表单中未涉及的处理方法，可咨询当地行业组织或制浆造纸专家、其他制浆造纸企业技术人员，选取近似的按产品、原料、工艺、规模分类的核算系数或近似的废水处理方法代替。

由于不同企业工业废气量、废水量差异较大，本手册所提供的工业废气量、废水量系数仅供参考。

多种原料多种品种混合的生产工艺组合，按每种原料所占的比例，对应相应的产品、原料、工艺分类计算产污量。

本手册的所有产污系数均为单个按产品、原料、工艺组合在正常工况下的核算系数，均为进入末端污水处理厂的最终产污系数，不包括生活用水。

制浆核算环节与造纸核算环节连在一起（如废纸制浆一般会有一个或多个制浆核算环节和造纸核算环节连在一起），但仍需视为各自独立的单个制浆核算环节和独立的单个造纸核算环节，分别进行核算。

本手册中制浆单个核算环节的工业废水量产污系数是扣除了生产核算环节内部回用量后最终外排的数据，与出末端治理设施的工业废水排放量基本相等。但对于由各种单个核算环节组成的制浆造纸综合性工厂，废水产生总量由于受各生产核算环节间的回用因素影响，可能大于废水排放总量。

制浆造纸综合性企业除最终外排水的水处理设施以外，生产核算环节内部（或生产核算环节之间）有可能存在一级或多级污水处理设施，应按污水处理设施逐级计算排污量。

由于工厂内部循环水处理设施较多，当对应核算环节的排水经过处理或未经过处理后全部回用或用于其他核算环节时，只计算产污量，不计算排污量。

由于制浆造纸综合性工厂除最终外排水的水处理设施以外，核算环节内部和（或）核算环节之间还可有一级或多级水处理设施，按此手册规定各核算环节对应末端治理技术，进行归类确定。

造纸和纸制品业的制浆（亚铵法除外）、造纸生产过程排放的废水属于缺氮型废水，主要污染物为化学需氧量，在其生化处理过程中需补充氮源，以维持适宜微生物生长的 C/N 比例，因此会产生氨氮、总氮、总磷等污染物，其排放量受废水生化处理过程营养盐的添加量及工艺控制水平的影响较大。氨氮、总氮、总磷主要在末端治理环节产生，不涉及产品生产过程，因此只有排污系数。

为体现相同产污水平条件下，采用相同环保治理设施的不同企业对同一污染物去除效果的差异，引入末端治理设施实际运行率（k）对污染治理技术的实际去除率进行修正。k 值反映的是污染治理设施运行的状态，越稳定运行，k 值越高；在取值上，若定义连续稳定运行的理想状态为 1，则 k 取值在 0～1 之间。

本手册给出本行业的 k 计算公式仅供参考，使用时，可根据 k 值定义，选取更适合企业实际情况的表达方式。

3 污染物排放量核算方法

针对企业实际生产情况，本行业在系数制定过程中将企业全生产流程划分或拆分为若干工段（核算环节），在核算企业污染物产排量时，可灵活选择本企业对应的核算环节进行核算。

3.1 计算工段污染物产生量

（1）根据产品、原料、污染物产生的主导生产工艺、企业规模（生产产能）这一组合查找和确定所对应的某一污染物的产污系数。

当同一企业包含（或包含部分）制浆、机制纸及纸板、手工纸、加工纸等产品生产时，应分别按照木竹浆制造（2211）、非木竹浆制造（2212）、机制纸及纸板制造（2221）、手工纸制造（2222）、加工纸制造（2223）查找对应的生产工艺、产品、原料组合所涉及的污染物产污系数，企业全部污染物产生量为制浆、机制纸及纸板、手工纸、加工纸等产品生产产生的污染物之和。

（2）根据该污染物的产污系数计量单位——单位产品产量，获取企业实际产品产量或原料用量。例如，某组合内化学需氧量的产污系数单位为克/吨-产品，则计算产生量时需要企业实际产品产量。

当企业生产设施包含有所列碱回收等公用设施时，还需按照查找公用设施涉及的工艺、产品、原料组合所对应的某一个污染物的产污系数。例如，化学制浆生产核算环节应首先调查硫酸盐法、碱法等有碱回收设施，还需按照对应的产品、原料、工艺计算废气污染物产污量。

（3）污染物产生量按以下公式进行计算：

污染物产生量=污染物对应的产污系数×产品产量

$$G_{产i} = P_{产i} \times M_i$$

式中，$G_{产i}$——工段 i 某污染物的产生量；

$P_{产i}$——工段 i 某污染物对应的产污系数；

M_i——工段 i 的产品产量。

3.2 计算工段污染物去除量

（1）根据企业对某一污染物所采用的治理技术查找和选择相应的治理技术平均去除效率。

（2）根据所填报的污染治理设施实际运行率参数及其计算公式得出该企业某一污染物的治理设施实际运行率（k 值）。

（3）污染物去除量按下式进行计算：

污染物去除量=污染物产生量×末端治理技术平均去除效率×治理设施实际运行率

$$R_{减i} = G_{产i} \times \eta_T \times k_T$$

式中，$R_{减i}$——工段 i 某污染物的去除量；

η_T——工段 i 某污染物采用的末端治理技术的平均去除效率；

k_T——工段 i 某污染物采用的末端治理设施的实际运行率。

3.3 计算工段污染物排放量

污染物排放量=污染物产生量–污染物去除量

3.4 计算企业污染物排放量

同一企业某污染物全年的产生（排放）总量为该企业同年实际生产的全部工段、产品、原料、规模污染物产生（排放）量之和。

$$E_{排} = G_{产} - R_{减} = \sum(G_{产i} - R_{减i}) = \sum\left[P_{产i} \times M_i(1 - \eta_T \times k_T)\right]$$

4 污染物排放量核算案例

某浆纸有限公司以桉木（阔叶木）为主要原料，建有70万吨/年漂白硫酸盐法化学木浆生产线和65万吨/年化学浆机械法抄纸生产线，从事化学浆和印刷书写纸（未涂布）生产。该企业污水处理工艺采用“一级混凝沉淀＋二级好氧生物处理＋三级Fenton氧化处理”工艺，碱回收炉烟气采用三室/四电场静电除尘器，石灰窑烟气采用单室三电场静电除尘器处理。

企业以桉木（阔叶木）为原料，采用硫酸盐法制浆（漂白）工艺生产化学浆，属于木竹浆制造，查找其在《国民经济行业分类》（GB/T 4754—2017）中所属的行业类别及代码。查询结果：木竹浆制造 2211。以化学浆为原料，采样机械法抄纸工艺生产印刷书写纸（未涂布），属于机制纸机纸板制造，查找其在《国民经济行业分类》（GB/T 4754—2017）中所属的行业类别及代码。

分别查询造纸和纸制品行业（22）木竹浆制造（2211）行业、造纸和纸制品行业（22）机制纸及纸板制造（2221）行业的产污系数及治理设施效率，该企业涉及的主要产排污核算环节为制浆核算环节、造纸核算环节和碱回收核算环节。其中制浆核算环节主要污染物为化学需氧量、挥发酚、挥发性有机物、浆渣、绿泥、白泥等；造纸核算环节主要污染物为化学需氧量；碱回收核算环节主要污染物为颗粒物、二氧化硫、氮氧化物、挥发性有机物等。本核算示例以废水中化学需氧量为例，说明该企业化学需氧量排放量的计算方法，相关核算信息整理见表1。

根据表中信息，分别进行工段1、工段2的化学需氧量产排污量计算。

表1 某浆纸企业基本信息

	工段1：化学浆		工段2：印刷书写纸（未涂布）	
	名称	数量	名称	数量
产品及产量	化学浆	60万吨	印刷书写纸（未涂布）	55万吨
原料	桉木（阔叶木）	—	化学浆	—
工艺名称	硫酸盐法制浆（漂白）	—	机械法抄纸	—
规模（产能）	70万吨/年		65万吨/年	
污染治理设施	—		一级混凝沉淀＋二级好氧生物处理＋三级Fenton氧化处理工艺	
实际运行率参数	环保设施实际运行时间		7200小时	
	企业正常生产时间		7200小时	

4.1 工段 1 的排放量计算

（1）化学需氧量产生量计算

①查找产污系数及其计量单位

根据企业基本信息，查找本手册中主要产品为化学浆，主要原料为桉木（阔叶木），主要工艺为硫酸盐法制浆（漂白）。该组合化学需氧量的产污系数为 25800，单位为克/吨-产品。

②获取企业产品产量

该企业实际情况为：主要产品化学浆 2017 年产量为 60 万吨。

③计算化学需氧量产生量

由于查询到的组合中化学需氧量产污系数的单位为克/吨-产品，在核算产生量时采用以桉木（阔叶木）为原料生产的化学浆产品产量

化学需氧量产生量=化学需氧量产污系数×产品（化学浆）产量

=25800 克/吨-产品 × 600000 吨-产品×10^{-6}=15480 吨

（2）化学需氧量去除量计算

①查找治理技术平均去除效率

该企业废水治理技术采用“一级混凝沉淀＋二级好氧生物处理＋三级 Fenton 氧化处理”工艺，查询该废水处理工艺归类属于“化学混凝法+好氧生物处理法+氧化还原法”，其化学需氧量平均去除效率为 98.25%。

②计算污染治理设施实际运行率

根据产污系数组合查询结果，该组合中废水治理技术对应的污染治理设施实际运行参数分别为环保设施实际运行时间、企业正常生产时间。

根据查询结果，该组合中废水治理技术对应的污染治理设施实际运行率为

k=环保设施实际运行时间/企业正常生产时间

该企业实际情况为：该企业 2017 年环保设施实际运行时间为 7200 小时，企业正常生产时间为 7200 小时，则该企业的废水治理设施实际运行率为

k=7200 小时/7200 小时=1

③计算化学需氧量去除量

化学需氧量去除量=化学需氧量产生量×治理技术平均去除效率×污染治理技术实际运行率

=15480 吨×98.25%×1

=15209.1 吨

（3）化学需氧量排放量计算

化学需氧量排放量=化学需氧量产生量−化学需氧量去除量

=15480 吨−15209.1 吨

=270.9 吨

4.2 工段 2 的排放量计算

（1）化学需氧量产生量计算

①查找产污系数及其计量单位

根据企业基本信息，查找本手册中造纸和纸制品行业（22）机制纸及纸板制造（2221）行业中主要产品为印刷书写纸（未涂布），主要原料为化学浆，主要工艺为机械法抄纸。该组合化学需氧量的产污系数为 20800，单位为克/吨-产品。

②获取企业产品产量

该企业实际情况为：该企业主要产品化学浆 2017 年产量为 55 万吨。

③计算化学需氧量产生量

由于查询到的组合中化学需氧量产污系数的单位为克/吨-产品，在核算产生量时采用以化学浆为原料生产的印刷书写纸（未涂布）产品产量。

化学需氧量产生量=化学需氧量产污系数×产品［印刷书写纸（未涂布）］产量

=20800 克/吨-产品 × 550000 吨-产品×10^{-6}

=11440 吨

（2）化学需氧量去除量计算

①查找治理技术平均去除效率

该企业废水治理技术采用“一级混凝沉淀＋二级好氧生物处理＋三级 Fenton 氧化处理”工艺，查询该废水处理工艺归类属于“化学混凝法+好氧生物处理法+氧化还原法”，其化学需氧量平均去除效率为 98.25%。

②计算污染治理设施实际运行率

根据产污系数组合查询结果，该组合中废水治理技术对应的污染治理设施实际运行参数分别为：环保设施实际运行时间、企业正常生产时间。

根据查询结果，该组合中废水治理技术对应的污染治理设施实际运行率为

k=环保设施实际运行小时数/企业正常生产时间

该企业实际情况如下：2017 年环保设施实际运行时间为 7200 小时，企业正常生产时间为 7200 小时，则该企业的废水治理设施实际运行率为

k=7200 小时/7200 小时=1

③计算化学需氧量去除量

化学需氧量去除量=化学需氧量产生量×治理技术平均去除效率×污染治理设施实际运行率

=11440 吨×98.25%×1

=11239.8 吨

（3）化学需氧量排放量计算

化学需氧量排放量=化学需氧量产生量−化学需氧量去除量

=11440 吨−11239.8 吨

=200.2 吨

4.3 全厂产排污量计算

该企业的化学需氧量全年产生和排放总量为该企业工段 1 和工段 2 同年产生量和排放量之和，具体如下：

化学需氧量总产生量=工段 1 产生量+工段 2 产生量
=15480 吨+11440 吨
=26920 吨

全厂化学需氧量总排放量为

化学需氧量总排放量=工段 1 排放量+工段 2 排放量
=270.9 吨+200.2 吨
=471.1 吨

5 系数表

造纸和纸制品行业（22）的纸浆制造（221）中木竹浆制造（2211）、非木竹浆制造（2212），造纸（222）中机制纸及纸板制造（2221）、手工纸制造（2222）、加工纸制造（2223）产污系数及治理设施效率见附表。

纸制品制造（223）中纸和纸板容器制造（2231）、其他纸制品制造（2239）涉及印刷工序参见印刷和记录媒介复制业（23）产污系数手册。

造纸和纸制品行业（22）木竹浆制造（2211）行业系数表

工段名称	产品名称	原料名称	工艺名称	规模等级	污染物类别	污染物指标	系数单位	产污系数	末端治理技术	末端治理技术平均去除效率/%	参考 *k* 值计算公式[1]
制浆	化学机械浆	木材（针叶木）	化学热磨机械法制浆（CTMP）	所有规模	废水	工业废水量	吨/吨-产品	18	—	—	
						化学需氧量	克/吨-产品	9.86×10^4	化学混凝法+好氧生物处理法+氧化还原法	98.25	*k*=环保设施实际运行时间（小时/年）/企业正常生产时间（小时/年）
									化学混凝法+好氧生物处理法+化学混凝法	96.94	
									化学混凝法+好氧生物处理法+上浮分离	94.75	
					一般固体废物	浆渣	千克/吨-产品	5	—	—	—
		木材（阔叶木）	漂白化学热磨机械法制浆（BCTMP）	所有规模	废水	工业废水量	吨/吨-产品	20	—	—	—
						化学需氧量	克/吨-产品	1.21×10^5	化学混凝法+好氧生物处理法+氧化还原法	98.25	*k*=环保设施实际运行时间（小时/年）/企业正常生产时间（小时/年）
									化学混凝法+好氧生物处理法+化学混凝法	96.94	
									化学混凝法+好氧生物处理法+上浮分离	94.75	
					一般固体废物	浆渣	千克/吨-产品	5	—	—	—

[1] 该公式仅供参考，使用时，可根据 *k* 值定义，选取更适合企业实际情况的表达方式。

造纸和纸制品行业（22）木竹浆制造（2211）行业系数表（续表 1）

工段名称	产品名称	原料名称	工艺名称	规模等级	污染物类别	污染物指标	系数单位	产污系数	末端治理技术	末端治理技术平均去除效率/%	参考 k 值计算公式
制浆	化学机械浆	木材（阔叶木）	碱性过氧化氢化学机械法制浆（APMP）	所有规模	废水	工业废水量	吨/吨-产品	21	—	—	—
						化学需氧量	克/吨-产品	1.66×10^{5}	化学混凝法+好氧生物处理法+氧化还原法	98.25	k=环保设施实际运行时间（小时/年）/企业正常生产时间（小时/年）
									化学混凝法+好氧生物处理法+化学混凝法	96.94	
									化学混凝法+好氧生物处理法+上浮分离	94.75	
					一般固体废物	浆渣	千克/吨-产品	5	—	—	—
			化学机械法制浆（有碱回收）	所有规模	废水	工业废水量	吨/吨-产品	2	—	—	—
						化学需氧量	克/吨-产品	6.77×10^{3}	化学混凝法+好氧生物处理法+氧化还原法	98.25	k=环保设施实际运行时间（小时/年）/企业正常生产时间（小时/年）
									化学混凝法+好氧生物处理法+化学混凝法	96.94	
									化学混凝法+好氧生物处理法+上浮分离	94.75	
					一般固体废物	浆渣	千克/吨-产品	6	—	—	—
						绿泥	千克/吨-产品	3	—	—	—
						白泥	千克/吨-产品	60	—	—	—

造纸和纸制品行业（22）木竹浆制造（2211）行业系数表（续表 2）

工段名称	产品名称	原料名称	工艺名称	规模等级	污染物类别	污染物指标	系数单位	产污系数	末端治理技术	末端治理技术平均去除效率/%	参考 k 值计算公式[1]
制浆	热磨机械浆	木材（针叶木）	热磨机械法制浆（TMP）	所有规模	废水	工业废水量	吨/吨-产品	17	—	—	—
						化学需氧量	克/吨-产品	6.00×10^4	化学混凝法+好氧生物处理法+氧化还原法	98.25	k=环保设施实际运行时间（小时/年）/企业正常生产时间（小时/年）
									化学混凝法+好氧生物处理法+化学混凝法	96.94	
									化学混凝法+好氧生物处理法+上浮分离	94.75	
		木材（针叶木）	漂白热磨机械法制浆（BTMP）	所有规模	废水	工业废水量	吨/吨-产品	20	—	—	—
						化学需氧量	克/吨-产品	9.50×10^4	化学混凝法+好氧生物处理法+氧化还原法	98.25	k=环保设施实际运行时间（小时/年）/企业正常生产时间（小时/年）
									化学混凝法+好氧生物处理法+化学混凝法	96.94	
									化学混凝法+好氧生物处理法+上浮分离	94.75	
	磺化机械浆	木材（针叶木）	磺化化学机械法制浆（SCMP）	所有规模	废水	工业废水量	吨/吨-产品	20	—	—	—
						化学需氧量	克/吨-产品	1.400×10^5	化学混凝法+好氧生物处理法+氧化还原法	98.25	k=环保设施实际运行时间（小时/年）/企业正常生产时间（小时/年）
									化学混凝法+好氧生物处理法+化学混凝法	96.94	
									化学混凝法+好氧生物处理法+上浮分离	94.75	

造纸和纸制品行业（22）木竹浆制造（2211）行业系数表（续表 3）

工段名称	产品名称	原料名称	工艺名称	规模等级	污染物类别	污染物指标	系数单位	产污系数	末端治理技术	末端治理技术平均去除效率/%	参考 k 值计算公式[1]
制浆	化学浆	木材（针叶木）	硫酸盐法制浆（未漂）	所有规模	废水	工业废水量	吨/吨-产品	30	—	—	—
						化学需氧量	克/吨-产品	2.91×10^4	化学混凝法+好氧生物处理法+氧化还原法	98.25	k=环保设施实际运行时间（小时/年）/企业正常生产时间（小时/年）
									化学混凝法+好氧生物处理法+化学混凝法	96.94	
									化学混凝法+好氧生物处理法+上浮分离	94.75	
						挥发酚	克/吨-产品	1	化学混凝法+好氧生物处理法+氧化还原法	50.57	
									化学混凝法+好氧生物处理法+化学混凝法		
									化学混凝法+好氧生物处理法+上浮分离		
					废气	挥发性有机物	克/吨-产品	2.42×10^3	—	—	—
					一般固体废物	浆渣	千克/吨-产品	11	—	—	—
						绿泥	千克/吨-产品	12	—	—	—
						白泥	千克/吨-产品	0	—	—	—
			硫酸盐法制浆（漂白）	所有规模	废水	工业废水量	吨/吨-产品	38	—	—	—
						化学需氧量	克/吨-产品	4.58×10^4	化学混凝法+好氧生物处理法+氧化还原法	98.25	k=环保设施实际运行时间（小时/年）/企业正常生产时间（小时/年）
									化学混凝法+好氧生物处理法+化学混凝法	96.94	
									化学混凝法+好氧生物处理法+上浮分离	94.75	
						挥发酚	克/吨-产品	1	化学混凝法+好氧生物处理法+氧化还原法	50.57	
									化学混凝法+好氧生物处理法+化学混凝法		
									化学混凝法+好氧生物处理法+上浮分离		
					废气	挥发性有机物	克/吨-产品	2.42×10^3	—	—	—
					一般固体废物	浆渣	千克/吨-产品	8	—	—	—
						绿泥	千克/吨-产品	9	—	—	—
						白泥	千克/吨-产品	0	—	—	—

造纸和纸制品行业（22）木竹浆制造（2211）行业系数表（续表 4）

工段名称	产品名称	原料名称	工艺名称	规模等级	污染物类别	污染物指标	系数单位	产污系数	末端治理技术	末端治理技术平均去除效率/%	参考 k 值计算公式
制浆	化学浆	桉木（阔叶木）	硫酸盐法制浆（漂白）	所有规模	废水	工业废水量	吨/吨-产品	20.17	—	—	—
						化学需氧量	克/吨-产品	2.58×10^4	化学混凝法+好氧生物处理法+氧化还原法	98.25	k=环保设施实际运行时间（小时/年）/企业正常生产时间（小时/年）
									化学混凝法+好氧生物处理法+化学混凝法	96.94	
									化学混凝法+好氧生物处理法+上浮分离	94.75	
						挥发酚	克/吨-产品	0.62	化学混凝法+好氧生物处理法+氧化还原法	50.57	
									化学混凝法+好氧生物处理法+化学混凝法		
									化学混凝法+好氧生物处理法+上浮分离		
					废气	挥发性有机物	克/吨-产品	2.42×10^3	—	—	—
					一般固体废物	浆渣	千克/吨-产品	7	—	—	—
						绿泥	千克/吨-产品	10	—	—	—
						白泥	千克/吨-产品	0	—	—	—
		杨木（阔叶木）	硫酸盐法制浆（漂白）	所有规模	废水	工业废水量	吨/吨-产品	77	—	—	—
						化学需氧量	克/吨-产品	6.75×10^4	化学混凝法+好氧生物处理法+氧化还原法	98.25	k=环保设施实际运行时间（小时/年）/企业正常生产时间（小时/年）
									化学混凝法+好氧生物处理法+化学混凝法	96.94	
									化学混凝法+好氧生物处理法+上浮分离	94.75	
						挥发酚	克/吨-产品	171	化学混凝法+好氧生物处理法+氧化还原法	50.57	
									化学混凝法+好氧生物处理法+化学混凝法		
									化学混凝法+好氧生物处理法+上浮分离		
					一般固体废物	浆渣	千克/吨-产品	10	—	—	—
						绿泥	千克/吨-产品	10.5	—	—	—
						白泥	千克/吨-产品	75	—	—	—

造纸和纸制品行业（22）木竹浆制造（2211）行业系数表（续表 5）

工段名称	产品名称	原料名称	工艺名称	规模等级	污染物类别	污染物指标	系数单位	产污系数	末端治理技术	末端治理技术平均去除效率/%	参考 k 值计算公式
制浆	化学浆	竹子	硫酸盐法制浆（未漂）	所有规模	废水	工业废水量	吨/吨-产品	32	—	—	—
						化学需氧量	克/吨-产品	3.71×10^4	化学混凝法+好氧生物处理法+氧化还原法	98.25	k=环保设施实际运行时间（小时/年）/企业正常生产时间（小时/年）
									化学混凝法+好氧生物处理法+化学混凝法	96.94	
									化学混凝法+好氧生物处理法+上浮分离	94.75	
					废气	挥发性有机物	克/吨-产品	2.42×10^3	—	—	—
					一般固体废物	浆渣	千克/吨-产品	3	—	—	—
						绿泥	千克/吨-产品	10	—	—	—
						白泥	千克/吨-产品	315	—	—	—
			硫酸盐法制浆（漂白）	所有规模	废水	工业废水量	吨/吨-产品	32	—	—	—
						化学需氧量	克/吨-产品	5.31×10^4	化学混凝法+好氧生物处理法+氧化还原法	98.25	k=环保设施实际运行时间（小时/年）/企业正常生产时间（小时/年）
									化学混凝法+好氧生物处理法+化学混凝法	96.94	
									化学混凝法+好氧生物处理法+上浮分离	94.75	
					废气	挥发性有机物	克/吨-产品	2.42×10^3	—	—	—
					一般固体废物	浆渣	千克/吨-产品	7	—	—	—
						绿泥	千克/吨-产品	26	—	—	—
						白泥	千克/吨-产品	450	—	—	—

造纸和纸制品行业（22）木竹浆制造（2211）行业系数表（续表 6）

工段名称	产品名称	原料名称	工艺名称	规模等级	污染物类别	污染物指标	系数单位	产污系数	末端治理技术	末端治理技术平均去除效率/%	参考 k 值计算公式
制浆	化学浆	竹子	硫酸盐法制浆（漂白）（无碱回收）	所有规模	废水	工业废水量	吨/吨-产品	125	—	—	—
						化学需氧量	克/吨-产品	1.35×10^{6}	化学混凝法+好氧生物处理法+氧化还原法	98.25	k=环保设施实际运行时间（小时/年）/企业正常生产时间（小时/年）
									化学混凝法+好氧生物处理法+化学混凝法	96.94	
									化学混凝法+好氧生物处理法+上浮分离	94.75	
					一般固体废物	浆渣	千克/吨-产品	10	—	—	—
		木材	酸法制浆（漂白）（综合利用）	所有规模	废水	工业废水量	吨/吨-产品	45	—	—	—
						化学需氧量	克/吨-产品	2.25×10^{4}	化学混凝法+好氧生物处理法+氧化还原法	98.25	k=环保设施实际运行时间（小时/年）/企业正常生产时间（小时/年）
									化学混凝法+好氧生物处理法+化学混凝法	96.94	
									化学混凝法+好氧生物处理法+上浮分离	94.75	
					一般固体废物	浆渣	千克/吨-产品	20	—	—	—

造纸和纸制品行业（22）木竹浆制造（2211）行业系数表（续表 7）

工段名称	产品名称	原料名称	工艺名称	规模等级	污染物类别	污染物指标	系数单位	产污系数	末端治理技术	末端治理技术平均去除效率/%	参考 *k* 值计算公式
制浆	化学浆	木材	预水解硫酸盐法制浆（溶解浆）	所有规模	废水	工业废水量	吨/吨-产品	35	—	—	—
						化学需氧量	克/吨-产品	4.69×10^4	化学混凝法+好氧生物处理法+氧化还原法	98.25	*k*=环保设施实际运行时间（小时/年）/企业正常生产时间（小时/年）
									化学混凝法+好氧生物处理法+化学混凝法	96.94	
									化学混凝法+好氧生物处理法+上浮分离	94.75	
					废气	挥发性有机物	克/吨-产品	2.42×10^3	—	—	—
					一般固体废物	浆渣	千克/吨-产品	11	—	—	—
						绿泥	千克/吨-产品	11	—	—	—
						白泥	千克/吨-产品	0	—	—	—
	半化学浆	木材	硫酸盐法制浆（综合利用）	所有规模	废水	工业废水量	吨/吨-产品	30	—	—	—
						化学需氧量	克/吨-产品	5.25×10^4	化学混凝法+好氧生物处理法+氧化还原法	98.25	*k*=环保设施实际运行时间（小时/年）/企业正常生产时间（小时/年）
									化学混凝法+好氧生物处理法+化学混凝法	96.94	
									化学混凝法+好氧生物处理法+上浮分离	94.75	
					一般固体废物	浆渣	千克/吨-产品	10	—	—	—
碱回收	化学木（竹）浆	固形物	碱回收炉	所有规模	废气	工业废气量	标米^3/吨-产品	8.04×10^3	—	—	—
						颗粒物	克/吨-产品	1.60×10^5	袋式除尘	99.75	*k*=环保设施实际运行时间（小时/年）/企业正常生产时间（小时/年）
									板式、管式电除尘	99.53	
									电袋组合	99.75	
						二氧化硫	克/吨-产品	12	—	—	—
						氮氧化物	克/吨-产品	1.25×10^3	—	—	—
						挥发性有机物	克/吨-产品	9	—	—	—
	化学机械浆	固形物	碱回收炉	所有规模	废气	工业废气量	标米^3/吨-产品	677	—	—	—
						颗粒物	克/吨-产品	1.34×10^4	袋式除尘	99.75	*k*=环保设施实际运行时间（小时/年）/企业正常生产时间（小时/年）
									板式、管式电除尘	99.53	
									电袋组合	99.75	
						二氧化硫	克/吨-产品	3	—	—	—
						氮氧化物	克/吨-产品	196	—	—	—
						挥发性有机物	克/吨-产品	11	—	—	—

造纸和纸制品行业（22）木竹浆制造（2211）行业系数表（续表 8）

工段名称	产品名称	原料名称	工艺名称	规模等级	污染物类别	污染物指标	系数单位	产污系数	末端治理技术	末端治理技术平均去除效率/%	参考 k 值计算公式
碱回收	化学木浆	重油	石灰窑	所有规模	废气	工业废气量	标米^3/吨-产品	787	—	—	—
						颗粒物	克/吨-产品	1.62×10^4	袋式除尘	99.74	k=环保设施实际运行时间（小时/年）/企业正常生产时间（小时/年）
									板式、管式电除尘	99.90	
									电袋组合	99.90	
						二氧化硫	克/吨-产品	24	石灰石/石膏法、石灰/石膏法、双碱法、旋转喷雾干燥法	90.00	k=环保设施实际运行时间（小时/年）/企业正常生产时间（小时/年）
						氮氧化物	克/吨-产品	265	—	—	—
						挥发性有机物	克/吨-产品	3.15×10^3	—	—	—
		天然气	石灰窑	所有规模	废气	工业废气量	标米^3/吨-产品	1.05×10^3	—	—	—
						颗粒物	克/吨-产品	1.79×10^4	袋式除尘	99.74	k=环保设施实际运行时间（小时/年）/企业正常生产时间（小时/年）
									板式、管式电除尘	99.90	
									电袋组合	99.90	
						二氧化硫	克/吨-产品	36	—	—	—
						氮氧化物	克/吨-产品	163	—	—	—
						挥发性有机物	克/吨-产品	3.15×10^3	—	—	—
		生物质气	石灰窑	所有规模	废气	工业废气量	标米^3/吨-产品	1.63×10^3	—	—	—
						颗粒物	克/吨-产品	8.24×10^3	袋式除尘	99.74	k=环保设施实际运行时间（小时/年）/企业正常生产时间（小时/年）
									板式、管式电除尘	99.90	
									电袋组合	99.90	
						二氧化硫	克/吨-产品	2.43	—	—	—
						氮氧化物	克/吨-产品	129	—	—	—
						挥发性有机物	克/吨-产品	3.15×10^3	—	—	—

造纸和纸制品行业（22）非木竹浆制造（2212）行业系数表

工段名称	产品名称	原料名称	工艺名称	规模等级	污染物类别	污染物指标	系数单位	产污系数	末端治理技术	末端治理技术平均去除效率/%	参考 k 值计算公式[1]
制浆	化学浆	蔗渣	硫酸盐法制浆（漂白）	所有规模	废水	工业废水量	吨/吨-产品	135	—	—	—
						化学需氧量	克/吨-产品	1.60×10^5	化学混凝法+厌氧生物处理法+好氧生物处理法+氧化还原法	98.86	k=环保设施实际运行时间（小时/年）/企业正常生产时间（小时/年）
					一般固体废物	浆渣	千克/吨-产品	10	—	—	—
						绿泥	千克/吨-产品	12.5	—	—	—
						白泥	千克/吨-产品	550	—	—	—
			硫酸盐法制浆（漂白）（无碱回收）	所有规模	废水	工业废水量	吨/吨-产品	190	—	—	—
						化学需氧量	克/吨-产品	1.36×10^6	化学混凝法+厌氧生物处理法+好氧生物处理法+氧化还原法	98.86	k=环保设施实际运行时间（小时/年）/企业正常生产时间（小时/年）
					一般固体废物	浆渣	千克/吨-产品	10	—	—	—
			烧碱法制浆（未漂）	所有规模	废水	工业废水量	吨/吨-产品	120	—	—	—
						化学需氧量	克/吨-产品	1.20×10^5	化学混凝法+厌氧生物处理法+好氧生物处理法+氧化还原法	98.86	k=环保设施实际运行时间（小时/年）/企业正常生产时间（小时/年）
					一般固体废物	浆渣	千克/吨-产品	10	—	—	—
						绿泥	千克/吨-产品	12.5	—	—	—
						白泥	千克/吨-产品	550	—	—	—
			烧碱法制浆（未漂）（无碱回收）	所有规模	废水	工业废水量	吨/吨-产品	145.5	—	—	—
						化学需氧量	克/吨-产品	1.17×10^6	化学混凝法+厌氧生物处理法+好氧生物处理法+氧化还原法	98.86	k=环保设施实际运行时间（小时/年）/企业正常生产时间（小时/年）
					一般固体废物	浆渣	千克/吨-产品	10	—	—	—

[1] 该公式仅供参考，使用时，可根据 k 值定义，选取更适合企业实际情况的表达方式。

造纸和纸制品行业（22）非木竹浆制造（2212）行业系数表（续表 1）

工段名称	产品名称	原料名称	工艺名称	规模等级	污染物类别	污染物指标	系数单位	产污系数	末端治理技术	末端治理技术平均去除效率/%	参考 k 值计算公式
制浆	化学浆	蔗渣	烧碱法制浆（漂白）	所有规模	废水	工业废水量	吨/吨-产品	62	—	—	—
						化学需氧量	克/吨-产品	5.94×10^{4}	化学混凝法+厌氧生物处理法+好氧生物处理法+氧化还原法	98.86	k=环保设施实际运行时间（小时/年）/企业正常生产时间（小时/年）
					一般固体废物	浆渣	千克/吨-产品	7	—	—	—
						绿泥	千克/吨-产品	6.5	—	—	—
						白泥	千克/吨-产品	203	—	—	—
			烧碱法制浆（漂白）（无碱回收）	所有规模	废水	工业废水量	吨/吨-产品	165	—	—	—
						化学需氧量	克/吨-产品	1.29×10^{6}	化学混凝法+厌氧生物处理法+好氧生物处理法+氧化还原法	98.86	k=环保设施实际运行时间（小时/年）/企业正常生产时间（小时/年）
					一般固体废物	浆渣	千克/吨-产品	10	—	—	—
		苇	烧碱法制浆（未漂）	所有规模	废水	工业废水量	吨/吨-产品	41	—	—	—
						化学需氧量	克/吨-产品	5.89×10^{4}	化学混凝法+厌氧生物处理法+好氧生物处理法+氧化还原法	98.86	k=环保设施实际运行时间（小时/年）/企业正常生产时间（小时/年）
									化学混凝法+厌氧生物处理法+好氧生物处理法+化学混凝法	98.01	
					一般固体废物	浆渣	千克/吨-产品	11	—	—	—
						绿泥	千克/吨-产品	13	—	—	—
						白泥	千克/吨-产品	468	—	—	—
			烧碱法制浆（未漂）（无碱回收）	所有规模	废水	工业废水量	吨/吨-产品	205	—	—	—
						化学需氧量	克/吨-产品	1.12×10^{6}	化学混凝法+厌氧生物处理法+好氧生物处理法+氧化还原法	98.86	k=环保设施实际运行时间（小时/年）/企业正常生产时间（小时/年）
									化学混凝法+厌氧生物处理法+好氧生物处理法+化学混凝法	98.01	
					一般固体废物	浆渣	千克/吨-产品	10	—	—	—

造纸和纸制品行业（22）非木竹浆制造（2212）行业系数表（续表 2）

工段名称	产品名称	原料名称	工艺名称	规模等级	污染物类别	污染物指标	系数单位	产污系数	末端治理技术	末端治理技术平均去除效率/%	参考 k 值计算公式
制浆	化学浆	苇	烧碱法制浆（漂白）	所有规模	废水	工业废水量	吨/吨-产品	62	—	—	—
						化学需氧量	克/吨-产品	8.22×10^4	化学混凝法+厌氧生物处理法+好氧生物处理法+氧化还原法	98.86	k=环保设施实际运行时间（小时/年）/企业正常生产时间（小时/年）
									化学混凝法+厌氧生物处理法+好氧生物处理法+化学混凝法	98.01	
					一般固体废物	浆渣	千克/吨-产品	11	—	—	—
						绿泥	千克/吨-产品	14	—	—	—
						白泥	千克/吨-产品	468	—	—	—
			烧碱法制浆（漂白）（无碱回收）	所有规模	废水	工业废水量	吨/吨-产品	247	—	—	—
						化学需氧量	克/吨-产品	1.55×10^6	化学混凝法+厌氧生物处理法+好氧生物处理法+氧化还原法	98.86	k=环保设施实际运行时间（小时/年）/企业正常生产时间（小时/年）
									化学混凝法+厌氧生物处理法+好氧生物处理法+化学混凝法	98.01	
					一般固体废物	浆渣	千克/吨-产品	10	—	—	—
		稻麦草	烧碱法制浆（未漂）	所有规模	废水	工业废水量	吨/吨-产品	105	—	—	—
						化学需氧量	克/吨-产品	1.50×10^5	化学混凝法+厌氧生物处理法+好氧生物处理法+氧化还原法	98.86	k=环保设施实际运行时间（小时/年）/企业正常生产时间（小时/年）
									化学混凝法+厌氧生物处理法+好氧生物处理法+化学混凝法	98.01	
					一般固体废物	浆渣	千克/吨-产品	10	—	—	—
						绿泥	千克/吨-产品	12.5	—	—	—
						白泥	千克/吨-产品	550	—	—	—
			烧碱法制浆（未漂）（无碱回收和综合利用）	所有规模	废水	工业废水量	吨/吨-产品	157.5	—	—	—
						化学需氧量	克/吨-产品	1.38×10^6	化学混凝法+厌氧生物处理法+好氧生物处理法+氧化还原法	98.86	k=环保设施实际运行时间（小时/年）/企业正常生产时间（小时/年）
									化学混凝法+厌氧生物处理法+好氧生物处理法+化学混凝法	98.01	
					一般固体废物	浆渣	千克/吨-产品	10	—	—	—

造纸和纸制品行业（22）非木竹浆制造（2212）行业系数表（续表 3）

工段名称	产品名称	原料名称	工艺名称	规模等级	污染物类别	污染物指标	系数单位	产污系数	末端治理技术	末端治理技术平均去除效率/%	参考 k 值计算公式
制浆	化学浆	稻麦草	烧碱法制浆（漂白）	所有规模	废水	工业废水量	吨/吨-产品	67	—	—	—
						化学需氧量	克/吨-产品	1.28×10^5	化学混凝法+厌氧生物处理法+好氧生物处理法+氧化还原法	98.86	k=环保设施实际运行时间（小时/年）/企业正常生产时间（小时/年）
									化学混凝法+厌氧生物处理法+好氧生物处理法+化学混凝法	98.01	
					一般固体废物	浆渣	千克/吨-产品	11	—	—	—
						绿泥	千克/吨-产品	14	—	—	—
						白泥	千克/吨-产品	498	—	—	—
			烧碱法制浆（漂白）（无碱回收和综合利用）	所有规模	废水	工业废水量	吨/吨-产品	180	—	—	—
						化学需氧量	克/吨-产品	1.45×10^6	化学混凝法+厌氧生物处理法+好氧生物处理法+氧化还原法	98.86	k=环保设施实际运行时间（小时/年）/企业正常生产时间（小时/年）
									化学混凝法+厌氧生物处理法+好氧生物处理法+化学混凝法	98.01	
					一般固体废物	浆渣	千克/吨-产品	10	—	—	—
		棉	烧碱法制浆（漂白）	所有规模	废水	工业废水量	吨/吨-产品	46	—	—	—
						化学需氧量	克/吨-产品	4.81×10^4	化学混凝法+厌氧生物处理法+好氧生物处理法+氧化还原法	98.86	k=环保设施实际运行时间（小时/年）/企业正常生产时间（小时/年）
									化学混凝法+厌氧生物处理法+好氧生物处理法+化学混凝法	98.01	
					一般固体废物	浆渣	千克/吨-产品	0	—	—	—

造纸和纸制品行业（22）非木竹浆制造（2212）行业系数表（续表 4）

工段名称	产品名称	原料名称	工艺名称	规模等级	污染物类别	污染物指标	系数单位	产污系数	末端治理技术	末端治理技术平均去除效率/%	参考 k 值计算公式[1]
制浆	化学浆	麻	烧碱法制浆（漂白）	所有规模	废水	工业废水量	吨/吨-产品	500	—	—	—
						化学需氧量	克/吨-产品	4.59×10^5	化学混凝法+厌氧生物处理法+好氧生物处理法+氧化还原法	98.86	k=环保设施实际运行时间（小时/年）/企业正常生产时间（小时/年）
									化学混凝法+厌氧生物处理法+好氧生物处理法+化学混凝法	98.01	
					一般固体废物	浆渣	千克/吨-产品	10	—	—	—
		稻麦草	亚硫酸钠法制浆（漂白）（综合利用）	所有规模	废水	工业废水量	吨/吨-产品	157.5	—	—	—
						化学需氧量	克/吨-产品	1.77×10^5	化学混凝法+厌氧生物处理法+好氧生物处理法+氧化还原法	98.86	k=环保设施实际运行时间（小时/年）/企业正常生产时间（小时/年）
									化学混凝法+厌氧生物处理法+好氧生物处理法+化学混凝法	98.01	
					一般固体废物	浆渣	千克/吨-产品	10	—	—	—
			亚硫酸钠法制浆（未漂）（综合利用）	所有规模	废水	工业废水量	吨/吨-产品	121	—	—	—
						化学需氧量	克/吨-产品	2.69×10^5	化学混凝法+厌氧生物处理法+好氧生物处理法+氧化还原法	98.86	k=环保设施实际运行时间（小时/年）/企业正常生产时间（小时/年）
									化学混凝法+厌氧生物处理法+好氧生物处理法+化学混凝法	98.01	
					一般固体废物	浆渣	千克/吨-产品	10	—	—	—

造纸和纸制品行业（22）非木竹浆制造（2212）行业系数表（续表 5）

工段名称	产品名称	原料名称	工艺名称	规模等级	污染物类别	污染物指标	系数单位	产污系数	末端治理技术	末端治理技术平均去除效率/%	参考 k 值计算公式
制浆	化学浆	稻麦草	亚铵法制浆（漂白）（综合利用）	所有规模	废水	工业废水量	吨/吨-产品	160	—	—	—
						化学需氧量	克/吨-产品	3.49×10^5	化学混凝法+厌氧生物处理法+好氧生物处理法+氧化还原法	98.86	k=环保设施实际运行时间（小时/年）/企业正常生产时间（小时/年）
									化学混凝法+厌氧生物处理法+好氧生物处理法+化学混凝法	98.01	
						氨氮	克/吨-产品	1.23×10^4	化学混凝法+厌氧生物处理法+好氧生物处理法+氧化还原法	75.77	
									化学混凝法+厌氧生物处理法+好氧生物处理法+化学混凝法		
					一般固体废物	浆渣	千克/吨-产品	10	—	—	—
			亚铵法制浆（未漂）（综合利用）	所有规模	废水	工业废水量	吨/吨-产品	45	—	—	—
						化学需氧量	克/吨-产品	9.64×10^4	化学混凝法+厌氧生物处理法+好氧生物处理法+氧化还原法	98.86	k=环保设施实际运行时间（小时/年）/企业正常生产时间（小时/年）
									化学混凝法+厌氧生物处理法+好氧生物处理法+化学混凝法	98.01	
						氨氮	克/吨-产品	2.98×10^3	化学混凝法+厌氧生物处理法+好氧生物处理法+氧化还原法	75.77	
									化学混凝法+厌氧生物处理法+好氧生物处理法+化学混凝法		
					一般固体废物	浆渣	千克/吨-产品	12	—	—	—
		蔗渣	酸法制浆（漂白）（综合利用）	所有规模	废水	工业废水量	吨/吨-产品	122.5	—	—	—
						化学需氧量	克/吨-产品	3.04×10^5	化学混凝法+厌氧生物处理法+好氧生物处理法+氧化还原法	98.86	k=环保设施实际运行时间（小时/年）/企业正常生产时间（小时/年）
					一般固体废物	浆渣	千克/吨-产品	10	—	—	—

造纸和纸制品行业（22）非木竹浆制造（2212）行业系数表（续表 6）

工段名称	产品名称	原料名称	工艺名称	规模等级	污染物类别	污染物指标	系数单位	产污系数	末端治理技术	末端治理技术平均去除效率/%	参考 k 值计算公式
制浆	化学浆	蔗渣	酸法制浆（未漂）（综合利用）	所有规模	废水	工业废水量	吨/吨-产品	82.5	—	—	—
						化学需氧量	克/吨-产品	2.67×10^5	化学混凝法+厌氧生物处理法+好氧生物处理法+氧化还原法	98.86	k=环保设施实际运行时间（小时/年）/企业正常生产时间（小时/年）
					一般固体废物	浆渣	千克/吨-产品	10	—	—	—
		苇	酸法制浆（漂白）（综合利用）	所有规模	废水	工业废水量	吨/吨-产品	35	—	—	—
						化学需氧量	克/吨-产品	3.15×10^4	化学混凝法+厌氧生物处理法+好氧生物处理法+氧化还原法	98.86	k=环保设施实际运行时间（小时/年）/企业正常生产时间（小时/年）
									化学混凝法+厌氧生物处理法+好氧生物处理法+化学混凝法	98.01	
					一般固体废物	浆渣	千克/吨-产品	15	—	—	—
		檀皮、稻麦草、麻	石灰法制浆	所有规模	废水	工业废水量	吨/吨-产品	110	—	—	—
						化学需氧量	克/吨-产品	3.71×10^5	化学混凝法+厌氧生物处理法+好氧生物处理法+氧化还原法	98.86	k=环保设施实际运行时间（小时/年）/企业正常生产时间（小时/年）
									化学混凝法+厌氧生物处理法+好氧生物处理法+化学混凝法	98.01	
					一般固体废物	浆渣	千克/吨-产品	10	—	—	—
		棉短绒	烧碱法制浆（溶解浆）	所有规模	废水	工业废水量	吨/吨-产品	56	—	—	—
						化学需氧量	克/吨-产品	6.67×10^4	化学混凝法+厌氧生物处理法+好氧生物处理法+氧化还原法	98.86	k=环保设施实际运行时间（小时/年）/企业正常生产时间（小时/年）
									化学混凝法+厌氧生物处理法+好氧生物处理法+化学混凝法	98.01	
					一般固体废物	浆渣	千克/吨-产品	0	—	—	—

造纸和纸制品行业（22）非木竹浆制造（2212）行业系数表（续表 7）

工段名称	产品名称	原料名称	工艺名称	规模等级	污染物类别	污染物指标	系数单位	产污系数	末端治理技术	末端治理技术平均去除效率/%	参考 k 值计算公式
制浆	半化学浆	稻麦草	碱法制浆	所有规模	废水	工业废水量	吨/吨-产品	34	—	—	—
						化学需氧量	克/吨-产品	3.29×10^5	化学混凝法+厌氧生物处理法+好氧生物处理法+氧化还原法	98.86	k=环保设施实际运行时间（小时/年）/企业正常生产时间（小时/年）
									化学混凝法+厌氧生物处理法+好氧生物处理法+化学混凝法	98.01	
					一般固体废物	浆渣	千克/吨-产品	12	—	—	—
			亚铵法制浆（综合利用）	所有规模	废水	工业废水量	吨/吨-产品	70	—	—	—
						化学需氧量	克/吨-产品	9.45×10^4	化学混凝法+厌氧生物处理法+好氧生物处理法+氧化还原法	98.86	k=环保设施实际运行时间（小时/年）/企业正常生产时间（小时/年）
									化学混凝法+厌氧生物处理法+好氧生物处理法+化学混凝法	98.01	
						氨氮	克/吨-产品	2.54×10^3	化学混凝法+厌氧生物处理法+好氧生物处理法+氧化还原法	75.77	
									化学混凝法+厌氧生物处理法+好氧生物处理法+化学混凝法		
					一般固体废物	浆渣	千克/吨-产品	10	—	—	—
			亚铵法制浆（无综合利用）	所有规模	废水	工业废水量	吨/吨-产品	100	—	—	—
						化学需氧量	克/吨-产品	5.24×10^5	化学混凝法+厌氧生物处理法+好氧生物处理法+氧化还原法	98.86	k=环保设施实际运行时间（小时/年）/企业正常生产时间（小时/年）
									化学混凝法+厌氧生物处理法+好氧生物处理法+化学混凝法	98.01	
						氨氮	克/吨-产品	3.82×10^3	化学混凝法+厌氧生物处理法+好氧生物处理法+氧化还原法	75.77	
									化学混凝法+厌氧生物处理法+好氧生物处理法+化学混凝法		
					一般固体废物	浆渣	千克/吨-产品	10	—	—	—

造纸和纸制品行业（22）非木竹浆制造（2212）行业系数表（续表 8）

工段名称	产品名称	原料名称	工艺名称	规模等级	污染物类别	污染物指标	系数单位	产污系数	末端治理技术	末端治理技术平均去除效率/%	参考 k 值计算公式
制浆	半化学浆	棉秆	碱法制浆	所有规模	废水	工业废水量	吨/吨-产品	115	—	—	—
						化学需氧量	克/吨-产品	2.96×10^5	化学混凝法+厌氧生物处理法+好氧生物处理法+氧化还原法	98.86	k=环保设施实际运行时间（小时/年）/企业正常生产时间（小时/年）
									化学混凝法+厌氧生物处理法+好氧生物处理法+化学混凝法	98.01	
					一般固体废物	浆渣	千克/吨-产品	10	—	—	—
		蔗渣	烧碱法制浆	所有规模	废水	工业废水量	吨/吨-产品	98	—	—	—
						化学需氧量	克/吨-产品	3.33×10^5	化学混凝法+厌氧生物处理法+好氧生物处理法+氧化还原法	98.86	k=环保设施实际运行时间（小时/年）/企业正常生产时间（小时/年）
					一般固体废物	浆渣	千克/吨-产品	10	—	—	—
	爆破法浆	非木材	爆破法制浆	所有规模	废水	工业废水量	吨/吨-产品	75	—	—	—
						化学需氧量	克/吨-产品	3.16×10^5	化学混凝法+厌氧生物处理法+好氧生物处理法+氧化还原法	98.86	k=环保设施实际运行时间（小时/年）/企业正常生产时间（小时/年）
									化学混凝法+厌氧生物处理法+好氧生物处理法+化学混凝法	98.01	

造纸和纸制品行业（22）非木竹浆制造（2212）行业系数表（续表 9）

工段名称	产品名称	原料名称	工艺名称	规模等级	污染物类别	污染物指标	系数单位	产污系数	末端治理技术	末端治理技术平均去除效率/%	参考 *k* 值计算公式
制浆	废纸浆	混合办公废纸	脱墨法制浆	所有规模	废水	工业废水量	吨/吨-产品	10	—	—	—
						化学需氧量	克/吨-产品	4.60×10^4	化学混凝法+厌氧生物处理法+好氧生物处理法+氧化还原法	98.86	*k*=环保设施实际运行时间（小时/年）/企业正常生产时间（小时/年）
									上浮分离+厌氧生物处理法+好氧生物处理法+氧化还原法	98.05	
									化学混凝法+厌氧生物处理法+好氧生物处理法+化学混凝法	98.01	
									化学混凝法+厌氧生物处理法+好氧生物处理法+上浮分离	96.59	
									上浮分离+厌氧生物处理法+好氧生物处理法+化学混凝法	96.59	
									上浮分离+厌氧生物处理法+好氧生物处理法+上浮分离	94.15	
					一般固体废物	浆渣	千克/吨-产品	26	—	—	—
					危险废物	脱墨渣	千克/吨-产品	201	—	—	—

造纸和纸制品行业（22）非木竹浆制造（2212）行业系数表（续表 10）

工段名称	产品名称	原料名称	工艺名称	规模等级	污染物类别	污染物指标	系数单位	产污系数	末端治理技术	末端治理技术平均去除效率/%	参考 k 值计算公式
制浆	废纸浆	混合废纸	非脱墨法制浆	所有规模	废水	工业废水量	吨/吨-产品	5.91	—	—	—
						化学需氧量	克/吨-产品	3.27×10^4	化学混凝法+厌氧生物处理法+好氧生物处理法+氧化还原法	98.86	k=环保设施实际运行时间（小时/年）/企业正常生产时间（小时/年）
									上浮分离+厌氧生物处理法+好氧生物处理法+氧化还原法	98.05	
									化学混凝法+厌氧生物处理法+好氧生物处理法+化学混凝法	98.01	
									化学混凝法+厌氧生物处理法+好氧生物处理法+上浮分离	96.59	
									上浮分离+厌氧生物处理法+好氧生物处理法+化学混凝法	96.59	
									上浮分离+厌氧生物处理法+好氧生物处理法+上浮分离	94.15	
					一般固体废物	浆渣	千克/吨-产品	28	—	—	—
		旧新闻纸	脱墨法制浆	所有规模	废水	工业废水量	吨/吨-产品	13	—	—	—
						化学需氧量	克/吨-产品	3.20×10^4	化学混凝法+厌氧生物处理法+好氧生物处理法+氧化还原法	98.86	k=环保设施实际运行时间（小时/年）/企业正常生产时间（小时/年）
									上浮分离+厌氧生物处理法+好氧生物处理法+氧化还原法	98.05	
									化学混凝法+厌氧生物处理法+好氧生物处理法+化学混凝法	98.01	
									化学混凝法+厌氧生物处理法+好氧生物处理法+上浮分离	96.59	
									上浮分离+厌氧生物处理法+好氧生物处理法+化学混凝法	96.59	
									上浮分离+厌氧生物处理法+好氧生物处理法+上浮分离	94.15	
					一般固体废物	浆渣	千克/吨-产品	28	—	—	—
					危险废物	脱墨渣	千克/吨-产品	156	—	—	—

造纸和纸制品行业（22）非木竹浆制造（2212）行业系数表（续表 11）

工段名称	产品名称	原料名称	工艺名称	规模等级	污染物类别	污染物指标	系数单位	产污系数	末端治理技术	末端治理技术平均去除效率/%	参考 k 值计算公式
制浆	废纸浆	旧新闻纸	非脱墨法制浆	所有规模	废水	工业废水量	吨/吨-产品	18	—	—	—
						化学需氧量	克/吨-产品	2.28×10^4	化学混凝法+厌氧生物处理法+好氧生物处理法+氧化还原法	98.86	k=环保设施实际运行时间（小时/年）/企业正常生产时间（小时/年）
									上浮分离+厌氧生物处理法+好氧生物处理法+氧化还原法	98.05	
									化学混凝法+厌氧生物处理法+好氧生物处理法+化学混凝法	98.01	
									化学混凝法+厌氧生物处理法+好氧生物处理法+上浮分离	96.59	
									上浮分离+厌氧生物处理法+好氧生物处理法+化学混凝法	96.59	
									上浮分离+厌氧生物处理法+好氧生物处理法+上浮分离	94.15	
					一般固体废物	浆渣	千克/吨-产品	10	—	—	—
		旧瓦楞纸	非脱墨法制浆	所有规模	废水	工业废水量	吨/吨-产品	5	—	—	—
						化学需氧量	克/吨-产品	2.97×10^4	化学混凝法+厌氧生物处理法+好氧生物处理法+氧化还原法	98.86	k=环保设施实际运行时间（小时/年）/企业正常生产时间（小时/年）
									上浮分离+厌氧生物处理法+好氧生物处理法+氧化还原法	98.05	
									化学混凝法+厌氧生物处理法+好氧生物处理法+化学混凝法	98.01	
									化学混凝法+厌氧生物处理法+好氧生物处理法+上浮分离	96.59	
									上浮分离+厌氧生物处理法+好氧生物处理法+化学混凝法	96.59	
									上浮分离+厌氧生物处理法+好氧生物处理法+上浮分离	94.15	
					一般固体废物	浆渣	千克/吨-产品	13	—	—	—

造纸和纸制品行业（22）非木竹浆制造（2212）行业系数表（续表 12）

工段名称	产品名称	原料名称	工艺名称	规模等级	污染物类别	污染物指标	系数单位	产污系数	末端治理技术	末端治理技术平均去除效率/%	参考 k 值计算公式
碱回收	化学非木浆	固形物	碱回收炉	所有规模	废气	工业废气量	标米³/吨-产品	1.61×10^4	—	—	—
						颗粒物	克/吨-产品	3.31×10^4	袋式除尘	99.75	k=环保设施实际运行时间（小时/年）/企业正常生产时间（小时/年）
									板式、管式电除尘	99.53	
									电袋组合	99.75	
						二氧化硫	克/吨-产品	28	—	—	—
						氮氧化物	克/吨-产品	1.18×10^3	—	—	—
						挥发性有机物	克/吨-产品	4.61×10^3	—	—	—
供热	—	煤	热风炉	所有规模	废气	工业废气量	标米³/吨-产品	1.22×10^3	—	—	—
						颗粒物	克/吨-产品	6.00×10^3	文丘里、离心水膜、喷淋塔/冲击水浴	98	k=环保设施实际运行时间（小时/年）/企业正常生产时间（小时/年）
						二氧化硫	克/吨-产品	1.65×10^3	石灰石/石膏法、石灰/石膏法、双碱法、旋转喷雾干燥法	77	k=环保设施实际运行时间（小时/年）/企业正常生产时间（小时/年）
						氮氧化物	克/吨-产品	214	—	—	—
						挥发性有机物	克/吨-产品	136	—	—	—

造纸和纸制品行业（22）机制纸及纸板制造（2221）行业系数表

工段名称	产品名称	原料名称	工艺名称	规模等级	污染物类别	污染物指标	系数单位	产污系数	末端治理技术	末端治理技术平均去除效率/%	参考 k 值计算公式[1]
造纸	新闻纸	机械木浆、废纸浆	机械法抄纸	所有规模	废水	工业废水量	吨/吨-产品	13	—	—	—
						化学需氧量	克/吨-产品	1.06×10^4	化学混凝法+好氧生物处理法+化学混凝法	96.94	k=环保设施实际运行时间（小时/年）/企业正常生产时间（小时/年）
									上浮分离+好氧生物处理法+上浮分离	91.00	
									化学混凝法+好氧生物处理法+上浮分离	94.75	
									上浮分离+好氧生物处理法+化学混凝法	94.75	
									化学混凝法+好氧生物处理法	91.25	
									上浮分离+好氧生物处理法	85.00	
	印刷书写纸（涂布）、包装纸（涂布）	化学浆、废纸浆、化学机械浆	机械法抄纸+涂布法	所有规模	废水	工业废水量	吨/吨-产品	6.7	—	—	—
						化学需氧量	克/吨-产品	1.12×10^4	化学混凝法+好氧生物处理法+化学混凝法	96.94	k=环保设施实际运行时间（小时/年）/企业正常生产时间（小时/年）
									上浮分离+好氧生物处理法+上浮分离	91.00	
									化学混凝法+好氧生物处理法+上浮分离	94.75	
									上浮分离+好氧生物处理法+化学混凝法	94.75	
									化学混凝法+好氧生物处理法	91.25	
									上浮分离+好氧生物处理法	85.00	
					废气	挥发性有机物	克/吨-产品	910	—	—	—
	印刷书写纸（未涂布）、包装纸（未涂布）.	化学浆	机械法抄纸	所有规模	废水	工业废水量	吨/吨-产品	11.59	—	—	—
						化学需氧量	克/吨-产品	2.08×10^4	化学混凝法+好氧生物处理法+化学混凝法	96.94	k=环保设施实际运行时间（小时/年）/企业正常生产时间（小时/年）
									上浮分离+好氧生物处理法+上浮分离	91.00	
									化学混凝法+好氧生物处理法+上浮分离	94.75	
									上浮分离+好氧生物处理法+化学混凝法	94.75	
									化学混凝法+好氧生物处理法	91.25	
									上浮分离+好氧生物处理法	85.00	

[1] 该公式仅供参考，使用时，可根据 k 值定义，选取更适合企业实际情况的表达方式。

造纸和纸制品行业（22）机制纸及纸板制造（2221）行业系数表（续表 1）

工段名称	产品名称	原料名称	工艺名称	规模等级	污染物类别	污染物指标	系数单位	产污系数	末端治理技术	末端治理技术平均去除效率/%	参考 k 值计算公式
造纸	轻型纸	化学机械浆、化学浆	机械法抄纸	所有规模	废水	工业废水量	吨/吨-产品	14	—	—	—
						化学需氧量	克/吨-产品	1.72×10^4	化学混凝法+好氧生物处理法+化学混凝法	96.94	k=环保设施实际运行时间（小时/年）/企业正常生产时间（小时/年）
									上浮分离+好氧生物处理法+上浮分离	91.00	
									化学混凝法+好氧生物处理法+上浮分离	94.75	
									上浮分离+好氧生物处理法+化学混凝法	94.75	
									化学混凝法+好氧生物处理法	91.25	
									上浮分离+好氧生物处理法	85.00	
	薄型纸	化学浆、废纸浆	机械法抄纸	所有规模	废水	工业废水量	吨/吨-产品	12.57	—	—	—
						化学需氧量	克/吨-产品	3.77×10^4	化学混凝法+好氧生物处理法+化学混凝法	96.94	k=环保设施实际运行时间（小时/年）/企业正常生产时间（小时/年）
									上浮分离+好氧生物处理法+上浮分离	91.00	
									化学混凝法+好氧生物处理法+上浮分离	94.75	
									上浮分离+好氧生物处理法+化学混凝法	94.75	
									化学混凝法+好氧生物处理法	91.25	
									上浮分离+好氧生物处理法	85.00	
	卫生纸	化学浆、废纸浆	机械法抄纸	所有规模	废水	工业废水量	吨/吨-产品	9	—	—	—
						化学需氧量	克/吨-产品	4.59×10^3	化学混凝法+好氧生物处理法+化学混凝法	96.94	k=环保设施实际运行时间（小时/年）/企业正常生产时间（小时/年）
									上浮分离+好氧生物处理法+上浮分离	91.00	
									化学混凝法+好氧生物处理法+上浮分离	94.75	
									上浮分离+好氧生物处理法+化学混凝法	94.75	
									化学混凝法+好氧生物处理法	91.25	
									上浮分离+好氧生物处理法	85.00	

造纸和纸制品行业（22）机制纸及纸板制造（2221）行业系数表（续表 2）

工段名称	产品名称	原料名称	工艺名称	规模等级	污染物类别	污染物指标	系数单位	产污系数	末端治理技术	末端治理技术平均去除效率/%	参考 k 值计算公式
造纸	卷烟纸	化学浆	机械法抄纸	所有规模	废水	工业废水量	吨/吨-产品	30	—	—	—
						化学需氧量	克/吨-产品	3.74×10^4	化学混凝法+好氧生物处理法+化学混凝法	96.94	k=环保设施实际运行时间（小时/年）/企业正常生产时间（小时/年）
									上浮分离+好氧生物处理法+上浮分离	91.00	
									化学混凝法+好氧生物处理法+上浮分离	94.75	
									上浮分离+好氧生物处理法+化学混凝法	94.75	
									化学混凝法+好氧生物处理法	91.25	
									上浮分离+好氧生物处理法	85.00	
	箱纸板（涂布）	机械木浆、废纸浆、化学浆	机械法抄纸+涂布法	所有规模	废水	工业废水量	吨/吨-产品	9	—	—	—
						化学需氧量	克/吨-产品	1.06×10^4	化学混凝法+好氧生物处理法+化学混凝法	96.94	k=环保设施实际运行时间（小时/年）/企业正常生产时间（小时/年）
									上浮分离+好氧生物处理法+上浮分离	91.00	
									化学混凝法+好氧生物处理法+上浮分离	94.75	
									上浮分离+好氧生物处理法+化学混凝法	94.75	
									化学混凝法+好氧生物处理法	91.25	
									上浮分离+好氧生物处理法	85.00	
					废气	挥发性有机物	克/吨-产品	910	—	—	—
	箱纸板（未涂布）	机械木浆、废纸浆	机械法抄纸	所有规模	废水	工业废水量	吨/吨-产品	8	—	—	—
						化学需氧量	克/吨-产品	1.97×10^4	化学混凝法+好氧生物处理法+化学混凝法	96.94	k=环保设施实际运行时间（小时/年）/企业正常生产时间（小时/年）
									上浮分离+好氧生物处理法+上浮分离	91.00	
									化学混凝法+好氧生物处理法+上浮分离	94.75	
									上浮分离+好氧生物处理法+化学混凝法	94.75	
									化学混凝法+好氧生物处理法	91.25	
									上浮分离+好氧生物处理法	85.00	

造纸和纸制品行业（22）机制纸及纸板制造（2221）行业系数表（续表 3）

工段名称	产品名称	原料名称	工艺名称	规模等级	污染物类别	污染物指标	系数单位	产污系数	末端治理技术	末端治理技术平均去除效率/%	参考 k 值计算公式
造纸	白纸板	化学浆、废纸浆、化学机械浆	机械法抄纸	所有规模	废水	工业废水量	吨/吨-产品	7	—	—	—
						化学需氧量	克/吨-产品	1.77×10^4	化学混凝法+好氧生物处理法+化学混凝法	96.94	k=环保设施实际运行时间（小时/年）/企业正常生产时间（小时/年）
									上浮分离+好氧生物处理法+上浮分离	91.00	
									化学混凝法+好氧生物处理法+上浮分离	94.75	
									上浮分离+好氧生物处理法+化学混凝法	94.75	
									化学混凝法+好氧生物处理法	91.25	
									上浮分离+好氧生物处理法	85.00	
	瓦楞原纸	废纸浆	机械法抄纸	所有规模	废水	工业废水量	吨/吨-产品	7	—	—	—
						化学需氧量	克/吨-产品	1.49×10^4	化学混凝法+好氧生物处理法+化学混凝法	96.94	k=环保设施实际运行时间（小时/年）/企业正常生产时间（小时/年）
									上浮分离+好氧生物处理法+上浮分离	91.00	
									化学混凝法+好氧生物处理法+上浮分离	94.75	
									上浮分离+好氧生物处理法+化学混凝法	94.75	
									化学混凝法+好氧生物处理法	91.25	
									上浮分离+好氧生物处理法	85.00	

造纸和纸制品行业（22）机制纸及纸板制造（2221）行业系数表（续表 4）

工段名称	产品名称	原料名称	工艺名称	规模等级	污染物类别	污染物指标	系数单位	产污系数	末端治理技术	末端治理技术平均去除效率/%	参考 k 值计算公式
造纸	瓦楞原纸	半化学浆	机械法抄纸	所有规模	废水	工业废水量	吨/吨-产品	41	—	—	—
						化学需氧量	克/吨-产品	4.30×10^4	化学混凝法+好氧生物处理法+化学混凝法	96.94	k=环保设施实际运行时间（小时/年）/企业正常生产时间（小时/年）
									上浮分离+好氧生物处理法+上浮分离	91.00	
									化学混凝法+好氧生物处理法+上浮分离	94.75	
									上浮分离+好氧生物处理法+化学混凝法	94.75	
									化学混凝法+好氧生物处理法	91.25	
									上浮分离+好氧生物处理法	85.00	
	纸袋纸、牛皮纸	化学浆	机械法抄纸	所有规模	废水	工业废水量	吨/吨-产品	7	—	—	—
						化学需氧量	克/吨-产品	6.48×10^4	化学混凝法+好氧生物处理法+化学混凝法	96.94	k=环保设施实际运行时间（小时/年）/企业正常生产时间（小时/年）
									上浮分离+好氧生物处理法+上浮分离	91.00	
									化学混凝法+好氧生物处理法+上浮分离	94.75	
									上浮分离+好氧生物处理法+化学混凝法	94.75	
									化学混凝法+好氧生物处理法	91.25	
									上浮分离+好氧生物处理法	85.00	

造纸和纸制品行业（22）手工纸制造（2222）行业系数表

工段名称	产品名称	原料名称	工艺名称	规模等级	污染物类别	污染物指标	系数单位	产污系数	末端治理技术	末端治理技术平均去除效率/%	参考 k 值计算公式[1]
造纸	手工纸	混合浆	手工法抄纸	所有规模	废水	工业废水量	吨/吨-产品	30	—	—	—
						化学需氧量	克/吨-产品	2.19×10^4	化学混凝法+好氧生物处理法+化学混凝法	96.94	k=环保设施实际运行时间（小时/年）/企业正常生产时间（小时/年）
									上浮分离+好氧生物处理法+上浮分离	91.00	
									化学混凝法+好氧生物处理法+上浮分离	94.75	
									上浮分离+好氧生物处理法+化学混凝法	94.75	
									化学混凝法+好氧生物处理法	91.25	
									上浮分离+好氧生物处理法	85.00	

造纸和纸制品行业（22）加工纸制造（2223）行业系数表

工段名称	产品名称	原料名称	工艺名称	规模等级	污染物类别	污染物指标	系数单位	产污系数	末端治理技术	末端治理技术平均去除效率/%	参考 k 值计算公式[1]
加工纸	加工纸	原纸	涂布法	所有规模	废水	工业废水量	吨/吨-产品	7	—	—	—
						化学需氧量	克/吨-产品	3.42×10^3	化学混凝法+好氧生物处理法+化学混凝法	96.94	k=环保设施实际运行时间（小时/年）/企业正常生产时间（小时/年）
									上浮分离+好氧生物处理法+上浮分离	91.00	
									化学混凝法+好氧生物处理法+上浮分离	94.75	
									上浮分离+好氧生物处理法+化学混凝法	94.75	
									化学混凝法+好氧生物处理法	91.25	
									上浮分离+好氧生物处理法	85.00	
					废气	挥发性有机物	克/吨-产品	910	—	—	—
			复合法	所有规模	废水	工业废水量	吨/吨-产品	0	—	—	—
						化学需氧量	克/吨-产品	0	—	—	—

[1] 该公式仅供参考，使用时，可根据 k 值定义，选取更适合企业实际情况的表达方式。

6 氨氮、总氮、总磷排放量计算方法

6.1 核算方法

对于某个工艺组合对应废水治理设施的污染物排放量按下式计算：

$$E_{排i} = G_{排i} \times M_i$$

式中，$G_{排i}$——工段 i 某污染物废水治理设施的排放强度；

M_i——工段 i 的产品总量。

某企业的某污染物废水治理设施污染物排放量按下式计算：

$$E_{排} = \sum_{i=1}^{n} E_{排i}$$

6.2 核算说明

（1）根据产品、原料、生产工艺，以及对应废水治理设施组合，查找和确定该组合废水治理设施的污染物排放强度。

当同一企业包含（或包含部分）制浆、机制纸及纸板、加工纸、手工纸生产线时，每条生产线应按照木竹浆制造（2211）、非木竹浆制造（2212）、机制纸及纸板制造（2221）、手工纸制造（2222）、加工纸制造（2223）查找对应的生产工艺、产品、原料、废水治理设施组合所涉及的废水治理设施的污染物排放强度。

（2）获取企业实际产品产量，计算该组合的废水治理设施的污染物排放量。

（3）同一企业同一废水处理设施的某污染物排放量，为该企业同年实际生产的全部工艺（工段）、产品、原料、规模、废水治理设施组合的排放量之和。

造纸和纸制品行业木竹浆制造（2211）污水治理设施污染物排放强度表

工段名称	产品名称	原料名称	工艺名称	规模等级	末端治理技术	污染物指标	污染物排放强度	系数单位	实际运行率参数选择	参考 k 值计算公式[1]
制浆	化学机械浆	木材（针叶木）	化学热磨机械法制浆（CTMP）	所有规模	—	工业废水量	18.00	吨/吨-产品	—	—
					化学混凝法+好氧生物处理法+氧化还原法	氨氮	23.16	克/吨-产品	环保设施实际运行时间（小时/年）、企业正常生产时间（小时/年）	k=环保设施实际运行时间（小时/年）/企业正常生产时间（小时/年）
					化学混凝法+好氧生物处理法+氧化还原法	总氮	78.61	克/吨-产品		
					化学混凝法+好氧生物处理法+氧化还原法	总磷	1.39	克/吨-产品		
					化学混凝法+好氧生物处理法+化学混凝法	氨氮	14.78	克/吨-产品		
					化学混凝法+好氧生物处理法+化学混凝法	总氮	27.54	克/吨-产品		
					化学混凝法+好氧生物处理法+化学混凝法	总磷	0.90	克/吨-产品		
					化学混凝法+好氧生物处理法+上浮分离	氨氮	14.78	克/吨-产品		
					化学混凝法+好氧生物处理法+上浮分离	总氮	27.54	克/吨-产品		
					化学混凝法+好氧生物处理法+上浮分离	总磷	0.90	克/吨-产品		
		木材（阔叶木）	漂白化学热磨机械法制浆（BCTMP）	所有规模	—	工业废水量	20.00	吨/吨-产品	—	—
					化学混凝法+好氧生物处理法+氧化还原法	氨氮	25.74	克/吨-产品	环保设施实际运行时间（小时/年）、企业正常生产时间（小时/年）	k=环保设施实际运行时间（小时/年）/企业正常生产时间（小时/年）
					化学混凝法+好氧生物处理法+氧化还原法	总氮	87.34	克/吨-产品		
					化学混凝法+好氧生物处理法+氧化还原法	总磷	1.54	克/吨-产品		
					化学混凝法+好氧生物处理法+化学混凝法	氨氮	16.42	克/吨-产品		
					化学混凝法+好氧生物处理法+化学混凝法	总氮	30.60	克/吨-产品		
					化学混凝法+好氧生物处理法+化学混凝法	总磷	1.00	克/吨-产品		
					化学混凝法+好氧生物处理法+上浮分离	氨氮	16.42	克/吨-产品		
					化学混凝法+好氧生物处理法+上浮分离	总氮	30.60	克/吨-产品		
					化学混凝法+好氧生物处理法+上浮分离	总磷	1.00	克/吨-产品		

[1] 该公式仅供参考，使用时，可根据 k 值定义，选取更适合企业实际情况的表达方式。

造纸和纸制品行业木竹浆制造（2211）污水治理设施污染物排放强度表（续表 1）

工段名称	产品名称	原料名称	工艺名称	规模等级	末端治理技术	污染物指标	污染物排放强度	系数单位	实际运行率参数选择	参考 k 值计算公式
制浆	化学机械浆	木材（阔叶木）	碱性过氧化氢化学机械法制浆（APMP）	所有规模	—	工业废水量	21.00	吨/吨-产品	—	—
					化学混凝法+好氧生物处理法+氧化还原法	氨氮	27.03	克/吨-产品	环保设施实际运行时间（小时/年）、企业正常生产时间（小时/年）	k=环保设施实际运行时间（小时/年）/企业正常生产时间（小时/年）
					化学混凝法+好氧生物处理法+氧化还原法	总氮	91.71	克/吨-产品		
					化学混凝法+好氧生物处理法+氧化还原法	总磷	1.62	克/吨-产品		
					化学混凝法+好氧生物处理法+化学混凝法	氨氮	17.24	克/吨-产品		
					化学混凝法+好氧生物处理法+化学混凝法	总氮	32.13	克/吨-产品		
					化学混凝法+好氧生物处理法+化学混凝法	总磷	1.05	克/吨-产品		
					化学混凝法+好氧生物处理法+上浮分离	氨氮	17.24	克/吨-产品		
					化学混凝法+好氧生物处理法+上浮分离	总氮	32.13	克/吨-产品		
					化学混凝法+好氧生物处理法+上浮分离	总磷	1.05	克/吨-产品		
			化学机械法制浆（有碱回收）	所有规模	—	工业废水量	2.00	吨/吨-产品	—	—
					化学混凝法+好氧生物处理法+氧化还原法	氨氮	2.57	克/吨-产品	环保设施实际运行时间（小时/年）、企业正常生产时间（小时/年）	k=环保设施实际运行时间（小时/年）/企业正常生产时间（小时/年）
					化学混凝法+好氧生物处理法+氧化还原法	总氮	8.73	克/吨-产品		
					化学混凝法+好氧生物处理法+氧化还原法	总磷	0.15	克/吨-产品		
					化学混凝法+好氧生物处理法+化学混凝法	氨氮	1.64	克/吨-产品		
					化学混凝法+好氧生物处理法+化学混凝法	总氮	3.06	克/吨-产品		
					化学混凝法+好氧生物处理法+化学混凝法	总磷	0.10	克/吨-产品		
					化学混凝法+好氧生物处理法+上浮分离	氨氮	1.64	克/吨-产品		
					化学混凝法+好氧生物处理法+上浮分离	总氮	3.06	克/吨-产品		
					化学混凝法+好氧生物处理法+上浮分离	总磷	0.10	克/吨-产品		

造纸和纸制品行业木竹浆制造（2211）污水治理设施污染物排放强度表（续表 2）

工段名称	产品名称	原料名称	工艺名称	规模等级	末端治理技术	污染物指标	污染物排放强度	系数单位	实际运行率参数选择	参考 k 值计算公式
制浆	热磨机械浆	木材（针叶木）	热磨机械法制浆（TMP）	所有规模	—	工业废水量	17.00	吨/吨-产品	—	—
					化学混凝法+好氧生物处理法+氧化还原法	氨氮	21.88	克/吨-产品	环保设施实际运行时间（小时/年）、企业正常生产时间（小时/年）	k=环保设施实际运行时间（小时/年）/企业正常生产时间（小时/年）
					化学混凝法+好氧生物处理法+氧化还原法	总氮	74.24	克/吨-产品		
					化学混凝法+好氧生物处理法+氧化还原法	总磷	1.31	克/吨-产品		
					化学混凝法+好氧生物处理法+化学混凝法	氨氮	13.96	克/吨-产品		
					化学混凝法+好氧生物处理法+化学混凝法	总氮	26.01	克/吨-产品		
					化学混凝法+好氧生物处理法+化学混凝法	总磷	0.85	克/吨-产品		
					化学混凝法+好氧生物处理法+上浮分离	氨氮	13.96	克/吨-产品		
					化学混凝法+好氧生物处理法+上浮分离	总氮	26.01	克/吨-产品		
					化学混凝法+好氧生物处理法+上浮分离	总磷	0.85	克/吨-产品		
			漂白热磨机械法制浆（BTMP）	所有规模	—	工业废水量	20.00	吨/吨-产品	—	—
					化学混凝法+好氧生物处理法+氧化还原法	氨氮	25.74	克/吨-产品	环保设施实际运行时间（小时/年）、企业正常生产时间（小时/年）	k=环保设施实际运行时间（小时/年）/企业正常生产时间（小时/年）
					化学混凝法+好氧生物处理法+氧化还原法	总氮	87.34	克/吨-产品		
					化学混凝法+好氧生物处理法+氧化还原法	总磷	1.54	克/吨-产品		
					化学混凝法+好氧生物处理法+化学混凝法	氨氮	16.42	克/吨-产品		
					化学混凝法+好氧生物处理法+化学混凝法	总氮	30.60	克/吨-产品		
					化学混凝法+好氧生物处理法+化学混凝法	总磷	1.00	克/吨-产品		
					化学混凝法+好氧生物处理法+上浮分离	氨氮	16.42	克/吨-产品		
					化学混凝法+好氧生物处理法+上浮分离	总氮	30.60	克/吨-产品		
					化学混凝法+好氧生物处理法+上浮分离	总磷	1.00	克/吨-产品		

造纸和纸制品行业木竹浆制造（2211）污水治理设施污染物排放强度表（续表 3）

工段名称	产品名称	原料名称	工艺名称	规模等级	末端治理技术	污染物指标	污染物排放强度	系数单位	实际运行率参数选择	参考 *k* 值计算公式
制浆	磺化机械浆	木材（针叶木）	磺化化学机械法制浆（SCMP）	所有规模	—	工业废水量	20.00	吨/吨-产品	—	—
					化学混凝法+好氧生物处理法+氧化还原法	氨氮	25.74	克/吨-产品	环保设施实际运行时间（小时/年）、企业正常生产时间（小时/年）	*k*=环保设施实际运行时间（小时/年）/企业正常生产时间（小时/年）
					化学混凝法+好氧生物处理法+氧化还原法	总氮	87.34	克/吨-产品		
					化学混凝法+好氧生物处理法+氧化还原法	总磷	1.54	克/吨-产品		
					化学混凝法+好氧生物处理法+化学混凝法	氨氮	16.42	克/吨-产品		
					化学混凝法+好氧生物处理法+化学混凝法	总氮	30.60	克/吨-产品		
					化学混凝法+好氧生物处理法+化学混凝法	总磷	1.00	克/吨-产品		
					化学混凝法+好氧生物处理法+上浮分离	氨氮	16.42	克/吨-产品		
					化学混凝法+好氧生物处理法+上浮分离	总氮	30.60	克/吨-产品		
					化学混凝法+好氧生物处理法+上浮分离	总磷	1.00	克/吨-产品		
	化学浆	木材（针叶木）	硫酸盐法制浆（未漂）	所有规模	—	工业废水量	30.00	吨/吨-产品	—	—
					化学混凝法+好氧生物处理法+氧化还原法	氨氮	38.61	克/吨-产品	环保设施实际运行时间（小时/年）、企业正常生产时间（小时/年）	*k*=环保设施实际运行时间（小时/年）/企业正常生产时间（小时/年）
					化学混凝法+好氧生物处理法+氧化还原法	总氮	131.01	克/吨-产品		
					化学混凝法+好氧生物处理法+氧化还原法	总磷	2.31	克/吨-产品		
					化学混凝法+好氧生物处理法+化学混凝法	氨氮	24.63	克/吨-产品		
					化学混凝法+好氧生物处理法+化学混凝法	总氮	45.90	克/吨-产品	环保设施实际运行时间（小时/年）、企业正常生产时间（小时/年）	*k*=环保设施实际运行时间（小时/年）/企业正常生产时间（小时/年）
					化学混凝法+好氧生物处理法+化学混凝法	总磷	1.50	克/吨-产品		
					化学混凝法+好氧生物处理法+上浮分离	氨氮	24.63	克/吨-产品		
					化学混凝法+好氧生物处理法+上浮分离	总氮	45.90	克/吨-产品		
					化学混凝法+好氧生物处理法+上浮分离	总磷	1.50	克/吨-产品		

造纸和纸制品行业木竹浆制造（2211）污水治理设施污染物排放强度表（续表 4）

工段名称	产品名称	原料名称	工艺名称	规模等级	末端治理技术	污染物指标	污染物排放强度	系数单位	实际运行率参数选择	参考 k 值计算公式
制浆	化学浆	木材（针叶木）	硫酸盐法制浆（漂白）	所有规模	—	工业废水量	38.00	吨/吨-产品	—	—
					化学混凝法+好氧生物处理法+氧化还原法	氨氮	48.90	克/吨-产品	环保设施实际运行时间（小时/年）、企业正常生产时间（小时/年）	k=环保设施实际运行时间（小时/年）/企业正常生产时间（小时/年）
					化学混凝法+好氧生物处理法+氧化还原法	总氮	165.94	克/吨-产品		
					化学混凝法+好氧生物处理法+氧化还原法	总磷	2.93	克/吨-产品		
					化学混凝法+好氧生物处理法+化学混凝法	氨氮	31.20	克/吨-产品		
					化学混凝法+好氧生物处理法+化学混凝法	总氮	58.14	克/吨-产品		
					化学混凝法+好氧生物处理法+化学混凝法	总磷	1.90	克/吨-产品		
					化学混凝法+好氧生物处理法+上浮分离	氨氮	31.20	克/吨-产品		
					化学混凝法+好氧生物处理法+上浮分离	总氮	58.14	克/吨-产品		
					化学混凝法+好氧生物处理法+上浮分离	总磷	1.90	克/吨-产品		
		桉木（阔叶木）	硫酸盐法制浆（漂白）	所有规模	—	工业废水量	20.17	吨/吨-产品	—	—
					化学混凝法+好氧生物处理法+氧化还原法	氨氮	25.96	克/吨-产品	环保设施实际运行时间（小时/年）、企业正常生产时间（小时/年）	k=环保设施实际运行时间（小时/年）/企业正常生产时间（小时/年）
					化学混凝法+好氧生物处理法+氧化还原法	总氮	88.08	克/吨-产品		
					化学混凝法+好氧生物处理法+氧化还原法	总磷	1.55	克/吨-产品		
					化学混凝法+好氧生物处理法+化学混凝法	氨氮	16.56	克/吨-产品		
					化学混凝法+好氧生物处理法+化学混凝法	总氮	30.86	克/吨-产品		
					化学混凝法+好氧生物处理法+化学混凝法	总磷	1.01	克/吨-产品		
					化学混凝法+好氧生物处理法+上浮分离	氨氮	16.56	克/吨-产品		
					化学混凝法+好氧生物处理法+上浮分离	总氮	30.86	克/吨-产品		
					化学混凝法+好氧生物处理法+上浮分离	总磷	1.01	克/吨-产品		

造纸和纸制品行业木竹浆制造（2211）污水治理设施污染物排放强度表（续表 5）

工段名称	产品名称	原料名称	工艺名称	规模等级	末端治理技术	污染物指标	污染物排放强度	系数单位	实际运行率参数选择	参考 k 值计算公式
制浆	化学浆	杨木（阔叶木）	硫酸盐法制浆（漂白）	所有规模	—	工业废水量	77.00	吨/吨-产品	—	—
					化学混凝法+好氧生物处理法+氧化还原法	氨氮	99.09	克/吨-产品	环保设施实际运行时间（小时/年）、企业正常生产时间（小时/年）	k=环保设施实际运行时间（小时/年）/企业正常生产时间（小时/年）
					化学混凝法+好氧生物处理法+氧化还原法	总氮	336.26	克/吨-产品		
					化学混凝法+好氧生物处理法+氧化还原法	总磷	5.93	克/吨-产品		
					化学混凝法+好氧生物处理法+化学混凝法	氨氮	63.22	克/吨-产品		
					化学混凝法+好氧生物处理法+化学混凝法	总氮	117.81	克/吨-产品	环保设施实际运行时间（小时/年）、企业正常生产时间（小时/年）	k=环保设施实际运行时间（小时/年）/企业正常生产时间（小时/年）
					化学混凝法+好氧生物处理法+化学混凝法	总磷	3.85	克/吨-产品		
					化学混凝法+好氧生物处理法+上浮分离	氨氮	63.22	克/吨-产品		
					化学混凝法+好氧生物处理法+上浮分离	总氮	117.81	克/吨-产品		
					化学混凝法+好氧生物处理法+上浮分离	总磷	3.85	克/吨-产品		
		竹子	硫酸盐法制浆（未漂）	所有规模	—	工业废水量	32.00	吨/吨-产品	—	—
					化学混凝法+好氧生物处理法+氧化还原法	氨氮	41.18	克/吨-产品	环保设施实际运行时间（小时/年）、企业正常生产时间（小时/年）	k=环保设施实际运行时间（小时/年）/企业正常生产时间（小时/年）
					化学混凝法+好氧生物处理法+氧化还原法	总氮	139.74	克/吨-产品		
					化学混凝法+好氧生物处理法+氧化还原法	总磷	2.46	克/吨-产品		
					化学混凝法+好氧生物处理法+化学混凝法	氨氮	26.27	克/吨-产品		
					化学混凝法+好氧生物处理法+化学混凝法	总氮	48.96	克/吨-产品		
					化学混凝法+好氧生物处理法+化学混凝法	总磷	1.60	克/吨-产品		
					化学混凝法+好氧生物处理法+上浮分离	氨氮	26.27	克/吨-产品		
					化学混凝法+好氧生物处理法+上浮分离	总氮	48.96	克/吨-产品		
					化学混凝法+好氧生物处理法+上浮分离	总磷	1.60	克/吨-产品		

造纸和纸制品行业木竹浆制造（2211）污水治理设施污染物排放强度表（续表6）

工段名称	产品名称	原料名称	工艺名称	规模等级	末端治理技术	污染物指标	污染物排放强度	系数单位	实际运行率参数选择	参考 k 值计算公式
制浆	化学浆	竹子	硫酸盐法制浆（漂白）	所有规模	—	工业废水量	32.00	吨/吨-产品	—	—
					化学混凝法+好氧生物处理法+氧化还原法	氨氮	41.18	克/吨-产品	环保设施实际运行时间（小时/年）、企业正常生产时间（小时/年）	k=环保设施实际运行时间（小时/年）/企业正常生产时间（小时/年）
					化学混凝法+好氧生物处理法+氧化还原法	总氮	139.74	克/吨-产品		
					化学混凝法+好氧生物处理法+氧化还原法	总磷	2.46	克/吨-产品		
					化学混凝法+好氧生物处理法+化学混凝法	氨氮	26.27	克/吨-产品		
					化学混凝法+好氧生物处理法+化学混凝法	总氮	48.96	克/吨-产品		
					化学混凝法+好氧生物处理法+化学混凝法	总磷	1.60	克/吨-产品		
					化学混凝法+好氧生物处理法+上浮分离	氨氮	26.27	克/吨-产品		
					化学混凝法+好氧生物处理法+上浮分离	总氮	48.96	克/吨-产品		
					化学混凝法+好氧生物处理法+上浮分离	总磷	1.60	克/吨-产品		
			硫酸盐法制浆（漂白）（无碱回收）	所有规模	—	工业废水量	125.00	吨/吨-产品	—	—
					化学混凝法+好氧生物处理法+氧化还原法	氨氮	160.86	克/吨-产品	环保设施实际运行时间（小时/年）、企业正常生产时间（小时/年）	k=环保设施实际运行时间（小时/年）/企业正常生产时间（小时/年）
					化学混凝法+好氧生物处理法+氧化还原法	总氮	545.87	克/吨-产品		
					化学混凝法+好氧生物处理法+氧化还原法	总磷	9.63	克/吨-产品		
					化学混凝法+好氧生物处理法+化学混凝法	氨氮	102.63	克/吨-产品		
				所有规模	化学混凝法+好氧生物处理法+化学混凝法	总氮	191.25	克/吨-产品	环保设施实际运行时间（小时/年）、企业正常生产时间（小时/年）	k=环保设施实际运行时间（小时/年）/企业正常生产时间（小时/年）
					化学混凝法+好氧生物处理法+化学混凝法	总磷	6.25	克/吨-产品		
					化学混凝法+好氧生物处理法+上浮分离	氨氮	102.63	克/吨-产品		
					化学混凝法+好氧生物处理法+上浮分离	总氮	191.25	克/吨-产品		
					化学混凝法+好氧生物处理法+上浮分离	总磷	6.25	克/吨-产品		

造纸和纸制品行业木竹浆制造（2211）污水治理设施污染物排放强度表（续表 7）

工段名称	产品名称	原料名称	工艺名称	规模等级	末端治理技术	污染物指标	污染物排放强度	系数单位	实际运行率参数选择	参考 k 值计算公式
制浆	化学浆	木材	酸法制浆（漂白）（综合利用）	所有规模	—	工业废水量	45.00	吨/吨-产品	—	—
					化学混凝法+好氧生物处理法+氧化还原法	氨氮	57.91	克/吨-产品	环保设施实际运行时间（小时/年）、企业正常生产时间（小时/年）	k=环保设施实际运行时间（小时/年）/企业正常生产时间（小时/年）
					化学混凝法+好氧生物处理法+氧化还原法	总氮	196.51	克/吨-产品		
					化学混凝法+好氧生物处理法+氧化还原法	总磷	3.47	克/吨-产品		
					化学混凝法+好氧生物处理法+化学混凝法	氨氮	36.95	克/吨-产品		
					化学混凝法+好氧生物处理法+化学混凝法	总氮	68.85	克/吨-产品		
					化学混凝法+好氧生物处理法+化学混凝法	总磷	2.25	克/吨-产品		
					化学混凝法+好氧生物处理法+上浮分离	氨氮	36.95	克/吨-产品		
					化学混凝法+好氧生物处理法+上浮分离	总氮	68.85	克/吨-产品		
					化学混凝法+好氧生物处理法+上浮分离	总磷	2.25	克/吨-产品		
			预水解硫酸盐法制浆（溶解浆）	所有规模	—	工业废水量	35.00	吨/吨-产品	—	—
					化学混凝法+好氧生物处理法+氧化还原法	氨氮	45.04	克/吨-产品	环保设施实际运行时间（小时/年）、企业正常生产时间（小时/年）	k=环保设施实际运行时间（小时/年）/企业正常生产时间（小时/年）
					化学混凝法+好氧生物处理法+氧化还原法	总氮	152.84	克/吨-产品		
					化学混凝法+好氧生物处理法+氧化还原法	总磷	2.70	克/吨-产品		
					化学混凝法+好氧生物处理法+化学混凝法	氨氮	28.74	克/吨-产品		
					化学混凝法+好氧生物处理法+化学混凝法	总氮	53.55	克/吨-产品		
					化学混凝法+好氧生物处理法+化学混凝法	总磷	1.75	克/吨-产品		
					化学混凝法+好氧生物处理法+上浮分离	氨氮	28.74	克/吨-产品		
					化学混凝法+好氧生物处理法+上浮分离	总氮	53.55	克/吨-产品		
					化学混凝法+好氧生物处理法+上浮分离	总磷	1.75	克/吨-产品		

造纸和纸制品行业木竹浆制造（2211）污水治理设施污染物排放强度表（续表 8）

工段名称	产品名称	原料名称	工艺名称	规模等级	末端治理技术	污染物指标	污染物排放强度	系数单位	实际运行率参数选择	参考 k 值计算公式
制浆	半化学浆	木材	硫酸盐法制浆（综合利用）	所有规模	—	工业废水量	30.00	吨/吨-产品	—	—
					化学混凝法+好氧生物处理法+氧化还原法	氨氮	38.61	克/吨-产品	环保设施实际运行时间（小时/年）、企业正常生产时间（小时/年）	k=环保设施实际运行时间（小时/年）/企业正常生产时间（小时/年）
					化学混凝法+好氧生物处理法+氧化还原法	总氮	131.01	克/吨-产品		
					化学混凝法+好氧生物处理法+氧化还原法	总磷	2.31	克/吨-产品		
					化学混凝法+好氧生物处理法+化学混凝法	氨氮	24.63	克/吨-产品		
					化学混凝法+好氧生物处理法+化学混凝法	总氮	45.90	克/吨-产品		
					化学混凝法+好氧生物处理法+化学混凝法	总磷	1.50	克/吨-产品		
					化学混凝法+好氧生物处理法+上浮分离	氨氮	24.63	克/吨-产品		
					化学混凝法+好氧生物处理法+上浮分离	总氮	45.90	克/吨-产品		
					化学混凝法+好氧生物处理法+上浮分离	总磷	1.50	克/吨-产品		

造纸和纸制品行业非木竹浆制造（2212）污水治理设施污染物排放强度表

工段名称	产品名称	原料名称	工艺名称	规模等级	末端治理技术	污染物指标	污染物排放强度	系数单位	实际运行率参数选择	参考 k 值计算公式[1]
制浆	化学浆	蔗渣	硫酸盐法制浆（漂白）	所有规模	—	工业废水量	135.00	吨/吨-产品	—	—
					化学混凝法+厌氧生物处理法+好氧生物处理法+氧化还原法	氨氮	173.73	克/吨-产品	环保设施实际运行时间（小时/年）、企业正常生产时间（小时/年）	k=环保设施实际运行时间（小时/年）/企业正常生产时间（小时/年）
					化学混凝法+厌氧生物处理法+好氧生物处理法+氧化还原法	总氮	589.54	克/吨-产品		
					化学混凝法+厌氧生物处理法+好氧生物处理法+氧化还原法	总磷	10.40	克/吨-产品		
			硫酸盐法制浆(漂白)(无碱回收)	所有规模	—	工业废水量	190.00	吨/吨-产品	—	—
					化学混凝法+厌氧生物处理法+好氧生物处理法+氧化还原法	氨氮	244.51	克/吨-产品	环保设施实际运行时间（小时/年）、企业正常生产时间（小时/年）	k=环保设施实际运行时间（小时/年）/企业正常生产时间（小时/年）
					化学混凝法+厌氧生物处理法+好氧生物处理法+氧化还原法	总氮	829.72	克/吨-产品		
					化学混凝法+厌氧生物处理法+好氧生物处理法+氧化还原法	总磷	14.63	克/吨-产品		
			烧碱法制浆（未漂）	所有规模	—	工业废水量	120.00	吨/吨-产品	—	—
					化学混凝法+厌氧生物处理法+好氧生物处理法+氧化还原法	氨氮	154.43	克/吨-产品	环保设施实际运行时间（小时/年）、企业正常生产时间（小时/年）	k=环保设施实际运行时间（小时/年）/企业正常生产时间（小时/年）
					化学混凝法+厌氧生物处理法+好氧生物处理法+氧化还原法	总氮	524.03	克/吨-产品		
					化学混凝法+厌氧生物处理法+好氧生物处理法+氧化还原法	总磷	9.24	克/吨-产品		

[1] 该公式仅供参考，使用时，可根据 k 值定义，选取更适合企业实际情况的表达方式。

造纸和纸制品行业非木竹浆制造（2212）污水治理设施污染物排放强度表（续表 1）

工段名称	产品名称	原料名称	工艺名称	规模等级	末端治理技术	污染物指标	污染物排放强度	系数单位	实际运行率参数选择	参考 *k* 值计算公式
制浆	化学浆	蔗渣	烧碱法制浆（未漂）（无碱回收）	所有规模	—	工业废水量	145.50	吨/吨-产品	—	—
					化学混凝法+厌氧生物处理法+好氧生物处理法+氧化还原法	氨氮	187.25	克/吨-产品	环保设施实际运行时间（小时/年）、企业正常生产时间（小时/年）	*k*=环保设施实际运行时间（小时/年）/企业正常生产时间（小时/年）
					化学混凝法+厌氧生物处理法+好氧生物处理法+氧化还原法	总氮	635.39	克/吨-产品		
					化学混凝法+厌氧生物处理法+好氧生物处理法+氧化还原法	总磷	11.20	克/吨-产品		
			烧碱法制浆（漂白）	所有规模	—	工业废水量	62.00	吨/吨-产品	—	—
					化学混凝法+厌氧生物处理法+好氧生物处理法+氧化还原法	氨氮	79.79	克/吨-产品	环保设施实际运行时间（小时/年）、企业正常生产时间（小时/年）	*k*=环保设施实际运行时间（小时/年）/企业正常生产时间（小时/年）
					化学混凝法+厌氧生物处理法+好氧生物处理法+氧化还原法	总氮	270.75	克/吨-产品		
					化学混凝法+厌氧生物处理法+好氧生物处理法+氧化还原法	总磷	4.77	克/吨-产品		
			烧碱法制浆（漂白）（无碱回收）	所有规模	—	工业废水量	165.00	吨/吨-产品	—	—
					化学混凝法+厌氧生物处理法+好氧生物处理法+氧化还原法	氨氮	212.34	克/吨-产品	环保设施实际运行时间（小时/年）、企业正常生产时间（小时/年）	*k*=环保设施实际运行时间（小时/年）/企业正常生产时间（小时/年）
					化学混凝法+厌氧生物处理法+好氧生物处理法+氧化还原法	总氮	720.55	克/吨-产品		
					化学混凝法+厌氧生物处理法+好氧生物处理法+氧化还原法	总磷	12.71	克/吨-产品		

造纸和纸制品行业非木竹浆制造（2212）污水治理设施污染物排放强度表（续表 2）

工段名称	产品名称	原料名称	工艺名称	规模等级	末端治理技术	污染物指标	污染物排放强度	系数单位	实际运行率参数选择	参考 k 值计算公式
制浆	化学浆	苇	烧碱法制浆（未漂）	所有规模	—	工业废水量	41.00	吨/吨-产品	—	—
					化学混凝法+厌氧生物处理法+好氧生物处理法+氧化还原法	氨氮	52.76	克/吨-产品	环保设施实际运行时间（小时/年）、企业正常生产时间（小时/年）	k=环保设施实际运行时间（小时/年）/企业正常生产时间（小时/年）
					化学混凝法+厌氧生物处理法+好氧生物处理法+氧化还原法	总氮	179.05	克/吨-产品		
					化学混凝法+厌氧生物处理法+好氧生物处理法+氧化还原法	总磷	3.16	克/吨-产品		
					化学混凝法+厌氧生物处理法+好氧生物处理法+化学混凝法	氨氮	33.66	克/吨-产品		
					化学混凝法+厌氧生物处理法+好氧生物处理法+化学混凝法	总氮	62.73	克/吨-产品		
					化学混凝法+厌氧生物处理法+好氧生物处理法+化学混凝法	总磷	2.05	克/吨-产品		
			烧碱法制浆（未漂）（无碱回收）	所有规模	—	工业废水量	205.00	吨/吨-产品	—	—
					化学混凝法+厌氧生物处理法+好氧生物处理法+氧化还原法	氨氮	263.82	克/吨-产品	环保设施实际运行时间（小时/年）、企业正常生产时间（小时/年）	k=环保设施实际运行时间（小时/年）/企业正常生产时间（小时/年）
					化学混凝法+厌氧生物处理法+好氧生物处理法+氧化还原法	总氮	895.23	克/吨-产品		
					化学混凝法+厌氧生物处理法+好氧生物处理法+氧化还原法	总磷	15.79	克/吨-产品		
					化学混凝法+厌氧生物处理法+好氧生物处理法+化学混凝法	氨氮	168.31	克/吨-产品		
					化学混凝法+厌氧生物处理法+好氧生物处理法+化学混凝法	总氮	313.65	克/吨-产品		
					化学混凝法+厌氧生物处理法+好氧生物处理法+化学混凝法	总磷	10.25	克/吨-产品		

造纸和纸制品行业非木竹浆制造（2212）污水治理设施污染物排放强度表（续表3）

工段名称	产品名称	原料名称	工艺名称	规模等级	末端治理技术	污染物指标	污染物排放强度	系数单位	实际运行率参数选择	参考 k 值计算公式
制浆	化学浆	苇	烧碱法制浆（漂白）	所有规模	—	工业废水量	62.00	吨/吨-产品	—	—
					化学混凝法+厌氧生物处理法+好氧生物处理法+氧化还原法	氨氮	79.79	克/吨-产品	环保设施实际运行时间（小时/年）、企业正常生产时间（小时/年）	k=环保设施实际运行时间（小时/年）/企业正常生产时间（小时/年）
					化学混凝法+厌氧生物处理法+好氧生物处理法+氧化还原法	总氮	270.75	克/吨-产品		
					化学混凝法+厌氧生物处理法+好氧生物处理法+氧化还原法	总磷	4.77	克/吨-产品		
					化学混凝法+厌氧生物处理法+好氧生物处理法+化学混凝法	氨氮	50.90	克/吨-产品		
					化学混凝法+厌氧生物处理法+好氧生物处理法+化学混凝法	总氮	94.86	克/吨-产品		
					化学混凝法+厌氧生物处理法+好氧生物处理法+化学混凝法	总磷	3.10	克/吨-产品		
			烧碱法制浆（漂白）（无碱回收）	所有规模	—	工业废水量	247.00	吨/吨-产品	—	—
					化学混凝法+厌氧生物处理法+好氧生物处理法+氧化还原法	氨氮	317.87	克/吨-产品	环保设施实际运行时间（小时/年）、企业正常生产时间（小时/年）	k=环保设施实际运行时间（小时/年）/企业正常生产时间（小时/年）
					化学混凝法+厌氧生物处理法+好氧生物处理法+氧化还原法	总氮	1078.64	克/吨-产品		
					化学混凝法+厌氧生物处理法+好氧生物处理法+氧化还原法	总磷	19.02	克/吨-产品		
					化学混凝法+厌氧生物处理法+好氧生物处理法+化学混凝法	氨氮	202.79	克/吨-产品		
					化学混凝法+厌氧生物处理法+好氧生物处理法+化学混凝法	总氮	377.91	克/吨-产品		
					化学混凝法+厌氧生物处理法+好氧生物处理法+化学混凝法	总磷	12.35	克/吨-产品		

造纸和纸制品行业非木竹浆制造（2212）污水治理设施污染物排放强度表（续表 4）

工段名称	产品名称	原料名称	工艺名称	规模等级	末端治理技术	污染物指标	污染物排放强度	系数单位	实际运行率参数选择	参考 k 值计算公式
制浆	化学浆	稻麦草	烧碱法制浆（未漂）	所有规模	—	工业废水量	105.00	吨/吨-产品	—	—
					化学混凝法+厌氧生物处理法+好氧生物处理法+氧化还原法	氨氮	135.13	克/吨-产品	环保设施实际运行时间（小时/年）、企业正常生产时间（小时/年）	k=环保设施实际运行时间（小时/年）/企业正常生产时间（小时/年）
					化学混凝法+厌氧生物处理法+好氧生物处理法+氧化还原法	总氮	458.53	克/吨-产品		
					化学混凝法+厌氧生物处理法+好氧生物处理法+氧化还原法	总磷	8.09	克/吨-产品		
					化学混凝法+厌氧生物处理法+好氧生物处理法+化学混凝法	氨氮	86.21	克/吨-产品		
					化学混凝法+厌氧生物处理法+好氧生物处理法+化学混凝法	总氮	160.65	克/吨-产品		
					化学混凝法+厌氧生物处理法+好氧生物处理法+化学混凝法	总磷	5.25	克/吨-产品		
			烧碱法制浆（未漂）（无碱回收和综合利用）	所有规模	—	工业废水量	157.50	吨/吨-产品	—	—
					化学混凝法+厌氧生物处理法+好氧生物处理法+氧化还原法	氨氮	202.69	克/吨-产品	环保设施实际运行时间（小时/年）、企业正常生产时间（小时/年）	k=环保设施实际运行时间（小时/年）/企业正常生产时间（小时/年）
					化学混凝法+厌氧生物处理法+好氧生物处理法+氧化还原法	总氮	687.80	克/吨-产品		
					化学混凝法+厌氧生物处理法+好氧生物处理法+氧化还原法	总磷	12.13	克/吨-产品		
					化学混凝法+厌氧生物处理法+好氧生物处理法+化学混凝法	氨氮	129.31	克/吨-产品		
					化学混凝法+厌氧生物处理法+好氧生物处理法+化学混凝法	总氮	240.98	克/吨-产品		
					化学混凝法+厌氧生物处理法+好氧生物处理法+化学混凝法	总磷	7.88	克/吨-产品		

造纸和纸制品行业非木竹浆制造（2212）污水治理设施污染物排放强度表（续表 5）

工段名称	产品名称	原料名称	工艺名称	规模等级	末端治理技术	污染物指标	污染物排放强度	系数单位	实际运行率参数选择	参考 k 值计算公式
制浆	化学浆	稻麦草	烧碱法制浆（漂白）	所有规模	—	工业废水量	67.00	吨/吨-产品	—	—
					化学混凝法+厌氧生物处理法+好氧生物处理法+氧化还原法	氨氮	86.22	克/吨-产品	环保设施实际运行时间（小时/年）、企业正常生产时间（小时/年）	k=环保设施实际运行时间（小时/年）/企业正常生产时间（小时/年）
					化学混凝法+厌氧生物处理法+好氧生物处理法+氧化还原法	总氮	292.59	克/吨-产品		
					化学混凝法+厌氧生物处理法+好氧生物处理法+氧化还原法	总磷	5.16	克/吨-产品		
					化学混凝法+厌氧生物处理法+好氧生物处理法+化学混凝法	氨氮	55.01	克/吨-产品		
					化学混凝法+厌氧生物处理法+好氧生物处理法+化学混凝法	总氮	102.51	克/吨-产品		
					化学混凝法+厌氧生物处理法+好氧生物处理法+化学混凝法	总磷	3.35	克/吨-产品		
			烧碱法制浆（漂白）（无碱回收和综合利用）	所有规模	—	工业废水量	180.00	吨/吨-产品	—	—
					化学混凝法+厌氧生物处理法+好氧生物处理法+氧化还原法	氨氮	231.65	克/吨-产品	环保设施实际运行时间（小时/年）、企业正常生产时间（小时/年）	k=环保设施实际运行时间（小时/年）/企业正常生产时间（小时/年）
					化学混凝法+厌氧生物处理法+好氧生物处理法+氧化还原法	总氮	786.05	克/吨-产品		
					化学混凝法+厌氧生物处理法+好氧生物处理法+氧化还原法	总磷	13.86	克/吨-产品		
					化学混凝法+厌氧生物处理法+好氧生物处理法+化学混凝法	氨氮	147.79	克/吨-产品		
					化学混凝法+厌氧生物处理法+好氧生物处理法+化学混凝法	总氮	275.40	克/吨-产品		
					化学混凝法+厌氧生物处理法+好氧生物处理法+化学混凝法	总磷	9.00	克/吨-产品		

造纸和纸制品行业非木竹浆制造（2212）污水治理设施污染物排放强度表（续表 6）

工段名称	产品名称	原料名称	工艺名称	规模等级	末端治理技术	污染物指标	污染物排放强度	系数单位	实际运行率参数选择	参考 k 值计算公式
制浆	化学浆	棉	烧碱法制浆（漂白）	所有规模	—	工业废水量	46.00	吨/吨-产品	—	—
					化学混凝法+厌氧生物处理法+好氧生物处理法+氧化还原法	氨氮	59.20	克/吨-产品	环保设施实际运行时间（小时/年）、企业正常生产时间（小时/年）	k=环保设施实际运行时间（小时/年）/企业正常生产时间（小时/年）
					化学混凝法+厌氧生物处理法+好氧生物处理法+氧化还原法	总氮	200.88	克/吨-产品		
					化学混凝法+厌氧生物处理法+好氧生物处理法+氧化还原法	总磷	3.54	克/吨-产品		
					化学混凝法+厌氧生物处理法+好氧生物处理法+化学混凝法	氨氮	37.77	克/吨-产品		
					化学混凝法+厌氧生物处理法+好氧生物处理法+化学混凝法	总氮	70.38	克/吨-产品		
					化学混凝法+厌氧生物处理法+好氧生物处理法+化学混凝法	总磷	2.30	克/吨-产品		
		麻	烧碱法制浆（漂白）	所有规模	—	工业废水量	500.00	吨/吨-产品	—	—
					化学混凝法+厌氧生物处理法+好氧生物处理法+氧化还原法	氨氮	643.46	克/吨-产品	环保设施实际运行时间（小时/年）、企业正常生产时间（小时/年）	k=环保设施实际运行时间（小时/年）/企业正常生产时间（小时/年）
					化学混凝法+厌氧生物处理法+好氧生物处理法+氧化还原法	总氮	2183.48	克/吨-产品		
					化学混凝法+厌氧生物处理法+好氧生物处理法+氧化还原法	总磷	38.50	克/吨-产品		
					化学混凝法+厌氧生物处理法+好氧生物处理法+化学混凝法	氨氮	410.51	克/吨-产品		
					化学混凝法+厌氧生物处理法+好氧生物处理法+化学混凝法	总氮	765.00	克/吨-产品		
					化学混凝法+厌氧生物处理法+好氧生物处理法+化学混凝法	总磷	25.00	克/吨-产品		

造纸和纸制品行业非木竹浆制造（2212）污水治理设施污染物排放强度表（续表 7）

工段名称	产品名称	原料名称	工艺名称	规模等级	末端治理技术	污染物指标	污染物排放强度	系数单位	实际运行率参数选择	参考 *k* 值计算公式
制浆	化学浆	稻麦草	亚硫酸钠法制浆（漂白）（综合利用）	所有规模	—	工业废水量	157.50	吨/吨-产品	—	—
					化学混凝法+厌氧生物处理法+好氧生物处理法+氧化还原法	氨氮	202.69	克/吨-产品	环保设施实际运行时间（小时/年）、企业正常生产时间（小时/年）	*k*=环保设施实际运行时间（小时/年）/企业正常生产时间（小时/年）
					化学混凝法+厌氧生物处理法+好氧生物处理法+氧化还原法	总氮	687.80	克/吨-产品		
					化学混凝法+厌氧生物处理法+好氧生物处理法+氧化还原法	总磷	12.13	克/吨-产品		
					化学混凝法+厌氧生物处理法+好氧生物处理法+化学混凝法	氨氮	129.31	克/吨-产品		
					化学混凝法+厌氧生物处理法+好氧生物处理法+化学混凝法	总氮	240.98	克/吨-产品		
					化学混凝法+厌氧生物处理法+好氧生物处理法+化学混凝法	总磷	7.88	克/吨-产品		
					—	工业废水量	121.00	吨/吨-产品	—	—
					化学混凝法+厌氧生物处理法+好氧生物处理法+氧化还原法	氨氮	155.72	克/吨-产品	环保设施实际运行时间（小时/年）、企业正常生产时间（小时/年）	*k*=环保设施实际运行时间（小时/年）/企业正常生产时间（小时/年）
					化学混凝法+厌氧生物处理法+好氧生物处理法+氧化还原法	总氮	528.40	克/吨-产品		
					化学混凝法+厌氧生物处理法+好氧生物处理法+氧化还原法	总磷	9.32	克/吨-产品		
					化学混凝法+厌氧生物处理法+好氧生物处理法+化学混凝法	氨氮	99.34	克/吨-产品		
					化学混凝法+厌氧生物处理法+好氧生物处理法+化学混凝法	总氮	185.13	克/吨-产品		
					化学混凝法+厌氧生物处理法+好氧生物处理法+化学混凝法	总磷	6.05	克/吨-产品		

造纸和纸制品行业非木竹浆制造（2212）污水治理设施污染物排放强度表（续表 8）

工段名称	产品名称	原料名称	工艺名称	规模等级	末端治理技术	污染物指标	污染物排放强度	系数单位	实际运行率参数选择	参考 k 值计算公式
制浆	化学浆	稻麦草	亚铵法制浆（漂白）（综合利用）	所有规模	—	工业废水量	160.00	吨/吨-产品	—	—
					化学混凝法+厌氧生物处理法+好氧生物处理法+氧化还原法	氨氮	已制定不再给出	克/吨-产品	环保设施实际运行时间（小时/年）、企业正常生产时间（小时/年）	k=环保设施实际运行时间（小时/年）/企业正常生产时间（小时/年）
					化学混凝法+厌氧生物处理法+好氧生物处理法+氧化还原法	总氮	698.71	克/吨-产品		
					化学混凝法+厌氧生物处理法+好氧生物处理法+氧化还原法	总磷	12.32	克/吨-产品		
					化学混凝法+厌氧生物处理法+好氧生物处理法+化学混凝法	氨氮	已制定不再给出	克/吨-产品		
					化学混凝法+厌氧生物处理法+好氧生物处理法+化学混凝法	总氮	244.80	克/吨-产品		
					化学混凝法+厌氧生物处理法+好氧生物处理法+化学混凝法	总磷	8.00	克/吨-产品		
					—	工业废水量	45.00	吨/吨-产品	—	—
					化学混凝法+厌氧生物处理法+好氧生物处理法+氧化还原法	氨氮	已制定不再给出	克/吨-产品	环保设施实际运行时间（小时/年）、企业正常生产时间（小时/年）	k=环保设施实际运行时间（小时/年）/企业正常生产时间（小时/年）
					化学混凝法+厌氧生物处理法+好氧生物处理法+氧化还原法	总氮	196.51	克/吨-产品		
					化学混凝法+厌氧生物处理法+好氧生物处理法+氧化还原法	总磷	3.47	克/吨-产品		
					化学混凝法+厌氧生物处理法+好氧生物处理法+化学混凝法	氨氮	已制定不再给出	克/吨-产品		
					化学混凝法+厌氧生物处理法+好氧生物处理法+化学混凝法	总氮	68.85	克/吨-产品		
					化学混凝法+厌氧生物处理法+好氧生物处理法+化学混凝法	总磷	2.25	克/吨-产品		

造纸和纸制品行业非木竹浆制造（2212）污水治理设施污染物排放强度表（续表 9）

工段名称	产品名称	原料名称	工艺名称	规模等级	末端治理技术	污染物指标	污染物排放强度	系数单位	实际运行率参数选择	参考 k 值计算公式
制浆	化学浆	蔗渣	酸法制浆（漂白）（综合利用）	所有规模	—	工业废水量	122.50	吨/吨-产品	—	—
					化学混凝法+厌氧生物处理法+好氧生物处理法+氧化还原法	氨氮	157.65	克/吨-产品	环保设施实际运行时间（小时/年）、企业正常生产时间（小时/年）	k=环保设施实际运行时间（小时/年）/企业正常生产时间（小时/年）
					化学混凝法+厌氧生物处理法+好氧生物处理法+氧化还原法	总氮	534.95	克/吨-产品		
					化学混凝法+厌氧生物处理法+好氧生物处理法+氧化还原法	总磷	9.43	克/吨-产品		
					—	工业废水量	82.50	吨/吨-产品	—	—
					化学混凝法+厌氧生物处理法+好氧生物处理法+氧化还原法	氨氮	106.17	克/吨-产品	环保设施实际运行时间（小时/年）、企业正常生产时间（小时/年）	k=环保设施实际运行时间（小时/年）/企业正常生产时间（小时/年）
					化学混凝法+厌氧生物处理法+好氧生物处理法+氧化还原法	总氮	360.27	克/吨-产品		
					化学混凝法+厌氧生物处理法+好氧生物处理法+氧化还原法	总磷	6.35	克/吨-产品		
		苇	酸法制浆（漂白）（综合利用）	所有规模	—	工业废水量	35.00	吨/吨-产品	—	—
					化学混凝法+厌氧生物处理法+好氧生物处理法+氧化还原法	氨氮	45.04	克/吨-产品	环保设施实际运行时间（小时/年）、企业正常生产时间（小时/年）	k=环保设施实际运行时间（小时/年）/企业正常生产时间（小时/年）
					化学混凝法+厌氧生物处理法+好氧生物处理法+氧化还原法	总氮	152.84	克/吨-产品		
					化学混凝法+厌氧生物处理法+好氧生物处理法+氧化还原法	总磷	2.70	克/吨-产品		
					化学混凝法+厌氧生物处理法+好氧生物处理法+化学混凝法	氨氮	28.74	克/吨-产品		
					化学混凝法+厌氧生物处理法+好氧生物处理法+化学混凝法	总氮	53.55	克/吨-产品		
					化学混凝法+厌氧生物处理法+好氧生物处理法+化学混凝法	总磷	1.75	克/吨-产品		

造纸和纸制品行业非木竹浆制造（2212）污水治理设施污染物排放强度表（续表 10）

工段名称	产品名称	原料名称	工艺名称	规模等级	末端治理技术	污染物指标	污染物排放强度	系数单位	实际运行率参数选择	参考 k 值计算公式
制浆	化学浆	檀皮、稻麦草、麻	石灰法制浆	所有规模	—	工业废水量	110.00	吨/吨-产品	—	—
					化学混凝法+厌氧生物处理法+好氧生物处理法+氧化还原法	氨氮	141.56	克/吨-产品	环保设施实际运行时间（小时/年）、企业正常生产时间（小时/年）	k=环保设施实际运行时间（小时/年）/企业正常生产时间（小时/年）
					化学混凝法+厌氧生物处理法+好氧生物处理法+氧化还原法	总氮	480.36	克/吨-产品		
					化学混凝法+厌氧生物处理法+好氧生物处理法+氧化还原法	总磷	8.47	克/吨-产品		
					化学混凝法+厌氧生物处理法+好氧生物处理法+化学混凝法	氨氮	90.31	克/吨-产品		
					化学混凝法+厌氧生物处理法+好氧生物处理法+化学混凝法	总氮	168.30	克/吨-产品		
					化学混凝法+厌氧生物处理法+好氧生物处理法+化学混凝法	总磷	5.50	克/吨-产品		
		棉短绒	烧碱法制浆（溶解浆）	所有规模	—	工业废水量	56.00	吨/吨-产品	—	—
					化学混凝法+厌氧生物处理法+好氧生物处理法+氧化还原法	氨氮	72.07	克/吨-产品	环保设施实际运行时间（小时/年）、企业正常生产时间（小时/年）	k=环保设施实际运行时间（小时/年）/企业正常生产时间（小时/年）
					化学混凝法+厌氧生物处理法+好氧生物处理法+氧化还原法	总氮	244.55	克/吨-产品		
					化学混凝法+厌氧生物处理法+好氧生物处理法+氧化还原法	总磷	4.31	克/吨-产品		
					化学混凝法+厌氧生物处理法+好氧生物处理法+化学混凝法	氨氮	45.98	克/吨-产品		
					化学混凝法+厌氧生物处理法+好氧生物处理法+化学混凝法	总氮	85.68	克/吨-产品		
					化学混凝法+厌氧生物处理法+好氧生物处理法+化学混凝法	总磷	2.80	克/吨-产品		

造纸和纸制品行业非木竹浆制造（2212）污水治理设施污染物排放强度表（续表 11）

工段名称	产品名称	原料名称	工艺名称	规模等级	末端治理技术	污染物指标	污染物排放强度	系数单位	实际运行率参数选择	参考 k 值计算公式
制浆	半化学浆	稻麦草	碱法制浆	所有规模	—	工业废水量	34.00	吨/吨-产品	—	—
					化学混凝法+厌氧生物处理法+好氧生物处理法+氧化还原法	氨氮	43.76	克/吨-产品	环保设施实际运行时间（小时/年）、企业正常生产时间（小时/年）	k=环保设施实际运行时间（小时/年）/企业正常生产时间（小时/年）
					化学混凝法+厌氧生物处理法+好氧生物处理法+氧化还原法	总氮	148.48	克/吨-产品		
					化学混凝法+厌氧生物处理法+好氧生物处理法+氧化还原法	总磷	2.62	克/吨-产品		
					化学混凝法+厌氧生物处理法+好氧生物处理法+化学混凝法	氨氮	27.91	克/吨-产品		
					化学混凝法+厌氧生物处理法+好氧生物处理法+化学混凝法	总氮	52.02	克/吨-产品		
					化学混凝法+厌氧生物处理法+好氧生物处理法+化学混凝法	总磷	1.70	克/吨-产品		
			亚铵法制浆（综合利用）	所有规模	—	工业废水量	70.00	吨/吨-产品	—	—
					化学混凝法+厌氧生物处理法+好氧生物处理法+氧化还原法	氨氮	已制定不再给出	克/吨-产品	环保设施实际运行时间（小时/年）、企业正常生产时间（小时/年）	k=环保设施实际运行时间（小时/年）/企业正常生产时间（小时/年）
					化学混凝法+厌氧生物处理法+好氧生物处理法+氧化还原法	总氮	305.69	克/吨-产品		
					化学混凝法+厌氧生物处理法+好氧生物处理法+氧化还原法	总磷	5.39	克/吨-产品		
					化学混凝法+厌氧生物处理法+好氧生物处理法+化学混凝法	氨氮	已制定不再给出	克/吨-产品		
					化学混凝法+厌氧生物处理法+好氧生物处理法+化学混凝法	总氮	107.10	克/吨-产品		
					化学混凝法+厌氧生物处理法+好氧生物处理法+化学混凝法	总磷	3.50	克/吨-产品		

造纸和纸制品行业非木竹浆制造（2212）污水治理设施污染物排放强度表（续表 12）

工段名称	产品名称	原料名称	工艺名称	规模等级	末端治理技术	污染物指标	污染物排放强度	系数单位	实际运行率参数选择	参考 k 值计算公式
制浆	半化学浆	稻麦草	亚铵法制浆（无综合利用）	所有规模	—	工业废水量	100.00	吨/吨-产品	—	—
					化学混凝法+厌氧生物处理法+好氧生物处理法+氧化还原法	氨氮	已制定不再给出	克/吨-产品	环保设施实际运行时间（小时/年）、企业正常生产时间（小时/年）	k=环保设施实际运行时间（小时/年）/企业正常生产时间（小时/年）
					化学混凝法+厌氧生物处理法+好氧生物处理法+氧化还原法	总氮	436.70	克/吨-产品		
					化学混凝法+厌氧生物处理法+好氧生物处理法+氧化还原法	总磷	7.70	克/吨-产品		
					化学混凝法+厌氧生物处理法+好氧生物处理法+化学混凝法	氨氮	已制定不再给出	克/吨-产品		
					化学混凝法+厌氧生物处理法+好氧生物处理法+化学混凝法	总氮	153.00	克/吨-产品		
					化学混凝法+厌氧生物处理法+好氧生物处理法+化学混凝法	总磷	5.00	克/吨-产品		
		棉秆	碱法制浆	所有规模	—	工业废水量	115.00	吨/吨-产品	—	—
					化学混凝法+厌氧生物处理法+好氧生物处理法+氧化还原法	氨氮	148.00	克/吨-产品	环保设施实际运行时间（小时/年）、企业正常生产时间（小时/年）	k=环保设施实际运行时间（小时/年）/企业正常生产时间（小时/年）
					化学混凝法+厌氧生物处理法+好氧生物处理法+氧化还原法	总氮	502.20	克/吨-产品		
					化学混凝法+厌氧生物处理法+好氧生物处理法+氧化还原法	总磷	8.86	克/吨-产品		
					化学混凝法+厌氧生物处理法+好氧生物处理法+化学混凝法	氨氮	94.42	克/吨-产品		
					化学混凝法+厌氧生物处理法+好氧生物处理法+化学混凝法	总氮	175.95	克/吨-产品		
					化学混凝法+厌氧生物处理法+好氧生物处理法+化学混凝法	总磷	5.75	克/吨-产品		

造纸和纸制品行业非木竹浆制造（2212）污水治理设施污染物排放强度表（续表 13）

工段名称	产品名称	原料名称	工艺名称	规模等级	末端治理技术	污染物指标	污染物排放强度	系数单位	实际运行率参数选择	参考 k 值计算公式
制浆	半化学浆	蔗渣	烧碱法制浆	所有规模	—	工业废水量	97.50	吨/吨-产品	—	—
					化学混凝法+厌氧生物处理法+好氧生物处理法+氧化还原法	氨氮	125.47	克/吨-产品	环保设施实际运行时间（小时/年）、企业正常生产时间（小时/年）	k=环保设施实际运行时间（小时/年）/企业正常生产时间（小时/年）
					化学混凝法+厌氧生物处理法+好氧生物处理法+氧化还原法	总氮	425.78	克/吨-产品		
					化学混凝法+厌氧生物处理法+好氧生物处理法+氧化还原法	总磷	7.51	克/吨-产品		
	爆破法浆	非木材	爆破法制浆	所有规模	—	工业废水量	75.00	吨/吨-产品	—	—
					化学混凝法+厌氧生物处理法+好氧生物处理法+氧化还原法	氨氮	96.52	克/吨-产品	环保设施实际运行时间（小时/年）、企业正常生产时间（小时/年）	k=环保设施实际运行时间（小时/年）/企业正常生产时间（小时/年）
					化学混凝法+厌氧生物处理法+好氧生物处理法+氧化还原法	总氮	327.52	克/吨-产品		
					化学混凝法+厌氧生物处理法+好氧生物处理法+氧化还原法	总磷	5.78	克/吨-产品		
					化学混凝法+厌氧生物处理法+好氧生物处理法+化学混凝法	氨氮	61.58	克/吨-产品		
					化学混凝法+厌氧生物处理法+好氧生物处理法+化学混凝法	总氮	114.75	克/吨-产品		
					化学混凝法+厌氧生物处理法+好氧生物处理法+化学混凝法	总磷	3.75	克/吨-产品		

造纸和纸制品行业非木竹浆制造（2212）污水治理设施污染物排放强度表（续表 14）

工段名称	产品名称	原料名称	工艺名称	规模等级	末端治理技术	污染物指标	污染物排放强度	系数单位	实际运行率参数选择	参考 k 值计算公式
制浆	废纸浆	混合办公废纸	脱墨法制浆	所有规模	—	工业废水量	10.00	吨/吨-产品	—	—
					化学混凝法+厌氧生物处理法+好氧生物处理法+氧化还原法	氨氮	12.87	克/吨-产品	环保设施实际运行时间（小时/年）、企业正常生产时间（小时/年）	k=环保设施实际运行时间（小时/年）/企业正常生产时间（小时/年）
					化学混凝法+厌氧生物处理法+好氧生物处理法+氧化还原法	总氮	43.67	克/吨-产品		
					化学混凝法+厌氧生物处理法+好氧生物处理法+氧化还原法	总磷	0.77	克/吨-产品		
					上浮分离+厌氧生物处理法+好氧生物处理法+氧化还原法	氨氮	12.87	克/吨-产品		
					上浮分离+厌氧生物处理法+好氧生物处理法+氧化还原法	总氮	43.67	克/吨-产品		
					上浮分离+厌氧生物处理法+好氧生物处理法+氧化还原法	总磷	0.77	克/吨-产品		
					化学混凝法+厌氧生物处理法+好氧生物处理法+化学混凝法	氨氮	8.21	克/吨-产品		
					化学混凝法+厌氧生物处理法+好氧生物处理法+化学混凝法	总氮	15.30	克/吨-产品		
					化学混凝法+厌氧生物处理法+好氧生物处理法+化学混凝法	总磷	0.50	克/吨-产品		
					化学混凝法+厌氧生物处理法+好氧生物处理法+上浮分离	氨氮	8.21	克/吨-产品		
					化学混凝法+厌氧生物处理法+好氧生物处理法+上浮分离	总氮	15.30	克/吨-产品		
					化学混凝法+厌氧生物处理法+好氧生物处理法+上浮分离	总磷	0.50	克/吨-产品		

造纸和纸制品行业非木竹浆制造（2212）污水治理设施污染物排放强度表（续表 15）

工段名称	产品名称	原料名称	工艺名称	规模等级	末端治理技术	污染物指标	污染物排放强度	系数单位	实际运行率参数选择	参考 k 值计算公式
制浆	废纸浆	混合办公废纸	脱墨法制浆	所有规模	上浮分离+厌氧生物处理法+好氧生物处理法+化学混凝法	氨氮	8.21	克/吨-产品	环保设施实际运行时间（小时/年）、企业正常生产时间（小时/年）	k=环保设施实际运行时间（小时/年）/企业正常生产时间（小时/年）
					上浮分离+厌氧生物处理法+好氧生物处理法+化学混凝法	总氮	15.30	克/吨-产品		
					上浮分离+厌氧生物处理法+好氧生物处理法+化学混凝法	总磷	0.50	克/吨-产品		
					上浮分离+厌氧生物处理法+好氧生物处理法+上浮分离	氨氮	8.21	克/吨-产品		
					上浮分离+厌氧生物处理法+好氧生物处理法+上浮分离	总氮	15.30	克/吨-产品		
					上浮分离+厌氧生物处理法+好氧生物处理法+上浮分离	总磷	0.50	克/吨-产品		
		混合废纸	非脱墨法制浆	所有规模	—	工业废水量	5.91	吨/吨-产品	—	—
					化学混凝法+厌氧生物处理法+好氧生物处理法+氧化还原法	氨氮	7.61	克/吨-产品	环保设施实际运行时间（小时/年）、企业正常生产时间（小时/年）	k=环保设施实际运行时间（小时/年）/企业正常生产时间（小时/年）
					化学混凝法+厌氧生物处理法+好氧生物处理法+氧化还原法	总氮	25.81	克/吨-产品		
					化学混凝法+厌氧生物处理法+好氧生物处理法+氧化还原法	总磷	0.46	克/吨-产品		
					上浮分离+厌氧生物处理法+好氧生物处理法+氧化还原法	氨氮	7.61	克/吨-产品		
					上浮分离+厌氧生物处理法+好氧生物处理法+氧化还原法	总氮	25.81	克/吨-产品		
					上浮分离+厌氧生物处理法+好氧生物处理法+氧化还原法	总磷	0.46	克/吨-产品		

造纸和纸制品行业非木竹浆制造（2212）污水治理设施污染物排放强度表（续表 16）

工段名称	产品名称	原料名称	工艺名称	规模等级	末端治理技术	污染物指标	污染物排放强度	系数单位	实际运行率参数选择	参考 *k* 值计算公式
制浆	废纸浆	混合废纸	非脱墨法制浆	所有规模	化学混凝法+厌氧生物处理法+好氧生物处理法+化学混凝法	氨氮	4.85	克/吨-产品	环保设施实际运行时间（小时/年）、企业正常生产时间（小时/年）	*k*=环保设施实际运行时间（小时/年）/企业正常生产时间（小时/年）
					化学混凝法+厌氧生物处理法+好氧生物处理法+化学混凝法	总氮	9.04	克/吨-产品		
					化学混凝法+厌氧生物处理法+好氧生物处理法+化学混凝法	总磷	0.30	克/吨-产品		
					化学混凝法+厌氧生物处理法+好氧生物处理法+上浮分离	氨氮	4.85	克/吨-产品		
					化学混凝法+厌氧生物处理法+好氧生物处理法+上浮分离	总氮	9.04	克/吨-产品		
					化学混凝法+厌氧生物处理法+好氧生物处理法+上浮分离	总磷	0.30	克/吨-产品		
					上浮分离+厌氧生物处理法+好氧生物处理法+化学混凝法	氨氮	4.85	克/吨-产品		
					上浮分离+厌氧生物处理法+好氧生物处理法+化学混凝法	总氮	9.04	克/吨-产品		
					上浮分离+厌氧生物处理法+好氧生物处理法+化学混凝法	总磷	0.30	克/吨-产品		
					上浮分离+厌氧生物处理法+好氧生物处理法+上浮分离	氨氮	4.85	克/吨-产品		
					上浮分离+厌氧生物处理法+好氧生物处理法+上浮分离	总氮	9.04	克/吨-产品		
					上浮分离+厌氧生物处理法+好氧生物处理法+上浮分离	总磷	0.30	克/吨-产品		

造纸和纸制品行业非木竹浆制造（2212）污水治理设施污染物排放强度表（续表 17）

工段名称	产品名称	原料名称	工艺名称	规模等级	末端治理技术	污染物指标	污染物排放强度	系数单位	实际运行率参数选择	参考 k 值计算公式
制浆	废纸浆	旧新闻纸	脱墨法制浆	所有规模	—	工业废水量	13.00	吨/吨-产品	—	—
					化学混凝法+厌氧生物处理法+好氧生物处理法+氧化还原法	氨氮	16.73	克/吨-产品	环保设施实际运行时间（小时/年）、企业正常生产时间（小时/年）	k=环保设施实际运行时间（小时/年）/企业正常生产时间（小时/年）
					化学混凝法+厌氧生物处理法+好氧生物处理法+氧化还原法	总氮	56.77	克/吨-产品		
					化学混凝法+厌氧生物处理法+好氧生物处理法+氧化还原法	总磷	1.00	克/吨-产品		
					上浮分离+厌氧生物处理法+好氧生物处理法+氧化还原法	氨氮	16.73	克/吨-产品		
					上浮分离+厌氧生物处理法+好氧生物处理法+氧化还原法	总氮	56.77	克/吨-产品		
					上浮分离+厌氧生物处理法+好氧生物处理法+氧化还原法	总磷	1.00	克/吨-产品		
					化学混凝法+厌氧生物处理法+好氧生物处理法+化学混凝法	氨氮	10.67	克/吨-产品		
					化学混凝法+厌氧生物处理法+好氧生物处理法+化学混凝法	总氮	19.89	克/吨-产品		
					化学混凝法+厌氧生物处理法+好氧生物处理法+化学混凝法	总磷	0.65	克/吨-产品		
					化学混凝法+厌氧生物处理法+好氧生物处理法+上浮分离	氨氮	10.67	克/吨-产品		
					化学混凝法+厌氧生物处理法+好氧生物处理法+上浮分离	总氮	19.89	克/吨-产品		
					化学混凝法+厌氧生物处理法+好氧生物处理法+上浮分离	总磷	0.65	克/吨-产品		

造纸和纸制品行业非木竹浆制造（2212）污水治理设施污染物排放强度表（续表 18）

工段名称	产品名称	原料名称	工艺名称	规模等级	末端治理技术	污染物指标	污染物排放强度	系数单位	实际运行率参数选择	参考 *k* 值计算公式
制浆	废纸浆	旧新闻纸	非脱墨法制浆	所有规模	上浮分离+厌氧生物处理法+好氧生物处理法+化学混凝法	氨氮	10.67	克/吨-产品	环保设施实际运行时间（小时/年）、企业正常生产时间（小时/年）	*k*=环保设施实际运行时间（小时/年）/企业正常生产时间（小时/年）
					上浮分离+厌氧生物处理法+好氧生物处理法+化学混凝法	总氮	19.89	克/吨-产品		
					上浮分离+厌氧生物处理法+好氧生物处理法+化学混凝法	总磷	0.65	克/吨-产品		
					上浮分离+厌氧生物处理法+好氧生物处理法+上浮分离	氨氮	10.67	克/吨-产品		
					上浮分离+厌氧生物处理法+好氧生物处理法+上浮分离	总氮	19.89	克/吨-产品		
					上浮分离+厌氧生物处理法+好氧生物处理法+上浮分离	总磷	0.65	克/吨-产品		
					—	工业废水量	18.00	吨/吨-产品	—	—
					化学混凝法+厌氧生物处理法+好氧生物处理法+氧化还原法	氨氮	23.16	克/吨-产品	环保设施实际运行时间（小时/年）、企业正常生产时间（小时/年）	*k*=环保设施实际运行时间（小时/年）/企业正常生产时间（小时/年）
					化学混凝法+厌氧生物处理法+好氧生物处理法+氧化还原法	总氮	78.61	克/吨-产品		
					化学混凝法+厌氧生物处理法+好氧生物处理法+氧化还原法	总磷	1.39	克/吨-产品		
					上浮分离+厌氧生物处理法+好氧生物处理法+氧化还原法	氨氮	23.16	克/吨-产品		
					上浮分离+厌氧生物处理法+好氧生物处理法+氧化还原法	总氮	78.61	克/吨-产品		
					上浮分离+厌氧生物处理法+好氧生物处理法+氧化还原法	总磷	1.39	克/吨-产品		

造纸和纸制品行业非木竹浆制造（2212）污水治理设施污染物排放强度表（续表 19）

工段名称	产品名称	原料名称	工艺名称	规模等级	末端治理技术	污染物指标	污染物排放强度	系数单位	实际运行率参数选择	参考 k 值计算公式
制浆	废纸浆	旧新闻纸	非脱墨法制浆	所有规模	化学混凝法+厌氧生物处理法+好氧生物处理法+化学混凝法	氨氮	14.78	克/吨-产品	环保设施实际运行时间（小时/年）、企业正常生产时间（小时/年）	k=环保设施实际运行时间（小时/年）/企业正常生产时间（小时/年）
					化学混凝法+厌氧生物处理法+好氧生物处理法+化学混凝法	总氮	27.54	克/吨-产品		
					化学混凝法+厌氧生物处理法+好氧生物处理法+化学混凝法	总磷	0.90	克/吨-产品		
					化学混凝法+厌氧生物处理法+好氧生物处理法+上浮分离	氨氮	14.78	克/吨-产品		
					化学混凝法+厌氧生物处理法+好氧生物处理法+上浮分离	总氮	27.54	克/吨-产品		
					化学混凝法+厌氧生物处理法+好氧生物处理法+上浮分离	总磷	0.90	克/吨-产品		
					上浮分离+厌氧生物处理法+好氧生物处理法+化学混凝法	氨氮	14.78	克/吨-产品		
					上浮分离+厌氧生物处理法+好氧生物处理法+化学混凝法	总氮	27.54	克/吨-产品		
					上浮分离+厌氧生物处理法+好氧生物处理法+化学混凝法	总磷	0.90	克/吨-产品		
					上浮分离+厌氧生物处理法+好氧生物处理法+上浮分离	氨氮	14.78	克/吨-产品		
					上浮分离+厌氧生物处理法+好氧生物处理法+上浮分离	总氮	27.54	克/吨-产品		
					上浮分离+厌氧生物处理法+好氧生物处理法+上浮分离	总磷	0.90	克/吨-产品		

造纸和纸制品行业非木竹浆制造（2212）污水治理设施污染物排放强度表（续表 20）

生产规模	产品名称	原料名称	工艺名称	生产规模	末端治理技术	污染物指标	污染物排放强度	系数单位	实际运行率参数选择	参考 *k* 值计算公式
制浆	废纸浆	旧瓦楞纸	非脱墨法制浆	所有规模	—	工业废水量	5.00	吨/吨-产品	—	—
					化学混凝法+厌氧生物处理法+好氧生物处理法+氧化还原法	氨氮	6.43	克/吨-产品	环保设施实际运行时间（小时/年）、企业正常生产时间（小时/年）	*k*=环保设施实际运行时间（小时/年）/企业正常生产时间（小时/年）
					化学混凝法+厌氧生物处理法+好氧生物处理法+氧化还原法	总氮	21.83	克/吨-产品		
					化学混凝法+厌氧生物处理法+好氧生物处理法+氧化还原法	总磷	0.39	克/吨-产品		
					上浮分离+厌氧生物处理法+好氧生物处理法+氧化还原法	氨氮	6.43	克/吨-产品		
					上浮分离+厌氧生物处理法+好氧生物处理法+氧化还原法	总氮	21.83	克/吨-产品		
					上浮分离+厌氧生物处理法+好氧生物处理法+氧化还原法	总磷	0.39	克/吨-产品		
					化学混凝法+厌氧生物处理法+好氧生物处理法+化学混凝法	氨氮	4.11	克/吨-产品		
					化学混凝法+厌氧生物处理法+好氧生物处理法+化学混凝法	总氮	7.65	克/吨-产品		
					化学混凝法+厌氧生物处理法+好氧生物处理法+化学混凝法	总磷	0.25	克/吨-产品		
					化学混凝法+厌氧生物处理法+好氧生物处理法+上浮分离	氨氮	4.11	克/吨-产品		
					化学混凝法+厌氧生物处理法+好氧生物处理法+上浮分离	总氮	7.65	克/吨-产品		
					化学混凝法+厌氧生物处理法+好氧生物处理法+上浮分离	总磷	0.25	克/吨-产品		

造纸和纸制品行业非木竹浆制造（2212）污水治理设施污染物排放强度表（续表 21）

生产规模	产品名称	原料名称	工艺名称	生产规模	末端治理技术	污染物指标	污染物排放强度	系数单位	实际运行率参数选择	参考 k 值计算公式
制浆	废纸浆	旧瓦楞纸	非脱墨法制浆	所有规模	上浮分离+厌氧生物处理法+好氧生物处理法+化学混凝法	氨氮	4.11	克/吨-产品	环保设施实际运行时间（小时/年）、企业正常生产时间（小时/年	k=环保设施实际运行时间（小时/年）/企业正常生产时间（小时/年）
					上浮分离+厌氧生物处理法+好氧生物处理法+化学混凝法	总氮	7.65	克/吨-产品		
					上浮分离+厌氧生物处理法+好氧生物处理法+化学混凝法	总磷	0.25	克/吨-产品		
					上浮分离+厌氧生物处理法+好氧生物处理法+上浮分离	氨氮	4.11	克/吨-产品		
					上浮分离+厌氧生物处理法+好氧生物处理法+上浮分离	总氮	7.65	克/吨-产品		
					上浮分离+厌氧生物处理法+好氧生物处理法+上浮分离	总磷	0.25	克/吨-产品		

造纸和纸制品行业机制纸及纸板制造（2221）污水治理设施污染物排放强度表

生产规模	产品名称	原料名称	工艺名称	规模等级	末端治理技术	污染物指标	污染物排放强度	系数单位	实际运行率参数选择	参考 k 值计算公式[1]
造纸	新闻纸	机械木浆、废纸浆	机械法抄纸	所有规模	—	工业废水量	13.00	吨/吨-产品	—	—
					化学混凝法+好氧生物处理法+化学混凝法	氨氮	10.67	克/吨-产品	环保设施实际运行时间（小时/年）、企业正常生产时间（小时/年）	k=环保设施实际运行时间（小时/年）/企业正常生产时间（小时/年）
					化学混凝法+好氧生物处理法+化学混凝法	总氮	19.89	克/吨-产品		
					化学混凝法+好氧生物处理法+化学混凝法	总磷	0.65	克/吨-产品		
					上浮分离+好氧生物处理法+上浮分离	氨氮	10.67	克/吨-产品		
					上浮分离+好氧生物处理法+上浮分离	总氮	19.89	克/吨-产品		
					上浮分离+好氧生物处理法+上浮分离	总磷	0.65	克/吨-产品		
					化学混凝法+好氧生物处理法+上浮分离	氨氮	10.67	克/吨-产品		
					化学混凝法+好氧生物处理法+上浮分离	总氮	19.89	克/吨-产品		
					化学混凝法+好氧生物处理法+上浮分离	总磷	0.65	克/吨-产品		
					上浮分离+好氧生物处理法+化学混凝法	氨氮	10.67	克/吨-产品		
					上浮分离+好氧生物处理法+化学混凝法	总氮	19.89	克/吨-产品		
					上浮分离+好氧生物处理法+化学混凝法	总磷	0.65	克/吨-产品		
					化学混凝法+好氧生物处理法	氨氮	25.00	克/吨-产品		
					化学混凝法+好氧生物处理法	总氮	59.12	克/吨-产品		
					化学混凝法+好氧生物处理法	总磷	2.60	克/吨-产品		
					上浮分离+好氧生物处理法	氨氮	25.00	克/吨-产品		
					上浮分离+好氧生物处理法	总氮	42.70	克/吨-产品		
					上浮分离+好氧生物处理法	总磷	1.87	克/吨-产品		

[1] 该公式仅供参考，使用时，可根据 k 值定义，选取更适合企业实际情况的表达方式。

造纸和纸制品行业机制纸及纸板制造（2221）污水治理设施污染物排放强度表（续表 1）

生产规模	产品名称	原料名称	工艺名称	规模等级	末端治理技术	污染物指标	污染物排放强度	系数单位	实际运行率参数选择	参考 k 值计算公式
造纸	印刷书写纸（涂布）、包装纸（涂布）	化学浆、废纸浆、化学机械浆	机械法抄纸+涂布法	所有规模	—	工业废水量	6.70	吨/吨-产品	—	—
					化学混凝法+好氧生物处理法+化学混凝法	氨氮	5.50	克/吨-产品	环保设施实际运行时间（小时/年）、企业正常生产时间（小时/年）	k=环保设施实际运行时间（小时/年）/企业正常生产时间（小时/年）
					化学混凝法+好氧生物处理法+化学混凝法	总氮	10.25	克/吨-产品		
					化学混凝法+好氧生物处理法+化学混凝法	总磷	0.34	克/吨-产品		
					上浮分离+好氧生物处理法+上浮分离	氨氮	5.50	克/吨-产品		
					上浮分离+好氧生物处理法+上浮分离	总氮	10.25	克/吨-产品		
					上浮分离+好氧生物处理法+上浮分离	总磷	0.34	克/吨-产品		
					化学混凝法+好氧生物处理法+上浮分离	氨氮	5.50	克/吨-产品		
					化学混凝法+好氧生物处理法+上浮分离	总氮	10.25	克/吨-产品		
					化学混凝法+好氧生物处理法+上浮分离	总磷	0.34	克/吨-产品		
					上浮分离+好氧生物处理法+化学混凝法	氨氮	5.50	克/吨-产品		
					上浮分离+好氧生物处理法+化学混凝法	总氮	10.25	克/吨-产品		
					上浮分离+好氧生物处理法+化学混凝法	总磷	0.34	克/吨-产品		
					化学混凝法+好氧生物处理法	氨氮	1.39	克/吨-产品		
					化学混凝法+好氧生物处理法	总氮	3.28	克/吨-产品		
					化学混凝法+好氧生物处理法	总磷	0.14	克/吨-产品		
					上浮分离+好氧生物处理法	氨氮	1.39	克/吨-产品		
					上浮分离+好氧生物处理法	总氮	22.00	克/吨-产品		
					上浮分离+好氧生物处理法	总磷	0.97	克/吨-产品		

造纸和纸制品行业机制纸及纸板制造（2221）污水治理设施污染物排放强度表（续表 2）

生产规模	产品名称	原料名称	工艺名称	规模等级	末端治理技术	污染物指标	污染物排放强度	系数单位	实际运行率参数选择	参考 k 值计算公式
造纸	印刷书写纸（未涂布）、包装纸（未涂布）	化学浆	机械法抄纸	所有规模	—	工业废水量	11.59	吨/吨-产品	—	—
					化学混凝法+好氧生物处理法+化学混凝法	氨氮	9.52	克/吨-产品	环保设施实际运行时间（小时/年）、企业正常生产时间（小时/年）	k=环保设施实际运行时间（小时/年）/企业正常生产时间（小时/年）
					化学混凝法+好氧生物处理法+化学混凝法	总氮	17.73	克/吨-产品		
					化学混凝法+好氧生物处理法+化学混凝法	总磷	0.58	克/吨-产品		
					上浮分离+好氧生物处理法+上浮分离	氨氮	9.52	克/吨-产品		
					上浮分离+好氧生物处理法+上浮分离	总氮	17.73	克/吨-产品		
					上浮分离+好氧生物处理法+上浮分离	总磷	0.58	克/吨-产品		
					化学混凝法+好氧生物处理法+上浮分离	氨氮	9.52	克/吨-产品		
					化学混凝法+好氧生物处理法+上浮分离	总氮	17.73	克/吨-产品		
					化学混凝法+好氧生物处理法+上浮分离	总磷	0.58	克/吨-产品		
					上浮分离+好氧生物处理法+化学混凝法	氨氮	9.52	克/吨-产品		
					上浮分离+好氧生物处理法+化学混凝法	总氮	17.73	克/吨-产品		
					上浮分离+好氧生物处理法+化学混凝法	总磷	0.58	克/吨-产品		
					化学混凝法+好氧生物处理法	氨氮	4.25	克/吨-产品		
					化学混凝法+好氧生物处理法	总氮	10.05	克/吨-产品		
					化学混凝法+好氧生物处理法	总磷	0.44	克/吨-产品		
					上浮分离+好氧生物处理法	氨氮	4.25	克/吨-产品		
					上浮分离+好氧生物处理法	总氮	38.06	克/吨-产品		
					上浮分离+好氧生物处理法	总磷	1.67	克/吨-产品		

造纸和纸制品行业机制纸及纸板制造（2221）污水治理设施污染物排放强度表（续表3）

生产规模	产品名称	原料名称	工艺名称	规模等级	末端治理技术	污染物指标	污染物排放强度	系数单位	实际运行率参数选择	参考 k 值计算公式
造纸	轻型纸	化学机械浆、化学浆	机械法抄纸	所有规模	—	工业废水量	14.00	吨/吨-产品	—	—
					化学混凝法+好氧生物处理法+化学混凝法	氨氮	11.49	克/吨-产品	环保设施实际运行时间（小时/年）、企业正常生产时间（小时/年）	k=环保设施实际运行时间（小时/年）/企业正常生产时间（小时/年）
					化学混凝法+好氧生物处理法+化学混凝法	总氮	21.42	克/吨-产品		
					化学混凝法+好氧生物处理法+化学混凝法	总磷	0.70	克/吨-产品		
					上浮分离+好氧生物处理法+上浮分离	氨氮	11.49	克/吨-产品		
					上浮分离+好氧生物处理法+上浮分离	总氮	21.42	克/吨-产品		
					上浮分离+好氧生物处理法+上浮分离	总磷	0.70	克/吨-产品		
					化学混凝法+好氧生物处理法+上浮分离	氨氮	11.49	克/吨-产品		
					化学混凝法+好氧生物处理法+上浮分离	总氮	21.42	克/吨-产品		
					化学混凝法+好氧生物处理法+上浮分离	总磷	0.70	克/吨-产品		
					上浮分离+好氧生物处理法+化学混凝法	氨氮	11.49	克/吨-产品		
					上浮分离+好氧生物处理法+化学混凝法	总氮	21.42	克/吨-产品		
					上浮分离+好氧生物处理法+化学混凝法	总磷	0.70	克/吨-产品		
					化学混凝法+好氧生物处理法	氨氮	19.45	克/吨-产品		
					化学混凝法+好氧生物处理法	总氮	45.98	克/吨-产品		
					化学混凝法+好氧生物处理法	总磷	2.02	克/吨-产品		
					上浮分离+好氧生物处理法	氨氮	19.45	克/吨-产品		
					上浮分离+好氧生物处理法	总氮	45.98	克/吨-产品		
					上浮分离+好氧生物处理法	总磷	2.02	克/吨-产品		

造纸和纸制品行业机制纸及纸板制造（2221）污水治理设施污染物排放强度表（续表 4）

生产规模	产品名称	原料名称	工艺名称	规模等级	末端治理技术	污染物指标	污染物排放强度	系数单位	实际运行率参数选择	参考 k 值计算公式
造纸	薄型纸	化学浆、废纸浆	机械法抄纸	所有规模	—	工业废水量	12.57	吨/吨-产品	—	—
					化学混凝法+好氧生物处理法+化学混凝法	氨氮	10.32	克/吨-产品	环保设施实际运行时间（小时/年）、企业正常生产时间（小时/年）	k=环保设施实际运行时间（小时/年）/企业正常生产时间（小时/年）
					化学混凝法+好氧生物处理法+化学混凝法	总氮	19.23	克/吨-产品		
					化学混凝法+好氧生物处理法+化学混凝法	总磷	0.63	克/吨-产品		
					上浮分离+好氧生物处理法+上浮分离	氨氮	10.32	克/吨-产品		
					上浮分离+好氧生物处理法+上浮分离	总氮	19.23	克/吨-产品		
					上浮分离+好氧生物处理法+上浮分离	总磷	0.63	克/吨-产品		
					化学混凝法+好氧生物处理法+上浮分离	氨氮	10.32	克/吨-产品		
					化学混凝法+好氧生物处理法+上浮分离	总氮	19.23	克/吨-产品		
					化学混凝法+好氧生物处理法+上浮分离	总磷	0.63	克/吨-产品		
					上浮分离+好氧生物处理法+化学混凝法	氨氮	10.32	克/吨-产品		
					上浮分离+好氧生物处理法+化学混凝法	总氮	19.23	克/吨-产品		
					上浮分离+好氧生物处理法+化学混凝法	总磷	0.63	克/吨-产品		
					化学混凝法+好氧生物处理法	氨氮	17.46	克/吨-产品		
					化学混凝法+好氧生物处理法	总氮	41.28	克/吨-产品		
					化学混凝法+好氧生物处理法	总磷	1.81	克/吨-产品		
					上浮分离+好氧生物处理法	氨氮	17.46	克/吨-产品		
					上浮分离+好氧生物处理法	总氮	41.28	克/吨-产品		
					上浮分离+好氧生物处理法	总磷	1.81	克/吨-产品		

造纸和纸制品行业机制纸及纸板制造（2221）污水治理设施污染物排放强度表（续表 5）

生产规模	产品名称	原料名称	工艺名称	规模等级	末端治理技术	污染物指标	污染物排放强度	系数单位	实际运行率参数选择	参考 k 值计算公式
造纸	卫生纸	化学浆、废纸浆	机械法抄纸	所有规模	—	工业废水量	9.00	吨/吨-产品	—	—
					化学混凝法+好氧生物处理法+化学混凝法	氨氮	7.39	克/吨-产品	环保设施实际运行时间（小时/年）、企业正常生产时间（小时/年）	k=环保设施实际运行时间（小时/年）/企业正常生产时间（小时/年）
					化学混凝法+好氧生物处理法+化学混凝法	总氮	13.77	克/吨-产品		
					化学混凝法+好氧生物处理法+化学混凝法	总磷	0.45	克/吨-产品		
					上浮分离+好氧生物处理法+上浮分离	氨氮	7.39	克/吨-产品		
					上浮分离+好氧生物处理法+上浮分离	总氮	13.77	克/吨-产品		
					上浮分离+好氧生物处理法+上浮分离	总磷	0.45	克/吨-产品		
					化学混凝法+好氧生物处理法+上浮分离	氨氮	7.39	克/吨-产品		
					化学混凝法+好氧生物处理法+上浮分离	总氮	13.77	克/吨-产品		
					化学混凝法+好氧生物处理法+上浮分离	总磷	0.45	克/吨-产品		
					上浮分离+好氧生物处理法+化学混凝法	氨氮	7.39	克/吨-产品		
					上浮分离+好氧生物处理法+化学混凝法	总氮	13.77	克/吨-产品		
					上浮分离+好氧生物处理法+化学混凝法	总磷	0.45	克/吨-产品		
					化学混凝法+好氧生物处理法	氨氮	12.50	克/吨-产品		
					化学混凝法+好氧生物处理法	总氮	29.56	克/吨-产品		
					化学混凝法+好氧生物处理法	总磷	1.30	克/吨-产品		
					上浮分离+好氧生物处理法	氨氮	12.50	克/吨-产品		
					上浮分离+好氧生物处理法	总氮	29.56	克/吨-产品		
					上浮分离+好氧生物处理法	总磷	1.30	克/吨-产品		

造纸和纸制品行业机制纸及纸板制造（2221）污水治理设施污染物排放强度表（续表 6）

生产规模	产品名称	原料名称	工艺名称	规模等级	末端治理技术	污染物指标	污染物排放强度	系数单位	实际运行率参数选择	参考 k 值计算公式
造纸	卷烟纸	化学浆	机械法抄纸	所有规模	—	工业废水量	30.00	吨/吨-产品	—	—
					化学混凝法+好氧生物处理法+化学混凝法	氨氮	24.63	克/吨-产品	环保设施实际运行时间（小时/年）、企业正常生产时间（小时/年）	k=环保设施实际运行时间（小时/年）/企业正常生产时间（小时/年）
					化学混凝法+好氧生物处理法+化学混凝法	总氮	45.90	克/吨-产品		
					化学混凝法+好氧生物处理法+化学混凝法	总磷	1.50	克/吨-产品		
					上浮分离+好氧生物处理法+上浮分离	氨氮	24.63	克/吨-产品		
					上浮分离+好氧生物处理法+上浮分离	总氮	45.90	克/吨-产品		
					上浮分离+好氧生物处理法+上浮分离	总磷	1.50	克/吨-产品		
					化学混凝法+好氧生物处理法+上浮分离	氨氮	24.63	克/吨-产品		
					化学混凝法+好氧生物处理法+上浮分离	总氮	45.90	克/吨-产品		
					化学混凝法+好氧生物处理法+上浮分离	总磷	1.50	克/吨-产品		
					上浮分离+好氧生物处理法+化学混凝法	氨氮	24.63	克/吨-产品		
					上浮分离+好氧生物处理法+化学混凝法	总氮	45.90	克/吨-产品		
					上浮分离+好氧生物处理法+化学混凝法	总磷	1.50	克/吨-产品		
					化学混凝法+好氧生物处理法	氨氮	41.67	克/吨-产品		
					化学混凝法+好氧生物处理法	总氮	98.53	克/吨-产品		
					化学混凝法+好氧生物处理法	总磷	4.33	克/吨-产品		
					上浮分离+好氧生物处理法	氨氮	41.67	克/吨-产品		
					上浮分离+好氧生物处理法	总氮	98.53	克/吨-产品		
					上浮分离+好氧生物处理法	总磷	4.33	克/吨-产品		

造纸和纸制品行业机制纸及纸板制造（2221）污水治理设施污染物排放强度表（续表 7）

生产规模	产品名称	原料名称	工艺名称	规模等级	末端治理技术	污染物指标	污染物排放强度	系数单位	实际运行率参数选择	参考 k 值计算公式
造纸	箱纸板（涂布）	机械木浆、废纸浆、化学浆	机械法抄纸+涂布法	所有规模	—	工业废水量	9.00	吨/吨-产品	—	—
					化学混凝法+好氧生物处理法+化学混凝法	氨氮	7.39	克/吨-产品	环保设施实际运行时间（小时/年）、企业正常生产时间（小时/年）	k=环保设施实际运行时间（小时/年）/企业正常生产时间（小时/年）
					化学混凝法+好氧生物处理法+化学混凝法	总氮	13.77	克/吨-产品		
					化学混凝法+好氧生物处理法+化学混凝法	总磷	0.45	克/吨-产品		
					上浮分离+好氧生物处理法+上浮分离	氨氮	7.39	克/吨-产品		
					上浮分离+好氧生物处理法+上浮分离	总氮	13.77	克/吨-产品		
					上浮分离+好氧生物处理法+上浮分离	总磷	0.45	克/吨-产品		
					化学混凝法+好氧生物处理法+上浮分离	氨氮	7.39	克/吨-产品		
					化学混凝法+好氧生物处理法+上浮分离	总氮	13.77	克/吨-产品		
					化学混凝法+好氧生物处理法+上浮分离	总磷	0.45	克/吨-产品		
					上浮分离+好氧生物处理法+化学混凝法	氨氮	7.39	克/吨-产品		
					上浮分离+好氧生物处理法+化学混凝法	总氮	13.77	克/吨-产品		
					上浮分离+好氧生物处理法+化学混凝法	总磷	0.45	克/吨-产品		
					化学混凝法+好氧生物处理法	氨氮	12.50	克/吨-产品		
					化学混凝法+好氧生物处理法	总氮	29.56	克/吨-产品		
					化学混凝法+好氧生物处理法	总磷	1.30	克/吨-产品		
					上浮分离+好氧生物处理法	氨氮	12.50	克/吨-产品		
					上浮分离+好氧生物处理法	总氮	29.56	克/吨-产品		
					上浮分离+好氧生物处理法	总磷	1.30	克/吨-产品		

造纸和纸制品行业机制纸及纸板制造（2221）污水治理设施污染物排放强度表（续表 8）

生产规模	产品名称	原料名称	工艺名称	规模等级	末端治理技术	污染物指标	污染物排放强度	系数单位	实际运行率参数选择	参考 k 值计算公式
造纸	箱纸板（未涂布）	机械木浆、废纸浆	机械法抄纸	所有规模	—	工业废水量	8.00	吨/吨-产品	—	—
					化学混凝法+好氧生物处理法+化学混凝法	氨氮	6.57	克/吨-产品	环保设施实际运行时间（小时/年）、企业正常生产时间（小时/年）	k=环保设施实际运行时间（小时/年）/企业正常生产时间（小时/年）
					化学混凝法+好氧生物处理法+化学混凝法	总氮	12.24	克/吨-产品		
					化学混凝法+好氧生物处理法+化学混凝法	总磷	0.40	克/吨-产品		
					上浮分离+好氧生物处理法+上浮分离	氨氮	6.57	克/吨-产品		
					上浮分离+好氧生物处理法+上浮分离	总氮	12.24	克/吨-产品		
					上浮分离+好氧生物处理法+上浮分离	总磷	0.40	克/吨-产品		
					化学混凝法+好氧生物处理法+上浮分离	氨氮	6.57	克/吨-产品		
					化学混凝法+好氧生物处理法+上浮分离	总氮	12.24	克/吨-产品		
					化学混凝法+好氧生物处理法+上浮分离	总磷	0.40	克/吨-产品		
					上浮分离+好氧生物处理法+化学混凝法	氨氮	6.57	克/吨-产品		
					上浮分离+好氧生物处理法+化学混凝法	总氮	12.24	克/吨-产品		
					上浮分离+好氧生物处理法+化学混凝法	总磷	0.40	克/吨-产品		
					化学混凝法+好氧生物处理法	氨氮	11.11	克/吨-产品		
					化学混凝法+好氧生物处理法	总氮	26.27	克/吨-产品		
					化学混凝法+好氧生物处理法	总磷	1.15	克/吨-产品		
					上浮分离+好氧生物处理法	氨氮	11.11	克/吨-产品		
					上浮分离+好氧生物处理法	总氮	26.27	克/吨-产品		
					上浮分离+好氧生物处理法	总磷	1.15	克/吨-产品		

造纸和纸制品行业机制纸及纸板制造（2221）污水治理设施污染物排放强度表（续表 9）

生产规模	产品名称	原料名称	工艺名称	规模等级	末端治理技术	污染物指标	污染物排放强度	系数单位	实际运行率参数选择	参考 k 值计算公式
造纸	白纸板	化学浆、废纸浆、化学机械浆	机械法抄纸	所有规模	—	工业废水量	7.00	吨/吨-产品	—	—
					化学混凝法+好氧生物处理法+化学混凝法	氨氮	5.75	克/吨-产品	环保设施实际运行时间（小时/年）、企业正常生产时间（小时/年）	k=环保设施实际运行时间（小时/年）/企业正常生产时间（小时/年）
					化学混凝法+好氧生物处理法+化学混凝法	总氮	10.71	克/吨-产品		
					化学混凝法+好氧生物处理法+化学混凝法	总磷	0.35	克/吨-产品		
					上浮分离+好氧生物处理法+上浮分离	氨氮	5.75	克/吨-产品		
					上浮分离+好氧生物处理法+上浮分离	总氮	10.71	克/吨-产品		
					上浮分离+好氧生物处理法+上浮分离	总磷	0.35	克/吨-产品		
					化学混凝法+好氧生物处理法+上浮分离	氨氮	5.75	克/吨-产品		
					化学混凝法+好氧生物处理法+上浮分离	总氮	10.71	克/吨-产品		
					化学混凝法+好氧生物处理法+上浮分离	总磷	0.35	克/吨-产品		
					上浮分离+好氧生物处理法+化学混凝法	氨氮	5.75	克/吨-产品		
					上浮分离+好氧生物处理法+化学混凝法	总氮	10.71	克/吨-产品		
					上浮分离+好氧生物处理法+化学混凝法	总磷	0.35	克/吨-产品		
					化学混凝法+好氧生物处理法	氨氮	9.72	克/吨-产品		
					化学混凝法+好氧生物处理法	总氮	22.99	克/吨-产品		
					化学混凝法+好氧生物处理法	总磷	1.01	克/吨-产品		
					上浮分离+好氧生物处理法	氨氮	9.72	克/吨-产品		
					上浮分离+好氧生物处理法	总氮	22.99	克/吨-产品		
					上浮分离+好氧生物处理法	总磷	1.01	克/吨-产品		

造纸和纸制品行业机制纸及纸板制造（2221）污水治理设施污染物排放强度表（续表 10）

生产规模	产品名称	原料名称	工艺名称	规模等级	末端治理技术	污染物指标	污染物排放强度	系数单位	实际运行率参数选择	参考 k 值计算公式
造纸	瓦楞原纸	废纸浆	机械法抄纸	所有规模	—	工业废水量	7.00	吨/吨-产品	—	—
					化学混凝法+好氧生物处理法+化学混凝法	氨氮	5.75	克/吨-产品	环保设施实际运行时间（小时/年）、企业正常生产时间（小时/年）	k=环保设施实际运行时间（小时/年）/企业正常生产时间（小时/年）
					化学混凝法+好氧生物处理法+化学混凝法	总氮	10.71	克/吨-产品		
					化学混凝法+好氧生物处理法+化学混凝法	总磷	0.35	克/吨-产品		
					上浮分离+好氧生物处理法+上浮分离	氨氮	5.75	克/吨-产品		
					上浮分离+好氧生物处理法+上浮分离	总氮	10.71	克/吨-产品		
					上浮分离+好氧生物处理法+上浮分离	总磷	0.35	克/吨-产品		
					化学混凝法+好氧生物处理法+上浮分离	氨氮	5.75	克/吨-产品		
					化学混凝法+好氧生物处理法+上浮分离	总氮	10.71	克/吨-产品		
					化学混凝法+好氧生物处理法+上浮分离	总磷	0.35	克/吨-产品		
					上浮分离+好氧生物处理法+化学混凝法	氨氮	5.75	克/吨-产品		
					上浮分离+好氧生物处理法+化学混凝法	总氮	10.71	克/吨-产品		
					上浮分离+好氧生物处理法+化学混凝法	总磷	0.35	克/吨-产品		
					化学混凝法+好氧生物处理法	氨氮	9.72	克/吨-产品		
					化学混凝法+好氧生物处理法	总氮	22.99	克/吨-产品		
					化学混凝法+好氧生物处理法	总磷	1.01	克/吨-产品		
					上浮分离+好氧生物处理法	氨氮	9.72	克/吨-产品		
					上浮分离+好氧生物处理法	总氮	22.99	克/吨-产品		
					上浮分离+好氧生物处理法	总磷	1.01	克/吨-产品		

造纸和纸制品行业机制纸及纸板制造（2221）污水治理设施污染物排放强度表（续表 11）

生产规模	产品名称	原料名称	工艺名称	规模等级	末端治理技术	污染物指标	污染物排放强度	系数单位	实际运行率参数选择	参考 k 值计算公式
造纸	瓦楞原纸	半化学浆	机械法抄纸	所有规模	—	工业废水量	33.50	吨/吨-产品	—	—
					化学混凝法+好氧生物处理法+化学混凝法	氨氮	27.50	克/吨-产品	环保设施实际运行时间（小时/年）、企业正常生产时间（小时/年）	k=环保设施实际运行时间（小时/年）/企业正常生产时间（小时/年）
					化学混凝法+好氧生物处理法+化学混凝法	总氮	51.26	克/吨-产品		
					化学混凝法+好氧生物处理法+化学混凝法	总磷	1.68	克/吨-产品		
					上浮分离+好氧生物处理法+上浮分离	氨氮	27.50	克/吨-产品		
					上浮分离+好氧生物处理法+上浮分离	总氮	51.26	克/吨-产品		
					上浮分离+好氧生物处理法+上浮分离	总磷	1.68	克/吨-产品		
					化学混凝法+好氧生物处理法+上浮分离	氨氮	27.50	克/吨-产品		
					化学混凝法+好氧生物处理法+上浮分离	总氮	51.26	克/吨-产品		
					化学混凝法+好氧生物处理法+上浮分离	总磷	1.68	克/吨-产品		
					上浮分离+好氧生物处理法+化学混凝法	氨氮	27.50	克/吨-产品		
					上浮分离+好氧生物处理法+化学混凝法	总氮	51.26	克/吨-产品		
					上浮分离+好氧生物处理法+化学混凝法	总磷	1.68	克/吨-产品		
					化学混凝法+好氧生物处理法	氨氮	46.53	克/吨-产品		
					化学混凝法+好氧生物处理法	总氮	110.02	克/吨-产品		
					化学混凝法+好氧生物处理法	总磷	4.83	克/吨-产品		
					上浮分离+好氧生物处理法	氨氮	46.53	克/吨-产品		
					上浮分离+好氧生物处理法	总氮	110.02	克/吨-产品		
					上浮分离+好氧生物处理法	总磷	4.83	克/吨-产品		

造纸和纸制品行业机制纸及纸板制造（2221）污水治理设施污染物排放强度表（续表 12）

生产规模	产品名称	原料名称	工艺名称	规模等级	末端治理技术	污染物指标	污染物排放强度	系数单位	实际运行率参数选择	参考 k 值计算公式
造纸	纸袋纸、牛皮纸	化学浆	机械法抄纸	所有规模	—	工业废水量	7.00	吨/吨-产品	—	—
					化学混凝法+好氧生物处理法+化学混凝法	氨氮	5.75	克/吨-产品	环保设施实际运行时间（小时/年）、企业正常生产时间（小时/年）	k=环保设施实际运行时间（小时/年）/企业正常生产时间（小时/年）
					化学混凝法+好氧生物处理法+化学混凝法	总氮	10.71	克/吨-产品		
					化学混凝法+好氧生物处理法+化学混凝法	总磷	0.35	克/吨-产品		
					上浮分离+好氧生物处理法+上浮分离	氨氮	5.75	克/吨-产品		
					上浮分离+好氧生物处理法+上浮分离	总氮	10.71	克/吨-产品		
					上浮分离+好氧生物处理法+上浮分离	总磷	0.35	克/吨-产品		
					化学混凝法+好氧生物处理法+上浮分离	氨氮	5.75	克/吨-产品		
					化学混凝法+好氧生物处理法+上浮分离	总氮	10.71	克/吨-产品		
					化学混凝法+好氧生物处理法+上浮分离	总磷	0.35	克/吨-产品		
					上浮分离+好氧生物处理法+化学混凝法	氨氮	5.75	克/吨-产品		
					上浮分离+好氧生物处理法+化学混凝法	总氮	10.71	克/吨-产品		
					上浮分离+好氧生物处理法+化学混凝法	总磷	0.35	克/吨-产品		
					化学混凝法+好氧生物处理法	氨氮	9.72	克/吨-产品		
					化学混凝法+好氧生物处理法	总氮	22.99	克/吨-产品		
					化学混凝法+好氧生物处理法	总磷	1.01	克/吨-产品		
					上浮分离+好氧生物处理法	氨氮	9.72	克/吨-产品		
					上浮分离+好氧生物处理法	总氮	22.99	克/吨-产品		
					上浮分离+好氧生物处理法	总磷	1.01	克/吨-产品		

造纸和纸制品行业手工纸制造（2222）污水治理设施污染物排放强度表

生产规模	产品名称	原料名称	工艺名称	规模等级	末端治理技术	污染物指标	污染物排放强度	系数单位	实际运行率参数选择	参考 k 值计算公式[1]
造纸	手工纸	混合浆	手工法抄纸	所有规模	—	工业废水量	30.00	吨/吨-产品	—	—
					化学混凝法+好氧生物处理法+化学混凝法	氨氮	24.63	克/吨-产品	环保设施实际运行时间（小时/年）、企业正常生产时间（小时/年）	k=环保设施实际运行时间（小时/年）/企业正常生产时间（小时/年）
					化学混凝法+好氧生物处理法+化学混凝法	总氮	45.90	克/吨-产品		
					化学混凝法+好氧生物处理法+化学混凝法	总磷	1.50	克/吨-产品		
					上浮分离+好氧生物处理法+上浮分离	氨氮	24.63	克/吨-产品		
					上浮分离+好氧生物处理法+上浮分离	总氮	45.90	克/吨-产品		
					上浮分离+好氧生物处理法+上浮分离	总磷	1.50	克/吨-产品		
					化学混凝法+好氧生物处理法+上浮分离	氨氮	24.63	克/吨-产品		
					化学混凝法+好氧生物处理法+上浮分离	总氮	45.90	克/吨-产品		
					化学混凝法+好氧生物处理法+上浮分离	总磷	1.50	克/吨-产品		
					上浮分离+好氧生物处理法+化学混凝法	氨氮	24.63	克/吨-产品		
					上浮分离+好氧生物处理法+化学混凝法	总氮	45.90	克/吨-产品		
					上浮分离+好氧生物处理法+化学混凝法	总磷	1.50	克/吨-产品		
					化学混凝法+好氧生物处理法	氨氮	25.00	克/吨-产品		
					化学混凝法+好氧生物处理法	总氮	59.12	克/吨-产品		
					化学混凝法+好氧生物处理法	总磷	2.60	克/吨-产品		
					上浮分离+好氧生物处理法	氨氮	25.00	克/吨-产品		
					上浮分离+好氧生物处理法	总氮	59.12	克/吨-产品		
					上浮分离+好氧生物处理法	总磷	2.60	克/吨-产品		

[1] 该公式仅供参考，使用时，可根据 k 值定义，选取更适合企业实际情况的表达方式。

23

印刷和记录媒介复制业

23 印刷和记录媒介复制业

1 适用范围

本手册仅用于《国民经济行业分类》（GB/T 4754—2017）中 2311 书报刊印刷，2312 本册印制，2319 包装装潢及其他印刷，2320 装订及印刷相关服务，2330 记录媒介复制业行业使用系数法核算工业污染物产生量和排放量的工业企业。

利用本手册进行产排污核算得出的污染物产生量与排放量仅代表了特定行业、工艺、产品、原料在正常工况下污染物产生与排放的一般规律。

2311 书报刊印刷，2312 本册印制，2319 包装装潢及其他印刷废水指标包括工业废水量、化学需氧量、氨氮、总氮、石油类、动植物油；废气指标包括挥发性有机物。

2320 装订及印刷相关服务废气指标包括挥发性有机物。

2330 记录媒介复制业废气指标包括挥发性有机物。

2 注意事项

2.1 企业有多种生产工艺或生产多类产品产排污量核算

工业废水量、化学需氧量、氨氮、石油类、动植物油：污染物产生量与产品产量有关，根据不同核算环节计算产生量后，再根据企业末端治理技术和运行情况计算排放量。

挥发性有机物：污染物产生量与原料用量有关，根据不同核算环节计算产生量后，再根据企业废气捕集方式、末端治理技术和运行情况计算污染物的排放量。

企业某污染物产生量、排放量为各核算环节产生量、排放量之和。

在企业实际排放量计算过程中，如果存在废水回用的情况，需要在利用产排污核算公式的基础上扣除废水回用的部分。公式如下：

实际排放量=计算排放量×（1–废水回用率）

2.2 采用多种治理设施组合处理企业的排污量核算

在排污量计算选择末端治理技术时，若没有对应的组合治理技术，以组合中治理效率最高的主要治理技术为准。

2.3 系数表中未涉及的产污系数及污染治理效率

如某行业小类系数表中有未涉及的产物系数和治理效率，可以参考本行业中其他行业小类系数表。

2319 包装装潢及其他印刷行业印刷品（承印物为金属）生产过程中，如果包含金属表面处理工艺，其废水指标参考33金属制品业中预处理核算环节的系数手册。

2320装订及印刷相关服务行业印版（平版）和印版（凹版，金属加工）生产过程中，如果包含金属表面处理工艺，其废水指标参考33金属制品业系数手册中预处理工段的系数手册。

2320装订及印刷相关服务行业印版（平版）和印版（凹版，金属加工）生产过程中，如果包含电镀工艺，其废水、废气指标可参考电镀行业的系数手册。

2.4 其他需要说明的问题

由于不同企业工业废水量、固体废物量差异较大，本手册所提供的工业废水量、固体废物量系数仅参考。

挥发性有机物产生量与原料用量有关，需要按照核算环节统计每种含挥发性有机物原料的用量，计算每种原料挥发性有机物的产生量后加和得到总的产生量，再根据企业废气捕集方式、末端治理技术和运行情况计算挥发性有机物的排放量。

为体现相同产污水平条件下，采用相同环保治理设施的不同企业对同一污染物去除效果的差异，引入 k 对污染治理技术的实际去除率进行修正。k 值反映的是污染治理设施运行的状态，越稳定运行，k 值越高；在取值上，若定义连续稳定运行的理想状态为1，则 k 取值在0～1之间。

本手册给出本行业的 k 计算公式仅供参考，使用时，可根据 k 值定义，选取更适合企业实际情况的表达方式。

3 污染物排放量核算方法

针对企业实际生产情况，本行业在废气指标产污系数制定过程中将企业全生产流程划分或拆分为若干工段（核算环节），在核算企业污染物产排量时，可灵活选择本企业对应的工段进行核算。

如果企业全部工段废气捕集和治理为一套设施，可不分工段核算。本行业废水指标不分工段核算，将全生产流程视为一工段。

3.1 计算工段污染物产生量

（1）根据产品、原料、污染物产生的主导生产工艺、企业规模（生产产能）这一组合查找和确定所对应的某一污染物的产污系数。

（2）根据该污染物的产污系数计量单位——单位产品产量或单位原料用量，获取企业实际产品产量或原料用量。

例如，某组合内化学需氧量的产污系数单位为千克/吨-产品，则计算产生量时需要获取企业实际产品产量；如果产污系数单位为千克/吨-原料，则计算产生量时需要获取企业原料实际消耗量。

（3）污染物产生量按以下公式进行计算：

污染物产生量=污染物对应的产污系数×产品产量（原料用量）

$$G_{产i} = P_{产i} \times M_i$$

式中，$G_{产i}$——工段 i 某污染物的产生量；

$P_{产i}$——工段 i 某污染物对应的产污系数；

M_i——工段 i 的产品产量（原料用量）。

3.2 计算工段污染物去除量

（1）根据企业对某一污染物所采用的治理技术查找和选择相应的治理技术平均去除效率。

（2）根据所填报的污染治理设施实际运行率参数及其计算公式得出该企业某一污染物的治理设施实际运行率（k 值）。

（3）污染物去除量按以下公式进行计算：

污染物去除量=污染物产生量×污染物去除率

=污染物产生量×治理技术平均去除效率×治理设施实际运行率

$$R_{减i} = G_{产i} \times \eta_T \times k_T$$

式中，$R_{减i}$——工段 i 某污染物的去除量；

η_T——工段 i 某污染物采用的末端治理技术的平均去除效率；

k_T——工段 i 某污染物采用的末端治理设施的实际运行率。

对挥发性有机物来说，末端治理技术的平均去除效率为捕集效率×末端治理技术效率。

3.3 计算工段污染物排放量

污染物排放量=污染物产生量–污染物去除量

=污染物对应的产污系数×产品产量（原料用量）–污染物产生量×治理技术平均去除效率×治理设施实际运行率

3.4 计算企业污染物排放量

同一企业某污染物全年的产生（排放）总量为该企业同年实际生产的全部工段、产品、原料、规模污染物产生（排放）量之和。

$$E_{排} = G_{产} - R_{减} = \sum(G_{产i} - R_{减i})$$
$$= \sum\left[P_{产i} \times M_i(1 - \eta_T \times k_T)\right]$$

4 污染物排放量核算案例

某书、报刊印刷企业主要从事书刊印刷生产。该企业涉及的主要废气产排污核算环节为印刷和印后整理两个核算环节。废气主要污染物为挥发性有机物。由于企业废气捕集和治理为一套设施，所以废气污染物不分工段核算。废水污染物不分工段核算，主要污染物为化学需氧量、氨氮、石油类。以挥发性有机物和化学需氧量为例说明排放量计算过程。

该企业基本信息如表 1 所示。

4.1 废气指标核算

（1）挥发性有机物产生量计算

①查找产污系数及其计量单位

根据企业基本信息，查找本手册中企业原料产污系数如表 2 所示。

表 1　某印刷企业主要信息

	工段：书刊印刷和印后整理	
	名称	数量
产品及产量	印刷品（承印物为纸）	52845.54 吨
原料及用量	植物大豆平版油墨	366.103 吨
原料及用量	稀释剂	17.873 吨
原料及用量	润版液（无醇）	24.325 吨
原料及用量	油墨清洗剂（溶剂型）	28.250 吨
原料及用量	白乳胶	91.930 吨
原料及用量	热熔胶	82.828 吨
原料及用量	上光油（水性）	65.100 吨
原料及用量	上光油（UV）	4.920 吨
工艺	平版印刷、所有印后整理	
废气捕集方式	外部集气罩	
废气末端治理技术	低温等离子体	
实际运行率参数	治理设施正常运行时间	6300 小时
	企业正常生产时间	6300 小时
废水末端治理技术	物理处理法+化学处理法+好氧生物处理法	
实际运行率参数	废水处理设施年耗电量	40000 千瓦·时
	废水处理设备额定功率	50 千瓦
	废水处理设备年运行时间	800 小时

表 2　企业挥发性有机物产污系数统计表

产品	原料	工艺	规模等级	产污系数	单位
印刷品（承印物为纸）	植物大豆平版油墨	平版印刷	所有规模	14	千克/吨-原料
印刷品（承印物为纸）	稀释剂	平版印刷	所有规模	1000	千克/吨-原料
印刷品（承印物为纸）	润版液（无醇）	平版印刷	所有规模	79	千克/吨-原料
印刷品（承印物为纸）	油墨清洗剂（溶剂型）	平版印刷	所有规模	950	千克/吨-原料
印刷品（承印物为纸）	白乳胶	所有印后整理工艺	所有规模	13	千克/吨-原料
印刷品（承印物为纸）	热熔胶	所有印后整理工艺	所有规模	10	千克/吨-原料
印刷品（承印物为纸）	上光油（水性）	所有印后整理工艺	所有规模	25	千克/吨-原料
印刷品（承印物为纸）	上光油（UV）	所有印后整理工艺	所有规模	43	千克/吨-原料

②获取企业原料用量

实际填报情况：植物大豆平版油墨用量为 366.103 吨，稀释剂用量为 17.873 吨，润版液（无醇）用量为 24.325 吨，油墨清洗剂（溶剂型）用量为 28.25 吨，白乳胶用量为 91.93 吨，热熔胶用量为 82.828 吨，上光油（水性）用量为 65.1 吨，上光油（UV）用量为 4.92 吨。

③计算挥发性有机物产生量

由于查询到的组合中，挥发性有机物产污系数的单位为千克/吨-原料，因此在核算产生量时采用原料用量。

$$
\begin{aligned}
\text{挥发性有机物产生量} &= \sum \text{挥发性有机物产污系数} \times \text{原料用量} \\
&= (14\text{千克/吨-原料} \times 366.103\text{吨-原料} + 1000\text{千克/吨-原料} \times 17.873\text{吨-原料} + \\
&\quad 79\text{千克/吨-原料} \times 24.325\text{吨-原料} + 950\text{千克吨-原料} \times 28.250\text{吨-原料} + \\
&\quad 13\text{千克/吨-原料} \times 91.93\text{吨-原料} + 10\text{千克/吨-原料} \times 82.828\text{吨-原料} + \\
&\quad 25\text{千克/吨-原料} \times 65.1\text{吨-原料} + 43\text{千克/吨-原料} \times 4.920\text{吨-原料}) \div 1000 \\
&= 55.62\text{吨}
\end{aligned}
$$

（2）挥发性有机物去除量计算

①查找治理技术平均去除效率

由于该企业废气捕集设施为外部集气罩，废气末端治理技术为低温等离子体，查询相应组合外部集气罩的捕集效率为 40%，低温等离子体的治理效率为 39%，所以外部集气罩-低温等离子体的平均去除效率为 40%×39%=16%。

②计算污染治理技术实际运行率

根据产污系数组合查询结果，该组合中化学需氧量法对应的污染治理设施实际运行率为

$$k=\text{治理设施正常运行时间/企业正常生产时间}=6300\ \text{小时}/6300\ \text{小时}=1$$

③计算挥发性有机物去除量

$$\text{挥发性有机物去除量} = 55.62\text{吨} \times 16\% \times 1 = 8.90\text{吨}$$

（3）挥发性有机物排放量计算

$$\text{挥发性有机物排放量} = 55.62\text{吨} - 8.90\text{吨} = 46.72\text{吨}$$

4.2 废水指标核算

（1）化学需氧量产生量计算

①查找产污系数及其计量单位

根据报表填报信息，调用《231 印刷行业产污系数表》中主要产品为印刷品（承印物为纸），主要原料为纸，主要工艺为平版印刷，生产规模为所有规模。该组合化学需氧量的产污系数为 243，单位为克/吨-产品。

②获取企业产品产量

该企业实际情况为：该企业主要产品印刷品（承印物为纸）2017 年产量为 52845.54 吨。

③计算化学需氧量产生量

由于查询到的组合中化学需氧量产污系数的单位为克/吨-产品，因此在核算产生量时需获取产品产量。

$$
\begin{aligned}
\text{化学需氧量产生量} &= \text{化学需氧量产污系数} \times \text{产品产量} \\
&= 243\text{克/吨-产品} \times 52845.54\text{吨-产品} \div 1000000 \\
&= 12.84\text{吨}
\end{aligned}
$$

（2）化学需氧量去除量计算

①查找治理设施平均去除效率

该企业化学需氧量治理技术采用“物理处理法+化学处理法+好氧生物处理法”，查询相应组合内该工艺的平均去除效率为 90%。

②计算污染治理技术实际运行率

根据产污系数组合查询结果，该组合中化学需氧量对应的污染治理设施实际运行率为

k=废水处理设施总耗电量（千瓦·时）/［废水处理设施额定功率（千瓦）×废水处理设施运行时间（小时）］=40000 千瓦·时/（50 千瓦×800 小时）=1

③计算化学需氧量去除量

$$化学需氧量去除量=12.84吨\times 90\%\times 1=11.56吨$$

（3）化学需氧量排放量计算

$$化学需氧量排放量=12.84吨-11.56吨=1.28吨$$

其他水污染物指标参照化学需氧量计算。

5 系数表

2311 书、报刊印刷（废气）行业系数表

工段名称	产品名称	原料名称	工艺名称	规模等级	污染物类别	污染物指标	系数单位	产污系数	捕集方式	捕集效率/%	末端治理技术	末端治理技术平均去除效率/%	参考 k 值计算公式[1]
印刷	印刷品（承印物为纸）	溶剂型平版油墨	平版印刷	所有规模	废气	挥发性有机物	千克/吨-原料	600.00	Ⅰ. 全部密闭；Ⅱ. 外部集气罩；Ⅲ. 无捕集	Ⅰ. 全部密闭 95；Ⅱ. 外部集气罩 40；Ⅲ. 无捕集 0	1. 其他（活性炭法）；2. 其他（沸石转轮吸附法）；3. 蓄热式热力燃烧法；4. 光解；5. 光催化；6. 冷凝法；7. 吸附/催化燃烧法；8. 催化燃烧法；9. 低温等离子体；10. 生物过滤法；11. 其他（溶剂法）；12. 热力燃烧；13. 无治理	1. 其他（活性炭法）15；2. 其他（沸石转轮吸附法）34；3. 蓄热式热力燃烧法 94；4. 光解 17；5. 光催化 17；6. 冷凝法 65；7. 吸附/催化燃烧法 85；8. 催化燃烧法 85；9. 低温等离子体 39；10. 生物过滤法 53；11. 其他（溶剂法）12；12. 热力燃烧 90；13. 无治理 0	k=治理设施正常运行时间（小时/年）/企业正常生产时间（小时/年）
		植物大豆平版油墨	平版印刷	所有规模	废气	挥发性有机物	千克/吨-原料	13.92					
		水性平版油墨	平版印刷	所有规模	废气	挥发性有机物	千克/吨-原料	13.35					
		水性凹版油墨	凹版印刷	所有规模	废气	挥发性有机物	千克/吨-原料	114.10					
		溶剂型凹版油墨	凹版印刷	所有规模	废气	挥发性有机物	千克/吨-原料	600.00					
		水性凸版油墨	凸版印刷（柔性版印刷）	所有规模	废气	挥发性有机物	千克/吨-原料	47.25					
	印刷品（承印物为纸）、印刷品（其他承印物）	溶剂型凸版油墨	凸版印刷（柔性版印刷）	所有规模	废气	挥发性有机物	千克/吨-原料	600.00					
	印刷品（承印物为纸）	水性孔版油墨	孔版印刷（丝网印刷）	所有规模	废气	挥发性有机物	千克/吨-原料	49.06					
	印刷品（承印物为纸）、印刷品（其他承印物）	溶剂型孔版油墨	孔版印刷（丝网印刷）	所有规模	废气	挥发性有机物	千克/吨-原料	450.00					
	印刷品（承印物为纸）	喷墨墨水	数字印刷	所有规模	废气	挥发性有机物	千克/吨-原料	127.00					

[1] 该公式仅供参考，使用时，可根据 k 值定义，选取更适合企业实际情况的表达方式。

2311 书、报刊印刷（废气）行业系数表（续表 1）

工段名称	产品名称	原料名称	工艺名称	规模等级	污染物类别	污染物指标	系数单位	产污系数	捕集方式	捕集效率/%	末端治理技术	末端治理技术平均去除效率/%	参考 k 值计算公式
印刷	印刷品(承印物为纸)	UV 油墨	平版印刷、凸版印刷（柔性版印刷）、孔版印刷（丝网印刷）	所有规模	废气	挥发性有机物	千克/吨-原料	18.64					
	印刷品(承印物为塑料)	溶剂型凹版油墨	凹版印刷	所有规模	废气	挥发性有机物	千克/吨-原料	650.00					
	印刷品(承印物为纸)、印刷品（承印物为塑料)、印刷品(其他承印物)	稀释剂	平版印刷、凹版印刷、凸版印刷（柔性版印刷）、孔版印刷（丝网印刷）、数字印刷	所有规模	废气	挥发性有机物	千克/吨-原料	1000.00					
		润版液（普通型）	平版印刷、凹版印刷、凸版印刷（柔性版印刷）、孔版印刷（丝网印刷）	所有规模	废气	挥发性有机物	千克/吨-原料	200.00					
		润版液（无醇）	平版印刷、凹版印刷、凸版印刷（柔性版印刷）、孔版印刷（丝网印刷）	所有规模	废气	挥发性有机物	千克/吨-原料	79.09					
		油墨清洗剂（溶剂型）	平版印刷、凹版印刷、凸版印刷（柔性版印刷）、孔版印刷（丝网印刷）、数字印刷	所有规模	废气	挥发性有机物	千克/吨-原料	950.00					
		油墨清洗剂（水基型）	平版印刷、凹版印刷、凸版印刷（柔性版印刷）、孔版印刷（丝网印刷）、数字印刷	所有规模	废气	挥发性有机物	千克/吨-原料	119.5					

2311 书、报刊印刷（废气）行业系数表（续表 2）

工段名称	产品名称	原料名称	工艺名称	规模等级	污染物类别	污染物指标	系数单位	产污系数	捕集方式	捕集效率/%	末端治理技术	末端治理技术平均去除效率/%	参考 *k* 值计算公式
印后整理	印刷品（承印物为纸）、印刷品（承印物为塑料）、印刷品（其他承印物）	溶剂型覆膜胶	所有印后整理工艺	所有规模	废气	挥发性有机物	千克/吨-原料	369.67	Ⅰ. 全部密闭；Ⅱ. 外部集气罩；Ⅲ. 无捕集	Ⅰ. 全部密闭 95；Ⅱ. 外部集气罩 40；Ⅲ. 无捕集 0	1. 其他（活性炭法）；2. 其他（沸石转轮吸附法）；3. 蓄热式热力燃烧法；4. 光解；5. 光催化；6. 冷凝法；7. 吸附/催化燃烧法；8. 催化燃烧法；9. 低温等离子体；10. 生物过滤法；11. 其他（溶剂法）；12. 热力燃烧；13. 无治理	1. 其他（活性炭法）15；2. 其他（沸石转轮吸附法）34；3. 蓄热式热力燃烧法 94；4. 光解 17；5. 光催化 17；6. 冷凝法 65；7. 吸附/催化燃烧法 85；8. 催化燃烧法 85；9. 低温等离子体 39；10. 生物过滤法 53；11. 其他（溶剂法）12；12. 热力燃烧 90；13. 无治理 0	*k*=治理设施正常运行时间（小时/年）/企业正常生产时间（小时/年）
	印刷品（承印物为纸）、印刷品（承印物为塑料）、印刷品（其他承印物）	水性覆膜胶	所有印后整理工艺	所有规模	废气	挥发性有机物	千克/吨-原料	31.67					
	印刷品（承印物为纸）、印刷品（其他承印物）	白乳胶	所有印后整理工艺	所有规模	废气	挥发性有机物	千克/吨-原料	13.40					
	印刷品（承印物为纸）、印刷品（承印物为塑料）、印刷品（其他承印物）	热熔胶	所有印后整理工艺	所有规模	废气	挥发性有机物	千克/吨-原料	10.11					
	印刷品（承印物为纸）、印刷品（承印物为塑料）、印刷品（其他承印物）	涂布液（溶剂型）	所有印后整理工艺	所有规模	废气	挥发性有机物	千克/吨-原料	400.00					
	印刷品（承印物为纸）、印刷品（承印物为塑料）、印刷品（其他承印物）	涂布液（水性）	所有印后整理工艺	所有规模	废气	挥发性有机物	千克/吨-原料	25.29					
	印刷品（承印物为纸）、印刷品（承印物为塑料）、印刷品（其他承印物）	上光油（溶剂型）	所有印后整理工艺	所有规模	废气	挥发性有机物	千克/吨-原料	600					

2311 书、报刊印刷（废气）行业系数表（续表 3）

工段名称	产品名称	原料名称	工艺名称	规模等级	污染物类别	污染物指标	系数单位	产污系数	捕集方式	捕集效率/%	末端治理技术	末端治理技术平均去除效率/%	参考 k 值计算公式
印后整理	印刷品（承印物为纸）、印刷品（承印物为塑料）、印刷品（其他承印物）	上光油（水性）	所有印后整理工艺	所有规模	废气	挥发性有机物	千克/吨-原料	25.29					
	印刷品（承印物为纸）、印刷品（承印物为塑料）、印刷品（其他承印物）	上光油（UV）	所有印后整理工艺	所有规模	废气	挥发性有机物	千克/吨-原料	42.70					
	印刷品（承印物为纸）、印刷品（承印物为塑料）、印刷品（其他承印物）	胶粘剂（水性）	所有印后整理工艺	所有规模	废气	挥发性有机物	千克/吨-原料	13.40					
	印刷品（承印物为纸）、印刷品（承印物为塑料）、印刷品（其他承印物）	胶粘剂（溶剂型）	所有印后整理工艺	所有规模	废气	挥发性有机物	千克/吨-原料	300.00					
	印刷品（承印物为纸）、印刷品（承印物为塑料）、印刷品（其他承印物）	胶粘剂（UV）	所有印后整理工艺	所有规模	废气	挥发性有机物	千克/吨-原料	18.64					
	印刷品（承印物为纸）、印刷品（承印物为塑料）、印刷品（其他承印物）	无溶剂复合胶	所有印后整理工艺	所有规模	废气	挥发性有机物	千克/吨-原料	0					

2311 书、报刊印刷（废水和固体废物）行业系数表

工段名称	产品名称	原料名称	工艺名称	规模等级	污染物类别	污染物指标	系数单位	产污系数	末端治理技术	末端治理技术平均去除效率/%	参考 k 值计算公式[1]
全部工段	印刷品（承印物为纸）、印刷品（其他承印物）	纸、其他承印物	平版印刷、凹版印刷、凸版印刷（柔性版印刷）、孔版印刷（丝网印刷）、数字印刷	所有规模	废水	工业废水量	吨/吨-产品	1.86	—	—	—
						化学需氧量	克/吨-产品	243.00	物理处理法+化学处理法+好氧生物处理法	90	k=废水处理设施年耗电量（千瓦·时）/［废水处理设备额定功率（千瓦）×废水处理设备年运行时间(小时)］
									物理化学处理法	40	
						氨氮	克/吨-产品	26.30	物理处理法+化学处理法+好氧生物处理法	66	
									物理化学处理法	97	
						总氮	克/吨-产品	32.97	物理处理法+化学处理法+好氧生物处理法	66	
									物理化学处理法	97	
						石油类	克/吨-产品	14.90	物理处理法+化学处理法+好氧生物处理法	100	
									物理化学处理法	41	
	印刷品（承印物为塑料）	塑料	凹版印刷	所有规模	废水	工业废水量	吨/吨-产品	3.37	—	—	—
						化学需氧量	克/吨-产品	398.00	直排	—	—
						氨氮	克/吨-产品	55.20	直排	—	—
						总氮	克/吨-产品	67.33	直排	—	—
						动植物油	克/吨-产品	0.0025	直排	—	—
	印刷品（承印物为纸）、印刷品（其他承印物）	纸、其他承印物	平版印刷、凹版印刷、凸版印刷（柔性版印刷）、孔版印刷（丝网印刷）、数字印刷	所有规模	固体废物	一般工业固废	千克/吨-产品	0.40～113.89	—	—	—
						危险废物	千克/吨-产品	0.010～81.41			
	印刷品（承印物为塑料）	塑料	平版印刷、凹版印刷、凸版印刷（柔性版印刷）、孔版印刷（丝网印刷）、数字印刷	所有规模	固体废物	一般工业固废	千克/吨-产品	52.32～126.20	—	—	—
						危险废物	千克/吨-产品	0.58～1.71			

[1] 该公式仅供参考，使用时，可根据 k 值定义，选取更适合企业实际情况的表达方式。

2312 本册印刷（废气）行业系数表

工段名称	产品名称	原料名称	工艺名称	规模等级	污染物类别	污染物指标	系数单位	产污系数	捕集方式	捕集效率/%	末端治理技术	末端治理技术平均去除效率/%	参考k值计算公式[1]
印刷	印刷品（承印物为纸）	溶剂型平版油墨	平版印刷	所有规模	废气	挥发性有机物	千克/吨-原料	600.00	I．全部密闭；II．外部集气罩；III．无捕集	I．全部密闭 95；II．外部集气罩 40；III．无捕集 0	1. 其他（活性炭法）；2. 其他（沸石转轮吸附法）；3. 蓄热式热力燃烧法；4. 光解；5. 光催化；6. 冷凝法；7. 吸附/催化燃烧法；8. 催化燃烧法；9. 低温等离子体；10. 生物过滤法；11. 其他（溶剂法）；12. 热力燃烧；13. 无治理	1. 其他(活性炭法）15；2. 其他(沸石转轮吸附法）34；3. 蓄热式热力燃烧法 94；4. 光解 17；5. 光催化 17；6. 冷凝法 65；7. 吸附/催化燃烧法 85；8. 催化燃烧法 85；9. 低温等离子体 39；10. 生物过滤法 53；11. 其他（溶剂法）12；12. 热力燃烧 90；13. 无治理 0	k=治理设施正常运行时间（小时/年）/企业正常生产时间（小时/年）
	印刷品（承印物为纸）	植物大豆平版油墨	平版印刷	所有规模	废气	挥发性有机物	千克/吨-原料	13.92					
	印刷品（承印物为纸）	水性平版油墨	平版印刷	所有规模	废气	挥发性有机物	千克/吨-原料	13.35					
	印刷品（承印物为纸）	水性凹版油墨	凹版印刷	所有规模	废气	挥发性有机物	千克/吨-原料	114.10					
	印刷品（承印物为纸）	溶剂型凹版油墨	凹版印刷	所有规模	废气	挥发性有机物	千克/吨-原料	600.00					
	印刷品（承印物为纸）	水性凸版油墨	凸版印刷（柔性版印刷）	所有规模	废气	挥发性有机物	千克/吨-原料	47.25					
	印刷品（承印物为纸）、印刷品（其他承印物）	溶剂型凸版油墨	凸版印刷（柔性版印刷）	所有规模	废气	挥发性有机物	千克/吨-原料	600.00					
	印刷品（承印物为纸）	水性孔版油墨	孔版印刷（丝网印刷）	所有规模	废气	挥发性有机物	千克/吨-原料	49.06					
	印刷品（承印物为纸）、印刷品（其他承印物）	溶剂型孔版油墨	孔版印刷（丝网印刷）	所有规模	废气	挥发性有机物	千克/吨-原料	450.00					
	印刷品（承印物为纸）	UV 油墨	平版印刷、凸版印刷（柔性版印刷）、孔版印刷（丝网印刷）	所有规模	废气	挥发性有机物	千克/吨-原料	18.64					
	印刷品（承印物为塑料）	溶剂型凹版油墨	凹版印刷	所有规模	废气	挥发性有机物	千克/吨-原料	650.00					

[1] 该公式仅供参考，使用时，可根据 k 值定义，选取更适合企业实际情况的表达方式。

2312 本册印刷（废气）行业系数表（续表 1）

工段名称	产品名称	原料名称	工艺名称	规模等级	污染物类别	污染物指标	系数单位	产污系数	捕集方式	捕集效率/%	末端治理技术	末端治理技术平均去除效率/%	参考 k 值计算公式
印刷	印刷品（承印物为纸）、印刷品（承印物为塑料）、印刷品（其他承印物）	稀释剂	平版印刷、凹版印刷、凸版印刷（柔性版印刷）、孔版印刷（丝网印刷）	所有规模	废气	挥发性有机物	千克/吨-原料	1000.00					
	印刷品（承印物为纸）、印刷品（承印物为塑料）、印刷品（其他承印物）	润版液(普通型)	平版印刷、凹版印刷、凸版印刷（柔性版印刷）、孔版印刷（丝网印刷）	所有规模	废气	挥发性有机物	千克/吨-原料	200.00					
	印刷品（承印物为纸）、印刷品（承印物为塑料）、印刷品（其他承印物）	润版液（无醇）	平版印刷、凹版印刷、凸版印刷（柔性版印刷）、孔版印刷（丝网印刷）	所有规模	废气	挥发性有机物	千克/吨-原料	79.09					
	印刷品（承印物为纸）、印刷品（承印物为塑料）、印刷品（其他承印物）	油墨清洗剂（溶剂型）	平版印刷、凹版印刷、凸版印刷（柔性版印刷）、孔版印刷（丝网印刷）	所有规模	废气	挥发性有机物	千克/吨-原料	950.00					
	印刷品（承印物为纸）、印刷品（承印物为塑料）、印刷品（其他承印物）	油墨清洗剂（水基型）	平版印刷、凹版印刷、凸版印刷（柔性版印刷）、孔版印刷（丝网印刷）、数字印刷	所有规模	废气	挥发性有机物	千克/吨-原料	119.5					

2312 本册印刷（废气）行业系数表（续表 2）

工段名称	产品名称	原料名称	工艺名称	规模等级	污染物类别	污染物指标	系数单位	产污系数	捕集方式	捕集效率/%	末端治理技术	末端治理技术平均去除效率/%	参考 k 值计算公式
印后整理	印刷品（承印物为纸）、印刷品（承印物为塑料）、印刷品（其他承印物）	溶剂型覆膜胶	所有印后整理工艺	所有规模	废气	挥发性有机物	千克/吨-原料	369.67	Ⅰ．全部密闭；Ⅱ．外部集气罩；Ⅲ．无捕集	Ⅰ．全部密闭 95；Ⅱ．外部集气罩 40；Ⅲ．无捕集 0	1．其他（活性炭法）；2．其他（沸石转轮吸附法）；3．蓄热式热力燃烧法；4．光解；5．光催化；6．冷凝法；7．吸附/催化燃烧法；8．催化燃烧法；9．低温等离子体；10．生物过滤法；11．其他（溶剂法）；12．热力燃烧；13．无治理	1．其他（活性炭法）15；2．其他（沸石转轮吸附法）34；3．蓄热式热力燃烧法 94；4．光解 17；5．光催化 17；6．冷凝法 65；7．吸附/催化燃烧法 85；8．催化燃烧法 85；9．低温等离子体 39；10．生物过滤法 53；11．其他（溶剂法）12；12．热力燃烧 90；13．无治理 0	k=治理设施正常运行时间（小时/年）/企业正常生产时间（小时/年）
	印刷品（承印物为纸）、印刷品（承印物为塑料）、印刷品（其他承印物）	水性覆膜胶	所有印后整理工艺	所有规模	废气	挥发性有机物	千克/吨-原料	31.67					
	印刷品（承印物为纸）、印刷品（承印物为塑料）、印刷品（其他承印物）	白乳胶	所有印后整理工艺	所有规模	废气	挥发性有机物	千克/吨-原料	13.40					
	印刷品（承印物为纸）、印刷品（承印物为塑料）、印刷品（其他承印物）	热熔胶	所有印后整理工艺	所有规模	废气	挥发性有机物	千克/吨-原料	10.11					
	印刷品（承印物为纸）、印刷品（承印物为塑料）、印刷品（其他承印物）	涂布液（溶剂型）	所有印后整理工艺	所有规模	废气	挥发性有机物	千克/吨-原料	400.00					
	印刷品（承印物为纸）、印刷品（承印物为塑料）、印刷品（其他承印物）	涂布液（水性）	所有印后整理工艺	所有规模	废气	挥发性有机物	千克/吨-原料	25.29					
	印刷品（承印物为纸）、印刷品（承印物为塑料）、印刷品（其他承印物）	上光油（溶剂型）	所有印后整理工艺	所有规模	废气	挥发性有机物	千克/吨-原料	600					

2312 本册印刷（废气）行业系数表（续表 3）

工段名称	产品名称	原料名称	工艺名称	规模等级	污染物类别	污染物指标	系数单位	产污系数	捕集方式	捕集效率/%	末端治理技术	末端治理技术平均去除效率/%	参考 k 值计算公式
印后整理	印刷品（承印物为纸）、印刷品（承印物为塑料）、印刷品（其他承印物）	上光油（水性）	所有印后整理工艺	所有规模	废气	挥发性有机物	千克/吨-原料	25.29					
	印刷品（承印物为纸）、印刷品（承印物为塑料）、印刷品（其他承印物）	上光油（UV）	所有印后整理工艺	所有规模	废气	挥发性有机物	千克/吨-原料	42.70					
	印刷品（承印物为纸）、印刷品（承印物为塑料）、印刷品（其他承印物）	胶粘剂（水性）	所有印后整理工艺	所有规模	废气	挥发性有机物	千克/吨-原料	13.40					
	印刷品（承印物为纸）、印刷品（承印物为塑料）、印刷品（其他承印物）	胶粘剂（溶剂型）	所有印后整理工艺	所有规模	废气	挥发性有机物	千克/吨-原料	300.00					
	印刷品（承印物为纸）、印刷品（承印物为塑料）、印刷品（其他承印物）	胶粘剂（UV）	所有印后整理工艺	所有规模	废气	挥发性有机物	千克/吨-原料	18.64					

2312 本册印刷（废水和固体废物）行业系数表

工段名称	产品名称	原料名称	工艺名称	规模等级	污染物类别	污染物指标	系数单位	产污系数	末端治理技术	末端治理技术平均去除效率/%	参考 k 值计算公式[1]
全部工段	印刷品（承印物为纸）、印刷品（其他承印物）	纸、其他承印物	平版印刷、凹版印刷、凸版印刷（柔性版印刷）、孔版印刷（丝网印刷）、数字印刷	所有规模	废水	工业废水量	吨/吨-产品	1.86	—	—	—
						化学需氧量	克/吨-产品	243.00	物理处理法+化学处理法+好氧生物处理法	90	k=废水处理设施年耗电量（千瓦·时）/［废水处理设备额定功率（千瓦）×废水处理设备年运行时间(小时)］
									物理化学处理法	40	
						氨氮	克/吨-产品	26.30	物理处理法+化学处理法+好氧生物处理法	66	
									物理化学处理法	97	
						总氮	克/吨-产品	32.97	物理处理法+化学处理法+好氧生物处理法	66	
									物理化学处理法	97	
						石油类	克/吨-产品	14.90	物理处理法+化学处理法+好氧生物处理法	100	
									物理化学处理法	41	
	印刷品（承印物为塑料）	塑料	凹版印刷	所有规模	废水	工业废水量	吨/吨-产品	3.37	—	—	—
						化学需氧量	克/吨-产品	398.00	直排	—	—
						氨氮	克/吨-产品	55.20	直排	—	—
						总氮	克/吨-产品	67.33	直排	—	—
						动植物油	克/吨-产品	0.0025	直排	—	—
	印刷品（承印物为纸）、印刷品（其他承印物）	纸、其他承印物	平版印刷、凹版印刷、凸版印刷（柔性版印刷）、孔版印刷（丝网印刷）、数字印刷	所有规模	固体废物	一般工业固废	千克/吨-产品	0.40～113.89	—	—	—
						危险废物	千克/吨-产品	0.010～81.41			
	印刷品（承印物为塑料）	塑料	平版印刷、凹版印刷、凸版印刷（柔性版印刷）、孔版印刷（丝网印刷）、数字印刷	所有规模	固体废物	一般工业固废	千克/吨-产品	52.32～126.20	—	—	—
						危险废物	千克/吨-产品	0.58～1.71			

[1] 该公式仅供参考，使用时，可根据 k 值定义，选取更适合企业实际情况的表达方式。

2319 包装装潢及其他印刷（废气）行业系数表

工段名称	产品名称	原料名称	工艺名称	规模等级	污染物类别	污染物指标	系数单位	产污系数	捕集方式	捕集效率/%	末端治理技术	末端治理技术平均去除效率/%	参考k值计算公式[1]
印刷	印刷品（承印物为纸）	溶剂型平版油墨	平版印刷	所有规模	废气	挥发性有机物	千克/吨-原料	600.00	Ⅰ. 全部密闭；Ⅱ. 外部集气罩；Ⅲ. 无捕集	Ⅰ. 全部密闭 95；Ⅱ. 外部集气罩 40；Ⅲ. 无捕集 0	1. 其他（活性炭法）；2. 其他（沸石转轮吸附法）；3. 蓄热式热力燃烧法；4. 光解；5. 光催化；6. 冷凝法；7. 吸附/催化燃烧法；8. 催化燃烧法；9. 低温等离子体；10. 生物过滤法；11. 其他（溶剂法）；12. 热力燃烧；13. 无治理	1. 其他（活性炭法）15；2. 其他（沸石转轮吸附法）34；3. 蓄热式热力燃烧法 94；4. 光解 17；5. 光催化 17；6. 冷凝法 65；7. 吸附/催化燃烧法 85；8. 催化燃烧法 85；9. 低温等离子体 39；10. 生物过滤法 53；11. 其他（溶剂法）12；12. 热力燃烧 90；13. 无治理 0	k=治理设施正常运行时间（小时/年）/企业正常生产时间（小时/年）
	印刷品（承印物为纸）	植物大豆平版油墨	平版印刷	所有规模	废气	挥发性有机物	千克/吨-原料	13.92					
	印刷品（承印物为纸）	水性平版油墨	平版印刷	所有规模	废气	挥发性有机物	千克/吨-原料	13.35					
	印刷品（承印物为纸）	水性凹版油墨	凹版印刷	所有规模	废气	挥发性有机物	千克/吨-原料	114.10					
	印刷品（承印物为纸）	溶剂型凹版油墨	凹版印刷	所有规模	废气	挥发性有机物	千克/吨-原料	600.00					
	印刷品（承印物为纸）	水性凸版油墨	凸版印刷（柔性版印刷）	所有规模	废气	挥发性有机物	千克/吨-原料	47.25					
	印刷品（承印物为纸）、印刷品（其他承印物）	溶剂型凸版油墨	凸版印刷（柔性版印刷）	所有规模	废气	挥发性有机物	千克/吨-原料	600.00					
	印刷品（承印物为纸）	水性孔版油墨	孔版印刷（丝网印刷）	所有规模	废气	挥发性有机物	千克/吨-原料	49.06					
	印刷品（承印物为纸）、印刷品（其他承印物）	溶剂型孔版油墨	孔版印刷（丝网印刷）	所有规模	废气	挥发性有机物	千克/吨-原料	450.00					
	印刷品（承印物为纸）	喷墨墨水	数字印刷	所有规模	废气	挥发性有机物	千克/吨-原料	127.00					
	印刷品（承印物为纸）	UV 油墨	平版印刷、凸版印刷（柔性版印刷）、孔版印刷（丝网印刷）	所有规模	废气	挥发性有机物	千克/吨-原料	18.64					
	印刷品（承印物为塑料）	溶剂型凹版油墨	凹版印刷	所有规模	废气	挥发性有机物	千克/吨-原料	650.00					
	印刷品（承印物为金属）	溶剂型平版油墨	平版印刷	所有规模	废气	挥发性有机物	千克/吨-原料	450.00					
	印刷品（承印物为金属）	溶剂型凸版油墨	凸版印刷（柔性版印刷）	所有规模	废气	挥发性有机物	千克/吨-原料	450.00					

[1] 该公式仅供参考，使用时，可根据 k 值定义，选取更适合企业实际情况的表达方式。

2319 包装装潢及其他印刷（废气）行业系数表（续表 1）

工段名称	产品名称	原料名称	工艺名称	规模等级	污染物类别	污染物指标	系数单位	产污系数	捕集方式	捕集效率/%	末端治理技术	末端治理技术平均去除效率/%	参考 k 值计算公式
印刷	印刷品（承印物为金属）	溶剂型凹版油墨	凹版印刷	所有规模	废气	挥发性有机物	千克/吨-原料	450.00					
	印刷品（承印物为金属）	UV 油墨	平版印刷、凸版印刷（柔性版印刷）	所有规模	废气	挥发性有机物	千克/吨-原料	18.64					
	印刷品（承印物为金属）	喷墨墨水	数字印刷	所有规模	废气	挥发性有机物	千克/吨-原料	127.00					
	印刷品（承印物为金属）	白可丁	平版印刷、凹版印刷、凸版印刷（柔性版印刷）	所有规模	废气	挥发性有机物	千克/吨-原料	400.00					
	印刷品（承印物为纸）、印刷品（承印物为塑料）、印刷品（承印物为金属）、印刷品（其他承印物）	稀释剂	平版印刷、凹版印刷、凸版印刷（柔性版印刷）、孔版印刷（丝网印刷）、数字印刷	所有规模	废气	挥发性有机物	千克/吨-原料	1000.00					
	印刷品（承印物为纸）、印刷品（承印物为塑料）、印刷品（承印物为金属）、印刷品（其他承印物）	润版液（普通型）	平版印刷、凹版印刷、凸版印刷（柔性版印刷）、孔版印刷（丝网印刷）	所有规模	废气	挥发性有机物	千克/吨-原料	200.00					
	印刷品（承印物为纸）、印刷品（承印物为塑料）、印刷品（承印物为金属）、印刷品（其他承印物）	润版液（无醇）	平版印刷、凹版印刷、凸版印刷（柔性版印刷）、孔版印刷（丝网印刷）	所有规模	废气	挥发性有机物	千克/吨-原料	79.09					
	印刷品（承印物为纸）、印刷品（承印物为塑料）、印刷品（承印物为金属）、印刷品（其他承印物）	油墨清洗剂（溶剂型）	平版印刷、凹版印刷、凸版印刷（柔性版印刷）、孔版印刷（丝网印刷）、数字印刷	所有规模	废气	挥发性有机物	千克/吨-原料	950.00					
	印刷品（承印物为纸）、印刷品（承印物为塑料）、印刷品（承印物为金属）、印刷品（其他承印物）	油墨清洗剂（水基型）	平版印刷、凹版印刷、凸版印刷（柔性版印刷）、孔版印刷（丝网印刷）、数字印刷	所有规模	废气	挥发性有机物	千克/吨-原料	119.5					

2319 包装装潢及其他印刷（废气）行业系数表（续表 2）

工段名称	产品名称	原料名称	工艺名称	规模等级	污染物类别	污染物指标	系数单位	产污系数	捕集方式	捕集效率/%	末端治理技术	末端治理技术平均去除效率/%	参考 k 值计算公式
印后整理	印刷品（承印物为纸）、印刷品（承印物为塑料）、印刷品（承印物为金属）、印刷品（其他承印物）	溶剂型覆膜胶	所有印后整理工艺	所有规模	废气	挥发性有机物	千克/吨-原料	369.67	Ⅰ. 全部密闭；Ⅱ. 外部集气罩；Ⅲ. 无捕集	Ⅰ. 全部密闭 95；Ⅱ. 外部集气罩 40；Ⅲ. 无捕集 0	1. 其他（活性炭法）；2. 其他（沸石转轮吸附法）；3. 蓄热式热力燃烧法；4. 光解；5. 光催化；6. 冷凝法；7. 吸附/催化燃烧法；8. 催化燃烧法；9. 低温等离子体；10. 生物过滤法；11. 其他（溶剂法）；12. 热力燃烧；13. 无治理	1. 其他（活性炭法）15；2. 其他（沸石转轮吸附法）34；3. 蓄热式热力燃烧法 94；4. 光解 17；5. 光催化 17；6. 冷凝法 65；7. 吸附/催化燃烧法 85；8. 催化燃烧法 85；9. 低温等离子体 39；10. 生物过滤法 53；11. 其他（溶剂法）12；12. 热力燃烧 90；13. 无治理 0	k=治理设施正常运行时间（小时/年）/企业正常生产时间（小时/年）
	印刷品（承印物为纸）、印刷品（承印物为塑料）、印刷品（承印物为金属）、印刷品（其他承印物）	水性覆膜胶	所有印后整理工艺	所有规模	废气	挥发性有机物	千克/吨-原料	31.67					
	印刷品（承印物为纸）、印刷品（承印物为塑料）、印刷品（承印物为金属）、印刷品（其他承印物）	白乳胶	所有印后整理工艺	所有规模	废气	挥发性有机物	千克/吨-原料	13.40					
	印刷品（承印物为纸）、印刷品（承印物为塑料）、印刷品（承印物为金属）、印刷品（其他承印物）	热熔胶	所有印后整理工艺	所有规模	废气	挥发性有机物	千克/吨-原料	10.11					
	印刷品（承印物为纸）、印刷品（承印物为塑料）、印刷品（承印物为金属）、印刷品（其他承印物）	涂布液（溶剂型）	所有印后整理工艺	所有规模	废气	挥发性有机物	千克/吨-原料	400.00					
	印刷品（承印物为纸）、印刷品（承印物为塑料）、印刷品（承印物为金属）、印刷品（其他承印物）	涂布液（水性）	所有印后整理工艺	所有规模	废气	挥发性有机物	千克/吨-原料	25.29					

2319 包装装潢及其他印刷（废气）行业系数表（续表 3）

工段名称	产品名称	原料名称	工艺名称	规模等级	污染物类别	污染物指标	系数单位	产污系数	捕集方式	捕集效率/%	末端治理技术	末端治理技术平均去除效率/%	参考k值计算公式
印后整理	印刷品（承印物为纸）、印刷品（承印物为塑料）、印刷品（承印物为金属）、印刷品（其他承印物）	上光油（溶剂型）	所有印后整理工艺	所有规模	废气	挥发性有机物	千克/吨-原料	600					
	印刷品（承印物为纸）、印刷品（承印物为塑料）、印刷品（承印物为金属）、印刷品（其他承印物）	上光油（水性）	所有印后整理工艺	所有规模	废气	挥发性有机物	千克/吨-原料	25.29					
	印刷品（承印物为纸）、印刷品（承印物为塑料）、印刷品（承印物为金属）、印刷品（其他承印物）	上光油（UV）	所有印后整理工艺	所有规模	废气	挥发性有机物	千克/吨-原料	42.70					
	印刷品（承印物为纸）、印刷品（承印物为塑料）、印刷品（承印物为金属）、印刷品（其他承印物）	胶粘剂（水性）	所有印后整理工艺	所有规模	废气	挥发性有机物	千克/吨-原料	13.40					
	印刷品（承印物为纸）、印刷品（承印物为塑料）、印刷品（承印物为金属）、印刷品（其他承印物）	胶粘剂（溶剂型）	所有印后整理工艺	所有规模	废气	挥发性有机物	千克/吨-原料	300.00					
	印刷品（承印物为纸）、印刷品（承印物为塑料）、印刷品（承印物为金属）、印刷品（其他承印物）	胶粘剂（UV）	所有印后整理工艺	所有规模	废气	挥发性有机物	千克/吨-原料	18.64					
	印刷品（承印物为纸）、印刷品（承印物为塑料）、印刷品（承印物为金属）、印刷品（其他承印物）	无溶剂复合胶	所有印后整理工艺	所有规模	废气	挥发性有机物	千克/吨-原料	0					

2319 包装装潢及其他印刷（废水和固体废物）行业系数表

工段名称	产品名称	原料名称	工艺名称	规模等级	污染物类别	污染物指标	系数单位	产污系数	末端治理技术	末端治理技术平均去除效率/%	参考 k 值计算公式[1]
全部工段	印刷品（承印物为金属）	金属	平版印刷、孔版印刷（丝网印刷）、凸版印刷（柔性版印刷）、数字印刷	所有规模	废水	工业废水量	吨/吨-产品	0.31	—	—	—
						化学需氧量	克/吨-产品	83.40	直排	—	—
						氨氮	克/吨-产品	5.58	直排	—	—
						总氮	克/吨-产品	8.34	直排	—	—
						动植物油	克/吨-产品	0.03	直排	—	—
	印刷品（承印物为纸）、印刷品（其他承印物）	纸、其他承印物	平版印刷、凹版印刷、凸版印刷（柔性版印刷）、孔版印刷（丝网印刷）、数字印刷	所有规模	废水	工业废水量	吨/吨-产品	1.86	—	—	—
						化学需氧量	克/吨-产品	243.00	物理处理法+化学处理法+好氧生物处理法	90	k=废水处理设施耗年电量（千瓦·时）/［废水处理设备额定功率（千瓦）×废水处理设备年运行时间(小时)］
									物理化学处理法	40	
						氨氮	克/吨-产品	26.30	物理处理法+化学处理法+好氧生物处理法	66	
									物理化学处理法	97	
						总氮	克/吨-产品	32.97	物理处理法+化学处理法+好氧生物处理法	66	
									物理化学处理法	97	
						石油类	克/吨-产品	14.90	物理处理法+化学处理法+好氧生物处理法	100	
									物理化学处理法	41	
	印刷品（承印物为塑料）	塑料	凹版印刷	所有规模	废水	工业废水量	吨/吨-产品	3.37	—	—	—
						化学需氧量	克/吨-产品	398.00	直排	—	—
						氨氮	克/吨-产品	55.20	直排	—	—
						总氮	克/吨-产品	67.33	直排	—	—
						动植物油	克/吨-产品	0.0025	直排	—	—
	印刷品（承印物为金属）	金属	平版印刷、凹版印刷、凸版印刷（柔性版印刷）、孔版印刷（丝网印刷）	所有规模	固体废物	一般工业固废	千克/吨-产品	5.01～49.50	—	—	—
						危险废物	千克/吨-产品	0.33～1.39			
	印刷品（承印物为纸）、印刷品（其他承印物）	纸、其他承印物	平版印刷、凹版印刷、凸版印刷（柔性版印刷）、孔版印刷（丝网印刷）、数字印刷	所有规模	固体废物	一般工业固废	千克/吨-产品	0.40～113.89	—	—	—
						危险废物	千克/吨-产品	0.010～81.41			
	印刷品（承印物为塑料）	塑料	平版印刷、凹版印刷、凸版印刷（柔性版印刷）、孔版印刷（丝网印刷）、数字印刷	所有规模	固体废物	一般工业固废	千克/吨-产品	52.32～126.20	—	—	—
						危险废物	千克/吨-产品	0.58～1.71			

[1] 该公式仅供参考，使用时，可根据 k 值定义，选取更适合企业实际情况的表达方式。

2320 装订及印刷相关服务行业系数表

工段名称	产品名称	原料名称	工艺名称	规模等级	污染物类别	污染物指标	系数单位	产污系数	捕集方式	捕集效率/%	末端治理技术	末端治理技术平均去除效率/%	参考 k 值计算公式[1]
印版生产	印版（平版）	有机溶剂	平版制版	所有规模	废气	挥发性有机物	千克/吨-原料	950.00	全部密闭	全部密闭 95	蓄热式热力燃烧法	蓄热式热力燃烧法 94	k=治理设施正常运行时间（小时/年）/企业正常生产时间（小时/年）
	印版（孔版）	有机溶剂	孔版制版	所有规模	废气	挥发性有机物	千克/吨-原料	950.00					
	印版（凹版）	有机溶剂	凹版制版（金属加工）、凹版制版（电雕或激光雕刻）、凹版制版（碳素纸腐蚀制版）、凹版制版（照相制版）	所有规模	废气	挥发性有机物	千克/吨-原料	950.00					
	印版（平版）印版（孔版）印版（凹版）	—	平版制版、孔版制版、凹版制版（金属加工）、凹版制版（电雕或激光雕刻）、凹版制版（碳素纸腐蚀制版）、凹版制版（照相制版）	所有规模	固体废物	一般工业固废	千克/万米²产品	127.31～328.39	—	—	—	—	—
						危险废物	千克/万米²产品	15.10～46.41					

注：其他工段参考 2319 包装装潢及其他印刷行业系数表。

2330 记录媒介复制业系数表

工段名称	产品名称	原料名称	工艺名称	规模等级	污染物类别	污染物指标	系数单位	产污系数	捕集方式	捕集效率/%	末端治理技术	末端治理技术平均去除效率/%	参考 k 值计算公式[1]
—	光盘	溶剂型孔版油墨	孔版印刷（丝网印刷）	所有规模	废气	挥发性有机物	千克/吨-原料	450.00	外部集气罩	外部集气罩 40	其他（活性炭法）	15	k=治理设施正常运行时间（小时/年）/企业正常生产时间（小时/年）
—	光盘	UV 油墨	平版印刷、孔版印刷（丝网印刷）	所有规模	废气	挥发性有机物	千克/吨-原料	18.64					
—	光盘	胶粘剂（UV）	平版印刷、孔版印刷（丝网印刷）	所有规模	废气	挥发性有机物	千克/吨-原料	18.64					
—	光盘	溶剂型孔版油墨、UV 油墨、胶粘剂（UV）	平版印刷、孔版印刷（丝网印刷）	所有规模	固体废物	危险废物	千克/万张-产品	0.070～0.31	—	—	—	—	—

[1] 该公式仅供参考，使用时，可根据 k 值定义，选取更适合企业实际情况的表达方式。

24

文教、工美、体育和娱乐用品制造业

241 文教办公用品制造业

1 适用范围

本手册仅用于《国民经济行业分类》（GB/T 4754—2017）中 2411 文具制造，2412 笔的制造，2413 教学用模型及教具制造，2414 墨水、墨汁的制造，2419 其他文教办公用品制造行业使用系数法核算工业污染物产生量和排放量工业企业。

利用本手册进行产排污核算得出的污染物产生量与排放量仅代表了特定行业、工艺、产品、原料在正常工况下污染物产生与排放的一般规律。

本行业废水指标包括工业废水量、化学需氧量；废气指标包括工业废气量、挥发性有机物。

2 注意事项

2.1 企业有多种生产工艺或生产多类产品产排污量核算

工业废气量：污染物产生量与原料用量有关，根据不同工段计算产污量后，再根据企业末端治理设施和运行情况计算各污染物的排放量。

挥发性有机物：污染物产生量与原料用量有关，根据不同工段计算产污量后，再根据企业末端治理设施和运行情况计算各污染物的排污量。

工业废水量：污染物产生量与产品产量有关，根据不同工段计算产污量后，再根据企业末端治理设施和运行情况计算各污染物的排污量。

化学需氧量：污染物产生量与产品产量有关，根据不同工段计算产污量后，再根据企业末端治理设施和运行情况计算各污染物的排污量。

企业某污染物指标的产生量、排放量为各工段产生量、排放量之和。

在企业实际排放量计算过程中，如果存在废水回用的情况，需要在利用产排污核算公式的基础上扣除废水回用的部分。公式如下：

实际排放量=计算排放量×（1–废水回用率）

2.2 采用多种治理设施组合处理企业的排污量核算

在排污量计算选择末端治理技术时，若没有对应的组合治理技术，以主要治理技术为准。

2.3 系数表中未涉及的产污系数及污染治理效率

（1）行业中存在以塑料（如 PP、ABS 等）为原料通过注塑工艺生产文具产品的，注塑工段的产污系数参照 2927 日用塑料制品制造的废气产污系数。

（2）行业中存在以金属材料（如铜合金、铝材、不锈钢等）为原料，通过冲压等工艺生产文具产品的，冲压等工段的产污系数参照 3389 其他金属制日用品制造的产污系数。

（3）行业中存在以金属材料（模具钢等）为原料，通过电脉冲等工艺进行文具模具制造的，模具制造工段的产污系数参照 3525 模具制造的产污系数。

（4）行业中存在金属类和塑料类文具、教学用模型及教具、金属类其他文具办公用品电镀工艺的，其电镀工段的产污系数参照 3360 金属表面处理和热处理加工的产污系数。

（5）行业中存在文具的热转印、移印、丝网印刷等工艺的，其印刷工段的产污系数参照 2319 包装装潢及其他印刷的产污系数。

（6）行业中存在以环氧树脂漆等为漆料进行金属类文具等喷涂的，或以硝基漆、水性聚氨酯漆等为漆料进行铅笔杆、塑料笔杆喷涂的，喷涂工段的产污系数参照 2422 西乐器的喷漆工段的产污系数。

（7）行业中存在以 PVC、TBR 等橡塑材料进行橡皮等文具产品制造的，其产污系数参照 2913 橡胶零件制造的产污系数。

（8）行业中存在铅笔制造中铅笔板软化加工工艺的，或存在以木材为原料生产教学用模型及教具的，其加工工段的产污系数参照 2039 软木制品及其他木制品制造的产污系数。

（9）行业中存在以白乳胶等为胶粘剂进行铅笔胶粘工段的，胶粘工段的产污系数参照 2437 地毯、挂毯制造背胶胶粘（常温）工段的产污系数。

（10）行业中存在以石膏材料原料生产教学用模型及教具的，加工工段的产污系数参照 2431 雕塑工艺品制造的产污系数。

（11）行业中存在制造圆珠笔油墨专用染料的制备工段，该工段的产污系数参照 2645 染料制造的废水产污系数。

（12）行业中存在以黏土石墨生产铅笔芯的工段，该工段的产污系数参照 3091 石墨及碳素制品制造行业系数手册混捏环节。

（13）行业中存在以树脂、溶剂、助剂混合配制生产墨水墨汁的废气，建议直接采用挥发性溶剂使用量进行物料衡算核算挥发性有机物排放量。

（14）行业中存在以焊接工艺生产课桌椅等文教用品行业的废气，该工段的产污系数参照 37 机械行业的 09 焊接工段的产污系数。

（15）本手册力求简单、清楚，易于使用，制定时充分考虑了全国的平均水平，使用本手册计算得出的产排污量可能会与单个企业的情况有一定出入。

（16）当企业末端治理设施与系数表中不同时，请选取系数表中相近末端治理技术的处理效率进行计算。

2.4 其他需要说明的问题

由于不同企业工业废气量、废水量差异较大，本手册所提供的工业废气量、废水量系数仅供参考。

为体现相同产污水平条件下，采用相同环保治理设施的不同企业对同一污染物去除效果的差异，引入末端治理设施实际运行率（k）对污染治理技术的实际去除率进行修正。k 值反映的是污染治理设施运行的状态，越稳定运行，k 值越高；在取值上，若定义连续稳定运行的理想状态为 1，则 k 取值在 0～1 之间。

本手册给出本行业的 k 计算公式仅供参考，使用时，可根据 k 值定义，选取更适合企业实际情况的表达方式。

3 污染物排放量核算方法

针对企业实际生产情况，本行业在系数制定过程中将企业全生产流程划分或拆分为若干工段（核算环节），在核算企业污染物产排量时，可灵活选择本企业对应的工段进行核算。

3.1 计算工段污染物产生量

（1）根据产品、原料、污染物产生的主导生产工艺、企业规模（生产产能）这一组合查找和确定所对应的某一污染物的产污系数。

（2）根据该污染物的产污系数计量单位——单位产品产量或单位原料用量，获取企业实际产品产量或原料用量。

例如，某组合内化学需氧量的产污系数单位为千克/吨-产品，则计算产生量时需要调用企业实际产品产量；如果产污系数单位为千克/吨-原料，则计算产生量时需要获取企业原料实际消耗量。

（3）污染物产生量按以下公式进行计算：

污染物产生量=污染物对应的产污系数×产品产量（原料用量）

$$G_{产i} = P_{产i} \times M_i$$

式中，$G_{产i}$——工段 i 某污染物的产生量；

$P_{产i}$——工段 i 某污染物对应的产污系数；

M_i——工段 i 的产品产量（原料用量）。

3.2 计算工段污染物去除量

（1）根据企业对某一污染物所采用的治理技术查找和选择相应的治理技术平均去除效率。

（2）根据所填报的污染治理设施实际运行率参数及其计算公式得出该企业某一污染物的治理设施实际运行率（k 值）。

（3）污染物去除量按以下公式进行计算：

污染物去除量=污染物产生量×污染物去除率×污染物去除率

=污染物产生量×治理技术平均去除效率×治理设施实际运行率

$$R_{减i} = G_{产i} \times \eta_T \times k_T$$

式中，$R_{减i}$——工段 i 某污染物的去除量；

η_T——工段 i 某污染物采用的末端治理技术的平均去除效率；

k_T——工段 i 某污染物采用的末端治理设施的实际运行率。

3.3 计算工段污染物排放量

污染物排放量=污染物产生量–污染物去除量

=污染物对应的产污系数×产品产量（原料用量）–污染物产生量×治理技术平均去除效率×治理设施实际运行率

3.4 计算企业污染物排放量

同一企业某污染物全年的产生（排放）总量为该企业同年实际生产的全部工段、产品、原料、规模污染物产生（排放）量之和。

$$
\begin{aligned}
E_{排} &= G_{产} - R_{减} = \sum(G_{产i} - R_{减i}) \\
&= \sum\left[P_{产i} \times M_i(1-\eta_T \times k_T)\right]
\end{aligned}
$$

4 污染物排放量核算案例

4.1 案例 1

某企业主要从事胶粘剂、胶带生产。该企业以丙烯酸丁酯、聚乙烯醇为主要原料，生产工艺采用混合-配制-涂布/复配-灌装，胶带涂布工段丙烯酸丁酯年用量约 30 吨，胶带涂布车间有废气排气筒，经尾气设备净化装置排放。胶带涂布工段主要污染物为挥发性有机物。以挥发性有机物为例说明排放量计算过程。

该企业基本信息如表 1 所示。

表 1 某企业基本信息

	工段：配置/复配	
	名称	数量
产品及产量	粘合类文具	—
原料及用量	丙烯酸丁酯	30 吨
工艺名称	混合-配制-涂布/复配-灌装	—
规模（产能）	—	
污染治理设施	活性炭吸附	
实际运行率参数	废气治理设施年运行时间	7920 小时
	废气产污工段正常生产时间	7920 小时

（1）挥发性有机物产生量计算

①查找产污系数及其计量单位

根据企业基本信息，查找本手册中主要产品为粘合类文具，主要原料为丙烯酸丁酯，主要工艺为混合-配制-涂布/复配-灌装，生产规模为所有规模。该组合挥发性有机物的产污系数为 0.28，单位为千克/吨-原料。

②获取企业原料用量

该企业实际情况为：该工段主要原料丙烯酸丁酯 2017 年用量为 30 吨。

③计算挥发性有机物产生量

由于查询到的组合中挥发性有机物产污系数的单位为千克/吨-原料，因此在核算产生量时需获取原料用量。

挥发性有机物产生量=挥发性有机物产污系数×原料（丙烯酸丁酯）产量

=0.28 千克/吨-原料 × 30 吨-原料

=8.4 千克

（2）挥发性有机物去除量计算

①查找治理技术平均去除效率

该企业挥发性有机物治理技术采用活性炭去除工艺，查询相应组合内该工艺的平均去除效率为 21%。

②计算污染治理设施实际运行率

根据产污系数组合查询结果，该组合中挥发性有机物对应的污染治理设施实际运行率为

k=废气治理设施运行时间/废气产污工段正常生产时间

=7920 小时/7920 小时=1

③计算挥发性有机物去除量

挥发性有机物去除量=8.4 千克×21%×1=1.764 千克

（3）挥发性有机物排放量计算

挥发性有机物排放量=8.4 千克−1.764 千克=6.636 千克

4.2 案例 2

某企业主要从事墨水、墨汁生产。该企业以着色剂、溶剂、助剂为主要原料，生产工艺采用配料、研磨、混合、过滤、包装生产墨水、墨汁，其中清洗工段主要污染物为化学需氧量。以化学需氧量为例说明排放量计算过程。

该企业基本信息如表 2 所示。

表 2　某企业基本信息

	工段：淘洗	
	名称	数量
产品及产量	墨水、墨汁	30 吨
原料及用量	着色剂、溶剂、助剂	—
工艺名称	配料、研磨、混合、过滤、包装生产墨水、墨汁	—
污染治理设施	物理化学法	
实际运行率参数	废水治理设施运行时间	4800 小时
	企业正常生产时间	4800 小时

（1）化学需氧量产生量计算

①查找产污系数及其计量单位

根据企业基本信息，查找本手册中主要产品为墨水、墨汁，主要原料为着色剂、溶剂、助剂，

主要工艺为配料、研磨、混合、过滤、包装生产墨水、墨汁，生产规模为所有规模。该组合化学需氧量产污系数为 10.9，单位为克/吨-产品。

②获取企业产品产量

该企业实际情况为：该工段主要产品墨水、墨汁 2017 年产量为 30 吨。

③计算化学需氧量产生量

由于查询到的组合中化学需氧量产污系数的单位为克/吨-产品，因此在核算产生量时需获取产品产量。

化学需氧量产生量=化学需氧量产污系数×产品（墨水、墨汁）产量

=10.9 克/吨-产品×30 吨-产品

=327 克

（2）化学需氧量去除量计算

①查找治理技术平均去除效率

由于该企业化学需氧量治理技术采用物理化学法去除工艺，查询相应组合内物理化学法的平均去除效率为 50%。

②计算污染治理设施实际运行率

根据产污系数组合查询结果，该组合中化学需氧量对应的污染治理设施实际运行率为

k=废水治理设施运行时间/企业正常生产时间

=4800 小时/4800 小时=1

③计算化学需氧量去除量

化学需氧量去除量=327 克×50%×1=163.5 克

（3）化学需氧量排放量计算

化学需氧量排放量=327 克−163.5 克=163.5 克

5 系数表

2411 文具制造行业系数表

工段名称	产品名称	原料名称	工艺名称	规模等级	污染物类别	污染物指标	系数单位	产污系数	末端治理技术	末端治理技术平均去除效率/%①	参考 k 值计算公式[1]
配置/复配	粘合类文具	丙烯酸丁酯、聚乙烯醇	混合-配制-涂布/复配-灌装	所有规模	废气	工业废气量	标米^3/吨-原料	2.79×10^4	—	—	—
						挥发性有机物	千克/吨-原料	0.28	活性炭吸附	21	k=废气治理设施运行时间（小时/年）/废气产污工段正常生产时间（小时/年）
									低温等离子体	17	
									光解	12	
									光催化	12	

注：① 已考虑行业废气平均收集效率。

2412 笔的制造行业系数表

工段名称	产品名称	原料名称	工艺名称	规模等级	污染物类别	污染物指标	系数单位	产污系数	末端治理技术	末端治理技术平均去除效率/%	参考 k 值计算公式[1]
铅芯加工	铅笔芯	色料，黏土	淘洗-混料-捏炼-压芯-烧芯-（油芯）-成品	所有规模	废水	工业废水量	吨/吨-产品	0.05	—	—	—
						化学需氧量	克/吨-产品	9.10	物理化学法	50	k=废水治理设施运行时间（小时/年）/企业正常生产时间（小时/年）

[1] 该公式仅供参考，使用时，可根据 k 值定义，选取更适合企业实际情况的表达方式。

2412 笔的制造行业系数表（续表 1）

工段名称	产品名称	原料名称	工艺名称	规模等级	污染物类别	污染物指标	系数单位	产污系数	末端治理技术	末端治理技术平均去除效率/%①	参考 *k* 值计算公式
笔头加工	高分子笔头	二氯甲烷、乙酸乙酯、胶粘剂	合股-浸胶-成型-磨削-清洗-烘干	所有规模	废气	工业废气量	标米^3/吨-原料	5.16×10^5	—	—	—
						挥发性有机物	千克/吨-原料	16.40	低温等离子体	17	*k*=废气治理设施运行时间（小时/年）/废气产污工段正常生产时间（小时/年）
									光解	12	
									光催化	12	
									活性炭吸附	21	

注：① 已考虑行业废气平均收集效率。

2414 墨水、墨汁的制造行业系数表

工段名称	产品名称	原料名称	工艺名称	规模等级	污染物类别	污染物指标	系数单位	产污系数	末端治理技术	末端治理技术平均去除效率/%	参考 *k* 值计算公式[1]
墨水	墨水，墨汁及类似品	色料，溶剂，树脂	配料-研磨-混合-过滤-包装	所有规模	废水	工业废水量	吨/吨-产品	0.06	—	—	—
						化学需氧量	克/吨-产品	10.90	物理化学法	50	*k*=废水治理设施运行时间（小时/年）/企业正常生产时间（小时/年）

[1] 该公式仅供参考，使用时，可根据 *k* 值定义，选取更适合企业实际情况的表达方式。

242 乐器制造业

1 适用范围

本手册仅用于《国民经济行业分类》（GB/T 4754—2017）中 2421 中乐器制造，2422 西乐器制造，2423 电子乐器制造，2429 其他乐器及零件制造行业使用系数法核算工业污染物产生量和排放量的工业企业。

利用本手册进行产排污核算得出的污染物产生量与排放量仅代表了特定行业、工艺、产品、原料在正常工况下污染物产生与排放的一般规律。

本行业废水指标包括工业废水量、化学需氧量、氨氮、总氮、总磷；废气指标包括工业废气量、挥发性有机物、颗粒物。

2 注意事项

2.1 企业有多种生产工艺或生产多类产品产排污量核算

工业废水量、化学需氧量、氨氮、总氮、总磷：污染物产生量与产品产量有关，根据不同工段计算产污量后，再根据企业末端治理设施和运行情况计算各污染物的排污量。

工业废气量、挥发性有机物、颗粒物：污染物产生量与原料用量有关，根据不同工段计算产污量后，再根据企业末端治理设施和运行情况计算各污染物的排污量。

企业某污染物指标的产生量、排放量为各工段产生量、排放量之和。

在企业实际排放量计算过程中，如果存在废水回用的情况，需要在利用产排污核算公式的基础上扣除废水回用的部分。公式如下：

实际排放量=计算排放量×（1–废水回用率）

2.2 采用多种治理设施组合处理企业的排污量核算

在排污量计算选择末端治理技术时，若没有对应的组合治理技术，以主要治理技术为准。

2.3 系数表中未涉及的产污系数及污染治理效率

乐器的生产过程中，如果包含灌胶/胶粘工艺，废水、废气指标可参考 2437 地毯、挂毯制造行业背胶/胶粘工段的系数手册。

乐器的生产过程中，如果包含打磨/热压工艺，废水、废气指标可参考 2021 胶合板制造行业木材切削、打磨/热压工段的系数手册。

乐器的生产过程中，如果包含注塑/吹塑工艺，废水、废气指标可参考 2929 塑料零件及其他塑料制品制造行业的系数手册，其中的产品质量需以注塑件产品质量或树脂原料用量核算。

乐器的生产过程中，如果包含带锯制材工艺，废气颗粒物指标可参考 203 木材制品制造机加工-切割、打孔、开槽工段的系数手册。

乐器的生产过程中，如果包含喷漆水帘废水处理工艺，则其废水处理效率可参照 30 机械加工行业 14 涂装工段的喷漆废水系数组合。

行业中存在木材切削产生的一般工业固废，其产污系数为 17.86 千克/吨-原料。

行业中存在漆料使用产生的危险废物漆渣，其产污系数为 13.40 千克/吨-原料（漆料）。

行业中存在去除挥发性有机物气体产生的危险废物活性炭，其产生量与使用量基本相等。

2.4 其他需要说明的问题

（1）喷漆/喷涂工艺过程中，对于水性漆、油性漆、木蜡油等漆料进行产污系数调整，调整方法如下。

调整后的产污系数 = 系数表中选取的产污系数×调整系数

序号	生产工艺	原料名称	参照的系数表值	各项调整系数
1	喷漆/喷涂	水性漆	喷漆/喷涂产污系数值	1.0
2		油性漆	喷漆/喷涂产污系数值	2.0
3		木蜡油	喷漆/喷涂产污系数值	0.5

（2）原料中的漆料是指用于喷漆/刷漆工艺中的水性漆、油性漆、木蜡油以及用于合成漆料的稀释剂与固化剂等。

（3）当企业末端治理设施与系数表中不同时，请选取系数表中相近末端治理技术的处理效率进行计算。

（4）本手册力求简单、清楚，易于使用，制定时充分考虑了全国的平均水平，使用本手册计算得出的产排污量可能会与单个企业的情况有一定出入。

（5）由于不同企业工业废气量、废水量差异较大，本手册所提供的工业废气量、废水量系数仅供参考。

（6）为体现相同产污水平条件下，采用相同环保治理设施的不同企业对同一污染物去除效果的差异，引入末端治理设施实际运行率（k）对污染治理技术的实际去除率进行修正。k 值反映的是污染治理设施运行的状态，越稳定运行，k 值越高；在取值上，若定义连续稳定运行的理想状态为 1，则 k 取值在 0～1 之间。

本手册给出本行业的 k 计算公式仅供参考，使用时，可根据 k 值定义，选取更适合企业实际情况的表达方式。

3 污染物排放量核算方法

针对企业实际生产情况，本行业在系数制定过程中将企业全生产流程划分或拆分为若干工段（核算环节），在核算企业污染物产排量时，可灵活选择本企业对应的工段进行核算。

3.1 计算工段污染物产生量

（1）根据产品、原料、污染物产生主导生产工艺、企业规模（生产产能）这一组合查找和确定所对应的某一污染物的产污系数。

（2）根据该污染物的产污系数计量单位——单位产品产量或单位原料用量，获取企业实际产品产量或原料用量。

例如，某组合内化学需氧量的产污系数单位为千克/吨-产品，则计算产生量时需要获取企业实际产品产量。如果产污系数单位为千克/吨-原料，则计算产生量时需要获取企业原料实际消耗量。

（3）污染物产生量按以下公式进行计算：

污染物产生量=污染物对应的产污系数×产品产量（原料用量）

$$G_{产i} = P_{产i} \times M_i$$

式中，$G_{产i}$——工段 i 某污染物的产生量；

$P_{产i}$——工段 i 某污染物对应的产污系数；

M_i——工段 i 的产品产量（原料用量）。

3.2 计算工段污染物去除量

（1）根据企业对某一污染物所采用的治理技术查找和选择相应的治理技术平均去除效率。

（2）根据所填报的污染治理设施实际运行率参数及其计算公式得出该企业某一污染物的治理设施实际运行率（k 值）。

（3）污染物去除量按以下公式进行计算：

污染物去除量=污染物产生量×污染物去除率

=污染物产生量×治理技术平均去除效率×治理设施实际运行率

$$R_{减i} = G_{产i} \times \eta_T \times k_T$$

式中，$R_{减i}$——工段 i 某污染物的去除量；

η_T——工段 i 某污染物采用的末端治理技术的平均去除效率；

k_T——工段 i 某污染物采用的末端治理设施的实际运行率。

3.3 计算工段污染物排放量

污染物排放量=污染物产生量–污染物去除量

=污染物对应的产污系数×产品产量（原料用量）–污染物产生量×治理技术平均去除效率×治理设施实际运行率

3.4 计算企业污染物排放量

同一企业某污染物全年的产生（排放）总量为该企业同年实际生产的全部工段、产品、原料、规模污染物产生（排放）量之和。

$$E_{排} = G_{产} - R_{减} = \sum(G_{产i} - R_{减i})$$
$$= \sum\left[P_{产i} \times M_i(1 - \eta_T \times k_T)\right]$$

4 污染物排放量核算案例

某中乐器生产企业，以水性漆、油性漆为原料，通过喷漆/刷漆工艺进行生产，喷漆/刷漆工段年生产时间为 2000 小时。年用水性漆 2000 千克，年用油性漆 500 千克，末端治理技术为活性炭吸附，进口风量为 5000 标米^3/小时，排放速率为 0.195 千克/小时装置，废气设施年运行时间为 1600 小时；该乐器厂年消耗蟒皮为 12000 张，每张重约 35 克。

4.1 工段 1 的排放量计算

（1）挥发性有机物产生量计算

①查找产污系数及其计量单位

根据企业基本信息，查找本手册中主要原料为水性漆。由注意事项中“2.3 系数表中未涉及的产污系数及污染治理效率”可知，中乐器的生产过程中，如果包含喷漆/喷涂工段，废水、废气指标可参考 2422 西乐器制造行业喷漆/喷涂工段的系数手册。查找对应的系数手册，生产规模为所有规模。该组合水性漆挥发性有机物的产污系数为 247，单位为千克/吨-原料。

②获取企业原料用量

该企业实际情况为：该工段主要原料水性漆年用量为 2 吨。

③计算挥发性有机物产生量

挥发性有机物产生量=挥发性有机物产污系数×原料用量

=247 千克/吨-原料×2 吨-原料

=494 千克

（2）挥发性有机物去除量计算

①查找治理技术平均去除效率

该企业挥发性有机物治理技术采用活性炭吸附工艺，查询相应组合内该工艺的平均去除效率为 21%。

②计算污染治理技术实际运行率

根据产污系数组合查询结果，该组合中挥发性有机物对应的污染治理设施实际运行率为

k=废气治理设施运行时间/废气产污工段正常生产时间=1600 小时/2000 小时=0.8

③计算挥发性有机物去除量

挥发性有机物去除量=494 千克×21%×0.8=82.99 千克

（3）挥发性有机物排放量计算

挥发性有机物排放量=494 千克−82.99 千克=411.01 千克

4.2 工段 2 的排放量计算

（1）挥发性有机物产生量计算

①查找产污系数及其计量单位

根据企业基本信息，查找本手册中主要原料为油性漆。由注意事项中“2.3 系数表中未涉及的产污系数及污染治理效率”可知，中乐器的生产过程中，如果包含喷漆/喷涂工段，废水、废气指标可

参考 2422 西乐器制造行业喷漆/喷涂工段的系数手册。查找对应的系数手册，生产规模为所有规模。该组合油性漆挥发性有机物的产污系数为 247×2=494，单位为千克/吨-原料。

②获取企业原料用量

该企业实际情况为：该工段主要原料油性漆年用量为 0.5 吨。

③计算挥发性有机物产生量

挥发性有机物产生量=挥发性有机物产污系数×原料用量

=494 千克/吨-原料×0.5 吨-原料

=247 千克

（2）挥发性有机物去除量计算

①查找治理技术平均去除效率

该企业挥发性有机物治理技术采用活性炭吸附工艺，查询相应组合内该工艺的平均去除效率为 21%。

②计算污染治理设施实际运行率

根据产污系数组合查询结果，该组合中挥发性有机物对应的污染治理设施实际运行率为

k=废气治理设施运行时间/废气产污工段正常生产时间=1600 小时/2000 小时=0.8

③计算挥发性有机物去除量

挥发性有机物去除量=247 千克×21%×0.8=41.496 千克

（3）挥发性有机物排放量计算

挥发性有机物排放量=247 千克–41.496 千克=205.504 千克

4.3 挥发性有机物总排放量计算

挥发性有机物总排放量=工段 1 排放量+工段 2 排放量

=411.01 千克+205.504 千克

=616.514 千克

4.4 化学需氧量排放量计算

（1）化学需氧量产生量计算

①查找产污系数及其计量单位

根据企业基本信息，查找本手册中产品为中乐器，原料为动物皮革，工艺为泡皮，生产规模为所有规模。该组合化学需氧量的产污系数为 3.61×10^3 克/吨-原料。

②获取企业原料用量

该企业实际情况为：该工段主要原料蟒皮用量为 12000 张，每张重约 35 克。原料用量为 12000×35 克/1000=420 千克=0.42 吨

③计算化学需氧量产生量

化学需氧量产生量=化学需氧量产污系数×原料用量

$=3.61\times10^3$ 克/吨-原料×0.42 吨-原料

=1516.2 克

（2）化学需氧量去除量计算

①查找治理技术平均去除效率

该企业化学需氧量采取直排方式，查询相应组合内的平均去除效率为 0。

②计算污染治理设施实际运行率

由于该企业化学需氧量采取直排方式，计算过程中不涉及该项，默认运行效率为 100%。

③计算化学需氧量去除量

$$化学需氧量去除量=1516.2\ 克\times0\times1=0$$

（3）化学需氧量排放量计算

$$化学需氧量排放量=1516.2\ 克-0=1516.2\ 克$$

5 系数表

2421 中乐器制造行业系数表

工段名称	产品名称	原料名称	工艺名称	规模等级	污染物类别	污染物指标	系数单位	产污系数	末端治理技术	末端治理技术平均去除效率/%	参考 k 值计算公式[1]
泡皮	中乐器	动物皮革	泡皮	所有规模	废水	工业废水量	吨/吨-原料	4.69	—	—	— （废水直接排放进入相关污水管网后，由工业园区或相关市政污水处理厂统一处理）
						化学需氧量	克/吨-原料	3.61×10^{3}	—	—	
						氨氮	克/吨-原料	55.00	—	—	
						总氮	克/吨-原料	77.00	—	—	
						总磷	克/吨-原料	3.70×10^{2}	—	—	

2422 西乐器制造行业系数表

工段名称	产品名称	原料名称	工艺名称	规模等级	污染物类别	污染物指标	系数单位	产污系数	末端治理技术	末端治理技术平均去除效率/%②	参考 k 值计算公式[1]
喷漆/刷漆	西乐器	漆料	喷漆/刷漆	所有规模	废气	工业废气量	标米^3/吨-原料	1.10×10^{6}	—	—	—
						挥发性有机物	千克/吨-原料	2.47×10^{2}①	蓄热式催化燃烧	85	k=废气治理设施运行时间（小时/年）/废气产污工段正常生产时间（小时/年）
									蓄热式热力燃烧法	80	
									活性炭吸附	21	
									低温等离子体	17	
									光催化	12	
									光解	12	
									光催化+活性炭吸附	24	
									低温等离子体+活性炭	24	
									光催化+低温等离子体	18	
									其他（直排）	0	

注：① 油性漆乘以系数 2.0，木蜡油乘以系数 0.5。
② 已考虑行业废气平均收集效率。

[1] 该公式仅供参考，使用时，可根据 k 值定义，选取更适合企业实际情况的表达方式。

243 工艺美术及礼仪用品制造业

1 适用范围

本手册仅用于《国民经济行业分类》(GB/T 4754—2017) 中 2431 雕塑工艺品制造，2432 金属工艺品制造，2433 漆器工艺品制造，2434 花画工艺品制造，2435 天然植物纤维编织工艺品制造，2436 抽纱刺绣工艺品制造，2437 地毯、挂毯制造，2438 珠宝首饰及有关物品制造，2439 其他工艺美术及礼仪用品制造行业使用系数法核算工业污染物产生量和排放量的工业企业。

利用本手册进行产排污核算得出的污染物产生量与排放量仅代表了特定行业、工艺、产品、原料在正常工况下污染物产生与排放的一般规律。

本行业废气指标包括工业废气量、颗粒物、挥发性有机物；废水指标包括工业废水量、化学需氧量、氨氮、总氮、总磷。

2 注意事项

2.1 企业有多种生产工艺或生产多类产品产排污量核算

工业废气量、颗粒物、挥发性有机物：污染物产生量与原料用量有关，根据不同工段计算产污量后，再根据企业末端治理设施和运行情况计算各污染物的排污量。

工业废水量、化学需氧量、氨氮、总氮、总磷：污染物产生量与原料用量有关，根据不同工段计算产污量后，再根据企业末端治理设施和运行情况计算各污染物的排污量。

在企业实际排放量计算过程中，如果存在废水回用的情况，需要在利用产排污核算公式的基础上扣除废水回用的部分。公式如下：

实际排放量=计算排放量×（1–废水回用率）

企业某污染物指标的产生量、排放量为各工段产生量、排放量之和。

当同一企业生产多种产品时，应分别核算统计。如有机制簇绒地毯和热软印地毯，需分别根据不同产品核算统计。

2.2 采用多种治理设施组合处理企业的排污量核算

企业采用多种治理设施组合处理，在排污量计算选择末端治理技术时，若没有对应的组合治理技术，以主要治理技术为准。

2.3 系数表中未涉及的产污系数及污染治理效率

2431 雕塑工艺品的生产过程中，如果以雕塑泥为原料包含造型/浇铸工艺，废气指标可参考 33 金属制品业铸造工段“造型/浇注（熔模法）工艺”的系数手册。

2432 金属工艺品的生产过程中，使用铝塑板、锡坯、铜坯等金属材料为原料，通过切割-雕刻-打磨工艺生产工艺美术品的，废气指标参考 33 金属制品行业工段为预处理，产品为干式预处理件，原料为钢材、铝材、铝合金、铁材、其他金属材料，工艺为抛丸、喷砂、打磨，规模为所有规模的产污系数。

2432 金属工艺美术品使用铜、锡、铝等金属材料为原料，通过打磨-清洗工艺生产工艺美术品的，打磨、清洗参考 33 金属制品行业工段为预处理，产品为湿式预处理件，原料为脱脂剂，工艺为脱脂，规模为所有规模的产污系数。

2436 抽纱刺绣工艺品的生产过程中，如果包含染色工艺，废水指标可参考 1713 棉纺织及印染精加工制造行业的蜡染工段的系数手册；如果包含印花/丝印工艺，废水指标可参考 1713 棉纺织及印染精加工制造行业印花工段“圆网印花、平网印花”工艺的系数手册。

2439 其他工艺美术及礼仪用品的生产过程中，如果以动物毛发为原料包含水洗-漂染工艺，废水指标可参考 4111 鬃毛加工、制刷及清扫制造行业鬃毛制备工段的系数手册。

2431 雕塑工艺品、2433 漆器工艺品的生产过程中，如果以天然石料、玉石为原料包含切割/雕刻/打磨工艺，废气指标可参考 2032 建筑用石加工行业切割、磨抛、裁切工段的系数手册。

2431 雕塑工艺品、2433 漆器工艺品的生产过程中，如果以木料、木根为原料包含切割/雕刻/打磨工艺，废气指标可参考 203 木材制品制造行业其他木制品（木制容器、软木制品）砂光/打磨工段的系数手册。

2431 雕塑工艺品、2434 花画工艺品、2439 其他工艺美术及礼仪用品的生产过程中，如果以树脂为原料包含注（挤）塑工艺，废气指标可参考 2926 塑料包装箱及容器制造行业注塑工段的系数手册。

2432 金属工艺品、2433 漆器工艺品的生产过程中，使用铜、锡、铝等金属材料为原料，通过铸造成型（制胎、模型制作）-打磨-修饰工艺生产工艺美术品的，废气指标可参考 33 金属制品业工段为铸造，产品为铸造件，原料为金属液等脱模剂，工艺为造型/浇注（重力、低压：限金属型，石膏/陶瓷型/石墨型等），规模为所有规模的产污系数。

2432 金属工艺品、2439 其他工艺美术及礼仪用品的生产过程中，如果包含焊接工艺，废气指标可参考 33 金属制品业焊接工段使用焊条为原料、“手工电弧焊工艺”的系数手册。

2434 花画工艺品、2439 其他工艺美术及礼仪用品的生产过程中，如果包含印刷工艺，废气指标根据所使用的油墨类别（溶剂型油墨、水性油墨两种）和承印物种类参考 231 印刷行业印刷工段的系数手册。

2435 天然植物纤维编织工艺品的生产过程中，如果包含浸泡-染色-清洗工艺，废水指标可参考 2437 地毯、挂毯制造行业染色工段的系数手册。

2431 雕塑工艺品、2432 金属工艺品、2434 花画工艺品、2435 天然植物纤维编织工艺品、2438 珠宝首饰及有关物品、2439 其他工艺美术及礼仪用品的生产过程中，如果包含刷漆/喷漆工艺，废气指标根据所使用的漆料类别（油性漆料、水性漆料和天然生漆三种）可参考 2433 漆器工艺品制造行业刷漆/喷漆工段的系数手册。

2431 雕塑工艺品、2432 金属工艺品、2433 漆器工艺品、2434 花画工艺品、2435 天然植物纤维编织工艺品、2436 抽纱刺绣工艺品制造、2438 珠宝首饰及有关物品、2439 其他工艺美术及礼仪用品的生产过程中，如果包含胶粘工艺，废气指标可参考 2437 地毯、挂毯制造行业背胶/胶粘工段的系数手册，使用常温胶粘工况的产污系数。

工艺美术品使用亚克力等有机高分子材料为原料，通过切割-雕刻-抛光工艺生产工艺美术品的，下料、切割、雕刻、抛光工段参考 34 通用设备制造行业工段为下料，产品为下料件，原料为钢板、铝板、铝合金板、其他金属材料、玻璃纤维、其他非金属材料，工艺为锯床、砂轮切割机切割，规模等级为所有规模的产污系数。

工艺美术品使用树脂等为原料，通过模具制作-脱模-打磨-抛光工艺生产工艺美术品的，模具制作-脱模工段参考 33 金属制品业工段为铸造，产品为铸造件，原料为原砂、再生砂、树脂、硬化剂、涂料、白模，工艺为造型/浇注（消失模/实型），规模等级为所有规模的产污系数；打磨、抛光工段参考 33 金属制品行业工段为预处理，产品为干式预处理件，原料为钢材、铝材、铝合金、铁材、其他金属材料，工艺为抛丸、喷砂、打磨，规模为所有规模的产污系数；彩绘、刷漆、喷漆工段参考 2433 漆器工艺品制造行业工段为刷漆/喷漆，产品为漆器工艺品，工艺为刷漆/喷漆，规模为所有规模的产污系数。

2.4 其他需要说明的问题

本行业涉及刷漆/喷漆产污工段的，原料中的漆料是指用于刷漆/喷漆工艺中的油性漆料、水性漆料、天然生漆和用于合成漆料的稀释剂、固化剂等的统称。

由于不同企业工业废气量、废水量差异较大，本手册所提供的工业废气量、废水量系数仅供参考。

当调查企业末端治理设施与系数表中不同时，请选取系数表中相近末端治理技术的处理效率进行计算。

由于 243 工艺美术及礼仪用品制造行业按小类行业划分的产品种类繁多，原料多种多样，除 2437 地毯、挂毯制造行业以外，其他按小类划分的行业无法给出一般工业固废的产污系数，可根据具体的原料种类和工艺参考相近的国民经济其他工业行业的一般工业固废产污系数。

2437 地毯、挂毯制造行业的一般工业固废产污系数为 13.70 千克/吨-原料（化纤），危险废物产污系数为 6.0 千克/吨-原料（化纤）。

地毯、挂毯生产废水产生来源主要源于染色-漂洗，其中的磷含量很低，实际废水的生化处理需补充磷，因此本手册不再给出废水总磷的处理效率。

为体现相同产污水平条件下，采用相同环保治理设施的不同企业对同一污染物去除效果的差异，引入末端治理设施实际运行率（k）对污染治理技术的实际去除率进行修正。k 值反映的是污染治理设施运行的状态，越稳定运行，k 值越高；在取值上，若定义连续稳定运行的理想状态为 1，则 k 取值在 0～1 之间。

本手册给出的本行业的 k 值计算公式仅供参考，使用时，可根据 k 值定义，选取更适合企业实际情况的表达方式。

3 污染物排放量核算方法

针对企业实际生产情况，本行业在系数制定过程中将企业全生产流程划分或拆分为若干工段（核算环节），在核算企业污染物产排量时，可灵活选择本企业对应的工段进行核算。

3.1 计算工段污染物产生量

（1）根据产品、原料、污染物产生的主导生产工艺、企业规模（生产产能）这一组合查找和确定所对应的某一污染物的产污系数。

（2）根据该污染物的产污系数计量单位——单位产品产量或单位原料用量，获取企业实际产品产量或原料用量。

例如，某组合内化学需氧量的产污系数单位为千克/吨-产品，则计算产生量时需要获取企业实际产品产量；如果产污系数单位为千克/吨-原料，则计算产生量时需要获取企业原料实际消耗量。

（3）污染物产生量按以下公式进行计算：

污染物产生量=污染物对应的产污系数×产品产量（原料用量）

$$G_{产i} = P_{产i} \times M_i$$

式中，$G_{产i}$——工段 i 某污染物的产生量；

$P_{产i}$——工段 i 某污染物对应的产污系数；

M_i——工段 i 的产品产量（原料用量）。

3.2 计算工段污染物去除量

（1）根据企业对某一污染物所采用的治理技术查找和选择相应的治理技术平均去除效率。

（2）根据所填报的污染治理设施实际运行率参数及其计算公式得出该企业某一污染物的治理设施实际运行率（k 值）。

（3）污染物去除量按以下公式进行计算：

污染物去除量=污染物产生量×污染物去除率

=污染物产生量×治理技术平均去除效率×治理设施实际运行率

$$R_{减i} = G_{产i} \times \eta_T \times k_T$$

式中，$R_{减i}$——工段 i 某污染物的去除量；

η_T——工段 i 某污染物采用的末端治理技术的平均去除效率；

k_T——工段 i 某污染物采用的末端治理设施的实际运行率。

3.3 计算工段污染物排放量

污染物排放量=污染物产生量–污染物去除量

=污染物对应的产污系数×产品产量（原料用量）–污染物产生量×治理技术平均去除效率×治理设施实际运行率

3.4 计算企业污染物排放量

同一企业某污染物全年的产生（排放）总量为该企业同年实际生产的全部工段、产品、原料、规模污染物产生（排放）量之和。

$$E_{排} = G_{产} - R_{减} = \sum(G_{产i} - R_{减i}) = \sum\left[P_{产i} \times M_i(1 - \eta_T \times k_T)\right]$$

4 污染物排放量核算案例

4.1 案例 1

某雕刻工艺品生产企业，以木材、漆料为原料，通过切割/雕刻-刷漆-打磨生产漆器工艺品。年使用木料 50 吨、化学油性漆 20 吨、腰果漆 5 吨、天然生漆 2 吨，刷漆工段产生的废气经活性炭吸附治理设施处理后排入环境，活性炭吸附装置运行时间与工厂产污工段生产时间相等，均为 1200 小时/年。该企业涉及的主要产排污工段为切割/雕刻/打磨（工段 1）和刷漆（工段 2）。其中切割/雕刻/打磨工段的主要污染物为颗粒物，刷漆工段主要污染物为挥发性有机物。

4.1.1 案例 1 工段 1 的排放量计算

（1）颗粒物产生量计算

①查找产污系数及其计量单位

根据企业基本信息，查找《203 木材制品制造行业产排污系数手册》中主要产污工段为砂光/打磨，产品为其他木制品（木制容器、软木制品），主要原料为木材，主要工艺为表面处理，生产规模为所有规模。该组合颗粒物的产污系数为 1.6，单位为千克/米^3-产品。

②获取企业原料消耗量

该企业实际情况为：该工段主要原料木料 2017 年消耗量为 50 吨。

③计算颗粒物产生量

由于查询到的组合中颗粒物产污系数的单位为千克/米^3-产品，本行业生产的产品以件计数，但又存在规格不一的普遍现象。因此在核算产生量时，按照木材密度 500 千克/米^3 计算，忽略生产过程的质量损失，本行业所用颗粒物产污系数为 3.2 千克/吨-原料。

颗粒物产生量=颗粒物产污系数×木材消耗量

=3.2 千克/吨-原料×50 吨-原料

=160 千克

（2）颗粒物去除量计算

①查找治理技术平均去除效率

由于该企业针对颗粒物无污染治理设施，因而治理技术平均去除效率为 0。

②计算污染治理设施实际运行率

由于该企业针对颗粒物无污染治理设施，因而颗粒物污染治理设施实际运行率也为 0。

③计算颗粒物去除量

颗粒物去除量=160 千克×0×0=0 千克

（3）颗粒物排放量计算

颗粒物排放量=160 千克−0=160 千克

4.1.2 案例 1 工段 2 计算

（1）挥发性有机物产生量计算

①查找产污系数及其计量单位

根据企业基本信息，查找本手册中主要产污工段为刷漆/喷漆，主要产品为漆器工艺品，主要原料为化学油性漆料、腰果漆和天然生漆，主要工艺为刷漆/喷漆，生产规模为所有规模。该组合油性漆料为原料的挥发性有机物的产污系数为598，单位为千克/吨-原料。腰果漆和天然生漆为原料的挥发性有机物的产污系数分别为299和179.4，单位为千克/吨-原料。

②获取企业产品产量

该企业实际情况为：该工段原料化学油性漆、腰果漆和天然生漆在2017年消耗量依次分别为20吨、5吨和2吨。

③计算挥发性有机物产生量

挥发性有机物产生量=挥发性有机物产污系数×原料（化学油性漆料）消耗量+挥发性有机物产污系数×原料（腰果漆）消耗量+挥发性有机物产污系数×原料（天然生漆）消耗量

=598千克/吨-原料×20吨-原料+299千克/吨-原料×5吨-原料+179.4千克/吨-原料×2吨-原料=13813.8千克

（2）挥发性有机物去除量计算

①查找治理技术平均去除效率

该企业针对挥发性有机物采用活性炭吸附处理技术，因而治理技术平均去除效率为21%。

②计算污染治理设施实际运行率

根据产污系数组合查询结果，该组合中活性炭吸附法对应的污染治理设施实际运行率为

k=废气治理设施运行时间/废气产污工段正常生产时间=1200小时/1200小时=1.0

③计算挥发性有机物去除量

挥发性有机物去除量=13813.8千克×21%×1.0=2900.9千克

（3）挥发性有机物排放量计算

挥发性有机物排放量=13813.8千克–2900.9千克=10912.9千克

4.1.3 案例1企业污染物总排放量计算

颗粒物总排放量=切割/雕刻/打磨工段排放量=160千克

挥发性有机物总排放量=刷漆工段排放量=10912.9千克

4.2 案例2

某地毯生产企业，以丙纶纱为原料生产簇绒机织地毯，通过染纱-清洗-机织-背胶烘干-修饰后整生产机制簇绒地毯。丙纶纱年使用量500吨，印染废水经“化学混凝+好氧生物处理法”处理后排入环境。该企业涉及的主要产排污工段为染色和背胶/胶粘（背胶烘干+修饰后整）。染色工段主要污染物为化学需氧量、氨氮、总氮、总磷，背胶/胶粘工段主要污染物为挥发性有机物。染色工段以化学需氧量为例说明污染物排放量核算过程，背胶/胶粘工段以挥发性有机物为例说明排放量核算过程。

该企业基本信息如表1所示。

表 1　某地毯企业基本信息

	工段 1：染色		工段 2：背胶/胶粘	
	名称	数量	名称	数量
产品及产量	地毯	50 万米 ^{2}	地毯	50 万米 ^{2}
原料及用量	丙纶地毯纱+纱线	1000 吨	胶乳（羟基丁苯胶）	580 吨
工艺名称	印染-漂洗	—	背胶/胶粘	—
规模	中小型		中小型	
污染治理设施	化学混凝+好氧生物处理		光催化	
实际运行率参数	废水治理设施年运行时间	2550 小时	废气治理设施年运行时间	2550 小时
	企业年正常生产时间	2550 小时	废气产污工段年生产时间	2550 小时

4.2.1　案例 2 工段 1 计算

（1）化学需氧量产生量计算

①查找产污系数及其计量单位

根据企业基本信息，查找本手册中主要产品为地毯，主要原料为羊毛、棉、麻、丝、化纤，主要工艺为印染-漂洗，生产规模为所有规模。该组合化学需氧量的产污系数为 12.80，单位为千克/吨-原料。

②获取企业产品产量

该企业实际情况为：该工段主要原料丙纶纱 2017 年消耗量为 1000 吨。

③计算化学需氧量产生量

由于查询到的组合中化学需氧量产污系数的单位为千克/吨-原料，因此在核算产生量时采用原料消耗量。

化学需氧量产生量=化学需氧量产污系数×原料（丙纶纱）消耗量

=12.80 千克/吨-原料×1000 吨-原料

=12800 千克

（2）化学需氧量去除量计算

①查找治理技术平均去除效率

该企业化学需氧量治理技术采用“化学混凝+好氧生物处理法”工艺，查询相应组合内该工艺的平均去除效率为 95%。

②计算污染治理设施实际运行率

根据产污系数组合查询结果，该组合中化学需氧量法对应的污染治理设施实际运行率为

k=废水治理设施运行时间/企业正常生产时间=2550 小时/2550 小时=1

③计算化学需氧量去除量

化学需氧量去除量=12800 千克×95%×1=12160 千克

（3）化学需氧量排放量计算

化学需氧量排放量=12800 千克−12160 千克=640 千克

4.2.2　案例 2 工段 2 的排放量计算

（1）挥发性有机物产生量计算

①查找产污系数及其计量单位

根据企业基本信息，查找本手册中主要产品为地毯，主要原料为胶粘剂，主要工艺为背胶/胶粘，

生产规模为所有规模。该组合挥发性有机物的产污系数为 0.928，单位为千克/吨-原料。

②获取企业产品产量

该企业实际情况为：该工段主要原料胶乳羟基丁苯胶 2017 年消耗量为 580 吨。

③计算挥发性有机物产生量

由于查询到的组合中挥发性有机物产污系数的单位为千克/吨-原料，因此在核算产生量时采用原料（胶乳）消耗量。

挥发性有机物产生量=化学需氧量产污系数×原料（胶乳）消耗量

=0.928 千克/吨-原料×580 吨-原料

=538.24 千克

（2）挥发性有机物去除量计算

①查找治理技术平均去除效率

该企业挥发性有机物治理技术采用光催化工艺，查询相应组合内光催化工艺的平均去除效率为 12%。

②计算污染治理设施实际运行率

根据产污系数组合查询结果，该组合中挥发性有机物对应的污染治理设施实际运行率为

k=废气治理设施运行时间/废气产污工段正常生产时间=2550 小时/2550 小时=1

③计算挥发性有机物去除量

挥发性有机物去除量=538.24 千克×12%×1=64.59 千克

（3）挥发性有机物排放量计算

挥发性有机物排放量=538.24 千克−64.59 千克=473.65 千克

4.2.3 案例 2 污染物总排放量计算

化学需氧量总排放量=工段 1 排放量=640 千克

挥发性有机物总排放量=工段 2 排放量=473.65 千克

5 系数表

2433 漆器工艺品制造行业系数表

工段名称	产品名称	原料名称	工艺名称	规模等级	污染物类别	污染物指标	系数单位	产污系数	末端治理技术	末端治理技术平均去除效率/%③	参考 k 值计算公式[1]
刷漆/喷漆	漆器工艺品	油性漆料	刷漆/喷漆	所有规模	废气①	工业废气量	标米^3/吨-原料	7.53×10^5	—	—	—
						挥发性有机物	千克/吨-原料	$5.98\times10^2$②	蓄热式催化燃烧法	85	k=废气治理设施运行时间（小时/年）/废气产污工段正常生产时间（小时/年）
									低温等离子体	17	
									光解	12	
									光催化	12	
									活性炭吸附	21	
									直排	0	

注：① 2431 雕塑工艺品、2432 金属工艺品、2434 花画工艺品、2435 天然植物纤维编织工艺品、2438 珠宝首饰及有关物品、2439 其他工艺美术及礼仪用品的生产过程中，如果包含刷漆/喷漆工艺，废气指标可根据所使用的漆料类别（油性漆料、水性漆料和天然生漆三种）参考本系数。

② 使用化学合成水性漆、腰果漆为原料的刷漆/喷漆工段，其废气挥发性有机物产污系数为 299；使用天然生漆（俗称“大漆”）为原料的刷漆/喷漆工段，其废气挥发性有机物产污系数为 179.4。

③ 已考虑行业废气平均收集效率。

[1] 该公式仅供参考，使用时，可根据 k 值定义，选取更适合企业实际情况的表达方式。

2437 地毯、挂毯制造行业系数表

工段名称	产品名称	原料名称	工艺名称	规模等级	污染物类别	污染物指标	系数单位	产污系数	末端治理技术	末端治理技术平均去除效率/%	参考 k 值计算公式[1]
染色	地毯、挂毯	羊毛、棉、麻、丝、毛、化纤	印染-漂洗	所有规模	废水①②③	工业废水量	吨/吨-原料	15.00	—	—	—
						化学需氧量	千克/吨-原料	12.80	化学混凝法	50	k=废水治理设施运行时间（小时/年）/企业正常生产时间（小时/年）
									化学混凝法+好氧生物处理法	95	
									直排	0	
						氨氮	千克/吨-原料	$4.29×10^{-2}$	化学混凝法	50	
									化学混凝法+好氧生物处理法	82.6	
									直排	0	
						总氮	千克/吨-原料	$1.27×10^{-1}$	化学混凝法	40	
									化学混凝法+好氧生物处理法	50	
									直排	0	
						总磷	千克/吨-原料	$4.89×10^{-2}$	化学混凝法	40	
									化学混凝法+好氧生物处理法	45	
									直排	0	

注：① 2436 抽纱刺绣工艺品制造行业：涉及染色核算，废水指标可参考 1713 棉纺织及印染精加工制造行业的蜡染工艺的系数手册；涉及印花/丝印核算环节，废水指标参考 1713 棉纺织及印染精加工制造行业印花工段“圆网印花、平网印花”工艺的系数手册。

② 2435 天然植物纤维编织工艺品的生产过程中，如果包含浸泡-染色-清洗工艺，废水指标可参考本系数手册。

③ 2439 其他工艺美术及礼仪用品的生产过程中，如果以动物毛发为原料包含水洗-漂染工艺，废水指标可参考 4111 鬃毛加工、制刷及清扫制造行业鬃毛制备工段的系数手册。

[1] 该公式仅供参考，使用时，可根据 k 值定义，选取更适合企业实际情况的表达方式。

2437 地毯、挂毯制造行业系数表（续表 1）

工段名称	产品名称	原料名称	工艺名称	规模等级	污染物类别	污染物指标	系数单位	产污系数	末端治理技术	末端治理技术平均去除效率/%②	参考 k 值计算公式
背胶/胶粘	地毯、挂毯	胶粘剂	背胶/修整	所有规模	废气	工业废气量	标米^3/吨-原料	3.18×10^{4}	—	—	—
						挥发性有机物①	千克/吨-原料	9.28×10^{-1}	蓄热式催化燃烧法	85	k=废气治理设施运行时间（小时/年）/废气产污工段正常生产时间（小时/年）
									光催化	12	
									光解	12	
									低温等离子体	17	
									活性炭吸附	21	
									直排	0	
印刷③	地毯、挂毯	油墨	热软印	所有规模	废气	工业废气量	标米^3/吨-原料	1.37×10^{7}	—	—	—
						挥发性有机物	千克/吨-原料	4.51×10^{2}	蓄热式催化燃烧法	85	k=废气治理设施运行时间（小时/年）/废气产污工段正常生产时间（小时/年）
									光催化	12	
									光解	12	
									低温等离子体	17	
									活性炭吸附	21	
									直排	0	

注：① 该系数为地毯、挂毯行业使用热空气高温背胶/胶粘工段的产污系数，若存在使用天然乳胶、聚乙烯醇、树脂等作为胶粘剂（原料）进行常温胶粘的工段，废气挥发性有机物的产污系数为 0.51。

② 已考虑行业废气平均收集效率。

③ 2434 花画工艺品、2439 其他工艺美术及礼仪用品的生产过程中，如果包含印刷工艺，废气指标根据所使用的油墨类别（溶剂型油墨、水性油墨两种）和承印物种类参考 231 印刷行业印刷工段的系数手册。

2438 珠宝首饰及有关物品制造行业系数表

工段名称	产品名称	原料名称	工艺名称	规模等级	污染物类别	污染物指标	系数单位	产污系数	末端治理技术	末端治理技术平均去除效率/%①	参考 k 值计算公式[1]
—	珠宝首饰及类似品	贵金属材料	蜡模制作-印模-倒模-打磨-修饰	所有规模	废气	工业废气量	标米^3/千克-原料	1.20×10^4	—	—	—
						挥发性有机物	克/千克-原料	56.70	光催化+活性炭吸附	24	k=废气治理设施运行时间（小时/年）/废气产污工段正常生产时间（小时/年）
									光解	12	
									光催化	12	
									活性炭吸附	21	
									直排	0	
—	珠宝首饰及类似品	贵金属材料	蜡模制作-印模-倒模-打磨-修饰	所有规模	废水	工业废水量	吨/千克-原料	0.34	—	—	—
						化学需氧量	克/千克-原料	43.00	化学混凝法	50	k=废水治理设施运行时间（小时/年）/企业正常生产时间（小时/年）
									直排	0	
						氨氮	克/千克-原料	1.00	化学混凝法	50	
									直排	0	
						总氮	克/千克-原料	3.20	化学混凝法	20	
									直排	0	
						石油类	克/千克-原料	1.50	化学混凝法	20	
									直排	0	

注：① 已考虑行业废气平均收集效率。

[1] 该公式仅供参考，使用时，可根据 k 值定义，选取更适合企业实际情况的表达方式。

244 体育用品制造业、246 游艺器材及娱乐用品制造业

1 适用范围

本手册仅用于《国民经济行业分类》（GB/T 4754—2017）中 2441 球类制造行业，2442 专项运动器材及配件制造行业，2443 健身器材制造行业，2444 运动防护用具制造行业，2449 其他体育用品制造行业，2461 露天游乐场所游乐设备制造行业，2462 游艺用品及室内游艺器材制造行业，2469 其他娱乐用品制造行业使用系数法核算工业污染物产生量和排放量的工业企业。

利用本手册进行产排污核算得出的污染物产生量与排放量仅代表了特定行业、工艺、产品、原料在正常工况下污染物产生与排放的一般规律。

本行业废水指标包括工业废水量、化学需氧量；废气指标包括工业废气量、颗粒物、挥发性有机物。

2 注意事项

2.1 企业有多种生产工艺或生产多类产品产排污量核算

污染物产生量与原料用量有关，根据不同工段计算产污量后，再根据企业末端治理设施和运行情况计算各污染物的排放量。

企业某污染物产生量、排放量为各工段产生量、排放量之和。

在企业实际排放量计算过程中，如果存在废水回用的情况，需要在利用产排污核算公式的基础上扣除废水回用的部分。公式如下：

实际排放量=计算排放量×（1–废水回用率）

2.2 采用多种治理设施组合处理企业的排污量核算

企业采用多种治理设施组合处理的，在排污量计算选择末端治理技术时，若没有对应的组合治理技术，以主要治理技术为准。

2.3 系数表中未涉及的产污系数及污染治理效率

产品的生产过程中，如果包含注塑或浸塑工艺，废气指标可参考 2927 日用塑料制品行业的系数手册，其中的产品质量需以注塑件产品质量或树脂原料用量核算。

产品的生产过程中，如果包含胶粘工艺，废气指标可参考 2437 地毯、挂毯制造行业胶粘工段的系数手册。

产品的生产过程中，如果包含刷漆/喷漆工艺，废气指标可参考 2422 西乐器制造行业刷漆/喷漆工段的系数手册。

产品的生产过程中，如果包含印花/丝印/移印/烫金工艺，废气指标可参考 2452 塑胶玩具制造行业印刷工段的系数手册。

产品的生产过程中，如果包含布料水洗工艺，废水指标可参考 1810 服装行业水洗工段的系数手册。

产品的生产过程中，如果包含以滑石粉、硅酸锆、氧化锆、钛白粉为原料生产渔具陶瓷眼的工艺，可参照 2659 其他合成材料的化学陶瓷制造系数手册。

2442 专项运动器材及配件行业、2444 运动防护用具制造行业和 2449 其他体育用品制造行业可参照 2443 健身器材制造行业的相应工段的系数手册。

246 娱乐用品行业可根据工段参考 244 体育用品行业的系数手册。

行业中存在金属切削产生的边角料属于一般工业固废，其产污系数为 30 千克/吨-原料。

行业中存在去除挥发性有机物气体产生的危险废物活性炭，活性炭危废产生量与使用量基本相等。

2.4 其他需要说明的问题

由于不同企业工业废气量、废水量差异较大，本手册所提供的工业废气量、废水量系数仅供参考。

为体现相同产污水平条件下，采用相同环保治理设施的不同企业对同一污染物去除效果的差异，引入末端治理设施实际运行率（k）对污染治理技术的实际去除率进行修正。k 值反映的是污染治理设施运行的状态，越稳定运行，k 值越高；在取值上，若定义连续稳定运行的理想状态为 1，则 k 取值在 0～1 之间。

本手册给出本行业的 k 计算公式仅供参考，使用时，可根据 k 值定义，选取更适合企业实际情况的表达方式。

3 污染物排放量核算方法

针对企业实际生产情况，本行业在系数制定过程中将企业全生产流程划分或拆分为若干工段（核算环节），在核算企业污染物产排量时，可灵活选择本企业对应的工段进行核算。

3.1 计算工段污染物产生量

（1）根据产品、原料、污染物产生的主导生产工艺、企业规模（生产产能）这一组合查找和确定所对应的某一污染物的产污系数。

（2）根据该污染物的产污系数计量单位——单位产品产量或单位原料用量，获取企业实际产品产量或原料用量。

例如，某组合内化学需氧量的产污系数单位为千克/吨-产品，则计算产生量时需要获取企业实际产品产量；如果产污系数单位为千克/吨-原料，则计算产生量时需要获取企业原料实际消耗量。

（3）污染物产生量按以下公式进行计算：

污染物产生量=污染物对应的产污系数×产品产量（原料用量）

$$G_{产i} = P_{产i} \times M_i$$

式中，$G_{产i}$——工段 i 某污染物的产生量；

$P_{产i}$——工段 i 某污染物对应的产污系数；

M_i——工段 i 的产品产量（原料用量）。

3.2 计算工段污染物去除量

（1）根据企业对某一污染物所采用的治理技术查找和选择相应的治理技术平均去除效率。

（2）根据所填报的污染治理设施实际运行率参数及其计算公式得出该企业某一污染物的治理设施实际运行率（k 值）。

（3）污染物去除量按以下公式进行计算：

污染物去除量=污染物产生量×污染物去除率

=污染物产生量×治理技术平均去除效率×治理设施实际运行率

$$R_{减i} = G_{产i} \times \eta_T \times k_T$$

式中，$R_{减i}$——工段 i 某污染物的去除量；

η_T——工段 i 某污染物采用的末端治理技术的平均去除效率；

k_T——工段 i 某污染物采用的末端治理设施的实际运行率。

3.3 计算工段污染物排放量

污染物排放量=污染物产生量–污染物去除量

=污染物对应的产污系数×产品产量（原料用量）–污染物产生量×治理技术平均去除效率×治理设施实际运行率

3.4 计算企业污染物排放量

同一企业某污染物全年的产生（排放）总量为该企业同年实际生产的全部工段、产品、原料、规模污染物产生（排放）量之和。

$$E_{排} = G_{产} - R_{减} = \sum(G_{产i} - R_{减i})$$
$$= \sum\left[P_{产i} \times M_i(1-\eta_T \times k_T)\right]$$

4 污染物排放量核算案例

某篮球生产企业，以橡胶为原料，通过橡胶-硫化-缠线-贴皮生产篮球。该企业涉及的主要产排污工段为硫化、胶粘，该工段的主要污染物为挥发性有机物。

该企业基本信息如表 1 所示。

表 1 某篮球企业基本信息

	工段 1：硫化		工段 2：胶粘	
	名称	数量	名称	数量
产品及产量	篮球	200000 只	篮球	200000 只
原料及用量	橡胶	1000 吨	胶粘剂	5 吨
工艺名称	硫化	—	胶粘	—
规模（产能）	240000 只		240000 只	
污染治理设施	活性炭吸附		直接排放	
实际运行率参数	废气治理设施年运行时间	2000 小时	—	—
	废气产污工段年正常生产时间	2000 小时	—	—

4.1 工段 1 的排放量计算

（1）挥发性有机物产生量计算

①查找产污系数及其计量单位

根据企业基本信息，查找本手册中主要产品为各种球类，主要原料为橡胶，主要工艺为硫化，生产规模为所有规模。该组合挥发性有机物的产污系数为 2.72，单位为千克/吨-原料。

②获取企业原料用量

该企业实际情况为：该工段主要原料橡胶 2017 年用量为 1000 吨。

③计算挥发性有机物产生量

由于查询到的组合中挥发性有机物产污系数的单位为千克/吨-原料，因此在核算产生量时需获取原料用量。

挥发性有机物产生量=挥发性有机物产污系数×原料用量

=2.72 千克/吨-原料×1000 吨-原料=2720 千克

（2）挥发性有机物去除量计算

①查找治理技术平均去除效率

该企业硫化工段挥发性有机物治理技术采用活性炭吸附法，查询相应组合内该处理工艺的平均去除效率为 21%。

②计算污染治理设施实际运行率

根据产污系数组合查询结果，该组合中挥发性有机物对应的污染治理设施实际运行率为

k=废气治理设施运行时间/废气产污工段正常生产时间=2000 小时/2000 小时=1

③计算挥发性有机物去除量

挥发性有机物去除量=2720 千克×21%×1=571.2 千克

（3）挥发性有机物排放量计算

挥发性有机物排放量=2720 千克−571.2 千克=2148.8 千克

4.2 工段 2 的排放量计算

（1）挥发性有机物产生量计算

①查找产污系数及其计量单位

根据企业基本信息，查找本手册中 2.3 系数表中未涉及的产污系数及污染治理效率的说明：产品的生产过程中，如果包含胶粘工艺，废气指标可参考 2437 地毯、挂毯制造行业胶粘工段的系数手册。核算工段为胶粘（常温），主要原料为胶粘剂，主要工艺为胶粘，生产规模为所有规模。该组合挥发性有机物的产污系数为 0.51，单位为千克/吨-原料。

②获取企业原料用量

该企业实际情况为：该工段主要原料胶粘剂 2017 年用量为 5 吨。

③计算挥发性有机物产生量

由于查询到的组合中挥发性有机物产污系数的单位为千克/吨-原料，因此在核算产生量时需获取原料用量。

挥发性有机物产生量=挥发性有机物产污系数×原料用量

=0.51 千克/吨-原料×5 吨-原料=2.55 千克

（2）挥发性有机物去除量计算

①查找治理技术平均去除效率

该企业胶粘工段无挥发性有机物治理设施，污染物去除效率为 0。

②计算污染治理设施实际运行率

由于该企业胶粘工段无挥发性有机物治理设施，该组合中挥发性有机物对应的污染治理设施实际运行率为 0。

③计算挥发性有机物去除量

挥发性有机物去除量=2.55 千克×0×0=0

（3）挥发性有机物排放量计算

挥发性有机物排放量=2.55 千克−0=2.55 千克

4.3 挥发性有机物总排放量计算

挥发性有机物总排放量=工段 1 排放量+工段 2 排放量

=2148.8 千克+2.55 千克

=2151.35 千克

5 系数表

2441 球类制造行业系数表

工段名称	产品名称	原料名称	工艺名称	规模等级	污染物类别	污染物指标	系数单位	产污系数	末端治理技术	末端治理技术平均去除效率/%②	参考 k 值计算公式[1]
硫化	各种球类	橡胶	硫化	所有规模	废气	工业废气量	标米³/吨-原料	3.50×10^5	—	—	—
						挥发性有机物①	千克/吨-原料	2.72	低温等离子体	17	k=废气治理设施运行时间（小时/年）/废气产污工段正常生产时间（小时/年）
									光催化	12	
									活性炭吸附	21	
									蓄热式热力燃烧法	80	

注：① 以非甲烷总烃计。
② 已考虑行业废气平均收集效率。

2443 健身器材制造行业系数表

工段名称	产品名称	原料名称	工艺名称	规模等级	污染物类别	污染物指标	系数单位	产污系数	末端治理技术	末端治理技术平均去除效率/%	参考 k 值计算公式[1]
金属喷涂前处理	健身器材	金属件	酸洗、碱洗-表面处理	所有规模	废水	工业废水量	吨/吨-原料	1.75	—	—	—
						化学需氧量	千克/吨-原料	0.28	物理化学处理法	50①	k=废水治理设施运行时间（小时/年）/企业正常生产时间（小时/年）

注：① 其他废水处理技术效率可以参照此数值。

[1] 该公式仅供参考，使用时，可根据 k 值定义，选取更适合企业实际情况的表达方式。

2443 健身器材制造行业系数表（续表 1）

工段名称	产品名称	原料名称	工艺名称	规模等级	污染物类别	污染物指标	系数单位	产污系数	末端治理技术[④]	末端治理技术平均去除效率/%	参考 k 值计算公式
静电喷涂	健身器材	塑粉	静电喷涂	所有规模	废气[①]	工业废气量	标米 ^{3}/吨-原料	1.14×10^5	—	—	—
						颗粒物	千克/吨-原料	20.8	袋式除尘	99	k=废气治理设施运行时间（小时/年）/废气产污工段正常生产时间（小时/年）
									管式过滤	90	
焊接打磨	健身器材	金属件[②]	焊接打磨	所有规模	废气	工业废气量	标米 ^{3}/吨-原料	1.07×10^5	—	—	—
						颗粒物[③]	千克/吨-原料	0.78	袋式除尘	99	k=废气治理设施运行时间（小时/年）/废气产污工段正常生产时间（小时/年）
									管式过滤	90	
									旋风除尘	85	
									离心水膜	90	

注：① 塑粉固化产生的废气挥发性有机物指标参考 2926 塑料包装箱及容器制造行业的注（挤）塑工段的产污系数。

② 企业同时涉及焊接打磨工序，废气指标的原料指金属件和焊材合计；企业只涉及焊接工序，废气指标的原料指焊材；企业只涉及打磨工序，废气指标的原料量指金属件。

③ 企业同时涉及焊接打磨工序，废气指标颗粒物适用本系数；企业只涉及焊接工序，废气指标颗粒物产污系数取 0.47；企业只涉及打磨工序，废气指标颗粒物产污系数取 0.31。

④ 多管旋风除尘的末端治理技术效率可以参照管式过滤，静电除尘的末端治理技术效率可参照袋式除尘，水膜除尘的末端治理技术效率可参照管式过滤。

245 玩具制造业

1 适用范围

本手册仅用于《国民经济行业分类》（GB/T 4754—2017）中 2451 电玩具制造行业，2452 塑胶玩具制造行业，2453 金属玩具制造行业，2454 弹射玩具制造行业，2455 娃娃玩具制造行业，2456 儿童乘骑玩耍的童车类产品制造行业，2459 其他玩具制造行业使用系数法核算工业污染物产生量和排放量的工业企业。

利用本手册进行产排污核算得出的污染物产生量与排放量仅代表了特定行业、工艺、产品、原料在正常工况下污染物产生与排放的一般规律。

本行业废气指标包括工业废气量、挥发性有机物。

2 注意事项

2.1 企业有多种生产工艺或生产多类产品产排污量核算

污染物产生量与原料用量有关，根据不同工段计算产污量后，再根据企业末端治理设施和运行情况计算各污染物的排放量。

企业某污染物指标的产生量、排放量为各工段产生量、排放量之和。

在企业实际排放量计算过程中，如果存在废水回用的情况，需要在利用产排污核算公式的基础上扣除废水回用的部分。公式如下：

实际排放量=计算排放量×（1–废水回用率）

2.2 采用多种治理设施组合处理企业的排污量核算

在排污量计算选择末端治理技术时，若没有对应的组合治理技术，以主要治理技术为准。

2.3 系数表中未涉及的产污系数及污染治理效率

玩具制造行业的生产过程中，如果包含注塑工艺，废气指标可参考 2927 日用塑料制品制造行业的系数手册，其中的产品质量需以注塑件产品质量或树脂原料用量核算。

玩具制造行业的生产过程中，如果包含刷漆/喷漆（涂）工艺，废气指标可参考 2433 漆器工艺品制造的刷漆/喷漆工段的系数手册。

玩具制造行业的生产过程中，如果包含印花、丝印、移印工艺，废气指标可参考 2452 塑胶玩具制造的印刷工段的系数手册。

玩具制造行业的生产过程中，如果包含胶粘工艺，废气指标可参考 2437 地毯、挂毯制造的胶粘（常温）工段的系数手册。

玩具制造行业的生产过程中，如果包含烧制工艺，废气指标可参考3074日用陶瓷制品制造的烧制工段的系数手册。

玩具制造行业的生产过程中，如果包含木制精加工工艺，废气指标可参考2039软木制品及其他木制品制造精加工工段的系数手册。若玩具产品产量单位与系数单位不一致时，可以根据原料木材量减去废料量计。

行业中存在去除挥发性有机物气体产生的危险废物活性炭，活性炭危废产生量与使用量基本相等。

行业中存在注塑产生的一般工业固废，其产污系数为3.33千克/吨-塑胶粒。

2.4 其他需要说明的问题

由于不同企业工业废气量、废水量差异较大，本手册所提供的工业废气量、废水量系数仅供参考。

为体现相同产污水平条件下，采用相同环保治理设施的不同企业对同一污染物去除效果的差异，引入末端治理设施实际运行率（k）对污染治理技术的实际去除率进行修正。k值反映的是污染治理设施运行的状态，越稳定运行，k值越高；在取值上，若定义连续稳定运行的理想状态为1，则k取值在0～1之间。

本手册给出本行业的k计算公式仅供参考，使用时，可根据k值定义，选取更适合企业实际情况的表达方式。

3 污染物排放量核算方法

针对企业实际生产情况，本行业在系数制定过程中将企业全生产流程划分或拆分为若干工段（核算环节），在核算企业污染物产排量时，可灵活选择本企业对应的工段进行核算。

3.1 计算工段污染物产生量

（1）根据产品、原料、污染物产生的主导生产工艺、企业规模（生产产能）这一组合查找和确定所对应的某一污染物的产污系数。

（2）根据该污染物的产污系数计量单位——单位产品产量或单位原料用量，获取企业实际产品产量或原料用量。

例如，某组合内化学需氧量的产污系数单位为千克/吨-产品，则计算产生量时需要获取企业实际产品产量；如果产污系数单位为千克/吨-原料，则计算产生量时需要获得企业原料实际消耗量。

（3）污染物产生量按以下公式进行计算：

污染物产生量=污染物对应的产污系数×产品产量（原料用量）

$$G_{产i} = P_{产i} \times M_i$$

式中，$G_{产i}$——工段i某污染物的产生量；

$P_{产i}$——工段i某污染物对应的产污系数；

M_i——工段i的产品产量（原料用量）。

3.2 计算工段污染物去除量

（1）根据企业对某一污染物所采用的治理技术查找和选择相应的治理技术平均去除效率。

（2）根据所填报的污染治理设施实际运行率参数及其计算公式得出该企业某一污染物的治理设施实际运行率（k 值）。

（3）污染物去除量按以下公式进行计算：

污染物去除量=污染物产生量×污染物去除率

=污染物产生量×治理技术平均去除效率×治理设施实际运行率

$$R_{减i} = G_{产i} \times \eta_T \times k_T$$

式中，$R_{减i}$——工段 i 某污染物的去除量；

η_T——工段 i 某污染物采用的末端治理技术的平均去除效率；

k_T——工段 i 某污染物采用的末端治理设施的实际运行率。

3.3 计算工段污染物排放量

污染物排放量=污染物产生量−污染物去除量

=污染物对应的产污系数×产品产量（原料用量）−污染物产生量×治理技术平均去除效率×治理设施实际运行率

3.4 计算企业污染物排放量

同一企业某污染物全年的产生（排放）总量为该企业同年实际生产的全部工段、产品、原料、规模污染物产生（排放）量之和。

$$\begin{aligned} E_{排} &= G_{产} - R_{减} = \sum (G_{产i} - R_{减i}) \\ &= \sum \left[P_{产i} \times M_i (1 - \eta_T \times k_T) \right] \end{aligned}$$

4 污染物排放量核算案例

某塑胶玩具生产企业，以聚丙烯树脂为原料，通过注塑-移印-装配等工序生产玩具模型。该企业涉及的主要产排污工段为移印，该工段主要污染物为挥发性有机物。

该企业基本信息如表 1 所示。

表 1　某塑胶玩具企业主要信息

	工段：移印	
	名称	数量
产品及产量	塑胶玩具	1000 吨
原料及用量	油墨、稀释剂	10 吨
工艺名称	注塑-移印-装配	—
规模（产能）	1000 吨	
污染治理设施	低温等离子体+活性炭吸附	
实际运行率参数	废气治理设施年运行时间	2200 小时
	废气产污工段年正常生产时间	2200 小时

4.1 挥发性有机物产生量计算

（1）查找产污系数及其计量单位

根据企业基本信息，查找本手册中主要产品为塑胶玩具，主要原料为塑胶粒、油墨、稀释剂，主要工艺为注塑-移印-装配，生产规模为所有规模。该组合挥发性有机物的产污系数为 563，单位为千克/吨-原料。

（2）获取企业原料用量

该企业实际情况为：该工段产生污染物主要原料油墨年用量为 10 吨。

（3）计算挥发性有机物产生量

由于查询到的组合中挥发性有机物产污系数的单位为千克/吨-原料，因此在核算产生量时采用原料用量。

挥发性有机物产生量=挥发性有机物产污系数×原料用量

=563 千克/吨-原料×10 吨-原料

=5630 千克

4.2 挥发性有机物去除量计算

（1）查找治理技术平均去除效率

该企业挥发性有机物治理技术采用“低温等离子体+活性炭吸附法”，查询相应组合内该吸附工艺的平均去除效率为 24%。

（2）计算污染治理技术实际运行率

根据产污系数组合查询结果，该组合中对应的污染治理设施实际运行率为

k=废气治理设施运行时间/企业正常生产时间=2200 小时/2200 小时=1

（3）计算挥发性有机物去除量

挥发性有机物去除量=5630 千克×24%×1=1351.2 千克

4.3 挥发性有机物排放量计算

挥发性有机物排放量=5630 千克−1351.2 千克=4278.8 千克

5 系数表

2452 塑胶玩具制造行业系数表

工段名称	产品名称	原料名称	工艺名称	规模等级	污染物类别	污染物指标	系数单位	产污系数	末端治理技术	末端治理技术平均去除效率/%②	参考 k 值计算公式[1]
印刷	塑胶玩具	油墨、稀释剂	印花/丝印/移印/烫金	所有规模	废气	工业废气量	标米^3/吨-原料	4.80×10^6	—	—	
						挥发性有机物	千克/吨-原料	$5.63\times10^2$①	低温等离子体+活性炭吸附	24	k=废气治理设施运行时间（小时/年）/废气产污工段正常生产时间（小时/年）
									活性炭吸附	21	
									低温等离子体	17	
									光催化	12	
									光解	12	
									光催化+活性炭吸附	24	
									光催化+低温等离子体	21	
									直排	0	

注：①采用水性油墨乘以系数 0.25。
②已考虑行业废气平均收集效率。

[1] 该公式仅供参考，使用时，可根据 k 值定义，选取更适合企业实际情况的表达方式。

25

石油、煤炭及其他燃料加工业

2511 原油加工及石油制品制造业

1 适用范围

本手册仅用于《国民经济行业分类》（GB/T 4754—2017）中 2511 原油加工及石油制品制造行业使用系数法核算工业污染物产生量和排放量的工业企业。

利用本手册进行产排污核算得出的污染物产生量与排放量仅代表了特定行业、工艺、产品、原料在正常工况下污染物产生与排放的一般规律。

本行业废水指标包括工业废水量、化学需氧量、氨氮、总氮、石油类、挥发酚、氰化物、汞、砷；废气指标包括工业废气量、二氧化硫、氮氧化物、颗粒物、挥发性有机物。

2 注意事项

2.1 企业有多种生产工艺或生产多类产品产排污核算

原油加工及石油制品制造业虽然原料单一，但产品多种多样。对于生产非单一产品企业及其生产装置，采用不同的基准核算其产排污量，例如，采用原料加工量核算溶剂脱沥青装置的产排污量；对于生产单一产品的装置，如制氢装置，采用产品实际产量为基准核算其产排污量。再根据企业末端治理设施和运行情况计算各污染物的排放量。

企业某污染物指标的产生量、排放量为各核算环节产生量、排放量之和。

在企业实际排放量计算过程中，如果存在废水经污水处理厂处理后回用的情况，需要在利用产排污核算公式的基础上扣除废水回用的部分。公式如下：

实际排放量=计算排放量×（1–废水回用率）

另外，企业酸性水经汽提后回用的水量已经在去除率中予以考虑，可根据相应系数及去除率进行计算。

2.2 采用多种治理设施组合处理企业的排污量核算

在排污量计算选择末端治理技术时，若没有对应的组合治理技术，以主要治理技术为准。

2.3 其他需要说明的问题

（1）由于不同企业工业废气量、废水量差异较大，本手册所提供的工业废气量、废水量系数仅供参考。

（2）各生产装置产排污量以各单套装置年（原料）实际使用量、年（产品）实际生产量、年实际循环水量和年实际处理水量为基准计算，氧化沥青、MTBE、制氢、酸性气回收、烷基化和异构化等装置以年（产品）实际产量为基准，循环水量以年实际循环水量为基准，污水处理厂以年实际处理水量为基准，其余装置以实际原料量为基准。

（3）本手册中，工业废水量不包括清净排水，如蒸汽冷凝水、雨水等。

（4）为体现相同产污水平条件下，采用相同环保治理设施的不同企业对同一污染物去除效果的差异，引入末端治理设施实际运行率（k）对污染治理技术的实际去除率进行修正。k 值反映的是污染治理设施运行的状态，越稳定运行，k 值越高；在取值上，若定义连续稳定运行的理想状态为 1，则 k 取值在 0～1 之间。

（5）本手册给出本行业的 k 计算公式仅供参考，使用时，可根据 k 值定义，选取更适合企业实际情况的表达方式。

3 污染物排放量核算方法

针对企业实际生产情况，本行业在系数制定过程中按照炼油企业装置给出系数，在核算企业污染物产排量时，可灵活选择本企业对应的装置进行核算。装置名称即为附表中工段名称。

3.1 计算工段污染物产生量

（1）根据产品、原料、污染物产生的主导生产工艺、企业规模（生产产能）这一个组合查找和确定所对应的某一个污染物的产污系数。

（2）根据该污染物的产污系数计量单位——单位产品产量或单位原料用量，获取企业实际产品产量或原料用量。

例如，某组合内 COD 的产污系数单位为克/吨-产品，则计算产生量时需要获取企业实际产品产量；如果产污系数单位为克/吨-原料，则计算产生量时需要获取企业原料实际消耗量。

（3）污染物产生量按以下公式进行计算：

污染物产生量=污染物对应的产污系数×产品产量（原料用量）

$$G_{产i} = P_{产i} \times M_i$$

式中，$G_{产i}$——工段 i 某污染物的产生量；

$P_{产i}$——工段 i 某污染物对应的产污系数；

M_i——工段 i 的产品产量（原料用量）。

3.2 计算工段污染物去除量

（1）根据企业对某一污染物所采用的治理技术查找和选择相应的治理技术平均去除效率。

（2）根据所填报的污染治理设施实际运行率参数及其计算公式得出该企业某一污染物的治理设施实际运行率（k 值）。

（3）污染物去除量按以下公式进行计算：

污染物去除量=污染物产生量×污染物去除率

=污染物产生量×治理技术平均去除效率×治理设施实际运行率

$$R_{减i} = G_{产i} \times \eta_T \times k_T$$

式中，$R_{减i}$——工段 i 某污染物的去除量；

η_T——工段 i 某污染物采用的末端治理技术的平均去除效率；

k_T——工段 i 某污染物采用的末端治理设施的实际运行率。

3.3 计算工段污染物排放量

污染物排放量=污染物产生量–污染物去除量

=污染物对应的产污系数×产品产量（原料用量）–污染物产生量×

治理技术平均去除效率×治理设施实际运行率

3.4 计算企业污染物排放量

同一企业某污染物全年的产生（排放）总量为该企业同年实际生产的全部装置、产品、原料、规模污染物产生（排放）量之和。

$$E_{排} = G_{产} - R_{减} = \sum(G_{产i} - R_{减i})$$
$$= \sum\left[P_{产i} \times M_i(1-\eta_T \times k_T)\right]$$

4 核算示例

以某企业催化裂化再生烟气为例说明常规污染物 SO_2、NO_x 和颗粒物的产排量的计算。

某企业催化裂化装置设计规模 140 万吨/年，年运行时间 7632 小时，催化剂再生类型为贫氧再生，加工的原料为常压渣油，年加工原料量 130 万吨，产品 125 万吨，排放的污染物有 SO_2、NO_x 和颗粒物，采用氢氧化钠法去除 SO_2，采用 SCR 法去除 NO_x，采用静电除尘，污染治理设施运行时间为 7632 小时。

根据该企业基本信息，在原油加工及石油制品制造行业产污系数手册中，查找到对应的产污系数组合，“催化裂化装置催化剂再生烟气-贫氧-常压渣油”，对应的系数如表 1 所示。

表 1 对应产污系数表

污染物指标	系数单位	产污系数	末端治理技术	治理效率/%
工业废气量	标米^3/吨-原料	1150	—	—
二氧化硫	千克/吨-原料	1.13	其他（氢氧化钠法）	95
氮氧化物	千克/吨-原料	0.234	选择性催化还原法（SCR）	85
颗粒物	千克/吨-原料	0.108	静电除尘	90

污染物产生量=原料量×产污系数，计算后得到表 2。

表 2 污染物产生量表

污染物指标	原料量/万吨	产污系数	系数单位	污染物产生量
工业废气量	130	1150	标米^3	1495000000
二氧化硫	130	1.13	千克	1469000
氮氧化物	130	0.234	千克	304200
颗粒物	130	0.108	千克	140400

污染物排放量=产生量×［1–治理效率×（工艺废气净化装置运行时间/企业正常生产时间）］

本案例中，工艺废气净化装置运行时间和正常生产时间均为 7632 小时。各参数代入公式计算后得到排放量，见表 3。

表 3　污染物排放量表

污染物指标	系数单位	污染物产生量	治理效率/%	排放量
工业废气量	标米^3	1495000000	—	1495000000
二氧化硫	千克	1469000	95	73450
氮氧化物	千克	304200	85	45630
颗粒物	千克	140400	90	14040

5 系数表

2511 原油加工及石油制品制造行业系数表

工段名称	产品名称	原料名称	工艺名称	规模等级	污染物指标	系数单位	产污系数	末端治理技术	末端治理技术平均去除效率/%	参考 k 值计算公式[1]
工艺加热炉	热量	加热炉燃料气	燃烧	＜14MW	工业废气量	标米^3/万米^3-燃料	2.50×10^5	—	—	—
					二氧化硫	千克/万米^3-燃料	1.50	—	—	
					氮氧化物	千克/万米^3-燃料	13.0	—	—	
					颗粒物	千克/万米^3-燃料	1.24	—	—	
					挥发性有机物	千克/万米^3-燃料	1.38	—	—	
			燃烧	≥14MW	工业废气量	标米^3/万米^3-燃料	2.22×10^5	—	—	
					二氧化硫	千克/万米^3-燃料	1.48	—	—	
					氮氧化物	千克/万米^3-燃料	12.5	—	—	
					颗粒物	千克/万米^3-燃料	1.22	—	—	
					挥发性有机物	千克/万米^3-燃料	1.38	—	—	
		加热炉燃料油	燃烧	所有规模	二氧化硫	千克/吨-燃料	28.40	—	—	
					氮氧化物	千克/吨-燃料	6.56	—	—	
					颗粒物	千克/吨-燃料	1.26	—	—	
					挥发性有机物	千克/吨-燃料	1.18×10^{-2}	—	—	

[1] 该公式仅供参考，使用时，可根据 k 值定义，选取更适合企业实际情况的表达方式。

2511 原油加工及石油制品制造行业系数表（续表 1）

工段名称	产品名称	原料名称	工艺名称	规模等级	污染物指标	系数单位	产污系数	末端治理技术	末端治理技术平均去除效率/%	参考 k 值计算公式
催化裂化装置催化剂再生烟气	催化裂化汽油、柴油	常压渣油	催化剂贫氧再生	所有规模	工业废气量	标米 ^{3}/吨-原料	1.15×10^3	—	0	k=工艺废气净化装置运行时间（小时/年）/企业正常生产时间（小时/年）
					二氧化硫	千克/吨-原料	1.13	其他（氢氧化钠法）	95	
								氧化镁法	95	
					氮氧化物	千克/吨-原料	0.234	选择性催化还原法（SCR）	85	
								选择性非催化还原法（SNCR）	60	
					颗粒物	千克/吨-原料	0.108	静电除尘	90	
								其他（湿式电除尘）	90	
								袋式除尘	92	
		减压馏分油	催化剂贫氧再生	所有规模	工业废气量	标米 ^{3}/吨-原料	1.20×10^3	—	0	
					二氧化硫	千克/吨-原料	0.875	其他（氢氧化钠法）	95	
								氧化镁法	95	
					氮氧化物	千克/吨-原料	0.151	选择性催化还原法（SCR）	85	
								选择性非催化还原法（SNCR）	60	
					颗粒物	千克/吨-原料	0.0802	静电除尘	90	
								其他（湿式电除尘）	90	
								袋式除尘	92	
		焦化蜡油	催化剂贫氧再生	所有规模	工业废气量	标米 ^{3}/吨-原料	9.40×10^2	—	0	
					二氧化硫	千克/吨-原料	0.481	其他（氢氧化钠法）	95	
								氧化镁法	95	
					氮氧化物	千克/吨-原料	0.128	选择性催化还原法（SCR）	85	
								选择性非催化还原法（SNCR）	60	
					颗粒物	千克/吨-原料	0.0434	静电除尘	90	
								其他（湿式电除尘）	90	
								袋式除尘	92	
		加氢生成油	催化剂贫氧再生	所有规模	工业废气量	标米 ^{3}/吨-原料	1.02×10^3	—	0	
					二氧化硫	千克/吨-原料	0.187	其他（氢氧化钠法）	95	
								氧化镁法	95	
					氮氧化物	千克/吨-原料	0.0463	选择性催化还原法（SCR）	85	
								选择性非催化还原法（SNCR）	60	
					颗粒物	千克/吨-原料	0.0995	静电除尘	90	
								其他（湿式电除尘）	90	
								袋式除尘	92	

2511 原油加工及石油制品制造行业系数表（续表 2）

核算环节	产品名称	原料名称	工艺名称	规模等级	污染物指标	系数单位	产污系数	末端治理技术	末端治理技术平均去除效率/%	参考 k 值计算公式[1]
催化裂化装置催化剂再生烟气	催化裂化汽油、柴油	常压渣油	催化剂富氧再生	所有规模	工业废气量	标米^3/吨-原料	1.30×10^3	—	0	k=工艺废气净化装置运行时间（小时/年）/企业正常生产时间（小时/年）
					二氧化硫	千克/吨-原料	0.857	其他（氢氧化钠法）	95	
								氧化镁法	95	
					氮氧化物	千克/吨-原料	0.170	选择性催化还原法（SCR）	85	
								选择性非催化还原法（SNCR）	60	
					颗粒物	千克/吨-原料	0.415	静电除尘	90	
								其他（湿式电除尘）	90	
								袋式除尘	92	
		减压馏分油	催化剂富氧再生	所有规模	工业废气量	标米^3/吨-原料	1.04×10^3	—	0	
					二氧化硫	千克/吨-原料	0.699	其他（氢氧化钠法）	95	
								氧化镁法	95	
					氮氧化物	千克/吨-原料	0.113	选择性催化还原法（SCR）	85	
								选择性非催化还原法（SNCR）	60	
					颗粒物	千克/吨-原料	0.161	静电除尘	90	
								其他（湿式电除尘）	90	
								袋式除尘	92	
		焦化蜡油	催化剂富氧再生	所有规模	工业废气量	标米^3/吨-原料	1.05×10^3	—	0	
					二氧化硫	千克/吨-原料	0.573	其他（氢氧化钠法）	95	
								氧化镁法	95	
					氮氧化物	千克/吨-原料	0.342	选择性催化还原法（SCR）	85	
								选择性非催化还原法（SNCR）	60	
					颗粒物	千克/吨-原料	0.144	静电除尘	90	
								其他（湿式电除尘）	90	
								袋式除尘	92	
		加氢生成油	催化剂富氧再生	所有规模	工业废气量	标米^3/吨-原料	1.13×10^3	—	0	
					二氧化硫	千克/吨-原料	0.166	其他（氢氧化钠法）	95	
								氧化镁法	95	
					氮氧化物	千克/吨-原料	0.0901	选择性催化还原法（SCR）	85	
								选择性非催化还原法（SNCR）	60	
					颗粒物	千克/吨-原料	0.127	静电除尘	90	
								其他（湿式电除尘）	90	
								袋式除尘	92	

2511 原油加工及石油制品制造行业系数表（续表 3）

工段名称	产品名称	原料名称	工艺名称	规模等级	污染物指标	系数单位	产污系数	末端治理技术	末端治理技术平均去除效率/%	参考 k 值计算公式[1]
催化汽油吸附脱硫再生烟气	精制汽油	催化裂化汽油	吸附	所有规模	工业废气量	标米^3/吨-原料	52.6	—	0	k=工艺废气净化装置运行时间（小时/年）/企业正常生产时间（小时/年）
					二氧化硫	千克/吨-原料	4.00×10^{-4}	其他（氢氧化钠法）脱硫	95	
								氧化镁法脱硫	95	
					颗粒物	千克/吨-原料	3.00×10^{-4}	静电除尘	90	
								其他（湿式电除尘）	90	
								袋式除尘	92	
酸性气回收装置废气	硫黄、硫酸	酸性气	酸性气回收	≤5 万吨/年	工业废气量	标米^3/吨-产品	1.02×10^{4}	—	0	
					二氧化硫	千克/吨-产品	1.51	其他（氢氧化钠法）	95	
								氧化镁法	95	
								直排	0	
								其他（吸收）	95	
				>5 万吨/年	工业废气量	标米^3/吨-产品	0.701×10^{4}	—	0	
					二氧化硫	千克/吨-产品	0.870	其他（氢氧化钠法）	95	
								氧化镁法	95	
								直排	0	
								其他（吸收）	95	
重整催化剂再生烟气	重整汽油、石脑油、芳烃	石脑油、焦化汽油	重整	所有规模	工业废气量	标米^3/吨-原料	3.93	—	0	—
					挥发性有机物	千克/吨-原料	3.53×10-4	—	0	—
延迟焦化切焦过程排放	焦化汽油、煤油、柴油、石油焦	渣油	焦化	所有规模	挥发性有机物	千克/吨-原料	0.164	—	—	—
污水处理厂	—	污水处理量	污水处理	所有规模	挥发性有机物	千克/米^3-污水处理水量	4.41×10-2	膜分离法	13.5	k=工艺废气净化装置运行时间（小时/年）/企业正常生产时间（小时/年）
								直接燃烧法	12.8	
								热力燃烧法	12.8	
								吸附/热力燃烧法	12	
								蓄热式热力燃烧法	13.5	
								催化燃烧法	12	
								吸附/催化燃烧法	12	
								蓄热式催化燃烧法	12.8	
								生物过滤法	7.5	
								生物滴滤法	7.5	
								悬浮洗涤法	7.5	
								其他	0	

2511 原油加工及石油制品制造行业系数表（续表 4）

工段名称	产品名称	原料名称	工艺名称	规模等级	污染物指标	系数单位	产污系数	末端治理技术	末端治理技术平均去除效率/%	参考 k 值计算公式
常减压装置（含电脱盐）	常减压中间馏分油	原油	蒸馏（精馏）	100 万～500 万吨/年	工业废水量	吨/吨-原料	0.0930	—	15	k=污水治理设施运行时间（小时/年）/企业正常生产时间（小时/年）
					化学需氧量	克/吨-原料	90.8	物理处理法+生物处理法	95	
								物理处理法+生物处理法+物理化学处理法（或物理处理法、化学处理法）	99.79	
					氨氮	克/吨-原料	4.07	物理处理法+生物处理法	99.79	
								物理处理法+生物处理法+物理化学处理法（或物理处理法、化学处理法）	99.99	
					总氮	克/吨-原料	6.71	物理处理法+生物处理法	70	
								物理处理法+生物处理法+物理化学处理法（或物理处理法、化学处理法）	70	
					石油类	克/吨-原料	2.12	物理处理法+生物处理法	97	
								物理处理法+生物处理法+物理化学处理法（或物理处理法、化学处理法）	99.9	
					挥发酚	克/吨-原料	0.670	物理处理法+生物处理法	99.76	
								物理处理法+生物处理法+物理化学处理法（或物理处理法、化学处理法）	99.99	
					氰化物	克/吨-原料	9.90×10^{-3}	物理处理法+生物处理法	79	
								物理处理法+生物处理法+物理化学处理法（或物理处理法、化学处理法）	88	
					汞	克/吨-原料	2.39×10^{-3}	物理处理法+生物处理法	54	
								物理处理法+生物处理法+物理化学处理法（或物理处理法、化学处理法）	64	

2511 原油加工及石油制品制造行业系数表（续表 5）

工段名称	产品名称	原料名称	工艺名称	规模等级	污染物指标	系数单位	产污系数	末端治理技术	末端治理技术平均去除效率/%	参考 k 值计算公式
常减压装置（含电脱盐）	常减压中间馏分油	原油	蒸馏（精馏）	500 万～1000 万吨/年	工业废水量	吨/吨-原料	0.0735	—	15	k=污水治理设施运行时间（小时/年）/企业正常生产时间（小时/年）
					化学需氧量	克/吨-原料	66.1	物理处理法+生物处理法	95	
								物理处理法+生物处理法+物理化学处理法（或物理处理法、化学处理法）	99.79	
					氨氮	克/吨-原料	1.73	物理处理法+生物处理法	99.79	
								物理处理法+生物处理法+物理化学处理法（或物理处理法、化学处理法）	99.99	
					总氮	克/吨-原料	2.34	物理处理法+生物处理法	70	
								物理处理法+生物处理法+物理化学处理法（或物理处理法、化学处理法）	70	
					石油类	克/吨-原料	1.36	物理处理法+生物处理法	97	
								物理处理法+生物处理法+物理化学处理法（或物理处理法、化学处理法）	99.9	
					挥发酚	克/吨-原料	0.422	物理处理法+生物处理法	99.76	
								物理处理法+生物处理法+物理化学处理法（或物理处理法、化学处理法）	99.99	
					氰化物	克/吨-原料	4.04×10^{-3}	物理处理法+生物处理法	79	
								物理处理法+生物处理法+物理化学处理法（或物理处理法、化学处理法）	88	
					汞	克/吨-原料	3.81×10^{-4}	物理处理法+生物处理法	54	
								物理处理法+生物处理法+物理化学处理法（或物理处理法、化学处理法）	64	

2511 原油加工及石油制品制造行业系数表（续表 6）

工段名称	产品名称	原料名称	工艺名称	规模等级	污染物指标	系数单位	产污系数	末端治理技术	末端治理技术平均去除效率/%	参考 k 值计算公式
常减压装置（含电脱盐）	常减压中间馏分油	原油	蒸馏（精馏）	＞1000 万吨/年	工业废水量	吨/吨-原料	0.0965	—	15	k=污水治理设施运行时间（小时/年）/企业正常生产时间（小时/年）
					化学需氧量	克/吨-原料	391	物理处理法+生物处理法	95	
								物理处理法+生物处理法+物理化学处理法（或物理处理法、化学处理法）	99.79	
					氨氮	克/吨-原料	0.957	物理处理法+生物处理法	99.79	
								物理处理法+生物处理法+物理化学处理法（或物理处理法、化学处理法）	99.99	
					总氮	克/吨-原料	6.76	物理处理法+生物处理法	70	
								物理处理法+生物处理法+物理化学处理法（或物理处理法、化学处理法）	70	
					石油类	克/吨-原料	5.01	物理处理法+生物处理法	97	
								物理处理法+生物处理法+物理化学处理法（或物理处理法、化学处理法）	99.9	
					挥发酚	克/吨-原料	7.04	物理处理法+生物处理法	99.76	
								物理处理法+生物处理法+物理化学处理法（或物理处理法、化学处理法）	99.99	
					氰化物	克/吨-原料	2.74×10^{-3}	物理处理法+生物处理法	79	
								物理处理法+生物处理法+物理化学处理法（或物理处理法、化学处理法）	88	
					汞	克/吨-原料	1.06×10^{-5}	物理处理法+生物处理法	54	
								物理处理法+生物处理法+物理化学处理法（或物理处理法、化学处理法）	64	

2511 原油加工及石油制品制造行业系数表（续表 7）

工段名称	产品名称	原料名称	工艺名称	规模等级	污染物指标	系数单位	产污系数	末端治理技术	末端治理技术平均去除效率/%	参考 k 值计算公式
催化裂化装置	催化裂化汽油、柴油	重油馏分、蜡油、渣油	催化裂化	≤100 万吨/年	工业废水量	吨/吨-原料	0.358	—	15	k=污水治理设施运行时间（小时/年）/企业正常生产时间（小时/年）
					化学需氧量	克/吨-原料	181	物理处理法+生物处理法	95	
								物理处理法+生物处理法+物理化学处理法（或物理处理法、化学处理法）	99.79	
					氨氮	克/吨-原料	44.8	物理处理法+生物处理法	99.79	
								物理处理法+生物处理法+物理化学处理法（或物理处理法、化学处理法）	99.99	
					总氮	克/吨-原料	53.8	物理处理法+生物处理法	70	
								物理处理法+生物处理法+物理化学处理法（或物理处理法、化学处理法）	70	
					石油类	克/吨-原料	4.85	物理处理法+生物处理法	97	
								物理处理法+生物处理法+物理化学处理法（或物理处理法、化学处理法）	99.9	
					挥发酚	克/吨-原料	6.91	物理处理法+生物处理法	99.76	
								物理处理法+生物处理法+物理化学处理法（或物理处理法、化学处理法）	99.99	
					氰化物	克/吨-原料	2.49×10^{-3}	物理处理法+生物处理法	79	
								物理处理法+生物处理法+物理化学处理法（或物理处理法、化学处理法）	88	

2511 原油加工及石油制品制造行业系数表（续表 8）

工段名称	产品名称	原料名称	工艺名称	规模等级	污染物指标	系数单位	产污系数	末端治理技术	末端治理技术平均去除效率/%	参考 k 值计算公式
催化裂化装置	催化裂化汽油、柴油	重油馏分、蜡油、渣油	催化裂化	100 万～150 万吨/年	工业废水量	吨/吨-原料	0.316	—	15	k=污水治理设施运行时间（小时/年）/企业正常生产时间（小时/年）
					化学需氧量	克/吨-原料	87.3	物理处理法+生物处理法	95	
								物理处理法+生物处理法+物理化学处理法（或物理处理法、化学处理法）	99.79	
					氨氮	克/吨-原料	3.48	物理处理法+生物处理法	99.79	
								物理处理法+生物处理法+物理化学处理法（或物理处理法、化学处理法）	99.99	
					总氮	克/吨-原料	5.05	物理处理法+生物处理法	70	
								物理处理法+生物处理法+物理化学处理法（或物理处理法、化学处理法）	70	
					石油类	克/吨-原料	4.60	物理处理法+生物处理法	97	
								物理处理法+生物处理法+物理化学处理法（或物理处理法、化学处理法）	99.9	
					挥发酚	克/吨-原料	1.86	物理处理法+生物处理法	99.76	
								物理处理法+生物处理法+物理化学处理法（或物理处理法、化学处理法）	99.99	
					氰化物	克/吨-原料	7.45×10^{-5}	物理处理法+生物处理法	79	
								物理处理法+生物处理法+物理化学处理法（或物理处理法、化学处理法）	88	

2511 原油加工及石油制品制造行业系数表（续表 9）

工段名称	产品名称	原料名称	工艺名称	规模等级	污染物指标	系数单位	产污系数	末端治理技术	末端治理技术平均去除效率/%	参考 k 值计算公式
催化裂化装置	催化裂化汽油、柴油	重油馏分、蜡油、渣油	催化裂化	＞150 万吨/年	工业废水量	吨/吨-原料	0.245	—	15	k=污水治理设施运行时间（小时/年）/企业正常生产时间（小时/年）
					化学需氧量	克/吨-原料	95.7	物理处理法+生物处理法	95	
								物理处理法+生物处理法+物理化学处理法（或物理处理法、化学处理法）	99.79	
					氨氮	克/吨-原料	4.51	物理处理法+生物处理法	99.79	
								物理处理法+生物处理法+物理化学处理法（或物理处理法、化学处理法）	99.99	
					总氮	克/吨-原料	13.4	物理处理法+生物处理法	70	
								物理处理法+生物处理法+物理化学处理法（或物理处理法、化学处理法）	70	
					石油类	克/吨-原料	14.5	物理处理法+生物处理法	97	
								物理处理法+生物处理法+物理化学处理法（或物理处理法、化学处理法）	99.9	
					挥发酚	克/吨-原料	1.92	物理处理法+生物处理法	99.76	
								物理处理法+生物处理法+物理化学处理法（或物理处理法、化学处理法）	99.99	
					氰化物	克/吨-原料	1.21×10^{-3}	物理处理法+生物处理法	79	
								物理处理法+生物处理法+物理化学处理法（或物理处理法、化学处理法）	88	

2511 原油加工及石油制品制造行业系数表（续表 10）

工段名称	产品名称	原料名称	工艺名称	规模等级	污染物指标	系数单位	产污系数	末端治理技术	末端治理技术平均去除效率/%	参考 k 值计算公式
加氢裂化装置	加氢裂化汽油、柴油、煤油	减压渣油、重油馏分（减压蜡油、焦化蜡油、裂化循环油、脱沥青油等）	加氢裂化	所有规模	工业废水量	吨/吨-原料	0.171	—	15	k=污水治理设施运行时间（小时/年）/企业正常生产时间（小时/年）
					化学需氧量	克/吨-原料	662	物理处理法+生物处理法	95	
								物理处理法+生物处理法+物理化学处理法（或物理处理法、化学处理法）	99.79	
					氨氮	克/吨-原料	159	物理处理法+生物处理法	99.79	
								物理处理法+生物处理法+物理化学处理法（或物理处理法、化学处理法）	99.99	
					总氮	克/吨-原料	2.93	物理处理法+生物处理法	70	
								物理处理法+生物处理法+物理化学处理法（或物理处理法、化学处理法）	70	
					石油类	克/吨-原料	4.93	物理处理法+生物处理法	97	
								物理处理法+生物处理法+物理化学处理法（或物理处理法、化学处理法）	99.9	
					挥发酚	克/吨-原料	1.35	物理处理法+生物处理法	99.76	
								物理处理法+生物处理法+物理化学处理法（或物理处理法、化学处理法）	99.99	
					氰化物	克/吨-原料	3.06×10^{-4}	物理处理法+生物处理法	79	
								物理处理法+生物处理法+物理化学处理法（或物理处理法、化学处理法）	88	

2511 原油加工及石油制品制造行业系数表（续表 11）

工段名称	产品名称	原料名称	工艺名称	规模等级	污染物指标	系数单位	产污系数	末端治理技术	末端治理技术平均去除效率/%	参考 k 值计算公式
催化重整装置	汽油、石脑油、芳烃	石脑油、焦化汽油	重整	≤50 万吨/年	工业废水量	吨/吨-原料	0.123	—	15	k=污水治理设施运行时间（小时/年）/企业正常生产时间（小时/年）
					化学需氧量	克/吨-原料	78.0	物理处理法+生物处理法	95	
								物理处理法+生物处理法+物理化学处理法（或物理处理法、化学处理法）	99.79	
					氨氮	克/吨-原料	4.26	物理处理法+生物处理法	99.79	
								物理处理法+生物处理法+物理化学处理法（或物理处理法、化学处理法）	99.99	
					总氮	克/吨-原料	10.6	物理处理法+生物处理法	70	
								物理处理法+生物处理法+物理化学处理法（或物理处理法、化学处理法）	70	
					石油类	克/吨-原料	10.5	物理处理法+生物处理法	97	
								物理处理法+生物处理法+物理化学处理法（或物理处理法、化学处理法）	99.9	
					挥发酚	克/吨-原料	1.20	物理处理法+生物处理法	99.76	
								物理处理法+生物处理法+物理化学处理法（或物理处理法、化学处理法）	99.99	
					氰化物	克/吨-原料	1.17×10^{-3}	物理处理法+生物处理法	79	
								物理处理法+生物处理法+物理化学处理法（或物理处理法、化学处理法）	88	

2511 原油加工及石油制品制造行业系数表（续表 12）

工段名称	产品名称	原料名称	工艺名称	规模等级	污染物指标	系数单位	产污系数	末端治理技术	末端治理技术平均去除效率/%	参考 k 值计算公式
催化重整装置	重整汽油、石脑油、芳烃	石脑油、焦化汽油	重整	50 万～100 万吨/年	工业废水量	吨/吨-原料	0.0371	—	15	k=污水治理设施运行时间（小时/年）/企业正常生产时间（小时/年）
					化学需氧量	克/吨-原料	18.4	物理处理法+生物处理法	95	
								物理处理法+生物处理法+物理化学处理法（或物理处理法、化学处理法）	99.79	
					氨氮	克/吨-原料	0.312	物理处理法+生物处理法	99.79	
								物理处理法+生物处理法+物理化学处理法（或物理处理法、化学处理法）	99.99	
					总氮	克/吨-原料	0.623	物理处理法+生物处理法	70	
								物理处理法+生物处理法+物理化学处理法（或物理处理法、化学处理法）	70	
					石油类	克/吨-原料	1.79	物理处理法+生物处理法	97	
								物理处理法+生物处理法+物理化学处理法（或物理处理法、化学处理法）	99.9	
					挥发酚	克/吨-原料	0.0119	物理处理法+生物处理法	99.76	
								物理处理法+生物处理法+物理化学处理法（或物理处理法、化学处理法）	99.99	
					氰化物	克/吨-原料	4.30×10^{-4}	物理处理法+生物处理法	79	
								物理处理法+生物处理法+物理化学处理法（或物理处理法、化学处理法）	88	

2511 原油加工及石油制品制造行业系数表（续表 13）

工段名称	产品名称	原料名称	工艺名称	规模等级	污染物指标	系数单位	产污系数	末端治理技术	末端治理技术平均去除效率/%	参考 k 值计算公式
催化重整装置	重整汽油、石脑油、芳烃	石脑油、焦化汽油	加氢精制	＞100 万吨/年	工业废水量	吨/吨-原料	0.0263	—	15	k=污水治理设施运行时间（小时/年）/企业正常生产时间（小时/年）
					化学需氧量	克/吨-原料	52.7	物理处理法+生物处理法	95	
								物理处理法+生物处理法+物理化学处理法（或物理处理法、化学处理法）	99.79	
					氨氮	克/吨-原料	0.379	物理处理法+生物处理法	99.79	
								物理处理法+生物处理法+物理化学处理法（或物理处理法、化学处理法）	99.99	
					总氮	克/吨-原料	1.16	物理处理法+生物处理法	70	
								物理处理法+生物处理法+物理化学处理法（或物理处理法、化学处理法）	70	
					石油类	克/吨-原料	0.608	物理处理法+生物处理法	97	
								物理处理法+生物处理法+物理化学处理法（或物理处理法、化学处理法）	99.9	
					挥发酚	克/吨-原料	0.0340	物理处理法+生物处理法	99.76	
								物理处理法+生物处理法+物理化学处理法（或物理处理法、化学处理法）	99.99	
					氰化物	克/吨-原料	1.52×10^{-3}	物理处理法+生物处理法	79	
								物理处理法+生物处理法+物理化学处理法（或物理处理法、化学处理法）	88	
汽、煤、柴油加氢精制装置	精制汽油、煤油、柴油	粗汽油、煤油、柴油	加氢精制	≤100 万吨/年	工业废水量	吨/吨-原料	0.121	—	15	
					化学需氧量	克/吨-原料	66.7	物理处理法+生物处理法	95	
								物理处理法+生物处理法+物理化学处理法（或物理处理法、化学处理法）	99.79	
					氨氮	克/吨-原料	117	物理处理法+生物处理法	99.79	
								物理处理法+生物处理法+物理化学处理法（或物理处理法、化学处理法）	99.99	

2511 原油加工及石油制品制造行业系数表（续表 14）

工段名称	产品名称	原料名称	工艺名称	规模等级	污染物指标	系数单位	产污系数	末端治理技术	末端治理技术平均去除效率/%	参考 k 值计算公式
汽、煤、柴油加氢精制装置	精制汽油、煤油、柴油	粗汽油、煤油、柴油	加氢精制	≤100 万吨/年	总氮	克/吨-原料	164	物理处理法+生物处理法	70	k=污水治理设施运行时间（小时/年）/企业正常生产时间（小时/年）
								物理处理法+生物处理法+物理化学处理法（或物理处理法、化学处理法）	70	
					石油类	克/吨-原料	2.11	物理处理法+生物处理法	97	
								物理处理法+生物处理法+物理化学处理法（或物理处理法、化学处理法）	99.9	
					挥发酚	克/吨-原料	0.0872	物理处理法+生物处理法	99.76	
								物理处理法+生物处理法+物理化学处理法（或物理处理法、化学处理法）	99.99	
					氰化物	克/吨-原料	9.00×10^{-4}	物理处理法+生物处理法	79	
								物理处理法+生物处理法+物理化学处理法（或物理处理法、化学处理法）	88	
				100 万～200 万吨/年	工业废水量	吨/吨-原料	0.0793	—	15	
					化学需氧量	克/吨-原料	42.2	物理处理法+生物处理法	95	
								物理处理法+生物处理法+物理化学处理法（或物理处理法、化学处理法）	99.79	

2511 原油加工及石油制品制造行业系数表（续表 15）

工段名称	产品名称	原料名称	工艺名称	规模等级	污染物指标	系数单位	产污系数	末端治理技术	末端治理技术平均去除效率/%	参考 k 值计算公式
汽、煤、柴油加氢精制装置	精制汽油、煤油、柴油	粗汽油、煤油、柴油	加氢精制	100 万～200 万吨/年	氨氮	克/吨-原料	4.99	物理处理法+生物处理法	99.79	k=污水治理设施运行时间（小时/年）/企业正常生产时间（小时/年）
								物理处理法+生物处理法+物理化学处理法（或物理处理法、化学处理法）	99.99	
					总氮	克/吨-原料	11.5	物理处理法+生物处理法	70	
								物理处理法+生物处理法+物理化学处理法（或物理处理法、化学处理法）	70	
					石油类	克/吨-原料	7.94	物理处理法+生物处理法	97	
								物理处理法+生物处理法+物理化学处理法（或物理处理法、化学处理法）	99.9	
					挥发酚	克/吨-原料	0.922	物理处理法+生物处理法	99.76	
								物理处理法+生物处理法+物理化学处理法（或物理处理法、化学处理法）	99.99	
					氰化物	克/吨-原料	3.77×10^{-4}	物理处理法+生物处理法	79	
								物理处理法+生物处理法+物理化学处理法（或物理处理法、化学处理法）	88	

2511 原油加工及石油制品制造行业系数表（续表 16）

工段名称	产品名称	原料名称	工艺名称	规模等级	污染物指标	系数单位	产污系数	末端治理技术	末端治理技术平均去除效率/%	参考 k 值计算公式
汽、煤、柴油加氢精制装置	精制汽油、煤油、柴油	粗汽油、煤油、柴油	加氢精制	＞200 万吨/年	工业废水量	吨/吨-原料	0.0514	—	15	k=污水治理设施运行时间（小时/年）/企业正常生产时间（小时/年）
					化学需氧量	克/吨-原料	89.7	物理处理法+生物处理法	95	
								物理处理法+生物处理法+物理化学处理法（或物理处理法、化学处理法）	99.79	
					氨氮	克/吨-原料	49.1	物理处理法+生物处理法	99.79	
								物理处理法+生物处理法+物理化学处理法（或物理处理法、化学处理法）	99.99	
					总氮	克/吨-原料	66.2	物理处理法+生物处理法	70	
								物理处理法+生物处理法+物理化学处理法（或物理处理法、化学处理法）	70	
					石油类	克/吨-原料	9.09	物理处理法+生物处理法	97	
								物理处理法+生物处理法+物理化学处理法（或物理处理法、化学处理法）	99.9	
					挥发酚	克/吨-原料	0.533	物理处理法+生物处理法	99.76	
								物理处理法+生物处理法+物理化学处理法（或物理处理法、化学处理法）	99.99	
					氰化物	克/吨-原料	3.73×10^{-4}	物理处理法+生物处理法	79	
								物理处理法+生物处理法+物理化学处理法（或物理处理法、化学处理法）	88	

2511 原油加工及石油制品制造行业系数表（续表 17）

工段名称	产品名称	原料名称	工艺名称	规模等级	污染物指标	系数单位	产污系数	末端治理技术	末端治理技术平均去除效率/%	参考 k 值计算公式
延迟焦化装置	焦化汽油、煤油、柴油、石油焦	渣油	焦化	≤50 万吨/年	工业废水量	吨/吨-原料	0.171	—	15	k=污水治理设施运行时间（小时/年）/企业正常生产时间（小时/年）
					化学需氧量	克/吨-原料	614	物理处理法+生物处理法	95	
								物理处理法+生物处理法+物理化学处理法（或物理处理法、化学处理法）	99.79	
					氨氮	克/吨-原料	82.1	物理处理法+生物处理法	99.79	
								物理处理法+生物处理法+物理化学处理法（或物理处理法、化学处理法）	99.99	
					总氮	克/吨-原料	127	物理处理法+生物处理法	70	
								物理处理法+生物处理法+物理化学处理法（或物理处理法、化学处理法）	70	
					石油类	克/吨-原料	3.32	物理处理法+生物处理法	97	
								物理处理法+生物处理法+物理化学处理法（或物理处理法、化学处理法）	99.9	
					挥发酚	克/吨-原料	0.337	物理处理法+生物处理法	99.76	
								物理处理法+生物处理法+物理化学处理法（或物理处理法、化学处理法）	99.99	
					氰化物	克/吨-原料	0.0300	物理处理法+生物处理法	79	
								物理处理法+生物处理法+物理化学处理法（或物理处理法、化学处理法）	88	

2511 原油加工及石油制品制造行业系数表（续表 18）

工段名称	产品名称	原料名称	工艺名称	规模等级	污染物指标	系数单位	产污系数	末端治理技术	末端治理技术平均去除效率/%	参考 k 值计算公式
延迟焦化装置	焦化汽油、煤油、柴油、石油焦	渣油	焦化	50 万～100 万吨/年	工业废水量	吨/吨-原料	0.251	—	15	k=污水治理设施运行时间（小时/年）/企业正常生产时间（小时/年）
					化学需氧量	克/吨-原料	235	物理处理法+生物处理法	95	
								物理处理法+生物处理法+物理化学处理法（或物理处理法、化学处理法）	99.79	
					氨氮	克/吨-原料	7.91	物理处理法+生物处理法	99.79	
								物理处理法+生物处理法+物理化学处理法（或物理处理法、化学处理法）	99.99	
					总氮	克/吨-原料	12.3	物理处理法+生物处理法	70	
								物理处理法+生物处理法+物理化学处理法（或物理处理法、化学处理法）	70	
					石油类	克/吨-原料	18.4	物理处理法+生物处理法	97	
								物理处理法+生物处理法+物理化学处理法（或物理处理法、化学处理法）	99.9	
					挥发酚	克/吨-原料	28.9	物理处理法+生物处理法	99.76	
								物理处理法+生物处理法+物理化学处理法（或物理处理法、化学处理法）	99.99	
					氰化物	克/吨-原料	6.39×10^{-3}	物理处理法+生物处理法	79	
								物理处理法+生物处理法+物理化学处理法（或物理处理法、化学处理法）	88	

2511 原油加工及石油制品制造行业系数表（续表 19）

工段名称	产品名称	原料名称	工艺名称	规模等级	污染物指标	系数单位	产污系数	末端治理技术	末端治理技术平均去除效率/%	参考 k 值计算公式
延迟焦化装置	焦化汽油、煤油、柴油、石油焦	渣油	焦化	＞100 万吨/年	工业废水量	吨/吨-原料	0.0517	—	15	k=污水治理设施运行时间（小时/年）/企业正常生产时间（小时/年）
					化学需氧量	克/吨-原料	34.9	物理处理法+生物处理法	95	
								物理处理法+生物处理法+物理化学处理法（或物理处理法、化学处理法）	99.79	
					氨氮	克/吨-原料	46.4	物理处理法+生物处理法	99.79	
								物理处理法+生物处理法+物理化学处理法（或物理处理法、化学处理法）	99.99	
					总氮	克/吨-原料	95.0	物理处理法+生物处理法	70	
								物理处理法+生物处理法+物理化学处理法（或物理处理法、化学处理法）	70	
					石油类	克/吨-原料	0.562	物理处理法+生物处理法	97	
								物理处理法+生物处理法+物理化学处理法（或物理处理法、化学处理法）	99.9	
					挥发酚	克/吨-原料	4.23	物理处理法+生物处理法	99.76	
								物理处理法+生物处理法+物理化学处理法（或物理处理法、化学处理法）	99.99	
					氰化物	克/吨-原料	0.0217	物理处理法+生物处理法	79	
								物理处理法+生物处理法+物理化学处理法（或物理处理法、化学处理法）	88	

2511 原油加工及石油制品制造行业系数表（续表 20）

工段名称	产品名称	原料名称	工艺名称	规模等级	污染物指标	系数单位	产污系数	末端治理技术	末端治理技术平均去除效率/%	参考 k 值计算公式
减粘裂化装置	减粘汽油、柴油、渣油	减压渣油	减粘裂化	所有规模	工业废水量	吨/吨-原料	0.110	—	0	k=污水治理设施运行时间（小时/年）/企业正常生产时间（小时/年）
					化学需氧量	克/吨-原料	766	物理处理法+生物处理法	83	
								物理处理法+生物处理法+物理化学处理法（或物理处理法、化学处理法）	88	
					氨氮	克/吨-原料	22.4	物理处理法+生物处理法	75	
								物理处理法+生物处理法+物理化学处理法（或物理处理法、化学处理法）	75	
					总氮	克/吨-原料	33.6	物理处理法+生物处理法	63	
								物理处理法+生物处理法+物理化学处理法（或物理处理法、化学处理法）	71	
					石油类	克/吨-原料	51.4	物理处理法+生物处理法	93	
								物理处理法+生物处理法+物理化学处理法（或物理处理法、化学处理法）	98	
					挥发酚	克/吨-原料	4.00	物理处理法+生物处理法	97	
								物理处理法+生物处理法+物理化学处理法（或物理处理法、化学处理法）	98	
					氰化物	克/吨-原料	3.65×10^{-4}	物理处理法+生物处理法	79	
								物理处理法+生物处理法+物理化学处理法（或物理处理法、化学处理法）	88	

2511 原油加工及石油制品制造行业系数表（续表 21）

工段名称	产品名称	原料名称	工艺名称	规模等级	污染物指标	系数单位	产污系数	末端治理技术	末端治理技术平均去除效率/%	参考 k 值计算公式
石蜡/润滑油加氢精制	精制蜡油/润滑油基础油	减压蜡油/减压馏分油	加氢精制	所有规模	工业废水量	吨/吨-原料	0.565	—	15	k=污水治理设施运行时间（小时/年）/企业正常生产时间（小时/年）
					化学需氧量	克/吨-原料	397	物理处理法+生物处理法	95	
								物理处理法+生物处理法+物理化学处理法（或物理处理法、化学处理法）	99.79	
					氨氮	克/吨-原料	338	物理处理法+生物处理法	99.79	
								物理处理法+生物处理法+物理化学处理法（或物理处理法、化学处理法）	99.99	
					总氮	克/吨-原料	557	物理处理法+生物处理法	70	
								物理处理法+生物处理法+物理化学处理法（或物理处理法、化学处理法）	70	
					石油类	克/吨-原料	4.95	物理处理法+生物处理法	97	
								物理处理法+生物处理法+物理化学处理法（或物理处理法、化学处理法）	99.9	
					挥发酚	克/吨-原料	0.209	物理处理法+生物处理法	99.76	
								物理处理法+生物处理法+物理化学处理法（或物理处理法、化学处理法）	99.99	
					氰化物	克/吨-原料	8.66×10^{-3}	物理处理法+生物处理法	79	
								物理处理法+生物处理法+物理化学处理法（或物理处理法、化学处理法）	88	

2511 原油加工及石油制品制造行业系数表（续表 22）

工段名称	产品名称	原料名称	工艺名称	规模等级	污染物指标	系数单位	产污系数	末端治理技术	末端治理技术平均去除效率/%	参考 k 值计算公式
异构化	高辛烷值汽油添加组分	正构烷烃	异构化	所有规模	工业废水量	吨/吨-产品	0.0996	—	0	k=污水治理设施运行时间（小时/年）/企业正常生产时间（小时/年）
					化学需氧量	克/吨-产品	9.33	物理处理法+生物处理法	83	
								物理处理法+生物处理法+物理化学处理法（或物理处理法、化学处理法）	88	
					氨氮	克/吨-产品	0.330	物理处理法+生物处理法	75	
								物理处理法+生物处理法+物理化学处理法（或物理处理法、化学处理法）	75	
					总氮	克/吨-产品	0.706	物理处理法+生物处理法	63	
								物理处理法+生物处理法+物理化学处理法（或物理处理法、化学处理法）	71	
					石油类	克/吨-产品	1.13	物理处理法+生物处理法	93	
								物理处理法+生物处理法+物理化学处理法（或物理处理法、化学处理法）	98	
					挥发酚	克/吨-产品	2.41×10^{-3}	物理处理法+生物处理法	97	
								物理处理法+生物处理法+物理化学处理法（或物理处理法、化学处理法）	98	
					氰化物	克/吨-产品	2.23×10^{-3}	物理处理法+生物处理法	79	
								物理处理法+生物处理法+物理化学处理法（或物理处理法、化学处理法）	88	

2511 原油加工及石油制品制造行业系数表（续表 23）

工段名称	产品名称	原料名称	工艺名称	规模等级	污染物指标	系数单位	产污系数	末端治理技术	末端治理技术平均去除效率/%	参考 k 值计算公式
溶剂脱沥青	轻、重脱沥青油，脱油沥青	减压蒸馏渣油	溶剂脱沥青	所有规模	工业废水量	吨/吨-原料	0.0374	—	0	k=污水治理设施运行时间（小时/年）/企业正常生产时间（小时/年）
					化学需氧量	克/吨-原料	380	物理处理法+生物处理法	83	
								物理处理法+生物处理法+物理化学处理法（或物理处理法、化学处理法）	88	
					氨氮	克/吨-原料	0.122	物理处理法+生物处理法	75	
								物理处理法+生物处理法+物理化学处理法（或物理处理法、化学处理法）	75	
					总氮	克/吨-原料	0.924	物理处理法+生物处理法	63	
								物理处理法+生物处理法+物理化学处理法（或物理处理法、化学处理法）	71	
					石油类	克/吨-原料	51.1	物理处理法+生物处理法	93	
								物理处理法+生物处理法+物理化学处理法（或物理处理法、化学处理法）	98	
					挥发酚	克/吨-原料	0.858	物理处理法+生物处理法	97	
								物理处理法+生物处理法+物理化学处理法（或物理处理法、化学处理法）	98	
					氰化物	克/吨-原料	2.24×10^{-4}	物理处理法+生物处理法	79	
								物理处理法+生物处理法+物理化学处理法（或物理处理法、化学处理法）	88	

2511 原油加工及石油制品制造行业系数表（续表 24）

工段名称	产品名称	原料名称	工艺名称	规模等级	污染物指标	系数单位	产污系数	末端治理技术	末端治理技术平均去除效率/%	参考 k 值计算公式
双脱/汽油氧化脱硫醇装置	脱硫干气、液化气/精制汽油	粗汽油、炼厂气、液化气	双脱/汽油氧化脱硫醇	所有规模	工业废水量	吨/吨-原料	0.0668	—	0	k=污水治理设施运行时间（小时/年）/企业正常生产时间（小时/年）
					化学需氧量	克/吨-原料	61.2	物理处理法+生物处理法	83	
								物理处理法+生物处理法+物理化学处理法（或物理处理法、化学处理法）	88	
					氨氮	克/吨-原料	3.50	物理处理法+生物处理法	75	
								物理处理法+生物处理法+物理化学处理法（或物理处理法、化学处理法）	75	
					总氮	克/吨-原料	8.42	物理处理法+生物处理法	63	
								物理处理法+生物处理法+物理化学处理法（或物理处理法、化学处理法）	71	
					石油类	克/吨-原料	39.9	物理处理法+生物处理法	93	
								物理处理法+生物处理法+物理化学处理法（或物理处理法、化学处理法）	98	
					挥发酚	克/吨-原料	1.33	物理处理法+生物处理法	97	
								物理处理法+生物处理法+物理化学处理法（或物理处理法、化学处理法）	98	
					氰化物	克/吨-原料	3.65×10^{-4}	物理处理法+生物处理法	79	
								物理处理法+生物处理法+物理化学处理法（或物理处理法、化学处理法）	88	

2511 原油加工及石油制品制造行业系数表（续表 25）

工段名称	产品名称	原料名称	工艺名称	规模等级	污染物指标	系数单位	产污系数	末端治理技术	末端治理技术平均去除效率/%	参考 k 值计算公式
气体分馏装置	石油气	脱硫和脱硫醇液化石油气	蒸馏（精馏）	所有规模	工业废水量	吨/吨-原料	0.0668	—	0	k=污水治理设施运行时间（小时/年）/企业正常生产时间（小时/年）
					化学需氧量	克/吨-原料	61.2	物理处理法+生物处理法	83	
								物理处理法+生物处理法+物理化学处理法（或物理处理法、化学处理法）	88	
					氨氮	克/吨-原料	3.50	物理处理法+生物处理法	75	
								物理处理法+生物处理法+物理化学处理法（或物理处理法、化学处理法）	75	
					总氮	克/吨-原料	8.42	物理处理法+生物处理法	63	
								物理处理法+生物处理法+物理化学处理法（或物理处理法、化学处理法）	71	
					石油类	克/吨-原料	39.9	物理处理法+生物处理法	93	
								物理处理法+生物处理法+物理化学处理法（或物理处理法、化学处理法）	98	
					挥发酚	克/吨-原料	1.33	物理处理法+生物处理法	97	
								物理处理法+生物处理法+物理化学处理法（或物理处理法、化学处理法）	98	
					氰化物	克/吨-原料	3.65×10^{-4}	物理处理法+生物处理法	79	
								物理处理法+生物处理法+物理化学处理法（或物理处理法、化学处理法）	88	

2511 原油加工及石油制品制造行业系数表（续表 26）

工段名称	产品名称	原料名称	工艺名称	规模等级	污染物指标	系数单位	产污系数	末端治理技术	末端治理技术平均去除效率/%	参考 k 值计算公式
溶剂脱蜡装置	脱蜡油	减压馏分油	溶剂脱蜡	所有规模	工业废水量	吨/吨-原料	0.132	—	0	k=污水治理设施运行时间（小时/年）/企业正常生产时间（小时/年）
					化学需氧量	克/吨-原料	27.5	物理处理法+生物处理法	83	
								物理处理法+生物处理法+物理化学处理法（或物理处理法、化学处理法）	88	
					氨氮	克/吨-原料	0.180	物理处理法+生物处理法	75	
								物理处理法+生物处理法+物理化学处理法（或物理处理法、化学处理法）	75	
					总氮	克/吨-原料	0.506	物理处理法+生物处理法	63	
								物理处理法+生物处理法+物理化学处理法（或物理处理法、化学处理法）	71	
					石油类	克/吨-原料	0.552	物理处理法+生物处理法	93	
								物理处理法+生物处理法+物理化学处理法（或物理处理法、化学处理法）	98	
					挥发酚	克/吨-原料	0.324	物理处理法+生物处理法	97	
								物理处理法+生物处理法+物理化学处理法（或物理处理法、化学处理法）	98	
					氰化物	克/吨-原料	1.87×10^{-3}	物理处理法+生物处理法	79	
								物理处理法+生物处理法+物理化学处理法（或物理处理法、化学处理法）	88	

2511 原油加工及石油制品制造行业系数表（续表 27）

工段名称	产品名称	原料名称	工艺名称	规模等级	污染物指标	系数单位	产污系数	末端治理技术	末端治理技术平均去除效率/%	参考 k 值计算公式
轻油/干气制氢或混合制氢装置	高纯氢气	炼厂干气、天然气、石脑油	制氢	所有规模	工业废水量	吨/吨-产品	14.4	—	0	k=污水治理设施运行时间（小时/年）/企业正常生产时间（小时/年）
					化学需氧量	克/吨-产品	42.8	物理处理法+生物处理法	83	
								物理处理法+生物处理法+物理化学处理法（或物理处理法、化学处理法）	88	
					氨氮	克/吨-产品	25.1	物理处理法+生物处理法	75	
								物理处理法+生物处理法+物理化学处理法（或物理处理法、化学处理法）	75	
					总氮	克/吨-产品	203	物理处理法+生物处理法	63	
								物理处理法+生物处理法+物理化学处理法（或物理处理法、化学处理法）	71	
					石油类	克/吨-产品	224	物理处理法+生物处理法	93	
								物理处理法+生物处理法+物理化学处理法（或物理处理法、化学处理法）	98	
					挥发酚	克/吨-产品	300	物理处理法+生物处理法	97	
								物理处理法+生物处理法+物理化学处理法（或物理处理法、化学处理法）	98	
					氰化物	克/吨-产品	1.29	物理处理法+生物处理法	79	
								物理处理法+生物处理法+物理化学处理法（或物理处理法、化学处理法）	88	

2511 原油加工及石油制品制造行业系数表（续表 28）

工段名称	产品名称	原料名称	工艺名称	规模等级	污染物指标	系数单位	产污系数	末端治理技术	末端治理技术平均去除效率/%	参考 k 值计算公式
糠醛精制装置	润滑油基础油	减压馏分油	糠醛精制	所有规模	工业废水量	吨/吨-原料	0.155	—	0	k=污水治理设施运行时间（小时/年）/企业正常生产时间（小时/年）
					化学需氧量	克/吨-原料	27.1	物理处理法+生物处理法	83	
								物理处理法+生物处理法+物理化学处理法（或物理处理法、化学处理法）	88	
					氨氮	克/吨-原料	0.305	物理处理法+生物处理法	75	
								物理处理法+生物处理法+物理化学处理法（或物理处理法、化学处理法）	75	
					总氮	克/吨-原料	29.2	物理处理法+生物处理法	63	
								物理处理法+生物处理法+物理化学处理法（或物理处理法、化学处理法）	71	
					石油类	克/吨-原料	0.837	物理处理法+生物处理法	93	
								物理处理法+生物处理法+物理化学处理法（或物理处理法、化学处理法）	98	
					挥发酚	克/吨-原料	0.214	物理处理法+生物处理法	97	
								物理处理法+生物处理法+物理化学处理法（或物理处理法、化学处理法）	98	
					氰化物	克/吨-原料	1.11×10^{-3}	物理处理法+生物处理法	79	
								物理处理法+生物处理法+物理化学处理法（或物理处理法、化学处理法）	88	

2511 原油加工及石油制品制造行业系数表（续表 29）

工段名称	产品名称	原料名称	工艺名称	规模等级	污染物指标	系数单位	产污系数	末端治理技术	末端治理技术平均去除效率/%	参考 k 值计算公式
氢氟酸法烷基化装置	汽油调和组分	C2～C5	烷基化	所有规模	工业废水量	吨/吨-产品	0.153	—	0	k=污水治理设施运行时间（小时/年）/企业正常生产时间（小时/年）
					化学需氧量	克/吨-产品	28.5	物理处理法+生物处理法	83	
								物理处理法+生物处理法+物理化学处理法（或物理处理法、化学处理法）	88	
					氨氮	克/吨-产品	0.507	物理处理法+生物处理法	75	
								物理处理法+生物处理法+物理化学处理法（或物理处理法、化学处理法）	75	
					总氮	克/吨-产品	1.33	物理处理法+生物处理法	63	
								物理处理法+生物处理法+物理化学处理法（或物理处理法、化学处理法）	71	
					石油类	克/吨-产品	0.0715	物理处理法+生物处理法	93	
								物理处理法+生物处理法+物理化学处理法（或物理处理法、化学处理法）	98	
					挥发酚	克/吨-产品	7.21×10^{-3}	物理处理法+生物处理法	97	
								物理处理法+生物处理法+物理化学处理法（或物理处理法、化学处理法）	98	
					氰化物	克/吨-产品	未检出	物理处理法+生物处理法	79	
								物理处理法+生物处理法+物理化学处理法（或物理处理法、化学处理法）	88	

2511 原油加工及石油制品制造行业系数表（续表 30）

工段名称	产品名称	原料名称	工艺名称	规模等级	污染物指标	系数单位	产污系数	末端治理技术	末端治理技术平均去除效率/%	参考 k 值计算公式
硫酸法烷基化装置	汽油调和组分	C2～C5	烷基化	所有规模	工业废水量	吨/吨-产品	0.317	—	0	k=污水治理设施运行时间（小时/年）/企业正常生产时间（小时/年）
					化学需氧量	克/吨-产品	2.47×10^{3}	物理处理法+生物处理法	83	
								物理处理法+生物处理法+物理化学处理法（或物理处理法、化学处理法）	88	
					氨氮	克/吨-产品	0.378	物理处理法+生物处理法	75	
								物理处理法+生物处理法+物理化学处理法（或物理处理法、化学处理法）	75	
					总氮	克/吨-产品	6.77	物理处理法+生物处理法	63	
								物理处理法+生物处理法+物理化学处理法（或物理处理法、化学处理法）	71	
					石油类	克/吨-产品	5.46	物理处理法+生物处理法	93	
								物理处理法+生物处理法+物理化学处理法（或物理处理法、化学处理法）	98	
					挥发酚	克/吨-产品	1.13	物理处理法+生物处理法	97	
								物理处理法+生物处理法+物理化学处理法（或物理处理法、化学处理法）	98	
					氰化物	克/吨-产品	0.00124	物理处理法+生物处理法	79	
								物理处理法+生物处理法+物理化学处理法（或物理处理法、化学处理法）	88	

2511 原油加工及石油制品制造行业系数表（续表 31）

工段名称	产品名称	原料名称	工艺名称	规模等级	污染物指标	系数单位	产污系数	末端治理技术	末端治理技术平均去除效率/%	参考 k 值计算公式
固体酸法烷基化装置	汽油调和组分	C2～C5	烷基化	所有规模	工业废水量	吨/吨-产品	0.0668	—	0	k=污水治理设施运行时间（小时/年）/企业正常生产时间（小时/年）
					化学需氧量	克/吨-产品	61.2	物理处理法+生物处理法	83	
								物理处理法+生物处理法+物理化学处理法（或物理处理法、化学处理法）	88	
					氨氮	克/吨-产品	3.50	物理处理法+生物处理法	75	
								物理处理法+生物处理法+物理化学处理法（或物理处理法、化学处理法）	75	
					总氮	克/吨-产品	8.42	物理处理法+生物处理法	63	
								物理处理法+生物处理法+物理化学处理法（或物理处理法、化学处理法）	71	
					石油类	克/吨-产品	39.9	物理处理法+生物处理法	93	
								物理处理法+生物处理法+物理化学处理法（或物理处理法、化学处理法）	98	
					挥发酚	克/吨-产品	1.33	物理处理法+生物处理法	97	
								物理处理法+生物处理法+物理化学处理法（或物理处理法、化学处理法）	98	
					氰化物	克/吨-产品	3.65×10^{-4}	物理处理法+生物处理法	79	
								物理处理法+生物处理法+物理化学处理法（或物理处理法、化学处理法）	88	

2511 原油加工及石油制品制造行业系数表（续表 32）

工段名称	产品名称	原料名称	工艺名称	规模等级	污染物指标	系数单位	产污系数	末端治理技术	末端治理技术平均去除效率/%	参考 k 值计算公式
MTBE 装置	甲基/叔丁基醚	碳四	蒸馏/分子重排	所有规模	工业废水量	吨/吨-产品	0.0259	—	0	k=污水治理设施运行时间（小时/年）/企业正常生产时间（小时/年）
					化学需氧量	克/吨-产品	15.9	物理处理法+生物处理法	83	
								物理处理法+生物处理法+物理化学处理法（或物理处理法、化学处理法）	88	
					氨氮	克/吨-产品	0.0230	物理处理法+生物处理法	75	
								物理处理法+生物处理法+物理化学处理法（或物理处理法、化学处理法）	75	
					总氮	克/吨-产品	3.21	物理处理法+生物处理法	63	
								物理处理法+生物处理法+物理化学处理法（或物理处理法、化学处理法）	71	
					石油类	克/吨-产品	73.6	物理处理法+生物处理法	93	
								物理处理法+生物处理法+物理化学处理法（或物理处理法、化学处理法）	98	
					挥发酚	克/吨-产品	0.0330	物理处理法+生物处理法	97	
								物理处理法+生物处理法+物理化学处理法（或物理处理法、化学处理法）	98	
					氰化物	克/吨-产品	8.40×10^{-4}	物理处理法+生物处理法	79	
								物理处理法+生物处理法+物理化学处理法（或物理处理法、化学处理法）	88	

2511 原油加工及石油制品制造行业系数表（续表 33）

工段名称	产品名称	原料名称	工艺名称	规模等级	污染物指标	系数单位	产污系数	末端治理技术	末端治理技术平均去除效率/%	参考 k 值计算公式
酸性气回收装置	硫黄、硫酸	炼厂酸性气	酸性气回收	≤5 万吨/年	工业废水量	吨/吨-产品	0.333	—	15	k=污水治理设施运行时间（小时/年）/企业正常生产时间（小时/年）
					化学需氧量	克/吨-产品	$1.08×10^3$	物理处理法+生物处理法	95	
								物理处理法+生物处理法+物理化学处理法（或物理处理法、化学处理法）	99.79	
					氨氮	克/吨-产品	189	物理处理法+生物处理法	99.79	
								物理处理法+生物处理法+物理化学处理法（或物理处理法、化学处理法）	99.99	
					总氮	克/吨-产品	276	物理处理法+生物处理法	70	
								物理处理法+生物处理法+物理化学处理法（或物理处理法、化学处理法）	70	
					石油类	克/吨-产品	521	物理处理法+生物处理法	97	
								物理处理法+生物处理法+物理化学处理法（或物理处理法、化学处理法）	99.9	
					挥发酚	克/吨-产品	0.706	物理处理法+生物处理法	99.76	
								物理处理法+生物处理法+物理化学处理法（或物理处理法、化学处理法）	99.99	
					氰化物	克/吨-产品	未检出	物理处理法+生物处理法	79	
								物理处理法+生物处理法+物理化学处理法（或物理处理法、化学处理法）	88	

2511 原油加工及石油制品制造行业系数表（续表 34）

工段名称	产品名称	原料名称	工艺名称	规模等级	污染物指标	系数单位	产污系数	末端治理技术	末端治理技术平均去除效率/%	参考 k 值计算公式
酸性气回收装置	硫黄、硫酸	炼厂酸性气	酸性气回收	≤5 万吨/年	砷	克/吨-产品	0.01065	物理处理法+生物处理法	57	k=污水治理设施运行时间（小时/年）/企业正常生产时间（小时/年）
								物理处理法+生物处理法+物理化学处理法（或物理处理法、化学处理法）	81	
				＞5 万吨/年	工业废水量	吨/吨-产品	0.832	—	15	
					化学需氧量	克/吨-产品	746	物理处理法+生物处理法	95	
								物理处理法+生物处理法+物理化学处理法（或物理处理法、化学处理法）	99.79	
					氨氮	克/吨-产品	197	物理处理法+生物处理法	99.79	
								物理处理法+生物处理法+物理化学处理法（或物理处理法、化学处理法）	99.99	
					总氮	克/吨-产品	332	物理处理法+生物处理法	70	
								物理处理法+生物处理法+物理化学处理法（或物理处理法、化学处理法）	70	
					石油类	克/吨-产品	16.8	物理处理法+生物处理法	97	
								物理处理法+生物处理法+物理化学处理法（或物理处理法、化学处理法）	99.9	
					挥发酚	克/吨-产品	10.8	物理处理法+生物处理法	99.76	
								物理处理法+生物处理法+物理化学处理法（或物理处理法、化学处理法）	99.99	

2511 原油加工及石油制品制造行业系数表（续表 35）

工段名称	产品名称	原料名称	工艺名称	规模等级	污染物指标	系数单位	产污系数	末端治理技术	末端治理技术平均去除效率/%	参考 k 值计算公式
酸性气回收装置	硫黄、硫酸	炼厂酸性气	酸性气回收	＞5 万吨/年	氰化物	克/吨-产品	0.0346	物理处理法+生物处理法	79	k=污水治理设施运行时间（小时/年）/企业正常生产时间（小时/年）
								物理处理法+生物处理法+物理化学处理法（或物理处理法、化学处理法）	88	
					砷	克/吨-产品	0.0145	物理处理法+生物处理法	57	
								物理处理法+生物处理法+物理化学处理法（或物理处理法、化学处理法）	81	
氧化沥青装置	氧化沥青	半沥青料	氧化沥青	所有规模	工业废水量	吨/吨-产品	0.100	—	0	
					化学需氧量	克/吨-产品	100	物理处理法+生物处理法	83	
								物理处理法+生物处理法+物理化学处理法（或物理处理法、化学处理法）	88	
					氨氮	克/吨-产品	5.00	物理处理法+生物处理法	75	
								物理处理法+生物处理法+物理化学处理法（或物理处理法、化学处理法）	75	
					总氮	克/吨-产品	3.33	物理处理法+生物处理法	63	
								物理处理法+生物处理法+物理化学处理法（或物理处理法、化学处理法）	71	
					石油类	克/吨-产品	60.0	物理处理法+生物处理法	93	
								物理处理法+生物处理法+物理化学处理法（或物理处理法、化学处理法）	98	

2511 原油加工及石油制品制造行业系数表（续表 36）

工段名称	产品名称	原料名称	工艺名称	规模等级	污染物指标	系数单位	产污系数	末端治理技术	末端治理技术平均去除效率/%	参考 k 值计算公式
氧化沥青装置	氧化沥青	半沥青料	氧化沥青	所有规模	挥发酚	克/吨-产品	1.33	物理处理法+生物处理法	97	k=污水治理设施运行时间（小时/年）/企业正常生产时间（小时/年）
								物理处理法+生物处理法+物理化学处理法（或物理处理法、化学处理法）	98	
					氰化物	克/吨-产品	3.65×10^{-4}	物理处理法+生物处理法	79	
								物理处理法+生物处理法+物理化学处理法（或物理处理法、化学处理法）	88	
润滑油白土补充精制	精制润滑油	糠醛精制润滑油	润滑油白土补充精制	所有规模	工业废水量	吨/吨-原料	7.70×10^{-3}	—	0	
					化学需氧量	克/吨-原料	10.1	物理处理法+生物处理法	83	
								物理处理法+生物处理法+物理化学处理法（或物理处理法、化学处理法）	88	
					氨氮	克/吨-原料	0.0721	物理处理法+生物处理法	75	
								物理处理法+生物处理法+物理化学处理法（或物理处理法、化学处理法）	75	
					总氮	克/吨-原料	0.0257	物理处理法+生物处理法	63	
								物理处理法+生物处理法+物理化学处理法（或物理处理法、化学处理法）	71	
					石油类	克/吨-原料	0.151	物理处理法+生物处理法	93	
								物理处理法+生物处理法+物理化学处理法（或物理处理法、化学处理法）	98	

2511 原油加工及石油制品制造行业系数表（续表 37）

工段名称	产品名称	原料名称	工艺名称	规模等级	污染物指标	系数单位	产污系数	末端治理技术	末端治理技术平均去除效率/%	参考 k 值计算公式
润滑油白土补充精制	精制润滑油	糠醛精制润滑油	润滑油白土补充精制	所有规模	挥发酚	克/吨-原料	4.00×10^{-3}	物理处理法+生物处理法	97	k=污水治理设施运行时间（小时/年）/企业正常生产时间（小时/年）
								物理处理法+生物处理法+物理化学处理法（或物理处理法、化学处理法）	98	
					氰化物	克/吨-原料	5.80×10^{-5}	物理处理法+生物处理法	79	
								物理处理法+生物处理法+物理化学处理法（或物理处理法、化学处理法）	88	
催化汽油吸附脱硫装置	精制汽油	催化裂化汽油	吸附	所有规模	工业废水量	吨/吨-原料	2.20×10^{-3}	—	0	
					化学需氧量	克/吨-原料	0.377	物理处理法+生物处理法	83	
								物理处理法+生物处理法+物理化学处理法（或物理处理法、化学处理法）	88	
					氨氮	克/吨-原料	4.26×10^{-3}	物理处理法+生物处理法	75	
								物理处理法+生物处理法+物理化学处理法（或物理处理法、化学处理法）	75	
					总氮	克/吨-原料	0.896	物理处理法+生物处理法	63	
								物理处理法+生物处理法+物理化学处理法（或物理处理法、化学处理法）	71	
					石油类	克/吨-原料	0.0194	物理处理法+生物处理法	93	
								物理处理法+生物处理法+物理化学处理法（或物理处理法、化学处理法）	98	

2511 原油加工及石油制品制造行业系数表（续表 38）

工段名称	产品名称	原料名称	工艺名称	规模等级	污染物指标	系数单位	产污系数	末端治理技术	末端治理技术平均去除效率/%	参考 k 值计算公式
催化汽油吸附脱硫装置	精制汽油	催化裂化汽油	吸附	所有规模	挥发酚	克/吨-原料	0.0378	物理处理法+生物处理法	97	k=污水治理设施运行时间（小时/年）/企业正常生产时间（小时/年）
								物理处理法+生物处理法+物理化学处理法（或物理处理法、化学处理法）	98	
					氰化物	克/吨-原料	6.67×10^{-5}	物理处理法+生物处理法	79	
								物理处理法+生物处理法+物理化学处理法（或物理处理法、化学处理法）	88	
汽油醚化装置	精制汽油	催化裂化汽油	汽油醚化	所有规模	工业废水量	吨/吨-原料	4.60×10^{-3}	—	0	
					化学需氧量	克/吨-原料	5.08	物理处理法+生物处理法	83	
								物理处理法+生物处理法+物理化学处理法（或物理处理法、化学处理法）	88	
					氨氮	克/吨-原料	0.0245	物理处理法+生物处理法	75	
								物理处理法+生物处理法+物理化学处理法（或物理处理法、化学处理法）	75	
					总氮	克/吨-原料	0.0561	物理处理法+生物处理法	63	
								物理处理法+生物处理法+物理化学处理法（或物理处理法、化学处理法）	71	
					石油类	克/吨-原料	0.00564	物理处理法+生物处理法	93	
								物理处理法+生物处理法+物理化学处理法（或物理处理法、化学处理法）	98	

2511 原油加工及石油制品制造行业系数表（续表 39）

工段名称	产品名称	原料名称	工艺名称	规模等级	污染物指标	系数单位	产污系数	末端治理技术	末端治理技术平均去除效率/%	参考 k 值计算公式
汽油醚化装置	精制汽油	催化裂化汽油	汽油醚化	所有规模	挥发酚	克/吨-原料	3.60×10^{-3}	物理处理法+生物处理法	97	k=污水治理设施运行时间（小时/年）/企业正常生产时间（小时/年）
								物理处理法+生物处理法+物理化学处理法（或物理处理法、化学处理法）	98	
					氰化物	克/吨-原料	3.41×10^{-5}	物理处理法+生物处理法	79	
								物理处理法+生物处理法+物理化学处理法（或物理处理法、化学处理法）	88	
轻烃回收装置	轻烃	瓦斯气及初顶汽油	吸收	所有规模	工业废水量	吨/吨-原料	0.0668	—	0	k=污水治理设施运行时间（小时/年）/企业正常生产时间（小时/年）
					化学需氧量	克/吨-原料	61.2	物理处理法+生物处理法	83	
								物理处理法+生物处理法+物理化学处理法（或物理处理法、化学处理法）	88	
					氨氮	克/吨-原料	3.50	物理处理法+生物处理法	75	
								物理处理法+生物处理法+物理化学处理法（或物理处理法、化学处理法）	75	
					总氮	克/吨-原料	8.42	物理处理法+生物处理法	63	
								物理处理法+生物处理法+物理化学处理法（或物理处理法、化学处理法）	71	
					石油类	克/吨-原料	39.9	物理处理法+生物处理法	93	
								物理处理法+生物处理法+物理化学处理法（或物理处理法、化学处理法）	98	

2511 原油加工及石油制品制造行业系数表（续表 40）

工段名称	产品名称	原料名称	工艺名称	规模等级	污染物指标	系数单位	产污系数	末端治理技术	末端治理技术平均去除效率/%	参考 *k* 值计算公式
轻烃回收装置	轻烃	瓦斯气及初顶汽油	吸收	所有规模	挥发酚	克/吨-原料	1.33	物理处理法+生物处理法	97	*k*=污水治理设施运行时间（小时/年）/企业正常生产时间（小时/年）
								物理处理法+生物处理法+物理化学处理法（或物理处理法、化学处理法）	98	
					氰化物	克/吨-原料	3.65×10^{-4}	物理处理法+生物处理法	79	
								物理处理法+生物处理法+物理化学处理法（或物理处理法、化学处理法）	88	
渣油加氢	加氢脱硫重油	减压渣油	加氢精制	所有规模	工业废水量	吨/吨-原料	0.0444	—	15	
					化学需氧量	克/吨-原料	1.95×10^{3}	物理处理法+生物处理法	95	
								物理处理法+生物处理法+物理化学处理法（或物理处理法、化学处理法）	99.79	
					氨氮	克/吨-原料	144	物理处理法+生物处理法	99.79	
								物理处理法+生物处理法+物理化学处理法（或物理处理法、化学处理法）	99.99	
					总氮	克/吨-原料	430	物理处理法+生物处理法	70	
								物理处理法+生物处理法+物理化学处理法（或物理处理法、化学处理法）	70	

2511 原油加工及石油制品制造行业系数表（续表 41）

工段名称	产品名称	原料名称	工艺名称	规模等级	污染物指标	系数单位	产污系数	末端治理技术	末端治理技术平均去除效率/%	参考 k 值计算公式
渣油加氢	加氢脱硫重油	减压渣油	加氢精制	所有规模	石油类	克/吨-原料	5.19	物理处理法+生物处理法	97	k=污水治理设施运行时间（小时/年）/企业正常生产时间（小时/年）
								物理处理法+生物处理法+物理化学处理法（或物理处理法、化学处理法）	99.9	
					挥发酚	克/吨-原料	0.626	物理处理法+生物处理法	99.76	
								物理处理法+生物处理法+物理化学处理法（或物理处理法、化学处理法）	99.99	
					氰化物	克/吨-原料	5.57×10^{-3}	物理处理法+生物处理法	79	
								物理处理法+生物处理法+物理化学处理法（或物理处理法、化学处理法）	88	
循环水系统	循环冷水	循环水量	循环冷却水	所有规模	工业废水量	吨/米^3-循环水量	0.0017	—	0	
					化学需氧量	克/米^3-循环水量	0.89	物理处理法+生物处理法	83	
								物理处理法+生物处理法+物理化学处理法（或物理处理法、化学处理法）	88	
					氨氮	克/米^3-循环水量	0.02	物理处理法+生物处理法	75	
								物理处理法+生物处理法+物理化学处理法（或物理处理法、化学处理法）	75	

2511 原油加工及石油制品制造行业系数表（续表 42）

工段名称	产品名称	原料名称	工艺名称	规模等级	污染物指标	系数单位	产污系数	末端治理技术	末端治理技术平均去除效率/%	参考 k 值计算公式
循环水系统	循环冷水	循环水量	循环冷却水	所有规模	总氮	克/米^3-循环水量	0.25	物理处理法+生物处理法	63	k=污水治理设施运行时间（小时/年）/企业正常生产时间（小时/年）
								物理处理法+生物处理法+物理化学处理法（或物理处理法、化学处理法）	71	
					石油类	克/米^3-循环水量	0.014	物理处理法+生物处理法	93	
								物理处理法+生物处理法+物理化学处理法（或物理处理法、化学处理法）	98	
					挥发酚	克/米^3-循环水量	0.02	物理处理法+生物处理法	97	
								物理处理法+生物处理法+物理化学处理法（或物理处理法、化学处理法）	98	
					氰化物	克/米^3-循环水量	未检出	物理处理法+生物处理法	79	
								物理处理法+生物处理法+物理化学处理法（或物理处理法、化学处理法）	88	
					总磷	克/米^3-循环水量	0.011	物理处理法+生物处理法	73	
								物理处理法+生物处理法+物理化学处理法（或物理处理法、化学处理法）	77	

2519 其他原油制造业

1 适用范围

本手册仅用于《国民经济行业分类》（GB/T 4754—2017）中 2519 其他原油制造行业使用系数法核算工业污染物产生量和排放量的工业企业。

利用本手册进行产排污核算得出的污染物产生量与排放量仅代表了特定行业、工艺、产品、原料在正常工况下污染物产生与排放的一般规律。

本行业废水指标包括化学需氧量、氨氮、石油类、氰化物、挥发酚、工业废水量；废气指标包括颗粒物、二氧化硫、氮氧化物、氨、挥发性有机物、工业废气量及一般固废。

2 注意事项

2.1 企业有多种生产工艺或生产多类产品产排污量核算

污染物产生量与产品产量（原料用量）有关，根据不同核算环节计算产污量后，再根据企业末端治理设和运行情况计算各污染物的排放量。

企业某污染物指标的产生量、排放量为各核算环节产生量、排放量之和。

在企业实际排放量计算过程中，如果存在废水回用的情况，需要在利用产排污核算公式的基础上扣除废水回用的部分。公式如下：

实际排放量=计算排放量×（1–废水回用率）

2.2 采用多种治理设施组合处理企业的排污量核算

在排污量计算选择末端治理技术时，若没有对应的组合治理技术，以主要治理技术为准。

2.3 其他需要说明的问题

由于不同企业工业废气量、废水量差异较大，本手册所提供的工业废气量、废水量系数仅供参考。

为体现相同产污水平条件下，采用相同环保治理设施的不同企业对同一污染物去除效果的差异，引入末端治理设施实际运行率（k）对污染治理技术的实际去除率进行修正。k 值反映的是污染治理设施运行的状态，越稳定运行，k 值越高；在取值上，若定义连续稳定运行的理想状态为 1，则 k 取值在 0～1 之间。

本手册给出本行业的 k 计算公式仅供参考，使用时，可根据 k 值定义，选取更适合企业实际情况的表达方式。

3 污染物排放量核算方法

针对企业实际生产情况，本行业在系数制定过程中将企业全生产流程划分或拆分为若干工段（核算环节），在核算企业污染物产排量时，可灵活选择本企业对应的工段进行核算。

3.1 计算工段污染物产生量

（1）根据产品、原料、污染物产生的主导生产工艺、企业规模（生产产能）这一组合查找和确定所对应的某一污染物的产污系数。

（2）根据该污染物的产污系数计量单位——单位产品产量或单位原料用量，获取企业实际产品产量或原料用量。

例如，某组合内化学需氧量的产污系数单位为千克/吨-产品，则计算产生量时需要获取企业实际产品产量；如果产污系数单位为千克/吨-原料，则计算产生量时需要获取企业原料实际消耗量。

（3）污染物产生量按以下公式进行计算：

污染物产生量=污染物对应的产污系数×产品产量（原料用量）

$$G_{产i} = P_{产i} \times M_i$$

式中，$G_{产i}$——工段 i 某污染物的产生量；

$P_{产i}$——工段 i 某污染物对应的产污系数；

M_i——工段 i 的产品产量（原料用量）。

3.2 计算工段污染物去除量

（1）根据企业对某一污染物所采用的治理技术查找和选择相应的治理技术平均去除效率。

（2）根据所填报的污染治理设施实际运行率参数及其计算公式得出该企业某一污染物的治理设施实际运行率（k 值）。

（3）污染物去除量按以下公式进行计算：

污染物去除量=污染物产生量×污染物去除率

=污染物产生量×治理技术平均去除效率×治理设施实际运行率

$$R_{减i} = G_{产i} \times \eta_T \times k_T$$

式中，$R_{减i}$——工段 i 某污染物的去除量；

η_T——工段 i 某污染物采用的末端治理技术的平均去除效率；

k_T——工段 i 某污染物采用的末端治理设施的实际运行率。

3.3 计算工段污染物排放量

污染物排放量=污染物产生量–污染物去除量

=污染物对应的产污系数×产品产量（原料用量）–污染物产生量×治理技术平均去除效率×治理设施实际运行率

3.4 计算企业污染物排放量

同一企业某污染物全年的产生（排放）总量为该企业同年实际生产的全部工段、产品、原料、规模污染物产生（排放）量之和。

$$\begin{aligned} E_{排} &= G_{产} - R_{减} = \sum (G_{产i} - R_{减i}) \\ &= \sum \left[P_{产i} \times M_i (1 - \eta_T \times k_T) \right] \end{aligned}$$

4 污染物排放量核算案例

4.1 页岩油行业

某页岩油企业主要从事页岩油的生产。该企业涉及的主要产排污工段为原料制备工段和干馏工段。其中原料制备工段主要污染物为颗粒物，干馏工段主要污染物为颗粒物、二氧化硫、氮氧化物、挥发性有机物、氨、工业废气量、化学需氧量、氨氮、石油类、氰化物、挥发酚、工业废水量。

以颗粒物为例说明产排污量计算过程。

该企业基本信息如表 1 所示。

表 1 某页岩油企业基本信息

	工段 1：原料制备		工段 2：干馏工段	
	名称	数量	名称	数量
产品及产量	油页岩块	85 万吨	页岩油	3 万吨
原料及用量	油页岩	100 万吨	油页岩块	85 万吨
工艺名称	破碎	—	抚顺炉干馏技术工艺+末端治理措施为燃烧烟气治理	—
规模（产能）	85 万吨		3 万吨	
污染治理设施	袋式除尘		双碱法+低氮燃烧法	
实际运行率参数	废气治理设施运行时间	16000 小时	废气治理设施运行时间	14800 小时
	企业正常生产时间	16704 小时	企业正常生产时间	14784 小时

4.1.1 工段 1 的排放量计算

（1）颗粒物产生量计算

①查找产污系数及其计量单位

根据企业基本信息，查找本手册中主要产品为油页岩块，主要原料为油页岩，主要工艺为破碎，生产规模为所有规模。该组合颗粒物的产污系数为 2.42，单位为千克/吨-原料。

②获取企业原料用量

该企业实际情况为：该工段主要原料油页岩 2017 年用量为 100 万吨。

③计算颗粒物产生量

由于查询到的组合中颗粒物产污系数的单位为千克/吨-原料，因此在核算产生量时需获取原料用量。

颗粒物产生量=颗粒物产污系数×原料（油页岩）用量

=2.42 千克/吨-原料×100 万吨-原料

=2.42 千克/吨-原料×1000000 吨-原料

=2420000 千克=（2420000÷1000）吨=2420 吨

（2）颗粒物去除量计算

①查找治理技术平均去除效率

该企业颗粒物治理技术采用袋式除尘，查询相应组合内袋式除尘的平均去除效率为 99%。

②计算污染治理设施实际运行率

根据产污系数组合查询结果，该组合中颗粒物对应的污染治理设施实际运行率为

k=废气治理设施运行时间/企业正常生产时间=16000 小时/16704 小时=0.957

③计算颗粒物去除量

颗粒物去除量=2420 吨×99%×0.957=2292.78 吨

（3）颗粒物排放量计算

颗粒物排放量=2420 吨−2292.78 吨=127.22 吨

4.1.2 工段 2 的排放量计算

（1）颗粒物产生量计算

①查找产污系数及其计量单位

根据企业基本信息，查找本手册中主要产品为页岩油，主要原料为油页岩块，主要工艺为抚顺炉干馏技术工艺，末端治理措施为燃烧烟气治理，生产规模为所有规模。该组合颗粒物的产污系数为 0.0400，单位为千克/吨-原料。

②获取企业原料用量

该企业实际情况为：该工段主要原料油页岩块 2017 年用量为 85 万吨。

③计算颗粒物产生量

由于查询到的组合中颗粒物产污系数的单位为千克/吨-原料，因此在核算产生量时需获取原料用量。

颗粒物产生量=颗粒物产污系数×原料（油页岩）用量

=85 万吨-原料×0.0400 千克/吨-原料

=85 0000 吨-原料×0.0400 千克/吨-原料

=34000 千克

=（34000÷1000）吨=34 吨

（2）颗粒物去除量计算

①查找治理技术平均去除效率

该企业该工段废气治理技术采用“石灰/石膏法+低氮燃烧法”，查询相应组合内该工艺的平均去除效率为 76%。

②计算污染治理设施实际运行率

根据产污系数组合查询结果，该组合中颗粒物对应的污染治理设施实际运行率为

k=废气治理设施运行时间/企业正常生产时间=14800 小时/14784 小时=1.001=1（大于 1 取值 1）

③计算颗粒物去除量

颗粒物去除量=34 吨×76%×1=25.84 吨

（3）颗粒物排放量计算

颗粒物排放量=34 吨–25.84 吨=8.16 吨

4.1.3 颗粒物总排放量计算

颗粒物总排放量=核算环节 1 排放量+核算环节 2 排放量

=127.22 吨+8.16 吨=135.38 吨

4.2 煤焦油加氢行业

某煤焦油加氢企业主要从事石脑油组分、柴油组分生产活动。该企业煤焦油加氢生产过程主要污染物为化学需氧量、氨氮、氰化物、石油类、挥发酚、二氧化硫、氮氧化物、颗粒物、氨、挥发性有机物。以化学需氧量为例说明产排量计算过程。

该企业基本信息如表 2 所示。

表 2 某煤焦油加氢企业基本信息

	工段：煤焦油加氢生产过程	
	名称	数量
产品产量	柴油组分	31.72 万吨
	石脑油组分	5.79 万吨
原料加工量	煤焦油、氢气	51.6 万吨
工艺名称	延迟焦化-固定床加氢	
规模（产能）	50 万吨/年	
污染治理设施	其他（生化处理）	
废水回用情况	废水经生化处理达标后 50%湿法熄焦	
实际运行率参数	污水治理设施运行时间	8000 小时
	企业正常生产时间	8000 小时

4.2.1 工段 1 的排放量计算

（1）化学需氧量产生量计算

①查找产污系数及其计量单位

根据企业基本信息，查找本手册中主要产品为石脑油组分、柴油组分、焦炭，主要原料为煤焦油、氢气，生产工艺为延迟焦化-固定床加氢，生产规模为 50 万吨/年，属于石脑油组分、柴油组分、针状焦、焦炭-煤焦油、氢气-延迟焦化-固定床加氢-所有规模组合。该组合化学需氧量的产污系数为 637，单位为克/吨-原料。

②获取企业原料用量

该企业实际情况为：主要原料煤焦油 2017 年用量为 51.6 万吨。

③计算化学需氧量产生量

由于查询到的组合中化学需氧量产污系数的单位为克/吨-原料，因此在核算产生量时需获取原料加工量。

化学需氧量产生量=化学需氧量产污系数×原料用量

=637 克/吨-原料×516000 吨-原料

=328692000 克

=（328692000÷1000000）吨=328.69 吨

（2）化学需氧量去除量计算

①查找治理技术平均去除效率

该企业化学需氧量治理技术采用其他（生化处理），查询相应组合内其他（生化处理）的平均去除效率为 94%。

②计算污染治理设施实际运行率

根据产污系数组合查询结果，该组合中其他（生化处理）对应的污染治理设施实际运行率为

k=污水治理设施运行时间/企业正常生产时间=8000 小时/8000 小时=1

③计算化学需氧量去除量

化学需氧量去除量=328.69×94%×1=308.97 吨

（3）化学需氧量排放量计算

①未考虑废水回用

化学需氧量排放量=328.69 吨−308.97 吨=19.72 吨

②考虑废水回用，回用率为 50%

化学需氧量排放量=19.72×（1−50%）=9.86 吨

5 系数表

2519 其他原油制造行业系数表

工段名称	产品名称	原料名称	工艺名称	规模等级	污染物类别	污染物指标	系数单位	产污系数	末端治理技术	末端治理技术平均去除效率/%	参考 k 值计算公式[1]
原料制备	油页岩块	油页岩	破碎	所有规模	废气	工业废气量	标米^3/吨-原料	313	—	—	—
						颗粒物	千克/吨-原料	2.42	袋式除尘	99	k=废气治理设施运行时间（小时/年）/企业正常生产时间（小时/年）
干馏工段	页岩原油	油页岩块	抚顺炉干馏技术工艺+末端治理措施为：燃烧烟气治理	所有规模	废水	工业废水量	千克/吨-原料	31.20	—	—	—
						化学需氧量	千克/吨-原料	0.15	上浮分离+沉淀分离+生化处理	—	—
						氨氮	千克/吨-原料	0.12			
						石油类	千克/吨-原料	0.85×10^{-3}			
						氰化物	千克/吨-原料	0.12×10^{-3}			
						挥发酚	千克/吨-原料	5.19×10^{-3}			
					废气	工业废气量	标米^3/吨-原料	479	—	—	—
						颗粒物	千克/吨-原料	0.04	双碱法+低氮燃烧法	95	k=废气治理设施运行时间（小时/年）/企业正常生产时间（小时/年）
									石灰/石膏法+低氮燃烧法	76	
						二氧化硫	千克/吨-原料	0.54	双碱法+低氮燃烧法	97	
									石灰/石膏法+低氮燃烧法	98	
						氮氧化物	千克/吨-原料	0.08	双碱法+低氮燃烧法	71	
									石灰/石膏法+低氮燃烧法	71	

[1] 该公式仅供参考，使用时，可根据 k 值定义，选取更适合企业实际情况的表达方式。

2519 其他原油制造行业系数表（续表 1）

工段名称	产品名称	原料名称	工艺名称	规模等级	污染物类别	污染物指标	系数单位	产污系数	末端治理技术	末端治理技术平均去除效率/%	参考 *k* 值计算公式
干馏工段	页岩原油	油页岩块	抚顺炉干馏技术工艺+末端治理措施为：燃烧烟气治理	所有规模	废气	挥发性有机物	千克/吨-原料	34.10×10^{-3}	其他（水盆封闭+散排放气体收集进加热炉燃烧+双层放料板）	89	—
									其他（散排放气体收集进加热炉燃烧）	0.33	
									其他（双层放料板）	93	
									其他（水盆封闭+双层放料板）	88	
						氨	千克/吨-原料	2.05×10^{-3}	其他（水盆封闭+散排放气体收集进加热炉燃烧+双层放料板）	93	—
									其他（散排放气体收集进加热炉燃烧）	4.0	
									其他（双层放料板）	99	
									其他（水盆封闭+双层放料板）	89	
				—	固废	一般固废	千克/吨-原料	850.62	渣场堆存、回填、制砖	—	—
						危险废物	千克/吨-产品	0.043	回炉	—	—
				所有规模	废水	工业废水量	千克/吨-原料	31.20	—	—	—
						化学需氧量	千克/吨-原料	0.15	上浮分离+沉淀分离+生化处理	—	—
						氨氮	千克/吨-原料	0.12			
						石油类	千克/吨-原料	0.85×10^{-3}			
						氰化物	千克/吨-原料	0.12×10^{-3}			
						挥发酚	千克/吨-原料	5.19×10^{-3}			

2519 其他原油制造行业系数表（续表 2）

工段名称	产品名称	原料名称	工艺名称	规模等级	污染物类别	污染物指标	系数单位	产污系数	末端治理技术	末端治理技术平均去除效率/%	参考 k 值计算公式
干馏工段	页岩原油	油页岩块	抚顺炉干馏技术工艺+末端治理措施为：干馏气治理	所有规模	废气	工业废气量	标米^3/吨-原料	479	—	—	—
						颗粒物	千克/吨-原料	8.99×10^{-3}	其他（直接排放）	0	—
						二氧化硫	千克/吨-原料	29.40×10^{-3}	其他（直接排放）	0	—
						氮氧化物	千克/吨-原料	10.40×10^{-3}	其他（直接排放）	0	—
						挥发性有机物	千克/吨-原料	34.10×10^{-3}	其他（水盆封闭+散排放气体收集进加热炉燃烧+双层放料板）	89	—
									其他（水盆封闭+双层放料板）	88	—
						氨	千克/吨-原料	2.05×10^{-3}	其他（水盆封闭+散排放气体收集进加热炉燃烧+双层放料板）	93	—
									其他（水盆封闭+双层放料板）	89	—
		油页岩	抚顺炉干馏技术工艺+末端治理措施为：干馏气治理	—	固废	一般固废	千克/吨-原料	850.62	渣场堆存、回填、制砖	—	—
						危险废物	千克/吨-产品	0.043	回炉	—	—
		油页岩块	SJ 方炉技术工艺	所有规模	废水	工业废水量	千克/吨-原料	31.20	—	—	—
						化学需氧量	千克/吨-原料	50.50×10^{-3}	上浮分离+沉淀分离+生化处理	—	—
						氨氮	千克/吨-原料	18.20×10^{-3}	—	—	—
						石油类	千克/吨-原料	0.79×10^{-3}	—	—	—
						氰化物	千克/吨-原料	0.11×10^{-3}	—	—	—
						挥发酚	千克/吨-原料	0.82×10^{-3}	—	—	—

2519 其他原油制造行业系数表（续表 3）

工段名称	产品名称	原料名称	工艺名称	规模等级	污染物类别	污染物指标	系数单位	产污系数	末端治理技术	末端治理技术平均去除效率/%	参考 k 值计算公式
干馏工段	页岩原油	油页岩块	SJ 方炉技术工艺	所有规模	废气	工业废气量	标米 ^{3}/吨-原料	126	—	—	—
						颗粒物	千克/吨-原料	1.49×10^{-3}	—	—	—
						挥发性有机物	千克/吨-原料	34.10×10^{-3}	光解	79	k=废气治理设施运行时间（小时/年）/企业正常生产时间（小时/年）
						氨	千克/吨-原料	0.33×10^{-3}	—	—	—
			SJ 方炉技术工艺	—	固废	一般固废	千克/吨-原料	850.62	渣场堆存、回填、制砖	—	—
						危险废物	千克/吨-产品	0.043	回炉	—	—
			全循环干馏炉技术工艺	所有规模	废水	工业废水量	千克/吨-原料	31.20	—	—	—
						化学需氧量	千克/吨-原料	0.11	上浮分离+生化处理+催化氧化	—	—
						氨氮	千克/吨-原料	0.19			
						石油类	千克/吨-原料	0.22×10^{-3}			
						氰化物	千克/吨-原料	0.12×10^{-6}			
						挥发酚	千克/吨-原料	5.19×10^{-3}			
					废气	工业废气量	标米 ^{3}/吨-原料	158	—	—	—
						颗粒物	千克/吨-原料	1.46	其他（直接排放）	0	—
						二氧化硫	千克/吨-原料	0.04	其他（直接排放）		
						氮氧化物	千克/吨-原料	0.02	其他（直接排放）		
						挥发性有机物	千克/吨-原料	34.10×10^{-3}	活性炭吸附	70	k=废气治理设施运行时间（小时/年）/企业正常生产时间（小时/年）
						氨	千克/吨-原料	2.05×10^{-3}	活性炭吸附	70	
		油页岩	全循环干馏炉技术工艺	—	固废	一般固废	千克/吨-原料	850.62	渣场堆存、回填、制砖	—	—
						危险废物	千克/吨-产品	0.043	回炉	—	—

2519 其他原油制造行业系数表（续表 4）

工段名称	产品名称	原料名称	工艺名称	规模等级	污染物类别	污染物指标	系数单位	产污系数	末端治理技术	末端治理技术平均去除效率/%	参考 k 值计算公式
干馏工段	页岩原油	油页岩	ATP 技术工艺	所有规模	废水	工业废水量	千克/吨-原料	31.20	上浮分离+生化处理+催化氧化	—	—
						化学需氧量	千克/吨-原料	0.15		—	—
						氨氮	千克/吨-原料	0.12		—	
						石油类	千克/吨-原料	0.85×10^{-3}		—	
						氰化物	千克/吨-原料	0.12×10^{-6}		—	
						挥发酚	千克/吨-原料	5.19×10^{-3}		—	
					废气	工业废气量	标米^3/吨-原料	532	—	—	—
						颗粒物	千克/吨-原料	0.14	单筒旋风+袋式除尘+石灰/石膏法	85	k=废气治理设施运行时间（小时/年）/企业正常生产时间（小时/年）
						二氧化硫	千克/吨-原料	0.11		84	
						氮氧化物	千克/吨-原料	0.028		77	
						挥发性有机物	千克/吨-原料	2.00×10^{-3}	—	0	—
				—	固废	一般固废	千克/吨-原料	850.62	渣场堆存、回填、制砖	—	—
						危险废物	千克/吨-产品	0.043	回炉	—	—
—	石脑油组分、燃料油、柴油组分、沥青、汽油组分、焦炭	煤焦油、氢气	预分馏-固定床加氢工艺	所有规模	废水	工业废水量	吨/吨-原料	1.55	—	—	—
						化学需氧量	克/吨-原料	2523	其他（生化处理）	94	k=污水治理设施运行时间（小时/年）/企业正常生产时间（小时/年）
						氰化物	克/吨-原料	0.67	其他（生化处理）	78	
						挥发酚	克/吨-原料	31.90	其他（生化处理）	99	
						氨氮	克/吨-原料	130	其他（生化处理）	96	
						石油类	克/吨-原料	81.10	其他（生化处理）	77	
					废气	工业废气量	标米^3/吨-原料	1402	—	—	—
						颗粒物	克/吨-原料	18.10	其他（直接排放）	0	—
						氮氧化物	克/吨-原料	138	其他（直接排放）	0	—
						二氧化硫	克/吨-原料	61.90	其他（直接排放）	0	—
						氨	克/吨-原料	55.80	其他（废水处理站：加盖收集+生物法+吸附）	2.4	k=废气治理设施运行时间（小时/年）/企业正常生产时间（小时/年）
									其他（直接排放）	0	—
						挥发性有机物	克/吨-原料	26.20	其他（直接排放）	0	—
									其他（废水处理站：加盖收集+生物法+吸附）	95	k=废气治理设施运行时间（小时/年）/企业正常生产时间（小时/年）

2519 其他原油制造行业系数表（续表 5）

工段名称	产品名称	原料名称	工艺名称	规模等级	污染物类别	污染物指标	系数单位	产污系数	末端治理技术	末端治理技术平均去除效率/%	参考 k 值计算公式
—	石脑油组分、燃料油、柴油组分、沥青、汽油组分、焦炭	煤焦油、氢气	预分馏-固定床加氢工艺	所有规模	固废	一般工业固废	克/吨-焦油加工量	1069.8	—	100	—
						危险废物	克/吨-焦油加工量	458.54	交由有资质单位处理	100	—
	石脑油组分、柴油组分、针状焦、焦炭	煤焦油、氢气	延迟焦化-固定床加氢工艺	所有规模	废水	工业废水量	吨/吨-原料	0.37	—	—	—
						化学需氧量	克/吨-原料	637	其他（生化处理）	94	k=污水治理设施运行时间（小时/年）/企业正常生产时间（小时/年）
						氰化物	克/吨-原料	0.0028	其他（生化处理）	3	
						挥发酚	克/吨-原料	7.38	其他（生化处理）	99	
						氨氮	克/吨-原料	15.90	其他（生化处理）	78	
						石油类	克/吨-原料	0.88	其他（生化处理）	79	
					废气	工业废气量	标米^3/吨-原料	1154	—	—	—
						颗粒物	克/吨-原料	13.80	其他（直接排放）	0	—
						氮氧化物	克/吨-原料	105	其他（直接排放）	0	—
						二氧化硫	克/吨-原料	22	其他（直接排放）	0	—
						氨	克/吨-原料	59.80	其他（废水处理站：加盖收集+生物法+吸附）	2.4	k=废气治理设施运行时间（小时/年）/企业正常生产时间（小时/年）
									其他（直接排放）	0	—
						挥发性有机物	克/吨-原料	93.40	其他（直接排放）	0	—
									其他（废水处理站：加盖收集+生物法+吸附）	8	k=废气治理设施运行时间（小时/年）/企业正常生产时间（小时/年）
					固废	一般工业固废	克/吨-焦油加工量	4210	园区垃圾填埋场	100	—
						危险废物	克/吨-焦油加工量	1677.37	交由有资质单位处置	100	—

2519 其他原油制造行业系数表（续表 6）

工段名称	产品名称	原料名称	工艺名称	规模等级	污染物类别	污染物指标	系数单位	产污系数	末端治理技术	末端治理技术平均去除效率/%	参考 k 值计算公式
—	石脑油组分、燃料油、柴油组分、沥青、汽油组分、焦炭	煤焦油、氢气	全馏分固定床加氢工艺	所有规模	废水	工业废水量	吨/吨-原料	3.57	—	—	—
						化学需氧量	克/吨-原料	2910	其他（生化处理）	93	k=污水治理设施运行时间（小时/年）/企业正常生产时间（小时/年）
						氰化物	克/吨-原料	0.087	其他（生化处理）	0	
						挥发酚	克/吨-原料	1188	其他（生化处理）	99	
						氨氮	克/吨-原料	223	其他（生化处理）	97	
						石油类	克/吨-原料	3.98	其他（生化处理）	99	
					废气	工业废气量	标米^3/吨-原料	1217	—	—	—
						颗粒物	克/吨-原料	11.30	其他（直接排放）	0	—
						氮氧化物	克/吨-原料	42.60	其他（直接排放）	0	—
						二氧化硫	克/吨-原料	18.30	其他（直接排放）	0	—
						氨	克/吨-原料	55.80	其他（废水处理站：生化过滤+活性炭吸附）	2.4	k=废气治理设施运行时间（小时/年）/企业正常生产时间（小时/年）
									其他（直接排放）	0	—
						挥发性有机物	克/吨-原料	14	其他（废水处理站：生化过滤+活性炭吸附）	97	k=废气治理设施运行时间（小时/年）/企业正常生产时间（小时/年）
					固废	一般工业固废	克/吨-焦油加工量	31820	园区垃圾填埋场	—	—
						危险废物	克/吨-焦油加工量	4120	交由有资质单位处理	—	—
	石脑油组分、柴油组分、沥青	煤焦油、氢气	悬浮床加氢裂化工艺	所有规模	废水	工业废水量	吨/吨-原料	0.44	—	—	—
						化学需氧量	克/吨-原料	6389	其他（生化处理）	99	k=污水治理设施运行时间（小时/年）/企业正常生产时间（小时/年）
						挥发酚	克/吨-原料	1623	其他（生化处理）	99	
						氨氮	克/吨-原料	567	其他（生化处理）	98	
						石油类	克/吨-原料	42	其他（生化处理）	98	

2519 其他原油制造行业系数表（续表 7）

工段名称	产品名称	原料名称	工艺名称	规模等级	污染物类别	污染物指标	系数单位	产污系数	末端治理技术	末端治理技术平均去除效率/%	参考 k 值计算公式
—	石脑油组分、柴油组分、沥青	煤焦油、氢气	悬浮床加氢裂化工艺	所有规模	废气	工业废气量	标米^3/吨-原料	746	—	—	—
						颗粒物	克/吨-原料	12.80	其他（直接排放）	0	—
						氮氧化物	克/吨-原料	62.30	其他（直接排放）	0	—
						二氧化硫	克/吨-原料	26.70	其他（直接排放）	0	—
						氨	克/吨-原料	60.10	其他（直接排放）	0	—
									其他（废水处理站：加盖收集+生物法+吸附）	2	k=废气治理设施运行时间（小时/年）/企业正常生产时间（小时/年）
									其他（废水处理站：加盖收集+UV 光催化氧化）	1	
						挥发性有机物	克/吨-原料	36.70	其他（直接排放）	0	—
									其他（废水处理站：加盖收集+UV 光催化氧化）	71	k=废气治理设施运行时间（小时/年）/企业正常生产时间（小时/年）
					固废	一般工业固废	克/吨-焦油加工量	696.2	焚烧处理	100	—
						危险废物	克/吨-焦油加工量	68.35	交由有资质单位处置	100	—

252 煤炭加工业

1 适用范围

本手册仅用于《国民经济行业分类》（GB/T 4754—2017）中 2521 炼焦行业、2522 煤制合成气生产行业、2523 煤制液体燃料生产行业、2524 煤制品制造行业和 2529 其他煤炭加工行业使用系数法核算工业污染物产生量和排放量的工业企业。

利用本手册进行产排污核算得出的污染物产生量与排放量仅代表了特定行业、工艺、产品、原料在正常工况下污染物产生与排放的一般规律。

本行业废水指标包括工业废水量、化学需氧量、氨氮、石油类、挥发酚、氰化物、总磷、总氮；废气指标包括工业废气量、颗粒物、二氧化硫、氮氧化物、氨、挥发性有机物。

2 注意事项

2.1 企业有多种生产工艺或生产多类产品产排污量核算

炼焦的工业废水量、化学需氧量、氨氮、石油类、挥发酚、氰化物、总磷、总氮、工业废气量、颗粒物、二氧化硫、氮氧化物、氨、挥发性有机物，煤制液体燃料的工业废水量、化学需氧量、氨氮、石油类、挥发酚、氰化物、总磷、总氮、工业废气量、颗粒物、二氧化硫、氮氧化物，煤制品制造的工业废气量、颗粒物、二氧化硫、氮氧化物、工业废水量、化学需氧量，其他煤炭加工的工业废气量、颗粒物、二氧化硫、氮氧化物、工业废水量、化学需氧量：污染物产生量与产品产量有关，根据不同核算环节计算产污量后，再根据企业末端治理设施和运行情况计算各污染物的排放量。

煤制合成气生产的工业废气量、颗粒物、二氧化硫、氮氧化物、挥发性有机物、工业废水量、化学需氧量、氨氮、石油类、挥发酚、氰化物，煤制液体燃料生产的工业废气量、挥发性有机物：污染物产生量与原料用量有关，根据不同核算环节计算产污量后，再根据企业末端治理设施和运行情况计算各污染物的排放量。

企业某污染物指标的产生量、排放量为各核算环节产生量、排放量之和。

在企业实际排放量计算过程中，如果存在废水回用的情况，需要在利用产排污核算公式的基础上扣除废水回用的部分。公式如下：

$$实际排放量=计算排放量\times（1-废水回用率）$$

2.2 采用多种治理设施组合处理企业的排污量核算

在排污量计算选择末端治理技术时，若没有对应的组合治理技术，以主要治理技术为准。

2.3 其他需要说明的问题

（1）当同一企业有多座炼焦炉时，可以直接使用系数手册中对应的主要炉型的产污系数和企业产品总产量直接计算企业总体产污量，也可以用各炼焦炉的产品产量乘以产污系数分别计算各炼焦炉的产污量，然后加和计算企业总体产污量。

（2）企业在计算排放量时，应先利用产污系数、产品产量、末端治理技术运行效率和实际运行率参数计算出污染物去除量，然后通过污染物产生量和污染物去除量计算出企业的总排放量。

（3）炼焦行业的顶装工艺和捣固工艺采用干法熄焦工艺的产污系数，在干法熄焦地面站工段单独给出；企业采用湿法熄焦时，湿法熄焦的产污系数在精煤破碎、湿熄焦、筛分、转运、煤气净化等工段给出；炼焦企业在核算熄焦产污量时，可以根据实际熄焦的焦炭处理情况，分别对应选择使用干法熄焦地面站工段的产污系数进行核算；使用筛分、转运、煤气净化等工段的产污系数进行核算后，再加和汇总。

（4）炼焦行业的煤焦油加工作为单独的工段列出，对于没有煤焦油加工的炼焦企业，此部分不进行核算。

（5）煤炭加工生产企业的污水处理场没有废水外排时，其末端治理措施去除效率按照100%核算。

（6）对于直排的工艺组合，其末端治理技术去除效率按照0核算污染因子排放量。

（7）末端治理技术运行效率只考虑技术的治理效率，暂未考虑污染物的捕集效率。

（8）煤制天然气工艺的产物系数参照煤制合成气生产碎煤加压工段进行核算。

（9）炼焦企业煤气延伸加工生产甲醇、甲烷（或 LNG）、合成氨等，按煤气化后的产品生产排放工序的产污、排污系数计算。苯加氢精制等深加工工序，按照石化精馏产品工序的产污排污系数核算。

由于不同企业工业废气量、废水量差异较大，本手册所提供的工业废气量、废水量系数仅供参考。

为体现相同产污水平条件下，采用相同环保治理设施的不同企业对同一污染物去除效果的差异，引入末端治理设施实际运行率（k）对污染治理技术的实际去除率进行修正。k 值反映的是污染治理设施运行的状态，越稳定运行，k 值越高；在取值上，若定义连续稳定运行的理想状态为 1，则 k 取值在 0～1 之间。

本手册给出本行业的 k 计算公式仅供参考，使用时，可根据 k 值定义，选取更适合企业实际情况的表达方式。

3 污染物排放量核算方法

针对企业实际生产情况，本行业在系数制定过程中将企业全生产流程划分或拆分为若干工段（核算环节），在核算企业污染物产排量时，可灵活选择本企业对应的工段进行核算。

3.1 计算工段污染物产生量

（1）根据产品、原料、污染物产生的主导生产工艺、企业规模（生产产能）这一组合查找和确定所对应的某一污染物的产污系数。

（2）根据该污染物的产污系数计量单位——单位产品产量或单位原料用量，获取获取企业实际产品产量或原料用量。

例如，某组合内化学需氧量的产污系数单位为千克/吨-产品，则计算产生量时需要获取企业实际产品产量；如果产污系数单位为千克/吨-原料，则计算产生量时需要获取企业原料实际消耗量。

（3）污染物产生量按以下公式进行计算：

污染物产生量=污染物对应的产污系数×产品产量（原料用量）

$$G_{产i}=P_{产i}\times M_i$$

式中，$G_{产i}$——工段 i 某污染物的产生量；

$P_{产i}$——工段 i 某污染物对应的产污系数；

M_i——工段 i 的产品产量（原料用量）。

3.2 计算工段污染物去除量

（1）根据企业对某一污染物所采用的治理技术查找和选择相应的治理技术平均去除效率。

（2）根据所填报的污染治理设施实际运行率参数及其计算公式得出该企业某一污染物的治理设施实际运行率（k 值）。

（3）污染物去除量按以下公式进行计算：

污染物去除量=污染物产生量×污染物去除率

=污染物产生量×治理技术平均去除效率×治理设施实际运行率

$$R_{减i}=G_{产i}\times\eta_T\times k_T$$

式中，$R_{减i}$——工段 i 某污染物的去除量；

η_T——工段 i 某污染物采用的末端治理技术的平均去除效率；

k_T——工段 i 某污染物采用的末端治理设施的实际运行率。

3.3 计算工段污染物排放量

污染物排放量=污染物产生量–污染物去除量

=污染物对应的产污系数×产品产量（原料用量）–污染物产生量×治理技术平均去除效率×治理设施实际运行率

3.4 计算企业污染物排放量

同一企业某污染物全年的产生（排放）总量为该企业同年实际生产的全部工艺（工段）、产品、原料、规模污染物产生（排放）量之和。

$$\begin{aligned}E_{排}&=G_{产}-R_{减}=\sum(G_{产i}-R_{减i})\\&=\sum[P_{产i}\times M_i(1-\eta_T\times k_T)]\end{aligned}$$

4 污染物排放量核算案例

选择炼焦行业某企业进行产排污量实证分析，2017 年该企业的原料为炼焦煤，工艺为捣固工艺。产品为焦炭，产品产量为 2596000 吨。该炼焦企业焦炉工段涉及的废气污染物主要为颗粒物、二氧化硫、氮氧化物和挥发性有机物。

本核算示例以废气中颗粒物为例，说明该企业焦炉工段颗粒物排放量的计算方法。

4.1 颗粒物产生量计算

（1）查找产污系数及其计量单位

主要产品为焦炭，主要原料为炼焦煤，主要工艺为捣固，工段为焦炉，生产规模：炭化室 4.3～5.5 米，以高炉煤气为燃料。该组合颗粒物的产污系数为 0.0286，单位为千克/吨-产品。

（2）获取企业产品产量与原料用量

实际填报情况：该企业主要产品焦炭 2017 年产量为 2596000 吨。

（3）计算颗粒物产生量

由于查询到的组合中颗粒物产污系数的单位为千克/吨-产品，因此在核算产生量时采用产品产量。

颗粒物产生量=颗粒物产污系数×产品（焦炭）产量

=0.0286 千克/吨-产品×2596000 吨-产品

=74245.6 千克

=74.2456 吨

4.2 颗粒物去除量计算

（1）查找治理技术平均去除效率

该焦炉工段采用的治理技术为袋式除尘，由系数表查找相应的治理技术平均去除效率为 99%。

（2）计算污染治理设施实际运行率

根据产污系数组合查询结果，该组合中颗粒物对应的污染治理设施实际运行参数分别为：除尘设备耗电量、除尘设备额定功率、除尘设备运行时间。结合计算公式得出治理设施实际运行率（*k* 值）为

k=除尘设备年耗电量（千瓦·时）/［除尘设备额定功率（千瓦）×除尘设备年运行时间（小时）］

获取企业实际填报情况如下：该企业 2017 年除尘设备年耗电量为 160000 千瓦·时，焦炉工段废气治理设施额定功率为 20 千瓦，除尘设备年运行时间为 8000 小时，该企业焦炉工段的废气治理设施实际运行率为

k= 160000 千瓦·时/（20 千瓦×8000 小时）=1

（3）计算颗粒物去除量

颗粒物去除量=74.2456 吨×99%×1=73.5031 吨

4.3 颗粒物排放量计算

颗粒物排放量=74.2456 吨−73.5031 吨=0.7424 吨

5 系数表

2521 炼焦行业系数表

工段名称	产品名称	原料名称	工艺名称	规模等级	污染物类别	污染物指标	系数单位	产污系数	末端治理技术	末端治理技术平均去除效率/%	参考 k 值计算公式[1]
煤气净化	焦炭	炼焦煤	顶装	所有规模	废水	工业废水量	吨/吨-产品	0.48	—	—	—
						化学需氧量	千克/吨-产品	0.73	生化处理+后处理+深度处理	97	k=治理设施运行时间（小时/年）/企业正常生产时间（小时/年）
						氨氮	克/吨-产品	93.5		95	
						石油类	克/吨-产品	93.1		99	
						挥发酚	克/吨-产品	187		99	
						氰化物	克/吨-产品	3.9		95	
						总磷	克/吨-产品	22.5		96	
						总氮	克/吨-产品	168		96	
			捣固	所有规模	废水	工业废水量	吨/吨-产品	0.54	—	—	—
						化学需氧量	千克/吨-产品	1.02	生化处理+后处理+深度处理	97	k=治理设施运行时间（小时/年）/企业正常生产时间（小时/年）
						氨氮	克/吨-产品	116		95	
						石油类	克/吨-产品	117		99	
						挥发酚	克/吨-产品	263		99	
						氰化物	克/吨-产品	5.6		95	
						总磷	克/吨-产品	11.9		96	
						总氮	克/吨-产品	149		96	
	半焦（兰炭）	原料煤（低阶煤）	半焦（兰炭）	所有规模	废水	工业废水量	吨/吨-产品	0.46	—	—	—
						化学需氧量	千克/吨-产品	18.7	预处理+生化处理+后处理+深度处理	99.7	k=治理设施运行时间（小时/年）/企业正常生产时间（小时/年）
						氨氮	克/吨-产品	738		99.8	
						石油类	克/吨-产品	404		99	
						挥发酚	克/吨-产品	1160		99.9	
						氰化物	克/吨-产品	2.06		99	
						总磷	克/吨-产品	6.55		96	
						总氮	克/吨-产品	1466		96	

[1] 该公式仅供参考，使用时，可根据 k 值定义，选取更适合企业实际情况的表达方式。

2521 炼焦行业系数表（续表 1）

工段名称	产品名称	原料名称	工艺名称	规模等级	污染物类别	污染物指标	系数单位	产污系数	末端治理技术	末端治理技术平均去除效率/%	参考 k 值计算公式
焦炉	焦炭	炼焦煤	顶装	炭化室 4.3～6m	废气	工业废气量	标米^3/吨-产品	1420① 1960②	—	—	—
						颗粒物	千克/吨-产品	0.0033① 0.0291②	直排	0	—
									袋式除尘	99	k=除尘设备年耗电量（千瓦·时）/［除尘设备额定功率（千瓦）×除尘设备年运行时间（小时）］
						二氧化硫	千克/吨-产品	0.106① 0.0147②	直排	0	—
									氨法	95	k=工艺废气净化装置年耗电量（千瓦·时）/［工艺废气净化装置额定功率（千瓦）×工艺废气净化装置年运行时间（小时）］
									双碱法	95	
									石灰石/石膏法、石灰/石膏法	90	
									旋转喷雾干燥法	85	
									其他（干法脱硫）	85	
						挥发性有机物	千克/吨-产品	0.058	直排	0	—
						氮氧化物	千克/吨-产品	0.549① 0.305②	直排	0	—
									SCR 法	85	k=工艺废气净化装置年耗电量（千瓦·时）/［工艺废气净化装置额定功率（千瓦）×工艺废气净化装置年运行时间（小时）］
				炭化室≥6m	废气	工业废气量	标米^3/吨-产品	1280① 1830②	—	—	—
						颗粒物	千克/吨-产品	0.0032① 0.0245②	直排	0	—
									袋式除尘	99	k=除尘设备年耗电量（千瓦·时）/［除尘设备额定功率（千瓦）×除尘设备年运行时间（小时）］

2521 炼焦行业系数表（续表 2）

工段名称	产品名称	原料名称	工艺名称	规模等级	污染物类别	污染物指标	系数单位	产污系数	末端治理技术	末端治理技术平均去除效率/%	参考 *k* 值计算公式
焦炉	焦炭	炼焦煤	顶装	炭化室≥6m	废气	二氧化硫	千克/吨-产品	0.092① 0.0139②	直排	0	—
									氨法	95	*k*=工艺废气净化装置耗年电量（千瓦·时）/[工艺废气净化装置额定功率（千瓦）×工艺废气净化装置年运行时间（小时）]
									双碱法	95	
									石灰石/石膏法、石灰/石膏法	90	
									旋转喷雾干燥法	85	
									其他（干法脱硫）	85	
						挥发性有机物	千克/吨-产品	0.0203	直排	0	—
						氮氧化物	千克/吨-产品	0.479① 0.265②	直排	0	—
									SCR 法	85	*k*=工艺废气净化装置年耗电量（千瓦·时）/[工艺废气净化装置额定功率（千瓦）×工艺废气净化装置年运行时间（小时）]
装煤地面站	焦炭	炼焦煤	顶装	所有规模	废气	工业废气量	标米^3/吨-产品	340	—	—	—
						颗粒物	千克/吨-产品	2.54	直排	0	—
									袋式除尘	99	*k*=除尘设备年耗电量（千瓦·时）/[除尘设备额定功率（千瓦）×除尘设备年运行时间（小时）]
						二氧化硫	千克/吨-产品	0.012	直排	0	—
						挥发性有机物	千克/吨-产品	0.0428	直排	0	—
推焦地面站	焦炭	炼焦煤	顶装	所有规模	废气	工业废气量	标米^3/吨-产品	660	—	—	—
						颗粒物	千克/吨-产品	2.66	直排	0	—
									袋式除尘	99	*k*=除尘设备年耗电量（千瓦·时）/[除尘设备额定功率（千瓦）×除尘设备年运行时间（小时）]
						二氧化硫	千克/吨-产品	0.03	直排	0	—

2521 炼焦行业系数表（续表 3）

工段名称	产品名称	原料名称	工艺名称	规模等级	污染物类别	污染物指标	系数单位	产污系数	末端治理技术	末端治理技术平均去除效率/%	参考 k 值计算公式
干法熄焦地面站	焦炭	炼焦煤	顶装	所有规模	废气	工业废气量	标米³/吨-产品	750	—	—	—
						颗粒物	千克/吨-产品	2.72	直排	0	—
									袋式除尘	99	k=除尘设备年耗电量（千瓦·时）/［除尘设备额定功率（千瓦）×除尘设备年运行时间（小时）］
						二氧化硫	千克/吨-产品	0.0831	直排	0	—
精煤、湿熄焦、筛分、转运、煤气净化等					废气	工业废气量	标米³/吨-产品	650③ 980④	—	—	—
						颗粒物	千克/吨-产品	1.97③ 0.759④	直排	0	—
									袋式除尘	99	k=除尘设备年耗电量（千瓦·时）/［除尘设备额定功率（千瓦）×除尘设备年运行时间（小时）］
						二氧化硫	千克/吨-产品	0.00521	直排	0	—
						氮氧化物	千克/吨-产品	0.0176	直排	0	—
						氨	千克/吨-产品	0.00182	其他（硫铵法）	95	k=工艺废气净化装置年耗电量（千瓦·时）/［工艺废气净化装置额定功率（千瓦）×工艺废气净化装置年运行时间（小时）］
				炭化室 4.3～6m		挥发性有机物	千克/吨-产品	0.9189	直排	0	
									化产区废气返回负压煤气管道或燃烧系统	36.7	—
				炭化室≥6m				0.7253	直排	0	—
									化产区废气返回负压煤气管道或燃烧系统	46.5	—

2521 炼焦行业系数表（续表 4）

工段名称	产品名称	原料名称	工艺名称	规模等级	污染物类别	污染物指标	系数单位	产污系数	末端治理技术	末端治理技术平均去除效率/%	参考 k 值计算公式
焦炉	焦炭	炼焦煤	捣固	炭化室 4.3～5.5m	废气	工业废气量	标米³/吨-产品	1500① 2040②	—	—	—
						颗粒物	千克/吨-产品	0.0035① 0.0286②	直排	0	—
									袋式除尘	99	k=除尘设备年耗电量（千瓦·时）/［除尘设备额定功率（千瓦）×除尘设备年运行时间（小时）］
						二氧化硫	千克/吨-产品	0.115① 0.015②	直排	0	—
									氨法	95	k=工艺废气净化装置年耗电量（千瓦·时）/［工艺废气净化装置额定功率（千瓦）×工艺废气净化装置年运行时间（小时）］
									双碱法	95	
									石灰石/石膏法、石灰/石膏法	90	
									旋转喷雾干燥法	85	
									其他（干法脱硫）	85	
						挥发性有机物	千克/吨-产品	0.1411	直排	0	—
						氮氧化物	千克/吨-产品	0.569① 0.316②	直排	0	—
									SCR 法	85	k=工艺废气净化装置年耗电量（千瓦·时）/［工艺废气净化装置额定功率（千瓦）×工艺废气净化装置年运行时间（小时）］
				炭化室≥5.5m	废气	工业废气量	标米³/吨-产品	1440① 1980②	—	—	—
						颗粒物	千克/吨-产品	0.03① 0.059②	直排	0	—
									袋式除尘	99	k=除尘设备年耗电量（千瓦·时）/［除尘设备额定功率（千瓦）×除尘设备年运行时间（小时）］

2521 炼焦行业系数表（续表 5）

工段名称	产品名称	原料名称	工艺名称	规模等级	污染物类别	污染物指标	系数单位	产污系数	末端治理技术	末端治理技术平均去除效率/%	参考 k 值计算公式
焦炉	焦炭	炼焦煤	捣固	炭化室≥5.5m	废气	二氧化硫	千克/吨-产品	0.043① 0.0396②	直排	0	—
									氨法	95	k=工艺废气净化装置年耗电量（千瓦·时）/[工艺废气净化装置额定功率（千瓦）×工艺废气净化装置年运行时间（小时）]
									双碱法	95	
									石灰石/石膏法、石灰/石膏法	90	
									旋转喷雾干燥法	85	
									其他（干法脱硫）	85	
						挥发性有机物	千克/吨-产品	0.0861	直排	0	—
						氮氧化物	千克/吨-产品	0.658① 0.365②	直排	0	—
									SCR 法	85	k=工艺废气净化装置年耗电量（千瓦·时）/[工艺废气净化装置额定功率（千瓦）×工艺废气净化装置年运行时间（小时）]
装煤地面站	焦炭	炼焦煤	捣固	所有规模	废气	工业废气量	标米³/吨-产品	360	—	—	—
						颗粒物	千克/吨-产品	2.83	直排	0	—
									袋式除尘	99	k=除尘设备年耗电量（千瓦·时）/[除尘设备额定功率（千瓦）×除尘设备年运行时间（小时）]
						二氧化硫	千克/吨-产品	0.015	直排	0	—
						挥发性有机物	千克/吨-产品	0.0013	直排	0	—
推焦地面站	焦炭	炼焦煤	捣固	所有规模	废气	工业废气量	标米³/吨-产品	700	—	—	—
						颗粒物	千克/吨-产品	2.95	直排	0	—
									袋式除尘	99	k=除尘设备年耗电量（千瓦·时）/[除尘设备额定功率（千瓦）×除尘设备年运行时间（小时）]
						二氧化硫	千克/吨-产品	0.033	直排	0	—

2521 炼焦行业系数表（续表 6）

工段名称	产品名称	原料名称	工艺名称	规模等级	污染物类别	污染物指标	系数单位	产污系数	末端治理技术	末端治理技术平均去除效率/%	参考 k 值计算公式
干法熄焦地面站				所有规模	废气	工业废气量	标米^3/吨-产品	750	—	—	—
						颗粒物	千克/吨-产品	2.72	直排	0	—
									袋式除尘	99	k=除尘设备年耗电量（千瓦·时）/［除尘设备额定功率（千瓦）×除尘设备年运行时间（小时）］
						二氧化硫	千克/吨-产品	0.0831	直排	0	—
精煤、湿熄焦、筛分、转运、煤气净化等	焦炭	炼焦煤	捣固	所有规模	废气	工业废气量	标米^3/吨-产品	650③ 980④	—	—	—
						颗粒物	千克/吨-产品	0.639③ 0.759④	直排	0	—
									袋式除尘	99	k=除尘设备年耗电量（千瓦·时）/［除尘设备额定功率（千瓦）×除尘设备年运行时间（小时）］
						二氧化硫	千克/吨-产品	0.00499	直排	0	—
						氮氧化物	千克/吨-产品	0.0187	直排	0	—
						氨	千克/吨-产品	0.00177	其他（硫铵法）	95	k=工艺废气净化装置年耗电量（千瓦·时）/［工艺废气净化装置额定功率（千瓦）×工艺废气净化装置年运行时间（小时）］
						挥发性有机物	千克/吨-产品	1.1125	直排	0	—
									化产区废气返回负压煤气管道或燃烧系统	30.3	—

2521 炼焦行业系数表（续表 7）

工段名称	产品名称	原料名称	工艺名称	规模等级	污染物类别	污染物指标	系数单位	产污系数	末端治理技术	末端治理技术平均去除效率/%	参考 k 值计算公式
焦炉	焦炭	炼焦煤	热回收	所有规模	废气	工业废气量	标米^3/吨-产品	4100	—	—	—
						颗粒物	千克/吨-产品	0.35	直排	0	—
									袋式除尘	99	k=除尘设备年耗电量（千瓦·时）/［除尘设备额定功率（千瓦）×除尘设备年运行时间（小时）］
						二氧化硫	千克/吨-产品	3.32	直排	0	—
									氨法	95	k=工艺废气净化装置年耗电量（千瓦·时）/［工艺废气净化装置额定功率（千瓦）×工艺废气净化装置年运行时间（小时）］
									双碱法	95	
									石灰石/石膏法、石灰/石膏法	90	
									旋转喷雾干燥法	85	
									其他（干法脱硫）	85	
						氮氧化物	千克/吨-产品	0.135	直排	0	—
									SCR 法	85	k=工艺废气净化装置年耗电量（千瓦·时）/［工艺废气净化装置额定功率（千瓦）×工艺废气净化装置年运行时间（小时）］
						挥发性有机物	千克/吨-产品	0.00904	直排	0	—
装煤地面站	焦炭	炼焦煤	热回收	所有规模	废气	工业废气量	标米^3/吨-产品	340	—	—	—
						颗粒物	千克/吨-产品	0.078	直排	0	—
									袋式除尘	99	k=除尘设备年耗电量（千瓦·时）/［除尘设备额定功率（千瓦）×除尘设备年运行时间（小时）］
						二氧化硫	千克/吨-产品	0.018	直排	0	—

2521 炼焦行业系数表（续表 8）

工段名称	产品名称	原料名称	工艺名称	规模等级	污染物类别	污染物指标	系数单位	产污系数	末端治理技术	末端治理技术平均去除效率/%	参考 k 值计算公式
推焦地面站	焦炭	炼焦煤	热回收	所有规模	废气	工业废气量	标米 ^{3}/吨-产品	145	—	—	—
						颗粒物	千克/吨-产品	0.031	直排	0	—
									袋式除尘	99	k=除尘设备年耗电量（千瓦·时）/［除尘设备额定功率（千瓦）×除尘设备年运行时间（小时）］
						二氧化硫	千克/吨-产品	0.0048	直排	0	—
精煤、湿熄焦、筛分、转运等	焦炭	炼焦煤	热回收	所有规模	废气	工业废气量	标米 ^{3}/吨-产品	650⑤ 1080⑥	—	—	—
						颗粒物	千克/吨-产品	0.622⑤ 0.098⑥	直排	0	—
									袋式除尘	99	k=除尘设备年耗电量（千瓦·时）/［除尘设备额定功率（千瓦）×除尘设备年运行时间（小时）］
						挥发性有机物	千克/吨-产品	0.0886	直排	0	—
精煤、湿熄焦、筛分、转运等	半焦（兰炭）	原料煤（低阶煤）	半焦（兰炭）	所有规模	废气	工业废气量	标米 ^{3}/吨-产品	1104	—	—	—
						颗粒物	千克/吨-产品	0.518	直排	0	—
						二氧化硫	千克/吨-产品	0.0001	直排	0	—
煤焦油加工	沥青等	煤焦油	全部	所有规模	废水	工业废水量	吨/吨-原料	0.364	—	—	—
						化学需氧量	千克/吨-原料	0.032	生化处理+后处理+深度处理	95	k=治理设施运行时间（小时/年）/企业正常生产时间（小时/年）
						氨氮	克/吨-原料	6.12		92	
						石油类	克/吨-原料	5.82		99	
						挥发酚	克/吨-原料	4.6		99	
						氰化物	克/吨-原料	0.321		95	
					废气	工业废气量	标米 ^{3}/吨-原料	921	直排	0	—
						颗粒物	千克/吨-原料	0.0022	直排	0	—
						二氧化硫	千克/吨-原料	0.041	直排	0	—
						氮氧化物	千克/吨-原料	0.206	直排	0	—

注：① 以焦炉煤气为燃料的产污系数；
② 以高炉煤气为燃料的产污系数；
③ 顶装或捣固工艺筛分、转运、煤气净化等工段（不含湿法熄焦工序）的产污系数；
④ 顶装或捣固工艺筛分、转运、煤气净化等工段的湿法熄焦工序的产污系数；
⑤ 热回收工艺筛分、转运等工段（不含湿法熄焦工序）的产污系数；
⑥ 热回收工艺湿法熄焦工序的产污系数。

2522 煤制合成气生产行业系数表

工段名称	产品名称	原料名称	工艺名称	规模等级	污染物类别	污染物指标	系数单位	产污系数	末端治理技术	末端治理技术平均去除效率/%	参考 k 值计算公式[1]
备煤及储运系统	合成气	原料煤	备煤及储运	所有规模	废气	工业废气量	万标米 ^{3}/吨-原料	0.014	—	—	—
						颗粒物	千克/吨-原料	0.34	袋式除尘	99	k=除尘设备年耗电量(千瓦·时)/[除尘设备额定功率(千瓦)×除尘设备年运行时间(小时)]
									直排	0	—
煤气化单元			碎煤气化	所有规模	废气	工业废气量	万标米 ^{3}/吨-原料	0.38	—	—	—
						颗粒物	千克/吨-原料	0.70①	袋式除尘	99	k=除尘设备年耗电量(千瓦·时)/[除尘设备额定功率(千瓦)×除尘设备年运行时间(小时)]
							千克/吨-原料	0.09②	直排	0	—
					废水	工业废水量⑤	米 ^{3}/吨-原料	1.10	—	—	—
						化学需氧量	千克/吨-原料	16.5	预处理+生化处理+深度处理	99	k=治理设施运行时间(小时/年)/企业正常生产时间(小时/年)
						氨氮	千克/吨-原料	5.68		99	
						石油类	千克/吨-原料	0.84		99	
						挥发酚	千克/吨-原料	3.85		99	
						氰化物	千克/吨-原料	0.044		99	
			粉煤气化	所有规模	废气	工业废气量	万标米 ^{3}/吨-原料	0.046	—	—	—
						颗粒物	千克/吨-原料	2.52①	袋式除尘	99	k=除尘设备年耗电量(千瓦·时)/[除尘设备额定功率(千瓦)×除尘设备年运行时间(小时)]
							千克/吨-原料	0.018②	直排	0	—
					废水	工业废水量	米 ^{3}/吨-原料	0.25	—	—	—
						化学需氧量	千克/吨-原料	0.23	预处理+生化处理+深度处理	90	k=治理设施运行时间(小时/年)/企业正常生产时间(小时/年)
						氨氮	千克/吨-原料	0.025		90	
						石油类	千克/吨-原料	0.00002		85	
						氰化物	千克/吨-原料	0.000022		60	
						挥发酚	千克/吨-原料	0.000005		60	

[1] 该公式仅供参考，使用时，可根据 k 值定义，选取更适合企业实际情况的表达方式。

2522 煤制合成气生产行业系数表（续表 1）

工段名称	产品名称	原料名称	工艺名称	规模等级	污染物类别	污染物指标	系数单位	产污系数	末端治理技术	末端治理技术平均去除效率/%	参考 k 值计算公式
煤气化单元	合成气	原料煤	水煤浆气化	所有规模	废气	工业废气量	万标米 ^{3}/吨-原料	0.017	—	—	—
						颗粒物	千克/吨-原料	0.998①	袋式除尘	99	k=除尘设备年耗电量（千瓦·时）/［除尘设备额定功率（千瓦）×除尘设备年运行时间(小时)］
							千克/吨-原料	0.005②	直排	0	
					废水	工业废水量	米 ^{3}/吨-原料	0.67	—	—	—
						化学需氧量	千克/吨-原料	0.335	预处理+生化处理+深度处理	90	—
						氨氮	千克/吨-原料	0.536		90	
						氰化物	千克/吨-原料	0.000335		60	
低温甲醇洗单元			低温甲醇洗	所有规模	废气	工业废气量	万标米 ^{3}/吨-原料	0.096③ 0.045④	—	—	—
						挥发性有机物	千克/吨-原料	0.088③ 0.059④	直排	0	—
									蓄热式热力燃烧法	95	k=废气焚烧炉年耗电量（千瓦·时）/［废气焚烧炉额定功率（千瓦）×废气焚烧炉年运行时间（小时）］
硫回收单元			克劳斯硫回收	所有规模	废气	工业废气量	万标米 ^{3}/吨-原料	0.021	—	—	—
						二氧化硫	千克/吨-原料	0.78	氨法	97	k=工艺废气净化装置年耗电量（千瓦·时）/［工艺废气净化装置额定功率（千瓦）×工艺废气净化装置年运行时间（小时）］
									其他（还原）	97	
									碱洗	99	
									直排	0	
						氮氧化物	千克/吨-原料	0.012	直排	0	—
			WSA 硫回收	所有规模	废气	工业废气量	万标米 ^{3}/吨-原料	0.021	—	—	—
						二氧化硫	千克/吨-原料	0.1	直排	0	—
						氮氧化物	千克/吨-原料	0.012	直排	0	—

注：① 煤气化工段包括煤粉再破碎研磨和气化灰渣遗散；
② 煤气化工段只考虑气化灰渣遗散；
③ 气化工艺为碎煤气化的产污系数；
④ 气化工艺为粉煤气化和水煤浆气化的产污系数；
⑤ 采用 BGL 气化炉的工艺，工业废水量按 30%核算。

2523 煤制液体燃料生产行业系数表

工段名称	产品名称	原料名称	工艺名称	规模等级	污染物类别	污染物指标	系数单位	产污系数	末端治理技术	末端治理技术平均去除效率/%	参考 *k* 值计算公式[1]
油品合成单元	费托合成柴油、石脑油、液化石油气	合成气	费托合成工艺	所有规模	废气	工业废气量	万标米^3/吨-原料	0.0032	—	—	—
						颗粒物	千克/吨-产品	0.073	直排	0	—
					废水	工业废水量	米^3/吨-产品	0.53	—	—	—
						化学需氧量	千克/吨-产品	0.488	（1）中和法+膜分离；（2）上浮分离+厌氧生物处理法	65	k=治理设施运行时间（小时/年）/企业正常生产时间（小时/年）
						石油类	千克/吨-产品	0.0791		91	
尾气制氢单元				所有规模	废气	工业废气量	万标米^3/吨-原料	0.00245	—	—	—
						颗粒物	千克/吨-产品	0.00245	直排	0	—
						二氧化硫	千克/吨-产品	0.0099	直排	0	—
						氮氧化物	千克/吨-产品	0.00891	直排	0	—
						挥发性有机物	千克/吨-原料	0.042	直排	0	—
油品加工单元				所有规模	废气	工业废气量	万标米^3/吨-原料	0.00395	—	—	—
						颗粒物	千克/吨-产品	0.0039	直排	0	—
						氮氧化物	千克/吨-产品	0.016	直排	0	—
						挥发性有机物	千克/吨-原料	0.042	直排	0	—
					废水	工业废水量	米^3/吨-产品	1.25	—	—	—
						化学需氧量	千克/吨-产品	16	其他（隔油+上浮分离）	80	k=治理设施运行时间（小时/年）/企业正常生产时间（小时/年）
						石油类	千克/吨-产品	0.096		70	
甲醇精馏单元	甲醇	合成气	甲醇合成工艺	所有规模	废水	工业废水量	米^3/吨-产品	0.16	—	—	—
						化学需氧量	千克/吨-产品	0.116	生化处理	98	k=治理设施运行时间（小时/年）/企业正常生产时间（小时/年）
						氨氮	千克/吨-产品	0.00188		90	
亚硝酸甲酯合成单元	乙二醇	合成气	草酸二甲酯加氢制乙二醇	所有规模	废水	工业废水量	米^3/吨-产品	0.37	—	—	—
						化学需氧量	千克/吨-产品	1.5	其他（三级蒸发）	80	k=治理设施运行时间（小时/年）/企业正常生产时间（小时/年）
						氨氮	千克/吨-产品	0.037		20	
						石油类	千克/吨-产品	0.0000034		70	

[1] 该公式仅供参考，使用时，可根据 *k* 值定义，选取更适合企业实际情况的表达方式。

2523 煤制液体燃料生产行业系数表（续表 1）

工段名称	产品名称	原料名称	工艺名称	规模等级	污染物类别	污染物指标	系数单位	产污系数	末端治理技术	末端治理技术平均去除效率/%	参考 k 值计算公式
甲醇制烯烃单元	烯烃	甲醇	甲醇制烯烃工艺	所有规模	废气	工业废气量	万标米^3/吨-原料	0.035	—	—	—
						颗粒物	千克/吨-产品	0.029	其他（喷淋塔+湿式除雾）	99	k=除尘设备年耗电量（千瓦·时）/［除尘设备额定功率（千瓦）×除尘设备年运行时间（小时）］
						氮氧化物	千克/吨-产品	0.00735	低氮燃烧法	40	k=工艺废气净化装置年耗电量（千瓦·时）/［工艺废气净化装置额定功率（千瓦）×工艺废气净化装置年运行时间（小时）］
					废水	工业废水量	米^3/吨-产品	0.55	—	—	—
						化学需氧量	千克/吨-产品	0.45	好氧生物处理法	90	k=治理设施运行时间（小时/年）/企业正常生产时间（小时/年）
烯烃转化单元				所有规模	废气	工业废气量	万标米^3/吨-产品	0.014	—	—	—
						颗粒物	千克/吨-产品	0.016	直排	0	—
						氮氧化物	千克/吨-产品	0.02	直排	0	—
						挥发性有机物	千克/吨-产品	0.042	直排	0	—
聚烯烃单元				所有规模	废气	工业废气量	万标米^3/吨-产品	0.017	—	—	—
						颗粒物	千克/吨-产品	0.15	袋式除尘	99	k=除尘设备年耗电量（千瓦·时）/［除尘设备额定功率（千瓦）×除尘设备年运行时间（小时）］
						氮氧化物	千克/吨-产品	0.02	低氮燃烧法	40	k=工艺废气净化装置年耗电量（千瓦·时）/［工艺废气净化装置额定功率（千瓦）×工艺废气净化装置年运行时间（小时）］
						挥发性有机物	千克/吨-产品	0.004	直排	0	—
聚烯烃包装贮存				所有规模	废气	工业废气量	万标米^3/吨-产品	0.023	—	—	—
						颗粒物	千克/吨-产品	0.035	袋式除尘	99	k=除尘设备年耗电量（千瓦·时）/［除尘设备额定功率（千瓦）×除尘设备年运行时间（小时）］

2524 煤制品制造行业系数表

工段名称	产品名称	原料名称	工艺名称	规模等级	污染物类别	污染物指标	系数单位	产污系数	末端治理技术	末端治理技术平均去除效率/%	参考 k 值计算公式[1]
运输及存储	型煤	原料煤	成型	所有规模	废气	工业废气量	标米^3/吨-产品	244	—	—	—
						颗粒物	千克/吨-产品	0.0167	直排	0	—
筛分					废气	工业废气量	标米^3/吨-产品	978	—	—	—
						颗粒物	千克/吨-产品	0.0667	直排	0	—
破碎					废气	工业废气量	标米^3/吨-产品	1222	—	—	—
						颗粒物	千克/吨-产品	1.833	袋式除尘	99	k=除尘设备年耗电量（千瓦·时）/［除尘设备额定功率（千瓦）×除尘设备年运行时间（小时）］
成型					废气	工业废气量	标米^3/吨-产品	244	—	—	—
						颗粒物	千克/吨-产品	0.0167	直排	0	—
烘干					废气	工业废气量	标米^3/吨-产品	1098	—	—	—
						颗粒物	千克/吨-产品	0.554	袋式除尘	99	k=除尘设备年耗电量（千瓦·时）/［除尘设备额定功率（千瓦）×除尘设备年运行时间（小时）］
						二氧化硫	千克/吨-产品	0.38	直排	0	—
						氮氧化物	千克/吨-产品	0.32	直排	0	—
					废水	工业废水量	吨/吨-产品	0.00923	—	—	—
						化学需氧量	克/吨-产品	0.217	直排	0	—

[1] 该公式仅供参考，使用时，可根据 k 值定义，选取更适合企业实际情况的表达方式。

2529 其他煤炭加工行业系数表

工段名称	产品名称	原料名称	工艺名称	规模等级	污染物类别	污染物指标	系数单位	产污系数	末端治理技术	末端治理技术平均去除效率/%	参考 k 值计算公式[1]
运输及存储	煤质活性炭	原料煤	物理活化工艺	所有	废气	工业废气量	标米^3/吨-产品	266	—	—	—
原料破碎、活化料筛分、产品筛分					废气	工业废气量	标米^3/吨-产品	574	—	—	—
						颗粒物	千克/吨-产品	0.23	袋式除尘	99	k=除尘设备年耗电量（千瓦·时）/［除尘设备额定功率（千瓦）× 除尘设备年运行时间（小时）］
炭化、活化					废气	工业废气量	标米^3/吨-产品	57195① 56687②	—	—	—
						颗粒物	千克/吨-产品	49.7① 44.3②	袋式除尘+双碱法	99	k=除尘设备年耗电量（千瓦·时）/［(除尘设备额定功率（千瓦）× 除尘设备年运行时间（小时）］
						二氧化硫	千克/吨-产品	9.38① 9.13②		85	
						氮氧化物	千克/吨-产品	7.78① 9.8②		80	
冲洗废水					废水	工业废水量	吨/吨-产品	0.45	—	—	—
						化学需氧量	克/吨-产品	6.4	直排	—	—

注：① 炭化炉的产污系数；
② 活化炉的产污系数。

[1] 该公式仅供参考，使用时，可根据 k 值定义，选取更适合企业实际情况的表达方式。